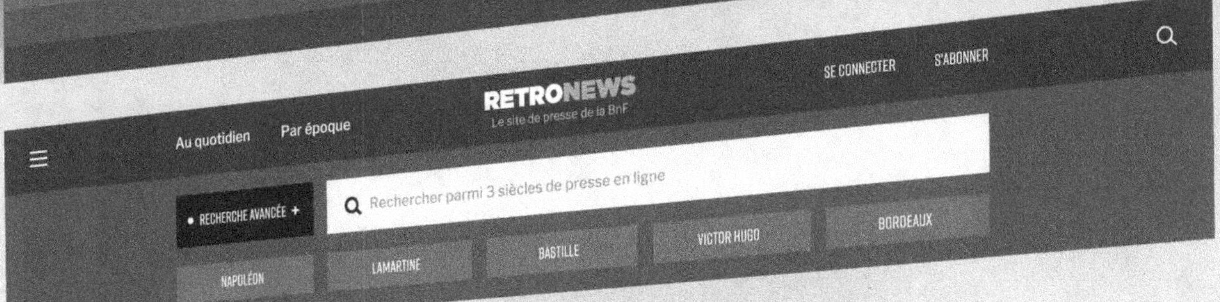

Découvrez l'histoire par les archives de presse

RETRONEWS

Le site de presse de la BnF

www.retronews.fr

LA
REVUE SCIENTIFIQUE

DE LA FRANCE ET DE L'ÉTRANGER

REVUE DES COURS SCIENTIFIQUES (2ᵉ SÉRIE)

COLLÉGE DE FRANCE
MUSÉUM D'HISTOIRE NATURELLE — SORBONNE — ÉCOLES DE PHARMACIE
FACULTÉS DE MÉDECINE — SOCIÉTÉS SAVANTES
FACULTÉS DES SCIENCES — UNIVERSITÉS ÉTRANGÈRES
CONFÉRENCES LIBRES
TRAVAUX SCIENTIFIQUES FRANÇAIS ET ÉTRANGERS

Avec figures intercalées dans le texte

DEUXIÈME SÉRIE — TOME IX

TOME XVI DE LA COLLECTION

5ᵉ ANNÉE — 1ᵉʳ SEMESTRE

JUILLET 1875 A JANVIER 1876

PARIS

LIBRAIRIE GERMER BAILLIÈRE

17, RUE DE L'ÉCOLE-DE-MÉDECINE, 17

1875

LA

REVUE SCIENTIFIQUE

PARIS. — IMPRIMERIE DE E. MARTINET, RUE MIGNON, 2

LA
REVUE SCIENTIFIQUE

DE LA FRANCE ET DE L'ÉTRANGER

REVUE DES COURS SCIENTIFIQUES (2ᴱ SÉRIE)

Direction : MM. Eug. Yung et Ém. Alglave

2ᵉ SÉRIE — 5ᵉ ANNÉE   NUMÉRO 1   3 JUILLET 1875

CONGRÈS DE L'INDUSTRIE MINÉRALE

Session de Saint-Étienne

I

LES CONGRÈS INDUSTRIELS ET LA SOCIÉTÉ DE L'INDUSTRIE MINÉRALE

Il vient de se tenir à Saint-Étienne, — au centre d'un bassin qui est le second de la France pour la houille et le premier pour la métallurgie, — un congrès industriel d'une grande importance. Par le nombre et la compétence spéciale de ses membres, par le rôle prépondérant des deux industries qu'il représentait, enfin, par l'intérêt considérable des questions qu'on y a traitées, ce congrès mériterait déjà d'attirer et de retenir notre attention. Mais ce n'est pas son seul, ni peut-être même son principal mérite. Ce qui fait sa valeur, c'est qu'il inaugure chez nous une ère toute nouvelle, celle des congrès à siége variable, réunissant chaque année tous les ingénieurs d'une même industrie dans un des centres de cette industrie, pour visiter les usines, constater les progrès accomplis, discuter les perfectionnements nouveaux, enfin permettre à chacun de connaître personnellement les procédés de ses confrères et l'ensemble de l'industrie du pays. C'est en quelque sorte le tour de France des ouvriers compagnons du moyen âge, mis en rapport avec les proportions grandioses de l'industrie moderne et transformé en une véritable enquête permanente.

Nous avons été précédés par les Anglais dans cette voie, comme dans la plupart des choses tenant à l'industrie, surtout quand elles se font au moyen de l'association. L'Angleterre est la terre classique des grandes réunions d'initiative privée (meetings). Elle les a pratiquées d'abord pour les sciences pures, notamment dans cette féconde *Association britannique pour l'avancement des sciences* dont les travaux sont mis chaque année sous les yeux de nos lecteurs ; puis, elle les a transportées dans le domaine de l'industrie, et, depuis

longtemps déjà, elle possède notamment un *Institut du fer et de l'acier (iron and steel Institute)*, réunissant tous les maîtres de forges ou ingénieurs-métallurgistes, et qui a exercé une très-grande influence sur les progrès de cette industrie. L'Institut du fer et de l'acier prolonge même ses fructueuses enquêtes au delà des frontières anglaises ; il peut se réunir à l'étranger : les ingénieurs se souviennent encore du congrès qu'il a tenu l'année dernière à Liége, où on l'a si cordialement reçu.

La France a emprunté d'abord à l'Angleterre ses congrès scientifiques. Tous nos lecteurs connaissent les réunions annuelles de l'*Association française pour l'avancement des sciences* calquée sur son aînée d'Angleterre. De plus, quelques-unes des sociétés savantes de Paris tiennent chaque année une session extraordinaire sur un des points du territoire les plus intéressants pour l'objet spécial de leurs études. Les plus importantes de ces sociétés sont la *Société géologique de France* et la *Société botanique de France*. Enfin la *Société des agriculteurs de France* doit également être mentionnée, bien que ses congrès annuels aient toujours lieu à Paris au lieu de se tenir successivement dans les diverses régions agricoles de la France.

Mais, dans le domaine de l'industrie proprement dite, on n'avait pas encore organisé de véritables congrès réguliers. Il y a bien certaines réunions centrales représentant une industrie, par exemple le *Comité central des fabricants de sucre de France* ; mais, avec une partie des apparences extérieures d'un congrès, elles ont un caractère et un but différents.

Ainsi le *Comité central des fabricants de sucre* ne s'occupe qu'accessoirement des questions techniques relatives à l'industrie sucrière ; il a été créé moins pour faire progresser les procédés de cette industrie que pour défendre ses intérêts dans leurs conflits économiques ou juridiques avec les industries rivales et surtout avec les lois fiscales qui ont dominé si arbitrairement jusqu'ici toute son évolution. Ce n'est pas une société ouverte à tous ceux qui s'occupent des questions sucrières, mais un comité régulièrement élu, sur une base fixe, par les propriétaires de fabriques, pour les représenter vis-à-vis du gouvernement et de l'opinion. Il a, d'ailleurs, rendu de grands services, malgré les lacunes peut-être inévitables de son institution.

Ce sont les réunions annuelles de la *Société géologique de France* qu'on paraît avoir surtout pris pour type dans l'organisation du congrès de l'industrie minérale.

Ce congrès est, lui aussi, une annexe d'une société à siége fixe, la Société de l'industrie minérale.

La première idée de cette Société remonte à 1832 et appartient à M. Combes, de l'Institut, l'éminent directeur de l'École des mines de Paris, mort il y a quelque temps. M. Combes était alors ingénieur des mines à Saint-Étienne. Dans un mémoire sur les machines d'épuisement, il montrait « que » les directeurs des mines et usines du département de la » Loire pourraient, avec grand avantage pour eux, former » une société pour l'étude de toutes les questions se ratta- » chant aux travaux de l'industrie minière ».

Il n'aurait pas tardé sans doute à réaliser cette idée s'il n'avait été appelé quelques mois après à Paris, comme professeur d'exploitation des mines, à l'École des mines qu'il devait diriger plus tard.

Son départ retarda de vingt ans la création de la Société. L'idée de Combes fut reprise en 1855 par M. Grüner, aujourd'hui vice-président du conseil général des mines, avec le concours de trois ingénieurs civils des mines, MM. Sanz, Janicot et Luyton. C'est chez M. Grüner qu'eut lieu la première réunion, le 4 février 1855, c'est lui que tout le monde considère comme le véritable fondateur de la Société. Mais avec la modestie des vrais savants, il a tenu, dans son discours au congrès, à en reporter tout l'honneur sur ses trois amis :

« Peu d'entre vous, disait-il, connaissent M. Sanz, car » depuis longtemps il a quitté la France.

» Espagnol de naissance, il était Français de cœur. Après » de brillantes études à l'École des mineurs, il y resta atta- » ché pendant quelque temps comme répétiteur de chimie.

» C'est à lui surtout que nous devons la première impul- » sion de 1855 ; c'est à lui que la Société de l'industrie » minérale doit en grande partie son existence. Que de fois » il est venu me parler de ses projets ! mes objections ne le » rebutaient pas ; il revenait sans cesse à la charge ; enfin » aidé de ses deux amis, Janicot et Luyton, il m'entraîna » comme malgré moi. Je dus céder au triple assaut et servir » de centre à la réunion du 4 février. »

Cette réunion préparatoire du 4 février comprenait 22 ingénieurs. Elle posa les fondements de la Société, et dès le 29 avril, on put réunir la première assemblée générale qui comptait 204 adhérents. Aujourd'hui la Société possède de 700 à 800 membres et son *Bulletin* a fait paraître dix-huit volumes in-8° avec des atlas de plusieurs centaines de planches.

En grandissant, la *Société de l'industrie minérale* a naturellement dépassé les limites du bassin de la Loire pour s'étendre à la France entière et même à la Belgique. Il en est résulté, pour beaucoup de ses membres, une véritable impossibilité matérielle d'assister jamais aux séances qui ont lieu à Saint-Étienne. Aussi a-t-on créé deux groupes distincts qui tiennent, — malheureusement à de trop longs intervalles — des séances particulières, l'un dans le nord, pour la région du nord et la Belgique, l'autre dans le midi pour le bassin du Gard et les autres bassins circonvoisins. La Société de l'industrie minérale a aujourd'hui pour président M. de

Cizancourt, ingénieur en chef des mines, directeur de l'École des mineurs de Saint-Étienne ; le groupe du nord est présidé par M. Vuillemin, directeur des mines d'Aniche, et le groupe du midi, par M. Chalmeton, directeur des mines de Bességes.

II

LE CONGRÈS — DISCOURS DE M. GRUNER

La réunion d'un congrès se tenant tous les ans ou tous les deux ans dans les différentes régions de la France était bien plus propre à obvier aux inconvénients résultant de la dispersion des membres. Dans une réunion préparatoire, la Société de l'industrie minérale a voté cette innovation, et fixé à Saint-Étienne le siége du premier congrès, qui a duré cinq jours et a réuni environ deux cents ingénieurs, tous membres de la Société. C'était une condition *sine qua non* et peut-être trop sévère. On ferait mieux, suivant nous, d'ériger ce congrès en institution ouverte, comme l'*Association française pour l'avancement des sciences*.

Nous ne citerons pas de noms propres, car il faudrait les citer tous. Qu'il nous suffise de dire qu'on y trouvait des représentants de tous les départements français où les industries houillère et métallurgique ont une certaine importance, depuis le Nord jusqu'au Tarn, au Gard, et à la Meurthe-et-Moselle.

Le Congrès tenait ses séances dans le *Palais du commerce*, titre un peu ambitieux pour désigner un édifice modeste où siége la Chambre de commerce, qui l'avait mis gracieusement à la disposition des organisateurs. Le bureau a été composé ainsi :

M. Grüner, inspecteur général des mines, vice-président du conseil général des mines, ancien directeur de l'École des mineurs de Saint-Étienne, président ;

M. Vuillemin, ingénieur, directeur des mines d'Aniche, vice-président ;

M. Chalmeton, ingénieur, directeur des mines de Bességes, vice-président ;

M. Fayol, ingénieur en chef des mines de Commentry, secrétaire ;

M. Jules Garnier, ingénieur, représentant à Paris de MM. Revollier, Biétrix et Cᵉ, secrétaire ;

M. Marsaut, ingénieur en chef des mines de Bességes, secrétaire ;

M. Pernolet, ingénieur, attaché au Crédit lyonnais, à Paris, secrétaire.

La séance d'ouverture a eu lieu en présence de : MM. de Blignières, préfet de la Loire ; Faure Belon, président de la Chambre de commerce ; le général Roland ; et Veisaz, secrétaire général de la préfecture.

Dans un discours très-ému, M. Grüner a remercié le Congrès de l'honneur qu'il lui faisait ; il a raconté l'origine de la *Société de l'industrie minérale* et donné sur les conditions de son développement des conseils d'autant plus chaleureusement accueillis que M. Grüner, ancien directeur de l'École des mineurs de Saint-Étienne, avait été le maître d'un grand nombre des ingénieurs présents, et qu'ils avaient conservé tous pour lui une sympathie mêlée d'une sorte de vénération.

Voici la fin de son discours :

« A l'époque où se constitua notre association, il ne manquait pas d'esprits sceptiques qui doutaient du succès de l'œuvre. On nous disait, et avec quelque apparence de raison, qu'en France une pareille société ne pouvait réussir qu'à la condition d'avoir Paris pour siége. Je me suis toujours élevé avec force contre une pareille assertion, et n'ai pas changé d'avis sur ce point, quoique j'habite Paris depuis dix-sept ans.

« L'opinion contre laquelle je m'élève, je le sais, est fort répandue ; eh bien, notre devoir à tous est de réagir contre. Il faut énergiquement combattre, messieurs, cette tendance encore si répandue en France, qui consiste à vouloir tout centraliser à Paris outre mesure, et cela dans tous les domaines. Au surplus, une association qui a proposé l'étude attentive des faits et des questions qui se rapportent à l'industrie des mines et des forges, doit nécessairement se fixer au centre même des ateliers miniers et métallurgiques. La ville de Saint-Étienne se trouvait ainsi naturellement désignée, et devra, à l'avenir aussi, rester le siége de votre société.

» J'ai mentionné, il y a un instant, vos publications, mais là ne devait pas se borner votre activité. Je lis, en effet, dans vos statuts : « La Société contribuera au progrès de l'indus-
» trie minière par des publications périodiques et par des
» réunions au siége de la Société, dans les principaux cen-
» tres industriels »; et plus loin cet autre paragraphe : « Dans
» l'intervalle des assemblées générales, le conseil d'adminis-
» tration pourra provoquer des réunions partielles, soit au
» siége même de la Société, soit dans les autres centres in-
» dustriels. »

» Vous le voyez, messieurs, la Société, dès l'origine, se proposait un triple but: elle comptait agir par des *publications* et par des *réunions*, les unes *restreintes*, les autres plus *générales*.

» Vous avez provoqué, il y a quelques années, des réunions de district; vous avez ouvert dans ce local même des réunions mensuelles, et maintenant nous inaugurons nos réunions *annuelles* et *générales*, de véritables *congrès*.

» Espérons, messieurs, que ces congrès auront même succès que vos réunions mensuelles. Mais ce succès suppose une condition. Veuillez, à ce sujet, me permettre un avertissement. Faites en sorte que vos réunions restent toujours *sérieuses*. Trop souvent de pareils congrès dégénèrent en fêtes, en banquets, en parties de plaisir. On veut se surpasser d'année en année, et bientôt on rend par là les réunions impossibles. Qu'il n'en soit pas ainsi au milieu de vous. Restez *sérieux*.

» En agissant de la sorte vous contribuerez au *progrès* dont le président de votre conseil d'administration vient de vous retracer les remarquables étapes.

» Déjà vous l'avez fait par vos publications, par vos réunions mensuelles, par les prix que vous avez distribués. Il en sera de même de vos congrès, si un esprit *sérieux* ne cesse de les animer. C'est là, messieurs, en terminant, la requête que je vous adresse, en vue de la prospérité croissante de votre société.

» Qu'elle vive longtemps ! »

M. DE CIZANCOURT. — L'ORGANISATION DES MINES — LES PROGRÈS
DE LA MÉTALLURGIE

Avant M. Grüner, M. de Cizancourt avait prononcé un discours inaugural retraçant l'évolution et les principaux progrès de l'industrie métallurgique. En voici les principaux passages :

« Il y a un quart de siècle, en présence de débouchés essentiellement limités, renfermés dans un espace restreint, et ne s'adressant qu'à un petit nombre de produits industriels, la prospérité des usines et même des mines dépendait presque uniquement de la possession assurée d'une part de ce petit marché. Elle résultait d'une somme de relations établies, de la notoriété d'un nom et de la disposition d'un produit spécial dont la qualité acceptée était obtenue par l'emploi de recettes tenues généralement secrètes. L'ancienne industrie de l'acier fournissait un type saisissant d'une situation qui, avec quelques modifications, était celle de toutes les autres industries.

» Les chemins de fer sont venus et les conditions de la vie industrielle ont été transformées de fond en comble.

» Nous vivons encore, messieurs, dans les premiers temps de l'ère industrielle inaugurée par les chemins de fer, et nous commençons à peine à entrevoir les résultats immenses que l'humanité peut attendre du développement de cet admirable instrument.

» Dès que les chemins de fer eurent acquis leur premiers développement, le marché d'autrefois se trouva si rapidement élargi que l'on put se croire un instant en présence de débouchés absolument illimités. La réflexion a montré qu'on doit seulement les considérer comme susceptibles d'une extension progressive, indéfinie. Les développements de la vie industrielle sont soumis à la loi de continuité qui régit toutes les choses de ce monde.

» Malgré ces réserves que nous impose le respect dû aux lois naturelles dans l'étude desquelles nous passons notre vie, nous n'en devons pas moins constater que la concurrence, portant désormais sur un champ nouveau d'une étendue incomparable et susceptible d'accroissement continu, a perdu pour toujours son caractère destructif.

» Nous voyons les idées d'hostilité et de méfiance qu'elle avait autrefois engendrées, remplacées désormais par ce sentiment : que la prospérité des uns est de plus en plus liée à celle des autres. Les intérêts les plus similaires sont dès aujourd'hui destinés à se rencontrer plus souvent pour s'unir que pour se combattre.

» Je n'insiste pas sur les avantages obtenus par le groupement d'intérêts semblables; il me suffit de vous rappeler que nous sommes réunis à Saint-Étienne, cette ville dont la population s'est accrue, dont les richesses se sont augmentées, sous l'influence des conditions nouvelles de la vie industrielle, avec une rapidité dont les cités du nouveau monde et les grandes cités manufacturières de l'Angleterre offrent seules des exemples.

» La grande vie industrielle inaugurée, on a senti le besoin d'y préparer plus complétement les générations nouvelles, et les méthodes scientifiques appliquées aux arts en ont elles-mêmes subi l'influence.

» Les écoles techniques se sont multipliées ou développées, les savants les plus distingués ont plus spécialement dirigé leurs efforts vers l'interprétation des phénomènes naturels qui président aux transformations de la matière, à l'utilisation des forces. Sous leurs lumineuses explications, les procédés qui reposaient sur des traditions confuses ont dû désormais s'appuyer sur les données scientifiques les mieux établies.

» Dans des arts aussi compliqués que ceux que vous exercez, ce n'est qu'en multipliant les faits observés que l'on peut arriver, au moyen de classements rationnels, à percevoir d'abord les règles empiriques qui les enchaînent, pour arriver ensuite à découvrir les lois qui les régissent.

» On a été ainsi conduit de plus en plus à l'emploi de la méthode de classification qui a créé les sciences naturelles et qui, née des enseignements de Descartes, appliquée par les Jussieu et par Cuvier, constitue la grande École française.

» Mais pour que ces classements ne soient pas faussés à l'origine, il importe de procéder toujours par des dénombrements complets ; de ne négliger aucun caractère avant de grouper les faits au moyen de leur subordination.

» Or, par suite de la complication habituelle du sujet de vos études, par suite du grand nombre des variables à considérer (comme on dit dans les écoles), il arrive trop souvent qu'un carrctère d'apparence très-secondaire passe inaperçu sur un point, tandis qu'il se montre sur un autre avec sa véritable importance : d'où il résulte souvent qu'après avoir vainement cherché chez vous la solution d'un problème pratique, elle vous apparaît comme évidente à la simple inspection des travaux des autres.

» La vérité elle-même ne se découvre donc que par le concours des efforts de tous, par la mise en commun des observations et des lumières de tous.

» Les conditions nouvelles sont donc : la solidarité succédant à l'hostilité ; l'étude en commun multipliant la puissance du travail isolé ; l'ombre du secret s'évanouissant à la lumière de la science.

» Les causes de la prospérité d'une usine, comme d'une mine, sont donc bien changées. Elles dépendent désormais de la mise en harmonie des forces très-nombreuses qu'il s'agit de faire concourir au but choisi comme le plus avantageux.

» Que l'on considère donc une mine ou un établissement industriel bien conduits — et le nombre des modèles que l'on pourrait citer est très-grand, — on trouvera partout la direction aux prises avec des problèmes de même ordre, mais employant partout les moyens le plus variés, l'esprit dirigeant ; les principes des méthodes suivies, sont seuls les mêmes.

» Il n'y a donc plus à se copier, passez-moi l'expression, à se voler les uns les autres ; car reproduire chez soi, avec un point de départ ou des conditions spéciales forcément différentes, les solutions choisies par un concurrent, même le plus prospère, serait se vouer partout à une ruine certaine.

» Voilà, messieurs, pourquoi vous pouvez vous trouver assis à côté les uns des autres, disposés à mettre en commun vos observations et votre expérience, pourquoi vous voyez vos concurrents les plus redoutables vous offrir l'accès de leurs usines, sans autre condition que celle qu'ils ont lieu d'attendre d'une juste réciprocité qui leur est assurée d'avance.

» Il appartenait aux grands industriels du bassin de Saint-Étienne d'être les premiers, en France, à montrer comment il faut comprendre les nouvelles conditions d'existence des industries à la prospérité desquelles ils ont si largement concouru.

» A nous de les remercier de se montrer les premiers par l'intelligence de leur temps, comme ils le sont par droit d'ancienneté et de puissance.

» Pendant que ces grands résultats étaient acquis, je puis dire dans l'ordre moral, par la modification des conditions économiques, des progrès non moins dignes d'être rappelés étaient réalisés dans chacune des branches de notre art.

» Permettez-moi de les passer très-rapidement en revue, en essayant encore de dégager leur véritable caractère philosophique. Obligé, comme je le suis, de réserver les questions techniques aux savantes communications que vous allez entendre, cette revue sommaire me fournira l'occasion de vous signaler les principaux points qui seront soumis aux études du congrès.

» Ce qui caractérise, par-dessus tout, l'ensemble des derniers progrès, c'est la réduction du *prix de revient* obtenu en même temps que l'augmentation de la qualité et de la quantité du produit.

» Faire plus et mieux en consommant moins de forces, obtenir le maximum de rendement avec le minimum de force dépensée, tel a été votre idéal. Et vous ne pouvez en choisir un plus élevé ; car c'est ainsi que travaillent les forces naturelles entre les mains de Dieu.

» Parmi les différentes forces mises en jeu dans l'industrie, la plus précieuse pour nous est la vie humaine. Les soins et les précautions dont elle doit être entourée dans sa conservation et son entretien ont été l'objet de la plus noble émulation entre les ingénieurs de l'État et ceux des compagnies : les uns, chargés de prescrire les mesures à prendre, les autres, d'en assurer l'accomplissement. Un pareil sujet mériterait d'être traité exclusivement, et les améliorations obtenues seraient longues à énumérer. Je suis, à mon grand regret, obligé de me borner à indiquer une fois pour toutes que toutes les grandes modifications apportées aussi bien dans l'exploitation des mines que dans le travail des usines ont eu toutes, directement ou indirectement, pour résultat d'améliorer les conditions du travail et de la vie des ouvriers.

» Les principes si délicats qui servent à guider les ingénieurs dans la découverte des nouveaux gîtes, dans la recherche de nouvelles couches ou de nouvelles veines enrichies, sont devenus plus précis par les indications que la botanique fossile a fournies aux études stratigraphiques, par une systématisation hardie des cassures du globe due à l'illustre Élie de Beaumont.

» Les déplacements, les rejets, les dénivellations, ont perdu leur caractère purement accidentel. Les applications faites par le regrettable Rivot ont montré comment on pouvait porter la lumière dans les gîtes minéraux les plus compliqués.

» Lorsque les données pratiques acquises dans les gîtes minéraux, où l'accident est étudié pour lui-même à cause du minerai qu'il renferme, seront transportées avec précaution dans l'étude des terrains houillers où l'accident est surtout observé dans ses effets, il n'est pas douteux pour moi qu'un judicieux classement des failles n'amène à estimer la position des parties déplacées, avec une certitude aussi grande que celle qui permet de prévoir la position des régions riches dans les mines métalliques.

» La poursuite de ces études peut donc avoir pour résultat de diminuer l'incertitude, et, par suite, la dépense des recherches, en évitant la perte de portions de gîte dans lesquelles il peut devenir parfois impossible de rentrer.

» En abordant l'exploitation proprement dite, on est tout d'abord frappé dans le choix et la nature des méthodes.

» L'exploitation des petites couches a été dirigée de manière à obtenir un enlèvement plus complet et surtout plus rapide.

» Dans les grandes couches, comme dans les grandes masses minérales métallifères, au lieu de se borner comme autrefois à enlever les parties les plus faciles du gîte pour n'en utiliser qu'une portion, on a vu depuis quelque temps déjà les anciennes méthodes sommaires souvent dangereuses, toujours impuissantes, disparaître pour faire place à la méthode dite par remblais. Cette méthode, avec des variantes des plus ingénieuses, résout définitivement le grand problème d'enlever tout en détériorant le moins possible la matière à extraire.

» Son emploi s'est généralisé dans le bassin dont les exploitations de Montrambert et de la Beraudière peuvent être citées comme classiques. Je laisse à l'auteur de la plus grande partie de ces travaux remarquables le soin de vous les faire connaître en détail. Les résultats de cette méthode ont été une conservation et une utilisation plus complète de la richesse minérale coïncidant avec une augmentation de la sécurité des hommes par la suppression des feux et même avec une amélioration dans la pureté et la qualité du produit obtenu.

» Un résultat si complétement heureux ne tient pas à des coïncidences fortuites; il est la conséquence de la fécondité des idées justes.

» Dans ce monde où tout s'enchaîne pour concourir à un but unique, si l'on parvient à rencontrer la vérité dans une branche on l'obtient par surcroît dans toutes celles qui en dépendent.

» En étudiant nos mines, vous serez certainement frappés du contraste qui existe entre elles et les houillères du Nord, par le défaut de concentration à l'intérieur des travaux. Ce contraste provient de ce que le charbon de Saint-Étienne est très-friable et très-inflammable, de ce que le toit des couches est peu solide; mais vous savez trop bien qu'il ne faut pas interpréter au désavantage d'une région les solutions qui lui sont imposées par la nature du combustible et les conditions du mode de gisement. Je ne puis me dispenser de signaler les progrès accomplis dans le traînage mécanique, et par des moyens très-variés, dans le Gard, en Belgique et en Angleterre.

» Si vous ne voyez pas encore ici ces remarquables installations, la cause en est à la nature du mur de la plupart des couches, qui gonfle en créant une véritable difficulté à l'emploi des moyens nouveaux. Toutefois, de vastes projets sont à l'étude dans les mines les plus importantes.

» Par contre, les installations extérieures du bassin ne le cèdent en rien aux plus considérables des autres bassins de la France et de l'étranger. Vous en jugerez par les types que les puits Dyèvre à la Béraudière, Devillaine à Montrambert et Monterrade à Firminy vous offriront. Vous remarquerez que sans rien négliger pour la puissance des engins et la facilité des manœuvres, on a su conserver des dimensions qui assurent un long et bon service sans exagération, sans luxe inutile.

» L'aérage dans tous les bassins a été l'objet de grandes améliorations. Les mines du Gard ont adopté d'une manière complète le système de l'aérage forcé avec engins indépendants et isolément des quartiers. L'aérage naturel suffit encore à la plupart de nos mines qui entrent d'ailleurs dans une voie analogue par l'installation de puissants ventilateurs. Les plus remarquables sont établis dans les mines de la Société des houillères de Saint-Étienne et dans celles de Firminy.

» L'épuisement est une des difficultés de l'exploitation de Saint-Étienne; en général, on a préféré multiplier les moyens d'exhaure au lieu de les concentrer en augmentant leur puissance. Vous aurez au puits du Chêne à examiner de puissantes machines d'un type encore nouveau en France et qui paraissent destinées à répondre à toutes les espérances que l'on fonde sur leur emploi; leur mise en marche est encore toute récente.

» Je ne parle que pour mémoire de la transformation de la préparation mécanique des minerais. Vous pourrez observer que la préparation des houilles est ici poussée très-loin, et vous n'attribuerez pas à la routine la conservation de plusieurs installations modestes. Elles ont leur raison d'être dans la recherche de la pureté à laquelle le charbon se prête mieux que dans les autres bassins. Vous étudierez le nouvel appareil de M. Evrard, qui vous intéressera par sa simplicité et par sa puissance.

» Enfin, comme exemple du degré de perfectionnement auquel peuvent être portés les machines et mécanismes, vous visiterez la remarquable fabrique de velours de MM. Giron frères.

» Je termine cet exposé trop sommaire, laissant à l'évidence le soin de démontrer combien chacun des points que j'ai passé en revue concourt à prouver la vérité que j'ai énoncée tout d'abord.

» Nous allons voir, dans un examen rapide des modifications récentes que présente la métallurgie, des résultats tout semblables amenés par les mêmes causes.

» Dans l'industrie du fer, les anciennes méthodes directes qui, abusant de l'extrême facilité de traitement de certains minerais, arrivaient à produire en perdant un tiers du métal ont disparu.

Si certains esprits s'obstinent, peut-être avec raison, en vue d'obtenir une économie encore plus radicale des forces consommées, à essayer de reprendre ces méthodes — c'est aujourd'hui en s'imposant la condition d'extraire du minerai tout le métal utile qu'il contient : — le principe de l'économie de la matière première s'affirme donc comme dans l'exploitation des mines.

» Il y a si loin du feu catalan, du foyer d'affinage, du petit creuset à acier, aux appareils d'élaboration actuels que, si l'on excepte le haut fourneau, la métallurgie du fer d'il y a quinze ans paraît aujourd'hui absolument transformée.

» Et non-seulement les appareils et les méthodes sont changés, mais les produits obtenus sont si difficilement comparables aux anciens qu'on ne sait plus comment les désigner. Nous nous trouvons encore ici dans les premiers temps d'une grande époque : l'époque des produits fondus étirables.

» Cette transformation qui amène un trouble momentané

dans les classifications anciennes et dans les idées admises, est due simplement à l'application d'un nouveau mode de chauffage, qui a permis une notable augmentation de température, et à un procédé dont la puissance et l'originalité sont justement célèbres.

» Ces deux moyens nouveaux semblaient ne viser tout d'abord qu'une économie de combustible; et, nouvelle preuve de la fécondité des idées justes, tous les avantages qu'ils ont apportés ont été obtenus comme par surcroît.

» Dès l'application des gazogènes et régénérateurs Siemens aujourd'hui si connus, tous les appareils de la métallurgie auxquels on a pu les appliquer ont vu leur production augmentée, leur consommation diminuée.

» Le haut fourneau, qui reste le type par excellence des appareils réducteurs, a été, par l'emploi des appareils de chauffage en briques — pour me servir de la belle expression de M. Lowthian Bell — véritablement agrandi. Sous l'action d'une chaleur plus intense, on a pu augmenter dans des proportions inconnues le rendement des fourneaux sans modifier leurs dimensions; et, en diminuant le combustible consommé, on est arrivé à conserver la nature et la qualité des fontes destinées aux élaborations les plus délicates.

» Dans d'autres usines, on a mis à profit l'augmentation de puissance réductive pour préparer des produits véritablement nouveaux comme les fontes à haute teneur de manganèse. Le rôle définitif de ces produits est encore loin de pouvoir être apprécié dans toute son inportance.

» Je ne veux pas anticiper sur les faits qui vous seront signalés dans les usines de Terrenoire, ni sur le savant travail qui vous sera lu par M. le directeur de cet établissement. Quand il s'agit de pareilles découvertes, la discussion est toujours le meilleur moyen de les mettre en lumière avec leur véritable valeur.

» Ces mêmes appareils Siemens, appliqués au réchauffage, ont permis d'économiser le combustible en conservant mieux la nature des produits qui passent par cette opération intermédiaire. Vous en verrez de judicieuses applications dans les usines de MM. Revollier et Biétrix, où vous visiterez la fabrication des bandages.

» Employés aux fours à refondre l'acier, ils ont apporté la solution définitive d'un problème depuis longtemps cherché : la fusion de l'acier au réverbère. Vous en étudierez les résultats dans les usines Verdié, à Firminy, qui, avec ces seuls fours ont soutenu avec succès la concurrence contre les usines qui disposent pour la fabrication des produits fondus des plus puissants appareils Bessemer.

» Une application plus récente vous sera offerte dans les usines de la Société des aciéries de la marine, c'est le four Pernot. Deux moyens sont combinés dans le four à puddler de ce système : le générateur et les soles en minerai. Ce dernier, tout modeste qu'il paraît être, mérite cependant votre attention. Dans une période où l'on cherche à provoquer les températures les plus élevées, un des éléments de la solution définitive pourrait être de se défendre contre l'action destructive du feu en lui opposant la matière même à élaborer, en en formant les parois de l'enceinte dans laquelle on l'applique. Il est curieux de remarquer que les méthodes les plus primitives enfermaient le feu dans un four en minerai ; l'avenir dira si les origines ne contenaient pas en germe les éléments des plus grands progrès.

» Le four Pernot, voisin du rotateur Siemens, du four à

puddler, de M. Danks, supprime en outre le travail si pénible du puddleur au grand bénéfice de la facilité et de la régularité de l'opération.

» J'arrive à l'appareil Bessemer, dont j'ai eu l'insigne bonne fortune de suivre personnellement les débuts. Cet appareil si remarquable est sorti tout armé du cerveau de son illustre inventeur. Il supprima d'un seul coup le puddlage pour acier suivi de fusion au creuset, ou l'affinage pour fer suivi de cémentation, puis de fusion au creuset.

» Il apporta dans la métallurgie une véritable révolution, et, outre une économie inespérée, il livra les produits fondus dans des conditions de masses si considérables qu'elles ont longtemps dépassé les besoins de l'industrie.

» On a pensé d'abord que cet appareil, dont l'emploi constitue à lui seul toute une méthode, n'apportait qu'une solution restreinte, applicable seulement à quelques fontes possédant des qualités spéciales.

» C'était déjà beaucoup; car le nombre de ces fontes dépassait, dès le début, celui des fontes connues comme propres à fournir des aciers fondus étirables.

» L'usage tend à établir que le traitement Bessemer peut s'appliquer à une série de plus en plus étendue pour l'obtention de produits étirables après fusion possédant ou non la propriété de tremper.

» Ces grands résultats donnés par la fabrication courante des produits fondus se précisent chaque jour davantage.

» J'espère qu'ils arriveront, dans un avenir prochain, aussitôt que la chimie moderne aura pris dans l'enseignement de nos écoles la place qui lui est due et qui lui est accordée partout à l'étranger, à reposer sur une théorie des plus solidement établies.

» Il me reste enfin à rendre à la forge des grosses pièces du bassin de Saint-Étienne l'hommage qui lui est dû. Depuis des années, aucune pièce de forge n'a été rêvée par les constructeurs les plus hardis, sans avoir été réalisée par vos habiles forgerons, les plus remarquables de France et peut-être de l'époque.

» Vous le voyez, messieurs, la métallurgie poursuivant de son côté ce grand principe de l'économie des forces dépensées dans la production, a rencontré comme l'art des mines l'amélioration en quantité et en qualité des produits de ses élaborations, mais ici dans des proportions qu'il n'était donné à personne de prévoir.

» Messieurs les ingénieurs, qui consacrez votre vie au rude labeur des mines ou des usines, vos travaux sont donc définitivement entrés dans la grande voie dont la direction vous a été donnée par l'étude constante des lois naturelles. A vous d'y persévérer! Les succès de l'avenir ont pour garantie ceux d'un passé que vous avez concouru à rendre si brillant. »

Après les discours de MM. de Cizancourt et Grüner, on a commencé immédiatement la lecture des mémoires qui a occupé quatre séances tenues le soir de huit à onze heures, la journée étant consacrée tout entière à la visite des usines de la région, sans compter la dernière journée qui s'est passée dans le groupe de Rive-de-Gier.

Avant de faire le compte rendu de ces mémoires et de ces visites, il faut proclamer bien haut, à l'honneur de l'institution nouvelle, que jamais congrès n'a été mieux organisé, ce qui est dû à l'activité et au zèle du président de la Société, M. de Cizancourt, et des commissaires qui ont montré un véritable dévouement. Il n'y a pas eu le plus petit contre-temps dans ces nombreuses excursions comprenant chaque jour quatre, cinq ou six usines, séparées les unes des autres par des distances souvent fort grandes (on a été jusque dans le département de l'Isère) et exigeant un programme calculé par minute aussi rigoureusement qu'une fabrication d'acier Bessemer. C'est un véritable modèle à citer.

IV

M. MAX. ÉVRARD : LE LAVAGE DES CHARBONS

Les inconvénients qui résultent de la livraison directe, soit au commerce, soit à l'industrie, de produits sortant des mines, souvent mélangés de pierres ou de schistes plus ou moins charbonneux, sont trop généralement connus pour qu'il soit besoin de les énumérer; il n'est personne qui ne constate, en effet, chaque jour, que leur emploi dans les foyers domestiques, aussi bien que dans l'industrie, est une cause d'embarras et de perte.

Parmi les reproches que l'on doit faire aux charbons pierreux, le premier qui se présente à l'esprit c'est d'avoir à payer le transport, quelquefois fort coûteux, de matières inutiles ; pour donner satisfaction entière aux consommateurs, il faudrait que l'épuration pût être appliquée aux menus sortants destinés au chauffage des grilles, comme on le fait depuis longtemps pour les menus fins employés à la carbonisation. L'intérêt général le demande ; car si quelques houillères, privilégiées sous le rapport de la nature de leurs couches, livrent d'une manière constante leurs charbons avec une teneur de 10 à 15 pour 100 de cendres, il en est d'autres qui, malgré tous les soins apportés aux triages, ne peuvent les ramener qu'à des teneurs se rapprochant de 25. Assez souvent même ce chiffre de 25 est dépassé, et leur amélioration doit être considérée comme devenant d'une impérieuse nécessité.

Le surcroît de frais de transport, qui disparaît en partie pour les usines rapprochées des exploitations, est loin d'être le principal défaut qui s'attache aux charbons sales, et dans la métallurgie, l'encrassement de la grille, la durée plus longue des opérations, la variation de la nature des produits obtenus, la perte de combustible par des piquages et des décrassements continuels, sont autant d'inconvénients des plus graves.

Si des charbons on passe aux cokes, les conséquences de l'impureté sont bien plus sérieuses encore ; toute marche, normale du moins, devient impossible lorsque la nature des cendres et leur proportion varient à chaque instant ; remarquons de plus que les cokes, en totalité ou en partie non lavés, manquent ordinairement de cohésion et de compacité.

Il est bien difficile, lorsqu'on doit avoir recours à plusieurs fournisseurs à cause de l'importance de la consommation que l'on fait d'obtenir cette constance de composition et de qualité. C'est afin de s'affranchir de tous ces embarras que MM. Petin et Gaudet se décidèrent, il y a deux ans, à créer dans leur usine de Givors l'atelier de lavage et de carbonisation dont ils retirent de très-bons résultats. Dans les conditions où s'opère le traitement des charbons, l'usine réalise une économie sur le prix des cokes qui présentent en même temps toutes les qualités que l'on peut désirer.

Avant de décrire son appareil classificateur, auquel sont dus en partie ces résultats, M. Évrard expose les bases sur lesquelles est fondé son système de lavage.

Il est admis en principe, et c'est indéniable, que l'on ne doit agir que sur des grains de volume égal pour obtenir leur classement par l'eau, soit au moyen d'un courant ascensionnel, soit par des oscillations dont l'intensité est appropriée à leur poids, ce qui rend nécessaires des criblages d'autant plus étendus que l'on veut obtenir une séparation parfaite.

Cette division en un nombre plus ou moins grand de grosseurs, qui pour les minerais s'obtient sans difficulté, devient impraticable pour les combustibles à cause de leur friabilité, et l'on est généralement conduit à ne faire que trois qualités : des grains fins mélangés avec ceux dont la limite de grosseur est de 3 centimètres, les dragées et les grêles. La première et la seconde qualité sont seules soumises au lavage ; la troisième ne subit qu'un triage à la main. Sauf de rares exceptions, on n'a du reste traité jusqu'ici que la première, les menus criblés, et par deux systèmes bien tranchés : l'un par oscillation, l'autre par entraînement.

Le premier système, représenté par le bac à piston ordinaire, donne une épuration parfaite, mais au prix de déchets considérables qui se produisent par l'aspiration, dans le bac, des fins charbons (moures) avec les sables cendreux.

Le second système ne peut donner, dans tous les cas, qu'un lavage imparfait, parce que l'entraînement par l'eau des charbons de volume différent comporte, en principe, l'entraînement forcé de schistes et de sables de plus petit volume et de plus grande densité.

Pour diminuer les déchets des bacs à piston, presque inapplicables pour les charbons moureux, on a souvent recours à un recriblage ou tamisage sur des toiles de quelques millimètres, pour supprimer en partie les poussières et les remélanger ensuite aux lavés dont on altère ainsi la pureté. Ces tamisages ne sont pas d'ailleurs exempts de difficultés ; il arrive souvent qu'ils sont même rendus impossibles par l'état mouillé des charbons sortant de la mine ou qui ont été entassés.

Mon nouveau procédé remédie à tous ces inconvénients. Au lieu de séparer les poussières, avant le lavage des grains, pour les épurer ensuite dans divers appareils, M. Évrard opère simultanément l'épuration de ces fins et le classement, par ordre de grosseurs et de densités *relatives*, de toute une charge de menus sortants si considérable qu'elle soit. On entend par menus sortants ce que l'ouvrier charge à la pelle en écartant tous les morceaux d'un volume exagéré.

Disons, avant d'aller plus loin, que cette idée nouvelle de classer par l'eau les tout-venants, idée dont M. Évrard ne met pas en doute la réalisation prochaine, n'est pas encore passée dans le domaine de la pratique ; son système n'a été employé jusqu'ici, d'une façon utile, que pour des charbons criblés à 3 centimètres. C'est donc de ceux-ci seulement qu'il sera question dans la description qui va suivre.

Les dimensions de l'appareil, même pour de très-fortes productions, ne seront jamais considérables ; car un mètre carré de table de lavage suffit pour classer sept tonnes par heure ; une table de 3 mètres de diamètre suffirait donc pour le traitement de cinquante tonnes par heure.

Le lavage se fait dans une cuve cylindrique ou rectangulaire de 3 mètres de profondeur, et dont le fond est un châssis recouvert de tôle perforée à travers lequel l'eau, chassée

8 CONGRÈS DE L'INDUSTRIE MINÉRALE. — LE LAVAGE DES CHARBONS.

par-dessous, est admise et peut s'élever jusqu'à l'orifice de la cuve.

Cette cuve se prolonge de quelques mètres au-dessous du châssis perforé, et communique par le bas avec un réservoir d'eau d'une capacité au moins double de la sienne.

Au repos, le niveau de l'eau affleure à peu près le châssis ou table de lavage.

Le réservoir d'eau est entièrement clos; il suffit donc d'y admettre un gaz sous pression pour que l'eau en soit refoulée dans la cuve.

C'est de cette disposition que nous allons retirer des avantages importants au point de vue de la main-d'œuvre et de la suppression des déchets.

Bien que l'eau du réservoir soit froide, c'est de la vapeur qui sert à la mettre en mouvement. Il ne se fait de condensation que dans les premiers instants; elle cesse aussitôt que la couche superficielle s'est échauffée sur quelques centimètres, et devient dès lors presque inappréciable; ce qui le prouve le mieux, c'est qu'en vidant l'appareil à la fin d'une journée, par pression de la vapeur, jusqu'à l'intersection des deux cuves, l'eau ne tiédit légèrement que tout à fait en dernier lieu.

Un robinet à trois eaux, ou tout autre distributeur, suffit pour obtenir tous les effets d'une pompe ou d'un piston, en reproduisant, soit un courant ascensionnel constant ou intermittent, soit des oscillations de toute amplitude depuis la plus faible jusqu'à la plus étendue.

Pour combiner les deux actions d'un courant ascensionnel constant, et d'oscillations de faible étendue n'ayant pour but que de secouer et de désagréger les grumeaux et de faciliter la descente des pierres, on laisse pénétrer dans le réservoir un petit courant continu de vapeur par un robinet indépendant du distributeur.

Voici maintenant comment on opère une lavée :

La charge étant amenée au-dessus de la cuve, on ouvre le robinet du courant ascensionnel, et, lorsque l'eau a atteint une hauteur d'environ un mètre au-dessus de la table, on y verse le charbon. Dans ces conditions, la charge se trouve presque entièrement en suspension; on peut s'en rendre compte en plongeant un bâton qui pénètre, sans grand effort, jusqu'à la table de lavage : c'est alors que des admissions supplémentaires de vapeur sont produites à la main, au moyen du distributeur, pour achever la classification. Lorsque l'eau atteint le haut de la cuve, on ferme les admissions et on met à l'échappement.

Après quelques minutes, les boues sont déposées et l'on soulève alors la table au moyen d'un piston hydraulique. L'eau qui recouvre le charbon, retenue par l'imperméabilité des moures, déborde de la cuve et s'écoule dans un bassin d'où elle est rendue à l'appareil.

La charge, de un mètre de hauteur environ, se présente sous la forme d'un pain où l'on distingue très-nettement l'ordre de superposition des grains. Le départ de chacune des qualités se fait au moyen d'un racloir, par tranches horizontales, dont l'épaisseur varie suivant la qualité des charbons.

La tranche supérieure, composée de moures et de grains très-fins, est en général d'une pureté suffisante pour être employée dans la carbonisation; sa teneur en cendres n'est que de 4 à 12 pour 100 pour la pluralité des houilles de la Loire; mais elle atteint quelquefois 20 pour 100 avec des moures argileuses, et doit alors n'être utilisée qu'en mélange avec les charbons de qualité inférieure pour le chauffage des machines.

En tout cas ces moures, qui sont d'une finesse extrême, rendent tout ce que leur nature comporte; il serait impossible de les épurer davantage.

Quant aux tranches inférieures, à l'exception de celle des pierres qui est toujours très-nettement séparée, leur épaisseur ne peut être déterminée à priori pour des teneurs en cendres plus ou moins élevées; il est toujours nécessaire de les régler par expérience sur chaque qualité de provenance différente.

Si l'on réfléchit, en effet, à ce qui se produit dans une classification par un courant ascensionnel, avec ou sans oscillations, sur des charbons tout-venants ou grossièrement criblés, on comprend qu'il n'est possible d'obtenir, dans une première opération, qu'un classement tout à fait *relatif des grosseurs et des densités*, et que si l'épuration est jugée suffisante pour certains usages, elle n'est jamais parfaite; car, à très-peu d'exceptions près, les charbons contiennent des sables cendreux très-fins, ainsi que des *barrés* ou des *crus*, dont les densités comprennent toutes les variantes, depuis le charbon le plus pur jusqu'à la pierre; et ces grains de diverse nature se trouvent nécessairement répartis dans toute la charge. Il en résulte que, si l'on soumet séparément à une série de tamisages chacune des tranches, dont l'épaisseur est alors déterminée par l'épuration que l'on veut obtenir, on aura autant de teneurs différentes.

Les essais de M. Évrard sur une assez grande quantité des charbons de la Loire, montrent que la teneur des lavés, soit par son système, soit par celui d'entraînement, s'abaisse de 1/2 à 5 0/0, suivant les charbons, par un simple tamisage des sables sur une toile n° 22, dont les trous ont un peu moins de $1^{m}/^{m}$.

Voici deux exemples de gradation des teneurs s'appliquant à des charbons du district de Saint-Étienne et donnant à peu près les extrèmes des qualités :

HAUTEURS DES TRANCHES	TENEURS EN CENDRES BRUT 33 %			HAUTEURS DES TRANCHES	TENEURS EN CENDRES BRUT 17 %		
	LAVÉS AU CLASSIFICATEUR	SUR LE TAMIS	SOUS LE TAMIS		LAVÉS AU CLASSIFICATEUR	SUR LE TAMIS	SOUS LE TAMIS
0m,05	12 %		Moures	0m,20	5 %		Moures
0m,10	9	6 %	59 %	0m,20	4		»
0m,10	14 60	6 40	59	0m,10	4		»
0m,10	14	9	64	0m,12	5		»
0m,10	21	13 40	67	0m,20	4 50	4 %	28 %
0m,10	23	21 60	67 40	0m,20	6 40	6	34
0m,10	31	28	68	0m,10	8	6 40	37
0m,07	39	34	70	0m,05	8 80	7	55
0m,18	64	Pierres	»	0m,02	18 60	15	70
				0m,08	81	Pierres	
0m,90				1m,27			

Cette manière de procéder, par tamisages successifs, qui trouvera sans doute son application pour les minerais, n'est pas utile pour les combustibles; on obtiendra toujours des résultats très-satisfaisants en séparant au classificateur les moures et les grains très-fins et en relavant, sur des appareils analogues aux petits bacs à piston, toute la tranche comprise entre ses fins et les pierres. Cela n'est pas douteux, puisque l'on obtient avec cet instrument, même sur des charbons bruts, le désablage et le meilleur classement des densités. Un relaveur devient donc le complément nécessaire du classificateur, si l'on veut avoir une épuration complète, de même que l'emploi d'un classificateur, dans les laveries actuelles, amènera nécessairement la suppression de tout déchet, en rendant les moures immédiatement utilisables, et augmentera l'efficacité et la production des appareils en faisant disparaître une des causes les plus nuisibles au lavage, l'empâtement des grains.

Le relaveur auquel M. Évrard donne la préférence dérive d'un système qu'il a décrit dans l'industrie minérale (en 1864) et qui est appliqué à la Chazotte et à Épinac. La table de lavage est circulaire et animée d'un mouvement de rotation lent et continu. Les oscillations d'eau y sont provoquées par un piston central et réalisant les mêmes effets que dans le bac à piston.

Cette couronne, dont le diamètre extérieur est de 4 mètres seulement et de 1 mètre, est horizontale ; elle présente une surface perforée de 10 mètres carrés environ qui, chargée de 10 centimètres de hauteur de charbon, et à raison d'un tour en trois minutes, donne par heure vingt tonnes de production ; elle peut être placée concentriquement à la cuve du classificateur et, dans ce cas, les oscillations sont produites par les mêmes moyens que dans celui-ci, en ouvrant à l'eau des passages qui restent fermés pendant la classification ; mais il faut alors prolonger le temps d'arrêt du classificateur et ralentir par cela même sa production.

Bien que cette disposition paraisse rationnelle, on est conduit, pour avoir des oscillations plus promptes et n'être jamais entravé dans la marche de l'appareil principal, à les rendre indépendants et à avoir recours à un piston central ; c'est ainsi qu'est conçu un projet en exécution pour la Compagnie de Firminy, à ses mines de Roche-la-Molière, pour un atelier de traitement mécanique complet des charbons, où le classificateur, de forme rectangulaire, a une table de lavage de 6 mètres carrés. Les plans de cette grande installation se trouvent chez MM. Révollier, Biétrix et Cᵉ qui sont chargés de toute la construction mécanique. Ils seront communiqués aux personnes que cette question intéresse particulièrement ; nous nous bornerons à n'en donner qu'un aperçu :

Les produits du classificateur seront ordinairement divisés en trois tranches ; la première, des moures et grains fins suffisamment purs, est reçue dans une trémie qui reçoit également les charbons relavés.

La deuxième tranche est amenée dans une seconde trémie qui la distribue au relaveur.

La troisième, qui ne comprend que des pierres, tombe directement dans les wagons. Divers couloirs permettent d'ailleurs de séparer à chaque instant les diverses qualités.

Au-dessus de la trémie, où se réunissent les moures et les relavés, tourne lentement une sole criblée et concave, recouverte, pour filtrer les eaux, d'une première couche de menus lavés. Des raclettes convenablement disposées remuent, mélangent et amènent les charbons, de proche en proche, du centre à la circonférence où ils sont reçus suffisamment égouttés dans les wagonnets de la carbonisation.

Les dernières moures, tenues en suspension dans les eaux de lavage, se déposent dans une cuve cylindrique de 5 mètres de diamètre et de 3 mètres de hauteur, au fond de laquelle tournent très-lentement des raclettes qui les ramè-

nent dans un tube conique, dont elles sont extraites par un registre et remontées par une noria dans la trémie des relavés. Les eaux clarifiées se déversent constamment de la cuve dans une rigole circulaire d'où elles se rendent dans le bassin d'alimentation.

D'après les prévisions de M. Mirc, ingénieur principal de la Compagnie de Firminy et Roche-la-Molière, le prix de revient de toutes les manipulations, criblage, lavage, relavage, broyage, y compris le déchargement des charbons bruts, ne dépassera pas vingt centimes par tonne ; sans la dépense de l'entretien, ni de la vapeur, qui se trouve fournie par les flammes perdues de la carbonisation.

Suivant l'état des lieux et les conditions particulières dans lesquelles se trouvent les exploitations, les projets seront nécessairement modifiés ; aussi M. Évrard a-t-il préparé une série de types qui, tout en conservant les principes essentiels qui viennent d'être exposés, suppriment tout ou partie des mécanismes, en les remplaçant par de la main-d'œuvre pour les faibles productions.

L'un de ces types, dont voici sommairement la description, sera d'une installation peu coûteuse ; tout le travail, même l'enlèvement des charbons lavés, s'y fait à la main.

L'appareil entier est construit en maçonnerie, en briques et ciment ; le ciment à prise lente résiste très-bien à l'action de la vapeur.

La cuve de lavage d'une section de 2 mètres sur 1ᵐ20, pour que les ouvriers y soient à l'aise, et comprenant une charge d'au moins deux mille kilog., n'a que 2 mètres de hauteur, ce qui est reconnu suffisant.

La table de lavage est fixe. L'une des faces de 1ᵐ20 de la cuve est fermée par un ou plusieurs registres verticaux superposés ; le premier de 1ᵐ de hauteur, depuis l'orifice jusqu'à la charge de charbon, les autres de la hauteur de chaque qualité à séparer. Ces registres s'ouvrent pour faciliter l'enlèvement des tranches.

L'eau qui recouvre la charge après chaque opération est décantée par une rainure verticale, pratiquée dans le registre supérieur et fermée par une vanne s'ouvrant de haut en bas, à mesure que les eaux se dépouillent.

Deux grilles à barreaux très-espacés, semblables à celles des petits bacs à piston, pour diriger la pelle de l'ouvrier dans le départ des tranches, fixées par des charnières aux faces de 2 mètres, se rabattent, l'une à 20 centimètres environ au-dessus de la table pour limiter la couche des pierres, l'autre au-dessous de la couche des moures et des fins charbons.

Tel est le classificateur.

Le relaveur est aussi simple de construction ; c'est un bac ordinaire, dont la table a 2 mètres de longueur, et 1ᵐ50 à 2ᵐ de largeur ; il fait corps avec le classificateur dont il emprunte l'une des faces de 2 mètres. Cette face est ouverte sur un mètre environ de hauteur, au-dessous de la table du classificateur, pour que l'eau puisse agir alternativement, en ouvrant ou fermant ce passage au moyen d'une vanne, dans l'un ou l'autre compartiment. Il n'est pas à craindre qu'elle agisse simultanément, parce que la charge du classificateur est recouverte par l'eau jusqu'en haut de la cuve lorsque se fait le relavage (en une ou plusieurs fois) de la tranche intermédiaire enlevée dans l'opération précédente.

Un registre semblable au premier, placé sur la face qui est

commune aux deux appareils, diminuera encore dans ce cas
à hauteur du jet des charbons.

En supposant deux opérations par heure, ce laveur produirait quarante à cinquante tonnes par jour, et le prix de revient de lavage, tous frais compris, ne dépasserait certainement pas 0 fr. 70 par tonne.

Pour des menus sortants, la hauteur de la cuve serait portée de 2 mètres à 3 mètres au moins, afin de verser
la charge dans un volume d'eau suffisant pour que la descente des gros ne soit pas entravée par un encombrement
des menus.

L'intensité du courant ascensionnel, augmentée dans les
premiers instants et diminuée ensuite pour la classification,
favorise la séparation immédiate des gros qui prennent place
parmi les pierres. Quelques secousses très-actives provoquées
par de brusques admissions supplémentaires de vapeur relèvent les gros charbons au-dessus des pierres (qui se classent
elles-mêmes par ordre de grosseur), en ne les laissant noyés
qu'en partie dans celles-ci. La différence de volume, très-
sensible dans ce cas, permet de séparer, simplement au râteau, les grosses pierres qui occupent le fond.

Les petites pierres mêlées aux charbons qui sont superposés aux gros, s'enlèvent par un criblage sur une grille inclinée. Ce moyen réussit très-bien, même pour la tranche intérieure des criblés à 3 centimètres ; il a pour résultat de les
ramener de 30 0/0 de cendres à 15 0/0 environ, en éliminant
toute la pure pierre de ce dernier produit qui se trouve
presque entièrement composé de *barrés* et de *crus*.

En présence des pertes qui résultent des charbons sales, et
des faibles frais qu'entraînerait seulement leur épuration, on
peut se demander si les métallurgistes et les grands industriels n'auraient pas intérêt à monter dans leur usine même
un appareil de ce genre. Ce serait au moins un moyen sûr de
remédier aux inconvénients signalés, sans aucun dommage
résultant du lavage, car la pierre ainsi que son transport sont
de fait déjà payés.

V

M. DE LORIOL : LE SONDAGE AU DIAMANT

M. de Loriol, administrateur des houillères de Saint-Étienne
lit un mémoire sur le sondage au diamant.

Le procédé de sondage au diamant est employé en Angleterre depuis environ trois ans. L'idée première est due à
M. l'ingénieur Leschot, de Genève, mais celui-ci n'avait en
vue que le percement des trous de mine pour les galeries, et
cette application n'est pas jusqu'ici entrée dans le domaine de
la pratique, le poids agissant sur le fleuret n'étant pas assez
considérable pour produire un résultat utile. Ce ne fut
qu'après les perfectionnements apportés par des ingénieurs
américains, par MM. le major Beaumont et Appleby, en Angleterre, et spécialement pour des sondages, que le procédé a
été employé en maintes circonstances.

Voici en quelques mots quelle est la manière d'opérer.
L'outil est une couronne en acier, dans laquelle sont en-
châssés des fragments de diamant noir amorphe du Brésil,
de la grosseur d'un gros pois. On a vainement essayé d'autres
pierres dures, telles que émeraude, saphirs, etc. Cette couronne est vissée à l'extrémité d'un tube également en acier,
qui lui-même est relié aux tiges. Ces tiges sont des tubes en
fer creux de 0ᵐ,05 de diamètre extérieur, de 2 mètres environ de longueur, assemblés à vis. On les manœuvres par sections de 16 mètres.

Ces tiges reçoivent d'une locomobile un mouvement de
rotation rapide, 200 à 250 tours par minute. Au moyen d'un
tuyau de caoutchouc et d'un manchon mobile, on fait arriver
par la partie supérieure des tiges un courant d'eau avec une
pression de trois à quatre atmosphères. La couronne garnie
de diamants, par son mouvement de rotation, produit dans la
roche une entaille annulaire. L'eau qui arrive par les tiges
rafraîchit l'outil et en même temps fait remonter la farine
produite par l'espace compris entre la tige et les parois du
trou. Le noyau qui reste se loge dans le tuyau surmontant la
couronne, il est retenu par un léger bourrelet ménagé à la
base de ce tuyau. Quand il a rempli tout le tube, c'est-à-dire
environ 4 mètres, on enlève les tiges avec un treuil monté
sur la machine qui transmet le mouvement de rotation ; le
noyau se détache par le choc, suivant les stratifications de la
roche et on le remonte facilement au jour, car la farine de
roche qui n'est plus maintenue en suspension par le courant
d'eau se dépose et remplit l'office de coin. On voit tout de
suite quels sont les avantages qu'offre ce procédé de sondage :
grande rapidité d'exécution, accidents rares et facilité d'obtenir des carottes très-longues qui indiquent d'une manière
précise la nature et l'inclinaison des couches traversées.

Comme exemple de rapidité, je citerai le sondage de
Ballycloghan, en Irlande, qui en quarante-six jours a atteint une
profondeur de 170 mètres à travers du basalte dur, malgré une
semaine d'interruption (pour négociation). L'avancement
moyen a été de 6 mètres par jour de travail effectif.

Le sondage de Risca dans le pays de Galles a atteint dans
le terrain houiller 332 mètres en soixante-dix jours, soit
4ᵐ,75 par jour. On a fait jusqu'à 10ᵐ,50 dans une seule
journée.

Enfin celui de Bœhmisch-Brod, en Bohême, a atteint
697 mètres en cent quatre-vingt-dix-sept jours, soit un avancement moyen de 3ᵐ,53 par jour à travers le terrain permien
formé de schistes et de conglomérats, et quoique la machine
qui n'avait été calculée que pour une profondeur de 400 mètres fût devenue trop faible. On a eu des avancements de
1ᵐ,40 par heure. Il serait facile de multiplier les exemples, et
on peut compter sur un avancement de 4 mètres par jour.

Il est cependant un cas dans lequel le procédé au diamant
donne de mauvais résultats et devient même presque inapli-
cable. C'est lorsqu'on doit traverser des couches puissantes
de conglomérats à rognons de quartz mal sondés. Ces rognons
se détachent et viennent, ou serrer la couronne contre les
parois du trou, ou détacher les diamants de leur alvéole, en
roulant sous la couronne. Quand on peut prévoir que de
semblables couches seront rencontrées, il est prudent de se
munir d'un équipage de sonde ordinaire pour les traverser.
La compagnie anglaise propriétaire des brevets a cédé ses
droits pour le continent à MM. Schmidtmann et Cⁱᵉ, à Leipzig.
Voici quelles sont les principales conditions de l'entreprise et
son tarif :

De 1 à 400 mètres 250 francs par mètre, soit pour 400 mètres 100 000 francs.

De 400 à 500 mètres, 525 francs par mètre, soit pour
500 mètres 152 000 francs.

De 500 à 600 mètres, 630 francs par mètre, soit pour
600 mètres 215 500 francs.

De 600 à 700 mètres, 735 francs par mètre, soit pour 700 mètres 289 000 francs.

De 700 à 800 mètres, 840 francs par mètre, soit pour 800 mètres 373 000 francs.

Au delà de 800 mètres, conditions à débattre.

La compagnie pour le compte de laquelle le travail est exécuté doit fournir les bâtiments, l'eau pour les pompes et la force motrice.

Elle doit en outre creuser un puits jusqu'à la roche dure, et payer les tubes qui seraient nécessaires.

VI

M. PERNOLET : LE PERCEMENT DU SAINT-GOTHARD

Le percement du tunnel du Saint-Gothard, dont la longueur totale sera de 14 920 mètres, est la plus belle application qu'on ait faite jusqu'à présent des moyens mécaniques au creusement des tunnels. Commencée, il y a trois ans, par un entrepreneur de grand mérite, M. *Louis Favre*, qui s'est adjoint comme conseil un savant éminent, le professeur *Daniel Collodon*, de Genève, cette magnifique entreprise peut être considérée comme représentant l'état actuel de *l'art des percements mécaniques*. Cet art, créé presque de toutes pièces dès 1861 par M. Sommeiller pour le percement du mont Cenis, a fait depuis lors de tels progrès que, tandis qu'au mont Cenis on ne creusait en moyenne que 3^m,612 de galerie par jour (1^m,806 par attaque), on en creuse aujourd'hui de 7^m,40 à 10 mètres.

De plus, ces moyens mécaniques, qu'on réservait il y a dix ans pour les travaux extraordinaires, comme les grands tunnels, sont devenus assez simples et assez économiques pour être appliqués au creusement des galeries de mines. Dans ces applications plus restreintes, mais beaucoup plus courantes, ces moyens mécaniques rendent déjà, par l'économie de temps qu'ils procurent dans l'exécution des travaux préparatoires, des services tels, qu'ils peuvent être considérés dès maintenant comme devant entrer dans la pratique courante des mines : c'est à ce titre qu'il m'a paru utile de faire connaître au Congrès les appareils perfectionnés employés au percement du Saint-Gothard.

Les moyens mécaniques adoptés pour le creusement des tunnels ou des galeries au rocher sont partout des machines actionnées par l'air comprimé, et forant des trous de mines dans lesquels on fait agir la poudre. Toute installation de creusement mécanique comprend donc : des machines à comprimer l'air ; une canalisation de tuyaux distribuant l'air comprimé aux différents chantiers ; des machines perforatrices.

Au Saint-Gothard, les *machines employées à la compression de l'air* sont les compresseurs du professeur Collodon, mus par des turbines à grande vitesse, débitant de faibles volumes d'eau sous de grandes hauteurs de chute.

La *Canalisation*, en grande partie au moins, est celle dont on s'est servi au mont Cenis, c'est-à-dire des tuyaux en fonte de 0^m,20 de diamètre sur le premier kilomètre, de 0^m,10 sur les 500 mètres suivants, et des tuyaux en fer étiré de 0^m,065 dans la galerie d'avancement.

Les *machines perforatrices* sont des appareils à percussion forant des trous au moyen d'un fleuret battant sur la roche comme la barre à mine de l'ouvrier. Il y en a de trois systèmes différents ; ce sont :

Les perforatrices Sommeiller qui ont servi au mont Cenis, que M. Favre a dû racheter ; les perforatrices Dubois et François, qui étaient de beaucoup les meilleures à l'époque où commença le creusement, et enfin les perforatrices Mac-Kean.

Ces dernières semblant devoir être définitivement préférées, et les deux premières étant déjà connues de la plupart des ingénieurs, M. Pernolet s'est borné à décrire celles du type Mac-Kean, qui est tout nouveau.

Le *compresseur Collodon* est un compresseur à grande vitesse dans lequel le piston agit directement sur l'air à comprimer. L'échauffement produit par la compression est combattu par une circulation d'eau froide ménagée dans les parois du cylindre et à l'intérieur du piston et de la tige ; une injection d'eau pulvérisée complète le refroidissement aux deux extrémités du cylindre. Grâce à cette pulvérisation obtenue par la rencontre de deux jets d'eau lancés sous pression par des trous capillaires et se rencontrant à angle droit, ces appareils peuvent marcher à une vitesse de 85 tours, sans que la température de l'air comprimé dépasse 25 à 30 degrés. Ce compresseur a l'avantage de fournir sous un faible volume de grands débits d'air comprimé. Au Saint-Gothard, chaque compresseur de 0^m,46 de diamètre et 0^m,45 de course fournit 2^m,137 d'air comprimé à 6 atmosphères par minute. Les douze compresseurs qui marchent simultanément à chaque entrée envoient donc près de 26 mètres cubes d'air comprimé par minute dans le tunnel.

La *perforatrice Mac-Kean* est un appareil à percussion comme la machine de Sommeiller qui était employée au mont Cenis ; elle en diffère essentiellement par la course qui est réduite à 0^m,10, et par le nombre des coups qu'elle donne, nombre qui est de 600 à 1200 par minute. Des mécanismes spéciaux et très-ingénieux assurent la distribution de l'air, la rotation du fleuret pendant le battage et l'avancement de l'appareil par rapport à son châssis. Grâce au grand nombre de coups légers que donne cette perforatrice, elle arrive à faire en moins d'une demi-heure des trous de 1 mètre de profondeur dans du granit.

La méthode employée pour le creusement est la *méthode belge*, qui consiste à creuser à la partie supérieure de la section définitive du tunnel une galerie d'avancement à faible section (2^m,50 sur 2^m,60) qu'on pousse aussi vivement que possible et sur laquelle on établit autant de chantiers d'élargissement qu'on le désire.

Dans chacun de ces chantiers, dont le front d'attaque ne présente qu'une section de 6 à 7 mètres carrés, le travail se fait de la manière suivante : on installe sur un châssis unique un grand nombre de perforateurs — six à dix, suivant la section et la disposition du chantier — et on roule l'affût ainsi porteur de six à dix fleurets jusqu'au front d'attaque sur lequel les machines commencent à battre immédiatement. On parvient ainsi, par l'emploi simultané d'un grand nombre de perforateurs, à éviter les pertes de temps considérables qu'occasionnerait la mise en place d'un outil perforateur auquel on voudrait faire forer, comme dans le travail à la main, des trous de direction aussi variée que ceux qui seraient pratiqués aux points les plus favorables à la meilleure utilisation de la poudre. Quand une machine a fini son trou, on la déplace légèrement pour lui en faire forer un second, puis un troisième, quelquefois un quatrième, sans déplacer l'affût. Puis les vingt-quatre à trente trous du front d'attaque ainsi forés en une seule fois, on recule tous les outils pour bourrer les mines.

Afin de faciliter l'action de la dynamite, qui est la poudre exclusivement employée, on a soin de faire sauter d'abord trois mines forées au centre du front d'attaque, dans une direction convergente, de manière à produire une excavation centrale qui dégage les mines du pourtour qu'on allume ensuite en une seule fois, mais en ayant soin de donner à leurs mèches des longueurs croissant du centre à la circonférence, de manière que les trous les plus rapprochés des parois ne sautent que lorsque l'explosion des autres a dégagé la roche et préparé leur action.

Quant à l'enlèvement des déblais, il se fait dans de petits wagonnets de faible capacité, qu'on amène à front aussitôt après l'explosion et qu'on charge aussi rapidement que possible pour les rouler en un seul train à l'extérieur.

La durée totale d'une attaque, qui comprend la perforation mécanique des trous, le bourrage et l'allumage des mines, l'enlèvement des déblais, est d'environ huit heures, et l'avancement moyen obtenu par attaque est égal à la profondeur même des trous qu'on limite à un même plan vertical : cette profondeur varie de $0^m,90$ à $1^m,80$ avec la dureté du terrain traversé.

Quant aux conditions économiques dans lesquelles s'exécute ce gigantesque travail, les voici telles qu'elles résultent du traité conclu entre la Société du chemin de fer du Saint-Gothard et M. Favre, et approuvé le 23 août 1872 par le Conseil fédéral suisse. Ce traité stipule l'exécution du travail en huit ans, à dater de l'approbation fédérale, avec une dépense inférieure à 50 millions de francs, le mètre courant du tunnel creusé étant payé à l'entrepreneur au prix fixe de 2800 francs, non muraillé. Une prime de 5000 francs par jour gagné augmentera la rémunération que ce prix laisse à M. Favre ; mais, par contre, une amende de 5000 francs par jour perdu et de 10000 francs après six mois de retard, aggravée par la perte de son cautionnement, qui est de 8 millions, si le retard dépasse un an, stimule l'entrepreneur et l'oblige aux plus grands efforts pour ne pas rester au-dessous de ses engagements.

Au 1er mai dernier, la galerie d'avancement avait atteint : $2002^m,70$ du côté nord et $1760^m,50$ du côté sud. Il y avait donc $3763^m,20$ de galerie creusée. Il restait par conséquent à creuser $11\,156^m,80$.

Pendant le mois d'avril, l'avancement journalier moyen avait été de $3^m,22$ à Göschenen, et de $4^m,27$ à Airolo. L'avancement journalier total a donc été de $7^m,49$ sur l'ensemble du tunnel.

Cet avancement est considérable, et si on le compare aux avancements journaliers moyens obtenus précédemment, avancements qui ont été de :

$1^m,463$ du 1er janvier au 31 mars 1873.

$1^m,925$ du 31 mars au 30 juin.

$3^m,961$ du 30 juin au 30 septembre.

$4^m,395$ du 30 septembre au 31 décembre 1873.

$4^m,334$ du 1er janvier au 31 mars 1874.

$4^m,870$ du 31 mars au 30 septembre.

$5^m,618$ du 30 septembre au 31 décembre 1873.

$5^m,618$ du 1er au 31 janvier 1875.

$6^m,546$ du 1er au 28 février.

on voit que les progrès ont été continus, grâce aux perfec-

tionnements apportés dans l'outillage et la conduite du travail. Ces progrès ne s'arrêteront pas, et on peut affirmer dès maintenant, qu'à moins d'accidents imprévus et qui semblent peu à craindre, le tunnel du Saint-Gothard sera complétement terminé avant la date extrême du 23 août 1880, fixée par le contrat.

M. Pernolet croit que ces procédés de percement imaginés pour les grands tunnels peuvent également rendre de véritables services pour les percements au rocher dans les mines.

Ces conclusions donnent lieu à diverses remarques de la part de M. Petit-Jean, directeur des mines de Blanzy, qui a un des premiers employé les machines perforatrices, et qui les accuse de coûter fort cher et de se déranger souvent. Mais, en réponse à ces objections, M. Grüner croit qu'il faut tendre de plus en plus à l'application des moyens mécaniques dans les mines. L'expérience a déjà montré, dans un grand nombre de cas, qu'ils permettaient une grande rapidité d'exécution sans autre augmentation notable de dépenses que celle des frais de premier établissement. Mais le temps aussi a une valeur, surtout dans les travaux de mines, et les machines perforatrices peuvent donner, dans le percement des galeries, des accroissements d'avancement tels qu'un ingénieur des mines ne peut plus aujourd'hui contester la valeur de ces moyens. Assurément, ils peuvent encore être perfectionnés, mais ce n'est qu'en ne les écartant pas systématiquement qu'on arrivera à les perfectionner assez pour en rendre l'application plus économique et par conséquent générale. En industrie, les progrès ne se font pas sans qu'on y aide, et il importe, au début d'un Congrès de l'industrie minérale, de ne pas décourager ceux qui s'intéressent aux procédés nouveaux et cherchent à les appliquer.

VII

M. MARSAUT : LES MÉTHODES D'EXPLOITATION A BESSÉGES

M. Marsaut, ingénieur en chef des travaux de la Compagnie houillère de Bességes (Gard), a lu un mémoire sur la méthode d'exploitation et le matériel de transport des mines de Bességes.

La méthode d'exploitation de Bességes date de plus de trente ans ; elle fut créée par M. Ferdinand Chalmeton, administrateur directeur de la Compagnie houillère de Bességes, pour l'exploitation en montagne par éboulement, et complétée, dans ces derniers temps, par M. Marsaut, ingénieur en chef de cette compagnie, pour l'application des remblais aux dépilages en contre-bas des vallées. La méthode primitive a été décrite dans le *Bulletin de la Société de l'industrie minérale*, tome V ; la modification sera indiquée dans l'une des prochaines livraisons.

Elle est caractérisée par l'emploi d'un grand wagon pour le roulage, et d'un panier de traînage pour les transports accessoires du charbon ou du remblai. Le wagon qui porte de 900 à 1000 kilogrammes de houille, et qui pèse brut de 1350 à 1400 kilogrammes, est manié très-facilement par des hommes, grâce à sa forme rationnelle. Le panier est assez léger pour être remonté vide, à dos, par des enfants de quinze à dix-huit ans, sur les rampes établies pour le glissement à charge. Le travail de l'extraction et du remblai ne se fait que de jour, simultanément, et avec indépendance des deux opérations.

Dans chaque champ d'exploitation on obtient rapidement une forte production ; le dépilage suit de très-près le traçage ; de là forte production de gros charbon et réduction des frais d'entretien ; point de voie de fer dans la tranche à déhouiller ; le panier supprime l'approchage à la pelle, et permet d'exploiter économiquement des couches qui n'ont que de $0^m,30$ à $0^m,50$ d'épaisseur en charbon. Le wagon et les paniers demandent des galeries à très-faibles sections, et on peut restreindre l'emploi des chevaux au roulage aux cas où il est réellement avantageux.

Les ouvriers sont organisés en petites sociétés indépendantes, ce qui leur donne toute liberté d'allures et facilite leurs rapports avec la Compagnie. Les chefs de société sont de véritables entrepreneurs qui payent directement les manœuvres. Le travail est groupé, ce qui évite toute perte de temps ; les recettes à charbon et à remblai apportent dans le service une élasticité considérable. Les traîneurs forment dans l'intérieur une pépinière d'ouvriers où se recrute très-facilement le personnel spécial nécessaire à l'exploitation.

Avec cette méthode, les prix de revient de la tonne extraite ont été longtemps au-dessous de 5 francs, et n'ont pas encore atteint 10 francs, bien qu'ils comprennent 1100 à 1200 francs de travaux d'aménagement, et 560 à 570 francs de libéralités au personnel par 1000 tonnes de houille extraites.

Un culbuteur nouveau, breveté, imaginé par M. Marsaut, et désigné sous le nom de *verseur roulant*, a été appliqué au déchargement du wagon à houille. Il peut s'appliquer à tout autre matériel de toutes dimensions ; on peut encore avec cet appareil verser des convois entiers sans isoler les wagons. Le culbuteur étant mobile permet aussi de séparer les qualités et de desservir des longueurs indéfinies d'estacades. Il ne perd pas de hauteur, on peut même dire qu'il en gagne, restituant ainsi une partie du travail dépensé au chargement. Il ne donne lieu à aucun choc et n'a pas d'axe à graisser.

Cet appareil sera décrit dans une des prochaines livraisons du *Bulletin de la Société de l'industrie minérale.*

Le personnel des mines de Bességes a été en 1874 de 2060 ouvriers et employés, pour une extraction de 415 000 tonnes. Sur 1952 ouvriers, il y avait 1824 hommes, 128 enfants au-dessous de seize ans, 1393 ouvriers à l'intérieur, 559 à l'extérieur.

Les employés sont au nombre de 111, non compris sept employés supérieurs (directeur, ingénieurs, etc.).

Le gain moyen annuel ressort à 1145 fr. 90 c. pour l'ouvrier adulte de l'intérieur, à 1027 fr. 50 c. pour l'ouvrier adulte de l'extérieur, et à 737 fr. 70 c. pour l'enfant travaillant à l'intérieur, et 457 fr. 75 c. pour l'enfant travaillant à l'extérieur.

Le gain moyen annuel des employés secondaires ressort à 1696 fr. 80 c.

En 1874, la production moyenne par journée d'ouvrier à l'intérieur a été de 1007 kilogrammes, et la production moyenne annuelle, par individu attaché à l'exploitation, de 200 tonnes.

— La suite prochainement. —

L'ENSEIGNEMENT SUPÉRIEUR EN AMÉRIQUE

I

L'Université d'Ann-Arbor (Michigan)

Parmi les grandes universités d'Amérique, celle de l'État de Michigan offre l'exemple intéressant d'une institution gouvernementale, fonctionnant avec le plus grand succès dans un pays où presque tout est laissé à l'initiative privée.

Comme importance, elle peut rivaliser avec les universités libres de Harvard-College, de Yale-College et de Cornell ; mais, par son organisation officielle, par sa date plus récente, par ce fait qu'elle est ouverte indistinctement aux deux sexes, elle mérite tout particulièrement l'attention. Elle peut nous donner, du reste, d'excellents exemples pour permettre de juger des avantages et des inconvénients du système de liberté si vanté en Amérique.

Établie en 1841, l'Université de Michigan forme le couronnement du système d'éducation organisé par cet État qui, avec 1 200 000 habitants seulement, ne dépense annuellement pas moins de 16 millions pour assurer à tous les citoyens une instruction complète, depuis l'école primaire, *gratuite et obligatoire*, jusqu'à l'enseignement supérieur de l'Université.

Celle-ci est située à Ann-Arbor, petite ville de 7500 habitants, à 60 kilomètres de Detroit, la capitale de l'État. Elle comprend actuellement quatre bâtiments principaux : le grand bâtiment central est destiné surtout aux cours de littérature et de sciences ; un autre, à la gauche du premier, renferme la bibliothèque générale et l'école de droit. Les deux autres, sur le derrière, sont réservés, l'un à l'école de médecine, l'autre aux laboratoires de chimie et de métallurgie. Enfin, à 800 mètres environ de ce groupe, se trouve un observatoire astronomique de premier ordre, élevé par des souscriptions particulières et mis par les fondateurs sous la dépendance de l'Université. Quand les finances de l'État le permettront, on ajoutera deux bâtiments nouveaux : l'un destiné spécialement à la bibliothèque, qui manque d'espace ; l'autre, à droite du monument central, faisant pendant à l'école de droit, pour une école d'ingénieurs.

Il serait trop long de décrire dans le détail l'organisation matérielle de l'Université ; on appréciera seulement par les faits suivants comment un petit État qui ne compte en tout que les deux tiers de la population de Paris a su doter son enseignement supérieur.

Le monument central, terminé en 1873, présente une façade de près de 100 mètres, surmontée par un dôme élégant, et renferme toutes les salles de cours de littérature et de sciences ; à celles-ci sont annexées des galeries de collections et d'appareils destinés à être maniés par les élèves. Indépendamment de ces collections d'enseignement, le même bâtiment contient un musée qui ferait honneur à une grande ville. Il ne possède pas moins de 8000 échantillons de minéralogie, 41 000 de géologie, 54 000 de botanique, 53 000 de zoologie ; viennent ensuite des collections d'archéologie et d'ethnologie dont l'importance augmente chaque jour, puis une galerie de beaux-arts comprenant déjà plus de 200 moulages d'antiques, des copies de tableaux de maîtres, des gravures, des photographies des monuments antiques de la Grèce et de l'Italie.

La grande salle de réunion, située dans le même bâtiment et inaugurée solennellement le 5 novembre 1873, contient des siéges pour 3400 personnes.

Les départements de droit, de médecine, les différents laboratoires, ont chacun leur bibliothèque spéciale; mais il existe indépendamment une bibliothèque générale qui, en attendant un local propre, occupe actuellement une grande partie du bâtiment réservé à l'école de droit.

Cette bibliothèque est ouverte librement aux étudiants de neuf heures du matin à neuf heures et demie du soir, et ne contenait pas, en 1874, moins de 22500 volumes et 7000 brochures. Elle reçoit un peu plus de 80 revues ou journaux périodiques parmi les plus célèbres d'Europe et d'Amérique. En outre, les étudiants se sont volontairement imposé une petite cotisation qui leur permet de recevoir chaque jour environ 75 journaux politiques de tous les États de l'Union, représentant tous les pays et toutes les opinions. La politique est non-seulement tolérée, mais installée ainsi officiellement à la bibliothèque. Il semble utile en Amérique que les jeunes gens qui vont sortir de l'Université citoyens et électeurs, se tiennent au courant des questions sur lesquelles ils seront appelés à décider. Il est bon d'ajouter que, malgré les rivalités qui existent aussi fortes que jamais entre les États du Sud, du Nord et de l'Ouest, on n'a pas encore vu à l'Université une seule manifestation ayant pour origine une question de politique.

A propos de cette bibliothèque, un fait digne d'une mention toute spéciale.

Il n'arrive pas un livre ou une publication périodique sans qu'il ne soit pris note du sujet de *tous* les articles qu'ils renferment ainsi que des noms d'auteur. Ces notes, inscrites en double sur des fiches en carton, sont classées dans des tiroirs, les unes par ordre de matière, les autres par nom d'auteur. Les fiches restent à la disposition de tous, de sorte qu'en les consultant, un étudiant sait immédiatement où trouver, soit tous les ouvrages d'un même auteur, soit tous les articles, mémoires ou volumes qui ont paru sur une question donnée.

Le travail nécessité par ce double catalogue est confié à deux dames faisant fonction de bibliothécaires. C'est là un des nombreux exemples de l'ingéniosité que les Américains mettent à employer les femmes, leur confiant tous les travaux sédentaires et de patience, et se réservant à eux-mêmes ceux qui demandent l'énergie physique et le mouvement. Par le même principe, ce sont le plus souvent des femmes qui dirigent les écoles primaires, communes en Amérique aux filles et aux garçons. De même ai-je vu à Washington, dans les ministères et les diverses administrations publiques, un grand nombre de femmes employées à des travaux de bureau; et, certainement, pour ne pas faire de comparaisons désagréables, elles y apportaient un zèle pour le moins égal à celui de nos bureaucrates du sexe fort.

Un dernier exemple de l'extension que peuvent prendre les études supérieures, quand on sait les rendre utiles. Le laboratoire de chimie analytique couvre une surface de plus de 1500 mètres carrés; il ne compte pas moins de 175 tables, réservées chacune à un seul élève qui y trouve tous les réactifs dont il peut avoir besoin pour ses analyses, des robinets d'eau et de gaz, et un évier pour écouler les résidus de lavage.

Malgré tout, ces 175 places ne suffisent pas; près de 75 élèves attendent leur tour, et l'amphithéâtre de chimie, qui peut contenir près de 500 personnes, est toujours bien près d'être rempli.

Combien avons-nous en Europe d'institutions qui pourraient nous présenter le même tableau ? Combien, en France, de laboratoires qui comptent le quart de ce nombre d'élèves?

Au point de vue des études, l'Université se divise en trois départements bien distincts : la faculté académique ou faculté de littérature, sciences et arts, la faculté de médecine et la faculté de droit. Un quatrième département, sous le nom d'école polytechnique, et destiné à former des ingénieurs, n'a pas encore d'existence spéciale, faute de local, et est confondu avec la faculté académique.

La faculté académique reçoit indistinctement les élèves des deux sexes à partir de seize ans. Pour être admis, il faut subir un examen, à moins que l'on ne sorte, avec un certificat d'aptitude, de certaines écoles publiques de l'État de Michigan. Tous les ans, un comité de professeurs de l'Université fait une inspection dans les écoles secondaires de l'État (*high schools*) qui en font la demande, et, si les études préparatoires y semblent suffisantes, on accorde aux élèves qui en sortent diplômés l'entrée à l'Université sans examen. Cette excellente mesure entretient dans les écoles de l'État une émulation dont les résultats sont attestés chaque année par les examinateurs.

Les cours de la faculté ont une durée de quatre ans, et, suivant leurs goûts, les élèves peuvent entrer dans cinq sections différentes : le cours classique, le cours scientifique, le cours latin (ou grec) et scientifique, et les cours d'ingénieur civil et d'ingénieur des mines.

Dans le cours classique, les matières obligatoires sont le latin, le grec, l'anglais, le français, l'histoire, la philosophie et quelques éléments de science. Dans la dernière année seulement, les élèves peuvent assister à des cours facultatifs d'allemand, d'économie politique, de droit international et de sciences.

Dans le cours scientifique, les matières d'enseignement sont le français, l'allemand, l'histoire, la philosophie et les sciences mathématiques, physiques et naturelles. Pour les sciences, les cours sont à peu près les mêmes que dans nos facultés de France.

Le cours « latin et scientifique » est intermédiaire entre les deux premiers ; il comprend un peu moins de sciences que le dernier, mais l'étude obligatoire d'une langue morte, latin ou grec, à la volonté de l'étudiant.

Enfin, dans les deux cours d'ingénieurs, les élèves doivent étudier le français, l'allemand, l'histoire et toutes les sciences appliquées.

Les élèves qui ont suivi sans interruption un de ces cours pendant quatre ans se présentent devant la faculté pour subir des examens à la suite desquels on leur délivre, suivant les cas, des diplômes de bachelier ès arts (B A), ès sciences (B S), ès philosophie (Ph. B), d'ingénieur civil (C E) et d'ingénieur des mines (M E). Un examen spécial peut conduire au diplôme de pharmacien chimiste (P C).

Les degrés supérieurs de maître ès arts (M A), ès philosophie (Ph. M) et ès sciences (M S) ont été conférés jusqu'à présent sans examen à tous les élèves qui, après avoir été reçus bacheliers, avaient encore suivi pendant trois années des cours supplémentaires à l'Université. Mais, à partir de 1877, ces titres ne seront plus donnés qu'après un examen spécial.

Ceux des élèves qui, en entrant à l'Université, n'ont pas le désir de conquérir des titres, peuvent choisir parmi tous les cours ceux qui leur plaisent ; mais ils ne peuvent changer de sujet d'études que tous les six mois, au plus.

La faculté de droit reçoit sans examen les candidats des deux sexes âgés d'au moins dix-huit ans ; après deux ans d'études et un examen particulier, elle confère le diplôme de bachelier en droit (LL B) qui donne au titulaire, à partir de vingt et un ans, le droit de pratiquer dans toutes les cours de justice de l'État de Michigan. Les cours ont pour sujets le droit constitutionnel, international, maritime, commercial et criminel, la médecine légale et la jurisprudence des États-Unis.

La faculté de médecine ne demande à l'entrée qu'un examen sur les principes élémentaires d'une instruction anglaise, ou un diplôme d'un établissement d'enseignement respectable. Les élèves des deux sexes y sont encore également reçus, mais suivent cette fois des cours distincts. C'est certainement le département où l'enseignement est le plus faible, et nous en verrons bientôt les causes. La durée des cours n'est que d'une année, et encore pendant six mois seulement, d'octobre à fin de mars. Toutefois, les élèves sont forcés, ou de suivre le cours pendant deux années de suite, ou d'avoir suivi déjà pendant un an le cours d'une unisité respectable. Après un examen, ils reçoivent le titre de docteur en médecine (M D). Pendant la durée du cours, ils doivent assister deux fois par semaine à la clinique dans le petit hôpital qui dépend de l'Université. De ce côté encore, l'instruction est certainement très-défectueuse à cause du peu de ressources qu'offre, pour un hôpital, une aussi petite ville qu'Ann-Arbor.

Le nombre total des élèves de l'Université, pour l'année 1873-1874, a été de 1119, dont 489 pour le département académique, 314 pour la médecine et 316 pour le droit. Sur ce nombre, on comptait 94 femmes, 51 dans le département de lettres, sciences et arts, 38 pour la médecine et 5 pour le droit.

Le nombre des professeurs possédant une chaire est de 26, avec 18 assistants ou instructeurs.

Les frais d'études sont les mêmes dans tous les cours : les étudiants de l'État de Michigan payent un droit d'entrée de 50 francs et une pension annuelle de 75 francs. Pour les étrangers à l'État, le droit d'entrée est porté à 125 francs et la pension annuelle à 100 francs. Les élèves ont, en outre, à payer une petite rétribution pour frais de manipulation dans les laboratoires.

L'Université ne se charge ni du logement, ni de la nourriture des élèves. Ils s'établissent, soit dans des familles d'Ann-Arbor, soit dans des hôtels ; un grand nombre s'organisent en clubs. Pour la durée des cours (environ neuf mois), la moyenne des dépenses des élèves, tout compris, même le vêtement et quelques dépenses accessoires, a été d'environ 1850 fr. dans ces dernières années. Pour les études de droit et de médecine qui n'ont qu'une durée de six mois, la totalité des dépenses peut être évaluée de 800 à 1000 francs.

Dans chaque département le pouvoir est aux mains de la Faculté, conseil formé de tous les professeurs du département sous la présidence du directeur de l'Université, le « Président (1) ». C'est la Faculté qui punit, par la suspension temporaire ou le renvoi, tous les délits des étudiants, tels qu'absence non justifiée ou mauvaise conduite. C'est également en fait la Faculté et le président qui sont les maîtres aussi bien pour l'administration intérieure et l'organisation des cours que pour la collation des diplômes ; mais, nominalement, tout le pouvoir réside dans un « bureau de régents ».

L'Université, étant une fondation de l'État, est sous la direction nominale de huit personnes nommées par le suffrage universel dans tout l'État de Michigan. Ces régents sont élus pour huit ans et renouvelables par quart tous les deux ans ; ils sont investis de tout le pouvoir, règlent le budget, ordonnent les dépenses, nomment les professeurs et accordent les diplômes. Mais, en fait, leur action se trouve limitée à la direction financière dont ils rendent compte à la Chambre des représentants. Ils ne nomment les professeurs et n'accordent les diplômes que sur présentation des Facultés, et il est sans exemple qu'ils aient refusé une seule des présentations qui leur étaient faites.

Cependant cette organisation n'est pas sans dangers ; que le suffrage universel nomme comme régents des gens hostiles à l'Université, immédiatement peuvent naître des tiraillements et des luttes dont l'issue serait fatale à l'institution ; c'est ce qui est déjà arrivé, du reste, dans quelques autres États.

Si ce mode de direction n'a pas amené de luttes à Ann-Arbor, il faut l'attribuer d'une part au bon sens des électeurs qui n'ont encore nommé comme régents que des personnes capables, et surtout à la sagesse de l'Université qui s'est toujours scrupuleusement abstenue de toute manifestation politique, chose dangereuse dans un pays où le parti au pouvoir peut changer si fréquemment.

Telle est, en résumé, l'organisation de la première des Universités officielles d'Amérique. Moins ancienne que les universités libres de Harvard College (2) qui remonte à 1636, et de Yale College (3), fondée en 1700, elle est rapidement arrivée à un égal degré d'importance, ce qu'il faut attribuer à la qualité de ses professeurs, à la bonne disposition de ses cours, et à toutes les facilités qu'elle offre aux gens désireux d'acquérir une instruction supérieure. Aussi les élèves lui arrivent-ils de tous les États de l'Union, même de ceux du Sud, comme à Harvard Collége (4).

Mais, avec tous ses avantages, l'Université de Michigan a hérité des inconvénients ordinaires de toutes les écoles supérieures d'Amérique.

La liberté de l'enseignement et de la collation des grades exerce, dans ce grand pays, une influence généralement déplorable sur le niveau des études. Pour la mettre en évidence, il n'est pas besoin de s'appuyer sur le jugement de

---

(1) Le président actuel de l'Université de Michigan est le docteur J.-B. Angell qui a bien voulu me faire visiter lui-même l'Université, et à l'obligeance de qui je dois tous mes renseignements.

(2) A Cambridge près Boston, Massachussetts.

(3) A New-Haven, Connecticut.

(4) Parmi les élèves présents à l'Université en 1873-74, 46 pour 100 seulement appartenaient à l'État de Michigan. Un grand nombre venaient des États limitrophes ; d'autres du Canada, de Californie, des États du Sud. Enfin on comptait 3 Japonais, 3 jeunes gens des îles Hawaï et 3 venant de la terre de Natal (Afrique).

voyageurs arrivés en Amérique avec leurs préjugés d'Europe, il suffit de lire les rapports annuels des présidents.

Bien qu'ils n'osent pas se plaindre ouvertement de l'état de choses existant, on voit clairement la cause de leurs préoccupations, et c'est surtout à propos de l'enseignement de la médecine qu'elles se font jour ; c'est en effet celui qui devait souffrir le plus.

Il n'est pas toujours difficile à un industriel de connaître la valeur de l'ingénieur qu'il emploie : il le voit chaque jour à l'œuvre et dans des travaux dont il est souvent bon juge lui-même ; de plus il n'hésiterait pas un instant à se débarrasser d'un incapable. De là la nécessité pour les élèves ingénieurs d'avoir non pas seulement un diplôme mais des connaissances vraies, attestées par un examen sérieux.

Malheureusement, en médecine, la capacité du docteur est beaucoup moins accessible au jugement de tous, et le principal est d'avoir le diplôme, d'où qu'il vienne, pourvu qu'il permette d'exercer. Dans un pays vaste comme l'Amérique il sera toujours possible, même à l'incapable, de trouver où s'établir. De là la création d'écoles de second ordre, où les diplômes s'acquièrent facilement au détriment de l'enseignement général. Dans son rapport pour l'année 1874, le président de l'Université de Michigan se plaint de ne pouvoir, à cause de cette concurrence, élever le niveau des études, surtout en médecine ; il ajoute tristement : « Nous ne pou-» vons en cela qu'en appeler aux autres écoles pour une » communauté d'action ; car il ne faut pas nous dissimuler » que, si nous agissions seuls, nous arriverions à interdire » aux ignorants l'entrée de nos cours, mais non celle de leur » profession. » Le résultat qu'il signale encore est que « nom-» bre de médecins ignorent même jusqu'aux premiers rudi-» ments d'une éducation anglaise ». Il suffit en effet, pour être médecin en Amérique, d'aller, en sortant de l'école primaire, passer deux ans dans une institution qui vous délivre le diplôme après un examen quelconque. Comment serait-il possible avec cela, aux grandes universités, de maintenir haut le niveau de l'enseignement, sans voir les ambitieux et les impatients leur échapper en entraînant tous les autres avec eux ? Elles se trouvent forcées de faire mal sciemment pour éviter un mal plus grand encore ; et c'est ainsi que, pour une fausse apparence de liberté, on arrive à entraver le développement de la science, et à perpétuer l'ignorance au détriment de la nation tout entière.

ALFRED ANGOT.

LE TRANSFORMISME EN ALLEMAGNE

M. O. Schmidt (1)

Au point de vue philosophique, tout a été dit aujourd'hui sur la théorie de la descendance, sur le Darwinisme, qui en est, pour le moment, le plus important, sinon l'unique chapitre. La parole est désormais aux faits : la paléontologie doit exhumer les chaînons qui unissent la nature actuelle à la nature des temps géologiques ; — l'embryogénie nous montrer si oui ou non les formes successives que revêt l'embryon ne sont qu'un héritage d'anciennes formes définitives, une sorte de galerie des portraits des ancêtres, —

(1) *Descendance et Darwinisme*, par Oscar Schmidt. (*Bibliothèque scientifique internationale*, 1 vol. in-8. Germer Baillière, éditeur.)

le mode de répartition des êtres sur les îles et les continents, étudié surtout comparativement avec les phénomènes géologiques, nous renseigner sur l'origine et l'ancienneté de beaucoup d'espèces. C'est là une vaste information qui se poursuit en ce moment et qui peut asseoir sur des bases inébranlables la théorie de la descendance, ou la reléguer pour jamais parmi ces grandioses et trompeuses conceptions qui sont comme le décor de la science.

Cette information se complète tous les jours : elle a été poursuivie, depuis dix ans, avec une infatigable ardeur par les naturalistes de tous les pays. Aucun d'eux ne peut se vanter de s'en être désintéressé complètement. Chaque jour amène de nouveaux pionniers : chaque travailleur apporte sa pierre à l'édifice ou s'essaye à le faire crouler. De là, dans les sciences naturelles, une incroyable activité, telle qu'on n'en a jamais vu de semblable, une effervescence qui force en quelque sorte l'attention du public, tandis que les conséquences pratiques de la doctrine l'étonnent par leur nombre, leurs applications variées et leur hardie nouveauté.

En Allemagne, le mouvement a été plus considérable que partout ailleurs. Tandis que quelques hommes comme Von Baër, comme Kölliker, essayaient de s'opposer au courant, la grande majorité des naturalistes allemands s'abandonnait à lui avec enthousiasme : les uns cherchant à saisir çà et là des traces de la transformation des espèces, à perfectionner la doctrine en quelque point, à mettre en relief les traits d'union entre les différents types que l'école de Cuvier s'efforçait au contraire de séparer nettement, — les autres, comme Haeckel, embrassant au contraire le problème dans toute son étendue, s'efforçant de passer de la théorie à l'application et dressant de toutes pièces, mais non sans grand renfort d'hypothèses, l'arbre généalogique du règne animal.

Il serait puéril de le nier, ce mouvement transformiste a profondément remué les sciences naturelles ; il en a renouvelé l'aspect et leur a communiqué une impulsion que depuis Linné et Cuvier elles n'avaient jamais eue. Dans le volume qu'il vient de faire paraître et qui fait partie de la bibliothèque scientifique internationale, M. Oscar Schmidt, professeur à l'Université allemande de Strasbourg, s'est proposé de résumer et de coordonner les résultats acquis jusqu'à ce jour. Son livre intitulé « *Descendance et Darwinisme* » n'est donc pas un simple résumé des ouvrages de Darwin et de Wallace. L'auteur, en exposant la doctrine de la descendance, a voulu la présenter avec tout le cortège de probabilités que ses partisans ont réunies autour d'elle. Il était placé, mieux que personne, pour le faire, ayant lui-même contribué par de remarquables travaux à propager la nouvelle doctrine. Pour ces raisons, son livre est particulièrement intéressant et mérite d'être étudié avec soin, ce que nous allons essayer de faire.

I. — PLAN DE L'OUVRAGE.

Le plan du livre est fort simple, et dès les premières pages, l'idée qui le domine se met d'elle-même en relief. Il ne s'agit plus, comme au temps où Darwin publiait son mémorable ouvrage sur l'*Origine des espèces*, de présenter timidement au public une théorie qui devait choquer bien des idées reçues et dont il fallait, pour la faire accepter, arrondir les angles, polir les surfaces, de manière à la rendre aussi séduisante et aussi inoffensive que possible. Le transformisme est aujourd'hui soutenu par toute une armée de défenseurs : il a reçu, dans certains pays, l'adhésion presque unanime des naturalistes qui en ont fait plus qu'une doctrine scientifique : c'est aujourd'hui pour eux un système entier de philosophie, une véritable religion qui a un nom : le *monisme*.

Le moment est venu de jeter le masque ; la doctrine nouvelle n'a plus de raison de dissimuler ou tout au moins de taire les conséquences ultimes qui découlent de ses prémisses et qui, trop brusquement annoncées, eussent pu la compromettre. Elle arbore franchement son étendard, en vraie doctrine de combat qu'elle est ; c'est l'origine de l'homme qu'elle veut expliquer. L'explication du déroulement graduel n'est plus qu'un côté accessoire : c'est la généalogie même de l'homme qu'elle entend construire.

Oscar Schmidt nous le déclare lui-même dans sa préface *Des espèces végétales ou animales* : le dernier chapitre de son livre en est le plus important. C'est celui dans lequel il parle des races humaines et de leur origine ; mais le volume commence comme il finit, et son premier chapitre est destiné tout entier à nous montrer comment l'homme, d'abord ignorant de tout langage, est graduellement parvenu à acquérir la parole, qu'aucun animal ne possède, et qui a suffi à elle seule à l'élever au-dessus des brutes.

Voici, du reste, la série des idées que l'auteur déroule dans son livre ; voici comment, par une série de raisonnements très-séduisants, au premier abord, il espère entraîner la conviction de ses lecteurs.

La philologie montre, nous l'avons vu, que l'homme n'a pas été créé dans l'état de perfection relative que nous lui connaissons. Sa raison s'est graduellement développée ; ce n'est que pas à pas qu'il s'est éloigné, au point de vue intellectuel, des animaux auxquels le rattache encore toute sa constitution anatomique. Il n'y a donc aucune raison de le placer en dehors du règne animal proprement dit, dont il représente simplement le termé le plus élevé. Toutes les doctrines relatives à la création ou à l'évolution des animaux sont nécessairement applicables à l'homme. On ne peut admettre pour notre race le miracle de la création sans l'admettre pour tous les êtres vivants ; on ne peut admettre pour ces derniers la théorie de l'évolution, l'hypothèse de la parenté sanguine des espèces actuelles, de leur descendance des espèces éteintes, dont le sol nous a conservé les débris, sans admettre que l'homme lui-même est compris dans l'évolution du règne animal, sans admettre qu'il en est directement issu, et que, dans la nature actuelle certains êtres, les singes anthropomorphes, par exemple, comptent avec lui des parents communs plus ou moins éloignés.—Cela ne signifie pas cependant que ces animaux puissent être considérés comme nos ancêtres. Cette dernière proposition, si bien acclimatée dans un certain public, est une sottise qu'aucun naturaliste, darwiniste ou non, n'a jamais dite.

Le problème est donc posé dès le début. Il est bien entendu que toutes les recherches ayant pour objet l'origine du règne animal s'appliqueront au règne humain qui en procède. Mais ces questions d'origine sont-elles de celles que notre intelligence peut résoudre ou doivent-elles demeurer éternellement enveloppées des ténèbres mystérieuses qui cachent à nos yeux la nature intime des miracles. C'est là une question préalable qu'il est bon d'écarter avant de s'engager plus avant dans la discussion. Nul homme civilisé ne saurait admettre aujourd'hui qu'une connaissance assez approfondie du monde inorganique ne soit pas possible à l'intelligence humaine. Ce qu'est la force, ce qu'est la matière, pourquoi l'une et l'autre paraissent indissolublement unies, nous ne le saurons probablement jamais d'une manière positive. Cependant nous constatons l'existence de diverses forces, celle de diverses sortes de particules matérielles ; nous savons comparer les forces entre elles, nous savons découvrir dans les particules matérielles les plus diverses des propriétés communes, et si nous n'avons pu démontrer encore que la matière est une, que tous les corps, simples ou composés, ne sont que des modes divers de groupement d'une seule et unique espèce d'atomes, nous savons au moins qu'il en est ainsi pour les forces ; que toutes sont conversibles les unes dans les autres, suivant des lois constantes parfaitement déterminées, que toutes sont susceptibles d'être évaluées par une certaine quantité de mouvement ou de travail mécanique.

L'unité de la force, l'unité de la matière, voilà l'extrême limite de nos connaissances relativement au monde inorganique ; il est impossible de prévoir que nous puissions pousser plus loin nos investigations, relativement à l'origine de la force, à l'origine de matière. Lorsque nous disons que toutes les forces ne sont que des transformations du mouvement, nous n'allons pas beaucoup au delà, et si cette proposition implique pour nous l'inséparabilité de la force et de la matière, elle ne nous laisse même pas entrevoir pourquoi la matière existe, pourquoi, existant, elle n'est pas demeurée éternellement en repos. Le *primum movens* nous échappe de la manière la plus absolue.

C'est là que finit la science, là que peut commencer le domaine de la métaphysique et de la religion. Mais jusque-là le monde est aux savants et nul n'est autorisé à les considérer comme frappés d'incompétence. D'ailleurs on s'est graduellement habitué à leur abandonner complétement le monde inorganique. Les propositions de l'astronomie, de la physique, de la chimie, voire même celles de la géologie ont aujourd'hui force de loi pour tous les hommes éclairés. Les théologiens s'arrangent de manière à se mettre d'accord avec elles. — Quelques-uns même vont jusqu'à déclarer que le Créateur s'est abstenu de révéler à l'homme ce que l'intelligence qu'il lui a donné lui permettait de découvrir. Ces sages laissent ainsi tout à fait libre le champ des recherches ; mais c'est encore là une opinion isolée et dès que l'origine des êtres vivants, dès que l'origine de l'homme se trouve mise en cause, les restrictions commencent et avec elles les interdictions et les anathèmes.

Y a-t-il donc entre le monde organique et le monde inorganique un abîme si profond que nous ne devions pas songer à pénétrer dans l'un de ces domaines, alors que nous pouvons nous avancer sûrement jusqu'aux extrêmes limites de l'autre. Au fond, au point de vue physique, en quoi consiste la différence entre un être vivant et un cristal ? Tous les deux ne sont-ils pas également formés de particules matérielles ? L'oxygène, l'hydrogène, l'azote et le carbone en pénétrant dans un organisme ont-ils perdu une seule des propriétés que le chimiste et le physicien leur connaissent ? Les agents physiques eux-mêmes, les forces n'agissent-elles pas sur ces particules matérielles devenues vivantes, absolument comme si elles étaient inertes ? Personne ne le conteste aujourd'hui. Les êtres vivants n'ont pas la faculté de soustraire la matière aux lois physiques, comme on l'a soutenu jadis. La vie ne s'empare pas des particules matérielles pour les dominer seule, à l'exclusion de ce que l'on est convenu d'appeler les forces physiques. Loin d'être antagoniste de ces forces, nous pouvons dire aujourd'hui qu'elle n'existe pas en tant que force distincte et qu'elle résulte simplement d'une combinaison particulière des forces ordinaires et de la matière.

En d'autres termes, la vie n'est pas une force, c'est un phénomène. Elle est donc, comme tous les phénomènes, susceptible d'être étudiée dans son évolution, dans ses causes, dans ses manifestations diverses. Les procédés de l'investigation scientifique n'ont à se modifier en rien pour se prêter à cette étude dont la légitimité ressort de sa possibilité même. Les conclusions auxquelles arrive la science, relativement aux êtres vivants, ont le même degré de certitude que celles qui se rapportent au monde minéral. Qui admet les unes, doit admettre les autres au même titre. Il n'y a pas dans la nature deux royaumes distincts ayant chacun ses poids et ses mesures, l'un ouvert l'autre fermé aux investigations des savants. La nature est une, indivisible et elle ouvre libéralement son vaste et merveilleux empire à l'exploration de toute intelligence avide de savoir.

De cette unité découle une conséquence inéluctable. Le caractère fondamental, constant, du monde inorganique doit se retrouver dans le monde organique ; ce caractère c'est la continuité ; c'est-à-dire le contraire de l'imprévu, le contraire du miracle. Suivant l'expression de Laplace « l'état actuel du monde est la suite de son état antérieur et la cause du suivant ».

Cela est vrai des êtres organisés comme de toutes les autres parties du monde et l'esprit se trouve ainsi conduit à admettre que les animaux et les plantes qui croissent aujourd'hui autour de nous sont les descendants modifiés des êtres aujourd'hui éteints qui peuplaient la terre pendant les périodes géologiques précédentes. Entraînées, comme tout le reste du monde, dans une éternelle évolution, les formes vivantes sont demeurées sans cesse adéquates aux conditions d'existence sans cesse changeantes au sein desquelles elles sont placées. Elles ont dû pour cela éprouver de continuelles transformations et c'est ainsi que les espèces actuelles ont dû sortir des espèces éteintes, par l'effet de lois immuables et sans que l'intervention personnelle de Dieu, sans que l'intervention d'un miracle ait été nécessaire, sans qu'il ait jamais été besoin d'un acte créateur.

Voilà où nous sommes conduits par un raisonnement inductif qui paraît s'appuyer sur les plus légitimes analogies.

Mais trouvons-nous dans la nature actuelle ou dans le passé des preuves de cette transformation continue du monde vivant que semble nous démontrer notre raison? C'est là un point qu'il convient d'examiner avant d'aller plus loin. Dans le domaine de l'induction, les horizons ne s'agrandissent que si les hypothèses ne cessent jamais de revenir se soumettre à l'épreuve des faits. Examinons donc, avec Oscar Schmidt, si dans le monde vivant nous trouvons quelque trace de cette mobilité qu'évoque notre raison.

Il n'y a pas encore bien longtemps les naturalistes les plus autorisés admettaient que tous les animaux étaient modelés suivant quatre types absolument distincts, aussi nettement séparés les uns des autres que les différents sytèmes cristallins, sans transition les reliant entre eux. Ce fut l'une des grandes gloires de Cuvier et de Von Baër d'avoir établi, chacun par une voie différente, l'existence de ces quatre grands types. C'était là une donnée parfaitement en rapport avec la doctrine de la fixité des espèces. S'il existe quatre types d'animaux complétement isolés dans le règne animal, on ne peut songer à attribuer à tous les êtres composant ce dernier une origine commune. Tout au plus peut-on admettre que les espèces appartenant à un même type ont pu descendre des mêmes ancêtres, et c'est à cette proposition que s'était d'abord arrêté Darwin. Mais alors que les mêmes éléments chimiques entrent, dans des proportions peu différentes, dans la constitution des tissus de tous les animaux, et semblent ainsi témoigner de leur identité fondamentale, comment concevoir que ces éléments se soient dès l'origine combinés de manière à produire des types aussi différents? Ici le mystère commence et, mystère pour mystère, autant vaut accepter tout de suite celui de la création et ne pas s'embarrasser d'une hypothèse qui ne fournit que des explications incomplètes. Il était donc de toute nécessité, si l'on voulait faire accepter définitivement les doctrines transformistes, de retrouver ces formes de passage, actuelles ou éteintes, qui comblent les hiatus séparant les quatre embranchements de Cuvier. On s'est mis résolûment à l'œuvre et la zoologie d'une part, la paléontologie de l'autre n'ont pas tardé à fournir un nombre considérable de ces formes de transition. Bornonsnous à citer les *Sagitta*, les *Balanoglossus*, les *Polygordius* parmi les vers où ces formes sont le plus nombreuses et signalent en quelque sorte ce groupe comme le carrefour où viennent se croiser toutes les grandes voies sur lesquelles s'échelonne le règne animal. Signalons encore tous les types *embryonnaires, synthétiques, prophétiques* que la paléontologie nous révèle et qui ne sont en somme que des chaînons unissant ensemble les membres disjoints des formes actuelles ou passées : signalons surtout les remarquables ornithoscélidés, grâce auxquels l'illustre Huxley a pu faire ressortir la parenté étroite qui unit les oiseaux aux reptiles sauriens.

Ainsi les formes intermédiaires entre les quatres grands types anatomiques de Cuvier ne manquent pas; les quatre grands types embryogéniques de Von Baër ne sont pas davantage inconciliables. Une étude plus approfondie du développement est venue démontrer des ressemblances inattendues. Tout le monde a présentes à l'esprit les fameuses conclusions de Kowalewsky relativement à la parenté des vertébrés et des mollusques tuniciers. Plus récemment encore Carl Semper, de Würzbourg, a montré que les organes urinaires primitifs de certains squales sont identiques avec ceux des vers et en a conclu à une parenté plus ou moins proche de ces derniers et des vertébrés. Mais pour être intéressants ces derniers exemples n'ont qu'une importance secondaire relativement à la tentative hardie de généralisation faite il y a quelques années par Haeckel, d'Iéna, tentative à laquelle M. Oscar Schmidt se rallie avec enthousiasme. Haeckel pense avoir trouvé une forme organique assez élevée et que l'on peut considérer comme voisine de la forme ancestrale commune de la plupart des animaux. Cette forme est ce qu'il appelle la *Gastrula*.

Ceci demande quelques explications.

Les études embryogéniques n'ont pas seulement montré qu'il y a de nombreux points de connexion entre les différents types de développement : elles ont encore prouvé ce fait pressenti depuis longtemps et démontré pour les vertébrés par Étienne Geoffroy Saint-Hilaire que tous les organismes d'un même groupe traversaient dans leur développement des phases identiques, que les moins élevés d'entre eux étaient d'ordinaire la reproduction partielle, à l'état définitif, de formes traversées par les plus parfaits, que, dans beaucoup de cas, ces formes transitoires se retrouvaient non plus dans la nature actuelle, mais dans les êtres fossiles, — de sorte qu'une liaison intime s'établissait ainsi entre le monde moderne et les mondes antérieurs, entre les animaux, nos contemporains, et ceux d'espèce éteinte qui les ont précédés sur le globe terrestre.

De là cette conclusion fondamentale, conforme d'ailleurs aux lois bien connues de l'hérédité : « L'embryogénie n'est que la répétition brève et rapide de l'évolution paléontologique de l'espèce. » Chaque animal en se développant ne fait que reproduire les phases successives par lesquelles a passé son espèce pour arriver à se constituer. Seulement la durée de chaque phase est, dans le développement de l'individu, considérablement abrégée; quelques-unes même peuvent être complétement sautées. C'est ainsi que parmi les crustacés décapodes un seul, jusqu'à présent, paraît avoir conservé la forme larvaire de *Nauplius*, commune à presque tous les autres groupes et que l'on considère en conséquence comme représentant la forme primitive d'où tous les crustacés actuels ont dérivé.

Si ce parallélisme entre le développement de l'individu ou *ontogénie* et le développement paléontologique de l'espèce ou *phylogénie* existe réellement, il est évident que le guide le plus sûr, pour ne pas dire le guide unique du zoologiste dans l'appréciation des affinités, devrait être l'embryogénie. Les études de développement devraient lui montrer les groupes voisins suivant pas à pas les mêmes routes et se séparant seulement dans les derniers stades de leur développement; tous les groupes issus d'une même souche devraient présenter pendant un temps plus ou moins long des formes embryonnaires semblables, la durée de la similitude pouvant servir à supputer l'époque relative de la séparation des deux groupes dans la période paléontologique de leur évolution. L'embryogénie devrait nous montrer toutes les connexions qui relient entre eux les ordres et les classes dans les embranchements, et dès l'origine quelques formes embryonnaires neutres, ne montrant pas encore l'empreinte du type, ne devraient servir elles-mêmes que de traits d'union aux embranchements, et témoigner ainsi de l'origine commune de tous les animaux.

C'est là l'opinion de tous les transformistes. Dans ce système, l'embryogénie doit donc devenir la base de toute classification : la classification elle-même n'est plus autre chose que la reconstitution de l'arbre généalogique du règne animal : les termes de parenté qu'elle emploie doivent être pris dans le sens rigoureux de l'état-civil, et de même que l'arbre généalogique d'une famille a naturellement pour substance en quelque sorte les générations passées, de même l'arbre généalogique du règne animal doit avant tout contenir la filiation des espèces éteintes, origine et explication des espèces actuelles dont leur histoire est inséparable. Un système de classification ne portant que sur nos espèces vivantes, cesse d'avoir toute valeur. Il est incapable de former un tout : ce n'est plus qu'une association incohérente de rameaux : c'est un arbre vu à vol d'oiseau et dont les bouquets terminaux ne nous permettent de voir ni les branches principales, ni le tronc.

On sait avec quelle ardeur, Haeckel s'est livré à la reconstitution de cet arbre généalogique, avec quelle conviction puissante il s'est mis à la recherche de ces formes embryonnaires devant servir de trait d'union aux différents groupes : tout le monde connaît aujourd'hui ce sac à double enveloppe et à une seule ouverture, cette larve composée de deux couches différentes de cellules superposées (*exoderme* ou *ectoderme* et *entoderme*), cette *Gastrula*, qui suivant l'enthousiaste professeur d'Inéa, est la forme fondamentale d'où seraient dérivées toutes les formes animales comprises entre l'éponge et l'homme ou plutôt commençant à l'éponge et finissant à l'homme. Oscar Schmidt adopte d'une manière à peu près complète toutes les idées de Haeckel. Auteur comme lui d'un travail sur les éponges, il montre combien ces êtres polymorphes sont difficiles à grouper en espèces; il montre leurs formes les plus diverses arrivant à s'unir par de nombreux intermédiaires, les séries les plus éloignées au début convergeant vers certains types qui ne peuvent cependant être considérés comme leur origine commune, ou dérivant au contraire d'une même forme simple qui représente leur forme ancestrale, et il arrive ainsi à montrer comment dans les degrés inférieurs du règne animal la même forme a pu se représenter plusieurs fois dans des séries de développement différentes, comment les routes qu'ont suivies les organismes dans leur différenciation ont pu se croiser un certain nombre de fois. La prétendue loi de convergence que Watton a essayé d'opposer à la loi de divergence des types de Darwin se trouve ainsi ne plus être qu'un cas particulier de cette dernière. Oscar Schmidt nous montre encore la même fusion s'opérant entre les nombreuses espèces d'ammonites : il pense ainsi avoir étayé par l'observation directe ce fait, en apparence insaisissable, de la variabilité des espèces, de leur parenté indéniable dans un même groupe, et le lecteur se trouvant ainsi convenablement préparé, l'exposition détaillée de la théorie actuelle du transformisme et de son histoire commence.

La naissance de la paléontologie avec Cuvier, la disparition de l'hypothèse des cataclysmes universels et des créations successives devant les recherches géologiques de sir Charles Lyell, l'évolution de l'idée transformiste préparée en Allemagne par l'école des philosophes de la nature et par Gœthe, formulée en France presque complète et dégagée de toute obscurité, sinon avec Geoffroy Saint-Hilaire, du moins avec Lamarck et la philosophie zoologique, voilà autant de paragraphes de deux chapitres importants du livre : l'auteur s'occupe ensuite de Darwin et de Wallace, expose la théorie de la sélection naturelle, celle de la sélection sexuelle qui la complète, consacre un chapitre remarquable au mode de répartition géographique des animaux sur le globe et à l'explication que peut en donner l'hypothèse transformiste; il arrive enfin à sa conclusion et essaye de construire l'arbre généalogique du règne animal et de retracer à grands traits l'évolution de l'homme lui-même.

Tel est le plan de l'ouvrage, un peu touffu, de M. Oscar Schmidt : les chapitres si divers par les sujets qui y sont traités s'enchaînent cependant, comme nous venons d'essayer de le montrer, d'une façon étroite. Nous devons pénétrer maintenant un peu plus dans le détail, et présenter quelques observations au sujet des idées émises dans certains chapitres, des faits qui y sont considérés comme démontrés.

Nos lecteurs sont trop familiers avec la théorie de la sélection, ils ont eu trop souvent l'occasion de lire la discussion qu'en ont faite les savants les plus éminents (1) pour que nous nous permettions de revenir ici sur ce sujet. Les pièces du procès sont entre les mains de tous ceux qu'intéressent ces graves questions. Mais depuis les travaux de Kowalewsky et Haeckel, la question est entrée dans une phase nouvelle. L'embryogénie a été l'objet d'une attention toute particulière : les faits qu'elle a fournis ont été mis à profit avec un enthousiasme qui n'a pas toujours permis de les considérer avec une suffisante impartialité. C'est ce côté de la question que nous demanderons maintenant la permission d'examiner le plus brièvement possible. Toutefois, nous présenterons auparavant quelques considérations relatives à la paléontologie.

II. — Objections paléontologiques

Nous venons d'exposer l'économie du livre important de M. Oscar Schmidt. Pénétrons maintenant plus avant dans les détails, reprenons les faits que l'auteur a si habilement groupés, recherchons leur signification précise et examinons si toutes les conclusions qu'on en veut tirer sont absolument légitimes.

Je laisserai de côté, je l'ai dit, la question fondamentale du transformisme, toute discussion sur ce sujet me paraissant devoir être stérile. Les deux théories contraires de la mutabilité indéfinie et de la fixité des espèces sont encore très-loin d'avoir serré les faits d'assez près pour que l'observation attentive de l'un d'eux puisse décider entre elles. Et c'est à cela pourtant que l'on reconnaît la maturité d'une doctrine. En optique, les deux théories de l'émission et des ondulations seraient encore en présence si elles étaient demeurées dans le domaine de la spéculation pure. C'est seulement en comparant rigoureusement, impartialement aux faits les conclusions ressortant de chacune d'elles que l'on finit par mettre en évidence l'insuffisance de l'une et la fécondité de l'autre. Mais auparavant les choses étaient arrivées à ce point qu'il suffit de la découverte d'un phénomène nouveau, le phénomène des interférences, pour décider de la victoire.

Dans le domaine du transformisme, l'induction a encore une part trop large pour qu'il en puisse être de longtemps ainsi. Des faits, souvent bien peu considérables, il faut le reconnaître, servent de point de départ à de grandioses théories, immenses pyramides reposant sur une pointe d'aiguille : d'autres faits, tout aussi importants que les premiers, sont au contraire laissés dans l'ombre, bien involontairement sans doute, et la théorie a cette insigne bonne fortune que ce sont précisément ceux qui ne rentrent pas facilement dans ses cadres. C'est ainsi, du reste, que chacun se cantonne plus étroitement dans ses croyances, que bientôt les adversaires s'anathématisent ou se prennent réciproquement en dédaigneuse pitié, et que la science, encombrée d'affirmations contraires, se transforme en un dédale où les esprits modérés et indépendants ont le plus grand mal à retrouver leur route. A cet égard, le livre de M. Oscar Schmidt est facile à apprécier : c'est une œuvre d'apostolat, une œuvre de combat, comme

---

(1) Voyez surtout les articles de M. de Quatrefages, ses différents ouvrages de philosophie scientifique.

les ouvrages de Haeckel dont l'auteur s'est fréquemment inspiré. Nous avons religieusement écouté l'apôtre, et nous avons exposé sa doctrine aussi fidèlement que nous l'avons pu; nous avons soigneusement aussi écouté ses contradictions; il nous sera permis de nous faire maintenant l'écho timide de leurs objections.

Il y a des faits fondamentaux sur lesquels nous sommes tous d'accord : les espèces actuelles ne sont pas les mêmes qui habitaient notre globe lorsque la vie apparut à sa surface : une multitude de formes se sont éteintes, d'autres leur ont succédé, et il faut nécessairement admettre que ces dernières ont procédé des premières ou qu'elles ont été formées directement par le Créateur, qu'elles ont subitement apparu sur la terre en vertu d'un ordre exprès de la Providence. Admettez-vous la fixité des espèces comme un dogme absolu? vous vous rattachez fatalement à cette seconde hypothèse; admettez-vous, au contraire, que les espèces varient peu ou prou? vous êtes bien vite ramené, quoique moins nécessairement, à la première. Comme il est bien plus difficile de constater l'apparition subite d'une espèce nouvelle que de constater la chute d'un aérolithe, personne ne s'est avisé de lancer dans la science une pareille affirmation. Celui qui aurait eu une telle audace eût été infailliblement comparé à un astronome qui, découvrant une nouvelle planète, se serait imaginé qu'elle venait de se former juste au moment où elle a passé dans le champ de son télescope. D'autre part il a bien semblé à quelques naturalistes que certaines espèces se trouvaient dans la nature actuelle soumises à d'incessantes transformations : en ce qui concerne les éponges, Oscar Schmidt et Haeckel ont même été complétement affirmatifs; néanmoins presque tout le monde a continué à se frotter les yeux et à demander pour la lanterne un éclairage plus complet. En fait, la transformation positive d'une espèce en une autre n'a jamais été observée. Les animaux domestiques seuls ont présenté quelque chose d'analogue; mais c'est sous l'influence de l'homme et, bien qu'il soit très-difficile de préciser en quoi l'influence de l'homme sur les organismes diffère de l'influence des milieux, si ce n'est par sa persistance plus grande et souvent par sa direction constante dans un même sens, beaucoup de bons esprits se refusent à accepter les arguments fournis par les animaux domestiques à l'hypothèse de la mutabilité; ils ne voient là que des phénomènes artificiels, sans analogues dans la nature et, en présence de cette question préalable, il vaut mieux jusqu'à nouvel ordre les écarter du débat.

En l'absence de preuve directe, évidente pour tous des deux côtés, il faut bien se contenter de preuves indirectes, c'est-à-dire de probabilités, et tandis que les partisans de la fixité des espèces, se retranchant derrière l'impossibilité de provoquer le miracle qui leur serait nécessaire pour faire la preuve de leur doctrine, demandent aux transformistes de leur montrer une espèce en voie d'évolution, ces derniers s'efforcent de tirer de la paléontologie et de l'embryogénie les probabilités sur lesquelles ils veulent asseoir leur théorie.

Sur quelques points isolés, il semble que le succès soit sur le point de couronner leurs efforts. Les animaux fossiles que Louis Agassiz rangeait dans ses *types prophétique, synthétique* et *embryonnaire* peuvent être considérés comme des jalons épars indiquant la route qu'ont suivie les ancêtres de nos animaux modernes pour arriver à leur structure actuelle. Les reptiles à membre postérieur ornithique de l'époque jurassique, les ornithoscélidés de Huxley, l'oiseau à queue de Solenhofen, le célèbre *Archœopteryx* semblent nous montrer comment les oiseaux sont issus des reptiles; l'*Hipparion* et l'*Anchiterium* rattachent si inopinément le cheval aux palœotheridés que la généalogie des solipèdes paraît presque faite; plus récemment enfin Kowalewsky a essayé de nous montrer comment les ruminants et les porcins s'étaient parallèlement développés en s'éloignant d'une souche commune, celle des *Hyopotamidœ*, à laquelle ils devraient les uns et les

autres leur origine. Ce sont là des recherches pleines d'intérêt et dont la valeur sera toujours très-grande, indépendamment de toute considération de doctrine, parce qu'elles ne font autre chose que de grouper des faits et de mettre en évidence des rapports dont la réalité est indiscutable. Or, la connaissance des faits et de leurs rapports n'est-elle pas l'essence même de la science? C'est du reste par des travaux de ce genre, pleins de prudence et de mesure, pleins d'idées, mais aussi de raison, que le transformisme fera son siége; c'est par des travaux de ce genre, dus à son inspiration, qu'il s'est mérité d'ores et déjà une part dans la reconnaissance de ses adversaires eux-mêmes. A cet égard, les paléontologistes ont donné l'exemple du véritable esprit scientifique. — Malheureusement la paléontologie est fatalement destinée à laisser beaucoup de lacunes dans ses démonstrations. Les transformistes le savent très-bien, et quand on leur demande de dresser, pièces en main, la généalogie de tel groupe déterminé, ils se retranchent derrière les impossibilités matérielles qu'impliquent les hasards de la fossilisation. Excuse excellente pour les adeptes de la doctrine, mais qui n'en laisse pas moins subsister les objections de ses adversaires. Les transformistes sont un peu dans le cas d'un accusé qu'on mettrait en demeure de prouver son innocence et qui répondrait : « Mes témoins sont introuvables. » Peut-être serait-il acquitté, mais la conviction de ses accusateurs demeurerait intacte, et c'est là une situation dont la science ne saurait s'accommoder. Remarquons d'ailleurs que tous les paléontologistes n'ont pas eu la main aussi heureuse que Huxley et Kowalewsky lorsqu'il s'est agi de démontrer la réalité du transformisme. Il en est un, des plus illustres, M. Joachim Barrande, dont on parle peu dans l'École, malgré ses immenses travaux. Et cependant ses études portent sur des époques géologiques éminemment intéressantes au point de vue des origines, puisqu'elles sont de toutes celles que l'on connaît les plus voisines de l'aurore de la vie : je veux parler des époques cambrienne et silurienne.

C'est que les conclusions de ces études, les plus complètes peut-être dont une époque géologique ait été l'objet, s'accordent assez mal avec les conséquences de la doctrine. Voici, en effet, ce qui en ressort relativement à la constitution des faunes primitives :

D'abord, dans ces puissantes couches laurentiennes de l'Amérique du Nord, un rhizopode voisin des foraminifères, le fameux éozoon, l'*animal-aurore*, vivant en colonies, qui ont dû former des masses comparables à celles de nos polypiers actuels. Les successeurs immédiats connus de l'éozoon dans les couches cambriennes sont une éponge (1), un coralliaire (2), deux échinodermes [un crinoïde (3) et un oursin (?) (4)], treize annélides, un bryozoaire (5), cinq brachiopodes (6) et un ptéropode (7), en tout quinze genres d'animaux et de vingt-cinq à vingt-neuf espèces. C'est là une faune évidemment incomplète; mais ce que nous en connaissons peut déjà nous donner une idée assez exacte de sa composition.

Les spongiaires et les coralliaires à polypier sont rares, les échinodermes sont déjà représentés par deux de leurs ordres, si toutefois l'on admet que le *Spatangopsis costata* de Torell soit un oursin; les brachiopodes sont assez nombreux; et les bryozoaires d'une part, les ptéropodes de l'autre, complètent avec eux la faune des mollusques, mais sont moins bien représentés.

<hr>

(1) *Astylospongia radiata*, Linnarson.
(2) *Protolyellia princeps*, Torell.
(3) *Agelacrinus Lindströmi*, Linnarson.
(4) *Spatangopsis costata*, Torell.
(5) *Dictyonema*, Hall.
(6) *Lingula, Lingulella, Discina, Obulus*.
(7) *Hyolithus lævigatus*, Linnarson.

En somme, la prédominance paraît avoir appartenu aux vers, surtout si l'on considère que ces animaux à corps mou et souvent diffluent n'ont pas, en général, laissé de traces, et que d'ordinaire les annélides qui savaient se creuser des galeries ou se construire des habitations nous ont seuls légué quelques empreintes. On connaît dans le cambrien treize formes différentes de ces derniers.

Ainsi, malgré la persistance du type des foraminifères dans toute la série des terrains jusqu'à l'époque actuelle inclusivement, l'éozoon n'a pas laissé de successeurs de son groupe dans la faune cambrienne. Tout au moins ces successeurs étaient-ils relativement rares au lieu d'avoir la prédominance. A la vérité, on a contesté la nature organique de l'éozoon; on a prétendu que ce qu'on prenait pour une dépouille animale n'était autre chose qu'une modification métamorphique de la structure de la roche. S'il en était ainsi de la longue suite d'animaux invertébrés que l'on suppose avoir préparé l'avénement des animaux cambriens et siluriens, il ne nous resterait absolument aucune trace. Ainsi, de toutes façons, que l'Éozoon ait été ou non un animal, la difficulté reste la même : dans la première de ces hypothèses on se demande comment il se fait que ses descendants immédiats aient tous disparu sans laisser de traces, alors que nous retrouvons celles d'animaux au moins aussi délicats, de crustacés voisins de nos *Cypris*, par exemple ; dans la seconde, il n'y a plus que des raisons théoriques de supposer l'existence d'une longue période d'animaux invertébrés avant l'époque cambrienne, et l'on ne peut asseoir aucune doctrine scientifique sérieuse sur les raisons.

La faune de l'époque silurienne qui fait indiscutablement suite à la faune cambrienne, accroît encore l'embarras. Dans la faune silurienne primordiale, les rhizopodes continuent à manquer ; les spongiaires sont représentés par quelques formes rares, l'une (*Protospongia*) se trouve en Angleterre dans les couches à *Paradoxides*, l'autre (*Archæocyathus*) n'apparaît en Amérique que dans les couches à faune primordiale plus élevées. Les coralliaires ne font leur apparition qu'avec la faune seconde, et, contrairement à ce qui arrive pour les éponges, c'est en Amérique qu'on les trouve d'abord; partout ailleurs leur apparition est beaucoup plus tardive. Dans le grès calcifère du Canada ils sont représentés par deux espèces ; le groupe de Québec, superposé au grès calcifère, parmi cent soixante espèces, dont cinquante graptolithes, ne fournit qu'un seul polypier (*Tetradium*, Safford); neuf espèces appartenant à quatre genres se trouvent enfin dans la formation de Chasy superposée au groupe de Québec. Ces genres, les premiers qui acquièrent quelque importance numérique au Canada, sont les genres *Stenopora*, *Bolboporites*, *Columnaria* et *Stromatopora*. A Terre-Neuve, dans les dépôts calcaires du groupe de Québec qui représentent une épaisseur de 1361 pieds, on ne trouve, parmi plus de mille échantillons de fossiles connus, que quatre espèces de polypiers représentés par onze échantillons. Ainsi les coralliaires, dont le type s'était déjà manifesté pendant l'époque cambrienne, disparaissent pendant toute la période que caractérise la faune primordiale silurienne et ne se montrent de nouveau qu'avec la faune seconde de cette même époque. On éprouve donc quelque étonnement à entendre M. Oscar Schmidt dire (page 57) en décrivant la faune silurienne :

« Près des nombreux groupes de coraux (1) qui se rattachent plus étroitement à des familles encore vivantes, nous trouvons le groupe tout à fait caractéristique des *graptolites*. » Les graptolites sont, en effet, nombreux ; mais nous venons de voir que pour les coralliaires c'est toute autre chose.

C'est seulement dans la faune troisième que ces êtres se développent en nombre relativement considérable ; plus de

sept cents formes spécifiques ont été signalées dans cette faune ; mais c'est à peu près la moitié des formes spécifiques de cet ordre dans les faunes tertiaires.

Si des coralliaires nous passons à un autre groupe de zoophytes, aux échinodermes, nous rencontrons des faits non moins embarrassants. Dans la faune cambrienne on signale un astéroïde, un spatangoïde (1) et sept cystidés ; dans la faune seconde, parmi cinq cents cinquante et une formes spécifiques distinctes, on ne trouve plus aucun échinide, mais les astéroïdes, les cystidés et les crinoïdes proprement dits sont en grand nombre.

Pendant ce temps, les crustacés, et principalement les trilobites, atteignent un développement de formes spécifiques extraordinaires. On en compte déjà deux cent soixante-quatre dans la faune primordiale, mille six cent soixante et un dans les faunes seconde et troisième réunies ; alors qu'on n'en a encore découvert que cent quatre-vingts dans les faunes tertiaires.

Ce fait éloigne l'idée que le faible nombre de polypiers et d'échinodermes découverts dans la faune silurienne pourrait être attribué au défaut de fossilisation des animaux appartenant à ces deux groupes, à moins d'admettre qu'à cette époque la plupart des coralliaires et des échinodermes étaient mous comme nos actinies ou nos holothuries. Malheureusement les types mous que nous connaissons dans ces classes sont précisément les plus élevés dans la série, et l'éozoon nous a montré que la faculté de sécréter du calcaire avait été acquise de très-bonne heure par les animaux inférieurs.

Les mollusques sont représentés par les classes des bryozoaires (2), des brachiopodes (3), des ptéropodes (4) qui, tous, apparaissent dès l'époque cambrienne ; les hétéropodes apparaissent à la fin de la faune primordiale ainsi que les gastéropodes (5) qui n'offrent à cette époque que quatre formes spécifiques. Enfin les acéphales se montrent les derniers, après même les céphalopodes (6) qui sont déjà très-nombreux au début de la faune seconde, tandis que les acéphales représentés par quatre formes spécifiques seulement dans la première phase de la faune seconde, en Amérique, n'apparaissent en Europe que pendant la seconde phase et ne dépassent enfin le nombre de neuf cents que dans la faune troisième.

Tous les nombres cités semblent d'ailleurs bien montrer que pendant l'époque silurienne, les différents groupes dont nous venons de parler ne font que commencer. Ces groupes sont déjà cependant parfaitement distincts les uns des autres. On ne trouve entre eux aucune forme de passage, rien d'intermédiaire entre l'acéphale et le gastéropode, rien entre le ptéropode et le céphalopode ; les brachiopodes demeurent tout aussi complètement isolés des bryozoaires et des autres groupes.

C'est là, ce nous semble, le fait important que révèlent les recherches si longuement poursuivies de M. Barrande. Les faits d'interversion signalés par ce savant dans l'ordre d'apparition des classes ne sont pas non plus sans mériter une grande attention. Ils sont cependant moins démonstratifs, car ils supposent entre ces classes une hiérarchie qui, en définitive, n'a rien d'absolu, et qui correspond moins à la réalité qu'aux nécessités de nos méthodes toujours obligées d'adopter, dans une certaine mesure, une disposition linéaire pour l'arrangement des classes.

---

(1) Le type précis auquel ces deux formes se rapportent nous paraît encore douteux. L'astéroïde est-il un stelléride, un ophiuride ou même un crinoïde ? Quant au spatangoïde, si cette détermination se confirmait, ce serait un fait des plus singuliers que la présence d'une semblable forme dans les terrains fossilifères les plus anciens.
(2) 478 espèces dont 7 dans la forme primordiale.
(3) 1562 espèces dont 55 primordiales.
(4) 180 espèces dont 18 primordiales.
(5) 1320 formes siluriennes dont 4 primordiales.
(6) 165 formes secondes sur un total de 1622 formes siluriennes.

---

(1) Coraux est mis ici pour coralliaires.

Dans l'établissement de cette hiérarchie, l'arbitraire joue d'ailleurs bien souvent un rôle peu équivoque. Pourquoi, par exemple, placer les ptéropodes au second rang parmi les mollusques, comme le fait M. Barrande, avec la plupart des zoologistes? Pourquoi mettre, au contraire, les brachiopodes au dernier?

Remarquons encore que cette hiérarchie, fût-elle absolument conforme aux faits, n'impliquerait un ordre de succession correspondant dans l'apparition des classes, que s'il était prouvé, comme semble le penser M. Barrande, que ces classes dérivent les unes des autres, celles dont l'organisation est la moins élevée, ayant, en se perfectionnant, engendré les plus parfaites. Or, cela n'est nullement prouvé et je ne crois pas qu'il soit venu à l'esprit de personne de faire dériver les gastéropodes des acéphales ou ceux-ci des brachiopodes. Au contraire, Haeckel, Gegenbaur et la plupart des transformistes font dériver les mollusques de l'embranchement des vers, mais pensent que chacune de leurs classes a pu avoir une origine distincte, ou tout au moins que chacune d'elles s'est constituée parallèlement aux autres, à la suite de modifications en sens divers d'un même type n'ayant pas encore acquis les caractères que nous attribuons aujourd'hui à l'embranchement des mollusques.

Cela fait disparaître toutes les objections relatives à l'ordre d'apparition des classes. Du moment qu'il n'y a plus entre elles de relation de descendance, mais tout au plus une simple parenté collatérale, il n'est pas incompréhensible que les céphalopodes aient apparu avant les gastéropodes et ceux-ci avant les acéphales; on peut même, à certains égards, en s'appuyant sur les lois de la sélection naturelle, démontrer qu'il devait en être ainsi. Toute modification organique, constituant un progrès important, a dû favoriser la multiplication des êtres qui l'avaient subie; il a dû en résulter des chances considérables de nouveaux progrès; le perfectionnement s'est trouvé en quelque sorte précipité et c'est ainsi que certaines classes d'une organisation très-élevée, celle des céphalopodes, par exemple, ont pu, de très-bonne heure, présenter une grande supériorité numérique sur des classes moins élevées, moins bien outillées pour la lutte, telles que celles des gastéropodes et des acéphales.

Là n'est donc pas la difficulté. Elle réside surtout dans l'absence des formes intermédiaires qui ont dû relier les classes de mollusques, soit entre elles, soit à certains types de l'embranchement des vers. Ce qu'il y a de plus malheureux, c'est que ces formes intermédiaires, qui manquent complétement dans les terrains les plus anciens, là où elles devraient être le plus abondantes, se manifesteront cependant plus tard. Le dentale, par exemple, ne se montre qu'à l'époque devonienne, et c'est bien là une de ces formes intermédiaires, puisqu'il réunit en lui, non-seulement les caractères des acéphales et ceux des gastéropodes, mais qu'il présente encore dans son développement, comme le font d'autres mollusques, les oscabrions, par exemple, des traits qui le relient nettement au sous-embranchement des vers. Ce fait nous paraît de nature à jeter un certain doute sur la légitimité des procédés que l'on emploie d'habitude pour reconstituer l'arbre généalogique des différents types du règne animal. Du moment que l'on trouve un type réunissant en lui des caractères communs à deux autres types distincts, on en conclut que ces derniers sont des descendants d'êtres voisins du premier et ont graduellement divergé en s'éloignant de leur souche commune. Il ne saurait guère y avoir d'objection théorique à opposer à cette induction. Les types intermédiaires ne peuvent se concevoir que comme souche commune des deux types qu'ils réunissent, ou comme partie intégrante d'une série simple à laquelle ces deux types appartiennent. Si l'on sort de cette alternative, toute leur importance au point de vue phylogénétique disparaît. Or, dans le cas actuel, il est impossible de supposer que les dentales représentent une forme de transi-

tion traversée par certains acéphales pour se transformer en gastéropodes. Il faut donc admettre que ces mollusques, ou des animaux très-voisins, représentent la souche commune d'où seraient sortis les gastéropodes et les acéphales, d'autant plus qu'ils comptent parmi les rares mollusques qu'ont peut avec quelque apparence de raison rattacher aux vers; malheureusement, la paléontologie vient renverser cette hypothèse en nous montrant le dentale comme ayant fait son apparition après les acéphales et après les gastéropodes. Que penser, dès lors, de la valeur démonstrative des types intermédiaires au point de vue de la doctrine de la descendance?

Je me borne à citer cet exemple, et je conclus que la paléontologie et l'anatomie comparée ne sont pas toujours aussi parfaitement d'accord qu'on l'affirme dans les questions de descendance. D'inexplicables contradictions, — et j'en ai cité une entre toutes, — existent encore. Peut-être trouvera-t-on moyen de les comprendre un jour dans la formule générale; mais, jusqu'ici, elles justifient tous les doutes, toutes les hésitations; — elles permettent de protester énergiquement contre l'absolutisme des affirmations de l'école.

III. — L'EMBRYOGÉNIE.

Si la paléontologie n'apporte que des arguments incomplets à l'appui des doctrines transformistes, l'embryogénie fournit-elle au moins un supplément de preuves? Suffit-elle à combler toutes les lacunes?

Si elle n'est, comme on l'a dit, qu'une brève répétition de l'évolution paléontologique de l'espèce, elle doit évidemment lever tous les doutes que l'étude des fossiles laisse subsister? Elle doit être le flambeau à la lueur duquel doit s'édifier sûrement l'arbre généalogique du règne animal. Elle devient pour ainsi dire la science tout entière. Voyons ce qui en est.

Nier que les études embryogéniques aient rendu d'immenses services à la systématique serait puéril. Nous leur devons d'être renseignés sur les véritables affinités des lernéens qu'on a pris longtemps pour des helminthes, des cirripèdes dont Cuvier faisait encore des mollusques, des sacculines, véritables sacs à œufs qu'on ne saurait où placer si l'embryogénie ne démontrait que se sont de véritables cirripèdes.

Ce sont là des résultats d'une importance incontestable et qui expliquent la confiance qu'a inspiré l'embryogénie, l'ardeur avec laquelle un grand nombre de savants s'adonnent à son étude. Cette ardeur s'est encore augmentée depuis le jour où Kowalewsky, comparant le développement des tuniciers à celui du plus inférieur des vertébrés, l'*Amphioxus*, signala dans la formation de l'embryon, dans les deux cas, une certaine ressemblance, décrivit une véritable corde dorsale chez l'embryon des ascidies, et conclut finalement à une parenté généalogique des vertébrés et des tuniciers que tout le monde considérait, jusque-là, comme voisins des mollusques acéphales.

La corde dorsale une fois admise chez les embryons d'ascidie, on ne tarda pas à leur trouver une moelle épinière, et Küpfer leur découvrit même des nerfs « qui ne durent qu'une paire de secondes ». Bref, il y a bien peu de transformistes aujourd'hui qui n'admettent pas les idées de Kowalewsky au sujet de la parenté des tuniciers et des vertébrés, et M. Oscar Schmidt se range complétement à leur avis. L'auteur glisse, d'ailleurs, très-rapidement sur une observation d'importance primordiale due à M. de Lacaze-Duthiers, et qui nous montre une véritable ascidie appartenant au genre molgule, absolument privée de corde dorsale, à côté d'autres ascidies appartenant au même genre et qui, sous ce rapport, ne s'écartent pas de la règle.

Comment s'expliquer qu'un organe aussi important au point de vue morphologique, qu'un organe aussi essentiellement typique du vertébré, qu'il suffit à lui seul pour le caractériser, puisse devenir aussi peu constant dans un groupe voisin. M. Oscar Schmidt nous dit que cela n'a aucune importance, qu'il ne faut pas nous en préoccuper, pas plus que de la suppression du *nauplius* dans la série des formes larvaires des crustacés décapodes, ou de celle du *velum* chez les larves des gastéropodes pulmonés terrestres. C'est là une affirmation pleine, à la vérité, de bonnes intentions à l'égard du lecteur, mais qui ne diminue malheureusement en rien l'importance des faits. C'est un étrange procédé de discussion scientifique que de dire : « Tels faits » ne rentrent pas dans ma théorie, je n'en tiendrai pas » compte. Assez d'autres sont conformes à mes idées pour » qu'il me soit permis de dédaigner les récalcitrants. » Voyez-vous, en optique, les partisans de l'hypothèse de l'émission déclarant qu'ils ne tiendront pas compte des phénomènes d'interférence, parce qu'ils ne rentrent pas dans leurs théories sur la lumière ! En somme, s'il arrive quelquefois que les exceptions confirment les règles de grammaire, il n'en est pas absolument de même pour les théories scientifiques : c'est toujours par les exceptions qu'elles succombent. Malgré l'affirmation rassurante de M. Oscar Schmidt, je demeure très-préoccupé de voir certaines molgules se débarrasser de leur corde dorsale, organe vénérable entre tous par son antiquité, par le cachet qu'il imprime à l'économie tout entière, absolument comme s'il ne s'agissait que d'un organe accessoire, d'un futile ornement. Et j'en conclus, jusqu'à plus ample informé, que l'on se trompe en appelant corde dorsale l'organe qu'on a décrit sous ce nom chez les larves d'ascidies; que l'on se trompe en l'assimilant à la corde dorsale des vertébrés. Je n'ai, du reste, aucune illusion : ma conclusion n'ébranlera aucune conviction transformiste. Il est entendu, dans l'école, que quiconque touche à l'arche sainte est digne de pitié, et l'on passe. « Tout ce qui a été écrit contre Darwin, dit-on, ne » vaut pas le papier qu'il a fallu noircir pour cela. » A cet égard, les adeptes entendent bien partager les priviléges d'inviolabilité qu'ils accordent au maître.

Sont-ils bien sûrs cependant de ne se tromper jamais? Ce n'est pas sans étonnement, par exemple, que je lis, page 162 du livre de M. Oscar Schmidt, que « tous les insectes de la famille » des *staphylinées* sont incapables de voler », et que je le vois expliquer comment s'est produite chez eux la disparition des organes du vol. Les élytres de ces animaux sont, en effet, très-courtes; mais l'on se rend d'autant plus difficilement compte de l'avantage que l'animal a pu trouver à ce raccourcissement de ses ailes supérieures, qu'elles sont destinées à recouvrir des ailes inférieures plus longues que le corps, qui doivent se replier plusieurs fois pour se cacher sous les élytres, et qui permettent à l'animal de voler avec une extrême agilité.

Mais ce n'est là qu'un détail et je reviens à l'embryogénie.

« Le développement de l'individu (ontogénie) est, suivant la doctrine, la répétition du développement historique de la souche (phylogénie). M. Oscar Schmidt consacre son neuvième chapitre à la démonstration de ce théorème et admet entièrement, à cet égard, toutes les idées de Haeckel. La *Gastrula* est, pour le savant professeur de Strasbourg, l'ancêtre commun, authentique, de tous les animaux compris entre les éponges et l'homme. La série est longue et l'importance de la *Gastrula* serait énorme si cette forme larvaire se retrouvait toujours comparable à elle-même à la base du développement de tous les types auxquels le zoologiste philosophe d'Iéna l'attribue.

En réalité, c'est là une question qui demande encore de nombreux éclaircissements et qui n'a rien de la lumineuse simplicité qu'on lui supposerait en lisant les pages écrites sur la matière soit par Haeckel, soit par Oscar Schmidt.

C'est dans sa belle monographie des éponges calcaires que Haeckel a exposé pour la première fois sa théorie de la *Gas-*

trula, et l'auteur insiste avec raison sur l'existence chez les éponges de cette forme larvaire, signalée pour la première fois dans ce groupe même des éponges calcaires, par Micklucho-Maclay. Deux sacs renfermés l'un dans l'autre, mais ayant une commune ouverture, l'un (entoderme) à parois constituées par de grandes cellules polyédriques, l'autre (exoderme) à parois formées de longues cellules munies chacune d'un flagellum ou long cil vibratile isolé. Voilà la *Gastrula* des éponges. Il serait intéressant de savoir comment se constitue cette *Gastrula*, Haeckel ne le dit nulle part; mais il y a plus, un auteur dont les recherches font autorité en ces matières, Élias Metschnikoff [1], a étudié lui aussi les éponges calcaires. Il a vu ces larves ciliées dont parle Haeckel : il nie qu'elles soient constituées comme le dit le zoologiste d'Iéna : il montre comment elles se transforment en éponge, et ce mode de transformation n'a rien de commun avec les métamorphoses *toutes théoriques* que Haeckel a plutôt imaginées que réellement vues. Voilà donc la *Gastrula* des éponges, voilà les rapports de cette *Gastrula* avec l'animal adulte complétement remis en question, en ce qui concerne des groupes d'animaux les plus intéressants au point de vue de la théorie. En attendant des observations nouvelles, nous devons passer outre et rechercher si la théorie de la *Gastrula* est conforme avec ce qu'on observe dans le développement des animaux plus élevées.

Cette question a été tout récemment examinée avec soin par le professeur Salensky dans un mémoire spécial et par M. Alexandre Agassiz à la fin de son beau mémoire sur le développement des cténophores [2]; tous deux arrivent à une conclusion diamétralement opposée à celle de Haeckel.

Il est bien vrai que beaucoup d'animaux présentent pendant une certaine période de leur développement cette apparence d'un sac à double parois à laquelle Haeckel a donné le nom de *Gastrula*, forme qui depuis longtemps était connue et désignée sous le nom de *Planula*. Mais ces *Gastrula*, plus ou moins semblables en apparence, sont très-différentes au fond, en ce sens que leur développement s'est effectué de façons très-diverses, que leurs deux feuillets ne se sont pas formés de la même façon au moyen des éléments de l'œuf, et qu'en conséquence ils ne se correspondent pas.

D'autre part, l'essence de la *Gastrula* est d'être formée d'une cavité digestive qui, suivant la théorie, serait toujours limitée par l'entoderme, et d'une partie extérieure en rapport avec le milieu ambiant qui est l'exoderme. Or il n'en est pas toujours ainsi. Chez les cténophores, chez les échinodermes et chez quelques méduses, c'est l'exoderme différencié de très-bonne heure qui forme la cavité digestive primitive; les coralliaires et les hydraires rentrent au contraire dans la règle générale, et cela est d'autant plus étrange que leur parenté avec les Cténophores et les Méduses est indiscutable.

Quant aux Échinodermes, quand même on les rapprocherait des Vers, comme le veulent Haeckel et avec lui Oscar Schmidt, il n'en serait pas moins bizarre que leur *Gastrula* ait pris un mode de développement si particulier. Au sujet du reste de cette prétendue parenté des Échinodermes et des vers, on ne peut que regretter de trouver dans l'ouvrage de M. Oscar Schmidt la phrase suivante : « Donc ceux-là seuls se tirent de l'hypohèse de Haeckel qui reculent devant l'ef-

---

(1) *Zeitschrift für wissenschaftliche Zoologie.* 1874. 1er fascicule.

(2) Les cténophores sont des animaux marins transparents comme du cristal et rappelent en cela les méduses. Mais au lieu de nager par des contractions de leur corps c'est par le mouvement continu de bandes de palettes vibratiles découpées sur leur bord libre en forme de peigne qu'ils se déplacent dans le milieu ambiant. Dans le *Beroë ovum* qu'on peut prendre comme type de ce groupe, ces bandes au nombre de huit sont disposées suivant quatre méridiens de l'animal qui a la forme d'un œuf.

fort de penser et de combiner. » Ce sont-là de bien gros mots et qui deviennent malheureusement fréquents dans une certaine école transformiste. Ils sont dans le cas actuel d'autant plus à regretter que ce n'est pas à Hæckel qu'on doit d'avoir imaginé que les échinodermes ne sont pas autre chose que cinq vers soudés par la tête : c'est à Duvernoy que revient cette idée, d'une ingéniosité tout à fait imprévue. — D'autre part, il se trouve que l'homme qui arrive à point pour recevoir ce reproche de n'avoir pas le courage de penser et de combiner est M. Alexandre Agassiz, l'un des savants qui connaissent le mieux les échinodermes, l'un des savants à qui la zoologie contemporaine doit le plus de services. Fort de ses études d'embryogénie comparée, M. Alexandre Agassiz nie d'une manière énergique qu'il y ait une ressemblance quelconque entre les échinodermes et les vers. Sur la larve d'une étoile de mer, sur celle d'un ophiure, où l'assimilation serait le plus facile, il n'a jamais vu bourgeonner rien qui puisse être comparé à un ver, et d'ailleurs si l'on considère que des étoiles de mer aux oursins, de ceux-ci aux holothuries, la transition est aussi ménagée que possible, que par conséquent ces animaux sont morphologiquement équivalents, et qu'enfin les holothuries, si l'on peut les comparer à d'autres êtres, ne peuvent l'être qu'à certains géphyriens, c'est-à-dire à des vers dans le sens ordinaire du mot et non à des colonies de vers, on s'aperçoit bien vite que l'hypothèse de Duvernoy, reprise par Haeckel, est aussi insoutenable, au point de vue de l'anatomie comparée, qu'au point de vue de l'embryogénie.

Les recherches embryogéniques de M. Alexandre Agassiz montrent d'une manière péremptoire, à notre avis, que les animaux avec qui les échinodermes ont le plus d'affinité sont les cténophores. Ils se relient de la sorte très-directement aux rayonnés, comme le soutenait Cuvier, et nous ne voyons aucune raison sérieuse dans la science actuelle de supprimer, comme on le fait souvent aujourd'hui, le grand embranchement des zoophytes pour le remplacer par deux *souches* entièrement indépendantes : celle des cœlentérés et celle des échinodermes.

La tendance du jour est d'ailleurs d'une façon manifeste à démembrer les anciens embranchements de Cuvier. Les grandes classes elles-mêmes ne sont pas à l'abri des coupures et, chose curieuse, comme au temps de Linné, le groupe des vers sert en quelque sorte de réceptacle à tout ce que l'on est embarrassé de placer ailleurs. En même temps qu'on essaye de le relier aux échinodermes, on le grossit de tout le sous-embranchement des molluscoïdes, de M. Milne Edwards; tout récemment le professeur Semper soutenait l'existence d'affinités entre les embryons de certains poissons et les annélides; enfin voilà que tend à s'implanter dans la science une doctrine nouvelle qui voudrait encore réunir aux vers les brachiopodes. Émise autrefois d'une façon hypothétique par le professeur Stenstrup, cette idée a été reprise récemment par le professeur Edward Morse et enfin par Kowalewsky, en se fondant exclusivement sur des données embryogéniques.

Edward Morse est particulièrement affirmatif : les brachiopodes sont pour lui des annélides dont tout l'organisme s'est concentré vers la tête « des annélides céphalisées». Cette expression du savant américain me paraîtrait devoir prouver au contraire d'une manière péremptoire aux yeux des transformistes qu'il faut bien réellement laisser les brachiopodes parmi les mollusques. Nul ne peut nier que si ce sont des vers, ce sont des vers d'un type bien particulier. Mais quelle est l'opinion des maîtres de l'école transformiste au sujet des mollusques eux-mêmes. Ouvrons, par exemple, l'anatomie comparée de Gegenbaur. Nous y voyons les mollusques représentés comme des animaux analogues aux vers, mais dont le système nerveux serait réduit au collier œsophagien et à un système nerveux sympathique. Les affinités de ces êtres avec les vers sont encore appuyées sur la forme de la larve des dentales, sur la forme de la larve des oscabrions et encore sur ce fait que dans les deux types, la segmentation du vitellus, ainsi que la formation de l'entoderme et de l'exoderme s'accomplit de la même façon. On peut donc dire que les mollusques dérivent de vers n'ayant eu qu'un seul métamère, ce qui ressemble beaucoup à dire que ce sont des vers réduits à leur tête. Dans les deux cas des brachiopodes et des mollusques otocardes le type des vers a donc subi des modifications analogues et je ne trouve en conséquence dans les doctrines transformistes que des raisons de maintenir l'embranchement des mollusques tel qu'il avait été conçu par Cuvier. Là encore il est permis de résister aux innovations si hardiment tentées par ceux qui veulent bien s'appeler eux-mêmes les naturalistes de progrès.

On voit, en résumé, que ce progrès est souvent contestable. Depuis dix ans une quantité d'idées nouvelles ont été jetées dans la science, beaucoup d'idées anciennes longtemps abandonnées ont été reprises et soutenues avec ardeur. Le tort de M. Oscar Schmidt est d'avoir un peu trop parlé en apôtre de ces idées, pas assez en critique. La science ne gagne rien à ces formules absolues — souvent si peu conformes aux faits qui abondent dans le langage de l'école haeckelienne et dont nous n'avons cité qu'un petit nombre d'exemples. Si ces formules peuvent en imposer à quelques lecteurs, il en est d'autres, et ce sont les plus compétents, ceux qui font en somme l'opinion scientifique, qu'elles éloignent de la doctrine ou qu'elles transforment en adversaires.

Ce n'est pas par l'exagération qu'une théorie scientifique se fait une place, et j'en trouve la preuve dans l'histoire même du transformisme. C'est à sa forme modérée que le premier livre de Darwin dut son grand et légitime succès. Et si jamais le darwinisme devient une doctrine acceptée de tous, il le devra non pas aux rêveries brillantes, mais aventureuses, où se complaisent aujourd'hui certains de ses adeptes germaniques, mais aux travaux patients de ceux qui scrutent directement la nature, de ceux que ne rebutent pas l'étude et la description des espèces, la recherche de leurs rapports avec les conditions où elles vivent, avec les espèces qui les ont précédées. La zoologie descriptive fera plus encore, pensons-nous, pour la solution de la question que l'anatomie et l'embryogénie.

E. P.,
Maître de conférences à l'École normale supérieure.

BULLETIN DES SOCIÉTÉS SAVANTES

Académie des sciences de Paris. — Séance publique annuelle du lundi 21 juin 1875.

Cette séance est consacrée à la proclamation des prix que l'Académie décerne cette année. M. Fremy, président de l'Académie, prononce une allocution dans laquelle il fait l'éloge des savants dévoués à la science et au pays et il nomme particulièrement M. Mathieu, le doyen de l'Académie, dont nous avons à regretter la perte, les missionnaires envoyés pour observer le passage de Vénus, enfin les infortunés Sivel et Crocé-Spinelli. Il termine par des remercîments aux hommes généreux, qui constituent, avec leur propre fortune, le budget de la science.

Après cette allocution, M. Fremy proclame les prix décernés pour 1874 et fait connaître les concours que l'Académie a cru devoir proroger à l'année prochaine.

(*Nous publierons la liste de ces prix dans le prochain numéro.*)

Le propriétaire-gérant : Germer Baillière.

PARIS. — IMPRIMERIE DE F. MARTINET, RUE MIGNON, 2.

LA
REVUE SCIENTIFIQUE

DE LA FRANCE ET DE L'ÉTRANGER

REVUE DES COURS SCIENTIFIQUES (2ᴱ SÉRIE)

Direction : MM. Eug. Yung et Ém. Alglave

2ᵉ SÉRIE — 5ᵉ ANNÉE   NUMÉRO 2   10 JUILLET 1875

ACADÉMIE DES SCIENCES DE PARIS

SÉANCE PUBLIQUE ANNUELLE

M. J. BERTRAND
Secrétaire perpétuel

Élie de Beaumont

Messieurs,

La famille d'Élie de Beaumont est citée, dès longtemps déjà, avec reconnaissance et respect ; le père de notre illustre confrère était fils du défenseur des Calas, sa mère était fille du président Dupaty, une des gloires les plus pures du parlement de Bordeaux. Les hommes humains, disait Dupaty, croient plus difficilement au crime et se trompent moins. L'humanité est une lumière. Guidé par cette lumière, le grand-père maternel d'Élie de Beaumont plaçait la joie de sauver l'innocence plus haut que le devoir de convaincre le crime. Respectueux pour la loi, mais homme de bien avant tout, il prit en main la cause désespérée de trois infortunés, constamment innocents à ses yeux, et qui, condamnés par une injuste sentence, étaient conduits déjà vers le lieu du supplice. Une si haute protection obtint un délai, puis le renvoi devant de nouveaux juges. Quittant la robe de président pour celle d'avocat, il plaida pour eux, et soulevant tout ensemble d'irréconciliables inimitiés et de touchantes actions de grâces, il l'emporta sur le parlement de Paris, fort animé contre cet injurieux renversement de l'ordre des procédures, en faisant consacrer par un arrêt définitif le triomphe de l'équité sur le respect aveugle de la chose jugée.

Léonce-Élie de Beaumont naquit à Canon, près de Caen, le 25 septembre 1798, dans le château seigneurial où sa famille aimée et respectée avait traversé sans inquiétude les années les plus périlleuses. Le nom de Canon *les bonnes gens*, dont s'honore la paroisse de *Canon*, rappelle le souvenir d'une institution touchante, qui, grâce à la libéralité du château, y entretenait une noble émulation de dévouement et de vertu.

Deux médailles d'honneur désignaient et récompensaient chaque année les plus méritants. Les habitants des trois paroisses voisines concouraient au jugement ; le seigneur de Canon, en les associant ainsi à son bienfait, renouvelait la reconnaissance de tous et l'accroissait d'année en année.

Vingt et un électeurs désignés par le suffrage universel classaient les candidats par ordre de préférence. M. et Mᵐᵉ Élie de Beaumont se réservaient huit jours pour examiner de nouveau les titres des trois premiers de la liste ; et, accroissant par ce délai même la solennité de la décision, chargeaient le curé de la paroisse de proclamer en chaire, le dimanche suivant, les noms, impatiemment attendus, du bon vieillard et du bon père de famille, ou ceux de la bonne mère de famille et de la bonne jeune fille de l'année.

Dans une salle immense, appelée aujourd'hui encore *salle des bonnes gens*, devant les trois paroisses solennellement réunies, le défenseur de Calas, après avoir ému et animé au bien les bonnes gens de Canon en célébrant comme il savait le faire l'esprit de dévouement et de sacrifice, et loué, par le simple récit de leur vie tourné en leçons pour tous, les lauréats confus de tant d'honneur, remettait à chacun avec sa médaille un cordon bleu que le comte d'Artois, protecteur de la fête, avait daigné porter pendant une journée et une bourse pleine d'or, qui, pour de pauvres paysans, formait une petite fortune.

De telles scènes se gravent dans les mémoires : la fortune ébranlée de la famille Élie de Beaumont ne permettait pas de les renouveler ; mais on en parlait dans les chaumières et plus souvent encore au foyer du château. Les ingénieux emblèmes de la fête *des bonnes gens*, sculptés sur la façade, frappèrent les premiers regards de Léonce et de son frère Eugène. La grande salle désormais sans usage fut le théâtre de leurs premiers jeux ; la visite fréquente des anciens lauréats, la rencontre des bons pères de famille, devenus de bons vieillards, devaient en même temps imprimer dans leur esprit de douces et pieuses émotions.

Le père d'Élie de Beaumont, terrassé par une cruelle maladie, ne pouvait surveiller ni diriger lui-même l'éducation

2

de ses deux fils. Sous les yeux d'une mère pleine de bonté, de grâce et de solide instruction, un maître habile, dom Raphaël de Hérino, capable de les élever en même temps dans les sciences et dans les lettres, déposa dans leur esprit les premières semences du savoir et le goût de l'étude. Charmé de leur zèle, fier de leurs progrès, se promettant tout de ces heureuses prémices, l'habile précepteur conduisit les deux frères à Paris, et, au concours général de 1817, Eugène remportait le prix d'honneur de philosophie, et Léonce le premier prix de mathématiques spéciales et celui de physique ; la même année il entrait le second à l'École polytechnique, dont il devait sortir, deux ans après, avec le premier rang et le titre d'élève ingénieur des mines.

Exactement soumis à l'ordre et à la discipline, dans la variété de ses nouvelles études Élie de Beaumont ne fit paraître aucune préférence ; avide de tout savoir et soigneux de bien faire en toute circonstance, il conserva à la sortie le premier rang de sa promotion.

Lorsque, suivant les usages et la coutume constante de l'École des mines, il entreprit le voyage d'instruction dont deux années de sérieux travaux forment l'utile préparation, son professeur de géologie, Brochant de Villiers, le recommandait en ces termes au savant ingénieur de Strasbourg, M. Voltz : « C'est un de nos plus forts sujets présents et passés, éminent surtout en géologie. » L'École des mines prescrit pour toute loi à ses jeunes voyageurs de chercher et de mettre à profit les occasions de s'instruire. Le journal de voyage d'Élie de Beaumont, jugé digne d'instruire les autres, fut inséré dans les *Annales des mines*.

Un second voyage le conduisit l'année suivante en Suisse, en compagnie de son camarade Fournel, qui, plus tard, devait doter de puits artésiens notre colonie d'Alger. Recommandés par Brochant de Villiers, ils trouvèrent chez le directeur des salines de Bex, M. Charpentier, un accueil bienveillant et cordial ; mais, en insistant pour les retenir, ce savant géologue, d'un mérite fort au-dessus du commun, ne chercha bientôt que le plaisir d'enseigner et de conduire au milieu de ses chères montagnes deux jeunes gens pleins de distinction prêtant à ses conseils, dont ils savaient le prix une vive et sérieuse attention, et qui, consommés dans les études théoriques, se montraient dignes déjà de son commerce et de ses confidences scientifiques. Il ne soupçonnait pas que l'honneur d'avoir été, dans l'art d'observer sur le terrain, le premier maître d'Élie de Beaumont contribuerait un jour en attirant sur lui l'attention à préserver d'un injuste oubli ses conciencieux et solides travaux.

En quittant, après un mois de courses continuelles, le toit hospitalier de Bex, les jeunes voyageurs, attentifs aux grands spectacles de la nature, mais poursuivant de cime en cime les seules beautés géologiques allèrent terminer en Auvergne un voyage de quinze cents lieues, dont neuf cents, d'après leurs calculs, avaient été parcourues à pied.

Brochant de Villiers, jaloux d'assurer le succès de la carte géologique de France, dont l'exécution lui était commise, entre les jeunes ingénieurs, ses anciens élèves, choisit Élie de Beaumont et Dufrénoy pour réclamer le concours de leur jeunesse et de leurs talents. Vigilants et actifs, sans affecter l'indépendance, les deux jeunes camarades devinrent bientôt les conseils de leur ancien maître, puis ses lumières et ses guides. Consentant, pour les mieux préparer, au retardement de leur grand travail les soins prévoyants de Brochant de

Villiers les invitèrent d'abord à étudier l'Angleterre. Les accidents naturels du sol y favorisent, en effet, plus souvent qu'en France les études géologiques et de nombreuses falaises y mettent à nu des couches difficilement accessibles sur nos côtes. Les savants auteurs de la carte géologique d'Angleterre, récemment terminée, tout pleins encore du souvenir des difficultés surmontées, ne pouvaient manquer de leur prêter libéralement un utile et cordial secours. Ingénieurs aussi bien que géologues, Élie de Beaumont et Dufrénoy, mettant à profit les occasions et les moyens d'étude offerts de toute part, s'appliquèrent à connaître en même temps que le sol les mines et les usines de la Grande-Bretagne. *Le voyage métallurgique en Angleterre*, heureux commencement de leurs communs travaux, attestait dès l'année suivante la variété de leur savoir et le succès de leurs efforts.

Pour se distribuer également le travail, ils divisèrent la France en deux régions : celle de l'est échut à Élie de Beaumont ; mais, suivant leur sage convention, chacun des collaborateurs, loin de se tenir rigoureusement dans les bornes du partage, devait, sur une bande commune, conférer les résultats pour constater l'accord des méthodes ou pour en faire disparaître les divergences. Désireux d'associer les lumières, non de diminuer le labeur, on se décida bientôt dans de communes excursions à vider sur place les questions de fait pour rechercher ensemble la solution des difficultés et des doutes. L'assiduité de ces savantes études devint le lien nouveau d'une amitié déjà ancienne. La noble émulation de bien faire n'a pu l'altérer un seul instant, et, si les jeunes émules se sont efforcés tour à tour de se convaincre et de se surpasser l'un l'autre, on ne s'en aperçoit qu'à la perfection de l'œuvre commune.

Brochant de Villiers, leur maître et leur chef, assistait, arbitre respecté, aux conférences de ses anciens élèves ; plus d'une fois même, il étendit ses soins jusqu'à prendre part à leurs courses, pour s'assurer, dit-il dans un rapport officiel, de la manière nouvelle dont Élie de Beaumont envisageait l'étude des terrains les plus difficiles. L'accord dépassa les espérances, et, dans le fruit admiré de leur long travail, les deux amis, après la mort de leur maître, n'eurent à revendiquer, pour peu que ce fût, ni à décliner sur aucun point de responsabilité séparée.

Émancipé par la contemplation des faits, et préférant ce qu'il a vu à ce qu'il a appris, Élie de Beaumont osa, dès l'année 1827, heurter de front la doctrine de ses maîtres ; avec la conscience de sa force et la franchise d'une âme droite et sincère, il n'hésita pas à les prendre pour juges en leur demandant publiquement de se condamner eux-mêmes.

La Bruyère a dit : « Il n'est pas si aisé de se faire un nom par un ouvrage parfait que d'en faire valoir un médiocre par le nom qu'on s'est déjà acquis. »

La perspicace bienveillance de nos prédécesseurs a dans mainte occasion démenti ce trait de satire ; leur applaudissement, au contraire, a précédé, en la préparant, plus d'une renommée éclatante. Entre les beaux et solides rapports dont s'honorent nos archives, aucun, j'ose l'assurer, n'est plus fortement motivé ; aucun, relu après tant d'années, ne doit inspirer plus de respect que les pages lumineuses et solides dans lesquelles Alexandre Brongniart, juge loyal en sa propre cause, relève avec bonheur et proclame avec assurance la valeur, les conséquences et le mérite du mémorable chef-d'œuvre qui, contredisant sa doctrine et ses leçons, ébranle la base de ses propres travaux.

« Le mémoire de M. Élie de Beaumont, disait Alexandre » Brongniart, expose certainement une des théories les plus » nouvelles et les plus ingénieuses qui aient été proposées » depuis longtemps; elle semble même détruire des théories » qui ont pour elles l'honorable présomption d'un nom » illustre et qui ont été professées par plusieurs membres de » cette Académie. Cependant votre commission n'hésite pas, » non-seulement à vous proposer de sanctionner le travail de » M. de Beaumont, mais elle vous demande de l'encourager » par votre plus haute approbation. »

Un demi-siècle de retentissement et de vogue consacrait alors le système qu'Alexandre Brongniart désavoue solennellement et abandonne sans retour.

Werner, avait dit Cuvier en 1818, laisse autant d'héritiers de ses méthodes qu'il existe d'observateurs sur le continent. Toutes les couches de l'écorce terrestre, suivant l'illustre Saxon, auraient été successivement formées au sein des eaux, dans leur position actuelle, par voie de sédiment et de cristallisation humide. La négation de ce principe trop absolu était le point de départ, non le résultat et le but du mémoire d'Élie de Beaumont. Plus d'un contradicteur convaincu de Werner avait opposé déjà des objections décisives à l'exagération d'un système trop restreint et trop simple; le Danois Sténon, le Vénitien Lazaro Moro, Desmarets en France, Hutton, l'un des plus beaux génies de l'Écosse, Léopold de Buch enfin, qu'Élie de Beaumont, avec une modestie qui l'honore, a nommé le plus grand géologue du siècle, avaient, avant et après Werner, signalé, dans l'invincible puissance du feu, la force nécessaire pour soulever les couches horizontales à l'origine. Suivant ces illustres exemples, Élie de Beaumont, en abordant l'étude des soulèvements, tenait leur réalité pour connue et prouvée.

L'âge inégal des montagnes avait également frappé quelques esprits perspicaces. De Saussure les considérait comme d'autant plus anciennes que leurs couches, plus bouleversées, s'éloignent davantage de l'horizon. Son *Agenda géologique*, publié en 1786, contient cette note remarquable : Constater s'il y a des coquilles fossiles qui se trouvent dans les montagnes les plus anciennes et non dans celles d'une formation plus récente, et classer ainsi, s'il est possible, les âges relatifs et les époques de l'apparition des différentes espèces. Élie de Beaumont, dans son mémoire, renverse les termes de ce beau problème. A l'ordre de succession supposé connu des fossiles et des roches, il veut rattacher l'âge des montagnes, et sans compter, bien entendu, par années ou par siècles, leur assigner un rang dans la suite des périodes découvertes par Werner et dont la durée nous échappe.

« M. Cuvier, dit-il, a montré que la surface du globe a éprouvé une suite de révolutions subites et violentes. M. Léopold de Buch a signalé les différences nettes et tranchées entre les systèmes des montagnes qui se dessinent à la surface de l'Europe. Je ne fais autre chose qu'essayer de mettre en rapport ces deux ordres d'idées. » L'applaudissement des juges les plus illustres consacra la réalisation de ce programme si modestement tracé, et la faveur publique fit rapidement du jeune ingénieur, qui n'y songeait guère, le représentant populaire de la géologie française.

Ni le mémoire d'Élie de Beaumont, ni l'approbation solidement motivée de Brongniart n'auraient franchi le cercle des géologues de profession. Le style sobre et l'exposition un peu lente du jeune novateur, le langage simple et sévère du rapport académique, s'adressaient aux seuls initiés ; mais l'Académie des sciences comptait alors parmi ses membres un savant aussi supérieur par le talent de comprendre, de juger et de faire retentir les vérités nouvelles que par l'étendue du savoir et l'éclat de ses propres travaux. Héraut empressé de toutes les gloires et semblable au *suffisant* lecteur que Montaigne définit avec la grâce de son vieux style, Arago « découvroit es escripts d'aultruy des perfections aultres que » celles que l'auteur y avoit mises et aperçues et y prestoit » des sens et des visaiges plus riches ».

La théorie d'Élie de Beaumont fut appréciée et comprise par le vaste et lumineux esprit qui, le premier déjà, avait salué de son admiration entraînante les travaux, les découvertes et les brillantes conceptions de Fresnel et d'Ampère. Deux mois après la lecture du rapport de Brongniart, Arago, éclairant à son ordinaire et aplanissant la voie nouvelle, publiait sur l'âge des montagnes une de ces notices tour à tour élevées et familières où la science, présentée sous son vrai jour, apparaît pour les simples, facile et brillante, pour les doctes, exacte et profonde. L'ingénieuse et savante analyse obtint le succès accoutumé. Elle fit beaucoup de bruit, et l'opinion, droitement conduite par Arago, accepta l'âge des montagnes pour une des découvertes les plus piquantes, les plus imprévues et les plus assurées de la science de la terre.

Si la découverte de l'âge des montagnes éclate par son brillant et populaire succès au-dessus de ses autres ouvrages, l'esprit attentif d'Élie de Beaumont n'en séparait pas l'étude non moins importante et nouvelle de leurs directions. De Saussure, qui porta le premier, comme l'a dit Cuvier, un œil investigateur sur ces ceintures hérissées qui entourent le globe, avait depuis longtemps remarqué dans le Jura et dans les Alpes un grand nombre de chaînes à peu près parallèles, séparées par des vallées qui suivent la même direction. Léopold de Buch divisait les montagnes de l'Allemagne en quatre systèmes caractérisés par les directions qui y dominent. Rapprochés par la conformité de leur génie, Élie de Beaumont, bien jeune encore, et l'illustre auteur de cette judicieuse analyse avaient exploré ensemble la Suisse et le Tyrol. Unis bientôt d'une amitié, pleine d'estime chez l'un, souvent d'admiration, reconnaissante et respectueuse chez l'autre, complétement d'accord sur les principes, ils suivaient ensemble la même carrière, et quand Élie de Beaumont se sépara de celui qu'il n'a cessé de nommer son maître, ce fut pour l'y devancer de bien loin. Ses idées sur la direction des montagnes sont d'abord celles de Léopold de Buch, et la nouveauté qu'il y ajoute, en insistant sur les mêmes principes, est de les rattacher à l'âge des cataclysmes successifs du globe. L'effort à chaque période géologique s'est exercé suivant une direction déterminée, et les montagnes contemporaines suivent des directions parallèles. Quoique la forme arrondie du globe s'oppose à une identité géométrique, Élie de Beaumont étend ce parallélisme géologique aux régions les plus éloignées et sa définition rigoureuse n'a rien à redouter du juge le plus sévère.

Dans la géométrie, a dit Descartes, chacun étant prévenu de cette opinion qu'il ne s'y avance rien dont on n'ait une démonstration certaine, ceux qui n'y sont pas entièrement versés pèchent bien plus souvent en approuvant des démonstrations fausses qu'en en réfutant des véritables. En géologie, au contraire, l'autorité même des mieux instruits reste vivement contestée. Les théorèmes nouveaux d'Élie de Beaumont appelaient par leur généralité, comme par leur éclat, le contrôle des géologues de tous pays ; ils soulevèrent plus d'une résistance. L'accoutumance aux maximes de l'École anima plus d'un opposant à combattre et à affaiblir ces nouveautés mal connues, mais téméraires et suspectes. Les temps étaient bien loin où l'on pouvait appliquer aux géologues le mot de Cicéron sur les augures ; loin de rire en se regardant, ils s'abordaient souvent avec colère. Lorsque la Société géologique de France, fondée en 1830, tenait ses premières séances, aucun de ses membres n'aurait accepté le titre de neptunien ni celui de plutonien exclusif ; mais, sans afficher des contrariétés aussi inconciliables que le feu et l'eau, les géologues ont conservé, sur plus d'un point douteux, plus d'un sujet de continuelles disputes. L'enthousiasme sans mesure des uns pour les théories d'Élie de Beaumont et la répugnance souvent mal éclairée des autres partageait les esprits en entretenant l'incertitude ; l'éminent fondateur de la Société, M. Boué, l'un des plus savants géologues de l'Europe, résistait aux démonstrations nouvelles ; mais, attentif à se montrer impartial, il hésitait, en apparence, sans se déclarer ni prendre parti. De toutes les hypothèses offertes récemment au public, dit-il dans son premier rapport sur les progrès de la géologie, celle de M. Élie de Beaumont est sans contredit une des plus fertiles en conséquences ; c'est un nouveau champ d'observations qui promet à notre Société des discussions intéressantes. C'était une courtoise déclaration de guerre. Beaucoup de combattants y apportèrent plus d'idées préconçues que de science solide, plus d'ardeur que d'esprit d'équité. La polémique cependant était variée et savante. On discutait avec chaleur, on raillait avec enjouement, les écrits se multipliaient. Ne ressentant rien en apparence du trouble qui l'avait ému, et se proposant pour objet de ses continuelles études, non de défendre sa théorie, mais de l'épurer et de l'accroître, Élie de Beaumont descendait rarement dans la lice. Attentif à toute objection sérieuse, il ne s'empressait pas d'y répondre. Les faits mieux observés et mieux connus étaient soutenus de preuves plus certaines : cela seul importait, car ils sont la seule règle pour mesurer toutes les autres, et, juges irréprochables, il leur appartient seuls de mettre fin aux disputes. Tout en redressant quelques assertions trop précipitées, en corrigeant sur quelques points sa doctrine encore imparfaite, il maintient résolûment ses principes, et, affermi bien plus qu'ébranlé par l'ingénieuse et vigilante sévérité de ses plus ardents adversaires, il faisait d'eux, sans leur rien céder, d'utiles collaborateurs.

Les géologues se partageaient alors et discutent encore avec ardeur sur le choix à faire entre les bouleversements brusques, produits désordonnés de subites explosions, et les transformations lentes, continuées, invisiblement en quelque sorte, par l'action toujours permanente des causes actuelles. Observateur assidu et perspicace, c'est en transportant son cabinet de travail de colline en colline et de carrière en carrière qu'Élie de Beaumont accroissait ses forces et rassemblait des armes nouvelles. Infatigable dans ses courses et patient dans ses recherches, ce sont les gorges inexplorées et désertes qui lui parlent et l'instruisent, c'est aux rochers du plus difficile accès qu'il demande des lumières et des preuves.

Les montagnes de l'Oisans en Dauphiné lui fournirent les signes les plus certains, les arguments les plus décisifs. Jamais ses yeux n'avaient contemplé, dans une telle évidence, les marques visibles de bouleversements subits et violents. Au spectacle de tant de preuves ramassées dans un étroit espace, son enthousiasme lui dicte ces vives paroles, ce fier défi à ses adversaires : « Au pied de ces murailles, de ces » obélisques dont chaque face est une fente de quelques » centaines de mètres de hauteur, quel géologue de cabinet » songerait à plaider l'influence exclusive des agents qui » opèrent sous nos yeux ? Des effets d'une grandeur égale » n'ont été constatés nulle part depuis le commencement de » la période actuelle. En quel lieu du globe un pareil horizon » est-il en train de se produire ? »

Dufrénoy et Brochant de Villiers, inclinés dès longtemps, mais hésitant encore à se rendre, ramenés et convaincus dans les gorges de l'Oisans, y cédèrent enfin à leur jeune collaborateur. Élie de Beaumont leur montra, sur une longue étendue et sans aucun doute possible, la superposition du granit aux terrains de sédiment calcaire. Le granit, roche primitive par excellence, doit, suivant les idées anciennes, servir de base à toutes les autres. Les terrains stratifiés l'ont recouvert de leurs dépôts successifs, et, par une suite nécessaire, ne peuvent se rencontrer au-dessous. L'observation d'Élie de Beaumont, marque sensible d'erreur pour une expresse et formelle assertion de Werner, ébranlait l'autorité de toutes les autres.

La méprise d'un guide peu habitué à diriger les touristes vers l'affleurement du granit sur le calcaire en accrut l'intérêt en la renouvelant sur un nouveau point. La petite troupe s'était mise en marche avant le jour. Déroutée d'abord dans l'obscurité, elle fit appel aux souvenirs d'Élie de Beaumont : il prit la direction. Indifférent aux difficultés de terrain, sur un sol mouvant de roches éboulées, au milieu du fracas des pyramides de glace s'écroulant les unes sur les autres, épuisé de forces, mais triomphant, il lui fut donné bientôt de poser à la fois, devant ses compagnons, cédant à l'évidence d'une telle preuve, ses mains sur le granit, ses pieds sur le calcaire qui le supporte. Le but du voyage était atteint : c'était une incontestable victoire, mais non la fin de la guerre.

Encore que les traces de soulèvement lui semblassent évidentes dans les massifs volcaniques de l'Auvergne, on s'appuyait, pour les révoquer en doute, sur des observations récentes faites sur les terrains analogues qui entourent l'Etna. Ce dissentiment le conduisit en Sicile ; une occasion semblable et un même dessein y ramenaient en même temps Léopold de Buch, engagé plus encore dans cette querelle, et dont un disciple éminent, Hoffmann, en se déclarant incrédule aux soulèvements, avait tout récemment déserté la cause et excité de nouveaux doutes.

Tout a été dit sur l'Etna depuis trois mille ans qu'on s'efforce de l'expliquer, et il semble difficile d'être original sur un tel sujet. Parmi les quatre cent cinquante volcans, actifs ou éteints, signalés à la surface du globe, aucun n'a été mieux étudié, plus attentivement surveillé dans tous les temps, que ce gouffre où jadis Homère plaçait l'atelier des Cyclopes. Les philosophes anciens n'accordaient nulle créance à ces poétiques fictions, non plus qu'aux efforts convulsifs d'Encelade pour soulever la masse qui l'écrase : les sages d'Athènes et les habiles de Rome s'accordent avec les modernes sur les plus minutieuses particularités de ce grand spectacle. La suite des faits est assurée et précise, mais nulle théorie n'explique encore ces torrents enflammés, incessamment vomis par la même source, sans l'épuiser ni l'affaiblir ; nul ne sait dire quelle étincelle vient périodiquement irriter l'incendie et l'animer à de nouveaux efforts ! Les plus brillants esprits s'arrêtent encore ou s'égarent devant cette énigme insoluble, qui irritait jadis et désespérait Empédocle ; mais, rendue moins présomptueuse par l'étude, l'ignorance, heureusement, est aujourd'hui plus résignée, l'aveu en est plus ingénu. Ne laissant pas de porter sa vue sur l'abîme où frémit impétueusement le mystérieux foyer, Élie de Beaumont n'en recherche pas l'origine, mais il croit pouvoir assigner l'âge géologique et le mode de formation d'une montagne singulière entre toutes. C'est là tout le but qu'il se propose. Deux hypothèses sont en présence : le cratère, suivant les uns, est dû au soulèvement d'un sol volcanique horizontal à l'origine ; suivant les autres, à l'accumulation des déjections vomies par une bouche qu'elles élèvent sans cesse. La question est de grande importance. Ceux qui, suivant la seconde théorie, jugent du massif entier sur son étrange écorce, commettent, s'il faut en croire Élie de Beaumont, la même erreur qu'en attribuant à la végétation d'un lierre l'existence d'un vieil arbre mort, dont il enlace les rameaux. Le soulèvement de l'Etna n'est pas moins certain à ses yeux que ceux des Pyrénées et des Alpes. La question est la même, mais elle devient le centre et le nœud de la controverse, et, dernier retranchement de ses adversaires, elle excite entre toutes son ardeur et son zèle.

On le pressait en vain d'être moins affirmatif et d'adoucir quelques expressions trop hardies ou trop rudes. Il ignore l'art d'envelopper sa pensée dans des termes prudemment équivoques. Avec autant de fierté que d'obstination, il le déclare par ces courtes paroles : Il n'y a pas d'accommodement possible ; la question ne peut être résolue que par oui ou par non.

Sans attribuer aux soulèvements un rôle exclusif dans l'histoire de la terre, Élie de Beaumont s'appliquait, en toute occasion, à en signaler les traces, évidentes suivant lui, pour tout observateur impartial. En changeant les limites des mers, ils ont à plusieurs reprises promené sur les continents, pour en renouveler la face, une effroyable puissance de destruction. La fonte subite des neiges, au contact des émanations volcaniques, a procuré plus fréquemment encore des déluges partiels qui sont pour lui la clef et le dénoûment des problèmes les plus difficiles.

Les blocs isolés ou erratiques, constamment étrangers au sol qui les supporte, ne peuvent quelquefois tirer leur origine que de régions fort lointaines. Élie de Beaumont les croit transportés, non par des glaciers, comme l'admet aujourd'hui plus d'un géologue, mais par des cataclysmes de ce genre. C'est à eux également qu'il rattache la présence si étrange, dans les glaces de la Sibérie, de rhinocéros et de mammouths, vestiges incontestés d'un monde disparu. Leur chair, d'une intégrité parfaite et vieille de plusieurs milliers d'années peut-être, est recherchée de nos jours encore, sinon par les Esquimaux, du moins par leurs chiens. Tout système géologique doit expliquer ces faits aussi certains que singuliers et célèbres. Ces habitants des pays chauds sont nés, suivant Élie de Beaumont, renouvelant une assertion de Pallas, dans le sud de l'Asie, antérieurement aux temps historiques, et il a fallu, dit-il, pour les transporter, un événement d'une dimension colossale. Élie de Beaumont

cherche les forces capables d'un tel effet dans l'éruption d'émanations volcaniques qui, faisant fondre tout à coup les neiges et les glaces longtemps accumulées, a précipité des flancs de l'Himalaya une masse d'eau assez abondante pour engloutir et submerger les habitants de la plaine, assez impétueuse et violente pour les jeter d'une seule course de l'équateur au pôle, en y enveloppant de glaces éternelles leurs cadavres encore intacts.

« Dans notre naturel désir de connoissance, nous essayons, dit Montaigne, tous les moyens qui nous y peuvent mener. Quand la raison nous fault, nous y employons l'expérience, qui est, ajoute-t-il, un moyen de beaucoup plus foible et moins digne. » Cette doctrine trouverait aujourd'hui peu d'approbateurs. L'expérience, si nous l'entendons, est mise ici pour l'histoire. Les géologues, d'un commun accord, l'écoutent au contraire quand elle veut bien parler comme la source assurée des connaissances les plus certaines ; mais, quand elle récite des faits semblables, ils prennent de bien minimes proportions.

Bouguer et La Condamine, étant sur le Pinchincha le 19 juin 1742, remarquèrent un tourbillon de fumée qui s'élevait de la montagne du Coto Paxi. « Nous apprîmes à notre retour à Quito, dit La Condamine, que cette montagne, qui avait jeté des flammes plus de deux siècles auparavant, peu après l'arrivée des Espagnols, s'était nouvellement enflammée le 15 au soir, et que la fonte d'une partie des neiges avait causé de grands ravages. » L'incendie du Coto Paxi, dit Bouguer, parlant de la même éruption, n'a causé de tort que par la fonte des neiges, quoiqu'il ait ouvert une nouvelle bouche à côté, vers le milieu de la hauteur. Il y eut deux inondations subites, celle du 17 juin et celle du 9 décembre, mais la dernière fut incomparablement plus grande. L'eau, dans sa première impétuosité, monta de plus de cent vingt pieds en certains endroits. Sans parler d'un nombre infini de bestiaux qu'elle enleva, elle rasa cinq à six cents maisons et fit périr huit à neuf cents personnes. Toutes ces eaux avaient dix-sept à dix-huit lieues de chemin à parcourir ou plutôt à ravager vers le sud, dans la Cordillère, avant de pouvoir en sortir par le pied de Tonguragua : elles ne mirent pas plus de trois heures à faire ce trajet.

En 1744, le village de Napo, distant de plus de trente lieues du volcan en droite ligne, peut-être de plus de soixante par les grandes sinuosités imposées au cours d'eau, fut enlevé entre minuit et une heure du matin, cinq à six heures après la grande explosion.

Passionné pour ses recherches originales, Élie de Beaumont ne les allégua jamais cependant pour s'exempter d'un devoir. Ses élèves à l'École des mines n'attendaient pas de lui l'exposition de ses propres découvertes, mais une instruction nécessaire dans la connaissance et dans la pratique de toutes les parties de la science. Successeur de Cuvier au Collége de France, suivant une tradition qu'il a transmise intacte, il devait de chaque auditeur s'efforcer de faire un disciple, et les guidant par ses préceptes jusqu'aux bornes connues de la science, les animer par son exemple à marcher plus outre. Supposant chez eux la volonté de s'instruire, non le désir de rencontrer sans travail un inutile divertissement, il attachait peu de prix à la lumière qui effleure la surface des choses. L'étude minutieuse des faits était pour lui la seule clef qui pût en ouvrir l'intelligence ; s'efforçant de tout dire, croyant tous les détails essentiels et ne voulant pas abréger, il ne craignait les longueurs ni n'évitait les redites; mais les auditeurs persévérants et capables d'une application soutenue pouvaient reconnaître, à la fin de chaque année, que, dans l'ordre et dans la proportion du tout, ces lenteurs et ces détours préparaient, non sans art, un ensemble où les plus minutieux détails liés essentiellement au sujet étaient utiles à la conclusion.

Ses *Leçons de géologie pratique* semblaient promettre le plus complet comme le plus régulier de ses ouvrages. Elles resteront comme un modèle excellent de méthode et de clarté, préparation inachevée aux théories les plus hautes. Accusé de substituer à la patiente industrie de la nature le choc incertain d'explosions déréglées et subites, Élie de Beaumont, sans abandonner, mais sans outrer ses principes, est bien éloigné de méconnaître ou d'exclure les actions lentes et continues. Elles font tout le sujet de son livre, et, s'il restreint leur influence dans d'étroites limites, on ne saurait sans injustice lui en refuser la parfaite connaissance, ni lui contester l'avantage d'avoir su habilement enchaîner leurs effets avec cette suite logique que recommande Horace et qui produit la lumière.

Laissant pour un temps les grandes convulsions de la nature et les mystérieux abîmes du passé, il s'étend sur des phénomènes moins cachés et, pour ainsi parler, communs et vulgaires : l'influence des vents et des eaux, ruisseaux, fleuves ou torrents sur la surface du sol; l'action de la mer, soit qu'elle recouvre, soit qu'elle abandonne de nouveaux rivages; la formation et le changement d'embouchure des grands fleuves; et, dans le détail des occasions les plus communes, son esprit, curieux de toutes les causes, cherche surtout les traces de l'industrie humaine associée, pour les diriger, aux forces aveugles de la nature.

Une autre série de leçons, plus originales par la méthode, sinon plus importantes par le sujet, fait admirer, en même temps que le savoir du maître, l'abondante richesse d'une imagination prudente et hardie. On y trouve, sous ce titre modeste : *Note sur les émanations volcaniques et métallifères*, un des chefs-d'œuvre de l'auteur, source et modèle aujourd'hui classique de plus d'un écrit admiré.

Présent en esprit aux grands cataclysmes, l'éminent professeur dresse pour chacun d'eux, dans un dénombrement exact, la liste des corps simples amenés en présence et en lutte. Son ingénieuse curiosité évalue leur abondance relative et analyse avec une savante précision l'effet de leurs actions mutuelles. Comme un historien attentif veut, dans le récit d'une bataille, assigner à chaque combattant sa place distinctement marquée, il examine d'une même suite les éléments des roches volcaniques anciennes et modernes, ceux des terrains granitiques, des filons métallifères et singulièrement ceux d'étain, où notre confrère, M. Daubrée, avait porté déjà son attention pénétrante. En présence de ce chaos tumultueux, mélange confus de tant de composés en puissance, il ose descendre au détail, à la variété véritablement infinie des actions particulières, choisissant dans cette abondance ce qui va directement à son but; il sait, dans les justes bornes de la vraisemblance, sur ces grands problèmes scientifiquement ordonnés, proposer de larges vues, d'ingénieuses ouvertures et des conclusions sagement réservées, riches de conséquences pour l'avenir.

Celui qui cherche, dit-on, est sûr de trouver. Élie de Beaumont cherchait sans relâche; les années n'ont éteint ni refroidi son ardeur. L'œuvre de prédilection de sa vie était la loi des alignements géologiques et des cercles d'activité de la masse interne du globe. Suivant leur attrait, dès qu'elles étaient libres, ses pensées s'y appliquaient, comme par délassement. Il croyait fermement l'univers disposé avec poids, avec nombre et avec mesure, et que, dans les abîmes de la terre aussi bien que dans l'immensité des cieux, la confuse diversité des effets ne doit cacher qu'aux yeux inattentifs l'harmonieuse simplicité des causes.

Il avait consulté sur ces lois mystérieuses les plus grands maîtres des sciences mathématiques et physiques. Ses fortes études lui permettaient de choisir son guide et de le suivre à toute hauteur; mais les temps ne sont pas venus, et les meilleurs esprits, incapables de ces hauts problèmes, laissent à la présomptueuse ignorance le périlleux honneur de les aborder sans crainte. Étonné d'abord et incertain, désespérant de créer une théorie, mais dédaignant de produire après tant d'autres un système vaguement plausible, Élie de Beaumont mit son imagination en campagne : loin de lui lâcher la bride il prétend l'enfermer dans le domaine des faits, l'épurer à chaque pas par l'observation, la corriger par le calcul; dans ce dessein de rattacher à un faisceau régulier les efforts successifs des agitations internes, il traça sur la sphère le réseau pentagonal.

Je n'ai garde d'entrer ici au détail de ces cercles, ingénieusement enchaînés, qui se comptent par milliers, empruntant chacun à des règles invariables une importance numériquement assignée. Les savants qui, rebelles à ses preuves, ne purent consentir à ses conclusions, n'en admirèrent pas moins l'assiduité de son immense travail. Il n'est pas croyable avec quelle aisance et quel esprit de finesse il savait se jouer dans ce réseau toujours extensible, soumis à des lois sévères, mais flexible aux irrégularités les plus bizarres et compatible, sans donner de mécomptes, aux accidents les plus imprévus. Ceux qui n'ont voulu y voir qu'un jeu d'esprit doivent avouer qu'il était difficile. Il n'y a pas épargné sa peine : les triangles résolus, toujours par lui-même, se comptent par milliers, les logarithmes calculés par myriades. On alléguait en vain dans la grossièreté et le vague des alignements géologiques une limite nécessaire à la précision de leurs rapports : il n'en mettait aucune à celle de ses calculs; et, s'enfonçant toujours plus avant dans l'œuvre abstraite de son imagination, il la faisait géométrique et pure, capable par conséquent de la dernière perfection que sa persévérance a voulue et patiemment obtenue pour elle.

Le succès aux yeux d'Élie de Beaumont répondit complétement à ses soins : tirant avantage d'ajustements nombreux et parfaits, alléguant d'exactes coïncidences révélées par des calculs qui ne peuvent tromper, ordonnant les faits particuliers sans rechercher les principes primordiaux qui les dominent, il ne croyait pas proposer un système, mais signaler des vérités et démontrées constantes.

Le réseau pentagonal était pour lui le développement et l'épanouissement des règles droites et simples dont, sur les traces de Léopold de Buch, il avait, jeune encore, ébauché le premier dessin. De nombreux adversaires avaient, par leurs efforts mêmes, consacré l'importance de ses premiers travaux et accru leur retentissement. Le temps et la vérité, sans les réduire au silence, réfutaient peu à peu leurs objections en ramenant l'opinion à peine ébranlée; elle ne le suivit pas jusqu'au bout. L'œuvre travaillée avec tant de soins inspira le respect sans imposer l'attention ; beaucoup jugèrent en un instant trente années de méditations et d'efforts. On ne vit plus s'élever ces discussions précises et serrées, cette opposition scrupuleuse et défiante qui, pour discuter toutes les conclusions, veut contrôler tout les détails. Il n'est pas donné à tout le monde de dire avec Lagrange : « Ceci est facile comme de l'algèbre. » Les esprits trop peu nourris à la trigonométrie sphérique pour le bien lire, et plus effrayés par la complication des calculs que choqués par l'incertitude des principes, refusèrent leur attention à une œuvre imparfaitement comprise et dont l'avenir seul jugera le vaste ensemble.

Après la mort d'Arago, l'Académie des sciences choisit Élie de Beaumont pour secrétaire perpétuel. Les soins et les devoirs de cette laborieuse dignité, en changeant la conduite et l'ordre de sa vie, devaient interrompre les voyages, instruments nécessaires et continuels de ses travaux. La confiance de l'Académie les imposa à son dévouement ; il accepta avec résignation. Armé de patience, de fermeté et de douceur, son esprit modéré et prudent sut, pendant vingt ans, s'y montrer juste et bienveillant pour tous, sans complaisance et sans faiblesse pour personne.

Héritier d'un nom célèbre dont ses talents avaient renouvelé le lustre et accru l'éclat, Élie de Beaumont aurait pu briguer dans les plus hauts rangs les postes les plus élevés. Sa jeunesse cependant ignora l'ambition, et son active vieillesse, dans l'éclat des honneurs simplement acceptés, ne vit que nouveaux devoirs envers la science ; dans le crédit qui les accompagne, qu'une nouvelle force pour la servir.

Gardien attentif de sa dignité personnelle et humble avec fierté, jamais cependant il ne laissa amoindrir par les apparences du dédain ou de l'indifférence une dignité qu'il avait reçue, une distinction qu'il avait méritée, un titre qu'il avait l'honneur de porter.

Il a souffert cruellement de nos malheurs publics sans vouloir en accuser ni rechercher les auteurs ; il avait accepté une part de responsabilité, et l'inflexible loyauté de son esprit ne lui permettait plus de s'ériger en juge. Le silence seul convenait à sa dignité, et son attitude savait s'imposer autour de lui.

Pieusement fidèle aux enseignements de son enfance, la foi éclairée d'Élie de Beaumont les conciliait avec la hardiesse de ses études. Les pratiques commandées étaient accomplies avec l'assiduité tranquille qu'il apportait à tous ses devoirs ; mais, responsable pour lui seul, il ne voulait connaître la foi ni scruter la conscience de personne : sa tolérance était sans limites.

L'Académie hésitait un jour entre deux candidats éminents. Élie de Beaumont, après avoir donné les motifs scientifiques de sa préférence pour l'un d'eux, ajouta ces nobles parole : « Le candidat que je soutiens est israélite ; il serait honorable pour l'Académie de prouver une fois de plus qu'elle ignore les distinctions de culte aussi bien que les préjugés de caste. »

L'activité d'Élie de Beaumont est restée entière jusqu'à son dernier jour. Les savants collaborateurs à la carte de France, habitués à porter simplement vers leur maître leurs difficultés et leurs doutes, n'auraient eu nul besoin de décision officielle pour rester sous ses ordres après l'âge réglementaire de la retraite. M. le ministre des travaux publics a été heureux, en lui demandant la continuation de son concours, de

régulariser une exception imposée plus encore par les besoins du service que par le respect de tous. Uniquement soucieux de son grand ouvrage, il accepta, à la fin de sa glorieuse carrière, les fonctions d'ingénieur détaché à la carte de France, avec le même empressement qu'au jour où, un demi-siècle plus tôt, la confiance de Brochant de Villiers les lui avait offertes à la sortie de l'École.

L'Académie des sciences l'a vu chaque lundi remplir jusqu'aux derniers jours de sa vie les fonctions de secrétaire perpétuel. Un long et beau rapport de lui sur les travaux géodésiques du corps d'état-major fait partie du dernier volume des comptes rendus publié sous sa direction.

Chaque année, pendant quelques semaines, Élie de Beaumont cherchait à Canon, non le repos, mais le loisir de suivre sans distraction ses propres travaux.

Le 21 septembre 1874, plein de force en apparence et d'activité, après avoir fait dans la matinée des calculs de trigonométrie sphérique, il se vit avec joie entouré par la jeune famille du fils de son frère, M. Félix-Élie de Beaumont, venue à Canon pour célébrer le soixante-seizième anniversaire de sa naissance. Chacun des enfants lui récita une fable apprise à son intention. Élie de Beaumont, pour les remercier, récita à son tour, sans oublier un seul vers, le *Rat de ville et le Rat des champs*. Ses pensées, sans doute, se reportèrent tristement vers le souvenir de l'excellente famille qui l'entourait au jour où, enfant lui-même, dans ce même salon, en la récitant pour la première fois sous la direction de dom Raphaël de Hérino, il avait fait sourire la tristesse de son malheureux père. Il sortit alors et ne devait plus rentrer. On le retrouva privé de vie dans la cour du château, tout auprès de la *salle des bonnes gens*.

J. BERTRAND,
Professeur au Collège de France.

MUSÉUM D'HISTOIRE NATURELLE DE PARIS

BOTANIQUE

COURS DE M. MAXIME CORNU

La botanique et ses applications

Messieurs, permettez-moi d'abord de réclamer toute votre indulgence. Le professeur éminent (1) qui depuis de longues années occupe cette chaire avec tant d'éclat et que vous avez si justement applaudi l'année dernière, en est éloigné aujourd'hui par une indisposition heureusement légère. Appelé brusquement par la nature même de mes fonctions au Muséum (2), quand d'autres plus dignes l'eussent mieux mérités, à remplacer pour quelques leçons celui dont nous regrettons tous l'absence, laissez-moi encore une fois vous demander toute votre bienveillance.

La botanique est l'étude des végétaux, le mot végétal étant pris dans le sens le plus général. Tout le monde reconnaît

---

(1) M. Brongniart.
(2) Aide-naturaliste de la chaire.

les plantes qui nous environnent, qui couvrent les prairies ou peuplent les forêts : on ne confondra pas les herbes et les arbres avec des animaux qui marchent, rampent ou volent ; mais les végétaux les plus élevés comme stature, les animaux les plus compliqués en organisation que nous apercevons aisément avec nos yeux ne sont pas les seuls êtres vivants. Il en est d'autres beaucoup plus petits dont l'organisation est bien plus simple et dont la nature ne se révèle à l'homme qu'à l'aide d'instruments d'optiques et par l'emploi de grossissements énergiques.

L'étude de ces infiniment petits des deux règnes présente un intérêt aussi grand que celle des animaux ou des végétaux que l'œil aperçoit sans le secours d'instruments grossissants. Vivant ensemble, se développant souvent au milieu de conditions identiques, cachés et pour ainsi dire protégés par leur petitesse, ils appartiennent à deux groupes différents, leur connaissance rentre dans deux sciences distinctes. Comment saurons-nous si un être appartient au règne végétal ou au règne animal ?

Cherchant à établir entre les deux règnes une distinction qui lui paraissait claire, Linné a dit :

> Animalia vivunt, crescunt et sentiunt.
> Vegetalia vivunt et crescunt.

La sensibilité serait donc un caractère distinctif.

Mais à mesure qu'on descend dans l'échelle des êtres, la sensibilité s'émousse et devient à peu près nulle ; d'autre part certains végétaux, par exemple quelques espèces appartenant au grand groupe des légumineuses et à d'autres familles, la sensitive, le *Dionœa*, sont sensibles aux actions extérieures et le montrent par des phénomènes non douteux. Ce caractère peut donc induire en erreur.

La distinction peut-elle être trouvée dans la *motilité* volontaire ? Beaucoup d'animaux inférieurs ne possèdent cette motilité que pendant un temps très-court puis tombent bientôt dans une immobilité absolue. Chez les végétaux on voit dans une grande classe de plantes des sortes de graines mobiles, qui nagent dans l'eau à la manière des infusoires, se meuvent à l'aide de cils vibratiles, se dirigent vers la lumière et fuient l'obscurité comme beaucoup d'animaux microscopiques. Certaines plantes conservent toute leur existence la propriété de se déplacer par une sorte de mouvement de reptation et d'oscillation et constituent le grand groupe des oscillaires (ou oscillatoires) et des diatomées.

Le mouvement spontané se montre chez toutes les algues, à l'exception des floridées, au moins à un certain instant de leur existence et chez certains organes reproducteurs ; il ne peut pas caractériser l'animalité.

La *contractilité* se rencontre chez ces algues comme chez les véritables infusoires.

La masse gélatineuse et dépourvue de membrane du plasmodium des myxomycètes, les semences mobiles des chytridinées (sortes de champignons parasites), présentent des mouvements analogues à ceux de certains infusoires nommés *amibes*, les contractions amiboïdes ou autres ne caractérisent pas les animaux.

La *composition* chimique, si variable chez les êtres inférieurs, ne fournirait pas de meilleurs caractères ; les végétaux contiennent surtout de l'oxygène, de l'hydrogène, du carbone, mais peu d'azote ; chez les spongiaires et un certain nombre d'animaux voisins, l'azote n'existe qu'en faible proportion dans les tissus.

La *respiration* ne peut être un critérium de l'animalité, la présence de la *chlorophylle* non plus : certaines algues et tous les champignons en sont absolument dépourvus.

On a voulu voir dans les produits formés par ces différents organismes une différence qui servirait à marquer la limite entre les deux règnes : les uns prendraient les éléments simples pour les combiner, les autres prendraient les éléments composés et les rendrait à l'état plus simple ; mais dans le règne végétal il y a des groupes entiers dont le rôle est inverse de celui des autres. Tandis que les mousses et les algues empruntent une partie de leur nourriture aux éléments inorganiques et les composent en donnant des substances plus compliquées comme la chlorophylle, l'amidon, le sucre ; les champignons vivent aux dépens des substances vivantes et mortes, en décomposent les éléments et les ramènent à l'état d'ammoniaque, d'acide carbonique et d'eau.

C'est ainsi que la levûre de bière, champignon ou algue microscopique, décompose les solutions sucrées en deux éléments plus simples, l'acide carbonique et l'alcool.

Il y a cependant un fait qui permet de juger si l'on a affaire à un végétal ou un animal : ce fait est relatif à l'absorption des matières nutritives. Les végétaux se nourrissent uniquement par endosmose : ils puisent les éléments nutritifs dans le milieu qui entoure leurs organes d'absorption et ils ne peuvent absorber que des matières en dissolution. Les animaux, au contraire, tout en jouissant du pouvoir d'absorber par endosmose, faculté que possèdent les animaux les plus élevés eux-mêmes, peuvent en outre ingérer dans leur intérieur des matières non encore propres à être assimilées. Ces matières d'origine diverse, mais le plus souvent désorganisées, sont soumises à un travail particulier qui permet de rendre leurs parties absorbables. Toutes les fois qu'un corpuscule mobile et qu'on pourrait par ce fait même confondre avec les semences animées des végétaux ou les végétaux mobiles, contiendra dans son intérieur des matières étrangères introduites et conservées par lui, on pourra affirmer qu'on a affaire à un être dépendant du règne animal.

C'est pour des raisons de cette nature qu'on assigne leur véritable place à des infusoires colorés en vert ou en rouge qui simulent à s'y méprendre les zoospores des algues.

Mais on le voit, cette règle est d'une application difficile : c'est qu'en effet la différence est peu tranchée entre les animaux et les végétaux qui se rapprochent de plus en plus les uns des autres à mesure que les espèces se dégradent ; il y a entre eux une transition insensible.

Les uns et les autres possèdent le *mouvement volontaire* : infusoires, zoospores des algues, diatomées, volvocinées. La respiration peut être identique, la chlorophylle peut manquer dans les végétaux comme elle manque en général dans les animaux.

On a attribué à Linné une parole devenue célèbre, *Natura non facit saltus* ; la nature ne procède que par sauts brusques. Il semble, en effet, y avoir une transition insensible entre les deux règnes comme entre les deux versants d'une montagne. Entre deux points éloignés la différence est grande, entre deux points voisins on la cherche avec hésitation.

La transition de l'un à l'autre s'établit par plusieurs endroits : c'est, en général, par des êtres aquatiques. Les bactéries, les spirillum, les vibrions, végétaux décolorés, rappellent les infusoires, avec lesquels on les a longtemps confondus, et au milieu desquels ils vivent. Les myxomycètes rappellent les amibes, dont ils sont pourtant bien distincts ; les chytridinées, petites espèces parasites, sont très-semblables aux infusoires qui vivent dans l'intérieur des filaments des algues, s'enkystent et sous cet état ont une ressemblance frappante avec les spores immobiles des petits parasites végétaux.

Sur quels caractères alors doit-on se fonder pour déclarer que telle ou telle espèce rentre bien dans le règne végétal ? C'est par la comparaison avec d'autres mieux connues, par les analogies qu'on établit avec des espèces qui certainement y doivent rentrer, par une opération de l'esprit analogue à celle qui relie au continent les îles situées à des distances de plus en plus grandes de la côte. Mais il peut arriver qu'entre deux continents il y ait une chaîne d'îles ; auquel devra-t-on rattacher celles qui occupent le milieu de la série ? Dans un cas pareil l'appréciation sera difficile et l'hésitation permise.

L'étude de la botanique est un peu délaissée en France aujourd'hui. Parmi les gens du monde, beaucoup la considèrent comme une science futile. Par certains côtés pratiques, la détermination des plantes, leur récolte et la conservation des collections sèches, on la considère comme une étude peu digne d'occuper les loisirs d'un homme sérieux, c'est, dit-on souvent, « une science de demoiselle ». Par ses côtés théoriques, on la trouve tellement éloignée des applications immédiates qu'on la déclare inutile et trop en dehors de nous. On a trouvé des préventions contre elle jusque chez les hommes les plus éminents. Permettez-moi de plaider pendant quelques minutes la cause de la botanique.

Quoique la science, quelque théorique qu'elle soit, mérite toujours d'être aimée et cultivée pour elle-même, en dehors de l'utilité qu'on peut en retirer, la branche spéciale qui traite des végétaux est loin d'être stérile en applications et féconde en résultats importants. En les rappelant je me placerai au point de vue étroit de l'utilité immédiate et pratique.

Tout d'abord on peut s'étonner qu'après avoir été fort en honneur au siècle dernier elle soit aussi délaissée aujourd'hui ; la curiosité et l'intérêt du public se sont portés vers d'autres sciences, dont les applications immédiates intéressent plus directement la fortune publique. C'est qu'elle a donné de bonne heure les résultats qu'on attendait d'elle ; une fois qu'ils ont été utilisés on ne s'est plus occupé de poursuivre les études premières.

Une autre science, l'astronomie, a subi le même sort ; au siècle dernier, les comètes, les étoiles filantes, les taches du soleil, inspiraient une curiosité mêlée de terreur ; les plus grands seigneurs se faisaient gloire d'avoir un observatoire et de posséder des lunettes puissantes ; mais lorsque la science eut dissipé ces folles craintes, l'indifférence générale lui succéda partout, en France du moins.

C'est à la botanique, et il faut le dire bien haut, à la botanique théorique, que sont dus les grands perfectionnements apportés à l'agriculture. Permettez-moi de citer des résultats déjà anciens.

La méthode des assolements, fondée sur des considérations si simples, permet de rendre la terre productive sans l'épuiser. Les perfectionnements apportés dans la multiplication des végétaux utiles, bouturage, greffe, taille ; les fécondations artificielles, les hybridations, les sélections raisonnées,

l'amélioration des races, la culture rationnelle des plantes dans les conditions qui leur conviennent, s'appuient sur les données de la science et se perfectionneront encore. La plupart de ces résultats font de nos jours partie des connaissances les plus vulgaires ; elles n'en ont pas moins une origine qu'on doit revendiquer pour la botanique.

Les études agricoles et sylvicoles s'appuient immédiatement sur la science pure, et de grands progrès sont encore à faire ; un grand nombre de questions restent encore à étudier.

Mais, avant d'aborder ce sujet, permettez-moi de jeter un regard en arrière et de rendre un hommage de reconnaissance aux botanistes anciens. C'est à leurs efforts et à leurs travaux, on l'oublie trop, que sont dues la connaissance et l'introduction d'espèces utiles et vulgaires aujourd'hui ; c'est à eux qu'on doit la propagation de plantes naturalisées maintenant sur de vastes contrées, et qui rendent les plus grands services dans les pays qui les ont reçues. Je n'en citerai qu'un petit nombre d'exemples, mais nous y retrouverons des noms glorieux de la science française.

Antoine de Jussieu, frère aîné de Bernard, fut, le premier de son illustre famille, professeur au Muséum (qui se nommait alors Jardin du Roi). Il y cultivait quelques pieds du caféier. Cette plante, originaire d'Arabie, était rare et précieuse alors que les communications étaient lentes et difficiles, et surtout par ce fait que les graines pour germer doivent être plantées aussitôt qu'elles sont mûres. Il en remit, pendant l'année 1720, trois petits exemplaires au chevalier Desclieux, qui partait pour l'Amérique : « Veillez sur eux pendant le voyage, » lui dit-il, « et transplantez-les au delà des mers. »

Après un début heureux, la traversée se prolongea plus qu'on ne le pensait ; deux des plants périrent : le chevalier Desclieux partagea sa ration d'eau avec celui qui lui restait, et qui survécut grâce à ce dévouement ; confié à la terre, il y prospéra. C'est de ce pied unique que sont sortis tous les individus qui peuplent les Antilles. C'est une source de richesse pour les parties chaudes du nouveau monde.

L'acacia ou, pour le nommer par son nom scientifique, le *Robinia pseudo-Acacia*, est un arbre vulgaire aujourd'hui ; il s'est si bien acclimaté chez nous qu'on le croirait indigène ; c'est cependant un arbre de l'Amérique du Nord et qui rend les plus grands services ; facile à cultiver partout, il donne d'excellents produits à tous les âges ; il est communément planté sur les talus des voies ferrées ; il maintient les terres et les rend productives. Il a été introduit en Europe par Jean Robin, qui cultivait chez lui un grand nombre de plantes rares et curieuses. Son fils, Vespasien Robin, était jardinier et « arboriste » du Roi ; il fut nommé sous-démonstrateur de botanique en 1635 au Jardin du Roi. C'est cette même année que Vespasien Robin apporta de chez son père le premier individu de ce précieux arbre qui ait été planté en Europe. On peut le voir encore ; il se trouve à l'extrémité des galeries de botanique ; il porte une inscription commémorative. Sous l'action du temps il a perdu successivement bien des branches ; on a été obligé de combler et de boucher les crevasses que présentent sa tige ; mais il vit encore, lui qui abrita sous son ombre déjà épaisse le réformateur de la botanique, l'illustre Tournefort.

Cet acacia était déjà bien vieux quand Buffon prenait la direction du Jardin du Roi ; et, lorsque Bernard de Jussieu plantait ce petit cèdre qui lui avait été donné par Collinson, médecin anglais, cèdre qui couvre aujourd'hui de hautes et larges branches les pentes gazonnées du Labyrinthe, l'arbre que nous devons à Jean Robin avait déjà cent ans. Aujourd'hui l'acacia que Linné, en souvenir de son introducteur, a nommé *Robinia*, s'est répandu dans toute l'Europe ; mais ce serait commettre une grande injustice que d'oublier le nom de ceux qui ont consacré leur temps et leur fortune à étudier, rechercher et propager les plantes utiles, et de ne plus reconnaître les services qu'a rendus et peut rendre la science aimable qu'ils cultivaient.

Tout le monde connaît les quinquinas qui donnent une écorce officinale employée en médecine, dont les effets sont sûrs et parfaitement réguliers ; c'est l'une des acquisitions les plus précieuses de la thérapeutique. Jusqu'à la date d'une vingtaine ou d'une trentaine d'années, les espèces qui donnent les meilleures écorces étaient mal connues. L'exploitation inintelligente des *cascarilleros* tendait à les détruire, leur cupidité les portait à donner des indications inexactes pour dérouter les recherches des explorateurs. M. Weddell, aidenaturaliste au Muséum, dans un voyage spécial qu'il fit dans les régions élevées de la Bolivie et du Pérou, reconnut ces espèces, les étudia, prépara des spécimens desséchés, et surtout envoya au Muséum un certain nombre de graines. Les graines germèrent dans les serres et donnèrent de jeunes plants de quinquina. On en envoya en Angleterre et en Hollande ; les Anglais les plantèrent dans l'Inde, les Hollandais à Java, et les quinquinas, désormais connus et propagés, grâce au savant français et aux études qu'il poursuivait, sont cultivés avec succès dans les deux régions, surtout dans l'Inde où ils donnent des récoltes annuelles magnifiques. C'est des collections du Muséum que partirent les premiers spécimens vivants destinés à être acclimatés.

Pour la France, les résultats furent moins heureux. L'administration en fit envoyer en Algérie, ils y périrent aussitôt. C'est qu'en effet pour les acclimatations il ne suffit pas de consulter la moyenne des températures, ni même les températures extrêmes ; il y a des éléments dont il faut absolument tenir compte et que ne peuvent donner les tableaux météorologiques incomplets des régions peu explorées. Ces données, que cherche en vain celui qui est étranger à la botanique, elles sont inscrites en toutes lettres dans les flores locales, dans les listes de plantes qui croissent ensemble ; c'est de là que le botaniste seul peut tirer des renseignements précieux qu'on ne trouvera pas ailleurs. De l'examen de ces liste, il conclura, comme l'a fait avec tant de bonheur M. Balansa pour la Nouvelle-Calédonie, que certaines parties épuiseront sans profit la patience et les capitaux des agriculteurs, tandis que d'autres se défricheront sans peine et donneront de riches produits.

M. Cosson, de l'Institut, qui connaît l'Algérie pour l'avoir étudiée du nord au sud en récoltant les matériaux de son grand ouvrage, a distingué, par la distribution des végétaux de notre colonie, quatre zones distinctes : la région littorale, où quelques plantes tropicales peuvent croître ; la région des pâturages ; la régions des forêts et celle des oasis. Dans cette dernière zone, quelques cultures peuvent être faites, mais seulement à l'ombre des palmiers et près des sources. Il faut se garder de croire que les cultures d'une région pourraient s'adapter à une autre ; il n'en est rien. Tous ceux qui ont voulu sortir des conditions imposées par la nature de la flore ont éprouvé des échecs complets ; ils ont en pure perte dé-

pensé leurs fonds et leur temps. Tel est le résultat qu'on retire, au point de vue pratique, de ces collections de plantes sèches qui font sourire parfois les gens du monde.

Il faut cependant dire que ces essais de culture de quinquinas ont été repris, à l'île de la Réunion, par M. Morin, le fils du membre de l'Institut, et M. Vinson, chirurgien de la marine. Les résultats obtenus ont été très-encourageants et M. Brongniart doit en entretenir prochainement diverses Sociétés savantes.

Les Sociétés d'horticulture et d'acclimatation, vers lesquelles se portent à la fois l'intérêt, la curiosité, et, il faut le dire, où se concentrent de puissants moyens pécuniaires, s'appuient sur des hommes de science pure sans lesquels elles s'agiteraient stérilement ; elles profitent ainsi des résultats scientifiques qu'on leur apporte et elles n'ont plus qu'à les appliquer ; mais, dès que manque la direction scientifique, on n'obtient que des insuccès et des échecs. Les pays exotiques sont des pépinières remplies d'arbres et d'arbustes précieux ; mais on ne peut les introduire d'une contrée dans l'autre si l'on ne connaît pas la végétation des deux pays.

Je ne parle pas d'acclimatations partielles et faites sur une petite échelle, celles-là ne changent pas un pays, mais bien de larges emprunts faits à la végétation d'une autre région.

Les études poursuivies depuis de longues années sur la végétation de l'Australie ont montré que plusieurs espèces d'arbres et d'arbustes conviennent à l'Algérie et pourraient y prospérer. C'est en se fondant sur ces résultats qu'on a essayé de cultiver en grand l'*Eucalyptus globulus*. Les premiers résultats ont été des plus satisfaisants. On s'est donc mis à l'œuvre avec courage. On va essayer, par cette arbre, de rendre à la culture des milliers d'hectares brûlés par le soleil et improductifs. Les principes basalmiques qui s'échappent de toutes les parties de la plante chassent les fièvres et détruisent les miasmes ; la croissance rapide des sujets plantés, qui s'allongent de plus de 2 mètres par an, leur bois dur et incorruptible, promettent des ressources précieuses au commerce et à l'industrie.

L'étude des végétaux inférieurs n'a pas des droits moindres à la connaissance de tous.

Les fléaux dont souffre l'agriculture sont dus, le plus souvent, à des parasites qui viennent inopinément fondre sur les plantes réunies en grandes masses et ruiner les malheureux cultivateurs. Un grand nombre de ces parasites sont constitués par des organismes inférieurs appartenant au règne végétal.

L'ergot du seigle, la carie du blé, le charbon des céréales, qui produit sur les champs de maïs et de sorgho des dégâts épouvantables, les diverses rouilles des céréales, l'oïdium de la vigne, sont des champignons parasites dont les effets désastreux sont bien connus. On a obtenu, depuis quelques années, des résultats fort curieux dont quelques-uns vous ont été exposés dans les leçons, l'année dernière.

On a reconnu que les rouilles de nos diverses céréales se groupent suivant trois espèces : l'une d'elles est engendrée par la rouille de l'épine-vinette, l'autre par celle des borraginées, la troisième par celle de la bourdaine. Si l'on supprime ces diverses plantes dans les environs des moissons, les moissons seront épargnées. Ce fait est basé sur les travaux de M. Tulasne et de M. de Bary.

La maladie du poirier est due à une transplantation d'un parasite qui occupe le genévrier-sabine ; cela a été établi d'une manière incontestable par diverses expériences. Les premières furent faites en France par l'abbé Blaye et précédèrent celles d'OErstedt, quelques-unes furent faites au Muséum pendant les années dernières ; si l'on écartait avec soin tous les genévriers-sabines, les poiriers seraient toujours sains.

Dans la plupart des cas, sauf pour l'oïdium, on en est réduit à des palliatifs insuffisants. L'agriculture perd tous les ans des sommes énormes par l'effet de ces ennemis naturels de notre richesse nationale.

Il y a des parasites avec lesquels on peut lutter, mais il en est d'autres contre lesquels on est absolument désarmé jusqu'ici, du moins jusqu'ici ; les feuilles des betteraves sont attaquées fréquemment par une rouille brune qui emprunte sa nourriture aux sucs de la plante, et cependant il est impossible de s'opposer à ce développement. Un fait singulier, c'est qu'on ne semble pas s'émouvoir beaucoup des pertes qui sont ainsi causées à nos riches départements du Nord.

Les rhisoctones envahissent les champs de luzerne, les cultures perfectionnées de l'asperge et du safran ; on n'a pas jusqu'ici trouvé d'autre moyen que de fuir devant l'ennemi qui gagne du terrain et occupe le sol en maître. Le même parasite attaque les racines de la garance, plante tinctoriale précieuse. Il y a des parasites analogues sur nos arbres forestiers. On ne sait comment les combattre.

L'étude des parasites nous a permis d'obtenir quelques résultats importants, mais combien d'autres restent encore à obtenir qui permettraient de réaliser des économies considérables.

L'anatomie végétale qui correspond à l'histologie animale, mais dont les résultats sont beaucoup plus clairs et beaucoup plus nets, explique et dirige la physiologie végétale ; elle permet de se rendre compte de la structure interne des organes et de leur mode de fonctionnement, de suivre leur développement et leur transformation ; elle jette une grande clarté sur les phénomènes de la fécondation, sur la formation des éléments nouveaux et sur beaucoup de points qui ne sont pas encore connus en zoologie avec autant de précision.

Cependant, malgré les services qu'elle a rendus, l'anatomie végétale semble ne pas avoir encore franchement étudié certaines maladies des plantes qui ne sont pas dues à des parasites. On sait bien quelque chose sur la chlorose, sur la production de la gomme de nos arbres fruitiers et sur diverses maladies de nos arbres forestiers, mais la science qui s'occuperait de ces diverses questions est encore dans l'enfance, malgré l'intérêt considérable qui s'attache à elle.

L'étude des végétaux inférieurs intéresse la richesse nationale à un haut degré, elle mérite aussi l'attention de ceux qui consacrent leurs soins à la salubrité, à la santé publiques.

Les récentes découvertes, et en particulier les magnifiques travaux de M. Pasteur, ont montré que certains phénomènes de décomposition et de fermentation en apparence spontanées, étaient liés à la présence d'organismes microscopiques, flottant çà et là dans l'atmosphère. Ces organismes parasites introduits dans l'économie animale y produisent des troubles spéciaux à chacun d'eux avec un cortége de symptômes particuliers. Certains faits appuient cette manière de concevoir les choses. Le sang des animaux morts du charbon est rempli, ainsi que M. Davaisne l'a observé le premier en 1863, de bactéries spéciales. Les corpuscules (pébrine) qui causent la mortalité des vers à soie, sur laquelle M. Pasteur a fait de si remarquables travaux, sont des parasites assez analogues.

La fièvre dont, selon l'expression populaire, *on prend le germe* dans les pays marécageux, serait due de même à des organismes vivant dans les endroits humides. On sait que certains établissements affectés depuis trop longtemps au service des malades deviennent véritablement mortels, et que tous les amputés ne guérissent plus et y succombent de la pourriture d'hôpital ; on peut rendre aux salles ainsi empoisonnées leur salubrité première en les badigeonnant avec des substances qui détruisent les organismes origine des miasmes délétères. On n'ignore pas que le linge des malades atteints de la petite vérole, de la fièvre typhoïde, peut transmettre la maladie à des individus bien portants. Cette influence funeste est incontestée ; mais l'interprétation en est différente : les uns n'y voient pas autre chose que des vapeurs insalubres et dont l'effet est nuisible ; les autres, et cette tendance des esprits s'accentue de plus en plus, considèrent les germes de maladie comme parfaitement définis et figurés, bien différents de l'air qui les charrie. Les plus hardis y voient l'explication des maladies épidémiques qui, à des intervalles variables, passent sur nos populations, en laissant par derrière elles la désolation et la mort. On peut suivre le chemin terrible qu'elles ont parcouru quand elles traversent l'Asie et viennent décimer les centres populeux de l'Europe. Ces germes, mal étudiés encore, et dans le plus grand nombre des cas non encore reconnus avec pleine certitude, ont été observés dans plusieurs maladies par MM. Coze et Feltz. Certaines expériences de M. Chauveau, de Lyon, rendent cette conception fort probable.

Ce dernier physiologiste, dont les expériences claires et précises portent le cachet d'une méthode si rigoureuse, a démontré que la phthisie est, de même que le charbon, *contagieuse*.

On conçoit alors de quelle utilité peut être pour l'homme l'étude de ces organismes inférieurs du règne végétal, de ces dangereuses bactéries, de ces monades dont la taille est si réduite et le poids si faible qu'elles sont charriées avec les poussières par l'atmosphère !

La connaissance de ces êtres microscopiques donnera les résultats les plus importants pour le traitement des maladies épidémiques ; nul ne songera à attaquer l'étude des végétaux inférieurs quand les conséquences qu'on peut tirer de ces recherches intéressent l'homme à un si haut degré. M. le professeur Cohn, de Breslau, a fait de ces petits êtres une étude approfondie et remarquable par les résultats déjà obtenus. Mais il faut se garder de croire qu'on pourrait avec fruit s'attacher seulement aux questions capables d'application immédiates ; tous les points de la science doivent être menés de front ; en négliger un, c'est se créer des chances d'erreur ou des causes de retard.

L'étude des végétaux, quelque théorique qu'elle paraisse au premier abord, n'en a pas moins son utilité incontestable et profonde ; elle a droit à l'estime et à l'intérêt de tous ; elle relève et dirige l'agriculture, elle améliore et repeuple les contrées déshéritées par leur situation géographique, défend les végétaux contre leurs parasites et servira à connaître la nature intime des miasmes et des épidémies.

Je me suis placé, ainsi que je l'ai dit plus haut, au point

de vue purement utilitaire et pratique sans insister sur les résultats élevés que l'étude plus intime du développement des êtres et la philosophie peuvent en retirer.

J'ai omis, à dessein, d'insister sur les magnifiques études auxquelles les plantes se prêtent mieux que les animaux, je veux parler des recherches sur l'évolution élémentaire des parties constituantes ; les parties de la plante ont une vie bien plus indépendante que les parties diverses des animaux. On peut dire qu'une coupe de tissu examinée au microscope vit et pour ainsi dire, s'accroît encore. On peut étudier ainsi à l'aide des instruments grossissants les modifications successives de la cellule, les phénomènes si compliqués et si intéressants de l'acte fécondateur. Les beaux travaux de M. Thuret sur la fructification des fucacées et des floridées en offrent un admirable exemple.

Maxime Cornu.

———

CONGRÈS DE L'INDUSTRIE MINÉRALE

Session de Saint-Étienne (1)

VIII

M. EUVERTE : INFLUENCE DU PHOSPHORE ET DU MANGANÈSE SUR LES PROPRIÉTÉS PHYSIQUES DES ACIERS

M. Euverte expose qu'au commencement de l'année 1874, et sous l'influence de circonstances particulières, il a dû faire à la Société des ingénieurs civils, à Paris, une communication relative à la possibilité d'introduire du phosphore dans les aciers.

Pour établir un lien entre le passé et le présent, M. Euverte fait un rapide historique de l'industrie de l'acier dans ces dernières années. Il rappelle les premières tentatives de M. Bessemer en 1856, tentatives qui ont abouti à un insuccès, signalé aux industriels français par notre illustre professeur Gruner.

Un peu plus tard, au contraire, en 1861, M. Gruner signalait aux industriels français la réussite complète du procédé, réussite due surtout à l'addition, à la fin de l'opération, d'une fonte spéciale manganésifère, appelée *spiegel-eisen*, et aussi à la résolution prise par l'inventeur de n'appliquer le procédé qu'à des fontes grises de première qualité.

Ces deux importantes modifications avaient suffi, en effet, pour rendre industriellement pratique le procédé Bessemer, et c'est à partir de ce moment que l'industrie de l'acier prit le rapide développement constaté aujourd'hui, développement qui se traduit par une production d'acier dont le total est évalué à 2 150 000 tonnes, alors qu'il y a dix ou douze ans ce chiffre ne dépassait pas 100 000 tonnes.

C'est alors que l'on vit, en France, les usines de Saint-Seurin, dirigées alors par M. de Cizancourt, prendre une initiative hardie, entrer dans la voie nouvelle, et apporter à la solution un large contingent d'efforts, de science et d'intelligence.

Quelque temps après, les usines de MM. Petin-Gaudet et celles de Terrenoire entraient dans la même voie, sur une échelle rapidement progressive.

Depuis lors de grands progrès ont été faits dans la pratique de cette industrie.

M. Bessemer avait certainement amélioré beaucoup les conditions de l'opération en complétant son procédé par l'introduction du *spiegel-eisen* à la fin de l'opération ; il avait ainsi trouvé le moyen simple et très-pratique de combattre l'action très-oxydante du puissant courant d'air nécessaire à l'opération, et d'ajouter à l'acier la proportion de carbone nécessaire pour lui donner la dureté convenable.

Toutefois l'industrie ne tarda pas à se trouver en présence d'un nouveau *desideratum*. On avait fait un grand pas en obtenant à bas prix l'acier fondu pour rails ; mais il fallait réaliser un autre problème également important pour l'industrie, il fallait produire le *métal fondu doux*, propre à la fabrication des tôles, des pièces de machine, etc., etc.

De longues recherches faites à l'usine de Terrenoire amenèrent le résultat désiré. La fabrication du *métal fondu très-doux* devint, en effet, très-pratique, grâce à l'addition, à la fin de l'opération, d'alliages riches en manganèse, connus aujourd'hui sous le nom de *ferro-manganèse*.

Ce nouveau produit substitué au *spiegel-eisen* permet d'ajouter au bain métallique tout le manganèse nécessaire à la désoxydation, tout en n'introduisant qu'une proportion très-minime de carbone.

M. Euverte fait remarquer que cette solution présente un lien intime avec celle des aciers phosphoreux.

En effet, des essais ayant été faits à Terrenoire en vue d'introduire des matières phosphoreuses dans l'acier, on arriva, après de nombreuses et laborieuses recherches, à mettre en lumière le principe suivant :

« On peut introduire dans l'acier des matières phospho» reuses, à la condition d'éliminer le carbone autant que pos» sible. Moins l'acier contiendra de carbone, plus il pourra » contenir de phosphore. »

On comprend aisément que le ferro-manganèse est le moyen par excellence pour arriver à ce résultat, et dès le commencement de l'année 1874 il était bien admis à l'usine de Terrenoire que l'on pouvait très-pratiquement introduire dans l'acier de 0,30 à 0,35 pour 100 de phosphore, à la condition de ne pas avoir plus de 0,15 à 0,25 de carbone.

Cette solution présente pour l'industrie générale du monde un intérêt très-considérable. D'une part, elle permet d'appliquer à la production de l'acier certains minerais de qualité secondaire très-abondants dans la nature ; d'autre part, elle permet d'employer de la manière la plus heureuse les 30 millions de tonnes de matières médiocres actuellement posées sur les 268 000 kilomètres de chemins de fer qui existent dans le monde entier.

M. Euverte expose que, depuis le commencement de l'année 1874, de nombreuses expériences ont été faites pour constater les propriétés physiques des aciers contenant du phosphore, il communique à la réunion un certain nombre de tableaux donnant des résultats d'épreuves comparatives faites sur des aciers phosphoreux et sur des aciers Bessemer de la meilleure qualité.

Dans le cours de ces expériences, où le ferro-manganèse a été employé sur une grande échelle, il s'est présenté des cas où les aciers contenaient, non-seulement du phosphore, qu'on y introduisait volontairement, mais encore du manga-

---

(1) Suite. — Voyez le numéro précédent.

nèse qui, ayant été ajouté en excès à la fin de l'opération, restait à l'état métallique dans l'acier.

Les aciers offrant cette particularité ont été soumis à des épreuves spéciales, et un nouveau champ d'études est venu s'ajouter aux recherches déjà commencées dans les usines de Terrenoire.

Les effets du manganèse sur les propriétés physiques des aciers ont donc donné lieu à des expériences spéciales, dont M. Euverte rend également un compte détaillé en analysant les tableaux comparatifs sur lesquels sont consignés les résultats des épreuves.

Cette analyse très-détaillée, ainsi que les tableaux comparatifs, trouveront leur place dans le compte rendu *in extenso* qui sera ultérieurement publié. Voici, quant à présent, les conclusions sommaires qui paraissent se dégager de la communication faite par M. Euverte :

1° Il est positivement établi, par de nombreuses expériences, que les rails en acier phosphoreux sont de très-bonne qualité. Les épreuves au choc et par flexion montrent que leur limite d'élasticité et leur déformation avant cette limite sont mathématiquement identiques avec celles des meilleurs rails Bessemer.

2° Les aciers phosphoreux, pour atteindre leur maximum de résistance, ont besoin de recevoir un travail mécanique énergique.

3° Lorsqu'ils ont reçu ce travail mécanique, ils donnent, pour un même allongement, une résistance plus grande à la traction que les aciers non phosphoreux.

4° La présence du manganèse dans les aciers augmente sensiblement leur ténacité. Pour un allongement égal, la résistance à la traction est élevée dans une large proportion.

5° La résistance au choc est également accrue par la présence du manganèse. La roideur paraît être un des caractères des aciers manganésés.

6° La manganèse accroît d'une manière très-sensible la *faculté de trempe* des aciers, et si l'on veut obtenir des aciers prenant une trempe vive et fixe, il faut y introduire du manganèse.

D'après tout ce qui précède, M. Euverte pense que le champ ouvert aux recherches des fabricants d'acier est encore bien vaste. Les indications qu'il vient de fournir sont une entrée dans la voie, mais il faut encore une grande persévérance dans cette même voie pour arriver à des idées bien assises et à une doctrine positive.

On a pensé pendant longtemps qu'il existait des minerais spéciaux pour produire l'acier, qu'on devait tenir compte d'une *propension aciéreuse.*

M. Euverte pense que les expériences dont il vient de rendre compte donneraient sur ce point des explications suffisantes, et qu'il n'est plus indispensable de recourir au phénomène de la *propension aciéreuse* pour expliquer un grand nombre de faits restés obscurs jusqu'ici. Il pense enfin que, pour le moment, aucune classification d'acier ne peut être définitive ; les propriétés du métal sont sensiblement modifiées par la présence du carbone, du silicium, du manganèse, du phosphore. C'est seulement quand tous les phénomènes auront été bien constatés par expérience qu'il sera possible d'avoir des idées fixées et de faire une classification.

IX

M. REMAURY : LES RÉCENTES INSTALLATIONS DE HAUTS FOURNEAUX DANS LA LORRAINE ET LE LUXEMBOURG

Les hauts fourneaux de cette région constituent un groupe voué, sauf quelques exceptions, à consommer sur place le minerai de fer hydroxydé, dont l'important dépôt appartient à l'étage oolithique inférieur ; des notes nombreuses ont été publiées sur ce vaste gisement ferrifère, qui rachète par son abondance un rendement assez faible, si on le compare aux riches minerais qui entrent de plus en plus dans le lit de fusion des autres groupes métallurgiques.

Pour en préciser la valeur, il suffit de rappeler que la perte pour la France du bassin de la Moselle lui a enlevé un cinquième de la production de fonte.

Dans le département actuel de Meurthe-et-Moselle, le minerai oolithique est exploité depuis Pont-Saint-Vincent, au sud, jusqu'à Longwy, au nord, sur une étendue de plus de 100 kilomètres. Il alimente ou alimentera les hauts fourneaux en marche et en construction de Neuves-Maisons, Jarville, Maxeville, Champigneulles, Liverdun, Frouard, Pompey, Pont-à-Mousson, Longwy et ses environs.

Sur la production totale de la fonte en France, qui a été pour 1874 de 1 402 122 tonnes, le département de Meurthe-et-Moselle a fourni le plus fort contingent, 255 262 tonnes.

Le département de Saône-et-Loire vient second, pour 170 027 tonnes.

Le département du Nord troisième, pour 123 749 tonnes.

Il est permis de croire que la force productive du département de Meurthe-et-Moselle ne tardera pas à s'élever à 1000 tonnes de fonte par jour, et à lui attribuer ainsi le cinquième en fonte de la production nationale probable.

Il est utile de mettre en évidence le chiffre de production de 1000 tonnes de fonte par jour, parce qu'il représente la force productive des fourneaux enlevés à la France par l'annexion de la Lorraine ; ce sont les fourneaux de Novéant, Ars-sur-Moselle, Maizières, Hayange, Moyeuvre et Stiring, Ottange, Héming, etc. ; et, par une coïncidence assez bizarre, c'est aussi la force productive actuelle des hauts fourneaux du Luxembourg, dont voici l'énumération, qui prouve que ce petit pays peut produire le plus de fonte avec le moins de fourneaux, construits d'ailleurs assez récemment.

PRODUCTION JOURNALIÈRE.

4 fourneaux de MM. Metz et Cie, à Dommeldange.	220 tonnes.
4 — — à Esch........	280 —
2 — de la Société des hauts fourneaux luxembourgeois, à Esch........	210 —
2 — de MM. Collart, à Steinfort......	75 —
1 — de MM. Servais, à Hollerich......	55 —
1 — de MM. Giraud et Cie, à Lasauvage.	10 —
2 — de la Société de Kodange........	150 —
16 fourneaux pour.....................	1000 tonnes.

Sans compter l'usine voisine d'Athus, comprenant deux grands fourneaux de 75 à 80 tonnes chacun, récemment créés par MM. d'Huart et Cie sur le territoire belge.

On peut admettre qu'à cette production totale de 3000 tonnes de fonte par jour doit correspondre une alimentation journalière de 10 000 tonnes de minerai oolithique, et si l'on mentionne pour mémoire le minerai expédié dans le Nord, dans la Haute-Marne, en Belgique et sur la Sarre, on verra quelle action prépondérante ce gisement exerce sur la production de la fonte en France et sur nos frontières.

Dans la partie française de la formation ferrugineuse, la puissance ne dépasse pas 12 mètres en une ou plusieurs couches séparées par des intercalations stériles, à l'état de bancs marneux, calcaires ou gréseux : on compte au plus une moyenne utile de 4 mètres; encore le minerai exploitable participe-t-il aux variations de ces bancs, ce qui établit entre les diverses exploitations des nuances très-sensibles dans les conditions de marche aux fourneaux, dans la nature des produits comme fontes de moulage ou d'affinage, et par conséquent dans les élaborations successives et les fabrications spéciales.

Ce n'est pas le lieu de s'étendre sur les analyses du minerai; elles varient dans la même concession, et on doit les suivre de près dans chaque usine; disons seulement que si l'on peut avoir un minerai à gangue calcaire rendant au fourneau 33 pour 100 de fonte sans addition de castine, on a dans cette région de bonnes conditions de marche.

Le minerai traité par M. Remaury à Ars-sur-Moselle, près Metz, pendant de longues années, était argileux, nécessitait 15 à 20 pour 100 de castine et rendait 31 pour 100.

Les magnifiques concessions de la maison de Wendel étaient bien supérieures : le rendement s'élève à 36 pour 100 au fourneau, et il exige moitié moins de castine. Dans le nord de la Moselle, aux environs d'Ottange et dans le Luxembourg, l'ensemble des couches atteint et dépasse 30 mètres; souvent le minerai dégénère en un calcaire ferrugineux, et le rendement peut être inférieur à 30 pour 100 si l'on ne soigne pas le triage.

Arrivons à la construction du haut fourneau. Si l'on se reporte à une vingtaine d'années en arrière, la production de 15 tonnes de fonte par vingt-quatre heures était considérée comme suffisante et en rapport avec les débouchés. On marchait d'ailleurs avec des mélanges de minerais; il semblait que la fonte au coke de minerais oolithiques purs n'avait pas encore trouvé sa place dans une consommation régulière, et l'on avait bien soin d'introduire une proportion plus ou moins considérable de minerai d'alluvion dit minerai de fer fort.

Mais les progrès introduits dans le traitement de la fonte au coke, aidés par le développement des chemins de fer et des grandes constructions, ouvrirent des débouchés certains, et l'on fit le haut fourneau de 30 tonnes qui, lui-même, muni de meilleures machines et d'appareils à air chaud plus importants, fut poussé jusqu'à une production de 45 tonnes.

L'économie de marche et la facilité du travail donnèrent l'idée d'aller encore au delà, et dans ces derniers temps on a atteint des productions de 75, 100 et 125 tonnes de fonte par fourneau, en vingt-quatre heures.

Le but pratique a été dépassé, car les productions exagérées ont cessé d'être économiques. Indépendamment des énormes quantités de produits jetées trop rapidement sur le marché, il s'est révélé des difficultés presque insurmontables pour l'approvisionnement régulier en cokes et minerais de ces appareils trop voraces, et une réaction se manifeste parmi les constructeurs et les directeurs de fourneaux, qui estiment qu'une production journalière et bien suivie de 60 à 70 tonnes de bonne fonte par jour correspond à la marche la plus sûre et la plus économique.

Dans ces conditions, voici quelles seraient les dimensions à conseiller, au moins dans la région lorraine et avec les minerais qu'on y emploie.

Ne pas dépasser un cube total de 300 mètres.

Donner une hauteur utile de 17 à 18 mètres.

Le diamètre au ventre varierait entre 5 et 6 mètres.

Et celui du creuset de 1^m,70 à 2 mètres.

Comme système de construction, la plupart des usines ont adopté le fourneau sur colonnes, dégageant entièrement le creuset, l'ouvrage et les étalages; le ventre et la cuve sont protégés par une seule enveloppe de briques ou de tôles.

Le système Buttgenbach, qui laisse la chemise entièrement libre et complétement exposée à l'air et à la pluie, ne s'est pas répandu dans cette région.

M. Remaury a été conduit à adopter pour la cuve une enveloppe en briques creuses, qui permet de diminuer le plus possible l'épaisseur réfractaire de la chemise, tout en l'entourant d'une partie que l'on peut cercler une fois pour toutes; cette enveloppe doit être considérée comme fixe, car elle se maintient à la température extérieure, et ne participe pas aux dilatations de la chemise qu'elle protége en la refroidissant, suivant l'appel d'air qui se fait naturellement par les briques creuses, appareillées de manière à former un système cellulaire rayonnant de la circonférence au centre.

Avec cette disposition, on peut toujours voir comment la chemise se comporte en chaque point, et même y faire les réparations nécessaires; comparée à d'autres systèmes, elle offre surtout l'avantage de faire reposer en toute sécurité sur une enveloppe invariable les consoles qui supportent le pont du fourneau et les appareils de chargement et de prise de gaz; la chemise intérieure restant libre dans ses dilatations, qui sont très-réduites d'après l'expérience qui a été faite.

Si autrefois, pour de faibles productions, on avait essayé de vaincre les mouvements des masses de fourneaux en exagérant l'importance de ces masses et leurs armatures, on est revenu aujourd'hui à l'idée que l'on ne pouvait s'opposer à la cause de destruction intérieure que par des moyens extérieurs, et l'on emploie, dans les parties les plus chaudes, l'eau, dans les parties les moins exposées, l'air.

Pour que ces actions extérieures exercent leur influence, il faut évidemment que les parties réfractaires soient réduites à leur minimum, afin de produire l'équilibre conservateur dans tous les points sans trop perdre de calorique.

Tel est le but de la disposition que le dessin ci-joint (fig. 1) fera mieux comprendre que toutes les explications. On remarquera que ce dessin ne porte pas la prise de gaz et le mode de chargement. Les dispositions adoptées pour ces deux opérations ont encore besoin d'être contrôlées par l'expérience. Elles permettront, si elles atteignent leur but, de marcher à volonté, soit à gueulard ouvert, soit à gueulard fermé.

Cette construction se combine très-heureusement avec le système à poitrine fermée et à tuyère à laitier de M. Lürmann (d'Osnabrück). Les applications en sont bien connues; plus de 80 hauts fourneaux en Allemagne et en Autriche en sont munis; les fourneaux en construction ou réparés l'adoptent généralement, car il est difficile de l'appliquer convenablement en marche.

Avec le minerai oolithique, rendant selon les localités de

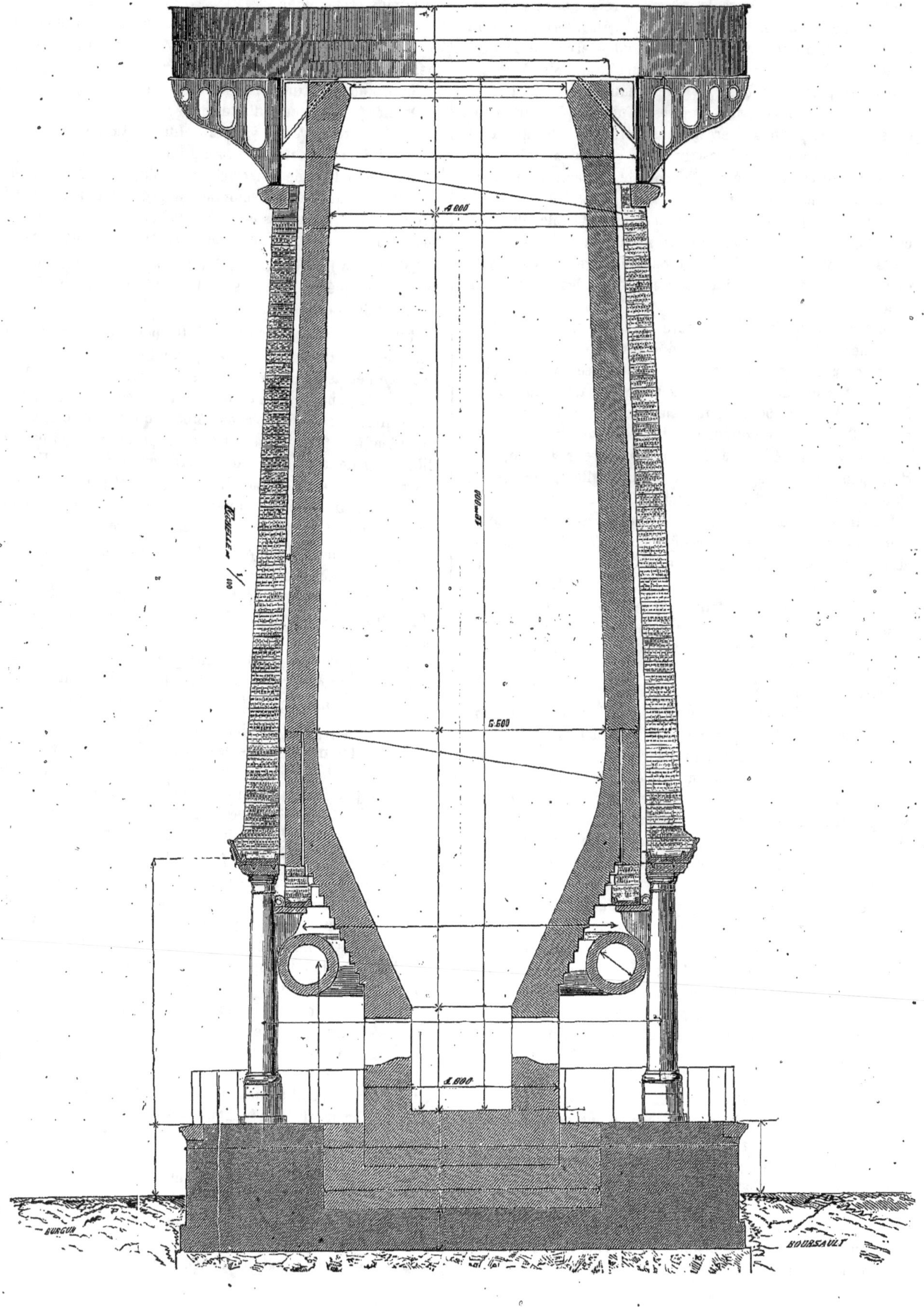
Échelle de 1/100
BURGUN
BOURSAULT

30 à 36 pour 100, soit en moyenne 33, la proportion de laitier est considérable.

Le rôle du bain de laitier dans le creuset n'est pas indifférent; en général, la coulée du métal se fait à intervalles réguliers de douze heures ou de huit heures, ce qui est préférable avec de fortes productions, quand on veut ménager le creuset et éviter l'accumulation dangereuse de trop grandes masses en fusion.

Pendant que la fonte se réunit, le laitier surnage en la recouvrant, arrive à dépasser le niveau de la lame, dans les fourneaux à avant-creuset et sort par une ouverture réglée par le fondeur; le bain de laitier oscille contre la paroi réfractaire, suivant les variations de la pression de vent, et ce mouvement amène des dégradations, des réparations à la coulée, des arrêts et des pertes de temps; ces inconvénients s'aggravent encore en cas de refroidissement, et c'est par l'avant-creuset qu'on est le plus exposé aux obstructions souvent pénibles à vaincre, et quelquefois périlleuses.

Ces inconvénients bien constatés avaient porté M. Remaury à diminuer successivement l'avant-creuset, et il était à peu près décidé à sa suppression lorsque M. Lürmann, ingénieur à Osnabrück, donna une solution complète; il supprima l'avant-creuset, la tympe et la dame, et put marcher à poitrine fermée, par l'application de la tuyère à laitier où l'écoulement reste constant, parce que l'orifice n'est plus en glaise, argile ou sable, mais en métal refroidi par l'eau.

Le système de M. Lürmann a été décrit, il s'est répandu d'abord en Allemagne et en Autriche, puis en Amérique, en Angleterre, en Belgique et en France; on l'adopte en Lorraine et dans le Luxembourg, parce qu'il permet de régler et de maintenir invariable l'ouverture d'échappement du laitier d'une coulée à l'autre sans interruption; de répartir les tuyères d'une façon symétrique, le creuset étant circulaire; en outre, il supprime les pertes de temps aux coulées, facilite dès lors les coulées plus fréquentes; enfin il empêche les ouvriers fondeurs de maltraiter les fourneaux, sous prétexte de travailler le feu; quand on a, comme aujourd'hui, à sa disposition, les puissantes souffleries que les grands ateliers de construction peuvent livrer, et les hautes températures des appareils à air chaud, la besogne de fondeur doit se réduire à surveiller les tuyères et à couler.

Ce vaste sujet aurait demandé beaucoup de temps pour être traité d'une façon complète; on pourrait même dire qu'il serait inépuisable, même en n'en discutant que les points saillants.

Ainsi, pour la question des appareils à air chaud, tandis que dans le centre de la France on accorde la préférence aux appareils Cowper-Siemens, en Lorraine, où l'on pouvait se donner, dans des établissements neufs, plus de place que dans des établissements déjà créés, on a commencé par les appareils Whitwell, sans renoncer aux appareils à tuyaux de fonte.

Plusieurs grands producteurs de fonte d'affinage redoutent l'effet des très-hautes températures sur la qualité de leurs produits; et s'il est vrai que par l'introduction des appareils, soit Cowper, soit Whitwell, on a gagné en consommation de coke la différence qui existait entre la fonte grise et la fonte blanche; on conserve encore, on modifie et l'on étudie des appareils à tuyaux de fonte qui n'ont encore pas dit leur dernier mot.

M. Rémaury laisse sur le bureau une note de M. Kintzelé, constructeur de hauts fourneaux à Esch, sur l'Alzette (Luxembourg), sur un appareil à air chaud.

Contrairement aux dispositions habituelles, où les tuyaux chauffés extérieurement reçoivent l'air à l'intérieur, M. Kintzelé fait passer les gaz à l'intérieur des tuyaux qui traversent une chambre étanche où l'air s'échauffe au contact extérieur des tuyaux.

La chambre est une caisse métallique à parois rectangulaires en tôle rivée; les tuyaux sont en fonte, placés verticalement, faciles à nettoyer et à remplacer. La difficulté est d'obtenir un joint hermétique, à cause des dilatations; l'auteur déclare avoir réussi par l'emploi de l'asbeste.

Le premier appareil a été construit à Dommeldang, chez MM. Metz et Cie.

Le second va être construit à Saulnes, près Longwy, avec quelques modifications utiles révélées par le premier essai; il y aura 300 mètres carrés de surface de chauffe.

En résumé, les installations nouvelles des usines à fonte sont devenues plus importantes par les accessoires des fourneaux que par les fourneaux eux-mêmes. Les souffleries puissantes, les appareils à haute température, les monte-charges, capables de suffire à des productions qui dépassent 100 tonnes en vingt-quatre heures, les halles d'approvisionnements pour les cokes et les minerais qu'il serait bon partout d'avoir à couvert, les machines à concasser, les engins et le matériel pour le décrassage, tout cet ensemble constitue de telles charges qu'en général on a été conduit à les répartir sur un groupe de deux hauts fourneaux, sauf à le répéter une ou plusieurs fois, selon l'importance probable des établissements.

A la suite de la communication de M. Rémaury, M. Janoyer, ingénieur à Vierzon (Cher), prend la défense des hauts fourneaux à dimensions considérables, dont il se déclare partisan convaincu. Quand leurs dimensions sont convenablement proportionnées et que leur conduite est confiée à un ingénieur habile, ils donnent d'excellents résultats. Il n'y a aucune raison, suivant lui, pour qu'on dérange la marche d'un haut fourneau en amplifiant ses dimensions.

M. Rémaury répond à M. Janoyer en citant les résultats produits par des séries de hauts fourneaux employant les mêmes matières et dirigés par le même ingénieur. Au-dessus de certaines dimensions, ces résultats étaient beaucoup moins satisfaisants.

M. de Molins prend la défense des hauts fourneaux du système Buttgenbach, au point de vue de leur durée qu'on prétend si réduite, et cite les faits qu'il a eu occasion d'observer à cet égard.

M. Grüner fait remarquer que les hauts fourneaux d'autres systèmes dépassent très-sensiblement les durées indiquées par M. de Molins. Il discute quelques-unes des questions abordées par M. Rémaury, relativement à la constitution de l'enveloppe du haut fourneau, et surtout à l'influence que peuvent exercer sur la durée du haut fourneau les infiltrations pluviales dans l'intérieur de l'enveloppe, notamment aux parties inférieures qui sont les plus échauffées.

X

M. DEVILLAINE : LES MÉTHODES D'EXPLOITATION DES COUCHES
PUISSANTES DANS LE BASSIN DE LA LOIRE

M. Devillaine, ingénieur principal de la Société des houillères de Montrambert et la Beraudière, a lu un mémoire sur l'exploitation des grandes couches de houille, dans le bassin de la Loire, dont la plupart des concessions de mines ont été faites de 1824 à 1830. Les compagnies n'ont même creusé activement leurs puits que de 1830 à 1840.

Il constate que, jusqu'en 1840, les puissantes couches de houille des bassins du centre de la France ont été exploitées très-irrégulièrement, par des méthodes abandonnant beaucoup de charbon, parce qu'on ne connaissait pas encore de méthodes meilleures ou qu'on craignait, en les employant, d'élever les prix de revient au-dessus des prix de vente, qui étaient alors très-faibles et souvent déjà inférieurs aux prix de revient si réduits compatibles avec les procédés grossiers d'extraction.

Les progrès dans l'art des mines n'ont été rapides qu'à partir de l'établissement des premiers chemins de fer, des grandes usines, et de plus, pour le bassin de la Loire, d'une puissante compagnie houillère qui, en diminuant une concurrence effrénée, assura des prix de vente plus rémunérateurs.

En 1841, la compagnie Schneider appliqua la première, à la grande couche du Creuzot, une bonne méthode d'exploitation avec remblais complets, nommée depuis *méthode en travers*. Elle s'applique aux couches très-fortement inclinées. Au lieu de creuser les galeries d'exploitation dans le sens d'étalement de la couche, on coupe celles-ci en tranches *transversales* superposées qu'on exploite successivement par des galeries qui peuvent alors être horizontales.

De 1846 à 1849, à Saint-Étienne, la grande Société civile des mines de la Loire créait, pour la puissante couche de Montrambert, la *méthode en travers par rabattage* et la méthode par tranches inclinées, toutes deux avec remblais complets descendus de l'extérieur.

Ces exemples furent imités, à partir de 1849, par les mines de Commentry, dans l'Allier, et huit ou dix ans plus tard, par celles de Blanzy, dans Saône-et-Loire.

Dès 1849, les méthodes d'exploitation pour les grandes couches existaient donc ; il ne s'agissait plus que de les expérimenter et de perfectionner les détails, afin de déterminer les conditions les plus favorables à l'emploi de telle ou telle méthode.

Dans le bassin de la Loire, on applique généralement la méthode par tranches inclinées, avec quelques modifications dans la position des galeries de roulage, parce qu'elle convient mieux à l'épaisseur et à l'inclinaison moyenne de ses couches.

La méthode en travers primitive, ou celle avec rabattage, n'a été employée, sur une grande échelle, sauf de rares exceptions, qu'à la grande couche de Montrambert, dont l'inclinaison varie de 35 à 90 degrés, la puissance de 10 à 60 mètres, avec du charbon de dureté variable. Ces circonstances ont permis d'appliquer les deux méthodes dans des conditions différentes, de les comparer et de reconnaître celle qu'on

doit préférer, suivant les conditions dans lesquelles on se trouve.

La méthode par *tranches inclinées* convient mieux, lorsque la section horizontale de la couche est inférieure à 15 mètres de longueur, lorsque son inclinaison reste au-dessous de 45 degrés, et que le charbon est dur. La méthode en travers, ou par tranches horizontales, est préférable au delà de cette épaisseur et de cette inclinaison ; elle devient presque seule possible lorsque le charbon est tendre.

Appliquée dans de bonnes conditions, elle est généralement plus économique que la première, plus favorable au triage des pierres, au rendement en gros charbon, et à la production par mètre carré de section horizontale, lorsque la largeur de la couche, du toit au mur, dépasse 15 mètres environ et surtout lorsque le charbon est tendre.

Elle facilite le travail, qui se fait dans des galeries horizontales et prévient mieux les échauffements spontanés, parce que les tranches qui se succèdent rapidement en remontant, laissent moins longtemps le charbon brisé en contact avec les remblais et rafraichissent plus souvent toute la surface du champ d'exploitation : condition importante pour éviter les échauffements.

C'est cette méthode qui est appliquée dans la grande couche de Montrambert par M. Devillaine. Le champ d'exploitation de cette couche a été visité, pendant une des excursions, par un certain nombre de membres du congrès qui se sont rendu compte sur place des dispositions décrites par M. Devillaine. Ces grandes galeries où l'on marche droit comme dans un tunnel les ont bien vite convaincus des facilités considérables de circulation données par cette méthode. Quant à la solidité du système de remblai, ils ont pu aussi la constater *de visu* car, en plusieurs endroits, le plafond des galeries était formé par la base d'un remblai antérieur qui paraissait aussi ferme qu'une couche de roche.

XI

M. VIER : LES LOIS RELATIVES AUX MINES ET LEUR APPLICATION
DANS LE BASSIN DE LA LOIRE

M. Vier, secrétaire du comité des houillères de la Loire, résume les *Observations du comité des houillères du bassin de la Loire sur les modifications à la législation minière proposées par la commission d'enquête parlementaire sur l'état de l'industrie houillère en France.*

Il fait observer que, contrairement au désir exprimé par la commission, un projet de loi sur cette importante matière est en pleine élaboration et se discute devant le conseil des mines ; que le moment semble donc venu pour tous les intérêts qui se rattachent à la bonne organisation et au développement de l'industrie houillère, d'échanger leurs vues et de grouper leurs forces.

M. Vier explique quelle est l'attitude que le bassin de la Loire a cru devoir adopter dans les observations présentées en son nom : d'un côté défendre énergiquement la loi du 21 avril 1810, en ce qui touche la constitution de la propriété des mines, et faire disparaître les atteintes dont celle-ci a été déjà plusieurs fois l'objet ; d'un autre côté provoquer la modification de certaines dispositions que l'expérience a condamnées, de manière à permettre à l'industrie houillère de se mouvoir librement dans la recherche et le débouillement des couches et dans le transport des produits.

En ce qui touche le premier de ces deux points de vue, il y a lieu de rappeler que l'art. 7 de la loi du 21 avril 1810 déclare que l'acte de concession donne la propriété perpétuelle de la mine, laquelle est dès lors disponible et transmissible comme tous autres biens ; on ne peut plus être exproprié que dans les cas et selon les formes prescrites pour les autres propriétés. Les discussions qui ont précédé la loi dans le sein du Conseil d'État et les rapports faits au Corps législatif démontrent la pensée formelle chez le législateur de donner à la propriété des mines le caractère d'une propriété de droit commun. Cependant l'article 10 de la loi du 27 avril 1838 a implicitement reconnu le droit pour le gouvernement de révoquer une concession donnée, pour infraction à l'article 49 de la loi de 1810, c'est-à-dire aux arrêtés du ministre. Plus tard le décret du 31 octobre 1852 a prohibé la réunion de plusieurs concessions en une même main ; nous voyons maintenant la commission parlementaire proposer de sanctionner ces deux dispositions avec plus d'énergie en les insérant dans la loi nouvelle, et de plus de prohiber toute aliénation d'une mine par le concessionnaire ou ses ayants cause, sans le consentement du gouvernement intervenu après l'accomplissement des formalités prescrites pour l'obtention des concessions. On voit de plus, dans les moments difficiles, comme ceux que l'industrie a traversés dans les années 1872 et 1873, les intérêts froissés et aveugles, demander à grands cris les mesures les plus violentes contre les propriétaires de mines.

Le cachet d'inviolabilité et de libre disponibilité, que le législateur de 1810 avait imprimé à la propriété minière et qui a été l'élément le plus actif de la prospérité industrielle du pays, semble donc s'altérer de plus en plus, et il est nécessaire de réagir avec vigueur contre une telle tendance.

Quant au deuxième point de vue, M. Vier signale les principales modifications que le bassin de la Loire n'a cessé de réclamer.

L'industrie houillère s'exerce sur des gisements que renferme le sein de la terre, l'intérêt général lui-même est profondément lié à leur extraction économique et complète, ainsi qu'à la facile circulation des produits extraits. D'où la nécessité pour l'exploitant d'occuper la surface du sol pour y effectuer des recherches, y installer des puits et des appareils d'exploitation, y établir des voies de transport en harmonie avec les exigences de la consommation et avec les progrès des temps, à la condition bien entendu d'indemniser dans une mesure légitime le propriétaire de la surface occupée.

Les articles 43 et 44 (1) ont édicté sous ce double rapport une règle dont on ne saurait méconnaître la sagesse et qui, appliquée dans les termes généreux qu'elle présente, suffirait à tous les cas et répondrait à tous les besoins.

Mais d'une part la loi elle-même a apporté une grave exception à cette règle dans son article 11 (1). D'autre part une jurisprudence constante a réduit l'application des articles 43 et 44 aux terrains situés dans l'étendue de la concession, et même dans la concession la refuse aux terrains destinés à l'assiette de voies ferrées.

M. Vier établit par des exemples frappants, tirés de l'expérience journalière qu'offre le bassin de la Loire, où les concessions sont nombreuses et assez enchevêtrées les unes dans les autres, quelles entraves et quels abus naissent de cet état de choses. Il y a nécessité d'y apporter un remède prompt et efficace.

Obtenir un tel résultat est depuis longtemps le but des efforts faits au nom du bassin de la Loire. Tout le monde est d'accord aujourd'hui sur ce point qu'il y a lieu de modifier l'article 11 et d'interpréter plus largement les articles 43 et 44. La commission parlementaire l'admet elle-même, mais dans une mesure trop restreinte. Le bassin de la Loire propose de réduire à 10 mètres des habitations la zone de protection que crée pour elles l'article 11, et de restreindre à l'intérieur des clôtures murées *attenant à la demeure de l'homme* la prohibition d'établir des appareils extérieurs de recherches ou d'exploitation. Il demande en outre qu'on ajoute aux articles 43 et 44 une disposition expliquant que ces articles s'appliquent même aux terrains situés en dehors de la concession et à toutes les voies de transport destinées au service de l'exploitation, chemins ordinaires ou railways.

Après avoir traité ces points généraux qu'il considère comme devant plus spécialement attirer l'attention de tous les exploitants de mines, M. Vier exprime cette pensée, qu'il y a lieu pour ceux-ci de combattre énergiquement l'application abusive de lois étrangères aux mines. Il cite à cette occasion une contestation qui s'élève en ce moment entre la ville de Saint-Étienne et quelques Sociétés possédant des puits en activité dans les limites de l'octroi urbain de cette ville.

La ville de Saint-Étienne a depuis quelques années acquis une importance considérable. En 1856, elle a englobé dans ses limites les quatre communes suburbaines qui l'entouraient. Après avoir divisé sous le rapport des tarifs le périmètre nouveau en deux zones, l'une urbaine et l'autre de banlieue, elle a successivement agrandi la zone urbaine qui, par suite d'une nouvelle extension consommée en 1873, em-

---

(1) *Loi du 21 avril* 1810. — Art. 43. Les propriétaires de mines sont tenus de payer les indemnités dues aux propriétaires de la surface sur le terrain duquel ils établiront leurs travaux. Si les travaux entrepris par les explorateurs ou par les propriétaires de mines ne sont que passagers, et si le sol où ils ont été faits peut être mis en culture au bout d'un an comme il l'était auparavant, l'indemnité sera réglée au double de ce qu'aurait produit net le terrain endommagé.

Art. 44. Lorsque l'occupation des terrains pour la recherche ou les travaux des mines prive les propriétaires du sol de la jouissance du revenu au delà du temps d'une année, ou lorsque après les travaux les terrains ne sont plus propres à la culture, on peut exiger des propriétaires des mines l'acquisition des terrains à l'usage de l'exploitation. Si le propriétaire de la surface le requiert, les pièces de terre trop endommagées ou dégradées sur une trop grande partie de leur surface devront être achetées en totalité par le propriétaire de la mine. — L'évaluation du prix sera faite, quant au mode, suivant les règles établies par la loi du 16 septembre 1807 sur le desséchement des marais, etc., titre XI ; mais le terrain à acquérir sera toujours estimé au double de la valeur qu'il avait avant l'exploitation de la mine.

(1) *Loi du 21 avril* 1810. — Art. 11. Nulle permission de recherches ni concession de mines ne pourra, sans le consentement formel du propriétaire de la surface, donner le droit de faire des sondes et d'ouvrir des puits ou galeries, ni celui d'établir des machines ou magasins dans les enclos murés, cours ou jardins, *ni dans les terrains attenant aux habitations ou clôtures murées, dans la distance de* 100 *mètres desdites clôtures ou des habitations.*

brasse aujourd'hui 21 puits en activité, parmi lesquels 12 appartiennent à la Société anonyme des houillères de Saint-Étienne, et 7 à la Compagnie civile des mines de Beaubrun. Puis, armée du tarif urbain, elle réclame les droits élevés qu'ils édictent non-seulement sur les consommations extérieurs de ces puits, mais encore sur les bois employés dans l'intérieur des travaux au soutènement des galeries.

Les perceptions faites ainsi sur les deux Sociétés pendant l'année 1874 ont atteint les chiffres élevés qui suivent : 1° pour la Société des houillères de Saint-Étienne 51 198 fr. 85 cent.; 2° pour la Société de Beaubrun 46 811 fr. 62 cent.

Dans ces chiffres, les bois employés à l'intérieur figurent : aux houillères de Saint-Étienne, pour 35 462 fr. 55 cent.; à Beaubrun, pour 30 530 fr. 20 cent.

Telle est la charge que l'octroi fait peser sur les deux Compagnies qu'elle représente au moins une somme égale à la part que les puits grevés ont supporté dans la redevance payée à l'État pour l'exercice 1874.

L'octroi peut-il frapper des consommations industrielles, souterraines, alors surtout que l'industrie qu'il atteint est placée par la loi, sous le rapport de l'impôt, dans une catégorie exceptionnelle? Au moins les mines n'ont-elles pas droit au privilége de l'*entrepôt à domicile*, dans les conditions déterminées par l'article 8 du décret du 12 février 1870? Telles sont les questions que soulèvent les prétentions de la ville de Saint-Étienne, et qui, en ne consultant que le bon sens, doivent être résolues dans un sens favorable aux mines.

L'octroi en effet est, pour parler surtout des villes, un moyen de subvenir aux besoins de l'agglomération qu'elles renferment, et de satisfaire aux différents services dont leurs habitants profitent; c'est pour ceux-ci le prix des avantages que leur présente la vie commune : par exemple, l'entretien, l'éclairage des rues, la salubrité, l'embellissement des différents quartiers, la construction de monuments, etc., etc. Ce prélèvement sur la consommation de chacun a un caractère proportionnel qui le rend équitable, et son extrême division fait qu'il ne pèse lourdement sur personne. Mais que l'octroi s'adresse non plus à l'individu, pour qui il est à peine appréciable, mais à une industrie dont quelques objets déterminés forment, l'élément s'il affecte non un produit jeté dans la consommation sous sa dernière forme, mais les matières ou le travail d'où doit sortir ce produit, alors il sort de sa sphère, telle que l'ont tracée les décrets organiques qui l'ont constitué, il cesse d'être en harmonie avec sa destination, et n'est plus qu'un impôt onéreux et injuste. Quels rapports existe-t-il entre une exploitation comprise dans les limites d'une ville et les avantages que le séjour de celle-ci peut offrir? et n'est-ce point une dérision de faire payer à l'une ce que l'autre ne lui donne pas ?

Par des considérations d'intérêt général le législateur a voulu que l'impôt dû par les mines à l'État affectât seulement leur revenu net dans une mesure dont le maximum est 1/20 : c'est la *redevance proportionnelle* fixée par les articles 34 et suivants de la loi du 21 avril 1810. Ainsi les mines ne doivent à l'État qu'une part de leurs bénéfices, et, en l'absence de bénéfices, sont affranchies envers lui de toute contribution. Il ne saurait être légal que, sous la forme de l'octroi une ville frappe à son tour une mine d'un impôt qui puisse excéder même celui qui est dû à l'État.

Comment admettre, par exemple, qu'après une de ces ca-tastrophes qui surviennent si souvent dans une exploitation houillère, et qui non-seulement absorbent ses bénéfices, mais encore la condamnent à des sacrifices énormes pour la remise en état de ses travaux, là où l'État ne recevrait rien, la ville percevrait d'autant plus que le désastre exigerait pour être réparé des matériaux en plus grand nombre?

Il est naturel que, dans le désir d'augmenter leurs ressources, les villes s'efforcent d'étendre les tarifs de leurs octrois aux industries; là, en effet, elles trouvent une large base à leurs perceptions. C'est pour éviter ces abus qu'un décret impérial du 12 février 1870, dans son article 8, a, sous le nom d'*entrepôt à domicile*, affranchi de l'octroi les matières premières employées dans un établissement industriel, sous la seule condition que les sommes *qui devraient être perçues* à raison des quantités pour lesquelles ces matières entrent dans un produit industriel atteignent au moins 1/4 pour 100 de la valeur de ce produit.

La Société des houillères de Saint-Étienne et celle de Beaubrun invoquent aujourd'hui devant l'autorité compétente le bénéfice de cette disposition que la ville leur conteste. C'est un procès dont le conseil d'État aura sans doute à connaître, et qui sera porté, si les circonstances l'exigent, devant le gouvernement lui-même.

Dans cette question, comme dans toutes celles qui touchent aux modifications relatives à la législation spéciale des mines, le bassin de la Loire compte, dit M. Vier, sur le concours des autres bassins de France.

XII

LE PUITS DU CHÊNE ET SA MACHINE D'ÉPUISEMENT (*Société des houillères de Saint-Étienne*)

Dès son premier jour d'excursion, le Congrès a visité les installations de la Société des houillères de Saint-Étienne, guidé par M. Villiers, directeur de la Compagnie, et M. Chansselle, son ingénieur principal. Le puits du Chêne, situé tout près de la ville même de Saint-Étienne, devait attirer surtout l'attention du Congrès par l'installation toute récente d'une machine d'épuisement de très-grande puissance.

Les caractères principaux de cette machine d'épuisement sont les suivants :

Une machine motrice, à deux cylindres horizontaux, communiquant, par engrenages, un mouvement de rotation à deux boutons de manivelles auxquelles sont attelées deux tiges de pompes.

La machine est à détente variable à la main, et condensation; elle doit marcher à 36 tours au maxima par minute, et, par un rapport de transmission au tiers communiquer aux pompes une vitesse de 12 coups; le diamètre des cylindres à vapeur est de 0^m,800, leur course de 1^m,20, le poids du volant de 20 000 kil.

Deux pompes sont placées dans le puits et ont un mouvement alternatif; ces pompes sont à piston plongeur en-dessous et refoulent quand le piston monte, aspirent quand il descend ; elles élèvent l'eau d'un seul jet et par une colonne unique jusqu'au jour; au-dessous, pour faire les descentes, sont attelées deux pompes élévatoires qui envoient l'eau dans une bâche où les pompes foulantes la prennent en charge. La course des pompes est de 2 mètres, le diamètre des pistons plongeurs est de 0^m,384, celui des élévatoires de 0^m,400.

Les tiges des pompes foulantes et élévatoires sont entièrement en fer ; celles des pompes foulantes sont un fer double T de 0^m,260 de hauteur et de 0^m,126 de largeur d'ailes, pesant 52 kil. le mètre courant. Elles se raccordent aux plongeurs par des tiges rondes de 0^m,082 de diamètre, avec embases, qui traversent les plongeurs et se continuent avec la même force cylindrique pour s'atteler aux pistons élévatoires, mais avec un diamètre de 0^m,500 seulement.

Les soupapes des pompes foulantes sont en acier, comme celle de la pompe de Montceau-les-Mines ; leur diamètre est 0^m,500 à la circonférence de contact et leur poids 93 kil.

Le jet fourni par les deux pompes foulantes est régularisé et les chocs amortis par un réservoir d'air de 1^m³,500 de capacité. L'air est envoyé du jour par un tuyau en fer étiré, de 0^m,030 de diamètre, dans lequel l'injectent les pompes placées au jour.

Un appareil d'équilibre, non encore posé, à cause de la faible profondeur à laquelle on travaille, rendra les tiges des deux pompes solidaires l'une de l'autre. Il se composera d'une chaîne passant sur une poulie et dont chaque extrémité s'attachera à une des tiges ; les paliers de cette poulie seront placés aux extrémités les plus courtes de deux leviers chargés de poids à leurs extrémités les plus longues ; on obtiendra ainsi une sorte d'élasticité qui parera à l'allongement de la chaîne. Cet appareil sera placé dans le puits à quelques mètres de profondeur.

Les pompes élévatoires fournissent théoriquement aux plongeurs 252 litres par coup de piston ; ceux-ci en prennent 228 ; à 12 tours par minutes (marche normale), c'est un débit de 5^m³,470 par minute, soit pour une marche de 22 heures par jour, 7200 mètres cubes, mais ce volume doit être réduit suivant le coefficient de rendement pratique des pompes.

Cette machine ne doit épuiser les eaux qu'à 155 mètres de profondeur au-dessous du sol. Pour le moment, les pompes foulantes sont placées à 79 mètres de profondeur, et c'est par une série de descentes successives qu'on arrivera à la profondeur définitive : le puits doit, pour cela, être curé, réparé et approfondi.

Quatre chaudières de 1^m,40 de diamètre et 15 mètres de longueur, munies chacune d'un réchauffeur de 1 mètre de diamètre et 13 mètres de longueur, sont destinées à produire la vapeur ; la surface de chauffe est de 77 mètres par appareil.

Trois chaudières fonctionnent simultanément ; en ne brûlant que des schlams, elles suffisent à produire la vapeur nécessaire.

Le problème qu'on a cherché à résoudre peut se formuler ainsi : dimensions aussi réduites que possibles pour les organes et masses en mouvement peu considérables ; malgré cela, détente très-grande (1/8 seulement de vapeur admise), par suite, faible consommation de combustible et possibilité d'employer des combustibles de mauvaise qualité que la Compagnie placerait difficilement.

Le total des frais d'installation s'élève à 363 000 francs. Il comprend :

1° Au jour, la machine motrice, le bâtiment qui la recouvre, les quatre générateurs, les bassins et la cheminée.

2° Dans le puits, l'emplacement au rocher de jets foulants et réservoir à air, les colonnes d'épuisement avec les tiges et moises, etc.

XIII

LA FABRIQUE D'AGGLOMÉRÉS ET LES FOURS A COKE DE MÉONS
(Société des houillères de Saint-Étienne)

Les houillères de Saint-Étienne avaient encore à montrer aux membres du Congrès des installations fort remarquables pour l'appropriation de leurs produits aux divers besoins de l'industrie. Ces installations comprennent la transformation des houilles fines en briquettes agglomérées, et la carbonisation du charbon destiné à être employé comme coke.

L'usine d'agglomérés actuelle était précédemment établie à Givors ; c'était l'ancienne usine Marsais. On sait que M. Marsais a, le premier, au moins en France, fabriqué des charbons agglomérés ; son procédé a été un peu modifié, au point de vue mécanique ; mais le principe est resté le même.

Trois points principaux caractérisent cette fabrication :

1° Emploi, comme matière agglomérante, de brai sec fondu avec un mélange de goudron ou d'huiles lourdes ;

2° Malaxage du mélange dans un four où il est chauffé à la flamme directe d'un foyer ;

3° Compression progressive à la presse hydraulique.

L'usine de Méons, qui fonctionne depuis le mois d'avril 1874, est disposée de la façon suivante pour mettre ces principes en application :

La machine à vapeur actionne tous les mouvements mécaniques et les pompes de presses hydrauliques. Un accumulateur de force emmagasine le travail des pompes dans les moments où il n'est pas employé directement.

Toutes les matières premières, charbon, brai, goudron, sont élevées d'un seul coup au sommet de l'usine par un monte-charge hydraulique portant un plateau guidé, qui se repose sur des clichages à toutes les hauteurs diverses où il doit recevoir une charge. Dans la suite des opérations, les matières n'ont plus qu'à redescendre par la simple action de la pesanteur.

La fusion du brai et du goudron se fait dans des cuves à enveloppe de vapeur.

Une *poche* renfermant ordinairement 32 kil. du mélange fondu est versée dans une trémie contenant un wagonnet de charbon du poids de 700 à 720 kil. ; c'est là l'unité de fabrication. La proportion de matières agglomérantes est donc de 4 1/2 pour 100 : ces matières, par le jeu d'une valve, tombent dans un four cylindrique, à section elliptique et à axe horizontal, où elles sont malaxées par un arbre à palettes, en même temps qu'elles sont soumises à la flamme d'un foyer qui les chauffe latéralement et sans contact avant de s'échapper dans la cheminée ; le malaxage dure habituellement 14 minutes.

Du four, le mélange tombe dans des trémies en tôle à enveloppe de vapeur, où l'on en prend successivement les quantités nécessaires à chaque pressée.

La pression est donnée par un piston hydraulique sur un plateau portant autant de pistons qu'il y a de cavités dans le moule. Elle est donnée d'abord par l'accumulation de force, qui comprime d'abord directement les briquettes sous une pression de 10 kilogrammes environ par centimètre carré ; puis cette force actionne directement les pompes, qui élèvent progressivement la pression à 80 kilogrammes par centimètre carré.

Le démoulage est fait par l'accumulateur, au moyen de pistons analogues à ceux de la compression.

Un chariot relie entre eux deux moules semblables soumis à un mouvement alternatif de translation, de sorte que pendant que les briquettes d'un moule sont en pression, l'autre moule est débarrassé de ses produits et rempli à nouveau de matière à agglomérer.

Un train comprend : deux cuves à fondre le brai, deux fours malaxeurs, deux trémies, deux presses à démouler et une grande presse de compression.

Généralement, les briquettes de l'usine de Méons sont rectangulaires et pèsent 7 kilogrammes chacune.

On remarquera la faible proportion de matières agglomérantes employée dans cette fabrication qui, en y comprenant tous les déchets, n'atteint jamais, en pratique, 5 pour 100, c'est-à-dire les deux tiers des proportions ordinaires dans les bonnes usines. Cette consommation si réduite doit être attribuée au mode de chauffage et à la lente progression de la compression. Elle a excité au plus haut degré l'attention des ingénieurs qui s'occupent d'agglomérés, car il y avait là un résultat tout à fait imprévu pour la plupart d'entre eux.

Telle qu'elle est installée, avec un train à mouvement alternatif, l'usine de Méons produit régulièrement 52 à 55 tonnes de briquettes par poste de 10 heures.

Des dispositions plus complètes seront prises quand le chemin de fer de l'usine sera relié aux nouveaux puits de Méons, pour que les houilles soumises à l'agglomération tombent dans des estacades où les wagonnets de l'usine les prendront directement, sans jets de pelle.

La consommation de charbon aux fours pour chauffer la matière agglomérante et ensuite le mélange pendant le malaxage est de 2 pour 100 de la quantité des briquettes fabriquées.

La Société des houillères de Saint-Étienne possède également à Méons, à peu de distance de l'usine d'agglomérés, un autre atelier destiné à la préparation de ses produits, ce sont les fours à coke. Les membres du Congrès ont été y examiner un mode nouveau d'extinction du coke au sortir des fours à carbonisation, mode qui est entièrement mécanique. Les appareils étaient à peine terminés, et ils ont fonctionné pour la première fois sous les yeux du Congrès.

Voici, en quelques mots, la description de l'opération : Le charbon amené mécaniquement sur le dessus des fours sort à l'état de gâteau de coke, qu'un repoussoir mécanique chasse dans une cage en fer de dimensions égales à celles du four. Cette cage, une fois remplie, est enlevée par une grue à vapeur qui vient plonger les 3500 kilogrammes de coke qu'elle contient dans une cuve pleine d'eau. Dès que l'extinction est complète, c'est-à-dire après quelques minutes, la grue enlève toute la charge, vient la culbuter sur une grille qui sépare le menu et fait glisser le gros dans les wagons qui l'emportent. Dans ce bel atelier, grâce aux ingénieuses dispositions combinées par M. Villiers, directeur de la Société des mines de Saint-Étienne, la main-d'œuvre est réduite à son minimum. Il y a donc là un véritable progrès réalisé par la Compagnie des houillères de Saint-Étienne et qui se confirmera.

— La suite prochainement. —

BULLETIN DES SOCIÉTÉS SAVANTES

Académie des sciences de Paris. — SÉANCE PUBLIQUE ANNUELLE DU 21 JUIN 1875.

PRIX EXTRAORDINAIRES. — *Grand prix des sciences mathématiques.* — Étude des équations relatives à la détermination des modules singuliers, pour lesquels la formule de transformation dans la théorie des fonctions elliptiques conduit à la multiplication complexe. — Le prix n'a pas été décerné. Cette question a été retirée du concours et remplacée par une autre.

Grand prix des sciences mathématiques. — Théorie mathématique du vol des oiseaux. — Le prix n'a pas été décerné. M. *A. Pénaud,* auteur du Mémoire n° 2, a obtenu une récompense de deux mille francs, MM. *A. Hureau de Villeneuve* et *J. Crocé-Spinelli,* auteurs du Mémoire n° 4, un encouragement de mille francs.

Grand prix des sciences physiques. — Fécondation dans la classe des champignons. — La valeur du prix a été partagée également entre les auteurs des Mémoires n°s 1 et 2. Le Mémoire n° 1 est de MM. *Maxime Cornu* et *Ernest Roze;* le Mémoire n° 2 est de M. *Sicard.*

MÉCANIQUE. — *Prix Poncelet.* — Le prix est décerné à M. *Bresse.*

Prix Montyon, mécanique. — Le prix est décerné à M. le lieutenant-colonel *Peaucellier.*

Prix Plumey. — Le prix est décerné à M. *Joseph Farcot.*

ASTRONOMIE. — *Prix Lalande.* — Un prix d'égale valeur est décerné à MM. *Mouchez, Bouquet de la Grye, Fleuriais, Andre, Héraud* et *Tisserand.*

PHYSIQUE. — *Prix Bordin.* — Température de la surface du soleil. — Le concours est prorogé à l'année 1876.

STATISTIQUE. — *Prix Montyon, statistique.* — Le prix est décerné à M. *de Kerlanguy,* des mentions honorables sont accordées à M. *de Saint-Genis* et à M. *Loua.*

CHIMIE. — *Prix Jecker.* — Le prix est partagé entre MM. *Reboul* et *G. Bouchardat.*

BOTANIQUE. — *Prix Barbier.* — Le prix n'est pas décerné.

Prix Desmazières. — Le prix est décerné à M. *J. de Seynes.*

Prix de La Fons Mélicocq. — Le prix est partagé à titre d'encouragement entre MM. *Calley, Eloy de Vicq* et *Blondin de Brutelette.*

ANATOMIE ET ZOOLOGIE. — *Prix Thore.* — Le prix est décerné à M. *Aug. Forel.*

Prix Savigny. — Le prix n'est pas décerné.

MÉDECINE ET CHIRURGIE. — *Prix Bréant.* — Une récompense de trois mille cinq cents francs est accordée à M. *Ch. Pellarin.* Une récompense de quinze cents francs est accordée à M. *Armieux.*

Prix Montyon, médecine et chirurgie. — La commission décerne trois prix de deux mille quatre cents francs à MM. *Dieulafoy, Malassez* et *Méhu.* Elle accorde trois mentions de mille francs à MM. *Bérenger-Féraud, Letiévant* et *Peter,* et cite honorablement dans le rapport les ouvrages de MM. *Beai-Barde, J. Bourrel, Herrgott, Dechaux, Lunier, Angel-Marvaud, Moncoq, Toussaint Martin* et *Salle.*

Prix Godard. — Le prix n'est pas décerné.

PHYSIOLOGIE. — *Prix Montyon, physiologie expérimentale.* — La commission décerne deux prix de même valeur à MM. *Arloing* et *Tripier* et à M. *A. Sabatier.*

PRIX GÉNÉRAUX. — *Prix Montyon, arts insalubres.* — Il n'y a pas lieu à décerner de prix.

Prix Trémont. — Le prix est décerné à M. *A. Cazin.*

Prix Gegner. — Le prix est décerné à M. *Gaugain.*

Prix Laplace. — Ce prix est obtenu par M. *Badoureau,* sorti le premier en 1874 de l'École Polytechnique et entré à l'École des Mines.

SÉANCE DU 28 JUIN 1875.

M. Janssen : Observations magnétiques à Malacca. — M. Faye : La trombe de Châlons. — MM. A. Cahours et Demarçay : Sur des hydrocarbures. — M. P. Bert : Influence de l'air comprimé sur les fermentations. — M. Trécul : Observations à propos de la communication de M. Bert. — M. Roudaire : Le projet d'une mer intérieure en Algérie. — M. A. Rivière : Origine des calcaires. — M. Ch. André : La parallaxe solaire. — MM. V. Burq et Ducoux : Action du cuivre sur les chiens. — M. E. Heckel : Influence des solanées vireuses sur les rongeurs et les marsupiaux.

M. *Janssen,* dans une lettre adressée de Singapore à M. le secrétaire perpétuel, fait part à l'Académie des observations magnétiques qu'il a exécutées dans la presqu'île de Malacca, pour fixer la position de l'équateur (inclinaison) sur cette presqu'île. Ce travail est destiné à se relier à celui de 1868 et

1871 aux Indes, et il permettra d'apprécier pour ces régions la marche du réseau magnétique depuis Humboldt et Duperrey. Il résulte des observations de M. Janssen que l'équateur pour l'inclinaison passe actuellement entre Ligor et Singora. La déclinaison a également varié ; elle n'est plus celle qui est indiquée sur les cartes. M. Janssen a trouvé un méridien où elle est actuellement nulle.

— M. *Faye* présente l'histoire de la trombe de Châlons. Les détails relatifs à cette trombe sont encore en faveur de la théorie qui veut que les trombes soient dues à un violent mouvement gyratoire à axe vertical. M. Faye profite de l'occasion pour examiner dans leur ensemble les faits qui se rapportent aux grands phénomènes météorologiques connus sous les noms de trombes, tornados, typhons et ouragans. L'étude de ces faits a conduit l'auteur à cette conclusion que les ouragans, typhons, tornados et trombes sont des mouvements tournants, c'est-à-dire des cyclones qui ne diffèrent essentiellement entre eux, au point de vue mécanique, que par leurs dimensions. « Et, dit M. Faye, à cette vérité depuis longtemps démontrée et admise, qu'on n'a contestée récemment que dans un intérêt passager de discussion, j'ajoute que, comme le mouvement gyratoire est manifestement descendant dans les petits et moyens cyclones, il doit en être de même dans les cyclones plus grands. Ceux-ci, pas plus que les cyclones de moindre diamètre, ne sont donc pas dus à une aspiration quelconque, à un mouvement ascendant et centripète des couches inférieures, ainsi qu'on l'a gratuitement supposé. »

— MM. *A. Cahours* et *E. Demarçay* font une communication sur les hydrocarbures qui prennent naissance dans la distillation des acides gras bruts en présence de la vapeur d'eau surchauffée. Les auteurs reçurent, il y a quelque temps, de Marseille, plusieurs échantillons d'une huile volatile qui prend naissance lorsqu'on opère la distillation des acides gras bruts dans un courant de vapeur surchauffée. Ces échantillons, envoyés par le directeur de la fabrique de bougies stéariques de M. Fournier, consistaient en 12 litres d'une huile sensiblement incolore et très-limpide, bouillant au-dessous de 100 degrés, et en 75 litres d'un liquide beaucoup moins volatil et légèrement coloré. Dans le premier de ces liquides, MM. Cahours et Demarçay ont trouvé trois des hydrocarbures que l'un d'eux avait extraits, en collaboration avec M. Pelouze, des pétroles d'Amérique, savoir : les *hydrures d'amyle*, *d'hexyle* et *d'heptyle*. Dans le second liquide, ils ont trouvé de l'*hydrure d'heptyle*, de l'*hydrure d'octyle*, de l'*hydrure de nonyle*, de l'*hydrure de décyle*, de l'*hydrure d'undécyle*, enfin une petite quantité d'un liquide limpide que ses propriétés conduisent à considérer comme l'*hydrure de duodécyle*.

— M. *P. Bert* lit un mémoire relatif à l'influence de l'air comprimé sur les fermentations. Parmi les fermentations proprement dites, qui sont liées, dit l'auteur, dans l'état régulier des choses au développement d'êtres vivants, l'une des plus intéressantes est la putréfaction, due, comme l'a dit M. Pasteur, à l'action d'animalcules du groupe des vibrions. Or, l'air comprimé, suivant la pression à laquelle on l'emploie, ralentit ou arrête et la putréfaction et les oxydations qui l'accompagnent. M. Bert cite des exemples par lesquels il établit que toutes les matières organisées, telles que la viande, le vin, l'urine, le lait, etc., peuvent être préservées de la putréfaction au moyen de l'air comprimé. Ces matières, ramenées après un certain temps à la pression normale de l'air, peuvent même être conservées indéfiniment, si l'on prend des précautions convenables. Quant aux fermentations diastasiques, l'auteur a étudié la salive, le suc pancréatique, la diastase végétale, la pepsine, la myrosine, l'émulsine, le ferment inversif de la levure de bière. Il résulte de ses expériences que ces substances continuent à agir pendant la compression, et qu'au sortir de l'air comprimé, elles ont conservé tout

leur pouvoir. Bien mieux, si l'on ferme alors les flacons qui les contiennent, elles y restent sans s'altérer pendant un temps illimité. Voici donc un moyen simple et sûr de conserver indéfiniment à l'état naturel des matières qui, comme le suc obtenu par l'écrasement des glandes salivaires et pancréatique ou de la muqueuse stomacale des animaux de boucherie, pourraient rendre de grands services à la thérapeutique. M. Bert termine par ces conclusions : 1° L'oxygène à forte tension arrête les fermentations proprement dites, qui ne reparaissent plus quand on rétablit la pression normale ; il tue les êtres ferments. 2° Il est sans action appréciable sur les ferments diastasiques, qu'il permet même de conserver actifs pendant un temps illimité.

— M. *Trécul*, à la suite de la communication de M. Bert, fait observer à l'Académie que les faits intéressants qui viennent de lui être présentés, ne sont point en contradiction avec les opinions qu'il soutient depuis longtemps. En effet, les phénomènes hétérogéniques, qu'il a exposés si souvent, ne s'accomplissent que dans des liquides contenant des matières organisées vivantes mises en macération. Dans les expériences de M. Bert, les matières organisées étant tuées, tout phénomène vital cessant sous l'influence d'une très-forte pression, il est clair qu'aucun phénomène hétérogénique, tel que ceux que M. Trécul a décrits, ne peut avoir lieu.

— M. *Roudaire* envoie une note sur les travaux de la mission chargée d'étudier le projet de mer intérieure en Algérie. On a constaté que le bassin inondable occupe en Algérie, une superficie de près de 6000 kilomètres carrés. Il est compris entre 34° 36′ et 33° 51′ de latitude nord, et 3° 40′ et 4° 51′ de longitude est. Dans les parties centrales, la profondeur au-dessous du niveau de la mer varie entre 20 et 27 mètres. Aucune des grandes et belles oasis du Souf ne serait submergée. Debila, la moins élevée de toutes, est à 58 mètres d'altitude. Quelques-unes seulement des moins importantes et des moins prospères seraient inondées. Quant aux puits qui fertilisent les oasis, on a constaté qu'ils s'alimentent tous à une nappe plus élevée que le niveau de la mer. La mission, qui ne devait pas franchir la frontière tunisienne, n'a pu par conséquent étudier dans quelles conditions pourrait s'effectuer l'inondation du bassin tunisien. Il s'agit donc maintenant de savoir si, sur ce territoire, il n'y a aucune difficulté sérieuse à la création d'une mer intérieure. S'il en est de ce bassin comme du bassin algérien, la possibilité d'inonder sans danger cette partie de l'Afrique, peut être considérée comme démontrée.

— M. *A. Rivière* adresse une note sur l'origine des calcaires. « Aux premiers âges du globe, dit l'auteur, les régions atmosphériques étant chargées de différentes substances volatilisées, après un abaissement suffisant de température dans l'atmosphère et sur la terre, la condensation et la précipitation des éléments du calcaire ont eu lieu pendant une durée indéterminée. Dès lors ces matières se sont déposées sur la terre et dans les eaux qui recouvraient notre globe, sinon entièrement, du moins en majeure partie, et l'acide carbonique qui était en excès pouvait dissoudre et maintenir la chaux à l'état de carbonate. »

— M. *Ch. André* informe l'Académie que l'observation du passage de Vénus, faite à Nouméa avec la lunette de six pouces, donne, par sa combinaison avec les observations de Saint-Paul, les valeurs suivantes de la parallaxe solaire : 8″,88 avec l'observation de M. Mouchez (huit pouces), et 8″,82 avec l'observation de M. Turquet (six pouces).

— MM. *V. Burcq* et *Ducoux* adressent une note relative à l'action du cuivre à l'état de métal, d'oxyde et de sel sur les chiens. Des expériences qu'ils ont faites jusqu'ici, il semble résulter que sur les chiens le cuivre ne se montre pas vénéneux.

— M. *E. Heckel* a étudié l'influence des solanées vireuses en général, et de la belladone en particulier, sur les rongeurs et les marsupiaux. De tous les faits qu'il a observés, l'auteur conclut : 1° que chez les animaux réfractaires aux solanées vireuses la quantité d'alcaloïde introduit, toujours assez faible, est détruite dans le torrent de la circulation à mesure qu'elle est absorbée, et est éliminée sous un état que l'on ne connaît pas ; 2° que l'élimination de l'alcaloïde par les reins ne commence qu'après que la quantité introduite d'un coup dans la circulation dépasse 0gr,45 ; à cette dose, l'agent destructeur est vraisemblablement insuffisant, et l'alcaloïde, après avoir manifesté sa présence par la mydriase, est éliminé rapidement et en nature par les organes d'excrétion ; 3° que les animaux vertébrés sont d'autant plus sensibles aux solanées vireuses que leur système nerveux est plus perfectionné.

BIBLIOGRAPHIE SCIENTIFIQUE

La vie, physiologie humaine appliquée à l'hygiène et à la médecine, par le docteur GUSTAVE LE BON. (Paris, Rothschild.)

Les nombreux ouvrages qui ont été publiés jusqu'ici sur la vie des êtres organisés, sur la physiologie, pourraient faire supposer que cette science a suivi le progrès général et qu'elle est relativement avancée. Il n'en est rien cependant. Il suffit d'y regarder d'un peu près pour s'apercevoir aussitôt que non-seulement elle n'a pas reçu tout le développement désirable, mais qu'elle est au contraire une des sciences les plus en retard. Chacun sait que la physiologie végétale est encore pour ainsi dire à créer. Quant à la physiologie animale, pour n'être pas restée aussi stationnaire que la précédente, elle est bien loin d'avoir atteint encore le degré de perfection auquel son importance lui donne droit.

La physiologie humaine surtout, qui se recommande par tant de côtés intéressants, qui mérite tout particulièrement les soins des naturalistes, a eu le sort des deux premières et l'on peut presque dire sans exagération, eu égard aux développements qu'elle aurait pu recevoir, que cette science est encore dans l'enfance. S'il est cependant un sujet digne d'intérêt, un sujet d'une importance capitale, c'est bien, certes, celui qui est fourni par l'étude de la vie de l'homme, par les moyens de conserver sa santé et d'améliorer les conditions de son existence. On ne peut pas dire que la médecine, avec tout ce qu'elle comporte, n'a pas, directement ou indirectement, contribué pour une large part au progrès dont notre siècle est la plus haute expression. Sans vouloir faire ici l'apologie de *l'art de guérir*, qui, il faut le dire, laisse encore beaucoup à désirer, nous serions injustes si nous méconnaissions les services rendus tous les jours par les hommes éminents que leurs travaux ont placés à la tête du corps médical. Mais personne, sans doute, ne nous contestera la valeur de cette opinion, que si la physiologie humaine était mieux connue, elle fournirait les moyens de résoudre bien des problèmes contre lesquels la médecine actuelle est et sera longtemps impuissante. La thérapeutique, l'anatomie et les autres branches de la médecine sont évidemment très-importantes, mais elles ne comportent pas tout.

Les phénomènes non encore étudiés et qui ne sont pas du domaine de ces diverses sciences, sont extrêmement nombreux. Quel est le médecin qui n'a pas senti l'influence sur les malades des milieux dans lesquels ils vivent, l'influence de la constitution et des habitudes de ces mêmes malades, l'influence du régime alimentaire auquel ils sont soumis, etc., etc. L'étude de tous ces faits appartient exclusivement à la physiologie. Nous ne pouvons donc que faire des vœux pour le progrès de cette science si utile et si injustement négligée. Aussi est-ce avec empressement que nous appelons l'attention sur tout ouvrage contenant des observations originales nouvelles. Celui du docteur Le Bon est dans ce cas, et il se distingue en cela des autres traités de physiologie qui ne sont malheureusement, pour la plupart, que des répétitions et des compilations. Ce qui, en outre, ne constitue pas la moindre partie de sa valeur, c'est qu'il présente la physiologie dans ses rapports avec l'hygiène et la médecine. Le style de cet ouvrage est clair ; les observations sont nettement retracées, et s'il restait quelque peu d'obscurité, elle disparaît devant les nombreuses figures (339) qui sont intercalées dans le texte. Il est un point sur lequel nous croyons devoir insister : autrefois, quand un savant écrivait un traité de physiologie, avant de faire l'étude des fonctions d'un organe, il présentait un résumé d'anatomie relatif à cet organe. Ce système était excellent et il faut savoir gré à M. Le Bon de l'avoir repris.

L'ouvrage du docteur Le Bon forme un grand in-8° de 911 pages. Il est divisé en cinq livres qui comprennent ensemble trente et un chapitres. Le tout est précédé d'une introduction qui n'est autre chose que l'histoire de la marche et du progrès de la physiologie depuis l'antiquité jusqu'à nos jours. Dans le premier livre, l'auteur traite de l'origine de la vie, de la structure des organes et de leurs fonctions. Dans le second, il passe successivement en revue la digestion, la circulation, la respiration, les sécrétions, etc.; il est bien entendu que l'étude de ces phénomènes est accompagnée d'une foule de détails très-importants, sur lesquels nous ne pouvons pas insister, faute de place. Dans le troisième livre, l'auteur étudie la production et la dépense des forces dans les organes ; il parle de la chaleur animale, du mouvement, du mécanisme des mouvements, de la voix et de la parole. Le quatrième livre est relatif aux organes des sens, aux principaux éléments du système nerveux et aux propriétés et fonctions diverses de ces éléments. Enfin le cinquième livre est consacré à l'étude de la reproduction, du développement et de la fin des êtres.

Nous voudrions pouvoir insister sur chacune de ces cinq parties et signaler les résultats des recherches personnelles de l'auteur ; mais cela nous entraînerait vite hors du cadre que nous nous sommes tracé. Et puis, une analyse n'offrirait, dans ce cas, qu'un médiocre intérêt, la véritable valeur d'un pareil ouvrage consistant tout entière dans les détails et dans le nombre des faits observés.

CHRONIQUE SCIENTIFIQUE

FACULTÉ DES SCIENCES DE PARIS. — *Licence* (session de juillet-août). — Les examens pour les trois licences s'ouvriront le lundi 2 août.

Les inscriptions seront reçues du 10 au 25 juillet, au secrétariat de la Faculté des sciences. Les candidats doivent produire en s'inscrivant : 1° leur acte de naissance ; 2° le diplôme de bachelier ès sciences ; 3° quatre inscriptions.

Ils sont tenus en outre de verser en même temps le montant des droits d'examen : 102 fr. 25.

ENSEIGNEMENT SECONDAIRE SPÉCIAL. — Les examens pour le brevet de capacité et le diplôme d'études de l'enseignement secondaire spécial auront lieu à la Sorbonne le mercredi 4 août.

Les inscriptions seront reçues au secrétariat de la Faculté des sciences, du 15 au 28 juillet, de dix heures à midi.

Les candidats sont tenus de déposer en s'inscrivant : 1° leur acte de naissance ; 2° une demande analogue à celle dont les modèles se trouvent dans les programmes du baccalauréat.

— Par décret du 25 juin, il a été ouvert au ministère de l'agriculture et du commerce, sur le budget de l'exercice 1876, au chapitre 15, un crédit de six cent mille francs (600 000) pour les dépenses de l'exposition internationale universelle de Philadelphie.

FACULTÉ DES SCIENCES DE LYON. — Le samedi 19 juin M. Donnadieu, professeur au Lycée de Lyon, a soutenu sa thèse pour le doctorat ès sciences naturelles. Son travail est intitulé : *Recherches pour servir à l'histoire des Tétranyques.*

La ville de Lille vient d'être exploitée, il y a quelques semaines, par un chevalier d'industrie d'une nouvelle espèce. Un soi-disant M. de Salmeron, se donnant comme professeur de philologie à l'Université de Salamanque, se présenta à M. le doyen de la Faculté des sciences, demandant à y ouvrir un cours de littérature espagnole. Ce monsieur racontait que sur le point d'être interné aux Canaries par suite d'un refus de prestation d'un serment politique, il avait réussi à s'évader de Cadix avec deux de ses collègues, était arrivé à Calais et de là à Lille, à bout de ressources.

Comme il parle facilement le français, l'allemand, l'italien, l'espagnol (qui ne paraît cependant pas être sa langue maternelle), on ajouta foi généralement à ses assertions. C'est un jeune homme portant vingt-cinq ans environ, cheveux chatain clair, presque ras, nez droit et fin, lèvres minces, petite moustache blonde, barbe assez rare, figure maigre, pâle, allongée, taille menue, tournure aristocratique. Il semblerait probable que ce monsieur est plutôt d'origine polonaise.

Par une série de mensonges habilement combinés, il parvint à en imposer à quelques personnes à Lille ; il finit par raconter qu'on lui offrait une place d'interprète à l'exposition de Philadelphie, et que pour se faire agréer il devait se rendre devant une commission centrale siégeant à Glascow. L'argent pour ce voyage lui manquant, il ne demandait qu'à emprunter ce qui lui serait nécessaire. Quelques personnes eurent la générosité de lui procurer plus qu'il ne lui en fallait pour ce voyage. Il partit de Lille, emportant même des mémoires en langue russe qui lui avaient été confiés pour être traduits en français.

Une personne de Lille avait écrit au sujet de ce monsieur à un de nos plus éminents philologues, professeur au Collège de France. Ce dernier prit à son tour des informations auprès d'un professeur de l'Université de Madrid, qui lui répondit ce qui suit :

« ... Mais, avant tout, je vous dirai que je ne connais, ni à l'Université de Salamanque, ni dans aucune autre, d'autre professeur nommé Salmeron, que mon illustre confrère M. Nicolas Salmeron, professeur de métaphysique à l'Université de Madrid et ex-président de la dernière république espagnole. Comme à présent M. Salmeron (de même que quelques autres professeurs et moi-même — c'est pour cela que je me trouve à présent à Cadix) est exilé par notre gouvernement, à cause de protestations que nous avons faites contre les dernières dispositions officielles sur l'enseignement publique — dispositions que nous avons cru contraire à la liberté de la conscience et à la dignité du corps professionnel, — ne serait-il pas bien possible que quelqu'un voulût profiter de ces circonstances pour des fins peu honorables.

» M. Röder, professeur de droit à l'Université de Heidelberg, nous demanda, il y a peu de temps, des renseignements au sujet d'un M. Sarosti, qui se suppose aussi professeur à Salamanque et exilé à cause de sa protestation. Ce M. Sarosti est parfaitement inconnu. Serait-il le même personne que votre M. Esteban Salmeron ? Du reste il y a beaucoup de temps qu'il n'y a point de Salmeron à Salamanque, si jamais il y en a eu. »

Si nous avons raconté cette histoire tout au long, c'est dans l'espoir qu'elle pourra préserver des pièges de cet imposteur, qui semble avoir pour spécialité d'exploiter les professeurs des Facultés et Universités auxquelles il en impose, par une connaissance réelle d'un grand nombre de langues, une certaine érudition et les sentiments libéraux qu'il affiche.

SOCIÉTÉ FRANÇAISE DE PHYSIQUE. — *Séance du 4 juin* 1875. — M. *H. Becquerel* présente à la Société quelques observations sur le phénomène de la rupture d'un courant entre les deux pôles d'un électro-aimant. — On sait, d'après une ancienne observation de de La Rive, qu'il se produit alors un bruit particulier et que l'étincelle de rupture est accompagnée d'une flamme qui est projetée vivement dans une certaine direction. — M. H. Becquerel a observé que l'on peut reproduire exactement les mêmes effets par des actions mécaniques, en projetant par exemple un courant d'air sur le point où se fait l'interruption du courant électrique.

M. *Angot* communique quelques-uns des renseignements intéressants qu'il a recueillis dans son voyage en Amérique. Il expose en particulier les méthodes expérimentales employées par M. Rutherfurd pour photographier les constellations, et par M. Draper pour étudier par la photographie les spectres du soleil et des étoiles.

M. *Moreau*, continuant ses études sur la vessie natatoire, a constaté qu'une espèce particulière ne se comportait pas dans l'eau comprimée comme on aurait pu le prévoir d'après l'existence de la vessie natatoire. Ce poisson laisse échapper des bulles de gaz quand on le décomprime brusquement, ce qui lui permet de se maintenir en équilibre. M. Moreau a reconnu que la vessie natatoire communique avec l'extérieur d'une manière tout à fait inattendue, par un canal muni d'une valvule qui vient s'ouvrir dans la région dorsale.

— La Société des ingénieurs civils s'est occupée du rapport de M. Malézieux sur les travaux publics aux Etats-Unis et spécialement sur les constructions de ponts métalliques. D'après l'analyse que M. Dallot a faite de ce rapport, les ponts assemblés au moyen de boulons, suivant l'usage des Etats-Unis, sont moins rigides que nos ponts rivés, vibrent davantage, coûtent plus cher à entretenir, donnent une sécurité bien moins grande et ont beaucoup moins de durée. Il est certain cependant que les grands ponts suspendus construits récemment aux Etats-Unis atteignent des portées qui n'ont pas encore été égalées en Europe ; mais ces systèmes de construction ont de graves inconvénients. L'effort subi par chaque pièce du tablier n'est pas évalué d'une manière positive : la charge à supporter est répartie arbitrairement entre les cables et les divers haubans. Pour cela, on donne à chaque pièce la tension qui lui incombe d'après le projet, au moyen d'hommes agissant sur des tendeurs et exercés à avoir conscience de l'effort de leur bras. On conçoit que ce système manque d'une précision absolue, que d'ailleurs le réglage d'une tige suffit pour modifier les tensions des tiges déjà réglées, et qu'en tout cas le moindre changement de température modifie profondément l'équilibre du système tout entier.

M. Lavalley est d'accord avec M. Dallot sur ce point. Il constate qu'en Europe nous différons complétement d'opinion avec les ingénieurs américains sur la plupart des questions théoriques qui touchent à la construction des ponts métalliques. Somme toute, d'après M. Lavalley, les système en usage aux Etats-Unis ne sont pas à recommander : leur adoption ferait reculer la science et pourrait nous conduire à de graves mécomptes.

— M. André a inventé une règle à dessiner dont la partie essentielle est une bande de caoutchouc divisée, qui peut s'allonger plus ou moins et former des échelles différentes. On sait que les lithographes ont souvent recours au même principe, l'extension d'une feuille de caoutchouc pour la réduction ou l'agrandissement des dessins qu'on y trace.

— Le 9 juin est mort à Paris M. Jules Callon, inspecteur général des mines et professeur à l'Ecole des Mines.

— Un concours de machines à moissonner aura lieu à Versailles, en juillet 1875, par les soins de la Société d'agriculture.

— Deux buffles blancs, originaires du Thibet, viennent d'arriver au Jardin d'acclimatation. Cette nouvelle espèce, très-rare dans le pays d'origine, apparait pour la première fois dans notre jardin zoologique.

AVIS

Les abonnés dont l'époque de renouvellement échoit à la fin de juin et qui désirent à cette occasion changer les conditions de leur souscription et profiter des avantages que leur présente, soit l'abonnement d'un an, s'ils ne sont abonnés qu'au semestre, soit la souscription aux deux REVUES *Scientifique* et *Politique*, sont priés d'avertir immédiatement M. Germer Baillière, en lui envoyant un mandat sur la poste ou des timbres-poste.

Les abonnés qui, d'ici au 10 juillet, n'auront fait parvenir aucun avis au bureau de la *Revue* seront considérés comme désirant continuer leur abonnement dans les mêmes conditions. En conséquence, ils recevront par l'entremise des porteurs, soit à Paris, soit dans les départements, une quittance analogue à celle qui leur a été déjà remise lors de leur première souscription.

Le propriétaire-gérant : GERMER BAILLIÈRE.

PARIS. — IMPRIMERIE DE F. MARTINET, RUE MIGNON, 2.

LA

REVUE SCIENTIFIQUE

DE LA FRANCE ET DE L'ÉTRANGER

REVUE DES COURS SCIENTIFIQUES (2ᵉ SÉRIE)

Direction : MM. Eug. Yung et Ém. Alglave

2ᵉ SÉRIE — 5ᵉ ANNÉE   NUMÉRO 3   17 JUILLET 1875

LA PREMIÈRE ET LA DERNIÈRE CATASTROPHE

Je me propose de m'occuper dans cette conférence des théories les plus récentes sur le commencement et la fin du monde. Le monde est un sujet fort intéressant, et je suppose que, dans les temps les plus reculés, dès que les hommes ont commencé à s'en former une idée définie, ils se sont mis aussi à deviner, de façon ou d'autre, comment il avait commencé et comment il devait finir. Mais les études dont je veux m'occuper aujourd'hui ont un caractère particulier, qui les rend tout à fait différentes des premières conjectures que nous retrouvons dans un grand nombre de livres anciens. Les auteurs de ces études modernes ont cherché à découvrir la manière dont les choses ont commencé et dont elles doivent finir, en étudiant leur mode d'existence actuel. Et c'est précisément ce caractère particulier qui rend ces travaux intéressants pour vous et pour moi ; car nous ne voulons étudier ces questions qu'au point de vue scientifique. Par point de vue scientifique j'entends celui qui consiste à appliquer l'expérience du passé à des circonstances nouvelles, conformément à un ordre naturel observé. Ainsi nous allons seulement considérer la manière dont les choses ont commencé, et la manière dont elles doivent finir, autant qu'il nous semblera possible de tirer sur ces questions des conclusions de faits constatés sur la manière dont les choses se passent maintenant. Et au fond, ce qui rend le sujet intéressant, c'est justement parce qu'il montre ce que nous savons actuellement sur la manière dont l'univers subsiste.

La première de ces théories a été exposée par le professeur Clerk Maxwell dans une conférence sur les molécules, faite à la réunion de Bradford de l'Association britannique. Par une coïncidence qui me semble heureuse, M. Maxwell fait en ce moment devant la Société chimique de Londres une conférence sur les preuves de la constitution moléculaire de la matière. Or, cet argument qu'il a avancé devant l'Association britannique réunie à Bradford, repose entièrement sur la théorie moderne de la constitution moléculaire de la matière. Ceci me paraît d'autant plus important, que bien des gens semblent croire que cette théorie a beaucoup de rapports avec les hypothèses que nous trouvons chez les philosophes anciens — Démocrite et Lucrèce par exemple. En effet, il se trouve que ces philosophes anciens avaient sur la constitution de l'univers des vues qui s'accordent, sur plusieurs points importants, avec les vues de la science moderne. Dans le discours si remarquable qu'il a prononcé à Belfast, le professeur Tyndall a parfaitement mis en lumière ces points de rapprochement. Et c'est peut-être à cause de ces rapports qu'il a indiqués entre les théories des philosophes anciens et la théorie moderne, que plusieurs personnes, auxquelles la littérature classique est familière, ont pensé que la connaissance des idées de Démocrite et de Lucrèce leur permettrait de comprendre et de juger la théorie moderne de la matière. Mais c'est là une erreur. Voici la principale différence entre les anciens et les modernes : la théorie atomique de Démocrite était une pure conjecture. Tous les penseurs de son temps faisaient des conjectures sur l'origine de l'univers, et il s'est trouvé que la conjecture de Démocrite était plus près de la vérité que toutes les autres. Sa manière de voir s'est trouvée exacte sur ce point principal, que toutes choses sont composées de parties élémentaires, et que les propriétés différentes des différentes substances dépendent plutôt d'une différence d'arrangement que d'une différence essentielle de la matière dont elles se composent. Bien que ceci fût contenu dans la théorie des atomes de Démocrite, telle qu'elle est exposée par Lucrèce ; cependant, si l'on examine de près les conséquences qui en sont tirées, on reconnaîtra qu'elle s'écarte bientôt de la vérité, ce qui n'a rien de surprenant. Tout au contraire, la manière dont la science moderne envisage la constitution de la matière n'a rien de conjectural.

Je veux chercher avant tout à expliquer les points principaux de cette théorie. Prenons d'abord la forme la plus simple de la matière, un gaz — par exemple l'air de cette salle. La science moderne admet que l'air n'est pas une substance continue, qu'il ne remplit pas tout l'espace de cette chambre, mais qu'il se compose d'un nombre énorme de particules extrêmement petites. Ces particules sont de deux sortes : les unes sont de l'oxygène et les autres de l'azote.

Toutes les particules d'oxygène sont, pour ainsi dire, absolument semblables sous deux rapports, premièrement sous celui du poids, et secondement sous celui de certains détails de structure matérielle. Ces petites molécules ne sont pas en repos dans cette salle ; elles volent dans toutes les directions avec une vitesse moyenne de 20 kilomètres par minute. Elles ne vont pas bien loin dans la même direction ; mais chaque molécule, après avoir parcouru un espace d'une petitesse incroyable— cet espace a été mesuré— en rencontre une autre, non pas en face, mais un peu de côté, de sorte qu'elles font entre elles à peu près comme deux personnes qui se rencontrent dans la danse de sir Roger de Coverley : elles se donnent la main, tournent, et partent chacune dans une direction différente. Toutes ces molécules changent constamment la direction de leur mouvement ; elles volent de tous côtés avec des vitesses très-différentes, bien que la moyenne soit, comme je viens de le dire, d'une vingtaine de kilomètres par minute. Si l'on marquait toutes les différentes vitesses sur une échelle, on les trouverait réparties autour de la vitesse moyenne comme les balles le sont autour du blanc d'une cible. Lorsqu'on tire beaucoup de coups sur une cible, le plus grand nombre se trouve groupé autour du blanc, puis ils vont en diminuant à mesure que l'on s'éloigne du centre, et cela, d'après une certaine loi qui se nomme loi de l'erreur. C'est Laplace qui a le premier énoncé ce fait d'une manière distincte ; et une des conséquences les plus remarquables de cette théorie, c'est que les vitesses des molécules d'un gaz sont réparties précisément d'après cette loi de l'erreur. Dans le cas d'un liquide, on croit que les choses se passent tout autrement. Nous avons dit que, dans un gaz, ces molécules se meuvent en ligne droite, et que c'est seulement pendant une petite partie de leur mouvement qu'elles sont déviées par d'autres molécules ; mais dans un liquide nous pouvons dire que les molécules circulent comme si elles dansaient la grande chaîne des lanciers. Chaque molécule, dès qu'elle en a quitté une autre, en trouve une troisième, et ainsi elle suit constamment un chemin tortueux et ne se dégage jamais complétement de la sphère d'action des molécules environnantes. Malgré cela, toutes les molécules d'un liquide changent sans cesse de place, et c'est ainsi que la diffusion s'opère dans un liquide. Prenez une grande cuve d'eau et laissez-y tomber un peu d'iode : au bout d'un certain temps, toute l'eau aura pris une légère teinte bleue. Cela vient de ce que toutes les molécules d'iode ont changé comme les autres, et se sont répandues dans toute la cuve. Le fait ne devient visible qu'avec des substances de couleurs différentes ; mais il ne faut pas croire qu'il n'ait pas lieu lorsque les couleurs sont les mêmes. Dans tout liquide, toutes les molécules sont en mouvement ; elles changent de place et se mêlent sans relâche. Il n'en est pas de même pour les solides. Dans un corps solide, chaque molécule a sa place, qu'elle garde ; je veux dire qu'elle n'est pas plus en repos qu'une molécule de liquide ou de gaz, mais qu'elle a une certaine position moyenne, autour de laquelle elle oscille sans cesse et dont elle reste voisine ; c'est l'action des molécules environnantes qui l'empêche de s'écarter de cette position. Voilà les points principaux de la théorie de la constitution de la matière telle qu'elle est admise de nos jours. La théorie de Démocrite en diffère en ce que, lorsqu'il l'imagina de toutes pièces, c'était de sa part une pure conjecture.

Lorsqu'on veut prouver la vérité d'une hypothèse, il faut montrer, non-seulement que cette hypothèse particulière explique les faits, mais encore qu'aucune autre hypothèse ne les explique. Or, grâce aux efforts de Clarges et du professeur Clerk Maxwell, voici la position où se trouve la théorie moléculaire de la matière : nous ne disons plus, « supposez que telle ou telle chose soit vraie, » pour déduire les conséquences de cette supposition, et montrer ensuite que ces conséquences sont justement les faits que nous pouvons observer ; mais au lieu de cela, nous faisons certaines expériences, nous montrons que certains faits sont exacts, et de ces faits nous remontons, par un raisonnement direct auquel il est impossible d'échapper, à ce principe que toute matière se compose de molécules distinctes, et que dans différentes matières, telles que l'oxygène, l'hydrogène ou l'azote, ces molécules ont à très-peu près le même poids, et jouissent de certaines propriétés mécaniques qui sont communes à toutes. Pour vous donner une idée du genre de preuves par lesquelles on arrive à ce principe, il faut que je vous parle d'une autre théorie qui me semble en être au même point : je veux parler de la théorie de l'éther, cette substance merveilleuse qui se trouve répandue dans tout l'espace, et qui transporte la lumière et la chaleur rayonnée. Au moyen de certaines expériences sur l'interférence, nous pouvons montrer, — et cela non par une hypothèse ou une conjecture, mais simplement en interprétant ces expériences, — nous pouvons montrer, disons-nous, que dans tout rayon de lumière il y a un certain changement, quelle qu'en soit la nature, périodique par rapport au temps et au lieu. Par périodique par rapport au temps, je veux dire que sur un point donné du rayon lumineux ce changement va en croissant jusqu'à une certaine limite, puis décroît, puis croît en sens inverse, pour décroître de nouveau, et ainsi de suite. Ce fait résulte des expériences d'interférence ; il n'y a pas là une théorie qui explique les faits, mais bien un fait qui résulte de l'observation. Par périodique par rapport à l'espace, je veux dire que, si à un moment donné vous pouviez examiner le rayon de lumière, vous reconnaîtriez qu'un certain changement s'est produit sur toute son étendue à différents degrés. Ce changement disparaît sur certains points, entre lesquels il augmente par degrés jusqu'à un maximum d'un côté, puis de l'autre, alternativement. Je veux dire que si l'on suit la direction du rayon de lumière, il existe un certain changement dont le degré subit une variation périodique : on le reconnaît expérimentalement en faisant agir d'autres rayons lumineux sur le rayon que l'on étudie. La hauteur de la mer, comme le savent fort bien ceux qui y ont voyagé, passe par certains changements périodiques ; elle croît et décroît, puis croît et décroît encore à des intervalles définis. Examinons par exemple le mouvement des vagues, et pour cela mettons-nous à un point donné, et jetons un morceau de liége à la surface : nous verrons ce liége monter et descendre alternativement ; c'est-à-dire qu'il se manifestera dans la position du liége un changement périodique, qui croîtra, décroîtra, puis croîtra de nouveau dans une direction contraire pour décroître ensuite. Or ce fait, qui est établi par l'expérience et qui n'a rien de conjectural, ce fait, dis-je, que la lumière est un phénomène périodique au point de vue du temps et de l'espace, est ce que nous appelons la théorie ondulatoire de la lumière. Le mot théorie ne signifie pas ici une conjecture ; il signifie une explication raisonnée des faits, d'où l'on peut déduire des résultats applicables dans l'avenir à des expériences tout à fait nouvelles. Mais nous pouvons aller encore plus loin. Jusqu'ici nous disons que la lumière se compose d'ondulations, seulement en ce sens que c'est un certain phénomène qui a une périodicité de temps et d'espace ; mais nous savons encore qu'un rayon lumineux peut accomplir un certain travail. La chaleur rayonnante, par exemple, lorsqu'elle frappe un corps, l'échauffe et lui permet de faire un travail par expansion ; donc ce phénomène périodique, qui a lieu dans le rayon lumineux, possède une force mécanique qui peut accomplir un travail. Nous en ferons, si vous le voulez, une simple définition, et nous dirons : tout changement qui possède une force est un mouvement de la matière ; et c'est peut-être là la définition la plus intelligible que nous puissions donner de la matière. Dans ce sens, et dans ce sens seulement, c'est un fait démontré et non un fait conjectural, que la lumière est le mouvement périodique d'une substance qui se trouve entre l'objet lumineux et nos yeux. Mais cette substance n'est pas de la matière dans le sens ordinaire du mot ; elle ne se compose pas de molécules semblables à celles des gaz, des liquides et des solides. Ceci encore n'est pas une conjecture ; c'est un fait de démonstration.

Mais, me dira-t-on, quelle nécessité y a-t-il de supposer que l'éther qui transmet la lumière soit autre chose que des molécules matérielles répandues dans l'espace et destinées à transmettre la lumière ? La réponse à cette objection est fort simple. Pour que des molécules distinctes puissent transmettre un ébranlement, il faut qu'elles se meuvent au moins aussi vite que cet ébranlement. Or, nous savons, par des faits dont je parlerai plus loin, que les molécules d'un gaz se meuvent avec une vitesse qui n'a rien d'extraordinaire, — elle est à peu près vingt fois aussi grande que celle d'un train rapide. Au contraire, les preuves les plus certaines, obtenues par cinq ou six méthodes différentes, nous apprennent que la vitesse de la lumière est de soixante-dix-sept mille lieues kilométriques par seconde. Cette raison très-simple nous permet de dire qu'il est absolument impossible que la lumière soit transmise par les molécules de la matière ordinaire : il faut une autre substance, située entre ces molécules, pour transmettre la lumière. Rappelons-nous aussi les preuves que nous avons que les molécules d'un gaz ne se touchent pas, et ont entre elles une autre substance. D'un autre côté, l'expérience nous apprend que les différentes couleurs de la lumière dépendent des vitesses différentes des ondes lumineuses, qu'elles dépendent de la grandeur et de la longueur des ondes qui se propagent à travers l'éther, et que, lorsqu'un rayon lumineux traverse un morceau de verre ou un milieu transparent quelconque, à l'exception du vide, les ondes de différentes longueurs se transmettent avec des vitesses différentes. Il en est de même pour la mer ; les vagues longues se propagent plus vite que les vagues courtes. De même, lorsqu'un corps lumineux sort du vide et se heurte sur un milieu transparent, le verre par exemple, on constate que la vitesse de transmission du rayon tout entier diminue, qu'il marche plus lentement à l'intérieur d'un corps matériel, et que ce changement est plus grand pour les grandes ondes que pour les petites. Les petites ondes correspondent à la lumière bleue, et les grandes à la lumière rouge. Les ondes de la lumière rouge ne se propagent pas si lentement que celles de la lumière bleue ; mais, comme il arrive pour les vagues de la mer, lorsque la lumière se propage à l'intérieur d'un corps transparent, ce sont les grandes ondes

qui se propagent le plus vite. Or, en nous servant d'un corps qui sépare les différentes couleurs, — d'un prisme, — nous pouvons dire de quels éléments se compose la lumière qui le frappe. La lumière que nous envoie le soleil se compose d'ondes de différentes longueurs ; mais en lui faisant traverser un prisme, nous pouvons l'étaler sous forme de spectre ; nous obtenons ainsi une bande lumineuse au lieu d'un point, et à chaque raie du spectre correspond une onde d'une longueur et d'une vitesse de vibration définies. Or, ici, nous arrivons à un phénomène très-singulier. Si l'on prend un gaz, du chlore par exemple, et qu'on le mette sur le passage du rayon lumineux, on voit que certains rayons particuliers du spectre sont absorbés, tandis que d'autres ne le sont pas. Or, comment se fait-il que certaines vitesses d'ondulation soient absorbées par le chlore, tandis que les autres ne le sont pas ? Cela vient de ce que le chlore se compose d'un grand nombre d'éléments excessivement petits, dont chacun est susceptible de vibrations intérieures. Chacun de ces éléments est compliqué, et les parties vibrantes qu'il contient peuvent changer leur position relative. Nous savons que les molécules sont susceptibles de vibrations intérieures de ce genre, parce que si nous chauffons suffisamment un corps solide, il finit par émettre de la lumière, c'est-à-dire que ses molécules arrivent à un tel état de vibration qu'elles font vibrer l'éther, et cela avec la même vitesse qu'elles vibrent elles-mêmes. Ainsi l'absorption de certains rayons lumineux par le chlore nous apprend que les molécules de ce gaz ont certaines vitesses naturelles de vibration, précisément celles qui appartiennent naturellement aux molécules. Si l'on fait entendre une certaine note près d'une corde de piano, cette corde vibrera pourvu qu'elle soit à l'unisson. Alors, si un écran, composé des mêmes cordes, était disposé dans une chambre, et qu'une note fût produite d'un côté, une personne placée de l'autre entendrait la note très-faiblement ou même pas du tout, parce qu'elle serait interceptée par les cordes ; mais si, au contraire, une autre note était produite avec laquelle les cordes ne pussent pas vibrer naturellement, elle passerait, et ne serait pas absorbée pour les mettre en vibration.

Or, voici la question qui s'élève. Laissons un moment de côté les molécules. Supposons que nous en ignorions l'existence, et demandons-nous si cette vitesse de vibration, qui appartient naturellement au gaz, lui appartient dans son ensemble ou bien à ses parties. On pourrait supposer qu'elle appartient au gaz dans son ensemble. Si vous secouez un vase plein d'eau, les oscillations du liquide ont une durée parfaitement définie et très-facile à mesurer. Cette durée d'oscillation appartient au vase d'eau dans son ensemble. Elle dépend du poids de l'eau et de la forme du vase. Au contraire, une expérience positive nous fait connaître que la durée de vibration qui correspond à un gaz donné ne lui appartient pas dans son ensemble, mais appartient à ses parties prises séparément : en effet, si vous comprimez le gaz, vous ne changez pas la durée des vibrations. Supposons un instant que nous ayons dans une chambre un grand nombre de violons qui se touchent tous, et dont les cordes soient d'accord de manière à vibrer avec certaines notes. Si l'on produit une de ces notes, tous les violons vont répondre ; mais si l'on comprime les violons, on va évidemment leur faire perdre l'accord. Ils sont tous en contact, et ils ne répondront pas à la note avec la même précision qu'auparavant. Mais si vous avez une chambre pleine de violons disposés à une certaine distance les uns des autres, et que vous les rapprochiez sans cependant les faire toucher, ils resteront d'accord et répondront exactement à la même note qu'auparavant. Nous voyons donc que, puisque la compression d'un gaz dans de certaines limites ne change pas la vitesse de vibration qui lui appartient, cette vitesse de vibration ne peut pas appartenir au gaz dans son ensemble, mais qu'elle doit appartenir à ses parties considérées séparément. Or, il me semble qu'un raisonnement de ce genre place la théorie moderne de la constitution de la matière sur une base absolument indépendante de toute hypothèse. La théorie est simplement un exposé régulier des faits, c'est-à-dire un exposé qui diffère des expériences en ce qu'il les réunit de la manière la plus commode pour en conclure quel sera le résultat d'autres expériences. C'est là ce que nous entendons actuellement par théorie scientifique.

Sur cette théorie, le professeur Clerk Maxwell a émis un certain argument dans la conférence qu'il a faite devant l'Association britannique réunie à Bradford. C'est, comme je l'ai déjà dit, une conséquence de la théorie moléculaire, que toutes les molécules d'une substance donnée, l'oxygène par exemple, se ressemblent autant que possible sous deux rapports, — leur poids et la durée de leurs vibrations. Or, voici l'argument de M. Clerk Maxwell. Il a dit d'abord que, d'après la théorie, nous devons croire, non pas que ces molécules sont aussi semblables que possible, mais qu'elles sont absolument semblables sous ces deux rapports, — du moins son raisonnement m'a semblé exiger cela. Il a ajouté que tout l'oxygène que nous connaissons, quelques opérations qu'il ait subies, — qu'il vienne de l'atmosphère ou d'un oxyde de fer ou de charbon, qu'il appartienne au soleil, aux étoiles fixes, aux planètes ou aux nébuleuses, — est identique. Et toutes les molécules d'oxygène que nous trouvons sur la terre ont dû exister sans altération, du moins sans altération appréciable, pendant tout le temps qu'a duré l'évolution de la terre. Par quelques vicissitudes qu'elles aient passé, quelque nombre de fois qu'elles soient entrées en combinaison avec le fer ou l'argent, et qu'elles aient été fondues au dessous de la croûte terrestre, ou bien qu'elles se soient séparées des oxydes pour se mêler de nouveau à l'atmosphère, elles ont conservé sans altération leur forme primitive telle qu'elle était au commencement du monde. Or, le professeur Clerk Maxwell avance que des choses qui sont inaltérables et toujours identiques avec elles-mêmes ne peuvent avoir été formées par voie d'évolution. De plus, étant exactement semblables, elles ne peuvent avoir toujours existé, et par conséquent elles ont dû être créées. Selon l'expression de sir John Herschel, « elles ont la marque d'objets fabriqués ».

Mais je ne veux point examiner ces dernières déductions ; je me bornerai strictement à la première des affirmations de M. Clerk Maxwell. Il nous dit que parce que ces molécules sont absolument semblables entre elles, et parce qu'elles n'ont subi aucune altération depuis le commencement du temps, elles n'ont pu être produites par voie d'évolution. C'est là la question que je me propose de discuter. Je veux examiner si les preuves que nous avons de la ressemblance exacte de ces molécules entre elles sont suffisantes pour rendre impossible leur production par voie d'évolution. Évidemment l'opinion de l'insuffisance de ces preuves est la plus aisée à soutenir, puisqu'il n'y a rien de plus difficile à prouver qu'une proposition négative ; et, si l'on réussissait à prouver l'impossibilité de l'évolution, ce serait un fait absolument unique en science et en philosophie. Et cet exemple montre bien toute l'influence de l'autorité en matière de science.

S'il y a parmi les physiciens modernes un nom auquel soit dû le respect de tous ceux qui s'occupent de science, c'est celui de M. Clerk Maxwell. Mais si tout autre, n'ayant pas cette grande autorité, avait avancé une proposition fondée en apparence sur la science, et prétendant déterminer quelles choses peuvent avoir existé de toute éternité, et quelles autres ne le peuvent pas, et parlant de ressemblance exacte entre plusieurs objets démontrée par l'expérience, nous nous écririons : « Éternité passée ! exactitude absolue ! » et nous fermerions le livre. Depuis des siècles que la science éclaire les hommes, son expérience nous a montré que nous n'arrivons jamais à des conclusions de ce genre. La science ne nous fournit aucune conclusion sur le temps infini ou l'exactitude infinie. Nous arrivons à des conclusions qui sont aussi près de la vérité que l'expérience peut le montrer, et qui sont quelquefois beaucoup plus exactes que l'expérience directe ne saurait l'être, de sorte que nous pouvons corriger une expérience par des déductions tirées d'une autre ; mais jamais nous n'arrivons à des conclusions dont nous ayons le droit d'affirmer l'exactitude absolue ; de sorte que, même si le savant le plus éminent vient nous dire qu'il a des raisons de croire qu'une certaine proposition est rigoureusement vraie, ou qu'il croit qu'une certaine substance a existé telle qu'elle est depuis l'origine des choses, nous sommes forcés de dire : « Il se peut qu'un homme si éminent ait découvert quelque chose qui diffère entièrement de tout ce que nous savions auparavant, et le fait mérite d'être examiné. Mais, malgré tout, il est certain que cette chose sera absolument différente de tout ce que nous savions jusqu'ici. »

Or, examinons les preuves d'après lesquelles nous savons que les molécules du même gaz sont aussi semblables que possible, au point de vue de leur poids et de leur vitesse de vibration. Le docteur Graham, ancien directeur de la Monnaie, a fait des expériences sur la vitesse avec laquelle différents gaz se mêlent ensemble. Il a reconnu que s'il divisait un vase en deux par une mince cloison de plombagine ou de graphite, et que s'il mettait de chaque côté un gaz différent, ces gaz se mêlaient presque aussi vite que s'il n'y avait pas eu de séparation entre eux. La seule différence, c'est que la plaque de graphite permettait de mesurer plus facilement la vitesse avec laquelle s'opérait le mélange, et les mesures et les conclusions que cette expérience a fournies au docteur Graham sont parfaitement d'accord avec la théorie moléculaire. On trouve par le calcul que la vitesse de diffusion des différents gaz dépend du poids de leurs molécules. Or, une molécule d'oxygène pèse seize fois autant qu'une molécule d'hydrogène, et l'expérience montre que l'hydrogène traverse une cloison de graphite quatre fois plus vite que l'oxygène. Quatre fois quatre font seize. Nous exprimons cette loi sous une forme mathématique, en disant que la vitesse de diffusion d'un gaz est en raison inverse de la racine carrée de la masse de ses molécules. Si une molécule pèse trente-six fois autant qu'une autre, — le rapport entre les poids d'une molécule de chlore et d'une molécule d'hydrogène est très-près de ce nombre, — sa vitesse de diffusion sera six fois moindre.

Cette loi est déduite de la théorie moléculaire, et, comme bien d'autres lois de ce genre, elle est exacte dans la pratique. Mais voyons maintenant ce qui résulte de ceci. Supposons qu'au lieu de prendre un seul gaz et de lui faire traverser une paroi poreuse, nous prenions un mélange de deux gaz. Mettons ensemble de l'oxygène et de l'hydrogène dans un des compartiments d'un vase séparé en deux par une cloison de graphite, et faisons le vide dans l'autre compartiment : l'hydrogène traversera la cloison quatre fois plus vite que l'oxygène. Par conséquent, dès que le second compartiment sera rempli, il contiendra beaucoup plus d'hydrogène que d'oxygène — c'est-à-dire que nous aurons séparé l'oxygène de l'hydrogène, pas d'une façon complète, mais en grande partie, tout comme au moyen d'une claie nous pouvons séparer du gros charbon et du petit. Or, supposons que, lorsque le gaz hydrogène n'est mêlé à aucun autre, les molécules soient de deux sortes et de deux poids différents. Alors si nous faisions traverser à ce gaz une paroi poreuse, les particules les plus légères passeraient les premières, et nous aurions deux échantillons différentes d'hydrogène, dans l'un desquels les molécules seraient plus légères que dans l'autre. Les propriétés de ces deux échantillons différeraient nécessairement, et il serait très-facile de constater la différence. S'il existait entre le poids moyen des molécules des deux côtés de la cloison une différence appréciable, il n'y aurait aucune difficulté à la constater. Or, aucune différence de ce genre n'a jamais été observée. Si nous mettons un seul gaz dans un compartiment d'un vase, et que nous le filtrions à travers une cloison de plombagine dans un autre compartiment, nous ne trouvons aucune différence entre le gaz d'un côté et celui de l'autre. C'est-à-dire que, s'il existe une différence, elle est trop faible pour être reconnue à l'aide de nos moyens d'observation actuels. Tel est le genre de preuves sur lequel nous nous fondons pour dire que les molécules d'un gaz donné ont toutes à très-peu près le même poids. Pourquoi dire *à très-peu près* ? Parce que des preuves de ce genre ne peuvent jamais démontrer que les molécules ont absolument le même poids. Les moyens de mesure dont nous disposons peuvent être excessivement exacts, mais il faut toujours admettre une certaine limite d'écart, et, si l'écart des molécules d'oxygène d'un certain poids déterminé était très-faible, s'il était compris dans des limites très-petites, il serait très-possible que nos expériences nous donnassent les résultats qu'elles donnent maintenant. Supposons, par exemple, que les variations de dimension des atomes d'oxygène fussent aussi grandes que celles qui existent entre les poids de différents hommes, alors il serait très-difficile de reconnaître par le procédé de tamisage que nous venons de décrire la grandeur de cette différence, ou même d'en établir l'existence. D'un autre côté, si nous supposons que les forces, qui dans l'origine ont rendu toutes ces molécules à très-peu près égales, agissent constamment pour rétablir l'ordre dès que nous le troublons par quelque expérience, alors les petits atomes d'oxygène qui sont d'un côté seront ramenés à la grandeur normale, et dans ce cas, il serait impossible de constater la différence par une expérience moins rapide que l'action de ces forces.

Il y a encore une autre raison pour laquelle nous sommes obligés de regarder cette expérience comme étant seulement approximative, et ne donnant pas des résultats exacts. Il existe une preuve très-forte, quoiqu'elle ne soit pas concluante, que dans un gaz donné — soit l'acide carbonique — les molécules n'ont pas toutes le même poids. Si nous comprimons le gaz, nous trouvons que, tant qu'il est à l'état de gaz parfait ou près de cet état, la pression est exactement en raison inverse du volume. Cette loi s'explique parfaitement par la théorie moléculaire ; c'est justement ce qui doit arriver si la théorie moléculaire est vraie. Mais si nous comprimons le gaz encore davantage, la pression est moindre qu'elle ne devrait être d'après la loi précédente. Il y a deux manières d'expliquer ce fait. D'abord nous pouvons supposer que les molécules sont tellement pressées entre elles, que le temps pendant lequel elles sont assez voisines pour s'attirer mutuellement d'une manière sensible devient une fraction trop considérable du temps total pour être négligé ; et ce fait explique le changement de la loi. Mais il y a encore une autre explication possible. Supposons, pour fixer les idées, que deux molécules s'approchent l'une de l'autre, que la vitesse du mouvement de l'une par rapport à l'autre soit très-petite, qu'elles se dirigent de manière à s'attacher l'une à l'autre, et qu'elles continuent à tourner, ne faisant plus qu'une molécule. D'après les principes de la science, ceci explique le fait de la diminution de pression dans un gaz qui est près de son point de liquéfaction, — les molécules ne se meuvent plus isolément, mais quelques-unes s'unissent deux à deux, ou même encore un plus grand nombre ensemble, de manière à former de plus grosses molécules. Le spectroscope confirme cette supposition d'une manière frappante. Prenons par exemple le chlore : il change de teinte ; sa couleur devient plus foncée à mesure qu'il approche de l'état liquide. Ce changement de couleur indique un changement dans la vitesse de vibration qui appartient à ses parties constituantes, et les règles de la mécanique permettent de conclure que les plus grandes molécules auront une vitesse de vibration moindre que les plus petites — à peu près de même qu'une corde courte donne une note plus élevée qu'une longue. La couleur du chlore change exactement comme nous nous attendrions à la voir changer si les molécules, au lieu de circuler séparément, étaient unies deux à deux ; et le même fait se reproduit pour un grand nombre de métaux,

Dans ses admirables recherches, M. Lockyer a fait voir que plusieurs des métaux et métalloïdes ont des spectres différents, selon la température et la pression auxquelles ils sont soumis ; et il a presque démontré que ces spectres différents, c'est-à-dire les vitesses de vibration des molécules, dépendent de ce qu'en effet les molécules ont des dimensions différentes. Il y a quelques mois, le docteur Roscoe a montré un spectre de sodium entièrement nouveau, de sorte qu'il paraît que ce métal, à l'état gazeux, présente quatre différents dégrés d'agrégation ; une molécule isolée, trois, quatre, ou enfin huit molécules réunies. Toute complication nouvelle de molécules, toute molécule que vous ajoutez à un groupe en mouvement, produira une différence dans la vitesse de vibration du système, et par suite une différence dans la couleur de la substance.

Voilà donc une preuve tirée d'un autre ordre de faits, qui démontre que les molécules d'un gaz donné, telles qu'elles existent, n'ont pas toutes le même poids. Toute expérience qui n'indique pas cette différence ne pourra pas, à plus forte raison, en indiquer une plus petite encore. Et ici encore nous pouvons voir pourquoi, même lorsqu'il existe entre les molécules une différence de grosseur, nous ne pouvons la découvrir par le tamisage. Supposons que l'on prenne de l'oxygène dans lequel certaines molécules sont simples et d'autres doubles, et qu'on le fasse passer à travers une plaque de substance poreuse: les molécules simples passent les premières; mais une fois qu'elles sont passées, un certain nombre peuvent s'unir et former des molécules doubles; de même parmi les molécules doubles qui n'ont pas traversé la plaque poreuse, plusieurs peuvent se séparer en molécules simples. Ainsi le tamisage, qui devrait donner des molécules simples d'un côté et des molécules doubles de l'autre, donne seulement un mélange de molécules simples et de molécules doubles des deux côtés, parce que les causes qui ont primitivement déterminé l'existence de ces deux espèces de molécules n'ont pas cessé d'agir, et produisent constamment ces deux résultats.

Considérons maintenant l'autre rapport sous lequel les molécules sont à très-peu près semblables; je veux parler de leur vitesse de vibration. Le sodium, si abondant sur la terre dans le sel ordinaire, a deux vitesses de vibrations; il donne, si je puis ainsi parler, deux notes très-voisines l'une de l'autre. Ces deux vitesses forment la raie double bien connue. Les deux raies jaunes et brillantes sont très-faciles à observer; elles se trouvent dans les spectres d'un grand nombre d'étoiles. Elles se présentent dans le spectre solaire sous l'apparence de raies sombres, qui indiquent qu'il existe dans le bord extérieur du soleil du sodium qui arrête et intercepte la lumière des parties brillantes situées en arrière. Toutes ces ligne du sodium occupent exactement la même position dans le spectre, ce qui prouve que les vitesses de vibration de toutes ces molécules de sodium dans tout l'univers, autant que nous le connaissons, sont aussi près que possible de l'égalité. Ce fait indique une ressemblance de structure moléculaire bien plus délicate que ne peut l'indiquer la simple considération du poids. Pesez aussi exactement que vous voudrez deux violons, et cette opération ne pourra jamais vous faire savoir s'ils sont d'accord; l'une des épreuves est bien plus délicate que l'autre. Voyons jusqu'à quel point. Lord Rayleigh a constaté qu'il y a une limite naturelle pour la position exacte d'une ligne donnée dans le spectre; ce fait s'explique de la manière suivante : Si un corps qui émet un son se rapproche de vous, la hauteur du son se trouvera changée. Si vous suivez une rue où des omnibus passent toutes les dix minutes, dans un sens seulement, et que vous marchiez à la rencontre de ces omnibus, il est évident que vous en croiserez un plus grand nombre dans un temps donné que si vous aviez marché dans le sens contraire. Si un corps lumineux s'avance vers vous, vous trouverez plus d'ondes dans une certaine direction que s'il s'éloignait; par conséquent, si vous vous dirigez vers un corps lumineux, la lumière viendra plus vite, la vibration sera plus courte, et la lumière sera plus haut dans le spectre — elle sera plus bleue. Si vous vous éloignez du corps lumineux, alors la vitesse des vibrations est moindre, la lumière est plus bas dans le spectre. Au moyen des variations de certaine raies connues du spectre, on a pu mesurer la vitesse avec laquelle certaines étoiles fixes se rapprochent de la terre, et la vitesse avec laquelle d'autres étoiles fixes s'en éloignent. Supposons que nous ayons un gaz incandescent : toutes ses molécules donnent de la lumière avec une vitesse de vibration déterminée; mais quelques-unes d'entre elles s'avancent vers nous, et d'autres s'en éloignent, avec une vitesse bien supérieure à la vitesse moyenne des molécules gazeuses, qui est de 27 kilomètres par minute, parce que la température est plus élevée quand le gaz est incandescent. Il en résulte qu'au lieu d'avoir dans le spectre une ligne nettement définie, au lieu d'avoir de la lumière exactement d'une couleur brillante, nous avons une lumière qui varie dans certaines limites.

Si la vitesse réelle de vibration des molécules du gaz était marquée sur le spectre, nous n'y aurions pas une ligne brillante unique, mais bien une bande brillante débordant de tous côtés. Lord Rayleigh a calculé que, dans les circonstances les plus favorables, la largeur de cette bande serait au moins la centième partie de la distance qui sépare les raies du sodium. C'est précisément sur cette expérience qu'est fondée la preuve de la ressemblance exacte des molécules. Ainsi la nature de cette expérience nous montre que nous obtiendrions exactement les mêmes résultats si la vitesse de vibration de toutes les molécules n'était pas rigoureusement la même, mais variait entre certaines limites très-restreintes. Si, par exemple, les vitesses de vibration variaient entre elles comme les dimensions des têtes de différents hommes, alors nous obtiendrions à peu près ce que l'expérience nous donne maintenant. Ainsi les preuves que nous avons de l'égalité de poids et de l'égalité de vitesse de vibration des molécules gazeuses, nous permettent seulement de conclure que, quelles que soient les différences entre les poids ou entre les vitesses de vibration des différentes molécules gazeuses, ces différences sont trop petites pour être constatées à l'aide des moyens de mesure dont nous disposons actuellement; et c'est précisément là tout ce que nous pouvons conclure dans toutes les questions scientifiques analogues.

Or, quel rapport y a-t-il entre cette question et celle de savoir s'il est possible que les molécules aient été produites par voie d'évolution? Pour moi, je ne comprends pas bien comment, même en sachant que les molécules sont rigoureusement semblables, nous serions certains pour cela qu'elles n'ont pas été produites par voie d'évolution, car il n'y a qu'un cas d'évolution dont nous sachions quelque chose, et cela bien imparfaitement — c'est l'évolution des êtres organisés. Les procédés par lesquels cette évolution s'accomplit sont des procédés de sélection naturelle et d'hérédité, longs, pénibles et peu économiques. Ces procédés n'agissent que fort lentement; il leur faut des siècles pour produire leurs effets naturels. Mais il me semble que, dans notre entière ignorance de ce sujet, nous pouvons admettre qu'il y ait d'autres procédés d'évolution capables de produire un nombre défini de formes — celles des éléments chimiques — tout comme les procédés d'évolution des êtres organisés ont produit un nombre de formes plus considérable. Tout ce que nous savons de l'éther nous montre que son action est d'une rapidité bien supérieure à celle de tous les mouvements de la matière visible. Il se peut, par exemple, qu'il existe des conditions mécaniques en vertu desquelles tous les corps doivent être faits de solides réguliers; que les molécules doivent toutes avoir des faces planes, et que ces faces doivent toutes avoir la même forme. On peut concevoir qu'il pourrait être impossible à une molécule d'exister avec deux de ses faces différentes. Dans ce cas, nous savons qu'il y aurait juste pour une molécule cinq formes possibles, qui seraient produites par voie d'évolution. Or, les différentes formes de matière que nous connaissons et que les chimistes appellent éléments, semblent avoir entre elles un rapport de ce genre : je veux dire qu'elles semblent produites par des conditions mécaniques qui ne permettraient l'existence que d'un certain nombre défini de formes, et qui, toutes les fois qu'une molécule s'écarterait un peu d'une de ces formes, agiraient immédiatement pour l'y ramener. Je ne sais en aucune façon — car ici nous manquons de données définies — quelle est la forme d'une molécule, ni quelle est la nature de la vibration qu'elle subit, ni dans quelle condition elle se trouve par rapport à l'éther ; et, dans cette ignorance absolue où nous sommes, il serait impossible de nous imaginer la manière dont elle s'est formée. Quand nous en saurons sur la forme d'une molécule autant que nous en savons sur le système solaire, par exemple, nous pourrons connaître son mode d'évolution aussi bien que nous connaissons la manière dont le système solaire a été produit ; mais dans notre état actuel d'ignorance, tout ce que nous avons à faire est de montrer que les expériences que nous pouvons faire ne prouvent nullement qu'il y ait pour les molécules matérielles impossibilité absolue d'être sorties de l'éther par voie d'évolution.

Les preuves que nous avons de la ressemblance des molécules d'une même substance ne sont qu'approximatives. La théorie laisse place à certains écarts légers, et par conséquent, s'il y a dans la nature de l'éther des conditions qui rendent impossible l'existence d'autres formes matérielles que celles qui nous sont connues, il est très-probable que, lorsque nous arrivons par un moyen quelconque à séparer les molécules d'une espèce de celle d'une autre, ces conditions mêmes les reproduisent sur-le-champ, et nous remettent en présence d'une masse gazeuse du type moyen normal.

Passons maintenant à une étude d'un tout autre ordre. Il y a une trentaine d'années, sir William Thompson a fait une remarque sur la nature de certains problèmes relatifs à la chaleur. Ces problèmes avaient été résolus, il y a bien des années par Fourier, dans un traité fort remarquable. Il a démontré que si l'on connaissait le degré de chaleur d'un corps, l'on pouvait en conclure la manière dont il allait peu à peu se refroidir. Supposons que l'on mette au feu l'extrémité d'un tisonnier, et qu'on l'y laisse rougir ; l'une des extrémités est bien plus chaude que l'autre, et, après que le tisonnier a été retiré du feu, on reconnaît que la chaleur va de l'extrémité la plus chaude à celle qui l'est moins, et l'on peut calculer d'une manière très-exacte la vitesse de la transmission, et la température de l'une ou de l'autre extrémité à un moment donné. Tels sont les résultats de la théorie de Fourier. Or, prenons le tisonnier à un moment où il est à moitié refroidi, et demandons-nous si l'équation nous permet de trouver ce qui s'y passait avant ce moment, au point de vue du refroidissement. Oui, l'équation rend compte de l'état du tisonnier avant le moment où nous l'avons pris, avec une grande exactitude jusqu'à un certain instant ; mais au delà de cet instant elle ne donne plus d'indications, et se met à déraisonner. Le problème de la conductibilité de la chaleur est de telle nature, qu'il permet de suivre la marche du phénomène aussi loin que l'on veut en avant, mais seulement jusqu'à un certain point en arrière. Il y a un autre cas dans lequel le même fait se produit. Tout le monde a lu dans le *Boy's own Book* cette expérience qui consiste à verser de la bière jusqu'à la moitié de la hauteur d'un verre, à couvrir le liquide d'un rond de papier et à verser par-dessus,

avec précaution, une certaine quantité d'eau ; alors, si l'on retire le papier sans agiter les deux liquides, l'eau restera au-dessus de la bière. Il s'agit alors de boire la bière sans boire l'eau ; on y arrive au moyen d'une paille que l'on plonge jusqu'au fond. Supposons ces deux liquides ainsi placés l'un au-dessus de l'autre ; bientôt ils commencent à se mêler. Il est possible de représenter ce qui se passe alors par une équation ; or, cette équation a exactement la même forme que celle de la conductibilité de la chaleur, et nous indique la quantité d'eau qui s'est mêlée à la bière à un moment quelconque. Ainsi, étant données la bière et l'eau mêlées à moitié, on peut suivre la marche du phénomène en avant, le mesurer avec exactitude et en rendre complètement compte ; mais si l'on essaye de revenir en arrière, on arrive bientôt à un point où l'équation s'arrête et ne fait plus que déraisonner. Ce point est le moment où l'on a enlevé le papier et laissé commencer le mélange. Si nous appliquons la même considération au cas du tisonnier dont nous parlions plus haut, et que nous voulions revenir en arrière avec l'équation, nous verrons que le point où l'équation commence à déraisonner est le moment où le tisonnier a été retiré du feu. La théorie mathématique suppose que la transmission de la chaleur par conductibilité s'est opérée régulièrement, d'après des lois déterminées, et, si à un moment quelconque il y a une catastrophe, un fait qui ne rentre pas dans les lois de la conductibilité de la chaleur, alors l'équation ne peut en rendre compte. Prenons encore un autre fait du même genre ; je veux parler de la transmission du frottement des liquides. Si vous prenez votre tasse de thé, et que vous remuiez le liquide en faisant décrire un cercle à votre cuiller, il ne tournera pas indéfiniment : la raison en est qu'il y a frottement contre la paroi de la tasse, et aussi des différentes parties du liquide entre elles. Or, le frottement des différentes parties d'un fluide est justement une affaire de mélange. Les particules animées d'un mouvement rapide, et qui se trouvent au milieu, n'ayant pas été arrêtées par le frottement contre la paroi, et les particules voisines de la paroi, dont le mouvement est lent, se mêlent entre elles. Ce mélange des diverses particules peut être mis en équation, et l'équation obtenue est exactement de la même espèce que celle qui s'applique à la conductibilité de la chaleur. Ces divers problèmes nous présentent donc tous une action naturelle, qui consiste à mêler ensemble différentes choses, et une des propriétés de cette action est que le mélange peut se poursuivre à tout jamais sans qu'on arrive à une impossibilité ; mais, si l'on veut revenir en arrière dans la succession des faits, on arrive toujours nécessairement à un état de choses qui n'a pu être produit par le mélange, c'est-à-dire à l'état de séparation complète.

Or, cette observation de sir W. Thompson, que vous trouverez rappelée dans l'ouvrage de M. Balfour Stewart sur la conservation de la force, a servi de fondement à une théorie des plus singulières. Les deux auteurs que nous venons de nommer avaient en vue un problème particulier qu'ils étudiaient alors. Sir W. Thompson parlait de la perte de la chaleur, et disait que ce problème nous ramène à un état qui n'a pu être produit par la conductibilité de la chaleur. De même, M. Clerk Maxwell, parlant du même problème, et aussi de la diffusion des gaz, disait qu'il est prouvé qu'il y a eu dans le passé une limite à l'ordre de choses actuel, un moment où autre chose que le mélange a existé. Mais un savant éminent, qui a rendu de grands services au genre humain, le professeur Stanley Jevons, dans son livre admirable intitulé *Principes de la science*, livre tout simplement merveilleux par le nombre des exemples par lesquels il explique des principes logiques empruntés à toutes les régions de la science, et par le petit nombre d'erreurs qu'il contient, — M. Jevons, dis-je, prend cette observation de sir W. Thompson, et en retranche deux mots fort importants qu'il remplace par deux autres, très-importants aussi. Il dit : « Nous avons ici la preuve d'une limite d'un état de choses qui n'aurait pu être produit par l'état de choses antérieur, d'après les lois connues de la nature. » Ce n'est pas des lois connues de la *nature*, c'est des lois connues de la *conductibilité* de la chaleur que parle sir W. Thompson ; et cette erreur montre combien il est fallacieux de dire que, si nous considérons le cas de l'univers tout entier, nous pourrions — en admettant que nous eussions assez de papier et d'encre — poser une équation qui représenterait l'histoire du monde dans l'avenir, et cela aussi loin qu'il nous plairait d'aller, mais que si nous voulions calculer cette histoire en remontant le cours des siècles, nous arriverions à un point où l'équation se mettrait à déraisonner, c'est-à-dire à un état de choses qui n'aurait pu être tiré d'un état de choses antérieur par aucune loi naturelle connue. On voit sur-le-champ que la question est entièrement changée. Dans son livre remarquable de la *Base scientifique de la foi*, M. Murphy s'est emparé du même principe pour en faire la base d'un énorme édifice logique. Un des résultats auquel il est arrivé, est, je crois, le rétablissement de l'Église d'Irlande ; mais, selon moi, sa théorie est fondée sur un malentendu. Elle repose tout entière sur l'oubli des circonstances dans lesquelles l'observation a primitivement été faite. Tous ces physiciens, sachant de quoi ils parlaient, n'ont prétendu tirer des faits dont ils s'occupaient que les conclusions qu'ils pouvaient raisonnablement en tirer. Ils disent : Voici un état de choses qui n'aurait pas pu être produit par les circonstances que nous étudions en ce moment. Alors arrive le théoricien ; il lit une phrase et s'écrie : Voici l'occasion de prendre mon essor ! Et, en effet, il prend son essor, et, sur un fondement tout imaginaire, c'est-à-dire sans aucun fondement, il élève une théorie sur l'origine nécessaire de l'ordre de choses actuel à une certaine époque définie que l'on pourrait calculer. Mais il suffit d'examiner la question pour voir qu'il n'y a nullement là une conséquence de la théorie de la perte de la chaleur. Si nous appliquons cette théorie à la terre, nous trouvons qu'à présent la température est répartie d'une certaine façon à l'intérieur, qu'il y a une loi d'après laquelle la température croît à mesure que l'on descend, et, sans doute, si nous poussions plus loin nos recherches, nous reconnaîtrions l'existence d'une loi exacte pour l'accroissement de la température avec la profondeur.

Alors, en admettant qu'il en soit ainsi, et en prenant cette loi pour base de notre problème, nous pourrions tâcher de découvrir quelle a été l'histoire de la terre dans le passé et quand elle a commencé à se refroidir. C'est justement ce qu'a fait sir William Thompson. Lorsque nous l'essayons, nous trouvons qu'il y a un point défini jusqu'où nous pouvons aller, et à partir duquel notre équation déraisonne. Mais nous n'en concluons pas qu'à ce moment les lois de la nature ont commencé à être ce qu'elles sont ; c'est le point où la terre a commencé à se solidifier ; c'est là une action qui n'appar-

tient pas au rayonnement, et ainsi le phénomène ne peut être indiqué par notre équation. Or, ce point est déterminé comme temps, non pas avec une grande exactitude, mais cependant avec une approximation aussi grande que nous pouvons l'espérer avec les données dont nous disposons, et sir W. Thompson a calculé que la terre a dû devenir solide il y a cent à deux cents millions d'années, de sorte que l'état actuel des choses nous fait arriver au commencement du refroidissement de la terre qui se continue encore maintenant. Avant cela, la terre se refroidissait à l'état liquide, et le passage de l'état liquide à l'état solide a déterminé une catastrophe qui a amené une vitesse de refroidissement nouvelle ; ainsi cette loi nous fait connaître l'époque à laquelle l'état de choses actuel a commencé sur la terre — et nullement celle du commencement de l'univers ; nous n'arrivons pas au commencement de l'univers, mais simplement à celui de la structure actuelle de la terre. Si nous remontions encore plus haut, nous pourrions faire un nouveau calcul et découvrir pendant combien de temps la terre a été à l'état liquide. Nous arriverions à une autre catastrophe, et nous dirions, non pas qu'à cette époque l'univers a commencé à exister, mais bien que notre terre a passé de l'état gazeux à l'état liquide. Et, en remontant encore plus haut, nous trouverions probablement la terre se détachant d'un grand anneau de substance qui entoure le soleil, et lancée sur son orbite. Les mêmes faits sont vrais de tous les corps de l'univers ; en remontant de même vers leur origine, nous arrivons à une époque à laquelle a eu lieu la catastrophe, et nous voyons chacun d'eux se séparer et s'agglomérer. Ainsi, tous se sont agglomérés et solidifiés. En procédant en sens contraire, nous les verrions se séparer et se refroidir, et, comme limite, nous verrions tous ces corps se résoudre en molécules qui, toutes, s'écarteraient les unes des autres. Il n'y aurait aucune limite à cette action, et nous pourrions la suivre aussi loin qu'il nous plairait. Ainsi, en admettant — ce qui est très-hardi — que les lois actuelles de la géométrie et de la mécanique ont été les mêmes dans tout le passé, nous en viendrions à conclure que, il y a un temps d'une longueur inconcevable, l'univers se composait de molécules ultimes, toutes séparées entre elles, mais se rapprochant, parce qu'il faut considérer l'action inverse. Au lieu d'être à une grande distance l'une de l'autre, et de se diriger toutes vers un endroit où elles se rencontreraient, c'est le contraire qui aurait lieu. Alors il se passerait pour ces corps ce qui se passe maintenant pour le chlore ; mais il faut observer que nous n'arrivons pas à une catastrophe qui indique que nous devions arrêter ces lois de la nature. Nous arrivons à quelque chose que nous ne pouvons calculer davantage ; nous trouvons que, à quelque distance qu'il nous plaise de remonter, nous approchons de cet état de choses, sans jamais y arriver réellement. Voilà donc une théorie sur le commencement des choses. D'abord, nous avons une probabilité, à peu près aussi exacte que la science peut la donner, sur le commencement de l'état de choses actuel sur la terre, et sur le moment où elle est devenue habitable ; puis vient une probabilité infiniment petite, et qui revient certainement à dire que nous ne savons rien du tout au sujet du commencement de l'univers dans son ensemble.

La raison pour laquelle je dis que nous ne savons rien du tout au sujet du commencement de l'univers, c'est que nous n'avons aucune raison de croire que ce que nous savons à présent des lois de la géométrie soit exactement et absolument vrai à présent, ou que ces lois aient été même approximativement vraies pendant un temps quelconque au delà de celui sur lequel nous avons des preuves directes. Les preuves que nous avons eu ces lois sont fondées sur l'expérience, et nous en aurions maintenant exactement la même expérience, si ces lois n'étaient pas exactement et absolument vraies, mais l'étaient seulement d'un manière assez approximative pour que nous ne puissions pas en constater la différence, de sorte que, lorsque nous admettons en principe l'uniformité absolue de la nature, et que nous supposons que ces lois ont toujours été ce qu'elles sont maintenant, nous admettons une chose dont nous ne savons absolument rien. Je conclus donc que nous savons, avec une grande probabilité, que la terre a commencé à devenir habitable il y a environ cent ou deux cents millions d'années, mais que nous ne savons rien du tout au sujet du commencement de l'univers.

Voyons maintenant ce qu'il nous est possible de découvrir au sujet de la fin des choses. La vie qui existe sur la terre est produite par l'action du soleil, et sa conservation dépend également du soleil. Nous savons que le soleil s'use peu à peu, qu'il se refroidit, et quoique cette perte journalière de soleil soit compensée jusqu'à un certain point, et peut-être complétement à présent, par la contraction de sa masse, cependant cette action ne peut durer toujours. La constitution actuelle du soleil ne comporte qu'une certaine quantité de force, et, quand cette force sera usée, le soleil ne pourra continuer à donner de la chaleur. En admettant donc que la terre doive rester dans l'orbite qu'elle décrit autour du soleil, puisque celui-ci doit être refroidi à une certaine époque, nous serons tous détruits par le froid. D'autre part, nous n'avons aucune raison de croire que l'orbite décrite par la terre autour du soleil soit une chose absolument stable. On a soutenu pendant longtemps qu'il existe un certain milieu résistant dans lequel les planètes sont forcées de se mouvoir, et l'on pourrait partir de là pour dire qu'avec le temps le mouvement des planètes doit se ralentir, jusqu'à ce qu'elles tombent vers le soleil. Mais, d'un autre côté, la preuve sur laquelle se fondait cette assertion, le mouvement de la comète d'Encke et d'autres, a été tout récemment renversée par le professeur Tait. Il suppose que ces comètes se composent d'agglomérations de météores. Or, il est prouvé depuis longtemps qu'une agglomération de petits corps décrivant ensemble la même orbite autour d'un corps central tendra toujours à tomber vers ce corps ; et c'est ce qui arrive pour les anneaux de Saturne. Ainsi, en réalité, le mouvement de la comète d'Encke se trouve entièrement expliqué en admettant que c'est un amas de météores, sans avoir besoin de supposer l'existence d'un milieu résistant. D'autre part, il semble extrêmement naturel d'admettre l'existence dans les espaces planétaires d'une matière quelconque excessivement raréfiée. Puis vient une autre considération : de même que le soleil et la lune déterminent des marées sur la terre, de même aussi les planètes déterminent des marées sur le soleil.

Considérons la marée que la terre produit sur le soleil : ce n'est pas une grande onde qui accumule la masse solaire droit au-dessous de la terre, c'est une onde qui est rejetée en arrière ; il en résulte qu'au lieu d'être attirée vers le centre du soleil, la terre est attirée vers un point qui se trouve en arrière de ce centre. Ceci ralentit le mouvement de la terre, et rend son orbite plus étendue. La terre troublant le mouvement de toutes les autres planètes, il en résulte qu'elle s'éloigne peu à peu du soleil, au lieu de s'en rapprocher.

Quoi qu'il en soit, tout ce que nous savons, c'est que le soleil s'éteint. Par conséquent, si nous tombons sur le soleil nous serons rôtis ; si nous nous éloignons du soleil ou que le soleil s'éloigne, nous serons gelés. Ainsi, pour la terre, nous n'avons aucun moyen de déterminer le caractère exact de sa fin, mais nous savons qu'une de ces deux choses doit arriver avec le temps. Au contraire, pour l'univers entier, si nous regardons en avant comme nous avons regardé en arrière, toutes choses tendant à se réunir, nous finirons par arriver à une grande masse centrale d'un seul morceau, émettant des ondes calorifiques à travers l'éther parfaitement vide, et se refroidissant peu à peu. A mesure que cette masse se refroidira, elle perdra toute vie ou tout mouvement ; ce ne sera plus qu'un énorme bloc glacé au milieu de l'éther. Mais cette conclusion, qui ressemble à celle que nous avons discutée pour le commencement du monde, n'est nullement établie d'une manière légitime. Elle repose sur la même hypothèse de la vérité exacte et absolue des lois de la géométrie et de la mécanique, et de leur persistance dans tous les siècles. Or, cette hypothèse n'a rien de légitime. Nous pouvons donc, je le pense, conclure, au sujet de la fin des choses, que pour la terre, la cessation de la vie a toute la probabilité que la science peut donner ; mais que pour l'univers nous ne sommes en droit de rien affirmer.

Jusqu'ici, nous avons considéré simplement l'existence matérielle sur la terre ; mais il va sans dire que notre plus grand intérêt s'attache moins aux objets matériels qui s'y trouvent, aux êtres organisés, qu'à un autre fait d'un ordre entièrement différent qui y existe en même temps, — je veux parler du fait de la conscience qui existe sur la terre. Nous avons de très-bonnes raisons de croire que cette conscience de certains êtres organisés est elle-même un phénomène très-complexe, et qu'elle correspond à l'action du système nerveux, et plus particulièrement du cerveau de chaque être organisé. Certains penseurs sont d'avis que la destruction de tous les êtres organisés sur la terre, dont nous venons de prouver la probabilité, entraînerait aussi la destruction définitive de la conscience qu'ils possèdent. Néanmoins, je sais que, sur ce point, il y a de grandes différences d'opinions parmi ceux qui ont le droit de parler. Mais, pour ceux qui voient la force des preuves données dans ce sens par la physiologie et la psychologie modernes, c'est une chose très-sérieuse de penser que non-seulement la terre elle-même et toute cette nature si belle, mais encore les êtres vivants qui la couvrent, la conscience humaine et les idées de société qui se sont développées sur la terre doivent cesser d'exister. Pour nous qui le croyons, nous devons envisager ce fait avec calme et en tirer le meilleur parti possible, et nous pouvons, je crois, y être aidés par une parole de ce philosophe juif qui a lui-même dignement couronné les efforts énergiques faits par sa race en faveur du progrès pendant le moyen âge, — je veux parler de Bénédict Spinoza. Voici cette parole : « La chose à laquelle l'homme libre pense le moins, c'est la mort ; il ne considère pas la mort mais la vie. » Dans le passé, ce qui nous intéresse est seulement ce qui peut guider nos actions présentes et augmenter notre pieuse fidélité aux pères qui nous ont précédés, et aux frères qui sont avec nous; dans l'avenir, ce qui nous intéresse c'est ce qui peut être influencé par le bien que nous pouvons faire maintenant. Au delà, il me semble que nous ne savons rien et que nous ne devons point en prendre souci. Semble-t-il que je dise : « Mangeons et buvons, car demain nous mourrons! » Loin de là; je dis, au contraire : « Unissons nos efforts, car aujourd'hui nous sommes vivants ensemble. »

W.-K. CLIFFORD.

INSTITUTION ROYALE DE LA GRANDE-BRETAGNE

LECTURES DU VENDREDI SOIR

M. R. LIEBREICH

Le réel et l'idéal dans le portrait.

La sculpture grecque, arrivée au point culminant de son développement, a fixé, pour la représentation des divinités, des types d'une beauté idéale. Depuis lors, les sculpteurs se sont constamment partagés en deux écoles : les uns se sont conformés aux lois du beau, établies d'après l'étude des œuvres classiques; les autres ont travaillé d'après la nature, mettant la vérité qui en dérive au-dessus de la perfection de la beauté. De notre temps on a pu constater certaines subdivisions et comme des nuances diverses au sein de ces deux écoles, sans qu'il en soit résulté pourtant une véritable fusion des deux tendances opposées. Ainsi, dans l'école idéaliste, quelques-uns ont suivi scrupuleusement l'antiquité; d'autres, tout en prenant l'étude de l'antique pour point de départ, ont fait, dans leurs œuvres, quelques concessions à nos sentiments modernes. De même, parmi les réalistes, quelques-uns, bien que guidés par l'observation directe de la nature, ont cependant obéi aux principes de la sculpture antique dans le choix de leurs sujets et dans la manière de les traiter, tandis que d'autres ont préféré copier exactement la réalité.

Les idéalistes et les réalistes sont certainement aussi loin les uns des autres en peinture qu'en sculpture. Cependant, les individualités des divers artistes forment entre les deux tendances une chaîne presque ininterrompue de transitions. Aussi m'en tiendrai-je principalement à la sculpture, en essayant de traiter la question du réel et de l'idéal dans le portrait.

Chez les Grecs, le portrait, représentant la réalité, contrastait originairement avec les créations idéales des types de divinités. C'est seulement beaucoup plus tard que le contraste entre le réel et l'idéal s'est accusé dans le portrait lui-même; il en fut surtout ainsi à partir de l'époque où Lysistrate, sous les successeurs d'Alexandre le Grand, arriva au réalisme extrême en faisant d'après nature des moulages qu'il remplissait de cire pour les retoucher ensuite.

Dans la période romaine, le portrait réaliste atteignit un tel degré de perfection, qu'il conserva à cette branche de l'art sa signification et sa valeur quand déjà la sculpture, prise dans son ensemble, marchait rapidement vers sa décadence. A cette époque, le contraste entre le portrait réaliste et le portrait idéaliste vient surtout de la différence des buts que l'on se proposait. La coutume de représenter en dieux et en déesses l'empereur, sa famille, ses amis, les hauts fonctionnaires et

même des particuliers obscurs, a conduit à imiter les figures idéales des divinités, en prêtant au modèle des traits plus ou moins analogues au type consacré. Il y eut là, à l'origine, un contraste frappant avec le buste réaliste, purement iconique et montrant les individus sous leur véritable aspect, bien qu'une sorte de confusion ait quelquefois été produite par une tête réaliste placée sur un corps idéaliste.

Bien qu'une séparation aussi tranchée n'ait plus, de notre temps, les mêmes raisons d'être, elle n'en existe pas moins. Sur quoi est-elle donc basée? C'est ce que nous allons essayer de montrer par des exemples. Mais avant tout il faut placer ces exemples dans un jour convenable; je voudrais en faire sentir l'importance par quelques observations.

L'importance du *fond* et de l'éclairage, au point de vue de l'impression à produire, est généralement reconnue pour les tableaux. Le public se rend moins bien compte que le fond est tout aussi important pour la sculpture, et que c'est pour elle une question vitale d'être placée dans un bon jour. Sans cela on n'insisterait pour améliorer le système qui préside dans les musées à l'exposition des chefs-d'œuvre de l'art classique, et dans les collections particulières on ne voudrait plus faire dépendre de circonstances accidentelles la place assignée aux sculptures. C'est ainsi que nous voyons la perle du Louvre, la *Vénus* de Milo, placée dans un mauvais jour. Au South Kensington Museum, les bustes si intéressants de l'école florentine du xvᵉ siècle sont arrangés de façon que la hauteur à laquelle ils sont placés, la couleur du fond sur lequel ils se détachent et la lumière qui tombe sur eux rendent impossible de les examiner, tandis qu'on a réservé la meilleure place et le meilleur jour à des œuvres insignifiantes. Dans la Galerie-Nationale de portraits, les bustes sont placés sur des tablettes à 9 pieds au-dessus du sol et en face des fenêtres, de sorte qu'on ne peut les voir que de bas en haut et qu'ils sont éclairés par le bas et de face. Parmi les arrangements défectueux appliqués à la sculpture, il faut citer aussi celui de l'Académie royale. On l'améliorera certainement dès que le public s'intéressera à cette question et la comprendra, et il ne faut pour cela que lui fournir l'occasion de voir une exposition bien arrangée. J'ai constaté moi-même la simplicité des moyens par lesquels on peut atteindre ce but, lorsque j'ai visité l'exposition de Milan du mois de septembre dernier. Nous avons essayé de vous donner une idée de la disposition adoptée par les Italiens, et vous en trouverez une imitation à la Bibliothèque. Plusieurs artistes distingués nous ont gracieusement envoyé à cet effet quelques-unes de leurs œuvres, et vous goûterez certainement un plaisir vraiment artistique à les voir après cette conférence. Vous recevrez là l'impression générale de la sculpture mise dans son vrai jour; ici nous allons analyser les éléments de cette impression, principalement en ce qui concerne la figure.

La sculpture dépend absolument de la lumière qui tombe sur elle. On pourrait voir là une infériorité de cet art, et en tirer la confirmation d'une assertion souvent répétée, celle que la sculpture est impropre au portrait. Pour être parfaitement équitable, il convient de creuser un peu cet argument. Le peintre, le dessinateur, le photographe, lorsqu'ils ont à faire un portrait, mettent tous leurs soins à choisir le vrai jour, convaincus que le succès en dépend en grande partie. Aussitôt qu'ils ont fixé l'effet de lumière qu'ils désirent produire, cet effet demeure essentiellement le même en toutes circonstances, bien que l'impression générale d'une peinture à l'huile puisse être légèrement modifiée suivant la façon dont elle est éclairée et suivant les objets qui l'entourent. Le sculpteur, au contraire, modèle un corps qui pourra être exposé, comme l'aurait été l'original, à toutes sortes d'effets de lumière, et entre autres à tous les effets avec lesquels le peintre aurait déclaré impossible de représenter son modèle. Quel peintre, par exemple, consentirait à faire un portrait où la lumière viendrait de face et d'en bas. Dans de pareilles conditions, les effets d'ombre et de lumière qui caractérisent la face humaine disparaissent complétement. Étendez une couche de blanc sur une figure, puis éclairez-la de face et d'en bas; vous verrez tous les traits s'effacer; les bustes de marbre sont pourtant souvent éclairés de cette façon.

La face humaine n'apparait avec tous ses avantages que lorsque la lumière se projette sur elle plus ou moins d'en haut, et elle ne peut être correctement reproduite qu'éclairée de cette façon. Il y a à cela une raison profonde. La nature de l'homme, la position verticale de son corps, la direction de son regard, tout ce qui dans son aspect le distingue de l'animal penché vers la terre, détermine la conformation de son front, de son nez, de sa bouche, etc., conformation caractéristique du visage humain, et nécessaire à cause de la lumière solaire, qui arrive généralement d'en haut. C'est pourquoi la lumière venant plus ou moins d'en haut est la seule qui donne aux traits leur vrai caractère. Ce n'est donc pas une prétention exorbitante de demander que la sculpture soit vue dans cette lumière qui montre l'original à son avantage, et que tout peintre a droit de choisir et de fixer sur sa toile.

Dans la reproduction plastique du corps, les formes principales, celles qui sont très-accusées, peuvent être aperçues d'une façon suffisamment distincte même éclairées par un faux jour, parce que la vision stéréoscopique vient en aide au spectateur. Mais lorsqu'il s'agit des traits plus délicats de la figure, l'impression stéréoscopique ne joue qu'un rôle secondaire, à cause de la faible distance qui existe entre les divers plans des traits caractéristiques. Par suite, dans un buste, la véritable impression de la face dépend presque exclusivement du jeu de l'ombre et de la lumière, qui donne l'aspect voulu à une matière de couleur uniforme. Or ces ombres et ces lumières ne seront convenablement disposées que si l'on regarde le portrait en se mettant autant que possible au point de vue et sous la lumière choisis par l'artiste.

Un examen plus minutieux des détails techniques nous convaincra que ces remarques ne s'appliquent pas seulement aux ouvrages de sculpture qui ont spécialement pour but de produire un effet pittoresque, mais aussi à ceux qui s'en tiennent strictement à la forme. Plus le modelé est soigné, plus les traits sont expressifs, plus les détails sont riches — plus un buste gagne à être bien éclairé, et plus il perd à l'être mal. C'est pour cela que dans une exposition disposée sans qu'on ait tenu compte de la lumière, nous trouvons les statues, les meilleures comme les pires, soumises à une sorte d'influence égalitaire qui les place toutes au même niveau, ce qui, à l'Académie royale, met le comble à l'impression de profond ennui produite par ces pâles têtes de marbre alignées sur une tablette; aussi le visiteur passe-t-il rapidement, pressé d'arriver à la beaucoup plus attrayante galerie de peinture.

Comparons maintenant un buste réaliste et un buste soi-disant idéaliste, en les plaçant tous deux successivement dans un bon et dans un mauvais jour.

Nous ferons tourner les bustes que voici sur un axe vertical, de façon que chaque spectateur puisse à son tour les voir bien en face. Je voudrais être en mesure de faire tourner également autour d'un axe horizontal leur support mobile, afin d'éviter les raccourcis, qui doivent gêner les personnes placées sur les gradins d'en haut. Mais cela aurait exigé un appareil trop compliqué.

Le buste idéaliste est le portrait d'un grand poëte, le buste réaliste, celui d'un savant. J'ose dire qu'à première vue, la plus grande partie de cet auditoire, et surtout les personnes assises un peu loin, préféreront le buste idéaliste. Nous allons voir si ce sentiment résistera à la comparaison des deux œuvres aux points de vue suivants : 1° l'exécution technique; 2° la correction anatomique et la fidélité à la nature; 3° la ressemblance; 4° la vivacité de l'expression et la conception intelligente de l'individualité.

Commençons par l'exécution technique. Regardé superficiellement, le buste idéaliste peut charmer les yeux par sa surface douce et polie; mais un examen un peu plus approfondi montrera que ce fini apparent, si facile à obtenir, sert à dissimuler le vague des contours et la pauvreté des détails, et que ce buste idéaliste-ci, au moins, est de beaucoup inférieur à ce buste réaliste-là. L'infériorité est bien plus marquée encore si nous considérons la fidélité à la nature et la correction anatomique. Voici un crâne; approchons-le du buste réaliste et portons successivement notre attention sur chacune de ses parties; nous retrouverons toujours exactement les mêmes proportions dans les parties correspondantes du buste; nous pourrions, pour ainsi dire, déterminer l'ossature intérieure de celui-ci. Dans l'autre buste au contraire, cette surface conventionnelle pourrait cacher toute autre chose qu'un crâne, et aux endroits où la forme des os est à peine recouverte par les parties charnues, au front, par exemple, aux tempes, au nez, à la mâchoire inférieure, il serait aisé de constater des impossibilités anatomiques. Le troisième point, celui de la ressemblance, pourrait être considéré comme implicitement démontré, car des anomalies anatomiques impliquent nécessairement un défaut de ressemblance. Cela n'est pourtant qu'à moitié vrai, car une certaine ressemblance dans l'ensemble de la physionomie n'est pas inconciliable avec des dissemblances dans quelques-uns des traits, ainsi que les caricatures én fournissent la preuve.

Un portrait à l'huile de Phillips, appartenant à lord Lovelace et dont la copie se trouve dans la galerie nationale de portraits, un autre portrait de Phillips, dont le propriétaire est M. Murray, plus de vingt gravures qu'on peut voir au British Museum et qui représentent lord Byron aux différentes époques de sa vie, depuis son enfance jusqu'à sa mort, tout cela nous donne une idée assez exacte de sa personne pour nous permettre de juger de la ressemblance du buste que voici. Si je niais cette ressemblance, vous seriez peut-être tentés de me répondre : « Mais nous l'avons reconnu tout de suite. » Eh bien ! permettez-moi de cacher simplement avec le doigt la célèbre boucle du front, et dites-moi maintenant si vous reconnaîtriez encore l'original. Ce que je ne couvre pas, c'est-à-dire la figure tout entière, pourrait tout aussi bien appartenir à une autre personne ou, pour parler correctement, ne pourrait appartenir ni à Byron, ni à aucun autre spécimen de l'espèce humaine.

D'autre part, si nous cachons une partie quelconque de la figure du docteur Ray, le reste caractérisera l'individualité de ce savant homme, aussi bien que l'aurait fait dans les mêmes conditions une portion de son propre visage. Et il nous est facile de prouver la fidélité de la ressemblance, en comparant ce buste aux divers portraits gravés du docteur Ray. Le British Museum en possède un qui est à peu près contemporain de ce buste et qui nous donne exactement la même physionomie.

Mais la différence qui existe entre nos deux bustes devient surtout frappante lorsqu'on les compare au point de vue de la vie et d'une conception intelligente de l'individualité.

Comment nous représenter une étincelle du génie poétique sauvage de Byron, jaillissant de ces yeux sans pupille, qui ont la forme de boutonnières? Comment nous représenter le sourire sarcastique du satirique sans pitié, se jouant autour de ces lèvres roides, d'un modelé si banal?

Combien le buste du docteur Ray est différent! Plein de vie et de vérité, il reproduit le regard sérieux de l'observateur pénétrant de la nature, les traits sillonnés de rides profondes du travailleur infatigable qui a publié des ouvrages de la plus haute importance sur des sujets aussi divers que la botanique, la zoologie, la philologie et la théologie. Il est vrai que nous ne pouvons bien apprécier l'expression de ce visage qu'en le regardant dans son vrai jour; si nous changeons l'éclairage et que nous fassions arriver la lumière d'en bas ou de face, toute l'expression s'évanouit, ou du moins elle change entièrement; éclairé de la sorte, le buste idéaliste a presque l'air d'une feuille de papier blanc, mais vous remarquerez que le buste réaliste, ayant bien plus à perdre, paraît encore plus à son désavantage.

On pourrait croire, d'après ce qui précède, que j'ai voulu parler contre l'idéalisme en général dans le portrait. Pour qu'on ne se méprenne pas ainsi sur ma pensée, je déclare expressément que mes objections sont dirigées contre une tendance spéciale, faussement appelée idéaliste, et dont ce buste est un spécimen; car, selon moi, le véritable idéalisme en matière de portraits consiste en toute autre chose qu'une imitation fautive des caractères purement extérieurs des œuvres classiques idéalistes.

Nous allons maintenant éclairer ces bustes par en bas. Pour les personnes placées trop loin pour distinguer les détails des traits, voici deux photographies de chaque buste : l'une les représente éclairés par en haut, sous un angle de 45 degrés; l'autre éclairés par en bas, sous le même angle.

Lorsque je les regarde dans ce faux jour (et les bustes ne sont que trop souvent éclairés de la sorte), je ne m'étonne plus de certaines remarques qu'on entend parfois dans la conversation : — « Avez-vous jamais vu un buste ressemblant? — J'aime beaucoup la peinture, mais je ne sens pas du tout la sculpture. » Ces remarques et d'autres analogues expriment les sentiments d'une grande partie du public à l'égard de la sculpture.

D'après ce que nous venons de voir, l'artiste idéaliste, classique, *styliste* — comme vous voudrez l'appeler — aura l'avantage sur le réaliste toutes les fois que leurs œuvres respectives seront vues dans une même mauvaise lumière; s'il estime que ses bustes n'auront jamais la chance d'être mieux éclairés, il pourra se sentir confirmé dans sa tendance.

D'autre part, le réaliste doit prendre garde de ne pas se laisser égarer dans une direction opposée par la conviction que les mérites de sa tendance ne sont appréciables que moyennant une lumière parfaite; car alors, confiant dans la vivacité de cette lumière, il pourrait être entraîné à rendre des détails qui ne sont pas caractéristiques et essentiels, mais purement accidentels.

Ici se pose cette question : dans un visage, que doit-on appeler *accidentel* et que doit-on appeler *essentiel?* Chaque artiste répondra différemment, et sa manière de voir à cet égard caractérisera toute sa tendance et déterminera la nature de son œuvre dans un cas donné. Voilà qui semblerait impliquer l'impossibilité de trouver une règle d'une application générale. Ce n'est pourtant pas le cas; il est possible de déterminer, dans une certaine mesure, ce qu'on doit considérer comme essentiel, et non-seulement l'artiste, mais le public peut tirer quelque profit de cette analyse.

Plaçons-nous d'abord à un point de vue anatomique et commençons par l'ossature. A l'égard du crâne, la réponse est aisée et absolue. Rien ici ne doit être considéré comme étant accidentel ou d'une importance secondaire. Les proportions générales, aussi bien que chaque détail de forme, doivent être respectées comme caractérisant l'individu, et il faut les reproduire scrupuleusement sans se permettre aucune modification arbitraire. Il n'est pas nécessaire d'étayer ce principe de considérations tirées de la phrénologie ou de la physiognomonie; c'est un fait indiscutable que dans le portrait le mieux réussi à tous autres égards, le plus petit changement arbitraire apporté à la forme du crâne ôte de la ressemblance. Tous les bons peintres de portraits se sont soumis à cette loi, quelle que soit leur école, qu'ils penchent vers l'idéalisme ou vers le réalisme.

Il n'en est pas de même des sculpteurs, de ceux du moins qui appartiennent à une certaine école. Peut-être ont-ils présents à la pensée le front de Jupiter Olympien, le cou de l'Apollon du Belvédère, le thorax du torse d'Hercule, lorsque, ayant à faire le portrait d'un simple mortel, ils se permettent des modifications dont l'antiquité ne s'est jamais rendue coupable dans le portrait. La conséquence de leur système n'est pas seulement l'absence de ressemblance : il en résulte un produit que le naturaliste déclarera, après mûr examen, ne pas appartenir à l'espèce humaine dans son état actuel de développement. L'usage d'honorer les vertus civiques, la libéralité, le zèle pour le bien public, etc., en transmettant à la postérité, au moyen de portraits et de statues, les traits des hommes qui se sont distingués par ces qualités, nous fournit nombre d'occasions de comparer entre eux différents portraits de la même personne, dus soit à des peintres, soit à des sculpteurs. Nous pouvons ainsi nous convaincre aisément de la *falsification* de l'individualité (je ne peux pas employer un terme plus doux) dans laquelle les sculpteurs de l'école de portraits soi-disant classique ou idéaliste ont une tendance irrésistible à tomber.

Pour décider qui avait raison, du peintre ou du sculpteur, en faisant de la même personne deux portraits entièrement différents, il n'est pas absolument nécessaire de connaître l'original toutes les fois que les traits du visage, et en particulier la formation du crâne et les proportions des os faciaux contiennent dans le buste des impossibilités anatomiques. Que personne ne s'imagine qu'il soit facile, ou même possible, d'altérer la forme du crâne humain tout en restant dans les limites de la vérité physiologique.

Par rapport à la peau, il est plus difficile et plus compliqué de faire la part de ce qui est accidentel et de ce qui est essentiel. Tandis qu'une certaine école de peinture se contente de rendre une impression générale de couleur correspondant à la complexion de l'individu, les réalistes copient soigneusement toutes les petites irrégularités de la peau. Le même contraste se retrouve chez les sculpteurs. Les uns imitent les moindres détails de la peau, les autres respectent aussi peu ses particularités naturelles que tout autre élément anatomique. Ils rendent la surface du marbre aussi polie que possible, donnant ainsi à la pierre, par un travail habile, un aspect très-doux mais ne rappelant en rien la chair et le sang. Les cheveux, les chairs, les draperies, le piédestal, tout semble être d'une même substance, tout nous rappelle seulement la matière dont l'artiste a formé sa statue, et nullement les substances qu'il a eu l'intention de représenter. La négligence avec laquelle sont traités les détails anatomiques peut être attribuée à une fausse application au portrait d'un procédé des Grecs qui, dans leurs compositions *idéales*, ne marquaient pas les muscles et les veines. Dans leurs portraits, cependant, aussi bien que dans ceux des Romains, nous trouvons le caractère de la peau soigneusement exprimé ; il en résulte que toutes les lignes caractéristiques, qui sont le produit permanent de certains mouvements habituels des muscles faciaux, sont aussi rendues avec soin. Pour nous familiariser avec ces lignes et ces plis, il nous faut étudier les actions musculaires par lesquelles ils sont produits. Commençons par le front.

Les muscles du front sont très-minces et, à l'état de repos, très-plats ; ils s'ensuit qu'ils n'altèrent que peu la forme du front déterminée par les os. Ils sont néanmoins de la plus haute importance dans divers mouvements mimiques de la face, en tant que produisant les plis de la peau du front et des altérations dans la forme et la position des sourcils. Le plus large de ces muscles, le frontal, sert principalement à élever les sourcils et forme ainsi sur le front des plis parallèles qui courent horizontalement, avec de légères ondulations, sur tout le front, et se terminent par des lignes courbes aboutissant aux deux tempes. Selon l'épaisseur de la peau, et surtout selon l'épaisseur de la couche de graisse sous-cutanée, ces plis sont plus ou moins larges ; c'est chez les vieillards maigres, à peau mince, qu'ils sont le plus nombreux. Dans les traités sur la mimique, la physiognomonie et l'anatomie d'expression, ces plis horizontaux de la peau du front sont généralement indiqués comme donnant au visage une expression d'attention, d'étonnement et de gaieté. Cela prouve une fois de plus combien il est irrationnel de caractériser des mouvements de muscles de ce genre envisagés isolément ; en effet, ceux dont nous parlons peuvent donner à la physionomie, en se combinant avec d'autres mouvements des autres parties de la face, l'expression exactement contraire.

Ainsi les plis horizontaux du front et l'élévation des sourcils expriment certainement l'attention et l'étonnement quand les yeux sont très-ouverts ; si les paupières ne sont pas entièrement relevées, ils donnent, au contraire, une expression de fatigue et d'assoupissement. On retrouvera cette expression, même en l'absence de tout sentiment de lassitude et de sommeil, chaque fois que le muscle chargé de relever la paupière sera affaibli, ou, ce qui revient au même chaque fois que l'allongement de la peau de la paupière supérieure aura rendu celle-ci trop lourde pour le muscle dont la fonction est de la relever. L'effet matériel de ces conditions est infiniment plus grand que celui des mouvements mimiques ; ceux-ci, même lorsqu'ils sont devenus une habitude, n'ont pas un effet mécanique aussi prononcé que les contractions auxquelles on est continuellement obligé de recourir pour suppléer à l'insuffisance du muscle de la paupière.

Pour vous donner un exemple, voici le moulage d'un buste en marbre du xve siècle, qui fait partie du Musée National de Florence. Il est dû au ciseau de Benedetto di Majano et traité selon le procédé caractéristique de l'école florentine de cette époque. Vous voyez que les plis horizontaux du front, qui sont fortement accusés et strictement copiés sur la nature, ne donnent pas du tout l'air d'étonnement, d'attention ou de gaieté. Ils n'indiquent évidemment pas une de ces expressions fugitives qui ne font que passer sur la physionomie et qui seraient par cela même déplacées dans un portrait, ils indiquent l'expression habituelle qui caractérisait l'individu. Il est facile de s'en assurer. Les sourcils sont relevés aux extrémités d'un quart de pouce au-dessus de leur position originaire. Bien que la peau soit fortement tendue entre le sourcil et le bord de la paupière supérieure, il s'est néanmoins formé un gros pli au-dessus du cartilage de la paupière, et comme, d'autre part, l'œil n'est cependant que très-peu ouvert, il ressort clairement que la peau de la paupière supérieure s'est tellement allongée que, sans l'effort du muscle du front et l'élévation des sourcils, elle pendrait sur la paupière. Le muscle dont la fonction est d'ouvrir l'œil serait dans ce cas incapable de remplir sa tâche. Représentez-vous ce même buste avec un front tout uni : la ressemblance s'évanouira à l'instant. Les plis en question ne doivent donc pas être considérés comme accidentels, mais comme essentiels.

Il en est de même des plis verticaux du front. Ils sont produits par la contraction de deux muscles partant du milieu du bord inférieur du front et se dirigeant horizontalement vers les sourcils. En se contractant, ils rapprochent les deux sourcils et forment ainsi au milieu du front, juste au-dessus du sommet du nez, un ou plusieurs plis verticaux ; si la contraction est violente, on apercevra aussi une série de petits plis verticaux au-dessus de la moitié du sourcil opposée à la tempe.

Ainsi se produit passagèrement l'expression de gravité ou d'effort, celle de la méditation profonde ou de la colère passionnée. Toute contraction fréquente ou prolongée de ces muscles, quelle qu'en soit du reste la cause, laisse sur le front des lignes et des plis verticaux permanents, ainsi que vous pouvez le voir dans ce portrait de l'évêque de Fiesole, exécuté par Mino da Fiesole et dont l'original est conservé dans l'église de Fiesole, ou encore dans ce *Portrait d'un inconnu*, qui est à peu près de la même époque. Nous ne trouvons que très-rarement sur le front, à l'état de trait permanent, le dessin de plis dus à la contraction simultanée de tous les muscles. Celui-ci donne l'expression de la douleur intense. Les sourcils sont alors rapprochés et en même temps très-relevés. Ce détail est admirablement rendu dans le *Laocoon*, mais quand il s'agit de portraits, il est presque inutile de tenir compte de ces plis et de cette position des sourcils, parce qu'ils ne constituent pas une des caractéristiques permanentes de la physionomie.

Un pli permanent, qui s'accentue avec l'âge, est formé par la peau de chaque côté de la bouche, à partir du nez. Les joues et le dessous du menton ne se couvrent de plis réguliers, comme ceux de ce buste de Benedetto di Majano, que dans la grande vieillesse, et même alors ils sont rarement aussi marqués qu'ici. Une foule de petites rides se dessinent au contraire, à une période de la vie infiniment moins avancée, aux endroits où la peau du visage est le plus mince, c'est-à-dire au-dessus et au-dessous des paupières supérieure et inférieure, jusqu'au bord de l'orbite de l'œil. Ici, les plus légères modifications dans la quantité de graisse sous-cutanée sont sensibles à l'extérieur, à tel point qu'on peut observer des changements aux différentes heures du jour, et que la moindre variation dans l'état général de la santé en produit instantanément. Cette espèce de formation de plis dans cette portion de la peau exerce une grande influence sur l'expression de la figure.

Les vaisseaux sanguins de la face ont de l'importance pour le peintre, en tant que déterminant la couleur de la peau dans les différentes parties du visage. Pour le sculpteur, il n'y a d'important que quelques grosses veines qui — surtout chez les vieillards — forment des saillies si vigoureuses sur le front, les tempes et le cou, qu'elles sortent du plan de la peau et exercent une influence capitale sur la physionomie. Dans le corps, principalement aux extrémités, les muscles sont apparents, même en l'absence de toute contraction. Sur la figure au contraire ils ne sont pas visibles, en premier lieu à cause de leur peu d'épaisseur, et en second lieu parce qu'ils sont recouverts d'une couche relativement épaisse de graisse et par la peau, en sorte que l'œil ne distingue que leurs effets sur la forme et les mouvements des parties enveloppantes. Supposons ces parties enveloppantes supprimées et examinons rapidement les muscles mis à nu, dont l'étude approfondie est d'une si grande importance pour l'artiste qui veut représenter la face humaine. Nous avons déjà dû décrire les muscles du front pour expliquer leur influence sur la formation des rides de cette partie du visage. Sur le nez, outre les faisceaux de muscles frontaux qui viennent aboutir à son sommet, nous trouvons deux muscles : 1° un muscle partant de l'os nasal et descendant des deux côtés vers les narines, qu'il ouvre en se contractant, comme par exemple dans le phénomène de l'inspiration ; 2° un muscle partant de la mâchoire et aboutissant d'une part aux narines et de l'autre à la lèvre supérieure. Ce dernier relève simultanément les narines et la lèvre supérieure. Il a pour antagoniste un petit muscle partant de la mâchoire supérieure, au-dessus des dents du milieu ; ce dernier est inséré dans le cartilage latéral de la narine qu'il tire vers le bas. La contraction de ces muscles, si l'on en excepte les deux qui relèvent les narines et la lèvre supérieure, ne produit ordinairement qu'un mouvement presque imperceptible, mais continu, à savoir celui qui accompagne la respiration et qui ne s'accentue que sous l'influence de la passion. Quoiqu'à peine apparent, ce mouvement a néanmoins une importance extrême pour l'expression, car c'est lui qui conserve aux narines la position qui est caractéristique de la vie. Avec le dernier soupir et le relâchement des muscles qui en résulte, les narines s'affaissent et leur chute contribue beaucoup à donner l'expression qui est propre à la mort.

Violemment contracté, l'élévateur commun des narines et de la lèvre supérieure produit une expression de souffrance ou de dégoût ; contracté légèrement, il se combine avec les autres muscles de la joue pour agir sur les lèvres.

Les mouvements des lèvres et leurs changements de forme, d'une importance si capitale pour l'expression, sont produits par les différences de tension d'un muscle circulaire qui constitue la principale substance des lèvres mêmes. On l'appelle l'orbiculaire des lèvres, et les muscles qui partent de l'os maxillaire supérieur et inférieur, en se dirigeant vers le bord de l'orbiculaire des lèvres, agissent sur celui-ci en se combinant de mille manières. Ces muscles sont :

1° L'élévateur commun de l'aile du nez et de la lèvre supérieure.

2° L'élévateur de la lèvre proprement dit.

3° Le canin.

Ces trois muscles partent de la mâchoire supérieure, près de l'orbite, et, se joignant ensuite à la lèvre supérieure et aux angles de la bouche, les relèvent en se contractant.

4° Le zygomatique part d'une apophyse de l'os de la joue qui rejoint l'os temporal et est inséré dans l'angle de la bouche. L'angle de la bouche est abaissé par le triangulaire des lèvres qui part de la base de la mâchoire inférieure et est inséré dans l'angle de la bouche. La lèvre elle-même est abaissée par le carré du menton, tandis que le muscle nommé houppe du menton relève la peau du menton ; associés, ils permettent d'avancer la lèvre inférieure. Une forte contraction de ces muscles produit tous les mouvements de la face qui sont nécessaires pour exprimer les passions et les émotions les plus variées. L'examen de ces passions et de ces émotions ne rentre pas dans notre sujet, puisque toute expression passionnée, étant par sa nature même fugitive, est impropre à être représentée dans un portrait. Toutefois, les légères variations se produisant dans la tension des muscles sus-mentionnés exercent la plus grande influence sur le portrait, parce qu'elles produisent ces infiniment petites modifications de la forme des lèvres et des yeux qui, combinées avec les modifications analogues du tour des yeux, contribuent pour la plus grande part à donner au visage humain son expression. Les bien choisir et les rendre avec vérité, c'est de la part du peintre la même chose que comprendre l'individualité du modèle ; c'est, pour lui comme pour le sculpteur, éviter de donner au visage la rigidité, l'absence de vie et d'impression à la place du repos qui convient au portrait.

Les conditions qui agissent respectivement sur la bouche et sur les yeux se ressemblent beaucoup plus qu'on ne serait disposé à le supposer. Il faut d'abord bien comprendre que ce qu'on appelle communément l'expression des yeux dépend très-peu de l'œil lui-même, c'est-à-dire du globe de l'œil, et beaucoup de son entourage. Les mouvements et les changements de forme des paupières se produisent exactement comme ceux des lèvres, c'est-à-dire qu'ils sont amenés par la contraction d'un muscle circulaire, l'*orbicularis palpebrarum*, et de ses deux antagonistes : 1° un muscle élévateur spécial à la lèvre supérieure ; 2° les différents muscles qui déplacent la peau du front et les sourcils et que nous avons décrits en parlant du front.

De même que le muscle circulaire de la bouche, celui des paupières est apte à se contracter tout entier, ou seulement par places, ou sur un point plus que sur un autre, selon qu'il a plus ou moins à faire pour l'emporter sur ses antagonistes. L'effet mécanique ainsi obtenu sur la position du bord des paupières, et sur la forme de la fente de l'œil en général, est certainement moins étendu et moins multiple que l'effet analogue produit sur la forme de la bouche par l'appareil infiniment plus compliqué des muscles des joues et des lèvres. L'influence du premier sur l'expression est cependant de beaucoup la plus grande, parce que la moindre modification apportée aux bords des paupières exerce un effet très-considérable sur l'aspect du globe de l'œil.

Pour nous rendre compte de ce fait, laissons un instant de côté toutes les autres influences, supposons le reste de la figure caché et l'œil lui-même parfaitement immobile — la pupille regardant droit devant elle — et étudions sur cet œil l'influence de la moindre altération de la fente de l'œil par rapport à l'expression. Nous voyons que la paupière supérieure s'abaisse et se relève comme un rideau devant le globe de l'œil, non pas toutefois dans un plan uniforme, mais en s'adaptant à la surface de l'œil. A l'angle de l'œil, ce rideau se relie à un second rideau formé par la paupière inférieure, qui se relève et s'abaisse de la même façon, mais dans une direction opposée. Ces deux paupières réunies couvrent la plus grande partie du globe de l'œil, en sorte qu'une section ovale en reste seule visible. C'est cette section seule qu'au point de vue esthétique nous sommes accoutumés à considérer comme l'œil, et c'est sa grandeur et sa forme qui déterminent la grandeur et la forme apparentes de l'œil. Je dis *apparentes*, parce qu'en réalité celui-ci ne subit aucune altération. Quand on parle de petits yeux ou de grands yeux, il ne s'agit que d'une grandeur apparente dépendant entièrement de la largeur de la fente et des conditions de l'orbite. La grandeur réelle de l'œil ne s'altère que dans le cas de certaines anomalies, par exemple sous l'influence d'une myopie extrême. Je ne veux pas dire par là que l'expression de l'œil dépende exclusivement de son entourage et nullement du globe lui-même. Nous pouvons le prouver par une autre expérience ; laissons les paupières et les sourcils immobiles et faisons tourner le globe de l'œil sur son axe, de droite à gauche. Naturellement la pupille se meut aussi ; passant d'une extrémité de la fente à l'autre, elle change ainsi l'expression, même dans un œil considéré isolément ; l'altération sera bien plus sensible si l'on peut voir les deux yeux opérer simultanément ce mouvement, et elle sera surtout frappante si le mouvement n'est pas seulement latéral, s'il se combine avec une rotation de l'œil vers le haut, ce qui implique une modification dans la forme de la fente de la paupière. Ces mouvements, qui altèrent la direction de la ligne visuelle de chaque œil et la relation existant entre les lignes visuelles des deux yeux, et qui altèrent aussi la position de la cornée et de la pupille dans l'ouverture de la paupière, constituent ce que nous appelons le regard. Les peintres se sont toujours beaucoup préoccupés du regard, tant dans les tableaux que dans les portraits. J'ai remarqué chez plusieurs des vieux maîtres une sorte de prédilection pour une certaine direction du regard. Murillo, par exemple, donne la préférence à un regard extatique dirigé droit en haut, tandis que Guido Reni aime à peindre l'œil tourné obliquement vers le ciel, et il donne à cette direction du regard un caractère tout particulier par la posture de la tête et la position des paupières et des sourcils, imitées du Laocoon et de la Niobé. Dans ses nombreux portraits, Van Dyck aime évidemment à donner au regard la direction suivante : ses modèles regardent dans l'espace, un peu à côté du spectateur, et de

telle sorte que les têtes tournées à droite regardent à gauche, et *vice versa* les têtes tournées à gauche tournent les yeux à droite, au point que l'iris vient quelquefois se placer dans l'angle de la fente des paupières. Les portraits de Van Dyck qu'on a vus cette année à l'exposition rétrospective confirment mon observation. Ils sont au nombre de douze, et tous les douze ont la direction du regard dont je viens de parler. Bien entendu, les portraits qui représentent deux personnes causant ensemble font exception ; par exemple celui de Rubens, par Van Dyck. qui se trouve à la Galerie Nationale.

La représentation du regard est moins facile au sculpteur. La plus grande difficulté vient (de notre temps du moins) de l'absence de couleur. En effet la couleur, déterminant la pupille et l'iris qui l'entoure, indique clairement la position du globe de l'œil. La direction du regard se reconnaît cependant, même dans les compositions idéales de l'antiquité classique, par la position des paupières et la forme de la partie visible du globe. Dans les portraits, surtout dans les représentations purement iconiques, les Grecs indiquaient habituellement la pupille par un léger aplatissement du globe de l'œil, ce qui rendait l'ombre projetée par la paupière supérieure plus large, ou bien ils indiquaient le regard par le procédé que vous voyez employé ici dans ces bustes de Démosthènes, de Périclès et d'Alexandre le Grand, dont les admirables originaux sont au British Museum. Dans les bustes réalistes de l'époque romaine, la pupille était indiquée par une légère dépression qui donnait une ombre, et le bord de l'iris ou cornée était indiqué par une ligne circulaire délicatement gravée. Presque tous les sculpteurs ont adopté depuis cette manière — ou une manière analogue — d'indiquer la pupille, et si des artistes, appartenant à une certaine école, ont cru imiter les portraits antiques en laissant les yeux absolument sans expression, sans pupilles, les paupières et le globe de l'œil modelés avec une courbe de convention qui ajoute considérablement à l'aspect inanimé du reste des traits, ces artistes ont obéi à un malentendu.

On a nié souvent l'utilité, pour l'artiste, de savoir l'anatomie et la physiologie. Le principal argument allégué à l'appui de cette assertion est que les Grecs ne connaissaient pas l'anatomie, et que ce que les artistes de la Renaissance, ou des temps modernes, savaient de cette science, les a plutôt conduits à exagérer la représentation des muscles et à rechercher les attitudes compliquées présentant des difficultés extraordinaires. Nous ne devons pourtant pas oublier que si les Grecs ne possédaient pas les mêmes facilités que les artistes d'aujourd'hui pour étudier l'anatomie, ils connaissaient admirablement ce qui leur était essentiel : le squelette. Il en existait un, coulé en métal, au temple de Delphes, à qui il avait été offert par Hippocrate. Les Grecs possédaient des descriptions anatomiques ; ils disséquaient des animaux ; ils complétaient les notions acquises ainsi par l'observation et l'étude du nu, non point sur un modèle immobile ou fatigué, comme cela se pratique de nos jours, mais sur le libre déploiement de muscles offert à la vue dans les jeux publics par les lutteurs, les gymnastes, etc.

L'artiste privé de ces moyens de corriger et de compléter une science anatomique puisée uniquement dans l'étude du corps mort, pourrait être conduit à mal l'appliquer au corps vivant. Je ne prétends pas, bien entendu, contester par là l'utilité de la science anatomique ; ce que j'ai dit prouve seulement la nécessité de la compléter par la physiologie. En ce qui concerne le portrait, les avantages d'une connaissance approfondie de l'anatomie et de la physiognomonie basée sur l'anatomie sera bien évidente. Le réaliste sera préservé d'une imitation mesquine de détails purement accidentels, par l'observation consciencieuse des mouvements de la physionomie, qui sont les caractéristiques de l'expression. Il apprendra à ennoblir ses œuvres en leur donnant la vie et l'expression intellectuelle et se rapprochera ainsi du véritable idéalisme; car, dans le portrait, le véritable idéalisme consiste pour nous à spiritualiser la matière en lui faisant exprimer nettement l'individualité, et non simplement à embellir la forme ou la couleur des traits du visage.

L'étude de l'anatomie est encore plus importante pour l'artiste appartenant à l'école classique. Malheureusement cette manière de voir n'est pas partagée par ceux qui sont chargés de diriger les études dans les écoles de beaux-arts. Nous voyons donc souvent l'éducation artistique fondée exclusivement sur la copie de l'antique. Par une conséquence de ce système, on imite certains caractères purement extérieurs, sans comprendre clairement ce qu'il y a d'essentiel dans l'art classique, et l'on arrive à ne plus pouvoir observer la nature avec une intelligence ouverte et des yeux sans prévention. Ainsi se développe parmi les sculpteurs une tendance à produire ces portraits qu'on appelle à tort idéalistes, et dont le manque de mérite n'a pas encore été suffisamment stigmatisé. Il n'y a là ni beauté, ni art, ni vérité, ni puissance, mais seulement du maniérisme et du creux; ce prétendu classicisme n'est qu'un manteau qui sert à cacher l'indécision et le vide. Nous ne voyons pas seulement là un danger pour l'artiste et pour son école, mais aussi un danger pour le goût et les intérêts du public. C'est pourquoi, dans ce lieu consacré aux sciences naturelles, j'ai le droit de dire : Retournez à la nature, à l'observation fidèle et consciencieuse de la nature. Les artistes médiocres sont les seuls qui redoutent de trouver dans la clarté scientifique une entrave à leurs élans poétiques et aux inspirations de leur génie. Les grands artistes de tous les temps n'ont pas connu ces obstacles-là; ils ont basé toutes leurs œuvres sur l'étude la plus scrupuleuse de la nature, quel que fût l'idéal auquel ils visaient; car ils savaient tous que le beau est inséparable du vrai.

R. Liebreich.

HISTOIRE DES ARTS

La dentelle (1)

I

L'ouvrage que vient de faire paraître M. Séguin n'est pas une frivole publication de journal de mode : il renferme autre chose que des commentaires futiles sur la toilette et n'est point dédié aux petites-maîtresses du moment. C'est une étude consciencieuse, une monographie complète de la dentelle, écrite par un connaisseur doublé d'un savant. Tout ce qui, de près ou de loin, pouvait se rattacher

---

(1) *La dentelle, histoire, description, fabrication, bibliographie*, par Joseph Séguin. 1 vol. gr. in-4 avec nombreuses gravures et phototypographies. Paris, Rothschild.

au sujet a été mis en œuvre et condensé dans ce magnifique in-folio, orné de nombreuses gravures intercalées dans le texte, et enrichi de planches obtenues par les meilleurs et les plus récents procédés phototypographiques. Les principaux chefs-d'œuvre des maîtres du xvie et du xviie siècle, les plus riches spécimens de chaque genre et de chaque époque, passements de point coupé et passements aux fuseaux, anciens et modernes, ont été mis à contribution pour les gravures et les planches. Ce qu'il a fallu d'érudition, de patience et de sagacité pour retrouver tous ces modèles, pour en faire un choix raisonné, pour les classer avec sûreté, rien ne saurait en donner une idée à ceux qui n'ont pas feuilleté ce bel ouvrage et passé en revue cette merveilleuse collection.

Après cela, on devine aisément que si l'auteur a voulu faire un livre vraiment sérieux, il n'a point cherché à le faire ennuyeux. Il est visible, au contraire, qu'il n'a rien négligé pour le rendre accessible à cette partie du public qu'il sait le plus directement intéressée à ses recherches : les grandes dames de notre temps ont quelque peu désappris le « gentil et noble art de l'aiguille » si en honneur autrefois. En revanche, elles n'ont point cessé de s'intéresser à ses produits, et, sans nul doute, elles trouveront, dans le livre de M. Séguin, mille détails qui n'auront pas uniquement pour elles l'attrait de l'érudition.

II

Le mouvement du goût moderne en France commence avec les Valois, sous le règne de Louis XI, se continue avec Louis XII, s'accentue sous François Ier, pour atteindre enfin son apogée sous Louis XIV.

La première manufacture d'étoffes de soie fut établie à Tours vers 1470, à l'aide d'ouvriers qu'on y avait appelés d'Italie en assurant à eux et à leurs familles de grands avantages et des priviléges, parmi lesquels celui d'être exempts des corvées et des tailles. Aux ouvriers tisseurs de soie succédèrent bientôt les passementiers, puis, en 1542, les rubaniers. En même temps, les dames de haut lignage, longtemps reléguées dans leurs vieux châteaux nobiliaires, au fond de leurs provinces, commençaient à se montrer à la cour, appelées par François Ier, et leur présence y faisait naître le goût de la galanterie, de l'élégance et du luxe. Cette innovation vint à propos activer le mouvement des diverses industries relatives à la décoration du costume. Les artistes même ne dédaignaient pas de faire cause commune avec les artisans; le goût français trouva une direction qui lui avait manqué jusque-là, et ce concours l'aida dès lors à produire de véritables merveilles.

A partir du jour où Catherine de Médicis arrive en France, on commence à s'inspirer des modes italiennes assez élégantes encore, mais déjà étriquées et prétentieuses; elles sont bientôt exagérées par des copistes malavisés, et poussées jusqu'aux dernières limites de l'afféterie, du ridicule, du burlesque même.

Sous le nom de fraise, la collerette godronnée prend un si grand développement, « que l'on est obligé d'augmenter de plus d'un pied la longueur des cuillers à soupe », tandis que le collet vénitien se transforme en un gigantesque éventail qui s'étale derrière la tête d'une épaule à l'autre. Les femmes s'enflent et se travaillent pour occuper plus d'espace : Ainsi gourmées dans leurs toilettes ridiculement gonflées, elles ressemblent, dit Monteil, à une horloge de sable ou à deux cloches opposées par le sommet. Un peu plus tard, la toque en velours, de forme haute, est abandonnée pour le chapeau de feutre mou emplumé, à larges bords : la fraise est remplacée par le col plat rabattu sur les épaules.

Jusqu'au milieu du xvii° siècle, la mode cherche sa voie : avec Louis XIV, le costume redevient presque élégant; il a, dans son ampleur magistrale, un aspect riche et luxueux. En même temps, on sent renaître le goût des choses vraiment belles, et l'application des arts à l'industrie ne fait qu'augmenter les ressources de la France. .

La manufacture royale des tapisseries créée en 1607 par Henri IV, presque abandonnée sous le règne de son successeur, reçoit une impulsion nouvelle : on l'installe en 1662 à l'hôtel des Gobelins, acquis dans ce but, et le peintre Lebrun devient son directeur. On y établit des ateliers de broderie, de sculpture, de serrurerie, de bronzes d'art et d'orfévrerie. C'était la volonté du roi que les grands artistes se missent à dessiner eux-mêmes des modèles pour les ouvriers ; et entre autres produits sortis de la manufacture royale, les dentelles atteignirent les proportions de véritables œuvres d'art. Les femmes se reprirent d'une belle passion pour ces légères parures, surtout pour celles qui sortaient des nouvelles manufactures françaises, et la mode s'en mêlant, la dentelle devint un véritable agent de propagande pour l'adoption à l'étranger de nos habitudes et de nos produits. Notre empire se fût bien mieux maintenu, peut-être même se fût-il accru encore, si Louis XIV n'eût commis la faute de détruire lui-même en grande partie ce qu'il avait eu tant de peine à créer. Embéguiné sur la fin de son règne par Mme de Maintenon, il révoqua l'édit de Nantes, qui assurait la liberté de conscience. Les *dragonnades*, avec tout leur cortège de violences, dispersèrent les protestants, dont un grand nombre étaient alors en possession du haut commerce et des grandes manufactures. Forcés d'émigrer à l'étranger, ils portèrent chez nos voisins, chez nos rivaux, leurs industries et leurs fortunes. Quelques-uns même emmenèrent leurs ouvriers avec eux, et leur départ, rendu nécessaire par cet acte d'intolérance inouïe, fit un grand vide dans le pays. Il fallait que la France fût douée d'une bien forte vitalité pour que Paris soit demeuré, même après cette mesure néfaste, la capitale de la mode et du goût.

III

La révocation de l'édit de Nantes n'est pas la seule entrave qui ait été apportée, chez nous, à l'accroissement des manufactures. Presque tous les rois de France, y compris Henri IV et Louis XIV, qui voulaient sincèrement favoriser l'industrie, ont commis cette inconséquence d'en arrêter l'essor par des édits somptuaires conçus d'ailleurs dans un esprit politique incontestable, car c'était seulement au luxe des petites gens qu'ils voulaient mettre un frein. Il s'agissait d'établir une ligne de démarcation infranchissable entre les grands seigneurs et les roturiers, ceux-là déniant aux bourgeois enrichis le droit de dépenser leur argent en parures.

Une ordonnance du parlement de Toulouse, publiée au Puy en 1640, défendait de porter aucune dentelle, parce que, y était-il dit, un grand nombre de femmes s'occupant d'en faire, il était devenu impossible de se procurer des domestiques, et que l'usage de cet ornement empêchait de distinguer les grands des petits. Dans son *Traité de la Police*, Delamarre voulant justifier un des nombreux édits somptuaires du règne de Louis XIV, n'hésite pas à le considérer comme suffisamment motivé par la nécessité de paralyser le « génie de la nation », — le mot y est — ainsi que « l'industrie de ses négociants et de ses ouvriers ».

Toutes ces interdictions, quelles qu'elles fussent, ne faisaient que nuire au commerce et n'étaient guère respectées. Est-ce que Cinq-Mars, à sa mort, en 1642, ne laissait pas plus de 300 paires de dentelles qui représentaient une somme d'argent considérable ? Est-ce que les édits royaux empêchaient Bassompierre de consacrer d'un seul coup vingt-cinq mille écus gagnés au jeu au payement d'un habit chargé de perles et d'une épée enrichie de diamants? Au point de vue économique, toutes les lois somptuaires sont fatalement mauvaises : elles nuisent toujours à celui qui travaille et produit, sans apporter la moindre contrainte aux prodigalités des riches décidés à se ruiner. Ils se ruineront autrement, voilà tout.

IV

Les premières dentelles que l'on porta en France furent appelées *passements*, du nom de la corporation des *passementiers*, qui seuls, dans le principe, avaient le droit d'en fabriquer. De là le double nom de *passements aux fuseaux* et de *passements de point coupé*, le premier désignant la dentelle aux fuseaux, le second celle à l'aiguille. Ces premières dentelles, appelées passements, ne ressemblent pas à celles d'aujourd'hui, et, pour les distinguer des genres modernes tels que l'application, la Malines, la Valenciennes, on a pris l'habitude de les désigner sous le nom de *guipures*. De nos jours on fabrique encore des guipures : elles ne sont que la reproduction de celles des xvi° et xvii° siècles. Le produit est le même, mais *passements* est un mot presque tombé en désuétude, *guipures* l'a remplacé.

Le mot *Dantelle* (sic) se trouve imprimé pour la première fois dans un recueil paru en 1598, bien qu'il fût, on en a la preuve, déjà usité vers 1549. Au début, il fut appliqué seulement à des modèles de points coupés à *dents* aiguës : de là sa dénomination.

On a souvent avancé, sans preuves, que la dentelle pourrait bien être originaire de l'Orient : elle aurait été, au dire de plusieurs, rapportée en Europe pendant les migrations des croisades, par quelque pèlerin bien inspiré. M. Séguin s'élève contre cette hypothèse toute gratuite. Rien, suivant lui, ne nous autorise à assigner à la dentelle une origine antique qui se perdrait dans la nuit des temps; à moins que l'on ne veuille l'assimiler au tissu à mailles qui est la base du filet de pêche, mais qui n'offre évidemment aucun point de ressemblance avec elle, soit comme aspect, soit comme confection.

Il est bien hasardeux de vouloir faire honneur aux Orientaux de cette belle découverte, sous prétexte que les Italiens et les Espagnols leur ont emprunté l'art du brodeur. La dentelle à l'aiguille est un produit original, et si l'outil est le même dans les deux cas, les procédés de fabrication sont essentiellement différents. Plus tard toutefois, broderie et dentelle se rendirent de mutuels services : les premières dentelles à l'aiguille empruntèrent à la dentelle le *point de boutonnière* ou *point noué* et la broderie à son tour s'enrichit des *points à jour* provenant de la dentelle (points dits *de Venise* ou *d'Alençon*).

Ce qui paraît fort plausible aussi, c'est que la *dentelle à l'aiguille* que l'on appela d'abord spécialement dentelle *à points*, a dû précéder la *dentelle aux fuseaux*, cette dernière ne pouvant se fabriquer sans le secours des épingles dont l'invention est relativement fort récente.

Les dentelles aux fuseaux nous sont-elles venues des Flandres ? Autre question litigieuse, autre opinion généralement admise, mais vivement repoussée par M. Séguin. En effet, dit-il, les premiers modèles ont été publiés à Venise dans un recueil intitulé *Le Pompe*, recueil de dessins gravés pour dentelles aux fuseaux, paru en 1557, puis réédité en 1559. Encore l'auteur de ce recueil, bien que le premier en date, ne semble-t-il pas devoir être considéré comme l'inventeur même du procédé qu'il a décrit. En France, les modèles de Vinciolo étaient réimprimés dès 1587, d'autres paraissaient à Montbelliard, ville française, en 1598 : tandis que les Flandres avant 1600, ignoraient encore l'usage des fuseaux, ou, s'ils les connaissaient, n'avaient pas encore élevé ce passe-temps à la hauteur d'une industrie.

En France, et dans les pays étrangers, le commerce des merceries fines et des tissus légers se faisait presque uniquement par l'entremise des colporteurs lorrains, savoyards et auvergnats. En ces temps où les communications de pays à pays, de ville à ville, présentaient de si grandes difficultés, ces rudes montagnards sillonnaient l'Europe, parcourant de longues distances pour faire des acquisitions dans les fabriques, portant vers le nord les produits du midi et réciproquement, et les distribuant sur leur route au consommateur. C'est sans doute à eux, dit l'auteur, que l'on doit l'importation de la dentelle aux fuseaux. Venant du midi, elle se serait implantée vers la fin du xvi° siècle en Auvergne, dans le Velay, dans la Lorraine et dans quelques lieux de la Bourgogne ; et ce n'est qu'un peu plus tard qu'elle aurait pénétré dans les Flandres.

Quoi qu'il en soit, on sait, d'une manière à peu près certaine, à quoi s'en tenir sur la date où les premières dentelles apparurent en France. C'est seulement à partir du milieu du xvi° siècle que nous trouvons, dans les tableaux historiques, des portraits des deux sexes parés de dentelles, mais, dès ce moment, nous en rencontrons fréquemment, ce qui dénote l'apparition d'une nouvelle mode, conséquence probable d'une découverte nouvelle.

V

La dentelle aux fuseaux tire son nom des outils mêmes qui servent à sa fabrication.

On la fabrique sur une sorte de métier appelé carreau, oreiller ou coussin. La surface supérieure présente une inclinaison très-sensible, vers le haut de laquelle tourne sur son axe un cylindre rembourré, bien ferme. Sur ce cylindre, qui déborde par l'ouverture, est fixé un parchemin ou une carte piquée de trous d'épingles suivant la nécessité du modèle. Pour l'exécution du travail, on se sert de *fuseaux* garnis de fils que l'on croise, que l'on tresse ou que l'on enlace selon que le dessin l'exige. Les épingles fixées dans les trous du parchemin servent de jalons pour le dessin et maintiennent le point. En tournant le cylindre mobile, on peut conduire le travail sans solution de continuité.

C'est sur ce métier si simple, à l'aide de ces procédés, aussi élémentaires que le sont d'ordinaire ceux qui servent aux plus longs et aux plus futiles des ouvrages de femmes, que furent brodés les superbes passements aux fuseaux des xvi° et xvii° siècles.

En admirant les reproductions que nous en offre M. Séguin, nous nous expliquons sans peine le succès et la vogue de cette dentelle. L'engouement devint général ; on ne se contenta plus, comme on l'avait fait sous Henri III et Henri IV, de l'appliquer aux lingerie de luxe, on en garnit même la lingerie de corps et de ménage, les tapis de table, les rideaux, les oreillers, les draps de lit, les housses des meubles, etc. Il n'est pas jusqu'aux revers de bottes qui n'en aient été ornés. Cette mode élégante fut adoptée jusque dans la campagne, et l'on retrouva la dentelle aux fuseaux sur les coiffes normandes et sur les plus pittoresques costumes de nos paysans.

Il ne fallut pas longtemps pour que la contagion gagnât jusqu'à l'Église. Le clergé fastueux voulut de la dentelle pour ses surplis, ses aubes, ses nappes d'autel qui devinrent alors d'une richesse inouïe. Mais on s'empressa de sanctifier cet ornement profane, et au fond des cloîtres, les nonnes de distinction reprirent, avec quelques soupirs peut-être, le carreau mondain où leurs mains pieuses retrouvèrent les secrets des fuseaux.

Plus tard, à la fin du xvii° siècle et même de nos jours, quand le goût revint de ces délicats ornements et que collectionneurs et marchands les recherchèrent de tous côtés, ce fut surtout dans les chapelles, les réfectoires des abbayes et jusque sur les étroites fenêtres des cellules qu'ils retrouvèrent les plus riches et les plus charmants modèles de ces ouvrages de fées.

Comme nous l'avons dit, les guipures modernes, dites *guipures de Cluny*, ne sont que les reproductions, plus ou moins exactes, de ces anciens passements aux fuseaux. Aussi les modèles originaux acquièrent-ils chaque jour plus de valeur en devenant plus rares. Des marchands plus habiles que scrupuleux se sont appliqués à développer le goût public, mais pour le mieux tromper. Ils s'attachent à imiter servilement les vieux passements jusque dans leurs déchirures, et c'est en trempant ces imitations récentes dans une sorte de teinture safranée qu'ils parviennent à lui donner la respectable rousseur des guipures antiques.

Ce qui explique ces efforts d'imitation, c'est que la dentelle s'est pour ainsi dire personnifiée dans la guipure Cluny, qui en est restée et en restera sans doute l'expression la plus réelle, la plus durable et la plus séduisante. Ces qualités de durée et d'éclat, elle les doit, n'en doutons pas, aux habitudes artistiques de l'époque où se sont produits les passements. « Le style gothique, en effet, par la délicatesse, la légèreté de la forme, la variété, la douceur et l'élégance des effets qui peuvent se multiplier par le croisement ingénieux des lignes, est celui qui convient le mieux à un tissu délicat, tel que la dentelle. »

C'est en copiant ces passements d'autrefois que nous obtenons pour nos guipures ces rinceaux d'ornements, aux enroulements si gracieux d'où s'échappent des jets de fleurs, de fantaisies, rehaussés de points variés à jour qui leur donnent plus de relief et de légèreté. Souvent même une bande de guipure représente une véritable frise à dessin courant. Ces passements inspirent encore nos meilleurs fabricants de guipure. Ils y trouvent ces formes déliées, ténues, élégantes, d'un effet si doux et si harmonieux et qui la rendent plus souple, plus vaporeuse que la dentelle à l'aiguille.

Le succès de la guipure Cluny est d'ailleurs parfaitement justifié. « D'une solidité extrême qui en fait la dentelle de ménage par excellence, elle orne d'une façon séduisante et splendide. Même quand elle est commune et grossière, elle n'est pas sans attrait, parce qu'elle est très-ajourée et que ses contours et ses reliefs s'adoucissent par l'effet que produit son épaisseur. »

On fabrique aujourd'hui, avec la soie noire, de ces guipures moins fines et partant moins coûteuses. Celles du Puy ont plus d'avenir que celles de Chantilly qui sont pauvres d'effet ; si elles sont à présent moins recherchées c'est qu'elles sont plus nouvelles et par conséquent moins connues. On a fabriqué aussi au Puy des guipures de laine d'un bon marché extrême. Le plus grand nombre était en laine noire, mais on en fit de toutes couleurs. La mode en passa. Plus tard, elle revint en donnant à la dentelle de laine le nom de dentelle de lama (poil de chèvre). La fabrication de ces guipures de laine bon marché façon Cluny occupe actuellement au Puy plus de trois mille ouvrières payées de deux à trois francs par jour.

Avant d'abandonner les dentelles aux fuseaux, nous énumérerons les principaux genres :

La *Valenciennes* qui doit à sa solidité sa vogue persistante, la *Malines*, les dentelles de soie noire aux fuseaux qui furent fabriquées d'abord à *Bayeux* et à *Chantilly* sur fonds de réseau dits *Alençon*.

Les dentelles d'or et d'argent, dont on fit un si grand usage sous Louis XIV et sous Louis XV, étaient fabriquées à Paris et à Lyon.

Les *blondes* et *fantaisies* ne parurent qu'en 1740 et leur plus grande vogue dura de 1825 à 1845.

VI

La dentelle à l'aiguille, qu'on désigne sous le nom de *point*, fut d'abord une sorte de broderie à jour faite sur une espèce de réseau appelé *lacis* : on tirait d'un tissu léger un certain nombre de fils de la chaîne et de la trame, ceux qui restaient étaient ensuite serrés et maintenus par un point noué à l'aiguille de manière à former un réseau carré. L'invention du lacis ne paraît pas remonter au delà de 1520 ; il ne faut pas le confondre avec le filet primitif dont l'origine est presque aussi ancienne que le monde.

Du lacis on passa au *point coupé*. Au lieu de perdre son temps à tirer d'un tissu tous les fils inutiles, on prit le parti de les disposer suivant les combinaisons du dessin et de bâtir ainsi l'armature nécessaire à l'exécution de l'ouvrage. On obtint par ce nouveau procédé des résultats surprenants.

Le *point coupé* et le *point de Venise*, qui paraissent tous deux originaires de cette même ville, réalisèrent un idéal de délicatesse, d'élégance et de coquetterie. Aussi la fabrication de la dentelle à l'aiguille devint presque générale. Elle servait à l'ornement des riches mobiliers, des couvents, des chapelles particulières, et des églises paroissiales. Rien ne peut donner l'idée de la somptueuse beauté de « ces hauts reliefs édifiés par l'aiguille ». La souplesse et le moelleux de ce travail, son nuancé doux et velouté, font surtout *du point de Venise* une sculpture pour ainsi dire vivante et animée.

On comprend d'ailleurs, en regardant de près les spécimens phototypographiques placés à la fin du livre, que l'exécution du *point de Venise* devait prendre un temps infini et représenter une valeur considérable.

Terminons cet aperçu par une ingénieuse citation de M. Séguin, sur la différence entre la dentelle vraie et la dentelle d'imitation :

« La différence qui existe entre la vraie dentelle et l'imitation est tout aussi sensible pour un œil délicat, quoique moins apparente, que celle que l'on remarque entre le cachemire de l'Inde et le cachemire français, entre les tapisseries des Gobelins et leurs imitations au métier Jacquard, telles que les tapisseries dites de Neuilly et autres... Les avantages que les tapisseries des Gobelins et les cachemires de l'Inde empruntent à la nature de leur travail sont encore plus marqués sur la dentelle, parce que les fils de chaîne et les fils de trame subissent les uns et les autres l'action irrégulière du travail manuel. Le flou y est plus accentué ; le nuancé, moins apparent, parce que les fils sont d'une seule couleur, n'en existe pas moins pour un œil exercé ; en outre, par sa nature particulière, la dentelle véritable a plus d'élasticité. Toutes ces qualités offrent des avantages inappréciables à l'emploi. Au chiffonné, elle a du moelleux, de la souplesse et une grâce toute naturelle et sans apprêt ; en un mot, ce je ne sais quoi d'inexprimable qui peut se comparer aux grâces naïves de la négligence et qui la distingue des imitations, dont la pauvreté se révèle, de près comme de loin, par le manque de relief et une roideur dans le pli, sèche et monotone. »

VII

Depuis la Renaissance, on peut bien l'affirmer sans exagérer l'amour-propre national, la France a régné sans conteste dans monde de l'art, et rien ne peut amener à penser que de nos jours son prestige ait été décroissant. En revanche, nous avons perdu beaucoup, par notre faute, en ce qui concerne l'application de l'art à l'industrie. Voyez nos dentelles d'à présent, nos modèles nouveaux, s'écrie M. Séguin ; quelle valeur artistique oserez-vous leur attribuer, si vous en comparez le dessin et l'architecture aux chefs-d'œuvre sortis, durant les derniers siècles, des manufactures publiques ou privées.

Tout ce que nous produisons actuellement n'est fait que de pièces de rapport, ce ne sont que détails pillés un peu partout et rajustés tant bien que mal : on y retrouverait tous les genres sans en reconnaître un seul. — Pourquoi s'en étonner ? Nous n'avons point d'école et partant point de principes : l'art qui, dans son développement naturel et régulier, devrait s'appliquer aux choses les plus usuelles, l'art a méconnu trop souvent ce que J.-J. Proudhon eût appelé sa mission sociale. L'art a délaissé l'industrie et celle-ci, livrée à elle-même, réduite, ou peu s'en faut, à vivre sur le passé, cherche à se reconnaître et s'épuise peut-être à force de tentatives inutiles. Devra-t-elle se condamner à l'immobilité, à la stérilité qui en est la conséquence, ou à recourir à cet éclectisme banal qui étouffe peu à peu tout esprit d'originalité ? L'homme de métier s'improvisera-t-il artiste ? Que pourra la bonne volonté, là où le talent, le savoir, les connaissances premières, font nécessairement défaut ?

Il est déjà bien assez surprenant, ceci admis, que l'on rencontre encore quelquefois des compositions qui accusent, malgré leurs défauts, un sentiment du beau, peut-être inconscient, mais en tout cas incontestable. Cela fait honneur au goût de nos artisans, à ce goût inné, pour ainsi dire, qui a établi et maintenu notre suprématie dans le monde élégant.

Toutefois cela prouve aussi combien il est urgent de se mettre en frais pour entretenir ce goût prêt à s'éteindre. La France a pour elle son passé, sa réputation acquise; il ne s'agit que de ne pas déchoir. Notre vanité, notre amour-propre, ne sont pas seuls engagés dans la partie : nos intérêts matériels les plus directs sont en jeu.

L'exemple des républiques de Venise et de Florence nous prouverait au besoin que la décadence politique peut suivre de près celle des beaux-arts. C'est une vérité banale que le développement de la richesse tient à celui de l'industrie, et que l'industrie, à son tour, a besoin des conseils et du concours d'artistes éminents.

Aussi notre pays est-il engagé à de grands sacrifices pour garder entre les mains ce qu'on est convenu d'appeler le sceptre du bon goût. A lui d'affirmer encore aux yeux des autres nations son rôle d'initiateur et cela en vue de sa richesse future. Il est bon que nos habitudes continuent à s'imposer partout, que nos préférences soient acceptées, nos arrêts respectés ? Soyons encore ce que nous avons été jusqu'ici, n'allons point par indifférence nous priver gratuitement de notre plus utile auxiliaire, en dédaignant la mode, cette divinité frivole et volage qui, néanmoins, nous fut presque toujours si propice.

« Combien de temps encore continuera-t-elle de résider parmi nous ? Cela dépendra des soins plus ou moins empressés que nous apporterons à la conservation autour d'elle de tout ce qui peut la flatter, de tout ce qui doit contribuer à la satisfaction de ses caprices ; car si elle en a parfois de fantasques et de regrettables, alors même qu'elle fait les plus terribles accrocs au sens commun, cette despote toujours prétentieuse, persuadée que le monopole du bon goût lui appartient, ne veut habiter que là ou l'art a sa plus haute expression et où il se manifeste sur les objets à son usage. »

L'avertissement ne manque pas d'à-propos, un danger sérieux nous menace et M. Séguin a raison de pousser le cri d'alarme. Notre industrie, dit-il, va avoir à lutter un de ces jours contre une concurrence redoutable. Avant la dernière exposition tenue à Londres, les Anglais étaient loin de soupçonner la supériorité de nos divers produits industriels ; convaincus par l'évidence, ils ont voulu au moins que cette expérience leur devînt profitable, et ils ont fondé le musée de South-Kensington qui, par ses ramifications, rend l'enseignement du dessin accessible à plus de cent mille ouvriers. Les Anglais, eux, ne craignent pas de faire voyager leurs collections qu'ils exposent des saisons entières dans des villes de fabriques, facilitant toutes les copies et reproductions et tenant au besoin à la disposition du public un atelier de photographie. Leur exemple a été suivi par les Belges, par les Russes, par les Allemands. Des musées analogues à celui de South-Kensington ont été fondés. Et partout les mesures sont prises pour vulgariser le plus possible les .chefs-d'œuvre ainsi réunis.

Chez nous, au contraire, tout est sous clef. Tous les livres curieux, tous les modèles rares des bibliothèques ou des musées sont relégués dans des sanctuaires poudreux et bien gardés, où le profane n'entre jamais, où le savant n'entre que par protection. Tout lecteur, tout visiteur est suspect, et recommandé ou non, forcé de subir — entre deux portes — un interrogatoire méticuleux prescrit par des règlements surannés.

Un autre danger nous menace encore : les Anglais, pour mieux nous vaincre, ont pensé à tourner contre nous nos propres armes ; ils attirent à eux, à prix d'or, nos meilleurs ouvriers ; ils nous prennent nos orfèvres, nos bijoutiers, nos ciseleurs, nos verriers les plus habiles, si bien qu'ils ont dû exécuter, après la Commune, des commandes que nos ateliers déserts n'avaient plus le moyen d'entreprendre.

« Il se passe actuellement, dit M. Séguin, quelque chose » de très-alarmant pour l'avenir de l'une de nos plus pré- » cieuses industries. Bon nombre d'ouvriers bijoutiers, et » des meilleurs, ont émigré ou ont été déportés, et ce que » l'on ne sait pas, c'est que, en ce moment, on ne peut trou- » ver à Paris des sujets assez bien préparés pour faire des » apprentis capables de les remplacer un jour. »

VIII

Pour remplacer les ouvriers que la France a perdus, pour en former de nouveaux, capables de continuer leur tâche interrompue, quelles tentatives avons-nous faites ? Quelles innovations avons-nous essayé d'introduire chez nous ? Les savants rencontrent partout les mêmes obstacles que par le passé, quand ils veulent consulter les documents publics pour mener leurs travaux à bonne fin ; comme par le passé, l'enseignement du dessin est négligé dans nos lycées et dans la plupart de nos écoles, à ce point que nous manquerions de professeurs s'il était sérieusement question de faire des élèves.

Notre École des beaux-arts, destinée à former des artistes, ne songe pas à leur apprendre qu'ils doivent leur concours à l'industrie nationale. Appliquer l'art à l'industrie, on n'y craint rien tant qu'une pareille mésalliance, — c'est M. Séguin qui parle.

Chez nous, tout est laissé par le gouvernement à l'initiative des particuliers, et pourtant les particuliers ne pourraient, à eux seuls, faire tous les sacrifices qu'exige un pareil état de choses. Avec quelques bonnes mesures générales, quelques décrets appropriés aux exigences de la situation, on pourrait nous mettre en état de lutter, à chances au moins égales, avec nos rivaux en industrie.

« Il ne s'agit point, ajoute avec beaucoup de raison M. Séguin, de faire intervenir l'État par des encouragements honorifiques, des subventions aux industries et des largesses aux hommes les plus méritants, comme il a été de mode de le faire autrefois: ce système ne peut rien produire de grand parce qu'il est impuissant à vulgariser l'art. Ce qu'il faut, c'est donner à tout le monde la possibilité d'acquérir les connaissances indispensables pour que chacun mette à profit les dons qu'il a reçus de la nature, au lieu de les laisser sans culture ; ce qui est une perte aussi considérable que si l'on mettait en friche de bonnes terres. »

Que le gouvernement y songe bien. Il s'agit ici d'une question de la plus haute importance. Nous n'en parlons pas seulement au nom de l'industrie dentellière, mais au nom de l'industrie française en général. Nous ne devons pas nous laisser éclipser par nos rivaux, soit en fait d'art, soit en fait de goût, soit en fait de mode. Efforçons-nous donc de rester à leur hauteur, ou pour parler plus justement, de nous maintenir à la nôtre, si nous voulons conserver notre réputation d'élégance, si nous tenons à garder la première place parmi les nations civilisées, si nous avons à cœur d'affirmer notre existence en créant encore des chefs-d'œuvre, et de manifester aux yeux de l'Europe cette vitalité puissante qui, même après tant de désastres, empêche encore nos vainqueurs de dormir et leur fait croire sans doute leurs conquêtes mal assurées.

BULLETIN DES SOCIÉTÉS SAVANTES

Académie des sciences de Paris. — 5 JUILLET 1875.

M. Ch. Martins : La pluie à Montpellier. — M. A. Leymerie : L'étage devonien dans les Pyrénées. — M. Azam : Le phylloxera dans le département de la Gironde. — M. Galache : La formation du guano. — M. B. Corenwinder : La noix de bancoul. — M. Cauvet : Absorption des liquides colorés par les racines des plantes.

M. *Ch. Martins* fait connaître à l'Académie le résultat de vingt-trois années d'observations se rapportant à l'étude qu'il a faite sur la pluie à Montpellier. Il établit que la quantité moyenne annuelle a été de 860 millimètres, tandis que celle de Paris pour la même période ne s'est élevée qu'à 515 millimètres. La distribution dans les quatre saisons est la suivante : hiver, 232 millimètres ; printemps, 206 millimètres ; été, 94 millimètres ; automne, 326 millimètres. La répartition dans les mois est très-irrégulière. Quant au nombre annuel des jours de pluie, il est de 145 à Paris et seulement de 81 à Montpellier, en considérant comme jour de pluie chaque jour où il est tombé même quelques gouttes d'eau seulement ; mais si l'on ne considère que les jours où il est tombé une quantité de pluie mesurable, le nombre annuel de ces jours de pluie efficace pour la végétation se réduit à 56. A Montpellier les pluies sont souvent diluviennes et durent plusieurs heures. Ce sont surtout les vents orientaux qui les amènent. Le vent du sud-ouest, vent pluvieux par excellence dans la France océanienne, ne souffle que très-rarement à Montpellier, et encore n'est-il presque jamais accompagné de pluie ; il est remplacé par le sud-est. Le vent sec du nord-ouest ou *mistral* figure parmi les vents pluvieux. Cela sera facile à comprendre quand on saura que c'est la lutte du mistral avec le sud-est qui détermine dans les régions méditerranéennes les grandes précipitations de vapeurs aqueuses. Pendant la lutte, le nord-ouest souffle au-dessus du sud-est. Quant aux pluies de nature orageuse, M. Martins croit pouvoir affirmer que leur nombre égale au moins la moitié du nombre total des pluies.

— M. *A. Leymerie* envoie une note sur l'étage devonien dans les Pyrénées. On a depuis longtemps remarqué, au point de vue de leur position géologique, les calcaires et calschistes des Pyrénées, parmi lesquels figurent les beaux marbres de Campan, les griottes de Cierp, etc. Mais l'étude de ces gisements importants était restée incomplète. Plusieurs géologues célèbres, Dufrénoy, de Buch, de Verneuil, s'en étaient occupés et n'étaient pas tombés d'accord sur l'étage auquel ces marbres devaient être rapportés. M. Leymerie a repris ces travaux déjà anciens et, d'après ses observations personnelles, le terrain devonien, dans lequel il place définitivement cette grande formation calcaire, se composerait, dans les Pyrénées, de trois assises bien distinctes, dont voici les traits caractéristiques pour la Haute-Garonne, tels que les donne M. Leymerie :

1° *Assise inférieure*, formée par des calcaires et calschistes ordinaires renfermant de rares trilobites (*Phacops*) et des fragments d'encrines, souvent divisibles en lopins aplatis, salis et un peu onctueux à la surface par la présence d'un schiste écailleux talcoïde qui se développe en certaines places, et par des dalles calcaires, lustrées à l'extérieur par la même matière, qui prend là un éclat subargentin (dalles lustrées).

2° *Assise moyenne*, composée de calcaire réticulé et de calschistes amygdalins gris ou colorés en rouge ou en vert, ou par ces deux teintes réunies, à ganglions souvent organiques, avec des schistes de mêmes couleurs, passant au schiste noraculaire ou au schiste siliceux compacte, ayant parfois à la cassure l'aspect de la porcelaine.

3° *Assise supérieure*, caractérisée par un grès blanchâtre à grains fins passant au quartzite, fréquemment divisible en petites pièces rhomboïdales où rectangulaires, associé à des schistes souvent ardoisiers, parfois flambés de rouge ou de vert, prenant en certaines places les caractères du schiste noraculaire connu dans l'assise moyenne.

— M. *Azam* présente une étude générale du phylloxera dans le département de la Gironde. Il envoie à l'Académie deux cartes sur lesquelles on peut suivre la marche de l'invasion dans ce département. M. Azam en étudiant les diverses natures du sol sur lequel sont plantées les vignes bordelaises, a constaté que le phylloxera s'est répandu un peu partout. Jusqu'ici les terrains argilo-calcaires sont les plus atteints ; les sols siliceux le sont très-peu. Il paraît probable que ceux-ci sont préservés par leur situation géographique, attendu qu'ils sont situés sur la rive gauche de la Garonne, que le mal a débuté sur la rive droite et que le vent dominant du Bordelais est le vent d'ouest. Cela permet de comprendre comment l'invasion a été beaucoup plus rapide vers l'est. Dès 1866, le phylloxera était signalé dans la Gironde, dans la commune de Floirac, très-près de Bordeaux. De là, il s'est répandu vers l'est, pour passer ensuite dans le département de la Dordogne et dans celui de Lot-et-Garonne. En même temps, des foyers se montraient disséminés vers le nord et le sud. Aujourd'hui, les ravages les plus considérables se trouvent au centre de l'attaque, où l'on récolte cependant encore du vin. Les autres ravages sont beaucoup moins importants. « Si l'on veut, dit M. Azam, juger d'une façon impartiale de l'état de la Gironde au point de vue du phylloxera, on doit se tenir à égale distance entre les deux opinions qui divisent les habitants. Le commerce des vins et les prêteurs ou emprunteurs sur hypothèques nient le mal ou l'apprécient d'une façon qui, en pratique, équivaut à la négation ; là est leur intérêt. Cette opinion est actuellement dominante. Par contre, les propriétaires sont très-alarmés et voient tous les vignobles perdus sans retour. Entre les deux extrêmes est la vérité. »

— M. *Galache* adresse une note sur la formation du guano. Le guano serait, suivant l'auteur, un gisement géologique au même titre que l'azotate de soude et autres sels que l'on trouve par grandes couches sur la côte du Pérou. Le guano serait une substance inorganique dans laquelle se rencontrent accidentellement des débris organiques qu'il a imprégnés des acides ou des sels dont il est lui-même composé.

— M. *B. Corenwinder* présente un mémoire sur la noix de bancoul. Le bancoul est un arbre de la famille des euphorbiacées ; on le désigne ordinairement sous le nom d'*Aleurites triloba*. On en connaît deux ou trois espèces dans les îles Moluques, à Ceylan, etc. Il abonde aussi en Cochinchine, en Nouvelle-Calédonie, à Taïti, etc. La grande quantité de fruits qu'il produit tombent sur le sol à la maturité. Ces fruits, ou noix de bancoul, se composent d'une enveloppe dure et ligneuse et d'une amande huileuse qui a fourni à l'analyse un peu plus de 62 pour 100 d'huile, et environ 23 pour 100 de substances azotées. Grâce à sa composition, cette graine, comme on le voit, mérite l'attention des industriels et des agriculteurs. L'auteur a également analysé le tourteau obtenu par la pression des amandes débarrassées le mieux possible de leurs coques. Cette analyse lui a permis de constater que le tourteau de Bancoul est très-riche en azote et en phosphates, et qu'il le serait encore davantage s'il ne contenait pas une certaine quantité de débris de l'enveloppe dure qu'on n'a pu complétement séparer des amandes. Le tourteau qui serait fabriqué avec des graines parfaitement décortiquées, pourrait contenir jusqu'à 9 pour 100 d'azote et 4 pour 100 d'acide phosphorique. Ce serait donc un engrais de grande valeur. L'huile de noix de bancoul est purgative. Pour l'éclairage, elle est supérieure à l'huile de colza et peut être employée très-avantageusement. Elle est aussi, dit-on, très-siccative et, appliquée en couches sur la coque d'un navire, elle la préserve, paraît-il, pendant très-longtemps de toute espèce d'altération. Maintenant, dans quelles conditions l'importation de la noix de Bancoul est-elle possible? Cette noix, malheureusement, ne renferme environ que 33 pour 100 d'amande; le reste est l'enveloppe ligneuse très-dure. Elle ne saurait donc être importée avec avantage, qu'après avoir été décortiquée sur place. Or, cette décortication est extrêmement difficile; mais, dit l'auteur, un mécanicien qui parviendrait à construire un appareil simple, peu coûteux, pouvant être transporté dans les colonies pour y réaliser le travail désiré, ferait probablement une bonne affaire et rendrait au pays un service signalé.

— M. *Cauvet* présente le résultat de ses recherches sur l'absorption des liquides colorés par les racines des plantes. L'auteur a expérimenté sur une plante bulbeuse en bon état, sur une plante bulbeuse à demi épuisée, sur des pois et de l'orge. Il a employé dans ses expériences la cochenille, l'orseille, le campêche, le safran, etc. La conclusion qu'il tire de ses observations est la suivante : « Les liqueurs colorées ne sont pas absorbées par les racines saines; on ne peut, à l'aide de ces liqueurs, déterminer la voie suivie par la séve dans sa marche ascendante. »

REVUE ASTRONOMIQUE

I. — COMPAGNON DE PROCYON.

Nos lecteurs se rappellent que, le 19 mars 1873, M. Otto Struve, directeur de l'observatoire de Pulkowa, découvrait, par un ciel d'une pureté exceptionnelle, près de la belle étoile Procyon, un petit corps lumineux situé sensiblement sur le même parallèle que l'étoile principale. Cette découverte émut profondément le monde astronomique ; Procyon présente dans son mouvement propre des irrégularités considérables que Bessel signala le premier en 1845 et qu'il attribua, ainsi qu'Auwers plus tard, en 1862, à la présence d'un satellite perturbateur de masse considérable, dont l'attraction troublerait le mouvement de l'astre central de ce monde éloigné. L'astre découvert par M. Struve était-il réellement ce satellite, et la théorie de Bessel et d'Auwers était-elle véritable ? Telle est la question que tout le monde se posa à cette époque. Dès l'origine, M. Struve la résolut dans le sens affirmatif : pour lui, cette étoile est le compagnon de Procyon, absolument comme la petite étoile découverte en 1862 par Alvan Clark, près de Sirius, est le compagnon de cette étoile. Aussi profita-t-il depuis de toutes les occasions pour mesurer micrométriquement, avec le puissant appareil de Pulkowa (quatorze pouces d'ouverture), les positions relatives du satellite et de l'étoile principale. En même temps, il priait ceux des astronomes qui possèdent des instruments de grande ouverture de chercher à voir aussi cet astre nouveau. Malheureusement, ni M. Newall, de Gateshead (Angleterre), avec son équatorial de vingt-cinq pouces d'ouverture, ni les astronomes de Washington, avec leur équatorial de vingt-six

pouces, ne purent apercevoir ce compagnon, que M. Struve leur signalait comme étant beaucoup plus faible que celui de Sirius et comme une étoile de treizième à quatorzième grandeur (sa grandeur est inférieure de deux classes à celle du compagnon de Sirius). La découverte de l'illustre directeur de l'observatoire central de Russie restait donc incertaine ; elle n'était point admise par tous. Ce savant ne se laissa point décourager et continua ses observations. En même temps M. Auwers, directeur de l'observatoire de Berlin, reprit à nouveau les calculs nécessaires à la détermination de l'orbite de Procyon. Il fut ainsi conduit à cette conclusion que le corps aperçu par M. Struve serait bien un satellite de Procyon, si, dans le courant des observations qu'on ferait au printemps de 1874, l'angle de position de cet astre augmentait de 9 à 10 degrés. Or, voici le résultat des observations de M. Struve : d étant la distance des deux astres, P leur angle de position, on a :

$$28 \text{ mars } 1873\ldots\ldots \quad d = 12'',49 \quad P = 90°,24$$
$$10 \text{ avril } 1873\ldots\ldots \quad d = 11'',67 \quad P = 99°,60$$

L'observation confirme donc bien ce que la théorie avait permis d'annoncer ; et l'on doit aujourd'hui considérer comme certain le fait qu'autour de Procyon, comme autour de Sirius, circule un satellite réagissant sur lui par son attraction et troublant son mouvement de translation dans l'espace, absolument comme la lune empêche la terre de décrire autour du soleil la courbe que notre planète décrirait si elle était seule.

Autre preuve non moins concluante : MM. Lindemann, astronome de Pulkowa, et Ceraski, de Moscou, ont pu voir et observer ce compagnon, sans avoir été préalablement avertis de sa position exacte par rapport à l'étoile principale.

II. — DE LA FORME ET DU DIAMÈTRE SOLAIRE AU POINT DE VUE DES OBSERVATIONS DU PASSAGE DE VÉNUS.

Le soleil est-il sphérique, en d'autres termes, son diamètre est-il le même, quelle que soit la direction dans laquelle on le mesure, ou au contraire sa valeur est-elle sujette à des variations périodiques quand l'orientation de la ligne de mesure varie elle-même d'une façon continue ?

Telle est la question qu'il faut tout d'abord résoudre si l'on veut pouvoir déduire des nombreuses observations photographiques ou autres du passage de Vénus tous les enseignements qu'elles comportent. Mais, quoique simple au premier abord, cette question est en réalité fort complexe : il y a, en effet, autant de valeurs du diamètre solaire que de façons de le déterminer. Au diamètre astronomique, donné par les observations méridiennes et que j'appellerai volontiers *diamètre oculaire*, il faut joindre le diamètre spectroscopique et le diamètre photographique déterminés par le spectroscope et la photographie. Il y a plus, la forme même du disque solaire est-elle la même pour ces trois genres d'observations ? Rien ne permet de l'affirmer *a priori*. La seule de ces questions qui ait été sérieusement étudiée jusqu'ici est celle de la forme oculaire du soleil, c'est-à-dire de la forme de l'astre radieux telle qu'elle apparaît dans une lunette astronomique. Elle a d'ailleurs depuis longtemps éveillé l'attention des astronomes. Au commencement de ce siècle, Berhard von Lindenau avait été conduit par l'étude des observations faites à Greenwich de 1750 à 1755 et de 1766 à 1785 à admettre que le soleil était un ellipsoïde dont l'aplatissement était de $\frac{1}{140}$ à $\frac{1}{279}$: un peu plus tard, Bianchi arrivait à un aplatissement de $\frac{1}{220}$. Puis Bessel et Le Verrier déduisaient de leurs recherches une conclusion tout à fait opposée : « Il n'y a pas, dans le diamètre du soleil, de variations périodiques s'élevant à 0',02. » Mais la question était bientôt étudiée d'une autre manière par les R. P. Secchi et Rosa, qui trouvaient pour les valeurs du diamètre solaire des valeurs variant périodiquement avec l'orientation : tout était donc encore remis en question. Aussi deux des plus célèbres astronomes contemporains, M. Auwers, de Berlin, et M. Simon Newcomb, de Washington, l'ont-ils repris *ab ovo* ; ils se sont servis d'un grand nombre d'observations du soleil, parmi lesquelles nous citerons celles faites à Greenwich par Bradley, Maskelyne et leurs assistants, celles de Bessel à Kœnigsberg, Struve à Dorpat, celles d'Oxford, Paris, Bruxelles, Neufchatel et Washington, et tous deux sont arrivés à la même conclusion, à savoir qu'il n'y a pas de variations périodiques avec l'orientation dans le diamètre du soleil déduit des observations astronomiques ; ou en d'autres termes que, pour l'observation faite avec les instruments ordinaires de l'astronomie, lunettes ou télescopes, le soleil est sphérique. Cette conclusion est fort importante pour la comparaison des observations de contact faites astronomiquement dans les différentes stations. Mais, pour que la question astronomique ou, comme nous l'avons dit, *oculaire*, fût complétement résolue, il faudrait encore expliquer entièrement les différences des valeurs obtenues pour le diamètre solaire par les différents observateurs avec des instruments différents.

Quant aux deux autres problèmes, celui de la forme et du diamètre solaire pour la spectroscop e et la photographie, les observations du dernier passage de Vénus fournissent à cet égard des renseignements fort intéressants dont nous rendrons compte dans un des prochains numéros de la *Revue*.

BIBLIOGRAPHIE SCIENTIFIQUE

Aperçu historique, statistique et clinique sur le service des ambulances et des hôpitaux de la Société française de secours aux blessés des armées de terre et de mer pendant la guerre de 1870-1871, par le docteur Chenu, médecin principal d'armée en retraite. (2 vol. in-4. Paris, librairie militaire de J. Dumaine.)

Parmi les nombreuses sociétés de secours aux blessés qui sont venues en aide à l'administration militaire dans la dernière guerre, la plus importante est sans contredit la *Société française* dont M. Chenu nous retrace l'histoire dans les deux gros volumes que nous avons sous les yeux. La tâche de M. Chenu, avons-nous besoin de le dire, était fort difficile à accomplir à cause de l'impossibilité de centraliser, comme il l'a fait pour les guerres de Crimée et d'Italie, les documents officiels fournis par l'administration militaire.

Le premier volume renferme une introduction où l'auteur étudie les questions relatives aux blessures de guerre et se termine par une statistique des pertes des armées françaises et allemandes et sur la nature des blessures des militaires français. Nous ne pensons pas que M. Chenu attache plus d'importance qu'il ne faut à cette statistique qui doit nécessairement fourmiller d'erreurs. Cependant il s'en détache clairement ce fait indiscutable que les armées allemandes ont perdu moins d'hommes par suite de maladies que par suite de blessures. C'est le contraire qui s'observe ordinairement dans toutes les guerres.

Puis vient l'histoire de la campagne présentant sommairement les faits qui peuvent le plus intéresser le lecteur. Ces faits, comprenant tout le théâtre de la guerre, sont rassemblés jour par jour et laissent voir ce qui se passait à la même date sur tous les points de la France successivement envahis.

L'histoire des ambulances de campagne et la revue des ambulances volantes ou sédentaires de Paris et de la province, organisées par la *Société de secours*, forme le chapitre suivant. L'histoire de ces ambulances montre, malgré le dévouement admirable des médecins et des gens du monde qui étaient à leur tête, qu'on ne fait pas de l'ordre avec du désordre, et que l'unité de direction est nécessaire pour arriver à un résultat, à l'armée plus que partout ailleurs.

« Les sociétés de secours, dit M. le docteur Le Fort dans son remarquable livre : *La chirurgie militaire et les sociétés de secours en France et à l'étranger*, les sociétés de secours peuvent rendre d'immenses services, à la condition que la limite de leur action sera nettement tracée et que certaines mesures seront prises à leur égard. Il faut prévoir et prévenir des abus qui pourraient se montrer dans des sociétés dont le recrutement n'offre pas les garanties que présentent les services officiels. La gestion de sommes considérables est confiée aux sociétés de secours, il ne faut pas que cet argent, dont l'ouvrier et le pauvre lui-même se sont dépouillés pour venir en aide aux souffrances de leurs concitoyens blessés pour la patrie commune, soit inutilement dépensé, il ne faudrait pas que l'argent destiné aux malades puisse servir à créer pour quelques personnes des situations qu'elles seraient tentées de prolonger longtemps après la guerre, ou peut-être même de rendre permanentes. L'inexpérience des affaires peut entraîner à passer des marchés analogues à ceux dont la dernière guerre et le dernier gouvernement nous offrent trop d'exemples ; l'inexpérience en matière administrative entraîne à des dépenses exagérées et inutiles ; la très-grande honnêteté est facilement la victime de l'indélicatesse deet l'intrigue. Il faut donc que l'État exerce, au nom de tous, une active surveillance sur ces sociétés ; il faut qu'à leur tête et à côté de leur président soit placé un représentant de l'État choisi par lui dans le haut personnel de l'administration militaire. Il faut qu'un compte fidèle, sérieux et détaillé de l'emploi des fonds soit remis aux souscripteurs, c'est-à-dire publié. On ne saurait admettre qu'un conseil qui a bien ou mal géré vienne contrôler lui-même les dépenses que lui-même a ordonnées, et juger de la loyauté des marchés que lui-même a passés. Ce serait en effet se couvrir d'une approbation dérisoire et sans valeur que de se borner à soumettre à une assemblée, composée de gens du monde, un compte de gestion qui ne peut être contrôlé que par la confrontation de nombreuses pièces et par un examen qui demande plusieurs mois et exige des connaissances spéciales. »

La seconde partie du premier volume est consacrée aux blessures qu'on a eu à soigner, aux traitements employés, aux résultats obtenus. Que M. Chenu nous permette de le lui dire, ce n'est là qu'une compilation sans valeur, où manque la critique et dont on ne peut retirer aucun profit pour l'avenir.

Le second volume, un formidable volume de 1038 pages, est tout simplement l'état nominatif des amputés, désarticulés, réséqués et blessés survivants qui ont obtenu des pensions de retraite ou des gratifications. Il est sans intérêt pour la science.

« Une idée générale, a dit M. de Ranse, rédacteur en chef de la *Gazette médicale de Paris*, manque à cet ouvrage. Ce n'est en définitive qu'un simple recueil de faits, de notes, de travaux, traduisant, dans les circonstances les plus diverses, des situations particulières, des impressions, des opinions personnelles, et qui restent ainsi complétement isolés ; pas d'étude comparative qui permette de les rapprocher, de les contrôler les uns par les autres et d'en tirer des inductions générales, soit pour la science, soit pour la pratique ; la méthode et l'esprit critique font également défaut. »

Ah ! l'avouerai-je, en fermant ce livre qui, avec l'histoire médicale des campagnes de Crimée et d'Italie, de Chine et de Cochinchine, de Syrie et du Mexique, constituera l'acte d'accusation le plus lugubre de ces dernières années contre la sottise humaine et la barbarie de ce siècle, j'ai vu repasser devant mes yeux, comme dans un cauchemar, les ruines, le sang, les larmes que nous réservait cette horrible année 1870, et en pensant aux tueries de l'avenir, aux tueries de demain, j'ai maudit la guerre et ceux qui la font et ce grand, ce noble, cet abominable métier des armes, négation de tout progrès véritable, de toute civilisation.

Bulletin des publications nouvelles

Le Soleil, par le Père A. Secchi, S. J. directeur de l'observatoire du Collége romain, correspondant de l'Institut de France. Deuxième édition, revue et augmentée. 1 vol. in-8° cavalier de 450 pages, avec 150 figures dans le texte et un atlas in-4° (Paris, Gauthier-Villars).

Traité des maladies et épidémies des armées, par A. Laveran, médecin major, professeur agrégé au Val-de-Grâce. 1 vol. in-8° cavalier de 736 pages (Paris, G. Masson).

Les consommations de Paris, par A. Husson, membre de l'Institut et de l'Académie de médecine. Deuxième édition. 1 vol. in-8° cavalier de 560 pages (Paris, Hachette). Br. : 7 fr. 50.

Causes et mécanisme de la coagulation du sang et des principales substances albuminoïdes, par M. le docteur Ed. Mathieu et M. V. Urbain. Un vol. in-8° (Paris, G. Masson, éditeur).

Causeries scientifiques, découvertes et inventions, progrès de la science et de l'industrie, par M. Henri de Parville. Un vol. in-8° orné de 74 vignettes (Paris, J. Rothschild, éditeur). Prix : 3 fr. 50.

Le Valhalla des sciences pures et appliquées, galerie commémorative et succursale du conservatoire des arts et métiers de Paris à créer dans le palais neuf de Mansart, au château de Blois, par le comte Léopold Hugo. (En vente chez tous les libraires.)

Insectivorous Plants, by Charles Darwin, M. A., F. R. S., etc. with illustrations (London, John Murray, Albemarle street).

Exposition analytique et expérimentale de la théorie mécanique de la chaleur, par G.-A. Hirn. 3° édition entièrement refondue. Tome Ier. 1 vol. gr. in-8° de 500 pages (Paris, Gauthier-Villars).

Sull' Azione della bile e di alcuni suoi componenti nei peptoni, per Jac. Moleschott, estr. dagli Atti della Reale Accademia delle Scienze di Torino, vol. X. Adunanza del 9 Maggio 1875 (Stamperia reale di Torino di G. B. Paravia e comp.).

Étude clinique sur la fistule à l'anus et son traitement au moyen de la section linéaire, par le docteur Jules Félix ; mémoire couronné par la Société de médecine de Gand (Bruxelles, Henri Manceaux, éditeur, rue des Trois-Têtes, 8).

CHRONIQUE SCIENTIFIQUE

Dans sa séance générale du 25 juin 1875, la Société d'encouragement pour l'industrie nationale a décerné à M. Jacques Siegfried, négociant à Paris, la grande médaille de Chaptal pour le commerce, laquelle fut, il y a six ans, remise pour la première fois à M. Ferdinand de Lesseps. La Société a voulu récompenser le zèle infatigable déployé par M. Jacques Siegfried pour ouvrir une voie nouvelle aux idées commerciales des Français. M. Siegfried, en effet, a été le fondateur de l'école de commerce de Mulhouse et l'organisateur de celles de Lyon et du Havre.

Des prix de 1000 francs ont été décernés à M. Cap, pour ses travaux sur la glycérine, à M. Ch. Tellier, pour ses recherches sur la conservation de la viande dans une atmosphère refroidie et suffisamment sèche. Un prix de 500 francs à M. Rouffia, pour la production de graine saine de vers à soie ; enfin diverses médailles d'or, de platine, d'argent et de bronze, à d'autres auteurs d'inventions diverses profitables à l'industrie nationale, notamment à M. Viollette, doyen de la Faculté des sciences de Lille, pour ses travaux sur la betterave.

— Le congrès international des sciences géographiques va recevoir, pour l'exposition suédoise, un météorite de dimensions tellement considérables, qu'il ne pourra trouver place dans les galeries des Tuileries : il sera placé sur la terrasse du bord de l'eau. — On annonce également pour l'exposition suédoise une représentation artificielle d'aurores boréales qui offrira le plus haut intérêt.

— En vertu d'une loi adoptée par l'Assemblée nationale le 26 juin 1875, il est ouvert au ministère de l'instruction publique, des cultes et des beaux arts, sur l'exercice 1874 (section I^{ro}, chapitre VII), un crédit supplémentaire de cent cinquante mille trois cent vingt francs soixante-quinze centimes (150 320 fr. 75), applicable aux dépenses de facultés et d'écoles de pharmacie. Il sera pourvu à cette dépense au moyen des ressources de l'exercice 1874.

— Les victorieux ne doutent de rien. Voici ce que le chroniqueur du *Temps* a lu dans un livre intitulé : *Manuel de géographie, première partie ; Orographie, Hydrographie et Géographie politique. — Ouvrage spécial pour l'examen d'enseigne dans l'armée allemande et pour les hautes classes des Realschulen, — par le docteur Moritz von Kalckstein, capitaine. (Deuxième édition, corrigée et augmentée, indiquant les changements territoriaux opérés en 1871)* :
» L'une des plus grandes entreprises industrielles de notre temps, d'une importance incalculable pour le commerce maritime, c'est la création de la nouvelle route maritime du canal de Suez, dont l'exécution est due à *M. Lesseps, consul accrédité de Prusse à Alexandrie avant le commencement des travaux.* »

Cette assertion du Loriquet prussien ayant été mise sous les yeux de M. de Lesseps, voici la note par laquelle M. de Lesseps y a répondu :

« Lorsque M. de Lesseps a obtenu, en 1853, la concession du canal de Suez, en dehors de l'influence de tout gouvernement, il était depuis cinq ans en disponibilité de son grade de ministre plénipotentiaire de France. Pas plus à cette époque que de 1831 à 1838, où il a géré les affaires de France en Egypte, M. de Lesseps n'a été chargé du consulat de Prusse. Voilà qui est clair.

» Mais ce n'est pas tout : l'entreprise du canal de Suez est représentée aujourd'hui par 500 millions de francs, et ce capital a été constitué pour les quatre cinquièmes par des actionnaires français, pour un cinquième par l'Egypte. Ce sont des ingénieurs français qui ont dirigé et exécuté les travaux, malgré l'opposition des gouvernements et des ingénieurs anglais, qui déclaraient l'entreprise impraticable. L'honneur appartient donc tout entier à la France, et de fait, avant M. Moritz Kalckstein, personne n'avait songé à le lui contester. »

— Des expériences faites récemment ont démontré que l'on peut obtenir la détonation de la dynamite par influence. Deux charges de dynamite étant complètement isolées et placées à une certaine distance l'une de l'autre, la détonation de l'une peut déterminer l'explosion de l'autre. Les effets obtenus varient suivant les conditions dans lesquelles les expériences se font. Ainsi les résultats diffèrent selon que les deux charges sont contenues dans des boîtes, ou exposées toutes les deux à l'air libre, ou placées sous l'eau, etc. Des expériences analogues ont été faites sur la nitro-glycérine, d'autres sur le fulmi-coton, dont les effets sont semblables à ceux de la dynamite et tout aussi puissants. Il est regrettable qu'on ne puisse se procurer facilement le fulmi-coton en France : on en obtiendrait de meilleurs résultats qu'avec la dynamite dans les travaux des mines, parce que les gaz sont bien moins délétères.

— La plus grande vitesse possible dans les trains de chemin de fer a été atteinte sur la ligne de Jersey à Trenton, dans l'Etat de New-Jersey de l'Amérique du Nord. La distance de 92 kilomètres qui sépare ces deux villes a été franchie en cinquante-neuf minutes par le train des journaux, dit *News paper's train*. La vitesse a dépassé 93 kilomètres à l'heure ; il n'y a eu qu'un arrêt d'une minute à Newark et un ralentissement à New-Brunswick. En partant de cette dernière station, le train a marché pendant trois minutes à raison de 137 kilomètres à l'heure.

— La Société de géographie a reçu tout dernièrement des nouvelles du docteur Harmand, parti, comme on sait, pour aller faire un voyage d'exploration dans l'empire d'Annam. Il est arrivé à Singapour et est déjà parvenu à recueillir bon nombre de photographies et autres objets intéressants dont il commence la collection.

M. l'abbé *Desgodins*, missionnaire au Thibet, a adressé à la Société une note dans laquelle il fait connaître ses idées sur la topographie thibétaine. D'après lui le fleuve Bramapoutre prendrait sa source à l'ouest du Thibet, dans la province de Hyaré, et ses sources seraient séparées de celles de Sutledje par une chaîne de montagnes.

— Une statistique récente établit, sans toutefois présenter cela comme un fait absolument constant, qu'il se produit à Paris un orage d'hiver tous les sept ans environ, soit quinze par siècle ; mais ils sont, paraît-il, répartis d'une manière très-inégale, plus fréquemment en janvier que dans les deux autres mois d'hiver.

— Le *Daily telegraph* a reçu une lettre de M. Henry Stanley (le même qui a découvert Livingstone) annonçant la réussite de son exploration du delta et du cours principal de la rivière Rufiji, qui coule vers la mer à soixante-dix milles de Zanzibar.

Le propriétaire-gérant : Germer Baillière.

PARIS. — IMPRIMERIE DE E. MARTINET, RUE MIGNON, 2.

LA
REVUE SCIENTIFIQUE

DE LA FRANCE ET DE L'ÉTRANGER

REVUE DES COURS SCIENTIFIQUES (2ᴱ SÉRIE)

DIRECTION : MM. EUG. YUNG ET ÉM. ALGLAVE

2ᵉ SÉRIE — 5ᵉ ANNÉE   NUMÉRO 4   24 JUILLET 1875

LA VIE DU LANGAGE

Comment chaque homme acquiert sa langue (1)

On ne saurait faire, au sujet du langage, une question plus élémentaire et en même temps plus fondamentale que celle-ci : Comment apprenons-nous à parler ? comment chacun de nous vient-il à posséder sa langue ? Toute la philosophie linguistique sera dans la réponse, si la réponse est vraie.

On répondra généralement que nous apprenons notre langue ; qu'elle nous est enseignée par ceux au milieu de qui s'élève notre enfance, et cette réponse, faite au nom de l'évidence et du sens commun, est aussi celle que la science nous donne au nom de l'analyse et de l'étude. Examinons ce qu'elle implique.

D'abord, elle exclut deux autres réponses possibles : la première, que les langues sont inhérentes aux races et que l'enfant en hérite de ses ancêtres comme il hérite de leur couleur, de leur constitution physique, etc.; la seconde, qu'elles se produisent spontanément chez l'individu au fur et à mesure qu'il se développe corporellement et intellectuellement.

Les faits les plus communs, les plus nombreux, les plus irréfragables, s'élèvent contre ces deux réponses. La théorie que la langue est caractéristique de la race est suffisamment réfutée par l'existence d'une nation comme la nation américaine, chez laquelle les descendants des Africains et des Asiatiques, des Irlandais, des Allemands et des peuples du midi de l'Europe parlent la même langue que les descendants des Anglais, sans autres différences que celles qui résultent de la localité et de l'éducation, sans apparence aucune de *langue maternelle* ou de *langue native*. Le monde est rempli

d'exemples semblables, petits ou grands. Tout enfant né en pays étranger parle la langue du pays, à moins que ses parents seuls l'entourent, ou, s'ils ne l'entourent exclusivement, parlent deux langues avec une égale facilité. Les enfants des missionnaires le montrent de la façon la plus frappante. En quelque endroit du monde qu'ils soient élevés et si complétement différente que soit la langue du pays de celle de leurs parents, ils la parlent aussi *naturellement* que les enfants des indigènes. Il suffit de placer une nourrice française auprès d'un enfant né de parents anglais, allemands, ou russes, élevé en Angleterre, en Allemagne ou en Russie, et d'éloigner de lui toute autre personne, pour qu'il parle le français de la même manière qu'un enfant français. Or, qu'est-ce que la langue française et le peuple qui la parle ? La masse du peuple en France est celtique, et les traits caractéristiques des Celtes sont chez lui parfaitement reconnaissables; cependant, l'élément celtique est en proportion à peine appréciable dans la langue française ; elle est presque entièrement romane, et reproduit sous une forme moderne le vieux latin. Il y a peu de langues sans mélanges dans le monde, comme il y a peu de races sans mélanges aussi; mais la fusion du sang n'a nul rapport avec la fusion des dialectes et n'en détermine ni la cause ni la proportion. L'anglais en fournit une preuve évidente. L'élément franco-latin de ce vocabulaire est dû, en ce qui concerne du moins les mots usuels et familiers, à la conquête normande. Les Normands étaient des Germains et les avaient empruntés aux Français, lesquels étaient des Celtes qui les avaient empruntés aux Italiens, et ceux-ci aux Latins, petit peuple qui n'occupait d'abord qu'un coin de l'Italie. Il serait inutile d'insister; nos recherches ultérieures sur les procédés par lesquels l'esprit acquiert le langage rendront ces exemples plus que suffisants.

Quant à la seconde théorie, celle qui veut que chaque individu procrée sa propre langue, et qui impliquerait que chacun reçoit par hérédité une constitution physique propre à produire inconsciemment une langue semblable à celle de ses ancêtres, elle suppose la première théorie et se heurte aux mêmes faits. Si l'on entend, par là, que la ressemblance

---

(1) Cet article est extrait d'un ouvrage de M. Whitney intitulé *La vie du langage*, qui paraît lundi dans la *Bibliothèque scientifique internationale* (1 vol. in-8° relié à l'anglaise, 6 fr.)

générale de constitution intellectuelle entre les membres d'une même société les conduit à formuler des systèmes de signes semblables entre eux, cette idée ne s'appuie pas davantage sur les faits d'observation ; car la distribution des langues et des dialectes n'a nul rapport avec les capacités naturelles, les inclinations et la forme physique de ceux qui les parlent. Les dons les plus divers et les plus inégaux se rencontrent chez ceux qui parlent, avec plus ou moins de perfection, une même langue, tandis que des esprits parfaitement égaux en force et en étendue ne peuvent communiquer ensemble s'ils appartiennent à des sociétés différentes.

Nous allons examiner tout de suite les procédés que suit l'esprit d'un enfant pour s'assimiler une langue. Les faits ici sont d'observation commune, et tout le monde est, en cette matière, critique compétent. Nous ne pouvons pas, il est vrai, suivre dans toutes ses opérations l'évolution des facultés du jeune sujet ; mais nous en voyons assez pour nous conduire à notre but.

La première chose que l'enfant doit apprendre avant de parler, c'est à observer et à distinguer les objets ; à reconnaître les personnes et les choses qui l'entourent dans leur individualité concrète, et à remarquer les actes et les traits caractéristiques de ces personnes et de ces choses. Nous exprimons là en quelques mots des opérations psychologiques très-compliquées qu'il n'appartient pas au linguiste de décrire dans tous leurs détails. Nous pouvons cependant dire en passant qu'il n'y a rien là dedans que l'animal ne puisse faire : Pendant ce temps, l'enfant exerce ses organes vocaux et s'en rend sciemment maître, tant par un instinct naturel qui le pousse à l'exercice de toutes ses facultés que par l'imitation des sons qu'il entend se produire autour de lui. L'enfant élevé dans la solitude serait comparativement silencieux. Ce progrès physique est analogue à celui du mouvement des mains. Pendant six mois l'enfant les agite autour de lui sans savoir comment ni pourquoi ; ensuite, il commence à remarquer leur existence, à les mouvoir sciemment et, enfin, à leur faire exécuter toutes sortes de mouvements volontaires. Il est plus lent à se rendre maître des organes de la parole ; mais le temps arrive où l'enfant imite les sons aussi bien que les mouvements produits par les personnes qui l'entourent, et où il peut les reproduire à peu près exactement. Auparavant il avait appris à associer des noms aux objets qu'il voyait, et cela parce que ses maîtres les lui montraient et les lui nommaient ensemble. C'est ici que l'on voit, au moins à un certain degré, la supériorité des facultés humaines. L'association des mots et des formes n'est sans doute pas chose très-facile, même pour l'enfant. Il ne saisit pas vite le rapport des sons et des choses, pas plus qu'il ne saisit vite, un peu plus tard, le rapport des signes écrits avec les sons. Mais on le lui redit tant et tant de fois qu'il finit par l'apprendre, de même qu'il apprend le rapport entre une verge et un châtiment, entre un morceau de sucre et le plaisir du palais. L'enfant commence à connaître les choses par leurs noms longtemps avant qu'il commence à prononcer ces noms. Quand il le fait, c'est d'une manière vague, imparfaite, et le son qu'il forme n'est intelligible que pour ceux qui ont coutume de l'entendre. Cependant, à partir de ce premier effort, il a réellement commencé à apprendre à parler.

Quoique tous les enfants ne commencent pas précisément par les mêmes mots, cependant leur premier vocabulaire est peu varié : *papa, maman, eau, lait, bon*. Et ici il faut remarquer combien les idées attachées à ces mots sont empiriques, imparfaites, et combien le procédé de l'esprit de l'enfant est borné à la surface des choses. Ce que signifient les noms de *papa* et de *maman*, l'enfant l'ignore complétement. Pour lui ces mots se lient à des êtres aimants et bienfaisants que distinguent plus particulièrement des différences dans le vêtement, et bien souvent il donnera le même nom à d'autres individus s'ils sont vêtus de même. La distinction du père et de la mère, en tant qu'individus de sexes différents, ne se présente que bien plus tard à son esprit, et cela, même en faisant abstraction du mystère physiologique, qu'aucun homme encore n'a jamais pénétré. Il ne connaît pas davantage la nature réelle de l'eau et du lait. Il sait cependant que parmi les liquides (mot qui n'arrive à son esprit que bien longtemps après et quand il a appris à distinguer les solides des liquides) mis sous ses yeux, il y en a deux qu'il reconnaît au goût et à l'aspect et auxquels les personnes qui l'entourent appliquent ces noms. Il suit leur exemple. Les noms sont provisionnels et servent de *nucleus* à des collections de connaissances ultérieures. Il apprendra tout à l'heure d'où proviennent ces liquides, et plus tard, peut-être, quelle est leur constitution chimique. Quant au mot *bon*, la première association du mot avec une idée quelconque est avec celle d'une sensation agréable du palais. D'autres sensations agréables viennent ensuite se ranger sous le même mot. Il l'applique à une conduite agréable aux parents, laquelle est telle en vertu de principes entièrement inintelligibles pour lui, et cette extension d'une chose physique à une chose morale est certainement très-difficile pour l'enfant. A mesure qu'il grandit, il ne fera peut-être qu'apprendre sans cesse et sous toutes les formes la distinction du *bon* et du *mauvais* ; mais quand il sera grand, il restera confondu en découvrant que les plus sages esprits n'ont jamais pu s'entendre sur le sens du mot *bon*, et qu'on ne sait encore s'il se rapporte à l'idée d'utile où à celle d'un principe indépendant et absolu.

Ce ne sont là que des exemples typiques destinés à montrer la marche de l'esprit humain dans l'acquisition du langage. L'enfant commence par apprendre et continue à apprendre. Son esprit a toujours devant lui un champ à parcourir qui dépasse ses forces. Les mots lui enseignent à former de vagues conceptions, à faire des distinctions grossières que plus tard l'expérience rendra plus exactes et plus précises, qu'elle approfondira, expliquera, corrigera. Il n'a pas le temps d'être original ; bien avant que ses vagues et premières impressions puissent se cristalliser spontanément sous une forme indépendante, elles sont groupées par la force de l'exemple et de l'enseignement autour de certains points définis. Cela continue jusqu'à la fin de l'éducation et souvent de la vie. Le jeune esprit apprend toujours les choses au moyen des mots, et il en est de toutes les idées qu'il acquiert comme de celle qu'il se forme d'un lion, ou de la ville de Pékin, d'après des estampes ou des cartes de géographie. Les distinctions faites par le système d'inflexions d'une langue aussi simple que la langue anglaise et par les mots de relations sont d'abord hors de la portée de l'enfant. Il ne peut saisir et manier que les éléments les plus grossiers du discours. Il ne comprend pas assez le rapport du pluriel au singulier pour employer les deux nombres, et le singulier sert à tout ; il en est de même du verbe qu'il emploie toujours à l'infinitif, au mépris des personnes, des temps et des modes. L'enfant est lent à saisir le secret de ces mots changeants qui s'appliquent aux personnes selon qu'elles parlent, qu'on leur parle, ou qu'on parle d'elles; il ne voit pas pourquoi chacun n'aurait pas un nom propre qu'on lui donnerait dans toutes les situations : il en use ainsi pour lui et pour les autres, et s'il essaye de faire autrement il s'embrouille complétement. Le temps et l'habitude lui viennent en aide (1). Ainsi, à tous égards, le langage est l'expression de la pensée exercée et mûrie, et le jeune esprit l'acquiert aussi vite que le permettent ses capacités naturelles et les circonstances favorables dans lesquelles il se trouve. D'autres ont observé, classifié, abstrait, et il ne fait que recueillir le fruit de leurs travaux. C'est exactement comme quand il apprend les mathématiques; il va de l'avant et il s'approprie jour par jour ce que les autres ont trouvé pour lui, au moyen des mots, des signes et des symboles; il devient ainsi, en peu d'années, maître de tout ce qu'il a fallu des générations et des générations pour produire, de ce que son intelligence laissée à elle-même n'eût jamais découvert en totalité ni peut-être même en partie, bien qu'il puisse être capable d'accroître cette somme de connaissances et de la léguer augmentée à ses descendants; de même qu'après avoir appris à parler, l'homme peut, ainsi que nous le montrerons plus tard, enrichir d'une manière ou d'une autre la langue qui lui a été transmise.

Ces faits en contiennent une infinité d'autres que la science linguistique n'a pas pour objet d'expliquer. Considérons, par exemple, le mot *green* (*vert*). Son existence dans notre vocabulaire implique d'abord la cause physique de la couleur, laquelle renferme toute la théorie de l'optique : c'est l'affaire du physicien; à lui de parler de l'éther et de ses vibrations, de la fréquence et de la longueur des ondulations qui produisent la sensation du vert. Vient ensuite la structure de l'œil; son admirable et mystérieuse sensitivité à cette sorte de vibrations; l'appareil nerveux qui sert à la transmission au cerveau des impressions reçues; l'organisme cérébral auquel ces impressions sont transmises : c'est l'affaire du physiologiste. Son domaine confine à celui du psychologue et souvent l'envahit. Celui-ci doit nous dire ce qu'il peut de l'intuition et de la conception intellectuelle, résultat de la sensation, considérées comme mode d'activité mentale ; de la faculté de comprendre, de distinguer, d'abstraire; et de la conscience ou connaissance générale. Il y a encore dans le mot *green* qui arrive à nos oreilles la merveilleuse puissance de l'ouïe, laquelle est analogue à celle de la vue : autre appareil nerveux qui note et transporte d'autres ondes vibratoires dans un autre milieu vibrant. Ce sujet appartient, comme celui de la vue, au physicien et au physiologiste. A eux aussi de parler des organes vocaux qui produisent des vibrations audibles sous l'empire de la volonté : actions voulues, mais non pas exécutées sciemment, et qui impliquent ce contrôle de l'esprit sur l'appareil musculaire qui n'est pas le moindre des mystères de la nature. Nous pourrions continuer indéfiniment à suivre la chaîne des causes et des phénomènes impliqués dans le plus simple fait linguistique; et au fond

---

(1) La somme de philosophie savante qui a été inutilement dépensée pour expliquer ce simple fait, comme s'il renfermait la distinction métaphysique du *moi* et du non *moi*, est chose véritablement incroyable.

du tableau resterait encore le suprême mystère de l'Être qu'aucun philosophe n'a pu faire autre chose que reconnaître et confesser. Chacun des sujets que nous venons d'indiquer a son importance et son intérêt pour celui qui fait du langage l'objet de son étude; mais ce n'est pas là sa principale affaire. Le fait qui occupe le linguiste est celui-ci : il existe un signe articulé, *green*, par lequel une société désigne une série d'ombres parmi les ombres et teintes diverses que produisent la nature et l'art; toute personne qui fait partie de cette société par la naissance ou par l'immigration, ou seulement par l'étude littéraire, apprend à associer ce signe à la sensation de ces ombres et à l'employer pour les désigner, et apprend de même à classifier sous d'autres signes les différentes teintes et couleurs. Voilà pour le linguiste le fait principal autour duquel les autres viennent se grouper comme auxiliaires. C'est celui qui lui sert de point de départ pour juger des autres faits et pour en apprécier la vapeur. Le langage dans chacun de ses éléments et dans son tout est d'abord le signe de l'idée; le signe qu'accompagne l'idée; faire d'un autre point de vue du sujet le point de vue central, c'est y introduire la confusion, c'est renverser les proportions naturelles de chaque partie. Et, comme la science de la linguistique s'attache à la recherche des causes et s'efforce d'expliquer les faits de langage, la première question qui se présente est celle-ci : comment est-il arrivé que ce signe ait été mis en usage? Quelle est l'histoire de sa production et de son application ? Quelle est son origine première et la raison de cette origine, si tant est que nous puissions les découvrir ?

Car il y a beaucoup de mots en usage dont on peut dire quand et comment ils ont commencé à être les signes des idées qu'ils représentent. Par exemple, une autre couleur, un rouge particulier, a été produit (ainsi que beaucoup d'autres) il y a quelques années par une certaine manipulation du goudron de houille qui, après réflexion et d'une façon conventionnelle, fut nommé par son inventeur *rouge Magenta*, du nom d'une ville rendue célèbre à ce moment par une grande bataille. Le mot *Magenta* fait aussi réellement et légitimement partie maintenant de la langue anglaise que le mot *green*, quoique celui-ci soit de beaucoup plus ancien et plus important, et ceux qui apprennent et emploient le premier le font exactement de la même manière que ceux qui apprennent et emploient le second, sans mieux en connaître l'origine. Le mot gaz est d'une introduction plus ancienne et d'un usage plus général chez nous, et il a autour de lui une respectable famille de dérivés et de composés — comme *gazeux, gazéifier, gazéiforme*, etc., — et même il s'emploie au figuré; cependant, il a été créé arbitrairement par un chimiste hollandais, Van Helmont, vers l'an 1600. La science, à cette époque, avait fait assez de progrès pour que l'on commençât à pouvoir concevoir la matière sous une forme aériforme ou gazéiforme, et ce mot se trouva introduit dans des circonstances qui le firent accepter de tout le monde, de sorte que *gaz* appartient aujourd'hui à toutes les langues de l'Europe. Les enfants le connaissent d'abord comme le nom d'un certain gaz particulier dont on se sert pour l'éclairage. Plus tard, s'ils sont convenablement instruits, ils en viennent à se former une idée scientifique de la chose dont ce mot est le signe. Raconter l'histoire de ces deux vocables, c'est raconter comment ont été produites les couleurs anilines et comment la pensée scientifique a fait un jour un important progrès. Nous ne pouvons pas remonter sûrement à la source du mot *green*, parce qu'il est infiniment plus vieux et se perd dans les temps préhistoriques; mais nous croyons lui trouver une parenté avec le mot *grow*, d'où on aurait nommé *green*, une chose *growing* (croissante). Les végétaux auraient donc donné lieu au mot *green*, et cette circonstance est d'un grand intérêt pour l'histoire de ce vocable.

Ce n'est pas ici le lieu de suivre cet ordre de recherches, et de considérer ce qu'on entend par trouver des étymologies, ou raconter l'histoire des mots depuis leur origine. Ce sujet nous occupera en temps et lieu. Nous remarquons seulement en passant que la raison qui fait qu'un mot se produit à l'origine et la raison qui fait qu'on l'emploie plus tard sont différentes l'une de l'autre. Pour l'enfant qui apprend à parler tous les signes sont, en eux-mêmes, également propres à exprimer toutes choses, et il se les approprierait indifféremment. Ainsi, les enfants nés dans des sociétés différentes, apprennent à exprimer la même chose par des mots divers : au lieu de *green*, l'Allemand dit *grün*, le Hollandais *groen*, le Suédois *grön*, — tous mots semblables à *green*, mais qui, pourtant, ne lui sont point identiques; l'enfant français apprend le mot *vert*, l'Espagnol *verde*, l'Italien *viride*, — mots qui se ressemblent et cependant diffèrent; le Russe dit *zelenii*, le Hongrois *zold*, le Turc *ishil*, l'Arabe *akhsar*, et ainsi de suite. Ces mots et tous les autres s'acquièrent par lui de la même manière. L'enfant les entend prononcer dans des circonstances qui lui font saisir les idées qu'ils représentent; à l'aide du mot, il apprend en partie à abstraire la qualité de couleur de l'objet coloré et à la concevoir séparément; il apprend à combiner, dans une conception générale, les différentes nuances de vert; à les distinguer des autres couleurs, comme le bleu, le jaune, dans lesquelles le vert se fond par gradations insensibles. Le jeune sujet saisi jusqu'à un certain point l'idée, et ensuite y associe le mot qui n'a avec elle qu'un lien extérieur et qui aurait pu être tout autre. Il n'y a point pour l'enfant de lien interne et nécessaire entre le mot et l'idée, et il ne connaît point les raisons historiques qui peuvent avoir créé ce lien. Quelquefois il demandera à propos d'un mot : *pourquoi?* comme il le demande à propos de toute autre chose; mais pour le jeune étymologiste (et souvent pour le vieux), il n'importe pas quelle réponse il reçoit, et même qu'il reçoive une réponse; l'unique et suffisante raison d'employer le mot, c'est que d'autres personnes l'emploient. Donc, on peut dire, dans un sens exact et précis, que tout mot transmis est un signe arbitraire et conventionnel : arbitraire, parce que tout autre mot, entre les milliers dont les hommes se servent et les millions dont ils pourraient se servir, eût pu être appliqué à l'idée; conventionnel, parce que la raison d'employer celui-ci plutôt qu'un autre est que la société à laquelle l'enfant appartient l'emploie déjà. Le mot existe θέσει, « par attribution » et non point φύσει, « par nature », si l'on entend par nature qu'il y a, dans la nature des choses ou dans la nature de l'individu, une cause de l'existence de ce mot, déterminante et nécessaire.

L'apprentissage de la parole fait évidemment l'éducation de l'esprit et lui fournit des instruments tout prêts. L'action mentale de l'individu se coule, pour ainsi dire, dans un certain moule préparé par la société à laquelle il appartient; il s'approprie les classifications, les abstractions, les vues courantes. Pour choisir un exemple : la qualité de couleur est si frappante et si saisissable pour nous, que les mots qui expriment les différentes couleurs ne suscitent pas l'idée, et ne font que la rendre plus prompte et plus distincte. Mais, pour la classification des nuances, le vocabulaire acquis sert beaucoup; ces nuances se rangent sous des noms principaux : *blanc*, *noir*, *rouge*, *bleu*, *vert*, et chaque nuance est soumise par l'esprit à la comparaison avec une couleur et rangée dans sa classe. Les langues différentes donnent lieu à des classifications différentes : il en est qui diffèrent tellement des nôtres, qui sont si incomplètes et si peu précises, que l'homme qui les parle y trouve très-peu de secours pour aider ses yeux et son esprit à distinguer les couleurs. Ceci est encore plus remarquable en ce qui concerne les nombres. Il y a des dialectes si rudimentaires, qu'ils sont aussi impuissants que les petits enfants devant les problèmes de la numération. Ils ont des mots pour exprimer les nombres *un*, *deux*, *trois*; mais après cela ils comprennent tous les autres sous le mot collectif *plusieurs*. Il est probable qu'aucun de nous ne serait allé plus loin s'il n'eût été secondé dans ses efforts; mais par le secours des mots, et des mots seuls (car telle est la nature abstraite des rapports des nombres, que plus que tout autre chose ces rapports ne peuvent être rendus saisissables que par les mots), des relations numériques de plus en plus compliquées sont tombées sous notre pouvoir, jusqu'à ce qu'enfin nous ayons acquis un système qui peut s'appliquer à tout, excepté à l'infini, le système décimal, c'est-à-dire celui qui procède par l'addition constante de dix unités de nature quelconque, pour multiplier par dix la valeur du nombre voisin. Et quelle est la base de ce système? Tout le monde la connaît : ce simple fait que nous avons dix doigts (*digits*), et que les doigts sont le substitut le plus commode pour les signes et les chiffres, le secours le plus prompt que puisse trouver l'esprit qui poursuit une numération. Un fait aussi externe et matériel, en apparence aussi vulgaire que celui-ci, a donné la formule générale de toute la science mathématique et, sans qu'il y songe, sert de moule à toutes les conceptions numériques de chaque enfant qui s'élève à l'école de la société. L'idée suggérée à l'origine par un fait d'expérience générale et commune a été, à l'aide du langage, convertie en une loi qui façonne et domine désormais la pensée humaine.

La même chose se produit à différents degrés et de diverses manières dans toutes les parties constituantes du langage. Nos prédécesseurs sur la terre ont employé leurs forces intellectuelles dans toute la suite des générations à observer, à déduire, à classer; nous héritons, dans le langage et au moyen du langage, des résultats de leurs travaux. Ainsi, ils ont fait la distinction entre *vivant* et *mort*; entre *animal*, *végétal* et *minéral*; entre *poisson* et *reptile*, *oiseau* et *insecte*; *arbre*, *buisson*, *herbe*; *rocher*, *caillou*, *sable*, *poussière*; et celle entre *corps*, *vie*, *intelligence*, *esprit*, *âme* et autres idées aussi difficiles. Ils ont distingué les objets de leurs qualités physiques et morales, et reconnu leurs rapports dans toutes les catégories : position, succession, forme, dimension, modes, degrés; tous, dans leur infinie multitude, sont divisés, groupés, comme les nuances des couleurs, et tous ont leur signe articulé qui les rend plus faciles à saisir et à reconnaître pour l'esprit de celui qui veut les grouper et les diviser à son tour. Il en est de même de l'appareil du raisonnement; la faculté de définir un sujet, de le discuter, de juger des rapports par la comparaison, ne nous vient que par le moyen du langage. C'est lui qui nous sert aussi à corriger les anciennes notions et à en acquérir d'autres. Il en est de même, enfin, de l'appareil auxiliaire des flexions et des mots composés, qui varient avec les différentes langues dont chacune choisis ce qu'il lui convient d'exprimer et ce qu'il lui convient de sous-entendre.

Chaque langage a donc son cadre particulier de distinctions établies, ses formules et ses moules dans lesquels sont coulées les idées de l'homme et qui composent sa langue maternelle. Toutes ses impressions, toutes les connaissances qu'il acquiert par la sensation ou autrement tombent dans ces moules. C'est là ce qu'on appelle parfois le langage interne, la forme mentale de la pensée, c'est-à-dire le corps de formules adaptables à la pensée. Mais c'est le résultat des influences extérieures; c'est l'accompagnement du procédé par lequel l'individu acquiert le vocabulaire. Ce n'est point un produit de forces internes et spontanées. C'est quelque chose qui s'impose du dehors à l'esprit et qui revient simplement à ceci : que le même sujet qui eût pu prendre toute autre direction a été conduit à voir les choses de cette manière, à les grouper d'une certaine façon, à les contempler intérieurement dans tels ou tels rapports.

Il y a donc, dans l'acquisition du langage, un élément de nécessité. Quelle que soit la langue que l'homme s'approprie elle devient son mode nécessaire de pensée, aussi bien que de parole. Il n'en conçoit pas d'autres même comme possibles. Comment en serait-il autrement, puisque la langue la plus pauvre, la plus incomplète, est infiniment plus complète et plus riche que celle que pourrait se créer à lui-même, sans le secours de la tradition, l'être le plus fortement doué? L'avantage de la tradition est si grand que ses désavantages ne sont rien en comparaison. Certainement, quand nous regardons les choses du dehors nous pouvons quelquefois dire avec un sentiment de regret : « Voici un homme dont les capacités dépassent la moyenne de la société dans laquelle il est né. Il eût été désirable qu'il fût né là où une langue plus élaborée, plus haute, eût développé ces capacités jusqu'au dernier degré de leur puissance »; mais nous devrions ajouter : « Cette langue barbare a pourtant servi à l'élever beaucoup plus haut qu'il ne se fût élevé de lui-même et sans son secours. » De plus il arrive très-souvent que la langue échue en partage à un individu est fort supérieure à ses capacités; qu'il est forcé d'acquérir une langue qu'il ne peut parvenir à bien comprendre et qu'il eût mieux valu pour lui qu'un dialecte inférieur eût été son lot.

On ne saurait dire tout ce que l'esprit acquiert en acquérant le langage. Ses impressions confuses se classent, il en acquiert la conscience d'abord et ensuite la connaissance réfléchie. Un appareil lui est fourni avec lequel il opère comme un artisan avec ses outils. Il n'y a pas en effet de comparaison plus exacte que celle-ci : les mots sont pour l'esprit de l'homme ce que sont pour ses mains les outils dont sa dextérité les arme. De même qu'il peut par le moyen de ces derniers manier et tailler des matériaux, tisser des étoffes, parcourir les distances, mesurer le temps avec bien plus d'exactitude qu'il ne le ferait pas ses seuls moyens naturels, de même il multiplie, au moyen des mots, les forces et les opérations de la pensée. Cette partie de l'usage du discours n'est aucunement aisée à définir dans ses proportions et ses effets parce que notre esprit est tellement accoutumé à se servir des mots qu'il ne peut plus se rendre compte de ce que les mots lui ont donné. Mais nous pouvons lui demander, par exemple, ce que serait le mathématicien sans le secours des figures et des chiffres.

L'influence de la langue apprise la première ne s'efface jamais d'un esprit. Ce sont des formes qui, une fois créées, ne sauraient être refondues. Quand nous apprenons une langue nouvelle, nous ne faisons plus que traduire ses mots dans la nôtre; les particularités de sa forme interne, le manque de rapports et de proportions entre ses moules et ses groupements d'idées avec nos moules et nos groupements nous échappent. A mesure que nous devenons plus familiers avec cette nouvelle langue, à mesure que nos conceptions s'adaptent à ses cadres et que nous commençons à nous en servir sans intermédiaires, c'est-à-dire à penser dans cette langue dans laquelle nous ne faisions d'abord que traduire notre pensée, nous nous apercevons que nos habitudes mentales changent, que nos idées se coulent dans de nouveaux moules et que la phraséologie d'une langue est chose incommutable et inconvertible. Peut-être est-ce ici que nous voyons le plus clairement combien la nécessité préside à l'apprentissage du langage. Certainement un Polynésien ou un Africain, exceptionnellement doué, qui apprendrait une langue européenne — l'anglais, le français, l'allemand — se trouverait ainsi en état de penser plus, mieux et autrement qu'il n'eût pensé dans sa langue maternelle et s'apercevrait des entraves que cette langue imparfaite avait mises à l'exercice de ses facultés. Les hommes d'étude du moyen âge qui employaient le latin pour exprimer leur pensée quand il s'agissait de choses élevées, le faisaient, en grande partie, parce que les dialectes populaires n'étaient pas encore assez développés pour servir dans ces choses à l'expression de la pensée.

A tous les autres égards, le procédé qui suit l'esprit pour acquérir une seconde langue est exactement le même que celui qu'il suit d'abord pour acquérir la *langue maternelle*; c'est un procédé de mnémotechnie appliqué à un corps de signes représentant des conceptions et des rapports, et mis en usage dans une société existante ou passée — signes qui n'ont pas plus que ceux dont nous nous servons nous-mêmes un lien nécessaire avec les conceptions qu'ils expriment, mais sont, comme eux, arbitraires et conventionnels; signes dont nous acquérons la possession par l'occasion, l'aptitude, l'effort, et le temps consacré à cette acquisition; arrivant même quelquefois, sous l'empire de circonstances favorables, à substituer, dans l'usage habituel et familier, la langue nouvellement apprise à la langue sue la première, laquelle est souvent oubliée.

Nous nous rendons mieux compte en apprenant une seconde langue ou langue étrangère, qu'en apprenant notre langue maternelle que l'acquisition d'une langue est un travail sans fin; mais cela est tout aussi vrai de l'une que de l'autre. Nous disons bien qu'un enfant sait parler quand il a acquis un certain nombre de signes qui suffisent aux besoins ordinaires de la vie dans l'enfance, sachant qu'il possède dans ses facultés naturelles le moyen d'en faire autant d'instruments pour acquérir d'autres signes. Mais il n'en sait probablement que quelques centaines, et en dehors de ce petit nombre de mots, l'anglais est une langue aussi inconnue pour lui que l'allemand, le chinois, ou le quechua. Même les idées qu'il peut parfaitement saisir si elles sont exprimées dans sa phraséologie enfantine, sont inintelligibles pour lui si on les lui présente dans le langage des hommes faits. Ce qu'il possède, c'est surtout la moelle du langage, pourrions-nous dire : ce sont des mots pour les conceptions usuelles, ceux dont on se sert tous les jours. A mesure qu'il grandit, ses facultés se développent, il en acquiert davantage dans différentes directions de la pensée, selon les circonstances. Celui qui sera voué aux travaux manuels n'apprendra rien de plus que les mots techniques de sa profession; celui qui n'a qu'à se perfectionner lui-même et qui après sa première éducation doit continuer toute sa vie à accroître la somme de ses connaissances, celui-là s'appropriera constamment des mots nouveaux et s'élèvera à une phraséologie supérieure. Il arrivera à posséder le vocabulaire entier des gens cultivés, à le comprendre, à s'en servir avec intelligence. Cependant il restera encore des masses de mots qu'il ne possédera pas et des formes de style auxquelles il ne pourra point atteindre. Le vocabulaire d'une langue riche, ancienne et élaborée comme la langue anglaise, peut être évalué sommairement à cent mille mots (sans y comprendre une foule de vocables qui devraient être considérés comme en faisant partie), mais il y en a à peine trente mille employés dans le langage ordinaire des gens cultivés. On a calculé que les trois cinquièmes des mots anglais suffisent aux besoins ordinaires de la société polie, et les personnes vulgaires en connaissent infiniment moins. Il est clair, en ce cas plus qu'en tout autre, que l'homme apprend son langage et n'arrive à parler que par la mémoire. Car tout l'accroissement des trésors linguistiques de l'individu a lieu par des opérations tout à fait extérieures, c'est-à-dire en entendant, en lisant, en étudiant ; ce n'est évidemment qu'une extension, dans des conditions un peu différentes, du procédé appliqué par l'esprit à l'acquisition du premier *nucleus* ; et le tout se passe exactement de même dans l'apprentissage de toutes les langues, la sienne propre et les langues étrangères.

Nous voyons encore se dégager la même vérité si nous considérons de plus près les relations changeantes qui existent entre nos signes linguistiques et les conceptions qu'ils expriment. La relation est établie d'abord par un procédé d'essai sujet à erreur et à correction. L'enfant s'aperçoit bientôt que les noms n'appartiennent pas en général à des objets isolés, mais à des classes d'objets semblables; sa faculté de reconnaître les ressemblances et les différences, faculté fondamentale de l'homme, est dès le début mise en action par la nécessité constante de bien employer les noms. Mais les classes sont de différentes espèces, de différente étendue, et le critérium pour les déterminer est obscur et embarrassant. Nous avons déjà remarqué combien les enfants commettent souvent cette erreur d'employer les mots de *papa* et de *maman* pour signifier homme et femme. Ils sont troublés quand ils s'aperçoivent qu'il y a d'autres *papas* et d'autres *mamans* auxquels ils ne doivent pas donner ces noms. Un peu plus grand, l'enfant apprend à prononcer, par exemple, le nom de *Georges*, mais il découvre qu'il ne doit pas appeler *Georges* des êtres très-semblables à celui auquel ce nom appartient, et qu'il y a pour cela un autre mot, celui de *garçon*. Il fait connaissance avec d'autres *Georges*, et trouver le lien qui les lie est un problème qui passe sa portée. Il apprend également à nommer *chien* une variété d'animaux d'apparence très-diverse, et il ne peut pourtant prendre la même liberté avec le *cheval*; quoique

es mules et les ânes ressemblent beaucoup plus au cheval que les chiens de chasse ne ressemblent aux chiens d'appartements. Il faut qu'il distingue cheval, âne et mulet, chacun par son nom. Le soleil, représenté dans un tableau, s'appelle encore le *soleil*, et, dans une société cultivée, l'enfant apprend bien vite à reconnaître la représentation peinte des objets, à donner le même nom à la réalité et à l'image, et à saisir le rapport entre l'une et l'autre ; tandis que le sauvage, arrivé à l'âge d'homme, reste complétement confondu devant un tableau et n'y voit que des lignes et des traits confus. Un jouet qui représente une maison ou un arbre s'appelle encore *arbre* et *maison ;* mais une autre espèce de jouet qui représente une créature humaine a un nom particulier et s'appelle une *poupée*. Les mots qui indiquent des degrés ne sont pas moins changeants dans leurs applications ; *près* est quelquefois la distance d'un pouce, quelquefois d'un mètre; une *grosse* pomme n'est pas aussi grosse qu'une *petite* maison; *longtemps* signifie quelques minutes ou quelques années. Les inconséquences de la langue sont à l'infini, et jusqu'à ce que l'expérience soit venue les expliquer, il y a matière à mille erreurs. De plus, il y a des cas dans lesquels la difficulté est plus persistante et quelquefois elle n'est jamais levée. Ainsi, même les adultes continuent à faire entrer dans la classe des *poissons* les baleines et les dauphins, jusqu'à ce que la connaissance scientifique vienne montrer la différence fondamentale qui se cache sous la ressemblance superficielle.

Mais c'est surtout dans les matières dont la connaissance s'acquiert d'une façon plus artificielle que les idées du commençant sont vagues et insuffisantes. Par exemple, l'enfant apprend les définitions et les rapports géographiques sans avoir aucune idée juste des objets auxquels ces définitions et ces rapports s'appliquent; une carte de géographie, la plus inintelligible de toutes les peintures, est une énigme ; et même l'enfant plus âgé, l'homme fait, a des idées très-défectueuses des objets représentés dans ces cartes, idées qu'une expérience exceptionnelle peut seule rectifier plus tard. Les localités que nous n'avons point vues continuent à se présenter à notre imagination sous les formes les plus fausses. Tout homme instruit parlera de Pékin, de Sedan, d'Hawaii, du Chimborazo ; mais s'il ne les a jamais vus réellement, il ne se les représente point comme celui qui les a vus. Nous devons être très-attentifs dans l'éducation à ne pas pousser les enfants trop en avant, de peur de n'élever dans leur esprit que des édifices artificiels de mots qu'aucune idée n'éclaire. Et cependant, cet inconvénient est jusqu'à un certain point inévitable. Une foule de grandes conceptions sont jetées dans un jeune esprit et y sont retenues par quelque pauvre association d'idées, comme des cadres vides, que le travail ultérieur de sa pensée remplira, au fur et à mesure de son développement intellectuel. L'enfant est visiblement incapable de savoir, à l'époque où on les lui enseigne, ce que signifient les mots de *Dieu, bon, devoir, conscience, monde* et même ceux de *soleil, lune, poids, couleur,* lesquels comprennent infiniment plus de choses qu'il n'en peut soupçonner. Mais le mot est un *nucleus* autour duquel viendront se grouper successivement les connaissances qu'il acquerra, et il approchera tous les jours davantage de la conception juste, même quand elle est de celles que la sagesse humaine n'a jamais atteintes encore. La condition de l'enfant après tout ne diffère de celle de l'homme que par le degré et par un degré moindre qu'on ne le croit. Nos mots ne sont que trop souvent des signes pour des généralisations vagues, précipitées, indéfinies, indéfinissables. Nous nous en servons assez bien pour les besoins ordinaires de la vie sociale, et la plupart des hommes s'en contentent, laissant au temps et à l'étude le soin de les éclaircir s'ils peuvent ; mais il en est peu dont l'esprit soit assez indépendant, fût-il assez fort et assez dégagé d'autres préoccupations, pour se rendre compte de la valeur intime de chaque mot, pour le soumettre à la pierre de touche de l'étymologie, pour limiter exactement sa signification.

Nous sommes presque tous des penseurs faciles et nous parlons comme nous pensons, d'une façon lâche, tombant dans une foule d'erreurs par l'ignorance où nous sommes du véritable sens des mots que nous employons à la légère. Mais l'homme le plus sage et le plus profond trouverait impossible de donner aux mots des définitions assez précises pour éviter tout malentendu, tout faux raisonnement, surtout dans les matières subjectives où il est difficile d'amener les concepts à des vérifications exactes ; de façon que les différences d'opinions chez les philosophes prennent la forme de disputes de mots, que la controverse repose sur l'interprétation des termes, que l'écrivain qui vise à l'exactitude doit commencer par expliquer son vocabulaire, qu'après cette précaution il ne peut parvenir à rester fidèle lui-même à ses propres définitions, et qu'il arrive toujours un adversaire ou un successeur qui vient prouver à cet homme sage et profond qu'il a manqué de correction dans les termes, que tout son raisonnement repose sur un mot mal compris et qui réduit en poudre le magnifique édifice de vérités qu'il croyait avoir bâti.

Nous voyons par toutes ces considérations combien les signes articulés sont loin d'être identiques avec l'idée. Ils ne le sont que comme les signes mathématiques sont identiques avec les concepts, avec les quantités, avec les rapports numériques, et rien de plus. Ils sont, comme nous l'avons dit en commençant, le moyen d'expression de la pensée, et des instruments auxiliaires pour la production de cette même pensée. Une langue acquise est quelque chose qui s'impose du dehors à l'esprit et qui détermine les procédés et les résultats de l'activité cérébrale. Une langue agit comme un moule qui serait appliqué à un corps en voie de croissance, et c'est parce qu'il modèlerait ce corps qu'on pourrait dire qu'il en a déterminé « la forme interne ». Cependant, ce moule est lâche et, lui-même, élastique. L'esprit, à son tour, en change la forme ; il perfectionne les classifications données par les mots existants ; il travaille de façon à acquérir des connaissances et des vues que ceux-ci ne lui avaient pas données. Nous n'avons tant insisté sur ce que le langage apporte d'idées au jeune esprit que parce que le rôle de celui-ci est, au commencement, presque purement passif ; mais dans les chapitres suivants nous tiendrons compte de son activité propre et créatrice.

Rien de ce que nous avons dit jusqu'ici ne doit s'interpréter comme une négation de la force active et créatrice de l'esprit, ni comme une affirmation que celui-ci acquiert par l'éducation une faculté qu'il ne possède pas par nature. Tout ce qu'implique le don de la parole appartient à l'homme d'une manière indéfectible ; seulement ce don se développe et ses résultats se déterminent par l'exemple et par l'enseignement. L'esprit n'accomplit rien par leur influence qu'il n'eût pu accomplir de lui-même, étant donné un temps suffisant et des conditions favorables, par exemple la durée de quelques centaines de générations ; mais, quant à sa manière d'opérer aujourd'hui, il la doit à la tradition orale. L'acquisition du langage est une partie de l'éducation comme toutes les autres connaissances.

W.-D. WHITNEY,
Professeur de philologie comparée
à Yale-College, New-Haven (Etats-Unis).

COLLÉGE DE FRANCE

HISTOIRE NATURELLE DES CORPS INORGANIQUES

COURS DE M. CH. SAINTE-CLAIRE DEVILLE (1)

De l'Institut

II

Application de la méthode d'Ampère à la classification des sciences géologiques

Dans la première leçon, j'ai exposé les principes généraux sur lesquels Ampère a basé sa classification des connaissances humaines. Je crois avoir montré que, bien qu'en réalité sa méthode soit une méthode artificielle, elle fournit néanmoins un guide précieux pour dresser l'inventaire complet et systématique de toutes les acquisitions de l'intelligence : qu'elle offre, en particulier, à chacun des grands embranchements des sciences physiques et naturelles un cadre, où viennent se ranger avec ordre les richesses patiemment accumulées par l'esprit d'investigation.

Vous vous rappelez que cette méthode est fondée sur une double considération :

La nature de l'objet étudié, qui imprime à la science son caractère propre ; puis, dans chacune des sciences de premier ordre ainsi constituées, l'intervention de quatre points de vue, communs à toutes, parce qu'ils appartiennent à l'esprit humain, instrument nécessaire et commun à tous les genres d'investigation ; enfin le rapprochement, deux à deux, des quatre sciences secondaires ainsi déterminées ; d'où résultent deux groupes d'ordre intermédiaire, à savoir : les *sciences élémentaires* et les *sciences supérieures* ou *comparées*.

Pour être juste, il faut reconnaître que ce double moyen de classification avait déjà été proposé, au siècle dernier, par d'Alembert, dans son *Explication détaillée des connaissances humaines* et dans un article de l'*Encyclopédie* (2). La méthode qu'il propose est encore, comme celle d'Ampère, une sorte de tableau à double entrée, fondé à la fois sur la nature de l'objet étudié et sur les facultés de l'intelligence humaine. Seulement ici, l'ordre est inverse de celui qui a été adopté par Ampère. On classe d'abord par la nature des facultés, au nombre de trois : mémoire, entendement, imagination ; d'où

---

(1) Voyez le volume précédent, page 1209, n° du 19 juin 1875.
(2) *Œuvres de d'Alembert*, 1821, in-8°, Belin et Bossange, t. Ier, 1re partie, p. 99, *Explication détaillée du système des connaissances humaines*, et p. 110, *Observation sur la division des sciences du chancelier Bacon* (article encyclopédique).

trois grandes divisions, dans lesquelles se rangent successivement diverses sciences, fondées sur la nature de l'objet étudié.

Il serait superflu, d'ailleurs, de montrer combien la conception de notre grand physicien est supérieure à celle du célèbre philosophe du siècle dernier.

Mais, tout en reconnaissant la justesse et l'élévation de ce point de vue général, je n'ai pas hésité, messienrs, à vous signaler ce qui me paraissait une lacune dans le système du savant classificateur. Je vous ai fait remarquer que la nécessité de tenir compte des applications que l'homme a faites à ses besoins matériels ou moraux des résultats acquis par la science pure, l'avait engagé à dédoubler chacune des grandes divisions fondées sur la nature même de l'objet en deux sous-divisions, dont l'une a pour unique objet les applications. D'où résultait une équiparité tout à fait anormale entre deux classes de sciences, dont les unes ont pour but l'étude des phénomènes naturels et la découverte des lois qui les régissent, tandis que les autres ont une destination purement humaine, celle d'utiliser pour nos besoins matériels ou moraux les connaissances acquises par les premières. Il m'a paru que cette anomalie, qui a frappé d'ailleurs les philosophes qui ont apprécié cette méthode, résultait uniquement de ce que l'illustre auteur était lui-même infidèle à son principe, en instituant une science de premier ordre, non d'après la nature de l'objet étudié, mais d'après le point de vue sous lequel il est étudié.

Pour faire disparaître cette anomalie, il suffisait donc, dans chacune des sciences de premier ordre, de ranger sous un cinquième point de vue, le point de vue *technique* ou *énergétique*, tout ce qui se rapporte à l'appropriation que l'homme a faite à ses besoins des résultats acquis par lui en se plaçant successivement aux quatre autres points de vue ; ou, pour rendre ma pensée d'une façon à la fois plus juste et plus élevée, tout ce que son génie inventif, guidé par l'étude comparative des causes et de leurs effets, a su ajouter de créations nouvelles ou, du moins, de modifications profondes au milieu naturel qui l'entoure.

Ainsi débarrassées de cet appendice technologique, que chacune d'elles traînait péniblement à sa suite, les grandes sciences cosmologiques se réduiraient, dans la méthode d'Ampère, à deux sciences physiques : la physique générale et la géologie, et à deux sciences naturelles : la botanique et la zoologie.

On peut se demander pourquoi la minéralogie ne figure pas ici, en qualité de science naturelle, à côté de la botanique et de la zoologie. Si, en effet, on entend, comme on le fait généralement, par science naturelle toute science (quelle que soit, d'ailleurs, la nature des instruments ou des moyens d'investigation auxquels elle a recours) qui a pour objet l'étude de l'un des trois groupes d'êtres qui constituent la création, la minéralogie (1) est une science naturelle, au même titre que la botanique et la zoologie. A ce point de vue, le savant qui cherche à marcher sur les traces des Werner et des Haüy, a sa place marquée près ce ceux qui suivent la bannière des Jussieu, des Cuvier, des Geoffroy Saint-Hilaire. Et, si les entraînements du moment semblent peu favorables à ceux qui restent fidèles à ce drapeau, qu'ils ne se découra-

gent pas. Le temps n'est peut-être pas éloigné où l'on s'apercevra qu'en sacrifiant trop exclusivement l'observation des faits naturels à l'esprit d'expérimentation, on tuerait, sans le vouloir, sa poule aux œufs d'or.

Mais, en réalité, ces deux expressions — *sciences physiques, sciences naturelles* — ne signifient, dans la pensée d'Ampère, autre chose que : *Science des corps inorganiques, science des corps organisés.*

L'auteur l'explique très-clairement. Dérivant le mot *naturelles* du latin *natus, nasci,* né, naître, il pense qu'on devrait réserver l'expression de *sciences naturelles* à celles qui étudient « les êtres qui naissent, et, par conséquent, croissent, se reproduisent et meurent (1). »

L'usage a trop longtemps prévalu de comprendre sous le nom de *nature* l'ensemble des êtres de la création, pour qu'on puisse admettre l'emploi qu'en propose Ampère. Il faut seulement distinguer très-nettement la nature *organisée* de la nature *inorganique.*

C'est là, en effet, le caractère capital.

Il y a une limite tranchée, une démarcation, en quelque sorte absolue, entre ce qui a vie et ce qui ne l'a pas. Le minéral est toujours identiquement semblable à lui-même dans toutes ses parties et dans tous les moments de son existence. En si petits fragments que vous supposiez réduit ce fragment de chaux fluatée ou de sel gemme, tout ce que vous pourrez concevoir du résultat de cette division, ce sera une parcelle extrêmement petite, ayant la même composition chimique, les mêmes propriétés physiques que le fragment primitif et possédant une forme semblable à la sienne ou réductible, par des procédés géométriques, à cette forme elle-même.

Si nous examinons l'être vivant dans ses diverses parties, nous ne trouvons plus cette répartition uniforme de la matière, ni cette immobilité, cette invariabilité des éléments. On reconnaît que les matériaux qui composent un animal ou une plante subissent un renouvellement incessant ; d'où résulte un mouvement incessant, intime. Loin qu'ici toutes les particules matérielles puissent être prises indifféremment l'une pour l'autre et remplissent le même rôle, on distingue parfaitement, dans la constitution de l'animal ou du végétal, des différences qui se trahissent par la forme, par la composition, enfin par les fonctions : de sorte que chacune de ses parties a un but spécial dans l'ensemble ; en d'autres termes, cet être est pourvu d'*organes*, destinés à fonctionner pour l'existence et la conservation de l'individu.

Ces organes le mettent constamment en rapport avec le milieu qui l'entoure, et aux propriétés duquel les leurs sont admirablement adaptées. Si vous l'arrachez à ce milieu pour le mettre dans un autre qui lui soit moins favorable ou qui lui soit antipathique, l'être organisé le témoigne par son dépérissement ou même par sa *mort*, c'est-à-dire par l'affaiblissement ou l'anéantissement absolu des fonctions remplies par ses organes.

Cette destruction, cette mort est, d'ailleurs, inévitable pour

---

(1) Ou plutôt la lithologie.

(1) Pour Ampère, le mot *monde* ne devrait, au contraire, comprendre que « l'ensemble inorganique de l'univers ». De sorte que « le monde, la nature, l'homme embrassant l'univers dans sa pensée » et s'élevant par elle jusqu'à son créateur, les sociétés humaines » enfin, tels seraient les quatre objets auxquels se rapporteraient » toutes nos connaissances ». Ces distinctions ne semblent pas heureuses : il n'y a qu'un monde, qui se subdivise en trois règnes.

tout être vivant ; elle est la conséquence nécessaire de la vie elle-même. Elle est liée au *mode commun d'origine* qui appartient à tous les êtres vivants, et qui est essentiellement différent de ce qui a lieu dans la production d'un minéral.

Le *minéral* naît ordinairement de la rencontre de deux ou de plusieurs substances qui, par leur nature, diffèrent considérablement de la sienne, et qui se combinent entre elles en raison des affinités chimiques dont elles sont douées.

Un être vivant, au contraire, n'est jamais le produit de ces combinaisons spontanées de la matière : il ne peut se former que sous l'influence d'un corps vivant, semblable à lui ; et cette existence, il la transmettra, par la reproduction, de la même manière à des individus qui lui ressembleront : d'où résulte une succession non interrompue d'individus qui naissent les uns des autres et se ressemblent entre eux (1).

L'existence de l'organe ou, si l'on veut, de la vie organique, dans un individu, est donc un critérium de premier ordre, et l'on peut, par son moyen, le ranger avec une entière certitude dans l'une ou dans l'autre des deux catégories d'êtres naturels.

En substituant dans la nomenclature d'Ampère, aux mots *sciences physiques* et *sciences naturelles*, ceux de *sciences des corps inorganiques, sciences des corps organisés*, on aurait le double avantage de caractériser nettement la séparation entre ces deux ordres de sciences, et d'en faire disparaître cette anomalie, consacrée, il est vrai, par l'usage, qui consiste à opposer l'une à l'autre deux expressions, *physique* et *naturelle*, qui présentent identiquement le même sens littéral.

Avant de chercher l'application de la méthode à l'ensemble des sciences géologiques, voyons d'abord comment Ampère a compris lui-même cette application.

Géologie.	Géolog. élémentaire.	Géographie physique. Minéralogie.
	Géolog. comparée.	Géonomie. Théorie de la terre.

On peut encore ici se demander si, dans cette application de sa méthode aux sciences géologiques, l'illustre classificateur a bien fidèlement suivi les principes mêmes de cette méthode.

En effet, on voit bien d'abord une science de premier ordre, la *Géologie*, parfaitement caractérisée par la nature des objets qu'elle se propose d'étudier ; puis, chacun des quatre points de vue donnera naissance à une science de troisième ordre, et ces quatre sciences, se groupant deux à deux, formeront la géologie élémentaire et la géologie comparée.

Je vois bien aussi que, de ces deux dernières, l'une, la *géonomie*, établira les lois qui résultent de la comparaison des phénomènes observés dans les deux premières sciences, et des modifications qu'ils éprouvent suivant les temps et suivant les lieux ; que l'autre, la *Théorie de la terre* ou *géogénie*, procédera, à l'aide de tous ces matériaux, à la recherche d'une inconnue, cachée plus profondément encore, et remontera autant que possible, des faits connus et des rapports observés, aux causes qui les ont produits. Mais je ne vois pas

aussi nettement, dans le choix des deux premières sciences du troisième ordre, l'application des principes de la méthode.

En effet, la science qui, pour Ampère, représentera le point de vue autoptique, sera la *géographie physique* et quel sera son but ? Je le laisse parler lui-même :

Sciences du troisième ordre relatives à la composition du globe terrestre, à la nature et à l'arrangement des diverses substances dont il est formé.

« 1° *Géographie physique*. — Étudier non-seulement les
» accidents de la surface du globe, les mers, les fleuves, les
» plaines, les montagnes, les directions et les hauteurs res-
» pectives de leurs chaînes ; mais encore tout ce qui est
» relatif à l'aspect général qu'offrent dans chaque pays les
» végétaux et les animaux qui l'habitent, aux variations que
» présentent, en divers lieux et en divers temps, les phéno-
» mènes dont la physique expérimentale ne traite que d'une
» manière générale, tels que sont l'inclinaison et la déclinai-
» son de l'aiguille aimantée, la pression atmosphérique, la
» température moyenne et les températures extrêmes, celle
» des mers à différentes profondeurs, celle des eaux ther-
» males, la nature et la quantité des substances que les unes
» et les autres tiennent en dissolution, la quantité plus ou
» moins grande des pluies, la direction ordinaire des vents
» suivant les diverses saisons, etc. (1). »

Une science, ainsi constituée, ne fera-t-elle qu'*examiner ce que le globe nous présente immédiatement et qu'il met en quelque sorte sous nos yeux* ? Oui, si elle se contente d'étudier les accidents de la surface, et tout ce qui est relatif à l'aspect général qu'offrent, dans chaque pays, les végétaux et les animaux qui l'habitent ; mais se borne-t-elle réellement à ce programme dans la pensée d'Ampère ? Si elle étudie, en outre, *les variations* que présentent, *en divers temps et en divers lieux*, tous les phénomènes qui sont énumérés dans la définition précédente, pourra-t-on dire qu'une science ainsi constituée aura à *examiner les objets tels qu'ils se présentent, indépendamment des changements qu'ils peuvent éprouver et de leurs rapports avec d'autres objets.*

Évidemment non, et elle abordera manifestement des sujets réservés à la science troponomique.

Mais n'empiétera-t-elle pas aussi sur le domaine de la cryptoristique, s'il faut qu'elle détermine *la nature et la proportion des substances* que contiennent l'air atmosphérique, les eaux superficielles, les eaux thermales, les eaux de la mer à diverses profondeurs ?

Et, si on lui accorde ceci, comment lui refuser le droit de s'occuper aussi de la composition des masses minérales ? Sans quoi, la délimitation ne se ferait plus suivant la nature du point de vue, mais d'après les propriétés générales et le gisement des objets eux-mêmes. Voilà donc l'étude des minéraux et des roches qui lui échoit en partage, et, à plus forte raison, le nombre, la forme et la disposition des masses minérales, la forme et la direction des couches, la forme, la dimension et l'inclinaison des filons, leur composition, c'est-à-dire qu'elle englobera à la fois la minéralogie, la lithologie et la stratigraphie, en un mot, toute la *géognosie*.

---

(1) Milne Edwards, *Cours de zoologie*, p. 3.

(1) T. Ier, p. 85.

SCIENCES

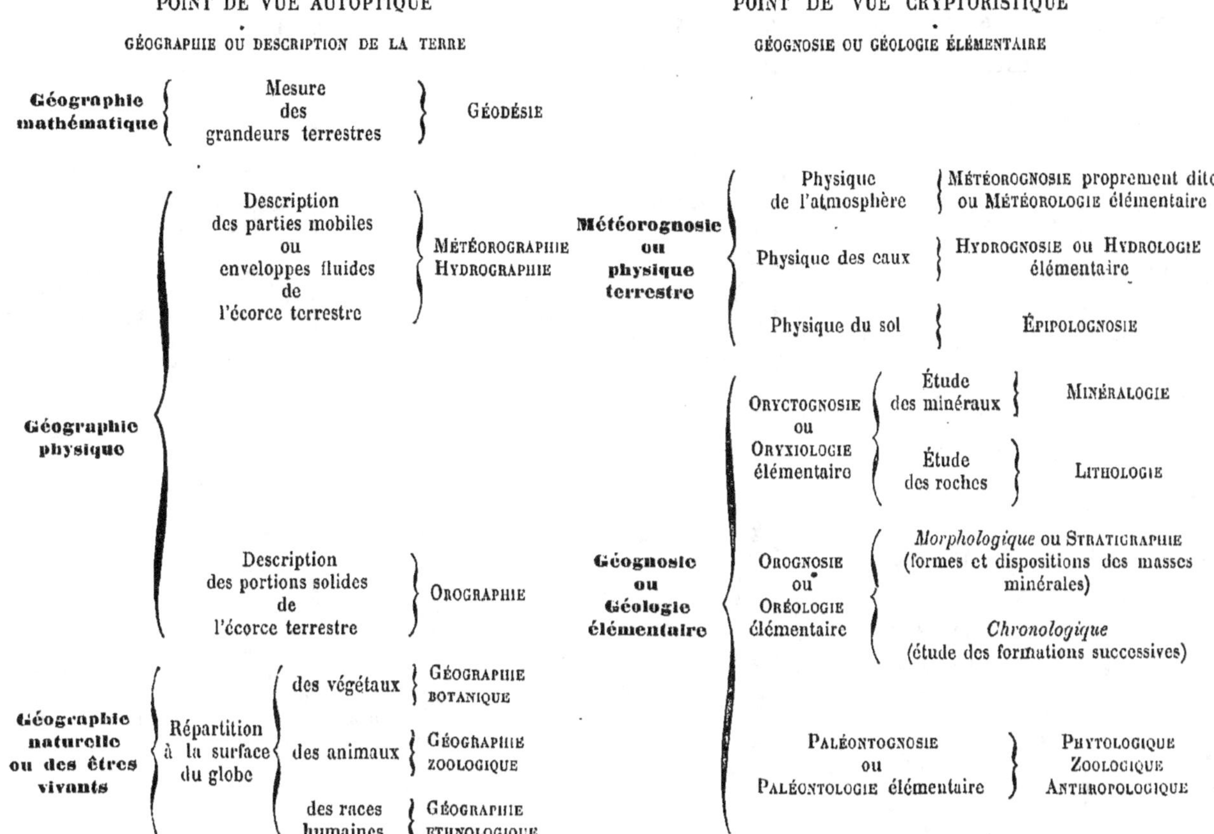

Passons au second point de vue, au point de vue cryptoristique. Est-il bien représenté par la *minéralogie?*

Mais, en supposant même (ce qui n'est évidemment pas, d'après ce que je viens de dire) que ce point de vue n'eût rien à rechercher dans l'atmosphère et les eaux; en admettant que le mot de minéralogie pût à la rigueur, et par une extension un peu forcée, s'appliquer à l'étude des roches, considérées dans leur nature et dans leurs propriétés intrinsèques, comment y comprendre l'étude des restes organiques végétaux et animaux qu'on rencontre dans ces roches? Comment y faire rentrer l'arrangement et la disposition de ces roches à la surface du globe?

Ainsi, si la géographie physique, telle qu'elle est définie par Ampère, est trop vaste pour le premier point de vue, la minéralogie, quelque extension qu'on veuille lui donner, est trop restreinte pour le second.

J'ai cherché à éviter ces deux écueils dans l'essai de classification, d'après la méthode d'Ampère, que résume le tableau synoptique suivant :

En appelant la science qui correspond au premier de ces points de vue simplement *géographie*, je n'ai fait que suivre l'exemple d'Ampère, pour qui le point de vue autoptique, dans les deux autres sciences naturelles, est représenté, en botanique, par la *phytographie*, en zoologie, par la *zoographie*. Et cela est tout à fait conforme au principe de la classification, puisque le point de vue autoptique est essentiellement descriptif.

Le géographe décrit tout ce que l'aspect général du globe lui présente; mais c'est ici qu'intervient nécessairement, pour le point de vue autoptique, l'esprit de méthode que j'y signalais dans la première leçon. Cette description, si elle doit avoir un caractère systématique et scientifique, ne peut pas porter indifféremment, et sans ordre, sur tous les objets qui s'offriront successivement aux yeux sur la surface de la terre. En un mot, le géographe ne doit pas procéder comme un homme qui, se trouvant pour la première fois en présence des richesses physiques de la nature, essayerait de les décrire successivement et dans l'ordre où le hasard les lui présenterait. Pour éviter la confusion, surtout s'il s'agit d'objets très-nombreux et très-divers, un catalogue, un inventaire quelconque est ici une préparation nécessaire. Ce catalogue, plus ou moins méthodique lui-même, suppose une vue générale, un coup d'œil d'ensemble, qui aura permis de ranger, d'abord grossièrement, les objets en un petit nombre de grandes catégories.

Le géographe, avant d'entreprendre son travail de description, doit avoir fait quelque chose d'analogue. Il doit avoir reconnu dans les objets terrestres un certain nombre de groupes naturels, entre lesquels tous les objets viennent se distribuer. Je n'entends assurément point par là que le géographe doive ou même puisse ignorer les résultats qui ont été acquis à la science en se plaçant sous les autres points de vue ; mais, je le répète, il n'y a là aucune contradiction. Il n'y aurait contradiction et cercle vicieux que si l'établisse-

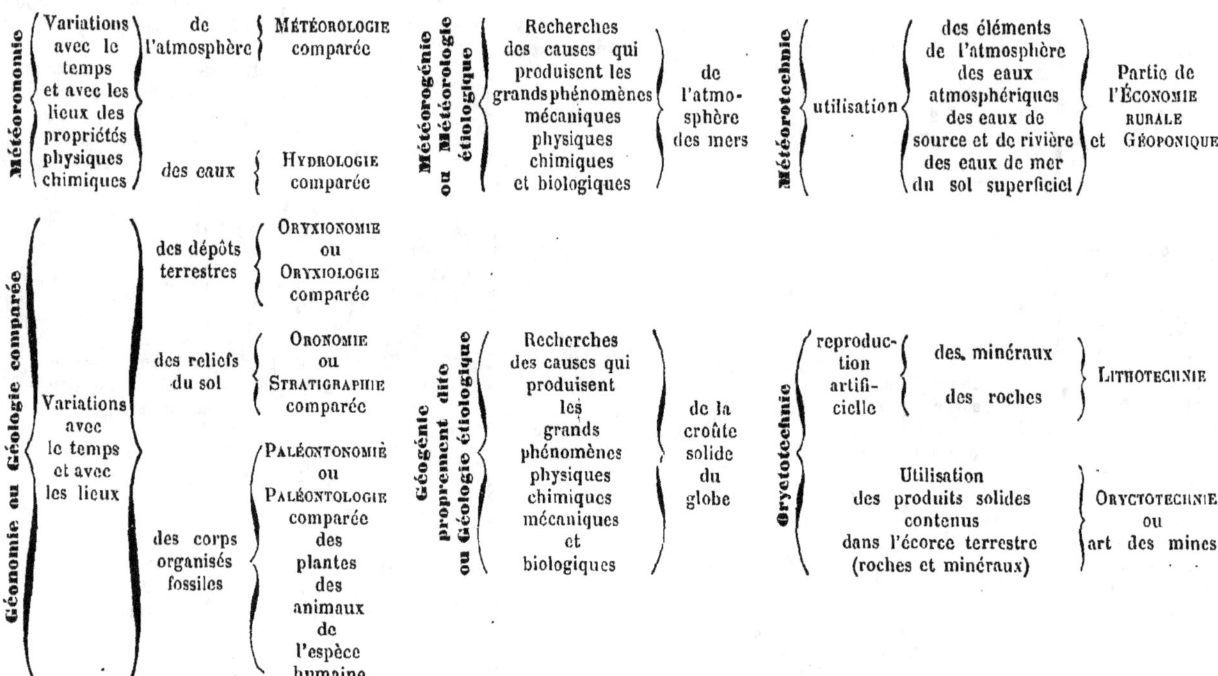

ment de ces grandes familles d'objets et de considérations supposait la connaissance intime des objets eux-mêmes, ou celle des rapports secrets qui les lient entre eux, ou celle, enfin, des causes qui produisent les phénomènes et leurs variations.

L'établissement de ces grands groupes, de ces grandes familles, doit donc pouvoir résulter de propriétés tellement apparentes, tellement patentes, qu'il ne puisse exister à leur égard aucun doute, et que celui même qui ne connaîtrait pas les autres points de vue de la science pût les accepter sans hésitation.

Voyons si les groupes que nous avons établis dans la *géologie autoptique* répondent à ce besoin. Or, cela est incontestable, puisque, des deux groupes principaux qui y figurent, l'un réunit tous les corps inorganiques, l'autre, tous les êtres organisés ; que le premier groupe se subdivise en deux, suivant que les corps que l'on doit étudier appartiennent aux parties fluides et mobiles de la surface du globe, atmosphère et mer, ou qu'elles constituent, sous forme de minéraux ou de roches, la portion solide de la croûte extérieure ; qu'enfin le second groupe comprend deux ou même trois subdivisions qui correspondent aux végétaux, aux animaux et à l'homme.

Certes, rien n'est plus primitif qu'une telle répartition des matières ; rien n'implique moins la connaissance intime et approfondie des matières elles-mêmes. Vous verrez néanmoins, messieurs, qu'elle suffit à classer avec ordre et logique tous les objets qui se présenteront successivement à

nous, non-seulement au point de vue autoptique, mais aussi sous tous les autres points de vue.

Dans le tableau que j'ai l'honneur de mettre sous vos yeux, j'ai fait figurer, au début des sciences géographiques, la *géographie mathématique*.

Ceci mérite une explication.

Il est clair qu'une des premières préoccupations du géographe devra être de connaître la forme générale et les dimensions du globe terrestre et de ses diverses parties. La détermination même de ces mesures ne lui incombera pas : elle est du ressort, en partie de l'astronomie, mais surtout de la *géodésie*, qui est une des application des mathématiques. Le géographe n'aura pas à mesurer par lui-même la longueur des méridiens terrestres ; mais il en pourra déduire les dimensions du globe, son aplatissement, ses irrégularités ; il n'aura même pas besoin d'opérer par lui-même la triangulation des diverses parties de sa surface : il en recevra les résultats des mains du géodésiste, et en conclura les proportions relatives des terres et des mers, les formes et les saillies des continents, etc. Il laissera de même au physicien l'observation du pendule, de l'instrument de Cavendish, ou celle des appareils magnétiques ; mais il enregistrera les conséquences qu'on en peut tirer sur la densité moyenne de la terre, sur les densités variables des différentes parties de l'écorce solide, sur la répartition des forces inorganiques à la surface du globe. On trouvera peut-être que c'est réduire le rôle du géographe ; mais il ne faut pas oublier que, par définition, la géographie est purement une science descriptive et non une science expérimentale. Le savant voué aux recherches géographiques pourra donc user aussi des méthodes de détermination; mais l'invention de ces méthodes ne lui appartient pas, et, quand il les applique, il fait réellement acte de physicien, d'astronome ou de mathématicien; comme aussi lorsque, remplissant une autre partie bien différente de sa tâche, il constatera la répartition des êtres vivants à la surface du globe, on ne lui demandera pas d'inventer les méthodes au moyen desquelles le botaniste et le zoologiste auront déterminé les genres et les espèces de plantes ou d'animaux. Il se contentera d'admettre et d'enregistrer leurs déterminations spéciales, et, s'il y procède par lui-même, il fera alors acte de botaniste ou de zoologiste. Car, bien que les sciences soient réellement distinctes, rien n'empêche un même esprit d'en connaître et d'en pratiquer plusieurs.

Une partie de ces déterminations, de ces mesures faites par le géodésiste, l'astronome ou le physicien, porteront sur l'une ou sur l'autre des trois enveloppes du globe : c'est-à-dire sur l'atmosphère, sur les eaux ou sur la croûte solide. Le géographe les enregistrera et les discutera, suivant les cas, soit en *météorographie*, comprenant l'*aérographie* et l'*hydrographie*, dont les noms indiquent suffisamment le but spécial, soit dans l'*orographie* (1) destinée à faire connaître les portions solides du globe dans leur forme et leur arrangement superficiel; à indiquer la position des chaînes de montagnes, celle des plateaux, des plaines, comme aussi leur hauteur, leur direction, leur orientation, etc.

Mais quelques-unes de ces données s'appliquent au globe tout entier, et ne pourraient figurer convenablement dans la description de l'une de ses trois grandes parties : ce sont celles que j'ai fait figurer sous le nom qu'elles portent habituellement de *géographie mathématique*, parce qu'elles résultent le plus souvent des mesures de grandeur, mais qu'il serait peut-être préférable de comprendre sous la dénomination de *géographie générale*.

De la *géographie physique* ou de la géographie des corps inorganiques, se distingue la géographie des êtres organisés, qui étudie la répartition des végétaux et des animaux à la surface du globe, et se divise naturellement en deux branches : la *géographie botanique* et la *géographie zoologique*, et, de cette dernière, tout le monde comprendra la convenance ou plutôt la nécessité de distinguer la *géographie ethnologique*. C'est le côté par lequel la géologie touche aux sciences naturelles, comme, par la géographie générale, elle donne la main aux sciences mathématiques.

On pourrait réduire le point de vue autoptique de la géologie à la géographie physique, si l'on remarquait qu'en réalité la géographie botanique et la géographie zoologique ne sont qu'une partie de la botanique et de la zoologie, considérées chacune au point de vue troponomique. Elles sont, en effet, le résumé des lois qui président aux variations des êtres organisés avec les lieux.

Néanmoins, il n'y a peut-être pas contradiction à faire figurer, au point de vue autoptique de la géographie,

cette distribution, étudiée et déterminée spécialement par le botaniste et le zoologiste; de même que la géographie physique pourra signaler les marées sur les diverses côtes de l'Océan, bien que l'établissement d'un port quelconque soit, en réalité, un résultat *technique*, que l'astronome aura déduit et calculé d'après la cause connue du phénomène.

Un résultat obtenu dans une science, par voie troponomique ou par voie technologique, pourra donc, sans contradiction, figurer au point de vue autoptique d'une autre science; — ou plutôt, cette contradiction apparente provient de l'impossibilité de ranger *linéairement*, d'une manière naturelle, un ensemble quelconque d'objets ou de notions : elle est une suite nécessaire des rapports communs qui lient entre elles plusieurs sciences, et cela est surtout vrai de la géologie, placée, comme nous le dirons tout à l'heure, au centre de toutes les sciences cosmologiques.

C'est cette considération qui m'a fait accueillir, en appendice et comme formant deux *ailes* nécessaires, la géographie mathématique et la géographie des êtres organisés, de chaque côté de la géographie physique, qui constitue comme une sorte de *pivot*.

En résumé, le point de vue géographique, tel que je viens de le caractériser, embrasse un cadre étendu, mais bien défini, dans lequel les matières, quoique très-variées, viennent se ranger très-aisément et avec ordre. C'est une sorte de portique ou de vestibule, largement éclairé, d'où partent un certain nombre de longues avenues, qui conduisent toutes au milieu cryptoristique. Le savant spécialiste choisit l'une d'elles et s'y engage avec son bagage d'instruments et d'appareils empruntés, pour la plupart, aux sciences mathématiques et aux sciences physiques.

En abordant le point de vue cryptoristique, c'est-à-dire le point de vue qui permettra de pénétrer plus intimement, plus profondément les objets et d'en rechercher expérimentalement l'essence et la nature propre, on entre, en géologie, dans le domaine de la *géognosie*.

Là nous retrouverons, comme en géographie, trois subdivisions à établir d'après la nature des objets à étudier.

La *météorognosie* analysera les phénomènes qui se passent dans les deux milieux mobiles, l'atmosphère et les eaux, et il en résultera deux branches distinctes.

Ainsi le physicien aura déterminé les lois de la saturation d'un gaz par la vapeur d'eau; l'*aérognoste* en fera une application à la vapeur d'eau répandue dans l'atmosphère; de là, l'étude de tous les phénomènes aqueux : les nuages, la pluie, la neige, la grêle. Ou bien encore, si l'on a étudié ailleurs cette singulière modification des forces naturelles qu'on appelle l'électricité, on la retrouvera ici, sous la forme de l'électricité atmosphérique, dans les orages, dans les trombes, etc.

De son côté, l'*hydrognosie* étudiera les propriétés physiques et chimiques de l'Océan, et déterminera la marche de ces immenses courants qui établissent un échange constant entre les eaux des pôles et celles de l'équateur. Elle examinera aussi, dans leur composition et dans leurs allures propres, tous les cours d'eau, depuis le fougueux torrent qui, dans ses crues éphémères, roule des blocs monstrueux, jusqu'à ces fleuves majestueux, qui s'étendent en nappes immenses et empiètent, par de vastes deltas, sur le domaine de l'Océan.

La *géognosie* proprement dite étudiera, dans leurs détails, les matériaux solides, les masses minérales, et se subdivisera

---

(1) Il serait peut-être plus correct d'écrire *oréographie*. Mais l'usage l'emporte ici. J'ai aussi écrit *orognosie, oronomie, orogénie*. J'ai, néanmoins, préféré le mot d'*oréologie*, déjà proposé par Playfair, à celui d'*orologie*, dont le sens pourrait être douteux.

en deux branches, suivant qu'elle examinera ces masses minérales dans leur nature et dans leurs propriétés intrinsèques, ou qu'elle recherchera leur mode d'arrangement, de juxtaposition ou de superposition. Le premier embranchement constituera l'*oryctognosie* (1); le second la *stratigraphie*, mot hybride, auquel il serait, il semble, infiniment préférable de substituer celui d'*orognosie* (2), qui est à la fois plus correct et répond parfaitement à l'expression déjà usitée d'orographie.

L'oryctognosie comprendra très-naturellement deux divisions, suivant qu'il s'agira d'étudier les *minéraux* simples ou les agrégats formés par ces minéraux et qu'on désigne sous le nom de *roches*. L'un de ces chapitres sera la minéralogie; à l'autre, on pourrait réserver plus spécialement le nom de *lithognosie*.

Enfin, bien que les restes fossiles de plantes et d'animaux soient, après tout, de véritables *pierres*, en ce sens qu'ils sont absolument dénués de toute vie organique, et rentrent, par cela même, dans le domaine de la géognosie, le genre de considérations qui doit guider dans leur détermination étant absolument différent de celui qui sert, soit en oryctognosie, soit en orognosie, il est indispensable d'en séparer leur étude et d'en constituer un chapitre à part, qui, sous le nom de *paléontognosie*, se subdivisera naturellement en paléontognosie phytologique et paléontognosie zoologique.

La stratigraphie ou l'orognosie comprendra elle-même deux divisions.

La stratigraphie morphologique ou descriptive est celle qui, après avoir demandé au lithologiste la connaissance intime des matériaux dont les divers compartiments de la croûte terrestre sont composés, recherchera les dispositions générales qu'ils sont susceptibles de prendre, soit qu'ils offrent la régularité d'assises parallèles superposées, soit qu'ils prennent les formes variables et indéterminées des masses éruptives, soit enfin que, comme les filons, ils affectent des allures et des gisements d'une nature tout autre, et qui leur est particulière.

La deuxième branche de la stratigraphie ou de l'orognosie est la stratigraphie chronologique ou narrative; elle s'appuie, à la fois, sur les phénomènes de superposition ou de juxtaposition et sur les considérations paléontologiques, pour en conclure l'âge relatif des différents compartiments de l'enveloppe terrestre; c'est la portion la plus considérable et la plus étendue de la géognosie; c'est par elle qu'entre, en géologie, l'idée de succession dans le temps; c'est une sorte d'archéologie primitive qui lie la géologie aux sciences historiques.

L'orognosie occupe le point central de la géognosie. Elle sert de lien entre les deux autres parties de cette science, l'oryctognosie et la paléontognosie, qui, procédant par des voies différentes, et se servant d'instruments qui n'ont presque rien de commun, tendraient à s'isoler l'une de l'autre, si elles n'étaient obligées de se rencontrer, pour ainsi dire malgré elles, sur le domaine commun de la stratigraphie.

Tel est le cadre complet d'études qu'embrasse la géognosie ou *géologie élémentaire*.

---

(1) Τὰ ὀρυκτά (les minéraux, les roches).
(2) Ὄρος (montagne, colline).

Après l'avoir parcouru, non-seulement le géologue connaîtra la disposition générale des divers matériaux de la surface du globe : mais il en aura approfondi la nature et les propriétés caractéristiques, et, de plus, il y aura constaté certaines variations que ces matériaux ont pu présenter, soit avec le temps, soit avec les lieux.

Nous abordons alors le troisième point de vue, celui qui, sortant du domaine exclusif de l'observation et de l'expérience, ne se borne plus à constater et à enregistrer les faits et leurs variations, mais veut les lier entre eux, recherche, en un mot, la loi de ces variations.

En géologie, c'est le point de vue *géonomique*.

Ainsi, le météorognoste aura constaté que la température moyenne des divers lieux varie sur la surface du globe. Le *météoronome* recherchera quels sont les points de cette surface qui possèdent une même température moyenne; il les reliera entre eux et tracera sur le globe les lignes isothermes.

La météorognosie aura remarqué, par l'expérience, que les quantités de vapeur d'eau dissoute dans l'atmosphère varient dans le cours d'une même journée; la météoronomie montrera que ces proportions atteignent, en vingt-quatre heures, deux *maxima* et deux *minima* à des moments qu'elle déterminera.

C'est encore par un procédé troponomique que le météorologiste établira comment la pression atmosphérique moyenne varie, dans un même lieu, avec les heures et avec les mois.

Le météoronome aura aussi à rechercher si les proportions dans les principes constitutifs de l'air atmosphérique varient avec les lieux, soit en position géographique, soit en altitude, sur l'Océan et sur les continents, en hiver et en été, et, dans le cas où ces variations seraient constatées, à se demander quelle loi les détermine.

Mais ici s'ouvre un champ bien plus vaste encore à la météorologie troponomique; car rien ne la borne aux variations constatées dans l'époque actuelle. En tant que science géologique, elle est tenue de remonter aux temps antérieurs. La météoronomie comprend donc l'étude des climats, les variations possibles dans la composition de l'air atmosphérique, aux époques de la terre qui ont précédé l'ère actuelle. C'est une des applications les plus intéressantes de cette science.

Dans ces recherches, on devra s'appuyer, d'un côté, sur les propriétés connues des climats actuels et des êtres animés qui s'y développent, de l'autre, sur la nature et les propriétés (au moins probables) des êtres organisés, végétaux et animaux, dont on trouve les dépouilles à chacune des époques de l'existence primitive du globe. C'est donc là une science éminemment comparative, et le simple énoncé de ce qu'on peut lui demander, relativement aux climats anciens, suffit pour faire apprécier ses difficultés et pour expliquer le peu de progrès qu'elle a pu faire encore.

De même, le géologue qui étudiera l'hydrologie au point de vue troponomique, non-seulement devra rechercher comment varient, de l'équateur aux deux pôles, ou de la surface vers le fond, la température des eaux de l'Océan, les proportions de sel qu'elles peuvent dissoudre, etc.; mais il devra aussi se demander si ces propriétés physiques et chimiques des eaux de l'Océan n'ont pas pu varier avec les diverses époques géologiques.

Et alors, que de points de comparaison avec les dépôts anciens de sels, analogues à ceux que tient en dissolution la mer actuelle, ou avec les flots de vapeurs et les eaux minérales qui s'échappent sous nos yeux des masses minérales, et qui, sans doute, aux époques antérieures, jouaient un rôle plus important encore !

Et je ne fais ici qu'indiquer rapidement les traits saillants. Que de beaux chapitres n'entrevoyez-vous pas encore, messieurs, dans la *météoronomie* des temps actuels et des temps passés !

Le point de vue troponomique n'est pas moins fécond lorsqu'on l'applique à la géologie proprement dite, c'est-à-dire à l'étude des portions solides de l'écorce terrestre.

L'*oryxionomie* ou *lithonomie* aura, en effet, à rechercher les lois qui président aux variations dans la nature des minéraux et des roches, suivant les lieux qu'ils occupaient et suivant les époques de leur formation. Elle se demandera, par exemple, si les forces éruptives du globe ont rejeté à sa surface des matériaux dont la nature a été, de quelque manière, en rapport avec l'époque de leur apparition, ou avec les circonstances de leur gisement ; si les minéraux variés qui remplissent les filons ne présenteraient pas aussi quelque loi de succession.

Les belles études du métamorphisme appartiennent de droit à l'oryxionomie.

La *paléontonomie* recherchera, de son côté, quels rapports lient l'ensemble d'une faune ou d'une flore à l'époque de son apparition ou aux conditions des lieux qu'elle a remplis.

Ce qu'on pourrait appeler l'*oronomie* et qui correspond au point de vue troponomique de la stratigraphie, ou à la *stratigraphie comparée*, se proposera de déterminer les lois qui ont présidé à la structure, à la disposition générale des grands accidents du globe, comme à l'époque relative de leur apparition dans la série des âges géologiques. On peut dire que cette science a pris, en quelque sorte, naissance dans cette chaire même et dans les leçons qu'y a professées, pendant plusieurs années, M. Élie de Beaumont. Et ce sera une des parties les plus importantes et les plus instructives de ma tâche de retracer devant vous cette succession, si bien ordonnée, de leçons, où le maître a parcouru le cadre entier de cette science nouvelle : lutte étrange et grandiose entre la rigueur inflexible de la méthode et l'esprit puissant qui s'y assujettissait, tout en la dominant.

« Il y a, dit M. de Humboldt, 'des groupes nombreux de
» phénomènes dont nous devons nous contenter de découvrir les lois empiriques ; mais le but le plus élevé, celui
» qui a été le plus rarement atteint, est la recherche des
» causes qui relient entre eux tous les phénomènes (1). »
Tel est le but du quatrième point de vue appliqué à la géologie. Il se proposera de rattacher les phénomènes géologiques, dont on a étudié préalablement la nature et les variations, aux causes qui les produisent ; par cela même, il aura besoin de s'appuyer, à la fois, sur tous les faits recueillis et analysés dans les deux premiers points de vue et sur toutes les conséquences qu'on en a déduites dans le troisième. Il faudra, en effet, que la *théorie de la terre*, ou la *géogénie* puisse tenir compte, dans l'application des phénomènes terrestres, de toutes les circonstances qui ont pu influer, et sur l'état actuel du globe, et sur les phases les plus éloignées de son existence.

Je ne veux point développer aujourd'hui ce point de vue ; nous le retrouverons bientôt en jetant un coup d'œil sur la géologie des anciens, qui s'y sont presque toujours placés. Il me suffira de dire que nous aurions ici la *météorogénie* ou la recherche des causes qui produisent les divers phénomènes météoriques et leurs variations ; la *géogénie* proprement dite, comprenant la *lithogénie* ou la recherche des causes sous l'influence desquelles se sont produits ou se produisent encore les minéraux, et l'*orogénie* ou la recherche des causes physiques et mécaniques qui ont produit les accidents et les reliefs de la surface terrestre.

Le point de vue *technique* de la géologie ne nous intéressant pas non plus directement dans l'enseignement de cette année, je ne ferai qu'indiquer, pour le complément de la méthode, comment cette partie du cadre général serait remplie.

La *géotechnie* se subdivise, comme les autres points de vue de la géologie et d'après les mêmes considérations, en deux parties : *météorotechnie* et *oryctotechnie*.

La *météorotechnie* n'est autre chose que la branche de l'agriculture qui utilise, pour les besoins et les progrès de cet art, tous les éléments de l'atmosphère : l'oxygène, l'azote (qui, comme les dernières recherches de l'économie rurale tendent à l'établir, est un des agents les plus actifs de la fertilisation des terres), l'acide carbonique, puis les eaux atmosphériques, les eaux courantes, enfin, le sol superficiel lui-même, qui est en relation perpétuelle avec tous ces réactifs météoriques.

On peut dire que, à part les procédés mécaniques et chimiques, que l'agriculteur emprunte aux arts mathématiques et physiques, mais qu'il applique lui-même, c'est la *géoponique* tout entière, puisque, comme le choix des amendements, les manœuvres du labourage n'ont d'autre but que de faciliter ces réactions entre les éléments de l'atmosphère et des eaux et le sol superficiel.

L'*oryctotechnie* ou l'art des mines a pour but l'utilisation des éléments minéraux de la croûte solide ; elle conduit à l'exploitation des mines et des carrières.

Mais il y a une dernière branche de l'oryctotechnie qui a pour nous un intérêt tout particulier : c'est celle qui, partant des recherches lithogéniques, se propose de reproduire les minéraux par des procédés artificiels, mais aussi voisins que possible de ceux que la nature semble avoir mis en œuvre. Ce côté synthétique de la science a, comme vous le savez, messieurs, pris, dans ces derniers temps, un développement remarquable, et j'ai déjà eu, dans cette chaire, l'occasion d'exposer, avec quelques détails, les curieux résultats obtenus récemment dans la reproduction des minéraux analogues à ceux des filons métallifères.

En définitive, la classification étant fondée, comme le remarque Ampère, sur deux considérations : 1° la nature de l'objet, 2° la méthode employée nécessairement par l'esprit humain dans l'étude de cet objet, il en résulte que toutes les matières de la géologie sont rangées dans un tableau à deux entrées, dont l'une, horizontale, les réunit par la nature des objets étudiés, et l'autre, verticale, par le point de vue sous lequel ces objets sont successivement considérés. On peut ensuite indifféremment former les sciences secon-

____

(1) *Cosmos*, t. I.

daires en se servant de l'une ou de l'autre des deux entrées.

Si l'on pénètre dans les parties intérieures de la science générale par les portes latérales, on aura quatre sciences secondaires : la *météorologie* (en y comprenant l'*hydrologie*), la *lithologie* ou *oxyxiologie*, la *stratigraphie* ou, comme l'a dit Playfair, l'*oréologie*, la *paléontologie*. On pourra parcourir, pour ainsi dire, chacune d'elles par galeries horizontales, et, dans chacune de ces galeries, on rencontrera successivement les ouvertures correspondant à chacun des cinq points de vue.

Ou bien, l'on pourra pénétrer tour à tour par chacune de ces ouvertures verticales, qui donnent respectivement accès à la géologie descriptive ou *géographie*, à la géologie expérimentale ou *géognosie*, à la géologie comparée ou *géonomie*, à la géologie théorique ou *géogénie*, à la géologie appliquée ou *géotechnie ;* et, si vous me pardonnez cette comparaison, tirée de la géotechnie elle-même, en descendant, par chacun de ces puits verticaux, on rencontrera successivement les divers niveaux qui correspondent aux objets, de nature diverse, considérés par chacune des quatre sciences et rangés en galeries horizontales.

Chacun des deux procédés d'exploitation est bon en lui-même. L'un, plus direct, tient plus de l'observation ; l'autre, de la réflexion : le premier appartient plus spécialement au naturaliste, le second au philosophe. Mais la science n'est peut-être explorée complétement qu'après qu'on les a suivis tous les deux.

On voit ainsi que, non-seulement, dans chacune des sciences secondaires en lesquelles se décompose la science générale, chacun des cinq points de vue constituera un chapitre à part, pour parler comme J. Reynaud, mais que, dans chacune de ces sciences secondaires, un même sujet ne sera complétement élaboré qu'après qu'on l'aura examiné successivement sous les cinq points de vue et avoir fait, en quelque sorte, une halte dans chacun des cinq grands compartiments qui leur correspondent.

J'en citerai un exemple remarquable, que j'emprunte à l'histoire du métamorphisme ; c'est la transformation des calcaires en dolomie.

Dolomieu, en 1789, passe, en compagnie de M. Fleuriau de Bellevue, dans les sauvages et pittoresques vallées du Tyrol, et, sans qu'il connût la composition toute particulière de la roche à laquelle Th. de Saussure a plus tard donné son nom, il en est instinctivement frappé et en signale avec vivacité le gisement dans une lettre à M. Lapeyrouse. Voilà une sorte de coup d'œil intuitif, une faculté autoptique, qui n'est pas également accordée à tous, mais qui, développée extraordinairement chez quelques-uns, constitue le génie de l'observation.

Puis, vient le travail cryptoristique et expérimental. L'analyse chimique, les recherches du cristallographe établissent la nature de la dolomie, et, comparativement, celle des roches pyroxéniques ou calcaires, avec lesquelles la dolomie se trouve en rapport et en contact.

Mais il était réservé à Léopold de Buch d'introduire dans cette belle question les deux derniers points de vue, les points de vue théoriques. D'un côté, il démêle les rapports des trois roches en établissant la transformation du calcaire en dolomie, au voisinage du mélaphyre, ce qui complète l'élément troponomique de la question ; de l'autre, il en indique, au moins d'une manière générale, l'*étiologie*, en admettant que cette transformation est due à l'influence de la masse éruptive.

Léopold de Buch devançait ainsi, hardi pionnier de la science, les notions qui devaient être acquises plus tard, et qui, fécondées depuis par l'expérience synthétique, se sont vérifiées par la reproduction même des phénomènes. Ainsi, le cinquième point de vue, celui de l'art ou de la technique, est venu justifier une conception qui, par sa hardiesse, avait, au premier abord, effrayé bien des esprits.

Ici, il est nécessaire de faire une remarque importante, c'est que les études propres du géologue ne portent, en réalité, que sur les matières comprises dans les trois compartiments verticaux du milieu, savoir : la *géognosie*, la *géonomie*, la *géogénie*, et, dans le compartiment réservé à la *géotechnie*, ne touchent que la *lithotechnie*, ou reproduction artificielle des minéraux naturels.

La géographie, qui occupe le premier compartiment, n'est pas du ressort du géologue. C'est une science préparatoire, dont il doit connaître les résultats, mais qu'il n'est pas chargé de créer lui-même. — En sens opposé, la géotechnie, s'appuyant sur les connaissances chimiques et mécaniques, utilise pour les besoins de l'homme les déductions qu'elle emprunte aux recherches du géologue.

Il est encore essentiel de noter que, en ce qui tient à la paléontologie, le géologue accepte les déterminations spécifiques données par le botaniste et le zoologiste, et se borne à les appliquer, soit à l'étude des couches sédimentaires en elles-mêmes, soit à l'ordre chronologique de leur formation.

Ces réserves faites, le cadre de la géologie proprement dite reste encore assez vaste, et notre programme assez étendu.

Je ne veux pas terminer ces considérations sur le parti que l'on peut tirer de la conception d'Ampère pour le classement méthodique des sciences géologiques, sans examiner si la place que ce savant a assignée à la géologie parmi les sciences physiques répond à toutes les exigences.

J'ai déjà fait voir que, si l'on traduit ces mots : *sciences physiques, sciences naturelles*, par ceux-ci : *sciences des corps inorganiques, sciences des êtres organisés*, la place de la géologie était incontestablement là où l'a mise Ampère, aussi bien au point de vue de la nature des objets étudiés qu'au point de vue des méthodes de recherche.

Mais quelques réflexions se présentent naturellement ici.

Nous avons vu que, si l'on fait abstraction des sciences technologiques, ou plutôt, si l'on fait simplement entrer ce point de vue technologique dans chacune des sciences de premier ordre, la méthode d'Ampère se réduit à ceci, pour les sciences de premier ordre :

Sciences des corps inorganiques.	Physique générale (comprenant la chimie). Géologie.
Sciences des corps organisés...	Botanique. Zoologie.

Eh bien ! la première association est-elle aussi naturelle que la seconde ? Peut-on voir dans la physique générale et la géologie deux sciences sœurs et jumelles, comme le sont la botanique et la zoologie ?

Évidemment non.

Si l'on voulait constituer, sur le modèle de ces deux dernières, une troisième science naturelle, qui serait celle des corps inorganiques, c'est évidemment la *minéralogie* qu'il faudrait l'appeler, et l'on trouverait facilement, dans le tableau que je viens de donner, à distinguer les cinq points de vue qui se rapportent à l'étude des minéraux simples ou à celle des roches.

La lithologie n'aurait absolument recours, dans ses méthodes, qu'aux procédés mathématiques, physiques ou chimiques.

On aurait ainsi trois ordres de sciences assez distinctes, par leur but comme par leur méthode :

Les sciences mathématiques.
Les sciences physiques.

Les sciences naturelles
{ des corps inorganiques. } Minéralogie ou lithologie.
{ des corps organisés... } Botanique. Zoologie.

Et cette succession de sciences aurait cela de remarquable que les dernières ont besoin, pour être cultivées, des méthodes inventées par celles qui les précèdent, tandis que l'inverse ne serait pas vrai, l'étude des premières étant absolument indépendante de celle des dernières.

RAPPORTS DE LA GÉOLOGIE AVEC LES AUTRES SCIENCES

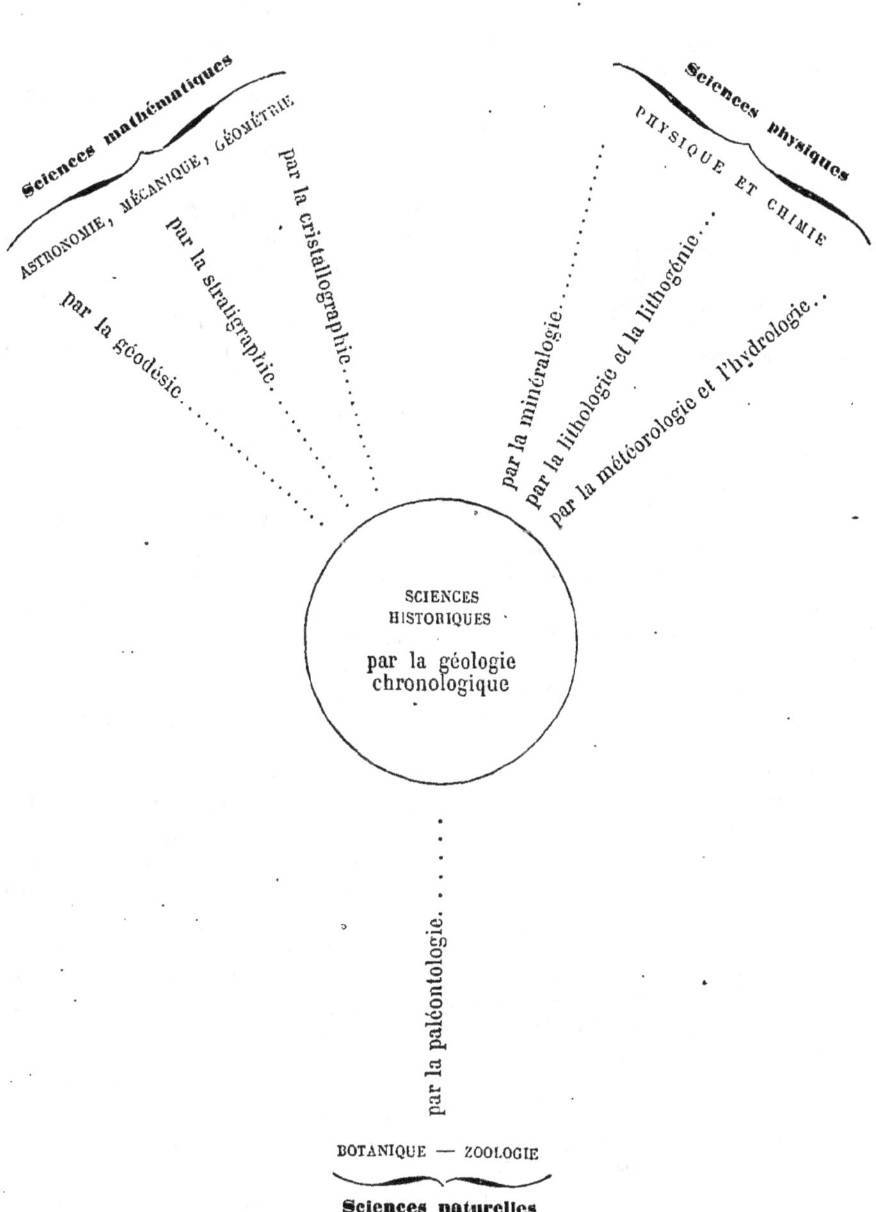

Mais on se trouverait, par rapport à la géologie, dans le même embarras que si on ne l'avait pas démembrée en lui enlevant l'étude des minéraux et des roches. Çar on ne saurait où la classer, entre quelles sciences l'intercaler, à moins de comprendre dans l'histoire des pierres ou lithologie toutes les matières dont s'occupe la géologie.

Cette impossibilité, à quelque point de vue que l'on se mette, de trouver, dans un arrangement linéaire, une place pour la géologie, prouve de la manière la plus nette que son véritable siége n'est point, en effet, marqué entre deux des autres sciences cosmologiques, mais bien au milieu d'elles, comme l'indique le petit tableau suivant (1) :

Ainsi, admirablement posée à une extrémité des sciences qui ont pour but la mesure des grandeurs et l'étude des corps célestes, parmi lesquels notre globe a sa place marquée ; située, en même temps, à la limite des sciences qui étudient les propriétés intrinsèques de la matière et des sciences qui suivent cette matière anoblie par le souffle créateur qui l'a animée, la géologie reçoit de toutes parts les aspirations, si douces et si fécondes, qui poussent l'esprit humain vers la connaissance de l'univers, et sont pour lui la source inépuisable des conquêtes les plus précieuses et des plus pures jouissances.

Ch. Sainte-Claire Deville.

CONGRÈS DE L'INDUSTRIE MINÉRALE
Session de Saint-Étienne (2)

XIV

FORGES ET ATELIERS DE LA CHALÉASSIÈRE SAINT-ÉTIENNE
(J.-F. REVOLLIER, BIETRIX ET Cᵉ).

C'est le père de M. J.-F. Revollier qui, en 1838, jeta les bases de ces établissements. En 1845, M. J.-F. Revollier prit la direction des affaires et agrandit peu à peu ses ateliers ; plus tard, il fit appel aux capitaux et créa la société actuelle, ce qui lui permit de satisfaire complétement aux besoins toujours croissants de l'industrie des mines, pour lesquels une bonne partie des ateliers travaillent tout spécialement. Il n'y avait dans le principe qu'un petit nombre d'ouvriers ; il y en a aujourd'hui près de mille, et le chiffre des affaires va en grandissant dans les proportions suivantes :

En 1872, on a fait pour 1 500 000 francs.

En 1873, on a fait pour 3 200 000 francs.

En 1874, on a fait pour 4 300 000 francs.

L'établissement comporte aujourd'hui :

1° La fabrication des chaudières ;

2° Une forge ;

3° Un atelier de construction de grosses machines ;

4° Une fonderie.

Nous parlerons surtout de la fabrication de l'acier, qui a valu à cette usine une réputation méritée. Ce métal est produit au moyen des fours Martin-Siemens : chaque coulée est analysée avec soin, de manière que l'on sait exactement à quel usage elle convient ; on la transforme le plus généralement soit en pièces moulées directement, soit en pièces diverses forgées et laminées.

On sait que l'acier se moule aujourd'hui comme la fonte, et qu'il convient alors admirablement pour certains organes de machines qui exigent à la fois plus de résistance et plus de dureté que n'en présente la fonte ; c'est le cas des pignons, agrafes, allonges de laminoirs, engrenages, etc.

Quant aux pièces forgées, elles comprennent tous les genres, et surtout des arbres, essieux, frettes de canons, canons, etc.

Le laminage des aciers et des fers porte surtout sur le travail des tôles et des bandages de roues des chemins de fer ; cette dernière fabrication est intéressante entre toutes dans cette usine, et les membre du Congrès l'ont spécialement suivie ; elle s'exécute ici sur une échelle considérable et aussi avec des moyens d'action exceptionnels comme puissance et comme simplicité à la fois.

Pour faire un bandage, on part d'un lingot d'acier à section polygonale ; on l'aplatit d'abord au marteau-pilon en une rondelle que l'on perce encore au pilon ; c'est alors qu'on forge l'anneau ainsi obtenu en le maintenant sur une *bigorne* ou enclume en *porte-à-faux*, de manière à agrandir le vide intérieur et à donner au bandage une section voisine de celle qu'il aura définitivement après le laminage.

Dans cet état, les rondelles sont réchauffées une seconde fois et apportées aux laminoirs. Ceux-ci se composent :

1° D'un ébaucheur dont les arbres sont horizontaux et dont les galets lamineurs sont en porte-à-faux ;

2° D'un finisseur dont les arbres sont verticaux.

Cette dernière disposition supprime l'effet du poids du bandage sur lui-même, qui le déforme quand on lamine verticalement, et cela surtout dans le cas des grandes dimensions ; on arrive ainsi à faire avec une régularité parfaite des bandages de 3 mètres de diamètre.

Le laminoir finisseur amincit et agrandit le bandage jusqu'à ce qu'on reconnaisse que le diamètre voulu est atteint, à quelques millimètres près ; c'est alors que le bandage encore rouge est amené sur un mandrin qui lui donne exactement le diamètre voulu et l'arrondit complétement. Ce mandrin se compose de secteurs indépendants que l'on juxtapose ; ils forment alors un cercle complet dont on peut à volonté augmenter le diamètre, de la quantité qu'on désire, en enfonçant au centre un coin conique, lequel écarte tous les secteurs. Ce mouvement du coin est produit par une force hydraulique ; on le règle facilement pour chaque série de bandages, et l'on arrive couramment à une approximation de diamètre du bandage de moins de 1 millimètre.

D'ailleurs toutes les manœuvres de ces laminoirs, qui exigent de grandes puissances pour de faibles courses des pièces déplacées, se font à la pression hydraulique ; ce qui constitue des installations élégantes, précises et très-puissantes.

Laminoir à tôle. — On peut laminer des tôles de 2 mètres de largeur. — Les appareils n'ont d'autre particularité que le mode d'embrayage, grâce auquel on peut changer le sens de la rotation des arbres. — Pour le laminage des grosses tôles surtout, il est important, après chaque passage de la tôle, de changer le sens de rotation des cylindres ; on évite ainsi de relever la tôle de tout le diamètre du cylindre lamineur pour

---

(1) Ce tableau ne donne pas une *classification*, mais indique seulement une *distribution* d'une partie des connaissances humaines, d'après la distinction que M. Chevreul a très-justement établie entre ces deux termes.

(2) Voyez ci-dessus, pages 1 et 30, numéros des 3 et 10 juillet.

recommencer une seconde passe de laminage, manœuvre qui permet encore à la tôle de se refroidir, fait perdre du temps et de la main-d'œuvre.

Les appareils dont on s'est servi jusqu'ici pour changer le sens de marche des cylindres n'atteignaient le but qu'aux dépens de chocs, d'ébranlements considérables qui ne tardaient pas à amener de graves et fréquentes avaries. Dans l'usine qui nous occupe, le changement de marche s'obtient à peu près sans choc et d'une manière très-rapide ; en principe, voici comment on atteint ce but : le mouvement du moteur est communiqué aux laminoirs par l'intermédiaire de deux paires de plateaux de friction de grands diamètres ; chaque paire de plateaux tourne en sens inverse ; d'autre part, chaque paire peut être en contact ou ne pas l'être, et le laminoir tourne dans un sens ou dans l'autre, suivant que le contact des plateaux a lieu sur une paire ou sur l'autre. Ce contact s'obtient par la pression hydraulique, laquelle presse vigoureusement les deux plateaux l'un contre l'autre ; il y a glissement pendant un instant entre ces plateaux qui tournent en sens inverse, puis le frottement énergique qui s'opère prend le dessus et le sens de marche des laminoirs est changé, sans qu'il y ait eu des chocs sensibles.

Ces mouvements sont commandés par un jeu de leviers qui est sous la main du mécanicien ; ils s'opèrent avec la plus grande aisance.

Tous les fours qui servent au réchauffage du fer et de l'acier sont aux gaz Siemens ; ce qui offre des avantages nombreux.

Fours de production. — Huit fours à puddler sont installés et produisent en marche normale vingt tonnes de fer fin et d'acier puddlé chaque jour.

L'aciérie comporte trois fours Martin-Siemens, dont la production est de vingt tonnes par jour en marche régulière.

Enfin, douze fours à réchauffer complètent cette installation.

Marteaux-pilons. — Le travail des forges est fait au moyen de onze pilons, dont l'un pèse 8000 kilogrammes, et deux autres 6000 kilogrammes chacun. Six de ces marteaux sont spécialement employés au forgeage des pièces mécaniques et les autres au travail de grosses forges ou à la préparation des bandages.

Production. — La production normale est de quinze tonnes par jour pour le laminoir à tôles et quinze tonnes également pour le laminoir à bandages.

La machine à vapeur qui actionne les laminoirs développe habituellement quatre cents chevaux, et le nombre des ouvriers de la forge seule est de quatre cents.

Ateliers de construction. — Ces ateliers de construction possèdent des outils assez puissants pour exécuter les plus grosses machines à vapeur dont on se sert ; c'est de là que sortent ces puissantes machines d'extraction verticales et horizontales en usage dans les mines, ces pompes gigantesques destinées à élever de la profondeur des houillères les grandes quantités d'eau qui s'y accumulent, ces machines à agglomérer les houilles, à cribler, laver les houilles et minerais, etc., enfin toutes les installations mécaniques diverses des forges.

On y a fait également dans ces derniers temps des machines à comprimer l'air pour le percement du Saint-Gothard et des galeries de mines en général.

C'est encore dans ces ateliers que se tournent, se forent,

s'alèsent les canons d'acier pour la marine, qui sortent de la forge, et nous nous plaisons à mentionner que, dès aujourd'hui, il n'est plus nécessaire de recourir aux métallurgistes étrangers pour se procurer les aciers spéciaux dont on a besoin pour la fabrication des bouches à feu ; les résultats obtenus aux essais des canons de ces usines, non-seulement ne le cèdent pas aux productions similaires des Allemands et des Anglais, mais encore les dépassent souvent en qualité.

En terminant, disons un mot de l'homme qui a présidé à l'installation générale de ces usines qui rappellent, en miniature il est vrai, notre grande fonderie française : le Creusot ; bien que son origine, comme celle de la plupart des grands maîtres de forges, fût modeste — presque celle d'un ouvrier — et qu'il dût plus souvent avoir recours à l'intuition qu'à la science toute faite, M. Revollier a attaché son nom à un grand nombre de machines qui sont devenues classiques ; nous citerons surtout ses machines à agglomérer la houille par la pression hydraulique ; elles sont les seules dont les produits soient acceptés par la marine nationale, à cause de leur résistance supérieure qui permet facilement les transports.

Il y a encore les lavoirs à charbon Revollier ; les machines à vapeur à distribution par soupapes, dont les types ont été répétés depuis par les plus grands constructeurs, et nombre d'autres perfectionnements qu'il serait trop long d'énumérer ici.

X V

M. LAUR : LES CALAMINES ET LA MÉTALLURGIE DU ZINC.

M. Laur fait ressortir en premier lieu l'*utilité de la recherche active des minéraux oxydés du zinc* dans le midi de l'Europe, le nord paraissant à peu près épuisé par la production considérable en métal des trente dernières années. Il faut à l'industrie environ 300 000 tonnes de calamines par an. Le but de l'ouvrage est essentiellement de donner des règles pratiques pour la recherche de ces minéraux complexes dans les différents terrains. Aucun ouvrage spécial n'ayant été écrit sur ce chapitre, un essai de monographie aussi complet que possible semblait nécessaire.

Le premier chapitre traite de la *Répartition des calamines dans les terrains sédimentaires.* Une courbe représentant cette répartition des dépôts démontre qu'il faut : 1° débuter par une ligne horizontale indiquant que le zinc oxydé fait partie de toutes les roches ignées, mais s'y trouve en petite quantité et uniformément réparti ; 2° atteindre aux silurien et devonien par une inflexion brusque, une hauteur voisine du maximum qui a lieu à l'époque du calcaire carbonifère ; 3° redescendre assez brusquement pendant la période houillère et triasique pour remonter sensiblement au lias, décroître progressivement avec un point de rebroussement à l'éocène jusqu'aux terrains actuels ou la ligne redevient horizontale comme au début. Les trois maximums signalés correspondent aux grandes époques calcaires du globe.

Le deuxième chapitre traite de l'*Age des calamines.* La courbe qui représente les époques d'émission de ces minéraux se maintient à zéro pendant toute la période paléozoïque et débute par un maximum au soulèvement du Thurengerwald entre le trias et le lias. La courbe décroît lentement avec un point de rebroussement au tertiaire jusqu'à l'époque actuelle où la ligne devient horizontale ou d'égale répartition. Les calamines sont donc mésozoïques. Une conclusion curieuse de ce fait semblerait être que l'atmosphère terrestre et les gaz intérieurs, jusqu'au lias, étaient trop réducteurs pour permettre au métal volatil d'autres combinaisons que celle du sulfure.

Le troisième chapitre a trait à la *Composition minéralogique*. Le mot *calamine*, appliqué à tort à tous les minéraux oxydés du zinc, est la cause unique de la confusion qui règne dans la synonymie. Il serait rationnel de classer les minéraux oxydés du zinc en *smithsonite* ou carbonate, *zinconise* ou hydrocarbonate, *willemite* ou silicate anhydre et *hydrowillemite* ou silicate hydraté. C'est ce dernier minéral auquel Beudant a imposé le nom de calamine, mais comme il paraît y avoir au moins trois formules différentes pour représenter la calamine proprement dite, il y aurait donc trois calamines ou silicates hydratés. Il est donc nécessaire de ne plus employer ce mot pour désigner un minéral spécial du zinc, mais bien pour les désigner tous indistinctement comme du reste l'usage journalier le consacre. L'auteur signale la zinconise ou hydrocarbonate comme ayant pris, depuis les récentes découvertes, une importance que n'avaient pu soupçonner naturellement ni Berthier ni Dufrénoy. Elle se forme encore de nos jours dans les vides laissés par la smithsonite.

Dans le quatrième chapitre, l'auteur s'occupe des *minéraux accompagnant en général les calamines* dans les gîtes. Ils sont nombreux. L'étude de chacun d'eux en particulier amène à des observations intéressantes. L'auteur les classe en minéraux accompagnant toujours, fréquemment ou accidentellement, les minéraux oxydés du zinc. L'attention est plus particulièrement appelée sur le magnésium dont la parenté et la coexistence dans tous les gîtes, constituent un fait des plus remarquables. La dolomie et les roches magnésiennes doivent donc être considérées comme un indice précieux de la présence du zinc, et rendront de grands services dans la recherche des calamines. Les métaux connexes inséparables sont le magnésium, le calcium, le silicium, l'aluminium et le fer. L'argent est signalé comme fréquent et comme devant devenir l'objet de recherches actives. Les zones de pyrites de fer doivent être explorées à nouveau au point de vue de la recherche des calamines. Il y a quatre minéraux inséparables, huit très-fréquents, onze accidentels.

Dans le cinquième chapitre, l'auteur procède à la *Classification des calamines* : 1° en natives ; 2° d'altération sur place ; 3° mixtes ; 4° de transport.

Dans le sixième chapitre et deuxième partie de l'ouvrage, l'auteur s'occupe plus spécialement des gîtes. Il les classe d'après les divers genres de fractures qui peuvent se produire dans une roche dure ; elles sont au nombre de quatre. Les fractures adventives ou filons qui coupent la stratification. Les fractures préexistantes qui se divisent en lignes de stratification, lignes de contact et poches, cheminées vides, grottes, etc. De là la formation des espèces de gîtes suivants : filoniens, stratoïdes, de contact, et infundibuliformes ou en entonnoirs irréguliers.

La description des gîtes est la partie la plus laborieuse de l'ouvrage et le fruit de huit années d'observations personnelles. Dans la description de quarante-cinq gîtes sur soixante environ qui sont connus, l'auteur s'attache à donner aussi complétement que possible la situation géologique et géographique, l'allure générale, les circonstances particulières de gîtes, la nature des minerais. Les plans à l'appui sont étu-

diés, pour quelques cas, à l'aide de courbes représentant les variations de l'inclinaison et de la puissance. On en déduit quelques lois remarquables, pour chaque gîte en particulier. L'étude des gîtes a été précédée d'une étude géologique des trois grands centres calaminaires, la Silésie, la Belgique et la Sardaigne, avec cartes à l'appui. Il y a environ 10 pour 100 de gîtes filoniens, 45 pour 100 de gîtes stratoïdes, 35 pour 100 de gîtes de contact et 10 pour 100 de gîtes infundibuliformes, tous dans les calcaires ou au contact.

L'ouvrage se termine par une discussion aussi approfondie que possible sur la formation des calamines. L'auteur est disposé, dans les phénomènes d'altération sur place des blendes, à accorder une grande influence à la vapeur d'eau surchauffée, ainsi que le démontrent les expériences de M. Rivot sur le traitement des matières d'or et d'argent. Inversement à ce que pense M. Grüner, la blende ne serait pas, dans beaucoup de cas, un produit d'altération de la calamine par l'hydrogène sulfuré ; mais, pour en revenir aux anciens errements, ce serait au contraire la calamine qui dériverait de la blende, non plus à l'aide de réactions plus compliquées, mais par l'action de la vapeur d'eau et de l'acide carbonique seulement. On serait tenté d'opérer un rapprochement entre la formation si récente des anciens gîtes auriferes et la calamine, la vapeur d'eau surchauffée produisant dans un cas du métal et dans l'autre de l'oxyde, ainsi que le démontrent les expériences de M. Rivot. L'or et la calamine proviendraient donc de l'altération profonde de certains sulfures. Les calamines natives résulteraient de l'émission des bicarbonates et seraient de véritables *travertins métalliques*.

TRAVAUX SCIENTIFIQUES

M. AUGUSTE FOREL.

Les fourmis de la Suisse (1)

L'auteur a lu l'œuvre de son compatriote, Pierre Huber, et il l'a continuée.

La première partie de l'ouvrage est consacrée à l'exposition des caractères de toutes les espèces de fourmis qui habitent la Suisse ; l'auteur a très-heureusement considéré les relations entre les particularités de conformation et les aptitudes au travail ou à la guerre. Après la détermination des espèces vient l'étude anatomique et physiologique de divers organes ; ce sont ensuite d'intéressantes remarques touchant l'instinct et l'intelligence. Les procédés à l'usage des fourmis, quand elles se rendent des services mutuels, ou quand elles donnent des soins, soit aux larves, soit aux nymphes, ont été le sujet d'observations et d'expériences curieuses. On demeure frappé de voir de quelle façon méthodique des fourmis procèdent à la toilette d'une compagne qui s'est embourbée pendant ses excursions. M. Forel fait partager son admiration pour ces intelligentes petites bêtes lorsqu'il rapporte qu'ayant sali, souillé, déformé les cocons soyeux qui contiennent les nymphes, il retrouva toujours, le lendemain matin, les mêmes cocons parfaitement nettoyés, revenus à leur blancheur primitive. Depuis le jour où Pierre Huber fit connaître les habitudes des fameuses *Amazones* (*Polyergus rufescens*), on a souvent parlé de la précision des mouvements d'une co-

---

(1) 1 vol. in-4°, 455 pages, 2 planches. Zurich, 1874.

lonne expéditionnaire au départ, et de l'ordre parfait que conserve la troupe pendant une longue marche; l'auteur des nouvelles recherches montre cette belle attitude devenant impossible dès que les individus sont chargés. La fourmi qui porte un lourd cocon, toute préoccupée de son fardeau, est incapable de donner ailleurs la moindre attention; toutes alors vont à la débandade : les unes s'égarent et les autres, mieux assurées de leur direction, n'en prennent nul souci. Après mille hésitations, les égarées retrouvent-elles le bon chemin, elles témoignent par l'assurance de la démarche qu'elles se reconnaissent. C'est un signe d'excellente mémoire que note l'observateur.

On a beaucoup vu et maintes fois raconté les combats des fourmis. A ce sujet, M. Forel nous révèle les dispositions des différentes espèces. Il y a les espèces timides, lâches, ne cherchant jamais le salut que dans la fuite, et les espèces braves, paraissant se complaire dans les luttes. Néanmoins souvent encore, chez ces dernières, le courage a besoin d'être excité. On voit l'individu, d'abord craintif, hésitant, qui peu à peu s'anime jusqu'à déployer une audace insensée; dans un paroxysme de rage, il se fait tuer inutilement : c'est l'ivresse du combat. Lorsqu'une fourmi est atteinte d'une pareille folie furieuse, ses compagnes, s'il est possible, s'efforcent de l'arrêter; elles la saisissent et la retiennent par les pattes, ne l'abandonnant qu'après l'avoir ramenée au calme.

Dans le livre sur les *Fourmis de la Suisse*, une étude des ouvrières aptes à la reproduction offre un véritable intérêt. On savait que parfois des fourmis ordinaires effectuent des pontes; M. Forel montre que, par l'ensemble de la conformation, ces individus sont intermédiaires entre les femelles fécondes et les neutres; leurs ovaires ont tantôt un développement complet, tantôt un développement imparfait.

Le chapitre concernant l'architecture des nids renferme nombre d'observations neuves. L'auteur s'attache à faire ressortir combien l'art des constructions varie selon les espèces. Au contraire des nids de guêpes ou d'abeilles, des habitations de fourmis de même espèce peuvent présenter, dans la forme et dans les dispositions intérieures, de remarquables différences. L'emplacement, la saison, l'étendue de la population, déterminent des aménagements particuliers. Selon l'observateur, les fourmis se querellent parfois pour l'exécution d'un travail qui ne convient pas également à toutes les ouvrières. Des fourmis, on ne l'ignorait pas, s'installent assez volontiers dans le nid d'une autre espèce qu'elles trouvent abandonné, ou dont elles s'emparent de vive force; elles se contentent de faire des réparations ou d'apporter quelques modifications dans la demeure étrangère. Plusieurs naturalistes avaient signalé la cohabitation d'espèces dont l'inimitié est ordinaire. M. Forel s'est assuré que la cohabitation n'existe pas : les deux sortes de fourmis logées dans le même nid occupent des appartements séparés; des murs en terre interceptent toute communication. Qu'on s'avise de pratiquer des ouvertures et l'on sera témoin de combats furieux. L'auteur des nouvelles recherches sur les fourmis de la Suisse a donné une extrême attention à tous les détails des constructions; il ajoute notablement à ce que Pierre Huber a enseigné. Le chapitre où il expose ses observations et les résultats de ses expériences sur les mœurs des fourmis est rempli de faits d'un intérêt saisissant. L'investigateur a suivi mieux que tout autre les agissements des femelles fécondes isolées; il a étudié et provoqué en foule des alliances entre les espèces industrieuses et les espèces inhabiles à l'éducation des larves; il a observé les guerres et reconnu les différentes manières de combattre; il a examiné l'influence de la température et de la lumière sur les actes des fourmis, et, de l'ensemble des recherches, la science s'est enrichie d'une foule de notions précises.

E. Blanchard.

MM. ARLOING ET TRIPIER.

Des conditions de la persistance de la sensibilité dans le bout périphérique des nerfs sectionnés.

Lorsqu'un nerf sensible a été divisé sur un animal vivant, son bout périphérique, séparé du centre nerveux, devient ordinairement insensible; toutefois il n'en est pas constamment ainsi, et Magendie, le premier, constata, il y a vingt-cinq ans, qu'après la section des racines rachidiennes antérieures sensibles chez le chien, la sensibilité se réfugie dans le bout périphérique et disparaît dans le bout central. C'est à cette propriété sensitive du bout périphérique d'un nerf divisé que Magendie a donné le nom de *sensibilité récurrente*.

Cette étude de la sensibilité récurrente des nerfs n'est pas seulement un fait intéressant de physiologie expérimentale, mais cette propriété nerveuse est encore appelée à intervenir dans l'interprétation de phénomènes cliniques, en apparence énigmatiques. Plusieurs fois, chez l'homme, le nerf médian, accidentellement divisé, fut réuni à l'aide d'un point de suture, et bientôt après l'opération la sensibilité avait en partie reparu dans les parties auxquelles ce nerf se distribue. Pour se rendre compte de ces faits singuliers signalés à différentes reprises, plusieurs auteurs crurent à une restauration de sensibilité qu'ils expliquèrent par l'hypothèse d'une réunion immédiate. MM. Arloing et Tripier ont montré que cette sensibilité est due à des anastomoses nerveuses périphériques.

C'est par des expériences sur des animaux vivants que MM. Arloing et Tripier ont démontré le rôle, on ne peut plus évident, de ces anastomoses périphériques. Ils ont divisé les trois nerfs collatéraux sur le doigt d'un chien, et ils ont constaté que la sensibilité à la douleur avait cependant persisté sur tous les points du doigt. Ils sectionnèrent alors le quatrième nerf collatéral, et aussitôt l'analgésie devint absolue. Ils ont de plus constaté que, lorsqu'on coupe un des nerfs cutanés de la main, les deux bouts restent sensibles, et que la sensibilité du bout périphérique consiste en une sorte de sensibilité d'emprunt due à la présence de fibres récurrentes dont ils ont pu constater l'existence en observant des fibres nerveuses non dégénérées dans le segment périphérique un mois après la section.

Mais c'est surtout dans les expériences sur les nerfs de la face que ces recherches prennent un caractère d'évidence tout particulier, et c'est là que MM. Arloing et Tripier ont fait preuve d'un grand talent d'analyse expérimentale.

La sensibilité récurrente, mise autrefois en évidence sur divers nerfs du chien, par quelques-unes de mes expériences, n'avait pu être constatée nettement sur le lapin ni sur le cheval; pour le facial chez ce dernier animal, et chez les solipèdes en général, elle avait été niée par M. Chauveau. Ayant repris ces expériences, MM. Arloing et Tripier ont démontré que si, après la section du nerf facial au-dessous de la parotide, on ne trouve pas habituellement de sensibilité dans le bout périphérique, c'est qu'à ce niveau il n'y a pas ordinairement de tubes nerveux récurrents; mais, quand la section est faite plus bas, plus près de la partie périphérique du nerf, la sensibilité du bout périphérique devient très-évidente.

Relativement à la sensibilité récurrente de la cinquième paire qui existe, mais qui est cependant plus difficile à démontrer que pour le facial, MM. Arloing et Tripier ont trouvé qu'elle provient non-seulement des nerfs de sensibilité de la région du même côté, mais qu'elle résulte aussi d'un entrecroisement ou d'une récurrence des nerfs sensitifs du côté opposé. C'est pour la première fois que ce fait important se trouve rigoureusement établi. En effet, MM. Arloing et Tripier n'ont pas seulement prouvé les phénomènes de sensibilité récurrente par des expériences de vivisection habilement faites, mais ils les ont expliqués et démontrés par une étude attentive de la dégénérescence des deux bouts de nerfs divisés chez leurs animaux en expérience. C'est ainsi que leur travail présente une valeur de démonstration tout à fait exceptionnelle. Ils ont reproduit toutes ces dégénérescences dans des dessins très-bien exécutés.

Les résultats du grand travail de MM. Arloing et Tripier, dont nous ne pouvons donner ici qu'une analyse sommaire, peut se résumer dans les faits suivants :

1° Le facial et le spinal des solipèdes et des rongeurs, possèdent la sensibilité récurrente aussi bien que ceux des carnassiers ;

2° Pour trouver plus facilement la sensibilité récurrente, il faudra se porter à la périphérie ;

3° Le bout périphérique des branches du trijumeau est sensible ; cette sensibilité est assez difficile à bien mettre en évidence, mais elle existe ;

4° Le bout périphérique des nerfs des membres est également sensible ; toutefois, la sensibilité peut disparaître, lorsqu'on remonte sur les troncs nerveux ;

5° Dans tous les cas, la sensibilité du bout périphérique est due à la présence de tubes nerveux dont les relations avec les centres trophiques et perceptifs n'ont pas été interrompues par la section ;

6° L'absence de ces tubes se lie à l'insensibilité du bout périphérique ;

7° Ces tubes proviennent de la cinquième paire pour le facial, des nerfs voisins et à coup sûr des nerfs du côté opposé pour les nerfs sensitifs, des nerfs voisins et homologues pour les nerfs mixtes ;

8° Ces tubes récurrents remontent plus ou moins haut dans le tronc du nerf auquel ils sont accolés ; leur nombre diminue en allant de la périphérie vers le centre ;

9° Le retour de ces fibres peut se faire avant la terminaison des nerfs ; mais la terminaison est le lieu où il se produit de préférence.

En résumé, MM. Arloing et Tripier ont généralisé la sensibilité récurrente à tous les animaux mammifères ; ils ont donné de ce phénomène une démonstration décisive et une explication rigoureuse, à l'aide d'une série d'expériences de vivisection des plus délicates, poursuivies sur un très-grand nombre d'animaux pendant six années.

CLAUDE BERNARD.

M. LE DOCTEUR ARMAND SABATIER.

Études sur le cœur et la circulation centrale dans la série des vertébrés.

Le résultat important des recherches de M. Sabatier est un ensemble de preuves que, chez les reptiles et les batraciens, le sang artériel et le sang veineux ne se mélangent pas, comme on le croyait très-généralement. Ces preuves sont tirées de l'étude des dispositions anatomiques, de l'observation du sang dans les principaux vaisseaux, de diverses expériences.

Chez les batraciens, l'auteur s'est assuré que, par le fait de la direction des trabécules musculaires et des aréoles des parois ventriculaires, les deux sangs lancés par les oreillettes dans le tissu spongieux du cœur demeurent séparés pendant la diastole, et qu'obéissant pendant la systole à l'impulsion imprimée par les trabécules musculaires ils suivent un cours différent, le sang rouge allant vers les aortes, le sang noir vers l'artère pulmonaire.

A l'égard des reptiles, M. Sabatier croit avoir démontré qu'au début de la systole le vestibule pulmonaire vient à se clore et emprisonne de la sorte le sang veineux pur ; que l'orifice de l'aorte gauche s'aplatit et se ferme presque aussitôt

après avoir reçu une petite quantité de sang mixte, et que l'aorte droite, admettant aussi un peu de sang mélangé, ne reçoit plus bientôt que le sang rouge, dont elle cède une partie à l'aorte gauche à travers la fente interaortique.

Chez les émydosauriens ou crocodiles, dont le cœur est partagé par une cloison, mais où l'existence d'une communication donnait à penser que le mélange des deux sangs devait s'opérer, l'auteur établit que, pendant la systole ventriculaire, le pertuis aortique se ferme et ne s'ouvre que pendant la diastole ; que l'orifice de l'aorte gauche s'aplatit et se ferme dès le début de la systole, de façon à n'admettre que très-peu de sang veineux, tandis que l'aorte droite reçoit seulement du sang artériel.

M. Sabatier a suivi avec grand soin les modifications du cœur et le mode de constitution des oreillettes chez les principaux types de vertébrés ; mais nous passerons sur les faits anatomiques pour signaler des expériences propres à démontrer l'influence de la respiration sur la circulation.

Chez l'animal à sang chaud, les phénomènes mécaniques de la respiration ont été interrompus soit pendant l'inspiration, soit pendant l'expiration, et, la tension veineuse mesurée à l'aide d'un hémodynamomètre, il a été reconnu que cette tension s'élève pendant l'interruption des mouvements respiratoires. Au contraire, la tension artérielle, déterminée par des procédés qu'il est inutile de décrire, diminue pendant l'interruption des phénomènes respiratoires et s'élève ensuite graduellement. De l'ensemble des résultats dérive la conclusion que, malgré l'influence des mouvements respiratoires sur la circulation du sang dans le poumon, les troubles de la circulation dans l'asphyxie doivent surtout être attribués au défaut de réoxygénation du sang. Chez l'animal à sang froid, reptile ou batracien, la circulation pulmonaire, d'après les expériences très-probantes de M. Sabatier, devient très-embarrassée dès que la réoxygénation du sang n'a plus lieu ; ce qui est en opposition avec l'assertion de M. Brücke, que la circulation pulmonaire n'est pas interrompue pendant l'arrêt de la respiration. Le rôle de l'anastomose abdominale des deux aortes, chez les reptiles, a été constaté dans des expériences nombreuses à l'aide de tubes en caoutchouc permettant, par des pressions variées, d'apprécier la vitesse d'écoulement et ainsi de reconnaître les circonstances où les mouvements respiratoires agissent sur la direction du sang.

E. BLANCHARD.

M. JOSEPH FARCOT

Le servo-moteur

Les développements de l'industrie moderne exigent chaque jour l'emploi de machines plus puissantes et dont le fonctionnement soit réglé d'une manière plus précise. Nulle part cependant cette double difficulté ne se montre plus impérieuse que dans la navigation à vapeur, dont les énormes machines dépassent de bien loin toutes celles qui sont employées ailleurs.

Le navire lui-même, en vertu de son inertie, ne se modère pas facilement, et la manœuvre de son gouvernail est par cela même rendue plus difficile, de sorte qu'il était possible d'affirmer *a priori* que l'un des plus grands progrès à accomplir dans la navigation à vapeur consisterait un jour à rendre le fonctionnement du gouvernail plus sûr et plus facile, et à rendre la machine plus docile.

Ce double problème a été résolu par M. Joseph Farcot avec une généralité plus grande encore que ne le comporte notre énoncé, pour les efforts les plus considérables et avec une sûreté absolue.

Il a désigné, sous le nom de *servo-moteur* ou de *moteur asservi*, un système qui permet de faire faire à un organe, aussi lourd et aussi puissant qu'on puisse le supposer, les mêmes évolutions que celles imprimées, à la main ou autrement, à un simple bouton dont le déplacement n'exigerait qu'une très-petite résistance.

A la demande de l'organe qui conduit ce bouton, les conditions de fonctionnement du modérateur seront modifiées de manière à accélérer ou à retarder la vitesse antérieure de la machine, le gouvernail sera déplacé de l'angle convenable pour toute évolution, les tours cuirassées et tournantes, les pièces d'artillerie du plus gros calibre seront pointées en direction et en hauteur; en un mot, tous les ordres seront exécutés rapidement, franchement, avec l'énergie convenable, puisée toujours dans la force mécanique des machines motrices, sans autre effort accessoire à exercer que celui d'une simple indication donnée au déplacement d'un organe léger qui commande les organes de distribution.

Le brevet de M. Farcot date de 1868, et, dès l'année suivante, la réalisation pratique de son programme était mise au service de la marine.

L'importance de la question nous oblige à citer quelques dates et quelques applications.

C'est sur le *Château-Renaud* qu'a été faite la première application du servo-moteur, en 1869, pour la conduite du régulateur. En même temps, le *Cerbère*, essayé seulement après la guerre, était muni d'un servo-moteur à transmission directe pour la manœuvre du gouvernail et pour celle d'une tour cuirassée.

En 1870, on a commencé l'exécution de trois garde-côtes, le *Bélier*, le *Boule-Dogue* et le *Tigre*, sur lesquels le nouvel appareil était également destiné à la translation directe du gouvernail et au service des tours. Ces trois navires, essayés de 1872 à 1874, ont donné les meilleurs résultats.

Le *Sané*, le *La Clocheterie*, le *Fabert* et l'*Infernal* ont, depuis 1872, leurs régulateurs desservis par l'appareil de M. Farcot.

Le *Marengo*, le *Richelieu*, le *Friedland*, le *Suffren*, sont munis d'appareils de même principe, mais à rotation continue, pour le fonctionnement de leurs gouvernails. Une première étude d'affût de canon de marine de 27 centimètres a été faite par ordre du ministère de la marine, en 1869, et M. Farcot en a exécuté un autre, en 1874, pour pièce de 32 centimètres.

D'un autre côté, M. Duclos, de Marseille, dont les intérêts sont communs avec ceux de M. Farcot, a appliqué des variantes du même principe, entre autres au *Niger* et à l'*Orénoque*, et M. Farcot a lui-même fait plusieurs projets pour le changement de marche du *Duquesne*, mais seulement en 1874.

Récemment encore, notre confrère si autorisé, M. Dupuy de Lôme, nous apprenait qu'il avait fait appliquer, avec le plus grand succès, le servo-moteur de M. Farcot à deux bâtiments de la marine brésilienne. Des bâtiments cuirassés, du même type, quoique de moindres dimensions, exécutés précédemment par les constructeurs anglais pour le gouvernement brésilien, avaient présenté le grave inconvénient d'être très-difficiles à maintenir en route, et leurs évolutions ne pourraient être modérées, quant aux effets commencés, que grâce aux servo-moteurs appliqués au *Solimoès* et au *Javary*; ces deux derniers navires gouvernent avec une extrême facilité.

L'expérience a prouvé que les garde-côtes munis des dispositions de M. Farcot évoluaient avec une rapidité et une précision qui n'avaient pas encore été réalisées; l'expérience a prouvé également que le pointage des pièces de gros calibre et des tours cuirassées se fait, sur le *Cerbère* par exemple, avec une parfaite exactitude.

Il faut le dire toutefois, ce n'est pas du premier coup que ces résultats favorables ont été constatés. Avec les premiers appareils, on a observé quelques hésitations et quelques ballottements dans les changements brusques; mais la solution est aujourd'hui complète et fait le plus grand honneur à la persévérance et à l'habileté de son auteur.

Le principe de l'asservissement d'un moteur à toutes les volontés du conducteur est également réalisable, sous la forme de pressions hydrauliques, déterminées par des communications ouvertes avec des accumulateurs : c'est une variante dont on s'occupe beaucoup aujourd'hui, mais dans laquelle il est nécessaire d'éviter l'emprisonnement d'un liquide incompressible dans un espace qui pourrait se resserrer. La plupart des dispositions mécaniques de M. Farcot seraient également applicables à cette solution du problème, prévue d'ailleurs dès les premières publications relatives à ce système d'un grand intérêt d'avenir.

Tresca.

BULLETIN DES SOCIÉTÉS SAVANTES

Académie des sciences de Paris. — 12 JUILLET 1875.

M. Faye : L'ouragan de 1860, près de la Réunion. — M. Gaumet : Le miroir-équerre, pour la mesure rapide des grandes distances. — M. H. Peslin : La théorie des tempêtes; conclusions. — M. Bouchut : Distinction de la commotion et de la contusion du cerveau, au moyen de l'ophthalmoscope. — M. F. Glénard : Recherches sur les causes de la coagulation spontanée du sang à son issue de l'organisme. — M. F. Jean : sur la préparation du tungstène et la composition du wolfram.

M. *Faye* fait une communication relative aux désastres de l'ouragan de 1860, près de la Réunion, désastres qui coûtèrent la vie à cinquante-cinq hommes de mer et entraînèrent la perte de près de quarante navires. L'auteur se demande si cet ouragan terrible a, oui ou non, obéi aux lois cycloniques. On affirme aujourd'hui que, d'après ces lois, l'île de la Réunion devait se trouver sur la trajectoire centrale du cyclone; qu'en fait, le centre a passé à 135 milles au nord-nord-ouest; qu'en conséquence les manœuvres indiquées par cette théorie ont fatalement compromis les navires mauvais marcheurs qui ont péri dans ce sinistre. En outre, M. Meldrum, directeur de l'observatoire de l'île voisine, de Maurice, après de longues et sérieuses études, a fini par contester la circularité des cyclones. Enfin M. Ansart, capitaine de frégate, qui commandait un des navires engagés dans la tempête de 1860, a proposé de rejeter complétement la théorie circulaire. M. Faye examine successivement tous les faits observés et rapportés par ses contradicteurs, et, en tenant compte de la situation géographique de l'île de la Réunion et de l'influence qu'ont dû nécessairement exercer sur la tempête les alizés qui soufflent dans ce pays, il montre qu'il n'y a eu rien d'anormal dans ce grand cyclone et que les faits rapportés, loin d'ébranler la théorie circulaire, viennent, au contraire, une fois de plus en confirmer toute la valeur. Après cette savante discussion et cet important examen de l'influence des vents alizés, M. Faye termine par la conclusion pratique suivante, qu'il soumet aux navigateurs : Pour déterminer, dit-il, le centre d'un cyclone dans la région des vents alizés, si l'observateur se trouve près du bord dans le demi-cercle exposé à ces vents, il devra appliquer la règle habituelle, non pas au vent qu'il reçoit, mais à celui qui, composé avec l'alizé connu, donnerait pour résultante le vent observé en grandeur et en direction. Quand on aura obtenu graphiquement deux déterminations du centre suffisamment distinctes, on corrigera, s'il y a lieu, ces premières constructions en y introduisant la vitesse de translation.

— M. *Gaumet* présente un mémoire sur un instrument qu'il a nommé le *miroir-équerre*. Cet instrument est destiné à tracer des angles droits sur le terrain et peut être utilisé très-avantageusement dans la mesure rapide des grandes distances. Il est basé sur la propriété suivante des miroirs : tout point A placé devant un miroir fait son image en un point A' symétrique de A par rapport au plan du miroir.

Voici la description qu'en donne l'auteur : Le miroir-équerre est constitué par un miroir carré de 6 centimètres de côté, placé dans une garniture métallique ayant un bord de 1 centimètre de large. Le bord du miroir est peint en blanc et en vermillon, de manière à former deux lignes perpendiculaires au cadre du miroir. Sur le bord supérieur du miroir est placée une petite lunette astronomique portant un réticule déterminant l'axe optique de la lunette ; cet axe optique doit être contenu dans le plan du miroir, ou tout au moins parallèle à ce plan. M. Gaumet explique ensuite de quelle façon on devra se servir de son instrument, quand il s'agira, soit de mener une perpendiculaire à une direction jalonnée, soit d'abaisser d'un point donné M une perpendiculaire à une direction jalonnée AB, soit enfin quand on voudra employer le miroir-équerre comme télémètre.

— M. *H. Peslin* envoie une note sur la théorie des tempêtes. Cette note contient les conclusions de l'auteur relatives à la théorie qu'il a soutenue jusqu'ici contre M. Faye. M. Peslin déclare nettement qu'il ne voit rien dans les arguments de son adversaire qui soit de nature à ébranler son opinion sur cette question. Parmi les objections qu'il n'a cessé de faire et auxquelles on n'a pas répondu se trouve celle-ci : la théorie de M. Faye ne peut expliquer la production de la pluie qui accompagne d'une manière constante les tempêtes et les cyclones. M. Peslin reste donc convaincu que les cyclones et les trombes sont dus à des mouvements gyratoires ascendants et non descendants, comme le veut M. Faye.

— M. *Bouchut* adresse un mémoire dans lequel il indique comment on peut distinguer la commotion de la contusion du cerveau, au moyen de l'ophthalmoscope. Quand il n'y a que commotion, le nerf optique et la rétine sont entièrement dans leur état normal et ne présentent rien de particulier. Quand il y a, au contraire, contusion du cerveau, le nerf optique et la rétine sont malades : le premier est gonflé et paraît parfois plus vasculaire ; ses contours sont beaucoup moins nets ; il est le siége d'une suffusion séreuse qui s'étend à la rétine. Les veines rétiniennes plus ou moins dilatées indiquent par la gêne de leur circulation une gêne semblable dans la circulation du crâne.

— M. *F. Glénard* a fait des recherches sur les causes de la coagulation spontanée du sang à son issue de l'organisme. Il a pu se convaincre que la coagulation est due au contact des corps étrangers, tels que les vases dans lesquels le sang est reçu au moment de sa sortie de l'animal. En effet, dit l'auteur, lorsqu'on enlève sur un animal vivant un segment artériel ou veineux plein de sang et qu'on le conserve à l'air, le sang ne s'y coagule pas, quelle que soit la capacité du segment. Après un temps qui varie avec les dimensions du vaisseau et la quantité de sang, le segment sèche et va jusqu'à présenter la consistance de la corne. Si l'on vient ensuite à désagréger dans l'eau ce sang desséché, il s'y dissout et la solution peut se coaguler spontanément, même après filtration. Le sang renfermé dans son segment et isolé de l'animal peut être imprégné d'acide carbonique, d'oxygène et même d'acide sulfhydrique, sans se coaguler, mais sans perdre sa coagulabilité. Le sang est vivant tant qu'il est coagulable spontanément ; la coagulation est sa mort.

— M. *Ferdinand Jean* communique sur la préparation du tungstène et la composition du wolfram une note qui intéresse la métallurgie du fer et résout une question de chimie minérale restée jusqu'alors assez obscure.

Depuis quelques années on fait, en effet, entrer dans certains aciers de petites quantités de tungstène dans le but de leur donner une dureté telle que ces aciers peuvent servir à percer, forer, etc., l'acier ordinaire. Comme le tungstène préparé par les procédés ordinaires revient à un prix très-élevé, on avait recours au wolfram que l'on réduisait en même temps que les matières ferrugineuses soumises à la fusion. Ce mode d'opérer laissait beaucoup à désirer, car la majeure partie du wolfram passait dans les laitiers ou disparaissait dans le cours de la transformation de la fonte en acier. Le procédé que M. F. Jean vient de faire connaître, produisant le tungstène industriellement et économiquement, permettra de modifier avec avantage la fabrication des aciers au tungstène et de préparer des alliages de cuivre et des alliages blancs qui, d'après M. Levallois, jouissent de propriétés précieuses au point de vue de la dureté et de l'inoxydabilité, et pourraient sans doute être utilisés dans les arts et comme alliages monétaires.

Le procédé de M. F. Jean est très-simple ; il consiste à chauffer au rouge naissant, pendant une demi-heure, dans un creuset ou dans un four à réverbère, le wolfram réduit en poudre impalpable, et mélangé intimement avec 30 p. 100 de carbonate de chaux et 20 à 30 pour 100 de chlorure de sodium. Lorsque le mélange est refroidi, on le pulvérise et on le fait bouillir pendant un quart d'heure avec de l'acide chlorhydrique qui dissout la chaux et les oxydes de fer et de manganèse avec dégagement de chlore, et laisse à l'état insoluble tout l'acid tungstique qu'il suffit de réduire par l'hydrogène ou dans un creuset brasqué pour le transformer en tungstène.

Ce nouveau mode de décomposition du wolfram a permis à M. F. Jean d'établir la composition si controversée du wolfram, minerai qui a été considéré tantôt comme un tungstate de peroxydes de fer et de manganèse, tantôt comme un tungstate de protoxydes et même comme un composé d'oxyde bleu de tungstène et d'oxydes, soit au maximum, soit au minimum. M. F. Jean a reconnu, en effet, en décomposant le wolfram par la chaux salée, dans une atmosphère d'azote pur et sec et par des expériences délicates, qu'il serait trop long de rapporter ici, que le wolfram est un tungstate de protoxydes de fer et de manganèse.

BIBLIOGRAPHIE SCIENTIFIQUE

Le Soleil, par le R. P. Secchi (1re partie. Un volume avec planches ; chez Gauthier-Villars).

L'astronomie vient de s'enrichir d'un nouvel ouvrage, « *Le Soleil*, par le R. P. Secchi ». Le volume que nous avons sous les yeux est, en effet, sinon un traité absolument nouveau, au moins beaucoup plus qu'une réimpression.

On se souvient de la fortune heureuse de la première édition ; parue en juillet 1870, à la veille de la guerre franco-allemande, elle a été rapidement épuisée, car il y a près de deux ans que les exemplaires en sont rares. Et cependant, en 1872, le docteur Schellen avait publié à Cologne une traduction allemande du *Soleil*, édition qui comprenait des chapitres importants ne figurant point dans l'ouvrage français. Ces chapitres ne faisaient pourtant point absolument corps avec l'ouvrage, dont le texte primitif avait été en grande partie conservé.

« A cette époque, dit le R. P. Secchi, un grand nombre de
» faits intéressants demeuraient encore isolés les uns des
» autres, sans lien commun qui servît à les réunir en corps
» de doctrine. Les années qui viennent de s'écouler ont com-
» blé plusieurs de ces lacunes : par exemple, la théorie des
» éruptions solaires était à peine ébauchée ; nous ne préten-
» dons pas qu'elle soit complète aujourd'hui, mais elle a cer-
» tainement fait de grands progrès, et nous commençons à
» voir les relations qui existent entre les mouvements érup-
» tifs et les autres phénomènes de la physique solaire. Ces
» questions étaient à peine indiquées dans la première édi-
» tion ; nous les avons traitées dans celle-ci avec tous les dé-
» veloppements qu'elles comportent. »

Parmi les additions les plus importantes qui, indépendamment de la coordination plus grande des faits, signalent la seconde édition du *Soleil*, nous signalerons : un chapitre sur les oculaires hélioscopiques et les moyens d'observer le soleil; l'extension considérable du paragraphe relatif aux mouvements des taches, pour lesquelles le savant directeur de l'observatoire du Collége romain n'adopte pas les idées de M. Faye; une histoire complète des progrès successifs de l'analyse spectrale dans ses applications au soleil; enfin, à propos des éclipses, une explication nouvelle de la couronne et des aigrettes visibles à l'instant des éclipses totales.

Toutes ces questions, que les astronomes agitent avec persévérance depuis 1868, ont été pour le R. P. Secchi l'objet d'études importantes dans lesquelles il a su allier à une érudition profonde, à une discussion raisonnée des théories de ses contradicteurs ou de ses émules, une clarté de description que l'on ne pouvait rencontrer que chez un observateur aussi habile et aussi persévérant.

Quoique, dans *le Soleil*, l'exposé des découvertes faites sur la constitution physique de cet astre par les astronomes anglais ou allemands occupe une large place, le livre est néanmoins une œuvre personnelle, car l'auteur a presque toujours pris les preuves expérimentales de ses affirmations dans ses observations propres, et plus d'une remarque intéressante voit là pour la première fois le jour.

Au premier volume, le seul aujourd'hui imprimé, se trouve joint un atlas de six planches sur acier donnant à la même échelle, et en longueur d'onde, le spectre lumineux et chimique du soleil, d'après Angstrœm et Cornu, et un *fac-simile* des photographies du spectre chimique de Draper. Cet ensemble de planches, indispensable à tous ceux, astronomes, physiciens ou chimistes qui s'occupent d'analyse spectrale, n'avait encore été publié dans aucun ouvrage français.

Le Soleil est imprimé avec un soin et un luxe typographique qui en fait un ouvrage hors ligne.

CHRONIQUE SCIENTIFIQUE

Association française pour l'avancement des sciences

Le prochain Congrès de cette Association ouvrira à Nantes, le 19 août 1875. Le bureau est composé comme il suit pour cette session :

Président : M. d'Eichthal, président de la compagnie des chemins de fer du Midi ;

Vice-président : M. Faye, membre de l'Académie des sciences ;

Secrétaire général : M. Cornu, professeur à l'Ecole Polytechnique ;

Vice-secrétaire général : M. le docteur Ollier, correspondant de l'Institut ;

Archiviste : M. Friedel, maître de conférences à l'Ecole normale supérieure ;

Trésorier : M. G. Masson, libraire-éditeur ;

Secrétaire du conseil : M. C.-M. Gariel, ingénieur des ponts et chaussées, professeur agrégé à la Faculté de médecine de Paris

Le Comité local, sous la présidence de M. Lechat, maire de Nantes, s'est occupé de préparer d'une manière toute spéciale les excursions et visites scientifiques ou industrielles dont nous donnerons plus tard le détail. Une excursion finale, qui durera les 27, 28 et 29 août, comprendra une visite à Vannes, à Locmariaquer, Carnac, Quiberon, Belle-Isle, Lorient, etc. : pour cette excursion, M. le ministre de la marine a bien voulu permettre de mettre un navire de l'Etat à la disposition de l'Association.

Plusieurs savants étrangers assisteront au Congrès de Nantes : voici les noms de ceux qui, jusqu'à ce jour, ont promis de participer à ces grandes assises scientifiques :

MM. Van Baumhauer, de Harlem ; V. Bouley, directeur général de la Société de la Nouvelle-Montagne (Belgique) ; Dr Candèze, secrétaire général de la Société des sciences, de Liége ; E. Catalan, professeur à l'Université de Liége ; L. Cremona, directeur de l'Ecole des ingénieurs, à Rome ; Franchimart, professeur à l'Université de Leyde ; Govi, professeur à l'Université de Turin ; Grinnis, professeur à l'Université d'Utrecht : Gunning, de Rotterdam ; Heynsius, recteur de l'Université de Leyde ; Liguine, professeur à l'Université d'Odessa ; commandeur Negri Cristoforo, de Turin ; marquis G. Ricci, lieutenant général en retraite, de Turin ; Van Rysselberghe, professeur à l'Ecole de navigation d'Ostende ; da Silva, correspondant de l'Institut de France, architecte de Sa Majesté le roi de Portugal ; Toca, membre de l'Académie de médecine de Madrid ; Carl Vogt, professeur à l'Université de Genève ; Zepharovich, de Prague.

Pour tous les renseignements relatifs au Congrès, s'adresser au secrétariat, 76, rue de Rennes, Paris.

SOCIÉTÉ FRANÇAISE DE PHYSIQUE. — M. *Marey* montre les appareils qu'il a employés et indique les résultats les plus saillants qu'il a obtenus dans ses recherches sur la propagation des ondes par les liquides contenus dans des tubes élastiques. Sa méthode consiste à produire en un point d'un tube de caoutchouc plein d'eau une compression ou une dilatation brusque, soit en appuyant sur les parois, soit par l'action d'un piston ; de petites pinces installées le long du tube à des distances égales transmettent le signal du passage de l'onde comprimée ou dilatée à des tambours à levier qui l'inscrivent sur une bande de papier enfumée. — M. Marey a constaté que la vitesse de propagation des ondes diminue avec l'amplitude et augmente avec l'élasticité des parois; la densité du liquide a aussi de l'influence, mais assez peu pour qu'il n'y ait pas lieu de s'en préoccuper dans les applications à la physiologie. — En outre, les ondes sont toujours accompagnées, à une certaine distance de l'origine du mouvement, d'harmoniques à périodes plus courtes.

M. *Camacho* écrit à M. le président pour montrer, par la date de tes brevets, que ses recherches au sujet d'électro-aimants concensriques sont antérieures à celles pour lesquelles on avait fait des réclamations de priorité.

M. *Mascart* indique les résultats des expériences réalisées par différents physiciens pour évaluer en valeurs absolues les différences de potentiel dans les piles électriques et dans les étincelles, ainsi que le débit des machines électriques ; il insiste sur l'utilité de ce genre de recherches qui permettent de préciser les expériences et de les rendre comparables entre elles.

M. *Jamin* communique de nouveaux résultats sur la distribution du magnétisme dans les aimants. La loi de distribution, déterminée par la méthode du contrat d'épreuve, en ayant soin d'éliminer les causes d'erreur dues à la conductibilité magnétique, peut être représentée par une formule exponentielle renfermant deux constantes, dont l'une ne dépend que de la nature du métal et l'autre du degré de trempe. En suivant cet ordre d'idées, M. Jamin a constaté qu'à diamètre égal la quantité de magnétisme que peut prendre un barreau varie en sens inverse de la trempe et qu'une barre de fer est celle qui s'aimante le plus, pourvu que la longueur de cette barre soit suffisante.

M. *Lippmann* présente un petit électromètre capillaire dans lequel on peut évaluer une force électromotrice par le déplacement d'une colonne de mercure dans un tube capillaire analogue à ceux des thermomètres. — L'instrument est de dimensions très-restreintes et permet d'apprécier le centième d'un élément Daniell.

— Le docteur Hermann Muller, à la suite de ses observations sur la fécondation des fleurs par les insectes, a mis en lumière deux points importants : les plantes, suivant lui, seraient visitées et fécondées par un bien plus grand nombre d'insectes qu'on ne le croyait généralement ; il ajoute que la fécondation spontanée, quel que soit l'avantage des croisements, joue, dans bien des cas, un rôle très-important.

— Pour préciser les conditions physiques dans lesquelles se trouvent les poissons à de grandes profondeurs, M. Moreau a soumis des poissons à une pression de dix atmosphères en refoulant dans un vase clos, soit de l'eau, soit de l'air ; puis supprimé brusquement la pression. Dans le premier cas les poissons n'éprouvèrent aucun malaise ; dans le second ils succombèrent rapidement avec hémorrhagie, et le sang est devenu spumeux. Ce phénomène est dû au dégagement des gaz que le sang avait dissous en plus grande quantité dans la seconde expérience.

Le propriétaire-gérant : GERMER BAILLIÈRE.

PARIS. — IMPRIMERIE DE F MARTINET, RUE MIGNON, 2.

LA
REVUE SCIENTIFIQUE

DE LA FRANCE ET DE L'ÉTRANGER

REVUE DES COURS SCIENTIFIQUES (2ᴱ SÉRIE)

DIRECTION : MM. EUG. YUNG ET ÉM. ALGLAVE

2ᵉ SÉRIE — 5ᵉ ANNÉE   NUMÉRO 5   31 JUILLET 1875

ACADÉMIE DES SCIENCES DE BELGIQUE

M. J. DELBŒUF

Théorie générale de la sensibilité (1)

Tout être, animal, végétal ou minéral, subit l'influence de ce qui l'entoure; toute altération dans la constitution du milieu ambiant, amène en lui une altération correspondante que nous nommons *impression*. La cause de l'impression, nous l'appelons *excitation*. Si l'être est *sensible*, un phénomène *psychique*, la *sensation*, répond, tant que l'altération dure, au phénomène *physique* de l'impression ; il ressent en lui la modification qu'il éprouve, et seul, il peut savoir en quoi consiste sa sensation; elle est incommunicable, c'est un fait *interne* ; l'impression, au contraire, peut être connue de tous, c'est un fait *externe*. Si, de plus, l'être est *connaissant*, s'il est doué d'intelligence, il a des *perceptions*, c'est-à-dire qu'il rapporte, en général, sa sensation à quelque chose *autre que lui*, ou du moins, conçu comme tel, et qu'il attribue à ce quelque chose une qualité, celle de lui procurer une sensation déterminée.

Ainsi, quand la température du milieu s'élève, tous les corps *deviennent chauds*, les êtres sensibles *ont chaud* ; les êtres intelligents se diront : *il fait chaud*.

Ces définitions, pour le moment provisoires, se préciseront au fur et à mesure qu'on avancera dans cette étude.

Pour que la perception soit possible, l'animal doit faire dans la sensation qu'il éprouve la part de ce qui émane de lui, et la part de ce qui vient de l'extérieur : la sensation est, en effet, le produit de deux facteurs, l'animal et la cause agissante. Pour qu'il puisse faire cette analyse, il faut qu'il ait, dans une certaine mesure, la faculté de se donner des sen-

sations à lui-même, de varier, comme dans les expériences de laboratoire, les circonstances où elles se produisent. Pour cela, il suffit que l'animal ait la faculté de *se mouvoir* (ce terme étant pris dans son sens le plus général), et qu'il ait en même temps le *sentiment de l'effort* qu'il déploie quand il se meut ; il faut, en un mot, qu'il soit doué de *motilité* (1).

Un animal qui, chaque fois qu'il ouvre les yeux, voit toujours dans la même situation par rapport à lui, les mêmes objets, doit croire qu'ils font partie de son être. Mais si un jour, s'attendant à les voir à la même place, il les trouve changés de lieu ou d'aspect, et si ce changement s'est fait indépendamment de sa volonté, il est forcé d'admettre qu'il est dû à une cause autre que lui. L'enfant n'entend pas, quand il le veut, la voix aimée de sa mère, et il en conclut qu'il est différent d'elle; mais certainement si elle répondait toujours immédiatement à son désir, il devrait croire s'entendre lui-même. Il a donc des perceptions, parce qu'il distingue, dans ce qu'il éprouve, des choses qui sont sous sa dépendance et des choses qui n'y sont pas; et cette distinction il n'a pu la faire que s'il a des choses sous sa dépendance, s'il peut produire certains effets, c'est-à-dire, en termes généraux, s'il peut mouvoir des objets (ou se mouvoir) en sentant, bien entendu, qu'il les meut (ou se meut).

On voit par là que la *motilité*, comprise dans la signification qui est ici donnée à ce mot, est le caractère propre de l'animal, et que rien n'empêche d'accorder aux plantes la sensibilité (2).

Il semblerait qu'on dût maintenant définir la *sensibilité*. Or, c'est là une chose actuellement impossible, et cela pour des raisons scientifiques et logiques. En effet, une semblable définition exige que l'on distingue l'insensible du sensible, et que l'on dise ce que le sensible a de plus que l'insensible.

---

(1) Cet article est l'analyse d'un long et important mémoire adressé à l'Académie royale des sciences de Belgique par M. J. Delbœuf, professeur à l'Université de Liége.

(1) Nous employons cette expression dans un sens plus restreint que celui qui lui est généralement attribué.

(2) Certains faits présentés par la sensitive et par les plantes carnivores (voyez un article de Hooker, dans la *Revue* du 21 novembre 1874) serviraient au besoin à étayer cette opinion. Pour plus de détails sur la motilité, voyez un article que j'ai publié dans la *Revue de Belgique* (juillet 1874) sur la *psychologie comme science naturelle*.

Pour cela, il faudrait se trouver dans l'une de ces trois conditions : 1° Ou il faudrait que l'on pût créer le sensible avec l'insensible par un procédé d'analyse ou de synthèse. Dans ce cas, l'énoncé du procédé tiendrait lieu de définition ; c'est ainsi qu'on définit l'oxygène : le gaz qui se rend au pôle positif de la pile quand on décompose l'eau par l'électricité. Or, qui ne sait que c'est le rêve irréalisé du moyen âge ? 2° Ou bien il faudrait qu'on observât la transformation de l'insensible en sensible ; alors la description fidèle des circonstances où cette transformation se produit pourrait conduire à la définition. Or, jusqu'aujourd'hui, la doctrine de la génération spontanée n'a pas encore été reçue dans la science, et elle a été repoussée de tous les domaines où elle cherchait à s'implanter. 3° Ou bien enfin il faudrait que la notion du sensible prît naissance après celle de l'insensible ; et l'énumération des attributs qui viennent dans l'esprit s'ajouter à ceux de l'insensible pourrait servir de définition nominale, sinon réelle. Mais il n'en est pas ainsi : l'enfant commence par regarder tous les êtres qui l'entourent, comme lui étant semblables, c'est-à-dire, comme des êtres corporels, sensibles et intelligents ; ce n'est que par abstraction qu'il arrive à l'idée d'êtres corporels et vivants, mais non intelligents ; c'est une abstraction subséquente qui lui donne celle d'êtres simplement corporels ou insensibles ; de même, plus tard, par un procédé semblable il concevra des êtres sensibles et intelligents, mais incorporels, puis enfin un être pure intelligence.

En réalité, nous ne pouvons nous rendre compte de l'existence d'un être insensible. On en est donc réduit à ne pas chercher à définir la sensibilité. Heureusement, les êtres à qui cet écrit s'adresse sont sensibles, et, possédant cette faculté, ils comprennent parfaitement en quoi elle consiste.

Pour étudier avec fruit un phénomène complexe, il faut le décomposer en ses phénomènes simples. Si l'on représente la nature de ceux-ci par A, B, C...., et si *a*, *b*, *c*.... désignent les quantités respectives de A, B, C.... qui composent le phénomène complexe, la formule *a*A -|- *b*B -|- *c*C.... peut servir à exprimer un phénomène quelconque (1).

Les formules de la sensibilité ne sont que des cas spéciaux de cette formule générale.

J'entends par *état sensible* la manière d'être actuelle de la sensibilité. Cette manière d'être se compose d'un ensemble d'états que j'appelle *simples ;* ces états sont produits par l'action isolée d'une cause unique extérieure, pression, lumière, son, électricité, etc. Cette définition étant comprise, il est évident que la formule précitée peut servir à représenter l'état sensible en général, et que les états particuliers s'obtiendront en faisant passer *a*, *b*, *c*.... par toutes les valeurs possibles.

La formule présente autant de cas différents qu'elle est susceptible de renfermer de termes ; mais il n'est nécessaire que d'en distinguer deux, celui où elle ne contient qu'un terme, et celui où elle en contient plusieurs. D'où la distinction entre *sensibilité simple* et *sensibilité composée.*

---

(1) Il n'est pas nécessaire d'attribuer à cette formule un sens mathématique rigoureux ; c'est comme si pour donner la formule d'un panier de fruits contenant des poires, des raisins et des noix, je me servais de l'expression pP $+$ rR $+$ nN, où p, r et n sont des nombres.

I

LA SENSIBILITÉ SIMPLE.

État de la question. — Nous désignerons par pP le terme unique de la formule de la sensibilité simple, pour le distinguer d'un des termes, tel que aA, de la formule de la sensibilité composée. Il y a, en effet, à remarquer que le symbole A n'a de signification qu'en tant qu'il est opposé aux symboles B, C...., mais du moment que la cause est unique, on ne peut parler de sa qualité. Si un être était constitué de manière à n'avoir que des sensations auditives, on ne pourrait pas dire qu'elles sont *auditives*, elles seraient des sensations et pas autre chose. Donc les états sensibles d'un être doué de sensibilité simple sont donnés par les variations de p, la nature P de ses sensations nous est indifférente, nous n'avons pas à en parler.

A la rigueur, il y a un état sensible différent pour chaque valeur de p, mais il n'y a pas pour cela sensation. Comme on le verra, la sensation ne se produit qu'au moment où p subit une variation et elle ne dure qu'un temps déterminé. De plus, il n'y a pas même sensation pour chaque variation ; il faut pour cela que la variation ait une certaine importance. Mais, *pour le moment*, il n'est pas nécessaire de faire une distinction ; en conséquence, on admettra qu'une sensation s correspond à toute variation de p.

Les variations de p sont dues aux variations de la *force* du milieu ambiant, force que nous désignerons par p'. Il faut, en effet, se représenter l'être sensible comme doué d'un mouvement (atomique, moléculaire ou de transport) ou d'une force p, qui se modifie sous l'action du mouvement ou de la force du milieu ambiant. L'excitation provient du défaut d'équilibre entre p et p'. Comme l'impression est une fonction de l'excitation, et que la sensation est à son tour une certaine fonction de l'impression, il s'ensuit que le problème se ramène à la recherche de la relation qui unit s, p et p'.

Weber, le premier, et, après lui, Fechner, ont cherché la relation qui unit la sensation à l'excitation. Notons seulement qu'ils entendent par excitation la cause extérieure agissante, c'est-à-dire la différence $p' - p$, que nous représentons par E. L'expérience (1) a mis en lumière une loi remarquable : pour que la sensation reçoive un accroissement perceptible, il faut que l'excitation reçoive un accroissement toujours proportionnel à l'excitation primitive. Formulée mathématiquement, la loi s'énonce comme suit : la sensation croît comme le logarithme de l'excitation, ou en caractères algébriques :

$$s = \log E. \qquad\qquad (a)$$

Cette loi laisse à désirer sous beaucoup de rapports. Ainsi, au point de vue mathématique, elle conduit à ces conséquences : que pour une excitation égale à 1, la sensation est nulle ; que pour une excitation plus petite que 1, la sensation est négative ; et qu'en troisième lieu elle est égale à l'infini négatif, quand l'excitation est nulle. D'un autre côté, l'expérience ne la vérifie que d'une manière approximative : si l'on

---

(1) Je ne crois pas devoir m'étendre beaucoup sur ce point depuis les excellents articles que M. Ribot a publiés sur la *psychologie expérimentale* dans cette *Revue*, notamment n° 24, année 1874.

produit trois teintes graduées de façon que le contraste entre la plus claire et la moyenne soit égal au contraste entre celle-ci et la plus sombre, l'égalité de contraste disparaît dès que la lumière augmente ou diminue. De plus la loi est inapplicable aux limites extrêmes. Elle ne rend pas non plus compte de ce fait que nous pouvons porter un jugement sur l'intensité absolue de la cause extérieure, la lumière, par exemple, qui nous paraît forte ou faible, en dehors de tout terme de comparaison. Enfin, sous le rapport physiologique, elle est incomplète ; car elle ne tient pas compte de l'état de l'organe, état que l'exercice vient modifier : sortez d'une cave, la lumière d'une bougie vous éblouit ; passez d'une grande clarté à une demi-obscurité, vous ne distinguez rien au premier abord.

Il était donc nécessaire de modifier la loi de Weber. C'est ce que j'ai fait dans travail antérieur (1) ; j'ai ajouté à l'excitation extérieure physique, l'excitation intérieure physiologique. De sorte qu'en représentant la première par δ, la seconde par c, j'ai obtenu la formule :

$$s = \log \frac{c + \delta}{c}. \qquad (b)$$

En voici la traduction en langage vulgaire : pour que les accroissements dans la sensation soient égaux, les accroissements dans l'excitation doivent suivre une progression géométrique ascendante.

Cette correction a fait disparaître les difficultés mathématiques, et des expériences délicates se rapportant, il est vrai, uniquement aux sensations lumineuses, l'ont confirmée.

Quant à la difficulté physiologique, concernant l'état de l'organe, je la levais au moyen d'une hypothèse. J'admettais que l'organe avait à sa disposition une certaine masse m de sensibilité, masse que l'excitation venait épuiser (bien entendu quand la quantité soustraite dépassait le pouvoir réparateur de l'organe). Représentant par f, le sentiment de fatigue qui accompagne l'épuisement, je posais, *a priori*, la formule :

$$f = \log \frac{m}{m - \delta}; \qquad (c)$$

dont voici la signification en langage ordinaire : pour que la fatigue reçoive des accroissements égaux, les accroissements d'excitation doivent suivre une progression géométrique descendante.

J'ai fait des expériences nombreuses pour vérifier cette formule. Bien que la méthode que j'ai suivie ne m'ait pas fourni des résultats concluants, on peut dire cependant qu'ils la confirment plutôt qu'ils ne l'infirment.

Une conséquence importante découle de la combinaison de ces deux formules : c'est quand l'excitation a une intensité égale à $\frac{m - c}{2}$ que la sensation est à son maximum de pureté ; ce résultat est dû à ce que, en deçà de cette valeur, l'importance de l'excitation physiologique c croît de plus en plus rapidement, et que, au delà, la fatigue vient corrompre la sensation et finit par la masquer complétement, au point que la sensation est remplacée par la douleur.

Examen nouveau de la question. — Cependant toutes les difficultés théoriques et expérimentales étaient loin d'être résolues. En soumettant le problème à un examen plus attentif, je me suis aperçu que les formules s'appliquent assez bien aux sensations de lumière, de son, de pression, etc., mais qu'elles ne se prêtent pas aux sensations de température.

J'avais d'abord raisonné dans l'hypothèse que l'excitation physiologique c était constante ; mais je n'avais pas tardé à voir qu'*elle* était variable ; je crus ensuite que ses variations se renfermaient dans des limites restreintes, puis je dus reconnaître qu'elles étaient assez considérables ; je persistai néanmoins dans l'idée que c était petit par rapport à δ. Mais ces considérations qui peuvent se justifier quand il s'agit de l'œil, de l'oreille, c'est-à-dire quand c représente la quantité de lumière, de son, fournie par l'excitation physiologique, quantité qu'on pouvait regarder comme très-faible, ne sont plus admissibles quand il s'agit de température. En effet, la chaleur de la peau est considérable par rapport aux légères différences de chaleur que nous pouvons percevoir ; et de plus, il est certain que nous nous accommodons, jusqu'à un certain degré, à toutes les températures renfermées entre certaines limites, et que c, qui est égal approximativement à 18 degrés, peut tomber à 10 degrés ou monter à 30 degrés.

Enfin, que sont le chaud et le froid ? Est-ce que ce sont des agents différents ? Faut-il admettre un agent qui se nomme *chaleur* et un agent qui se nomme *froid* ? ou bien faut-il faire δ tantôt positif, tantôt négatif ? Mais même en accueillant de pareilles dérogations à la théorie générale qui sert de base aux formules, on n'a pas vaincu certaines autres difficultés. Ainsi une température déterminée peut me donner chaud ou froid suivant que je me suis accommodé à une température plus froide ou plus chaude. Mais, en outre, il se produit, en fait de chaud ou de froid, un phénomène qui n'apparaît pas aussi visiblement quand on a affaire à d'autres agents : c'est au premier moment que la sensation est toujours la plus vive, et elle ne tarde pas à s'affaiblir, puis à disparaître. En dernier lieu la sensation est à son maximum de pureté, ou, en d'autres termes, la sensibilité pour la température est la plus grande quand la chaleur s'approche de la chaleur normale de la peau ; et comment concilier ce fait avec le résultat des formules qui place ce maximum aux environs de la température $\frac{m - c}{2}$? Il faut donc remanier toute la théorie.

Si dans la formule (b) on remplace c par T_0 la température de la peau, et δ par $T - T_0$, T représentant la température du milieu ambiant, il vient : $s = \log \frac{T}{T_0}$.

Le second membre de cette égalité est positif ou négatif suivant que T est plus grand ou plus petit que T_0 ; ce double signe répond aux sensations de chaud et de froid. Quand T est égal à T_0, la sensation est nulle, car le logarithme de l'unité est égal à zéro. Quel que soit T, le corps finit par s'y accommoder, ce qu'on peut exprimer en disant que T_0 devient égal à T (1). L'équilibre entre la température du corps et celle du milieu s'établit suivant les lois connues ; cette circon-

---

(1) Etude psychophysique : recherches théoriques et expérimentales sur la mesure des sensations, et spécialement les sensations de lumière et de fatigue (1873).

(1) Cela n'est pas rigoureusement exact ; la sensation de chaleur ou de froid est nulle quand la perte de chaleur pour le corps est constante ; mais la nature du raisonnement ne m'interdit pas de m'exprimer comme je le fais.

stance explique pourquoi la sensation est plus vive à son début, et va en s'affaiblissant jusqu'à ce qu'elle s'éteigne. Enfin la faculté que nous avons de nous accommoder au chaud et au froid, n'est pas illimitée ; le chaud ou le froid peuvent être assez intenses pour amener notre désorganisation. Il y a donc une température qui nous est naturelle, qui nous convient le mieux. Sitôt que nous en sommes écartés à cause de celle du milieu ambiant, nous tendons à y revenir. Tout écart produit en nous *tension;* et le sentiment qui correspond à la tension est la fatigue, la peine ou la douleur. Quand au contraire nous sommes rappelés vers notre température naturelle, il y a relâchement, et nous éprouvons de la satisfaction, du plaisir. Si A est le maximum de tension que nous puissions supporter (en d'autres termes, si c'est la quantité de *flexibilité*, de faculté d'accommodation que nous possédions soit dans un sens, soit dans l'autre, c'est-à-dire vers le chaud ou le froid), en représentant par D la tension qui correspond à une sensation *s*, le sentiment de fatigue qui accompagne nécessairement la sensation sera donné par la formule

$$f = \log \frac{A}{A - D} \qquad (d)$$

qui n'est autre que la formule (c) transformée.

Cette théorie si rationnelle des sensations de température est celle de la sensibilité simple.

Les trois lois de la sensation. — La science actuelle a ramené toutes les forces de la nature au mouvement ; et elle a fait voir que les différentes sortes de mouvement peuvent se convertir les unes dans les autres ; c'est ainsi que le mouvement de transport peut se transformer en mouvement moléculaire (le travail en chaleur) et *vice versâ.* Toute force capable de produire un travail peut s'évaluer en force de chute, c'est-à-dire être mesurée par le travail que produirait l'unité de masse tombant d'une certaine hauteur. Lorsque deux forces ne se font pas équilibre, on peut dire que la plus grande tombe sur la plus petite, et l'équilibre s'établit par la chute même. C'est ainsi que de deux bassins à niveaux inégaux mis en communication, le plus bas se remplit aux dépens du plus élevé.

Cela posé, soit p la force (ou le mouvement) de l'être sensible, p' celle du milieu ambiant, on voit que si dans la formule (b) on remplace c par p et δ par $p' - p$, elle se transforme en la suivante :

$$s = \log \frac{p'}{p}. \qquad (e)$$

Cette formule, qui me paraît destinée à remplacer celle de Weber, constate d'abord une chose qui est en conformité avec les faits, c'est que nos sens sont des instruments différentiels ; que la sensation n'existe que pour autant qu'il y ait différence entre p et p', et qu'ainsi elle est due à un phénomène analogue à une rupture d'équilibre ; ensuite que l'excitation ne doit plus être représentée par $p' - p$, mais par $log \frac{p'}{p}$, ce qui fait que la sensation est proportionnelle à la cause qui la provoque.

Cela dit, énonçons les lois de la sensation.

Première loi : loi de la *dégradation* de la sensation. En effet, l'équilibre tend à s'établir entre p et p', par suite de ce que la force la plus grande transmet une partie de son mouvement à la force la plus faible, et la sensation va par conséquent en s'affaiblissant. Si l'on regarde p' comme constant (le raisonnement reste le même quand on fait la supposition inverse), et si l'on se demande après quel temps la quantité p qui a commencé par être p_0 est devenue p, on trouve, par un petit calcul que l'on ne reproduit pas ici :

$$t = \log \frac{p' - p_0}{p' - p}. \qquad (f)$$

Dans la fraction du second membre le numérateur est constant, et le dénominateur diminue à mesure que p se rapproche de p', d'où résulte cette conséquence que la vitesse de rétablissement de l'équilibre diminue à mesure que l'équilibre se rétablit. A la rigueur, l'équilibre ne se rétablit jamais, l'impression laisse une trace qui ne disparaît jamais complétement.

Deuxième loi : loi de l'*intensité* de la sensation. Si quand p a égalé p', et qu'ainsi la sensation est devenue nulle, on fait la force externe égale à p'', il se produit une nouvelle sensation : $s' = \frac{p''}{p'}$; et si l'on pose que $s' = s$, on a : $\frac{p'}{p} = \frac{p''}{p'}$, ce qui implique la loi de Weber. Si l'on pose de même : $s = s' = s''$; ce qui donne $\frac{p'}{p} = \frac{p''}{p'} = \frac{p'''}{p''}$, on obtient la loi telle que je l'ai formulée plus haut (formule b). Enfin, si quand p est devenu égal à p'', on introduit dans la force extérieure un changement qui la ramène à sa valeur primitive p', on a : $s = \log \frac{p'}{p''}$; et de même en continuant à la réduire, on aura : $s = \log \frac{p}{p'}$, puis : $s = \log \frac{\pi}{p}$, et ainsi de suite, toutes sensations en sens contraire, toutes sensations *négatives.* On obtient donc des sensations négatives quand la chute a lieu de l'être sensible sur le milieu ambiant. Les sensations négatives obéissent aux mêmes lois que les sensations *positives.*

Troisième loi : loi de la *tension.* La faculté qu'a l'être sensible de se mettre en équilibre avec l'extérieur n'est pas illimitée. C'est ainsi qu'une corde de violon ne peut être écartée indéfiniment de sa position naturelle ; il est un certain point au delà duquel elle se rompt. Il y a donc pour l'être sensible, comme pour tout corps, un équilibre naturel et un équilibre de tension ; quand la tension est trop forte, le corps est désorganisé. L'équilibre naturel a lieu quand p' est égal à $\frac{p \max + p \min}{2}$, quantité qui prend la place de la valeur $\frac{m - c}{2}$ dont j'ai parlé plus haut. A mesure que p' s'écarte de cette valeur, l'être sensible est sollicité dans l'un ou l'autre sens, et il éprouve un sentiment de fatigue ou de peine ; quand au contraire il se rapproche de son état d'équilibre naturel, il éprouve un sentiment de relâchement et de plaisir. C'est pourquoi Socrate a éprouvé de la satisfaction quand on lui a enlevé les chaînes qui serraient ses jambes. La discussion de la formule (d) conduit à ces résultats. En y remplaçant D par T, on a :

$$f = \log \frac{A}{A - T}. \qquad (g)$$

Mais cela se fait dans une certaine mesure aussi à la fatigue ;

il est vrai que la faculté d'accommodation en est diminuée d'autant; de sorte qu'au bout d'un certain temps

$$f = \log \frac{\mathrm{A}'}{\mathrm{A}'} = 0,$$

formule où $\mathrm{A}' = \mathrm{A} - \mathrm{T}$.

De sorte que si A' du dénominateur vient à grandir parce que la tension T diminue, on a pour la valeur de f une quantité négative, exprimant un sentiment opposé.

De l'équilibre statique et de l'équilibre naturel. — La première loi, celle de la dégradation, est conforme à des faits d'observation journalière, mais l'expérience n'en a pas vérifié la formule mathématique. La seconde loi seule, celle de l'intensité, a été établie expérimentalement par Weber, Fechner et moi-même, pour divers ordres de sensations. La troisième loi enfin, celle de la tension, s'appuie aussi sur l'observation et en partie sur les expériences, seulement ces expériences ne sont pas suffisamment concluantes.

La première loi est fondée sur les notions d'*équilibre statique* et d'*équilibre dynamique*. Quand une force sollicite un corps, par exemple, quand une locomotive met en mouvement un convoi, pendant un certain temps le corps résiste, et, tant que la résistance dure, on dit qu'il y a équilibre dynamique. Quand la résistance est totalement vaincue, quand le corps a fini par obéir complétement à la force, par conséquent, dans notre exemple, quand le convoi a pris toute la vitesse qu'il est susceptible d'acquérir, alors il y a équilibre statique, et le corps pousse autant qu'il est poussé.

Il en est de même de l'être sensible sollicité par une force extérieure : il éprouve une sensation tant qu'il y a résistance ou effort de sa part; il n'en éprouve plus dès qu'il a atteint l'état d'équilibre statique.

Ces considérations s'appliquent parfaitement aux sens de la température et de la pression; après un peu de réflexion on voit qu'elles s'appliquent aux sens de l'odorat et du goût; nous nous habituons tellement bien aux odeurs que nous finissons par ne plus les sentir; c'est ce qui arrive aux chimistes, aux anatomistes, aux pharmaciens; nous ne goûtons pas les liquides de la bouche quand leur altération dure depuis quelque temps. Un poisson d'eau douce qui entre dans la mer, aura probablement le goût du sel, mais s'il y prolonge son séjour, il finira sans doute par ne plus s'en apercevoir. Il est plus difficile de faire accepter qu'il doit en être ainsi de l'ouïe et de la vue. Or nous n'entendons pas les bruits, même intermittents, auxquels nous sommes habitués; ainsi étant allé passer quelques jours de vacances dans une maison située à côté d'une cascade, il m'est arrivé, à la fin de mon séjour, de ne pas parvenir, malgré tous mes efforts, à entendre, pendant le silence des nuits, le bruit de la chute; je crus qu'elle avait cessé de tomber, et ce n'est qu'en mettant la tête à la fenêtre pour l'apercevoir, que je me convainquis de mon erreur. Quant à l'œil, plusieurs raisons s'opposent à ce qu'il s'accommode jamais à une lumière donnée : sa grande mobilité d'abord, les paupières ensuite. Mais je ne doute pas qu'un œil sans paupière entouré d'une surface d'un éclat uniforme n'aurait de sensation qu'au moment où une différence d'éclat viendrait à se produire.

La troisième loi est fondée sur les notions d'*équilibre de tension* et d'*équilibre naturel*. On comprend facilement ce qu'est l'équilibre naturel de température et de pression. Il n'est pas difficile de faire saisir quand il y a équilibre naturel de lumière; c'est quand la lumière fatigue le moins l'œil, quand

elle lui est le plus favorable, quand elle lui permet d'apercevoir les plus petites différences. C'est ainsi qu'il faut une lumière déterminée, celle d'un ciel bien pur, pour apercevoir dans certaines photographies des Alpes les légers modelés de la neige sur les hautes cimes. Nous-même quand nous lisons ou que nous écrivons le soir, nous jugeons la flamme de la lampe trop vive ou trop terne; dans le premier cas nous éprouvons un effet d'éblouissement; dans le second cas, un effet auquel je donne le nom d'offusquement.

S'agit-il de son, les écarts nous apparaissent le mieux dans les tonalités et les intensités moyennes.

Et il en est probablement de même du goût et de l'odorat; il y a telle composition des liquides qui baignent les muqueuses qui est le plus favorable à leur exercice.

De là résulte cette conséquence qu'un état déterminé du milieu ambiant peut provoquer deux genres de sensations opposées, suivant l'état antérieur. En entrant dans un milieu d'une température donnée, notre impression de chaud ou de froid dépendra de la température du milieu d'où nous sortons; une lumière est faible ou éclatante, suivant le degré de clarté de celle que l'on quitte, etc.

Enfin la tension peut être assez forte pour amener la rupture de l'organisme.

Un sentiment de plaisir ou de peine accompagne donc toute sensation, suivant que la cause qui la provoque rapproche ou éloigne l'être sensible de son équilibre naturel. Quand on a trop chaud, il est agréable de sentir la fraîcheur; si la lumière est éblouissante, une diminution de clarté est un soulagement; et, à l'inverse, quand on est dans une obscurité fatigante, on aspire après l'éclat du jour. J'insiste dans mon mémoire sur le soin qu'il faut mettre, quand on discute ces sortes de questions, à distinguer le langage de la sensation de celui du sentiment. Le sentiment peut être tellement fort qu'il absorbe toute notre faculté de sentir, qu'il masque pour ainsi dire la sensation, c'est qu'alors la tension touche à la rupture (1).

Analogies entre les lois de la sensation et certaines lois physiques. — La première loi, celle de la dégradation de la sensation, prouve qu'il faut chercher la cause de toute sensation dans une rupture d'équilibre, et elle est sous ce rapport comparable à la loi de refroidissement de Newton.

La seconde loi, celle de l'intensité de la sensation, est analogue, tant dans son esprit que dans sa formule, à la loi qui exprime le travail nécessaire pour amener la compression d'un gaz (à température constante). En effet, soit p la pression d'un gaz, le travail t nécessaire pour lui donner la pression p' est exprimée par la formule $t = \log \frac{p'}{p}$; ou encore, soit v son volume, et v' le volume qu'on veut lui donner, le travail aura pour expression $t = \log \frac{v}{v'}$. Ainsi, plus un gaz est déjà comprimé, plus il est difficile de le comprimer davantage; en d'autres termes, le travail nécessaire pour en diminuer le volume de quantités égales croît de plus en plus rapidement à mesure que ce volume se réduit. On peut donc conclure de là que la sensation est proportionnelle au travail

---

(1) La nécessité de la mort s'explique par des considérations tirées de ces principes. Une corde de violon à force d'être tendue tantôt à droite tantôt à gauche, finit par se rompre.

nécessaire pour produire l'impression. La cause de la sensation est donc probablement ce travail même.

Enfin la troisième loi doit être au fond semblable, sinon identique avec celle, encore inconnue, qui régit la résistance des forces moléculaires aux actions qui tendent à les détruire. Ces forces, comme on le sait, diminuent rapidement quand la distance des molécules augmente, et sont détruites quand cette distance atteint une certaine limite. On peut donc comparer l'organisme à un corps élastique dont les molécules sont susceptibles, dans une certaine mesure, de se disposer autrement, mais, abandonnées à elles-mêmes, reviennent à leur position d'équilibre.

Mesure de la sensibilité et causes de l'insensibilité. — Jusqu'à présent on a admis qu'une sensation correspondait à tout changement d'état sensible ; nous savons qu'il n'en est pas ainsi. Toutes les modifications de l'état sensible n'arrivent pas à la conscience ; il faut que le changement ait une certaine importance pour que cela ait lieu. En d'autres termes, des causes infiniment petites ne provoquent pas de sensations *distinctes*. Considérée à ce point de vue, la sensibilité, peut-on dire, est d'autant plus grande que le changement qui donne naissance à une sensation est petit. Ainsi la sensibilité pour la lumière est plus grande que la sensibilité pour le bruit. En effet, pour juger que deux éclats sont différents, il suffit que l'un l'emporte sur l'autre d'un centième ; mais, pour énoncer un jugement semblable sur deux sons, l'écart doit être d'un tiers.

Mais ce n'est pas tout. Le milieu ambiant peut éprouver des variations dont l'être sensible est absolument incapable de s'apercevoir. Ainsi notre sensibilité ne peut nous apprendre si un morceau d'acier est aimanté ou non.

Cette insensibilité peut tenir à quatre causes. 1° Le *peu d'amplitude* des variations dans l'intensité de l'agent extérieur. Ainsi, la température restant à peu près constante, nous n'aurions certes pas des sensations de chaud ou de froid. 2° La *lenteur* de ces variations. Dans ce cas, l'être sensible s'accommode au changement pour ainsi dire à mesure qu'il se produit, et ainsi le rapport $\frac{p'}{p}$ ne parvient jamais à avoir une valeur suffisamment différente de l'unité. 3° La *trop grande flexibilité* de l'être sensible, c'est-à-dire sa trop grande facilité d'accommodation. Cette cause agit au fond de la même manière que la précédente. Il est clair que si le corps s'accommode instantanément au nouvel état, le même rapport $\frac{p'}{p}$ n'a pas le temps de différer de l'unité ; c'est pour cette raison que, pendant l'ascension d'une montagne, on ne sent pas le changement de la pression atmosphérique. 4° Le *défaut de flexibilité*. Cette cause est la plus importante, à raison du rôle que je lui fais jouer dans la suite. Voici en deux mots sa portée. L'excitation extérieure est le plus souvent un mouvement vibratoire ; si elle rencontre des éléments sensibles dont le mouvement vibratoire naturel est peu en harmonie avec le sien, elle ne parvient pas à les mettre en mouvement continu ; il se produit des interférences, et au lieu de mouvement il y a repos. C'est ainsi qu'un sonneur maladroit ne parviendra pas à mettre une cloche en branle, parce qu'il tirera maintes fois à un instant inopportun de manière à arrêter le mouvement déjà imprimé. Pour qu'il y ait sensation distincte, il faut donc que le mouvement extérieur rencontre des éléments qui aient, par leur nature même, un mouvement harmonique, ou qui soient susceptibles de le prendre. Les organes de sens ne sont rien d'autre que des séries ou des faisceaux de pareils éléments.

Enfin il existe une cinquième cause, l'absence d'organes de sens, dont l'influence sera comprise par la lecture du chapitre suivant.

II

L'ORGANISME SIMPLE.

Organisme homogène. — Nous avons jusqu'à présent étudié la sensibilité d'une manière abstraite dans ses lois : nous allons maintenant la considérer en action, dans ses manifestations chez les êtres sensibles. On doit, pour cela, partir de l'idée de l'être sensible le plus élémentaire qui se puisse concevoir. Cet être élémentaire, c'est l'être homogène, parfaitement sphérique, sans partie différenciée. A proprement parler l'organisme homogène n'est pas un organisme. Si nous supposons cette masse sensible placée dans un milieu homogène, ou, ce qui revient au même, dans un milieu qui varie d'une manière uniforme concentriquement autour de cette masse, elle pourra éprouver un sentiment de tension plus ou moins marqué suivant que l'état du milieu ambiant l'éloigne plus ou moins de son équilibre naturel, mais c'est là tout. Elle n'aura pas de sensation, car, comme on va bientôt le voir, elle ne peut ressentir le *changement*, elle ne sent que son état *présent*. Elle n'aura pas de perception tant que le milieu ambiant reste homogène puisque, quand elle se meut, rien n'est changé autour d'elle. On peut assez bien se rendre compte d'une pareille existence en s'imaginant que toutes les actions extérieures se ramènent à une pression du même genre que la pression atmosphérique, et que notre sensibilité se réduit à la faculté de ressentir la pression. Nous serions dans ce cas simplement dans un état ou d'indifférence ou de malaise.

Organisme à organe de sens adventice. — Il n'en est plus de même du moment que le milieu ambiant est hétérogène, et que son centre d'action ne coïncide plus avec le centre de la masse sensible. Car celle-ci sera d'*abord* modifiée sur le point de sa surface dirigé vers le foyer actif. Pour se représenter la chose, on peut se figurer que la sensibilité soit réduite à la faculté de sentir la chaleur, et que toutes les forces du milieu sont calorifiques. On sera d'abord échauffé du côté tourné vers la source de chaleur. Ce côté sera pendant quelques instants le siège unique de la sensibilité, puisque c'est en lui que se fera, avant tous les autres, la rupture d'équilibre ; il sera *organe*, mais organe *adventice* et *instantané* de sensation. Et comme tantôt un lieu, tantôt un autre, sera appelé à remplir cet office, on peut dire en thèse générale que *le corps de l'animal sera un champ perpétuel d'organes instantanés de sensations.*

C'est à la condition que la substance sensible soit différenciée qu'il peut y avoir sensation, et par suite *sens* ; car alors l'animal perçoit non plus seulement le présent, mais à la fois le présent, dans l'organe, et le passé, dans le reste du corps non encore soumis à l'action du foyer ; la *comparaison* est dès lors non-seulement possible, mais elle est immanente et constitutive. L'organe, par sa présence, fait donc que le présent se relie au passé ; il est la chaîne de l'*association* des impressions, et la condition de l'*individualité psychique permanente* de l'animal.

En outre, c'est dans l'organe que l'animal ressent un *commencement* de tension ou de relâchement; c'est par lui qu'il est averti, avant d'éprouver l'*effet général*, si le milieu lui procurera peine ou plaisir. La fonction de l'organe est donc liée intimement à ce que l'on nomme l'*instinct de conservation*. Ainsi, quand on est dans un bain et qu'on laisse couler soit l'eau chaude soit l'eau froide, c'est le point du corps le plus rapproché des robinets qui nous prévient à temps pour que nous ne nous laissions pas brûler ou glacer.

Enfin, comme on le voit encore, l'organe est un *instrument temporaire d'expérience*. Grâce à la confiance que j'ai dans sa formation instantanée, je pourrai, par exemple, si je suis plongé dans des eaux où jaillissent par-ci par-là des sources chaudes ou froides, explorer le milieu où je me trouve et m'arrêter à temps dans une voie dangereuse; tantôt la main, tantôt le pied, tantôt le flanc, serviront d'instruments d'expérience, et chacun, une fois son rôle fini, résilie ses fonctions et les passe à un autre.

Organisme à organe de sens permanent. — La sensation est donc due à une action différenciée sur la substance sensible. Jusqu'à présent cette différenciation est adventice, et elle est due à une différenciation extérieure. Supposons que, pour une raison quelconque, un endroit du corps soit plus souvent appelé à servir d'organe de sens adventice, il se transformera en organe de sens *permanent*, c'est-à-dire qu'il sera doué à titre perpétuel d'une sensibilité plus délicate, et différenciera dans l'être l'action de l'extérieur, même non différenciée. Ainsi, si un point de mon corps était particulièrement sensible à la chaleur, en supposant qu'on élève ou qu'on abaisse la température du bain où je suis plongé, je ressentirais le changement tout d'abord par l'organe, quand bien même le changement aurait été parfaitement uniforme. L'organe permanent est donc une *cause subjective de différenciation*.

Comme l'organe adventice, il met l'être sensible à même d'explorer le milieu dans lequel il se trouve; mais comme il joue constamment ce rôle, les expériences passées font son éducation et le rendent plus habile pour les expériences futures. L'organe permanent est donc le *lien de l'association des expériences*, l'*origine du perfectionnement intellectuel de l'animal*, la *source première de l'évolution de l'espèce*. L'organe adventice était une sentinelle qui savait crier : *Qui vive!* l'organe permanent est un éclaireur qui va en avant, sonde le terrain, va s'assurer de la présence d'un butin ou d'un ennemi, et vient rendre compte à son chef de ses explorations.

Comment se fait cette transformation de l'adventice en permanent? Il a été dit plus haut que l'agent extérieur peut être considéré comme animé d'un mouvement vibratoire qui vient contrarier celui des molécules sensibles. Pour qu'il y ait sensation, il faut que celles-ci opposent une certaine résistance avant de céder à l'extérieur; en d'autres termes, il faut qu'elles ne se laissent pas pénétrer instantanément par lui à la façon du fer doux qui s'aimante immédiatement sous l'action d'un courant électrique. Cette résistance provient d'une certaine inaptitude de la part des molécules à vibrer en harmonie avec l'extérieur. La résistance vaincue, il y a eu des forces moléculaires, sinon détruites, au moins affaiblies, et, en vertu de la première loi de la sensation, il restera une trace plus ou moins profonde de cet affaiblissement. Sans doute, si cette même activité extérieure ne vient plus agir de nouveau sur ces même molécules, elles tendent à reprendre leur mouvement naturel; mais les choses se passeront tout autrement si elles subissent à plusieurs reprises cette même action : dans ce cas, elles perdront peu à peu leur aptitude à reprendre leur mouvement naturel, et s'identifieront de plus en plus avec celui qui leur est imprimé, au point qu'il leur deviendra naturel à son tour et que, plus tard, elles obéiront à la moindre cause qui les mettra en branle.

Fonction et formation des organes de sens. — On peut établir que tout organe de sens rentre dans cette définition, à savoir que c'est un endroit du corps doué d'une sensibilité plus délicate et différenciant, par suite, l'action de l'extérieur sur l'organisme. Quand il s'agit de température, il ne semble pas que nous ayons un thermorgane, si je puis me servir de ce mot; le thermorgane est adventice. Mais quand il s'agit de pression, outre des organes adventices qui se forment instantanément, comme quand le vent souffle, par exemple (auquel cas l'organe est l'endroit du corps qui reçoit le vent), nous avons des organes permanents, tels que la peau des parties saillantes du corps, et notamment celle du dos de la main, où l'on ressent vivement les pressions les plus légères. Aussi, quand nous voulons nous assurer qu'il pleut, nous étendons le dos de la main vers le ciel. Les bouts des doigts jouissent aussi, à cet égard, d'une grande délicatesse de sensibilité, ainsi que la paume de la main : c'est pourquoi, quand nous marchons dans l'obscurité, nous mettons les mains en avant ou nous avançons le pied avec précaution pour être avertis des obstacles.

Mais, dira-t-on, n'y a-t-il pas des organes de sens, tels que ceux du goût, de l'ouïe, de l'odorat, de la vue, auxquels cette définition ne s'applique pas, attendu que les sens dont ils sont les instruments ne semblent, en aucune façon, appartenir au reste du corps?

D'abord, il ressort de ce qui précède que tout changement dans l'intensité de l'action extérieure entraîne nécessairement une modification de l'état sensible; seulement, elle peut ne pas être accompagnée d'une sensation distincte, en vertu de l'une des quatre causes énoncées plus haut. Mais on doit admettre que ce changement peut être assez considérable et peut être introduit assez brusquement pour que la modification interne donne lieu à une sensation, si, bien entendu, la modification est différenciée par un organe de sens adventice ou permanent.

L'observation confirme, à cet égard, la théorie. Ainsi, quand une lourde charrette ébranle dans sa marche le sol et les maisons, les trépidations sont ressenties par le corps; si une grosse cloche résonne, la main, en la touchant, sentira les vibrations du métal; mais ces mêmes vibrations, transmises à l'air, ne sont plus perçues que par l'oreille. L'oreille est donc un endroit qui est sensible à des vibrations que le reste du corps ne ressent pas assez vivement. Si, pendant que je suis dans un bain, on y ajoute du sel, je ne m'apercevrai probablement pas de cette addition, à moins que je n'aie quelque part une écorchure; or, le fond de l'arrière-gorge joue le rôle de cette écorchure supposée. L'odorat remplit un office analogue; et l'œil lui-même a pour fonction de distinguer des différences d'éclat auxquelles le reste du corps est pour ainsi dire tout à fait insensible. Mais il ne faut pas croire que les êtres aveugles n'éprouvent absolument rien quand ils passent de l'obscurité à la lumière, et *vice versa.*

Les animaux privés d'yeux qui vivent dans l'obscurité savent très-bien fuir l'éclat du jour.

L'organe de sens a donc essentiellement pour fonction de nous avertir des changements qui se produisent dans le milieu ambiant, en les ressentant quand ils sont encore faibles ou éloignés, ou restreints. L'oreille me prévient de l'arrivée de la charrette avant que mon corps éprouve les trépidations du sol ou en reçoive un choc; l'œil me renseigne de loin sur la présence des corps; l'odorat est un goût précurseur, et le goût lui-même expérimente sur de petites portions les substances à ingérer.

Ces considérations expliquent la position des organes de sens dans le corps. Ainsi, chez un animal immobile, ils seront en général tournés vers les points les plus exposés aux chocs; s'il doit avoir un œil, ce sera le côté tourné vers la lumière qui en sera doué. Si l'animal est mobile et se meut de préférence dans une direction déterminée, les organes seront accumulés vers la tête. Et comme le milieu où il vit ne présente en général de différence que dans le sens vertical, à cause de l'opposition du sol et du ciel, on a ainsi l'explication de la prédominance de son aspect bilatéralement symétrique. S'il se meut, enfin, suivant plusieurs axes, les organes de sens seront placés en rayonnant suivant ces axes. C'est pour cela encore que l'organe du goût est en général situé à l'entrée des voies digestives, et celui de l'odorat à l'entrée des voies respiratoires. Enfin par là, et en même temps par les lois de la sélection naturelle en vertu desquelles le plus apte est appelé à survivre, on se rend compte de ce fait que les organes destinés surtout à pressentir les chocs sont généralement placés à l'extrémité de bras, d'antennes ou de pédoncules quelconques.

III

LA SENSIBILITÉ ET L'ORGANISME COMPOSÉS

De la qualité de la sensation. — La formule de la sensibilité composée comprend plusieurs termes; mais le problème est résolu en principe dès qu'on a déterminé les caractères d'une formule de deux termes. L'addition de beaucoup de nombres n'offre pas plus de difficultés que l'addition de deux. Examinons donc les états sensibles exprimés par la formule $a\mathrm{A} + b\mathrm{B}$. Comme nous l'avons dit au commencement du chapitre premier, outre l'élément quantitatif désigné par a et b, il y a maintenant à tenir compte de l'élément qualitatif symbolisé en A et B. Il n'est pas difficile d'appliquer au cas nouveau les principes que nous venons de développer. Pour que l'agent extérieur de qualité B amène une modification *sentie* dans l'être déjà affecté par l'agent de qualité A, il faut, en premier lieu, que cette modification soit assez forte pour se détacher d'une façon distincte sur le fond sensible marqué $a\mathrm{A} + b\mathrm{B}$, c'est-à-dire, il faut que l'écart entre b et b' soit suffisamment grand; il faut, en second lieu, qu'il y ait à côté de l'organe (adventice ou permanent) répondant à A, un organe, adventice ou permanent, propre à recevoir, d'une manière différenciée, les changements dans les intensités successives de B.

La naissance de ce second organe s'explique de la même façon que celle du premier, ainsi que sa transformation d'adventice en permanent.

De la spécificité des organes de sens. — Mais s'il a été montré comment la qualité de l'agent extérieur provoque dans l'organisme la formation d'un organe qui répond à cette qualité, il reste à faire voir comment l'organe se *spécifie* de manière à ne plus être capable que de donner une même espèce de sensation, quelle que soit la cause qui vienne l'ébranler. Chacun sait que l'organe visuel fournit toujours des sensations de lumière, soit qu'il éprouve un choc, soit qu'on le presse, qu'on le tiraille, qu'on l'électrise. C'est au point que si l'on pouvait souder le nerf acoustique au nerf optique, l'œil verrait le tonnerre et l'oreille entendrait l'éclair.

Pour fixer les idées, imaginons qu'une onde (sonore), dont les molécules exécutent mille vibrations à la seconde, vienne frapper l'être sensible. Nous savons que pour qu'il y ait sensation il faut, entre autres conditions, qu'elle rencontre dans l'être sensible des molécules susceptibles de prendre le même mouvement vibratoire, sans quoi son action se résoudra en interférences. Or des molécules du corps les unes ont, je suppose, un mouvement naturel de 1000 à la seconde, les autres de 950 et plus, les autres de 700. On voit ce qui va se produire : l'onde va ébranler celles de la première espèce, ne parviendra pas à mettre celles de la dernière espèce en mouvement continu, parce que la vibration commencée sera tout de suite arrêtée par la vibration suivante; enfin les deuxièmes se mettront à vibrer, quoique avec une certaine difficulté, parce que l'opposition qu'elles feront au mouvement extérieur ne sera pas assez forte pour l'arrêter. L'onde se propagera donc dans l'organisme sensible, suivant la ligne à laquelle Herbert Spencer a donné le nom de « ligne de moindre résistance ». Les résistances vaincues sont en partie brisées (première loi), de sorte que l'onde se propage de plus en plus facilement le long de cette ligne, et qu'à la fin cette ligne elle-même finit par prendre naturellement ce mouvement vibratoire dès que la première molécule est en branle. C'est ainsi qu'une corde de violon tendue d'une certaine manière ne peut rendre qu'un son. C'est pour une raison analogue que les instruments de musique s'améliorent avec le temps quand ils sont entre les mains d'artistes habiles, mais qu'ils se détériorent, au contraire, dès que ceux qui en jouent habituellement sont dépourvus d'oreille.

Cela compris, il n'est pas difficile de s'imaginer à quelles conditions nous pourrions avoir des sens nouveaux, par exemple le sens magnétique et le sens polaire. Il suffirait qu'un point de notre corps se montrât spécialement sensible à la présence d'un aimant, et qu'un autre point (animé d'un mouvement analogue à celui du gyroscope ou du pendule Foucault) produisît un état différencié lorsque nous nous dirigerions, soit le long d'un méridien, soit le long d'un parallèle. Ces organes, que la nature nous a refusés, nous pouvons les créer par artifice : un morceau de fer tenu à la main, une aiguille aimantée tournant librement sur pivot, suppléent au sens magnétique et au sens polaire qui nous manquent.

Ceci conduit donc à fortifier la comparaison que l'on a faite entre les intruments de physique et nos sens. Que sont les thermomètres, les baromètres, les électromètres, les boussoles d'inclinaison et de déclinaison, sinon des organes de sens supplémentaires? Que sont nos balances, nos télescopes et microscopes, nos spectroscopes, sinon des moyens d'exalter la sensibilité des sens de la pression et de la vue? Et quand le télégraphe nous fait connaître instantanément la température, la pression, l'état magnétique, la direction du vent de tous les points du globe, n'est-ce pas comme si nous étions parvenus à placer nos sens à l'extrémité de bras ou d'antennes immenses nous permettant de sonder l'espace où se forgent les tempêtes?

Analyse et classification des sens. — Il suit de là que nous avons autant d'organes de sens, et par suite autant de sens qu'il y a de fibres douées d'un mouvement spécifique propre. Ainsi l'on peut dire que nous avons quatre ou cinq organes du goût, puisque les fibres qui goûtent le doux ne sont pas celles qui goûtent l'amer, l'acide, le salé ou les alcools. Nous avons trois et peut-être un plus grand nombre d'organes visuels, puisque — l'affection connue sous le nom de daltonisme en fait foi — l'organe qui distingue le vert ne distingue ni le rouge ni le violet. Nous avons autant d'organes auditifs qu'il y a de fibres élastiques douées d'une aptitude spéciale à prendre un certain mouvement vibratoire. Enfin l'odorat lui-même, par exemple, vu la multiplicité des sensations diverses qu'il nous fournit, doit se composer tout au moins de deux sens simples dont les impressions entrent dans des combinaisons indéfiniment variées.

Quant aux lacunes que laissent entre eux nos sens, elles sont comblées par cette sensibilité vague, indéterminée, qui fait que nous sommes affectés, par les temps d'orage, les émanations paludéennes et les mille influences atmosphériques auxquelles nous ne pouvons échapper. Ce fond sensible se compose d'un vaste système d'interférences.

En résumé nos sens se classent sous trois rubriques. 1° Des sens *généraux* répandus sur toute la surface du corps et ne s'exerçant que par l'intermédiaire d'organes adventices. Tel est chez nous le sens de la température. 2° Des sens *spéciaux* agissant uniquement à l'aide d'organes permanents, tels que la vue, l'ouïe, l'odorat. Les forces qui ébranlent ces organes n'ont sur le reste de la substance sensible, qu'une action imperceptible. 3° Des sens *mixtes*, distribués inégalement à la surface du corps, ayant donc à leur service des organes permanents, mais donnant lieu aussi à la formation d'organes adventices. Tel est, chez l'homme, le tact; peut-être le goût chez les poissons.

IV

DE LA CONNAISSANCE DE L'EXTÉRIEUR.

Cette seconde partie de mon travail est beaucoup plus courte. Je m'attache en effet à ne toucher que les points strictement nécessaires à l'intelligence complète de la première partie. Aller plus loin m'eût peut-être entraîné en dehors du domaine rigoureusement scientifique.

Des qualités que tout être connaissant attribue à l'objet, les unes apparaissent comme relatives à sa sensibilité, telles sont la lumière, le son, le goût, l'odeur, etc.; les autres comme indépendantes de sa manière de sentir, telles sont la mobilité, la durée, la situation, la forme, etc. Les premières je les appelle *esthétiques*, les secondes *cinématiques*. On vient de voir quelle est l'origine de l'idée que nous avons des attributs esthétiques de l'objet; il me reste à montrer d'où nous vient celle des attributs cinématiques. Ils nous sont révélés grâce à la motilité.

Pour simplifier le raisonnement, ne considérons dans l'univers qu'un seul corpuscule matériel, et supposons qu'il agisse uniquement par contact sur l'être sensible. Au point de contact, il exerce une certaine pression : nous admettons que pour le moment l'animal ne sente pas cette pression, et qu'en conséquence il soit identifié avec le corpuscule. L'animal, doué de mouvement, vient à presser davantage le corpuscule (la supposition inverse, qu'il le presserait moins, comporte la même analyse); il sent une pression, et il sait en même temps que sa sensation est venue à la suite de son effort. Mais le corpuscule s'est mis de son côté en mouvement, et ce mouvement est la résultante tant de sa figuration que de la force de l'animal, et de la nature des obstacles qu'il rencontrera sur la route. Au premier instant l'animal a ressenti une pression, voulue à certains égards; mais au second instant, le corpuscule tendant à se détacher à la suite de l'impulsion qu'il a reçue, l'animal ressent une diminution de pression non voulue. C'est la comparaison entre les effets voulus et les mêmes effets non voulus qui lui donne l'idée de l'extérieur. Si le corpuscule est une proie qui est elle aussi douée de mouvement, l'animal remarquera qu'il peut, par son effort, maintenir le contact, mais que cet effort est dirigé, commandé par autre chose. Le raisonnement serait le même si l'on admettait que le corpuscule est un foyer de chaleur se mouvant à une certaine distance de l'être sensible, ou encore un foyer sonore ou lumineux.

L'animal aura ainsi la notion du mouvement continu. De cette notion dérivent celles de durée, de temps, de vitesse, de distance, de direction, de situation, d'espace et de forme.

Il n'est pas possible d'entrer ici dans tous les détails de la déduction. Les définitions pourront suffire (1). La *durée*, c'est le mouvement abstrait. Le *temps* c'est un mouvement uniforme pris pour unité. La *vitesse*, le rapport du mouvement au temps. La *distance* est mesurée par la quantité de mouvement nécessaire pour la parcourir. La *direction* dépend du sens du mouvement par rapport au corps. La *situation* ou le *lieu* est donné par la direction et la distance. L'*espace* c'est la synthèse de tous les lieux possibles. La *forme* est une synthèse de distances et de directions.

Toutes ces notions, comme on le voit, peuvent s'appliquer à un objet extérieur quelconque, et tout animal, si élémentaire qu'il soit, les possède à un degré plus ou moins précis. Mais en même temps on remarquera le rôle qu'est venu jouer dans leur acquisition l'organe (adventice ou permanent) affecté par le contact du corpuscule, ou par le foyer calorifique, sonore ou lumineux. Sans lui l'animal serait complètement déconcerté, et ne pourrait suivre l'objet; grâce à lui, il peut s'*orienter*. L'organe le *dirige*, c'est un pilote qui le guide, qui lui fait éviter les écueils et le conduit au port.

Son rôle terminé, l'organe, s'il est adventice, disparaît, et l'expérience momentanément acquise est perdue pour l'avenir. Mais si l'organe est permanent, il y a une orientation permanente de l'animal, celui-ci possède un *axe naturel*, passant, par exemple, par l'organe et le centre de gravité. Dès lors il a, à titre perpétuel, une règle et un compas pour apprécier la position et la forme des objets, il peut acquérir une expérience qui lui reste; il est *perfectible* en ce sens qu'il peut de plus en plus vite former son jugement sur la position des corps ou sur la route qu'ils suivent.

(1) Nous avons justifié la plupart de ces définitions dans notre *Essai de logique scientifique*.

La précision du jugement dépend de deux choses : elle dépend de la précision de l'organe et de la perfection de la motilité, c'est-à-dire de la faculté d'apprécier les différences d'effort. Ainsi, s'agit-il, par exemple, de juger de la direction du vent, un long tube étroit dont le fond seul serait sensible au vent, et qu'on pourrait mouvoir autour de soi, serait un instrument à coup sûr plus précis que la peau du visage. Mais il présenterait l'inconvénient de ne pas être approprié pour la recherche. C'est ainsi que l'astronome qui suit une étoile au bout de son télescope ne pourrait, s'il la perdait, la retrouver sans s'aider d'un chercheur. L'organe directeur par excellence serait donc une surface tournée vers tous les points de l'espace, et présentant une ou plusieurs places faciles à retrouver où la sensibilité serait à son maximum. Telles sont chez nous la peau (pour le tact) et la rétine. Ici la sensibilité rayonne autour de la tache jaune, et va en se dégradant le long de chaque rayon ; de sorte qu'un point lumineux frappant la rétine en un endroit déterminé, je sais ce qu'il faut faire pour en amener l'image sur la tache jaune (1).

De l'effort. — L'effort a pour cause une résistance ; mais, comme il a été dit, la résistance une fois vaincue, le même résultat s'obtient avec un effort moindre, et en fin de compte, l'effort devient tellement faible qu'il n'est plus perçu. Le mouvement d'abord *conscient* (car *sentiment de l'effort* et *conscience* sont pour moi termes identiques) devient *habituel* — puis *instinctif*, quand l'habitude est transmise par génération (2) — puis enfin *réflexe* ou *automatique*. Le mouvement est conscient ou volontaire quand on sait *comment et pourquoi on le fait* ; habituel quand on le fait *sans savoir comment* ; instinctif quand on le fait *sans savoir pourquoi* ; réflexe quand on le fait *sans le savoir*. Les mouvements, d'abord conscients, deviennent donc insensiblement inconscients, et cela par une polarisation de plus en plus complète des molécules sensibles qui offrent de moins en moins de résistance à l'action extérieure. C'est ce qui explique l'admirable finalité des actes instinctifs et réflexes. Primitivement voulus et appropriés au but, ils n'ont fait qu'acquérir de plus en plus cette appropriation qui s'est *fixée* ainsi dans l'organisme. Le caractère *spécifique* de l'individu se compose de l'ensemble des caractères fixés et soustraits par conséquent à sa volonté. Ainsi se justifie, à certains égards, le mot de Huxley : les animaux sont des machines, mais des machines conscientes (3).

Conclusion : l'intelligence progresse vers l'instinct et l'automatisme. L'automatisme est le dernier terme du perfectionnement de l'intelligence. Ainsi le meilleur ouvrier est celui qui peut faire son ouvrage sans y penser. Mais il ne faut pas oublier que l'automatisme, comme l'instinct, est immobile, et que l'intelligence est l'instrument indispensable du progrès préparant de nouveaux éléments destinés à être fixés.

---

(1) Voyez dans les *Bulletins de l'Académie* (2ᵉ série, XIX, 2) *nos notes sur les illusions d'optique*, essai d'une théorie psychophysique de la manière dont l'œil apprécie les distances et les angles, etc.

(2) En adoptant cette définition de l'instinct, je me sépare de Darwin. Ce n'est pas sans bien des hésitations que je l'ai fait, car l'autorité d'un homme comme lui est du plus grand poids. Je dirai un jour comment, selon moi, on pourrait expliquer l'origine des instincts des neutres chez les fourmis et les abeilles.

(3) Voyez *Revue scientifique*, nᵒ du 24 oct. 1874.

V

DE LA CONNAISSANCE DE SOI.

Le sens du toucher. — Il nous reste un dernier point à élucider : Quelle connaissance l'animal peut-il avoir de lui-même ? La solution de cette question se trouve dans l'analyse du sens du toucher et de ses rapports avec la motilité.

Le sens du toucher est essentiellement le sens de la pression ; il est fondamental, car toute action extérieure se ramène à une pression. Aussi ne peut-on concevoir un être sensible qui n'ait pas ce sens, bien qu'on puisse par la pensée lui enlever tous les autres. Admettre qu'il n'ait pas le sens du toucher, c'est supposer qu'il puisse être détruit par écrasement sans qu'il s'en aperçoive.

Le sens du toucher étant distribué sur tout le corps, est servi continuellement par des organes adventices qui se forment dès que le contact se produit. L'animal pouvant, par de certains mouvements, augmenter ou diminuer la pression, finit par savoir ce qu'il faut faire chaque fois qu'il est touché quelque part, pour écarter la gêne ou se procurer un plaisir. Telle est la localisation des impressions ; elle est le résultat de l'exercice. Cette localisation est plus rapide quand l'animal peut se toucher lui-même, surtout si les organes du tact sont des appareils doués d'une motilité délicate, comme le sont nos bras.

Voilà comment nous savons où sont nos yeux, nos oreilles, et en général toutes les parties de notre corps. Cette connaissance est d'autant plus parfaite que la partie est touchée plus souvent. De là vient que la faculté localisatrice est surtout accumulée dans les parties qui se touchent elles-mêmes, dans les plis, les faces internes des membres, la paume de la main ; c'est sans doute pour la raison contraire que la faculté localisatrice est à son minimum au dos. Ainsi quand vous promenez sur le dos deux pointes de compas, elles peuvent être distantes de 2 à 3 centimètres, sans que la sensation cesse d'être simple.

L'habitude de la localisation donne l'explication des sensations subjectives, comme celles que l'on a pendant le sommeil, la fièvre, le délire ; la modification subjective est rapportée à l'organe qui donne ordinairement naissance à des modifications de même nature.

De là cette définition du *moi* : L'animal regarde comme étant *lui* tout ce qui lui procure toujours la même sensation quand sa volonté est la même. Le zoophyte fixé sur une pierre dans une excavation de rocher, et qui rencontre toujours les mêmes objets quand il allonge ses tentacules, doit croire que ces objets font partie de lui-même. Si nous venions au monde avec des vêtements qui ne nous quitteraient plus, nous les regarderions comme faisant partie de nous-mêmes, au même titre que les cheveux et la barbe.

Le rôle du tact est exclusivement tel que je viens de le détailler ; mais on lui attribue parfois des fonctions qu'il ne remplit pas. On dit par exemple qu'il nous donne les notions du dur et du mou, du fluide, du visqueux et du solide, du poli et du raboteux. C'est une erreur, qui provient de ce que le tact est un précieux auxiliaire de la motilité : nous jugeons de la qualité de l'objet, ou suivant l'effort qu'il nous faut faire pour obtenir par lui une certaine pression, ou suivant la vitesse avec laquelle nous le traversons quand nous faisons un effort déterminé, ou encore suivant la résistance qu'il présente au glissement de nos doigts, par exemple, sur sa surface. Ce sont là des pseudo-sensations tactiles.

Tel est l'ensemble de la théorie de la sensibilité. Voilà comment je justifie ma thèse fondamentale que, la sensibilité une fois donnée sous sa forme la plus simple, elle évolue nécessairement vers des formes de plus en plus compliquées.

L'ENSEIGNEMENT SUPÉRIEUR EN AMÉRIQUE (1)

II

L'INSTITUT TECHNOLOGIQUE DE MASSACHUSETTS

A côté des universités et des colléges qui représentent la forme la plus habituelle des établissements d'enseignement supérieur en Amérique, commencent à se développer des institutions plus particulièrement scientifiques où l'étude des langues mortes est complétement abandonnée, aussi bien pour les examens d'admission que pour le cours entier des études. Bien que la plupart des grandes universités, comme nous l'avons vu par exemple pour celle de l'État de Michigan, aient maintenant un département purement scientifique, il y a place à côté d'elles à de nombreuses écoles fondées plus spécialement pour l'étude des sciences appliquées, mais où l'on est arrivé peu à peu à des cours de science pure et des plus élevés.

Parmi ces institutions, la plupart de date récente, on peut citer au premier rang les Instituts technologiques d'Hoboken (*Stevens Institute of Technology*) fondé en 1870 (2) par un riche industriel, M. Stevens, et celui de Massachusetts (*Massachusetts Institute of Technology*) à Boston. Nous prendrons comme type ce dernier, le plus ancien des deux, et qui est arrivé à un remarquable état de prospérité malgré la redoutable concurrence de la première des universités américaines, Harvard College, située dans la même ville et possédant également un département scientifique.

Fondé en 1861 par une société d'habitants de Boston, l'Institut technologique de Massachusetts a été reconnu par l'État la même année. En 1863 un nouveau décret lui donnait une part des subventions que l'État accorde aux établissements d'enseignement. Pour cet usage, chaque État met en réserve une certaine quantité de terrains dont les revenus servent à doter les écoles qui s'en montrent dignes. Ce soutien fut accordé dès l'origine à l'Institut technologique de Massachusetts à la condition expresse que son programme d'enseignement comprendrait un cours de tactique militaire. Grâce aux souscriptions des fondateurs et à l'aide de l'État, l'Institut commença à fonctionner à la fin de 1864, et en 1868 il obtint l'autorisation de conférer des grades.

Le cours régulier des études est de quatre ans. La première année, l'enseignement est commun à tous les élèves; mais, au commencement de la seconde, ils choisissent leur spécia-

lité suivant leurs goûts, et sont répartis entre les dix cours suivants :

1° Cours d'ingénieur civil et de topographie (ponts et chaussée); 2° cours d'ingénieur mécanicien; 3° cours d'ingénieur des mines et de géologie; 4° cours de construction et d'architecture; 5° cours de chimie; 6° cours de métallurgie.

Ces premiers cours ont surtout pour objet les sciences appliquées; les quatre derniers comprennent plutôt les sciences pures : 7° ce sont les cours d'histoire naturelle; 8° de physique; 9° de science et littérature; 10° de philosophie.

Dans chaque cours, en outre des sciences qui lui sont spéciales, on enseigne les éléments de toutes les autres et la philosophie de la science. Les seules matières réellement communes à toutes les sections sont la littérature anglaise, l'étude obligatoire de deux langues vivantes, français et allemand, et enfin le cours de tactique militaire, imposé à l'institut comme condition de la subvention de l'État.

De même que nous l'avons vu pour l'université d'Ann-Arbon, la condition des élèves varie selon qu'ils veulent ou non sortir de l'école avec un diplôme.

Dans le premier cas, pour entrer à l'Institut il faut être âgé d'au moins seize ans, et subir un examen qui correspond à peu près au programme de sortie des établissements d'enseignement secondaire (*high schools* et *academies*). Cet examen embrasse les sciences élémentaires, et, comme langue vivante, les éléments du français. Quoique le latin ne soit pas exigé à l'entrée, et qu'il ne soit pas compris dans les cours de l'institut, les candidats sont cependant vivement engagés à ne pas le négliger dans leurs études préparatoires, l'étude de cette langue étant considérée comme hautement profitable à l'intelligence.

Une fois à l'école, il faut suivre le cours complet des études dans la section que l'on a choisie. Les élèves qui ne sont pas candidats pour un diplôme ne subissent l'examen d'entrée que sur les matières qu'ils désirent étudier, pour prouver qu'ils peuvent suivre avec fruit les cours de l'Institut.

La pension annuelle est fixée à 1000 francs. Les dépenses accessoires, livres, compas, papier, etc., peuvent s'élever à 150 francs par an. Enfin, pour les élèves qui n'ont pas leur famille à Boston, le prix de la vie est estimé de 30 à 40 francs par semaine.

Le régime intérieur de l'Institut est presque identique avec celui de notre École centrale de Paris. Les élèves arrivent à neuf heures du matin, et sortent à cinq heures du soir. Comme chez nous, l'école ne se charge pas de les nourrir pendant la journée; aussi un restaurant y est installé sous la surveillance de l'administration, et doit fournir aux professeurs, aux élèves et à leurs amis, s'ils en veulent inviter, le repas de la journée, dîner ou lunch, à des prix déterminés par l'administration de l'école.

Pendant toute la durée des études, l'application de l'élève est stimulée par des examens oraux fréquents et des compositions écrites. A la sortie, les candidats aux diplômes passent deux examens distincts : l'un porte généralement sur tous les sujets d'enseignement de l'Institut, le second roule plus particulièrement sur la spécialité choisie par l'élève. Enfin ils doivent soutenir une thèse écrite contenant soit l'exposé de travaux personnels, dans les sections de science pure, soit des projets de machine, de mines ou de construction avec mémoire à l'appui, dans les sections de sciences appliquées.

---

(1) Voyez ci-dessus page 13, n° du 3 juillet 1875.
(2) A Hoboken (New-Jersey), sur la rive de l'Hudson, opposée à New-York.

Le diplôme conféré est celui de bachelier ès sciences (S. B.), mais il porte toujours l'indication de la spécialité choisie par l'étudiant. Les élèves qui sortent avec le diplôme peuvent, s'ils le désirent, suivre à l'Institut des cours supérieurs. Au bout de deux ans au moins, après de nouveaux examens et la soutenance d'une thèse imprimée, ils reçoivent le titre de docteur ès sciences (S. D.). Les mêmes cours supérieurs sont ouverts aux bacheliers sortant d'autres institutions, mais après un examen qui prouve que leur diplôme est au moins l'équivalent de celui de l'École.

Ce qu'il y a de remarquable dans cette institution c'est, non pas tant la disposition même des cours que la façon vraiment pratique dont ils sont conçus. A la sortie de l'Institut, les élèves sont réellement capables d'entrer directement dans une exploitation industrielle sans avoir à faire cet apprentissage dont, par exemple, ne peuvent se dispenser chez nous les élèves qui sortent de l'École centrale sans avoir passé tout d'abord par une école d'Arts et Métiers. En voici quelques exemples.

Le laboratoire de métallurgie est installé de telle sorte que les élèves peuvent y traiter à la fois plus de 250 kilogs de minerai ; rien ne manque, depuis les appareils à broyer le minerai brut, jusqu'aux fourneaux à réduction d'où doit sortir le métal pur. Les grandes compagnies minières d'Amérique envoient fréquemment à l'Institut jusqu'à une tonne de minerais, qui sont traités complétement par les élèves. Les résultats de l'expérience sont ensuite communiqués au donateur, au double profit des élèves qui ont fait une étude réellement utile pour eux, et qui ont alors le contrôle de l'exploitation en grand, et souvent aussi à celui des directeurs de la mine qui trouvent quelquefois dans les études des élèves des procédés nouveaux et avantageux.

Dans le département d'ingénieur mécanicien, les élèves font une étude expérimentale complète des machines à vapeur qui appartiennent à l'institution. Ils apprennent aussi à travailler de leurs mains, d'abord le bois, puis les métaux, et exécutent souvent des modèles complets de machines. Les travaux manuels sont heureusement entremêlés aux études théoriques de façon à prévenir à la fois la fatigue du corps et celle de l'intelligence.

Les cours sont complétés par de fréquentes visites aux usines des environs. Quelquefois, pendant les vacances, ces visites s'étendent au loin, sous la direction de quelques professeurs, pour les élèves désireux de s'instruire. C'est ainsi que, pendant les vacances de 1874, les élèves métallurgistes ont fait une grande tournée dans le célèbre district minier du lac Supérieur.

L'enseignement continue dans les mêmes principes pour les départements des sciences pures. Dans la section de physique, par exemple, un laboratoire, le plus richement fourni que j'aie vu aux États-Unis, est ouvert aux élèves pour la partie expérimentale, considérée comme nécessaire, même au-dessus du cours du professeur. Cela est poussé à un tel point que, ayant reconnu que la même personne ne pouvait à la fois faire le cours et surveiller le laboratoire, on a chargé le professeur titulaire, M. Edward C. Pickering, de ce dernier soin seulement, et on lui a donné un professeur-adjoint, chargé de faire les leçons. Dans le laboratoire, les élèves répètent non-seulement les expériences classiques du cours, mais les plus avancés font de véritables petits travaux scientifiques personnels qui leur donnent le goût des recherches

sérieuses et leur permettent de profiter à leurs débuts de l'expérience du professeur.

La création de ce laboratoire de physique a donné lieu à un fait intéressant, qui nous montre l'heureuse influence que peut avoir sur les élèves l'habitude que l'on a généralement, en Amérique, de les traiter en hommes responsables plutôt qu'en enfants. Avant l'Institut technologique de Massachusetts, pas un établissement d'enseignement n'avait encore ouvert aux élèves un laboratoire de physique, et les gens hostiles au progrès — il y en a, même aux États-Unis — faisaient des objections de toutes sortes. Mettre des instruments très-coûteux entre les mains d'élèves inexpérimentés était chose dangereuse, car les finances de l'institution ne permettraient pas de remplacer les objets brisés. Devant ces objections, le président de l'école, le docteur J.-D. Runkle, réunit les élèves, leur exposa les objections en leur montrant les avantages qu'ils retireraient de la création proposée, et leur conseilla de réfléchir pour trouver un expédient. Les élèves se retirèrent, une délibération fut ouverte, et bientôt les délégués venaient annoncer au président que les élèves se reconnaissaient tous solidaires les uns des autres et s'engageaient, collectivement, à supporter les dépenses résultant des accidents possibles. Est-ce le sentiment de la responsabilité si bien entendu, mais toujours est-il que la dépense annuelle n'a pas souvent atteint vingt francs pour la communauté tout entière.

Tel sont, en somme, les principes sur lesquels repose l'Institut technologique de Massachusetts. Le nombre des élèves, qui était de 72 en 1866, la seconde année de l'école, s'est élevé rapidement jusqu'à 310 pour l'année scolaire 1873-1874, malgré l'augmentation du prix de la pension et surtout l'élévation constante du niveau de l'examen d'entrée ; par ce moyen on chercher à éliminer, autant que possible, les incapables qui ne feraient qu'entraver les progrès des autres. Quant au personnel enseignant, il se compose actuellement de 20 professeurs titulaires et de 14 professeurs assistants ou instituteurs.

A côté du cours régulier des études, a été fondé par M. Lowell, il y a trois ans, un cours spécial de dessin industriel. Cet enseignement est complétement distinct de celui de l'Institut ; il est ouvert aux élèves des deux sexes et a pour but de former des dessinateurs pour les fabriques de tissus, d'indienne, de châles, de tapis, de papiers peints, etc. Le cours est purement pratique et sous la direction d'un Français, M. Charles Kastner, ancien dessinateur à Mulhouse. Les élèves commencent par copier des dessins, puis apprennent à les modifier peu à peu, et enfin à en inventer de nouveaux. Pour exciter leur émulation, leurs compositions sont envoyées dans les fabriques ; celles qui plaisent aux fabricants sont achetées par eux et le prix en revient intégralement à l'auteur. Ce cours, de fondation toute récente (1872), a déjà produit d'excellents résultats. Il comptait 26 élèves en 1873-1874, et avait remporté une médaille d'or à l'exposition des arts mécaniques à Boston.

Grâce encore à la générosité de M. Lowell, il est fait le soir à l'Institut des cours gratuits pour les personnes des deux sexes âgées de plus de dix-huit ans. Parmi le programme de ces cours pour 1873-1874, je relève au hasard les titres suivants :

18 leçons sur la zoologie pratique des États-Unis. — 18 conférences sur l'utilité des projections comme moyen d'ensei-

gnement — Leçons élémentaires de français. — Histoire de la philosophie moderne de Descartes à Hégel, — et enfin des Manipulations de chimie analytique et générale.

Je ne puis terminer cet exposé déjà un peu long sans dire un mot de la Société des Arts; fondée en 1861 en même temps que l'Institut, elle y tient ses réunions deux fois par mois, et compte actuellement plus de 300 membres. Ses séances sont consacrées à des communications concernant les progrès des sciences et des arts appliqués à l'industrie. Les élèves de l'Institut peuvent assister aux réunions qui présentent pour eux l'avantage de les tenir sans cesse au courant de la marche perpétuelle des sciences, dont l'étude fera l'objet de leur vie tout entière.

Alfred Angot.

EXPOSITION INTERNATIONALE DE GÉOGRAPHIE

I

La géographie archéologique

L'exposition internationale de géographie, qui vient de s'ouvrir à Paris, nous présente cette science de la manière la plus large et la plus complète. C'est là un de ses principaux mérites, quoi qu'en aient dit certains esprits chagrins et étroits, qui prétendent que l'on a trop élargi le cadre et que l'on a voulu prouver que tout est dans tout. Cette accusation me paraît très-mal fondée, surtout pour ce qui concerne la partie principale de l'exposition comprise entre la salle des États et le pavillon de Flore.

Je ne m'occuperai que d'une seule branche de la géographie, la géographie archéologique, qu'il ne faut pas confondre avec l'archéologie de la géographie. Cette dernière est l'histoire des objets anciens de géographie. Sous ce rapport l'exposition est d'une richesse extrême, mais je laisse à un homme spécial, à un vrai géographe, le soin de décrire ces objets et de les présenter aux lecteurs de la *Revue scientifique*.

Quant à la géographie archéologique, elle consiste dans les rapports de l'archéologie générale avec la géographie. Elle embrasse tout à la fois la géographie ancienne et l'exposé géographique des découvertes archéologiques. Nous allons passer successivement en revue, sous ce double point de vue, tous les pays représentés à l'exposition, en suivant l'ordre des salles et par suite du catalogue.

La Russie fournit de remarquables exemples des rapports qui peuvent et doivent exister entre l'archéologie et la géographie. La Société impériale russe de géographie de Pétersbourg a exposé un ouvrage avec carte, de M. Paul Savélieff, sur les rapport de la numismatique arabe avec l'histoire de Russie. L'auteur, en déterminant les monnaies arabes découvertes en Russie et traçant la carte des lieux où elles ont été trouvées, est arrivé à reconnaître et à établir les rapports commerciaux de l'Europe orientale avec les Arabes depuis le VII° jusqu'au XI° siècle. La même Société a aussi exposé un ouvrage de M. le comte Alexis Ouvaroff, avec cartes et planches, dans lequel ce savant archéologue, par suite de fouilles opérés dans plus de sept mille tumulus, arrive à tracer les limites du pays occupé autrefois par le peuple finnois des Mérins.

Il faut citer aussi de M. D. Europäus des recherches sur un peuple de race hongroise qui a habité la Russie moyenne et septentrionale, la Finlande et le nord de la Scandinavie avant l'arrivée des Germains et des Slaves, avec deux cartes; de M. P. Köppen des mémoires sur les antiquités de la Crimée et des monts Tauriens, également avec carte; quelques autres ouvrages sur l'histoire ancienne de la Russie; enfin une carte de la Volhynie et de la Galicie depuis les temps les plus reculés jusqu'à l'an 1453.

A ces diverses publications et à un relevé en douze feuilles de l'ancien lit de l'Amou-Darya ou Oxus, par le colonel Stebnitsky, il faut ajouter le trésor du khan de Khiva, présenté par le gouverneur général, M. Kaufmann. Ce sont les pièces originales étalées dans huit grands cadres. L'ensemble de ces bijoux est composé d'or, de perles, d'émeraudes, de turquoises et de coraux. Outre l'intérêt de curiosité que présente ce trésor, il offre un véritable intérêt archéologique et géographique. En effet, les bijoux d'or sont ornés de filigranes et de fils enroulés en spirale tout à fait analogues à ceux des bijoux d'or de l'époque des tumulus en Gaule et de l'époque du bronze dans le nord de l'Europe.

La Suède, comme la Russie, a exposé sa littérature archéologique. Dix-sept ouvrages représentent la Suède ancienne depuis l'âge de la pierre jusqu'à l'établissement complet du christianisme. Il y a en outre deux cartes manuscrites, l'une de M. Hans Hildebrand concernant l'extension de l'âge de la pierre et de l'âge du bronze en Europe ; l'autre de M. Oscar Montelius, carte des tombeaux de l'âge de la pierre.

La Norvége s'est contentée d'envoyer des lithographies et photographies archéologiques, ainsi que trois tableaux contenant des reproductions galvanoplastiques des bractéates d'or trouvées en Scandinavie. Le plus grand de ces tableaux, exposés par M. P. Petersen, contient les bractéates du Danemark, où les découvertes ont été de beaucoup les plus nombreuses, le moyen les bractéates de Suède, le plus petit celles de Norvége, où l'on en a le moins trouvé. L'étude de ces bractéates, sur lesquelles on voit des swasticas indiens, des types byzantins, des ornements mérovingiens, etc., peut être fort utile au point de vue de la constatation des migrations et des relations entre peuples. M. Rygh, directeur du Musée archéologique de Christiania, a envoyé dix-huit grandes et belles planches, représentant les principaux objets des âges de la pierre, du bronze et du fer, trouvés en Norvége.

Dans la salle du Danemark, grâce à la Direction des antiquités et monuments publics de Copenhague, on trouve une carte archéologique du pays. Elle est accompagnée de dessins et peintures de dolmens, tumulus, inscriptions, monuments, exposés par diverses personnes, et du bel ouvrage de M. A.-P. Madsen sur les antiquités préhistoriques danoises.

Cette salle contient aussi une fort curieuse collection d'objets concernant la découverte du Groënland et de l'Amérique du Nord par les anciens Scandinaves, exposée par MM. E. Erslev et Valdemar Schmidt. Il y a entre autres un linceul d'un Scandinave du X° siècle ; une croix de bois et un petit cheval de bronze trouvés dans un autre tombeau. Ces derniers objets montrent que les Scandinaves d'alors alliaient le paganisme au christianisme, ce qui du reste a encore lieu chez les Esquimaux de nos jours.

L'Angleterre, en fait d'archéologie, à part cinq feuilles de plans et cartes concernant l'Assyrie, Ninive et Babylone, s'est absorbée dans la Palestine. Elle n'a produit absolument que de l'archéologie biblique. Du reste, les cartes et les plans de ce qu'on nomme la Terre-Sainte foisonnent à l'exposition. Il s'en trouve en Allemagne, en Belgique, en Suisse, en Espagne et surtout en France.

L'exposition des Pays-Bas renferme de nombreuses photographies de monuments indous, des Indes néerlandaises et des îles de Java et de Bornéo.

L'Allemagne, outre l'atlas biblique de Menke et la carte murale de la géographie biblique en quatre feuilles, par M. H. Kiepert, n'a exposé que quelques rares cartes de géographie ancienne et les phothographies de l'expédition de M. G. Rohlfs en Lybie.

L'Autriche, qui a une magnifique exposition, n'y a pas fait figurer l'archéologie. Sur 510 numéros portés au catalogue, on ne trouve qu'une étude archéologique sur la célèbre localité d'Hallstatt, qui est le type le plus complet de la première époque du fer dans l'Europe centrale.

L'exposition de Belgique, bien moins nombreuse, puisque le catalogue ne comprend que 94 nnméros, est pourtant beaucoup plus complète comme ensemble. On y voit figurer l'ouvrage de M. Édouard Dupont sur les temps préhistoriques en Belgique ; les publications de M. Charles Piot sur les Éburons et les Atuatiques, avec cartes ; sur les *pagi* belges et leurs subdivisions pendant le moyen âge, accompagnée de la carte des *pagi* ; la carte archéologique de la Belgique par M. Joseph Van der Maelen, en quatre feuilles. Bien que daté de 1874, l'exemplaire exposé de cette carte n'indique pas les fouilles des cavernes ; par contre, elle abonde en détails ecclésiastiques et nobiliaires.

Comme cartes archéologiques, c'est peut-être la Suisse qui est le mieux représentée. On y voit une carte celtico-romaine de M. Levrat-Girard de Martigny, et les deux excellentes cartes de M. Ferdinand Keller, la carte archéologique de la Suisse orientale à l'échelle de 380 000° et la carte archéologique du canton de Zurich à une échelle beaucoup plus grande.

En Espagne, nous trouvons quelques cartes et ouvrages : la Géographie historique ancienne, de Don Manuel M. A. y Rives, depuis les temps préhistoriques jusqu'à la mort de l'empereur Théodose ; le Sommaire des antiquités romaines d'Espagne, par M. Cean Bermudez ; les Voies romaines de la Péninsule, par Don Francisco Coello ; la Description de la voie romaine d'Uxama à Augustobriga. Les Romains tiraient grand profit des mines d'Espagne ; aussi la description géologique et minière de la province de Murcie et Albacète montre-t-elle le dessin d'une statuette en bronze de l'Hercule Farnèse trouvée dans les déblais d'une ancienne mine de Muzarron en 1840. Tout à côté sont des dessins d'amphores et de lampes romaines du bas-temps recueillies dans les mines de la Sierra de Carthagène.

Arrivons maintenant à la France, dont les produits forment naturellement de beaucoup la plus grande partie de l'exposition. Nous allons d'abord nous occuper des galeries générales, et nous terminerons par la salle de la Commission de la Gaule, qui résume de la manière la plus brillante toute l'archéologie géographique gauloise.

Les temps archéologiques les plus anciens sont représentés par deux vitrines contenant une partie de la riche collection quaternaire de M. Reboux. Il y a là de beaux échantillons de haches en silex de forme plus ou moins amygdaloïde, non polies, du type si connu de Saint-Acheul ; tout à côté sont de

ces pointes retaillées qu'à un bout et d'un seul côté, si caractéristiques de la station du Moustier ; puis de nombreux silex éclatés, mais portant tous les traces d'un travail humain. Toutes ces pièces ont été recueillies dans les alluvions quaternaires de Paris, à Clichy, à Levallois, à Neuilly, à Grenelle, etc. Elles étaient associées à des ossements d'éléphants, entre autres de mammouth, à des débris de rhinocéros, d'hippopotames, de toute une faune aujourd'hui éteinte ou émigrée dans des pays lointains, faune qui contenait pourtant aussi des espèces que nous retrouvons encore vivantes autour de nous. M. Reboux, à côté de ses silex taillés, a eu soin de mettre quelques dents et quelques ossements pour faire apprécier la faune de cette époque. Il a eu aussi l'heureuse idée de présenter des bois coupés avec le silex pour montrer tout le parti qu'on peut tirer de ces instruments grossiers. Sur les alluvions se rencontrent des haches, encore en pierre, mais polies ; les vitrines de M. Reboux constatent bien cette superposition.

Tout près, quatre vitrines plates renferment une splendide série d'objets provenant des cavernes des Pyrénées, grottes de Gourdan, d'Arudi et de Lorthet, produit des longues et patientes fouilles de M. Piette. C'est une industrie qui se place entre celle des alluvions quaternaires et celle de la pierre polie. Le développement artistique est ce qui frappe le plus dans cette industrie des cavernes. On y voit de très-nombreuses gravures sur pierre, sur os, sur bois de cervidés. Il y a même des sculptures en ronde-bosse. C'est un art très-simple, très-naïf, mais très-vrai. On remarque dans la plupart de ces œuvres, exécutées avec une pointe de silex, un profond sentiment de la forme. A côté de ces œuvres d'art se voient de nombreux instruments divers fort intéressants, mais dans l'appréciation desquels M. Piette s'est un peu laissé aller à un excès d'imagination : ainsi il fait des compartiments pour les objets pouvant se rapporter au culte, pour l'art musical, pour les marques de chasse, pour les marques de propriété, etc.

Si l'on désire plus de renseignements, on peut consulter les *Matériaux pour l'histoire primitive de l'homme*, recueil mensuel, exposé par M. Émile Cartailhac.

L'exposition contient aussi quelques cartes archéologiques des départements : cinq cartes historiques et archéologiques de l'Aveyron, par M. Ad. Boisse ; une carte préhistorique, gauloise et romaine de l'Oise, par M. de Caix de Saint-Aymour ; des cartes des cantons de Vermand, du Ham, de Creil et de Ribécourt, par M. Peigné-Delacourt ; carte préhistorique du Cantal, par M. J.-B. Rames ; carte de la Vienne, par M. de Longuemar.

Comme cartes d'ensemble il faut citer : la carte des pays de France et des *pagi* gaulois, par M. Charles-Auguste Dufresne ; la Gaule ancienne avec le tracé des voies romaines, par M. Hayaux du Tilly. Cette carte contient l'Itinéraire d'Antonin, route *per compendium*, itinéraires de la table de Peutinger, routes reconnues sur le terrain, mais qui ne sont mentionnées ni dans Antonin, ni dans Peutinger ; enfin la marche d'Annibal. Nous rapprocherons de cette carte les deux ouvrages de M. Ernest Desjardins, la géographie de la Gaule d'après la table de Peutinger, et la publication en grand format de cette table elle-même, d'après l'original conservé à Vienne.

Il nous faut aussi rapprocher des voies romaines l'étude géographique et hydrographique sur les ports celtiques, de

M. le baron de Rostaing, et le sol de Marseille au temps de César, étude d'archéologie topographique, par M. Edmond Rouby.

La ville de Paris qui a publié le magnifique ouvrage de M. Belgrand, sur le bassin parisien aux âges préhistoriques, s'est aussi préoccupée de la topographie archéologique. Elle a exposé des essais de restitution du Paris gallo-romain. M. Vacquer a exécuté les plans de l'amphithéâtre découvert dans les travaux de la rue Monge, et de deux grands édifices romains qui se trouvaient, l'un rue Soufflot, l'autre rue Gay-Lussac. L'exposition de la ville de Paris contient encore deux albums fort intéressants : le premier, de photographies exécutées dans le cours des travaux de fouilles et de démolitions par le Service historique de la ville de Paris ; le second, de photographies de fragments d'édifices, bas-reliefs, etc., gallo-romains découverts dans les fouilles et réunis pour former un musée lapidaire.

M. Édouard Vimont, bibliothécaire de la ville de Clermont-Ferrand, a envoyé le plan d'ensemble d'un temple antique découvert sur le sommet du Puy-de-Dôme, par suite des travaux d'établissement de l'observatoire. Ce temple était consacré à Mercure Arverne ou Mercure Domien. Le plan est accompagné d'une série de photographies représentant le résultat des fouilles et d'une collection des marbres rencontrés dans les ruines.

En fait de cartes concernant la géographie ancienne, nous ne citerons que les cartes manuscrites de d'Anville, qui appartiennent au Ministère des affaires étrangères, et trois cartes en hiéroglyphes de la Palestine, de l'Éthiopie et du pays de Somâli. Ces cartes, présentant le résumé synoptique et géographique des conquêtes de Thoutmès III dans ces pays, ont été envoyées par M. Mariette-Bey.

Mais où florit l'archéologie géographique, c'est dans les deux salles consacrées aux missions scientifiques et voyages exécutés sous le patronage du gouvernement. On y voit, outre la carte archéologique de l'Algérie, en grand nombre et sur de très-grandes échelles, des cartes, plans, dessins de toute nature, photographies, des missions de MM. E.-G. Rey en Syrie, de Saulcy et Guérin en Palestine, Favre et Mandrot en Caramanie, Renan en Phénicie, Burnouf et Boitte à Athènes, Joyeaux à Baalbek, Rayet dans la vallée du Méandre, Perrot, Guillaume et Delbet dans l'Asie Mineure, Héron de Villefosse et de Laurière en Algérie.

Les salles des missions scientifiques sont précédées de la salle de la Commission de la topographie des Gaules, dans laquelle se trouve savamment résumée, avec pièces archéologiques à l'appui, toute la géographie de l'ancienne France, depuis les temps les plus reculés jusqu'à l'époque carolingienne. C'est une exposition des plus complètes et des mieux comprises. On y voit, en allant du plus ancien au plus récent : la carte de la Gaule à la période paléolithique, où sont indiqués tous les gisements quaternaires et toutes les cavernes qui ont fourni des produits de l'industrie humaine. Une seule chose n'est pas indiquée, ni sur la carte, ni sur le catalogue de l'exposition, c'est le nom de l'auteur, M. G. de Mortillet. Viennent ensuite les cartes des dolmens et des tumulus de M. Alexandre Bertrand, secrétaire de la Commission ; les cartes de la Gaule sous le proconsulat de César, et des voies romaines, œuvres étudiées avec le plus grand soin par la Commission, sous la présidence de M. de Saulcy, la vice-présidence du général Creuly, et le concours de MM. Guignaut,

de La Saussaye, Maury, Léon Renier, Ch. Robert, colonel Saget et Viollet-le-Duc, membres de la Commission. Cartes de l'époque mérovingienne, par MM. Anatole de Barthélemy, secrétaire de la Commission, et Longnon, dont les noms ont aussi été oubliés sur le catalogue.

A l'appui de ces cartes, ainsi que nous l'avons déjà indiqué, se trouve une nombreuse et fort intéressante série archéologique. Elle se compose de dessins et de moulages.

Les dessins sont : une suite d'inscriptions géographiques de la Gaule, relevées avec la plus scrupuleuse exactitude par M. le général Creuly ; toute une collection d'objets divers dessinés pour le *Dictionnaire des Gaules*, par M. Naudin, et en partie gravée par Mlle Louveau ; des albums de plans et d'aquarelles, contenant les principaux objets des musées et collections du nord-est de la France, par M. Cournault, les dolmens de la Vienne, par M. de Longuemar, les richesses archéologiques du sud-est de la France, par M. Louis Revon, les murs gaulois de Murceint, par M. Castanié, les camps des Alpes-Maritimes, par M. Germain, etc.

Les moulages exécutés par M. Abel Maitre offrent une série d'objets caractéristiques des diverses époques dont les cartes figurent dans la salle. A ces moulages sont joint des reproductions en relief de dolmens et murs gaulois empruntées au musée de Saint-Germain.

Comme résumé il me reste à citer mon *Tableau archéologique de la Gaule* qui présente d'un seul coup d'œil, de la manière la plus synoptique, toutes les classifications proposées jusqu'à ce jour concernant les temps qui se sont écoulés depuis l'apparition de l'homme sur notre sol jusqu'à la constitution de la France. Aux classifications déjà émises, j'en ai ajouté une nouvelle, basée sur l'application à l'archéologie des méthodes et procédés de la géologie.

Comme annexe, je dois dire quelques mots de la partie de l'exposition qui se trouve dans l'Orangerie de la terrasse du bord de l'eau. On y voit une série de silex taillés et d'ossements provenant des grottes de Baoussé-Roussé, près de Menton, fouillées par M. E. Rivière, qui a eu la chance d'y rencontrer plusieurs squelettes humains. Deux de ces squelettes, deux squelettes d'enfants, figurent dans la série exposée.

Tout près des produits des grottes de Baoussé-Roussé, M. Pinart, notre jeune et actif voyageur, a placé divers objets, entre autres de fort curieux masques de bois qu'il a recueillis dans la grotte d'Aknanh (Alaska), tout à fait au nord de l'Amérique.

Enfin M. du Clusiou, contre les parois de la galerie d'entrée, a étalé de grands dessins qui donnent l'idée la plus complète et la plus exacte des alignements de pierre du Morbihan, connus sous le nom d'allées de Carnac. Ces alignements forment trois groupes : les pierres de Menec, les pierres de Ker-Mario et le groupe des pierres de Ker-Lescan et de Menec-Vihan. Pour les hommes spéciaux, M. du Clusiou a relevé le plan exact de chacun des groupes ; pour le public ordinaire, il en a donné des vues cavalières très-bien faites, et il a accompagné le tout de dessins de détails.

Les allées de Carnac me rappellent un oubli que j'ai fait. Dans la grande galerie française de l'exposition, parmi les pièces présentées par M. Delagrave pour l'enseignement de la topographie au moyen de plans en relief, on voit une reproduction du dolmen de Saint-Germain d'Arcé (Sarthe), fort bien faite.

Cette rapide promenade au palais des Tuileries suffit pour

montrer que l'exposition internationale de géographie, si riche et si complète pour ce qui concerne les sciences géographiques proprement dites, offre aussi un grand et puissant intérêt au point de vue de l'archéologie.

Gabriel de Mortillet,
Sous-directeur du Musée des antiquités nationales à Saint-Germain.

LE MOUVEMENT HÉTÉROGÉNISTE EN ANGLETERRE

Les commencements de la vie

Sous ce titre, le docteur Bastian, professeur d'anatomie pathologique à l' « University College » de Londres, publie un livre consacré à l'étude de la nature, de l'origine et des transformations des organismes inférieurs. Ainsi que l'auteur le dit dans sa préface, c'est dans le cours de recherches microscopiques sur les caractères du sang dans les affections aiguës que son attention fut attirée sur la grande question des origines de la vie. Frappé de l'importance de ce problème, dont la solution intéresse non-seulement la science en général, mais peut encore devenir le point de départ d'une base véritablement scientifique de la médecine, il se mit résolûment à l'œuvre, contrôlant les expériences de ses devanciers, en instituant de nouvelles, en un mot s'entourant de toutes les garanties nécessaires pour élucider autant que possible cet intéressant sujet.

L'ouvrage, tel que l'avait conçu tout d'abord le docteur Bastian, devait être renfermé dans des limites assez restreintes. La première partie a, en effet, précédé la seconde de trois années. Mais, en raison des progrès de la biologie et des questions nouvelles qui surgissaient à chaque instant, il se vit forcé d'élargir considérablement son cadre et d'entrer dans des développements qu'il n'avait pas prévus tout d'abord.

La première partie de l'ouvrage est consacrée à l'étude de la nature et de l'origine des forces vitales et de la matière organisée. Dans un premier chapitre l'auteur s'attache à établir la corrélation qui existe entre les forces *vitales* et les forces *physiques*. Le muscle y est assimilé à la machine à vapeur, dans laquelle la chaleur se transforme en mouvement.

Abordant ensuite la question du principe vital et de la nature de la vie, le docteur Bastian passe en revue les différentes théories et définitions de la vie. Toutes les lignes de démarcation que l'on a cherché à établir entre *ce qui vit* et *ce qui ne vit pas* lui semblent arbitraires. De quoi l'homme se nourrit-il, en effet? Où puise-t-il les éléments réparateurs destinés à la conservation et au développement de ses tissus, si ce n'est dans la matière organique *morte*? Or, cette matière *morte*, qui en somme est la base de l'alimentation, passe d'abord dans l'estomac où elle est convertie en chyme. Absorbée ensuite par l'intestin, soumise à l'action de certaines parties du système lymphatique, elle devient le chyle qui, déversé dans le système vasculaire, est employé à la reconstitution des tissus. Ainsi, ce qui tout à l'heure était *mort* s'est transformé maintenant en *matière vivante*. Le passage de l'état de mort à l'état de vie a donc dû s'opérer quelque part.

Quelle est maintenant la nature de la *matière organisable?* Pour M. Bastian, il n'y a pas de distinction réelle à établir entre la matière organique et la matière inorganique. Rappelant les idées de Graham sur l'état *colloïde* et l'état *cristalloïde*, il fait dériver l'organisation d'un état *colloïde* de la matière, lequel constitue en fait un état *dynamique*, tandis que

l'état *cristalloïde* est un état *statique*. L'*énergie* est le propre ce l'état colloïde, que l'on peut considérer comme la source première *probable* de la force qui se manifeste dans les phénomènes de la vie.

Passant ensuite à l'étude des rapports qui existent entre les règnes animal, végétal et minéral, l'auteur met en relief les liens qui les rattachent entre eux. Le carbone exhalé par les animaux est absorbé par les végétaux.

Les différentes théories de l'organisation sont ensuite examinées successivement dans un exposé des idées de Schleiden, Schwann, Goodsir, Huxley, Bennett et Virchow. Tout en admettant l'importance extrême de la cellule, l'individualité réelle dont elle jouit au sein des organismes les plus compliqués, les phénomènes de prolifération dont elle est le siége, M. Bastian déclare néanmoins que cette importance a été exagérée par Virchow, et que ce savant s'est laissé entraîner dans des voies périlleuses et erronées. Pour l'auteur anglais, une forme aussi *définie* que la forme cellulaire n'est plus nécessaire, dans l'état actuel de la science, pour expliquer le mécanisme des manifestations vitales. Chacun sait, en effet, que les organismes les plus inférieurs, loin d'être *unicellulaires*, ne sont que des fragments de protoplasma, dépourvus de membrane cellulaire, dépourvus de noyau, présentant dans leur contour des variations de chaque instant.

Un chapitre est consacré à l'étude des modes d'origine des éléments vivants. L'auteur y examine successivement le développement des spores, des ovules, des spermatozoïdes, des anthérozoïdes et du pollen. Il arrive à cette conclusion que les *éléments vivants* sont d'abord à l'état amorphe : la cellule n'est qu'un produit de transformation. A ce propos, il cite les expériences d'Onimus sur l'origine des leucocytes. Si l'on recueille le plus vite possible la sérosité d'une phlyctène aussitôt après sa formation, et si l'on filtre cette sérosité, on ne trouve sur le filtre que quelques rares débris épithéliaux, mais aucune trace de leucocytes en dépit de l'examen microscopique le plus attentif : quant au liquide filtré lui-même, on n'y rencontre jamais aucun élément figuré, leucocyte ou épitnélium. Si maintenant on se sert de sérosité recueillie une heure après l'apparition de la phlyctène, alors on trouve presque invariablement un certain nombre de leucocytes sur le filtre. En même temps il en passe à travers le filtre quelques-uns que l'on reconnaît dans le liquide. Tenant compte de ces faits, M. Onimus se servit, dans les expériences qu'il institua, de sérosité nouvellement épanchée, certain qu'elle était homogène et ne contenait aucun élément figuré. De petites quantités de ce liquide furent renfermées dans des sacs de baudruche bien clos, que l'on insinua sous la peau de lapins, de façon à les soumettre à la température voulue. Le contenu des sacs fut examiné à différents intervalles : avant de les ouvrir, on avait soin de les soumettre à un courant d'eau, de façon à les débarrasser de toute trace d'éléments figurés pouvant provenir de l'animal employé dans l'expérience. Dans ces conditions, les sacs qui étaient restés douze heures sous la peau du lapin présentèrent un liquide déjà légèrement opalescent, grâce à la présence de myriades de petites granulations. Après vingt-quatre heures, dans d'autres sacs, le liquide était devenu blanchâtre et nuageux, aspect dû à la présence de leucocytes parfaitement développés. Enfin, dans les autres sacs, après trente-six heures, le liquide fut toujours trouvé absolument blanc et laiteux, grâce à l'existence de myriades de leucocytes, présentant les mouvements amiboïdes caractéristiques et différant peu des jeunes corpuscules du pus ordinaire ou des globules blancs du sang.

Que conclure de ces expériences? A coup sûr ces cellules ne dérivaient pas de cellules préexistantes visibles, puisque l'homogénéité parfaite du liquide avait été constatée. Provenaient-elles donc de corpuscules préexistants invisibles au microscope? M. Bastian croit plutôt que les plus petites granulations observées tiraient leur origine de quelque processus formateur primitif se passant au sein d'une solution organique *réellement* homogène. Quant aux leucocytes à proprement parler, ils ne seraient qu'un degré plus avancé de ces corpuscules. A l'appui de cette idée, M. Bastian invoque les expériences qu'il a eu occasion de faire lui-même avec du sang d'individus atteints de leucocythémie ou d'autres affections s'accompagnant d'une augmentation anormale du chiffre des globules blancs du sang. Ce qui l'a frappé dans ces expériences, c'est la variété considérable des dimensions des globules blancs en excès, les uns présentant un volume double de l'état normal, les autres un volume de plus en plus petit, jusqu'à atteindre les dimensions des granulations moléculaires les plus exiguës. En même temps le noyau, bien distinct dans les globules volumineux, devenait de moins en moins net à mesure qu'on redescendait la série, jusqu'à un point où il cessait d'être visible.

Le défaut d'espace ne nous permet pas de suivre l'auteur dans les développements intéressants renfermés dans ce long chapitre. Nous nous bornons à indiquer les conclusions qu'il croit être autorisé à en tirer. Pour lui, les éléments vivants, qu'ils soient ou non susceptibles de reproduction, peuvent prendre naissance au sein d'organismes préexistants suivant l'un des cinq principaux modes suivants :

1° Dans un liquide organisable *non vivant*, il y a fortement lieu de croire qu'un élément *vivant* peut naître. La vie apparaîtrait ainsi *de novo*, en vertu de certaines combinaisons moléculaires nouvelles. Ce processus, M. Bastian propose de le désigner sous le nom d'*archébiose* ;

2° Lorsque, dans un milieu fluide ou semi-fluide, il existe des particules de matières vivantes, ces particules peuvent se réunir. De cette agglomération, et par suite de certains changements mystérieux, il peut résulter, plus ou moins directement, un élément nouveau, susceptible ou non de reproduction. Ce mode d'origine peut s'appeler la *biocrase* ;

3° Des éléments nouveaux peuvent encore naître par les processus bien connus de la *fissiparité* et de la *gemmation*. Ce mode constitue la *biodiérèse* ;|

4° La matière vivante peut encore subir une modification moléculaire complète, en vertu de laquelle elle acquiert de nouvelles propriétés et un accroissement de vitalité. Ce mode pourrait s'appeler la *biocénose* ;

5° Enfin, au sein de la matière vivante déjà formée, il peut surgir un nouveau centre de développement et de vie, d'où peut naître consécutivement un élément indépendant. Ce mode de formation peut s'appeler la *bioparadose*.

En somme donc, cinq modes principaux d'origine pour les éléments vivants :

Formation de la vie.........	*Archébiose*.
Fusion de la vie............	*Biocrase*.
Division de la vie..........	*Biodiérèse*.
Renouvellement de la vie....	*Biocénose*.
Transmission de la vie.......	*Bioparadose*.

La seconde partie du livre du docteur Bastian, intitulée : *De l'archébiose*, a trait surtout à la question de la génération spontanée. Pour lui, ce terme « génération spontanée » est mauvais et insuffisant, comprenant au moins deux séries de phénomènes totalement différents, et dans tous les cas des phénomènes qui ne sont pas plus *spontanés* que tous ceux qui se produisent suivant les lois naturelles ordinaires. Les difficultés qui ont jusqu'ici empêché la solution du problème seraient en grande partie artificielles et imaginaires. Dans le but d'éclaircir la question, M. Bastian a institué une longue série d'expériences dont le détail est tout au complet dans l'appendice de son livre, et sur lesquelles il nous est impossible d'insister ici. Ces expériences contredisent en partie celles de M. Pasteur sur le même sujet. Nous nous bornerons

ici à signaler les principales déductions que l'auteur en a tirées.

D'après M. Bastian, l'étude des bactéries fournit dans cette question de précieuses ressources. Il est avéré aujourd'hui que les bactéries sont tuées par une température de 140 degrés Fahrenheit. Et cependant ces organismes apparaissent et se multiplient rapidement dans des flacons fermés contenant des liquides organiques, bien que les flacons et leur contenu aient été préalablement exposés pendant quelque temps à une température de 212 degrés Fahrenheit. On les a même vus se développer, après que les flacons avaient été exposés à une température de 300 degrés Fahrenheit (expériences de Pouchet, Oehl, etc.). Que conclure de tout cela, sinon que les êtres vivants obtenus dans ces flacons fermés devaient être constitués aux dépens d'une matière vivante de nouvelle formation? Le problème de l'origine des éléments vivants serait tout à fait analogue à celui de la formation des cristaux. Les bactéries se développent aussi constamment dans les solutions de matière colloïde que les cristaux dans les solutions de matière cristallisable. Les substances cristallisables ont une composition définie et donnent naissance à des *formes statiques* définies. Les substances colloïdes, au contraire, beaucoup plus complexes, beaucoup plus instables, donnent naissance à des *formes dynamiques*, lesquelles sont douées de la propriété de subir des changements en rapport avec les influences variées auxquelles elles sont soumises.

Dans la troisième et dernière partie de son livre, sous le titre d'*hétérogenèse*, l'auteur étudie les diverses transformations des organismes inférieurs. Cette partie est le complément nécessaire des deux précédentes. La matière vivante se formant *de novo*, suivant les mêmes lois que celles qui déterminent les combinaisons chimiques les plus simples, les propriétés qui caractérisent la vie doivent être toujours dues à la combinaison des actions moléculaires et des propriétés inhérentes à la masse vivante, de même que le magnétisme se rattache à certains modes particuliers d'arrangement des molécules du fer entre elles.

La matière vivante est spécialement caractérisée par la complexité de ses molécules et leur état de mouvement continuel. De là une aptitude toute particulière à subir des modifications secondaires de structure, analogues à celles que peuvent présenter toutes les masses plastiques et homogènes. Bien que dans le cas de la matière vivante ces modifications se révèlent en produisant ce que nous appelons « l'organisation », néanmoins les formes que beaucoup d'organismes inférieurs tendent à assumer sont entièrement attribuables aux *polarités* de leurs molécules, de même que les formes des cristaux résultent de polarités semblables, bien que plus simples.

En général, d'après M. Bastian, le degré d'organisation susceptible d'être atteint par la matière vivante tend à augmenter graduellement, à mesure que s'accroît le volume des masses de matière d'où doivent naître les organismes nouveaux. Dans tous les cas, les modifications dont la matière est le siège poursuivent leur évolution jusqu'à ce qu'il se soit établi un état d'équilibre mobile entre la somme totale des actions moléculaires qui siègent au sein de la masse vivante et l'ensemble des forces qui l'environnent.

C'est en vertu de la mobilité moléculaire que les organismes simples peuvent subir des changements dans leur constitution intime, soit spontanément, soit sous l'influence des forces extérieures. A ces modifications dans la constitution moléculaire se rattachent des changements plus ou moins marqués de forme et de structure.

Cette aptitude remarquable des organismes inférieurs à s'organiser de plus en plus complètement constitue l'un de leurs attributs principaux. Tous ces organismes, se multipliant par fissiparité ou gemmation, constituent un plexus inextricable de formes animales et végétales, formes qui, bien que se reproduisant souvent, sont pour la plupart des états fugitifs et transitoires qui intéressent, soit une matière vivante nouvelle, soit des portions de matière qui se sont individualisées par des processus hétérogéniques siégeant dans la substance d'organismes supérieurs. L'hétérogenèse joue ici un rôle presque équivalent à celui de l'homogenèse.

Peu à peu on voit apparaître les premières traces de ces processus de « conjuguaison » et de gemmation intérieure, qui atteignent consécutivement leur summum de perfection dans les *modes sexuels* de reproduction. C'est alors que se manifestent les *espèces*, représentées, soit par des individus hermaphrodites solitaires, soit par deux individus de sexe différent, soit par une série d'individus transitoires, dont les formes les plus précoces sont asexuées et peuvent se multiplier à cette période, bien que dans leur dernière forme des germes fécondés soient produits par un processus sexuel vrai.

Aussitôt que commence la reproduction sexuelle et que l'homogenèse devient la règle, les lois de l'*hérédité* entrent en action à leur tour, et un principe intérieur de conservation prend de plus en plus racine.

Les processus compris dans ce que M. Darwin a appelé *sélection naturelle* étant basés essentiellement sur les lois de l'hérédité, ils ne peuvent entrer en jeu que comme source de transmutations spécifiques d'éléments soumis à la reproduction par homogenèse. La sélection n'apparaît donc que lorsqu'on a franchi les limites de cet inextricable réseau d'infusoires et de cryptogames qui constituent les *formes éphémères*. En tant que cause de variation, la sélection naturelle est en réalité entièrement limitée aux espèces; dans tous les cas son action peut être secondée par les changements intérieurs spontanés qui se produisent dans l'activité moléculaire de certaines parties de l'organisme ou par d'autres transformations intérieures plus directement occasionnées par des modifications qui surgissent dans la somme totale des conditions extérieures agissant sur l'organisme.

Les myriades d'éléments vivants qui ont existé aux différents âges du monde doivent à chaque période avoir donné naissance à d'innombrables ramifications végétales ou animales, ramifications dont quelques-unes ont pu subsister, alors même que le tronc et les branches principales ont disparu au milieu des bouleversements du globe. L'homme lui-même ne serait qu'un des rameaux d'un *arbre de vie* particulier, dont il est impossible de préciser la date d'apparition sur la terre.

En résumé, dit le docteur Bastian, les phénomènes physiques, chimiques et biologiques s'accordent à établir qu'il règne partout un ordre immuable et des lois fixes, et que rien dans la nature, malgré les apparences contraires, n'est livré au hasard. Les mêmes forces qui agissent actuellement au dedans et autour de nous ont été et sont toujours actives dans l'univers entier : ces forces, qui produisent des résultats si beaux, si complexes et si variés, attestent l'existence d'une puissance suprême dont ces résultats sont l'expression.

Gaston Decaisne.

ASSOCIATION AMÉRICAINE

POUR L'AVANCEMENT DES SCIENCES

Congrès de Hartford (1)

CHIMIE

Azote contenu dans le sol, par le professeur H.-P. Armsby. Les travaux du professeur Armsby ont eu pour but de vérifier les théories de Lawes, Gilbert, Pugh, Schönbein, etc., et de connaître la source d'où les plantes retirent la quantité d'azote qui leur est nécessaire. Les expériences consistaient à laisser une matière organique contenant une quantité connue d'azote, se putréfier dans des circonstances permettant de mesurer tout l'azote dégagé ou accumulé. La matière organique était du fumier d'étable séché et tamisé, mélangé au quart de son poids de viande desséchée et réduite en poudre. Les résultats obtenus ont démontré que :

1° La perte d'azote libre pendant la décomposition d'une matière organique azotée est généralement due à une action oxydante ;

2° Il peut se produire dans un sol un accroissement d'azote combiné par suite de l'oxydation de l'azote libre passant à l'état d'acide azotique ;

3° Certaines matières organiques, en présence d'un alcali caustique, sont capables de fixer de l'azote libre sans l'intermédiaire de l'oxygène ni formation d'acide nitrique.

— *Verre de lithium*, par le docteur Chas. B. Dudley. — M. Dudley, frappé de la nature alcaline du lithium, voulut essayer d'en fabriquer un verre et d'en étudier les propriétés. Pour cela, il forma un silicate de plomb et de lithium au moyen de silice pulvérisée et pure, de minium du commerce et de carbonate de lithium obtenu en précipitant par l'ammoniaque une solution de chlorure. Malgré un grand nombre de difficultés, on a réussi à obtenir un verre limpide, assez dur, légèrement coloré en vert, sans doute à cause de la présence du fer, ayant un poids spécifique variant de 3,3 à 3,6, et un indice de réfraction égal à 1,60.

— *Tube en fer forgé verni pour la détermination de l'azote*, par le docteur A.-P.-S. Stuart. — Un tube en fer forgé non verni privé d'air et chauffé permet à l'hydrogène de traverser ses pores, mais lorsqu'il est verni extérieurement et chauffé, il devient parfaitement imperméable aux gaz. L'auteur a exécuté plusieurs dosages d'azote au moyen de cet appareil; l'une de ces expériences a appelé son attention sur une opinion de M. Graham relative à l'origine de l'hydrogène contenu dans le fer météorique; d'après M. Stuart, il se pourrait que cet hydrogène ne vînt pas des espaces célestes, mais bien de l'eau décomposée par la météorite douée d'une température élevée au moment où elle pénètre dans le sol.

— *Les eaux d'égout étudiées au point de vue chimique*, par le professeur T. Sterry Hunt. — L'auteur décrit une nouvelle méthode de purification des eaux d'égout employée en Angleterre et d'après laquelle on mélange aux matières excrémentielles des fosses d'aisances du charbon finement divisé provenant de la combustion d'herbes marines ou d'ordures balayées dans les rues. Le mélange inodore et en partie desséché est de temps à autre chauffé au rouge dans des vaisseaux fermés ressemblant à des cornues à gaz, et l'on en obtient de l'eau, de l'ammoniaque, de l'acide acétique, du goudron, du gaz et du charbon. Ce dernier est prêt à servir de nouveau, mais comme il renferme des alcalis et des

---

(1) Voyez dans le volume précédent de la *Revue* le numéro du 5 juin 1875, page 1164.

phosphates, il possède un grand pouvoir fertilisant et peut être employé comme engrais. Les produits de la distillation donnent de l'acétate de chaux et du sulfate d'ammoniaque. L'inventeur de cette méthode est M. Stanford, chimiste anglais, qui expérimente en grand depuis cinq ou six ans à Dalmuir, près de Glasgow, avec un succès complet, car les produits obtenus couvrent entièrement les frais de l'opération.

— *Métallurgie du cuivre par voie humide*, par le professeur T. Sterry Hunt. — M. Sterry Hunt décrit un procédé nouveau et économique qu'il a découvert en collaboration avec M. James Douglas, de Québec, et basé sur certaines réactions peu connues du cuivre et du fer, dont il a parlé à une session précédente de l'Association. Lorsqu'on met de l'oxyde de cuivre en contact avec du perchlorure de fer, celui-ci est décomposé, le fer se précipite à l'état de peroxyde et le cuivre se change en un mélange d'un tiers de protochlorure soluble et deux tiers de protochlorure insoluble dans l'eau, mais soluble dans une dissolution concentrée et chaude de sel marin. Dans cette solution, le fer métallique précipite la totalité du cuivre et reforme du protochlorure de fer prêt à dissoudre une nouvelle charge d'oxyde de cuivre, de sorte que l'opération se continue indéfiniment. La consommation du fer métallique est des deux tiers environ du poids du cuivre. Pour préparer les minerais pyriteux ou sulfureux à subir ce traitement, il suffit de les calciner à une température rouge sombre. Les éléments nuisibles tels que l'arsenic, l'antimoine et l'étain restent non dissous, et le cuivre obtenu est tellement pur qu'une seule fusion suffit pour l'affiner; l'argent se dissout, mais se sépare aisément. M. Sterry Hunt termine sa communication en décrivant l'usine de Ore Knob Mine, dans la Caroline du Nord, où son procédé est pratiqué sur une vaste échelle.

— *Nouveau pyrophore*, par M. P.-H. Van der Weyde. — L'auteur a rempli un tube de porcelaine de fragments de charbon, il l'a porté au rouge et y a fait passer des vapeurs de phosphore. Après refroidissement, il a constaté que les fragments de charbon s'enflammaient spontanément à l'air, mais en les étudiant sous l'eau, il a trouvé qu'ils étaient devenus d'un blanc pâle, très-fragiles, que la structure ligneuse avait disparu, sauf parfois au centre des gros morceaux, où le phosphore n'avait pu pénétrer. Ce corps semblerait être un phosphure de carbone de composition analogue à celle du sulfure de carbone.

M. Van der Weyde présente ensuite un long mémoire sur la nature chimique du pétrole; la nature de ce travail ne permet pas d'en donner une analyse succincte.

— *Perfectionnement dans le travail de la tourbe*, par le professeur P.-H. Van der Weyde. — La machine employée a pour but de remédier aux inconvénients qu'on trouve à faire usage de ce combustible si poreux, si volumineux et conservant avec tant de ténacité l'eau qui l'imprègne. En faisant agir la chaleur et la pression, M. Van der Weyde a pu comprimer la tourbe en masses solides aussi dures que de la houille et même susceptibles d'être polies. Il se produit pendant le traitement, qui dure à peine trente minutes, un dégagement de produits pyroligneux et de goudrons qui servent de ciment. Ces phénomènes peuvent servir à expliquer la formation géologique de la houille.

GÉOLOGIE

— *Géologie physiographique*, par Richard Owen. — L'auteur admet sans les discuter les deux principes suivants : 1° La terre a été formée par une élévation graduelle du lit de l'Océan, interrompue dans quelques cas par des affaissements répétés. 2° Le soleil a exercé et continue à exercer une influence, le plus souvent d'une façon indirecte par thermo-élec-

tricité, convertie quelquefois en magnétisme, en chaleur interne ou en action chimique, pour modifier l'extérieur de notre globe. Ces forces s'exercent principalement de dedans en dehors.

M. Richard Owen établit ensuite les propositions suivantes qu'il appuie de nombreux exemples : 1° A peu d'exceptions près, les aires géologiques les plus anciennes sont situées plus au sud que les formations plus récentes ; cette règle est vraie jusqu'à l'équateur et souvent même au delà. 2° Bien qu'il se soit effectué un grand nombre de soulèvements et d'affaissements pendant les périodes s'étendant depuis l'éozoïque jusqu'au cénozoïque, la coupe verticale ou profil actuel de la terre dépassant le niveau de l'Océan présente sur presque tous les méridiens continentaux ou sur toute ligne rayonnant d'un centre septentrional prolongée dans la direction du sud et malgré toutes les ondulations du profil, un relèvement graduel du nord au sud. Ce relèvement, indépendant de l'excès de longueur du diamètre équatorial terrestre, s'étend parfois jusqu'au tropique du Cancer et quelquefois même jusqu'au tropique du Capricorne. 3° Quoique la plus grande activité seismique se trouve répandue soit sur des zones voisines de certaines phases de réactions écliptiques ou dues au soleil, soit sur des grands cercles secondaires aux grands cercles de ces zones; quoique certains volcans actifs comme l'Hécla et l'Erebus se trouvent dans de hautes régions arctiques ou antarctiques, cependant, en règle générale, les portions de ces cercles secondaires situées au nord de 45 degrés de latitude, passent principalement sur des régions de volcans éteints; plus au sud, elles rencontrent une activité volcanique plus ou moins constante.

— *Carte géologique des États-Unis* par les professeurs C.-H. Hitchcock et W. P. Blake. — Ces auteurs ont présenté à l'association américaine une carte complète des États-Unis où sont condensés tous les travaux géologiques qui ont été exécutés sur cette contrée. Ils résument en peu de mots les caractères géologiques les plus frappants.

— *Découverte d'une nouvelle espèce de porc fossile dans l'Ohio*, par M. John Hancock Klippart. — Cet animal a été découvert dans des terrains récents et a reçu le nom de *Dicotyles* (*Platfegonus*) *compressus*. L'étude de son squelette le fait ranger dans la famille des *Suidæ* et permet de lui supposer une étroite ressemblance avec les pécaris modernes bien que sa taille soit supérieure. Les particularités les plus frappantes de cette nouvelle espèce sont des incisives petites, des canines un peu plus longues, et un crâne mince et comprimé.

— *Le mésozoïque de la Caroline du Nord*, par le professeur W.-C. Kerr. — Ce mémoire étudie spécialement le trias de la Caroline du Nord. Une particularité à noter dans ce travail d'un intérêt purement local, c'est que l'auteur suppose que les matériaux de certaines formations géologiques du pays proviennent d'un continent situé plus à l'est et aujourd'hui disparu sous les flots de l'océan Atlantique.

— *Ailes du ptérodactyle*, par le professeur Marsh. — Le professeur Marsh décrit d'abord la position géologique occupée par les ptérodactyles ; ceux-ci ne se rencontrent que dans les roches secondaires ; les plus anciens sont dans le lias d'Europe et le groupe tout entier s'éteignit à la fin de la formation crétacée. Quelques-uns sont presque de la taille d'un moineau tandis que le premier spécimen découvert en Amérique, dans les couches crétacées du Kansas, mesurait vingt-cinq pieds d'envergure. On s'est livré à de grandes discussions sur la nature des appendices de ces êtres ; certains paléontologistes, comme Cuvier, en faisaient des organes de vol, d'autres, comme Agassiz, y voyaient des organes de natation et regardaient les ptérodactyles comme essentiellement aquatiques. La découverte d'un de ces animaux admirablement conservé donne raison aux partisans de l'hypothèse de Cuvier.

— *Étude comparative du cerveau des mammifères tertiaires,* par le professeur O.-C. Marsh. — On ne peut guère faire de comparaison entre les dimensions du cerveau des mammifères qu'à partir de la base de l'éocène jusqu'à nos jours. L'heureuse découverte du grand bassin éocène des montagnes Rocheuses, a fourni un nombre immense de spécimens de mammifères éocènes. En comparant les animaux de cette région avec ceux du miocène et du pliocène, le professeur Marsh a trouvé une étonnante variation dans la dimension du cerveau. Le premier animal sur lequel l'auteur appelle l'attention est le *Dinoceras*, dont la taille égalait à peu près celle d'un éléphant mais qui était particulièrement remarquable en ce qu'il possédait trois paires de cornes dont l'une était située sur le nez ; or cet animal éocène avait un cerveau remarquablement petit, à peine plus grand que celui d'un chien de moyenne taille.

Le *Brontotherium*, qui appartient au miocène, est aussi de la taille d'un éléphant, mais son crâne a presque un mètre de longueur ; enfin le mastodonte, qui est pliocène, possède un cerveau encore plus considérable, car son crâne est environ d'un volume double de celui du *Brontotherium*. Si l'on étend la comparaison à l'éléphant actuel, on constate que c'est chez ce dernier que le cerveau possède le développement maximum. Il résulterait de ces observations que le volume du cerveau relativement au corps de l'animal augmente à mesure qu'on remonte dans la série chronologique. Le professeur Marsh a essayé de constater si la même loi s'appliquait à de petits animaux ; dans tous les cas où il lui a été possible d'expérimenter, il a trouvé que cette loi s'appliquait.

MÉTÉOROLOGIE

— *Appareil automatique enregistreur de la vitesse du vent,* par le professeur G.-W. Hough de Pensylvanie. — L'auteur, à une session précédente, avait présenté un appareil inventé par lui et ayant pour but d'inscrire la direction du vent et de noter sa vitesse au moyen de deux fils télégraphiques, l'un servant à donner la direction, et l'autre la vitesse. La modification actuelle se propose d'imprimer la direction et la vitesse simultanément à des intervalles définis.

L'appareil pour la vitesse se compose d'un mouvement d'horlogerie faisant mouvoir une série de roues indiquant le nombre de dizièmes de milles parcourus par le vent ; les indications de directions sont données par des électro-aimants. Il se fait ainsi d'heure en heure, sur une bande de papier, une inscription semblable à celle-ci :

Temps.	Direction.	Vitesse en milles.
0	N. E.	342
1	N.	360
2	N. E.	372
3	N. E.	385

— *La pluie et les taches solaires,* par le professeur John Brocklesby. — Ce travail traite de la périodicité de la chute de la pluie aux États-Unis, et de ses rapports avec la périodicité des taches solaires. Il conclut que, dans cette contrée, il existe une relation entre les chutes de pluie et les variations dans la superficie des taches solaires. Les pluies dépassent la moyenne quand l'aire des taches augmente, et elles diminuent dans le cas contraire.

— *Soudaines fluctuations du niveau dans les eaux tranquilles,* par le professeur Charles Whittlesey. — L'auteur fournit une liste d'observations faites sur les grands lacs américains et sur le lac de Genève, d'où il résulte que, dans la plupart des cas, ces fluctuations soudaines sont suivies par un orage.

— *Relation entre la marche du baromètre et la vitesse du vent,* par le professeur Wm. Ferrel. — Ce mémoire cherche à démontrer les rapports qui existent sur de vastes espaces terrestres entre la pression barométrique et la latitude, ou plus particulièrement la vitesse du vent. Ces rapports se vérifient dans tous les cas et dans toutes les localités ; ils sont tels, qu'en général la connaissance de la marche du baromètre permet d'en déduire la vitesse du vent et réciproquement. Cependant dans certains cas, lorsque les résistances dues au frottement sont considérables, comme au milieu de vastes espaces montueux et boisés, il est nécessaire de connaître la direction du vent par rapport à la ligne isobarométrique, afin d'obtenir toute l'exactitude désirable.

D'après cette loi, partout où la pression barométrique est maximum et où, par conséquent, la marche du baromètre disparaît, il y a calme. C'est ce qui se passe sous les tropiques et à l'équateur. Cette même loi établit que partout où la marche est positive en allant du pôle à l'équateur, le vent constant moyen vient de l'est, tandis que là où la marche est négative, la composante du vent vient de l'ouest. Vers le parallèle de 50 degrés latitude sud environ, où la marche du baromètre est élevée et positive, la vitesse correspondante du vent venant de l'est est de 21 milles par heure. Les voyageurs s'accordent tous pour déclarer que, dans ces régions, le vent d'ouest est très-violent et constant. Au centre d'un cyclone, la marche s'arrête : la loi rend donc bien compte du calme observé. Sur des espaces où le baromètre se tient très-haut, la marche doit s'effacer ou du moins être très-petite, et, par suite, on a toujours des calmes ou des brises très-modérés. A une distance relativement petite du centre d'un cyclone la marche est la plus rapide, et c'est là que se rencontrent les vents les plus violents dont les directions sont toujours plus ou moins inclinées sur celles des lignes isobarométriques du côté le plus voisin de la pression la plus basse ; sur terre, cet angle d'inclinaison peut atteindre et même dépasser 45 degrés ; mais, sur mer, il est très-faible. D'après la loi empirique du docteur Buys-Ballot, le vent souffle toujours à angle droit avec la ligne joignant le point de pression maximum avec celui de pression minimum, et avec une force proportionnelle à la hauteur atteinte par le baromètre. Cette loi n'est qu'une conséquence de la loi beaucoup plus générale de M. Ferrel. En effet, celui-ci admet que la direction du vent est nécessairement plus ou moins inclinée sur celle de la ligne isobarométrique dans les latitudes élevées, et cet angle d'inclinaison doit s'augmenter à mesure qu'on se rapproche de l'équateur pour être, en cet endroit, de 90 degrés ; en d'autres termes, le vent doit souffler directement du côté du centre de densité minimum, et, par suite, il n'y a point de mouvement gyratoire ou cyclone.

PHYSIQUE

— *Vitesse des ondulations primitives,* par le professeur Pliny Earle Chase. — En adoptant la constante d'aberration de Struve, nous trouvons que la vitesse constante qui rend compte de tous les mouvements de gravitation du système solaire est presque, sinon exactement, identique avec la vitesse de la lumière. Si l'on représente cette vitesse de la lumière par 1000, les diverses valeurs approchées obtenues seront :

D'après Spörer	969
— Carrington	983
— Faye	987
— Herschel, etc.	997

Ces résultats montrent un écart variant depuis 1,3 pour 100 jusqu'à 3,1 pour 100 ; mais entièrement compris dans les limites d'erreur probable, surtout si l'on prend en considération les incertitudes de l'observation, le manque possible d'homogénéité et la transformation de force. Le caractère thermodynamique des ondulations est manifesté par leur fréquence de récurrence, un peu moindre que celle des rayons rouges extrêmes du spectre solaire.

— *Volume et chaleur moléculaires*, par le professeur Clarke. — Ce mémoire se divise en deux parties. Dans la première, l'auteur s'occupe du volume moléculaire de l'eau de cristallisation en se basant sur ce que le volume moléculaire de l'eau congelée étant 19,6, si cette eau sert à former un hydrate ou un sel cristallisé, il en résulte une contraction, et dans le dernier cas le volume moléculaire de l'eau n'est plus que de 14.

La seconde partie du mémoire traite de la chaleur moléculaire de composés similaires, et il en résulte que l'opinion générale que des composés semblables ont une égale chaleur moléculaire, n'est exacte qu'approximativement; en effet, cette chaleur moléculaire s'augmente légèrement avec le poids moléculaire, mais suivant une raison différente.

— *Vibrations dans les tuyaux sonores*, par le professeur Joseph Lovering. — Le professeur Lovering a construit un appareil présentant tous les avantages des appareils de Rogers et de Kœnig sans en offrir les désavantages. Il consiste en huit tubes servant à amener du gaz et disposés en forme de roue; cette roue, équilibrée de façon à prendre un mouvement de rotation sous l'action d'un mouvement d'horlogerie, communique par une membrane, comme dans l'appareil de Kœnig, avec un tuyau sonore qu'on fait vibrer. Les vibrations produisent dans la nappe de lumière formée par les huit becs de gaz en train de tourner une série de bandes alternativement lumineuses et sombres, plus faciles à étudier que celles de Kœnig.

— *Les vibrations mécaniques retardent l'oxydation*, par le professeur S.-S. Haldeman. — Des rails de chemins de fer empilés le long de la voie ne tardent pas à se rouiller, tandis que ceux qui forment la voie ne sont que peu sujets à l'oxydation. Quand une pluie d'une certaine durée tombe sur des rails en repos, ainsi qu'il arrive le dimanche où, aux États-Unis, les trains ne marchent pas, ceux-ci ne tardent pas à se couvrir de rouille. Ce fait semblerait indiquer que dans une combinaison chimique les vibrations mécaniques peuvent avoir une influence avec l'arrangement moléculaire des éléments.

— *Phosphorescence du verre*, par le professeur A.-W Wright. — Dans certains tubes de Geissler, les fils de platine sont insérés tellement près l'un de l'autre, qu'ils ne laissent entre leurs deux extrémités qu'un intervalle d'un seizième de pouce, et la raréfaction de l'air est si bien faite qu'il devient impossible de faire franchir à une étincelle cet intervalle si étroit. Lorsqu'on met un pareil tube en communication avec une machine électrique puissante ou avec un appareil d'induction, il se produit, sous l'influence de l'électricité, un anneau lumineux d'une belle couleur verte, entourant le tube et situé à peu de distance de l'intervalle laissé entre les fils, du côté de l'extrémité négative du tube. Après la décharge, le tube reste lumineux pendant un temps considérable. En examinant cette lumière au spectroscope, on voit qu'elle donne un spectre continu, dont l'intensité maximum est dans le vert, mais qui s'étend, avec une forte charge, sur toute l'étendue du spectre solaire ordinaire; avec de faibles charges d'électricité, on obtient une large bande dans le vert, au point d'intensité maximum obtenu dans le cas précédent.

En expérimentant avec diverses sortes de verre exposées à une forte lumière solaire dans le phosphoroscope de Becquerel, on eut une lumière d'une couleur semblable, dont le spectre était dans certains cas de même nature que celui obtenu par l'électricité. Bien que le tube lui-même ne transmît pas la décharge de la façon ordinaire, le verre semblait être mis dans un état d'intense polarisation électrostatique, dont le résultat était d'égaliser lentement les deux pouvoirs

électriques opposés près du centre du tube. On soumettait ainsi le verre à une action moléculaire suffisamment énergique pour le rendre vivement lumineux. En rendant la décharge très-puissante au moyen de condenseurs, on augmentait beaucoup l'éclat de la lumière et le tube semblait chauffé au rouge et même au blanc. Un aimant approché de l'anneau lumineux faisait tourner celui-ci autour de son axe dans la direction des courants d'Ampère.

— *Signaux de brouillard et transmission du son*, par le professeur Joseph Henry. — L'auteur discute les différentes manières de transmettre des signaux à travers le brouillard; il constate l'insuffisance des procédés optiques et discute la valeur des méthodes acoustiques basées sur l'emploi des cloches, du sifflet, du canon et de la syrène. Il critique ensuite les déductions de M. Tyndall sur le même sujet et explique les divers phénomènes qui se présentent au moyen des théories physiques des interférences et des réflexions successives que le vent fait subir aux sons.

— *Étude des ondes sonores*, par le professeur H. Carmichael. — On connaît depuis longtemps la méthode de Kœnig pour étudier les ondes sonores au moyen des modifications éprouvées par la flamme du gaz dans le voisinage d'un corps vibrant. En ajoutant une cheminée au bec de gaz et en employant certaines précautions, on peut obtenir dans la flamme des ondulations à dentelures aiguës et d'une longueur extraordinaire. Le perfectionnement de M. Carmichael paraît surtout consister dans l'adoption d'une cheminée recouverte d'une membrane élastique et insérée dans une ouverture pratiquée près de l'endroit par lequel arrive le gaz. Si l'on fait résonner une cloche, par exemple, dans le voisinage, la flamme éprouve des modifications importantes.

— *Action mutuelle des éléments de courants électriques*, par le professeur E.-B. Elliott. — Supposons deux conducteurs pénétrant dans une chambre de deux côtés opposés et se dirigeant dans des directions quelconques; si l'on divise le courant passant le long de ces fils en portions infinitésimales, on pourra considérer ces portions comme des éléments. Ces éléments exerceront les uns sur les autres une influence d'induction un peu analogue à celle de la pesanteur et obligeant ceux-ci à prendre dans l'espace un certain mouvement, fonction de la position réciproque des courants. On voit que la direction de l'action résultante est une fonction des directions relatives des éléments eux-mêmes. La direction ainsi définie ne dépend en rien de la grandeur ou de la distance des éléments ou de la puissance des courants électriques. D'autre part, la quantité ou somme totale de l'action est indépendante de la direction des éléments et est gouvernée exclusivement par leur grandeur relative, la force des courants et leur distance; elle est directement proportionnelle au produit de la puissance et de la grandeur des éléments et inversement proportionnelle au carré de la distance qui les sépare. M. E.-B. Elliott déduit de ces données un nombre considérable de formules mathématiques dont il est impossible de présenter un résumé.

— *Générateur de vapeur*, par le professeur W.-B. Trowbridge. — Quand on fait passer de la chaleur d'un gaz ou d'un fluide à un autre gaz ou fluide à travers une plaque métallique qui les sépare, la quantité de chaleur passant en un temps donné dépend de la différence de température des deux fluides. Plus cette différence est grande et plus considérable est la quantité de chaleur qui passe dans un temps donné. D'après ce principe, il est nécessaire d'opérer une circulation des deux fluides, afin d'obtenir le résultat maximum. Jusqu'à présent, on a laissé la circulation de l'eau dans le générateur de vapeur s'effectuer irrégulièrement et lentement par suite d'une différence de densité. Le but du présent mémoire est d'expliquer, au moyen de diagrammes, un appareil où les surfaces de chauffe sont les surfaces de petits tuyaux et où la circulation est rendue constante au moyen d'une pompe.

— *Spectroscope à vision directe*, par le professeur Rogers. — Le mémoire est une description détaillée du spectroscope composé à un seul prisme nouvellement construit par le professeur Eaton. L'appareil est formé par une plaque épaisse de verre à faces parallèles, dont l'une coïncide avec une face d'un prisme à sulfure de carbone, ou d'un prisme de flint-glass. D'après la quantité de dispersion qu'on désire, on fait entrer la lumière, soit par l'extrémité de la plaque de verre, soit par la face opposée du prisme de sulfure de carbone. Entre autres résultats obtenus, on a une dispersion quadruple de celle obtenue avec le prisme ordinaire de 60 degrés d'un rayon émergent moyen pratiquement parallèle au rayon incident.

BULLETIN DES SOCIÉTÉS SAVANTES

Académie des sciences de Paris. — 19 JUILLET 1875.

M. Faye : Le théorème de M. Espy. — M. Bouillaud : Sur certaines fonctions du système nerveux. — M. Pasteur : Distinction entre les produits organiques naturels et les produits organiques artificiels. — M. L. Vaillant : Développement des spinules dans les écailles du *Gobius niger*. — M. C. Friedel : Sur une combinaison d'oxyde de méthyle et d'acide chlorhydrique. — MM. C.-O. Cech et A. Steiner : L'éther diéthylique de l'acide xanthoacétique. — M. G. Carlet : Sur le mode d'action des piliers du diaphragme. — Nomination de M. Mouchez en remplacement de feu M. Mathieu.

M. *Faye* termine la discussion qu'il a soutenue jusqu'ici sur la loi des tempêtes. Il examine longuement le fameux théorème météorologique de M. Espy, théorème si souvent invoqué par les adversaires de la théorie qui attribue les tempêtes à des mouvements gyratoires descendants. Ce théorème consiste, on le sait, en ce que jamais un courant d'air descendant ne peut donner du froid, car ce courant s'échaufferait par compression, du moins dans l'état normal de l'atmosphère. Il ne pourrait donc en résulter de pluie ni de condensation de vapeur d'eau dans les couches traversées, mais plutôt quelque chose de semblable à ce que l'on observe dans les orages de sable de l'Afrique et de l'Asie. M. Faye montre nettement que l'opinion de M. Espy n'est vraie que fort rarement, et qu'au contraire, dans l'immense majorité des cas, un courant d'air descendant loin de s'opposer à la pluie ne fait que la provoquer.

— M. *Bouillaud* présente des considérations cliniques et expérimentales sur le système nerveux, sous le rapport de son rôle dans les actes régis par les facultés sensitives, instinctives et intellectuelles, ainsi que dans les actes locomoteurs dits volontaires. M. Bouillaud, après avoir exposé sommairement la doctrine de Flourens sur les propriétés et fonctions du système nerveux, ainsi que le rapport de Cuvier sur cette même doctrine, rappelle ses propres expériences et cite les communications qu'il fit successivement à l'Académie en 1825, 1827 et 1828. Ces communications, qui contenaient des faits en désaccord absolu avec les idées de Flourens, ont amené l'auteur aux conclusions suivantes : 1° Le cerveau et le cervelet constituent une double condition absolument nécessaire (mais purement physiologique et non psychologique) de tous les actes auxquels président les facultés diverses de l'esprit ou de l'intelligence. 2° Comme le cervelet est le siège du principe coordinateur des mouvements de la marche et de divers exercices qui s'y rattachent, ainsi le cerveau lui-même, sans préjudice de ses autres usages, est le siège des centres coordinateurs des mouvements nécessaires à l'exécution d'un grand nombre d'actes intellectuels et de l'acte de la parole en particulier.

M. *Pasteur* lit une note sur la distinction à établir entre les produits organiques naturels et les produits organiques artificiels. Dans une leçon sur la dissymétrie moléculaire, professée en 1860, devant la société chimique de Paris, M. Pasteur disait : « Tous les produits artificiels des laboratoires sont à image superposable. Au contraire, la plupart des produits naturels, je pourrais dire tous ces produits, si je n'avais à nommer que ceux qui jouent un rôle essentiel dans les phénomènes de la vie végétale et animale, sont dissymétriques, de cette dissymétrie qui fait que leur image ne peut leur être superposée.... On n'a pas encore réalisé la production d'un corps dissymétrique à l'aide de composés qui n'ont pas ce caractère. » M. Schützenberger vient de publier sur les fermentations un ouvrage dans lequel il oppose à l'opinion de M. Pasteur le fait de la production de l'acide paratartrique au moyen de l'acide succinique inactif du succin ou de l'acide succinique de synthèse directe; puis il ajoute : « Ainsi tombe la barrière que M. Pasteur avait posée entre les produits naturels et artificiels. » Pour M. Pasteur, cependant, cette barrière existe toujours ; et, selon lui, il n'existe pas dans la science un seul exemple d'un corps inactif qui ait pu être, jusqu'à présent, transformé en un corps actif par les réactions de nos laboratoires. Car, dit M. Pasteur, « transformer un corps inactif en un autre corps inactif, qui a la faculté de se résoudre simultanément en un corps droit et en son symétrique, n'est en rien comparable à la possibilité de transformation d'un corps inactif en un corps actif simple. C'est là ce qu'on n'a jamais fait, et c'est là au contraire ce que la nature vivante fait sans cesse sous nos yeux ». M. Pasteur avoue toutefois que c'est une distinction de fait et non de principe absolu qu'il a établie en 1860. Non-seulement il ne croit pas qu'il y ait une barrière infranchissable entre le règne minéral et le règne organique, mais il a indiqué, le premier, des conditions expérimentales qui seraient propres, selon lui, à la faire disparaître.

— M. *L. Vaillant* lit un mémoire sur le développement des spinules dans les écailles du *Gobius niger*. Les faits observés par l'auteur l'ont conduit à cette conclusion que chez ces animaux les spinules et la lamelle se développent d'une manière indépendante, et si l'on a égard au rapport des parties avec les tissus environnants, les premières appartiennent à l'épiderme, la seconde à la partie profonde des téguments, c'est-à-dire au derme.

— M. *C. Friedel* envoie une note sur une combinaison d'oxyde de méthyle et d'acide chlorhydrique. D'après l'auteur, lorsqu'on fait passer dans un récipient entouré d'un mélange réfrigérant un mélange d'oxyde de méthyle et d'acide chlorhydrique purs et secs, on voit se condenser un liquide incolore, mobile, fumant à l'air, qui passe à la distillation à une température comprise entre — 3 et — 4 degré. Ce produit ainsi obtenu ne peut être que le résultat d'une combinaison directe d'oxyde de méthyle et d'acide chlorhydrique. Ses caractères en sont d'ailleurs une preuve. C'est donc un corps analogue aux combinaisons connues de l'éther avec certains chlorures métalliques, et à celles d'oxyde d'éthyle et de brome, découvertes par M. Schützenberger.

— MM. *C.-O. Cech* et *A. Steiner* présentent la description du composé éthéré qui résulte de l'action du monochloracétate d'éthyle sur le xanthate de potassium. Cet éther est un liquide jaunâtre, oléagineux, plus dense que l'eau, doué d'une odeur désagréable. Il se décompose, lorsqu'on le distille à la pression ordinaire. On peut le distiller dans le vide. Après distillation on obtient un liquide jaunâtre, bouillant à 165 degrés, doué d'une odeur qui tient de l'ail et du soufre. Au-dessus de 170 degrés, le résidu brunit, émet des vapeurs jaunes et laisse un produit qui finit par se charbonner.

— M. *G. Carlet* a étudié le fonctionnement du diaphragme, principalement sur le lapin. Les faits observés avec le plus grand soin ont convaincu l'auteur : 1° Que les piliers et la voûte du diaphragme se contractent simultanément; 2° que les piliers sont des agents directs de l'inspiration.

— L'Académie procède, par la voie du scrutin, à la nomination d'un membre pour la section d'astronomie, en remplacement de M. Mathieu, décédé.

M. Mouchez ayant réuni la majorité des suffrages (33 voix) est proclamé élu.

M. Wolf a obtenu 26 voix.

CHRONIQUE SCIENTIFIQUE

Loi relative à la liberté de l'enseignement supérieur

TITRE PREMIER. — *Des cours et des établissements libres d'enseignement supérieur.*

Art. 1er. — L'enseignement supérieur est libre.

Art. 2. — Tout Français âgé de vingt-cinq ans, n'ayant encouru aucune des incapacités prévues par l'article 8 de la présente loi ; les associations formées légalement dans un dessein d'enseignement supérieur, pourront ouvrir librement des cours et des établissements d'enseignement supérieur aux seules conditions prescrites par les articles suivants. — Toutefois, pour l'enseignement de la médecine et de la pharmacie, il faudra justifier, en outre, des conditions requises pour l'exercice des professions de médecin ou de pharmacien. — Les cours isolés dont la publicité ne sera pas restreinte aux auditeurs régulièrement inscrits resteront soumis aux prescriptions des lois sur les réunions publiques. — Un règlement d'administration publique déterminera les formes et les délais des inscriptions exigées par le paragraphe précédent.

Art. 3. — L'ouverture de chaque cours devra être précédée d'une déclaration signée par l'auteur de ce cours. — Cette déclaration indiquera les noms, qualités et domicile du déclarant, le local où seront faits les cours, et l'objet ou les divers objets de l'enseignement qui y sera donné. — Elle sera remise au recteur dans les départements où est établi le chef-lieu de l'académie, et à l'inspecteur d'académie dans les autres départements. Il en sera donné immédiatement récépissé. — L'ouverture du cours ne pourra avoir lieu que dix jours francs après la délivrance du récépissé. — Toute modification aux points qui auront fait l'objet de la déclaration primitive devra être portée à la connaissance des autorités désignées dans le paragraphe précédent. Il ne pourra être donné suite aux modifications projetées que cinq jours après la délivrance du récépissé.

Art. 4. — Les établissements libres d'enseignement supérieur devront être administrés par trois personnes au moins. — La déclaration prescrite par l'article 3 de la présente loi devra être signée par les administrateurs ci-dessus désignés ; elle indiquera leurs noms, qualités et domiciles, le siège et les statuts de l'établissement, ainsi que les autres énonciations mentionnées dans ledit article 3. — En cas de décès ou de retraite de l'un des administrateurs, il devra être procédé à son remplacement dans le délai de six mois. — Avis en sera donné au recteur ou à l'inspecteur d'académie. — La liste des professeurs et le programme des cours seront communiqués chaque année aux autorités désignées dans le paragraphe précédent. — Indépendamment des cours proprement dits, il pourra être fait dans lesdits établissement des conférences spéciales sans qu'il soit besoin d'autorisation préalable. — Les autres formalités prescrite par l'article 3 de la présente loi sont applicables à l'ouverture et à l'administration des établissements libres.

Art. 5. — Les établissements d'enseignement supérieur, ouverts conformément à l'article précédent et comprenant au moins le même nombre de professeurs pourvus du grade de docteur que les facultés de l'État qui comptent le moins de chaires, pourront prendre le nom de faculté libre des lettres, des sciences, de droit, de médecine, etc., s'ils appartiennent à des particuliers ou à des associations. — Quand ils réuniront trois facultés, ils pourront prendre le nom d'universités libres.

Art. 6. — Pour les facultés des lettres, des sciences et de droit, la déclaration signée par les administrateurs devra porter que lesdites facultés ont des salles de cours, de conférence et de travail suffisantes pour cent étudiants au moins, et une bibliothèque spéciale. — Pour une faculté des sciences, il devra être établi, en outre, qu'elle possède des laboratoires de physique et de chimie, des cabinets de physique et d'histoire naturelle en rapport avec les besoins de l'enseignement supérieur. — S'il s'agit d'une faculté de médecine, d'une faculté mixte de médecine et de pharmacie, ou d'une école de médecine ou de pharmacie, la déclaration signée par les administrateurs, devra établir : — Que ladite faculté ou école dispose, dans un hôpital fondé par elle ou mis à sa disposition par l'assistance publique de 120 lits au moins habituellement occupés par les trois enseignements cliniques principaux : médical, chirurgical, obstétrical ; — Qu'elle est pourvue de salles de dissection munies de tout ce qui est nécessaire aux exercices anatomiques des élèves ; 2° des laboratoires nécessaires aux études de chimie, de physique et de physiologie ; 3° de collections d'étude pour l'anatomie normale et pathologique, d'un cabinet de physique, d'une collection de matière médicale, d'une collection d'instruments et appareils de chirurgie ; — Qu'elle met à la disposition des élèves un jardin de plante médicinales et une bibliothèque spéciale. — S'il s'agit d'une école spéciale de pharmacie, les administrateurs de cet établissement devront déclarer qu'il possède des laboratoires de physique, de chimie, de pharmacie et d'histoire naturelle, les collections nécessaires à l'enseignement de la pharmacie, un jardin de plantes médicinales et une bibliothèque spéciale.

Art. 7. — Les cours ou établissements libres d'enseignement supérieur seront toujours ouverts et accessibles aux délégués du ministre de l'instruction publique. — La surveillance ne pourra porter sur l'enseignement que pour vérifier s'il n'est pas contraire à la morale, à la Constitution et aux lois.

Art. 8. — Sont incapables d'ouvrir un cours et de remplir les fonctions d'administrateur ou de professeur dans un établissement libre d'enseignement supérieur : 1° Les individus qui ne jouissent pas de leurs droits civils ; 2° ceux qui ont subi une condamnation pour crime, ou pour un délit contraire à la probité ou aux mœurs ; 3° ceux qui, par suite de jugement, se trouveront privés de tout ou partie des droits civils, civiques et de famille indiqués dans les nos 1, 2, 3, 5, 6, 7 et 8 de l'article 42 du Code pénal ; 4° ceux contre lesquels l'incapacité aura été prononcée en vertu de l'article 16 de la présente loi.

Art. 9. — Les étrangers pourront être autorisés à ouvrir des cours ou à diriger des établisssements libres d'enseignement supérieur dans les conditions prescrites par l'article 78 de la loi du 15 mars 1850.

TITRE II. — *Des associations formées dans un dessein d'enseignement supérieur.*

Art. 10. — L'article 291 du Code pénal n'est pas applicable aux associations formées pour créer et entretenir des cours ou établissements d'enseignement supérieur dans les conditions déterminées par la présente loi. — Il devra être fait une déclaration indiquant les noms, professions et domiciles des fondateurs et administrateurs desdites associations, le lieu de leurs réunions et les statuts qui doivent les régir. — Cette déclaration devra être faite, savoir : 1° au recteur ou à l'inspecteur d'Académie, qui la transmettra au recteur ; 2° dans le département de la Seine, au préfet de police, et, dans les autres départements, au préfet ; 3° au procureur général de la Cour du ressort, en son parquet, ou au parquet du procureur de la République. — La liste complète des associés, avec indication de leur domicile, devra se trouver au siège de l'association et être communiquée au parquet à toute réquisition du procureur général.

Art. 11. — Les établissements d'enseignement supérieur fondés, ou les associations formées en vertu de la présente loi, pourront, sur leur demande, être déclarés établissements d'utilité publique, dans les formes voulues par la loi, après avis du conseil supérieur de l'instruction publique. — Une fois reconnus, ils pourront acquérir et contracter à titre onéreux ; ils pourront également recevoir des dons et des legs dans les conditions prévues par la loi. — La déclaration d'utilité publique ne pourra être révoquée que par une loi.

Art. 12. — En cas d'extinction d'un établissement d'enseignement supérieur reconnu, soit par l'expiration de la société, soit par la révocation de la déclaration d'utilité publique, les biens acquis par donation entre-vifs et par disposition à cause de mort feront retour aux donateurs et aux successeurs des donateurs et testateurs, dans l'ordre réglé par la loi, et, à défaut de successeurs, à l'État. — Les biens acquis à titre onéreux feront également retour à l'État, si les statuts ne contiennent à cet égard aucune disposition. — Il sera fait emploi de ces biens pour les besoins de l'enseignement supérieur par décrets rendus en Conseil d'État, après avis du conseil supérieur de l'instruction publique.

TITRE III. — *De la collation des grades.*

Art. 13. — Les élèves des facultés libres pourront se présenter, pour l'obtention des grades, devant les facultés de l'Etat, en justifiant qu'ils ont pris, dans la faculté dont ils ont suivi les cours, le nombre d'inscriptions voulu par les règlements. Les élèves des universités libres pourront se présenter, s'ils le préfèrent, devant un jury spécial formé dans les conditions déterminées par l'article 14. — Toutefois, le candidat ajourné devant une faculté de l'Etat ne pourra se présenter ensuite devant le jury spécial, et réciproquement, sans en avoir obtenu l'autorisation du ministre de l'instruction publique. L'infraction à cette disposition entraînerait la nullité du diplôme ou du certificat obtenu. — Le baccalauréat ès lettres et le baccalauréat ès sciences resteront exclusivement conférés par les facultés de l'Etat.

Art. 14. — Le jury spécial sera formé de professeurs ou agrégés des facultés de l'Etat et de professeurs des universités libres, pourvus du diplôme de docteur. Ils seront désignés, pour chaque session, par le ministre de l'instrution publique, et, si le nombre des membres de la commission d'examen est pair, ils seront pris en nombre égal dans les facultés de l'Etat et dans l'université libre à laquelle appartiendront les candidats à examiner. Dans le cas où le nombre est impair, la majorité sera du côté des membres de l'enseignement public. — La présidence, pour chaque commission, appartiendra à un membre de l'enseignement public. — Le lieu et les époques des sessions d'examen seront fixés chaque année par un arrêté du ministre, après avis du conseil supérieur de l'instruction publique.

Art. 15. — Les élèves des universités libres seront soumis aux mêmes règles que ceux des facultés de l'Etat, notamment en ce qui concerne les conditions préalables d'âges, de grades, d'inscriptions, de stage dans les hôpitaux, le nombre des épreuves à subir devant le jury spécial pour l'obtention de chaque grade, les délais obligatoires entre chaque grade, et les droits à percevoir. — Un règlement délibéré en conseil supérieur de l'instruction publique déterminera les conditions auxquelles un étudiant pourra passer d'une faculté dans une autre.

TITRE IV. — *Des pénalités.*

Art. 16. — Toute infraction aux articles 3, 4, 5, 6, 8 et 10 de la présente loi sera punie d'une amende qui ne pourra excéder mille francs (1000 fr.). — Sont passibles de cette peine : 1° l'auteur du cours dans le cas prévu par l'article 3; 2° les administrateurs, ou, à défaut d'administrateurs régulièrement constitués, les organisateurs dans les cas prévus par les articles 4, 6 et 10 ; 3° tout professeur qui aura enseigné malgré la défense de l'article 8.

Art. 17. — En cas d'infraction aux prescriptions des articles 3, 4, 5, 6 ou 10, les tribunaux pourront prononcer la suppression du cours ou de l'établissement pour un temps qui ne devra pas excéder trois mois. — En cas d'infraction aux dispositions de l'article 8, ils prononceront la fermeture du cours et pourront prononcer celle de l'établissement. — Il en sera de même lorsqu'une seconde infraction aux prescriptions des articles 3, 4, 5, 6, ou 10 sera commise dans le courant de l'année qui suivra la première condamnation. Dans ce cas, le délinquant pourra être frappé pour un temps n'excédant pas cinq ans de l'incapacité édictée par l'article 8.

Art. 18. — Tout jugement prononçant la suspension ou la fermeture d'un cours sera exécutoire par provision, nonobstant appel ou opposition.

Art. 19. — Tout refus de se soumettre à la surveillance, telle qu'elle est prescrite par l'article 7, sera puni d'une amende de mille à trois mille francs (1000 à 3000 fr.), et, en cas de récidive, de trois mille à six mille francs (3000 à 6000 fr.). — Si la récidive a lieu dans le courant de l'année qui suit la première condamnation, le jugement pourra ordonner la fermeture du cours ou de l'établissement. — Tous les administrateurs de l'établissement seront civilement et solidairement responsables du payement des amendes prononcées contre l'un ou plusieurs d'entre eux.

Art. 20. — Lorsque les déclarations faites conformément aux articles 3 et 4 indiqueront comme professeur une personne frappée d'incapacité, ou contiendront la mention d'un sujet contraire à l'ordre public ou à la morale publique et religieuse, le procureur de la République pourra former opposition dans les dix jours. — L'opposition sera notifiée à la personne qui aura fait la déclaration. — La demande en main-levée pourra être formée devant le tribunal civil, soit par déclaration écrite au bas de la notification, soit par acte séparé, adressé au procureur de la République. — Elle sera portée à la plus prochaine audience. — En cas de pourvoi en cassation, le recours sera formé dans la quinzaine de la notification de l'arrêt, par déclaration au greffe de la cour; il sera notifié dans la huitaine, soit à la partie, soit au procureur général, suivant le cas, le tout à peine de déchéance. — Le recours formé par le procureur général sera suspensif. — L'affaire sera portée directement devant la chambre civile de la Cour de cassation. — Le cours ne pourra être ouvert avant la mainlevée de l'opposition, à peine d'une amende de seize francs à cinq cents francs (16 fr. à 500 fr.), laquelle pourra être portée au double en cas de récidive dans l'année qui suivra la première condamnation. — Si le cours est ouvert dans un établissement, les administrateurs seront civilement et solidairement responsables des amendes prononcées en vertu du présent article.

Art. 21. En cas de condamnation pour délit commis dans un cours, les tribunaux pourront prononcer la fermeture du cours. — La poursuite entraînera la suspension provisoire du cours; l'affaire sera portée à la plus prochaine audience.

Art. 22. — Indépendamment des pénalités ci-dessus édictées, tout professeur pourra, sur la plainte du préfet ou du recteur, être traduit devant le conseil départemental de l'instruction publique pour cause d'inconduite notoire, ou lorsque son enseignement sera contraire à la morale et aux lois, ou pour désordre grave occasionné ou toléré par lui dans son cours. Il pourra, à raison de ces faits, être soumis à la réprimande avec ou sans publicité; l'enseignement pourra même lui être interdit à temps ou à toujours, sans préjudice des peines encourues pour crimes ou délits. — Le conseil départemental devra être convoqué dans les huit jours à partir de la plainte. — Appel de la décision rendue pourra toujours être porté devant le conseil supérieur dans les quinze jours à partir de la notification de cette décision. — L'appel ne sera pas suspensif.

Art. 23. — L'article 463 du Code pénal pourra être appliqué aux infractions prévues par la présente loi.

FACULTÉ DE MÉDECINE DE PARIS. — Le concours pour l'agrégation de chirurgie vient de se terminer par la nomination pour Paris de MM.

1. Berger	8 voix
2. Pozzi	8 —
3. Marchand	8 —
4. Monod	6 —

Une cinquième place rendue vacante *inopinément* par la nomination de M. Dubreuil comme professeur à Montpellier, était disputée par MM. Blum et Terrillon.

Deux tours de scrutin furent nuls, les deux candidats ayant en chacun quatre voix. Au troisième tour, M. Blum obtint cinq voix, ce qui assura sa nomination.

MM. Roustan et Penières sont nommés agrégés près la Faculté de Montpellier.

M. Jullien à Nancy.

EXPOSITION DE GÉOGRAPHIE. — Les sections du jury de l'Exposition des sciences géographiques ont élu, le 26 juillet, leurs présidents :
1er groupe, le général marquis de Ricci (Italie) ;
2e groupe, l'amiral Acton (Italie) ;
3e groupe, M. Séménow, vice-président de la Société impériale russe de géographie de Saint-Pétersbourg ;
4e groupe, M. Kiepert (Allemagne) ;
5e groupe, M. Hunfalvy (Hongrie) ;
6e groupe, M. de Becker (Autriche) ;
7e groupe, M. Khanykoff (Russie).

— On construit en ce moment au Creusot un marteau-pilon destiné au forgeage des grosses pièces d'acier. Le marteau avec sa tige pèsera soixante tonnes : il aura 5 mètres de chute totale, soit 4 mètres en déduisant la saillie de la panne. Il sera deux fois et demie plus puissant que celui du pilon de Krupp.

Le propriétaire-gérant : GERMER BAILLIÈRE.

PARIS. — IMPRIMERIE DE F. MARTINET, RUE MIGNON, 2.

LA

REVUE SCIENTIFIQUE

DE LA FRANCE ET DE L'ÉTRANGER

REVUE DES COURS SCIENTIFIQUES (2ᴇ SÉRIE)

DIRECTION : MM. EUG. YUNG ET ÉM. ALGLAVE

2ᵉ SÉRIE — 5ᵉ ANNÉE   NUMÉRO 6   7 AOUT 1875

SOCIÉTÉ DE GÉOGRAPHIE DE PARIS

SÉANCE PUBLIQUE ANNUELLE

M. CH. VÉLAIN

Les îles Saint-Paul et Amsterdam

SOUVENIRS DE LA MISSION FRANÇAISE POUR L'OBSERVATION
DU PASSAGE DE VÉNUS SUR LE SOLEIL.

Parmi les stations choisies par l'Académie des sciences pour l'observation du passage de Vénus sur le soleil en décembre 1874, se trouvait un petit groupe d'îles très-isolées, *les îles Saint-Paul* et *Amsterdam*, situé dans l'océan Austral au sud du cap de Bonne-Espérance et de l'Australie, par 38° 42′ de latitude.

Perdues au milieu d'un vaste océan ces deux îles, absolument désertes, sont assez rapprochées l'une de l'autre, mais à plus de cinq cents lieues de toute espèce de terre : c'est le point le plus isolé du globe. Inhabitées et inhabitables, elles étaient, l'une d'elles surtout, peu connues; on les savait constamment enveloppées de brumes, constamment battues par une mer furieuse : c'est sous cet aspect que les marins les connaissaient. Aussi, malgré l'importance de leur situation au point de vue astronomique, les nations voisines, l'Angleterre, la Russie, l'Allemagne, etc..., qui avaient tant fait pour l'observation du passage, avaient craint d'y risquer une expédition.

L'île Saint-Paul n'a pas une lieue de largeur : pour aller s'expatrier pendant plusieurs mois sur un pareil rocher, dans des parages aussi inhospitaliers, pour tenter d'y débarquer tout un matériel d'installation, des vivres pour plusieurs mois, jusqu'aux appareils distillatoires nécessaires pour faire de l'eau, l'île manquant d'eau douce, enfin des instruments de précision délicats, difficiles à manier à cause de leur volume et de leur poids considérable, il fallait un homme énergique et dévoué à la science; l'Académie des sciences sut trouver dans notre vaillante marine un officier savant et cou-

rageux qui voulut bien accepter cette belle et périlleuse mission.

M. le commandant Mouchez, membre du Bureau des longitudes, bien connu de vous par ses travaux hydrographiques, fut désigné comme chef de la mission de Saint-Paul; on lui avait adjoint, pour les observations astronomiques, M. Turquet de Beauregard, capitaine de frégate, M. Cazin, professeur de physique pour la photographie, enfin il emmenait avec lui trois naturalistes : M. Rochefort, médecin de première classe de la marine qui devait s'inquiéter de la zoologie, M. de l'Isle, botaniste : la géologie m'était réservée.

Quatorze matelots des équipages de la flotte, tous hommes d'élite, complétaient le personnel de la mission.

Partis de Paris le 2 août, nous arrivions le 23 septembre en vue de Saint-Paul à bord du transport de guerre *la Dives*. La mer était trop grosse pour qu'on pût mettre les embarcations dehors, mais le lendemain, dès cinq heures, le commandant put descendre à terre pour reconnaître l'île et choisir un emplacement convenable pour son observatoire.

Déjà le débarquement des vivres et du matériel était commencé quand le 25 un coup de vent se déclare et dans la nuit la *Dives* est emportée après avoir successivement cassé trois ancres.

En quelques minutes le bâtiment, tombé en dérive, avait perdu l'abri de l'île, il avait pris la cape tribord amures, avec une mer énorme, ses deux chaînes pendant à l'avant. Seul d'entre nous, M. Cazin n'ayant pas voulu regagner le bord, était resté à terre avec quatre pêcheurs malgaches que nous avions amenés de la Réunion. Je renonce à vous dépeindre son anxiété quand au point du jour, après une nuit terrible, il vit la mer déferler avec rage là où la *Dives* était mouillée la veille....

La tempête dura quatre jours..... elle nous jeta à plus de 150 milles dans le sud. Quand le mauvais temps fut passé il fallut regagner le chemin perdu et remonter les grandes brises d'ouest qui s'étaient établies, avec une mauvaise machine et une moitié d'hélice.

L'énergique opiniâtreté du commandant Mouchez triompha de tous ces obstacles, c'est à lui, je ne crains pas de le dire, que nous devons notre retour à Saint-Paul : ce sont là des faits qui parlent assez haut d'eux-mêmes et le meilleur éloge qu'on puisse en faire c'est de les citer simplement.

Le 1er octobre, à 9 heures du matin, la *Dives* mouillait sa dernière ancre devant Saint-Paul, et le débarquement commençait avec une fiévreuse activité. En moins de trois jours tout était à terre. Les caisses d'instruments et de vivres, les barriques de biscuit, le matériel de campement, tout était entassé pêle-mêle sur la plage au milieu des galets : et ce fut heureux, car le 3 au soir une nouvelle rafale emportait la *Dives* qui, toute désemparée, fuyait devant le temps et retournait alors à la Réunion pour réparer ses avaries. Elle ne devait revenir qu'en décembre pour nous rapatrier après l'observation du passage.

C'est sous la pluie et la grêle, au milieu des coups de vent se succédant sans relâche, qu'il nous fallut construire

nature actuelle qu'au célèbre volcan du Mauna-Loa dans les îles Sandwich (fig. 2).

Une large brèche qui s'est produite dans la paroi, vers l'est, par suite de l'affaissement et du démantèlement d'une portion notable de l'île, a permis à la mer de pénétrer dans le cratère et d'y former un véritable lac intérieur dont la tranquillité relative contraste singulièrement avec l'agitation continuelle des flots à l'extérieur.

La forme primitive de l'île est encore indiquée maintenant par le relief sous-marin. En effet, tandis que du nord au sud, par l'ouest, les grands fonds sont très-rapprochés de terre, vers l'est, au contraire, en face de l'échancrure, on remarque un plateau assez étendu dû à la partie affaissée et au delà duquel les fonds tombent brusquement ; une longue fissure dirigée du nord-ouest au sud-est a déterminé cet affaissement. Les falaises restées debout, hautes de plus de 200 mètres,

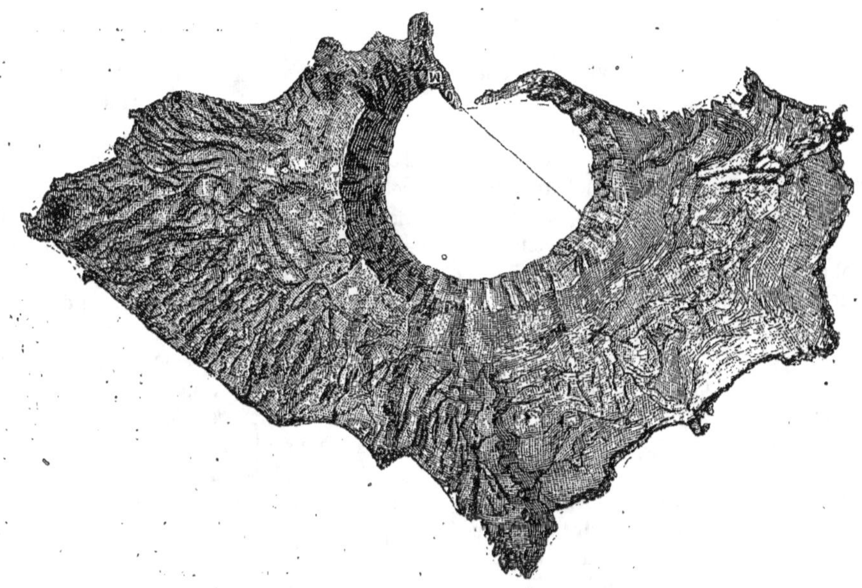

Fig. 2. — L'île Saint-Paul dans l'océan Indien. — (O, observatoire sur la jetée du nord ; M, campements).

avec les débris de navires naufragés les premiers abris nécessaires.

L'île Saint-Paul est absolument volcanique, c'est le cratère d'un immense volcan qui a surgi au milieu de l'océan Indien à une époque qu'il est difficile de préciser, mais qui doit être relativement récente. On trouve en effet, dans les récits des anciens navigateurs qui ont reconnu l'île, des renseignements suffisamment précis pour indiquer que la date des dernières éruptions n'est pas très-ancienne. Ainsi, pour ne citer qu'un exemple, en 1793, les marins des navires *le Lion* et *l'Hindoustan* remarquent des fumées blanches qui s'échappent de divers points du cratère et, sur les pentes extérieures de l'île, des cônes de scories sont encore assez chauds pour qu'on n'y puisse poser le pied.

La forme de Saint-Paul est si caractéristique que toutes les cartes publiées, si imparfaites qu'elles soient, même celle du navigateur hollandais Van Flaming, qui visita l'île en 1686, indiquent clairement sa nature, son mode de formation. C'est un vaste cratère que remplissait autrefois la lave incandescente et qui ne saurait mieux se comparer dans sa

sont complétement accores, elles montrent clairement la constitution géologique de l'île qui se compose d'un massif de roches trachytiques particulières autour duquel sont venus s'épancher des basaltes et des laves.

Les premières éruptions ont été sous-marines ; elles ont donné des ponces, des tufs ponceux avec obsidienne dont l'émission a été accompagnée et suivie par l'éruption de trachytes siliceux (rhyolithes) qui ont émergé sous forme de pic, de piton plus ou moins élevé ; enfin avec les basaltes et les laves l'île a pris la forme si caractéristique que nous lui voyons aujourd'hui.

L'histoire géologique de ce volcan se dévoile pour ainsi dire tout entière dans une coupe remarquable que présente le nord-est de l'île en suivant le bord de la baie des Pingouins ; les falaises, tranchées à vif, laissent voir là dans tous leurs détails toutes les coulées, toutes les roches qui représentent ses diverses phases d'activité. Au-dessus des trachytes d'un gris rosé, les ponces se détachent en vert ou en jaune, puis viennent des dykes de dolérite aux couleurs sombres, enfin des tufs d'un rouge brique, puis des laves alternant avec des scories, le tout traversé par de nombreux filons de basalte qui s'entrecroisent dans la masse et s'y détachent en noir.

Toutes ces roches, sous l'influence d'altérations, d'oxydations particulières, dues en grande partie à des phénomènes hydro-thermaux, se colorent souvent des tons les plus vifs ; en même temps qu'elles se décomposent, elles se désagrégent et s'éboulent alors facilement sous les chocs répétés et violents des vagues ; ces effondrements se produisent souvent sur plusieurs centaines de mètres de longueur : en 1872, l'un d'eux, sur la falaise du sud-est, fut si considérable qu'une goëlette mouillée à un mille au large eut ses amarres rompues. L'île est ainsi condamnée à disparaître ; il semble que la mer veuille reconquérir l'espace qui lui avait été ravi : ce que le feu avait produit, l'eau maintenant tend à le détruire.

C'est de cette façon que l'échancrure primitive s'est successivement élargie : les blocs résultant du démantèlement des falaises, roulés et réduits à l'état de galets, forment une chaussée large de 25 à 30 mètres qui ne s'élève guère que de 7 à 8 mètres au-dessus de l'eau. Une passe de 80 mètres de largeur la coupe par le milieu et laisse communiquer le bassin intérieur avec la mer ; mais la profondeur de cette passe n'est, à mer basse, que de 0^m,80 et les embarcations d'un faible tirant d'eau peuvent seules la franchir (1).

Les parois intérieures du cratère présentent des falaises escarpées, hautes de plus de 200 mètres, complètement à pic dans leur tiers supérieur et s'inclinant dans le bas vers la mer par des talus à 45 degrés. Elles sont à peu près inaccessibles, sauf peut-être en deux ou trois points où l'escalade n'exige que de la fatigue avec un peu d'adresse ; l'ascension n'est en réalité facile que par la pointe élevée (266 mètres), qui domine la chaussée du nord ; un sentier frayé par les naufragés et les pêcheurs conduit au sommet. L'arête supérieure du cratère, parfaitement régulière et d'une altitude moyenne de 200 mètres, est tout à fait vive et taillée à pic vers l'intérieur ; elle s'incline vers l'extérieur en présentant d'abord un petit plateau faiblement incliné de 3 à 5 degrés, puis les pentes augmentent jusqu'à 25 et 30 degrés et se terminent par un talus assez large qui aboutit à des falaises verticales de 25 à 60 mètres de haut. Dans sa plus grande dimension, de la pointe nord à celle du sud, l'île peut avoir 5 kilomètres, et 3 kilomètres de la passe à la pointe ouest ; sa circonférence extérieure n'est que de 9000 mètres, mais le sol formé de coulées de laves successives est si accidenté qu'il est à peu près impossible de faire en un jour le tour complet de l'île : ceux-là seuls qui ont parcouru les contrées volcaniques peuvent se faire une idée des difficultés qu'on éprouve à parcourir un sol tordu, crevassé à chaque pas par les convulsions volcaniques. Souvent des couches de tourbe épaisses et spongieuses recouvrent les anfractuosités des laves et supportent de hautes herbes croissant par touffes entre lesquelles le pied enfonce à chaque pas. Ce sont autant de difficultés qui viennent s'ajouter pour rendre les excursions fatigantes et pénibles. C'est surtout dans le bas,

sur le talus qui aboutit aux falaises extérieures, que cette végétation est abondante mais peu variée, elle ne se compose guère que de plantes herbacées (*Poa Novaræ, Isolepis nodosa, Danthenia repens, Holcus lanatus*, etc.).

Les mêmes espèces se retrouvent sur le plateau qui forme le sommet, mais plus rares, comme rabougries et courbées sous les vents violents qui soufflent continuellement.

Les coulées de laves sont non-seulement crevassées, entrecoupées de grandes fissures, mais encore creusées de longues cavernes que tapissent des mousses et des fougères (*Blechnum australe, Lomaria alpina*). Les eaux pluviales filtrant à travers le sol tourbeux viennent s'y recueillir.

Les pointes avancées de l'île, celles du sud, du nord, de l'ouest, sont marquées par de petits cônes de scories, produits secondaires des dernières éruptions, qui s'élèvent de 25 à 30 mètres au-dessus de la surface de l'île. Les plus remarquables et en même temps les mieux conservés sont ceux de la pointe ouest : au nombre de quatre, ils occupent une ligne droite très-remarquable dirigée du sud-ouest au nord-est. Ce sont eux qui, en 1793, furent trouvés encore chauds quand lord Macartney vint reconnaître Saint-Paul en s'en allant en Chine. Aucun des faits observés alors par le docteur Gillian, médecin de l'expédition, ne subsiste encore aujourd'hui.

Les falaises extérieures, formées de coulées successives de laves alternant avec des scories, sont absolument accores et se dégradent sans cesse ; d'énormes blocs de lave accumulés forment à leur pied une sorte de chaussée sur laquelle la mer vient déferler, pour peu qu'elle soit grosse. C'est là que se tenaient autrefois, par troupeaux de sept ou huit cents, de nombreux otaries, qui venaient surtout pendant l'été dormir sur les rochers. Malgré l'accès difficile des falaises, les pêcheurs firent une chasse active à ces animaux, dont la fourrure était alors surtout estimée en Chine : des bâtiments venaient à Saint-Paul prendre des cargaisons complètes de ces peaux. Leur nombre a maintenant bien diminué : c'est dans le mois de novembre que nous les avons vus commencer à apparaître par groupes de huit ou dix dans le nord et le sud-ouest de l'île, où ils venaient se jouer au milieu des brisants. Craintifs et farouches, on ne pouvait les approcher que le matin, pendant leur sommeil, avec les plus grandes précautions : un seul coup de bâton vigoureusement appliqué sur le museau suffisait alors pour les abattre.

Dans l'intérieur du cratère, un sentier tracé au pied des falaises, à quelques mètres au-dessus du niveau de la mer, conduit à divers petits plateaux faits de main d'homme pour la culture de légumes et qui témoignent ainsi d'une ancienne occupation de l'île. C'est qu'en effet plusieurs tentatives ont été faites pour fonder à Saint-Paul des établissements de pêcheries. Le poisson, en effet, est très-abondant, aussi bien dans l'intérieur qu'à l'extérieur du cratère, et la facilité avec laquelle on le prend n'est pas moins surprenante que son extrême abondance. Nous avons vu les embarcations du *Fernand*, la petite goëlette qui était venue faire la pêche pendant notre séjour sur l'île, montées par cinq hommes, se charger à couler bas en moins de quatre heures de poissons dont le poids variait de 4 à 100 kilogrammes. C'est de novembre en février que peut se faire cette pêche : le poisson se tient surtout dans le nord-ouest de l'île, auprès de grandes prairies d'algues, *Macrocystis pyrifera*, où il serait impossible de se servir de filets ; on le prend alors à la ligne, et il faut

___

(1) En 1686 cette passe n'existait pas, et le navigateur hollandais Van Flaming fut obligé de tirer ses embarcations à terre et de les faire passer ensuite par-dessus la chaussée pour explorer le lac intérieur.

Fig. 3. — Vue générale des installations faites à l'île Saint-Paul pour l'observation du passage de Vénus, — (Campements, — Observatoire, — Le Megœra, bâtiment naufragé dans la passe).

plus de temps pour dégager l'hameçon que pour jeter la ligne et hâler à bord un nouveau poisson. En moins de deux mois, une goëlette de 80 tonneaux peut faire son chargement, c'est-à-dire préparer et saler vingt mille poissons.

La première et la plus importante des tentatives d'occupation fut faite par un négociant de l'île Bourbon, Adam Mierolawski, qui vint s'établir en 1843 à Saint-Paul avec onze pêcheurs. A la même époque, en juillet, le gouverneur de Bourbon envoya cinq soldats d'infanterie de marine prendre possession de l'île au nom du gouvernement français et les y laissa pour garder le pavillon. Le gouvernement, qui n'avait pas été consulté, ne crut pas devoir ratifier cette prise de possession, et les cinq soldats furent rapatriés. Certes, ils ne demandaient pas mieux. Peu de temps après, l'établissement tout entier fut lui-même abandonné. Ce sont les constructions en pierre sèche élevées par Mierolawski, restaurées depuis par les naufragés et les pêcheurs, qui nous servirent d'abri. Il nous fut facile de les réparer et de les couvrir avec des épaves de navire. Les naufrages sont en effet malheureusement fréquents à Saint-Paul. L'île est surtout son pourtour jonchée de débris de toutes sortes; nous avons trouvé côte à côte jusqu'à quatre roues de gouvernail, attestant par conséquent quatre bâtiments perdus.

En travers de la passe on voyait encore à notre arrivée toute la dunette d'un grand transport anglais, la *Megæra*, qui, en 1872, coulant bas d'eau en vue de Saint-Paul, vint s'échouer sur la chaussée du nord. Tout l'équipage, quatre cents hommes, fut heureusement sauvé; une grande partie du chargement put même être mis à terre. Les naufragés restèrent quatre mois sur l'île avant de pouvoir être rapatriés et construisirent des abris en dépeçant leur navire. Les coups de vent avaient en grande partie détruit toutes ces constructions; il nous fallut les relever, les réparer pour installer nos campements (fig. 3).

Au pied du pic élevé qui domine la jetée du nord et sur le revers intérieur du cratère, à 25 ou 30 mètres au-dessus de l'eau, les pêcheurs de Mierolawski avaient entaillé un terre-plein pour y élever des habitations en pierre sèche : c'est là que fut rapidement installé un logement pour le commandant, le poste d'équipage, la cambuse, la cuisine, une salle à manger, où les caisses déballées nous servirent de buffet et de dressoir. Les naturalistes, au nombre desquels il faut ajouter M. Lantz, conservateur du muséum de la Réunion, qui, sur la demande du gouverneur de cette colonie, était venu séjourner à Saint-Paul avec nous, avaient entrepris de restaurer ce qui restait du logement édifié autrefois par les matelots de la *Megæra* pour leur capitaine. Ils en firent un appartement *somptueux*, qui fut bientôt désigné sous le nom d'*Hôtel des Princes*.

Pendant ce temps, s'élevaient sur la jetée du nord les cabanes destinées à recevoir les instruments spéciaux, équatoriaux, lunettes méridiennes et lunette photographique (fig. 4).

Sur un sol aussi mouvementé formé d'énormes blocs accumulés dont quelques-uns avaient souvent plus d'un mètre cube, les difficultés étaient grandes, aussi fallut-il tout un grand mois pour édifier l'observatoire : chaque cabane, solidement construite, était encore défendue du côté du large par un rempart de galets pour résister aux coups de mer en cas d'ouragan. Un chemin de *grande communication*

qui avait coûté bien des efforts les reliait toutes entre elles et permettait d'y circuler librement la nuit.

Au fond du cratère, au-dessus des hangars qui servaient aux pêcheurs pour préparer, saler leurs poissons, s'élevait notre laboratoire d'histoire naturelle : c'était une grande pièce rectangulaire longue de 12 mètres et large en proportion. Deux vergues sciées et disposées en chevalet avec une troisième jetée en travers formaient toute sa charpente; une large taude recouvrait le tout. Les côtés avaient été fermés avec des panneaux, des boiseries arrachés aux bâtiments naufragés. Toute la face est avait été vitrée et dans l'intérieur de longues tables couraient sur tous les côtés. Chacun avait choisi sa place pour la disposer conformément à ses études : à l'entrée, M. Lantz mettait en peau les phoques et les oiseaux; en face de lui de nombreux aquariums remplis de richesses zoologiques, plus loin M. de l'Isle préparait et séchait les plantes, puis c'était l'emplacement des microscopes, celui où M. Rochefort étudiait et dessinait la faune du cratère, enfin à l'extrémité j'avais disposé un petit laboratoire de chimie pour l'analyse des gaz, des eaux thermales, et de nombreux casiers pour le classement des roches volcaniques (fig. 5).

L'île Saint-Paul n'est guère que la patrie où le refuge d'un nombre considérable d'oiseaux de mer : les grands voiliers, les albatros viennent y faire leurs nids : en particulier le bel albatros fuligineux (*Diomedea fuliginosa*) dont le plumage noir s'harmonisait bien avec le temps sombre et constamment brumeux de Saint-Paul; le géant des albatros (*Diomedea exulans*), celui que les marins nomment à si juste titre l'*Amiral*, atterrissait peu sur notre île, sans doute parce qu'il a été trop chassé, et restait constamment au large avec de nombreux pétrels, oiseaux des tempêtes, ceux-là aussi étaient bien à leur place. Parmi ces derniers il est un, le prion (*P. vittatus*) qui mérite une attention toute spéciale, il habitait dans des sortes de terriers, dans de longues galeries souterraines qu'il se creusait sous les blocs de laves au milieu de la tourbe, dans les talus intérieurs du cratère. Dans les falaises il voltigeait une hirondelle que les pêcheurs nommaient l'oiseau d'argent, son plumage était gris-perle, comme satiné, sa tête noire avec le bec et les pattes d'un rouge carminé. Enfin dans le haut et sur le versant extérieur se tenait un stercoraire (*Stercorarius antarcticus*) véritable oiseau de proie d'une voracité sans égale. Mais ceux qui sans contredit étaient de tous les plus singuliers et les plus nombreux, c'étaient les manchots (*Eudyptes chrysocoma*). Ce sont les vrais habitants de l'île : ces singuliers animaux, qui n'ont de l'oiseau que le nom, vivent là en société, par troupes nombreuses formant deux colonies considérables situées, l'une à l'extérieur dans les falaises de la côte ouest, l'autre sur un plateau près du sommet qui domine la jetée du nord à près de 200 mètres d'altitude. Nous avons vécu au milieu d'eux, avec eux pour ainsi dire, en parfaite intelligence; je ne sais si notre présence les a surpris, dans tous les cas ils ne paraissaient pas s'en préoccuper beaucoup et pourtant nous devions apporter le deuil parmi eux.

Puisque je vous parle des habitants de Saint-Paul, il faut aussi que je vous cite ceux que les naufrages y ont amenés, les chèvres, par exemple, dont les troupeaux nombreux furent une précieuse ressource pour nous. Les chats et les rats qui ont pullulé : ces derniers, que le malheur a réunis, vivent sans doute entre eux dans une paix digne d'envie, mais

Fig. 4. — Vue générale de l'observatoire. — (Mât de pavillon et monument commémoratif. — Lunettes méridiennes. — Lunette photographique. — Équatorial de huit pouces. — Équatorial de six pouces.

Fig. 5. — Le laboratoire d'histoire naturelle.

n'aiment guère les savants qui viennent les déranger. Les rats surtout sont le fléau du pays : ils étaient nombreux et familiers ; la nuit on les entendait trotter, grignoter partout, et le matin le plus grand désordre régnait dans nos cabanes : tous les menus objets étaient emportés ou disparaissaient à moitié dans les interstices des panneaux de navire qui formaient notre parquet.

La vie est très-active dans le bassin intérieur du cratère, ou du moins sur tout le littoral entre le niveau de la haute et de la basse mer ; les animaux, crustacés, mollusques, échinodermes, etc., se disputent l'espace et vivent pour ainsi dire les uns sur les autres. Parmi les plus abondants, il me faut citer les langoustes *rouges* dont le nombre était incalculable ; souvent, vers le soir, les bords de la jetée et du cratère près de la salerie en étaient absolument couverts ; il était non-seulement possible de les prendre à la main, mais on pouvait tout aussi facilement les faire cuire sur place presque sans les sortir de l'eau. C'est qu'en effet l'activité volcanique se manifeste encore à Saint-Paul par des sources thermales et des dégagements gazeux abondants. Tous ces phénomènes hydro-thermaux sont pour ainsi dire localisés sur les parois intérieures du cratère, au niveau du balancement des marées, suivant une large bande dirigée sensiblement du sud-est au nord-ouest ; dans tout le demi-cercle nord, de nombreuses sources dont la thermalité varie de 38 degrés à 98 degrés découvrent à marée basse et sont accompagnées de dégagements tumultueux d'acide carbonique et d'azote ; ces eaux alcalines et ferrugineuses, trop chargées en sels et presque toujours mélangées avec l'eau de mer, étaient absolument désagréables à boire.

En certains points de l'île, dans la direction que je viens d'indiquer, le sol est encore chaud : sur la jetée du nord, par exemple, il suffisait d'écarter les galets pour voir s'échapper de la vapeur d'eau et à quelques centimètres au-dessous de la surface, le thermomètre atteignait rapidement plus de 80 degrés. Mais c'est surtout au fond du cratère, dans l'ouest, que ces phénomènes de chaleur sont très-marqués. Ils y ont été signalés depuis longtemps et en particulier par M. de Hochstetter, à qui l'on doit une excellente description de l'île qu'il explora en 1857, lors du beau voyage autour du monde de la frégate autrichienne la *Novara*, J'ai constaté là, à quelques mètres au-dessous du sol, jusqu'à 218 degrés centigrades ; une végétation particulière, composée de sphaignes et de lycopodes (*L. cernuum*), signale ces endroits qui s'annoncent du reste de loin par des dégagements de vapeur d'eau.

Nous vivions ainsi au fond d'une vaste chaudière, et au-dessus de nos têtes les vents froids du large condensaient les vapeurs qui formaient sans cesse comme un chapeau de brumes au sommet de l'île, tandis que souvent à travers l'échancrure de la passe nous voyions au large l'horizon dégagé.

Ces conditions étaient, vous devez le penser, bien peu favorables aux observations astronomiques. Le commandant et M. Turquet passaient toutes leurs nuits à veiller les éclaircies, les rares moments où le rideau de brumes se déchirant sous l'influence des vents du sud on pouvait voir un petit coin du ciel. Ils ne conservaient que bien peu d'espoir, néanmoins on se préparait avec ardeur. Désespéré d'attendre en vain le soleil qui refusait de se montrer, le commandant, pour exercer à la manœuvre des instruments, avait fait placer à mi-côte, dans la falaise qui nous dominait, un large disque en planches peint en blanc, sur lequel de petits cercles en tôle noircie donnaient une représentation factice du passage de Vénus. Ce fut notre soleil de Saint-Paul : celui-là ne nous fit pas défaut, un charpentier en avait fait les frais, et si les vents et les pêcheurs l'ont respecté, il doit encore briller en haut sur la falaise.

Cependant le grand jour approchait et la situation devenait de plus en plus mauvaise. Les premiers jours de décembre furent marqués par une série de mauvais temps, et le 8, veille du passage, la pluie tombait par torrents ; un coup de vent du nord-nord-ouest s'était abattu sur l'île et mettait tout en péril.

Les yeux fixés sur le baromètre qui baissait continuellement, notre pensée se reportait alors vers les stations voisines, celle de lord Lindsay, que nous avions vue à l'île Maurice, celle des Hollandais dont nous avions appris à connaître et à apprécier le digne et savant chef, M. Oudemans, dans notre traversée d'Aden à la Réunion, enfin et surtout nos souhaits, se reportant vers le Sud, allaient tous à l'île Campbell où une mission française, sœur de la nôtre, s'était établie : puisse-t-elle au moins être plus favorisée que nous ? Pourquoi faut-il que le sort en ait décidé autrement ! Mais, vous le savez, messieurs, le chef de la mission de Campbell, M. Bouquet de la Grye, un marin lui aussi, n'était pas homme à se laisser abattre par les obstacles, et si les documents qu'il rapporte, au point de vue astronomique, sont incomplets, il a su diriger ses efforts vers d'autres observations qui seront fécondes en résultats. Grâce à lui, la mission de Campbell, loin d'être perdue pour la science, comptera parmi celles dont la France peut à juste titre s'enorgueillir.

Les péripéties du passage de Vénus à l'île Saint-Paul sont maintenant trop connues pour que je veuille vous les retracer ici : vous savez tous qu'entre deux coups de vent une embellie qui dura quatre heures, les quatre heures strictement nécessaires, de sept heures à midi, permit aux observateurs de suivre le phénomène dans toute sa durée. Les contacts importants rigoureusement observés, plus de quatre cents épreuves photographiques du soleil obtenues, tels sont les résultats inespérés de cette journée.

La *Dives*, de retour de la Réunion, était arrivée la veille au soir à son ancien mouillage. A midi, elle hissait son pavois et saluait notre succès de cinq coups de canon : en ce moment l'immensité seule entendit ces salves d'allégresse, mais les battements de nos cœurs leur répondaient. Deux mois plus tard, elles avaient comme un écho dans cette séance de l'Académie où des applaudissements bien mérités saluaient notre commandant à son retour.

Le commandant voulut rester encore un mois à Saint-Paul pour attendre une lunaison, et compléter ainsi les observations qui lui étaient nécessaires pour déterminer, avec la plus grande exactitude possible, la position de l'île en longitude. Les naturalistes en profitèrent pour aller explorer une île voisine, celle d'Amsterdam, avec l'aide du capitaine Hermann qui s'offrit pour les y conduire sur la goëlette dont je vous ai parlé tout à l'heure, *le Fernand*.

J'aurais voulu vous rendre compte aujourd'hui de cette seconde et importante partie de notre mission ; mais l'heure est déjà avancée et je crains d'abuser plus longtemps de l'attention bienveillante que vous m'avez prêtée jusqu'ici. Je vous demande donc la permission de revenir sur ce sujet dans une de nos prochaines séances, afin de pouvoir le traiter avec tous les détails qu'il comporte.

Ch. Vélain.

L'HISTOIRE SCIENTIFIQUE EN ALLEMAGNE

Culturgeschichte in ihrer natürlichen Entwicklung bis zur Gegenwart (*Histoire de la civilisation étudiée dans son développement naturel jusqu'à nos jours*), par Frédéric de Hellwald. Un fort vol. in-8, xv-839 pages. Augsbourg, Lampart et Cie, éditeurs, 1875.

Ce grand ouvrage est appelé, selon nous, à un vrai succès, non-seulement en Allemagne, mais peut-être plus encore à l'étranger, lorsque les traductions qu'il en faudra faire auront paru en France, en Italie, en Angleterre, en Russie, etc. Ce qui nous fait souhaiter tout spécialement la diffusion du livre de M. de Hellwald, c'est l'admiration très-réelle que nous avons pour la méthode qu'il a suivie, et surtout pour l'esprit de libre recherche et de libre pensée qui règne d'un bout à l'autre de cette belle *Histoire de la civilisation*. La plupart des ouvrages récemment publiés sur cette matière, notamment en Allemagne, sont généralement empreints de la tache originelle qu'inflige irrémédiablement l'esprit de parti ou l'esprit de secte, souvent même les deux à la fois; chacun de leurs auteurs, envisageant les développements de l'activité humaine et les péripéties de la vie des peuples à un point de vue éminemment subjectif, n'a jamais produit qu'une œuvre *tendancieuse*, qu'on nous permette et nous pardonne ce néologisme. M. de Hellwald, au contraire, est demeuré fidèle à la méthode objective, à la méthode d'observation, la seule, la vraie méthode scientifique, et a traité l'humanité comme un zoologiste traite les autres espèces animales, ou comme un botaniste traite le monde végétal. Enfin M. de Hellwald estime qu'il a démontré que les lois qui régissent le développement naturel humain sont en conformité constante à la grande théorie de Darwin sur la descendance et la transformation. Pour notre compte personnel, nous saluons avec joie cette démonstration raisonnée, détaillée et concluante, car depuis longtemps notre conviction était faite à cet endroit. M. de Hellwald a affermi une opinion déjà fondée sur l'étude soigneuse de quelques-unes des manifestations de l'activité humaine; il l'a rendue tangible à tous; il l'a appuyée sur toutes les branches de cette même activité humaine; en un mot, en faisant l'histoire de la civilisation, il a fait l'histoire naturelle de l'humanité. Son livre est ce que nous pourrions appeler une *Ethnologie transcendante*.

En effet, on a beaucoup cherché à établir une classification naturelle des diverses races ou variétés qui divisent l'espèce humaine. Les uns ont pris pour éléments de leur classification l'apparence physique; malheureusement le métissage à tous les degrés règne presque partout, et encore dans cet ordre d'idées fallait-il choisir quelques caractéristiques principales sur lesquelles on ne s'est guère entendu; les essais de classification faits dans cette voie peuvent avoir à peu près réussi pour les anthropologistes proprement dits qui étudient l'*homme* physiologique et anatomique, mais non point pour les ethnologistes qui étudient l'*humanité*, c'est-à-dire les *hommes* considérés par groupes. Un autre mode de

classification, plus exact à ce dernier point de vue, a été fructueusement employé, c'est celui qui est fondé sur le langage, et qui a présidé à la rédaction de la belle *Allgemeine Ethnographie (Ethnographie générale)* de M. Frédéric Müller.

Mais nous croyons que celui qui étudiera l'homme et l'humanité, non point sur un plan étroit et resserré, celui qui ne voudra pas faire de cette science une monographie, mais qui s'élancera dans les vastes champs de la science sociale, de la science de l'humanité, celui-là, tout en se servant utilement et puissamment de la connaissance de la constitution physique des races et de l'étude du langage, devra, à l'exemple de M. de Hellwald, prendre pour norme le développement de la civilisation, depuis l'époque où l'être qui devint un homme commença à articuler les sons qui constituaient précédemment une série d'onomatopées, et à se distinguer ainsi et par quelques autres actes de ses congénères, devenus plus tard, par transformation régressive, des anthropoïdes, depuis cette époque obscure où se dissimule le premier effort qui détacha l'humanité du reste des animaux, jusqu'à notre époque présente. Cette méthode si brillamment appliquée dans son livre par M. de Hellwald est celle qu'exposait M. Littré dans le discours qu'il prononça à Bordeaux, alors que, dans le triste et fatal hiver de 1870-71, le gouvernement de la Défense nationale le chargea d'un cours d'histoire générale à l'école polytechnique; c'est celle-là même qui permit à Auguste Comte de compter la sociologie comme la sixième science de sa hiérarchie scientifique, et d'établir la loi dite des trois états, qui, si elle ne répond peut-être point à toutes les manifestations de l'énergie humaine, est cependant celle qui préside au développement religieux, métaphysique et enfin scientifique de l'humanité. Contrairement aux mœurs teutones actuelles, M. de Hellwald n'a aucun préjugé germanique à l'endroit de la France; il rend justice à son génie, et ne fait point de la science et du talent un monopole pour l'Allemagne; c'est pourquoi nous avons été heureux de rencontrer dans ce livre, qui, sans être l'œuvre d'un positiviste, a reçu les reflets de la méthode d'Auguste Comte, le souvenir et le nom de notre grand philosophe, ainsi que la mention de son école, à laquelle se rattache forcément M. de Hellwald lui-même.

Cela dit, entrons dans l'examen plus détaillé du beau livre que nous avons sous les yeux. La première page en est vraiment magistrale, et nous ne résistons pas au plaisir d'en donner une rapide traduction.

« L'univers infini tout entier existe par lui-même, composé d'éléments incréés et indestructibles, et soutenu par les mêmes forces impérissables, qui agissent d'après les mêmes lois à la fois sur les simples atomes et sur l'incommensurable masse des énormes corps célestes, et qui demeurent inaltérables dans la grandeur de leur action commune. En d'autres termes : l'élément, la matière est immortelle, éternelle; elle a toujours été, elle est et elle sera toujours dans l'avenir; sans elle l'univers n'est pas même imaginable; elle est incréée comme elle est indestructible, ses éléments constitutifs restent les mêmes en quantité et en qualité, et demeurent incommutables pour toujours; la matière est infinie aussi bien dans le temps que dans l'espace sans bornes.

» Il en est de la force comme de la matière, elle est éternelle; aucune force ne peut provenir de rien; seule elle est liée à la matière, ou si l'on veut une propriété de la matière. Moleschott fait remarquer d'une façon saisissante qu'une force qui ne serait pas liée à la matière, qui planerait libre au-dessus de la matière, serait une conception absolument vide; aussi bien que la matière, la force ne peut être ni créée ni détruite, et ce qui disparaît d'un côté doit reparaître de l'autre.

» Les lois naturelles se montrent l'expression la plus forte de la nécessité; ce sont des forces rudes et inflexibles qui ne connaissent ni moralité ni sentimentalité. Selon la belle expression de de Humboldt, elles sont d'airain, elles sont immuables; en fait, il n'est jamais arrivé de modifier une loi naturelle; cela est parce que cela est; on dit que ces lois sont générales parce qu'elles agissent dans toutes les parties de l'espace universel, et parce qu'elles sont si intimement liées que celui qui saisit une loi naturelle les saisit toutes. »

On voit que M. de Hellwald n'y va pas par quatre chemins; dès les premières lignes de son livre, il se déclare franchement matérialiste. Il le dit en termes très-clairs, et, chose louable chez un écrivain allemand, en un style net et lucide, où les circonlocutions et les longues phrases composées font absolument défaut. C'est là un mérite que nous nous empressons de constater à côté des autres qualités de l'auteur et de son livre, qui brillent tous deux par la franchise et la clarté. Sans contester aucune des affirmations de M. de Hellwald, nous ferons cependant une réserve; son matérialisme, tout scientifique qu'il est, va un peu loin; comme cette doctrine et ses adhérents, il empiète un peu sur le domaine métaphysique, ce que tout partisan de la méthode positive devrait soigneusement éviter. Mais si, comme nous le croyons, M. de Hellwald est matérialiste, nous respecterons ses convictions, et nous continuerons à examiner sympathiquement ses vues générales, sur lesquelles désormais nous nous entendrons souvent parfaitement.

Passons rapidement sur les commencements de notre planète et du monde animal; les aperçus de M. de Hellwald à ce sujet sont ceux de M. Haeckel (1), auquel le livre est dédié du reste; arrivons au passage qui traite de l'apparition de l'homme. Transformiste de l'école du célèbre professeur d'Iéna, M. de Hellwald nous donne la généalogie animale de l'homme, et place à la fin de l'époque tertiaire l'existence du précurseur de l'homme, selon l'heureuse expression de MM. de Mortillet et Hovelacque, du *pithékanthrope*, comme dit M. de Hellwald. C'est vers cette époque ou un peu plus tard qu'il place le moment où cet être commença à parler, et par conséquent à devenir un homme proprement dit, et, avec les linguistes les plus autorisés, il expose que les nombreuses langues des hommes ne peuvent venir d'une seule langue primitive, mais bien d'une source multiple et par des transformations non moins multiples. Ainsi, d'aucune façon M. de Hellwald ne transige avec le monogénisme.

De l'état primordial de l'homme on ne peut faire un tableau, car nous n'avons ni documents, ni termes de comparaison qui puissent nous aider à le constituer. L'homme préhistorique, tel que nous pouvons nous le figurer dès les temps les plus anciens à l'aide des restes et des instruments que nous avons recueillis, n'est plus du tout l'homme primitif, à peine différent du précurseur de l'époque tertiaire. C'est par la lutte pour l'existence, par son énergie et son

activité sans cesse excitées par les nécessités du milieu ambiant que l'homme s'est élevé de plus en plus dans l'échelle des êtres: c'est encore ce mobile qui correspond à une loi naturelle, qui nous pousse aujourd'hui en avant dans la voie du progrès et de la civilisation. C'est également cette loi qui a présidé à la formation du langage articulé; la nécessité de perfectionner l'ensemble de cris et de sons qui formait le parler initial et les services que les perfectionnements dans ce sens rendaient aux individus ou mieux aux races qui les faisaient, démontrent l'avantage considérable qu'eurent sur leurs congénères, dans la lutte pour l'existence, les êtres qui arrivèrent à constituer un langage articulé primitif.

En ce qui concerne la période initiale du développement humain, M. de Hellwald expose la folie de cette croyance en un peuple primordial jouissant d'un bonheur complet, de cette croyance en l'âge d'or ou en un Éden. « L'âge d'or, dit-il, est aujourd'hui ou jamais... Nul péché originel n'a pu enlever au premier homme un bonheur qu'il ne posséda jamais. Avec une difficulté infinie, avec une lenteur indicible il travailla à s'élever de son origine purement bestiale jusqu'à l'état où il est arrivé. »

De même que l'homme partage avec les autres *Deciduates* ou anthropomorphes les éléments primordiaux du langage, de même il posséda, comme eux, cachés au plus profond de ses sens, les éléments constitutifs du sentiment religieux. Pour M. de Hellwald, il n'est pas de peuples sans religion; il a raison, et cette vue très-nette de la question lui permet d'exposer en quelques lignes très-claires ce que c'est que le fétichisme, cette première phase du développement religieux dans l'humanité. Il fait également coïncider la découverte du feu avec les commencements d'un fétichisme organisé et d'un sacerdoce; de la découverte du feu découlent également les conceptions primitives sur la nature de la vie; et nous ne pouvons qu'approuver ces aperçus qui résument en quelques traits bien tracés tout ce que les études de mythologie comparée ont permis de découvrir jusqu'ici sur les premiers essais de systématisation de l'univers.

Viennent ensuite de lumineuses considérations sur les origines de la société et de la famille. M. de Hellwald s'élève naturellement et avec un parfait bon sens contre la très-célèbre et non moins erronée théorie d'un contrat social, comme celle qu'inventa Rousseau et qui eut de si mauvais résultats pour la France.

Par une loi naturelle, dit-il, les hommes ont été forcés de s'organiser en groupes de peuples, en États, qui prennent chacun une apparence différente d'après les races et d'après leur degré de culture, mais qui montrent également une similitude frappante dans tous les éléments de leur civilisation... L'État provient d'une force naturelle et est par son origine un produit de la nature. Mais M. de Hellwald n'admet pas que ce soit la famille qui ait constitué le modèle de l'État; c'est plutôt l'opinion contraire qu'il adopte. Là-dessus il entre dans de rapides et intéressants développements sur les origines de la famille; il expose ce fait qui commence à faire son chemin dans le monde des penseurs, que la famille n'a pas toujours et partout été constituée sur la paternité; dans des cas nombreux l'hégémonie dans la famille a appartenu à la mère; il accepte une époque où régnait la promiscuité la plus complète; puis vint l'*hétaïrisme* qui fut un progrès, et qui était constituée par une union transitoire entre deux individus de tribus et de sexes différents; puis le ma-

---

(1) La *Revue scientifique* a publié une analyse très-complète du livre de M. Haeckel.

riage s'étant établi et prolongé, arriva la période de la *gynéocratie*, où la femme a la prépondérance; la paternité n'est là qu'une fiction juridique, tandis que la maternité est un fait. Aussi lorsque la famille se constitue sous l'hégémonie du père, surgit une difficulté : la reconnaissance des enfants; c'est à cela, en particulier, que M. de Hellwald attribue la curieuse coutume de la couvade. Mais arrêtons-nous dans cet examen. Un jour prochain, nous traiterons ici même cette question si intéressante de la famille et du mariage primitifs.

Dans un chapitre vraiment éloquent, rempli de sentiments élevés, M. de Hellwald recherche pourquoi ni dans les climats polaires, ni dans les climats tropicaux la civilisation n'a pu prendre naissance; c'est que dans les premiers la lutte pour l'existence est si rude qu'elle ne permet guère à l'homme de rien faire autre que de préserver tant bien que mal cette même existence, tandis que dans les seconds la nature est si plantureuse que l'homme n'a presque rien à faire pour se soutenir, et après avoir montré l'importance au point de vue de la civilisation des climats tempérés où la nature n'est point trop rude pour l'homme, mais où elle n'est point assez généreuse pour tout lui accorder sans peine, il conclut que *le travail est imposé par une loi naturelle!*

Du reste, la dépendance dans laquelle se trouve l'homme devant la nature est un fait incontestable, et celle-ci a une influence puissante sur le développement de la civilisation et sur la variété de ses caractères; la civilisation, en effet, se modifie non-seulement dans le temps, mais encore dans l'espace; mais on doit distinguer pour plus de clarté comme deux natures différentes : la nature *extérieure*, celle qui enveloppe l'homme, qui est constituée par les rapports multiples et changeants du sol, du climat, de la faune et de la flore, et la nature *intérieure* qui est l'homme lui-même, tant au moral qu'au physique. Mais la première domine puissamment la seconde, et comme le dit éloquemment M. de Hellwald : « impuissante est la force de notre bras comme celle de notre esprit en face des plus simples lois naturelles, et notre plus grande, notre seule puissance consiste dans la connaissance exacte et dans le respect de celles-ci. Plus exacte est cette connaissance, plus strict est ce respect, plus élevé est le degré de civilisation. »

Un peu plus loin, M. de Hellwald traite la question du lieu de naissance, de la constitution et de l'extension des races humaines ; il dédaigne la question de savoir si l'homme provient d'un couple primitif ou bien de plusieurs, mais la controverse sur les hypothèses monogénistes et polygénistes l'intéresse vivement; néanmoins, dans une note, il fait observer avec justesse que la première de ces hypothèses est insoutenable. Si l'on ne se place que sur le terrain historique, l'invariabilité des races semble au premier abord démontrée. Mais, avec M. Haeckel, il penche fort vers l'hypothèse d'une race unique d'hommes primitifs, vivant sur un continent, aujourd'hui abîmé sous les flots de l'océan Indien, qui se serait étendu de l'Indo-Chine et des îles de la Sonde à Madagascar et à l'Afrique, tout en restant uni à l'Asie méridionale, et que l'on nomme Lémurie. Nous connaissons cette théorie très en faveur de l'autre côté du Rhin. Sans la contester absolument, nous ne pouvons guère la considérer encore que comme une hypothèse dont la démonstration n'est point encore complètement fournie par les faits. Cependant nous ne la repoussons pas *à priori*, nous attendons plus ample confir-

mation seulement. Mais, en ce qui concerne l'hypothèse d'une race unique d'hommes primitifs, nous avons grand'peine à l'admettre, même en nous plaçant au point de vue transformiste, comme MM. Haeckel, Frédéric Müller et notre auteur.

En effet, si nous nous reportons aux débris ostéologiques des hommes les plus anciens, nous trouvons ceux-ci dolichocéphales dans l'Europe occidentale; puis, à une époque un peu moins ancienne, nous sommes en face de deux types, l'un toujours dolichocéphale, mais l'autre brachycéphale. Ainsi dès les commencements de la période quaternaire, nous pouvons constater l'existence de deux formes crâniennes bien tranchées par la caractéristique la plus notable de la crâniologie. D'autre part, il est à remarquer que les anthropomorphes se divisent aussi en deux séries inégales : les anthropomorphes à crâne allongé (gorille, chimpanzé, etc.) qui sont actuellement cantonnés en Afrique où la plupart des races nègres sont dolichocéphales, et les anthropomorphes à crâne court (orang-outan) qui habitent les îles Malaises, dont la population en général est éminemment brachycéphale. De cet ensemble de faits, il paraît possible de tirer cette conclusion, qu'il a dû y avoir au moins deux pithécanthropes différents, l'un qui aurait donné naissance aux races humaines dolichocéphales, et aux gorilles, chimpanzés, etc., et l'autre qui aurait été l'ancêtre commun des orangs-outans et des vieilles races brachycéphales. Nous ne donnons cette théorie que comme une hypothèse; mais nous estimons qu'elle est suffisante pour ébranler l'autre hypothèse d'une race unique d'hommes primitifs.

Pour revenir à la situation qui est faite à l'humanité par les milieux où elle s'agite, nous dirons avec M. de Hellwald qu'en face de la puissance de la nature *extérieure*, des conditions géographiques et climatériques, il y a la puissance encore plus forte de la nature *intérieure*, de la transmission des caractères ethniques innés, qui déterminent les actes des peuples.

C'est alors que M. de Hellwald entre au cœur de son sujet, c'est-à-dire dans l'exposition des évolutions progressives de l'humanité. A la fin d'un chapitre, où il montre la direction que semble avoir généralement prise le progrès parallèlement au cours du soleil, c'est-à-dire de l'est à l'ouest, et où il constate que le théâtre de ces évolutions ne s'étend guère au delà du 60° de latitude au nord, et du tropique du Cancer au sud, il dit qu'il faut abandonner l'idée d'une civilisation cosmopolite et uniforme: de même que la faune et la flore d'un continent lui sont propres et diffèrent de celles d'un autre, de même les mœurs et les habitudes sont diverses ; et l'historien acquerra avec l'étude attentive des faits la conviction qu'il vaut mieux parler de *civilisations* au pluriel que d'une *civilisation* unique qui n'existe point.

C'est par la Chine antique, par le *Royaume du Milieu* que M. de Hellwald commence. Le motif de cela, et il est excellent, c'est que la civilisation chinoise est tout originale, plus ancienne que les civilisations occidentales et sans aucun rapport avec elles. Cependant, M. de Hellwald n'attribue pas de caractère historique aux annales chinoises qui remontent jusqu'à l'an 2357 avant J.-C. Avec MM. H. Plath et Legge, il ne fait remonter l'histoire chinoise authentique guère au delà de l'an 841 ou même 775 avant notre ère. Ce qui distingue en outre la civilisation chinoise, c'est qu'avec un langage monosyllabique, c'est-à-dire rudimentaire, composé seulement de racines et non de mots, sans composition, sans flexion, elle est arrivée à posséder une littérature considérable.

Quatre pages sont consacrées au Japon et aux problèmes historiques et ethnographiques que ce curieux pays a posés aux savants et qu'ils n'ont point encore complétement résolus.

C'est par l'étude des commencements de la civilisation aryenne que M. de Hellwald commence l'histoire du développement occidental. Les limites étroites imposées naturellement à un compte rendu nous empêchent de le suivre de près dans cette voie où l'érudition, la justesse des aperçus et la largeur des idées lui tiennent sans cesse compagnie. La société védique lui sert d'entrée en matière, puis il passe à l'établissement définitif des Aryas dans l'Inde, avec la constitution des castes par suite de la superposition des vainqueurs sur les vaincus; en étudiant, chacune à son tour, les vastes manifestations religieuses des Hindous, le brahmanisme et le bouddhisme, il démontre à quel haut degré de culture intellectuelle était arrivé le grand peuple aryen établi au pied de l'Himalaya et sur les bords du Gange.

Puis, il passe à l'autre grande famille aryo-asiatique, aux Éraniens, dont il expose les conceptions religieuses contenues dans la doctrine zoroastrienne. A ce sujet, nous ferons observer que M. de Hellwald s'est laissé entraîner à une erreur qui depuis quelque temps semble devoir prendre place au sein des études éraniennes; il s'agit du monothéisme zoroastrien ayant précédé le fameux dualisme. M. de Hellwald donne, comme dieu primitif, unique et créateur de l'univers, le *Zervana Akarana* (le temps sans bornes) qu'on trouve dans certains passages de l'*Avesta*. Il y a là une méprise chronologique sérieuse, le *Zervana Akarana* n'est point une divinité éranienne primitive; s'il se rencontre parfois et non au premier plan dans l'*Avesta* il y joue un rôle peu important; c'est plutôt une sorte d'entité métaphysico-astronomique empruntée, de l'avis des auteurs les plus compétents, à la Chaldée. S'il fallait chercher un dieu suprême, unique, Ahura-Mazda en remplirait bien mieux le rôle. C'est ce que du reste quelques éranistes ont essayé en vain de démontrer. Le caractère distinctif du mazdéisme est le dualisme d'Ormuzd et d'Ahriman dominant un polythéisme plus ancien mais cependant subsistant encore. Nous préférons à cela la pensée très-heureuse qu'a eue M. de Hellwald en faisant ressortir que pour Zoroastre et ses disciples le monde est un vaste champ de bataille, où chacun est appelé à prendre part à une lutte qui est au fond l'image de cette grande nécessité naturelle, la lutte pour l'existence.

Naturellement à propos des Éraniens et de leur civilisation qui prit un grand essor sous la puissante dynastie perse des Achéménides, on est amené à s'occuper de la formidable et antique culture de Babylone et de Ninive. L'Éran leur emprunta beaucoup du reste. Cependant nous aurions peut-être désiré quelques développements de plus à cet égard. Les empires de Chaldée et d'Assur remontent à des âges assez lointains, en tant que puissances civilisées, pour avoir droit à un chapitre entier et à une étude spéciale. Il y a eu là un centre d'évolution indépendant de celui des Aryas, probablement aussi de celui de l'Égypte, et qui a fait subir au loin son influence non-seulement sur les Perses, les Mèdes et les Arméniens, mais encore sur l'Asie Mineure, la Grèce, et vraisemblablement sur l'Italie par l'entremise des Étrusques.

M. de Hellwald ayant donné un chapitre spécial aux Sémites comme les Hébreux, et aux Chamito-Sémites comme les Phéniciens, devait en faire autant pour les Mésopotamiens dont la civilisation a tant de rapports avec celle des susdits Phéniciens.

La partie qui concerne les Israélites est écrite de main de maître, notamment les trois pages consacrées à leur religion; il y est démontré à la fois puissamment, clairement et brièvement que le fameux monothéisme juif est d'une date relativement récente. Au temps des juges il n'était pas d'une nature plus élevé que celui du dieu de la guerre assyrien, Bel (Saturne), qui passa chez les Hébreux sous son nom chaldéen de *Jao* ou de *Sabaoth* et qui devint leur dieu national; de là, la sanctification du samedi, jour consacré à la planète Saturne. Quant aux anges, ce ne furent à l'origine que des divinités chaldéennes inférieures, et les *Seraphim*, des dieux domestiques ou pénates qui jouissaient sous David d'un culte particulier.

A l'Égypte est attribué naturellement un long et instructif chapitre où est admirablement résumée cette curieuse civilisation de la vallée du Nil aux origines aussi mystérieuses encore que les sources de ce fleuve. Si M. de Hellwald est sceptique à l'endroit de la chronologie chinoise, il ne l'est point à l'égard de la chronologie égyptienne. Pour lui, on peut aisément remonter jusqu'à 5500 ans avant notre ère pour retrouver encore le peuple égyptien déjà civilisé. Il fait venir l'élément civilisateur de l'Asie, puisque les anciens Égyptiens peuvent être considérés comme Chamites et comme faisant ainsi partie de ce que les ethnologues allemands appellent races méditerranéennes. Néanmoins il admet que ces Chamites ont dû rencontrer dans la vallée du Nil des Foullahs, peuples bruns rougeâtres qu'ils ont repoussés vers le sud; et il mentionne l'existence controversée, mais, selon nous, éminemment probable de nègres dans cette région. M. de Hellwald signale aussi l'existence à Méroé, en Éthiopie, d'un autre centre de civilisation.

Nous ne pouvons entrer ici dans aucun détail sur le tableau que M. de Hellwald fait de l'ancienne Égypte, pas plus que sur celui qu'il nous offre de la vie des anciens Hellènes. Les Macédoniens et les Alexandriniens lui donnent matière à un intéressant chapitre sur les conquêtes d'Alexandre, sur leurs résultats au point de vue de la fusion des civilisations sur les Ptolémées et sur l'importance et l'action de la grande et célèbre école scientifique d'Alexandrie.

A propos des Étrusques, qui furent des Italiotes comme les Ombriens, les Osques et les Latins, M. de Hellwald fait en quelques traits, toujours remarquables par leur netteté, l'histoire de l'Italie avant le grand développement romain. A celui-ci sont consacrés trois vastes chapitres, qui sont, nous ne craignons pas de le dire, une admirable synthèse de l'histoire romaine tout entière. Le premier traite de la royauté et de la république et marque le moment où la civilisation de Rome perdit son caractère italique pour subir l'influence de la Grèce. Le deuxième commence à l'avénement de la tyrannie, du césarisme, et comprend aussi l'étude des peuples occidentaux qui furent conquis et latinisés ensuite, tels que les Ibères et les Celtes; sont signalés dans ce chapitre les Germains et leurs relations avec Rome; enfin l'action des idées orientales se fait sentir et amène le christianisme. Le troisième chapitre a pour sujet la décadence de Rome et la lutte entre le paganisme et la nouvelle foi, au moment où les barbares, où les Gots et les Germains sont sur la frontière; il se termine par le récit du mélange des Romains et des Germains et de la chute de l'empire d'Occident. On comprend du reste que nous ne puissions entrer dans de plus amples détails sur des chapitres de cette importance et qui prêteraient à des développements impossibles ici. Nous en ferons de même pour les 267 pages remplies par une étude du moyen âge et de l'islamisme (à titre d'incident) d'un haut intérêt. Là toutes les qualités de M. de Hellwald prennent un essor admirable ; son indépendance d'esprit, sa rectitude de jugement, son sentiment profond du droit et de la liberté s'y montrent dans toute leur force et dans toute leur beauté. Nous tenons surtout à féliciter hautement M. de Hellwald de n'avoir point cédé à un préjugé trop commun aujourd'hui, qui est une sorte de réaction sur le romantisme affolé du moyen âge et qui consiste à présenter cette période de l'évolution humaine comme un arrêt dans le obscurci le flambeau de la civilisation. M. de Hellwald déclare qu'il ne voit dans le moyen âge aucune anomalie, mais qu'il trouve cette étape de l'humanité parfaitement en harmonie avec les lois de la nature. C'est là un point de vue excellent et dont nous savons grand gré à l'auteur. Il faut bien que les hommes qui pensent soient convaincus que la société moderne n'aurait pas pu éclore telle qu'elle est, si les nations occidentales n'avaient traversé la phase de transition que représente le moyen âge ; il eût été impossible de passer d'un saut de la civilisation antique à l'état où nous nous trouvons ; et il est aussi imprudent de repousser tout ce qui provient du moyen âge qu'il est absurde de l'admirer sans réserve et de rêver le retour d'un pareil état social, ainsi que certaines gens le font encore pour le plus grand dommage de leurs contemporains.

En ce qui concerne les temps modernes, nous aurions bien des choses à dire, et sur l'opinion de M. de Hellwald concernant la Réforme, comme sur l'opinion qu'il s'est faite à l'endroit de la Révolution française. Mais le cadre de cette revue spécialement scientifique nous interdit de mettre le pied sur un terrain qui deviendrait bientôt brûlant, M. de Hellwald liant intimement les faits récents, les événements politiques du jour à son étude sur les temps modernes. Nous pouvons dire que tout en ne partageant pas un certain nombre des idées de l'éminent historien nous ne lui refuserons pas néanmoins une grande largeur de vues digne d'un esprit émancipé comme le sien. D'un bout à l'autre, l'*Histoire de la civilisation* est un livre remarquable auquel, si les destinées des livres sont justes, est réservée une longue et brillante carrière.

GIRARD DE RIALLE.

CONGRÈS DE L'INDUSTRIE MINÉRALE

Session de Saint-Étienne (1)

XVI

LES USINES DE TERRE-NOIRE.

L'usine de Terre-Noire fait partie d'un ensemble connu dans le monde industriel sous la dénomination de *Compagnie des fonderies et forges de Terre-Noire, la Voulte et Bességes.*

(1) Voyez ci-dessus, pages 1, 36 et 89, numéros des 3, 10 et 24 juillet.

Cette Compagnie vient en outre de prendre à bail, pour vingt et un ans, l'usine de *Tamaris*, près d'Alais, ainsi que les mines de fer de Merzelet, près Aubenas (Ardèche).

Cette Compagnie possède donc aujourd'hui les éléments de production dont voici un résumé très-sommaire :

Mines de fer. — Concessions de la Voulte, du Lac, de Saint-Priest, de Merzelet, d'Ailhon, dans l'Ardèche.

Concessions du Travers, de Rochoule et Bordezac, de Saint-Florens, de Valaurie, de Pierremorte, etc., etc., dans le Gard, aux environs de Bességes.

Concessions des environs d'Alais, prises à bail avec les usines de Tamaris.

Mines de houille. — Concession de Janon, Reveux, côte Thiollière, Comberigol, dans la Loire.

Concessions de Lalle, à Bességes.

Usines. Terre-Noire (Loire). — Fabrication des fontes pour acier, des fers et aciers, sous forme de rails, barres marchandes, cornières, tôles, etc. etc.

Lorette (Loire). — Fabrication des fers marchands et feuillards.

La Voulte (Ardèche). — Usine pour la fabrication de la fonte brute avec les minerais de la Voulte, Privas, etc. Fonderie pour tuyaux, moulages mécaniques, ponts en fonte, etc.

Le Pouzin (Ardèche). — Usine pour la production de la fonte brute avec les minerais de Privas, de Merzelet, etc.

Bességes (Gard). — Fabrication des fontes pour acier et pour fonderie. Production de fers et d'aciers sous forme de rails, barres, etc. Fonderie de pièces mécaniques, ateliers de construction.

Tamaris, près d'Alais. — Fabrication de fonte de toutes qualités pour forge et fonderie. Rails, fers marchands, cornières, fers à planchers de toutes qualités. Fonderie de pièces mécaniques, ateliers de constructions.

Cet ensemble représente, comme outillage industriel : 17 hauts fourneaux ; 8 convertisseurs Bessemer de 4000 kilogrammes ; 13 fours Siemens-Martin ; 4 fours Siemens pour ferro-manganèse ; 4 fours Ponsard ; 86 fours à puddler ; 55 fours à réchauffer ; 8 cubilots de fonderie.

Avec ces divers éléments matériels les mines et usines produisent annuellement :

Minerai de fer, 230 000 tonnes ;

Houille, 180 000 tonnes ;

Fonte pour fers et aciers, 125 000 tonnes ;

Fonte pour moulages et commerce, 20 000 tonnes ;

Fonte manganésée de 10 à 64 pour 100 de manganèse, 12000 tonnes ;

Lingots d'acier, 80 000 tonnes ;

Fers en rails, barres, tôles, etc., 60 000 tonnes ;

Aciers en rails, barres, tôles, etc., 65 000 tonnes ;

Moulages en fonte et acier, 12 500 tonnes.

Indépendamment des minerais de fer et de houille provenant des mines de la Compagnie, il existe des marchés à long terme pour 80 000 tonnes de minerais d'Algérie, des Pyrénées, etc., et pour 180 000 tonnes de houille dans le Gard.

L'usine de Terre-Noire, que le congrès a visitée et dont il sera plus spécialement question ici, est située à 3 kilomètres environ de la ville de Saint-Etienne, au confluent de deux vallées ; elle est reliée au chemin de fer de Saint-Étienne à Lyon par un embranchement de 1600 mètres de longueur environ.

Cet embranchement a dû emprunter la voie de surface établie par la Compagnie de Paris-Lyon-Méditerranée au moment de l'écroulement du tunnel de Terre-Noire. Il présente cette particularité que les locomotives doivent y remorquer les wagons chargés sur des pentes de 35 millimètres par mètre. La différence de niveau entre les rails de la gare et les estacades sur lesquelles arrivent les matières premières, soit aux fourneaux, soit à la forge, est de 50 *mètres*.

Quoi qu'il en soit, les usines sont aujourd'hui très-aisément et très-complétement desservies par cet embranchement sur lequel passe chaque jour, en moyenne, 850 tonnes de matières brutes ou finies.

L'usine est divisée en deux groupes principaux : l'un comprenant les hauts fourneaux et la fonderie d'acier, l'autre le puddlage et les laminoirs pour l'élaboration des produits finis.

Il importe, après ces préliminaires indispensables, de reprendre en détail et dans leur ordre méthodique, les diverses industries visitées par le congrès.

Hauts fourneaux.

L'usine de Terre-Noire possède 3 hauts fourneaux spécialement destinés à la fabrication des fontes pour acier Bessemer, pour les fours Martin-Siemens, et aussi pour les fontes manganésées contenant de 10 à 40 pour 100 de manganèse.

Deux de ces hauts fourneaux étaient en activité au moment de la visite du congrès.

Ces hauts fourneaux sont de petite dimension : leur cube intérieur ne dépasse pas 100 mètres cubes.

Ils sont activés par une machine soufflante installée, en 1870-1871, sur les dessins des ingénieurs de l'usine. Cette machine est à balancier, à volant et à condensation. La course est de 2^m,50. Le cylindre soufflant a 2^m,50 de diamètre, le cylindre à vapeur 1^m,665. La distribution de vapeur est à soupapes mues par un arbre à camme. La pression de la vapeur est de 1 kilogramme en sus de l'atmosphère. La machine peut fonctionner utilement à 0^k,600. La détente a lieu normalement pendant les deux tiers de la course ; elle est variable en marche.

Cette machine peut fournir très-convenablement le vent à 3 fourneaux en marche normale, soufflés à une pression de 16 centimètres de mercure avec 3 buses de 80 à 90 millimètres de diamètre.

Cette machine utilise très-convenablement la vapeur et fonctionne avec 4 chaudières en marche représentant 200 mètres de surface de chauffe. Ces chaudières sont uniquement chauffées avec les gaz des hauts fourneaux, et n'emploient jamais de combustible pour la production de la vapeur.

L'usine de Terre-Noire est entrée très-largement dans la voie de chauffer le vent des hauts fourneaux par les appareils Siemens-Cowper. Il existe déjà en fonctionnement 4 appareils de 15^m,50 de hauteur sur 5^m,900 de diamètre extérieur.

Chacun de ces appareils est composé d'une grande cuve en tôle pesant 35 000 kilogrammes. Le rivetage doit être fait avec beaucoup de soin pour ne pas laisser perdre le vent.

La maçonnerie extérieure se compose d'une première enveloppe de briques rouges représentant 20 mètres cubes pour un poids de 37 500 kilogrammes. Puis vient une deuxième envelopppe en briques réfractaires formant un cube de 77 mètres et pesant 138 000 kilogrammes. Puis enfin le quadrillage, destiné plus spécialement à la *récupération* de la chaleur, représentant un nouveau cube de 99^m,600 pour un poids de 190 300 kilogrammes.

La surface de chauffe représentée par le quadrillage est de 3087 *mètres carrés*.

Le quadrillage est supporté par un grillage en fonte pesant 4860 kilogr.

Toutes les vannes pour l'air froid et l'air chaud, ainsi que celles pour l'entrée et la sortie des gaz, doivent être ajustées avec le plus grand soin.

Chaque appareil emploie six valves, ou trous d'homme, représentant un poids de 8467 kilogr.

Chaque appareil pèse dans son ensemble 414 000 kilogr.

Il faut deux de ces appareils pour chauffer le vent d'*un haut fourneau*. La cuve est d'abord chauffée par le gaz pendant trois heures, puis on y fait ensuite passer l'air pendant le même temps et l'on opère ainsi alternativement.

On peut avoir une marche très-convenable pour *deux hauts fourneaux* avec trois appareils. Le gaz en chauffe deux ensemble pendant trois heures, et l'on fait passer dans un seul, pendant une heure et demie, tout le vent nécessaire aux deux fourneaux.

Pour trois fourneaux il faut quatre appareils en fonctionnement, deux au gaz et deux au vent pendant trois heures.

Ces appareils ont besoin de subir des nettoyages assez fréquents, afin de faire disparaître toutes les poussières entraînées par les gaz et dont l'accumulation finirait par être un obstacle absolu à la bonne marche de l'appareil. Chaque opération de nettoyage demande un arrêt de dix à douze jours et doit être faite au bout de six semaines environ ; il en résulte la nécessité d'avoir, pour une usine de trois hauts fourneaux, au moins un appareil de rechange.

Le vent est élevé, au moyen de ces appareils, à une température qui est de 700 degrés au moment de son introduction, et descend à environ 600 degrés au moment où l'on fait le renversement.

On obtient, grâce à cette haute température et à sa régularité, une marche très-économique.

On a pu faire à Terre-Noire, pendant les mois de février et mars, la comparaison complète de la marche avec ces nouveaux appareils et les anciens appareils à tuyaux cloisónnés.

Le fourneau n° 1 avait le vent chauffé par les nouveaux appareils, et le fourneau n° 3 par les anciens. Voici les résultats obtenus pendant cinquante-neuf jours de marche bien normale :

	Fourneau n° 1.	Fourneau n° 3.
Coke consommé..........	2875	3250 tonnes.
Minerai.................	5385	3868 »
Fonte produite..........	3127	2235 »

d'où il résulte que pour 1000 kilogr. de fonte produite il a été consommé :

	Fourneau n° 1.	Fourneau n° 3.
Coke...................	950	1460 kilogr.
Minerai................	1170	1730 »
La production par jour a été.	51500	37700 »

La fonte produite a constamment été grise carburée et siliceuse, elle a été pendant les cinquante-neuf jours employée aux appareils Bessemer.

Il n'est pas sans intérêt de constater qu'il est devenu possible, grâce aux nouveaux appareils, de produire plus de cinquante tonnes de fonte par jour dans les hauts fourneaux dont la contenance intérieure est inférieure à 100 mètres cubes.

Appareils Bessemer.

Il existe à Terre-Noire quatre convertisseurs Bessemer de la capacité de 4000 kilogr. chacun. Ces appareils sont disposés de manière à recevoir directement la fonte liquide provenant des hauts fourneaux.

C'est à l'usine de Terre-Noire qu'a été pratiqué, pour la première fois, en 1866, ce procédé très-économique qui consiste à verser directement la fonte du fourneau dans le convertisseur. Depuis lors, cette pratique a été constante, et la régularité de marche des hauts fourneaux a permis de travailler sans aucune interruption aux convertisseurs Bessemer.

C'est surtout en vue d'obtenir et de maintenir cette régularité que l'usine de Terre-Noire a maintenu ses hauts fourneaux à petites dimensions. Il lui a toujours paru préférable d'obtenir une quantité de fonte déterminée dans deux ou trois fourneaux que dans un seul.

La pratique courante est, en effet, dans cette usine, de composer *chaque coulée* avec la fonte des deux ou trois hauts fourneaux en activité. Par ce moyen, si la fonte de l'un des fourneaux est un peu moins chaude, on a quelque chance de ramener une moyenne satisfaisante par la fonte provenant des autres hauts fourneaux.

Les fontes employées dans les appareils Bessemer sont généralement grises et siliceuses, 1 1/2 à 2 pour 100 de silicium. Les opérations durent en moyenne de vingt-cinq à trente minutes, quinze à dix-huit minutes pour la première période et dix à douze pour la deuxième.

Le spectroscope est employé par les contre-maîtres comme moyen d'arrêter régulièrement l'opération. La décarburation est poussée jusqu'à la limite extrême, et l'addition du spiegeleisen est réglée de manière à obtenir la nuance de qualité cherchée suivant l'emploi auquel l'acier est destiné.

Pour les rails qui représentent une large proportion de la fabrication, on ajoute généralement 10 pour 100 du spiegeleisen contenant de 10 à 12 pour 100 de manganèse.

Le spiegeleisen est fondu au four Ponsard.

La production mensuelle de lingots Bessemer est à Terre-Noire de 2100 tonnes, soit par jour de travail 82 tonnes de lingots, représentant 86 tonnes de fonte grise et 9 tonnes de spiegeleisen entrés dans le convertisseur.

On fait en moyenne, par jour de vingt-quatre heures, vingt-deux à vingt-trois opérations, ce qui représente une production de 3600 kilogr. de lingots par opération.

Fabrication des rails en acier Bessemer à l'usine de Bességes (Gard).

Voici, comme complément de ce que nous venons de dire sur la production de l'acier Bessemer à Terre-Noire, la marche précise de cette opération et de la transformation du métal en rails, telles qu'elles se font à l'usine de Bességes. Les choses se passent sensiblement de même à l'usine de Terre-Noire.

La fabrication de l'acier Bessemer se fait à Bességes en traitant des fontes grises qu'on fabrique avec des minerais de Bone, d'Espagne, des Pyrénées, et des minerais du pays (provenant du terrain du trias).

La richesse du lit de fusion varie de 40 à 42 pour 100 de fer.

Les fourneaux produisent en moyenne 28 à 30 tonnes de fonte par jour, et consomment par tonne de fonte :

  1360 kilogr. de coke ;
  2040 kilogr. de minerai ;
  448 kilogr. de castine.

Ces fontes contiennent 2 pour 100 environ de silicium et 4 à 5 pour 100 de carbone, elles sont toutes pures.

La transformation de la fonte en acier Bessemer dure environ 25 à 30 minutes. — La combustion du silicium précède celle du carbone et élève la température du bain. On pousse l'opération assez loin, et à la fin on a un mélange d'acier et d'oxyde de fer.

L'oxyde de fer est détruit et la masse est ramenée à un état homogène avec un degré de carburation d'environ 8 à 10 pour 100 de fonte spéciale, dite fonte *spiegeleisen*, qui contient de 5 à 6 pour 100 de carbone et de 10 à 12 pour 100 de manganèse.

Il faut environ 1160 kilogr. de fonte (fonte grise et fonte spiegeleisen) pour obtenir une tonne de lingots d'acier.

A Terre-Noire comme à Bességes, on prend la fonte directement au fourneau et cela depuis 1868 pour Bességes et depuis 1866 pour Terre-Noire.

On fait surtout à Bességes du lingot pour rails.

Il faut environ 1180 à 1200 kilogrammes de lingots pour obtenir une tonne de rail. — Le déchet de feu varie de 5 à 5,5 pour 100.

Avec ces données, on peut déterminer aisément la quantité de fonte nécessaire pour obtenir une tonne de rail.

Il est non moins intéressant de rechercher la consommation de combustible exigée pour arriver à produire une tonne de rail ; admettons 1200 kilogr. de lingot d'acier pour une tonne de rail d'acier :

Le chauffage exige............. 356 kilogr. de houille.
La force motrice pour le laminage. 270   —
      Total....... 626   —

La transformation de la fonte en lingot d'acier demande par tonne de lingot :

107 kilogr. de combustible pour chauffer les récipients.
307 kilogr. pour le moteur de la machine soufflante.

Soit 414 kilog. ;

et comme il faut 1200 kilogr. de lingot pour une tonne de rail, cela représente 500 kilogr. de houille.

Puisqu'on consomme 1160 kilogr. de fonte par tonne de lingot, il en faudra pour 1200 kilogr. environ 1390 kilogr.

Si l'on consomme 1360 kilogr. par tonne de fonte, il faudra donc 1890 kilogr. de coke pour la fonte nécessaire à une tonne de rail.

Avec de bons fours à coke analogues à ceux que le congrès a visités dans l'usine de MM. Carvès et Cie, au Marais près Saint-Étienne, il faut 1430 kilogr. de houille lavée par tonne de coke en carbonisant une houille contenant 27 à 28 p. 100 de matières volatiles.

Malheureusement, les houilles employées à Bességes sont sales et ont besoin d'être épurées ; et on compte dans le Gard 1300 kilogr. de houille brute pour obtenir 1000 kilogr. de houille lavée à carboniser — cette houille contenant alors 8 pour 100 de cendres. Donc il faudra 1860 kilogr. de houille brute pour 1000 kilogr. de coke, et 1860 + 1890, soit 3800 k.

en nombre rond pour les 1390 kilogr. de fonte employés à la fabrication d'une tonne de rail.

Les machines soufflantes des hauts fourneaux sont alimentées par la vapeur produite par des chaudières chauffées avec les gaz qui s'échappent des fourneaux.

On a donc dans l'état actuel :

Fabrication de rail d'acier.........	625 kil.	chauffage et moteur
Transformation de la fonte en acier..	500 kil.	
Fabrication de la fonte..........	3800 kil.	(hauts fourneaux)
Total......	4925 kil.	

Si l'on applique les appareils Cowper installés à Terre-Noire, et qui permettent de chauffer l'air insufflé dans le fourneau à une température de 7 à 800 degrés — on arrive à une consommation de 1000 kilogr. de coke par tonne de fonte et même de 950 kilogr.

On diminuerait donc au minimum cette quantité de combustible de 650 kilogr. de houilles et on arriverait alors avec les houilles du Gard qui tiennent 18 à 20 pour 100 de cendres à consommer 1200 kilogr. de houille au maximum pour produire 1 tonne de rail en acier. On est encore loin de ce chiffre pour le fer — on y arrivera peut-être avec les puddlages mécaniques Sellers ou Crampton.

Fours Siemens-Martin.

L'usine de Terre-Noire possède actuellement neuf fours Siemens-Martin. Quatre dans la première usine créée à l'origine et cinq dans une nouvelle usine mise en activité à la fin de l'année 1874. Cette dernière usine est disposée pour recevoir huit fours, dont l'installation sera complète à la fin de cette année.

Les fours primitivement installés à Terre-Noire l'avaient été d'après les indications de MM. Martin et Siemens, qui demandaient alors de placer les fours le plus loin possible des gazogènes.

Il a été constaté, par une pratique de six années, que ce système avait plusieurs graves inconvénients, notamment celui d'amener de fréquents encombrements des conduites par les goudrons et d'obliger à des nettoyages difficiles, pour lesquels il faut absolument arrêter tout le système.

Cet inconvénient a été évité dans les fours de la nouvelle usine, en rapprochant le plus possible les fours de leurs gazogènes.

De plus, l'usine a été disposée de telle sorte que chaque four a ses gazogènes spéciaux, au lieu d'avoir, comme dans la première installation, un réservoir commun pour le gaz. Cette disposition amène évidemment une économie de combustible et donne également l'avantage d'avoir pour l'ensemble de chaque four une responsabilité bien déterminée, ce qui est, en industrie, d'une valeur considérable.

Ces modifications dans le mode de construction des fours se sont traduites par une amélioration sensible dans les résultats.

Les premiers fours installés étaient arrivés à produire 280 à 300 tonnes de lingots par mois, avec une consommation par tonne de 700 kilogr. de houille à gaz, 250 kilogr. de houille ordinaire pour chauffer les matières.

Les nouveaux fours produisent de 375 à 420 tonnes par mois avec 520 kilogr. de houille à gaz et 190 kilogr. de houille ordinaire pour chauffer les matières.

Le but principal de l'installation des fours Martin à Terre-Noire avait été, à l'origine, de refondre tous les bouts de rails, rognures, débris d'acier, etc., etc. Depuis lors l'emploi de ces fours s'est considérablement étendu. Des recherches très-longues et très-complètes, faites à Terre-Noire, à l'aide des fours Siemens-Martin, ont démontré qu'il était possible de transformer en acier des matières que jusque-là on avait cru impropres à cette fabrication.

Il a été constaté, notamment, *qu'il était possible d'introduire dans l'acier jusqu'à 3 millièmes de phosphore, pourvu que le carbone fût réduit au minimum possible, c'est-à-dire à la proportion de 1 1/2 à 2 millièmes* (1).

La substitution du ferro-manganèse au spiegel, à la fin de l'opération, a permis d'amener à l'état pratique l'emploi d'une certaine proportion de vieux matériaux en fer contenant des doses plus ou moins considérables de phosphore. On emploie couramment aujourd'hui, aux fours Martin-Siemens de Terre-Noire, du ferro-manganèse dont la teneur en manganèse varie de 40 à 64 pour 100 suivant les produits que l'on veut obtenir.

On a pu voir à l'usine des rails obtenus par ces procédés, contenant de 2 1/2 à 3 millièmes de phosphore, et ayant subi sans difficulté les épreuves exigées par les compagnies de chemins de fer, et de qualité absolument similaire à celle des meilleurs rails d'acier Bessemer.

La production mensuelle des lingots Martin à l'usine de Terre-Noire est de 1800 à 2200 tonnes suivant les besoins. La production possible avec le matériel actuel est de 2500 tonnes par mois.

Ferro-manganèse.

Il existe à Terre-Noire quatre fours Siemens destinés à la fabrication des alliages riches en manganèse ; sur ces quatre fours, deux seulement sont en activité et les deux autres sont en réparation. Cette industrie nécessite un entretien considérable pour les fours, et il faut bien compter sur cette proportion de deux en réparation pour deux en activité.

La production du ferro-manganèse est installée à Terre-Noire depuis 1868, et a subi depuis lors de fréquentes et importantes modifications.

M. Henderson, le créateur du procédé, déclarait, dans son brevet primitif, qu'il était impossible de fabriquer du ferro-manganèse contenant plus de 25 pour 100 de manganèse métallique.

Les procédés de M. Henderson laissaient en effet beaucoup à désirer, il n'avait pas suffisamment étudié la composition des laitiers et leur influence ; la construction du four étant fort loin d'être parfaite, et il a fallu une série d'études longues et coûteuses pour arriver à l'état actuel, qui permet de produire couramment des alliages à 65 pour 100 de manganèse.

Tous les perfectionnements successivement apportés à cette fabrication sont consignés dans les divers brevets d'invention et de perfectionnement pris par la Compagnie de Terre-Noire de 1871 à 1875. On trouvera dans ces brevets la description de tous les procédés et des explications sur les faits qui ont amené des modifications successives.

---

(1) M. Euverte, directeur de l'usine de Terre-Noire, a présenté sur ce sujet, dans une des séances du congrès, un intéressant mémoire analysé plus haut, page 36, numéro du 10 juillet 1875.

Les explications qui précèdent ont été fournies aux membres du congrès afin de leur permettre de comprendre comment l'état présent de l'industrie du ferro-manganèse se relie au passé.

La pratique actuelle de cette fabrication, telle qu'elle était au moment de la visite du congrès, comporte les dispositions suivantes :

1° La fabrication est basée sur l'emploi des oxydes régénérés provenant des résidus de la fabrication du chlore. On obtient par ce procédé des oxydes de manganèse riches, contenant une certaine dose de chaux, et ne contenant absolument point de silice, ce qu'il faut à tout prix éviter, eu égard à l'affinité bien connue de la silice pour le manganèse.

2° Ces oxydes sont mélangés avec la proportion nécessaire de minerai de fer aussi pur que possible, ordinairement du minerai Mokta pulvérisé. On ajoute au mélange une proportion de 10 pour 100 de brai sec et 15 pour 100 de houille menue formant l'élément réducteur. Et enfin, pour augmenter la fluidité de la scorie, on ajoute une proportion de spath-fluor qui varie avec la quantité de chaux contenue dans les oxydes.

3° Ce dosage fait avec le plus grand soin est introduit dans un mélangeur mécanique, dans lequel les matières sont suffisamment chauffées pour donner au brai ses propriétés agglomérantes. Puis, une fois la matière sortie du mélangeur, on en fait des briquettes au moyen d'une machine à comprimer.

4° Les briquettes sont d'abord introduites dans un four dormant, à basse température, où elles subissent un commencement de réduction, puis elles sont introduites au rouge dans le four Siemens destiné à compléter l'opération.

5° Le four Siemens a été, au préalable, préparé avec le plus grand soin dans le choix des matériaux qui composent toutes les parties du four. La sole est en graphite aggloméré avec toutes les précautions dont on trouvera le détail dans les brevets.

Le four est amené à une température aussi élevée que possible, on n'en saurait avoir trop pour amener la réduction du manganèse, et la scorification des matières étrangères. Lorsque l'ouvrier fondeur constate que les matières sont à peu près fondues, on introduit dans le four une certaine quantité de spiegel plus ou moins riche, suivant l'alliage qu'on veut obtenir.

On comprend en effet qu'avec des oxydes purs d'une part, et une addition de spiegel qu'on prend plus ou moins riche suivant les besoins, on peut arriver à toutes les teneurs possibles en manganèse.

Étant admis qu'on obtient aujourd'hui au fourneau des spiegels à 40 pour 100, la fabrication du ferro-manganèse à 65 pour 100 devient très-courante et pratique par les procédés employés à l'usine de Terre-Noire.

Dans ces conditions, un four peut produire, en vingt-quatre heures, 12 à 1500 kilogrammes de ferro-manganèse à 65 pour 100.

Forges. Laminage des fers et aciers en rails, barres, tôles, etc.

La forge de Terre-Noire comprend 26 fours à puddler dont le but principal est de transformer en fer les fontes produites à la Voulte et au Pouzin.

Les fours à puddler sont à deux soles, dont l'une pour chauffer la fonte ; ils sont desservis par 4 pilons shingleurs et 2 trains ébaucheurs.

Les fontes de l'Ardèche, qui forment la grande fabrication, sont généralement blanches : elles sont traitées à raison de 12 à 13 charges de 225 kilogr. par douze heures et par four, chaque four étant servi par 3 hommes.

On travaille également au puddlage quelques fontes fines destinées à la fabrication des fers et tôles de qualité supérieure pour la marine et les constructeurs.

Tous ces fers puddlés, ainsi que les lingots provenant de la fonderie d'acier, sont transformés en rails, barres diverses, tôles, etc. par un matériel composé comme suit : deux gros trains pouvant laminer les rails et gros fers ; deux moyens mills pour toutes les dimensions courantes ; un petit mill pour petits fers ; un laminoir à tôle pour les grosses dimensions ; deux laminoirs pour tôles minces.

Ces huit trains de laminoirs sont desservis par 24 fours à réchauffer et 10 fours dormants ou à recuire ; ils sont mis en action par 5 machines à vapeur, formant ensemble 1350 chevaux.

Au moment où le congrès a visité les usines de Terre-Noire, on laminait des rails d'acier de 9 mètres de longueur pour la haute Italie. Le poids du mètre est de 36 kilogrammes environ, et le rail entier pèse 325 kilogrammes. Le train est desservi par 4 fours dont 3 chauffent les lingots pour les dégrossir, et un les réchauffe pour les porter au laminoir finisseur.

Le nombre de rails laminés en douze heures est de 180, représentant 58 500 kilogrammes par douze heures. Cette production rapportée aux 4 fours en marche correspond à 14 800 kilogrammes de produit par four, ce qui représente une très-forte production, si l'on se rappelle que la production des rails en fer n'a jamais donné plus de 7500 kilogrammes par four et par douze heures.

La production relativement considérable à laquelle on est arrivé aujourd'hui dans les divers services de l'usine de Terre-Noire, tient surtout à une organisation très-étudiée du salaire à la tâche, salaire non-seulement proportionnel, mais progressif suivant l'augmentation de la production.

Depuis trois ans, on produit à l'usine de Terre-Noire une quantité considérable de tôles fortes en acier. La marine de l'État ayant expérimenté ces produits, et les ayant trouvés de qualité convenable et régulière, est entrée largement dans leur application à la construction des grands navires de guerre.

Dans ces dernières années, elle en a commandé soit à Terre-Noire, soit au Creusot, une quantité qui dépasse aujourd'hui 6000 tonnes déjà employées ; elle vient encore de faire de nouvelles commandes fort importantes, puisque sous forme de tôles et cornières, elles atteignent le chiffre de 10 000 tonnes.

Ces tôles et cornières doivent supporter les épreuves suivantes :

Soumises à un effort de traction, elles doivent supporter, avant rupture, une charge de 45 kilogrammes par millimètre carré et au moins 20 pour 100 d'allongement sur une barrette de 20 centimètres de long.

Les tôles soumises à la trempe à la température rouge-cerise, dans de l'eau à 28 degrés, ne doivent pas être sensiblement altérées.

Écoles. Caisses de secours. Caisse de retraites.

La Compagnie de Terre-Noire attache une grande importance à pourvoir dans tous ses établissements aux besoins moraux des populations qu'elle emploie.

Il existe à l'usine de Terre-Noire des écoles et salles d'asile assez vastes pour recevoir 1200 enfants, les deux sexes étant séparés avec soin dans les écoles.

Il existe également un hôpital, dans lequel les blessés sont reçus et soignés aux frais de la Compagnie. Tous les soins médicaux et une part considérable des remèdes sont également fournis gratuitement aux ouvriers.

Une caisse de secours, administrée par des délégués des ouvriers, sous la présidence du directeur des usines, fournit des secours temporaires aux malades et à leur famille. Cette caisse possède aujourd'hui un capital de plus de 80 000 francs.

Une caisse d'épargne, gérée par la Compagnie, reçoit les sommes déposées par le personnel d'ouvriers et de contre-maîtres, elle possède aujourd'hui une somme supérieure à 300 000 francs.

Dans sa dernière assemblée générale, et sur la proposition du directeur, la Compagnie a décidé qu'elle accorderait à la caisse de retraites du personnel une dotation de 500 000 francs.

Il existe également à Terre-Noire, sous le patronage de la Compagnie, une société philharmonique dont le chef est payé par la Compagnie, et une société d'archers à laquelle il a été fourni un vaste local.

Tous ces éléments d'amélioration morale ont certainement contribué autant, et peut-être plus que l'amélioration de l'outillage, au développement des usines de Terre-Noire.

Le congrès a pu apprécier l'excellente tenue et l'instruction musicale vraiment remarquable de la Société philharmonique. Elle a joué plusieurs morceaux pendant le déjeuner offert aux membres du congrès par la direction de Terre-Noire et les a reconduits ainsi jusqu'à la gare du chemin de fer.

Cette visite de Terre-Noire a été assurément une des plus intéressantes, et nulle part le congrès n'a été reçu avec plus de cordialité et de luxe. Un repas splendide, — surtout quand on songe qu'il était offert en pleine campagne, — attendait les membres du congrès dans une salle ornée pour la circonstance avec beaucoup de goût ; une exposition des produits de l'usine était disposée dans la cour attenante, et parmi les objets qui attiraient le plus l'attention se trouvaient des obus pour la marine, d'une composition particulière, destinés à percer les épaisses cuirasses des navires actuels et à éclater seulement après dans l'intérieur même de la coque.

La visite était dirigée par M. Euverte, directeur de l'usine, M. Lemonnier, ingénieur en chef, et les différents ingénieurs, qui ont tous montré la plus grande obligeance pour fournir tous les renseignements désirés.

XVII

USINE A COKE DU MARAIS, A SAINT-ÉTIENNE (SOCIÉTÉ DE CARBONISATION DE LA LOIRE, CARWÈS ET Cⁱᵉ)

Cette usine, une des premières que le congrès ait visitées, est consacrée principalement à la fabrication du coke d'après des procédés qui permettent de conserver les sous-produits de la distillation et notamment le gaz. Pour utiliser ce gaz on a été conduit à y introduire diverses fabrications accessoires, notamment celles des briques réfractaires et de l'albumine extrait du sérum provenant de l'abattoir de Saint-Étienne. Mais c'est la fabrication du coke qui doit surtout nous arrêter.

La houille, dont les usages aujourd'hui si répandus tendent sans cesse à s'accroître encore, rend à l'industrie de tels services, que tout ce qui peut en améliorer l'emploi ou faire servir à d'utiles applications les nombreux produits qu'elle est de nature à fournir, mérite de fixer au plus haut degré l'attention.

Utilisée directement comme combustible, elle réalise plus ou moins complétement les avantages qu'on en attend suivant sa nature particulière d'abord, mais quelle que soit celle-ci, relativement à la proportion et à la nature des substances fixes qui constituent les cendres.

Soumise à la distillation, elle fournit des gaz, de nombreux produits condensables et du coke dont les proportions et la variété des caractères dépendent d'un grand nombre de conditions particulières aux résultats qu'on cherche à obtenir en la décomposant par la chaleur.

Sans nous arrêter aux détails relatifs à la fabrication du gaz de l'éclairage, il nous suffira de dire que si, comme résidu important de l'opération, la houille distillée fournit du coke, celui-ci est impropre à servir à la plus grande partie des opérations métallurgiques et au chauffage des locomotives.

Ces caractères défavorables, il les doit au mode de distillation à l'aide duquel il a été obtenu. Saisie par la température élevée à laquelle elle se trouve subitement soumise, la houille fournit un coke qui ne peut acquérir la compacité indispensable pour les grandes opérations métallurgiques, reste noir, poreux et friable et ne peut, dès lors, être généralement utilisé que comme combustible de chauffage domestique.

Aussi, jusqu'à une époque peu éloignée, ne fabriquait-on que dans des fours à flamme perdue le coke métallurgique, ainsi que celui qu'on destine au chauffage des locomotives.

Mais, quand on considère que la proportion moyenne du coke fourni par les bonnes houilles ne s'élève guère au delà de 70 pour 100, et que les 30 pour 100 restants se volatilisaient ou se brûlaient sans aucune utilité dans les cheminées des fours, se prenait-on à regretter une semblable déperdition et à hâter, par des vœux sincères, le moment où il serait donné à l'industrie d'obtenir des cokes doués des propriétés qu'elle exige, en même temps qu'elle parviendrait à recueillir les produits divers qui, jusque-là, se trouvaient entièrement perdus.

Cet important problème est aujourd'hui résolu ; mais, comme dans tout autre cas, ce n'a pas été sans de grandes difficultés, sans de larges écoles et sans des pertes considérables de capitaux qu'on y est parvenu.

Une grande usine, placée sur l'un des points où des houilles de très-bonne qualité sont exploitées sur la plus grande échelle, où les transports par plusieurs voies ferrées facilitent le mouvement de tous les produits, où l'industrie métallurgique compte de nombreux établissements, réalise d'une manière extrêmement satisfaisante la fabrication du coke au moyen d'appareils qui permettent de recueillir et d'utiliser tout ce que, dans les conditions ordinaires, la houille fournissait en pure perte.

Fondée en 1858, la Société de carbonisation de la Loire exploite divers procédés, au moyen desquels elle produit du coke propre à tous les usages de l'industrie, ce que ne font pas les usines à gaz, et recueille tous les produits accessoires provenant de la distillation de la houille, qui, par les anciens procédés, sont brûlés pendant la carbonisation (gaz d'éclairage, goudrons, eaux ammoniacales, etc.). C'est là la grande originalité de l'usine du Marais qui devait, à ce titre, attirer une des premières l'attention du congrès. Il y a là, en effet, un progrès immense et une économie de combustibles vraiment énorme que nous essayerons de chiffrer tout à l'heure. On peut dire qu'aujourd'hui, d'après les procédés courants, on ne dédouble la houille en coke et en gaz que pour perdre l'un ou l'autre ; c'est ce gaspillage que les procédés suivis à l'usine du Marais doivent faire disparaître.

A ses débuts, la Société avait établi des fours de forme spéciale et coûteuse ; aujourd'hui elle utilise les anciens fours, quelles que soient leurs formes et leurs dimensions, et, moyennant une très-faible dépense — 1000 francs par four environ — les rend propres à cette production simultanée du coke et des sous-produits de la houille.

Le coke ainsi fabriqué ne laisse rien à désirer, il a toutes les qualités qu'on exige d'un bon coke obtenu par les anciennes méthodes, et donne satisfaction complète aux consommateurs de la Société de carbonisation de la Loire, dont les principaux sont : les compagnies des fonderies et forges de Terre-Noire, La Voulte et Bességes ; de la Franche-Comté ; Petin, Gaudet et Cᵒ ; Harel et Cᵒ, de Givors ; André Kœchlin, de Mulhouse, etc., etc.

Tant que la compagnie des chemins de fer de P.-L.-M. a consommé du coke pour le service de sa traction, l'usine du Marais lui en a fourni 60 tonnes par jour. .

Le rendement en coke, pour les charbons essayés ou employés couramment à l'usine du Marais, a toujours été à peu près égal au rendement obtenu dans les essais de laboratoire, c'est-à-dire *maximum*. Les produits accessoires, autres que le coke, semblables dans leur nature à ceux des usines à gaz, en diffèrent un peu par les proportions des divers corps qui les composent, et sont, comme eux, des plus intéressants ; ils consistent en :

Graphite, utilisé par les fabricants d'acier pour la confection des creusets.

Brai, employé dans la fabrication des agglomérés (charbons artificiels), consommés par la marine et les chemins de fer.

Benzine, de diverses qualités, employées à tous les usages connus de ce produit : fabrication de matières colorantes, dissolution du caoutchouc, dégraissage, nettoyage des machines locomotives et autres, fabrication du vernis, etc., etc.

Acide phénique, utilisé pour fabriquer l'acide picrique, le bleu de Lyon, les désinfectants, les vinaigres de toilette, etc., etc.

Huile lourde, employée pour la dissolution du brai sec, que les fabricants d'agglomérés tirent d'Angleterre ; pour l'éclairage, au moyen de la lampe Donny ; pour la fabrication du noir de fumée, la conservation du bois, etc., etc.

Alcali ambré et blanc, ayant divers emplois dans la teinturerie, la droguerie, la pharmacie, la fabrication de la glace au moyen des appareils Carré, etc.

Sulfate d'ammoniaque, servant à la fabrication de l'alun, des engrais artificiels, etc.

Chlorhydrate d'ammoniaque, ayant divers emplois dans l'industrie.

Carbonate d'ammoniaque, employé pour le dégraissage des laines, le foulonnage des draps.

La Société Carvès et Cᵒ a déjà, dans ses usines du Marais, à Saint-Étienne, 188 fours en marche, et elle en établit en ce moment 100 à Bességes (Gard), dont 85 sont en activité depuis plusieurs mois.

A Saint-Étienne, elle carbonise 80 000 tonnes de houille de diverses provenances, qui produisent moyennement et en nombres ronds : .

52 000 tonnes de gros coke ;
3 500   —   petit coke ;
30   —   graphite.

Ensemble, 55 530 tonnes, soit pour cent de houille distillée 69,40 pour 100, rendement supérieur de un sixième au moins à ceux qu'on obtient par les anciens procédés.

Plus, 2400 tonnes de goudron pur, c'est-à-dire privé d'eau, et 300 000 kilogrammes de produits ammoniacaux.

L'usine comprend, en outre, comme le fera celle de Bességes, tous les appareils de carbonisation, préparation mécanique des charbons (criblage, broyage, lavage), appareils à vapeur pour le défournement, extracteurs de gaz, etc., ateliers pour la distillation du goudron, la préparation de la benzine, de l'acide phénique et des divers produits de l'ammoniaque.

La Société de carbonisation a réalisé jusqu'ici, et en dehors du coke, un bénéfice moyen et net de 2 fr. 50 par tonne de houille carbonisée, provenant uniquement du chef des sous-produits qui viennent d'être énumérés et qui sont totalement perdus dans les anciens ateliers de carbonisation.

Cependant l'emploi de ces matières va toujours en croissant, et l'industrie française est obligée de les demander, pour la plus grande partie, à l'Angleterre, lui abandonnant ainsi une somme énorme, qu'il est d'ailleurs facile de faire ressortir, à très-peu près, exactement.

En effet, la production annuelle du coke en France est au moins de 3 000 000 de tonnes obtenues en totalité en brûlant les sous-produits, et pour laquelle il a été carbonisé un minimum de 5 250 000 tonnes de houille. Par les procédés employés à l'usine du Marais-Saint-Étienne, on ne consommerait au maximum que 4 500 000 tonnes ; on réaliserait, par conséquent, une économie d'au moins 9 375 000 francs, ci 9 375 000
en estimant la houille carbonisée, prête à mettre au four, au prix très-bas de 12 fr. 50 les 1000 kil.

On aurait, en outre, retiré des 4 500 000 tonnes ainsi carbonisées au moins 135 000 tonnes de brai d'une valeur minima de 70 francs l'une, soit 9 450 000 francs, ci 9 450 000

6000 tonnes de benzine, d'acide phénique, d'huiles, etc., valant au moins 500 francs les 1000 kilogr., soit 3 000 000 de francs, ci 3 000 000

Enfin, 20 000 tonnes au moins de produits ammoniacaux dont le prix est, au minimum, de 550 francs l'une et qui feraient 11 000 000

La valeur des produits qu'on économiserait ou qu'on retirerait de la houille carbonisée, pour produire suffisamment de coke pour toute la consommation française, s'élèverait par conséquent à . . . . : . . . .   32 825 000 qui, tous les ans, s'en vont en fumée pendant que nous·portons pareille somme chez nos voisins d'outre-Manche ; c'est donc en chiffres ronds 60 000 000 de francs de perdus pour le pays.

Et en même temps quelle richesse perdue pour l'agriculture ! L'ammoniaque ainsi gaspillée contiendrait 4 000 000 de kilogrammes d'azote, *l'engrais par excellence*, de quoi fumer 100 000 hectares de terrains à raison de 40 kilogrammes d'azote par hectare, quantité plus considérable que celle qu'on utilise par l'emploi des meilleurs fumiers de ferme et même du guano.

On pourrait objecter que toutes les houilles ne se prêtent pas à la carbonisation en vase clos. C'est très-vrai ; mais si l'industrie française pouvait s'approvisionner à bas prix du brai dont elle a l'emploi (le brai anglais vaut en ce moment 80 francs les 1000 kilogrammes à Saint-Étienne), ces houilles trouveraient un très-facile écoulement dans la fabrication de l'aggloméré, combustible de plus en plus recherché par la marine et les chemins de fer.

Après avoir fait ressortir l'importance économique considérable des procédés suivis à l'usine du Marais, il nous reste à les décrire en détail. On ne peut mieux faire que d'emprunter cette description au rapport présenté par M. Gaultier de Claubry à la Société d'encouragement pour l'industrie nationale, au nom du comité des arts chimiques lors de la première publication de ces procédés.

C'est à M. Knab qu'on doit l'invention primitive ; tels qu'ils avaient été établis, les appareils fournissaient les divers produits qui proviennent de sa distillation en vases clos, mais ce n'est que progressivement et après de nombreuses tentatives qu'en conservant le principe dont il est juste de lui laisser l'honneur on est parvenu à des résultats industriels et de nature à procurer des bénéfices.

Pour être à même de bien faire comprendre l'importance du procédé, les difficultés qu'il a fallu surmonter pour le mettre en pratique et les avantages que présente aujourd'hui son emploi, il est indispensable d'exposer d'abord très-rapidement les résultats qu'il s'agit d'obtenir.

Distillée en vase clos, la houille fournit des gaz qui, à l'exception de l'acide carbonique, sont combustibles et peuvent servir, comme tels, à procurer la chaleur nécessaire à cette opération même ; de l'eau qui renferme des proportions plus ou moins grandes de sels ammoniacaux et des produits désignés sous le nom de *goudron*, véritable *caput mortuum* d'où l'on tire aujourd'hui de nombreux corps qui ont pris un rang très-élevé dans l'industrie, et parmi lesquels se trouve la benzine, dont les dérivés ont apporté à la teinture et à l'impression des étoffes de si remarquables éléments. Le coke que l'on trouve comme résidu dans les vases distillatoires est l'un des combustibles les plus utiles et les plus employés, quand il est doué de certaines propriétés qu'il n'acquiert que dans des conditions données. Théoriquement, rien ne semblerait plus facile que de réaliser sur une grande échelle celles qui permettent de tout recueillir, et de n'être pas exposé à n'avoir en main que des produits dont la valeur n'offre aucun rapport avec les frais que nécessite le travail.

En pratique, ça été chose très-difficile, au contraire ; et, quand il ne s'agirait que d'opérer sur plus de quatre-vingts fours recevant par vingt-quatre heures 150 tonnes de houille, de condenser les produits volatils, de les purifier, de les

transformer en produits secondaires tels que l'industrie les demande, ce serait assez pour que la construction et la conduite d'un pareil établissement méritassent d'être signalées. Aujourd'hui l'usine peut carboniser 300 tonnes par vingt-quatre heures.

La fabrication du coke destiné aux grandes opérations métallurgiques et aux chemins de fer étant la base de l'établissement dit *du Marais*, sis à peu de distance de Saint-Étienne, nous devons indiquer d'abord quelles sont les qualités qu'on exige dans ce produit, et voir ensuite de quelle manière on peut les lui procurer par distillation en vases clos et comment, en les lui donnant, on peut cependant recueillir tous les produits qui se forment par l'action de la chaleur sur la houille.

Le coke métallurgique, également applicable aux locomotives, doit être dur, argentin, compacte dans toutes ses parties, résister à la charge d'une masse considérable et ne renfermer que les moindres proportions possibles de cendre, variables cependant suivant les usages auxquels on le consacre.

Pour atteindre ce dernier but, on emploie deux procédés différents suivant le résultat à obtenir ; mais comme il s'agit ici d'une question économique, c'est du résultat seul qu'on doit se préoccuper, et, si des appareils d'une construction véritablement primitive donnent aussi bien le moyen d'y parvenir que des machines très-ingénieuses, mais d'un prix élevé, on ne saurait qu'approuver l'établissement qui conserverait l'usage des premiers.

C'est à l'aide du lavoir ou bac à piston, mû mécaniquement, qu'on opère le lavage dans l'établissement du Marais ; l'opération n'y laisse rien à désirer quant à la bonne nature des produits ; et, comme il ne dépense que quelques centimes par tonne en sus des appareils les plus perfectionnés, et que certains chemins de fer payent une prime proportionnelle à la moindre proportion de cendre que renferment les cokes, et qui ne doit pas s'élever pour eux à 4 pour 100, il y a avantage réel à s'en servir.

Le coke pour hauts fourneaux peut en contenir jusqu'à 12 pour 100 ; pour l'obtenir, on procède d'une manière différente.

La houille est projetée dans un trummel à mailles de $0^m,004$ et faisant quarante tours par minute au moyen d'une machine à vapeur destinée à l'alimenter de houille, de $3^m,50$ de longueur et $0^m,60$ de diamètre, garnie de toile métallique et débitant 70 tonnes par dix heures de travail.

La houille très-divisée ne renferme qu'une très-faible proportion de matières étrangères ; par l'action d'une chaîne à godets, celles-ci, séparées de la houille qui a passé au travers du trummel, viennent au lavoir fournir le combustible qu'elles recèlent, et qui se trouve ensuite soumis au broyage entre des rouleaux et mêlé avec le produit du tamisage.

On fabrique, à leur aide, un coke plus riche en cendres que le précédent. C'est à l'un ou l'autre de ces états qu'on soumet la houille à la distillation : le but en ayant été précédemment exposé, nous avons maintenant à voir quelles conditions elle exige et de quelle manière on les remplit dans l'usine ; pour cela, nous allons successivement examiner la disposition générale des appareils, en étudier la marche et signaler les importantes modifications apportées au système primitif.

Des fours entièrement clos, dont la sole est chauffée inféricurement par circulation de la flamme du combustible, des tuyaux et des appareils destinés à la conduite et à la condensation de tous les produits volatils, enfin l'utilisation des gaz pour la distillation de la houille, tel est, dans son ensemble, le système établi à l'usine du Marais; mais de ses dispositions générales à sa marche économique il existe une énorme distance, et ce n'est que par des modifications successives, achetées par dé lourds sacrifices, que ce système est parvenu au point où il se trouve aujourd'hui et que nous allons décrire.

Les fours, de 7 mètres de longueur sur 2 mètres de largeur, étaient primitivement construits en briques réfractaires, uniquement consacrées aujourd'hui à la confection de la sole, sous laquelle règnent des carneaux que parcourt la flamme destinée à son échauffement. Cette sole, à l'origine, avait une épaisseur de 0^m,20 et, par suite, était très-difficile à échauffer; elle n'a plus aujourd'hui que 0^m,08 et satisfait complétement à sa destination en économisant une très-grande quantité de combustible.

Les carneaux de chaque four communiquent avec un conduit général qui amène tous les produits de la combustion dans une vaste cheminée placée à l'extrémité de chaque ligne de fours.

Les soles sont inclinées d'avant en arrière, pour faciliter le déchargement des fours; les voûtes surbaissées ont, à leur naissance, 0^m,70 et, au centre, 1 mètre.

Aux deux côtés de chaque four existent des ouvertures qui peuvent être closes hermétiquement au moyen de portes en fonte mues à l'aide d'un mécanisme convenable.

Les gaz et produits volatils se dégagent par des conduits qui les amènent successivement dans un conduit principal refroidi par un bain d'eau continuellement renouvelée, et s'écoulent, à l'aide de siphons, dans des réservoirs à ce destinés, tandis que les gaz, continuellement aspirés par des extracteurs jouant le rôle de pompes aspirantes et foulantes, viennent, après s'être dépouillés de tous les produits condensables qu'ils avaient entraînés, déboucher dans chaque four, en traversant une buse qui les y instille au-dessus d'une grille sur laquelle on brûle le peu de combustible nécessaire à déterminer leur inflammation et qui coopère en même temps au maintien de la température des soles.

Sur la voûte de chacun des fours existe une autre ouverture pour le chargement qui s'effectue à l'aide de wagons à bascule. L'opération achevée, ce qu'on reconnaît facilement en fermant la valve qui donne issue aux gaz et dont le mouvement détermine la sortie de fumée au travers des garnitures des portes, s'il se forme encore des produits volatils, on extrait le coke en poussant la masse entière au moyen de la pression qu'exerce sur elle une plaque mue par une machine à défourner, qui peut être successivement transportée en face de chaque four.

Cette masse, arrivée sur le sol, est recouverte de poussier de coke sous lequel elle se refroidit et d'où on l'extrait lorsqu'un nouveau four doit être déchargé.

Dans le principe, le conduit principal qui reçoit les gaz et les produits volatils était enfoui dans le sol d'où résultaient de graves inconvénients quand il s'agissait de s'assurer sur quel point pouvait exister une fuite; aujourd'hui il est complétement en vue dans tout son parcours : les gaz arrivaient dans le four au moyen d'une buse pleine, ne brûlaient que d'une manière incomplète et exigeaient un supplément de combustible; maintenant ils y parviennent par un orifice annulaire, tandis qu'un courant d'air afflue par un autre orifice central, disposition au moyen de laquelle aucune portion des gaz n'échappe à la combustion.

La houille en fragments qu'on employait dans le principe, quoique régalée avec beaucoup de soin, ne fournissait qu'un coke peu compacte, impropre à servir aux usages métallurgiques et au chauffage des locomotives sur les chemins de fer ; la surface, sur une épaisseur plus ou moins considérable, restait noire et boursouflée, et donnait lieu à des pertes considérables par suite de ces défavorables qualités.

Par suite du lavage et du criblage on obtint déjà des résultats préférables, mais la surface était toujours noire et boursouflée. Une légère modification dans la disposition des charges a fait disparaître ce grave inconvénient; elle a consisté à les recouvrir d'une légère couche de poussier de coke, et maintenant la masse entière présente tous les caractères voulus.

L'augmentation de la température par la meilleure combustion des gaz a non-seulement permis d'obtenir des cokes de meilleure qualité, mais des goudrons qui fournissent une plus grande proportion de benzine, conditions très-importantes en raison du prix élevé de ce produit et de celui des divers composés qu'il peut fournir.

Lorsque dans la fabrication du coke au moyen des fours à flamme perdue on doit extraire ce produit, on se trouve dans l'obligation absolue de le briser à l'aide des ringards qui servent à l'en retirer.

Les fours dont nous nous occupons étant munis de deux ouvertures opposées, de la largeur même des soles, on peut, par une pression exercée sur la masse entière dans le sens de l'inclinaison des soles elles-mêmes, la faire sortir d'un seul bloc et la faire glisser ainsi sur le terrain pour la livrer au refroidissement.

La pression doit être lentement appliquée jusqu'à ce que le coke qui y adhère toujours soit détaché de la sole, et continuée progressivement jusqu'à ce que le poids de la partie proéminente la fasse glisser sur un plan incliné, en briques, placé devant le four. Sorti du four à une température rouge et qui se maintient pendant longtemps, et déterminerait la perte d'une portion considérable de ce combustible, le coke doit être nécessairement éteint.

C'était en y projetant de l'eau qu'on y parvenait autrefois, mais par ce moyen on le rendait noir et friable, et on obtenait de grands déchets. En le recouvrant d'une couche de poussier de coke sous laquelle on l'abandonne pendant quarante-huit heures, on lui conserve toutes ses propriétés.

Le déchargement des fours à bras d'homme était une opération difficile; une machine à défourner, successivement transportée devant chaque four et mue par une machine à vapeur mobile, l'opère dans d'excellentes conditions. Une amélioration importante a été introduite dans cette machine à défourner sur l'indication de M. Gaultier de Claubry. Elle consiste à la munir des organes nécessaires pour agir alternativement sur les deux rangées de fours placées en lignes parallèles.

Nous avons dit précédemment qu'entre les fours et les appareils récepteurs des gaz qui doivent être conduits ensuite dans les fours il existait un système d'extracteurs remplissant les fonctions de pompe aspirante et foulante, et qui remplacent un système défectueux primitivement établi d'après les indications du brevet Knab. Ils consistent en un réservoir dans lequel les amènent et d'où les font sortir l'élévation et l'abaissement alternatifs de cloches plongeant dans des caisses remplies d'eau jusqu'à une hauteur déterminée.

On sait que le gaz de l'éclairage n'abandonne qu'incomplétement dans le barillet et les appareils de condensation les goudrons et les sels ammoniacaux qu'il transporte; la masse de houille sur laquelle on opère à la fois dans l'établissement du Marais laisserait encore, dans celui qui doit servir au chauffage des fours, une plus grande proportion des produits qu'il s'agit de recueillir, puisque c'est sur eux que se fonde une grande partie des bénéfices de l'opération.

Pour les enlever on leur fait traverser, de bas en haut, des cylindres en fonte remplis de coke, à la partie supérieure desquels se trouve une plaque perforée qui y amène, à un grand état de division, un courant continuel d'eau. Il passe ensuite à une autre colonne, également verticale, renfermant 500 tuyaux de plomb de $0^m,01$ de diamètre, constamment refroidis par un courant d'eau; après quoi, il se rend, par un conduit, aux fours, dans chacun desquels il débouche par une buse.

Les produits condensés consistent, comme dans les usines d'éclairage, en eaux ammoniacales et en goudrons qui sont traités dans l'établissement.

Nous n'avons rien à dire de particulier relativement aux produits ammoniacaux; quant aux goudrons, ils sont distillés dans des chaudières en tôle qui existent dans l'usine : ces chaudières envoient les produits volatils dans des serpentins, d'où ils coulent dans des caisses closes divisées verticalement par une cloison qui n'atteint pas le fond et jouant le rôle de récipient Florentin, ce qui permet de réunir séparément les produits huileux et les liquides ammoniacaux.

Les essences sont distillées ensuite dans d'autres alambics, et fournissent des produits à 25 degrés et d'autres à 22 degrés, et un résidu qui renferme beaucoup d'acide phénique.

Les essences à 25 degrés sont battues au moyen d'un agitateur avec 5 à 6 pour 100 d'acide sulfurique et lavées; après quoi, on les rectifie pour obtenir la benzine : le produit qui distille ensuite est employé, avec un grand avantage, pour le travail du caoutchouc ; le dernier obtenu sert à la fabrication des peintures murales et au nettoyage des machines à vapeur.

Les essences à 22 degrés traitées de la même manière fournissent des huiles-vernis et des produits très-utiles pour le nettoyage des machines; c'est une industrie créée par l'établissement du Marais, donnant une valeur importante à des substances qui n'en avaient pas jusqu'ici; les chemins de Paris à la Méditerranée en consomment, par mois, 6000 kilog.

Les huiles-vernis sont composées de soixante parties des essences que nous avons signalées et de quarante de galipot.

La benzine obtenue est transformée en nitrobenzine dans un appareil composé de deux flacons à robinets qui versent, par le moyen d'entonnoirs, l'acide nitrique d'une part et la benzine de l'autre dans un tube de verre au moyen duquel les produits arrivent dans une série de bonbonnes en grès où ils se condensent.

La nitrobenzine y dépose des proportions assez considérables d'acide oxalique, dont l'existence n'avait peut-être pas été suffisamment remarquée, parce qu'elle est habituellement lavée aussitôt après sa préparation; on la purifie dans l'usine du Marais en la faisant traverser, en vase clos, par une masse d'eau considérable provenant d'un réservoir supérieur, amenée sous un double fond percé d'un grand nombre de trous et déversée par un trop-plein.

La rectification s'en opère en la distillant avec dix à douze fois son poids d'eau.

Elle est ensuite convertie en aniline par le procédé de M. Béchamp, en faisant usage de tournure de fer provenant de la manufacture d'armes de Saint-Étienne et d'acide acétique.

Les quatre-vingt-huit fours de l'établissement distillent, par jour, 150 tonnes de houille qui, ramenée aux centièmes, fournit :

Gros coke.	70,00
Menu coke	1,50
Débris noirs et triages	2,50
Graphite	0,50
Goudron	4,00
Eaux ammoniacales	9,00
Gaz	10,58
Perte	1,92
	100,00

On voit, par les détails que nous venons de donner, quelle est l'importance de l'établissement du Marais, les difficultés qu'il a eues à surmonter, les améliorations qu'il est parvenu à réaliser, l'excellent exemple qu'il a donné par sa persévérance.

Avant de quitter l'usine du Marais, mentionnons encore deux de ses fabrications accessoires, dont l'une au moins présente une importance croissante.

La houille contient parmi ses impuretés des schistes qu'on en sépare par le lavage, non sans dépense, et qu'on n'avait pas encore utilisés jusqu'ici. L'usine du Marais les transforme maintenant en ciment de Portland, dont l'emploi ne manque pas.

Les fours à gaz des usines métallurgiques exigent des revêtements en briques de silice extrêmement réfractaires que les usines du bassin de Saint-Étienne tiraient d'Angleterre et qui représentent une dépense considérable, car il faut les renouveler souvent. Pendant la fatale guerre de 1870-71, l'interruption plus ou moins complète des communications empêcha ces briques d'arriver et beaucoup d'usines furent ainsi obligées d'éteindre leurs fours à gaz et d'arrêter par conséquent une partie de leurs opérations. Ces inconvénients graves inspirèrent l'idée de fabriquer dans le pays même ces précieuses briques qu'on allait chercher si loin. L'usine de la Société de carbonisation de la Loire en produit aujourd'hui des quantités déjà très-considérables et qui vont en croissant fort rapidement. Elles possèdent la même composition que les briques d'origine anglaise, et contiennent à peine 2 pour 100 de chaux pour relier les 98 pour 100 de silice qui les constituent.

BULLETIN DES SOCIÉTÉS SAVANTES

Académie des sciences de Paris. — 26 JUILLET 1875.

M. *Daubrée* présente une notice complémentaire sur la formation contemporaine de minéraux par les sources thermales de Bourbonne-les-Bains. On a analysé, au bureau d'essais de l'École des mines, deux médailles de bronze et une médaille de laiton tirées du puisard romain de Bourbonne, dans le but de rechercher la véritable provenance de l'antimoine qui a servi à former les cristaux de cuivre gris antimonial, trouvés dans le même puisard. Cette analyse n'a amené la constatation d'aucune trace d'antimoine, mais elle a donné une forte proportion de plomb. On a analysé également un échantillon de plomb partiellement oxydé, et passé à l'état de carbonate et de sulfate, qui se trouvait dans le voisinage des médailles. On n'y a point trouvé d'antimoine; mais, fait remarquable, on y a constaté 10,40 pour 100 d'étain.

On a trouvé sur un tuyau en plomb, provenant toujours de Bourbonne, des cristaux blancs, d'un éclat adamantin, qui donnent à la fois les réactions du plomb, de l'acide carbonique et du chlore. Leur forme est celle d'un prisme à huit pans, dont tous les angles sont égaux. En un mot, ils offrent tous les caractères chimiques et cristallographiques de la *phosgénite*. Sur cette phosgénite, qui forme un encroûtement assez épais, on remarque un enduit métallique qui n'est autre chose que de la galène. Enfin, comme exemple de l'action de l'eau thermale sur les métaux, M. Daubrée cite une ferrure avec bois, qui était en contact, depuis dix ans seulement, avec l'eau thermale de Bourbonne-les-Bains. Un essai a montré que ce fer rouillé contient environ 3,50 pour 100 de silice. Le bois, qui était enchâssé dans la ferrure, a subi également des modifications importantes. Il s'est imprégné de substances inorganiques, surtout de peroxyde de fer, mélangé de silicate, ainsi que de carbonate de chaux, et peut-être de carbonate de protoxyde de fer.

— M. *G. Planté* a fait des recherches sur les phénomènes produits par des courants électriques de haute tension, et sur leurs analogies avec les phénomènes naturels. Il s'est servi, comme voltamètre, d'un tube en U; il l'a soumis à l'action de la source électrique qu'il a indiquée dans une note précédente, insérée dans les *Comptes rendus* de l'Académie. Il a ainsi obtenu une série de phénomènes remarquables dans lesquels il a reconnu les analogues des grands phénomènes météorologiques. Il a pu se rendre compte des éclairs repliés sur eux-mêmes et des éclairs à sillons persistants, ainsi que du bruit du tonnerre. Ses expériences lui ont aussi expliqué le bruissement des trombes, le brouillard qui se forme autour d'elles, les éclairs silencieux qui les sillonnent, les globes de feu produits à leur extrémité, le bouillonnement des eaux quand elles atteignent la surface de la mer, enfin les effets d'aspiration qu'elles ont présentés à un grand nombre d'observateurs. Ces mêmes expériences ont fourni également les analogues des principaux phénomènes des aurores polaires. Enfin, en poussant plus loin les analogies, M. Planté a obtenu une reproduction infiniment petite du mode de formation possible des corps célestes, sphériques ou annulaires, et une image rapide de leur développement, jusqu'à leur extinction ou transformation dans l'espace.

— M. *Ad. Renard* présente le résultat de ses études relatives à l'action de l'oxygène électrolytique sur la glycérine.

D'après lui, la glycérine, additionnée des deux tiers environ de son volume d'eau acidulée au vingtième d'acide sulfurique et soumise à l'action de l'oxygène électrolytique, fournit différents produits d'oxydation, parmi lesquels il a pu constater les acides formique et acétique en grande quantité, l'acide glycérique et la première aldéhyde glycérique; enfin il se produit aussi un corps sirupeux qui, traité par la baryte caustique, donne une combinaison qui pourrait bien être l'acide correspondant à la deuxième aldéhyde glycérique. Mais la quantité obtenue d'aldéhyde et de ce dernier produit a été tellement faible qu'il n'a pu en faire une étude sérieuse. Il donne cependant, pour prendre date, les premiers résultats qu'il a obtenus sur ces deux nouveaux composés. Il cite, entre autres caractères de l'aldéhyde glycérique, qu'elle se présente sous l'aspect d'une masse blanche amorphe, dure et cassante, avec une odeur comparable à celle de l'acide formique. Elle fond à 92 degrés. Elle correspond à la formule $C^3H^6O^3$. Elle est soluble dans l'eau et à peu près insoluble dans l'alcool et l'éther.

— MM. *A. Girard et H. Morin* font connaître les résultats de leurs études sur les pyrites employées, en France, à la fabrication de l'acide sulfurique. On sait que ces pyrites sont, dans tous les pays industriels, l'objet d'une consommation considérable. D'après les auteurs, cette consommation, qui va toujours croissant, était en France, il y a dix ans, de 90 000 tonnes; elle a été l'année dernière de 180 000 tonnes. En Angleterre, elle s'est élevée, pendant la même période, de 180 000 à 520 000 tonnes. Les pyrites exploitées en France entrent pour les neuf dixièmes dans la quantité employée par l'industrie française. Le reste est importé de Belgique, de Norvége et d'Espagne. Les gisements français les plus célèbres peuvent être réunis en deux groupes, dont l'un est situé dans le département du Rhône, à gauche et à droite de la Brevenne, et qui est constitué par le gisement de Chessy et par celui de Saint-Bel. L'autre se compose de plusieurs gisements importants situés dans les départements du Gard et de l'Ardèche. Ces gisements sont ceux des Pallières, de Saint-Martin, de Saint-Julien, de Joyeuse, de Privas, de Soyons, etc. Les pyrites du Rhône forment deux catégories : la première, qui appartient à la région septentrionale, comprend des pyrites, dont la richesse en soufre est de 46 à 48 pour 100, et qui ne renferment que des traces d'arsenic. La seconde catégorie, celle de la région méridionale, comprend des pyrites plus pures, qui contiennent environ 50 à 53 pour 100 de soufre et une quantité d'arsenic à peu près nulle. Les pyrites du Gard sont très-importantes au point de vue du rendement. Ainsi le seul gisement de Saint-Julien a fourni, l'année dernière, 24 600 tonnes de ce minerai, dont la richesse en soufre va jusqu'à 45 pour 100. Les pyrites de l'Ardèche sont peut-être moins importantes, à part toutefois la fameuse mine de Soyons, qui fournit actuellement 10 000 tonnes par an. Ces pyrites contiennent de 45 à 50 pour 100 de soufre; mais la proportion d'arsenic qui s'y trouve mélangée s'élève parfois à 3 millièmes. Quant à la masse totale restant encore à exploiter, MM. Girard et Morin pensent que l'approvisionnement de nos usines peut être considéré comme assuré pour un siècle au moins, en ne tenant compte, évidemment, que des masses jusqu'ici reconnues.

— MM. *Dujardin-Beaumetz et Audigé* communiquent les résultats d'une série d'expériences relatives aux propriétés toxiques des alcools par fermentation. Ces expériences ont porté sur les alcools éthylique, propylique, butylique et amylique qui ont été administrés à plus de soixante chiens et qui ont été absorbés, à cause de leur différence de solubilité, tantôt par l'estomac, tantôt sous la peau. Voici les principales conclusions auxquelles les auteurs ont été amenés : 1° Les propriétés toxiques dans la série des alcools de fermentation suivent d'une façon mathématique, pour ainsi dire, leur composition atomique : plus celle-ci est représentée par des chiffres élevés, plus l'action toxique est considérable. 2° Pour le même alcool, l'action toxique est plus considérable lorsqu'on l'administre sous la peau. 3° Les phénomènes toxiques observés paraissent en général les mêmes, sauf le degré d'intensité, quel que soit l'alcool dont on fasse usage.

— M. G. *Fleury*, en étudiant l'inversion du sucre de canne par les acides, a été conduit à faire des recherches sur la réaction au point de vue thermique. Les expériences qu'il a exécutées à cet effet lui ont démontré que l'inversion du sucre est un phénomène exothermique; c'est ce qui la rend nécessaire toutes les fois qu'un acide assez puissant se trouve en présence de ce principe immédiat.

— M. F. *Jean* envoie une note sur une matière servant à falsifier les guanos. Il paraît que depuis quelques années, il arrive d'Angleterre à Dunkerque plus d'un million de kilogrammes par an d'une matière pulvérulente, d'un brun jaunâtre, uniquement employée à la falsification des guanos. M. Jean a analysé un échantillon de cette substance et a trouvé qu'elle était formée de plâtre, de phosphate de chaux et d'une matière organique azotée donnant au mélange la couleur du guano. Cette communication de M. Jean ne peut être que très-utile aux agriculteurs qui apprendront une fois de plus ce que valent souvent les apparences.

BIBLIOGRAPHIE SCIENTIFIQUE

Aperçu général de l'hérédité et de ses lois, par le docteur MARC LORIN. Delahaye, 1875.

Pendant longtemps, l'hérédité n'a guère été étudiée qu'au point de vue pathologique : de nos jours, la question s'est élargie et ce problème est devenu l'un des plus importants de la biologie, de la psychologie et même de l'histoire. C'est qu'en effet, en pénétrant dans toutes les sciences naturelles, la doctrine de l'évolution a fait comprendre de mieux en mieux le rôle que joue l'hérédité comme principe de fixité et de permanence.

Dans son *Aperçu général de l'hérédité et de ses lois*, M. le docteur Marc Lorin vient de donner un résumé rapide et substantiel des travaux les plus récents qui aient paru sur cette question. Bien que l'auteur n'ait eu en vue que les phénomènes biologiques et qu'il réserve, comme en dehors de son sujet, tout ce qui touche aux rapports du physique et du moral, son travail suggère cependant, sur ce point, plus d'une réflexion au lecteur.

« La première partie est consacrée à l'étude physiologique. Comparés avec nos parents, dit l'auteur, nous offrons avec chacun d'eux une certaine somme de ressemblances et une certaine somme de différences. » C'est là un fait bien connu. Mais plus on étudie ce fait complexe et mieux l'on comprend que les ressemblances l'emportent de beaucoup sur les différences. La similitude entre deux générations s'expliquant par l'hérédité ou pour mieux dire, constituant le fait même de l'hérédité, comment expliquer les différences, les variations ? — L'auteur touche ici au point le plus débattu de la question de l'hérédité. D'après une doctrine dont P. Lucas, dans son savant *Traité de l'hérédité naturelle*, a été le meilleur interprète, toutes les diversités dans les êtres vivants s'expliqueraient par une *loi d'innéité*. Il y aurait, dans le monde de la vie, deux lois antagonistes, l'une d'innéité qui explique les différences, l'autre d'hérédité qui explique les ressemblances. — M. Lorin combat, avec beaucoup de raison selon nous, cette doctrine « qui est inconciliable avec les principes du déterminisme scientifique, bien qu'elle ait place encore dans les manuels de l'enseignement médical ». Il recherche les diverses causes qui peuvent expliquer les dissemblances, en insistant surtout sur ce point, que la dualité des parents est à elle seule une cause énorme de complexité dans les phénomènes de transmission.

« En supputant trente ans par génération, si l'on remonte à trois siècles environ, on compte dans la onzième génération 2048 procréateurs, abstraction faite des alliances qui ont pu avoir lieu entre les diverses branches de la généalogie. »

L'étude pathologique forme la seconde partie du travail de M. Lorin. Après avoir examiné le rôle général de l'hérédité en pathologie et les conditions qui la restreignent, l'auteur classe les maladies en cinq groupes et il examine quelle influence directe ou indirecte l'hérédité peut avoir sur leur transmission. Les unes, comme les diathèses ou les maladies du système nerveux, peuvent être transmises directement. D'autres, comme les phlegmasies aiguës ou les intoxications chroniques, ne peuvent l'être qu'indirectement, puisque ce n'est qu'en propageant la constitution des parents, leur état de pléthore ou d'anémie, que l'hérédité agit sur la genèse des maladies en rapport avec ces états physiologiques. Ici le débat de l'innéité se présente sous une autre forme, à propos de la question obscure des *transformations* de l'hérédité, c'est-à-dire de ces métamorphoses qu'une maladie peut subir en passant des parents aux enfants.

La troisième partie, qui renferme les conclusions, mérite d'être méditée, car suivant la remarque de l'auteur, l'étude de l'hérédité n'est pas un simple débat théorique, un problème inutile ou insoluble ; il n'est pas, au contraire, de question plus intéressante pour la santé et l'éducation des individus, et même pour l'avenir des nations. « Aussi est-il impossible de ne pas remarquer comment, en un sujet si capital, sont incomplètes les observations dont la science dispose en ce qui regarde l'homme ; car du moins on dresse la généalogie des chevaux et depuis longtemps les observateurs savent faire naître et maintenir chez les animaux certains caractères héréditaires. Mais où sont les observations qui prennent l'homme dès sa naissance et le suivent au milieu des péripéties de la vie, tenant registre de toutes les circonstances qui peuvent intéresser le physiologiste et le médecin ? »

CHRONIQUE SCIENTIFIQUE

L'Association française pour l'avancement des sciences ouvrira son prochain congrès à Nantes, le jeudi 19 août. Nous publierons la semaine prochaine la liste des communications préparées, conférences et lectures, ainsi que le programme du congrès.

Par décret en date du 1er août 1875, M. Wurtz, membre de l'Institut, professeur à la Faculté de médecine de Paris, est nommé professeur à la Faculté des sciences de Paris.

A la suite de sa nomination, M. Wurtz a immédiatement donné sa démission de doyen de la Faculté de médecine de Paris.

— Le Congrès international de géographie a tenu sa séance solennelle d'ouverture dimanche, 1er août. Cette séance a eu lieu aux Tuileries, dans l'ancienne salle des Etats. Comme il fallait s'y attendre, l'affluence était considérable. Le commissariat était au grand complet, et, au commencement de la séance, la commission du Congrès d'Anvers siégeait au bureau. M. d'Hane Steenhuyse, président de cette commission, a porté le premier la parole et a prononcé un discours qui a été fort applaudi. Puis, au nom de la commission d'Anvers, il a déclaré remettre ses pouvoirs à celle de Paris. Le bureau a alors été occupé par M. le vice-amiral La Roncière-Le Noury, président de la Société de géographie de Paris, et par MM. les présidents des sociétés de géographie de Londres, de Berlin, de Saint-Pétersbourg, de Genève, de Rome, de Pesth, d'Amsterdam et du Caire. Après le discours de M. La Roncière-Le Noury, chacun des membres du bureau a exprimé dans sa langue maternelle les remercîments de la Société qu'il représentait et a adressé ses félicitations à la Société de géographie de Paris, pour le zèle qu'elle a apporté dans l'organisation de ce deuxième Congrès. La séance s'est terminée par la lecture du rapport de M. le baron Reille, commissaire général de l'Exposition, qui a rendu compte des travaux accomplis pour assurer le succès du Congrès de Paris.

Le propriétaire-gérant : GERMER BAILLIÈRE.

PARIS. — IMPRIMERIE DE F MARTINET, RUE MIGNON, 2.

LA
REVUE SCIENTIFIQUE

DE LA FRANCE ET DE L'ÉTRANGER

REVUE DES COURS SCIENTIFIQUES (2ᴱ SÉRIE)

DIRECTION : MM. EUG. YUNG ET ÉM. ALGLAVE

2ᵉ SÉRIE — 5ᵉ ANNÉE   NUMÉRO 7   14 AOUT 1875

L'ÉTAT PRÉSENT DE L'ARMÉE FRANÇAISE

Apprécié par un Anglais.

L'étude qu'on va lire est extraite d'une revue anglaise, le *Blackwood's Magazine*. Elle excite au plus haut point l'attention publique, non-seulement en Angleterre, mais aussi sur le continent. Le *Times* lui a consacré cette semaine plusieurs articles de fonds; le *Temps*, ainsi que d'autres journaux de Paris et d'autres pays, en ont également signalé l'importance.

Des étrangers sympathiques — comme le sont pour nous les Anglais et notamment l'auteur de cet article — peuvent apporter dans l'étude de nos questions militaires un esprit plus dégagé peut-être que le nôtre des influences locales et spéciales. Voilà pourquoi nous avons cru devoir faire traduire cet article, qui correspond évidemment à un grand mouvement d'opinion dans les pays voisins, sans d'ailleurs prendre la responsabilité personnelle de toutes les critiques qu'il contient.

E. A.

Quelquefois, lorsqu'un sujet intéressant attire notre attention d'une façon particulière, nous découvrons tout à coup qu'il est difficile, pour ne pas dire impossible, d'obtenir sur ce sujet des détails dignes de foi. Nous avions cru jusqu'alors que sur toutes les questions réellement importantes on peut toujours trouver quelque part des renseignements complets, et qu'il ne s'agit que de s'adresser aux gens du métier pour savoir où ils en sont. Nous avions supposé que dans ce siècle de lumières rien ne peut se cacher, et que la curiosité, l'intérêt ou la vanité triomphent toujours de la discrétion, pénètrent toutes les cachettes et révèlent tous les secrets. Cela est vrai dans la plupart des cas; mais toutes les règles ont leurs exceptions, et l'ignorance dans laquelle on est généralement sur l'état véritable de l'armée française est un exemple frappant d'une de ces exceptions. Si l'on est curieux de quelque chose en Europe, c'est de savoir au juste ce que la France fait en ce moment pour reconstituer sa force. De tous côtés les étrangers adressent des questions sur ce sujet, et l'on pourrait croire qu'il doit intéresser les Français d'une façon toute particulière. Cependant, quoique l'Assemblée et les journaux se soient livrés, depuis 1871, à d'interminables discussions théoriques sur les affaires militaires; quoiqu'il soit vrai de dire que les colonnes qui ont été écrites sur ce sujet, mises bout à bout, donneraient une longueur égale à la distance de Versailles à Canton, pas un seul exposé de faits — sauf quelques points de détail insignifiants — n'est arrivé à la connaissance du public pendant les quatre dernières années. Il serait impossible au chercheur le plus obstiné de trouver un exposé général de la situation; rien de complet là-dessus n'a été imprimé, et l'on ne peut arriver à réunir les éléments de ce travail qu'à force de recherches personnelles et minutieuses. C'est par cette méthode que les détails qui suivent ont été puisés à des sources différentes; il va sans dire qu'ils sont incomplets, mais du moins ils sont exacts dans les limites qu'ils embrassent. Ils indiquent les traits principaux de la situation, et nous les donnons, en l'absence de documents officiels, pour remplir en partie l'esquisse générale de l'état de l'armée française que nous avons présentée à nos lecteurs il y a deux mois. Leur publication ne peut en aucune façon nuire à la France, car l'état-major prussien possède tous ces renseignements, et bien d'autres encore.

Ce sujet, tel que nous le comprenons, peut se diviser en bien des chapitres; mais pour simplifier notre plan, nous ne prendrons ici que trois divisions principales : direction, organisation et matériel. Une classification plus compliquée nous entraînerait dans des longueurs inutiles. Notre but n'est pas d'insister sur les détails, mais simplement de donner une idée générale des points principaux de la question.

I

La faculté directrice est une qualité si éminemment française — les Français savent si admirablement conduire les grandes entreprises industrielles — ils réussissent si bien dans l'administration sous presque toutes ses formes — qu'il est naturel de s'attendre à leur voir déployer les mêmes aptitudes dans la direction de leur armée. Leur gouvernement civil, leurs chemins de fer, leurs manufactures, leurs navires à vapeur sont dirigés avec tant d'habileté, que l'on est en droit de penser que leur administration militaire est conduite avec une habileté analogue et obtient à peu près les mêmes résultats. Les méthodes suivies sont virtuellement les mêmes dans les deux cas ; l'un et l'autre nous présentent une attention minutieuse donnée aux moindres détails, des règles et des règlements innombrables, une stricte recherche des petites économies, une vigilance incessante. Mais les résultats se ressemblent moins que les moyens ; — au succès obtenu d'un côté correspond de l'autre quelque chose qui est presque un insuccès ; et l'on peut dire avec assez de justesse, après avoir considéré le double aspect de prospérité commerciale et de faiblesse militaire présenté par la France en ce moment, que l'exactitude, l'esprit de système et la routine qui l'ont évidemment conduite à la richesse ne lui ont pas fait obtenir une bonne armée. Ce ne serait même pas beaucoup exagérer que d'aller plus loin et d'affirmer que les mêmes caractères nationaux qui ont rendu les Français si prospères et si riches, ont beaucoup contribué à désorganiser leur force matérielle ; que leur puissance militaire a été affaiblie par cet esprit même de préjugés officiels, d'excellence bureaucratique et de despotisme hiérarchique qui a contribué à faire la fortune de leurs compagnies de chemins de fer. Il serait difficile de trouver un meilleur exemple des défauts d'une qualité que ne l'est ce contraste frappant entre deux résultats du même procédé.

Le mauvais état de l'armée française ne vient cependant pas uniquement d'un excès d'administration. La routine et la bureaucratie ont, il est vrai, de terribles comptes à rendre, mais elles ne sont pas les seules causes de l'infériorité actuelle. Le tempérament de la race y a aussi contribué pour sa part ; l'insouciance, la présomption, le chauvinisme, ont joué leur rôle dans l'effondrement. L'idée de l'invincibilité de la France, héritage du premier empire, l'absence de toute grande guerre en Europe pendant quarante ans, avaient fait croire à la nation que le courage et l'intelligence des soldats sont les principaux éléments des succès militaires ; que la stratégie, la bonne direction, les connaissances scientifiques des officiers, sont des détails relativement peu importants, et presque indignes de vainqueurs brillants. La guerre d'Algérie vint encore augmenter cette conviction ; et, bien que l'expérience de Sébastopol n'eût pas été tout à fait satisfaisante, ce fut seulement en 1859 que les Français les plus clairvoyants commencèrent à se demander sérieusement si leur armée méritait en réalité la réputation qu'elle conservait encore. Le public lui-même commença à comprendre vaguement que la guerre moderne exige quelque chose de plus que de l'audace, de l'éclat et de l'adresse à la maraude. Comme il arrive ordinairement à Paris, le mécontentement se traduisit en plaisanteries ; la victoire désordonnée de Solférino fut appelée *une fuite en avant*, et l'ensemble de la campagne terminée à Villafranca fut caractérisé par ce mot si connu : « Elle est comme la confiance, on la gagne, mais on ne la commande pas. »

Mais l'habitude était trop profondément enracinée pour disparaître devant *un mot*, et les choses restèrent sur le même pied jusqu'en 1870 : la légende napoléonienne conserva son influence sur l'esprit populaire ; la routine régna toujours en souveraine au ministère de la guerre. Alors vinrent la défaite, la ruine, la déception ; chacun en dehors du ministère blâma tout le monde — excepté soi — et cria qu'il fallait tout changer. Tel était l'état des esprits lorsque le général de Cissey fut nommé, en 1871, à la place qu'il a depuis occupée pour ainsi dire sans interruption.

Or, si jamais nouveau ministre eut une chance de faire passer son nom à la postérité, de se couvrir de gloire, de mériter l'admiration et la reconnaissance d'une nation, ce fut assurément cet heureux général, presque inconnu la veille, qui se trouve tout à coup chargé de la brillante et noble tâche de remodeler et de reconstituer toute l'armée française. Soutenu par les désirs d'une nation entière et la bonne volonté de l'Assemblée, entouré seulement de débris, il n'avait qu'à balayer ces décombres et à reconstruire un monument digne des circonstances et de la situation. Il avait devant lui le plus bel emplacement de l'Europe : espace immense, abondance d'idées, budgets exubérants, tout était à sa disposition. Avec la millième partie de ses moyens d'action, von Scharnhorst avait préparé cette armée prussienne qui avait effacé le souvenir d'Iéna. Occasion unique pour un ambitieux, fortune qu'un patriote même pouvait envier ! Mais le général de Cissey n'était pas à la hauteur d'une pareille tâche. Honnête homme, habile tacticien, soldat franc et courageux, connu partout pour la bravoure et l'énergie dont il avait fait preuve à Borny et à Rezonville, il n'avait presque aucune des qualités spéciales indispensable pour la grande mission dont il s'était chargé. Pendant quarante ans il avait passé sa vie dans les camps et les casernes, s'acquittant de la routine du service. Et voilà qu'un jour, sans examiner s'il était réellement en état de porter le fardeau le plus pesant que cette génération ait imposé à un général français, M. Thiers le nomme ministre de la guerre et lui dit de réorganiser l'armée de la France. Il se serait probablement acquitté de ses fonctions de ministre tout aussi bien qu'un autre s'il était arrivé dans un moment ordinaire, ou s'il avait été soutenu par un état-major de fonctionnaires vraiment capables, vigoureux et animés de pensées généreuses. Mais il n'était pas homme à secouer le joug de la routine, à détruire les abus, à imposer de nouvelles règles, à faire disparaître les mauvaises habitudes, à dompter l'opposition. Il trouva les gens de son ministère disposés à étayer l'édifice chancelant et à résister à la transformation radicale que demandait la nation ; il n'aimait pas la lutte, aussi renonça-t-il à l'idée de faire table rase, et, sous prétextes d'améliorations graduelles, conserva-t-il l'ancien principe tel qu'il l'avait trouvé. Général la veille, il resta général le lendemain ; sa nomination ne lui donna pas le tempérament d'un grand ministre. Il était arrivé rue Saint-Dominique avec un désir sincère de réformes ; mais au bout d'un mois ses bureaux l'avaient arrêté, et au bout de deux ils le dominaient. Comme tous ses prédécesseurs, il se trouva impuissant devant l'irrésistible inertie de la routine.

Nous savons, en Angleterre, ce que c'est que la bureaucratie, mais chez nous elle n'est qu'à l'état d'enfance auprès de ce qu'elle est en France. Dans ce dernier pays, la bureaucratie est une puissance contre laquelle aucun homme, depuis Napoléon Ier, n'a pu lutter ; c'est une des grandes forces de l'État. Si la France avait un roi, des pairs, des communes et une presse libre, la bureaucratie y serait comptée comme un cinquième élément de l'État. Et, pour que mes lecteurs anglais ne m'accusent pas d'exagération, je veux citer un exemple à l'appui de ce que j'avance. Un jour, — il y a de cela trois ans, — le duc d'Audiffret-Pasquier, président de la commission chargée d'examiner les marchés conclus pendant la guerre, eut une discussion fort vive avec le général Suzanne, alors directeur du matériel au ministère de la guerre. Excité par les malversations qu'il avait découvertes, et un peu aussi par son caractère assez vif, le duc s'emporta contre les bureaux, et parla en termes fort amers de leur stupide inertie, de leur routine incorrigible, et de la barrière qu'ils opposent à tout progrès réel. Le général lui répondit : « Vous faites preuve d'ingratitude en attaquant les bureaux, car ce sont eux qui vous fournissent, messieurs les politiques, les moyens de faire des révolutions. » Cette observation était singulièrement cynique, mais elle caractérisait bien la situation. La France est, en réalité, gouvernée par les bureaux. Les ministres passent, les bureaux restent ; les affaires de l'État vont toujours en dépit des révolutions ; aussi, aux yeux des bureaux, n'y a-t-il aucune raison pour qu'il n'y ait pas de révolutions, si d'autres gens les aiment. Un changement de dynastie ou de constitution n'a aucun effet sur les bureaux ; un nouveau ministre arrive, ses bureaux s'inclinent, saluent son ignorance, l'enlacent de leur aide dont il ne peut se passer, lui imposent leurs traditions, étouffent son enthousiasme et ses projets, et au bout de six semaines il est leur esclave. Ajoutons cependant que ce n'est pas seulement en France que les choses se passent ainsi : ce système y est plus visible qu'ailleurs, mais il est, à des degrés divers, la condition générale de tous les gouvernements, et, s'il faut en croire la renommée, il n'est même pas absolument inconnu à Londres.

Le général de Cissey ne put échapper à l'influence universelle ; il y céda et dut capituler ; les choses se passèrent comme auparavant au ministère — et voilà pourquoi le système de direction, les principes qui y président et les préjugés qui l'affaiblissent sont restés absolument ce qu'ils étaient sous Charles X, Louis-Philippe ou Napoléon III. L'Assemblée, il est vrai, a voté certaines lois et a introduit des modifications importantes dans l'organisation de l'armée ; mais l'application de ces lois, l'exécution de ces modifications dépendent du ministère, et là, comme nous le verrons bientôt, la *direction* reste maîtresse de la situation et fait le moins possible. Un ministre pris en dehors de l'armée aurait peut-être pu résister à la contagion, pourvu toutefois qu'il fût assez opiniâtre ; il aurait eu, en tout cas, le grand avantage d'être dégagé de toute influence hiérarchique, de toute camaraderie, et de toutes les vieilles habitudes ; mais il eût été assurément difficile de trouver un Louvois. Telle est la véritable cause de la faiblesse de l'armée française ; elle n'a pas de chef suprême ; elle n'est pas gouvernée par un esprit vigoureux et indépendant ; elle n'est pas dirigée par un génie plein d'initiative et une volonté capable de briser les grands obstacles. Depuis longtemps elle est et elle reste la propriété des bureaux.

L'esprit des officiers, pris dans son ensemble, est bien supérieur à celui du ministère qui les gouverne. La plupart des officiers ont connu l'humiliation de la défaite ; ils sentent qu'ils doivent travailler pour l'effacer. Un grand nombre d'entre eux ont lutté, avec beaucoup plus de bonne volonté que leurs chefs, contre l'influence écrasante de l'usage et de la tradition ; ils se sont mis sérieusement à l'étude, sans s'inquiéter du préjugé que les généraux ont si longtemps eu contre les *cosaques*, comme on appelle les officiers qui étudient. Le nombre des livres nouveaux qu'ils produisent est vraiment étonnant ; et ce qui prouve que ces livres se vendent et se lisent, c'est que Dumaine, le libraire de l'armée, vend maintenant environ douze fois plus de volumes qu'avant la guerre. Plusieurs des écrivains ont un très-grand mérite : les noms de quelques-uns d'entre eux — Fay, Samuel, Lewal, par exemple — ont presque autant d'autorité pour les questions militaires que ceux des meilleurs auteurs de l'armée allemande ou anglaise.

Mais tous les officiers n'en sont point là. Un grand nombre d'entre eux ont à lutter contre une difficulté qui les suit dans toute leur vie, et qui les met hors d'état de répondre aux conditions nouvelles que le caractère scientifique de la guerre moderne impose maintenant à tous les soldats : l'éducation première leur manque. Les officiers qui ont passé par l'école militaire de Saint-Cyr ont tous une très-bonne éducation, et ils forment environ les deux tiers du nombre total des officiers ; mais la grande majorité du tiers restant ne peut plus commencer à apprendre — c'est à trente ans environ qu'un homme qui a débuté par être simple soldat peut devenir officier. Pour ce nombre considérable d'officiers, les parties les plus élevées de l'éducation militaire sont inabordables : excellents caporaux ou sergents, ils sont absolument incapables des efforts intellectuels que le commandement militaire exige de nos jours, et au-dessous des obligations et des responsabilités nouvelles qu'il impose. Voici comment cet élément d'infériorité s'est beaucoup accru depuis 1870. Un grand nombre d'anciens sous-officiers qui avaient quitté l'armée s'offrirent pour servir dès que la guerre éclata, et, faute de mieux, furent nommés lieutenants, capitaines et quelques-uns même chefs de bataillon, dans les nouveaux régiments que l'on formait dans les départements. Pour récompenser leur zèle patriotique, la commission de révision des grades laissa la plupart d'entre eux officiers après la paix, mais en leur donnant généralement un grade inférieur à celui qu'ils avaient eu provisoirement. De là il résulte, d'après les calculs généralement admis, qu'un sixième environ des officiers d'infanterie actuels a acquis ses commissions de cette manière. Il y a parmi eux quelques hommes intelligents et capables ; mais on ne saurait nier que la grande majorité de ce groupe particulier ignore tout ce qui constitue l'éducation première ; ils savent tous lire et écrire, mais c'est à cela que se borne le savoir d'un grand nombre d'entre eux. On calcule qu'il faudra vingt ans pour que cet élément d'infériorité disparaisse de l'armée.

Heureusement, cependant, le corps des officiers contient une majorité d'hommes instruits et éclairés, et c'est à eux que l'armée devra très-probablement sa régénération. Ils sont pleins d'énergie, d'espérance et de sentiment du devoir, et ils n'aspirent qu'à regagner l'ancienne renommée des armes françaises. Ils reconnaissent qu'à notre époque ce résultat ne peut être atteint que par de nouveaux principes d'action, fécondés par un travail assidu, et ils ont déjà commencé à donner à ceux qui les entourent l'exemple de ce que doit être un officier moderne.

Mais ce mérite même produit une difficulté nouvelle, car le zèle inquiet de ces soldats modèles, leur désir de progrès et de réformes ne s'accordent en aucune façon avec l'esprit d'immobilité et de routine du ministère de la guerre. Ces officiers si dignes de ce nom croyaient naturellement, il y a trois ans — comme presque tout le monde — qu'après la terrible leçon que la France avait reçue, une ère nouvelle allait commencer; que les anciens abus seraient supprimés; que les anciennes absurdités seraient abandonnées; que des maximes nouvelles seraient adoptées. Ils s'attendaient à de grands changements, car tout le monde autour d'eux parlait de changements, et ils savaient que ce n'était pas sans besoin. Mais rien n'a été changé. Ils croyaient follement que désormais, entre autres nouveautés, le mérite serait enfin distingué; que le travail serait noté et récompensé; mais ils s'étaient trompés en cela comme sur tout le reste. Le travail n'est pas plus une recommandation maintenant qu'il n'en était une avant Sedan; la règle d'avancement n'a changé ni dans la lettre ni dans l'esprit. C'est pourquoi l'amertume et le désappointement pénètrent peu à peu dans les cœurs; un grand nombre de bons officiers commencent à être mécontents; et même, fait très-grave, on voit poindre vaguement une sorte d'antagonisme entre les innovateurs ardents qui veulent tout faire et le ministère immobile qui ne veut rien leur laisser faire. Je citerai ici un exemple des difficultés qu'engendre cette opposition.

Un officier qui a peut-être fait plus qu'aucun autre pour stimuler le mouvement intellectuel dans l'armée — le major Fix, du corps d'état-major — eut, en 1871, l'idée d'établir une *Réunion des officiers*, pour leur instruction mutuelle. Ses camarades adoptèrent son idée; les adhésion arrivèrent de tous côtés; des conférences furent organisées; une bibliothèque fut fondée; le *Kriegspiel* fut pour la première fois introduit en France; un journal spécial, le *Bulletin de la réunion des officiers*, fut fondé. De Paris le nouveau projet s'étendit rapidement aux départements : en deux ans, plus de trois cents bibliothèques de garnison furent fondées; les municipalités contribuèrent presque partout au développement d'une création qui était si évidemment utile à la France; 4000 officiers sont devenus, directement ou indirectement, membres de la Réunion, et presque tous travaillent, apprennent, enseignent et produisent. Ce fut le major Fix qui eut la peine de diriger tout ce mouvement; et ses camarades, reconnaissants de son initiative et de ses efforts, l'avaient élu leur président. Mais au bout de trois ans, quand le plus difficile fut fait, et que le succès de la Réunion fut assuré, le ministère décida qu'un général serait nommé président au lieu de Fix, probablement parce qu'il était contraire aux principes de la hiérarchie qu'un simple major, récemment nommé, présidât une œuvre si considérable. Il est à peine nécessaire d'ajouter que cette mesure a mécontenté tout le monde; on est généralement d'avis dans l'armée qu'elle aura pour effet de détruire virtuellement la force et la vie qui ont jusqu'ici distingué la Réunion, et que cette institution succombera peu à peu à l'influence dissolvante de la routine.

Pour qu'on ne dise pas que cette impression est exagérée ou même sans fondement, je veux citer un autre fait d'influence bureaucratique, qui montre bien tout le mal que fait cette influence. Le général de Cissey se rappela un jour que les souliers en usage dans les régiments d'infanterie avaient été l'objet de plaintes énergiques pendant la guerre; aussi, dans sa bonté et son désir de bien faire, envoya-t-il aux colonels des régiments d'infanterie une collection de souliers et de brodequins de différents modèles, demandant

qu'ils fussent mis à l'essai, et qu'on lui envoyât des rapports détaillés sur les résultats. Les rapports arrivèrent; il y en avait cent cinquante. Sur ce nombre cent quarante se prononçaient, sans hésiter, contre le modèle de soulier adopté jusqu'alors, et presque tous demandaient l'adoption de la demi-botte. Un résumé officiel de ces rapports parut dans le *Moniteur de l'armée*. Cependant le ministre n'était pas assez convaincu pour se sentir appelé à agir. Il soumit la question au comité supérieur d'infanterie, composé de sept généraux, de quelques-uns desquels on peut dire, sans leur manquer de respect, qu'ils sont usés; de quelques autres, qu'ils sont simplement vieux; et de tous, qu'ils sont matériellement incapables de mettre l'une après l'autre des chaussures de différents modèles, et de faire avec ces chaussures 30 kilomètres par jour pour les essayer. Mais, malgré tous ces obstacles à une appréciation convenable, le comité conclut à l'unanimité que l'ancien soulier devait être conservé; cette décision fut, à son tour, publiée dans le *Moniteur*, et l'affaire en resta là. Si des généraux peuvent agir ainsi lorsqu'il s'agit de souliers, ils le peuvent pour d'autres choses encore; et voilà pourquoi la résolution de nommer un général pour président de la Réunion a causé tant de mécontentement.

Ajoutons cependant que, s'il faut en croire des renseignements particuliers, le ministre a choisi pour ce poste le général Appert, qui commandait dernièrement les troupes à Versailles. S'il en est ainsi, les objections disparaissent; car il n'y a pas dans toute l'armée d'officier qui convienne mieux pour ces fonctions. Le général Appert est un soldat brillant, un administrateur des plus intelligents et un vrai *gentleman*; sa popularité est universelle, son tact parfait, et si quelqu'un peut dissiper le mécontentement qui existe, il obtiendra certainement ce résultat.

L'histoire des souliers n'est pas un fait isolé; ce n'est qu'un échantillon ordinaire des résultats d'un même système. Il serait facile de citer cent autres exemples du même genre, et l'on comprend aisément que les idées nouvelles des officiers moins âgés, leurs aspirations de progrès et de réforme, n'ont pas de grandes chances de se réaliser, tant que la direction absolue de l'armée sera entre les mains de vieux officiers de ce caractère. Le découragement est une plante qui pousse vite et dont le fruit mûrit rapidement; la routine est un mauvais engrais si l'on veut récolter le progrès, et comme le système de direction que l'on suit maintenant dans l'armée française est en substance le même que celui qui existait avant la guerre, et qui a été manifestement la cause principale des désastres de la France, personne ne peut prétendre que la perpétuation de ce système puisse avoir de bons résultats. Si la France doit jamais redevenir vraiment forte, il faut que cette direction subisse une transformation radicale.

II

Au point de vue théorique, la question de l'organisation peut sembler moins grave que celle de la direction, parce que, comme l'organisation dépend de la direction, elle est simplement ce que celle-ci la fait. Mais, dans la pratique, l'organisation est de beaucoup la plus importante des deux, parce qu'elle est le but et la fin, tandis que la direction n'est que la source et la cause. Avec une direction comme celle que nous venons de décrire, personne ne sera surpris d'entendre dire que l'organisation aussi est défectueuse; il est impossible qu'il en soit autrement. Mais la responsabilité de son insuffisance réelle ne retombe pas sur le ministère seul : l'Assemblée y est aussi pour quelque chose; elle a peut-être exagéré son droit d'examiner et de modifier les nouveaux projets d'arrangement; elle a passé des mois et des années à les discuter; elle a successivement adopté trois lois organiques sur l'armée, mais elle a jusqu'ici négligé de faire une loi sur deux points fort graves, le corps d'état-major et l'intendance. Ces deux questions étaient assurément tout aussi urgentes que toutes les autres; car ce qui ressort clairement de la dernière guerre, c'est que l'état-major et l'intendance se sont montrés au-dessous de leur tâche. Cependant, on n'y a point touché. Voici les mesures votées jusqu'ici : la loi rendant le service obligatoire pour tous; la loi sur l'organisation de l'armée, et la loi des cadres qui a servi de prétexte à une grande émotion, réelle ou feinte, en Allemagne.

La première de ces mesures, la loi sur le recrutement, date du 27 juillet 1872. Cette loi consacre le principe du service obligatoire pour tous les citoyens de vingt à quarante ans. Les neuf premières années sont passées dans l'armée active et sa réserve, et les onze années restantes dans l'armée territoriale nouvellement constituée et sa réserve. Mais comme le nombre des nouveaux conscrits que donne chaque année était trop considérable pour permettre de les enrôler tous sans créer une armée beaucoup trop nombreuse pour le pied de paix, il a été décidé que les conscrits de chaque année seront partagés en deux catégories, selon le nombre d'hommes que donne la conscription; qu'une de ces catégories seulement sera appelée sous les drapeaux, et que l'autre ne sera enrôlée que pour un laps de temps qui pourra varier de six mois à un an, et qu'ensuite elle sera envoyée en congé illimité. En outre, le système du volontariat d'un an a été adopté.

Trois années se sont écoulées depuis l'adoption de cette loi, mais, jusqu'à ce jour, la réserve de l'armée active n'a pas été réellement constituée, et l'armée territoriale et sa réserve n'existent même pas sur le papier; ses officiers ne sont pas nommés, et pas un des hommes qui en fait partie ne sait le numéro de son régiment. En réalité, la nouvelle loi, qui devait tout changer et transformer la nation entière en une armée, n'a produit jusqu'ici que deux faits nouveaux : l'incorporation pour six mois de la seconde partie du contingent, laquelle était autrefois complétement libérée, et le volontariat d'un an. Le but de cette dernière institution était de permettre aux jeunes gens qui étudient pour les professions libérales d'échapper au risque de tomber dans la première partie du contingent, ce qui les aurait soumis au service actif pendant cinq ans. La loi leur permet, à certaines conditions, de ne passer qu'un an à l'armée, tout en continuant d'en faire partie dans la réserve. La principale condition est que chaque volontaire paye à l'État une somme de 1500 francs, et passe un examen très-élémentaire; en d'autres termes, c'est l'ancien système d'exemption moyennant une somme d'argent, — système qui avait été déclaré une abomination et aboli à jamais, — qui reparaît sous une autre forme. Les commissaires nommés pour examiner les candidats au volontariat ont été d'une indulgence extrême, et la première année plus de douze mille jeunes gens ont été admis. Ceci a eu pour résultat naturel de rendre cette loi impopulaire : on lui reproche

amèrement d'être un privilége en faveur de la richesse. Ces attaques n'ont jusqu'ici produit aucun résultat.

Du reste, ce n'est pas là la seule conséquence de l'invention du volontariat d'un an. Dans l'ancienne organisation, les sous-officiers et les soldats recevaient une prime considérable s'ils se réengageaient à l'expiration de leur temps de service. Par ce moyen deux résultats étaient obtenus : la présence des vieux soldats dans les régiments y entretenait les traditions militaires et en même temps fournissait des sous-officiers expérimentés. La nouvelle loi abolit la prime de réengagement; les vieux sergents ne trouvent désormais aucun avantage à rester dans un service dont la paye est inférieure à ce qu'ils peuvent gagner dans une carrière civile; aussi, une fois leur temps expiré, quittent-ils leurs régiments pour rentrer dans leurs foyers. Jusqu'au mois dernier, les cinq sixièmes des sous-officiers de l'armée française appartenaient à la classe de 1870, dont le temps de service n'expire qu'au mois d'août, mais qui, par économie ou pour quelque autre motif, a été renvoyée en juin. Nous savons que très-peu de ces hommes ont offert de contracter un nouvel engagement, car d'un rapport présenté à l'Assemblée par le général de Cissey il ressort qu'un peu moins de trois mille cinq cents sous-officiers sortants se réengagent maintenant chaque année; par conséquent, en ce moment, une grande majorité des sous-officiers doivent être remplacés; et ce fait se renouvelle chaque été, lors de la libération du contingent annuel, ce qui doit nécessairement troubler chaque année l'organisation des régiments. En présence de cette situation, l'Assemblée s'est efforcée de déterminer les sous-officiers à rester au service en leur offrant, au bout de douze ans de service actif, certains emplois civils; mais la perspective de gagner 500 francs par an comme cantonniers ou facteurs ruraux ne semble pas assez tentante pour les déterminer à porter l'uniforme sept ans de plus. C'est ici que se font sentir les conséquences du volontariat d'un an : les conscrits des classes qui reçoivent une certaine éducation seraient justement les hommes dont on pourrait faire de bons sous-officiers, car ils apprendraient rapidement leur métier et introduiraient évidemment dans l'armée un ton moral plus élevé. Dans l'état actuel des choses, la plupart de ces jeunes gens ne cherchent qu'à se débarrasser le plus vite possible de cette année désagréable, pour s'occuper de la carrière qu'ils veulent embrasser. Par ces différentes raisons, la loi sur le recrutement de l'armée est à la fois peu satisfaisante et insuffisante; elle n'atteint jusqu'ici que d'une manière très-imparfaite son but prétendu, qui est de faire de tout Français un soldat effectif.

La loi sur l'organisation militaire, au contraire, semble être une mesure bien conçue et pratique, à laquelle il n'y aurait que très-peu de chose à redire, si elle était seulement mise à exécution. Cette loi a introduit en France le système allemand de corps d'armée établis d'une manière permanente dans des régions déterminées, chaque corps étant complet en lui-même, avec cavalerie, artillerie, génie, services auxiliaires et magasins. Il faudra nécessairement bien des années pour arriver à un résultat complet, car dans plusieurs régions l'organisation est à peine commencée. La question des casernes, par exemple, quoique l'on ait voté pour cela une somme de 80 millions, est encore indécise, et dans plusieurs villes les troupes vivent dans des camps ou sont logées chez l'habitant. Mais le plan en lui-même est très-bon; et quoiqu'il ne doive probablement pas faire atteindre à la France la prodigieuse rapidité de mobilisation dont l'Allemagne est capable, c'est un grand progrès sur le manque total de cohésion régulière entre les éléments de l'armée qui se remarquait autrefois en France.

Cependant, jusqu'ici, cette seconde loi présente un point faible : les régiments actifs de chaque corps d'armée sont composés indifféremment d'hommes tirés de toutes les parties de la France, tandis que les réserves de chaque corps se composent de tous les soldats libérés demeurant dans la région de ce corps. Cet arrangement mixte a été adopté en partie afin d'éviter les inconvénients politiques qu'aurait pu présenter la formation de régiments composés uniquement d'hommes unis par une communauté d'origine et de sympathies, et aussi en partie parce que, si un certain régiment venait à être anéanti, il serait déplorable que toute la perte tombât sur un seul département. Ces motifs sont sensés et plausibles; mais il en résulte que les hommes de la réserve ne savent pas dans quel régiment ils seront appelés à servir en cas de nécessité. La loi ordonne, il est vrai, que les réserves de l'armée active seront convoquées et exercées chaque année, et cela afin de permettre aux hommes de s'habituer à leurs places et de faire connaissance avec leurs camarades; mais ces exercices annuels n'ont pas encore eu lieu une seule fois (1); les hommes de la réserve ne connaissent pas encore leur régiment et ne peuvent s'y attacher. Tant que cela durera, ce sera une première difficulté au point de vue d'une concentration rapide.

Une seconde difficulté sérieuse, qui n'existe pas en Allemagne, c'est que le caractère et le tempérament des Français ne semblent pas devoir se plier facilement aux exigences spéciales d'une mobilisation. Les dispositions nationales et l'éducation nationale sont différentes dans les deux pays. Le soldat allemand est presque une machine; son obéissance est muette, sa discipline est passive; chez lui, point d'hésitation; il a, pour ainsi dire, reçu en naissant l'esprit de subordination et de soumission. Le Français, au contraire, a ses opinions et ses idées à lui, qu'aucune discipline ne peut faire disparaître entièrement : sans doute, il obéit, parce qu'il serait fusillé s'il s'y refusait; mais son obéissance n'est pas inerte; c'est un acte de raison, et cet acte est accompagné d'une foule de réserves mentales et de considérations qui n'entrent jamais dans la tête d'un Allemand. Il en résulte que l'on ne peut traiter le soldat français comme un paquet qui reste où on l'a déposé jusqu'à ce qu'on vienne le reprendre; et c'est là un désavantage grave dans un mouvement de mobilisation, où le premier devoir de chaque soldat est de prendre son rang sans dire un mot, et de ne plus bouger qu'au commandement. Ce désavantage deviendrait évidemment moindre si, comme l'Allemand, le soldat retournait simplement, lorsqu'il est appelé, à son ancien régiment et à sa place habituelle; mais, au lieu de cela, dans l'état actuel des choses, il est appelé à rejoindre un régiment dans lequel il ne connaît pas une âme, et où il aura à se placer comme il pourra.

Les Allemands ont encore un avantage dans le cas d'une

mobilisation, c'est que leurs compagnies, sur le pied de paix, sont ordinairement d'environ 120 homms, de sorte que pour les porter au pied de guerre, qui est de 250, il suffit de les doubler. Au contraire, les compagnies françaises ne sont guère maintenant que de 75 hommes, comme nous le verrons un peu plus loin, et par conséquent il faut les tripler pour les mettre sur le pied de guerre, ce qui rend la mobilisation d'autant plus difficile et plus lente.

Par ces raisons et à cause de l'insuffisance des sous-officiers, il est probable qu'une mobilisation de l'armée française serait une opération lente et pleine de difficultés et de désordre. Ainsi, comme dans les conditions actuelles de la guerre la rapidité de concentration est presque aussi importante que le nombre, il semble probable que la France restera, sous ce rapport, pendant très-longtemps inférieure à l'Allemagne. Nous avons dit que l'on n'a encore fait aucune épreuve réelle pour constater la valeur des dispositions actuelles; quelques expériences seulement, sur une petite échelle, ont été essayées en secret. A plusieurs reprises, et dans des endroits différents, on a fait passer deux compagnies par les phases de la mobilisation, leurs réserves ayant été convoquées tout exprès. Les résultats obtenus ont été fort singuliers. L'armement et l'équipement se sont effectués avec une rapidité raisonnable, puisque les 500 hommes ont été passés en revue, sous les armes et en uniforme, environ cinq heures après leur réunion au dépôt. Mais, après cela, il a fallu dans chaque cas trois jours pour inscrire les détails et les équipements dans les livres des régiments! Ce fait prodigieux, tout incroyable qu'il peut sembler, est rigoureusement vrai; on comprend facilement pour quelles raisons nous nous abstenons de désigner les régiments, les dates et les lieux. Il serait difficile de trouver un exemple plus frappant des effets écrasants de la bureaucratie et de la routine; quoique ce fait ne se rapporte pas directement à la loi d'organisation, il montre comment de bonnes lois peuvent être paralysées dans leur application par une *direction* routinière.

La loi des cadres est la dernière de la série; elle a été fort discutée à l'Assemblée, car deux systèmes étaient en présence. Les partisans du premier insistaient sur la nécessité de conserver le régiment de trois bataillons de six compagnies chacun; ceux du second préconisaient le système allemand de quatre compagnies par bataillon, outre les compagnies de dépôt dans les deux systèmes. Après un débat long et animé, on a fini, comme toujours, par adopter un plan hybride : il a été décidé que le bataillon se composerait de quatre compagnies au lieu de six; mais, pour compenser cette réduction, chaque régiment doit avoir quatre bataillons au lieu de trois. On a prétendu que cela donnera 160 bataillons de plus, et que, comme en temps de guerre chaque bataillon doit contenir 1000 hommes, on aura ainsi 160 000 hommes de plus. Les adversaires de ce système n'ont pas de peine à démolir ce singulier calcul; ils font voir, avec raison, que comme l'unité tactique est la compagnie et non le bataillon, c'est un véritable enfantillage que de prétendre que quatre bataillons à quatre compagnies, avec deux compagnies de dépôt pour le régiment, puissent contenir chacun autant d'hommes que trois bataillons à six compagnies chacun, avec trois compagnies de dépôt. Le nouvel arrangement donne dix-huit compagnies, tandis que l'ancien en donnait vingt et une. Il en résulte donc que l'addition tant vantée

<hr>

(1) On sait qu'un décret paru cette semaine convoque pour le 3 septembre prochain les réservistes de la classe 1867 seulement.

de 160 bataillons se traduit en réalité par la suppression de 480 compagnies; de sorte que, si l'on prend une compagnie sur le pied de guerre de 250 hommes, cela fait une perte de 120 000 hommes au lieu d'un gain de 160 000. D'après le nouveau plan, chaque régiment perd trois compagnies, c'est-à-dire 750 hommes; par conséquent, neuf officiers par régiment ont été mis en demi-solde; l'armée est réduite; les officiers sont mécontents. En vérité, il ne valait pas la peine de faire tant de bruit en Allemagne à propos d'une loi aussi médiocre; les Allemands auraient plutôt dû se frotter les mains de plaisir à cette bévue de leurs voisins.

Il va sans dire que ces calculs s'appliquent à la force nominale du pied de guerre; l'effectif réellement présent de l'armée française est une autre affaire. Il est à peine nécessaire de dire que nous ne prétendons pas indiquer cet effectif d'une manière précise, car on ne pourrait avoir de renseignements absolument exacts sur ce point qu'en consultant les rapports confidentiels du ministère de la guerre. Mais ce que l'on peut facilement faire, c'est de grouper les données indirectes que l'on a sur ce sujet, et de voir ce que ces données nous révèlent. Le budget de 1875 évalue le chiffre total de l'armée à 425 000 hommes, et nous dit que chaque régiment d'infanterie se compose de 1800 hommes; mais il est prouvé que ces chiffres sont purement imaginaires. Les officiers déclarent que leurs régiments ne sont plus que des squelettes; et la vérité de cette assertion est évidente pour quiconque assiste aux revues ou aux manœuvres; car, dans ces occasions, l'on voit le plus souvent des compagnies de quarante hommes.

On peut alléguer, il est vrai, qu'une partie des hommes sont des recrues, qui travaillent séparément par escouades, et que, par conséquent, l'aspect que les compagnies présentent en public n'indique pas leur véritable force. Mais quand une grande revue annuelle a lieu à Paris, quand il est notoire que les officiers commandants ont reçu l'ordre de faire paraître tous les hommes qui peuvent tenir un fusil et que les moindres détachements ont été rappelés de plus de 60 kilomètres pour grossir le total, alors, en tout cas, le nombre des hommes présents peut être considéré comme représentant à peu près la force exacte des régiments. Tout cela s'est passé le 13 juin à Longchamps, lorsque l'armée de Paris et de Versailles a été passée en revue par le maréchal de Mac-Mahon; et personne ne peut prétendre qu'en cette occasion lorsque tous les hommes que l'on avait pu mettre en ligne avaient été appelés pour faire meilleur effet, les compagnies fussent de plus de 60 hommes. En faisant la part des malades, des absents et des hommes laissés pour garder les casernes, ceci représente un maximum d'environ 75 hommes par compagnie, et à ce taux les 18 compagnies de chaque régiment donnent non pas 1800, mais 1350 hommes. Si telle est la situation des régiments de Paris et des environs, qui sont, comme tout le monde le sait, tenus sur un pied plus élevé que les autres, on est en droit de supposer que la moyenne de toute l'armée ne dépasse pas 1200 hommes par régiment d'infanterie, et que la même proportion s'applique aux autres armes.

Sans doute ce calcul de moyenne n'a pas la prétention d'être mathématiquement exact, mais les renseignements que nous avons tirés avec grand soin de sources diverses le confirment d'une manière générale et viennent à l'appui de cette conclusion, que cet été le nombre total des soldats sous les drapeaux a été d'un tiers au-dessous du chiffre indiqué dans le budget, c'est-à-dire qu'il n'a pas dépassé 285 000 hommes en tout. Un huitième au moins de ce nombre, c'est-à-dire 35 000 hommes, est composé des non-valeurs: employés d'administration, malades et autres. Le nombre des combattants pour la France et l'Algérie se trouve ainsi réduit à 250 000 hommes, ce qui est à peu près le chiffre que nous avons donné il y a deux mois. En ce moment, ce nombre se trouve encore diminué par suite du départ de la classe de 1870, qui représentait le cinquième de l'armée tout entière.

Il va sans dire que l'absence des hommes dont la solde est portée au budget est un fait irrégulier; mais le fait existe, et il s'explique, comme nous l'avons déjà dit, par deux nécessités contraires, celle de montrer nominalement un effectif considérable, et celle de trouver en même temps de grandes sommes d'argent qui n'ont point été votées, pour des besoins pressants. Comme le sujet est un peu délicat, il vaut mieux éviter d'entrer dans de plus grands détails; mais quiconque est au courant de ce qui se passe ne peut ignorer que le système de virement d'un chapitre du budget à un autre — système si amèrement critiqué pendant les dernières années de l'empire, et dont la défense a coûté à M. Pouyer-Quertier son portefeuille de ministre des finances — que ce système, dis-je, est pratiqué sur une grande échelle au ministère de la guerre.

Je n'en citerai qu'un seul exemple: c'est un fait notoire, premièrement que les baraques élevées il y a trois ans pour faire camper les troupes autour de Paris ont coûté plus du double de la somme votée à cet effet au budget; et secondement, qu'aucun crédit supplémentaire n'a jamais été demandé pour ces baraques. Comment donc a-t-on payé la différence? La réponse est bien simple: plusieurs milliers d'hommes ont été renvoyés en congé, et l'argent économisé sur leur solde et leurs rations a été consacré à équilibrer ce compte. Le même procédé a été appliqué à d'autres articles sur la plus grande échelle. Quelque peu régulière que soit cette méthode, au point de vue du contrôle parlementaire rigoureux et d'une vérification exacte, il est certain que, comme le gouvernement n'ose pas dire la vérité à la France et lui déclarer que la même somme ne peut payer deux dépenses à la fois, il est pratique et sage de payer secrètement la plus urgente des deux. Mais alors il conviendrait de ne plus prétendre que la république actuelle est plus vertueuse que l'empire, car nous voyons ici que sous ce rapport il n'y a guère de différence.

III

Le *matériel* est le troisième élément de notre sujet, et il vient naturellement après le chapitre des virements; car c'est justement pour payer le matériel que des virements ont été faits. Mais le matériel comprend tant de choses, qu'il ne saurait être question ici d'en faire la liste complète; nous nous bornerons donc aux articles les plus importants: canons, fusils, chevaux et fortifications.

La dernière guerre était à peine commencée, que l'artillerie française avouait ne pouvoir lutter contre celle des Prussiens; ce fait devint parfaitement évident dès le premier engagement entre les deux armées. La paix conclue, trois commissions furent nommées pour étudier la question; des expériences sur de nouveaux types de pièces furent exécutées à Calais, à Tarbes et à Bourges, et le canon de 7 se chargeant par la culasse, proposé par le colonel de Reffye, fut adopté. Jusqu'alors les pièces de campagne françaises avaient été des pièces de 4 ou de 12. Le canon Reffye avait été fabriqué et employé à Paris pendant le siége : on lui avait bien reconnu certains défauts, mais comme dix-huit cents pièces de ce modèle avaient été déjà fabriquées, on pensa qu'après tout il était plus pratique d'y faire quelques changements afin de remédier à leurs défauts les plus graves, et de les adopter pour le moment comme type réglementaire, afin de ne pas perdre l'argent qu'elles avaient coûté. Le caractère provisoire de cette mesure fut clairement indiqué dans le rapport officiel présenté à cette époque par la commission. Il y est dit : « Le canon de 7 n'est en réalité qu'un premier pas vers le type des pièces se chargeant par la culasse ; mais ce canon existe, et cette raison nous force à l'adopter — avec cette réserve qu'il ne doit être considéré que comme une arme provisoire. »

Bientôt après cette décision, il fut reconnu que le canon de 7 est trop lourd pour le service de campagne ordinaire ; il est plus léger, il est vrai, que l'ancienne pièce de 12, mais il ne remplace pas l'ancienne pièce de 4 qui a été supprimée. Là-dessus le major Pothier, qui avait travaillé avec le colonel de Reffye, proposa un canon de 4 de son invention, qui avait servi sur le plateau d'Avron pendant le siége de Paris. Ce canon fut essayé à Trouville en présence de M. Thiers, alors président, et qui, non content du double titre de président et d'historien, aurait voulu y joindre encore celui d'ingénieur militaire. Le nouveau canon fut adopté comme un second pas vers le système se chargeant par la culasse ; mais le comité d'artillerie ne fut pas satisfait et demanda qu'il fût transformé en pièce de 5. Le major Pothier s'opposa avec force à ce changement, objectant qu'un obus de 5 kilogrammes n'a pas une puissance sensiblement différente de celle d'un obus de 4 ; qu'il faudrait six chevaux si l'on faisait le canon plus gros, tandis que quatre suffisaient pour le traîner tel qu'il était ; enfin, que les caissons pourraient porter moins de munitions si l'on adoptait le calibre supérieur. Mais le comité était décidé ; la construction du canon Pothier de 5 fut commencée à Tarbes et marcha de front avec celle du canon Reffye de 7. Puis les expériences recommencèrent ; mais cette fois elles furent tenues secrètes. Cependant le bruit se répandit que l'on avait enfin commencé à essayer des canons d'acier — les canons Reffye sont en bronze — et l'exactitude de ce bruit fut prouvée à la revue du 13 juin, car quelques canons d'acier y firent leur apparition pour la première fois. On dit qu'un autre canon d'acier est maintenant adopté d'une manière définitive au lieu des deux autres modèles ; qu'il sera livré à l'armée active au fur et à mesure de la fabrication, et que les pièces de bronze seront données à l'armée territoriale, les mêmes projectiles devant servir pour les deux systèmes. Ajoutons que la réorganisation de l'artillerie marche très-lentement. D'après la loi des cadres, il doit y avoir 38 régiments d'artillerie composés chacun de 13 batteries ; mais jusqu'ici il n'y a encore que 6 ou 7 batteries par régiment. Toute cette histoire de l'artillerie n'a rien d'édifiant ; elle montre un manque d'unité de vues, de décision, de fermeté d'action qui ne promet pas beaucoup en faveur des progrès à venir.

Le nouveau fusil adopté pour l'armée française, le fusil Gras, ressemble presque exactement au fusil Mauser ; on le considère, en France, comme aussi bon que celui-ci, mais comme un peu inférieur au fusil Martin-Henry. La fabrication de ce fusil a commencé l'an dernier ; elle se poursuit sur le pied d'environ 2500 par jour ; de sorte que pour faire les 3 200 000 fusils qui, d'après le rapport présenté à l'Assemblée par M. Riant, sont considérés comme nécessaires, il faudra en tout environ quatre ans. Jusqu'ici, les élèves de l'École de Saint-Cyr et le 30e bataillon de chasseurs sont les seuls qui aient reçu cette nouvelle arme.

Les chevaux sont en nombre tout à fait insuffisant, et comme on pense que par les moyens ordinaires l'on ne pourrait en obtenir assez pour une guerre, le gouvernement a fait, il y a deux ans, voter par l'Assemblée une conscription des chevaux, en vertu de laquelle tous les chevaux de la France doivent être inscrits et peuvent être pris pour le service militaire, dans le cas où l'armée serait mobilisée. Les chevaux pris par l'État seront payés d'après un tarif fixé d'avance pour les différentes catégories.

La question des fortifications est peut-être celle de toutes les branches du matériel qui offre l'intérêt le plus général ; et ici elle a le mérite tout particulier de ne mériter presque aucune critique ; car des juges compétents et indépendants, de plusieurs nationalités différentes, s'accordent à dire que cette question a été résolue d'une manière intelligente et très-pratique (1). Jusqu'à la dernière guerre, les ingénieurs militaires français soutenaient les théories de Vauban ; le système des camps retranchés, préconisé par Montalembert, fut rejeté avec un certain dédain. Mais les Allemands prirent les forteresses françaises avez tant de facilité, qu'une violente réaction d'opinion s'ensuivit ; il semble maintenant décidé que désormais l'on ne créera plus que deux types d'ouvrages fortifiés : des camps retranchés, et ce qu'on appelle des forts d'arrêt placés sur des points stratégiques, et à l'intersection des routes et des chemins de fer.

On voulait d'abord soumettre les nouveaux projets de fortifications à l'approbation de l'Assemblée, et un plan complet pour Paris fut présenté par le ministre de la guerre. Mais, après que ce plan eut été discuté en partie, on songea tout à coup que c'était une grande faute de diré officiellement au monde entier ce que l'on comptait faire. On a donc arrêté le débat, et les travaux continuent en silence. Ceci est contraire à la loi, qui dit que le souverain seul peut modifier, supprimer ou créer des fortifications en France ; mais la prudence, ou plutôt la nécessité de ne pas discuter de tels projets devant toute l'Europe, justifie pleinement cette illégalité. Comme tout le monde admet ce fait, on n'en a pas dit un seul mot. Mais il n'y a pas d'inconvénient à ce que nous esquissions rapidement le système général de travaux de défense que l'on exécute maintenant ; car, nous l'avons déjà dit, la Prusse en sait beaucoup plus sur ce sujet que nous n'en pouvons dire ici. Voici, en quelques mots, le système adopté.

Quatre lignes directes de chemin de fer vont de la frontière de l'est à Paris : 1° Par Mulhouse, Belfort, Chaumont et Troyes ; 2° par Strasbourg, Nancy et Toul ; 3° par Metz et Verdun ; 4° par Thionville et Mézières. La première de ces

---

(1) Voyez la conférence de M. Tyler à l'Institution militaire d'Angleterre sur les *Nouvelles fortifications de Paris*, dans notre numéro du 20 juin dernier, page 1221 (tome VIII, 2e série), avec une carte.

lignes est commandée par la forteresse de Belfort, et par conséquent ne peut être suivie par une armée d'invasion ; la seconde est couverte par les canons de Toul ; la ligne Metz-Verdun passe sous le feu de Verdun ; enfin la quatrième ligne est gardée par le canon de Montmédy et de Mézières. Ainsi, tant que ces différentes forteresses resteront entre les mains des Français, aucune force ennemie ne pourra se servir des chemins de fer qui passent à leur portée. Il était donc naturel que la première mesure adoptée fût de fortifier Belfort, Toul et Verdun, de manière à fermer les chemins qui mènent directement à Paris ; il fallait aussi établir simultanément des camps retranchés à Belfort, à Langres, à Vesoul et à Besançon pour fermer la route du midi et du centre, et pour couvrir ainsi Dijon et Lyon.

D'après cette théorie, une armée d'invasion aurait à prendre les forteresses ou à les tourner, et serait arrêtée par la frontière du Luxembourg à droite, et par les camps fortifiés à gauche. Un cinquième camp dans le voisinage de Soissons fournira les moyens de tenter une attaque de flanc contre un envahisseur, si, après avoir laissé des forces suffisantes pour bloquer Toul ou Verdun, il marchait sur Paris. Mais c'est autour de Paris lui-même que l'on doit accumuler le plus d'obstacles : une vingtaine de forts et de camps disposés en cercle, à une distance moyenne de près de 20 kilomètres de la capitale, sont en voie de préparation. Ils serviront à la fois à protéger la ville contre un bombardement et à rendre le cercle trop large pour qu'un investissement soit possible.

Tout ce plan est bien conçu, et les connaisseurs semblent l'approuver unanimement. La seule objection qu'on lui adresse est qu'il donne trop peu à Mézières et à Montmédy, sous prétexte que ces deux villes sont trop près de la frontière belge pour qu'un ennemi s'expose à un échec en les attaquant. Cet argument ne semble pas suffisant, surtout si l'on se rappelle que la bataille de Sedan a été livrée précisément entre ces deux forteresses. Il va sans dire que les détails d'exécution sont tenus aussi secrets que possible. Nous n'avons pas besoin d'en parler ; mais nous pouvons dire que, dans son ensemble, ce plan crée pour la frontière de l'est de nouvelles défenses presque aussi fortes que celles qui ont été perdues il y a quatre ans. On croyait d'abord qu'il faudrait sept ans pour son entière exécution ; mais les travaux ont été poussés avec une vigueur inattendue, et il ne semble pas impossible de les voir entièrement achevés en 1878.

Nous terminons ici cet exposé de la situation militaire de la France. Il est loin d'être satisfaisant. Il nous montre les vieux défauts de la France ; ils ne sont pas corrigés, peut-être même sont-ils incorrigibles. Il introduit dans son histoire un défaut nouveau, que personne ne s'attendait à y trouver — une étrange inaptitude à se plier à une situation nouvelle. La facilité avec laquelle les Français acceptent un entourage nouveau et de nouvelles conditions d'existence a toujours étonné ceux qui en ont été témoins ; elle est passée en proverbe. Cette fois cependant leurs chefs semblent incapables de bien comprendre la position nouvelle dans laquelle ils se trouvent, ou d'appliquer les nouvelles mesures qu'exige cette position. On aurait cru que, s'il y avait en Europe une race particulièrement disposée par la nature à profiter rapidement de l'expérience du passé, à se retourner et à marcher sans hésiter dans une nouvelle direction, à appliquer pour ainsi dire d'instinct une leçon inattendue, c'était assurément ce peuple français, versatile et moqueur, à qui rien n'échappe, qui tire parti de tout ce qu'il sait, imite tous les modèles et joue tous les rôles. Cependant ici, à quelques rares exceptions près parmi les officiers subalternes, l'habileté des Français a disparu et leur main a perdu son adresse.

De toutes les conséquences de la guerre, c'est là la plus grave et la plus inattendue. Que la France dût être vaincue, c'était prévu ; qu'elle dût subir sa défaite avec la rage pleine d'étonnement d'un enfant gâté qui reçoit le fouet après n'avoir jamais reçu que des baisers, des gâteaux et des preuves d'indulgence, cela n'a rien de surprenant ; qu'elle ait payé ses pertes pécuniaires avec une facilité presque dédaigneuse, cela nous semble tout naturel — après qu'elle l'a fait. Mais qu'elle hésite et qu'elle entasse bévues sur bévues dans la réorganisation et la reconstitution de son armée, c'est là ce qui nous étonne à bon droit. Quelques-uns des éléments de ce travail sont bons ; le plan des ouvrages défensifs est excellent ; le système des corps d'armée complets dans chaque région est sage et pratique ; le nouveau fusil est bon ; mais presque tout le reste est faible et décourageant. Quatre années se sont écoulées, et les questions de l'intendance et de l'état-major attendent encore une solution ; la nouvelle base régimentaire de 18 compagnies diminue l'armée, les réserves n'existent pas. La grande question de l'artillerie a été traitée au milieu d'hésitations, d'indécisions et de changements répétés ; la suppression de la prime de ré-engagement fait partir les sous-officiers ; le volontariat d'un an est une illusion et une faute ; le nouveau matériel est payé en partie au moyen de virements irréguliers ; et, quant à la direction suprême de tout, ce n'est qu'un composé de préjugés vieillis, d'habitudes et de règlements surannés, mêlés d'irrésolutions, de doutes et d'hésitations. C'est dans l'insuffisance et les défauts de cette direction que se trouve le vrai danger, et les gens bien informés semblent croire qu'il n'y a pas la moindre espérance de la voir changer. Tous les témoignages paraissent plutôt indiquer le contraire, tous montrent que l'autorité dirigeante est décidément incapable d'aborder fermement les difficultés de la position. Qu'il me soit permis d'en citer un dernier exemple.

Il y a deux ans, le ministre de la guerre eut des raisons de croire que les troupes ne recevaient pas une instruction assez pratique ; il adressa donc à tous les généraux de brigade une circulaire ordonnant que désormais les régiments placés sous leur commandement sortiraient tous les lundis pour être exercés sur le terrain à toutes les opérations d'une campagne. Un rapport détaillé des opérations exécutées devait lui être envoyé par chaque chef de corps. Un général qui commandait une brigade à Satory fit faire à ses troupes une longue promenade, fuma lui-même plusieurs cigares, ne songea pas même à tenter la moindre opération, rentra au quartier, et alors, convoquant ses colonels, avec leur aide et celle de son officier d'ordonnance, rédigea, avec force détails, un rapport décrivant les opérations qu'il n'avait pas exécutées. Le fait s'ébruita naturellement ; les officiers furent furieux, et l'un d'entre eux communiqua l'histoire à un journal militaire qui la publia tout au long. Mais il ne faut pas s'imaginer que le général ait été traduit devant un conseil de guerre, ou qu'on lui ait infligé une punition quelconque ; au contraire, autant qu'on peut le savoir, l'indignation du ministère tomba, non sur le général, mais sur l'officier qui avait osé communiquer au public ce qui s'était passé. Ce n'est pas ce genre de direction qui pourra relever le moral de l'armée, ou la rendre sérieuse et énergique.

Les amis de la France — et elle en compte beaucoup de par le monde — s'affligeront de tout ceci ; ils se demanderont avec impatience quelle en est l'explication véritable. Mais il est probable que ces questions resteront sans réponse en ce moment, et que les véritables causes qui rendent les Français incapables d'une action vigoureuse et décisive ne seront bien appréciées que par une autre génération d'historiens et de juges. Mais s'il est impossible d'apprécier les causes, nous pouvons du moins en bien juger les conséquences, car celles-ci se présentent à nous d'une manière évidente. Nous ne saurions nous y tromper, quand même nos sympathies nous porteraient à le faire ; ces conséquences sont écrites en grandes lettres visibles sur les pages de l'avenir ; l'œil le plus faible peut lès lire. La France sera peut-être à moitié prête en 1878 — comme elle l'était en 1870 ; — mais le plus enthousiaste de ses amis ne peut espérer, à moins qu'elle ne change radicalement toute la direction de ses affaires militaires, qu'elle regagnera jamais cet ancien titre si glorieux, « la grande nation ».

Un mot pour terminer. Mes lecteurs anglais se demanderont peut-être comment il se fait que, si tout cela est vrai, la presse française n'ait pas cent fois soulevé cette question depuis quatre ans. Voici comment je l'explique : la moitié des départements de la France sont en état de siège, c'est-à-dire, sous le régime militaire, et tous les journaux ou toutes les revues qui osent dire au ministère de la guerre des vérités désagréables peuvent être le lendemain contredits, suspendus ou supprimés. Ils ont donc soin de se taire.

ASSOCIATION FRANÇAISE

POUR L'AVANCEMENT DES SCIENCES

Le congrès de Lille et le congrès de Nantes.

I

Le succès de l'Association française n'est plus ni à conquérir ni à démontrer. Elle peut rivaliser maintenant avec les grandes Sociétés étrangères qui lui ont servi de modèle, l'*Association britannique pour l'avancement des sciences* et le *Congrès des naturalistes et médecins allemands*. Elle compte aujourd'hui près de 1600 membres dont 242 membres fondateurs qui ont versé un capital de 150 000 francs, déjà augmenté, dans une proportion considérable, par des réserves annuelles importantes. Son avenir ne dépend donc plus de fluctuations passagères ou d'accidents momentanés toujours possibles.

Son rôle fécond s'affirme de plus en plus par des subventions aux savants pour l'exécution de leurs recherches, subventions si nécessaires en France où la science est plus maigrement dotée que partout ailleurs. Parmi les libéralités de cette année, déjà signalées dans la *Revue*, il en est deux qui méritent particulièrement d'être rappelées, moins encore par l'importance de leur chiffre que par leur caractère même.

Les secours de l'Association ont assuré l'établissement — impossible sans eux — d'un laboratoire de zoologie maritime à Wimereux, près Boulogne, laboratoire dépendant de la Faculté des sciences de Lille et placé sous la direction d'un jeune zoologiste plein d'activité et d'avenir, M. A. Giard. C'est le troisième laboratoire de ce genre qu'on installe en France, tandis que les nations étrangères en possèdent un bien plus grand nombre. Or, dans l'état auquel est arrivée aujourd'hui la zoologie, il n'y a plus guère de grands travaux possibles sans laboratoires maritimes.

L'autre subvention que nous voulions rappeler a été aussi accordée à un jeune homme, M. Ch. Vélain, et se rattache à l'expédition pour l'observation du passage de Vénus sur le soleil, bien qu'elle s'applique surtout à la géologie. M. Ch. Vélain a été chargé de l'exploration géologique des îles Saint-Paul et Amsterdam ; nos lecteurs ont eu récemment sous les yeux le récit général de son voyage(1) ; il en a rapporté des observations nombreuses et importantes, non-seulement sur la géologie, mais encore sur la zoologie.

Extérieurement, l'action de l'Association se manifeste surtout par ses grands congrès annuels, qui, sans doute, ne réunissent pas l'intégralité de ses 1600 membres, mais qui en attirent environ un tiers ; c'est déjà un chiffre énorme, et qui permet largement d'atteindre les deux buts que poursuit l'Association : d'abord mettre les savants en rapports personnels les uns avec les autres dans les conditions qui facilitent le plus l'épanchement et la cordialité en même temps que l'échange fécond des idées ; ensuite créer successivement dans toutes les parties de la France une *agitation* qui montre la science sous son aspect le plus imposant, pour faire sentir aux populations sa véritable importance sociale, corollaire indispensable et base nécessaire de son importance civilisatrice et industrielle. C'est ainsi qu'elle peut recruter partout des adeptes pour la cultiver et des adhérents pour la soutenir.

Jeudi prochain, le cinquième congrès annuel s'ouvrira à Nantes. Avant d'en indiquer le programme, nous devons rappeler ce qu'a été dans son ensemble, l'année dernière, celui de Lille. C'est la meilleure manière de faire vivre d'avance le Congrès de cette année.

II

L'EXCURSION DE BOULOGNE ET WIMEREUX

Les excursions sont assurément au nombre des principales attractions d'un congrès scientifique. Elles réunissent l'avantage d'instruire mieux que des livres — en montrant des choses que la parole imprimée ou le dessin ne peuvent pas rendre complétement — et celui de délasser l'esprit par le spectacle de la grande industrie et les charmes naturels de tout voyage.

L'excursion de Boulogne semblait choisie tout exprès pour fournir un type de ce programme. Elle avait pour objectif la visite d'une importante station balnéaire internationale au moment même de sa plus grande fréquentation ; aux économistes, aux industriels et aux simples curieux, elle offrait la

---

(1) Voy. notre numéro précédent, page 121.

visite d'une usine fabriquant un produit qui touche de trop près à la littérature pour ne pas intéresser tout le monde : la plume de fer. Aux naturalistes elle ouvrait le laboratoire de zoologie maritime de M. Giard, à Wimereux, pendant que les botanistes herboriseraient la flore du rivage et que les géologues observeraient les particularités les plus importantes de la formation du Pas-de-Calais.

Le pays qu'on traversait en chemin de fer, de Lille à Boulogne, n'offre d'ailleurs que des lignes horizontales continues, moins favorables au pittoresque qu'à la culture, de sorte qu'on arrive à Boulogne l'esprit vierge d'émotions.

A la sortie de la gare, des omnibus et des voitures préparés par les soins de la municipalité emportent tous les excursionnistes jusqu'au Casino, où, dans la belle et grande salle, le congrès est reçu, aux accords harmonieux d'un orchestre, par M. le maire de Boulogne assisté de ses adjoints qui ont tenu à offrir le vin d'honneur. Une table règne dans toute la longueur de la salle et les excursionnistes se pressent alentour ; aux accents de l'orchestre se mêlent le bruit des bouchons qui sautent et le brouhaha des conversations particulières. Mais, un instant, le silence s'établit : M. le maire de la ville de Boulogne souhaite en excellents termes la bienvenue aux excursionnistes. Le Président, M. Wurtz, lui répond en quelques paroles chaleureuses et le remercie au nom de tous d'un accueil fait avec tant de grâce. Le bruit général recommence, mais pour peu de temps : il faut en effet se séparer pour aller s'assurer d'un déjeuner, et les hôtels sont, paraît-il, absolument pleins. On se divise donc en groupes en se donnant rendez-vous, les uns pour aller visiter la fabrique de plumes de fer de Blanzy, Poure et Cº ; les autres pour se rendre au laboratoire zoologique de Wimereux.

La fabrication des plumes métalliques. — Usine Blanzy, Poure et Cº.

La fabrication des plumes métalliques a pris naissance à ·Birmingham (Angleterre) vers l'année 1816 ; mais pendant longtemps ces produits nouveaux étaient peu répandus et plutôt considérés comme objets de curiosité. C'est de l'année 1830 seulement qu'on peut faire réellement dater la fabrication des plumes métalliques, car c'est vers cette époque seulement qu'on a commencé à employer un outillage, bien imparfait encore il est vrai, à leur confection : jusque-là, les plumes ne se fabriquaient qu'à la main et en quantités très-restreintes.

Aujourd'hui, la fabrication des plumes métalliques a pris une très-grande extension : elle est localisée à Birmingham pour l'Angleterre et à Boulogne-sur-Mer pour la France ; en dehors de ces deux localités, il n'existe que deux fabriques, l'une à Berlin et l'autre à New-York.

On compte aujourd'hui à Birmingham onze fabriques qui produisent annuellement environ 7 200 000 grosses de plumes ; l'unité de vente pour les plumes métalliques ainsi que pour les porte-plume étant la grosse de 144.

Cette fabrication a été importée en France en 1846 par la maison Blanzy, Poure et Cie de Boulogne-sur-Mer ; elle est entièrement localisée, pour la France, dans cette ville qui compte trois usines dont la plus considérable est celle susnommée. Ces trois usines produisent ensemble environ 3 500 000 grosses par an, ce qui porte la production totale

des plumes métalliques à environ 11 millions de grosses représentant une valeur d'environ 9 à 10 millions de francs.

Jusqu'en 1846, la France était restée tributaire de l'Angleterre, d'où l'on tirait toutes les plumes métalliques qui se consommaient dans le monde entier.

Les progrès de la fabrique française, entravés presque au début par les événements de 1848, ont été ensuite fort rapides, et aujourd'hui les chiffres de production annuelle atteints par l'une des maisons françaises, la maison Blanzy, Poure et Cie, sont de 2 200 000 grosses de plumes environ, et 120 000 grosses de porte-plumes. Ces chiffres dépassent ceux des premières maisons d'Angleterre.

A cette production sont employés 720 ouvrières et 180 ouvriers, soit un total de 900 ouvriers des deux sexes, une force motrice de 200 chevaux, environ 200 tonnes d'acier, plus un grand nombre d'autres matières premières de provenances très-diverses, telles que : cuivre, maillechort, bois pour manches, cartons pour boîtes, etc.

La moitié environ de ces produits est consommée en France ; l'autre moitié est exportée et vendue sur les différents marchés d'Europe et des autres parties du monde.

Depuis l'année 1855, la fabrique Blanzy, Poure et Cie a adjoint à sa fabrication de plumes métalliques celle des porte-plume en tous genres, soit en tôle, en acier, en cuivre et maillechort, quelques-uns même entièrement en bois.

Le nombre des modèles de plumes dépasse 300, et celui des porte-plume 200.

Les plumes métalliques sont toutes faites avec le meilleur acier fondu de Sheffield, acier fabriqué spécialement pour l'industrie des plumes métalliques qui ne peut employer qu'un métal de bonne qualité, d'une parfaite régularité et jouissant de propriétés spéciales.

Le poids moyen d'une grosse de plume est de 83 grammes, déchet de découpage compris ; ce dernier varie entre 30 et 40 pour 100 : on tire donc environ 12 grosses de plumes d'un kilogramme d'acier. Quelques-unes de ces plumes sont livrées au commerce avec la couleur naturelle de l'acier ; d'autres sont colorées par oxydation, soit en bronze de diverses nuances, soit en bleu, en violet ou en noir ; d'autres, enfin, sont recouvertes, à l'aide de la galvanoplastie, de métaux étrangers : or, argent, étain, etc. Même chose a lieu pour les porte-plume.

Les prix des articles, plumes et porte-plume, sont excessivement variables : pour les plumes, ils varient entre 0ᶠʳ,22 et 14 francs la grosse ; quelques porte-plume atteignent des prix supérieurs à 50 francs la grosse, tandis que les articles les plus usuels descendent jusqu'à un prix de 1 franc 10 cent. Ce dernier article, de prix tout à fait exceptionnel, est un porte-plume de fer à manche de bois établi spécialement pour les écoles ; il s'est entièrement substitué dans les mains des écoliers aux porte-plume en cuivre qui étaient loin de présenter les mêmes avantages sous le rapport de l'économie et de l'hygiène.

Comme on le pense bien, les produits bon marché sont d'ailleurs bien plus nombreux que les autres, et le prix *moyen* des grosses de plumes ne s'élève pas au-dessus de 63 cent.

La fabrication des plumes métalliques exige un outillage délicat, compliqué, très-coûteux, une force motrice assez considérable, et de plus, pour la construction et l'entretien de l'outillage, un personnel de choix dont les salaires sont fort élevés et atteignent jusqu'à un chiffre de 90 francs par semaine, soit 15 francs par jour.

Le salaire des hommes varie de 2 fr. 75 c. à 15 francs, et celui des femmes de 1 à 5 francs. Mais, là comme pour les plumes, les chiffres peu élevés sont naturellement les plus nombreux.

Avant d'employer les aciers à la fabrication des plumes, on leur fait subir une opération préliminaire qui consiste dans le laminage des feuilles de tôle ; à cet effet, lesdites feuilles sont découpées en bandes de largeurs variables, recuites, puis laminées aux épaisseurs voulues et qui varient nécessairement avec la grandeur de la plume à produire. L'usine consomme par an 200 000 kilogrammes d'acier.

Les diverses opérations nécessaires pour arriver à parfaire une plume métallique s'accomplissent dans l'ordre suivant :

1° découpage ; 2° perçage ; 3° marquage ; 4° recuit ; 5° formage ; 6° trempe ; 7° adoucissage ; 8° nettoyage ; 9° aiguisage en long ; 10° aiguisage en travers ; 11° fendage ; 12° vernissage.

Puis viennent des opérations accessoires telles que : triage, emboîtage, empaquetage. Toutes les opérations énumérées sont rigoureusement nécessaires pour la production d'une plume métallique de bonne qualité.

Dans quelques modèles de prix élevés, certaines opérations telles que perçage, marquage, formage, etc., sont répétées deux et même trois fois, ce qui peut porter à une vingtaine le nombre de mains dans lesquelles elles doivent passer.

Les opérations ci-dessus, à l'exception de celles qui ont pour but le recuit, la trempe, le nettoyage, vernissage etc., se font à l'aide de découpoirs, presses, moutons et balanciers ; chaque plume étant présentée successivement sous l'outil par la main de l'ouvrière. On a, à plusieurs reprises, tenté de substituer les machines aux procédés manuels ; mais le peu de surface des objets, et surtout leur très-minime épaisseur, rendait très difficile leur préhension par des organes mécaniques ; de plus le grand nombre des modèles, variant tous de forme et d'épaisseur, nécessitait des complications très-grandes dans les machines pour les faire se prêter aux diverses exigences de la fabrication. Cependant, pour quelques modèles spéciaux et se fabriquant en grande quantité, on a trouvé avantage à l'emploi des machines.

Les marques françaises sont aujourd'hui aussi recherchées que les marques anglaises, non-seulement sur le marché français, mais même sur tous les marchés du monde. Les produits de la principale fabrique française jouissent même d'une faveur spéciale, non-seulement en raison de leur bonne confection, mais aussi de la grande variété des modèles de plumes et de porte-plume qu'elle livre au commerce. Cette maison, dont les produits sont élégants et se distinguent par leur bon goût et leur bon marché relatif, a obtenu toutes les premières récompenses accordées à l'industrie des plumes métalliques dans les diverses expositions françaises et étrangères. Ses succès à l'exposition de Londres en 1862 lui ont valu la décoration de la Légion d'honneur, et la croix de chevalier de l'ordre de François-Joseph à l'exposition de Vienne en 1873.

Nous n'avons plus à parler ici du laboratoire de M. Giard, qui a été décrit par le créateur lui-même dans une des séances du Congrès. (Voyez notre volume précédent, août 1874, page 169.)

En sortant du laboratoire de M. Giard, les botanistes faisaient, sur la côte et à l'embouchure même du cours d'eau douce qui traverse le pays, des observations pleines d'intérêt sur la flore exceptionnelle de cette localité. Les végétaux des marais voisins y croissent non loin des plantes spéciales aux dunes, et, un peu plus loin, la flore spéciale des falaises leur offrait quelques-uns de ses plus remarquables représentants. Du sable sortaient de nombreuses touffes de l'*Euphorbia Paralias*, avec les mêmes caractères qu'avaient constatés les membres de l'Association, il y a deux ans, sur les bords du bassin d'Arcachon. Au nord de la localité de Vimereux, la plante disparaît peu à peu et n'est plus représentée que par de très-rares individus au delà du cap Griz-Nez. Dans les bas-fonds abondent les *Triglochin* et, dans les restes mêmes du bassin creusé pour la flottille de Napoléon, une remarquable primulacée apétale, le *Glaux maritima*, qui disparaît aussi vers Calais pour reparaître à Dunkerque. Les hauteurs des dunes sont tapissées, dans toute la région, des graminées si connues qui maintiennent le sable et que, dans le pays, on désigne sous le nom commun d'*oyats*. Tels sont les *Elymus arenarius*, *Phleum arenarium*, *Aira multicaulis*, divers *Agropyrum*, etc., etc., avec eux, la cypéracée qui donne la salsepareille d'Allemagne (*Carex arenaria*). A partir du bord de la mer, les soudes et les arroches se montrent, entremêlées de nombreux pieds d'*Honckneya peploides* ; les pelouses gazonnantes sont garnies de spergules, de *Sagina*, de rosettes, d'*Erodium* et de *Hieracium*, et surtout des feuilles piquantes du panicaut maritime, près duquel se retrouvent encore des tiges desséchées d'une orobanche parasite assez commune. Cette végétation est la même que celle qui se retrouve plus au nord, dans les dunes du Calaisis, et là sans doute on observera aussi l'*Epilobium spicatum*, qui prend un si beau développement dans les garennes sablonneuses qui séparent Gravelines de Calais. Avec les falaises, la végétation change d'une façon surprenante. Sur les sommets herbeux croissent, non loin des petits buissons de genévriers couverts de fruits verts, de ravissantes touffes violettes de *Gentiana germanica*, à la corolle doublée d'une élégante collerette frangée ; on retrouve, non sans peine, une foule de hampes desséchées, mais très-courtes des ophrydées qui, dans ces conditions, sont souvent unies ou biflores et rappellent, par leur port singulier, un certain nombre de types australiens appartenant à des genres bien éloignés de la famille des orchidées. En haut de la falaise, les bruyères naines et les ajoncs rabougris sont constellés des fleurs rosées de la petite centaurée. Dans les dépressions de la dune, souvent submergées l'hiver, abonde le *Cochlearia anglica*, aux feuilles souvent charnues et cassantes. Les collines de sable qui séparent ces petites prairies de la plage sont couvertes d'*Hippophae rhamnoides* entre lesquels fleurissent le liseron soldanelle et tout un monde de pensées sauvages, d'un violet terne (*Viola sabulosa*). Le *Cakile maritima* sort du sable, non loin du *Glaucium*, dans des endroits même que le flot recouvre souvent à marée haute. Dans les anfractuosités des fissures de la falaise qui descendent vers la mer, en formant ce que dans le pays on appelle des *crans*, les sources d'eau douce qui filtrent au travers de la roche inondent çà et là des touffes de cresson de fontaine (*Nasturtium officinale*) que les habitants viennent quelquefois recueillir pour leur nourriture, et sur les déchirures même de la falaise s'implantent les *Pyrethrum* herbacés des champs voisins, devenus ici charnus et succulents, et de nombreuses touffes de *Brassica* en apparence sauvages et qui sont peut-être échappés des cultures, quoique plusieurs auteurs autorisés aient cru y voir la souche probable de la plupart de nos choux cultivés.

III

L'EXCURSION A ROUBAIX ET A TOURCOING

Il était impossible qu'un Congrès scientifique réuni à Lille n'allât point visiter les villes industrielles de Roubaix et de Tourcoing, placées si près de la grande cité lilloise (15 et 25 minutes de chemin de fer) qu'on peut les considérer comme ses faubourgs, malgré leur énorme population. Roubaix surtout est en marche vers le chiffre rond de 100 000 âmes, et elle est la capitale d'une industrie à laquelle elle a donné son nom.

Après un court trajet, on descendit à Roubaix, où le maire de la ville de Roubaix, M. Descat, accompagné de plusieurs membres de la municipalité, reçut les membres du Congrès. Des voitures les attendaient à la gare pour les conduire à l'hôtel de ville ; le temps était très-favorable d'ailleurs et beaucoup de membres préférèrent faire le trajet à pied, ce qui permettait de se mieux rendre compte de la physionomie de cette ville industrielle si renommée.

Lorsque tout le monde fut réuni à l'hôtel de ville, M. le maire, après avoir indiqué en quelques mots le programme des visites qu'il y avait à faire, fit servir le vin d'honneur. Bien qu'on n'eût quitté Lille que depuis peu de temps, on n'en fit pas moins bon accueil aux rafraîchissements, vins et gâteaux présentés.

La municipalité de Roubaix, pensant qu'il était difficile que les excursionnistes pussent fructueusement visiter tous ensemble les diverses fabriques, avait établi plusieurs itinéraires distincts qui devaient être suivis par autant de groupes différents et qui étaient choisis de telle sorte que, pour chacun des groupes, la visite comprît des établissements permettant de suivre en entier la fabrication, depuis le peignage et le filage jusqu'à la teinture. Cette disposition, avantageuse à tous égards, et ce groupement, fort bien fait, donnèrent d'excellents résultats.

Voici quelques renseignements sur les itinéraires suivis et quelques indications statistiques que l'on a bien voulu nous fournir sur certains établissements qui ont été visités.

Peignage de laine de MM. Morel et Cie.

Le premier groupe commença sa visite par l'établissement de peignage de laine de MM. Morel et Ce ; nous ne pouvons donner ici les indications concernant cet établissement, les notes prises pendant le cours de l'excursion ayant été brûlées dans l'incendie de l'imprimerie Danel à Lille ; le groupe visita ensuite la filature de coton de M. Masurel fils, qui produit par semaine de 12 000 à 15 000 kilogrammes de coton filé simple et retors 2 bouts, selon la plus ou moins grande finesse du fil, dont le numéro moyen est 28, soit 28 000 mètres à la livre.

Ces fils sont employés presque exclusivement par l'industrie française ; un essai des marchés étrangers fait pendant la guerre n'a pas donné des résultats avantageux.

La filature a 37 600 broches à filer et 13 000 broches à retordre ; toutes viennent de Manchester, ainsi que les batteurs, cardes, etc. La force motrice est composée de 2 machines de 2 cylindres chacune, donnant une force totale de 840 chevaux effectifs pris dans le cylindre. M. Masurel possède encore une autre filature à Dunkerque dont les broches ne sont pas comprises dans les chiffres donnés plus haut.

276 ouvriers sont employés dans la filature et se décomposent ainsi : hommes, 110 ; femmes, 115 ; enfants de 12 à 16 ans, 50.

Tissage de MM. Ph. Scamps et Co.

Les excursionnistes se rendirent ensuite chez MM. Philippe Scamps et Co. Cette vaste usine, créée en 1804, était destinée, dans l'origine, à employer toute sa force productive à la fabrication à façon, c'est-à-dire pour le compte d'autres industriels. Mais le ralentissement subit qui frappa alors le commerce français enlevant toute chance d'alimenter tous les métiers donna lieu à une autre combinaison. Deux autres industriels, MM. Auguste Florin et L. Scrépel et fils louèrent les deux tiers de l'établissement, qui est donc de fait divisé en trois parties, dont l'une, s'occupant du tissage à façon, est exploitée par MM. Philippe Scamps et Co. Nous comprendrons donc dans les renseignements ci-dessous la totalité de l'établissement.

La fabrication annuelle est de 7 à 8 millions de mètres de tissus, dont moitié en lainage, tant chaîne simple que retorse, l'autre moitié en étoffes dites de fantaisie. C'est seulement depuis quelques années que, grâce à des efforts persévérants, l'on est parvenu à tisser mécaniquement les lainages en chaîne simple et à donner à ces étoffes une grande supériorité sur les produits similaires tissés à la main.

Les produits des trois fabrications sont très-recherchés et écoulés à l'intérieur et à l'étranger.

L'établissement couvre une superficie de 12 000 mètres carrés et renferme 900 métiers à tisser et un grand nombre d'autres machines pour bobiner, ourdir, encoller, dresser, etc. ; le mouvement est donné par une machine à vapeur de 80 chevaux pratiques, soit 201 chevaux.

Diamètre du grand cylindre.................	770 ^mm
— du petit cylindre.................	450 —
Course du grand piston....................	1.860 —
— du petit piston..................	1.370 —
Diamètre du volant......................	7.100 —
Nombre de tours........................	20

La consommation annuelle de charbon est de 1 000 000 de kilogrammes, soit 1^k,380 par cheval et par heure ; la consommation d'eau, également par année, est de 30 000 mètres cubes, soit 0,041 par cheval et par heure. Cette machine sort des ateliers de M. Paulus.

1200 ouvriers sont employés régulièrement dans cette vaste manufacture; 900 travaillent aux métiers à tisser, 300 aux préparations.

Peignage de laine de MM. Amédée Prouvost.

Le deuxième groupe a commencé sa visite par le peignage de laine de MM. Amédée Prouvost et Cᵉ.

Un des premiers en 1851, M. Prouvost posait à Roubaix les bases de ses immenses et grandioses ateliers, qui donnent aujourd'hui du travail à 1000 ouvriers, dont les salaires réunis s'élèvent au chiffre important de 38000 francs par semaine; mais aussi, par semaine, la fabrique livre à la consommation 130000 kilogrammes de laines peignées.

Le matériel de ce vaste établissement est évalué au chiffre imposant de six millions de francs.

Indépendamment des peigneuses Noble, — système Donisthorpe, — c'est à M. Prouvost qu'on doit l'introduction en France de la peigneuse Rawson.

Non-seulement cette peigneuse fonctionne dans les ateliers de Roubaix, mais la maison en a acheté le brevet français, et elle s'est faite constructeur de l'instrument, comme M. Schlumberger s'est fait constructeur de la peigneuse Heilmann. Par suite, M. Prouvost livre à l'industrie des laines peignées, aussi bien en France qu'à l'étranger, des quantités importantes de machines peigneuses qui participent au développement de l'industrie du peignage en Europe.

On compte dans l'établissement de M. Prouvost 130 peigneuses qui fonctionnent continuellement. Ces peigneuses s'appliquent indifféremment :

1° A la laine mérinos : Australie, Russie, France, Allemagne;

2° A la laine demi-fine : Buenos-Ayres, Espagne, Chili, etc. ;

3° A la laine commune : Perse, Smyrne, Andrinople, Afrique;

4° A la laine longue, dite anglaise, hollandaise, flamande, etc.;

5° A l'alpaga : poils de chèvre purs ou mélangés.

Le matériel de ce grand établissement fonctionne au moyen d'une force motrice de 400 chevaux-vapeur : soit quatre machines de 100 chevaux chacune. Seize générateurs donnent ensemble 1000 à 1300 chevaux-vapeur.

A Paris, en 1855, M. Prouvost recevait, à titre d'encouragement, une médaille de deuxième classe; à Londres, en 1862, une première médaille; à Paris, en 1867, la grande médaille d'argent, récompense la plus élevée accordée au peignage; à Lyon, en 1872, la grande médaille d'or; et enfin, à Vienne (Autriche), en 1873, la médaille de mérite.

La filature de laines de MM. Lefébvre-Ducatteau frères termine les visites du deuxième groupe.

Le peignage de laines de MM. Pinchon et Cⁱᵉ et la filature et le tissage de MM. H. Delattre père et fils furent successivement visités par le troisième groupe.

Condition publique de Roubaix.

Le quatrième et dernier groupe se rendit d'abord à la Condition publique des soies, laines et cotons, dirigée depuis sa fondation par M. Musin, à l'obligeance duquel nous devons les intéressants détails qui suivent sur cet établissement si important dans une ville industrielle.

La soie, la laine, le coton et toutes les matières filamenteuses contiennent toujours une quantité d'eau plus ou moins considérable, qui varie selon la manière dont les fibres ont été travaillées et suivant la température de l'air froid ou chaud, sec ou humide où elles ont été déposées.

Le conditionnement a pour but de constater l'état hygrométrique de ces textiles et d'en déterminer le poids. On comprend toute l'importance de cette constatation pour les transactions loyales, afin de ne point faire payer au prix de la laine, de la soie, etc., ce qui ne serait qu'un excès d'eau.

Le principe fondamental du conditionnement repose sur la dessiccation absolue qui est obtenue à l'aide d'appareils dessiccateurs à air chaud *ad hoc*. Mais le poids absolu ainsi déterminé n'est qu'une base, et il y a lieu d'y ajouter, par les calculs, le taux d'humidité relatif pour 100 jugé convenable pour ramener la marchandise à un état réputé loyal et marchand.

La loi de 13-20 juin 1866, sur les usages commerciaux, règle de la manière suivante les taux de reprise d'humidité qui doivent être ajoutés au poids des soies et des laines séchées à l'absolu par les bureaux de conditionnement :

Soie : 11 pour 100 à ajouter sur le poids absolu ;

Laines : 17 pour 100 à ajouter sur le poids absolu ;

Cependant toute liberté est laissée aux intéressés qui veulent déroger à la loi, *les dispositions de cette loi n'étant applicables qu'en l'absence de conventions contraires librement consenties entre les parties.*

L'usage est aussi assez généralement répandu de conditionner les laines peignées au taux de 18 1/4 pour 100.

Quant au coton, le gouvernement n'a fixé aucun taux de reprise d'humidité. Depuis douze ans, le taux de 7 1/2 pour 100 a été admis dans les transactions du rayon commercial de Roubaix.

En résumé, l'institution du conditionnement des matières textiles est toute moralisatrice : le négociant vend au fabricant, et au lieu d'attendre, comme précédemment, six mois ou un an avant de savoir à quoi s'en tenir sur le rendement, il peut régler immédiatement d'après le résultat du conditionnement indiqué dans le bulletin officiel qui lui est adressé par la Condition publique.

Renseignements statistiques sur le mouvement du conditionnement hygrométrique de Roubaix :

ANNÉES	SOIES	LAINES BRUTES LAVÉES, PEIGNÉES	LAINES FILÉES	COTONS	MOUVEMENT ANNUEL	NOMBRE D'OPÉRATIONS
	kilogr.	kilogr.	kilogr.	kilogr.	kilogr.	
1858	5	79.268	1.517	»	84.268	»
1859	538	589.490	21.906	»	611.934	2.146
1860	992	1.948.997	48.170	»	1.998.159	5.713
1861	1.085	3.101.307	48.453	»	3.150.845	8.748
1862	872	4.729.675	78.878	68.718	4.878.143	11.154
1863	1.835	6.052.525	113.344	246.391	6.414.095	14.085
1864	5.731	5.445.643	122.742	333.015	5.907.131	13.219
1865	14.420	5.944.657	109.180	270.663	6.338.920	14.419
1866	6.809	6.213.787	163.140	493.546	6.877.282	15.110
1867	3.600	5.387.596	197.771	804.439	6.893.406	16.054
1868	1.396	8.297.527	359.065	2.199.797	10.857.785	24.929
1869	472	8.703.263	354.080	2.595.341	11.653.156	27.985
1870	2.139	7.484.409	212.387	1.404.705	9.103.640	20.835
1871	2.358	11.113.444	462.258	2.515.807	14.093.867	33.496
1872	440	9.500.432	410.028	3.087.072	13.028.572	30.940
1873	979	10.602.370	626.219	3.625.470	14.955.038	36.040
1874	417	12.126.980	888.268	3.914.590	16.930.255	41.743

Bureau de titrage des fils (Décret du 15 janvier 1862).

A la Condition publique se trouve annexé un bureau pour le titrage et le numérotage métrique des fils.

On sait que les fils sont classés dans le commerce par des numéros qui indiquent leur délié ou degré de finesse.

Il y a une cause qui peut affecter d'erreur sensible les numéros qui sont indiqués dans le commerce, c'est l'irrégularité de l'état hygrométrique du fil. Deux échevettes du même fil peuvent, dans une composition hygrométrique différente, présenter un écart, à égale longueur et à égale *finesse*. Il faut donc ramener à la même base les échevettes considérées pour établir la comparaison du poids normal à la longueur légale, et cette base est évidemment la dessiccation absolue, augmentée de la reprise d'humidité tolérée.

Renseignements statistiques sur le nombre de titrages de fils :

ANNÉES	SOIES	LAINES FILÉES	COTONS	NOMBRE D'OPÉRATIONS	OBSERVATIONS
1863	18	369	129	516	
1864	38	565	226	829	
1865	124	289	109	522	
1866	100	587	379	1.075	
1867	54	579	1.420	2.035	
1868	24	474	6.141	6.639	
1869	31	793	6.613	7.437	
1870	17	557	3.865	4.439	
1871	48	985	6.959	7.992	
1872	48	1.314	8.528	9.857	
1873	22	2.352	9.739	12.113	
1874	31	2.239	10.640	12.910	

Décreusage des soies, dégraissage et lavage des laines en suint, cardées, gras, etc.

Le bureau de décreusage, de dégraissage et de lavage des échantillons à conditionner, organisé à la Condition publique de Roubaix, est encore une institution très-utile et bien moralisatrice qui recevra, dans un temps plus ou moins rapproché, la sanction officielle ; pour le moment elle ne fonctionne qu'officieusement à la demande des intéressés.

Renseignements statistiques sur le nombre de décreusage, etc.

Année 1873 . . . . {
  14 opérations laines en suints.
  36   —   laines peignées.
  10   —   laines filées.

    Total . . . . . . 60 opérations.

Année 1874 . . . . {
  2 opérations de décreusage sur les soies.
  274   —   de dégraissage laines en suint.
  77   —   —   laines peignée.
  15   —   —   laines filées.

    Total . . . . . 368 opérations.

L'établissement de la Condition publique est placé sous la surveillance d'un comité de cinq membres, composé de trois délégués du Conseil municipal et de deux de la Chambre de commerce, sous la présidence du maire de Roubaix.

Le personnel se compose de quarante personnes.

La Condition publique appartient à la ville de Roubaix ; elle est installée dans une propriété communale spacieuse, mais qui ne suffit pas encore aux besoins du service, lequel prend de plus en plus d'extension.

Filature de laines de MM. Motte et Legrand.

Cette intéressante visite terminée, le groupe se rendit à la filature de laines et de coton et de tissage de MM. Dillas frères, puis à la filature de laines de MM. Motte et Legrand, filature de laines courtes, principalement laines d'Australie produisant de fins numéros en chaîne simple du n° 25 au n° 45 et en trame du n° 30 au n° 70.

8000 kilogrammes de laines peignées sont transformés chaque semaine en fils, chaîne ou trame, employés le plus souvent à la fabrication des tissus de laines dits *lainages de Roubaix*.

La filature compte 16 000 broches. Ces broches et leurs machines de préparations occupent six chambrées de 800 mètres carrés chacune.

Cent soixante ouvriers reçoivent 3000 francs par semaine, quatre-vingts femmes environ sont employées dans l'établissement.

Ce qui distingue la filature de MM. Motte et Legrand des filatures installées précédemment, c'est que toutes les broches sont mues par engrenages (brevet de M. Villeminot, de Reims). C'est la première installation complète de ce système qui ait été faite dans le Nord. Avant 1872, Roubaix ne possédait que quelques métiers dont les broches fussent mues par pignon.

Teinturerie et apprêts de laines de MM. Motte et Meillassoux.

Les visites partielles des groupes étant terminées, tous les excursionnistes réunis visitèrent les établissements de teinture et apprêts de laines de MM. Motte et Meillassoux frères.

Le chiffre des pièces de tissus de laines pures teintes chaque année varie de 90 000 à 110 000. Ces pièces mesurent en moyenne 90 mètres et leur prix moyen de teinture est de 17 francs.

L'outillage multiple est réparti en quatre départements :

1° Le dégorgeage ;
2° La teinture ;
3° Le lavage et les tondeuses ;
4° Les apprêts.

Les ouvriers employés sont généralement des jeunes gens au-dessous de dix-huit ans ; ils reçoivent ensemble 4000 fr. par semaine.

Une dizaine d'employés payés au mois reçoivent des traitements divers suivant l'importance de leurs fonctions.

La teinturerie Motte et Meillassoux frères est le premier établissement de ce genre fondé à Roubaix. Auparavant les teintureries en pièces étaient installées sur le cours de la Marque, petite rivière distante de Roubaix de 5 kilomètres environ. C'est grâce à des puits forés jusqu'au calcaire bleu que la teinturerie a pu s'installer à Roubaix et y trouver les quantités d'eau énormes qu'elle exige. Depuis la fondation de la teinturerie Motte et Maillassoux, deux autres maisons se sont fixées dans la ville, et une autre à Tourcoing.

L'établissement d'apprêts de tissu fantaisie de MM. Motte et Delescluse fut enfin visité et termina l'intéressante série des visites effectuées par les membres de l'Association venus à Roubaix.

Il était décidé que, à la suite de ces visites, tout le monde se réunirait à l'hôtel de ville : là, après l'arrivée des groupes, et malgré l'absence de quelques retardataires, on ouvrit les portes des grands salons dans lesquels un fort beau déjeuner froid était servi ; le repas fut charmant et plein d'animation et de gaieté ; il régnait entre tous les excursionnistes une véritable cordialité qui est l'un des résultats les plus constants et les plus intéressants de ces excursions générales, et la présence de quelques-unes des charmantes et aimables dames qui suivent courageusement et assidûment les congrès et les excursions est incontestablement un élément de succès de plus : elles savent à merveille se plier aux circonstances avec une bonne grâce qui dénote leur esprit, en même temps que l'attention qu'elles apportent aux explications qui leur sont données sur le but et les détails de l'excursion est une preuve de leur intelligence.

Fabrique de tapis de M. Chocquéel à Tourcoing.

Le repas terminé, après que des remercîments sincères eurent été adressés à la municipalité de Roubaix pour la réception charmante faite au Congrès, on se dirigea vers la gare d'où certains membres repartaient pour aller assister à Lille aux travaux de la journée, tandis que quelques autres se rendaient à Tourcoing pour visiter principalement les fabriques de tapis de M. Chocquéel. M. le maire de Tourcoing, qui avait pris part aux visites faites à Roubaix, accompagnait les excursionnistes.

Le trajet en chemin de fer de Roubaix à Tourcoing ne dure que quelques minutes ; à l'arrivée, nous trouvons des voitures qui avaient été obligeamment mises à la disposition des membres du Congrès par leurs propriétaires, pour les transporter à la fabrique de M. Chocquéel. On y fut reçu par M. le directeur de l'usine dans une salle où l'on avait exposé les modèles, les types les plus intéressants de la fabrication de l'usine : cette exposition était réellement très-réussie et l'on était forcé d'admirer, en même temps que le bon goût qui avait présidé tant à la création des dessins qu'à l'arrangement des modèles, la pureté et la vivacité des teintes ; les dames qui faisaient partie de l'excursion et qui sont les meilleures juges dans de semblables questions paraissaient vivement intéressées.

Le directeur de l'usine offrit une légère collation, qui était d'ailleurs un véritable luxe après le déjeuner de Roubaix, et le champagne circula dans les coupes : le directeur de l'usine adressa la bienvenue aux membres de l'Association, et, après avoir exprimé en termes excellents la pensée que nos congrès doivent avoir une grande influence dans les régions parcourues, il but à la prospérité de l'*Association française pour l'avancement des sciences*. M. H. Baillon, professeur à la Faculté de médecine, lui répondit en ces termes :

« Au nom de l'Association française, nous répondons avec reconnaissance au toast qui vient d'être porté, et nous remercions avec effusion la municipalité de Tourcoing et les représentants de sa haute industrie de l'accueil chaleureux qui nous est fait dans ce sanctuaire artistique. Entourés ici des plus magnifiques produits de votre charmante et puissante fabrication, nous admirons, comme les admire depuis longtemps le monde entier, ces œuvres du plus haut mérite qui font tant d'honneur au pays et dont il a le droit de se montrer fier. Nous sommes, par-dessus tout, émus de la réception brillante que vous faites ici à la science, et c'est en son nom que nous buvons à la prospérité de la ville de Tourcoing et au succès toujours croissant de sa célèbre industrie. »

On procéda ensuite à la visite de l'établissement dans lequel on peut voir toutes les préparations que subit la laine depuis l'état où on l'obtient par la tonte jusqu'au moment où, filée, teinte et tissée, elle donne les tapis admirés tout à l'heure dans l'exposition des produits. Nous ne pouvons malheureusement entrer dans les intéressants détails de la fabrication, et nous regrettons aussi de n'avoir pu nous procurer aucun renseignement statistique sur l'usine et sur ses produits.

On se fût volontiers arrêté longtemps à regarder les métiers ingénieux exécutant mécaniquement des opérations qui sembleraient exiger la dextérité des doigts les plus agiles unie à l'intelligence humaine ; mais le temps avançait : il fallait quitter à la hâte cette intéressante manufacture qu'on pouvait prendre pour type de la principale industrie caractéristique de Tourcoing, qui alimente une grande partie du commerce français.

IV

LES FÊTES DU CONGRÈS DE LILLE.

Il ne faudrait pas connaître les plantureuses largesses de l'hospitalité flamande pour croire que le congrès de Lille s'est passé sans festins et banquets nombreux.

Dès le soir de l'ouverture du congrès la municipalité de Lille recevait ses membres dans les salons de l'hôtel de ville avec une abondance de rafraîchissements dont ils ne réussirent pas à soupçonner les limites.

Pendant la durée même du congrès, de grands dîners réunirent les principales catégories de savants, les ingénieurs chez M. Masquelez, ingénieur en chef des ponts et chaussées et directeur des travaux de la ville, les médecins chez M. Cazeneuve, directeur de l'École de médecine, les physiciens chez M. Terquem, professeur à la Faculté des sciences, etc. M. Corenwinder, conseiller municipal, réunit des savants de diverses spécialités, mais tous libéraux, au premier rang desquels se trouvaient M. K. Vogt, de Genève, et le docteur Testelin.

Mais il faut s'arrêter dans cette énumération de festins pour arriver au grand banquet de M. Kuhlmann, président du comité local, qui avait en quelque sorte un caractère officiel et qui réunissait les membres des deux bureaux de l'association, les savants étrangers les plus marquants, et les principaux personnages du pays qui jouaient un rôle dans l'organisation du congrès. Cette fête était donnée dans la belle maison de campagne de M. Kuhlmann, à Loos, près Lille, dont les jardins étaient éclairés par des feux de bengale et des jets de lumière électrique.

Voici les quatre toasts qui ont été prononcés à ce banquet :

TOAST DE M. WURTZ

Mesdames et messieurs,

Veuillez permettre à un vieux professeur de chimie de commencer par une comparaison chimique. Nous parlons souvent, dans notre science, de solutions ou même de combinaisons saturées. L'expression est facile à saisir. Je crains bien qu'en ce qui concerne mes discours et mes toasts, la plupart d'entre vous ne soient arrivés à un état très-voisin de la saturation. Et pourtant comment pourrais-je ne rien dire à cette table hospitalière, dans cette maison où j'ai reçu un accueil si cordial, dans la maison de M. Kuhlmann qui veut bien m'honorer de son amitié, et qui est mon compatriote dans le sens le plus restreint du mot. Oui, messieurs, par une coïncidence singulière, le président de l'Association et le président du Comité local sont Alsaciens.

Cinquante et un ans se sont écoulés depuis que le jeune préparateur de Vauquelin a été appelé à Lille pour y professer la chimie. Il est aujourd'hui l'ornement de cette ville. Il est un des créateurs et une des gloires de l'industrie française. Je ne peux énumérer tous ses travaux et tous ses mérites. Le récit en serait intéressant, mais la liste en serait trop longue. Je me borne donc à dire que M. Kuhlmann a été le principal organisateur et comme l'âme de cette réunion dont le succès, car je puis en répondre aujourd'hui, doit lui être attribué en grande partie. Ainsi, à tous les égards, il est digne de l'estime publique et mérite notre reconnaissance et tous nos bons sentiments. C'est donc avec bonheur que je porte un toast à la santé de notre illustre, de notre bon, de notre cher amphitryon. Messieurs, à la santé de M. Kuhlmann.

TOAST DE M. KUHLMANN

Messieurs,

Je ne saurais vous laisser sous l'impression des trop bienveillantes paroles qui vienne de m'être adressées personnellement par notre illustre président. M. Wurtz est, comme il vous l'a dit, de mes amis depuis de nombreuses années : nous avons vu notre amitié se raviver par l'expression d'un deuil qui a été le deuil de toute la France.

Cette sympathie a pu entraîner notre digne président à un sentiment d'excessive indulgence à mon égard. Je ne puis que reporter sur mes honnorables collègues du comité local la plupart de ces éloges pleins, d'ailleurs, de reconnaissance pour les cordiales intentions qui les ont dictés.

Conduit à prendre la parole, je dois remercier à mon tour l'Association de m'avoir appelé à l'honneur de diriger les travaux du Comité local dans ma province adoptive, et remercier les collègues qui m'ont été donnés, et notamment les secrétaires du Comité, de l'actif et intelligent concours qu'ils m'ont apporté dans l'accomplissement de nos devoirs communs.

J'ajouterai que l'administration, et M. le maire en particulier, ont puissamment facilité notre tâche.

Je les prie de vouloir bien agréer l'expression de ma profonde gratitude.

Je vous propose, messieurs, un toast aux savants français et étrangers qui ont bien voulu prendre place à cette fête de famille.

Je suis habitué aux douceurs d'une nombreuse famille ; mais lorsque cette famille se trouve, comme aujourd'hui, augmentée des plus grandes illustrations, d'un de nos doyens de la chimie, M. Balard, et de plusieurs autres membres éminents de l'Académie des sciences auxquels je suis heureux de donner le nom de confrères, je bénis le ciel de m'avoir permis, dans mes vieux jours, d'abriter sous ce modeste toit une société aussi nombreuse et aussi éminente.

Cette réunion, messieurs, présente ce caractère particulier, qu'à côté des savants illustres accourus de tous les points de l'Europe, se trouve l'élite des manufacturiers de notre riche centre industriel.

Chacun dans sa sphère d'action contribue à la prospérité, je dirai même à la grandeur de la nation.

A cette table, les savants et les industriels peuvent se donner la main ; car si la science crée le travail, l'industrie le féconde, souvent même l'industrie devient une science, la science des bienfaits : je n'en veux d'autre preuve que cette énumération des témoignages de la sollicitude paternelle, si profondément étudiée, dont M. de Marsilly nous a exposé hier le touchant tableau dans la splendide réception qu'il nous a faite au nom de la Compagnie d'Anzin. Si la science élève l'âme, l'industrie sait aussi développer les plus nobles sentiments.

Que nos convives étrangers à la ville de Lille visitent avant de partir les galeries de la Bourse : ils les verront converties en un panthéon des savants et des inventeurs qui ont créé ou perfectionné les industries auxquelles ces contrées doivent leur prospérité. A côté des monuments de Chaptal, de Conté, de Vauquelin, de Gay-Lussac et de Brongniart, ils verront figurer ceux de Jacquart, de Philippe de Girard, de Ternaux et de Leblanc. C'est ainsi que la Chambre de commerce a voulu placer, dans l'enceinte consacrée aux transactions commerciales, la glorification des savants et des inventeurs qui ont le plus concourru au développement de la richesse publique.

Est-il, messieurs, une manifestation plus grande de sympathie et de déférence pour la science? Non certes; aussi permettez-moi, en portant un toast aux savants qui ont pris part au congrès, d'en ajouter un autre : Je bois à l'union, à la solidarité de la science et de l'industrie !

TOAST DE M. BROCH, DE CHRISTIANIA

Monsieur Kuhlmann,
Mesdames et messieurs,

Qu'il me soit permis à moi, comme un des étrangers les plus lointains, honoré par votre invitation, d'exprimer en quelques mots toute ma reconnaissance pour l'accueil qu'on nous a fait ici, et pour les excursions vraiment très-instructives qu'on nous a fait faire dans presque toutes les directions du département du Nord.

Je savais bien que le département du Nord était un des départements les plus industriels de la France; mais je ne savais pas, je l'avoue, que dans certaines industries il tenait le premier rang, non-seulement dans la France, mais dans le monde entier.

Or, j'attribue cela en partie au génie français, si apte pour toute industrie qui demande de la part de l'ouvrier beaucoup d'intelligence et beaucoup d'esprit artistique.

Je l'attribue encore en partie à cette voie de libre échange dans laquelle est entrée la France il y a à peu près quinze ans, et qui, peut-être après quelques années de souffrances pour certaines industries, a donné un essor nouveau à toute l'industrie et a produit une prospérité à laquelle nous participons aussi, nous des pays Scandinaves, par les traités de commerce que nous avons avec la France.

Mais je l'attribue bien plus encore à cette union des sciences et de l'industrie dont a si bien parlé notre hôte.

La science, messieurs, c'est comme une fille à marier, jeune, belle, pleine d'esprit, et avec une riche dot. Mais c'est pour ses qualités à elle qu'elle veut être aimée, et non pas pour son argent. A celui qui la chérit rien que pour les vérités divines qu'elle lui révèle, elle donnera toujours plus tard, soyez-en sûr, à lui, ou, ce qui sera la même chose, à son pays, une dot et des plus riches.

Mais pour celui qui ne veut d'elle que la fortune, qui en veut jouir immédiatement, qui demande à tout moment le *cui bono*, elle n'a que des refus. La science ne sera pas à lui, et il ne touchera jamais à ses richesses.

Ce n'est qu'au prix de l'amour désintéressé que les sciences avancent et qu'elles donneront à l'industrie leur dot. L'histoire des sciences et des industries de tous les temps nous le démontre.

Or, la France a toujours eu de ces hommes dévoués à la science, ne recherchant que les vérités divines qu'elle leur dévoile. Et c'est pour cela que la science a versé sur la France sa riche dot des applications aux arts et à l'industrie.

C'est cette union des sciences et de l'industrie que ces congrès pour l'avancement des sciences ne tarderont pas à propager de plus en plus. En même temps qu'ils continueront à être des congrès scientifiques, ils deviendront encore des congrès industriels.

Je me permets de proposer un toast à ces congrès tout à la fois scientifiques et industriels, et de l'adresser à notre hôte vénérable, M. Kuhlmann, qui a contracté ce mariage d'amour avec la science, et a recueilli plus tard, pour lui et pour sa patrie, les inestimables richesses de sa dot.

TOAST DE M. K. VOGT, DE GENÈVE.

Messieurs,

La science et l'industrie ! Voilà certes deux bien bonnes choses ! Mais elles sont impuissantes même dans leur union, s'il ne s'y joint pas une troisième : la liberté ! — Je bois donc à l'union de la science et de l'industrie avec la liberté !

Peut-on croire que l'une ou l'autre puissent prospérer sans avoir toute faculté de se livrer à ses propres inspirations, sans avoir les coudées franches et la voie ouverte qui doit les mener à de nouvelles conquêtes ? Que devient l'industrie enchaînée partout par des réglementations administratives à courtes vues, par des gens qui n'ont pas la moindre idée de ses besoins, mais qui se croient la science économique infuse uniquement parce qu'ils sont parvenus à une certaine position ? Et la science, que peut-elle devenir sans ce souffle vivifiant de la liberté, qui lui donne des ailes, qui ne l'empêche point de se mouvoir dans une direction qu'elle doit pouvoir se choisir elle-même, et vers laquelle elle est poussée par son développement même ? Remarquez bien, Messieurs, que je ne parle pas ici de la science officielle, qui procure des décorations et des richesses, mais de cette science que l'on appelle souvent et avec une sorte de dédain la science théorique et abstraite, qui, au dire des gens pratiques, se perd dans les nuages ou dans de vaines spéculations, et qui ne peut rapporter qu'un seul bien, mais le plus précieux de tous : le contentement de soi-même ! C'est cette science qui nourrit avant tout le feu sacré. C'est elle qui mène souvent à la connaissance de faits dont l'application arrive un jour d'une manière d'autant plus grandiose que, tout en étant prévue, elle se fait inopinément. Ce sont ces recherches en apparence stériles qui relient ensemble les faits inaperçus dans leur isolement, qui donnent des contours déterminés au corps de la science même et qui impriment une nouvelle impulsion en ouvrant de vastes horizons, que l'on ne pouvait découvrir en restant terre à terre.

Il ne peut donc y avoir de doutes : quel que soit le domaine de la science ou de l'industrie dans lequel vous êtes appelés à exercer votre intelligence, à faire fructifier votre travail, partout il vous faut la liberté affranchie de toute entrave, et c'est pour cette raison que je vous invite à boire à l'union de l'industrie et de la science avec la liberté !

Enfin le Congrès s'est terminé par un banquet officiel, donné à la mairie, et réunissant avec un grand nombre de notabilités locales tous les membres du Congrès qui n'étaient pas obligés de quitter Lille le soir même.

M. Catel-Béghin, maire de Lille, y a porté un toast à l'Association et à ses membres, toast auquel M. Wurtz, président, a répondu au nom de l'Association, et M. Broch, de Christiania, au nom des savants étrangers.

TOAST DE M. CATEL-BÉGHIN.

Messieurs,

Il y a quelques jours à peine que nous saluions avec joie votre arrivée, et voilà déjà que va sonner l'heure de la séparation. Venus de différents points du globe pour échanger vos idées et vos découvertes, vous retournez, sitôt votre mission remplie, à vos travaux, à vos chères études.

Ainsi le veut la science, cette maîtresse si pleine de charmes, mais dont les exigences sont absolues. On ne peut la servir à demi : elle n'accorde ses faveurs qu'à ceux qui, creusant avec persévérance le sol aride de l'inconnu, ne craignent pas de poursuivre, de déduction en déduction, la solution des problèmes qui s'imposent à l'esprit humain.

La science n'a pas d'ailleurs que des faveurs : nous connaissons aussi des martyrs. Quelque effrayant que parfois soit leur sort, il ne saurait arrêter ses véritables adeptes. Les périls ne font au contraire qu'enflammer leur courage. La plus récente d'entre les victimes de la science, et assurément l'une des plus illustres, le docteur Livingstone, l'infatigable explorateur de l'Afrique centrale, n'a-t-il pas trouvé déjà son continuateur ?

L'homme au cœur intrépide, qui recueille ce noble héritage, M. Henri Stanley, au moment où il partait pour sa première expédition, à la recherche de Livingstone, prononçait cette parole profonde, qui révèle une grande âme : « Que Dieu soit avec moi dans cette mission ! »

Pareil hommage au sublime organisateur de toutes choses terminait le discours prononcé à l'ouverture de ce Congrès par son illustre président.

Permettez qu'à mon tour je vous dise aussi : Dieu soit avec vous, messieurs, avec vous qu'il a faits les dispensateurs de la science, vous confiant la noble mission de répandre ses lumières sur l'humanité.

Je porte un toast :

A l'Association française pour l'avancement des sciences ;
Aux membres de cette Association réunis en congrès ;
A leur digne et illustre président.

Messieurs,

Parmi tant de célébrités réunies à ce banquet, nous sommes heureux de remarquer des savants justement illustres, venus de la Norvége, de la Russie, de l'Angleterre, de la Suisse, de l'Italie, de l'Espagne, de la Belgique et de la Hollande. Leur présence au Congrès nous permet de croire que leurs sympathies sont toujours acquises à notre belle mais malheureuse patrie.

Vous avez raison, messieurs, d'aimer notre pays, car la France vous aime et, croyez-le bien, elle n'a pas démérité ; elle a conservé et conservera toujours le culte de tout ce qui est grand, de tout ce qui est beau, de tout ce qui est utile. Dans cet ordre d'idées nous plaçons au premier rang la science.

Je regrette, messieurs, de ne pas posséder l'art de bien dire, afin de mieux vous exprimer les sentiments de satisfaction et de reconnaissance que j'éprouve en vous voyant réunis dans notre honnête et laborieuse cité. Oui, nous sommes fiers de la présence dans nos murs de tant d'illustrations. A la veille de nous séparer, laissez-moi vous serrer la main à tous dans celle de votre illustre président. Permettez-moi d'espérer que cette séparation n'est pas un adieu, et laissez-moi terminer en vous disant de tout cœur :

Au revoir !

Et que ce soit le plus tôt possible.

TOAST DE M. WURTZ

C'est pour la dernière fois que je prends la parole, comme président du Congrès, pour répondre, monsieur le maire, au toast chaleureux que vous venez de prononcer. Vous avez bien parlé de la science, de ses artisans, de ses martyrs. Vous avez trop bien parlé du président actuel, qui n'est qu'un serviteur de cette science et qui n'a pas d'autre ambition. (Applaudissements.)

Messieurs, au risque d'être monotone, je réitère ici les remerciments que j'adressais, il y a huit jours, au conseil municipal de Lille, au conseil général du département du Nord, au comité local et à son illustre président. Je les adresse aussi à tous ceux qui à Lille, à Boulogne, à Roubaix, à Tourcoing, à Anzin, nous ont fait un accueil si cordial. Vous me reprocheriez certainement d'oublier les organisateurs de ce banquet dont vous avez admiré la magnifique ordonnance, sans parler de ses autres qualités que vous avez appréciées aussi. Ainsi, rien n'a manqué à cette session : ni l'importance des travaux scientifiques, ni l'intérêt des excursions, ni l'éclat des fêtes, ni la pureté du ciel, ni, pour terminer, un magnifique couronnement. (Assentiment général.)

La ville de Lille a donc bien mérité de notre Œuvre, et vous savez que cette Œuvre est, avant tout, patriotique. (Applaudissements.) Nous voulons développer dans notre pays le goût des fortes études, propager le culte et le respect de la science, et, en général, des choses de l'esprit.

On l'a souvent dit depuis huit jours : Dans cette « honnête et laborieuse » cité, dans ce riche département vous êtes mieux placés que d'autres pour apprécier les bienfaits de la science au point de vue de la prospérité des industries qu'elle éclaire, qu'elle dirige, qu'elle crée. Mais ces bienfaits d'ordre matériel, ces avantages apparents ne sont pas les seuls qu'elle nous procure. Cultivée pour elle-même, elle élève l'intelligence, elle dissipe les vains préjugés (applaudissements prolongés), elle refoule l'égoïsme et fortifie le cœur, et à ce titre elle est digne de nos respects.

Ainsi, la science est non-seulement un puissant levier de la civilisation en ce qui concerne la création des richesses et la domination de la nature, elle est aussi, pour ceux qui la cultivent avec amour et désintéressement, une source de jouissances pures, et pour ceux qui la reçoivent toute faite, à quelque degré que ce soit, un moyen de haute culture intellectuelle et morale. Et cette culture supérieure de l'esprit est nécessaire aujourd'hui à la vie d'un grand peuple. Elle marque le niveau de la civilisation générale, et, ne vous y trompez pas, de la puissance des nations. (Bravos répétés.)

Il faut que notre France le comprenne et j'espère qu'elle le comprendra de plus en plus. (Nouveaux applaudissements.)

Voilà les idées que nous cherchons à répandre. Voilà le but que nous poursuivons en nous réunissant chaque année dans l'une de nos grandes villes de province. J'espère que nous laisserons une trace de notre passage dans cette métropole du Nord. Ce sera la plus belle récompense de nos travaux et un titre de plus à notre reconnaissance ; et puisqu'il convient de donner à nos sentiments une expression précise, je vous propose de boire à la prospérité et à la grandeur de Lille. Messieurs, à la ville de Lille !

TOAST DE M. BROCH, DE CHRISTIANIA

Monsieur le maire,

Messieurs de la municipalité de Lille,

Qu'il me soit permis, au nom des étrangers honorés par votre invitation, de me faire l'interprète de toute leur reconnaissance pour l'accueil vraiment cordial qui nous a été fait, tant par la municipalité que par les particuliers, et qui nous restera toujours dans la mémoire.

Or, je ne saurais mieux le faire qu'en exprimant nos vœux pour ce que je sais vous être le plus cher de tout, pour votre patrie.

Messieurs, c'est la France qui, après la chute de l'empire romain et de l'ancienne civilisation gréco-romaine, a, la première, jeté les fondements d'un grand État et de la nouvelle civilisation basée sur la foi chrétienne.

C'est la France qui, en ce temps-là, a rejeté d'abord l'invasion des hordes barbares de l'est ; plus tard, celle des Arabes et du mahométisme du Sud, qui menaçait d'engloutir l'Europe et sa civilisation naissante.

C'est la France qui, la première, a fondé les grandes écoles, d'où sont sortis, dans toutes les parties de l'Europe, des missionnaires zélés de la foi, des sciences, des lettres et des arts. C'est à la vieille université de la Sorbonne, université à ce temps vraiment internationale, université des quatre nations, comme on l'appelait alors, qu'on accourait de toutes les parties de l'Europe chercher l'érudition et étudier les sciences. C'est là surtout que de mon pays, des pays scandinaves, pendant des siècles, on venait faire ses études, et c'est là encore que nous venons en grand nombre les continuer.

C'est la France qui toujours a marqué les grandes époques dans l'histoire de la civilisation. C'est de la France que sont sorties, quelquefois par des souffles, quelquefois par des ouragans, des idées nouvelles.

Comme dans le monde végétal, il faut que la tempête enlève et fasse disparaître les feuilles sèches pour que les feuilles nouvelles puissent pousser plus vigoureusement ; de même, dans le monde intellectuel, il faut souvent que des tempêtes frayent le chemin aux idées nouvelles. Mais, messieurs, c'est dans la vie des nations comme dans la vie des hommes : on ne marche aux premiers rangs qu'à la condition de luttes, de combats, et quelquefois de revers.

La France en a eu, et des plus terribles, qui, pour toute autre nation, auraient paru écrasants.

Mais la France s'est toujours relevée, plus forte que jamais.

Comme l'or sort du feu, purifié des matières viles qui y adhéraient, et brillant d'un éclat plus fort, telle la France est sortie de ces revers, purifiée, et a pris la première place dans les sciences, les arts, l'industrie, dans tout ce qui fait réellement la grandeur d'une nation et sa vraie gloire.

Et cela, je l'attribue à une qualité éminemment française, l'amour de la patrie, plus fort en France que peut-être dans aucun autre pays.

C'est cet amour qui, nous l'espérons bien, fera toujours, dans les grandes crises, disparaître devant l'intérêt du pays les partis et les factions.

Car il faut à la civilisation européenne que la France reste toujours au premier rang des nations.

C'est ce vœu que nous exprimons par ce cri international en même temps que national :

VIVE LA FRANCE !

Il nous resterait encore à parler de l'excursion d'Anzin et Denain. Mais nous renvoyons au prochain numéro ce que nous avons à dire des établissements industriels très-importants de cette région pour consacrer la place qui nous reste au programme du congrès de Nantes.

V

LE CONGRÈS DE NANTES

La quatrième session de l'Association française s'ouvrira à Nantes le 19 août 1875. Comme les précédentes, elle se composera :

1° De séances générales ;
2° De séances de sections ou de groupes ;
3° D'excursions scientifiques ;
4° De conférences publiques.

Les travaux du Congrès seront distribués conformément au programme suivant :

Jeudi 19 août,	*1 heure et demie :*	Séance d'ouverture.
	Après la séance :	Inauguration du Musée d'histoire naturelle.
Vendredi 20 août,	*Matin :*	Séances de sections.
	Après midi :	Séance générale. Conférence.
Samedi 21 août,	*Toute la journée :*	Séances de sections.
Dimanche 22 août :		1re excursion.
Lundi 23 août,	*Matin :*	Séances de sections.
	8 heures du soir :	Conférence.
Mardi 24 août,		2e excursion.
Mercredi 25 août,	*Toute la journée :*	Séances de sections.
Jeudi 26 août,	*Matin :*	Séances de sections.
	3 heures du soir :	Séance générale et clôture.

Le vendredi 27 août aura lieu une troisième excursion dont la durée n'est pas encore déterminée.

Les séances de sections auront lieu à l'École des sciences, rue Voltaire ; au Musée d'histoire naturelle, place de la Monnaie, et à l'École Notre-Dame, 4, rue Sainte-Marie.

Les séances générales auront lieu au cercle des Beaux-Arts, rue Voltaire, 4 ; la séance d'inauguration au théâtre, place Graslin.

La première conférence est faite le vendredi 20 août par M. Bureau, professeur au Muséum d'histoire naturelle de Paris, sur *Les sciences naturelles à Nantes.*

La deuxième conférence est faite par M. le docteur Gavarret, professeur à la Faculté de médecine de Paris, sur *L'acoustique. — Le timbre des sons.*

I. — *Séances générales.*

Les séances générales comprendront des communications intéressant les membres des diverses sections, principalement celles qui se rapportent à des questions locales et ont trait au commerce et à l'industrie de la ville de Nantes.

Le nombre de ces communications sera limité, et le programme en sera arrêté ultérieurement d'une manière définitive.

II. — *Séances de sections.*

Les auteurs qui voudront exposer leurs idées ou leurs découvertes dans les séances de sections pourront faire con-

naître leur intention au dernier moment. Toutefois, pour faciliter le travail de la fixation des ordres du jour, le Secrétariat a centralisé, jusqu'à l'ouverture de la session, les renseignements qui se rapportent aux communications des séances de sections. Après l'ouverture de la session, les communications doivent être remises aux présidents et aux secrétaires de sections.

Le Secrétariat a déjà reçu l'annonce d'un certain nombre de communications dont nous donnons la liste en indiquant le sujet d'une manière sommaire.

1er Groupe. — *Sciences mathématiques.*

Bergeron (Ch.), ingénieur civil. — Le tunnel sous-marin entre la France et l'Angleterre.
— Nouvelle méthode de désensablement des ports.
Bertin (G.), professeur suppléant à l'École de médecine, et *Demance,* professeur au lycée de Nantes. — De la conservation des coques de navires en fer par une méthode électro-chimique.
Bourdelles, ingénieur des ponts et chaussées. — Sur le régime des courants de marée et ses instruments d'observation.
— Nouveau procédé d'extraction des roches sous-marines. — La dynamite.
Ed. de Bouyn. — Rails tournants. — Convois cuirassés.
De Broca, capitaine de port, à Nantes. — Nouveau système de pointage applicable à toutes les bouches à feu rayées.
— Nouveau bateau de sauvetage insubmersible.
— Etude sur la pêche maritime, et particulièrement sur les coquillages.
Carême, ingénieur civil. — L'assurance sur la vie en mutualité à primes fixes.
Cleftie, directeur de la Compagnie des eaux, à Nantes. — Sur le filtrage des eaux de la Loire.
Fouret, ancien élève de l'École polytechnique. — Sur les transformations de contact d'un système de courbes planes. — Résolution graphique d'un système quelconque d'équations du 1er degré à plusieurs inconnues. — Détermination géométrique des moments fléchissants sur les appuis d'une poutre à plusieurs travées.
Dr *Garrigou.* — Etude sur les causes d'usure et d'explosion des machines à vapeur.
Goullin, armateur à Nantes. — De l'amélioration de la Loire et des canaux maritimes.
Goupilleau, président de la section d'agriculture de la Société académique de la Loire-Inférieure. — L'amélioration de la Loire combinée avec un canal à grande section sur la rive sud, et l'emmagasinement des eaux du fleuve pour les irrigations dans la partie médiane.
Guieysse, ingénieur hydrographe de la marine. — La propagation des marées dans les rivières.
Hubert. — L'agromètre, instrument d'arpentage.
La Gournerie (de). — Direction des pressions dans les arches biaises.
Laisant, capitaine du génie. — Sur les puissances de points.
— Calcul du produit de tous les sinus du premier quadrant, de degré en degré.
Mannheim (A.), chef d'escadron d'artillerie, professeur à l'École polytechnique. — Diverses communications de géométrie.
Dr *Marey,* professeur au Collège de France. — Sur un nouveau loch à indications continues.
Perrier (J.), chef d'escadron d'état-major, membre du Bureau des longitudes. — Etat actuel des travaux géodésiques relatifs à la nouvelle mesure de la méridienne de France.
— Détermination des longitudes, latitudes et azimuts terrestres en Algérie.
— Introduction des observations de nuit dans la pratique de la géodésie.
Pocard Kerviler, ingénieur des ponts et chaussées. — Travaux du port de Saint-Nazaire.
Saint-Loup, professeur à la Faculté des sciences de Besançon. — Résistance de l'air au mouvement d'une lame plane.
Tromelin (G. de), enseigne de vaisseau. — Le sillographe.
Vavin (J.), capitaine de frégate. — Des abordages en mer et des règles de route.

2ᵉ GROUPE. — *Sciences physiques et chimiques.*

Arson, ingénieur en chef de la Compagnie du gaz, à Paris. — Anémomètre : appareil faisant connaître à tout instant la vitesse du vent.

Béchamp, professeur à la Faculté de médecine de Montpellier. — Sur les microzymas dans leurs rapports avec les fermentations et la physiologie.
— Sur les états allotropiques de la fécule.
— Sur les dextrines.
— Sur deux principes nouveaux du vin.
— Sur la fermentation de l'alcool.
— Sur l'origine des Bactéries.

Bertrand (*A.*). — Recherches sur l'obtention hydroplastique de divers métaux.

Bobierre, directeur de l'Ecole des sciences, à Nantes. — Sur les pertes d'ammoniaque que subit le guano exposé à l'air.
— Observations sur quelques alliages de cuivre.

Dʳ *Brame*, de Tours, professeur de chimie à l'Ecole de médecine de Tours. — Sur les vapeurs de mercure, d'iode et de soufre à la température ordinaire.
— Vues nouvelles sur la corrélation des forces physiques.

Cornu (*A.*), professeur à l'Ecole polytechnique. — Expériences sur la vitesse de la lumière entre l'Observatoire et Montlhéry.

Deshayes (*V.*), ingénieur aux fonderies et forges de Terre-Noire. — Sur l'emploi du spectroscope dans la fabrication de l'acier Bessemer.

Dufet (*H.*). — Sur la conductibilité électrique de la pyrite.

Durand (l'abbé), vicaire de l'église métropolitaine de Paris. — Météorologie et physique des mers polaires.

Flourens (*G.*). — Sur la cristallisation du sucre et la fabrication du sucre candi.

Friedel (*C.*), maître de conférences à l'Ecole normale supérieure. — Sur les combinaisons moléculaires.

Friedel (*Ch.*) et *Guérin* (*J.*). — Sur quelques composés du titane.

Dʳ *Garrigou*. — Nouveaux résultats donnés par les analyses d'eaux minérales faites sur de grandes masses de liquide.

Dʳ *Gautier* (*Arm.*), professeur agrégé à la Faculté de médecine de Paris. — Sur la recherche et le dosage de l'arsenic dans les divers organes des animaux empoisonnés.

Gourdon (*Camille*), professeur à l'Ecole de La Martinière, à Lyon. — De l'influence des dépôts mercuriels dans les métaux. — Gravure en relief par l'emploi du mercure.

Grad (*Ch.*), secrétaire du comité de statistique de la Société industrielle de Mulhouse. — Sur la limite des neiges persistantes et la lisière des glaces fixes à la surface du globe.

Grimaux (*E.*), répétiteur à l'Ecole polytechnique. — Recherches synthétiques sur la série urique.

Henri (*Louis*), professeur à l'Université de Louvain. — Action de l'acide sulfurique sur les acides-alcools.

Dʳ *Hureau de Villeneuve*, secrétaire général de la Société de navigation aérienne. — La formation des nuages.

Jackson (*M.*), de Londres. — Sur les observations d'étoiles filantes, etc.

Ladureau. — Nouveaux procédés de teinture en noir inaltérable d'aniline.

Lamy, professeur à l'Ecole centrale des arts et manufactures. — Sur la solubilité de la chaux.

Le Bel (*A.*). — Du pouvoir rotatoire dans la série amylique.

Lorin, préparateur à l'Ecole centrale des arts et manufactures. — Action réciproque de l'acide oxalique déshydraté et des alcools polyatomiques proprement dits.

Mercadier, répétiteur à l'Ecole polytechnique. — Sur un galvanoscope magnéto-dynamique.
— Comparaison des piles au point de vue de l'énergie mécanique.

OEchsner (*W.*). — Sur un alcool hexilique secondaire.

Pésier (*E.*), professeur de chimie à Valenciennes. — Le dosage de la soude.
— Industrie des potasses de betterave.

Sacc, de Neufchâtel. — Recherches sur la chlorophylle.

Schützenberger (*P.*), directeur du laboratoire de la Sorbonne. — Sur la constitution chimique des matières albuminoïdes.

Silva (*R.-D.*), répétiteur à l'Ecole centrale des arts et manufactures.
— De l'action réductrice de l'acide iodhydrique à basse température sur les éthers proprement dits et les éthers mixtes.

Tanret. — De la digitaline.

Trannin, licencié ès sciences. — Recherches sur la photométrie.

Vogt et *Henninger*. — Sur un isomère de l'orcine.

Werget (*A.*). Echange gazeux entre les plantes et l'atmosphère. — Sur la thermo-diffusion des corps poreux et pulvérulents humides.

Willm et *Girard* (*Ch.*). — Sur les dérivés et le bleu de diphénylamine.

Wurtz (*A.*), membre de l'Institut. — Sur un polymère de l'oxyde d'éthylène.
— Etude sur la dissociation des sels d'aniline.

3ᵉ GROUPE. — *Sciences naturelles.*

Abadie (*B.*), vétérinaire du département de la Loire-inférieure. — Détermination méthodique du siège d'un ordre de boiterie des chevaux attribuée, le plus souvent à tort, à des accidents connus en hippiatrique sous la désignation d'écart ou d'allonge.

Dʳ *Azam*, professeur à l'Ecole de médecine de Bordeaux. — Communications diverses de chirurgie.

Dʳ *Baillon* (*H.*), professeur à la Faculté de médecine de Paris. — Organogénie florale de plusieurs groupes d'amentacées.

Dʳ *Bertin* (*G.*), professeur suppléant à l'Ecole de médecine de Nantes. — De l'othorrhée cérébrale.

Blanchère (*de la*). — Du repeuplement des eaux de la France.

Dʳ *Broca* (*P.*), professeur à la Faculté de médecine de Paris. — Authropologie de la Bretagne.

Bureau, professeur au Muséum d'histoire naturelle de Paris. — La botanique en Bretagne.
— Sur les végétaux fossiles de la Loire-Inférieure.

Bureau (*Léon*). — Sur l'ancienne langue du pays de Batz.

Bureau (*Louis*). — L'aigle botté, d'après des observations recueillies dans l'ouest de la France.

De Caix de Saint-Aymour, directeur du Musée d'archéologie. — Topographie préhistorique du département de l'Oise.

Cartailhac (*E.*), directeur des Matériaux pour l'histoire primitive de l'homme. — Les dolmens du sud-ouest de la France.

Chantre (*E.*). — Légende internationale pour les cartes préhistoriques.

Dʳ *Chassagny*, de Lyon. — Sur une modification apportée à la méthode des tractions continues. — Sur le catéthérisme œsophagien. — Sur un nouveau procédé de craniotripsotomie. — Sur un nouvel amygdalotome.

Chatin (*J.*), agrégé de l'Ecole supérieure de pharmacie de Paris. — Recherches ostéologiques sur les fosses nasales des mammifères.
— Etudes helminthologiques.

Chauveau, professeur à l'Ecole vétérinaire de Lyon. — De l'agent pyohémique.

Chauvet. — Sur les fouilles exécutées en 1874-75 par la Société archéologique de la Charente dans sept tumuli de la période néolithique.
— Sur les fouilles d'un tumulus-dolmen situé sur la commune de Combiers (Charente).

Dʳ *Courty*, professeur à la Faculté de médecine de Montpellier. — Sur l'emploi des ligatures élastiques en chirurgie.

Daleau. — Carte archéologique de la Gironde pour les temps préhistoriques.

Daubrée, membre de l'Institut. — Sur la formation contemporaine de divers minéraux par l'action des sources thermales.

Delage, professeur au lycée de Rennes. — Sur le silurien de la Bretagne.

Dufet (*H.*). — Sur les déformations des fossiles des roches schisteuses.

Dureau. — Les peuples nains.

Dutailly. — Développement et structure de l'*Aponogeton distachyum*.

Dʳ *Ecorchard*, directeur du Jardin des Plantes de Nantes. — Nouvelle théorie élémentaire de la botanique.

Dʳ *Favre*, médecin consultant de la Compagnie P.-L.-M. — Suite de recherches sur le daltonisme.

Dʳ *Fienzal*, médecin de l'hospice des Quinze-Vingts. — Démonstration ophthalmoscopique des mouvements de la membrane connue sous le nom de peigne chez les oiseaux et de son rôle physiologique.

Dʳ *Fromentel* (*de*), de Gray. — Révivification des rotifères.

Gassies, directeur du Musée préhistorique de Bordeaux. — Faune malacologique terrestre et lacustre du sud-ouest de la France.
— Le préhistorique dans le Bordelais.

Dʳ *Gallard*, médecin des hôpitaux de Paris. — Traitement des kystes et des abcès du foie.

Dʳ *Garrigou*. — Analyse comparative d'un ciment naturel et du même ciment métamorphosé par la source Bayden, de Luchon.

Dʳ *Gayat*, de Lyon. — Phénomènes observés dans les yeux de

cinq décapités. — Etude sur les signes ophthalmoscopiques de la mort, etc.

— Ophthalmies endémiques et épidémiques, etc.

Dr *Gayet*, chirurgien titulaire de l'Hôtel-Dieu de Lyon. — Essai sur l'application de l'aspiration continue aux grandes cavités suppurantes et surtout aux empyèmes.

Genevier, pharmacien à Nantes. — Inflorescence du trifolium.

A. Giard, professeur à la Faculté des sciences de Lille. — Sur l'embryogénie des gastéropodes pectivibranches. — Sur l'embryogénie de la *Molgula socialis*. — Sur le sens qu'il convient d'attacher aujourd'hui au mot *mollusque* comme expression taxonomique.

Gosselet, professeur à la Faculté des sciences de Lille. — Sur le rôle des failles en géologie.

Dr *Gulland*. — Sur l'organisation des rhizomes.

Dr *Houzé de l'Aulnoit*, professeur à l'Ecole de médecine de Lille. — Sur les forces élastiques des bandes et des tubes de caoutchouc par la méthode des poids au point de vue de ses applications à la chirurgie.

Issaurat. — De la polyandrie.

Dr *Laennec (Th.)*, professeur de physiologie à l'Ecole de médecine de Nantes. — Sur quelque point de la structure intime et du développement des tissus osseux et des tissus cartilagineux.

Dr *Laffite*. — Des injections sous-cutanées d'eau pure et de leurs effets thérapeutiques.

Dr *Lagneau (G.)*. — Ethnogénie des populations du nord-ouest de la France.

Dr *Lancereaux*, professeur agrégé à la Faculté de médecine de Paris. — La maladie de Bright.

Lanessan (de). — Sur les faisceaux vasculaires.

— Sur le développement des péricarpes.

Dr *Laroyenne*. — Des effets comparés de la cautérisation pratiquée sur les tissus normaux et sur les tissus anémiés d'après la méthode d'Esmarch.

Lataste (Ferdinand). — Des caractères spécifiques fournis par les papilles des callosités du pouce chez les batraciens anoures à l'époque de la reproduction.

— Sur la faune herpétologique des environs de Paris.

Dr *Lecadre*, du Havre. — La mortalité par la phthisie pulmonaire.

Dr *Letiévant*, chirurgien en chef de l'Hôtel-Dieu de Lyon. — Sur l'esthésiographie.

— De la conservation dans les fractures compliquées des membres.

Dr *Leudet*, directeur de l'Ecole de médecine de Rouen. — Des épanchements abondants dans une plèvre chez les tuberculeux.

Lorieux (Edmond), ingénieur des mines. — Ressources minérales et salicoles de la Loire-Inférieure.

Dr *Lortet*, professeur à la Faculté des sciences, à Lyon. — Faune du lac de Tibériade.

— Organisation et reproduction des éponges fibreuses des côtes de Syrie.

Loudet. — Sur le nombre de graines que renferme un poids connu de différentes espèces.

Dr *Marey*, professeur au Collège de France. — Sur la pression et la vitesse du sang dans les artères.

Masfrand, pharmacien à Aurillac. — Sur la rage.

Dr *Masse*, chef des travaux anatomiques de la Faculté de médecine de Montpellier. — Du rôle des contractures musculaires dans les arthropathies.

Dr *Mingaud*, du Gard. — Sur les richesses minérales des départements du Gard et de la Lozère au point de vue de leur exploitation et des concessions demandées.

Dr *Moreau (A.)*, membre de l'Académie de médecine. — Etude expérimentale sur le rôle de la vessie natatoire des poissons.

Mortillet (de), sous-directeur du Musée des antiquités nationales de Saint-Germain. — La Loire-Inférieure aux temps préhistoriques.

Dr *Nepveu*. — Observations pour servir à l'histoire de la dénudation de la carotide.

Nivoit, ingénieur des mines. — Sur les phosphates de chaux des Ardennes.

Dr *Ollier*, correspondant de l'Institut. — Nouveaux procédés de rhinoplastie pour empêcher la rétraction et l'atrophie consécutives des lambeaux.

Dr *Papillaud*, de Saujon. — Sur quelques indications du chloral.

Dr *Petit*, médecin en chef du quartier des aliénés de l'hospice général de Nantes. — Présentation d'un jeune idiot microcéphale.

— Contribution à l'étiologie chirurgicale.

Piette, juge de paix à Craonne. — Rapports entre l'industrie néolithique et celle des âges quaternaires.

Phéné (J.-S.), membre de la Société géologique de Londres. — Exposé des mœurs et coutumes des « hommes des cavernes » de l'Europe occidentale.

Dr *Poggioli*, ancien inspecteur général au ministère de l'intérieur. — Nouvelle application de l'électricité au traitement des maladies. — Cartouche-pansement à pansement instantané.

Dr *Pouchet*. — Etudes sur le développement du squelette osseux et de la tête osseuse des poissons.

Dr *Pozzi (S.)*, professeur agrégé à la Faculté de médecine de Paris. — De l'hémostase préventive dans les opérations sur la langue. — Des fractures de la rotule en deux temps.

Dr *Prunières*, de Marvejols. — Les dolmens de la Lozère. — Cimetière de l'époque de la pierre.

Quatrefages (de), membre de l'Institut. — Anatomie d'un pigeon déradelphe.

Reboux. — Sur la faune et l'archéologie préhistoriques du bassin de Paris.

Dr *Sinety (de)*. — Sur quelques points d'anatomie et de physiologie de l'utérus et de l'ovaire considérés aux différents âges.

Dr *Topinard (P.)*. — Les prédécesseurs des Incas au Pérou.

Toussaint, chef de service à l'Ecole vétérinaire de Lyon. — De l'intervention des puissances respiratoires dans certains actes mécaniques de la digestion. — Contribution à l'étude de l'action des nerfs pneumogastriques sur le cœur au moyen de la strychnine.

Dr *L. Tripier*, de Lyon. — Les sections des nerfs dans les névralgies. — La pathogénie des genoux en dedans.

Tromelin (J. de) et *Lebesconte*. — Remarques sur les terrains paléozoïques de la Loire-Inférieure.

Dr *Verneuil*, professeur à la Faculté de médecine de Paris. — Sur un phénomène primitif commun à toutes les lésions traumatiques. — Etude de physiologie pathologique.

Dr *Viennois*, de Lyon. — De l'accroissement du membre inférieur dans les diverses espèces de coxalgie.

Waldemar-Schmidt, professeur à l'université de Copenhague. — Sur les rites funéraires des temps préhistoriques en Scandinavie, et sur les résultats qu'on peut tirer d'une comparaison des rites funéraires dans les temps antéhistoriques.

4e GROUPE. — *Sciences économiques.*

Alglave, professeur d'économie politique près la Faculté des sciences de Lille. — La liberté de l'enseignement supérieur. — Le prix de revient de la houille. — Un essai d'égalité devant l'impôt sous Louis XIV.

Brabrook (M.), de Londres. — Les associations de prévoyance de l'Angleterre.

Besnard, membre de la commission des hospices. — Statistique des enfants assistés.

Bobierre, directeur de l'Ecole des sciences, à Nantes. — L'analyse des engrais.

Bouvet. — Des bureaux de bienfaisance et de leur influence sur les salaires.

Chérot. — Des bénéfices réalisés dans le commerce extérieur.

Clamageran, membre du conseil municipal de Paris. — Effets économiques de l'indemnité prussienne.

Dr *Collineau*. — Etude sur les principes physiologiques de l'enseignement.

Corenwinder, chimiste à Lille. — Etude sur la noix de bancoul.

Courcelle-Seneuil. — L'épargne est-elle un travail?

Dehérain (P.-P.) professeur à l'Ecole de Grignon. — De l'influence des engrais azotés sur la composition des betteraves.

— Nouvelles recherches sur la germination.

Duprat (Pascal). — La liberté de l'enseignement supérieur.

— Les tribunaux administratifs en Egypte.

Doucin (M.), inspecteur honoraire d'Académie. — Notice sur la Société académique de Nantes et de la Loire-Inférieure depuis sa fondation, en 1798.

Durand (l'abbé), vicaire de l'église métropolitaine de Paris. — Les explorations au pôle Nord.

— De Port-Nolloth à Spring-Bock (Afrique australe).

Foulon, secrétaire de la Chambre de commerce de Nantes. — De la justice consulaire et de l'action des Chambres de commerce depuis leur fondation.

Goulin (M.), armateur à Nantes. — La question des sels dans l'Ouest.

Hureau de Villeneuve (Mme). — La condition des femmes chez les différents peuples.

Ladureau. — Utilisation agricole des eaux industrielles de Roubaix, Tourcoing et Reims.

Landron (J.), pharmacien à Dunkerque. — Sur les plantes oléagineuses.
— Sur les plantes saccharifères.
Lefort (M.-J.), avocat à la Cour d'appel, lauréat de l'Institut. — Rapport de l'économie politique et du droit (suite).
Le Hardy de Beaulieu. — Du retour à la protection.
Letort (M.-Camille). — Etude sur l'amortissement.
Levasseur, membre de l'Institut, professeur au Collége de France. — Etat comparatif de l'instruction primaire chez les peuples civilisés.
Limousin (Ch.-M.). — Les brevets d'inventions.
Loyson, président honoraire de la cour d'appel de Lyon. — L'état de la science pénitentiaire en France.
Manès. — Note sur l'Ecole supérieure du commerce et de l'industrie de Bordeaux.
Martinet (Ludovic). — Exploration du pôle Nord en aérostat.
Meunier (Mme Hip.). — Hygiène scolaire.
Millot. — Etude sur la rétrogradation des superphosphates.
Morin (M.-Pierre). — Nouveau mode d'amortissement.
Nottelle. — Du rôle de la propriété au point de vue de la solution du problème social. — La liberté de l'échange.
Péligot, membre de l'Institut. — Composition des cendres de betteraves, méthode d'analyse.
Philippe, ingénieur des ponts et chaussées. — Le monopole des tabacs.
Quivogne, vétérinaire à Lyon. — De l'exportation des chevaux entre la France et l'Allemagne.
Rochemacé (de la) — Nouveau système d'assurances mutuelles en nature entre les cultivateurs d'une même commune, etc.
— Irrigations rationnelles; emploi des eaux pluviales; assainissement des prairies basses, etc.
Renaud (Georges), lauréat de l'Institut. — Moyen d'organiser la concurrence des chemins de fer. — Réforme de la canalisation en France.
— Sur les gorges de la Diosaz (Savoie).
— Liberté de l'enseignement. — Les diplômes.
— Géographie statistique de la soie.
Renouard fils (A.). — Essais faits pour amener une rotation continue dans la culture du lin.
Roussille (A.), professeur à l'Ecole d'agriculture de Grand-Jouan. — Action des phosphates fossiles en agriculture.
Thomas. — Statistique des sucres.
Voruz, industriel à Nantes. — De l'épargne et de ses conséquences au point de vue de la France (1).

III. — *Excursions scientifiques.*

L'intérêt que présentent les sujets scientifiques qui seront traités au Congrès sera considérablement rehaussé, dans quelques cas, par des excursions qui en seront comme le couronnement et la démonstration pratique, en même temps qu'elles offriront un attrait particulier comme délassement et détente d'esprit.

Sans entrer dès à présent dans les détails, nous pouvons dire que le Comité local s'est occupé de deux excursions générales et d'une excursion finale.

La première comprendra la descente de la Basse-Loire, la visite du port de Saint-Nazaire, d'un paquebot transatlantique, de la presqu'île et du bourg de Batz.

La deuxième se composera de la visite des établissements de la marine d'Indret, des forges de la Basse-Indre et de diverses usines de Couéron.

(1) Les membres qui seraient empêchés d'assister au Congrès et qui voudraient présenter un travail sont instamment priés de charger personnellement un des membres assistant à la session de faire inscrire leur travail à l'ordre du jour et d'en faire la lecture. Tout mémoire envoyé au bureau de l'Association ou à celui d'une section se trouve, par la force des choses, reporté à la fin de l'ordre du jour, et le temps peut, ainsi que cela a déjà eu lieu, manquer pour permettre à la section de s'en occuper.

Pour l'excursion finale, dont le programme n'est pas absolument arrêté, M. le ministre de la marine a bien voulu mettre un navire de l'État à la disposition de l'Association.

Dans cette excursion, on visitera Vannes et ses musées préhistoriques; les monuments mégalithiques de Locmariaquer, les allées de Carnac, Belle-Ile-en-Mer et, enfin, Lorient, port d'attache du navire, où se terminera cette très-intéressante excursion.

Lors de leur arrivée à Nantes, les membres doivent passer au secrétariat pour donner leur adresse et faire contrôler leur carte d'admission aux séances, qui ne sera valable qu'après l'apposition du timbre de l'Association.

Le Comité local vient de transmettre les renseignements qui suivent concernant les hôtels de la ville :

· HOTELS	CHAMBRE service compris		DÉJEUNER avec vin		DINER avec vin	
De France	3 »»	à 7 »»	3 fr. »»		4 fr. »»	
Du Commerce et des Colonies	2 50	à 8 »»	3	»»	3	50
De Paris	2 50	à 6 »»	2	50	3	50
Des Voyageurs	2 50		2	50	3	50
Béziaux	1 50	à 2 »»	2	25	2	50
De Bretagne	2 50	à 6 »»	2	50	3	50
De la Fleur	2 50		2	50	3	»»

Parmi les autres hôtels qui ont été signalés par le Comité local, nous indiquerons les suivants :

Hôtel de la Duchesse-Anne, place de la Duchesse-Anne; *Hôtel de l'Europe*; *Hôtel de la Boule-d'Or*, chaussée de la Madeleine; *Hôtel de Genève*, place de l'Ecluse; *Hôtel de l'Ecu de France*, quai du Port-Maillard; *Hôtel de l'Etoile de Bretagne*, place du Port-Communeau (1).

BULLETIN DES SOCIÉTÉS SAVANTES

Académie des sciences de Paris. — 2 AOUT 1875.

M. Jamin : Aimants formés par des poudres comprimées. — M. N. Joly : Lacune dans la série tératologique remplie par la découverte du genre *iléadelphe*. — M. F. Fouqué : Les nodules à oligoclase des laves de la dernière éruption de Santorin. — M. Blanchet : Observations relatives au projet de création d'une mer intérieure dans le midi de l'Algérie. — M. Arm. Gautier : Note sur la séparation complète de l'arsenic des matières animales et sur son dosage dans les divers tissus.

M. *Jamin* présente un mémoire sur les aimants formés par les poudres comprimées. Il a répété une expérience de de Haldat, expérience qui consistait en ceci : de Haldat avait mis de la limaille de fer dans un tube de laiton fermé par deux bouchons à vis; il l'aimanta par les procédés ordinaires et reconnut qu'elle avait pris et gardé à ses extrémités deux pôles contraires. M. Jamin, en répétant cette expérience, a opéré avec de la limaille de fer bien doux, parfaitement réduit et n'ayant aucune force coercitive appréciable. Il a tassé cette limaille dans un tube de laiton au moyen d'une petite presse hydraulique, et il a obtenu des aimants attirant la limaille comme le feraient des morceaux d'acier de même dimension. « Voilà donc un métal, dit M. Jamin, qui n'a point de force coercitive quand il est continu, et qui en acquiert une aussi considérable que l'acier quand on le réduit en pe-

(1) Les membres de l'Association trouveront au secrétariat, à leur arrivée, toutes les indications qui pourront leur être utiles pendant leur séjour à Nantes.

tits fragments discontinus et qu'on les rapproche par la pression. N'est-ce point à cette discontinuité qu'il faut attribuer la polarité observée, et n'est-ce pas aussi cette même cause qui explique la force coercitive de l'acier ? »

— M. *N. Joly* vient de faire la découverte du genre *iléadelphe*, qui remplit une lacune qui avait existé jusque-là dans la série tératologique. Le sujet de son observation est un chat nouveau-né, dont voici la caractéristique : une seule tête, un tronc unique muni de deux pattes antérieures et s'élargissant à partir de la région lombaire, pour se diviser en deux arrière-trains à peu près normaux, latéralement accolés et munis chacun d'une paire de pattes plus ou moins bizarrement contournées; deux ombilics contigus, mais distincts, et, par suite, deux cordons ombilicaux. M. Joly donne ensuite les détails relatifs à l'anatomie du monstre, au canal digestif, à la rate, au foie, aux reins, aux organes génitaux, au cœur, au squelette. Ces détails, dit l'auteur, prouvent une fois de plus la régularité des lois auxquelles la nature est assujettie, même dans ce que nous appelons ses aberrations. En réalité, l'ordre est partout, et les monstres les plus excentriques, loin de soustraire à nos classifications méthodiques, viennent pour ainsi dire se ranger à la place que le génie des fondateurs de la tératologie moderne leur a assignée d'avance. Ici, l'auteur fait allusion à un passage d'Is. Geoffroy Saint-Hilaire dans lequel ce savant a prévu pour ainsi dire l'existence du genre *iléadelphe*.

— M. *F. Fouqué* présente à l'Académie les résultats de son étude sur les nodules à oligoclase des laves de la dernière éruption de Santorin. L'auteur fait la description détaillée de ces nodules et des substances cristallisées qu'ils renferment. Il donne ensuite l'analyse du feldspath et des autres substances qui l'accompagnent, et il conclut que si, dans ses précédentes communications à l'Académie, il a démontré la présence de l'albite, du labrador et de l'anorthite dans les laves de la dernière éruption de Santorin, son nouveau travail y établit la présence de l'oligoclase. Ces laves offrent donc les quatre principaux types de feldspaths tricliniques.

— M. *Blanchet* adresse des observations relatives au projet actuel de création d'une mer intérieure dans le midi de l'Algérie, au sud de la province de Constantine. En tenant compte de la superficie et de la profondeur du bassin qu'il s'agirait de remplir, de sa distance au détroit de Gadès, de la faible dénivellation dont on peut disposer sur un si long parcours, l'auteur arrive à cette conclusion, qu'il faudrait plusieurs années pour amener la quantité d'eau nécessaire en supposant même au canal une largeur d'une centaine de mètres. En ayant égard à l'évaporation, il évalue à 1000 kilomètres carrés environ la surface qui pourrait être couverte par les eaux; il est ainsi conduit à se demander si les résultats seraient en rapport avec les dépenses d'exécution.

— M. *Arm. Gautier* envoie une note sur la séparation complète de l'arsenic des matières animales et sur son dosage dans les divers tissus. Le moyen qu'il propose pour détruire d'abord la substance animale et en isoler tout l'arsenic, consiste à la traiter successivement par l'acide nitrique pur ordinaire, l'acide sulfurique et enfin l'acide nitrique. Voici comment il procède : 100 grammes de muscles, de foie ou de cerveau sont coupés en morceaux et introduits à l'état frais dans une capsule de 600 centimètres cubes, avec 30 grammes d'acide nitrique. La matière animale se liquéfie peu à peu, grâce à un feu modéré. Lorsque la masse est devenue visqueuse et tend à s'attacher aux parois, on retire la capsule du feu, sinon une vive attaque aurait bientôt lieu qui carboniserait le tout, quelquefois avec flamme et perte d'arsenic. On ajoute alors 6 grammes d'acide sulfurique et l'on chauffe modérément jusqu'à ce que la matière, bien noirâtre, tende à s'attacher au fond du vase. On fait à ce moment tomber sur la masse et chauffer jusqu'au point où l'acide sulfurique qui l'imprègne commence à émettre quelques vapeurs, 15 grammes d'acide nitrique que l'on projette goutte à goutte. Le tout se reliquéfie, d'abondantes vapeurs nitreuses se dégagent, et l'on chauffe enfin jusqu'à ce que la matière commence à se carboniser en donnant des vapeurs denses. Cela fait, le résidu noir ainsi obtenu est facilement pulvérisé et épuisé par l'eau bouillante. En général, la liqueur filtrée est couleur madère clair; elle ne contient pas de produits nitrés décelables par le sulfate ferreux sulfurique. A ce liquide chaud on ajoute quelques gouttes de bisulfite de soude, jusqu'à ce qu'il émette l'odeur d'acide sulfureux, et l'on précipite à la manière ordinaire le sulfure d'arsenic par l'hydrogène sulfuré, etc.

CHRONIQUE SCIENTIFIQUE

Faculté des sciences de Paris. — *Doctorat ès sciences physiques.* Le vendredi 23 juillet, à deux heures et demie, dans la salle des examens (escalier 2, au 2ᵉ). M. Riban a soutenu, pour obtenir le grade de docteur ès sciences physiques, deux thèses ayant pour sujets : la première, *Des carbures térébéniques et de leurs isomères ;* la seconde, *Propositions données par la Faculté.*

Doctorat ès sciences naturelles. — Le samedi 24 juillet, à deux heures et demie, dans la salle d'histoire naturelle, M. Brocchi a soutenu, pour obtenir le titre de docteur ès sciences naturelles, deux thèses ayant pour sujets : la première, *Recherches sur les organes génitaux mâles des crustacés décapodes ;* la seconde, *Propositions données par la Faculté.*

Doctorat ès sciences physiques. — Le samedi 24 juillet, à deux heures, dans la salle des examens, M. Lippmann a soutenu, pour obtenir le grade de docteur ès sciences physiques, deux thèses ayant pour sujets : la première, *Relations entre les phénomènes électriques et capillaires ;* la seconde, *Propositions données par la Faculté.*

— Aux dernières séances de la Société de biologie, M. Bert a fait une série d'expériences sur la coloration des caméléons ; il a étudié notamment les changements de coloration produits chez l'animal lorsqu'on enlève un œil ou les deux yeux. Si l'on coupe un seul œil, l'animal ne présente pas de changement de coloration du côté de l'œil lésé ; si l'on rapproche une lumière, il ne se fait que lentement une modification de la couleur, et consécutivement à celle de l'autre côté. Si l'on coupe les deux yeux, il se fait des changements de coloration des deux côtés sous l'influence de divers excitants. Ces faits remarquables concordent avec les expériences dans lesquelles M. Bert, enlevant chez un caméléon l'hémisphère droit, cet animal ne se servait plus que des membres du côté gauche ; enlevant le lendemain l'hémisphère gauche, l'animal se servait des membres des deux côtés.

Ces phénomènes très-singuliers montrent que le caméléon est un être en quelque sorte double, c'est-à-dire que les mouvements volontaires et d'attention semblent reconnaître deux centres correspondant chacun à la motilité, à la coloration et aux sensations du côté analogue.

— On écrit du Japon qu'un immense banc de sable a surgi tout à coup du fond de la mer à Kasouska, et le port de Mito, profond de plus de cinquante pieds, a été comblé tout à coup en une seule nuit. Le niveau du sable dépasse de près de 3 mètres l'ancien niveau de la mer dans le port.

Les dix-sept navires qui se trouvaient en rade ont sombré et sont restés enfouis dans le sable.

Ce phénomène a été produit évidemment par un de ces tremblements de terre si fréquents dans ces parages.

Le propriétaire-gérant : Germer Baillière.

PARIS. — IMPRIMERIE DE F. MARTINET, RUE MIGNON, 2.

LA
REVUE SCIENTIFIQUE

DE LA FRANCE ET DE L'ÉTRANGER

REVUE DES COURS SCIENTIFIQUES (2ᴱ SÉRIE)

Direction : MM. Eug. Yung et Ém. Alglave

2ᵉ SÉRIE — 5ᵉ ANNÉE   NUMÉRO 8   21 AOUT 1875

ASSOCIATION FRANÇAISE

POUR L'AVANCEMENT DES SCIENCES

CONGRÈS DE NANTES

DISCOURS DE M. D'EICHTHAL
Président de l'Association française

Le rôle des forces de la nature dans l'industrie

En ouvrant à Bordeaux votre première session, M. de Quatrefages disait : « Notre but commun est la rénovation de » notre pays par les études et l'esprit scientifique. Notre tâche » sera terminée alors seulement que tout homme exerçant » une action quelconque sur le pays, ou possédant quelques » loisirs, sera devenu un ami éclairé, un amateur de la » science. »

Vous avez voulu manifester votre volonté de réaliser ce programme, attirer à vous tous ceux qui, en dehors de la science, peuvent aider à en propager le goût, à en faciliter la diffusion en leur montrant que leur concours peut obtenir sa récompense.

C'est dans ce but que vous avez appelé l'un de vous, étranger à toutes les sciences et qui a passé sa vie dans les labeurs du commerce et de l'industrie, à l'honneur insigne de succéder cette année, dans la présidence de votre Société, aux illustres savants dont les discours ont donné un si grand éclat à vos trois premières sessions.

Désigné à votre choix par un tel motif, vous n'attendez pas de moi quelque brillant discours sur l'influence des sciences, ou l'exposé aussi lucide qu'élégant d'une grande théorie scientifique; mon rôle doit être plus modeste. La part que, depuis quarante ans, j'ai été appelé à prendre à la création et à l'administration de nos chemins de fer m'ayant permis de suivre les applications des découvertes scientifiques dans plusieurs branches de l'industrie, j'ai pensé qu'il pourrait

être utile d'en rappeler devant vous quelques exemples, et de montrer ainsi le lien étroit qui existe entre la science pure et la satisfaction à donner aux besoins de l'humanité.

Le nombre des citations à faire serait presque infini. Hygiène, médecine, chirurgie, beaux-arts, mécanique, l'industrie dans presque toutes ses branches, exploitation des mines, métallurgie, industries textiles, éclairage, chauffage, ventilation, collecte et conduite des eaux, la simple énumération des services que nous devons à la science sous tous ces rapports dépasserait les bornes de votre patience et les limites du temps dont nous pouvons disposer.

Si nous ne passons en revue qu'une seule branche, qu'une seule partie d'une branche de l'industrie, nous trouverons encore des progrès si nombreux et si grands, que l'imagination mesurera facilement l'importance de ceux réalisés dans toutes les autres branches de l'activité humaine.

J'essayerai de tracer rapidement quelques lignes de l'histoire des forces motrices, moteurs, machines motrices.

Sans remonter à Archimède nous dotant de l'hélice, Pascal démontrant, en traitant des liquides, « l'égalité de transmission des pressions dans tous les sens », donne le point de départ de cet appareil si simple et si puissant, la presse hydraulique.

Le travail de l'eau motrice dans les roues à aubes est amené, par les études théoriques de Poncelet et de Sagebien, à sa puissance actuelle.

Burdin et Fourneyron déterminent par le calcul les conditions de construction de la turbine, roue à axe vertical, précieuse machine qui, surtout pour les chutes d'eau de faible force, remplace avec grand avantage les anciennes roues à trompe et à cuve, fonctionne même là où celles-ci ne pouvaient pas agir. La turbine, modifiée scientifiquement, utilise, sous le plus petit volume, la plus grande quantité d'eau motrice en évitant une perte d'effet définitif par la suppression de mécanismes compliqués de transmission. Kœchlin, Baron, Euler, Passot, Jonval, lui apportent leur part de perfectionnement, et l'industrie en trouve bien vite de nombreuses applications : elle purge les cristaux de sucre du sirop qui les enveloppe; elle applique des matières légères sur les tissus et les y fixe; l'essoreuse vient en aide à l'humble blanchisseuse.

Faut-il transporter à distance la force inutilisée de certaines chutes d'eau? Hirn disposera le câble télodynamique qui rapprochera le moteur de l'appareil à mouvoir. Ce câble deviendra le chemin aérien si utile, surtout dans les pays de montagnes, pour le transport sur poulies des minerais et des houilles; si précieux dans les grandes usines pour les mouvements intérieurs, et en agriculture pour le transport des produits des champs aux usines.

Le vent, force d'intensité éminemment variable, n'a pu jusqu'ici être subjugué par la science. Par les variations qu'elle subit, l'eau courante n'a pu non plus être amenée à produire un effet régulier. Mais l'air et l'eau deviennent nos plus puissants auxiliaires lorsqu'ils sont soumis à la pression.

Aux travaux de Mariotte, Boyle, Dulong, Arago, Gay-Lussac, Regnault, Bertholet, Petit, Œrstedt, Despretz, Faraday, Torricelli, Henri Sainte-Claire Deville, Debray entre autres, nous devons le manomètre, partie indispensable de la machine à vapeur, la machine pneumatique non moins utile à la science expérimentale qu'à l'industrie, la machine de compression qui vient augmenter la force élastique de l'air dans un récipient.

Rappelons rapidement d'autres applications des recherches scientifiques.

Dans la pensée d'Andraud, l'air comprimé devra servir à transmettre au loin la force naturelle des cours d'eau. C'est par son emploi que Sommeiller perce le mont Cenis, et qu'après maintes autres applications nous lui devrons, nous pouvons l'espérer, l'accomplissement de l'œuvre hier encore réputée impraticable de la construction de ce tunnel sous la mer destiné à resserrer de plus en plus l'union de l'Angleterre et de la France.

L'air comprimé et agissant sans production de chaleur et de condensation, avec de faibles frottements, contribuera à transformer l'industrie minière et à préserver la vie de nombreux ouvriers exposés aujourd'hui à tant de dangers dans les profondeurs des travaux.

Les transports eux-mêmes à ces niveaux seront bientôt effectués par des locomotives à air comprimé, comme déjà ils le sont dans la galerie en percement du Saint-Gothard.

L'emploi de l'eau sous pression, comme moteur ou comme accumulateur de force, doit à sir William Armstrong ses progrès les plus notables. Grâce aux données de la mécanique, l'eau comprimée permet d'exercer, par intervalles, les plus énergiques efforts, de soulever, de manœuvrer les poids les plus lourds avec une merveilleuse facilité.

Ne citons qu'en passant les essais de production de force motrice par la dilatation de l'air, par la combustion du mélange d'air et de gaz d'éclairage, par le gaz ammoniac, etc. Vous avez pu voir fonctionner les moteurs Lenoir et Hugon pour la construction des maisons de Paris. Les petits ateliers industriels, l'ouvrier isolé travaillant dans sa chambre, trouvent dans ces moteurs économie de temps et d'argent.

La femme peut, sans s'éloigner du foyer, profiter, elle aussi, des bienfaits de la science au moyen de la machine à coudre, heureuse combinaison de principes scientifiques, mue par ce moyen nouveau.

S'agit-il des machines qui emploient la vapeur d'eau comme force motrice, ou bien de celles qui emploient l'air et la vapeur combinés, la science moderne apparaît, armée des

plus belles expériences, pour établir la théorie de l'équivalence de la chaleur et du travail mécanique. Les travaux de sir William Thomson, de Rankine, du docteur Mayer, de Clausius, de Joule, de Tyndall, de Henri Sainte-Claire Deville, de Hirn, par la création de la thermodynamique, offrent à l'industrie une forme nouvelle de force qu'elle saura, soyons-en sûrs, s'approprier pour les moteurs de l'avenir.

Ce n'est plus Jupiter qui manie la foudre. La science a appris à l'homme à s'asservir cette force invisible qu'il ne connaissait que par ses efforts destructeurs, et à en faire l'un de ses plus puissants agents.

Œrstedt, Ampère, Faraday, Becquerel, par leurs découvertes, ont préparé l'utilisation de l'électricité dont les phénomènes sont désormais confondus avec les phénomènes magnétiques.

Et ici nous trouvons un frappant exemple de ce que peut le contact de l'industriel avec le savant. C'est à Ruhmkorff, le simple mécanicien, qu'est dû l'ingénieux appareil qui porte son nom et qui transforme l'électricité de la pile en électricité de machine, en développant à volonté les courants induits.

La bobine de Ruhmkorff trouve son complément dans le condensateur Fizeau. Jamin dote l'industrie de ces aimants dont la puissance est pour ainsi dire illimitée, et détermine l'énergie des machines d'induction sous un poids donné. Nous ne voyons se rattacher encore à ces découvertes que la machine Gramme, dont l'importance est loin de devoir être dédaignée; mais nous avons droit d'espérer d'autres applications importantes.

Malgré les moteurs électriques de Jacobi, de Page, de Froment, l'emploi de cette force est resté très-restreint; la voie est ouverte, la marche du progrès ne s'arrêtera pas.

Mais que sont tous ces moteurs réunis auprès de la machine à vapeur? Ne craignez pas que j'essaye de vous en tracer l'histoire, où apparaîtraient de la façon la plus éclatante les applications pratiques des plus brillantes découvertes de la physique; je ne citerai que quelque faits.

Puissance sans limites, d'une régularité absolue, susceptible d'emplois sans nombre, utilisable pour ainsi dire en tous lieux, en toutes saisons, dans toutes proportions, tantôt écrasant le corps le plus dur par un effort irrésistible, tantôt modifiant la forme de l'objet le plus délicat sans l'altérer à l'aide des outils les plus puissants, le moteur à vapeur a fait contribuer à son perfectionnement la science dans un grand nombre de ses branches, en même temps que la pratique et même, nous devons le reconnaître, le hasard, collaborateur quelquefois heureux du savant et de l'industriel.

L'intérêt est si grand dans cette question de l'utilisation de la vapeur, que les hommes les plus éminents y appliquent leur énergique intelligence. Pour les améliorations de la locomotive seule, que de noms à citer! Watt, Séguin, Stephenson, Maudsley, Edwards, Crampton, Engerth, Clapeyron, Petiet, Flachat, Lechatelier, Polonceau, et bien d'autres encore.

Force fixe donnant l'impulsion aux corps extérieurs, force mobile donnant et subissant l'impulsion, le moteur à vapeur, admirable thaumaturge, étend la domination de l'homme sur la nature, sans qu'on puisse prévoir les limites de son action.

Si nous pouvions suivre les transformations successives, les appropriations si variées du moteur à vapeur depuis son apparition jusqu'à ce jour, nous verrions la science associée à presque tous les progrès.

Que nous nous occupions de mines, de chemins de fer, de transports maritimes, de percements de montagnes, d'épuisements et sous terre et à la surface de la terre, nous trouvons la vapeur appliquée partout, et l'objet des travaux des savants, des ingénieurs, des mécaniciens les plus éminents; augmentation de puissance, économie de dépenses pour sa production, tout le progrès est dû à leurs efforts. Un seul exemple des progrès ainsi réalisés en dira l'importance. En 1825, la locomotive de Stephenson traîne 38 tonnes sur une rampe de 5 millimètres et consomme 200 grammes de houille par kilomètre parcouru et par tonne ; en 1875, nos locomotives traînent sur la même rampe 542 tonnes, et la consommation de la houille par kilomètre parcouru et par tonne n'est plus que de 25 grammes. La force produite est quatorze fois plus grande. La consommation du combustible est réduite des 7/8.

Nous n'avons parlé encore que de la machine fixe et de la locomotive. Quels services ne rend point à presque toutes les industries et à l'agriculture en particulier le moteur à vapeur réunissant le double caractère de mobilité et de fixité, la locomobile?

La science n'a pas une part moins large dans les applications merveilleuses du moteur à vapeur à la navigation.

Essayée d'abord sur les fleuves, la navigation à vapeur débute sur la mer avec des moteurs d'une force de 200 chevaux, avec lesquels on obtient une vitesse de 8 nœuds pour la moyenne d'une traversée. Par des perfectionnements successifs, la vitesse atteint 12 nœuds avec des paquebots en fer et à roues.

Quel plus frappant exemple de ce que la pratique peut devoir à la science, que la création de ce prodigieux navire dont on a changé plusieurs fois le nom sans lui donner celui qu'il devrait porter : *Isambard Brunel!* Sans le *Great-Eastern*, dans lequel se combinent une puissance énorme et la précision d'un chronomètre, la pose des câbles sous-marins, inaugurée des côtes d'Angleterre à celles des États-Unis, eût peut-être été retardée de bien des années.

C'est par l'hélice, appliquée d'abord comme propulseur donnant surtout une grande puissance, qu'on arrive à des vitesses dont l'habitude seule fait que nous ne nous en étonnons plus. De 12 nœuds à l'heure on arrive à 18, tout en augmentant le poids utile transporté et en diminuant la consommation du combustible des foyers et de l'eau des chaudières.

Pour blinder de fer les navires, pour obtenir la précision indispensable dans les organes des machines qui leur donnent le mouvement, il a fallu des engins eux-mêmes d'une force et d'une précision qu'on n'avait pas même rêvées il y a moins d'un demi-siècle.

C'est en partie par la force de l'eau comprimée que le but a été atteint : fonderies, forges, ateliers mécaniques, chantiers de construction, s'en sont emparés pour soulever, manœuvrer les masses les plus lourdes.

Quelle idée ne donne pas de la grandeur des progrès accomplis le marteau-pilon, ce géant qui sait à volonté passer de la secousse la plus terrible au contact le plus délicat ! Qui peut dire ce que deviendront, sous sa formidable action, le fer, l'acier, les métaux de toute nature ; quelles transformations ils subiront, quelles qualités ils pourront acquérir?

Pendant bien des siècles, les machines dont l'homme s'est servi n'ont été perfectionnées que lentement, empiriquement. C'est de nos jours seulement que la science a conduit à la création de nouveaux instruments de travail et a su donner aux outils les plus faibles ou les plus puissants la stabilité et la précision mathématiques.

Nous obtenons la force presque sans limites par les marteaux-pilons, les machines à river, les laminoirs; les machines à diviser, à raboter, à buriner, à aléser, à percer, nous montrent jusqu'où peuvent être atteintes la précision et la délicatesse du travail.

Grâce à ces machines, nous voyons forger des arbres coudés du poids de 40 tonnes, tourner des pièces mécaniques énormes, laminer les monstrueuses plaques de blindage de nos navires, enlever, transporter par la grue à vapeur ces masses si pesantes, raboter le fer et l'acier, mortaiser, aléser, scier, percer, tarauder tous les métaux, sans efforts apparents, même sans bruit, marteler et entailler les engrenages, ou étamper les roues.

De plus en plus la machine remplace la main de l'homme, lui laissant la fonction plus élevée, celle de la diriger.

La scie à lame sans fin découpe le fer, la machine Sellers taille les engrenages cylindriques, celle de Zimmermann les engrenages coniques dont elle trace les dents automatiquement ; les tiges métalliques sont mécaniquement courbées, serties, transformées en chaînes achevées.

Production de charnières de toute pièce, de clous, d'épingles et de pointes, presque au prix du fer, découpage des clous avec une merveilleuse rapidité, nous devons tous ces progrès à la mécanique.

Faut-il donner au bois les formes les plus variées et les plus délicates, produire rapidement des pièces absolument identiques, l'ingénieur ne sera point en défaut.

Les machines Jappy produiront automatiquement les vis à bois. Le bois se débite à la scie verticale, horizontale, circulaire, à mouvement rectiligne, alternatif. La machine à raboter dresse à volonté les bois sur une, deux, trois ou quatre faces.

A cet exposé de ce que la science a fait pour les moyens de locomotion sur terre et sur mer, et pour l'outillage mécanique, combien il serait intéressant d'ajouter ce qu'elle a fait pour l'exploitation de la houille, la production et la transformation des métaux, éléments indispensables de la création des machines.

Il ne m'est pas permis d'aborder un si vaste sujet. Mais, en terminant ce rapide exposé, qu'il me soit permis de faire remarquer l'action et la réaction incessante l'une sur l'autre de la théorie et de la pratique, de la science et de l'industrie.

Un nouveau principe scientifique démontré donne naissance à des mécanismes nouveaux; la science à son tour doit ses progrès à ces instruments perfectionnés ; ne cherchons pas à faire la part de chacune de ces deux branches de l'intelligence humaine ; elles s'entr'aident, elles ont besoin l'une de l'autre, elles doivent se rapprocher de plus en plus.

Si leur action combinée a tant contribué à la création de ces merveilles mécaniques qui ont peu à peu transformé le monde de la production, il faut faire aussi la part d'un autre agent, dont j'ai vu la puissance se révéler avec non moins d'éclat que celle de la science, et qui seul a permis à cette dernière et à l'industrie de réaliser des prodiges : je veux parler de l'accumulation et de la concentration du capital. La science a su donner aux instruments de travail un accroissement de puissance extraordinaire; mais combien cette somme de richesse serait demeurée improductive sans le secours de cette force immense du capital, confié à un petit nombre de mains habiles et expérimentées, mis au service d'une direction unique, active, intelligente; seule, cette réunion de ressources considérables provenant, soit de l'épargne, soit de l'association, a permis d'obtenir dans les entreprises industrielles le concours des hommes les plus éminents, de tenter sur une grande échelle les expériences les plus coûteuses; par là, dans un autre ordre d'idées, la somme totale du bénéfice prélevé par le capital lui-même s'est trouvée réduite par le fait de la multiplicité des travaux auxquels suffit un capital relativement restreint par suite de cette concentration. La grandeur des opérations a permis des économies considérables, et la communauté tout entière a pu obtenir des produits à un bon marché que la dispersion des forces vives de l'industrie ne lui avait jamais procuré. Parmi tant d'exemples que je pourrais citer de la puissance de cet agent, j'en choisirai deux : le Creuzot, l'usine de la Cie parisienne du gaz à la Villette.

Là, je pourrais dire presque dans le désert, sous l'impulsion d'une intelligence créatrice, s'élève une réunion de machines d'une rare perfection et d'une force telle que même à regarder fonctionner ces géants, nous avons peine à nous figurer leur puissance. Nous les voyons extraire la houille, fondre le minerai, transformer le fer et produire comme par magie : rails, locomotives, navires, outils de toutes sortes.

Ici, dans l'enceinte de la grande ville, par les efforts réunis d'administrateurs d'une habileté consommée, de savants, d'ingénieurs d'un mérite exceptionnel, à l'aide d'un énorme capital, s'élève cette usine où le wagon apporte la houille, et d'où vont sortir les produits qui nous donnent la lumière, la chaleur, la force motrice et les plus délicates couleurs, les plus délicieux parfums extraits de ce goudron qui, avant que la science eût parlé, ne servait guère qu'à couvrir nos palissades. Et telle est la perfection de tous les appareils que près de 700 000 tonnes de houille fournissant 160 650 000 mètres cubes de gaz se sont tranformées dans cette usine sans que l'intervention directe de l'homme soit à peine visible.

Tels sont les fruits de l'action combinée de la science, de l'industrie et du capital; mais pour que la puissance de notre pays, au point de vue des forces productrices, reçoive son entier développement, ai-je besoin de dire que l'élément à perfectionner avant tous les autres, c'est l'homme lui-même qui seul peut adapter à son usage les ressources que lui offre la nature? Et ici, nous retrouvons l'action nécessaire de la science, l'éducatrice par excellence, qui tend sans cesse à améliorer moralement, intellectuellement, physiquement, l'être humain, qui rend aptes même les intelligences moyennes à trouver les applications de savantes découvertes, à poser dans des termes précis les problèmes que plus tard le génie résoudra. N'oublions pas qu'à notre pays plus qu'à tout autre s'impose l'obligation d'un vaste développement de l'instruction scientifique. Par des causes que nous n'avons pas à rechercher ici, depuis le commencement du siècle l'accroissement de notre population est resté faible relativement à celui des nations voisines. La diminution de force et d'influence qui en est la conséquence nous impose le devoir de travailler à rétablir l'équilibre en compensant l'infériorité du nombre par la qualité de l'individu.

La science, quelques services qu'elle nous rende au point de vue matériel, aura plus encore droit à notre reconnaissance sous ce rapport.

Les habitudes que ses méthodes donnent à l'esprit exercent sur nous la plus heureuse influence. Celui qui a appris à former, à contrôler ses opinions par les méthodes de la science, est à l'abri de bien des erreurs, de bien des préjugés qui ne règnent que trop généralement encore. Si, instrument plus parfait, il acquiert une valeur physique plus grande intellectuellement, ses idées s'élargissent moralement, il arrive à reconnaître par les faits que la société tout entière profite de tout progrès réalisé par l'un de ses membres; il cesse d'être jaloux du succès des autres, sachant bien que tous en auront leur part, directe ou indirecte.

Ne nous est-il pas permis d'entrevoir d'autres résultats encore de la diffusion des connaissances scientifiques? Ne voyons-nous pas sur toute la surface de notre pays bien des forces inemployées, de trop nombreux membres de la société qui n'aquittent pas leur dette envers elle, parce qu'ils n'ont pas eu les moyens de s'y préparer, et n'apportent pas leur part de travail à l'œuvre commune?

Supposez un instant le goût d'une science quelconque inculqué à ces retardataires involontaires, à ceux surtout qui font partie de cette fraction de la société qui a le plus de loisirs et le plus de moyens de s'instruire, et calculez ce que l'activité imprimée à leurs facultés développera chez eux de force productrice, et ce qui pourra en résulter d'effet utile pour la bonne harmonie entre les différentes parties de la communauté. Car si l'influence sur ceux qui nous entourent est à la condition de les aimer et de leur en donner les preuves, cette influence devient plus grande en proportion des services que nous pouvons leur rendre, grâce à notre instruction et à notre supériorité intellectuelle.

L'homme qui a acquis un capital ou qui l'a reçu de ses pères verra s'affaiblir, sinon disparaître, l'envie de ceux qui, près de lui, vivent de privations relatives, au prix du plus rude labeur, s'il est capable de les aider dans leur travail par ses conseils, de rendre ce travail moins pénible et plus productif par l'introduction de méthodes et de machines nouvelles, de matières moins coûteuses.

N'est-ce pas là un des moyens d'arriver à ce qu'une partie de la société cesse de considérer l'autre comme composée d'étrangers, d'ennemis même ?

Je voudrais pouvoir montrer cette pacification par la science et le travail reliant tous les peuples par une féconde exploitation des ressources que la nature offre à chacun d'eux. Mais, hélas ! le temps paraît aujourd'hui bien éloigné où il sera permis de rendre à un emploi utile tant de forces maintenant inutilisées, bien plus appliquées à arrêter le progrès, à détruire celui déjà obtenu.

Les plus jeunes d'entre nous ne peuvent pas se flatter de voir luire l'heureux jour où les labeurs de la paix occuperont seuls les nations. Travaillons avec d'autant plus d'ardeur à amoindrir les maux qu'inflige aux nations civilisées le retour apparent à la barbarie dont nous sommes les tristes témoins. Et puisque le salut de la patrie exige que nos fils soient enlevés à leurs études, à leurs travaux, à l'époque de la vie où l'interruption en est le plus fâcheuse, ne négligeons aucun effort pour qu'avant ce moment ils soient dotés de plus de valeur intellectuelle, de plus d'énergie physique et morale, de plus d'initiative surtout.

Née d'hier, notre Société a déjà contribué à cette œuvre, elle a droit de compter sur l'avenir ; félicitons-nous du succès de nos premiers efforts. Ce que nous avons pu faire a trouvé sa récompense dans l'approbation de ceux qui peuvent le mieux nous juger. La présence près de moi de l'un des illustres secrétaires perpétuels de l'Académie des sciences, l'adhésion que nous a donnée son éminent collègue nous permettent d'affirmer que nous sommes devenus un centre commun d'action pour tous ceux qui veulent le progrès de la science.

Nous trouvons un témoignage non moins précieux de l'utilité de notre Société dans la faveur avec laquelle, dès sa création, elle a été appelée, accueillie par les plus grandes villes de France. L'affluence à nos sessions à Bordeaux, à Lyon, à Lille, non-seulement des maîtres de la science, de leurs jeunes collègues, mais de ceux que nous tenons tant à attirer à nous, les amis de la science qui vivent en dehors de la science, est venue montrer que nous répondons à d'heureuses aspirations, à un besoin réel.

Votre bienveillant empressement à vous réunir à nous aujourd'hui dit assez que le succès va croissant. Et, ce qui nous touche profondément et nous encourage, ici comme pour nos trois premières sessions, la bienvenue nous a été dite de tous côtés : membres du comité local, membres du Conseil général du département et de l'administration municipale, premier magistrat du département, nous avons à exprimer à tous notre reconnaissance pour leur énergique et persévérant concours.

Le succès obtenu ne doit être qu'une excitation à de nouveaux efforts, et, dans cette pensée, si je n'abuse pas de votre bienveillante attention, je vous demande la permission de vous soumettre encore quelques observations générales qui se rattachent étroitement au sujet qui nous préoccupe et nous y ramèneront.

Nos pères, pour n'avoir pas su modifier leurs institutions, en les adaptant aux besoins nouveaux de la société, les ont vues violemment renversées ; dans la lutte entre des partis qui ne cherchaient qu'à s'écraser l'un l'autre, tout ce qui s'était autrefois pondéré, équilibré, pouvoir royal, États provinciaux, parlements, noblesse, clergé séculier et régulier, jurandes, maîtrises, tout a disparu pour ne s'être pas transformé par degrés, adapté à des situations nouvelles.

Le vieil édifice ainsi détruit, qu'avons-nous fait depuis plus de quatre-vingts ans pour construire un édifice nouveau ? Rien, serait-on tenté de dire, à juger sur les apparences. La Convention, le Directoire, l'Empire, la Restauration, la Royauté constitutionnelle, la République, l'Empire de nouveau, puis la troisième République, nous donnent le spectacle douloureux d'une nation intelligente, éclairée, laborieuse, aimant surtout le calme nécessaire à ses pacifiques travaux, sans cesse convulsionnée et passant presque sans exception du désordre politique, suite d'une révolution violente, au despotisme, établi à son tour par la violence et l'oppression.

Quelle est la cause d'un mal si terrible et d'un retour si fréquent ? L'opinion publique a cru la trouver dans l'exagération de notre centralisation administrative. Après chacune de nos dernières commotions, un cri presque unanime a été poussé : Décentralisation ! expression du sentiment qu'un pouvoir central, sans l'appui et le contrôle de corps et d'institutions indépendants répandus sur toute la surface du pays, n'a point de racines assez étendues, assez profondes pour n'être pas exposé à être renversé par le premier ouragan imprévu.

Et cependant, à peine l'ordre matériel est-il rétabli que ce cri commence à faiblir, et que bientôt ceux-mêmes qui le poussaient, au lieu de restreindre l'action du pouvoir central, travaillent à l'étendre encore.

C'est que la loi ne crée pas ce qui n'existe pas ; c'est que, pour enlever des attributions au pouvoir central, il faut avoir à qui les donner ; c'est que le danger vient moins de l'exagération de la centralisation que de l'absence des contrepoids dont le gouvernement d'un pays ne peut se passer et qui seuls peuvent le soutenir quand il est ébranlé.

Le passé doit-il nous décourager ? Non, loin de là. Il faut un siècle au chêne pour arriver à la force, en faut-il moins à une nation pour réparer ses désastres, après une tempête qui a dénudé le sol, après des guerres fatales qui ont décimé la population, arrêté le travail, détruit tout ce qui se relevait.

Nous n'avons déjà rien à envier à nos voisins pour notre industrie, notre agriculture : l'économie a accumulé les fruits du travail.

Nous sommes moins avancés dans la reconstitution des centres indépendants d'action et d'influence locale : c'est qu'en effet ce progrès ne peut se réaliser qu'après les autres.

Nous avons cependant marché dans cette voie ; après de faibles essais, souvent malheureux, le progrès est venu, et, comme toujours, il avance d'un pas qui va s'accélérant.

De tous côtés, nous voyons se produire, se constituer l'association privée pour les buts les plus variés ; l'agglomération municipale, départementale, étend son action, et cela surtout, nous devons nous en féliciter, pour créer sur des bases solides tout ce qui touche à l'instruction.

C'est par l'accroissement de ces forces locales, et par cet accroissement seul, que nous arriverons, non pas à la décentralisation gouvernementale, que nous regretterions tous, mais à la constitution des éléments de force qui lui sont nécessaires.

Consacrer ses efforts à multiplier, à fortifier ces centres locaux, c'est travailler à consolider notre gouvernement, quel qu'il soit, à nous mettre à l'abri du retour de ces révolutions qui, depuis le commencement du siècle, viennent presque périodiquement troubler profondément le pays.

Je n'aurai pas de contradicteur dans cette enceinte, si j'affirme que c'est surtout dans le développement des établissements d'instruction à tous les degrés, que se trouve le plus puissant moyen d'amélioration et morale et matérielle, de consolidation de la société. Ce but ne sera atteint que par les efforts, les sacrifices locaux.

Ne cherchons pas, en effet, à mettre en lumière la part faite à la science dans la somme énorme des dépenses qui figurent à notre budget : elle est trop infime ; et, grâce à nos désastres, on ne peut prévoir quand l'État pourra doter l'instruction publique des ressources qu'elle réclame.

Mais ce que font de modestes villes allemandes, pourquoi nos départements et nos villes ne le pourraient-ils pas ?

Si Leipzig a dépensé quelques millions de francs pour s'assurer le concours même d'un seul professeur éminent, est-il impossible de suivre son exemple pour donner à la jeunesse d'un ou de plusieurs départements voisins les avantages d'une université non moins supérieure par l'éminence des professeurs que par l'excellence des moyens d'étude ?

Je n'ai qu'à regarder près de moi pour être bien convaincu que, même dans des circonstances peu favorables, les hommes de talent et de cœur se trouveront toujours pour répondre à l'appel qui leur sera fait en faveur de la jeunesse studieuse. Mais le dévouement le plus absolu, la volonté la plus énergique ne peuvent suppléer seuls au manque de ressources matérielles.

De nos jours, les études scientifiques, histoire, littérature, sciences naturelles, ont de grandes exigences. Bibliothèques, amphithéâtres, laboratoires, matières coûteuses, instruments nombreux et d'un prix élevé sont indispensables aux élèves pour apprendre, aux maîtres pour continuer leurs travaux : c'est en mettant sur une large échelle ces ressources à leur disposition que nous attirerons, que nous fixerons au milieu de nous les hommes éminents dans toutes les branches des connaissances humaines, et qu'ils trouveront à leur tour dans l'affluence de leurs auditeurs la rémunération matérielle qui, en assurant l'avenir de leur famille, leur donnera le repos d'esprit nécessaire au succès de leurs études.

Ai-je besoin de signaler les avantages que l'existence d'une telle université présentera au père de famille?

À l'âge où les entraînements sont le plus dangereux, son fils, pour achever ses études, n'aura plus à s'exposer aux tentations de la capitale du luxe et des plaisirs; il restera près de ceux qui le connaissent et qui l'aiment, retenu par la crainte de causer un chagrin à sa mère, de perdre l'estime de ceux qui l'entourent, stimulé par le désir de marcher l'égal des compagnons de son enfance.

A défaut du concours que l'État ne peut donner, et qui d'ailleurs diminuerait, s'il ne la détruisait, l'indépendance que nous devons rechercher, tout en acceptant sans réserve le contrôle que le gouvernement central a droit et devoir d'exercer, n'est-il pas possible, facile même de trouver les ressources nécessaires pour une création si utile?

Pendant vingt ans, villes et départements ont rivalisé d'efforts pour ouvrir des voies nouvelles, créer des égouts, amener des eaux abondantes et saines, ériger de somptueux édifices : à leur appel les capitaux ont afflué; ils ne feraient pas défaut pour l'œuvre non moins utile que nous signalons!

Nous avons eu les emprunts du travail; nous avons subi, sans fléchir sous le poids, les gigantesques emprunts de la guerre et de la défaite; pourquoi les modestes emprunts de l'instruction et de la science ne réussiraient-ils pas?

Il y a, messieurs, dans cette voie, un bel exemple à donner. Vous l'avez compris avant nous : vos écoles d'enseignement supérieur, ce muséum que, dans votre bienveillance pour notre Société, vous avez voulu inaugurer le jour où vous nous accueillez dans vos murs, ne sont-ils pas le commencement de l'œuvre?

Nous savions bien, en acceptant l'invitation de cette belle ville, que tout ce qui peut servir à accroître les forces morales et matérielles de la France est sûr de trouver à Nantes une active sympathie.

Nous vous quitterons pleins de l'espoir que notre passage laissera des traces, et que l'association formée pour nous recevoir se transformera en associations durables, qui seules peuvent assurer des résultats sérieux.

Je déclare ouverte la quatrième session de la Société française pour l'avancement des sciences.

M. OLLIER

Correspondant de l'Institut, secrétaire général de l'Association

La session de Lille en 1874

Messieurs,

Arrivée à la quatrième année de son existence, notre Association peut déjà parler de son passé. Elle n'est plus à chercher sa voie; les incertitudes du début ont été remplacées par la satisfaction du succès, et quand vous avez eu l'an dernier à voter vos statuts et à modifier votre règlement, vous n'avez fait que confirmer, en y apportant quelques perfectionnements de détail, l'œuvre de vos premiers fondateurs. Votre but est toujours le même; il s'est accentué plus fortement encore par le vote qui lui a donné une nouvelle consécration, et, comme en 1872, l'article premier de vos statuts porte que l'Association se propose exclusivement de favoriser par tous les moyens en son pouvoir les progrès et la diffusion des sciences, au double point de vue du perfectionnement de la théorie pure et du développement des applications pratiques.

Tel est, en effet, le but élevé, patriotique qu'elle s'est proposé au moment de sa fondation, au lendemain de nos désastres, et qu'elle a poursuivi avec un succès de plus en plus encourageant dans les trois années qui viennent de s'écouler. A Bordeaux d'abord, à Lyon ensuite, et à Lille en dernier lieu, elle a accompli son programme en acquérant à chaque session de nouveaux éléments de vitalité et de durée.

Nous ne touchons pas cependant notre but; nous en sommes loin encore. Il nous faudra beaucoup d'efforts, beaucoup de constance avant d'arriver, je ne dis pas à l'atteindre, mais en approcher assez pour satisfaire notre légitime ambition. Quelque prospère que devienne notre Association, ses devoirs, ses besoins, augmenteront avec sa prospérité même, et nous resterons toujours au-dessous de notre tâche et surtout de nos désirs. Mais si, comme tout nous l'annonce, notre quatrième session nous fait faire un pas de plus vers la réalisation de nos espérances, nous pourrons être sans crainte pour notre avenir. Quatre consécrations successives dans quatre milieux différents, aussi éloignés les uns des autres que le permet l'étendue du territoire national, seront la meilleure preuve de l'utilité de notre œuvre et la justification la plus éclatante de notre entreprise.

Quoique également brillantes et fécondes pour la prospérité de notre Association, nos trois premières sessions n'ont pas eu absolument le même caractère. Il y a deux éléments principaux dans le succès d'une session. Il y a d'abord le milieu, qui change d'une ville à l'autre, qui impose certains sujets à l'attention de tous et imprime, par conséquent, une direction déterminée à certains ordres de travaux. Il y a, en second lieu, la masse flottante de l'Association qui nous arrive de tous les points du territoire et de l'étranger, et qui, en dehors de tout programme, nous apporte les travaux les plus variés et les plus imprévus.

A Lille, les travaux de cette dernière catégorie ont été très-nombreux; mais les questions locales suggérées ou déterminées par le milieu ont pris une telle importance qu'elles ont été le principal intérêt du congrès. Au point de vue de l'industrie, de l'agriculture et des études économiques, Lille offrait un attrait exceptionnel; et dans cette série de questions que soulevait nécessairement notre présence dans le chef-lieu du département le plus riche et le plus peuplé de France, trois avaient, au point de vue des applications directes de la science, un intérêt de premier ordre : la recherche et l'exploitation de la houille; la production et l'extraction du sucre; l'industrie textile.

L'exploitation de la houille, qui a plus que doublé la fortune d'une contrée déjà si riche par son sol, est la plus dangereuse des industries quand elle n'a pas la science pour guide, pour inspirateur et pour frein. Aujourd'hui surtout que les découvertes faciles sont finies, ce n'est qu'avec le concours des savants les plus expérimentés et d'après les indications les plus rigoureuses de la géologie qu'elle peut prospérer. L'industrie sucrière a tout autant besoin de la science pour simplifier ses opérations et lutter avec avantage contre la concurrence étrangère. L'industrie textile enfin ne peut se maintenir à son niveau qu'à l'aide de renouvellements incessants de son outillage et par l'adoption de procédés économiques que la science peut seule inspirer. Aussi avons-nous vu ces questions faire le sujet de nombreuses lectures en séance publique, donner lieu aux excursions les plus intéressantes, et absorber la plus grande partie du temps de certaines sections.

L'étude de ces questions locales a été très-instructive pour tous les membres de l'Association, étrangers à la contrée, qui ont assisté à la session de Lille ; et indépendamment des travaux spéciaux auxquels ils ont dû prendre part dans leurs sections respectives, tous se sont félicités, au point de vue de leurs connaissances générales, de leur séjour dans l'ancienne capitale de la Flandre. Nous aimons à croire aussi que Lille aura, en retour, tiré quelque profit de la présence des savants des diverses spécialités que notre congrès avait attirés dans ses murs. Nos séances de section ont été remplies par leurs lectures ou animées par leurs discussions, et il est impossible qu'il ne se dégage pas de cet échange d'idées et d'opinions quelque donnée scientifique nouvelle qui se traduira bientôt par un nouveau progrès dans l'industrie. C'est une des manières dont notre Association peut reconnaître l'hospitalité qui lui est offerte. Le contact des hommes que nos congrès rassemblent et mettent en rapport intime pendant quelques jours n'est pas seulement utile au point de vue de l'avancement de la science théorique, il ne peut qu'être fécond pour l'augmentation de la richesse qui a sa source dans la science appliquée.

Mais nous n'avons pas seulement rencontré à Lille des industriels intelligents, aimant la science par intérêt et l'appréciant selon les bénéfices qu'elle leur procure ; nous avons trouvé un milieu scientifique, encore peu nombreux sans doute, mais jeune, plein de zèle et d'activité, qui a son principal foyer dans la faculté des sciences et d'où sortiront, sans aucun doute, des travaux de plus en plus remarquables, si on lui fournit les moyens de les accomplir. La municipalité encourage de tout son pouvoir ce mouvement et le favorise par ses subventions ; elle construit des laboratoires ; elle multiplie les cours, développe l'enseignement de l'École de médecine et crée l'institut industriel du nord de la France. Et enfin, pour vous rappeler la pensée exprimée par M. Catel-Béghin, le maire de Lille, elle veut non-seulement faire de la science un moyen d'augmenter les bénéfices de l'industrie, mais encore encourager la science pour elle-même en vue du rôle élevé qu'elle doit jouer dans les transformations sociales que l'avenir nous réserve.

C'est dans ces conditions que l'Association a tenu à Lille sa troisième session ; nous ne pouvions trouver un terrain mieux préparé, un milieu plus propice à nos travaux. Comment avons-nous profité de ces conditions favorables ? Le volume qui est entre vos mains vous a déjà permis d'apprécier ce que vous avez fait. Il est l'expression la plus fidèle et la plus complète de vos travaux et me dispensera, par cela même, de vous en parler longuement.

Ce beau livre, dont l'incendie de l'imprimerie Danel a retardé et failli compromettre l'apparition, est encore plus volumineux que ses aînés. Est-ce une qualité ? est-ce un défaut ? Il y a sans doute de l'un et de l'autre ; mais si vous voulez réprimer ce grossissement progressif, rien ne vous sera plus facile à l'avenir : vous n'aurez qu'à limiter l'espace accordé à chaque auteur, comme vous lui limitez par prudence, dans vos séances de section, le temps de la parole.

Vous y trouverez, indépendamment des travaux de section dont quelques-uns ne figurent malheureusement que par l'énoncé de leur titre, une reproduction in extenso des communications faites en séance générale, des conférences et une description des différentes excursions qui ont coupé, par un délassement instructif, la série de vos séances.

Si vous le voulez bien, nous le parcourrons ensemble et nous jetterons un coup d'œil rapide sur les quatre groupes dont se compose notre association. Je me bornerai à vous remémorer les travaux les plus saillants, non pas pour les analyser et encore moins pour les apprécier, le temps me manquerait et la compétence me ferait le plus souvent défaut, mais pour vous rappeler quelques-uns des noms qui ont jeté le plus d'éclat sur votre dernière session.

Dans le groupe des sciences mathématiques, les séances des première et deuxième sections ont été des mieux remplies. Des savants éminents, venus de l'étranger, ont pris part à ses travaux ; il me suffira de vous citer les noms de MM. Sylvester, de Londres ; Broch, de Christiania ; Ricci, de Turin ; Ibanez, de Madrid, pour rappeler combien a été brillante cette partie du congrès.

M. Sylvester vous a entretenu du losange du colonel Peaucellier dont il avait été déjà question à Lyon l'année précédente, et vous a fait connaître les applications qu'on faisait de l'autre côté du détroit de la découverte de notre compatriote. M. Broch, dont j'aimerais à vous rappeler le nom, à cause de ses sympathies pour la France, s'il n'était pas en même temps un des plus savants les plus distingués de son pays, vous a présenté un travail des plus importants sur la représentation des nombres complexes. Quant aux généraux Ricci et Ibanez, ils vous ont entretenus des travaux géodésiques exécutés en Italie et en Espagne. Cette dernière communication a été d'autant plus remarquée qu'on la croyait impossible dans les circonstances critiques que traverse l'Espagne. M. le général Ibanez vous a donné, sur la triangulation qu'il fait exécuter et sur l'organisation du service qu'il dirige, les détails les plus intéressants qui sont bien propres à nous faire regretter l'oubli dans lequel ont été tenus en France, depuis quelques années, les travaux géodésiques qui avaient été autrefois une des gloires de notre nation.

Les communications faites à cette section par nos compatriotes ont été très-nombreuses et très-importantes ; il me suffira de vous citer les noms de MM. Mannheim, Catalan, Laussedat, Lemoine, Marcel-Deprez. Leurs travaux ne sont pas susceptibles d'une analyse et surtout d'une appréciation de ma part ; je puis à peine vous signaler celui de M. Marey sur les moyens d'économiser le travail moteur de l'homme et des animaux ; et cependant l'idée de notre savant collègue peut se traduire bientôt par l'amélioration du sort d'un certain nombre d'homme et par une économie précieuse dans le travail de nos bêtes de trait.

Les troisième et quatrième sections, appartenant au premier groupe, c'est-à-dire les sections de navigation, de génie civil et militaire, ont eu quelques séances pleines d'intérêt. La question du tunnel sous-marin entre la France et l'Angleterre a été posée dès 1750 par un de nos compatriotes, mais elle a été longtemps oubliée ou regardée comme un rêve chimérique. Elle préoccupe depuis quelques années les ingénieurs et les géologues les plus éminents, et elle a fait à Lille le sujet d'une importante communication de M. Bergeron. Cet infatigable ingénieur a cherché à démontrer que l'idée de MM. Hawkshaw et Thomé de Gamond était non-seulement réalisable, mais qu'elle serait encore une opération très-rémunératrice pour les capitaux que l'on y consacrerait. Cette communication a donné lieu à une discussion intéressante ; les objections n'ont pas manqué ; mais malgré les failles annoncées par M. Gosselet et d'autres géologues, l'idée fait son chemin, et les gouvernements intéressés ne s'opposant pas à sa réalisation, il y a tout lieu de croire que nous saurons bientôt si la couche de craie est continue et assez épaisse pour offrir toute sécurité à ceux qui tenteront ce voyage souterrain.

M. Bergeron ne s'est pas seulement occupé de cette importante question, il vous a entretenu encore d'un nouveau système de voies ferrées, et vous a fait connaître un nouveau procédé de désensablement des ports de mer. Vous trouverez aussi dans le volume les communications de M. Giffard sur son wagon à suspension perfectionnée, que vous avez pu expérimenter dans l'excursion d'Anzin ; celle de M. Lemoine sur un régulateur de pression par la vapeur, et enfin un mémoire de M. Fontaine sur un nouvel appareil de sauvetage, auquel de récents désastres donnaient un véritable intérêt d'actualité.

Indépendamment du tunnel sous-marin, d'autres questions locales ont été portées devant la section ; c'est M. Masquelez, ingénieur en chef des ponts et chaussées, qui s'est chargé d'en entretenir nos collègues. Son historique de l'agrandissement de Lille et sa lecture sur les distributions d'eau dans le Nord, les ont mis au courant des grands travaux exécutés sous la direction de cet habile ingénieur. Une excursion à Dunkerque, à laquelle ont pris part tous ceux qu'intéressent les entreprises du génie maritime, a eu pour but de visiter d'importants travaux en cours d'exécution : la construction d'un nouveau bassin à flot, intéressant surtout par l'écluse qui doit le mettre en communication avec la mer.

Le deuxième groupe de notre association n'a pas été moins actif que celui des sciences mathématiques. Dans la section de physique et de météorologie, j'ai d'abord à vous signaler les communications de nos invités étrangers. M. Van Risselberghe, d'Ostende, vous a entretenu de ses observations sur les marées qu'il a spécialement étudiées au point de vue météorologique ; il vous a ensuite montré son météorographe enregistreur avec lequel il avait pu faire ses nombreuses observations. Cet appareil ingénieux, simple, peu coûteux, permet d'enregistrer avec un seul burin les indications de tous les instruments usités en météorologie, et placés soit à proximité, soit à une grande distance de l'enregistreur.

M. Van der Mensbrugghe vous a fait ensuite une importante lecture sur la tension superficielle des liquides et ses rapports avec les théories de Laplace et de Gauss sur les actions capillaires.

Parmi nos compatriotes, j'aurai à vous rappeler des noms qui ont déjà brillé dans nos précédents congrès. MM. Cornu, Lallemand, Gariel, Marcel Deprez, Mercadier, nous ont apporté, soit de nouveaux appareils pour la recherche et l'enseignement, soit des compléments de leurs études antérieures. M. Terquem vous a fait plusieurs communications sur son sujet de prédilection, l'acoustique, et nous a exposé les recherches qui lui ont valu une distinction au dernier concours des Sociétés savantes. M. Trannin nous a présenté la photomètre par lequel il se propose d'étudier les éléments contitutifs des sources lumineuses.

M. Alluard nous a entretenus de l'observatoire du puy de Dôme, qu'on désirerait vous voir inaugurer l'an prochain, et M. Moritz, en vous faisant connaître les observatoires du Caucase, vous a exposé les conditions climatologiques de cette contrée où de fréquents tremblements de terre peuvent donner lieu aux plus intéressantes observations. Un important mémoire de M. Grad contenant une nouvelle théorie du mouvement des glaciers a couronné les travaux de la section.

La section de chimie a eu à s'occuper de nombreuses questions. Tantôt elle s'est maintenue dans les régions de la science pure en étudiant ces grandes questions de synthèse qui sont la gloire de la chimie moderne. Tantôt elle s'est intéressée à des applications nouvelles à l'industrie, à l'hygiène et aux arts. Les communications de M. Wurtz et de nos savants invités MM. Cannizzaro (de Rome), Henry (de Louvain), de MM. Grimaux, Silva, Friedel, Lalande et de plusieurs autres de nos collègues se rapportent à la première catégorie de ses travaux. L'importance de l'industrie du sucre et le rôle que jouent les réactions chimiques dans les manipulations qui ont pour but de retirer économiquement ce produit mettaient naturellement cette question au premier rang parmi celles qui avaient un intérêt local. C'est à cet ordre d'idées que se rapportent les communications de M. Violette sur le sucrate de chlorure de potassium et celle de M. Pesier qui a envisagé, dans son ensemble, la question de l'industrie sucrière au point de vue chimique.

A un autre genre d'application se rattache la communication de M. Kuhlmann sur les principes nuisibles qui peuvent se développer dans la combustion du gaz d'éclairage. Cette question d'hygiène avait un intérêt tout particulier au point de vue de l'éclairage du tunnel sous-marin qui a été, vous le voyez, une des grandes préoccupations de la session. Heureusement qu'en nous signalant les dangers de certains produits (gaz nitreux, acide cyanhydrique) M. Kuhlmann nous en fait connaître l'origine et nous indique les moyens de nous en préserver.

Une autre question de chimie, celle des matières colorantes, a donné lieu à une lecture importante de M. Lauth, sur les couleurs dérivées de l'aniline. Faisant l'historique des couleurs de méthylaniline, notre collègue démontre que cette industrie est complétement française et que toutes les découvertes qui y ont trait ont été faites en France et par des chimistes français. Il proteste alors énergiquement contre la conduite déloyale de certains fabricants et savants étrangers, qui, non contents de s'en approprier les bénéfices, veulent encore nous en ravir l'honneur.

Le groupe des sciences naturelles s'est fait, comme toujours, la plus grosse part dans nos comptes rendus. Il absorbe la moitié du volume ; il est vrai de dire qu'il comprend cinq sections, et que les deux dernières, celles d'anthropologie et des sciences médicales ont pu à peine, à Lille comme à Lyon, épuiser leurs ordres du jour. Je pourrais être tenté de m'y arrêter plus longtemps, non pas parce que ses travaux ont plus d'importance à mes yeux, mais parce que je serais un peu moins incompétent pour vous en parler. Je les passerai en revue cependant tout aussi rapidement, car mon but n'est pas de vous suppléer dans la lecture que vous voudrez certainement en faire, mais seulement de vous rappeler les principaux travaux et l'esprit général dans lequel ils ont été conçus.

Plus encore que la section de chimie, notre section de géologie a dû s'occuper de questions locales et s'attacher à l'étude des problèmes intéressant tout particulièrement le pays qui nous donnait l'hospitalité. La distribution des terrains houillers et la constitution des couches qui s'enfoncent sous la Manche devaient être, pour les membres du congrès, deux questions pleines d'intérêt et d'actualité ; aussi plusieurs communications ou discussions ont-elles eu pour but de les élucider.

Mais au point de vue des travaux de cette section, les excursions ont au moins autant d'intérêt que les lectures ; c'est sur le terrain même et sous la direction de M. Ortlieb, secrétaire de la société de géologie du département du Nord, qu'on a pu faire les meilleures études et donner les plus saisissantes démonstrations; aussi a-t-on multiplié les excursions et est-on allé étudier sur place le terrain crétacé à Lezennes et à Bouvines, le tertiaire à Mons-en-Puelle, et s'est-on transporté ensuite à Cassel pour se faire une idée plus complète encore de la constitution générale du bassin franco-belge.

Parmi les travaux que vos comptes rendus pourront vous permettre d'apprécier, je vous signalerai d'abord, à cause de leur importance et des vues nouvelles dont elles sont remplies, trois communications de M. Pottier sur les terrains de transport, les failles de l'Artois, et la transgressivité du terrain houiller sur le terrain carbonifère. Je vous signalerai encore des études sur le terrain silurien de la Belgique et sur les terrains de la basse Belgique, que nous ont apportées MM. Marvaise et Mourlon, nos savants invités. Je ne dois pas oublier la carte des mers du miocène moyen que M. de Mortillet, a essayé de construire et qui a provoqué une discussion à laquelle ont pris part la plupart des membres de la section. Les communications de MM. Bayan, Piette, Barrois et Decocq sur les fossiles des différents terrains complètent la série des lectures faites à cette section.

En minéralogie, j'appellerai votre attention sur un mémoire de M. Descloizeau, sur la durangite, dans lequel notre éminent collègue étudie les caractères optiques et cristallographiques de cette substance récemment découverte dans les sables stannifères de Durango, au Mexique, et enfin je vous signalerai un travail de M. Guyerdet sur la composition microscopique des roches éruptives qui me paraît surtout intéressant parce qu'il se rapporte à un genre d'études dans lequel nous nous sommes laissé distancer par l'Angleterre et l'Allemagne. Nous n'aurions pas dû oublier cependant que c'est en France que cette étude microscopique des roches a pris naissance et que les premiers noms qu'on rencontre dans cette voie que M. Sorby a si heureusement explorée sont deux noms français : Dolomieu et Fleuriau, de Bellevue. Il en est malheureusement de la pétrologie comme de beaucoup d'autres branches de la science ; nous avons semé et, faute de persévérance ou manque d'un outillage suffisant, nous n'avons pas su récolter. Mais que nos jeunes minéralogistes suivent l'exemple de M. Guyerdet, et nous n'aurons pas longtemps à faire l'aveu de notre infériorité.

Parmi les travaux de botanique qui vous ont été présentés, quelques-uns se rapportent à des questions de physiologie végétale, tels que le mémoire de M. Garreau sur le protoplasma végétal, et celui de M. de Seynes sur la coloration des bactéries. Poursuivant des études entreprises dès 1837, M. Garreau suit le protoplasma dans les différentes cellules végétales. Il le considère comme formé par des matières protéiques vivantes, et constitué par des granules entourés d'une enveloppe hyaline et d'une substance plastique amorphe qui les enchaîne pour constituer la matière des courants et celle de l'utricule primordial doué du mouvement spontané. Dans le second travail, M. de Seynes fait voir que les bactéries empruntent leur coloration au milieu dans lequel elles vivent, et qu'elles agissent comme de vrais parasites lorsqu'elles se fixent sur les cellules vivantes, dont elles absorbent la partie aqueuse du protoplasma. Dans un autre ordre d'idées, je signalerai un mémoire de M. Landron sur la culture du *Madia* du Chili, et deux importants travaux du président de la section, M. Baillon, l'un sur la gousse de Chine (*Gymnocladus Sinensis*), et l'autre sur l'organogénie florale du *Cytinus hypocystis*. Toujours sur la brèche, le savant professeur de la Faculté de Paris donne à chaque session l'exemple de la plus féconde activité. Si son exemple était suivi, la section de botanique serait certainement au premier rang, non-seulement par l'importance, mais encore par le nombre de ses travaux.

Les travaux dans la section de zoologie ont été un peu plus nombreux. Ils ont porté sur des sujets variés ; mais les plus importants se rattachent aux idées transformistes et aux théories darwiniennes. Poursuivant les études de Kowaleski sur les analogies embryologiques des tuniciers et des vertébrés inférieurs, M. Giard a communiqué au congrès un travail sur le développement des ascidies dans lequel il adopte complètement et appuie sur de nouvelles recherches les idées du savant embryologiste russe. M. Carl Vogt, partisan des mêmes doctrines transformistes, a fait connaître ensuite les effets du parasitisme dans la série animale. Il vous montre des espèces primitivement éloignées les unes des autres,

mais se rapprochant de plus en plus par le fait des dégradations successives que leur fait éprouver le parasitisme, et se rapprochant tellement à un moment donné que, sans le secours de l'embryologie, il serait impossible de les reconnaître. Les organes qui disparaissent d'abord sont ceux qui servaient à l'animal pour se procurer son existence, et dont il n'a plus besoin maintenant qu'il est fixé. On voit ensuite le système intestinal se simplifier de plus en plus, se rabougrir et même disparaître, l'endosmose suffisant à la nutrition.

De ces études, l'éminent zoologiste conclut que l'adaptation prolongée à une cause restreinte, mais prédominante, efface graduellement les divergences de types et opère finalement, sinon leur union, du moins leur rapprochement à un tel point que les caractères distinctifs, même des grandes divisions du même animal, deviennent entièrement méconnaissables.

Dans un autre ordre d'idées, j'aurai à vous signaler une communication de M. Vaillant sur les écailles de la ligne latérale de certains poissons et sur la valeur de cet organe au point de vue de la classification. Notons encore un mémoire de M. Joannes Chatin sur l'helminthologie. Trois notes de M. Sabatier sur les circonvolutions de l'hyppocampe, sur l'organe godronné de la moule ; sur les effets de la piqûre du scorpion, comptent parmi les plus intéressantes présentées à la section, qui a eu encore à s'occuper de l'homologie du testicule et de l'ovaire à propos d'une étude de M. Hallez sur l'organisation des turbellariées. Un travail de M. Toussaint sort du cadre des études précédentes ; il s'agissait de déterminer à l'aide de la méthode graphique le mécanisme de la réjection dans la rumination. Cet ingénieux expérimentateur a démontré que la pression atmosphérique en était le principal agent.

La section d'anthropologie est une de celles qui présentent toujours le plus d'intérêt, à cause de la nouveauté et de l'importance des questions qui y sont discutées. Née d'hier, à peine dégagée de l'obscurité qui arrêtait ses premiers pas, cette science attire à elle une phalange de travailleurs zélés, qui l'enrichissent chaque année de leurs découvertes et vous en apportent les prémisses. L'importance de toutes les questions qui se rattachent à l'origine de l'homme explique l'attrait que cette science exerce sur tous ceux que leurs études antérieures mettent en mesure de servir de près ou de loin à ses progrès. La moisson de cette année a été au moins aussi riche que celle des années précédentes, et elle a porté sur les divers points du vaste domaine que l'anthropologie se réserve d'exploiter.

Continuant les études ethnogéniques qu'il vous a présentées dans nos précédentes sessions, M. Lagneau a cette année, dirigé ses recherches sur les populations des départements du nord de la France, et retrouvé dans cette région, depuis l'âge de la pierre polie, des preuves persistantes du croisement incessant des races celtique et germanique qui l'habitent encore aujourd'hui. M. Chil y Naranjo vous a lu ensuite un intéressant travail sur la population des îles Canaries, dans laquelle il a retrouvé les descendants des anciens guanches que certains historiens prétendent avoir été complètement exterminés. Un travail ethnographique de la plus haute importance a été présenté par M. Broca, sur la répartition de la langue basque ; il a donné lieu à une discussion des plus intéressantes sur les rapports des Basques avec les anciens Ibériens ; mais elle a surtout montré combien il était difficile, dans l'état actuel de nos connaissances, d'arriver à une solution satisfaisante de cet important problème ethnogénique.

Je rapprocherai de ces études ethnologiques l'important travail que M. Bertillon a consacré à l'étude de la population du département du Nord. C'est un nouveau chapitre que ce savant statisticien ajoute à sa démographie de la France. Le département du Nord qu'il a étudié sous toutes ses faces offrait un intérêt spécial, parce qu'il est le centre d'une immigration incessante venant des pays voisins. Son étude lui a fourni matière à d'intéressantes considérations sur la natalité et la mortalité de cette population mélangée. M. Bertillon fait remarquer à ce propos que l'immigration incessante des peuples voisins a pour ce département de tout autres résultats que l'immigration des Européens en Amérique. Il montre alors les inconvénients et les dangers politiques de l'immigration lorsqu'elle se fait par des individus qui n'ont ou n'auront longtemps que des intérêts temporaires dans le pays, et qui peuvent d'un jour à l'autre aller chercher fortune ailleurs.

Un grand nombre de travaux anatomiques ont été présentés à la section; je vous rappelerai celui de M. Assezat sur les proportions du squelette de la face; celui de MM. Augier et Julien sur les angles occipitaux et basilaires; celui de M. Topinard sur les proportions générales du bassin chez l'homme et les mammifères, et enfin celui de M. Howelacque sur l'occipital. L'énumération de ces travaux et le nom de leurs auteurs vous donnent une idée de l'importance de cette série de recherches dans laquelle nous devons faire entrer encore un mémoire de M. Dally sur la chevelure comme caractère des races humaines, et un travail de M. Pozzi sur les anomalies musculaires considérées au point de vue de l'anthropologie zoologique. Je regrette de n'avoir pas le temps d'analyser ces intéressants travaux, je regrette plus encore de ne pouvoir que vous citer celui de M. Broca sur l'indice orbitaire, mais le temps me manque et je préfère vous renvoyer au volume qui les contient.

Les études préhistoriques ont joué un grand rôle dans les travaux de la session. M. Dupont, de Belgique, M. de Mortillet, M. Hamy, M. de Quatrefages, M. Piette, sont, avec les noms que j'ai cités déjà, ceux qui ont pris la plus grande part à toutes ces questions, soit en les posant dans leurs communications, soit en les élucidant dans leurs discussions. Je ne vous parlerai que des mémoires de M. de Mortillet sur la non-existence d'un peuple des dolmens et sur l'âge de bronze, parce qu'ils me paraissent les plus susceptibles d'une analyse sommaire. Ce savant archéologue a démontré que le dolmen était un mode d'ensevelissement commun à toute une série de peuples; il a, d'autre part, divisé l'âge de bronze en deux périodes distinctes : l'âge du fondeur et l'âge du chaudronnier. Ce n'est pas du premier coup qu'on est arrivé à connaître les divers modes de travailler et de façonner ce métal. Pendant longtemps on ne savait que le fondre et on ne lui donnait qu'une forme imparfaite et grossière ; plus tard, après un temps, peut-être très-long, on a pu modifier la forme primitive de l'objet coulé, le perfectionner, l'orner et le ciseler. Le mémoire de M. de Mortillet n'indique qu'une première division dans cette époque préhistorique ; il est probable qu'on pourra saisir plus tard les progrès successifs de cette industrie par une étude plus approfondie des nombreux spécimens que les collections possèdent déjà. Un intéressant mémoire sur la cuiller, par M. Piette, suit cet instrument dans ses diverses modifications, depuis l'âge du renne jusqu'aux époques historiques. Une planche placée à la fin du volume représente la cuiller en bois de renne des âges primitifs.

Dans un autre ordre d'idées, je dois vous signaler un travail étendu de M. Girard de Rialle sur l'anthropophagie. Jusqu'ici, on avait expliqué cette habitude barbare par le besoin, par la faim, et l'on s'appuyait sur quelques faits observés encore de nos jours en Océanie, et sur la disparition du canibalisme de certaines îles dès que leurs habitants trouvaient une nourriture assurée dans l'accroissement de leur faune. M. Girard de Rialle combat cette opinion, et, après avoir longuement étudié les conditions dans lesquelles ont vécu les anthropophages sur lesquels on a pu avoir des renseignements positifs, il admet que l'anthropophagie n'a été observée que chez les peuples qui ont déjà un premier degré de culture, et il en trouve les principales raisons, non pas dans la faim, mais dans la haine ou l'esprit de vengeance.

Il me reste à vous entretenir d'un des travaux les plus importants du congrès : je veux parler de la découverte des crânes perforés, dans les dolmens de la Lozère, faite par M. Prunières de Marvejols. Cette découverte a étonné beaucoup les chirurgiens, qui ne croyaient pas que la trépanation eût une si haute antiquité. Il n'y a pas à en douter cependant; les spécimens si nombreux qu'a présentés M. Prunières démontrent même que ce n'était pas là une opération exceptionnelle, puisque cet infatigable chercheur a rencontré une cinquantaine de crânes ainsi mutilés. A l'aspect des bords de l'ouverture on reconnaît qu'il s'agit d'une opération faite sur le vivant et longtemps avant la mort; on voit même qu'elle n'a pas été pratiquée pour des fractures du crâne, comme nous le faisons surtout aujourd'hui. M. Prunières et ses collègues de la section d'anthropologie ont cherché à en expliquer le but. Mais là nous entrons dans le champ des hypothèses, et rien ne peut nous démontrer exactement s'il s'agit d'une initiation religieuse ou d'une opération dirigée contre quelque maladie, comme certains sauvages de la mer du Sud le pratiquent encore de nos jours.

La section des sciences médicales avait des ordres du jour tellement chargés que le bureau s'était un instant demandé s'il ne serait pas nécessaire de la diviser en deux sous-sections pour lui permettre d'arriver au terme de ses travaux dans les limites qui lui étaient fixées. Les communications qui ont été faites à cette section peuvent être réparties en trois groupes : anatomie et physiologie, médecine, chirurgie.

Dans la première catégorie rentre d'abord l'important travail de M. Donders, d'Utrecht, sur les échanges de gaz dans les poumons et les tissus. Il aborde devant vous un des plus difficiles problèmes de physiologie, et s'appuyant sur les expériences de M. Sainte-Claire Deville, il repousse à la fois la théorie chimique de Lavoisier et celle de Magnus, pour arriver à formuler une nouvelle théorie : la théorie de la dissociation. Étudiant comparativement les échanges de gaz dans le sang et les tissus, il trouve dans le premier cas une dissociation réversible, et dans le second une dissociation non réversible. L'oxygène passe de l'hémoglobine des corpuscules dans le plasma; il peut être chassé des globules par un courant d'hydrogène; mais une fois combiné avec le plasma, le courant d'hydrogène n'a plus d'action sur lui; il s'y est fixé en entrant dans des combinaisons stables. Cette application à la physiologie des faits découverts par l'éminent chimiste de l'École normale est sans contredit un des travaux les plus intéressants de la session.

Je vous signalerai ensuite les recherches de MM. Arloing et Tripier sur la sensibilité récurrente, recherches expérimentales et cliniques qui nous donnent la clef de beaucoup de questions obscures jusqu'ici et permettent de formuler rationnellement les indications de la névrotomie. Ces recherches ont valu à leurs auteurs le prix de physiologie expérimentale au dernier concours de l'Institut. Un mémoire de M. de Sinety sur la physiologie de la glande mammaire et de la lactation a vivement intéressé la section. Vous y trouverez la description des caractères anatomiques de la stéatose hépatique que produit la grossesse, et l'exposé de diverses expériences qui prouvent que c'est la mamelle qui produit le sucre, tant celui qu'on trouve dans le lait lui-même que celui qui, dans certaines conditions, donne lieu à une glycosurie momentanée.

Parmi les travaux purement anatomiques, je citerai celui de M. Marc Sée sur les muscles papillaires du cœur, et dans lequel, s'appuyant uniquement sur les dispositions des fibres musculaires, cet habile anatomiste cherche à combattre la théorie généralement admise sur le rôle des valvules du cœur. Dans la discussion qui a suivi cette lecture, M. Chauveau a réclamé contre le principe de la théorie de M. Sée et opposé à ses déductions anatomiques les faits expérimentaux qu'il avait constatés lui-même.

Le travail de M. Chauveau sur la transmission de la tuberculose par le lait est une page nouvelle à ajouter aux belles recherches de notre collègue sur cet important sujet. Avec les recherches de M. Tripier sur le rachitisme, il forme le contingent que la pathologie expérimentale a apporté aux séances du congrès. Je dois encore vous signaler un travail du même genre et de la même provenance, car il est dû aussi à deux autres membres lyonnais de l'Association, celui de MM. Toussaint et Colrat, sur les souffles artériels. Tous ces travaux d'expérimentation dénotent dans la section de médecine des tendances scientifiques sur lesquelles j'aimerais à insister un peu, mais qu'il me suffira de vous signaler pour vous donner une idée de l'esprit général du congrès.

La médecine proprement dite nous fournit un important travail de M. Leudet sur l'alcoolisme. Cette question si intéressante au point de vue physiologique et si grave au point de vue social, a déjà été, de la part de notre savant collègue, l'objet d'études approfondies. Cette fois il suit l'alcoolisme dans un milieu où il se dissimule souvent, et il montre tous les dangers, au point de vue des fonctions cérébrales, de l'abus de l'alcool, quelle que soit la forme sous laquelle on l'absorbe, quelque variées que soient les préparations par lesquelles on cherche à pallier ses effets. Il montre alors combien sont dangereuses certaines habitudes sociales de la classe aisée, et certaines nécessités professionnelles qui font user par l'alcool pris à doses faibles, mais souvent répétées, les constitutions les plus robustes.

L'École de médecine de Lille étend et élève de plus en plus son enseignement sous l'intelligente direction de M. Cazeneuve. Elle a pris une part importante aux travaux du congrès, soit par ses professeurs eux-mêmes, soit par ses anciens élèves. Les deux mémoires de M. Wannebrouck sur le siège et la nature de l'entérite pseudo-membraneuse et sur l'anatomie pathologique de la coqueluche, comptent parmi les plus intéressants travaux de médecine qui aient été lus au congrès. Je vous signalerai encore un travail de M. Perroud sur la phthisie des mariniers du Rhône, et un mémoire de M. Pellarin sur la propagation et la prophylaxie du choléra, dans lequel l'auteur revendique à juste titre la part qui lui revient dans les idées qui ont cours aujourd'hui sur cet important sujet.

La chirurgie a été l'objet de nombreuses communications qui ont donné lieu à d'intéressantes discussions. Une des tendances dominantes parmi les chirurgiens qui ont pris part à la session, et je puis dire parmi la plupart des chirurgiens de notre époque, c'est l'esprit conservateur en chirurgie, c'est-à-dire l'idée raisonnée de ne faire aucun sacrifice inutile et d'éviter toutes ces mutilations hâtives que l'ignorance des ressources réparatrices de la nature avait fait ériger en principe par certaines écoles de chirurgie. Cette idée paraît si simple, si nécessaire, que vous vous étonnerez peut-être qu'on vous la présente comme une des tendances louables de l'art contemporain. Elle est simple, en effet, mais elle n'est pas cependant comprise par tout le monde de la même manière ; il y a même tant de manières de la comprendre que le mot de chirurgie conservatrice a été pris pour devise par des opérateurs qui ne différaient entre eux que par l'étendue de la partie qu'ils retranchaient. Mais quel que soit le sens qu'on ait pu donner au mot, l'idée n'en est pas moins louable en principe et bienfaisante dans ses applications. C'est à cette idée que se rapportent les mémoires de M. Guignet sur les blessures par armes de guerre, de M. Viennois sur l'expectation dans la coxalgie, et diverses communications sur les résections, parmi lesquelles je signalerai celui de M. Folet sur la résection du poignet.

Le mémoire de M. Giraldès sur l'extraction hâtive des parties nécrosées et destinées à être éliminées plus tard, rentre dans un autre ordre d'idées ; c'est contre l'expectation excessive qu'il s'élève, et il a pour but de décider les chirurgiens à intervenir dans les cas où les plus sages et les plus prudents d'entre eux ont depuis longtemps pris le parti d'une absten-

tion presque systématique. M. Verneuil a fait connaître à la section ses recherches sur une complication des plaies, passée inaperçue malgré sa fréquence, ou du moins mal interprétée jusqu'à ce jour, je veux parler des névralgies intermittentes qui surviennent chez les blessés et qui sont indépendantes de tout travail phlegmasique appréciable. M. Verneuil les décrit sous le nom de *névralgies secondaires précoces*. M. Courty vous a communiqué un travail sur la rétroflexion de l'utérus, il établit que cette affection, loin d'être toujours au-dessus des ressources de l'art, est au contraire souvent modifiée avantageusement par l'emploi des moyens mécaniques. M. Trélat vous a entretenu des angiomes douloureux et des phénomènes de compression des nerfs dans les fractures. M. Cazin, de Boulogne, en vous apportant un nouveau cas de succès d'opération césarienne, a démontré une fois de plus que les insuccès des chirurgiens des grandes villes ne devaient pas faire condamner cette opération.

MM. Parise et Houzé de l'Aulnoit ont dignement représenté la chirurgie lilloise et, soit dans leur service d'hôpital, soit aux séances de section, présenté des cas chirurgicaux intéressants. D'autre part, MM. Gayet, Laroyenne et autres chirurgiens de Lyon, vous ont apporté le tribut de la chirurgie lyonnaise et montré, par la variété de leurs communications, que son activité s'étend sur toutes les branches de notre art.

M. Seguin, (de New-York,) délégué de l'Association médicale américaine, nous a renouvelé la proposition qu'il nous avait déjà faite à Lyon, d'user de notre influence pour faire adopter l'unification internationale des moyens d'observation usités en médecine. Sa proposition a été écoutée avec la plus grande sympathie, mais au lieu de nommer une commission spéciale, notre section de médecine a préféré se donner rendez-vous, sur l'invitation de M. Warlomont, au congrès médical international de Bruxelles qui doit avoir lieu le mois prochain. Nous reprendrons, du reste, cette question avec les nouveaux délégués que l'Association médicale américaine nous envoie cette année. Ils peuvent compter sur notre concours empressé. Notre décision de l'an dernier n'est pas une fin de non recevoir. Les congrès médicaux internationaux sont une fondation française, et c'est par déférence pour nos collègues des autres nations que nous n'avons pas voulu travailler isolément à cette œuvre commune.

La section d'agronomie promettait d'être une des plus intéressantes du congrès, tant par l'importance des questions locales qui paraissaient devoir venir en discussion, que par le nombre des travaux de physiologie végétale qui devaient y être présentés. Cette section a tenu ce qu'elle avait promis.

La communication de M. Péligot, sur la composition de la betterave, fait connaître les expériences par lesquelles cet éminent chimiste a déterminé l'influence de différents sels, et en particulier des chlorures de potassium et de sodium, sur le rendement de la betterave. Étudiant l'absorption de ces sels et les suivant dans les différentes parties de la plante, il montre qu'ils traversent la racine pour s'accumuler dans les feuilles, qui sont ainsi à la fois des organes de respiration et des appareils d'excrétion. Le mémoire de M. Landron sur les plantes saccharifères étudie les meilleures conditions pratiques pour augmenter le rendement du sucre, et empêcher la déchéance de cette industrie si importante pour le département du Nord. Des communications de M. Barral sur le guano, de M. Rousselle sur la valeur agricole des phosphates fossiles, de M. Menier sur la pulvérisation au point de vue agricole, ont permis à la section de discuter les questions les plus intéressantes pour l'agriculture pratique.

D'importantes études relatives à la physiologie végétale ont été présentées à la section par MM. Dehérain et Corenwinder. Les recherches de M. Dehérain ont porté sur les problèmes fondamentaux de la physiologie et lui ont révélé une foule de faits nouveaux. Il a étudié dans trois mémoires successifs la germination, la respiration des végétaux et l'action de l'azote dans la culture. Les expériences de M. Coren-winder se rapportent surtout à la production constante de l'acide carbonique par les feuilles, et à la recherches des causes qui ont pendant si longtemps fait établir un antagonisme entre la respiration des végétaux et celle des animaux. La réduction de l'oxygène par la chlorophylle ne détruit pas la loi, mais explique l'erreur dans laquelle on était tombé jusqu'ici.

La section de géographie a commencé ses travaux par une communication de M. Negri sur la Birmanie, ce pays encore à peu près vierge de l'influence européenne, et qui acquiert cependant pour nous une grande importance depuis notre installation en Cochinchine. M. Hureau de Villeneuve a insisté sur cette dernière considération et fait valoir les meilleurs arguments en faveur d'une étude plus complète de ce pays dont nous ne pouvons pas nous désintéresser. Des communications de M. l'abbé Durand sur le Brésil et le centre de l'Afrique, font comprendre les services scientifiques que pourront rendre les missionnaires dans les pays lointains où ils ont pénétré depuis longtemps. C'est à cette section que M. Laussedat a présenté la carte des Gaules de M. Ehrard, qui est sans contredit l'un des plus beaux spécimens de la cartographie française.

Je termine cette revue, trop longue peut-être, malgré sa rapidité, par quelques mots sur notre dernière section qui n'a pas été la moins intéressante ni la moins remplie. La section d'économie politique et de statistique s'est principalement occupée du rôle de l'impôt dans la production de la richesse, et, avec MM. Demongeot et Renaud, du régime général des chemins de fer et des rapports de l'État avec les grandes Compagnies. Ces deux communications ont donné lieu à d'importantes discussions auxquelles ont pris part entre autres MM. d'Eichthal, Lehardi de Beaulieu, Levasseur, Alglave, c'est-à-dire les hommes les plus propres à éclairer les questions en litige. — La théorie hardie de M. Ménier relativement à l'impôt sur le capital a eu plus d'un partisan, mais les divergences de ceux qui préconisent cet impôt sont telles que ses adversaires n'ont pas encore paru prendre l'alarme. — Quant à la question des chemins de fer, traitée avec tant d'autorité et de talent par M. Demongeot, les inconvénients de l'organisation actuelle doivent d'autant moins nous faire oublier ses avantages que les nations étrangères, les plus opposées jusqu'ici au monopole des grandes Compagnies, tendent peu à peu à se rapprocher du système qui nous régit et qui, malgré l'abus du monopole, a grandement contribué à la richesse nationale.

Indépendamment des excursions spéciales auxquelles ont pris part les diverses sections, l'Association a fait trois excursions générales; l'une à Boulogne et à Vimereux, l'autre à Roubaix et à Tourcoing, la troisième à Anzin et à Denain. Partout nous avons eu les réceptions les plus cordiales et les plus flatteuses. A Boulogne vous avez pu visiter la fabrique de plumes métalliques, ou vous rendre à Vimereux et constater les progrès et les besoins du laboratoire de zoologie dont M. Giard et ses élèves vous avaient déjà apporté les premiers fruits. A Roubaix vous avez parcouru, grâce à la bienveillance de la municipalité, les grands établissements industriels de cette laborieuse et progressive cité. A Anzin vous avez pu vous faire une idée de l'industrie exploitée par la grande Compagnie qui possède les plus riches houillères du Nord de la France ; et vous avez eu l'occasion, en buvant à la santé de son président, au nom duquel l'hospitalité vous était offerte, de faire éclater par vos applaudissements enthousiastes vos sentiments pour l'illustre patriote sous le gouvernement duquel votre Association avait pu librement se fonder et organiser sa première session.

Les conférences que vous avez entendues à Lille ont été tout particulièrement instructives et intéressantes. Les sujets avaient été bien choisis, et les conférenciers mieux choisis encore. En vous parlant du passage de Vénus et de la grande entreprise scientifique à laquelle la France tenait à honneur de ne pas rester étrangère, M. Faye vous a fait une exposition si claire et si pittoresque de l'état de la question que les personnes les plus étrangères aux sciences mathématiques ont pu suivre sans effort la démonstration de cet éminent astronome.

Dans une autre conférence, M. Tissandier vous a ouvert les horizons du monde aérien en vous faisant assister par ses projections habilement dirigées à des spectacles grandioses qu'il est toujours dangereux d'affronter. Il vous a exposé les nouvelles ressources qu'allait procurer aux aéronautes l'application des travaux de M. Bert sur les pressions atmosphériques, en vous faisant espérer des découvertes prochaines, puisqu'on avait dorénavant le moyen de vivre là où jusqu'ici l'on n'avait pu respirer. Hélas! en entendant la parole attachante de ce courageux explorateur de l'air, nul de nous ne pouvait prévoir l'horrible catastrophe qui, quelques mois après, a coûté la vie à Sivel et à Crocé-Spinelli, et qui a failli faire trois victimes. Vous êtes encore sous le coup de l'émotion profonde qu'a causée partout cette ascension douloureusement célèbre; mais l'Association devait en passant un hommage sympathique à ces martyrs de la science.

Une troisième conférence, destinée particulièrement à faire connaître aux officiers de la garnison de Lille les avantages de la télégraphie optique dans les opérations de la guerre, a été pour M. Laussedat l'occasion de faire la démonstration de l'utilité pratique de son invention. Bien que le champ d'expérimentation fût limité, l'Assemblée s'est convaincue que la correspondance pouvait être clairement établie par les signaux lumineux.

Ces conférences sont du reste reproduites *in extenso* dans le volume, et ce serait leur enlever leur charme que de chercher à vous les résumer.

Dans ce résumé rapide de votre dernière session, j'ai à peine pu faire l'énumération de vos travaux, et vous auriez le droit de me reprocher beaucoup d'omissions; mais j'ai craint d'abuser de vos instants en prenant à tâche de vous rappeler des faits que vous n'avez point oubliés. J'ai hâte, du reste, et en cela je crois être l'interprète fidèle de vos sentiments, d'adresser à la ville de Lille, à sa municipalité, au conseil général du département du Nord, au comité local et à son digne président, nos plus sincères remerciments. Notre président, M. Wurtz, l'avait déjà fait en termes chaleureux à la fin du banquet qui nous a réunis une dernière fois; j'y reviens aujourd'hui encore et je remercie en votre nom tous ceux qui ont préparé et organisé cette magnifique session. Nous devons d'autant plus les remercier que la clôture du congrès n'a pas été la limite de leurs sympathies pour l'Association.

Non-seulement Lille vous a envoyé une somme importante pour la publication du volume qui vient de vous être distribué, mais chacun de vous a reçu une médaille commémorative due à la munificence du comité local, qui a voulu perpétuer le souvenir de votre troisième session. Elle a fait plus encore : elle a jeté les fondements d'une bibliothèque scientifique destinée à réunir les ouvrages de spécification nécessaires à l'étude et qui sont le complément indispensable de tout musée, de toute collection. C'est là le premier symptôme du mouvement que votre passage a suscité, et nous espérons que ce ne sera pas le dernier. Partout, en effet, où vous avez passé, vous avez laissé le germe d'une agitation féconde. L'esprit public ne se transforme pas en un jour; mais, sous votre impulsion, il s'agite, se réveille et se prend à aimer ce qu'il avait regardé jusqu'alors avec indifférence.

La session de Bordeaux a été, pour cette intelligente cité, le signal d'un mouvement scientifique qui s'accroîtra de plus en plus. Au lendemain du congrès, les membres locaux se sont constitués en branche distincte, mais toujours et de plus en plus unie au tronc de votre Association. Ils ont, de plus, fondé une Société de géographie commerciale qui a, pour ses débuts, obtenu une récompense au concours des sciences géographiques qui vient d'avoir lieu à Paris. Tout récemment encore, notre président recevait de cette Société une lettre dans laquelle on lui disait : « Je suis heureux de reconnaître que notre ville sait aujourd'hui rendre justice à la science, grâce surtout au congrès de 1872, qui a donné à l'esprit public un élan qui ne s'arrêtera plus. »

La session lyonnaise n'a pas laissé sur les bords du Rhône des racines moins vivantes ni moins fécondes, et si vos membres lyonnais ne se sont pas constitués en groupe distinct, ç'a été pour ne pas trop multiplier les sociétés dont le nombre surabonde à Lyon. Lyon est un centre scientifique déjà ancien, qui possède des sociétés presque aussi nombreuses que les sections de notre Association. Il y a des sociétés générales et des sociétés spéciales; tous les travaux peuvent trouver à s'y produire devant un auditoire compétent. Les hommes qui en font partie n'auraient aucun avantage à relâcher leurs anciens liens pour en former de nouveaux; la création d'une branche permanente de notre Association eût pu changer sans profit leurs habitudes de travail.

Nous avons préféré garder notre ancienne organisation et réserver pour la session annuelle les travaux faits à votre intention. Nous nous sommes rendus à Lille en grand nombre ; nous sommes plus nombreux encore à Nantes cette année. L'activité de nos collègues n'a pas eu besoin d'être excitée par de nouveaux liens; leur zèle ne s'est pas ralenti, et pour ne citer que leur contribution à la section des sciences médicales, je vous rappellerai que dans notre dernier congrès, sur quarante mémoires présentés à la section, dix, et sur ce nombre plusieurs très-importants, sont dus aux membres lyonnais de l'Association.

Mais si nous n'avons pas fondé de branche permanente à Lyon, plusieurs sociétés ont reçu une nouvelle impulsion sous l'influence de plusieurs membres dévoués de l'Association. La Société des amis des sciences s'est définitivement constituée, et en enrichissant chaque jour le musée d'histoire naturelle dont vous avez pu vous-mêmes apprécier l'importance, elle a continué, sous l'impulsion de MM. Lortet et Chantre, les excursions exploratrices que vous aviez inaugurées à Solutré; ainsi, tout en ayant conservé son autonomie, cette jeune Société est en quelque sorte une émanation de votre Association et vit de votre esprit.

Après vous avoir rappelé ce que que vous avez fait à Lille, je dois à présent vous entretenir de ce qui a intéressé votre Association depuis sa dernière session, et vous dire comment votre conseil d'administration s'est acquitté du mandat que vous lui avez confié.

Je vous ai, chemin faisant, signalé les récompenses qu'avaient obtenues plusieurs de nos collègues pour les travaux présentés à la dernière session. Permettez-moi de revenir ici sur ce sujet ; c'est la partie la plus agréable de mon rôle de rapporteur, et je n'ai pas craint, en m'y arrêtant un peu, de fatiguer votre bienveillante attention.

Cette année a été heureuse pour les membres de notre Association; jamais ils n'avaient remporté tant de couronnes et obtenu de si belles récompenses. Dans les deux distributions de prix qui ont eu lieu à l'Institut depuis notre dernière session, ils ont eu la meilleure part. Au mois de décembre dernier, alors qu'ont été distribués les prix pour 1872 et 1873, quatorze de nos collègues ont été récompensés, et la plupart ont obtenu des prix de première importance.

Au concours de 1872, M. Mascart a obtenu le grand prix des sciences mathématiques pour ses travaux sur la lumière; M. Mannheim le prix Poncelet pour l'ensemble de ses travaux géométriques ; M. Jungfleisch le prix Jecker pour ses re-

cherches sur les benzines chlorées et sur l'acide tartrique; M. Maxime Cornu le prix Demazières pour ses travaux de botanique.

Au concours de 1873, M. Aimé Girard ouvre la série en remportant le prix Jecker pour sa découverte de l'acide picramique et d'autres travaux de chimie. Puis vient M. Friedel, qui a obtenu le prix Lacaze pour ses travaux chimiques ; M. Alp. Milne Edwards obtient le prix Bordin ; M. Pouchet le prix de physiologie expérimentale ; et M. Marey, avec le prix Lacaze pour la physiologie, clôt cette brillante série.

Au concours de 1874, la moisson n'est pas moins belle, et nous retrouvons même des noms déjà couronnés six mois auparavant. M. de Seynes remplace M. Maxime Cornu pour le prix Demazières. M. le colonel Peaucellier a le prix Montyon (mécanique) pour la découverte de son losange articulé. M. Dieulafoy obtient aussi un prix Montyon pour la découverte de son aspirateur. MM. Arloing et Tripier reçoivent pour récompense de leurs travaux sur la sensibilité récurrente le pr. Montyon de physiologie expérimentale. M. Sabatier obtient le même prix pour ses recherches sur le cœur dans la série des vertébrés, mais sans le partager avec nos autres collègues, car l'Institut, pour ne pas diminuer la valeur honorifique de cette récompense si recherchée, n'a pas voulu partager le prix traditionnel, mais a créé pour la circonstance deux prix d'égale valeur.

Je vous rappellerai encore que MM. Oré et Letiévant ont obtenu une mention au concours de médecine et de chirurgie ; le premier (1874) pour ses injections de chloral dans les veines, le second (1875) pour son livre sur les sections nerveuses ; que des encouragements ont été accordés à M. Lecocq de Boisbaudran pour ses expériences sur l'analyse spectrale, à M. Max. Cornu pour ses recherches sur la fécondation des champignons, à M. J. Chatin pour ses études sur les valérianées, à M. Van Tieghem pour ses travaux sur les mucorinées, et enfin qu'un membre de la section de médecine, qui a fait l'an dernier une communication à Lille sur le sujet de ses persévérantes recherches, M. Pellarin, a reçu à titre de récompense, et dans deux années successives, la somme totale de 6000 francs pour ses travaux sur le choléra.

Mais ce n'est pas seulement à l'Institut que les membres de notre Association ont reçu la récompense de leurs travaux. Ils ont également brillé au concours des Sociétés savantes qui a eu lieu à la Sorbonne le 10 avril dernier. Six d'entre eux ont eu des récompenses. Nos collègues de Lille, dont j'ai eu déjà occasion de vous rappeler la part qu'ils ont prise à notre dernier congrès, MM. Gosselet et Terquem, ont été parmi les lauréats : M. Gosselet a obtenu une médaille d'or pour ses recherches de géologie, et M. Terquem une médaille d'argent pour ses travaux sur l'acoustique. MM. Cazalis de Fondouce et Lartet ont obtenu pour leurs recherches anthropologiques une récompense du même ordre.

Et enfin au même concours MM. de Fromentel et Sabatier, déjà couronnés dans des concours précédents, ont eu les palmes d'officier d'Académie, comme complément de leurs récompenses antérieures.

Mais ce n'est pas tout encore, le congrès de géographie qui vient de se terminer à Paris a été pour plusieurs de nos collègues l'occasion de nouveaux succès. Un de vos plus éminents associés, votre ancien secrétaire général, M. Levasseur, a obtenu une médaille de première classe; M. Ehrard, M. Bertillon, ont eu la même récompense. Je terminerai, enfin, en vous rappelant une distinction du même ordre qui doit vous toucher d'autant plus qu'elle s'adresse à une institution née de notre première session, c'est celle que le jury a décerné à la Société de géographie commerciale de Bordeaux.

Je m'arrête dans cette énumération et cependant je n'ai pas signalé toutes vos récompenses. Je ne vous ai rien dit de celles que la Société centrale d'agriculture, et d'autres Sociétés encore, ont accordées à plusieurs d'entre vous, mais j'en ai dit assez pour vous montrer comment les hommes qui prennent part à vos travaux sont jugés au dehors, et pour vous faire prévoir quels profits nos congrès retireront de la continuation de leurs concours.

Mais tout n'a pas été joie et succès pour l'Association dans l'année qui vient de s'écouler; elle a eu ses jours de deuil. Plusieurs de nos collègues qui, l'an dernier, avaient pris part à la session de Lille, ne reparaîtront plus au milieu de nous. Parmi vos collègues les plus actifs, vous aviez remarqué MM. Bayan et Demongeot, l'un dans la section de géologie, l'autre dans la section d'économie politique.

M. Bayan, ingénieur des ponts et chaussées, géologue distingué, était un des membres les plus zélés de l'Association. Il avait pris part à nos divers congrès, et l'an dernier, malgré l'altération de sa santé, il avait voulu suivre jusque dans ses excursions les plus fatigantes la section de géologie dont il était un des membres les plus compétents.

M. Demongeot, maître des requêtes au conseil d'État, avait été, comme M. Bayan, un élève brillant de l'École polytechnique; mais il avait laissé les carrières scientifiques pour l'étude du droit. Les questions de droit administratif l'avaient spécialement occupé. Il n'était pas seulement pour l'Association une des personnalités les plus éminentes de la section d'économie politique; il était aussi son conseil, et aurait pu devenir son appui, si les brillantes destinées que sa valeur lui promettait avaient pu s'accomplir.

Mais, messieurs, s'il y a quelque chose qui puisse adoucir nos regrets, c'est le nombre et la valeur des recrues que nous avons faites cette année. Le Congrès qui va s'ouvrir commence sous les plus heureux auspices. Nantes sera au moins aussi brillant que l'ont été Lille, Lyon et Bordeaux. Que le comité local, que la municipalité, que le Conseil général de la Loire-Inférieure reçoivent ici l'expression de notre gratitude. Nous les remercions du fond du cœur de tout ce qu'ils ont préparé pour le succès de notre quatrième session. Leur zèle à nous recevoir n'a eu d'égal que notre empressement à répondre à leur appel. Nous devons remercier aussi M. le ministre de la marine qui, plein de sympathie pour le but patriotique que nous poursuivons, a mis gracieusement à notre disposition un navire de l'État pour votre excursion finale.

C'est dans cette session que vous allez pour la première fois appliquer le nouveau règlement que vous avez voté l'an dernier. Déjà il a porté ses fruits. Grâce au soin que vous avez pris de désigner d'avance vos présidents de section, nous aurons une session mieux préparée et des séances de sections plus également remplies. En divisant ainsi le travail de préparation de vos sessions futures, vous n'avez rien voulu laisser à l'imprévu; c'est là une mesure sage, prévoyante, dont vous aurez sans doute à vous féliciter de plus en plus.

Votre règlement avait été aussi modifié dans l'espérance d'obtenir ce que nous regardons comme indispensable pour notre avenir, la déclaration d'utilité publique. Nous attendons encore une circonstance favorable pour commencer les démarches que nous devons faire dans ce sens, mais nous avons lieu de croire que ce couronnement de notre œuvre ne nous sera pas refusé; notre quatrième session devant certainement ajouter un nouvel argument à ceux que nous pouvons déjà faire valoir.

Parmi les moyens qui peuvent servir à votre Association pour arriver à ses fins, il en est un dont votre Conseil d'administration a tout particulièrement à cœur de se servir, c'est l'encouragement des recherches scientifiques et des entreprises qui peuvent être utiles à la science. Malheureusement nos ressources sont limitées, et malgré toutes les mesures destinées à rendre plus importante la part que vous destinez à cet usage, nous avons été bien au-dessous, je ne dis pas de nos espérances, mais de nos désirs. Votre Conseil aurait voulu répartir sur un plus grand nombre de travailleurs des sommes plus considérables que celles dont il disposait et que vos règlements défendaient de dépasser. Ne pouvant faire ce qu'il aurait voulu, il a tâché de distribuer le mieux possible ses encouragements; il a cherché à compenser la faiblesse de la semence par la fécondité du sol sur laquelle il la répandait.

Il a distribué d'abord tout ce qu'il avait de disponible; une somme de cinq mille trois cent cinquante francs, qu'il a réparti de la manière suivante :

Il a accordé quinze cents francs à M. Velain, répétiteur à la Faculté des sciences de Paris, qui avait été attaché en qualité de naturaliste à l'expédition de l'île Saint-Paul, dirigée par M. le commandant Mouchez, pour l'observation du passage de Vénus. Vous connaissez tous les résultats scientifiques de cette expédition, que l'intrépidité et la persévérance de son chef a fait réussir malgré tous les obstacles. M. Velain en a profité pour étudier au point de vue de l'histoire naturelle l'île Saint-Paul et l'île d'Amsterdam, sa voisine, et en a rapporté de riches matériaux qu'il a déjà commencé de mettre à jour.

Deux mille francs ont été accordés à M. Giard, de Lille, pour l'installation et le fonctionnement du laboratoire de Vimereux, que vous avez visité l'an passé, et pour lequel vous regretterez certainement que votre conseil n'ait pas pu faire davantage.

Cinq cents francs à M. Gosselet, professeur à la Faculté des sciences de Lille, et président de la Société de géologie du département du Nord, pour la continuation de ses recherches géologiques.

Deux cents francs à M. Donnadieu, professeur au lycée de Lyon, pour la publication de ses recherches anatomiques et zoologiques sur les acariens du midi de la France.

Quatre cents francs à M. Leveau, de l'observatoire de Paris, pour ses calculs sur la marche des comètes. Ces calculs exigeant trois ans de travail, votre conseil espère pouvoir renouveler ses subventions et apporter à cette œuvre méritoire une aide plus efficace.

Deux cent cinquante francs à M. Trannin, licencié ès sciences de la Faculté de Lille, pour la construction d'un photomètre interférentiel.

Deux cents francs à la Société de navigation aérienne, comme contribution aux frais d'ascensions aérostatiques entreprises dans un but scientifique.

Après ces subventions, votre conseil n'avait plus la moindre somme disponible, et cependant il sentait la nécessité de faire davantage.

Un de nos associés qui venait de conquérir de nouveaux titres à la reconnaissance nationale, en observant à Yokohama le passage de Vénus, M. Janssen, devait aller à Siam pour observer une éclipse totale de soleil. C'était une occasion nouvelle pour compléter des recherches qui ont valu à leur auteur un si grand renom et par contre-coup à la science française une si brillante page; mais l'argent manquait; les fonds accordés par l'Académie des sciences et le gouvernement étaient épuisés, et cette entreprise à la fois scientifique et nationale devenait irréalisable, si de nouveaux subsides n'étaient pas envoyées sans délai à notre éminent compatriote.

Votre conseil tenait à honneur d'y participer, mais la résistance de votre trésorier lui rappelait douloureusement son impuissance. Heureusement, messieurs, qu'il y a parmi vous des cœurs généreux qui font le plus noble usage de leur fortune; à peine ont-ils connu notre détresse qu'ils se sont fait un devoir de lui venir en aide.

Notre président, M. d'Eichthal, nous a envoyé 2000 francs; M. Bischoffsheim, une somme égale; M. Sieber, 1000 francs; et grâce à cette triple donation, vous avez pu faire parvenir 5000 francs à M. Janssen.

M. Bischoffsheim a fait plus encore, il nous a envoyé une

nouvelle somme de 2000 francs, pour aider M. Chapelas-Coulvier-Gravier à continuer ses recherches sur les étoiles filantes.

En remerciant chaleureusement ces généreux donateurs, votre conseil a cru être l'interprète de l'Association tout entière.

Pourquoi faut-il que partout et toujours nous trouvions les mêmes difficultés, les mêmes obstacles, lorsqu'il s'agit de ces entreprises qui font plus pour le véritable honneur d'une nation que ces folles tentatives des temps passés, où l'on allait chèrement acheter quelque gloire douteuse? Aujourd'hui, sans doute, la bonne volonté est partout : tout le monde comprend que c'est par les œuvres de la science et de la civilisation que nous devons maintenir notre rang dans le monde et retrouver la force que nous avons perdue. Mais il y a loin, malheureusement, des paroles aux actes, des espérances à leur réalisation. Les hommes les mieux intentionnés se retranchent derrière les nécessités que nos malheurs nous ont créées.

Et cependant, en présence des besoins croissants de la science, en présence surtout de l'inévitable nécessité de marcher avec la science et par la science, nous devons déplorer sans cesse l'étroitesse du terrain sur lequel on la fait se mouvoir. Dans cette lutte pour la vie que les nations, comme les individus, sont obligés de soutenir chaque jour, à chaque instant, la question d'outillage ou d'armement est la première à résoudre. Si nous restons dans la lice avec l'outillage qui servait il y a près d'un siècle, nous nous trouverons en présence de nos concurrents, je ne voudrais pas dire de nos adversaires, comme des soldats armés de fusils à pierre devant des troupes munies des armes perfectionnées.

La lutte dans ces conditions n'est que plus méritoire, sans doute ; elle fait le plus grand honneur à ceux qui jusqu'ici ont trouvé le moyen de vaincre malgré l'insuffisance de leur armement. Mais aujourd'hui, au point où nous en sommes, il ne s'agit pas de recueillir des applaudissements stériles. Pour la science comme pour la guerre, le temps des luttes chevaleresques est passé. Il ne faut pas rechercher l'honneur de la difficulté vaincue, mais la victoire, et nous devons à tout prix acquérir l'armement qui seul peut nous la donner.

La science sera notre guide et notre boussole dans cette lutte, où nous n'avons désappris de vaincre que parce que nous nous sommes endormis sur nos victoires d'autrefois.

Il s'agit donc de reprendre nos traditions et de nous laisser guider par cette traînée lumineuse que la fin du xviiie siècle et le commencement du nôtre ont projetée sur notre horizon scientifique, et qui l'éclaire encore.

L'Association n'aurait-elle d'autre résultat que de réveiller ou d'entretenir en nous ce sentiment, qu'elle remplirait le rôle patriotique qu'ont visé ses fondateurs. Ils ont inscrit sur leur devise : science et patrie ; ces deux mots sont tout notre programme, disent toute notre pensée ; et en nous voyant aujourd'hui si cordialement accueillis dans la patriotique Bretagne, nous sommes heureux de sentir que le premier y est aussi bien compris que le second.

M. GEORGES MASSON

Trésorier

Les finances de l'Association

Messieurs,

Les revenus de l'Association française pour l'année 1874 se sont élevés à 37 126 fr. 42, qui se décomposent ainsi :

Reliquat de l'année 1873............	270	02
Intérêts du capital placé............	9488	»
Cotisations annuelles...............	21020	»
Vente de volumes..................	1500	»
Divers revenus....................	148	40
Versé par la ville de Lille à titre de subvention........................	4700	»
	37126	42

Nos dépenses ont atteint le chiffre de 34675 fr. 45, savoir :

Impression du volume relatif à la session de Lyon....................	13117	»	
Impressions diverses..............	1381	30	
Frais de la session de Lille........	2049	35	
Frais d'administration............	9642	90	
Subventions votées par le conseil...	5350	»	
Reliquat d'exercices antérieurs.....	3134	90	
	34675	45	34675 45

Laissant un excédant de recettes de 2550 fr. 47 c.

Sur cette somme, il doit être capitalisé conformément à la décision de l'assemblée générale dernière.	2266	83
Il reste à compte nouveau	184	14
Total égal............	37126	42

Capital.

Le capital réalisé était au 31 décembre 1873, de	165214	90
Quatre nouveaux membres fondateurs ont versé	2000	»
Solde de parts de fondation souscrites antérieurement..........................	450	»
Vingt-quatre membres ont racheté leur cotisation pour.................................	4800	»
La réserve statutaire a produit comme il vient d'être dit.............................	2266	83
Le capital de l'Association est donc au total de	174731	73

Représentés par :

10000 francs de rente 5 pour 100 ayant coûté.....................	172544	37
Mobilier et matériel.............	1977	»
Solde en caisse.................	240	36
Total..................	174731	73

En résumé, messieurs, les résultats financiers de l'exercice 1874 peuvent être considérés comme satisfaisants. Le nombre des membres de l'Association s'est augmenté d'une façon sensible ; le capital s'est accru de 9000 francs environ. Enfin les revenus qui n'étaient en 1870 que de 29 515 francs, se sont élevés à 37 126 francs, soit une augmentation de près de 8500 francs, due en grande partie à la libéralité de la ville de Lille, qui, après avoir donné à notre session de 1874, un éclat que vous n'avez pas oublié, a voulu contribuer encore aux dépenses qu'exigeait la publication de nos travaux.

Cet accroissement de nos ressources a permis de donner au budget des subventions scientifiques un développement important. Tandis qu'en 1872, vous consacriez à cet utile emploi une somme de 1300 francs ; qu'en 1873, le chiffre en était de 1900 francs ; nous avons pu en 1874 , distribuer 5350 francs.

Grâce à la générosité de trois de nos membres fondateurs, la somme attribuée au même objet pour 1875 sera plus importante encore , puisque 7000 francs ont été déjà employés sans toucher à nos ressources normales, dont nous ne connaîtrons le montant exact qu'à la fin de l'exercice.

Nos recettes d'ailleurs ne sauraient manquer d'être élevées : depuis le commencement de 1875, 13 membres fondateurs nouveaux, plus 500 membres annuels, se sont fait inscrire, parmi lesquels nous sommes heureux de souhaiter la bienvenue à 400 habitants de Nantes.

Comme l'an dernier, messieurs, nous vous remercions du concours que vous nous avez prêté, et nous vous demandons de nous le continuer aussi large et aussi dévoué.

LES MINES D'ANZIN

I

La condition des ouvriers

Le salaire des ouvriers varie selon leurs forces et leur intelligence.

Il y a plusieurs catégories d'ouvriers. Les mineurs proprement dits ou ouvriers à la veine sont occupés soit à l'abatage du charbon, soit au percement des galeries ou au creusement des puits dans le rocher.

Une classe spéciale de mineurs, les ouvriers d'abouts, choisis parmi les plus robustes et les plus intelligents, sont employés au creusement des fosses (avaleresses) pendant la traversée des terrains ébouleux et aquifères (les alluvions, les terrains tertiaires et les terrains crétacés) superposés au terrain houiller (1).

---

(1) La traversée de ces terrains nécessite souvent l'emploi de machines d'épuisement puissantes. L'avaleresse Thiers, percée en 1857, dans la concession de Saint-Saulve, a exigé pendant deux mois un épuisement de 700 hectolitres d'eau par minute dans la partie du niveau où les eaux étaient le plus abondantes. Aujourd'hui, quand on a à vaincre de telles difficultés, on emploie le procédé Chaudron qui permet de percer les puits et de les rendre étanches sans enlever les eaux du niveau.

Les ouvriers d'abouts sont chargés également de l'établissement des cuvelages et des picotages, travaux très-difficiles, destinés à empêcher l'envahissement des exploitations par les eaux.

Cette classe d'élite est la pépinière des chefs ouvriers, maîtres mineurs, porions et maîtres porions.

Les mineurs employés à l'abatage du charbon travaillent à la tâche ou au marchandage. Le travail à la tâche consiste à abattre une surface déterminée d'une couche de charbon ; cette tâche varie en raison des difficultés du travail ; elle est établie en prenant pour base le travail d'un ouvrier de force moyenne en huit heures de temps ; elle est diminuée quand le travail devient plus difficile, et augmentée quand il est plus facile.

La tâche n'a point de minimum, tandis qu'au contraire elle a un maximum au delà duquel elle ne s'élève jamais, quelle que soit la facilité de l'abatage Ce maximum est de 4 mètres à 4ᵐ,75, suivant certains cas spécifiés.

La tâche représente donc la journée de huit heures de travail ; elle est payée à raison de 3 fr. 50. Cette combinaison permet à l'ouvrier d'élever son salaire en travaillant avec plus d'assiduité et d'habileté.

L'appréciation de la tâche est faite par les chefs ouvriers, porions, etc., sortis du rang des ouvriers ; les contestations sont rares ; s'il en existe, elles sont aplanies par des essais faits par les chefs eux-mêmes en présence des ouvriers.

Le travail de l'abatage au marchandage se fait à un prix résultant d'une adjudication au rabais ; les concurrents sont les ouvriers eux-mêmes formés en brigades de six à douze ouvriers qui exécutent ainsi, par association, des travaux assez considérables d'une durée de six mois à un an.

Ce mode de travail, qui a commencé à être pratiqué il y a trente-cinq ans environ, a pris depuis quelques années un grand développement, les ouvriers le préférant au travail de la tâche, parce qu'ils ne sont pas retenus par la crainte d'un changement de tâche. Ces entreprises se font à un prix moins élevé qu'à la tâche ; les ouvriers y travaillent avec plus de goût et d'ardeur et ils atteignent un salaire plus élevé.

Le travail du percement des galeries et le creusement des puits dans le rocher s'exécute toujours au marchandage ; le prix résulte d'une adjudication au rabais.

Le travail des ouvriers d'abouts ne se fait qu'à la journée ; sa durée est de huit heures quand l'ouvrier ne doit pas être mouillé, elle est de six heures quand l'ouvrier travaille dans un puits où il tombe de l'eau.

Quand la quantité d'eau est considérable, les postes sont doublés, afin de permettre aux ouvriers de remonter au jour alternativement pour se chauffer.

La moyenne des salaires des mineurs est comme suit :

1° Mineurs travaillant à la tâche, par journée 4 fr. 80 ;

2° Mineurs travaillant au marchandage, par journée 5 fr. 10 ;

3° Ouvriers d'abouts au marchandage, par journée 3 fr. 50.

La moyenne du salaire des mineurs pendant une quinzaine de treize jours de travail est de 60 à 70 francs. Il y en a qui atteignent des salaires assez élevés et qui s'écartent beaucoup de la moyenne, 10 francs par jour par exemple.

Mais un certain nombre d'entre eux ont un salaire au-dessous de la moyenne, mais c'est le petit nombre, et si leur gain n'est pas plus élevé, cela tient à leur inconduite ou à leur inhabileté. Celle-ci se remarque surtout chez les recrues faites dans les campagnes d'ouvriers peu habitués à la mine.

Les ouvriers d'abouts, quoique payés à la journée de 3 fr. 50, obtiennent également un salaire assez élevé, parce qu'ils peuvent, en raison de la faible durée de leur travail, faire en quinze jours de dix-huit à vingt journées.

Les ouvriers qui, soit par l'âge, les blessures, etc., se trouvent incapables de continuer d'être occupés à l'abatage de la houille, au percement des galeries et au creusement des puits, retrouvent dans un autre genre de travail un salaire rémunérateur.

Les plus habiles sont employés à l'entretien et au boisage des galeries.

Quand ils sont encore capables de faire un travail à la tâche, ils gagnent alors comme raucheurs (1) un salaire de 4 francs par journée, sinon ils sont occupés comme raccommodeurs (2) et peuvent gagner 3 fr. 50 à 4 fr., selon leur âge et leur force.

Les ouvriers âgés, moins habiles, trouvent dans les professions suivantes un salaire convenable :

Chargeurs à l'accrochage (3), tâche facile, basée sur l'extraction ; ils gagnent environ par jour 4 fr. 50 ;

Moulineurs (4), également à la tâche, gagnent 4 fr. 25 ;

Machinistes (5), en partie à la journée, en partie à la prime basée sur le nombre d'ouvriers descendus par la machine et l'extraction, gagnent par jour 4 fr. 50 ;

Chauffeurs du foyer des machines gagnent par jour 3 fr. 60 ;

Lampistes, occupés au jour, à la distribution des lampes et de l'huile, gagnent par journée 2 fr. 50 ;

Compteurs au jour (6) reçoivent un salaire de 2 fr. 50 ;

Ramasseurs de gros charbon au jour (travail fait souvent par des filles de quinze à vingt ans), par journée 1 fr. 75 ;

Porteurs d'outils, ils ont un salaire de 2 fr. — Cet emploi est recherché parce que, considéré comme le commissionnaire de la fosse, cet ouvrier a de petits profits qui valent plus que son salaire.

Le sciage des bois pour le boisage, exécuté à la tâche, rapporte un salaire de 2 fr. 75 à 2 fr. 95 ;

Le triage des pierres au jour, payé à 84 centimes par hectolitre, procure aux petites filles de dix à douze ans qui y sont occupées, un salaire de 1 franc à 1 fr. 50 par jour ;

Le transport, dans le fond, des charbons vers le puits et le mouvement des déblais et des remblais est fait en partie au moyen de chevaux (7) et en partie par des herscheurs (jeunes gens de quinze à vingt ans).

Le herschage est payé à la tâche et le prix en varie selon les distances.

Les herscheurs gagnent 3 fr. 50 par journée. Quand un herscheur est trop jeune et trop faible pour ce travail, il s'en adjoint un autre de même force ; le salaire est alors partagé.

Les conducteurs de chevaux gagnent, quand ils sont à la tâche, 3 fr. 50 par journée, et 3 fr. 30 quand ils travaillent à la journée.

Les enfants trop jeunes et trop faibles pour herscher sont employés, de douze à quatorze ans, comme galibots (1) au fond et gagnent 1 fr. 10 par journée. De quatorze à seize ans, comme aides raucheurs (2), teneurs de frein (3) des treuils, reculeurs (4) de charbon, aides conducteurs, etc., ils gagnent 1 fr. 80 par jour.

Les femmes ne sont pas employées au fond aux mines d'Anzin ; les filles sont occupées au jour, jusqu'à l'âge de dix à douze ans, à trier les pierres mêlées au charbon, et de quinze à vingt ans au criblage et au classement des charbons aux fosses, et aux chargement des bateaux aux rivages d'embarcation.

Outre le salaire proprement dit, l'ouvrier jouit des avantages suivants :

Il reçoit pour son chauffage 7 hectolitres de charbon par mois. Cette allocation gratuite est augmentée en cas de maladie et lorsque le nombre des membres d'une famille dépasse six personnes.

Quand les enfants sont admis au fond (5), le premier vêtement de la mine leur est délivré gratuitement.

Au moment de la première communion, tous les petits garçons reçoivent un secours de 12 francs pour les aider à l'achat des vêtements nécessaires.

La Compagnie a dépensé en 1874 pour les vêtements de travail . . . . 2010 fr. 20
Et pour ceux de première communion   6552   »

Total   8562   20

Il est accordé aux enfants de mineurs qui ont été trouvés impropres au travail du fond par le médecin un secours mensuel de 15 francs pendant deux ans, pour les aider à apprendre un état.

Lorsque sous l'ancienne loi militaire le remplacement était encore permis, des avances de fonds, sans intérêts, étaient faites aux parents qui désiraient faire remplacer leurs enfants ; toute facilité leur était accordée pour le remboursement de ces avances.

Aujourd'hui les mêmes avantages sont accordés à ceux qui peuvent être admis au volontariat d'un an.

La Compagnie vient en aide aux familles des ouvriers mariés appelés sous les drapeaux ; elle leur accorde (aux familles d'ouvriers du jour aussi bien qu'à celles d'ouvriers du fond) un secours de 25 centimes par jour et par enfant. Pendant toute la durée de la guerre, un secours extraordinaire de 50 centimes par jour a été accordé à la femme jusqu'à la rentrée du mari dans ses foyers.

Lorsque nos armées furent prisonnières en Allemagne, en Belgique et en Suisse, la Compagnie envoya des secours, soit en argent, soit en vêtements, à tous ses ouvriers prisonniers, quelque lointaine que fût leur résidence. Quant à ceux de

---

(1) Occupés à élargir les galeries affaissées.
(2) Occupés à l'entretien du boisage et des chemins de fer.
(3) Occupés à la manœuvre des berlines (chariots) au fond des puits.
(4) Les moulineurs sont au jour ce que les chargeurs à l'accrochage sont au fond.
(5) Conducteurs des machines.
(6) Ouvriers chargés de constater les quantités extraites.
(7) Au delà de 200 à 300 mètres on emploie ordinairement des chevaux.

(1) Porteurs de bois au fond, manœuvres des raccommodeurs.
(2) Manœuvres des raucheurs.
(3) Chargés de la manœuvre des freins des treuils.
(4) Occupés à pousser les charbons dans les tailles et dans les passages trop inclinés pour les transporter par chariots.
(5) L'admission a lieu à l'âge de douze ans.

ses ouvriers qui furent blessés à l'armée et qui avaient pu regagner leurs foyers, elle les fit soigner par les médecins de la Compagnie et leur accorda les médicaments et les secours nécessaires qu'elle leur aurait donnés s'ils avaient été blessés dans leurs travaux.

Partout où elle a des exploitations, la Compagnie a fait construire des maisons (1) pour ses ouvriers ; leur nombre est aujourd'hui de............................... 2310

Il y en a 150 nouvelles en construction et 40 qui seront commencées prochainement, ce qui en portera le nombre à 2500.

Quoique les terrains se payent plus cher et que la main-d'œuvre et les matériaux de construction soient plus élevés qu'auparavant, la Compagnie n'a pas augmenté les loyers.

Elle loue ces maisons à ses ouvriers 2 fr. 50, 5 et 6 fr. par mois, ce qui représente à peine le tiers de la valeur locative.

Pareils logements se louent dans les localités habitées par les mineurs, de 12 à 18 francs par mois.

Ces maisons sont saines, propres et ont toutes un jardin de deux ares environ.

La Compagnie a en outre traité avec des propriétaires de l'achat de maisons au nombre de............... 86

Ces maisons, réparées et assainies, ont été louées à ses ouvriers également à prix réduits.

De plus elle a repris à bail à des propriétaires 89 maisons qu'elle sous-loue à ses ouvriers à un prix inférieur à celui qu'elle paye. Ci.................... 89

Le nombre total de maisons qu'elle loue à ses ouvriers est donc maintenant de..................... 2485

Dans le but d'encourager ses ouvriers à l'épargne, la Compagnie a voulu leur faciliter les moyens de devenir propriétaires de leurs habitations ; elle a fait construire depuis 1867 des maisons isolées avec jardins. Ces maisons, bâties sur trois à quatre ares de terrains, se composent, au rez-de-chaussée, d'une petite pièce de 3 mètres sur $1^m,90$; d'une grande pièce de $5^m,22$ sur $4^m,47$; d'un cellier de 2 mètres sur 3 ; d'une remise de 3 mètres sur $1^m,10$. A l'étage, d'une chambre à coucher de $3^m,20$ sur 3 mètres, et d'un grenier au-dessus de la grande chambre.

Le prix de vente variant selon l'étendue du terrain et représentant le prix de revient de la construction et la valeur du terrain, était, en 1867, de 2200 à 2700 francs ; il est aujourd'hui de 2700 à 3300 francs à cause de l'augmentation de la construction.

L'acquéreur doit payer comptant 100 francs ; pour se libérer du surplus du prix, il paye 8 francs par quinzaine, soit 196 francs par an, jusqu'à ce que le prix total de la maison soit atteint. Il ne lui est rien demandé, ni loyer ni intérêts ; la Compagnie en fait le sacrifice.

Les maisons d'ouvriers qui n'appartiennent pas à la Compagnie se louant à Anzin de 15 à 18 francs par mois, les ouvriers peuvent donc, par cette combinaison, devenir proprié-

taires de leur maison en ne payant que le prix d'un loyer ordinaire.

Le nombre de maisons vendues aux ouvriers est aujourd'hui de 81 et l'on en construit 12 nouvelles.

Il reste dû par les acquéreurs 130 374 fr. 50.

La Compagnie ne s'est pas arrêtée dans cette voie qui tend à moraliser l'ouvrier ; en 1869, sur la proposition de son directeur général, elle a décidé de faire, avec les mêmes facilités de remboursement, les avances de fonds nécessaires aux ouvriers qui voudraient acheter ou bâtir une maison par eux-mêmes.

De 1869 à 1871, les demandes d'avances, arrêtées sans doute dans leur essor par les effets de la guerre, n'avaient pas été nombreuses ; douze ouvriers seulement s'étaient présentés et avaient obtenu des avances. Mais, à partir de 1872, les demandes ont augmenté progressivement chaque année. Elles ont été en 1874 de 163 et les avances de fonds se sont élevées pendant cette année à 210 094 fr. 89.

La totalité des maisons achetées ou bâties par les ouvriers est actuellement de 356.

Les avances faites se sont élevées à.......   516 195 fr. 08
Les remboursements effectués étant de....   128 813 fr. 78

Il reste dû en ce moment à la Compagnie,
par les ouvriers, sur ses avances...........   387 381 fr. 30

En ajoutant aux 2485 maisons que la Compagnie loue les 81 maisons qu'elle a fait bâtir et qu'elle a vendues à ses ouvriers, ainsi que les 356 qui ont été achetées ou bâties au moyen des fonds qu'elle a avancés, on trouve que la Compagnie dispose de 2922 maisons pour le logement de ses ouvriers, nombre qui sera bientôt porté à 3112 quand celles qui sont en construction et en projet seront terminées.

Si, à la dépense faite par la Compagnie, depuis 1826, pour 2310 maisons qu'elle a fait construire, dépense qui est évaluée à.................................   6 000 000 fr. 00

Et aux acquisitions des 86 maisons qui ont coûté...............................   234 450 fr. 00

On ajoute : 1° la somme qui reste à rembourser des 81 maisons vendues et qui est de.................................   130 374 fr. 50

2° Celle qui est également à rembourser sur les avances des 356 maisons achetées ou bâties, par ses ouvriers et qui est de....   387 381 fr. 30

                                                6 752 205 fr. 80

On trouve que la Compagnie a employé jusqu'à ce jour un capital de 6 752 205 fr. 80 pour les logements de ses ouvriers.

La perte que la Compagnie éprouve sur le loyer des maisons occupées par ses ouvriers est de 149 160 francs par an et celle résultant des intérêts de ses avances, de 25 888 francs par année.

La Compagnie loue à ses ouvriers à prix réduits des terrains pour y cultiver les légumes nécessaires à leur consommation.

L'étendue de ces terrains étant de 121 hectares 27 ares, et le nombre de familles qui les occupent étant de 2763, il s'ensuit que chaque famille, outre son jardin, cultive en moyenne 4 ares 30 centiares.

Dans toutes les communes habitées par des ouvriers de la Compagnie, les enfants des ouvriers sont admis gratuitement

---

(1) Les premières maisons que la Compagnie a fait construire sont celles de Saint-Vaast. Elles ont été bâties en 1826 (Paul Castiau, directeur des travaux du jour).

dans les écoles communales ou libres, depuis l'âge de six ans, quand il n'y a pas de salle d'asile dans le voisinage et à sept ans, quand ils peuvent aller à une salle d'asile.

Par suite de l'augmentation de la population ouvrière à Anzin, l'école communale étant devenue trop petite, la Compagnie a fait construire, en 1873, une école particulière, vaste, saine et bien aérée. Elle est éclairée au gaz et chauffée par un calorifère (thermosiphon).

On y a établi une bibliothèque et un gymnase.

Il y a une maison pour l'instituteur et un logement séparé pour les deux adjoints.

Il y a quatre classes de 10 mètres et $10^m,50$ sur $7^m,50$, hauteur $3^m,85$. Le gymnase est couvert; il a 13 mètres sur $7^m,85$ et $3^m,80$ de hauteur.

La cour des élèves a 13 ares 72 centiares d'étendue.

La maison de l'instituteur a quatre places au rez-de-chaussée et trois à l'étage, un grenier, des caves, un fournil, etc. Le jardin a 3 ares 46 centiares.

Les adjoints ont à leur disposition une place commune de 4 mètres sur 3 mètres et deux chambres à coucher.

L'école est fréquentée par 350 élèves.

La bibliothèque est établie pour les chefs ouvriers et ouvriers de la Compagnie. Elle est ouverte tous les dimanches de huit à neuf heures du matin. Il y a un bibliothécaire qui est aidé par deux employés de la Compagnie.

Il y existe 217 ouvrages, comprenant 272 volumes.

Ces ouvrages ont trait à la religion, la morale, l'économie politique et sociale, la pédagogie, l'histoire, la géographie, les sciences, etc. Il y a en outre quatre publications périodiques.

Un règlement détermine les conditions du prêt des livres.

Ces prêts ont été, depuis le 1er mai, époque de son ouverture, jusqu'au 31 décembre 1874, de 923 livres dont 450 aux écoliers, 252 aux ouvriers et 221 aux employés.

Une école, avec ses dépendances, a coûté, terrain non compris, 41 602 fr. 79.

Une école semblable est en construction à Thiers, hameau dont le noyau principal se compose de maisons d'ouvriers construites par la Compagnie. Cette localité se trouvant à peu près à égale distance des villages de Bruai, d'Escaupont et d'Oonnaing est trop éloignée des écoles communales pour que les enfants puissent les fréquenter assidûment.

Après Thiers on construira une école à Denain où l'école communale est trop petite.

Autrefois les enfants des mineurs seuls étaient admis gratuitement aux écoles; mais, depuis cinq ans, la même faveur est accordée aux enfants des ouvriers des divers services du jour.

On enseigne aux élèves la lecture, l'écriture, le catéchisme, l'orthographe et les éléments de la géographie et de l'histoire. En arithmétique jusqu'à l'extraction de la racine carrée ou cubique.

Dans le but d'arriver à attirer les élèves aux écoles communales ou libres, la forme de la subvention a été changée; au lieu d'appointements fixes on paye aux instituteurs une rétribution mensuelle de 0 fr. 75 par élève.

Pour stimuler la surveillance des parents et le zèle des élèves, des récompenses ont été données aux élèves les plus assidus et les plus méritants et aux pères de famille qui tiennent la main à ce que leurs enfants fréquentent les classes assidûment.

La Compagnie a décidé en outre que désormais aucun enfant ne pourra plus être admis au travail des mines s'il ne sait lire et écrire et s'il n'a fait sa première communion.

Cette condition est également exigée pour l'obtention du secours de 12 francs accordé aux enfants qui font leur première communion.

La Compagnie veille, dans chaque école, à ce que les enfants fassent de la gymnastique et soient habitués à certains exercices militaires. Un de ses employés spécial est chargé d'inspecter les écoles. Cet inspecteur assiste de temps en temps aux leçons des instituteurs, reçoit leurs observations, les réclamations des parents et est chargé, en un mot, de tenir toujours l'administration au courant de la façon dont les écoles sont dirigées. Les enfants qui montrent de l'intelligence sont autorisés à suivre des cours du soir après leur travail. Les instituteurs font en outre des cours d'adultes où les ouvriers sont admis jusqu'à l'âge de vingt ans.

La Compagnie favorise par des subventions en argent et en nature l'établissement des salles d'asile communales et particulières. Elle a même établi, entièrement à ses frais, des salles d'asile dans les communes d'Haveluy, de Bruai, ainsi qu'à Thiers et à Bellevue.

A Saint-Vaast et à la Sentinelle, près d'Anzin, elle a établi des salles d'asile et des écoles de filles tenues par des sœurs de Saint-Vincent-de-Paul. Chacun de ces établissements a été créé et est entretenu entièrement aux frais de la Compagnie. Les enfants admis dans ces écoles et dans ces asiles sont très-nombreux.

A proximité des salles d'asile de la Sentinelle et de Saint-Vaast la Compagnie a fait construire des églises avec presbytères pour que les mineurs, habitant ces localités, puissent remplir leurs devoirs religieux sans avoir un trop long trajet à faire.

L'église de la Sentinelle, construite en 1853, a coûté 25 000 francs.

Celle de Saint-Vaast, commencée en 1870 et achevée en 1872, a coûté 97 822 fr. 30.

La surface de la première est de 207 mètres; celle de la seconde est de 495 mètres carrés.

On construit en ce moment une église à Thiers; elle coûtera environ 50 000 francs. Sa surface intérieure sera de 364 mètres carrés.

La Compagnie se propose d'étendre ces mesures aux localités où les besoins de ses travaux nécessiteraient des agglomérations ouvrières isolées et trop éloignées.

Lorsque M. de Marsilly prit, en 1866, la direction générale des mines d'Anzin, le nombre des écoles était de 25 et le nombre d'élèves de 1550. Malgré les sacrifices de la Compagnie, sur 100 élèves, il y en avait à peine 10 qui arrivaient à un degré d'instruction passable; la plupart savaient à peine lire et écrire et il y en avait un certain nombre qui en sortaient complètement ignorants.

Aujourd'hui le nombre des écoles est de 56 et le nombre des écoliers est de............................. 4414
De plus le nombre de filles qui vont aux écoles et d'enfants admis aux asiles est de.............. 2242

Total.................. 6656

La dépense faite par la Compagnie, qui était avant 1866, de 15 500 francs par an, s'est élevée en 1874 à la somme de 59 036 fr. 73.

On est très-satisfait des progrès des élèves, puisque tous les enfants que l'on admet au fond savent lire et écrire.

Dans le concours qui vient d'avoir lieu à Valenciennes pour obtenir le certificat d'études primaires, les écoles de la Compagnie comptent 21 admissions. L'école de Saint-Vaast y a envoyé cinq élèves qui tous ont été reçus.

Il y avait 4 élèves de 12 ans, 6 de 13, 4 de 14, 4 de 15 et 3 ayant 16, 17 et 18 ans.

Une école préparatoire spéciale est établie pour les plus aptes d'entre les élèves; elle est destinée à former des maîtres mineurs, porions, chefs porions, et à leur donner les notions élémentaires nécessaires pour la bonne conduite des travaux. Elle est dirigée par les ingénieurs de la Compagnie.

La Compagnie encourageait ses ouvriers à opérer des dépôts à la caisse d'épargne. Pour faciliter ces dépôts elle autorisait l'ouvrier à remettre les sommes les plus minimes entre les mains de ses chefs; ceux-ci se chargeaient de faire le dépôt en son nom; ils lui évitaient ainsi un déplacement et des formalités qu'il ne se serait pas donné la peine de remplir.

A la fin de chaque année, la Compagnie donnait des récompenses aux ouvriers qui, eu égard aux circonstances dans lesquelles ils se trouvaient, avaient fait le plus de dépôts à la caisse d'épargne. Ces récompenses étaient elles-mêmes versées à la caisse d'épargne au nom de l'ouvrier.

Ces mesures qui avaient été provoquées par M. le directeur général, peu de temps après son entrée en fonction, ne produisirent pas l'effet que l'on en attendait et, malgré les récompenses accordées, la caisse d'épargne était peu en faveur.

En 1869, M. de Marsilly proposa et obtint de la régie l'établissement d'une caisse de dépôts tenue par la Compagnie elle-même. L'intérêt est de 5 pour 100 jusqu'à concurrence de 2000 francs; au delà de 2000 francs, M. le directeur général peut autoriser des versements, mais l'intérêt pour ces versements n'est plus que de 4 pour 100.

Il est bon de faire remarquer ici que la Compagnie donne des intérêts pour les sommes qu'elle reçoit de ses ouvriers et qu'elle n'en exige pas pour les avances qui leur sont faites pour bâtir.

Cette mesure nouvelle a produit des résultats inattendus; voici les sommes versées chaque année depuis lors :

En 1869 (2 mois et demi)...	27 178 fr. 75
En 1870.................	218 551 fr. 56
En 1871.................	176 167 fr. 42
En 1872.................	305 707 fr. 96
En 1873.................	525 335 fr. 70
En 1874.................	427 069 fr. 51
Montant des versements opérés	1 680 010 fr. 90
Montant des remboursements.	254 935 fr. 16
Reste au 31 décembre 1873..	1 425 075 fr. 74

Le nombre des déposants étant de 1360, la moyenne par chaque ouvrier est de 1047 fr. 70.

Le nombre d'ouvriers qui ont déposé est de 11 pour 100 du nombre total des ouvriers du fond occupés à la Compagnie.

La Compagnie a également favorisé la création d'une Société coopérative de consommation. Cette Société fonctionne depuis dix ans (1); elle donne les plus heureux résultats.

En procurant la vie à bon marché, elle développe parmi les ouvriers des habitudes d'ordre et de sobriété.

La Société coopérative des mineurs d'Anzin comprend aujourd'hui 2186 familles.

Cette Société compte maintenant, outre les dépôts principaux qui sont à Saint-Vaast, près Anzin, quatorze dépôts ou stores répartis dans les concessions de la Compagnie, à proximité de ses centres les plus importants.

Une boulangerie créée par la Société, il y a quelques années, fournit du pain à tous ses associés.

Une boucherie a été établie, il y a un an; elle fournit également la viande à ses associés.

Les bénéfices répartis entre les associés au prorata de leur consommation ont été, depuis la fondation de la Société, de 7 fr. 85 pour 100 au minimum et au maximum de 12 pour 100 par semestre. Ils sont de 10 pour 100 depuis trois semestres.

Le capital versé est de....................	123 350 fr. 00
La réserve était au 28 février 1875 de....	160 230 fr. 67
L'actif net de la Société est donc de.......	283 580 fr. 67

Les dépôts ou stores de la Société sont établis en partie dans des maisons prêtées par la Compagnie ou louées à des particuliers. L'un d'eux, celui de Denain, lui appartient; il a coûté 21 560 fr. 30.

La Société fait construire, à Anzin, un magasin central avec habitation pour le gérant et logement de concierge.

Cet établissement comprendra, outre de nombreuses pièces (2) pour les épiceries, les étoffes, etc., une salle de réunion des actionnaires, une boulangerie complète, une charcuterie et une boucherie avec abattoir, des écuries pour les bestiaux et les chevaux, une sellerie et un hangar pour les voitures.

La construction de ces bâtiments, valeur du terrain comprise, s'élèvera environ à la somme de 178 000 francs.

Nous allons donner le prix des vivres en ce moment; nous ferons suivre de quelques exemples, pris dans les familles ouvrières, des salaires obtenus et des dépenses nécessitées pour la subsistance et l'entretien de ces familles.

Le pain de première qualité vaut 17 centimes la livre(3); le bœuf, 80 à 90 centimes; mouton et veau, 1 franc à 1 fr. 10; le beurre, 1 fr. 85; les pommes de terre, de 7 à 8 francs les 100 kilogr.; les haricots, 40 centimes le litre; le fromage, 1 fr. 50 les 800 grammes; le sel, 12 centimes et demi la livre; le lait, 10 centimes le demi-litre; la bière, 20 centimes le litre.

L'ouvrier mineur fait un usage fréquent et copieux de soupe maigre, composée de légumes frais, pommes de terre, haricots et pain. Cette soupe revient à 15 centimes le litre environ.

Voici le détail donné par un chef mineur de la dépense nécessaire pour la subsistance de diverses catégories de familles.

1° Une famille composée du père, de la mère et de trois enfants, dont un travaille.

Pain : 6 livres à 17 centimes	1 fr.	02
Viande, légumes, laitage, boissons et épiceries	2	10
Entretien et vêtements	0	60
Loyer (4 fr. 50 par mois)	0	15
Chauffage (donné par la Compagnie)	»	»
Total (par jour)	3 fr.	87

Le gain moyen d'une famille de cette catégorie est de 6 fr. 70 par jour (4 fr. 95 pour le père et 1 fr. 75 pour le fils) ; il y a donc un excédant de 2 fr. 83 c.

2° Famille composée, outre le père et la mère, de cinq enfants dont deux travaillent :

Pain	1 fr.	20
Viande, légumes, laitage, boissons et épiceries	3	50
Entretien et vêtements	2	25
Loyer (6 francs par mois)	0	20
Chauffage gratuit	»	»
Total	7	15

Gain moyen de la famille :

Le père	4 fr.	95
Le fils aîné	4	95
Le fils cadet	1	75
Total	11	65

Excédant du gain, 4 fr. 50.

On a supposé le cas où la famille est logée dans une maison de la Compagnie ; pour celles qui sont logées dans des maisons étrangères, le loyer est environ trois fois plus cher.

Le service médical compte six médecins principaux et quatre médecins adjoints.

Les médecins de la Compagnie donnent leurs soins à tous les ouvriers mineurs malades ou blessés dans les travaux, à leurs familles, à leurs enfants, aux ouvriers des divers services du jour blessés dans l'exercice de leurs travaux. Outre cela, on leur donne des secours alimentaires tels que viande, bouillon, etc., des secours pécuniaires (1) selon la nature de la maladie et les médicaments nécessaires.

Ces médicaments leur sont fournis par une pharmacie que la Compagnie a installée, en 1872, à Anzin, au centre de ses établissements. Cette pharmacie centrale, dirigée par un pharmacien diplômé, possède, dans la plupart des centres importants de la Compagnie, des dépôts de médicaments qui peuvent se préparer à l'avance. Ces dépôts sont établis à Vieux-Condé, Thiers, Denain, Abscon, chez les sœurs de Saint-Vaast, chez les sœurs de la Sentinelle. De sorte qu'en ne dépensant pas pour ce service beaucoup plus que les an-

nées précédentes lorsqu'elle prenait les médicaments chez les pharmaciens, la Compagnie a pu étendre les distributions de médicaments à des catégories d'ouvriers qui n'en avaient pas reçus jusqu'alors.

On a dépensé en 1874 pour le service de santé 125 602 fr. 61.

La Compagnie accorde des secours extraordinaires aux familles nécessiteuses. Les ouvriers qui ont des réclamations ou des demandes de secours à faire sont admis, tous les jours, auprès de l'administration. De plus, M. le directeur général reçoit lui-même les ouvriers le mardi de chaque semaine. Les secours extraordinaires distribués en 1874 se sont élevés à 25 208 fr. 20.

Lorsque l'ouvrier mineur est impropre à tout travail, il reçoit, pour le reste de ses jours, une pension annuelle proportionnée à son âge et à ses années de service (1). Elle est réversible en partie sur la tête de sa veuve. Les orphelins reçoivent un secours mensuel de 3 francs pour les filles, jusqu'à l'âge de dix ans, et de 4 francs pour les garçons, jusqu'à ce qu'ils soient admis dans les travaux.

Quand un ouvrier est tué dans les travaux, les frais funéraires sont payés par la Compagnie et un secours extraordinaire est accordé à sa veuve ; il lui est alloué en outre une pension viagère de 15 francs par mois.

Les orphelins d'un ouvrier tué reçoivent également un secours mensuel.

Quand l'ouvrier tué est célibataire, il est accordé à la famille un secours en argent, une fois payé, ou un secours mensuel pendant un certain nombre d'années quand la famille est nécessiteuse.

Quand l'ouvrier pensionné vient à mourir, la Compagnie fournit gratuitement le cercueil.

Les ouvriers pensionnés et les veuves d'ouvriers reçoivent le charbon nécessaire à leur chauffage.

La pension annuelle des pensions s'élève à..	177 231 fr.	81
Les secours temporaires aux orphelins et les secours une fois payés, à la somme de	104 934	20
Total	282 166	01

Les pensions et les secours que nous venons de mentionner sont alloués aux ouvriers sur les fonds de la Compagnie, sans qu'ils aient eu à subir la moindre retenue sur leurs salaires.

Cette manière d'opérer, très-paternelle assurément, présente cependant un inconvénient : celui d'engendrer chez les ouvriers une insouciance absolue de l'avenir ; ils s'habituent à vivre au jour le jour et comptent sur la Compagnie pour les tirer des embarras que l'avenir peut leur réserver.

Il fallait donc amener l'ouvrier à compter un peu sur lui-même ; c'est dans ce but que la Compagnie, tout en maintenant ses libéralités traditionnelles, a encouragé la formation des sociétés de secours mutuels.

Ces sociétés sont actuellement au nombre de six. Elles comptent 4592 membres participants et 200 membres honoraires.

La cotisation mensuelle est de 50 centimes, et le secours

---

(1) Ces secours sont de 2 fr. 50 à 3 francs par quinzaine pour les enfants et de 5 à 15 francs par quinzaine pour les chefs de famille. Ces secours sont augmentés quand cela est nécessaire.

(1) Le minimum de la pension est de 12 francs par mois, elle atteint souvent 20 à 25 francs. La Compagnie a, dès son origine, accordé des pensions à ses ouvriers. Le premier règlement est de 1812.

en cas de maladie est de 1 franc par jour. Le droit d'admission dans la société est de 25 centimes pour l'achat du livret. Voici le résumé des opérations des sociétés pendant l'année 1874 et de leur situation financière :

Actif :

Avoir des sociétés au 1er janvier 1874..	19 554 fr.	37
Cotisations des membres honoraires..	4 188	00
Cotisations des membres participants.	27 781	45
Amendes....................	1	40
Droits d'entrée.................	380	25
Intérêts des capitaux placés.........	686	01
Recettes diverses..............	36	00
Ensemble.....	49 627 fr.	48

Passif :

Frais de gestion.................	146 fr.	00
Honoraires des médecins (ils sont payés par la Compagnie).............	»	»
Frais pharmaceutiques.............	»	»
Secours aux malades..............	25 434	55
Frais funéraires.................	739	00
Secours aux veuves et aux orphelins..	30	00
Secours d'infirmités aux incurables...	490	00
Pension de retraite aux vieillards (elles sont données par la Compagnie)...	»	»
Dépenses diverses	722	00
Total.....	27 561	55

Excédant de l'actif sur le passif ou avoir des sociétés au 31 décembre 1874........................ 22 065 fr. 93

Le nombre des malades secourus pendant l'année est de 1647. Le nombre de journées de maladies payées pendant l'année est de 27 173.

Les ouvriers occupés dans les travaux des mines d'Anzin sont certainement aujourd'hui dans des conditions sanitaires meilleures qu'elles ne l'étaient il y a vingt-cinq ou trente ans. Les progrès de l'industrie, la sollicitude incessante de l'administration ont apporté dans les travaux de salutaires et importantes réformes. Ainsi la ventilation des galeries souterraines, depuis dix à quinze ans surtout, se fait avec plus de régularité et plus de succès ; les voies de communication sont généralement plus vastes, et le guidage des puits, importé de Liége, comme nous l'avons dit, en 1843, qui a remplacé les échelles, a substitué à l'ancien mode si fatigant de la remonte et de la descente aux échelles un moyen qui permet à l'ouvrier de parvenir, sans dépense de forces, au lieu où il doit accomplir sa tâche journalière. D'un autre côté, l'ouvrier a participé aux progrès que l'hygiène a introduits dans toutes les classes de la société.

Des habitations saines construites aux frais de la Compagnie ont remplacé les logements étroits où l'ouvrier était obligé de s'entasser avec toute sa famille. Ce même ouvrier a pris le goût de la propriété et de l'épargne (1) et l'augmentation des salaires lui permet aujourd'hui une alimentation qui n'était pas toujours suffisante autrefois pour réparer les pertes résultant de ses travaux.

Mais telle qu'elle l'est aujourd'hui l'exploitation des mines

n'est pas encore arrivée à une innocuité complète, et la profession de mineur compte encore parmi celles qui peuvent porter à la santé des atteintes plus ou moins profondes ; les attitudes forcées, la privation plus ou moins prolongée de la lumière vivifiante du soleil, l'inspiration de vapeurs et de poussières délétères seront encore longtemps pour les ouvriers des mines des sources fécondes de maladies spéciales (1).

Celles que l'on a de tout temps le plus fréquemment observées sont, sans contredit, les affections de la poitrine et du cœur et, parmi elles, c'est l'asthme qui a occupé longtemps le premier rang. Cette affection est rarement essentielle et, le plus souvent, elle n'est que le symptôme le plus apparent d'une lésion organique du cœur ou de l'emphysème du poumon.

Il sera sans doute fort difficile de trouver un moyen efficace de détruire les causes qui produisent cette dernière affection, puisque toujours l'inspiration entraînera de la poussière et des gaz dans les poumons du travailleur ; mais les perfectionnements signalés en ont déjà éliminé un certain nombre et il n'est pas douteux, surtout pour les maladies du cœur, que la descente à la machine n'en diminue le nombre dans une proportion notable.

Ce qui tend à prouver que nous n'avançons rien de hasardé c'est que, pendant une période de quinze ans, c'est-à-dire de 1836 à 1851, la division de Fresnes-Vieux-Condé, qui avait perdu 39 malades atteints de l'asthme, voit ce nombre s'abaisser à 24 pendant la période suivante également de quinze ans, de 1852 à 1867.

La phthisie pulmonaire qui après l'asthme fournit un certain nombre de malades et de décès n'est point une maladie propre au mineur ; on peut dire qu'elle est moins commune dans cette classe de travailleurs que parmi les sujets voués à l'industrie et à l'agriculture. On peut même ajouter que la marche de cette affection est ordinairement plus lente chez les premiers que chez les seconds ; peut-être parce que l'activité respiratoire est moins active chez ceux qui vivent dans l'atmosphère tiède et humide des fosses que chez l'agriculteur qui est exposé à un air plus vif, plus froid et plus oxygéné. « On doit ajouter aussi que les mineurs sont, dans leur travail, soustraits aux variations brusques de température auxquelles sont exposés les ouvriers qui travaillent au jour (2). »

A l'appui de l'opinion du docteur Nestor Castiau (3), à propos de la phthisie chez nos mineurs, nous citerons des observations qui ont été faites sur le même sujet par différents médecins.

Dans un ouvrage (4) que vient de présenter à l'Académie de médecine le docteur Manouvriez fils, de Valenciennes, nous trouvons ce qui suit :

« Aux mines de la Compagnie d'Anzin il y a eu, en 1874,
» 29 décès par phthisie tuberculeuse sur 11 988 ouvriers du
» fond, soit 2 5/10 pour mille.

» A Denain, Saint-Vaast, Anzin, Hérin, etc., où les mineurs
» subissent l'influence de l'agglomération..... on a compté

<hr>

(1) Le nombre d'ouvriers propriétaires de maisons et qui ont placé des fonds est aujourd'hui de plus de 18 pour 100 et le nombre s'en accroît journellement.

(1) C'est le docteur Nestor Castiau, de Vieux-Condé, qui parle.
(2) Observation du rapporteur.
(3) Médecin principal de la Cie d'Anzin.
(4) *Recherches sur l'anémie des mineurs*, avril 1875.

» 26 décès sur 6691 ouvriers, soit 3 88/100 pour mille, tandis
» que les divisions de Vieux-Condé, Fresnes, Abscon, etc.,
» où il n'y a point d'agglomération (1) et où un grand nom-
» d'ouvriers occupent leurs demeures propriétairement n'ont
» fourni que trois décès sur 5297 ouvriers, soit 0,56/100
» pour 1000. »

Les ouvriers du fond étant des sujets de choix, puisqu'ils subissent une visite du médecin pour leur admission à la mine, ont été comparés par le docteur Manouvriez aux militaires, qui, eux aussi, sont soumis à un choix sévère. « Or ces » derniers, d'après lui, offrent une mortalité par phthisie bien » supérieure à celle de 2 5/10 pour 1000, moyenne générale » de la Compagnie d'Anzin ; leurs décès seraient de 4 à 5 » (Laveran), 5 3/10 (Godelier) et même 6 (Trébuchet) pour 1000, » sans cependant tenir compte des réformes et des congés. »

Comme terme de comparaison de plus, nous ajouterons qu'il a été constaté à Valenciennes, en 1874, 3 décès 85/100 par phthisie pour 1000 habitants.

D'après le docteur Hirt, médecin allemand (2), sur 100 malades de professions diverses respirant des poussières inorganiques, il y aurait 26 phthisiques, tandis que sur 100 mineurs malades il n'y en aurait que 0,8/10 seulement.

Le docteur François (3), de Mons, a souvent observé des familles dont tous les membres avaient été emportés par la phthisie à l'exception de ceux qui étaient employés dans les houillères ; cela explique que le docteur Kuborn a pu dire qu'il serait presque enclin à envoyer ses phthisiques dans une bonne taille (4).

L'anémie, autrefois si commune et si pleine de conséquences fâcheuses pour le houilleur, ne se rencontre plus à l'heure qu'il est que fort rarement dans les exploitations ; certaines galeries dont la température s'élevait quelquefois jusqu'à 32 degrés ont fourni il y a plusieurs années (5) un certain nombre de cas de cette maladie, mais les perfectionnements apportés dans les procédés de ventilation n'ont pas tardé à la faire disparaître.

Cette anémie, du reste, n'a jamais revêtu le cachet de son ancienne gravité et ceux qui en ont été atteints ont récupéré, au moyen d'une médication appropriée, la plénitude de leur santé.

Ainsi l'emphysème pulmonaire, les affections organiques du cœur qui constituent ce qu'on appelle l'asthme des mineurs, les bronchites chroniques, l'anémie quelquefois, telles sont les affections qui sont plus spéciales aux ouvriers qui travaillent dans les mines ; mais ils restent, bien entendu, soumis aux autres causes de maladie qui exercent également leur action sur toutes les classes de la population.

A l'appui de ce qui a été avancé plus haut sur les améliorations réalisées et sur les conditions sanitaires du travail devenues à l'heure qu'il est bien plus satisfaisantes qu'autrefois, M. le docteur Nestor Castiau a fait le relevé de toutes les maladies qu'il a observées depuis trente-deux ans dans la division de Fresnes-Vieux-Condé, confiée à ses soins, en n'y comprenant que les maladies de deux septénaires au moins. Il a retranché de ces trente-deux ans les années de 1849 et 1866 à cause du choléra qui les a rendues tout à fait exceptionnelles. Les trente années restant ont été divisées en deux moitiés égales de quinze ans chacune, parce que c'est surtout au commencement de la seconde moitié (1) que les perfectionnements les plus essentiels ont été apportés dans les exploitations.

Il résulte de ce relevé que la première période a fourni un ensemble de 4355 malades dont 146 ont succombé, tandis que la deuxième n'en a plus donné que 3463 et 121 décès ; c'est-à-dire que d'un côté la moyenne annuelle des maladies a été de 289 avec 9 décès, et que de l'autre cette moyenne s'abaisse à 231 avec 8 décès. Il faut en outre remarquer qu'il y a eu dans cette deuxième période une augmentation de plus de 9 pour 100 dans le chiffre des ouvriers (2).

Avant la suppression de la descente aux échelles et l'amélioration de l'aérage, le mineur, arrivé à l'âge de trente-six à quarante ans, ne pouvait plus être occupé à l'abatage de la houille ou au percement du rocher ; aujourd'hui il s'y livre généralement jusqu'à l'âge de quarante-six à cinquante ans et même au delà.

On peut dire que les améliorations apportées au mode de descente et à l'aérage ont augmenté de dix ans le travail utile des ouvriers mineurs.

Les mineurs, comme tous les ouvriers du Nord, aiment le plaisir. Le dimanche et souvent le lundi ils fréquentent les cabarets et les salles de danse ; ils se livrent avec ardeur à divers jeux d'adresse ; ils sont passionnés pour les jeux de balle et de crosse ; ils tirent souvent à l'arc et à l'arbalète ; beaucoup de mineurs cultivent la musique vocale et instrumentale. Les corps de musique d'Anzin, de Saint-Vaast, de Denain, d'Abscon et de Vieux-Condé, composés exclusivement de mineurs, sont arrivés à une exécution satisfaisante.

Des distractions nombreuses leur sont offertes par les fêtes de village (ducasses), qui se succèdent sans interruption pendant toute la saison d'été. Les foires de Valenciennes et de Condé, qui ont lieu en septembre et en octobre, et qui sont très-fréquentées, viennent terminer cette série de fêtes au grand détriment du travail.

Cependant on observe que les facilités accordées par la Compagnie à ses ouvriers pour acheter leur maison et pour placer leurs économies semblent modifier ces tendances à la dépense ; le plus grand nombre met encore une ardeur excessive à la fréquentation des ducasses ; mais le noyau d'ouvriers rangés et économes s'arrondit et gagne chaque jour du terrain ; il n'est pas douteux qu'avec de la persévérance on ne parvienne à arriver, dans un certain temps, à une modification satisfaisante de la conduite de l'ouvrier.

Le mineur se marie jeune ; il a généralement beaucoup d'enfants ; les premières années du ménage sont difficiles, mais l'aisance revient dès que les enfants commencent à travailler.

Les sociétés de secours mutuels et de coopération, quoique de date récente, jointes aux mesures prises par la Compagnie

---

(1) La plupart des ouvriers d'Abscon sont disséminés dans les villages voisins.
(2) *Die krankeiten der Arbeiter* (Leipzig, 1873).
(3) Notes sur la phthisie pulmonaire parmi les houilleurs, *Bulletin de l'Académie de médecine de Belgique*, 1857.
(4) *Maladies particulières aux mineurs de Belgique* (Bruxelles, 1863).
(5) En l'an III.

---

(1) En 1852, Alphée Castiau, directeur de 1852 à 1868.
(2) L'établissement de Fresnes-Vieux-Condé compte environ 1800 ouvriers.

pour porter les ouvriers à l'épargne ont réagi sur les habitudes qui les portaient à la dissipation. Jusque-là les ouvriers, ainsi que nous l'avons dit, habitués à compter entièrement sur la Compagnie, faisaient peu pour augmenter leur bien-être et assurer leur avenir; beaucoup d'entre eux dépensaient dans les cabarets ou en débauches, non-seulement ce qui aurait pu être consacré à l'épargne, mais encore l'argent nécessaire à leur existence et à celle de leur famille.

Les mesures nouvelles modifieront ces habitudes; elles sont appelées, avec le temps, à moraliser les ouvriers.

C'est ce que l'on observe, du reste, dans un point des établissements de la Compagnie, à Vieux-Condé, où un grand nombre d'ouvriers sont propriétaires de leur maison et de quelque coin de terre.

Cet état de choses est la conséquence de la situation particulière des mineurs occupés à l'extraction de la houille maigre; c'est précisément cette espèce de charbon que les fosses de Vieux-Condé produisent; or, la vente de ces charbons n'a qu'un temps de grande activité, celui de la cuisson des briques et de la chaux, à laquelle ces charbons sont plus particulièrement propres.

Il y a donc des chomages périodiques pendant lesquels les mineurs s'occupent de culture. La population de cette partie des concessions de la Compagnie d'Anzin est rangée et laborieuse, fréquente moins le cabaret et manque rarement de remplir ses devoirs religieux.

Nous l'avons dit à plusieurs reprises dans le cours de cette notice : l'ouvrier mineur est habitué à compter en toutes choses sur la Compagnie.

La population des mines se compose de familles dont la plupart sont attachées à la Compagnie depuis cent quarante à cent cinquante ans. Les mineurs connaissent par expérience les sentiments paternels de leurs patrons; ils savent que dans toutes les circonstances ils veillent sur eux, et qu'ils sont prêts à leur donner aide et protection chaque fois qu'ils en auront besoin : aussi il est fort rare de voir un ouvrier d'une ancienne famille quitter volontairement le service de la Compagnie.

CHRONIQUE SCIENTIFIQUE

Par décret du 31 juillet, il a été créé à la Faculté des sciences de Paris une chaire de chimie organique.

— Par décret du 4 août ont été promus dans l'ordre national de la Légion d'honneur : au grade de commandeur, M. Joseph Liouville, membre de l'Institut, professeur au Collège de France, officier depuis 1861 ; au grade d'officier, M. Fizeau, membre de l'Académie des sciences, auteur de travaux devenus classiques sur la lumière. Ont été nommés chevaliers MM. Lorain, professeur à la Faculté de médecine de Paris ; Tisserand, directeur de l'observatoire de Toulouse ; Violette, doyen de la Faculté des sciences de Lille ; Bouché, directeur de l'École des sciences et des lettres d'Angers.

Société française de physique. — Séance du 16 juillet 1875. — M. *Marie Davy* communique à la Société quelques-uns des résultats obtenus à l'observatoire de Montsouris sur les mesures actinométriques et sur les relations qui existent entre la végétation des plantes et la quantité de lumière qu'elles reçoivent, et la consommation d'eau par les plantes, soit sous forme d'évaporation physique, soit sous forme d'exsudation physiologique.

M. *Niaudet Bréguet* présente un niveau manométrique imaginé par M. *Galland*.

L'appareil se compose essentiellement de deux petits réservoirs réunis par un tube de caoutchouc, le tout étant rempli d'eau. Un des réservoirs est formé d'une boîte de baromètre métallique à aiguille qui donne la différence des pressions dans les deux réservoirs, et par suite la différence des niveaux auxquels ils ont été portés. M. Niaudet indique les applications de cet instrument, soit à la topographie, surtout pour les cas où les appareils ordinaires sont en défaut.

M. *Cazin* communique les résultats des observations qu'il a effectuées à l'île Saint-Paul, relativement à la déclinaison et aux variations diurnes de la déclinaison.

M. *Janssen* présente à la Société une photographie du passage de Vénus sur le soleil et donne quelques détails sur l'observation du mirage en mer qu'il a eu l'occasion de faire pendant son dernier voyage.

— L'*Union républicaine* de l'Eure raconte la découverte d'un champignon monstre :

Il est tombé cette année sur le plateau du Vexin, à un point placé à 149 mètres au-dessus du niveau de la mer, en juin, 56 mill. 80 ; en juillet, 98 mill. 88 d'épaisseur d'eau ; soit pour les deux mois réunis, 155 mill. 68. — L'année dernière, on avait mesuré : en juin, 34 mill. 50 ; en juillet, 79 mill. 02 ; soit, 113 mill. 52.

La terre a donc reçu cette année, pendant ces deux mois, une couche d'eau dont l'épaisseur est supérieure de 42 mill. 16 à celle de l'année dernière.

C'est sans doute à cette humidité qu'il faut attribuer l'apparition hâtive des nombreux champignons qui se montrent de tous côtés.

On a récolté, il y a huit jours, chez Mme la marquise de Laborde, dans le parc du Beauregard, près Fontenay, un de ces végétaux présentant des dimensions exceptionnelles.

C'est un *Lycoperdon giganteum* (vesse-de-loup tête d'homme). Il est presque sphérique et mesure de 101 à 103 centimètres de circonférence ; il pesait frais 2 kilogram. 160 gram. Une petite racine de 4 à 5 centimètres de longueur et de quelques millimètres d'épaisseur avait alimenté cette énorme masse cellulaire.

Il s'est développé très-rapidement, puisque la personne qui l'a cueilli avait passé trois jours avant à l'endroit où il a été rencontré et n'avait rien vu. On aurait très-certainement pu observer ce singulier végétal se développer d'heure en heure, si on l'avait aperçu sortir de terre et si l'on avait pu présumer qu'il atteindrait des proportions aussi colossales.

Découverte d'une salle de conférences a Pompéi. — Les fouilles de Pompéi viennent de nous révéler l'existence dans cette ville d'un *auditorium*, c'est-à-dire d'une salle semi-publique où l'on faisait des lectures, *recitationes*. Une salle de ce genre, qui vient d'être découverte à Rome, dans l'enceinte des jardins de Mécène, se trouve située, chose fort curieuse, à 7 mètres au-dessous du niveau de l'ancienne Rome. Si l'on en croit Pline le Jeune, cette disposition souterraine était commandée par l'usage de faire des lectures dans les mois les plus chauds de l'année.

La dernière salle, à laquelle nous faisons allusion, mesurait 10 mètres 60 de largeur sur 24 mètres de longueur, ce qui est la grandeur d'un de nos petits théâtres de genre.

— Une entreprise commerciale importante a été tentée à Saint-Pierre (banc de Terre-Neuve). M. Lévy vient d'y créer une usine pour l'utilisation des débris de poisson abandonnés par les pêcheurs. Cette usine, qui est établie au Barachoir, recueille les têtes et les entrailles de morue pour en extraire l'huile ; elle transforme les têtes et les os en gélatine et en superphosphate ; elle compose des engrais précieux avec les détritus séchés et pulvérisés. Il y avait déjà deux fabriques de ce genre en Norvége, aux îles Lofoden et à Christiania.

— Echo de la Sorbonne recueilli par le chroniqueur d'un journal politique :

Un paysan pénètre avec son fils dans une salle de la Sorbonne où M. Jamin fait son cours de physique. — Après avoir parlé quelque temps sur les vibrations des corps, le professeur s'écrie :

Il me semble que cette démonstration vaut bien quelque chose.

A ces mots, le paysan se lève et emmène son garçon.

Le propriétaire-gérant : Germer Baillière.

PARIS. — IMPRIMERIE DE F MARTINET, RUE MIGNON, 2.

LA
REVUE SCIENTIFIQUE

DE LA FRANCE ET DE L'ÉTRANGER

REVUE DES COURS SCIENTIFIQUES (2ᴱ SÉRIE)

DIRECTION : MM. EUG. YUNG ET ÉM. ALGLAVE

2ᵉ SÉRIE — 5ᵉ ANNÉE   NUMÉRO 9   28 AOUT 1875

ASSOCIATION FRANÇAISE

POUR L'AVANCEMENT DES SCIENCES

CONGRÈS DE NANTES

SÉANCES GÉNÉRALES

DISCOURS DE M. LECHAT

Maire de Nantes

Messieurs,

C'est un grand honneur pour moi, dont je sens tout le prix, et qui ne me laisse pas exempt d'émotion, que de souhaiter la bienvenue aux hôtes illustres qui se sont donné rendez-vous ici.

Il y a deux ans, sur nos instantes prières, mais avec un empressement qui a été le premier titre à notre gratitude envers elle, l'Association française pour l'avancement des sciences a décidé que sa quatrième session annuelle se tiendrait à Nantes.

Heureux nous sommes, ayant reçu votre promesse, d'être revenu à la tête de l'administration de la ville, pour en voir l'accomplissement désiré. (Marques d'approbation.)

Est-ce avec raison, messieurs, que vous avez arrêté votre choix sur Nantes ?

Question prématurée, pourra-t-on dire, à laquelle l'avenir seul peut répondre, puisque la réponse devra dépendre des résultats obtenus, de la légèreté ou de la profondeur de la trace que votre passage aura laissée.

Néanmoins, messieurs, ou je me fais une grande illusion sur les aptitudes de notre ville, où dès à présent je puis vous exprimer que ce ne sera pas en vain, que vous lui aurez consacré une si bonne part de vos utiles loisirs.

Ce qui pour l'étranger caractérise la race bretonne, c'est son proverbiale entêtement. Je n'entreprendrai pas de réformer ce jugement ; il contient du vrai et du faux ; plus de

vrai, peut-être, si nous nous reportons au passé ; plus de faux, certainement, si l'on demeure dans le présent. Mais, qu'importe, si émanant du même principe, et participant pour ainsi dire, de la même essence, se trouvent, en compagnie de ce défaut dans l'esprit et le caractère breton, et cette application opiniâtre qui s'attache au sujet embrassé, et cette habitude méditative, que ne satisfait point un aperçu superficiel des choses ; et cette persévérance calme, qui va sans effort jusqu'au bout du chemin commencé ? Ne sont-ce pas là, messieurs, les dispositions qui sont le plus propres à assurer le succès de votre œuvre ?

Et si je n'hésite pas à m'exprimer ainsi sur le compte de mes concitoyens, ce n'est pas, croyez-le, et ils le savent bien, par besoin de leur administrer un éloge banal ; c'est parce que je veux vous donner confiance en votre entreprise, en vous indiquant que vous êtes ici en terre fertile et que vous pouvez semer, avec le légitime espoir de récolter. (Applaudissements.)

Et quelle entreprise a, plus que la vôtre, mérité le succès ? Quelle entreprise, en effet, fut plus utilement conçue, plus à propos commencée ?

Pardonnez-moi, si je répète ce que d'autres ont dû dire avant moi : mais n'est-ce pas un sujet qui s'impose de lui-même, qui est commandé par la naturelle attente de cet auditoire, qui chaque année désormais, sera le thème forcé de tout orateur, que l'appréciation de la pensée qui nous réunit ici.

Vous avez senti, tout en l'admirant, que cette centralisation intellectuelle de la capitale, qui attirait tout à elle, et tendait à ne rien laisser au dehors, contenait un risque dans son excès.

Quel contraste, en effet, si nos regards se portent tour à tour sur Paris et la province !

Que voyons-nous à Paris ? Les maîtres, qui affluent ; les idées, qui se pressent, se rencontrent, et sans cesse, à ce contact, se corrigent ou se complètent ; les systèmes, qui se croisent et se heurtent ; la vérité, qui sans cesse jaillit de l'ardente controverse ; le mouvement, la chaleur, la vie.

En province, n'ayons pas honte de l'avouer, peut-être serons-nous fiers ensuite de cet aveu, dans la comparaison que fera de lui-même un prochain avenir avec le passé, qui est le présent, aujourd'hui, en province, disons-le, d'un seul mot, bien différente est la réalité !

Non que les bons esprits, que même les esprits d'élite fissent défaut ; et peut-être ressortira-t-il de ce congrès, pour notre grand encouragement, et au profit de l'avenir, que leur nombre est plus grand qu'on ne pense. Mais ce qui manque, c'est la puissante et féconde incitation que rien ne supplée.

Adoucir ce trop frappant contraste en communiquant à la province cette vie intellectuelle par les moyens qui l'ont développée, et qui l'entretiennent à Paris, tel est le dessein éminemment utile que vous avez conçu ; et, ne l'oublions pas, vous en avez commencé l'exécution au lendemain même de nos désastres, volant ainsi au secours de l'esprit français mis en péril par la défaite.

Hommage soit rendu à la fois à la hauteur de vos vues et à la promptitude de votre patriotisme. (Applaudissements.)

Je ne sais, messieurs, si je m'abuse, mais il m'a semblé voir en germe dans le discours de notre cher et honoré président des projets complémentaires inspirés par la situation récemment faite, par les risques qu'elle contient, et la nécessité d'y faire face. Puissé-je ne pas m'être mépris.

Messieurs, la ville a voulu que des fêtes publiques marquassent ici le temps de votre séjour. Un dessein plus élevé que celui de procurer à la population un frivole amusement nous a guidés en cela. Si la venue des princes, des chefs d'État, a donné lieu d'ordinaire à des réjouissances, il nous a semblé que la science venant nous visiter dans la personne de tant de ses plus illustres représentants, français et étrangers, devait être accueillie par nous avec les marques d'une joie si bien justifiée, et par la qualité du visiteur, et par l'importance de la visite. (Bravos prolongés.)

Puissiez-vous, messieurs, garder de la métropole bretonne une bonne impression et un bon souvenir.

Des villes plus importantes que la nôtre auraient pu vous recevoir d'une façon plus digne de vous. Nulle part, j'en suis certain, vous n'aurez été plus vivement désirés, plus impatiemment attendus, plus sympathiquement accueillis.

Pour moi je me souviendrai toujours, et non sans orgueil, que c'est sous mon administration que Nantes aura été visitée pour la première fois (laissez-moi espérer que ce ne sera pas la dernière) par l'Association française pour l'avancement des sciences.

M. E. LORIEUX

Les ressources minéralurgiques et salicoles de la Loire-Inférieure

L'auteur de ce travail s'est proposé d'offrir aux membres du Congrès scientifique un compte rendu sommaire des principales ressources minéralurgiques du département qui a, cette année, l'honneur de les recevoir.

Il n'a eu dans ce but qu'à compléter par quelques considérations générales les renseignements qui lui sont demandés pour la statistique officielle, et qui comprennent : houille, ardoises, calcaire, granit, étain, plomb, fer, tourbe et sel.

Il s'est étendu avec un peu plus de détails sur l'industrie des marais salants dont les procédés et la population offrent dans la Loire-Inférieure un spécial intérêt.

Houille. — Le terrain carbonifère de la basse Loire, qui forme une bande orientée ouest 18° nord de 100 kilomètres environ de longueur sur une largeur variant de 0 à 2 kilomètres, est compris dans le département de la Loire-Inférieure sur la moitié environ de son développement. Il est limité du côté de l'ouest, à Languin, près Nort, par les schistes métamorphiques et les gneiss, se rétrécit aux Touches, s'élargit aux centres d'exploitation de Mouzeil et de Montrelais, traverse la Loire entre Ingrandes et Chalonnes, et se prolonge en Maine-et-Loire jusqu'à Doué. Il est encaissé au sud et au nord par des grès argileux verts ou rougeâtres qui, sans appartenir au même étage géologique, rappellent par leur aspect les grauwackes des bords du Rhin, puis par des schistes argileux tantôt très-durs et à feuillets très-ondulés, tantôt doux au toucher et friables, qui passent par des degrés insensibles de métamorphisme aux micaschistes appuyés sur le terrain granitique. Il appartient au terrain devonien comme l'ont indiqué MM. Élie de Beaumont et Dufrénoy dans la description de la carte géologique de France (1).

M. le docteur Bureau, de Nantes, professeur au Muséum de Paris, a distingué dans le terrain devonien de la Loire-Inférieure (2) trois niveaux de schistes argileux : le premier qui repose sur le terrain métamorphique, avec ou sans quartzite intercalé, renferme les calcaires saccharoïdes de Bouzillé, de Liré et des Brûlis, et appartient par ses fossiles, tels que le *Pleurodictum problematicum*, le *Leptæna depressa*, etc., à l'étage inférieur du système devonien ; le second, qui contient le calcaire schisteux noir de l'Écochère, se rattache à l'étage moyen par ses fossiles, entre autres par le *Strigocephalus Burtini* ; enfin, le troisième semble appartenir à la base de l'étage supérieur, d'après les coquilles bivalves lisses qui y ont été trouvées en grand nombre dans le voisinage de la Loire. Si l'on ajoute que le grès argileux est en stratification concordante, et alterne plusieurs fois, d'une part avec les schistes argileux supérieurs, d'autre part avec les schistes et grès du terrain carbonifère ; qu'on y rencontre des *Terebratules cuboïdes*, *Pugnus*, etc., des troncs analogues au *Segenaria Weltheimiana*, beaucoup de fougères du genre *Sphenopteris* et peu de *Nevropteris* et de *Pecopteris*, on sera conduit à reconnaître, avec le savant professeur du Muséum, que le terrain combustible de la Loire-Inférieure appartient à l'étage supérieur du terrain devonien (3).

---

(1) L'auteur de la présente notice emprunte une partie de la description du terrain carbonifère à un de ses mémoires inséré au tome XI des *Annales des mines* avec une coupe détaillée des terrains des mines de houille de Montrelais due à leur habile directeur, M. Besset. Il avait envoyé à l'exposition universelle de 1867, avec le concours de M. le garde-mine Wolski, une carte géologique du terrain devonien de la Loire-Inférieure et une collection d'échantillons des roches du terrain carbonifère et des terrains encaissants. Cette carte, qui doit être revue dans ses détails avant d'être livrée à la publicité, complétera les indications générales de l'ébauche de carte géologique de la Loire-Inférieure remise en 1854 aux archives de la préfecture par M. Durocher, ingénieur en chef des mines, et de la carte géologique publiée en 1861 par M. Frédéric Cailliaud, directeur du Musée d'histoire naturelle.

(2) *Bulletin de la Société géologique*, tome XVII, pages 789 et suivantes.

(3) M. Raulin a fait connaître dans le terrain devonien, à Montre-

Tout le terrain à combustible et les terrains encaissants ont été redressés presque verticalement par l'éruption de porphyres quartzifères et d'amphibolites dont les mamelons affleurent dans le voisinage et qui sont évidemment postérieurs à ces terrains, puisqu'ils n'ont pas contribué à les former avec leurs débris. La direction générale des mamelons porphyriques est d'ailleurs en rapport avec celle du bassin et avec ses plissements qui semblent moulés sur les porphyres.

A la base du terrain à combustible se trouve un poudingue grossier composé de galets de grès argileux, de quartz hyalin laiteux, de quartz noir, de schiste noir micacé et de schiste verdâtre probablement serpentineux. Ce poudingue, qui atteint 2000 mètres de puissance au sud des mines de Montrelais, y reparaît en bande étroite au nord de la formation, disparaît aux mines de Mouzeil et des Touches où les grès et les schistes houillers sont en contact immédiat avec le grès argileux, et à la mine de Languin où ils s'appuient directement sur les schistes métamorphiques et les gneiss. La réapparition de ces poudingues au sud et au nord du terrain carbonifère avait fait supposer qu'il avait été replié en fond de bateau ; mais sauf les poudingues de la base, les bancs successifs et les veines de houille reconnus au sud ne paraissent pas se retrouver au nord : s'ils ont été repliés dans la profondeur, les revers ne viennent pas affleurer jusqu'à la surface, sauf en ce qui concerne les poudingues de la base. Les veines sont actuellement exploitées jusqu'à 350 mètres de profondeur et se maintiennent avec une inclinaison à peu près constante de 80 degrés vers le nord.

En traversant le bassin à combustible du nord au sud près de Montrelais où il présente tout son développement, on rencontre, après les poudingues de la base, un banc de grès argileux compacte et verdâtre de 40 à 50 mètres de puissance, un poudingue de 100 à 150 mètres à éléments moins grossiers alternant avec des schistes bruns argileux, un troisième poudingue de 600 mètres environ de puissance à noyau de grès feldspathique de la grosseur d'une noix, puis sur plus d'un kilomètre, des bancs de grès micacé argileux verdâtre alternant avec des schistes argileux brun foncé ou vert clair parfois rubanés. Un banc de poudingue de 50 mètres de puissance, dont la roche amygdaloïde se compose de noyaux de quartz avec ciment siliceux fortement coloré en rouge par l'oxyde de fer, précède une série de grès et de schistes micacés noirs dans lesquels se trouvent intercalées les premières veinules de charbon situées au sud du puits Saint-Joseph de Montrelais.

Un banc de poudingue à gros noyaux quartzeux blanc, très-compacte, très-sonore et très-dur, forme la base de grès schisteux noirs très-micacés à empreintes végétales, d'une puissance d'environ 100 mètres, qui renferment les trois veines des Berthauderies à Montrelais, les veines du Bocage à Chalonnes. La veine dite de Machine, au nord de ce système, se trouve intercalée dans des poudingues intermédiaires. Puis on rencontre sur 80 mètres environ de puissance et avec une grande régularité d'allure, la roche caractéristique

connue sous le nom de *pierre carrée*, qui contient les veines les plus importantes des exploitations de Maine-et-Loire. La *pierre carrée*, nommée ainsi parce qu'elle présente trois clivages sensiblement rectangulaires, est un grès feldspathique à grains fins, d'un gris jaunâtre, très-homogène et très-compacte, mais d'une faible dureté : elle renferme des empreintes végétales et même des troncs d'arbres fossiles.

Au nord de la *pierre carrée*, après des grès noirs à grains feldspathiques blancs et un banc de schistes noirs très-micacés, on rencontre une formation de 250 mètres environ de puissance composée d'une alternance de schistes noirs micacés et de grès d'un blanc laiteux à grains fins très-compactes, puis un banc de grès feldspathique à noyaux quartzeux allongés, puis des grès et schistes noirâtres avec bancs de *pierre carrée* intercalés qui comprennent les veines des Petits-Bois et de Saint-Ange exploitées autrefois à Montrelais par le puits de la Peignerie et correspondant probablement au système des Noulis des mines de Chalonnes.

En s'avançant encore vers le nord, on rencontre sur 300 mètres environ de puissance une formation de grès et schistes à texture très-fine et à empreintes, avec veinules de houilles inexploitables, analogue au système du Bel-Air des mines de Chalonnes ; puis un banc de poudingue à petits noyaux blancs qui sert de base au système de la Grande-Veine, de la veine de la Taupe et de la veine des Plantes, compris dans des schistes et grès jaunâtres et micacés à grains fins d'une puissance d'environ 170 mètres et assez analogues à ceux qui comprennent à la Haye-Longue, en Maine-et-Loire, le système de la Petite-Veine, de la Grande-Veine et de la veine du Pâti.

Enfin, après un banc de poudingues à petits éléments quartzeux, on rencontre d'abord une veinule inexploitée, puis les veines n⁰ˢ 2 et 1 des Pelleras (probablement les Essarts de la Haye-Longue), séparées par des grès à grains fins et des schistes micacés noirâtres.

Le terrain à combustible affecte la forme lenticulaire, les poudingues, les grès et les veines de houille tendent à s'amincir et à disparaître aux deux extrémités est et ouest du bassin ; la *pierre carrée*, très-puissante aux mines de Chalonnes et de Montrelais, se rencontre rarement aux mines de Mouzeil et n'a jamais été reconnue à Languin.

Le terrain carbonifère a non-seulement été redressé par les éruptions postérieures, mais plissé et disloqué par les efforts inégaux qu'il a subis dans le soulèvement des masses éruptives. Les veines de houille y présentent la disposition dite « en chapelet », c'est-à-dire que la houille plus fortement comprimée en certains points lorsqu'elle était à l'état pâteux, a formé des amas successifs séparés irrégulièrement par des intervalles stériles, mais disposés suivant la direction et l'inclinaison générales des veines.

En résumé, dans sa région médiane qui est la plus riche, le terrain à combustible renferme sept systèmes de veines séparés les uns des autres par des bancs de poudingue et pouvant être considérés, par conséquent, comme autant de formations distinctes. Le système le plus méridional ne contient que des veinules inexploitables ; le système le plus septentrional, représenté à Montrelais par les veines des Pelleras, paraît offrir également très-peu de ressources. Les systèmes intermédiaires sont les mieux réglés et les plus productifs, savoir : en allant du sud au nord, le système des trois veines des Berthauderies actuellement exploitées à Montrelais ; le

---

lais, un certain nombre de végétaux fossiles parmi lesquels on peut citer les *Sphenopteris tenuifolia* et *Virletii*, le *Pecopteris aspera*, le *Sigillaria venosa*, le *Lycopodites imbricatus*, le *Lepidodendron carinatum*, le *Stigmaria tuberculosa*, etc. (D'Orbigny, 1849, *Dictionnaire d'histoire naturelle*, terrain devonien.)

système de la veine de Machine exploitée à la même mine ; le système de la Grande-Veine exploitée à Mouzeil, des veines du Roc et du Vouzeau intercalées dans la *pierre carrée* et exploitées à Chalonnes ; le système de la veine des Petits-Bois et Saint-Ange ; et enfin le système de la Grande-Veine, de la veine de la Taupe, des deux veines de la Plante anciennement exploitées à Montrelais. Les douze veines principales représenteraient une puissance moyenne de 10 ou 12 mètres de charbon, si l'on pouvait compter sur quelque régularité d'allure ; mais elles ne sont jamais productives ensemble dans la même région, se réduisent à Mouzeil aux veines du Centre, s'appauvrissent à la mine des Touches qui correspond à un rétrécissement du bassin houiller, et sont brouillées avec les schistes à la mine de Languin, située aux confins de la formation houillère.

La houille contient de 10 à 20 pour 100 de cendres provenant du mélange des schistes intercalés et presque exclusivement consommés par les fours à chaux du voisinage. Elle n'a pu, sur la place de Nantes, se faire admettre pour le chauffage des chaudières en concurrence avec la houille anglaise qui arrive par mer à peu de frais et qui est de qualité supérieure.

Le charbon est sensiblement plus gras en passant d'un système de veine à un autre situé plus au nord ; le même caractère paraît se manifester dans les mêmes veines en s'avançant de l'est à l'ouest.

A part quelques travaux sans importance sur les affleurements, l'exploitation des mines de houille de la Loire-Inférieure remonte au milieu du siècle dernier (4). Vers 1800, le puits du Boislong, à Montrelais, avait atteint la profondeur de 386 mètres ; l'approfondissement avait été opéré par petits puits partiels foncés entre les niveaux successifs ; des manéges à chevaux servaient pour l'extraction et l'épuisement, et la veine n° 2 y était exploitée sur une longueur d'environ 210 mètres. Plus tard, à la Grande-Mine de Montrelais, quatre puits ont été ouverts sur la Grande-Veine et la veine de la Taupe, et reliés entre eux par une galerie de 700 mètres qui aboutissait au puits d'Hérouville, sur lequel a été installée, pour l'épuisement, la première machine à vapeur des mines de la basse Loire. L'exploitation s'est portée ensuite à la Peignerie où l'on a exploité par deux puits, jusqu'à la profondeur de 300 mètres, les veines du système des Petits-Bois. Elle est actuellement concentrée à Montrelais sur les veines des Berthauderies, entre les puits Neuf et Saint-Joseph, qui sont placés à 370 mètres de distance, et dont le premier atteint 300 mètres de profondeur. Deux nouveaux puits sont en voie de foncement pour préparer de nouveaux centres d'exploitation sur les veines des systèmes du nord.

Aux mines de Mouzeil, la Grand-Veine et deux ou trois veines secondaires qui l'accompagnent sont poursuivies entre les puits Neuf et Préjan à des profondeurs de 360 mètres ; on développe un nouveau centre d'exploitation près de Mé-

sanger, entre le puits de la Transonnière et le puits Leroyer, sur des veines qui paraissent se rapporter au système des Berthauderies.

L'extraction actuelle est de 13 000 à 14 000 tonnes à Montrelais, et d'environ 10 000 tonnes à Mouzeil. Le prix de revient de la tonne de houille sur le carreau de la mine n'est pas inférieur à 13 ou 14 francs ; il est grevé par les frais de percement des voies en plein rocher dans les parties stériles, par les frais de boisage dans des terrains très-ébouleux, enfin, par les grandes profondeurs des puits qui doivent être approfondis chaque année d'environ 20 mètres pour alimenter l'extraction normale.

Le prix de vente actuel est de 19 à 20 francs la tonne et ne peut guère être dépassé sans que la houille anglaise, d'un pouvoir calorifique beaucoup plus élevé, ne soit préférée aux houilles indigènes, même par les chaufourniers, qui composent la clientèle unique et restreinte des exploitants du bassin de la basse Loire.

La mine de houille des Touches, placée sur un rétrécissement du bassin houiller, à part quelques travaux sans importance, n'a donné lieu qu'à l'exploitation d'une seule veine par un puits unique, et comme la veine, fortement inclinée, s'écartait du puits dans la profondeur, les galeries à travers bancs dirigées à sa rencontre devenaient trop coûteuses pour être payées par les produits du seul massif houiller exploité entre les deux niveaux. Aussi, le syndic de la faillite des fermiers de la concession s'est borné à extraire toute la houille qu'on pouvait atteindre sans approfondir le puits ni exécuter aucune galerie au rocher. La mine a été abandonnée le 8 mai dernier, après épuisement de la houille qu'on pouvait atteindre sans nouveau foncement du puits.

La mine de houille de Languin, mise en adjudication le 16 avril 1862, n'a pas trouvé d'acquéreur, et les concessionnaires ont cessé de l'exploiter le 20 septembre suivant, après y avoir fait des pertes considérables. Sa houille demi-grasse, menue, friable et mêlée de débris schisteux, était d'une exploitation coûteuse et d'un placement difficile. La création du chemin de fer de Nantes à Châteaubriant avait encouragé de nouvelles recherches près de la future gare de Nort, mais le puits de sondage a rencontré une couche de sables aquifères qui ne pourrait être traversée sans une dépense disproportionnée avec l'importance probable des massifs houillers qu'elle recouvre.

En résumé, tant que la houille anglaise affluera sur nos côtes, le bassin houiller de la basse Loire est condamné à une exploitation très-restreinte, parce qu'il est dans l'impossibilité d'étendre ses débouchés au delà d'un très-faible rayon. Il pourra être dans l'avenir une réserve précieuse de combustible, quand les bassins plus favorisés auront épuisé leurs couches les plus riches et les plus facilement exploitables (5).

Ardoises. — Au nord du terrain devonien qui comprend le terrain à combustible, on rencontre en Maine-et-Loire et dans la Loire-Inférieure, le terrain silurien qui renferme le terrain ardoisier. Ils sont séparés par une large bande de schiste métamorphique, souvent argileux, qui se montre à

----

(4) La mine de Montrelais a donné lieu à une exploitation régulière depuis 1765, et celle de Languin depuis 1768. Montrelais, en 1790, produisait 10 800 tonnes de charbon qui se transportaient en sacs, sur chevaux, jusqu'à Ingrandes, d'où ils descendaient à Nantes par la Loire. A Languin, l'exploitation a été abandonnée de 1788 à 1791, par suite de l'envahissement des eaux. En l'an XI, les deux mines ont livré 8650 tonnes au prix de 34 francs la tonne. (*Annuaire* de l'an XI.)

(5) Il convient de mentionner pour mémoire un embryon de terrain houiller, enclavé dans le granit, près Saint-Mars-de-Coutais, sur les bords du lac de Grand-Lieu.

l'est et à l'ouest du département, sur une puissance d'environ 16 kilomètres, et qui est recouverte dans la portion médiane par les argiles, sables et graviers des terrains tertiaires. Puis on rencontre des bancs de quartzites ou de grès schisteux de puissances variables, entre 500 et 1000 mètres, alternant avec des bancs plus puissants de schistes argileux qui sont souvent fissiles et ardoisiers. Tantôt ces schistes contiennent des paillettes de micas et forment des grauwackes schisteuses; tantôt ils sont à l'état de schistes argileux tégulaire et peuvent fournir des ardoises. Quand on parcourt la route de Nort à Rennes par Châteaubriant jusqu'aux limites de la Loire-Inférieure, on rencontre successivement cinq chaînes de collines parallèles entre elles, dont les sommets sont formés de quartzites et dont les vallées correspondent à des bancs de schistes argileux. Toutes les bandes sont parallèles et correspondent à des plissements du même terrain dont les roches les plus résistantes occupent les crêtes et dont les dépressions correspondent aux roches plus altérables, désagrégées et enlevées en partie par l'action des eaux.

Les ardoisières de Vritz, Auverné, Moisdon, Conquereuil, sont situées sur une première bande; une seconde correspond aux ardoisières du Jarrier, entre Saint-Vincent-des-Landes et Treffieux; une troisième comprend les ardoisières de Juigné, au nord de la bande de calcaire-marbre de Saint-Julien-de-Vouvantes et d'Erbray, ainsi que les ardoisières de Derval et de Cavareux; une quatrième bande est exploitée à l'ardoisière de la Guérivais, près Rougé, et une cinquième au nord de Noyal. L'exploitation de ces ardoisières a eu autrefois de l'importance, comme en témoignent les buttes nombreuses de déchets d'ardoises aux abords des anciennes excavations. Aujourd'hui elle se réduit, avec 150 ouvriers, à une extraction annuelle d'environ 5000 milliers d'ardoises, au prix moyen de 16 francs le millier; elle ne reprend une activité temporaire que lorsque des inondations, des éboulements où des grèves mettent en chômage les ardoisières d'Angers, dont l'ardoise bleue, à grains très-fins, présente une qualité incontestablement supérieure.

Chaux. — La production de la chaux est d'un grand intérêt agricole dans un département dont les terrains sont presque exclusivement siliceux et alumineux (6). Les dépôts de calcaire y sont malheureusement rares et peu étendus. On ne peut citer que pour mémoire le petit dépôt de calcaire cristallin de Saint-Malo de Guersac, enclavé dans le granit de la Grande-Brière mottière. Le principal banc calcaire est celui de Saint-Julien-de-Vouvantes, au contact des quartzites et des grès argileux siluriens; il donne du calcaire-marbre très-pur et alimente plusieurs fours à chaux dont la production annuelle est de 35 000 à 40 000 mètres cubes. On peut citer ensuite les dépôts de calcaire devonien de Copchoux, près Mouzeil, deux autres petits dépôts près d'Ancenis, les dépôts tertiaires de Cambon, Machecoul, Saffré, les Cléons, Arthon, Drefféac, Bas-Bergon et divers de moindre importance (7).

M. Fourcade a monté à Cambon une fabrication de ciment qui, d'après les essais faits par le service des ponts et chaus-

sées à Saint-Nazaire, paraît donner pour les constructions à la mer des résultats sensiblement comparables à ceux du ciment de Portland.

La production totale de la chaux pour le département varie entre 50 000 et 60 000 mètres cubes au prix de 12 à 15 francs le mètre cube.

Granit. — Le granit, qui borde du côté de l'Océan les départements du Morbihan et de la Loire-Inférieure et sur lequel est fondée la ville de Nantes, est en général à gros grains avec quartz gris, feldspath bleuâtre et mica bronzé : il est très-fréquemment schisteux et passe au gneiss par une transition insensible : il forme de véritables bancs où il peut se débiter facilement par pierre de taille. La carrière de Miséry à Nantes, exploite le granit sur de très-vastes proportions; elle livre à la ville de superbes pavés au prix de 15 à 20 francs le mètre cube, et les carrières des environs fournissent des pierres de taille d'un très-beau grain au prix de 50 à 60 francs le mètre cube (8).

Eurite. — Parmi les massifs porphyriques dont les mamelons apparaissent sur divers points du département, il en est qui méritent plus particulièrement d'être signalés parce qu'ils fournissent de très-bons matériaux pour l'entretien des routes : ce sont ceux qu'on appelle eurites où le porphyre est devenu compacte et où les noyaux sont fondus dans la pâte feldspathique. Ils donnent des pierres qui présentent à l'écrasement une résistance remarquable et qu'on vient chercher de loin pour l'empierrement des chaussées. Telle est la pierre de Saint-Géréon aux environs d'Ancenis, au milieu des schistes argileux et des quartzites du terrain devonien, tels sont les massifs qu'on rencontre au milieu des grauwackes sur la route d'Ancenis à Saint-Mars-la-Jaille et d'Ancenis à Mésanger.

Étain. — Le granit à gros grains s'étend de Nantes à Saint-Nazaire, Guérande et jusqu'à la pointe de Castelli; il se termine au hameau de Penhareng où il est remplacé sur toute la côte, jusqu'au delà de la Vilaine, par la formation de granit et gneiss associée aux micaschistes, schistes talqueux et schistes amphiboliques. C'est dans cette formation, au contact du granit, que M. de la Guérande a découvert auprès de Piriac, en 1816, un gisement d'étain oxydé. Il s'y trouve soit dans des filons de quartz hyalin laiteux, soit en nids dans le gneiss kaolinisé, mais il y est fort rare, et la mine de Piriac, concédée en 1854, a été promptement abandonnée après quelques travaux infructueux. Un second gisement analogue a été exploité à la Villeder, près le Roc-Saint-André, dans le département du Morbihan.

En parcourant le bord de la mer, entre Piriac et Pénestin (9), on trouve dans quelques anfractuosités des roches schisteuses qui plongent sous la mer, au-dessous d'une couche de $0^m,50$ à 1 mètre de sables stériles, des amas très-peu importants et tout à fait adventifs de sables bruns contenant du fer oxydulé, de l'oxyde d'étain, des zircons, des

---

(6) Les habitants de la contrée au sud de la Loire employaient la chaux comme amendement dès le 1er siècle de notre ère : *Pictones calce uberrimos fecere agros.* (Pline, livre XVII, 4, 8.)

(7) Le phare du Four, à trois lieues en mer, à l'ouest du Croisic, est situé sur un massif de calcaire tertiaire.

(8) Il a paru superflu de décrire ici les différentes variétés de granites, porphyre et calcaires du département. Un simple coup d'œil sur la collection géologique du Musée en apprendra plus long que toutes les descriptions.

Cette collection, très-complète, est due aux laborieuses recherches de MM. Dubuisson et Cailliaud, anciens conservateurs du Musée. Le Musée renferme en outre une collection intéressante de fossiles donnée par M. le baron Bertrand-Geslin.

(9) Pen-estin (cap d'étain).

spinelles, des tourmalines, des grenats, des émeraudes et même quelques parcelles d'or. La mer, dans son mouvement oscillatoire de flux et de reflux, a roulé comme sur des tables de lavages les débris désagrégés des falaises dont les éléments les plus denses se sont agglomérés à la base des sables du rivage. Mais le volume total des sables stannifères, d'ailleurs très-pauvres en oxyde d'étain et où les minéraux précieux se trouvent en poudre presque impalpable, n'excède pas quelques mètre cubes, et les essais de lavage ont démontré que les frais ne seraient pas compensés par les résultats. Ces dépôts de sables stannifères, gemmifères et aurifères, malgré leur pauvreté, offrent un véritable intérêt scientifique. M. de la Guérande avait été prisonnier en Angleterre et fut frappé, à son retour, de la ressemblance des côtes de Piriac avec celles de Cornouailles où se trouvent de riches gisements d'étain. Les gisements sont en effet très-analogues, à cette différence près qu'à Piriac l'oxyde d'étain semble être généralement remplacé par la tourmaline (10).

Plomb. — Un filon quartzeux contenant de la galène argentifère a été reconnu en 1824 à la Guesne, près Crossac, dans la formation de granit à gros grains. Les recherches ont été poussées jusqu'à 27 mètres de profondeur et ont donné lieu à une extraction de 7 tonnes environ de minerai; mais la rareté de la galène a découragé les exploitants qui ont abandonné les travaux en 1830. Une recherche opérée à la fin de 1872 en présence de l'ingénieur des mines sur le prolongement du filon n'y a fait reconnaître aucune trace de galène.

La production de plomb dans la Loire-Inférieure est néanmoins considérable par suite de l'importation des riches minerais calcaires de la Sardaigne à l'usine de Couëron (11) située sur les bords de la Loire, où ils sont élaborés dans des fours à réverbère par la méthode dite de réaction. L'argent est concentré dans le plomb par la méthode de cristallisation dans des chaudières Pattinson et extrait ensuite suivant la méthode ordinaire par la coupellation. Les crasses, les scories, les fumées de plomb, sont reprises et traitées dans un four spécial à réverbère. La production pour l'année 1874 a été de 356 tonnes de plomb au prix de 540 francs et de 2307 kilogrammes d'argent aux prix de 2200 francs. L'usine, qui appartient à MM. Bontoux et Taylor, propriétaires des mines de plomb de Pontgibaud en Auvergne, a été construite sur de vastes proportions et tend chaque année à prendre de nouveaux développements.

Fer. — Dans un mémoire inédit, qui a été rédigé à la suite d'instructions ministérielles du 28 mars 1837 et dont la minute est classée aux archives du service des mines, M. Théodore Lorieux (12), alors ingénieur des mines à Nantes, a consigné le résultat de ses études géologiques sur les minerais de fer de la Bretagne, et il a démontré le premier :

1° Que ces minerais se trouvent en amas ou en rognons dans les schistes argileux métamorphisés et altérés des vallées parallèles à la direction générale des affleurements granitiques du sud de la Bretagne (ouest 20 degrés à 24 degrés nord), à part quelques amas dont l'orientation différente trouve son explication dans le voisinage de porphyres ou d'amphibolites;

2° Que si, dans leur voisinage, les roches ignées ne se montrent pas à la surface, la direction générale des minerais n'en reste pas moins parallèle aux grands sillons déterminés par l'épanchement de ces roches primitives;

3° Que les minerais de fer semblent provenir de sources qui ont traversé les fissures des roches et d'où se sont dégagés, en arrivant à la surface, les acides gazeux dont la présence maintenait le fer en dissolution;

4° Que l'oxyde de fer hydraté se trouve généralement accompagné d'argile dans le schiste altéré et pourri, et qu'il ne se trouve jamais dans les schistes durs non altérés, ce qui prouve que le minerai est contemporain de l'altération des schistes et postérieur à leur dépôt.

Le gisement le plus important de minerais de fer dans la Loire-Inférieure est celui de Rougé (13), à 10 kilomètres au nord de Châteaubriant : il est à 28 kilomètres environ des plus proches témoins des roches ignées apparaissant à la surface, et cependant il se trouve avec les minières de Saint-Saturnin et de Coatquidam (Morbihan) sur une ligne droite d'une longueur de 56 kilomètres exactement parallèle au sillon granitique du sud de la Bretagne, ce qui tend à prouver que son origine est en relation directe avec ces granits. Le minerai d'hydroxyde de fer s'y trouve en rognons disséminés dans des sables argileux sur une épaisseur variant de $0^m,15$ à $0^m,30$, une largeur d'environ 50 mètres et une longueur de 300 à 400 mètres, suivant la direction ouest 20 degrés nord et l'inclinaison de 30 degrés, au sud des quartzites qui forment les plateaux allongés des hauteurs du voisinage. Ces grès schisteux métamorphisés sont inférieurs aux schistes argileux à trilobites, parfois ardoisiers, parfois ampéliteux, des vallées voisines, qui appartiennent à l'étage inférieur de la formation silurienne, et qui ont vers le sud une inclinaison de 75 degrés, bien plus forte que celle des quartzites. Les collines de grès quartzeux métamorphique, avec les minerais de fer qu'elles contiennent, paraissent avoir été soulevées par des granits qui les ont fendillées et qui ont détruit leur stratification, sans pouvoir émerger à travers toutes les couches inférieures des terrains de transition.

Le minerai de fer de Rougé est parfois siliceux, plus souvent argileux; il est dans certains cas recouvert d'un enduit noir, qui paraît être du bioxyde de manganèse. Les efflorescences des tas de minerais exposés à l'air y dénoncent la présence des pyrites. Le minerai n'a été exploité jusqu'à ce jour que par des excavations superficielles de quelques mè-

---

(10) La tourmaline abonde dans les gneiss et micaschistes entre Guérande et Piriac. Les beaux échantillons de Schorl Rock de la Monnaie de Paris proviennent d'une carrière de Clis, près Guérande.

(11) Couëron ou Coiron, d'après l'abbé Travers (p. 8), serait la ville dont il est question au livre IV de Strabon sous le nom de Κόρβηλεν. M. de Kersabiec, dans sa brochure intitulée *Corbilon* (1868), place cet ancien port au village actuel de Beslon, au nord de la baie d'Escoublac.

(12) Théodore Lorieux, né au Croisic le 22 avril 1800, ingénieur ordinaire et ingénieur en chef des mines à Nantes, pendant dix-sept ans, inspecteur général 1856-1865, décédé à Paris le 17 décembre 1866 ; auteur avec M. Lefébure de Fourcy de la *Carte géologique du Morbihan*.

---

(13) Ces minières ont été exploitées de temps immémorial ; on a retrouvé récemment des galeries souterraines dont on avait complétement oublié l'existence. Une législation particulière, qui date de 1526, y fixait la redevance, au propriétaire, à 37 centimes par pipe d'environ 1/2 mètre cube pesant approximativement 900 kilogrammes. La redevance est maintenant de 40 centimes par pipe, ce qui correspond à 45 centimes par tonne de minerai.

tres de profondeur. Il contient de 60 à 70 pour 100 d'oxyde de fer, de 25 à 15 pour 100 de sable et argile, de 2 à 4 pour 100 d'alumine, et en moyenne 10 pour 100 d'eau. Il donne de 40 à 44 pour 100 de fonte retenant environ 1 pour 100 de silicium, de 0,15 à 0,45 de soufre, et des traces de phosphore et d'arsenic. Il alimentait les hauts fourneaux au charbon de bois de Martigné (14) (Ille-et-Vilaine), à 14 kilomètres; de Roche (Ille-et-Vilaine), à 24 kilomètres; de la Prévière (Maine-et-Loire), à 28 kilomètres; de Moisdon (Loire-Inférieure), à 22 kilomètres; et de la Hunaudière (Loire-Inférieure), à 14 kilomètres. On l'y mélangeait avec un quart environ de minerai calcaire de Bilbao (Espagne), pour améliorer la qualité de la fonte, qui aurait été trop cassante et trop siliceuse avec l'emploi exclusif du minerai du pays. Ces hauts fourneaux ont été successivement mis en chômage par suite de l'enchérissement du prix des bois et des charbons de bois, dont les débouchés se sont étendus avec la facilité des communications. Le haut fourneau de la Hunaudière, abandonné en 1860, a été remis en activité au commencement de l'année 1873, à la suite de la grève qui s'était produite en Angleterre et qui avait amené sur les fontes une hausse exceptionnelle. Il donne actuellement 600 tonnes de fonte qui sont livrées aux forges de Basse-Indre, près Nantes, au prix de 165 francs la tonne (15). Il s'alimente avec du minerai de la Haute-Noë, dont le gisement est beaucoup moins important, mais tout à fait analogue à celui de Rougé, et qui se trouve situé dans la commune de Sion, à 4 kilomètres de la Hunaudière. Le prix de revient du minerai rendu au gueulard du haut fourneau est de 4 fr. 25 c., dont 3 francs pour l'extraction, 45 centimes de redevance au propriétaire du sol et 1 fr. 80 c. de transport. La minière de la Noë, commune de Ruffigné, à 10 kilomètres au nord de la Hunaudière, fournissait également un minerai de même nature et contribuait, il y a quelques années, à l'alimentation du haut fourneau. Elle est aujourd'hui complétement abandonnée.

Il en est de même des minerais de la forêt de Larche, aux environs de Meilleraye, qui alimentaient le haut fourneau de la Jahotière. Ce haut fourneau, qui produisait de la fonte au coke, pour moulage, est en chômage depuis 1862. Il était placé sur le minerai, dont le prix de revient n'excédait pas

4 francs la tonne, mais éloigné de toute voie navigable qui pût, à bas prix, lui apporter la houille.

Les minerais de Larche et de Meilleraye sont disséminés en rognons de 0^m,10 à 0^m,30 d'épaisseur sous les sables argileux tertiaires qui recouvrent le département sur une large bande orientée de l'est à l'ouest. Ils sont reconnus à la surface sur une étendue de plus de 500 hectares, mais peuvent se prolonger plus loin sous le recouvrement des sables tertiaires. Leur disposition en couche horizontale tend à les faire considérer comme des dépôts formés dans des eaux tranquilles et contemporains des sables argileux qui les renferment.

Outre les minières exploitées à diverses époques, la Loire-Inférieure comprend encore de nombreux gisements de minerais de fer, soit dans les dépôts tertiaires adventifs qui se trouvent sur divers points du département, soit au contact des quartzites et des schistes ardoisiers, soit dans les micaschistes et les schistes talqueux au contact des granites et des gneiss (16).

Il n'est pas rare de constater la présence de l'oxyde de fer dans le voisinage des massifs de porphyres ou d'amphibolites; pour en citer un exemple entre plusieurs, un gisement assez curieux d'oxyde de fer titané, situé près du château de Chasseloire, sur les bords de la Maine, en la commune de Maisdon, avait donné lieu en 1811 à quelques recherches et à un commencement d'exploitation : il se trouvait à proximité d'un massif d'amphibolites, disséminé à la surface dans du kaolin provenant de la décomposition d'un gneiss très-feldspathique qui se confondait un peu plus loin avec les micaschistes de Châteauthébaud (17).

Des explorations récentes de minerais de fer ont été entreprises par la Compagnie des usines de Marquise et par

---

(14) Le haut fourneau de Martigné-Ferchaud a été remis en activité dans le cours de l'année 1873. Il est alimenté avec du minerai de Rougé, dont les minières, totalement abandonnées de 1871 à 1873, extraient depuis lors annuellement 1000 pipes ou 900 tonnes de minerai, au prix moyen de 3 fr. 40 c. la tonne sur le lieu d'extraction.

(15) En l'an IX, les hauts-fourneaux de la Hunaudière et de Moisdon, les forges de Moisdon, de Gravotel et de Provostière, produisaient 725 tonnes de fonte au prix de 120 francs, et 926 tonnes de fer au prix de 450 francs; elles consommaient 1800 tonnes de minerai à 2 fr. 80 c. la tonne et 480 000 hectolitres de charbon au prix de 70 centimes. Le prix moyen de la journée d'ouvrier était de 1 franc (*Annuaire* de l'an XI). En 1859, une des dernières années de l'existence des hauts-fourneaux au charbon de bois, les hauts-fourneaux de la Hunaudière, Moisdon, la Poitevinière, les forges de Gravotel et de la Provostière, produisaient 2445 tonnes de fonte à 150 francs et 368 tonnes de fer à 380 francs; elles consommaient 6110 tonnes de minerai à 5 francs la tonne et 178 000 hectolitres de charbon au prix de 1 fr. 40 c. Le prix moyen de la journée était de 2 francs. Les prix des matières premières et les salaires ont donc sensiblement doublé en cinquante ans, tandis que le prix de la fonte s'est sensiblement maintenu.

(16) La présence de fer oxydulé magnétique a été reconnue au sud-est du fort de Ville-ès-Martin, près Saint-Nazaire.

(17) L'abondance du fer dans le département est accusée par l'émergence d'un certain nombre de sources ferrugineuses. Les plus connues sont celles de Préfailles, la Bernerie, Pornic et Saint-Michel-Chef-Chef, dans les schistes talqueux des bords de la mer, au sud de la Loire. La plus importante est celle de Préfailles, dans la bande de terrain envahie par les grandes marées et comprise par conséquent dans le domaine de l'État. Quelques habitants des localités voisines se sont cotisés, vers 1850, pour fermer, par un mur en ciment, l'excavation naturelle d'où émerge la source, et emmagasiner ainsi les eaux dans un réservoir, d'où elles s'écoulent par un tube de fer. Elle contient 12 milligrammes d'oxyde de fer par litre et débite environ 12 litres par minute. La source de la Bernerie, située à 500 mètres du rivage, débite environ 2 litres par minute et contient par litre 22 milligrammes d'oxyde de fer. La source de Pornic est située dans l'anse de Malmy, près la pointe de Gourmalon. Elle débite environ un demi-litre d'eau par minute. La source de Saint-Michel-Chef-Chef en donne environ trois quarts.

M. Bobierre, le savant directeur de l'École des sciences, a fait en 1851 des analyses qui ont donné les résultats suivants :

	Préfailles.	La Bernerie.	Pornic.
Volumes de gaz obtenus par ébullition dans un litre d'eau........	46^{cc}.34	53^{cc}	37^{cc}.75
Résidu salin par évaporation d'un litre d'eau.................	0^{gr}.401	0^{gr}.350	0^{gr}.394

Composition des gaz pour 100 volumes.

	Préfailles.	La Bernerie.	Pornic.
Acide carbonique..............	55.40	41.78	12 »
Azote......................	84 »	4.90	67.10
Oxygène...................	10.60	53.32	20.90
	100 »	100 »	100 »

M. Victor Doré, du Mans, qui s'occupent d'installer des hauts fourneaux pour deux usines distinctes, dans des emplacements situés à la limite de la Loire-Inférieure, près Redon, sur les bords du canal de Nantes à Brest et à proximité du chemin de fer. Ils sont à faible distance des minières de Béganne (Morbihan), découvertes en 1831 par M. Besquéent (18), et dont le minerai, analogue à celui de Rougé, a été souvent transporté, ces dernières années, jusqu'en Angleterre, comme fret de retour, par les navires qui apportaient de la houille à Saint-Nazaire. Ce minerai, dont la teneur est de 40 pour 100, revient à 4 francs la tonne sur le lieu d'extraction, et doit être mélangé avec un quart de minerai d'Espagne, dont la tonne, rendue à l'usine, coûte environ 25 francs. Malheureusement, les prix élevés de la houille tendent à se maintenir et semblent laisser peu d'écart, dans les conditions actuelles, entre le prix de revient et le prix de vente de la tonne de fonte (19).

Les fontes au bois des environs de Châteaubriant trouvaient un placement assuré aux forges de Basse-Indre, pour la fabrication des fers de qualité supérieure destinés à la marine. Ces forges ont été installées, en 1825, par un ingé-

Composition du résidu pour 100 grammes.

Matière organique.............	7.20	0.40	16 »
Silice.....................	7.60	5.30	2 »
Alumine.....................	Traces	0.60	2.30
Acide sulfurique..............	8 »	9.50	9.54
Chlore.....................	3.80	8.50	8.89
Sodium	18 »	13 »	20 »
Magnésium	2.90	6.60	2.44
Calcium.....................	3.72	4.40	6.44
Protoxyde de fer..............	3.09	6.30	1.02
Oxygène et acide carbonique combinés.....................	45.69	45.40	31.37
Arsenic.....................	Traces	Traces	Traces
	100 »	100 »	100 »

Toutes ces sources semblent provenir du suintement des eaux de pluie à travers les schistes talqueux où se trouvent disséminés des sulfures de fer, et notamment des arséniosulfures, tel que le mispikel, qu'on rencontre en blocs compactes aux environs de la Mossardière, près Pornic.

Une source minérale ferrugineuse a été signalée vers 1820 à Forge, non loin de Verrière, à trois lieues environ de Nantes, sur les bords du ruisseau de Gesvres, qui vient se jeter dans la rivière d'Erdre. Après avoir eu vers cette époque une notoriété éphémère, elle paraît être complètement oubliée aujourd'hui. Les analyses de MM. Prevel et Le Sant y avaient constaté la présence de 0^{gr},02 d'oxyde de fer par litre, et une forte proportion de sels magnésiens.

(18) On a retrouvé en divers points de cette minière, comme sur la plupart des affleurements importants de minerais de fer, des scories provenant de la fabrication rudimentaire du fer, telle que les Gaulois la pratiquaient probablement sur place, avec les forges à bras.

La fabrication de la fonte dans les hauts fourneaux a commencé dans la province de Liége dans le courant seulement du xvie siècle. (*Mines métalliques de la France.* — Alfred Caillaux, 1875.)

(19) Le département de la Loire-Inférieure comprend plusieurs fonderies importantes; la fonderie Voruz, sur la prairie au Duc, est une des plus considérables de France. En 1874, elles ont livré 5000 tonnes de fonte moulée, au prix moyen de 320 francs. Il convient de mentionner encore, comme se rattachant à l'industrie du fer, l'importance des ateliers de construction des machines à vapeur fixes et locomobiles et appareils divers pour usages agricoles, pour sucreries et raffineries, et des machines pour bateaux à vapeur. Le voisinage de l'usine nationale d'Indret a beaucoup contribué à former, pour les ateliers d'ajustage, de bons ouvriers mécaniciens.

La vapeur est employée pour le chauffage ou comme force motrice dans 327 établissements par 518 chaudières et 361 machines représentant une force totale de 2807 chevaux.

nieur anglais, M. Thomas, sur les bords de la Loire, à 10 kilomètres en aval de Nantes, vis-à-vis le grand établissement national d'Indret. Elles ont été achetées, en 1836, par M. Riant, qui les a faites ce qu'elles sont encore aujourd'hui. Il s'est appliqué à obtenir des fers de qualité supérieure pour les usages de la marine, avec les fontes au bois de provenances diverses et une forte proportion de ferrailles achetées dans les grands ports. Il a pu ainsi se créer une fabrication et des débouchés spéciaux, et assurer une grande prospérité à son usine, jusqu'aux traités de commerce qui ont forcément abaissé le prix des fers. Aujourd'hui, les forges de Basse-Indre, avec un vieux matériel, continuent à produire annuellement de 6000 à 6500 tonnes de fer laminé et de 700 à 800 tonnes de fer martelé, à des prix qui n'atteignent plus, comme autrefois, 40 et 45 francs, mais qui se tiennent entre 27 et 32 francs pour les fers laminés, 34 et 38 francs pour les fers martelés.

Aux fournitures de la marine, elles joignent depuis 1870 des commandes importantes de l'artillerie pour essieux et bandages (20). Elles n'ont fait jusqu'à ce jour aucun effort pour diminuer les frais de main-d'œuvre en adoptant les fours rotatifs à puddlage mécanique ; mais leur propriétaire actuel, M. Langlois, a réalisé un progrès non moins important en installant un four à gaz du système Siemens, pour obtenir, avec un emploi plus rationnel du combustible, une moindre déperdition de chaleur; de plus, il a essayé cette année d'alimenter le four à gaz avec de la tourbe, dont un gisement important se trouve à 50 kilomètres environ sur la même rive de la Loire.

Tourbe. — Un grand marais tourbeux, désigné sous le nom de Grande-Brière mottière, s'est formé dans une vaste dépression des granites schistoïdes de la région qui s'étend entre Saint-Nazaire, Herbignac, Guérande et Pontchâteau (21). Avant le bornage, un certain nombre de parcelles ont été envahies sur les bords par des particuliers dont l'usurpation a été consacrée par le temps; quelques marais détachés sont aussi devenus, par l'usage, la propriété exclusive de la commune la plus proche. Mais la Grande-Brière proprement dite, dont l'étendue dépasse 6600 hectares, est la propriété indivise de dix-sept communes limitrophes, dont les habitants ont seuls le droit d'y extraire la tourbe. Ce droit résulte d'un usage immémorial pour les habitants du voisinage; il était proba-

(20) Pendant la guerre 1870-71, les forges de Basse-Indre ont livré 13702 bandages de roues pour 228 batteries, et 5093 essieux pour 169 batteries d'artillerie. Elles ont puissamment aidé l'usine d'Indret et l'usine Voruz, qui fondaient les canons, dans les armements considérables effectués à cette époque avec le concours des ateliers d'ajustage de Nantes.

(21) Il y a 10 kilomètres à peu près dans les deux directions nord-sud de Camérun à la Ville-Rouaud, et est-ouest des pierres druidiques de Grévy aux ruines du château Lorieux. Ces ruines sont réduites aujourd'hui à un amas de quelques pierres. Le château était déjà en fort mauvais état, il y a deux cents ans, comme le constate une déclaration de la vicomté de Donges, du 17 février 1683. Un compte des revenus de la même vicomté, dressé en 1511, établit que le seigneur de Bois-Joubert devait « chacun an, un chapeau de roses, » le jour de la Pentecouste, rendu sur la teste de l'imaige de Monsieur » Sainct-Georges, en la chapelle du château de Lorieuc ». Ce château appartenait à la famille de Rieux, comme le prouve un aveu de la vicomté de Donges, rendu au roi par Suzanne de Bourbon, veuve de Claude 1er de Rieux, en 1542 (Ogée, *Dictionnaire de Bretagne*, Crossac). Le nom primitif du château doit avoir été Loc-Rieux (Locus-Rieux).

blement antérieur aux Romains (22), dont l'occupation est encore attestée par la grande voie romaine qui fait le tour de la Brière; il est relaté dans les plus anciens aveux; il est formellement reconnu par les lettres patentes du 8 août 1461, où le duc François II, suzerain de la Bretagne, ordonne au sénéchal de Guérande de faire curer les canaux qui servent à l'écoulement des eaux, et de rétablir ainsi « *le chemin et voye* » *par lesquelles le peuple de ladite paroisse de Saint-Nazaire,* » *Saint-André, Escoublac et autres paroisses voisines soulaient* » *et avaient accoustumé aller à ladite Brière dont ils tiraient* » *les mottes pour leur chauffage et les foins pour leurs bêtes* ».

La Grande-Brière est recouverte, sur presque toute sa surface, d'un banc tourbeux dont l'épaisseur est très-variable suivant les dépressions plus ou moins profondes du terrain granitique sous-jacent, mais dont la puissance moyenne peut être évaluée à 60 ou 80 centimètres, et qui est d'ailleurs criblée d'excavations irrégulières par des tourbages effectués sans aucun ordre depuis plusieurs siècles jusqu'à ce jour. Il est devenu impossible d'imposer des emparquements aux tourbeurs, et l'administration se borne à fixer pour le tourbage, d'accord avec le syndicat de la Grande-Brière, l'époque convenable pour que les mottes extraites aient le temps de sécher sur place avant le retour des eaux. Elle accorde en général, par an, neuf jours dans la seconde quinzaine d'août, pendant lesquels les habitants des dix-sept communes limitrophes peuvent venir couper de la tourbe. On voit affluer alors sur la Brière les populations riveraines, hommes, femmes, enfants, et les permis délivrés par les maires s'élèvent à plus de quatre mille. En 1874, le tourbage a été de 85 000 mètres cubes, ce qui, au prix de 4 francs le mètre cube, représente une valeur de 340 000 francs et un revenu d'environ 51 francs 50 centimes par hectare (23). En admettant que la tourbe occupe une étendue superficielle de 6000 hectares, et que l'extraction annuelle soit de 90 000 mètres cubes, le tourbage enlève ainsi par an 1 millimètre et demi d'épaisseur de tourbe répartie sur toute la surface.

Le banc tourbeux est à peu près intact sur les parties les plus élevées de Bru, du Blanc, d'Aignac et des Charreaux, qui ont été réservées comme pâtures; il n'existe pas sur les hauteurs granitiques d'Olive, de Kerfeuille, du Grandpas et d'Ardant. Partout ailleurs il a été excavé à des profondeurs très-variables.

La tourbe est découpée en long et en travers à l'aide d'un instrument tranchant dit *salet*, qu'on enfonce verticalement à 20 ou 30 centimètres de profondeur. Les mottes taillées ensuite dans le massif, ainsi découpé par un autre instrument appelé *marre*, sont disposées sur le bord de la tranchée, puis transportées à dos sur le terrain d'étente, où on les répartit par petits tas pour faciliter la dessiccation. Elles sont ensuite groupées en gros tas, puis transportées à domicile pour la consommation locale, ou chargées dans des bateaux plats appelés *blins* qui les amènent à la Loire.

Le syndicat de la Grande-Brière prélève une taxe de 25 centimes par mètre cube de tourbe extraite, et cette somme, qui correspond chaque année à une vingtaine de mille francs, est répartie entre les dix-sept communes proportionnellement au nombre de ménages. En raison du développement de la commune de Saint-Nazaire, qui tendait à tout absorber, les règles de la répartition ont été définivement fixées en 1860 par une délibération syndicale. Il en est de même pour le produit de la vente des terres noires qui proviennent du curage des canaux, et que le syndicat met en adjudication. L'extraction des terres noires est d'environ 10 000 mètres cubes par an, et donne au syndicat un revenu qui varie entre 10 000 et 20 000 francs. Ces terres noires mélangées avec moitié chaux, étuvées, pulvérisées et tamisées, sont vendues comme amendement et sont employées surtout, cela est triste à dire, pour la falsification des noirs d'engrais.

La Grande-Brière est recouverte par les eaux pendant la plus grande partie de l'année, et l'écoulement devenait insuffisant pour le coupage et la dessiccation des mottes, lorsqu'en 1863 un canal a été exécuté du port des Sauziers à Trignac, où a été construite une nouvelle écluse pour le débouché des eaux dans la rivière du Brivet (24). Sans ce canal et sans le curage récent des canaux de la Compagnie de dessèchement des marais de Donges, il serait impossible de tourber autrement que sous l'eau. Aujourd'hui, le dessèchement est insuffisant pour les besoins du tourbage d'après le mode habituel du pays; mais le Brivet, par son envasement progressif, devient aussi peu efficace pour l'écoulement des eaux qu'impraticable pour la navigation.

L'extraction annuelle de 90 000 mètres cubes sur une étendue de 6000 hectares n'abaisserait que de 1 millimètre et demi le niveau général de la Brière, s'il ne fallait tenir compte des terres noires entraînées par les eaux. En réalité, l'abaissement paraît atteindre chaque année environ 1 centimètre, ce qui, pour une épaisseur moyenne de $0^m,80$, réserverait encore aux tourbières un avenir de près d'un siècle; mais, avec l'extrême irrégularité des excavations, il est presque impossible d'évaluer, même approximativement,

---

(22) Les Romains connaissaient la tourbe. Pline l'Ancien (livre XXXV, 51) dit après avoir parlé du soufre :

« *Et bituminis vicina est natura alibi* limus, *alibi* terra. »

Il dit encore, après avoir plaint le dénûment de quelques peuplades des bords de l'Océan où ne croissent ni arbres ni arbrisseaux (livre XVI, 1) :

« *Ulva et palustri junco funes nectunt et prætexenda piscibus* » *retia; captumque manibus lutum ventis magis quam sole siccantes,* » *terra cibos et regentia septentrione viscera sua urunt.....* »

Il trouve que de si pauvres gens ont bien mauvaise grâce à se plaindre de l'invasion romaine :

« *Et hæ gentes, si vincantur hodie a populo Romano, servire se dicunt !* »

Autrefois, la tourbe était peu employée comme combustible, sauf dans les pays dépourvus de bois : ainsi dit Charles Patin en son *Traité des tourbes* (1673, p. 64) :

« Il y a beaucoup d'endroits en Picardie qui en sont pleins et qu'on » néglige toutefois à cause de l'abondance des bois qui en fait mépriser » la rencontre. »

(23) Au commencement de ce siècle l'extraction annuelle était d'environ 300 000 mètres cubes au prix moyen de 60 centimes le mètre cube sur le lieu d'extraction. (*Annuaire* de l'an XI.)

(24) La rivière du Brivet traverse la Brière et vient se jeter dans la Loire en amont de Saint-Nazaire. M. Athénas a publié en 1823 (*Lycée armoricain*, tome I, p. 145) un Mémoire ayant pour objet de prouver que le Brivates Portus indiqué dans Claude Ptolémée (livre II, ch. 8), par 17-40 de longitude et 48-45 de latitude, devait se trouver à l'embouchure du Brivet, au pont de l'étier de Méans. Voici le texte de Ptolémée :

Μετὰ τὰς τοῦ Λίγερος τοῦ ποταμοῦ ἐκβολὰς,

Βριουάτης λιμὴν	ιζ νο	μη νδ	(17-40		48-45)
Ἡριοῦ ποταμοῦ ἐκβολαὶ	ιζ	μς δ	(17		49-15)
Οὐίνδανα λιμὴν	ιζ ν	μθ νο	(16-30		49-40)
Γόβαιον ἄκρον	ιε δ	μθ νδ	(15-15		19-45)

la puissance moyenne des lambeaux irréguliers du banc tourbeux (25).

Les ingénieurs des mines ont tenté à diverses reprises d'introduire dans la Brière les procédés de tourbage de la Picardie. Ils ont rencontré une opposition invincible de la part des habitants, qui se refusent instinctivement à toute modification du régime actuel comme pouvant porter atteinte à leur propriété collective. Ils tiennent beaucoup à ne pas tourber sous l'eau et à ne prendre que la tourbe superficielle, qui seule est assez compacte pour le chauffage; ils ont reconnu que la tourbe sous-jacente, mise à découvert par un premier tourbage, s'améliore et devient exploitable au bout de quelques années. Elle se trouve alors dans des conditions plus favorables pour subir, sous l'action des eaux et des agents atmosphériques, la fermentation et la carbonisation partielles qui la rendent propre à la combustion.

D'après le naturaliste Piet, les végétaux qui ont produit la tourbe de la Grande-Brière sont : le scirpe maritime, le troscart maritime, la blite ansérine, le jonc maritime, le carex aigu, la salicorne herbacée et quelques autres plus rares (26). On y trouve aussi des arbres entiers, principalement des chênes dont les troncs couchés sont injectés et noircis par leur long enfouissement : quelques-uns sont assez bien conservés pour qu'on puisse les débiter et en faire des parquets auxquels leur teinte noire donne l'aspect de bois d'ébène.

Sur les débris de ces arbres qui formaient la première assise du terrain tourbeux sont nés les végétaux qui se nourrissent aux dépens du ligneux en décomposition. Après avoir accompli leur végétation, ils ont déposé en mourant, entre leurs racines profondes et filamenteuses les détritus de leurs feuilles et de leurs fleurs. Ces détritus accumulés cha-

que année ont servi de sol à une nouvelle végétation qui, en mourant à son tour, a exhaussé peu à peu le niveau superficiel de la couche tourbeuse et augmenté son épaisseur.

Dans les conditions actuelles de la Brière, la tourbe ne s'y reproduit pas, ou si elle se reproduit, ce n'est que dans les terrains les plus bas et avec une extrême lenteur (27). Aucune végétation ne s'établit sur le fond des anciennes excavations jusqu'à ce qu'une couche limoneuse y ait été déposée par les eaux et ne se recouvre de roseaux dans les endroits les plus profonds, de joncs sur les terrains un peu moins bas et d'herbages sur les parties les plus élevées. Lorsque la tourbe, dans une centaine d'années, aura été complétement épuisée, on pourra compléter les canaux de desséchement et obtenir des prairies sur les lieux hauts, des lacs permanents dans les lieux les plus bas, ce qui améliorera sensiblement la salubrité de la contrée environnante.

La tourbe de la Basse-Loire pèse environ 300 kilogr. au mètre cube et contient 15 pour 100 de cendres, tandis que celle de la Picardie atteint le poids de 350 kilogr. et renferme au plus en cendres une proportion de 8 ou 9 pour 100. Les cendres renferment environ 70 pour 100 de sable et argile, 20 pour 100 de sulfate de soude, 2 pour 100 de sulfate de

---

(25) Une bordure de terrain tourbeux s'étend sur la rive droite de la Loire de Couëron à Donge et s'avance en pointe jusqu'à Prinquiau, vers le nord. Il y a également un marais tourbeux à l'est de Besné et un autre à l'est de Drefféac. Ces marais appartiennent à des communes, et la tourbe y est presque complétement épuisée.

On constate également la présence de terrains tourbeux sur les bord de l'Erdre, dans le marais de Petit-Mars; on en trouve également sur la rive méridionale du lac de Grand-Lieu.

(26) *Dictionnaire d'histoire naturelle* (Guérin, 1839). *Scirpe maritime* (Linné) aux chaumes triangulaires, aux longues feuilles planes avec une côte saillante sur le dos, aux épines brunâtres assez grosses et disposées par paquets de 3 à 7.

Salicorne herbacée (Linné), petite plante sous-frutescente à tiges épaisses et rameaux noués, dépourvue de feuilles, avec fleurs disposées en épis qui naissent aux articulations nombreuses et rapprochées des rameaux et demeurent épanouies pendant les mois d'août et de septembre (de la famille des Chénopodées).

Chénopodées, plantes à périgone découpé profondément en plusieurs parties, étamines définies, attachées à la base du calice; ovaire supère, un ou plusieurs styles, une ou plusieurs graines nues ou renfermées dans un péricarpe; fleurs monoïques, polygames ou hermaphrodites (l'ansérine dite Patte-d'Oie est le type de cette famille).

Troscart maritime, *Triglochin maritimum* (Linné), plante herbacée à feuilles étroites, planes ou cylindracées, fleurs petites et verdâtres en épi : périanthe à 6 folioles concaves, 6 étamines dont les anthères sont extrorses. 1 pistil à 6 loges uni-ovulées. A ces fleurs succèdent des capsules à 6 loges qui s'ouvrent en autant de coques ou pièces aiguës, ce que rappelle le nom du genre (d'Orbigny, 1849, *Dictionnaire d'histoire naturelle*).

Carex aigu. Chaume de 6 à 10 décimètres, triquètre, rude. Feuilles rudes. Epis mâles 2, 3, les femelles 3, 4, cylindriques, allongés, d'abord penchés, redressés en fruit. Bractées foliacées longues, à deux petites oreillettes à la base. Fruit ovale, comprimé, plus court ou plus long que la glume noirâtre ou brune, à nervure dorsale pâle. (Cypéracées. *Flore de l'Ouest*. James Lloyd, 1854.)

---

(27) D'après M. Kolb, dans les tourbières de la Basse-Loire, il suffirait de cinq ou six ans pour reproduire la tourbe sur l'épaisseur enlevée dans un tourbage. (*Bulletin de la Société d'encouragement*. Janvier 1875, *Mémoire sur les tourbes de la Somme*.) Cette assertion n'est nullement conforme aux traditions de la Brière où la reproduction de la tourbe, presque nulle avec sa végétation actuelle et son desséchement partiel, a dû toujours être fort lente. Le musée archéologique de Nantes (n° 9 du catalogue) possède trois épées de bronze de 0m,60 à 0m,80 de longueur trouvées dans les tourbières de Donges, et une massue en bois de 0m,82 de long découverte à 1m,50 de profondeur à proximité du chemin de fer, dans le sol tourbeux de la commune de Montoir. Si l'on admet avec M. Lubbock (*L'homme avant l'histoire*, 1867, p. 47) que les Phéniciens ont introduit l'usage du bronze sur les côtes de l'Atlantique de 1200 à 1500 ans avant Jésus-Christ; que les armes de bronze ont été totalement abandonnées après la découverte du fer (p. 11) et que le fer était connu des Gaulois bien avant la conquête romaine (p. 37), on sera conduit à faire remonter l'âge des épées de bronze à plusieurs siècles avant notre ère, et à conclure qu'il a fallu plus de 2000 ans pour produire la tourbe dans la Brière sur 2 mètres d'épaisseur, ce qui donnerait par année un millimètre au plus d'exhaussement de la couche tourbeuse. Mais de semblables évaluations reposent sur des données encore trop incertaines.

En 1863, lorsqu'on a creusé le canal de desséchement dans la Brière, du pont des Sauziers à l'écluse de Trignac, la tranchée a mis à découvert, à 3m,30 de profondeur, sous une couche superficielle de vase de 1m,30 et une couche de tourbe de 2 mètres d'épaisseur, sur la vase verte de marée, deux roues en bois de chêne et d'orme, de 1m,06 de diamètre intérieur, à dix rayons, sans traces de métal. Elles étaient couchées l'une sur l'autre et posées à peu près horizontalement avec leurs moyeux au contact. Les jantes étaient arrondies comme par l'usure provenant du roulement; elle avaient une épaisseur de 0m,08 et une hauteur de 0m,09, et étaient composées de dix morceaux reliés au moyeu par dix rais arrondis de 0m,32 de long, sur 0m,045 de diamètre près des jantes et 0m,06 près du moyeu. Celui-ci avait 0m,40 de long et 0m,24 de diamètre; il était percé d'un trou circulaire de 0m,10 ayant probablement porté un essieu en bois. La tourbe au-dessus des roues était parfaitement compacte et n'offrait aucune trace de fissure par où les roues auraient pu s'introduire. L'absence de tout métal ne permet pas de déterminer leur âge avec quelque approximation; on sait que les roues primitives étaient généralement pleines, mais on trouve sur les monnaies gauloises des effigies de roues à rayons. Les roues étaient complétement décomposées et sont tombées en poussière quand on a voulu les enlever. Un dessin très-détaillé en est conservé dans les archives des ponts et chaussées.

potasse, 5 pour 100 de sel marin, 3 pour 100 de chaux, magnésie et oxyde de fer.

Les mottes de la Brière sont très-recherchées pour le chauffage domestique et employées à Nantes, depuis un temps immémorial, dans les petits ménages. La tourbe a une odeur sulfureuse qui n'est pas très-agréable, et donne une faible chaleur, mais elle est essentiellement économique parce qu'elle brûle lentement sans s'éteindre.

Sel. — La Loire-Inférieure renferme d'autres marais qui tendent à devenir, par leur abandon progressif, une cause redoutable d'insalubrité ; ce sont les marais salants dont l'industrie, autrefois prospère, semble aujourd'hui condamnée à une ruine à peu près absolue. Ils occupent sur les côtes du département une superficie de 2200 hectares dont 1600 pour les marais salants du Croisic, de Batz, de Guérande et du Pouliguen, 425 pour ceux de Mesquer, Saint-Molf et Assérac, 25 pour ceux de Pornichet, près Saint-Nazaire, et 392, dont 302 abandonnés, pour ceux des Moutiers et de Bourgneuf : ils correspondent au septième de l'étendue des marais salants de l'Ouest dont la superficie totale est d'environ 16 000 hectares.

Ils ont été créés sur les lais de mer argileux qui offraient de vastes surfaces d'évaporation recouvertes par les eaux seulement dans les grandes marées sur une faible profondeur. Ces lais de mer ont réuni au continent et transformé en golfe le Grand-Traict ou détroit qui séparait de l'ancien port de Guérande les îles de Saillé, du Croisic, de Batz et de Penchâteau (28). Ils exhaussent chaque année le fond de la baie de Bourgneuf d'environ 5 millimètres et la réuniront au continent dans un avenir qui n'est pas très-éloigné. La sœur de Louis XIII, en 1622, était venue admirer l'Océan à Bourgneuf alors port de mer et aujourd'hui à plus de 2 kilomètres du rivage (29) ; et les organaux qu'on voit encore dans les murs du château de la Garnache, à 16 kilomètres dans l'intérieur des terres, montrent avec quelle rapidité la mer se retire devant l'apport des alluvions.

Les eaux de la Loire entraînent en quantité considérable les débris des terrains qu'elle traverse sur son long parcours : les sables les plus lourds sont charriés dans le lit du courant principal, les sables plus légers, après s'être déposés sur les rives, sont portés par les courants aériens et s'accumulent en dunes sous l'influence des vents ordinairement régnant dans la région. Telles sont les dunes qui ont enseveli l'ancien village d'Escoublac entre Saint-Nazaire et le Pouliguen. Les limons maintenus en suspension dans les eaux courantes se déposent dans les accalmies qui résultent de l'amortissement des vitesses des courants entre eux ou contre les rives. C'est ainsi que les limons de la Loire ont réuni l'île de Batz aux coteaux de Guérande ; c'est ainsi qu'ils rétrécissent chaque jour la baie de Bourgneuf où ils sont poussés par la résultante du courant de la Loire et des courants marins.

La récolte du sel sur les côtes de la Loire-Inférieure re-

monte à la plus haute antiquité. Un extrait de Posidonius relaté par Strabon (30) parle d'une île située dans l'Océan, vis-à-vis l'embouchure de la Loire, habitée par des femmes samnites et où se trouvait un temple dédié à Bacchus. Ces femmes vivaient séparées de leurs maris et ne les voyaient que deux ou trois jours par an. Chaque année, elles défaisaient le toit de leur temple et le recouvraient avec des matériaux apportés par chacune d'elles : si l'une laissait tomber son fardeau, elle était déchirée par ses compagnes. L'abbé Travers (31), dans son *Histoire de Nantes*, en a conclu que l'île de Bouin ou quelque autre à l'embouchure de la Loire, avait servi de refuge à une colonie de Samnites ou plus probablement de Namnètes (32) : les femmes récoltaient le sel et cultivaient la terre pendant que leurs maris faisaient au loin la guerre ou se livraient à la chasse dans les forêts. Chaque année elles découvraient le mulon de sel vieux pour y ajouter le sel nouveau et s'empressaient de le recouvrir pour le soustraire à l'action des pluies, et si l'une d'elle tombait avec sa charge sur la terre humide et glissante, ses compagnes l'immolaient pour détourner le mauvais présage ; telle serait l'origine de la crainte superstitieuse qui s'attache encore de nos jours au renversement d'une salière sur la table (33).

La culture des marais salants, comme elle est encore pratiquée aujourd'hui, paraît avoir été introduite par les Saxons. L'île d'Her ou de Noirmoutiers a été au sud de la Loire un de leurs premiers établissements et ils paraissent s'y être cantonnés dès le IVe siècle dans les îles du Croisic et de Batz d'où ils étendaient leurs déprédations jusqu'à Nantes. La forteresse de Grannone fut bâtie par les Romains en 470 après Jésus-Christ, sur les hauteurs en avant Guérande, comme défense contre le rivage saxon (34). Jusqu'à ces der-

---

(30) Strabon, livre IV, tome II, p. 198. Posidonius, dont les ouvrages sont perdus, était contemporain de Cicéron.

(31) *Histoire de Nantes* de l'abbé Travers (1747) ; page 5 de l'édition publiée en 1836.

(32) Le texte de Strabon dans les premières éditions porte Σαμνιτῶν, et les éditions postérieures d'après Tyrwhit ont écrit Ναμνιτῶν, ce qui paraît plus vraisemblable. Il serait étrange en effet que Strabon eût signalé la présence des Samnites si loin de leur pays d'origine sans que ce fait remarquable lui suggérât la moindre observation. Claude Ptolémée parle des Samnites voisins des Vénètes, notamment au livre II, chapitre VIII, mais il a surtout reproduit les travaux de ses devanciers et peut avoir copié les erreurs de leurs manuscrits. Les documents anciens ne citent pas d'ailleurs les Samnites dans l'énumération des peuplades des Gaules.

M. Parenteau, conservateur du musée archéologique de Nantes, possède deux beaux spécimens de monnaies d'or très-différents des monnaies gauloises et trouvés près de l'embouchure de la Loire. Ils représentent d'un côté une tête de femme et de l'autre un Vulcain tenant un marteau de la main droite et de la main gauche une pièce qu'il va poser sur l'enclume représentée par un des signes X, ϟ. Cette explication semble plus naturelle que de considérer ces signes comme des sigmas, qui, lettres initiales du nom, seraient les marques de monnaies samnites. — Quoi qu'il en soit, l'auteur de la présente notice est trop incompétent pour vouloir trancher une question qui a donné lieu à tant de savantes controverses.

(33) Comme le fait observer le commentateur, cette superstition est assez générale pour qu'une explication fondée sur une coutume locale ne soit guère admissible.

(34) *Précis sur le Croisic et ses environs* (Morlent, 1818.) — *Notitia dignitatum* — (Corbilon. De Kersabiec, 1868.) M. de Kersabiec fait un rapprochement plus ingénieux qu'indiscutable entre trois localités voisines, sur le bord des marais salants, qui seraient consacrées par trois peuples différents au même dieu Soleil : *Guérande* (Guer-Grann), la ville de l'Apollon saxon ; *Cor-Heil* (ville-Hélios), sous l'in-

---

(28) Il y a moins de quatre siècles que les îles du Croisic et de Batz sont jointes au continent. Le testament de François Ier, duc de Bretagne, mort en 1450, comprend dans le douaire d'Yolande d'Anjou, sa femme, le Croisic, l'*île de Batz* et autres domaines. (Walckenaer, *Géographie des Gaules*, 1839.)

(29) Luneau, *Recherches historiques sur l'île de Bouin*, 1874.

nières années, les paludiers ou colons des marais salants de Batz et du Croisic formaient une race que distinguait le respect de ses usages traditionnels et qui s'abstenait soigneusement de tout mélange avec la population environnante. Ces différences s'effacent rapidement, à mesure que les enfants des paludiers abandonnent l'industrie de leurs pères pour des professions plus lucratives. Mais tous ceux qui, comme l'auteur de ces lignes, se rattachent par leur origine à la presqu'île du Croisic (35), ne peuvent se défendre d'un douloureux regret en voyant disparaître, avec leur belle prestance et leur costume pittoresque, la race intelligente et fière des paludiers saxons.

Les marais salants consistent en une série de canaux et de réservoirs dont le fond est inférieur de $1^m,50$ à 2 mètres, au niveau moyen des marées de vives eaux : l'eau de mer est introduite pendant les grandes marées par un canal appelé *étier* ou *fossé*, dans un premier réservoir appelé *vasière*, et de là dans un deuxième réservoir appelé *cobier* ou *métière* où elle se concentre par l'évaporation jusqu'à 7 ou 8 degrés de l'aéromètre Baumé. Elle se rend ensuite dans des compartiments appelés *fares* ou *vivres* qui sont disposés sur le pourtour de la saline et qu'elle parcourt en diagonale, puis dans de grands compartiments intérieurs nommés *adernes* ou *hauts-termins* qui sont placés le long de la file des *œillets* et où l'eau n'a plus qu'une profondeur de 5 centimètres. Elle atteint 17 à 18 degrés de concentration dans les fares, 18 ou 20 degrés dans les adernes, et arrive enfin sur la surface des œillets, situés vers le centre de la saline, dans les conditions les plus favorables pour subir l'action du vent et du soleil, avec une profondeur d'eau de 2 centimètres sur les bords et de 5 millimètres au plus dans la portion centrale qu'on appelle le *pelluet*. Le paludier vient tous les deux jours,

voention de l'Apollon grec ; *Cor-Bilon* (ville-Belen ou *Baal*), nommée d'après l'Apollon phénicien. — La découverte toute récente d'une inscription phénicienne sur le bord des marais, entre Clis et Guérande (tome XIII du *Bulletin archéologique de Nantes*, 1874), confirme le séjour des Phéniciens près de l'embouchure de la Loire. Elle explique peut-être pourquoi la coiffure des métayères guérandaises offre une étrange ressemblance avec celle des têtes de sphinx et des momies égyptiennes, et pourquoi certains spécimens des poteries les plus communes ont des formes qui ne seraient pas désavouées par l'art grec et qui restent comme les témoins d'une antique civilisation.

La position exacte du port phénicien Corbilon n'est pas suffisamment prouvée par un simple rapprochement de nom, comme l'observe M. Clément de Ris dans la *Revue des Sociétés savantes des départements*, 1875, page 244 ; ce qui reste probable, c'est que les Phéniciens ont eu un établissement quelque part au bas des coteaux de Guérande. Des fouilles bien dirigées pourraient seules en déterminer l'endroit avec certitude.

(35) L'auteur descend par son aïeule paternelle de Pierre David, un des ôtages emmenés à Redon par le capitaine La Tremblaye, en 1597, pour punir les Croisicais d'avoir tenu pour la Ligue ; son trisaïeul, René David de Drézigué, fut élu major de la milice croisicaise le 29 mai 1744 ; son arrière-grand-oncle, fils du précédent, élu enseigne de la milice aux mêmes élections, fut maire du Croisic pendant vingt-cinq ans, député du tiers aux Etats de Bretagne, condamné à mort par le tribunal révolutionnaire de Guérande et fusillé au Croisic le 30 octobre 1793. — Le droit de s'administrer eux-mêmes avait été octroyé aux Croisicais par lettres patentes de 1618, confirmées en 1683 et 1703, en récompense de leurs armements maritimes aux xve, xvie et xviie siècles. Après le combat naval du 20 novembre 1759, en vue du Croisic, où M. de Conflans, amiral de la flotte française, eut son vaisseau échoué et brûlé, ils firent une si belle résistance qu'ils forcèrent les Anglais à se retirer.

pendant la saunaison, avec le *rable* ou grand râteau plein en bois, attirer sur une petite plate-forme ou *ladure* le sel qui s'est formé dans l'œillet. Le sel blanc est écrémé à la surface et recueilli à part ; le sel ramassé au fond est en gros cristaux qui retiennent quelques parcelles terreuses du fond et leur doivent une teinte grisâtre. A Bourgneuf, le sel est déposé sur une partie, disposée en plate-forme, des digues en terre ou *bossis* qui séparent les salines ; cette plate-forme s'appelle *tosselier* ; le sel y est recouvert, pour être préservé de la pluie, par des herbes grossières ou *rouches*. Dans les marais de Guérande, le sel est porté de la ladure au mulon par des porteuses qui le transportent sur la tête avec une remarquable aisance dans de grands vases tronconiques en bois appelés *gèdes*. Le mulon est soustrait à l'action des pluies par un enduit de terre argileuse.

L'œillet forme un rectangle de 7 mètres de large sur 10 à 11 mètres de long et représente une surface d'environ 70 centiares. Il occupe les 6 centièmes de la superficie de la saline ; l'étier, les 4 centièmes ; la vasière et le cobier ou métières, les 50 centièmes ; les fares et adernes 40 centièmes. La surface totale de l'œillet est d'environ 6 ares en y comprenant la part correspondante des canaux, réservoirs et chauffoirs.

La culture des marais salants est complétement abandonnée aux colons par les propriétaires qui, la plupart du temps, ignorent même l'emplacement de leurs œillets. Néanmoins, ce qui prouve en faveur de l'intelligence des paludiers, leur méthode est parfaitement appropriée aux conditions du climat. L'examen approfondi qui en a été fait par des hommes compétents lors de l'enquête de 1866 n'a suggéré en somme que des améliorations de détail. Ainsi, il faudrait mieux défendre l'accès des marais contre les plus grandes marées, établir, outre les rigoles d'alimentation, un système de rigoles d'issue pour les eaux de pluie après les orages et pour les *eaux mères* où la concentration des sels de magnésie et de potasse au bout d'un certain temps empêche la cristallisation du sel marin et produit ce que les paludiers appellent l'*échaudement*. En outre, pour obtenir un meilleur rendement, il serait probablement avantageux d'augmenter la surface des réservoirs de concentration par rapport à celle des bassins de cristallisation ; en un mot, de concentrer davantage l'eau de mer avant de la faire arriver sur l'œillet (36). Mais tout progrès est d'une réalisation difficile sur un sol aussi divisé ; les marais salants de la rive droite sont répartis entre 1600 et ceux de la rive gauche entre 280 propriétaires, dont les œillets, au lieu d'être contigus, sont presque toujours disséminés entre plusieurs salines. On comprend combien il est malaisé de s'entendre pour réaliser la moindre amélioration.

L'œillet produit en moyenne 1200 kilos de sel gris et 80 kilos de sel blanc. Dans les bonnes années la production peut atteindre 22 *mouets* ou un *muid*, ce qui représente 40 hectolitres et correspond à un poids de 2800 kilos. Il faut à peu près quarante jours de saunaison entre les mois de juin et de septembre pour obtenir une récolte moyenne. Pendant l'hiver, le paludier entretient les rigoles d'alimentation ; tous les neuf ou dix ans, avec le concours des paludiers voisins, il renouvelle et parre la surface argileuse des

(36) *Enquête sur les sels*, 1866. — Rapport technique.

œillets, par l'opération dite *chaussage*. Un seul paludier cultive en général une cinquantaine d'œillets, qui sont situés sur diverses salines à des distances souvent considérables.

Voici quelle est, pour les quatre dernières années, d'après les renseignements fournis par l'administration des douanes, la répartition en tonnes des sels récoltés dans la Loire-Inférieure :

CLASSIFICATION DES SELS suivant leur destination	1871		1872		1873		1874	
	Guérande	Bourgneuf et Moutiers	Guérande	Bourgneuf et Moutiers	Guérande	Bourgneuf et Moutiers	Guérande	Bourgneuf et Moutiers
Sels taxés à l'impôt de consommation de 10 fr. pour 100 kil.	12.233	895	13.110	767	15.237	980	13.053	767
els transportés par cabotage.........	29.878	546	25.373	808	26.673	269	27.262	495
Sels expédiés à l'étranger.........	948	»	1.100	»	1.473	»	1.570	»
Sels employés pour la petite pêche....	345	»	404	»	406	»	238	»
Sels employés pour salaisons à terre...	182	»	250	»	565	»	389	»
Sels employés aux usages agricoles...	»	»	94	»	5	»	»	»
Totaux.....	43.586	1.441	40.331	1.575	44.359	1.249	42.512	962

En 1775, on comptait à Bourgneuf 45 000 aires de marais salants, mais l'envahissement des lais de mer, en les éloignant du rivage, les a rendus en grande partie impropres à la culture du sel et les a transformés en marais *gâts* dont la superficie est aujourd'hui de 302 hectares et dont le seul produit est une herbe grossière appelée *rouche*. En 1810, les marais salants comprenaient 10 000 aires sur la côte sud et 30 865 œillets sur la côte nord. L'annuaire de la Loire-Inférieure publié en l'an XI évalue la production moyenne à 44 000 tonnes de sel. Ce nombre doit être notablement trop faible, car il correspond encore à la production moyenne des vingt-cinq dernières années (37), bien que le nombre des œillets exploités se soit réduit à environ 20 000. La moyenne du prix de vente de la tonne de sel n'a pas non plus varié jusque vers 1860 ; elle était d'environ 15 francs et sa valeur réelle n'avait diminué qu'en suivant la dépréciation monétaire.

Mais cette moyenne ne se maintenait que par la hausse exceptionnelle qui compensait dans les mauvaises années l'insuffisance de la récolte et qui portait le prix de la tonne jusqu'à 30 et 35 francs. Désormais le prix ne se relève pas notablement dans les années improductives ; il reste à peu près stationnaire à 6 ou 7 francs la tonne sur les marais de Bourgneuf, à 7 ou 8 francs la tonne au Croisic et au Pouliguen.

Aussi l'œillet qui valait 350 et 500 francs est tombé à 80, 40 ou même 20 francs. En 1790, il rapportait à son proprié-

taire un revenu de 13 fr. 25 c. qui s'est maintenu en moyenne jusqu'à 1840, qui s'est réduit de plus de moitié pendant la période de 1840 à 1860 et qui devient sensiblement nul aujourd'hui (38). Désormais, suivant son éloignement des routes ou des canaux navigables, l'œillet est abandonné comme onéreux, ou bien couvre seulement ses frais d'exploitation, ou bien enfin laisse au propriétaire un maigre bénéfice. Le portage du sel de l'œillet au mulon, payé autrefois avec du sel blanc, coûte en outre 1 fr. 50 c. par tonne; les frais annuels de réparations ou mises ordinaires qui étaient de 50 centimes atteignent 1 franc ou 1 fr. 50 c. On peut compter 1 franc de mises extraordinaires pour le chaussage et 75 centimes d'impôt, ce qui donne déjà 4 fr. 25 c. ou 4 fr. 75 c. de dépense commune, à laquelle il faut ajouter un tiers du prix de vente pour salaire du paludier, soit environ 2 ou 3 francs. Si l'œillet n'est pas placé sur le bord d'un chemin ou d'un étier navigable, il faut compter encore 2 ou 3 francs pour le *conduit* ou transport du sel à dos de cheval depuis le mulon jusqu'à la charrette ou la gabare. Le prix de revient est alors supérieur au prix de vente et l'œillet est condamné à l'abandon.

Les inégalités de leur production annuelle ont été fatales aux salines de l'Ouest dont la clientèle, pendant les années d'insuffisance, a été peu à peu détournée au profit des salines de l'Est et du Midi. Désormais, la production des sels de l'Ouest est trop abondante pour le marché restreint qu'ils alimentent. Autrefois, ils pénétraient jusqu'à Paris, Bourges et Bordeaux : depuis le développement des mines de sel gemme, les facilités de transports données par la création des chemins de fer et les réductions de tarifs accordées aux sels de mine par les Compagnies de l'Est et de l'Ouest, aux sels de la Méditerranée par les Compagnies de Lyon et du Midi, les sels de la Loire-Inférieure ne vont plus guère au delà d'un rayon de trente à quarante lieues vers l'intérieur. La Compagnie d'Orléans leur a bien accordé des réductions de tarifs croissant avec la distance et les transports à 3 francs la tonne de Saint-Nazaire à Nantes, à 7 francs jusqu'à Angers, 15 francs jusqu'à Paris; mais, malgré ces réductions, ils n'ont pu lutter contre la concurrence des Compagnies de l'Est et du Midi qui abaissent leur prix de vente en raison inverse des distances à parcourir.

Les sels étrangers payent 24 francs de droits de douanes, indépendamment de l'impôt de consommation (*lois douanières du* 28 *décembre* 1848). Dans ces conditions, l'importation est presque nulle, et les sels de l'Ouest ont bien plus à se défendre contre les sels français de l'Est et du Midi, que contre les sels de l'Angleterre et du Portugal.

Mais la loi du 23 novembre 1848 a fait un tort considérable aux sels de l'Ouest en autorisant les armateurs pour la pêche de la morue à faire leurs approvisionnements en sels étrangers moyennant un droit supplémentaire de 5 francs seulement par tonne, et en exemptant même de tout droit les sels employés pour les salaisons en mer quelle que fût leur provenance. Il eût été bien naturel de maintenir vis-à-vis d'armateurs qui reçoivent de l'État une prime de 200 francs par tonne de morue, l'obligation peu onéreuse de consommer

---

(37) En 1840, la production moyenne était de 56 784 tonnes pour 35 604 œillets, d'une superficie de 2293 hectares (T. Lorieux, 1840, *Rapport à la Société académique de Nantes*.

M. Masseron, directeur des douanes, a indiqué 50 000 tonnes pour la production moyenne de la Loire-Inférieure, dans sa déposition, lors de l'enquête sur les sels, en 1866.

(38) Huet, *Annuaire de l'an XI*. A. Lorieux, *Du commerce et de la production des sels dans la Loire-Inférieure*, 1840. Enquête sur les sels (1866).

exclusivement les sels français autrefois préférés à tous autres pour cet usage. En 1874, sur 48 000 tonnes environ, dont 45 000 pour la pêche de la morue et 5000 pour la petite pêche, tous les sels de l'Ouest n'entrent que pour le chiffre de 6000 tonnes.

En même temps que la concurrence des sels de l'Est et du Midi abaisse outre mesure le prix du sel dans les marais de l'Ouest, la main-d'œuvre y a subi une augmentation notable, provenant en partie de la diminution de l'impôt sur le sel et de la suppression de la remise accordée aux paludiers.

Après l'abolition de la gabelle, en 1790, l'impôt du sel a été fixé à 40 francs par 100 kilogr. en 1813, abaissé à 30 francs en 1814 et maintenu à ce taux par la loi du 26 juin 1840 qui accordait une remise de 5 pour 100 aux sels de l'Ouest pour déchet et de 3 pour 100 aux sels du Midi et de l'Est (39). La vente du sel se trouvait forcément restreinte dans une très-forte proportion par un impôt qui élevait le prix de cette denrée à trente fois la valeur de son prix de vente sur le lieu de production. Une ordonnance royale du 30 avril 1817, pour compenser ce désavantage et soutenir une industrie alors indispensable à l'alimentation publique, rétablit une ancienne disposition abolie par la loi du 17 mars 1791, et accorda une remise des droits sur 100 kilogr. de sel à chaque individu de la famille du paludier, à la condition expresse de rapporter en échange une quantité de grains déterminée. Cette condition explique le nom de *troque* donné à la remise de l'impôt. La troque, dans une famille moyenne de cinq membres, correspondait à une véritable subvention de 150 francs et bénéficiait indirectement au propriétaire qui trouvait des paludiers disposés à faire ses marais avec une rémunération d'un quart ou d'un tiers au plus de la récolte, tandis qu'autrement, il aurait fallu, comme pour les récoltes agricoles, accorder probablement la moitié. L'impôt sur le sel, momentanément aboli en février 1848, a été rétabli par la loi du 28 décembre 1848, à 10 francs par 100 kilogr., et la troque a été supprimée au 1er janvier 1865 (40). Le paludier, privé de la subvention qu'il recevait de l'État, ne pouvant faire vivre sa famille avec les 100 ou 150 francs que lui rapportait sa paluderie de 40 ou 50 œillets, et mal surveillé par le propriétaire, a cherché une augmentation de salaire en multipliant les réparations et en les faisant payer plus cher. De son côté, le propriétaire ne peut plus spéculer comme autrefois en faisant des mulons d'amas pendant les années d'abondance, puisqu'il ne peut plus espérer une forte hausse de prix pendant les années de disette.

Enfin, les consommateurs, après avoir usé des sels blancs d'autres provenances, sont devenus plus exigeants et n'ont plus voulu admettre les sels gris de l'Ouest. Il a fallu les laver et les raffiner, ce qui augmentait leur prix de 4 francs dans un cas et de 30 francs dans l'autre. On opère le lavage et le raffinage des sels dans les usines de M. Maillard, au Croisic, de MM. Benoit au Croisic et au Pouliguen. Le sel, préalablement égrugé entre deux cylindres, tombe dans une auge en bois où circule une eau saturée de sel marin, mais capable de dissoudre les sels étrangers. L'auge est inclinée, l'eau et le sel la remontent à l'aide d'une vis d'Archimède : après avoir parcouru deux laveurs placés l'un au-dessous de l'autre, le sel est remonté par une chaîne à godets dans un troisième lavoir où il subit un rinçage dans un courant d'eau saturée bien claire et arrive enfin dans un séchoir formé par une grande caisse rectangulaire traversée par des tuyaux où circule de la vapeur. Pour le raffinage, le sel brut est dissous dans l'eau de mer et de nouveau cristallisé par évaporation artificielle dans de grandes chaudières ouvertes et plates chauffées à la houille. Le sel raffiné est séché par simple égouttage de manière à entraîner les sels déliquescents. Les eaux mères sont révivifiées par un chaulage qui les débarrasse de la magnésie. MM. Benoit ont fait en outre des essais pour fabriquer des sels de potasse, mais ils n'ont pas été indemnisés de leurs efforts (41).

En résumé, l'industrie du sel dans l'Ouest est trop considérable pour ses débouchés et a cessé d'être rémunératrice. Elle est enserrée dans un marché de plus en plus restreint par la production illimitée et la supériorité d'organisation de ses concurrents de l'Est et du Midi.

Elle n'a pu obtenir, à la suite de l'enquête de 1866, aucune augmentation de remise sur l'impôt pour tenir compte du déchet provenant des sels déliquescents ; elle n'a pu encore parvenir à un dégrèvement d'impôt pour ses marais classés comme terres de première classe et dont la valeur, après avoir été de 4000 francs, est tombée aujourd'hui à 600 ou 800 francs l'hectare.

Elle ne peut guère espérer le rétablissement de la troque qui était une véritable subvention, mais aussi une compensation légitime de la loi d'exception qui taxe un produit industriel à plus de 10 fois sa valeur.

Elle n'a pas non plus de grandes chances pour faire réviser la loi du 23 novembre 1848 et interdire l'emploi des sels étrangers pour la grande pêche qui est considérée comme une pépinière de la marine française et assurée à ce titre de tous les encouragements de l'État.

Il faut donc qu'elle se transforme au moins en partie, et ses premiers efforts doivent tendre à reconstituer entre les mêmes mains l'unité de la saline dont le morcellement s'oppose à tout progrès. Peut-être, pour remédier à l'apathie des propriétaires qui s'habituent à se désintéresser d'une propriété devenue improductive, et pour éviter, au point de vue de la salubrité publique, les graves inconvénients qui résulteraient de l'abandon des marais salants, l'État sera-t-il forcé d'intervenir et de mettre les propriétaires des œillets abandonnés en demeure de se former, par salines ou groupes de salines, en associations syndicales, conformément au 4e numéro de l'article 1er de la loi du 21 juin 1865. Les expropriations seraient faites, au besoin, dans les formes prévues par l'article 16 de la loi du 21 mai 1836.

La saline ou le groupe de salines, une fois reconstituées sous une direction unique, pourraient alors recevoir l'appropriation la plus avantageuse eu égard à leur position dans le marais. Toutes celles qui sont situées à proximité des che-

---

(39) Méresse 1868, *Marais salants de l'Ouest.*

(40) M. de la Rochette, député de la Loire-Inférieure, en qui les intérêts salicoles de l'Ouest ont toujours trouvé un habile et zélé défenseur, a formulé une proposition récente pour le rétablissement de la troque avec remise du droit sur 500 kilogr. de sel par tête de chef de famille.

(41) L'abondance de la carnallite ou chlorure double de potassium et de magnésium aux mines de Stassfurth (Prusse) ne paraît pas devoir encourager de nouvelles tentatives pour retirer la potasse des eaux mères des marais salants.

mins et des canaux navigables s'y joindraient à peu de frais, supprimeraient ainsi les frais de conduit et pourraient continuer à récolter du sel dans des conditions plus économiques. Plusieurs pourraient être utilisées comme huîtrières ou réservoirs à poissons. Quelques-unes, sans trop de frais, pourraient être transformées en prairies ou en champs cultivables.

Quant aux autres, pour les assainir, sinon pour en tirer un parti lucratif, il faudrait les planter avec les arbustes qui se plaisent dans les terrains argileux et salés. Ce serait sans doute trop ambitieux de vouloir peupler un sol ingrat et exposé à la violence des vents, avec ces Eucalyptes (42) de la Nouvelle-Zélande dont les jets sont de plus d'un mètre par an, dont le bois acajou est aussi beau que résistant, et dont les feuilles à odeur balsamique ont de précieuses propriétés pour les affections de gorge et de poitrine. Mais, en cherchant parmi les palétuviers et autres arbustes plus jeunes, on en trouverait peut-être qui se contenteraient de la terre des salines amendée par les goëmons récoltés sur les côtes, et la contrée des marais, transformée en plaine verdoyante, aurait alors peine à se reconnaître. Les terrains conquis sur la mer rendrait ainsi l'équivalent des forêts qu'elle a envahies sur la rive opposée du Morbihan, et dont elle laisse apercevoir, en se retirant, le sol devenu ligneux par l'entassement de leurs débris.

E. LORIEUX.

SÉANCES DES SECTIONS

SECTION DE ZOOLOGIE

Séance du 20 août 1875.

M. *Bureau* (Louis) présente des observations très-intéressantes sur les diverses variétés de l'aigle botté (*Aquila pennata* Brehm et Briss), oiseau généralement rare en Europe et dont la synonymie présente une extrême confusion. M. Bureau a eu la bonne fortune d'observer dans l'ouest plusieurs nids d'*Aquila pennata*, il a pu se convaincre que toutes les variétés se ramènent à deux types qu'il nomme type blanc et type nègre. Les deux sexes appartiennent parfois au même type, plus souvent à deux types différents. On a même vu dans une même forêt et très-voisins l'un de l'autre deux couples formés, l'un d'un mâle nègre et d'une femelle blanche, l'autre d'un mâle blanc et d'une femelle nègre. Généralement les petits sont tous blancs ou tous nègres. Mais M. Bureau a trouvé un nid qui renfermait deux jeunes, l'un blanc, l'autre nègre : ce qui prouve bien que ces variations ne sont, pas comme on l'avait cru, en rapport avec l'âge.

M. *Bonjour* adopte entièrement les idées de M. Bureau ; il fait observer qu'une variété nègre se présente, quoique très-rarement, chez le balbuzard-montagu. M. *de Laleu* prétend que chez le balbuzard les jeunes présentent tant de variations de plumage qu'on en trouve à peine deux qui se ressemblent entièrement. M. Alfred *Giard* croit pouvoir rapprocher les faits signalés par M. Bureau de ceux que l'on observe chez les insectes, et notamment chez les lépidoptères où l'on constate fréquemment dans l'un des sexes (le plus souvent le sexe femelle) un dimorphisme très-apparent qui peut s'é-

tendre au sexe mâle. Presque tous les *Argynnis* présentent plus ou moins rarement des variétés femelles mélaniennes : chez l'*Argynnis paphia* les femelles noires sont aussi communes que les rousses.

M. J. *Chatin*, agrégé à l'École de pharmacie, a entrepris des études ostéologiques sur les fosses nasales des mammifères. Il se borne a énoncer les résultats de ses recherches pour le groupe des quadrumanes. M. *Schlumberger*, ingénieur des mines, présente de nombreuses préparations de foraminifères. L'une d'elles présente un intérêt spécial pour l'étude de la reproduction chez ces animaux. C'est une miliole dont les loges sont remplies d'embryons plongés dans le sarcode.

M. *Giard* expose ses recherches sur quelques points controversés de l'embryogénie des ascidies, et plus spécialement de la *Molgula socialis* qu'il a étudiée au laboratoire zoologique de Wimereux.

Les cellules du follicule, lorsqu'elles ont atteint tout leur développement, présentent un mince pédicule : après leur disparition, ces cellules laissent donc à la surface de la coque de très-petites ouvertures qui servent peut-être à la pénétration des spermatozoïdes.

Les cellules dites du *testa* apparaissent chez les ascidies à des époques différentes et en nombre plus ou moins grand suivant les espèces. Quelquefois (*A. scabra*) elles forment même avant le fractionnement une membrane continue qui deviendra plus tard la tunique de cellulose. Chez la *Molgula socialis* ces cellules sont d'abord libres et sont englobées plus tard dans la couche cuticulaire de l'embryon pour constituer la tunique.

Ces cellules ne peuvent être assimilées, comme le veut Semper, aux globules polaires observés chez un grand nombre d'animaux. Leur apparition n'est pas liée, comme pour ces derniers, à la destruction de la vésicule germinative.

M. Giard croit plutôt pouvoir considérer cette formation comme l'homologue du deuxième chorion (membrane séreuse ou faux amnios des ptéromalinées et de certains rongeurs).

Le fractionnement est complet et régulier comme chez toutes les ascidies où cette période du développement a été étudiée. La *gastrula* se forme par invagination comme chez la clavelinc où le fait est très-net malgré les assertions contraires de Donitz.

Les auteurs qui ont décrit la formation d'une *gastrula* par épibolie chez les molgules ont été induits en erreur par leur désir de rapprocher ces animaux des mollusques.

Le système nerveux du têtard de la *Molgula socialis* se prolonge assez loin au-dessus de la corde dorsale ; le ganglion est gros, de forme conique. La vésicule des sens ne renferme qu'un seul organe, celui que l'on considère généralement comme l'otolithe. On trouve accidentellement des embryons qui ont deux otolithes, mais jamais on n'observe l'organe de la vision comme chez toutes les autres larves d'ascidies.

Les rayons natatoires sont très-faiblement développés. Outre les genres précédemment indiqués, ces organes existent chez le *Botryllus violaceus* et chez les *Astellium*. Le têtard des *Astellium* présente en outre dans son appendice caudal un système musculaire très-intéressant et très-hautement organisé.

M. J. *Chatin* présente des dessins représentant les principaux caractères anatomiques de quelques helminthes nouveaux du hérisson, des reptiles, etc. Il insiste particulièrement sur une espèce nouvelle du genre *Hedruris*, et croit pouvoir affirmer que les espèces de ce genre sont beaucoup plus répandues qu'on ne le suppose généralement. Il en a rencontré plusieurs dans la collection de reptiles rapportée de Cochinchine par le docteur Maurice.

M. *Lataste*, licencié ès sciences, a fait des études histologiques très-approfondies sur les caractères spécifiques fournis par les papilles des callosités du pouce chez les ba-

---

(42) L'*Eucalyptus globulus*, 1872. Gubler.

traciens anoures à l'époque de la reproduction. Il montre tout le parti que l'on peut tirer de semblables recherches pour la classification parfois si difficile de ces animaux. Il s'est borné, jusqu'à présent, à en faire l'application aux diverses espèces françaises de crapauds et de grenouilles.

Deuxième séance du 21 août 1875.

M. *de Laleu* indique quelques procédés taxidermiques de son invention. Il communique ensuite ses observations sur le bruit que font les pics dans les forêts. D'après lui, ce bruit serait une sorte de chant et ne serait pas produit par le choc du bec de l'oiseau contre le tronc des arbres. M. de Laleu a fait aussi des recherches sur la façon dont se nourrissent les jeunes sangsues. Il croit que ces animaux vivent dans les cadavres des batraciens que font périr les sangsues adultes.

M. *Sirodot*, professeur à la Faculté des sciences de Rennes, expose en détail les résultats de ses recherches sur les éléphants du mont Dol. Il indique le mode de croissance des dents, leur disposition, leur usure, et enfin les caractères très-nets qui permettent de reconnaître le rang d'une molaire, sa situation dans l'une ou l'autre mâchoire, son orientation à droite ou à gauche, etc.

M. Sirodot fait remarquer, en terminant, qu'ayant eu à sa disposition un très-grand nombre de dents, il a pu non-seulement corriger les erreurs commises par Falconnet et de Blainville, mais, de plus, s'assurer que les différentes espèces d'*Elephas* décrites jusqu'à présent comme voisines du mammouth n'ont aucune valeur. On trouve une multitude de formes intermédiaires reliant l'*Elephas primigenius* à l'*Elephas indicus* vivant encore de nos jours.

M. *Bailly* fait une communication sur un nouveau procédé d'enduit pour tuiles collecteurs, ayant pour résultat une grande économie dans le détroquage et la conservation des huîtres.

M. *A. Giard*, après de longues recherches sur l'embryogénie d'animaux appartenant aux diverses classes rangées dans les embranchements des articulés et mollusques de Cuvier, croit devoir proposer une autre délimitation de ces deux groupes. Les *Arthropoda* correspondant aux *Insecta* de Linné forment un phylum nettement défini qu'il convient de séparer des autres annelés. La plupart de ces derniers (annélides, chétognathes, rotifères) doivent être réunis aux mollusques proprement dits (céphalopodes, gastéropodes et lamellibranches), auxquels ils se relient par les brachiopodes et les bryozoaires. De nouvelles recherches embryogéniques, entreprises sur les bryozoaires par M. *J. Barrois*, préparateur à la Faculté des sciences de Lille, ont montré que les diverses formes larvaires de ces animaux, même les *Cyphonantes*, se ramènent à un type unique que M. Giard croit pouvoir rattacher à la forme générale de l'embryon de mollusque (au nouveau sens du mot). M. Giard réserve son opinion sur la place à donner aux vers plats et aux némertiens, sur lesquels il n'a encore que des données insuffisantes. Les géphyriens paraissent, d'après les nouvelles recherches de Solenka, étroitement unis aux annélides. Quant aux tuniciers, il convient de les rapprocher des vertébrés inférieurs, plutôt de l'*Amphioxus* que des poissons auxquels Dohrn a proposé de les réunir. La formation du *cœloma* et de la cavité atriale ou cloacale ne paraît pas légitimer entièrement cette réunion.

Séance du 20 août.

En l'absence de M. Potier, président, et de M. Mercadier, secrétaire, élus l'année dernière, la section nomme président

M. Gavarret, secrétaire M. Hirsch, et vice-secrétaire M. Courtois. Le bureau étant ainsi constitué, les travaux de la section commencent.

M. *Arson* présente à la section un nouvel anémomètre. Après avoir rappelé l'utilité de la connaissance de la vitesse du vent, ou, ce qui est équivalent, de la valeur numérique de la pression exercée par le vent sur une surface donnée, l'auteur indique que les anémomètres actuellement en usage sont, soit des appareils où un organe est animé par le vent d'une grande vitesse, soit des appareils manométriques. C'est dans cette dernière catégorie que se range l'appareil de M. Arson. Son principe est le suivant : si, dans un tube cylindrique placé dans la direction du vent il se trouve un brusque étranglement, l'air entrant par un ajutage parfaitement évasé, il se produit une sorte de remous, se traduisant par une différence de pression, de laquelle on peut, par le théorème de Bernouilli, conclure la vitesse cherchée. L'auteur a constaté expérimentalement la grande sensibilité de son appareil et construit des tables donnant la traduction des résultats observés, en tenant compte des indications du baromètre et du thermomètre.

— M. *Cornu* indique un procédé très-simple et très-élégant pour déterminer avec exactitude la distance focale et les points principaux des lentilles ou des systèmes remplaçant une lentille.

En appelant x et x' les distances de deux foyers conjugués aux foyers principaux correspondants, on a la formule :

$$x\,x' = f^2 \qquad (1)$$

Mais on commet une erreur dans la mesure de x et de x'; soient δ et δ' ces erreurs, φ l'erreur sur la mesure de f, on aura :

$$(x + \delta)\,(x' + \delta') = f^2 + \varphi;$$

ou en négligeant $\delta\,\delta'$ et supposant $\delta = \delta'$:

$$(x + x')\,\delta = \varphi.$$

La meilleure détermination de f s'obtiendra pour la valeur minima de φ, c'est-à-dire pour le minimum de $x + x'$, minimum obtenu pour une position de l'objet très-voisine du point nodal correspondant.

Voici alors le procédé opératoire : on place sur une règle graduée le système optique et un microscope à long foyer ; on détermine la position du foyer principal en observant l'image d'un objet très-éloigné, puis on mesure la distance l de ce foyer à la surface de la lentille. De même on détermine de l'autre côté la distance l'. On détermine en outre les distances apparentes ε et ε' de chaque face de la lentille à l'autre face, et l'on a, en appliquant la formule (1) :

$$(l + \varepsilon)\,l' = f^2$$
$$(l' + \varepsilon')\,l = f^2.$$

On a aussi, en très-peu de temps et avec grande facilité, deux valeurs de f qui doivent être égales, et les valeurs $l - f$, $l' - f$, donneront la position des points nodaux.

— M. *Merget* expose les résultats très-intéressants de ses recherches sur la thermo-diffusion des corps poreux et pulvérulents humides. Un thermo-diffuseur est en général un vase poreux, rempli d'une poudre inerte, au milieu de laquelle plonge un tube de verre ou un tube métallique criblé de trous. En chauffant un tel appareil, après l'avoir mouillé, il se dégage de la vapeur d'eau en abondance à travers la substance poreuse, tandis que de l'air sec traverse l'appareil en sens inverse et se dégage par le tube : si l'on empêche ce dégagement, il se produit une pression qui a atteint trois atmosphères à la température du rouge sombre. Si la masse pulvérulente ou le corps poreux cesse d'être humide, tout passage gazeux cesse. L'auteur n'explique pas le fait, mais il montre que l'explication qu'en a donnée M. de la Rive ne peut être acceptée. M. Merget est convaincu qu'il y a là un phénomène thermodynamique.

La thermo-diffusion doit jouer un grand rôle dans les échanges gazeux de la vie végétale ; l'auteur le montre en prenant une feuille de *Nelumbium* comme thermo-diffuseur.

— M. *Grad* expose quelques recherches commencées sur la température de l'eau de la mer à diverses profondeurs et ses variations avec les saisons.

— M. *Plassiard* indique une recherche des lignes d'égale teinte sur une surface courbe.

Séance du samedi 21 août 1875.

M. *Gripon* communique à la section et répète devant elle les diverses expériences qu'il a réalisées avec des lames de collodion.

On réalise très-bien avec des membranes de collodion l'expérience curieuse qui consiste à éteindre le son de la caisse renforçante d'un diapason en plaçant à quelque distance de son orifice une membrane tendue prise à l'unisson du diapason.

Les membranes de collodion, dont l'épaisseur n'atteint pas $0^m,01$, peuvent être faites assez minces pour donner les couleurs des lames minces, et si on les colle sur du papier elles donnent à celui-ci des reflets nacrés d'un effet superbe.

Si l'on regarde les anneaux de Newton au travers d'une lame de collodion ou par réflexion sur la surface, on observe autour des anneaux une nouvelle série d'anneaux serrés dus à de nouvelles interférences produites par les faisceaux lumineux qui se réfléchissent sur les deux faces de la lame. Ces anneaux secondaires s'observent de bien des manières. Il suffit pour les produire de regarder les anneaux de Newton au travers d'un des appareils qui donnent des anneaux ou des franges avec la lumière polarisée. Ils sont surtout remarquables avec les quartz croisés qui servent à produire les franges hyperboliques.

En recevant sur un polariscope de Savart la lumière polarisée par une lame de collodion, on a trois systèmes de franges : l'un normal, l'autre dû aux phénomènes d'interférence secondaire. En éclairant une lame de collodion avec la lumière réfléchie par une seconde lame, on a très-facilement des franges d'interférence, comme dans l'expérience de Brewster.

Les lames de collodion sont très-diathermanes pour la chaleur lumineuse ; elles le sont moins pour la chaleur obscure. Leur transparence, les grandes dimensions qu'on peut leur donner, permettent de fabriquer des piles de glace utiles dans l'étude de la polarisation de la chaleur.

— M. *Moride* montre un vase destiné à contenir le pétrole, l'éther, etc., et ne présentant aucun danger si le liquide s'enflamme pendant qu'on le verse. Des expériences doivent être faites avant la fin du congrès.

— M. *Cornu* expose le moyen de produire des foyers de diverses formes par diffraction, à l'aide de réseaux convenablement tracés. Nous reviendrons très-prochainement sur ce sujet des plus importants.

— M. *Mascart* montre quelques expériences très-curieuses sur la condensation résultant de la détente de l'air humide.

Si l'on met un peu d'eau au fond d'un flacon *parfaitement propre*, et que l'on ferme ce flacon par un tube de verre terminé par une poire de caoutchouc, on a un espace clos qui ne tarde pas à être saturé d'humidité. En pressant sur la poire, on élève la température, donc il ne peut y avoir condensation. Mais en laissant la poire reprendre, par son élasticité, sa forme primitive, l'air se détend, par suite se refroidit, et, contrairement à ce que l'on observe d'ordinaire, il ne se produit aucune condensation. Pour produire la condensation observée d'ordinaire, il suffit d'introduire dans le flacon de l'air non filtré, tandis que l'air filtré ne produit rien. De même on obtient de très-beaux nuages en aspirant un peu de fumée de tabac, ou des gaz provenant d'une combustion quelconque.

En voyant le nuage ne pas se produire lorsque l'on introduit dans l'appareil de l'air filtré, on s'est demandé si la production de ces nuages n'était pas due aux poussières en suspension dans l'air. Mais l'auteur est arrivé à croire que c'est à l'ozone qu'est due cette formation.

Nous ne pouvons passer sous silence l'élégant procédé employé par M. Mascart pour introduire de l'ozone dans un flacon fermé : il suffit de faire passer pendant quelques instants autour du flacon en expérience les étincelles de la machine de Holtz, et de l'ozone se forme à l'intérieur.

Peut-être les belles expériences que nous venons d'indiquer auront-elles quelque utilité pour expliquer la formation des nuages.

— M. *Jackson* lit une note sur les étoiles filantes et leur observation.

Séance du lundi 23 août 1875.

M. *Hureau de Villeneuve* lit une note sur la formation des nuages. Il rappelle d'abord les deux lois suivantes, résultant des observations de Sivel et Crocé-Spinelli :

1° Lorsque le ciel est couvert de *nimbus* et de *cumulus*, il y a nécessairement deux courants d'air de sens différents, ou de même sens et de vitesses différentes.

2° Si le ciel est sans nuages, ou bien ne contient que des *cirrus*, il n'y a le plus souvent qu'un seul sens de courant.

L'auteur de la note, rappelant que l'on ignore jusqu'ici la théorie de la formation des nuages, croit qu'ils sont dus au frottement de deux couches d'air d'état hygrométrique différent.

Puis il est amené à la détermination de la vitesse angulaire des nuages. Pour faire cette détermination, il prend une boule de verre argenté, sur laquelle il trace à l'encre un équateur et des méridiens équidistants ; il place sa sphère de telle sorte que, l'axe étant horizontal, le nuage soit vu par réflexion se déplacer suivant l'équateur tracé, et alors le temps qu'il met à aller d'un méridien au suivant donne la vitesse angulaire. Quant à la vitesse absolue, elle est beaucoup plus difficile à déterminer par des procédés simples.

M. Cornu rappelle à ce propos un procédé, dans certains cas très-facile à appliquer, permettant de déterminer avec grande précision la vitesse absolue d'un nuage, par l'observation de l'ombre portée.

— M. l'abbé *Durand* résume tout ce qui a été établi jusqu'à ce jour sur la physique du pôle Nord.

— M. *L. Martinet* lit une note sur la possibilité de traverser le pôle Nord en ballon.

— M. *Andrews* communique à la section ses très-intéressantes expériences sur les gaz à hautes pressions et à diverses températures.

Après avoir décrit en peu de mots son appareil pour des recherches exactes à hautes pressions (voyez *Ann. de Chimie*, t. XXI, p. 206), l'auteur a cité des expériences anciennes par lesquelles il a montré que le passage brusque de l'état liquide à l'état gazeux, ou *vice versa*, tel qu'il se produit dans les conditions ordinaires de nos observations, n'est pas le seul procédé qui permette de faire passer la matière de l'un de ces états à l'autre ; au contraire, on peut dire que ce brusque changement d'état est plutôt une exception que le cas normal. L'auteur a appelé l'attention sur ce qu'il nomme le *point critique*, c'est-à-dire la température à partir de laquelle on ne peut, par la pression seule, liquéfier un gaz. Le point critique varie d'ailleurs d'un gaz à l'autre : il est de $+ 30$ degrés pour l'acide carbonique.

Dans ses nouvelles recherches, où les pressions ont atteint 300 atmosphères, M. Andrews a étudié les modifications que subissent les lois de Boyle ou de Mariotte, de Dalton (sur les mélanges) et de Gay-Lussac, à des pressions considérables et à des températures variées. L'auteur a trouvé, en opérant soit sur l'acide carbonique pur, soit sur le mélange d'acide carbonique et d'azote, que ces lois physiques sont profondément modifiées lorsqu'on s'écarte beaucoup des conditions ordinaires. Ainsi, le coefficient de dilatation α augmente considérablement avec la pression et varie avec la température. Pour ce qui est de la loi des mélanges, l'auteur est arrivé à un résultat important au double point de vue théorique et pratique : *Si l'on prend un mélange de deux gaz, dont l'un est liquéfiable et l'autre permanent, le point critique du gaz liquéfiable s'abaisse, et s'abaisse d'autant plus que le mélange contient plus de gaz permanent.*

C'est ainsi que, dans un mélange de 3 volumes d'acide carbonique et de 4 volumes d'azote, aucun liquide n'apparaît, quelle que soit la pression, tant que la température est supérieure à — 20 degrés.

L'auteur a terminé sa communication en donnant quelques renseignements sur les expériences qu'il va entreprendre pour déterminer les corrections qu'il est indispensable de faire aux indications du manomètre à gaz.

— M. *Laisant* lit une note sur l'organisation du service météorologique en Algérie. Il nous est impossible de résumer ce travail, qu'il faut lire dans son entier si l'on s'intéresse à la météorologie.

Séance du mercredi 25 août 1875.

M. *Bertin*, en son nom et au nom de M. *Demance*, lit un mémoire sur la conservation des coques des navires en fer par une méthode électro-chimique. Le principe de cette méthode est toujours la constitution d'un couple zinc et fer, l'oxygène se portant sur le zinc. Ce qui est particulier aux auteurs, c'est la forme du couple : le zinc constitue une série de caisses pleines d'eau de mer que l'on renouvelle fréquemment. Des expériences prolongées pendant dix-huit mois ont montré la valeur du procédé.

— M. *Deprez* présente un chronographe électrique très-ingénieux et permettant, par la méthode graphique, d'apprécier des intervalles de temps extrêmement petits, tels que la durée d'un choc.

— M. *Cornu* expose la détermination qu'il a faite de la vitesse de la lumière par le procédé dû à M. Fizeau.

Les stations choisies ont été l'Observatoire et la tour de Montlhéry, dont la distance, de 22 910 mètres, est connue avec une très-grande précision, d'après les triangulations de Cassini et Lacaille (1740) et de Delambre et Méchain (1792-1798). La lunette d'émission avait 8^m,85 de distance focale et 0^m,37 d'ouverture ; la roue dentée pouvait faire jusqu'à 1600 tours par seconde, et le temps pouvait graphiquement être estimé à un millième de seconde près ; le chronographe employé était d'ailleurs réglé par la pendule de l'horloge de l'Observatoire. L'appareil de réflexion était un collimateur à réflexion, de 2 mètres de distance focale et de 0^m,15 d'ouverture.

La rapidité extrême du mouvement que l'on pouvait imprimer à la roue dentée a permis d'observer les extinctions successives, jusqu'à celle du vingt-unième ordre, et il est facile de s'assurer que le résultat obtenu, en supposant constante l'erreur due à l'observateur, est d'autant plus exact que l'extinction observée est d'un ordre plus élevé. De plus, pour éliminer l'erreur dont nous parlons, M. Cornu a déterminé chaque extinction par quatre procédés différents : on fait croître la vitesse de la roue dentée, on la fait décroître, on fait coïncider l'extinction avec un maximum ou avec un minimum de vitesse.

Le résultat de cette recherche est que la lumière parcourt 300 400 kilomètres par seconde de temps moyen, avec une erreur probable inférieure à 1/1000.

— M. le docteur *Moreau* expose quelques points de ses études sur la vessie natatoire des poissons, et montre en particulier qu'à mesure qu'un poisson s'enfonce davantage, l'effort qu'il doit produire diminue.

— M. *Trannin* décrit un photomètre qu'il a imaginé et qui est fondé sur des études de polarisation de la lumière.

— M. *Dufet* expose ses recherches sur la conductibilité électrique de la pyrite. La méthode employée est celle du pont de Wheastone. Des soins tout à fait particuliers ont été pris pour assurer les contacts, et l'auteur a réussi à montrer l'inexactitude d'un résultat donné par M. Braun dans les *Annales du Poggendorff*. M. Braun avait annoncé que la résistance des sulfures métalliques varie avec le sens, l'intensité et la durée du courant, et que les variations peuvent atteindre le tiers de la valeur totale. M. Dufet montre qu'il n'en est pas ainsi pour la pyrite.

Ce point élucidé, M. Dufet a étudié la conductibilité de divers échantillons de pyrite et est arrivé à cette conclusion, qu'il est impossible de donner une valeur spécifique de la conductibilité de la pyrite, à cause de l'état moléculaire très-variable de cristaux homogènes en apparence. De plus la conductibilité de la pyrite est une véritable conductibilité métallique, diminuant lorsqu'on élève la température, tandis que pour certains sulfures, comme le sulfure d'argent, la conductibilité augmente avec la température, parce que le sulfure se décompose.

— M. *Gobin* présente quelques observations sur la prédiction du temps à courte échéance.

SECTION DES SCIENCES MÉDICALES

Séance du 20 août (matin). — Présidence de M. Leudet.

Mortalité par phthisie : M. Lecadre. — Discussion. — Chaleur animale : M. Cl. Bernard. — Vessie natatoire des poissons : M. Moreau.

La section des sciences médicales se réunit sous la présidence de M. Leudet. Le bureau est constitué ainsi qu'il suit : *Président d'honneur* : M. Cl. Bernard ; *président* : M. Leudet ; *vice-présidents* : MM. Chauveau, Courty, Laennec et Letenneur ; *secrétaires* : MM. Cartaz, Jouon, Malherbe et Marcé.

M. *Lecadre* (du Havre) lit un mémoire *sur la mortalité par la phthisie pulmonaire*. Son but est d'envisager la phthisie au point de vue de sa fréquence et des causes étiologiques qui peuvent expliquer sa mortalité. L'émigration des campagnes, l'extension de l'industrie et les difficultés de la vie pour les ouvriers dans les grandes villes, sont les premiers agents de propagation de cette maladie. Il faut y joindre une foule de causes qui peuvent se ranger sous deux chefs principaux : causes directes et indirectes.

Parmi les premières, on doit ranger les différentes conditions atmosphériques inhérentes aux altitudes variables des contrées et des habitations. Bien que Jourdanet ait établi d'une façon péremptoire l'heureuse influence des climats d'altitudes sur la marche et la guérison de la phthisie, il existe des exceptions assez curieuses : telle est celle des religieux du Saint-Bernard, qui sont décimés par cette affection à une altitude de 2400 mètres. Les causes de refroidissement sont multiples dans ces montagnes, et c'est là probablement l'explication de cette exception.

Parmi les causes indirectes, il faut signaler toutes les causes à débilitation, quelles qu'elles soient.

C'est à ces diverses causes générales, locales ou privées, qu'il faut s'adresser pour établir la prophylaxie de cette terrible affection.

M. *Houzé de l'Aulnoit* proteste contre l'opinion de M. Lecadre, qui n'accorde pas suffisamment de crédit au traitement par l'exercice pulmonaire. Pour lui, l'influence favorable qu'exerce sur la phthisie le séjour dans les climats alpestres ou à des hauteurs élevées est dû à l'obligation, pour l'habitant, de donner à ses vésicules pulmonaires toute l'ampliation possible.

— M. *Cl. Bernard* désire entretenir la section de diverses recherches physiologiques *sur la question de la chaleur animale.* Il a cherché à contrôler les expériences multiples qui ont été faites sur ce point de physiologie, et ce sont ces résultats qu'il va nous exposer :

» Il y a, dans cette question de la chaleur animale, deux points; M. Cl. Bernard ne s'étendra que sur un seul, celui de la topographie calorifique. A tour de rôle, on a placé le siège de la chaleur animale dans le poumon, dans les capillaires, dans le tissu musculaire, etc.... A son avis, il n'existe pas de foyer unique; la chaleur se fait partout, mais il y a des points où elle est plus élevée, tout en étant réglée par des lois définies.

» Le premier point que l'on a discuté est celui de savoir si le sang artériel est plus chaud que le sang veineux, si le sang du cœur gauche est plus chaud que celui du cœur droit. La théorie de Lavoisier était venue donner un solide appui à l'opinion qui défendrait la température plus élevée du sang artériel. Les recherches de M. Bernard combattent absolument cette façon de voir, et les erreurs d'interprétation tiennent à des vices d'expérimentation.

» Les méthodes et les procédés ont varié beaucoup. Voici celle qu'il a adoptée. Il prend deux aiguilles galvano-électriques, construites d'une façon spéciale et introduites dans une sonde de gomme analogue à la vulgaire sonde chirurgicale : cette sonde est destinée à empêcher le contact du liquide sanguin avec l'aiguille. Des observations comparées et répétées permettent d'affirmer que cette enveloppe protectrice ne gêne en rien l'exactitude de cet appareil thermométrique. Il se borne du reste à mesurer les 1/50 de degré.

» Il prend un chien, auquel il découvre l'artère et veine crurales et introduit dans les deux vaisseaux sa sonde aiguillée. La sonde restant à l'entrée, il a constamment observé le résultat suivant : la température du sang artériel est plus élevée que celle du sang veineux. Aussi loin qu'on pousse la sonde dans l'artère (jusqu'à la crosse de l'aorte), la température reste invariable.

» Si, au contraire, on fait remonter la sonde dans le conduit veineux, la température varie : à l'entrée de la veine, elle est au-dessous de celle du sang artériel; elle diminue progressivement, pour être égale au nivau des veines reinales et atteindre son maximum au niveau du diaphragme, au point où les veines sus-hépatiques s'abouchent dans la veine cave; au-dessus, elle diminue un peu, quoique restant toujours au-dessus de celle du sang artériel.

» Cette différence entre les deux températures est fondamentale, et si l'on ne l'observe pas dans les vaisseaux des membres, c'est que le sang subit à la périphérie des déperditions multiples qui lui font perdre sa puissance calorique.

» Au sujet de ces expériences, M. Cl. Bernard a observé un fait intéressant. Il avait gardé un chien sur lequel il avait pratiqué ces recherches; le lendemain, le chien était en proie à une fièvre des plus intenses. Il eut l'idée de rechercher si le rapport était le même dans cet état : il l'était, en effet, mais avec des différences beaucoup plus prononcées.

» On lui fit prendre alors une forte dose d'opium : la température ne fut pas abaissée. Cependant à l'état normal l'opium amène un abaissement considérable de la chaleur.

» Heidenhain avait observé qu'une excitation nerveuse amène un abaissement de température; si l'animal était fébricitant, la même excitation ne produisait aucune modification. Ces faits peuvent être rapprochés de ses expériences avec l'opium.

» On peut tirer de ces recherches l'idée clinique suivante : c'est que la fièvre est un phénomène purement nerveux provenant de modifications, de troubles qui se passent du côté du système nerveux. Appuyé sur des investigations nombreuses, M. Cl. Bernard croit qu'il existe des nerfs vaso-moteurs de deux ordres, dilatateurs et constricteurs. La fièvre n'est que la résultante de modifications profondes du côté de ce système, résultante qui a pour effet principal l'élévation de la température. »

— M. *A. Moreau* donne sur la vessie natatoire des poïssons le résultat de recherches et d'applications savantes. On en trouvera l'exposé dans la leçon qu'il doit faire en séance générale.

Séance du 20 août (soir). — Présidence de M. Leudèt.

Injections sous-cutanées d'eau pure : M. Laffitte.—Sur les points du corps les moins résistants : M. Petit. — Action du curare : M. Cl. Bernard.

M. le docteur *Laffitte* communique une note sur l'*emploi des injections sous-cutanées d'eau pure* et les bons effets que l'on en peut retirer contre l'élément douleur dans une foule d'affections. Il leur reconnaît une efficacité aussi prononcée qu'aux injections de morphine. L'explication que l'auteur donne du mode d'action nous paraît tant soit peu problématique. D'après lui, en effet, l'action calmante serait due à la compression des filets nerveux terminaux par l'eau injectée.

— M. le professeur *Verneuil*, au nom de M. *Petit* (de Paris), lit un travail intitulé : DE LOCIS MINORIS RESISTENTIÆ.

Les lieux de moindre résistance sont des points du corps qui ont été, à un moment donné, le siège d'une affection quelconque, traumatique ou spontanée, inflammatoire, etc. L'affection guérie, la fonction et la forme de l'organe malade paraissent plus ou moins bien rétablies; mais la guérison parfaite, la *restitutio ad integrum*, n'a jamais lieu.

Ces particularités, connues depuis longtemps, n'ont pas encore été étudiées au point de vue chirurgical. On avait signalé la confluence plus grande de l'éruption variolique aux endroits dénudés par un vésicatoire, le siège de prédilection du typhus sur les points lésés antérieurement chez les goutteux, etc..... Les observations rapportées par M. Petit, dans son mémoire, sont fort concluantes; elles ont trait aux diathèses les plus diverses.

Nous ne pouvons les faire connaître en détail; voici le résumé de quelques-unes :

Un homme de quarante-cinq ans, atteint autrefois d'orchite blennhorragique et opéré d'hydrocèle, contracta plusieurs années après la syphilis. Dans le cours de la maladie survient une tuméfaction du testicule antérieurement malade, et il se développe rapidement un sarcocèle syphilitique comme première manifestation tertiaire.

Chez un second malade, atteint dans son enfance d'une périostite phlegmoneuse grave, accompagnée de nécrose du tibia, la syphilis, contractée plusieurs années après, détermina dès les premiers temps, du côté de la jambe malade, une poussée de périostose accompagnée de douleurs excessives qui céda rapidement à l'administration du traitement spécifique.

Un certain nombre de faits ayant trait à des diathèses autres que la syphilis montrent qu'il faudra rechercher avec soin dorénavant ces prédispositions créées par des maladies antérieures, et qu'il existe par ce fait, dans les points de l'organisme frappé, une tendance à être le siège de manifestations locales plus spéciales.

— M. *Cl. Bernard* a bien voulu, dans une communication intéressante, répéter devant les membres de la section ses expériences bien connues sur le curare et sur l'action de ce poison.

NOTA. — Les médecins de Nantes assistent en assez grand nombre aux séances. Parmi les membres présents nous pouvous citer MM. Cl. Bernard, Giraldès, Trélat, Verneuil, Lancereaux, de Paris; MM. Chauveau, Dron, Ollier, Perraud, Tripier, Toussaint, de Lyon; MM. Béchamp, Courty, Estor, de Montpellier, etc.

Séance du 21 août 1875 (matin).—Présidence de M. Leudet.

Maladie de Bright : M. Lancereaux; discussion. — Du vaginisme : M. U. Trélat. — Idiot microcéphale : M. Petit (de Nantes). — Utérus et ovaires : M. de Sinety. — Sections nerveuses : MM. Tripier et Arloing.

M. *Malherbe fils*, secrétaire, donne lecture du procès-verbal de la dernière séance.

La correspondance comprend : 1° une lettre de M. le docteur *Warlomont*, qui s'excuse de ne pouvoir assister au congrès de Nantes et invite tous les membres au congrès médical de Bruxelles; — 2° une lettre de MM. les administrateurs des hôpitaux de Nantes qui invite les membres du congrès à visiter leurs établissements. Cette visite est fixée à lundi prochain.

— M. le docteur *Lancereaux* fait une communication orale sur la maladie de Bright. Notre collègue montre que les notions, commencées par l'étude des symptômes, puis des lésions anatomiques, sont demeurées obscures jusqu'à l'intervention du microscope dans les recherches. Grâce à celui-ci, les lésions multipliées et différentes des reins formant le complexus de la maladie de Bright ont été étudiées convenablement et classées avec méthode; puis les cliniciens, recherchant à leur tour les expressions symptomatiques de ces divers troubles organiques, ont achevé de porter la clarté dans cette question. C'est ainsi qu'aujourd'hui il faut dire que la maladie de Bright, en tant qu'entité morbide, n'existe pas et qu'il faut dresser le tableau isolé anatomique et clinique de chacune des formes pathologiques englobées sous ce nom.

Je propose le tableau suivant :

1° Néphrites conjonctives dites interstitielles...
- Primitives... { Goutte; plomb; rétrécissement congénital de l'aorte; lésions artérielles.
- Consécutives. { Obstacles divers à l'émission de l'urine sans suppuration vésicale; cancer utérin; tumeur fibreuse.

2° Néphrite épithéliale dite parenchymateuse. { Froid humide; scarlatine; fièvres éruptives; diphthérie; choléra.

3° Dégénérescence graisseuse, stéatose rénale......... { Alcool; phosphore; fièvre jaune; ictère grave.

4° Dégénérescence amyloïde. { Suppuration prolongée; cachexies diverses.

La justification de ce tableau et de ses divisions se trouve dans l'étude anatomique et pathologique des cas.

Ainsi, on sait déjà que dans le rein les tissus principaux sont d'origine différente, l'épithélium des canalicules provenant du feuillet interne, le tissu conjonctivo-vasculaire interstitiel, au contraire, provenant du feuillet moyen du blastoderme; le premier tissu servant à la fonction, le second à la nutrition de l'organe.

Or, chacun de ces tissus offre aux influences morbides une susceptibilité différente; ils ne sont affectés ni uniformément ni simultanément, et en poursuivant leur étude minutieuse, on arrive à trouver insuffisante la distinction des pathologistes en gros rein blanc et en petit rein contracté.

Tantôt la trame interstitielle est malade et tantôt c'est l'épithélium, quoique plus tard un certain mélange des altérations de ces deux tissus puisse être observé. Aussi la séparation des néphrites en conjonctives ou interstitielles et en épithéliales est-elle fondamentale.

Il faut encore subdiviser la néphrite conjonctive en primitive et en consécutive. La première survient dans plusieurs états maladifs, dont elle est la manifestation, la localisation, ou en coïncidence avec des lésions artérielles, le rétrécissement congénital de l'aorte; par exemple, dans quelques chloroses, ou des altérations séniles des parois vasculaires. Dans ces cas le processus morbide se termine par un état granuleux; si, au contraire, la néphrite est consécutive, le rein reste toujours lisse.

Quelle est la lésion? Dans l'intervalle des tubuli corticaux se développent des éléments embryonnaires arrondis, faisant comme une petite tache blanche au milieu de points rosés congestionnés; puis ces éléments se constituent en tissu fibreux qui se rétracte et atrophie le rein en étouffant par compression les canalicules et les corpuscules qui s'altèrent alors consécutivement. Quelques-uns de ces tubes cependant s'élargissent au centre moins comprimé de ces îlots malades, peut-être par une sorte d'hypertrophie compensatrice.

Quels sont les symptômes? Évolution lente, début insidieux, méconnu presque toujours au début; le malade est essoufflé; il urine un peu plus, soit spontanément, soit sous l'influence de quelques substances comme le café; il pâlit et perd un peu ses forces. Cela peut durer plusieurs années. L'urine est pâle, peu dense, 1005 à 1009, et l'acide nitrique y dénote une quantité modérée d'albumine, en même temps qu'une légère teinte rosée. Arrive la céphalée, l'insomnie, enfin tardivement des convulsions, le coma et la mort; cependant la terminaison fatale est reculée parfois par des vomissements ou des diarrhées qui éliminent au dehors les matières excrémentitielles que l'insuffisance fonctionnelle du rein fait s'accumuler dans le sang. N'oublions pas enfin que dans les dernières phases on observe quelquefois l'hydropisie.

Le tableau de la *néphrite épithéliale* est différent. L'épithélium est primitivement lésé, tandis que la trame interstitielle reste intacte; il se gonfle, devient blanchâtre, granuleux, et obstrue le canalicule. Le système artériel est intact, ainsi que le cœur, qui ne présente pas d'hypertrophie. Les symptômes sont : un début soudain; la diminution de quantité de l'urine : elle est colorée et dense, 1020; l'anasarque se produit considérable et rapide.

Les deux types, on le voit, sont aussi distincts en clinique qu'en anatomie pathologique.

Le temps manque à M. le docteur Lancereaux pour caractériser en détail la troisième et la quatrième forme de néphrite; on peut du reste rapprocher la stéatose rénale de la néphrite épithéliale, et la néphrite amyloïde de la néphrite conjonctive.

Une fois la grande distinction générique établie, il faudrait aller plus avant et caractériser l'espèce étiologique. On le peut dans certains cas, et M. Lancereaux donne pour exemple le portrait de la néphrite conjonctive goutteuse ou de la néphrite saturnine, puisque l'empoisonnement saturnin produit des lésions et des troubles ultimes très-semblables à ceux de la goutte. Dans la néphrite goutteuse la trame conjonctive vasculaire s'altère par hyperplasie des éléments embryonnaires; le cœur s'hypertrophie; les lésions oculaires habituelles sont la névrite du nerf optique, tandis que dans la néphrite épithéliale la lésion ordinaire est la rétinite. Le rein s'atrophie, les cartilages s'incrustent, le début est très-insidieux, la polyurie et enfin l'albuminurie se déclarent.

Après l'atrophie du rein, la rétention des matières excrémentitielles produit des accidents très-variés et encore incomplètement décrits, tant sur le système nerveux que sur le système digestif. Les premiers sont une céphalée, une migraine parfois très-intenses, une difficulté de caractère qui doit frapper le clinicien expérimenté; des palpitations, des intermittences cardiaques, jusqu'à des accès d'asthme; enfin, ce qui a été souvent méconnu, des accès éclamptiques ou épileptiques, des hémiplégies, pouvant alterner avec la dyspnée, accidents d'abord passagers et curables, mais mortels à la fin.

Dans l'appareil digestif surviennent des troubles tout différents : ce sont des diarrhées ou des vomissements presque incoercibles, et qui prennent en défaut la sagacité des meilleurs praticiens quand ceux-ci on négligé l'examen des urines. On peut les croire essentiels et les combatre pas les opiacés ou d'autres moyens qui n'ont d'autre résultat que de calmer les symptômes douloureux ou les évcuations et qui jettent le malade dans un danger plus terrible. En effet, ils retiennent dans l'économie ces substances excrémentitielles toxiques et aggravent la situation. Il faut donc respecter, au contraire, ces soupapes de sûreté, et les solliciter même par des lavements purgatifs quand on a des raisons de rattacher à la néphrite les accidents nerveux si variés, récidivant si souvent, dont on a donné plus haut le tableau. Ce que l'on a décrit sous le nom de goutte viscérale n'est sans doute que l'une ou l'autre de ces perturbations, qui sont sous la dépendance non de la goutte, mais de l'atrophie rénale.

M. *Leudet* reprocherait presque à M. Lancereaux d'avoir dit que l'édifice de Bright était renversé aujourd'hui. Cet illustre observateur n'a voulu étudier que le rein rétracté, malade dans son parenchyme, et il ne confondait pas cette lésion avec le rein gras et gros, comme l'ont fait à tort Rayer et Martin-Solon. Il ne faut pas oublier non plus Rheinhardt et Johnson, qui les premiers ont bien étudié les lésions anatomiques de ces néphrites.

M. *Lancereaux* rend toute justice aux travaux de Bright, ainsi qu'à ceux de Rheinhardt et de Johnson; mais ces derniers auteurs n'ont pas rapproché la clinique de l'anatomie, et c'est justement ce rapprochement instructif qui a fait faire les derniers progrès à la question telle qu'elle est aujourd'hui comprise.

M. le professeur *Trélat* prend la parole et traite un point jusqu'ici peu étudié du *vaginisme*. Le vaginisme, affection si caractérisée dans son expression symptomatique, reconnaît des causes très-variées, et c'est problablement cette diversité étiologique qui l'a fait considérer par plusieurs chirurgiens sous des points de vue un peu différents. Il peut être sous la dépendance d'un état inflammatoire superficiel du col utérin, et M. Trélat en cite trois exemples personnels. Le premier a trait à une femme de vingt-trois ans, d'une santé très-satisfaisante, qui présenta aux tentatives d'examen des organes sexuels par le toucher une résistance matérielle et nerveuse, telle qu'il fallut une très-grande patience et beaucoup de temps, trois semaines, pour arriver à leur exploration régulière. La contracture vulvaire ne céda qu'après de nombreux essais et l'emploi de sédatifs variés. On ne constata qu'une antéflexion accompagnée d'antéversion et une très-petite ulcération superficielle du museau de tanche. Il semblait que chez cette femme un mélange de sensations douloureuses et voluptueuses, causées par les examens, la rendait encore plus réfractaire aux explorations. Au bout de six mois seulement, et après bien des découragements, elle arriva néanmoins à une guérison complète et les relations sexuelles, qui avaient été interrompues depuis deux ans par suite de l'état de la vulve et du vagin, purent être reprises sans inconvénients ni douleur.

Le second cas et celui d'une petite blanchisseuse de dix-neuf ans atteinte d'un léger écoulement leucorrhéique, pour lequel elle entrait à l'hôpital. Le toucher vaginal fut extrêmement difficile, presque impossible, et ce n'est qu'après plusieurs tâtonnements qu'on put reconnaître un peu de vaginite et des ulcérations superficielles du col. Un glycérolé de tannin la guérit en un mois, et il ne resta plus trace de la contracture tenace et énergique qu'elle avait offerte à son entrée.

La troisième malade était une femme de vingt-huit ans, mariée depuis trois ans et mère de deux enfants. Quand elle vint consulter, elle souffrait depuis huit jours d'une douleur vive avec ténesme et spasme des organes périnéaux et pelviens; elle était obligée de se tenir courbée en avant pour calmer ces douleurs qui s'exaspéraient toutes les cinq ou dix minutes. Les rapports sexuels étaient devenus impossibles ou tout au moins extrêmement pénibles.

La sensibilité des petites lèvres et du vagin était en effet très-exagérée, et sitôt que le doigt touchait l'utérus, la crise douloureuse atteignait son maximum. Il y avait sur le col une ulcération de 4 millimètres carrés tout simplement. Application du crayon de nitrate d'argent et tampon de glycérine. Au bout de quatre jours la guérison était parfaite. Deux mois plus tard récidive de l'ulcération et du vaginisme; guérison par le même procédé en quinze jours. Quatre mois plus tard nouvelle rechute encore ausssi facilement guérie.

Voilà donc trois exemples de femmes atteintes de vaginisme sous l'influence d'une simple ulcération du col. Scanzoni et Raciborsky avaient déjà indiqué ce phénomène, mais il est encore intéressant d'appeler sur lui l'attention des médecins et de noter leur parfaite curabilité par des moyens simples.

Il semble donc que dans le vaginisme il peut y avoir prédominance du spasme sur la douleur, aussi bien que prédominance de l'hyperesthésie vulvaire ou périvulvaire sur le spasme : de là des indications thérapeutiques différentes.

Remarquons encore que ce que l'on a appelé contraction spasmodique de la vulve et du vagin est véritablement une *contraction* continue plus ou moins durable, mais sans l'intermittence caractéristique des spasmes et des contractions musculaires proprement dites.

On aurait tort également de confondre avec le vaginisme par contraction réflexe certains cas d'atrésie, d'étroitesse vulvaires et vaginales, dans lesquels les douleurs produites par le coït sont dues à des inflammations d'origine mécanique.

La conclusion pratique de cette communication sera donc d'appeler l'attention des observateurs sur les causes si variées du vaginisme, et surtout de leur recommander l'usage judicieux des médications rationnelles appropriées, plutôt que les larges sections périnéales trop appliquées par Marion Sims.

M. le professeur *Courty* se range d'autant plus volontiers aux idées exprimées par M. Trélat qu'il a signalé jadis lui-même des faits identiques. Le vaginisme lui paraît aussi une contracture toute semblable à celle du sphicter anal qui accompagne souvent les fissures de l'anus. Une de ses malades, observée il y a vingt ans, présentait des symptômes qui lui rappelaient exactement ceux que l'on trouve dans les fissures anales ; elle n'avait du reste ni métrite ni vaginite. M. Courty repousse les incisions périnéales, à moins de circonstances très-exceptionnelles, et se borne en certains cas à exciser les débris de l'hymen atteints d'hyperesthésie et d'hypertrophie papillaire.

— M. *Laennec*, au nom de M. *Petit* (de Nantes), présente un idiot microcéphale dont le type est des plus remarquables. Voici son observation :

» Louis-Eugène Balhe, quatorze ans, né à Pucoul (Loire-Inférieure), est entré à l'asile Saint-Jacques le 8 avril 1870. Les personnes qui l'accompagnaient à son entrée étaient complétement étrangères à la famille et ne purent donner aucun renseignement concernant cet enfant.

» L'état de développement physique actuel est le suivant : La taille ne présente rien d'extraordinaire à signaler ; elle est celle des enfants de son âge, 1^m,36 ; seulement, depuis quinze à dix-huit mois elle s'est élevée plus rapidement que pendant les trois premières années de son séjour à l'asile.

» Il y a aussi à peu près le même temps que les poils du pubis ont commencé à paraître, et ils sont assez abondants. Quant aux testicules, ils sont, comme avant cette époque, tout à fait rudimentaires ; le droit est un peu plus volumineux que le gauche. La verge présente un développement normal.

» Le sein gauche est particulièrement développé ; le droit n'a rien d'anormal.

» Dentition normale. Atrophie du pouce de la main gauche. Rien de particulier dans le reste du corps.

» La tête est à peine plus volumineuse qu'une tête de fœtus à terme.

» État mental : Absence complète d'intelligence ; aucune idée ne semble germer dans le cerveau de cet être déshérité. Il ne sait que deux mots, qu'il prononce inconsciemment à propos de chaque question : *Oui, là*.

» Les organes des sens fonctionnent régulièrement. La sensibilité générale paraît un peu émoussée.

» L'enfant est donc facile à diriger. »

— M. *de Sinéty* communique les résultats de ses récents travaux sur l'utérus et l'ovaire. Il a vu, comme Vallisnieri, Carus, Courty et plusieurs autres, que les follicules de de Graaf ne se développent pas seulement à la puberté, ainsi que le croyait Coste, mais que, pendant toute l'enfance, ils présentent une évolution qui rappelle complétement celle de la puberté ; seulement ils ne se rompent pas et ne vident pas leur contenu dans les trompes : ils se rident, s'atrophient et laissent un petit corps jaune. On remarque que chez les nouveau-nés, pendant la première semaine, les follicules sont plus developpés qu'ils ne le seront à quatre, cinq ou sept ans, et l'on ne peut pas considérer ce développement comme pathologique, car ils n'arrivent jamais à constituer de véritables kystes.

La lactation bien connue des nouveau-nés est du reste un phénomène du même ordre; elle ne consiste pas seulement en un rejet d'épithélium, mais en une véritable sécrétion, observée, comme chacun le sait, sur les deux sexes.

Merkel a décrit dans le testicule des enfants de cet âge l'apparition de grosses cellules granuleuses obscures, qui sont analogues à celles qui plus tard formeront, à la puberté, les spermatozoïdes, mais qui disparaissent bientôt sans atteindre ce degré d'évolution.

La même triple poussée s'observe à l'âge de la puberté, où l'on voit les ovaires donner les ovules, le testicule donner les spermatozoïdes et les mamelles donner du lait, même parfois chez les jeunes garçons.

L'utérus, au contraire, demeure indifférent à ce travail.

M. de Sinéty a dirigé ses recherches sur l'épithlium de la muqueuse utérine, encore peu connu, malgré les nombreux travailleurs qui l'ont étudié, à cause de l'extrême altérabilité de ses éléments. Il a su, sur une enfant tuée par céphalotripsie et sur des femmes suicidées, en poursuivre complétement l'examen, et voici ce qu'il a trouvé :

Dans la cavité du col, cellules caliciformes sécrétant le mucus épais si connu de cette région et si différent de celui de la cavité du corps. Plus haut, cellules cylindriques sans cils vibratiles ; enfin cellules à cils vibratiles dans les trompes. Ce n'est que chez la femme adulte que les cils vibratiles existent dans le corps de l'utérus ; mais peut-être dans les pièces examinées y avait-il eu déjà des altérations. On rencontre des cellules à cils vibratiles le long des crêtes saillantes de l'arbre de vie, tandis que dans les creux intermédiaires on ne trouve que des cellules caliciformes que l'on peut considérer comme de véritables petites glandes unicellulaires. Elles existent dans tout le règne animal, et l'oviducte de la grenouille en présente d'extrêmement remarquables.

— M. le docteur *Tripier*, en son nom et au nom de M. Arloing, lit un travail sur les sections nerveuses dans les névralgies (voy. *Travaux originaux*).

Séance du 21 août 1875 (soir). — *Présidence de M. Leudet.*

Le peigne des oiseaux : M. Fieuzal ; Discussion. — Ictère hématique traumatique : M. Poncet.

La séance est ouverte à quatre heures.

M. le docteur *Jouon* donne lecture du procès-verbal de la pécédente séance.

Le procès-verbal, mis aux voix, est adopté.

— M. *le président* donne la parole à M. Fieuzal pour la communication d'un travail sur le *peigne des oiseaux*.

Le peigne est, comme on le sait, une membrane tendue verticalement à travers le corps vitré jusqu'au bord externe ou postérieur de la circonférence du cristallin. L'auteur l'a soumis à l'examen ophthalmoscopique chez le poulet.

Lorsqu'on pratique chez un oiseau l'examen ophthalmoscopique, on voit en effet s'accomplir les mouvements de ces deux organes. On voit, d'une part, la membrane clignotante passer en avant de la cornée dans le but de diminuer sa transparence. En même temps, on voit le peigne se mouvoir pour abriter contre la lumière les parties les plus sensibles de la rétine. Le peigne se boursoufle, se frange, et c'est à sa structure cellulo-vasculaire qu'il doit une telle modification; c'est un écran érectile. Le peigne a donc pour but de protéger contre la lumière des parties plus impressionnables de la rétine. Ajoutons que si les mouvements du peigne et de la membrane clignotante se font d'habitude synergiquement, sous l'influence d'une même cause, il n'en est pas moins parfaitement établi que le peigne peu agir isolément.

— M. *Giraldès* fait observer qu'en effet il ne faut pas accorder au peigne le rôle d'un organe d'adaptation. La vascularité du peigne a été démontrée par Jacob, mais on n'y a pas cité d'éléments musculaires. Le seul agent d'accommodation pour l'œil de l'oiseau est le muscle ciliaire ; il ne faut pas accorder au peigne un rôle analogue.

M. *Fieuzal* insiste sur ce point que le rôle physiologique du peigne n'a été établi que grâce à l'examen ophthalmoscopique de l'œil de l'oiseau ; car c'est sous l'influence de la lumière que se produisent les mouvements de cet organe.

— M. *Tripier* donne lecture d'un travail de M. Poncet, intitulé : DE LA MATIÈRE COLORANTE DU SANG PRODUISANT L'ICTÈRE HÉMATIQUE TRAUMATIQUE.

— M. *Poncet* a recueilli de nouveau des observations qui établissent l'existence de l'ictère par résorption de la matière colorante du sang chez les blessés atteints d'ecchymoses ou d'infiltrations sanguines.

La substance, agissant en ce cas, serait l'hémoglobine modifiée. En effet, l'analyse spectrale d'un liquide ecchymotique lui a fait constater l'absence des bandes caractéristiques de l'oxyhémoglobine, et la présence d'une bande unique d'absorption, caractéristique de l'hémoglobine réduite.

Ensuite, M. Poncet, traitant un peu de ce même liquide par l'éther à 56 degrés qui coagule la matière albuminoïde du sang, constate que le coagulum traité abandonne une matière colorante jaune, différente de l'hémoglobine, et c'est cette matière jaune qui donne aux téguments la coloration ictérique.

— La séance est levée à six heures et demie.

Séance du 23 août 1875 (matin). — *Présidence de M. Leudet.*

Matières colorantes de l'urine : M. Dagrève. — Élimination des phosphates dans la chlorose et la phthisie : M. Tissier fils. — Remarques de M. Tissier père. — Structure du tissu osseux et du cartilage : M. Laennec. — Du processus traumatique : M. Verneuil. — Pince à pression linguale et appareil d'Esmarch ; M. Houzé de l'Aulnoit.

Le procès-verbal de la dernière séance est lu par M. *Marcé* et adopté.

— M. le docteur *Dagrève* fait part de quelques recherches

sur les *matières colorantes de l'urine*. On sait que l'acide azotique versé lentement le long des parois d'un vase contenant de l'urine normale, détermine en peu de temps une division en deux couches colorantes, l'une rouge et l'autre bleuâtre. L'auteur a cherché les modifications que pourraient apporter les différents états pathologiques à cette réaction, bien décrite par M. Gubler. Il s'est spécialement attaché à voir si les différentes affections rénales présentent des analogies ou des différences tranchées. Or, il a trouvé de ce fait que, dans la néphrite parenchymateuse, les urines ne présentent pas au premier abord la teinte bleue ordinaire; il faut attendre que l'urine soit reposée pour qu'on trouve des indices d'indigo; dans les cas d'albuminurie dus à la néphrite interstitielle, on trouve au contraire la réaction très-prononcée et persistante. M. Dagrève émet l'hypothèse que ces modifications pourraient être dues à un trouble de fonctions du glomérule rénal; dans tous les cas, et quelle que soit l'interprétation qu'on donne de ces différents états, l'auteur insiste sur ce moyen de faciliter le diagnostic.

— M. *Teissier fils* (de Lyon) fait la communication suivante : *Recherches comparées sur l'élimination des phosphates dans la chlorose vraie et dans la phthisie commençante.*

L'auteur avait signalé dans le LYON MÉDICAL (1875) un état pathologique qui offrait comme signes, comme marche et comme accidents consécutifs, des points de ressemblance intime avec le diabète sucré ; il a donné à cette affection le nom de *polyurie* ou *diabète phosphatique*. Dans cette note, il ne veut prendre qu'un point limité de ce sujet; il a cherché si l'examen de l'excrétion des phosphates pouvait conduire au diagnostic de la chlorose vraie et de la phthisie à ses débuts. Voici les résultats auxquels il est arrivé et les conclusions qui lui paraissent découler de ses explorations :

1° Toute chlorotique qui, sans être soumise à un régime très-animalisé, présente, même si elle maigrit, une diminution de l'excrétion des phosphates, ne tournera probablement pas à la phthisie pulmonaire.

2° Toute chlorotique qui, abstraction faite de l'influence du régime, présentera une augmentation des principes phosphorés, a de grandes chances de devenir phthisique.

A l'état normal, les urines présentent les proportions de 2 à 3 grammes par jour pour les phosphates terreux, et de 2 grammes pour l'acide phosphorique. Or, sur près de 250 observations, M. Teissier a constaté que, chez les chlorotiques, les phosphates terreux ont oscillé de quelques traces à 1^{gr},40 par litre et l'acide phosphorique de 20 centigrammes à 1^{gr},25. D'autre part, chez les phthisiques, l'excrétion des phosphates a atteint le chiffre de 3 à 6 grammes par litre.

Ces observations ont été faites avec tout le soin désirable ; l'urine était recueillie le matin, en dehors de la période digestive, examinée comme densité, alcalinité ou acidité, et analysée par des procédés variés. Le résultat a été toujours identique.

Pour contrôler ces faits d'observation, et pour voir si le régime alimentaire influençait d'une certaine façon l'excrétion phosphatique, M. Teissier s'est soumis pendant cinq jours à un régime exclusivement animalisé, et il a vu que les phosphates augmentaient, mais dans une proportion infiniment moindre que chez les phthisiques. Ce fait vient du reste confirmer les données cliniques ; un phthisique se nourrit pour ainsi dire de sa propre substance, et même en faisant la part du régime, on voit qu'il y a chez lui déperdition considérable des phosphates.

L'auteur termine sa communication en présentant plusieurs observations qui viennent à l'appui des propositions énoncées ci-dessus.

M. *Teissier père* a été témoin d'une grande partie de ces recherches ; pour lui, l'analyse, au point de vue des phosphates, présente une grande importance. Il est, en effet, très-difficile de résoudre le diagnostic de la phthisie à la période

commençante. Mais il ne faut pas confondre cet état phosphaturique avec ces dépôts phosphatiques qu'on trouve dans un certain nombre d'urines à l'état de précipités ; cela ne rentre pas dans la même affection.

S'il est vrai, et pour lui ce fait paraît établi, qu'il y a une contradiction entre l'état chlorotique et la phthisie, on aura là un moyen d'éviter un embarras dans la pratique thérapeutique. La même médication ne s'applique pas, en effet, indistinctement à la phthisie et à la chlorose ; le contrôle des urines permettra de trancher le différend.

— M. *Laennec* (de Nantes) soumet à l'appréciation des membres de la section quelques *préparations histologiques* qu'il a faites avec la collaboration de M. Malherbe fils sur la *structure du tissu osseux et du cartilage*.

Pour lui, suivant en cela des théories émises par Sharpey, Bouer, Müller, Ranvier, il y a entre le tissu cartilagineux et le tissu osseux un état transitoire caractérisé par un tissu de calcification. La transition s'établit graduellement des cellules de cartilage aux cellules du tissu osseux.

Dans la forme d'ossification procédant directement du tissu conjonctif, la transformation est directe ; on voit du côté de l'os se produire de véritables mamelons osseux qui s'engaînent avec des mamelons provenant du tissu conjonctif; ce tissu, à mesure qu'on se rapproche du tissu osseux, se densifie, disparaît peu à peu, la cellule conjonctive se transformant directement en os.

Le développement du tissu cartilagineux se fait de la même façon : il s'accroît par segmentation des cellules ou par transformation directe du périchondre.

— M. *Verneuil* se propose d'étudier un des phénomènes principaux ou *processus traumatique* qui, malgré sa fréquence extrême et son importance considérable, n'a encore été décrit nulle part.

Ce phénomène n'a pas reçu de nom, mais, à défaut de définition, voici comment il peut être établi.

Dans les lésions traumatiques, on peut prouver :

1° Que le foyer, aussitôt formé, est inévitablement soumis au contact anormal de corps étrangers divers ;

2° Que ces corps étrangers agissent d'une manière plus ou moins active sur les éléments anatomiques qui constituent les parois du foyer;

3° Que, réciproquement, dans un grand nombre de cas, les éléments anatomiques réagissent sur les corps étrangers susdits ;

4° Que de ces actions réciproques résultent des phénomènes nouveaux qui marquent le début du travail réparateur ou préparent l'invasion des accidents qui compliquent les blessures.

En un mot, « dans toute lésion traumatique, les éléments anatomiques blessés sont exposés au contact anormal de corps étrangers et aux conséquences de ce contact ».

La lésion traumatique, ou pour mieux dire le processus traumatique, se compose d'une série d'actes réparateurs ou destructeurs, mais formant en somme une série d'actes physiologiques et pathologiques qui se présentent tous dans un ordre déterminé. Du premier au dernier, chacun a pour origine celui qui le précède, et pour conséquence celui qui le suit.

Le premier acte, la violence, agit sur les éléments anatomiques, les atteint, les divise et a pour conséquence le foyer traumatique, espace virtuel ou réel qui sépare les éléments normaux des éléments frappés. Il se constitue dès lors entre ces éléments des changements de rapport qui consistent surtout en un changement de contact. De ce fait, tous les foyers traumatiques sont en contact avec des corps étrangers. Il est de toute évidence qu'il faut étendre cette dénomination de corps étranger ; en effet, tel corps, normal dans telle ou telle région, dans tel ou tel état organique, va devenir corps étranger une fois déplacé dans un autre organe ou un autre tissu.

Les exemples sont sous les yeux : l'air, les humeurs de l'organisme, etc.

Il peut se présenter plusieurs cas, mais tous aboutissent plus ou moins au même résultat. L'existence d'un état pathologique peut être affirmée toutes les fois qu'on trouve un élément anatomique hors de son milieu ou que l'on constate dans un milieu histologique l'apparition d'un corps solide, liquide ou gazeux, étranger à la composition normale.

A ces faits, on peut prévoir deux objections : tout d'abord celle d'étendre démesurément le sens du mot *corps étranger* qui, dans le langage médical, s'applique seulement à des corps le plus souvent inorganisés, venus du dehors, etc.; mais il est évident que cette acception est trop restreinte et qu'on peut définir corps étranger tout principe immédiat, élément anatomique, tissu ou organe en état d'ectopie, c'est-à-dire ayant quitté sa place pour pénétrer dans un milieu organique qui n'est pas le sien.

On pourrait encore objecter que, par plaies exposées, on entend, en termes classiques, celles qui communiquent avec l'extérieur. Mais par plaies exposées on doit entendre, non-seulement celles qui sont à l'air libre, mais celles qui sont exposées aux corps étrangers que je fais multiples (sang, lymphe, etc., sortis de leurs vaisseaux ou contenants). Ainsi compris, on verra qu'il y a peu de foyers traumatiques qui ne soient exposés à des corps étrangers, à plusieurs à la fois et qui n'en fassent naître dans leur propre sein.

Aussi faut-il faire entrer dans l'étude d'une plaie, si l'on veut la mener à bien, l'analyse rigoureuse de tous ces produits variés.

M. *Dally* dit qu'on pourrait étendre aux cas médicaux les données si brillamment exposées par M. Verneuil.

M. *Houzé de l'Aulnoit* présente une *pince à pression* destinée à établir *l'ischémie linguale*.

Il traite ensuite de la réglementation de l'appareil d'Esmarch. Tel qu'il est appliqué d'une façon générale, cet appareil expose à des inconvénients sérieux (hémorrhagies, contusions, gangrène) dus à la constriction exagérée qu'on lui donne. Il a fait des expériences fondées sur la force de tension du tube élastique et répétées un grand nombre de fois.

Il a vu que, pour correspondre à un allongement donné de la bande de caoutchouc (qu'il désire voir substituer au tube constricteur), il faut atteindre un poids fixe. Au moyen de tables graduées, il est facile de savoir le nombre de tours que l'on doit donner à la bande pour atteindre une tension déterminée.

— La séance est levée à onze heures et demie.

CHRONIQUE SCIENTIFIQUE

En vertu d'une loi promulguée le 10 août, il est ouvert au ministère de l'agriculture et du commerce un crédit extraordinaire de 30 000 francs pour les dépenses de l'exposition universelle de Philadelphie.

— Par l'intermédiaire de M. Barral, M. Galland a soumis récemment à l'examen de la *Société d'encouragement pour l'industrie nationale* une méthode qui permet d'obtenir du malt en toute saison, invention qui rendrait possible en tout temps la fabrication de la bière, au fur et à mesure des besoins de la consommation.

Le principe du maltage pneumatique consiste en ceci qu'il force l'air, toujours à la même température et toujours saturé d'humidité, à travers la couche d'orge qu'on a mise à germer, avec une vitesse calculée et rigoureusement suffisante pour enlever l'acide carbonique qui se produit dans cette opération. On peut ainsi opérer sur des couches d'orge de 30 à 50 centimètres d'épaisseur, tandis que par la méthode ordinaire cette épaisseur n'est que de 10 à 20 centimètres au plus et on réduit ainsi beaucoup la surface des germoirs.

En usant de son procédé, M. Galland emploie 2 mètres cubes d'air par minute et par mètre carré de germoir, et l'expérience a appris que l'air déjà employé pouvait servir de nouveau à condition d'y adjoindre seulement 1/20 d'air neuf. En résumé, M. Galland a reconnu que si les frais de maltage par le procédé ordinaire s'élèvent à 4 francs par sac, ils ne sont que de 2 fr. 12 c. dans la malterie pneumatique.

— Le *Messager de Cronstadt* publie les données suivantes sur la composition de la flotte russe :

« La flotte de guerre russe possède 29 navires blindés et 196 navires ordinaires, armés de 521 canons.

» L'état-major comprend 1305 officiers, dont 81 amiraux, 513 officiers-pilotes, 210 officiers d'artillerie de la marine, 145 ingénieurs constructeurs de navires, 545 officiers mécaniciens, 56 ingénieurs constructeurs de port, 297 officiers de l'amirauté, 260 médecins, 480 fonctionnaires de l'ordre civil. L'effectif des marins non gradés est de 24 500.

» La flotte de la Baltique se compose de 27 navires blindés (dont 4 en construction), armés de 200 canons, et de 110 vapeurs ordinaires, armés d'un nombre égal de canons.

» Dans ce nombre, il y a 70 navires n'ayant point d'artillerie.

» La flotte de la mer Noire possède 2 navires blindés (dont 2 en construction), armés de 4 canons, et 29 vapeurs ordinaires (dont un en construction), armés de 45 canons. (4 navires n'ont pas d'artillerie).

» Dans la mer Caspienne se trouvent 20 vapeurs ordinaires (dont un en construction), armés de 45 canons (9 navires ne possèdent pas d'artillerie).

» L'escadre de la Sibérie se compose de 28 navires à vapeur, armés de 36 canons (21 sans artillerie).

» L'escadrille de l'Aral est composée de 6 petits vapeurs, dont 5 armés de 13 canons.

» Dans la mer Blanche, enfin, il y a 3 navires armés de 4 canons. »

— M. Philippe Breton a tiré des dernières observations faites par les savants, au moment du passage de Vénus *devant* le soleil, certaines conséquences assez ingénieuses : En raison de la réfraction de la lumière solaire dans l'atmosphère de Vénus, il serait possible désormais, au moyen d'instruments spéciaux, d'observer les passages de Vénus *derrière* le soleil, toutes les fois qu'une opposition arrivera assez près d'un nœud de l'orbite de Vénus. Il suffirait de calculer d'avance, pour les stations choisies, les époques du commencement et de la fin d'un de ces passages avec les points du contour du disque solaire où il doit commencer et finir, puis d'installer des observateurs exercés, munis des meilleurs instruments connus, tout prêts à saisir au passage le commencement et la fin du phénomène. Le prochain passage derrière le soleil arrivera en 1878, il sera suivi de quatre autres passages de huit en huit ans, le dernier arrivant en décembre 1910, après quoi il faudra attendre près de deux siècles pour avoir une série de huit ou neuf passages par derrière le soleil, groupés à des intervalles de huit ans, avec deux passages au plus par devant au milieu de deux de ces intervalles de huit ans. Si donc il y a quelque chose d'utile à tirer des passages derrière le soleil, et si l'on veut profiter de l'occasion présente, il n'y a pas de temps à perdre.

SOCIÉTÉ DES AGRICULTEURS. — *Donation de prix en* 1876. — Sept prix de 1000 francs chacun seront décernés en février 1876 par la Société dont le siége est à Paris, 1, rue Lepeletier. Ils sont destinés : 1° au procédé le meilleur et le plus économique de conservation des fourrages verts; 2° au meilleur procédé de destruction du *Phylloxera vastatrix*; 3° à l'inventeur du meilleur système d'écorçage artificiel des bois ; 4° à l'inventeur de l'instrument le plus propre à indiquer exactement la richesse saccharine de la betterave ; 5° 500 francs à la meilleure méthode d'apiculture ; 500 francs au fabricant qui pourra fournir aux sériciculteurs les microscopes les plus économiques ; 6° aux instituteurs primaires qui auront développé chez leurs élèves le goût de l'agriculture ; la somme de 1000 francs sera divisée en autant de prix que la commission le jugera convenable ; 7° à la meilleure jumenterie des départements de l'ancienne Bretagne.

Le propriétaire-gérant : GERMER BAILLIÈRE.

PARIS. — IMPRIMERIE DE P. MARTINET, RUE MIGNON, 2.

LA

REVUE SCIENTIFIQUE

DE LA FRANCE ET DE L'ÉTRANGER

REVUE DES COURS SCIENTIFIQUES (2ᴱ SÉRIE)

DIRECTION : MM. EUG. YUNG ET ÉM. ALGLAVE

2ᵉ SÉRIE — 5ᵉ ANNÉE   NUMÉRO 10   4 SEPTEMBRE 1875

ASSOCIATION FRANÇAISE

POUR L'AVANCEMENT DES SCIENCES

CONGRÈS DE NANTES

SÉANCES GÉNÉRALES

M. ARMAND MOREAU

Du rôle et des fonctions de la vessie natatoire.

Chacun sait qu'il y a des poissons qui ont une poche remplie d'air que l'on nomme vessie natatoire, tandis que d'autres poissons sont totalement privés de cet organe. Cette différence de structure a des conséquences importantes, au point de vue de la station et de la locomotion du poisson.

Par exemple, le poisson qui ne possède pas de vessie natatoire se trouvera à la surface de l'eau, ne supportant qu'une pression atmosphérique, ou bien à 300 mètres, et plus, de profondeur, supportant trente fois la pression atmosphérique, et plus encore, sans subir de diminution dans son volume, ses tissus étant, comme l'eau, sensiblement incompressibles.

Au contraire, le poisson qui a une vessie natatoire ne peut varier de pression sans qu'aussitôt cette vessie, qui n'est pas enfermée dans une cage rigide, ne subisse médiatement cette pression. Elle sera plus dilatée près de la surface de l'eau, elle le sera moins dans la profondeur, mais ces variations sont dangereuses. On a pensé qu'en contractant suffisamment ses muscles — je parle des muscles propres de la vessie natatoire et des muscles des parois abdominales — le poisson maintiendrait dans une zone superficielle le volume normal qu'il avait, et qu'en diminuant, au contraire, la contraction normale, le *tonus* ordinaire de ses muscles, il permettrait à l'air intérieur de se dilater et de conserver encore, lorsqu'il se trouvera, dans la profondeur, soumis à une pression trop forte, le volume normal, et par suite la densité qui lui convient.

Ainsi, en admettant une action de ses muscles en rapport avec la pression, mais dans un rapport inverse, il réaliserait un volume normal constant et une densité normale constante, c'est-à-dire la condition même de l'équilibre au sein de l'eau. Cette action musculaire, que l'on suppose intervenant pour assurer au poisson une densité constante, pourrait intervenir encore de la manière la plus favorable pour concourir, avec l'action des nageoires, soit à la descente, soit à l'ascension. Il est inutile de l'expliquer davantage; on l'admet, et telle est la solution, telle est l'opinion commune. On la trouve formulée dans le traité *De motu animalium* de Borelli, de 1860. Elle est reproduite partout; elle a été partagée par des esprits éminents. Cuvier l'a discutée et l'a admise. Biot la cite et l'accepte, sans la discuter, de nos jours. Milne Edwards la reproduit.

Que dois-je dire?

Je dirai : La vessie natatoire est un organe de station, non de locomotion. La théorie admise est inacceptable, parce que ce n'est pas par le mécanisme supposé que le poisson réagit contre l'influence de la pression extérieure, c'est par un moyen absolument différent.

En effet, l'expérience suivante prouve que le poisson qui change de niveau, et par conséquent de pression, emmagasine de l'air dans sa vessie natatoire, quand la pression extérieure augmentant lui fait subir une diminution de volume; elle prouve aussi que la pression extérieure venant à diminuer, le poisson retire de la vessie natatoire l'excès d'air qu'il possédait. Et dans ces deux opérations, le poisson s'arrête quand le volume qu'il atteint est le volume normal, celui qui, pour un poids qui n'a pas varié, lui donne sensiblement la densité de l'eau.

Voici en quelques mots l'expérience :

J'ai choisi des poissons de diverses espèces, vivant dans des bassins ayant moins d'un mètre de profondeur. Leur densité était très-voisine de celle de l'eau. J'ai mesuré exactement leur volume, et les ai placés à une profondeur de 10 mètres, dans la mer, suspendus à une bouée dans un panier chargé de poids (fig. 6). Le lendemain, je les ai repris; ils avaient augmenté de volume. Replacés aussitôt, ils augmentèrent encore de volume, pendant trois et quatre jours, puis s'arrêtèrent. Je les retirai alors et les plaçai dans une eau très-peu profonde; ils possédaient une densité plus faible que celle de l'eau, et revinrent peu à peu, en trois ou quatre jours, à leur densité primitive et à leur volume normal.

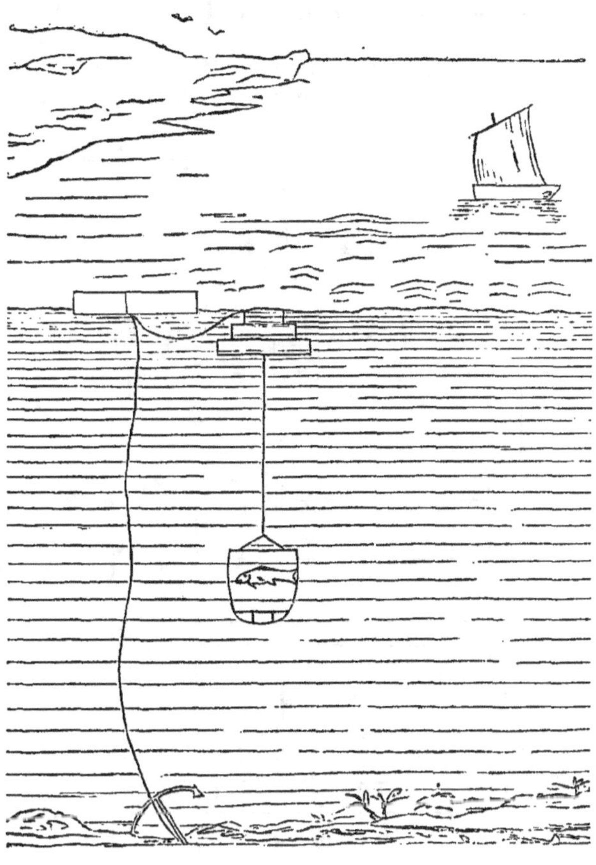

La figure 6 offre la disposition employée pour imposer une pression constante au poisson, quelle que soit la hauteur de la marée.

Dans ces expériences, je pus voir qu'à une profondeur de 10 mètres ils avaient doublé la quantité de gaz qu'ils possédaient primitivement. Or, cette profondeur leur imposait une pression double de celle qu'ils subissaient à la surface de l'eau (soumis aux mêmes épreuves, les poissons sans vessie natatoire m'ont offert un volume constant). On voit qu'un certain temps s'écoule pour la formation de l'équilibre sous une forme nouvelle, mais cet équilibre se forme. Et, dès lors, ce que nous avons vu admettre, ce qui a paru vraisemblable, cette adaptation du volume à la pression extérieure par l'action des muscles, la théorie, l'opinion commune n'a plus lieu d'être proposée. C'est par un artifice tout différent que le poisson recouvre la densité normale qu'une pression nouvelle lui impose. Les muscles n'ont pas de travail à exécuter, puisque la quantité d'air se modifie précisément dans le rapport qui convient pour que la densité de l'eau soit toujours celle du poisson.

On voit ici ce que peut dans une question apporter un fait

nouveau. Comme un facteur nouveau dans un produit, il peut en changer complétement le sens. Mais il ne suffit point, cependant, de montrer que le poisson varie la quantité de gaz suivant la pression; il faut voir si, dans certaines limites, plus ou moins étroites, il n'a pas aussi une action différente sur son volume, s'il ne le modifie pas, comme on l'admet, par l'action de ses muscles.

Les deux expériences qui suivent montrent que le poisson offre dans son volume une variation qui correspond exacte-

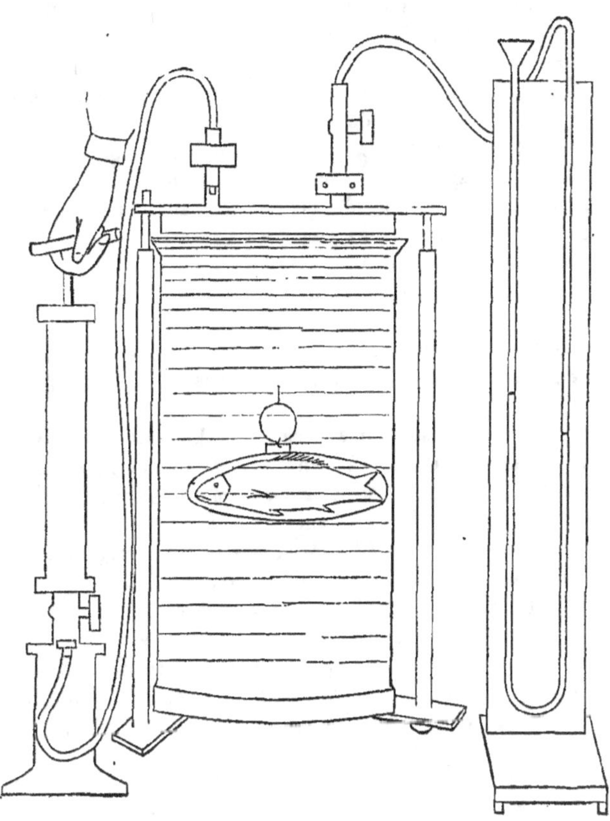

La figure 7 représente non pas le poisson qui tombe dans l'eau ou s'élève avec l'appareil qui le contient, mais le poisson maintenu immobile pendant un temps indéfini par la pression de la main constamment soutenue et ménagée. — Cette expérience montre qu'un poisson qui a une vessie natatoire, comme celui qui est figuré, devient un ludion dès que l'action de ses nageoires vient à être supprimée; dans les mêmes conditions, le poisson qui n'a pas de vessie natatoire se comportant au contraire tout autrement et comme fait un corps dont le volume ne varie pas avec la pression; elle monte en même temps qu'un poisson court, par la variation de volume qu'il subit en changeant de niveau, un danger que ne court jamais celui qui n'a pas de vessie natatoire.

ment au changement que la pression extérieure lui inspire, et par conséquent que le poisson ne fait pas intervenir l'action de ses muscles pour prendre la densité normale s'il se repose, ni pour prendre la densité qui favorise sa progression s'il veut descendre ou s'il veut monter.

Dans un bocal haut d'environ 60 centimètres, et plein d'eau, mais non complétement, je place un appareil composé d'une cage légère en métal, contenant un poisson vivant (poisson muni d'une vessie natatoire), suspendu à un ballon de verre, terminé par une pointe effilée et soutenant un godet de mercure (fig. 7).

Cet appareil aura, si l'on verse dans le godet une quantité convenable de mercure, une densité moyenne très-voisine de celle de l'eau, et on le reconnaîtra à la petite saillie que fera au-dessus de l'eau la pointe effilée du ballon. Les choses étant ainsi disposées, un couvercle solide est fixé sur le ballon, et par une ouverture on comprime ou on raréfie l'air, par l'autre on fait communiquer l'air intérieur avec un manomètre.

Voici ce que l'on observe : aussitôt que l'on a comprimé assez l'air pour que la pointe du ballon s'enfonce, on s'arrête, et l'appareil, conservant une pression intérieure constante, comme le prouve le manomètre, on voit que le poisson descendra jusqu'au fond. De plus, on verra que pour le faire remonter, il faudra, à l'aide de la pompe aspirante, retirer une quantité d'air telle qu'il reste une pression intérieure qui, mesurée par le manomètre, diffère de la pression notée au moment de la chute d'une quantité constante. Ce point est intéressant. On trouvera qu'il faut, pour déterminer l'ascension du poisson, que le manomètre marque un niveau élevé au-dessus du niveau noté au moment de la chute, d'une longueur précisément égale à la verticale parcourue par le poisson dans sa chute.

Ainsi le volume est diminué exactement en raison de la pression subie. Si le poisson était ainsi fixé dans une cage et placé dans la mer, une fois qu'il aurait commencé à descendre, il descendrait jusqu'au fond, sans s'arrêter avant le sol.

J'ai fait cette expérience avec des poissons vivants, avec des poissons morts. Ils se comportent de même. Le poisson vivant obéit à la pression intérieure comme le poisson mort. Il se comporte comme un ludion.

Il convient d'aller au-devant de toutes les objections ; or, ne peut-on pas dire : Ce poisson est en cage ; il est gêné, il ne peut mouvoir ses nageoires ; et peut-être que nageant librement, il ferait avec ses muscles sur sa vessie natatoire des efforts qui en modifieraient le volume, efforts synergiques avec le jeu des nageoires, et dont l'effet s'ajouterait utilement à leur action pour descendre ou pour monter. L'expérience suivante répond à cette question :

Le même grand bocal (fig. 8) est surmonté cette fois d'un couvercle de forme conique et tel que l'air se réfugiant au sommet du cône, à mesure que l'eau pénètre, disparaît complétement quand on achève de la verser. Un tube, de calibre étroit, coudé à angle droit, est fixé au haut de l'appareil et permet à l'eau intérieure d'avancer ou de rétrograder, suivant qu'il se fait une dilatation ou une diminution de volume.

Un poisson vivant (à vessie natatoire) est placé d'avance dans le bocal. Il monte, il descend librement. Que voit-on ?

On voit dans le tube horizontal que l'eau avance vers l'extérieur à mesure que le poisson s'élève du fond vers la surface.

On voit que si le poisson s'arrête, l'eau cesse d'avancer vers l'extérieur, et que s'il descend, l'eau rétrograde vers l'intérieur.

Ainsi il y a toujours entre le volume du poisson, volume accusé par la progression de l'eau dans le tube horizontal, et la hauteur du poisson au-dessus du fond, un rapport constant.

La densité de l'eau est la même au haut de l'appareil et en bas. Et nous constatons que le poisson qui vient de s'élever du fond a toujours augmenté de volume, et de plus, que tant qu'il restera au haut de l'appareil, se mouvant dans un plan

horizontal, l'eau immobile indiquera que le volume du poisson est constant. Par conséquent, le poisson qui se trouve dans un milieu dont la densité est constante garde un volume qui est en rapport avec la pression intérieure. Si donc il avait en bas la densité de l'eau, il l'a perdue, et il ne la reprend pas. Il subit une condition fâcheuse pour son équilibre. On ne peut donc pas admettre que le poisson agit sur sa vessie natatoire avec ses muscles, car il ne le fait pas, nous le voyons, et il est dans les conditions où il devrait le faire.

J'ai mis des poissons sans vessie natatoire dans ce même bocal. Ils se sont élevés du fond au sommet, et l'eau a gardé

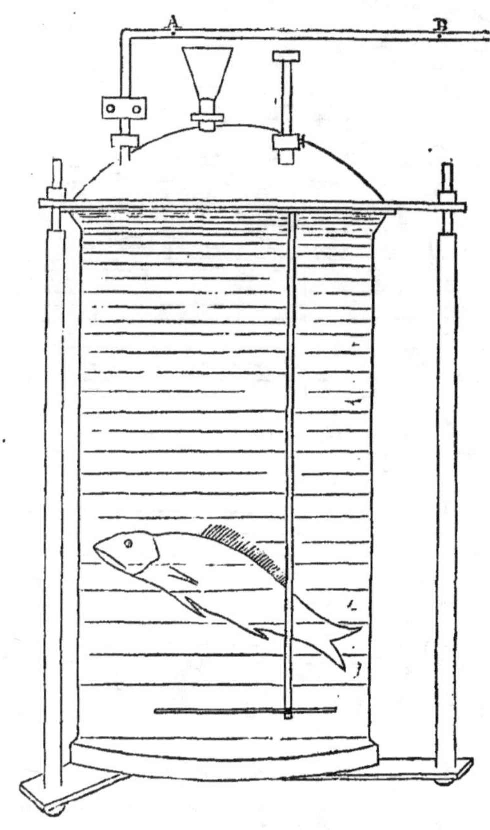

Fig. 8. — Le poisson libre.

La figure 8 représente un poisson qui monte et descend dans un bocal entièrement plein d'eau ; s'il a une vessie natatoire, l'eau, à mesure qu'il monte, s'avance de A jusqu'en B et demeure au point B tant que le poisson reste au haut de l'appareil. S'il n'a pas de vessie natatoire, l'eau demeure au même niveau A après comme avant l'ascension. — Cette expérience montre que le poisson qui a une vessie natatoire n'agit pas avec ses muscles pour modifier le volume de cet organe et par là garder ou prendre la densité qui lui convient, mais qu'il varie de volume même pour les plus faibles différences de niveau.

une place invariable dans le tube horizontal. Ainsi ces poissons ne changent pas de volume comme ceux qui nous occupent.

Comparons, pour terminer, ces deux sortes de poissons.

Celui qui n'a pas de vessie natatoire possède normalement, comme il résulte des expériences de Delaroche, une densité toujours supérieure à la densité de l'eau. Il n'est jamais en équilibre dans l'eau. Il a toujours des efforts de nageoire à faire pour ne pas tomber au fond. Là il peut se reposer, et la forme aplatie, si commune parmi ces espèces, les squales, les raies, les soles, etc., l'indique, et c'est ce que confirme l'observation de tous.

Celui qui a une vessie natatoire trouvera toujours, quand la profondeur de l'eau et la pression extérieure de l'air ne lui feront pas défaut, un plan où il possédera exactement la densité de l'eau.

Ce plan peut être appelé le plan des moindres efforts.

La forme carénée si fréquente chez ces poissons montre qu'ils vivent dans un milieu mobile, et aussi qu'ils ne sont pas conformés pour s'appuyer sur un sol résistant, ce qu'ils ne peuvent faire qu'en s'inclinant gauchement sur le côté.

La faculté de proportionner la quantité de gaz à la hauteur à laquelle ils se tiennent, faculté qu'établit la première expérience citée, montre que le poisson muni de vessie natatoire peut vivre en repos à toutes les hauteurs de la mer et les choisir suivant ses besoins, à la condition qu'il passera lentement de l'une à l'autre. Il lui est interdit de franchir rapidement une distance verticale un peu considérable, car il subit dans ce passage rapide un changement de densité qui peut lui être fatal.

On voit par cette comparaison que l'organe dont nous parlons est un organe de station, non de locomotion.

Le poisson qui a une vessie natatoire est un ludion, mais un ludion vivant. Physiologiquement, il change la quantité d'air qu'il possède ; il la change aussi dans des conditions spéciales que je n'aborderai pas ici.

S'il fallait répondre à toutes les questions qui me sont faites, je pourrais, je crois, le faire en citant le mot suivant :

Omnis determinatio est negatio, c'est-à-dire, dans le cas présent, l'organe en question constitue, au point de vue de la station dans l'eau une supériorité, au point de vue des déplacements rapides un inconvénient et même un danger. Telle est la conclusion de mes recherches actuelles. Cuvier dit dans son rapport sur le travail de Delaroche : « Il est difficile de dire quelque chose de général sur la vessie natatoire. » Cuvier s'était placé au point de vue anatomique. On voit qu'en se plaçant au point de vue physiologique, on arrive à une formule générale. Je n'ai parlé ici que du rôle hydrostatique de la vessie natatoire, réservant tout ce qui est à dire à d'autres points de vue.

Je n'ai point parlé du canal aérien, non plus que d'un canal particulier, véritable canal de sûreté, que j'ai trouvé dans le *Caranx trachurus*, parce que l'issue de l'air en excès par ces deux sortes de canaux n'est qu'un cas particulier, qu'un mode spécial d'un des actes de la fonction que j'ai considérée d'une manière générale, savoir : la fonction de proportionner la quantité d'air à la pression pour réaliser le volume normal et la densité normale.

Armand Moreau.

SÉANCES DES SECTIONS

section de géologie et minéralogie

Séance du vendredi 20 août 1875.

Il est d'abord procédé à la constitution du bureau. M. *Dufour*, directeur du Muséum d'histoire naturelle de Nantes, est nommé vice-président, et M. *Dufet* secrétaire. Comme M. *Gosselet*, nommé à la fin de la session de Lille président de la section de géologie, n'a pu se rendre à la session de Nantes, c'est M. Dufour qui a eu à présider les diverses séances de la section.

— M. le comte *de Limur* a découvert dans la baie de Rogueda, près Vannes, un filon d'une roche qu'il considère comme identique avec le jade océanien gris. Ce filon existe entre le granite à grands éléments et le gneiss. Ce minéral raye facilement le verre, mais est rayé par l'acier ; sa ténacité surtout est considérable ; sa densité 3,18 est la même que celle du jade océanien décrit par M. Damour ; ses caractères au chalumeau sont identiques ; son homogénéité semble peut-être un peu moins grande, mais pourtant, jusqu'à plus ample informé, on peut admettre comme certaine la détermination de M. de Limur.

Le même minéralogiste, dont les études sur la Bretagne ont beaucoup contribué à faire connaître les espèces minérales de cette région, donne lecture d'une *monographie des substances minérales en masses ou en filons dans le massif de Bretagne*. Ce catalogue, où les espèces et leurs variétés sont citées avec des localités certaines, devra être fort utile aux chercheurs. M. de Limur présente, à propos de la cristallisation des minéraux dans les roches métamorphiques, une théorie où l'électricité joue un grand rôle et qu'il serait difficile de présenter en quelques lignes avec une clarté suffisante.

— M. *Henry Dufet* a étudié la conductibilité thermique de certaines roches schisteuses, et en a tiré des conséquences intéressantes au point de vue des déformations subies par les fossiles qui y sont contenus. Dans des schistes de Sion (Loire-Inférieure), l'ellipsoïde thermique n'est pas de révolution, comme dans la plupart des roches schisteuses (Cf. M. Jannettaz, *Comptes rendus*, 1874), mais il présente trois axes inégaux. Dans le plan de schistosité, le grand axe de l'ellipse obtenue par le procédé de Sénarmont est une direction d'allongement de la roche. Si un trilobite, par exemple, se trouve sur une telle plaque, l'axe de l'animal et le bord du bouclier céphalique, lignes primitivement perpendiculaires, donnent par l'écrasement deux diamètres conjugués d'une ellipse dont le grand axe est le même que celui de l'ellipse de conductibilité. Une construction géométrique facile permet de déterminer l'allongement de la roche et les dimensions primitives du fossile déformé. M. Dufet a pu, par ce procédé, rectifier les diagnoses données par M. Marie Rouault pour les espèces d'*Ogygia* de Bretagne, et donner une figure exacte d'*Ogygia Brongniarti*, M.R.; *Ogygia Edwardsi*, M.R., ne serait autre que l'*Asaphus nobilis*, Barr.; *Ogygia Guettardi*, Br., est moins allongée qu'elle ne le serait d'après le type d'Angers ; une espèce que l'auteur considère comme nouvelle, *Ogygia Delessei*, Dufet, est décrite et figurée dans le mémoire.

— M. *Guyerdet* donne l'analyse du limon déposé dans le faubourg Saint-Cyprien, à Toulouse, lors des désastreuses inondations de la Garonne. Ce limon, très-tenace, est d'une grande épaisseur ; il contient un grand nombre de grains de quartz transparent. Un semblable dépôt de limon n'aurait pas besoin d'être répété plus de trente à quarante fois pour atteindre l'épaisseur des alluvions des grands fleuves, pour lesquelles on avait souvent cru devoir invoquer des causes spéciales.

Séance du samedi 21 août.

Cette séance est presque entièrement remplie par une très-intéressante communication de M. *Charles Vélain* sur son exploration des îles Saint-Paul et Amsterdam, pendant l'expédition dirigée par M. le commandant Mouchez, pour l'observation du passage de Vénus sur le soleil. Les lecteurs de la *Revue scientifique* ont déjà lu le récit du voyage à l'île Saint-Paul dans un des précédents numéros.

M. Ch. Vélain remercie d'abord l'Association française pour l'avancement des sciences de lui avoir fourni, sur la proposition de M. de Lacaze-Duthiers, les moyens d'accompagner la mission chargée d'aller observer le passage de Vénus aux îles Saint-Paul et Amsterdam. Il donne l'exposé sommaire des études géologiques qu'il a pu faire, non-seulement pendant son séjour sur les deux îles, mais encore pendant la traversée.

C'est ainsi qu'il signale à la pointe d'Aden un gisement remarquable de phonolithes qui se trouvent en relation avec des trachytes et sont recouvertes par des basaltes compactes et des laves basiques. Il donne quelques renseignements sur la nature et la constitution minéralogique des roches granitoïdes des îles Seychelles, ainsi que sur la décomposition rapide que subissent ces roches sous l'influence des agents atmosphériques.

Passant ensuite à la description de l'île de la Réunion, M. Vélain mentionne les faits qui se rattachent à la dernière éruption du volcan en racontant son excursion et son séjour sur le cratère brûlant. Puis il donne une description complète des îles Saint-Paul et Amsterdam qui, toutes deux volcaniques et très-rapprochées l'une de l'autre, constituent dans l'océan Indien deux centres d'activité volcanique distincts, aussi différents par leur forme que par leurs produits.

M. Vélain présente en même temps à la section des aquarelles, des vues photographiques et des coupes géologiques qu'il a relevées pendant son voyage. M. le président de la section le remercie de sa communication et le félicite de la part active qu'il a su prendre à l'expédition de Saint-Paul.

— M. *Guyerdet* donne lecture d'une courte note sur l'étude, dans la lumière polarisée, des roches réduites en plaques minces, et le procédé qu'il emploie pour reconnaître les divers feldspaths.

Séance du lundi 23 août.

M. *Gaston de Tromelin* présente un Catalogue raisonné des fossiles siluriens des départements du Maine-et-Loire, de la Loire-Inférieure et du Morbihan, rédigé en collaboration avec M. *Lebesconte*. La succession des couches au-dessous du terrain devonien est la suivante dans la zone étudiée :

Schiste ampéliteux à graptolites. Grès culminant (sans fossiles).	
Schiste ardoisier à trilobites. Minerai de fer.	Terrain silurien.
Grès armoricain. Grauwacke lie-de-vin. Poudingues.	
Phyllades azoïques.	Terrain cambrien.
Talcschistes, micaschistes, gneiss.	Terrain laurentien.

La première couche contient des graptolites appartenant à la faune troisième de Bohême. Les schistes ardoisiers sont très-riches en espèces. Les auteurs y comptent 13 espèces de trilobites, 2 céphalopodes, 1 ptéropode, 2 hétéropodes, 9 acéphalés, 8 à 10 brachiopodes, 2 graptolites.

Le grès armoricain contient trois espèces de lingules, des fucoïdes bilobés connus sous le nom de *Bilobites* (six espèces du genre *Cruziana*, et un genre nouveau, le *Rysophycus Barrandei*, Troml., Lebesc.), des tigillites (*Scolithus*, Hall.), fossiles que les auteurs rapportent à des annélides arénicoles, et des végétaux très-curieux des genres *Vexillum* et *Dœdalus*. Dans ce même grès, M. *de Tromelin* signale un trilobite qu'il a nommé *Asaphus armoricanus*.

Dans la grauwacke lie-de-vin, développée surtout aux environs de Redon (Ille-et-Vilaine), se trouvent les premières traces de corps organisés fossiles, sous forme de tiges indistinctes, tantôt perpendiculaires, tantôt couchées.

MM. de Tromelin et Lebesconte citent pour la région étudiée dans le présent travail 75 espèces ainsi réparties :

Schistes ampéliteux	5	5 faune troisième.
Schistes ardoisiers	49	
Grès armoricain	20	70 faune seconde.
Grauwacke lie-de-vin	1	
	75	

Sur ces 75 espèces, 19 n'avaient pas encore été trouvées en France; quelques espèces sont nouvelles, les autres avaient été décrites par Sharpe en Portugal, par de Verneuil en Espagne, par M. Barrande en Bohême, et par Meneghini en Sardaigne. On sait, en effet, que le massif breton se rapproche de ces pays qui constituent ce que M. Barrande nomme la grande zone centrale d'Europe, et non de l'Angleterre et de la Belgique, malgré leur proximité géographique.

A la suite de cette communication, une discussion a lieu entre M. de Tromelin et M. Dufet au sujet du trilobite signalé par le premier dans le grès armoricain. Pour M. Dufet, les *Pygidium* présentés appartiendraient à *Ogygia Brongniarti* : il est d'avis que le grès armoricain est moins distinct des schistes qu'on ne le pense d'ordinaire, et reproduit une coupe relevée à Sion, dans une tranchée aujourd'hui comblée, où les schistes passaient aux grès par une série nombreuse de couches minces alternativement schisteuses et gréseuses, sans aucune interposition de minerai de fer. Le minerai se rencontre plus bas dans la vallée, à la Hunaudière, au milieu même des schistes ardoisiers.

— M. *Nivoit* donne communication d'un travail sur la distribution des phosphates fossiles dans les Ardennes. Ils se rencontrent à cinq niveaux différents :

1° *Sables verts.* — Ce niveau se partage en deux autres : les sables verts proprement dits, et au-dessus l'argile du gault; le phosphate s'y présente en nodules tantôt distincts, tantôt formant une sorte de conglomérat, avec des fossiles empâtés; l'épaisseur moyenne de la couche peut être évaluée à 15 centimètres. Les nodules du gault ne forment pas de couche exploitable.

2° *Gaize.* — La gaize, qui constitue en grande partie le massif de l'Argonne, est située entre l'argile du gault et les marnes crayeuses. Les nodules y sont plus réguliers que dans les sables verts, et contiennent souvent de la gaize dans leur intérieur. L'épaisseur moyenne de la couche est de 12 centimètres.

3° *Marnes crayeuses.* — Ces marnes présentent à leur base, dans l'arrondissement de Vouziers, des sables glauconieux avec nodules ressemblant à ceux des sables verts.

4° *Craie blanche.* — Dans l'arrondissement de Réthel, à la tête du tunnel de Perthes, se trouve à la base de la craie blanche une couche de nodules blanc grisâtre ou gris pâle consistant en un mélange intime de phosphate et de carbonate de chaux.

5° *Craie de Maëstricht.* — Dans le Hainaut belge, cet étage se subdivise en craie grise, poudingue de Ciply et craie tufeau de Maëstricht; le poudingue est surtout formé de nodules phosphatés. La craie grise, aux environs de Ciply, présente une épaisseur maxima de 30 mètres; elle contient 75 pour 100 de petits grains du volume d'une tête d'épingle formés de phosphate et de carbonate de chaux, comme les nodules du poudingue. Il y a là un gisement contenant une quantité énorme de phosphates, mais présentant d'assez sérieuses difficultés d'exploitation.

Ensuite M. Nivoit étudie les propriétés physiques et chimiques des nodules des sables verts et de la gaize; ceux des sables verts contiennent 39 pour 100 de phosphate; ceux de la gaize 55 pour 100. Il indique enfin les procédés d'extraction et de préparation des phosphates fossiles, ce qui rentre plutôt dans l'agronomie.

— M. *Lory*, doyen de la faculté des sciences de Grenoble, donne quelques détails sur les gisements de phosphates du sud-est de la France. A la Perte du Rhône, les sables verts sont remplacés par un poudingue pétri de fossiles phosphateux unis par un ciment peu phosphaté. Plus on s'avance vers le sud, plus les fossiles de cette couche sont roulés; elle a été exploitée à Seyssel, près de Grenoble, et près de Saint-Paul-Trois-Châteaux. Dans l'Isère et dans la Drôme, on trouve un sixième niveau de phosphates crétacés; c'est une petite couche glauconieuse, placée entre le valenginien et les marnes d'Hauterive, avec *Belemnites dilatatus* et *Bel. pistilliformis;* ce niveau se retrouve jusqu'à Castellane et Nice.

Séance du mercredi 25 août.

Le secrétaire de la section donne lecture d'une note de M. *Garrigou* sur un ciment métamorphisé par les eaux minérales de Luchon; ce ciment, resté pendant dix-huit ans dans une source à 64 degrés, présente une cassure nette et tranchante comme celle d'un silex, tandis que le ciment naturel est friable et grenu. Il y a eu un apport considérable de silice (39 pour 100 au lieu de 9,8 pour 100).

— M. *Lory* présente quelques considérations sur les dislocations des roches dans les pays de montagnes. Dans les Alpes, les dislocations se sont étendues à toute la série des terrains; le fait principal consiste dans des plissements ou des systèmes de failles. Dans les plissements, se sont produits des phénomènes de glissement ou d'étirement des roches, qui leur ont donné, même aux plus récentes, la structure schisteuse, et ont déformé les fossiles qui y sont contenus; il suffit de citer les ardoises du lias et du trias.

Dans le cas des failles, les phénomènes sont différents suivant qu'on a affaire à des couches dures et déjà consolidées, ou à des couches encore plastiques; les premières se cassent nettement, les secondes se plient à la cassure et peuvent alors donner lieu à des superpositions apparentes qui pourraient induire en erreur les observateurs; M. Lory cite plusieurs exemples de ces cas.

— M. *de Tromelin* présente à la section un certain nombre de fossiles siluriens et dévoniens de Bretagne, dus aux recherches de son collaborateur, M. Lebesconte, et provenant des localités encore peu explorées. Les échantillons, quoi qu'on ait dit de la mauvaise conservation des fossiles de Bretagne, sont d'une conservation très-suffisante pour des déterminations exactes; il n'y a pas à douter que les investigations de MM. de Tromelin et Lebesconte ne leur permettent de mener à bonne fin l'étude paléontologique des terrains siluriens de Bretagne.

— M. *Fontane* parle des terrains miocènes des environs de Lyon; il a trouvé dans une localité particulière dont le nom nous échappe, des fossiles avec des bois ferrugineux et des empreintes végétales, qu'a étudiées M. de Saporta et dont quelques espèces remontent jusqu'au pliocène. La faune est fluviatile et terrestre : M. Fontane y a rencontré des *Helix* (voisines d'*Helix Turonensis*), des lymnées, des planorbes; au milieu de ces fossiles d'eau douce se rencontre en grande abondance une coquille marine, *Nassa Michaudi*, qui caractérise la couche appelée aux environ de Lyon *couche à buccins*. Une courte discussion s'engage sur ce point entre M. Fontane et M. Lory.

Séance du jeudi 26 août.

Cette dernière séance, précédant presque immédiatement la séance générale du congrès, a été très-courte.

— M. le comte *de Limur* a donné quelques renseignements sur les sables de *Penestin* (Morbihan), actuellement exploités pour la production de l'émeri. Ces sables se trouvent sur la côte au pied d'un falaise formée de roches feldspathiques kaolinisées et employées pour la fabrication de briques ré-

fractaires; ils contiennent, outre des grains de quartz prédominants, des minerais nombreux et intéressants, de l'étain oxydé, du fer aimant, beaucoup de corindon et de grenat, du spinelle bleu, de l'or, qui sur certains points est assez abondant pour avoir pu être exploité. M. de Limur présente des échantillons bruts et lévigés de ces sables, ainsi que les papiers émeris fabriqués à Penestin.

La section procède à la nomination de son président pour la session de Clermont, en 1876; M. Lory est nommé à l'unanimité.

Nous ne devons pas terminer ce compte rendu sans rappeler la satisfaction qu'ont éprouvée les membres de la section de géologie, en voyant les efforts consciencieux faits par M. Dufour pour l'organisation du muséum d'histoire naturelle où se tenaient les séances. Le local vient d'être construit, et trois mois avant l'ouverture de la session les collections étaient encore renfermées dans l'ancien muséum, absolument insuffisant. Le classement n'est pas terminé, mais ce qui a été fait en un si bref espace de temps donne lieu d'espérer que bientôt Nantes possédera un muséum digne d'elle, et que des richesses jusqu'à présent invisibles et inabordables fourniront aux travailleurs des éléments précieux.

Séance du 20 août. — Présidence de M. Baillon.

M. *Sirodot* résume ses recherches sur la classification et le développement des *Batrachospermum;* se basant sur la considération du trichogyne, il propose de subdiviser ce genre en quatre sections (*Moniliforma, Turfosa, Helminthosa, Virescentia*). Il expose les différents modes de végétation de ces algues, puis, les comparant aux *Chantransia*, conclut que ces derniers représentent la génération assurée, tandis que les *Batrachospermum* portent des organes mâles et femelles dont le rapprochement détermine la formation de spores qui, en germant, produisent le *Chantransia.*

— M. *de Lanessan* prend ensuite la parole pour une communication sur l'organogénie florale des *Zostera*. Après avoir rappelé la disposition des organes floraux à l'âge adulte et les opinions principales émises sur leur nature, M. de Lanessan expose le résultat de ses recherches sur le développement de chacune des parties de l'inflorescence dans les *Zostera marina* et *nana*. De cette étude organogénique, il conclut que l'inflorescence des *Zostera* est un épi unilatéral portant un nombre indéterminé d'épillets uniflores, chaque fleur étant pourvue d'une bractée axillante dans le *Z. nana*, tandis qu'elle en est dépourvue dans le *Z. marina* et composée dans les deux espèces de deux étamines uniloculaires et d'un pistil unicarpellé. Comparant ensuite les faits observés dans les *Zostera* et ceux qui se présentent dans les graminées, il conclut que les *Zostera* doivent être regardées comme des graminées aquatiques réduites.

Séance du samedi 21 août.

M. *Joannes Chatin* fait connaître les résultats de ses *Études histologiques et histogéniques sur les glandes foliaires intérieures* et quelques productions analogues. Après avoir étudié le mode de formation et la structure de ces divers organes dans plusieurs familles, il termine en formulant les conclusions suivantes : 1° Les glandes foliaires intérieures naissent toujours dans le mésophylle; 2° ces glandes se forment par différenciation d'une cellule dans laquelle une multiplication par division ne tarde pas à se produire, de sorte que, sauf chez quelques Laurinées, la glande est toujours formée, à son état parfait, par une masse cellulaire plus ou moins considérable; 3° les produits de sécrétion se forment constamment dans les cellules propres de la glande ; 4° les éléments de celle-ci se résorbent du centre à la périphérie et forment ainsi un réservoir où s'amasse le produit de sécrétion; 5° chez certaines plantes, et par un phénomène analogue, il peut se former dans la feuille de véritables canaux sécréteurs (*Schinus molle*, etc,); 6° les glandes foliaires sont presque constamment situées dans le voisinage des faisceaux fibro-vasculaires ; 7° dans plusieurs végétaux (rutées, *Eucalyptus*, etc.), il existe sur différents points de la tige, des rameaux et des pétioles, certaines productions en tout comparables aux glandes foliaires intérieures.

— M. *Dutailly* expose les principaux détails relatifs au développement et à la structure de l'*Aponogeton distachyum*, établit que les renflements successifs du rhizome sont formés uniquement par la tige et nullement par la racine primitive, que le rhizome se détruit inférieurement par formation de couches cambiales et enfin que les feuilles sont disposées sur quatre rangées longitudinales; les deux épis unilatéraux surmontant la hampe naissent par bipartition véritable.

— M. *Poisson* met ensuite sous les yeux de la section les plantes recueillies dans les îles Saint-Paul et d'Amsterdam par M. de l'Isle, lors de l'expédition pour le passage de Vénus, et fait remarquer que la flore de ces îles offre la plus grande analogie avec celle de Tristan d'Acunha, ce qui s'accorde d'ailleurs avec les observations faites par les zoologistes.

Séance du 23 août.

M. *Merget* expose le résultat de ses recherches sur les *échanges gazeux entre les plantes et l'atmosphère*; il conclut par les propositions suivantes : 1° les voies par lesquelles s'opèrent les échanges gazeux dans les plantes sont les stomates et les ouvertures accidentelles; c'est par diffusion dans les stomates et non par dialyse à travers la cuticule que les gaz extérieurs pénètrent dans l'intérieur de la plante et que les gaz internes s'en échappent; 2° le mouvement de rentrée des gaz atmosphériques est dû à l'action de la force physique produite par les phénomènes de thermo-diffusion gazeux.

— M. *Gaston Genevier* prend ensuite la parole sur l'*inflorescence des Trifolium*. Entre autres conclusions intéressantes de ce travail, citons celle qui établit que les fleurs femelles des *Trifolium* peuvent être aisément fécondées par le pollen de la même fleur, sans que pour cela l'intervention des bourdons et autres insectes soit indispensable comme Darwin l'avait pensé autrefois.

— M. *Bourgault-Ducoudray* indique l'importance industrielle du *Raphia pedunculata*.

M. *Baillon* fait observer à ce sujet que les Malgaches fabriquent depuis longtemps, avec cette plante, d'élégantes étoffes, et que l'impossibilité de cultiver aisément ce végétal en Europe sur une grande échelle semble s'opposer seule à la généralisation de son emploi.

— M. *Branza* expose l'histoire de la botanique en Roumanie et développe le plan d'une flore roumaine dont il a déjà recueilli les principaux éléments.

— M. *Ramey* fait connaître une abondante excrétion aqueuse observée chez les *Amorphophallus* et analogue à celle des *Colocasia*.

Séances des 25 et 26 août.

M. *Merget* complète sa précédente communication par d'intéressants détails sur la fonction chlorophyllienne.

— M. *Gullaud* expose un certain nombre de faits relatifs à l'organisation des rhizomes.

— M. *Ecorchard* fait connaître une nouvelle méthode botanique, plus simple, pense-t-il, qu'aucune autre pour conduire rapidement au nom de la plante qu'on se propose de déterminer.

— M. *Dutailly* décrit l'organisation des faisceaux fibro-vasculaires dans le ricin.

— M. *de Lanessan* étudie le mode de formation des faisceaux fibro-vasculaires qui procèdent tantôt de haut en bas (composées), tantôt de bas en haut (dipsacées), ou bien enfin s'organisent, soit dans une de ces directions, soit dans l'autre.

— M. *Poisson* fait connaître un certain nombre de graines munies de stomates.

— M. *Baillon* prend ensuite la parole pour une très-intéressante communication sur les amentacées. Après avoir rappelé comment les antidesmiées, les salicinées, etc., ont été successivement retirées de ce groupe pour être rapportées à des familles différentes, le savant professeur de la Faculté de médecine fait connaître dans leur principaux détails l'organisation des myricées qui, un jour peut-être, devront être placées dans un groupe distinct, puis des *Leitneria* de l'Amérique méridionale, des *Balanops* de la Nouvelle-Calédonie et des amentacées vraies qu'il convient plutôt de désigner sous le nom de *castanéacées* et dont le chêne et le châtaignier sont les deux types fondamentaux. M. Baillon décrit minutieusement les principaux détails relatifs à l'organogénie de ces deux espèces, montre que la cupule du chêne n'est réellement qu'un repli du pédoncule comme l'avait indiqué Payer, et que certains chênes de l'extrême Orient, offrant constamment une cupule lisse, présentent ainsi d'une manière permanente ce qui n'est qu'un état transitoire dans les espèces de nos pays. Pour ce qui est des châtaigniers, il établit que ce que l'on désigne communément sous le nom de fleur est une véritable inflorescence définie, une cyme bipare comprenant sept fleurs ; par un développement tardif de l'axe, les quatre fleurs de troisième génération restent en dehors de l'enceinte commune et avortent généralement, mais elles ne laissent cependant pas que de jouer un rôle assez important dans la fleur, car ce sont leurs pédoncules qui, par une prolification secondaire, se transformeront en plusieurs séries de saillies crénelées et ces crénelures deviendront autant d'aiguillons plus ou moins ramifiés.

La cupule du chêne et l'enveloppe épineuse du châtaignier sont donc des parties analogues, les prétendues bractées et les aiguillons sont en tout comparables, mais, dans le chêne, il n'y a qu'une fleur femelle se changeant en fruit, tandis que dans le châtaignier il y a originairement sept fleurs dont un petit nombre et généralement même une seule se développera ultérieurement et complètement.

Si l'on cherche en dernière analyse à appliquer ces résultats organogéniques à la détermination des affinités des amentacées (myricacées(?), leitnériacées, balanopsacées, castanéacées), on voit que ces plantes sont des combrétacées à peine amoindries et que le chêne n'est qu'un *Terminalia* légèrement modifié.

SECTION D'ANTHROPOLOGIE

Ouverture des travaux. — Constitution complémentaire du bureau. — Ethnogénie des populations du nord-ouest de la France. — Une station de l'âge de la pierre polie.

L'ouverture des travaux a eu lieu le 20 août 1875 sous la présidence de M. *de Mortillet*.

Voici la constitution complémentaire du bureau :

Vice-présidents : MM. *Cartaithac* et *de Closmadeuc* ;

Secrétaire : M. le docteur *Collineau* ;

Secrétaire adjoint : M. *Maupas*.

M. le docteur *G. Lagneau*, dans un mémoire intitulé *Ethnogénie des populations du nord-ouest de la France*, passe en revue les divers peuples ayant concouru à la formation de la population ancienne et actuelle de la région comprise entre la mer, la Saône et la Loire.

Dès les temps préhistoriques, des crânes dolichocéphales et deux sortes de crânes brachycéphales, les uns petits, les autres grands et volumineux, témoignent de l'existence d'au moins trois races distinctes.

D'après Artémidore, Étienne et Eustache de Bysance, les Ligures paraîtraient avoir très-anciennement habité les bords de la Loire, *Liguros*, à laquelle ils devaient leur nom. D'autres Ligures et des Ibères occupaient également certaines côtes, certaines îles du nord-ouest de l'Europe. A cette race ibéro-ligure, qui paraîtrait avoir constitué moins une strate ethnique continue que des colonies isolées plus ou moins considérables, se rapporteraient certains habitants au crâne brachycéphale peu volumineux, à la taille peu élevée, aux cheveux noirs et aux yeux de couleur foncée, type observé par MM. de Quatrefages et Guibert, de Saint-Brieuc, dans l'île de Bréhat, sur les côtes du Nord, à Granville, etc.

La plus grande partie de la population du nord-ouest de la France, région comprise, comme celle du centre, dans l'ancienne Celtique, s'étendant de la Garonne à la Seine, de l'Océan aux Alpes, appartiendrait à la race celtique, que les études craniométriques, céphalométriques, que les recherches statistiques de MM. Broca, Guibert, de Saint-Brieuc, et Guiche, montrent être caractérisée par un crâne brachycéphale, volumineux, capace, par des cheveux généralement bruns ou châtains, par des yeux souvent gris, par une stature peu élevée, etc.

A cette population principalement celtique, vinrent se mêler à diverses époques de nombreux immigrants d'outre-Rhin. Sans permettre de distinguer les peuplades celtiques occupant anciennement le pays, des immigrants Galates-Kimmériens signalés par Diodore de Sicile, des Belges-Germains mentionnés par Strabon, ou d'immigrants d'autres races, l'histoire permet de suivre par l'homonymie de certaines peuplades leur migration et leur fragmentation.

Sans attacher une trop grande importance à certains passages de Caton, Pline, Strabon, il est bon de rappeler que, d'après ces auteurs, des Énètes, habitant anciennement la Paphlagonie sur le littoral méridional du Pont-Euxin, non-seulement seraient passés par la Thrace et auraient été se fixer auprès de la mer Adriatique, dans la région dès lors appelée Vénétie, mais aussi auraient pris part à une expédition faite avec les Kimmériens, qu'Hérodote dit avoir été chassés par les Scythes du littoral septentrional du Pont-Euxin, où la Crimée rappelle encore leur nom, et que Plutarque dit occuper les vastes contrées maritimes du Nord s'étendant jusqu'à la forêt Hercynienne. Ces Énètes, compagnons des Kimmériens, ainsi que le prouve M. Henri Martin, seraient-ils venus par migrations successives jusque dans la région maritime nord-ouest de notre pays, où d'une part Diodore de Sicile nous signale la présence des Galates qu'il considère comme étant d'origine kimmérienne, et où d'autre part maints géographes et historiens anciens parlent des Vénètes, anciens habitants du pays de Vannes.

Les Éburons des bords de la Meuse avaient leurs homonymes dans les Aulères-Éburons, anciens habitants des environs d'Évreux, qui, eux-mêmes, semblaient ne constituer qu'une des tribus du peuple fragmenté des Aulères. En effet, outre ces Aulères-Éburons, des Aulères-Diablintes habitaient anciennement aux environs de Jublains, des Aulères-Cénomans habitaient aux environs du Mans, des Aulères-Brannovices sur les bords de la Saône, et d'autres Aulères prenaient part aux premières invasions des peuples transalpins dans le nord-ouest de l'Italie ; enfin des Cénomans des environs du Mans, non-seulement allaient demeurer passagèrement auprès du bas Rhône, non loin de Marseille, mais, franchissant les Alpes, s'emparaient d'un vaste territoire dans l'Italie sep-

tentrionale, où ils avaient pour villes principales *Brixia* (Brescia) et *Verona*.

Les Bretons (*Britanni*), anciens habitants des montagnes du Hartz où les signale Denys le Périégète, après s'être fixés sur notre littoral septentrional, auprès des Ambioniens et des Bellovacs, ainsi que le dit Pline, quittant le continent où ils se trouvaient près d'Amiens et de Beauvais, passèrent dans la grande île à laquelle ils donnèrent leur nom. De cette Bretagne insulaire, longtemps après, principalement lors de la conquête des Anglo-Saxons, de nombreux habitants vinrent chercher une nouvelle demeure sur les côtes de l'ancienne Armorique, qui depuis prit aussi le nom de Bretagne.

A ces divers immigrants Galates-Kimmériens, Belges-Germains, d'après la description des premiers donnée par Diodore de Sicile, d'après l'origine germanique de la plupart des seconds suivant César, on semble autorisé à leur assigner les caractères anthropologiques que Tacite et divers autres auteurs anciens donnent aux habitants de la Germanie. Les émigrants Galates-Kimmériens et Belges-Germains devaient donc être pour la plupart blonds ou roux ; ils devaient avoir les yeux bleus, la peau blanche et une stature élevée. Or les recherches statistiques de MM. Broca et Guibert, de Saint-Brieuc, ont mis à même de reconnaître que les cantons du littoral de notre Bretagne, cantons dans lesquels se sont surtout fixés ces immigrants, présentent actuellement moins d'exemptés du service militaire pour défaut de taille que les cantons du centre principalement habités par les descendants des anciens Armoricains.

Sans s'arrêter aux Alanis d'Éocaric et de Sangiban, auxquels l'Armorique fut livrée au ve siècle, Alanis ne paraissant pas avoir laissé de descendants susceptibles d'être distingués ; sans s'arrêter davantage aux Maures et aux Dalmates placés en garnison à Vannes et à Granville à la fin de la domination romaine dans les Gaules, il faut rappeler que des Saxons de race germanique septentrionale paraissent s'être fixés dans la presqu'île de Batz et aussi dans le pays des Baiocasses, aux environs de Bayeux. Enfin, vers la fin du ixe siècle, les Normands, d'origine scandinave, s'emparèrent d'une grande partie de la Neustrie, depuis appelée Normandie. Ces Normands, par leur stature élevée, par leur cheveux blonds ou roux, etc., différaient peu des Germains du Nord.

L'origine des caqueux ou caquins, malheureux réprouvés de notre Bretagne, considérés comme les descendants de lépreux, et celle des colliberts du Maine, serfs particuliers de quelques abbayes ou seigneuries, restent fort obscures.

Tels sont les principaux éléments ethniques de la population actuelle de la région nord-ouest de la France.

M. le docteur *Broca* exprime à M. Lagneau, au nom de la section, ses remerciments pour la scrupuleuse précision avec laquelle il poursuit ses recherches sur l'ethnogénie de notre pays. La série de ses travaux sur ce sujet ne tardera pas à constituer un traité complet de l'ethnogénie de la France.

Dans la première partie de la communication de M. Lagneau, ajoute M. Broca, il a été fait appel à des documents historiques nombreux. Il importe de distinguer entre ces documents ceux qui présentent un degré de certitude incontestable de ceux qui reposent sur des allégations plus ou moins vagues et sur des textes dont le défaut de précision commande une extrême réserve. Tels sont, par exemple, ceux qui font venir les Vénètes du fond de la Troade aux confins de la basse Bretagne. Quelle que soit leur confusion, ou plutôt en raison de leur confusion même, ces document méritent d'être connus, ne fût-ce que pour les réduire à leur juste valeur.

M. Lagneau a parlé des Ibéro-Ligures. Qu'est-ce que les Ibéro-Ligures? Les opinions diffèrent sur leur origine. M. Roger de Bellaguet a étudié les Ligures dans leurs pérégrinations jusqu'à la Loire ; mais il a pris soin de faire partir son étude des contrées mêmes où il rencontra ce peuple au début. Leurs caractères de race se montrent purs et très-tranchés. Les caractères de race des Ibères n'ont avec eux rien de commun. Représentants des brachycéphales, les Ligures ont succédé aux Ibères, représentants par excellence des dolichocéphales dans notre pays. Ces deux peuples sont donc parfaitement distincts l'un de l'autre, et sous aucun point de vue ne sauraient être confondus sous une désignation commune.

M. *Lagneau*, revenant sur les faits qu'il a exposés, fait remarquer que les documents relatifs à l'émigration des Vénètes vers l'occident abondent. M. Henri Martin, entre autres, a particulièrement insisté sur ce point. Dans l'antiquité, si certains textes restent vagues, d'autres, ceux de Pline et de Caton, ceux de Strabon, de Polybe, signalant une expédition dans laquelle les Vénètes auraient traversé la Thrace sous la conduite d'un chef du nom d'Anthenor et se seraient fixés au nord de la péninsule Italique, offrent une précision qui ne laisse rien à désirer.

. Un autre passage de Strabon indique positivement une expédition entreprise par les Kimmériens et les Vénètes et même de concert par ces peuples vers l'occident.

De son côté Diodore de Sicile dit que les Galates se sont répandus dans l'occident de l'Europe et les considère comme les plus anciens émigrants.

Certes, ces documents, ajoute M. Lagneau, ne contiennent pas la certitude, mais ils donnent de sérieuses présomptions.

Quant à la distinction entre les Ibères et les Ligures, elle repose, ainsi que l'a dit M. Broca, sur ce fait que les Ibères, population dolichocéphale, ont précédé les Ligures, population brachycéphale.

M. *Rouffet*. Les anciennes traditions sont toutes d'accord sur un point : c'est qu'il y a eu des émigrations conduites de la Troade vers nos pays. Les peuples qui ont ainsi émigré vers l'occident étaient, comme on l'a dit, sous la conduite d'un chef du nom d'Anthenor. Les habitants actuels de certaines contrées de la Bretagne rappellent par leur coutume les Orientaux. Les hommes, à Plougastel, portent le bonnet phrygien. Les femmes ont une coiffure dont les barbes déployées flottent sur les épaules à la manière de celles qui se remarquent sur les statues d'Isis.

Les traditions les plus reculées sont que, chassés de l'Égypte, les chrétiens vinrent s'établir dans un endroit nommé Loctudé. Or c'est dans cet endroit que se rencontrent de nos jours les types les plus purs.

Quant aux populations du centre de la Bretagne, j'incline à croire, dit en terminant M. Rouffet, qu'elles sont originaires du pays de Gall.

M. *Maufras* demande si les coliberts proviennent réellement d'esclaves vendus par les Normands et quelle est leur origine la plus probable.

M. *Lagneau*. Il est difficile de déterminer la véritable origine de coliberts. Toujours est-il qu'ils sont dépourvus des caractères sémitiques qu'a prétendu trouver chez eux l'abbé Travers.

Ce qui paraît certain, c'est que les Normands capturaient les individus qui tombaient entre leurs mains en pays conquis, qu'ils les emmenaient vers l'embouchure de la Loire, et que, là, ils les vendaient comme esclaves.

Quant à leur origine réelle, l'obscurité de ce point est absolue.

— M. *Philippe Salmon* rend compte d'une découverte faite en 1867 à la *Grande-Noue*, commune de Vinneuf (Yonne), lors de travaux exécutés pour le percement d'un canal et l'établissement d'une écluse en vue d'améliorer la navigation de la rivière d'Yonne.

Après avoir traversé une couche de terre végétale de plus de 3 mètres, puis des sables et des graviers analogues à ceux de la rivière actuelle, on est arrivé à une couche de tourbe de laquelle la drague a extrait, à une profondeur de

6 mètres, les objets suivants : 1° Une petite hache polie en serpentine verte ; 2° un andouiller de cerf aplati par un bout, et ayant à l'autre des entailles ; 3° une pointe d'andouiller de cerf ayant un trou à la base ; 4° un fragment de mâchoire de cerf ; 5° un fragment de bois de cerf ayant des entailles attribuables à une hache ; 6° des os de cerf et de chevreuil tranchés comme avec un couperet ; 7° des pilotis ; 8° des noisettes ; 9° des glands ; 10° des débris de poterie ; 11° des ossements humains.

La présence des pilotis a fait supposer à M. de Sinéty qu'on était en face d'une station lacustre, que les travaux limités à la largeur du canal n'ont pas permis peut-être de reconnaître sur une plus grande étendue.

M. Salmon demande si vraiment on peut donner ce caractère à la découverte et prie la section d'anthropologie de vouloir bien exprimer son opinion.

M. *de Mortillet* : L'habitation, ou plutôt la *station* lacustre dont parle M. Salmon pourrait bien se réduire à des proportions d'une exiguïté extrême et n'avoir, en somme, été constituée que par une maison ou deux. En Savoie, le lac d'Annecy et celui du Bourget renferment des habitations lacustres. Quant à celle qui a été signalée aux environs de Nantes, au lac de Grand Lieu, ce n'est autre chose qu'un camp romain.

La plupart des habitations lacustres dont la description a été faite sont d'origine douteuse. Des vestiges de voies ou de ponts romains ont donné le change ; c'est ce qui a eu lieu à Cubsac. Pour la station décrite par M. Salmon, elle me paraît être bien une station palustre.

M. *Chantre* a fait du côté de Dijon des découvertes assimilables à celle de M. Salmon. Dans les tourbières, du reste, on rencontre très-souvent des haches de pierre provenant des constructions qui avaient été élevées au voisinage du marais.

20 août (soir).

Proposition. — Fouilles de sept tumulus de la période néolithique. — Présentation d'amulette. — Légende internationale pour l'interprétation des cartes préhistoriques.

La section d'anthropologie ayant formé le projet d'explorer la presqu'île de Batz, M. *Broca* propose d'y tenir une séance régulière consacrée à l'étude des conditions anthropologiques spéciales à la localité.

La proposition est adoptée.

— M. *Chauvet* donne lecture d'un rapport relatif à des fouilles entreprises par la Société archéologique de la Charente, dans des tumulus groupés sur un plateau boisé et peu fertile près d'une voie romaine, et entre dans des détails descriptifs de nature à éclaircir certains points controversés de l'archéologie préhistorique.

Insistant sur les objets trouvés dans ces explorations, M. Chauvet développe une doctrine selon laquelle il n'y aurait pas d'hiatus entre les civilisations au point de vue industriel.

M. Chauvet présente en outre une amulette provenant d'un fragment de crâne percé d'un trou central. A ce propos, M. *Broca* entre dans les considérations suivantes : Les fragments de crâne qui ont servi à faire des amulettes, dit M. Broca, ont une origine à la fois pathologique et chirurgicale. Le premier fait de ce genre qui a été signalé l'a été par M. Prunières au congrès de Lyon, il y a trois ans. Des maladies ayant pour siège l'encéphale, des croyances superstitieuses et le but de guérir les sujets affectés, ou de prévenir chez d'autres l'invasion d'accidents analogues, paraissent avoir été l'instigation de cette pratique singulière qui consiste à perforer le crâne circulairement sur un de ses côtés.

Le fragment d'os crânien présenté par M. Chauvet porte les caractères non équivoques de ces sortes d'amulettes. Percées d'un trou central, elles se portaient au cou.

L'opération se pratiquait sur de jeunes enfants dans le but de porter remède à des maladies convulsives épileptiformes ou autres dont ils étaient atteints, en ouvrant à l'esprit, qui en était considéré comme la cause une porte de sortie. Les affections morbides convulsives ont été de temps immémoraux désignées sous le nom de *maladies sacrées*, dénomination qui a subsisté jusqu'à des temps peu reculés. Elles conféraient à celui qui en était atteint un caractère de sainteté.

La perforation crânienne pratiqué en pareil cas a des bords cicatrisés. Des bords de la rondelle qui a été énucléée par l'opération, on peut voir partir des strics, des sections successives pratiquées dans le but de diviser en lamelles le fragment d'os énuclée. On se proposait, sans doute, de multiplier ainsi le nombre d'amulettes préservatrices que la même rondelle pouvait procurer.

Les premières pièces de ce genre qui aient été rencontrées l'ont été dans la Lozère. Un grand nombre de dolmens, depuis lors, en ont fourni. Celle que nous communique aujourd'hui M. Chauvet est brisée sur un côté. Cette fracture peut fort bien avoir été un acte prémédité. Voici comment : d'abord envisagées sous un jour purement mystique, ces rondelles osseuses ont plus tard subi l'influence des transformations survenues dans les doctrines médicales. Or, on a regardé pendant fort longtemps (et jusqu'au siècle dernier la doctrine a subsisté) la substance osseuse pulvérisée comme un spécifique contre les affections dont l'encéphale peut être le siège. On a pensé que la maladie dite *sacrée* pouvait fort bien être due à une lésion osseuse et non à une cause surnaturelle. Dès lors on a été conduit à tailler dans le crâne de ceux qui avaient été atteints de cette affection des rondelles plus ou moins voisines de celle qui avait été taillée pendant leur vie dans un but thérapeutique, et à gratter, diviser, pulvériser la substance osseuse pour s'en servir dans des circonstances analogues à titre ici d'amulettes, là de médicament.

Sous le règne des doctrines médicales et des croyances superstitieuses du temps, on a eu, en tout état de cause, intérêt à multiplier à l'infini le nombre des rondelles; mais l'opération pratiquée sur le vivant ne l'a pu être que dans le jeune âge.

Les rondelles extraites dans un but chirurgical présentent des bords falciformes et cicatrisés. La perforation centrale a pour but évident de permettre de les porter au cou.

La fracture que nous remarquons sur la pièce qui nous est mise sous les yeux s'oppose à ce que l'on détermine si la cicatrice des bords existait sur tout le pourtour; mais ce qui reste de ces bords est nettement tranché.

Cet os, enfin, offre ceci de particulier qu'il n'est pas celui dont sont faites, en général, les amulettes. Il a été pris sur l'écaille temporale, et c'est au niveau de la suture temporale que s'arrête la section. Sur la table externe se remarque un sillon dû à des tentatives de section ou, plus vraisemblablement; à une empreinte vasculaire; ce fait paraît difficile à déterminer.

M. *Prunières* fait observer que la première rondelle osseuse qui ait attiré son attention n'est pas celle qu'il a présentée au Congrès de Lyon. Il en a rencontré de complétement divisées. Il serait tenté de croire que toutes ont été prises sur des sujets opérés, et sont le résultat de l'opération.

Certaines d'entre elles ne présentent pas de traces de cicatrisation, il se peut alors qu'elles proviennent de parties du crâne avoisinant la région opérée précédemment. Jusqu'au dernier siècle, comme l'a dit M. Broca, le crâne humain pulvérisé a été administré en médecine dans une intention thérapeutique; et c'est vraisemblablement pour cet usage qu'il a été râpé, morcelé, ainsi que nous le voyons sur les pièces que nous recueillons; de même que c'est pour en faire des reliques que les rondelles osseuses, une fois extraites, ont été perforées intentionnellement.

M. *Chantre* donne la clef de la légende internationale pour l'interprétation des cartes préhistoriques dont les signes ont été adoptés d'un commun acccord pour indices des recherches préhistoriques des diverses contrées que les observateurs ont pu jusqu'ici explorer.

M. *de Mortillet* fait remarquer que le principe de cette légende repose sur la mnémotechnie pour les radicaux et pour les dérivés, et développe les motifs des choix auxquels la commission internationale a cru devoir se fixer.

SECTION DE PHYSIQUE (1)

Séance du jeudi 26 août.

M. *Merget*, par ses études sur la thermodiffusion indiquées dans une précédente séance, est amené à étudier la respiration des végétaux. Il montre d'abord l'expérience suivante : Si, sous l'influence de la lumière, même la plus faible, on plonge dans de l'eau chargée d'acide carbonique une feuille aérienne, ou mieux une feuille aquatico-aérienne, comme celle du *Nuphar*, tandis que l'extrémité coupée du pétiole se rend sous une éprouvette, de telle sorte que la pression à l'extrémité soit un peu inférieure à la pression atmosphérique, une atmosphère d'acide carbonique se forme autour des stomates des feuilles, et de l'oxygène se dégage par l'extrémité du pétiole; plus la lumière est intense, plus le phénomène est rapide, et, sous l'influence de la lumière solaire, une seule feuille de *Nuphar* peut dégager jusqu'à 5 centimètres cubes d'oxygène à la minute, ce qui, en supposant que le phénomène dure dix heures par jour, correspond à la fixation de 1 gramme de carbone par vingt-quatre heures. C'est là un phénomène de nutrition exagérée que l'auteur a constaté avec la balance pendant longtemps et sur un grand nombre de sujets. Mais si on laisse la feuille dans les mêmes conditions, mais dans l'obscurité, les bulles d'acide carbonique qui enveloppaient les stomates disparaissent, bientôt la cellule se noie, et elle ne respire plus. C'est donc à l'état *gazeux* que l'acide carbonique est décomposé par la chlorophylle, et pour l'auteur la chlorophylle a la propriété de séparer immédiatement l'acide carbonique gazeux en ses éléments, carbone et oxygène.

De ce qui précède résulte que le passage de l'acide carbonique à travers les pores des stomates est un phénomène purement physique et non pas vital, c'est un phénomène de thermodiffusion.

Pour montrer avec quelle facilité les gaz traversent les stomates des feuilles, M. Merget prend une feuille de *Nuphar* à long pétiole; l'extrémité de celui-ci pénètre sous une éprouvette pleine d'eau, tandis que le limbe de la feuille est dans l'air; l'appareil étant placé au soleil, l'air atmosphérique presque pur passe très-rapidement sous l'éprouvette. La thermodiffusion peut seule expliquer cette expérience.

— M. *Grad* a étudié la limite des neiges persistantes. Ses observations lui ont montré que cette limite dépend, non-seulement de la température, mais aussi de l'état d'humidité de l'atmosphère, d'où résulte une précipitation plus ou moins abondante de neige pendant la saison froide. Si l'atmosphère est constamment très-humide, les glaciers peuvent descendre très-bas, même sous de faibles latitudes : de là M. Grad conclut que la période glaciaire a pu correspondre à un état hygrométrique élevé de l'atmosphère plutôt qu'à un abaissement absolu de la température générale de la surface du globe terrestre.

------

(1) Voyez le numéro précédent, page **208.**

— M. *Dupré* décrit un nouveau thermomètre différentiel, permettant d'obtenir simplement la différence de température de deux points, en même temps que les températures absolues de ces points. Son appareil est un thermomètre différentiel de Leslie, sur la branche horizontale duquel est soudé un tube vertical ouvert formant manomètre à air libre ; les deux boules de l'appareil sont surmontées de robinets, et le liquide employé est le mercure. Connaissant la température T et la force élastique H de l'air introduit primitivement dans l'appareil, l'observation des niveaux du mercure dans les deux branches verticales et dans le manomètre donne très-facilement les températures t et t' des deux boules et leur différence $t - t'$. Avec l'appareil qu'il a employé, M. Dupré a obtenu une variation du niveau de 2 millimètres, en employant le mercure, pour une différence de température de 1 degré. Un tel appareil serait très-avantageux à employer comme psychromètre.

— M. *Rochard* expose un nouveau système de musique alphabétique.

— M. *Francisque Michel* résume devant la section le résultat des observations qu'il a été chargé de faire sur les paratonnerres des édifices de Paris. En général, les accidents observés provenaient de dérivations résultant de joints mal établis. M. F. Michel cite les curieux effets observés en particulier à Saint-Eustache et à la Santé. Puis il indique ses conclusions : Le paratonnerre doit être terminé par un cône de cuivre de 40 degrés d'ouverture ; le conducteur doit être fait de barres carrées ou même de lames, mais non de fils formant un câble ; la communication avec le sol doit être établie à l'aide de grandes plaques de tôle plombée plongeant dans une nappe d'eau souterraine : si l'on ne dispose que de peu d'espace, on enroulera la lame de tôle plombée en forme de spirale, les diverses spires ne se touchant pas. Il faut, au moins deux fois par an, essayer le paratonnerre.

SECTION DE ZOOLOGIE (1)

Séance du 23 août. — Président : M. Vaillant.

M. *Lortet* a fait, pendant un voyage en Syrie, des études suivies sur l'organisation et la reproduction des éponges fibreuses. Il a pu constater la présence et suivre la formation de l'œuf mâle et de l'œuf femelle. A part ces produits génitaux, il n'a rencontré dans les éponges qu'il a étudiées aucun autre élément cellulaire. M. Lortet n'a pas observé non plus les canaux aboutissant au grand canal de l'ovule, canaux signalés par un grand nombre de zoologistes.

M. *Vaillant*, professeur au Muséum et président de la section de zoologie, fait remarquer que ces canaux existent chez les éponges siliceuses de nos côtes, et notamment chez l'*Halichondria panicea*.

— M. *Lortet* communique ensuite ses observations sur la faune très-particulière du lac Tibériade. Cette faune semble indiquer une ancienne communication entre les eaux du lac et celles de la mer. MM. Vogt et Vaillant indiquent certains rapports de cette faune avec celle des eaux saumâtres. Un naturaliste de Nantes, M. *A. de l'Isle*, poursuit depuis de longues années une série d'études sur les mœurs des batraciens de nos pays. Digne continuateur des travaux de Rusconi, M. de l'Isle fait revivre parmi nous les traditions de l'école de Réaumur. Mais il ne se borne pas à étudier l'éthologie pour elle-même, et il déduit de ses patientes observations des conclusions très-importantes pour l'anatomie, l'embryogénie et la systématique. L'objet de la communication de M. A. de l'Isle était le crapaud accoucheur (*Alytes obstetricans*).

Séance du 25 août 1875.

M. *A. Giard* a étudié l'embryogénie des gastéropodes pectinibranches sur des types variés (*Paludina vivipara*, *Purpura lapillus*, *Murex erinaceus* et surtout *Lamellaria perspicua*). Dans ce groupe, comme dans ceux des nudibranches, des lombriciens, etc., on trouve tous les passages entre la *gastrula* formée par invagination (paludine, éolis, lombric), et la *gastrula* produite par épibolie (*Lamellaria Tergipes, Euaxes*). Dès que les petites sphères apparaissent dans la segmentation, la *gastrula* est virtuellement constituée.

M. Giard insiste particulièrement sur quelques points du développement du *Lamellaria*. Ce mollusque dépose ses œufs dans les cornues des synascidies qu'il creuse de petites fossettes. Ce fait explique les curieux phénomènes de mimétisme que présente la *Lamellaria perspicua*.

La segmentation est comparable à celle de l'*Euaxis*. La formation du système nerveux se produit après celle des organes des sens, et les ganglions cérébroïdes naissent aux dépens de l'exoderme, puis se mettent en rapport avec les yeux et les otocystes déjà constitués. C'est là un fait très-important et qui sépare nettement les mollusques des tuniciers. Chez ces derniers, en effet, les organes des sens naissent comme chez les vertébrés, par une sorte de bourgeonnement du système nerveux central qui apparaît le premier. L'existence de deux coquilles embryonnaires emboîtées l'une dans l'autre est encore une particularité très-curieuse du développement du *Lamellaria*, particularité que M. Giard croit pouvoir rapprocher de celle que présentent les embryons des cirripèdes et des *Suctoria*, chez lesquels l'embryon nauplien contient déjà à son intérieur au moment de la naissance la carapace d'*Archizoea*.

— M. *L. Vaillant*, professeur au Muséum d'histoire naturelle et président de la section, présente une communication des plus intéressantes sur les lézards trouvés dans l'ambre. La plupart des échantillons connus sont fabriqués frauduleusement par les marchands de curiosités. Cependant M. Vaillant a réussi à trouver deux échantillons où il est impossible de découvrir la moindre trace de supercherie. Le lézard qu'ils renferment est l'*Hemidactylus capensis* de la côte orientale d'Afrique. Dans l'un d'eux l'animal paraît avoir été enseveli par la résine au moment où il voulait saisir un insecte déjà englobé. Les deux échantillons renferment d'ailleurs, outre le geckotien en question, un grand nombre de débris d'insectes qu'il eût été curieux d'étudier.

M. Vaillant ayant présenté ses échantillons à une personne qui fait depuis longtemps le commerce des résines, cette dernière n'hésita pas à lui déclarer que les lézards étaient englobés non dans de l'ambre, mais dans du copal d'Afrique. Il n'y a donc pas jusqu'à présent de lézards de l'ambre, et les deux reptiles étudiés par M. Vaillant appartiennent probablement à l'époque quaternaire.

M. *C. Vogt* fait observer à l'appui de cette opinion que dans la plus belle collection des fossiles de l'ambre qui existe au monde, collection faite en Prusse par le directeur de la principale maison de commerce du succin, il n'existe aucun lézard.

— M. *Chatin* fait connaître la structure anatomique des glandes à castoréum.

— M. *Émile Eudel* présente une superbe collection de mollusques ptéropodes et indique les procédés de pêche dont il s'est servi pendant les dix-huit années qu'il a consacrées à faire cette collection.

M. C. Vogt n'hésite pas à déclarer qu'une semblable col-

---

(1) Voyez le numéro précédent, page 207.

lection n'existe dans aucun musée, pas même au *British Museum.*

La section émet le vœu que les capitaines au long cours suivent l'exemple que leur a donné M. Eudel et utilisent les loisirs qu'ils peuvent avoir pour l'avancement de la science.

Sur la proposition de M. Vaillant, président de la section, des remerciments sont votés aux zoologistes nantais pour le concours qu'ils ont prêté à l'Association par leurs renseignements sur la faune du pays et leurs nombreuses recherches personnelles.

M. *Alfred Giard*, professeur à la Faculté des sciences et à l'École de médecine de Lille, est nommé président de la section de zoologie pour l'année 1876.

SECTION DES SCIENCES MÉDICALES (1)

Séance du 23 août 1875 (soir). — *Présidence de M. Leudet.*

Les microzymas : M. Béchamp. — Pression et vitesse du sang dans les artères : M. Marey. — De la pyohémie : M. Chauveau. — Cautérisation des tissus anémiés : M. Laroyenne. — Poids des os : M. Poncet (de Lyon).

De nouveaux membres étrangers à Nantes sont arrivés depuis l'ouverture du congrès; nous pouvons citer dans la section des sciences médicales : MM. Azam (de Bordeaux); Gayet, Lortet, Viennois (de Lyon); Béchamp, Estor, Masse (de Montpellier); Desnos, Lailler, etc. (de Paris). Bien des noms m'échappent certainement, car avec la multiplicité des sections et l'éloignement des locaux on ne se rencontre que par hasard.

— M. *Béchamp* expose sa théorie générale des microzymas; ses travaux bien connus et publiés déjà nous dispensent d'entretenir le lecteur de cette communication.

— M. *Marey* montre un appareil destiné à mesurer simultanément la pression et la vitesse du sang dans les artères.

Il est toujours difficile de se prononcer sur le point de départ des variations dans la vitesse ou la pression circulatoires. Est-ce le cœur? Sont-ce les nerfs vaso-moteurs? Question qu'on n'a pas résolue, même dans les expériences les plus récentes. Pour la trancher d'une façon absolue, il faut d'abord diriger l'expérimentation dans le sens physique : ce n'est, en effet, qu'une simple question d'hydraulique. Avec le manomètre, on ne peut savoir si l'on agit sur le cœur ou sur les vaisseaux.

L'appareil qu'a imaginé l'auteur est fondé sur le principe du piézomètre et sur les recherches de Bernouilli; il consiste fondamentalement en deux tubes coudés placés en quelque sorte dos à dos dans un tube de caoutchouc; les ouvertures des tubes coudés étant opposées recevront dans des conditions différentes le choc du courant traversant le grand tube enveloppant. Chacun des petits tubes communique avec un appareil enregistreur. ; la balance en sens variable qui s'établit entre les deux tambours enregistreurs montre, au moyen d'un mécanisme fort ingénieux que nous ne pouvons décrire ici, dans quel sens se modifient la vitesse et la pression. Ces modifications étant connues dans l'artère, on pourra établir le rôle du cœur des vaso-moteurs dans ces changements. En effet, toutes les fois que la pression et la vitesse varient dans le même sens, c'est vers la source d'afflux qu'il faut chercher la cause de ces variations, tandis qu'on la trouvera du côté de la voie d'écoulement quand elles varieront en sens inverse.

Il est fort difficile de relater, sans la démonstration de l'ap-

---

(1) Voyez le numéro précédent, page 210.

pareil, l'ingénieuse expérience de M. Marey; l'exposition aussi simple que claire du savant professeur a fait parfaitement comprendre les moindres détails de ses recherches, et je renverrai le lecteur à la note qui sera publiée dans les comptes rendus de l'Association française.

— M. *Chauveau* lit un mémoire sur la pyohénie (nous publierons ce mémoire *in extenso*).

— M. *Laroyenne* (de Lyon) lit une note sur les *effets comparés de la cautérisation pratiquée sur les tissus normaux et les tissus anémiés d'après la méthode d'Esmarch.*

— M. *Poncet* (de Lyon) donne lecture d'une note *sur le poids comparatif des os des membres supérieurs, avec application à la médecine légale.*

Séance du 25 août 1875 (matin). — *Présidence de M. Leudet.*

La rage : M. Masfranc. — Chirurgie pneumatique : M. Lantier. — Esthésiographie : M. Letiévant. — Application du caoutchouc à la chirurgie : M. Courty; discussion. — Paralysie saturnine : M. Malherbe; discussion. — Déviations rachidiennes : M. Dally. — Aspiration des cavités pathologiques : M. Gayet (de Lyon). — Intervention des puissances respiratoires dans la digestion : M. Toussaint. — Changement de volume des organes sous l'influence de la respiration : M. Franck. — Venin des serpents : M. Viaud Grand-Marais.

Lecture est donnée d'un travail de M. *Masfranc* sur la rage. Dans ce travail, on insiste sur le développement de la maladie chez les chiens en rut qui n'ont pu satisfaire leurs besoins sexuels, et, comme corollaire de cette théorie, on conseille aux propriétaires de chiens de prévenir cette exaspération en conservant plus de femelles.

— M. *Lantier* communique à la section une planche représentant un appareil qui doit servir à la chirurgie dite pneumatique.

— M. *le Président* lit un mémoire de M. *Letiévant* sur l'esthésiographie. Les recherches minutieuses et multipliées de l'auteur l'ont conduit à reconnaître à la surface du corps humain de 42 à 44 départements distincts, dans chacun desquels la sensibilité possède une mesure spéciale. On en compterait 9 aux membres supérieurs, 11 aux membres inférieurs, 10 à la face. On comprend quelle importance cette détermination présente, tant au point de vue physiologique que pathologique. La délimitation de ces départements est très-positive et très-nette. Il n'en faudrait pourtant pas conclure que si le nerf afférent à l'un d'eux est détruit ou malade, toute sensibilité devra nécessairement y faire défaut. En effet, sur les confins de ces territoires il y a quelques filets susceptibles de pousser des prolongements envahissants, et il faut tenir compte de cette possibilité pour apprécier les conséquences des névralgies et des névrotomies circonscrites.

Ce mémoire est renvoyé au comité de publication.

— M. *Courty* parle des *applications du caoutchouc à la chirurgie* et désire en populariser l'emploi.

D'abord l'enveloppement imperméable élastique des plaies de jambe si tenaces, des ulcères chroniques, est incontestablement utile; leur chronicité tient à leur atonie et à leur facilité à saigner, les bourgeons charnus de ces ulcères étant très-mous de tissu ; d'ailleurs les frottements y prédisposent encore lorsque le desséchement des croûtes ou des pellicules épithéliales amène des ruptures multiples et des frictions traumatiques réelles, bien que faibles.

Un enveloppement élastique devrait combattre ces inconvénients : il y fait une sorte d'atmosphère constante et humide très-favorable, avec une légère compression. Depuis vingt et dix ans surtout, les vieux ulcères guérissent par ces moyens beaucoup plus vite. On les lave, on y applique quelque excitant léger, puis on met une bande de toile, et enfin une bande élastique doublée elle-même d'une deuxième bande en toile. Quand la plaie s'est rétrécie notablement, on supprime ce pansement un peu minutieux et l'on se contente des bandelettes de sparadrap imbriquées. Deux ou trois semaines sont le maximum de durée de ce traitement, qui constitue par conséquent un progrès notable sur les autres modes de pansement.

M. Courty parle ensuite des ligatures de caoutchouc comme moyen de diérèse, remplaçant l'ancienne ligature ulcérative. Ce moyen vient à côté de la section galvanique et de l'écrasement linéaire. Il est simple, facile à appliquer partout avec des fils ou des tubes minces de caoutchouc. Les polypes utérins, les hypertrophies du col, les allongements exagérés, les épithéliomas en choux-fleurs du col; des tumeurs du rectum et de l'anus, de la nuque, de la pommette, ont été facilement enlevées par ce procédé; les fistules à l'anus en sont également justifiables. Or, rien n'est plus commode que cette pratique, qui n'a plus besoin d'être surveillée, rectifiée ni augmentée; au bout de huit à quinze jours la division est faite. Elle est donc certainement préférable à beaucoup d'autres moyens de division.

M. *Gayet* appuie toutes les propositions de M. Courty. Pour un kyste de l'ovaire même, il a pu, l'année dernière, pratiquer la section du pédicule en vingt-deux jours et sans accidents.

Deux fois encore, et pour des kystes dont l'opération dut forcément rester incomplète, une ligature élastique ferma le trou péritonéal du kyste et la malade guérit. Dans un second cas de tumeur de la rate, la ligature élastique lui a rendu le même service.

M. *Letenneur* a employé la ligature élastique avec succès, mais il ne voudrait pas la voir généraliser à l'excès. Dernièrement, pour un épithélioma de la langue, il n'a pas été satisfait de l'application du galvano-caustique; les appareils que nous avons en province laissent presque toujours à désirer. Cette malade était revenue avec une récidive; on l'a traitée par la ligature élastique en circonscrivant la tumeur par plusieurs fils, et au bout de huit jours la tumeur était tombée, laissant une plaie nette qui a bien guéri. Chez un homme atteint de cancer de la langue, la même opération a parfaitement réussi. Chez un enfant de trois mois atteint de tumeur énorme polykystique du bassin, M. le docteur Montfort fragmenta la tumeur par plusieurs ligatures élastiques, et la section se fit en quinze jours sans accidents.

M. *Azam* a employé souvent les feuilles de caoutchouc comme pansement occlusif, et il y a renoncé à cause des obstacles à la perspiration cutanée, qui accumule ses produits sous la bande et amène ainsi des irritations variées. Quant à la section du pont dans les fistules anales, la douleur est parfois extrême.

M. *Courty* n'a pas vu ces inconvénients de la bande de caoutchouc, il l'a même employée pour des affections cutanées; mais il faut une grande propreté dans le membre et une certaine surveillance du pansement. Pour la ligature, elle peut effectivement faire souffrir, mais alors on fait une première ligature modérée d'abord, puis le lendemain on en fait une autre plus énergique. Le chloral et la morphine du reste engourdissent la douleur, qui se dissipe assez vite.

— M. *Malherbe* parle de la *paralysie saturnine* et veut examiner si elle est d'origine périphérique ou centrale. Elle est due tantôt à l'une, tantôt à l'autre de ces deux causes. Le centre nerveux peut emmagasiner les poisons plombiques, mais le poison peut aussi influencer directement certaines portions périphériques du corps et des membres. Il en rapporte plusieurs exemples dus à son observation personnelle ou empruntés à M. Manouriez. Un d'eux est plus particulièrement démonstratif: un ouvrier martela des lames de plomb sur un navire, les tenant avec la main gauche, puis il s'aperçut quelques jours après que la main gauche était paralysée. Les extenseurs de l'avant-bras étaient atrophiés; diminution notable de la sensibilité cutanée, mais d'ailleurs aucun symptôme d'empoisonnement général. L'électricité le guérit en trois semaines, associé à l'iodure de potassium à l'intérieur. Dans ce cas, le système nerveux central était certainement indemne.

M. Malherbe a recherché quelles pouvaient être les altérations consécutives des tissus chez les intoxiqués par le plomb, et il propose de continuer longtemps l'usage des préparations éliminatoires du poison. On pourrait encore, comme le demandait M. Manouriez, faire porter aux ouvriers des gants spéciaux.

M. *Lecadre* ne croit pas que toutes les coliques ou paralysies des intoxiqués par le plomb reconnaissent pour cause l'action directe du plomb. Le capitaine est plus souvent malade que le matelot, ce qui tient peut-être aux influences atmosphériques, qui l'atteignent plus souvent.

M. *Leudet* croit à l'action nocive très-étendue du plomb, et il le soupçonne toujours quand il observe des malades atteints de prétendues coliques sèches. La peinture des navires en mer, dans les pays chauds, est extrêmement dangereuse pour l'équipage. Pour augmenter le poids des cotonnades exportées avec drawback, on y ajouta du plomb, et beaucoup d'ouvriers en tombèrent malades. M. Leudet en découvrit heureusement la cause.

Ainsi que M. Leudet, M. *Malherbe* soupçonne le plomb dans bien des circonstances où l'on ne le soupçonnerait pas *à priori*. On sait, par exemple, pour les soies à coudre qu'on les imprègne parfois d'acétate de plomb, et les ouvrières qui mouillent le fil dans leur bouche ont été assez souvent malades.

M. *Viaud Grand-Marais* a vu très-souvent les cuisiniers et les capitaines plus malades que les matelots. Il attribue ce fait à l'usage des conserves contenues dans des boîtes soudées avec un mauvais étamage, consommées surtout par les premiers à l'exclusion des seconds.

— M. *Dally* a recherché les causes des *déviations rachidiennes*, et il croit avoir trouvé l'une de ces causes dans la déviation primitive du bassin, qui produit ensuite la scoliose lombaire; l'os iliaque se tord sur le sacrum et les autres déviations en sont la conséquence; les jeunes filles alors s'asseoient sur la fesse gauche, et l'on comprend ensuite comment la colonne peut se dévier. Il faut donc les examiner souvent sous ce rapport.

— M. *Gayet* (de Lyon) communique à la section *les tentatives d'aspiration soutenue des cavités pathologiques*, qu'il fait depuis plusieurs années avec succès. Il a recherché d'abord quelle était l'action de l'air raréfié sur les bourgeons charnus au moyen d'un simple entonnoir de verre bien adapté au pourtour des plaies. A 8°, 10° d'Hg de raréfaction, il s'exhale une sérosité avec globules blancs; plus loin, c'est-à-dire à 32, 36, 42, 52°, les bourgeons se couvrent de sugillations et le sang coule en pluie. Les plaies sordides ou plus saines se comportent presque également sous ce rapport. Vers 12°, il y a douleur progressivement croissante qui indique un degré que l'on ne doit pas dépasser. On peut même altérer par ce moyen des ulcères, d'ailleurs sains, pour plusieurs jours. L'appareil le plus commode est composé d'un aspirateur en sablier qui s'amorce de lui-même étant mis en communication avec la cavité, et l'aspiration reste permanente en même temps que modérée.

A priori, l'absorption continue des liquides putrides ou putrescibles paraît toujours utile; elle ne l'est pourtant que dans certaines conditions.

Dans les empyèmes, M. Gayet a obtenu un succès sur cinq. Ce résultat n'est pas merveilleux; mais il croit pourtant que son appareil est appelé à remédier très-réellement aux difficultés spéciales de ces cas en diminuant la tension dans la cavité pleurale. Les conclusions de l'auteur sont les suivantes:

1° Toute aspiration ne saurait donc être forte, appliquée aux surfaces suppurantes, un mètre d'eau suffit.

2° Son application ne doit pas être absolument permanente et réclame une exacte surveillance.

3° Dans l'empyème il doit rendre de très-grands services.

— M. *Toussaint* a la parole et traite de l'*intervention des puissances respiratoires dans certains actes mécaniques de la digestion.*

« L'année dernière, à Lille, j'avais l'honneur de communiquer à la section de zoologie les résultats de recherches que j'avais faites sur le phénomène de la réjection dans la rumination, et j'arrivais à démontrer que la raréfaction de l'air dans la cavité thoracique au moment de l'ascension du bol mérycique était la principale force, sinon la seule, qui détermine cette ascension.

» L'occlusion de la glotte, coïncidant avec une forte contraction diaphragmatique, détermine dans la réjection la raréfaction de l'air du poumon et l'afflux instantané des matières alimentaires dans l'œsophage.

» On trouve chez l'homme un acte qui ressemble à la réjection par son mécanisme : c'est l'*éructation*. De même que dans la rumination on remarque que la glotte se ferme, que le diaphragme se contracte et que les côtes s'affaissent sous l'influence de la pression atmosphérique extérieure, la raréfaction intérieure détermine les gaz à mon)er dans l'œsophage.

» J'ai voulu comperer le vomissement à la rumination. J'ai pris pour cette étude le chien, et après avoir placé un tube fin dans les cavités nasales, un autre dans la trachée et des ampoules pneumographiques autour du thorax et de l'abdomen, j'ai pu constater que le mécanisme du vomissement diffère essentiellement de celui de la réjection normale ; en effet, dans l'acte convulsif et presque pathologique, on voit au moment du rejet des substances la glotte se fermer et la pression monter considérablement dans le thorax, et cela par suite d'un resserrement considérable du thorax, qui contrebalance et au delà une contraction assez forte du diaphragme. La sortie des matières de l'estomac est surtout provoquée par une contraction très-forte et extrêmement brusque des parois abdominales, qui pressent l'estomac contre le diaphragme contracté. On le constate en introduisant une sonde dans l'intérieur de l'estomac par une fistule gastrique.

» Le vomissement diffère donc essentiellement de la réjection par son mécanisme.

» C'est en étudiant le vomissement sur le chien que je pus, presque accidentellement, remarquer un phénomène bien particulier qui se produit au moment de la déglutition (salive ou aliments) : chaque fois qu'un animal déglutit, il se produit dans sa cavité thoracique une dépression considérable due à une contraction du diaphragme ou à une élévation des côtes, tandis que chez lui la respiration est plutôt diaphragmatique que costale, dépression correspondant à une occlusion de la glotte et absolument comparable à celle de la rumination.

» La réjection mérycique et la déglutition sont donc des actes qui, tout en étant tout à fait opposés, réclament de la même façon le concours des puissances respiratoires ; dans l'un et dans l'autre cas l'œsophage est l'organe sur lequel agissent ces pressions, mais les nerfs intéressés déterminent le sens du mouvement, c'est là un des faits qui mettait le mieux en lumière le rôle prépondérant du nerf ; suivant que l'excitation est partie de la partie supérieure ou de l'inférieure, la réflexion a produit un effet opposé. Le muscle, comme un ouvrier obéissant, s'est contracté dans un sens ou dans un autre, suivant l'impulsion qui lui était donnée par le nerf.

» On peut voir également que dans ces phénomènes normaux que l'on appelle réjection, éructation ou déglutition, les puissances respiratoires viennent en aide aux organes de la digestion. Dans le vomissement, au contraire, elles leur opposent un obstacle non insurmontable, mais dont il y a lieu de tenir compte, et qui nous montre qu'il n'est pas possible d'assimiler ces deux actes si nets, la réjection mérycique et le vomissement. »

— M. *Frank*, préparateur au Collége de France, lit un mémoire *sur les changements de volume des organes sous l'influence de la circulation.*

— M. le docteur *Viaud Grand-Marais* fait une lecture sur le *venin des serpents*. Il rappelle les discussions intervenues à l'Académie de médecine et s'élève contre cette opinion erronée que la morsure de la vipère n'est pas mortelle. L'aspic de la Vendée est, au contraire, très-dangereux, et bien plus que le péliade. Sur 562 cas de morsure enregistrés par l'orateur, il y a 63 cas de mort chez l'homme, dont 23 à Nantes, 12 à Paimbœuf, 2 à Saint-Nazaire. A Saint-Nazaire et à Chateaubriant aucune mort, et c'est là que le *V. Berus* prédomine comme à Paris.

On a noté 4 morts à la Roche-sur-Yon, 3 à Fontenay, 3 aux Sables, 4 en Maine-et-Loire et les Deux-Sèvres. Il y a donc parmi ces morts 6 cas au nord de la Loire et 47 au sud du fleuve. Les cas diminuent du reste chaque année. On y trouve 30 hommes et 23 femmes. Les petits garçons y sont plus exposés.

10 fois la mort survint en vingt-quatre heures ; jamais subite, au moins une à deux heures après la morsure.

Dans ces cas mortels, on n'avait ni sucé, ni cautérisé, et cependant l'ammoniaque avait été employée largement.

La mort arrive par syncope, algidité, œdème de la glotte, péripneumonie dans les cas rapides. Plus tard, on observe un état typhoïde ou bien enfin une cachexie avec diminution de la fibrine du sang. Les hémorrhagies sont souvent utiles quand elles sont externes ; mais quand elles sont internes et viscérales, elles aggravent, au contraire, les accidents. Le venin paralyse les parois capillaires quand on l'applique directement sur elles.

On ignore pourtant l'action intime du venin des serpents sur les centres nerveux et sur le sang, bien que l'on ait réuni quelques faits curieux sur tous ces points.

Les lésions matérielles sont parfois très-éloignées du point mordu.

On a supposé que le venin agissait comme un ferment : c'est encore une simple hypothèse.

En résumé, la question du venin est toujours ouverte, très-intéressante tant au point de vue pratique que scientifique, et réclame l'attention des chercheurs.

M. *Landowski* aurait désiré voir employer les compte-globules du sang pour vérifier s'il y a ou non multiplication abondante des globules blancs, comme on l'a prétendu.

M. *Viaud Grand-Marais* n'a pas employé le compte-globules, mais il affirme que dans aucun cas la multiplication de ces éléments n'a pu être considérable, car elle n'aurait pas échappé à l'examen microscopique qu'il a fait bien des fois du sang.

M. *Bouteiller* croit que l'observation de ce qui se passe pour le vaccin et la rage doive faire douter de l'efficacité de la succion contre la morsure de la vipère. Ce qui est préférable ici, comme dans la rage, c'est une cautérisation profonde et immédiate quand elle est possible, puis la sueur par marche forcée ou par sudorifiques, parmi lesquels il place le jaborandi.

M. *Lancereaux* ne pense pas que l'on doive assimiler le venin de la vipère au vaccin ou à la rage. Ces virus peuvent avoir une rapidité d'absorption différente ; il faut donc, au contraire, pratiquer la succion, puis la cautérisation.

Pour M. *Viaud Grand-Marais*, la succion est le meilleur remède. Quand il l'a pratiquée dans ses expériences, il n'a jamais vu se développer ensuite d'accidents, et il a été à même de faire ou de voir faire l'épreuve et la contre-épreuve. Ce venin n'a pas de saveur, et quant à son innocuité lorsqu'on l'avale, il peut en donner pour preuve ses expériences personnelles, même lorsqu'il existe une gingivite scorbutique, car une fois par mégarde il a expérimenté dans ces conditions.

Séance du 25 août 1875 (soir). — Présidence de M. Leudet.

Le genou-en-dedans : M. Tripier. — Indications du chloral et du bromure de potassium : M. Papillaud ; discussion. — Association du chloral et de l'opium : M. Bouteiller. — Boiteries des chevaux : M. Abadie. — Fièvre typhoïde : M. Lapeyre.

— M. *Tripier* fait une communication sur *le genou-en-dedans.*

— M. *Papillaud* lit une note sur *quelques indications du chloral et du bromure de potassium.*

Comme il arrive au sujet de tous les médicaments nouveaux, on a trouvé au chloral une action efficace, non prévue tout d'abord, dans un grand nombre de maladies.

Le chloral est, en somme, un médicament anesthésique qui agit autrement que l'opium ; grâce au chloral, le tétanos est devenu une maladie curable ; j'en citerai quelques exemples dont deux dus au docteur Mescaro. Dans ces cas le chloral fut une fois administré à la dose de 8 grammes par vingt-quatre heures pendant seize jours, une autre fois ce médicament fut donné chez un jeune malade de cinq ans, à la dose de 30 grammes en vingt-cinq jours.

Je rapporterai aussi l'observation d'un malade que j'ai traité et guéri, et qui prit en onze jours 72 grammes de chloral.

Je me suis aussi servi de ce médicament pendant l'épidémie de variole 1870-71. Je l'ai administré surtout dans le but de calmer les grandes souffrances, et j'ai pu constater des guérisons certainement dues à la sédation et à l'apaisement produits par le chloral. Je crois pouvoir dire, en m'appuyant sur les faits que j'ai observés, que ce médicament peut rendre de très-grands services dans les cas de variole grave.

J'ai vu aussi un malade atteint de fièvre très-vive, prise pour une fièvre pernicieuse, qui résistait au traitement par le sulfate de quinine. J'ai vu ce malade, atteint de délire furieux, se calmer très-rapidement par le chloral et guérir d'une pleuro-pneumonie. Le chloral doit encore être employé par le médecin non-seulement pour apaiser l'agitation et le délire du malade, mais aussi pour adoucir les dernières souffrances. Il me semble que, dans certains cas, le médecin peut chercher à éviter au mourant les angoisses physiques et morales de la mort qui s'approche. M. Papillaud cite, à ce propos, l'exemple d'une jeune fille phthisique à laquelle l'administration du chloral permit de mourir sans souffrance, au lieu de soutenir en pleine connaissance, contre l'asphyxie, une lutte impuissante.

M. Papillaud ajoute à ces faits la relation de deux cas où le bromure de potassium lui a permis de guérir des enfants malades depuis longtemps et rebelles à tous les traitements appropriés.

Dans un cas, il s'agit d'un enfant atteint de vomissements et de constipation opiniâtre ; dans l'autre cas, d'un enfant atteint de diarrhée chronique. Dans ces deux cas, bien dissemblables pourtant, la guérison survint après l'administration du bromure. M. Papillaud ne cherche pas d'ailleurs à donner une explication théorique, il ne fait que rapporter les cas qu'il a observés.

Après quelques observations de M. Leudet, qui insiste sur les précautions qu'exige l'administration d'une dose élevée de chloral, M. Verneuil prend la parole pour dire que dans le tétanos il est nécessaire de donner le chloral à très-fortes doses et pendant longtemps, qu'il faut que la dose soit suffisante pour arriver à plonger le malade dans un état persistant de somnolence.

M. Verneuil a donné rarement moins de 10 grammes et jusqu'à 16 grammes de chloral par jour à ses tétaniques, il a le bonheur d'avoir eu six guérisons.

— M. *Bouteiller* fait connaître la méthode employée, dit-il, par M. le docteur Surmé et par lui, méthode qui consiste à associer le chloral et l'opium. On évite ainsi les accidents du côté de l'estomac, et les effets obtenus sont meilleurs que ceux obtenus par la seule administration du chloral.

— M. *Abadie* traite *de la détermination méthodique du siége d'un ordre de boiteries des chevaux,* attribuées le plus souvent, à tort, à des accidents connus en hippiatriques sous la désignation d'écart ou d'allonge.

— M. *Lapeyre* communique quelques détails sur une *épidémie de fièvre typhoïde* observée en avril et mai 1875, sur les militaires de la garnison de Nantes, et qui paraît avoir été produite par l'encombrement.

Séance du 26 août. — Présidence de M. Leudet.

Opération de la hernie : M. Masse. — Otorrhée cérébrale : M. Bertin. — Épanchement pleuraux chez les tuberculeux : M. Leudet. — Dénudation de la carotide primitive : M. Nepveu. — Influence de la syphilis sur les cicatrices et sur les fractures : M. Dron.

M. *Chauveau* est nommé président de la section pour l'année 1876. MM. *Courty* et *Marey* sont nommés délégués, en remplacement de MM. Cl. Bernard et Chauveau.

— M. *Masse* lit une note sur la *réunion immédiate dans l'opération de la hernie étranglée.*

L'auteur trouve que cette méthode est peut-être trop négligée, et c'est dans le but de la préconiser qu'il publie deux cas où le succès a été complet et rapide. — Il présente en même temps le dessin d'un *monstre* ayant une langue trifide ; on peut se demander, en présence de ce fait, si la langue se développe par un bourgeon médian et deux bourgeons latéraux. C'était un fœtus anencéphale avec *spina bifida.*

— M. *Bertin* fait une communication sur *l'otorrhée cérébrale.* Itard nommait ainsi des suppurations venant de foyers dans le cerveau et d'une carie du rocher. Il a vu un cas qui le porte à penser que cette otorrhée existe réellement ; il a rencontré à l'autopsie d'un malade qui avait présenté cette affection un foyer purulent enveloppé d'une poche très-épaissie reposant sur le rocher et ayant usé l'os en quelque sorte, comme un anévrysme ; ce foyer était primitif et venait déterminer une suppuration auriculaire.

— M. *Leudet* communique une étude des *épanchements abondants de la plèvre chez les tuberculeux.*

Voici les conclusions de ce travail :

1° Dans le cours de la tuberculose pulmonaire, la plèvre peut être remplie par un épanchement ;

2° Cet épanchement est le plus souvent pseudo-membraneux ; il peut être séreux, purulent, hémorrhagique.

3° Les pleurésies qui occupent toute une plèvre sont plus souvent de nature tuberculeuse qu'idiopathiques.

4° Les malades qui succombent pendant la période d'état de ces épanchements présentent fréquemment des cavernes, des tubercules en partie arrêtés ou crétacés, en un mot les lésions d'une tuberculose régressive, appartenant surtout à la phthisie irrégulière. Plus rarement la tuberculose est double et ramollie, enfin il est plus rare encore de ne rencontrer que des tubercules miliaires.

5° La tuberculose n'est pas plus étendue et plus avancée du côté de l'épanchement ; souvent même elle l'est moins que du côté opposé.

6° La pleurésie abondante de la plèvre ne provoque pas le plus souvent la mort par son abondance.

7° Quelques malades succombent avant la résolution complète de l'épanchement, dans un état cachectique.

8° Les deux tiers des malades atteints de pleurésie abondante, dans le cours de la tuberculose pulmonaire, guérissent de l'épanchement de la plèvre.

9° La guérison de l'épanchement est, en général, plus lente que chez les individus non tuberculeux.

10° La pleurésie purulente, chez les tuberculeux, est susceptible de guérison.

11° L'épanchement abondant de la plèvre n'accélère pas le plus souvent le développement de la tuberculose pulmonaire; il ne provoque pas en général une évolution plus rapide de la tuberculose dans le poumon du côté de l'épanchement que du côté opposé.

12° La pleurésie purulente semble ne pas accélérer le développement de la tuberculose du poumon.

— M. *Verneuil* au nom de M. *Nepveu*, fait part d'une observation sur la *dénudation étendue de la carotide primitive* dans le cours des opérations. Le travail de M. Delbarre n'a pu recevoir que douze cas, ce qui montre la rareté relative de ces faits. Chez un malade atteint d'un énorme lymphadénome du cou, M. Verneuil pratiqua l'ablation pour remédier d'une part à des hémorrhagies capillaires abondantes, et pour obéir en quelque sorte au malade, qui préférait la mort à son état. Ce fut cette opération qui amena la dénudation de la carotide primitive sur une longueur de 3 centimètres. M. Verneuil se décida à laisser les choses telles quelles. Au sixième jour, la plaie était dans un état parfait; mais il persistait toujours un certain mouvement fébrile. Enfin les bourgeons charnus arrivèrent à recourir l'artère, sauf un point très-minime. Le quatorzième jour, au matin, l'état général étant parfait, le malade accuse une douleur vive dans la plaie, et le sang part d'un jet formidable. La compression digitale est pratiquée et subitement survient une hémiplégie. Des pinces hémostatiques arrêtèrent l'hémorrhagie; le sang perdu peut être évalué à 4 ou 500 grammes.

Malgré tout, le malade mourut vingt-deux heures après; dans les dernières heures, l'hémiplégie s'était confirmée de plus et plus.

A l'*autopsie*, on trouve ce qu'on a décrit sous le nom de gangrène cérébrale; le tissu était blanc verdâtre, complétement ischémié. La communicante de Willis était filiforme. Au-dessus de la pince, un caillot; la carotide interne est vide jusqu'au trou carotidien; une thrombose occupe son calibre à partir de ce passage jusque dans ses divisions. C'est ce qui explique, comme dans la ligature, les accidents hémiplégiques.

M. Le Fort rejette le processus embolique dans l'étiologie de ces accidents; cette observation en fournit cependant une preuve authentique. Le caillot formé sous l'influence de la dénudation artérielle a été fragmenté pendant la compression et est devenu la cause de la complication.

Aussi, en présence de ce fait, toutes les fois que la dénudation de l'artère carotide sera étendue, on devra, malgré les dangers de la ligature, pratiquer cette opération.

— M. *Dron* donne lecture d'un travail sur l'*influence de la syphilis sur les cicatrices de la peau et le cal des fractures*.

Ce mémoire vient confirmer les données émises par M. Verneuil dans la première séance; il s'agit de deux malades qui, blessés trois et quatre ans auparavant, étaient porteurs, l'un de cicatrices étendues, l'autre d'un cal de fracture de l'avant-bras. Le premier vit, sous l'influence de la syphilis, ces cicatrices devenir douloureuses, être le siège d'une éruption tuberculeuse, etc.; le second vit, par suite de la même maladie secondaire, son cal se ramollir, à tel point qu'on fut obligé de mettre un appareil de soutien à ce membre dont il se servait parfaitement. Chez les deux malades, le traitement spécifique arrêta et fit disparaître tous ces accidents; la cicatrice redevint indolente, le cal solide.

CONGRÈS DES ANTHROPOLOGISTES ET DES ETHNOLOGISTES ALLEMANDS

A Dresde, en 1874

L'an dernier, comme d'habitude, les anthropologistes et les ethnologistes allemands se sont réunis en session extraordinaire. Les séances du congrès qui s'est tenu à Dresde, du 14 au 16 septembre, ont été fort bien remplies, et l'on a entendu successivement M. Schuster parler des anciens habitants de la Saxe, M. d'Ihering décrire les sépultures de Rosdorf, près de Göttingue, et démontrer l'usage des nouveaux appareils craniométriques, M. Borneman signaler les débris préhistoriques trouvés dans les environs d'Eisenach, M. Klopfleisch traiter de l'âge de pierre en Allemagne, M. Laube indiquer les vestiges d'anciens établissements en Bohême, M. Fraas présenter des observations sur l'homme tertiaire, M. Wibel faire l'analyse chimique du bronze, M. le comte Wurmbrandt établir la chronologie des gisements préhistoriques, M. Virchow et M. Schaaffhausen discuter la répartition des types brachycéphales en Allemagne et rechercher si la race lapone avait jadis plus d'extension qu'aujourd'hui. Comme nous ne pouvons passer en revue toutes les communications faites au congrès de Dresde, nous nous attacherons plus spécialement à celles de M. Virchow et de M. Schaaffhausen, parce que l'étude des crânes brachycéphales est à l'ordre du jour et a déjà soulevé de vives controverses tant en France que de l'autre côté du Rhin.

Certains anthropologistes, dit M. Virchow, ont prétendu que l'on pouvait établir une série ascendante des crânes brachycéphales aux crânes dolichocéphales les plus accusés, à ceux que l'on considère ordinairement comme représentant le type parfait de la race indo-germanique, et ils en ont conclu que les Européens les plus élevés en civilisation doivent présenter un crâne de forme allongée. D'autres savants, envisageant la question à un autre point de vue, se sont voués à l'étude des populations modernes et ont comparé attentivement les crânes des différentes races qui vivent dans nos contrées; après avoir supposé pendant quelque temps que le type dolichocéphale était prédominant, ils ont reconnu plus tard que le type brachycéphale était également très-répandu et comptait à peu près autant d'individus que le type dolichocéphale. Bientôt d'autres questions, sur lesquelles M. Virchow n'est pas complètement d'accord avec M. de Quatrefages, sont venues se rattacher à cette étude des crânes brachycéphales et dolichocéphales. M. Virchow a soutenu que les hommes au crâne allongé avaient généralement les cheveux blonds, les yeux bleus, le teint clair, la taille élancée, les formes robustes, tandis que les hommes au crâne arrondi se distinguaient par des cheveux de couleur foncée, des yeux noirs, un teint brun, une taille plus faible, des formes moins vigoureuses. En cherchant l'origine de ces deux races, il a trouvé que la dernière se rapprochait de la race finnoise actuelle; mais pour mieux s'assurer de l'exactitude de sa comparaison il a entrepris un voyage dans le nord, et il est allé à Helsingfors étudier une collection de crânes très-nombreuse et faire, sur les habitants des environs, une série d'observations qui lui permettent de traiter cette question des crânes brachycéphales avec quelque compétence. Ce qui l'a particulièrement frappé pendant son voyage, c'est la concordance remarquable qui existe entre les mesures prises sur les têtes d'individus vivants et les dimensions relevées sur les crânes conservés dans les collections.

La Finlande, qui tient ordinairement peu de place dans les traités de géographie, est, en réalité, un pays aussi vaste que l'Allemagne; depuis les temps les plus reculés sa population se partage en plusieurs zones bien distinctes, savoir : au midi, les Karéliens, qui habitent le pays compris entre le lac Ladoga et le lac Saïma ; puis les Sawolacks, qui semblent être une race mélangée ; les Tawatses, qui s'étendent d'Helsingfors à Œsterbott ; enfin les vrais Finnois qui occupent les bords du golfe de Bothnie. Les Karéliens sont de toutes ces populations la plus nettement brachycéphale, tandis que les Tawatses, qu'on appelle aussi *Hüme* ou *Hameleiset* sont ceux qui ont le crâne le moins court ; mais il est bien difficile de savoir lequel de ces différents peuples a conservé le type finnois primitif. Cependant M. Virchow met sous les yeux de la société un crâne qui a été trouvé dans une sépulture à Tyrvis, dans le district de Satakunta, et qui concorde par ses dimensions avec la moyenne de 22 crânes finnois actuels ; il semble donc prouvé que depuis une époque qui appartient sans doute à l'âge de bronze, les caractères de la population de cette partie de la Finlande n'ont pas sensiblement varié. Il importe toutefois de remarquer que les habitants actuels du pays ne se regardent pas comme autochthones, et il est permis de supposer, d'après les traditions qu'on a pu recueillir, que les *Hüme* comme les Sawolacks et les Karéliens ont été précédés dans cette contrée par une population plus ou moins analogue. Les Lapons, qui sont semi-nomades dans une partie de la Russie septentrionale, de la Finlande, de la Scandinavie et de la Norvége, parlent un dialecte finnois, et s'ils diffèrent sensiblement des Finnois par la conformation de la face, ils s'en rapprochent par la forme et les dimensions du crâne. Il faut ajouter que sur certains points de la Finlande on trouve cette croyance que les Lapons eux-mêmes ont été précédés dans le pays par une population turanienne ou finnoise, qui aurait habité la Finlande et la plus grande partie de la Scandinavie, et qui serait désignée dans les *Sagas* sous les noms de *Hiilet*, *Hiiset* ou *Jöthen*. Sans ajouter une importance exagérée à ces traditions, on est forcé de reconnaître qu'elles sont confirmées jusqu'à un certain point par la présence entre les Finnois et les Lapons, dans l'*Œsterbotter*, d'une race mixte, les *Quänen*, qu'il est possible de rattacher aux deux précédentes. Malheureusement l'histoire ne fournit que peu de renseignements sur ces populations ; tout ce qu'elle nous apprend c'est que les Karéliens se sont établis les premiers dans le pays, et qu'ils ont été suivis par les Tawatses. Faut-il admettre maintenant que les *Quänen*, les Lapons et les vrais Finnois ont eu jadis une extension beaucoup plus considérable et ont occupé, dans les temps préhistoriques, une grande partie de l'Europe ? C'est ce que prétendent plusieurs anthropologistes, mais c'est ce qui n'est pas encore suffisamment démontré. Il est vrai que Tacite mentionne les *Fenni* parmi les peuples de la Germanie, en faisant remarquer qu'ils parlent une langue particulière, qu'ils sont inférieurs en civilisation à leurs voisins et qu'ils font encore usage de pointes de flèches en os, tandis que les autres se servent exclusivement d'armes en métal ; il est incontestable d'autre part qu'une portion de la Russie n'est pas originellement slave, comme on l'a soutenu, mais finnoise, et que le nom de *Ruotsii* ou *Rotsi* sert à désigner les Suédois, en Finlande et en Esthonie. Il n'est pas impossible certainement que les Finnois aient couvert, à une certaine époque, toute la surface de la Russie, qu'ils se soient étendus jusqu'à l'Oder et jusqu'à l'Elbe, que même, comme le voudraient quelques collègues français de M. Virchow, ils aient occupé l'Espagne, et que la population basque dont la langue offre, dit-on, des affinités avec les dialectes du Nord, ne soit qu'un reste de cette grande nation morcelée par l'invasion indo-germanique. Mais on ne peut guère se montrer affirmatif à cet égard, et pour élucider la question, il est nécessaire, dit M. Virchow, de rechercher s'il y a eu, ou s'il existe encore en Europe et plus particulièrement en Allemagne, des types finnois bien caractérisés. Dans ce but, M. Virchow présente au congrès une série de crânes recueillis dans l'Europe moyenne. Il fait remarquer en même temps qu'avant d'opposer l'un à l'autre,

sous le rapport de la conformation du crâne, les Indo-Germains et les Finnois, les savants se sont d'abord occupés des Celtes et des Slaves, toujours au même point de vue. Il rappelle que parmi les Slaves il y en a qui sont dolichocéphales, et d'autres parfaitement brachycéphales, comme les Czèches, et que parmi les Celtes les ethnologistes établissent deux grandes catégories, une race septentrionale à crâne allongé, une race méridionale à crâne arrondi. Comme les Indo-Germains offrent également les deux formes de crânes, M. Virchow se demande s'il n'y a pas eu, pour ces trois peuples, mélange avec une race primitive, une race finnoise par exemple.

Peu de temps avant la guerre, M. Virchow a reçu de M. de Mortillet un crâne découvert en Champagne et datant de l'âge du fer ; ce crâne est remarquable par sa brièveté et par sa hauteur, et montre qu'à une époque fort reculée il y avait déjà dans le *pagus remensis* une population brachycéphale. M. Hölden, de Stuttgard, quelques savants de l'Allemagne du Sud et plusieurs anthropologistes français ont émis, il est vrai, l'opinion que cette population n'était pas finnoise, mais ligure, et présentait des affinités avec les peuples du sud et non pas avec les peuples du nord de l'Europe actuelle. Ce qui est bien établi, dit M. Virchow, c'est qu'antérieurement à l'invasion indo-germanique, et même dans les temps préhistoriques, on trouve des crânes allongés mêlés aux crânes brachycéphales, de sorte que ceux-ci ne peuvent être considérés comme caractérisant les hommes primitifs. Certains crânes trouvés à Borreby sont cités dans la plupart des traités d'anthropologie comme représentant un type inférieur et comme offrant des analogies avec les crânes lapons ; mais M. Virchow, qui a eu entre les mains à Copenhague vingt-deux crânes provenant de Borreby, et qui en a relevé les dimensions, affirme qu'ils présentent une capacité moyenne au moins égale à celle de beaucoup de crânes européens actuels, et qu'ils diffèrent des crânes lapons par plusieurs caractères essentiels ; ils se rapprochent, au contraire, d'après lui, de certains crânes de la vallée du Rhin. De même le crâne de Boitzum, en Hanovre, découvert dans une sépulture renfermant des instruments en pierre des plus remarquables, tout en ressemblant à beaucoup d'égards aux crânes des populations du Nord, s'en distingue par le développement des mâchoires. Il n'en est pas moins certain qu'en Allemagne, dans les anciennes sépultures, les crânes allongés sont en grande majorité, et que le crâne de Boitzum constitue une véritable exception, absolument comme dans un autre sens les crânes dolichocéphales de Bidstrup, dans l'île de Sealand, contrastent avec les crânes de l'âge de pierre trouvés en Scandinavie, et qui pour la plupart sont nettement brachycéphales.

Grâce à MM. les professeurs Rüdinger, de Munich, Welker, de Halle, et Hölder, de Stuttgard, M. Virchow a pu étudier un très-grand nombre de crânes brachycéphales, dont les uns provenaient d'un cimetière de Munich, ouvert jusqu'en 1770, tandis que d'autres, plus récents, pouvaient être considérés comme représentant fidèlement le type de la population des environs de Halle. M. Virchow a pu examiner encore des crânes plus allongés, et de type mixte, du pays de Bade et du Brisgau, ainsi que des crânes macrocéphales, de 1800 centimètres cubes de capacité, recueillis dans une chapelle funéraire à Montreux, et il a retrouvé presque les mêmes caractères et le même développement sur des crânes extraits de cercueils en pierre, soit dans les environs de Wilhelmshaven, soit dans la province d'Oldenbourg. Dans la Frise occidentale, sur les côtes de la mer du Nord, et jusqu'à Hambourg, il y aurait, au contraire, une race au crâne surbaissé ; ce type paraît s'exagérer encore dans le fond de la Poméranie. Comme on peut établir des passages entre ces crânes déprimés et les crânes allongés, M. Virchow, sans avoir fait de ces types une étude approfondie, est disposé à admettre à *priori* qu'ils appartiennent à une race mélangée, car, dit-il, en Westphalie, on observe de même une zone de population à crânes surbaissés, et tout à côté une zone de population à crânes allongés. Cette race mixte, aux crânes à la fois allongés et déprimés, ne correspondrait-elle pas, dit M. Virchow, à ces formes germaniques qui sont de nos jours si répandues en Scandinavie, et qui par leur mélange avec les Finnois brachycéphales ont donné naissance à cette population particulière qui habite les côtes méridionales de la Finlande, et notamment la région nommée Nyland? Dans cette contrée, en effet, on rencontre également des crânes bas et allongés, avec tous les degrés qui conduisent à ce type spécial.

De l'ensemble de ses recherches, M. Virchow conclut qu'il est nécessaire d'étudier l'Allemagne zone par zone, si l'on veut savoir où se trouvent les races pures et où se trouvent les races mélangées; il est nécessaire d'ailleurs, dans ces investigations ethnologiques, de se rappeler que chaque forme de crânes est accompagnée de caractères extérieurs et secondaires. Quand, par exemple, on voit le type brachycéphale se montrer en Allemagne avec une coloration brune de la peau, des yeux et des cheveux noirs, est-il possible, dit M. Virchow, d'admettre que ce type provient d'un mélange avec une population finnoise, puisque les Finnois ne sont pas bruns, mais ont au contraire la peau blanche, les yeux bleus et les cheveux blonds? Ne faut-il pas supposer plutôt qu'il y a eu infusion de sang méridional? Les Czèches, dont le pays, la Bohême, tire son nom de la tribu celtique des Boïens, ont probablement du sang celte dans les veines. Personne ne sait si les Celtes se sont avancés au nord de l'Erzgebirge; mais ce qu'on peut affirmer, c'est qu'au sud de cette chaîne de montagnes il y avait un État celte parfaitement organisé. Quand on trouve en Saxe des hommes bruns et brachycéphales, et qu'on voit dans le midi de la France des populations entières présenter des caractères analogues, n'est-il pas permis, demande M. Virchow, de supposer que les types de l'Allemagne méridionale ne sont pas des types slaves purs, mais qu'ils sont plutôt des types slavo-celtiques? Il est probable que pas plus en Allemagne qu'en France on ne pourra retrouver de race exempte de tout mélange.

Dans une séance suivante, M. le docteur Schaaffhausen reprend le sujet traité précédemment par M. Virchow. Il rappelle qu'autrefois on croyait généralement que les crânes les plus anciens de l'Europe, et particulièrement de l'Europe septentrionale, étaient brachycéphales, et que les crânes de forme allongée appartenaient à une population plus récente. Cette opinion reposait sur la découverte faite en Scandinavie de crânes que M. Nilsson et plusieurs autres savants avaient rapprochés du type lapon. Eschschricht avait également admis l'existence en Scandinavie, à une époque reculée, d'une race analogue à la race gothique actuelle, mais de petite taille, avec le teint brun, les cheveux noirs, les yeux de couleur foncée. D'un autre côté, Retzius avait signalé des ressemblances entre des crânes trouvés à Marly et d'autres crânes provenant, soit de l'île Möen, soit de l'Islande. Après un examen attentif des spécimens conservés au musée de Copenhague, M. Schaaffhausen adopte la manière de voir du professeur Nilsson, et déclare qu'à ses yeux les crânes anciens de la Scandinavie, comme ceux de Meudon et de Marly, présentent le type lapon bien accusé; bien plus, en s'attachant plus que ne le font d'ordinaire les anthropologistes, aux caractères fournis par la région faciale, il découvre sous ce rapport des similitudes frappantes entre ces têtes préhistoriques et les crânes lapons dont le musée de Stockholm possède une admirable collection. Toutefois les crânes anciens du musée de Copenhague se font remarquer par le renversement en dedans du bord alvéolaire, le rétrécissement de la région palatine, le peu de développement de la cloison nasale, l'existence de plusieurs racines aux premières molaires; ces caractères manquent ou sont peu marqués dans les crânes

lapons du musée de Stockholm, tandis qu'ils se retrouvent sur les spécimens que M. Virchow a présentés à la Société, de même que sur un crâne de l'âge du bronze découvert dans les environs d'Aarhus, et sur un crâne du même âge provenant de l'ancien lit de la Lippe et appartenant actuellement à M. le professeur Schaaffhausen. On est donc forcé d'admettre qu'une population, alliée de très-près à la race laponne actuelle, vivait jadis sur les bords du Rhin et même en France; qu'elle ait été peu nombreuse, cela n'aurait rien d'étonnant; mais en tout cas, il est impossible de soutenir qu'il s'agit de quelques individus isolés, égarés au milieu de peuples essentiellement différents. Ce sont là certainement des hypothèses, mais M. Schaaffhausen ne croit pas, avec M. Virchow, qu'il soit trop tôt pour hasarder des théories anthropologiques, les sciences préhistoriques étant beaucoup plus avancées qu'on ne le croit généralement. Ce n'est d'ailleurs pas une supposition téméraire que d'invoquer une invasion laponne du nord de l'Europe, puisque l'on sait qu'à une époque postérieure, les Francs et les Allemands ont pénétré dans les mêmes contrées. M. Schaaffhausen a constaté avec surprise l'identité de formes qui existe entre la population actuelle de la Suède et de la Norvége et celle de l'Allemagne occidentale; il fait remarquer aussi que les crânes de Westgothland ressemblent à ceux du Rhin, et qu'il y a dans les langues suédoise et norvégienne une quantité de mots allemands. Le nom de Francs n'est pas très-ancien : il désignait dans l'origine une des tribus les plus puissantes des *Allemani*, dont les Goths faisaient partie; on peu donc supposer que tandis qu'une colonne de ces barbares pénétrait en Scandinavie, une autre poussait vers l'ouest et s'avançait jusqu'en Espagne. Les différences que l'on remarque entre les crânes trouvés dans des régions diverses peuvent souvent être attribuées à la civilisation, qui modifie sensiblement les formes de la boîte osseuse, ainsi que M. Schaaffhausen a pu s'en assurer; il a vu également qu'avec l'âge il se produit des changements de même nature. Chez les peuples les mieux policés, le maximum du diamètre des crânes se trouve à la partie postérieure, tandis que chez les nègres, les Australiens et les habitants des îles de la mer du Sud, il est situé plus en avant; en outre, chez ceux-ci, le sommet de la tête est moins régulièrement arrondi, et les narines présentent une forme différente. Les caractères tirés de la forme des ouvertures nasales, sur lesquels M. Broca a le premier appelé l'attention, sont d'une grande importance, suivant M. Schaaffhausen, et méritent d'être employés par les anthropologistes. Chez l'orang, le chimpanzé et le gorille, les fosses nasales sont largement ouvertes, tandis que chez les hommes civilisés, l'ouverture des narines est étroite, le nez bien dessiné, grâce au développement de la *spina* et de la *crista nasalis*; chez l'enfant et chez les nègres, on retrouve une forme du nez qui se rapproche à beaucoup d'égards de celle des singes anthropomorphes. Il faut tenir compte également du nombre des racines des pré-molaires, car tandis que chez les singes les premières dents mâchelières ont d'ordinaire plusieurs racines, chez l'homme, et particulièrement chez l'Européen actuel, il est très rare qu'il en soit ainsi.

M. Schaaffhausen proteste contre l'opinion souvent exprimée que les formes primitives de l'humanité se sont perpétuées jusqu'à nos jours, opinion que M. de Quatrefages a invoquée contre la variabilité de l'espèce ; pour lui (M. Schaaffhausen), il est persuadé qu'on ne trouverait plus nulle part, et surtout en Europe, un homme ayant le crâne conformé comme les hommes de Borreby et de Néanderthal. Il lui semble aussi que M. Faas, le président du Congrès, a été un peu loin en disant que la question de l'homme tertiaire était définitivement enterrée, car quoique les preuves invoquées aient laissé souvent à désirer, et que beaucoup de silex tertiaires ne soient évidemment pas l'œuvre de l'homme, on peut fort bien admettre que des populations grossières aient vécu dans des contrées où des singes anthropomorphes trouvaient les conditions nécessaires à leur existence.

M. Virchow croit que M. le docteur Schaaffhausen a commis deux erreurs dans ses citations : que d'une part Nilsson a commencé par rapprocher les crânes brachycéphales anciens des Esquimaux, et que, d'un autre côté, Eschschricht a prouvé dans deux mémoires que les crânes sur lesquels Nilsson avait fondé son opinion appartenaient à une race caucasique assez élevée ; ce n'est que plus tard que Nilsson, se basant sur les découvertes faites dans l'île de Moën, a rapproché les crânes anciens de ceux des Lapons actuels. Or M. Virchow s'est assuré que les crânes de l'île de Moën ne proviennent pas d'un seul et même gisement, comme le croyait Nilsson, mais qu'ils ont été trouvés dans deux localités différentes ; deux de ces crânes, auxquels se rapporte le premier mémoire d'Eschschricht publié en 1837 dans le *Dansk Folkebaldd*, sont plus courts et plus arrondis que les trois autres, décrits plus tard par Eschschricht dans les publications de la Société danoise des sciences. On ne peut réunir ces deux sortes de crânes et encore moins, dit M. Virchow, les rapprocher des crânes lapons ; Eschschricht lui-même a du reste reconnu qu'on ne pouvait se former une opinion d'après ces spécimens. Les crânes de Borreby paraissent encore moins lapons à M. Virchow.

Quoiqu'en renonçant à l'hypothèse d'une extension préhistorique de la race laponne on augmente les difficultés de la question, il faut cependant se résigner à sacrifier cette idée, puisqu'on ne peut l'appuyer sur des bases sérieuses. Dans ce débat, M. Virchow craint qu'on ne se soit un peu trop laissé guider par des idées préconçues, et que la présence du renne dans certains gisements n'ait disposé les savants à trouver des Lapons dans les hommes découverts à côté de ces ruminants. D'ailleurs il faut remarquer que dans les dépôts de cette époque, et entre autres dans l'ancien lit de la Lippe, on rencontre des crânes allongés qui ne sauraient être attribués à la race laponne. Cette race s'est-elle avancée jadis jusque dans l'Europe méridionale ? M. Virchow ne le croit pas, il pense même que les Lapons n'ont jamais eu d'âge de pierre, au moins dans le pays qu'ils habitent, et qu'ils avaient déjà franchi cette première étape de la civilisation lorsqu'ils sont venus s'établir dans les contrées septentrionales. Dans les limites de la Laponie actuelle, on ne rencontre, en effet, presque aucun vestige de l'âge de pierre.

M. le docteur Schaaffhausen répond qu'il croit avoir rendu fidèlement les idées de Eschschricht et l'opinion exprimée plus tard par Retzius dans son travail sur les crânes brachycéphales des sépultures du Nord (1). En ce moment, il n'est pas à même de répondre à M. Virchow par de nouvelles citations ; mais il répète que jamais Eschschricht n'a combattu par des faits anatomiques l'opinion de Nilsson ; il importe peu du reste que ce dernier ait eu d'abord une opinion différente, et qu'il ait changé plus tard de manière de voir ; ce qu'il y a de certain, c'est que dans son ouvrage sur l'âge de pierre, il compare ces crânes à des crânes lapons actuels, qu'il figure. M. Schaaffhausen cite encore le témoignage de van du Hœven, qui dit textuellement dans son *Catalogus craniorum divers. gentium*, page 61 : « *Antiquities per Scandinaviam et Daniam dispersam fuisse gentem ab hodiernis incolis prorsus diversam sed Lapponibus similem, sis craniis, e tumulis desumtis, luculenter probatus.* » C. Vogt dit également que les crânes des sépultures du Danemark ressemblent à ceux des Lapons (2), et M. von Düben s'est exprimé dans le même sens devant le Congrès de Stockholm. M. Schaaffhausen persiste d'ailleurs à croire qu'il faut tenir grand compte de la physionomie des crânes, la région faciale offrant des caractères aussi importants que ceux de la boîte cérébrale, et qui, s'ils ne peuvent être exprimés au moyen de mesures, n'en sont pas moins perceptibles pour un œil exercé. Il déclare également qu'il n'a pas apporté dans ces études d'idées préconçues qu'il lui est fort égal que les hommes préhistoriques aient été des Lapons ou autre chose ; et que, si quelqu'un a apporté de la passion dans le débat, c'est M. Virchow ; en terminant, il souhaite à ce dernier, qui a si heureusement triomphé des Finnois, de venir également à bout de ces Lapons qu'il combat avec tant d'ardeur.

M. Virchow, après avoir répété que M. Schaaffhausen s'est trompé dans ses citations, dit que pour sa part il n'a jamais mérité le reproche que son collègue adresse aux anthropologistes, de ne pas tenir assez de compte des caractères de la région faciale ; car il a dit expressément, dans un de ses ouvrages, en parlant des Lapons : « La face est aplatie et relativement assez large, ce qui donne à la physionomie une expression boudeuse ou chagrine. La racine du nez est extraordinairement élargie..... Les orbites très-écartées l'une de l'autre sont presque rectangulaires... La mâchoire inférieure est très-aplatie dans sa portion moyenne, ce qui constitue un trait des plus caractéristiques ; le menton arrondi fait seul une saillie prononcée. La mâchoire supérieure paraît en conséquence légèrement prognathe, les dents incisives chevauchant sur les inférieures. Néanmoins la face est essentiellement *orthognathe*. » M. Virchow insiste sur ce dernier passage parce que l'on croit trop souvent que les Lapons, étant une race inférieure, ont la face prognathe. Il montre comme exemple un crâne lapon, et rappelle que M. Schaaffhausen a parlé lui-même *du bord alvéolaire recourbé en dedans*.

D'après M. Virchow, il est imprudent de conclure de la découverte d'un crâne isolé, quelque particulier qu'il soit, à l'existence de tout un peuple dans la même région. A ce propos, l'orateur cite une discussion qu'il a eue avec M. de Quatrefages au sujet d'un prétendu crâne aléoute trouvé sur la côte orientale du Groënland ; il profite de cette occasion pour critiquer la légèreté avec laquelle, suivant lui, les savants français se lancent dans la question mongoloïde. M. Schaaffhausen lui ayant souhaité de triompher aussi facilement des Finnois que des Lapons, M. Virchow répond que beaucoup de savants, et entre autres les anthropologistes français, s'inquiètent peu de savoir si leurs ancêtres appartenaient au peuple finnois ou au peuple lapon, parce que, suivant eux, ces deux peuples diffèrent à peine, et sont l'un et l'autre des mongoloïdes. Que cela soit vrai ou non, les Allemands, dit l'orateur, n'auraient pas à rougir de leur descendance des mongoloïdes et de leur parenté avec les Finnois, car il est difficile de voir un peuple plus éclairé, plus désireux de s'instruire que les habitants actuels de la Finlande. Depuis une vingtaine d'années, ils ont fait des progrès étonnants sous le rapport de la culture intellectuelle, et cet heureux résultat est dû principalement à ce qu'ils sont revenus à leur langue primitive. Ils la parlent avec une pureté qui a excité l'admiration de M. Virchow, et ils prononcent les diphthongues avec une netteté, une délicatesse d'intonation que l'orateur regrette de ne pas trouver parmi ses concitoyens. En terminant sa communication, M. Virchow présente au Congrès un nouvel appareil qui peut se mettre en poche et servir à mesurer les crânes, même sur les individus vivants, avec la plus grande facilité.

E. Oustalet.

---

(1) *Arch. f. Anthrop.*, IV, part. 4.
(2) *Vorles. üb. de Meusch.*, 1863, II, 323.

BULLETIN DES SOCIÉTÉS SAVANTES

Académie des sciences de Paris. — 9 août 1875.

M. P. Thenard : Note sur une matière bleue rencontrée dans une argile. — L'Académie nomme un premier et un second candidat pour la chaire des reptiles et poissons, au Muséum. — MM. Troost et P. Hautefeuille : Étude calorimétrique des siliciures de fer et de manganèse. — M. Joly : Recherches sur les niobates et les tantalates. — M. Prosper Henry : Découverte de la planète 148. — M. Clin : Préparation du camphre monobromé. — M. Bourneville : Action physiologique et thérapeutique du camphre monobromé. — M. C. Dareste : Observations sur une récente communication de M. Joly. — MM. Ch. Grad et P. Hagenmuller : Sur la température de la Méditerranée le long des côtes de l'Algérie.

M. *P. Thenard* met sous les yeux de l'Académie un échantillon d'une argile extraite des fouilles d'un moulin à eau, que l'on construit à Perrigny-sur-l'Ognon (Côte-d'Or), sur l'emplacement d'une forge qui a disparu depuis un siècle. Cette argile, d'abord d'un gris foncé, est devenue noire en se desséchant au soleil et s'est tachetée d'une matière bleue. Cette matière bleue, dit l'auteur, passe au vert-olive si on la chauffe à 120 degrés et s'altère déjà à 100 degrés; traitée à froid par une dissolution de potasse, elle devient jaune; l'ammoniaque, au contraire, est sans action sur elle; il en est de même de l'acide acétique; l'eau de chlore ne la modifie que lentement, mais l'acide chlorhydrique, même très-étendu, la dissout aussitôt en lui faisant perdre sa couleur qu'une addition subséquente d'ammoniaque ne régénère pas. Un commencement d'analyse a démontré que dans cette substance le protoxyde de fer domine; que le sesquioxyde de fer et la chaux font tout à fait défaut; que l'alumine, bien qu'en moindre proportion que le fer, figure pour un chiffre important; qu'il existe des quantités notables d'un acide organique azoté, et qu'il y a lieu de rechercher l'acide phosphorique, qui d'ailleurs ne serait qu'en faible proportion. Quant à la silice, il n'y en a qu'une très-faible quantité.

— L'*Académie* procède ensuite à la formation d'une liste de deux candidats pour la chaire de zoologie (reptiles et poissons), laissée vacante, au Muséum, par le décès de M. Duméril. Au premier tour de scrutin, M. L. Vaillant a été nommé premier candidat et a obtenu 32 suffrages sur 37 votants. Au second tour de scrutin, M. Sauvage a été nommé second candidat et a obtenu 25 suffrages sur 36 votants. M. C. Dareste qui s'était aussi mis sur les rangs n'a obtenu au premier tour de scrutin que 4 suffrages et au second que 8.

— MM. *Troost* et *P. Hautefeuille* présentent le résultat de leur étude calorimétrique des siliciures de fer et de manganèse. Ils ont appliqué à l'étude de ces corps la même méthode qu'ils avaient appliquée à l'étude des fontes et des carbures de manganèse. On sait que leurs premières expériences les avaient conduits à ranger les fontes dans la catégorie des corps explosifs ou dans celles des dissolutions et à considérer au contraire les carbures de manganèse comme des combinaisons définies, comparables aux composés les plus stables de la chimie minérale. Leurs expériences sur les siliciures ont conduit à des résultats analogues et ont établi : 1° que le silicium s'unit au manganèse en dégageant beaucoup de chaleur et que, par suite, il forme avec ce métal des combinaisons très-stables; 2° que le rapprochement des deux métalloïdes, carbone et silicium, se poursuit quand on considère leur action sur le fer; ils se conduisent tous deux comme s'ils se dissolvaient dans ce métal.

— M. *A. Joly* a fait des recherches sur les niobates et les tantalates. On sait que d'après les recherches de M. de Marignac sur les fluoniobates et les fluotantalates alcalins, les acides niobique et tantalique ont dû être rapprochés de l'acide vanadique lequel, grâce à ses propriétés chimiques, a été placé définitivement à côté des acides phosphorique et arsénique. Ces trois derniers acides peuvent être tribasiques, et leurs sels associés au fluor ou au chlore donnent des apatites ou des wagnérites. Les expériences de M. Joly l'ont conduit à une conclusion absolument contraire à celle que les travaux de M. de Marignac avaient semblé établir. M. Joly a pu obtenir des niobates de magnésie, des niobates de chaux, des niobates de manganèse et de fer et un niobate d'yttria. Les propriétés de ces corps, étudiées avec soin, ainsi que celles de plusieurs tantalates, ont montré que les acides niobique et tantalique peuvent être tétrabasiques ; mais l'auteur n'a pu réussir à faire des composés analogues aux apatites et aux wagnérites, si faciles à reproduire avec les acides phosphorique, arsénique et vanadique. Ces caractères ne semblent pas dès lors permettre de placer les acides niobique et tantalique à côté des acides de la série phosphorique.

— M, *Prosper Henry* a fait à l'observatoire de Paris la découverte de la planète 148. Cette planète est de onzième grandeur. La communication de cette découverte est suivie des observations de cette même planète, faites à l'équatorial, par MM. Henry.

— M. *Clin* envoie une note sur la préparation du camphre monobromé cristallisé. On sait que ce corps se préparait dans les laboratoires de deux façons : ou bien on distillait le bromure de camphre $C^{10}H^{16}OBr^2$, et en recueillant ce qui passait au-dessus de 264 degrés, le purifiant et le faisant cristalliser, on obtenait le camphre monobromé découvert et décrit par Swartz; ou bien on chauffait, dans des tubes scellés et à 100 degrés, un mélange de 1 molécule de camphre et de 2 molécules de brome, et, après purification et cristallisation, on obtenait des cristaux, mais très-petits. M. Clin a obtenu de très-beaux échantillons de ce produit en employant pour sa préparation l'action directe à 100 degrés du brome sur le camphre, sans pression et sans distillation.

— M. *Bourneville* a fait quelques recherches sur l'action physiologique et thérapeutique du camphre monobromé. Ses expériences ont porté sur des grenouilles, des cobayes, des lapins et des chats auxquels le camphre monobromé a été administré en injections sous-cutanées. Les résultats obtenus peuvent se résumer ainsi : 1° Le camphre monobromé diminue le nombre des battements du cœur et détermine une contraction des vaisseaux auriculaires; 2° il diminue le nombre des inspirations sans en troubler le rhythme; 3° il abaisse la température d'une façon régulière : dans les cas mortels, cet abaissement augmente jusqu'à la fin. C'est ainsi que chez les chats on voit tomber la température de 39 à 22 degrés. Chez les animaux qui guérissent, à l'abaissement de la température succède une élévation qui atteint le chiffre normal, mais en un temps plus long que celui durant lequel l'abaissement s'est opéré; 4° le camphre monobromé possède des propriétés sédatives qui paraissent incontestables; 5° il ne produit aucun trouble sur les fonctions digestives, mais son usage prolongé détermine, au moins chez les chats et les cochons d'Inde, un amaigrissement assez rapide.

Quant aux effets thérapeutiques du camphre monobromé, ils sont dignes de remarque. Parmi les maladies dans lesquelles il a été expérimenté et où il a donné des résultats satisfaisants, l'auteur mentionne surtout les affections cardiaques d'origine nerveuse, l'asthme, les cystites du col sans catarrhe, et enfin les cas d'épilepsie, dans lesquels existent simultanément des accès et des vertiges.

— M. *C. Dareste* présente quelques observations sur une récente communication de M. Joly. Cette communication était relative à la découverte d'un nouveau genre de monstruosité double, le genre *iléudelphe*, genre prévu par Is. Geoffroy Saint-Hilaire. M. Dareste rappelle à l'Académie qu'il lui a donné lecture, il y a vingt-trois ans, d'un mémoire dans lequel il faisait connaître un monstre absolument comparable à celui décrit par M. Joly. Il rappelle en outre qu'il a fait connaître un autre cas d'iléadelphie, observé sur un agneau et beaucoup plus remarquable que le précédent. Dans ce monstre, dit M. Dareste, la colonne vertébrale était simple dans toute sa longueur; mais la duplicité résultait de l'existence de quatre membres postérieurs, égaux entre eux, et par conséquent ayant un même degré de développement, attachés à un bassin unique, mais manifestement formés par les éléments des deux bassins.

— MM. *Ch. Grad* et *P. Hagenmuller* présentent le résultat de leurs observations sur la température de la mer Méditerranée le long des côtes de l'Algérie. Ces observations ont été faites pendant l'année 1872 aux trois stations d'Alger, de la Calle et d'Oran. Il en résulte que la température moyenne de la Méditerranée à la surface a été, pendant l'année, de 18°,8 à la Calle, de 18°,3 à Alger, de 19°,5 à Oran, avec des oscillations extrêmes de 11 à 18 degrés centigrades entre le maximum de l'été et le minimum de l'hiver.

BIBLIOGRAPHIE SCIENTIFIQUE

La vie du langage; par M. WHITNEY (*Bibliothèque scientifique internationale*).

Les lecteurs de la *Revue scientifique* connaissent déjà M. Whitney et son livre, par le chapitre tiré de celui-ci qu'ils ont lu dans le numéro 4 de la présente série.

Déjà nous leur avions parlé de ce linguiste éminent dans d'autres articles; ils savent donc qu'ils ont affaire à un homme sérieux, très-profondément versé dans la science linguistique, très-sincère, et pourvu d'un sens très-droit. Il a même d'autant plus de mérite à cela qu'on sent en lui un fervent protestant dont les préjugés théologiques ne peuvent souvent s'accorder avec les faits positifs de l'histoire naturelle du langage; néanmoins, il prend le dessus sur ces préjugés, les relègue au dernier plan, et demeure fidèle presque tout le long de son livre à la vraie méthode scientifique.

C'est du reste un abrégé, un *compendium* de linguistique générale, ou mieux de glottique, que la *Vie du langage*, c'est en quelque sorte une nouvelle édition résumée et appropriée à une rapide lecture d'un ouvrage de premier ordre du même auteur : *Language and its study* (New-York et Londres 1867), que nous avions appris depuis longtemps à estimer et à consulter. Il n'en est pas moins utile pour cela, et les gens du monde, les savants qui n'ont pas fait de la linguistique une étude spéciale s'en serviront avec fruit, car ils pourront le considérer comme une excellente introduction à la science du langage, introduction beaucoup plus sûre que les célèbres *leçons* de M. Max Müller beaucoup trop conçues d'après la méthode *à priori* et remplies d'aperçus que nous ne qualifierons que de contestables pour demeurer sur le terrain de l'atténuation.

Nous dirons cependant que M. Whitney se trompe de bonne foi lorsqu'il dit que la linguistique n'appartient ni aux sciences naturelles ni à la psychologie qui s'efforcent de s'en emparer; nous refusons absolument d'admettre la psychologie en cette affaire; et nous regardons la linguistique, surtout telle qu'elle est exposée ici, comme appartenant presque entièrement au domaine des sciences naturelles ou mieux biologiques. Il y a bien une partie historique, mais, selon l'excellente division de Schleicher, ce n'est plus précisément de la science du langage, mais de la philologie. Celle-ci n'est point à dédaigner, car elle sert aussi de transition entre la biologie et l'histoire ou sociologie.

Il n'entre pas dans notre pensée de faire ici un cours abrégé de linguistique; la place et le temps nous feraient défaut; il faut du reste qu'on lise le livre qui nous occupe, livre déjà si résumé qu'en le réduisant aux dimensions d'un article on ne ferait rien qui vaille, prenons plutôt quelques points et examinons-les soigneusement.

Dès le début du livre, l'esprit si net et si précis de M. Whitney se manifeste dans la définition qu'il donne du langage : « C'est, dit-il, le corps entier des signes perceptibles pour l'oreille, par lesquels on exprime ordinairement la pensée dans la société humaine, et auxquels se rattachent d'une façon secondaire les gestes et l'écriture. »

En second lieu, il constate que le langage est naturel à l'homme, et est son privilége *exclusif*; ici, nous nous écarterons du point de vue de l'auteur; tel qu'il le définit, le langage n'est point le privilége exclusif de l'homme, car beaucoup d'animaux profèrent des sons, c'est-à-dire des signes perceptibles pour l'oreille, au moyen desquels ils expriment leurs pensées. Ce qui constitue le privilége de l'homme, c'est le langage *articulé*.

Mais où nous applaudissons de toutes nos forces, c'est quand M. Whitney développe à nos yeux le champ d'activité de la linguistique. « A peine née, dit-il (p. 4), la science du langage est déjà un des grands points de départ de la critique moderne. Elle est aussi large dans sa base, aussi définie dans son objet, aussi sévère dans sa méthode, aussi féconde dans ses résultats que n'importe quelle autre science. Elle est solidement fondée sur l'étude analytique de plusieurs des langues les plus importantes et les plus répandues, ainsi que sur la classification exacte de presque tous les autres. Elle a fourni à l'histoire de l'humanité et des différentes races des vérités précises et des aperçus profonds qu'on n'eût jamais obtenus sans son secours. Elle prépare la refonte des vieilles méthodes appliquées à l'enseignement de langues dès longtemps familières, telles que le grec et le latin. Elle travaille à nous en enseigner d'autres dont, il y a quelques années, nous savions à peine le nom. Enfin, elle a aplani les obstacles entre des branches de connaissances qui étaient séparées pouvant être réunies, et elle a pénétré, pour ainsi dire, à l'intérieur de l'édifice de la pensée moderne, de façon à devenir indispensable au penseur et à l'écrivain. Il n'est personne, en effet, qui n'ait besoin de posséder, sinon cette science entière, du moins une idée claire de ses premiers rudiments. »

Tout en étant naturel à l'homme, le langage cependant ne se transmet point par le sang, c'est-à-dire qu'un enfant, parce qu'il naîtra de parents parlant une langue quelconque, ne parlera point forcément cette langue, si on ne la lui apprend pas; bien plus, si on ne lui en apprend aucune, il ne parlera pas du tout, ou bien il ne sortira de sa bouche que des murmures ou des vagissements informes; la plupart des sourd-muets ne sont muets que parce qu'ils sont sourds; et M. Whitney, sans s'en douter, car il n'est pas transformiste, en insistant sur ce fait, nous montre comment devait être un de nos ancêtres avant qu'il eût été amené à composer avec ses cris et ses gémissements, avec ses onomatopées comme on dit, un langage articulé rudimentaire et primitif.

Tout en admettant que le langage n'est que l'expression de la pensée, M. Whitney, dans sa grande probité scientifique, ne dissimule point que l'esprit chez l'enfant se forme en même temps et qu'il est difficile de préciser lequel des deux précède l'autre; on serait même porté à croire que pour lui souvent le mot crée en quelque sorte l'idée. Il y a dans cet ordre d'observations une mine riche en déduction sur la physiologie de la pensée; mais ce n'est pas ici le moment d'entrer dans de longs développements à ce sujet; il nous suffit de constater, comme nous l'avons fait en commençant, que les théories philosophiques chères à M. Whitney n'influent pas sur lui au point de l'empêcher de constater des faits qui cadrent mal avec celles-ci. C'est à l'éducation et au travail que l'enfant d'abord, l'homme ensuite, doit l'ensemble de son langage; c'est ainsi qu'il acquiert et s'assimile les conquêtes et les perfectionnements des ancêtres.

« D'autres ont observé, classifié, abstrait, et il ne fait que recueillir le fruit de leurs travaux. C'est exactement comme quand il apprend les mathématiques ; il va de l'avant et il s'approprie jour par jour ce que les autres ont trouvé pour lui, au moyen des mots, des signes et des symboles ; il devient ainsi, en peu d'années, maître de tout ce qu'il a fallu des générations et des générations pour produire, de ce que son intelligence laissée à elle-même n'eût jamais découvert en totalité ni peut-être même en partie, bien qu'il puisse être capable d'accroître cette somme de connaissances et de la léguer augmentée à ses descendants ; de même qu'après avoir appris à parler, l'homme peut, ainsi que nous le montrerons plus tard, enrichir, d'une manière ou d'une autre la langue qui lui a été transmise. »

Mais, selon M. Whitney, ces acquisitions de mots se font d'une façon toute arbitraire ; l'enfant accepte le mot tout fait, tel qu'il est, sans rechercher la plupart du temps pourquoi il a telle signification et non telle autre, pourquoi il désigne cet objet ou une action différente. « Le mot existe, θέσει — par attribution — et non point φύσει — par nature.... » La puissance de l'éducation, de la tradition, est telle que souvent la langue échue en partage à un individu est en complète disproportion, soit en plus, soit en moins, avec ses facultés ; mais la langue la plus barbare, la plus incomplète, est encore infiniment supérieure et bien plus compliquée que celle que pourrait se former à lui-même l'homme le mieux doué, le plus intelligent livré à lui-même et dénué du secours de la tradition. Au contraire, un organisme glottique peu développé, ingrat même, peut, comme le chinois monosyllabique par exemple, devenir, grâce au temps, à une série traditionnelle d'efforts intelligents, l'instrument d'une nation singulièrement civilisée. Par contre, nous voyons certaines familles de langues, telles que la famille *bantou* ou cafre, relativement perfectionnées, ne servir qu'à des races ou à des peuples qui n'ont pas dépassé un certain degré dans l'échelle sociale de l'humanité.

Sans la tradition, les langues disparaîtraient. Mais, cela étant donné, comment arrive-t-il qu'elles se modifient au point que le même idiome ne se ressemble plus qu'à peine à quelques siècles de différence, si bien qu'il n'y a que des savants aidés des monuments de transition qui puissent constater que c'est bien le même idiome, et que si les hommes d'autrefois renaissaient ils ne se comprendraient pas plus avec les hommes d'aujourd'hui que si c'étaient deux peuples étrangers l'un à l'autre ? C'est que tout en se transmettant de générations en générations, le langage subit d'insensibles modifications qui, avec le temps, deviennent considérables ; ces modifications sont éminemment naturelles ; car la société se transforme sans cesse, les idées et les mots changent ; dans les phénomènes du langage comme dans les phénomènes sociologiques, comme dans la constitution spécifique des êtres vivants, mais là avec plus de lenteur, comme dans toute la nature enfin, il se produit un travail incessant, une métamorphose, une évolution continue. Cela abstraction faite des grandes révolutions politiques qui conduisent parfois un peuple entier à adopter la langue d'un autre peuple.

Une des principales causes d'altération est une tendance, une disposition à se défaire de toutes les parties des mots qui peuvent être élaguées sans que cela nuise au sens, et à disposer ce qui reste de la façon la plus commode à celui qui parle ; les effets de cette tendance sont de deux sortes : l'économie véritable et la prodigalité paresseuse. M. Whitney en donne de frappants exemples ; nous renvoyons donc le lecteur à son livre ; il y trouvera ensuite d'intéressants détails phonologiques qu'il serait trop long d'exposer ici, même en les résumant le plus possible.

Le chapitre cinquième qui traite du changement de sens des mots ; bien qu'appartenant à la science du langage en général, ce point touche à des questions philosophiques excessivement complexes et qui se rattacheraient plutôt à la philologie et à l'histoire littéraire qu'à la glottique proprement dite.

Un mode de transformation du langage est également la disparition des mots. Il y a deux causes à ce phénomène : c'est d'abord la perte de l'idée qu'il représente, l'abandon de la chose qui est ainsi exprimée ; ainsi les anciennes religions, tout en laissant dans le langage populaire quelques traces, ont entraîné dans leur ruine tout un vocabulaire considérable ; à peine si l'astrologie, autrefois de si grande importance dans la vie des peuples, a-t-elle encore dans notre langage quelques représentants comme *influence, désastre, jovial*. Bien des industries éteintes avaient fourni des expressions qui n'ont plus cours à présent. Une autre cause est la mode qui fait préférer un synonyme à un mot usité précédemment, peu à peu le mot en faveur naguère perd du terrain, s'oublie et finit par disparaître presque complétement, puisque les lexicographes seuls le connaissent dans notre société civilisée ; dans les autres sociétés, il meurt tout à fait ; les raisons déterminantes de ces choix sont parfois le caprice, le hasard, parfois aussi l'introduction d'un mot étranger qu'on trouve plus élégant, qui satisfait la vanité de celui qui l'emploie. L'histoire de notre mot *renard* en est une preuve : l'ancien *goupil* (forme de *vulpes*) a complétement disparu de notre langue et a été supplantée par un mot allemand, *reinhart*, qui lui-même ne signifiait pas d'abord précisément un renard, mais était un nom propre donné à cet animal ; nous avons de même appelé les pies *margots* et les perroquets *jacquots*.

De cette façon les langues abondent en vieux mots hors d'usage et à divers degrés de vétusté : les uns sont peu usités, ou ne subsistent plus que dans des locutions particulières, dans des phrases toutes faites ; d'autres ne se retrouvent plus que dans le style poétique ou affecté ; d'autres encore ne se rencontrent que dans les dialectes ou patois, d'autres enfin ont totalement disparus.

La grammaire subit les mêmes atteintes. Que de formes oubliées, perdues, inusitées ; M. Whitney cite d'une façon très-intéressante le cas de l'anglais qui est en effet remarquable par son mépris pour les anciennes règles et formes grammaticales, et qui les a simplifiées presque jusqu'à leur plus simple expression. Pour nous, nous nous contenterons de faire remarquer la perte de la déclinaison dans les langues néo-latines et notamment en français ; nos substantifs n'ont plus de cas, plus de flexions, et l'on remplace ces dernières formes par des articles et des prépositions ; cependant, au moyen âge, nous avions conservé un reste de déclinaison, le vieux français présente un cas sujet et un cas régime, mais cela s'est encore évanoui, et nous sommes réduits à la distinction élémentaire entre le singulier et le pluriel, distinction qui souvent n'existe, au moins dans la bouche, qu'à l'aide de l'article.

Le développement du langage a lieu aussi par suite de la production de nouveaux mots et de nouvelles formes ; on ne se dissimule pas l'importance de ce procédé de changement linguistique ; en premier lieu, le résultat est souvent obtenu sans additions extérieures ; les mots acquièrent un sens nouveau, ou bien celui-ci se définit et se précise, ou encore sa signification devient multiple. Quant aux additions externes, elles ont plusieurs sources : la première qui se fait remarquer, c'est l'emprunt fait aux autres langues ; point n'est besoin de détails sur ce sujet, qui est compréhensible pour tout le monde ; des mots nouveaux sont aussi inventés à l'aide des onomatopées : ce fait se produit dans un grand nombre de langues, mais n'a point cependant une importance d'ordre supérieur. En revanche, le procédé qui consiste dans la composition ou juxtaposition de plusieurs éléments antérieurement différents pour former un nouveau vocable est tout à fait prépondérant parmi les nouvelles acquisitions des langues ; cela a lieu surtout en allemand et en anglais, où le génie spécial de la famille germanique s'y montre éminemment propre. Le français, au contraire, n'use que très-parcimonieusement de ce mode, et les mots comme *brise-lame*, *tord-boyaux*, etc., y sont assez rares. Cependant, c'est de la sorte que notre temps verbal futur a été formé : ainsi *donnerai*, *aimerai*, qui sont composés de l'infinitif du verbe et de l'indicatif présent de l'auxiliaire *avoir* : *j'ai à aimer*, *j'ai à donner*.

En outre, un même mot prend des formes différentes selon ses diverses applications. M. Whitney en donne plusieurs exemples très-curieux et qu'on lira avec intérêt.

Un autre mode d'accroissement est spécial aux langues à flexions : c'est celui qui consiste à créer un verbe avec toutes ses formes, un substantif, un adjectif, un adverbe, au moyen d'un seul mot; appliquons au français l'exemple pris par M. Whitney dans *télégraphe*, on a eu ainsi *télégraphier*, *télégraphique*, *télégraphie*, etc. D'un adjectif on peut aussi faire un substantif, comme le *bon*, le *beau*, le *vrai*, le *juste*; on peut aussi faire un verbe comme *durcir*.

Dans le huitième chapitre, l'auteur examine comment se créent les mots et donne à ce sujet si intéressant de curieuses explications, mais comme ses vues lui sont absolument personnelles et ne sont point partagées par tous les linguistes, nous les laisserons de côté, car nous ne pouvons ici entamer là-dessus la polémique et la critique qu'elles nécessiteraient.

La formation des dialectes l'occupe naturellement, et là il est d'une grande lucidité. Une langue se divise en dialectes par suite des nuances que lui imposent les diverses classes de la société et la situation géographique des groupes qui parlent cette langue ; puis ces nuances s'accentuant avec le temps et la transmission traditionnelle, les dialectes naissent, et, si les conditions historiques s'y prêtent, deviennent de véritables idiomes ou de simples patois si celles-là ne les favorisent point. Citons pour plus de clarté ce que dit M. Whitney des langues romanes :

« Quand les armes, la civilisation et la politique de Rome eurent fait prévaloir sa langue dans l'Italie tout entière et dans de vastes provinces en dehors de l'Italie, celle-ci était déjà divisée par l'effet de l'éducation et par de profondes distinctions sociales en variétés correspondant aux classes de la société. Toutes ces variétés furent transmises à la fois, et le dialecte savant, A, comme nous le désignerons encore, a été conservé jusqu'à nos jours dans toute sa pureté par les moyens appropriés, mais il a été restreint à une classe de moins en moins nombreuse. Les variétés inférieures, B et C, etc., sont celles qui ont servi de points de départ à l'histoire d'un nouveau langage. Les altérations du latin furent d'autant plus nombreuses et rapides que cette langue fut transmise dans un état déjà inférieur à des peuples qui la tenaient de seconde main et qui la subissaient par force. Et comme le lien social était faible, les communications difficiles, le bas-latin fut différencié par les séparations géographiques en une foule de formes locales qu'il faudrait plusieurs alphabets pour représenter exactement. Des circonstances historiques qu'il serait aisé mais inutile d'indiquer, conduisirent à avoir plusieurs langues, occupant chacune une grande région — C, F, I, P, S, W + qui toutes sont des langues savantes servant aux usages littéraires, pendant qu'une foule de patois se partagent le peuple des provinces et des campagnes. »

De cette formation, il donne quelques exemples qui l'éclaircissement notablement :

» Le latin avait un mot, *frater*. En français, il a subi des abréviations phonéniques mais est encore très-reconnaissable : *frère*; mais, en italien et en espagnol, il a éprouvé de plus grandes mutilations : un *fray* espagnol, un *frate* ou même un *fra* italien, c'est un religieux de quelque communauté ecclésiastique, un *friar*, comme on dit en anglais, à peu près dans la même forme. Cette application particulière force chaque langue à chercher un autre mot pour désigner la consanguinité au premier degré. L'italien prend le diminutif *fratello*; l'espagnol se sert du mot latin *germanus* (proche parent) et en fait *hermano*. Autre exemple : le latin disait pour femme, *mulier*, et *femina* dans le sens de *femelle*, dans le sens générique, soit qu'il s'agit de l'espèce humaine ou des autres espèces animales. L'espagnol a retenu le premier de ces mots sous la forme de *muger* et lui a laissé le même sens ; l'italien l'a fait également, avec une variante, *moglie*, mais cette fois en restreignant sa signification au sens d'*épouse* ; le français a tout à fait perdu ce mot, et celui de *femina*, qui en latin se rapportait exclusivement au sexe, a pris dans *femme* une acception plus étendue, y compris celle d'épouse, tandis que, dans son sens originel, il est devenu *femelle*. Pour signifier femme (*mulier*) l'italien a fait un nouveau mot, *donna*, qui vient du latin *domina* (maîtresse), et l'espagnol s'en sert aussi, plus du mot *señora*, féminin de création récente de *señor*, autre mot latin qui signifiait, *le plus âgé*. Voilà des exemples de la façon dont sont réunis et travaillés les matériaux d'une langue, tant sous le rapport du sens que sous celui de la forme, par les peuples qui se font leurs propres langues avec ces mêmes matériaux. Si nous jetons un regard sur la classe des verbes, nous trouverons que les choses s'y sont passées de même. Le verbe *être*, par exemple, est fait d'un débris du verbe latin *esse* et de lambeaux du verbe *stare* que tous les dialectes ont diversement cousus ensemble : ainsi, les mots français, *étais*, *été*, sont des formes très-corrompues de *stabam*, *status* (nous en avons parlé page 46) et le verbe *aller* est composé, on ne sait trop comment, de *ire*, de *vadere* et peut-être de *adnare* (arriver par eau) et de *aditare* (procurer l'arrivée de quelqu'un), ou quelque chose de la sorte. »

Avec une force de raisonnement irrésistible, force puisée dans une science positive, dans une connaissance sérieuse des lois de la glottique, M. Whitney part de là pour établir ce grand principe, que la présence de mots véritablement correspondants, si éloignés que puissent être leurs rapports, dans différentes langues, prouve que ces mots ont une racine commune, puisque la parenté dans les mots comme chez les hommes indique qu'ils ont eu un ancêtre commun. Et ce qui est vrai des mots d'une langue est vrai des langues elles-mêmes : les langues dans lesquelles il se trouve en majorité des mots de même origine sont les filles d'une même mère.

Puis appliquant ce principe à la comparaison des différentes familles indo-européennes il arrive au chapitre dixième, à en étudier et à en établir l'unité. Nous laissons le soin au lecteur de lire ce beau passage du livre de M. Whitney qui résume là l'ensemble d'études longues, ardues, multipliées de nombreux savants, beaucoup mieux que ne le fit jamais M. Max Müller dans ses trop célèbres *Leçons sur le langage*.

Nous regrettons vivement que M. Whitney n'ait affecté qu'un seul chapitre aux langues autres que celles de la famille indo-européenne. Étranglé par les limites qu'il s'était imposé, il n'a pas donné à ces recherches la classification naturelle en langues à flexions, langues agglutinantes et langues monosyllabiques; il a plutôt suivi une espèce d'ordre géographique qui ne laisse pas d'être un peu confus. Quoi qu'il en soit, ce chapitre fourmille de renseignements précis, positifs, profonds, qui font regretter le peu de développement de cette partie de l'ouvrage. Mais nous savons bon gré à M. Whitney d'avoir déclaré par exemple que le nom de *Touranien* donné à un système de langues du nord de l'Asie et de l'Europe « est peu propre à figurer dans un exposé scientifique ». Il lui préfère celui de *scythique* qui, pour notre part, ne nous satisfait point, l'ethnographie des peuples scythes étant beaucoup trop vague ; nous aimons mieux l'expression plus nette d'*ouralo-altaïque* qui, par son caractère géographique, est bien plus intelligible que tout autre. A ce propos, M. Whitney dit accueillir avec incrédulité le fait de l'existence d'une prétendue langue ougro-finnoise, l'accadien, en Mésopotamie, antérieure au chaldéen et à l'assyrien sémitiques. M. Whitney a bien fait ; cette théorie plus tapageuse que sérieuse n'est fondée que sur des rapprochements de mots, ce qui est toujours arbitraire, et non sur des relations grammaticales et morphologiques, ce qui serait scientifique ; encore ces rapprochements de mots sont-ils faits soit avec une légèreté déplorable, soit en torturant les sens et les syllabes d'une façon vraiment cruelle. Jusqu'à ce qu'un linguiste sérieux ait déterminé la nature de la langue qu'on croit lire dans les plus anciennes inscriptions de la Chaldée, tout ce que l'on pourra raisonnablement admettre c'est que cette langue n'était peut-être pas sémitique, mais qu'à coup sûr rien ne prouve non plus qu'elle ait appartenu à la famille ouralo-altaïque.

A la suite de son examen des divers groupes linguistiques des races humaines, M. Whitney est amené naturellement à traiter les rapports des langues avec l'ethnologie. Il ne craint pas de reconnaître d'abord que la science du langage ne prouvera jamais l'unité de l'espèce humaine ; les éléments constitutifs des diverses familles linguistiques lui paraissent irréductibles, mais il ajoute bien vite que le polygénisme n'en sera pas non plus démontré pour cela ; nous avouons ne pas trop nous expliquer cette sorte de restriction, autrement que par un scrupule théologique que nous écartons respectueusement. Plus loin, M. Whitney reconnaît que les langues ne coïncident pas toujours avec les races ; cela s'accorde parfaitement avec la théorie signalée plus haut de la transmission traditionnelle mais non nécessaire du langage ; cependant il ne se dissimule pas les services que peuvent se rendre mutuellement le linguiste et le physiologiste.

Enfin, M. Whitney termine son livre par un chapitre sur l'origine et la nature du langage. Les lecteurs de la *Revue scientifique* connaissent sa manière de voir à ce sujet et qui n'est pas tout à fait la nôtre, ils peuvent se reporter au numéro du 3 avril 1875, où nous avons traité spécialement cette question. Aussi, finirons-nous ici une analyse déjà trop longue d'un livre dont nous recommandons vivement la lecture. Nous avons pu faire quelques critiques sur plusieurs points, nous avons voulu nous réserver sur d'autres, mais cela n'empêche pas que la *Vie du langage* ne soit une œuvre didactique de premier ordre, sérieusement conçue, honnêtement et loyalement rédigée, ce que nous ne dirions pas des ouvrages retentissants d'un linguiste anglo-germain très-connu. Tel qui lit ces derniers peut, s'il n'y prend garde, se remplir la cervelle d'idées fausses ; ceux qui apprendront ce que c'est que la linguistique dans le livre de M. Whitney seront sûrs de n'être point trompés et de s'assimiler des connaissances de bon aloi.

Girard de Rialle.

Bulletin des publications nouvelles

The clinical thermoscope, and uniformity of means of observations, two notes, by Edward Seguin, M. D. (New-York, G. P. Putnam's sons, Fourth Ave and Twenty-Third St.).

Les champignons, par M. Cooke, sous la direction de M. Berkeley. 1 vol. in-8° de la *Bibliothèque scientifique internationale,* avec 110 figures dans le texte (Paris, Germer Baillière). Cartonné à l'anglaise : 6 fr.

Histoire du panthéisme populaire au moyen âge et au XVI° siècle (suivie de pièces inédites concernant les frères du Libre Esprit, maître Eckhart, les libertins spirituels, etc.), par M. Auguste Jundt, professeur au gymnase protestant de Strasbourg. 1 vol. in-8° (Paris, Sandoz et Fischbacher, éditeurs).

Notice sur une cause probable du changement de direction survenu dans le cours de l'Amou-Daria par lequel son embouchure a été transportée de la Caspienne à l'Oural, par M. le major du génie Herbert Wood (Genève, imprimerie Ramboz et Schuchardt).

Louise Lateau, par le docteur Bourneville. 1 vol. in-8° (Paris, A. Delahaye, éditeur).

Essai sur la langue poul, grammaire et vocabulaire, par le général Faidherbe, président de la Société d'anthropologie de Paris (Maisonneuve et C°, éditeurs).

Études sur les géphyriens inermes des mers de la Scandinavie, du Spitzberg et du Groënland, par Hjalmar Théel (Stockholm, P. A. Norstedt et Söner, Kongl. Boktryckare).

Histoire abrégée des sondes et des bougies uréthro-vésicales, avec une planche lithographiée, par M. J.-J. Cazenave (Paris, J.-B. Baillière et fils).

Il Dicrotismo ed il Policrotismo, studi sperimentali del Dott. Car. Edoardo Maragliano, privato insegnante di patologia generale, con 80 incisioni intercalate nel testo. 1 vol. in-8° (Bologna, tipi Fava e Garagnani).

CHRONIQUE SCIENTIFIQUE

On sait que M. J. Vinot fait un cours public gratuit d'astronomie populaire dans le grand amphithéâtre de l'Ecole de médecine.

Dimanche prochain, 5 septembre, à dix heures du matin, M. Vinot montrera à ses auditeurs les spécimens des photographies du passage de Vénus sur le soleil, obligeamment données par MM. les académiciens Janssen et Mouchez.

— Le prétendu miracle du Bois-d'Haine vient d'avoir, au dire de la *Presse belge,* un dénoûment bien comique. Il paraît que Louise Lateau, la stigmatisée dont l'histoire a fait tant de bruit dans la presse française et allemande, ne saigne plus, et que ses stigmates ont disparu depuis qu'une de ses sœurs s'est installée au logis et a résolûment fermé la porte au nez de tous les visiteurs ; le journal ajoute que cette fille, qui, d'après les feuilles catholiques, ne prenait aucune espèce d'aliments, jouit maintenant d'un appétit formidable.

Comment en un plomb vil l'or pur s'est-il changé ? L'Académie de Belgique, qui a longtemps étudié le miracle, ne tardera pas à nous le dire.

— M. Price, ingénieur et surveillant des *Liverpool Underwriters' Registry,* vient d'imaginer sur le *Silksworth* une disposition qui permet d'épargner le coût de l'arrimage du charbon dans une cale du navire. La coque de ce bâtiment est divisée en quatre cales, dont deux sont situées sur l'avant de la machine et deux autres sur l'arrière. Les panneaux de charge, au lieu d'être verticaux et droits, comme ils le sont habituellement, sont inclinés vers le centre du navire. Les panneaux ordinaires occasionnent la formation d'une pyramide, lorsqu'on y déverse les wagons chargés de charbon, pyramide qui doit être abaissée à la main par les arrimeurs, afin de pouvoir remplir les côtés de la cale.

Dans les panneaux du *Silksworth,* on a disposé sous l'angle formé par leur inclinaison des feuilles de tôle qui forment un plan incliné sur lequel le charbon vient glisser naturellement lorsqu'il atteint la hauteur de ces feuilles ; les compartiments s'arriment ainsi automatiquement à mesure que le charbon vidé atteint la hauteur de ce plan incliné. L'économie réalisée par cette installation est estimée à 250 francs par chargement. De plus, les charbons friables, étant beaucoup moins manipulés que par le mode habituel de chargement, produisent moins de menu.

Lorsqu'on ne veut pas se servir de ces plans inclinés, on embraque la chaîne à l'extrémité de laquelle ils sont suspendus et ils se logent alors sous le pont. Deux arrimeurs suffisent pour régulariser le chargement et dresser la partie supérieure de ces panneaux, afin qu'on puisse mettre leur couvercle en place. Cette disposition est également applicable aux navires qui font le commerce des grains en grenier.

— Une locomotive monstre a été mise récemment en activité sur le chemin de fer de Pensylvanie. Elle est assez puissante pour remorquer de Harrisbourg à Colombia cent voitures à marchandises chargées ; ce trajet est déjà difficile avec quarante voitures pour une locomotive ordinaire. On espère réaliser une grande économie avec ce nouveau système.

Le propriétaire-gérant : Germer Baillière.

PARIS. — IMPRIMERIE DE F MARTINET, RUE MIGNON, 2.

LA
REVUE SCIENTIFIQUE

DE LA FRANCE ET DE L'ÉTRANGER

REVUE DES COURS SCIENTIFIQUES (2ᴱ SÉRIE)

DIRECTION : MM. EUG. YUNG ET ÉM. ALGLAVE

2ᵉ SÉRIE — 5ᵉ ANNÉE   NUMÉRO 11   11 SEPTEMBRE 1875

ASSOCIATION BRITANNIQUE

POUR L'AVANCEMENT DES SCIENCES

CONGRÈS DE BRISTOL

SÉANCES GÉNÉRALES

SIR J. HAWKSHAW

de la Société royale de Londres

Discours inaugural. — Les travaux publics dans l'antiquité et aujourd'hui

Le choix d'un sujet de discours n'est pas sans difficultés pour ceux que l'Association britannique appelle à l'honneur de la présider. Chaque année, les présidents de sections exposent les progrès nouveaux qui ont été faits de leur côté, et des considérations sur la science en général seraient moins utiles ici qu'elle ne pouvaient l'être autrefois.

Mes prédécesseurs ont déjà traité bien des sujets; ils ont parlé du monde organique et du monde inorganique, des choses de l'esprit et quelquefois même de celles qui ne sont pas à la portée de l'esprit, de sorte qu'il me semble que quelque sujet plus humble ne sera peut-être pas déplacé.

Je me propose donc de parler cette fois de la profession à laquelle j'ai consacré ma vie entière. Peut-être ce sujet ne paraîtra-t-il à d'autres ni si important ni si intéressant qu'il me semble à moi-même; mais je l'ai choisi parce que je crois le comprendre mieux que toute autre chose.

Quelque rapides qu'aient été les progrès faits par les ingénieurs depuis un siècle, pour trouver la première origine de leur art il faut remonter aux premiers temps de la civilisation. Dans les premiers temps, lorsque les centres de population étaient peu nombreux et éloignés les uns des autres, la communication des connaissances acquises était presque nulle. Souvent les résultats acquis par les travaux accumulés des hommes les plus savants et les plus habiles, se perdaient avec le peuple qui les avait obtenus. Ainsi les inventions disparaissaient pour être retrouvées plus tard. Plus d'un savant s'est fatigué à chercher la solution d'un problème qu'un autre plus heureux avait résolu plusieurs siècles auparavant.

Les anciens Égyptiens possédaient en métallurgie des connaissances qui se perdirent presque toutes pendant les années qui suivirent l'apogée de leur civilisation. L'art de revêtir le fer de bronze était connu des Assyriens, quoique son introduction dans la métallurgie moderne soit toute récente ; en 1869, des brevets ont été pris pour certains procédés de fabrication du verre qui avaient été pratiqués il y a plusieurs siècles (1). Sous le règne de Tibère, un inventeur trouva un moyen de produire du verre flexible; mais on détruisit sa fabrique de fond en comble, afin, nous dit-on, d'empêcher la dépréciation des ouvrages de cuivre, d'argent et d'or (2).

Bien des erreurs dans la pratique sont venues de ce que les ingénieurs ou d'autres encore n'avaient pu connaître les travaux de leurs devanciers. Lorsqu'il s'est agi de percer l'isthme de Suez, un des arguments opposés au projet a été l'existence supposée d'une différence de plus de 10 mètres entre le niveau de la mer Rouge et celui de la Méditerranée. Laplace a déclaré aussitôt que cette différence était impossible, parce que le niveau moyen des mers est le même sur toutes les parties de la terre. Plusieurs siècles avant Laplace, la même objection avait été faite à un projet de même nature. Suivant les anciens historiens grecs et romains, ce fut la crainte d'inonder l'Égypte des eaux de la mer Rouge qui fit que Darius et, plus tard, Ptolémée hésitèrent à ouvrir un canal entre Suez et le Nil (3). Cependant ce canal avait existé plusieurs siècles avant l'époque de Darius.

Strabon (4) rapporte que la même objection de l'inégalité de niveau des deux mers fut faite par des ingénieurs à Démétrius (5), qui voulait percer l'isthme de Corinthe, il y a envi-

---

(1) Layard, *Nineveh and Babylon*, p. 191; Beckman, *History of Invention*, vol. II, p 85.
(2) Pline, *Hist. nat.*, liv. XXXVI, c. LXVI.
(3) *Ibid.*, liv. VI, c. XXXIII.
(4) Strabon, c. III, § 11.
(5) Démétrius 1ᵉʳ, roi de Macédoine, mourut en 283 av. J.-C

ron deux mille ans. Mais Strabon (1) répond avec Archimède que la pesanteur répand également les eaux des mers sur toute la terre.

Lorsque les sciences les plus élevées n'étaient communiquées qu'à un petit nombre d'hommes, ceux qui les possédaient étaient souvent appelés à rendre des services de bien des natures à la nation dont ils faisaient partie; ainsi nous voyons des mathématiciens et des astronomes, des peintres, des sculpteurs et des prêtres chargés de travaux qui regardent maintenant nos architectes et nos ingénieurs. Et, dès que la civilisation eut fait assez de progrès pour permettre l'accumulation de la richesse et du pouvoir, les rois et les chefs cherchèrent à ajouter à leur gloire en se bâtissant des palais splendides, des tombeaux et des temples somptueux. Aussi voyons-nous bientôt des hommes habiles et instruits consacrer une grande partie de leur temps à l'architecture; en même temps, les fonctions d'architecte rapportent à la fois honneur et profit. Dans une des carrières les plus anciennes de l'Égypte, un grand architecte royal de la dynastie de Psammétichus a laissé gravée dans le roc une généalogie remontant à vingt-trois générations qui se sont succédé dans le même poste, en le cumulant avec des fonctions sacerdotales élevées (2)

De même que, dans ces temps reculés, il y avait des fonctionnaires chargés spécialement des plans et des constructions, il y en avait d'autres qui s'occupaient de l'entretien et de la réparation des palais et des temples. En Assyrie, 700 ans avant l'ère chrétienne, nous savons,. d'après une tablette trouvée par M. Smith dans le palais de Sennachérib, qu'il y avait un fonctionnaire portant le titre de maître des travaux. La tablette en question porte une pétition adressée au roi par le gardien d'un de ses palais, pour lui demander d'envoyer le maître des travaux, afin de faire certaines réparations urgentes (3).

Sous l'empire romain, il existait pour les constructions et les plans une division du travail, presque aussi grand que de nos jours. Les grands travaux de cette époque étaient exécutés et entretenus par une véritable armée de fonctionnaires et d'ouvriers, chargés chacun d'un travail particulier.

Sans parler des premiers essais d'architecture qui n'étaient destinés qu'aux besoins des individus et des familles, c'est dans l'Orient que nous devons chercher les premiers travaux qui exigeaient la science de l'ingénieur. Quant à savoir si cette science, telle que nous la trouvons chez les Chaldéens et les Babyloniens, leur appartenait en propre ou leur avait été transmise par les Égyptiens, c'est une question à laquelle il nous est assez difficile de répondre. Les Assyriens et les Egyptiens étaient deux peuples agriculteurs; ils habitaient des plaines fertiles coupées par de grands fleuves, avec un sol auquel il ne fallait que de l'eau pour donner de riches moissons. Des circonstances semblables ont dû créer les mêmes besoins, et amener le développement des mêmes facultés pour satisfaire ces besoins. En laissant de côté la question de priorité des connaissances, nous savons que, il y a quatre ou cinq mille ans, il se trouvait en Mésopotamie

et en Égypte des hommes fort avancés en mécanique, et habiles en hydraulique. Sur ces hommes eux-mêmes nous ne savons que fort peu de chose; heureusement que les œuvres subsistent souvent lorsque les noms de ceux qui les ont conçues et exécutées sont depuis longtemps oubliés.

On a dit que l'architecture devait sa naissance non-seulement à la nature, mais encore à la religion; et, si nous considérons les premiers ouvrages qui exigent des connaissances en mécanique, nous pouvons en dire autant de l'art de l'ingénieur. Les pierres les plus massives étaient choisies pour les édifices sacrés, afin que ceux-ci fussent à la fois plus durables et plus imposants, ce qui dut amener des perfectionnements et des inventions nouvelles dans les machines qui servaient à transporter ces pierres et à les élever jusqu'à la place qu'elles devaient occuper. Par la même raison, on choisissait les matériaux les plus durs et les plus coûteux, ce qui força à perfectionner le métal des outils servant à les tailler. Le travail des métaux se perfectionna encore pour faire les images des dieux, et pour décorer l'intérieur et même l'extérieur de leurs sanctuaires des ornements les plus précieux.

Les premiers monuments de pierre auxquels nous puissions assigner une date à peu près exacte, sont les pyramides de Gizeh. Pour leurs auteurs, c'étaient des édifices sacrés, plus sacrés même que leurs temples ou leurs palais. Ces pyramides étaient destinées à conserver les restes des rois, jusqu'à ce qu'après trois mille ans — c'était là, je crois, le laps de temps nécessaire — l'esprit qui avait autrefois animé le corps y rentrât (1). Bien qu'elles aient été bâties il y a plus de cinq mille ans, nous ne pourrions de nos jours faire une meilleure maçonnerie, comme en conviennent tous ceux qui les ont vues et examinées ainsi que moi; en outre, le plan suivi est parfait au point de vue de leur destination, qui était la durée. On continua pendant environ dix siècles à bâtir des pyramides en Égypte, et il nous en reste de soixante à soixante-dix; mais il n'en est pas de si bien construites que celles de Gizeh. Un grand nombre cependant contiennent des blocs énormes de granit de 10 à 14 mètres de long et du poids de plus de 300 tonnes; on y remarque aussi la plus grande habileté dans la manière dont les chambres funéraires sont construites et dissimulées (2).

L'habileté à construire avec des pierres énormes ne disparut pas avec les constructeurs de pyramides en Égypte, mais leurs descendants y firent encore des progrès, si l'on en juge par les blocs massifs qu'ils savaient joindre avec la plus grande exactitude. A une époque où l'on disposait d'un nombre illimité de bras, le transport de blocs tels que la statue de Ramesès le Grand, par exemple, qui pesait plus de 800 tonnes, ne saurait nous surprendre; et nous savons comment ce transport s'effectuait, puisque nous le voyons représenté sur les murailles de plusieurs tombeaux de l'époque.

Mais à mesure que s'accrut le poids de la pierre, il ne suffit plus de trouver assez d'hommes pour le travail. Au siècle dernier, lorsqu'il s'agit de transporter le bloc qui forme actuellement la base de la statue de Pierre le Grand, à Saint-.

---

(1) Strabon, c. III, § 12.
(2) *Discoveries in Egypt, Ethiopia*, etc., par Lepsius, 2ᵉ édit., p. 318.
(3) G. Smith, *Assyrian discoveries*, 2ᵉ édit., p. 414.

(1) Fergusson, *History of architecture*, vol. I, p. 83; Wilkinson, *Ancient Egyptians*, 2ᵉ série, vol. II, p. 444.
(2) Vyse, *Pyramids of Gizeh*, vol. III, pp. 16, 41, 45, 57.

Pétersbourg, et qui pèse 1200 tonnes, ce n'était pas la force qui manquait, mais bien une substance assez dure pour résister à ce poids : les boules de fer sur lesquelles on voulait faire rouler le bloc furent écrasées, et il fallut y substituer un métal plus dur (1). Pour faciliter le transport des matériaux, les Égyptiens firent des chaussées de granit depuis le Nil jusqu'aux Pyramides ; et, de l'avis d'Hérodote qui les avait vues, ces chaussées étaient plus surprenantes encore que les pyramides elles-mêmes (2).

Les Égyptiens ne nous ont rien laissé qui pût nous apprendre comment ils ont accompli une opération bien plus difficile que le transport d'une masse pesante ; je veux parler de l'érection d'obélisques pesant plus de 400 tonnes. Plusieurs de ces obélisques ont dû être élevés verticalement pour être mis en place, comme ils le furent par Fontana, à Rome, dans les temps modernes, lorsque la connaissance de la mécanique était déjà fort avancée comme nous le savons (3).

L'emploi de grands blocs de pierre, soit comme monolithes, soit comme parties d'édifices, se retrouve dès les temps les plus reculés dans toutes les parties du monde.

Les Péruviens se servaient de blocs pesant de 15 à 20 tonnes, qu'ils disposaient de la manière la plus exacte dans leurs travaux de fortification (4).

Dans l'Inde on se servait pour les ponts de grands blocs de pierre lorsque la répugnance des constructeurs Hindous pour l'arche les rendait nécessaire, ou encore pour les temples : ainsi, dans le temple du soleil, à Orissa, on trouve dans le toit en forme de pyramide des pierres de 20 à 30 tonnes, à environ 25 mètres du sol (5). Au dernier siècle encore, les Hindous, sans l'aide de machines, employaient des blocs de granit de plus de 13 mètres de long pour la porte de Seringham, et des traverses de la même pierre de 7 mètres de long, pour construire des toits (6).

A Persépolis, dans les ruines des palais de Xerxès et de Darius, plus d'un voyageur a remarqué la grandeur des pierres, dont quelques-unes ont 18 mètres de long sur 2 ou 3 de large. De même, dans les temples grecs de Sicile, un grand nombre des blocs de la partie supérieure pèsent de 10 à 20 tonnes.

Les Romains n'avaient point l'habitude de se servir de si grosses pierres ; cependant ils surent emporter les plus grands obélisques d'Égypte et les élever à Rome, où l'on en trouve actuellement plus qu'il n'en reste même en Égypte. Dans les temples de Baalbek, élevés du temps de la domination romaine, on trouve les pierres peut-être les plus massives que l'on ait employées dans les constructions depuis l'époque des Pharaons. Le mur de la terrasse de l'un des temples se compose de trois assises de pierres dont aucune n'a moins de 10 mètres de long ; et il reste encore dans la carrière une pierre taillée et toute prête à être emportée, qui a 23 mètres

de long et près de 5 mètres de large et autant d'épaisseur ; elle pèse plus de 1135 tonnes, c'est-à-dire presque autant qu'un des tubes du pont Britannia.

Je n'ai pas parlé des dolmens et des menhirs, ces pierres brutes qui pèsent souvent de 30 à 40 tonnes, que l'on rencontre depuis l'Irlande jusqu'à l'Inde, et depuis la Scandinavie jusqu'au mont Atlas. Le tranport et l'érection de ces masses n'exigeaient ni grandes connaissances ni grande habileté en mécanique, et cette opération a excité plus d'admiration qu'elle n'en mérite. En outre, Fergusson a presque prouvé que la date assignée à beaucoup de ces monuments est bien reculée ; la plupart, et peut-être tous ceux du nord et de l'ouest de l'Europe ont été érigés depuis l'époque de l'occupation romaine (1). Le même écrivain montre en outre que, de nos jours encore, des menhirs, pierres qui pèsent souvent plus de 20 tonnes, sont érigés par des tribus de montagnards de l'Inde, tout près d'édifices de pierre d'une exécution parfaite élevés par une autre race d'hommes (2).

Dans quelque but que ces pierres énormes aient été choisies, que ce soit pour augmenter la valeur ou la durée des édifices auxquels elles appartenaient, la difficulté de les remuer et de les mettre en place a dû contribuer aux progrès des arts mécaniques.

Peut-être les Assyriens et les Égyptiens de l'antiquité avaient-ils plus de machines que nous ne le croyons. Dans les peintures murales et les sculptures qui représentent la manière dont-ils transportaient de gros blocs de pierre, le levier est la seule machine que nous rencontrions ; et c'est assez naturel, car là où on avait autant de bras que l'on voulait, le moyen le plus expéditif de traîner un poids considérable était d'employer des hommes ; se servir de poulies et de cabestans, comme on le ferait de nos jours, aurait été perdre du temps. De nos jours encore, dans certains pays où les bras sont plus abondants que les machines, on emploie un grand nombre d'hommes pour transporter des poids considérables, et le travail marche plus vite ainsi qu'avec toutes nos machines modernes. Dans d'autres opérations, telles que l'érection d'obélisques, où le soulèvement des grandes pierres dont ils se servaient pour leurs palais, pour lesquelles l'emploi des bras n'était pas si commode, il se peut fort bien que les Égyptiens employassent des machines. Sur une des plaques sculptées provenant du revêtement des murs du palais de Sardanapale, édifice construit environ neuf cent trente ans avant notre ère, on voit une poulie simple à l'aide de laquelle un homme élève un seau — sans doute pour tirer de l'eau d'un puits (3).

On a quelquefois douté que les Égyptiens connussent l'acier. Il semble déraisonnable de leur refuser cette connaissance. Le fer fut connu dès les premiers temps historiques. On en parle souvent dans la Bible et dans Homère ; on le voit dans les peintures primitives des murs des tombeaux de Thèbes, sur lesquels des bouchers sont représentés aigui-

---

(1) Rondelet, *Traité de l'art de bâtir*, vol. I, p. 73.
(2) Hérodote, liv. II, c. cxxiv.
(3) Au sujet de l'obélisque élevé à Arles, en 1676, voyez Rondelet, *L'art de bâtir*, vol. I, p. 48. Cet obélisque pesait près de 200 tonnes ; il fut suspendu verticalement à l'aide de mâts de vaisseaux.
(4) Fergusson, *History of architecture*, vol. II, p. 779 ; Squier, *Peru*, p. 24.
(5) Le temple du soleil fut bâti de 1237 à 1282 après J.-C. — Hunter, *Orissa*, vol. I, pp. 288, 297.
(6) Fergusson, *Rude stone monuments*, p. 96.

---

(1) Cette opinion de Fergusson paraît universellement rejetée aujourd'hui, et on s'accorde assez généralement à reconnaître que les dolmens non-seulement sont antérieurs à l'empire romain, mais même à la connaissance des métaux, ce qui leur attribue une très-haute antiquité. (*Note de la Dir.*)
(2) Fergusson, *Rude stone monuments*, pp. 461, 465.
(3) Layard, *Nineveh and its remains*, vol. II, p. 31.

sant leurs couteaux sur des morceaux d'un métal bleuâtre qui était fort probablement de l'acier (1). On a retrouvé une grande quantité de fer dans les ruines des palais d'Assyrie ; dans les inscriptions de ce pays, on parle de chaînes de fer, et ce métal est nommé avec d'autres en des termes qui semblent indiquer que c'était un des métaux communs. En outre, on a retrouvé dans la grande pyramide un morceau de fer dans un endroit où il avait dû être mis cinq mille ans auparavant (2). La facilité avec laquelle le fer s'oxyde doit en rendre la conservation pendant un temps très-long, rare et exceptionnelle. Le fer que savent maintenant préparer les naturels de l'Afrique et de l'Inde, est ce que l'on appelle du fer forgé ; de même, d'après le docteur Percy, les anciens ne faisaient que du fer forgé. Ce fer est presque pur, et une très-faible quantité de carbone suffirait pour le transformer en acier. Selon le docteur Percy, l'extraction directe du fer malléable du minerai demande bien moins d'habileté qu'il n'en faut pour fabriquer le bronze (3). De plus, il n'est pas bien difficile de faire de l'acier : les Hindous font maintenant d'excellent acier par une méthode très-primitive, qu'ils ont pratiquée de temps immémorial. Pour faire de l'acier, ils augmentent un peu la quantité de charbon qu'ils emploient avec le minerai, et donnent moins de vent que pour produire du fer forgé (4). Ainsi, un ouvrier vigoureux manœuvrant le soufflet produira du fer forgé dans les circonstances où un homme paresseux aurait obtenu de l'acier. Le seul appareil qui soit nécessaire pour convertir le minerai de fer en excellent acier, est un peu d'argile pour construire un petit fourneau de quatre pieds de haut sur un ou deux pieds de large un peu de charbon de bois pour servir de combustible, et une peau avec une tuyère de bambou pour donner le vent.

Dès le ive et le ve siècle, le fer fut très-commun dans l'Inde. La colonne de fer de Delhi est un ouvrage remarquable pour une époque si reculée. C'est une pièce de fer forgé d'un seul morceau, qui a 17 mètres de long et ne pèse pas moins de 17 tonnes (5). Comment les Hindous ont-ils forgé cette masse énorme de fer, et d'autres pièces encore que leur peu de confiance dans les arches leur faisait employer pour construire les toits ; c'est ce que nous ne savons pas. Dans les temples d'Orissa on trouve des poutres et des sommiers énormes tout en fer pour soutenir les toits, au xiie siècle (6). On ne saurait accorder trop d'importance à l'influence que la découverte du fer a eue sur les progrès des arts et des sciences. L'Inde a bien payé les avantages qu'elle a pu tirer de la civilisation des Occidentaux, si elle a été la première à leur fournir le fer et l'acier. Il est intéressant de comparer la position de l'Inde et celle de l'Angleterre l'une par rapport à l'autre à notre époque. Il y a trente ou quarante siècles, l'Inde était habile à fabriquer le fer et les étoffes de coton, fabrications qui ont tant fait pour l'Angleterre en moins d'un siècle. Il est vrai que dans l'Inde le charbon n'est ni aussi abondant ni distribué

d'une manière aussi générale que dans notre pays. Cependant, si nous regardons encore plus à l'est, la Chine sut probablement employer les métaux tout aussitôt que l'Inde, et de plus la Chine avait une provision inépuisable de fer et de charbon. Le baron Richthofen, qui a visité et décrit quelques-uns des gisements de houille de la Chine, est d'avis qu'une seule province, le Shanshi méridional, suffirait à alimenter la consommation actuelle du monde entier pendant plusieurs milliers d'années. Le charbon est près de la surface du sol, et le fer abonde aux mêmes endroits. Marco Polo nous dit que le charbon était le combustible ordinaire des parties de la Chine qu'il visita vers la fin du xive siècle ; et ce que nous savons d'autre part nous fait croire qu'il y a deux mille ans que les Chinois brûlent du charbon de terre. Mais quels progrès la Chine a-t-elle faits depuis dix siècles ? Sans doute, un grand avenir est réservé à ce pays ; mais la race qui l'occupe maintenant peut-elle en développer les ressources, ou faut-il attendre pour cela l'intervention d'une race aryenne ? ou bien encore suffirait-il d'un changement d'institutions, qui pourrait se produire à l'improviste, comme au Japon ?

L'art d'extraire les métaux de leurs minerais fut pratiqué de très-bonne heure en Angleterre. L'existence dans le pays de Cornouailles de mines d'étain, si souvent citées par les auteurs classiques, est un fait bien connu de tous. Il est fort probable que les anciens Bretons savaient aussi extraire le fer du minerai, car ce métal était fort employé en Bretagne avant la conquête romaine. Les Romains exploitaient sur une grande échelle le fer du comté de Kent, comme le prouvent les énormes monceaux de scories contenant des monnaies romaines que l'on y voit encore de nos jours. Les Romains mettaient toujours à profit les richesses minérales des pays conquis, et les travaux de leurs mines étaient toujours considérables, comme, par exemple, en Espagne, où les mines de Carthagène employaient régulièrement quarante mille ouvriers (1). Le charbon employé en Angleterre, dès le ixe siècle, par les usages domestiques, ne semble pas avoir été fort employé pour le travail du fer, avant le xviiie siècle, quoique l'on trouve un brevet pour l'extraction du fer par le charbon de terre, daté de l'an 1611 (2). Ce ne fut qu'au commencement de ce siècle que l'on renonça à l'emploi du charbon de bois pour la préparation du fer ; et depuis ce temps les industries minières et métallurgiques ont pris un énorme accroissement : en 1873, la quantité de houille produite dans le Royaume-Uni a été de 127 millions de tonnes, et celle de fer, de plus de 6 millions et demi de tonnes.

Dans l'origine, les monuments que l'on construisait étaient surtout des tombeaux, des temples et des palais.

Comme nous l'avons vu, il y a cinq mille ans, en Égypte, l'art de bâtir en pierre avait atteint toute sa perfection ; de même, en Mésopotamie, l'art de bâtir en briques était également avancé un millier d'années plus tard. Le fait de la conservation, jusqu'à nos jours d'édifices de briques, prouve toute la perfection de l'ouvrage ; et même, s'ils sont en ruines de notre temps, c'est qu'ils servent de carrières depuis trois ou quatre mille ans : ainsi le nom de Nabuchodonosor, qui semble avoir été un des plus grands bâtisseurs des temps an-

---

(1) Wilkinson, *Ancient Egyptians*, vol. III, p. 247.
(2) Vyse, *Pyramids of Gizeh*, vol. I, p. 275.
(3) Percy, *Iron and steel*, p. 873.
(4) *Ibid.* p. 259.
(5) Fergusson, *History of architecture*, vol. II, p. 460, et *Rude stone monuments*, pp. 481, 3. — Cunningham, *Archæological survey of India*, vol. I, p. 169.
(6) Hunter, *Orissa*, vol. I. p. 298.

(1) Strabon, liv. III, c. II, § 10.
(2) Percy, *Iron and steel*, p. 882.

ciens, est aussi commun sur les briques de bien des villes modernes de la Perse qu'il l'était autrefois à Babylone. La construction des temples et des palais de briques de la Chaldée et de l'Assyrie a dû exiger un travail énorme. Le seul monticule de Koyungik contenait 14 millions et demi de tonnes de briques, et représente le travail de dix mille hommes pendant douze ans. Le palais de Sennachérib, qui s'élevait sur ce monticule, est probablement le plus grand qu'un monarque ait jamais construit, puisqu'il contenait plus de 3 kilomètres de murs, revêtus de plaques d'albâtre sculpté, et vingt-sept portails formés par des taureaux et des sphinx énormes (1).

Les temples pyramidaux de la Chaldée ne sont pas moins remarquables par leur travail, et sont bien supérieurs par l'excellence de leurs briques à ceux de l'Assyrie.

L'habitude de construire de grands temples pyramidaux semble s'être propagée vers l'est jusque dans l'Inde et le pays des Birmans, où elle se montre dans des monuments plus récents, les topes et les pagodes bouddhiques, véritables merveilles de maçonnerie, bien supérieures, par la richesse du dessin et par l'exécution, aux anciens amas de briques de la Chaldée. Dans ce siècle même, un roi des Birmans a commencé à bâtir un temple de briques sur le modèle des anciens ; ce sera, s'il faut en croire Fergusson, le plus grand édifice que l'on ait entrepris depuis la construction des pyramides (2).

La seule grandeur de beaucoup de ces ouvrages n'a rien d'étonnant, si nous considérons le nombre immense de bras dont les rois anciens pouvaient disposer. Des pays entiers étaient dépeuplés, et leurs habitants allaient au loin travailler pour les conquérants. Les inscriptions assyriennes nous donnent la liste détaillée des dépouilles enlevées à l'ennemi, et le nombre des captifs ; et, en Égypte, nous trouvons souvent la mention de travaux exécutés par des peuples captifs. Hérodote nous raconte que l'on employa jusqu'à trois cent soixante mille hommes pour construire un des palais de Sennachérib (3). En même temps, il ne faut pas oublier que le caractère même de cette multitude exigeait de la part d'un seul homme l'habileté et les facultés nécessaires pour concevoir l'œuvre, et en organiser et en diriger l'exécution.

Il serait bien étonnant que des hommes qui étaient capables d'entreprendre et de mener à bonne fin des ouvrages inutiles d'une telle importance, n'eussent pas aussi employé leurs facultés à des travaux plus profitables. Il reste encore des traces de ces derniers travaux ; et ces traces sont suffisantes pour démontrer, à défaut de documents écrits, que la prospérité de pays tels que l'Égypte et la Mésopotamie, ne dépendait pas entièrement de la guerre et de la conquête, mais que c'était plutôt le contraire qui était probable, et que les avantages naturels de ces pays étaient grandement accrus par la construction d'ouvrages utiles qui égalaient ceux des temps modernes, et peut-être même les surpassaient dans certains cas.

Il est probable que du temps des Pharaons les travaux d'irrigation en Égypte étaient supérieurs à ce qu'ils sont maintenant. A ceux qui ne connaissent pas les difficultés qu'il faut vaincre avant d'établir un bon système d'irrigation, même dans les contrées où les conditions physiques sont favorables, il pourra peut-être sembler qu'il ne faut autre chose, pour cela, qu'un nombre de bras suffisant. Mais il fallait en réalité bien plus que des bras. Les Égyptiens avaient une certaine connaissance de l'arpentage, car Eustathius nous dit qu'ils indiquaient leurs marches sur des cartes (1) ; mais cette connaissance était probablement fort limitée à cette époque, et il fallait une force d'esprit peu ordinaire pour voir l'utilité d'ouvrages aussi étendus que ceux de l'Égypte et de la Mésopotamie, et, une fois cette utilité reconnue, pour en faire le plan et les exécuter. Citons-en un exemple, pris en Égypte : le lac Mœris, dont les restes ont été explorés par M. Linant, était un réservoir creusé par un des Pharaons et alimenté par les inondations du Nil. Il avait une étendue de 380 kilomètres carrés, et les eaux en étaient retenues par une digue de 60 mètres de large sur 10 de hauteur, que l'on peut encore reconnaître sur une longueur de plus de 20 kilomètres. Ce réservoir suffisait à l'irrigation de 3000 kilomètres carrés (2). Même, à notre époque de grands travaux, on n'a point entrepris d'ouvrage de ce genre sur une si vaste échelle.

La prospérité de l'Égypte dépendait tellement de son grand fleuve, que nous devons croire que les Égyptiens, si avancés dans les arts et les sciences, cherchèrent de bonne heure à en connaître le régime. Nous savons qu'ils marquaient soigneusement la hauteur des crues annuelles du Nil ; ces indications sont encore inscrites sur les rochers qui bordent le fleuve, avec le sceau du roi sous lequel elles furent prises (3).

Les habitants de la Mésopotamie observaient aussi le régime de leurs grands cours d'eau, et, dans le tracé de leurs canaux, ils mirent à profit la différence des époques auxquelles avaient lieu les crues du Tigre et celles de l'Euphrate. Il y avait à Babylone un fonctionnaire spécial chargé de mesurer la hauteur du fleuve ; une inscription trouvée dans les ruines de cette ville mentionne l'enregistrement de la hauteur des eaux, fait par ce fonctionnaire dans le temple de Bel (4). Les Assyriens, dont le pays inégal et rocailleux offrait de bien plus grandes difficultés, étaient encore plus habiles que les Babyloniens dans le tracé de leurs canaux et dans la construction de barrages en maçonnerie pour l'Euphrate. Tandis que le plus grand nombre de ces canaux, en Égypte et en Mésopotamie, étaient destinés aux irrigations, d'autres semblent avoir été faits pour servir aussi à la navigation. Tel était le canal qui joignait la Méditerranée à la mer Rouge, œuvre remarquable, si l'on tient compte des besoins de l'époque. Sa longueur était d'environ 130 kilomètres ; sa largeur suffisante pour le passage de deux trirèmes (5). Au moins un des canaux navigables de la Babylonie, attribué à Nabuchodonosor, peut se comparer pour la longueur à n'importe quel ouvrage des temps modernes. Je crois que sir H. Rawlinson a suivi le canal dont je veux parler sur presque toute sa longueur, depuis Hit, sur l'Euphrate, jusqu'au golfe Persique, ce qui fait de 7 à 800 kilomètres (6). Ce qui prouve le cas que

(1) Layard, *Nineveh and Babylon*, p. 589.
(2) Fergusson, *History of architecture*, vol. II, p. 523.
(3) Rawlinson, *Hérodote*, vol. I, p. 389, 2e édit.

(1) Rawlinson, vol. II, p. 278, 2e édit.
(2) Linant, *Mémoire sur le lac Mœris*.
(3) Lepsius, *Discoveries in Egypt*, etc., p. 268.
(4) Smith, *Assyrian discoveries*, pp. 395-7, 2e édit.
(5) Hérodote, liv. II, c. CLVIII.
(6) Rawlinson, *Herodotus*, vol. I, p. 420, 2e édit.

l'on faisait, chez les Babyloniens, de pareils travaux, c'est que parmi les titres du dieu Vul étaient ceux de seigneur des canaux et de créateur des travaux d'irrigation (1).

Cependant la science babylonienne et assyrienne n'était pas destinée à une longue durée. Après la chute de Babylone et la destruction de Ninive, la population sédentaire des plaines fertiles qui entouraient ces deux villes disparut, et ce qui n'était qu'un désert, avant que les travaux de l'homme l'eussent arrosé, redevint un désert, vaste et digne champ pour les travaux des ingénieurs à venir.

Tel ne fut pas le sort de l'Égypte. Longtemps après avoir atteint l'apogée de sa prospérité, elle resta la source de la science pour les Grecs et les Romains. Les philosophes de la Grèce, et ceux qui étaient, comme Archimède, les plus avancés en mécanique, allaient étudier en Égypte et y avaient puisé les bases de leurs connaissances.

Mais quelque dette que la Grèce et Rome aient contractée envers l'Égypte, la lecture des tablettes de pierre trouvées dans les monticules de l'Assyrie et de la Chaldée fera sans doute reconnaître que ces deux peuples doivent au moins autant à l'Assyrie qu'à l'Égypte. Telle est l'opinion de M. Smith, qui dit, dans le livre où il décrit ses dernières découvertes en Orient, que les deux peuples classiques « ont emprunté beaucoup plus à la vallée de l'Euphrate qu'à celle du Nil » (2).

Dans la science astronomique, qui fait de nos jours de si merveilleuses découvertes, la Chaldée était incontestablement la première. Parmi les restes de ces peuples anciens rapportés en Angleterre par M. Smith se trouve un morceau d'astrolabe en métal provenant du palais de Sennachérib, et une tablette sur laquelle sont marquées la division du ciel d'après les quatre saisons, et la règle pour disposer le mois intercalaire.

Non-seulement les Chaldéens avaient fait une carte du ciel et groupé les étoiles, mais ils avaient suivi le mouvement des planètes et observé l'apparition des comètes ; ils avaient déterminé les signes du zodiaque et étudié le soleil et la lune, ainsi que les époques des éclipses (3).

Mais revenons à la partie des sciences sur laquelle je veux surtout appeler votre attention, et à son passage de l'Orient à l'Occident, d'Asie en Europe. De toutes les nations de cette dernière partie du monde, les Grecs étaient ceux qui avaient le plus de rapports avec la civilisation orientale. Navigateurs par la position même de leur pays, ils établissaient des colonies sur les côtes avec lesquelles ils faisaient le commerce ; et ainsi, plus que tout autre peuple, ils contribuèrent à répandre sur les bords de la mer Méditerranée et dans le midi de l'Europe les sciences de l'Orient.

Les premières constructions des Grecs, jusqu'au viie siècle avant J.-C., sont en contraste frappant avec celles du temps de leur prospérité. Ces monuments, connus sous le nom de pélasgiques, sont plus remarquables pour l'habileté des ingénieurs auxquels ils sont dus que pour leur beauté artistique. Des murailles d'énormes pierres brutes, admirablement jointes, des tunnels et des ponts caractérisent cette

époque. Au contraire, pendant les quelques siècles qui suivent, le grand objet de toutes les constructions grecques est de plaire aux yeux, de satisfaire le sentiment du beau, jamais à aucune époque ce but ne fut mieux atteint.

De nos jours, où les questions de salubrité prennent chaque année plus d'importance, nous pouvons nous rappeler qu'il y a vingt-trois siècles la ville d'Agrigente possédait un système d'égouts qui ont mérité d'être cités par Diodore à cause de leur développement (1). Cependant ce n'est point là le premier exemple de travaux de ce genre ; la *Cloaca Maxima*, qui faisait partie du système des égouts de Rome, fut construite deux siècles auparavant, et de grands égouts voûtés passaient sous les monticules de briques crues des palais de Nimroud et de Babylone. Peut-être devons-nous la conservation d'une grande partie des restes intéressants trouvés dans les monticules de briques de la Chaldée au système de tuyaux de drainage que Loftus y a découvert et a décrit (2).

Tandis que l'art pélasgique était remplacé en Grèce par un art plus gracieux, la ville de Rome était fondée au viiie siècle avant notre ère, et l'art étrusque en Italie, comme l'art pélasgique en Grèce, était peu à peu effacé par celui de la race aryenne. Les Étrusques, de même que les Pélasges et les anciens Égyptiens, étaient des Turaniens, remarquables surtout par la solidité et la force de leurs travaux. Les murailles de leurs villes sont bien supérieures à celles de toutes les autres races anciennes, et leurs travaux de drainage et leurs tunnels sont fort remarquables.

La seule époque que l'on puisse comparer à la nôtre pour l'extension rapide des travaux d'utilité dans tout le monde civilisé, est celle de la domination des Romains, qui appartenaient comme nous à la race aryenne. Comme l'a si bien dit Fergusson, la mission des races aryennes semble être de répandre dans le monde les arts utiles et industriels. Si les Romains ont orné leurs ponts, leurs aqueducs et leurs routes ; si, tout en faisant des constructions solides, ils les faisaient en même temps gracieuses, c'est probablement en partie à cause du mélange de sang étrusque ou turanien qui coulait dans leurs veines, et aussi à cause de leur immense richesse, qui leur permettait de ne pas s'inquiéter de la dépense.

Il me serait impossible de citer ici même une petite partie des travaux d'art qui ont survécu à quatorze siècles de luttes, et qui subsistent encore comme pour attester l'habileté, l'énergie et la science du peuple romain. Heureusement que ces monuments sont plus accessibles que ceux dont je vous ai entretenus jusqu'ici, de sorte qu'ils sont déjà familiers à la plupart d'entre vous.

Après avoir conquis la plus grande partie du monde civilisé, les Romains surent, grâce à leur admirable organisation, faire un bon usage des ressources sans bornes dont ils disposaient. Mais tout en enrichissant leur capitale, ils ne cessèrent jamais de développer les ressources des provinces de l'empire les plus éloignées.

La guerre, malgré tous ses maux, a souvent rendu service au genre humain. Pendant les longs siéges qui eurent lieu

---

(1) *Ibid*, p. 498.
(2) G. Smith, *Assyrian discoveries*, p. 454, 2e édit.
(3) G. Smith, *Assyrian discoveries*, p. 451, 2e édit.

(1) Agrigente, ville grecque célèbre, fut fondée en 582 av. J.-C. Sa population était de 200 000 habitants (Diodore, 406 ans av. J.-C.); ses égouts furent l'œuvre de Phœax, qui vivait en 480 av. J.-C.
(2) Rawlinson, *Five ancient monarchies*, vol. I, pp. 89, 90, 2e édit.

dans les guerres des premiers temps de la Grèce et de Rome, le génie de l'homme concentra tous ses efforts sur l'invention de nouvelles machines d'attaque et de défense. Les mathématiciens et les physiciens les plus habiles travaillaient à assurer le succès de leurs compatriotes. Plus d'un d'entre eux périt, comme Archimède, sous les coups des soldats, tandis qu'il appliquait sa science à la recherche de nouveaux moyens de défense (1). De notre temps encore, la science doit beaucoup aux travaux de nos ingénieurs et de nos savants, sans cesse occupés à améliorer l'artillerie ou les plaques de blindage, ou encore à étudier la marche de nos vaissseaux de guerre.

Le besoin de routes et de ponts pour les mouvements militaires en a souvent fait construire lorsque d'autres motifs auraient été insuffisants, de sorte que des moyens de communication et de commerce, si nécessaires à la prospérité des peuples, ont été créés par la guerre. C'est ce qui arriva souvent sous les Romains. De même aussi, dans ce siècle, l'ambition de Napoléon Ier a couvert la France et les pays qu'elle soumit pendant un temps d'un admirable réseau de routes militaires. Il faut d'ailleurs rendre à Napoléon la justice de reconnaître que son génie prévoyant donna une grande impulsion à tous les travaux favorables au commerce. De même en Angleterre, c'est la révolte de 1745 et le besoin de voies militaires qui a fait d'abord entreprendre un système de routes telles qu'on n'en avait pas fait depuis l'occupation romaine. Enfin l'Inde, l'Allemagne et la Russie pourraient nous fournir plus d'un exemple de chemins de fer utiles à l'industrie, qui n'ont d'abord été établis que dans un but purement militaire.

Mais revenons aux Romains. Les routes naissaient sous les pas de leurs soldats jusque dans les provinces les plus reculées. Nous trouvons dans l'itinéraire d'Antonin l'énumération de trois cent soixante-douze grandes routes, donnant une longueur totale de plus de seize mille lieues.

L'approvisionnement d'eau que Rome possédait au Ier siècle de l'ère chrétienne suffirait aux besoins d'une population de sept millions d'âmes, s'il était réparti dans la proportion adoptée pour la population actuelle de Londres. Cette eau arrivait à Rome par neuf aqueducs ; et, dans la suite, la quantité en fut encore accrue par la construction de cinq autres aqueducs. Trois des anciens aqueducs suffisent aux besoins de la Rome moderne. Ces aqueducs de Rome doivent être comptés parmi les plus grands travaux de ses ingénieurs (2). Le temps me manque pour parler des ports et des ponts, des basiliques et des thermes, et de tous les travaux d'art construits par les Romains en Europe, en Asie et en Afrique. Non-seulement tous ces travaux étaient exécutés avec un soin et une solidité extrêmes, mais encore ils étaient entretenus par une véritable armée de fonctionnaires divisés en corps spéciaux. Les premiers dignitaires de l'État présidaient à tous ces travaux, étaient fiers d'y attacher leur nom, et faisaient souvent exécuter à leurs propres frais des travaux considérables.

La chute de l'empire romain vint arrêter ces progrès en Europe. Du IVe siècle au VIe, elle fut pillée et ravagée par les hordes barbares de l'Asie, qui ne sentaient le besoin ni de routes, ni de ponts.

Le VIIe siècle vit s'élever la puissance musulmane, qui ramena en partie des conditions plus favorables au progrès des arts utiles, puisque de vastes étendues territoriales se trouvèrent de nouveau réunies sous des maîtres puissants (1). La science doit beaucoup aux Arabes, qui ont conservé et transmis à leurs successeurs des connaissances qui avaient coûté tant de temps à acquérir, et qui sans eux auraient été perdues. Cependant le nombre des travaux utiles laissés par les Musulmans est faible auprès de ceux qu'avaient produits les siècles précédents.

Le Xe siècle voit commencer en Europe une grande époque de construction qui se prolonge jusqu'au XIIIe. C'est alors que s'élevèrent les grands monuments religieux, non moins remarquables pour leur hardiesse que pour leur caractère artistique. Mais les cathédrales et les monastères sont presque les seules œuvres de cette époque, et les travaux d'art proprement dits, qui touchent de plus près à la science de l'ingénieur, ne reçoivent alors d'encouragement qu'en Italie.

Au XIIe siècle et au XIIIe, en même temps que les arts et les sciences renaissent dans les républiques italiennes, des travaux importants sont entrepris pour améliorer les fleuves et les ports de l'Italie. En 1481, les écluses sont inventées ; quelques-unes des premières dont l'histoire fasse mention sont exécutées par Léonard de Vinci, qui aurait laissé après lui la réputation d'un habile ingénieur s'il n'avait eu des titres plus artistiques encore à l'admiration de la postérité.

A la même époque, dans l'Inde, sous les Mogols, de grands travaux d'irrigation étaient poussés avec vigueur, et plus d'un empereur est cité pour les œuvres de ce genre qu'il a fait exécuter. Si l'on peut ajouter foi aux témoignages des indigènes, le nombre des travaux hydrauliques entrepris par certains souverains est surprenant. La tradition rapporte qu'un roi qui gouvernait Orissa au XIIe siècle fit faire un million de réservoirs, sans parler de soixante temples et d'autres travaux encore (2).

Dans l'Inde, les débordements fréquents des grands fleuves et les sécheresses périodiques qui rendaient l'irrigation indispensable, firent entreprendre de bonne heure de grands travaux pour protéger les terres ; mais comme ces travaux ont été entretenus par les maîtres successifs du pays, Mogols et Mahométans, jusqu'à nos jours, il est assez difficile de reconnaître la date de leur création.

Les travaux d'irrigation sont au nombre des premiers qui aient été exécutés par les peuples les moins civilisés de toutes les parties du monde. Même dans l'Australie, dont les naturels sont, pour ainsi dire, au dernier degré de l'échelle humaine, on a trouvé des traces de travaux d'irrigation ; mais ces travaux semblent prouver que les habitants du pays ont

---

(1) Archimède, 287-212, fut tué au siége de Syracuse.
(2) Leur longueur totale est de 400 kilomètres, dont 80 sur des arches et le reste sous terre.

---

(1) « Sous le dernier des califes Omniades, en 750 après J.-C., l'autorité d'un seul homme se trouva reconnue sur presque toute la largeur du monde connu, depuis les bords du Sihon jusqu'à l'extrémité du Portugal. » — Hallam, *Middle ages*, vol. II, p. 120, 2e édit.
(2) Le roi Bhim Deo, qui vivait en 1174, fit exécuter 60 temples, 10 ponts, 40 puits revêtus de pierres, 152 débarcadères et 1 million de réservoirs. (Hunter, *Orissa*, vol. I, p. 100.)

été autrefois plus civilisés qu'ils ne le sont de nos jours. Aux îles Feejee, cette nouvelle possession anglaise, les naturels font quelques travaux d'irrigation (1); ils ont même exécuté un travail d'un ordre plus élevé, un canal de 3 kilomètres de long et de 20 mètres de large pour abréger la route de leurs canots (2). Les naturels de la Nouvelle-Calédonie savent exécuter d'habiles travaux d'irrigation (3) pour leurs champs. Au Pérou, les Incas excellaient dans les irrigations comme dans d'autres travaux grands et utiles; ils construisaient d'admirables conduits souterrains en maçonnerie pour augmenter la fertilité de leurs terres (4).

Il est souvent plus facile d'amener l'eau où elle est nécessaire que de l'empêcher d'envahir les lieux où elle peut nuire ou même causer des désastres. Depuis des siècles, l'existence d'une grande partie de la Hollande dépend de l'habileté de ses habitants. Depuis quand l'homme a-t-il commencé à disputer à la mer la possession de ce territoire, c'est ce que nous ne savons; mais il est certain que dès le xiie siècle des digues servaient à retenir l'Océan dans son lit. A mesure que la prospérité du pays s'accroissait avec son commerce, et que la terre devenait plus précieuse et plus nécessaire aux habitants chaque jour plus nombreux, de nouveaux travaux étaient entrepris. La mer était refoulée, des canaux étaient creusés, des machines de desséchement inventées. C'est aux connaissances pratiques acquises par les Hollandais, qui durent tout créer par eux-mêmes, que nous devons une partie de nos connaissances actuelles dans l'art d'élever des digues, de dessécher les marais et de creuser les canaux. Le canal du nord de la Hollande (5) a été le plus grand canal navigable du monde jusqu'au percement de l'isthme de Suez; et les Hollandais vont bientôt terminer un canal maritime d'Amsterdam à la mer du Nord, qui, bien que moins long que celui de Suez, sera aussi large et aussi profond, et aura peut-être exigé des travaux d'art plus importants. L'Angleterre même a dû à des ingénieurs hollandais l'exécution de plusieurs de ses travaux hydrauliques. Au xviie siècle, de grands marais des contrées de l'est ont été desséchés par des Hollandais, parmi lesquels il faut citer sir Cornelius Vermuyden, vieux soldat de la guerre de trente ans, et colonel de cavalerie sous Cromwell.

Tandis que les Hollandais acquéraient dans leur lutte contre l'eau une expérience dont l'Angleterre profitait à son tour, les désastres causés par les débordements des rivières d'Italie qui descendent des Alpes donnaient une nouvelle importance à la science de l'hydraulique. Quelques-uns des plus grands savants du xviie siècle, et entre autres Torricelli (6), élève de Galilée, furent appelés à diriger les travaux nécessaires; et ils ne se bornèrent pas à construire des ouvrages de protection, mais étudièrent à fond les conditions du repos et du mouvement des liquides, et donnèrent au monde une série d'écrits précieux sur l'hydraulique et les travaux qui s'y rattachent, écrits qui servent encore de base à ce que nous savons sur ce sujet.

C'est aux savants français ou italiens que nous devons

quelques-uns des meilleurs traités de l'art de l'ingénieur composés avant ce siècle. Les écrits de Bélidor, officier d'artillerie français du xviie siècle, qui ne se borne pas, du reste, aux sujets purement militaires, appelèrent les premiers l'attention sur ces questions. Bientôt après fut créé le corps des Ponts et chaussées (2), qui a depuis fourni une longue suite d'ingénieurs spéciaux.

L'impulsion donnée, au commencement du xviiie siècle, à la construction des routes, se communiqua bientôt aux canaux et aux moyens de faciliter le transport des hommes et des marchandises en général. L'emploi des *tramways* pour les mines remonte au moins au milieu du xviie siècle; mais les rails dont on se servait étaient de bois. On dit que les premiers rails de fer furent employés en Angleterre dès 1738; depuis, leur emploi s'étendit peu à peu et finit par devenir général dans les districts miniers.

Au commencement du xixe siècle, tous les grands ports de l'Angleterre étaient reliés entre eux par un système de canaux; bientôt les ports furent agrandis pour suffire aux nouveaux besoins du commerce, accru par l'amélioration des moyens de communication intérieurs. La plupart de ces travaux furent l'œuvre de nos grands ingénieurs Brindley et Sweaton, Telford et Rennie.

Mais il fallait que la machine à vapeur, perfectionnée et presque créée par l'illustre Watt, acquît toute sa puissance pour que les grands travaux d'art de cette époque devinssent possibles ou nécessaires. Elle n'a pas donné à l'homme une nouvelle faculté, mais elle a fourni à ses facultés une force avec laquelle il n'est presque rien qu'il ne puisse entreprendre.

Presque partout les moulins à eau, les moulins à vent et les manéges furent remplacés par la machine à vapeur. Les profondeurs des mines, autrefois d'un accès si difficile, purent désormais être atteintes avec économie et sans peine. Des lacs et des marécages qui, sans la machine à vapeur, seraient restés improductifs, furent desséchés et mis en culture.

Les mains de l'homme, si lentes auprès du moteur nouveau, furent employées à d'autres ouvrages, et, grâce à des machines ingénieuses, leur force fut multipliée mille fois et leur adresse accrue de manière à donner les résultats les plus merveilleux. Depuis Watt, la machine à vapeur a exercé une puissance et fait des conquêtes qui semblent incroyables dans le domaine des intérêts matériels.

Mais tandis que Watt gagnait une gloire universelle et bien méritée, les noms des hommes auxquels nous devons les machines qui nous permettent d'utiliser la force de la machine à vapeur, sont trop souvent oubliés. La plus grande partie du genre humain ne connaît même pas leurs inventions. Ils travaillent en silence chez eux, à l'usine ou à la fabrique, presque dans l'isolement. Et même, dans la plupart des cas, ces travailleurs muets ne tiennent pas à attirer les yeux du public. D'ailleurs une usine et une fabrique ne sont point des endroits où le public se promène. Combien les inventeurs de ces machines ont dû veiller et méditer; combien de fois il leur a fallu renoncer à un mouvement longtemps cherché pour trouver quelque combinaison meilleure! Que de génie, que de patience, quelle persévérance indomptable il leur a fallu pour réussir!

---

(1) Erskine, *Western Pacific*, p. 171.
(2) Seeman, p. 82.
(3) Erskine, *Western Pacific*, p. 355.
(4) Markham, *Cieza* (note), p. 236.
(5) Le canal du nord de la Hollande a été terminé en 1825.
(6) Galilée naquit en 1564, Torricelli en 1608.

(1) Le corps des Ponts et chaussées fut établi en 1720.

Les machines destinées à la fabrication des tissus exigent peut-être plus de génie créateur que celles qu'emploient les autres industries. Ce n'est qu'assez tard que nous voyons les manufactures de tissus s'établir en Europe sur une grande échelle. Il y a bien longtemps que l'on porte des étoffes de soie en Chine; il y a deux mille trois cents ans que Confucius a laissé dans un de ses écrits des règles minutieuses pour la production et le travail de la soie; et cependant cette étoffe se vendait presque au poids de l'or en Europe au temps d'Aurélien, et l'impératrice sa femme dut renoncer à se donner le luxe d'une robe de soie, parce qu'elle aurait coûté trop cher. Ce n'est qu'en 522 que l'art de fabriquer la soie fut apporté de Chine à Constantinople. De Constantinple et de l'Italie cet art se propagea lentement vers l'Occident; il ne s'établit en France qu'au xvɪᵉ siècle, et arriva plus tard encore en Angleterre. On raconte que Jacques V, roi d'Écosse, emprunta au comte de Mar une culotte de soie, afin, disait-il, de ne pas paraître comme un marmiton devant des étrangers venus à sa cour.

Les étoffes de coton aussi, dont la fabrication dans l'Inde a précédé les temps historiques, n'étaient guère arrivées qu'en Perse et en Égypte vers l'époque de l'ère chrétienne. Au xᵉ siècle, nous en trouvons la fabrication établie en Espagne; au xɪvᵉ siècle, l'Italie produit aussi des étoffes de coton; mais ce n'est que dans la seconde moitié du xvɪɪᵉ siècle que l'on voit s'élever des fabriques de cotonnades à Manchester, qui est maintenant le grand centre de cette fabrication.

Les anciens Égyptiens portaient des étoffes de lin, et quelques-uns des tissus de ce genre dont sont enveloppées leurs momies surpassent en finesse toutes les toiles des temps modernes (1). Les Babyloniens portaient aussi du lin et de la laine, et la beauté des étoffes qu'ils fabriquaient était célèbre dans tous les pays de l'antiquité.

En Angleterre, à une certaine époque, on ne s'habillait que de laine. La soie vint la première lui faire concurrence, mais elle coûtait trop cher pour le plus grand nombre.

Introduire une substance nouvelle ou une machine perfectionnée dans un des pays de l'Europe n'était pas chose facile au siècle dernier. Inventeurs et bienfaiteurs risquaient également leur vie. L'introduction en Angleterre des cotons de l'Inde et des calicots de la Hollande excita les clameurs les plus vives au commencement du xvɪɪɪᵉ siècle.

Jusqu'en 1738, date des premiers perfectionnements des machines à filer, tous les fils de laine ou de coton fabriqués en Europe étaient filés à la main. En 1738, Watt imagina de substituer des rouleaux aux doigts de l'homme, et son invention fut encore perfectionnée par Arkwright.

En 1770, Hargreaves prit un brevet pour la machine à filer dite *Jenny*, et Crompton pour la *mule* en 1774; cette dernière machine réunissait les avantages de l'invention de Hargreaves et de celle d'Arkwright. Moins d'un siècle après les premiers travaux de Watt, des mules doubles travaillaient à Manchester avec plus de deux mille bobines.

Les perfectionnements des machines à tisser commencèrent plus tôt. En 1579, une machine à rubans fut, dit-on, inventée à Dantzick, pouvant tisser à la fois de quatre à six pièces différentes; mais les ouvriers mirent la machine en pièces et tuèrent l'inventeur (1). En 1800 fut introduit l'ingénieux métier de Jacquard, dans lequel une simple opération mécanique fait mouvoir les fils qui forment le dessin du tissu. Mais la plus grande découverte dans l'art du tissage est due à Cartwright : son métier permet de substituer la vapeur au travail de l'homme, et avec lui un enfant peut faire autant d'ouvrage que quinze hommes en faisaient à la main.

Il est peu de machines aussi compliquées que celles qui servent à fabriquer la dentelle et le bobinet. En 1768, Hammond essaya d'employer le métier à bas pour cette fabrication, qui s'était jusqu'alors exécutée à la main. Il était réservé à John Heathcoat d'achever la transformation en 1809, et de révolutionner cette branche d'industrie en réduisant le prix de revient à un quarantième de ce qu'il était auparavant.

La plupart de ces machines ingénieuses étaient en usage avant que Watt eût donné au monde une nouvelle force motrice en lui donnant sa machine à vapeur; et quand même celle-ci n'eût jamais été perfectionnée, les premières auraient néanmoins énormément accru la puissance de production du genre humain. Beaucoup d'entre elles étaient mises en mouvement à l'aide de moteurs hydrauliques; dans la première filature de soie établie à Derby en 1738, 318 millions de mètres de fil de soie étaient produits chaque jour par une seule roue hydraulique.

Notre époque est plus favorable aux inventeurs : la concurrence des fabricants ne laisse plus dormir une bonne invention. Ce que les anciennes machines rejetaient comme déchets, est maintenant transformé en tissus utiles par les nouvelles. De toutes les parties du monde arrivent de nouvelles matières premières — de l'Inde le jute, de la Nouvelle-Zélande le lin — et bien d'autres encore, qui exigent des modifications des anciennes machines ou des appareils nouveaux pour être utilisées. Le temps me manquerait si je voulais énumérer la dixième partie de ces merveilleuses combinaisons du génie mécanique; et il est vraiment impossible d'apprécier le travail et l'effort qu'il a fallu pour les produire, sans les avoir soi-même vues à l'œuvre.

Les bateaux à vapeur, le télégraphe électrique et les chemins de fer sont mieux connus de tous; chacun peut mieux se rendre compte des perfectionnements qui y ont été apportés dans la durée d'une seule génération.

Il n'y a guère que quarante ans, un de nos premiers savants déclarait au congrès de cette Association que jamais un bateau à vapeur ne franchirait l'Atlantique. Il appuyait cette déclaration sur l'impossibilité qu'il y avait, selon lui, à ce qu'un bateau à vapeur emportât assez de charbon en laissant la place pour le fret. Et cependant, très-peu de temps après, le *Sirius* franchissait en dix-sept jours la distance entre Bristol et New-York (2); bientôt après il fut suivi du *Great-Western*, qui vint en Angleterre en treize jours et demi : désormais la navigation à vapeur était inaugurée. Comme la plupart des inventions importantes, le navire à vapeur fut longtemps avant de prendre une forme qui en rendît l'emploi profitable; et même alors, il lui fallut encore triompher des objections des commerçants et des savants.

____

(1) Wilkinson, *Ancient Egyptians;* Pline, liv. XIX, c. ɪɪ.

(1) Beckman, *History of inventions*, vol. II, p. 528.
(2) Ce navire à vapeur traversa l'Atlantique sans faire usage de la voile en 1838.

Parmi ceux qui contribuèrent aux premiers progrès de la construction des navires à vapeur, celui dont le nom mérite peut-être d'être cité avant tous est Patrick Miller, qui, aidé par l'ingénieur Symington et par Taylor, le précepteur de ses enfants, construisit un petit bateau à vapeur. Peu de temps après, lord Dundas, qui avait reconnu l'efficacité de la vapeur comme agent de propulsion pour les bateaux, fit construire le premier bateau à vapeur véritablement pratique, dans l'intention de s'en servir sur le canal du Forth et de la Clyde. Mais les propriétaires du canal refusèrent de le permettre, et le bateau resta inutile. Une seconde tentative pour se servir du bateau échoua par suite de la mort du duc de Bridgewater, dont l'esprit pénétrant avait également reconnu l'efficacité de la vapeur comme force motrice pour les bateaux, et qui avait résolu d'introduire les bateaux à vapeur sur le canal qui porte son nom.

Depuis le premier voyage du *Sirius* le nombre des bateaux à vapeur s'est bien accru. En 1814, le Royaume-Uni ne possédait que deux navires à vapeur jaugeant en tout 450 tonneaux ; en 1872 on y comptait 3662 navires à vapeur d'un tonnage nominal de plus d'un million et demi de tonneaux (1), ce qui fait presque la moitié du tonnage des navires à vapeur du monde entier, lequel n'était guère à cette époque de plus de trois millions de tonneaux.

De même que le nombre des bateaux à vapeur s'est grandement accru, de même aussi leurs dimensions ont peu à peu augmenté, jusqu'à ce qu'enfin Brunel produisît ce colosse qu'on appelle le *Great-Eastern*.

Véritable triomphe de l'art de l'ingénieur naval, le *Great-Eastern* a moins bien réussi au point de vue commercial. Ici, comme dans bien d'autres problèmes de construction, la question n'était pas de savoir quelle grandeur on pouvait obtenir, mais quelle grandeur était réellement convenable.

Si nous sommes allés un peu trop loin pour le moment sous le rapport de la grandeur, il reste encore beaucoup à faire pour perfectionner la forme des navires, soit qu'ils doivent marcher à la voile ou à la vapeur. Voici maintenant plusieurs années qu'un membre distingué de cette Association, M. Froude, s'occupe de déterminer la forme de navire qui opposera à l'eau le moins de résistance. Il en est tant d'entre nous qui sont forcés de voyager par mer aussi bien que sur terre, qu'ils ne manqueront pas d'apprécier la valeur des travaux de M. Froude, puisqu'ils tendent à diminuer la durée de nos traversées maritimes ; et tous, j'en suis sûr, nous lui serions reconnaissants, si une autre partie de ses recherches, celle qui se rapporte au roulis, avait pour résultat de diminuer les souffrances des malheureux passagers. Une tentative hardie vient d'être faite dans ce sens par M. Bessemer ; les faits montreront s'il a réussi. Quoi qu'il en arrive, lui et ceux qui l'ont aidé méritent nos éloges pour un essai qui ajoutera nécessairement à nos connaissances.

Une question capitale pour un navire à vapeur est celle de l'économie du combustible, puisque chaque tonneau de celui-ci occupe la place d'une quantité équivalente de marchandises.

A mesure que l'on perfectionnera la forme de la coque, il faudra moins de force, c'est-à-dire moins de combustible, pour faire franchir aux navires une distance donnée. Quelques progrès que l'on ait fait dans ce sens, il reste encore beaucoup à faire. On commence enfin à se servir de la machine composée de Wolf, avec quelques légères modifications. Tandis que, pour des navires comme l'*Himalaya*, il fallait autrefois consumer de 2 à 3 kilogrammes de combustible par cheval-vapeur de force effective, avec les nouveaux navires et en profitant de l'expansion de la vapeur, on ne brûle plus qu'un kilogramme. Et cependant, si l'on compare ce résultat avec la force réelle que représente un kilogramme de charbon, on verra que l'on n'obtient pas encore le dixième de la force que cette quantité de charbon devrait donner d'après la théorie (1).

Nous vivons à une époque où de grandes découvertes sont faites, et où elles sont adoptées dès qu'elles ont quelque chance d'être utiles.

Autrefois les inventions étaient souvent en avance de l'époque, et il leur fallait attendre des temps plus heureux. Trop peu pouvaient profiter du bien qu'on leur offrait, et la richesse générale n'était pas assez grande pour que l'on pût se permettre de se lancer dans des entreprises dont les débuts sont toujours plus ou moins spéculatifs.

Un des exemples les plus remarquables de l'application rapide d'une idée scientifique a été l'adoption et l'extension du télégraphe électrique. Ceux qui lisaient la lettre d'Odier, écrite en 1773, dans laquelle il énonçait l'idée d'un télégraphe qui permettrait aux habitants de l'Europe de converser avec l'empereur du Mogol, ne se doutaient guère que, moins d'un siècle après, une conversation entre des points aussi éloignés serait réellement possible. Et l'année suivante ceux qui virent Lesage envoyer des messages d'une chambre à l'autre sous les yeux du grand Frédéric, s'imaginaient encore moins peut-être qu'ils avaient devant eux le germe d'une des inventions les plus extraordinaires qui illustreront notre époque.

Je ne veux point vous fatiguer en vous faisant suivre toutes les phases par lesquelles le télégraphe électrique de notre époque a été amené à sa perfection actuelle. Dans notre siècle il s'est passé peu d'années sans que des travailleurs nouveaux soient entrés en lice ; les uns voulaient utiliser la nouvelle puissance au profit du genre humain, les autres se proposaient d'étudier le magnétisme et les phénomèmes électriques comme des problèmes scientifiques encore sans solution. Galvani, Volta, Oersted, Arago, Sturgeon et Faraday sont arrivés par leurs travaux à faire connaître les éléments qui ont permis de construire le télégraphe électrique. Avec la pile, la bobine d'induction et l'électro-aimant, les éléments étaient complets, et il ne restait plus à sir Charles Wheatstone et à ses collaborateurs qu'à les combiner d'une manière pratique. Les inventions d'Alexandre, de Steinheil, et celles qui ressemblent à l'invention de sir Charles Wheatstone, furent publiées plus tard, la même année, année à jamais mémorable dans les annales de la télégraphie (2).

Le premier télégraphe pratique fut construit en 1838 sur le chemin de fer de Blackwall ; on se servait des instruments de MM. Wheatstone et Cooke. A partir de ce moment, les

----

(1) Rapport du *Board of Trade*, 15 juillet 1874, tableau 8.

(1) Le rapport exact entre la force réellement obtenue et la force indiquée par la théorie est 11,2.

(2) Date des brevets : Wheatstone, 1er mars 1837 ; Alexandre, 22 avril 1837 ; Steinheil, 1er juillet 1837 ; Morse, octobre 1837.

progrès du télégraphe électrique ont été si rapides, que la longueur de tous les télégraphes actuellement en activité dans les différentes parties du monde, y compris les câbles sous-marins, est au moins de 640 000 kilomètres.

Parmi les nombreuses inventions des dernières années, nous citerons le télégraphe automatique de M. Alexandre Bain, celui de M. Siemens et celui de sir Charles Wheatstone. La machine de M. Bain est surtout employée aux États-Unis; celle de M. Siemens en Allemagne. En Angleterre, nous nous servons surtout de la machine inventée par sir Charles Wheatstone, qui a rendu tant de services à la télégraphie. Avec cet appareil, le message est d'abord découpé dans un ruban de papier par une machine d'après un système analogue à celui des points et des traits de Morse, et ensuite ce papier détermine dans une seconde machine les courants. nécessaires pour transmettre le message le long du fil télégraphique. Avec l'appareil de Wheatstone, on évite les erreurs inséparables de la manipulation ordinaire, et, chose plus importante encore au point de vue commercial, on diminue beaucoup le temps pendant lequel un message occupe le fil télégraphique.

L'application à la télégraphie des systèmes automatiques a merveilleusement accéléré la rapidité de la transmission, de sorte que l'on est arrivé à faire passer deux cents mots par minute, ce qui est plus rapide que la sténographie; enfin, sur les fils aériens, les mots sont transmis avec une rapidité trop grande pour que les opérateurs des deux bouts de la ligne puissent la suivre.

Avec les câbles sous-marins d'une certaine longueur, la vitesse de transmission est bien moindre, par suite du retard que produisent les phénomènes d'induction et d'autres causes encore. Avec le câble de 1858, on ne pouvait transmettre que deux mots et demi par minute; avec le câble transatlantique, la moyenne est maintenant de dix-sept mots, mais on peut lire vingt-quatre mots par minute.

Un des phénomènes les plus remarquables de la télégraphie est celui de la double transmission, qui permet d'envoyer en même temps un message de chacun des bouts du même fil. Dès le début de la télégraphie électrique, on avait songé à cette transmission simultanée; mais l'isolement imparfait des fils n'avait pas permis de l'appliquer. Depuis lors, on a perfectionné l'isolement, et le système des dépêches simultanées rend de grands services, puisqu'il double presque le travail que peut donner chaque fil.

Et combien il a fallu peu d'années pour réaliser tous ces progrès merveilleux de la télégraphie! Avec quelle incrédulité le monde aurait reçu l'annonce des merveilles que la science nouvelle devait accomplir en si peu de temps!

Il y a peu d'années, en 1823, sir Francis Ronald, un des premiers explorateurs de ce champ de la science, publia une description d'un télégraphe électrique. Il communiqua ses idées à lord Melville, qui eut la bonté de répondre que la question serait examinée; mais, avant que l'on pût connaître les idées de sir Francis, il reçut de M. Barrow une communication lui annonçant qu'il était inutile de s'occuper de nouveaux télégraphes, et que l'on s'en tiendrait au système alors en usage : ce système en usage était le vieux sémaphore qui, couronnant les hauteurs entre Londres et Portsmouth, semblait alors la perfection même aux commissaires de l'Amirauté!

Je connais des gens qui, lorsqu'on proposa d'établir un câble transatlantique, souscrivirent une certaine somme comme pour une expérience curieuse, bien convaincus qu'en le faisant ils jetaient leur argent au fond de la mer. On n'a pas oublié qu'une partie de ce câble fut perdue lors du premier essai que l'on fit; mais les auteurs du projet, sans se laisser effrayer, firent un autre câble de 1400 kilomètres, et réussirent à le poser en 1858. Le système télégraphique du monde forme presque une ceinture complète autour de la terre, et bientôt sans doute la lacune qui reste sera comblée par la pose d'un câble entre San Francisco et Yokohama au Japon. Quelle résolution, quel courage n'a-t-il pas fallu aux promoteurs de la télégraphie sous-marine! Pour s'en convaincre, il suffit de se rappeler que, bien que nous ayons maintenant 80 000 kilomètres de câble en activité, il a fallu pour arriver à ce résultat en fabriquer et en poser plus de 100 000 kilomètres. Cette perte considérable vient en partie, selon M. Siemens, de ce que l'on a adopté assez tard l'habitude d'essayer le câble sous l'eau avant de le poser, et aussi de ce que l'enveloppe protectrice était trop légère.

Grâce aux découvertes d'Ohm et de sir William Thomson, nous savons maintenant que la résistance d'un fil métallique homogène est en raison directe de sa longueur : nous pouvons donc déterminer avec une précision mathématique la distance à laquelle se trouve un défaut du câble, quand même il aurait plusieurs milliers de kilomètres de long, ce qui permet de se rendre tout droit à l'endroit indiqué pour y faire les réparations nécessaires, quand même le câble endommagé serait à plusieurs milliers de brasses sous l'eau.

Nos chemins de fer ont fait des progrès énormes; mais il me semble qu'au point de vue scientifique un chemin de fer est moins merveilleux qu'un télégraphe électrique. Cependant, les résultats de la construction et de l'emploi des chemins de fer sont plus généraux; leur utilité est sentie par un plus grand nombre d'hommes. C'est pour cela que le nom de George Stephenson vient immédiatement après celui de James Watt, et, comme les hommes seront probablement toujours estimés en raison des avantages que leurs travaux ont apportés au genre humain, il conservera cette place à moins qu'un autre plus illustre ne vienne l'éclipser. George Stephenson a eu le grand mérite de voir plus clairement que les autres ingénieurs de son temps ce dont le monde avait besoin, et de persévérer malgré les objections des savants, avec la ferme conviction qu'il avait raison et qu'eux avaient tort, et qu'il réussirait à démontrer la justesse de ses convictions.

Je puis, je le crois, vous parler en détail des chemins de fer sans craindre de vous fatiguer. L'Association britannique est péripatétique, et s'il n'y avait pas de chemins de fer ses réunions seraient, je le crains, fort peu nombreuses. En outre, vous y êtes tous intéressés : vous voulez tous être transportés sans danger, et vous exigez que l'on vous transporte rapidement. De plus, tout le monde comprend ou croit comprendre ce que c'est qu'un chemin de fer. Je vais donc vous parler d'un sujet qui nous est connue à tous, et peut-être même ne ferai-je que vous exposer des idées que d'autres ont eues aussi bien que moi.

Nous qui vivons à cette époque de routes et de chemins de fer, et qui pouvons aller d'une manière commode, rapide et assez sûre presque où nous voulons, nous avons peine à nous représenter l'état de l'Angleterre il y a deux siècles, au commencement de l'opposition que rencontra l'établissement des voitures publiques. En 1662, il n'y avait dans toute l'Angleterre que six diligences, et John Crossdell trouvait que c'était six de trop; cette même année sir Henry Herbert, membre de la Chambre des communes, s'écriait : « Si un homme nous proposait d'établir un service régulier de voitures pour nous transporter à Édimbourg en sept jours, et pour nous ramener dans le même temps, ne l'enverrions-nous pas sur-le-champ aux Petites-Maisons? » Malgré l'opposition et la routine, les diligences firent leur chemin; mais il fallut un siècle pour que — dans cette même ville de Bristol — l'on établît des voitures pour le transport des dépêches. Ceux qui ont, comme moi, fait l'expérience de tous les inconvénients d'un long voyage par les anciennes voitures, conviendront avec moi que ces inconvénients étaient fort grands; et je crois même que si l'on avait la statistique des accidents qui arrivaient avec ces voitures, on reconnaîtrait que le rapport entre les cas de mort et de blessures, et le nombre des voyageurs dans l'ancien système, était plus grand qu'il ne l'est maintenant avec les chemins de fer.

A peine nos ancêtres avaient-ils eu le temps de s'habituer un peu à leurs voitures publiques — bien convaincus que quatre lieues à l'heure étaient le maximum de vitesse possible ou souhaitable — qu'on vint leur dire que des voyages par la vapeur sur des voies ferrées remplaceraient un jour leurs *misérables* moyens de transport. Celui qui leur tenait ce langage était Thomas Gray, le premier promoteur des chemins de fer, qui publia en 1819 un livre sur l'emploi général des voies ferrées. On le regarda tout simplement comme un fou.

« Lorsque Gray proposa pour la première fois son grand projet au public, écrivait Chevalier Wilson à sir Robert Peel en 1845, presque tout le monde y vit une véritable folie. » Je ne ferai pas ici l'histoire des luttes qui précédèrent l'ouverture du premier chemin de fer. Grâce à quelques hommes habiles et clairvoyants, l'issue en fut favorable. Les noms de Thomas Gray et de Joseph Sandars, de William James et d'Edward Pease ne pourront jamais être oubliés de ceux qui liront l'histoire de nos premiers chemins de fer, car ce sont eux qui ont les premiers accoutumé l'Angleterre à l'idée nouvelle. Quant à Stephenson, dont le génie pratique a permis de réaliser cette idée, nous ne craignons pas qu'il soit oublié.

Le chemin de fer de Stockton à Darlington s'ouvrit en 1825, celui de Liverpool à Manchester en 1830; et le petit nombre d'années qui se sont écoulées depuis cette époque à vu créer des chemins de fer sur tous les points du globe. Il n'est pas de nation riche et nombreuse qui puisse s'en passer; et, bien qu'à présent la longueur totale des chemins de fer des différents pays soit d'environ 250 000 kilomètres, il est certain que d'ici à très-peu d'années ce chiffre sera bien dépassé.

Les chemins de fer ajoutent énormément à la richesse d'une nation. Il y a plus de vingt-cinq ans, j'ai démontré devant une commission de la Chambre des communes, par des faits et des chiffres, que le chemin de fer des comtés de Lancastre et d'York, dont j'étais alors l'ingénieur, et qui était la principale voie de communication entre plusieurs villes populeuses, que ce chemin, dis-je, faisait économiser au public qui s'en servait une somme plus forte que tous les dividendes que recevait la Compagnie propriétaire. Ces cal-

culs étaient fondés uniquement sur les transports effectués par le chemin de fer, et sur la différence entre les tarifs nouveaux et ceux des anciennes voitures. Je ne comptais pour rien l'économie de temps, quoique, en Angleterre surtout, il soit vrai de dire que le temps est de l'argent.

Comme les tarifs des chemins de fer pour beaucoup d'objets ont été considérablement réduits depuis l'époque dont je viens de parler, on peut affirmer sans crainte de se tromper que les chemins de fer des Iles-Britanniques produisent maintenant, ou plutôt économisent à la nation chaque année une somme bien plus considérable que le total brut de tous les dividendes payés aux propriétaires, sans faire entrer en ligne de compte le bénéfice qui résulte de l'économie de temps. Ce dernier bénéfice échappe au calcul, et il serait impossible de l'évaluer exactement en argent; mais il n'y aurait aucune exagération à dire que le temps et l'argent économisés équivalent, pour la nation, au moins à 10 pour 100 de tout le capital dépensé pour les chemins de fer. Je ne parle pas ici au nom des propriétaires de chemins de fer, car ils ne se sont pas engagés dans ces entreprises en vue d'un gain pour la nation, mais bien en vue des profits qu'ils espéraient réaliser. Cependant les faits que je viens de citer méritent d'être notés, car il est des gens qui semblent quelquefois regarder les propriétaires de chemins de fer comme des ennemis publics.

Il faut conclure de ces faits que, toutes les fois que l'on peut construire un chemin de fer dans des conditions qui donnent l'intérêt ordinaire de ce qu'il a coûté, l'intérêt national exige qu'il soit construit. En outre, quand même son prix de revient serait tel qu'il donnât à ses propriétaires un dividende inférieur à l'intérêt de l'argent, la perte pour une fraction si minime de la nation serait plus que compensée par le gain général, et par conséquent il peut se présenter des cas dans lesquels il soit sage pour le gouvernement de contribuer sous une forme ou une autre à des entreprises qui ne pourraient sans cela trouver un nombre d'actionnaires suffisant.

Ainsi certains pays, la Russie par exemple, pour qui des moyens de transports perfectionnés ont une importance vitale, ont fait sagement, selon moi, en faisant construire des lignes qui sont une mauvaise spéculation au point de vue des frais d'exploitation et des recettes, mais qui sont ou seront bientôt réellement avantageuses au point de vue national.

L'empire du Brésil, que j'ai visité tout dernièrement, a conclu avec sagesse, selon moi, qu'il est bon et avantageux à l'État de garantir 7 pour 100 de revenu à tout chemin de fer qui est démontré pouvoir donner par lui-même un revenu net de 4 pour 100, et cela parce qu'il est admis que la nation gagnera au moins l'équivalent de la différence.

Il n'est peut-être pas hors de propos de dire ici quelques mots d'une question qui semblera sans doute plus importante à beaucoup de mes auditeurs; je veux parler de la sécurité des voyages en chemin de fer. En tout cas, il est bon que les éléments dont elle dépend soient bien compris. On pensera peut-être qu'une plus grande expérience de la direction des chemins de fer doit amener une sécurité plus grande; mais d'autres éléments de la question peuvent contrebalancer celui-ci jusqu'à un certain point.

La sécurité des voyages en chemin de fer dépend de la perfection de toutes les parties de la machine, y compris le chemin de fer tout entier avec son matériel; elle dépend aussi de la nature et de la quantité du mouvement, et enfin du soin et de l'attention des hommes eux-mêmes.

Pour l'élément humain l'on peut dire que la part d'accidents provenant de la faiblesse humaine ne peut disparaître que par le progrès de la race.

Les chances d'accidents augmentent aussi avec la vitesse; elles pourraient être réduites si l'on diminuait cette vitesse. Elles augmentent aussi avec l'étendue et la variété du mouvement d'une ligne donnée. Le public, je le crains bien, aimera mieux courir quelques risques de plus que de consentir à aller moins vite. L'étendue et la variété du mouvement sur une même ligne n'offrent pas non plus de grandes chances de diminution; au contraire, il est certains qu'elles augmenteront.

Je serais fâché de dire que les précautions humaines sont impuissantes, et je ne suis pas de ceux qui désapprouvent les réclamations adressées aux Compagnies de chemins de fer par la voie de la presse et par d'autres voies encore, bien que ces réclamations se produisent quelquefois sous une forme déraisonnable. Je ne vois pas de mal à ce que l'on emploie tous les moyens pour engager des hommes à faire leur devoir sur un point si important pour tous.

On se demandera peut-être si les chemins de fer, entre les mains de l'État, ne seraient pas exploités avec plus de sécurité. Le gouvernement ne payerait pas ses employés mieux — peut-être même ne les payerait-il pas si bien — que les Compagnies, et il est douteux qu'il réussît à attirer à son service des hommes valant mieux que les employés actuels. Il pourrait se contenter d'un nombre moins considérable d'employés supérieurs, car les directeurs des Compagnies passent une grande partie de leur temps en disputes intestines. Il pourrait diriger l'exploitation d'une manière plus despotique, diminuer le nombre des trains ou les facilités qu'ils offrent, ou prendre d'autres mesures pour assurer une plus grande sécurité; mais il est douteux que le public consentît à être gêné de la sorte.

Il est une chose que le gouvernement pourrait faire, et qu'il ferait probablement. Dans les cas où le mouvement est varié, et où il y aurait plus de sécurité à employer des lignes auxiliaires, que les Compagnies n'ont pas intérêt à construire, le gouvernement, qui se contenterait d'un intérêt moindre, pourrait se charger de les faire. D'un autre côté, lorsque le budget de toute cette machine énorme dépendrait chaque année des votes du Parlement, serait-il plus riche qu'il ne l'est maintenant? C'est là un point douteux.

Ce sujet touche d'ailleurs à d'autres questions plus difficiles.

Où s'arrêteront les travaux du gouvernement? Les soucis inévitables de l'État sont déjà lourds, et le deviennent de jour en jour davantage. L'administration des arsenaux maritimes n'est qu'une bagatelle auprès de ce que serait celle des chemins de fer, qui emploient déjà 250 000 personnes. En se chargeant des chemins de fer, l'État s'exposerait à être en conflit avec tous les voyageurs, tous les marchands, tous les manufacturiers du pays. Quant aux Compagnies de chemins de fer, il n'y a point de difficultés à craindre de leur part : elles vendront toujours leurs entreprises à quiconque leur en offrira un prix assez élevé.

Pour l'accroissement énorme du mouvement des chemins de fer, il me semble qu'une mesure pourrait augmenter la sécurité des voyageurs, et sera sans doute réclamée quelque

jour; ce serait de construire entre les localités importantes des chemins de fer transportant exclusivement soit des voyageurs, soit du charbon, ou réservés à un genre d'exploitation spécial; cependant je prévois que ce sera peut-être difficile à exécuter. Les propriétaires dont les terres seront traversées par ces lignes voudront probablement pouvoir s'en servir d'une manière générale. Cependant on sera peut-être forcé quelque jour d'adopter une mesure de ce genre.

Si la chose était possible, il serait instructif de comparer la proportion des accidents que donnent les chemins de fer avec celle que donnaient autrefois les anciennes voitures publiques; mais je crois qu'il n'existe aucune statistique, pour ces dernières, qui pût nous permettre de faire cette comparaison. Ce qui est possible, c'est de comparer le nombre des accidents des premiers temps de nos chemins de fer et celui des accidents d'une période postérieure.

De 1852 à 1859, la chambre de commerce avait pris l'habitude de faire le relevé des distances parcourues par les voyageurs, d'après les statistiques allemandes, et qui est la véritable base sur laquelle on doit fonder cette proportion sur le seul nombre des voyageurs, sans tenir compte de la distance parcourue. Or cette distance a beaucoup varié, la moyenne parcourue par chaque voyageur n'étant en 1873 que la moitié de ce qu'elle était en 1846. Malheureusement la chambre de commerce a renoncé à faire ces relevés.

On se tromperait en comparant le nombre des accidents à celui des voyageurs transportés dans les différentes années, même si l'on avait le nombre exact de ces voyageurs. Mais le relevé de la chambre de commerce omet toujours un nombre important, de sorte que la proportion des accidents aux voyageurs paraît toujours plus grande qu'elle ne l'est; je veux parler du nombre de voyages faits par les voyageurs munis de cartes d'abonnement. On pourrait arriver à une certaine appréciation de ces voyages d'abonnés en divisant les recettes par un prix moyen, ou, encore, les Compagnies pourraient faire un calcul approximatif, et les billets permettraient de constater la distance parcourue par chaque voyageur. L'addition de ces données augmenterait beaucoup la valeur statistique des relevés des chemins de fer, et rendrait plus exactes les conclusions que l'on peut en tirer.

Bien que ce travail soit pénible, je me suis efforcé de suppléer à ces imperfections, et je crois que les résultats auxquels je suis arrivé peuvent être considérés comme assez exacts. Des chiffres que j'ai obtenus l'on peut conclure que, de 1861 à 1873, la distance parcourue par chaque voyageur a doublé; et, si l'accroissement qui s'est produit de 1870 à 1873 persistait, elle deviendrait double de ce qu'elle était en 1873, au bout de douze ans, c'est-à-dire en 1885.

De 1864 à 1873, le nombre des voyageurs a doublé, et, si l'accroissement qui s'est produit de 1870 à 1873 persistait, il lui faudrait, pour doubler encore, un laps de temps de douze ans et demi, ce qui nous porterait à 1885.

N'oublions pas, cependant, que la vitesse d'accroissement depuis 1870, bien qu'elle ait été très-régulière en 1871, 1872 et 1873, est supérieure à ce qu'elle était les années précédentes, sans doute à cause de l'élévation des salaires et du grand développement des voyages en troisième classe; et l'on ne peut être sûr que cette vitesse d'accroissement se maintienne.

En admettant qu'il n'y ait eu aucun perfectionnement dans l'exploitation par les signaux, les disques mobiles, etc., l'accroissement des accidents devrait être proportionnel aux distances parcourues par les voyageurs, multipliées par le rapport qui existe entre les distances parcourues par les trains et la longueur des lignes en exploitation, puisque le nombre des trains qui parcourent les mêmes rails doit tendre à accroître le nombre des accidents, surtout lorsque les trains marchent avec des vitesses différentes.

Le nombre des accidents varie beaucoup d'une année à l'autre ; mais si l'on prend deux moyennes, portant chacune sur un laps de dix années, l'on verra que le rapport du nombre des voyageurs tués par des causes indépendantes de leur volonté, à la distance parcourue par voyageur dans les dix années qui se terminent au 31 décembre 1872, n'a été que les deux tiers du même rapport calculé pour la période décennale finissant au 31 décembre 1861. D'un autre côté, la proportion de tous les accidents arrivés aux voyageurs par des causes indépendantes de leur volonté, pendant la dernière période décennale, a surpassé d'un neuvième celle qui correspond à la période décennale antérieure, tandis que la fréquence moyenne des trains s'est accrue d'un quart (1).

Cependant il est probable qu'on arrivera avant longtemps à la limite des perfectionnements que l'on peut apporter aux signaux, à l'efficacité des freins, etc., et alors l'accroissement des accidents dépendra de l'accroissement du mouvement combiné avec celui de la fréquence des trains. La grande augmentation du mouvement sur les chemins de fer, mouvement qui doublera sans doute dans vingt ans, créera sans doute de sérieuses difficultés aux Compagnies ; et, à moins que les Compagnies actuelles n'augmentent le nombre des voies, comme quelques-unes ont déjà commencé à le faire, ou qu'il ne s'établisse de nouveaux chemins de fer, la rapidité et la sécurité des voyages seraient grandement compromises.

Jusqu'à présent cependant, les améliorations introduites dans l'exploitation semblent avoir marché de pair avec l'accroissement du mouvement et de la rapidité, car la légère augmentation constatée dans le rapport entre le nombre des accidents et la distance parcourue par voyageur vient probablement de ce qu'on tient compte plus exactement qu'autrefois même des contusions légères. Je crois me rappeler qu'un président de la chambre de commerce, recevant une députation assez alarmée qui venait l'entretenir des dangers que présentaient les voyages en chemin de fer, lui répondit avec calme qu'il se trouvait plus en sûreté dans un wagon de chemin de fer que partout ailleurs.

Si le fait est vrai, je crois que ce président avait raison, comme on peut s'en convaincre si l'on considère qu'il n'y a qu'un voyageur de blessé pour six millions de kilomètres parcourus, ou qu'en moyenne on peut faire chaque année un voyage de 160 000 kilomètres, pendant quarante ans, avec

---

(1) Accidents de chemin de fer en Grande-Bretagne et en Irlande

Années	Rapport entre la distance parcourue par chaque train et la longueur totale de la ligne	Nombre des accidents pour les trains de voyageurs	Parcours moyen en milles par voyageur (toutes les classes comprises sauf les abonnements)	Nombre des accidents arrivés aux voyageurs par des causes indépendantes de leurs propres actes			Milles parcourus par les voyageurs de toutes classes, abonnements compris	Rapport entre le nombre des voyageurs tués et les distances parcourues en milles par les voyageurs	Rapport entre le nombre des accidents de personnes et les distances parcourues par les voyageurs	Rapport entre le nombre des voyageurs tués et celui des voyages	Rapport entre le nombre des accidents de personnes et celui des voyages
				Tués	Blessés	Total					
I	II (a)	III	IV	V	VI	VII	VIII (b)	IX (c)	X (d)	XI (e)	XII (f)
1846		51	18.80	5	446	451	894.573.000	1 sur 178.915.000	1 sur 5.924.000	1 sur 9.514.000	1 sur 315.000
1849		33	18.21	5	84	89	1.162.806.000	— 232.561.000	— 13.065.000	— 12.768.000	— 717.000
1852		60	16.19	10	372	382	1.473.255.000	— 147.326.000	— 3.857.000	— 8.910.000	— 241.000
1855	5.134	75	15.34	10	311	321	1.864.175.000	— 186.418.000	— 5.807.000	— 12.316.000	— 384.000
1858	5.418	48	14.54	25	410	414	2.084.353.000	— 83.374.000	— 4.604.000	— 5.809.000	— 327.000
1861	5.921	55	14.21	46	780	826	2.547.053.000	— 55.384.000	— 3.084.000	— 3.947.000	— 220.000
1864	6.395	75	12.47	14	697	711	2.966.592.000	— 214.899.000	— 4.172.000	— 17.141.000	— 338.000
1867	6.724	94	11.56	19	689	708	3.478.202.000	— 183.066.000	— 4.913.000	— 15.917.000	— 428.000
1870	7.253	123	10.74	65	1084	1149	3.801.734.000	— 58.488.000	— 3.309.000	— 5.465.000	— 309.000
1873	7.804		10.53	38	1504	1542	5.060.329.000	— 133.167.000	— 3.282.000	— 12.683.000	— 313.000
Moyenne (1852-61 inclusivement)				20	425	445	2.018.485.000	— 100.924.000	— 4.536.000	— 6.850.000	— 308.000
Moyenne (1864-73 inclusivement)				26	920	946	3.826.729.000	— 147.182.000	— 4.045.000	— 13.165.000	— 362.000

(a) Les chiffres de cette colonne s'obtiennent en divisant la distance totale parcourue par les trains par la longueur d'une seule voie, non compris les croisements.
(b) La distance parcourue par les voyageurs a dû être calculée, les relevés de la Chambre de commerce ne la donnant que de 1852 à 1859.
(c) Les chiffres de la colonne IX s'obtiennent en divisant ceux de la colonne VIII par ceux de la colonne V.
(d) Les chiffres de la colonne X s'obtiennent en divisant ceux de la colonne VIII par ceux de la colonne VII.
(e) Les chiffres de la colonne XI s'obtiennent en divisant le nombre total des voyageurs transportés chaque année (y compris un certain nombre de voyages pour les cartes d'abonnement) par les chiffres de la colonne V.
(f) Les chiffres de la colonne XII s'obtiennent en divisant le nombre total des voyageurs transportés chaque année par les chiffres de la colonne VII.

N. B. — Pour évaluer les distances parcourues par les abonnés, nous avons calculé un prix moyen payé par mille pour les voyageurs de chaque classe, et nous avons divisé le total reçu pour les abonnements par ce prix moyen.

une assez grande chance de ne pas recevoir la moindre blessure.

Une question pleine d'actualité est celle de l'économie de combustible. Les membres de l'Association britannique n'ont pas négligé cette importante question.

Au congrès tenu en 1863, à Newcastle-sur-Tyne, sir William Armstrong a sonné l'alarme au sujet de l'épuisement prochain de nos gisements houillers. Au congrès de Brighton, M. Bramwell, alors président de la section de mécanique, a appelé l'attention sur le gaspillage du combustible. A Bradford, M. Siemens, dans une conférence faite aux ouvriers à la demande de l'Association, a insisté sur le gaspillage du combustible qui se fait dans le travail du fer, industrie dont il s'est tant occupé.

Il a fait voir que dans le fourneau à réchauffer ordinaire le charbon brûlé ne produit pas la vingtième partie de l'effet qu'indique la théorie, et dans la fusion de l'acier dans des creusets, par la méthode ordinaire, pas plus de la soixante-dixième partie : pour fondre une tonne d'acier dans les creusets il faut brûler environ deux tonnes et demie de coke. Il a ajouté que dans son fourneau régénérateur à gaz il ne faut, pour fondre une tonne d'acier, que douze quintaux de menu charbon.

M. Lowthian Bell, qui joint à la science du chimiste l'expérience pratique du maître de forges, dans son discours présidentiel prononcé devant les membres de l'Institut, du fer et de l'acier, en 1873, a dit qu'avec la méthode perfectionnée pour retirer et utiliser les gaz, et les perfectionnements adoptés pour les fourneaux dans le district de Cleveland, on obtient maintenant le fer fondu avec une économie de trois millions et demi de tonnes de charbon sur les quantités employées il y a quinze ans, ce qui représente une économie de 45 pour 100. Il démontre par des chiffres qu'il a bien voulu me communiquer que la puissance calorifique des gaz perdus par les fourneaux suffit pour produire toute la vapeur et pour chauffer tout l'air nécessaire aux fourneaux.

Nous avons déjà dit qu'en profitant de la détente de la vapeur, dans les machines à simple ou à double effet, la consommation du combustible avec une machine moderne perfectionnée peut être réduite à un tiers de ce qu'elle était autrefois avec les anciennes machines.

Tous ces perfectionnements sont encore bien loin de donner l'effet théorique du combustible, auquel on n'arrivera peut-être jamais. Les chiffres de M. Lowthian Bell semblent indiquer que, dans l'intérieur du fourneau coulant perfectionné dont on se sert à Cleveland, on ne peut guère faire plus pour diminuer la consommation du combustible; mais on a fait déjà beaucoup, et si les perfectionnements auxquels on peut maintenant arriver étaient appliqués partout, l'économie de combustible serait énorme.

Combien de hauts fourneaux ouverts vomissent encore la flamme, le gaz et la fumée d'une manière aussi inutile et presque aussi nuisible au voisinage que l'Étna ou le Vésuve! Combien il existe encore de vieilles machines à vapeur construites sur des principes absolument déraisonnables!

Que faire aussi en présence d'un chef de famille obstiné? comment régler la consommation des foyers domestiques, lorsque, sans avoir recours aux poêles allemands, mais simplement en faisant usage de la grille de Galton et d'autres appareils perfectionnés, l'on peut avoir tout ce qui est nécessaire au bien-être et à l'agrément, en consommant beaucoup moins de charbon?

Si j'ai montré que nous ne mettons guère à profit qu'une assez petite fraction des effets utiles du combustible, ce n'est pas que je m'attende à ce que nous nous corrigions sur le champ de ce gaspillage. Dans bien des cas il provient des vieilles machines, des fourneaux mal faits, des mauvaises grilles qui existent dans la plupart des maisons ; tout cela ne peut pas être corrigé en un instant, car tout le monde n'a pas les moyens, quelque utile que cela puisse être, de jeter de côté de vieux instruments pour en adopter de nouveaux.

Mais lorsque nous considérons l'avenir avec inquiétude, et que nous craignons de voir le combustible renchérir, c'est quelque chose de savoir ce que nous pouvons faire avec nos connaissances actuelles ; et si nous pouvions les appliquer partout dès ce jour, tout ce qui est nécessaire à notre travail et à notre bien-être pourrait probablement être obtenu aussi bien qu'aujourd'hui avec une consommation de combustible moitié moindre.

C'est donc un devoir pour ceux qui construisent de nouvelles usines, de nouveaux fourneaux, de nouveaux bateaux à vapeur ou de nouvelles maisons, d'agir comme si le prix auquel le charbon était monté il y a deux ans était un fait normal.

Je pourrais aussi vous parler de la fabrication des canons, mais je n'en dirai que quelques mots pour ne pas abuser de votre temps. Ici encore les progrès faits en quelques années ont été énormes ; ceux qui y ont le plus contribué dans ce pays sont deux ingénieurs civils, sir William Armstrong et sir Joseph Whitworth. Le canon de sir William Armstrong a déjà donné des résultats remarquables et satisfaisants ; dans la discussion des perfectionnements possibles, la question se complique d'une tentative pour établir une distinction bien nette entre l'acier et le fer.

Je ne vois d'autre limite à la grosseur des canons que la ténacité et la résistance du métal dont ils sont faits, quelque nom que nous donnions d'ailleurs à ce métal.

Sir Joseph Withworth, qui a déjà fait plus que tout autre ingénieur pour arriver à une bonne exécution du travail, et dont l'idéal de perfection s'étend sans cesse, cherche depuis longtemps, non sans succès, à l'aide d'une compression énorme, à accroître la ténacité de ce qu'il appelle un métal homogène. Faites de bon métal, appelez-le du fer si vous voulez, et vous en ferez des canons aussi gros qu'il vous plaira : avec des moyens mécaniques convenables, la construction et le maniement d'un canon de cent tonnes, ou même plus lourd encore, ne présentent aucune difficulté.

Confiant dans les qualités de son métal comprimé, sir Joseph Whitworth cherche maintenant, par une expérience singulière, à limiter, autant que possible, le mouvement du recul à l'élasticité du métal. En attachant la gueule du canon à une enveloppe extérieure qui transmet aux tourillons toute la force du recul, il veut profiter de cette élasticité jusqu'à une fois et demie la longueur du canon ; l'élasticité seule dans un espace si restreint suffira-t-elle sans autre secours? C'est peut-être douteux ; mais on peut avoir d'autres secours, et l'expérience sera intéressante, soit qu'elle réussisse ou non.

Je ne parlerai ni des cales de construction ni des ports, car il est grand temps de terminer ce trop long discours.

Le passé et l'avenir sont deux mots qui nous font quitter les objets présents et visibles pour d'autres plus éloignés et incertains ; soit que nous regardions en arrière ou en avant, notre vue est bientôt arrêtée par un voile impénétrable.

Sur les sujets que j'ai choisis, vous serez probablement d'avis que j'ai assez regardé en arrière. Je me suis occupé du présent dans une certaine mesure. Un examen rétrospectif peut être utile en montrant les grandes œuvres accomplies par les siècles passés. Nous faisons certaines choses mieux qu'on ne les faisait dans les temps primitifs, mais non pas toutes. Dans ce qu'il nous plaît d'appeler l'idéal, nous ne sommes pas supérieurs aux anciens. Les poëtes, les peintres, les sculpteurs d'autrefois étaient aussi grands que ceux de nos jours ; il en était probablement de même des mathématiciens.

Dans les travaux qui dépendent d'une accumulation d'expérience, nous devons surpasser nos devanciers.

L'art de l'ingénieur est du nombre de ces travaux ; cependant, dans l'avenir, toutes les fois qu'il se présentera des difficultés, ou qu'il faudra accomplir des travaux pour lesquels il n'y a point de précédents, celui qui s'en chargera pourra appartenir à n'importe quelle profession, comme cela est déjà arrivé plus d'une fois.

Les progrès merveilleux réalisés par les deux dernières générations doivent nous rendre prudents lorsqu'il s'agit de prédire l'avenir. Pour les travaux d'art cependant, on peut dire que leur possibilité ou leur impossibilité dépend souvent d'autres éléments que de la difficulté inhérente à ces travaux eux-mêmes. Des œuvres plus grandes que celles qui ont été faites jusqu'ici restent à exécuter, — pas tout de suite cependant : la société ne peut pas encore les réclamer ; le monde ne serait pas assez riche en ce moment pour les payer.

La marche des travaux d'art, les sommes qu'ils ont coûtées de notre temps, sont prodigieux : 256000 kilomètres de chemins de fer, à 300000 francs par kilomètre en nombres ronds, font plus de 76 milliards de francs ; si on y ajoute 640000 kilomètres de fils télégraphiques, à 300 francs le kilomètre, et 2 milliards pour les canaux, les arsenaux, les ports et les travaux d'assainissement exécutés dans le même laps de temps, nous aurons bien près de 79 milliards dépensés dans une génération et demie pour ce que l'on peut assurément appeler des travaux utiles.

La richesse des nations peut être compromise par des dépenses de luxe et de guerre ; elle ne peut pas être diminuée par des dépenses faites pour de semblables travaux.

Quant à l'avenir, nous savons que nous ne pouvons créer de force, mais nous pouvons perfectionner beaucoup l'application de celles que nous connaissons, et sans doute nous le ferons. Ce que nous appelons invention ne peut rien faire de plus, et cependant combien nous faisons chaque jour avec des machines et des instruments nouveaux !

Le télescope a étendu notre vue jusqu'aux mondes éloignés. Le spectroscope a fait bien plus encore, il a étendu notre puissance d'analyse jusque dans ces mondes. La poste était et est encore une organisation grande et utile ; mais qu'est-ce près du télégraphe ?

Devons-nous essayer de voir plus loin dans l'avenir ? Nos connaissances actuelles, comparées à ce qu'il nous reste à apprendre, même en physique, sont infiniment petites. Il se peut que nous ne découvrions jamais une force nouvelle, — et cependant qui sait ?

J. HAWSKSHAW.

ASSOCIATION FRANÇAISE

POUR L'AVANCEMENT DES SCIENCES

CONGRÈS DE NANTES

SÉANCES DE SECTIONS

SECTION DES SCIENCES MÉDICALES (1)

M. A. CHAUVEAU

L'agent pyohémique

La question contenue dans ce titre est très-vaste. M. Chauveau n'en veut envisager qu'un point très-circonscrit, à savoir quelles sont les conditions qui rendent infectant le pus des blessés ; ou, plus étroitement, qui lui permettent, quand il s'introduit dans les vaisseaux, de produire les inflammations secondaires disséminées, circonscrites ou diffuses, de la pyohémie.

Les nombreuses expériences faites antérieurement pour produire ces lésions, en injectant du pus dans les veines des animaux, semblaient avoir établi que le pus dit de bonne nature, ou pus sain, ou pus non putride, n'est pas infectant ; mais que tous les pus recueillis en état de putridité sur les plaies ou dans certaines cavités sont plus ou moins aptes à déterminer les abcès dits métastatiques, ainsi que les autres inflammations pyohémiques secondaires. Sauf de fortes réserves sur les différences d'activité qu'impriment au pus putride les différences d'origine, c'est à peu près à cette opinion que s'était rallié M. Chauveau lui-même, quand il discutait, en 1872, la question de l'agent pyohémique avec M. Burdon-Sanderson. Mais à la suite de cette discussion, en faisant un recollement complet de ses expériences propres, M. Chauveau est arrivé à se convaincre que, dans les termes où elle vient d'être formulée, la proposition qui attribue d'une manière générale la propriété infectante au pus putride est plus que partiellement défectueuse : elle manque tout à fait d'exactitude.

Depuis 1855, on a fait, dans le laboratoire de M. Chauveau, une centaine d'injections de pus dans la veine jugulaire, la plupart sur des chevaux et des ânes. Quelques-unes ont, de plus, été pratiquées dans le système artériel. Sur ce nombre considérable, soixante cas environ appartiennent à des injections de pus de bonne nature, injections qui, conformément aux faits antérieurement observés, n'ont pas déterminé de lésions dans le poumon. Quant aux quarante expériences restantes, toutes faites avec du pus putride, elles n'ont pas toutes donné, loin de là, des résultats positifs : Il n'y en a guère qu'une douzaine qui soient dans ce cas, c'est-à-dire qui aient provoqué la formation, dans le poumon, d'abcès métastatiques plus ou moins nombreux et plus ou moins graves.

Comment expliquer cette différence de résultats ? Évidemment, les conditions des expériences n'étaient pas identiques, quoiqu'on eût cherché à réaliser cette identité. Mal-

---

(1) Voy. ci-dessus les n^{os} des 28 août et 4 septembre, p. 210 et 228.

heureusement ces conditions n'étaient pas signalées avec assez de détails ou de précision dans la plupart de ces expériences anciennes. Il n'y en avait qu'un nombre fort restreint de la comparaison desquelles il fut possible de tirer quelques lumières. De là la nécessité de faire de nouvelles expériences, pour essayer d'arriver à déterminer la cause des différences observées.

Ce n'est pas dans la réceptivité particulière des sujets d'expériences que cette cause doit être cherchée. Les expérimentateurs familiarisés avec l'étude des maladies virulentes ne peuvent pas attacher à cette condition une influence primordiale.

Évidemment, c'est la matière infectante, le pus injecté dans les vaisseaux des sujets d'expériences qui récèle en lui-même la cause des différences observées dans les résultats que produit l'injection. Il était donc indispensable de s'assurer aussi rigoureusement que possible des conditions de la matière infectante utilisée dans les expériences.

Pour cela on a eu soin d'en noter avec soin l'origine et les caractères. Mais on a tenu surtout à essayer, pour toutes les expériences, l'activité phlogogène de cette matière infectante. C'est qu'en effet, si du pus introduit dans les vaisseaux, engendre au sein des organes où il se dissémine des inflammations circonscrites ou diffuses, ce ne peut être qu'en vertu d'une propriété phlogogène, qui doit se manifester également dans toute autre condition de contact avec les tissus animaux. Or, on possède un excellent moyen de mesurer l'activité de cette propriété phlogogène ; c'est l'injection dans le tissu conjonctif sous-cutané. Un centimètre cube d'eau pure, additionnée de six à huit gouttes de pus, suffit à l'expérience. L'injection, pratiquée soigneusement avec la seringue Pravaz, sur un cheval ou sur un âne, produit, suivant l'activité phlogogène du pus, ou une tuméfaction fugitive, ou un petit abcès, ou un phlegmon intense plus ou moins grave, ou un phlegmon excessif, gangréneux qui emporte presque toujours l'animal en quelques jours. Dans toutes les expériences nouvelles de M. Chauveau, il y a eu un ou plusieurs animaux témoins, destinés à éprouver, par ce procédé, l'activité phlogogène de la matière infectante injectée dans les vaisseaux.

M. Chauveau s'est assuré encore un autre avantage en faisant l'injection de la matière infectante dans l'artère carotide, au lieu de la jugulaire. Il s'y est décidé parce que, parmi ses expériences antérieures, celles qui avaient été recueillies dans des conditions qui permettent de les comparer aux expériences nouvelles, ont été justement pratiquées sur la carotide. De plus, avec ce procédé, la matière irritante est poussée dans des organes d'une extrême susceptibilité, l'encéphale et l'œil, traduisant leurs moindres lésions par des troubles fonctionnels ou matériels très-facilement appréciables.

Le manuel opératoire est des plus simples.

On commence par préparer le pus qui doit être injecté. Il est additionné de 2 à 3 parties d'eau et soumis à un tamisage qui retient les flocons fibrineux. Le tamis, formé de 8 à 10 plans superposés de très-fine toile de batiste, est assez fin pour ne laisser passer les globules que un à un. En vertu de leur propriété agglutinative, ils peuvent se rejoindre et former de petites masses ; mais ces amas ne sont point cohérents ; ils se désagrégent avec la plus grande facilité dans un flot de liquide, et ne peuvent ainsi former de véritables embolies quand ils sont introduits dans l'artère carotide. Cette condition est de la dernière importance dans des expériences de cette nature, pour ne point compliquer les effets de l'action irritante propre de la matière infectante, par ceux de l'ischémie que déterminerait une embolie dans un département vasculaire plus ou moins étendu. Certes, pour provoquer la naissance d'un foyer inflammatoire, il est absolument nécessaire que les agents irritants du pus introduit

dans le système circulatoire s'arrêtent et se fixent dans les capillaires. Mais, en prenant la précaution de faire l'introduction intravasculaire de ces agents sous une forme qui ne leur permet pas de jouer le rôle d'obstacle *mécanique* sérieux à la circulation, on se place dans des conditions beaucoup plus simples que si la matière injectée peut obstruer des artérioles.

On verra, du reste, par les résultats des présentes expériences, que la théorie embolique de la pyohémie, telle qu'elle a été établie par les travaux de Virchow et de ses élèves, n'est nullement nécessaire pour expliquer la formation des foyers inflammatoires circonscrits des individus pyohémiques. Mais ce point de physiologie pathologique n'est point ici en cause ; M. Chauveau se hâte de dire qu'il ne le discutera point. Que la matière irritante arrive ou non sous forme d'embole oblitérant dans la profondeur des viscères, il faut, dans tous les cas, que cette matière possède une activité phlogogène spéciale pour produire des abcès dits métastatiques, et ce sont seulement les conditions de cette activité que M. Chauveau cherche à déterminer.

La matière ainsi préparée est introduite dans une seringue Pravaz, dont la canule ponctionnante, extrêmement fine, est rattachée au corps de pompe par un tube court en caoutchouc. Ce tube a l'avantage de rendre l'instrument plus maniable, et de transformer en jet continu le mouvement saccadé imprimé au liquide par les coups de piston. La quantité de liquide introduite dans la seringue a été généralement calculée de manière à injecter vingt gouttes de pus dans la carotide. Mais il est arrivé parfois que l'on n'a pu se procurer le pus en quantité suffisante pour arriver à ce chiffre. On a dû descendre jusqu'à cinq gouttes. Comme c'est dans des cas où la matière s'est justement montrée à son maximum d'activité, cette circonstance, loin de nuire à l'ensemble des expériences, n'a fait qu'en accentuer davantage la signification.

L'opération de l'injection se fait avec la plus grande facilité. C'est sur des solipèdes que le plus grand nombre des expériences ont été pratiquées. La carotide est mise à nu sur l'animal maintenu debout. Il est bon de laisser le vaisseau dans sa gaîne. Mais il n'y a pas d'inconvénient à l'en sortir et à le placer en travers d'une sonde ou d'une paire de ciseaux. Ce procédé facilite la ponction du vaisseau et l'injection de la matière purulente.

Ce dernier temps de l'opération exige quelques précautions qui sont indiquées par l'auteur avec détails. Une surtout doit être observée. Il faut avoir soin, avant la ponction, d'essuyer parfaitement la lance de la canule ; et, après l'injection, avant de retirer l'instrument, on doit laisser le courant sanguin en laver parfaitement l'extrémité. Sans cette double précaution, on s'expose à inoculer la paroi du vaisseau avec la matière purulente, et il en peut résulter ultérieurement, si l'animal doit survivre assez longtemps, une ulcération capable de déterminer une hémorrhagie mortelle. La matière injectée dans l'artère est emportée vers les organes où celle-ci se distribue, par le courant sanguin resté absolument libre. Aucune ligature n'est nécessaire après l'opération, parce que la plaie faite au vaisseau par la ponction est trop petite pour donner naissance à une hémorrhagie. L'artère peut être considérée comme intacte. Son canal est aussi librement ouvert qu'auparavant. C'est comme si elle n'avait pas été touchée. Les autopsies démontrent effectivement qu'en dehors de l'accident signalé plus haut il ne se forme point de caillot au niveau de la fine piqûre occasionnée par la ponction du vaisseau.

Les suites immédiates de l'opération sont de deux ordres : ce sont ou des phénomènes généraux ou des phénomènes locaux.

Les premiers sont les phénomènes de la fièvre : accélération du pouls, frissons, chaleur à la peau, sueurs, élévation de la température rectale. Ils se manifestent sur presque tous les sujets; mais leur intensité est extrêmement variable, suivant la nature et la quantité de la matière injectée. L'étude de cette très-intéressante action pyrogène n'entrant pas dans le plan du travail de M. Chauveau, il ne veut pas s'étendre sur ce point. Il tient seulement à signaler un seul fait, la rapidité avec laquelle apparaissent ces phénomènes lorsque l'action pyrogène de la matière purulente est très-marquée. Le plus souvent alors le frisson, et un frisson qui est parfois d'une violence extraordinaire, commence à se manifester avant même que l'injection ne soit terminée, c'est-à-dire en moins de trois à quatre minutes (c'est le temps moyen employé pour achever l'injection). Tous les autres phénomènes apparaissent presque simultanément, en sorte qu'il est à peu près impossible de saisir une différence entre le temps d'apparition des frissons et celui des sueurs. La rapidité de l'apparition de ces phénomènes fébriles ne permet pas de les interpréter autrement que comme le résultat immédiat de l'action de la matière infectante sur le système nerveux central.

Quant aux phénomènes locaux immédiats, ils se manifestent aussi sur le plus grand nombre des sujets, quels que soient, du reste, les résultats ultérieurs de l'opération. Ce sont de légers mouvements convulsifs dans les muscles de la face, quelquefois une semi-paralysie fugitive des lèvres. Il arrive souvent que l'animal secoue énergiquement la tête. Enfin, on peut observer un peu de vascularisation sur la conjonctive du côté où l'injection a été faite.

Mais ce sont les résultats consécutifs qui offrent le plus grand intérêt. A ce point de vue, les sujets d'expérience se divisent en deux grandes catégories : 1° ceux qui guérissent de l'opération; 2° ceux qui en meurent.

Les premiers se rétablissent en général très-promptement. Dès le lendemain, la fièvre peut avoir disparu, ainsi que les troubles nerveux. Il ne reste aux animaux que la plaie du cou, qui se cicatrise plus ou moins rapidement, suivant les soins qu'on y donne. L'examen anatomique de l'encéphale révèle parfois quelques particularités dignes d'attention, mais sans intérêt direct relativement à la question de la pyohémie.

C'est toujours par une violente méningo-encéphalite que sont tués les animaux qui succombent. La mort arrive rapidement entre la trentième et la quatre-vingtième heure. Lorsqu'on observe ces sujets le lendemain de l'opération, ils paraissent tristes ou même plongés dans le coma. L'œil, du côté de l'injection, est plus ou moins larmoyant. Les vaisseaux de la conjonctive sont fortement injectés, et la cornée peut commencer à présenter une certaine opacité. Puis surviennent tout à coup les troubles nerveux les plus graves : roideur générale, chute sur le sol, convulsions toniques et cloniques, toujours plus marquées du côté opposé à celui de l'injection. Les crises se succèdent plus ou moins rapidement. Elles alternent avec des périodes de rémission dans lesquelles les phénomènes paralytiques se combinent aux contractions permanentes. Enfin l'animal ne tarde pas à périr au milieu d'une de ces crises convulsives, qui sont parfois d'une violence inouïe.

L'autopsie révèle dans l'œil et l'encéphale les plus intéressantes lésions.

Dans l'œil, la vascularisation extérieure a disparu; mais on trouve la conjonctive infiltrée et la cornée tout à fait opaque. A l'intérieur se montrent des lésions très-accentuées d'iritis et de choroïdo-rétinite. L'humeur aqueuse, trouble, contient des fausses membranes fibrineuses infiltrées de globules de pus. Il y en a aussi d'étalées sur la face antérieure de l'iris. Celui-ci est plus ou moins décoloré. La rétine adhère à la choroïde en certains points. On peut trouver de très-fines granulations inflammatoires sur le trajet des vaisseaux rétiniens fortement injectés. Il en existe d'un peu plus volu-

mineuses dispersées dans le tissu de la choroïde, avec de petits extravasats sanguins et dépigmentation de la membrane.

L'encéphale présente à sa surface tous les signes anatomiques d'une méningite plus ou moins généralisée : rougeur diffuse de la pie-mère, petites plaques hémorrhagiques, exudats pseudo-membraneux et purulents à la base, dans la scissure de Sylvius, sur les plexus choroïdes cérébelleux et sur quelques circonvolutions. Les ventricules contiennent en abondance de la sérosité purulente. Sur les parois sont étalées des fausses membranes fibrineuses infiltrées de pus. Elles laissent voir, quand on les enlève, un picté hémorrhagique souvent très-serré.

C'est dans l'épaisseur de la substance cérébrale que se trouvent les lésions les plus importantes. Les plus remarquables sont de petits abcès miliaires, qu'on peut rencontrer au nombre de plusieurs centaines, et qui, en devenant cohérents sur certains points, forment alors des abcès plus volumineux. Rien de plus instructif, au point de vue du mode de formation des lésions pyohémiques, que l'étude de ces lésions : ce sont bien là de petits foyers très-franchement inflammatoires, sans complication d'aucun autre processus. Les grands foyers ont les dimensions d'un pois ou d'une noisette. Ils ne sont pas tous formés par la réunion de petits abcès miliaires. Le plus grand nombre, au contraire, paraissent procéder d'un foyer inflammatoire unique.

Le pus contenu dans ces abcès est généralement d'une couleur grise verdâtre. Cette couleur tire parfois sur le rouge, surtout dans les grands foyers. Le pus est alors teinté par la matière colorante du sang.

Il peut exister aussi des foyers hémorrhagiques ayant la plus grande ressemblance avec ceux de l'apoplexie cérébrale type. Les grands foyers sont très-rares. Mais les extravasats miliaires quasi-microscopiques ou même microscopiques sont assez communs. On les trouve mêlés aux petits abcès, et la comparaison des deux sortes de lésions ne laisse aucun doute sur leur origine commune; les unes et les autres reconnaissent pour cause l'irritation déterminée par la matière infectante, la fluxion violente qui appelle le sang dans les capillaires et peut en déterminer la rupture.

Jamais on n'a rien constaté qui ressemble au ramollissement blanc, à l'infarctus nécrobiotique causé par l'arrêt embolique de la circulation. Les lésions sont toutes de nature franchement inflammatoire. C'est au moins là leur caractéristique générale.

Ces lésions sont beaucoup plus graves du côté où l'injection a été faite. Mais il en existe toujours du côté opposé. C'est dans les hémisphères cérébraux qu'on observe les plus abondantes. On en trouve aussi dans la moelle allongée et le cervelet.

En un mot, l'encéphale, sous l'influence de l'action irritante de certains pus introduits dans l'artère carotide sous un état qui ne leur permet pas de jouer le rôle d'embolies oblitérants, devient le siége de lésions inflammatoires, *circonscrites* et *diffuses*, qui sont tout à fait remarquables.

D'autres lésions, moins importantes, ont encore été trouvées ailleurs. Il faut signaler particulièrement celles qui ont été produites dans le poumon par la petite quantité d'éléments infectants qui n'ont pas été fixés par les capillaires de la tête. Ces lésions sont, du reste, très-rares. Elles consistent en nodules rouges, sur la nature desquelles il y a matière à discussion, mais que M. Chauveau n'hésite pas à considérer comme issues du même processus que les lésions encéphaliques et oculaires.

En établissant le bilan général des expériences ainsi faites pour étudier les effets produits par les injections de matières infectantes dans la carotide, on trouve ces expériences au nombre de vingt-huit. Huit concernent l'étude de pus non putride, ou même de sérosité purulente privée absolument de globules. Il en reste vingt consacrées à l'étude du sujet spécial qui est en vue, la comparaison de différents pus putrides. Or, sur ce nombre de vingt sujets qui ont reçu du pus putride dans la carotide, quatorze se sont rétablis promptement et complétement, six seulement ont succombé dans les conditions qui viennent d'être indiquées.

Que si maintenant l'on compare ces résultats avec ceux qu'a donnés l'injection sous-cutanée sur les animaux témoins destinés à essayer l'activité phlogogène de la matière injectée, on constate les plus étroites relations entre les deux ordres de faits. Dans les six expériences positives, le pus employé était d'une telle activité que l'injection sous-cutanée a déterminé *dans tous les cas* des phlegmons gangréneux d'une exceptionnelle gravité. Quatre des sujets ont succombé le quatrième ou le cinquième jour; les deux autres ont été extrêmement malades et ont eu beaucoup de peine à se tire d'affaire. Quant aux quatorze expériences négatives, les animaux témoins affectés à ces expériences ont eu presque tous, au lieu de l'injection sous-cutanée, un abcès plus ou moins volumineux, renfermant de 1 à 50 centimètres cubes de pus, parfois inodore, beaucoup plus souvent franchement putride. Mais aucun de ces animaux n'a été véritablement malade. Un peu de fièvre de réaction sur les sujets porteurs d'un foyer inflammatoire étendu, tel a été le seul symptôme qui ait pu être observé.

L'origine du pus employé dans les expériences donne lieu aussi à d'instructifs rapprochements. Dans l'un des six cas où la matière infectante s'est montrée d'une si grande nocuité, le pus avait été emprunté à un plaie récente du cou d'un cheval, plaie compliquée et enflammée à laquelle il eut été difficile d'assigner des caractères plus explicites. Mais, dans les cinq autres cas, le pus provenait de sétons récents *ayant déterminé une très-grosse tuméfaction douloureuse et dont le trajet se montrait crépitant.* Enfin, le pus utilisé pour les quatorze expériences négatives avait été pris dans des abcès putrides provoqués par une injection sous-cutanée, ou sur des plaies en voie de cicatrisation avancée, ou bien encore dans le trajet de sétons anciens ou mêmes récents n'*ayant donné naissance qu'à une tuméfaction insignifiante.* En somme, ce pus inoffensif avait pour origine des foyers fermés, ou des plaies exposées se présentant avec des caractères de bonne nature; le pus malin sortait de plaies exposées dont les caractères indiquaient, au contraire, une mauvaise tendance, au moins dans le plus grand nombre des cas.

Et maintenant que conclure? Pour que du pus, introduit dans le torrent circulatoire, soit apte à déterminer des lésions pyohémiques, il ne suffit pas qu'il soit putride : il faut encore que la putridité de ce pus se soit développée dans des conditions spéciales. On doit admettre pour ce pus, — n'hésitons pas à dire le mot, si vague qu'il soit, — une sorte de spécificité.

Si malheureusement il ne nous est pas encore donné de connaître l'agent ou les agents qui donnent au pus cette spécificité, au moins avons-nous l'avantage de connaître empiriquement quelques-unes des conditions de son développement. C'est beaucoup de savoir que toutes les plaies putrides ne sont pas capables de fournir du pus doué de la propriété de provoquer, par son introduction en très-petite quantité dans les vaisseaux, les lésions inflammatoires circonscrites ou diffuses de la pyohémie. Quand les plaies ont cette aptitude, elles peuvent, dans certains cas, la traduire par des caractères objectifs à peu près certains, comme la chose arrive pour les plaies de sétons passés sous la peau des solipèdes. Ces caractères sont alors assez significatifs pour qu'on puisse affirmer à l'avance que le pus fourni par ces plaies produira des inflammations profondes ou des phlegmons gangréneux extérieurs, suivant que la matière sera introduite dans les vaisseaux ou dans le tissu conjonctif sous-cutané. M. Chauveau a déjà signalé ailleurs l'activité

spéciale du pus qui a cette origine. Il croyait alors que cette activité n'est qu'un degré plus élevé de l'activité phlogogène commune à la généralité des pus putrides. Aujourd'hui il ne peut plus conserver cette opinion. C'est plus qu'une différence de degré dans la même activité phlogogène qu'il faut reconnaître aux différents pus putrides. Il y a certainement des conditions toutes particulières inhérentes à l'état putride du pus infectant capable de causer les graves désordres dont il a été question, même quand cette matière est employée à la dose de quelques gouttes seulement.

Une autre conclusion se dégage encore des présentes expériences. C'est une conclusion pratique qui ne se distingue pas par sa nouveauté, mais qu'il est bon d'indiquer, parce qu'elle est apte à raffermir les tendances actuelles de la chirurgie dans le traitement des plaies. L'état nosocomial qui provoque, dans les salles de blessés ou d'opérés, de si terribles épidémies de pyohémie, exercerait sa funeste influence, d'après une opinion encore répandue, en agissant sur l'état général, par absorption pulmonaire de miasmes infectants; ces miasmes augmenteraient la réceptivité des sujets, ou même joueraient dans l'économie le rôle d'agents directs des accidents pyohémiques. Il est plus raisonnable, si l'on tient compte des expériences dont il vient d'être question, de penser que l'atmosphère nosocomiale agit directement sur l'accident primitif, sur la plaie exposée, source indéniable de l'agent pyohémique. Elle favorise la production de cet agent. De là, l'indication, pour prévenir la pyohémie ou en arrêter les progrès, de porter son attention sur le foyer primaire, c'est-à-dire sur le lieu où très-certainement prend naissance l'agent pyohémique.

SECTION D'ANTHROPOLOGIE (1)

Séance du 21 août (matin). — Présidence de M. Cartailhac, vice-président.

Exposé des mœurs et coutumes des hommes des cavernes de l'Europe occidentale. — — La religion des Canariens primitifs. — La pierre polie. — Présentation d'un microcéphale : discussion.

M. *Phené* donne lecture d'un mémoire sur le sujet ci-dessus désigné, et met sous les yeux des membres de la section des dessins à l'appui des doctrines qu'il expose.

Cette note, écrite en anglais, sera l'objet d'une traduction ultérieure.

M. l'amiral *Oumanney* cite à l'appui des opinions développées par M. Phené des faits analogues qu'il a eu l'occasion d'observer. Il appelle l'attention sur cette circonstance qu'en 1864 il découvrit dans les grottes de Gibraltar des silex taillés et des haches semblables à celles des caves de France. A ces objets étaient joints de nombreux ossements d'animaux appartenant à des espèces éteintes ou ayant tout au moins un caractère exotique. Là se trouvaient également des poteries et des ossements humains.

— M. le docteur *Chil y Naranjo* donne lecture d'une note dans laquelle sont décrites les pratiques superstitieuses des Canariens primitifs, et les sacrifices qu'ils avaient coutume d'offrir à la divinité.

A la Grande-Canarie, les habitants croyaient à un être infini, conservateur du monde, qu'ils appelaient *Alcorac* ou *Alchoran*. On lui rendait honneur sur le sommet des montagnes escarpées, et aussi dans de petits temples appelés *Almogaren*, c'est-à-dire maison sainte. Les prêtres étaient des femmes qui avaient fait vœu de chasteté.

Les lieux sacrés servaient d'asile même aux criminels.

------

(1) Voyez ci-dessus le numéro du 4 septembre 1875, page 223.

L'influence d'un esprit du mal du nom de *Gabio* ou *Gabiot* mêlait dans la croyance des Canariens son influence à celle de la divinité.

A Ténériffe, les *Guanches* rendaient un culte analogue à *Alcorac*, qu'ils appelaient aussi *Achamun*, et avaient coutume de se rassembler le soir dans les lieux consacrés pour faire la prière en commun.

A l'île de la Palma, on reconnaissait un être suprême qui gouvernait tout l'univers et qui avait sa demeure au ciel; on l'appelait *Abara*.

Les Canariens rendaient également un culte aux emblèmes de la fécondité (culte de Priape) et aux éléments.

Les objets de leurs offrandes étaient ceux dont ces peuples pasteurs devaient estimer le plus l'utilité. Ils regardaient la mer comme un être pourvu de volonté et donnant la pluie. Dans les temps de sécheresse, ils fouettaient la mer et imploraient le ciel en grande pompe.

— M. *Chil y Naranjo* présente, en outre, trois pierres polies (haches) trouvées, les deux premières au pied d'une montagne située aux environs de la ville d'Aruca, la troisième dans l'île de Puerto-Rico.

Ces objets paraissent plutôt avoir été fabriqués dans un but d'apparat que d'industrie.

— M. le docteur *Laennec* présente au lieu et place de M. le docteur Petit, empêché, un microcéphale âgé de quatorze ans du sexe masculin, placé depuis un certain temps à l'asile public des aliénés de Nantes.

Ce sujet est absolument inconscient de ses actes, et les manifestations intellectuelles dont il est capable sont très-rares et très-rudimentaires.

M. le docteur *Dally* fait remarquer que le sujet ne peut être considéré comme absolument dépourvu d'intelligence. La satisfaction non équivoque qu'il a manifestée lorsqu'on lui a offert un morceau de sucre en est la preuve.

Son langage se réduit aux deux syllabes *oui* et *la*, qu'il répète indifféremment; mais l'intonation qu'il y met est l'indice de la joie qu'il entend exprimer en les prononçant.

M. le docteur *Laennec* insiste sur l'inconscience absolue du sujet en ce qui concerne le danger et la direction dans laquelle se portent ses pas, et appelle l'attention sur la conformation des mains, rendue vicieuse par l'atrophie des pouces, surtout à droite, et l'impossibilité du mouvement d'opposition.

M. le docteur *Broca*. Il résulte de l'atrophie du pouce et du défaut d'opposition signalés par M. Laennec que la main présente seulement le sillon transversal, comme la main du chimpanzé.

De plus, la dentition est en retard. Parvenu à l'âge de quatorze ans, le sujet n'a, en effet, que douze dents.

A propos de ce cas individuel de microcéphalie, M. Broca présente des crânes microcéphales provenant des collections de la Société d'anthropologie de Paris.

La microcéphalie, dit M. Broca, offre des degrés très-divers. Parfois l'arrêt de développement de toutes les parties du cerveau est simultané. Cet arrêt, portant à la fois et à un égal degré sur l'ensemble de l'encéphale, a une double conséquence : conservation des proportions normales sous un type réduit; arrêt de développement du reste de l'organisme. Les Aztecs observés récemment à Paris sont des exemples de cette variété. Les microcéphales qui rentrent dans cette catégorie ne sont pas les plus dénués d'intelligence.

En outre, il existe des microcéphales dont le reste du corps a acquis un développement normal (microcéphales non nains), ceux-là sont idiots; puis les microcéphales nains se subdivisant en microcéphales avec intelligence enfantine et en microcéphales tout à fait idiots. Enfin, les idiots qu'on observe communément dans les asiles d'aliénés constituent une catégorie de semi-microcéphales intermédiaires entre le type pur de l'arrêt de développement, et celui du développement normal du vertex.

Chez les microcéphales, il y a à considérer deux choses : le crâne, le cerveau.

Chez ceux qui sont parvenus à l'âge adulte, ce qui frappe immédiatement c'est le développement énorme de la région faciale, comparativement à celui de la région crânienne. C'est le cas du sujet présentement en observation.

Les muscles préposés à la mastication sont particulièrement développés. Or, sur un crâne de dimensions réduites pour que les muscles temporaux, dont le volume est exagéré, trouvent leurs points d'intersection, il leur devient nécessaire d'empiéter sur la région pariétale. Il s'en suit que le contact avec l'intersection crânienne du congénère est presque immédiat dans un grand nombre de cas, et que la contiguïté existe réellement dans quelques-uns.

Autre point à noter : le défaut de développement du crâne dans la microcéphalie n'entraîne pas l'absence ou la déformation de l'un ou de l'autre des os en particulier qui composent la boîte crânienne. Seule l'apophyse clinoïde est comme boursouflée et renflée en forme de massue.

Quant aux sutures, elles sont remarquables par leur simplicité, simplicité qui constitue dans l'échelle animale un caractère d'infériorité. Presque toujours elles sont libres. Ce n'est pas à leur réunion prématurée que peut être attribué l'arrêt de développement du cerveau; car le développement du cerveau humain se continue longtemps après que celui du reste de l'organisme a pris terme. Il peut se poursuivre jusqu'à la quarantième année chez les sujets dont l'encéphale est incessamment exercé.

Il en est autrement du cerveau simien. Chez le singe, la soudure précoce des sutures entraine normalement un écart plus grand entre le volume du crâne et celui du corps pour le singe adulte, que l'écart existant entre le volume du crâne et celui du corps pour le singe enfant. De même les manifestations intellectuelles du singe enfant sont plus actives et plus complexes que celles dont le singe adulte est capable.

Il n'est pas possible d'admettre, — au moins à titre de règle générale, — que la réunion prématurée des os du crâne soit la cause de l'arrêt de développement du cerveau qui se trouverait de la sorte emprisonné dans une boîte trop étroite. M. Baillarger a produit un crâne microcéphale provenant d'un sujet de quatorze ans, sur lequel la suture sagittale a complétement disparu. Nous sommes en droit d'affirmer que cette soudure, identique à celle qui s'observe sur le crâne du singe, n'a pas été dans cette circonstance particulière une cause plus active que dans les autres de l'arrêt du développement encéphalique.

Quant à l'angle facial qui, chez l'homme normal ne doit pas descendre au-dessous de 60 degrés, il est chez les microcéphales, par suite du défaut du rapport entre le développement des os du crâne et celui des os de la face, de 50 à 60 degrés environ. Voilà un indice non équivoque d'un retour, chez le microcéphale, vers les caractères simiens.

D'un autre côté, l'évolution dentaire, chez le singe, est beaucoup plus précoce que chez l'homme. Or, chez le microcéphale, l'évolution dentaire se trouve retardée. Voilà un signe de divergence entre la microcéphalie et un retour quelconque vers les caractères simiens.

Disons-le enfin, cette affection du crâne, en raison de laquelle son développement s'arrête, n'a pas dans le crâne lui-même sa cause essentielle.

Serait-ce donc un arrêt de développement du cerveau qui produirait la microcéphalie? La dispositon des circonvolutions, dans les cerveaux microcéphales, est étrange. D'abord, la circonvolution frontale manque; ensuite, les circonvolutions existantes sont d'une largeur exagérée.

Parfois, à la vérité, on trouve les lobes frontaux très-développés; mais le cervelet reste découvert, l'atrophie du cerveau par rapport aux lobes frontaux étant notoire dans ce cas-là.

En un mot, dans les microcéphales, le développement du cerveau est entravé de plusieurs manières différentes, et l'arrêt de développement, qui est inégal, résulte de causes entre elles parfaitement distinctes.

Le point de départ de l'affection ne saurait donc être rapporté à un arrêt de développement pur et simple. Les os du crâne, à la vérité, cessent de se développer par défaut de sollicitation; mais l'origine de la défectuosité est ailleurs.

— M. *Carl Vogt.* Lorsque j'ai abordé l'étude de la microcéphalie, je me suis demandé si, dans le développement du cerveau, la défectuosité dépendait de la soudure prématurée des sutures crâniennes, ou bien si elle était due à une cause étrangère à ce fait anormal. Or, il existe des crânes microcéphales présentant des sutures parfaitement libres. Il n'est pas permis d'invoquer la synostose comme cause primitive de l'affection.

Sans insister outre mesure sur les caractères simiens ou anti-simiens du crâne des microcéphales, il convient pourtant de faire remarquer que leur cerveau s'éloigne par la rareté des plis des circonvolutions de celui du singe. Au point de vue de la richesse des circonvolutions, le microcéphale est au-dessous du chimpanzé.

Chez le microcéphale, le lobe frontal et le lobe pariétal ne parviennent pas au contact. Le lobe de l'insula reste découvert dans une étendue plus ou moins grande.

Chez le singe, au contraire, le lobe de l'insula est recouvert par le repli central de la circonvolution frontale.

La face des microcéphales conserve les caractères humains. C'est à la défectuosité du développement de sa charpente qu'elle doit l'expression de bestialité que donne le prognatisme. Leur cervelet n'est point recouvert par le cerveau. Or, il est à remarquer que la base de leur crâne à une étendue presque égale à celle d'un homme normalement constitué. Si, maintenant, dans un crâne dont la base a des dimensions normales, vient se placer un cerveau incomplètement développé, il est évident que le cervelet restera à découvert.

Autre considération : même en cessant de se développer normalement, un organe n'en continue pas moins à se développer dans un sens déterminé. Le phénomène anormal qui se produit consiste plutôt en une déviation qu'en une stase dans l'évolution régulière.

Ainsi, tout embryon humain traverse, pendant le cours de la vie fœtale, une période pendant laquelle il est pourvu de fentes branchiales; mais, pour que son développement se poursuive régulièrement, et sous peine de conserver à jamais des traces de cet état essentiellement transitoire, tout embryon doit franchir cette période rapidement. La fistule congénitale du cou est la marque de la lenteur qu'il y a mise. Le développement ne s'est pas arrêté; il a continué à s'effectuer, mais dans une direction vicieuse.

Il en est de même dans la microcéphalie. Pour la portion de la masse cérébrale dont le développement continue, le développement est dévié de la route qu'il devrait suivre par l'arrêt de développement qui se produit dans l'autre portion de l'encéphale.

Quant à la cause de cet arrêt de développement, le doute le plus absolu, dit en terminant M. Carl Vogt, règne encore dans la science à ce sujet.

Récemment, un savant, M. Glays, a émis l'hypothèse que certains états morbides de l'utérus pourraient, par les compressions dont ils seraient l'origine et que subirait le vertex du fœtus, être le point de départ de la difformité. C'est là une opinion personnelle qu'il conviendrait d'exami-ner de près.

BULLETIN DES SOCIÉTÉS SAVANTES

Académie des sciences de Paris. — 16 août 1875.

M. Ad. Brongniart : L'ovule et la graine des cycadées, comparés à des graines fossiles du terrain houiller. — M. J. Vinot : Le sidéroscope. — M Trève : Signaux propres à prévenir les abordages en mer. — M. Ch. Vélain : Analyse des dégagements gazeux de l'île Saint-Paul. — M. C. Decharme : Les nouvelles flammes sonores. — M. Mermet : Réactif pour reconnaître les sulfocarbonates en dissolution. — M. E. Heckel : Partie active des semences de Courge, employées comme tæniicides. — M. E. Rivière : Faune quaternaire des grottes de Menton.

M. *Ad. Brongniart* fait une communication sur la structure de l'ovule et de la graine des cycadées, comparée à celle de diverses graines fossiles du terrain houiller. L'auteur, en étudiant les graines silicifiées du terrain houiller de Saint-Étienne, avait signalé un point très-remarquable de leur organisation. Ce point consistait dans la présence, vers le sommet du nucelle et dans la partie correspondant au micropyle du testa, d'une grande lacune contenant presque toujours des granules ou vésicules libres qu'on ne pouvait considérer que comme des grains de pollen. M. Brongniart avait donc appelé cette cavité *chambre pollinique.* Jusqu'ici on n'avait rencontré rien de semblable dans les végétaux gymnospermes vivants. Mais il faut dire que les conifères seules ont été véritablement étudiées et les observations des plus habiles botanistes n'ont signalé dans la graine de ces plantes rien d'analogue à la disposition observée dans les graines silicifiées de Saint-Étienne. M. Brongniart s'est alors adressé aux cycadées. Ayant à sa disposition quelques graines fertiles de ces plantes, obtenues dans les serres du Muséum, il les a étudiées avec le plus grand soin et a été assez heureux pour rencontrer dans l'organisation de ces graines la plus grande analogie avec les graines fossiles en question. M. Brongniart croit donc que, conformément à l'opinion qu'il avait déjà énoncée, beaucoup de ces genres fossiles ont plus de rapport avec les cycadées qu'avec les conifères, ou qu'ils doivent plutôt appartenir à une ou plusieurs familles de gymnospermes cycadoïdes, ayant entre elles les mêmes rapports que ceux qui lient les Abiétinées aux Cupressinées ou aux Taxinées.

— M. *J. Vinot* a inventé un instrument qu'il a appelé *sidéroscope*, et qui est destiné à permettre au premier venu de trouver facilement les constellations et les principales étoiles. Voici la description qu'en donne l'auteur : Cet instrument se compose de deux montants qui soutiennent un tube viseur, et qui sont fixés verticalement sur une platine à rotation horizontale. Sur cette platine est une boussole. Tout l'appareil, sauf l'aiguille aimantée, est en bois, zinc et cuivre. La rotation de la platine amène, sous l'une des pointes de l'aiguille aimantée, le degré de la rose des vents que l'on veut; le tube viseur est muni d'une aiguille qui permet de l'incliner d'une quantité donnée. La machine est aussi montée en altazimut, et il suffit qu'un tableau bien complet donne, à des dates et à des heures suffisamment rapprochées, le degré de la boussole qu'il faut amener sous la pointe bleue de l'aiguille et le degré dont il faut incliner le tube viseur pour que l'on voie dans ce tube telle ou telle partie du ciel, en un mot pour que le but indiqué soit atteint.

— M. *Trève* envoie une note sur un mode de signaux propres à diminuer la fréquence des abordages en mer. L'auteur voudrait un signal permettant à l'officier de quart, lorsqu'il aperçoit un navire à une petite distance, de lui indiquer la manœuvre qu'il commande, et cela d'une manière instantanée. Le procédé consisterait alors dans l'emploi d'un feu Costou, vert ou rouge, dont on produirait l'inflammation par l'électricité : le feu vert, par exemple, indiquerait que le navire se jette sur tribord; le feu rouge, que le commandement a été bâbord.

— M. *Ch. Vélain* présente à l'Académie une analyse des dégagements gazeux de l'île Saint-Paul. Ces dégagements consistent en acide carbonique, en oxygène, en azote et en une plus ou moins grande quantité de vapeur d'eau. Ils ont lieu dans des proportions qui sont sensiblement fixes pour chaque fumerolle du cratère, mais qui varient avec chacune d'elles. Ainsi, tantôt l'acide carbonique, par exemple, constituera la partie la plus importante d'un dégagement, tantôt ce sera au contraire l'azote, tantôt l'oxygène fera à peu près défaut, etc.

— M. *C. Decharme* envoie une deuxième note sur les nouvelles flammes sonores. En présentant, le 28 juin dernier, son étude sur la production de vibrations sonores par insufflation d'un courant d'air contre une flamme, il avait réservé l'explication du phénomène, pensant que le gaz injecté ne jouait pas un rôle purement mécanique, mais qu'il avait encore et surtout un rôle chimique. M. Decharme vient de faire quelques expériences qui confirment cette manière de voir. Elles l'ont amené à cette conclusion que dans la production des flammes sonores par insufflation, le rôle de l'air est plutôt chimique que mécanique; le son, selon lui, résulte de petites explosions qui se produisent incessamment lors de la combustion de l'oxygène de l'air avec l'hydrogène ou le carbone de la flamme en combustion incomplète; et pour qu'il y ait un son produit, la présence de l'air ou d'un gaz inerte, mêlé à l'oxygène, semble nécessaire,. du moins pour que le phénomène sonore soit bien prononcé.

— M. *A. Mermet* a trouvé un réactif très-sensible propre à reconnaître les sulfocarbonates en dissolution. Ce réactif est le nickelate d'ammoniaque en solution récente et très-étendue. Pour faire un essai, dit l'auteur, on verse dans un tube fermé quelques gouttes d'une solution de sulfate ou de chlorure de nickel, un excès d'ammoniaque et de l'eau jusqu'à décoloration; on mélange ces différents liquides par l'agitation; si maintenant on verse dans la liqueur ainsi préparée quelques gouttes du produit à essayer, on voit se produire une teinte groseille tout à fait caractéristique, si ce produit contient la plus petite trace de sulfocarbonate dissous. M. Mermet affirme qu'avec le nickelate d'ammoniaque on peut reconnaître avec certitude un sulfocarbonate dans une solution récente à 1/60 000°.

— M. *E. Heckel* présente le résultat de ses études sur la partie active des semences de courge, employées comme tæniicides. Tout le monde sait qu'on emploie avantageusement comme tæniifuges, les graines de pépon et de potiron. Ce que l'on ignore, c'est à quelle partie de la graine il faut attribuer cette propriété remarquable. Quelques auteurs ont pensé qu'elle réside exclusivement dans l'embryon. M. Heckel a fait des expériences qui démontrent qu'il n'en est pas ainsi. Ces expériences ont porté successivement sur l'endoplèvre, de couleur verte, qui recouvre immédiatement l'embryon, puis sur l'embryon lui-même. L'auteur a pu se convaincre ainsi que la propriété anthelminthique loin de résider dans l'embryon, se trouve, au contraire, dans l'endoplèvre. Celle-ci se compose de deux membranes dont l'une contient une quantité appréciable de résine qui serait alors le véritable agent actif.

— M. *E. Rivière* envoie une note sur la faune quaternaire des grottes de Menton. Les ossements d'animaux que l'auteur a recueillis dans ces cavernes, qui ont servi d'habitation et de sépulcre à l'homme quaternaire, appartiennent aux quatre classes des vertébrés, mammifères, oiseaux, reptiles et poissons. Ils constituent une faune très-nombreuse que M. Rivière a résumée dans un tableau, par ordres, tribus et genres. Parmi les mammifères, il a trouvé des cheiroptères, des insectivores, des carnassiers, des rongeurs, des proboscidiens, des pachydermes, des ruminants, des cétacés; parmi les reptiles, des batraciens anoures; parmi les oiseaux, des oiseaux de proie, des passereaux, des gallinacés et des palmipèdes. Quant aux poissons, ils feront, avec les mollusques, trouvés dans le même lieu, l'objet d'une prochaine note.

MM. B. Delachanal et A. Mermet : Note sur un composé nouveau, analogue au pourpre de Cassius. — M. E. Heckel : L'huile de bankoul. — MM. E. Mathieu et V. Urbain : Réponse aux objections de M. A. Gantier, relatives au rôle de l'acide carbonique dans la coagulation spontanée du sang. — M. A. Ronjon : Les véritables éléments histologiques des muscles striés.

MM. *B. Delachanal* et *A. Mermet* font une communication sur un composé de platine, d'étain et d'oxygène, analogue au pourpre de Cassius. On sait en chimie que si l'on mélange des solutions de bichlorure de platine et de protochlorure d'étain, il se développe une teinte brune, sans formation de précipité. Mais si l'on vient à étendre d'une grande quantité d'eau la solution mixte et qu'on la fasse bouillir, il se sépare un corps brun qui, lorsqu'il a été lavé pendant longtemps à l'eau chaude, ne contient pas de chlore, mais seulement de l'oxygène, de l'étain et du platine. Ce corps est un hydrate comme le pourpre de Cassius, qu'il rappelle; il offre aussi une composition variant suivant les conditions dans lesquelles il se produit. Les auteurs ont pu l'obtenir de deux façons : premièrement, comme il vient d'être indiqué; secondement, en plaçant une lame d'étain dans du bichlorure de platine dissous. La liqueur prend alors une teinte foncée et il se sépare un précipité que l'on augmente beaucoup en étendant d'eau et en faisant bouillir. Le nouveau composé perd de l'eau à 100 degrés. Au microscope, il apparaît sous forme de grains amorphes, translucides et jaunâtres. Il est attaqué par l'eau régale et par les alcalis bouillants. Les carbonates alcalins, à la température de fusion, fournissent un stannate et du platine divisé.

— M. *E. Heckel* envoie une note sur l'huile de bankoul. On se rappelle la communication par laquelle M. Corenwinder faisait connaître dernièrement le résultat de ses recherches sur l'huile et le tourteau de bankoul. Ce résultat diffère de celui obtenu par M. Heckel, qui a étudié les fruits du bankoulier, pendant deux années passées dans les îles océaniennes. M. Corenwinder avait présenté l'huile de bankoul comme une huile purgative. D'après M. Heckel, elle ne le serait que très-peu, car il n'en faut pas moins de 80 grammes, paraît-il, pour obtenir deux ou trois évacuations, et encore cette action n'est-elle pas constante. M. Corenwinder avait dit également que cette huile est supérieure à l'huile de colza et qu'elle peut être brûlée sans subir d'épuration. Mais en Nouvelle-Calédonie, où ce combustible est à un prix très-peu élevé, on n'a jamais pu s'en servir avantageusement. On l'employait d'abord à l'alimentation du phare; on a dû y renoncer, car les becs métalliques qui entouraient la mèche étaient rapidement détériorés et détruits. A cette époque, le gouvernement de la colonie chargea M. Heckel de rechercher quelle épuration on pourrait bien faire subir à cette huile pour arriver à l'employer sans inconvénients. M. Heckel fit alors des recherches qui restèrent sans résultat; on dut donc renoncer définitivement à l'emploi de cette huile.

— MM. *E. Mathieu* et *V. Urbain* répondent à quelques objections de M. A. Gautier, relatives au rôle de l'acide carbonique dans la coagulation spontanée du sang. On sait que pour les auteurs de la présente note l'acide carbonique est la cause de la coagulation spontanée du sang et que, pendant la vie, la fibrine dissoute dans le plasma n'est pas coagulée, parce que le gaz acide, de même que l'oxygène, est combiné aux globules rouges. Or, M. Gautier, étudiant l'influence exercée par le sel marin sur la coagulation du sang, a montré récemment que du sang contenant 4 pour 100 de chlorure de sodium ne se coagule pas spontanément à une température de 8 à 10 degrés, et que la liqueur, dont on a séparé les globules, peut être traversée par un courant d'acide carbonique sans présenter de caillots, tandis qu'après une addition d'eau on la voit se prendre en masse. MM. Mathieu et Urbain examinent séparément les deux influences auxquelles le sang est soumis dans l'expérience de M. Gautier, savoir l'influence du froid et celle du sel marin. Ils font voir de quelle façon le chlorure de sodium peut neutraliser dans certains cas les effets de l'acide carbonique; ils citent en particulier le cas remarquable où l'eau de chaux n'est pas précipitable par l'acide carbonique, lorsqu'elle a été additionnée des trois quarts de son volume d'une solution saturée de sel marin, etc. Quant à l'influence du froid, elle est considérable; on sait depuis longtemps qu'elle peut seule empêcher la coagulation du sang. Dans l'expérience de M. Gautier, la température ne doit pas être supérieure à 10 degrés. Pour MM. Mathieu et Urbain, l'influence de cette température relativement basse, augmentée de l'influence du sel marin, explique suffisamment l'inaction de l'acide carbonique. Ces auteurs maintiennent donc leurs conclusions antérieures.

— M. *A. Ronjon* présente une note sur les derniers éléments auxquels on puisse parvenir par l'analyse histologique des muscles striés. D'après lui, le faisceau primitif ne doit être conçu, ni comme composé de disques superposés, ni comme résultant de fibrilles élémentaires homogènes, encore moins comme produit par la réunion de fibres spirales. Une analyse minutieuse permet d'y découvrir des éléments plus ténus que les zones alternatives perpendiculaires à l'axe et que les fibres parallèles à ce même axe. Ces éléments ne sont autre chose que les petits tronçons alternativement sombres et clairs qui nous paraissent composer les fibrilles; ces tronçons sont de petits cylindres très-surbaissés. Chacun d'eux se contracte très-probablement à la manière d'un sarcode, et de leur contraction résulte celle de la fibrille, puis celle du faisceau primitif, enfin celle du muscle entier. M. Ronjon fait ensuite connaître par quels procédés il est parvenu à mener à bonne fin cette analyse si délicate.

SÉANCE DU 30 AOUT 1875.

M. Faye : Formation de la grêle. — M. J. Künckel : Les lépidoptères à trompe perforante. — M. Stanislas Meunier : Le diluvium granitique des plateaux. — M. C. Kosmann : Les ferments contenus dans les plantes. — M. G. Moquin-Tandon : Développement d'œufs de grenouille non fécondés.

M. *Faye* fait une communication sur la formation de la grêle. Cette question a été souvent posée par l'Académie pour son grand prix de mathématiques ; mais elle a fini par la retirer, ne recevant jamais de réponse satisfaisante. M. Faye pense que la question ainsi posée est insoluble. Le seul moyen de se rendre compte de la formation de la grêle est de considérer de quelle façon se forment d'abord les orages dans lesquels elle prend naissance. Il faut commencer par se demander comment, à une altitude de 1200 mètres, altitude ordinaire des nuages orageux, il se produit, au moment des orages, cette énorme quantité de mouvement, cette production continue de la glace, et cette tension électrique sans cesse renouvelée que l'on y observe. Si l'on cherche l'explication de ces phénomènes dans des courants ascendants, partis des couches inférieures, la question devient absolument obscure, ou plutôt absolument insoluble. En effet, dans les couches inférieures, au moment de l'orage, il règne un calme complet, une chaleur étouffante et une tension électrique insensible. Qu'est-ce qui pourrait alors donner naissance à un mouvement ascendant au milieu de ces couches et d'où viendraient le froid et la tension électrique énorme dont nous venons de parler? M. Faye dit que, pour être logique et sensé, il faut aller chercher ces trois éléments, froid, mouvement, tension électrique, là où d'ordinaire ils se rencontrent, et il rappelle qu'on peut les trouver au milieu des couches atmosphériques dont l'altitude atteint 8 kilomètres. Cela posé, si l'on veut bien considérer les gyrations à axe vertical qui se produisent si souvent dans les fluides en mouvement, on verra que la difficulté dans laquelle nous

trouvions il y a un instant n'est pas insurmontable. En effet, ces tourbillons ont une tendance à se propager vers le bas. Ils entraînent rapidement avec eux tous les matériaux charriés par les courants supérieurs, et par suite les cyrrhus glacés qui y voyagent. Les aiguilles de glace, refoulées à la périphérie à cause de leur densité, s'y rencontrent et s'y agglomèrent de manière à former de petits noyaux opaques. Ceux-ci, ajoute M. Faye, trouvant dans les nuées inférieures de l'eau vésiculaire, la congèlent en une mince couche transparente. Si dans ce mouvement tourbillonnaire où les spires de rayons variés, centrées sur le même axe, ont toutes sortes de vitesses, ces petits grêlons passent successivement dans des régions occupées par l'air glacial venu d'en haut et dans d'autres remplies de vapeurs vésiculaires, ils croîtront en volume par couches successives jusqu'à ce qu'ils échappent, par leur poids ou par l'effet de la force centrifuge, à l'action du tourbillon.

— M. *J. Künckel* présente un mémoire intitulé : *Les lépidoptères à trompe perforante, destructeurs des oranges.* M. Künckel avait entendu dire, il y a quelques années, à M. Thozet, botaniste français établi en Australie, que parmi les lépidoptères appartenant au genre ophidères, une espèce (*O. fullonica*) perçait les oranges pour se nourrir de leur suc. Le fait paraissait tellement extraordinaire, que M. Künckel n'y prêta pas une grande attention et se contenta de mettre de côté les prétendus dévastateurs, avec l'intention cependant de les examiner plus tard. C'est précisément le résultat de cet examen que l'auteur fait connaître aujourd'hui à l'Académie. M. Thozet avait raison ; l'*O. fullonica* perce les oranges et il se sert pour cela de sa trompe, véritable tarière, tenant à la fois de la lance barbelée, du foret et de la râpe. Cet instrument admirable est rigide et peut transpercer la peau des fruits et tarauder même les enveloppes les plus résistantes et les plus épaisses. M. Künckel s'est en outre assuré que non-seulement l'*O. fullonica*, mais tous les représentants du genre ophidères possèdent une trompe puissante en forme de tarière.

— M. *Stanislas Meunier* a fait des recherches sur le diluvium granitique des plateaux, et il a étudié particulièrement la composition lithologique du sable kaolinique de Montainville (Seine-et-Oise). Le résultat de ces recherches a amené l'auteur à repousser complètement l'hypothèse des grands courants quaternaires, hypothèse dont on se sert pour expliquer la formation des dépôts diluviens. M. Stanislas Meunier attribue à ces dépôts une origine profonde, c'est-à-dire qu'il les assimile à ces sables dits *éruptifs*, sur lesquels l'attention a été appelée dans ces dernières années.

— M. *C. Kosmann* a étudié les ferments contenus dans les plantes. Il a découvert dans les bourgeons et jeunes feuilles d'arbres et de plantes : 1° un ferment diastasique capable de transformer le sucre de canne en glycose, et l'empois d'amidon en dextrine et en glycose ; 2° un ferment digitalique capable de transformer le sucre de canne en glycose, l'empois d'amidon en dextrine et en glycose, et la digitaline soluble en glycose et en digitalirétine. De plus, l'auteur a découvert le dédoublement, par l'ébullition seule dans l'eau, sans aucune addition, de la digitaline en glycose et en digitalirétine.

— M. *G. Moquin-Tandon* vient d'observer le développement d'œufs de grenouille non fécondés. Ce n'est pas la première fois que ce fait remarquable est signalé. Les premiers exemples de ce genre sont rapportés par Bischoff et R. Leuckar qui citent des observations de développement d'œufs de grenouille en dehors de la fécondation ; mais les détails fournis par ces auteurs ne sont pas précis. M. Moquin-Tandon a observé minutieusement ce curieux phénomène et il en a fait la description détaillée. Il résulte des observations de l'auteur que les œufs de grenouille non fécondés peuvent se segmenter, mais ils ne vont jamais au delà de cette phase qui est caractérisée par l'aspect framboisé ; jamais il ne se forme de sillon de Rusconi.

———

M. C. Dareste, espérant attirer encore l'attention publique sur sa personne, adresse la lettre suivante au gérant de la *Revue*, — sans employer toutefois le ministère d'un huissier. — Comme ce document ne corrige en réalité aucune erreur dans notre compte rendu, il a sans doute pour but de rectifier certains passages de la lettre que M. Dareste nous a envoyée par huissier au mois de décembre dernier. Il nous disait alors ceci : « Mes adversaires savaient bien que, selon toute » apparence, la section de zoologie de l'Académie me pré- » senterait en première ligne et que cette présentation de la » section aurait une très-grande influence sur la décision de » l'illustre assemblée... J'ai donc écrit au directeur... que je » réservais tous mes droits, pour le moment où l'affaire » viendra devant l'Académie, car elle y viendra nécessaire- » ment lors de la nomination définitive. » — « Vous avez » oublié ce détail » continuait alors M. Dareste. Aujourd'hui il nous reproche de nous en être souvenu. Comment donc faire pour éviter ses lettres ?

Paris, le 4 septembre 1875.

Monsieur,

Je lis dans votre numéro du 4 septembre, au sujet des présentations faites par l'Académie des sciences pour la chaire d'erpétologie et d'ichthyologie du Muséum, la phrase suivante : « M. Dareste, *qui* » *s'était aussi mis sur les rangs*, n'a eu que 4 voix, etc. »

Il y a là une erreur que je tiens à rectifier. Même avant les présentations par le Muséum, j'avais retiré ma candidature.

Je vous prie d'insérer cette rectification dans votre prochain numéro.

Recevez, je vous prie, l'assurance de ma parfaite considération,

C. DARESTE.

———

BIBLIOGRAPHIE SCIENTIFIQUE

Bulletin des publications nouvelles

De la glycosurie ou diabète sucré, son traitement hygiénique, par A. BOU-CHARDAT (Paris, Germer Baillière). Prix : 15 francs.

Enseignement du laboratoire, ou exercices progressifs de chimie pratique, par CHARLES LOUDON BLOXAM, traduit par le docteur G. DARIN (Paris, Adrien Delahaye).

La vie du langage, par W. D. WHITNEY (Paris, Germer Baillière). Prix : 6 francs.

Dictionnaire des antiquités grecques et romaines, d'après les textes et les manuscrits contenant l'explication des termes qui se rapportent aux mœurs, aux institutions, à la religion, aux arts, aux sciences, au costume, au mobilier, à la guerre, à la marine, aux métiers, aux monnaies, poids et mesures, etc., et en général à la vie publique et privée des anciens. Ouvrage rédigé par une société d'écrivains spéciaux, d'archéologues et de professeurs sous la direction de MM. CH. DAREMBERG et EDM. SAGLIO, avec 3000 figures d'après l'antique, dessinées par P. Sellier et gravées par M. Rapine. Quatrième fascicule (AST-BAC), contenant 723 figures. In-8° de 160 pages (Paris, Hachette). Prix br. : 5 francs.

L'ouvrage comprendra environ 20 fascicules semblables. Nous signalons surtout dans ce fascicule les articles ASTRONOMIE, ATHLÈTES, ATRIUM, ATTICA RESPUBLICA, AUREUS, AURORA et BACCHUS, ce dernier surtout qui a une importance exceptionnelle.

———

CHRONIQUE SCIENTIFIQUE

CONGRÈS INTERNATIONAL DES SCIENCES MÉDICALES (à Bruxelles). — Le Congrès ouvrira le dimanche 19 septembre, à une heure, dans la grande salle du palais ducal. — Les membres sont priés d'arriver la veille 18 et de se rendre de huit heures à minuit chez le secrétaire général, 74, avenue de la Toison-d'Or. Ceux qui veulent s'assurer d'avance des chambres doivent écrire au questeur, M. le docteur Delecosse, 14, rue de l'Hôpital, en indiquant la classe d'hôtel qu'ils désirent.

La Société géologique de France a ouvert le 29 août à Genève sa session annuelle extraordinaire. Le *Journal de Genève* dit qu'une centaine de géologues, en grande majorité Français, avaient annoncé leur intention d'y prendre part. Hier dimanche, les membres étaient convoqués à deux heures, à l'Athénée, pour la formation du bureau.

Outre la séance régulière qui aura lieu chaque jour, dès le commencement de la semaine, il y aura lundi une course aux Voirons ; mardi, promenade à Bellegarde et à ses divers établissements ; jeudi, course au Salève. La matinée de mercredi sera consacrée à la visite des musées et des nombreuses collections artistiques, scientifiques et industrielles de Genève. Vendredi, la Société quittera cette ville. Ses membres se rendront d'abord à Saint-Gervais ; le samedi, à Chamonix par le col de Voza ; puis le dimanche, au Montanvert et à la Mer de glace ; le lundi au Brévent ; le mardi enfin, par Salvan, à Martigny, où la Société se dispersera.

Parmi les membres du Congrès géologique arrivés samedi à l'Hôtel-National, le *Journal de Genève* cite les noms de MM. Em. Pellat, vice-président de la Société géologique de France ; Daubrée, membre de l'Institut ; professeur Desor, conseiller national ; professeur Alb. Gaudry, de Paris ; baron d'Ispelmaden, des Indes néerlandaises ; P. de Loriol, Bimard, Damour, Studer, Tournouer, etc.

— Un certain nombre de membres de la Société géologique de France se sont rendus de Genève à Chamounix par Servoz, où M. Cazin, physicien français, les attendait. Ce savant établit dans ces parages un observatoire permanent à plusieurs milliers de pieds au-dessus du niveau de la mer, et à l'instar de celui que M. Dolfus-Ausset a construit, il y a quinze ans, au col du Théodule, sur les ruines du fort Génois. Mais la majeure partie des voyageurs ont suivi le président du congrès jusqu'au sommet du Prarion. Bien leur en a pris, car M. Favre a fait une conférence sur la constitution géologique du massif du mont Blanc, au centre duquel ils se trouvaient placés. Le dîner du samedi a eu lieu aux Ouches, où l'on a montré à la société une relique des plus intéressantes : la pique gigantesque dont Jacques Balmat, le premier des guides du mont Blanc, se servait lorsqu'il fit sa première ascension.

Le lendemain dimanche, on est parti, à sept heures du matin, pour le Montanvers, et l'on est descendu sur la Mer de glace, que l'on a remontée jusqu'au lac du Tacul. Dans ce lieu pittoresque, MM. Favre et Larret ont fait une conférence sur les phénomènes innombrables auxquels donnent lieu les glaciers. Inutile d'insister sur l'intérêt de pareilles démonstrations en face de la nature, qui fournit des milliers d'exemples à l'appui des théories.

Le soir a eu lieu un grand banquet donné par la municipalité de Chamounix, et dans lequel il a été décidé de prendre l'initiative d'une souscription en faveur de Jacques Balmat, le guide légendaire qui fut le Christophe Colomb du mont Blanc. Les rues de Chamounix ont été illuminées, et d'immenses feux de joie ont été allumés sur les principaux sommets qui dominent la petite ville : à la Flégère, à Pierre-Pointue et au sommet du Brévent.

Le lendemain, conformément aux promesses du programme, la caravane scientifique partait pour faire l'ascension de cette montagne, dont l'illumination avait produit un effet si magique.

———

Le propriétaire-gérant : GERMER BAILLIÈRE.

PARIS. — IMPRIMERIE DE E. MARTINET, RUE MIGNON, 2.

LA

REVUE SCIENTIFIQUE

DE LA FRANCE ET DE L'ÉTRANGER

REVUE DES COURS SCIENTIFIQUES (2ᴱ SÉRIE)

Direction : MM. Eug. Yung et Ém. Alglave

2ᵉ SÉRIE — 5ᵉ ANNÉE   NUMÉRO 12   18 SEPTEMBRE 1875

COLLÉGE DE FRANCE

HISTOIRE NATURELLE DES CORPS INORGANIQUES

COURS DE M. CH. SAINTE-CLAIRE DEVILLE (1.)

De l'Institut

III

Les travaux scientifiques de M. Élie de Beaumont. — Le réseau pentagonal

Dans les dernières leçons, j'ai cherché, autant que la chose était possible en un si court espace, à vous donner une idée juste et suffisamment complète de l'œuvre considérable et toujours originale, dans sa variété, à laquelle M. Élie de Beaumont a attaché son nom. J'ai, en particulier, consacré nos deux dernières séances à l'étude des deux grands sujets, d'ailleurs connexes (les *systèmes de soulèvement* et la conception du *réseau pentagonal*), qui constituent un ensemble dont on peut dire qu'il s'est occupé, depuis le moment où il a commencé à penser par lui-même en géologie, jusqu'à son dernier instant.

Malgré la difficulté, que vous avez appréciée, de résumer en quelques pages une telle somme de travaux et d'efforts, j'espère du moins vous avoir indiqué avec quelque netteté les traits principaux et caractéristiques de la méthode proposée par M. Élie de Beaumont, pour représenter systématiquement l'ensemble des fractures et des accidents dont la croûte extérieure de notre globe a été successivement le théâtre. Puis, le réseau théorique constitué et étudié dans toutes ses pro-

---

(1) Voyez les deux premières leçons (numéros des 19 juin et 24 juillet, page 1209, volume XV, et page 79, volume XVI de la *Revue*). Les leçons suivantes ont été consacrées à l'histoire de la géologie considérée sous le point de vue de la méthode exposée dans les deux premières leçons, et à l'analyse des principaux ouvrages de M. Élie de Beaumont. Nous reproduisons aujourd'hui la dernière de ces leçons.

priétés, je vous ai exposé les considérations qui avaient amené l'auteur à choisir pour son adaptation définitive à la surface terrestre la position suivante : un point T (dont j'ai défini les caractères dans la symétrie du réseau) tombait sur le sommet de l'Etna, de telle manière que, des deux grands cercles principaux qui s'y coupent à angle droit, l'un, *dodécaédrique rhomboïdal*, réunit l'Etna et Ténériffe, formant ainsi *l'axe volcanique de la Méditerranée*, et l'autre, *primitif du Ténare*, joignit ce même sommet de l'Etna aux îles Éoliennes, au Vésuve et au Mowna-Roah. D'où résultait, comme conséquence nécessaire, qu'un troisième grand cercle principal du réseau, *dodécaédrique rhomboïdal* et *axe volcanique du Pacifique*, coupant les deux premiers aussi à angle droit, constituait avec eux un triangle trirectangle autour duquel se coordonnaient une très-grande partie des évents volcaniques de l'époque actuelle.

Il serait superflu d'insister sur la symétrie tout exceptionnelle que présente une telle combinaison de grands cercles, et sur les rapports tout à fait singuliers qui la lient avec l'ensemble des fractures qui donnent encore issue aujourd'hui aux matières gazeuses ou liquéfiées de l'intérieur.

Ces considérations générales justifiaient donc le choix de cette position du réseau : position qui, dans la pensée de l'auteur, ne pouvait plus être changée par les travaux ultérieurs que d'une quantité extrêmement faible.

Le réseau pentagonal, inspiré à son auteur par le rapprochement synthétique des observations directes, puis étudié dans sa symétrie propre, et enfin adapté à la surface du globe, il fallait, par un procédé inverse et par voie analytique, c'est-à-dire supposant le problème résolu, se demander si la solution proposée était bien la véritable, et, pour cela, il fallait rechercher si le parcours des principaux cercles du réseau représentait bien, à la surface du globe, le plus grand nombre des accidents de cette surface.

C'est ce qu'a fait M. Élie de Beaumont.

Il serait ici d'une impossibilité absolue de suivre l'auteur dans ce travail anatomique, où il compare minutieusement le réseau théorique et les innombrables points intéressants de la surface terrestre que ce réseau doit représenter. Dans son *Rapport sur les progrès de la stratigraphie*, publié en 1869, il suit ainsi sur le globe, en premier lieu, les 31 cercles de premier ordre du réseau, savoir : les 6 dodécaédriques réguliers, les 10 octaédriques, les 15 primitifs; puis, les deux dodécaédriques rhomboïdaux que j'ai mentionnés tout à l'heure, c'est-à-dire l'axe volcanique de la Méditerranée et l'axe volcanique du Pacifique; enfin, six autres cercles du réseau qui lui paraissent très-remarquablement placés : en tout, trente-neuf monographies.

Il ajoute qu'il aurait pu facilement prouver, pour trente-cinq autres cercles dont la position et le cours ont été calculés, que chacun de ces cercles s'adapte aux accidents de l'écorce terrestre, s'harmonise avec certaines configurations géographiques, et se trouve jalonné avec une précision plus ou moins grande par un certain nombre de points définis. Il pense enfin qu'il était déjà en mesure de montrer cent cinquante-neuf cercles, dont l'adaptation aux accidents de l'écorce terrestre est évidente, au moins pour le plus grand nombre.

Voilà où l'œuvre en était lorsque M. Élie de Beaumont a été enlevé si brusquement à la science, à sa famille, à ses amis, à ceux qui s'honoraient de s'appeler ses disciples.

De tous les travaux de l'illustre géologue, c'est celui qu'il est manifestement le plus difficile de juger. On peut dire que, pour ce corps de doctrines, la postérité n'a pas encore commencé. Pourtant, aucune de ses œuvres n'a été si vivement, si violemment attaquée. Et cela s'explique par la nature même du sujet. Tel des adversaires résolus de M. Élie de Beaumont, qui faisait respectueusement le tour de ces belles études d'analyse cryptoristique, qui, comme des tours bien gardées, se défendaient d'elles-mêmes par l'âpreté des recherches qu'elles avaient exigées, et, comme conséquence nécessaire, par la multiplicité des travaux qu'eût exigée leur attaque, se trouvait plus à l'aise devant un ensemble beaucoup plus étendu de faits et de considérations, dont quelques-unes, par cela même qu'elles impliquaient un *postulatum*, une idée théorique, semblaient plus accessibles à la discussion.

Malgré la réserve que demande un pareil sujet, il me paraît impossible de ne pas examiner les principales objections qui ont été faites à la conception du réseau pentagonal, en vous disant très-sincèrement, messieurs, ma propre opinion.

Et d'abord, ces monographies, que je viens de citer, du cours particulier de chaque cercle du réseau sont-elles aussi intéressantes à suivre et aussi probantes que le pensait M. Élie de Beaumont? C'est une question qui peut rester douteuse.

En effet, comme vous pouvez vous en assurer par les exemples qu'il cite dans son *Rapport*, l'auteur du système ne se contente pas de noter, sur le parcours de ces cercles, les circonstances qui pourraient se lier à une seule donnée conséquente avec elle-même, comme seraient, par exemple, les accidents stratigraphiques relatifs à une même époque de soulèvement, ou, ce qui revient au même dans la méthode de M. Élie de Beaumont, relatifs au redressement d'un même terrain géologique, comme seraient encore des accidents, tous empruntés à l'histoire éruptive du globe; il énumère, au contraire, toutes les circonstances singulières, quel que soit leur caractère, que rencontre sur son passage chacun des cercles qu'il étudie.

Il en résulte que, comme on lit dans un récent ouvrage, dont l'auteur a réuni toutes les objections qui ont été faites à la conception du réseau pentagonal : « M. Élie de Beau-

» mont fait entrer en ligne de compte les chaînes, les chaî-
» nons, les sommets, les volcans, les failles, les filons, les
» vallées, les croisements et les terminaisons des chaînes,
» les falaises et les rivages maritimes, les golfes, les îles, les
» promontoires, les confluents des cours d'eau et même l'em-
» placement des grandes villes et des châteaux forts. » Pour être juste, il faudrait reconnaître que ces deux dernières circonstances ne sont énumérées que lorsque, comme il arrive si fréquemment, ces ouvrages humains ont été placés en des lieux remarquables au point de vue des conditions naturelles.

On peut néanmoins, à mon avis, reprocher à M. Élie de Beaumont cette mention faite de tous les accidents topographiques qui jalonnent sur le globe le cours d'un même cercle; car, ces accidents ayant pu se déterminer à des époques très-différentes, leur accumulation sur une même direction ne cadre pas avec la conception primitive de la coïncidence entre une orientation déterminée et l'âge du soulèvement qui a affecté cette orientation.

D'un autre côté, un appel trop fréquent à la loi de la récurrence des directions, tout en restant parfaitement fidèle à l'idée du réseau pentagonal, réellement ou virtuellement établi sur le globe par un grand phénomène mécanique initial, annulerait entièrement cette concordance entre l'orientation d'un système et l'âge des roches soulevées.

D'autres objections ont été faites à la méthode du réseau pentagonal :

« On s'attend à trouver, dit-on, la surface terrestre divisée
» par les *lignes naturelles*, comme un parquet de marqueterie,
» et l'on n'observe qu'irrégularité et confusion. Ici les mon-
» tagnes sont entassées comme Pélion et Ossa, et leurs rami-
» fications enchevêtrées offrent l'image du chaos; plus loin,
» on cherche vainement la moindre ride, la moindre fissure,
» le moindre accident stratigraphique apparent à la surface
» de plaines grandes plusieurs fois comme la France. Si l'on
» étudie de plus près la direction des chaînes et la disposi-
» tion de leurs embranchements et de leurs chaînons, rare-
» ment observe-t-on quelques indices de régularité, et, le plus
» souvent, la ligne courbe remplace la ligne droite ou la
» ligne brisée. Comment alors déterminer une orientation? »

Ces objections, en réalité, ne portent pas sur la méthode de M. Élie de Beaumont, mais sur les conclusions tirées par les géologues les plus éminents, depuis les plus anciens jusqu'à nos contemporains, de l'étude attentive, de l'analyse anatomique des éléments des montagnes. S'il est vrai que l'on n'observe « à la surface terrestre » qu'irrégularité et « confusion »; si les montagnes y sont entassées comme Pélion sur Ossa, et si leurs ramifications entrelacées offrent l'image du chaos; si enfin, en étudiant de plus près la direction des chaînes, on n'y observe que rarement quelques indices de régularité, et si, le plus souvent, la ligne courbe y remplace la ligne droite ou la ligne brisée, il faut rayer d'un trait (pour ne citer que les morts, et, parmi eux, seulement les plus célèbres) les travaux stratigraphiques de Sténon, de Pallas, de Saussure, de Werner, de de Humboldt, de Léopold de Buch, de Mérian, de Freisleben, de Fr. Hoffmann, de Murchison, de Verneuil, de de la Bèche, de Sedgwick, de Buckland, d'Agassiz, de Thurmann, de Fournet, de Dumont... (je m'arrête, car l'énumération pourrait être longue encore), qui tous ont reconnu que si l'étude des accidents orographiques offre au premier abord, comme toutes les études que nous pouvons faire ici-bas sur les phénomènes naturels, *irrégularité*, *confusion et chaos*, à mesure qu'on s'y plonge davantage et qu'on l'approfondit, on y découvre peu à peu les preuves de l'ordre que Dieu a mis partout en ce monde ; que, dans ce qui semblait l'image du chaos, se révèle une admirable régularité ; que, lorsque Pélion s'y entasse sur Ossa, c'est en suivant certaines lois de superposition ; que la constance de directions déterminées s'y manifeste à chaque pas, et qu'enfin ce qu'un œil superficiel prendra pour une ligne courbe n'est en réalité qu'une ligne brisée et la réunion d'éléments rectilignes, d'orientations parfaitement définies.

Tous ces théorèmes et leurs innombrables applications se trouvent dans les écrits des savants géologues que je viens de citer.

Une autre objection, et c'est celle qui est le plus souvent répétée, est celle-ci : « Les mailles du réseau pentagonal sont » tellement serrées, et les orientations y sont si multipliées » (sans parler des innombrables cercles auxiliaires qu'on pour- » rait légitimement y introduire) qu'il est presque impossible » de tracer au hasard sur le globe une ligne qui ne tombe » dans quelque direction prévue, ou qui s'en écarte plus que » certaines chaînes ne s'écartent du cercle de comparaison » auquel on les rapporte... On est donc porté à croire que, » s'il eût été installé de toute autre manière, le réseau penta- » gonal aurait également cadré avec un grand nombre d'acci- » dents du sol. »

Ici, il faut distinguer.

Lorsqu'on parle de tous les cercles qu'il serait possible de tracer sur la sphère conformément à la symétrie pentagonale, le mot *innombrable* ne suffit pas. C'est le mot *infini* qui est le seul vrai. Mais, si c'était une objection sérieuse, il faudrait aussi l'appliquer au système cristallographique de Haüy, puisque là, comme dans la définition d'un des cercles du réseau, il suffit, pour obtenir une forme secondaire *possible*, que les plans modificateurs de l'arête ou de l'angle solide soient semblablement placés par rapport aux éléments semblables de la forme primitive. En raisonnant de cette façon, on arriverait à prouver que, toutes les modifications qu'on pourrait imaginer de cette forme primitive pouvant être réalisées par la méthode des décroissements de Haüy, son système est entièrement illusoire.

Mais, de même que, la méthode générale une fois posée, Haüy remarque que, parmi le nombre infini de formes secondaires que la nature pourrait réaliser d'après la loi des décroissements, elle n'en présente, en réalité, qu'un nombre très-limité, dérivant des rapports les plus simples, de même, dans l'application du réseau pentagonal aux accidents de la surface du globe, le géologue devra surtout employer les cercles qui dérivent avec une symétrie assez grande des lois de ce réseau.

Il faut donc que, d'une manière générale et à part quelques cas particuliers, il se borne à utiliser les 121 cercles principaux ou semi-principaux : Savoir les 15 primitifs, les 10 octaédriques et les 6 dodécaédriques réguliers, d'un côté ; et, de l'autre, les bissecteurs, c'est-à-dire les bissecteurs de l'angle droit ou dodécaédriques rhomboïdaux, les bissecteurs de l'angle de 60 degrés et les bissecteurs de l'angle de 36 degrés.

Or, en admettant les nombres que M. Pouyanne a calculés pour les *poids* respectifs du réseau total et des cercles principaux ou semi-principaux, le poids total du réseau étant évalué à 68 055,

Le poids des 15 primitifs donne.......... 13 855
Celui des 10 octaédriques............... 8 640
Celui des 6 dodécaédriques réguliers...... 5 040
Celui des 30 dodécaédriques rhomboïdaux.. 6 480
                                          ————
                                          34 015

Ainsi, le poids des cercles des trois premiers ordres fournit déjà la moitié du poids total ; et, si l'on y ajoute le poids des 60 bissecteurs qui forment le quatrième ordre (2640), on obtient, pour les quatre premiers ordres, le poids total de 36 755.

A mon avis, la pierre de touche de la méthode doit consister à employer exclusivement, au moins pour le moment, les soixante et un premiers grands cercles du réseau, et si, au moyen de ces grands cercles, on ne parvient pas à représenter une grande partie des accidents de la surface du globe, on pourra critiquer à ce point de vue la méthode elle-même.

M. Pouyanne a déjà fait remarquer que si, des vingt-deux systèmes de montagnes représentés sur la surface de l'Europe au moyen du réseau pentagonal, on fait abstraction de deux (systèmes du Hundsrück et des Alpes occidentales) qui n'appartiendraient qu'à des hexatétraédriques du cinquième ordre, des vingt systèmes qui restent, six appartiennent aux cent vingt et un premiers cercles du réseau, tandis que le calcul des probabilités n'en indiquerait qu'un seul : l'application, faite par M. Élie de Beaumont, du réseau pentagonal aux accidents géologiques de l'Europe centrale et occidentale reste donc bien au-dessus de l'objection que le grand nombre des cercles considérés pouvaient donner une telle facilité de représenter les phénomènes naturels, que la valeur de l'introduction du réseau pentagonal dans la question serait presque annulée.

Dans le livre auquel j'emprunte le résumé de toutes les objections faites au réseau pentagonal, je trouve encore celle-ci, relative à la question de savoir si le système des Alpes principales et l'axe volcanique de la Méditerranée, dont les orientations, rapportées à l'Etna, diffèrent très-peu, sont représentés par le même cercle du réseau ou par deux cercles différents.

L'auteur du système avait changé deux fois d'opinion à cet égard. Dans sa première pensée, les deux cercles étaient distincts ; puis, de grandes analogies, et surtout le petit angle qu'ils font entre eux à l'Etna, l'avaient conduit à les identifier. Plus tard, revenant à sa première opinion, il les considéra de nouveau comme deux cercles distincts.

M. Vézian, professeur à la Faculté des sciences de Besançon, dans son *Prodrome de géologie*, plus touché des analogies que des dissemblances, s'arrête à la seconde opinion de M. Élie de Beaumont, et identifie les deux cercles, dans leur direction comme dans leur âge d'apparition.

Partant de là, l'auteur du livre dont je parle s'écrie : « S'il » est vrai que les théories se jugent à l'usage, que penser » d'une doctrine si élastique et en même temps d'une appli » cation si difficile ; qui autorise de pareils tâtonnements, » qui se contente de tels à peu près, qui choisit presque in » différemment, entre deux solutions contradictoires, la plus » conforme à ses convenances ? »

Si cette manière de raisonner était admise dans la science, deux minéralogistes, tout en appliquant les lois de Haüy à leurs observations, ayant trouvé, pour une même substance (la chaux sulfatée), des formes non-seulement différentes, mais incompatibles, on aurait le droit d'en conclure que les lois de Haüy sont inexactes. Les lois sont irréprochables : l'un des deux cristallographes s'était trompé.

Notons que, dans ce dernier exemple, il s'agit de formes géométriques, parfaitement déterminées et calculables : ce qui rend la diversité d'appréciation bien plus grave que dans le cas qui nous occupe, l'auteur remarquant, avec beaucoup de raison, que les accidents géologiques ne sont pas plus susceptibles d'une précision absolue qu'un cristal quelconque n'est irréprochable, ou que deux feuilles du même arbre ne sont semblables.

Et, pour chercher une comparaison empruntée à l'exemple même qui est cité par l'auteur, de ce qu'un botaniste, mesurant la distance d'insertion de deux feuilles d'un végétal, ne trouverait pas des nombres exactement dans les rapports voulus, aurait-on le droit d'en conclure que tout ce qu'on a écrit sur la loi de spirale qui régit ces insertions; au moins dans certains genres, est absolument inexact et non avenu?

Ce que je viens de dire s'applique aux autres critiques énoncées, dans le même volume, sur les divergences d'opinion relatives soit à l'âge, soit à l'orientation définitive de certains systèmes, ou même à l'indétermination de quelques-uns d'entre eux. M. Élie de Beaumont prend le soin de remarquer à plusieurs reprises cette indétermination, son doute même sur l'existence réelle de plusieurs de ces systèmes.

Tout cela est affaire de temps. La théorie est à peine éclose et l'on voudrait qu'elle eût donné déjà tous ses fruits ! On s'étonne que cette théorie ne soit pas sortie, toute armée, du cerveau de son auteur, comme Minerve du cerveau de Jupiter !

L'auteur, à qui je réponds ici, adresse enfin des reproches à ce qu'il appelle *le fond de la théorie*. Pour faire apprécier la justesse de cette expression, il me suffira de citer la phrase qui précède le passage, très-court, où M. Élie de Beaumont présente, avec la plus grande réserve, quelques considérations hypothétiques, qui peuvent rendre compte de l'application du réseau pentagonal aux accidents de l'écorce terrestre :
« Bien que nous nous soyons, dit-il, jusqu'à présent abstenu
» de toute considération théorique, il semble naturel de se
» demander s'il n'est pas possible de justifier, par des re-
» marques *à priori*, l'établissement d'un système régulier,
» comme le réseau pentagonal. »

Partant alors de ce fait que, les phénomènes se passant à la surface d'une sphère, s'ils ne se sont pas produits d'une manière quelconque et indéterminée, la loi qui les régit doit être liée avec les propriétés géométriques de la sphère; « il
» est naturel, ajoute-t-il, de penser que ce sera l'arrange-
» ment le plus symétrique et, en quelque sorte, exigeant le
» moins d'efforts, qui se sera réalisé ». Et, comparant la contraction que la masse interne du globe a dû éprouver par suite de son refroidissement progressif à ce qui se passe lorsque des prismes de trois, quatre et six faces se produisent dans une masse de basalte, subissant aussi un refroidissement, il conclut que, de même que, dans ce cas, il devra surtout se produire l'hexagone, parce que, parmi les polygones réguliers qui peuvent couvrir un surface plane, l'hexagone est doué du plus grand nombre de côtés et d'un périmètre minimum, dans le cas de la sphère il devra

se produire le pentagone régulier, qui jouit des mêmes propriétés.

On voit qu'il est impossible de présenter une hypothèse avec plus de réserve. Et non-seulement cette hypothèse n'est pas le *fond de la théorie*, mais ici, comme dans la discussion de toute grande question scientifique, il est élémentaire que, des faits étant supposés connus, les rapports qui lient ces faits étant supposés démontrés, ces faits et ces rapports restent acquis, indépendamment de la cause qu'on leur attribue : cette cause pouvant même revêtir des formes diverses dans l'esprit du savant qui expose, comme dans l'esprit du savant qui écoute, sans que les faits ou leurs rapports en soient altérés.

Jamais l'hypothèse proposée n'a constitué le *fond d'une théorie*. Le fond d'une théorie, un certain nombre de faits étant observés et leurs variations ayant été constatées, c'est la loi qui régit ces variations. Assurément, l'attraction newtonienne est une théorie; cependant, elle n'implique aucune hypothèse nécessaire. De même, la théorie de Haüy ne consiste point dans son hypothèse des *décroissements*, mais dans les deux lois fondamentales qui lient la forme primitive aux formes secondaires.

Voyons, au moins, si le critique s'est bien rendu compte lui-même de l'hypothèse. Il ne le semble pas. Je cite, en effet, textuellement son livre : « Si le globe terrestre était une
» matière homogène, appartenant à une seule espèce miné-
» ralogique, on comprendrait, dit-il, à la rigueur, qu'en se
» refroidissant il eût pris la forme d'un cristal dérivé du
» système cubique, et que les arêtes en eussent été orientées
» avec une précision mathématique. » Ai-je besoin de faire remarquer que l'auteur s'est mépris complétement sur la pensée de M. Élie de Beaumont; que, non-seulement celui-ci n'a jamais présenté la terre comme un immense cristal à arêtes courbes; mais que le phénomène du retrait du basalte n'est nullement, comme le reconnaît plus loin l'auteur, un phénomène de cristallisation? Il y a, tout au moins, dans ces deux interprétations si différentes de la même hypothèse, une confusion regrettable. Si l'une est vraie, l'autre est fausse; et elles ne peuvent pas subsister de concert.

Je ne répondrai pas, d'ailleurs (et je le ferais, je crois, avec succès), aux critiques adressées à l'hypothèse elle-même, par la bonne raison qu'avant de songer à discuter l'hypothèse proposée pour expliquer les faits, il faut, d'abord, s'assurer de l'exactitude des faits eux-mêmes. Or, c'est ce que nous cherchons avec la plus grande bonne foi et le plus grand désir d'être justes et impartiaux. Et ce serait manifestement prendre le change sur les véritables intentions de M. Élie de Beaumont que d'attacher plus d'importance à une hypothèse qu'il présente avec toute réserve, qu'au *fond* même *de sa théorie*, qui est l'adaptation du réseau pentagonal aux accidents de l'écorce terrestre.

Mais, ainsi que je l'ai dit précédemment, il faut commencer nos vérifications par les cercles principaux, et surtout par les quinze cercles primitifs. C'est le conseil que donne implicitement M. Élie de Beaumont lorsqu'il dit, en parlant de lui-même : « Il pensa que, si les lois de la symétrie pen-
» tagonale étaient réellement empreintes dans les formes
» orographiques qui accidentent l'écorce terrestre, les quinze
» grands cercles primitifs du réseau devaient en représenter,
» en quelque sorte, la forme primitive, et les autres grands

» cercles principaux les formes dérivées les plus impor-
» tantes. »

C'est la loi que je me suis imposée chaque fois que j'ai eu
l'occasion de chercher l'application du réseau pentagonal,
soit dans quelques écrits, soit dans les leçons que j'ai professées ici même en 1873. Et c'est ce que je vais faire en
quelques phrases tout à l'heure.

M. Élie de Beaumont a discuté lui-même avec un très-grand
soin les données qui lui étaient fournies sur la direction des
chaînes stratifiées. Le plus grand nombre de ces observations lui ont servi à l'établissement des cercles de son réseau. Et plus tard, dans son *Rapport sur les progrès de la
stratigraphie*, il a cité les confirmations de ses conclusions
anciennes, ou l'établissement de systèmes nouveaux, depuis
l'apparition de sa notice, en 1852. C'est ainsi qu'on trouve
les nouveaux systèmes de montagnes proposés, en Europe,
par MM. Vézian, de Chancourtois, de Villeneuve-Flayosc,
Durocher, Victor Raulin; en Afrique, par MM. Pomel, Ed.
Guillemin; en Amérique, par MM. Jules Marcou, Durocher et
Pissis.

La plupart des travaux qui sont cités dans ce *Rapport* ont
trait aux formations sédimentaires. Ce sujet est assurément
le plus difficile, le plus compliqué, celui qui demande le
plus de recherches; il est, d'ailleurs, à peu près complètement en dehors de mes études personnelles. Il en est autrement des phénomènes éruptifs, et c'est en cherchant à les
bien connaître que j'ai eu l'occasion de confirmer par moi-
même, en quelques points, l'application du réseau pentagonal.

Si je vous demande la permission de rappeler rapidement
ici mes propres recherches, personne de vous, j'en suis sûr,
messieurs, n'y verra quelque présomption de ma part. Chacun de vous se rappellera que, cette partie de l'œuvre de
M. Élie de Beaumont étant presque partout aujourd'hui ouvertement critiquée, ou tacitement condamnée, celui qui la
défend doit à la mémoire de son auteur de ne s'appuyer que
sur des témoignages explicites et volontaires.

Et d'abord, je puis dire qu'une de ces confirmations, je
l'ai donnée, en quelque sorte, à l'avance.

Dans un travail publié à la Basse-Terre, en 1843, sur le
tremblement de terre qui, le 8 février de cette année, avait
détruit la Pointe-à-Pitre, et auquel j'avais assisté, après avoir
discuté une à une toutes les indications que j'avais pu recueillir sur la direction principale des secousses, j'établis-
sais que cette direction avait été celle de l'O. N. O. à l'E. S. E.,
ou, sensiblement, l'O. 22° N. à l'E. 22° S. Et je faisais observer dès lors que cette direction diffère peu de celle de la
ligne des côtes occidentales de l'Amérique du Sud, le long
de laquelle s'était propagée la secousse du 8 février, et qui
forme le trait stratigraphique dominant, depuis le cap San
Roque jusqu'à la pointe septentrionale de Cuba. Mais, dix-
sept ans plus tard (*Bulletin de la Société géologique*), je pouvais ajouter qu'elle est remarquablement parallèle au grand
cercle primitif du réseau pentagonal, qui traverse l'océan
Atlantique à égale distance des côtes opposées de l'Afrique
et de l'Amérique.

Enfin, dans la même note que je ne puis analyser ici, je
montrais que le rôle très-remarquable de ce grand cercle
dans les accidents volcaniques actuels est, en quelque sorte,
complété par celui d'un second cercle primitif du réseau, qui
vient le rencontrer, à angle droit, au point H, situé dans l'océan

Atlantique septentrional, par la latitude des Guyanes, et dont
le parcours est tout aussi singulièrement jalonné par des
traces de phénomènes éruptifs actuels.

« Voilà donc, disais-je, deux grands cercles *conjugués*, que
» l'on pourrait appeler les *deux axes volcaniques de l'Atlan-
» tique*, et dont l'influence est bien remarquable sur la dis-
» tribution des volcans et des tremblements de terre à la
» surface du globe. »

Mais ce n'est pas tout. Transportons-nous dans l'Amérique
russe; nous y trouvons un point D, c'est-à-dire le centre d'un
des douze pentagones. En ce point convergent, comme on sait,
cinq cercles primitifs. Dans la note en question, je suis pied
à pied le parcours de chacun d'eux sur le globe, où M. A.
Langel a tracé, d'après les données de M. Élie de Beaumont,
les principaux éléments du réseau pentagonal, et je montre
que non-seulement aucun des cinq cercles n'est étranger
aux phénomènes volcaniques, mais qu'en se transportant successivement sur chacun d'eux, on se trouve en rapport avec
un très-grand nombre des évents éruptifs actuels.

Si l'on ajoute à ces cinq primitifs, si remarquables à ce
point de vue, (l'un d'eux est le *Ténare*, qui réunit le Mowna-
Roah des îles Sandwich au Vésuve, aux îles Éoliennes et à
l'Etna), les deux primitifs que je viens de citer sous le nom
d'*axes volcaniques de l'Atlantique*, le primitif de Valdivia,
parallèle à la grande chaîne volcanique du Chili et se confondant avec la côte perpétuellement agitée par les tremblements de terre; enfin, le primitif de Saint-Kilda, ou du
Thuringerwald, qui, sur son parcours, rencontre aussi plusieurs volcans modernes ou centres volcaniques anciens,
on arrive à cette conclusion que, sur quinze grands
cercles primitifs, neuf, c'est-à-dire les trois cinquièmes, ont
la bonne fortune de jalonner ainsi sur leurs cours un très-
grand nombre de points où la nature actuelle témoigne encore de l'activité éruptive des forces intérieures du globe.
Est-il possible, après cela, de prétendre que les *alignements
volcaniques échappent à toute symétrie?*

Pour répondre à une pareille assertion, il suffirait de jeter,
comme je l'ai fait il y a déjà près de vingt ans, un coup
d'œil sur les volcans centraux du Vésuve et de l'Etna, et de
voir comment tous les *plans éruptifs* principaux de chacune
de ces bouches volcaniques se confondent avec des directions qui relient le volcan lui-même aux diverses manifestations éruptives anciennes ou modernes qui l'entourent.

On pourrait conseiller aux personnes qui ont du temps à
perdre, au lieu de l'employer péniblement à chercher sur la
surface du globe un petit cercle parallèle à l'équateur, qui
réunisse sur son cours un grand nombre de points remarquables, de se poser de suite le problème, dont la solution
serait bien plus probante contre le réseau pentagonal, de trouver un point de la sphère où cinq grands cercles, se coupant à angles égaux, réuniraient sur leurs parcours, ou dans
leur voisinage très-proche, les trois quarts des bouches volcaniques aujourd'hui en activité. On voit, et c'est par là que
je terminerai ces considérations, que, de même que M. Élie
de Beaumont, lorsqu'il a voulu adapter son réseau pentagonal aux accidents de la surface du globe, s'est adressé aux
grands traits éruptifs actuels, c'est aussi dans les grandes
lignes d'accidents volcaniques qu'on retrouve les plus remarquables emplois des cercles primitifs. Je n'hésite point à penser que, dans l'avenir, les progrès naturels de la conception
de M. Élie de Beaumont se feront beaucoup plus sûrement

par la considération des phénomènes éruptifs que par celle des phénomènes sédimentaires.

En définitive, de toutes ces objections accumulées contre l'œuvre de M. Élie de Beaumont, deux seules me paraissent porter.

La première est que l'auteur du réseau pentagonal s'est exagéré, il semble, la précision avec laquelle on peut chercher l'application de ce réseau aux accidents de la surface du globe. Le système théorique des cercles devait être, en lui-même, établi et calculé avec la plus grande exactitude. Mais la nature même des phénomènes mécaniques qu'il s'agissait de relier ainsi ne comporte peut-être pas une limite de précision telle que celle que lui demande M. Élie de Beaumont.

On remarquera, d'ailleurs, que cette objection est toute à l'avantage de l'application du réseau, puisqu'elle permettrait d'étendre cette application dans des limites que l'esprit essentiellement exact et précis de l'auteur trouvait trop larges.

La seconde objection est plus grave et a un caractère absolument opposé. Elle porte à la fois, au contraire, sur la tolérance trop grande qu'on est obligé d'admettre dans l'orientation de certaines directions pour les faire cadrer avec le réseau théorique, et sur la distance, trop grande aussi, de certains arcs de petits cercles qu'on rattache à un même grand cercle de comparaison. Enfin, il y a beaucoup à faire encore pour rendre concordante avec les faits observés la notion du synchronisme des directions parallèles ou perpendiculaires et des formations qui en sont affectées.

Plusieurs de ces désiderata seront sans doute peu à peu comblés par les observations, trop peu nombreuses encore. Mais d'autres constituent de véritables difficultés, inhérentes au système lui-même, et liées au mode de plissement qui a pu affecter la surface sous l'influence des forces, quelles qu'elles soient, qui l'ont déterminé.

En effet, comme l'a remarqué M. Pouyanne dans un très-remarquable mémoire inséré aux *Annales des mines*, il y a deux hypothèses à faire sur la manière dont les déformations de la croûte, résultant du refroidissement, pourraient se traduire à la surface par des accidents réguliers.

En premier lieu, on peut admettre qu'un système de montagnes est dû à un effort longitudinal suivant un grand cercle : effort accompagné d'un certain nombre d'autres, s'exerçant des deux côtés de l'effort principal et dans des plans parallèles au premier. Dans ce cas, il faut admettre que le système se compose d'une ride plus ou moins continue, placée sur un grand cercle, et d'autres rides accessoires, situées à quelque distance de celle-là sur de petits cercles parallèles. C'est la conception primitive de M. Élie de Beaumont.

Mais il y a une seconde hypothèse proposée aussi par l'auteur de la théorie, et qui consiste à supposer qu'un système de dislocations est constitué par l'écrasement d'un fuseau de la sphère. On pourrait, dans ce cas, concevoir que les accidents se fussent produits à la surface suivant de grands cercles, dont l'ensemble composerait ce fuseau. Les accidents seraient alors comparables à des méridiens et non à des parallèles, comme dans l'hypothèse précédente. Ils seraient donc tous perpendiculaires à un même grand cercle, l'équateur du fuseau écrasé.

On voit aisément qu'à chacune des deux hypothèses correspond un procédé particulier pour transporter une même direction d'un point à un autre de la sphère, et les différences

des angles ainsi obtenues pourraient atteindre 2 ou 3 degrés.

Néanmoins si, dans chaque cas, le grand cercle de comparaison, ou le grand cercle axe du fuseau, a été bien choisi, ces différences entre les angles auront peu d'influence, parce que, les points d'observation étant placés symétriquement de chaque côté du grand cercle médian, les différences de signe contraire s'annuleront mutuellement.

Mais, dans l'application du réseau pentagonal aux accidents de l'écorce terrestre, les deux hypothèses conduiraient à des résultats très-différents. Car, dans le premier cas, l'espace affecté se compose d'une zone de la sphère, dont les deux limites seraient placées symétriquement et à égale distance du grand cercle de comparaison. Dans le second cas, l'espace affecté serait un fuseau, dont les deux extrémités seraient communes à tous les cercles représentant l'accident, lesquels seraient symétriquement placés par rapport au cercle principal, axe du fuseau.

Cette dernière hypothèse, que je me rappelle avoir entendu M. Élie de Beaumont développer dans cette chaire, comporte elle-même deux cas. On pourrait en effet concevoir que la moitié seulement de la sphère fût ainsi affectée par l'écrasement : ce qui, dans l'application du réseau pentagonal, expliquerait l'absence de tous les cercles qui constitueraient l'un des fuseaux; ou bien, les deux fuseaux opposés peuvent avoir subi l'effet de la contraction. Le cercle central serait alors jalonné, sinon d'une manière continue, au moins sur un grand nombre de points de son parcours, et les autres cercles qui lui sont liés passeraient d'un fuseau à l'autre, des deux côtés de l'axe, mais pourraient se suivre d'une façon plus ou moins intermittente sur toute l'étendue de la sphère.

Tels sont les derniers traits que je voulais ajouter à l'exposé du double travail qui a absorbé une si grande partie des pensées de M. Élie de Beaumont, les *systèmes de montagnes* et le *réseau pentagonal*, par lequel il cherche à relier tous ces systèmes. En vous montrant la grandeur de cette conception, je ne vous ai point caché, messieurs, ce qu'elle me paraît présenter encore d'incomplet, ou plutôt d'inachevé.

Les hésitations que je viens de vous signaler dans la pensée de l'auteur lui-même ne peuvent laisser aucun doute sur ce point, que l'œuvre attend encore de l'avenir un complément, au moins dans les détails. Le temps seul dira quelles sont les parties de ce vaste édifice qui devront subir quelques modifications; mais, dans ma conviction profonde, les bases en resteront inébranlables.

Me voici arrivé, messieurs, à la limite nécessaire de ces leçons, et cependant, que de traits n'aurais-je point encore à ajouter à cette esquisse trop rapide de la carrière scientifique de M. Élie de Beaumont? Comment ne point parler de son merveilleux talent de discussion ? La discussion scientifique est un des plus beaux fleurons de la couronne du troponomiste, et elle n'a pas fait défaut à M. Élie de Beaumont. Quelques-unes de ses discussions écrites sont des modèles de logique, d'érudition, quelquefois de fine ironie.

Je ne citerai qu'un seul de ces morceaux achevés ; c'est celui qui a été publié au *Bulletin de la Société géologique de France* sous ce titre : *Note relative à l'une des causes présumables des phénomènes erratiques; réponse à quelques observations de M. le professeur Al. Mousson et de M. de Charpentier.* M. Élie de Beaumont y défend contre ses deux savants amis 'l'hypothèse par laquelle il cherche, dit-il, dans un *grand dégel géologique*, l'une des causes du phénomène erratique.

Il serait impossible, sans entrer dans trop de détails, d'analyser cet article, dont chaque mot porte juste et droit. Les savants qui avaient critiqué son hypothèse oubliaient qu'en attribuant la fusion des neiges, dont les Alpes et les Pyrénées auraient été couvertes, à des gaz de la nature de ceux auxquels on rapporte l'origine des dolomies et des gypses, il entendait parler de gaz comparables à ceux qui se dégagent dans les éruptions volcaniques, et auxquels sont dues les averses désastreuses qui dévastent souvent les flancs et les environs des volcans, c'est-à-dire de courants gazeux composés en très-grande partie de *vapeur d'eau*. Ils avaient, par conséquent, négligé dans leurs calculs la chaleur latente abandonnée par la transformation de cette vapeur en eau, et fait en cela abstraction de la cause principale du dégel erratique. M. Élie de Beaumont ne se contente pas de leur montrer que la simple condensation de la vapeur d'eau a pu transformer en eau un poids de neige ou de glace presque égal à huit fois le sien. Il ajoute que l'addition d'acides ou de sels produirait, avec la neige ou la glace, un mélange réfrigérant, qui permettrait à ces corps de rester liquides bien au-dessous de zéro. « Il » ne serait pas nécessaire, dit-il, que le mélange de sels et » d'acides fût très-considérable pour que le courant produit » eût un poids égal à dix fois celui de la vapeur. Mais ce » n'est pas tout encore; car, s'il y avait de la glace ou de la » neige en excès, le courant devrait en flotter ou en tenir en » suspension, ainsi que nous le voyons si souvent en hiver » dans les ruisseaux des rues de Paris, une certaine quantité » dont la température serait abaissée au même degré que la » sienne. On conçoit, d'après cela, qu'un courant de vapeur » sorti des entrailles d'un terrain couvert de neige a pu sou- » vent donner naissance à un courant formé d'un poids d'eau, » de neige et de glace égal à *douze* ou *quinze* fois le sien, » sans parler des matières terreuses qui ont pu, en outre, » s'y trouver mélangées. »

Mais il faudra, sans doute, attribuer à ces vapeurs une température énorme? Nullement. Les faits et les raisonnements à l'appui amènent, tout au contraire, l'auteur de la Note à conclure que l'hypothèse qui admet que le *dégel erratique* a été produit par des vapeurs à une température peu élevée paraît aussi celle suivant laquelle la nature l'aurait opéré avec la *dépense minimum* de chaleur.

Voilà pour le côté physique et chimique de la question. Mais le temps qu'il a fallu pour ces actions a dû être bien court? M. de Charpentier parle d'une fusion générale qui, dans cette hypothèse, se serait opérée en *une seconde*. M. Élie de Beaumont n'a aucune peine à réfuter un pareil argument, un *instant géologique* ne pouvant être fixé avec précision, encore moins limité à une seconde.

Puis, vient l'objection de la vitesse qu'aurait dû prendre un pareil courant. Il faut lire soi-même cette partie de la note pour apprécier la logique avec laquelle, s'appuyant d'un côté sur les beaux travaux de M. Surell relatifs aux torrents alpins, de l'autre, sur les faits connus d'inondations dues à des phénomènes volcaniques de cet ordre, rectifiant, enfin, les données topographiques qui avaient servi de base à ces calculs erronés, l'auteur ramène toutes les évaluations à des nombres parfaitement acceptables.

D'ailleurs « en cherchant moi-même, dit M. Élie de Beau- » mont, dans la fusion des neiges et des glaces un nouveau » moyen de rattacher ces phénomènes (diluviens) aux soulève- » ments des chaînes de montagnes, je n'ai pas eu la pensée » de les expliquer par les *causes actuelles*, et, par conséquent, » je ne me suis pas assujetti à ne prendre en considération » que les effets possibles de la fusion des neiges et des glaces » accumulées dans un *hiver ordinaire*. Chacune des années » pendant lesquelles l'écorce du globe s'est hérissée de nou- » velles chaînes de montagnes a dû être presque aussi anor- » male au point de vue météorologique qu'au point de vue » géologique, et il me paraîtrait assez naturel d'admettre au » nombre des anomalies météorologiques qu'elle a dû pré- » senter la production d'une quantité extraordinaire de pluie » pendant l'été et de neige pendant l'hiver..... Je ne puis » donc m'effrayer de voir établir que, pour expliquer les cou- » rants diluviens, il faut recourir à des hypothèses considé- » rables, et je ne puis que rendre hommage à la justesse » d'une pareille déduction. »

En terminant, et après avoir rappelé que le célèbre auteur de la fusion du calcaire en vase clos, sir James Hall, avait déjà proposé, pour expliquer les phénomènes diluviens, une hypothèse analogue à celle qu'il soutient, M. Élie de Beaumont ajoute que le *point délicat de la question* est de savoir comment une quantité d'eau suffisante a pu se trouver rassemblée aux points de départ des courants diluviens, de ceux qui ont parcouru les plaines aussi bien que de ceux qui ont sillonné les montagnes.

Cette conclusion me rappelle involontairement une remarque, aussi juste qu'humoristique, que je dois à M. Sartorius de Waltershausen. Le savant qui a publié la magnifique carte de l'Etna, que tout le monde connaît, dans un entretien, où sir Charles Lyell s'efforçait de lui expliquer comment l'immense cavité du Valle del Bove était due uniquement à l'action des eaux qui s'y étaient précipitées du sommet de la montagne, se contenta de répondre : « Eh bien! il faut » que les choses aient considérablement changé depuis lors; » car, pendant les longs séjours que j'ai faits sur le massif de » l'Etna, j'avais toutes les peines du monde à me procurer » l'eau suffisante à étancher ma soif. »

La question qui, incontestablement, a le plus souvent amené M. Élie de Beaumont sur la brèche, soit dans ses écrits, soit dans des discussions orales, est celle des *cratères de soulèvement*.

Je vous ai déjà exposé, messieurs, avec des détails suffisants, la part que M. Élie de Beaumont a prise, soit seul, soit avec la collaboration de M. Dufrénoy, à l'élucidation de cette célèbre théorie, dont l'origine remonte aux deux voyages d'Alexandre de Humboldt et de Léopold de Buch aux îles Canaries.

Vous avez vu quelle somme de travail M. Élie de Beaumont a mise au service de cette question, qui a tant préoccupé nos prédécesseurs. Encore, n'ai-je point fait mention des pièces qu'il a publiées, et qui résument les discussions auxquelles prirent part alors les géologues les plus éminents. Quelques-unes de ces pièces sont très-remarquables par la puissance de logique et la force d'argumentation dont M. Élie de Beaumont y fait preuve. Tel est, en particulier, le morceau qui a pour titre : *De la question des cratères de soulèvement; réponse à différentes objections élevées contre l'hypothèse du soulèvement du Cantal* : morceau qui fut lu, en 1834, à l'une des séances de la Société géologique de France.

S'il m'était permis, néanmoins, de faire ici une sorte de

reproche rétrospectif à mon illustre et vénéré maître, j'exprimerais quelque regret de ce que la passion, la noble passion du vrai, qui se cachait sous cette apparence de froideur et d'extrême réserve, mais qui parfois débordait, et (qu'on me permette cette figure bien appropriée au sujet), qui faisait parfois éruption, l'ait entraîné à vouloir, en quelque sorte, trop prouver, et l'ait engagé à s'appuyer plus souvent et plus fortement sur ceux des arguments qui étaient le plus discutés, parce qu'ils étaient peut-être les moins convaincants, au lieu de se retrancher derrière le rempart inattaquable de certaines conséquences, reposant sur des faits incontestés ; au lieu de dire simplement à ses adversaires, comme Desmarets à ceux qui voulaient, avec Werner, que les balsaltes eussent été dissous dans l'eau : *Allez et voyez !*

Aujourd'hui que le calme s'est fait sur ces questions, c'est peut-être le moment de les ramener à leur plus simple expression.

Voyons, en définitive, quels étaient les arguments les plus sérieux qu'on présentait dans les deux camps.

Ceux qui s'opposaient à cette théorie des cratères de soulèvement ne pouvaient pas nier que des assises de roches volcaniques anciennes n'eussent pu subir, après leur refroidissement et leur solidification, un soulèvement tout aussi bien que les couches sédimentaires, dans lesquelles ils étaient bien obligés, lorsqu'elles étaient placées verticalement, de reconnaître l'effet d'une action mécanique postérieure à leur dépôt. A ceux qui objectaient le peu de probabilité que cette action mécanique fût venue s'exercer précisément aux points où les matières éruptives s'étaient déjà fait jour, on pouvait répondre que, tout au contraire, ces points étant vraisemblablement des points de moindre résistance, il eût été extraordinaire que les mêmes causes, agissant de nouveau, n'y eussent pas brisé la croûte extérieure, et souvent même, introduit à la surface les matières incandescentes qu'elle recouvrait.

C'était donc, par le fait, sous une forme particulière, la grande conception du soulèvement des montagnes qu'on cherchait encore à rendre douteuse. Ne pouvant la nier pour les terrains sédimentaires, on se barricadait, pour l'attaquer, derrière le dernier retranchement des terrains éruptifs. Il y avait même en jeu une question plus générale encore, celle que j'ai si souvent rappelée dans ces leçons, sous le nom de *théorie des causes actuelles.*

M. Élie de Beaumont ne se faisait illusion ni sur l'une, ni sur l'autre des deux conséquences, lorsque, dans l'article que j'ai déjà cité, il disait, en parlant de la théorie des cratères de soulèvement : « Sa solution donnerait immédiatement la » clef des phénomènes volcaniques, et conduirait probable- » ment aussi à trouver celle du phénomène bien plus im- » portant du soulèvement des montagnes » ou, lorsque, vers la fin de sa belle description du cirque de soulèvement de la Bérarde, il s'écriait : « Transporté au pied de ces murailles, » de ces obélisques, dont chaque face est souvent une fente » unique de quelques centaines de mètres de hauteur, quel » géologue de cabinet songerait à plaider en leur présence la » cause de l'influence exclusive des agents qui opèrent sous » nos yeux ? »

Ses adversaires ne se faisaient pas plus d'illusions que lui-même. Aussi, des deux géologues qui, à cette époque, en France et en Angleterre, ont le plus combattu la conception de Léopold de Buch, l'un, pour expliquer, sans soulèvement,

les couches inclinées des terrains de sédiment, remarquait que, lorsque les mares de nos fermes viennent à se dessécher, les portions de vase argileuse, qui adhéraient aux bords de la petite cavité, se solidifient en présentant des inclinaisons très-sensibles. Mieux encore, et pour mettre toutes les chances de son côté, il n'hésitait pas à porter, devant la Société philomathique de Paris, une bouteille, — oui, une bouteille, — dans laquelle il avait fait arriver, avec de l'eau, des poussières de dimensions et de nature diverses, lesquelles s'étaient déposées, dans ce bassin d'un genre tout particulier, sur des pentes énormes.

Son partenaire, de l'autre côté de la Manche, beaucoup plus avisé, mais non plus conséquent, ne s'appuyait pas sur des arguments aussi commodes et aussi portatifs que ceux-là ; mais, partant du fait d'un grand tremblement de terre qui, au Chili, avait élevé d'un mètre environ la côte sur une grande longueur (sans se préoccuper, d'ailleurs, de savoir si ce faible soulèvement se maintiendrait), croyait pouvoir expliquer les falaises formidables des Alpes, du Caucase et de l'Himalaya par des milliers ou des centaines de milliers de petits événements de cet ordre.

J'ai déjà fait justice, dans ces leçons, de pareilles aberrations, mais elles établissent bien le lien qui existait entre la question du soulèvement des montagnes volcaniques et celle du soulèvement des montagnes, en général, et celle de la théorie des *causes actuelles.*

Toutes ces circonstances expliquent aussi l'importance que M. Élie de Beaumont attachait à la question des cratères de soulèvement, et celle que nous sommes, de notre côté, obligés d'y attacher nous-mêmes, si nous ne voulons pas abandonner la cause, plus générale, du soulèvement des montagnes.

Les opposants ne peuvent donc pas nier la possibilité du relèvement subit d'un massif volcanique ancien. Bien plus, on doit à l'un d'eux l'intéressante observation de l'élévation instantanée du sommet du cône Vésuvien, de 50 mètres environ, après l'éruption de 1850. Et cette élévation n'était pas due a une suraddition de matières projetées, les roches de la surface étant restées les mêmes.

Serait-ce le soulèvement circulaire qui serait contesté ? mais nous trouvons ce fait si souvent répété dans les roches sédimentaires qu'on ne voit pas pourquoi on en nierait la possibilité dans les terrains volcaniques, c'est-à-dire précisément dans les phénomènes géologiques où une force centrale se manifeste, même aujourd'hui, d'une manière si constante.

Il n'y a donc pas de fin de non-recevoir à opposer. Pour quiconque admet que le Mont-Blanc, l'Elbrouz et le Pelvou, ou les vallées circulaires du Jura et de la craie sont dus à des soulèvements, il peut y avoir, dans les terrains volcaniques de tout âge, des soulèvements, et des soulèvements circulaires.

Il ne reste plus maintenant qu'a prouver que cette chose, reconnue possible et même probable, a eu lieu en effet.

De tous les arguments que l'on a mis en avant dans chaque cas particulier pour démontrer le fait, trois me paraissent avoir une importance capitale, et ils sont d'autant plus difficiles à réfuter, que leur application est restreinte à un moins grand nombre d'exemples.

Celui de ces arguments sur lequel s'appuie le plus souvent M. Élie de Beaumont, parce qu'il est le plus général et s'applique même dans tous les cas, est celui de l'impossibilité qu'il y a à ce qu'une substance, fluide à la manière des laves, s'arrête sur des pentes assez fortes (de 15 à 35 degrés par exemple), autrement qu'en produisant une quantité considérable de scories, qui absorbe quelquefois presque entièrement la masse de lave écoulée.

Assurément, un des plus beaux morceaux de cryptoristique géologique qui ait jamais été écrit est l'analyse exacte, fine et presque minutieuse, que l'on trouve dans le grand mémoire sur l'Etna, de ce qui se passe lorsqu'une coulée descend sur un cône volcanique. Ces pages sont réellement magistrales, et l'on a rarement porté aussi loin l'art d'observer et de décrire.

Pour moi, messieurs, j'avoue que cet argument a conservé toute sa force ; et, parmi le grand nombre des volcans que j'ai pu observer par moi-même, je n'ai jamais trouvé un seul fait qui pût l'infirmer à mes yeux. Je pense, avec MM. Dufrénoy et Élie de Beaumont, qu'un cône revêtu d'assises de basalte fortement inclinées est nécessairement un cône de soulèvement.

Un autre argument, qui s'applique presque aussi souvent, c'est l'alternative habituelle entre les assises régulières de trachyte ou de basalte et les couches de conglomérat. Rien d'analogue ne se présente aujourd'hui. Au Vésuve, on peut observer dans le Fosso-Grande, dans le Fosso della Vetrana ; à l'Etna, dans le Valle del Bove, un certain nombre de coulées modernes superposées. Rien ne s'y rencontre d'analogue à ces puissantes assises de conglomérats, dont les fragments n'ont ordinairement aucun caractère scoriacé, sont souvent anguleux et paraissent s'être accumulés au sein des eaux.

Mais il y a des cas — et ceci est le dernier et le plus fort argument — où ce dépôt au sein des eaux n'est pas douteux. Même dans les cirques, comme celui de Los Azulejos, à Ténériffe, où la roche est appelée trachytique, on trouve des assises qui n'ont absolument rien d'éruptif. J'en mets quelques-unes sous vos yeux. Voici, par exemple, une roche verdâtre, qui a peut-être donné le nom à la crête (*Azul*, en espagnol, veut dire bleu), où l'on distingue comme des traces d'algues décomposées. Dans tous les cas, qui oserait appeler cette roche une lave ? Assurément, elle n'a jamais été fondue : elle n'a jamais coulé, et tout en elle rappelle un dépôt fait dans les eaux.

De même, comment les fragments du tuf ponceux qu'on trouve sur la crête de la Somma et au sommet de la Punta di Nasone pourraient-ils être considérés comme des produits du volcan amphigénique de la Somma ? Surtout, quand on sait qu'en certains points de la Campanie ce tuf ponceux renferme des coquilles marines.

Mais qu'est-ce donc, lorsque, comme à Santorin, on trouve, au sommet ou sur la pente du Saint-Élie, des lambeaux de schiste argileux ou de calcaire ? Existe-t-il quelque part un géologue qui voudrait soutenir que ce schiste argileux ou ce calcaire sont des laves qui ont débordé de l'immense cratère dont Santorin serait le reste ? Il faut nécessairement admettre que ce schiste argileux, ce calcaire ont été soulevés, et soulevés avec la roche qui les supporte.

Santorin, le Cantal, Ténériffe, la Somma sont donc des cratères ou des cirques de soulèvement.

L'opposition qui s'est manifestée et qui persiste encore contre cette notion provient surtout de l'influence exercée par deux expressions mal interprétées. La première est le terme malheureux de *cratère*, imposé par M. L. de Buch à ce qu'il aurait dû simplement appeler *cirque de soulèvement*, réservant le nom de cratère aux bouches volcaniques proprement dites. La seconde expression, qui introduit peut-être dans la question quelque obscurité, est le nom de *roches volcaniques*, appliqué à la fois aux grandes assises de trachytes ou de basaltes, épanchées autrefois sous les eaux avec leurs couches de conglomérats, et aux laves qui, sous nos yeux, s'écoulent à la surface des cônes modernes. Les roches peuvent avoir quelque analogie, mais les phénomènes qui les ont produites, de part et d'autre, ont dû être assez différents ; et, quelle que soit d'ailleurs l'origine mécanique première qu'on leur attribue, les soulèvements circulaires ne peuvent pas plus être mis en doute pour les massifs volcaniques, anciens ou modernes, que pour les terrains sédimentaires.

Dans les discussions orales, M. Élie de Beaumont était aussi un rude jouteur. Non que sa parole eût, en pareil cas, l'éclat et l'élégance que d'autres savants ont mis au service de leurs idées. Mais, sous cette simplicité, sous cette bonhomie de formes, l'orateur savait trouver toujours le mot propre, souvent le mot pittoresque, quelquefois aussi le mot piquant.

Telle était son habileté à ranger, en quelque sorte en bataille, ses divers arguments et à les faire donner au moment opportun et dans les limites convenables, que, même quand il s'agissait de défendre les deux ou trois questions scientifiques pour lesquelles le temps et des travaux ultérieurs ont infirmé son opinion, il entraînait d'abord la conviction chez ses lecteurs comme chez ses auditeurs, et qu'il fallait une longue réflexion pour distinguer quel avait été le point faible de son argumentation.

Pourquoi n'ajouterais-je pas, pour ne rien cacher, même des faiblesses de ce grand esprit, qu'il était bien difficile de lui faire abandonner une opinion exprimée par lui ? Mais cette imperfection de l'humaine nature n'est-elle pas trop souvent le partage des intelligences les plus ouvertes et les plus élevées ? Croit-on qu'il fût aisé de faire revenir M. Léopold de Buch d'une opinion une fois adoptée et énoncée par lui ? Haüy n'est-il pas mort dans l'impénitence finale, quant au dimorphisme ? Cuvier lui-même ! Mais laissons-le parler, non de lui, mais de cet excellent, de cet admirable Desmarets :

« Quelques personnes, dit Cuvier, ont cru remarquer qu'il » portait jusque dans les sciences sa haine pour les nou- » veautés, et qu'il avait trop oublié dans sa vieillesse que » lui-même autrefois avait mis en avant des opinions nou- » velles.....

» ...Un caractère si peu accessible devait être peu mobile ; » aussi ne changeait-il ni de liaisons ni d'habitudes. »

M. Élie de Beaumont était, comme Desmarets, aussi fidèle à ses amitiés qu'à ses opinions.

Il me reste, messieurs, une dernière remarque à vous présenter : et vous l'aurez déjà sans doute faite vous-mêmes. C'est que, dans cette revue des travaux du savant illustre que nous venons de perdre, j'ai eu à peine à le citer comme *géogéniste*, ou, si vous voulez, à mentionner les opinions exprimées par lui sur les *causes* générales des phénomènes géologiques. En effet, à part quelques considérations très-élégantes et très-ingénieuses sur les circonstances probables qui ont présidé à la formation des filons concrétionnés, considérations qui sont devenues bientôt fécondes en conduisant aux reproductions *lithotechniques* d'une foule de minéraux, on peut dire que M. Élie de Beaumont n'a jamais énoncé qu'une seule hypothèse — qui ne lui appartenait pas d'ailleurs et qui existait dans la science depuis deux mille cinq cents ans — c'est celle d'une chaleur propre à la terre, dont le décroissement produirait les déformations de la croûte extérieure : ces déformations pouvait se traduire par des soulèvements allongés ou par des soulèvements circulaires.

Voilà la seule hypothèse générale que l'on trouve dans ses nombreux mémoires. Le développement direct de cette hypothèse n'y occupe peut-être pas, en tout, une centaine de pages. Ajoutons, enfin, que les résultats de ses propres travaux en sont indépendants et ne s'appuient jamais sur elle.

Tel est, en réalité, le caractère essentiellement exact et précis des œuvres de celui à qui ses adversaires scientifiques étaient parvenus à faire une réputation de théoricien pur, de savant donnant trop souvent carrière à son imagination.

Mais ici, permettez-moi, messieurs, d'agrandir la question et de la généraliser. Ce n'est pas à M. Élie de Beaumont seul, parmi les grands géologues, que l'on a adressé un pareil rereproche. Tout le monde connaît cette plaisanterie, qui traîne depuis longtemps dans les bas-fonds de la science, et qui consiste à comparer deux géologues en présence à deux augures qui ne pourraient se regarder sans rire. Cuvier n'a pas dédaigné de la ramasser. Et, pour le dire en passant, il l'a fait avec deux circonstances aggravantes. La première est qu'il allait, quelques pages plus loin, faire l'éloge de la théorie de Werner, qui, on le sait, dissolvait toutes les roches dans l'eau. La seconde, plus singulière encore, c'est que, plusieurs années après, Cuvier devait écrire que, dans l'histoire physique de la terre, « le fil des opérations est rompu ; la marche » de la nature est changée ; aucun des agents qu'elle emploie » aujourd'hui ne lui aurait suffi pour produire ses anciens » ouvrages. » Assurément, il était permis à notre grand anatomiste d'énoncer une pareille hérésie géologique ; mais il faut reconnaître qu'en ce moment il ressemblait, à s'y méprendre, à l'un des deux augures de Cicéron.

Maintenant, voici la vérité. La géologie est, comme je l'ai indiqué à la fin de la deuxième leçon (numéro du 24 juillet), une science très-vaste et d'aptitudes très-variées. En même temps que, par l'étude des minéraux, elle fait appel à des déterminations physiques, chimiques et géométriques, qui admettent peu ou point d'indécision, elle se rattache, par sa partie chronologique, aux sciences historiques. Et cela est si vrai que les récentes études sur l'anthropologie fossile établissent entre elle et l'archéologie un passage absolument insensible. Or, en tant que science chronologique, elle doit faire usage des mêmes moyens de recherches que l'archéologie. Elle reconstitue l'histoire avec les débris qui lui restent d'une antiquité bien autrement reculée que celle des archéologues.

Nous retrouvons la Vénus de Milo mutilée : trois esthéticiens étudient ces restes précieux et proposent chacun une restitution de la statue primitive. Chacun d'eux, s'appuyant à la fois sur le fait matériel et sur ce qu'on sait des procédés artistiques des Grecs, fait une hypothèse. Pourquoi ne leur serait-il pas permis de se regarder sans rire ?

Un génie prodigieux, le cardinal de Richelieu, apparaît au début du xviie siècle et modifie profondément les choses, non-seulement dans son pays, mais dans toute la politique européenne. Des historiens s'emparent des faits acquis, même des faits douteux, qu'ils discutent, et, s'appuyant à la fois sur toutes ces données et sur la connaissance générale du cœur humain, trouvent les mobiles des actions de Richelieu, l'un dans une personnalité étrange et jalouse, l'autre dans des vues grandioses qui, à ses yeux, excusent même la cruauté. Pourquoi ces deux historiens ne pourraient-ils se regarder sans rire ?

Or, n'est-il pas manifeste que le géologue, lorsqu'il cherche à expliquer les faits dont il n'a pas été témoin, dont l'homme même n'a pas été témoin, d'un côté, par l'étude des traces que ces faits ont laissées sur le globe, de l'autre, par les conséquences générales qu'il est permis de déduire de l'ensemble des phénomènes, procède exactement comme font l'historien et l'archéologue ?

Ajoutons qu'en histoire naturelle les démonstrations ne peuvent atteindre une rigueur mathématique ; que la conviction n'y résulte jamais que d'une vérification *à posteriori* des faits ou des rapports énoncés, et ne s'appuie, en définitive, que sur une grande probabilité ; que cette probabilité elle-même échappe entièrement à ce que les géomètres ont appelé le *calcul des probabilités*, parce que rien n'y est livré au hasard, parce que tout y suit des lois que nous pouvons ignorer, mais dont on ne peut faire abstraction ; qu'enfin il est essentiel, dans ce qu'on confond mal à propos sous le nom de *théories*, de distinguer les *lois hypothétiques* des *causes hypothétiques*. Et l'on s'expliquera alors pourquoi M. Élie de Beaumont a développé sa loi hypothétique du réseau pentagonal, tandis qu'il n'a fait qu'indiquer, en passant et sans y insister, la cause hypothétique du refroidissement intérieur du globe.

Vous me pardonnerez cette digression, messieurs, car elle appartient plus qu'il ne le semble peut-être au fond même de mon sujet, et vous y verrez, ce que je ne puis cacher, la douleur que j'éprouve en voyant traiter légèrement ce qui a fait, pendant vingt-cinq ans, la préoccupation presque exclusive d'un homme tel que M. Élie de Beaumont.

Si nous cherchons à résumer en quelques mots le résultat des études que nous venons de faire sur les travaux de ce grand géologue, voici à quoi nous arrivons :

Comme *autopticien*, pour saisir et exprimer les grands traits d'une contrée, il est de beaucoup au-dessus de Pallas ; il est l'égal de Saussure en exactitude, son supérieur en élégance, et, s'il ne trouve pas toujours à son service la plume enthousiaste et poétique de Humboldt, son coup d'œil, en revanche, est plus pénétrant et plus profond.

Comme *cryptoricien*, c'est-à-dire pour analyser un phénomène dans ses détails, sans minutie néanmoins, on peut dire qu'il n'a pas d'égal parmi les géologues ses prédécesseurs.

Comme *troponomiste*, dans la recherche des rapports et des lois qui les enchaînent l'un à l'autre, il peut être comparé à Léopold de Buch, avec cet avantage en sa faveur qu'il partit du point où s'était arrêté son illustre devancier. Moins naturaliste que celui-ci, il avait plus que lui le sens de la géométrie et de la mécanique.

Ainsi, d'un côté, recherche extrême de la vérité et de la précision dans les faits ; de l'autre, comparaison sérieuse de ces faits, rapprochements les plus ingénieux et souvent les plus inattendus, toujours justifiés et confirmés ; enfin, comme déduction naturelle de tous ces rapports, conceptions systématiques à la fois les plus logiques et les plus grandioses : tel est le double caractère qu'il serait, il semble, injuste de refuser aux travaux de M. Élie de Beaumont, et qui lui donne une portée tout à fait exceptionnelle.

M. Élie de Beaumont appelait souvent Léopold de Buch son maître en géologie ; par la considération des directions, qu'il tenait de lui, il se rattachait à la doctrine de Werner. En stratigraphie, il se disait de l'école de Saussure, et descendait ainsi scientifiquement de Sténon, leur devancier. Nous pouvons ajouter que les grandes et belles notions introduites dans la science par Hutton ne lui ont pas été inutiles.

Bien qu'il y eût peu de traits communs entre lui et Buffon, il professait pour ce naturaliste une vive admiration. Il était attiré par l'auréole de grandeur qu'on ne peut refuser à Buffon, peut-être aussi, et sans s'en rendre compte, par les traces qu'il retrouvait, dans la *Théorie de la terre*, des doctrines de Lazzaro Moro, de Leibniz et de Descartes.

Plusieurs savants, en France, ont préparé la carrière de M. Élie de Beaumont. Brochant de Villiers, le premier, devina son mérite et l'appela, avec son ami Dufrénoy, à la collaboration de la carte géologique. Quelques années après, et dès son premier mémoire sur les révolutions de la surface du globe, Arago, avec sa merveilleuse facilité à s'assimiler une idée et à la rendre assimilable au public, fit auprès des gens du monde la fortune du jeune novateur, qui, s'il n'eût dû compter que sur sa modestie et son aversion, bien digne d'Horace, pour le vulgaire des penseurs, eût attendu longtemps encore le succès et la popularité.

Mais celui qui, à vrai dire, révéla aux savants ce qu'était dès lors Élie de Beaumont, fut Alexandre Brongniart. Le rapport que fit, le 26 octobre 1829, le doyen des géologues français sur ce mémoire, présenté à l'Académie des sciences quatre mois auparavant, fut à la fois une bonne action et une œuvre de haute intelligence. Non que Brongniart eût rien à retrancher de ses propres travaux ou de ses opinions anciennes, que la nouvelle doctrine venait au contraire confirmer, en leur donnant un développement inattendu. Mais ce développement, qu'il n'avait pas entrevu lui-même, il en saisissait immédiatement la portée, et, par la haute estime qu'il témoignait du rare mérite de son jeune émule, le vétéran de la science le traitait déjà en égal, presque en confrère. Six ans plus tard en effet, M. Élie de Beaumont allait s'asseoir près de lui à l'Académie.

M. Élie de Beaumont ne reniait aucun de ces glorieux héritages. Quelque réserve qu'il mît en parlant de lui-même, on eût trouvé en lui le sentiment sincère et profond que ses propres efforts avaient considérablement agrandi le domaine que lui avaient transmis ses ancêtres scientifiques. Aujourd'hui que nous pouvons nous exprimer sans blesser cette modestie, je n'hésite point à proclamer que la France a eu la gloire de donner en Élie de Beaumont un Képler à la géologie, et j'ai la conviction que la postérité, qui déjà commence pour lui, ratifiera un jour ce jugement.

Ch. Sainte-Claire Deville.

LA PSYCHOLOGIE SCIENTIFIQUE EN ANGLETERRE

La physiologie mentale de M. Carpenter

Ceux qui, en France, ont lu les *Principes de physiologie humaine* de Carpenter, notamment la cinquième et la sixième édition, ont pu remarquer la large part faite dans cet ouvrage aux questions mentales. Dans les éditions plus récentes, les chapitres psychologiques ont été retranchés pour faire place à des études nouvelles, d'ordre plus strictement physiologique. Ces chapitres, remaniés par l'auteur et constitués en ouvrage, devaient prendre place dans la Bibliothèque scientifique internationale. « Mais il est arrivé, nous dit-il, qu'en me mettant à l'œuvre pour revoir ma première exposition et pour l'enrichir d'exemples et d'éclaircissements, le livre a crû démesurément entre mes mains » : il est devenu un gros volume de près de 800 pages, qui a dû être publié à part, sous le titre inscrit plus haut (1). Quant au fond de la doctrine, il n'a pas changé, et l'auteur nous le donne comme la dernière expression de sa pensée, confirmée et étendue par l'expérience et les réflexions de vingt années.

La thèse générale qui domine tout le livre est celle « de l'inanité des controverses si souvent répétées entre les avocats de l'hypothèse matérialiste et ceux de l'hypothèse spiritualiste : — controverse absurde, parce que les uns et les autres ont partiellement tort et partiellement raison ».

Il y a, dit M. Carpenter, des gens qui, après avoir étudié de près le rapport intime de l'état physique avec les états mentaux, ont pensé que *toutes* les opérations de l'esprit ne sont que des manifestations ou des expressions de changements matériels dans le cerveau : — que l'homme n'est qu'une *machine pensante*, dont la conduite est entièrement déterminée par sa constitution primitive, modifiée par des conditions subséquentes qui échappent à son pouvoir, et que la faculté qu'il croit avoir de se diriger n'est qu'une illusion. Par suite, la notion de responsabilité n'a pas de fondement réel ; le caractère de l'homme étant formé *pour* lui et non *par* lui, et sa manière d'agir, dans chaque cas, étant simplement la conséquence de la réaction de son cerveau sur les impressions qui le mettent en jeu. Ce qu'on appelle communément crime devient donc une forme de la folie et doit être traité comme tel, la folie n'étant elle-même qu'une action morbide du cerveau : et pour que l'homme atteigne son plus haut degré psychique, il faut s'attacher aux conditions qui favorisent son développement physique.

Il y a beaucoup de faits qui appuient cette doctrine matérialiste : nécessité pour l'activité normale de l'esprit d'une nutrition normale du cerveau bien fourni de sang oxygéné, effet des toxiques sur le mécanisme de la pensée et du sentiment, influence des affections locales du cerveau, des coups à la tête sur les maladies de la mémoire, transmission héréditaire de l'idiotie, du crétinisme, des habitudes acquises, etc. Il faut tenir compte de ces phénomènes pour résoudre le problème qui nous occupe ; « mais il ne faut pas les considérer à l'exclusion de ceux que nous fournit notre propre conscience. En réduisant l'homme pensant au niveau d'une marionnette qui se meut selon qu'on tire sur ses fils, le philosophe matérialiste se met en complète opposition avec cette conviction positive que chaque homme possède : qu'il a une faculté réelle de se déterminer. »

Passons maintenant à la doctrine adverse soutenue par les spiritualistes, et examinons-la dans ses rapports physiologiques. Pour eux, l'esprit est une essence immatérielle, distincte, mystérieusement unie, à la vérité, à un instrument

---

(1) *Principles of mental physiology, with their applications to training and discipline of the Mind and the study of its morbid conditions*, by W. Carpenter. 1875. King et C°.

corporel, mais qui n'en dépend que pour la sensation et le mouvement. Dans cette hypothèse, les opérations de l'esprit lui-même, ne dépendant pas de celles de la matière, ne sont jamais affectées par les conditions de l'organisme corporel, dont les maladies ou les désordres peuvent tout au plus obscurcir les manifestations extérieures de l'esprit; tout comme la lumière la plus étincelante peut être voilée par le milieu qu'elle doit traverser. L'esprit est ainsi doué d'un pouvoir complet de se gouverner; il est donc responsable de *toutes* ses actions et doit être jugé d'après des règles fixes.

Cette doctrine reconnaît pleinement ce que l'autre oubliait; mais, de son côté, elle oublie beaucoup de choses et elle n'est pas moins en contradiction avec les faits de la plus vulgaire expérience. Le délire de l'ivresse ou de la fièvre, à lui seul et sans aller plus loin, montre combien nos pensées et nos actes dépendent des circonstances matérielles.

Ainsi, suivant Carpenter, les spiritualistes et les matérialistes reconnaissent et méconnaissent à la fois certaines grandes vérités de la nature humaine, et toute la difficulté consiste à trouver une solution plus générale, « qui soit en harmonie avec les résultats de la recherche scientifique et avec ces simples enseignements de notre propre conscience qui sont le critérium dernier des principes psychologiques ». Quelle est cette solution? L'auteur croit la trouver en étudiant attentivement le rapport qui existe entre l'*esprit* et la *force.*

Il est maintenant, dit-il, généralement admis que nous ne connaissons et ne pouvons connaître la matière que par le moyen des impressions qu'elle produit sur nos sens, et que ces impressions dérivent des *forces* dont la matière est le véhicule. Notre connaissance de deux propriétés très-générales de la matière, la résistance et la pesanteur, dérive tout entière de nos sensations tactiles (en comprenant sous ce nom la sensation musculaire ou sensation de l'effort). L'étendue, ou propriété d'occuper un espace, qui sert à caractériser spécialement la matière, est une induction tirée de nos perceptions sensorielles. En fait, il y a des raisons solides d'affirmer que notre idée de *matière* est une conception de l'intelligence; la *force* étant ce quelque chose d'extérieur dont nous avons la connaissance la plus directe, peut-être même la seule directe.

La force constituerait ainsi ce qu'il y a de fondamental dans la matière. Mais l'esprit, comme la force, est essentiellement actif; tous ses états étant des changements dont nous avons une conscience immédiate : chaque terme qui exprime un état mental, — sensation, perception, idée, émotion, — désignant une phase de cette succession continuelle qui représente pour nous l'esprit.

Si nous prenons une forme primitive de l'activité mentale, la sensation visuelle par exemple, que se passe-t-il? L'impression agit sur le nerf optique qui la transmet à un ganglion cérébral : en d'autres termes, la lumière, probablement par des changements chimiques dans la substance du nerf, excite la force nerveuse, et la transmission de cette force nerveuse excite l'activité de cette partie du cerveau qui perçoit la sensation visuelle. Comment ce changement physique est-il traduit en ce changement psychique que nous appelons la vision d'un objet? Nous n'en savons rien ; mais nous ne savons pas davantage comment la lumière produit un changement physique et comment un changement physique excite la force nerveuse. Ce que nous voyons dans les deux cas, c'est une succession, un rapport entre un antécédent et son conséquent : en d'autres termes, la corrélation qui existe entre la force nerveuse, et l'activité mentale (sensation) est celle qui existe entre la lumière et la force nerveuse.

Il serait inutile de montrer longuement avec l'auteur que la même corrélation existe entre des états psychiques et cette forme de la force nerveuse qui produit le mouvement musculaire. « De même qu'une pile électrique est inactive

tant que le courant est interrompu, mais devient active dès qu'il est fermé; de même une sensation, un instinct, un sentiment, une idée, une volition, qui atteignent une intensité suffisante pour fermer le circuit, mettent en liberté la force nerveuse dont une certaine partie du cerveau est toujours chargée, à l'état de veille. Ainsi donc il est également certain que des antécédents mentaux évoquent des conséquents physiques, et que des antécédents physiques évoquent des conséquents mentaux : la corrélation entre la force nerveuse et la force psychique se montre donc complète, sous ses deux formes, chacune des deux étant apte à susciter l'autre. »

Telle est la thèse générale qui domine l'ouvrage dont nous parlons. Après ces préliminaires, l'auteur expose en grand détail l'anatomie et la physiologie du système nerveux dans la série animale (1) et en particulier chez l'homme, puis le mécanisme de l'activité psychique tel qu'il le conçoit.

La corde spinale, avec son système de nerfs centripètes et centrifuges, en représente le plus bas degré. Les impressions sont transmises au centre nerveux qui les réfléchit en mouvement : aussi la moelle épinière est appelée par l'auteur un centre de réflexion *excito-motrice.*

Les ganglions sensoriels comprenant l'ensemble des masses ganglionnaires situées à la base du cerveau humain (moelle allongée, corps striés, couche optique), qui semblent plus particulièrement en rapport avec les nerfs des sens spéciaux, constituent le *sensorium* et sont le centre de mouvements réflexes en rapport avec les impressions sensorielles. Chez les animaux doués de ces organes, nous trouvons des sensations, et le centre qui les reçoit et réagit peut être appelé centre de réflexion *sensori-motrice.* Ces ganglions constituent l'appareil automatique, nécessaire à notre vie purement animale ou ou extérieure, c'est-à-dire aux fonctions de sensation et de locomotion.

Enfin à cet appareil est ajouté le cerveau, instrument de notre vie psychique ou interne. Les impressions et sensations, après avoir cheminé à travers la moelle et les ganglions cérébraux, deviennent des idées ou des sentiments, et le cerveau, considéré comme centre d'action automatique (c'est-à-dire indépendante de toute volonté), peut être appelé centre de réflexion *idéo-motrice.*

Au-dessus de ce mécanisme de plus en plus compliqué, selon qu'il a pour siége la moelle épinière, la base du cerveau ou les hémisphères cérébraux, plane la volonté, dont l'auteur ne néglige aucune occasion de proclamer l'indépendance et qui fait du moi un agent libre (*a free agent*). « C'est grâce à elle que nous ne sommes point des automates pensants, quoi qu'on puisse admettre qu'en fait de tels automates existent : car il y a beaucoup de gens dont la volonté n'a jamais été mise en état d'exercice normal et qui ont perdu graduellement la faculté de l'exercer, devenant simplement des êtres d'habitude et d'instinct. Il y en a d'autres chez qui ces états automatiques se présentent à l'occasion, d'autres chez qui ils peuvent être produits artificiellement (magnétisme, etc.). »

Cette opposition de l'automatisme et de la volonté est reprise par Carpenter sous toutes les formes, dont une, entre autres, qui lui est propre, quoiqu'il avoue en avoir trouvé le germe dans Hartley. C'est la distinction qu'il établit entre l'automatisme *primitif* et l'automatisme *secondaire* dans les mouvements. Les mouvements d'automatisme primitifs sont antérieurs à l'action de la volonté : ce sont ceux dont l'accomplissement continuel est nécessaire au maintien de la vie. Les battements du cœur, l'inspiration et l'expiration en sont des exemples. Il est indubitable que chez les ani-

---

(1) Voyez la *Revue scientifique* du 5 juin 1875, p. 1149.

maux inférieurs, une grande partie des mouvements ordinaires de locomotion ont ce caractère d'automatisme primitif. Ils sont simplement dus à l'action d'un stimulus sur les centres nerveux liés avec les organes de locomotion; l'animal décapité les exécute avec une aussi parfaite coordination que l'animal entier. — Mais, outre ces actes, il y en a d'autres qui ont été produits à l'origine par un effort distinct de la volonté, en vue d'un but défini, et qui, par une répétition fréquente, en viennent à être exécutés indépendamment de la volonté, à former un automatisme *secondaire*.

Il nous serait impossible de donner ici une analyse des *Principes de physiologie mentale*. Ils se divisent en deux parties. La première, intitulée Physiologie générale, traite de l'attention, de la sensation, de la perception, des idées, des émotions, de l'habitude et de la volonté. La seconde, qui a pour titre Physiologie spéciale, est consacrée à la mémoire, au sens commun, à l'imagination, à la cérébration inconsciente, à l'électro-biologie, au sommeil, au rêve et au somnambulisme, au spiritisme, au délire et à la folie, à l'influence de l'état mental sur les fonctions organiques.

Cet ordre et cette disposition des matières prêteraient facilement à la critique. S'il est très-rationnel de distinguer dans la physiologie mentale une partie générale et une partie spéciale, il semble que cette dernière ne devrait contenir que l'étude des cas exceptionnels et accidentels; bref, elle répondrait à ce qu'on entend d'ordinaire par psychologie morbide. Il est donc singulier d'y rencontrer l'étude de la mémoire, de l'imagination et du sens commun, c'est-à-dire de plusieurs formes d'activité psychique, qui sont aussi générales, aussi peu accidentelles qu'aucune autre. Il nous semble aussi que c'est dans la première partie qu'aurait dû prendre place l'étude sur la *cérébration inconsciente*, qui, dans la physiologie mentale, sont un des titres de gloire de l'auteur (1).

On pourrait lui reprocher encore de ne pas entrer assez dans le vif des difficultés. Affirmer la liberté parce que nous nous sentons libres, ne suffit pas en face de toutes les objections que ce *dictum* de la conscience a soulevées. De même, la réconciliation de la matière et de l'esprit par le moyen de la force est, de l'aveu du docteur Carpenter lui-même, bien loin d'être expliquée. J'ajouterai que le portrait qu'il a tracé des matérialistes et des spiritualistes est fait un peu à plaisir. On pourrait réclamer de part et d'autre. Les matérialistes ne sont pas aussi tranchants, et les spiritualistes ne se croient pas aussi dégagés de la matière que l'auteur le suppose.

En somme, l'ouvrage nous paraît un répertoire excellent et copieux de faits et d'observations. Beaucoup sont dus à Carpenter lui-même; beaucoup d'autres, comme il nous l'apprend, sont dus aux communications de plusieurs savants ou puisés dans les ouvrages d'Abercrombie, de Holland, de Noble, peu connus chez nous et qui, en Angleterre, ne sont plus d'un usage courant. Tous les esprits curieux trouveront donc là d'amples matériaux pour la physiologie mentale. Ils pourront regretter que l'ouvrage ne soit pas plus systématique. Mais M. Carpenter nous déclare que son œuvre n'a aucune prétention à être un système de psychologie. « Je n'ai pu, dit-il, lui donner ce travail *continu* de la pensée qui est nécessaire pour l'exécution systématique d'une recherche de cette sorte et pour l'exposition de ses résultats. Retarder la publication de cet ouvrage, dans l'espoir de trouver un moment plus favorable pour la production, c'eût été, la vieillesse arrivant, perdre la faculté de le produire. Tel qu'il est,

je l'offre à ceux qui s'intéressent aux progrès de la science psychologique et sont disposés à étendre le cercle de ses investigations, et à ceux qui désirent une base définie pour l'éducation intellectuelle et morale. J'ai l'espoir, en tout cas, de pouvoir exciter d'autres chercheurs à entrer dans la même voie et à porter, dans l'interprétation scientifique des phénomènes physiologiques, une connaissance de la psychologie que je n'ai pas et un esprit mieux rompu aux abstractions. »

Th. Ribot.

CONGRÈS INTERNATIONAL
DES SCIENCES GÉOGRAPHIQUES A PARIS

L'ethnographie et l'anthropologie

Par suite d'une classification arriérée et erronée, les études d'ethnographie et d'anthropologie avaient été divisées au congrès géographique de Paris entre le troisième et le quatrième groupe et se trouvaient étouffées dans l'un par la géographie physique, dans l'autre par des questions purement historiques. Dans le quatrième groupe, par exemple, on essaya de traiter la grande question de la race des Aïnos, celle des races non nègres de l'Asie; malheureusement la discussion fut conduite par M. Vivien de Saint-Martin, président, d'une manière qui ne lui permettait d'aboutir à aucune conclusion scientifique précise. Il en a été de même des questions préhistoriques à propos desquelles d'excellentes choses furent dites par MM. de Mortillet et Waldemar Schmidt, mais n'obtinrent point l'attention qu'elles méritent. Aussi se décida-t-on à former une sous-commission dite de l'étude des races humaines, qui s'est réunie dans le pavillon russe de la terrasse du bord de l'eau et dont nous allons faire connaître en résumé les intéressants travaux.

Séance du mercredi 4 août.

Sur la distribution géographique des races humaines de la Russie d'Europe et particulièrement sur les substitutions de race qui ont lieu dans ce pays, par M. de Maïnof.

La race finnoise occupait autrefois presque toute la Russie d'Europe; ces masses compactes ont été morcelées par l'invasion slavo-russe en petits îlots qui disparaissent peu à peu, et en groupes plus importants, l'un au nord et au nord-est, l'autre à l'est sur le Volga.

Tout le nord de la Russie est finnois et se divise en trois parties; la première de ces divisions comprend les Finlandais qui se subdivisent à leur tour en Suomialaïsets (Viborg, Helsingfors) en Hemilaïsets et Karielaïsets. Au nord de la Finlande les Hemilaïsets se mêlent aux Lapons, et quelques-uns d'entre eux ont même adopté dans le gouvernement d'Uleaborg la langue laponne. Les Karielaïsets ou Kareliens s'étendaient beaucoup plus au Sud autrefois qu'aujourd'hui, et ils sont de plus en plus repoussés vers le Nord depuis quelques années.

Dans la région des lacs Ladoga et Onega ils disparaissent devant les Russes ou sont absorbés par eux; on ne voit plus autant de cheveux couleur de lin et d'yeux bleus qu'autrefois. Cependant l'ancien type finnois se conserve encore assez bien chez les femmes. Au sud de ces lacs, il ne reste plus que quatre villages Vepses ou Tchoudes dans les gouvernements de Saint-Pétersbourg et Olonetz, et quelques villages karéliens dans les gouvernements de Jver et de Novgorod.

La seconde division des Finnois comprend les riverains de la mer Glaciale, Samoïedes et Lapons. M. Maïnof fait remar-

---

(1) Cette théorie a été exposée dans la *Revue scientifique* du 26 septembre 1868 et du 1er mai 1875. Elle a donné lieu à une revendication de priorité de la part du docteur Laycock, qui avait traité la même question dès 1838 dans un journal médical d'Edimbourg.

quer que les Lapons russes seraient plus grands et mieux bâtis que leurs voisins finnois du Sud.

La troisième division est formée par les peuples de race finnoise qui habitent les bords du Volga ; ce sont : les Zyrianes venus du Sud, ils sont plus de 200 000 ; ils occupaient autrefois les gouvernements de Perm et de Viatka, on les rencontre maintenant plus au Nord ; les Metscheriakes en petit nombre ; les Permiens, anciens Biarmiens, qui après s'être étendus jusqu'en Sibérie ont été refoulés par les Russes ; les Votiaks du gouvernenent de Viatka dont la langue est très-différente de celle des Permiens ; les Tchérémisses ; les Mordouins, subdivisés en Mordouins et en Erzé, ayant chacun un dialecte propre ; tous ces peuples montent à environ 4 000 000 d'habitants. Ils sont loin d'être de race pure ; ils se sont mélangés avec des Tatars venus d'Asie, qui ont Kazan pour centre, sont au nombre d'un million et sont musulmans ; leur langue est de la famille turque.

D'autres mouvements et substitutions ethniques ont eu lieu aussi en Russie. Ainsi, les Bachkirs ont été entamés par la colonisation russe depuis le XVIII° siècle ; les Kirghises d'Orenbourg, les Kalmouks d'Astrakhan ont colonisé à leur tour quelques parties du gouvernement d'Omsk en Sibérie ; les Kalmouks du Don, les Nogaïs, etc., quittent la vie nomade, deviennent sédentaires et se russifient en même temps peu à peu.

M. de Maïnof, indique pour mémoire les colonies arméniennes, grecques et bulgares du sud de la Russie qui ne prospèrent point pour des causes diverses ; ce ne sont que les colonies allemandes qui prospéraient jusqu'à ce jour, mais à présent ils quittent la Russie, effrayés par le service obligatoire. La majeure partie de la population de la Russie est slave et comprend : les Grands-Russes aux cheveux chatains et bouclés, aux yeux bruns à la longue barbe, au nez retroussé ; les Petits-Russes aux cheveux noirs et lisses, aux yeux noirs, au nez presque aquilin ; les Russes-Blancs dont les cheveux couleur de lin, les yeux gris ou bleus très-clairs, la barbe rare, le nez court et plat indiquent un mélange certain avec quelques peuples finnois qui autrefois habitaient ces contrées et étaient connus encore par le chronographe russe Nestor. Il faut aussi signaler un fait particulier à cette région marécageuse de Pinsk, de Minsk, etc., c'est la dépigmentation générale ; les cas d'albinisme sont fréquents, les chevaux n'ont que la robe isabelle ou grise, les feuilles des arbres sont pâles, la nature toute entière est terne et décolorée. Presque tous les habitants ont la flique, qu'on remarque même dans le feuillage des arbres ; ce fait curieux, M. de Maïnof l'a montré à l'assemblée dans un des albums exposés dans le pavillon.

M. de Maïnof donne en terminant quelques détails sur les Lithuaniens et les Finnois de la Baltique ; ceux-ci, Estoniens et Livoniens, sont les débris d'un groupe important autrefois et qui, s'étendant au loin dans le Sud, a dû avoir par le métissage une influence considérable sur les Russes proprement dits.

M. de Hujfalvy fait observer que les Finnois qui sont entrés en contact avec les Russes aryens avaient eux-mêmes subi l'influence d'autres peuples de race Ouralo-altaïque.

M. de Quatrefages demande comment on a pu subdiviser en trois les Finlandais et quel sens M. de Maïnof attache au mot Tatar ?

M. de Maïnof répond que la division des Finlandais est basée seulement sur la linguistique. Quant au mot tatar il ne l'emploie que dans un sens général pour désigner l'ensemble des peuplades qui entrèrent en Europe et étaient connues sous le nom des Tatars ; il croit que dans cette expédition ont pris part quelques peuples qui n'ont rien de commun avec les Tatars proprement dits.

M. le comte Miniscalchi ajoute qu'il en est des Tatars en Orient comme des Francs en Occident, c'est un mélange de races diverses.

M. de Quatrefages fait remarquer la différence qui existe entre le Lapon grand, décrit par M. de Maïnof, et le Lapon de Scandinavie, petit et trapu.

M. de Maïnof ne connaît pas ce dernier, mais il confirme son assertion.

M. de Hujfalvy estime que les anciens Biarmiens sont plutôt représentés par les Suomi de Finlande actuels que par les Permiens ; il faut aussi, selon lui, établir plus de différences entre les Mordvines d'une part et les Zyrianes, les Votiaks et les Permiens de l'autre.

M. Pinart fait observer que les Tchouvaches se sont tellement mêlés aux Tatars qu'ils ont perdu leur langue et en partie leur type physique. Il demande dans quel groupe on doit ranger les Mestcheriaks.

M. de Maïnof croit qu'ils sont parents des Bachkirs bien que quelques auteurs aient cru voir quelque analogie entre eux et les Magyars.

M. le comte Miniscalchi demande des renseignements sur les Karaïtes de Crimée.

M. de Maïnof : ce sont des Juifs qui prétendent être venus directement de Judée ; ils ont un type sémitique plus prononcé que celui des Juifs de l'Ouest venus d'Europe. Ce sont les puritains du judaïsme. Ils n'admettent que le Pentateuque dont ils prennent le texte à la lettre.

M. Hamy : Retzius, sur des données très-sérieuses, a distingué depuis longtemps les Lapons et les Finnois, que M. de Maïnof rapproche peut-être un peu trop. Sur la carte de M. Rittitch exposée devant la commission, les Samoïèdes sont classés avec les Lapons commes Finnois arctiques ; cela manque d'exactitude, car, il y a deux races chez les Samoïèdes ; ceux d'Europe qui ressemblent beaucoup aux Lapons et ceux d'Asie qui tendent vers le type esquimau, lequel est en quelque sorte absolument opposé au type lapon.

Séance du jeudi 5 août.

L'ordre du jour portait sur la question de la dualité des types physiques coincidant avec l'unité linguistique.

M. de Hujfalvy : Ce cas se rencontre chez les Magyars actuels qui, parlant une langue ougro-finnoise présentent cependant deux types bien tranchés, l'un ayant une taille élevée, des cheveux clairs, des yeux bruns ou gris, est plus spécialement propre aux pays de montagnes, l'autre présentant une taille petite, des cheveux bruns, une physionomie altaïque, bref un type se rattachant au type mongolique, et se retrouvant surtout dans les plaines. Ces deux types existaient-ils déjà chez les Magyars dans l'Ougrie, leur patrie primitive, au pied de l'Oural ? Existaient-ils chez eux dans les stations qu'ils firent avant d'arriver sur les bords du Danube et de la Theiss ? Ils existaient en Ougrie, ils y existent encore, puisqu'entre l'Obi et l'Irtich à côté de l'Ostiak grand, à cheveux blonds on trouve le Vogoul au type tout à fait mongolique. Du reste, les Magyars étaient déjà fort mélés quand ils quittèrent l'Ougrie. Leur langue le démontre, si par exemple les mots employés à la chasse ou à la pêche sont ougro-finnois, on trouve à côté d'eux des mots d'origine éranienne, notamment des noms de métaux, des mots industriels, ce qui prouve l'influence que les Éraniens eurent sur les Magyars avec lesquels ils durent mêler leur sang par suite de rapts de femmes que ces nomades commettaient parmi les populations sédentaires de la Sogdiane, de la Chorasmie et de l'Hyrkanie. Lorsque les Magyars descendirent vers le S.-O et vinrent en Russie, les auteurs byzantins constatent la dualité de types et les désignent comme Ougres blancs et Ougres noirs. Au centre de la Russie, on retrouve une ville nommée Magyar ; le pays de *Lebedia* dont parlent les traditions hongroises est *Lebedjen* dans le gouvernement de Tambof. Ce fut un autre peuple finnois, celui des Petché-nègues, qui chassa les Magyars de l'Ougrie, puis de Lebedia, puis encore d'*Ethel-Köz* (Mésopotamie en hongrois) jusqu'en Dacie et en Pannonie. Les Szeklers de Transylvanie ne descendent pas des Huns, comme on a voulu le croire, ce sont au contraire les derniers venus des Magyars dont ils présentent le véritable type, surtout chez les femmes. Du reste les Magyars entraînèrent avec eux plusieurs autres peuples, de races finnoise ou turque, comme les Paloftsi, les Yaziges, les Coumans. Établis en Europe, ils restèrent en relation avec leurs frères de l'Oural ; quatre moines furent envoyés dans ce pays en 1237 par le roi Bela, et l'un d'eux, Julien, dit expressément avoir retrouvé là des Magyars ; en 1246, Plan Carpin signale « la grande Hongrie » près du pays des Bachkirs ; Rubruquis fait la même observation. Plus tard, selon Bonfinius, le roi Mathias envoya dans l'Oural des négociants qui engagèrent les derniers Magyars à venir en Hongrie, mais le Tsar de Russie s'opposa à leur passage ; enfin, au XVI° siècle, Herberstein cite des Ougres près de la rivière *Iögra* dans cette région. Les historiens allemands dépeignent les premiers Magyars comme des monstres buveurs de sang ; il faut attribuer cela à la peur et à la haine des vaincus ; car les auteurs byzantins font des Magyars une toute autre description.

En résumé, les Magyars auraient déjà été mêlés, en Ougrie, de Finnois blonds et de bruns de race altaïque.

M. *de Quatrefages* demande quels sont les caractères physiques des Szeklers, et comment on les distingue des autres Magyars ?

M. *de Hujfalvy* répond qu'ils sont grands et blonds, mais qu'il n'y a point de dialectes en magyar, sauf celui des *Palotse* qui se rapproche du finnois, les ancêtres de ceux-ci étant des *Paloftsi* de race finnoise pure. Du reste, les peuples ouralo-altaïques venus avec les Magyars étaient quelque peu mêlés de Slaves. Pour lui, il le répète, le Finnois est grand et a les cheveux et les yeux de nuance claire ; l'Altaïen est petit et brun ; ils se mêlent tous deux dans la race ouralo-altaïque et constituent les éléments de la population du nord de l'Europe et de l'Asie.

M. *Girard de Rialle* insiste sur la constatation d'une race blonde non aryenne dans le nord de l'Europe ; ce fait aujourd'hui démontré, lui semble-t-il, détruit la théorie des Aryas primitifs blonds. Des doutes à l'endroit de celle-ci lui étaient venus à l'examen des populations qui habitent les vallées du haut Oxus et de la région du Pamir, d'où seraient sortis les Aryas. Or, les blonds sont très-rares dans cette régions où l'homme présente, suivant les voyageurs, un type commun entre les gens du Badakhchan, les Tadjiks éraniens, les Kachmiriens et certains personnages de haute caste dans l'Inde. M. Girard de Riale avait interrogé, la veille, M. de Schlagintweit sur ce point, et celui-ci avait absolument confirmé cette manière de voir. La théorie qu'il combat a été cause de plusieurs erreurs graves : ainsi il est fait mention, dans le questionnaire du congrès, de Mèdes blonds ; il n'a jamais entendu parler de Mèdes blonds ; ces Éraniens étaient et sont bruns en général comme tous les autres hommes de même race. Les Aryas primitifs étaient bruns, c'est à présent un fait acquis, et c'est dans le Nord qu'il faut chercher le berceau de l'élément blond aujourd'hui si répandu dans la population européenne.

M. *de Maïnof* appuie cette manière de voir et pense, en effet, que la population européenne est composée de métis d'Aryas bruns et de blonds nord-asiatiques.

M. *de Quatrefages* fait observer que l'on a parlé d'individus blonds parmi les Syapouch de l'Hindou-Koh ; on a cependant attribué ce fait à l'influence de l'expédition d'Alexandre.

M. *Girard de Rialle* répond qu'il a fait des recherches attentives dans les relations des voyageurs à ce sujet, qu'il a recueilli là-dessus des informations et qu'il n'a pas trouvé trace de blonds purs, de blonds couleur de lin aux yeux bleus clairs. La couleur des cheveux des Syapouch n'est pas le noir intense, mais le brun ou châtain dans toutes ses nuances ; de même pour les yeux, ces peuples n'ont les yeux ni absolument noirs ni bleus : ils varient du gris au brun. Quant à la tradition relative aux soldats d'Alexandre, elle provient simplement de la vanité des chefs du pays qui aiment à faire remonter leurs généalogies au grand conquérant macédonien, dont les souvenirs légendaires sont restés très-vivaces dans tout l'Orient.

M. le comte *Miniscalchi-Erizzo* fait ensuite une très-intéressante communication sur les deux jeunes Akkas qui lui ont été confiés. Il commence par l'éloge bien légitime de Miani et de ses admirables voyages d'exploration dans la région du Haut-Nil : c'est lui qui a recueilli ces deux enfants d'un peuple de pygmées. Après sa mort, ils ont été ramenés à Khartoun et au Caire par les soins d'un bon sergent nubien. M. Panceri les a conduits en Italie où ils sont en ce moment chez M. Miniscalchi, à Vérone. Le ballonnement extraordinaire du ventre a disparu et, de la sorte, la colonne vertébrale est revenue à son état normal : ce phénomène provenait du genre de nourriture des Akkas ; celle-ci, étant presque exclusivement végétale, nécessite l'absorption d'une grande quantité d'aliments, ce qui amène ce gonflement. Ils ont les mandibules fortes, la dépression du nez très-accusée, le nez trilobé, les lèvres grosses, le front élevé, la boîte crânienne considérable. Leurs cheveux sont implantés par touffes : chez l'un ils sont noirs, chez l'autre châtains. *Tibo*, le plus âgé, a déjà de légères moustaches ; leur teint est plutôt brun-chocolat que noir ; il pâlit en hiver ; la double courbure de leur colonne vertébrale en forme d'S est très-accentuée. Leur taille semble devoir être celle des *Obongos*, peuple nain signalé dans la région du Gabon et de l'Ogowaï, qui varie de 1ᵐ,506 à 1ᵐ,306. Le 13 juillet de cette année, *Tibo* avait 1ᵐ,280 et *Hairalla* 1ᵐ,162. Tous deux sont brachycéphales, ce qui les sépare des Bochimans, autre peuple nain de l'Afrique australe qui sont dolichocéphales. A certaines différences dialectales de leur langage que les Arabes appellent *tiki tiki neqqa*, et d'après leur récit, ils sont originaires de deux villages séparés l'un de l'autre de quelques jours de marche. Dans leur pays coule une rivière nommée *Édon* et ils ont un roi appelé *Pogori*. Tibo et *Hairalla* ont été pris par les Niam-Niam ; le père et les frères d'un d'eux ont pu se sauver, mais la mère a été tuée, cuite et dévorée sous les yeux de son enfant. Ils ont naturellement une grande peur de ces anthropophages, qu'ils ont bien reconnus sur les gravures du voyage de Schweinfurth ; ils ont également reconnu tout de suite le roi des Momboutous, Mounsa ; mais ils ont remarqué que celui-ci ne portait pas sa grande queue rouge sur son portrait. M. Miniscalchi donne d'intéressants détails sur la langue des Akkas.

M. *de Quatrefages* fait remarquer que la trilobation du nez des deux jeunes Akkas ne se présente pas chez la femme akka dont le colonel Long a rapporté la photographie. Le fait qu'ils pâlissent pendant l'hiver vient à l'appui de la théorie de l'influence des milieux.

MM. *de Mortillet* et *Girard de Rialle* interrogent M. Miniscalchi sur les idées religieuses et sur les superstitions des Akkas. Celui-ci répond qu'il ne peut donner de minces renseignements à ce sujet. Ils ont cependant un mot, *Errebo*, pour dire Dieu ; mais il peut être d'origine arabe. Cependant quand il tonne, *Tibo* fait des signes et des gestes bizarres. Ils aiment beaucoup la musique et la chasse ; ils sont très-doux, très-gentils et très-sobres ; le sucre n'a pas pour eux un attrait particulier ; ce qu'ils préfèrent, c'est la *polenta* italienne ; il sont intelligents et laborieux ; ils commencent à bien parler italien ; ils savent déjà lire couramment et peuvent écrire.

M. *Hamy* considère la trilobation du nez comme un caractère infantile.

M. le comte *Miniscalchi-Erizzo* fait observer que c'est chez *Tibo*, le plus âgé cependant, que ce caractère est le plus développé.

M. *Girard de Rialle* montre un dessin tiré des bulletins de l Société anthropologique de Vienne, et représentant une jeune Akka dessinée par M. Marno dans une *scriba* ou parc à esclaves. Ce dessin semble peu exact et présente certaines défectuosités.

Séance du vendredi 6 août.

M. *Broca*, à l'occasion du procès-verbal, parle d'un second portrait de femme Akka, publié par la Société d'anthropologie de Vienne, et envoyé par M. Marno. Cette femme a 1ᵐ,36 de haut.

M. le comte *Minischalchi-Erizzo* a montré ce dessin à ses jeunes Akkas, qui l'ont parfaitement reconnu. Quant à la décoloration hivernale, elle est beaucoup plus prononcée chez ceux-ci que chez un nègre proprement dit, qui est depuis quarante ans au service de M. Miniscalchi.

M. *Broca* : La cause en est dans l'acclimatement incomplet de ces enfants. Il a constaté cette décoloration chez des nègres malades dans les hôpitaux de Paris.

M. le comte *Miniscalchi-Erizzo* dit que ses Akkas se portent bien en hiver ; c'est au printemps qu'ils sont un peu indisposés ; chez eux la décoloration hivernale est différente de la décoloration maladive.

M. *Vetth* (d'Amsterdam) fait une critique sérieuse et approfondie du livre de Wallace et de ses aperçus trop absolus sur l'ethnographie de la Malaisie et de la Papouasie ; il a été contraint d'avouer que la ligne de démarcation anthropologique entre ces deux régions ne coïncide pas avec la ligne de démarcation zoologique. A l'est de la première, il n'y a pas seulement des Papous, mais encore des Malais. A Timor, il y a deux races : les Belanais, dans la partie portugaise de l'île, qui sont d'un aspect moins malais que les Timoriens de l'ouest ; ils sont mêlés de Papous venus à une époque dont parlent les traditions. A Bourou, les Malais ne se trouvent que dans la capitale, à Caïeli ; dans l'intérieur, il n'y a que des Alfourous ; ce dernier nom est assez vague, et l'origine de ces indigènes est inconnue. Wallace les croit mi-Malais, mi-Papous, cela peut être ; *Alfourou*, pourrait s'opposer à *Arfaki*, et être un nom papou signifiant « homme des côtes », tandis que le second voudrait dire « homme des montagnes ». Aux îles Arous, la population indigène a pu se mêler aux Portugais, dont les métis sont plus noirs que celle-là. Aux Moluques, le mélange entre Malais et Papous peut provenir des voyages des premiers qui font beaucoup d'esclaves chez les seconds.

M. *de Quatrefages* croit aussi les idées de Wallace trop absolues. Ce naturaliste éminent a trop sacrifié à la théorie d'Agassiz sur les centres de création, théorie à laquelle l'Australie donne un démenti formel. Quant aux types nègres de ces régions, il y en a deux : le type papou et le type négrito, que la ligne de Wallace ne sépare point.

M. *Hamy* a réfuté la théorie de Wallace dans une carte ethnographique exposée aux Tuileries. S'appuyant sur l'opinion de M. le docteur Swaving, il croit les populations de l'archipel Indien excessivement mêlées ; il y a des Négritos, des Papous, des Malais, des Australiens, des Polynésiens ; on trouve des groupes de ces derniers jusque sur la côte occidentale de Sumatra. A Timor, il y a des Malais et des Papous ; à Savon et à Rotti, des Polynésiens ; on rencontre des Négritos au détroit de Torrès ; quant aux Malais, ils sont à peu près partout.

M. *Versteeg* confirme les opinions de M. Hamy ; à Rotti, il y a eu aussi peut-être une colonie javanaise. Dans les îles de la côte ouest de Sumatra, aux îles Nias, il y a deux populations diverses, dont l'une est de race polynésienne beaucoup

plus claire de peau que les Malais. Il ajoute qu'à Batavia les métis portugais-malais sont très-noirs.

M. le comte *Miniscalchi-Erizzo* et M. *de Cessac* rappellent que ce dernier cas se présente sur la côte occidentale d'Afrique et aux îles du Cap-Vert.

M. *Hamy* dit que M. Versteeg considère M. Meyer, voyageur allemand récemment arrivé de la Nouvelle-Guinée, comme un simple touriste. M. Meyer a confondu tous les types de ce pays en un seul, qu'il appelle Papou ; mais comme il avoue que les Néo-Guinéens sont les uns grands, les autres petits, il reconnaît par cela seul l'existence de Papou et de Négrito. A Rawak, on a trouvé et fouillé le tombeau d'un chef Papou, dont le crâne dolichocéphale était entouré de crânes de ses ennemis, qui étaient brachycéphales. Il demande si la classification des peuples de l'archipel Indien de M. Junghuhn peut être considérée comme bonne.

M. *Vetth* répond que non, car la base en est seulement la religion, c'est-à-dire la différence entre les peuples mahométans et les païens. Ainsi les Battas sont séparés des Malais, bien que certainement de même race.

Séance du samedi 7 août.

M. *Alphonse Pinart*, célèbre voyageur dans l'Amérique arctique, fait une communication d'un haut intérêt sur les migrations des Esquimaux, qui sont, selon lui, venus d'Asie par le détroit de Behring, et de proche en proche, en marchant au devant du soleil, ont gagné le Groënland entre le xᵉ et le xiᵉ siècle ; les colons scandinaves de ce pays les y virent arriver, et les traditions islandaises en parlent comme de démons. Ils ont été signalés à Terre-Neuve par Sébastien Cabot et par Raynal ; peut-être sont-ils descendus jusqu'en Acadie, au Nouveau-Brunswick et dans la Nouvelle-Écosse. La description de Thorn, des habitants du Vinland, petits, noirs, au nez écrasé, s'applique bien aux Esquimaux. Ils ne passèrent pas le détroit de Behring avant le ivᵉ ou le vᵉ siècle de notre ère et envoyèrent leur branche orientale vers le Groënland. La branche occidentale alla jusque dans l'Alaska, où elle rejoignit les Aléoutes qui, bien qu'anthropologiquement différents, parlent une langue de la famille de l'esquimau, et sont venus aussi de Kamtchatka. On distingue encore ces deux populations par la forme des maisons ; celles des Aléoutes sont de longs boyaux qui pouvaient recevoir autrefois jusqu'à quatre cents personnes ; une seule entrée au sommet permettait d'y pénétrer ; elles étaient creusées en terre et avaient autant d'appartements que de familles ; les maisons esquimaudes sont également creusées en terre ; mais elles sont carrées, petites et ne contiennent guère que quatre ou cinq personnes. Entre les Esquimaux, il y a peu de variétés ; cependant ceux de l'Alaska diffèrent beaucoup des autres par leur dialecte, qui a subi une forte influence koloche.

M. *Hamy* remarque la concordance complète qui existe, à l'endroit des Esquimaux, entre les renseignements ethnographiques, anatomiques et linguistiques. Il ajoute que ce peuple est descendu plus au sud qu'on ne le croit. Dans l'île de la Chèvre, au milieu du Niagara, on a trouvé des crânes anciens qui étaient des crânes d'Esquimaux si faciles à reconnaître. A l'ouest, dans l'archipel de Kodiak, la ligne de démarcation est très-nette, au point de vue anatomique, entre les Esquimaux très-dolichocéphales et un peuple à tête en forme de pavé, d'origine koloche probablement. Il y a un point curieux à préciser, c'est celui de métis d'Esquimaux et de Peaux-Rouges que Mackenzie a signalés entre le lac du Grand-Ours et la mer ; cependant Hirn parle d'autre part d'une haine intense qui sépare les deux races.

M. *Pinart* : Les vrais Esquimaux remontent le Ioukon, dans l'Alaska, jusqu'à 300 milles dans l'intérieur et ne vont pas plus loin. Dans le bas Ioukon, on trouve des tribus de métis grands, au nez aquilin.

M. *de Hujfalvy* demande de quel endroit de l'Asie viennent les Esquimaux.

M. *Pinart* : Les Tchouktchis, pêcheurs et sédentaires de la côte, les Koriaks, sont de race esquimaude; les Samoïèdes également semblent appartenir à la même famille, au moins par la langue.

M. *de Quatrefages* demande des explications sur certains Esquimaux blancs vus par Charlevois à Terre-Neuve. Le capitaine Grae a rencontré également au Groënland, parmi ce peuple, des individus dont l'apparence se rapprochait de celle des Européens.

M. *Waldemar Schmidt* : Le fait est exact. On peut l'expliquer ainsi : les anciennes colonies scandinaves ont disparu au Groënland sans qu'on sache comment; elles ont probablement été abandonnées par la métropole, et se sont peu à peu dissipées par suite de l'isolement. S'il y a eu des luttes avec les Esquimaux, il y a dû avoir des mélanges aussi, et les Scandinaves, réduits à un petit nombre, se sont fondus avec les Esquimaux.

M. *de Quatrefages* voit dans cette disparution et dispersion des colonies scandinaves la cause de la présence de certains types blancs dans l'Amérique du Nord. Il fait remarquer la coïncidence qui existe entre la date attribuée aux migrations des Esquimaux et celle du peuplement de la Polynésie. Si l'Europe est peuplée depuis un temps immémorial, il n'en a pas été de même partout. Il demande des explications sur les Tchouktchis, dans lesquels quelques-uns ont voulu voir des Peaux-Rouges.

M. *Pinart* : Les Tchouktchis du bord de la mer ou Tuskis sont des Esquimaux. Les Tchouktchis de l'intérieur, nomades, sont très-énergiques, très-envahissants, mais de races variées. On confond trop facilement tout ce qui n'est pas Tongouse sous le nom de Tchouktchis.

M. *de Maïnof* : Pour moi, le Yakoute, comme type ethno-physiologique, est un Peau-Rouge venu d'Amérique en Asie et qui a adopté une langue turque; des légendes prouvent l'existence de migrations dans ce sens.

M. *Pinart* ne croit pas ces migrations possibles, les Peaux-Rouges n'étant pas navigateurs.

M. *de Hujfalvy* signale au milieu des peuples altaïques la présence des Ostiaks de l'Ienisseï et des Kottes, qui n'appartiennent point à cette race, selon Castrèn, et dont la langue les apparenterait aux Tchouktchis.

M. *de Cessac* demande la délimitation de la race des Peaux-Rouges.

M. *de Quatrefages* répond que ce ne sont pour lui que les Iroquois et les Algonquins qui doivent porter ce nom. Les Natchez, par exemple, n'en font pas partie et ont envoyé des migrations dans l'Amérique du Sud.

M. *de Cessac* essaye une synthèse des populations américaines. Vers le ive ou le ve siècle, les Polynésiens ont fait leurs migrations et les Esquimaux sont arrivés en Amérique; vers la même époque, les Toltèques sont descendus du nord au sud, ce sont les mêmes que les Caraïbes qui ont pénétré fort avant dans l'Amérique du Sud, car les Guaranis appellent *Caribi* leurs prêtres sorciers. Les Natchez sont aussi des Toltèques; tous ont le même procédé de déformation artificielle du crâne; cependant il y en a deux chez les Caraïbes, celle du prêtre et celle du guerrier. C'est également à cette époque que commence l'empire des Incas. Il ne veut pas parler des Peaux-Rouges, il signale seulement l'usage du *Totem* dans l'Amérique centrale comme chez ceux-ci. La gourde pleine de cailloux placée au bout d'un bâton, instrument de sorcellerie, se retrouve à la fois chez les Peaux-Rouges et chez les Guaranis. L'écriture symbolique naît dans le nord, devient phonétique et syllabique au Mexique et alphabétique au Yucatan. Enfin les dessins des briquettes de l'Amérique centrale se retrouvent dans les tatouages des Indiens de l'Amérique du Sud.

M. *le comte Miniscalchi-Erizzo* ne croit pas que les Yakoutes soient des Peaux-Rouges, pour lui ce sont des Turks

M. *de Maïnof* n'accepte pas qu'il fût impossible aux Peaux-Rouges de revenir d'Amérique en Asie, puisqu'ils avaient fait avant le voyage en sens inverse; la famine et autres causes peuvent chasser un peuple non-seulement au delà d'un petit détroit, mais peuvent faire traverser une grande mer; on a fait trop peu attention à ces causes que les sauvages ne pourraient guère combattre.

M. *Pinart* déclare qu'il n'est pas prouvé que les Peaux-Rouges soient d'origine asiatique.

M. *de Maïnof* rapporte une curieuse légende des Ostiaks de l'Ienissei sur l'homme rouge qui démontrerait pour lui la connaissance de l'arrivée de Peaux-Rouges dans ce pays.

M. *de Quatrefages* ne repousse pas le témoignage des légendes; elles sont l'histoire des peuples primitifs; ainsi les Peaux-Rouges dépeignent comme des géants les peuples qu'ils chassèrent des bords du Mississipi. Il fait mention d'autres traditions américaines fort curieuses et fort utiles pour l'histoire des anciens peuples de ce pays.

M. *Hamy* revient sur la question des Yakoutes, qui pour lui sont Turks; la linguistique et l'anatomie le prouvent. La confusion ethnique est immense au nord-est de l'Asie. Cependant M. Wyman, de l'Institut smithsonien, a démontré péremptoirement que les Tuski sont des Esquimaux. La même variété de types existe sur les côtes américaines du Pacifique, c'est ce qui explique les divergences des auteurs.

M. *Waldemar Schmidt* : M. Rink a recueilli une foule de traditions groënlandaises qui présentent de grandes analogies avec celles des autres Esquimaux; ils ont dû les tirer d'une même source; elles parlent sans cesse d'hommes de l'intérieur; cela est sans signification au Groënland et au Labrador; il doit s'agir des Indiens, qui sont même assez bien décrits. Une légende rapporte aussi qu'un homme chercha sa femme jusque dans un pays où l'on attelait aux traineaux des animaux qui ne peuvent être que des rennes.

M. *Pinart* : Chez les Esquimaux de l'ouest et chez les Aléoutes on dit que l'ancienne patrie était chaude, qu'il n'y avait pas de tempêtes, et qu'on en fut chassé par des ennemis qui repoussèrent les ancêtres de l'ouest à l'est.

— La suite très-prochainement. —

ASSOCIATION FRANÇAISE

POUR L'AVANCEMENT DES SCIENCES

CONGRÈS DE NANTES

SÉANCES DE SECTIONS

SECTION D'ANTHROPOLOGIE (1)

Séance du 22 août (à l'École communale de Batz). — Présidence de M. de Mortillet.

Ethnographie de la presqu'île de Batz : Habitants de Guérande; habitants de Saillé; habitants de Batz.

Cette séance fait partie de l'excursion organisée par les sections d'anthropologie, de zoologie et de botanique. Elle figurera dans le compte rendu de cette excursion.

---

(1) Voyez les numéros du 4 et du 11 septembre 1875, pages 223 et 259.

Séance du 23 août (matin). — *Présidence de M. de Mortillet.*

Présentation d'objets de bronze et de fragments d'os soumis les uns à la crémation, les autres à l'incinération : Discussion. — Sur les rites funéraires des temps préhistoriques en Scandinavie, et sur les résultats qu'on peut tirer d'une comparaison des rites funéraires dans les temps préhistoriques : Discussion.

M. le docteur *Prunières*, en présentant à la section divers objets de bronze et des os portant les traces, les uns de crémation, les autres d'incinération, développe les raisons qui permettent de conclure que la crémation était une coutume en vigueur dans nos contrées à l'époque de la *pierre*.

Selon M. Prunières, la coutume de la crémation a dû apparaître dans le midi de la France à l'époque où l'on enterrait les morts dans les dolmens.

A l'époque des tumuli, on découvre des os simplement brûlés ou bien totalement incinérés, blanchissant à la manière de la craie et parfois renfermés dans des urnes. Les os qui ont subi une incinération complète se rencontrent dans les tumuli les plus récents.

M. *Cartailhac* considère, à propos de la détermination de l'âge des dolmens, qu'il est difficile d'y parvenir avec quelque certitude, si l'on s'appuie uniquement sur la richesse et la diversité plus ou moins grandes des objets que l'on en extrait au moyen des fouilles.

M. *Prunières* : Dans nos dolmens, on trouve beaucoup plus de crânes dolichocéphales que de crânes brachycéphales. Or, les peuples dolichocéphales sont les plus anciens qui aient habité nos pays. Il y a lieu de conclure de là que les dolmens remontent à une date antérieure à l'apparition des populations brachycéphales.

D'un autre côté, il est un fait qu'il convient de ne pas perdre de vue : c'est qu'au nombre plus ou moins grand d'individus enterrés dans un dolmen correspond la richesse et la diversité plus ou moins grandes des objets que les fouilles en extraient aujourd'hui.

— M. *Waldemar-Schmidt* donne lecture d'un mémoire sur les rites funéraires des temps préhistoriques en Scandinavie, et sur les résultats qu'on peut tirer d'une comparaison des rites funéraires dans les temps préhistoriques. Après avoir exposé les us et coutumes des populations scandinaves aux temps préhistoriques, M. Schmidt soulève, à propos de la comparaison à établir entre les rites funéraires diversement usités à cette époque, des questions de doctrine qui amènent la discussion suivante (la *Revue* publiera prochainement *in extenso* le travail de M. Schmidt) :

M. le docteur *Gaillardot* : Messieurs, pour faire suite à l'intéressante communication de M. Waldemar-Schmidt, permettez-moi de vous signaler un fait qu'il importe de ne point laisser tomber dans l'oubli.

Le premier qui fit fouiller les *tumuli* des environs de Stade, près de l'embouchure de l'Elbe et ceux du Schleswig, fut mon père, le docteur Gaillardot, alors médecin attaché à l'armée française occupant le Hanovre. Ces fouilles furent exécutées en 1805, par conséquent, vingt ans environ avant l'époque assignée par M. Waldemar-Schmidt aux premiers travaux d'archéologie préhistorique dans le nord de l'Allemagne.

Leur résultat fut la découverte d'une grande quantité d'objets antiques, de vases de terre d'un travail plus ou moins grossier, de vases de cuivre, de bronze et de divers alliages; de débris d'armure, d'autres pièces taillées en couteaux, de haches, de lames de lance et de pointes de flèches.

En 1811, le docteur Gaillardot et son ami, le baron Percy, présentèrent à la troisième classe de l'Institut de France de nombreux spécimens d'objets trouvés par le premier, ainsi qu'une notice *sur les tombeaux et les autels des anciens peuples du Nord*, qui fut lue dans la séance du 22 février, et repro-

duite dans le numéro de mai du *Magasin encyclopédique* de la même année.

La plupart des objets qui avaient été trouvés par mon père étaient restés entre les mains d'un bourgeois de Stade, qui l'avait aidé dans ses travaux, et je n'ai pu retrouver trace de ceux qui avaient été présentés à l'Institut. J'ai cru de mon devoir de signaler ces faits, afin qu'on n'ignore plus que c'est un savant français, que c'est mon père qui, le premier, a exploré et fouillé les *tumuli* du nord-ouest de l'Allemagne, et que c'est lui qui, le premier, a appelé l'attention du monde savant sur un ordre de recherches qui évidemment ne doit être confondu ni même comparé avec celui de Boucher de Perthes.

M. de *Maïnoff* : Aux considérations dans lesquelles M. Waldemar-Schmidt est entré, j'ajouterai qu'en Russie, et dans les contrées occupées par les Finnois, on ne rencontre aucune trace d'incinération.

M. *Pinard* : Aux îles de Vancouver, la crémation est en pratique. Les veuves ont coutume de porter pendant deux ans, suspendu à leur cou, un sachet contenant les cendres provenant de l'opération funéraire.

M. *Rouffet* : On a dit que c'était le christianisme qui avait fait tomber en désuétude le système de l'incinération; le fait est inexact. A Rome, bien avant son apparition, les cadavres appartenant aux classes pauvres étaient enterrés purement et simplement, comme de nos jours.

M. *Waldemar-Schmidt* : Les Romains ont toujours manifesté une tendance à s'assimiler les mœurs en honneur dans les autres pays. Au IIe siècle, la Syrie était leur modèle. Or en Syrie on n'avait recours à d'autre mode de sépulture que l'incinération.

Quant aux Kimmériens, leurs incursions en Asie Mineure ne sont pas douteuses. La preuve en est établie par les documents que fournissent les caractères cunéiformes. On comprend que, dans le cours de ces pérégrinations, ils aient pu se trouver initiés à la coutume funéraire dont nous parlons.

M. le docteur *G. Lagneau* : On peut suivre les Kimmériens depuis la Krimée. On les voit arriver dans la Chersonnèse cimbrique. Tacite, Strabon, signalent leurs relations avec les Cimbres; Diodore de Sicile rattache à eux les Galates. Leurs migrations en Asie Mineure peut se trouver établie par les documents cunéiformes; mais, à défaut de cette source de preuves, la science en possède de nombreuses empruntées à des faits d'un autre ordre.

M. le docteur *Prunières* : Dans un dolmen parfaiment clos, j'ai trouvé tout récemment des os brûlés indiquant que la crémation et l'incinération étaient usitées à l'âge du bronze dans nos pays.

M. le docteur *Broca* : M. Waldemar-Schmidt paraît admettre entre les Kimmériens et les Cimbres une identité que les preuves tirées de la linguistique contredisent. La langue des Kimmériens est la langue aryenne par excellence.

M. *Waldemar-Schmidt* : La construction des noms propres semble indiquer que la langue des Kimriks est touranienne.

Séance du 23 août (soir). — *Présidence de M. Cartailhac,*
vice-président.

Présentation de crânes d'origine très-ancienne : discussion. — Le préhistorique dans le Bordelais. — Présentation d'un fragment de crâne perforé : discussion. — Localisations cérébrales.

M. le docteur *Broca* : Dans des fouilles faites en 1874 par M. Pocard Kerviler, ingénieur des ponts et chaussées à Saint-Nazaire, il a été découvert dans des marais, à 7 mètres environ de profondeur, les os de deux ou trois squelettes et des crânes dont je mets un spécimen sous les yeux de la section.

Celui-ci présente les caractères d'une origine très-ancienne.

Il est dolichocéphale, et il l'est à un degré qui ne se retrouve plus en Bretagne. Sa conformation, au contraire, a ses analogues dans les stations de la région méridionale de la France. C'est le crâne d'un homme parvenu à un âge avancé. L'usure des dents est oblique de haut en bas et de dedans en dehors. Ce type d'usure est celui qu'on rencontre le plus communément dans les races préhistoriques.

La courbe occipito-frontale est d'une longueur qu'on retrouve rarement de nos jours. Ce caractère, qui a été observé dans les fouilles provenant d'un grand nombre de dolmens du Nord, suffirait pour que ce crâne soit classé parmi les plus anciens. A la caverne de l'*homme mort*, on a recueilli un grand nombre d'exemplaires du même genre.

Le diamètre *stéphanique* est étroit. Le lobe frontal du cerveau devait par conséquent laisser beaucoup à désirer sous le rapport du fonctionnement.

La saillie de l'*écaille occipitale* est considérable : caractère disparu depuis, le cerveau humain s'étant progressivement développé dans le sens des lobes frontaux et ayant été en se rétrécissant dans le sens des lobes postérieurs. La modification qui s'opère dans la forme du cerveau, sous l'influence du mode d'exercice auquel il est soumis, est fondamentale. Dans le cerveau des manouvriers, comme dans celui des sauvages, la région occipitale domine ; c'est la région frontale, chez les hommes adonnés aux travaux intellectuels persévérants.

M. Broca présente en outre, comparativement, un crâne préhistorique trouvé par M. Bert, aux environs de Lima, dans un village appelé Ancon, résidence de quelques pêcheurs.

Dans cette localité, qui fut jadis une ville importante, détruite par les Incas, on trouve en abondance des débris humains et des ustensiles de toute sorte.

Tous ces crânes sont remarquables par la déformation particulière qu'ils présentent, savoir : 1° largeur exagérée du frontal, contre lequel on avait coutume d'appliquer une planchette ; 2° élargissement analogue de l'occipital, contre lequel on en appliquait une autre ; 3° empreinte : sorte de rigole circulaire due à la pression d'une lanière serrée et maintenant fixées les deux planchettes ; 4° réduction consécutive du diamètre antéro-postérieur ; 5° léger degré de prognathisme.

M. *Pinard* fait remarquer qu'aux environs de Vittoria, les habitants présentent une déformation du crâne analogue à celle-là. Cette déformation, qui leur a valu le nom de *têtes plates*, a pour résultat, dans l'esprit des populations qui la font subir à l'enfant, de développer les aptitudes à la chasse. Dans ces parages, en effet, les *têtes plates* sont les meilleurs chasseurs et aussi les meilleurs guides.

M. *Broca* : M. Gosse a distingué deux déformations artificiellement obtenues par la compression de la boîte osseuse du crâne. L'une, dite du courage, consiste dans l'aplatissement du front. L'autre, dite du conseil, consiste dans la surélévation de l'occiput.

— M. *Gassies* donne lecture d'un mémoire intitulé : *Les progrès des sciences préhistoriques dans la région aquitanique du sud-ouest de la France depuis trois ans.*

Dans ce travail, M. Gassies décrit les fouilles auxquelles il s'est livré, énumère les richesses préhistoriques de l'Aquitaine et les premières découvertes scientifiques qui ont été faites dans cette contrée.

Il insiste sur la nécessité de procéder dans les recherches avec une sévère méthode, et cite à l'appui des résultats fructueux que ces recherches, méthodiquement entreprises, peuvent comporter, la découverte récente des abris de Jolien et des Fées, dans la commune de Marcamps, du Ladre et de Ballande à Gavaudun, du dolmen de Montguyon, d'Ellyas et des Riffauds, du cromlech de Lervaut et de la station d'Andemos.

Deux grottes-abris lui ont révélé une civilisation identique avec celle de leurs congénères de la Vézère, et les documents négatifs, qui ressortent de ces fouilles, autorisent à ne rien modifier, quant à présent, à la nomenclature déjà connue de ces dernières stations.

La station signalée par M. H. Artigue, au Gurp, près Soulac, présente au contraire des caractères tout spéciaux. Sur une étendue de 400 mètres, au-dessus de l'argile verte et sur un sable aggluliné de peu d'épaisseur, existe une série de foyers dans lesquels tous les débris de l'industrie primitive se trouvent accumulés : silex taillés et polis, poteries grossières et fines, huîtres, patelles, fibules de bronze. Tous ces débris, dit M. Gassies, témoignent d'occupations successives et très-prolongées sur cette partie du littoral.

La description détaillée du cromlech de Lervaut termine la communication de M. Gassies, qui veut bien s'engager à en faire parvenir le plan général à l'Association.

— M. *Gassies* ajoute à sa communication la présentation d'un fragment de crâne perforé duquel M. le docteur *Prunières* fait la caractéristique suivante :

Bord posthume et ayant été recouvert de fragments ; stries aboutissant à la perforation ; traces d'état pathologique du tissu osseux.

M. le docteur *Broca* : Le sujet duquel provient ce fragment de crâne a dû être atteint de périostite, soit traumatique, soit diathésique ; mais ici l'affection paraît plutôt avoir été de cause traumatique, parce que le travail pathologique dont le tissu osseux a été le siége est circonscrit.

M. le docteur *Prunières* fait remarquer que dans le cas actuel, ainsi que dans la plupart des cas analogues, la section de ce fragment d'os affecte la disposition en bizeau.

— M. *Harembert* a la parole pour la lecture d'un mémoire sur *les localisations cérébrales*, dans lequel l'auteur expose ses doctrines sur la répartition organographique des facultés du cerveau. Selon M. Harembert, quatorze facultés seulement sont primitives et affectent un siége déterminé.

Sept des organes primitifs préposés à chacune d'elles sont logés sous le frontal ; les sept autres sont placés sous les temporaux, l'occipital et les pariétaux. Les premiers sont ceux de la raison, de l'amour du bien, du vrai et du juste ; les autres sont ceux des instincts qui sont communs à l'homme et aux autres animaux.

Je dois faire observer, dit M. Harembert, que les organes d'où naît la raison sont souvent mal équilibrés ou mal dirigés par l'éducation.

Il en est de même des instincts, dont la prédominance sans contre-poids peut amener le développement excessif de certaines dispositions prédominantes.

L'éducation, qui est la culture de l'intelligence et de l'esprit, fait remarquer l'auteur en terminant, consiste à harmoniser les facultés dans l'ordre où elles apparaissent chez l'enfant.

Séance du 25 août (matin). — Présidence de M. de Mortillet.

Dépôts de cendres de Nalliers (Vendée). — Présentation d'un crâne chilien à déformation couchée. — Présentation d'un Dictionnaire de topographie et archéologie préhistoriques. — Caractères ethnographiques de la presqu'île de Batz. — Influence de la consanguinité sur la race : discussion. — Le travail des os et des dents à l'époque néolithique.

M. *Fillon* lit un mémoire dans lequel il appelle l'attention des archéologues sur les vestiges que recèle le bourg de Nalliers, sur les limites de la plaine et du bassin de la Sèvre niortaise, vestiges qui soulèvent plusieurs problèmes non encore résolus.

Ils se présentent sous la forme d'immenses dépôts de cendres, dont quelques-uns ont parfois près de 3 mètres d'épaisseur et couvrent plusieurs hectares.

Les dépôts sont toujours situés à proximité d'un petit cours d'eau ou d'une source, au point de jonction de la plaine et du marais, ou sur d'anciens îlots ; et toujours aussi ils reposent directement sur une terre glaise compacte et stérile laissée par la mer lorsqu'elle couvrait le golfe des Pictons.

Après avoir passé en revue et discuté les diverses opinions émises sur la nature et l'origine de ces dépôts, M. Fillon fait la description des ustensiles de terre cuite qui se rencontrent en abondance dans les cendres de Nalliers, et cherche à se rendre compte de leur destination.

Les objets de l'âge de pierre, dit-il en dernier lieu, sans être très-communs dans les autres parties du territoire de Nalliers, s'y rencontrent pourtant quelquefois. Ce sont, en général, des haches, des marteaux, des couteaux, des instruments en bois de cerf.

M. *de Mortillet* : Ces dépôts de cendres sont extrêmement intéressants ; mais on trouve généralement autour d'eux des débris d'habitation consistant en tessons de poteries.

Ne conviendrait-il pas de voir dans ces dépôts le produit d'algues incendiées par des populations nomades qui les auraient brûlées pour leurs usages particuliers?

— M. le docteur *Broca* présente, au nom de M. Bobières, directeur de l'École supérieure des sciences et des lettres, un crâne chilien dont la déformation rappelle celle des macrocéphales de la Crimée.

Cette déformation est de l'ordre de celles qui sont dites *couchées*. Le diamètre antéro-postérieur est considérablement augmenté, le diamètre vertical est considérablement réduit, par suite de l'aplatissement subi par la voûte.

L'aplatissement de la région frontale va jusqu'à la disparition de la région. On voit sur la surface osseuse la trace des lanières qui ont été appliquées transversalement pour obtenir ce résultat.

Il est à noter que les archéologues d'Europe ont trouvé dans nos pays des crânes dont la déformation répond au même type que celle de celui-ci, lequel est chilien.

— M. *Philippe Salmon* présente un Dictionnaire de topographie et d'archéologie préhistoriques pour le département de l'Yonne, en résumant les matières qui y sont contenues dans les termes suivants :

Dans le département de l'Yonne, onze communes ont fourni des haches de silex du type de Saint-Acheul.

Sur dix communes on a constaté l'existence d'ateliers de fabrication.

Deux communes possèdent des grottes habitées par les hommes aux temps préhistoriques.

Dans trente communes, il y a, ou il y a eu des menhirs.

Dans quatre communes, ont existé des dolmens maintenant détruits.

Quatre-vingts communes ont fourni des haches polies ou préparées par le polissage.

Cinq ont fourni des polissoirs.

Dans vingt, il y a, ou il y a eu des *tumuli*.

Dans vingt, on a rencontré des monnaies gauloises.

Les communes explorées, outre les haches, ont donné des couteaux, des grattoirs, des perçoirs, des percuteurs, etc.

Les pierres polies sont, ou des silex, ou des matières noires et vertes.

C'est dans les cultures, au milieu des labours, que se font les découvertes en général, et tout s'y trouve, depuis la langue de chat jusqu'à la jadéite la mieux traitée, à une altitude de plus de 200 mètres. Peut-être ces séries offrent-elles la suite non interrompue du travail de la *pierre*.

La topographie préhistorique de l'Yonne pourrait être mise sur carte à présent que les signes internationaux ont été arrêtés définitivement.

M. *le Président* engage les archéologues à suivre, dans les contrées respectives où se poursuivent leurs explorations, l'utile exemple donné par M. Salmon.

— M. le docteur *Broca* : On s'est beaucoup préoccupé, dans ces derniers temps, de l'influence des alliances entre consanguins sur l'amélioration ou la dégénérescence de la race. La vérité est que, lorsqu'il existe chez les deux facteurs des dispositions morbides communes, leur puissance s'accroît chez le produit. M. le docteur Boudin, qui avait soulevé la question en 1862, a tracé le tableau des maladies que la consanguinité développe, et lui a attribué une influence pernicieuse dont il a généralisé à l'excès l'activité.

De leur côté, M. le docteur Dally et M. le docteur N. Perrier, analysant les faits, sont arrivés à la formulation de cette loi : la consanguinité maintient, dans une famille, la pureté de constitution qui s'y trouve, de même que les croisements atténuent et font disparaître les diathèses morbides qui y peuvent exister.

La question en était là, lorsque M. le docteur Aug. Voisin vint visiter la presqu'île de Batz, et y apprit que, dans cette contrée, les familles avaient coutume de s'allier entre elles. Cette coutume est invétérée et ne souffre que d'insignifiantes exceptions. Or, la population de la presqu'île est remarquable entre toutes par la vigueur de la constitution et l'état florissant de la santé. Cette preuve, à l'appui de la doctrine soutenue par MM. Dally et Perrier, était péremptoire. Il y a donc aujourd'hui, plus que jamais, lieu de conclure que, par elles-mêmes, les alliances entre consanguins ne comportent aucune influence favorable ou défavorable sur la postérité de la race dans laquelle elles se contractent.

Quant à la langue parlée à l'île de Batz, elle mérite l'attention, au point de vue ethnographique. On a attribué aux Normands le recul de la langue bretonne jusqu'aux limites topographiques qu'elle ne dépasse pas de nos jours. Comment alors expliquer qu'elle se soit maintenue en usage dans la presqu'île de Batz?

Deux opinions sont en présence. Suivant la première, la langue bretonne serait venue de la Bretagne anglaise, dont les habitants avaient formé, avec celle de la Bretagne actuelle, une alliance défensive contre les invasions des Germains.

Ce serait une circonstance d'ordre politique qui aurait été l'origine de l'introduction de la langue bretonne dans l'Armorique.

Suivant la seconde opinion, la langue qui se parle encore aujourd'hui à Batz serait le vestige de celle qui fut parlée jadis dans toute l'étendue de la Gaule.

Cet îlot de la langue gauloise se rattache en effet à la langue vannetaise, et celle-ci, par continuité, à la langue cornouaillaise, qui se continue elle-même avec celle du Léonnois.

Si nous considérons la langue usitée à Batz comme une survivance, un tel phénomène ne peut manquer de se produire. Or, ce qui paraît invraisemblable, c'est que cette langue soit une importation due à la présence, sur nos côtes, d'étrangers, relativement peu nombreux, et dont le séjour a été plus ou moins passager.

La langue qui se parle encore aujourd'hui dans la presqu'île de Batz est donc bien celle qui s'est parlée autrefois dans toute la Gaule : c'est la langue celtique.

Quant aux caractères physiques de la population, ce sont ceux qu'on retrouve chez tous les indigènes de la basse Bretagne : Taille petite ; crâne brachycéphale (très-généralement, 2 dolichocéphales sur 20).

Il est à remarquer, enfin, que le costume national et les mœurs des habitants de la presqu'île de Batz offrent de très-intimes rapports avec ceux des habitants de la Lozère.

En terminant, M. Broca propose à la section d'émettre le vœu suivant : Il existe dans la presqu'île de Batz une collection de costumes dont il ne reste plus que de rares exemplaires. Il y aurait un grand intérêt ethnographique à ce que ces divers types fussent conservés. Ils constituent une page de l'anthropologie et de l'histoire nationales. Il y a lieu de prendre les mesures nécessaires pour que cette collection soit recueillie et prenne place dans nos musées.

La proposition est votée d'acclamation. (L'accueil très-sympathique qu'elle a rencontré de diverses parts a permis d'arriver à un commencement d'exécution avant la clôture du Congrès.)

M. *Léon Bureau* ajoute que, s'il est possible encore de sauver de l'oubli le costume national des habitants de la presqu'île de Batz, la chose est faite quant à leur langue. Il en existe, dès à présent, un dictionnaire. La trace de la langue celtique ne s'effacera pas.

M. le docteur *G. Lagneau* insiste sur certains caractères ethniques de cette population : coloration grisâtre de l'iris; brachycéphalie, etc. Quant à sa prétention de descendre des Saxons, elle ne repose sur aucune base scientifique, et tombe devant une multitude de documents. Ce qui est vrai, c'est que les Saxons ont habité les bords de la Loire, qu'ils en furent chassés, puis y revinrent. Leur présence est signalée à Guérande. S'il n'est nullement établi qu'ils aient habité Batz, il est certain, cependant, qu'ils occupaient le voisinage.

M. *Rouffet* : A l'île de Sains, située en vue des côtes du Finistère, comme dans la presqu'île de Batz, se rencontre cette particularité des alliances multiples dans une même famille. Quant à la langue parlée à Batz, M. Rouffet ne la croit pas assimilable au gallois.

— M. le docteur *Prunières* donne lecture d'une note sur le travail des os et des dents à l'époque néolithique.

M. *Gassies* fait remarquer que le musée de Bordeaux possède des instruments venant de la Nouvelle-Calédonie, qui sont identiques avec ceux qui ont été extraits de gisements préhistoriques de la Gironde.

M. *Chauvet* fait ressortir ce que ce fait a de probant, à l'appui de la thèse qu'il a soutenue, concluant à l'absence d'hiatus, au point de vue industriel, entre les diverses civilisations.

Séance du 25 août (soir). — Présidence de M. Cartailhac,
vice-président.

Rappel d'un vœu émis par la section. — Relation d'une exploration faite, le 24 août, autour du lac de Grand-Lieu. — Précession des équinoxes.

— M. le *Président* rappelle à la section qu'un vœu fut émis, par elle, en 1872, sur la nécessité d'introduire l'histoire naturelle dans les programmes du baccalauréat.

Ce vœu, émis également par d'autres sections, fut approuvé par le conseil et adopté en assemblée générale. Or, les nouveaux programmes du baccalauréat ès lettres renferment l'addition désirée, et, sans aucun doute, ceux du baccalauréat ès sciences ne tarderont pas à être remaniés dans le même sens : C'est là un résultat qu'il importe de signaler.

— M. *Cartailhac* donne les détails suivants sur une exploration entreprise la veille, par plusieurs membres de la section, autour du lac de Grand-Lieu, par Saint-Philbert, Sainte-Pazanne, le port Fésat, le port Saint-Père et Saint-Mars.

Au port Fésat, a été constatée l'existence d'un dolmen qui ne paraît pas avoir été signalé jusqu'ici, et qui présente les vestiges d'une sculpture portant les traces d'un moulage remontant probablement à plusieurs années et n'ayant pas, jusqu'ici, été livré à la publicité.

Ce dolmen est situé à 60 mètres environ d'une petite rivière, sur la rive opposée de laquelle s'élève le village. Son entrée regarde le cours de l'eau.

A Sainte-Pazanne, le dépouillement du registre cadastral a permis de relever divers points de la commune à vérifier en raison de la dénomination qui leur est assignée.

Au Port-Saint-Père, M. Patrice, médecin, adjoint au maire de la commune, a mis sous les yeux des explorateurs deux haches, dont l'une présente à un degré très-net les caractères locaux.

Des renseignements obtenus à Saint-Mars, enfin, il résulte qu'il a été trouvé une pirogue dans le lac de Grand-Lieu, et qu'on extrait fréquemment du rivage une grande quantité d'arbres ne paraissant avoir été l'objet d'aucun travail.

Il aurait été trouvé également des pilotis et des briques qui ont été collectionnés au musée de Saint-Germain.

La légende du pays est que la ville d'Herbauge a été ensevelie dans le lac, et que la nuit on entend les cloches sonner au fond de l'eau.

M. Cartailhac présente en terminant des instruments provenant d'une collection appartenant à M. Verger et à un autre habitant de Saint-Philbert. Des fouilles ultérieures, auxquelles M. Verger veut bien promettre de s'associer activement, sont en projet.

M. *de Mortillet* considère les pilotis trouvés aux bords du lac de Grand-Lieu comme ayant été travaillés par des instruments en fer et provenant d'une station romaine établie sur ce point.

— M. le comte *de Limur* fait la présentation d'un tableau synoptique des conséquences de la précession des équinoxes.

M. le *président* adresse les remercîments de la section à M. de Limur pour son intéressante communication.

Séance du 26 août (matin). — Présidence de M. de Mortillet.

Présentation de photographies. — Sur les rites religieux et funéraires des populations aléontes et « eskimos » de la côte nord-ouest de l'Amérique. — Description de fouilles pratiquées dans la Lozère. — Présentation de vases, de poteries et de silex taillés. — Grottes dans la Sarthe. — Elections. — Liste des travaux inédits adressés à la section.

M. *Cartailhac* présente une collection de photographies représentant des dolmens de la contrée sud-ouest de la France, et signale dans le département de Vaucluse l'existence de nombreux dolmens non encore explorés.

— M. *Pinard*, dans une communication sur les rites religieux et funéraires des populations de la côte nord-ouest de l'Amérique, démontre que le culte des populations aléoutes et « eskimos » repose sur l'idée du double principe du bien et du mal.

Dans leur conviction, dit M. Pinard, l'individu passe, après la mort, par une série d'existences où il se trouve en rapport avec des esprits de plus en plus rapprochés de la perfection, si sa vie actuelle a été bien remplie. Il suit, au contraire, une progression descendante et tombe dans des mondes de plus en plus imparfaits, s'il a commis des crimes ou s'il a mal vécu.

Ces populations réprouvent les idoles. Elles conservent leur culte pour le soleil et pour la lune, qu'elles adorent matin et soir, en commun, en se réunissant sur les sommets.

La lune représente le principe masculin; le soleil, le principe féminin. C'étaient le frère et la sœur. Ils s'éprirent d'amour, devinrent incestueux et furent séparés pour toujours. Dans l'immensité, ils se cherchent, aspirent à se joindre sans y pouvoir réussir jamais. Telle est la légende.

M. *Cartailhac* fait remarquer que ces populations aléoutes en sont pour l'industrie exactement parvenues à l'âge du renne.

M. *de Maïnoff* ajoute qu'en Russie se rencontre la même légende sur le soleil et la lune qui a cours chez les peuples dont a parlé M. Pinard.

— M. le docteur *Prunières*, en faisant la description des fouilles auxquelles il s'est livré dans le département de la Lozère, émet cette opinion que bon nombre des armes trouvées dans les dolmens sont symboliques, et n'ont jamais eu d'autre destination que celle d'objet de luxe.

M. *Chauvet* considère plusieurs des armes que M. Prunières a présentées dans le cours de la session comme pouvant servir à des usages industriels.

M. le docteur *Prunières*, à propos des dentelures des pointes de lames qu'il a présentées, appelle l'attention sur la régularité de ces dentelures latérales : résultat évident d'un travail méthodique.

M. le docteur *Broca*, à propos des rondelles osseuses portées comme amulettes et provenant de crânes perforés, appelle l'attention sur l'époque de la vie à laquelle se pratiquait cette sorte d'opération. Elle l'était sur de jeunes enfants, et ne doit pas être confondue avec les opérations posthumes pratiquées *post mortem* dans le but de se procurer des rondelles osseuses et d'augmenter le nombre d'amulettes que l'on pouvait posséder.

M. le docteur *Prunières* regarde les rainures que l'on remarque sur les rondelles osseuses comme des traits de scie pratiqués dans le but de les diviser pour se les partager.

— M. *Chaplain-Duparc* prend date en signalant la découverte qu'il a faite dans le département de la Sarthe de grottes dans des contrées où l'existence n'en était pas soupçonnée.

Élections.

Président................ M. de Mortillet.
Membres du conseil........ MM. G. Lagneau et Prunières.

Liste des travaux inédits adressés à la section.

M. *Combes* : Sur une habitation lacustre de la Charente-Inférieure.

MM. *Chudzinsks* et *Alexis Julien* : De la colonne vertébrale chez l'homme et les anthropoïdes.

M. *Dombrowski* : Description d'un crâne dolichocéphale découvert à Fout-Teudellières, entre Périgueux et Mont-de-Marsan.

M. *Moris* : Sur l'acclimatement des races humaines et des animaux dans la Cochinchine.

M. *Piette* : Les vestiges de la période néolithique comparés à ceux des âges antérieurs.

M. *Reboux* : Notice préhistorique sur des débris humains fossiles.

M. *Topinard* : De l'angle facial en craniométrie.

SECTION DE PHYSIQUE (1).

Séance du 24 août 1875.

M. Cornu expose succinctement les résultats de ses études sur les *propriétés focales des réseaux*.

On sait qu'un trait fin, de même qu'une fente mince, diffracte la lumière dans une infinité de directions. On peut se proposer d'utiliser cette propriété pour concentrer suivant un point ou une lige donnée, les ondes diffractées par un système de traits sombres ou clairs, système que par extension nous appellerons un *réseau*.

Le problème ainsi posé est indéterminé; il est utile de simplifier les données pour obtenir des résultats susceptibles de vérifications expérimentales directes. On s'imposera dans ce qui va suivre, les conditions suivantes :

1° La source lumineuse est un point situé à l'infini; par conséquent les ondes incidentes sont planes et parallèles;

2° Le réseau de traits est plan et parallèle aux ondes incidentes;

3° Chaque trait individuellement est assujetti à émettre dans le plan normal à chacun de ses éléments des ondes concordantes entre elles et avec celles des autres traits, suivant la ligne focale donnée.

1° *Cas d'un point focal.*

Chaque trait, devant sur toute la longueur envoyer dans une direction normale à chaque élément des ondes concordantes, est évidemment un cercle ayant pour pôle le point focal demandé. Les divers cercles doivent, pour donner des mouvements vibratoires concordants, être situés à des distances du point focal différant d'un longueur d'onde λ ou d'un multiple m positif ou négatif de cette longueur. Tous les cercles satisfaisant à ces conditions seront donc formés par

---

(1) Voyez les numéros du 28 août 1875, page 208 et du 4 septembre 1875, page 226.

l'intersection d'une série de sphères dont les rayons r varient en progression arithmétique dont la raison est $m\lambda$

$$r = r_0 + n \times m\lambda$$

n étant un nombre entier positif ou négatif comme m.

Le rayon x_n du cercle d'ordre n satisfait à la relation

$$x_n{}^2 = f^2 + r^2 = f^2 + r_0{}^2 + 2r^2nm\lambda + n^2m^2\lambda^2$$

f étant la distance focale donnée.

On pourra choisir r_0 et n de façon à ce que r_0 diffère aussi peu que possible de f, minimum que dans aucun cas le rayon de la sphère ne peut dépasser : n est alors toujours positif; il représente le numéro d'ordre des traits comptés à partir du centre.

On peut négliger $m^2n^2\lambda^2$ devant $2r_0nm\lambda$, c'est-à-dire $mn\lambda$ devant $2r_0$ ou $2f$, par conséquent les rayons des cercles successifs suivent la même loi que ceux des anneaux colorés. La différence des carrés des rayons de deux cercles successifs $x^2{}_{n+1} - x^2{}_n$ est constant et égale à $2r_0m\lambda$ ou sensiblement $2fm\lambda$.

On reconnaît ainsi que pour un système de traits circulaires donné, caractérisé par la différence δ^2 des carrés des rayons successifs, la distance focale f est représentée par la relation

$$f = \frac{\delta^2}{2m\lambda}$$

expression qui montre qu'outre le foyer donné il en existe une infinité d'autres réels et virtuels, c'est-à-dire convergents et divergents (car m est positif ou négatif) symétriquement placés de part et d'autre du plan du réseau et dont les distances à ce plan varient comme l'inverse des nombres entiers.

Ces distances focales varient avec la couleur de la lumière employée, en raison inverse de la lumière d'onde.

L'expérience vérifie aisément ces conclusions : on obtient de semblables réseaux en traçant au diamant des traits sur une glace ou avec une pointe des traits brillants sur une glace enfumée. Il est plus simple encore d'obtenir ces réseaux par le moyen de la photographie en réduisant une épure représentant les traits à une grande échelle.

Avec un semblable réseau l'image de la source lumineuse est un point; or comme une légère obliquité l'onde incidente sur le plan du réseau n'altère pas les conditions de concordance sur une perpendiculaire à l'onde passant par le centre des traits, on obtient de véritables images focales qui ressemblet à celles des lentilles; elles en diffèrent par la loi de dispersion des couleurs et la multiplicité des foyers.

Une analyse analogue appliquée au cas où le point lumineux est à distance finie montre que la loi des foyers conjugués s'applique aussi à chacun des foyers principaux φ du réseau.

$$\frac{1}{p} + \frac{1}{p'} = \frac{1}{\varphi} \quad \text{avec} \quad \varphi = \frac{\delta^2}{2m\lambda}$$

2° *Cas d'une ligne focale quelconque.*

On se donne une courbe quelconque plane ou gauche et on demande que les ondes diffractées normalement par chaque élément aillent concorder suivant la courbe donnée.

Considérons un point de la ligne focale : en ce point viennent concorder les ondes diffractées normalement par une série d'éléments appartenant à chaque trait; il est facile de voir à quelle condition satisfont tous les éléments qui envoient de la lumière au point donné. Les plans normaux à ces éléments passant par le point focal, passant par la perpendiculaire abaissée de ce point sur le plan du réseau; les normales à tous ces éléments concourent donc au pied de cette perpendiculaire. Ces éléments sont donc tangents à des cercles concentriques qui satisfont aux conditions énoncées précédemment, c'est-à-dire qui sont les intersections de sphères concentriques dont les rayons varient en progression arithmétique.

Pour le point infiniment voisin de la ligne focale la concordance doit encore exister non-seulement pour tous les éléments qui concourent à sa formation, mais encore être telle qu'il n'y ait aucun changement de phase relativement aux points voisins. Ce sont donc les mêmes sphères concentriques qui définissent par leurs points de contact les éléments cherchés, seulement le centre de ces sphères s'est déplacé le long de la courbe focale donnée.

De cette construction on conclut que les traits sont les enveloppes de cercles, sections planes de ces sphères, dont le centre glisse sur la courbe focale.

Ou, sous une forme plus élégante, on peut dire *que les traits d'un réseau plan donnait une ligne focale par diffraction d'une onde plane parallèle au plan du réseau sont les intersections d'une série de surfaces-canal ayant la même ligne directrice à savoir la ligne focale donnée et pour sphères génératrices une série de sphères dont les rayons varient en progression arithmétique; la raison de cette progression étant un multiple positif ou négatif de la longueur d'ondulation de la lumière employée.*

Il y a de même une infinité de foyers réels et virtuels de différents ordres, symétriques par rapport au plan du réseau; on les obtient en abaissant de chaque point de la courbe focale principale des perpendiculaires; en subdivisant chacun de ces perpendiculaires 1, 2, 3... en partie égale, le premier point de division à partir du réseau donne les foyers successifs. Les courbes focales de divers ordres sont donc déformées, les abscisses restent les mêmes, mais les ordonnées sont proportionnelles.

Si les ondes, au lieu d'être rigoureusement planes et parallèles au plan du réseau, étaient légèrement obliques ou sphériques les propriétés focales s'appliqueraient encore : la courbe focale s'obtiendrait en remplaçant chaque perpendiculaire par une oblique passant par son pied et par le point lumineux et en portant sur chaque oblique la distance focale conjuguée suivant la règle indiquée précédemment.

M. Cornu repète devant la section quelques expériences vérifiant ces résultats : les réseaux qu'il met sous les yeux de la section ont été obtenus par réduction photographique d'épures convenablement tracées. L'un de ces réseaux donne pour ligne focale une droite, l'autre un cercle, parallèles au plan des traits. Les *surfaces-canal* dont les traits dérivent dans ces cas à un *cylindre et à un tore*. L'expérience, exécutée avec la lumière solaire réfléchie sur un miroir convexe placé à une grande distance, réussit d'une manière complète. Dans le cas de l'image circulaire, la dispersion produit dans les images une variété de couleurs très-curieuses : examinée avec un verre rouge l'image focale perd sa dispersion et il ne reste que le phénomène de multiplicité du foyer analogue à celle décrite dans l'analyse du premier problème.

BULLETIN DES SOCIÉTÉS SAVANTES

Académie des sciences de Paris. — 6 SEPTEMBRE 1875.

MM. *P. Desains et Aymonet* présentent à l'Académie quelques-uns des résultats de leur étude des bandes froides des spectres obscurs. On sait que si l'on vient à disperser au moyen d'un prisme de sel gemme, un mince faisceau de rayons venus d'une lampe Drummond, on ne voit point se produire dans le spectre ainsi obtenu, de bandes froides semblables à celles du spectre solaire; mais on sait aussi qu'on y peut développer ces bandes, en forçant les rayons à traverser, avant leur incidence sur le prisme, des absorbants convenablement choisis. Les nouvelles expériences des auteurs forment deux séries. La première série a eu pour objet l'étude du développement des raies dans un spectre formé à l'aide d'un prisme de sel gemme de 60 degrés. Les rayons, fournis par la lampe de MM. Bourbouze et Wiesnegg, qui est plus avantageuse que la lampe Drummond, traversaient un centimètre d'eau. Les lentilles de l'appareil étaient en sel gemme. Les auteurs ont ainsi vu s'accuser nettement, dans la partie obscure du prisme, quatre bandes froides dont les distances au rouge extrême étaient 19',8, 30',6 42' et 52'. L'un des auteurs avait déjà cherché par des expériences antérieures à déterminer la position de quelques-unes des raies froides du spectre solaire obscur et il avait trouvé quatre de ces raies situées à des distances du rouge extrême sensiblement égales à 19',1, 30',0, 44',0 et 51',0. Ces positions sont les mêmes que celle des bandes froides développées dans le spectre de la lampe de MM. Bourbouze et Wiesnegg par une couche d'eau de 1 centimètre, interposée sur la marche des rayons. Cette coïncidence semble, d'après les auteurs, assigner une grande part à l'eau atmosphérique dans le développement des bandes froides de la partie obscure du spectre solaire.

Les autres expériences ont été faites dans le but d'étudier comparativement les actions exercées sur les spectres obscurs par différentes solutions formées d'un dissolvant à peu près inactif, au point de vue du développement des raies, et d'un corps dissous capable au contraire de déterminer leur formation. Les auteurs ont choisi l'iode, comme corps actif, et comme dissolvants inactifs le chlorure de carbone, le chloroforme, le sulfure de carbone. Ces trois solutions, interposées sur le trajet des rayons, à l'état de couches de 1 centimètre d'épaiseur, ont donné les résultats suivants, pour la position des bandes froides :

	Chlorure iodé	Chloroforme iodé	Sulfure iodé
	1°,28'	1°,30'	»
Position des raies	1°,34'	»	1°,35'
	1°,55'	1°,57'	1°,56'

— M. *P. Gervais* fait connaître le produit des fouilles poursuivies à Durfort (Gard), par M. P. Cazalis de Fondouce, pour le Muséum d'histoire naturelle. Il y a quelques années, M. Cazalis découvrit, aux environs de Durfort, une défense fossile de grand éléphant. Quelques fouilles entreprises immédiatement firent penser que le squelette de l'animal s'y trouvait tout entier et que le gisement dans lequel il se trouvait valait la peine d'être exploité avec soin. Sur la proposition de M. Gervais, l'administration du Muséum voulut bien faire la dépense de cette exploitation, qui fut confiée à M. Cazalis. Le travail a été continué pendant une partie des étés de 1873, 1874 et 1875. Avant d'en faire connaître le résultat, disons en quoi consiste le gisement de Durfort. Il est compris, d'après M. Gervais, dans un dépôt marneux de couleur jaunâtre, un peu charbonneux par endroits, renfermant quelques cailloux dans d'autres, et qui s'est déposé dans une sorte de grande cuvette dépendant du terrain néocomien. Les mammifères y sont représentés par plusieurs genres. On y a rencontré des ossements d'éléphants, d'hippopotames, de cerfs et de bœufs, ainsi que ceux d'un carnivore, que M. Cazalis attribue au genre *canis*. On y trouve également un poisson, peut-être comparable aux dobula ou meuniers et aux barbeaux. Les coquilles y sont représentées aussi : M. Gervais cite une valvée, une paludine, un petit planorbe et une anodonte. Quant aux végétaux qui accompagnent ces animaux fossiles, et qui sont représentés par quelques troncs et par des feuilles, indiquant plusieurs genres de dicotylédones et de gymnospermes,

M. de Saporta les attribue à des espèces peu ou point distinctes de celles qui vivent actuellement. Les squelettes des mammifères de Durfort sont d'autant plus importants que plusieurs d'entre eux ont pu être recueillis entiers. Il en est ainsi pour un squelette d'hippopotame et pour trois squelettes d'éléphants. Ces squelettes, grâce à leur bon état de conservation, pourront être montés et exposés dans les galeries du Muséum. Il paraît qu'un de ces squelettes d'éléphants a appartenu à un animal qui devait avoir près de 5 mètres de haut. D'après M. Gervais, les éléphants de Durfort n'appartiendraient pas à l'espèce ordinaire, c'est-à-dire l'éléphant primitif, mais plutôt à l'espèce que P. Savi a décrite sous le nom d'*Elephas meridionalis*.

— M. *Brault* présente une note relative à de nouvelles cartes de météorologie nautique, donnant à la fois la direction et l'intensité probables des vents. Le but de M. Brault, en commençant ces cartes, a été surtout de vérifier et de compléter les études de Maury, relatives au régime des vents; mais il a été aussi de donner à la France des cartes de navigation, embrassant la surface des mers, plus complètes que toutes celles qui existent aujourd'hui en Europe. Il a donc étudié, non-seulement la loi de la direction probable, mais encore les lois de l'intensité et de la succession probables, qui n'avaient pas été étudiées jusqu'ici. Pour arriver à la connaissance de la loi de la direction, il a emprunté à Maury la méthode de dépouillement, et au *Meteorological office* et à l'Institut d'Utrecht leur mode de représentation graphique. Quant aux recherches des lois de l'intensité et de la succession probables, il a fallu, dit l'auteur, des moyens nouveaux pour des lois nouvelles.

Nous ne rapporterons pas ici tous les détails donnés par M. Brault relativement à ces cartes, à leur but pratique et théorique; mais nous donnerons une idée de son travail en disant qu'il a dépouillé 20 000 journaux de bord; qu'il a réuni, pour la construction de ses cartes de l'Atlantique nord, 239 896 observations de direction et 239 896 observations d'intensité; qu'il a en outre, dans des cahiers de dépouillement, classées et numérotées plus de 200 000 observations de succession.

— M. *J. Morin* adresse une note relative à un procédé propre à diminuer la fréquence des abordages en mer. L'auteur n'adopte pas l'usage de la lumière électrique continue, à cause de la difficulté de l'installation. Il substitue à cette méthode celle des signaux particuliers consistant en éclairs plus ou moins éloignés : les signaux seront ainsi plus remarquables et ne pourront être attribués à une cause accidentelle, surtout si on les fait se succéder suivant un système déterminé. Ces signaux ont, en outre, l'avantage de n'exiger qu'une installation peu compliquée en faisant usage des batteries secondaires à lames de plomb de M. Planté.

— M. *Colladon* fait une communication relative à deux orages de grêle observés le 7 et le 8 juillet dans quelques parties de la Suisse et du midi de la France. Le premier de ces orages a frappé, dans la nuit du 7 au 8 juillet, les bords de la Saône, le département de l'Ain, le canton de Genève, le nord de la Haute-Savoie et quelques communes du Bas-Valais. Le second a frappé, dans l'après-midi du 8 juillet, le département de la Savoie, quelques communes centrales de la Haute-Savoie et une partie du Valais. Ces deux orages, quoique parfaitement distincts, ont présenté dans leurs principaux détails et dans leur marche des analogies remarquables. Après avoir fait connaître les faits qu'il a pu recueillir à ce sujet, M. Colladon rappelle la variété d'éclairs que l'on observe parfois, après de fortes chaleurs, dans des orages électriques d'une grande énergie. Ces divers éclairs, avec tous leurs caractères, se sont montrés dans les deux orages du 7 et du 8 juillet, et M. Colladon, examinant la façon dont ils ont pu se produire, en conclut que « ces grandes nuées fortement électrisées, d'où s'échappe parfois la grêle, ne sont pas un seul et même corps chargé d'électricité. Ce n'est pas non plus, comme l'ont supposé Volta et d'autres physiciens, un composé de deux vastes nuages placés l'un au-dessus de l'autre à une assez grande distance, et entre lesquels les grêlons montent et descendent. Ces groupes orageux se composent, en réalité, d'un grand nombre de centres électriques assez rapprochés, quoique bien distincts, et pouvant être assemblés de plusieurs manières variables. » La formation de la grêle s'explique dès lors plus facilement. On comprend comment les grêlons peuvent être ballottés d'un centre à un autre, s'entourer de couches successives de glace et être soustraits à cette série d'oscillations quand leur poids les force à se précipiter vers la terre.

— M. *N. Severtzow*, à propos de la communication faite par M. Faye dans la précédente séance, rapporte une observation faite par lui en Asie centrale pendant un orage de grêle. Cette observation confirme la théorie de M. Faye attribuant le mécanisme de la formation de la grêle à un mouvement tourbillonnaire à axe vertical.

— M. *Faye*, au sujet de la note de M. Severtzow, fait remarquer à l'Académie que sa théorie de la formation de la grêle vient de recevoir une nouvelle confirmation au point de vue des mouvements tourbillonnaires à axe vertical. Quant à l'autre point de la théorie, qui veut que le mouvement tourbillonnaire s'étende de la région des cirrhus à celle des nimbus, M. Faye trouve également sa confirmation dans une importante observation que M. le commandant Rozet a eu occasion de faire plusieurs fois dans les Pyrénées, à l'époque où il terminait les travaux géodésiques de la carte de France en 1848 et 1849. Voici le passage dans lequel se trouve relatée l'observation de M. Rozet : « Quand les cirrhus des régions supérieures ou plutôt les cirrho-cumulus forment une couche plus ou moins continue, dans le même moment qu'il existe une certaine quantité de cumulus sur la première couche de vapeurs, on peut prédire le mauvais temps ou la formation de nimbus. Effectivement, les nuages du haut ne tardent pas à descendre, ceux du bas à monter *en s'allongeant souvent en colonnes qui s'étalent vers le haut*. Dans la rencontre, il se produit souvent des décharges électriques et *les nimbus se forment aussitôt*, etc. » M. Faye ajoute que cette intéressante description, jusqu'ici fort obscure, devient parfaitement intelligible si on la rapproche de sa théorie et si l'on veut bien admettre qu'en parlant de colonnes ascendantes partant des nuages inférieurs, M. Rozet a dû céder à la même illusion qui a fait croire à tant d'observateurs que les trombes s'élèvent du sol jusqu'aux nues.

CHRONIQUE SCIENTIFIQUE

BACCALAURÉAT ÈS SCIENCES. — Les examens du baccalauréat ès sciences pour les engagés volontaires d'un an commenceront le lundi 25 octobre, à sept heures un quart ; pour les autres candidats, le mercredi 3 novembre, à sept heures un quart.

Les inscriptions seront reçues au secrétariat de la Faculté, du lundi 11 octobre au jeudi 21 octobre, de dix heures à midi.

Les pièces à déposer en consignant sont : 1° l'acte de naissance ; 2° une demande rédigée conformément au programme ; 3° le diplôme ou le certificat de bachelier ès lettres pour ceux qui sont pourvus de ce grade.

Le propriétaire-gérant : GERMER BAILLIÈRE.

PARIS. — IMPRIMERIE DE F. MARTINET, RUE MIGNON, 2.

LA
REVUE SCIENTIFIQUE

DE LA FRANCE ET DE L'ÉTRANGER

REVUE DES COURS SCIENTIFIQUES (2ᵉ SÉRIE)

DIRECTION : MM. EUG. YUNG ET ÉM. ALGLAVE

2ᵉ SÉRIE — 5ᵉ ANNÉE   NUMÉRO 13   25 SEPTEMBRE 1875

L'AVENIR MILITAIRE DE L'ALLEMAGNE

Si l'on veut comprendre les exigences des politiques et les inquiétudes des stratégistes de Berlin, il faut éviter l'erreur dans laquelle est tombée presque toute la presse anglaise, et ne pas traiter la question de l'avenir de l'Allemagne comme si cet avenir ne regardait exclusivement que les Allemands et les Français. Le temps est bien loin de nous où *le duel des nations* signifiait uniquement une lutte individuelle entre ce qui fut autrefois et ce qui est maintenant le nouvel empire de l'Europe. Tout argument qui ne tient pas compte de l'existence d'autres grands empires dont la politique doit avoir une influence sérieuse sur les décisions des hommes d'État allemands, part d'une vue trop restreinte de la situation de l'Europe pour mériter une discussion sérieuse. Malgré cela, en Angleterre comme dans les pays voisins, presque tout le monde parle et écrit comme si l'ancien dualisme de l'Europe occidentale était et devait rester la seule partie de la politique continentale qui méritât une sérieuse considération et qui pût intéresser réellement les hommes politiques du continent. Nous nous proposons de faire voir ici que cette manière de voir est beaucoup trop restreinte, et que pour trouver la solution des grands problèmes internationaux de notre époque, il faut la chercher bien au delà des limites de la lutte si souvent renouvelée entre la France et l'Allemagne.

Commençons d'abord par examiner de près l'histoire de la crise d'il y a trois mois, et nous reconnaîtrons combien était erronée l'opinion populaire qui l'a attribuée uniquement aux craintes inspirées à l'Allemagne par la force croissante de la France et les progrès de sa réorganisation. Au mois de mai dernier, lorsque les conseillers militaires de la Prusse se sont efforcés d'amener une guerre qui n'a été empêchée que par l'intervention de la Russie, un étonnement bien naturel s'est produit dans la France et dans d'autres pays encore, où l'on savait combien peu les Français sont en état de lutter contre leurs anciens rivaux, et combien inexécutables seraient en ce moment les projets de revanche que l'on attribue aux vaincus de la dernière guerre. Naturellement, ce sentiment n'a pas été diminué par les discussions récentes sur la force exacte des armements français. Aussi bien des personnes, qui raisonnent seulement d'après ce que tout le monde voit, et qui pensent avec raison que des faits évidents pour le premier venu ne peuvent échapper à la vigilance de Berlin, sont-elles convaincues que, comme le comte de Moltke n'a rien à craindre de l'armée française, les desseins qu'on lui a attribués au mois de mai, d'après des témoignages qu'on ne peut guère nier, n'ont jamais pu exister en réalité. Or, les prémisses de ce raisonnement sont assez bien fondées. En réalité la France n'a pas sous les armes les trois quarts des forces que son adversaire entretient sur le pied de paix. Il y a à peine un mois que le ministère de la guerre français a pris les premières mesures pour exercer le premier contingent de la réserve qui doit dans l'avenir compléter l'armée française et permettre de la porter au nombre indispensable pour le pied de guerre ; en Allemagne au contraire, toute la réserve est prête à entrer en ligne au premier appel. L'armée territoriale de la France n'existe que sur le papier. Son armement est incomplet. Ses approvisionnements sont bien au-dessous de ce qu'il faudrait pour une grande campagne. En un mot, si la France était maintenant forcée à faire la guerre, elle s'y engagerait dans des conditions assurément bien moins favorables pour ce qui la regarde que celles où elle se trouvait en 1870 ; et, d'un autre côté, l'armée allemande non-seulement aurait pour elle le prestige de la victoire et l'avantage de l'expérience, mais encore serait bien plus complète et mieux préparée sous tous les rapports qu'elle ne l'était il y a cinq ans. En effet, des administrateurs habiles et infatigables, appuyés sur une nation enthousiaste et disposant d'un budget presque illimité, y ont consacré tous leurs efforts. Et cette grande différence est parfaitement connue et soigneusement étudiée du bureau gigantesque du *Thier-Garten*, où la science militaire, portée à une précision presque mathématique, a concentré tout le matériel que l'intelligence peut créer pour assurer la conservation de la supériorité militaire acquise. Mais tout cela une fois accordé, il n'en est pas moins inexact d'admettre que l'on n'a pu avoir le désir, il y a trois mois, de forcer la France à engager malgré elle une lutte inégale qui ne pouvait aboutir qu'à son abaissement absolu ; il est inexact aussi de contester que la guerre aurait presque certainement été produite sans le moindre scrupule s'il ne s'était trouvé que le prince de Bismarck n'avait que peu de chose à y gagner pour le moment, tandis que la Russie avait beaucoup à y perdre.

Cependant ceux qui soutiennent que la chose était impossible n'auraient pas tort si l'Allemagne et la France étaient les seules puissances importantes de l'Europe. Malheureusement ils oublient que le nouvel empire n'est, après tout, qu'une des quatre grandes puissances de premier ordre qui se partage depuis longtemps la supériorité militaire du monde. Ils oublient surtout que, quoique deux de ces puissances aient été vaincues par les armes prussiennes, chacune dans une lutte décisive, il en reste une qui croit encore ou s'efforce de croire qu'elle est pleinement en état de tenir tête au vainqueur. Chose plus étrange encore, ceux qui parlent tant de la leçon d'Iéna, de l'habileté avec laquelle Stein et Scharnhorst ont relevé leur pays abattu, et ont, pour ainsi dire, rendu la vie à son âme, et du brusque changement qui a suivi le discours de Frédéric-Guillaume et le chant d'Arndt, ceux-là, dis-je, ne tiennent aucun compte des conditions dans lesquelles la Prusse a tiré l'épée lors de la guerre de l'Indépendance. Ce qui n'eût été qu'un acte de folle témérité si elle avait été seule, ne fut que juste et raisonnable dans l'état où l'Europe se trouvait alors. La Russie inondait la Pologne des légions avec lesquelles elle poursuivait la tâche qu'elle s'était donnée de chasser vers l'ouest les aigles françaises. Des navires anglais croisaient devant tous les ports de l'Allemagne pour y protéger l'entrée des agents anglais chargés d'apporter les armes et les subsides fournis par l'Angleterre. L'Autriche, qui par sa position géographique couvrait tout le flanc du futur théâtre de la guerre, armait lentement en secret, déjà décidée à se joindre aux ennemis de Napoléon et à rendre la lutte sans espoir pour lui, dans le cas où il ne pourrait écraser du premier coup les forces du Nord liguées contre sa puissance. La Bavière catholique elle-même, si lente à s'émouvoir, et qui devait à sa France tant de grandeur apparente, aspirait déjà au jour où elle pourrait sans crainte tourner ses armes contre le protecteur détesté de la confédération du Rhin, et entraîner à la suite ses membres les moins importants. C'est la mode aujourd'hui, en Allemagne et ailleurs, de parler de Blücher et de Gneisenau comme ayant conduit les Prussiens à la victoire en 1813. L'armée que Blücher conduisit réellement, et que Gneisenau guida à cette défaite terrible de Macdonald sur la Katzbach, qui fut le présage du désastre plus grand encore essuyé par son maître sur l'Elster — cette armée, dis-je, était en réalité composée d'une très-grande proportion de Russes, mis sous les ordres du vieux héros allemand autant par politique que par respect pour sa capacité militaire. En un mot, ce fut seulement comme nombre d'une grande ligue que la Prusse sortit de son état d'humiliation pour s'élever à une grandeur nouvelle, et pour acquérir en Europe une puissance plus grande que celle de Frédéric, grâce à des victoires qui éclipsaient même celles de ce héros.

Est-il probable que les successeurs de Frédéric oublient cette leçon lorsqu'ils entendent citer Iéna et ses enseigne-ments à propos de l'ancienne ennemie de la Prusse ? Non, certes. Les hommes qui pèsent les probabilités de la politique européenne et son influence sur Berlin savent fort bien l'histoire, tout en sachant aussi tenir compte des conditions de leur temps. Ni le prince de Bismarck ni le comte de Moltke ne pensent avec la foule que la prochaine crise grave qui aura lieu sur le continent ne doive être qu'une répétition de la dernière, un duel entre l'Allemagne et la France dans les conditions les plus défavorables pour cette dernière. L'empressement même avec lequel ils ont cherché à amener la lutte sous cette forme particulière montre qu'ils sont convaincus qu'elle ne peut avoir de danger sérieux pour l'empire allemand, et que ce danger pourra exister seulement lorsque la France aura eu le temps de se liguer avec d'autres puissances désireuses d'abaisser l'Allemagne à son tour. C'est dans la possibilité pour la France de devenir l'alliée de l'ennemie encore inconnue de l'Allemagne, et non dans l'inimitié actuelle contre la France qu'il faut chercher l'explication de ce mélange habile de fanfaronnade et de crainte prétendue qui a trompé non-seulement les nations étrangères, mais même les Allemands si calmes d'ordinaire, dont le raisonnement a été quelque peu troublé par l'ivresse de la victoire.

Puisqu'il en est ainsi, il devient fort important de rechercher quelle sont les probabilités contre lesquelles les hommes d'État et les stratégistes de l'Allemagne croient devoir se garantir, même au risque de commettre une injustice actuelle. Le nouvel empire n'a pas un seul ami en Europe ; ce sont ses principaux organes eux-mêmes qui le déclarent ouvertement. A-t-il donc devant lui la terrible perspective de voir l'Europe indignée se lever contre lui comme un seul homme, de même qu'elle se leva autrefois contre l'empire de Napoléon, lorsque le désastre de Russie vint interrompre la série de ses succès ? Nous ne le croyons pas. Quelque odieuse que l'Allemagne soit devenue aux Scandinaves pour son mépris cynique des traités dans l'affaire du Schleswig ; quoiqu'elle se soit fait craindre en Suisse et en Autriche pour ce que l'on appelle dans ces deux pays son insolente prétention de commander à tout ce qui parle la langue germanique ; quoiqu'elle soit redoutée en Hollande et en Belgique à cause de sa convoitise pour les ports, les colonies et le commerce ; quoique la Russie, enfin, la regarde avec méfiance et froideur comme une nouvelle barrière opposée aux projets ambitieux de la politique moscovite du côté de l'Occident, c'est cependant en France seulement, dans ce pays où le joug de fer de la conquête a pénétré jusqu'au cœur des habitants, que l'Allemagne est l'objet d'une haine qui approche de l'horreur qu'elle ressentait elle-même pour la France au temps de la domination de Napoléon Ier. Et, outre la différence de sentiment, il y a aussi une grande différence de situation militaire dont on ne tient pas assez compte.

La position géographique de l'Allemagne, position presque centrale, tout en l'exposant en apparence à être attaquée de plusieurs côtés, et en lui donnant, comme elle le répète souvent, une longueur énorme de frontières à défendre, longueur bien plus considérable que celle de toutes les autres puissances de l'Europe, sauf l'Autriche, lui est en réalité fort avantageuse contre une coalition générale. Les puissances de second ordre qui répètent quelquefois avec complaisance ce mot du comte de Moltke, qu'il faudrait un ou deux corps d'armée pour surveiller celle d'entre elles qui serait hostile à l'Allemagne, ces puissances, dis-je, si elles se déclaraient contre celle-ci, seraient si bien séparées par leur ennemie, qu'aucune d'entre elles, ou même toutes réunies ne pourraient avoir la moindre influence sur l'issue d'une nouvelle lutte. Si ces puissances secondaires osaient tirer l'épée contre l'Allemagne, elles ne pourraient tout au plus qu'occuper quelques-unes des meilleures troupes de second rang qu'elle organise maintenant avec sa nouvelle loi de *landsturm*. Et, assurément, tant que la Hollande et le Danemark laisseront, comme ils l'ont fait jusqu'ici, à l'état de projet les réformes qui ont été proposées pour leurs armées; tant que la Suisse et la Suède n'auront pour toute force militaire qu'une milice; tant que la Belgique sera la seule des puissances secondaires qui consente à sacrifier, dans une très-faible mesure, les intérêts de son commerce et les vœux des partis aux nécessités militaires; nous pouvons être sûrs que l'Allemagne pourrait dès demain avoir la guerre avec n'importe laquelle de ces puissances, ou même avec toutes à la fois, sans retirer un seul homme de l'armée sérieuse destinée à soutenir la lutte contre des ennemis plus formidables.

De tous les pays de l'Europe, l'Italie est celui qu'il est le plus difficile de juger, au point de vue de l'avenir général. Mais il nous suffira de dire, ici, que sa position géographique isolée, le mauvais état de ses finances, le temps dont elle a besoin pour consolider des éléments nationaux divisés depuis des siècles, — tout, en un mot, rend si peu probable de sa part toute velléité de faire une grande guerre qui ne lui serait point imposée par les nécessités du salut national, que nous pouvons n'en pas parler ici. Assurément, elle ne peut exercer d'action ni sur la politique actuelle de Berlin, ni sur celle des autres cabinets avec lesquels celui de Berlin a le plus de rapports.

Si donc, pour le moment, nous laissons de côté la France pour les motifs très-suffisants que nous avons déjà énoncés, motifs qui prouvent qu'elle ne peut espérer jouer le premier rôle dans l'avenir militaire prochain de l'Europe, et qu'elle en est assez convaincue pour ne pas même le tenter, alors nous devons porter notre attention sur l'Autriche ou la Russie, ou sur toutes deux ensemble, comme étant la cause véritable des inquiétudes de l'Allemagne. Ces inquiétudes ont dû être fort grandes, puisqu'elles se sont manifestées par des préparatifs pour écraser la France, et la mettre ainsi hors d'état de se liguer à l'avenir avec d'autres grandes puissances, ce qui simplifiait d'autant le problème de l'avenir militaire de l'Allemagne. Si ce sentiment est véritable, c'est-à-dire si l'Allemagne a réellement quelque ennemi qu'elle regarde comme menaçant pour sa grandeur nouvellement acquise, il ne faut chercher cet ennemi ni dans la France, ni dans les petits États indépendants. Cherchons-le donc dans les deux grands empires qui la bornent au sud et à l'est. Nous allons étudier un peu en détail chacun de ces deux empires, afin de découvrir, s'il se peut, jusqu'à quel point les inquiétudes dont nous avons parlé peuvent être justifiées.

Le danger ne saurait guère venir de l'Autriche. Elle sent trop bien qu'il lui manque l'unité, contre laquelle elle aurait à lutter; ses hommes d'État connaissent trop les difficultés intérieures qui surgiraient derrière ses armées si elle avait à combattre seule contre l'Allemagne : toute son administration politique n'est pas seulement coupée en deux parties égales et jalouses l'une de l'autre par le système de dualité qui est la charte de sa vie moderne; mais elle est en même temps d'une complexité, d'une lenteur et d'une faiblesse extrêmes si on la compare à celle de l'empire d'Allemagne. Ces seuls faits, trop évidents d'ailleurs pour être ignorés en Autriche ou dans les pays voisins, suffiraient pour garantir qu'elle ne bougera que si elle est attaquée par sa redoutable voisine. En outre, huit millions de ses sujets, c'est-à-dire la plus intelligente, la plus active et la plus riche de toutes les races variées dont se compose l'empire austro-hongrois, donneraient toutes leurs sympathies à l'ennemi si demain une rupture venait à éclater entre Vienne et Berlin. L'Autriche courrait alors un danger réel avec sa population teutonique tout à fait hostile, ses Tchèques assez mal disposés pour une monarchie centralisatrice, et ses Serbes et ses Croates, toujours prêts à se tourner contre une administration qui n'est à leurs yeux que l'instrument de l'oppression de leur race par la race madgyare. Quelle qu'en fût l'issue, une telle guerre serait dangereuse pour la maison de Hapsbourg, et une défaite ferait courir à sa couronne des dangers sérieux. Et encore faudrait-il admettre que l'Autriche eût ou dût bientôt avoir pour une telle lutte des ressources militaires égales à celles de l'Allemagne. Mais il est bien loin d'en être ainsi, comme on pourra s'en convaincre par un rapide examen.

Sur la classe soumise chaque année à la conscription, et qui est inférieure de quelques milliers d'hommes à la classe correspondante en Allemagne, l'Autriche n'appelle que quatre-vingt-quinze mille hommes au service régulier de trois ans, tandis que l'Allemagne en appelle cent trente mille, y compris les hommes qui doivent remplacer ceux qui peuvent être absents. Il en résulte qu'en Autriche les hommes bons pour le service, mais que l'on n'y appelle pas, quoique inscrits en apparence dans la landwehr, affaiblissent plutôt qu'ils ne renforcent ce corps, du moins d'après les idées modernes sur l'organisation militaire, qui considèrent qu'un homme n'est bon pour la milice qu'autant qu'il a réellement servi dans l'armée régulière. Ainsi il est clair que, pour le nombre des hommes, l'Autriche ne peut pas plus prétendre à rivaliser avec l'Allemagne qu'elle ne peut comparer ses races inférieures aux paysans énergiques de la Poméranie et du Brandebourg. Mais des exemples frappants ont récemment appris au monde que les hommes ne peuvent décider en peu de temps une grande guerre que s'ils entrent en campagne équipés et organisés d'une manière complète. La préparation et l'entretien en temps de paix des équipements nécessaires à la guerre sont au nombre des principales charges régulières du budget militaire des grandes nations; ainsi leur dépense moyenne de ce chef, si l'on admet que les prix soient presque les mêmes, est une sorte d'indication du désir qu'elles ont d'être prêtes au premier signal. Or, proportionnellement à ses revenus, l'Autriche est aujourd'hui la plus économe des grandes puissances européennes. En effet, tandis que l'Allemagne consacre au budget de la guerre 26 pour 100 des revenus de la nation, la France 30 et la Russie 36 pour 100, l'Autriche se contente de dépenser moins de 20 pour 100. Et encore nous savons que, grâce aux milliards payés par la France, l'Allemagne a allégé son budget de toutes les dépenses directes pour fortifications, chemins de fer militaires et réarmement.

Ce fait positif de la différence des deux budgets militaires prouve surabondamment que l'Autriche n'a point l'intention de lutter avec son ancienne rivale par la force des armes.

Elle est plus faible en ce moment, elle le reconnaît; et chaque année qui s'écoule, avec une réserve si inférieure en nombre à celle de l'Allemagne et un budget de guerre si économique, doit évidemment la rendre de moins en moins capable de lutter à armes égales avec sa voisine. Les Autrichiens le savent, et naturellement ils s'en indignent. C'est même à un écrivain autrichien que j'emprunte les chiffres dont je viens de me servir. Mais ce que les Autrichiens savent et sentent si vivement n'est évidemment pas ignoré non plus à Berlin. Par conséquent ce ne peut pas être l'Autriche qui excite les inquiétudes secrètes de la nation allemande, à moins toutefois que sa puissance ne soit considérée comme devant se joindre à celle de quelque adversaire plus dangereux. Mais ce n'est pas en France qu'il faut chercher cet adversaire pour le moment. Une alliance entre la France et l'Autriche seules ne saurait guère effrayer en ce moment la grande puissance qui a abattu l'un après l'autre chacun de ces deux pays, quand même l'opposition naturelle de sentiments et d'intérêts qui existe entre eux leur permettrait de préparer en secret une revanche commune, revanche que l'ennemi commun saurait bien prévenir en frappant un grand coup avant que l'un ou l'autre fût prêt.

Jusqu'ici nous n'avons fait que déblayer le terrain. Nous avons voulu montrer qu'il ne reste en Europe qu'une seule puissance qui soit à craindre pour l'Allemagne; cette puissance, c'est ce formidable empire moscovite contre lequel Napoléon Ier lui-même, à l'apogée de sa force, s'est vainement épuisé sans autre résultat que de préparer sa propre ruine. Sans doute, il est facile de protester énergiquement que l'Allemagne est trop habile pour renouveler les crimes ou les fautes du grand conquérant; mais il n'est pas si facile de donner un démenti à l'histoire. Ce qui est incontestable, c'est que tous les grands motifs qui amènent la guerre — l'ambition, la méfiance, l'aversion, la jalousie, l'opposition d'intérêts — sont fort actifs dans les deux empires. Les officiers allemands — classe plus influente en ce moment en Allemagne qu'aucune classe ne l'a été dans un grand pays depuis plusieurs siècles — disent hautement que leur premier devoir envers leur patrie est de châtier l'orgueil moscovite. De leur côté, tous les Russes des classes supérieures, sauf le parti foncièrement allemand, répètent partout qu'ils sont convaincus que tôt ou tard le nouvel empire cherchera querelle à l'ancien. L'héritier du trône de toutes les Russies est plein de zèle pour réveiller chez ses futurs sujets le sentiment national, dont un des principaux articles de foi est la haine des Prussiens et de toutes les institutions qui peuvent tendre à prussianiser un pays. La révolution qui a été opérée dans la guerre par la vapeur et le télégraphe a enlevé à la Russie, comme l'a fort bien dit le vieux prince Paskievitch à son lit de mort, la protection que lui fournissait contre un envahisseur la vaste étendue de son territoire, puisque chaque printemps et chaque automne transformait ses grandes routes en ce que Napoléon, désespérant d'obtenir la victoire par des marches forcées, appelait *le cinquième élément* du pays, la boue. Assurément, si la Russie restait telle qu'elle est aujourd'hui, avec une armée permanente bien peu supérieure en nombre à celle de sa voisine, et inférieure pour toutes les autres conditions qui assurent la victoire, elle devrait presque infailliblement succomber devant l'attaque des Allemands. Mais la Russie ne compte pas rester dans son état actuel. Depuis le paysan jusqu'au czar, le peuple russe tout entier

est convaincu qu'il faut faire des sacrifices et des efforts pour rendre à la patrie la supériorité militaire qu'elle possédait sous Alexandre Ier et sous Nicolas. Tous sont résolus à ne rien épargner pour atteindre ce but. Les plans de réorganisation que l'on a préparés, et qui sont maintenant acceptés en principe, sont aussi étendus et aussi complets que peut le désirer le plus ambitieux des Moscovites. L'exécution en est encore pressée par la pensée que c'est seulement sur la vie toujours incertaine d'un vieillard que repose l'état actuel des choses, dans lequel des considérations d'amitié personnelle et d'intérêt matériel font taire, pour le moment, le sentiment national et ses rêves d'ambition et de suprématie. Ces projets et l'effet que leur réalisation pourrait avoir sur l'Allemagne sont parfaitement connus à Berlin, et c'est là ce qui, y maintient les esprits dans un état de tension qui réagissant à son tour sur l'Europe, lui fait craindre, en apparence sans bonnes raisons, de voir sa paix rompue d'une manière brusque et violente.

Comme les projets militaires de la Russie sont non-seulement plus vastes par leur étendue, mais encore plus compliqués par leurs détails que ne l'est l'organisation des puissances qu'elle se propose d'éclipser, nous ne ferons qu'en donner une esquisse. Mais il ne faut pas oublier que ce que nous ne savons que d'une manière générale est étudié à fond et parfaitement connu à Berlin, où ces études sont facilitées par une longue pratique et activées encore dans ces circonstances par l'instinct de la conservation. Nous pouvons bien le dire ici, les détails que nous avons nous viennent surtout de sources autrichiennes; et dans la partie de la science militaire que l'on nomme *logistique*, c'est-à-dire étude des ressources militaires des nations, le bureau de la guerre de Vienne, qui s'est élevé à un très-haut degré de perfection sous la direction du baron de Kulen, ne le cède qu'à celui que préside le comte de Moltke.

Le pied de paix nominal de l'armée russe a été estimé jusqu'ici à environ 800 000 hommes. Mais on sait depuis longtemps que s'il s'agissait de faire une guerre offensive en Europe, il y aurait beaucoup à rabattre de ce chiffre pour les troupes qui ont été jusqu'ici complétement sédentaires — troupes de garnisons, bataillons locaux, contingents mixtes servants en Asie, dont la Russie pourrait aussi peu se servir pour attaquer l'Allemagne, que l'Angleterre pourrait employer son armée de la frontière du Punjaub à faire une expédition en Espagne. Les plus habiles statisticiens de Berlin et de Vienne sont donc d'accord pour déclarer qu'une armée de 600 000 hommes de troupes régulières, soutenue par un corps de réserve irrégulier et dispersé, est tout ce dont l'empire russe puisse disposer pour entrer en campagne dans une guerre européenne. On n'ignore pas que le contingent tiré au sort chaque année, même avant la nouvelle loi astreignant tous les hommes au service militaire, donnait un excédant considérable de recrues nominales; mais on a toujours pensé que cet excédant n'était pas exercé, et était surtout inscrit comme pouvant être appelé en temps de guerre. On n'assujettissait même pas ces hommes à résider dans leur propre district, mais chacun pouvait être appelé au dépôt le plus voisin, en cas de guerre. Or, l'essence du grand changement qui vient d'être fait dans les lois de l'empire russe consiste, non-seulement dans l'extension à toutes les classes de la nation de l'obligation du service militaire, mais encore dans une grande réduction apportée à la durée de ce service. Le soldat russe ne passe plus, comme il le faisait auparavant, de sept à dix ans sous les drapeaux; le plus qu'il puisse y être retenu est six ans; la majorité de la ligne n'y passe plus que quatre ans, et une grande partie des hommes, dans certaines conditions déterminées, servent pendant un temps bien plus court encore. Des calculs publiés récemment par un journal militaire russe prouvent que, lorsque la loi actuelle produira tout son effet, le contingent annuel appelé sur les drapeaux sera juste le double de ce qu'il était autrefois, et que le nombre des hommes exercés passant chaque année dans la réserve et pouvant être rappelés en cas de guerre sera au moins le triple de ce qu'il a été jusqu'ici, même lorsque les cadres étaient maintenus aussi faibles que possible par le renvoi anticipé des hommes pour des raisons d'économie.

Un des principaux obstacles qu'a rencontrés l'état-major russe, obstacle auquel on devait naturellement s'attendre, a été l'insuffisance des cadres existants : il est notoire, en effet, que beaucoup d'officiers n'étaient pas capables de donner l'instruction. Il a donc fallu charger de ce soin, en grande partie, les bataillons dits *locaux et de garnison*, en modifiant leur organisation et leurs fonctions d'une manière convenable. On agrandit en ce moment leurs cadres d'officiers, de telle sorte qu'en y ajoutant, lors de la mobilisation, des officiers de réserve — ces fonctions peuvent être exercées par des hommes appartenant au commerce ou aux professions libérales — chaque bataillon peut sur-le-champ en donner quatre, tandis qu'en temps de paix il sert d'école d'instruction. Mais, dès que la guerre éclate, les fonctions des deux classes dont nous venons de parler deviennent distinctes. Les bataillons locaux, transformés en régiments locaux, sont chargés de maintenir l'ordre à l'intérieur. Chaque bataillon de garnison appelant des hommes de la réserve qui lui donne la force d'un régiment de guerre à quatre bataillons doit être prêt à servir de seconde ligne à l'armée active proprement dite, et à jouer à peu près le même rôle qu'a joué, avec tant de succès, la landwehr allemande pendant la guerre contre la France. On calcule que les vingt-neuf bataillons de garnison qui existent actuellement peuvent en donner ainsi près de cent vingt, en quelques semaines, à l'armée active marchant contre l'ennemi.

Une autre mesure fort importante a été la transformation et l'agrandissement des cadres régimentaires de la garde et de la ligne, qui permettent à chaque régiment de laisser derrière lui, en partant, un bataillon de dépôt, lequel doit être complété et entretenu constamment, après la mobilisation, sur le pied de 1000 hommes : ce bataillon est spécialement chargé de remplir les vides qui se produisent dans le régiment en campagne. L'armée russe contient cent quatre-vingt-dix-neuf régiments; le nouveau plan a donc organisé, en nombres ronds, deux cents de ces bataillons, ce qui ajoute encore aux forces actives de la nation en temps de guerre. Mais ces bataillons ne doivent pas, dans une guerre, faire comme les régiments de garnison, et entrer en campagne comme unités distinctes; ils doivent seulement verser leurs hommes par détachement, selon les besoins des régiments auxquels ils appartiennent.

Mais ces deux créations nouvelles ne suffirent pas longtemps à absorber le nombre toujours croissant des hommes de la réserve. Lorsque la loi nouvelle aura fonctionné quinze ans, on a calculé qu'il y aura eu excédant d'au moins deux cent cinquante mille hommes ayant servi pendant un temps plus ou moins long, — dans certains cas tout particuliers ce temps de service aura même pu se trouver réduit à trois mois, — pour lesquels il n'y aura place ni dans l'armée active, ni dans les troupes locales, ni dans les corps de dépôt. Il a donc fallu pourvoir à la formation des bataillons de réserve indépendants spécialement destinés à recevoir cet excédant; et l'on calcule que ces bataillons, avec les autres corps nouveaux dont nous avons déjà parlé, mais sans y comprendre les régiments locaux, lesquels ne se déplacent pas même en cas de guerre, apporteront à l'armée active régulière un appoint d'un demi-million en nombres ronds. Mais comme la force de l'armée régulière elle-même, d'après le nouveau plan, est évaluée à 1 million et demi net, il s'ensuit que quand la Russie aura mis ce plan à exécution, elle pourra appeler sous les armes, au premier signal, un effectif d'au moins 2 millions de soldats instruits, sans compter les garnisons de l'intérieur auxquelles, en cas d'invasion, viendrait s'ajouter une *landsturm* d'une force vraiment formidable. Remarquons en passant, pour ce dernier corps, que les quatre classes les plus jeunes sont sujettes à être maintenues sous les armes pour le service intérieur en cas de guerre. En théorie, le rôle de la landsturm russe doit tenir le milieu entre ceux de la *landwehr* et de la *landsturm* prussiennes : elle comprend tous les hommes de la réserve ayant de quinze à vingt ans de service, en y joignant ceux qui n'ont pas été instruits, bien que déclarés bons pour le service. D'après les calculs statistiques, on pense que les quatre classes sujettes à ce service donneraient en moyenne chacune 300 000 hommes, et, en tenant compte de toutes les non-valeurs, 250 000 hommes, de sorte que la Russie prépare un troisième million d'hommes qui pourront être appelés pour la défense du territoire national et soutenir ainsi les 2 millions que l'on enverra directement contre l'ennemi. Enfin, la loi ordonne que tous les hommes restants de cette *opoltshein* ou landsturm seront, en cas de guerre, enrôlés et armés par petits corps, de manière à causer le moins d'inconvénients qu'il se pourra. Les avis sont partagés sur le nombre d'hommes que donnera cette milice au bout de la première période de quinze ans; mais l'évaluation la plus facile ne va pas au-dessous de 2 millions, de sorte que les forces armées de toute espèce qu'aura alors la Russie formeront un grand total d'au moins 5 millions d'hommes.

Or, on le sait, rien n'est trompeur comme les gros totaux en matière militaire. M. Thiers affirme quelque part que, d'une étude attentive des archives faites par lui-même, il ressort clairement que si les commandants en chef restent toujours au-dessous de la vérité dans l'énumération des forces dont ils disposent, les bureaux de la guerre, d'un autre côté, ne tiennent jamais assez compte des non-valeurs dans l'évaluation des forces qu'ils croient pouvoir mettre en campagne. Pour la Russie, ces non-valeurs doivent être assez considérables. Le manque de bons officiers instructeurs, le défaut de moyens administratifs honnêtes pour diriger une machine si énorme, le manque de fonds et de magasins au moment décisif pour équiper les réserves, sans parler du million et demi d'hommes de l'armée active : toutes ces causes tendent nécessairement à réduire l'effectif réel. Malgré cela, en tenant compte de tout, on ne doit pas être surpris que la voisine de la Russie considère avec inquiétude le plan de réorganisation de cet empire, et que ceux qui croient le plus fermement à ses intentions pacifiques reconnaissent dans l'étendue de ce plan l'intention bien arrêtée d'une nation puissante de remettre sa puissance militaire sur un pied assez respectable pour n'avoir tout au moins aucune raison de s'alarmer des triomphes de cette voisine.

Puisque telle est la résolution de la Russie, résolution bien indiquée par ses paroles et par ses actes, y a-t-il là pour l'Allemagne quelque raison de trembler pour sa sécurité? Cette question nous ramène au problème que nous avons entrepris de discuter, sans prétendre en donner une solution absolue. On peut répondre d'abord que si la Russie et l'Allemagne étaient seules en présence, celle-ci ne sentirait pas et n'aurait aucun motif sérieux de sentir l'inquiétude qu'on lui reproche. Son organisation est si parfaite, qu'au premier signal son armée de 400 000 hommes sur le pied de paix peut être triplée, y compris une seconde ligne d'un demi million de soldats aussi bien disciplinés que les 700 000 qui marcheraient devant eux. La nouvelle loi sur la landsturm peut et doit lui fournir 240 bataillons nouveaux composés d'hommes tous dans la force de l'âge, et qui ne sont inférieurs à la landwehr que sous le rappport des officiers. L'Allemagne est mieux équipée pour la guerre qu'elle ne l'a jamais été. Son état-major est le mieux instruit que l'on puisse citer dans l'histoire, et si les officiers qu'il dirige ne sont pas aussi savants qu'on se l'imagine en général, ils sont, dans les limites de leur profession, les meilleurs qu'une puissance ait jamais possédés depuis que Rome a fait la conquête du monde. Si elle n'a pas encore de chef désigné comme capable de remplacer le vétéran que son âge mettra bientôt hors d'état de paraître sur le champ de bataille, le système qu'il léguera à son successeur fonctiônne avec une perfection telle, qu'il permet de réussir sans l'aide d'un génie exceptionnel.

On pourrait donc laisser la Russie compléter à loisir son plan ambitieux de grandeur militaire, et son armée reconstituée, si elle marchait pour envahir l'empire voisin, serait sûre de marcher à une défaite aussi décisive que celle de Benedek ou de Bazaine. Quelles que soient la ténacité et la vigueur des soldats russes, le même manque d'intelligence chez les simples soldats et d'habileté chez les officiers qui les a fait succomber à Inkermann devant une poignée de Français et d'Anglais, leur serait également fatal s'ils avaient à combattre la tactique adroite et la direction habile qui, en temps de paix comme en temps de guerre, font partie de l'éducation de l'armée allemande. Le Moscovite n'aurait sur le Teuton qu'une faible supériorité numérique sans être ni plus fort ni plus capable de résister aux fatigues; quant aux autres conditions de la victoire, elles seraient toutes contre le premier. Nous sommes convaincus que si cette lutte avait lieu, nous verrions les Allemands dicter la paix à Moscou comme ils l'ont fait à Vienne et à Paris. Bien plus : ceux qui dirigent les affaires militaires en Allemagne sentent parfaitement leur supériorité actuelle; ils savent fort bien que d'ici à une génération aucun effort de la Russie ne suffira pour lui donner le pouvoir de s'affranchir sans le secours de cette supériorité. Ce n'est pas la perspective de lutter contre la Russie seule qui donne aux hommes d'État et aux stratégistes de Berlin cette attitude inquiète que nous voyons se réfléter dans l'esprit de la nation toujours prête à se rallier autour d'eux, et qui menace de temps en temps de transformer en un théâtre de campagnes nouvelles ce camp armé que l'on appelle l'Europe. Le véritable problème de l'avenir

militaire de l'Allemagne se trouve dans cette éventualité dangereuse pour elle d'avoir à combattre sur chacun de ses flancs une ennemie redoutable, je veux dire d'avoir à résister à la fois à la France et à la Russie liguées contre elle.

C'est à cette épreuve redoutable que le nouvel empire se prépare avec calme. Il faut bien peu comprendre les signes militaires de notre temps pour s'imaginer que la grande chaîne de forteresses sur la ligne du Rhin et de la Moselle, à laquelle on consacre une part si considérable de l'indemnité de guerre française, soit destinée à faciliter une nouvelle invasion de la France. Si l'armée allemande était appelée à marcher encore une fois sur Paris, elle ne demanderait, à la lettre, qu'un champ de bataille où elle pût agir en liberté. Sans doute, dans une telle éventualité, Cologne, Mayence et Strasbourg seraient des dépôts utiles à l'armée envahissante; mais ces villes ne seraient pas moins utiles en restant ouvertes qu'avec une ceinture de fortifications imprenables. Les forteresses, comme tous les autres travaux défensifs, sont faites pour aider le plus faible, et non celui qui est incontestablement le plus fort. Ainsi cette barrière puissante ne sera réellement utile que dans le cas où l'Allemagne serait forcée à l'improviste de se défendre contre une invasion française. Mais cette invasion ne pourrait être tentée avec quelque espoir de succès, cette attitude défensive ne pourrait être adoptée par l'Allemagne que si les forces avec lesquelles elle peut frapper étaient momentanément occupées ailleurs à repousser quelque grand danger. Ce danger consiste dans une attaque possible faite par la Russie du côté de l'est, tandis que la France remplirait sa tâche sur le Rhin; et c'est à détourner une double attaque de ce genre que la politique militaire de Berlin s'applique. Il serait plus commode, meilleur marché et bien moins dangereux d'en finir dès à présent avec la France et de diminuer tellement sa puissance que la Russie ne pût plus compter sur elle pour un secours sérieux. Mais l'instinct du czar et de son peuple — nous ajouterons le sentiment de l'Europe entière — sont intervenus aussitôt au mois de mai dernier pour empêcher un acte qui, quoique son but et son intention véritable fussent cachés, n'aurait pu être exécuté que par une injustice et une violence au moins égales aux actions les plus violentes de Napoléon Ier parvenu à l'apogée de sa puissance. Presque au dernier moment, ceux même qui avaient conseillé cet acte parurent reculer devant son exécution. Le sort de l'Europe se trouva mis en question en ce moment, comme il l'était autrefois lorsque l'ambitieux Corse méditait la ruine de quelques voisins déjà affaiblis. Heureusement pour le monde, le prince de Bismarck, quoiqu'il flatte les passions de son pays au point de porter l'uniforme de major général de la milice, n'est jamais tranquille au fond lorsque les conseillers militaires sont les plus écoutés; et il n'est pas douteux que sa voix n'ait été donnée en faveur de la paix que le czar pressait l'Europe de maintenir. Ainsi le danger dont la France était menacée s'est trouvé écarté pour le moment. Mais cette tranquillité qu'on lui laisse est alléguée sans doute comme un motif d'autant plus pressant d'achever une barrière contre laquelle son armée puisse s'épuiser en vain, quand même le champ serait ouvert autre part. Considérée à ce point de vue, comme dirigée contre deux ennemis, dont l'un doit être écrasé par des opérations actives, tandis que l'autre sera tenu en échec par des forteresses et par la seconde ligne de troupes que fournira la nouvelle landsturm — la politique militaire de

Berlin, qui donne tous ses soins à la frontière occidentale de l'empire, tandis que la frontière orientale est laissée, pour ainsi dire, ouverte de Varsovie à Berlin, cette politique, dis-je, est simple, explicable et juste. S'il s'agissait de la France seule ou de la Russie seule, tant de soin accompagné de tant de négligence apparente indiquerait l'administration la plus aveugle et non la plus habile.

La double lutte à laquelle l'Allemagne se prépare ainsi aura-t-elle lieu de nos jours, et quelle en sera l'issue? ce sont là des questions auxquelles aucun homme prudent ne peut songer à répondre d'une manière positive. Prédire l'avenir en politique est une chose notoirement impossible ; prédire l'issue d'une guerre entre des rivaux qui ne se sont point encore mesurés est une chose fort difficile. Tout ce que l'on peut se permettre d'affirmer, c'est que, sans une réforme complète aussi bien qu'une grande augmentation, l'armée russe sera dispersée par les Allemands ; quant aux Français, quelque bien réorganisés qu'ils soient, s'ils tentaient d'arriver à Berlin, et ils le tenteraient naturellement, ils ne pourraient y réussir qu'après avoir été longtemps arrêtés devant les forteresses de la frontière, ou encore en passant entre ces forteresses. Dans ce dernier cas ils s'exposeraient à de tels dangers qu'il faudrait le génie militaire le plus grand pour en concevoir et en exécuter le plan avec quelque espoir de succès. Les fortifications qui doivent protéger l'Allemagne seront achevées et armées ; les réserves qui doivent les remplir et les couvrir seront organisées bien avant que le plan de grandeur militaire de la Russie et les rêves de revanche de la France soient devenus réalisables. Et alors, quand chacune de ces trois puissances aura fait tout ce qu'elle désire, les chances de succès semblent encore être en faveur de l'empire qui occupe une position centrale et dont tous les habitants sont unis et habilement préparés à la lutte. Si nous étions forcés de jouer le rôle de prophètes, nous n'hésiterions pas à dire que les chances de l'Allemagne, ainsi vues de loin, semblent l'emporter sur celles de ses deux rivales, qui ne sauraient compter sur l'unité et la promptitude d'action qu'on leur opposerait très-certainement.

Il ne nous reste plus à considérer qu'une éventualité importante. Dans tout ceci nous n'avons rien dit de l'Autriche et de son épée, lente il est vrai, mais redoutable. Il est probable qu'elle prendrait dans la politique et dans l'action militaire une attitude exactement semblable à celle qu'elle prit il y a soixante ans, lorsque la France sous Napoléon, se remettant un instant du désordre de Moscou, attaqua la Prusse et la Russie coalisée. Elle réunirait encore une fois son armée, trop puissante pour être dédaignée, — comme elle l'a fait en 1813 et encore en 1853 dans la guerre entre les Russes et les Turcs — sur le flanc des puissances belligérantes, toute prête à intervenir pour faire pencher la balance du côté qu'il lui plairait. S'ensuit-il qu'elle se joindrait assurément à la ligue formée dans le dessein d'humilier la puissance qui l'a humiliée elle-même ? S'ensuit-il même que par indécision elle se maintiendrait dans une neutralité suspecte, prête à venir achever la ruine de l'Allemagne, à la première nouvelle d'un désastre ou d'un échec subi par ses légions jusqu'alors victorieuses ? Pour notre part, nous ne le croyons pas.

Heureusement pour la paix du monde, quelque crainte et quelque aversion que l'Allemagne et son chancelier aient su inspirer, ces sentiments n'approchent point encore de la haine mortelle dont le premier Empire fut autrefois l'objet.

La Russie n'a aucune raison d'éprouver ce sentiment ; l'Autriche n'y est certainement point encore arrivée. Il faudrait que les Allemands renouvelassent les fautes de Napoléon Ier pour susciter contre eux une nouvelle guerre de l'Indépendance. Heureux si en évitant des crimes tels que celui qu'ils ont médité il y a trois mois, ils prennent pour sauvegarde du nouvel empire une politique juste et modérée qui leur assure des alliés pendant la paix, et qui retire à l'alliance qu'ils redoutent tous les prétextes raisonnables qui pourraient lui faire obtenir l'approbation du monde.

CHARLES C. CHESNEY.

(*Macmillan Magazine*.)

CONGRÈS INTERNATIONAL DES SCIENCES MÉDICALES

(4e Session. — Bruxelles.)

Le congrès périodique international des sciences médicales, dont les trois précédentes sessions avaient été successivement tenues à Paris, à Florence et à Vienne, s'est ouvert le dimanche 19 septembre, à Bruxelles, par une séance générale à laquelle assistait le roi.

M. *Vleminckx*, président du congrès, siégeait au fauteuil, ayant à sa droite M. le ministre de l'intérieur, à sa gauche M. Anspach, bourgmestre de Bruxelles.

Siégeaient également au bureau : MM. *Deroubaix* et *Crocq*, vice-présidents ; M. *Warlomont*, secrétaire général ; MM. *Duwez* et *Verriest*, secrétaires des séances.

M. *le président* du congrès, après avoir remercié le roi du grand intérêt qu'il a manifesté pour le congrès s'ouvrant sous ses auspices, et souhaité la bienvenue aux confrères étrangers, appelle l'attention des membres présents sur l'importance des questions qu'ils auront à traiter, montrant qu'on attend de leurs lumières de véritables réformes sanitaires, de grandes améliorations sociales. Sans doute, en matière de science pure, le congrès discutera ; il cherchera à éclairer, à propager, à vulgariser, mais il ne statuera pas, car les arrêts de la veille sont souvent cassés par les découvertes du lendemain. En matière de réformes sanitaires, au contraire, il décidera souverainement, et tous les gouvernements prendront ses arrêts en sérieuse considération.

M. Vleminckx termine en émettant le vœu de voir adopter des conventions internationales hygiéniques qui obligeraient les contractants à l'exécution des mesures arrêtées de commun accord pour l'extinction de certains fléaux, et propose au congrès de témoigner au ministre de l'intérieur toute sa gratitude pour son initiative et son concours actif à l'organisation du congrès.

M. *Delcour*, ministre de l'intérieur, remercie ensuite l'assemblée de la haute distinction qu'elle lui a accordée en l'appelant à la présidence d'honneur, et développe cette pensée que le but du congrès est de marquer comme une étape, comme un jalon dans l'histoire de la science. Cette session, dit-il, aura un autre avantage : elle resserrera et cimentera les liens de confraternité qui unissent entre eux les médecins de tous les pays. Il termine en remerciant le corps médical de son sympathique concours et de la coopération active qu'il prend à l'œuvre internationale ayant pour but de créer des institutions utiles au bien des peuples.

M. *le président* provisoire propose ensuite le premier objet à l'ordre du jour, la constitution définitive du bureau.

M. *Testelin* (France) demande qu'on proclame le bureau provisoire comme bureau définitif. (*Marques générales d'adhésions et applaudissements.*)

M. *le président* accepte pour lui et ses collègues, mais demande qu'on nomme un certain nombre de présidents d'honneur, qu'il énumère, et dont la nomination est immédiatement sanctionnée par l'assemblée :

Allemagne : M. *Van Langenbeck.* — Angleterre : MM. *Critchett* et *Bowman.* — Autriche-Hongrie : MM. *Hebra* et *Sigmund.* — France : MM. *Bouillaud, Verneuil, Larrey* et *Jaccoud.* — Italie : MM. *Semmola* et *Palasciano.* — Luxembourg : M. le docteur *Aschman.* — Roumanie : M. le docteur *Marcowitz.* — Turquie : M. le général docteur *Ahmet.* — Pays-Bas : M. *Donders.*

M. le président ajoute que cette liste ne peut être complète, et que le bureau proposera, dans une séance ultérieure, d'autres nominations.

La parole est à M. le secrétaire général *Warlomont* :

« Messieurs,

» La session que vous venez d'ouvrir avec tant d'empressement et tant d'entrain est la quatrième d'une institution qui a pris naissance en 1867, au beau pays de France..., à la suite d'une série de réunions annuelles, à Rouen en 1863, à Lyon en 1864, à Bordeaux en 1865 ; un moment vint où nos confrères de France se firent scrupule de garder pour eux seuls les bienfaits de leur institution due à leur initiative. Cette somme considérable d'utilités scientifiques et d'avantages de toute sorte qu'on lui voyait produire pouvait, à la condition d'une organisation nouvelle, non-seulement étendre ses bienfaits à tout le monde médical, mais se décupler, se centupler peut-être, par les éléments que les savants d'autres pays seraient invités à y apporter. Cette idée, exprimée au congrès de Bordeaux en 1865 par M. le professeur Henri Gintrac, y trouva un écho sympathique, et il fut décidé qu'un congrès médical plus que français, un congrès international des médecins de tous pays, serait convoqué à Paris en 1867, et que des mesures y seraient proposées pour que des assemblées de même espèce se reproduisissent tous les deux ans dans les principales villes du monde. »

M. Warlomont, rappelant aussi que l'idée de l'internationalisme en matière scientifique avait déjà reçu en Belgique plus d'une application, jette un coup d'œil rapide sur les travaux des trois sessions précédentes de Paris, de Florence et de Vienne.

Au nombre des questions qui y furent traitées et qui intéressent au plus haut degré la santé publique, figurent en première ligne celles de la tuberculose et du choléra.

« Quelle est, dit l'orateur, l'influence des tubercules sur la mortalité générale d'une part, sur la mortalité dans les différents pays, de l'autre ? Quelle est la nature des tubercules ? Quels sont les moyens prophylactiques à y opposer ? Quels en sont les moyens curatifs ? Le tubercule enfin est-il inoculable, c'est-à-dire la phthisie pulmonaire est-elle contagieuse ? Tous ces points ont fait l'objet d'importantes communications et de discussions approfondies, principalement au congrès de Paris. Le fait de l'inoculabilité des tubercules a rencontré de vigoureux soutiens, et les idées de M. Villemin, à ce sujet, ont paru bien près d'être confirmées. Depuis cette époque, cependant, la même question, reprise à nouveau, a reçu d'autres auteurs une solution différente. Vu son importance, nous venons de le reporter à notre programme, et votre section de médecine sera appelée à en faire l'objet de nouvelles études.

» Vient ensuite le choléra, ce fléau terrible, qui, s'il ne prélève pas sur la vie humaine une dîme aussi constante que la phthisie pulmonaire, vient de loin en loin lui porter des coups douloureux et inattendus. Le choléra prend-il naissance exclusivement sur les bords du Gange et vient-il de là,

suivant un itinéraire déterminé ou déterminable, fondre sur les populations les plus lointaines ? Ou bien peut-il faire explosion sur deux contrées séparées, sans aucun trait d'union de cette source fatidique ? Dans ce dernier cas, s'y est-il spontanément formé de toutes pièces, ou a-t-il eu pour point de départ le réveil de germes endormis laissés par de précédentes épidémies ? Enfin le choléra est-il transmissible d'individu à individu ? Tous ces points ont leur intérêt, et cet intérêt est immense. De la solution qu'ils peuvent recevoir dérive la nature des mesures à prendre pour empêcher la maladie soit de se développer sur place (assainissement, canalisation du Gange), soit de l'étendre au loin (mesures quarantenaires). »

Plus tard, M. Warlomont présente quelques considérations sur les études dont la variole a été l'objet, sur les mesures préventives parmi lesquelles la vaccine a le premier rang, et rappelle qu'en 1873 le Congrès s'est ému de l'apathie coupable de quelques nations au sujet des vaccinations et revaccinations. La vaccination obligatoire y a été posée comme un des besoins les plus impérieux de l'époque. et depuis cette décision plusieurs nations l'ont adoptée : c'est là l'un des résultats les plus importants du Congrès de Vienne, qui malheureusement n'a pas publié ses actes.

Le même Congrès de Vienne a voté encore cette conclusion, qu'il ne faut pas chercher à faire plus ni mieux dans la réglementation de la prostitution que n'a fait la ville de Bruxelles, dont les règlements ont fait pour ainsi dire disparaître de la Belgique et notamment de l'armée les affections constitutionnelles, et s'ils n'ont point amené l'extinction complète de ce mal social, c'est qu'il reste à compter avec l'importation.

Sans insister sur les différentes questions relatives à la médecine, à la thérapeutique, à la chirurgie, à l'hygiène, à la déontologie médicale, qui ont encore été examinées dans les précédentes sessions, l'orateur signale seulement en passant la question de l'opportunité d'établir une pharmacopée universelle, question que nous a léguée le Congrès de Vienne et qui figure à notre programme.

Enfin parmi les problèmes qui ont surtout fixé l'attention du comité et qui touchent à l'hygiène publique, il en est dont la solution n'admet aucun retard : c'est la situation des femmes en couches.

« Le remède, vous le trouverez, messieurs ; et si, comme tout nous le dit, vous arrivez à la solution heureuse de ce difficile problème, vous aurez marqué la session de Bruxelles d'une ineffaçable empreinte et la société tout entière vous devra ses bénédictions reconnaissantes. »

M. Warlomont termine en donnant les raisons qui ont déterminé le comité à choisir l'époque présente pour la réunion du Congrès. Les sessions de la *British Association for the advancement of the Sciences* et l'Association française pour l'avancement des sciences ont, depuis un mois environ, terminé leurs travaux, et la Société d'ophthalmologie, qui se réunit annuellement à Heidelberg au commencement de septembre, a retardé cette année sa session jusqu'au 14, afin que ses membres pussent, descendant rapidement le Rhin, nous arriver en colonnes serrées pour l'ouverture de la nôtre. Mais une circonstance prive le Congrès du concours de beaucoup de savants allemands : MM. les médecins et naturalistes allemands se sont cette année donné rendez-vous à Gratz, à leur date ordinaire, et y siègent en ce moment.

« Notre cri de ralliement a été entendu. Un grand nombre de gouvernements étrangers nous ont envoyé des délégués ; beaucoup de sociétés médicales, étrangères et nationales, se sont fait représenter, et jamais peut-être assemblée médicale cosmopolite plus brillante ni plus nombreuse ne s'est trouvée réunie. A nous maintenant de tenir nos promesses. Nous ferons de notre mieux. Déjà M. le ministre de l'intérieur vous a dit l'intérêt que le gouvernement prend au succès de nos efforts. De son côté, la ville de Bruxelles n'y est pas demeurée indifférente, et sans doute son premier magistrat, que notre reconnaissance a appelé à ce fauteuil, voudra venir en donner l'assurance, et, prenant à son tour la parole, me faire pardonner de l'avoir si longtemps conservée. » *(Applaudissements.)*

M. *Anspach*, bourgmestre de Bruxelles, invite d'abord au raout de l'Hôtel-de-Ville les membres du Congrès et les dames qui ont pu les accompagner à Bruxelles. Il espère que le Congrès voudra bien prêter attention aux œuvres consacrées à la salubrité publique et accomplies par la commune de Bruxelles : la création d'un bureau d'hygiène ; l'établissement d'un système de distribution d'eau ; l'assainissement de la Senne et la création d'un vaste réseau de collecteurs et d'égouts publics.

Il a organisé, avec son honorable ami et collègue M. Delacoke, des voyages d'exploration dans Bruxelles souterrain.

Il souhaite aux membres du Gongrès la même bienvenue que M. le ministre de l'intérieur, au nom de l'autorité communale et de la population de la ville de Bruxelles. *(Applaudissements.)*

Après le départ du roi la séance est reprise, la section invitée à se réunir à l'effet de se constituer, et l'assemblée générale fixée au mardi 21, à deux heures.

MM. les membres du Congrès se rendent dans leurs sections respectives pour y former les bureaux définitifs, dont nous donnerons la composition en présentant un compte rendu des travaux de chacunes d'elles.

Les travaux du Congrès se répartissent en neuf sections. Chaque section se réunit le matin, à dix heures, pour discuter les questions dont l'exposé est fait par des rapporteurs désignés d'avance, et les conclusions provisoires contenues dans ces rapports sont examinées par ordre, modifiées s'il y a lieu, puis communiquées à l'assemblée générale.

Chaque section reçoit de plus les communications étrangères au programme et qui ressortissent à la spécialité de chacune d'elles.

— Les séances de l'assemblée générale sont consacrées : 1° à la communication des procès-verbaux et rapports des sections, et le cas échéant, à la discussion de ces derniers ; 2° à des conférences ou à des communications sur des questions d'intérêt médical général ne figurant pas au programme.

Programme

Première section. Médecine (pathologie, anatomie pathologique, thérapeutique). — 1° Prophylaxie du choléra. Rapporteur : M. Lefebvre, professeur à l'Université de Louvain. — 2° De l'alcool en thérapeutique. Rapporteur : M. Desguin, médecin à Anvers. — 3° De l'inoculabilité du tubercule. Rapporteur : M. Crocq, professeur à l'Université de Bruxelles.

Deuxième section. Chirurgie (y compris la chirurgie des champs de batailles et la syphilographie). — 1° De l'anesthésie chirurgicale (générale et locale). Rapporteur : M. le docteur Willième, à Mons. — 2° Du pansement des plaies après les opérations. Rapporteur : M. le docteur Debaisieux.

Troisième section. Accouchements (y compris les maladies des femmes et des enfants). — Les maternités. Rapporteur : M. E. Hubert, professeur à l'Université de Louvain.

Quatrième section. Sciences biologiques (anatomie, physiologie, médecine comparée). — 1° Des nerfs vaso-moteurs et de leur mode d'action. Rapporteurs : MM. Masius et Vanlair, professeurs à l'Université de Liége. — 2° De la valeur des expériences fondées sur les circulations artificielles. Rapporteur : M. Heger, professeur à l'Université de Bruxelles.

Cinquième section. Médecine publique (hygiène, médecine légale, statistique médicale). — 1° Des moyens d'assainissement des ateliers où se manipule le phosphore. Rapporteur : M. le professeur Crocq. — 1° De l'organisation du service de l'hygiène publique. Rapporteur : M. Belval, membre de la Commission médicale provinciale, à Bruxelles. — 3° De la fabrication de la bière. Rapporteur : M. Depaire, professeur à l'Université de Bruxelles.

Sixième section. Ophthalmologie. — Des défectuosités de la vision au point de vue du service militaire. Rapporteur : M. Duwez, à Bruxelles.

Septième section. Otologie. — 1° Des moyens de mesurer l'ouïe et d'en enregistrer le degré de façon uniforme pour tous les pays. Rapporteur : M. Delstanche père. — 2° Des défectuosités de l'organe auditif au point de vue du service militaire. Rapporteur : M. Ch. Delstanche.

Huitième section. Psychiatrie. De la situation morale et légale et du placement des aliénés criminels et dangereux. Rapporteur : M. le docteur Semal, directeur de l'hospice d'aliénés de Mons.

Neuvième section. Pharmacologie. — 1° Faut-il étendre l'emploi médical des principes immédiats chimiquement définis et en multiplier les préparations dans les pharmacopées? Rapporteur : M. Van Bastelaer, membre de la Commission médicale du Hainaut. — 2° De l'établissement d'une pharmacopée universelle. Rapporteur : M. Gille, professeur à l'Ecole vétérinaire de l'Etat.

Dixième section. Section d'exposition (appareils ou instruments nouveaux usités en médecine, en chirurgie, en physiologie, en ophthalmologie).

Nous publierons les travaux de chaque section à mesure qu'une question sera épuisée. Nous donnerons, en même temps que les conclusions provisoires de chaque rapporteur, le compte rendu des discussions auxquelles ce rapport aura donné lieu et les conclusions définitives adoptées à la suite de ces discussions.

Chaque fois qu'une question incidente non prévue par le programme aura été traitée, nous en ferons l'objet d'une communication qui prendra place à la suite des travaux réguliers de la section correspondante.

Nous pouvons déjà fournir à nos lecteurs la revue sommaire d'une conférence du soir, donnée le lundi 20 par le professeur Marey, ainsi que le résumé d'une séance générale, très-animée du reste, dans laquelle ont été adoptées d'importantes conclusions relatives aux maternités. Dans le prochain numéro, nous publierons une partie des travaux spéciaux, qui conserveront ainsi leur physionomie véritable, au lieu d'être morcelés comme le comporterait forcément un compte rendu quotidien.

Sur la méthode graphique en physiologie.

Lundi soir, 20 septembre, le professeur Marey a intéressé pendant près de deux heures un auditoire nombreux et choisi, par son exposition simple, claire et aussi complète que possible des principaux progrès que la physiologie doit à l'introduction de la *méthode graphique* dans ses moyens d'étude. La grande salle du cercle artistique et littéraire avait été gracieusement mise à sa disposition, et préparée par ses soins de façon à permettre des projections par la lumière électrique. Les nombreuses expériences qu'il se proposait de présenter ont dû forcément être réduites, à cause d'un retard bien involontaire dans l'installation de l'appareil à projections ; mais, malgré ce léger contre-temps, le professeur a pu exécuter des épreuves variées qui ont montré à tous la lucidité de la méthode graphique.

Au début, M. Marey a esquissé un tableau de la science physiologique d'autrefois, que chacun construisait à son gré en animant d'une façon arbitraire l'organe démontré par l'anatomie, et a mis en regard de cette physiologie de convention, les données précises dont la science moderne est aujourd'hui en possession, grâce à l'application heureuse des méthodes de la mécanique et de la physique ; il a laissé entrevoir quels vastes horizons s'ouvraient à nos recherches, en montrant que nous pouvons aujourd'hui calculer exactement les infiniment petits de l'espace et du temps.

L'essence de la vie, c'est le mouvement, c'est l'action : mais quel phénomène est plus fugitif que le mouvement? par quels moyens le saisissons-nous? Ne pouvant compter sur nos sens tout seuls, forçons le mouvement qui se dérobe à nos sens à s'inscrire lui-même, à livrer le secret de sa forme et de sa durée.

Nous pouvons, à l'exemple de MM. Poncelet et Morin, faire écrire sur un cylindre tournant le corps lui-même, pendant sa chute, et obtenir, par la combinaison du mouvement de rotation du cylindre et du mouvement du corps qui tombe, une courbe qui nous renseigne sur les lois de cette chute. Nous pouvons aisément encore amplifier par le levier les mouvements trop petits, augmenter les durées trop courtes, et comme en physiologie nous avons presque toujours à compter avec des mouvements très-brefs et d'une faible amplitude, c'est au levier que nous aurons recours.

Le principe fondamental dans la méthode graphique se déduit facilement de l'examen de l'appareil disposé sur la table. A droite, un tambour à levier, petite capsule métallique fermée par une membrane de caoutchouc sur laquelle repose un levier, capsule remplie d'air, hermétiquement fermée et communiquant par un long tube avec un appareil identique. Chaque mouvement imprimé au premier levier se transmet avec exactitude au levier du second appareil. Que l'on comprime l'air enfermé dans l'appareil n° 1 en abaissant le levier, en même temps se soulève le levier n° 2 : l'air transmet ainsi un mouvement à distance et lui permet de conserver tous ses caractères. Mais avec deux tambours seulement, nous ne pouvons obtenir que des mouvements rectilignes. Combinons deux à deux nos tambours manipulateurs et récepteurs, unissons les deux tambours de droite par des leviers articulés sous forme de parallélogramme, installons de même les deux tambours de gauche, et en faisant décrire à l'extrémité libre de l'une des tiges un mouvement complexe, une circonférence, nous verrons l'extrémité de la tige correspondante du côté opposé tracer une circonférence identique : c'est là le pantographe à transmission, dont les mouvements sont rendus visibles de loin, grâce à un disque de papier blanc fixé à l'extrémité des leviers mobiles.

M. Marey nous ayant montré le mouvement dans l'espace, sa transmission par l'air, nous fait ensuite assister à la mesure du temps.

Il montre un régulateur Foucault, cylindre tournant avec une vitesse variable suivant l'axe du mouvement d'horlogerie avec lequel on le met en rapport, et dont la rotation est réglée par un volant à écartement variable. Assurément on peut, on doit se fier aux mesures du temps fournies par un bon régulateur, mais il est toujours plus sûr de contrôler la vitesse; d'autre part, il est infiniment commode de diviser sur le cylindre lui-même le temps en fractions excessivement petites. Cette mesure précise s'obtient avec les chronographes.

A leur sujet, le professeur rappelle que Thomas Young, le premier, a armé l'une des branches d'un diapason d'une pointe fine, vibrant comme lui et traçant, avec une rigueur indiscutable, les divisions du temps sur le cylindre tournant : on obtient ainsi le 1/50, le 1/100, le 1/500 de seconde. Mais un grand perfectionnement a été introduit quand on a pu obtenir des appareils inscripteurs, vibrant à l'unisson d'un diapason entretenu par l'électricité. Ces appareils si précieux sont les chronographes, qui se composent essentiellement, comme ceux que le professeur Marey a présenté dans la séance, d'une petite masse de fer doux portant une plume fine et mise en mouvement par une bobine légère, qui reçoit elle-même les interruptions d'un diapason placé sur le trajet d'un fil de pile.

Passant ensuite à l'étude du mouvement chez les êtres vivants, le professeur expose les propriétés du muscle se raccourcissant sous l'influence d'une excitation portée sur son nerf ou sur son tissu même, et présente en même temps un appareil destiné à inscrire ses mouvements : c'est le myographe simple, levier articulé à sa base, relié au muscle plus ou moins près de son axe de rotation et écrivant par sa

pointe. Une excitation simple détermine une secousse; une série d'excitations produit une série de secousses fusionnées, si les interruptions son rapides, un tétanos. Le myographe simple est montré en silhouette sur l'écran placé au fond de la salle et on voit amplifié le soulèvement du levier.

Un autre appareil myographique est mis ensuite en fonctions. Ici c'est la transmission du mouvement à distance qu'on obtient en faisant tirer brusquement le muscle sur l'extrémité d'un levier qui comprime la membrane d'un tambour. Un tube de caoutchouc, en communication avec un second tambour inscripteur, transmet le mouvement du muscle et la plume écrit sur une plaque de verre enfumé qui glisse dans la coulisse de l'appareil à projection, une rupture de courant détermine une secousse et la courbe est projetée; une série d'interruptions détermine une série de secousses, et l'on voit sur l'écran blanc le tétanos amplifié s'inscrire nettement.

Mais les appareils myographiques ne sont pas applicables à l'homme, et il est indispensable d'étudier les contractions musculaires chez ce dernier par une méthode d'exploration analogue. C'est dans ce but que Marey emploie la pince myographique qui fonctionne par le gonflement du muscle au moment de sa contraction : les tracés obtenus avec ce nouvel appareil sont identiques avec ceux que fournissent le myographe simple et le myographe à transmission.

Le professeur indique en quelques mots les déductions rigoureuses que la pathologie est en droit de tirer des études myographiques, pour une foule d'affections caractérisées par des désordres musculaires, comme le tremblement alcoolique, l'épilepsie, l'empoisonnement par la strychnine, etc.

Après avoir ainsi passé en revue les principes de l'exploration des muscles eux-mêmes, M. Marey présente d'intéressantes considérations sur les fonctions auxquelles président les contractions des muscles. Les mouvements respiratoires et circulatoires font l'objet de cette partie de la conférence.

L'appareil qui est destiné à explorer les mouvements respiratoires est appliqué sur la poitrine d'un aide, et l'on voit le tracé des deux mouvements en sens inverse exécutés par le paroi thoracique se transcrire projeté par la lanterne. Les indications du pneumographe sont nombreuses, variées et capables de fournir à l'observateur de précieux renseignements sur les causes des troubles de la respiration : chaque catégorie de courbes correspondant à une classe déterminée d'obstacles à l'entrée ou à la sortie de l'air.

Les mouvements circulatoires qu'il est possible d'examiner au cours d'une conférence sont le pouls et les battements du cœur, ainsi que les changements de volume des organes sous l'influence de la circulation.

Le sphygmographe bien connu de Marey étant appliqué sur le radius, l'appareil tout entier avec son levier en mouvement est montré en silhouette, et aussitôt après le sphygmographe à transmission vient remplacer le sphygmographe simple, comme auparavant le myographe à transmission avait succédé au myographe direct. Le pouls s'écrit ainsi au loin, et il est facile de le montrer amplifié sur l'écran pendant qu'une glace enfumée reçoit le tracé du levier. On fait varier la forme et l'amplitude du pouls par un effort; le tracé est lisible à distance et chacun peut juger de la netteté du phénomène.

Vient ensuite l'exploration des mouvements du cœur. Le cœur d'une grenouille vient d'être excisé, placé au-dessous d'un levier et soulève à chaque systole le levier qui repose sur lui. On a interposé le petit myographe du cœur entre une lentille et l'écran, chaque soulèvement du levier devient ainsi très-net, et l'on assiste de loin aux contractions et aux relâchements de ce cœur détaché de l'animal, spectacle qui, pour n'être point nouveau, n'en est pas moins pour tous, initiés ou non, un sujet d'admiration et d'étonnement.

L'exploration du cœur chez l'homme est à son tour pratiquée avec un nouvel appareil que M. Marey nomme l'*explorateur à tambour*. Un bouton de liége relié à la membrane d'un tambour à air, s'appuie sur la région où bat la pointe, la pression du bouton se règle par une vis facile à mettre soi-même en mouvement, et la pulsation du cœur se transmet comme tout à l'heure la pulsation de la radiale.

M. Marey présente après le cardiographe un appareil nouveau qui est destiné à mesurer la vitesse du sang et les variations de cette vitesse dans leurs rapports avec la pression artérielle. Cet appareil est fondé sur le principe des tubes de l'ingénieur Pitot : deux tubes coudés à angle droit et dont le bec est dirigé en sens inverse, plongent dans un tube engainant d'un plus gros calibre qui permet au liquide de s'écouler en pénétrant dans l'intérieur des tubes de Pitot ; le niveau du liquide s'élève plus haut dans le tube dont l'orifice fait face au courant, moins haut dans celui qui est dirigé du côté par lequel se fait l'écoulement ; cette différence de pression dans les deux tubes a été utilisée par M. Marey pour enregistrer la vitesse du courant, la différence entre les deux niveaux s'accusant d'autant plus que le courant est plus rapide. A cet effet, chaque tube est surmonté d'un tambour, et les membranes des deux tambours qui se font face sont reliées l'une à l'autre par une sorte de fléau de balance qui s'incline plus ou moins, suivant que la différence de niveau est plus ou moins marquée, c'est-à-dire suivant que la vitesse est plus ou moins considérable. Avec une vitesse nulle (arrêt d'écoulement), les deux niveaux sont sur la même ligne, le fléau horizontal, et l'appareil récepteur influencé par les mouvements du fléau, trace une droite sur le papier au lieu de l'ascension qu'il décrit sous l'influence d'une vitesse, si légère qu'elle soit.

L'introduction en physiologie de ce nouvel appareil est justifiée par cette nouvelle raison que ceux que nous possédions jusqu'ici ne présentaient pas une sensibilité suffisante. M. Marey rend cependant largement justice à celui du professeur Chauveau (de Lyon), qu'il a lui-même employé avec succès.

Le professeur termine sa description des appareils explorateurs du mouvement circulatoire par la présentation d'un appareil à déplacement d'eau, destiné à l'étude des changements de volume des organes. L'expérience faite aussitôt, toujours par le même procédé, permet de constater l'identité des tracés qu'on obtient en totalisant les mouvements d'une masse d'artérioles comme celles de la main avec les tracés du pouls d'une seule artère.

Il n'est pas enfin jusqu'à la température qui ne soit facile à enregistrer, comme le sont aussi les vibrations du larynx avec les appareils à signaux de Marcel Depretz. Le professeur termine par ces mots :

« J'ai voulu vous donner une idée du champ à explorer ; j'ai voulu vous montrer à son début une méthode qui a devant elle l'avenir le plus vaste. La physiologie n'est plus un roman ; elle est devenue l'égale des sciences les plus avancées, et sa précision, elle la portera peu à peu dans la médecine ; c'est là le but qui doit encourager les physiologistes et stimuler leur ardeur. »

Séance générale.

Le 21 septembre, à deux heures, a eu lieu la première séance générale, trop mouvementée et pleine d'incidents, pour que nous nous contentions d'en donner un résumé très-succinct. L'espace ne nous permettant pas de la reproduire *in extenso*, nous nous contentons pour aujourd'hui d'en donner le résultat.

Le Congrès a voté une réforme radicale dans le service des maternités ; — l'abandon complet du système des grandes maternités et leur remplacement par de petits asiles ; — autant que possible l'accouchement à domicile. (Le texte même des conclusions votées sera transmis à la suite de la discussion).

Dr FRANÇOIS FRANCK.

CONGRÈS INTERNATIONAL
DES SCIENCES GÉOGRAPHIQUES A PARIS

L'ethnographie et l'anthropologie (1)

Séance du 8 août.

M. *Venioukof* fait une importante communication *sur les races de la Russie d'Asie.*

Les études ethnographiques en Russie ne datent que du siècle dernier, mais elles ont fait des progrès considérables depuis les conquêtes des Russes en Asie. M. Venioukof a parcouru toute la Sibérie, et il connaît bien les diverses populations de ces immenses régions.

Au point de vue anthropologique pur, on peut consulter les collections de crânes qui sont à Pétersbourg et à Moscou, et dont l'étude pourra rendre de grands services pour la classification exacte des races de l'Asie russe. Les savants ne s'accordent point parfois sur plusieurs points comme celui des districts de Tomsk, dont Castrèn fait des Samoyèdes ; cependant, d'une manière ou d'une autre, ce sont des Finnois.

C'est la population russe qui l'emporte par le nombre dans tous ces parages ; elle s'élève à huit millions d'âmes, ce qui fait que la Sibérie étant vingt-neuf fois plus grande que la France, il n'y a guère que deux habitants par kilomètre carré. Les Russes ne sont pas établis au-dessous du 65e degré de latitude nord. C'est dans la Sibérie orientale, sur les bords de l'Ienisseï et de l'Angara, qu'ils sont les plus nombreux. Dans les steppes peu fertiles, il n'y en a presque point, sauf dans quelques oasis où sont installées des colonies militaires de Cosaques, qui seuls s'accoutument à ces régions. En Sibérie, la population indigène est si clairsemée que partout, même sur l'Amour, les Russes la dépassent en nombre. En fait d'Européens, il n'y a qu'eux qui s'établissent en Sibérie, et s'il en vient de quelques autres nations, ils sont bien vite absorbés par l'élément russe ; celui-ci se mêle également avec l'élément indigène sédentaire, avec les Bouriates, les Yakoutes par exemple, mais jamais avec les nomades comme les Kirghises.

La variété de races des indigènes de la Russie d'Asie est grande. La race turke est celle qui est le plus abondamment représentée : elle comprend les Kirghises, au nombre d'un million et demi environ ; les Usbeks du Turkestan et les Tatars de Sibérie ; ces derniers sont des gens actifs, des commerçants habiles, et tandis que le nombre de leurs congénères décroît, le leur augmente. Il y a aussi des Tatars dans l'Altaï, mais M. Venioukof ne les croit pas originaires de ces montagnes ; ce sont des Turks, et ils sont au nombre de 1 800 000. Les Yakoutes sont également des Turks, au moins par la langue.

La race finnoise est représentée dans la vallée de l'Ienisseï par plusieurs tribus désignées aussi sous le nom de Tatars, qui sont les débris d'un grand peuple. Ils présentent des caractères anthropologiques très-intéressants. On trouve sur le territoire chinois des Darkhats qui constituent la transition

---

(1) Voyez le numéro précédent, page **277**.

entre les Finnois et les Mongols; on les voit venir à Ourga visiter le Grand-Lama bouddhiste qui y est établi. Tous les Finnois de Sibérie ne montent pas à plus de cinquante mille.

De la race mongole, les Bouriates sont les représentants les plus intelligents, les plus adroits. Ils sont en partie sédentaires; ce furent les seuls qui luttèrent énergiquement contre les Cosaques d'Yermak. Il y a aussi des Kalmouks dans l'Altaï; ils présentent les mêmes caractères que ceux qui habitent les bords du Volga.

Au nord, on trouve les Tongouses, au nombre de dix-neuf mille environ; ils parlent des dialectes distincts, bien que de même famille linguistique; il y a quatre tribus Tongouses sur les rives de l'Amour qui se livrent à la chasse et à la pêche.

D'autres nations n'ont pas été classées; ainsi les Ghiliaks, qui résident à l'embouchure de l'Amour, sont Mongols de visage, mais non de langage; celui-ci est du reste peu connu. Ce sont d'excellents marins.

Dans le sud de l'île de Saghalien, que la Russie vient d'acquérir par échange du Japon, on rencontre des Aïnos. M. Venioukof en a vu et a été frappé de leur ressemblance avec les Russes. Ils sont petits et ont une chevelure abondante. Les Kouriliens sont de même race.

Il n'existe plus de véritables Kantchadales purs; ces peuples se sont complétement mêlés aux Russes; ils parlent russe et sont devenus chrétiens.

Les Koriaks ne sont peut-être pas plus de deux cents; ce sont des pêcheurs et des chasseurs qui parlent un dialecte tongouse.

Quant aux Tchouktchis, ceux du bord de la mer sont en tout semblables aux Esquimaux; ceux de l'intérieur sont des pasteurs de renne dont la race n'a point encore été déterminée. Les Yukagirs, autrefois puissants, sont en décadence; ils fuient devant les Yakoutes; ce sont des peuples faibles, qui ne sont que chasseurs et pasteurs de rennes.

Au sud de l'Amour, on trouve des colons chinois, mandchoux et coréens. Les Chinois sont des malfaiteurs échappés des établissements pénitentiaires du gouvernement de Peking; les Coréens sont au contraire de très-braves gens qui se civilisent très-facilement et s'assimilent très-bien aux Russes.

M. Venioukof revient encore sur les Kirghises, qui se divisent en deux groupes : les Kirghises des steppes ou Kasaks, et les Kirghises noirs ou Bouroutes; ceux-ci viennent des sources de l'Ienisseï; ils sont très-turbulents et ce sont eux qui ont causé l'agitation actuelle du Khokand. Les Kirghises des steppes sont paisibles aujourd'hui, pour la plupart pasteurs; il en est cependant qui commencent à se livrer à l'agriculture; mais tous ont horreur des maisons, des habitations fixes. Ceux des steppes d'Orenbourg ne sont plus sauvages du tout, surtout depuis que les campagnes des Russes contre Khiva ont détruit toute cause d'agitation dans ces tribus.

Les Usbeks, qui sont des Turks, sont cultivateurs et pasteurs; ce sont des hommes durs, à l'esprit borné. En revanche, les Tàdjiks aryens sont très-civilisés et très-intelligents; ils font de bons négociants; les Mollahs, les légistes des khanats du Turkestan sont des Tàdjiks, et ils se moquent volontiers des Usbeks. L'arrivée des Russes dans ces régions a été bien accueillie d'eux et de la population en général; depuis que Samarkande est sous le gouvernement direct de la Russie, plus de soixante mille personnes ont émigré de Bokhara dans la province de Zaraïchan.

Parmi les Turcomans, quelques-uns sont sujets russes; il y en a quelques centaines à Mangichlak sur la mer Caspienne. Dans la vallée de l'Attrek, on rencontre deux nations turcomanes, celle des Yomoudes et celle des Tekhés. Les premiers passent huit mois de l'année sur territoire russe et les quatre autres mois sur territoire persan. Quant aux seconds, ce sont de purs brigands.

Vers les sources de l'Attrek, on trouve aussi quelques colonies kurdes fondées par Shah-Abbas le Grand, afin de combattre les Turcomans, mais ces Kurdes ne sont guère moins barbares et adonnés aux pillages que ceux-là.

Il faut dire qu'il y a aussi beaucoup de tribus qui n'ont pas encore été étudiées scientifiquement parmi les peuples si divers de la Russie d'Asie. On en trouvera plusieurs de la sorte chez les Tongouses; M. Venioukof se rappelle des Orotchis qui ne ressemblent aux tribus voisines ni par le type, ni par la langue. Les Aïnos, les Ghiliaks sont également à peine connus.

M. *de Hujfalvy* fait quelques observations de détail sur les Tatars de l'Altaï.

M. *Girard de Rialle* demande si l'on a bien reconnu chez les Yomoudes des traces du type éranien. On sait que la vallée de l'Attrek appartenait à l'ancienne Hyrkanie, où était établie autrefois une population sédentaire et éranienne qui n'a pu disparaître complétement.

M. *Venioukof* répond que la Russie occupe depuis trop peu de temps ce pays pour qu'on ait pu s'y livrer à des études minutieuses sur son anthropologie.

M. *de Maïnof* demande des détails sur les cheveux des Aïnos.

M. *Venioukof* répond qu'ils sont pareils à ceux des paysans russes, sauf pour la couleur qui est brune.

M. *Hamy* s'informe si l'on a encore quelques notions sur la peuplade des Nammollos.

M. *Venioukof* rapporte que bien des tribus ont disparu depuis les temps des premiers voyageurs, notamment par suite de l'usage des liqueurs alcooliques.

M. *Pinart* est de cet avis. Il croit que les Nammollos étaient des Esquimaux, car c'est encore le nom porté par une petite tribu de cette race à Plover-Bay.

M. *Venioukof* croit que le voyage de M. M. Sekhanovski aux bouches de la Lena fournira des renseignements à ce sujet.

Séance du 9 août.

Dans une communication très-intéressante *sur les Négritos de l'Inde*, M. le docteur *Hamy* démontre la présence de cette race de nègres océaniens de petite taille dans la péninsule gangétique; avec une érudition sûre, il expose que les Négritos ont dû occuper dans cette contrée un large espace, et qu'ils ont été peu à peu dispersés et à peu près anéantis par des envahisseurs.

M. de *Quatrefages* remercie M. Hamy d'avoir cité ses travaux sur ce sujet. Il fait remarquer que les Négritos s'étendent dans l'Asie occidentale et en Océanie sur une aire considérable où ils ne forment plus qu'une série d'îlots isolés. C'est donc l'ancienne population de cette région qui a été détruite par d'autres peuples. Aux Philippines, à Luçon on en a la preuve historique. Ce fait d'isolement sporadique forme un contraste frappant avec les Papous, autre race de nègres océaniens, qui au contraire vivent en masses compactes.

M. le comte *Miniscalchi-Erizzo* présente des mèches de cheveux d'Akkas dont il fait hommage au muséum d'histoire naturelle.

M. *Bourgeot* lit un mémoire tendant à démontrer que l'Afrique septentrionale a été peuplée par les Caraïbes. Le caractère peu scientifique de ce travail de haute fantaisie nous empêche d'en dire davantage à son endroit.

M. *de Hujfalvy* entretient le comité de sa théorie *sur les migrations*, notamment sur celles des peuples de race Ouralo-Altaïque. Il pose comme premier principe qu'il faut chercher les autochtones dans les presqu'îles et dans les montagnes.

Puis il aborde la classification de la race Ouralo-Altaïque qu'il divise en Ougro-Finnois, en Samoyèdes, et en Turks, et qui se rattache peut-être aux Mongols et aux Mandchous. L'étude du langage amène à constater certains faits curieux pour l'histoire primitive de cette race. Ainsi M. Paul Hunfalvy a montré que les noms de nombre sont les mêmes de un à sept chez les Turks et les Ougro-Finnois, chez ces derniers, huit et neuf sont les mêmes à la fois dans les idiomes finnois et dans les idiomes ougriens. Il y a aussi une forme verbale commune aux Turks et aux Ougro-Finnois, une autre commune à ces derniers seulement, et une troisième propre seulement aux Ougriens.

Il est excessivement utile dans l'étude des races humaines de contrôler les renseignements fournis par l'anthropologie et par la linguistique les uns par les autres. La perte du langage implique la perte de la nationalité : ainsi les Bulgares d'origine finnoise ont abandonné leur langue pour une langue slave, ils se sont donc slavisés, bien qu'on rencontre chez eux des types encore finnois.

Les légendes sont également d'une haute importance dans ces études, ainsi que les noms géographiques. Les Lapons, par exemple, ont originairement habité l'Oural à côté des anciens Magyars. Dans tout l'espace qui s'étend entre ces montagnes et la Laponie actuelle on trouve toute une série de noms géographiques lapons qui jalonnent la route suivie par ce peuple dans sa migration. On trouve des *tumuli* et des villages ruinés de constructions laponne par toute la Finlande. Les légendes finnoises et le *Kalevala* mentionnent aussi des peuples du Nord, des ennemis dans lesquels on reconnaît aisément les Lapons. Les légendes samoyèdes signalent aussi ces derniers, dont la présence dans la pays occupé par les Samoyèdes est encore démontrée par des noms géographiques. La langue magyare présente à son tour des traits empruntés à la langue laponne. Ce fait que M. de Hujfalvy avait indiqué autrefois, vient d'être confirmé par M. Europæus qui a constaté des preuves de l'existence des Lapons dans les monts Oural.

Dans les migrations, les peuples ougro-finnois se divisent en quatre branches : les *Suomi* (Finlandais), les *Permiens* (Votiaks et Syriennes), les *Bulgares* (du Volga) et les *Ougriens* (Magyars, Vogouls et Ostiaks). Quant aux Lapons, ils ne sont pas de même race au point de vue anthropologique, que les Finnois ; leur langue même diffère beaucoup de celle de ces derniers ; ils formeraient chez les Ougro-Finnois un groupe intermédiaire.

En ce qui concerne leur origine à tous, Castrèn a constaté la présence de Finnois vers la source de l'Ienisseï, ce serait là leur berceau. On trouve des traces philologiques de leur présence au nord de l'Altaï et sur le bord de la mer Blanche. Les Russes, dont l'arrivée est historiquement connue, ont en quelque sorte fendu en deux la grande masse finnoise de l'Europe septentrionale. Les Samoyèdes viennent également de l'intérieur de l'Asie. Castrèn a suivi les vestiges de leurs migrations. Ils possèdent des légendes qui mentionnent leur pays d'origine.

En terminant, M. de Hujfalvy proteste contre l'emploi du mot *Touranien* qui ne signifie rien de précis et qui est, par conséquent, anti-scientifique. Castrèn a donné dans le mot *Ouralo-Altaïque* la vraie dénomination. Quant à l'Accadien ou Sumérien dont on a voulu faire une langue de cette famille, rien n'est moins prouvé ; les faits qu'on a donnés à l'appui sont controuvés, les étymologies qu'on a construites sont fausses et erronées, on a rapproché par exemple un verbe *marcher* d'un verbe *manger*. Enfin, M. Oppert disait dernièrement à M. de Hujfalvy : « Je suis certain que le Sumérien n'est pas une langue sémitique, mais je ne puis pas dire non plus que ce soit une langue ouralo-altaïque. »

M. *Girard de Rialle* s'associe de tout cœur aux paroles de M. de Hujfalvy à propos du mot *touranien* contre lequel il s'est élevé mainte fois. Ce mot a été emprunté au *Chah-Nameh* où il a un sens plus poëtique que positivement historique et géographique ; dans cette épopée, il désigne tous les ennemis septentrionaux des Éraniens. L'origine de ce mot est une expression zende *turva* qui signifie « ennemi ». En conséquence, il demande que le mot *Touranien* soit banni désormais du langage scientifique et remplacé par l'expression d'*ouralo-altaïque* ; il serait utile que la commission prît une résolution formelle à cet égard.

La commission adopte les conclusions de MM. de Hujfalvy et Girard de Rialle.

M. le comte *Miniscalchi-Erizzo*, à propos de l'origine des Turks, signale à l'attention générale le célèbre ouvrage d'A-bou'l Ghazi sur ce sujet.

M. *de Maïnof* fait remarquer qu'on trouve des noms lapons jusque dans le gouvernement d'Olonetz. Les légendes laponnes racontent leurs guerres avec les Finnois ou Tchoudes armés de massues, Enfin, il demande qu'on rétablisse correctement le mot *Samoyède* qui est la corruption du fait des Russes, du mot *Somyot* pour *Soyot*, en conséquence il vaut mieux dire *Soyot*.

M. le docteur *Hamy* constate qu'on a dit que les Lapons étaient d'une race distincte des Finnois. Les premiers auraient perdu leur langue pour en adopter une autre de famille ouralo-altaïque. Ce fait n'est pas rare. Ainsi les Akkas ont pris la langue des Niam-Niams ; les Negritos de Luçon parlent un patois tagale. Il est un fait positif, c'est que le type anthropologique dit lapon remonte en Europe jusqu'aux temps quaternaires.

M. *de Hujfalvy* demande s'il est possible que la taille des Lapons ait pu diminuer par suite d'un grand froid qui règne dans leur pays actuel.

M. *de Quatrefages*. C'est là soulever la question si délicate de l'influence des milieux. Pour arriver à un bon résultat il faudrait comparer la taille des Samoyèdes du nord avec celle de leurs congénères les Soyots de l'Altaï et les Soyons des frontières de Chine. Pour revenir aux Lapons, les peuples ne disparaissent généralement point, mais leurs langues s'évanouissent et sont remplacées par d'autres, ainsi que cela est arrivé aux Guanches. Quand l'histoire fait défaut, c'est la linguistique qui la remplace comme guide des recherches, quand celle-ci vient à manquer c'est à l'anatomie qu'il faut avoir recours. Tantôt les caractères linguistiques l'emportent, tantôt ce sont les caractères physiques. Mais, dans la plupart des cas, ils s'accordent. Aussi quand il y a désaccord on est en face d'un problème très-difficile ; heureusement le cas est rare.

EXPOSITION INTERNATIONALE DE GÉOGRAPHIE

A Paris (1)

II

L'histoire de la géographie

Parmi les richesses qu'avait un moment réunies l'exposition de géographie qui vient de fermer ses portes, un grand nombre avaient trait à l'histoire de la science géographique. A côté des œuvres et des produits qui montraient les procédés et les moyens actuels d'observation, les résultats nouveaux, en un mot toute l'étendue de la science moderne, une large part avait été faite à ceux qui pouvaient aider à mesu-

---

(1) Voyez ci-dessus, page 109, numéro du 31 juillet 1875.

rer le chemin parcouru depuis les premières civilisations. La plupart des nations avaient envoyé un grand nombre de monuments géographiques anciens, soit originaux, soit reproduits, et la Bibliothèque nationale avait groupé dans la galerie Mazarine les documents les plus importants que contiennent ses riches collections. Ces matériaux coordonnés permettent de suivre l'histoire depuis les plus anciennes notions géographiques, font assister à leurs transformations successives, montrent sur quelle longue suite d'efforts, de tâtonnements, de travaux scientifiques et d'explorations s'est constituée lentement la science géographique, devenue si complexe et si vaste, et en-même temps si certaine et si précise.

Malheureusement, la disposition des locaux avait dispersé ces objets qui, d'après le classement des organisateurs, constituaient le quatrième groupe, et, d'autre part, le catalogue forcément très-succinct, ne donnait sur chacun que des renseignements insuffisants, de sorte qu'il était difficile de les examiner et de les étudier dans un ordre rationnel. Nous nous proposons, dans une promenade rétrospective, de passer en revue les plus importants de ces monuments.

La carte de Peutinger, dont on a pu voir le fac-simile publié dans l'édition savante que vient d'achever M. Desjardins, est le seul monument qui rappelle, dit-on, les cartes géographiques des anciens. On sait que cette carte bizarre, qui porte le nom d'un curieux du xvi° siècle qui l'a possédée, a été exécutée au xiii° siècle par un moine de Colmar. On a pu juger de sa forme étrange en voyant assemblées dans le grand escalier de l'exposition les différentes feuilles de sa reproduction; l'original est une bande oblongue de 7 mètres de long sur 34 centimètres de hauteur, composée de onze feuilles de parchemin; c'est une carte routière du monde romain, mais sans la moindre apparence de sa figure réelle, réduit dans sa hauteur, étiré dans sa largeur, où les mers chargées de peu d'indications ne figurent que sous la forme d'étroits canaux. Il est clair que cette représentation d'un réseau de route, alors disparu, est la copie d'un document plus ancien, et on a voulu la faire remonter jusqu'à cet *Orbis pictus* du portique où Agrippa, après avoir dirigé le mesurage de l'empire romain, voulait « déployer la carte du monde aux yeux de l'univers ». Mais si cette hypothèse est vraisemblable, si un dessin conventionnel et déformé du monde a pu être adopté à ce moment, certainement. cette déformation a dû être géométrique. Par combien d'intermédiaires le dessin primitif a-t-il dû passer avant d'arriver de dégénérescence en dégénérescence à la figuration monstrueuse copiée par un moine ignare du moyen âge? On pouvait juger par les cartes de *redressement* qui étaient exposées à côté jusqu'à quel point toute la conformation de cette carte avait été viciée?

Il faut donc se garder de conclure de cette origine présumée de la carte de Peutinger à une trop grande ressemblance de ce monument du moyen âge avec les. cartes de l'antiquité. Si nous n'en possédons aucune cependant plus ancienne, nous ne sommes pas sans renseignements à cet égard. Nous savons que de très-bonne heure les anciens avaient eu des représentations de la terre; elles nous sont attestées dès l'époque de Socrate par un passage d'Aristophane, et plus tard leurs géographes nous ont laissé des détails sur leur construction. Dicéarque, au iii° siècle avant notre ère, avait rapporté toutes les distances des points qu'il marquait sur ses cartes à un *diaphragme* et à ses perpendiculaires. Eratosthènes avait mesuré un arc de la circonférence terrestre; Hipparque avait appliqué à la cartographie ses connaissances astronomiques, il avait divisé le cercle en 360 degrés et tracé sur ses cartes les cercles de la sphère; plus tard, Ptolémée, bien qu'avec d'énormes erreurs, détermina sur ses cartes la longitude et la latitude des lieux. Il est impossible de croire que, même avant ce géographe, le

génie pratique des Romains, héritier de toutes les conquêtes scientifiques de l'esprit grec, ait, ensuite d'une opération aussi vaste que le mesurage de l'empire, abouti à quelque chose qui ressemblât à la carte de Peutinger. Et si nous en doutions, n'aurions-nous pas comme exemple des tracés romains, les belles tables du plan antique de Rome, gravé sur marbre vers le temps de Septime-Sévère et dont les fragments sont conservés aujourd'hui au musée du Capitole à Rome.

Quoiqu'il en soit, aucune véritable carte géographique des anciens n'a survécu. Les monuments les plus anciens qui soient connus appartiennent au moyen âge, c'est-à-dire à l'époque où la science ancienne semblait perdue pour toujours.

Heureusement, tandis que l'Occident était tombé dans la plus profonde barbarie, l'Orient avait recueilli, au moins en partie, l'héritage de la Grèce. La lumière vint des Arabes, dont les services rendus aux sciences n'ont pas été encore complétement déterminés, non pas qu'ils aient été créateurs, mais leur activité transforma la science dont ils avaient hérité, parfois la fit avancer, parfois la corrompit; s'ils enfouirent les données scientifiques dans un dédale d'interprétations et d'explications tortueuses et confuses, ils firent aussi d'ingénieuses découvertes, améliorèrent les instruments, firent d'importantes observations. Une découverte qu'ils durent, non pas aux anciennes civilisations du littoral méditerranéen, mais aux Chinois, avec lesquels leurs expéditions les avaient mis en rapport, celle de la boussole, qui, par eux, arriva aux marins de la Méditerranée, leur donna une énorme supériorité sur les anciens navigateurs, qu'avaient guidés seulement le soleil pendant le jour et l'étoile polaire pendant la nuit. L'exposition contenait plusieurs spécimens des produits de la science arabe, à la Bibliothèque et dans la belle collection de M. Spitzer, plusieurs astrolabes (l'un du x° siècle), avec des cercles de latitude et de longitude céleste et ceux d'ascension droite et de déclinaison, un zodiaque arabe, un instrument de déclinaison avec cercle horaire, un petit globe céleste arabe-koufique en bronze du xi° siècle, etc. Les précieux recueils de Santarem et de Jomard montraient en même temps les premiers produits de la cartographie arabe. Rien de plus informe, quoiqu'on y sente l'influence du système de Ptolémée, qu'ils connaissaient et dont ils avaient une traduction dès le x° siècle. Leur pratique nautique devait ne pas tarder à améliorer leurs productions; on en peut juger en examinant les cartes d'Edrisi qui sont du xii° siècle et dont nous reparlerons plus loin.

Qu'était pendant ce temps la science géographique des occidentaux? L'exposition de la galerie Mazarine contenait le fac-simile, d'une carte ou plutôt d'une image fictive du monde qui est dans un commentaire manuscrit de l'apocalypse du viii° siècle conservé à la bibliothèque de Turin (la carte cependant est postérieure, du xi° siècle peut-être), et un manuscrit du xi° siècle écrit dans l'abbaye de Saint-Sever en Gascogne, où se trouve aussi une mappemonde ; on pouvait voir dans la salle de Belgique un manuscrit du xii° siècle, espèce d'encyclopédie des connaissances de l'époque (le *Liber floridus*, fait à Saint-Omer, conservé aujourd'hui dans la bibliothèque de l'université de Gand) contenant un assez grand nombre de peintures géographiques, enfin dans les atlas déjà cités de Santarem et de Jomard, les principaux spécimens des monuments géographiques antérieurs au xiii° siècle; on en connaît une vingtaine en tout. Il n'y en a guère qu'un seul qui ait conservé quelques traditions anciennes et ne soit pas complétement une figuration conventionnelle, c'est la carte anglo-saxonne du temps d'Alfred (871-901). Les Iles Britanniques furent vers cette époque, on le sait, un centre d'études où l'on avait conservé la connaissance de quelques anciens auteurs et spécialement étudié la géographie. Cette carte est difforme, les contrées les plus connues, chargées d'indications, y ont des proportions hors de toute échelle, néanmoins on y voit la trace des connaissances des anciens géographes.

Les autres cartes, celles par exemple que nous. avons citées dérivent de modèles communs, qui sont, semble-t-il, des copies du cosmographe de Ravenne. Ravenne avait échappé assez longtemps à la barbarie ; résidence des rois goths et des exarques, elle avait été la capitale des débris de l'empire d'Occident ; ce fut dans ses bibliothèques que s'élabora un de ces abrégés, une de ces compilations par lesquels le moyen âge eut quelques lueurs de l'antiquité. Une copie, modifiée et amplifiée de ce cosmographe nous est parvenue avec quelques cartes peintes, c'est le manuscrit de Bruxelles connu sous le nom de *Liber Guidonis* et écrit en 1119. Toutes les cartes antérieures au xiiie siècle ressemblent beaucoup à ses peintures. C'est l'image de la terre telle qu'avait pu la concevoir l'imagination chrétienne aidée des traditions bibliques et de vagues traditions grecques, image adaptée en outre au pays de l'auteur qui prend des proportions énormes et à l'ouvrage qu'elles accompagnent. Toutes sont des circonférences à trois rayons, le grand segment, qui comprend la moitié supérieure de la circonférence, est occupé par l'Asie (*Asia continet partes duas*) ; au sommet se trouve le paradis terrestre, au-dessous Jérusalem, la moitié inférieure se partage également entre l'Europe et l'Afrique ; l'Océan aux rives inconnues enveloppe tout le pourtour extérieur. Qu'on ajoute à cela des décorations d'édifices, des personnages, des tracés plus ou moins distincts de fleuves, d'îles, de montagnes et de provinces où le dessinateur ne manque guère de mentionner la sienne et l'on concevra l'aspect de toutes ces cartes.

Le manuscrit exposé par la Belgique et dont j'ai déjà parlé contient cependant deux cartes — déjà publiées, du reste, — assez intéressantes pour nous arrêter un instant. L'une représente le quart du monde connu, l'Europe sous sa forme consacrée, c'est-à-dire transformée eu une île de la forme générale d'un quart de circonférence, mais où l'on retrouve les reste d'une ancienne conformation plus rationnelle et une nomenclature assez riche. L'autre est une figuration du monde, que l'on retrouve ailleurs, par exemple dans le manuscrit d'Honorius d'Autun. L'*Habitable* n'occupe que le segment supérieur, il est séparé par une zone torride, (*Zona fervida inhabitabilis super quam sol currit*) de la zone tempérée des Antipodes (*Zona australis filiis Ade incognita temperata antipodorum*) au-delà de laquelle est une *Zona australis frigida*. On voit ainsi se perpétuer le souvenir des traditions et des rêveries où s'étaient aventurées la spéculation philosophique et la fantaisie poétique des anciens. En vain Lactance, saint Jérôme, saint Augustin avaient combattu et rejeté ces croyances comme contraires à l'écriture, elles ne vivaient pas moins et devaient, quelques siècles plus tard provoquer la glorieuse entreprise de Colomb. Un autre exemple curieux de la conservation des traditions, c'est que la plupart de ces cartes figuratives se placent pour ainsi dire sous les auspices de la description du monde romain sous Auguste, que l'on connaissait par l'Évangile ; au-dessous de plusieurs de ces grossières réprésentations, on trouve le texte : *Exiit edictum a Cesare Augusto ut describeretur universus orbis.*

En même temps qu'on dessinait ces restes dégénérés de la science antique qui ne pouvaient plus servir de base à quoi que ce soit, l'esprit pratique conduisait à de plus sérieux résultats. L'exposition anglaise montrait en deux énormes volumes la reproduction photo-zincographiée du *Domesday-Book*, des registres terriers où Guillaume avait fait consigner le mesurage des terres ainsi que leur répartition aux conquérants (1080-1083), ce document qui entre dans des descriptions circonstanciées des districts cultivés, habités ou déserts était bien propre à créer des cartes topographiques.

Le xiie siècle est l'époque du contact.de l'Orient et de l'Occi-

dent. Déjà par l'Espagne, par la Sicile, la science arabe avait pénétré ; les croisades et quelques grands voyages en Asie achevèrent d'en faire comprendre la portée et la valeur, en même temps qu'ils apportèrent à la géographie des renseignements nouveaux et firent sentir la nécessité d'itinéraires pratiques et de cartes précises. En 1154, l'Arabe Edrisi acheva pour Roger de Sicile la construction d'un planisphère sur une table d'argent ; il nous en reste une réduction qu'on a pu voir, ainsi que son atlas, dans un manuscrit arabe du xive siècle exposé par la Bibliothèque nationale. Sur cette mappemonde, l'Italie, la Sicile, la Grèce ont leurs formes, le Nil aboutit dans l'intérieur de l'Afrique à de vastes marais. L'itinéraire du même auteur, précieux pour sa nomenclature, est au contraire grossier et difforme. Mais le progrès accompli par Edrisi ne servit pas les contemporains. Longtemps encore les faiseurs de mappemonde s'en tinrent aux notions anciennes. La mappemonde de Hereford faite par Richard d'Haldingham vers 1300, dont le fac-simile se trouvait à l'exposition anglaise et à la Bibliothèque nationale, est presque aussi grossière que ses ainées, quoique beaucoup plus vaste et plus luxueuse ; comme plusieurs d'entr'elles, elle a la prétention de tirer son origine de la carte commandée par Auguste, et dans l'angle gauche inférieur on voit l'empereur sur son trône, tendant à ses trois géographes une charte scellée et prononçant ces paroles : *Ite in orbem universum et de omni ejus continentia referte ad senatum et ad istam confirmandam, huic scripto sigillum meum apposui.* Du reste aucune amélioration scientifique n'a été introduite, les cartes se chargent d'une nomenclature fantastique et fabuleuse, qu'elles empruntent aux voyages les plus en vogue, celui de Mandeville par exemple, tout bourré de contes merveilleux.

On pouvait suivre le lent progrès de la construction des mappemondes dans toute une série de reproductions photographiques, un peu trop réduites seulement, exposées par l'Italie et dans quelques spécimens de la Bibliothèque nationale. La mappemonde de Sanudo (1321) est déjà bien perfectionnée, elle n'est plus inférieure à celle d'Edrisi et a utilisé les matériaux arabes. La carte catalane de 1375, dont l'original était dans la galerie Mazarine, est en même temps qu'une planisphère une carte marine, et nous allons y revenir. Aucune de ces cartes n'atteint les dimensions et la richesse de la mappemonde de Fra Macoro (1459) conservée à Venise, et dont il y avait à l'exposition une reproduction photographique de grandeur naturelle, un fac-simile gravé dans le précieux recueil de Sántarem et une photographie réduite exposée par la bibliothèque. Mais dans toutes ces cartes, il n'y a ni parallèles, ni méridiens, aucune trace de géographie astronomique ; les pays et les lieux, sauf ceux du littoral méditerranéen sont distribués au hasard, et la nomenclature seule s'est enrichie, par les explorations et les découvertes.

Il est vrai que tandis que l'on continuait à faire établir à grands frais des peintures géographiques, le développement de la navigation avait créé un autre genre de cartes, celles-là dues tout entières à l'esprit pratique, je veux parler des cartes nautiques, ou comme on disait alors, des *portulans.* Presque toutes les nations avaient envoyé quelques-unes de ces cartes et la Bibliothèque avait exposé une série superbe d'originaux. Ce sont pour la plupart des peaux entières de parchemin avec un tracé fort minutieux des côtes, prodigues d'indications sur tout le littoral des terres qu'elles représentent, de renseignements sur les vents, l'orientation, etc. La plus ancienne de ces cartes qu'on a pu voir exposée est le portulan arabe de l'Ambrosienne (fin du xiiie siècle) qui était dans la collection photographique de l'Italie, puis un portulan italien de 1318, et à partir de cette époque un grand nombre d'autres où l'on peut suivre presque année par année le progrès des découvertes, et en même temps celui de la cartographie. Parmi les plus importants qu'on a pu voir, nous citerons la *carte Pisane* du xive siècle, représentant la Méditerranée, le fac-simile du portulan des Pizzigani (1367) où se trouvent en outre les côtes relevées à cette époque de l'Europe, de l'Asie et de l'Afrique, la carte catalane citée plus haut, etc.

Toutes ces cartes engendrées par la seule pratique ne se rapportent pas, bien entendu, à un type unique. Venise, Gênes, Pise, Naples, Ancône, Messine, Palerme, Majorque, l'Aragon, la Catalogne, furent conduits par la même méthode aux mêmes résultats qu'atteignirent aussi les compositeurs et dessinateurs de cartes, flamands, irlandais, anglais, portugais. On a pu voir entr'autres, dans la salle belge, un portulan hollandais donnant le tracé des côtes depuis le Danemark jusqu'à l'Espagne. Dans tous ces produits, mêmes imperfections générales, même incohérence des parties et en même temps même exactitude dans les détails. On traça ainsi les rivages de la Méditerranée, l'Europe presque entière et bientôt les terres nouvellement explorées. La seule expérience avait préparé et mis en œuvre une méthode pour illustrer les grandes découvertes qui étaient proches. Chacun des portulans portugais du xve siècle montre le progrès des explorations ; on y voit peu à peu se dessiner la côte d'Afrique, relevée de 1415 à 1463 jusqu'au cap Vert par les navigateurs sous la direction de l'infant don Henri, puis au-delà du cap de Bonne-Espérance, après sa découverte par Bartholomeo Diaz, en 1486.

La cartographie continentale, quoique traitée parfois avec beaucoup de luxe, était loin de marcher du même pas que la cartographie marine ; on en a pu juger, par exemple, par le petit atlas du xve siècle exposé à la Bibliothèque et qui avait appartenu à Louis XII. Du reste, les monuments de la cartographie continentale sont encore assez peu nombreux à ce moment.

Ce fut vers cette époque que l'ouvrage de Ptolémée vint à la connaissance de l'Occident. Ses premiers manuscrits grecs furent probablement apportés chez les Latins par les savants qui émigrèrent au déclin de l'empire ; tel dut être, par exemple, le manuscrit du xive siècle qu'on voyait à la Bibliothèque nationale et qui contient vingt-sept cartes que l'on croit la reprodution de celles du ve siècle. On ne tarda pas à le traduire en latin et à refaire ses cartes. Les copies s'en multiplièrent rapidement ; l'imprimerie et la gravure, à leur origine, le reproduisirent et le propagèrent. L'exposition a pu donner quelque idée de l'immense vogue dont il jouit pendant la Renaissance. A côté de superbes manuscrits de la traduction latine d'Angelo, ornés de cartes magnifiques, exposées par la Bibliothèque nationale et par la Bibliothèque royale de Belgique, on a pu voir ses premières éditions, celle de Rome de 1478, celle de Bologne de 1482 qui passe pour la première, celles d'Ulm de 1482 et 1486, etc., et aussi la reproduction en photo-lithographie, publiée en 1867 par Firmin Didot, de tout un manuscrit du xiie ou du xiiie siècle, celui-là resté inconnu aux Latins et qui se trouve dans le couvent de Vatopédi du mont Athos.

L'étude des œuvres et des procédés cartographiques de Ptolémée, malgré la somme de connaissances nouvelles qu'elle apporta, est loin de marquer un progrès dans la géographie. Sa construction vicieuse, ses énormes erreurs de calcul, ses longitudes tout arbitraires furent acceptées comme la révélation de la sagesse antique sans qu'on songe à les vérifier, et vinrent renverser toute la belle expérience des Latins. Tous les savants applaudirent ses cartes qu'on travestit en cartes modernes, et l'on condamna les produits de la cartographie nautique comme l'ouvrage de praticiens ignorants. Heureusement les navigateurs ne succombèrent pas à l'enthousiasme général, ils ne se hâtèrent pas de détruire l'ouvrage de la bonne expérience, eurent une salutaire répugnance pour ces nouveautés et continuèrent à suivre leur ancienne routine.

L'étude du globe dressé en 1492 par Martin Béhaïm, dont on pouvait voir à la Bibliothèque nationale un très-beau fac-simile d'après l'original de Nuremberg, est bien propre à faire comprendre les déplorables conséquences de l'adoption du système Ptoléméen. Notons que Béhaïm avait navigué avec les Portugais, qu'il avait à sa disposition des matériaux considérables, les résultats les plus récents, que c'était un habile géographe et qu'il avait eu l'intention de mettre son œuvre strictement au courant de la science. Ce globe n'a ni méridiens ni parallèles (le méridien mobile qu'on y a ajouté est de 1510), mais seulement l'équateur, les tropiques, les cercles polaires et un premier méridien qui passe par les îles du cap Vert. C'est l'*habitable* de Ptolémée, presque sans altérations, chargé de noms modernes et encadré dans des additions, des bordures, des franges de fantaisie qui sont les découvertes nouvelles. La plupart des globes et cartes qui suivirent reproduisirent ces mêmes dispositions : on le peut constater sur ceux de Ruysch (1507), de Schöner (1521), de Munster (1552), d'Apian (1551), de Gemma (1555).

« Les trente années qui ouvrent la période de 1492 à 1522 veulent être circonscrites dans un cadre à part : c'est dans le cours de ces trente années qu'ont été accomplies les découvertes de Colomb, de Gama et de Magellan qui ont ajouté un hémisphère à la carte du monde, et relié les extrémités occidentales de l'ancien continent à ses extrémités orientales. Ce sont les trois voyageurs initiateurs du monde moderne. Après eux le pourtour entier du globe est connu et l'on peut dire qu'il ne reste plus à y ajouter que des découvertes secondaires. » (Vivien de Saint-Martin.)

L'exposition était riche en monuments du « siècle des découvertes ». Citons la mappemonde de 1500, de Juan de la Cosa, pilote de la seconde expédition de Colomb, fac-simile de l'original qui se trouve à Madrid, le seul exemplaire connu de la mappemonde de Sébastien Cabot (1544), une reproduction de la mappemonde d'Apian (1551), la première qui donne au nouveau monde le nom d'*América*, plusieurs portulans de l'Amérique du xvie siècle, les reproductions des deux plus anciennes cartes générales du nouveau continent de 1527 et 1529 exposées par l'Institut géographique de Weimar.

Pour les cartes continentales, et la plupart des mappemondes, l'autorité de Ptolémée était toujours acceptée sans réserve. Cependant la réforme de la géographie ne pouvait tarder. Avec la diffusion des produits de l'imprimerie et de la gravure, l'amélioration des instruments et le progrès des sciences devaient édifier sur son insuffisance et ses erreurs. On pouvait voir à l'exposition de nombreux spécimens de cartes partielles du xvie siècle, soigneusement élaborées, dont les matériaux réunis et coordonnés ruinaient peu à peu le système classique. Les nouvelles découvertes, les bons travaux de géographie descriptive grossissaient les appendices à l'œuvre de Ptolémée qui formait toujours le fond de l'enseignement ; bientôt Ptolémée fut absorbé dans une géographie nouvelle, comme par exemple dans le volumineux traité de Sébastien Munster d'Ingelheim publié en allemand en 1544, en latin en 1550, en français en 1556, dont on a pu voir des exemplaires à l'Exposition. D'autre part, la méthode tout empirique de la cartographie nautique devenait insuffisante pour les grandes navigations, il y fallait introduire la science mais dépouillée du fatras classique. Gérard Kaufmann (Mercator) de Rupelmonde eut le premier la gloire de la réforme. C'est là un des grands noms de la géographie ; la Belgique lui a rendu un hommage mérité en lui élevant une statue, il y a quelques années et ce fut à cette occasion que fut convoqué sous ses auspices, à Anvers, en 1871, le premier congrès de géographie. Très-frappé des inconvénients de la représentation ptoléméenne, Mercator eut l'idée de développer toute la sphère sur un plan, c'est la projection qui a gardé son nom. En 1569 il acheva de graver lui-même sa grande mappemonde établie d'après son nouveau procédé, dont on pouvait voir dans la galerie Mazarine le seul exemplaire original connu : *Nova et aucta orbis terræ descriptio ad usum navigantium emendate accommodata*. A côté et comme complément de sa mappemonde, il avait entrepris un atlas qui fut achevé par son fils Rumold Mercator en 1587 : *Orbis terræ compendiosa descriptio*, aussi exposé à la Bibliothèque. Outre les œuvres de Mercator que nous avons citées, on pouvait voir à l'exposition belge, d'autres éditions de l'atlas, le fac-similé de son globe de 1541 et feuilleter les travaux de M. Van Raemdonck sur le grand géographe belge.

A côté de Mercator, son ami et son émule, Abraham Ortel (Ortelius) occupe une place honorable ; lui aussi par son atlas, *Theatrum orbis terrarum*, contribua puissamment à la réforme de la géographie et son *Parergon* fut le premier essai de géographie comparée.

Après ces grands travaux, l'édifice de Ptolémée était disloqué, mais la réforme de la géographie était loin d'être achevée. D'immenses erreurs, dues en très-grande partie à Ptolémée, par exemple la longueur excessive de la Méditerranée et de tout le continent européen, subsistaient toujours sur les cartes et la géodésie seule pouvait les rectifier ; en outre, dans l'immense quantité de matériaux que les géographes utilisaient, il existait peu de déterminations certaines. Jean Picard, Dominique Cassini, le grand astronome, et La Hire, sous les auspices de notre académie des sciences fixèrent la mesure du degré terrestre, et ramenèrent la France à ses véritables dimensions par les premières opérations de géodésie astronomique ; en même temps, sur tous les points du monde, des déterminations exactes de longitude jalonnèrent le globe et permirent ainsi à Guillaume Delisle, en 1700, et à d'Anville, en 1761, de dresser des mappemondes généralement exactes. Encore d'Anville n'eut-il à sa disposition pour dresser son planisphère qu'à peu près 200 déterminations certaines. (Les tables géographiques de notre *Connaissance des temps* en donnent aujourd'hui 2500), tout le reste était déduit de renseignements, et de matériaux de toute sorte. A la même époque (1744-1787) Cassini de Thury dressait la carte de France, déjà bien préparée par les travaux de son aïeul, et par cette superbe carte au 1/100 000°, à laquelle son nom est resté attaché, il créa de main de maître les procédés et les méthodes de grande topographie. L'Exposition contenait d'innombrables cartes du xvii° et du xviii° siècles, on y pouvait étudier facilement tous les progrès de la science, après les cartes de Mercator et d'Ortelius, les produits au moins aussi grossiers des Samson, les notables améliorations des cartes de Delisle, et à côté de ces cartes encore indécises et un peu lâchées d'exécution, les admirables cartes de d'Anville. Nombre de cartes manuscrites de ce dernier se trouvaient dans les collections du ministère des affaires étrangères et de la bibliothèque nationale et témoignaient de son incroyable activité. Les grands travaux des Cassini étaient représentés par une carte de la triangulation d'une partie de la France exposée par la bibliothèque et par des cuivres de la grande carte de France exposés par le ministre de la guerre.

Nous arrêterons ici l'examen des monuments de l'histoire de la géographie que l'Exposition avait un instant réunis ; au delà de cette époque, les produits de la géographie sont du ressort de la science moderne. Je ne voudrais pourtant pas terminer cette revue, trop rapide, sans dire un mot des travaux de notre siècle, qui ont eu pour objet l'histoire de la géographie et dont on a pu, grâce à l'exposition, voir et feuilleter un grand nombre. Nulle époque, autant que la nôtre, ne s'est complu aux recherches sur le passé, et l'histoire de la géographie en a eu sa bonne part. Il faudrait se résoudre à faire une immense nomenclature pour citer les principaux travaux dont elle a été l'objet ; mémoires, dissertations sur des points spéciaux, reproductions ou découvertes de documents, recherches sur les anciens géographes, histoire des voyages, etc. Aussi, pressé par l'espace, dois-je me borner à mentionner quelques ouvrages qui embrassent une plus grande partie de l'histoire, où résument les travaux antérieurs. J'ai déjà cité les précieux atlas de Santarem et de Jomard, tous deux inachevés et fort rares. M. de Santarem avait, en outre, publié une *Histoire de la cosmographie pendant le moyen âge* (1844-1852).

J'ai vainement cherché dans toute l'exposition des travaux importants, entre tous, sur l'histoire de la géographie, ceux de Lelewel. Errant à la suite de l'insurrection polonaise, chassé de France, à cause de ses proclamations et de ses tentatives d'agitation, l'ardent patriote avait consacré une grande partie de ses tristes loisirs à étudier la géographie du moyen âge et la géographie arabe. Le résultat de ses travaux a paru à Bruxelles, de 1850 à 1857, en 5 vol. in-8° accompagnés d'un atlas. Privé de la plupart des ressources qu'ont les savants, ne rassemblant qu'à grand' peine les matériaux nécessaires à ses travaux, dessinant et gravant ses cartes lui-même, Joachim Lelewel a réussi à faire un livre qui n'est pas encore remplacé. Le désordre qui y règne est inhérent aux conditions de son travail ; l'aspect de ses cartes n'a rien de flatteur ; son style est souvent incorrect ; mais lorsqu'on pénètre dans l'ouvrage, on trouve une intelligence de premier ordre servie par un esprit critique et une érudition prodigieuse, une passion de la vérité, un amour de la science qui ont vivement éclairé certaines questions obscures. Tout cela, joint à ce que l'on sait de son caractère et de ses malheurs, augmente encore la sympathie et le respect que l'on doit à la mémoire du proscrit. Ses livres sont devenus rares, ils sont peu cités, trop peu utilisés, et l'on me pardonnera de leur avoir consacré ici quelques lignes. N'oublions pas, en terminant, de mentionner l'*Histoire de la géographie* de M. Vivien de Saint-Martin qui, en un seul volume, a su présenter d'une façon magistrale le tableau entier des progrès de la géographie.

A. Giry.

TRAVAUX SCIENTIFIQUES

L'astronomie anglaise en 1874.

I. — Observatoire de Greenwich.

Pendant l'année qui vient de s'écouler, les travaux ordinaires avec le cercle méridien et l'altazimut ont été exécutés comme dans les années antérieures et suivant les mêmes règles : ces observations ont fait avancer beaucoup le travail important de l'observatoire, la formation d'un catalogue des étoiles circumpolaires situées à trois degrés de part et d'autre du pôle.

En outre, on a fait avec le grand équatorial, lors de l'éclipse totale de soleil du mois d'octobre dernier, un grand nombre de mesures de cornes du croissant formé par la lune sur le disque solaire au voisinage de l'entrée et de la sortie. Ces mesures offraient un grand avantage ; en effet, l'éclipse de 1870 avait permis d'obtenir les corrections des diamètres du soleil et de la lune ; l'éclipse d'octobre 1874 donnait donc les erreurs des positions tabulaires de notre satellite.

Mais le véritable progrès, nous pouvons même dire l'évolution, accompli par l'observatoire royal d'Angleterre a été l'établissement d'une division d'astronomie physique ; cette portion si importante de l'étude du ciel y est maintenant complétement installée. Les instruments principaux sont un magnifique spectroscope de Browning, qui s'est acquis dans la construction de ces appareils une si juste célébrité ; et, le photo-héliographe qu'employait à Kew M. Warren de la Rue.

Avec le spectroscope on a observé :

1° Les comètes, et, en particulier, la belle comète découverte à Marseille par M. Coggia : son spectre paraît identique avec celui du protoxyde de carbone auquel on l'a directement comparé. On a de plus constaté dans la lumière de la tête et de la queue l'existence certaine d'une polarisation notable.

2° Quelques spectres d'étoiles; la *Revue* a déjà indiqué (vol. VI, p. 922) comment, la comparaison de ces spectres avec ceux des éléments chimiques correspondants donnait, par la mesure du déplacement des raies des spectres stellaires, la valeur de la direction du mouvement propre de l'étoile observée. Sept étoiles ont été étudiées de cette façon, et les résultats obtenus concordent très-sensiblement avec ceux que M. Huggins avait déduits, il y a quelques années, d'études analogues.

3° Les protubérances solaires, aussi souvent que cela a été possible.

Les travaux photographiques sont également fort nombreux. La partie importante est la photographie solaire, faite avec le photo-héliographe. Le ciel, si souvent brumeux à l'observatoire de Greenwich, n'a permis de photographier l'astre radieux que 181 jours de l'année. Sur les clichés obtenus, 337 ont été jugés dignes d'être conservés. En outre, on a fait, avec le grand équatorial, une série de photographies de la lune, de Saturne et du beau groupe des pléiades.

La division magnétique a perdu cette année son chef et son fondateur, M. Glaisher, qui a résigné ses fonctions à la fin de 1874. M. Glaisher a été remplacé par M. Ellis, déjà observateur de l'observatoire royal.

II. — Observatoire de Radcliffe, a Oxford.

La marche, imprimée autrefois par Johnson aux travaux de l'observatoire de Radcliffe, a continué d'être suivie. Outre le soleil et la lune, on a observé à l'instrument des passages 1500 étoiles, choisies dans les catalogues de Lalande, Weisse-Bessel, etc., et comprises dans la zone qui s'étend de 50° à 53° de distance polaire nord. En 1875, les astronomes de Radcliffe commenceront un nouveau catalogue limité aux parallèles de 53° et 63°; et, comme le même travail de révision a déjà été fait pour la zone qui s'étend de 60° à 70°. Dans un an ou deux l'observatoire de Radcliffe aura donc publié les positions de toutes les étoiles utiles pour l'observation des comètes et comprises dans une zone de 20° de largeur de l'hémisphère nord. Quoi qu'il en soit, la révision des positions données pour le catalogue de l'Association britannique est aujourd'hui aussi complète que le permet la latitude de l'observatoire; la conclusion de ce travail est fort importante. D'après M. Main, la position des étoiles au-dessous de la sixième grandeur ne serait point en général assez exacte, et il serait nécessaire de procéder à la formation d'un nouveau catalogue, déduit des bonnes observations faites depuis la publication de celui de l'Association britannique.

En outre, on a, comme pour le passé, utilisé le bel héliomètre, installé par Johnson, à l'observation des occultations d'étoiles par la lune, et des phénomènes des satellites de Jupiter, de la comète de Coggia, des taches solaires (avec un excellent oculaire prismatique de Simms) et à des mesures micrométriques des étoiles doubles du catalogue de Struve.

III. — Observatoire de l'Université d'Oxford.

Cet observatoire, dont la fondation a été décidée au mois de mars 1873, n'était pas encore entièrement terminé à la fin de 1874. Cependant le grand équatorial de 0^m,31 d'ouverture et tous les autres instruments sont prêts à être installés — un petit instrument des passages et une horloge sont déjà en place pour faciliter la mise en position de l'équatorial. Tout fait espérer que les travaux de l'observatoire savilien

d'Oxford pourront commencer au mois de mai de cette année.

IV. — Observatoire de Cambridge.

On a continué, pendant l'année 1874, à l'observatoire de Cambridge, l'observation des étoiles de grandeur inférieure à la neuvième, comprises dans le catalogue d'Argelander et renfermées dans la zone limitée par les parallèles de 25° à 30°. Pendant les cent soirées qu'il a été possible d'utiliser pour l'observation, 5000 de ces étoiles ont été déterminées.

V. — Observatoire de Dun-Sink (Dublin).

M. Brunnow, qui depuis 1865 dirigeait avec tant de talent l'observatoire de Dun-Sink, a donné sa démission dans le courant de 1874; son premier assistant le suivit bientôt dans sa retraite. Il en est résulté une longue interruption dans les travaux de cet établissement. Nous espérons qu'entre les mains de M. R.-S. Ball, successeur de M. Brunnow, et de son assistant, M. Ralph Copeland, les opérations de l'observatoire reprendront bientôt leur ancienne activité.

VI. — Observatoire de Durham.

La réorganisation décidée à la mort du dernier superintendant, le Rév. Chevallier, n'est pas encore complète; aussi les travaux effectués par l'observatoire de Durham en 1874 sont-ils assez peu nombreux : ils se bornent à des observations de petites planètes et celle des phénomènes des satellites de Jupiter.

VII. — Observatoire royal d'Edimbourg.

Pendant toute l'année dernière, il n'y eut à l'observatoire d'Édimbourg qu'un seul assistant, M. Alexandre Wallace, dont tout le temps a été pris pour les services publics du *Time-boll*, du *Time-gun* et des pendules.

VIII. — Observatoire de Glasgow.

Les travaux de l'observatoire de Glasgow, pendant l'année 1874, ont consisté à continuer les réductions des observations faites en vue de la construction d'un catalogue d'étoiles de la sixième à la neuvième grandeur. Toutes les observations de passages sont réduites et les positions ramenées à l'équinoxe moyen du commencement de 1870; il y en a près de six mille. M. Grant s'occupe actuellement de la réduction des observations de déclinaison.

IX. — Observatoire de Liverpool.

L'observatoire de Liverpool est, on le sait, spécialement affecté à l'étude des chronomètres destinés à la marine marchande d'Angleterre. Nous avons déjà expliqué la méthode employée dans ce but par M. Hartnup, nous n'y reviendrons pas; et nous nous contenterons de faire remarquer que le nombre de chronomètres envoyés par la marine à l'observatoire va continuellement en croissant; et que M. Hartnup constate un progrès sensible atteint dans ceux de ces instruments qui ont été construits récemment.

X. — Observatoire de l'École de Rugby.

Comme pendant les années précédentes, les travaux de l'observatoire de l'École de Rugby ont été de deux sortes, astronomiques et spectroscopiques. MM. Wilson et Seabroke, en même temps qu'ils étudiaient au spectroscope les protubérances solaires et la comète de Coggia et qu'ils prenaient des photographies de la lune et de Jupiter, mesuraient micrométriquement 412 systèmes stellaires doubles.

XI. — Observatoire de Stonyhurst.

Les travaux de cet établissement ont été interrompus par le départ de son directeur, le R. P. Perry, pour Kerguélen, où ce savant jésuite observa le passage de Vénus.

XII. — Observatoire de M. Barclay, a Leyton.

M. Talmage, directeur de cet observatoire, a continué ses belles mesures micrométriques d'étoiles doubles avec l'équatorial de dix pouces ; c'est là un travail fort important, surtout si l'on considère le petit nombre d'instruments affectés à ce genre de travaux : aussi les astronomes attendent-ils avec impatience la publication des observations faites dans cette voie à Leyton depuis 1869. M. Talmage a, en outre, observé, autant qu'il lui a été possible, les comètes découvertes pendant l'année, ainsi que les occultations et les phénomènes des satellites de Jupiter.

XIII. — Observatoire de M. Edward Crossley (Skircoat, Halifax).

Cet observatoire est de fondation toute récente ; il a été établi dans le courant de l'année 1873 ; aussi nous en donnerons une courte description. C'est un élégant bâtiment en pierre divisé en quatre chambres. La chambre équatoriale, qui a dix-huit pieds carrés, est surmontée par un dôme cylindrique en bois, recouvert de feuilles de cuivre ; elle renferme un équatorial de deux pouces et demi d'ouverture ($0^m,24$), construit par Cooke et muni d'un mouvement d'horlogerie. — La salle méridienne, de douze pieds carrés, possède un cercle méridien de trois pieds et demi ($1^m,07$) de foyer avec un cercle de déclinaison de dix-huit pouces ($0^m,45$) de diamètre, sur lequel les lectures se font à l'aide de quatre microscopes micrométriques. Chacune de ces deux salles contient, en outre, une pendule sidérale. Les autres servent de bureau et de bibliothèque ; dans l'une d'elles est la pendule étalon de l'observatoire.

Depuis sa fondation, ce petit établissement, que M. Barclay a confié à M. Gledhill, a observé environ 400 systèmes stellaires doubles et 100 phénomènes des satellites de Jupiter.

XIV. — Observatoire du colonel Tomline (Orwell-Park, Ipswich).

L'observatoire du colonel Tomline commence aussi son existence ; son installation n'est même point encore entièrement complète. Outre un petit instrument des passages et une bonne pendule de Dent, qui servent à donner l'heure à l'établissement, l'instrument important, le véritable outil de cet observatoire est un équatorial de dix pouces ($0^m,25$) d'ouverture, dont l'objectif, dû à M. Merz, l'habile opticien de l'Institut de Munich, est excellent, à en juger par la beauté et la régularité des anneaux de diffraction qu'il donne autour des images des étoiles. La monture de cet instrument est d'ailleurs excessivement commode et d'un maniement facile : l'axe polaire est porté à son extrémité supérieure par un fort cône creux de fonte, incliné sur la perpendiculaire d'un angle égal à la colatitude du lieu et ayant pour base un piédestal de fonte. L'axe polaire tourne autour de celui-ci : il résulte de cette disposition que la lunette peut faire une rotation complète autour de l'axe, tout aussi bien lorsqu'elle est dirigée vers le pôle que lorsqu'elle vise tout autre point du ciel, et que par suite, l'observateur a toujours le choix de la position qu'il doit donner à l'instrument dans l'observation.

La direction de cet observatoire a été confiée à M. J.-I. Plummer : les seules observations que cet astronome ait pu faire jusqu'ici ont été celles des deux comètes Coggia (comète III

et comète V, 1874). D'ailleurs, le but principal que se propose le colonel Tomline est l'observation continue et systématique de ces astres errants.

XV. — Observatoire de M. Huggins.

Le travail important de M. Huggins a été l'observation spectroscopique de la belle comète découverte à Marseille par M. Coggia. Le spectre donné par le noyau et la chevelure est très-large, formé des trois mêmes bandes brillantes qu'ont déjà montrées la comète II, 1868, ainsi que d'autres petites comètes, et qui indiquent la présence du carbone ; ces bandes sont coupées par le spectre linéaire continu du noyau, et dans certains cas, aux limites de la chevelure, elles se résolvent partiellement en lignes. De plus, comparées, les 7, 8 et 13 juillet, aux spectres fournis par l'étincelle électrique produite dans le gaz oléfiant ou par la partie inférieure bleue de la flamme d'une lampe à huile, ces trois bandes brillantes ont paru déplacées vers l'extrémité la plus réfrangible du spectre d'environ le quart de la distance entre les lignes b^2 et b^3. Il en résulterait qu'à cette époque la comète se rapprochait de la terre avec une vitesse d'environ vingt-quatre milles (38 kilomètres) par seconde.

Nous ajouterons que, sur toutes les parties de la comète, M. Huggins a trouvé qu'un cinquième environ de la lumière émise par cet astre était polarisée.

XVI. — Observatoire de lord Rosse et de lord Lindsay.

Les changements survenus dans le personnel de ces observatoires ont empêché les travaux d'être bien considérables. M. Ralph Copeland et M. Gill ont quitté, l'un l'observatoire de Parsonstown, l'autre celui de Dun-Echt, pour accompagner lord Lindsay à Maurice et observer avec lui le passage de Vénus. A Parsonstown, M. Ralph Copeland a été remplacé par M. J. Dreyer, qui a fait, avec le télescope de six pieds, quelques observations des satellites d'Uranus ; à Dun-Echt, M. Carpenter, second assistant de lord Lindsay, a consacré son temps à l'observation méridienne des étoiles circumpolaires ; en outre, il a installé à l'observatoire un *time-gun* qui fonctionne tous les jours à midi moyen, à la grande commodité du voisinage.

XVII. — Observatoire du cap de Bonne-Espérance.

L'année 1874 a vu s'achever les observations de la zone de 155 à 165 degrés de distance polaire nord du catalogue de Lalande (qui renferme à peu près toutes les étoiles de grandeur au moins égale à la septième) ; le nombre des étoiles observées est de 1030, toutes l'ont été trois fois. En même temps, M. Stone faisait effectuer le travail préparatoire (la liste tirée des anciens catalogues) de la zone comprise entre 145° et 155°, de manière à en commencer l'observation avec l'année 1875. Il faisait d'ailleurs lui-même des observations micrométriques de la planète *Flora*, afin d'en déduire la valeur de la parallaxe solaire. Combinées par M. Galle, de Breslau, avec celles faites dans les observatoires de l'hémisphère nord, ces observations conduisent à des valeurs comprises entre $8'',86$ et $8'',92$.

Ajoutons que, favorisés par un temps splendide, les astronomes du cap purent observer toutes les phases du passage de Vénus ; les instruments dont ils se servirent sont deux équatoriaux, l'un de huit pieds et demi ($2^m,58$), l'autre de quarante-six pouces ($1^m,16$) de foyer, et la lunette d'un théodolite.

XVIII. — Observatoire de Melbourne.

L'année 1874 a été bonne aussi pour l'observatoire de Melbourne. C'est, en effet, dans le courant de cette année, qu'a paru le premier catalogue déduit des observations de Melbourne, réduit et préparé par les soins de M. J. White, premier assistant de l'observatoire, il a pour titre : *First Melbourne general catalogue of 1227 stars for the epoch 1870 deduced from observations extending from 1863 to 1870, made at the Melbourne observatory.*

Outre les préparatifs nécessités par la création de stations astronomiques en différents points de l'État de Victoria pour l'observation du passage de Vénus, préparatifs que M. Ellery avait reçu mission de diriger, l'observatoire a continué ses observations méridiennes d'étoiles circompolaires et d'étoiles voisines de l'horizon nord ; d'un autre côté, le grand télescope était employé à des observations micrométriques de la planète Flora, à une révision systématique des nébuleuses du ciel austral et à une étude photographique continue de notre satellite.

Résumé.

Les résultats obtenus par les astronomes anglais pendant l'année 1874 sont donc très-satisfaisants. Les travaux réguliers de chaque établissement ont avancé d'une façon continue, chacun s'entendant, pour ainsi dire, avec son voisin, pour que chaque instrument produise un travail spécial en rapport avec sa puissance et son mode d'installation. Mais, en outre, nous devons signaler, comme résultats des plus importants, l'installation d'une division d'astronomie physique à l'observatoire royal de Greenwich et la création de deux nouveaux observatoires.

Zoologie.

RECHERCHES SUR LES TÉTRANYQUES, PAR M. DONNADIEU

Comme l'a fort bien dit M. Mégnin, l'auteur de travaux remarquables sur les hypopes et les tyroglyphes, l'étude des acariens offre un champ très-vaste à défricher et dont la richesse n'avait pas été soupçonnée par les premiers pionniers ; aussi, tout en ne s'occupant que d'une seule famille, celle des tétronycidés, M. Donnadieu, professeur au lycée de Lyon, a pu réunir, dans une thèse soutenue cette année même, une série d'observations des plus intéressantes sur l'anatomie et les rapports zoologiques de ces petits êtres, qui avaient déjà sollicité l'attention de Linné, de Latreille et de Fabricius, et dont l'étude avait été ébauchée par Léon Dufour, Dugès, Coch, le docteur Weber et Claparède. Jetant d'abord un coup d'œil sur les acariens en général, M. Donnadieu propose de les diviser en deux groupes secondaires : les acariens aquatiques, qui sont peu nombreux, et les acariens aériens, qui comprennent l'immense majorité des espèces et qui se partagent à leur tour en hétéropodes et homopodes ; parmi ces derniers, il distingue ceux dont les téguments sont plus ou moins endurcis de ceux dont la peau reste molle, et, dans cette catégorie des acariens homopodes à téguments mous, il range, non-seulement les *trombidionidés*, les *sciridés*, les *tyroglyphidés*, mais encore les *tétranycidés*, qui font l'objet de son travail.

M. Donnadieu s'est procuré de deux façons les tétranyques nécessaires à ses observations, tantôt directement, en explorant avec soin la surface inférieure des feuilles de certains végétaux qui lui paraissaient attaqués, tantôt en s'aidant de divers instruments employés par les entomologistes, et entre autres du fauchoir pliant. Dans ce dernier cas, il lavait le sac de l'instrument dans une eau fortement additionnée de vinaigre, et en versait le contenu dans une assiette blanche. Pour étudier ensuite la structure intime des petits acariens, il les fixait sur une lame de verre au moyen d'une faible couche de baume du Canada, puis il les soumettait à une légère compression sous une lamelle mince, ou mieux encore, après les avoir portés sous la loupe, il fendait leur peau avec une aiguille et faisait agir l'éther, la glycérine, l'acide acétique ou même la potasse caustique en solution assez forte.

Au premier abord, la peau des tétranyques paraît complétement molle ; mais en y regardant de plus près et en l'analysant, on y découvre de la chitine répandue uniformément. Les téguments sont transparents et ne doivent leur coloration brune ou jaunâtre qu'aux matières contenues dans l'intérieur du corps ; ils présentent des stries, généralement assez profondes, dirigées d'une manière invariable dans chaque espèce, et sont hérissés d'un certain nombre de poils qui affectent des formes diverses, non-seulement suivant les espèces, mais encore suivant les âges d'un seul et même individu. Ces poils, creusés d'une cavité que remplit une substance différant de l'enveloppe cutanée, sont, tantôt droits ou légèrement arqués, tantôt épineux ou plutôt écailleux.

Les pieds sont au nombre de huit chez tous les tétranyques adultes, comme chez tous les acariens dans les mêmes conditions : deux paires sont dirigées en avant et deux paires en arrière, avec une zone intermédiaire plus ou moins considérable. Chaque membre se confond par sa base avec les téguments de la face ventrale et se compose de plusieurs articles auxquels M. Donnadieu donne des noms différents de ceux qui avaient été proposés par d'autres auteurs ; il distingue une portion articulaire ou *condyle*, puis quatre articles successifs dont le dernier porte toujours sur le côté dorsal et externe un poil très-allongé, et, enfin, un tarse qui est certainement la partie la plus importante du pied des tétranyques, celle sur laquelle on a le plus discuté. Quoi qu'on en ait dit, le tarse est simple chez ces acariens, mais il présente une tige amincie et une portion dilatée en un chaperon à deux lobes. Chacun de ces lobes porte deux crochets et quatre soies qui, grâce à des muscles spéciaux, peuvent se mouvoir ensemble ou isolément, au gré de l'animal. En les étudiant de près, M. Donnadieu a reconnu que les crochets sont bifides dans leur portion arquée et que les poils sont des ambulacres, c'est-à-dire des sortes de ventouses qui aident puissamment à la progression de l'animal.

Le rostre est une masse conique qui est tantôt repliée contre la face inférieure du corps, tantôt dirigée en avant, et qui résulte du rapprochement des différentes pièces de l'appareil buccal. La lèvre supérieure manque chez les tétranyques, et est remplacée par un simple prolongement du bord antérieur du corps ; au-dessous de cet *épistome*, on distingue deux mandibules assez grosses, formées d'une seule pièce élargie à la base et amincie au sommet ; entre elles et au-dessous sont deux pièces que M. Donnadieu n'hésite pas à considérer comme de véritables mâchoires, et qui sont susceptibles de se mouvoir alternativement et de s'écarter considérablement. En dedans, elles sont doublées d'une sorte d'éperon allongé et dentelé du côté externe ; l'accollement de ces deux éperons constitue une lancette à bords dentelés, comparable pour sa forme à l'aiguillon de l'abeille, et que Claparède a nommée *ligule*, en la comparant à tort à une pièce de la bouche des ixodes. Plus bas encore, se trouve la lèvre inférieure, composée de deux parties soudées à leur base et écartées légèrement à leur extrémité ; elle est creusée en gouttière et légèrement mobile sur sa base, où s'insèrent deux organes volumineux, les palpes, sur lesquelles, dit M. Donnadieu, on ne saurait fonder une classification sérieuse sans rompre les affinités naturelles de la plupart des espèces.

L'appareil digestif est extrêmement simple, mais bien circonscrit, comme l'avait déjà vu Pagenstecher. M. Donnadieu y reconnaît d'abord une poche en forme de trèfle, dont le pédoncule est tourné du côté de la bouche, et qui envoie des *diverticulums* dans diverses parties du corps, dans les pattes, et même dans les palpes. Entre les deux prolongements dirigés vers la partie postérieure du corps passe le rectum, qui s'ouvre au dehors par un anus très-petit, caché entre les replis de la fente cloacale. Enfin, tout l'appareil digestif est environné de globules colorés en brun, en rouge, ou en jaune clair, et auxquels la plupart des auteurs attribuent le rôle du foie.

Les tétranyques ne sont pas réellement parasites des végétaux, ils s'en nourrissent simplement, comme beaucoup d'animaux. Ils explorent la face inférieure des feuilles et, lorsqu'ils ont trouvé un endroit favorable, ils enfoncent leur rostre dans les tissus, et, relevant la partie postérieure de leur corps, se maintiennent dans une position presque verticale. Aussitôt les mâchoires entament l'épiderme et le perforent, par un mouvement de sciage alternatif, les mandibules inférieures se fixent par leur crochet, et la lèvre inférieure, s'arc-boutant contre les mandibules, forme une sorte de suçoir. Les aliments se composent de tout ce qui entre dans la constitution du parenchyme de la feuille; après avoir franchi l'œsophage, ils vont s'accoler contre les parois de la poche stomacale, en laissant le milieu de cet organe presque vide; puis ils subissent une modification et laissent échapper des éléments hyalins, que M. Donnadieu considère comme des globules nutritifs, et qui gagnent le centre de l'estomac, tandis que le surplus, ou les fèces, est éliminé par le rectum. Après avoir oscillé quelque temps dans la cavité stomacale, les globules nutritifs sont entraînés par des courants dans les principaux organes et dans les pattes, de sorte qu'il se produit chez ces acariens, suivant M. Donnadieu, un *phlébentérisme* analogue à celui qui a été constaté chez les mollusques et les annélides, par M. de Quatrefages. Le mouvement des globules est extrêmement lent, chacun d'eux mettant quatre à six minutes pour aller de la base au sommet de la patte, et autant pour en revenir. Du reste, M. Donnadieu n'a pu reconnaître l'existence d'une membrane constituant un tube, un vaisseau pour la circulation du tube alimentaire, et il n'a pas aperçu la moindre trace d'un cœur ou d'un vaisseau dorsal.

Claparède n'avait étudié l'appareil respiratoire que dans le *Tetranychus telarius*, et ce qu'il en dit ne saurait s'appliquer à toutes les espèces. La position des stigmates varie : dans les tétranyques proprement dits et dans les phytocoptes, il y a, indépendamment des deux stigmates latéraux qui sont très-petits et qui ne paraissent jouer qu'un rôle très-secondaire, un stigmate dorsal et médian, entourés de poils roides dont l'extrémité est souvent deux fois recourbée; sur les stigmates s'embranchent des troncs trachéens qui se ramifient et se distribuent aux pattes, mais dont l'observation est assez difficile, lorsqu'ils ne contiennent pas de gaz, d'autant plus que les stries transversales de la membrane trachéenne n'existent que sur les troncs les plus volumineux.

Le système musculaire est très-rudimentaire, de même que le système nerveux. Ce dernier ne se compose guère que d'un ganglion sus-œsophagien, qui est en relation directe avec les yeux; mais comme les tétranyques savent explorer avec leurs palpes la surface inférieure des feuilles, se soustraire à une lumière ou à une chaleur trop vive, contourner les obstacles qui s'opposent à leur marche et renforcer leurs toiles lorsqu'ils les jugent trop faibles, M. Donnadieu admet que chez ces animaux, les téguments, qui sont hérissés de poils sur un assez grand nombre de points, jouissent d'une irritabilité qui supplée à l'absence de la plupart des organes des sens. L'unique masse nerveuse qui existe chez les tétranyques et qui est placée en arrière de la région buccale, au-dessus de l'œsophage, est de forme trapézoïdale; en avant, elle envoie deux cordons rudimentaires que M. Donnadieu n'a pu suivre jusque dans les palpes, tandis

qu'en arrière, elle se continue avec les nerfs optiques; ceux-ci sont enveloppés par une membrane qui n'est que le prolongement de celle qui entoure le ganglion sus-œsophagien; et offrent, de même que celui-ci, de grosses cellules circulaires à noyaux arrondis et une matière finement granuleuse. Les yeux placés sur les côtés de la tête, sont ovoïdes, de couleur rouge ou noirâtre, et enveloppés d'une membrane transparente qui est séparée en avant de la matière pigmentaire par un espace clair que Pagenstecher a nommé *corps réfringent*.

Dans tous les tétranyques, chez les mâles comme chez les femelles, à l'âge adulte, il y a deux glandes variables par leur forme, mais occupant toujours le côté du carpe et s'ouvrant par un canal simple dans la cavité buccale, à la base des mandibules. Chez les phytocoptes, où elles doivent fournir la substance qui, introduite dans les tissus végétaux, détermine une prolification des cellules, elles consistent en des vésicules à parois minces, remplies intérieurement de grosses cellules sphériques renfermant un liquide transparent, tandis que chez les tétranyques tisserands, où elles sécrètent la soie qui entre dans la constitution des toiles, elles ont la forme gaufrée et occupent la plus grande partie du corps. Les *acini* contiennent chacun des cellules hexagonales ou sphériques et se prolongent en des tubes qui s'anastomosent entre eux, et qui débouchent dans un grand réservoir situé dans la région œsophagienne. Celui-ci, par un tube assez court, s'ouvre dans la bouche et fournit un liquide visqueux que les palpes font glisser le long des mâchoires, en l'étirant, et qui se durcit en longs fils au contact de l'air. Les mâles sont spécialement chargés d'établir la demeure commune où les femelles viendront pondre leurs œufs. Après avoir trouvé sur une feuille un endroit favorable, généralement sur le trajet d'une forte nervure, ils assujettissent quelques brins au moyen desquels ils forment un toit à mailles lâches. Sous cet abri les femelles se glissent et déposent leurs œufs; puis les mâles qui étaient allés sur un autre point répéter la même opération, reviennent consolider leur premier travail, afin que les œufs et les larves naissantes n'aient à courir aucun danger pendant leur développement.

Dans les deux sexes l'appareil reproducteur se compose d'organes internes et d'organes externes. Chez le mâle il y a une masse testiculaire, accompagnée ordinairement de diverticulums et contenant de grandes cellules sphériques, remplies elles-mêmes de cellules plus petites qui se transforment en spermatozoïdes. Un canal glandulaire met en communication le testicule avec le pénis qui est généralement saillant et formé d'une lame chitineuse. Cet organe est parfois creusé d'une gouttière, mais il est moins un organe d'intromission qu'une sorte de coin destiné à écarter les bords de l'orifice vulvaire; aussi est-il parfois accompagné d'arcs-boutants qui viennent se rabattre contre l'abdomen de la femelle. Chez celle-ci on observe un double ovaire, en forme de sac, quelquefois appendiculé, communiquant avec la vulve par un oviducte et renfermant toujours plusieurs vésicules ovulaires, dont l'une grandit rapidement et se porte sur un des côtés de l'ovaire, qu'il dilate. La vulve n'est qu'une fente entourée de quelques poils, et cachée au fond d'une sorte d'entonnoir cloacal, un peu au-dessous de l'anus, qui est embrassé par les mêmes replis de la peau. La fécondation s'opère à peu près comme chez les autres acariens; le mâle après être monté sur le dos de la femelle pour l'exciter, en redescend et les deux individus se placent bout à bout en sens inverse.

Après la copulation, une des vésicules ovulaires change d'aspect, son contenu s'épaissit et devient granuleux de la périphérie au centre, qui reste transparent et simule une vésicule centrale; puis l'œuf descend dans l'oviducte, s'y revêt d'une couche chitineuse, qui se solidifie bientôt, et s'échappe enfin en écartant les plis de la vulve. Au moment de sa sortie, il est entouré d'une couche gélatineuse qui le fait adhérer aux corps sur lesquels il est pondu; il est arrondi ou oviforme, et offre, sous sa coque chitineuse, une membrane vitelline circonscrivant une substance granuleuse, parfaitement homogène; mais bientôt le *vitellus* s'obscurcit à la surface, en un point de laquelle se dessine une *vésicule embryogène*. Autour de celle-ci se constitue le blastoderme, tandis que le vitellus subit un mouvement de retrait, de sorte qu'à un certain moment, la vésicule embryogène ayant totalement disparu, le blastoderme apparaît revêtu d'une membrane particulière et séparé par une auréole transparente de la masse vitalline. Cette dernière à son tour se sépare en deux zones, l'une claire et l'autre obscure, et presque en même temps, dans une partie du vitellus et sur la face interne de la membrane blastodermique se montrent des raies foncées qui sont les premiers linéaments du rostre. Un point médian indique la place qu'occupera le stigmate, deux points rougeâtres marquent les endroits où paraîtront les yeux; puis les palpes et les membres se constituent, la peau se limite, se couvre de stries et les trachées se développent; mais pendant longtemps encore le corps renferme quelques vésicules graisseuses, dernier vestige du vitellus nutritif. Enfin, quand l'œuf est prêt à éclore, la coque chitineuse se rompt suivant un ou deux sillons préexistants, et le jeune acarien sort à reculons. Il est à remarquer que les tétranyques hexapodes ne se servent d'abord que de leurs quatre pieds antérieurs, les autres membres restent pendant assez longtemps repliés contre l'abdomen.

Les tétranycidés peuvent subir soit de simples transformations, soit de véritables métamorphoses. Dans le premier cas, qui s'observe chez les ténuipalpes, chez les brévipalpes, et chez les tétranyques proprement dits, l'acarien naît hexapode, et sous sa peau, après plusieurs mues qui lui ont permis de grossir, surgissent deux bourgeons qui deviennent la quatrième paire de pattes; puis la peau récemment formée au-dessous des téguments primitifs s'en détache et le tétranyque sort de là comme d'un fourreau. Chez les phytocoptes les choses se passent tout autrement : la femelle fécondée pique la feuille et y détermine la formation de boursoufflements de l'épiderme couverts de poils nombreux et désignés généralement sous le nom d'*érineum*. Les œufs éclosent dans le voisinage de ces excroissances, et les jeune larves tétrapodes s'y retirent pour continuer leur développement. Ces larves que Réaumur avait aperçues dans les galles en clou des feuilles du tilleul et pour lesquelles Dujardin avait établi le genre *Phytoptus*, ne sont point sexuées, et cependant leur corps renferment des œufs qui sont pondus vers la fin de l'été, et qui remplissent les érinéums de larves de deuxième génération. Celles-ci s'enkystent et se transforment pendant l'hiver; elles acquièrent deux membres postérieurs, et des organes reproducteurs; enfin vers le printemps, les kystes s'étant ouverts, elles se dégagent à la manière des tétranyques. Comme le fait remarquer avec raison M. Donnadieu, ces formes successives que revêtent les tétranyques rappellent vivement les métamorphoses des phylloxeras, si bien étudiées par M. le professeur Balbiani.

En terminant l'exposé de ces recherches, qu'il a poursuivies pendant plus de cinq années, M. Donnadieu caractérise en quelques lignes la famille des tétranycidés, et la subdivise ensuite, à cause des différences de mœurs et d'organisation en trois tribus, les *tétranyques erratils* qui ne construisent pas d'abri, les *tétranyques tisserands* qui bâtissent des demeures plus ou moins compliquées, et les *tétranyques gallacares* qui déterminent par leurs piqûres la production de galles ou d'irinéums à la surface des feuilles. Chacune de ces tribus comprend un certain nombre d'espèces qui sont décrites et figurées avec soin; l'auteur n'a pas manqué d'indiquer en passant les végétaux sur lesquels il avait recueilli ces divers acariens, mais il s'est gardé d'imiter l'exemple de quelques naturalistes qui se sont servi principalement de caractères tirés de

l'habitat et qui ont été conduits à multiplier outre mesure les espèces de tétranycidés. A ces caractères qui n'ont aucune valeur, puisque le même tétranique peut se rencontrer sur plusieurs végétaux différents, M. Donnadieu a substitué des caractères exclusivement zoologiques, et c'est là encore un des mérites de son travail. Le soin et la méthode avec lesquels ces études ont été conduites, la clarté des descriptions anatomiques, seront également appréciés par toutes les personnes qui liront ces recherches, et nous font attendre impatiemment la publication d'une nouvelle série d'observations que M. Donnadieu a recueillies sur une famille voisine, celle de trombidinidés.

E. Oustalet.

BULLETIN DES SOCIÉTÉS SAVANTES

Académie des sciences de Paris. — 13 SEPTEMBRE 1875

M. Faye : La prochaine éclipse de soleil. — M. de Saint-Venant : Rapport sur un mémoire de M. Lefort. — M J.-C. Watson : Mémoire sur les observations du passage de Vénus faites à Pékin. — M. S. Cloez : Matière grasse de la graine de l'arbre à huile de la Chine. — M. H. Fol : Développement des hétéropodes. — M. A. Villot : Note sur les migrations et les métamorphoses des tréniatodes endoparasites marins.

M. *Faye* présente une note dans laquelle il rappelle à l'Académie que le 29 septembre, vers midi, aura lieu une éclipse annulaire de soleil, visible en France comme éclipse partielle. On pourra trouver dans la *Connaissance des temps* pour 1875 tous les détails relatifs à ce phénomène. M. Faye joint à sa note un tableau faisant connaître les heures des différentes phases de l'éclipse pour son observation dans les principales villes de France.

— M. *de Saint-Venant* effectue son rapport sur le mémoire de M. Lefort présenté le 2 août 1875, et intitulé : « Examen critique des bases de calcul habituellement en usage pour apprécier la stabilité des ponts en métal à poutres droites prismatiques, et propositions pour l'adoption de bases nouvelles. » M. de Saint-Venant, après avoir rappelé l'arrêté ministériel du 26 février 1858 relatif aux épreuves auxquelles doivent être soumis les ponts en question avant d'être livrés à la circulation des trains, relève les faits principaux constatés dans le mémoire de M. Lefort. Il s'empresse de reconnaître la valeur des conclusions tirées de ces faits, et résume ainsi les propositions de l'auteur : 1° il faut absolument changer les termes de l'arrêté de 1858 prescrivant les épreuves; 2° pour la détermination des efforts que les poutres ont à supporter dans les ponts à travées indépendantes, il convient de calculer directement les plus grands moments produits par leurs surcharges locales en plaçant leur centre de gravité en coïncidence avec le milieu de chaque travée; ce calcul est rendu très-facile par les tableaux que M. Lefort a construits à cet effet; 3° pour les travées solidaires, où les moments fléchissants ne peuvent être fournis que par des équations implicites, dans lesquelles les charges locales figurent sous des termes d'une forme particulière, on remplacera ces termes et on calculera la résistance en ajoutant par unité linéaire, au poids permanent des poutres et du tablier de chaque travée, un poids analogue, exprimé par le rapport de la plus grande surcharge que la travée considérée peut recevoir du passage d'un train à l'ouverture de cette travée. Ce rapport, M. Lefort en donne, dans un tableau particulier, les valeurs numériques, qui varient hyperboliquement depuis 4000 kilogrammes pour une travée de 32 mètres jusqu'à 3000 seulement pour celle de 116 mètres. Sur la proposition du rapporteur, l'Académie approuve le mémoire de M. Lefort, et il est décidé qu'un exemplaire du présent rapport sera adressé au ministère des travaux publics.

— M. *J.-C. Watson* lit un mémoire sur les observations du

passage de Vénus faites à Pékin. Sans entrer dans tous les détails fournis par l'auteur, nous dirons que le principal but de son mémoire est de déterminer l'influence qu'a pu exercer sur les diverses observations du passage de Vénus l'atmosphère de cette planète. Cette influence a dû s'exercer d'une manière très-sensible sur le temps des contacts; et, d'après M. Watson, l'effet de l'atmosphère de Vénus serait de retarder le temps du premier contact et d'accélérer, au contraire, le temps du quatrième.

L'auteur se fonde sur ce que cette atmosphère doit augmenter le diamètre apparent de la planète, car, dit-il, « les rayons de lumière solaire qui sont entrés dans les portions inférieures de l'atmosphère de Vénus se rencontrent en un point focal, entre l'observateur et la planète, ce qui fait nécessairement qu'ils augmentent le diamètre du disque occultant. Ils donnent en même temps lieu à une faible illumination de ce disque, de telle sorte que d'autres observateurs ont pu voir la planète non-seulement lorsqu'elle était sur le soleil, mais même avant qu'elle y fut entrée. »

— M. S. *Cloez* présente une note sur la matière grasse de la graine de l'arbre à huile de la Chine. Cet arbre, l'*Elæococca vernicia*, appartient à la famille des euphorbiacées. Ses graines contiennent une huile liquide, peu fluide, incolore, inodore et presque insipide. Cette huile peut être extraite par une forte pression à froid, et la quantité ainsi obtenue représente les trente-cinq centièmes du poids de la graine. Si l'on traite la graine par l'éther dans un appareil à épuisement, le rendement est porté à 41 pour 100, et l'huile obtenue par ce procédé présente les mêmes caractères que celle obtenue par la pression à froid. Mais si on traite la graine par le sulfure de carbone, on obtient, après évaporation du dissolvant, une matière grasse qui se solidifie par le refroidissement, en formant une foule de petits rognons arrondis dont la structure est cristalline. Cette matière a la même composition que l'huile liquide. M. Cloez a fait des expériences pour savoir si la chaleur était la cause véritable de ce nouvel état de la matière grasse en question. Ces expériences ont montré que la chaleur seule n'est pas la cause du changement d'état observé, et que le contact de l'air est nécessaire pour que la solidification s'opère.

L'huile extraite à froid par la pression possède une autre propriété très-remarquable : elle se solidifie assez rapidement sous l'influence de la lumière, en l'absence de l'air. M. Cloez a fait de nouvelles expériences afin d'établir si les divers rayons du spectre solaire produisent également la modification obtenue avec la lumière blanche. Il est parvenu à reconnaître que seuls les rayons les plus réfrangibles du spectre produisent la solidification de la matière grasse, sans l'intervention d'aucun corps étranger, sans qu'il y ait changement de composition.

L'huile d'*Elæococca* est la plus siccative des huiles connues. Elle est saponifiable par les alcalis caustiques. M. Cloez termine enfin par quelques considérations sur les propriétés chimiques des savons obtenus.

— M. H. *Fol* fait connaître à l'Académie le résultat de ses études sur le développement des hétéropodes. Comme cette intéressante communication perdrait beaucoup à être résumée, nous nous contenterons de dire que M. Fol s'est attaché seulement à étudier le commencement de l'évolution des animaux précités. L'auteur a fait ses expériences sur le genre firoloïdes. Il a observé successivement le phénomène de segmentation, la formation de la bouche primitive, l'apparition du voile, le développement de l'œsophage, l'apparition de la coquille, la formation des otocystes, du sac nourricier, du muscle rétracteur et de la cavité branchiale.

— M. A. *Villot* a fait quelques observations sur les migrations et les métamorphoses de certains trématodes endoparasites marins. Il a trouvé dans l'intestin de l'alouette de mer deux Distomes très-différents. L'un paraît se rapporter au *D. leptosomum* de Creplin, l'autre au *D. brachysomum* du même auteur. Ces deux parasites se trouvent à l'état de larves, encore enveloppées de leurs kystes, dans le gésier de l'alouette de mer ; dans l'intestin grêle, on les trouve déjà très-développés, et lorsqu'ils arrivent dans le rectum, ils sont adultes, leurs œufs sont mûrs, fécondés et prêts à être éliminés. Quant aux cercaires de ces distomes, ils s'enkystent les uns, ceux du *D. brachysomum*, dans de petits crustacés isopodes, du genre *Anthura*; les autres, ceux du *D. leptosomum*, dans un petit mollusque acéphale la *Scrobicularia tenuis*. Ces crustacés et ce mollusque servent de nourriture à l'alouette de mer. M. Villot a observé aussi quelques autres parasites, mais il n'en a pas encore étudié le développement.

CHRONIQUE SCIENTIFIQUE

Nécrologie. — Duchenne (de Boulogne)

Le Dr Duchenne, de Boulogne, vient de mourir dans sa soixante-dixième année. La *Revue Scientifique* ne manquera pas de donner à la mémoire de ce savant le juste tribu d'hommages que l'on doit à ceux des nôtres qui dans les corps savants ou ailleurs ont fait progresser la science.

Duchenne, de Boulogne, est un savant libre, il n'a pas recherché ou n'a pu obtenir dans les académies une place a laquelle il avait droit, mais il est un de ceux qui, pour l'étude du système musculaire et de ses fonctions, a le plus justement conquis une célébrité européenne.

Le principal titre de Duchenne est d'avoir bien apprécié les déviations banalement décrites avant lui sous les noms de *rétraction musculaire*, *convulsions toniques*, etc. Le *pied bot paralytique*, la *paralysie atrophique graisseuse* de l'enfance, les fonctions musculaires de la main et du pied et leur orthopédie n'ont été bien vus que par Duchenne, de Boulogne. Sans entrer dans de plus longs détails, rappelons encore qu'il a une part au moins égale sinon supérieure a celle de Cruveilhier dans la découverte de l'*ataxie locomotrice*, et que dans le traitement des paralysies par l'électricité Duchenne a indiqué et expliqué des pratiques qui n'ont été contestées par personne.

Artiste autant que physiologiste, Duchenne a encore consacré son temps et une partie de sa fortune, dont il faisait un noble usage, a établir le jeu des muscles du visage dans l'expression des passions. Seulement, il a apporté dans ce travail la précision du savant, réservant son goût artistique pour la représentation photographique des expériences qui lui avaient démontré des fonctions des muscles de la face. Cet ouvrage a inspiré en partie le livre de M. Darwin sur l'expression des émotions, qui a emprunté à l'ouvrage français plusieurs figures.

Les deux œuvres capitales de Duchenne, de Boulogne, sont le *Traité de l'électrisation localisée* et la *Physiologie des mouvements*. Ces deux ouvrages résument des travaux qui ont été publiés sous forme de mémoires depuis 1850 jusqu'à nos jours. Il a été fait en Angleterre et en Allemagne des travaux sur le même sujet, mais en recherchant bien, on trouverait que le véritable initiateur a été Duchenne, de Boulogne.

Par décret en date du 6 septembre 1875, rendu sur la proposition du ministre de l'instruction publique, des cultes et des beaux-arts, il a été créé à Paris un observatoire d'astronomie physique, dont la direction relève exclusivement du ministre de l'instruction publique.

Par le même décret, M. Janssen, membre de l'Institut et du Bureau des longitudes, a été nommé directeur de cet observatoire.

— Il se produit en ce moment dans l'enseignement primaire à Paris un mouvement progressif qui vaut la peine d'être signalé. Plusieurs milliers de jeunes filles ont passé il y a un mois les examens pour le certificat d'études primaires, et, nous dit-on, les ont passés d'une manière plus que satisfaisante. Ces résultats sont dûs à l'amélioration non interrompue des divers moyens d'instruction et d'éducation usités dans l'enseignement primaire.

— Voici le sommaire du numéro de septembre 1875 du *Journal des Economistes*, revue mensuelle de la science économiste et de la statistique, dirigée par M. Joseph Garnier, membre de l'Institut : Des obstacles que rencontre la diffusion des connaissances économiques, par M. Courcelle-Seneuil. — L'établissement de Decazeville, Fer et Houille, par M. Louis Reybaud, membre de l'Institut. — Des pertes résultant du retour des inondations, Caractère de l'indemnité, par M. Paul Coq. — La prostitution à Paris et à Londres, par M. C.-B. — Les billets de voyageurs et les tarifs des marchandises sur les chemins de fer anglais, par M. Joseph Parsloe. — Effets de la réforme douanière en Suède depuis 1858, rapport de lord Erskine, ministre anglais à Stockholm.—Deuxième partie du rapport fait au nom de la Commission du budget, par M. Wolowski, député de la Seine. — Société d'économie politique : *Réunion du 5 septembre 1875.* — L'économie politique au congrès de Nantes, par M. Joseph Lefort. — Bibliographie. — Chronique économique.

Le *Journal des Economistes* paraît le 15 de chaque mois, à la librairie Guillaumin, 14, rue Richelieu (36 francs par an pour toute la France).

— On emploie avantageusement en Suède la boussole de déclinaison à la recherche des minerais de fer magnétique qui se rencontrent dans ce pays, sous la forme de grandes masses lenticulaires, intercalées entre des couches de terrains anciens. M. Thalen est arrivé par ce moyen à déterminer la puissance, l'étendue, la direction des gisements et la profondeur à laquelle ils se trouvent.

— On vient d'essayer avec succès un procédé d'imprégnation du grès. Manfred Lewin fait extraire de ses carrières de Saxonia et de Neundorf un grès poreux et absorbant l'eau jusqu'à une certaine profondeur. En imprégnant cette pierre d'une dissolution de silicate alcalin et d'un sel d'alumine, il se forme dans les pores du silicate d'alumine et la surface acquiert une grande résistance. Le grès peut alors être poli comme du marbre, dont on peut lui donner la ressemblance en colorant l'une des deux solutions employées pour l'imprégnation.

— Le ministre de l'instruction publique, des cultes es des beaux-arts, vient d'adresser aux préfets la circulaire suivante :

Monsieur le préfet,

Un fait des plus regrettables, qui remonte à plusieurs années, et dont la constatation vient seulement d'être faite, m'oblige à vous rappeler les sages prescriptions de ma circulaire en date du 4 mai 1874.

En effet, le conseil municipal de la ville de..., ignorant la valeur d'une Bible, fort intéressante par la rareté de sa reliure, a accepté l'offre d'un libraire de Paris de l'échanger contre une autre Bible et un certain nombre de livres représentant une somme de 1000 francs, et ce, sans s'assurer au préalable de mon consentement.

L'ouvrage acheté 1000 francs a été immédiatement revendu 4000 francs par l'acquéreur, et le libraire qui le possède aujourd'hui ne le céderait pas à moins de 6000 francs.

En présence de cette situation, tout commentaire serait superflu ; mais il est urgent de prendre les mesures nécessaires pour éviter le retour d'un pareil abus.

L'ordonnance de 1839, loin d'être tombée en désuétude, doit recevoir son entière application ; et pour qu'à l'avenir aucun conseil municipal ne puisse arguer de son ignorance, je vous adresse ci-joint un certain nombre d'affiches contenant les articles principaux de l'ordonnance précitée, en vous priant de donner des ordres pour qu'elles soient apposées dans toutes les bibliothèques publiques, municipales ou populaires, ressortissant à votre département.

Recevez, etc.

Le ministre de l'instruction publique, des cultes et des beaux-arts,

H. WALLON.

L'article 40 de l'ordonnance royale de 1839, ci-dessus visée, porte entre autres dispositions que « toute aliénation par les villes des livres, manuscrits, chartes, diplômes, médailles contenus en leurs bibliothèques, est interdite, et que les échanges ne peuvent avoir lieu qu'avec l'approbation du ministre ».

— La *Connaissance des temps* de cette année contient tous les détails de l'éclipse annulaire de soleil qui doit avoir lieu le 29 de ce mois aux environs de midi. La carte qui en a été publiée montre que la trajectoire de l'éclipse centrale part des Etats-Unis d'Amérique, traverse l'Atlantique et le continent africain et se termine à l'île de Madagascar.

En France, elle sera visible comme éclipse partielle.

A ces calculs on a joint l'annonce des phases principales pour les villes de Paris, Lyon, Marseille, Toulouse, Bordeaux et Alger.

Il s'est glissé dans les derniers nombres une erreur facile à rectifier d'après les calculs précédents, mais dont il importe de prévenir le public. Voici les nombres qui doivent remplacer ceux de la *Connaissance des temps*, page 464 :

NOMS	TEMPS MOYEN DU LIEU							
des lieux.	Commencement de l'éclipse.			Fin de l'éclipse.			Phase maximum.	
Lyon.........	23 h.	53 m.	5	1 h.	21 m.	6	0 h.	37 m. 5
Marseille......	23	55	3	1	31	8	0	43 4
Toulouse......	23	25	8	1	16	5	0	21 2
Bordeaux......	23	12	5	1	5	0	0	9 0
Brest.........	22	49	3	1	39.	8	23	44 9
Alger.........	23	34	3	1	44	5	0	39 2

— Il résulte d'une statistique récemment dressée qu'on compte en France actuellement 324 lycées et colléges communaux, comprenant une population de 69 500 élèves.

Les lycées sont au nombre de 80 et contiennent 36 756 élèves. Les colléges communaux, au nombre de 244, reçoivent 32 744 élèves.

A ces établissements publics, il faut ajouter 657 établissements libres laïques ayant une population de 43 000 élèves environ, et 278 établissements ecclésiastiques comprenant environ 34 000 élèves.

L'ensemble de ces chiffres donne à peu près un total de 150 000 élèves adultes pour 1269 établissements d'enseignement secondaire.

— Nous détachons les lignes ci-après d'un discours prononcé à Cadillac, le 5 septembre, par M. Ferdinand Régis, président de la Société d'agriculture de la Gironde :

« Au nombre des grands problèmes d'économie politique que le pays est appelé à résoudre prochainement, il en est un qui intéresse notre département plus que tout autre en France : c'est celui qui est relatif aux traités de commerce conclus depuis 1860 avec les principaux pays d'Europe, et qui arriveront à leur terme le 30 juin 1877.

» Notre Société a affirmé depuis longtemps ses idées à ce sujet. Elle les maintient dans leur ensemble, tout en admettant très-bien que certaines modifications commandées par les circonstances pourront naturellement être apportées dans le nouveau tarif général. Nous ne devons pas notamment oublier que si notre production viticole moyenne est de 54 millions d'hectolitres, celle de l'Italie atteint déjà 32 millions d'hectolitres, et qu'elle est en voie de se développer plus rapidement que la nôtre. L'Espagne produit 18 millions d'hectolitres de vin, malgré ses dissensions.

» L'Autriche-Hongrie a une production viticole de 24 millions, et tous ses soins tendent à l'accroître. Nous sommes donc entourés de voisins dont la production collective est plus élevée que la nôtre, et qui, si on en excepte l'Espagne, étaient nos tributaires il y a à peine quelques années.

— La *Société helvétique des sciences naturelles* a tenu son congrès annuel la semaine dernière, à Andermatt (Saint-Gothard), les 13 et 14 septembre.

— En comparant la statistique des universités allemandes, pour le semestre d'été de l'année 1874 et celui de l'année 1875, on constate, dit la *Gazette générale*, une diminution dans le nombre des étudiants en médecine. De 6190, le nombre est tombé à 6039. Une des causes de cette diminution, c'est, au dire du journal en question, qu'actuellement les étudiants juifs se consacrent en grand nombre à la jurisprudence, tandis qu'autrefois, la carrière du droit leur étant à peu près fermée, un grand nombre d'entre eux se vouaient à la carrière médicale.

Le propriétaire-gérant : GERMER BAILLIÈRE.

PARIS. — IMPRIMERIE DE F MARTINET, RUE MIGNON, 2.

LA

REVUE SCIENTIFIQUE

DE LA FRANCE ET DE L'ÉTRANGER

REVUE DES COURS SCIENTIFIQUES (2ᴱ SÉRIE)

DIRECTION : MM. EUG. YUNG ET ÉM. ALGLAVE

2ᵉ SÉRIE — 5ᵉ ANNÉE   NUMÉRO 14   2 OCTOBRE 1875

SOCIÉTÉ INDUSTRIELLE DE MULHOUSE

LECTURE DE M. CH. GRAD

La Filature du coton et ses progrès

I

Afin de bien apprécier l'état de la filature du coton, entrons au grand établissement de Logelbach, le plus considérable de cette industrie en Alsace. Une seule salle y renferme réunies quarante-cinq mille broches à filer, sur un total d'une centaine de mille exploitées par la même maison. Un autre atelier attenant à la filature sert pour les préparations avec des machines assorties pour produire les filés de toutes sortes depuis les plus communs jusqu'aux plus fins. Ce qui frappe de prime abord dans ces ateliers, c'est leur remarquable aménagement. Figurez-vous deux immenses salles en rez-de-chaussée, formées par des murs sans fenêtres, traversées par dix rangs de colonnes qui soutiennent sa toiture, éclairées par en haut au moyen de vitrages transversaux correspondant à chaque rangée de colonnes. Entre les colonnes, les machines sont disposées suivant l'ordre de succession de leurs opérations diverses et accomplissent leur travail avec un rhythme merveilleux, malgré la complication des mouvements, soit qu'elles achèvent d'enrouler les fils ténus, soit qu'elles en préparent ou en séparent la matière. Animées par des moteurs puissants, toutes ces machines exécutent leurs opérations multiples sans exiger des ouvriers d'effort pénible ou fatigant. L'élévation des salles, la ventilation continue, l'égale répartition de la lumière, la régularité de la température, l'ampleur de l'espace, réunissent les meilleures conditions possibles d'hygiène et de bonne exécution du travail.

Une fois qu'on a donné un peu d'attention à ces vastes ateliers, on ne peut s'empêcher de suivre avec un intérêt croissant les transformations des divers assortiments de coton, depuis le déballage de la matière brute jusqu'à la sortie des fils assez légers pour mesurer, pour le poids d'un kilogramme, une longueur de 250 000 à 300 000 mètres, soit égale à la distance de Strasbourg à Paris ! La fabrication des filés de tous les degrés de finesse implique l'emploi de coton de toutes qualités, de toutes provenances. Chaque variété nécessite aussi une préparation différente en rapport avec la nature des fibres ou des filaments, ceux-ci plus fins et plus longs, ceux-là plus courts et plus robustes. Il y a des cotons à longue soie de la Géorgie, de l'Algérie, de Taïti, des îles Fidji, du Pérou, ce sont les plus beaux, ceux qui servent pour les filés fins. Il y en a d'Égypte, de l'Amérique centrale, de la Louisiane : ce sont ceux qui servent pour les qualités moyennes et ordinaires. Il y en a de l'Inde anglaise : les omras, les broachs, etc., employés pour les articles communs et les gros numéros. Suivant les qualités nécessaires pour les produits demandés, les cotons, après leur déballage, subissent un mélange ; ils sont étalés par couches en autant de tas distincts, au nombre de douze ou quinze, dont chacun a une marque particulière. Toute la série des préparations se complique et se prolonge en raison de la finesse du fil. Si, pour les gros numéros, un battage vigoureux, un double cardage, un ou deux passages de bancs à broches suffisent, les filés fins exigent un outillage bien plus compliqué, passant tour à tour sur quinze à vingt machines : ouvreuses, cardes, réunisseuses, bobinoirs, peigneuses, étirages et bancs à broches avant d'arriver au métier à filer.

Voici d'abord l'assortiment des déchets. Une partie des déchets laissés par les cotons de qualité ordinaire est maintenant utilisée pour les gros filés. Ces filaments sont battus, puis cardés pour passer directement des cardes aux bancs à broches. Le battage et le cardage se font comme pour les cotons frais de l'Inde, sur les mêmes machines construites pour les cotons courts très-chargés d'impuretés. Tout à l'heure nous verrons fonctionner ces appareils, les batteurs, étaleurs et tripleurs, la carde à hérissons et la carde mixte. Remarquons seulement que le déchet cardé au lieu de passer aux étirages va tout droit des cardes aux bancs à broches. La carde mixte à déchets enroule en bobines le ruban de coton cardé : les bobines venues de la carde s'appliquent sur les bancs à broches pour y subir un ou au plus deux passages suivant le numéro du filé. Une broche de métier à filer produit en douze heures 250 grammes de fil ou chaîne n° 4 ou 120 grammes au n° 12, le rendement étant de 60 grammes pour la chaîne n° 28, de 7 grammes seulement pour le n° 120. On emploie les filés de déchets pour le tissage des grosses cretonnes et des molletons. Avant le perfectionnement de l'outillage, les déchets, fort bien utilisés maintenant, étaient perdus pour la filature.

Les cotons de l'Inde à courte soie donnent des fils un peu

moins gros que les déchets communs. On en tire au Logel-bach des chaînes n° 10 à 20, des trames n° 12 à 24. Déjà le travail se prolonge davantage, pour se compliquer avec cha-que assortiment selon la finesse du fil. Fortement comprimé lors de l'emballage, le coton arrive à la filature sous forme d'une masse feutrée. Avant tout autre travail, il faut diviser cette masse, la réduire en flocons, la secouer pour la débar-rasser de la poussière, des graines, des débris de feuilles mêlés aux filaments pendant l'égrenage, en un mot, le coton doit être à la fois nettoyé et ouvert sans préjudice pour les fibres. Cette opération préliminaire s'accomplit sur l'ou-vreuse. L'ouvreuse se compose essentiellement de tambours à dents qui forment l'organe ouvreur de l'appareil, de venti-lateurs qui constituent l'organe nettoyeur, de tambours nap-peurs qui disposent la matière en nappe. Différents modèles de cette machine sont employés avec des avantages divers. Dans l'ouvreuse Kœchlin employée pour les cotons courts, le coton est étalé sur une toile sans fin composée de baguettes qui le livre à des cylindres et des pétales. Après avoir été serré entre ces pièces, un tambour armé de dents puissantes en fonte à têtes cannelées le prend et le bat. Le ventilateur attire les filaments rendus libres autour du tambour nappeur en tôle perforée de petits trous, chassant à travers ces trous le duvet volant et les poussières légères qui sortent de l'ate-lier par l'intermédiaire d'un conduit souterrain. Un second frappeur reprend le coton au premier tambour nappeur et la même aspiration se répète une deuxième fois sur la même machine. La nappe fournie par le second tambour nappeur suit le mouvement d'une toile sans fin et s'écoule dans une caisse. Les poussières lourdes, les débris de feuilles, les graines lancés par l'effet de la force centrifuge à travers un grillage sous les tambours frappeurs ont tombé sous le bâtis de la machine.

Après l'expulsion des plus grosses impuretés sur l'ouvreuse le coton continue à subir l'action du battage sur le batteur étaleur d'abord, puis sur le batteur tripleur. Toutes ces ma-chines ont pour objet de séparer les matières étrangères des filaments textiles et de leur restituer le ressort que leur a momentanément enlevé la presse à emballage. Sur le bat-teur étaleur, les filaments forment une nappe simple, sur le batteur tripleur, trois nappes superposées à l'entrée afin de prendre une épaisseur égale, puis réunies à la sortie. Aux deux machines le coton s'étale sur une toile sans fin qui livre la masse à des cylindres cannelés en fer. Un volant frappeur, tournant avec une vitesse de 1200 à 1500 tours par minute, bat le coton pincé entre les cylindres alimentaires afin de le réduire en flocons. Les flocons, entraînés dans le mouvement de rotation du frappeur, laissent tomber à travers une grille les impuretés d'une densité plus considérable et sont eux-mêmes aspirés à la surface d'un tambour soit en toile métallique, soit en tôle perforée. Sous l'effet d'une ventilation énergique à l'intérieur du tambour, les poussières fines s'échappent à travers les petits trous et filent hors de l'atelier, tandis que le coton adhérant à la surface du tambour se détache en nappe et se met en rouleaux au moyen d'une calendre. Ces rouleaux passent ensuite derrière les cardes.

Le travail des cardes, le cardage sert à redresser les fibres encore plus ou moins vrillées à la sortie des batteurs, à les débarrasser des inégalités, des nœuds et des boutons, à les ranger parallèlement entre elles, à les échelonner par un commencement de glissement, à les épurer mieux pour leur transformation en un ruban homogène continu. Le battage comme l'épluchage sur l'ouvreuse s'opère de la même ma-nière pour les cotons de l'Inde et les cotons de Louisiane de qualité supérieure à ceux-ci. Pour que le cardage soit bon, il faut agir également sur tous les filaments sans amoindrir ni leur ténacité ni leur élasticité. En principe, le meilleur moyen d'obtenir ce résultat consiste à faire passer la nappe venue des batteurs derrière les cardes entre deux surfaces

hérissées de pointes plus ou moins fines, de hauteur égale et également espacées entre elles. Ces aiguilles ne sont pas droites, mais crochues ou ployées de manière à faire un angle avec la verticale passant par leur point d'insertion. Leurs pointes agissent en sens opposé d'une surface à l'autre. Elles sont réglées de façon à se toucher sans frotter. Une des sur-faces vient-elle à se mouvoir, elle fait l'office d'un peigne en action qui tire les filaments entre les rangées d'aiguilles des deux surfaces. Dès le début du mouvement, le coton en nappe se partage entre le double jeu des pointes, s'épure et re-dresse ses fibres d'abord dirigées en tous sens, qu'elles soient libres ou qu'elles soient fixées aux aiguilles par des croise-ments simples ou par des boucles. De toutes les machines de la filature la carde est la plus souvent modifiée, la plus variable. Sa forme générale, les matériaux dont elle se compose, ses organes principaux, le groupement de ses organes, leur vi-tesse relative, le mode d'entretien des pièces, tout l'appareil subissent constamment des modifications plus ou moins per-fectionnées.

Parmi les différents systèmes de cardes adoptés à la fila-ture du Logelbach nous nous bornerons à considérer l'an-cien modèle à chapeaux fixes, la carde à hérissons où les cy-lindres de rotation garnis d'aiguilles tiennent la place des chapeaux, la carde mixte à chapeaux et à hérissons. La carde à chapeaux fixes est employée au travail des filés fins et pour les cotons de Louisiane convertis en fils au-dessus du n° 20, avec double passage. Un seul passage sur les cardes mixtes suffit pour les filés en louisiane de n° 20 et au-dessous. Pour les cotons indiens de qualité inférieure, il faut également deux cardages, le premier sur l'appareil à hérissons, le se-cond sur l'appareil mixte. Dans les cardes à chapeaux fixes, un tambour de grand diamètre travaille entre ses aiguilles et celles des chapeaux la nappe de coton que lui passent les cy-lindres alimentaires : un second tambour à diamètre moitié moindre et tournant en sens inverse du premier accroche les bonnes fibres disposées à la surface du grand tambour et les carde à son tour, puis un peigne à mouvement oscillatoire détache les mêmes fibres du petit tambour sous forme d'une nappe mince, pareille à une toile d'araignée ou à une gaze légère. Dans les cardes à hérissons, le cardage au lieu de s'opérer avec des chapeaux fixes s'effectue également entre le grand tambour et des cylindres hérissés d'aiguilles, disposés par paires au nombre de quatre ou six et où l'un des élé-ments du couple débourre l'autre. Dans les cardes mixtes, avec deux ou trois paires de hérissons suivies de dix ou douze chapeaux fixes, semblables à ceux du premier modèle, un cylindre briseur armé de fortes pointes, qui s'adapte éga-lement sur la carde à hérissons, divise la nappe venue des cylindres alimentaires pour la laisser carder ensuite entre le grand tambour, les hérissons et les chapeaux. Aux cardes mixtes et aux cardes à hérissons le petit tambour de l'an-cienne carde à chapeaux fixes se retrouve ainsi que le peigne pour détacher la nappe cardée qui quitte la machine sous forme de rubans. Ces rubans se déposent dans un pot tour-nant adapté à chaque carde ou bien ils passent dans un cou-loir établi devant chaque rangée de machines. Que les rubans soient recueillis un à un dans les pots tournants ou qu'ils courent simultanément pour chaque rangée de cardes par un couloir commun, ils sont toujours enroulés sous forme de nappe sur une machine à réunir. Quant au débourrage des déchets retenus par les chapeaux et les tambours des cardes, au lieu de le pratiquer à la main comme autrefois, on le fait automatiquement sur les cardes construites maintenant et cela avec une bonne réduction du nombre d'ouvriers.

Tandis que le ruban de coton en déchet pour gros numéros s'enroule en bobine sur la carde même pour passer directe-ment sur le banc à broches, les préparations destinées à des fils moins grossiers subissent auparavant plusieurs passages d'étirage avec des doublages plus ou moins nombreux. Par les doublages, les rubans réunis et juxtaposés acquièrent une composition plus homogène dans toute leur étendue, sous l'effet de la compensation des défectuosités ou [des inégalités partielles des diverses couches. Par les étirages successifs, les mêmes rubans s'amincissent sous l'effet d'un laminage ou de l'échelonnement des fibres, afin de préparer une mèche proportionnée à la finesse du fil. L'étirage et les doublages se font simultanément sur la même machine et sont régulièrement gradués. Proportionnel à la longueur des fibres, l'étirage, ou la quantité de glissement possible d'un même ruban à chaque passage, dépend encore de la finesse, de l'élasticité des brins élémentaires. De deux cotons d'égale longueur et finesse, le plus flexible supporte aussi le plus d'étirage. La machine ou le banc d'étirage porte une série de cylindres cannelés de fer animés d'une vitesse croissante du premier au dernier élément. Sur chaque cylindre cannelé s'applique un second cylindre de fer également, mais lisse et recouvert d'une double enveloppe de drap épais et de cuir. Le mouvement du cylindre cannelé entraîne le cylindre lisse par friction. L'écartement entre les paires de cylindres successives de chaque série se règle sur la longueur des filaments de coton. L'étirage a lieu par le glissement des rubans entre les éléments de chaque paire de cylindres. C'est l'application à la mécanique des fonctions de la fileuse au rouet quand elle fait passer entre ses doigts les filaments pour les échelonner. Lors de chaque passage, les rubans en coton de l'Inde s'allongent dans le rapport de un à six, et les cotons de Louisiane de un à huit. Lors du premier passage, les rubans réunis à la sortie sont au nombre de quarante, au nombre de seize après le second, de quatre après le troisième, en sorte qu'il y a deux mille cinq cent quarante doublages pour chaque ruban étiré sur trois bancs. Des caisses disposées sur le devant de la machine avec un mouvement de va-et-vient reçoivent les rubans à la sortie.

Extrêmement simples, les bancs d'étirage conservent encore maintenant leur disposition primitive. La filature n'emploie point de machine qui soit plus efficace et plus immuable à la fois. Au banc à broches le mécanisme se complique beaucoup par suite de l'addition aux organes étireurs de broches à ailettes et de bobines destinées à renvider la mèche après un commencement de torsion. Transformé en mèche par une torsion légère, le ruban de coton continue à s'affiner sur le banc à broches comme sur le banc d'étirage, mais les doublages cessent à peu près et se bornent à la réunion de deux fils par broche. Il faut un commencement de torsion pour permettre à la mèche de passer d'une opération à l'autre sans se rompre, à cause de l'augmentation de finesse. Pour ce qui concerne la bobine, son intervention devient nécessaire à cause de la ténuité de la mèche, qui doit pouvoir s'enrouler et se dérouler avec régularité. Tout à l'heure nous comparions les cylindres étireurs aux doigts de la fileuse au rouet, dont ils reproduisent l'action. Or, sur le banc à broches, sorte de métier à filer préparatoire, en maintenant la broche et la bobine du rouet primitif, en faisant remplir les fonctions des doigts par les organes étireurs, on a de plus, avec un égal succès, remplacé la main par des transmissions automatiques, le pied agissant sur la bobine et la broche de l'ancien appareil.

Bien des modifications ont été nécessaires pour donner au banc à broches comme au métier à filer leur degré de perfection actuel. Au banc à broches la principale difficulté et la particularité mécanique fondamentale se trouvent dans la combinaison du mouvement simultané et indépendant de la broche et de la bobine. D'une part, la broche à ailettes chargée de tordre la mèche que lui livrent les organes étireurs de la machine est à vitesse constante, ainsi que les organes étireurs : les organes étireurs et la broche reçoivent chacun le même nombre de tours dans l'unité de temps. D'un autre côté, la bobine en bois appliquée sur la broche pour enrouler

la mèche doit varier de vitesse suivant l'augmentation de circonférence du fil sur la bobine, afin de conserver à la mèche la même tension pendant l'enroulement. La mèche livrée par les cylindres étireurs se tord sous l'effet du mouvement de rotation de la broche et s'enroule sur la bobine en couches successives de bas en haut, ce qui exige outre le mouvement de rotation autour de la broche un mouvement de translation verticale alternatif dans la direction de son axe. Un mécanisme de transmission particulier, désigné sous le nom de *mouvement différentiel*, exécute spontanément et automatiquement le double mouvement des bobines avec ses variations de vitesse. Ce mécanisme se compose d'un système de deux cônes hyperboliques semblables et opposés commandant la marche des engrenages du mouvement différentiel. Les cotons de Louisiane et de l'Inde deviennent propres passer sur le métier à filer après trois passages de bancs à broches.

L'assortiment en coton de Louisiane, avons-nous dit, ne donne guère de filés d'une finesse supérieure au n° 40 en chaîne et au n° 60 en trame. L'assortiment en jumel d'Égypte donne des chaînes du n° 40 au n° 70, et des trames du n° 60 au n° 100; pour les filés d'une finesse supérieure, il faut un assortiment, soit mélangé de jumel et de longue-soie de Géorgie, ou bien d'Algérie, soit de longue-soie pure. Dans ces deux derniers assortissements, les cotons subissent les mêmes préparations que les cotons à filaments moins longs; mais ils sont soumis de plus au peignage, et leurs machines à éplucher et à battre se modifient de manière à ne pas fatiguer les fibres longues et fines susceptibles de se bouturiner. Pour le peignage, nous employons deux peigneuses de modèles différents, l'une à mouvement alternatif et rectiligne, l'autre à mouvement circulaire et continu. Une ouvreuse à tambour denté sert pour l'épluchage, et après cette opération le coton jumel passe sur les batteurs étaleur et tripleur comme les variétés de Louisiane et de l'Inde, tandis que les longues-soies se mettent en nappe sur la nappeuse pour aller aux cardes sans autre battage.

Comme la parfaite conservation des fibres est une condition essentielle du travail des filés fins produits avec des cotons à longs filaments, l'ouvreuse employée pour les jumels et les longues-soies diffère de celle que nous avons vu fonctionner pour les cotons courts par une construction plus légère de ses organes et par des mouvements moins rapides du frappeur. Une autre différence, c'est que les organes de l'ouvreuse à filaments longs ne sont pas doubles, comme dans l'appareil qui sert pour les filaments courts, et les dents du tambour ouvreur sont moins fortes et plus espacées. Sur la nappeuse substituée aux batteurs, le coton à filaments longs subit l'action d'un tambour en cuivre garni de fortes aiguilles. On pèse la masse en flocons qui vient de l'ouvreuse pour étaler sur une surface donnée d'une toile sans fin un poids de coton constamment égal à cause de la régularité de la nappe. Le coton passe entre une double paire de cylindres cannelés, et les fibres tenues par un bout entre les cylindres commencent à se paralléliser. Les aiguilles du tambour droites, mais inclinées dans le sens du mouvement, passent à travers les bouts libres de la masse, et le tambour entraîne le coton dans son mouvement en formant nappe. Une cheminée avec ventilateur placée à la partie supérieure aspire la poussière et le duvet dégagés par les aiguilles du tambour. La nappe, dont l'épaisseur devient uniforme, est coupée pour chaque longueur égale à la surface de développement du tambour, parallèlement à l'axe, et elle s'enlève au moyen de deux cylindres cannelés. Une machine à réunir, de construction fort simple, sert à enrouler les nappes venant de la nappeuse sur des tubes en tôle en pressant la masse enroulée contre deux rouleaux cannelés avec le concours de contre-poids ou de crémaillères à friction.

Nous avons dit que les préparations de coton pour filés fins doivent être peignées. En effet, le cardage ne donne pas des mèches assez régulières ni assez pures. Si vous regardez une nappe de coton sortie de la carde, cette nappe vous offre à première vue une certaine apparence duveteuse plus ou moins homogène. Son nettoyage n'est pas suffisant et elle renferme encore des filaments de longueur inégale. Reste donc à enlever les dernières impuretés, les grosseurs et les boutons mêmes très-faibles, toutes les fibres enfin qui n'atteignent pas la longueur ou la taille voulue pour être propres au service. Il faut diviser en mèches un ruban convenablement préparé, peigner ces mèches sur toute leur longueur avec une régularité parfaite, reconstituer un ruban continu d'une homogénéité parfaite avec les mèches ainsi préparées. Eh bien, nos peigneuses se chargent de ce difficile travail et en tirent une préparation d'une netteté, d'une finesse, d'une blancheur, d'un brillant, d'une perfection inconnue lors du peignage à la main. En moins de temps que je ne mets à le raconter, le ruban de coton soumis à la peigneuse descend dans une coulisse à sérans, traverse des peignes à aiguilles, passe entre des rouleaux étireurs qui en allongent et en épurent les mèches, jusqu'à ce qu'il arrive sous la forme d'un ruban reconstitué à filaments égaux et parallèles dans des bidons préparés à le recevoir.

Si nous considérons le travail des différents systèmes de plus près, nous le voyons scindé en plusieurs temps, à chacun desquels correspond un organe spécial. Dans la peigneuse à mouvement alternatif de Heilmann, une pince reçoit la nappe de l'appareil alimentaire et la présente mèche par mèche entre ses deux mâchoires, tour à tour ouvertes et fermées. Un tambour peigneur muni de deux segments, l'un composé d'un peigne, l'autre cannelé, agit alternativement sur chaque mèche avec son peigne ou ses cannelures dans son mouvement de rotation. Quand la pince lui présente la mèche de coton, le peigne du tambour arrache les fibres courtes. Quand la pince s'ouvre, un peigne fixe, le peigne nacteur, s'engage dans la partie antérieure de la fraction peignée, puis le segment cannelé du tambour peigneur arrache la mèche, dont la partie postérieure passe à son tour entre les dents du peigne nacteur, dents d'une finesse et d'un rapprochement tels qu'elles ne laissent passer que les fibres nettes et lisses, en rejetant les impuretés sur l'extrémité de la mèche suivante pour le tambour peigneur. Chaque mèche est ainsi peignée en deux fois, sur le devant d'abord, puis sur le derrière. Une brosse circulaire nettoie le tambour peigneur pendant que le ruban, reconstitué par la succession des mèches peignées, s'échappe en glissant entre deux cylindres d'appel. Dans la peigneuse à mouvement circulaire continu de M. Hübner, toutes les opérations s'exécutent à la fois et sans interruption. Au lieu de quatre ou six rubans mis en œuvre sur autant de têtes distinctes, comme sur l'appareil précédent, nous voyons cinquante-six rubans mis en bobines qui sont disposées sur un ratelier circulaire en forme de parasol, et dont les extrémités s'étalent sur la circonférence d'un plateau horizontal, la turbine. Turbine et parasol sont animés d'un même mouvement de rotation. Pendant ce mouvement, la turbine présente successivement le bout de chaque ruban à l'action des organes peigneurs disposés tout autour. Les rubans dépassent le bord de la turbine d'une quantité égale à la longueur des plus courtes fibres à conserver et forment une nappe continue. Pincées entre la turbine qui se meut et la cuve qui reste fixe au-dessous du plateau, les fibres passent devant le hérisson, dont les aiguilles peignent la mèche cotonneuse en enlevant tous les filaments qui ne sont pas retenus. Une brosse mobile enlève les déchets, et un peigne nacteur concentrique à la turbine pénètre dans les fibres jusqu'au point où s'est étendue l'action du hérisson, puis des cylindres cannelés saisissent l'extrémité libre de ces fibres en les tirant entre les aiguilles du peigne nacteur qui achève le peignage. Les parties peignées arrachées par les

cylindres cannelés passent encore entre deux manchons en cuir, s'enroulent autour d'un pivot en bois, reforment un ruban comprenant tous les filaments longs et débarrassés de toute impureté.

Avant de passer aux peigneuses, les rubans de coton venus des cardes subissent un premier étirage préparatoire et sont mis en bobines pour l'appareil de Hubner, ou bien en nappes pour celui de Heilmann, les nappes et les bobines faites sur deux machines spéciales. Entre ces deux modèles, la production diffère beaucoup sans différence sensible dans la qualité du produit. Tandis que la peigneuse à mouvement alternatif donne un rendement de 11 à 12 kilogrammes de coton peigné par journée de douze heures, la peigneuse à mouvement circulaire continu fournit 30 kilogrammes avec les modifications de réglage que leur applique M. Charles Goguel, l'habile directeur des établissements du Logelbach. Non-seulement la production est plus forte sur une peigneuse circulaire, mais elle exige, en outre, pour un rendement plus que doublé, une main-d'œuvre de moitié moindre. La filature du Logelbach, outre la préparation des filés fins, applique aussi le peignage aux fils de nº 20 à 40 pour articles de tricot et de bonneterie fine fabriqués à Troyes.

Après le peignage, les préparations pour filés fins passent aux étirages et aux bancs à broches, comme pour les filés ordinaires, mais avec un ou deux passages au plus, selon la finesse à obtenir. Plus le fil augmente de finesse, plus le travail de préparation s'allonge, plus l'outillage devient compliqué. La filature n'est pas arrivée d'un seul coup au degré de perfection actuel. Bien loin de là. Toutes les machines que nous employons sont venues successivement et ont subi des modifications considérables dans leurs divers organes. « Jusqu'à la fin du dernier siècle, dit M. Alcan dans son *Traité de la filature du coton*, le travail du filage n'avait à sa disposition que quelques ustensiles des plus simples : des baguettes élastiques, une claie ou un filet pour épousseter la substance et la débarrasser des corps étrangers, l'arçon sous l'action duquel les filaments reprennent la flexibilité primitive, la carde à la main de la matelassière pour les épurer complétement, les redresser et les arranger en nappes ; enfin, le fuseau et le rouet qui les tord, les renvide sous forme de fil obtenu par une série de glissements successifs entre les doigts. » A l'origine, tout le travail se faisait à la main. C'est à la main que nous avons pratiqué le battage et l'épluchage encore longtemps après l'introduction de la filature mécanique. Pour le battage, le coton s'étalait sur une toile étendue sur une claie à cordes minces très-tendues. Des femmes le frappaient à coups de baguette et épluchaient à la main les plus grosses impuretés de la façon encore usitée dans l'Inde et en Chine. Procédé pernicieux pour la santé des ouvrières constamment plongées dans une atmosphère remplie de poussière et de duvet, au point de permettre le travail dans cet atelier pendant une partie seulement de la journée. Jusqu'en 1814, le coton ainsi préparé était ensuite battu avec des cardes tournées à la main. En 1821 furent introduits les premiers batteurs pour les cotons courts; mais l'ouvreuse et la nappeuse, pour les cotons à filaments longs d'un travail plus délicat, ne vinrent que trente ans plus tard. En 1851, M. Riessler, de Cernay, présenta à l'Exposition de Londres un épurateur pour la préparation automatique des cotons à fibres courtes, comme ceux de l'Inde. En 1855, l'Alsace reçut d'Angleterre des cardes à hérissons, puis successivement l'application aux cardes du débourrage automatique des chapeaux et des tambours, après avoir adopté dès 1851 les casse-mèches automatiques qui arrêtent ces machines après la rupture des rubans cardés, et permettent de recueillir ces rubans dans des pots tournants au lieu des couloirs employés depuis 1821. C'est de 1845 que date l'invention de la peigneuse à mouvement alternatif construite par Josué Heilmann, et qui comptera toujours comme un des principaux perfectionnements de la filature. M. Henry Schlumberger apporta à la peigneuse de Heilmann les changements susceptibles de s'appliquer au travail des filaments de différentes longueurs. Un autre mécanicien alsacien, M. Hubner, construisit en 1851 la peigneuse circulaire à action continue d'un rendement plus considérable. En 1822, la maison André Kœchlin et Cⁱᵉ exploita à Mulhouse les bancs à broches à mouvement différentiel substitués aux continus pour le travail des filés fins. Parmi les perfectionnements d'origine alsacienne faits aux bancs à broches, il importe de rappeler l'application en 1833, par M. Riessler, des vis sans fins à plusieurs filets sur broches conduites par des roues à dents hélicoïdales, puis l'adoption des roues d'angles hélicoïdales pour mouvoir les broches et les bobines, avec diverses modifications susceptibles d'augmenter le rendement et de réduire la force motrice.

Il y a maintenant cent ans, en 1775, un assortiment de filature comprenait le battage à la main, des machines à carder mises en mouvement par une manivelle à la main, des métiers à filer de 30 à 50 broches également à la main. Quarante ans plus tard, en 1814, l'inventaire du matériel indique : la machine à battre; la machine à ouvrir; le ventilateur; le brisoir ou carde en gros; la carde en fin ou finissante; le laminoir; le doubloir, qui était une espèce de réunisseuse; le boudinoir ou étirage à pot tournant; le bobinoir, pour la formation des bobines destinées au métier en gros; la machine à étendre, dont nous ne comprenons pas exactement la destination; le moulin à courant d'eau ou de filage à l'eau, espèce de banc à broches imparfait; la grive, ou métier à filer continu avec renvidage, étirage et torsion simultanés; le mule-jenny, ou métier à filer à bras. Comparé à l'outillage actuel, ces indications suffisent pour donner une idée des progrès réalisés. L'invention du métier à filer à plusieurs broches remonte à l'année 1731, et, à cette époque, il y avait encore en Angleterre 5000 rouets. Aujourd'hui, nos métiers à filer portent sur une même machine plus de 1000 broches, mues automatiquement, sans effort moteur de l'ouvrier.

Deux machines de type distinct servent encore pour le filage : ce sont le métier continu et le métier à chariot. Sur le métier continu, à fonctions simultanées, le renvidage, l'étirage et la torsion s'effectuent en même temps, tandis que ces opérations s'effectuent en plusieurs temps sur le métier à chariot. Point d'opération tout à fait nouvelle pour le métier à filer. Son but est de continuer, de terminer l'étirage et la torsion du fil déjà commencés. Il n'y a de différence que dans les quantités d'étirage et de torsion beaucoup plus considérables sur le métier à filer que sur le bancs à broches. Au lieu de 65 tours de torsion par mètre au dernier banc à broche, la mèche ou le fil du n° 30 subit, sur le métier à filer, 1000 tours au mètre avec un allongement de 10 mètres. Par suite, le mode de renvidage peut aussi être simplifié, tant sur le métier self-acting à renvidage automatique, que sur le métier mule-jenny dant le renvidage exige le concours manuel du fileur. Ces deux machines, identiques par leur composition comme pour la combinaison des organes, ne diffèrent guère que par le mécanisme du renvidage. Toutes deux présentent un bâti fixe avec organes tournants sur place, et un chariot en mouvement sur des rails parallèles entre eux. Le bâti fixe porte les cylindres d'étirage et plusieurs rangées de broches pour recevoir les bobines de préparation fournies par les bancs à broches. Le chariot a une seule rangée de broches qui tournent à pivot dans des crapaudines et tordent le fil livré par les étirage et entraîné pendant le mouvement du chariot pour l'enrouler ensuite. L'étirage est produit par les cylindres, la torsion du fil par la rotation des broches du chariot qui donne aussi au fil la tension nécessaire. Tension, torsion et étirage sont ici trois opérations simultanées accomplies pendant la sortie du chariot, pendant que le chariot s'éloigne des cylindres. Arrivé

au terme de sa course, le chariot s'arrête ainsi que les cylindres; mais les broches continuent encore à tourner un instant. Puis les broches reçoivent un mouvement de rotation dans la direction opposée, afin de dérouler le fil pendant que la baguette qui les tenait à la hauteur de la tête des broches s'abaisse. Après cette opération de dépointage nécessaire pour donner la courbure voulue à la couche formée sur la bobine, le renvidage ou l'enroulement de la couche de la bobine s'effectue dans le sens qui a déterminé la torsion et pendant la rentrée du chariot. Pour le filage des numéros fins, les cylindres étireurs s'arrêtent avant le chariot qui continue sa course plus lentement, pendant que la vitesse des broches redouble, afin de déterminer un supplément de tirage et d'éviter les vrilles.

Impossible de décrire ici en détail le mécanisme des différents modèles employés, ni de montrer toutes les modifications essayées successivement avant la construction des machines qui fonctionnent sous nos yeux. M. Penot a raconté l'histoire de ces changements dans ses Notes sur l'industrie cotonnière publiées en 1874 dans le *Bulletin de la Société industrielle de Mulhouse*. Un autre membre de la Société industrielle, M. Ernest Stamm, expose aussi les modifications des divers systèmes en usage dans son *Traité théorique et pratique des métiers à filer automates*, publié à Paris en 1861. Parmi les améliorations d'origine alsacienne, nous nous bornerons à citer l'emploi des engrenages en remplacement des cordes à tambour pour les métiers mule-jenny proposé dès 1837 par Émile Dollfus, l'ancien président de la Société industrielle, amélioration qui donna une économie de force motrice de 20 pour 100. C'est en 1836 que nos constructeurs de machines reçurent en Alsace les premiers modèles de self-actings venus d'Angleterre; mais leur premier emploi date de 1844 seulement, époque à laquelle MM. Gast et Spetz montèrent dans leur filature d'Issenheim six métiers construits par la maison Nicolas Schlumberger et Cⁱᵉ, à Guebwiller. Presque partout les métiers automates ont remplacé les anciens métiers à bras, dont quelques-uns à peine sont conservés pour la filature des trames fines.

II

Perfectionner l'outillage, ce n'est pas seulement améliorer les produits, c'est encore et c'est surtout abaisser le prix des articles fabriqués au moyen d'un rendement supérieur obtenu avec moins d'ouvriers. Jugez-en par quelques exemples pris au hasard. Avant l'introduction des batteurs, il fallait, entre autres, plus de cent ouvrières pour éplucher et battre le coton nécessaire à la consommation d'une filature de 10 000 broches, qui emploie maintenant quatre ouvrières pour le même travail. Pour débourrer les anciennes cardes à chapeaux, la filature du Logelbach a employé un homme sur neuf machines avec un rendement de 15 à 16 kilogrammes par machine et par jour, tandis que les cardes à débourrage automatique fournissent de 25 à 30 kilogrammes de la même préparation sans aucune dépense pour débourrer. Une filature de 15 000 broches en numéros ordinaires, qui avait besoin de cent quatre-vingt-quinze ouvriers en 1864, n'emploie plus que cent quinze ouvriers depuis la substitution des métiers à filer automates aux métiers à renvidage manuel.

Aujourd'hui nous avons des métiers de 1000 broches et même plus avec une production bien supérieure à un égal nombre de fileuses au rouet. Le rendement en chaîne du n° 28, pendant trois cents jours de travail, à raison de douze heures par jour, s'est successivement élevé de 4ᵏ,5 en 1815, à 7ᵏ,8 en 1825, à 10ᵏ,65 en 1835, à 15 kilogrammes en 1845, à 17 kilogrammes en 1855 et à 18 kilogrammes en 1865, ce qui indique avec un égal nombre de broches une production quadruple dans l'intervalle de cinquante années. Sans doute cet avantage, pour être réalisé, a exigé un accroissement de force motrice et une plus grande solidité des machines. En 1828 on estimait à 700 le nombre de broches en filés ordinaires mis en mouvement par un cheval de force, contre 200 broches en 1854, et de 100 à 120 en 1875. Mais en 1828 on brûlait 48 kilogrammes de houille par cheval en douze heures au lieu de 20 à 25 kilogrammes comme aujourd'hui avec une meilleure disposition des machines à vapeur. Quant aux prix des filés, il a varié pour la chaîne n° 28 de 25 francs en 1810, à 3 fr. 25 en 1875, c'est-à-dire dans la proportion de 100 à 13 francs. Au commencement du siècle, selon M. Alcan, les filés produits sur métiers continus ont été vendus à 38 francs le n° 35, à 47 francs le n° 65, à 53 francs le n° 73, tandis que la chaîne n° 60 vaut maintenant en Alsace 5 fr. 70 le kilogramme et la chaîne n° 120 environ 15 francs. D'après des documents conservés à Mulhouse dans le prix de 25 fr. 22 payé pour le n° 28, en 1810, le coton brut figurait pour 14 fr. 87 et 10 fr. 35 représentaient le prix de façon et le bénéfice par kilogramme.

Loin de diminuer les salaires pour les ouvriers, l'abaissement continu du prix des filés fabriqués sous l'influence des perfectionnements mécaniques a été accompagné d'une augmentation de gain supérieure à la hausse des subsistances. En même temps aussi le travail quotidien devient moins long, moins pénible. Quoi ! l'expérience démontre sous nos yeux et à l'encontre des opinions reçues comment dans beaucoup de cas, toutes autres choses égales, une certaine réduction de la durée du travail détermine un rendement supérieur. Ce fait important, bien connu dans les ateliers de construction où les ouvriers dépensent beaucoup de force par le travail manuel, a également été mis en évidence pour la filature par M. Antoine Herzog, le chef de la maison du Logelbach. Dans le courant de l'année 1864, M. Herzog ayant réduit dans ses filatures la journée de travail de douze heures à onze, la production des filés augmenta de 15 pour 100 dans la même unité de temps pour certains articles, de manière à donner sur les métiers à bras, après la réduction, un rendement total supérieur au rendement obtenu auparavant. La maison Dollfus-Mieg et Cᵉ, à Dornach, constata également dans un tissage de 600 métiers un excédant de production 1,6 pour 100 pour les tissus fins en réduisant les heures du travail quotidien de douze à onze. Quant au rendement comparatif des métiers à filer automates et des métiers à bras, il a été à cette époque pour douze heures de travail :

<table>
<tr><td>Sur self-actings :</td><td></td><td>Sur mule-jenny :</td></tr>
<tr><td>En chaîne, n° 28, de 58 grammes</td><td></td><td>de 50 grammes</td></tr>
<tr><td>—   n° 40,   38   —</td><td></td><td>32 —</td></tr>
<tr><td>—   n° 50,   27   —</td><td></td><td>21 —</td></tr>
<tr><td>—   n° 60,   21,5 —</td><td></td><td>18 —</td></tr>
</table>

La production pratique en filature se rapproche plus que dans le tissage de la production théorique, que la machine donnerait sans subir aucun arrêt, surtout avec les métiers entièrement automates où le fileur dépense relativement moins d'efforts que le tisserand. Au Logelbach, la production réelle des métiers à filer s'élève ainsi à 92 pour 100 de la production théorique, tandis que pour le tissage cette production ne dépasse pas 60 pour 100. Sur les métiers self-actings on a seulement obtenu un excédant de quelques centièmes de grammes par broche et par heure pour les ouvriers travaillant onze heures au lieu de douze. On continue à employer encore quelques métiers à bras pour les filés fins, parce que certains tissages préfèrent les produits de ces machines. Toutefois, les filés reviennent plus cher sur les métiers à bras, et la chaîne n° 120, qui coûte à la filature 2 fr. 25 le kilogramme avec ces machines, coûte seulement 85 centimes, soit le tiers, sur les métiers à renvidage automatique.

Sur les métiers à filer automates, la vitesse de rotation des broches a été portée de 4000 à 6000 tours à la minute. Pour la fileuse au fuseau, cette vitesse peut être évaluée à 60 tours. Une seule broche mécanique fait donc le travail de 100 fileuses. Comme maintenant la filature exploite un effectif de 63 000 000 broches, c'est l'équivalent de 6 300 000 000 ouvrières, et, cependant, le nombre total des ouvriers de filature ne dépasse pas 550 000 dans le monde entier pour le travail du coton. Merveilleux effet des machines qui deviennent ainsi instruments d'émancipation pour l'homme ainsi que de richesse. Quand les femmes et les enfants de nos vallées des Vosges filaient le coton à la main, ils recevaient un salaire de 18 sous par livre de filé, soit un gain de 30 à 40 centimes à la journée. Aujourd'hui le gain de l'ouvrier fileur s'élève de 3 fr. 50 à 4 fr. 50 par jour, celui des femmes occupées dans les filatures, de 1 fr. 50 à 2 francs, celui des enfants à 1 franc. En dépit de la substitution progressive du travail mécanique au travail manuel, les ateliers se plaignent de l'insuffisance des bras, et les salaires ne cessent pas de s'accroître. Malgré tous ces bienfaisants progrès, la colère porte parfois des ouvriers ignorants à briser en morceaux les machines d'une invention plus parfaite afin de repousser leur concurrence, et, de temps en temps aussi, des publicistes, également passionnés et non moins aveugles, condamnent ou réprouvent les perfectionnements mécaniques, d'une voix qui résonne, qui s'éteint, pareille à l'écho lugubre d'un autre âge, au sein des ténèbres.

Avant de quitter la filature du Logelbach, jetons encore un dernier coup d'œil sur ces actifs et vastes ateliers de travail. Voyons la matière du coton qui s'épure comme par enchantement à travers ses transformations successives. Admirons la marche de tous ces métiers automates qui s'accomplit avec une précision, une régularité, une souplesse de mouvements en contraste avec les efforts qu'exigeaient les anciennes machines. Etablis sur une aire en ciment ou sur le sol ferme, nos grands métiers à filer ne subissent pas ici dans les ateliers à rez-de-chaussée, comme dans les bâtiments à étages, des dénivellations préjudiciables à leur fonctionnement. Les ouvriers circulent à l'aise, la température demeure régulière, la lumière abonde. Une ventilation continue renouvelle l'atmosphère de la salle en chassant l'air vicié par les émanations, chargé de poussière et de fibrilles préjudiciables à la respiration. Cette ventilation et les arrosages pratiqués à l'aide des fontaines qui se trouvent à l'intérieur même des ateliers, permettent de maintenir une fraîcheur relative quand au dehors la chaleur devient accablante, au milieu des journées d'été, tandis qu'un chauffage à la vapeur maintient la température interne à 20 degrés centigrades. Avec le système de vitrage par en haut au lieu de fenêtres sur les côtés, la lumière se répand partout égale, nette et diffuse, ni éclatante, ni masquée. En prévision des incendies, on entretient des vases remplis d'eau sur des supports à hauteur d'homme contre les colonnes de chaque galerie. Afin de prévenir les accidents, les transmissions et les engrenages trop exposés se trouvent recouverts d'enveloppes protectrices. Il y a des vestiaires pour changer de vêtements avec des fontaines pour les ablutions. Pendant les heures de travail, les ouvrières portent une blouse ou un grand tablier blanc en bavette fourni par l'établissement. Rien dans l'aménagement de la fabrique n'a été négligé pour une hygiène aussi bonne que possible. La conscience et le sentiment, d'accord avec l'intérêt, montrent comment dans une exploitation bien conduite, des ouvriers sains, vigoureux et dispos au physique comme au moral, sont aussi nécessaires que le perfectionnement continu de l'outillage et son bon entretien. La maison du Logelbach a fondé des écoles et des caisses de secours. A côté des écoles, Mᵐᵉ Herzog entretient, avec ses ressources personnelles, un hospice où elle soigne chaque jour les malades et les infirmes, avec l'aide de deux sœurs de charité. La grande filature nouvelle a été construite en 1868, à la suite d'un incendie qui détruisit cette année-là une partie des anciens bâtiments. Une voie de raccordement met l'établissement en communication directe avec le chemin de fer de Colmar à Munster, en sorte que les wagons peuvent amener les marchandises ou se charger dans les magasins. Comme moteurs, il dispose d'une force de 1000 chevaux, tant hydrauliques qu'à vapeur, la force hydraulique fournie par 18 mètres de chutes sur le canal du Logelbach. Voilés derrière la fraîche verdure des parcs environnants, et malgré les hautes cheminées qui les dominent, ces puissants ateliers de travail resteraient presque inaperçus pour le passant, si leur activité n'était décelée par le bruyant bourdonnement des moteurs qui monte au ciel comme un hymne du travail.

L'établissement de la maison Herzog au Logelbach date de l'année 1818, mais ses filatures ne sont pas les plus anciennes du pays. La plus ancienne filature mécanique de l'Alsace a été fondée à Wesserling en 1803 pour la fabrication d'articles communs, et il y en avait alors déjà plusieurs en France, dont la première ouverte à Amiens dès 1773. Après la création de la filature de Wesserling, plusieurs autres s'élevèrent successivement : en 1804, à Bollwiller, par M. Lischy-Dollfus; à Willer, en 1805, par M. Isaac Kœchlin; à Masevaux, en 1807, par la maison Nicolas Kœchlin et frères. C'est en 1817 que la maison Nicolas Schlumberger et Cie introduisit à Guebwiller la filature en fin, également exploitée au Logelbach par M. Herzog père dès l'année suivante. Quoique les filés fins de ces établissements fussent immédiatement reconnus comme de qualité supérieure, ce genre de fabrication languit pendant plusieurs années, d'une part parce que les tissages et les indienneurs ne consommaient pas toute la production, d'un autre côté à cause de la rareté des cotons en longue soie dans nos ports et de l'importation facile des filés anglais d'un haut numéro sur le marché intérieur de la France.

A l'origine, la filature du coton en Alsace et en France, malgré la qualité supérieure des produits de certaines maisons, était dans l'ensemble fort en retard sur l'Angleterre. Aussi, pendant de longues années, le gouvernement anglais défendit, sous des peines sévères, l'exportation en France de ses métiers de filature et des plans suceptibles d'en faciliter l'imitation. Un trait entre mille peut en donner une idée. Un ingénieur français, M. Charles Albert, ayant pris le croquis d'un assortiment de métiers de filature dessiné avec du suif sur un linge de corps, repassé et plié avec soin, pensa tromper par cet artifice la douane anglaise. Mais la vigilance des douaniers était encore supérieure aux précautions de notre compatriote, dont la fraude fut découverte au moment où il quittait le sol de la Grande-Bretagne. M. Albert paya sa malencontreuse tentative par plusieurs années de prison. Cela n'empêcha que l'Alsace ne se procurât peu à peu des machines anglaises, soit en les imitant, soit en les introduisant à la dérobée par pièces détachées, ce qui rendait à cette époque le montage beaucoup plus difficile que maintenant. Lors des expositions de 1834 et de 1851, les filés de l'Alsace se rapprochèrent de ceux de l'Angleterre, dont ils ne redoutent plus du tout la concurrence pour la qualité. A l'occasion de l'enquête commerciale ouverte dès 1834 pour la révision du régime douanier de la France, un des principaux manufacturiers de l'Alsace, Nicolas Kœchlin, constata que nos filés exportés en assez grande quantité en Suisse y soutenaient avec avantage la comparaison pour tous les degrés de finesse avec ceux qu'on y recevait d'Angleterre. Il en était de même à Tarare, où les filés d'Alsace se vendaient, jusque dans les numéros les plus élevés, aux mêmes prix que ceux de provenance anglaise. A Rouen et à Saint-Quentin, ces filés étaient préférés pour les articles grand teint exigeant une supériorité de force et d'uni. Bien mieux, les progrès réalisés en Alsace étaient tels que dès l'Exposition universelle de Londres, un membre du jury international, député

au Parlement, M. Samuelson, déclara la nécessité pour l'Angleterre de réformer son enseignement technique pour le rapprocher de celui de l'Alsace, auquel l'industrie alsacienne devait son rapide perfectionnement.

D'après les données statistiques recueillies à l'occasion de l'Exposition universelle de Vienne en 1874, l'industrie cotonnière occupe actuellement 62700000 broches de filature contre 58850000 comptées en 1867 lors de l'Exposition universelle de Paris. La filature atteint son plus grand développement en Angleterre, qui a 35000000 broches avec 400000 métiers à tisser et un total de 650000 ouvriers. A la suite de l'Angleterre viennent les États-Unis d'Amérique avec un effectif de 8000000 broches, puis la France avec 5700000, l'Allemagne avec 4700000, dont 1700000 pour l'Alsace, la Russie avec 2000000, l'Espagne pour 1400000, la Belgique avec 600000, l'Italie avec 500000, enfin 2000000 pour l'ensemble des autres pays, dont plusieurs centaines de mille déjà dans l'Inde. Évaluant à 50 francs par broche en moyenne la valeur actuelle des frais d'établissement, nous trouvons un capital de passé trois milliards, immobilisé par la filature mécanique du coton dans le monde entier, somme énorme, mais bien inférieur encore à la contribution de guerre payée par la France à l'Allemagne en 1871. La valeur du coton brut consommé par année peut être évaluée à un milliard et demi de francs environ. La production du coton, après un temps d'arrêt et une diminution marquée pendant la guerre de Sécession aux États-Unis, a de nouveau augmenté dans une proportion notable. Ainsi la consommation de l'Europe descendue à 349000000 de kilogrammes en 1862-1863 et à 342000000 en 1863-1864, suivant un rapport de M. Engel-Dollfus au jury de l'Exposition universelle de 1867, cette consommation a atteint 694000000 de kilogrammes pendant l'année de l'Exposition. Sous l'influence des prix élevés jusqu'au quadruple et même plus pendant la guerre d'Amérique, la culture du coton s'est répandue dans tous les pays chauds, au point de déterminer quelques essais jusque dans le midi de la France. Si sur certains points, et en Algérie notamment, le retour d'un état de choses normal, l'abaissement des prix a de nouveau fait abandonner cette culture pour des produits plus rémunérateurs, la production des différents pays n'en a pas moins subi des changements considérables. Aux États-Unis, la production des deux années 1866 et 1867 a seulement donné la moitié des récoltes de 1861 et de 1862, pour atteindre 780000000 de kilogrammes, soit 3900000 balles en 1873. Par contre, l'Inde fournit maintenant près de 250000000 de kilogrammes, au lieu de 180 à 200 millions en 1861; le Brésil 50 millions au lieu de 10; l'Égypte 105 millions au lieu de 100. L'Algérie et le Sénégal, où quelques maisons d'Alsace ont cherché à étendre la culture du cotonnier au prix de sacrifices considérables, ne fournissent plus de quantité notable. D'après les meilleures estimations, on peut fixer à plus d'un milliard de kilogrammes la production annuelle de coton dans le monde entier, dont un peu plus de la moitié aux États-Unis, cela en tenant compte des fluctuations des récoltes plus ou moins favorables d'une année à l'autre.

Actuellement le nombre de broches de filatures exploitées en Alsace s'élève de 1600000 à 1700000 broches, y compris 225000 broches pour le Bas-Rhin et la partie de la vallée de la Bruche, autrefois dépendante du département des Vosges, mais déduction faite de 50000 broches environ pour la partie non annexée de l'arrondissement de Belfort. Dans son rapport sur la situation de l'industrie du coton dans le département du Haut-Rhin en janvier 1870, M. Keller, ingénieur des mines, estime à 1355691 le nombre de broches occupées dans le Haut-Rhin à cette date, soit 1105205 broches de métier à filer automates, et le restant sur mule-jenny, plus 47939 broches à retordre et 13321 broches à tresser. Les 1355691 broches de filature en activité en 1869 se répartissent entre 73 établissements, avec une force motrice de 12185 chevaux, dont 3660 chevaux hydrauliques et 12611 ouvriers, dont 5477 hommes, 3793 femmes, 3341 enfants. De son côté, M. Auguste Dollfus compte en 1872 pour les parties annexées du Haut-Rhin 1280584 broches, dont 842129 pour les filés ordinaires au-dessous du n° 40, contre 257307 pour les filés du n° 40 au n° 60, et 181148 broches pour les filés fins au-dessus du n° 60. D'après les dépositions faites au syndicat industriel et résumées par M. Dollfus, la production annuelle des filés ordinaires au-dessus du n° 40 était alors dans le Haut-Rhin de 15 à 16 millions de kilogrammes, celle des filés du n° 40 à 60 de 2210000 kilogrammes, celle des filés fins au-dessus du n° 60 de 650000 kilogrammes. On sait d'ailleurs que la production annuelle d'une broche en chaîne n° 28 étant de 18 kilogrammes, à raison de trois cents jours de travail de douze heures, celle de la chaîne n° 50 ne dépasse pas 8^k,5, et celle de la chaîne n° 120 seulement 2^k,1. Au delà du n° 120 chaîne ou du n° 180 trame, les quantités de filés fabriquées deviennent insignifiantes. L'établissement du Logelbach a bien filé du n° 350, il y a déjà une trentaine d'années, et on a vu dans une vitrine de Tarare, lors de l'Exposition de 1867, un échantillon de n° 700 : une finesse telle qu'un fil tendu de Paris à Alger, sur une longueur de 1330 kilomètres, pèserait moins d'un kilogramme. Mais ces tours de force exceptionnels, susceptibles de montrer l'habileté des fabricants et la propriété de la matière, coûtent trop cher pour alimenter une vente suivie. La France, l'Angleterre et la Suisse sont à peu près seules à fabriquer des filés fins ; en dehors de l'Alsace, les pays du Zollverein allemand ne dépassent pas le n° 80. L'Alsace, qui occupait en 1860 environ 350000 broches en filés fins, n'en occupe plus maintenant que 200000, par suite d'un caprice de mode, à cause de l'abandon des robes amples en tissus très-légers.

Les tableaux très-instructifs, dans lesquels M. Auguste Dollfus a résumé la situation de l'industrie cotonnière dans le Haut-Rhin en 1872, nous laissent peu à ajouter à la statistique de la filature. Un fait important nous a frappé dans l'examen de ces chiffres, dont le degré de précision ne se trouve dépassé dans aucune enquête publique. Je veux parler des écarts considérables entre les prix de revient dans les établissements des différentes zones. Pour l'ensemble de nos filatures, les salaires s'élèvent en moyenne à 2 francs par jour et par ouvrier, avec 0,405 de prix de façon par kilogramme de filé. Or, dans le rayon de Mulhouse, principal centre de l'industrie cotonnière en Alsace, la moyenne des salaires atteint 2 fr. 31 par jour et le prix de façon à 0,37, contre 1 fr. 77 pour les salaires et 0,44 pour la façon dans le rayon de Colmar. En d'autres termes, les ouvriers de Mulhouse sont mieux payés et leurs produits coûtent moins cher que dans les vallées du rayon de Colmar pour les articles similaires. Malgré l'économie réalisée dans les vallées sur le prix de la main-d'œuvre et par l'emploi des moteurs hydrauliques, les frais de fabrication et les frais généraux d'entretien des établissements ne dépassent pas à Mulhouse 48 fr. 30 par 1000 broches exploitées et par jour, tandis que la moyenne générale pour l'Alsace atteint 52 fr. 50 pour la même unité. Avec des conditions naturelles, en apparence inférieures, Mulhouse prend l'avantage sur tout le pays par un surcroît d'activité, par une plus grande attention donnée aux procédés de travail et au perfectionnement permanent de l'outillage. D'un établissement à l'autre, les prix de revient varient beaucoup, selon l'organisation plus ou moins habile, et en présence des mêmes prix de vente ; l'un peut réaliser des bénéfices plus ou moins considérables quand l'autre travaille en perte. Toutes choses égales, l'avantage appartient aux établissements anciens, régulièrement amortis. Rien d'étonnant donc si telle filature, dont nous avons sous les yeux les comptes détaillés, avec 44 fr. 15 de frais d'établissement amortis à 28 fr. 35 et 11 fr. 15 de frais, tant pour entretien

que pour main-d'œuvre, travaille avec profit, alors que telle autre, supportant par broche 16 fr. 80 de frais d'entretien annuel, avec 67 fr. 36 de frais d'établissement amortis à 36 fr. 20, est bien moins favorisée. Ces chiffres, tout à fait exacts, se rapportent à deux grandes usines bien conditionnées, et nous signalerons surtout la différence entre les frais d'entretien annuel, qui se trouvent dans la proportion de 1 à 1,5, tandis que la charge pour intérêts et amortissement présente le rapport de 1 à 1,7. La moyenne de la valeur portée aux inventaires pour l'ensemble des filatures du Haut-Rhin est de 36 fr. 50 par broche, mais la construction de ces mêmes fabriques, par suite du renchérissement du travail et des matériaux, reviendrait maintenant de 50 à 60 francs au moins par broche.

En résumé, la filature mécanique du coton en Alsace donne aujourd'hui des produits de qualité égale à ceux des pays les plus avancés ou les plus favorisés. Tout à fait nulle chez nous au commencement de ce siècle, cette industrie a disposé d'un effectif de 466663 broches en 1828, lors de la première statistique publiée par la Société industrielle de Mulhouse ; de 1300000 broches en 1860, à la veille de la grande crise cotonnière ; de 1550000 broches en 1870, au moment de l'annexion à l'empire d'Allemagne, pour atteindre maintenant plus de 1600000 broches, après soixante-dix ans d'existence. Son chiffre d'affaires actuel ou la vente annuelle de ses produits s'élève à la somme de 86000000 de francs au moins pour 22600000 kilogrammes de filés. Ses ouvriers, au nombre de 16000 à 17000, touchent par année pour 10000000 de francs de salaires. Ses établissements, au nombre de 65, représentent une valeur totale de 72000000 de francs. Rapide dans ses débuts, le développement de la filature s'est ralenti de plus en plus à la suite de la guerre d'Amérique, pour devenir stationnaire à peu près depuis l'annexion. Quel sera l'avenir désormais réservé à ces grandes manufactures, c'est ce que nous examinerons avec plus de détails en traitant de leurs débouchés, en comparant les conditions du travail en Alsace et dans les pays concurrents? Nous aurons aussi à considérer de plus près comment la prospérité de l'industrie cotonnière a influé sur ses ouvriers et par quels moyens elle a contribué à leur amélioration.

Cu. Grad.

EXPOSITION INTERNATIONALE DE GÉOGRAPHIE

A Paris (1)

III

La géographie historique

Dans un précédent article, nous avons examiné les principaux monuments qui intéressaient l'histoire de la géographie ; mais ces monuments étaient loin d'être les seuls de l'exposition qui eussent trait au passé. La géographie est depuis longtemps un auxiliaire indispensable de l'histoire ; aussi un grand nombre de cartes, d'atlas, de livres et d'objets de toute sorte avaient trait à la connaissance de la terre à ses diverses époques, à la distribution des races sur le globe, aux migrations des peuples, à l'étendue et aux vicissitudes des empires, aux anciennes divisions politiques et adminis-

---

(1) Voyez ci-dessus, pages 109 et 301, numéros du 31 juillet et 24 septembre 1875.

tratives des diverses régions. Les documents de cette nature étaient très-nombreux à l'exposition, mais comme ils consistaient surtout en travaux modernes et principalement en livres, que, d'autre part, à cause de l'étendue qu'un tel domaine pouvait comporter, il y avait une certaine disproportion dans la part que chaque nation avait consacrée à cet ordre de documents, peut-être ont-ils été moins remarqués, moins étudiés. Ils présentaient cependant un grand intérêt et nous en prendrons occasion pour dire quelques mots des travaux récents de géographie historique.

Il n'y a pas bien longtemps que les plus anciennes cartes historiques que l'on put songer à dresser étaient celles du monde juif, de l'Égypte, ou la mappemonde d'Homère, mais aujourd'hui c'est à des milliers de siècles en arrière que commence l'étude des vicissitudes des races humaines, et c'est à peine si l'on peut donner le nom de travaux de géographie historique à ceux qui, prenant pour base les résultats de l'archéologie préhistorique, de l'anthropologie et de la géologie, essayent de tracer sur le globe les régions habitées par les premières races humaines, de noter les premiers centres de société et de déterminer l'ancienne ethnographie du monde. Ces travaux géographiques, on le conçoit, ne sont et ne peuvent être que provisoires, ils enregistrent les découvertes et montrent l'état de la science, mais il faudra longtemps encore avant qu'ils puissent présenter des résultats définitifs. Les nations du nord scandinave surtout avaient envoyé de précieux documents et d'importants travaux témoignant de l'activité qu'elles ont déployée dans cet ordre de recherches scientifiques. Le Danemark avait exposé, avec sa carte archéologique, des dessins de dolmens et des objets provenant des anciens tombeaux ; la Suède, les travaux du docteur Montelius : atlas des antiquités scandinaves, la Suède préhistorique, souvenir de l'âge du fer, carte archéologique des tombeaux de l'âge de la pierre et un travail qui, pour être un peu prématuré, n'en était pas moins très-intéressant, la « carte de l'extension de l'âge de la pierre et de l'âge du bronze en Europe », dressée par le docteur Hildebrand. La France montrait les belles cartes dressées par la Commission de topographie des Gaules, qui présentent l'état actuel des connaissances sur notre pays à l'époque antéhistorique, et à côté, des moulages et des dessins du musée de Saint-Germain montrant les principaux types de l'âge de la pierre, du bronze et du fer.

Nous n'avons pas rencontré dans l'exposition de cartes générales présentant les résultats de l'anthropologie et de la linguistique ; ce sont cependant des travaux importants à établir ; les contradictions comme les coïncidences des données de ces deux sciences sont curieuses à noter. Les grands atlas de géographie ne contiennent pas assez de cartes donnant des détails sur ces questions ; la carte ethnographique de l'Europe, qui a paru récemment dans la deuxième livraison de la *Géographie universelle* de M. Élisée Reclus, est très-insuffisante, beaucoup trop petite d'échelle, et ne donne pas, en outre, l'état actuel de la science. L'expression de *latinisés*, pour désigner les peuples de langue latine, semble indiquer la prétention illusoire de distinguer les langues des races ; pourquoi ne pas séparer les Scandinaves des Germains, alors qu'on en sépare les Anglais, qui sont nommés, très-improprement du reste, des Anglo-Celtes ? Le nom de *Touraniens* est chimérique et paraît décidément devoir être repoussé de la langue scientifique.

Un grand nombre de travaux concernaient l'histoire du monde oriental. Il faut placer en première ligne les documents et matériaux des missions scientifiques exposés par le ministère de l'instruction publique : les cartes, croquis, dessins et photographies des missions de M. Guillaume Rey en Syrie, de M. de Saulcy en Palestine, de MM. Favre et Mandrot en Caramanie, de MM. Perrot, Guillaume et Delbet en Asie Mineure, de MM. Héron de Villefosse et de Laurière en Tunisie, ainsi que les travaux déjà publiés et, entre tous, ceux de la mission de M. Renan en Phénicie. L'Angleterre était à peu près la seule nation qui eût exposé des objets de cette nature, et nous avions le plaisir de retrouver un compatriote dans l'Exposition du *Palestine explorations fund*, où se trouvaient quelques spécimens des plans dressés par M. C. Ganneau dans sa récente mission.

Comme on a pu le constater, la Palestine tient toujours le premier rang dans ces explorations, c'est d'elle aussi que les atlas contiennent les meilleures cartes. Aucun atlas français ne donne de cartes suffisamment au courant de la science pour l'histoire ancienne de l'Orient ; les meilleures assurément sont celles qui ont été jointes à l'excellente *Histoire ancienne des peuples de l'Orient* que vient de donner M. Maspero, quoique leur très-petit format les rende forcément insuffisantes. Les Allemands sont mieux partagés que nous à cet égard, et les atlas de Kiepert et de Spruner jouissent d'une réputation méritée. C'est surtout pour les grandes cartes murales destinées à l'enseignement qu'on a pu constater leur supériorité ; les cartes de la Grèce ancienne, du monde ancien, de l'Italie ancienne, de l'empire romain, dressées par Kiepert, laissent bien loin derrière elles les cartes analogues de Meissas et Michelot.

Les plus intéressants des matériaux de géographie historique étaient ceux que chaque nation avait apporté sur elle-même. On est loin de pouvoir encore dresser des cartes générales précises du monde moderne à diverses époques. Il faut auparavant que chaque pays fasse sur son compte une vaste enquête ; elle se fait de tout côté et nous en avons vu les éléments : nomenclatures d'anciens noms de lieux, répertoires archéologiques, registres terriers, cartes partielles etc. La Russie avait exposé un grand nombre de recherches de cet ordre, la plupart ayant pour base la description qui accompagnait une grande carte perdue de la Moscovie, dressée au commencement du xviie siècle, d'autres prenant pour bases quelques documents plus anciens, du xive et du xve siècle, des études ethnographiques importantes et un index géographique des noms de lieux des quatre premiers siècles de l'histoire de Russie, dressé par M. Barsoff, et qui paraît très-copieuse. La plupart des nations montraient de bons atlas historiques. La Suisse semble en avoir un excellent dans celui de Voegeli ; les cartes d'Allemagne de la réédition, par Menke, de l'atlas de Spruner ont des bases très-solides, comme on peut le voir par les notices qui accompagnent chaque carte ; au contraire, celles des pays étrangers du même atlas ne sont appuyées que sur des documents et des travaux insuffisants. Ce n'est, en effet, que dans chaque pays qu'on a la possibilité d'établir les cartes historiques sur les résultats scientifiques les plus certains, voire sur les documents originaux.

En France les travaux de géographie historique sur notre pays datent de longtemps déjà et ont produit d'excellents livres. Ils étaient loin d'être tous à l'Exposition, et nous ne pouvons dans les bornes très-resserrées d'un article donner à leur égard des indications complètes. Les temps celtiques et l'époque gallo-romaine étaient représentés par les cartes et documents de la commission de topographie des Gaules, ainsi que par les dessins et les moulages du musée de Saint-Germain ; la librairie Hachette avait exposé les premières feuilles d'une *Géographie de la Gaule romaine*, de M. Ernest Desjardins, qui, nous l'espérons, ne tardera pas à paraître.

L'époque mérovingienne, plus obscure que l'époque gallo-romaine, compte moins de bons travaux ; les ouvrages d'Alfred Jacobs (*Géographie des diplômes mérovingiens, géographie de Grégoire de Tours*) sont très-insuffisants ; il faut espérer que les documents si nombreux qu'à pu rassembler la commission de topographie des Gaules lui permettront de donner une carte qui ne soit pas inférieure aux premières qu'elle a dressées.

Je ne crois pas qu'il y ait eu à l'exposition, sauf dans des atlas historiques (très-pauvres du reste), de documents sur les époques postérieures de l'histoire de France. Si l'on n'a guère fait encore de travaux définitifs, les matériaux sont cependant en grand nombre et les problèmes à résoudre importants ; il faut citer parmi les travaux préparatoires les dictionnaires topographiques des départements et les répertoires archéologiques dressés sous le patronage du ministère de l'instruction publique, dont la collection ne se complète que très-lentement. M. Desnoyers, dans un vaste travail qui a paru, il y a déjà longtemps, dans les *Annuaires* de la Société de l'histoire de France, a étudié la *topographie ecclésiastique de la France*, étude importante, parce que l'Église, en s'installant dans les Gaules, avait calqué ses circonscriptions ecclésiastiques sur les circonscriptions qui existaient, et qu'ainsi l'on peut voir persister dans les doyennés et les archidiaconés quelques-unes des plus anciennes subdivisions territoriales de la Gaule. Il est regrettable seulement que ce travail n'ait pas été accompagné de cartes. Une étude importante entre toutes est la reconstitution des territoires anciens, nommés *pagi*, qui, antérieurs à la conquête romaine, se sont maintenus en Gaule, jusqu'à leur transformation à l'époque féodale. Benjamin Guérard avait le premier entrepris ce travail et en avait dessiné les principaux traits dans son *Essai sur le système des divisions territoriales de la Gaule depuis l'âge romain jusqu'à la fin de la dynastie carlovingienne*, paru en 1832. De nos jours, ces questions ont été reprises et renouvelées par un jeune érudit d'une sagacité remarquable, M. Longnon, qui a publié le résultat de ses recherches à cet égard dans divers recueils, entre autres dans la *Bibliothèque de l'École des hautes études*. Le même savant a publié l'année dernière une carte importante de la France féodale à l'époque de saint Louis, qui se trouve jointe à la grande édition de Joinville, de la maison Didot. L'ample notice qui l'accompagne et en est la justification montre sur quelles recherches délicates doit se baser l'établissement d'une carte historique. Nous savons que M. Longnon prépare en ce moment une carte de l'époque d'Hugues Capet, époque importante à cause de l'organisation primitive de la féodalité et qu'il va bientôt publier une carte de France à l'époque de Charles VII ; ces divers travaux semblent le désigner pour entreprendre un véritable atlas historique de la France, qui nous manque encore.

Nous ne voulons pas terminer cette revue rapide sans dire quelques mots des documents relatifs à l'ancienne topographie de Paris qui étaient en grand nombre à l'exposition ; principalement dans la salle de la ville de Paris. Le service des travaux historiques avait exposé le bel ouvrage de M. Belgrand sur le bassin parisien aux âges anté-historiques, des dessins et photographies exécutés au cours des travaux de fouilles et de démolitions, quelques restitutions, par M. Vacquer, du Paris gallo-romain, et les volumes parus de la *Topographie historique du vieux Paris*, interrompue par la mort du très-regrettable Berty. A côté de ces travaux, se trouvait toute une série de plans anciens de Paris, depuis ce qui reste du plan de tapisserie, c'est-à-dire les photographies de la grande gouache brûlée dans l'incendie de l'Hôtel de Ville, qui reproduisait un plan tissé perdu, que l'on croit de 1540 environ. Tout en n'entrant pas dans des détails sur ces différents plans, nous devons cependant mentionner la reproduction de celui découvert récemment à Bâle, auquel M. J. Cousin a pu attribuer la date de 1552, reproduction due à la *Société de l'histoire de Paris*.

A. GINY.

ASSOCIATION FRANÇAISE

POUR L'AVANCEMENT DES SCIENCES

CONGRÈS DE NANTES

SÉANCES DES SECTIONS

SECTIONS DE GÉNIE CIVIL ET DE NAVIGATION

Séance du 20 août.

M. *Bergeron*, ingénieur civil, président.

M. *Jégou d'Herbeline*, inspecteur général des ponts et chaussées, accepte les fonctions de vice-président. — M. *Joly*, ingénieur des ponts et chaussées, est nommé secrétaire.

M. *le président* fait connaître les titres des divers mémoires qui lui ont été transmis par M. le secrétaire général de l'Association et des sujets que divers membres se proposent de traiter.

— M. *de Broca*, ancien officier de marine et capitaine de port à Nantes, expose un nouveau système de pointage dont il est l'inventeur, applicable aux bouches à feu rayées, fusils et armes diverses de précision.

La hausse en usage pour les armes à feu portatives présente un inconvénient grave. Le tireur, lorsqu'il vise, doit mettre en ligne droite son œil, le but à atteindre et la partie supérieure du guidon avec l'encoche ou cran de mire de la hausse. Le guidon et le but lui-même, s'il est de faible dimension, sont masqués presque entièrement dès que le rayon visuel rase le fond de l'encoche ; les hommes peu exercés relèvent la tête pour mieux voir, et découvrant trop le guidon tirent trop haut ; pour faire disparaître cet inconvénient, M. de Broca a pratiqué un petit jour sous l'encoche ; la figure 9

Fig. 9.

indique une des dispositions adoptées. La partie *abc* a été enlevée dans le curseur mobile de la hausse, de telle façon que les côtés de l'ouverture sont dirigés suivant le prolongement des lignes formant l'encoche supérieure ; grâce à ce perfectionnement, le soldat peut découvrir entièrement le guidon lorsqu'il ajuste ; la ligne de mire se trouve exactement déterminée par la rencontre de deux angles aigus opposés qui se dessinent vivement à la vue ; le vide *abc* est modifié suivant la nature des armes.

Le double guidon de pointage inventé par M. de Broca pour le service de l'artillerie repose sur le même principe. Le guidon ancien était conique et couvrait une partie de l'objet à viser ; la ligne de mire devait passer par le sommet de ce guidon, et les hommes visaient souvent soit à droite, soit à gauche. Le double guidon est formé de deux petites pyramides quadrangulaires laissant entre elles un jour suffisant pour qu'on puisse apercevoir les objets éloignés ; les angles de ces pyramides sont compris entre 30 et 35 degrés ; il est placé sur le tourillon gauche, et sa partie supérieure est parallèle à l'axe des tourillons, et par conséquent perpendiculaire au plan de tir, ce qui permet de reconnaître si la pièce est bien d'aplomb.

Le pointeur visant par l'œilleton placé sur la hausse aperçoit le but dans son ensemble, tout en ayant la faculté de ne viser que sur un point déterminé ; il est assuré de viser exactement dans le sens vertical, et il corrige sans peine les erreurs de pointage dans le sens latéral.

Le double guidon employé d'abord sur les canons par M. le colonel Reffye a été depuis adopté par toute l'artillerie et donne des résultats très-satisfaisants.

— M. *Guieysse*, ingénieur hydrographe, donne communication d'un mémoire sur la propagation des marées dans les rivières. Les formules qu'il emploie permettent de trouver la marée en un point quelconque connaissant la loi suivant laquelle elle monte à l'embouchure, en tenant compte du frottement sur le fond et les rives, et de la vitesse propre de la rivière. Il présente un diagramme figurant les courbes des marées de 8 kilomètres en 8 kilomètres depuis l'embouchure, la forme de l'onde marée d'heure en heure, et la vitesse des courants dans le cas d'une rivière ayant des rives rectilignes et un fond de pente uniforme.

M. *Joly* fait observer que les formules ne tiennent pas compte du débit propre de la rivière et ne sauraient fournir de résultats exacts pour des fleuves pour lesquels ce débit, pendant la plus grande partie de l'année, a une importance considérable : sur la Loire, par exemple, les courbes de marée sont très-différentes, dans le voisinage de Nantes, suivant que le fleuve est à l'étiage ou en crue; la basse mer se relève de plus en plus à mesure que les eaux d'amont deviennent plus abondantes; dès qu'elles dépassent 1^m,40 au-dessus du zéro de l'échelle de la Bourse à Nantes, la haute mer elle-même subit un relèvement analogue; la marée est à peine sensible dans les crues dépassant 5 mètres.

— M. *de Broca* donne la description d'un bateau de sauvetage inchavirable de son invention; il a eu l'idée d'utiliser l'espace perdu compris dans le milieu du canot entre les hommes qui rament à couple, en y installant un flotteur longitudinal. Les canots de sauvetage actuels peuvent être renversés par de fortes lames; le flotteur proposé traverserait toute l'embarcation et serait interrompu seulement aux deux extrémités sur l'emplacement des caisses à air. Sa longueur, dans un bateau de 9^m,75, serait de 6^m,30; il aurait à sa partie supérieure la forme d'un cylindre de 0^m,50 de diamètre, et en bas serait évidé de façon à ne point gêner les rameurs; sa hauteur ne dépasserait pas sensiblement la ligne joignant les sommets des étraves.

Le flotteur, lorsque le canot serait sur le point de chavirer sous l'influence d'un violent coup de mer, arrêterait son mouvement et lui permettrait de se redresser avec l'aide des caisses à air; il empêcherait également les marins d'être renversés et jetés les uns sur les autres, ceux-ci s'accrocheraient à une corde placée sur les deux bords à la partie supérieure du flotteur.

— M. *le président* communique à la section :

1° Un mémoire accompagné de planches nombreuses, dans lequel l'auteur, M. E. de Boyn, décrit les dispositions variées qu'il a imaginées pour installer des rails mobiles pouvant servir au passage des voitures et même des convois cuirassés; il ne semble pas que ces dispositions soient suffisamment pratiquées pour qu'il y ait lieu d'appeler sur elles l'attention.

2° Une note dans laquelle M. Pronteau fait connaître le mode de radoubage employé par un constructeur de Mesquer, M. Judic; la description est trop succincte pour permettre d'apprécier à sa juste valeur le procédé et de savoir si les appareils pratiques pour des barques et des bateaux de faible dimension le seraient pour des navires d'un certain tonnage.

3° Une note imprimée portant la date du 28 avril 1858 décrivant un système de chaudière mobile à foyers multiples inventée par M. Lefort, fabricant de brasses à Nantes.

4° Un mémoire dans lequel M. le docteur Garrigou étudie les causes d'usure et d'explosion des machines à vapeur. L'auteur, à la suite d'expériences nombreuses, admet que l'attaque du fer des chaudières est le résultat du transport sur le fer de l'acide chlorhydrique provenant de la décomposition des chlorures de calcium et de magnésium des eaux d'alimentation. La présence du cuivre des tubes et du fer des parois détermine la formation d'un véritable couple entraînant le transport de l'acide chlorhydrique sur le fer.

L'usure générale est activée sur certains points par la présence dans les fers et aciers de quantités appréciables de graphite et de cuivre; ces matières étrangères formeraient les éléments d'un couple électrique nouveau, excessivement réduit, dans lequel le courant marcherait du charbon ou du cuivre au fer, et déterminerait une attaque locale du fer; c'est à cette cause que devraient être rapportées les piqûres des chaudières, qui donnent lieu, au moment où l'on s'y attend le moins, à des explosions formidables.

Le seul moyen de mettre les chaudières à l'abri de pareils accidents consisterait à recouvrir leur surface intérieure par galvanoplastie d'une couche de cuivre ou à les construire en cuivre, puis à les entourer d'une enveloppe de fer, le fer jouant le rôle de corps passif sur lequel se porterait toute l'action électrochimique.

5° D'une note de M. Fasci, professeur d'hydrographie à Nice, donnant les règles pratiques à suivre pour résoudre les divers problèmes de la navigation hauturière.

Séance du 21 août.

M. *de la Roche-Macé* lit un mémoire sur l'utilisation des eaux pluviales en agriculture; l'auteur a obtenu dans une terre qu'il possède à Couffé (Loire-Inférieure) une augmentation de valeur locative de 40 francs par hectare avec le mode d'irrigation qu'il a employé.

— M. *Douillard* expose un système de télégraphie nocturne à l'usage des navires de guerre et de commerce, dont ses frères et lui sont les inventeurs; l'alphabet employé est l'alphabet Morse. On produit le signal correspondant au point par l'apparition d'un feu blanc, et le signal correspondant à la barre par l'apparition de deux feux blancs. Deux fanaux sont placés à cet effet dans la mâture du navire et sont allumés; au repos, la lumière est cachée par un obturateur; cet obturateur s'ouvre à volonté par la pression opérée sur un piston placé sur le fanal même; il est composé de lamelles argentées à l'intérieur, qui, dès qu'il est ouvert, forment réflecteur tout autour de l'horizon.

Le mouvement des obturateurs des fanaux s'obtient à l'aide d'une pompe à air fixée sur le pont du navire; cette pompe est munie de leviers qui, par l'intermédiaire de tuyaux en caoutchouc, permettent d'agir sur les pistons des obturateurs par pression ou par aspiration; en abaissant le levier n° 1, on agit sur un seul des obturateurs et l'on fait apparaître une lumière, on produit le signal correspondant au point; en agissant sur le levier n° 2, on fait apparaître deux lumières, on produit le signal correspondant à la barre; aussitôt que le levier est abandonné, il se relève par un contre-poids, le piston de la pompe à air se relève également à l'aide d'un ressort et fait aspirateur, l'obturateur se referme.

Avec les deux signes, on peut télégraphier telle dépêche qu'on veut, et la rapidité de transmission n'est limitée que par l'intervalle à ménager entre deux apparitions consécutives des feux pour que ces apparitions soient perceptibles.

Un petit appareil imprimeur complète le système.

Chaque signal fait par le poste expéditeur s'imprime mécaniquement sur une bande de papier sans fin. Le poste récepteur, quand le signal paraît, le répète et l'imprime en même temps à son tour; si l'expéditeur voit que cette répétition est faite exactement, il est assuré de n'avoir à redouter aucune erreur dans la transmission.

Une dépêche pourra, en outre, être transmise à un étranger qui, ne la comprenant pas, mais la possédant écrite mécaniquement, en arrivant à terre la fera traduire et l'enverra à son adresse.

— MM. *Douillard* frères présentent un second appareil plus simple pouvant être utilisé par les navires de commerce; cet appareil se compose d'un fanal carré de ferblanc muni d'une forte lampe et d'un réflecteur parabolique. Au repos, un obturateur automatique cache la lumière; en abaissant un bouton n° 1 placé au dos de la lanterne, on déplace l'obturateur et l'on descend devant la lumière un verre blanc; le feu blanc obtenu occupe environ un quart de l'horizon et produit le signal correspondant au point; on a en même temps transmis le mouvement à une touche de l'appareil imprimeur placé dans le bas de la lanterne, et imprimé un point sur la bande de papier qu'il contient.

Dès qu'on abandonne le bouton n° 1, l'obturateur reprend sa place. Un bouton n° 2 descend devant la lumière un verre rouge et permet d'obtenir un feu rouge qui correspond à la barre de l'alphabet Morse, une barre s'imprime en même temps sur le papier.

Ces deux appareils vont être expérimentés par la marine militaire.

M. *Bergeron* résume les renseignements qu'il a fournis en 1874, à Lille, sur l'état de la question de percement du tunnel sous-marin entre la France et l'Angleterre. Il rappelle que M. Hawkshawe, à la suite de nombreux sondages exécutés dans le Pas-de-Calais, sous sa direction, par M. Brunnel fils, proposa, dès 1868, de percer un tunnel dans la couche de craie qui paraît se prolonger sur toute la largeur du détroit, et de le descendre jusqu'à la craie grise plus imperméable que la craie blanche.

Le projet qui sera exécuté paraît devoir différer peu, au moins dans ses dispositions générales, de l'avant-projet de M. Hawkshawe. Toutefois, avant de l'arrêter définitivement, il a paru indispensable, à la suite des objections présentées par divers géologues et en particulier par M. Gosselet, à la session de Lille en 1874, de faire des sondages complémentaires. M. Gosselet a prétendu qu'il devait exister une cassure entre les couches de craie qu'on retrouve sur chacune des rives du détroit.

On se propose de tracer sur une carte la ligne d'intersection de la craie au fond de la mer; l'examen de cette ligne permettra de reconnaître, avec un très-grande probabilité, si les craintes qu'on a pu concevoir sont fondées : si la ligne est régulière, il est en effet peu propable qu'une brisure se soit produite entre les deux pays.

Les nouveaux sondages sont exécutés sous la direction de M. Lavallée. On trace une série de profils transversaux à la direction du tunnel, et l'on recherche sur chacun l'intersection de la craie avec le *gault*. Une certaine quantité de sondange est déjà terminée, et jusqu'ici les résultats sont satisfaisants : il semble que le projet puisse s'exécuter sans difficultés exceptionnelles; toutefois, il sera sans doute utile de déplacer le puits du côté français et de le rapprocher du cap Blanc-Nez : on serait exposé à rencontrer beaucoup d'eau dans la couche de craie blanche où il était primitivement projeté.

M. Bergeron pense que, lors même que la fissure signalée par M. Gosselet existerait, le percement du tunnel ne serait pas, par ce fait seul, rendu impossible : la fissure serait remplie de débris de toute nature qui la rendrait probablement peu perméable. M. Nivoit, à l'appui de cette opinion, fait observer que certaines ardoisières des Ardennes qui se prolongent sous la Meuse sont parfaitement étanches.

M. *Jégon* demande comment l'aération du tunnel s'effectuera. M. Bergeron répond que rien n'est encore arrêté à cet égard et se borne à faire connaître son opinion personnelle. Deux très-hautes cheminées pourraient être établies aux extrémités; deux tubes placés en haut de la section transversale, ayant chacun leur origine à une centaine de mètres du milieu de l'ouvrage et aboutissant dans les cheminées, détermineraient un appel d'air puissant. M. Bergeron donne, en outre, quelques explications sur les résultats obtenus à l'aide d'une machine destinée à percer les tunnels. Elle est formée d'un cylindre muni de lames tournant autour d'un axe horizontal : on a pu enlever dans la craie jusqu'à 3 mètres de déblais et avancer la galerie de 1 mètre en une heure; le tunnel ayant 34 kilomètres, il suffirait, pour percer une galerie de part en part, de vingt ans. M. Hawkshawe pense qu'en huit ans l'ouvrage tout entier pourrait être terminé.

— M. *Joly* fait connaître le résultat des essais entrepris cet été sur la Loire par MM. Gouin et Cie pour enlever le sable à l'aide de la drague à pompe du système Bazin.

La pompe employée est une pompe à force centrifuge de 55 centimètres de diamètre qu'on place au fond d'une caisse étanche mobile suspendue à l'avant du bateau dragueur. Le tuyau d'aspiration est maintenu à peu près horizontal; il se compose d'une partie fixée à la pompe de 30 centimètres de longueur et d'une partie mobile de 6 mètres.

La crépine présente des parois ayant une inclinaison de 3/2; elle est fermée par de petits barreaux s'opposant à l'introduction de matières de trop gros volume et elle s'applique sur le fond.

Le tuyau de refoulement déverse dans des bateaux munis de flotteurs un mélange d'eau et des matières draguées : les parties lourdes tombent au fond, l'eau s'écoule pardessus les bords.

La pompe est mise en mouvement par une machine de dix-huit chevaux; elle est disposée de façon à pouvoir draguer à une profondeur atteignant 5 mètres.

Dans les premiers essais tentés dans le port de Nantes, l'aspiration du sable se faisait d'une façon irrégulière : il y avait fréquent encombrement du tuyau d'aspiration ou écoulement d'eau presque pure. Une seconde expérience a été faite à 18 kilomètres en aval, à la tête de l'île de la Folie, dans des sables très-mobiles, et a donné des résultats beaucoup plus satisfaisants.

Il se forme autour de la crépine un trou dans lequel les matières mobiles formant le fond du lit s'écoulent, et, sous l'influence d'une aspiration violente, sont mises en suspension dans l'eau puis entraînées avec elle.

Le cube de sable extrait a pu atteindre, dans les circonstances les plus favorables, 2 mètres par minute, et a été en moyenne de 1 mètre; il faut ajouter que les appareils n'ont fonctionné chaque jour que pendant cinq heures et demi en moyenne par suite de l'insuffisance du nombre des bateaux de transport, et que le cube maximum extrait n'a pas dépassé 563 mètres.

La proportion d'eau mélangée au sable a été en moyenne de 7 parties d'eau et d'une de sable. On a pu réduire cette proportion, à certains moments, à 3 parties d'eau et d'une de sable; au-dessous de cette limite le rendement paraît diminuer; le tuyau s'engorge fréquemment.

Ces résultats s'appliquent à un draguage effectué dans des sables purs, de moyenne grosseur, très-mobiles, sans sujétion d'aucune nature; le rendement diminuerait sans doute rapidement si le sable avait une plus grande cohésion. On peut admettre dans les mêmes conditions, comme limite à atteindre avec un personnel expérimenté, 1^m,50 en moyenne, soit, avec un service de bateaux bien organisé, 900 à 1000 mètres par jour de travail.

L'appareil a été, en outre, expérimenté dans des sables vasarts et dans des vases molles. Les matières vaseuses mises en suspension dans l'eau étaient entraînées avec elles; on n'a pu recueillir que le sable.

On a enfin essayé de se placer dans les conditions de la pratique ordinaire sur la Loire, d'approfondir une passe à un niveau déterminé : on a dû, pour enlever une couche de 60 centimètres, extraire une tranche de 90 centimètres supérieur de 20 centimètres à celle qu'on eut dû attaquer avec la drague à godets; la pompe produit une série de trous séparés par des buttes, et c'est le niveau de ces dernières qui limite la profondeur pouvant être utilisée par la navigation.

Il semble qu'on peut conclure des essais que la pompe fournira de bons résultats dans des sables très-mobiles et facilement mise en suspension, et qu'avec une drague bien montée on effectuera l'extraction et la charge en bateau du sable dans les circonstances favorables pour un prix qui ne dépassera guère 20 centimes. La pompe permettrait également d'enlever économiquement les sables vasards toutes les fois que les courants auraient une certaine intensité : les sables seraient recueillis dans les bateaux, les vases diluées dans l'eau seraient entraînées par les courants mêmes; mais il est douteux que la pompe présente des avantages sur la drague à godets quand les sables on une certaine cohésion, ou s'il s'agit d'enlever des couches de faible épaisseur.

Séance du 23 août 1875.

M. *Faivre* père, mécanicien à Nantes, présente un modèle de compas d'épaisseur permettant de prendre les mesures avec une extrême précision : ce compas s'ouvre en manœuvrant une vis dont l'écrou entraîne avec lui une des branches; le pas de la vis est de $0^m,004$; un cadran divisé permet d'apprécier des fractions de 1 centième du pas, soit de $0^m,00001$; l'instrument peut être adapté aux machines-outils et permet d'obtenir les dimensions exactes nécessaires aux divers assemblages.

— M. *Cleiftie* lit un mémoire sur le filtrage des eaux de fleuves et de rivières au moyen des galeries ouvertes dans le gravier : les eaux sont troubles pendant les deux tiers de l'année, et les divers systèmes employés pour les filtrer sont ou trop coûteux, ou insuffisants. Les filtres établis dans les couches de graviers, essayés pour la première fois à Toulouse, lui paraissent seuls résoudre le problème d'une façon pratique. Le filtre de Toulouse fournit 8500 litres par vingt-quatre heures s'en s'engorger; les résultats obtenus à Lyon par M. Aristide Dumont au moyen de filtres établis le long du Rhône, aux ponts de Cé, sur la Loire, pour l'alimentation d'Angers, ne sont pas moins favorables.

M. *Cleiftie* pense qu'on pourrait, à Nantes, avoir recours au même procédé. Un essai a été fait en 1858, en amont de la ville, dans la prairie de Mauves; un second essai a été tenté, en 1859, sur la rive gauche du bras de la Madeleine, le long de la prairie de Biesse; les dernières expériences ont été faites à l'aide de puits : l'un était ouvert dans une couche de sable pur, l'autre dans une couche de sable surmontée d'une couche de vase. L'eau, d'abord trouble dans le puits nº 2, s'est, à la suite d'épuisements prolongés, fort améliorée au bout de quelques jours et est devenue peu différente de l'eau du puits ouvert dans le sable. Le titre hydrométrique se rapprochait beaucoup de celui de l'eau de la Loire; l'eau qu'il fournissait devait en grande partie être fournie par le fleuve.

M. *Gobin*, directeur des travaux municipaux de Lyon, fournit d'intéressantes explications sur les filtres employés dans cette ville; les galeries de filtration ont actuellement plus de 6000 mètres cubes. On avait établi, dans le principe, des bassins portés sur des piliers; ces bassins ayant été approfondis, des éboulements se sont produits à la suite d'un abaissement exagéré du plan d'eau. Aujourd'hui, les bassins servent à l'emmagasinement des eaux et l'on emploie comme filtres des galeries étroites de 6 à 7 mètres. La largeur des galeries de filtration est indifférente; le débit dépend de leur longueur parallèlement au fleuve; les couches filtrantes sont alimentées en majeure partie par le Rhône; le titre hydrométrique des eaux est inférieur à celui du fleuve.

Des expériences ont été faites pour apprécier la puissance de filtres : on a abaissé le plan d'eau avec les machines au niveau le plus bas qu'il était possible d'atteindre sans danger, et on a constaté que le débit des galeries était de 24 000 mètres cubes, soit de 4 mètres cubes par mètre carré en 24 heures dans les circonstances les plus défavorables. Le volume nécessaire pour l'alimentation atteignant 35 000 mètres cubes, on prend actuellement le complément directement dans le fleuve; mais on va prolonger les galeries et on a, en outre, creusé un puit d'essai qui débite 4000 mètres cubes. Les couches filtrantes sont marneuses; on obtiendrait dans des sables un débit supérieur à celui qui vient d'être indiqué.

M. *Jégou* rappelle qu'il a été chargé d'exécuter la conduite d'eau de la ville de Nantes; que, pendant l'exécution des travaux, il a eu à se préoccuper du grave problème du filtrage des eaux; qu'il a songé, dès le principe, à l'emploi de galeries filtrantes; mais que cette solution, par suite de la nature du sol composant le fond et les rives de la Loire, ne lui a pas paru applicable : le lit est formé non pas de sable pur, mais par des couches alternatives de sable et d'une vase durcie et très-compacte appelée *jalle* dans le pays, et l'épaisseur alternative des couches est essentiellement variable. Il serait sans doute utile de faire des expériences, mais le succès ne lui paraît guère probable, l'eau de la Loire est, du reste, particulièrement difficile à filtrer et les pharmaciens eux-mêmes n'arrivent pas à la rendre complétement limpide.

M. *Bergeron* expose un procédé nouveau dont il est l'inventeur pour desensabler les ports de mer. L'idée première de ce procédé lui a été inspire par une observation faite au Tréport. Une source existait sur la plage et déterminait, à mer basse, la mise en suspension du sable qui, à mer montante, était entraîné par les courants. M. Bergeron s'est proposé de reproduire artificiellement cet effet : des tubes seraient échoués à basse mer sur le banc à approfondir, percés de nombreux trous; on injecterait dans les tubes de l'eau à haute pression; chaque trou produirait un effet analogue à celui de la source, le banc serait peu à peu attaqué, les sables mis en suspension à basse mer par l'appareil seraient entraînés par les courants de marée.

Les applications du système seraient principalement utiles à l'entrée des ports pour couper les barres qui tendent à s'y former naturellement; mais on obtiendrait également des résultats satisfaisants sur des rivières à fond mobile comme la Loire; on disposerait les tuyaux sur un triagle ayant la forme d'un chasse-neige qu'on traînerait dans le chenal à approfondir.

MM. *Jégou* et *Goupillau* rappellent qu'on a essayé à diverses reprises sur la Loire, à l'aide d'engins de formes variées, d'agiter les sables et qu'on a obtenu des effets insignifiants.

M. *Joly* pense que les essais ont été tentés sur une partie trop voisine de Nantes; les sables lui paraissent se mouvoir dans des conditions très-différentes, suivant qu'on les examine dans le voisinage de ce port où dans la partie maritime du fleuve; dans la section supérieure, ils se déplacent très-lentement, au moins pendant la période des basses eaux et des eaux moyennes, et le draguage est sans doute le procédé le plus sûr et le plus économique pour se débarrasser des seuils qui gênent momentanément la navigation. A mesure qu'on se rapproche de Paimbœuf, au contraire, les courants de marée augmentent d'intensité, les sables deviennent de plus en plus mobiles et il est possible, en facilitant artificiellement leur mise en suspension, d'obtenir des approfondissements marqués; il cite, à l'appui de son opinion, les résultats d'une expérience qu'il a faite cet hiver où, à l'aide de trois rangs de fascines mouillées sur un seuil de 150 mètres de longueur à $1^m,50$ au-dessus du fond, il a pu obtenir un approfondissement du chenal de près de 1 mètre.

Tout en reconnaissant que les tubes de M. Bergeron auraient une certaine action, il ne pense pas que l'effet produit serait suffisant pour rendre pratique l'emploi de l'appareil décrit : on obtiendrait de meilleurs résultats en disposant, sur un bateau à vapeur capable de remonter le courant, des turbines à axe vertical qui agiraient sur le fond au moment même où les courants ont le plus d'intensité, c'est-à-dire vers la mi-marée.

— M. *Le Goarand de Tromelin*, enseigne de vaisseau, donne la description d'un appareil dont il est l'inventeur, destiné à tracer automatiquement sur le papier les courbes qu'un bâtiment décrit dans une évolution.

Le mouvement du navire peut être décomposé en deux autres, une rotation autour d'un axe vertical, et une translation suivant la direction des éléments de la courbe. Les angles de la rotation peuvent être mesurés par rapport à une direction fixe, celle de l'aiguille aimantée : on obtiendra chacun de ces mouvements en faisant décrire à une feuille de papier placée sous un crayon fixe une rotation identique et en imprimant à ce papier une translation proportionnelle à celle du navire.

Le sillographe se compose : 1° d'un récepteur analogue au récepteur du télégraphe à cadran, mais pouvant tourner dans les deux sens et dont la roue d'échappement se déplace de 3 degrés à chaque interruption du courant. L'axe de cette roue porte un disque de bois sur lequel est fixée la feuille de papier ;

2° D'un aimant suspendu à la cardan, à l'axe duquel est fixée une languette de cuivre formant ressort qui s'appuie sur un cercle en cuivre lié au navire, divisé de 3 en 3 degrés par de petites broches : le courant venant de la pile passe dans le cercle, arrive à l'axe supportant l'aimant par la languette de cuivre, et de là aboutit à l'un des électro-aimants du récepteur par l'intermédiaire d'un inverseur ; la roue d'échappement étant disposée de façon à tourner de 3 degrés à chaque interruption du courant, les deux lignes tracées sur la rose de l'aimant et sur le disque de bois seront constamment parallèles pendant toute la durée de l'évolution ;

3° D'un appareil destiné à donner au papier le mouvement de translation, composé d'une hélice plongeant dans la mer, qui est disposée comme celle des lochs à hélices, et d'un récepteur agissant par l'intermédiaire d'une corde enroulée sur son axe sur un peigne muni de dents qui appuie sur le papier et l'entraîne avec lui.

L'hélice tournera avec la vitesse que lui imprimera le navire, résultant de sa vitesse propre et de celle des courants : la courbe tracée sera donc la courbe du navire sur l'eau et non sur le fond.

On peut obtenir avec l'appareil la longueur de la circonférence décrite par le navire et par conséquent le diamètre de giration minimum pour un certain angle de barre et une vitesse initiale déterminée, sans avoir recours à des relèvements.

Séance du 25 août.

M. *Lemoine* décrit un compteur pour jauger l'eau, dû à M. Giroud, et fondé sur le même principe que le rhéomètre pour eaux gazeuses, décrit à la session de Lille l'an dernier.

L'appareil se compose d'une boîte cylindrique dans laquelle est un tube central relié à l'enveloppe : sur ce tube peut glisser facilement, quoiqu'en formant fermeture étanche, un manchon qui est percé de trous et en outre laisse un vide entre la boîte et sa paroi.

L'eau pénètre dans la boîte par la partie inférieure, passe au-dessus du piston par les trous qui y sont ménagés et sort par l'ouverture communiquant avec la conduite de sortie ; dès que la pression augmente, le piston se soulève jusqu'à ce que l'équilibre s'obtienne entre la pression inférieure

d'une part, la pression supérieure et son poids d'autre part. Si on appelle p la pression inférieure, P la pression supérieure, S la surface pressée en dessous et dessus du piston, π le poids de ce piston, quand l'équilibre sera établi, on aura entre ces quantités la relation

$$p\,S = P\,S + \pi \text{ ou } (p-P) = \frac{\pi}{S} = \text{constante.}$$

On voit donc que l'écoulement s'effectuera avec pression constante, que par conséquent pour une ouverture déterminée on aura un débit fixe. Si l'on voulait augmenter ce débit, on réglerait l'ouverture de sortie à l'aide d'un robinet.

Cet appareil semble remplir les conditions qu'on recherche pour un compteur servant aux abonnements.

— M. *Gobin* fait connaître les procédés qu'il a employés à Lyon pour casser la glace à l'aide de la dynamite en 1871. La Saône et le Rhône présentaient à la surface une couche de glace de 18 à 20 centimètres d'épaisseur ; les premiers essais de cassage furent faits à l'aide de cartouches placées à la surface : la dynamite produisait des trous étroits ; on pratiqua alors dans la glace une encoche longitudinale de 4 à 5 centimètres de profondeur, dans laquelle on logeait un boudin de dynamite de 90 centimètres de longueur, qu'on recouvrait d'une légère couche de sable. On produisit des trous, en même temps une poussée parallèle à l'axe ; avec 240 grammes de dynamite n° 3, on obtint une fissure de 160 mètres de longueur, et une autre, à 14 mètres de la première, de 58 mètres. Pour diviser les morceaux, on faisait des trous dans lesquels on descendait à 1 mètre au-dessous de la glace des cartouches pesant 35 grammes et 17 grammes et demi. Il se produisait à chaque explosion un soulèvement conique de l'eau ; la glace oscillait pendant plus d'une minute et se fissurait en tous sens. Les morceaux, malgré l'épaisseur considérable de la croûte à briser, furent divisés de façon à être entraînés sans peine par le courant, et en un jour on put se débarrasser de 50 000 mètres cubes de glace avec cinq hommes et moyennant une dépense de 40 francs.

Les explosions sous l'eau font plus d'effet qu'à la surface, l'écueil à éviter est la congélation de la dynamite, qui se produit à 7 degrés au-dessus de 0 ; les cartouches gelées sont exposées à ne détoner qu'imparfaitement : en Autriche, on emploie des cartouches-amorces qui ne gèlent pas ; elles sont formées de nitroglycérine et de coton-poudre, et sont assez fortes pour faire détoner les cartouches de dynamite gelée : pour obtenir de bons effets, il vaut mieux encore employer des capsules doubles, contenant 1 gramme de fulminate.

Les mèches qu'on emploie pour faire détoner les mines sous-marines doivent être bien étanches ; ordinairement elles sont en gutta-percha, mais en hiver ces dernières se roidissent et ratent quelquefois ; il est bon d'avoir la précaution de les enduire de suif.

Les explosions ont l'inconvénient d'étourdir les poissons à de grandes distances, et de tuer les plus petits souvent jusqu'à 20 et 25 mètres.

— M. *Marey* présente un appareil qui lui paraît pouvoir remplacer avantageusement le loch dont on se sert à bord des navires : l'instrument est fondé sur le même principe que les tubes de Pitot perfectionnés par M. Darcy. Deux tubes sont terminés à leur partie supérieure par deux capsules de manomètres anéroïdes : la pression qui s'exerce sur chacun d'eux détermine un gonflement inégal des capsules. On réunit ces capsules par une tige dont on pourra mesurer les déplacements en la faisant agir sur l'aiguille d'un cadran ; on graduera l'appareil en le faisant mouvoir dans une eau calme et l'employer ensuite dans les courants pour mesurer leur vitesse.

Les lames agiront également sur chaque tube et, comme

l'appareil n'enregistre que les différences d'action sur l'un et l'autre, ne fausseront pas les résultats observés; il en sera de même pour les effets de tangage.

L'instrument permettrait de mesurer non la vitesse propre du navire, mais sa vitesse par rapport au milieu dans lequel il se meut.

On peut se demander comment on fera agir l'eau sur lui, s'il est placé sur le pont et si l'on a recours à l'air pour transmettre les pressions; on peut craindre que l'aiguille ne se déplace dans les coups de tangage violents, quoique la vitesse de l'eau ne soit pas modifiée; les deux colonnes n'ayant pas même hauteur auront en effet des forces d'inertie différentes. Peut-être vaudrait-il mieux le placer au niveau de la ligne de flottaison.

M. *Bourdelles* pense qu'il conviendrait de maintenir l'instrument dans l'eau et de noter sur le pont les indications qu'il fournit à l'aide d'une communication électrique.

— M. *Bally* présente des échantillons de pierres factices qu'il appelle pierres reconstituées et qui sont faites avec un mélange de pierres tendres ne résistant pas aux gelées, provenant des environs du Bec-d'Ambez, et de chaux grasse : la pierre naturelle est réduite en morceaux grossièrement concassés, la chaux est délayée dans l'eau dans la proportion de 120 litres d'eau pour 1 mètre cube de chaux : les matières sont mélangées à bras, puis mises dans des moules : le moule peut être enlevé au bout de deux jours si les matières employées sont sèches, et la pierre peut être utilisée au bout de cinquante à soixante jours : elle a acquis toute sa dureté au bout de trois ans seulement.

Le prix de revient est de 12 francs par mètre cube : la pierre factice ne serait plus gélive.

— M. *Groc* décrit une borne-fontaine intermittente qu'il a employée pour le service d'eau de la Rochelle : les bornes-fontaines ordinaires sont à ressort ou à repoussoir : elles se détériorent rapidement et quelquefois ne sont pas refermées, soit par négligence, soit par malveillance : la fontaine intermittente par laquelle il les remplace est jaugée à 10, 20 ou 30 litres, et ne peut donner un volume supérieur que si l'on agit de nouveau sur le robinet. L'appareil se compose d'un coffre méplat en fonte, d'un volume égal à celui qu'on veut fournir, divisé en deux parties par une membrane en cuir qui remplit un office analogue à celui du piston dans un cylindre à vapeur. Un robinet permet par une manœuvre convenable de mettre à volonté en communication avec la source un des côtés, tandis que l'autre l'est avec l'extérieur, et même de supprimer toute communication du coffre avec l'entrée et la sortie. On peut donc à volonté, soit vider l'appareil, soit n'y prendre que le volume d'eau dont on a besoin. Une de ces bornes fonctionne régulièrement depuis plusieurs années, et l'on n'a eu qu'une seule fois besoin de changer la membrane de cuir.

M. Groc décrit, en outre, une disposition qu'il a adoptée pour faciliter de distance en distance l'alimentation en cas d'incendie. Il faut pouvoir fournir sur un même point le plus grand volume d'eau possible; la conduite principale aboutit dans un regard étanche : elle est interrompue par un manchon sur lequel est ménagée une prise d'eau munie d'une ouverture de diamètre égal à celui de la conduite : cette ouverture est fermée par une soupape qu'on peut, à l'aide d'une clef, lever suivant les besoins. On obtient ainsi un débit qui peut égaler celui de la conduite.

Séance du 26 août.

M. *Nivet* lit un mémoire dans lequel il étudie l'influence des irrigations sur les inondations, en admettant les irrigations étendues à tout un bassin.

L'État établirait les canaux principaux, qui pourraient servir en même temps de canaux de transport, suivant les lignes de faîte de chaque côté de la vallée, de façon à arroser une partie considérable du bassin. Des chutes seraient ménagées de distance en distance et pourraient être utilisées par l'industrie : les plis de terrain dans les montagnes seraient barrés par des digues et serviraient de réservoirs dans les crues et permettraient de compléter en été l'alimentation du canal.

L'auteur fait l'application des idées générales qu'il a développées au bassin de la Loire, dont la superficie est de 11 650 000 hectares : le canal aurait 1500 kilomètres et coûterait 350 000 francs par kilomètre, soit 525 000 000 de francs; la redevance pouvant être payée à l'État par l'agriculture, à raison de 15 francs par hectare irrigué, s'élèverait, pour une superficie irrigable de 3 883 000 hectares, à 58 000 000 de francs, c'est-à-dire à 10 pour 100 du capital dépensé. Les frais d'entretien seraient couverts par les produits de la navigation.

Les crues les plus fortes de la Loire débitent 12 000 mètres cubes par seconde, pendant quatre jours au plus, soit 4 147 200 000 mètres cubes, tandis que les bassins pourraient emmagasiner le double de ce volume; il serait possible d'éviter ou au moins d'atténuer les inondations.

M. *Gobin* fait observer qu'une crue exceptionnelle n'arrive pas subitement, qu'elle est précédée par plusieurs crues successives, et que les bassins seront déjà remplis quand elle se produira.

M. *Jegou* objecte que les réservoirs devront être établis dans les petites vallées qu'on rencontre dans les parties hautes des bassins, là où les prairies ont une très-grande valeur et sont indispensables à l'existence des populations.

M. *Guieysse* croit que c'est par le reboisement qu'on s'opposera avec le plus d'efficacité aux effets désastreux des grandes crues.

— M. *Henry Gay* donne la description d'un nouveau concasseur inventé par M. Anduze, permettant d'obtenir des fragments variant depuis la grosseur du poing jusqu'au volume d'une noisette. Un plateau cylindrique formant volant tourne autour d'un axe très-solide : de chaque côté de ce plateau débordent des prismes pouvant passer dans des peignes fort épais fixés au bâti de la machine. Le plateau, en tournant, eu égard à sa vitesse et à sa masse, détermine un choc violent des prismes contre les matières à casser, assez brusque pour ne pas produire l'écrasement de ces matières : on peut, avec une force de dix chevaux-vapeur, concasser sans difficulté des calcaires compactes très-durs ; c'est avec cette machine que l'on concasse actuellement l'émeri à Saint-Gobain.

On peut, en appliquant le même principe, arriver à une trituration plus complète; deux plateaux animés d'un rapide mouvement de rotation sont munis de prismes disposés sur la surface à diverses distances du centre; les matières, cisaillées par la rencontre des prismes des deux surfaces, s'échappent en se portant du centre à la circonférence et peuvent être réduites à un volume de plus en plus minime.

— M. *Bourdelles* fait connaître les dispositions qu'il prend pour enlever à l'entrée du port de Lorient une roche sous-marine : cette roche a son sommet à 4 mètres au-dessous des plus basses mers et à 10 mètres au-dessous des plus hautes mers. Elle a 40 mètres de longueur sur 25 mètres de largeur; la hauteur maxima à déblayer est de 3 mètres. C'est un quartzite très-dur, difficile à attaquer au trépan.

On n'eût pu obtenir que de faibles résultats avec les mines américaines chargées de 50 à 60 kilogrammes de poudre : ces mines agissent bien quand le rocher est fendillé, mais sont presque sans effet s'il est bien homogène. Des mines américaines en dynamites ont été essayées sans succès ; il est vrai que leur charge était faible. On s'est décidé à forer une série de trous profonds, disposés de façon à déterminer dans le rocher des lignes de moindre résistance et à placer dans ces trous des gargousses en dynamite.

Le forage des trous est une opération difficile : il doit s'exécuter au milieu de courants violents qui atteignent cinq nœuds, à l'aide d'un appareil flottant placé à une grande hauteur au-dessus des points à attaquer. On a dressé un grand mât s'élevant beaucoup au-dessus des hautes mers, qui est maintenu vertical à l'aide de quatre câbles fixés sur des ancres.

Le forage s'effectue à l'aide d'un trépan glissant dans un tube en tôle placé près du mât, qui permet ainsi de le guider dans son mouvement vertical. Les produits de la destruction de la roche sont enlevés automatiquement, sans qu'on ait besoin d'avoir recours au scaphandre ; le tuyau a un diamètre tel, qu'il forme piston plongeur et détermine, quand on le manœuvre, un courant d'eau assez violent pour curer le trou : il donne quinze coups par minute et continue son mouvement jusqu'à ce qu'il soit usé. Son poids et sa forme ont été déterminés par expérience. En employant pour bourrer les trous de la dynamite très-forte, on a pu se contenter de trous de 5 à 8 centimètres de diamètre.

Les trous sont disposés suivant des lignes droites et de façon à être à peu près équidistants : ils sont chargés de manière que les mines suivant une même direction partent simultanément.

La dynamite est enfermée dans de grandes boîtes de fer-blanc ayant le même diamètre que les trous : on prend l'empreinte de chacun d'eux en y introduisant un sac muni d'un plateau en tôle et en le bourrant. Chaque cartouche a 2^m,50 de longueur et contient 15 à 20 kilogrammes de dynamite. On charge les gargousses en les renversant et de façon à éviter qu'il ne reste un vide à la partie supérieure : il est à craindre, en effet, que la dynamite, venant à se tasser dans des tubes aussi longs, ne soit plus en contact avec la capsule.

Les cartouches sont enduites de gallipot : elles peuvent rester dans l'eau pendant longtemps, être même gelées, puisque l'eau de mer est souvent à une température inférieure à 7 degrés, et produire de bons effets avec une capsule chargée de 30 grammes au moins de dynamite n° 1.

L'explosion des mines d'une même ligne est déterminée d'une façon sûre à l'aide d'une pile de quarante-deux éléments avec circuit direct ; on avait d'abord essayé l'emploi d'un courant induit, mais il ne permettait guère d'enflammer plus de deux à trois cartouches simultanément.

L'ébranlement produit par l'explosion se communique à une assez grande distance, et l'effet utile est considérable. Après avoir ébranlé la roche, on cherche à la triturer, à la réduire en morceaux pouvant s'enlever à la griffe ou à la drague, ou même pouvant être jetés dans le chenal.

La dynamite n° 3 produit les grands ébranlements ; la dynamite n° 1 est préférable pour débiter la roche en fragments.

— M. *Rabut* fait une communication sur l'emploi du courant des rivières pour les remonter. Il donne la description d'un bateau destiné à remonter un fleuve en n'employant que la force du courant : c'est un toueur dont le tambour reçoit son mouvement d'une roue pendante ; il cherche, étant données les dimensions du bateau et de son appareil moteur, le sens et la valeur de la vitesse absolue que prendra ce bateau dans un courant donné, le mouvement étant supposé uniforme, et réciproquement quel appareil il faudra monter sur un bateau donné pour lui faire remonter un courant avec une vitesse donnée. Il étudie les conditions de possibilité, la vitesse limite de la remonte et fait une application à un exemple pratique.

La section remplit à chacune de ses séances la salle d'études de l'institution Livet, qui se trouve trop petite pour la contenir. Les dames de l'Association continuent à suivre les travaux de géographie avec assiduité. Leur présence est même plus d'une fois utile ; une dame peut traduire phrase par phrase le discours d'un invité étranger qui parle dans sa langue maternelle.

Séance du 20 août. — Présidence de M. l'abbé Durand.

La séance est ouverte à huit heures du matin.

Le président reçoit M. le vice-amiral Ommaney, membre du conseil et délégué de l'Association britannique pour l'avancement des sciences, vice-président de le Société de géographie anglaise.

M. l'abbé Durand complimente M. l'amiral et rappelle à la section qu'il a fait partie de la seconde expédition envoyée à la recherche de sir John Franklin ; il demande à la section de nommer M. le vice-amiral Ommaney président d'honneur.

La section nomme M. Ommaney par acclamation.

M. l'amiral *Ommaney*, parlant peu la langue française, demande à s'exprimer en anglais.

M. *Hureau de Villeneuve* répète ses paroles en français.

M. *Ommaney* raconte ses impressions personnelles dans le voyage qu'il fit au pôle nord à la recherche de sir John Franklin. Il montre d'abord sur une carte le tracé de la première expédition, puis le tracé de celle où il se trouvait ; il en donne les résultats acquis à la science.

M. *Hureau de Villeneuve* déclare que, dans son appréciation, il ne lui semble pas évident qu'il existe au pôle nord une mer libre ; il sait que cette opinion est soutenue par la science allemande ; mais il a des raisons pour s'en méfier. Les voyageurs qui ont parlé de cette mer ne l'ont pas vue de près et n'y sont pas arrivés. Ils disent l'avoir vue du haut d'une montagne de glace ; mais il existe au pôle nord des mirages analogues à ceux des déserts de l'Afrique, et il est très-possible qu'ils aient été trompés par ces mirages. Il demande à M. Ommaney son opinion sur ce sujet.

M. *Ommaney* déclare qu'il n'a aucune raison pour croire à l'existence de la mer libre ; il peut croire tout au plus à un endroit où les banquises sont moins serrées.

M. *Hureau de Villeneuve* donne le tracé du canal projeté par l'officier birman Ong-Zou, entre un affluent de l'Irrowaddy et le Mékong. Ce projet est approuvé par le roi des Birmans, Mendoh-Men, qui désire établir des relations commerciales avec la Cochinchine. Le roi s'offre de construire à ses frais les routes passant sur ses terres et dans le Laos birman, si elles sont jugées nécessaires pour la construction du canal. Le roi de Birmanie pourra aussi faciliter au commerce français l'acquisition des marchandises venant du Yunnam et qui passent régulièrement par ses États.

M. Hureau de Villeneuve ajoute que le roi Mendoh-Men a refusé aux Anglais la concession du chemin de fer de Bamo au Yunnam, qu'il avait l'intention de l'accorder à une compagnie française, mais que l'insuccès du traité de commerce avec la France l'avait engagé à en faire la concession à une compagnie italienne.

La séance est levée à onze heures et demie.

Séance du 21 août. — Présidence de M. l'abbé Durand.

La séance est ouverte à huit heures.

M. *Bréguet* fils présente un nouveau niveau d'eau qui est destiné à être employé pour les montagnes, les tunnels, les mines à galeries courbes, etc. Ce niveau consiste en un récipient contenant de l'eau, en un tube de caoutchouc et en un baromètre métallique contenant de l'eau.

Quand le récipient est placé plus au moins haut, le baromètre indique une pression plus ou moins forte de la colonne d'eau. Cet instrument est très-sensible.

M. le commandeur *Negri* demande que l'on adresse des remerciments aux explorateurs du pôle et à ceux qui fournissent les fonds pour les expéditions polaires et les expéditions australiennes.

Il demande la fondation de cercles polaires favorisant les expéditions au pôle.

M. *Georges Renaud* parle sur la cartographie statistique à l'exposition géographique. La cartographie statistique française est inférieure à celle des autres nations. La Russie et la Norvége ont fait des cartes statistiques très-bien faites représentant les différentes productions du sol.

M. *Georges Renaud* a ensuite la parole sur le projet de percement du mont Blanc. Ce projet, qui aurait paru extravagant il y a quelques années, parait aujourd'hui fort possible ; il serait préférable au percement du Simplon et présenterait de grands avantages, car son exécution serait moins coûteuse.

La séance est levée à onze heures.

Séance du lundi 23 août. — Présidence de M. Gavarret.

La séance est ouverte à neuf heures du matin.

Les deux sections de géographie et de physique du globe se sont réunies dans le local de la section de physique, pour entendre des communications de MM. Hureau de Villeneuve, l'abbé Durand et Ludovic Martinet.

M. l'abbé Durand offre à M. Gavarret la présidence des deux sections réunies.

M. *Hureau de Villeneuve* lit une communication sur la formation des nuages. L'auteur s'est servi des observations des deux héroïques observateurs, Crocé-Spinelli et Sivel, et présente une théorie nouvelle fondée sur ces observations. En effet, les deux aéronautes ont remarqué que la présence de plusieurs courants superposés dans l'atmosphère coïncidait avec l'existence des nuages et de la pluie, tandis que la présence d'un seul courant coïncidait avec le beau temps.

Il en tire une théorie de la formation des nuages qui seraient formés par la condensation de deux courants d'air l'un par l'autre.

M. Hureau de Villeneuve présente de plus un instrument destiné à donner la vitesse angulaire des nuages.

C'est une boule de verre étamée à l'intérieur et portant des graduations. L'image des nuages sur ce miroir convexe indique leur vitesse angulaire.

M. *Cornu* fait observer qu'il a trouvé un moyen d'obtenir la vitesse réelle des nuages par leur ombre sur la terre, en calculant la hauteur du soleil sur l'horizon et l'éloignement de plusieurs points connus.

M. *Hureau de Villeneuve* répond qu'il croit le procédé de M. Cornu excellent, mais que des mathématiciens très-habiles peuvent seuls l'appliquer, tandis que tout le monde peut se servir de son petit appareil, qui donne, il est vrai, des résultats moins parfaits.

M. l'abbé *Durand* lit un mémoire sur les conditions climatologiques et le régime des vents au pôle nord. D'après cet auteur, ce régime consisterait en des bourrasques terribles auxquelles succèdent des calmes plats.

M. *Ludovic Martinet* lit un mémoire sur la possibilité de traverser le pôle nord en ballon. Il rappelle que Sivel avait présenté à la Société de navigation aérienne un projet sur ce sujet. Le projet n'a pas été exécuté à cause de la dépense considérable, mais l'auteur croit qu'en employant une montgolfière, suivant les idées de M. Silbermann, on pourrait en rendre l'exécution plus facile.

L'ordre du jour des communications des deux sections étant épuisé, la section de physique reprend la suite de ses travaux.

Séance du lundi 23 août. — Présidence de M. l'abbé Durand.

La séance est ouverte à deux heures et demie.

M. le commandeur Negri, président de la Société de géographie italienne, assiste à la séance. La section le nomme second président d'honneur ; il prend place au bureau.

M. *Negri* a la parole sur la question du pôle nord. L'orateur ne veut parler que de la physique du globe ; il fait l'histoire des opinions sur la température au pôle nord.

Il y a deux écoles : l'école anglaise et l'école allemande. L'école anglaise n'admet pas la mer libre, l'école allemande l'admet. M. le commandeur déclare la question douteuse ; il espère que de nouvelles expéditions pourront seules apprendre la vérité sur ces faits.

M. *Charles Grad* répond que les études zoologiques ont donné la preuve de l'existence d'une mer libre. En effet, les baleines ne peuvent vivre sous la glace, parce qu'elles ont besoin de respirer ; or, il vient du nord une grande quantité de baleines, il en résulterait donc qu'il doit exister une mer libre.

On procède à l'élection d'un délégué de la section au conseil.

M. Hureau de Villeneuve est nommé délégué.

M. l'abbé *Durand* traite de l'existence de la mer libre au pôle nord. Il ne croit pas à l'existence d'une mer complétement libre, mais à un adoucissement de température.

M. l'amiral Ommaney ajoute aux paroles de M. l'abbé Durand le résultat de ses études personnelles. Une dame anglaise traduit les paroles de M. l'amiral.

La séance est levée à cinq heures.

Séance du mercredi 25 août. — Présidence de M. l'abbé Durand.

La séance est ouverte à neuf heures du matin.

M. *Roussin*, qui a déjà fait en séance générale une communication sur le pôle nord, revient sur ce sujet. Il n'admet pas l'existence de la mer libre, mais il croit qu'il est bon de vérifier le fait.

M. *Manès* fait l'historique de la Société de géographie commerciale de Bordeaux. Cette Société, née après la première session de l'Association française, a pris un rapide essor et donne maintenant au commerce des renseignements utiles. Elle a obtenu une médaille au Congrès géographique.

M. *Levasseur* présente ensuite à la section une carte en relief de la France, dressée au 1 100 000° par lui et Mlle Caroline Kleinhaus, membre de la Société de géographie de Paris. Elle a été exécutée à l'échelle de la carte murale de M. Levasseur, qui a donné le fond premier de la planimétrie. Le détail de la planimétrie a été dessiné sur les cartes de l'étatmajor, le 320 000° ou le 80 000°, là où le 320 000° fait défaut, sur le 250 000° suisse, le 160 000° belge, le 50 000° piémontais, etc. Le relief a été sculpté à l'aide des mêmes cartes et de cartes géologiques, le 500 000° d'Élie de Beaumont, la carte de Dechen pour l'Allemagne, etc. A l'aide d'un instrument particulier, toutes les hauteurs ont pu être mesurées avec une grande exactitude et vérifiées autant de fois qu'il a été utile de le faire.

M. *Roussin* lit un mémoire sur les débouchés probables de l'Afrique équatoriale, d'après les travaux de Livingstone. Il établit les bassins de l'Afrique et leurs embouchures en donnant les probabilités de leurs sources.

M. *Georges Renaud* parle sur les gorges de la Diauze. Ce sont une série de belles cascades, jusqu'à ce jour peu connues et qui existent dans la Haute-Savoie.

M. *Levasseur* met l'auditoire au courant des travaux cartographiques du Ministère de la guerre.

La séance est levée à onze heures.

Séance du 25 août. — *Présidence de M. l'abbé Durand*

La séance est ouverte à trois heures.

M. l'abbé *Durand* lit un mémoire sur les expéditions au pôle nord, depuis les plus anciennes jusqu'à nos jours. Il parle des expéditions qui se préparent dans les pays étrangers.

M. l'amiral *Ommaney* termine sa communication sur le pôle nord. Il indique sur une carte du pôle quels chemins ont été parcourus, lesquels donnent l'espoir du succès et jusqu'à quels degrés de latitude on est parvenu par les diverses routes.

L'ordre du jour étant épuisé, les discussions sont déclarées closes.

CONGRÈS INTERNATIONAL DES SCIENCES MÉDICALES

(4° Session. — Bruxelles.)

SECTION DE MÉDECINE

Président : M. *Thiry*, professeur à l'université de Bruxelles. — Secrétaires : MM. *Mahaux* et *Carpentier*, professeur à l'université de Bruxelles.

I. — L'INOCULABILITÉ DU TUBERCULE. (Rapport de M. le professeur Crocq). — De tout temps il s'est trouvé des médecins qui ont affirmé la contagiosité de la phthisie pulmonaire. Parmi eux, nous trouvons en première ligne le père de la médecine, celui qui l'a réellement constituée comme science. Hippocrate fut suivi dans cette voie par de nombreux auteurs. Aucune idée préconçue, aucune théorie n'ayant été pour eux le point de départ de cette allégation, on doit croire qu'elle provenait de l'observation impartiale des faits. Ceux-ci étaient relatifs surtout à des cas où un époux phthisique avait transmis son affection à son conjoint, dépourvu d'ailleurs de toute prédisposition constitutionnelle ou héréditaire. Il est donc étonnant qu'il faille arriver jusqu'à ces dernières années pour voir poser la question de l'inoculabilité de la tuberculose et pour la voir soumettre au tribunal de l'expérimentation. Laennec raconte s'être inoculé accidentellement un tubercule au doigt; il est étonnant que ce fait n'ait pas éveillé l'attention de cet homme de génie, ni de ses successeurs, et ne soit pas devenu pour eux le point de départ d'une série d'expériences. En 1834, Albers signala plusieurs faits semblables, sans que le public médical s'en émut. (Albers, dans *Rust. Magazin* 1834.) Ce n'est que neuf ans plus tard, en 1843, que furent publiées par Klencke les premières observations d'inoculation de matière tuberculeuse pratiquées avec succès (Klencke *Untersuchungen und Erfahrungen im Gebiete der Anatomie, Physiologie*, etc., Leipzig, 1843, tome I, p. 123), et, chose étonnante, les travaux de cet expérimentateur passèrent tous aussi inaperçus que le faits relatés précédemment.

A M. Villemin revient le mérite d'avoir réussi à appeler et à fixer l'attention sur cet important sujet; et c'est à sa persistance, aussi bien qu'au nombre et à la valeur de ses expériences, que cette question doit la vogue qu'elle a acquise dans ces dernières années. C'est là un mérite que personne ne peut lui contester, quel que soit le jugement qu'on porte sur les conclusions et les théories auxquelles il est arrivé, et

(1) Voy. notre numéro précédent, page 295.

qui sont les suivantes : La tuberculose reconnaît pour point de départ un virus spécifique, tout comme la variole, le typhus, et surtout la syphilis et la morve. Elle ne peut être produite que par l'introduction de ce virus, que ce soit par inoculation, par contagion, ou par des germes flottant dans l'atmosphère et renfermant le virus. (Villemin, *Études sur la tuberculose*, Paris, 1868, p. 625.) Conséquent avec lui-même, M. Villemin nie l'influence de l'hérédité, des dispositions constitutionnelles et des refroidissements, par conséquent absolument tout ce que l'expérience des siècles nous a légué concernant l'étiologie de la tuberculose. Allant plus loin encore, il proclame qu'il existe un seul caractère certain de la tuberculose, et que ce caractère est la présence du virus, démontrée par l'inoculation. (Villemin, *ouvrage cité*, p. 175.) Il va tellement loin dans cette voie, qu'un produit pathologique ne présentât-il même pas les caractères du tubercule, il serait néanmoins tuberculeux si son inoculation était suivie d'une production tuberculeuse. (*Ibid.*, p. 559.) La récente discussion qui a eu lieu à l'Académie de médecine de Paris prouve que depuis qu'il a écrit ces lignes, M. Villemin n'a en aucune manière modifié ses convictions.

La forme absolue de celle-ci serait déjà un motif suffisant pour douter de leur valeur.

En effet, quel est le praticien qui pourrait douter un instant de l'influence de certaines dispositions constitutionnelles qui conduisent directement ceux qui les présentent à la tuberculisation? Quel est surtout celui qui oserait infirmer l'action de l'hérédité et l'existence de familles fatalement vouées à cette grave altération pathologique? Pour ma part, je déclare que, pour nier ces choses, il faut faire table rase de l'observation, pour mettre à sa place des théories et des idées préconçues. Une fois lancé dans cette voie, l'esprit de l'homme ne se borne plus à étudier la nature et à constater ses phénomènes; il la crée de toutes pièces et la façonne à son image.

Ces considérations suffisent pour faire apprécier à leur juste valeur les théories de M. Villemin. Ajoutons qu'il n'établit aucune distinction entre les tubercules proprement dits et les produits caséeux d'origine quelconque qui lui ont aussi fourni des résultats positifs. Le seul point qu'il ait établi réellement, c'est le fait de la production de la tuberculose par l'inoculation des produits tuberculeux, et ceux qui l'ont suivi dans cette voie n'ont fait, en général, que confirmer ce fait.

Cependant, M. Colin, dans le rapport qu'il présenta à l'Académie de médecine de Paris, le 16 juillet 1867, sur le mémoire de M. Villemin, arriva à des conclusions différentes. Tout en constatant la réalité de la production de tubercules à la suite de l'inoculation, il nia la spécificité de la tuberculose, et attribua les faits, non à un virus ou à un principe spécifique, mais à la pénétration des matières inoculées dans les voies lymphatiques et sanguines, à leur transport dans le tissus, et à l'action irritante qu'elles y déterminent. (*Bulletin de l'Académie de médecine de Paris*, séance du 16 juillet 1867.) Cependant, d'après lui, les produits tuberculeux seuls sont capables d'engendrer des tubercules; l'inoculation de toute autre substance ne peut en produire. Dans deux cas, M. Colin vit des plaies par morsure amener chez des lapins des tubercules pulmonaires, sans inoculation d'aucune sorte; ces cas ne changèrent toutefois en rien sa manière de voir. Il trouva sous la peau dans le voisinage des plaies des dépôts caséeux ; il les considéra comme des tubercules survenus consécutivement à la lésion traumatique et déclara qu'ils étaient le point de départ de l'infection. Je rappellerai ici qu'en 1859 j'ai publié un cas dans lequel j'ai produit dans les poumons d'un lapin une formation de produits qui ne différaient en rien du tubercule, en injectant dans les bronches du chromate de plomb délayé dans de l'eau.

Il y avait dans les expériences de M. Colin et dans les conclusions qu'il en avait tirées quelque chose qui ne satisfaisait pas l'esprit. Il ne brisait pas avec l'observation des siècles, avec l'expérience de tous les médecins, comme M. Villemin ; mais ses conclusions offraient quelque chose qui choquait, qui ne semblait pas bien conforme à la logique. Ses recherches en appelaient d'autres, destinées à éclaircir ce qu'elles présentaient de douteux et de contradictoire.

Aussitôt que M. Villemin eut publié ses expériences, elles furent répétées par M. Lebert, on en constata l'exactitude ; mais bientôt ce savant, dans des expériences instituées tant par lui seul qu'avec M. Oscar Wyss, fit un pas de plus et aboutit à des conclusions bien différentes. (Lebert et Wyss, *Beiträge zur experimental Pathologie der heerdartigen, umschriebenen, disseminirten Lungenentzündung,* dans *Virchow's, Archiv,* t. XL, 1867, p. 169).

Il démontra que l'inoculation de substances organiques bien différentes de la matière tuberculeuse, la substance du sarcome ou de la mélanose, la matière caséeuse provenant d'une inflammation, le pus, pouvaient produire des résultats absolument identiques avec ceux de l'inoculation du tubercule. Il vit l'injection de mercure métallique dans la trachée-artère et la veine jugulaire des lapins amener les mêmes conséquences.

MM. Simon et Sanderson (*British medical Journal,* 1868) virent chez des cochons d'Inde l'inoculation du pus et même l'application d'un séton en coton déterminer la tuberculisation. M. Wilson Fox (*A lecture on the artificial production of tubercle in the lower animals; the Lancet,* mai 1868) la produisit par l'inoculation des matières les plus hétérogènes, telles que le virus-vaccin, le tissu rénal affecté de cirrhose, le foie gras, des portions de muscles putréfiés. En présence de faits semblables, il devient tout à fait impossible de soutenir la spécificité de la tuberculose et l'existence d'un virus inoculable: pour le faire désormais, il faudrait nier les faits ou les torturer, procédés qu'un étroit esprit de système peut seul expliquer, mais que la vraie science réprouve. On a prétendu que le lapin offrait souvent, par suite des conditions dans lesquelles il vit, la tuberculose spontanée. Ce fait a été sérieusement contesté, et il est très-contestable ; je n'ai d'ailleurs pas ici à m'en préoccuper, la plupart des expériences dont je viens de parler ayant été pratiquées sur des cochons d'Inde, chez lesquels on n'a jamais rencontré la tuberculose spontanée.

Prenant tous ces faits en considération, MM. Lebert et Wyss (travail cité dans *Virchow's Archiv,* t. XI, p. 578 ; Lebert, *Klinik der Brustkrankheiten,* Tübingen, 1874, t. II, p. 504), renversant complétement la spécificité de la tuberculose, dont il avait été l'un des plus fervents adeptes, a formulé une doctrine toute différente. D'après lui, c'est l'inflammation que l'on rencontre toujours et partout au point de départ de la tuberculisation ; c'est elle qui l'engendre et la domine. Ses causes peuvent être purement mécaniques, comme lorsqu'elle se développe à la suite d'injections de substances minérales. Celles-ci pénètrent-elles dans les vaisseaux? elles y produisent de petites embolies qui amènent à leur suite la périartérite, puis l'inflammation des tissus voisins.

Lorsque ce sont des produits organiques qui pénètrent, ce qui peut avoir lieu, par les lymphatiques ou par les veines, il est très-vraisemblable qu'il y a un suc infectant qui provient de l'objet ou du foyer qui sert de point de départ. Ce suc est en rapport plus ou moins intime avec des éléments corpusculaires qui peuvent lui servir de support. Il peut amener directement la formation d'embolies dans les petits vaisseaux ; il peut sortir par exosmose de leur cavité, et aller directement irriter les éléments anatomiques avec lesquels il se met en contact. De là, par prolifération et par diapédèse des leucocytes, le début de la formation tuberculeuse.

M. Waldenburg répéta sur une large échelle toutes les expériences de ses prédécesseurs, dont je viens de tracer le compte rendu, et en fit d'autres du plus grand intérêt. Ces nouveaux essais peuvent se sous-diviser en quatre séries. La première se compose d'inoculations pratiquées sur des lapins avec des matières tuberculeuses ou caséeuses conservées pendant plusieurs mois dans l'esprit-de-vin (Waldenburg, *Die Tuberculose,* Berlin, 1869, p. 308). Ces matières, ainsi altérées, amenèrent presque constamment la tuberculisation, et se montrèrent plus actives qu'à l'état frais. Dans la science, ces mêmes substances, conservées dans l'alcool, furent traitées par l'acide nitrique plus ou moins concentré ou bouillies avec de l'eau. (*Même ouvrage,* p. 321.) Celles qui, traitées par l'acide nitrique concentré, furent ensuite neutralisées par le carbonate de soude, perdaient par là leur état moléculaire et devenaient solubles dans l'eau ; elles ne fournirent aucun résultat. La même matière, lavée avec une solution étendue de ce sel, puis desséchée à 40 degrés Réaumur, pulvérisée et inoculée à un hérisson, détermina une tuberculisation des ganglions lymphatiques. Les matières, conservées dans l'esprit-de-vin, puis bouillies dans l'eau, produisirent chez un cochon d'Inde des granulations tuberculeuses dans le foie, et chez un autre dans la muqueuse de l'intestin et dans le mésentère. Une troisième série, la plus importante sans doute, fut instituée à l'aide d'un produit de sécrétion non tuberculeux, le muco-pus de la pharyngite chronique, profondément altéré par l'alcool et le permanganate de potasse. (*Même ouvrage,* p. 330.) Ces inoculations amenèrent chez des cochons d'Inde des résultats des plus curieux : des inflammations caséeuses et des tuberculisations généralisées parfaitement caractérisées. Le pus provenant de ces animaux, inoculé à d'autres, détermina chez ceux-ci des tuberculisations absolument comme les produits soi-disant spécifiques. (*Même ouvrage,* p. 298). Dans une dernière série, l'inoculation de substances inorganiques, telles que le bleu d'aniline, amena la formation d'inflammations caséeuses étendues, provenant généralement de la confluence de nombreux foyers miliaires, et aussi de granulations en tout semblables aux granulations tuberculeuses. (*Même ouvrage,* p. 351). Les molécules se retrouvèrent dans les granulations, et aussi dans les parties saines (1).

Il résulte de ces nouvelles séries d'expériences, que la présence d'un agent chimique ou organique quelconque n'est nullement nécessaire pour la production des tubercules. Ce qui est nécessaire, c'est la présence de substances corpusculaires susceptibles de s'introduire dans l'économie, de provoquer dans les tissus des inflammations limitées en foyer dont le résultat est la formation des nodules tuberculeux.

D'après M. Waldenburg, ces particules devraient être très-ténues, ayant au plus le volume des leucocytes du sang ; elles agiraient pour engendrer la tuberculisation lorsque, sortant des vaisseaux, elles s'engageraient dans les tissus. Peut-être en sortent-elles en compagnie de nombreux leucocytes, dont l'issue résulte de l'irritation produite par l'action du corps étranger. (Waldenburg, ouvrage cité, p. 413 et 455.)

Il est évident que tout cela appartient au domaine de l'hypothèse et ne doit par conséquent pas nous occuper. Le seul fait positif, c'est qu'une seule donnée nous apparaît comme reliant ensemble tous les faits expérimentaux acquis jusqu'à

---

(1) Il y a longtemps que j'ai établi la pénétration des particules organiques très-ténues introduites dans les tissus de l'économie animale par des expériences nombreuses et variées. Voyez J. Crocq, *De la pénétration des particules solides à travers les tissus de l'économie animale,* Bruxelles, 1859. M. Waldenburg n'a donc pas le premier établi ce fait, comme il paraît le croire (p. 412). Ce qu'il a établi, ce sont les rapports des corpuscules ainsi introduits avec certains produits pathologiques.

présent; cette donnée, c'est la présence de corpuscules moléculaires qui, partant d'un point quelconque de l'économie, pénètrent dans l'appareil de la circulation. Ces corpuscules ne doivent nullement être doués de vie; ils paraissent au contraire avoir le plus d'activité lorsqu'ils en sont tout à fait privés. Il est évident qu'ils doivent en effet agir d'autant plus qu'ils seront moins altérables, moins susceptibles de transformation et d'assimilation. Voilà pourquoi toute absorption de substances quelconques n'est pas apte à produire ce résultat. Ces produits peuvent provenir du dehors ou bien avoir été engendrés par l'économie elle-même, ainsi que cela se voit dans les inflammations caséeuses, qu'elles soient spontanées ou traumatiques.

C'est à ce dernier cas que se rapportent les résultats obtenus par des plaies, par l'application d'un séton, opérée par MM. Simon et Sanderson, et aussi par l'introduction dans les tissus de corps étrangers quelconques. C'est ainsi que MM. Cohnheim et Fraenkel ont produit la tuberculisation par l'insertion de coton, de charpie, de cinnabre, de caoutchouc, etc. (*Archiv für pathologische Anatomie*, Berlin, 1868. t. XLV).

Un point me reste encore à élucider. Lss granulations produites par des inoculations ou des injections de substances quelconques, ou par les procédés que je viens de mentionner, sont-elles bien des tubercules ?

Pour le savoir, il faut comparer leur structure et leur évolution avec celles des vrais tubercules, acceptés comme tels par tout le monde.

Ces granulations sont grises et translucides, ou blanchâtres, jaunâtres ou jaunes et opaques; quelquefois elles sont jaunâtres à leur centre et grises à leur périphérie. Leur volume varie : parfois visibles seulement à la loupe, elles atteignent au maximum le volume d'un petit pois. Elles peuvent occuper les parois des artérioles ou les interstices des tissus.

Par leur volume, leur forme, leur consistance, leurs couleurs, leurs relations anatomiques, elles sont tout à fait identiques avec les granulations tuberculeuses. Et leur structure, que nous dit-elle ? Le tubercule est formé de leucocytes plus ou moins altérés, de cellules plus grosses appelées épithélioïdes, à cause de leur analogie avec celles de l'épithélium, et de cellules géantes à noyaux nombreux, auxquelles, dans ces derniers temps, on a accordé une grande importance. Il ne contient pas de vaisseaux, et présente un réticulum plus ou moins prononcé. Les granulations obtenues expérimentalement offrent une composition identique, et l'on ne saurait pas distinguer celles qui proviennent de l'inoculation de la matière tuberculeuse, de celles qui sont dues à l'introduction de toute autre substance. Ce serait donc sacrifier à une vue *à priori*, à une idée préconçue, que de déclarer les unes tuberculeuses et les autres non tuberculeuses. Les unes et les autres suivent la même marche et peuvent aboutir à la formation de cavernes dans les poumons et d'ulcérations dans les intestins. M. Ziegler a démontré que l'on pouvait observer des éléments anatomiques identiques et évoluant de la même manière dans l'exsudat qui se dépose entre deux plaques de verre accolées et introduites dans les tissus. (Ziegler, *Experimentelle Untersuchungen ueber die Herkunft der Tuberkelelmente*, Wuerzburg, 1875.) Ces expériences prouvent une fois de plus que c'est l'inflammation, et rien que l'inflammation, qui préside à l'évolution des lésions tuberculeuses.

De ces faits et de ces considérations découlent nécessairement les conclusions suivantes :

1° La tuberculose est le résultat d'un processus inflammatoire évoluant selon un mode particulier;

2° Elle est transmissible par l'inoculation de ses produits;

3° Elle peut être déterminée également par l'introduction dans l'économie de substances diverses dépourvues de toute activité spécifique;

4° Ses propres produits ne paraissent pas agir autrement que ces dernières substances;

5° Leur action est le résultat de leur é'at moléculaire et de l'irritation que leur présence amène dans les tissus.

II. — Prophylaxie du choléra. — Le rapport de M. Lefebvre développait quatre points fondamentaux de l'étiologie du choléra :

1° L'*origine* du miasme cholérigène (*origine première* dans certaines contrées de l'Inde, notamment le delta du Gange et les contrées basses qui environnent Madras et Bombay; *explosions localisées* en certains points de l'Europe d'épidémies cholériques attribuées par le rapporteur au développement tardif de miasmes laissés en quelque sorte en provision par l'épidémie asiatique précédente).

2° Les *attributs du miasme cholérique* (contagiosité, diffusion homogène dans l'atmosphère, défaut de stabilité, destruction par une température élevée, accoutumance des individus longtemps exposés à son action).

3° Les *lois de propagation du choléra asiatique* (contage, surtout par les déjections du malade; variétés du véhicule).

4° L'*imprégnation cholérique* et l'*évolution* (absorption par la muqueuse pulmonaire et les voies digestives; incubation très-courte, etc.).

5° Indications prophylactiques dérivant de ces notions étiologiques.

Ces divers points, discutés en section, ont valu à la section de médecine une intéressante discussion sur la contagiosité du choléra et les quarantaines.

M. Semmola explique les faits invoqués par les non-contagionnistes en faisant ressortir l'importance de la réceptivité organique. Il se déclare, avec MM. V. Sigmund, Lefebvre, Jaccoud, partisan de l'absorption par les voies pulmonaires tout autant que par les voies digestives. Puis vient la campagne contre les quarantaines condamnés par MM. Jaccoud, Semmola, Sigmund. La discussion aboutit à proposer, au lieu de la quarantaine illusoire d'un côté, portant, de l'autre, atteinte à la liberté individuelle, « des mesures vraiment efficaces et compatibles avec les exigences de la civilisation moderne ».

Enfin, au lieu de la conclusion de M. Lefebvre, « longtemps encore, malgré les efforts des gouvernements, ces sources d'épidémie subsisteront (Inde et foyers secondaires en Europe) », la rédaction suivante est adoptée : « Le Congrès espère que les travaux d'assainissement entrepris dans l'Inde par l'Angleterre seront menés à bonne fin et parviendront à éteindre le foyer d'origine du choléra asiatique. »

A part quelques modifications de forme, la section de médecine a adopté les conclusions de M. Lefebvre, son rapporteur, sur la question du choléra, dans l'ordre où nous les avons résumées plus haut et avec les formes que le rapporteur leur a données.

En séance générale, M. *Lefebvre* a particulièrement attiré l'attention de l'Assemblée sur l'action de la chaleur comme agent désinfectant. Il rappelle son efficacité pour la désinfection, d'après le procédé Vleminckx, des vêtements portés par les galeux, et conseille l'établissement d'étuves sèches dans tous les hôpitaux et même dans les maisons privées.

Après quelques observations de MM. *Ahmed, Semmola* et *Sigmund*, la discussion sur le choléra est terminée, et les conclusions du rapport ont été votées en séance générale.

III. — L'alcool comme agent thérapeutique. — Voici les conclusions du rapport préliminaire de M. le docteur Desguin (d'Anvers) :

1° Deux phases doivent être distinguées dans l'action physiologique de l'alcool et des boissons alcooliques: la première est caractérisée par l'excitation de toutes les parties du système nerveux, tant ganglionnaire que cérébro-spinal;

la seconde, par la dépression de tous les actes de la vie organique et de la vie animale ;

2° Ces deux modes d'action ne sont pas contradictoires ; la physiologie montre que le second n'est que la conséquence du premier ; l'alcool est donc, primitivement et essentiellement, un excitant général ;

3° Dans la première période de son administration, l'alcool active les fonctions organiques et augmente les combustions ; plus tard, quand il est donné à doses élevées ou souvent répétées, il paralyse les fonctions, diminue les combustions et par là devient agent antidéperditeur, antidénutritif, aliment d'épargne, etc. Il n'acquiert ces propriétés que quand il a mis l'organisme dans l'impossibilité de produire les phénomènes de changement de matière ; il laisse alors s'accumuler dans l'organisme les matériaux qui devaient en être expulsés et qui sont devenus impropres à la nutrition ;

4° En saine thérapeutique, ce dernier mode d'action doit être rejeté d'une manière absolue : il n'est que la conséquence d'une intoxication alcoolique produite dans un but thérapeutique, et que l'on peut nommer l'alcoolisme thérapeutique ;

5° L'action excitante de l'alcool est la seule à laquelle la thérapeutique puisse et doive recourir ; cette action excitante trouve en médecine de nombreuses applications, dans les cas où se manifeste une profonde dépression du système nerveux ; elle s'adresse notamment aux différents états où il est nécessaire de combattre instantanément et énergiquement l'adynamisme, la déperdition des forces menaçant la vie du malade ; ainsi, certaines fièvres typhoïdes, certaines pneumonies malignes, celles surtout qui atteignent les buveurs ou les vieillards, certaines hémorrhagies, etc. ;

6° L'alcool est contre-indiqué dans les maladies fébriles franches, car, s'il fait tomber le pouls et la température, et s'il diminue l'excrétion de l'urée, ces résultats sont dus à l'enrayement des fonctions ; ils masquent la lésion organique, peuvent en contrecarrer l'évolution naturelle et empêcher la résolution des exsudats. En un mot, ils mettent l'organisme dans un état anormal, qui rendra plus longue et plus difficile la guérison des affections inflammatoires.

En séance de section, M. *Dujardin-Beaumetz* a communiqué la conclusion de son travail : « L'alcool doit s'adresser aux maladies à marche rapide, cyclique. »

M. *Semmola*, étudiant l'influence de l'alcool sur les substances albuminoïdes, constate qu'il diminue leur oxydation, ce qui s'accuse par l'abaissement du chiffre de l'urée. L'alcool est donc un aliment d'épargne, parce qu'il s'oppose à la combustion des tissus. Quant au rôle de l'alcool en thérapeutique, il apparaît quand l'organisme se trouve sous l'influence d'une trop haute température capable d'amener les dégénérescences organiques, comme celle du cœur, des muscles, du cerveau. Dans ces cas, M. Semmola n'hésite pas à administrer l'alcool, de préférence à d'autres agents médicamenteux, comme le sulfate de quinine, la digitale, le *Veratrum viride*, qui, ou bien déterminent des accidents, ou bien, comme le sulfate de quinine, ne donnent pas de résultats. L'alcool, au contraire, devient le véritable agent antithermique.

M. *Mahaux*, d'accord avec M. *Crocq*, croit que la température excessive ne fournit jamais l'indication de l'alcool dans les maladies aiguës, car pour produire un abaissement de 3 ou 4 degrés, comme il le faudrait chez un malade ayant 41 degrés, 41°5, on arriverait à des doses toxiques. Pour lui, comme pour M. Crocq, c'est l'affaiblissement du centre circulatoire, soit dans la fièvre typhoïde, soit, mais plus rarement, dans la pneumonie, qui constitue la véritable indication de l'alcool.

M. *Dujardin-Beaumetz* dit que l'alcool ne doit pas être employé dans tous les cas de pneumonie. Son emploi dépend de l'état du sujet, de ses habitudes alcooliques antérieures et

de sa température. Chez les sujets affaiblis ou les vieillards, l'action de l'alcool est tonique. Mais quand la température s'exagère et menace de conduire à la stéatose du cœur, l'alcool diminue les combustions exagérées qui menaçaient l'existence du malade.

M. *Crocq*, trouvant qu'on attache, en général, trop d'importance à la thermalité, au détriment de la lésion organique constituant la maladie, dit que, malgré l'attention qu'on doit certainement lui accorder, il est des cas de pneumonie et de fièvre typhoïde où l'alcool n'est qu'un moyen douteux, susceptible d'agir défavorablement sur d'autres organes, comme l'estomac, le cerveau. Il lui est permis d'affirmer l'efficacité dans la pneumonie de l'émétique, de la digitale, et surtout du sulfate de quinine comme antithermique. Les expériences du laboratoire cèdent ici le pas aux faits cliniques.

M. *Lahilhonne* abonde dans le même sens et ajoute qu'on ne peut préciser l'action antithermique de l'alcool comparativement à celle des autres agents médicamenteux.

M. *Mahaut* rappelle les accidents graves auxquels a donné lieu l'emploi de l'alcool dans la dernière épidémie de fièvre typhoïde à Bruxelles.

M. *Masius* insiste sur l'action antithermique de l'alcool en outre de sa propriété d'augmenter l'action du cœur.

La parole est ensuite à M. *le rapporteur*, qui s'en tient aux conclusions formulées dans son travail.

Ces conclusions, lues en séance générale et adoptées, sont les suivantes :

« La section est d'avis que le nombre des indications de l'alcool, soit dans les maladies aiguës, soit dans les maladies chroniques, est infiniment plus restreint que ne l'ont prétendu les partisans trop enthousiastes de cette méthode thérapeutique. Elle va plus loin. Dans un certain nombre de circonstances où elle a reconnu à l'alcool sa valeur thérapeutique réelle, l'indication peut être remplie également par d'autres agents appartenant à la matière médicale ; dans ces cas, elle n'hésite pas à recommander ces derniers et à proscrire l'alcool, craignant que son introduction trop fréquente en médecine ne constitue, aux yeux du vulgaire, un encouragement à la consommation en dehors de tout état pathologique, encouragement qui tirerait une valeur considérable de l'autorité scientifique sur laquelle elle s'appuierait.

» La seule circonstance qui établit sans conteste la nécessité de l'administration de l'alcool, et où cet agent ne peut être remplacé par aucun autre, est la constatation d'habitudes alcooliques antérieures. Dans ces cas, l'alcool devient indispensable ; il constitue le seul moyen qui permette ensuite d'appliquer les méthodes thérapeutiques adaptées à chaque affection particulière ; il remet le malade dans les conditions où les fonctions peuvent encore s'accomplir avec plus ou moins de régularité.

SECTION DE MÉDECINE PUBLIQUE

(HYGIÈNE, MÉDECINE LÉGALE, STATISTIQUE MÉDICALE)

Président : M. le docteur L. *Laussedat*, membre honoraire de l'Académie de médecine de Belgique.

Secrétaires : M. *Janssens*, inspecteur du service de santé de la ville de Bruxelles ; M. V. *Vleminckx*, secrétaire du conseil supérieur d'hygiène.

De nombreuses et importantes questions ont été traitées dans cette section, dont le titre seul fait comprendre la variété des sujets appartenant aux sciences médicales qui sont de son domaine.

Nous nous bornerons à reproduire les trois questions principales sur lesquelles, après de longs et mûrs débats, ont été prises des résolutions, lesquelles ont été portées sous forme de conclusions à la séance de l'assemblée générale du Congrès, où elles ont été votées, et nous faisons connaître ces conclusions.

Cette section renfermait dans son sein des savants de tous les pays de l'Europe, belges, français, italiens, hongrois, hollandais, autrichiens, russes, danois, etc.; indépendamment des médecins, plusieurs chimistes très-distingués, des économistes, des membres d'administrations publiques, ont pris une part active à la discussion. Celle-ci, fort animée parfois, a été conduite toujours avec courtoisie. Les décisions prises ne l'ont été, on peut le dire, qu'après l'épuisement de tous les arguments fournis par l'observation des faits, les documents de la science, les doctrines qui se sont produites à divers points de vue.

Ces conditions donnent une plus haute valeur aux conclusions de la section ; elles sont dignes de fixer l'attention des hygiénistes et des législateurs.

Nous ne pouvons reproduire toutes les opinions qui se sont fait jour dans la discussion; elles trouveront leur place dans le compte rendu général des actes du Congrès et dans des publications spéciales; nous signalerons cependant une explication donnée par M. le docteur Magitot dans la section, lors de la discussion sur l'étiologie de l'intoxication phosphorée, et qui est d'une haute importance pour la prophylaxie. M. Magitot cite de nombreux faits observés par lui, où il a constaté d'une part la carie de la mâchoire chez les ouvriers ayant été atteints de *carie pénétrante* des dents, et de l'autre l'indemnité parfaite de tout accident de ce genre chez les ouvriers travaillant depuis de longues années dans les ateliers de phosphore, mais dont la denture était saine ; la conclusion est qu'il faudrait exclure de ces travaux tous les individus atteints de l'affection qui sert de porte d'entrée à l'intoxication.

La communication de M. Magitot aura un développement plus complet dans une autre publication.

Voici, dans l'ordre où elles ont été discutées, les trois questions que nous avons signalées :

I. — Des moyens d'assainissement des ateliers où se manipule le phosphore. — Rapporteur à la section, M. Crocq, professeur à l'université de Bruxelles.

Après un long débat, la cinquième section a formulé les conclusions suivantes qui, soumises à l'assemblée générale, ont été sanctionnées par un vote unanime.

1º La section de médecine publique émet le vœu que l'emploi du phosphore rouge amorphe soit substitué à celui du phosphore ordinaire dans toutes les fabriques d'allumettes ;

2º En attendant l'adoption universelle de cette mesure radicale, elle recommande, dans les conditions actuelles de fabrication, les mesures suivantes, qui sont destinées à prévenir les accidents toxiques généraux, et plus spécialement la nécrose du maxillaire ; installation de la fabrication dans des locaux suffisamment spacieux ; ventilation puissante exercée au moyen de tuyaux d'appel, établis dans le sol et aboutissant à une cheminée d'aspiration.

Soins constants de propreté.

A côté de ces moyens physiques de préservation, vient se ranger l'emploi, comme antidote chimique, de l'essence de térébenthine dans les ateliers;

3º Les accidents locaux pourront être conjurés par des gargarismes astringents et surtout par l'obligation imposée aux fabricants de ne pas admettre dans leurs ateliers des ouvriers chez lesquels un examen préalable de la bouche a permis de constater que l'appareil dentaire est affecté de carie pénétrante ou de toute autre affection de nature à favoriser l'action des vapeurs phosphorées.

4º Les enfants ne peuvent être employés dans les ateliers où l'on manipule le phosphore;

5º Lorsque les autorités permettent l'établissement de fabriques où l'on travaille cette substance, elles doivent imposer

ces conditions et tenir la main à leur exécution, aussi bien dans l'intérêt des ouvriers que dans celui des fabricants qui sont civilement responsables des accidents dus à leur incurie ou à leur négligence.

II. — De l'organisation du service de l'hygiène publique. — Rapporteur M. Belval, membre de la commission médicale provinciale, etc.

Les conclusions adoptées après débats au sein de la cinquième section ont été admises intégralement par l'assemblée générale du congrès.

Ces conclusions sont conçues en ces termes :

Le service public de l'hygiène demande une double organisation :

I. — L'organisation nationale ;
II. — L'organisation internationale.

I. — 1. L'organisation nationale comprendrait l'établissement par la loi, dans chaque pays et à tous les degrés de la hiérarchie administrative, de conseils d'hygiène ou de salubrité :

A. Un conseil supérieur près de l'autorité gouvernementale ;

B. Une commission provinciale dans chacun des départements, provinces, préfectures, cercles ou districts ;

C. Un comité local, dans chaque commune où cette organisation serait possible.

2. Pour les communes dont le peu de développement ne comprendrait pas l'institution d'un comité, il sera établi des circonscriptions sanitaires, comprenant plusieurs communes ou sections de communes réunies.

3. La surveillance (et au besoin l'exécution) des mesures d'hygiène reconnues d'utilité publique, incomberait : 1º d'une manière générale, au secrétaire du conseil supérieur; 2º dans l'étendue de chaque province, au secrétaire de la commission provinciale ; et 3º dans chaque commune ou groupe de communes, au secrétaire du comité local à titre, respectivement d'inspecteur provincial, d'inspecteur communal ou rural du service de santé.

Ils pourraient être au besoin aidés ou suppléés dans ce travail par l'un ou l'autre membre du conseil ou des commissions.

4. Des rapports seraient publiés au moins annuellement par chacune des branches de ce service.

5. Indépendamment des rapports que les services hygiéniques aux trois degrés entretiendraient avec leurs administrations respectives, ces services pourraient avoir entre eux des relations suivies au point de vue de toutes les questions qui sont de leur compétence.

6. Plus les services sanitaires auront d'indépendance et d'autorité dans leur sphère d'action, plus il en résultera d'avantages pour l'hygiène des populations.

7. Le budget de chacun de ces services ferait partie de celui des administrations respectives auxquelles ils sont attachés, au même titre que celui de l'instruction et celui de la bienfaisance publique.

L'organisation internationale comprendrait :

1. L'échange fréquent et régulier de communications entre les conseils supérieurs d'hygiène des différents pays. Ces communications porteraient principalement :

A. a. Sur les moyens employés pour améliorer les conditions sanitaires des localités et des populations;

b. Sur les mesures hygiéniques prises dans le but de diminuer les effets des maladies endémiques ;

c. Sur les précautions mises en œuvre pour empêcher l'importation des maladies épidémiques ou contagieuses ;

d. Sur l'apparition des foyers ou des maladies épidémiques;

e. Sur les mesures adoptées pour combattre les épizooties

B. Sur les résultats obtenus dans chacun des cas;

C. Sur les données statistiques recueillies ou à recueillir dans le but d'élucider les problèmes de l'hygiène publique.

2. La réunion périodique de conférences sanitaires internationales.

III. — De la fabrication de la bière. — Le rapporteur au sein de la section était M. Depaire, professeur à l'Université libre de Bruxelles.

Les conclusions de la 5ᵉ section, adoptées à l'unanimité par l'assemblée générale, sont formulées ainsi qu'il suit :

1° La qualification de bière ne peut s'appliquer qu'aux boissons fermentées préparées à l'aide des céréales et du houblon ;

2° Aucune substance étrangère à ces matières premières ne peut être introduite dans la bière, dans le but de les remplacer en tout ou en partie ;

3° Les substitutions de ce genre doivent être considérées comme des falsifications constituant une tromperie sur la nature de la chose vendue, même lorsqu'elles ne sont pas nuisibles à la santé ;

4° Cependant, toutes les matières propres à donner à la bière soit une saveur sucrée, soit une plus grande limpidité, soit une plus longue conservation, soit une couleur convenable, pourront être employées si elles n'exercent aucune action nuisible à la santé.

Les représentants des brasseurs belges assistaient aux séances sans prendre part aux discussions, et, comme on le devine bien, ils n'admettent pas les conclusions proposées, qu'ils ont attaquées dans deux mémoires. La définition donnée de la bière leur paraît « trop étroite » ; ils soutiennent qu'on peut légitimement remplacer l'orge par une matière amylacée, comme la glycose, et le houblon par une autre matière amère comme le quassia amara. Le prix de la bière étant resté stationnaire depuis longtemps, tandis que celui de l'orge et du houblon s'élevaient sans cesse, on a été forcément conduit à employer des succédanés de ce genre et il en est résulté que la valeur nutritive des bières a diminué d'un quart, tandis que la densité des mouts baissait de 1,050 à 1,038.

RÉUNIONS GÉNÉRALES.

Dans les séances générales, on a nommé de nouveaux présidents d'honneur : MM. Harwood et Adrian, délégués de l'Association médicale américaine de New-York ; MM. Manayra, Pasquali, Nicolayew, Van Capelle, Eyeling, Schnitzler, Gross, G. Bergmann, enfin M. Madjen, vice-président de la Société pharmaceutique de Copenhague.

Dans la dernière séance, le congrès s'est occupé de fixer le lieu et la date de sa prochaine réunion, ce qui a soulevé une assez longue discussion. Après avoir rejeté la proposition de siéger l'année prochaine à Philadelphie, le congrès a décidé qu'il se réunirait en 1877 en Suisse, sans fixer dès maintenant la ville. Le choix entre les principales villes suisses sera fait par le bureau du congrès actuel.

Le congrès s'est terminé par un grand banquet dans la salle gothique de l'Hôtel de ville de Bruxelles. Le président, M. Vleminckx, qui avait à ses côté le ministre de l'intérieur, M. Delecour, et le bourgmestre de Bruxelles, M. J. Anspach, a porté un toast au roi en rappelant que la Belgique était *indépendante* et libre, allusion évidente aux regrettables articles d'un publiciste français, sans écho chez nous, qui prônait l'annexion de la Belgique à la France. Un Français que les proscriptions de décembre 1851 ont jeté en Belgique, M. le docteur Laussedat, a exprimé les véritables sentiments français dans un toast fort applaudi dont voici le texte :

« Messieurs, les hommages les plus justes, les mieux mérités, ont été rendus à la Belgique savante. Mais ne l'oublions pas, messieurs, si la science a fait, si elle fait chaque jour de si magnifiques progrès en Belgique, c'est que cette terre est une terre de liberté et que, sous l'influence seule de la liberté, grandissent les hommes et les choses.

» Ici, la liberté ne porte ombrage à personne, ni aux citoyens ni au pouvoir ; voulez-vous en avoir une preuve palpable, allez sur la place du Palais, vous y verrez, en face de la demeure du chef de l'État, respecté par tous, l'arbre de la liberté planté il y a quarante-cinq ans aujourd'hui.

» Aussi les Belges portent-il avec fierté leurs nobles couleurs nationales ; ils sentent que leur cocarde est l'emblème de leurs droits ; jamais elle ne deviendra la livrée d'un homme...

» Mon témoignage n'est pas suspect ; il est celui d'un républicain français qui a horreur du servilisme, d'un hôte de la Belgique qui, depuis vingt-quatre ans bientôt, l'observe, l'étudie et a appris chaque jour à l'estimer et à l'honorer plus.

» Oui, messieurs, honorons tous cette Belgique si hospitalière, si généreuse. Aimons-la, mais aimons-la comme on aime une sœur, soyons jaloux de son honneur à l'égal du nôtre, et si quelque projet imprudent ou perfide la menaçait, unissons-nous pour la défendre, pour la faire respecter dans sa dignité, dans sa liberté, dans son *indépendance*. (*Applaudissements unanimes.*)

« La grandeur des nations, messieurs, ne se mesure pas à l'étendue de leur territoire ; ce qui les distingue et les élève, ce sont les institutions et les mœurs.

» La Belgique, au point de vue de ses frontières, est un petit pays ; mais ce petit pays est une grande nation...

» Je propose un toast à la Belgique savante, hospitalière, libre et indépendante. »

— La suite du compte rendu du congrès paraîtra dans le prochain numéro. —

BULLETIN DES SOCIÉTÉS SAVANTES

Académie des sciences de Paris. — 20 septembre 1875.

M. Le Verrier : Résumé des observations du soleil et des principales planètes, pour l'année 1874. — MM. P. et H. Gervais : Une particularité anatomique remarquable du rhinocéros. — M. Lecoq de Boisbaudran : Découverte d'un nouveau corps simple. M. J. Vesque : Rôle de la gaine protectrice dans les dicotylédonées herbacées. — M. J. Péroche : Note sur le diluvium granitique des plateaux. — M. J. Chatin : Les glandes foliaires intérieures. — M. A. Trécul : Observations à propos de la communication de M. J. Chatin.

M. *Le Verrier* présente le résumé des observations du soleil et des planètes Mercure, Vénus, Mars, Jupiter, Saturne et Uranus, faites à l'observatoire de Paris pendant l'année 1874. Après quelques explications relatives à ces observations, M. Le Verrier ajoute que, d'après treize déterminations de MM. Périgaud et Folain, le diamètre de Jupiter, réduit à la distance moyenne de la terre au soleil, est de $102'',6$. D'après vingt-deux mesures dues aux mêmes observateurs, le diamètre de Saturne, estimé à la même distance, est de $89'',08$.

— MM. *Paul* et *Henri Gervais* font une communication relative à une particularité anatomique remarquable du rhinocéros. Cette particularité réside dans la diversité de forme et de grandeur des expansions qu'on remarque dans son intestin grêle. On a donné à tort, selon les auteurs de la présente note, le nom de villosités à ces expansions diverses. MM. Gervais, après avoir rappelé les principaux anatomistes qui ont fait mention de cette singulière disposition, citent une remarque de Mayer par laquelle cet auteur établit la distinction entre ce qu'on appelle habituellement les villosités de l'intestin grêle du rhinocéros et les villosités véritables. Celles-ci sont à peine visibles à l'œil nu et recouvrent les premières, qui ne sont que des saillies papilliformes. Mayer disait vrai, mais il n'avait donné du fait aucune explication anatomique.

MM. Gervais ont vérifié son observation sur le rhinocéros qui est mort dernièrement au Muséum. Ils ont reconnu que les villosités vraies, c'est-à-dire les extrémités absorbantes du système chylifère, possèdent une structure analogue à celle des villosités absorbantes, telles qu'on les observe chez les autres quadrupèdes. Elles sont très-nombreuses, et chaque saillie papilliforme n'en porte pas moins de cinq à six cents. A part celles qui recouvrent les papilles, il en est aussi beaucoup d'autres qui occupent les surfaces lisses de l'intestin grêle.

— M. *Lecoq de Boisbaudran* demande à l'Académie l'ouverture d'un pli cacheté qu'il lui a adressé le 30 août 1875. Ce pli, ouvert en séance par M. le secrétaire perpétuel, contient une note relative à la découverte d'un nouveau corps simple, faite le 27 août 1875. Dans la note sont consignées les données que l'auteur a pu recueillir sur le nouvel élément. M. Lecoq de Boisbaudran ajoute alors que les expériences qu'il a exécutées depuis n'ont fait que confirmer les résultats déjà obtenus. Il propose pour le nouveau corps simple le nom de *gallium*. Ce corps a été découvert dans une blende provenant de la mine de Pierrefitte, vallée d'Argelès (Pyrénées).

— M. *J. Vesque* fait connaître le résultat de ses études sur le rôle de la gaîne protectrice dans les dicotylédonées herbacées. Cette gaîne a déjà été étudiée par plusieurs botanistes dans les cryptogames vasculaires et dans les phanérogames aquatiques; mais elle a été négligée dans les phanérogames terrestres. M. Vesque a entrepris de combler la lacune qui existait à cet égard. Il a fait une série d'observations qui ont porté sur un grand nombre de campanulacées, de lobéliacées, de valérianées, de dipsacées, de composées, etc., etc. Ces observations lui ont permis de tirer les conclusions suivantes : « 1° à un âge plus ou moins avancé, la gaîne protectrice d'un grand nombre de dicotylédonées herbacées se subérifie; 2° la modification qui s'opère dans ces cellules composant la gaîne interrompt la communication physiologique entre l'écorce primaire et le reste de la tige; 3° les matériaux utiles quittent l'écorce primaire et cheminent probablement vers les graines (plantes annuelles); 4° l'écorce primaire morte entraîne une quantité de sels; ce phénomène explique peut-être le maximum de cendres qui a été souvent observé et qui coïncide précisément avec la floraison ; 5° ce phénomène peut être comparé, jusqu'à un certain point, à la chute des feuilles; 6° la subérification de la gaîne protectrice n'exclut pas la formation d'un véritable périderme, soit antérieurement dans l'écorce primaire, soit postérieurement dans la première assise libérienne. »

— M. *J. Péroche* envoie une note dans laquelle il déclare ne pas partager entièrement l'opinion que M. St. Meunier a émise relativement au diluvium granitique des plateaux. On sait que M. St. Meunier, rejetant l'hypothèse des grands courants quaternaires, attribue le diluvium granitique des plateaux à une action souterraine. M. Péroche, sans nier absolument la valeur des opinions de M. St. Meunier, pense qu'il ne faut pas trop perdre de vue l'action des hautes glaces, dont la production lui paraît devoir être rattachée, pour le bassin de Paris en particulier, au grand lac quaternaire dont on a parlé au congrès géographique qui vient d'avoir lieu.

— M. *J. Chatin* a fait des études sur le développement et la structure des glandes foliaires intérieures. Il présente à l'Académie les principaux résultats qu'il a obtenus. Dans les familles suivantes : aurantiacées, hypéricinées, rutacées, diosmées, lauracées, les glandes foliaires se forment toujours dans le mésophylle, tantôt au milieu du parenchyme rameux, tantôt au milieu du parenchyme mûriforme. Après avoir décrit rapidement le mode de formation de la glande foliaire et le premier fonctionnement de ses éléments, l'auteur ajoute : « Celle-ci (la glande) ne tarde pas à être le siége d'un phénomène de résorption utriculaire qui, s'étendant du centre à la périphérie, détermine la formation d'un réservoir dans lequel s'amasse le produit élaboré par les cellules glandulaires. Chez les lauracées, ce produit se rassemble fréquemment dans de petites lacunes formées par destruction de quelques éléments du parenchyme. » Enfin, d'après l'auteur, dans plusieurs des plantes dont il vient d'être question, des productions comparables aux glandes ci-dessus et s'accompagnant des mêmes phénomènes se présentent sur différents points des pétioles, des rameaux et des tiges.

— M. *A. Trécul*, à propos de la communication de M. Chatin, rappelle la distinction qu'il a déjà établie entre la gomme sécrétée par des cellules vivantes et la gomme résultant de la désorganisation des membranes de cellulose et d'amidon. Le travail de M. Trécul date de 1862. Les observations qu'il contient, quoique relatives aux matières gommeuses, rappellent des phénomènes fort analogues à ceux décrits par M. Chatin. M. Trécul dit que, pour ces productions de gomme, il y a formation de cellules spéciales, vivantes et de nature gommeuse, et non une simple transformation des parois cellulosiques en gomme, parce que ces utricules, développées dans les parties les plus jeunes des pousses nouvelles en voie d'accroissement, avant l'apparition des premiers granules amylacés, grandissent elles-mêmes souvent beaucoup, surtout en longueur. D'autre part, à un âge plus avancé, les cellules mucilagineuses se ramollissent, se liquéfient et donnent lieu à des lacunes pleines de gomme. M. Trécul pense donc qu'il existe des matières gommeuses constituant des cellules vivantes, sécrétées par elles par conséquent, et d'autres matières gommeuses résultant de la désorganisation des membranes de cellulose. Ce serait, ajoute-t-il, tomber dans une grave erreur que de méconnaître le premier phénomène parce que l'on a constaté le second.

BIBLIOGRAPHIE SCIENTIFIQUE

Bulletin des publications nouvelles

Vocabulaire des principaux termes de la philosophie positive, avec notices biographiques appartenant au calendrier positiviste, par le docteur Eug. Bourdet (Paris, Germer Baillière). 1 vol. in-8°. Prix : 3 fr. 50.

Leçons cliniques sur la chirurgie oculaire, par le docteur Alphonse Desmarres. 1 vol. in-8° (P. Asselin, éditeur).

Jacob Rodrigues Péreire, premier instituteurs des sourds et muets en France, par M. Félix Hément. Brochure in-8° (Didier et Cie, éditeurs).
C'est une courte biographie où l'auteur a restitué à Péreire l'honneur qui lui a été trop souvent contesté, d'avoir le premier enseigné l'usage de la *parole* aux sourds-muets. L'institution des sourds-muets de Genève, dirigée par M. Magnat, et l'institution Péreire, récemment fondée à Paris, consacrent aujourd'hui la méthode inaugurée par lui au xviiie siècle.

Maladies et facultés diverses des mystiques, par M. le docteur Charbonnier-Debatty (Bruxelles, Henri Manceaux ; Paris, Germer Baillière).

Les sens, par J. Bernstein. — 1 vol. de la Bibliothèque internationale. Prix : 6 francs.

Étude médicale sur l'extatique de Fontet, par les docteurs E. Mauriac et H. Verdalle (Paris, Germer Baillière). Prix : 2 francs.

La ferronnerie ancienne et moderne, ou Monographie du fer et de la serrurerie, par F. Liger. Tome II (Paris, chez l'auteur, 10, rue Bellechasse). Prix : 25 francs.

Leçons sur la chaleur animale, sur les effets de la chaleur et sur la fièvre, par M. Claude Bernard (Paris, J.-B. Baillière et fils).

Le brigandage en Italie, depuis les temps les plus reculés jusqu'à nos jours (Paris, E. Plon et Cie).

Le bassin dans les sexes et dans les races, par R. Verneau (Paris, J.-B. Baillière et fils).

Le propriétaire-gérant : Germer Baillière.

PARIS. — IMPRIMERIE DE F MARTINET, RUE MIGNON, 2.

LA

REVUE SCIENTIFIQUE

DE LA FRANCE ET DE L'ÉTRANGER

REVUE DES COURS SCIENTIFIQUES (2ᴱ SÉRIE)

DIRECTION : MM. EUG. YUNG ET ÉM. ALGLAVE

2ᵉ SÉRIE. — 5ᵉ ANNÉE   NUMÉRO 15   9 OCTOBRE 1875

LE ROLE DE LA FRANCE

En Chine et en Indo-Chine

Nous avons la bonne fortune d'offrir aujourd'hui à nos lecteurs un écrit inédit de Francis Garnier. C'est pour ainsi dire une réponse à un article de M. Giquel, paru dans la *Revue des deux mondes* du 1ᵉʳ mai 1872.

Ce travail, d'ailleurs inachevé, est daté de Shanghaï « le 9 août 1873 », c'est-à-dire qu'il est vieux de deux ans; mais la situation politique a peu changé, depuis lors, et les questions traitées ont conservé un vif intérêt d'actualité. L'éminent explorateur l'a écrit au retour d'une rapide excursion à Pékin, où il avait été mandé par le ministre de France, et après un voyage de trois mois dans la Chine centrale (mai-août 1873), premier jalon jeté en vue de l'exploration future du Tibet dont il poursuivait depuis longtemps l'idée.

C'est à cette époque que Francis Garnier fut appelé à Saigon par l'amiral Dupré et qu'il prépara cette célèbre mission au Tongking, agrandie par l'héroïque accident d'Ha-noï et terminée par une mort si regrettable.

Certaines parties de l'intéressante étude que nous publions aujourd'hui montrent la rapidité avec laquelle elle a dû être composée et écrite, mais les idées originales abondent, l'énergie de la pensée et celle du caractère percent en maints endroits, et l'on y sent vivre l'un des hommes dont le patriotisme, le savoir, l'intelligence supérieure et l'esprit d'initiative étaient le mieux faits pour relever le prestige du nom français dans l'extrême Orient.

L'extrême Orient, avec ses immenses agglomérations d'hommes, son industrie avancée, ses productions variées, dont quelques-unes, le thé et la soie, s'imposent aujourd'hui comme une nécessité à l'Europe; avec ses stocks de houille et de métaux, qui suppléeront bientôt peut-être aux sources épuisées de l'Occident, attire chaque jour davantage l'attention des hommes d'État. Quand les barrières qui s'élèvent encore entre les deux mondes auront disparu, c'est de ce côté que nous viendra une révolution économique et sociale.

Nous profiterons de cette étude pour rechercher par quels moyens la nation chinoise peut être amenée à entrer dans le concert européen et quel avenir est réservé à la France dans ces riches contrées.

I

Des deux grandes nations de l'extrême Orient, le Japon et la Chine, la première s'est lancée résolûment dans la voie du progrès. Elle travaille à s'approprier la science européenne et ses magnifiques résultats matériels. Télégraphes, chemins de fer, monnaies, calendrier, et jusqu'à nos coutumes, elle adopte tout avec enthousiasme. On peut craindre même qu'elle n'entreprenne avec plus de précipitation que de sagesse une réforme qui heurte bien des préjugés et qui violente toutes les habitudes. Il ne faut pas oublier, en effet, que le Japon est resté, pendant deux siècles, plus hermétiquement fermé à l'Europe que la Chine elle-même.

Celle-ci, toute saignante encore des blessures faites à son orgueil national, repousse les bienfaits de la civilisation et n'en réclame que les moyens de produire des engins de guerre. Elle demande aux Européens de lui apprendre à fondre des canons, à fabriquer des fusils, à construire des navires de guerre. Elle s'apprête à se servir de leurs propres armes pour les combattre ; elle accepte d'avance une nouvelle lutte plutôt que de consentir à la transformation radicale dont la menace le contact des Occidentaux.

Pour se rendre compte de ces résistances, il faut se rappeler quelle immense supériorité les Chinois ont eue de temps immémorial sur les nations voisines. Entourés de peuples barbares, ils ont su leur imposer leurs mœurs, leurs lois, leur langue écrite. Conquis plusieurs fois par les envahisseurs du Nord, ils ont toujours absorbé leurs vainqueurs, qui avaient hâte d'accepter la civilisation des vaincus et de renier leur propre nationalité. Pendant des siècles, enfin, la Chine a été réellement en droit de se décerner le titre d' « empire du milieu », de se croire le premier peuple du monde. A l'origine, ses relations avec les Européens, bien loin d'abaisser cet orgueil, n'ont pu que l'exalter encore. Les navigateurs qui, au xvie siècle, ont abordé en Chine, ne parlent qu'avec admiration de cet immense empire et n'approchent qu'à genoux de son souverain. La crainte de compromettre les intérêts commerciaux engagés, le prestige de cet Orient mystérieux, dont on s'exagérait la puissance réelle, firent longtemps garder à son égard une attitude dépendante et sans dignité. La guerre de l'opium rompit enfin le charme et révéla la faiblesse du colosse, mais elle n'était pas faite pour relever l'Europe dans l'estime d'une nation polie et lettrée. Le coup de foudre de 1860 et le pillage du palais d'été vinrent mettre le comble aux rancunes et aux ressentiments du gouvernement chinois.

Si la Chine méconnaît la grandeur et la portée de la civilisation européenne, si elle a eu le tort de ne pas voir que les barbares du xvie siècle sont ses maîtres aujourd'hui, s'il y a quelque chose d'évidemment puéril dans son obstination à regarder en arrière et à s'ancrer immobile dans le passé, alors que le progrès, comme un flot irrésistible, emporte toutes les nations vers les merveilleuses espérances de l'avenir, il faut avouer que son infatuation, son ignorance de l'Occident, a sa contre-partie en Europe. On se rappelle le colloque imaginé par Voltaire entre des savants européens et un lettré chinois. Ce dernier s'étonne de ne pas trouver dans le *Discours sur l'histoire universelle* même le nom de son pays. Cet empire, le plus vaste du monde, d'une antiquité prodigieuse, d'une civilisation raffinée, n'y est pas jugé digne d'une mention! Sommes-nous donc beaucoup plus instruits depuis cette époque et les Chinois n'ont-ils pas conservé le droit de traiter légèrement nos prétentions au savoir universel?

Le commerce européen, qui n'a jamais vu dans la Chine qu'une matière exploitable à outrance, en faisant prévaloir par la force les exigences les plus étranges, ne l'a-t-il point autorisée à douter de la justice d'une civilisation qui nous rend si fiers (1)? De part et d'autre que de préjugés ridicules, que de souvenirs odieux, que de ressentiments, séparent profondément ces deux mondes qui ont tant d'intérêt à se pénétrer et à se comprendre!

Il fut un temps — le temps même de Voltaire — où l'on pouvait espérer de voir s'accomplir pacifiquement cette révolution si désirable, cette mise en rapports intimes de deux civilisations et de deux races en qui se résument aujourd'hui toutes les forces vives de la planète. Alors la science chinoise se renouvelait peu à peu, grâce aux travaux et aux efforts des

---

(1) Je ne citerai qu'un exemple entre mille des abus criants que les Chinois sont en droit de reprocher au commerce occidental. A une certaine époque de l'année, le gouverneur de Pékin met en réquisition, pour le transport du riz nécessaire à la capitale, la plus grande partie des jonques qui se trouvent à Tien-Tsin et sur le Peï-ho. Cependant, afin de ne pas entraver le commerce, il a été stipulé que cette mesure n'atteindrait pas les jonques dont se servent les négociants européens pour le transport de leurs marchandises. De là est résulté un singulier trafic : chaque année, un certain nombre de propriétaires de jonques viennent acheter aux Européens des certificats de location, délivrés par le consul, qui permettent d'échapper à la réquisition du gouvernement chinois. Tel étranger, dont le commerce est nul, exempte ainsi une centaine d'embarcations, sans en utiliser une seule, et retire de cette fraude des bénéfices considérables. De tels faits sont-ils de nature à inspirer aux Chinois confiance en notre probité?

Jésuites, qui ont joué un rôle si important à la cour de Kang-hsi, ce Louis XIV de l'Orient. Alors, les richesses historiques des annales chinoises commençaient à être dévoilées à l'Europe, et l'on apprenait à apprécier cette constitution démocratique et égalitaire qui aurait pu faire du gouvernement chinois le modèle des gouvernements; alors, enfin, on constatait, non sans surprise, que presque toutes les découvertes de l'Occident avaient été pressenties, souvent appliquées, par l'industrie chinoise, et que nous avions beaucoup à puiser dans les trésors d'une expérience cinquante fois séculaire.

On sait à la suite de quelles déplorables querelles une congrégation rivale, celle des Dominicains, parvint à détruire l'influence des Jésuites et arrêta la Chine dans la voie libérale où elle s'engageait. Le gouvernement de Pékin poursuivit le christianisme et se hâta de revenir à son isolement systématique. Chez un peuple dont les aptitudes sont variées et l'intelligence ouverte et facile, cet isolement, resté encore si complet, cet avortement d'une civilisation qui s'était montrée merveilleusement précoce et puissante, demeureraient des phénomènes inexplicables, si l'on ne faisait intervenir ici une cause sur laquelle notre attention ne s'est pas suffisamment arrêtée jusqu'aujourd'hui. Nous voulons parler de l'écriture hiéroglyphique.

II

De quels langes ne se trouve pas entourée une pensée qui ne peut se manifester au dehors avant que la mémoire n'ait retenu et classé plusieurs milliers de signes conventionnels? Quelle difficulté pour toute idée nouvelle? — S'agit-il de rendre une abstraction? Quelle signification vague et presque insaisissable ne présentent pas des caractères qui à l'origine n'étaient que la figuration d'une idée concrète, l'image matérielle d'un ou de plusieurs objets?

Aussi, tandis que les sciences d'observation, comme l'astronomie, atteignaient, en Chine, à un développement remarquable, les mathématiques, pour lesquelles l'esprit exact de la nation semble avoir été fait, y sont restées inconnues. La philosophie, à son tour, s'est arrêtée aux règles de la morale et du bon sens, et les plus grands penseurs de l'Empire Céleste n'ont guère été que des économistes, faisant découler de quelques principes généraux fort simples les règles qui doivent guider les princes et assurer le bonheur des peuples. Ils ne se sont perdus ni dans les subtilités de la métaphysique, ni dans les profondeurs de la théodicée : le génie pratique de leur race répugnait à des discussions de ce genre et la notation imparfaite dont ils disposaient se refusait à en exprimer les idées.

Laborieusement perfectionnée dans le silence du cabinet, cette notation a bientôt cessé d'être la reproduction fidèle de la langue parlée. Alors que le langage vulgaire se modifiait incessamment au contact des peuples voisins, se subdivisait en dialectes, se pliait aux mœurs, aux productions, aux climats divers, sur toute l'étendue du vaste territoire envahi peu à peu par la race chinoise, la langue écrite, au contraire, s'immobilisait dans des formules de convention et revêtait une égalité de forme qui ne laissait plus aucune place aux qualités propres de l'écrivain.

Les compositions chinoises d'un même ordre paraissent toutes sorties du même moule. Une phraséologie uniforme,

fatigante à force de répétitions, s'applique à tous les faits des annales et dissimule les indignations aussi bien que les enthousiasmes de l'historien. Sa science et sa critique sont étroitement impersonnelles. On dirait l'œuvre des siècles et de la tradition dans laquelle disparaissent les opinions du penseur. Aussi les détracteurs de l'antiquité chinoise ont-ils pu spécieusement accuser ses annales d'avoir été fabriquées après coup, tant on les dirait calquées les unes sur les autres. L'écriture hiéroglyphique, en prévalant dans tout l'extrême Orient, a empêché l'éclosion des littératures locales, expressions naturelles du génie des peuples répandus sur les côtes orientales de l'Asie. Le coréen, le japonais, l'annamite, ont vu s'effacer leur personnalité sous cette forme officielle et pour ainsi dire immuable. Si elle leur assurait le bénéfice de la science chinoise et les résultats d'une longue expérience, elle atrophiait leurs qualités particulières et détruisait leur originalité. Ainsi ont disparu les poésies naïves et charmantes confiées à la seule mémoire, les traditions romanesques relatant les luttes des races en présence et complétant la rigide histoire officielle.

Nous ne pouvons qu'indiquer rapidement les conséquences de la prépondérance singulière et funeste exercée par l'écriture chinoise. Une étude complète de ce fait historique mériterait de tenter un philologue plus autorisé et serait féconde en résultats inattendus. Ce que nous voulons constater ici, c'est qu'après avoir contribué à répandre les bienfaits de la civilisation chinoise, à une époque où le reste du monde était encore en enfance, les hiéroglyphes sont demeurés impuissants à faire progresser la Chine, et n'ont pas tardé à l'isoler de la science occidentale. Les Chinois, fiers de leur œuvre et de son ingénieuse complication, ont dédaigné les barbares qui ne pouvaient en pénétrer les prétendues profondeurs. Ils se sont fait une gloire de ce qui devenait pour eux une cause, chaque jour plus certaine, d'infériorité et de décadence. Ils se sont complu dans l'élégante manie du pinceau devenue leur science unique. Ce qui n'est ailleurs que le moyen de s'instruire a été réputé, en Chine, l'instruction elle-même. Les lettrés se sont résignés à passer leur vie à apprendre à lire, et à considérer leur réputation comme au comble, lorsqu'après une longue carrière d'études ils pensaient avoir pénétré tous les mystères de leurs étranges dessins. Follement entichés de tradition, ils ont tout rapporté à leur bizarre science, jusqu'aux règles infaillibles du gouvernement! Le pouvoir devait inévitablement s'absorber aux mains de cette oligarchie savante. Si, en effet, il est relativement facile d'apprendre les quelques milliers de signes nécessaires aux relations ordinaires, si le peuple même possède à cet égard une instruction élémentaire beaucoup plus répandue qu'elle ne l'est dans la plupart des États européens, il n'en est pas moins vrai que des études longues et pénibles sont nécessaires pour arriver à comprendre et à écrire les dépêches officielles, pour lire les ouvrages classiques et y retrouver les formules des rites qui président à tous les actes importants de la vie sociale et politique. Telle est la raison d'être du prestige des lettrés et leur droit à l'obéissance du peuple. Dans une société formaliste et réglementée à l'excès, ils sont devenus des instruments indispensables de gouvernement, et leur influence l'a plus d'une fois emporté sur les volontés des empereurs.

Cette influence lutte aujourd'hui avec l'énergie du désespoir contre l'invasion de la civilisation occidentale. Elle combat pour l'existence même d'un corps politique jadis éminent, mais dont le savoir puéril, les préjugés haineux, la corruption invétérée, ne peuvent plus inspirer que la pitié et le dégoût. Les lettrés ne sont pas sans comprendre instinctivement la supériorité de cette science européenne, dont ils repoussent avec tant d'horreur les innovations dangereuses; ils sentent que la fin de leur règne approche et s'efforcent de reculer à tout prix le moment fatal où il faudra abdiquer.

Car, sur un peuple aussi pratique que le peuple chinois, les démonstrations matérielles ont une puissance irrésistible. Le commerce européen a noué avec l'extrême Orient des relations qui ne pourraient être rompues qu'au prix des plus graves perturbations économiques. Les rébellions qui, pendant ces dernières années, ont ébranlé l'empire, ont fait envier aux populations de l'intérieur la sécurité et le calme que la présence des étrangers assure au littoral. Elles leur ont dévoilé l'insigne faiblesse et la dépravation chaque jour croissante de leurs gouvernants, et ont indigné contre eux l'opinion publique. La grande démocratie chinoise n'est cependant point à la veille de se dissoudre, comme le croient et le désirent certains esprits superficiels. Elle a des habitudes de tempérance, un acharnement au travail, un esprit de solidarité, un respect du principe d'autorité qui forment des liens puissants et difficiles à rompre. Elle impose à ses fonctionnaires une responsabilité réelle et la voix du peuple — si l'on en croit la loi — est encore ici la voix de Dieu (1). Quiconque a un peu vécu dans l'intérieur de la Chine n'a pu manquer d'être touché de la lutte acharnée et courageuse que livrent à la misère ces immenses foules, trop nombreuses pour la terre qu'elles cultivent. Leur résignation est admirable! Là, nulle révolution sociale n'est à craindre, parce que le travail et l'intelligence n'ont plus aucun droit à revendiquer. Ces traits sont-ils d'un peuple condamné à une irrévocable décadence? Nous croyons, au contraire, que pour faire bénéficier le reste de l'humanité de ces qualités merveilleuses, pour donner à ces efforts un but digne d'eux, il suffirait d'une action persévérante et pacifique des peuples qui sont devenus les aînés de la Chine en civilisation; il faudrait plaider auprès des Chinois eux-mêmes une cause qu'obscurcissent à plaisir les passions et les intérêts des lettrés qui les gouvernent.

III

Si l'écriture hiéroglyphique des Chinois est le plus grand obstacle à la diffusion des idées et de la science européennes, si elle maintient seule le prestige et l'autorité de ceux qui paraissent décidés à perpétuer les malentendus entre les

---

(1) La Chine n'a jamais connu l'article 75, et les fonctionnaires supportent dans toute leur étendue les conséquences de leurs actes ou les résultats de leur administration. D'après la loi chinoise, si une émeute entraînant mort d'homme a lieu dans le coin le plus reculé d'une province, non-seulement les autorités locales, mais le vice-roi lui-même, encourent les derniers supplices. Aussi de nos jours tous les faits de ce genre sont-ils dissimulés et dénaturés avec le plus grand soin par les intéressés. Quand une ville est mécontente de son préfet, les négociants se réunissent et conviennent de fermer tous les magasins pendant quelques jours. Il n'en faut pas davantage pour que le préfet soit immédiatement révoqué, sans aucune chance d'obtenir ailleurs la moindre compensation.

deux races, s'il faut y voir, en un mot, la cause primordiale de l'avortement de la civilisation chinoise et de l'isolement regrettable où s'obstine un tiers de l'humanité, il semble que c'est à la remplacer que doivent tendre tous les efforts des hommes politiques.

Supposons un instant les caractères latins adoptés en Chine, les principaux ouvrages de la littérature chinoise, quelques traités élémentaires de science et d'histoire européennes traduits, à l'aide de cette notation si simple, en chinois vulgaire. Le temps que les Célestes consument aujourd'hui à n'apprendre qu'imparfaitement à lire serait fructueusement employé à acquérir une foule de notions qui leur feraient voir le monde sous un jour tout nouveau. Les fables ridicules qu'on leur raconte sur l'Occident, les prétentions orgueilleuses de ceux qui les dirigent seraient réduites à néant. Les Chinois s'étudieraient eux-mêmes, jugeraient de l'antiquité de leur race, de la valeur de leurs traditions, de la prévoyance de leurs législateurs. Ayant conscience de ce qui leur manque, ils comprendraient l'importance des relations avec les autres peuples. Ce serait comme un trait de lumière illuminant ce vaste empire d'une extrémité à l'autre. Aucune révolution, sauf peut-être celle que l'imprimerie a opérée en Europe au xvie siècle, ne serait comparable à celle-là!

Est-elle chimérique? Se heurterait-on à des difficultés insurmontables? Nous ne le pensons pas. Le Chinois est amoureux de lecture, passionné pour le travail. Le moindre hameau possède une école. Pour des gens habitués à retenir et à classer dans leur mémoire des milliers de signes conventionnels, l'étude de 25 lettres ne serait qu'un jeu. Nous avons vu en Cochinchine, où prévaut l'écriture chinoise, des enfants apprendre en moins de quinze jours à lire l'annamite écrit en caractères latins. Les prêtres catholiques indigènes préfèrent presque tous aux hiéroglyphes l'usage de ces caractères. L'avantage qu'il y a à écrire véritablement « sa parole », la facilité et la rapidité dix fois plus grandes de l'écriture phonétique, sont bien faits pour recommander son emploi à des gens aussi pratiques que les Chinois. Quelle admiration n'éprouveraient-ils pas pour un de leurs jeunes compatriotes lisant couramment leurs classiques, transcrits d'après cette méthode, et en commentant le sens, prodige qu'un lettré blanchi sur les livres ne pourrait accomplir qu'à grand' peine, en hésitant à chaque hiéroglyphe! Et pourtant ce miracle n'exigerait que quelques mois d'études!

Un éminent sinologue, M. Wade (1), a demandé avec instance que le personnel européen chargé des relations diplomatiques avec la Chine, fît les plus grands efforts pour arriver à posséder parfaitement la langue chinoise. « Rien ne confirme davantage, dit-il, les lettrés chinois dans leur opiniâtre résistance au progrès, que leur conviction de l'impuissance où sont les barbares d'atteindre au niveau des connaissances et de l'éducation chinoises. » Personne n'a, plus que M. Wade, facilité l'œuvre qu'il recommande par la publication de livres élémentaires destinés à l'étude du chinois. Cette étude deviendrait la plus aisée du monde (2), le jour

où, au lieu de se heurter à des lignes longtemps indéchiffrables, l'étudiant européen pourrait « lire » un texte chinois écrit en caractères latins, s'habituer ainsi au style et à la phraséologie d'une langue aussi singulière et en analyser les principales productions. Les lettrés ne sont point d'ailleurs de bonne foi lorsqu'ils refusent aux Européens la faculté d'atteindre aux hauteurs du savoir chinois. La preuve contraire est faite depuis longtemps et, s'ils ont oublié les Jésuites, des savants comme MM. Wade, Williams, Legge, Edkin, etc., leur démontrent tous les jours, en Chine même, qu'il est relativement facile de pénétrer leurs mystères et de les éclairer des lumières d'une critique avancée. Au fond, c'est la supériorité même des philologues européens qui provoque l'hostilité des lettrés, et c'est une généreuse illusion de penser que nos progrès dans les études chinoises parviendraient à la conjurer. C'est donc en dehors d'eux et à l'encontre des classes gouvernementales, que peut et doit s'opérer la transformation proposée.

De quels moyens disposerait-on pour la tenter? Dans les ports ouverts, une nombreuse population indigène vit sur les territoires concédés aux Européens. A Shanghaï, par exemple, plus de cent mille Chinois sont régis par les municipalités étrangères. Pourquoi ces administrations, qui ont donné des preuves de leur esprit progressif et qui disposent de ressources importantes, ne fonderaient-elles pas des écoles où l'on vulgariserait « les caractères latins »? La gratuité de cet enseignement, le goût naturel des Chinois pour l'étude, les avantages qui résulteraient plus tard de la connaissance de notre écriture, pour des enfants destinés à devenir les intermédiaires commerciaux, les agents ou les domestiques des Européens, y attireraient de nombreux élèves. Il serait indispensable que les principaux ouvrages chinois fussent aussitôt traduits et publiés dans les différents dialectes de la côte. Ces traductions se débiteraient par centaines. Elles présenteraient en outre cet intérêt d'établir forcément une notation uniforme, une orthographe régulière des mots chinois. On se plaint, et avec raison, de la confusion étrange qui règne aujourd'hui dans les systèmes d'épellation. Cette confusion est surtout regrettable au point de vue géographique. Tel nom écrit par un Anglais est absolument méconnaissable pour un Allemand ou un Français. Le même caractère chinois a souvent vingt transcriptions différentes et la lecture d'une carte soulève des incertitudes et des difficultés quelquefois invincibles.

Le système d'orthographe de M. Wade, basé plus rigoureusement que celui des Jésuites sur la valeur latine des lettres de notre alphabet, est probablement celui qui prévaudra. Il nous paraît susceptible de quelques simplifications que la pratique devra réaliser. Tel qu'il est, il répond d'ailleurs à tous les besoins. Déjà les journaux anglais de Hong-Kong et de Shanghaï publient des éditions chinoises qui ont le mérite d'être rédigées dans le style de la conversation et qui rompent heureusement avec les élégances de convention et les obscurités du style littéraire classique. Il faudrait faire un pas de plus, et, à l'exemple de notre colonie de Cochinchine, publier les journaux chinois en caractères latins, dès que la lecture de cette notation serait assez répandue. Il faudrait enfin — cela est très-important — réimprimer le plus tôt possible dans le système phonétique les traductions d'ouvrages scientifiques européens existant déjà en caractères chinois.

<hr>

(1) Aujourd'hui ministre d'Angleterre à Pékin.
(2) La prononciation exceptée. Celle-ci exige une gymnastique de l'oreille que nulle notation ne peut remplacer. On sait que la langue chinoise est une langue *vario-tono*.

Les missions catholiques qui possèdent des écoles dans l'intérieur contribueraient puissamment à répandre la notation nouvelle. Disséminées dans les provinces les plus reculées, elles formeraient autant de centres, autour desquels rayonnerait par ce moyen une instruction chaque jour plus civilisatrice. Elles entreraient sans doute volontiers dans cette voie, si elles s'y sentaient encouragées et soutenues, et c'est ici que doit commencer, à notre sens, le rôle du gouvernement français.

IV

La protection dont notre pays couvre, en Chine, les missions catholiques a soulevé en mainte occasion de très-vives critiques. On n'a voulu y voir qu'une complication nouvelle dans une situation déjà difficile. Que de procès sans issue, que de conflits de toute nature, que de sanglants épisodes marquent cette lutte soutenue par la France pour maintenir les missionnaires en possession des dangereux priviléges que leur a concédés le traité de Tien-tsin !

Ne serait-il pas plus simple de s'en fier, pour la surveillance et la protection des missions, aux mandarins chinois eux-mêmes et de mettre ainsi fin à des conflits d'attributions, à des rivalités d'influences, à des querelles sans but et sans profit, incessamment renaissantes ? Cette solution radicale, proposée dans l'article de la *Revue des deux mondes* que nous citions au début de notre étude, épargnerait à coup sûr bien des ennuis diplomatiques et ferait des loisirs à la légation de France à Pékin. Mais si, comme le reconnait M. Giquel, « l'influence d'un protectorat, qui s'étend sur 500 000 catholiques (1), pourrait être considérable, en s'exerçant dans d'autres conditions », ne serait-ce pas sacrifier les intérêts nationaux que de renoncer à cette influence, au lieu de chercher à en réaliser les conditions normales ? La France ne l'a jamais employée qu'à faire entendre des conseils équitables, qu'à servir de modératrice aux ambitions rivales. Les sacrifices antérieurs, son or et son sang largement dépensés, tous les éléments de sa prépondérance dans le présent et le passé disparaîtraient le jour où elle renoncerait au protectorat, et elle descendrait au rang des puissances secondaires qui gravitent à l'ombre des cinq grandes nations représentées diplomatiquement à Pékin (2). M. Giquel, dont les travaux et les services ont tant contribué à développer l'influence française en Chine, serait aussi affligé que surpris de la conséquence, selon nous inévitable, qui découlerait de la politique dont il s'est fait l'avocat.

C'est en somme le protectorat des missions, si conforme à nos traditions, aux tendances du génie national, qui nous a placés, en Chine, en dehors et comme au-dessus de l'action des autres puissances. De là une envie à peine dissimulée, une approbation enthousiaste et sans réserve des conclusions de M. Giquel ; de là un âpre et violent commentaire de nos récents malheurs, dont on s'efforçait de porter le retentissement jusqu'aux parties les plus reculées du Céleste Empire ! Nos rivaux n'ont même pas craint de faire le jeu de la politique chinoise, qui se réduit à opposer les unes aux autres les nations européennes. Ils ont cru le moment venu de se défaire d'une prépondérance importune et vieillie, et d'élever à sa place la jeune, l'audacieuse fortune d'une nouvelle nation, aussi impatiente de triompher en Orient que de dominer en Europe. Ils ont oublié cependant que la force militaire ne résumait point toutes les forces ; que tous les peuples, y compris le peuple allemand, n'étaient point également aptes à remplir, avec la même hauteur de vues, la mission civilisatrice dont la France a conservé jusqu'aujourd'hui le monopole.

Est-il bien certain d'ailleurs qu'une abdication précipitée et irréfléchie n'aggraverait pas en Orient les conséquences de nos récents malheurs ? L'Angleterre ne recueillerait-elle pas notre héritage ? Et la protection des catholiques chinois ne deviendrait-elle pas un des éléments de sa politique ? Les avances faites par ses agents, à diverses reprises, aux missions du Tibet et de la Chine occidentale témoignent du prix qu'elle attache à leur concours. Ses voyageurs aiment à se prévaloir de l'appui et des renseignements de nos missionnaires. Les missions protestantes, moins unies, plus nouvelles, manquent de cet ensemble dans les desseins et dans l'action qui impressionne les foules. Leurs membres sont moins absolument consacrés à une œuvre que le dévouement des prêtres catholiques accepte sans esprit de retour. Pour ceux-ci, point d'intérêts matériels qui les rappellent en arrière, pas de préoccupations de famille, pas d'hésitation dans le but à poursuivre. Si, au point de vue scientifique, la part des missionnaires protestants dans le travail de régénération de la Chine est importante, l'action exercée par eux sur les populations indigènes reste toute personnelle et passagère, et ne saurait prétendre aux grands résultats de cette immense et permanente machine de guerre organisée par la papauté « pour la propagation de la foi ! »

Les missionnaires catholiques d'aujourd'hui sont sans doute bien loin des Jésuites du siècle dernier. On peut regretter que leur nombreuse phalange n'ait produit que fort peu de travaux comparables à ceux des savants prédicateurs anglais ou américains. On leur reproche une préoccupation de dominer, une tendance fâcheuse à se mettre en dehors et au-dessus des lois et des mœurs du pays qu'ils habitent, dont la preuve la plus frappante est leur zèle à bâtir de hautes cathédrales, chez un peuple qui attribue aux constructions élevées les influences les plus malfaisantes (1).

Ce n'est point ainsi qu'il faut traiter les préjugés d'une nation de 400 millions d'âmes.

Les excès de zèle, du reste peu nombreux, dont se sont rendus coupables les missionnaires catholiques, ont été habilement résumés, exploités et travestis dans un document

---

(1) Ce chiffre est admis par M. l'abbé Armand David, dans son récent ouvrage : *Voyage dans l'empire chinois.*　(*Note de la réd.*).

(2) Allemagne, Angleterre, États-Unis, France et Russie.

(1) Parmi les dissentiments les plus graves qui se soient élevés entre le gouvernement chinois et la légation de France, plusieurs n'ont pas eu d'autres motifs que l'érection par les missionnaires de monuments de ce genre. L'Assemblée nationale a voté, il y a quelque temps, un crédit de 75 000 francs pour l'achèvement de la cathédrale de Canton. Ce bel édifice, presque entièrement construit aux frais du gouvernement français, témoigne, avec plus de faste que d'habileté politique, de l'intérêt que la France porte à la religion. Hors de proportion avec le nombre des chrétiens de Canton, il est condamné à rester toujours à peu près vide, défi permanent et inutile aux préjugés d'une populace particulièrement hostile aux Européens. Puisse-t-il ne pas attirer sur les Chinois catholiques et sur nos missionnaires une catastrophe analogue à celle de Tien-tsin !

diplomatique rédigé par le gouvernement chinois à la suite du massacre de Tien-tsin. M. Giquel en a reproduit de nombreux passages. Le fait le plus grave reproché par le *memorandum* aux missions catholiques, c'est la conversion au christianisme d'une bande de voleurs qui aurait pu, grâce au baptême, échapper à un châtiment légal et mérité. Il va sans dire que cette accusation ne repose sur aucune donnée sérieuse (1). Il en est de même du plus grand nombre des griefs imputés aux missions. Fondées, au point de vue européen, ces accusations sont absolument injustes et fausses au point de vue chinois. Rédigées par la main d'un étranger, elles ont été habilement calculées pour faire impression sur des lecteurs français. Il ne serait, par exemple, jamais venu à la pensée d'un Céleste de faire un crime aux évêques d'intervenir auprès des mandarins dans toutes les affaires où se trouvent mêlés des chrétiens indigènes. La solidarité qui unit en Chine tous les membres d'une corporation ou d'une communauté est à la fois dans la loi et dans les mœurs : on ne peut y échapper. C'est un contre-poids indispensable à la corruption et à la vénalité des juges ; elle contribue puissamment à maintenir la sécurité publique, à assurer l'équité des transactions. Dans une pareille civilisation, le prêtre manquerait à son devoir s'il se refusait à faire pour ses ouailles ce que le maître d'école fait pour ses élèves, ce que le patron fait pour ses ouvriers.

Et que sont d'ailleurs les agissements excessifs de nos missionnaires au prix du crime de l'opium que les Anglais éclairés condamnent aujourd'hui et dont leur commerce continue pourtant à profiter ? Que sont ces fautes, réelles parfois, je l'avoue, mais si grossièrement et si partialement amplifiées, en comparaison de certains actes du commerce européen cités au commencement de cette étude ?

En résumé, les missions catholiques font un bien considérable que proclament leurs adversaires eux-mêmes. C'est surtout dans l'intérieur du pays, loin des souvenirs irritants laissés par les dernières guerres, que l'on peut apprécier l'heureuse action qu'elles exercent. Tous les voyageurs qui ont pénétré en Chine leur rendent hautement ce témoignage. Quant à moi, je me suis toujours retrouvé avec le plaisir le plus vif au sein de ces chrétientés qui font à l'étranger un accueil si bienveillant, et au milieu desquelles on respire une atmosphère dégagée des pratiques puériles de la vie chinoise. C'est comme une aurore de civilisation européenne qui commence à éclairer le vieux monde oriental et prélude à son rapprochement avec le nouveau monde de l'Occident. Le bon accord qui règne presque partout entre les pasteurs de ces petits troupeaux et les autorités locales, l'empressement que les agents du gouvernement mettent à réclamer le concours des missions dans les circonstances difficiles, étonnent et charment à la fois. C'est le nom de la France qui est surtout connu des mandarins chinois et aimé des chrétiens indigènes. Pékin nous en fait un crime. Pourquoi ne comprend-il pas qu'entrant franchement dans les voies de la civilisation il transformerait cette influence et ferait des missionnaires les plus solides auxiliaires du gouvernement central?

Et, en défendant cette opinion, nous sommes cependant bien loin de partager les espérances religieuses qui soutiennent dans ces pays lointains les apôtres du christianisme. Nous ne croyons pas à la conversion de la Chine (1). Le sentiment religieux est une faculté qui manque à ce peuple. Il n'est accessible qu'à des considérations d'intérêt matériel. Nous n'avons jamais rencontré chez lui ce fanatisme que M. Giquel représente comme surexcité par la prédication d'une croyance nouvelle. La métaphysique et le dogme laissent le Chinois profondément indifférent. Absorbé tout entier par la lutte acharnée de l'existence, par la préoccupation toujours renaissante du lendemain, éternel souci de sa nation laborieuse, il ne cède qu'exceptionnellement aux considérations d'un ordre plus élevé. Mais, si les doctrines chrétiennes n'ont pas grande chance de se répandre et de germer dans le pays de Confucius, ceux qui les prêchent ne rendent pas moins les plus signalés services à la cause de la civilisation européenne en en faisant connaître l'étendue et apprécier la portée.

Ces services sont appelés à grandir encore si nos missionnaires comprennent enfin que c'est surtout par une incontestable supériorité scientifique, par l'exposé des résultats pratiques que la science procure, qu'ils domineront les populations chinoises. Ils arrivent presque tous aujourd'hui sur le terrain de leurs travaux armés d'un grand savoir théologique, mais ignorant l'histoire, les mœurs, les croyances, la géographie même des peuples qu'ils vont évangéliser. Grâce au malheureux système d'études qui prévaut en France, le plus grand nombre d'entre eux est à peine plus avancé en physique, en chimie, en cosmographie, en hygiène que les Chinois eux-mêmes. Il est impossible de se placer dans des conditions plus difficiles pour entreprendre une tâche plus ardue. Leur isolement est absolu ; les livres leur manquent. La seule publication universellement répandue parmi eux, les *Annales de la propagation de la foi*, ne raconte que leurs travaux. C'est à peine si quelque lettre d'Europe reçue de loin en loin vient réveiller un instant le souvenir du monde occidental et jeter sa note patriotique aux oreilles des pauvres exilés. Au bout de quinze ou vingt ans de mission leur naturalisation est complète ; les mœurs, les préjugés, la science chinoise même, si étrange qu'elle soit, sont acceptés par eux, et le Céleste Empire compte quelques citoyens de plus !

---

(1) Voici très en raccourci les événements qui lui ont donné naissance. On sait qu'à l'intérieur de la province du Kouei-tchéou vivent des populations indépendantes, désignées sous le nom générique de Miao-tse. Elles sont, depuis des siècles, en état de lutte perpétuelle avec le gouvernement chinois. En 1864, une de leurs bandes, cernée dans les montagnes, mais dans une situation inaccessible qui la rendait impossible à réduire, commettait, malgré l'armée chinoise, d'horribles déprédations. Le commerce de la province souffrait cruellement. Menaces, promesses d'amnistie, tout avait échoué. Dans cette extrémité, le vice-roi eut la pensée d'employer les missionnaires comme médiateurs, et il pria M. Vielmon, prêtre français, qui résidait depuis plusieurs années dans le Kouei-tchéou, d'aller porter à ces barbares des conditions acceptables pour les deux parties. La négociation eut un plein succès. Plus confiants dans la parole du Français que dans les serments, toujours violés en pareil cas, des autorités chinoises, les Miao-tse se retirèrent par la route qui leur fut désignée et renoncèrent à leurs brigandages. M. Vielmon se servit plus tard de l'influence que lui avait donnée auprès d'eux la réussite de sa mission pour en convertir un grand nombre au christianisme. Tel est, dans toute sa vérité, le fait travesti par le *memorandum*. Cela donne la mesure de la bonne foi de la diplomatie chinoise !

---

(1) Le célèbre père Huc a exprimé en d'autres termes la même idée. (*Note de la réd.*)

Il est triste de voir se stériliser ainsi une abnégation et un zèle ardent qui, plus éclairés, pourraient prétendre à de si grands résultats. C'est par là que s'explique la lenteur extrême des progrès réalisés et que se justifie presque le dédain que les classes savantes de la Chine professent pour « des étrangers obscurs » (1). Une pareille situation mérite d'attirer non-seulement l'attention des directeurs de l'Œuvre, mais encore celle du gouvernement français. Le séminaire des missions étrangères, qui compte maintenant ses élèves par centaines, ne devrait-il pas faire entrer dans son programme une grande partie des sciences modernes, et cette étude ne donnerait-elle pas plus tard un immense avantage à ceux qui partiraient pour les pays infidèles? — Des livres, des publications spéciales, des instruments d'astronomie et de géodésie ne devraient-ils pas être mis à la portée de ces ouvriers dévoués, dont la bonne volonté n'a point de limites et dont l'unique distraction est le travail?

Un long séjour au milieu de contrées peu connues, une connaissance complète de la langue, leur donnent des facilités exceptionnelles pour les recherches de toute nature. Ils ne savent point en profiter, et l'on s'étonne, non sans raison, qu'il y ait encore tant de questions obscures, tant de problèmes historiques, scientifiques et économiques à résoudre dans un pays où vivent depuis si longtemps des Européens. L'intérêt provoqué par les missions va donc s'affaiblissant en raison même du peu de fruits qu'elles rapportent à la science et à la civilisation. Il faut assurément que cet état de choses se transforme, il faut que l'Église marche et progresse, si elle veut reconquérir en Chine le rang élevé jadis occupé par elle. Il le faut, car la protection de la France, qui s'étend généreusement non-seulement sur les missionnaires français, mais encore sur ceux de nationalité belge, espagnole, italienne, etc., vaut bien la peine que l'on fasse quelques efforts pour la justifier et la conserver!

Le meilleur moyen, à notre avis, de stimuler le zèle des missionnaires, le seul capable de donner à leurs travaux l'ensemble et l'unité qui leur manquent, serait de créer, à Pékin et à Sanghaï, par exemple, aux frais communs de toutes les missions, deux collèges où l'on réunirait, comme dans un vaste laboratoire intellectuel, tous les moyens d'études aujourd'hui connus.

Après deux ou trois ans passés dans l'intérieur de la Chine pour se familiariser avec la langue, les jeunes missionnaires reviendraient dans ces grands établissements d'instruction supérieure pour compléter leur éducation et approfondir plus particulièrement telle ou telle branche de science, à laquelle les prédisposeraient leurs aptitudes ou leurs goûts. Le clergé catholique indigène y enverrait à son tour ses sujets d'élite. Les prêtres qui auraient des travaux historiques ou philologiques à rédiger, des expériences astronomiques, physiques ou chimiques à poursuivre, y trouveraient les livres et les instruments nécessaires, se retremperaient au contact de la science européenne et s'entendraient sur les moyens de la répandre.

Dans ces collèges, on pourrait entreprendre — et l'on serait dans des conditions excellentes pour les perfectionner — ces traductions en chinois vulgaire et en caractères latins que nous préconisions au début de cette étude, et qui nous semblent le moyen le plus efficace de détruire l'hostile prépondérance des lettrés, en rapprochant les deux civilisations.

Nous ne rêvons pas, on le voit, pour les missions actuelles de l'Empire Céleste le grand rôle politique qu'ont joué les Jésuites à l'époque de Kang-hsi. Il n'existait alors en Chine aucune intervention diplomatique des puissances européennes. Rien n'y éveillait les craintes ou même les susceptibilités du gouvernement national. Les Pères étaient devenus Chinois et comme naturalisés. En récompensant leurs mérites, en reconnaissant la supériorité de la science dont ils étaient les dépositaires et les vulgarisateurs, l'empereur paraissait choisir entre ses propres sujets. L'amour-propre des lettrés déguisait ingénieusement les emprunts faits au savoir européen. Ces emprunts n'étaient que des découvertes dues au génie de quelques-uns d'entre eux, car les pères portaient le bouton (1)!

La pacifique influence des Jésuites eût probablement transformé sans lutte le monde oriental. Il est donc à tout jamais regrettable qu'elle ait été aveuglément brisée. Mais si, derrière les missions catholiques, la Chine voit toujours l'épée de la France, on ne saurait le reprocher sans injustice aux missionnaires actuels. Proscrits à la suite des fautes de la papauté, ils se sont cachés et ont lutté courageusement pour conserver le terrain fécondé par leurs prédécesseurs. Les événements ont amené la France à intervenir et à faire proclamer en Chine le principe de la liberté religieuse. Il ne faut pas le regretter; il ne faut point surtout négliger de faire produire à ce fait toutes ses conséquences. Il est inexact de dire, comme M. Giquel, que les chrétiens n'ont plus aucun droit à réclamer en Chine. Les lois de l'empire sont ainsi faites qu'il est impossible à nos coreligionnaires d'exercer une fonction publique sans être, pour ainsi dire, obligés de renier leurs croyances. A certaines époques, en effet, les mandarins, quelle que soit leur croyance, doivent adresser aux divinités officielles de l'empire des prières pour le souverain. De pareilles obligations ne sont plus en rapport avec cette précieuse conquête de la civilisation que l'on appelle la tolérance religieuse. Un protestant accepterait-il, en Europe, de rendre un hommage public à la sainte Vierge? Un catholique voudrait-il assister à un prêche calviniste ou luthérien? Il en résulte que les missionnaires détournent leurs disciples des études littéraires, qui donnent entrée aux fonctions administratives, et perdent ainsi un puissant moyen d'action sur les classes dirigeantes. Il faudrait obtenir du gouvernement chinois qu'un fonctionnaire chrétien pût ac-

----

(1) Nous constatons ici un état de choses général. Nous sommes heureux de citer les noms de ceux qui font brillamment exception. Le R. P. David, naturaliste très-distingué, que l'Académie des sciences a élu son correspondant en 1872, le R. P. Desgodins, qui s'occupe avec un succès toujours croissant d'études géographiques, le R. P. Perny, dont le dictionnaire chinois a beaucoup promis et beaucoup réalisé, d'autres encore dont le nom ne vient pas en ce moment sous notre plume, rendent à la science les plus notables services. Les résultats obtenus font regretter que cette petite phalange de travailleurs ne soit pas plus nombreuse.

(1) Aujourd'hui même encore, les principaux lettrés de la capitale ne dédaignent pas de se rendre solennellement au bel observatoire créé à Pékin par les Jésuites et de faire semblant de lire dans les astres les destinées de leur pays. Ces pitoyables astrologues sont d'ailleurs incapables de conserver en bon état les magnifiques instruments dont ils disposent, instruments qui témoignent du parti que l'on peut tirer de l'habileté industrielle des Chinois.

complir dans sa propre église les cérémonies prescrites en l'honneur du chef de l'État, et déléguer un de ses subordonnés pour présider à ces cérémonies dans les temples consacrés au culte populaire (1).

Si donc nous croyons possible de tirer de la situation actuelle tous les avantages qu'elle comporte, c'est que nous sommes loin de penser à abandonner le protectorat des missions. Il y aurait folie, en ce moment surtout, à remettre ce puissant moyen d'influence et de progrès entre les mains d'adversaires implacables. Croire que le gouvernement chinois respecterait l'œuvre des missions le jour où la France cesserait d'être l'arbitre des différends que cette œuvre provoque, quelle illusion! Les événements donneront tôt ou tard un cruel démenti à la confiance des diplomates, ou des Européens au service de la Chine, qui se confient en la ferme volonté du Tsong-li-ya-men de réaliser les améliorations progressives demandées par les puissances! La Chine, nous croyons l'avoir démontré, s'arme, mais ne se civilise pas. Elle emprunte à la science occidentale des ingénieurs pour ses vaisseaux, des instructeurs pour ses troupes; elle achète des canons Krupp, elle fait construire des fortifications; elle nous demande, en un mot, tout ce qui sépare, rien de ce qui réunit les deux civilisations.

Si deux ou trois membres du conseil suprême qui régit l'empire, font montre de dispositions favorables pour les Européens, le reste repousse avec opiniâtreté toute idée de compromis. Que sont devenues les espérances de M. Giquel au sujet de l'adoption de nos télégraphes? Pékin a pourtant à sa disposition un système inventé par un Français (2), qui assure au gouvernement le secret de ses dépêches en lui permettant de confier la manipulation des appareils à des employés indigènes. Quelle objection sérieuse peut-on faire à un pareil procédé en présence des immenses avantages que le commerce retirerait de son adoption?

En réalité — et l'on ne saurait trop appuyer sur ce point, en présence de certaines illusions persistantes — la Chine ne cherche qu'à échapper à l'importune pression de l'Europe, à reprendre une à une toutes les concessions du passé. Aujourd'hui ce sont les priviléges consulaires qu'elle veut restreindre, demain il s'agira de supprimer les lois particulières qui régissent les Européens! Trop vaniteux pour s'instruire, trop légers pour se souvenir, les lettrés ne pensent qu'à détruire à tout prix ces semences de civilisation et de concorde que les missions et le commerce européen ont jetées dans leur pays. La guerre d'Allemagne a fourni d'ailleurs un commode prétexte à ces gens habiles pour exploiter contre la France l'envie des autres nations. Notre rôle en Chine, d'autant plus efficace qu'il paraît plus désintéressé, irrite nos rivaux! Eh bien, c'est par là que l'on surprendra leur bonne foi! Ce que poursuivait le *memorandum*, ce qu'il voulait atteindre, c'était la France, parce que seule elle re-

présentait la diffusion des idées européennes dans l'intérieur de l'empire. C'était là le véritable, l'unique but de ce pamphlet diplomatique, car au fond le gouvernement de Pékin — et nous avons expliqué pourquoi — reste parfaitement indifférent à la propagande religieuse des missions. Ceux qui s'inspirent du document que nous venons de citer pour juger des intérêts français en Chine ouvrent la voie à l'ambition de l'Allemagne et facilitent la marche déjà si rapide de la Russie.

Je n'ignore pas que l'on m'oppose, comme une preuve des intentions civilisatrices du gouvernement chinois, la fameuse audience récemment accordée par l'empereur aux représentants des puissances européennes (1). C'est, semble-t-il, l'indice d'un cordial rapprochement et d'une entente définitive. Et cependant une pareille concession ne méritait guère les longues négociations, les sacrifices mêmes qu'elle a coûtés. Pour l'arracher à la duplicité tartare, il a fallu qu'un envoyé japonais fît sentir jusqu'à Pékin la jeune et forte influence de son pays et vînt parler ce langage fier et décidé qui a dérouté les subtiles fins de non-recevoir des ministres du fils du Ciel. Admis après l'ambassadeur du royaume oriental, les représentants des puissances européennes ont été reçus sans éclat, et la cérémonie n'a point tellement rompu avec les anciens rites qu'on n'ait pu trouver à cette dérogation apparente aux lois de l'empire d'ingénieuses explications, aussi consolantes pour l'orgueil chinois que blessantes pour les étrangers admis dans le palais impérial.

Le seul moyen de rendre à « l'audience » sa portée véritable était d'exiger qu'une publicité éclatante et sincère lui fût donnée. Il eût fallu que la *Gazette de Pékin* indiquât à la fois et le nom des États dont les ministres étaient ainsi admis pour la première fois devant l'empereur, et la signification réelle d'une réception destinée à faire descendre le Fils du Ciel au niveau des monarques occidentaux. Il n'en a rien été. La *Gazette* a négligemment annoncé l'audience, en des termes équivoques et vagues, incapables d'attirer l'attention. On aurait pu croire qu'il s'agissait d'une de ces réceptions accordées aux envoyés de Siam et de Hué, lorsqu'ils apportent le tribut. Aussi ce grand événement, qui, pendant près d'une année, a tenu en suspens tous les Européens habitant la Chine, est-il passé absolument inaperçu des Chinois eux-mêmes!

Nous ne savons si les diplomates qui ont obtenu ce singulier succès s'abusent sur sa valeur. Ils se sont laborieusement efforcés de nouer des relations plus dignes et plus sérieuses; ils ont mis toute leur habileté à détruire les principales barrières qui séparent la Chine du monde occidental; après plusieurs mois de lutte, ils n'ont abouti qu'à une démarche sans grandeur et sans résultat, qui laisse tout en question et n'a servi qu'à mettre en pleine lumière l'opiniâtreté des lettrés, leur politique de perfidies et de faux fuyants, leur invincible répugnance pour tout véritable progrès (2)!

Et c'est en présence de dispositions pareilles que l'on son-

---

(1) Un pas a été fait dans cette voie. M. le lieutenant de vaisseau Trève — aujourd'hui capitaine de vaisseau — pendant l'intérim qu'il remplit à Pékin en 1862, comme chargé d'affaires, obtint un décret impérial élevant le christianisme au-dessus des deux religions secondaires pratiquées en Chine, le bouddhisme et le taoïsme, et le mettant de pair avec le culte officiel, celui de Confucius. Rien ne serait plus rationnel que de compléter ce décret en autorisant les mandarins chrétiens à ne point participer à des cérémonies religieuses qui blessent leurs convictions.

(2) M. Vignier, directeur du port de Sanghaï.

---

(1) Se reporter à la date de cet article.

(2) Le jeune empereur s'est chargé lui-même d'indiquer aux ministres étrangers que « l'audience » n'inaugurait aucunes relations nouvelles entre son gouvernement et les gouvernements européens. « Vous avez désiré me voir, a-t-il dit, et je vous ai reçus; je suis bien

gerait à abandonner les droits concédés par de solennels traités ! Que l'on livrerait à la pire des réactions, la réaction chinoise, tous les intérêts français en Chine ! Que l'on ferait le jeu des puissances en cédant la place à leurs convoitises !

A l'égard des missions, la politique que nous devons suivre s'impose d'elle-même et notre programme se résume en peu de mots : exiger d'elles le respect absolu des lois et coutumes chinoises. A l'égard du gouvernement Céleste l'attitude à prendre est aussi simple : maintenir et améliorer les traités existants. Ce faisant, nous aurons bien mérité de la civilisation dans cet extrême Orient, dont le développement politique et commercial déplacera un jour l'équilibre du monde !

Les améliorations que nous voudrions voir apporter à l'organisation actuelle des missions, la direction plus nette, plus énergique, plus suivie qu'il conviendrait d'adopter en ce qui les touche et en ce qui touche notre politique à Pékin, ne sont pas les seules réformes indispensables à poursuivre par le gouvernement français. Il en est d'autres, moins importantes en apparence, et qui auraient pourtant des conséquences incalculables si elles étaient réalisées. La création d'un corps de traducteurs interprètes, ou tout au moins l'amélioration de l'organisation actuelle, est un de ces désiderata. Rien de plus difficile que le recrutement de ces fonctionnaires, rien de plus précaire d'ailleurs que l'avenir des jeunes gens qui se consacrent à l'étude de la langue chinoise dans la légation et les consulats français en Chine. Rien de plus indispensable pourtant que les bons interprètes. C'est d'eux que dépendent la sécurité des relations avec les autorités du pays, la valeur des renseignements recueillis, le judicieux emploi des secrets ressorts de la diplomatie. Ce rôle laborieux et ingrat, auquel correspondent des avantages presque illusoires, n'attire de France et ne retient en Chine qu'un petit nombre de sujets d'élite. L'Angleterre en a mieux compris l'importance. Sa légation de Pékin est une véritable académie où se forment chaque année un grand nombre de *student interpreters*. Le service diplomatique de la reine se trouve ainsi assuré dans des conditions remarquables d'instruction et de compétence. De plus, un grand nombre de jeunes élèves qui sortent de cette école vont occuper les postes, libéralement rétribués, des différents services de l'empire que le gouvernement chinois a cru devoir confier à des Européens. Il va sans dire que la légation britannique bénéficie largement de cet état de choses. M. Hart, le chef des douanes chinoises, est un Anglais, et sa situation exceptionnelle auprès du cabinet de Pékin assure en tout temps aux intérêts de son pays un avocat autorisé et puissant.

Est-il politique de tenir nos nationaux à l'écart de cette grande administration chinoise, dont le développement n'est assurément point terminé, et dont l'importance, aux yeux du gouvernement, se mesure aux immenses services financiers qu'elle sait rendre?

Au lieu d'affecter un dédain irréfléchi et peu motivé pour les jeunes gens qui en font partie, il serait plus sage de faire entrer dans ses rangs le plus grand nombre possible de nos compatriotes, et, si la Chine se décidait enfin à créer de nouvelles administrations générales (postes, télégraphes, chemins de fer), avec le concours des Européens, tous nos efforts devraient tendre à ce que l'une d'elles fût dirigée par un Français. En attendant, il convient d'augmenter le nombre de nos élèves-interprètes, de leur fournir les moyens et le temps de s'instruire, de leur ouvrir une carrière plus large et mieux rémunérée. Pour avoir en Chine des hommes rompus aux affaires, possédant la science des lettrés et leur en imposant, capables de lutter, en théorie et en pratique, avec les hommes d'État de la Grande-Bretagne, c'est par là qu'il faut commencer. La plupart des agents diplomatiques anglais dans l'extrême Orient, et le ministre actuel d'Angleterre à Pékin, lui-même, ont inauguré par le rôle d'interprète leur laborieuse carrière. On ne saurait trop le répéter, l'expérience de la Chine ne s'acquiert qu'en Chine ; il faut lutter, apprendre ; il faut ressusciter cette brillante phalange de sinologues et d'orientalistes qui jadis eut la meilleure part dans les conquêtes morales de la France. En Orient, comme ailleurs, le travail, le travail opiniâtre, infatigable, désespéré, est la condition première du rajeunissement de notre influence politique et de notre future régénération !

V

Est-ce à dire que nous n'ayons à retirer aucun profit immédiat de notre situation ?

Nous résignerons-nous à assister à l'immense mouvement commercial dont la Chine est le théâtre, sans tenter d'y prendre une place plus en rapport avec nos forces productives? Nous avons fondé, aux portes même de ce vaste empire, au milieu de populations appartenant à la même race, et dont la législation, la langue écrite, les mœurs officielles sont celles de la Chine, une colonie dont l'avenir n'est pas douteux, pour peu que nous sachions mettre un peu de suite et de persévérance dans nos efforts. Pour créer des relations directes et fructueuses entre la Cochinchine et le Céleste empire, il nous suffit de le vouloir. Le Tong-King, berceau de cette nation annamite appelée à devenir française, est arrosé par un grand fleuve, le Yun-nan, la province la plus méridionale de la Chine. Deux navires à vapeur, dirigés par un Français aventureux (1), viennent tout récemment (2) de remonter ce fleuve qui semble, d'après les résultats de cette heureuse tentative, devoir offrir une route commerciale aussi rapide qu'économique entre Saïgon et la Chine méridionale (3). Il est donc indispensable, pour la sécurité même de nos possessions indo-chinoises, que nous imposions à tout l'empire d'Annam un protectorat qui lie ses intérêts aux intérêts français et écarte ainsi toutes chances de complications politiques ultérieures. La commission française qui explora l'Indo-Chine et la Chine, il y a déjà cinq ans (4), a recueilli les renseignements les plus favorables sur la valeur des produits métallurgiques de la province du Yun-nan. Livrées aux procédés d'une exploitation imparfaite,

---

» aise de vous affirmer que mes ministres ont toute ma confiance;
» vous pouvez vous adresser à eux pour toutes les affaires politiques
» que vous aurez à traiter. »

L'authenticité des paroles citées dans la note ci-dessus a été révoquée en doute par des publicistes ordinairement bien renseignés.

(*Note de la rédaction.*)

(1) M. Dupuis.
(2) Se reporter à la date de l'article.
(3) Voyez le *Bulletin de la Société de géographie* du mois de février 1872, et la *Revue politique* du 12 juillet 1873.
(4) Se reporter à la date de l'article.

éloignées de tout débouché commercial, ces richesses restent enfouies dans une contrée qu'elles pourraient rendre merveilleusement prospère. L'ouverture d'une route facilitant les transports dans des proportions inespérées, et abrégeant ainsi l'immense distance qui sépare la Chine méridionale et l'Europe, produirait des résultats industriels et commerciaux d'une telle importance, que la solution de ce problème occupe depuis longtemps la vigilante attention de l'Angleterre (1). Il est temps que nous nous préoccupions à notre tour des intérêts et des droits que nous crée notre situation dans la péninsule indo-chinoise, du rôle qu'elle nous oblige à jouer dans des régions jadis lointaines et que la rapidité des communications a mises à notre porte. Il convient surtout de veiller à l'intégrité de l'empire chinois, d'empêcher qu'une conquête ou qu'une rébellion, en séparant de Pékin les provinces méridionales de l'empire, ne réussisse à nous en fermer l'accès. Nous aborderons plus tard l'étude de cette question, qui exige à elle seule de longs développements. Nous nous bornons à en signaler aujourd'hui la gravité. Les problèmes économiques qu'elle soulève sont de la plus haute importance pour notre pays. Il trouvera peut-être dans ces riches contrées des compensations inattendues à nos récents malheurs. A la suite de toutes les grandes crises de notre histoire, il se produit en France un mouvement vers l'extérieur fécond en utiles et glorieux résultats. Sachons le faire naître, sachons le diriger; revenons à ces traditions colonisatrices que nous avons abandonnées à une nation rivale dont elles ont fait la force et la richesse. L'Indo-Chine peut devenir pour nous l'équivalent de cet empire de l'Inde qu'un Dupleix eût donné à la France et que la faiblesse du gouvernement de Louis XV nous a fait perdre sans retour !. . . . .

. . . .

Francis Garnier.

LA KABYLIE

D'après MM. Hanoteau et Letourneux (2)

A l'est d'Alger, le long du littoral, s'élève le massif des montagnes du Jurjura dont les principaux sommets n'ont pas moins de 1800 mètres d'altitude. A l'abri de cette forteresse naturelle, des descendants des anciens Numides, les Kabyles, ont pu conserver, sans trop les altérer, les lois, les mœurs, les institutions politiques de leurs ancêtres.

La race kabyle entre pour plus d'un tiers dans la population totale de l'Algérie. Moins nombreux que les Arabes, les Kabyles, selon toute apparence, sont appelés cependant à

---

(1) On sait les tentatives multipliées faites par le gouvernement anglais pour créer une route commerciale entre la Birmanie, les Indes et le Yun-nan. L'assassinat de M. Margary vient de faire revivre la question. Un télégramme récent nous annonce que le gouvernement chinois consent à l'ouverture de cette route. Espérons que les négociations difficiles engagées par M. Wade, et dont le télégraphe nous apporte l'écho, se dénoueront à l'amiable, et que la question sera définitivement résolue.   (*Note de la rédaction.*)

(2) *La Kabylie et les coutumes kabyles*, trois volumes grand in-8°, par MM. A. Hanoteau et A. Letourneux. — Paris, Challamel, 1872.

jouer un rôle bien plus considérable dans l'avenir de notre colonie. Ils sont monogames, sédentaires, livrés aux travaux agricoles. Malgré les obstacles que le fanatisme musulman a multipliés sur le passage de notre civilisation, on peut espérer que ces tribus laborieuses ne resteront pas longtemps rebelles à l'influence française. Ce pays nous est ouvert aujourd'hui : une route carrossable relie actuellement Fort-Napoléon à la vallée de l'Oued-Sahel, en traversant la montagne. Le Jurjura n'est plus guère qu'à deux journées d'Alger. Un puissant intérêt nous sollicite donc à étudier l'état social de ces tribus, en même temps que la nature de leur sol, les productions de leur contrée, en un mot ce qu'on peut appeler les conditions physiques de leur existence.

Cela ressort nettement du livre que nous nous proposons d'analyser. Les deux auteurs, MM. Hanoteau et Letourneux, guidés dans cette étude par un dévouement éclairé, ont osé entreprendre, ont su mener à bonne fin une œuvre de longue patience et de profonde érudition.

I

DESCRIPTION PHYSIQUE

La Kabylie du Jurjura. — Tous les Kabyles n'habitent pas le Jurjura; on les trouve répandus sur les montagnes qui bordent le littoral de la Méditerranée, aux environs de Collo, près de Cherchell, au sud de la Mitidja.

On peut donc établir trois catégories différentes. Les uns, depuis longtemps réunis aux musulmans, ont oublié leur origine berbère, et en sont venus à se croire de bonne foi congénères des Arabes; ils ont avec docilité subi leur influence et accepté leurs institutions.

D'autres ont conservé quelque initiative, une indépendance plus grande. S'ils se conforment fidèlement aux prescriptions du code musulman, ils savent, dans la pratique, atténuer quelque peu sa rigueur et le plier, au besoin, à leurs habitudes démocratiques, dont ils n'ont pas perdu tout souvenir.

Les autres enfin, habitant les montagnes qui versent leurs eaux dans la rivière du Sébaou, ont mieux sauvegardé les anciennes coutumes, et maintenu intacte leur autonomie; l'impulsion première a subsisté; chez eux, point ou peu de lois écrites, la tradition est tout ou presque tout; le Koran, pour vénéré qu'il soit, n'a de prestige et d'autorité à leurs yeux qu'autant qu'il est susceptible de concorder avec leurs antiques *Kanoun*. Ces tribus sont celles qui occupent la contrée désignée quelquefois sous le nom de *Grande Kabylie*, et que l'on appellerait plus exactement *Kabylie du Jurjura*. Là se retrouvent, mieux que partout ailleurs, les traits physionomiques du caractère kabyle; c'est donc sur ce point, on le conçoit, que s'est concentrée l'attention de MM. Hanoteau et Letourneux.

Les limites les plus naturelles de la Kabylie du Jurjura sont : au nord, la Méditerranée; à l'ouest, le cours de l'Isser depuis son embouchure jusqu'aux ruines du pont de Ben Hini; au sud, le Jurjura, et le prolongement occidental de cette chaîne jusqu'à l'Isser; à l'ouest, le prolongement oriental du Jurjura jusqu'aux environs du cap Corbelin. Ces limites sont à peu près celles de la subdivision de Dellys.

Orographie. — S'il est vrai, comme on l'a dit souvent, que la vie morale d'un peuple se ressente du milieu qui l'entoure, de l'air qu'il respire, du sol où il réside, c'est bien dans la Kabylie du Jurjura que cette vérité peut trouver son application ; c'est là surtout que la géographie peut expliquer l'histoire, ou tout au moins la faire pressentir. Leur fierté naturelle, leur amour de l'indépendance, les Kabyles doivent peut-être un peu de tout cela à la configuration géologique de leur sol, qui n'est, à proprement parler, qu'un vaste réseau montagneux. *Elle est là sur les monts, la liberté sacrée*, a dit le poëte :

> C'est là qu'à chaque pas l'homme la voit venir,
> Ou, s'il l'a dans le cœur, qu'il l'y sent tressaillir.

Le Jurjura ou Djurdjura, que les Kabyles prononcent *Djerdjera* ou *Djerdjer* prend plus souvent chez eux le nom de *Adrar* (la montagne par excellence) ou *Adrar Boudfel* (la montagne de la neige). C'est une immense muraille couverte de neiges pendant six mois de l'année, que d'Alger l'œil du promeneur aperçoit à l'horizon. Ses parties supérieures offrent l'aspect d'énormes masses rocheuses, tachées çà et là par quelques cèdres audacieux. A la hauteur de 1100 mètres environ au-dessus du niveau de la mer on ne rencontre plus d'habitations, mais les pâtres kabyles ne craignent pas, dans la belle saison, de s'aventurer avec leurs chèvres sur les roches les plus hautes et les plus escarpées. Le point culminant de toute la chaîne est le *tamgout* (pic) de Lalla-Khadidja, dont la pointe extrême atteint 2300 mètres ; il surmonte un massif de montagnes qui sépare le Jurjura en deux parties distinctes : le Tizi-n-Kouilal à l'est, et le Tizi-n-Takherrat à l'ouest (1).

Citons, une fois pour toutes, les noms des populations qui habitent les pentes et les contre-forts les plus voisins de la chaîne du Jurjura : ce sont, en allant de l'ouest à l'est : les Aït Khalfoun, les Inezliouen (Nezlioua), les Frikat, la confédération des Igouchdhal, la confédération de Aït Sedka, la confédération des Igaouaouen (Zouaoua), les Illilten, les Illoulen-Oumalou, les Aït Ziki, les Aït Idjer, les Aït R'oubri, les Ir'il-en-Zekri, les Aït Hasaïn et les Tiguerin.

Le territoire des Igaouaouen et de quelques tribus adjacentes mérite seul une mention spéciale : il est formé en effet d'une série de huit contre-forts parallèles, à crêtes étroites et à pentes rapides, qui se détachent de la chaîne, normalement à la direction générale. Le dernier de ces contre-forts en venant de l'ouest (contre-fort de Fort-Napoléon) est le plus considérable de tous, et peut être regardé comme un véritable rameau de la chaîne principale.

Après le Jurjura, le massif montagneux le plus important est celui qu'occupent les Iouadhien, les Aït Aïssi, les Maâtka qui lui donnent leur nom, et les Iflissen Oum el-Lil ; il se rattache d'ailleurs à la chaîne du Jurjura. Au point de raccord existe une dépression de terrain, un *tizi* (comme disent les Kabyles) où se trouvent le poste français de Drà el-Mizan, et le vieux fort turc de Bour'ni. C'est le seul point où l'on puisse cultiver avec succès les céréales, ce qui lui donne une grande importance dans le pays.

Enfin, citons encore la chaîne du littoral, longue de 80 kilomètres environ qui part du Jurjura au nord du col d'Akfa-

____

(1) Le mot *tizi*, en Kabylie, signifie un *col*, une dépression de errain entre deux montagnes.

dou et s'arrête près de l'endroit même où le Sébaou prend sa source.

Cours d'eau. — Deux fleuves arrosent la Kabylie du Jurjura : l'Isser, qui ne fait qu'effleurer son territoire mais qui reçoit quelques-uns de ses cours d'eau, et le Sébaou, fleuve entièrement kabyle. Nous ne citons que pour mémoire l'oued Sahel qui coule au sud de la grande chaîne et n'a point accès dans le pays même.

La vallée de Sébaou comprend pour ainsi dire toute la région de la Kabylie jurjurienne. Le fleuve prend divers noms suivant les contrées qu'il traverse ; il s'appelle tour à tour rivière des Amraoua, rivière des Gorges, Essebaou, rivière des Femmes et rivière aux Canards. Torrent impétueux ou modeste ruisseau suivant la saison, il est coupé par une barre à son embouchure et n'est ni navigable ni même flottable.

Le Jurjura alimente une foule de rivières-torrents qui forment deux bassins secondaires. Les cours d'eau du premier bassin se réunissent pour former la rivière des Aït Aïssi qui se jette dans le Sébaou à Isikhen Oumeddour : ceux du deuxième bassin aboutissent au canal de oued Bougdoura, autre affluent de la rive gauche du Sébaou. Les affluents de la rive droite n'ont qu'une médiocre importance.

La plupart des cours d'eau secondaires sont à sec en été ; quelques-uns cependant s'éloignant moins du Jurjura conservent de l'eau en toute saison et font mouvoir un grand nombre de moulins à blé : il ne serait peut-être pas trop malaisé d'y faire réussir quelques essais de pisciculture, attendu la pureté et la fraîcheur des eaux.

Géologie. — Parmi les explorateurs qui ont étudié la contrée au point de vue géologique, il faut citer M. Ville, ingénieur en chef des mines à Alger ; M. le docteur Paul Marès ; M. Odon Debeaux ; M. Letourneux ; M. Nicaise, géologue du service des mines ; M. le capitaine Peron.

La Kabylie offre un spécimen de presque tous les terrains observés jusqu'à ce jour dans les trois provinces de l'Algérie. Ce sont, par ordre d'antiquité :

1° Le terrain primaire ou cristallin et le terrain de transition ;

2° Le terrain silurien, dont l'existence n'a été constatée jusqu'ici que dans les montagnes mêmes du Jurjura : encore n'y a-t-on point rencontré de fossiles ;

3° Le terrain devonien, dont la présence est encore problématique, et le terrain jurassique, probablement très-développé dans le Jurjura, mais qui n'a encore été étudié que sur un point ;

4° Les terrains crétacés inférieurs et supérieurs, sur le versant sud de la montagne ;

5° Le terrain tertiaire, représenté en Kabylie par deux étages, l'inférieur ou nummulitique, et le miocène ou moyen ;

6° Le terrain quaternaire, peu fréquent, qui ne se rencontre pas sur les sommets de la grande chaîne, se retrouve en petite quantité dans le vallée du Sébaou et en quantité plus grande dans le bassin de l'Isser ;

7° Enfin, le terrain plutonique récent (postérieur à l'époque miocène). Son existence nous est révélée par la présence de nombreux îlots de roches volcaniques, basaltes, etc., le long du littoral de la Kabylie proprement dite.

Nature des eaux. — Les eaux potables de la Kabylie peuvent être considérées comme étant de bonne qualité pour les usages domestiques : elles sont essentiellement alcalines et contiennent en général les bases et les acides : la soude est la base dominante, l'oxyde de fer est en minimes propor-. tions. M. Ville a fait analyser les eaux d'un grand nombre de localités : il est arrivé à cette conclusion, que les eaux de la Kabylie renferment les combinaisons salines suivantes : chlorure de sodium, sulfate de soude, carbonate neutre de soude, carbonate neutre de chaux, carbonate neutre de magnésie, silice libre, acide carbonique en excès.

La Kabylie du Jurjura possède quelques sources minérales, notamment les sources gazeuses et alcalines de Ben-Aarum, beaucoup plus chargées d'acide carbonique libre et de matières salines que les autres eaux alcalines sortant des terrains cristallins de la Kabylie. Les eaux de Ben Aarum peuvent se mélanger avec le vin, mais elles se décomposent facilement et prennent alors un goût d'hydrogène sulfuré qui les rend impotables. Citons la source de Hadjer-el-Amam, ainsi que d'autres ferrugineuses froides, voisines du village de Mazer ; enfin, près de Fort-Napoléon, une source ferrugineuse qui peut passer pour thermale (température 19°), et dont l'eau, parait-il, est d'une pureté singulière.

Gîtes métallifères et carrières. — Les gîtes métallifères sont fort imparfaitement connus : on a seulement constaté dans la contrée la présence du minerai de fer à l'état d'hydroxyde ou de fer oxydulé. On a bien trouvé de la galène argentifère près de Tizi Ouzzou, mais on ne saurait dès maintenant pressentir l'importance industrielle que ces gîtes pourront acquérir un jour.

Les carrières n'ont été exploitées jusqu'ici que dans le voisinage des postes créés par les Français : elles ne fournissent, pour la plupart, que des calcaires à grains grossiers, qui ne comportent pas une taille soignée. Le calcaire qui a servi aux constructions du fort Napoléon est d'un blanc lamellaire, et contient, disséminés dans sa masse, des grains de mica et de pyrite de fer. Lorsqu'il est frotté ou frappé avec un instrument de fer, disent les auteurs du livre, il répand une odeur fétide très-prononcée, et due probablement à l'altération de la pyrite.

Le terrain nummulitique, qui forme en partie la chaîne du Jurjura, produit des pierres de taille, des pierres lithographiques, des calcaires de chaux hydrauliques, notamment ceux de Dellys, et même des ciments de bonne qualité ; mais tout cela n'est pas assez à portée, et la position défavorable de ces marbres et de ces pierres en rend l'exploitation impossible.

La Kabylie produit aussi des grès jaunâtres d'une médiocre utilité parce qu'ils s'altèrent à l'air, et des grès blancs ou verdâtres qui ne s'altèrent pas et se prêtent fort bien à la taille.

Forêts. — Est-il vrai, comme on l'a affirmé, que la Kabylie ait été tellement boisée il y a cinq ou six siècles, qu'on n'y pouvait retrouver son chemin ? Cette hypothèse semble bien hasardeuse pour peu que l'on considère ce qui subsiste aujourd'hui de ces prétendues forêts. Les arbres n'y manquent pas, sans doute, mais ce sont pour la plupart des arbres fruitiers, surtout si l'on classe dans cette catégorie les chênes *à glands doux* dont les fruits, dans maintes tribus, servent de nourriture aux hommes, et les frênes dont les feuilles servent de fourrage aux bestiaux. Quant aux forêts, elles sont rares en Kabylie.

Les principaux massifs boisés se trouvent chez les Aït-Khalfoun, près du col de Deggas, chez les Inezliouen, les Iflissen Oum el-Lil, les Maâtka, au tamgout des Aït Djennad, chez les Aït R'oubri, et enfin près du col d'Akfadou, chez les Aït Idger : dans ce dernier canton existe une grande forêt qui offre à l'exploitation des ressources importantes.

Les essences dominantes sont : le chêne-liége, qui descend assez bas dans la région des collines ; le chêne ze'n au port majestueux, à la fibre résistante, mais qui se fend en séchant même à l'ombre ; le chêne kabyle, qui réside sur les crêtes élevées : ce dernier s'appelle aussi chêne à feuilles de châtaignier ; son bois, lourd et résistant, est excellent pour la charpente.

On rencontre encore dans les bois d'autres espèces d'arbres : le micocoulier, l'aune, le saule pédicellé, l'érable à grandes feuilles, le cerisier sauvage, le laurier, etc..., et des arbrisseaux tels que l'arbousier, le myrte, les prunier et rosier sauvages, le houx, l'if à l'état de buisson, quelques églantiers, etc.

II

La flore. — Si nous abordons, avec les auteurs de ce livre, l'histoire naturelle de la Kabylie du Jurjura, nous sommes frappé tout d'abord des difficultés innombrables que la science moderne a dû surmonter pour pénétrer jusqu'au cœur de ce pays si bien gardé par ses fortifications naturelles, et pour aller ravir à cette nature sauvage quelques-uns de ses plus utiles secrets. Que d'explorations périlleuses entreprises coup sur coup par les ardents botanistes qui ouvrirent le chemin : que de fatigues, que de luttes, et parfois que de déceptions !

La première expédition de ce genre remonte à 1785. Desfontaines, l'auteur du *Flora Atlantica*, est le premier qui ait tenté de visiter le Jurjura chez lui, et s'il échoua dans cette entreprise hardie, il récolta du moins les plantes de la vallée. Longtemps après lui, de 1834 à 1840, M. Dufour, médecin militaire, put explorer les environs de Bougie, et fut suivi quelque temps après par M. Durieu de Maisonneuve (1842-1844). Puis vint M. Martial de Brettes (1852-54) qui s'attacha à la flore des environs de Dellys.

En 1854, MM. Cosson et Henri de la Perraudière renouvellent la tentative demeurée si longtemps infructueuse de pénétrer dans le Jurjura ; cette fois, le succès est pour eux : bravant les fatigues, les dangers, la maladie même, ils prennent possession, au nom de la science, de la vieille montagne infranchissable, et après deux excursions successives, ils rapportent à Alger une partie des richesses de la flore jurjurienne.

L'élan est donné : le docteur Paul Marès et M. Odon Debeaux attaquent en 1858 le Jurjura sur d'autres points et réussissent également. A partir de 1860, il ne nous reste plus qu'à citer coup sur coup les explorations parallèles ou successives du docteur Thévenon, de MM. Durand, Letourneux et Cosson, Licou, Durando et Marès : dans le nombre, une victime, M. Henri de la Perraudière, arrêté par la maladie et la mort dans le cours de ses voyages. M. Letourneux en dernier lieu a fait d'incessantes recherches et réalisé de remarquables découvertes. En somme, aujourd'hui, malgré de nombreuses lacunes qui seront comblées en leur temps, on peut dire que les caractères généraux de la flore kabyle sont connus et fixés, et les résultats des explorations ultérieures ne pourront que les confirmer.

Quatre régions, différentes d'aspect et de végétation se partagent la flore kabyle : 1° les plaines ; 2° les contre-forts ; 3° les forêts de chênes ; 4° le Jurjura.

1° Les *plaines* (ou ce qu'on est convenu d'appeler ainsi, car il n'y a point à proprement parler de plaine en Kabylie), les plaines, disons-nous, sont presque exclusivement consacrées à la culture des céréales. Elles sont couvertes, au mois de mai, de moissons d'orge et de blé dur qui ondulent sous la brise : les ombellifères et les graminées s'y trouvent aussi en assez grand nombre. Peu de marais, quelques massifs d'oliviers et d'orangers, quelques jardins de figuiers ; puis de grands frênes, des peupliers, des ormes, des aunes et quelques buissons de lauriers-roses.

2° *Les contre-forts.* — C'est la région des vergers. « Lorsque, du fond des rivières qui divisent le pays, le regard monte vers les cîmes, il s'arrête d'abord sur une bordure d'aunes qui ceignent les jardins établis chaque été dans le lit même du torrent ; au delà, des frênes, que chaque automne la main avare du Kabyle dépouille de leurs feuilles, mêlent leur vert gai à la teinte grisâtre des oliviers et des chênes verts, au travers desquels apparaissent, comme le fond du tableau, des figuiers d'un ton jaunâtre. A mesure que le regard s'élève, l'olivier disparaît ; mais le frêne, le figuier et le chêne à glands doux escaladent la pente rude jusqu'à son sommet. »

3° Nous arrivons à la région des *forêts*, région exclusivement cristalline ou schisteuse, si l'on excepte quelques assises de calcaire nummulitique. On trouve des forêts de chêne-liége dans les parties basses, et dans le haut, sur les crêtes sèches, le chêne à feuilles de châtaignier. Les bois sont composés presque exclusivement d'arbres à chatons (cupulifères, salicinées, bétulinées). Du reste, peu de fourrés, surtout dans la partie supérieure.

4° La quatrième région comprend la *chaîne du Jurjura*, depuis Tizi-n-Cherià jusqu'à Tizi-Oujaboub. — Les cèdres commencent à se montrer aux abords de Tirourda et se continuent jusqu'à Lalla Khadidja. Au-dessus des Aït Koufi et sur les flancs du Tamgout Aïzer, les cèdres abondent ; puis, au-dessus de la grande chaîne, sur le versant de l'oued Sahel, cèdres et chênes verts se retrouvent confondus sur une montagne formant plateau à son sommet.

Sur la plupart des points accessibles de la montagne, les espèces de la zone moyenne se trouvent au pied des grandes masses rocheuses, ou sur les pelouses des cols plus bas, tandis que les plantes de la zone supérieure, sauf dans quelques cas exceptionnels, restent cantonnées avec les cèdres sur les crêtes extrêmes. La flore du Jurjura consacre d'une manière éclatante la grande loi de la compensation de la latitude par l'altitude. Ainsi, les espèces qui dans le nord de la France sont des plantes de plaine, ne descendent guère, en Kabylie, au-dessous de 800 ou de 1000 mètres.

Quant à la zone maritime de la Kabylie jurjurienne, elle est encore fort peu connue ; d'ailleurs, la côte étant fort abrupte sur presque tous les points, il en résulte que l'influence de la mer et de son voisinage ne peut s'exercer que sur une bande de terrain relativement étroite.

On peut résumer en quelques mots les observations recueillies jusqu'ici en constatant que, dans la flore kabyle, les composées l'emportent de beaucoup ; viennent ensuite les légumineuses, puis les graminées, enfin les ombellifères,

sans parler d'autres familles importantes, telles que crucifères, labiées, etc., que l'on rencontre plus ou moins fréquemment.

Quant aux plantes cryptogamiques, bien qu'elles aient été jusqu'ici moins étudiées, on peut affirmer qu'elles pullulent dans cette région formée de terrains si variés, et où d'immenses forêts couvrent de leur ombre un sol toujours humide. On sait toutefois d'une manière positive que les cryptogames y sont représentés par les mousses, les hépatiques et les jungermannies.

La Faune. — *Mammifères et oiseaux.* — Autrefois la Kabylie du Jurjura comptait parmi ses hôtes l'antilope, la gazelle et le mouflon : la preuve en est fournie par des ossements récemment découverts dans les grottes du littoral. Aujourd'hui, les grand mammifères ne sont plus guère représentés que par les sangliers, encore très-nombreux dans la zone des forêts ; par une certaine quantité de panthères, et aussi, mais plus rarement, par le lion, lorsqu'il daigne quitter, pour visiter le Jurjura, la vallée de l'oued Sahel, sa résidence préférée.

Parmi les petits mammifères, on peut signaler tout d'abord les singes qui pullulent en Kabylie et constituent une des plaies du pays. Un vieux préjugé populaire les représente comme les descendants déchus d'une antique race d'hommes qui aurait été privée de la parole et ainsi enlaidie par la volonté divine, en punition de ses méfaits. On les redoute, mais on les subit. On les pourchasse, on les traque, on use de toute sorte de moyens plus ou moins ingénieux pour les effrayer et les tenir à distance, mais on s'abstient scrupuleusement de les tuer par crainte du sacrilége.

Les indigènes ont encore d'autres ennemis non moins fâcheux qui appartiennent au groupe des carnassiers vermiformes et des petits félins. Les chacals, les mangoustes, les genettes, les putois bocamelle, etc., sont la terreur des poulaillers.

La grande classe des oiseaux, disent les auteurs, n'est représentée d'une manière brillante, dans le Jurjura, que par la famille des rapaces. « On les aperçoit tantôt posés au sommet des pitons ou sur les consoles des rochers, tantôt décrivant dans le ciel d'immenses spirales, et se dirigeant vers les marchés, dont la voirie trouve en eux des agents officieux et protégés ». Les vautours, les aigles, les gypaètes sont, avec les choucas et les corbeaux, les dignes hôtes du Jurjura. On y rencontre encore, suivant la saison, l'hirondelle, le merle, le guépier, l'alouette, la caille d'Afrique, la poule de Carthage ; en hiver, un peu de gibier sur les rivières ; dans la région des contre-forts, les oiseaux chanteurs et jaseurs, le rossignol entre autres. Enfin, dans la région des forêts, quelques bandes de geais à tête noire.

Reptiles et poissons. — Les reptiles et les poissons n'abondent pas dans le Jurjura. En fait de reptiles on y retrouve les mêmes individus que dans le centre et même dans le Nord de la France, puis quelques rares espèces propres à l'Algérie : un animal du genre vipère, l'aspic de France, est le seul ophidien venimeux du pays. Le caméléon n'apparaît que dans la vallée de l'oued Sahel, là où l'atmosphère est réchauffée par les vents sahariens.

En fait de poissons, même pauvreté : le barbeau et l'anguille vulgaire, puis l'alose et le mulet commun, sont les seuls hôtes de l'Isser et du Sébaou, ainsi que de leurs affluents.

Animaux articulés. — On ne possède encore que des données fort incomplètes sur les crustacés, les arachnides, les hexapodes et les insectes, et cela, malgré les recherches consciencieuses des savants, malheureusement en trop petit nombre, qui s'en sont occupés jusqu'ici. Les auteurs du livre émettent cependant cette hypothèse, que le caractère de la faune entomologique de la Kabylie doit être essentiellement méditerranéen, avec mélange de quelques espèces du nord de l'Europe.

Malacologie. — Il ne s'agit ici que des mollusques terrestres et d'eau douce. Aucune espèce nouvelle n'a été signalée parmi les mollusques marins : d'ailleurs on n'a, même en ce qui concerne les premiers, que des résultats incomplets, faute d'explorations. Les deux tiers environ des mollusques de la Kabylie ont été classés. Le Jurjura paraît assez mal partagé sous ce rapport : plusieurs espèces que l'on rencontre en beaucoup d'autres pays y font complétement défaut. Les zonites, les hélices, les férussacies, sont dans ce cas. Dans la région des forêts, les espèces sont plus nombreuses, mais les individus sont rares, et les collections sont d'autant plus difficiles.

Dans les contre-forts, où la culture a tout envahi, les grands rochers sont peu fréquents, et les massifs de roche fort dénudés; aussi les mollusques ont été relégués dans les rares gisements de calcaire métamorphique.

Par compensation, le massif calcaire des Aït Khalfoun et des Anmal, traversé par l'Isser, possède une faune nombreuse, où les espèces du Sahel et du littoral se trouvent associées à des formes complétement nouvelles et d'un type original.

Nous devions nous borner dans cette analyse, déjà longue, à des aperçus généraux. Si l'on veut des nomenclatures raisonnées des familles et des espèces, on peut se reporter à l'ouvrage lui-même. On y trouvera un catalogue très-savant de la flore et de la faune kabyles : d'une part, les phanérogames et les cryptogames; d'autre part, les mammifères et les oiseaux, les reptiles et les poissons, les articulés et, enfin, les mollusques. Si MM. Hanoteau et Letourneux ont eu recours, pour ce travail, à d'autres naturalistes compétents, il est du moins un mérite qui leur revient, c'est d'avoir réuni les premiers dans une série de tables toutes les données connues, en y ajoutant encore les résultats de leurs recherches personnelles.

En parlant de la partie géographique, nous avons omis de signaler une fort bonne carte de la Kabylie du Jurjura, dressée par les soins de M. le capitaine Mas, et annexée au premier volume. Nous nous permettrons, à ce propos, d'exprimer un regret, c'est que les chapitres qui traitent de la configuration du pays et de son système montagneux, hérissés comme ils le sont nécessairement de noms kabyles peu connus, ne soient pas rendus plus intelligibles, pour les Français de l'Europe, par une bonne carte orographique spéciale où se retrouverait le dessin des montagnes, avec l'indication des pics et des contre-forts, si souvent cités dans le livre. A quel ouvrage, en effet, devrons-nous nous reporter pour cela, si une pareille carte fait défaut justement dans le livre le plus complet qui ait été écrit sur la matière.

EXPOSITION INTERNATIONALE DE GÉOGRAPHIE

A Paris (1)

IV

L'ethnographie

En cette matière, la puissance qui, à l'exposition de Paris, a fourni le plus d'éléments à l'étude, la puissance qui s'est le plus distinguée, c'est incontestablement la Russie. On sait du reste que l'ethnographie est une science cultivée avec soin dans ce pays ; sa situation particulière l'y pousse naturellement : l'empire du tsar embrasse tant de races et de peuples divers, que son gouvernement est tenu d'en connaître les caractères, les mœurs et la distribution géographique. Le musée Dachkof, de Moscou, jouit d'une réputation européenne bien méritée, composé qu'il est de mannequins de grandeur naturelle, aux visages scientifiquement modelés d'après les caractères anthropologiques des races représentées et vêtus des costumes nationaux. Tous les peuples de l'empire russe y sont exposés ainsi que toutes les différentes nationalités de la race slave. Malheureusement, ce beau musée n'a pu rien envoyer à Paris. Mais le genre en question était représenté sur une moindre échelle par des statuettes très-scrupuleusement exactes et très-bien faites, représentant des types des races humaines, des peuples d'Asie, des Nègres, des Négritos, des Papous, des Peaux-Rouges, etc. Ces types, dus les uns à l'atelier des ouvrières de Pétersbourg, les autres à MM. Haüser et Schindheler, appartiennent au matériel scolaire des établissements pédagogiques russes. Mieux que toutes les descriptions si détaillées, si pittoresques qu'elles soient, ces statuettes et ces figurines frappent l'esprit de l'enfant et y laissent une impression positive et durable. Cela appartient à cette féconde méthode d'enseignement par les yeux, des leçons de choses — comme disent les Allemands — et nous voudrions bien vivement que de semblables objets soient introduits dans nos écoles : sans être habitants d'un pays où les races forment une mosaïque compliquée, nous avons besoin de savoir par qui notre globe est peuplé, et la connaissance réelle des races humaines dès l'enfance ne peut que produire d'excellents résultats sur l'esprit en le dégageant de préjugés, notamment de celui qui consiste à songer à l'*homme*, entité métaphysique, et non aux *hommes* si divers, si variés dans leur apparence et dans leurs mœurs. Mais revenons à l'ethnographie.

Nous passerons rapidement sur les grandes publications ethnographiques du comte de Rechberg (2 vol., 1812-1813) et de M. Pauly ; bien que l'ouvrage de ce dernier soit fort beau, les dessins qui en constituent la partie essentielle ont le défaut d'être des dessins et non des photographies qui seules peuvent présenter le degré d'exactitude requis par les procédés scientifiques modernes. A moins que l'artiste ne soit un anthropologiste lui-même, il se laisse toujours entraîner par quelques préoccupations pittoresques et la rigueur scientifique de son travail s'en ressent. C'est pourquoi nous plaçons au-dessus des publications de M. Pauly les albums photographiques de la Société de géographie, de M. Mourenko, du général Kauffman, etc.

Parmi ces photographies, nous signalerons celles des habitants de l'Asie centrale, qui confirment pleinement nos aperçus sur l'ethnographie de cette contrée (voyez le n° 25 de la 2e série de la 4e année de la *Revue scientifique*) ; nous

---

(1) Voyez ci-dessus pages 109, 304 et 320, numéros des 31 juillet, 24 septembre et 2 octobre 1875.

avions présenté les Tàdjiks comme représentant l'élément aryo-éranien, et les portraits de Tàdjiks, notamment ceux des femmes, ont une physionomie absolument persane — on sait que le type ethnique primitif se conserve bien mieux chez la femme que chez l'homme. — Les Usbeks se sont bien montrés là comme nous les avions dépeints, c'est-à-dire comme des métis de Tàdjiks éraniens et de Turks de race ouralo-altaïque. Enfin, chez les Kirghises, ces représentants des Turks primitifs, nous avons vu parfaitement caractérisés les deux types bien tranchés dont nous avions parlé : l'un absolument mongolique, crâne brachycéphale et en forme de boule, nez aplati, pommettes saillantes, yeux bridés ; l'autre tout différent, crâne plutôt mésaticéphale, figure allongée, physionomie en quelque sorte chevaline, nez long et volumineux, yeux horizontaux. Or, si le premier type est bien le type classique du Mongol, le second a de grands traits de ressemblance avec des Ongro-Finnois des bords du Volga, Mordvines, Tcheremisses qui, tout aussi laids que les Kirghises du second type, ont comme ceux-ci ce nez proéminent et fort qui est l'opposé du nez court et épaté du véritable Mongol.

Il faudrait écrire un volume si l'on voulait publier toutes les observations suggérées par le grand album du Turkestan, mais cela ne nous est pas possible ; souhaitons plutôt que cette magnifique collection de photographies faite par les ordres du général Kauffman soit donnée à une de nos grandes bibliothèques. Pour contribuer à la connaissance des problèmes ethnographiques de la Russie d'Asie, le bel établissement cartographique du colonel Iliine avait exposé deux cartes de la Russie d'Asie (Sibérie et Turkestan) faites au point de vue de la distribution ethnique, l'une de M. Iliine lui-même, l'autre du colonel Venioukof, qui fait également autorité dans la matière (1).

La Russie d'Europe n'a pas plus été négligée que les contrées asiatiques soumises au gouvernement du tsar. C'est la section ethnographique de la Société de géographie de Pétersbourg qui a le plus fait dans ce sens avec son *Recueil ethnographique* (5 vol., 1853-1864), ses *Mémoires d'ethnographie*, les sept volumes de l'*Expédition statistique et ethnographique dans la Russie occidentale*, par M. Schoubinski, les cartes ethnographiques de de Koeppen, de de Bouschen, de Rittitch, de la distribution de la population littuanienne dans les provinces de l'Ouest.

La carte en six feuilles de Rittitch est la plus considérable et la plus complète. Ne pouvant la reproduire ici, nous donnerons néanmoins d'après elle le tableau des races qui vivent en Russie d'Europe :

Race aryenne........	— Slaves......	Russes,
—	—	Russes blancs,
—	—	Petits Russiens,
—	—	Bulgares,
—	—	Polonais.
—	Littuaniens .	Littuaniens,
—	—	Lettes.
—	Hellènes ...	Grecs.
—	Latins......	Roumains.
—	Eraniens....	Kurdes,
—	—	Arméniens,
—	—	Ossètes.
Race sémitique.....	— Hébreux....	Juifs occidentaux,
—	—	Karaïtes de Crimée.

Race ouralo-altaïque.	— Finnois.....	Suomi (Finlandais),
—	—	Esthoniens,
—	—	Finnois du Volga (Permiens, Tcheremisses, Mordvines, etc.),
—	—	Finnois du Nord (Lapons).
—	Turks......	Bachkirs,
—	—	Tchouvaches,
—	—	Nogaïs,
—	—	Tatars de Kazan,
—	—	Kirghises.
—	Mongols....	Kalmouks.
Races du Caucase.................		Géorgiens,
—		Circassiens divisés en quatre variétés.

A propos de ces dernières races, M. Rittitch a dressé deux cartes ethnographiques du Caucase qui montrent à quel point la population de cet isthme montagneux qui unit l'Europe à l'Asie est variée et divisée. Dans l'état actuel de la science, les races du Caucase n'ont pu être classées. Les Arméniens sont Aryo-Éraniens et leur venue s'explique historiquement, mais il n'en est pas de même des petites tribus d'Ossètes perdues dans la montagne ; ce sont des Éraniens dont on ne s'explique pas bien la présence au milieu des autres peuples caucasiens. Ceux-ci diffèrent également considérablement entre eux ; les Géorgiens forment, par la langue du moins, une race à part, à coup sûr non aryenne, qui s'étend par la Mingrélie jusque dans le Lazistan en Turquie d'Asie ; mais les Tcherkesses, les Lesguiens à leur tour ne laissent pas que de former des groupes ethniques absolument différents. Le Caucase présente donc encore des problèmes ethnographiques non résolus et dont la solution ne doit être donnée qu'avec prudence et non prématurément.

La Société de géographie russe a diverses sections dans plusieurs parties de l'empire, elle en a non-seulement en Asie, mais encore en Europe ; la section du sud-ouest à Kief avait exposé une série fort intéressante concernant la Petite Russie ; on y voyait cinquante-quatre photographies de Petits Russiens et quarante-cinq de Podoliens, une très-curieuse collection de dessins des constructions rustiques de ces contrées ainsi qu'une collection de dessins d'ornementation propres à la Petite Russie. Mais, ce qui nous a surtout intéressé, c'est le type éminemment net des Petits Russiens avec ses caractères tout à fait propres à la race slave.

Car, nous devons le reconnaître, dans d'autres parties de la Russie, surtout en tirant au nord et au nord-est, la population slavo-russe actuelle contient, à côté de ses éléments aryens, une très-notable quantité d'éléments ougro-finnois. Avant l'invasion des Aryo-Slaves qui ne remonte guère au delà des temps historiques dans ces contrées, celles-ci étaient occupées par des peuples ongriens et finnois. On voyait ainsi à l'exposition russe un livre tout récent (1874) de M. Europæus, contenant des recherches fort intéressantes sur un peuple de race ongrienne ou hongroise qui aurait habité la Russie centrale et septentrionale, la Finlande et le nord de la Scandinavie avant l'arrivée des Slaves et des Scandinaves. De son côté, M. le comte Ouvarof avait exposé son grand travail sur les Mériens. Ces Mériens, dont il a tenté de restituer l'ancien état social et religieux, à l'aide surtout de fouilles pratiquées dans plus de sept mille *tumuli*, étaient un peuple de race finnoise qui habitait les gouvernements actuels de Vladimir et de Iaroslaf, avant la conquête de ces pays par les Russes-Aryens, qui, tout en absorbant les indigènes, se sont imprégnés ainsi d'éléments finnois qui reparaissent encore aujourd'hui. On voit de quel intérêt sont ces ouvrages pour l'histoire de l'Europe, et malheureusement leur contenu nous est interdit ici en France par suite de notre ignorance de la langue russe. Il serait d'une haute utilité que l'on se

(1) On peut les trouver, ainsi que tous les produits de l'établissement géographique de M. Iliine, à Paris, chez E. Leroux, éditeur, qui en est le dépositaire.

mette chez nous sérieusement à l'œuvre et que l'on nous fasse connaître les importants travaux qui se font en Russie. Nous voudrions surtout qu'on publiât la *Géographie de l'Asie*, de Carl Ritter, telle que l'ont faite les Russes. Ceux-ci ont pris le texte du célèbre géographe allemand pour base de publications au fond tout à fait originales ; l'œuvre de Ritter n'est qu'un canevas sur lequel ont été accumulés des trésors de renseignements et d'observations admirables. Ce sont trois savants de premier ordre qui se sont chargés de la besogne et qui ont ainsi offert à leurs compatriotes des livres faits pour être une autorité sur la question. Ainsi M. de Semenof a publié l'*Introduction générale, le Tian-Chan et l'Altaï chinois, l'Altaï russe et la chaîne de Saïan ;* M. Grigorief a publié *le Kaboulistan et le Kaffiristan, le Turkestan chinois ;* M. de Khanikof a donné la première partie de l'*Iran.* Ce sont là des ouvrages excellents, aussi complets que possible, et qu'il serait d'un intérêt capital de traduire et de publier dans une des langues de l'Europe occidentale. Pourquoi ne serait-ce pas en français ?

L'Angleterre, qui aurait dû et pu rivaliser avec la Russie au point de vue ethnographique, est restée tout à fait en arrière. Nous avons bien feuilleté à son exposition un album photographique de M. Dammann, composé de huit cents types humains divers ; mais M. Dammann est réclamé par l'Allemagne, et ses huit cents types, tout intéressants qu'ils sont, ont été pris plutôt en vue du pittoresque que dans un but rigoureusement scientifique. Une belle publication, réellement anglaise, *The people of India,* en cinq beaux volumes, rendrait de véritables services à l'ethnographie si une classification sérieuse avait présidé à sa composition ; malheureusement les nombreux types de l'Inde y sont insérés absolument pêle-mêle ; c'est un fouillis de notices précieuses, de photographies curieuses où il y a tous les éléments d'une bonne et sérieuse ethnographie de l'Inde, mais celle-ci est encore loin d'être faite. Nous sommes surpris qu'avec leur esprit méthodique, les Anglais n'aient pu publier un livre où les Brahmanes-Aryens ne soient pas côte à côte avec des Southals ou des Bhils aborigènes. Et c'est tout ce que nous avons pu découvrir dans l'exposition anglaise.

La Hollande, au contraire, ou mieux les possessions néerlandaises en Malaisie, étaient beaucoup plus amplement représentées. Les ouvrages sur l'histoire, les antiquités, les populations des îles de la Sonde et du reste de l'archipel Indien y abondaient. Deux collections photographiques de paysages, de types et de costumes des Indes néerlandaises faisaient bien connaître ces curieuses contrées et leurs habitants. Une de ces collections, celle de M. de Bussy, libraire à Amsterdam, avait un texte à part relatif à chaque photographie, ce qui est fort utile pour le lecteur... hollandais. Mais, ce qui nous a paru le plus intéressant, ce sont les photographies du grand temple de Bôrô-Boudour à Java. Ce monument immense et grandiose appartient à l'époque où la grande île malaise se convertit aux doctrines religieuses de l'Inde et est bâti dans le style des grandes constructions de la presqu'île gangétique. Or, on admet généralement que les monuments de pierre ne remontent point dans l'Inde à une antiquité aussi reculée que la civilisation dont elle a été le siége ; certains auteurs même vont jusqu'à dire que le bouddhisme fut en quelque sorte le créateur de l'architecture indienne. Quoi qu'il en soit, le grand temple de Bôrô-Boudour est un monument indien dans son économie générale, mais les bas-reliefs qui le couvrent présentent néanmoins des caractères particuliers fort intéressants. En premier lieu, nous devons déclarer, après une minutieuse étude des photographies qui ne peuvent mentir, que les sculptures en sont d'un art tout à fait raffiné ; les artistes qui en furent les auteurs connaissaient parfaitement les proportions du corps humain et donnaient à leurs personnages une vie, un entrain, une réalité vraiement étonnants, et s'il y a çà et là quelques

exagérations, quelques bizarreries, elles sont voulues et conformes sans doute à quelques règles hiératiques. Nous pourrions citer telle procession, tel cortége, tel corps de danseuses qui sont de véritables chefs-d'œuvre ; l'Égypte et l'Assyrie peuvent à peine rivaliser avec Bôrô-Boudour ; la Grèce garde naturellement sa place dans les hauteurs sereines de l'empyrée artistique ; mais toutes les sculptures de l'époque gothique, malgré le fini et la perfection minutieuse de beaucoup d'entre elles, ne sont assurément pas supérieures à celles du grand monument javanais. Les artistes de Bôrô-Boudour ont admirablement saisi le type des races locales, et telle danseuse ou tel guerrier des bas-reliefs se retrouve dans les types photographiés des collections dont nous avons parlé. Il est certain qu'il y a eu là l'éclosion d'une des fleurs du grand art indien et que celle-là ne fut pas une des moins belles.

L'influence de l'Inde et de sa civilisation se fait sentir à Java jusqu'à l'heure présente, mais sous une forme populaire bien différente et bien inférieure à celle qu'elle avait revêtue dans le beau et grandiose temple de Bôrô-Boudour. Nous voulons parler ici des marionnettes ou ombres chinoises gigantesques qui constituent le théâtre javanais et dont de curieux spécimens étaient exposés aux Tuileries. Ces figures sont taillées dans le cuir de buffle et sont peintes et dorées très-soigneusement ; un homme nommé *dalang* les fait mouvoir et parler comme on le fait chez nous au théâtre de Guignol.

Mais, à Java, ce ne sont point les exploits de Polichinelle qui constituent le sujet des drames représentés par ces acteurs de cuir, ce sont au contraire les grandes épopées indiennes, le Mahabhàrata et le Ramàyana, qui en fournissent la matière ; on les appelle alors *Wayang Poerwâ ;* l'histoire légendaire et nationale de Java, les chroniques de Madjapahit et de Padjadjaran donnent aussi naissance à des drames nommés *Wayang Kelitik.* Enfin, on ne se contente pas de marionnettes et d'ombres chinoises, ces drames sont souvent représentés par des acteurs en chair et en os, portant, comme sur le théâtre antique, des masques classiques, *Topings,* taillés en bois et peints selon la tradition ; ces acteurs ne parlent pas, ils se contentent de jouer des pantomimes héroïques qu'un *dalang* explique en en récitant le sujet.

Bien qu'exposée dans la section française, la collection de M. Van der Broek appartient à la Néerlande par son origine. C'est d'abord une série considérable d'armes de toute nature, frondes, massues, haches, lances, épées, flèches et *kriss* empoisonnés ; ces instruments de mort sont d'une élégance un peu bizarre, mais très-attrayante, malgré leur caractère redoutable. Avec ces armes, on voyait quatre grands tableaux peints à la cire sur étoffe de coton, datant du moyen âge et provenant de l'île de Bali ; ce sont des scènes du *Brata-Iouda,* forme malaise du Mahâbhârata ; l'agencement des groupes y est très-mouvementé, mais les personnages sont trop les uns sur les autres, et l'art d'observer la perspective y fait défaut. Dix-neuf statues de dieux et de génies en bois sculpté et peint provenant de Bali et de Java démontrent avec évidence que le grand art qui se manifesta dans le beau monument de Bôrô-Boudour a considérablement dégénéré ; car ces figurines sont aussi contournées, d'aussi mauvais goût que celles qu'on expédie aujourd'hui par grosses de Manchester et de Birmingham, où il y a des fonderies de dieux hindous, suivant le goût des fidèles brahmanistes de l'heure présente.

L'Autriche-Hongrie a exposé, en fait d'ethnographie, la belle relation du voyage de la *Novara,* et celle de l'expédition dans l'extrême Orient, due à la plume de M. de Scherzer. Quelques ouvrages de M. Hujfalvy sur les Vogouls complètent un bagage encore plus considérable que celui de l'Allemagne qui est à peu près nul.

Les États scandinaves, au contraire, se sont distingués. La Norvége, par exemple, nous a montré plusieurs objets provenant du Finmark ; ainsi M. Dax exposait une réduction d'une tente de Lapons ; absolument ronde et ouverte au sommet, elle a tout à fait l'apparence d'un cône tronqué ; le traîneau à rennes est plus connu, ainsi que les fameux patins de neige. M. le professeur Friis est l'auteur de cartes ethnographiques du Finmark qui montrent fort bien les conquêtes des Norvégiens sur les pasteurs et chasseurs lapons ; il est aussi l'auteur d'une mythologie laponne fort intéressante et remplie de renseignements curieux. Le Danemark, de son côté, avait offert à l'attention publique une collection fort complète de tous les ouvrages anciens et modernes qui traitent de la découverte du Groenland et de l'Amérique (Vinland) par les Scandinaves ; on voyait en outre des objets trouvés dans les tombeaux et les ruines des anciennes colonies norraines au Groenland, une croix, un vêtement, un fragment de cloche, des inscriptions runiques. M. Harboe, de son côté, avait réuni une intéressante collection d'objets ethnographiques touchant les Esquimaux: une maison d'hiver, plate, carrée, une maison d'été, sorte de tente, des vêtements en peau de phoque et de chien, bottes blanches, blouses artistiquement brodées, bonnets de plumes en forme de béret. Tout cela était fort curieux et fort intéressant.

Venons maintenant à la France. Tout le monde connaît les belles publications de la maison Hachette, le *Tour du monde*, la collection des voyages, etc., etc. Nous n'avons donc pas besoin de nous étendre sur ce sujet. En dehors de cela, nous citerons les cartes de M. de Quatrefages, l'une bien connue sur les migrations polynésiennes de l'ouest à l'est, avec l'archipel des Samoa pour rendez-vous central, une autre — inédite — sur les migrations mexicaines ; une carte de M. Hamy sur la distribution géographique des races humaines dans l'archipel Indien, où les races malaise, papoue et négrito s'enchevêtrent avec une grande prépondérance en faveur de la première ; les *Crania ethnica* de ces deux savants, publication que les lecteurs de la *Revue scientifique* connaissent de reste ; les types de races pris aux îles du cap Vert par M. de Cessac, types de métis portugais et nègres de tous les degrés ; les types persans de M. Duhousset, qui, bien que dessinés, ont toute la valeur de la photographie, grâce au talent, à la conscience et aux connaissances anthropologiques de l'auteur. Enfin, la belle collection ethnographique de M. Alphonse Pinard, rapportée par lui de l'Alaska et des îles Aléoutes, collection qui jette une lumière toute nouvelle sur l'histoire primitive de l'homme puisqu'on retrouve dans ces objets contemporains toute l'industrie de l'âge du renne dans l'Europe quaternaire.

Mais à côté de cette collection d'objets contemporains, M. Pinart avait exposé une série excessivement curieuse de masques provenant d'une sépulture antique fouillée par lui près du village ruiné d'Aknank, dans l'île d'Ounga (archipel Shumagin Alaska). Cette île est une de celles qui ont conservé des habitants ; mais la sépulture appartient à une époque fort ancienne, et antérieure à coup sûr à l'arrivée des Européens dans ces régions. C'était sous un abri formé de deux roches arc-boutées l'une sur l'autre que les anciens Aléoutes avaient enterré quelques individus, quatre au moins. Les corps avaient été couchés sur de la mousse et séparés les uns des autres par des cadres de bois. M. Pinard expose dans une belle brochure in-4° (*La Caverne d'Aknank*, 12 p., 7 planches chromolith, Paris, E. Leroux, 1875) que ce ne devaient pas être des hommes du commun, car les Aléoutes enterrent ceux-ci dans leurs huttes, mais bien des pêcheurs de baleines, personnages privilégiés et redoutés qui constituaient une corporation aristocratique où l'on ne pouvait entrer que difficilement et après de rudes et longues épreuves. Les masques exposés étaient de deux natures, bien qu'ils fussent tous en bois sculpté et peint. Les uns servaient aux danses mystiques, qui accompagnaient les funérailles, puis étaient brisés et jetés dans le sépulcre ; ils avaient aux narines des orifices pour que les danseurs puissent respirer, ainsi que par la bouche, qui est béante. Le nez était coloré généralement en vert ; un d'eux avait les lèvres peintes en rouge et les sourcils, de formes variées, étaient noirs. L'œil est tantôt représenté par un trou noir, tantôt par un rond ou un ovale évidé entouré d'un cercle noir en relief. Il y avait encore une autre espèce de masques en bois, mais ceux-là pleins et d'un usage différent. On les appliquait sur le visage des morts. C'était du reste un rite funéraire propre aux anciens Aléoutes que de donner ainsi un masque au défunt, afin, selon eux, d'effrayer les esprits ou de n'être pas détourné par eux dans le voyage vers l'Ouest qu'entreprenaient les âmes. Aussi l'un des masques trouvés par M. Pinart représente la tête d'un lion marin, animal redoutable pour ces populations ; un autre masque porte sur le nez un curieux tatouage en spirale. Avec ces masques, se trouvaient une foule de représentations en bois résineux flotté, peut-être du cèdre apporté par les courants, de tous les outils et de toutes les armes de ces peuples. En résumé, la découverte de M. Pinart est d'un haut intérêt. Et si nous nous sommes étendus sur ce sujet, c'est que la France avait en le jeune savant et hardi explorateur de l'Alaska quelqu'un qui lui faisait grand honneur.

GIRARD DE RIALLE.

ASSOCIATION FRANÇAISE

POUR L'AVANCEMENT DES SCIENCES

CONGRÈS DE NANTES

SÉANCES DES SECTIONS

SECTION DE CHIMIE

Séance du 20 août 1875. — Présidence de M. Dumas.

M. *Friedel* expose, en son nom et au nom de M. *J. Guérin*, l'ensemble de leurs recherches sur de nouveaux composés du titane. En faisant réagir le tétrachlorure de titane sur de l'argent réduit, MM. Friedel et J. Guérin ont obtenu un mélange de chlorure d'argent et de sesquichlorure de titane ; quand on essaye de séparer le composé titanique formé, en le distillant, le chlorure d'argent est réduit et le tétrachlorure de titane se régénère.

Le sesquichlorure de titane, soumis à l'action de l'hydrogène à une haute température, se dédouble en bichlorure et en tétrachlorure. Ce bichlorure, $TiCl^2$, est noir et volatil au rouge : il décompose l'eau en produisant un bruit comme celui d'un fer rouge et fournit une solution jaune fortement réductrice.

Les auteurs ont produit un oxychlorure $Ti^2O^2Cl^2$, en dirigeant un mélange d'hydrogène et de tétrachlorure de titane sur l'acide titanique maintenu au rouge. Dans la formation de ce composé, qui se présente en lamelles rectangulaires mordorées, rouges par transparence, peu altérables à l'air, l'acide titanique est transformé en sesquioxyde Ti^2O^3, ayant une forme cristalline identique avec celle du fer oligiste de l'île d'Elbe, ce qui prouve l'isomorphisme, et par conséquent la parenté du titane avec le fer, quand ces deux corps sont à l'état de sesquioxyde. L'ammoniaque réagit au rouge blanc sur le sesquioxyde de titane et sur l'acide titanique en donnant un azoture $TiAz$ ou plutôt Ti^2Az^2, d'un jaune d'or, correspondant au sesquichlorure, au sesquioxyde et à l'oxychlorure.

L'action de l'ammoniaque sur le protochlorure de titane ne

donne pas un azoture correspondant à ce chlorure, mais l'azoture Ti³Az⁴, avec dégagement d'hydrogène.

L'azoture Ti³Az⁴, découvert par Liebig, soumis à l'action du gaz hydrogène, au rouge, est converti dans l'azoture jaune que l'on vient de décrire.

— M. *Grimaux* fait connaître quelques résultats de recherches entreprises dans le but d'arriver à la synthèse des dérivés uriques. L'auteur a pris pour point de départ l'asparagine (amide de l'acide amido-succinique ou aspartique), $C^4H^8Az^2O^3$; en la chauffant à 125 degrés avec de l'urée, il a obtenu un nouveau corps résultant de l'union de molécules égales des constituants, avec élimination d'une molécule d'eau et d'une molécule d'ammoniaque. Ce corps, appelé *amide malyle uréique*, renferme $C^5H^7Az^3O^3$. Bouilli avec de l'acide chlorhydrique, il fournit l'acide correspondant $C^5H^6O^4$. Traité par le brome, soit à sec, soit en présence de l'eau, il fournit plusieurs dérivés, la plupart cristallisables, qui sont représentés par les formules :

$$C^9H^6Br^6Az^4O^6$$
$$(C^9H^4Br^4Az^4O^4)^2H^2O$$
$$C^9H^6Br^2Az^4O^5$$
$$C^8H^5BrAz^4O^1$$
$$C^4H^4Az^2Br^2O^3.$$

Ces composés appartiennent à la série urique, car, par des réactions diverses, tous arrivent à fournir de la muréxide.

D'après les faits exposés par l'auteur, il y a lieu d'espérer qu'il arrivera bientôt à produire l'alloxane, ce qui réalisera la synthèse de la série urique.

— M. *R.-D. Silva* a étudié l'action du gaz iodhydrique à basse température sur les oxydes des radicaux alcooliques, simples ou mixtes. A une température comprise entre zéro et $+ 4$ degrés, le gaz iodhydrique convertit entièrement l'oxyde d'éthyle (éther ordinaire) en iodure d'éthyle et en alcool. Cette réaction se réalise également pour les oxydes mixtes. Ainsi, l'oxyde mixte d'amyle et d'éthyle fournit l'alcool amylique et l'iodure d'éthyle. L'oxyde de méthyle fait seul exception et ne fournit que de l'iodure sans traces d'alcool méthylique, et cela en raison d'une réaction secondaire que le gaz iodhydrique produit sur l'alcool méthylique, qui se produit dans une première phase. Ce fait se démontre en dirigeant un courant de gaz iodhydrique sur l'alcool méthylique anhydre. Ces réactions toutes nouvelles présentent beaucoup d'intérêt. En effet, ayant constaté que tous les oxydes mixtes, dont le méthyle est un des radicaux, sont transformés, sous l'influence du gaz iodhydrique, entre zéro et $+ 4$ degrés et avec une remarquable netteté, en iodure de méthyle et en alcool correspondant au radical plus carboné de l'oxyde, on pourra maintenant passer très-facilement des hydrocarbures saturés C^nH^{2n+2} aux alcools monoatomiques correspondants $C^nH^{2n}OH$, en transformant le produit monochloré $C^nH^{2n+1}Cl$ en éther mixte C^nH^{2n+1}—O—CH^3, à l'aide d'une solution de potasse dans l'alcool méthylique, et cet oxyde mixte en iodure de méthyle et en alcool, au moyen d'un courant de gaz iodhydrique.

— M. *Franchimont* a étudié diverses combinaisons moléculaires. Il décrit un hydrate du peroxyde d'acétyle de Brodie cristallisable en tables et fondant à 26 degrés, détonant à 150 degrés. Le jeune professeur de l'université de Leyde décrit, en outre, deux composés cristallisables du perchlorure de phosphore et de l'éther ordinaire, contenant, le premier une molécule, le second deux molécules d'éther pour une molécule de perchlorure de phosphore.

— M. *Béchamp* entretient la section de la transformation de l'alcool sous l'influence des microzymas de la craie, en présence d'une petite quantité de syntonine, en acides gras de la série grasse à partir de l'acide acétique, parmi lesquels domine l'acide caproïque, avec dégagement d'hydrogène et d'hydrure de méthyle.

— M. le docteur *Brame* (de Tours) lit un mémoire sur les vapeurs de mercure, d'iode et de soufre à la température ordinaire. Il arrive à ces conclusions que la vapeur de mercure s'élève à des limites très-supérieures à celles fixées par Faraday. D'après l'illustre physicien anglais, cette limite serait de $0^m,2$, tandis que l'auteur a constaté que la vapeur de mercure peut s'élever à $1^m,44$ et $1^m,70$.

Quant à la vapeur de soufre, émise à la température ordinaire et rendue manifeste à l'aide de lames d'argent, sa quantité diminue quand la densité du soufre augmente.

— M. *Wurtz* communique à la section la suite de ses recherches sur les densités de vapeur anomales. Au congrès de Bordeaux, l'éminent professeur avait exposé les expériences faites dans le but de ramener à la condensation normale la densité de vapeur du perchlorure de phosphore. Cet effet a été obtenu par un artifice qui consiste à faire diffuser la vapeur du perchlorure dans la vapeur du protochlorure, l'un des produits de la dissociation du perchlorure. Ce moyen de retarder la dissociation ne réussit pas pour le sel ammoniac, dont la vapeur est complétement dissociée à 350 degrés, même dans une atmosphère de gaz chlorhydrique. S'il en est ainsi, le chlorhydrate d'aniline, analogue au sel ammoniac, doit être dissocié de même à des températures élevées. Sa densité de vapeur correspond, en effet, à quatre volumes.

Pour prouver que cette densité est anomale et ne représente que la demi-densité du gaz chlorhydrique et la demi-densité de la vapeur d'aniline, il fallait démontrer que ces deux composés ne sont plus capables de se combiner. On a tenté cette démonstration en faisant rencontrer les deux corps portés à une température élevée et en observant les effets thermiques produits par leur mélange : ils ont été nuls. Le gaz chlorhydrique et l'aniline, portés l'un et l'autre à 257 degrés, peuvent se rencontrer et se mélanger à cette température sans qu'il en résulte le moindre changement de température. L'auteur décrit l'appareil et les précautions qu'il a employées pour constater ce fait. L'acide chlorhydrique et l'aniline ne se combinent plus à des températures élevées, et le chlorhydrate d'aniline étant dissocié partiellement à des températures moins élevées, on peut interpréter très-simplement la formation de la méthylaniline et de la diméthylaniline lorsqu'on chauffe au-dessus de 200 degrés et sous pression du chlorhydrate d'aniline et de l'esprit de bois : l'acide chlorhydrique séparé de l'aniline réagit sur l'esprit de bois avec formation de chlorure de méthyle, lequel réagissant à son tour sur l'aniline forme la méthylaniline, selon la réaction constatée par M. Hofmann. On peut interpréter de la même manière la formation de l'éthylamine par l'action du sel ammoniac, à une haute température, et sur l'alcool, mode de formation observé depuis longtemps M. Berthelot.

SECTION DE CHIMIE

Séance du 21 août 1875. — Présidence de M. Dumas.

M. *Adolphe Bobierre* développe devant la section quelques considérations sur les alliages de cuivre.

Étudiant la répartition de l'étain dans les bronzes et du zinc dans les laitons, en produisant des coupes horizontales dans des lingots cylindriques de 15 centimètres de diamètre et de 35 de hauteur, il établit que non-seulement l'étain est plus abondant à la périphérie, qu'au centre, ce qui est aujourd'hui admis, mais que la proportion de l'étain va croissant *régulièrement* du centre à la surface.

Est-ce à la faible densité relative de l'étain, dans les bronzes, ou du zinc dans les laitons qu'il faut attribuer cette inégale répartition ?

Invoquant des faits intéressants, M. Bobierre démontre qu'il n'en est rien. En effet, analysant des alliages dans lesquels cet expérimentateur a uni au cuivre des métaux à la fois plus fusibles et plus denses que lui, il a constaté que la cause du phénomène doit être attribuée non à la densité, mais bien à la fusibilité. Pour M. Bobierre les particules du métal le plus fusible obéissant à un double mouvement de rotation et de translation, subissent une véritable irradiation du centre, plus chaud vers les parties relativement froides, c'est-à-dire vers la surface. De là cette croissance régulière de l'étain ou du zinc, à partir de l'axe vers la périphérie, fait que M. Bobierre a constaté sur des échantillons prélevés, à l'aide d'un tour, dans une même section transversale. M. Bobierre complète ces observations en parlant des alliages utilisés pour le doublage des navires. L'analyse chimique ne résout pas toujours la question de savoir quelle est la cause vraisemblable des altérations d'un doublage à la mer : alors des investigations d'ordre physique y sont d'un puissant secours. M. Bobierre expose aux membres de la section de nombreux types soumis à l'usure électro-chimique dans le laboratoire. Il lui est facile d'établir, par des faits très-significatifs, que la corrosion, fort inégale sous l'influence d'un faible courant électrique, implique une corrosion analogue, sinon identique pendant le cours de la navigation à effectuer.

— M. *Friedel* entretient la section de recherches sur un composé nouveau d'acide chlorhydrique et d'oxyde de méthyle, se rattachant à la classe des combinaisons dites *moléculaires*. En faisant passer à travers un tube de verre assez long et exposé au soleil, un mélange d'oxyde de méthyle et de chlore, M. Friedel a découvert, outre l'oxyde de méthyle monochloré, un corps très-volatil (bouillant vers —2 degrés) et dont la composition est comprise entre les formules

$$C^2H^6O.HCl \qquad et \qquad (C^2H^6O)^3(HCl)^2.$$

Ce corps volatil s'obtient aussi par le mélange direct des deux gaz, à basse température. En se volatilisant, il ne se dissocie que partiellement et fournit ainsi un exemple d'une combinaison dite moléculaire, qui peut être vaporisée sans décomposition complète, ce qui est contraire à la définition même de ces sortes de combinaisons.

On peut s'assurer de ce fait en prenant la densité de vapeur du produit dans des conditions variables. Cette densité varie ; elle est toujours plus forte que la densité théorique sans condensation. En faisant simplement des mélanges des gaz, on arrive aux mêmes résultats : il y a toujours une contraction, qui varie avec la température et la pression, et même avec la composition du mélange. On peut étudier ainsi l'influence sur la dissociation de chacun de ces facteurs à savoir les gaz composants : on reconnaît que la contraction est minimum pour le mélange à volumes égaux.

Si l'on considère les propriétés physiques et chimiques d'un grand nombre de composés moléculaires, et qu'on les compare avec celles des combinaisons atomiques, on est souvent embarrassé pour trouver une différence réelle, qui autorise à séparer les deux classes de composés. Pour rattacher les unes aux autres les combinaisons moléculaires et atomiques, M. Friedel suppose que nombre d'éléments possèdent des atomicités supplémentaires d'ordre secondaires, et que les composés qui en résultent sont moins stables que ceux dits atomiques.

Appliquant ces considérations au corps $C^2H^6O.HCl$, M. Friedel admet dans l'oxygène deux atomicités supplémentaires, ce qui conduirait à la constitution :

$$CH^3 \diagdown \;\; H$$
$$O$$
$$CH^3 \diagup \;\; Cl$$

Cette manière de voir les choses et en tant que l'on considère l'oxygène, est d'accord avec plusieurs faits connus. En effet, envisagés au point de vue des lois de l'atomicité, l'existence des oxydes Ag^4O et Cu^2O conduit à admettre que l'oxygène peut jouer le rôle d'élément tétratomique.

Il y a aussi analogie entre la combinaison décrite, et le composé $(CH^3)^2S$, CH^3I, obtenu par M. Cahours et dans lequel on est obligé de regarder le soufre comme tétratomique.

M. Œchsner de Coninck décrit un alcool hexylique secondaire obtenu en hydrogénant l'éthyl-propylacétone $C^2H^5CO.C^3H^7$, un des produits de la distillation sèche du butyrate de chaux.

L'acétone obtenue distillait entre 122-124 degrés et l'alcool à 134 degrés. Cet alcool, dont la constitution doit être celle que représente la formule

$$\begin{array}{c} C^2H^5 \\ CH.OH \\ C^7H^7 \end{array} \quad ou \quad \begin{array}{c} C^2H^5 \\ C^2H^7 \end{array} \!\!\! > CH.OH$$

est facilement attaqué par les acides iodhydrique et acétique en donnant un iodure qui bout entre 164-166 degrés et un acétate passant à 149-151 degrés. M. Œchsner a obtenu en même temps une pinakone $C^{12}H^{26}O^2$ qu'il n'a pas pu cristalliser, mais qui a fourni la pinakoline correspondante $C^{12}H^{24}O$.

— M. *Dumas*, cédant au désir manifesté par les membres de la section, expose des considérations relatives à l'emploi du sulfocarbonate de potassium pour détruire le phylloxera.

La nécessité d'employer le sulfocarbonate dissout dans une très-grande quantité d'eau, avait conduit à supposer que le sel se *dissocie* dans ces conditions, et qu'il se régénère du sulfure du carbone, composé très-délétère pour les vignes. M. Dumas fait remarquer qu'il n'en est rien : en présence de 200 000 fois son poids d'eau, le sulfocarbonate de potassium existe encore et produit ses réactions caractéristiques avec une solution ammoniacale d'un sels de nickel. Seuls les sels de chaux et les sels ammoniacaux sont à éviter, car ils facilitent la décomposition du sulfocarbonate de potassium.

M. Dumas termine son intéressant exposé en engageant les jeunes chimistes à entreprendre des recherches sur les combinaisons métalliques et organiques de l'acide sulfocarbonique et à aborder le problème d'une grande utilité actuelle : production économique du sulfocarbonate de potassium sous forme pulvérulente, pouvant durer un mois dans le sol sans se décomposer.

— M. *Ladureau* lit un mémoire sur la *teinture en noir d'aniline*. Dans son intéressant travail, M. Ladureau suit le développement de cette partie de l'industrie teinturière de l'aniline, depuis sa création par John Leightfoot jusqu'aux perfectionnements introduits par d'habiles expérimentateurs tels que MM. Ch. Lauth, Rosensthiel et autres. Malgré ces perfectionnements la teinture en noir d'aniline restait toujours une opération difficile et coûteuse. M. Ladureau semble avoir écarté toutes les difficultés rencontrées jusqu'ici en employant un agent oxydant de faible énergie — l'air atmosphérique lui-même, agissant sur les tissus qu'il s'agit de teindre en noir, préalablement mordancés à l'aide de solution de chlorures ferreux et manganeux.

Pour diminuer encore le prix de revient, M. Ladureau prépare la solution de mélange de chlorures métalliques en faisant dissoudre de la tournure de fer dans le résidu de la préparation du chlore par les manganèses et acide chlorhydrique.

BULLETIN DES SOCIÉTÉS SAVANTES

Académie des sciences de Paris. — 27 Septembre 1875.

M. Faye : La formation de la grêle : réponse à M. Renou. — M. Ch. Naudin : Variabilité des plantes hybrides. — M. H. Fol : Développement des gastéropodes pulmonés. — M. G. Le Bon : Le sang transformé en poudre soluble. — M. Lichtenstein : Note pour servir à l'histoire du genre *Phylloxera*. — MM. Champion et H. Pellet : Quantités d'azote et d'ammoniaque contenues dans les betteraves. — MM. E. Mathieu et V. Urbain : Cause de la coagulation spontanée du sang. — M. E. Solvay : Lettre à propos de la théorie de M. Faye sur la formation de la grêle.

M. *Faye* répond à une note de M. Renou dans laquelle ce dernier s'est plaint que M. Faye ait présenté une nouvelle théorie de la formation de la grêle, sans avoir préalablement réfuté celle qu'il a établie lui-même à ce sujet. M. Renou affirme que la théorie de M. Faye ne tient pas compte de la grande capacité calorifique de l'eau et qu'elle est, par suite, loin d'expliquer la congélation instantanée de l'eau des nuages à grêle. M. Renou a cru, lui, trouver la solution du problème en supposant que les nuages à grêle sont amenés tout doucement, et en restant à l'état liquide, à une température de — 20 degrés. C'est alors que, dans cet état d'équilibre instable, dit de *surfusion*, le contact d'un petit cristal de glace suffit pour déterminer instantanément la congélation de l'eau des nuages et par conséquent la formation de la grêle. M. Faye montre que loin d'être instantanée la formation des grêlons est successive. Leur structure montre nettement qu'ils sont dus à de petits amas d'aiguilles de glace autour desquels se sont appliquées des couches concentriques d'eau congelée. Les amas d'aiguilles de glace proviennent des cirrus qui voyagent dans les régions supérieures de l'air, et ils ont été amenés dans les nuages inférieurs par les mouvements gyratoires dont M. Faye a établi précédemment l'origine.

— M. *Ch. Naudin* fait une communication relative à la variation désordonnée des plantes hybrides et aux déductions qu'on en peut tirer. L'auteur a déjà signalé plusieurs fois la variabilité de ces plantes, à partir de la seconde génération, lorsqu'elles sont fécondées par leur propre pollen. Depuis, ce fait général a été confirmé par plusieurs observations, et l'on ne connaît jusqu'ici qu'un seul hybride qui fasse exception à la règle. Cet hybride, qui a conservé ses premiers caractères, après plus de vingt générations, est l'*Ægilops speltæformis*, provenant du blé et de l'*Ægilops ovata*.

M. Naudin a observé de nouveau cette variation des hybrides dans un individu provenant du *Lactuca virosa* et de la laitue de Batavia. Cet hybride de première génération fut très-fertile, et ses graines, recueillies avec soin, donnèrent naissance à un grand nombre de plantes, très-variées, et présentant, entremêlés à tous les degrés, les caractères des deux espèces primitives. M. Naudin fait remarquer que, dans cet enchevêtrement des caractères de ces deux espèces, on ne vit rien apparaître de nouveau, rien qui n'appartînt à l'une ou à l'autre. La variation, dit-il, si désordonnée qu'elle soit, se meut entre des limites qu'elle ne franchit pas. Les deux natures spécifiques sont en lutte dans l'hybride, auquel chacune apporte son contingent ; mais de ce conflit ne sortent pas réellement des formes nouvelles : ce qui se produit n'est jamais qu'un amalgame de formes déjà existantes dans les types producteurs. Je ne connais rien, ajoute-t-il, qui témoigne mieux de la ténacité des formes spécifiques que cette persistance à se reproduire dans ces organismes artificiels qui doivent leur existence à une violence faite à la nature. M. Naudin termine par quelques considérations sur l'hérédité et sur la façon dont elle se produit, selon lui.

— M. *H. Fol* présente le résultat de ses études sur le développement des gastéropodes pulmonés. La description qu'il fait de l'apparition et du développement des principaux organes de ces animaux montre qu'il y a là un type d'évolution s'écartant très-peu de celui qui caractérise les prosobranches d'eau douce que l'auteur a également étudiés ; mais les observations de M. Fol montrent en même temps que si l'on a beaucoup écrit sur les gastéropodes pulmonés, on n'a guère eu jusqu'ici, sur leur développement, que des notions incomplètes et erronées.

— M. *G. Le Bon* est parvenu à transformer le sang en poudre soluble, sans modifier sa composition ni ses propriétés. Il s'est servi pour cela d'un appareil particulier, et il a opéré à basse pression et à une température à peu près égale à celle du corps. M. Le Bon présente à l'Académie un échantillon de ce sang desséché, préparé depuis dix-huit mois. Il suffit de l'agiter un instant dans l'eau pour obtenir un beau liquide rouge, ayant toutes les propriétés du sang défibriné. Ce sang, qui possède une parfaite digestibilité, constitue l'aliment le plus nutritif sous le moindre volume, et M. Le Bon pense qu'on pourrait l'utiliser avantageusement pour les armées en campagne, en raison de la facilité extrême de son transport.

— M. *Lichtenstein* présente quelques observations qui viennent grossir le nombre des faits constituant l'histoire du genre *Phylloxera*. Ces observations sont relatives aux deux espèces suivantes : *Phylloxera quercus* que, dans les premiers jours de mai, on trouve sur le *Quercus coccifera*, et *P. coccinea* qu'on trouve, à la même époque, sur le *Quercus pubescens*. Après avoir décrit les mœurs et les métamorphoses de ces deux espèces, l'auteur en résume l'histoire en disant que le *P. coccinea*, hivernant sur le *Q. pubescens*, fait une courte station d'été sur le *Q. coccifera* et revient s'accoupler et pondre sur le *Q. pubescens* : que le *P. quercus*, hivernant sur le *Q. coccifera*, fait une longue station d'été sur le *Q. pubescens* et revient s'accoupler et pondre sur le *Q. coccifera*.

— MM. *Champion* et *H. Pellet* font connaître les conclusions qu'ils ont cru devoir tirer d'un travail exécuté en vue de déterminer les quantités d'azote et d'ammoniaque contenues dans les betteraves. Ces conclusions sont les suivantes : 1° pour un même terrain et pour une même dose d'azote dans l'engrais, les betteraves contiennent d'autant plus d'azote qu'elles sont plus riches en sucre ; 2° pour une même richesse saccharine, les betteraves contiennent d'autant plus d'azote que l'engrais était plus azoté ; 3° la proportion d'ammoniaque, dans les betteraves, diminue lorsque la richesse augmente. Ces mêmes relations ont lieu pour la canne.

— MM. *E. Mathieu* et *V. Urbain* ont établi, par des expériences récentes, que l'acide carbonique est l'agent de la coagulation spontanée du sang. Ils l'ont démontré en introduisant directement le sang provenant d'un vaisseau dans un tube endosmotique, tel que l'intestin d'un poulet ou d'un pigeon ; l'élimination de l'acide carbonique au travers de la membrane rendait le sang incoagulable. Plus récemment M. Glénard a reproduit cette expérience en se servant, non plus d'un intestin de poulet, mais d'un vaisseau qu'il a isolé sur un animal vivant. Il a fait une ligature à chacune des deux extrémités de ce vaisseau, puis il l'a détaché : la dessiccation a pu se produire avant la coagulation du sang inclus dans le vaisseau. M. Glénard a ensuite plongé ses segments d'artères dans différents gaz, même dans l'acide carbonique, et il n'y a pas eu coagulation. Il en conclut que ce qui met réellement obstacle à cette coagulation, c'est la constitution même du vaisseau. MM. Mathieu et Urbain déclarent que les affirmations de M. Glénard leur paraissent tout à fait inacceptables, et ils s'étonnent qu'ayant à peu près suivi le même procédé qu'eux, il ne soit pas arrivé au même résultat. Ils maintiennent leurs conclusions antérieures.

— M. *E. Solvay* a écrit à M. E. Becquerel une lettre dans laquelle il rappelle qu'en 1873 il a énoncé une théorie de la formation de la grêle, dont les principaux points ont été reproduits par M. Faye dans sa théorie nouvelle. Après avoir fait connaître ces points principaux, l'auteur de la lettre ajoute : « La cause générale des orages à grêle et autres que je signale est l'abaissement brusque d'un courant froid supérieur dans les couches inférieures chaudes et humides ; mais je ne désigne pas la cause même de cet abaissement. M. Faye comble cette lacune, et c'est là le côté vraiment nouveau, en l'attribuant à des mouvements tourbillonnaires provoqués par des vitesses différentes de courants contigus. »

BIBLIOGRAPHIE SCIENTIFIQUE

La Psychologie de l'amour (*Die Psychologie der Liebe*), par Julius Duboc, in-8°. — Hanovre 1874.

On a répété souvent que l'amour est un sentiment qui varie suivant les pays et les temps, peut-être même suivant les individus. Aussi est-il curieux de rapprocher les livres publiés dans les diverses littératures de l'Europe sur une passion qui, malgré cette variété, tient partout une si grande place dans la vie de l'homme. Voici un livre qui a obtenu en Allemagne un véritable succès, écrit dans un style clair, facile, élégant, et qui pourra être lu avec intérêt par tous ceux qui connaissent déjà les ouvrages de Balzac, de Stendhal, de Michelet, sur la même matière. Le livre est plein d'observations fines, d'exemples piquants et bien choisis. Peut-être devons-nous reprocher à l'auteur d'avoir donné de son sujet une définition trop exclusive et trop étroite. M. Julius Duboc a la prétention d'étudier l'amour dans ce qu'il a d'universel, d'essentiel, d'invariable sous toutes les divergences de temps et de lieu. Mais nous pensons que beaucoup de lecteurs trouveront, en lisant son livre, que l'on étend aussi le nom d'amour à d'autres faits que ceux qu'il décrit et que l'amour, comme il le comprend, est quelque chose de fort rare et d'exceptionnel, même en Allemagne.

L'amour présente, selon l'auteur, trois degrés, trois phases de développement : 1° un idéal qui prend possession de l'âme ; 2° un effort pour plaire à l'objet de cet idéal, pour lui inspirer le même sentiment, de manière à rendre possible une intimité complète, un accord absolu avec lui, et 3° une absorption de l'individu dans l'objet aimé, de telle sorte que le bonheur de celui-ci se confonde avec le sien, un sacrifice de la personnalité, un oubli du monde entier et de soi-même. Certes cela est bien de l'amour, mais l'amour n'est pas toujours cela ; cet idéalisme ne peut être, selon nous, qu'une complication de l'amour résultant, en des circonstances particulières, de certaines conditions de civilisation. Les descriptions de Balzac, de Stendhal, qui s'appliquent à l'amour sensuel et à l'amour tendre, à côté de l'amour idéal, correspondent, selon nous, à une réalité plus étendue.

Pour appuyer l'idée que l'amour tel qu'il le décrit est bien l'amour dans ce qu'il a de plus essentiel, M. Julius Duboc se fonde surtout sur ce que ce sentiment, lorsqu'il se présente au théâtre avec les caractères déterminés par lui, est universellement compris, susceptible d'intéresser le public dans tous les pays, dans toutes les classes sociales. On pourrait répondre que ce *consensus* n'est jamais universel, que la poésie des peuples européens n'a de charme que pour les races qui ont une civilisation analogue à la nôtre, que notre théâtre ennuie les Orientaux et serait incompréhensible pour des sauvages. Mais sans sortir de l'Europe, nous pensons que le public ordinaire des théâtres, en Allemagne, en France, en Angleterre, en Italie, s'intéresse également à des formes de l'amour qui n'exigent pas l'absorption idéale d'une individualité dans une

autre. On peut s'intéresser, au théâtre, à tout ce qui se présente comme vraisemblable ; alors même qu'il s'agit d'un sentiment exceptionnel ou dont nous sommes personnellement incapable, il suffit que nous en concevions la possibilité chez d'autres pour que notre intérêt puisse être éveillé. Le *consensus* allégué par le docteur Duboc prouve bien que les phénomènes décrits par lui sont une des formes possibles de l'amour ; il ne prouve pas que ces phénomènes en soient l'essence universelle. L'amour simplement tendre et affectueux, tel qu'il se présente par exemple dans la plupart des pièces de Molière et en général dans les comédies, qui sont plus près de la réalité que les tragédies, est au moins susceptible d'être compris par un public aussi nombreux que l'amour idéaliste des drames de Shakespeare.

Une des conséquences de la définition posée en principe par M. Julius Duboc est que l'amour est absolument le même chez l'homme et chez la femme. Car, de deux choses l'une : ou bien l'on éprouve le sentiment déterminé par lui, ou bien ce n'est pas de l'amour. L'auteur a évidemment raison quand il s'agit de l'amour idéaliste ; mais, pour les circonstances les plus ordinaires, nous le renverrons à un livre charmant, plein d'esprit et de couleur, la *Physiologie de l'amour, Physiologie del l'Amore*, publié l'année dernière en Italie par M. Mantegazza. Dans cet ouvrage, on nous présente l'amour de la femme comme diamétralement opposé, sur certains points, à l'amour de l'homme. Suivant M. Mantegazza, l'homme chercherait dans l'amour son propre bien, la femme chercherait le bien d'autrui ; la femme serait le dévouement même, l'abnégation ; chez l'homme domineraient l'égoïsme et la vanité. Il est possible que M. Mantegazza ait raison en ce qui concerne l'Italie ; mais il nous semble qu'en France les rôles sont bien souvent renversés. Ce qui est certain c'est que, dans tous les pays, on donne à la fois le nom d'amour à la passion qui fait trouver une jouissance égoïste dans la possession d'une autre personne et à cette passion bien différente qui fait trouver le bonheur dans le sacrifice de soi-même. Nous croyons que ces deux sentiments sont également des modes de l'amour et que chacun d'eux est susceptible de se rencontrer chez l'homme aussi bien que dans l'autre sexe.

Une autre conséquence de la définition de M. Duboc est d'exclure ce que Stendhal appelle l'amour sensuel et que le *consensus populi* désigne cependant aussi sous le nom d'amour. Cet instinct sexuel serait, d'après notre auteur, non-seulement distinct de l'amour, mais très-souvent en antagonisme avec lui. Nous pensons, au contraire, que cet instinct sexuel est le point de départ d'où découlent, à travers des transformations plus ou moins compliquées, toutes les formes de l'amour, même l'amour le plus idéaliste. Pour donner une véritable théorie de l'amour, il faudrait, conformément à la méthode de la doctrine évolutionniste, partir de l'instinct sexuel et montrer tous les caractères plus ou moins accidentels, plus ou moins durables que sont venus y ajouter les progrès de l'humanité, l'histoire de chaque race, l'influence des institutions politiques, les idées religieuses et philosophiques, le rôle assigné à la femme chez les différents peuples, les restrictions apportées au rapprochement des sexes, les conditions matérielles de la vie de famille, l'amour du beau et la culture du goût, le tempérament froid des peuples du Nord, la vivacité méridionale, etc. Ce sont ces complications, variables suivant les temps et les lieux, qui expliquent les diversités de l'amour chez les différents peuples. Quand on procède en sens inverse par élimination, de manière à retrouver sous toutes ces complications un caractère fondamental et nécessaire, ce que l'on rencontre, c'est-à-dire le résidu de l'abstraction, ce n'est pas cet idéalisme dont parle l'auteur de la *Psychologie de l'amour*, idéalisme qui ne peut être qu'un accident rare parce qu'il suppose les conditions les plus raffinées de la civilisation, c'est au contraire cet instinct sexuel qui a toujours existé et qui existera aussi longtemps que durera l'espèce humaine, parce qu'il est la source même de sa propagation.

On voit que notre point de vue est tout à fait opposé à celui de notre auteur. Nous n'en sommes que plus à notre aise pour rendre justice aux véritables mérites de son livre. L'idéalisme dont il fait profession ne l'empêche pas d'être un observateur très-exact. Ce qu'il y a de piquant dans son ouvrage, c'est qu'au moment où l'on s'attend à voir l'auteur se perdre dans le vague de doctrines idéalistes, on se sent, au contraire, ramené dans le domaine de la vie réelle, par des traits d'observation qui ne seraient pas déplacés dans les œuvres de Balzac et de Stendhal. C'est une qualité qu'on retrouve souvent chez les Allemands d'aujourd'hui d'unir à des aspirations presque mystiques en apparence un sens rigoureusement pratique et positif, tandis qu'en France nous voyons un grand nombre d'écrivains professant à grand bruit le plus profond respect pour l'expérience, « la pratique », la clarté, s'égarer néanmoins plus encore que d'autres dans le domaine des déclamations vagues, des utopies et des illusions. Il faut reconnaître que M. Duboc, après avoir donné de l'amour une définition peut-être trop spiritualiste, voit les choses comme elles sont, et constate certains faits avec une rigueur que les premières pages de son livre ne semblaient guère annoncer. L'amour est semblable à ces sentiments qui s'emparent de l'homme tout entier; il ne connaît point le devoir et il commande d'une manière aussi impérative que le devoir; il n'a rien à faire avec la morale et n'obéit qu'à ses propres lois. Est-ce un bien? est-ce un mal? C'est ce que l'auteur n'a pas à examiner. Mais c'est un fait, et il le signale comme le ferait un naturaliste. L'amour échappe à la volonté; on n'est pas libre d'aimer ou de ne pas aimer; de là, la vanité de toutes les promesses d'amour; quand on cesse d'aimer, les serments n'y peuvent rien. La fidélité en amour n'est aussi qu'un fait; on ne peut ni l'exiger ni la prescrire. L'amour d'ailleurs repose en grande partie sur des illusions; c'était ce que Stendhal désignait sous le nom de cristallisation; aussi rien de plus fragile et de plus vulnérable que l'amour. Cependant M. Julius Duboc a raison de montrer que le don juanisme n'est en aucun sens un type d'amour; il est évident que l'amour ne peut exister sans un attachement au moins momentané pour l'objet aimé; or le don juanisme s'adresse au sexe entier et non à telle femme en particulier; et cette inquiétude maladive qui, au moment de la possession d'un objet, fait déjà songer à un autre, est véritablement mortelle pour l'amour.

Comme l'amour ne sait rien du sentiment du devoir, il ne repose pas, comme l'amitié, sur l'estime, mais sur le fait de plaire pour quelque raison que ce soit. Il est vrai que l'éducation, le tempérament, l'habitude, peuvent avoir associé le dégoût au manque d'estime; mais outre que c'est là une condition purement négative n'impliquant pas l'association inverse et positive de l'amour et de l'estime, il est incontestable que dans l'âge où les passions ont le plus de force, c'est-à-dire dans la jeunesse, la vivacité des impressions découle de tout autres sources que de considérations morales. Aussi l'amour fait-il quelquefois des choix étranges, difficiles à comprendre pour le spectateur désintéressé que l'illusion n'aveugle point. Mais l'amour, même mal placé, est encore de l'amour. Ce qui corrompt l'amour en tant qu'amour, ce n'est pas l'immoralité de son choix, c'est suivant M. Duboc, l'altération de l'idéal par l'introduction de sentiments en contradiction avec l'amour, tels que la vanité ou la coquetterie, aussi bien chez l'homme que chez la femme. Dès que la vanité entre dans notre sentiment, ce n'est plus de l'amour. Mais ce faux amour peut se mêler au vrai suivant les proportions les plus diverses, et de ces mélanges résultent cette multitude de nuances et de complications qui fournissent tant de ressources aux poètes et aux romanciers.

Sur ces différentes questions, on trouvera dans le livre de M. Duboc des considérations excellentes. Dans un appendice il combat les vues de Schopenhauer et de Hartmann, d'après lesquels l'amour causerait plus de peine que de plaisir et serait un fléau pour l'humanité. M. Duboc s'attaque aussi à M. J. Stuart Mill, dont il cherche à réfuter le célèbre ouvrage sur ou, plutôt *contre l'assujettissement des femmes*. M. Duboc n'est point partisan de l'émancipation politique et civile de la femme, et il se fonde sur de sérieux arguments. En ce qui concerne l'éducation de la femme, peut-être ne se rend-il pas suffisamment compte des différentes manières suivant lesquelles la question se pose dans chaque pays. En Angleterre, où, comme le disait Stendhal, «les hommes ont trop persuadé à leurs femmes qu'elles doivent s'ennuyer», un livre comme celui de M. Mill ne paraît point, malgré ses exagérations, offrir un caractère bien dangereux. En Allemagne, où la femme est beaucoup moins subordonnée, une pareille publication n'aurait pas la même raison d'être. En France, il ne peut pas être question davantage de l'émancipation politique de la femme; mais on pourrait réclamer pour elle une autre éducation. A l'occasion des réformes proposées naguère par M. Duruy, réformes qui ont si tristement avorté, la question a été largement discutée. Les juges les mieux autorisés reconnaissaient qu'il y avait un danger à livrer exclusivement l'éducation de la femme à l'inspiration cléricale, tandis que celle de l'homme était généralement gouvernée par des principes différents. Cet antagonisme des deux éducations rendant la vie de famille moins attrayante, les mariages plus rares et plus tardifs, devait être un sujet d'inquiétude dans un pays où la population s'accroît d'une manière insuffisante. Aujourd'hui pour combler l'abîme, on s'avise de soumettre l'éducation de l'homme aux mêmes inspirations que celle de la femme. Ce n'était pas à cette solution du problème que l'on pouvait s'attendre il y a quelques années.

Mémoires d'un imbécile, écrits par lui-même, recueillis et complétés par EUGÈNE NOEL, avec une préface de M. E. LITTRÉ. 1 vol. in-12 (Paris, Germer Baillière). Prix br. : 3 fr. 50.

Les sens, par J. BERNSTEIN, avec 91 figures dans le texte. 1 vol in-8° de la *Bibliothèque scientifique internationale* (Paris, Germer Baillière). Prix : 6 francs.

Histoire des éventails chez tous les peuples et à toutes les époques, ouvrage illustré de 50 gravures et suivi de notices sur l'écaille, la nacre et l'ivoire, par E. BLONDEL. 1 vol. in-8° (Paris, H. Loones).

Du mouvement végétal, nouvelles recherches anatomiques et physiologiques sur la motilité dans quelques organes reproducteurs des phanérogames, par EDOUARD HECKEL. 1 vol. in-8° (Paris, G. Masson).

CHRONIQUE SCIENTIFIQUE

— L'Institut de France, réuni en séance générale des cinq académies, a confirmé, sans discussion et à l'unanimité, sur le rapport de M. Claude Bernard, le choix fait par l'Académie des sciences de M. Paul Bert, professeur à la Sorbonne, député de l'Yonne, comme lauréat du grand prix biennal.

Ce prix, d'une valeur de 20 000 francs, est le seul que décerne l'Institut tout entier; il présente ainsi une importance bien supérieure à celle des récompenses que donnent chaque année, dans leurs séances spéciales, les diverses académies.

Les décrets de 1859 et de 1860 qui l'ont institué, en remplacement du prix triennal, portent que :

« Il doit être décerné tous les deux ans, au nom de la nation, par » l'Institut de France, dans la séance publique commune aux cinq » académies...

» Il sera attribué tour à tour à l'œuvre ou la découverte *la plus propre à honorer ou à servir le pays*, qui se sera produite, pendant les dix dernières années, dans l'ordre spécial des travaux que représente chacune des cinq académies de l'Institut de France... »

Voici la liste des lauréats qui l'ont obtenu depuis sa fondation :

1861. Académie française, M. Thiers.
1863. Académie des inscriptions, M. J. Oppert.
1865. Académie des sciences, M. Wurtz.
1867. Académie des beaux-arts, M. F. David.
1869. Académie des sciences morales, M. Henri Martin.
1871. Académie française, M. Guizot.
1873. Académie des inscriptions, M. Mariette.
1875. Académie des sciences, M. Paul Bert.

La séance solennelle dans laquelle le prix sera décerné, publiquement à M. Paul Bert, suivant les usages académiques, aura lieu le 25 octobre.

— Le *Journal officiel* contient trois décrets en date du 1er octobre qui portent :

1° Il est créé à la Faculté de droit de Douai une deuxième chaire de droit romain.

2° La chaire de procédure civile et législation criminelle qui existe actuellement dans les facultés de droit d'Aix, Bordeaux, Caen, Dijon, Douai, Grenoble, Poitiers et Rennes prendra à l'avenir le titre de chaire de procédure civile.

Il est créé dans lesdites facultés une chaire spéciale de droit criminel.

3° Il est créé une chaire de zoologie à la Faculté des sciences de Marseille.

— Le règlement de la Faculté cléricale de droit à Angers vient d'être publié. Mgr Freppel a nommé recteur M. l'abbé Sauvé, chanoine de Laval, et doyen M. Gavouyère, professeur de la Faculté de droit de Rennes, qui s'est révélé tout récemment en donnant à une thèse de doctorat une boule noire motivée par la découverte dans cette thèse d'une opinion philosophique qui lui déplaisait.

Nous transcrivons les articles les plus importants :

TITRE II. — DE LA FRÉQUENTATION DES COURS.

Art. 5. — La durée de chaque leçon est d'une heure au moins et d'une heure et demie au plus; personne ne peut sortir de l'auditoire avant que la leçon soit terminée.

Les professeurs peuvent s'assurer des progrès des étudiants en leur adressant des questions sur les matières de l'enseignement.

Une dissertation écrite sur les mêmes matières est obligatoire pour chaque trimestre. Il en sera rendu compte publiquement par les professeurs respectifs.

Art. 6. — Les étudiants sont tenus de fréquenter avec exactitude tous les cours, même extraordinaires ou facultatifs, pour lesquels ils se sont inscrits et qui sont mentionnés dans le programme. La même obligation existe pour les conférences préparatoires du baccalauréat, de la licence et du doctorat.

Art. 7. — Les étudiants qui désirent être dispensés de la fréquentation d'un ou de plusieurs cours doivent adresser une demande motivée à la Faculté.

Art. 8. — Ne sont admis à fréquenter les cours que ceux qui ont été portés au registre des inscriptions, et qui sont munis de leur carte d'entrée.

Art. 9. — Ceux qui, sans avoir été inscrits, veulent suivre un cours, doivent s'adresser par écrit au professeur, qui transmet leur demande au recteur. Le professeur leur communique ce qui a été arrêté.

Ceux qui désirent assister à une leçon doivent en faire la demande au professeur, soit directement, soit par l'entremise de l'appariteur.

Art. 10. — Un concours annuel sera ouvert entre les étudiants de la même année. Des prix seront distribués aux lauréats.

TITRE III. — LES AUTORITÉS DE LA FACULTÉ.

Art. 11. — La Faculté sera administrée conformément à l'article 4 de la loi du 22 juillet 1875.

Art. 12. — Les autorités académiques de la Faculté sont le recteur et le doyen. Les professeurs, conjointement avec le secrétaire, forment, sous la présidence du recteur, le conseil rectoral. La réunion ordinaire du conseil a lieu le premier lundi de chaque mois.

TITRE IV. — DE LA DISCIPLINE DE LA FACULTÉ.

Art. 13. — Le maintien de la discipline est spécialement confié au recteur.

Des internats seront ouverts pour les étudiants au gré de leurs familles. Ces maisons auront chacune un règlement particulier, approuvé par le conseil rectoral.

Art. 14. — Les étudiants doivent professer la religion catholique et en remplir les devoirs.

Art. 15. — Les dimanches et les jours de fêtes, les étudiants externes assisteront aux offices de leur église paroissiale.

Art. 16. — Des conférences religieuses, obligatoires pour tous les étudiants, auront lieu à différentes époques de l'année.

Art. 17. — Les étudiants externes doivent, dans les trois jours de leur prise de domicile, remettre au recteur leur adresse portant le nom de la rue, le numéro de la maison, le nom et la profession des personnes chez lesquelles ils se sont logés.

Les mêmes renseignements devront être fournis à chaque changement de domicile.

Art. 18. — *Les étudiants externes devront habituellement rentrer chez eux à dix heures du soir. — Les habitants de la ville qui louent des appartements à des étudiants sont engagés à prêter leur concours au maintien de cette disposition.*

Art. 19. — *L'entrée de toute maison dont la réputation ne serait pas reconnue irréprochable est rigoureusement défendue.*

— On lit dans la *Gazette hebdomadaire de Médecine* :

« On savait que M. Bouillaud avait demandé sa mise à la retraite, mais nous ignorions si sa demande avait été accueillie. Nous apprenons, par une lettre adressée par lui à l'*Union médicale*, qu'elle l'a été par décret du 19 août.

Ses titres d'honneur comme écrivain appartiennent à l'histoire, et l'on peut dire, — tant la rapidité du mouvement scientifique semble précipiter le temps lui-même, — à une histoire quelque peu ancienne ; car de ses principaux ouvrages le premier (*Traité de l'encéphalite*), remonte à 1825, et le dernier (*Nosographie médicale*) est de 1841. Il y a aussi bien des années qu'il ne monte plus dans sa chaire de clinique. Néanmoins, et voilà la chose rare, M. Bouillaud a l'air d'être le contemporain des jeunes. Vif, droit, dégagé, prompt à la controverse, alerte à la parole, il s'est en quelque sorte incorporé, avec ses soixante-dix-huit ans, dans la génération nouvelle. Toujours ami du progrès, il le défend, d'une main, avec la même ardeur qu'autrefois, pendant que, de l'autre, il protège contre toute attaque les beaux monuments scientifiques qu'il a élevés. Il garde lui-même ses propriétés et il a même cet avantage rare de constater qu'on y porte rarement la main. Que si l'on s'en avise on trouve à qui parler. Aussi M. Bouillaud a-t-il beau se mettre de lui-même à la retraite, rien n'en est changé : l'homme reste et il n'y a qu'un professeur de moins.

Du reste on peut en dire autant de deux autres ex-professeurs de la Faculté, dont l'un, M. Andral, né la même année que M. Bouillaud (1797), et depuis assez longtemps retraité volontaire, a repris possession de son siège à l'Académie de médecine, où sa verte vieillesse lui assure, s'il le veut bien, un rôle actif et respecté, et dont l'autre, M. Piorry, né en 1794, démissionnaire malgré lui, n'a rien perdu de son ardeur ni rien changé à ses convictions scientifiques pas plus qu'à ses convictions politiques, toujours prêt à défier ses adversaires à la tribune ou *chez Barbin*.

Enfin, si M. J. Cloquet doyen des trois précédents (il est né en 1790), ne prend plus part aux discussions académiques, ceux qui ont l'honneur de le fréquenter savent quelle jeunesse d'esprit et quelle vivacité de mémoire il a conservées.

La retraite de M. Bouillaud va amener des changements prévus à la Faculté. Sa chaire passera, plus que probablement, à M. le professeur Hardy. Ajoutons qu'au congrès de Bruxelles M. Bouillaud vient de prononcer un long toast, empreint d'un grand amour pour la monarchie constitutionnelle.

— M. le docteur Delgado Jugo, oculiste très-distingué de Madrid, est mort récemment à Vichy d'une attaque d'apoplexie. Il a été frappé, nous dit-on, à table, chez un des médecins consultants de Vichy.

— Le 25 septembre dernier, les membres du congrès géodésique, à la veille de clore leur session annuelle, se sont réunis en un banquet qui a eu lieu dans les salons du Grand-Hôtel. Cinquante convives environ y assistaient. M. Faye, membre de l'Institut, qui est en même temps président de la section française du congrès, avait été chargé d'envoyer les invitations.

A la fin du banquet, M. le général Ibanez, président du congrès, a porté le toast suivant :

« Messieurs, je vous propose un toast au chef de l'État qui nous donne une si gracieuse hospitalité. A la santé du président de la république française, S. Exc. M. le maréchal, duc de Magenta ! »

M. Charles Jourdain, membre de l'Institut, secrétaire général du ministère de l'instruction publique, des cultes et des beaux-arts, a répondu en ces termes :

« Général, je vous remercie, au nom de M. le ministre de l'instruction publique, du toast que vous venez de porter au président de la république. Ce toast répond aux sentiments de tous les bons citoyens envers le guerrier illustre qui préside avec une simplicité et une vertu que j'oserai appeler antiques aux destinées de notre patrie.

» Je demande la permission de porter à mon tour un toast à l'Association géodésique. Comment n'aurait-elle pas reçu un accueil amical au sein de notre pays ? Vous êtes, messieurs, les maîtres de la science européenne ; vous avez contribué à ses progrès dans le passé ; vous lui en préparez de nouveau dans l'avenir. Les rapports que vous avez entendus, les discussions auxquelles vous avez assisté dans vos séances sont la preuve éclatante et durable des services que vous rendez à la géodésie.

» Mais qui suis-je pour tenir ce langage ? Ma vie s'est écoulée entre le culte des lettres et les soins de l'administration ; je n'ai aucune compétence pour apprécier les œuvres qui ont mérité à plusieurs d'entre vous les hommages de leurs contemporains et le souvenir de la postérité. Cependant il y a une chose qui me touche dans votre association et dont j'ai peut-être le droit de parler : c'est qu'elle est le symbole et le gage de l'union des esprits. Les vérités qui sont de votre domaine n'appartiennent pas à un pays ni à un siècle ; elles sont l'apanage commun de tous les pays et de tous les temps ; elles forment le lien naturel des intelligences. Voilà pourquoi, quelle que fût votre nationalité, vous avez pu vous trouver réunis dans cette ville de Paris comme vous étiez réunis à Dresde il y a un an, comme vous serez de nouveau réunis l'an prochain dans une autre ville d'Europe, poursuivant les mêmes recherches, inspirés par le même dévouement envers la science, toujours fidèles à la pensée de votre fondateur S. Exc. M. le général de Baeyers, que je m'honore d'apercevoir devant moi et auquel je me permets d'adresser au nom de tous et en particulier au nom du gouvernement français le témoignage de nos respects et de notre reconnaissance.

» Honneur donc à votre association. Qu'elle continue son œuvre ; qu'elle enrichisse la science de découvertes nouvelles, et qu'en travaillant ainsi à l'avancement des connaissances humaines, elle contribue, ce qui n'est pas d'un moindre prix, au rapprochement des esprits et des cœurs.

» Je porte un toast à l'Association géodésique internationale. »

M. le général de Baeyers a porté ensuite le toast suivant :

« Je crois répondre aux sentiments de tous les membres de l'Association géodésique européenne, réunis dans cette enceinte, en exprimant au gouvernement français notre reconnaissance de l'appui qu'il donne aux travaux de l'Association et, en second lieu, de l'accueil gracieux qu'il a bien voulu nous faire. Je propose donc un toast à S. Exc. M. le ministre de l'instruction publique et à M. le secrétaire général qui le représente au milieu de nous.

M. Bruhns a enfin porté la santé des délégués français et proposé un toast en l'honneur de M. Chasles, le doyen d'âge de la réunion, un des plus illustres géomètres de notre époque.

— La septième session bisannuelle du Congrès des astronomes fondé en 1863 à Carlsruhe a eu lieu cette année à Leyde du 13 au 16 août. Il s'est tenu à l'observatoire de cette ville sous la présidence de M. Otto Struve, l'illustre directeur de l'observatoire de Pulkowa. Outre les astronomes hollandais MM. Bakhuyzen, Schlegel, Valentiner, Boscha et Willigen, on comptait dans cette réunion MM. Kortazzi, Block et Bruns représentant différents observatoires russes de Nicolaief, de Dorpat et d'Odessa, M. Fearnley, de Christiania, M. Palisa, astronome autrichien de l'observatoire de Pola, M. Gylden, astronome de Stockholm. Les observatoires allemands de Berlin, de Bonn, de Hambourg, étaient représentés par MM. Tietzen, Forster, Seeliger, Repsold, Auerbach, Bruchs, Engelman, Scheibner, Zollner, celui de Strasbourg par MM. Winnecke et Hartwig. Enfin, M. Covarrubias représentait l'observatoire de Mexico, et M. Metzer celui de Java. Ce dernier a donné de très-intéressants détails sur les travaux astronomiques qui sont accomplis dans cet observatoire éloigné. On ne voyait dans cette assemblée, contrairement à ce qui a été annoncé, aucun astronome français, américain ou anglais.

M. Forster a communiqué un mémoire très-minutieux sur le nouvel observatoire d'astronomie physique que l'on organise à Potsdam et qui seront indépendant de l'observatoire de Berlin. On y exécutera des recherches analogues à celles que M. Janssen doit faire à l'observatoire futur de Fontenay. Une partie des séances a été naturellement consacrée à la discussion des résultats obtenus dans les dernières observations du passage de Vénus, à la détermination de la valeur de la parallaxe du soleil, au calcul des orbites des petites planètes et aux

autres objets de haute astronomie courante. L'assemblée s'est également occupée de l'état de la construction du grand atlas céleste qui doit contenir toutes les étoiles jusqu'à la 9ᵉ grandeur, depuis le 2ᵉ de déclinaison australe jusqu'au 80° de déclinaison boréale. Ce grand travail est, comme on le sait, entrepris collectivement par les observatoires de Kasan, Dorpat, Christiania, Helsingsford, Cambridge (d'Amérique), Bonn, Leyde, Cambridge, Berlin, Leipsig, Neuchâtel et Nicolaief. M. Winnecke a annoncé que le nouvel observatoire construit à Strasbourg serait particulièrement consacré à l'étude des nébuleuses.

Faculté de médecine de Paris

La Faculté ouvrira ses cours d'hiver le mercredi 3 novembre 1875.

PHYSIQUE MÉDICALE (les mercredis et vendredis, à midi). — M. GAVARRET : Physique générale, chaleur, électricité, lumière. — (Les lundis, à cinq heures, petit amphithéâtre) : Physique biologique, phénomènes physiques de la phonation et de l'audition.

PATHOLOGIE MÉDICALE (les lundis, mercredis et vendredis, à trois heures). — M. AXENFELD, suppléé par M. DUGUET, agrégé : Maladies des organes génito-urinaires chez l'homme et chez la femme.

ANATOMIE (les lundis, mercredis et vendredis, à quatre heures). — M. SAPPEY : Les principaux systèmes et les principales régions du corps.

PATHOLOGIE ET THÉRAPEUTIQUE GÉNÉRALES (les lundis, mercredis et vendredis, à cinq heures). — M. CHAUFFARD : De la maladie aiguë et de la maladie chronique, étude générale de la symptomatologie et de l'étiologie de ces deux ordres de maladies.

CHIMIE MÉDICALE (les mardis, à quatre heures, petit amphithéâtre). — M. WURTZ : Chimie biologique, étude chimique du sang, phénomènes chimiques de la respiration et de la nutrition. — (Les jeudis et samedis, à midi) : Chimie médicale.

PATHOLOGIE CHIRURGICALE (les mardis, jeudis et samedis, à trois heures). — M. DOLBEAU : Pathologie chirurgicale générale.

OPÉRATIONS ET APPAREILS (les mardis, jeudis et samedis, à quatre heures). — M. LÉON LE FORT : Thérapeutique des affections de l'appareil circulatoire, opérations spéciales (maladies des yeux, de la bouche, du thorax, hernies, etc.).

HISTOLOGIE (les mardis, jeudis et samedis, à cinq heures). — M. ROBIN : Histologie proprement dite, étude particulière de chacun des tissus et des systèmes organiques (deuxième partie du programme imprimé).

HISTOIRE DE LA MÉDECINE ET DE LA CHIRURGIE (les mardis, jeudis et samedis, à cinq heures, petit amphithéâtre). — M. LORAIN : Études historiques sur quelques maladies épidémiques et contagieuses : variole, syphilis, etc., etc.

CLINIQUE MÉDICALE (tous les jours, le matin, de huit heures à dix heures). — M***, à la Charité ; M. G. SÉE, à la Charité ; M. BÉHIER, à l'Hôtel-Dieu ; M. LASÈGUE, à la Pitié.

CLINIQUE CHIRURGICALE (tous les jours, le matin, de huit heures à dix heures). — M. RICHET, à l'Hôtel-Dieu ; M. GOSSELIN, à la Charité ; M. VERNEUIL, à la Pitié ; M. BROCA, à l'hôpital des Cliniques de la Faculté.

CLINIQUE D'ACCOUCHEMENTS (tous les jours, le matin, de huit heures à dix heures). — M. DEPAUL, à l'hôpital des Cliniques de la Faculté.

COURS CLINIQUES COMPLÉMENTAIRES

MALADIES DES ENFANTS (les lundis, jeudis et samedis, à huit heures et demie). — M. BLACHEZ, agrégé, à l'hôpital des Enfants.

Les exercices de dissection commenceront à l'École pratique le lundi 18 octobre. — M. SÉE, chef des travaux anatomiques, ouvrira son cours le 3 novembre. Il traitera des questions suivantes : Anatomie appliquée, généralités, tête, cou.

Le propriétaire-gérant : GERMER BAILLIÈRE.

PARIS. — IMPRIMERIE DE P MARTINET, RUE MIGNON, 2.

LA

REVUE SCIENTIFIQUE

DE LA FRANCE ET DE L'ÉTRANGER

REVUE DES COURS SCIENTIFIQUES (2ᴱ SÉRIE)

DIRECTION : MM. EUG. YUNG ET ÉM. ALGLAVE

2ᵉ SÉRIE — 5ᵉ ANNÉE   NUMÉRO 16   16 OCTOBRE 1875

LA REVUE SCIENTIFIQUE
ET LE CAS DE M. MENU DE SAINT-MESMIN

L'étrange affaire de M. Menu de Saint-Mesmin promet d'être féconde en révélations non moins piquantes qu'inattendues. Il vient même déjà de s'en produire une qui nous oblige à en dire quelques mots, car elle concerne la *Revue scientifique* : une des causes tant cherchées de la révocation de M. Menu de Saint-Mesmin serait tout simplement la lecture de la *Revue scientifique* à l'école d'Auteuil!!... Voici comment la chose serait arrivée, d'après les intéressés eux-mêmes.

On sait que M. Menu de Saint-Mesmin, directeur de l'école normale du département de la Seine (à Auteuil) et ancien préfet général des études du collége Chaptal, était, il y a quelques jours encore, entouré de l'estime universelle, sans en excepter l'administration compétente qui, *le 19 août dernier*, faisait sur lui le rapport le plus élogieux en demandant au ministère de lui donner de l'avancement (1). Six semaines après, le 30 septembre, arrivait une décision ministérielle le mettant en « *inactivité* ».

Pourquoi?... La lettre ministérielle n'en disait rien et semblait même vouloir se montrer douce au révoqué, en lui maintenant les trois quarts de son traitement. Tous les révoqués n'en sont point là, tant s'en faut.

Mais le public, toujours curieux, se mit à chercher et trouva bien vite, à côté de M. Menu de Saint-Mesmin, le préfet des études, M. Rondelet, dont la nomination sous un autre titre avait soulevé un incident l'année dernière au conseil municipal de Paris, et l'aumônier, M. l'abbé de Broglie, qu'on disait l'œil de son frère, l'ancien ministre, dans la maison d'Auteuil.

Tous les journaux quotidiens déclarèrent aussitôt que la disgrâce de M. Menu de Saint-Mesmin était la conséquence de ses dissentiments avec l'aumônier, et M. Francisque Sarcey, dans le *XIXᵉ Siècle*, se fit particulièrement remarquer par l'énergie de ses affirmations. Il en résulta pour lui un communiqué comminatoire, lui fermant la bouche, et annonçant d'ailleurs l'ouverture d'une enquête sur le cas de M. Menu de Saint-Mesmin.

M. l'abbé de Broglie écrivit naturellement au *XIXᵉ Siècle* qu'il était tout à fait étranger à l'affaire, ce qui obligea M. Menu de Saint-Mesmin à dire en quoi il y avait été mêlé. Voici les deux lettres :

Première lettre de M. l'abbé de Broglie au xixᵉ siècle.

11 octobre 1875.

« Monsieur,

» Dans votre numéro du 7 octobre, vous avez mêlé mon nom à des informations erronées que je suis obligé de rectifier.

» Vous avez dit que M. Menu de Saint-Mesmin, directeur de

---

(1) L'Ecole d'Auteuil est soumise à une commission de surveillance ainsi composée : Président, M. Berthelin, conseiller à la Cour de cassation ; membres : MM. l'abbé d'Hulst, vicaire général de l'archevêque de Paris ; Martial Bernard, conseiller municipal; Marguerin, administrateur des écoles municipales: Sueur, conseiller général. Voici les termes du rapport de cette commission, en date du 19 août 1875 :

« Enfin la commission de surveillance, reconnaissant les services rendus dans la création de l'Ecole normale par le directeur, qui compte seize années de services dans l'enseignement public, renouvelle la demande qu'elle a faite dès l'année 1874 d'une augmentation de 2000 fr. en sa faveur, et qui porte son traitement à 10 000 fr. Elle rappelle à ce sujet les termes dans lesquels elle a précédemment formulé son opinion sur ce fonctionnaire :

» Le directeur avait un passé qui donnait l'assurance des services

qu'il a rendus à l'Ecole normale. Pendant les vingt années qu'il a consacrées à l'enseignement gratuit des adultes et pendant quatorze ans qu'il a passées au collége Chaptal comme préfet général des études, il a fait preuve d'un esprit élevé et d'une intelligente initiative. Son activité au moment de la formation de l'Ecole normale, les qualités qu'il a déployées pour organiser, dans un temps très-court, un établissement de cette importance, la direction qu'il s'est efforcé de donner aux études, les préceptes de moralité et de bonne éducation dont il a su pénétrer ses élèves, méritent toute l'approbation de la commission, qui est heureuse de trouver l'occasion de lui rendre ce témoignage. »

l'école normale primaire d'Auteuil, a été mis en disponibilité à la suite de dissentiments graves avec l'aumônier de cette école.

» Cette assertion est inexacte.

» Aucun dissentiment n'a éclaté entre l'aumônier et le directeur de l'école, et aucune question religieuse n'est mêlée, à ma connaissance, aux motifs de la mesure que M. le ministre a cru devoir prendre.

» Je vous prie, et au besoin je vous requiers, de vouloir bien insérer cette lettre.

» Agréez, monsieur, l'assurance de ma considération.

» F. DE BROGLIE,
« Prêtre, aumônier de l'École normale
primaire de la Seine. »

Première lettre de M. Menu de Saint-Mesmin.

Paris, le 13 octobre 1875.

« Monsieur le rédacteur en chef,

» Je lis ce soir, dans plusieurs journaux, une lettre adressée au *XIXᵉ Siècle* par M. l'abbé de Broglie, lettre de laquelle il semblerait résulter qu'aucun dissentiment ne s'est produit entre lui et moi sur ce qu'il appelle la *question religieuse*. Permettez-moi de rectifier cette assertion et de vous exposer les faits dans toute leur sincérité.

» Pendant la première année de son ministère ou à peu près, M. l'abbé de Broglie a paru, en effet, disposé à suivre et même à me demander mes conseils ; il avait alors une attitude fort humble. Mais depuis, les choses ont bien changé, et particulièrement dans le cours de l'année dernière, nous avons cessé d'être d'accord sur plus d'un point.

» J'ai dû, par exemple, me conformant à l'intention formelle des parents, modérer ses excès de zèle et son action envahissante ;

» J'ai dû m'opposer à l'introduction de certaines pratiques, en usage dans les séminaires, mais hors de propos dans notre école laïque ;

» J'ai dû lui faire observer que toutes ses tentatives pour introduire des sœurs à la lingerie et à l'infirmerie de l'école seraient vaines, cette introduction, quelque respect que je professe pour cet ordre de religieuses, étant en contradiction avec l'organisation de l'école d'Auteuil ;

» J'ai dû prendre, malgré son mécontentement, les mesures nécessaires pour assurer aux élèves de la religion réformée une instruction spéciale.

» Et, sur un autre terrain :

» *J'ai dû, malgré son avis, laisser entre les mains de mes élèves-maîtres, plusieurs publications telles que la* REVUE SCIENTIFIQUE, *le* BULLETIN DE LA SOCIÉTÉ FRANKLIN, *etc., etc.*

» Au surplus, avec lui, les discussions étaient de courte durée. Il paraissait comprendre qu'il était inutile d'insister ; que j'étais décidé à ne subir aucun empiétement qui pût changer les conditions de l'établissement et à empêcher, dans l'intérêt commun, tout zèle intempestif et toute imprudence.

» En apparence, M. l'abbé de Broglie se résignait sans trop de peine, et plus d'une fois j'ai reçu ses remercîments pour les bons conseils dont j'éclairais *son ignorance de la vie pratique.*

» Voilà la vérité.

» Je regrette bien vivement, monsieur le rédacteur en chef, d'être obligé de prendre part moi-même à ce débat. Quoique fort maltraité depuis quelques jours, je n'ai attaqué personne. Aujourd'hui encore, je me borne à me défendre.

» Veuillez agréer, etc.

» E. MENU DE SAINT-MESMIN. »

Malgré la netteté de l'affirmation concernant la *Revue scientifique*, nous ne pouvions y voir qu'une boutade échappée à la mauvaise humeur trop naturelle d'un homme qu'on pousse poliment à la porte. Mais voici que M. l'abbé de Broglie confirme et aggrave même cette allégation, en essayant de la réfuter. La vénérable *Gazette de France*, qui ne se permettrait pas de plaisanter en pareille matière, la reprend à son compte et déclare qu'un fait d'une gravité aussi exceptionnelle suffit amplement à justifier la révocation de M. Menu de Saint-Mesmin. Révoquer un professeur parce qu'il dirige ou inspire une *Revue scientifique* mal pensante, cela s'était peut-être déjà vu — autrefois, sous le règne de l'ordre moral ; — mais le révoquer parce qu'il la laisse lire ! cela serait à coup sûr plus étonnant, — surtout sous la constitution républicaine du 25 février et le ministère de celui qu'on en appelle justement le père. — C'est cependant ce que soutient la *Gazette de France.* Écoutez plutôt :

« Un point de ce débat nous paraît d'une sérieuse gravité.

» M. Menu de Saint-Mesmin apporte, comme une preuve de son innocence, de son amour de la religion et de la culpabilité de M. de Broglie, la raison suivante :

« J'ai dû, malgré son avis, laisser entre les mains de mes » élèves-maîtres plusieurs publications telles que la *Revue* » *scientifique*, le bulletin de la Société Franklin, etc., etc. »

» De son côté, M. de Broglie répond :

« J'ai appris par votre article que l'École normale était » abandonnée à la *Revue scientifique* ; je l'ignorais encore. » Renseignements pris, je viens de savoir que, dans le cou- » rant de l'année dernière, *le professeur de physique de l'École* » *normale signala des thèses matérialistes dans les devoirs de* » *ses élèves, et que M. Rondelet, interrogé sur ce fait, montra à* » *M. de Saint-Mesmin, dans la* Revue scientifique, *l'expression* » *d'une pensée identique à celle qu'on reprochait aux futurs in-* » *stituteurs.* Il n'insista pas, d'ailleurs, et, comme vous le » dites, l'École est restée abonnée à la *Revue scientifique.* »

» *En vérité, n'est-ce pas un fait d'une gravité exceptionnelle,* que, dans une école normale, on permette aux jeunes gens de s'inspirer d'une Revue qui soutient que « *la pensée est la sécrétion du cerveau* », et que la responsabilité morale n'existe pas ?

» Dans la discussion de la loi qui a établi la liberté de l'enseignement supérieur, Mᵍʳ Dupanloup a dévoilé ces détestables doctrines, sources de trouble pour l'esprit, de désordres pour la société. Les adversaires de la liberté de l'enseignement n'avaient pas eu d'autre réponse que de prétendre que les professeurs de l'Université n'enseignaient pas de telles doctrines.

» M. Menu de Saint-Mesmin, lui, remplaçait les professeurs absents par l'influence matérialiste de la *Revue scientifique. Ce fait-là, il l'avoue lui-même. Comment s'étonne-t-il alors qu'un pouvoir vigilant, soucieux de la dignité de nos instituteurs, assuré de la force sociale des doctrines spiritualistes, l'ait mis en congé d'inactivité ?*

» Sans connaître encore les motifs particuliers qui ont décidé la retraite de M. de Saint-Mesmin, *la mesure qui le frappe nous paraît, en présence de ces faits, une mesure de sauvegarde* prise en faveur des instituteurs et en faveur de nos enfants. Tant que les sociétés se maintiendront par la dignité personnelle de leurs membres, nous croirons qu'il est du devoir des gouvernants de ne pas tolérer que les instituteurs apprennent à considérer leur pensée comme une sécrétion de leur cerveau. Tant que la paix sociale, la tranquillité publique, repo-- seront sur la responsabilité morale des individus, nous nous réjouirons de ce que l'État ne consacre pas son influence et ses revenus à inspirer à ceux qui enseignent les autres le mépris de la conscience humaine ! »

Ce professeur *de physique*, qui découvre des thèses matérialistes dans les devoirs de ses élèves, doit être un homme bien perspicace. Les devoirs qu'il donnait portaient apparemment sur la physique, et l'on ne voit pas quel rapport il peut y avoir entre le matérialisme et le baromètre, la chaleur spécifique ou la réflexion de la lumière. On ferait bien de nous dire le sujet de ces devoirs où les élèves seraient parvenus à glisser des théories perverses empruntées à la *Revue scientifique*.

Sans doute *matérialiste* est un argument qui répond à tout et dispense de tout, comme le fameux *Sans Dot* immortalisé par Molière. Mais au moins *Sans dot* était vrai : le vieil amoureux ne demandait pas un rouge liard pour épouser. La *Gazette de France* est-elle bien sûre qu'il en soit de même pour son argument? Suivant elle, la *Revue scientifique* « soutient que « la pensée est la sécrétion du cerveau ». Où a-t-elle lu cela? Il nous serait fort agréable de l'apprendre, et, comme elle à l'âme remplie des principes de la charité chrétienne, elle ne peut nous refuser ce plaisir.

Nous lui promettons de communiquer sa réponse à nos lecteurs.

Nous n'avions pas l'intention de parler aujourd'hui de l'affaire Menu de Saint-Mesmin ; mais, puisque nous avons été forcé de le faire, nous devons donner la deuxième lettre de M. l'abbé de Broglie et la deuxième réponse de M. Menu de Saint-Mesmin.

Deuxième lettre de M. de Broglie.

« A monsieur le directeur du *XIXᵉ Siècle*.

» Monsieur,

» Je vous prie, et au besoin je vous requiers, de vouloir bien insérer dans votre prochain numéro la lettre suivante adressée à M. Francisque Sarcey :

» A monsieur Francisque Sarcey.

» Monsieur,

» Permettez-moi de rectifier quelques-unes des assertions de votre article du 12 octobre.

» 1° Je n'ai pas l'honneur d'appartenir à la compagnie de Jésus ; je ne suis donc pas jésuite, comme vous le dites.

» 2° J'ai été absolument étranger au remplacement de M. Bertrand par M. Rondelet.

» Voici sur cette affaire ce que je me rappelle :

» Pendant les vacances de 1874, j'appris de M. Desjardins, alors sous-secrétaire d'État au ministère de l'instruction publique, que le remplacement de M. Bertrand était décidé, pour des motifs complétement étrangers à l'école normale. Je me réjouis de cette mesure, non que j'eusse à me plaindre de M. Bertrand, homme honorable, avec lequel j'ai toujours eu personnellement d'excellents rapports, mais parce que M. de Saint-Mesmin n'avait cessé de se plaindre à moi de l'opposition que M. Bertrand lui faisait et de l'esprit religieux qu'il répandait dans l'école. Ma confiance alors était telle que j'écrivis à M. de Saint-Mesmin, alors à Biarritz, pour lui annoncer

cette mesure et lui offrir mon appui [pour la personne qu'il voudrait proposer au ministre pour la fonction de préfet des études.

» J'espérais ainsi rétablir l'unité de direction dans la maison. M. de Saint-Mesmin ne me désigna personne, et ce ne fut qu'en arrivant à Paris que j'appris, à ma grande surprise, la nomination de M. Rondelet. Je ne connaissais cet homme de talent et de cœur que de réputation, et j'appris qu'il était, non, comme vous le dites, le fils, mais le frère aîné de l'honorable M. Joseph Rondelet, associé de M. Biais, comme fabricant d'orfévrerie religieuse, et alors encore conseiller municipal ;

» 3° Je ne me suis jamais opposé à l'introduction d'un pasteur protestant dans l'école. Au contraire, j'ai approuvé cette mesure. Dans le comité de bienfaisance de l'école supérieure municipale, dont j'étais président, il y a toujours eu des membres protestants et israélites. J'en appelle à leur témoignage; ils pourront dire si j'ai exercé sur eux une pression religieuse quelconque.

» 4° J'ai appris par votre article que l'école normale était abonnée à la *Revue scientifique;* je l'ignorais encore. Renseignements pris, je viens de savoir que, *dans le courant de l'année dernière, le professeur de physique de l'École normale signala des thèses matérialistes dans les devoirs de ses élèves, et que M. Rondelet, interrogé sur ce fait, montra à M. de Saint-Mesmin, dans la* Revue scientifique, *l'expression d'une pensée identique à celle qu'on reprochait aux futurs instituteurs. Il n'insista pas, d'ailleurs, et, comme vous le dites, l'École est restée abonnée à la* Revue scientifique.

» 5° J'ai eu, il est vrai, à signaler de graves abus dans la direction de l'infirmerie ; mais jamais je n'ai fait de démarches pour y établir des religieuses.

6° Je ne connaissais absolument l'existence de l'école de jeunes filles de la rue d'Orléans que par ce fait que M. Menu de Saint-Mesmin m'a plusieurs fois demandé d'en accepter l'aumônerie. Il est vrai qu'à cette époque j'étais tellement accablé d'occupations que le titre d'aumônier n'aurait pu être que nominal, et que plus tard, quand je me suis trouvé plus libre, l'offre ne m'a pas été renouvelée:

» En donnant un démenti formel à six de vos assertions, je ne prétends nullement relever toutes les inexactitudes de votre articl e. J'ai voulu seulement donner un spécimen de la valeur de vos informations.

» J'affirme de nouveau, monsieur, qu'il n'y a eu, entre M. Menu de Saint-Mesmin et moi, aucun dissentiment sur les questions religieuses.

» C'est en vain que vous essayez de donner le change à l'opinion en détournant l'attention du public des vraies causes de la destitution de M. Menu de Saint-Mesmin.

» Les faits qui ont provoqué cette mesure sévère étant en ce moment soumis au jugement d'une commission d'enquête, je me crois obligé à garder un silence absolu sur ce que j'en sais, dût cette réserve m'attirer de nouvelles et plus odieuses calomnies. Mon caractère est assez connu pour que j'aie le droit de les mépriser.

» Agréez, monsieur, l'assurance de ma considération.

» P. DE BROGLIE,
Prêtre, aumônier de l'Ecole normale primaire de la Seine
et de l'Ecole municipale supérieure d'Auteuil.

Deuxième réponse de M. Menu de Saint-Mesmin.

Paris, le 14 octobre 1875.

« Monsieur le rédacteur en chef,

» J'ai répondu hier à un certain nombre d'allégations que reproduit, dans sa nouvelle lettre, M. l'abbé de Broglie. Je n'ai pas de temps à perdre ; j'ai dit à ce sujet ce que j'avais à dire ; je n'y reviendrai pas.

» Je laisse également de côté ce qui ne me regarde pas, comme la question de savoir si M. de Broglie appartient oui ou non à la compagnie de Jésus. C'est l'affaire de sa conscience.

» Mais il est d'autres assertions qu'il produit pour la première fois et auxquelles il importe que j'oppose, une fois pour toutes, la dénégation la plus formelle.

Je ne puis admettre, par exemple, que M. de Broglie me prête je ne sais quel rôle dans la disgrâce de M. Bertrand, l'année dernière. Tout le monde sait à quoi s'en tenir à cet égard. Les démonstrations bien tardives d'amitié qu'il prodigue aujourd'hui à mon ancien préfet des études ne trompent personne. On sent que le souvenir de ces faits pèse sur sa conscience, et qu'elle voudrait s'en alléger à la charge d'autrui. — Dans la dernière semaine de mon séjour à Biarritz, où j'étais allé conduire mon enfant malade, j'ai en effet reçu une lettre de M. de Broglie me demandant de lui désigner quelqu'un dans le cas où M. Bertrand viendrait à quitter l'école. Je n'ai pas répondu à cette demande, qui me paraissait étrange et suspecte.

M. l'abbé de Broglie voudrait tirer parti contre moi de quelques dissentiments que j'aurais eus avec mon préfet des études. Les divergences d'opinions qui pouvaient avoir lieu entre nous, sur la manière de constituer le groupe scolaire d'Auteuil, n'altéraient pas nos bonnes relations ; et, quant à la *question religieuse*, sur laquelle M. l'abbé revient toujours, l'accord entre M. Bertrtrand et moi était complet pour déplorer les excès de zèle et les maladresses de M. de Broglie.

Toujours est-il que M. Bertrand dut quitter Auteuil et que M. Antonin Rondelet, si sympathique aujourd'hui à M. l'aumônier, prit sa place. Le hasard a de singulières rencontres.

Parlerai-je de l'infirmerie de l'école ? Tout s'y est toujours passé d'une manière irréprochable. Le médecin est venu tous les jours, depuis l'ouverture de la maison, bien que, pendant les trois premiers mois, je n'aie pas eu de fonds affectés à ce service ; j'avais pris sur moi, vu l'urgence, la responsabilité de cette dépense. Dans les cas graves, cas heureusement fort rares, un médecin du pays était appelé, le médecin ordinaire demeurant un peu loin de l'école. Si quelque accident arrivait, j'étais là et je prenais moi-même immédiatement les mesures nécessaires. L'ordre du service était assuré grâce aux dispositions adoptées et à la vigilance du maître chargé de la surveillance générale. M. l'abbé de Broglie sait tout cela. — Il est vrai qu'un jour la maîtresse infirmière *laïque*, à la suite des soins qu'elle avait donnés à nos enfants (ils sont tous là pour l'attester), prit elle-même le lit pour ne plus se relever ; mais, à dater de ce moment, un infirmier fut ajouté au service. Et d'ailleurs, il ne saurait venir à la pensée de M. l'abbé de Broglie, qui représente toutes les vertus chrétiennes, de reprocher à une personne tombée à son poste son amour des enfants et un zèle payé si cher.

Il n'y a jamais eu de désordre à l'école d'Auteuil, ni à l'infirmerie, ni ailleurs. Je me trompe : il y en a eu chez M. l'aumônier qui, contrairement à mes prescriptions et aux règlements, réussissait quelquefois à attirer chez lui des groupes d'élèves dont il n'était plus maître et que j'étais obligé d'envoyer reprendre, malgré ses protestations, par mes surveillants.

M. l'abbé se défend d'avoir demandé des religieuses. Il oublie ce qu'il m'a dit à moi-même à ce sujet. Au surplus, le fait est là pour contredire ses assertions : le lendemain de ma disgrâce, les religieuses sont entrées dans la maison.

Quant à l'affaire de l'École normale libre de Neuilly, rien n'est plus simple. — Je fais partie du conseil d'administration de cette École. Dans l'une de nos séances, la directrice, Mlle Marchef-Girard, me pria de demander à M. de Broglie s'il voudrait bien, étant voisin, consacrer quelques heures

à ses élèves. M. l'abbé, à cette époque, n'avait à faire à l'École d'Auteuil qu'une heure de leçon par semaine. Je lui trasmis le désir de Mlle Marchef. M. de Broglie me répondit (ce sont ses propres paroles) que ses *nombreuses occupations* lui rendaient cette tâche impossible. Lui seul pouvait être juge en cela. — Plus tard, je fus mandé chez le vice-recteur de l'Académie de Paris qui me fit, devant témoins, des observations au sujet du concours que je prêtais à l'École normale libre de Neuilly. Je ne cherche pas à enchaîner les faits ; je les expose.

Je termine, monsieur le rédacteur en chef, cette lettre déjà bien longue.

Il est entendu que M. l'abbé de Broglie n'est pour rien dans ma disgrâce. Seulement il a, convenez-en, plus de bonheur que moi : il est dans le secret des dieux ; il sait que mon cas est grave, qu'il y a une commission d'enquête ; il connaît le degré d'information de cette commission ; il paraît même si bien instruit qu'il pourrait, *sans la réserve qu'il veut garder*, dire à quel point en est l'affaire... Et moi, le principal intéressé, j'apprends par les journaux l'existence de cette commission ; j'ignore de qui elle se compose ; si le conseil de surveillance de l'École, qui me voit à l'œuvre depuis la création, sera consulté, et si justice me sera rendue !

Veuillez agréer, etc.

Menu de Saint-Mesmin.

Voilà où en est l'affaire, au moins pour le public. Nous ne voulons, aujourd'hui, que donner les documents, sauf à revenir ensuite sur le rôle de chacun, qui appellerait bien des réflexions. Mais nous espérons que la situation changera de face, et s'éclaircira sur plus d'un point d'ici samedi prochain.

Toujours est-il qu'il est maintenant impossible de croire aux puérils motifs allégués jusqu'ici, et il serait trop triste d'avoir à les discuter sérieusement.

Émile Alglave.

LES GROUPES PHYSIOLOGIQUES

Dans le règne végétal (1)

Jusqu'à présent on a associé les végétaux d'après leurs caractères botaniques, c'est-à-dire leurs formes et le développement de ces formes, ou d'après leur distribution géographique. Le premier mode conduit aux classes, familles, genres, espèces ; le second aux flores actuelles ou antérieures.

Ni l'un ni l'autre de ces deux systèmes ne s'adapte d'une manière satisfaisante à la géographie botanique ancienne ou à l'étude plus générale de la succession des flores.

Les formes ont changé d'une époque à l'autre. Certains genres ont cessé d'exister, d'autres ont paru, et dans deux époques géologiques, même successives, le nombre et l'assortiment des espèces analogues ayant changé, il ne faudrait pas les associer de la même manière pour obtenir des genres vraiment naturels. Plus on découvrira d'anciennes formes fossiles — et assurément il en a existé des millions — plus nos cadres de classification seront jugés insuffisants. Les transitions embarrasseront tous les jours davantage, sans

---

(1) Nouvelle édition, revue par l'auteur, d'un article inséré dans les *Archives des sc. phys. et nat.* de Genève, en 1874.

parler de l'inconvénient de réunir en genres et familles des formes qui ont été des états successifs, du moins selon la théorie très-ancienne que tout être organisé est venu d'un être organisé antérieur, rapproché du fait, aujourd'hui certain, de l'augmentation du nombre des formes depuis les premiers temps géologiques.

Le groupement par pays est déplorable quand on multiplie les flores ou régions. Toutes les tentatives faites dans ce sens ont montré que les terres et les climats sont juxtaposés et même enchevêtrés, de telle manière qu'il existe fort peu de régions vraiment distinctes au double point de vue physique et des productions naturelles. La réalité des groupes géographiques, d'animaux et de végétaux, repose sur deux causes qui ont amené l'état actuel des faits : la distribution antérieure des êtres et les conditions physiques actuelles. Ces causes ont varié. Tel groupe maintenant isolé était naguère en contact avec un autre. Tel climat existe aujourd'hui dans une région qui régnait jadis ailleurs. Les distinctions les plus acceptables pour nos flores actuelles ne conviennent plus pour d'autres temps, même quelquefois assez rapprochés. Ainsi la végétation des bords de la mer Méditerranée s'étendait jusqu'à Paris au commencement de l'époque actuelle, et la flore arctico-alpine, divisée aujourd'hui entre les régions polaires et les sommités de nos montagnes d'Europe, régnait dans les plaines pendant la grande extension des glaciers, après avoir été, une fois déjà, distribuée comme elle l'est à présent. La végétation des États-Unis méridionaux s'est promenée du 35e au 60e degré de latitude, et la flore intertropicale s'est avancée au commencement de l'époque tertiaire jusqu'à Londres. Les groupes géographico-botaniques actuels ne conviennent donc pas à l'étude de l'histoire des végétaux. Ils perdent leur sens et leur valeur à mesure qu'on envisage une époque plus éloignée de la nôtre.

Les désignations tirées de la géologie ne seraient pas meilleures. Ainsi on pourrait appeler la flore méditerranéenne pliocène, parce qu'elle ressemble singulièrement à celle des couches pliocènes du midi de la France et du nord de l'Italie avant l'invasion glaciaire, mais une flore analogue a été retrouvée dans le miocène, à Dantzig et au Spitzberg, répondant à une époque où le climat de ces régions était moins froid qu'à présent. Les agglomérations de végétaux ont suivi des climats qui ont changé de place. Elles n'ont pas été propres à chaque formation contemporaine.

Je me suis demandé, par ce motif, si des groupes fondés sur les propriétés physiologiques des plantes à l'égard des conditions extérieures, n'auraient pas de l'avantage. Et d'abord existent-ils ? Sont-ils différents des groupes basés sur les formes ou sur la distribution géographique ? Enfin, sont-ils, je ne dirai pas permanents, car rien ne l'est ; mais sont-ils de quelque durée, au milieu des changements de formes et de circonstances environnantes ? C'est ce que nous allons examiner.

§ 4. — Groupes physiologiques proposés.

Lorsqu'on fait attention à la manière de se comporter des plantes, à l'égard de la chaleur et de l'humidité, on reconnaît aisément cinq grandes catégories qui s'accordent à peu près avec des divisions géographiques, et dont quatre se trouvent répétées dans les deux hémisphères. Il y a de plus une sixième catégorie, mais elle ne concerne qu'un petit nombre de plantes tellement exceptionnelles que j'en parlerai brièvement.

La première catégorie est celle des nombreuses espèces qui ont besoin pour vivre d'une forte chaleur et de beaucoup d'humidité. Je les appellerai *Mégathermes*. Ce sont les plantes qui existent aujourd'hui entre les tropiques, dans les plaines, et quelquefois jusque vers le 30e degré de latitude, dans des vallées chaudes et humides. La température moyenne de ces régions ne descend pas au-dessous de 20 degrés C. et les pluies n'y font jamais défaut. Les prédécesseurs de ces végétaux mégathermes, sous des formes ou identiques ou analogues, ont été bien plus répandus. A une époque très-ancienne ils ont dû exister dans toutes les parties de la terre, mais depuis le commencement de l'époque tertiaire ils se sont concentrés dans une zone qui s'est de plus en plus rapprochée de l'équatoriale. Au point de vue des caractères botaniques, ces plantes sont extrêmement variées. Leurs espèces diffèrent presque toujours de l'Asie à l'Afrique et l'Amérique, et leur nombre est très-considérable dans chacune de ces divisions actuelles des pays intertropicaux. Au point de vue des organes de la végétation, qui constituent seulement une partie des caractères botaniques, il y a plus d'uniformité. Nos mégathermes, en effet, sont souvent des plantes ligneuses ou des lianes, à feuilles persistantes et étalées. Elles présentent peu de plantes herbacées, surtout peu d'annuelles, et dans les forêts, qui sont composées d'espèces diverses, généralement mêlées, on remarque une grande quantité d'épiphytes. Les familles les plus caractéristiques sont les anonacées, ménispermacées, byttnériacées, ternstrœmiacées, guttifères, sapindacées, diptérocarpées, sapotacées, apocinées, aristolochiacées, bégoniacées, pipéracées, myrsinéacées, etc., mais les familles qui s'y trouvent représentées par un très-grand nombre d'espèces, comme les légumineuses, rubiacées, euphorbiacées, orchidées, etc., existent aussi dans d'autres catégories de végétaux, les formes étant assez peu concordantes avec les qualités physiologiques, ainsi que nous le verrons en développant le sujet.

Une seconde catégorie de plantes exige beaucoup de chaleur, comme les mégathermes, mais en même temps de la sécheresse. Je les appelle *Xérophiles* (aimant la sécheresse). Elles existent, à notre époque, dans les régions chaudes et sèches situées entre les 20e-25e et 30e-35e degrés de latitude suivant les pays, d'un côté et de l'autre de l'équateur, c'est-à-dire dans la zone desséchée qui s'étend de Californie et du Texas au plateau mexicain, du Sénégal à l'Arabie et l'Indus, dans presque toute l'Australie, au Cap et dans les parties sèches de la Plata, du Chili, du Pérou et de la chaîne des Andes. Les xérophiles se trouvent aussi dans les localités sèches du Brésil, de la région méditerranéenne, de l'Inde, de la Chine, etc. Elles sont plus dispersées maintenant que les mégathermes. Elles renferment une masse considérable de composées et des proportions notables de labiées, borraginées, liliacées, palmiers, myrtacées, asclépiadées, euphorbiacées, etc. Leurs familles les plus caractéristiques sont les zygophyllées, cactacées, ficoïdes, cycadées et protéacées. Sous le rapport des organes de la végétation, il faut noter peu de grands arbres, peu de plantes annuelles, mais beaucoup d'espèces vivaces ou arbrisseaux à souches, à racines ou bulbeuses, ou pivotantes, ou profondes, qui permettent de résister à la sécheresse. Les plantes grasses abondent (cactacées en Amérique, euphorbiacées en Afrique, ficoïdes au Cap). Il y a beaucoup d'arbustes épineux, roides ou trapus. Les feuilles sont souvent étroites, fermes, grisâtres ; elles sont persistantes, ou elles tombent presque toujours dans la saison la plus sèche. L'aspect de la végétation est maigre.

Les causes qui déterminent une grande sécheresse en dehors de la zone des pluies intertropicales ne sont pas particulières à notre époque, mais la distribution des mers et l'élévation de certaines contrées ayant varié, la sécheresse a probablement varié aussi, et les xérophiles ont pu changer alors d'habitation. La chaîne des Andes, qui est maintenant un de leurs centres, n'est pas, géologiquement parlant, très-ancienne ; les plateaux du Mexique, de la Perse n'ont peut-être pas été toujours aussi secs ; le désert du Sahara était, il n'y a pas longtemps, une mer dont les rives devaient être assez humides. Malheureusement, la paléontologie des contrées où sont nos xérophiles actuelles est fort peu connue, et si ces plantes ont changé d'habitation nous n'avons pas encore les documents qui permettraient de le constater. A défaut de plantes fossiles du Sénégal ou d'Arabie, nous pouvons remarquer l'extension moderne des xérophiles dans la région de la mer Méditerranée. Les espèces de cette région qui deviennent rares ou qui s'éteignent, sont de la nature de celles qui craignent la sécheresse, et leurs remplaçants s'accommodent au contraire d'un climat sec.

Une troisième grande catégorie de plantes exige une chaleur modérée, c'est-à-dire de 15 à 20 degrés centésimaux de moyenne annuelle, avec une dose modérée aussi d'humidité. Je les nommerai *Mésothermes*. Elles constituent aujourd'hui la masse des espèces autour de la mer Méditerranée, dans les parties septentrionales et peu élevées de l'Inde, de la Chine et du Japon, de la Californie, des États-Unis méridionaux, des îles Açores et Madère, en excluant toujours les montagnes de ces divers pays ; enfin des plaines ou vallées basses de l'hémisphère austral, au Chili, à Montévidéo, en Tasmanie, à la Nouvelle-Zélande. On les retrouve sur la pente des montagnes, entre les tropiques, mais à une faible élévation.

Les mésothermes sont remarquables par l'abondance des espèces ligneuses à feuillage persistant, des espèces annuelles ou bisannuelles, et par une diversité de familles, genres et espèces presque aussi grande que celle des mégathermes. Les familles caractéristiques sont surtout les laurinées, juglandées, ébénacées, myricées, magnoliacées, acérinées, hippocastanées, campanulacées, cistinées, philadelphées, hypericinées, etc., avec un grand nombre de légumineuses, composées, cupulifères, labiées, crucifères, et autres familles qui ont des habitudes physiologiques variées.

La nombreuse catégorie des mésothermes a existé, sous des formes analogues, dans les premiers temps de l'époque tertiaire, jusqu'au Spitzberg, d'après les fossiles étudiés par M. Heer. On l'a retrouvée aussi dans quelques gisements fossiles de l'Amérique septentrionale, et il est à peu près démontré que les flores actuelles des États-Unis méridionaux et du Japon se sont rapprochées une fois dans le nord, sous l'empire de climats tempérés, selon l'hypothèse émise, en 1859, par M. Asa Gray (1).

Les mésothermes étaient mêlées avec des mégathermes dans l'Europe méridionale lors des dépôts miocènes et pliocènes, comme elles le sont à présent avec les xérophiles dans la région méditerranéenne, au Chili et ailleurs. Elles ont changé de répartition géographique plus que les mégathermes.

On pourrait subdiviser les mésothermes en raison de ce que les unes redoutent le froid, d'autres la sécheresse et d'autres encore le défaut de chaleur en été ; mais ces détails, très-importants pour la limite de chaque espèce, risqueraient de nous faire perdre de vue l'ensemble.

Notons en passant que l'analogie actuelle des flores du Japon, du midi des États-Unis, de Madère et de la région méditerranéenne a frappé tous les botanistes, que cette ressemblance a été plus grande encore avant notre époque, et qu'il serait cependant difficile de parler de ce groupe si naturel de végétaux en l'appelant *japonico-virginico-maderensi-méditerranéen*. Un terme général, indépendant des pays et des migrations antérieures, comme celui de *mésotherme*, est évidemment plus commode.

La quatrième catégorie est celle des plantes de climats tempérés ayant des moyennes annuelles de 14 à 0 degré. Je les désigne sous le nom de *Microthermes*. Leur caractère principal est, en effet, de demander peu de chaleur en été

et de redouter médiocrement les froids de l'hiver. Ce sont les espèces de nos plaines d'Europe depuis les Cévennes et les Alpes jusqu'au cap Nord, celles d'Asie entre le Caucase ou l'Himalaya et le 65° degré environ, de l'Amérique septentrionale entre les 38°-40° degrés et les 60°-65° degrés, et, dans l'autre hémisphère, les plantes du Chili méridional jusqu'au cap Horn, des îles Malouines, Kerguélen, Campbell, ainsi que des montagnes de la Nouvelle-Zélande, à une certaine élévation. Dans cet hémisphère, la distinction d'avec les mésothermes est peu conforme aux divisions géographiques, grâce à l'uniformité des saisons. C'est, du reste, ce qui se voit aussi, par la même cause, en Irlande, dans le sud-ouest de la France et en Californie.

Il est inutile de rappeler les familles les plus abondantes de nos flores tempérées. Elles ne sont pas caractéristiques, dans ce sens qu'elles existent aussi ailleurs. Les genres eux-mêmes sont peu caractérisques. Ainsi, nos forêts sont composées de pins, sapins, chênes, érables, etc., mais des espèces analogues de ces genres se trouvent aussi au Japon, en Californie, en Virginie, dans la région méditerranéenne, et appartiennent aux mésothermes. Il y a même des chênes mégathermes à Java et aux Philippines. C'est plutôt l'absence de formes ordinairement mésothermes et surtout mégathermes ou xérophiles, qui distingue nos flores.

Quant à l'apparence fondée sur les organes de la végétation, les microthermes se composent surtout de plantes herbacées vivaces et de plantes ligneuses à feuilles caduques, ou de conifères. Leurs forêts sont ordinairement constituées par une seule espèce principale, soit essence.

La place actuelle des microthermes a été occupée jadis, dans notre hémisphère, par des mésothermes et même des mégathermes. Ensuite, quand elles étaient déjà distribuées comme à présent, avec les mêmes formes spécifiques, elles ont été chassées par l'invasion glaciaire. Enfin, elles sont revenues dans la zone où nous les voyons. Ces migrations justifient l'emploi d'un mot tel que microthermes, au lieu de l'expression de flore européo-américaine, qui, d'ailleurs, ne s'appliquerait pas à d'autres contrées d'une végétation analogue.

Le cinquième groupe physiologique est celui des plantes aujourd'hui arctiques ou antarctiques, qui sont distribuées aussi sur les hauteurs des montagnes des régions tempérées. Ce sont les plantes qui se contentent de la plus petite chaleur. Je propose, à cause de cela, de les désigner sous le nom de *Hékistothermes*, de ἥκιστος, très-petit, et θέρμος, chaleur.

La propriété d'accomplir leurs fonctions sous une température basse n'est pas la seule qui les distingue. Elles ont aussi l'avantage de supporter une longue absence de lumière pendant la saison froide, ce qui arrive sur les montagnes et au nord par l'accumulation des neiges, et en outre, dans cette dernière région, par le fait d'une nuit de plusieurs mois.

Les hékistothermes sont peu nombreuses. A notre époque il n'y en a guère plus de 3000 ou 4000 espèces. Aucune famille ne leur est propre, mais les mousses, lichens, graminées, joncées, cypéracées, crucifères, scrophulariacées, composées, caryophyllées, rosacées, saxifragées y sont dans de fortes proportions relativement à l'ensemble du groupe. Quelques conifères peuvent être considérées comme hékistothermes. Cependant les espèces ligneuses, qui méritent vraiment ce nom, sont des arbustes ou petits arbrisseaux rampants, tels que certains betula, salix, empetrum, vaccinium et dans l'hémisphère austral, quelques acæna, coprosma, etc., qui leur ressemblent.

Les cinq groupes physiologiques dont je viens de parler se présentent géographiquement, à notre époque, de la manière suivante en marchant d'un pôle à l'autre, abstraction

---

(1) On the botany of Japan : in-4°.

faite des montagnes et des localités exceptionnelles, et en distinguant les deux hémisphères :

> Hékistothermes boréales.
> Microthermes   —
> Mésothermes   —
> Xérophiles   —
> Mégathermes, en deçà et au delà de l'équateur.
> Xérophiles australes.
> Mésothermes   —
> Microthermes   —
> Hékistothermes —

Un dernier groupe n'est en aucune façon géographique et comprend, à notre époque, des plantes bien exceptionnelles. Je veux parler d'espèces qui exigent une très-forte chaleur, par exemple, de plus de 30 degrés centigrades de moyenne annuelle. On pourrait les appeler *Mégistothermes*, de μέγιστος, très-grand. Lors des premières époques géologiques elles ont dû exister, vu la grande chaleur. Elles avaient probablement des formes simples et des habitations très-vastes. Les algues, fougères, lycopodiacées, équisétacées des terrains carbonifères en étaient la continuation, et il est possible que certaines espèces des îles les plus anciennes et les plus chaudes de notre époque en descendent sans altération. Aujourd'hui les algues des sources thermales sont mégistothermes, mais elles ne doivent pas venir des mégistothermes primitives, puisque les régions où jaillissent les sources ont été, à une période quelconque, au-dessous de la mer. Il faut que ces espèces soient venues de plantes analogues adjacentes, de même que les animaux aveugles des cavernes paraissent venir d'espèces analogues de leurs pays respectifs.

On dira peut-être qu'il est difficile de classer une espèce dans tel ou tel de mes groupes. Je répondrai qu'on le peut toujours si l'on veut se donner la peine d'examiner ses conditions de vie, au moyen de la culture et en étudiant les circonstances du climat de leur pays natal. On objectera aussi les transitions d'un groupe à l'autre et l'arbitraire des limites. Je conviens que la classification fondée sur des caractères botaniques est plus précise, mais celle par régions ne l'est pas autant. Je rappellerai celle des terrains géologiques, où les limites manquent si souvent, et qui sont cependant usitées dans la science, en dépit des contestations qu'elles soulèvent.

Le défaut d'accord entre les groupes physiologiques et les groupes soit botaniques, soit géographiques est bien digne de remarque.

Toutes les familles un peu nombreuses de plantes ont des représentants parmi plusieurs de mes groupes physiologiques et quelquefois dans tous. Les plus naturelles n'échappent pas à cette loi. Ainsi les crucifères et les ombellifères abondent dans les régions tempérées, mais elles existent aussi dans les plus froides et les plus chaudes. Il suffirait d'une dizaine de ces plantes parmi nos mégathermes ou nos hékistothermes pour démontrer que rien dans leur structure, ni même dans le contenu de leurs cellules, ne s'oppose à ce qu'elles vivent sous des conditions de température très-différentes. Les papavéracées, qui ont des sucs propres assez particuliers et dont l'organisation est très-uniforme, comptent l'*Argemone mexicana* dans les pays les plus chauds et plusieurs espèces dans les pays les plus froids. Les mélastomacées semblent appartenir bien exclusivement aux pays chauds, mais quelques-unes se trouvent sur les Andes, et le *Rhexia virginica* est d'un climat de mésothermes. Les ménispermacées, qui abondent dans les pays équatoriaux, ne manquent pas dans les tempérés et existent même au Canada et en Daourie (*Menispermum Canadense, M. Dahuricum*). Inversement, des familles organisées d'une manière presque semblable existent sous des climats très-différents. Ainsi, les

primulacées vivent presque toutes dans des régions tempérées ou froides, et les myrsinéacées, qui ne sont pour ainsi dire que des primulacées ligneuses, s'éloignent à peine des tropiques. Une différence analogue s'observe entre les ombellifères et les araliacées.

Bien que les genres soient moins variés de formes que les familles et plus circonscrits d'habitation, ils n'échappent pas à ces bizarreries. Ainsi, les *Cassia* sont ordinairement de pays chauds et, en général, se classent dans les mégathermes ou au plus dans les mésothermes, mais le *Cassia Marylandica* supporte les hivers de Genève, où le minimum descend quelquefois jusqu'à 25 degrés C. Nous avons aussi en pleine terre les *Indigofera Dosua, Plumbago Larpentæ, Dipteracanthus strepens, Buddleia Lindleyana* et autres, dont les congénères craignent beaucoup le froid. Les saules, d'après leur distribution géographique, paraissent exiger du froid ou craindre la chaleur. Cependant le *Salix Humboldtiana* est au bord des Amazones et le *S. Safsaf* en Égypte.

Des espèces fort analogues d'un même genre se comportent quelquefois différemment à l'égard des influences extérieures. Le *Cerasus lusitanica* ne souffre jamais de nos hivers rigoureux de Genève ; le *Cerasus Laurocerasus*, cultivé à côté de lui, gèle de temps en temps jusqu'au pied. J'ai hasardé souvent des *Pinus Canariensis* et ils ont péri dès le premier hiver, tandis que les *Pinus Coulteri* et *Laricio* sont rustiques. Beaucoup d'espèces voisines du *Pinus Strobus* ne supportent pas le froid comme lui. Un amateur d'horticulture m'a indiqué les *Penstemon cordifolius* et *P. gentianoides*, dont le premier supporte et le second ne supporte pas les hivers de Genève. On a remarqué dans tous les pays des cas de cette nature.

L'apparence extérieure des organes de végétation ne concorde pas mieux avec les qualités physiologiques. Rien ne semble devoir être plus à l'abri des effets du froid que les feuilles sèches et fibreuses du *Phormium tenax* ou des *Gynerium*, les feuilles rugueuses des *Lantana*, les feuilles façon de parchemin de plusieurs myrtacées de la Nouvelle-Hollande, ou encore les feuilles presque ligneuses des cycadées, et cependant toutes ces plantes ne supportent pas les hivers de notre Europe tempérée. Les fougères que nous sommes obligés de cultiver en serre chaude n'ont pas une autre apparence de forme et de tissu que celles de serre froide ou de pleine terre. Mêmes diversités à l'égard de la sécheresse. Le *Chamerops humilis* vit dans les stations les plus arides de la région méditerranéenne, et les *Palmetto* des États-Unis, qui lui ressemblent singulièrement, croissent dans des sables fréquemment inondés. Les plantes à feuilles larges et molles craignent ordinairement la sécheresse, mais le *Sparmania africana* n'en souffre nullement, d'après une observation de M. Thuret.

La fréquence du désaccord entre les formes et les qualités physiologiques relatives aux conditions extérieures, me fait croire qu'il n'y a pas une relation directe, de cause à effet, entre ces deux ordres de phénomènes. Il y aurait plutôt une dépendance commune de quelque cause plus générale influant sur les deux, et cette cause me paraît être l'hérédité. Une espèce a une certaine forme, parce que ses prédécesseurs avaient une forme ou semblable ou analogue ; de même cette espèce aurait certaines qualités physiologiques à l'égard du climat, parce que les conditions extérieures qui lui ont été imposées pendant un nombre incalculable de siècles, par le fait de son habitation géographique, ont empêché d'autres qualités de se développer et ont assuré l'hérédité de celles qui lui permettaient de vivre. Ainsi, le *Piper longum*, je suppose, est ce qu'il est quant à ses racines, feuilles, fleurs, fruits, fibres et sucs internes, parce qu'il descend de plantes très-semblables ou à peu près semblables, et il craint le froid, probablement parce que ses ascendants ont tous vécu dans des pays très-chauds et n'ont jamais été décimés et triés par le froid. Les protéacées ont les organes qui les distinguent parce qu'elles viennent de protéacées, ou peut-être, plus anciennement, de plantes analogues, et elles s'arrangent de vivre dans des pays secs parce que leurs prédécesseurs y vivaient.

Je m'explique de cette manière comment il se fait que les flores soumises à des conditions très-particulières de climat, ne présentent, dans la totalité de leurs espèces, aucun caractère distinctif particulier. Les plantes arctico-alpines, par exemple, sont de différentes familles, et il est impossible de trouver chez elles un organe ou un développement d'organe qui leur soit propre et qu'on ne rencontre pas dans des plantes de la zone équatoriale. Celles-ci également n'ont aucun organe et aucune évolution qui les distingue. En revanche, les ascendants des plantes arctico-alpines ont vécu ensemble, soumis à des conditions communes, et ceux qui s'en éloignaient trop ont péri sans laisser de suite. Les plantes de l'Afrique ou de l'Amérique équatoriale, également.

Les qualités physiologiques changent à la longue, lorsque les conditions extérieures ont changé et que l'espèce n'en a pas été frappée au point de périr. On est obligé de l'admettre d'après la succession des flores, mais la culture des plantes nous prouve aussi que les modifications physiologiques à l'égard des climats sont plus rares, plus difficiles à obtenir que celles des formes. Examinez le catalogue d'un grand établissement d'horticulture : vous y verrez quelques variétés précoces ou tardives qu'on peut attribuer à une manière différente de ressentir la chaleur (1), plus rarement des variétés qualifiées de rustiques, c'est-à-dire supportant bien le froid, et un nombre dix fois ou vingt fois plus considérable de variétés de formes ou de couleurs. Pour peu qu'une espèce ait subi les influences de la culture, ses organes floraux doublent ou changent de forme; ses feuilles changent aussi. Au con·traire, la faculté de résister aux gelées ou de s'accommoder d'une petite chaleur varie extrêmement peu. Ce n'est pas que les agriculteurs et ·horticulteurs ne fassent d'immenses efforts pour l'obtenir. Quelquefois leurs tentatives ont duré des siècles. Par exemple, des semis de dattier ont été faits depuis deux ou trois mille ans en Grèce et en Italie, sans qu'on ait obtenu des pieds dont les fruits mûrissent bien dans ces pays. Quand les espèces sont arrêtées du côté du nord par le froid, ou par le défaut de chaleur en été, la limite dure si longtemps que l'homme ne l'a pas vu changer, et quand elle était différente à l'époque géologique immédiatement antérieure, on a de bonnes raisons de croire que les climats étaient différents. Il faut considérer des temps plus longs que notre époque historique pour voir une modification héréditaire dans les qualités physiologiques. De même pour les formes dans les espèces spontanées; mais la culture, je le répète, nous éclaire sur la persistance relative des formes et des qualités physiologiques à l'égard des climats. *Celles-ci sont plus persistantes; elles varient dans une étendue moindre*(2). Je tire de là un

argument en faveur de ma constitution de groupes physiologiques.

Voyons si ces groupes s'accordent avec les associations de géographie botanique.

La pratique des horticulteurs montre qu'il y a effectivement une certaine concordance. Lorsqu'une espèce nouvelle leur parvient, ils la traitent beaucoup suivant son pays d'origine. Ils font à cela plus d'attention qu'aux caractères botaniques ou à l'apparence des organes de végétation. S'ils savaient toujours à quelle altitude croît la plante dans son pays natal, et si elle vient d'un district au nord ou au midi, leurs essais seraient encore mieux dirigés. Les horticulteurs ont parfaitement raison, puisque l'existence prolongée dans un pays a été, pour l'espèce, comme une série d'expériences à l'égard des conditions de climat. Une plante de la Chine septentrionale doit supporter les hivers de Paris, puisque ceux de Pékin sont plus rigoureux. Au contraire, une espèce renfermée depuis des milliers d'années dans une île comme Sainte-Hélène, où elle n'a jamais éprouvé une température un peu basse, ne doit pas supporter celle du midi de l'Europe, car les individus qui auraient été plus robustes que d'autres dans le cours des siècles à Sainte-Hélène, ont dû cependant périr si le thermomètre y est descendu seulement à $+18$ degrés C. et ils n'ont pas laissé de descendants propres à affronter en Europe $+10$ degrés et surtout 0 degré.

L'hérédité, ses anomalies et la sélection doivent donc produire un certain accord entre les qualités physiologiques et les climats, c'est-à-dire entre les groupes physiologiques et les groupes de géographie botanique. Si, dans les cas particuliers, nous ne saisissons pas toujours cet accord, il faut l'attribuer aux mauvaises classifications géographiques de plusieurs ouvrages, par exemple, à la confusion dans une même flore de localités de hauteurs diverses ou, ce qui est pire, à l'emploi de délimitations politiques au lieu de limites physiques. D'ailleurs, dans la région la plus naturelle et la mieux définie qu'on puisse imaginer, il y a des diversités locales très-grandes de hauteur, d'exposition et d'humidité. Par exemple, dans la région méditerranéenne, les accidents locaux permettent ici des plantes appartenant à nos mésothermes, et à côté d'elles des xérophiles, quelquefois des microthermes. Les îles paraissent des régions physico-botaniques bien naturelles : cependant à voir de près, il y en a peu qui ne renferment plusieurs zones d'altitude et par conséquent plusieurs régions.

L'impossibilité de constituer des groupes géographiques parfaitement vrais et purs, avec la circonstance que les climats ont changé pour chaque région d'une époque à l'autre, plaide en faveur de mes groupes physiologiques. Leur définition est claire, quand on s'en tient aux grandes conditions de chaleur et d'humidité. Leur durée est plus grande que celle des climats de chaque région ; elle est plus grande que celle des formes, quoique sans doute les conditions extérieures, en favorisant certaines modifications et devenant nuisibles à d'autres, finissent par plier et les formes et les qualités physiologiques. Je voudrais montrer maintenant que ces groupes rendent les faits de géographie botanique, ancienne et moderne, plus précis et plus aisés à discuter au point de vue des lois générales.

§ 2. Distribution des groupes végétaux physiologiques dans l'hémisphère boréal, spécialement depuis le commencement de l'époque tertiaire.

Dans le but de combiner mes groupes physiologiques avec les documents acquis en paléontologie végétale, j'ai cru convenable de concentrer mon attention sur l'hémisphère boréal et principalement sur l'Europe, depuis le commencement de l'époque tertiaire. Ce n'est pas que les faits paraissent avoir été d'une nature bien différente hors de l'Europe, du moins dans notre hémisphère ; mais la concordance des événements géologiques du nord de l'Amérique et de l'Asie orientale avec les nôtres est difficile à établir, et les documents sur les flores anciennes y sont assez rares. En Europe, des bords de la Méditerranée jusqu'au Spitzberg, on a fait des travaux admirables qui ont établi la nature et l'époque de plusieurs flores fossiles. Je n'ai eu qu'à consulter les publications de

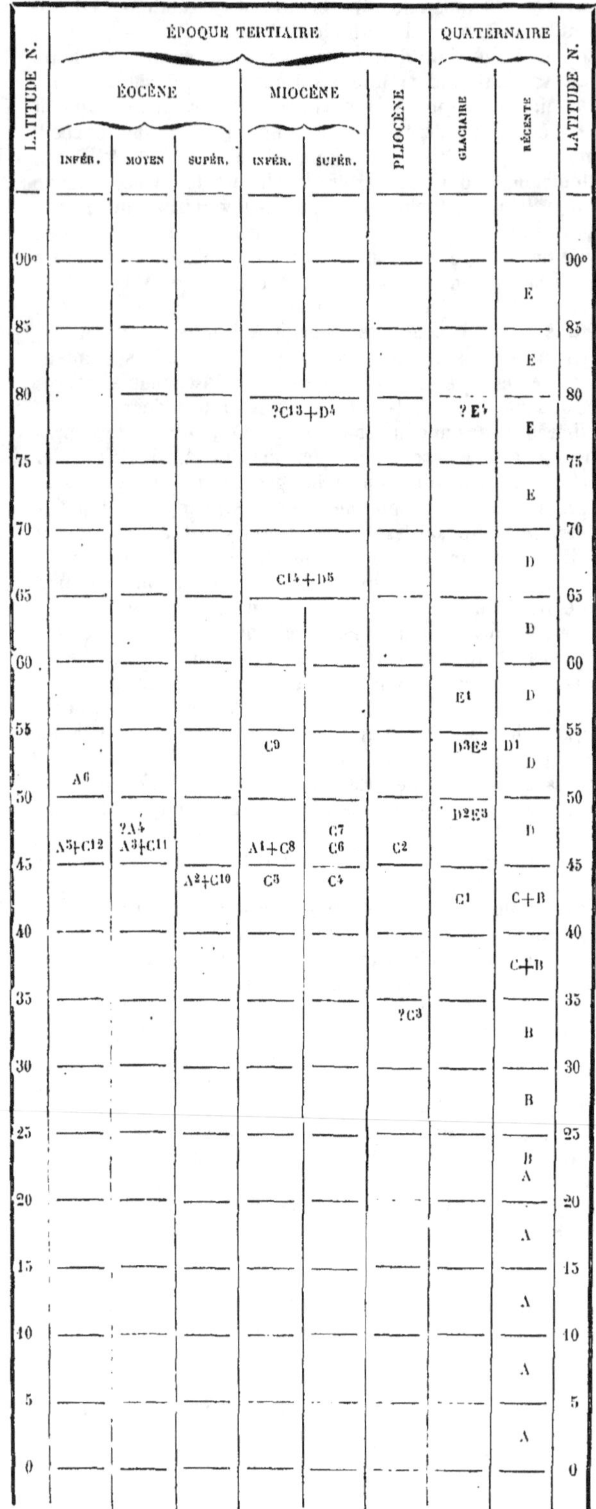

| LATITUDE N. | ÉPOQUE TERTIAIRE | | | | | | QUATERNAIRE | | LATITUDE N. |
| | ÉOCÈNE | | | MIOCÈNE | | PLIOCÈNE | GLACIAIRE | RÉCENTE | |
	INFÉR.	MOYEN	SUPÉR.	INFÉR.	SUPÉR.				
90°									90°
85								E	85
80				?C13+D4			?E4	E	80
75								E	75
70				C14+D5				E	70
65								D	65
60							E4	D	60
55	A6			C9			D3E2	D, D1	55
50	A5+C12	?A4 / A3+C11					D2E3	D	50
45			A2+C10	A1+C8 / C5	C7 / C6 / C4	C2	C1	C+B	45
40								C+B	40
35						?C3		B	35
30								B	30
25								B, A	25
20								A	20
15								A	15
10								A	10
5								A	5
0								A	0

EXPLICATION DE LETTRES ET SIGNES DU TABLEAU.

A. Plantes mégathermes.

A. Mégathermes actuelles.

A1. Gisements de Monod, Paudèze, dans la Suisse occident. (Heer, *Recherches sur le climat et la végét. tertiaire*, traduct. de la *Flora tert. Helv.*) — Des plantes mésothermes sont mêlées avec les mégathermes dans ces localités.

A2. Gypses d'Aix. Mégathermes avec les mésothermes C10.

A3. Chiavono et Salcedo (Massalongo, Molon, *Sull. fl. terz.*, p. 104 et 27). — Des mésothermes sont mêlées aux mégathermes, mais les premières dominent.

A4. Sables supérieurs du Soissonnais (Watelet, *Descript. des plantes foss. du bassin de Paris*), contenant beaucoup de mégathermes : *Banisteria, Cupania, Cæsalpinia*, etc. La position stratigraphique laisse à désirer, ou du moins l'âge a peut-être été présumé plus d'après les fossiles que d'après les couches.

A5. Bolca (Massalongo, Molon, *l. c.*). — Mélange de mésothermes avec des mégathermes, mais les premières dominent.

A6. Sheppey, près Londres (Bowerbank, Ad. Brongniart, Lyell). Ce dernier auteur (*Student's elements.* 1871, p. 240) donne des preuves pour croire que le dépôt n'a pas été l'effet d'un transport de pays éloigné.

B. Plantes xérophiles actuelles.

Aucun gisement fossile n'a montré jusqu'à présent une flore ancienne de cette nature ; mais les pays où l'on peut croire qu'il en existe ont à peine été explorés.

C. Plantes mésothermes.

C. Mésothermes de l'époque récente, soit actuelle.

C1. Les nombreuses flores du sud-est de la France, des époques les moins anciennes, étudiées par M. de Saporta (*Études sur la végétation du sud-est de la France à l'époque tertiaire*, part. 3, dans *Annales des sc. nat.*, 1867).

C2. Méximieux (de Saporta, *Bull. de la Soc. géol.*, série 2, v. 26, p. 752, et *Ann. des sc. nat.*, série 3, v. 17, p. 403. Sur les caractères propres de la végétation du pliocène, à propos des découvertes de M. Rames dans le Cantal, br. in-8°, 1873).

C3. San Jorge, de l'île de Madère (Heer, *Ueb. die foss. Pflanzen*, v. S. Jorge, in-4°, 1855). Sur l'époque, voy. Lyell, *Élém.*, trad. franç. de la 6ᵉ édit., 12, p. 352.

C4 et C5. Sud-est de la France (de Saporta, *Études*, etc., part. 2). Quelques mégathermes figurent dans les listes, mais elles n'approchent pas de former le quart de chaque flore.

C6. Piémont (Sismonda, *Matériaux*, etc., in-4°. p. 80).

C7. Œningen, près du lac de Constance (Heer).

C8. Monod, Paudèze, etc. Mélange de mésothermes et mégathermes (A1) où les premières dominent.

C9. Dantzig (Heer, *Miocene baltische Flora*), la couche inférieure contenant les *Sequoia, Smilax, Myrica, Ficus, Lauracées, Juglandées*, etc.

C10. Gypses d'Aix (de Saporta, *Études*, part. 1, et surtout supplément 1, dans *Ann. des sc. nat.*, v. 15 ; Heer, *Rech. clim. vég.*, p. 184). Mélange avec des mégathermes (A2), les mésothermes cependant plus nombreuses.

C11. Chiavono et Salcedo. Mélange avec des mégathermes (A3).

C12. Bolca. Mélange avec des mégathermes (A5).

C13. Spitzberg (Heer, *Flore foss. arct.*, v. 2), avec des microthermes (D4).

C14. Islande (Heer, *ibid.*, v. 1), avec des microthermes (D5).

D. Plantes microthermes.

D. Microthermes de l'époque actuelle, soit récente.

D1. Cannstadt. Dépôts dans le diluvium.

D2. Charbons feuilletés de Dürnten, canton de Zurich, et Utznach, canton de Saint-Gall (Heer, *Le monde primitif de la Suisse*, trad. franç., p. 503 et suiv.).

D3. Forêt de Cromer, Norfolk (Lyell, Heer).

D4. Spitzberg (Heer, *Fl. foss. arct.*, v. 2). Mélange avec des mésothermes (C13).

D5. Islande (Heer, *Fl. foss. arct.*, v. 1), avec mélange de mésothermes (C14).

E. Plantes hékistothermes.

E. Hékistothermes de l'époque actuelle.

E1. Suède méridionale, Danemark (Nathorst, *Journal of botany*, août 1873, p. 225).

E2. Mecklembourg et Cromer, au-dessus de la forêt (Nathorst, *ibid.*).

E3. Argile glaciaire de Schwerzenbach, entre Zurich et le lac de Constance, contenant le *Dryas octopetala* et autres plantes hékistothermes (Nathorst, *Journal of botany*, août 1873, p. 227). Même gisement près de Munich (*ibid.*).

E4. Diluvium superficiel du Spitzberg (Heer, *Fl. foss. arct.*).

Signes.

J'ai indiqué les mélanges sous la forme (A+C), lorsque l'une des catégories se trouvait représentée dans une autre par un quart au moins des formes.

Le point d'interrogation placé ainsi (? C3) veut dire que la position quant à l'âge du terrain est douteuse.

MM. Gœppert, Heer, Unger, Garovaglio, Ch.-T. Gaudin, de Saporta et autres savants mentionnés plus loin, pour reconnaître dans ces flores anciennes mes divisions physiologiques, et aussi pour les classer approximativement sous le rapport de leur âge. Le tableau ci-contre est le résumé des immenses recherches de divers auteurs, interprétées dans certains cas selon les idées des géologues modernes les plus prudents, et présentées sous les points de vue qui intéressent le plus les botanistes.

Dans ce tableau les lignes horizontales indiquent les degrés de latitude, et les colonnes verticales les époques géologiques successives depuis le commencement du tertiaire. Dans chaque colonne, et selon les degrés de latitude, se trouvent rapportés les gisements de fossiles végétaux les mieux étudiés quant à leur stratification et leur composition botanique.

16.

J'ai suivi, jusqu'au nouveau pliocène inclusivement, les divisions admises par sir Charles Lyell (1) et ensuite celle de Heer (2) adoptée par Schimper (3). Il m'a paru, en effet, plus naturel de commencer l'époque quaternaire au moment où, dans l'Europe centrale, les espèces qui constituaient les forêts étaient déjà identiques avec celles d'aujourd'hui où, par exemple, la forêt fossile de Cromer en Norfolk, et celle d'Utznach, en Suisse, étaient composées de *Pinus Abies*, *P. Sylvestris*, *P. Larix*, *P. montana*, *Corylus Avellana*, etc., tandis que les marécages contenaient nos deux nénuphars, le menyanthes et autres plantes actuellement vivantes. Le nouveau pliocène de Lyell se trouve donc annexé à son postpliocène et rentre dans le quaternaire de la plupart des auteurs. J'ai distingué dans cette période l'époque glaciaire et l'époque récente, qu'on pourrait appeler postglaciaire; mais dans l'époque glaciaire, l'invasion des glaces, ou sur terre ferme ou par transports maritimes, ne s'est jamais étendue sur toute l'Europe méridionale et elle a présenté des variations ou intermittences. Ainsi les forêts de Cromer et d'Utznach ont été précédées et suivies de phénomènes glaciaires, pendant que ceux-ci régnaient sans interruption plus au nord ou bien n'ont paru qu'une fois plus au midi.

Il ne faut pas se dissimuler, au surplus, que les divisions géologiques passent les unes dans les autres d'une manière insensible et que, tout en offrant des généralisations satisfaisantes pour les faits observés entre le 45° et le 60° degré de latitude en Europe, elles deviennent obscures, incertaines ou fausses quand on veut les appliquer à des régions plus ou moins éloignées. On peut, sous ce rapport, les comparer aux divisions admises dans les sciences historiques. Assurément la distinction d'histoire ancienne, du moyen âge et moderne est excellente pour la plus grande partie de l'Europe, malgré la difficulté de fixer des limites précises à telle ou telle de ces époques; mais elle ne vaut rien à quelque distance. Déjà, en Russie, l'histoire moderne commence avec le xviii° siècle; au Japon, elle est à peine commencée. La Chine en est à la décadence de l'empire romain. L'Amérique a eu, soit au nord, soit au midi, des phases entièrement différentes des nôtres. De la même manière les événements géologiques du Cap ou d'Australie ont dû se passer autrement qu'en Europe, à chaque époque.

La qualité dominante, mégatherme, mésotherme, etc. de chaque flore fossile n'a pas été difficile à reconnaître au moyen de la comparaison avec les espèces actuelles analogues ou presque identiques (homologues de Heer) et de la prédominance de certaines familles ou de l'abondance de quelques genres. On est forcé d'accepter ici, faute d'observations directes, l'hypothèse que des formes semblables, ou à peu près, supposent des antécédents semblables, et, par conséquent, des propriétés physiologiques héréditaires semblables, au moins dans la majorité des cas. L'incertitude n'est pas illimitée. On peut hésiter à croire un *Ficus* fossile mégatherme ou mésotherme, parce qu'il en existe aujourd'hui de ces deux catégories; mais rien ne peut faire soupçonner qu'il ait été microtherme et surtout hékistotherme, puisque maintenant aucun *Ficus* ne résiste à quelques degrés de froid. Un *Betula* fossile peut avoir été microtherme ou hékistotherme, d'après la distribution des espèces vivantes, mais non mégatherme. Pour faciliter le classement, j'ai examiné un à un les genres des flores fossiles tertiaires et la nature physiologique des espèces actuelles de ces genres, lorsqu'il en existe. Les auteurs ont fait souvent un travail plus utile

encore : celui de comparer les espèces analogues anciennes et actuelles. J'en ai profité. En général leurs résumés, exprimés par les termes de flore tropicale ou de flore éocène, miocène, etc., ainsi que leurs comparaisons avec les flores actuelles de divers pays, indiquent très-bien la nature physiologique probable des végétaux qu'ils ont étudiés. L'examen des listes d'espèces m'a fait reconnaître la perspicacité et l'érudition de presque tous les paléontologistes qui se sont occupés du règne végétal.

Ma grande difficulté a été de classer les flores fossiles suivant les époques.

J'ai lutté autant que j'ai pu contre le cercle vicieux, si commun autrefois, qui consiste à dire : le terrain A est de l'époque N, parce qu'il contient tels êtres organisés; et ensuite : ces êtres organisés ont vécu à l'époque N, parce qu'ils se trouvent dans le terrain A. En bonne logique, on ne peut pas déterminer la date d'un fait en le rapportant à un autre fait dont la date est inconnue. Il faut au moins que l'une des dates soit extrêmement probable. Je me suis abstenu de classer les fossiles dont la stratification ne m'a pas paru suffisamment établie, me rappelant le principe de Pictet (1), que la stratification est le moyen le plus sûr de déterminer l'âge des terrains. Toutes les fois que, sous les mêmes latitudes, j'ai pu comparer deux flores fossiles analogues, je me suis attaché à celle dont la position stratigraphique est la mieux connue et l'ai citée de préférence dans le tableau.

La diversité des climats existait déjà pendant l'époque tertiaire. Le décroissement de la température suivant les latitudes a probablement varié et ne peut pas être donné avec précision; mais il y avait un décroissement, puisque les climats tiennent surtout à des causes astronomiques, et qu'en outre on a constaté dans les flores fossiles de même formation et de deux pays voisins, l'un situé au nord de l'autre, des différences de composition analogues à celles qui résultent aujourd'hui des climats. M. Heer paraît avoir été le premier à insister sur la diversité des climats tertiaires : car je n'en aperçois aucune mention dans le *Traité de paléontologie* de Pictet, antérieur à la *Flora tertiaria Helvetiæ*. Comme corollaire de cette idée importante, il convient de poser le principe suivant applicable au moins depuis l'époque éocène : « *Lorsque deux flores ou faunes fossiles sont très-semblables, mais situées sous des degrés de latitude éloignés (comme l'Europe moyenne et le Spitzberg, par exemple), ces flores ou faunes ne peuvent pas avoir vécu simultanément* (1). » Celle du nord doit être la plus ancienne, puisque la température a diminué au travers des âges, en particulier pendant l'époque tertiaire.

Sous des latitudes à peu près semblables, deux flores fossiles identiques doivent être contemporaines, pourvu encore qu'elles aient vécu à une élévation semblable et qu'elles ne soient pas extrêmement éloignées. A l'époque tertiaire il y avait probablement, comme à présent, des flores différentes en Europe et en Chine, en Californie et en Pensylvanie, au Chili et à Buenos-Ayres, etc., quoique ces pays soient situés sous les mêmes latitudes. Ainsi *des flores différentes ont été quelquefois contemporaines*, de même que des flores semblables ont vécu quelquefois dans des temps différents.

§ 3. — Histoire des groupes physiologiques.

Le tableau qui précède indique assez clairement la disposition géographique des groupes, depuis le commencement de l'époque tertiaire, dans une grande étendue de l'hémi-

---

(1) *The student's elements of geology*, 1 vol. in-8°. London, 1871, p. 109.

(2) *Le monde primitif de la Suisse*, traduct. franç., p. 636.

(3) *Paléontologie végétale*, I, p. 120.

(1) Pictet, *Traité de paléontologie*, deuxième édit, vol. I, p. 99.

(1) Ceci modifie les lois 2ᵉ et 3ᵉ posées par Pictet, I, p. 100.

sphère boréal. On observe les mêmes faits en Amérique, seulement il y a moins de documents, et les degrés de latitude pour les limites ne sont pas tout à fait les mêmes, les lignes de température semblables n'étant pas identiques avec celles d'Europe. Voyons maintenant chacun des groupes, en partant des faits les mieux connus, c'est-à-dire de ceux de l'époque actuelle.

Les mégathermes se trouvent aujourd'hui entre les tropiques, dans la zone des pluies abondantes et d'une température moyenne de 20 à 28 degrés C. Aucun gisement fossile de végétaux n'ayant été découvert en Afrique entre l'équateur et 30 degrés de latitude, il n'est pas possible de savoir si des plantes analogues existaient précédemment dans cette région, mais on connaît des fossiles de Java et de l'une des Antilles, appartenant à une date qu'on a qualifiée de tertiaire, sans doute parce qu'elle n'a pas paru très-ancienne. Ces fossiles se composent d'espèces analogues à celles qui vivent à présent dans les mêmes pays. Des observations semblables ont été faites sur des fossiles animaux au Brésil, dans l'Inde et ailleurs. Les espèces y sont toujours analogues à celles qui habitent aujourd'hui dans chacune de ces régions intertropicales. Il est donc probable que les mégathermes ont vécu dans les pays intertropicaux depuis le temps où chaque surface y a été émergée, c'est-à-dire quelquefois depuis un temps très-reculé. En Europe on a trouvé des mégathermes dans le terrain miocène inférieur de Lausanne (A¹), dans l'éocène supérieur de Provence (A²) et dans l'éocène inférieur de Bolca en Piémont (A³); mais elles y sont mêlées avec des mésothermes et constituent à peine le quart de chacune des flores fossiles. Les sables du Soissonnais, qu'on peut rapporter, non sans quelque doute, à l'éocène moyen, ont accusé principalement des mégathermes. Enfin le gisement de Sheppey, à l'embouchure de la Tamise, qui appartient à l'éocène inférieur, contient une telle proportion de pandanées, palmiers, etc., avec des reptiles et pachydermes analogues à ceux des pays les plus chauds, qu'on ne peut contester le caractère mégatherme de la flore anglaise au commencement de l'époque tertiaire. Probablement cette végétation avançait même plus au nord, jusque vers les 57ᵉ ou 58ᵉ degré de latitude, s'il existait des terres dans cette direction. On pourrait tracer sur mon tableau une ligne diagonale, du 58ᵉ, dans l'éocène, au 23ᵉ degré, à l'époque actuelle, et cette ligne serait pour chaque époque la limite extrême que les mégathermes ont atteinte. A mesure que le climat est devenu moins chaud, elles ont dû périr, ou s'étendre plus au midi, lorsque la forme des surfaces terrestres le leur permettait. En outre, elles recevaient parmi elles des mésothermes dans des proportions de plus en plus importantes.

Les xérophiles existent aujourd'hui à peu près entre le 23ᵉ et le 44ᵉ degré de latitude, mélangées de plus en plus du côté du nord avec des mésothermes. On les retrouverait probablement au Sénégal, en Égypte, en Arabie, si l'on découvrait dans ces pays des gisements tertiaires de végétaux autres que de simples accumulations de bois pétrifiés sans feuilles ni fruits. La mer du Sahara excluait jadis les xérophiles d'un des pays où elles abondent aujourd'hui. Dans l'Europe méridionale, elles existaient probablement à l'époque tertiaire mélangées avec les mésothermes. On remarque dans les listes des *Zizyphus*, *Smilax* et autres genres des lieux secs de la région méditerranéenne, mais l'humidité était certainement plus grande qu'à présent aux époques glaciaire, pliocène et miocène. Elle devait nuire aux xérophiles. Je doute qu'il y en eût un quart dans les flores de ces époques. Au commencement de l'éocène, leur proportion était probablement moins faible. M. de Saporta, dans son dernier et remarquable travail sur la flore des gypses d'Aix, donne en effet des preuves qu'il existait alors en Provence un climat assez sec pendant l'été, véritable continuation de l'époque de la craie. Je n'ai pas indiqué sur mon tableau les proportions probables des xéro-

philes dans les temps antérieurs au nôtre, parce qu'elles sont trop douteuses, la distinction de cette catégorie de plantes ne pouvant se faire convenablement que par une observation des localités mêmes dans lesquelles vivent les espèces.

Les mésothermes, aujourd'hui resserrées dans une zone assez étroite, du 33ᵉ au 44ᵉ degré environ, ne paraissent pas avoir été troublées à l'époque glaciaire, malgré la proximité des neiges. En effet, les tufs et travertins de Provence et d'Italie, dont la formation date en partie de l'époque où les glaciers descendaient au pied des Alpes provençales et dans les plaines du Piémont, ne laissent apercevoir aucune particularité dans la composition des flores. Ce sont toujours des mésothermes avec un très-petit nombre de xérophiles. Les espèces actuelles de la région méditerranéenne y dominent déjà. On peut soupçonner plus d'humidité et une température plus égale qu'à présent, mais rien ne conduit à l'idée d'une température froide. Du reste, les notions actuelles de géographie physique et de botanique l'expliquent. Pour la formation de grands glaciers, qui se déversent au loin, il faut surtout des étendues considérables de hautes montagnes sur lesquelles une humidité abondante puisse produire des accumulations de neiges. Ces conditions devaient exister en Suisse quand les Alpes n'avaient pas été aussi dénudées et dégradées qu'à présent par l'effet des glaciers et des cours d'eau, quand le Sahara était une mer et qu'une autre mer très-froide couvrait une grande partie de l'Allemagne, de la Russie et de l'Angleterre. Au nord des Alpes régnait un climat rigoureux, mais cette chaîne servait de barrière, et ses glaciers méridionaux pouvaient descendre au milieu d'une végétation mésotherme, de la même manière qu'aujourd'hui les glaciers de la Nouvelle-Zélande sont entourés, dans leur cours inférieur, de fougères arborescentes (1).

Avant l'époque glaciaire, les mésothermes ont avancé plus au nord. Elles dominent dans les plantes fossiles du Spitzberg si bien étudiées par M. Heer, qu'il dit être de l'époque miocène, sans pouvoir déterminer, ce me semble, si c'est au miocène supérieur ou inférieur qu'il faut les attribuer. Cette flore mésotherme boréale était mélangée de microthermes. Des *Sequoia*, *Libocedrus*, *Taxodium distichum* et autres arbres vivant aujourd'hui en Californie, sous des formes très-voisines ou identiques, étaient réunis à notre sapin commun, *Pinus Abies* L., dont la forme est, comme on voit, très-ancienne. S'il existait des terres plus au nord, à l'époque éocène, elles devraient contenir des mésothermes entre le 80ᵉ et le 85ᵉ degré ou même jusqu'au pôle; mais l'état des connaissances ne permet aucune assertion à cet égard.

Les microthermes existent aujourd'hui en Europe, entre le 44ᵉ et le 70ᵉ degré de latitude. Au milieu de la période glaciaire elles formaient les bois fossiles de Wetzikon et d'Utznach, dans la Suisse orientale, et de Cromer en Norfolk, à ce point que l'on a constaté, comme je l'ai dit, dans ces deux localités, le pin, le sapin, le chêne, le noisetier et autres arbres actuellement vivants. Ce qu'il y a de curieux, c'est que ces deux forêts sont intercalées entre des couches glaciaires, qui ne renferment pas toujours, il est vrai, des fossiles végétaux, mais qui prouvent en Suisse une première invasion des glaciers et en Norfolk une première submersion par une mer communiquant avec le nord. Au-dessus des deux forêts on a trouvé les hékistothermes (E², E³), qui ont été supplantées à l'époque actuelle par un retour des anciennes microthermes. Cette catégorie était au Spitzberg lors du miocène, et il est possible qu'elle ait existé plus au nord à l'époque éocène, soit près du pôle, soit au pôle même, s'il y avait là des surfaces terrestres.

---

(1) Les découvertes toutes récentes des géologues italiens confirment ces prévisions.

Enfin les hékistothermes, disposées au nord des précédentes et sur le sommet des montagnes, se sont avancées dans la plaine à l'époque glaciaire. Elles ont dû suivre partout les moraines, les neiges fondantes, et couvrir çà et là de leurs fleurs les oasis analogues au Jardin de la Mer de glace. Il est bien douteux qu'elles aient pu exister quelque part à l'époque miocène et surtout éocène. S'il y avait alors des montagnes près du pôle, elles ont pu s'y trouver. Sans cela ces plantes se seraient formées plus tard, en se séparant des microthermes, 1° dans la région polaire, et 2° sur les Alpes, les Pyrénées, etc., lorsque ces montagnes ont pris leur élévation actuelle.

Les hypothèses sur la naissance successive des classes, familles, espèces, occupent beaucoup les naturalistes. Celles qu'on peut aborder sur la naissance des groupes physiologiques ne sont pas moins intéressantes, et elles ont l'avantage de présenter moins d'obscurité.

Si l'on part de l'idée, admise par les physiciens, d'une température à peu près égale et assez élevée du globe terrestre à une époque reculée, suivie d'un refroidissement très-lent et d'une division en climats pendant une série incalculable de siècles, il faut admettre à l'époque la plus ancienne une seule catégorie physiologique de végétaux, celle que j'ai appelée mégistotherme. De là seraient provenus les végétaux de l'époque carbonifère, encore peu variés quand on les compare à ceux des époques subséquentes. Ils paraissent avoir été mégathermes ou quelquefois mésothermes, car les fougères et les conifères actuelles répondent à ces deux catégories. Dans le nombre il a pu y avoir des espèces pouvant s'accommoder des longs crépuscules polaires, puisque nos fougères actuelles vivent souvent au milieu des forêts, et que certaines conifères cultivées, le *Cryptomeria japonica*, par exemple, se trouvent mieux d'être à l'ombre. La neige doit avoir détruit ces premières végétations du nord, mais les mégathermes et mésothermes persistaient ailleurs. Il est difficile de comprendre ce qui s'est passé pendant la période immense des formations secondaires, à cause de la dispersion des surfaces terrestres d'alors, de l'étendue des mers qui couvraient l'Europe et de la rareté des fossiles végétaux étudiés jusqu'à présent. Lorsque la période tertiaire a commencé, les mégathermes occupaient les surfaces alors émergées jusqu'au 58° degré de latitude boréale, c'est-à-dire toutes les régions aujourd'hui chaudes ou tempérées. Les autres catégories de végétaux se sont dégagées peu à peu des plantes antérieures et se sont cantonnées vers le nord et sur les montagnes, à mesure que l'augmentation du froid en expulsait les anciens possesseurs. Graduellement les mégathermes ont perdu plus de terrain et les autres en ont acquis. Ceci est l'expression simple et sans théorie des faits.

Comment et par quels moyens se sont opérées ces séparations de groupes physiologiques en conformité avec les climats? Voilà le point où paraissent commencer les hypothèses. La question semble être la même que pour l'évolution des formes, mais elle a dans les faits connus une base qui manque à celle-ci : Personne ne peut prouver qu'il ait existé primitivement une seule forme de végétal, tandis que certainement la surface du globe a eu jadis un seul climat. L'unité de climat entraînait l'unité physiologique à l'égard du dit climat pour les végétaux quelconques de l'époque. Il n'y a donc pas d'hypothèse à dire que les groupes physiologiques ont succédé à un seul.

Quant à la cause qui a fait sortir les groupes les uns des autres, l'hypothèse proposée par Darwin pour les formes s'applique également ici, mais je ne veux nullement la discuter. Il me suffit qu'on reconnaisse les êtres organisés comme issus les uns des autres, et cela n'est pas hypothétique. C'est un fait basé sur les observations de chaque jour. Le *modus operandi* de l'évolution est une autre question, qui est encore dans le champ des hypothèses.

J'ajouterai seulement un mot qui vient à l'appui de certaines de ces hypothèses, relativement à d'autres, parmi toutes celles qu'on a émises.

La distribution des groupes physiologiques depuis les époques anciennes conduit à reconnaître deux sortes de flores, les unes sédentaires, qui ont vécu là où elles existent depuis des temps reculés, les autres plus ou moins nomades, qui ont changé d'habitation une ou plusieurs fois. Les flores actuelles intertropicales ont été le moins troublées par des accidents de climat. Elles n'ont pas souffert des glaciers, car, en supposant qu'il en soit descendu de quelques chaînes de montagnes, comme les Andes et la chaîne littorale du Brésil, les plaines chaudes environnantes ont dû les fondre rapidement, et la végétation a toujours pu continuer dans les plaines voisines. Au contraire, les flores arctiques ou antarctiques et des pays tempérés actuels, ont changé fréquemment de place, les hékistothermes et les microthermes s'étant souvent substituées les unes aux autres. Si l'on adoptait l'opinion de M. Maurice Wagner (1) que les migrations sont nécessaires à la production et consolidation de nouvelles formes, les hékistothermes et les microthermes seraient plus nombreuses en espèces que les mégathermes. Or, c'est le contraire qui est vrai. On compte aujourd'hui trente ou quarante mille espèces intertropicales, et, d'après quelques fossiles connus, il est probable qu'il a existé deux ou trois cent mille formes spécifiques analogues dans cette zone, sans parler des mégathermes qui ont vécu ailleurs et que l'abaissement des températures a détruites. Des hékistothermes, il existe seulement trois ou quatre mille, sans aucune apparence qu'elles aient jamais été très-nombreuses. Les microthermes sont aussi inférieures en nombre aux mégathermes. Il est évident qu'un développement sur place, avec des conditions peu variables et rarement nuisibles, comme celui des mégathermes, a été plus fructueux que des changements de climat ou des migrations. Ce n'est pas que celles-ci ne mettent les végétaux dans des conditions favorables à la production et surtout à la conservation de nouvelles formes et de nouvelles dispositions physiologiques par un effet de l'isolement, mais elles sont accompagnées de trop de mauvaises chances. Les invasions glaciaires, par exemple, expulsent matériellement et par le climat qu'elles supposent, une quantité d'espèces et en détruisent beaucoup d'autres.

Ainsi, des deux conditions qui ont été souvent mises en opposition comme influant sur les évolutions, le temps et les changements de climat, c'est le temps qui a le plus de valeur. Rien ne prouve qu'il soit en lui-même une cause de variation, mais il accumule celles qui arrivent, et il ne nuit pas, comme les changements le font toujours, quelquefois même d'une façon désastreuse.

ALPHONSE DE CANDOLLE.

CONGRÈS INTERNATIONAL DES SCIENCES MÉDICALES

(4e Session. — Bruxelles.)

EXCURSIONS. — LES ÉGOUTS DE BRUXELLES

Les membres du Congrès ont été admis à visiter les vastes travaux souterrains construits à Bruxelles depuis

---

(1) *Die Darwinische Theorie und das Migrationsgesetz der Organismen.* Br. in-8. Leipzig, 1868.

1867, dans le but d'assainir et d'embellir la ville et d'éviter les inondations de la Senne. Les honneurs des différentes excursions ont été faits par M. le bourgmestre de Bruxelles, qui a bien voulu, en personne, donner aux membres du Congrès les explications les plus complètes au sujet de ces remarquables travaux. Les visiteurs ont parcouru le *collecteur accolé de rive droite* sur toute sa longueur, soit 2000 mètres environ, s'étendant sous les boulevards intérieurs, depuis le boulevard du Midi jusqu'au boulevard d'Anvers. Le voyage se fait sur une voiture parfaitement installée *ad hoc*, portant quinze à vingt personnes, munie d'un phare électrique et poussée, à volonté, soit à bras d'homme, soit par un des wagons-vannes servant au curage des collecteurs. Il dure vingt à vingt-cinq minutes, y compris les arrêts nécessaires pour l'inspection des deux arches de la Senne et du collecteur accolé de rive gauche, et de différents ouvrages accessoires, tels que : les portes à clapet, les égouts ordinaires sans rails, les regards avec échelles (du voûtement de la Senne près du boulevard d'Anvers), escaliers, chambres, etc. Il est exempt de tout désagrément : l'éclairage est tel qu'on se croirait en plein jour et non dans un souterrain ou tunnel; les banquettes et voûtes, couvertes d'enduits en ciment lisse, sont parfaitement propres, et, malgré la présence des déjections de 150 000 habitants que reçoit le collecteur de rive droite, l'odeur y est extrêmement peu prononcée et peut être comparée à celle d'une cave humide ou de certaines galeries de mines.

Voici une description succincte des différents travaux et le résumé des explications qui nous ont été données par le bourgmestre et MM. les ingénieurs du service des égouts :

Le *voûtement de la Senne* s'étend sous les nouveaux boulevards intérieurs, du sud au nord de la ville de Bruxelles, dans toute l'étendue du territoire de celle-ci. Il a 2454 mètres de longueur et comprend *deux arches* séparées par une pile formant mur longitudinal. Chaque arche a 6^m,10 de largeur et présente un radier de 0^{m}90 de flèche, des piédroits de 2^m,50 de hauteur et une voûte de 1^m,10 de flèche.

En amont et en aval de la ville, la Senne coule à ciel ouvert.

A chacune des deux culées du voûtement et sur toute la longueur de celui-ci est accolé un *égout collecteur*.

Celui-ci comprend deux parties distinctes : la *cunette* et la *voûte*.

La *cunette*, placée en contrebas du radier des égouts publics ordinaires et destinée à l'écoulement des eaux amenées par ces égouts, à 2 mètres de profondeur et présente un radier de 0^m,50 de flèche.

La partie supérieure, destinée à la circulation des égoutiers comprend la *voûte* proprement dite et deux *banquettes* longeant la cunette de part et d'autre. Elle a les dimensions nécessaires pour rendre le parcours extrêmement facile.

Eu égard à la superficie et à la configuration des deux parties de l'agglomération bruxelloise qui sont respectivement desservies par l'un et par l'autre des deux collecteurs, la largeur de la cunette est différente pour les deux rives : elle est de 1^m,20 *pour la rive gauche*. et de 1^m,70 *pour la rive droite*.

A partir du boulevard d'Anvers, les deux collecteurs latéraux, tout en conservant leur section intérieure sans modification, se séparent de la Senne et passent sous deux rues parallèles à celle-ci. A 1500 mètres environ de la ville, la cunette du collecteur de rive gauche passe sous la rivière, et, à quel-

ques mètres plus loin, ce collecteur vient rejoindre celui de de la rive droite.

A partir de la *jonction*, il n'existe plus qu'un seul collecteur appelé *émissaire*. Sa disposition est analogue à celle des collecteurs précédents; seulement la cunette a 2^{m}20 de largeur.

L'émissaire se prolonge parallèlement au chemin de fer du Nord jusque près de la station de Haeren, où il se termine à l'emplacement désigné pour l'usine des eaux d'égout.

Des collecteurs du même type que le collecteur accolé de rive gauche débouchent dans celui-ci sous la rue Marché-aux-Poulets, entre la Bourse et les Halles Centrales, se ramifient sous diverses rues de la ville et des faubourgs de Molenbeek et d'Anderlecht.

C'est le défaut complet de pente transversale sur la rive gauche qui a rendu nécessaire la construction de collecteurs isolés sur cette rive, à la différence de la rive droite qui, elle, présente une inclinaison suffisante pour l'établissement dans de bonnes conditions d'égouts sans rails.

La longueur totale de tous les collecteurs à rails est de 17 775 mètres.

La *pente* longitudinale de ceux-ci est généralement de 0^m,30 par kilomètre; pour certaines parties, elle est exceptionnellement de 0^m,50.

Partout où l'un des collecteurs passe sous un cours d'eau, le radier du passage et tout le collecteur en aval de celui-ci sont établis à 0^m,20 ou 0^m,30 plus bas qu'en amont. Cette *chute* est destinée à obvier aux inconvénients qui pourraient résulter du rétrécissement produit par la suppression de la voûte.

Tout l'intérieur des collecteurs est recouvert d'*enduits* parfaitement lissés.

Les bords de la cunette sont munis de *rails* pour la circulation des wagons, des *anneaux* sont placés par paire, tous les 25 mètres, pour amarrer ces wagons.

Des *mains-courantes* règnent à 0^m,90 au-dessus des banquettes le long des piédroits de la voûte.

A tous les 50 mètres et alternativement sur chacune de ces deux banquettes se trouve un *regard* avec échelle pour la sortie des égoutiers. En certains points principaux, les échelles sont remplacées par des *escaliers* d'un parcours facile.

Entre le voûtement et les collecteurs accolés en ville, ainsi qu'à la rencontre des collecteurs isolés avec les différents bras de la rivière hors ville, sont ménagés des *déversoirs* munis de *portes s'ouvrant du collecteur vers la Senne*. Ces ouvertures sont destinées à livrer passage aux eaux des averses extraordinaires, qui trouvent ainsi un débouché dans la rivière sans encombrer les collecteurs ni l'usine de Haeren.

Vers les extrémités en amont des différentes branches des collecteurs, sont établies des *prises d'eau* permettant d'introduire, en cas de besoin, dans les collecteurs une partie plus ou moins considérable des eaux de la rivière.

La *tête amont* du voûtement est munie de deux grandes *vannes* en fer destinées à retenir la rivière en amont à un niveau suffisamment élevé pour pouvoir diriger les eaux dans le canal de Willebroeck, dont la navigation extrêmement active exige très-souvent cette alimentation supplémentaire. Ces vannes sont manœuvrées à l'aide de la pression des eaux de la distribution, pression qui est de 7 atmosphères en ce point.

Les *égouts publics ordinaires* (c'est-à-dire sans rails) existant actuellement sous toutes les rues de Bruxelles présentent un grand nombre de types différents, depuis les anciens petits conduits de forme rectangulaire de 0^m,30 sur 0^m,35 seulement dans œuvre jusqu'aux galeries les plus récentes, de forme ovoïde, ayant 2 mètres de hauteur intérieure sur 1m,33 de largeur maxima, qui font partie de l'ensemble des travaux de la Senne. Ce dernier type, dont il existe déjà plusieurs kilomètres, sera suivi à l'avenir, à l'exclusion de tout autre, pour tous les égouts à établir ou à reconstruire par la ville.

Ses dimensions sont suffisantes pour que les ouvriers égoutiers puissent y circuler avec la plus grande facilité, même avec des brouettes, et pour que les conducteurs et ingénieurs puissent les visiter aisément.

Un enduit parfaitement lisse en mortier de ciment les recouvre intérieurement et s'oppose plus efficacement que la surface rugueuse des briques à la formation de dépôts, en même temps qu'il assure l'imperméabilité.

Ces égouts reçoivent les eaux pluviales et les eaux d'arrosage de la voirie, les eaux ménagères et industrielles, et enfin toutes les matières fécales, liquides et solides.

Les fosses d'aisances et les puits d'absorption qui il y a un quart de siècle à peine, étaient la règle générale, sont tous supprimés aujourd'hui.

Sur la rive droite de la Senne, les égouts existants présentent en très-majeure partie des pentes suffisantes pour empêcher la formation de tout dépôt. Sur la rive gauche, au contraire, les pentes des égouts sont très-faibles et la plupart d'entre eux doivent être curés, soit annuellement, soit à des intervalles plus longs.

Pour les égouts dont la hauteur intérieure est de 1m,20 à 1m,10 au moins, ce curage se fait par des ouvriers qui pénètrent dans les égouts et amènent les dépôts sous les cheminées de curage qui y sont ménagées de distance en distance, à 25 mètres d'intervalle le plus souvent et par lesquelles d'autres ouvriers élèvent les produits du curage au niveau de la voie publique.

Pour les égouts dont la hauteur est inférieure à 1 mètre, le nettoyage présente de grandes difficultés et ne se fait que très-imparfaitement, en enlevant le pavage, les terres et les dalles qui recouvrent ces égouts, et ce à des intervalles peu considérables, à tous les 10 mètres par exemple ou moins encore.

Ces curages se font la nuit.

L'adoption du nouveau type de 2 mètres de hauteur intérieure permettra de faire le curage pendant le jour, sans amener les dépôts à la surface de la voirie. Ils seront conduits souterrainement d'un point quelconque des égouts ordinaires aux collecteurs à rails.

Les bouches des égouts sont à fermeture hydraulique; toute communication entre l'air de l'égout et l'atmosphère extérieure est donc interceptée.

Ceux-ci n'ont pas une pente suffisante pour que les eaux d'égout, coulant librement, n'y déposent pas une partie des matières qu'elles tiennent en suspension.

C'est au moyen d'engins spéciaux, appelés *wagons-vannes*, que se fait l'enlèvement des dépôts au fur et à mesure qu'ils se forment.

Les wagons-vannes se composent d'une vanne présentant la forme de la cunette et suspendue à un truc ou wagon à quatre roues roulant sur les rails qui bordent la cunette. Un mécanisme très-simple permet à l'égoutier de baisser et de lever la vanne à telle profondeur que l'on veut dans la cunette. Lorsqu'elle est à peu près à fond, les eaux de l'amont de la vanne sont retenues par celle-ci à une certaine hauteur au-

dessus du niveau des eaux à l'aval de la vanne. La dénivellation qui s'établit ainsi, en même temps qu'elle fait avancer le wagon-vanne, imprime aux eaux qui passent sous la vanne une vitesse suffisante pour balayer les matières déposées au fond de la cunette et pour entraîner vers l'aval les matières qui s'amoncellent en avant du wagon après un certain parcours de celui-ci.

Neuf wagons-vannes pareils desservent l'ensemble des collecteurs : 2 pour l'émissaire, 1 pour les collecteurs de rive droite, 6 pour les différents collecteurs de rive gauche. Chaque wagon est manœuvré par deux égoutiers. Les eaux d'égout recueillies dans les collecteurs, et amenées par le grand émissaire jusqu'à 7 kilomètres de la ville, y sont élevées à l'aide de machines et déversées dans la rivière. Mais ce déversement n'est que provisoire.

D'après un projet récemment approuvé par les autorités compétentes, les eaux d'égout seront utilisées pour l'irrigation des terrains sablonneux et perméables formant les plateaux de Loo et de Peuthy, près de Vilvorde, et des prairies qui s'étendent, au pied de ces plateaux, sur la rive droite de la Senne.

A cet effet, elles devront être refoulées à une hauteur moyenne de 27 mètres environ, au moyen de machines d'exhaure d'une force de 600 chevaux-vapeur.

La surface des terrains indiqués comme devant être irrigués est de 4000 hectares environ.

Le débit de l'émissaire est évalué à 1 mètre cube par seconde; la hauteur de la couche d'eau d'égout déversée annuellement sur cette surface sera de 0m,80 à peu près, c'est-à-dire approximativement égale à la hauteur moyenne annuelle de la pluie en Belgique. Il paraît hors de doute que sans aucun inconvénient les terrains de Loo et de Peuthy pourront absorber et filtrer une dose aussi faible d'eau d'égout, et que la végétation sera assez puissante pour s'emparer des matières fertilisantes et putrescibles qu'elle renferme.

SECTION D'OPHTHALMOLOGIE

Le 20 septembre à dix heures du matin, la section se réunit sous la présidence de M. Hairion, de Louvain; au bureau siégent MM. Donders et Maurice Perrin; Noël secrétaire.

L'ordre du jour appelle la lecture du rapport de M. le docteur Duwez sur la question indiquée au programme :

Des défectuosités de la vision au point de vue du service militaire. — Dans ce rapport très-étudié, M. le docteur Duwez expose d'abord le vague et l'incertitude qui règnent dans tous les règlements, toutes les méthodes qui, dans les diverses nations représentées au congrès, servent à déterminer l'admission ou le rejet d'un conscrit appelé au service militaire.

La confusion et le vague des conditions imposées pour cette détermination sont accrus ou plutôt mis en plus vive lumière par le contraste ou la distance qui existent entre des règlements plus ou moins surannés et les progrès de l'ophthalmologie moderne. Les organisateurs du congrès ont donc pensé qu'il convenait de mettre en harmonie les méthodes d'élimination des sujets avec les principes actuels de la science; les conditions actuelles de l'art militaire imposent à toute l'Europe la nécessité de reviser ses anciens règlements.

L'étendue des questions scientifiques qui se rattachent à

l'intégrité de la vision ou à ses qualités, exige, sur un sujet pratique et circonscrit, que le débat à intervenir soit lui-même renfermé dans des limites précises. Les objets soumis au congrès devront donc être exclusivement pratiques. Ainsi il ne sera nullement question de toutes les affections oculaires extérieurement apparentes, ou dépendant de lésions externes. Nous ne discuterons que les anomalies visuelles dites fonctionnelles, ou ressortissant exclusivement aux chapitres de la réfraction (optométrie) et de l'ophthalmoscopie.

Les principales divisions de ce sujet seront donc l'étude des amblyopies, des anomalies de la réfraction, du strabisme et, ajoute le rapporteur, des taches ou taies cornéales.

La question dite de l'amblyopie ne devra point consister dans l'étude même des multiples formes ou conditions morbides qui sont comprises sous cette dénomination, aujourd'hui trop vague pour représenter l'état de la science. A part quelques formes dites essentielles, c'est-à-dire sans lésions positivement reconnaissables à l'ophthalmoscope, et qui remontent comme cause, soit à une intoxication passagère, soit à un état de névropathie hystériforme, chaque amblyopie peut recevoir une appellation particulière qui en fait une affection bien définie.

Mais ces distinctions, qui constituent les bases mêmes de la science, sont pour le cas qui nous occupe ici, plutôt superflues. Ce qu'il nous importe de définir, et ensuite de reconnaître, c'est le symptôme fonctionnel morbide auquel correspond le terme général d'amblyopie, à savoir : la *diminution de la perception ou acuité visuelle*. C'est là le cœur du sujet. Et la première question à discuter sera la suivante :

Quel degré d'acuité visuelle minimum devra-t-on exiger de l'homme appelé au service militaire : 1° dans le service actif proprement dit, comprenant les nécessités de l'exercice du tir, du tirailleur, artillerie, de la sentinelle ou vigie, etc.; 2° dans les services secondaires, sédentaires ou accessoires, cavalerie, train, etc.

Ne pouvant entrer dans toutes les particularités du service de l'homme de guerre, nous nous arrêterons à ces deux grandes classes générales.

La discussion s'engage donc sur ce premier point :

Quel est le coefficient d'acuité visuelle au loin, indispensable pour le service actif ou armé du simple soldat.

M. Maurice Perrin propose le chiffre adopté dans l'instruction du Conseil de santé en France, à savoir un quart. Les expériences auxquelles il s'est livré lui ont donné l'assurance que ce chiffre suffisait parfaitement à l'exercice du tir à la cible, lequel se pratique entre deux ou trois cents mètres; et, à cette distance, un homme affecté d'une acuité réduite à un quart, c'est-à-dire armé des lunettes convexes n° 36 (si on le suppose emmétrope), peut très-bien reconnaître un uniforme, compter des hommes, distinguer un homme d'une femme.

M. Giraud-Teulon ne se croit pas en mesure d'affirmer un chiffre. Il lui semble que pour le service complet du soldat, il y a des exigences supérieures à celle du tir; que le soldat en sentinelle ou en vedette, et sur la vigilance duquel peut reposer le salut d'une armée, ou tout au moins d'un corps quelconque de troupes, doit voir au moins à la distance où il peut être vu lui-même. Quelle infériorité, quels dangers ne comporterait pas la condition inverse?

Cette opinion a été débattue en Angleterre, ainsi que le constate le rapport du chirurgien général de l'armée de ce pays; l'avis de la nécessité d'une acuité parfaite ou régulière eût prévalu, dit M. Longman, si le ministère de la guerre n'eût craint de ne pas pouvoir trouver assez de sujets pour remplir les cadres de l'armée, au cas où l'on montrerait une telle exigence. Le chiffre adopté s'étend de un quart à un cinquième.

M. Giraud-Teulon ne voit contre l'adoption de ce chiffre 1/4 que cette seule raison : la possibilité de ne le point rencontrer sur un assez grand nombre. Quant à cette possibilité, il n'en apprécie aucunement la portée et ne croit pas que ses collègues soient beaucoup plus fixés que lui, vu l'absence de statistiques, publiques au moins, sur ce point. Il voudrait donc que la question de cette fixation fût renvoyée à une commission mixte officielle médico-ophthalmologico-militaire, seule en état de réunir les différents documents et sources d'informations.

Cette proposition est vivement combattue par M. M. Perrin, qui rejette bien loin l'intervention de ces commissions. Le médecin du régiment, dit-il, suffit à tout, et pourra, à tous instants, renseigner le commandant militaire sur la vue de ses hommes, et désigner ceux auxquels devront être confiées les missions particulières de sentinelle avancée ou tout autre ayant mêmes exigences. La grande affaire, c'est que le soldat puisse voir la cible à 300 mètres, et pour cela une acuité de un quart suffit.

A l'appui, non de l'argumentation qui précède, mais du chiffre de un quart, un membre fait observer qu'en Hollande on n'exige qu'un dixième pour l'œil droit, un vingtième pour l'œil gauche.

M. Donders confirme ce renseignement ; il ajoute que cependant il ne trouve pas le chiffre très-justifié; il croit que l'acuité doit être de un quart à une demie.

Sur les observations faites par un autre membre qui propose le chiffre de deux cinquièmes au lieu de une demie, M. Donders se range à cette dernière formule : de un quart à deux cinquièmes comme minimum.

Quant à la proposition énoncée par M. Giraud-Teulon, de renvoyer la décision définitive à une commission composée de médecins et d'officiers des armes savantes, compétents en art militaire, M. Donders, sans la formuler dans les mêmes termes, s'y associe; mais, sur l'insistance de M. Perrin, il la modifie en conseilant de prendre l'avis des officiers.

Cette solution passe en ces termes au procès-verbal.

Parmi les qualités principales de la fonction visuelle et se liant au degré de l'acuité centrale ou polaire, figure l'intégrité de la vision en surface, c'est-à-dire du champ visuel s'étendant à droite, à gauche, en haut et en bas, pendant que le sujet fixe devant lui. Le rapporteur pose cette question :

L'intégrité du champ visuel sera-t-elle exigée dans le service actif? — On sait que la diminution d'étendue est un facteur concomitant de l'amblyopie centrale dans le plus grand nombre des cas. Sous ce rapport elle est un *symptôme* presque habituel de la diminution de l'acuité visuelle.

M. M. Perrin reconnaît avec le rapporteur que la diminution de l'acuité périphérique est en effet un symptôme fréquemment associé à la réduction de l'acuité centrale. Mais il s'oppose à la proposition qui imposerait à la réception d'un militaire, l'intégrité et, par conséquent, la mensuration de son champ visuel. Il faut des formules et des procédés simples ; le congrès ne peut tracer que de grandes lignes, formuler des principes généraux.

Après un débat peu prolongé, et sur l'avis de M. Donders, on est d'avis que l'intégrité du champ visuel a une trop grande importance, comme symptôme de la réduction de l'acuité centrale, pour être laissée de côté. La section adopte donc la nécessité de cette intégrité du champ visuel pour le service actif. La même intégrité sera-t-elle réclamée, demande M. le rapporteur, pour la faculté de distinguer les couleurs; la dyschromatopsie sera-t-elle une cause d'exclusion du service?

M. *Donders* : « J'ai été chargé récemment par l'administration des chemins de fer de l'État de faire, de concert avec les ingénieurs supérieurs de cette administration, des recherches sur la pseudo-chromatopsie, dans ses rapports avec le service des signaux colorés pour les chemins de fer. Cette question avait évidemment une grande importance ; mais elle est très-difficile à résoudre, eu égard aux distinctions à établir entre ladite maladie acquise et celle qui est congénitale. La pseudo-chromotopsie congénitale est le plus souvent accompagnée d'une acuité visuelle parfaite, ce qui n'est pas dans la pseudo-chromatopsie acquise.

Celle-ci, au contraire, est presque toujours le symptôme d'une amblyopie ou diminution sérieuse de l'acuité visuelle. Nous admettrons donc pour le service militaire les seules pseudo-chromatopsies congénitales, et repousserons celles acquises. Dans les conseils que nous avons formulés pour la compagnie des chemins de fer de l'État, dans notre pays, nous nous sommes arrêtés à indiquer les prescriptions nécessaires pour s'assurer que les mécaniciens et chauffeurs jouissaient de cette intégrité pour les principales couleurs, le rouge et le vert, adoptés pour signaux. La direction des trains de chemins de fer devenant une des branches de service d'une armée en campagne, les mêmes nécessités s'imposeront nécessairement dans ce dernier cas.

Du strabisme. — Le strabisme convergent fixe de l'œil droit, le strabisme convergent de l'œil gauche (s'il est accompagné d'une notable diminution de l'étendue du champ visuel à gauche) emporteront l'exclusion du service militaire.

Il y a là-dessus unanimité dans la section.

M. *Donders* propose d'y ajouter le strabisme *très-prononcé* de l'œil gauche, quand l'œil est fortement rentré dans l'angle interne. Dans ce cas, la vision gauche est trop affaiblie pour qu'il soit nécessaire de la mesurer.

Quant au strabisme franchement alternant, il ne saurait être une cause de libération.

Dans le strabisme divergent il n'y aura à considérer que l'acuité.

Ces propositions sont adoptées sans discussion.

— M. *Galezowski* demande quelle conduite on devra tenir vis-à-vis du strabisme paralytique. Cette forme du strabisme étant un symptôme d'une maladie plus grave (paralysie) et à caractères perturbateurs, multiples, sera étudiée et classée dans les paralysies musculaires.

2e séance : Présidence de M. Donders.

Des taies de la cornée. — Quoique les taies ou taches cornéales constituent des conditions visibles et objectives, M. le rapporteur les a présentées à la section comme méritant examen. Devront-elles, suivant leur position centrale ou périphérique, leur étendue ou leur degré de saturation, devenir des causes d'exemption?

M. Giraud-Teulon eût été enclin à ne considérer les taies de la cornée que comme des signes plus ou moins assurés, d'après leur situation, d'une certaine diminution de l'acuité visuelle. Mais voyant dans l'assemblée et au bureau deux savants qui ont particulièrement étudié ces causes d'altération visuelle, il considère qu'il leur appartient de diriger le débat et de faire connaître à la section leur opinion sur ce point. Il prie donc MM. Hairion et Donders de vouloir bien éclairer à ce sujet leurs collègues.

— M. Hairion a eu occasion d'établir que les taies cornéales, même centrales, pourvu qu'elles ne soient pas trop étendues, gênent moins la vision qu'on ne serait tenté de le penser, au moins dans la vision uni-oculaire à distance. Quand on ferme l'autre œil, la pupille se dilate et l'acuité atteint un degré plus élevé.

M. Donders croit qu'il faut considérer deux ordres très-nettement distincts d'influence des taies cornéales sur l'acuité. Une taie, permettant un certain degré d'acuité avec peu de lumière et surtout dans l'absence de toute lumière diffuse intense, devient sous l'influence de cette dernière, un véritable obstacle à la vision nette. Les taies cornéales exigeront donc que l'on mesure l'acuité *à distance* en faisant tourner le visage en face de la lumière.

— Les synéchies iriennes, antérieures et postérieures, les cataractes, n'étant pas des maladies purement fonctionnelles, mais offrant des lésions apparentes, ne doivent pas trouver place dans le chapitre que nous étudions ici.

M. Donders cependant cite les corps flottants du corps vitré comme entraînant nécessairement l'exemption. Ce symptôme indique une altération du tissu choroïdien trop sérieuse pour permettre d'exposer le sujet aux causes de fatigue générale inhérentes à la vie du soldat.

Les cataractes, même congénitales, quoique celles-ci ne progressent parfois qu'avec une grande lenteur, doivent être également des motifs d'exemption totale.

Ces préliminaires établis, la question qui s'offre à l'étude est celle des anomalies de la réfraction. Mais avant d'en aborder l'analyse, il conviendrait peut-être, dit M. le président Donders, de décider la question préalable du port des lunettes dans l'armée, le degré maximum du vice de réfraction à déterminer dans chaque genre d'emmétropie dépendant évidemment de la correction ou non-correction de cette anomalie.

M. Donders estime que le port des lunettes, assurant à l'armée la conservation d'un nombre notable des sujets les plus intelligents et ayant le plus d'acquis, doit être autorisé dans les rangs. Il pense que la section appuiera sans doute cette proposition. M. Perrin va plus loin que le président Donders : il veut que le port des lunettes soit non-seulement autorisé, admis, mais obligatoire, prescrit, dans tous les grades et jusqu'au simple soldat, quand un vice de réfraction le réclame.

Une discussion s'engage sur cette proposition qui paraît à quelques membres peut-être un peu radicale. M. Giraud-Teulon n'est pas édifié sur la façon dont le service du simple soldat, dans le rang, s'accommodera de l'usage des lunettes : il craint que des inconvénients de détail que son inexpérience militaire ne lui permet pas de deviner ou d'apprécier, ne fassent refuser cette mesure par l'administration, et toutes les autres avec elle. Il propose de la limiter, et encore comme simple autorisation, seulement aux cadres, aux officiers et aux volontaires d'un an. M. Donders est de la même opinion.

M. Testelin vient se joindre à M. Perrin; il veut que la mesure s'étende à toute l'armée. L'autorisation de porter lunettes refusée à un homme affecté de vice de réfraction, même dans le rang, peut priver un courageux citoyen de se consacrer au service de son pays. Il ne faut pas le priver de ce *droit*.

Après quelques répétitions des mêmes arguments de part et d'autre, l'assemblée adopte une proposition de M. Javal et émet l'avis que le port des lunettes sera autorisé non-seulement dans les cadres, mais chez le simple soldat.

Myopie. — Cette question tranchée, le rapporteur donne son avis sur le chiffre maximum de myopie à admettre dans le service. Il propose un douzième.

M. *Donders*: La discussion de ce point doit comporter une distinction : le maximum à fixer est évidemment différent suivant que le port des lunettes sera admis ou refusé par les gouvernements.

Occupons-nous d'abord du premier cas : les lunettes sont admises dans les rangs.

Dans ce cas, dit M. Donders, je trouve le chiffre d'un douzième un peu faible. Entre vingt et trente ans, une myopie d'un septième à un huitième n'est pas inévitablement progressive et ne met pas le sujet en danger. Si son vice de réfraction est neutralisé il peut rendre d'excellents services.

Ce chiffre est admis sans discussion, mais sous la réserve réclamée par M. Giraud-Teulon que l'acuité, chez ce sujet, dans l'emmétropie ainsi neutralisée, soit toujours égale au chiffre d'un quart adopté pour l'amblyopie. Cette réserve est de six. Le sujet myope de moins d'un septième et qui, armé de lunettes, aura l'acuité d'un quart sera déclaré propre au service, de ce chef.

Mais à quel maximum s'arrêter, si les lunettes sont interdites ?

Ici les opinions semblent assez divergentes; M. le rapporteur propose de nouveau son chiffre d'un douzième; M. Perrin le trouve trop élevé, et repoussant l'idée des deux classes de services, propose le chiffre auquel correspond une amblyopie d'un quart. Ce chiffre varie entre un trente-sixième et un vingt-quatrième; il propose donc un quatorzième. Par là, dit-il, l'administration, pour ne pas voir éliminer un trop grand nombre de sujets, aura la main forcée et autorisera ou prescrira l'emploi des lunettes dans tout service.

La section, moins portée aux mesures extrêmes, s'arrête à la proposition du rapporteur reprise en son propre nom par M. Donders; adoptons ce chiffre d'un douzième, dit-il, en ayant soin de faire savoir à l'administration que toutefois, entre un douzième et un vingt-quatrième, elle n'aura que des soldats insuffisants sous le rapport de la vue. Cette proposition est adoptée avec cette réserve.

Hypermétropie. — M. le rapporteur propose un huitième pour degré maximum d'hypermétropie *totale* compatible avec le service militaire, même en admettant le port des lunettes dans le rang. Ce chiffre paraît un peu faible à plusieurs; il est porté à un sixième, même pour le cas où le port des lunettes serait toléré. Jusqu'à près de trente ans, cet hypermétrope peut y voir encore assez généralement à distance, mais cet âge est une limite et le sujet doit être renvoyé du service, si l'on ne lui donne des lunettes.

Astigmatisme. — Les lunettes cylindriques peuvent être employées dans les cadres, non par le simple soldat. La seule correction que la vue de ce dernier puisse subir est celle qui sera fournie par des verres sphériques. On donnera donc au sujet les verres sphériques les plus propres à corriger son emmétropie, sans s'inquiéter de son astigmatisme, et l'on appréciera alors son acuité. Si le chiffre en est entre un quatrième et deux cinquièmes, il pourra être accepté dans les rangs.

Mais, ajoute M. Donders, si les lunettes sont interdites, la conduite sera nécessairement différente : il faudra le traiter comme le myope non corrigé, c'est-à-dire apprécier son acuité sur le pied de ce dernier, ou même un peu plus ; le fixer, par exemple, à un huitième, au lieu de un dixième qui représente l'acuité de un douzième de myopie.

L'œuvre de la 6ᵉ section s'arrête ici : Sur la proposition de M. Giraud-Teulon, de s'occuper des voies et moyens, c'est-à-dire des méthodes d'exploration ou d'examen propres à déterminer le degré d'acuité ou d'emmétropie des sujets appelés, le bureau s'excuse sur la limitation que lui paraît comporter la question inscrite au programme.

M. Giraud-Teulon prie alors M. le président Donders de vouloir bien reproduire la formule du vœu qu'il a dit avoir présenté au gouvernement de son pays, et par lequel il demandait que dans les commissions d'examen des conscrits, fussent introduits deux éléments qui n'y figurent pas, à savoir : l'élément civil et l'élément ophthalmoscopique.

Il importe, avait dit M. Donders, que toute décision ne comportant pas une obscurité vraiment sérieuse soit rendue sans délai et non pas après quelques semaines, ou quelques mois de service ou d'hôpital ; cela importe aussi bien à l'État sous le rapport de la dépense, qu'aux populations sous celui du déplacement, du temps perdu et de bien d'autres considérations. Enfin, en ce qui concerne l'introduction de l'élément civil, il n'importe pas moins que le médecin civil suive et accompagne le jeune citoyen jusqu'au moment où il est devenu soldat. Jusque-là son patronage ne doit pas lui faire défaut.

Il est entendu qu'en rappelant ce vœu de notre président, je ne songe en aucune façon diminuer le mérite et les services du médecin militaire ; pour le démontrer, je n'ai qu'à lire ici les passages de ma communication à l'Académie de médecine de Paris et qui témoignent de mes sentiments sur ce point. Mais il s'agit d'une question de principes, s'élevant bien au-dessus des personnes, et je serais heureux que M. Donders, reproduisant les termes de son vœu, celui-ci fût accueilli par la 6ᵉ section du congrès.

Après une discussion assez confuse, à laquelle prennent part MM. Perrin, Javal, il est décidé qu'une commission que nommera le bureau, préparera, pour demain, les termes d'une proposition sur ce point à indiquer aux préoccupations du prochain congrès.

4ᵉ séance. — A l'ouverture de la séance, la commission nommée la veille se réunit, et, à la suite de conciliations mutuelles, tombe d'accord sur la formule suivante (ou approchant), qui est, sans discussion, adoptée par la section :

« En terminant ses délibérations, la 6ᵉ section émet le vœu que désormais, et dans tous les pays, le médecin chargé de l'appréciation des facultés physiques des conscrits, soit familier avec les méthodes d'exploration de l'ophthalmologie moderne. Elle renvoie aux futurs congrès le soin d'étudier et de déterminer le mode de composition et de fonctionnement des commissions ou de la commission d'examen pour le recrutement.

Présentations. — M. *Poncet* présente des préparations histologiques de la rétine dues à un nouveau procédé d'imbibition et de coloration des tissus et de leurs éléments cellulaires ou autres, et qui offre l'avantage de procurer des coupes d'une grande étendue, réunissant ainsi la description topographique et la préparation histologique dans la même pièce. Dans ces pièces, l'auteur montre le mécanisme même des décollements rétiniens, la marche régulière du pigment de la choroïde à la rétine. Il fait voir sur une pièce, par la coloration des éléments cellulaires, que les couches des grains de la rétine sont constituées par des éléments fibreux et non nerveux, comme on le supposait.

L'auteur fait l'exposé de la technique de ses procédés.

— M. *Nuel* présente, au nom de M. *Landolt*, un instrument propre à mesurer avec exactitude la dimension de la pupille. Cet instrument se compose de deux prismes affrontés par le sommet et est fondé sur le principe de la micrométrie à double image.

— M. *Fieuzal* lit une note dans laquelle il expose des observations ophthalmoscopiques exécutées sur un poulet et dans lesquelles il a cru saisir le rôle réel du peigne des oiseaux. L'auteur, en observant les déplacements de ce peigne pendant l'examen, croit devoir les attribuer à un mouvement propre de cet organe, mouvement ayant pour objet de mettre un voile, un écran, entre la rétine et une lumière trop éclatante. Ce serait là le rôle physiologique de cet organe.

M. *Poncet* : Cette présentation a été faite par l'auteur à la Société de biologie, mais M. Paul Bert a démontré que le mouvement observé était dû au seul déplacement de l'œil, et qu'il avait encore lieu, en apparence du moins, après la section des nerfs moteurs de l'œil. Enfin le peigne ne paraît posséder aucune fibre musculaire.

M. *Giraud-Teulon* : Si l'on avait observé au moyen de l'ophthalmoscope binoculaire, toute illusion eût été impossible. L'auteur peut recommencer dans ces conditions ses expériences.

— M. *Giraud-Teulon* présente, au nom du docteur Badel, de Paris, un nouveau périmètre, au moyen duquel la fixité de la ligne centrale du regard est absolument assurée; et un schémographe ou petit instrument destiné à relever les lectures numériques faites sur l'instrument. Le principe de ce périmètre est celui du dioplimètre de Robert-Houdin, présenté au congrès de Paris, en 1867, mais dans lequel le centre de l'instrument fait un avec le centre dioptrique de l'œil. Sur le schémographe, les arcs rétiniens sensibles sont développés en longueur proportionnelle exacte, ce qui permettra de localiser exactement les points aveugles et de faire coïncider les observations d'amblyopie excentrique avec les examens microscopiques.

— M. *Donders* : Je demande à la section la permission de lui donner connaissance d'une communication que j'ai faite la semaine dernière devant la Société ophthalmologique de Heidelberg.

Il s'agit de la substitution du système métrique au système duodécimal ancien en matière de numérotage des verres de lunettes ou des mesures de la réfraction oculaire.

Le principe de cette substitution avait été arrêté dans les congrès ophthalmologiques de 1867 à 1872. Mais l'accord ne s'était pas fait à cette époque, ce qui se concevait, l'outillage étant absent. Depuis cette époque, M. Giraud-Teulon a eu la bonne fortune de rencontrer le matériel de fabrication des verres désirés tout confectionné; il a pu nous faire établir la série parfaitement régulière que voici : les verres qui la composent ont été scrupuleusement mesurés par nous et reconnus parfaitement exacts.

Ils nous permettent d'adopter désormais le système métrique absolu dans l'expression des quantités de réfraction; notre système de numération se rattachera donc désormais au système métrique général.

Il aura un grand nombre d'avantages de plus.

En adoptant pour unité de longueur focale le mètre, et pour unité de puissance réfringente la valeur de cette même lentille, toutes les quantités de réfraction s'exprimeront non-seulement en nombres entiers, mais par la série naturelle des nombres, avec la seule intercalation d'une demi-unité entre deux numéros consécutifs de la première extrémité de la série où la pratique exige l'emploi de numéros faibles.

Tous les calculs se réduisent ainsi à de simples additions ou soustractions de nombres simples allant de 1 à 20.

Les quantités de réfraction développées par chaque verre croîtront avec la série des nombres et non en sens inverse, comme dans l'ancien système. En un mot, il n'y aura plus besoin de table, ni de calculs exigeant même un crayon. La dioptrie métrique (ou unité de ces quantités de réfraction) exprimera tout : la valeur des verres, les quantités et la latitude de l'accommodation, la valeur des anomalies de la réfraction, etc.

Nous venons donc vous engager à formuler dorénavant vos prescriptions dans cette simple et facile langue, et dans peu d'années le système duodécimal fera partie de l'histoire des ancêtres. — De nombreux bravos accueillent cette communication.

SECTION D'ACCOUCHEMENTS

M. *Pigeolet*, président.

MM. *Feigneaux* et *L. Buys*, secrétaires.

Rapporteur M. *Hubert fils* (de Louvain).

La troisième section est une de celles où a été abordée le plus nettement une question de principe, où ont été adoptées les conclusions pratiques les plus radicales.

Pour faire le résumé des débats qui ont eu lieu dans cette section, nous n'avons eu qu'à puiser dans les procès-verbaux des séances rédigés par M. Feigneaux avec le plus grand soin.

Il est toujours très-pénible, au point de vue du sentiment, et difficile au point de vue de la routine, d'élever la voix contre une œuvre quelconque de bienfaisance publique, parce qu'il semble tout naturel d'admirer la société qui recueille les malheureux dans des asiles et donne des secours à ceux qui sont dans le dénûment le plus complet.

Cependant des réclamations vives et motivées s'élèvent depuis longtemps contre les institutions hospitalières, et spécialement contre les maternités où la mortalité est effrayante.

M. Le Fort, professeur à la Faculté de médecine de Paris, après plus de quinze années d'études incessantes, basant ses convictions sur les statistiques de près de deux millions d'accouchements, n'a pas hésité, comme conclusion logique, à formuler le *delenda carthago :* plus de maternités.

M. le rapporteur Hubert, qui déclare fort modestement s'être inspiré des travaux si complets de M. Le Fort, ne propose pas cependant la suppression des maternités; mais il demande leur réformation.

M. Hubert s'attache à démontrer que le chiffre effrayant de la mortalité dans les maternités, n'est dû ni aux accouchements laborieux, ni à la détresse morale ou physique des femmes admises, mais à la fièvre puerpérale qui est éminemment contagieuse.

Le rapporteur pose alors diverses questions : la contagion peut-elle se transmettre par les vêtements du médecin, par ses instruments, par sa main restant plus ou moins imprégnée du contage.

Si la science ne donne pas à cet égard une démonstration précise, on ne doit pas moins dans la pratique se conduire comme si le fait était scientifiquement établi.

Dans tous les cas, la thérapeutique étant impuissante pour combattre le miasme puerpéral et l'anéantir, tous les efforts doivent tendre à la prophylaxie.

Les médecins et les aides doivent, par des ablutions désinfectantes, se purifier avant d'aborder une femme en couches, changer de vêtements s'ils ont pratiqué une autopsie, tenir les instruments dans le plus grand état de propreté, etc.

En ce qui regarde la maternité elle-même, on doit exiger des planchers cirés, souvent lavés à grande eau, badigeonner les murs à intervalles très-rapprochés, lessiver avec soin les linges, n'employer que des couchettes en fer, maintenir un aérage parfait, etc.

Ces conseils donnés, M. le rapporteur formule les conclusions suivantes :

1° Les petites maternités présentent sur les grandes des avantages manifestes;

2° Il faut avoir des maisons de rechange ;

3° Il faut placer ces maisons dans le voisinage des maternités, leur donner des jardins spacieux, les doter d'une administration et d'une direction médicale complétement séparées.

M. Testelin (de Lille), sans prendre la défense des grandes maternités, parle dans le même sens que M. Hubert et insiste sur une considération très-importante au point de vue sociale, la nécessité de conserver des maternités pour les femmes, malheureusement trop nombreuses, qui n'ont aucun domicile où elles puissent accoucher.

M. Le Fort répond à M. Hubert.

La multiplicité, dit-il, des moyens prophylactiques reconnus nécessaires par M. Hubert, condamne seule de la manière la plus formelle les maternités ; ces procédés n'ont plus de raison d'être dans aucun cas, puisque l'expérience faite à Paris, a démontré comment on pouvait éviter le développement de cette terrible affection qu'on a vainement cherché à combattre dans les maternités.

Qui ne sait d'ailleurs combien il est facile, dans la pratique, d'oublier l'une ou l'autre de ces mille précautions, indispensables suivant M. Hubert, oubli qui devient immédiatement fatal à toute une maternité; comment conseiller alors de pénétrer dans des asiles entourés de tant de périls.

D'autre part, M. Le Fort présente comme insurmontable la difficulté de faire changer des routines administratives, devenues le plus souvent des êtres impersonnels et insaisissables. Les administrations n'aiment, en général, que les changements qu'elles proposent elles-mêmes, elles se retranchent au besoin derrière une question d'argent pour refuser d'exécuter les réclamations faites par la science.

M. Le Fort développe son opinion en la motivant sur les faits observés par lui, et ceux de même nature qui ont tous acquis aujourd'hui une autorité irréfragable ; puis il propose au congrès les conclusions suivantes :

1° Les maternités et les services spéciaux d'accouchements sont condamnés par l'expérience.

2° On doit les remplacer par l'accouchement à domicile, et pour les femmes sans asile, par l'accouchement au domicile de sages-femmes de la ville.

3° Au point de vue de l'enseignement, les maternités peuvent être remplacées par l'institution des polycliniques.

MM. Konrad (Hongrie), Pasquale (Italie), Crocq (Bruxelles) adoptent l'idée des petites maternités et des polycliniques, mais repoussent la suppression des maternités.

M. Hyernaux, professeur à la maternité à Bruxelles, plaide, avec une extrême chaleur, la cause de ces établissements ; il prétend que nulle part, aussi bien que là, les accouchements laborieux ne peuvent recevoir la nature de soin, l'intervention de l'art qu'ils comportent.

M. Hyernaux dit que si la mortalité présente un chiffre parfois élevé dans sa Maternité, la cause en est à l'état d'épuisement dans lequel entrent trop souvent les malheureuses femmes qui ont été préalablement, en ville, l'objet de manœuvres inhabiles ou impuissantes à les délivrer ; enfin, il déclare qu'il ne comprend plus la possibilité de l'enseignement obstétrical si les maternités sont supprimées.

M. Laussedat dit, d'abord, que l'honorable M. Hyernaux, professeur à la Maternité et plaidant *pro domo*, se trouve, comme involontairement prévenu en faveur de son institution, et que c'est là, sans aucun doute, ce qui l'empêche d'accorder à la question principale, celle de la mortalité, la véritable importance qui lui est due ; c'est sur ce terrain que la discussion doit porter, qu'elle doit même être circonscrite : eh bien, les faits sont implacables et d'une éloquence sinistre ; les maternités actuelles sont si souvent l'antichambre de la mort pour les malheureuses femmes qui y sont conduites, que nulle considération au monde ne peut être invoquée en faveur de ces établissements. Au milieu des nombreuses plaies sociales qui affligent l'humanité, si l'on ne peut parvenir à les détruire toutes, qu'on atteigne au moins celles qui se signalent d'elles-mêmes, comme les plus fatales, et contre lesquelles des réformes praticables sont indiquées, réformes qui ont déjà fait leurs preuves.

M. Amédée Forget s'élève à son tour, avec une grande énergie, contre les considérations prétendument économiques sur lesquelles on veut s'appuyer pour maintenir les maternités. Enfin, dit-il, ces prétentions sont erronées, et en principe, principe qui doit dominer tout dans le cœur des médecins, des vrais philanthropes, il serait aussi insensé que funeste de persister, pour soigner les femmes en couches, dans un système que condamnent la science, la pratique, l'humanité.

La parole émue de M. Forget produisit une vive impression sur l'assemblée : MM. Gallard et Borlie, dans des allocutions chaleureuses, portent le coup de grâce aux maternités.

M. Le Fort ajoute aux considérations qu'il a déjà présentées et en réponse à certaines objections, qu'au point de vue économique, celui que soulèveront les administrations, les petits hôpitaux sont condamnés en raison des frais énormes qu'ils entraînent, tandis que l'accouchement au domicile des sages-femmes est infiniment moins dispendieux et préférable à la multiplicité des maternités qui multiplie les administrations.

Un amendement aux conclusions de la section ayant été présenté, et cet amendement détruisant toute l'économie de ces conclusions, M. Laussedat demande et obtient que les propositions de la section aient la priorité.

Puis l'assemblée vote successivement les propositions suivantes, présentées, au nom de la troisième section, par son secrétaire, M. Feigneaux.

1° Urgence d'une réforme radicale dans le système d'assistance des femmes en couche.

2° L'abandon complet des grandes maternités.

3° Leur remplacement par de petites maisons d'accouchement à chambres séparées.

4° La création d'une maison de rechange placée dans le voisinage d'une maternité, la direction médicale et l'administration des deux établissements étant complétement séparées.

5° Étendre, autant que possible, l'assistance à domicile en fournissant aux femmes enceintes et aux accouchées des secours de toute nature.

Ces conclusions votées, M. Le Fort fait adopter la proposition suivante :

6° L'accouchement au domicile des sages-femmes, aux frais et sous la surveillance de l'administration donne le moyen de restreindre le nombre des accouchements dans les maternités et les hôpitaux et il diminue la mortalité. Cette mesure désirable en temps normal, s'impose comme une nécessité en temps d'épidémie.

CORRESPONDANCE GÉOLOGIQUE

Monsieur le directeur de la *Revue scientifique*,

L'une des leçons que vous avez bien voulu publier dans la *Revue* m'a attiré la lettre suivante de M. Contejean, professeur à la Faculté des sciences de Poitiers, dont je vous demande la permission de reproduire ici la partie scientifique, qui seule intéresse vos lecteurs :

« Avec une grande surprise, je vois dans le numéro du 18 septembre de la *Revue scientifique*, que vous m'attribuez (sans me nommer d'ailleurs) des opinions diamétralement opposées à celles que je professe.

» Page 268 de la dite *Revue*, deuxième colonne, troisième alinéa, vous concluez, à la suite d'une citation écourtée :

« Que je me suis mépris complétement sur la pensée de M. Élie
» de Beaumont ; que non-seulement celui-ci n'a jamais présenté la
» terre comme un immense cristal à arêtes courbes, mais que le
» phénomène de retrait du basalte n'est nullement, *comme le recon-*
» *naît plus loin l'auteur*, un phénomène de cristallisation. »

» Et vous ajoutez :

« Il y a tout au moins, dans ces interprétations si différentes de la
» même hypothèse, une confusion regrettable. Si l'une est vraie,
» l'autre est fausse, et elles ne peuvent subsister de concert. »

» Mais je n'ai jamais prétendu que M. Élie de Beaumont regardât la terre comme un cristal à arêtes courbes, puisque je dis précisément le contraire dans la phrase du même paragraphe commençant par les mots : « D'après M. Élie de Beaumont, etc. » C'est ce dont il vous sera facile de vous assurer si vous voulez bien lire jusqu'au bout le passage dont vous reproduisez seulement les premières lignes. Évidemment il y a méprise et confusion ; mais de quel côté ? Je laisse à votre impartialité le soin de le décider. Vous reconnaîtrez certainement, monsieur, que votre assertion relative aux deux hypothèses contradictoires que vous m'attribuez porte complétement à faux.

» Je veux maintenant appeler votre attention sur les mots « comme le reconnaît plus loin l'auteur » que j'ai soulignés d'autre part, attendu qu'ils sont à double entente et peuvent laisser supposer que je n'ai pas toujours interprété le phénomène de retrait du basalte comme on l'explique aujourd'hui. Sans doute vous n'avez rien voulu dire de semblable, mais il est fâcheux qu'on puisse le croire. »

Dans la seconde partie de sa lettre, M. Contejean me donne le *conseil de publier quelque part et dans la forme qui me conviendra le mieux, les rectifications qu'il me signale.* C'est ce conseil que je suis, monsieur le directeur, en vous priant d'insérer dans votre prochain numéro les lignes suivantes :

Je m'empresse de donner acte à M. Contejean, puisqu'il me l'affirme, qu'il n'y avait pas dans son esprit *confusion* et *double interprétation* de la pensée de M. Élie de Beaumont. Mais la citation complète que je vais faire de l'article en question, dans son ouvrage, établira, je pense, qu'on pouvait facilement se tromper, comme je l'ai fait moi-même.

« *Objections portant sur le fond de la théorie.* — Aux observa- » tions qui précèdent et qui ont trait à l'application, j'ajouterai les » considérations suivantes, qui portent sur le fond de la théorie.

» Si le globe terrestre était une matière homogène appartenant à » une seule espèce minéralogique, on comprendrait, à la rigueur, » qu'en se refroidissant il eût pris la forme d'un cristal dérivé du sys- » tème cubique et que les arêtes en eussent été orientées avec une » précision mathématique. Encore serait-il presque miraculeux que » toutes les faces eussent atteint un égal développement, ou, en d'au- » tres termes, que le cristal fût parfaitement régulier ; car on ne » rencontre pas plus facilement un cristal irréprochable que deux » feuilles du même arbre exactement semblables. Mais la terre est » loin de se trouver dans de pareilles conditions. D'ailleurs ce n'est » pas à la cristallisation, c'est à la contraction, au retrait produit par » le refroidissement qu'on attribue les fissures et les accidents de son » écorce solide. D'après M. Élie de Beaumont, les effets de la con- » traction de la masse interne du globe, etc... »

Assurément, en lisant les premières phrases de cet extrait et celles qui les suivent, tout le monde aurait compris, comme moi, que M. Contejean attribuait à M. Élie de Beaumont la double opinion que, d'un côté, le globe, « en se refroidissant, avait pris la forme d'un cristal dérivé du système cubique », et que, de l'autre, la forme polygonale extérieure qu'il lui attribue était due à un simple effet de contraction.

Je le répète, je suis heureux de voir que M. Contejean n'avait pas commis cette confusion. Mais j'avoue qu'aujourd'hui encore, en relisant ce passage de son livre, j'ai besoin de son affirmation pour me détromper.

Je dois ajouter, d'ailleurs, que cette confusion, que je signalais mal à propos, à ce qu'il paraît, dans les idées de M. Contejean, n'était nullement une *conclusion*, mais une simple remarque, faite en passant et sur laquelle ma critique ne s'appuie en aucune façon. Mon argumentation reste donc entière.

Quant au second grief de M. Contejean, qui consiste à voir *une double entente* dans ces simples mots : « comme le reconnaît plus loin l'auteur », il m'est absolument impossible de trouver rien qui prête à la moindre incertitude. Je constate, par ces mots, que l'auteur du livre, M. Contejean, reconnaît que M. Élie de Beaumont rapporte à la contraction due au refroidissement les contours polygonaux qu'il attribue à la surface extérieure du globe. Je ne dis rien de plus, rien de moins et n'ai rien non plus à ajouter. Il n'y a rien là de *fâcheux* pour personne.

Je ne sais s'il n'existe pas contre moi un troisième grief latent dans ces mots de la lettre : « sans me nommer d'ailleurs ». Si je n'ai point nommé M. Contejean, c'est pour deux motifs. Le premier est que, de la partie de son livre que j'ai citée, je n'avais à faire que des critiques. Le second, que j'aurais préféré ne pas être obligé de lui dire, c'est que, dans l'appréciation qu'il fait du *réseau pentagonal*, je n'ai pas trouvé le respect que l'on doit aux opinions d'un homme qui, comme Élie de Beaumont, a illustré son pays, même quand on ne partage pas, même quand on critique ces opinions.

Mon silence à cet égard était, je crois, et pour employer

une expression de la lettre de M. Contejean, *dans son intérêt beaucoup plus que dans le mien.*

Je n'ai pas besoin d'ajouter, monsieur le directeur, que ni dans cette *Revue*, ni ailleurs, je n'entretiendrai dorénavant le public d'un incident qui n'aurait plus pour lui aucun intérêt.

Veuillez agréer, monsieur le directeur, la nouvelle assurance de mes sentiments dévoués.

Ch. Sainte-Claire Deville.

BULLETIN DES SOCIÉTÉS SAVANTES

Académie des sciences de Paris. — 4 octobre 1875.

M. Ch. Naudin : Variation désordonnée des plantes hybrides. — M. Bouillaud : Recherches sur les battements du cœur et des artères. — M. J. Steenstrup : Le genre *Hemisepius* — M. A. Mouchot : Applications industrielles de la chaleur solaire. — M. G. Tissandier : Corpuscules ferrugineux des poussières atmosphériques. — M. Angot : Note sur l'éclipse de soleil du 28 septembre dernier. — M. Ch. Violette : Influence de l'effeuillage sur la végétation de la betterave.

M. *Ch. Naudin* présente un seconde note sur la variation désordonnée des plantes hybrides et sur les déductions qu'on en peut tirer. Dans sa première communication sur ce sujet, M. Naudin, on se le rappelle, avait vu dans la puissance de l'hérédité, cette tendance des espèces à conserver leurs caractères à rester fixes. Et cette hérédité n'était, pour lui, « qu'une habitude invétérée dans une série plus ou moins longue de générations, habitude devenue d'autant plus irrésistible, d'autant plus fatale, que sont plus nombreuses les générations d'ascendants qui l'ont transmise à leur postérité ». Considérant les lois qui régissent le mouvement, il remarquait que celui-ci est toujours le passage d'un équilibre à un autre, et que toujours aussi il se fait dans le sens de la moindre résistance. Il remarquait en outre que la direction suivie par le mouvement devient d'autant plus fixe que son commencement date de plus loin. Alors, disait-il, « la reproduction des êtres organisés, comme toutes leurs autres fonctions, est intimement liée à des mouvements moléculaires ; et puisque ces mouvements ne peuvent échapper à la loi de la moindre résistance, ils doivent, pour chaque espèce, suivre des directions déterminées, caractéristiques de cette espèce et d'autant plus invariables qu'elle vieillit davantage, c'est-à-dire que le nombre des ascendants devient plus grand et que l'hérédité creuse plus profondément le sillon dans lequel l'espèce doit évoluer pour passer d'une génération à l'autre. » Dans sa nouvelle communication l'auteur examine comment s'exerce l'influence de l'hérédité au moyen des deux modes de reproduction que l'on connaît aux êtres organisés. Le premier de ces modes est celui où il suffit d'un seul individu pour donner naissance à une postérité : C'est ce que nous appelons reproduction par scissiparité, gemmiparité, etc. Le second est celui où le concours de deux individus est nécessaire. M. Naudin pense que, même dans le premier de ces modes, « le mouvement évolutif, suivant toujours la même direction dans la série des individus successifs, pourrait encore, à la longue, devenir assez ferme pour résister aux influences extérieures qui tendraient à le modifier ; mais par la génération *binaire* (second mode de génération) il acquiert une bien autre force pour persévérer dans la même voie ». Quant à l'origine des espèces et à la différenciation des individus en mâles et femelles, M. Naudin suppose « que la plupart des espèces, sinon toutes, ont commencé par un nombre fort grand d'individus analogues de structure et sortis d'un même proto-organisme, et dont les alliances entre-croisées de mille manières ont déterminé le sens dans lequel leur postérité devait évoluer. La reproduction binaire a pu se réduire dans le principe à une simple conjugaison d'orgaismes hermaphrodites ou même asexués; mais par le perfectionnement croissant de la division du travail physiologique, les individus se sont graduellement différenciés en mâles et femelles, et la reproduction binaire sexuelle est devenue la règle, sans cependant faire totalement disparaître les autres modes de transmisssion de la vie. » Cette reproduction sexuelle binaire, M. Naudin la voit même chez les plantes hermaphrodites, où un seul individu suffit à la reproduction; car, pour lui, le mot *individu* ne doit pas être appliqué à une plante qui n'est pas réduite à une simple cellule; cette plante, en effet, n'est pas un individu, mais un agrégat d'individus associés en un système plus ou moins complexe où chacun d'eux a son rôle propre à remplir. Le véritable individu, c'est la cellule, c'est l'élément anatomique.

Abordant enfin la question des variations des espèces, M. Naudin dit qu'elles sont toujours plus superficielles que profondes; et quand, pour les expliquer on invoque les influences du milieu, il serait, selon lui, plus raisonnable d'invoquer les influences ancestrales. D'ailleurs ces variations sont toujours désordonnées, elles se présentent sans aucune règle, et tout porte à penser qu'elles sont dues à des croisements, probablement fort anciens, entre des espèces voisines, et que leur inconstance, d'une génération à l'autre, est simplement un fait d'atavisme. Comme on le voit, pour M. Naudin l'hérédité est tout et cette influence de l'hérédité a été surtout marquée à partir du jour où a eu lieu la différenciation en mâles et femelles. Les groupes vraiment spécifiques et capables de transmettre leur physionomie commune et leurs caractères essentiels à une postérité ont commencé, selon lui, le jour où la nature est entrée dans l'ère de la sexualité.

— M. *Bouillaud* fait connaître le résultat de ses recherches sur les battements du cœur à l'état anormal et sur l'enregistrement de ces battements, ainsi que de ceux des artères. L'auteur a déjà établi que chez l'homme et les grands animaux, une révolution du cœur se compose de quatre temps, à savoir deux mouvements (de systole et de diastole) et deux repos, dont le second, plus long que le premier, est le dernier temps de la révolution indiquée, et constitue le vrai repos du cœur. C'est à la systole ventriculaire que correspond le battement des artères, connu sous le nom de *pouls*. Les anomalies dans les révolutions du cœur proviennent, selon M. Bouillaud, tantôt d'une altération dans la structure externe ou la construction du cœur lui-même, tantôt d'une modification de la force motrice qui le régit. Les maladies organiques du cœur sont de beaucoup les plus graves, et parmi elles se placent au premier rang les maladies des valvules, en vertu desquelles le passage du sang à travers les orifices du cœur ne peut plus s'effectuer que difficilement.

Quant aux battements des artères, que M. Marey était parvenu à enregistrer au moyen de son appareil bien connu des savants, ils n'ont pas lieu comme on l'avait cru jusqu'ici. Le pouls était considéré comme étant *monocrote* à l'état normal, et comme étant *dicrote*, à l'état anormal. D'après M. Bouillaud, c'est précisément le contraire de cette doctrine qui constitue la vérité. Les tracés sphygmographiques de M. Marey doivent, s'ils sont exacts, se composer de quatre éléments distincts correspondant aux deux mouvements et aux deux repos dont se compose une révolution du cœur. Ni M. Marey ni ses disciples n'ont eu l'idée de rechercher si la *courbe* du pouls des artères présentait ces quatre éléments à l'état normal. Ils ne l'ont pas fait, parce qu'ils étaient convaincus qu'à l'état normal correspondait un pouls monocrote ou à un seul battement. M. Bouillaud s'est convaincu du contraire et il a pu obtenir des tracés sphygmographiques dans lesquels les quatre éléments dont nous venons de parler sont parfaitement représentés.

— M. *J. Steenstrup* présente un mémoire sur l'*Hemisepius,* genre nouveau de la famille des Sépiens. Il fait suivre la description de ce genre nouveau de quelques remarques sur les espèces du genre *Sepia* en général. Ayant remarqué que les espèces littorales des céphalopodes n'ont pas en général une distribution géographique aussi étendue que les espèces océaniques ou pélagiennes, l'auteur a supposé que le genre *Sepia* devait renfermer un assez grand nombre d'espèces encore inconnues. Il en cite en effet quelques nouvelles dans son mémoire. Mais, en dehors de ces espèces nouvelles, il y a des formes, encore plus modifiées, dont on pourrait, selon lui, faire des genres. C'est une de ces dernières qu'il a cru devoir décrire comme constituant un type générique nouveau. Il lui a donné le nom d'*Hemisepius typicus.* Après avoir fait connaître les caractères qui distinguent cet animal, l'auteur fait quelques remarques relativement aux parties sur lesquelles se fixent, chez les femelles des Sépiens, les masses spermatiques fournies par les mâles. Chez beaucoup de ces femelles, il a trouvé les masses spermatiques ou spermatophores, fixées à la face interne de la membrane buccale. Cette disposition présente cependant quelques légères modifications dont M. Steenstrup a rendu compte au moyen de figures représentant des types des principaux groupes des sépias.

— M. *A. Mouchot* soumet à l'Académie la suite de ses essais d'applications industrielles de la chaleur solaire. L'appareil dont il se sert et qu'il appelle son récepteur ou générateur solaire, se compose de trois pièces distinctes : un miroir métallique à foyer linéaire; une chaudière noircie, dont l'axe coïncide avec ce foyer; une enveloppe de verre, laissant arriver les rayons du soleil jusqu'à la chaudière, mais s'opposant à leur sortie, dès que celle-ci les a transformés en rayons obscurs. Voici à peu près la description qu'il donne de ces différentes pièces et de leur disposition dans l'appareil. Le miroir a la forme d'un tronc de cône à bases parallèles. La génératrice de ce tronc de cône fait avec l'axe un angle de 45 degrés. La paroi réfléchissante se compose de douze secteurs, en plaqué d'argent ou laiton poli, supportés par un châssis de fer, dans lequel ils glissent à coulisse. Le fond du miroir est un disque de fonte, au centre duquel s'élève la chaudière, dont la hauteur est celle du miroir. Elle est en cuivre, noircie extérieurement, et se compose de deux enveloppes concentriques, en forme de cloche, reliées à leur base par une bride de fer. L'eau d'alimentation se loge entre ces deux enveloppes, de manière à former un cylindre annulaire. L'enveloppe interne reste vide : elle est terminée par un tube de cuivre, qui s'ouvre d'un côté dans la chambre de vapeur, et communique de l'autre, par un tuyau flexible, soit avec un moteur, soit avec le fourneau d'un alambic, etc. Un second tuyau flexible, partant du pied de la chaudière, sert à son alimentation. Quant à l'enveloppe de verre, elle consiste en une cloche qui recouvre la chaudière sans la toucher. Elle n'est adhérente que par son pied au fond du miroir. Lorsqu'on veut se servir du générateur, on dirige le miroir vers le soleil. L'appareil doit tourner de 15 degrés par heure, autour d'un arbre parallèle à l'axe du monde, et s'incliner graduellement sur cet arbre, eu égard à la déclinaison du soleil.

M. Mouchot a fait fonctionner son appareil et il a obtenu des résultats très-satisfaisants. Ainsi, au moyen d'un miroir d'une surface réfléchissante de 4 mètres carrés, 20 litres d'eau ont mis quarante minutes pour produire de la vapeur à 2 atmosphères, c'est-à-dire à 121 degrés. Cette vapeur a été portée ensuite rapidement à la pression de 5 atmosphères. Un autre jour, par une chaleur exceptionnelle, l'appareil a vaporisé 5 litres d'eau par heure, etc. Comme on le voit, l'appareil de M. Mouchot peut être employé avec avantage, surtout dans les contrées où le ciel reste longtemps pur et dont le soleil est la principale ressource.

— M. *G. Tissandier* signale l'existence de corpuscules ferrugineux et magnétiques dans les poussières atmosphériques.

Après avoir fait connaître les méthodes au moyen desquelles il recueille les poussières de l'air, l'auteur considère celles de ces poussières qui sont attirables à l'aimant et il décrit les principales formes qu'elles affectent. Ce sont tantôt des fragments amorphes, tantôt des particules mamelonnées ou fibreuses, tantôt, enfin, des particules noires parfaitement sphériques, ou sphériques et munies d'un petit goulot. Ces corpuscules sont essentiellement formés de fer. M. G. Tissandier les a rencontrés dans toutes les poussières qu'il a examinées : dans le sédiment de la neige des Alpes, prise sur le mont Blanc, à 2710 mètres d'altitude ; dans les sédiments provenant de pluies ; au milieu d'herbages et dans le voisinage de la mer ; dans plus de quarante échantillons de poussières aériennes, recueillis dans des localités différentes, etc. Voulant s'assurer si ces corpuscules avaient une provenance terrestre, l'auteur a examiné au microscope les poussières des principaux minerais de fer. Il n'a rien trouvé qui affectât la forme des corpuscules en question. Il en a conclu que ces derniers corps sont constitués par de l'oxyde de fer magnétique d'origine cosmique. Leur existence dans l'air serait due, d'après lui, aux météorites et aux étoiles filantes qui, en se brisant en fragments, les feraient jaillir autour d'elles sous forme de petites parcelles incandescentes. Pour confirmer cette hypothèse, il a fait quelques expériences, parmi lesquelles nous signalerons la suivante. Si l'on fait tomber dans une flamme d'hydrogène de la limaille de fer extrêmement fine, celle-ci brûle avec éclat. Le résidu, recueilli et examiné au microscope, fournit des quantités des corpuscules ayant des formes tout à fait analogues aux corpuscules de l'air.

— M. *Angot* envoie à l'Académie les épreuves daguerriennes et photographiques, relatives à la dernière éclipse de soleil, qui ont été obtenues à l'Observatoire du bureau des Longitudes, par la même méthode et avec les mêmes instruments que celles du passage de Vénus, observé à Saint-Paul. Le nombre total des épreuves, assez bonnes pour se prêter aux mesures, est de dix-huit, sur daguerréotype, et de vingt-cinq, sur collodion, réparties dans toute la durée de l'éclipse.

— M. *Ch. Violette* adresse une note relative à l'influence de l'effeuillage sur la végétation de la betterave. D'anciennes expériences avaient établi que l'effeuillage de la betterave avait pour effet de diminuer le rendement en sucre, le poids de la racine pouvant d'ailleurs rester le même. Dans ces derniers temps, un physiologiste éminent a nié cette influence fâcheuse et a trouvé, au contraire, dans l'innocuité de l'effeuillage la preuve de la production du sucre dans la racine même. En présence de ces opinions opposées, M. Violette a cru devoir reprendre les travaux anciens, en se plaçant dans des conditions nouvelles. Les résultats qu'il a obtenus sont entièrement en faveur de l'opinion qui attribue à l'effeuillage une influence nuisible. M. Violette a constaté que cette dernière opération a pour effet de diminuer non-seulement le rendement en sucre, mais aussi le rendement en poids, d'une manière notable, et d'introduire dans le jus une proportion de matières autres que le sucre, plus grande que celle qui se trouve dans les betteraves non effeuillées.

CHRONIQUE SCIENTIFIQUE

On annonce que quelques députés de la gauche déposeront, dès la rentrée, une proposition tendant à modifier la composition du conseil supérieur de l'instruction publique et tendant surtout à en exclure les évêques qui font partie des comités directeurs des universités catholiques.

— On parle d'une prochaine réunion que tiendraient au ministère de l'instruction publique tous les doyens des facultés de l'Etat.

— Les universités cléricales paraissent s'organiser plus rapidement qu'on ne le croyait dans les diverses régions de la France, et plusieurs doivent s'ouvrir d'ici au 1er décembre.

Nous trouvons dans le dernier numéro de la *Semaine religieuse* d'Arras des détails précis sur la création de la future université cléricale de Lille. Jusqu'à nouvel ordre, et jusqu'au jour où, comprenant trois facultés complètes, il pourra porter légalement le nom d'Université, l'établissement de la rue Royale sera désigné sous la dénomination d'*Institut catholique*. Il s'ouvrira vers la mi-novembre et sera formé, durant l'année scolaire 1875-1876, du cours de première année de médecine et d'une faculté de droit, comprenant les cours de trois années, à laquelle seront annexés des cours de philosophie ou de littérature, qui seront plus tard transformés en une faculté de lettres.

On voit que les commencements seront assez modestes en présence du but qu'il s'agit d'atteindre et qui consiste à créer à Lille « un vaste foyer de lumière, le centre d'un large mouvement catholique » où les professeurs, d'une part, auront « l'esprit dégagé de toutes les fausses tendances repoussées par les évêques, et où les élèves, d'autre part, seront préparés aux grades selon « l'esprit catholique », et seront « détournés ainsi des dangers *auxquels ils pourraient être exposés ailleurs* », c'est-à-dire dans les facultés de l'Etat. C'est donc en adversaires et en concurrents des écoles universitaires que les organisateurs de l'université libre entreprennent leur campagne.

Pour réussir, dit la *Semaine religieuse*, « il leur faut une mise de fonds considérable ». Mais déjà des résultats importants ont été obtenus. « Comprenant l'importance capitale d'une université catholique, les prêtres du diocèse de Cambrai n'ont pas hésité à s'imposer d'eux-mêmes un sacrifice annuel qui doit durer dix ans ; et le 30 septembre ils ont offert à Son Eminence le cardinal-archevêque le total de leur souscription qui s'élève à 570 000 francs. En y ajoutant les offrandes des maisons religieuses et celles des prêtres du diocèse d'Arras, la souscription de tout le clergé de la province ecclésiastique atteindra au moins le chiffre de un million. Son Eminence le cardinal, donnant une nouvelle preuve de son désintéressement sans bornes et de l'intérêt qu'il porte à l'œuvre de l'université, a bien voulu offrir, pour la seule année scolaire 1875-76, la somme de *dix mille francs*. »

Outre la souscription du clergé, la *Semaine religieuse* énumère les offrandes de personnes pieuses qui se proposent de prendre des titres de fondation de 50 000 francs, payables en dix annuités ou réalisables immédiatement. Elle compte aussi sur un grand nombre de souscriptions plus modestes. « Dans quelques jours, ajoute-t-elle, un appel sera fait, par l'intermédiaire du clergé, à tous ceux qui comprennent les œuvres catholiques. »

Il nous reste maintenant à connaître le « règlement spécial » de l'*Institut catholique* ainsi que le nom de ses professeurs ; mais la *Semaine religieuse* n'en dit rien pour le moment.

On parle cependant dans le public de certains noms et on cite notamment un élève lauréat de la Faculté de Douai qui s'était présenté au dernier concours d'agrégation pour les facultés de droit.

Le service des cliniques pour la Faculté de médecine se trouve dès maintenant assuré, grâce à la complaisance de la commission des hospices de Lille. Il n'est pas inutile de dire que cette commission a été entièrement renouvelée, il n'y a pas longtemps, par le préfet actuel du département du Nord et qu'elle est unanimement acquise aux idées qui doivent inspirer les universités prochaines.

L'université catholique a offert 140 000 francs pour l'ouverture de deux pavillons de l'hôpital Sainte-Eugénie, dont la clinique lui serait réservée. L'université prendrait à sa charge les honoraires des médecins chargés du service. Dans le cas où, ses offres acceptées, l'université, pour une cause quelconque, ne pourrait se constituer, les 140 000 francs versés par elle resteraient acquis aux hospices.

Dans une séance tenue sous la présidence du maire de Lille, la commission a décidé, sans qu'aucune opposition ait été soulevée dans son sein, l'acceptation des offres de l'Université, sous cette réserve que le chiffre de 140 000 francs est un strict minimum qu'on s'efforcera de faire élever dans une certaine mesure.

Quant au programme de l'université, on peut en pressentir toute la portée par l'article ci-joint de la *Semaine religieuse* d'Arras qui est en quelque sorte le moniteur officiel du futur enseignement. En effet, ce journal est rédigé à l'évêché d'Arras, par l'abbé Bedu, secrétaire général. Voilà la règle de conduite qu'il donne aux catholiques :

« Il faut réconcilier la France avec Dieu ; c'est, comme il a été dit, remettre Dieu dans ses droits et la France dans ses devoirs. Citons quelques-unes des conditions *sine quâ non* de cette réconciliation.

» Afin que l'Etat redevienne ce qu'il doit être et ce qu'il est par son institution même, le ministre de Dieu pour le bien, *ministere Dei in bonum*, il faut :

1° Bannir à tout jamais de la constitution ce qu'on appelle sottement les principes de 89. Contrefaçon révolutionnaire des principes sociaux du christianisme, ces prétendus principes, destruction de toute hiérarchie, sont le renversement radical de la société ;

2° Y substituer carrément les principes catholiques, conservateurs de la hiérarchie sociale et source unique de la liberté, de l'égalité et de la fraternité véritables ;

3° Rétablir légalement les trois grands corps de l'Etat, solides bases de l'ancienne monarchie française, afin d'avoir la représentation vraie de toutes les forces vives de la nation, et supprimer ainsi le suffrage universel, qui n'a été et qui ne sera jamais qu'un mensonge au profit de l'intrigue ;

4° Rayer l'athéisme du Code, en cessant de mettre toutes les religions sur le même pied d'égalité ;

5° Supprimer le mariage civil ;

6° Faire cesser la profanation du dimanche ;

7° Laisser à l'Eglise sa pleine liberté d'action et lui reconnaître tous les droits d'une personne civile et indépendante ;

8° Décentraliser le gouvernement en transportant hors Paris le siège du pouvoir ;

9° Décentraliser l'administration en rétablissant les anciennes provinces avec leurs franchises ;

10° Décentraliser l'instruction en rétablissant nos vingt universités d'autrefois ;

11° Rétablir dans toute sa plénitude l'autorité paternelle en lui rendant le plein pouvoir de tester et en déclarant que les pères de familles, par rang d'âge, formeront seuls et de droit le conseil municipal de chaque commune ;

12° Proscrire les sociétés secrètes ;

13° Réprimer sans pitié la licence de la presse ;

En un mot défaire sur toute la ligne l'œuvre de la Révolution. »

— Mgr l'évêque de Poitiers a communiqué à son chapitre cathédral, à la date du 5 de ce mois, le bref apostolique *ad perpetuam rei memoriam* qui assure à l'école théologique de Poitiers le plein exercice de l'enseignement des sciences sacrées et de la collation canonique des grades.

Des mesures vont être prises pour que, dans l'avenir, un édifice spécial soit affecté aux divers cours de l'enseignement théologique, canonique et philosophique, enseignement complètement donné selon la forme de l'école et dans la langue de l'Eglise.

— La *Semaine religieuse* d'Angers assure que *six chaires* se trouvent en ce moment fondées par des particuliers à la Faculté catholique de droit d'Angers, dont nous avons donné le programme la semaine dernière. On sait que la dotation d'une chaire est de 80 000 fr.

Les cours de la Faculté commenceront le 15 novembre. On vient d'apposer à Angers et dans les départements limitrophes les affiches qui annoncent cette ouverture et font connaître le programme des cours et les noms des professeurs :

1re année. — Droit naturel, M. le chanoine Sauvé. Code civil, M. Henry, docteur en droit. Droit romain, M. Gavouyère, docteur en droit.

2e année. — Code civil, M. de la Bigne-Villeneuve, chargé de cours. Droit romain, M. Aubry, docteur en droit. Procédure civile, M. Hervé Bazin, docteur en droit. Droit criminel, M. du Rieu de Marsaguet, docteur en droit.

3e année. — Code civil, M. Perrin, docteur en droit, chargé de cours. Droit commercial, M. Burton, docteur en droit, chargé de cours. Droit administratif, M. de Rochecourt, docteur en droit, chargé de cours. Droit canonique, M. le chanoine Sauvé.

Cela représente un total de onze chaires, soit deux de plus que dans les Facultés de droit de l'Etat dans les départements. Encore faut-il ajouter que, pour la plupart de ces Facultés, la neuvième chaire, celle de droit criminel, est seulement créée en ce moment même dans la plupart de ces Facultés.

— Pendant que le conseil municipal et l'administration de Lyon en sont réduits à supplier l'Etat de vouloir bien fonder une Faculté à Lyon, avec l'argent de la caisse municipale, le parti ultramontain, armé des prérogatives que la loi sur la liberté de l'enseignement supérieur prodigue au clergé et refuse aux Villes, fait ses affaires lui-même et se prépare à prendre possession de la place.

Après quelques difficultés, le comité qui s'était fondé à Lyon pour y organiser une université libre catholique, vient de décider l'ouverture d'une Faculté de droit, pour la rentrée prochaine.

Le local s'aménage dans un quartier central et tranquille ; de vastes amphithéâtres, une bibliothèque, des salles de travail et de conférences seront disposés d'ici à quelques semaines. D'autre part, la *Décentralisation*, journal qui reçoit les confidences des organisateurs, assure que le cadre des professeurs est au complet pour l'enseignement des trois années, et que, s'il n'est point encore autorisé à publier leurs noms, il peut dire que tous sont pourvus de leur diplôme de docteur ; plusieurs auraient même quitté, pour se consacrer à l'enseignement, « des positions où leurs talents les avaient déjà distingués et leur promettaient un avenir brillant ».

En attendant, le même journal annonce que les inscriptions seront reçues, à partir du 1er novembre, au secrétariat de la Faculté, place Saint-Michel, 35.

— On annonce la création à Nantes d'une école libre de droit, école catholique bien entendu, mais qui cependant sera dirigée par un laïc, qui en donne le programme dans une lettre adressée au journal clérical de la ville, *l'Espérance du peuple*.

« L'école libre de droit, dit le prospectus, qui vient d'être fondée à Nantes n'est destinée à faire concurrence à aucun établissement d'enseignement supérieur. Si l'on y rencontre les mêmes cours que dans les Facultés, c'est qu'il a fallu donner satisfaction aux étudiants qui, à raison de circonstances particulières, sont dispensés de l'assiduité aux cours des Facultés où ils sont inscrits. L'école de Nantes essayera de remplacer leurs professeurs, sans prétendre priver les Facultés des bénéfices des inscriptions, encore moins conférer les grades les plus modestes. L'enseignement sera avant tout pratique. »

En termes plus vulgaires, il s'agit de constituer à l'usage des catholiques, pour la préparation aux examens de droit, un établissement analogue à ceux qui prospèrent à Paris, sous le sobriquet de *fabriques* pour la préparation aux baccalauréats ès lettres et ès sciences.

— L'*Univers* annonce que de nouvelles réunions des archevêques et évêques qui ont adhéré au projet de fondation de l'Université catholique de Paris ont lieu en ce moment. A une séance de la semaine dernière, on a donné lecture d'un bref du pape sur la constitution des universités catholiques. Trois évêques seulement, MM^{grs} Mabile, Dupanloup et Dours, étaient absents : ils étaient représentés par leurs grands vicaires.

Le choix du recteur de l'Université de Paris a dû être décidé, mais nous ne le connaissons pas encore. Ce doit être un ecclésiastique, conformément aux statuts.

Les travaux d'aménagement des anciens bâtiments de l'école des Carmes sont poussés avec activité. L'ouverture des cours des diverses Facultés est fixée au 5 décembre.

On avait d'abord eu l'intention d'appeler cette université Université libre ; mais, sur la proposition de Mgr Guibert, il a été décidé qu'elle s'appellerait Université catholique.

— Il est toujours question de fonder une université cléricale à Toulouse. Mais les choses paraissent y être moins avancées qu'à Angers, à Paris, à Lille et même à Lyon ou à Nantes. L'*Union* annonçait bien, il y a près de deux mois, que l'archevêque de Toulouse, Mgr Desprès, et les évêques ses suffragants, avaient résolu de créer une université à Toulouse et pouvaient déjà disposer dans ce but de 400 000 francs. Mais depuis, la *Gazette du Languedoc*, tout en confirmant l'existence de ce projet, a dû reconnaître qu'on n'avait pas encore déterminé les moyens de réalisation. La véritable situation de l'affaire a été exposée il y a plus d'un mois par la *Semaine catholique*, d'après les explications que Mgr Desprès a données lui-même à son clergé, réuni au grand séminaire pour la retraite ecclésiastique :

« Onze prélats de la région ont déjà fait parvenir leur assentiment. Un éminent ecclésiastique de Toulouse doit être envoyé en Belgique, cette semaine, pour y étudier l'organisation de l'université la plus florissante, celle de Louvain. Mais ce n'est qu'après le retour de ce délégué que Monseigneur provoquera une réunion de ses vénérés collègues pour aviser aux voies et moyens d'exécution. »

Nous n'avons pas de renseignements précis sur ce qu'ont fait les onze prélats depuis un mois, ni sur les résultats de la mission exploratrice envoyée à Louvain.

— Il paraît que l'évêque de Namur a posé récemment les questions suivantes aux membres de son clergé : 1° Le curé qui ne s'occupe d'aucune façon de préparer de bonnes élections dans sa paroisse, commet-il un péché, et quelle est la gravité de ce péché ? 2° Doit-il traiter des obligations des citoyens en cette affaire au catéchisme ou au sermon, ou bien est-il préférable qu'il parle de cela seulement au confessionnal? 3° De quelle façon les traitera-t-il au catéchisme ou au sermon? 4° Un confesseur est-il tenu de demander à ses pénitents pour qui ils ont l'intention de voter? 5° Faut-il s'occuper de cette grave affaire au dernier moment et lorsque le scrutin est proche, ou doit-on s'y prendre avant, pour briguer la faveur des électeurs? 6° Quels sont les meilleurs moyens à employer pour obtenir cette faveur?

— Par divers décrets en date du 8 obtobre, il est créé cinq nouvelles chaires dans les facultés des sciences de Clermont, Poitiers, Grenoble et Caen pour que l'enseignement de l'histoire naturelle et celui des mathématiques aient chacun deux chaires dans ces facultés comme dans les autres.

Il est créé à la Faculté des sciences de Clermont une chaire de botanique et de zoologie. — La chaire d'histoire naturelle actuellement existante dans ladite Faculté prend le titre de chaire de géologie et minéralogie.

Il est créé à la même Faculté une chaire de mécanique rationnelle. — La chaire de mathématiques actuellement existante dans ladite Faculté prend le titre de chaire de calcul différentiel et intégral.

Il est créé à la Faculté des sciences de Poitiers une chaire de botanique et de zoologie. — La chaire d'histoire naturelle existante dans ladite Faculté prend le titre de chaire de géologie et de minéralogie.

Il est créé une chaire de mécanique rationnelle et appliquée à la Faculté des sciences de Grenoble. — La chaire de mathématiques actuellement existante dans ladite Faculté prend le titre de chaire de calcul différentiel et intégral.

Il est créé une chaire de mécanique rationnelle et appliquée à la Faculté des sciences de Caen. — La chaire de mathématiques actuellement existante dans ladite Faculté prend le titre de chaire de calcul différentiel et intégral.

— Par décrets en date du 17 septembre 1875 :

M. Lissajous, recteur de l'Académie de Chambéry, a été nommé recteur de l'Académie de Besançon.

M. Baret, docteur ès lettres, inspecteur d'Académie en résidence à Paris, a été nommé recteur de l'Académie de Chambéry.

— Par décret en date du 19 août, M. Dabas, doyen de la Faculté des lettres de Bordeaux, est nommé recteur (2ᵉ classe) de l'Académie de Bordeaux en remplacement de M. Séguin.

M. Séguin, recteur (2ᵉ classe) de l'Académie de Bordeaux, est nommé recteur (1ʳᵉ classe) de l'Académie de Caen en remplacement de M. Allou, nommé recteur honoraire.

— Dans un discours prononcé au comice agricole d'Angers, M. Blavier, maire imposé de cette ville, a exposé une théorie agronomique absolument nouvelle et qui mérite toute l'attention des économistes. L'orateur, après avoir montré que la France n'obtenait pas d'aussi beaux résultats que l'Angleterre dans l'élève du bétail, cherchait la cause de cette infériorité.—Si nos bestiaux, s'est-il écrié, ne valent pas encore ceux de l'Angleterre, c'est que nous sommes en république et que l'Angleterre jouit d'institutions monarchiques !

Pauvres bêtes ! — je parle des bestiaux qui paraissent occuper une place inattendue dans les théories politiques de M. Blavier — que ne les fait-on voter !

— La *Gazette de France* publie un bref du pape accordant le titre de comte romain à M. de Mas-Latrie, professeur de l'Ecole des chartes de Paris.

— Le congrès des orientalistes va se réunir prochainement à Saint-Etienne.

Pour recevoir ses hôtes, Saint-Etienne mettra, on peut en être sûr, toutes splendeurs dehors, et même cette ville s'ingénie à créer chaque jour de nouvelles attractions.

Entre autres, et nous nous bornons pour aujourd'hui à ce trait caractéristique, le conseil municipal de Saint-Etienne vient de voter *deux mille francs* pour la seule fabrication d'un ruban qui sera offert à tous les membres du congrès et qui sera le chef-d'œuvre de la rubannerie stéphanoise.

— Voici quelques renseignements instructifs empruntés au budget de l'instruction publique de l'Alsace-Lorraine. L'Etat seul donne dans les provinces conquises 4 465 710 francs pour l'instruction, ce qui, en comptant les allocations des communes s'élevant à 1 564 583 francs, porte ce budget à un total de 6 040 294 francs. Et tandis qu'en 1866 le budget de l'instruction primaire en France ne s'élevait qu'à 6 863 100 francs, ce budget se chiffre cette année en Alsace et en Lorraine, où la population n'est que d'un million et demi d'habitants, par une somme de 2 421 303 francs.

Le budget de l'université de Strasbourg s'élève à 1 269 003 francs, et la presque totalité de ce chiffre est composée de dépenses ordinaires. Or c'est la province qui supporte toutes les dépenses ordinaires, lorsque sur 850 étudiants inscrits il y en a à peine 160 qui sont originaires de l'Alsace-Lorraine. Aussi, en examinant le budget, la commission consultative d'Alsace-Lorraine a constaté que du moment que le nouvel empire d'Allemagne avait « un intérêt immense » à la création de l'université de Strasbourg, « il était de toute justice qu'il supportât une partie des charges ».

— La première importation de bœufs vivants des Etats-Unis en Angleterre a eu du succès. Jusqu'à présent le transport de bestiaux à travers l'Océan se réduisait à un petit nombre d'animaux choisis et importés ou exportés afin d'améliorer les races. Les éleveurs de bestiaux en Amérique ont fait venir d'abord d'Angleterre ou de Hollande quelques animaux de choix, et plus tard les Anglais ont payé des sommes énormes pour les descendants de ces animaux qu'ils ont réimportés en Angleterre, afin d'avoir de nouvelles races de bœufs pur sang. Mais ce n'est que tout récemment qu'on a examiné sérieusement la question de transport d'un troupeau entier de bestiaux du marché de Boston aux abattoirs de Londres, transport qu'encourageaient à essayer la rareté des bœufs en Angleterre et le prix élevé de la viande.

L'essai a été fait : 160 bœufs ont été chargés à bord d'un bateau à vapeur et envoyés à Liverpool. Ils sont arrivés en bonne santé, et, après avoir été soumis à la quarantaine habituelle, ils ont été abattus et envoyés au marché.

Les amateurs de Londres ont trouvé la viande aussi bonne que celle dont ils se sont nourris jusqu'à présent. Les importateurs ont fait, à ce qu'il paraît, une bonne affaire et sont charmés du succès. Les *beefteaks* et les *roastbeefs* de provenance américaine seront donc peut-être bientôt familiers aux *beefaters* européens.

— L'année prochaine, au mois de juillet, il y aura au palais de l'Industrie une exposition internationale des applications de l'électricité à l'industrie et aux usages domestiques. Les bureaux de la future exposition sont installés rue de la Victoire, 86.

— Les tarifs pour les transports sur la future ligne sous-marine entre Douvres et Calais seront les suivants :

Transport des personnes. — 1ʳᵉ classe, 0 fr. 50 par kilomètre ; 2ᵉ classe, 0 fr. 3.75 par kilomètre ; 3ᵉ classe, 0 fr. 2.75 par kilomètre.

Transport des animaux. — Chevaux et gros bétail, 0 fr. 50 ; veaux et porcs, 0 fr. 20 ; gibier et volailles, 0 fr. 10.

Quant au transport des marchandises par grande vitesse, on a admis le prix uniforme de 1 fr. 80 par tonne. Pour le transport ordinaire, les prix varieront entre 0 fr. 40 et 0 fr. 80 par tonne.

— M. W. Schroeder, de Baltimore, vient d'inventer une nacelle aérienne dirigeable à l'aide d'une machine hydraulique de huit chevaux. Cette nacelle pèse 1400 kilogrammes et peut porter 6000 kilogrammes. Si les essais qui vont avoir lieu confirment l'espoir de M. Schroeder, il proposera, dit-on, au gouvernement des Etats-Unis d'entreprendre le transport des dépêches pour l'Europe.

Bulletin des publications nouvelles

Monographie du Cini (Fringilla serinus, Linné), par M. Nérée Quépat, membre de la Société linnéenne de Bordeaux, de la Société d'histoire naturelle de Toulouse, etc. ii-59 pages in-8°, avec deux planches (Paris, J.-B. Baillière, 1875. Prix : 5 fr.

Voici le sommaire de cette nouvelle publication d'un de nos plus jeunes et plus zélés ornithologistes : — Le Cini, description. — Distribution géographique. — Habitat. — Modification, reproduction : constitution du nid ; le Cini amoureux ; matériaux qui composent le nid ; choix de l'emplacement ; arbres sur lesquels il niche ; hauteur à laquelle est placé le nid ; ponte ; description des œufs ; nombre des œufs ; nombre des pontes ; époque des pontes ; comment couve la femelle ; durée de l'incubation ; première période de développement des jeunes Cinis ; deuxième période de développement ; sortie du nid. — Nourriture. — Cri d'appel. — Chant. — Vol. — Migration ; époque du retour. — Ennemis du Cini. — Durée de sa vie. — Le Cini est-il utile ou nuisible ? — Chasse à la glu, au filet, à la sauterelle. — Le Cini en captivité. — Appendice.

Le propriétaire-gérant : Germer Baillière.

PARIS. — IMPRIMERIE DE F MARTINET, RUE MIGNON, 2.

LA
REVUE SCIENTIFIQUE

DE LA FRANCE ET DE L'ÉTRANGER

REVUE DES COURS SCIENTIFIQUES (2ᴱ SÉRIE)

DIRECTION : MM. EUG. YUNG ET ÉM. ALGLAVE

2ᵉ SÉRIE — 5ᵉ ANNÉE   NUMÉRO 17   23 OCTOBRE 1875

LA GAZETTE DE FRANCE
ET LA SÉCRÉTION DE LA PENSÉE

Nous avons adressé à la *Gazette de France* la lettre suivante :

Paris, le 15 octobre 1875.

Monsieur le Rédacteur,

La *Gazette de France*, dans son numéro d'hier soir, explique la révocation de M. Menu de Saint-Mesmin par « *un fait d'une gravité exceptionnelle* », celui d'avoir laissé lire la *Revue scientifique* aux élèves instituteurs de l'École d'Auteuil.

Révoquer un professeur pour avoir dirigé ou inspiré une Revue déplaisante, cela s'est peut-être vu déjà — autrefois — mais le frapper simplement pour l'avoir laissé lire, ce serait absolument nouveau.

Suivant vous, cependant, M. Menu de Saint-Mesmin ne doit pas s'étonner d'être révoqué ainsi à l'occasion « d'une Revue » qui soutient que *la pensée est la sécrétion du cerveau* ».

Je vous serais fort obligé de vouloir bien m'indiquer où vous avez trouvé cette assertion soutenue dans la *Revue scientifique*, et je compte sur votre justice pour insérer cette lettre avec la réponse — fort facile sans doute — qu'elle comporte.

Agréez, etc.

ÉM. ALGLAVE,
Directeur de la *Revue scientifique*.

Une heure après la remise de cette lettre, un employé de la *Gazette de France* venait s'abonner à la *Revue scientifique* et emportait les numéros parus depuis le commencement de l'année, sans doute pour lui permettre de vérifier lui-même la citation qu'il s'était trop pressé de faire sur la foi de Mᵍʳ Dupanloup.

Il n'a pas dû chercher longtemps, car nous avions déjà répondu tout au long, le 19 juin dernier (1), à Mᵍʳ Dupanloup, en montrant l'histoire de cette légende nouvelle qu'il voudrait joindre à plusieurs autres, tout aussi curieuses, déjà introduites par lui dans le monde, par exemple celle de la négation de l'*âme* confondue avec la négation de l'*art* dans un cours de l'École de médecine de Paris, sur la foi de la surdité de M. Machelard (1).

La fameuse thèse — dont tout le monde connaît l'origine un peu humouristique, excepté à l'évêché d'Orléans et dans les bureaux de la *Gazette de France* — la fameuse thèse se trouve, en effet, reproduite dans la *Revue scientifique*... seulement *c'est pour y être réfutée en une colonne tout entière*.

Nous étions sûr que la *Gazette de France* trouverait d'elle-même l'article, constaterait ce fait si clair et avouerait tout simplement qu'elle s'était trompée, de la meilleure foi du monde, puisque c'était sur la foi d'un évêque.

Au lieu de cet aveu tout naturel, dont il n'y avait pas à rougir — le pape seul étant infaillible — nous trouvons dans la *Gazette de France* un long article massif qu'on croirait écrit tout exprès pour étouffer la question, la plus simple du monde, sous les citations les plus rébarbatives.

Jugez plutôt :

« Le 6 février 1875, la *Revue scientifique* publiait un article intitulé la *Psychologie allemande contemporaine*, de M. Wilhem Wundt. Cet article se terminait par ces mots : « Le livre de M. Wundt, serré, plein de faits, se refuse à l'analyse. L'essentiel était de faire comprendre sa méthode, de montrer son rare talent pour les études psychologiques et de dire *combien il mérite d'être connu* chez nous et de ceux qui s'en occupent. » Y a-t-il là un appui donné à ce livre ?

» Or, parmi les doctrines de M. Wundt que la *Revue scientifique* déclare *essentielles* de faire connaître, on remarque les théories suivantes :

« La base physiologique de l'unité de conscience, c'est la continuité du système nerveux, qui exclut la possibilité de plusieurs espèces de consciences. On ne peut pas admettre un *organe* déterminé de la

---

(1) Voyez notre tome VIII, 2ᵉ série, page 1197.

(1) Voyez notre tome V, 1ʳᵉ série, page 377, numéro du 16 mai 1868.

conscience, au sens ordinaire de ce mot ; car chaque région du système nerveux a son influence sur nos représentations et nos sentiments. Cependant, les recherches sur le système nerveux des animaux supérieurs montrent que la couche grise du cerveau est en rapport plus intime que les autres parties avec la conscience. Car là, non-seulement les diverses provinces sensorielles et motrices de la périphérie, mais les connexions d'ordre secondaire qui ont lieu dans les ganglions cérébraux, le cervelet, etc., sont représentées par des filets nerveux spéciaux. Les couches corticales sont donc très-propres à lier, immédiatement ou médiatement, tous ces états du corps qui peuvent éveiller des représentations conscientes. En ce sens seulement, on peut dire que, chez l'homme et vraisemblablement chez tous les vertébrés, les couches corticales du cerveau sont l'organe de la conscience : sans oublier toutefois que la fonction de cet organe présuppose ces parties centrales subordonnées (tubercules quadrijumeaux, couches optiques, etc.), qui font préalablement la synthèse des sensations. »

(Suivent d'autres citations extraites du même article auquel nos lecteurs pourront se reporter.)

» Le 27 février 1875, la *Revue scientifique* publiait un article intitulé : *La continuité et la discontinuité dans les sciences et dans l'esprit.* Cet article se moquait agréablement « des hommes *qui se donnent le ridicule d'avoir des principes.* » Mais la chose essentielle, dans le débat actuel, est de savoir de quelles conditions, suivant la *Revue scientifique*, dépend l'état psychologique de l'homme qui se donne le ridicule d'avoir des principes et celui de l'homme « un peu sceptique ».

« Il est curieux, dit la *Revue scientifique* dirigée par M. Alglave, il est curieux de voir combien l'habitude de se placer » à l'un ou l'autre des deux points de vue *modifie profondément la nature d'esprit des savants, au point que leurs cerveaux ne semblent plus organisés de la même manière.* »

» Dans le numéro du 17 juillet 1875, la *Revue scientifique* publiait un article intitulé : *La première et la dernière catastrophe.* L'article contenait la déclaration suivante :

« Nous avons de très-bonnes raisons de croire que cette » conscience de certains êtres organisés est elle-même un » phénomène très-complexe, et qu'*elle correspond à l'action du » système nerveux, et plus particulièrement du cerveau de cha-» que être organisé....* »

(La citation continue très-longuement sur ce thème anatomique.)

« Nous arrivons à un dernier extrait, celui-là formel, incontestable.

» Le 29 mai 1875, la *Revue scientifique*, dirigée par M. Alglave, publiait un article intitulé : LETTRES PHYSIOLOGIQUES DE M. CARL VOGT. La *Revue* publiait l'*extrait suivant* emprunté aux *Lettres* de M. Carl Vogt :

« Toutes les propriétés que nous désignons sous le nom » d'activité de l'âme ne sont que les fonctions de la substance » cérébrale, et, pour nous exprimer d'une façon plus grossière, la pensée est à peu près au cerveau ce que la bile » est au foie et l'urine aux reins. Il est absurde d'admettre » une âme indépendante qui se serve du cerveau comme » d'un instrument avec lequel elle travaille comme il lui » plaît. »

» La *Revue scientifique* ne trouvait point la *comparaison* de M. Vogt juste, et elle ajoutait :

« Croire à une identification entre les sécrétions ORDINAIRES et la pensée, c'est étrangement se payer de mots ; dire, au contraire, que les manifestations de la conscience et les idées qui en découlent ont pour condition le cerveau, croire que notre personnalité tient au mode d'arrangement de nos cellules cérébrales, et que, elles détruites, tout cesse, c'est

peut-être renoncer à de chères espérances, mais ce n'est pas être absurde.

» La *Revue scientifique* distingue donc la « pensée » des sécrétions *ordinaires* du cerveau. Mais n'est-ce pas avouer qu'elle est une « sécrétion » différente ? La *Revue*, du reste, ajoute : « Le mouvement, la pensée, sont tous deux absolument inconnus et inconnaissables dans leur nature intime. »

» La *Revue scientifique* semble n'avoir pas insisté suffisamment sur sa croyance que la pensée n'est pas une sécrétion *ordinaire* du cerveau ; elle ne croit point avoir assez dit que la pensée est d'une nature intime qui lui échappe, et qu'elle est une forme de la matière ; elle ajoute encore :

« Il reste vrai que ceux qui admettent les idées matérialistes de M. Vogt doivent admettre que la forme du cerveau domine sa fonction, que si, après la dissolution causée par la mort, on pouvait replacer *toutes* ses molécules dans leur position primitive, on reproduirait la pensée et la personnalité disparues. Mais cette puissance même de chaque molécule, n'est-ce pas quelque chose ? C'est une propriété de la matière, dira-t-on ; mais qu'est-ce qu'une propriété de la matière ? C'est là une expression absolument inconcevable. »

(Nous supprimons ici un long passage relatif à la persistance de la personnalité après la mort, pour ne pas sortir de la question et ne pas allonger indéfiniment cet article.)

» Donc d'une façon incontestable, la *Revue scientifique* se montre d'accord avec Vogt sur la croyance « que notre personnalité disparaît après notre mort et que nous mourons tout entier ! » Peut-on affirmer d'une manière plus claire que nous ne sommes que matière, que la pensée est « une sécrétion du cerveau non ordinaire, et dont la nature intime ne nous est pas connue ». Peut-on, en un mot, dire plus nettement que notre pensée faite par la matière, d'une substance « inconnaissable », revivrait après notre mort, si, après la dissolution causée par la mort, on pouvait replacer *toutes* ses molécules dans leur position primitive, et qu'ainsi dire elle se reproduirait et ferait reparaître notre personnalité disparue ! Cela, c'est la *Revue scientifique* qui le dit expressément et qui le *soutient !*

» M. le directeur de la *Revue scientifique* ne nous a pas seulement demandé de lui dire ce que renferme son journal ; il veut bien nous communiquer encore un de ses étonnements : « Révoquer, dit-il, un professeur pour avoir dirigé ou inspiré une Revue déplaisante, cela s'est peut-être vu déjà — autrefois, — mais le frapper seulement pour l'avoir laissé lire, ce serait absolument nouveau. »

» Quelque nouveau que fût ce dernier cas, il nous paraîtrait aussi juste, plus juste encore que le premier. Un professeur qui dirige une « Revue déplaisante » — M. Alglave désigne par ces mots la *Revue scientifique* — peut diriger sa Revue dans un sens et enseigner dans un autre. Si, par exemple, ce professeur est titulaire dans une faculté de droit, il peut affirmer devant ses élèves que la responsabilité morale de l'individu est le fondement des lois ; et en même temps il peut tolérer dans une Revue déplaisante que le collaborateur nie cette même responsabilité.

» Mais le résultat est-il le même, si une Revue déplaisante est lue par des lecteurs incapables d'en apprécier les doctrines ? Alors le trouble qui naît de ces doctrines apporte le désordre dans les esprits, et si ces esprits appartiennent à la classe de ceux qui enseignent les autres, le ravage est incalculable.

» Tel est le cas que nous avons envisagé dans l'affaire de l'École normale d'Auteuil. Souffrir que de jeunes élèves, destinés à devenir maîtres, s'inspirent de doctrines qui abaissent l'homme et qui nient sa valeur et sa puissance morales, serait préparer une génération qui ne verrait le juste que dans l'utile et le vrai que dans l'intérêt personnel.

» La *Revue scientifique* contribue à ce résultat détestable; *les doctrines qu'elle répand portent dans les âmes le sentiment que l'homme le plus criminel est le plus heureux s'il a pu tromper la justice humaine!*

» Si ce sentiment — il y en a d'autres aussi graves — avait dicté la mesure prise par l'administration contre le directeur de l'École normale d'Auteuil, on ne pourrait qu'y applaudir. »

Procédons par ordre, pour nous retrouver au milieu de ce fouillis touffu, et commençons par M. Wundt.

La *Gazette de France* transcrit avec effroi deux passages d'un article sur la psychologie physiologique de M. Wundt, mais elle aurait bien dû nous dire en termes précis ce qu'elle y trouve de si révoltant. Elle a rencontré les termes de « cerveau, cellules cérébrales, couche corticale et même tubercules quadrijumeaux », etc. Ce sont là des termes d'anatomie qui avaient toujours paru très-inoffensifs. M. Wundt est l'un des physiologistes les plus distingués de l'Allemagne; est-il étonnant qu'il parle la langue d'une science qu'il connaît? Il appuie sa psychologie sur des faits scientifiques, au lieu de citer Duns Scott et saint Thomas, et d'échafauder des montagnes de syllogismes, suivant l'usage des séminaires. Cela suffit-il pour constituer un délit de matérialisme? Ce passage se réduit à dire : que, pour penser, il faut un organe spécial présentant une constitution anatomique déterminée; en termes plus simples : que, pour penser, il faut un cerveau. Jusqu'ici, cela avait paru incontestable. Les universités catholiques ont-elles la prétention d'enseigner et surtout de démontrer le contraire? nous le verrons bien.

Mais le plus fâcheux pour la *Gazette*, c'est que le physiologiste auquel elle inflige l'épithète banale de « matérialiste » est en fait beaucoup plus près de l'école contraire, c'est-à-dire de l'idéalisme. La *Gazette de France* l'aurait su, si toute son érudition sur la question ne s'était bornée à parcourir une analyse qui, naturellement, ne peut tout dire.

Nous allons donc, pour son instruction personnelle, compléter nos renseignements. Si nous lui paraissons un peu pédants, elle ne nous en voudra pas. M. Wundt se rattache à Kant, philosophe dont l'idéalisme n'est pas douteux, et à un autre philosophe, moins connu sans doute de la *Gazette de France* — Herbart, qui a repris et continué la doctrine de Leibniz. Voilà à quoi se ramène son matérialisme. Si la *Gazette de France* en doute, nous la renverrons à l'auteur lui-même (en particulier, p. 858-864), en la prévenant, toutefois, que l'ouvrage est écrit en allemand et qu'il n'en existe pas de traduction française.

L'article incriminé n'ayant pour objet que la psychologie physiologique, n'avait rien à dire des affinités métaphysiques de M. Wundt. La *Gazette de France* en profite pour les interpréter à sa guise; malheureusement, elle ne prouve ainsi que son excès d'ardeur à parler de faits qu'elle ne connaît pas. Avec un procédé pareil, avec des citations tronquées ou détournées, il serait facile de trouver dans les Pères de l'Église le matérialisme, le fatalisme, le panthéisme et toutes ces abominables doctrines que la *Gazette de France* aime à dénoncer avec plus ou moins de justice, en oubliant que le matérialisme lui-même a été pendant trois siècles la doctrine presque unanime des Pères de l'Église, comme nous l'avons déjà montré à Mᵍʳ Dupanloup.

Le passage emprunté à M. Clifford (*La première et la der-*

nière catastrophe) déclare comme les autres que les phénomènes intellectuels sont en rapport avec le système nerveux et particulièrement le cerveau. Personne n'a jamais dit le contraire ni songé à rattacher la pensée à un autre système organique, quelle que fût d'ailleurs son opinion sur la nature du lien qui unit l'intelligence à la matière.

J'arrive enfin aux citations de l'article sur les *Lettres physiologiques* de M. Vogt, les seules qui touchent réellement au débat. Après avoir cité, *en le guillemettant*, le passage de M. Vogt, et déclaré que celui-ci ne l'entendait sans doute pas dans le sens qu'on lui prêtait, la *Revue scientifique* continue en disant :

« C'est un procédé commode, et employé de tout temps, » que de prêter à ses adversaires des *idées absurdes* pour les » renverser plus aisément. *Croire à une identification entre les* » *sécrétions ordinaires et la pensée, c'est étrangement se payer de* » *mots.* »

Voilà qui paraît avoir toute la clarté de l'évidence pour un esprit éclairé des simples lumières de la raison.—La critique continue d'ailleurs pendant toute une colonne en s'adressant aux formules adoucies de la même doctrine et aux doctrines analogues.

Cependant la *Gazette de France* s'empare du mot *ordinaire*, — qui était là tout naturel, car si la pensée était une sécrétion, ce serait à coup sûr une sécrétion bien différente des autres — pour démontrer à l'auteur l'article qu'il doit adopter les doctrines qu'il déclare *absurdes*. — Je doute que ce raisonnement touche beaucoup de gens, et il n'est pas nécessaire d'y insister davantage.

Sans doute la *Revue* ajoute qu'*au contraire* — remarquez bien ce mot indiquant l'opposition des deux doctrines — on n'est pas absurde en disant « que les manifestations de la conscience et les idées qui en découlent ont pour condition le cerveau ». Je le crois bien! et les universités catholiques elles-mêmes n'enseigneront pas autre chose; car cela signifie en termes plus vulgaires : le cerveau est nécessaire à la pensée, au moins comme organe, et les êtres qui n'ont pas de cerveau ne pensent pas.

Après cette citation triomphante, la *Gazette de France* s'écrie : « Peut-on, en un mot, dire plus nettement que notre » pensée... revivrait après notre mort si, après la dissolution » causée par la mort on pouvait replacer *toutes* les molécules » dans leur position primitive, et qu'ainsi elle se reproduirait » et ferait reparaître notre personnalité disparue. Cela, c'est » la *Revue scientifique* qui le dit expressément et qui le soutient. »

En vérité, voilà qui nous autorise à retourner à la *Gazette de France* la question qu'elle veut bien nous adresser. N'aurait-elle pas lu les citations qu'elle intercale dans son article? Ou faudrait-il croire que la fréquentation des ouvrages de Mᵍʳ Dupanloup l'aurait induite, — bien involontairement, je n'en doute pas — à suivre un instant sa méthode de citations? —La phrase de la *Gazette de France* est empruntée, en effet, presque textuellement à un passage de la *Revue scientifique* qu'elle venait de reproduire. Mais, dans la *Revue*, elle est précédée de ces mots : *Ceux qui admettent les théories matérialistes de M. Vogt doivent admettre que...*, et immédiatement après avoir indiqué cette conséquence, la *Revue scientifique* en commence ainsi la critique : « Mais cette puissance même de chaque molécule n'est-ce pas quelque chose? C'est une *propriété de la matière, dira-t-on ; mais qu'est-ce qu'une pro-*

priété de la matière? C'est là une expression absolument inconcevable. »

Au lieu de déclarer que « la *Revue scientifique* DIT expressément et SOUTIENT », la *Gazette de France* aurait dû écrire : « La *Revue scientifique* CONTREDIT expressément et RÉFUTE »; avec ce léger changement elle rentrera dans l'exactitude la plus parfaite.

La *Gazette de France* s'est donc absolument trompée en attribuant à la *Revue scientifique* une théorie que celle-ci n'a jamais soutenue. Elle tiendra sans doute à le reconnaître hautement, et sans ambages. Il lui restera toujours bien assez de dissentiments avec nous pour qu'on ne confonde jamais nos doctrines avec les siennes. Ce qu'elle dit sur les révocations de professeurs en est un exemple.

Quant au procès de tendance par lequel elle termine, nous avons fait de vains efforts pour comprendre l'accusation. — Quoi donc ! il suffirait pour être heureux de commettre des crimes et d'échapper à la justice des hommes ? — Nous répondrons, s'il y a lieu, quand la *Gazette de France* aura pris la peine d'allumer sa lanterne pour éclairer ce non-sens.

Voici sur les origines de l'affaire Menu de Saint-Mesmin le récit du correspondant parisien de la *Gironde*, toujours si bien informé. Comme ce récit, reproduit dans plusieurs journaux de Paris, n'a donné lieu à aucun communiqué ni à aucune lettre de M. de Broglie ni de M. de Saint-Mesmin, nous avons lieu de croire qu'il est exact.

« En deux mots, voici ce qui s'est passé. Je ne tiens pas ces faits de M. Menu de Saint-Mesmin, qui désire rester à l'écart de la polémique des journaux ; mais je n'ai pas besoin de vous dire que je ne crains aucun démenti sur aucun point.

» La cause secrète de la révocation est bien ce que je vous ai déjà dit. M. Menu de Saint-Mesmin n'est pas un catholique *pratiquant* : voilà tout son crime. Mais il fallait un prétexte, et ce prétexte, on n'a point tardé à le trouver.

» L'aventure débuta par un incident puéril, mais qui devait avoir des conséquences fort graves. Un beau matin, M. Menu de Saint-Mesmin faisant sa ronde dans les couloirs de l'école, entendit ce dialogue échangé entre le cuisinier et la bonne de l'aumônier, M. l'abbé de Broglie : — « Je vous dis que nous vous ferons sortir de la maison... — Nous verrons bien, répondit le cuisinier, je me plaindrai au directeur. — Eh ! le directeur ! nous le ferons sauter comme vous ! »

» M. Menu de Saint-Mesmin n'attachait pas plus d'importance que de raison à ces propos. Quelques jours après cependant, M. l'abbé de Broglie se présentait dans son cabinet pour lui demander l'expulsion immédiate du cuisinier.

» Et pourquoi?

» Il le faut ; cet homme est coupable d'actes d'immoralité très-graves et impossibles à qualifier.

» S'il en est ainsi, répondit M. Menu de Saint-Mesmin, justice éclatante sera faite ; mais vous trouverez bon, monsieur l'aumônier, que j'ordonne une enquête.

» L'enquête, sévèrement conduite, ne donna aucun résultat. Les témoignages des serviteurs de la maison ne relevèrent pas un grief à la charge de l'accusé. M. l'abbé de Broglie n'en persista pas moins dans sa demande, et comme M. Menu de Saint-Mesmin le priait de produire des témoignages sérieux, il donna les noms de plusieurs élèves. Interrogés, ces enfants se retranchèrent derrière des dénégations absolues.

» Le directeur de l'école fit alors comprendre à l'aumônier qu'il ne pouvait pas chasser ignominieusement un employé dont le passé était irréprochable, sur des allégations aussi vagues et dépourvues de toute vraissemblance.

» Il promit d'ailleurs de faire bonne garde. Et il crut avoir réussi dans son rôle de persuasion ; car, au moment de son départ pour la Suisse, à l'entrée des vacances, M. l'abbé de Broglie lui souhaita un bon voyage dans des termes d'une cordialité parfaite.

» Cependant M. Menu de Saint-Mesmin n'était pas plutôt à Interlaken, qu'il apprit qu'une dénonciation évidemment téméraire avait été dirigée contre l'infortuné cuisinier, et déposée à la préfecture de police. Et par qui? Par d'anciens serviteurs de l'Ecole normale de la Seine, renvoyés, les uns pour causes d'ivrognerie, les autres pour des délits plus graves. Quel était l'auteur de cette cabale? Ici, je dois me taire, voulant me borner au rôle de simple narrateur et n'accuser personne.

» Revenu à Paris, M. Menu de Saint-Mesmin se rendit aussitôt chez le vice-recteur de l'Académie de Paris, et ne put obtenir aucune satisfaction. M. Mouriez le reçut très-mal. « Interrogez au moins l'accusé ! » s'écria-t-il. M. Mouriez s'y refusa. « Interrogez les élèves ! » Même refus.

» Comprenant que l'orage grossissait, le directeur de l'École normale de la Seine sollicita une entrevue de M. le préfet de la Seine et de M. Wallon. Le lendemain, il était reçu au ministère de l'instruction publique; mais quelle ne fut pas sa surprise, tout en faisant station dans l'antichambre ministérielle, d'entendre un de ses voisins dire à haute voix : « Je viens d'être rappelé à Paris, par dépêche, pour prendre la direction de l'Ecole normale de la Seine. » Avant même d'avoir vu le ministre, M. Menu de Saint-Mesmin se trouvait en face de son successeur.

» Le ministre n'admit aucune explication. Il répéta comme M. Mouriez, que « l'honneur de l'Université » exigeait que l'affaire fût close, et il apprit à M. Menu de Saint-Mesmin qu'il était mis en disponibilité « avec six mille francs de traitement ».

» De deux choses l'une : ou M. Menu de Saint-Mesmin est coupable et alors pourquoi ce traitement inusité, ces appointements considérables ? ou il est innocent et alors pourquoi ce brusque retrait d'emploi?

» Voilà les faits : je les ai exposés en narrateur impartial. »

Nous avons appris par des renseignements privés que la commission d'enquête est constituée et comprend une quinzaine de fonctionnaires universitaires, dont nous connaissons même quelques noms.

Quant à M. de Broglie, il est poursuivi, paraît-il, en dénonciation calomnieuse par le cuisinier renvoyé de l'École d'Auteuil.

Émile Alglave.

CONGRÈS DES NATURALISTES ET DES MÉDECINS ALLEMANDS

SESSION DE BRESLAU

M. DE RICHTHOFEN

La province de Sz'tshwan

Dans le quarante-septième congrès des naturalistes et des médecins allemands, qui a eu lieu à Breslau au mois de septembre 1874, il s'est discuté plusieurs questions importantes; mais il y a une communication qui nous a paru surtout de nature à intéresser nos lecteurs, parce qu'elle complète jusqu'à un certain point les renseignements recueillis par les voyageurs russes et par notre savant missionnaire l'abbé A. David : c'est celle dans laquelle un géographe allemand d'un grand mérite, M. F. de Richthofen, a raconté ses voyages dans la province de Sz'tshwan. Ce pays, qui égale à peu près l'Allemagne en superficie, compte au moins 35 millions d'habitants, et renferme un grand nombre de villes importantes, dont la population varie de 150 à 700 000 ou même à 800 000 âmes; il jouit d'un climat délicieux et produit en abondance des denrées d'une grande valeur commerciale. Des dix-huit provinces qui constituent l'empire chinois, c'est la plus considérable et en même temps la plus occidentale. Pour se faire une idée exacte de sa position géographique, rappelons-nous, dit M. de Richthofen, que d'une région à peu près inconnue située tout à fait à l'occident de l'Asie centrale, partent deux puissantes chaînes de montagnes, le Kwen-lun et l'Himalaya, qui se dirigent vers l'est; au nord de celles-ci s'étend le Pamir, le *toit du monde*, que Humboldt nommait Bolor-tagh, et qu'il considérait comme une chaîne méridienne, mais que l'on tend aujourd'hui à rattacher au massif du Tienshan; à l'orient, au contraire, s'avance l'Hindukush, le Paropamise des anciens, qui forme entre la haute Asie orientale et la haute Asie occidentale un trait d'union comparable au col étroit qui relie les deux moitiés d'un sablier. Aucun explorateur n'a pu, jusqu'à présent, recueillir de données précises sur le nœud de ces grandes chaînes; mais depuis longtemps l'histoire nous a fait connaître l'endroit où les habitants de la Bactriane ne sont séparés des populations hindoues que par une digue montagneuse des plus étroites, le passage qu'Alexandre a franchi avec son armée, et par lequel bien avant lui les peuplades sauvages du nord-est s'étaient répandues dans les plaines, fertiles arrosées par l'Indus. Les récits des voyageurs nous ont appris également que l'Himalaya et le Kwen-lun constituent probablement deux chaînes indépendantes, dont les crêtes ne sont séparées l'une de l'autre que par une distance de 20 milles allemands : c'est ce qui a été vérifié par MM. Hayward et Shaw lorsqu'ils allèrent en 1868 de l'Inde à Kashgar, et par M. Forsyth, lorsqu'en 1873 il essaya pour la seconde fois de nouer des relations commerciales entre la vice-royauté de l'Inde et le royaume de Jakub-beyh, souverain du Turkestan oriental. Entre les deux grandes chaînes s'étendent des plateaux qui sont élevés de 12 000 à 17 000 pieds au-dessus du niveau de la mer, et au milieu desquels se dressent les pics de Karakorum, visités pour la première fois par deux voyageurs allemands, les frères von Schlagintweit. C'est là qu'un autre savant, le docteur Stoliczka, qui accompagnait en qualité de géologue la mission de M. Forsyth, succomba aux fatigues d'un long voyage au moment où, profitant de l'expérience qu'il avait acquise dans l'Inde, il recueillait des matériaux du plus haut intérêt scientifique.

A mesure qu'on s'avance vers l'est, on voit les deux chaînes du Kwen-lun et de l'Himalaya diverger de plus en plus, la première s'inclinant moins fortement vers le sud que la deuxième; bientôt le Karakorum cesse de former un massif indépendant, mais tout le pays conserve une allure tourmentée et constitue toujours l'un des bombements les plus marqués de la surface du globe. Un voyage effectué du sud au nord, à travers ce vaste pli de terrain, permet au voyageur de se faire une idée de sa structure générale. En partant des plaines fertiles de la vallée du Gange, où le climat, la nature du sol et la situation géographique se sont trouvés réunis pour créer un des centres les plus anciens de la civilisation humaine, et pour favoriser le développement de formes religieuses, sociales et politiques toutes particulières, on arrive au pied de l'Himalaya, dont on gravit les pentes tantôt adoucies, tantôt escarpées. On passe par une succession de gorges taillées à pic et de vallées doucement ondulées où la température est douce et où prospère la plus riche végétation forestière; peu à peu on s'élève vers les hautes régions, et l'on est surpris de voir, comme l'a très-bien reconnu le célèbre botaniste anglais Hooker, que jusque dans le voisinage des neiges éternelles, le sol est couvert des plantes les plus variées. A 15 000 pieds on atteint la crête générale, mais quelques cimes isolées montent jusqu'à 20 000 ou 27 000 pieds. Le versant septentrional est abrupt et offre un aspect désolé; c'est à peine si çà et là quelques torrents descendant des pics les plus élevés amènent un peu de fraîcheur et entretiennent la végétation. Entre l'Himalaya et le Kwen-lun, il y a une grande dépression dans laquelle coulent l'Indus et le Yalu-dzang. Ces fleuves prennent tous les deux leur source sur un plateau couvert de lacs; mais ils ne tardent pas à s'écarter l'un de l'autre, et vont se jeter, le premier dans le golfe Persique, le second dans le golfe du Bengale avec le Bramaputra. Leurs lits sont très-allongés, mais assez étroits, et n'occupent qu'une partie du plateau compris entre les deux chaînes parallèles; le reste de cette région forme une sorte de steppe, légèrement ondulée, offrant de distance en distance des lacs salés qui alimentent de maigres ruisseaux. Dans le nord du Tibet, le Kwen-lun paraît se réduire à un simple bombement du sol, mais partout ailleurs il forme une chaîne importante de 15 000 à 18 000 mille pieds de hauteur; son versant septentrional s'incline fortement vers le lac Lobnor, qui n'est situé qu'à 2000 pieds environ au-dessus du niveau de la mer; mais quoique la pente soit assez prononcée, le pays n'en présente pas moins un caractère de steppe encore plus accusé que le plateau dont nous parlions tout à l'heure. Du reste, la même physionomie se retrouve dans toute la contrée qui s'étend du plateau du Tibet, au sud, au Tien-shan et à l'Altaï, au nord, des sources de l'Oxus, à l'ouest, aux sources des grands fleuves de la Chine et de la Mantchourie, à l'est; partout, quoique cette vaste étendue de pays offre des différences d'altitude plus considérables que celles qu'on observe en Europe, les steppes s'étendent avec une flore d'une désespérante monotonie, de sorte que le géographe est bien embarrassé pour tracer des subdivisions dans cette immense région qu'on appelle l'Asie centrale. Les habitants semblent avoir reconnu eux-mêmes la difficulté d'établir des limites d'États sur ces immenses plateaux. Depuis les temps les plus reculés, ils ont mené une existence nomade et fait paître leurs troupeaux, tantôt sur un point de la steppe, tantôt sur l'autre. A certains moments, telle ou telle tribu s'est montrée prépondérante et a réduit les tribus voisines sous sa domination; mais cet empire n'a jamais été de longue durée, et bientôt la steppe est redevenue ce qu'elle était auparavant, une propriété indivise entre un grand nombre de hordes souvent en guerre les unes avec les autres. Ces considérations sur le caractère de la population étaient nécessaires pour faire saisir les différences profondes qui existent entre les peuplades de cette partie de l'Asie centrale et les habitants des autres provinces de la Chine, différences qui proviennent en grande partie de la nature du sol, rendu stérile dans la steppe par une couche de sel uniformément répandue à sa surface. Cette stérilité même a poussé les tribus nomades à s'avancer non-seulement à l'ouest et au sud, mais encore à l'est, du côté de la Chine. Toutefois ces diverses invasions sont loin d'avoir eu toutes la même importance. En effet, tandis qu'à l'ouest et au sud les hordes barbares avaient devant eux les royaumes affaiblis de l'Europe et de l'Asie occidentale, et pouvaient se répandre sur la moitié d'un continent, vers l'est ils rencontraient les masses serrées du peuple chinois défendu par ses remparts naturels et par la supériorité de sa civilisation. Aussi de ce côté leurs triomphes furent de courte durée, et le plus souvent ils finirent par se fondre au milieu d'un peuple qui l'emportait sur eux à tous égards.

Quittons les contrées qui s'étendent soit au sud de l'Himalaya, soit au nord du Kwen-lun, pour jeter un coup d'œil sur le pays compris entre ces deux montagnes. M. de Richthofen compare cette région, qui n'a pas moins de 120 milles de largeur, à un arbre qui aurait ses racines au loin dans l'ouest, près du *nœud* de l'Hindukush, et qui, grandissant peu à peu vers l'est, épanouirait ses fleurs dans les provinces fertiles de l'Asie sud-orientale. En effet, tandis que le Kwen-lun se prolonge en un système de chaînes parallèles, et après s'être abaissé dans le Honan, se relève pour arriver jusqu'à la mer, l'Himalaya ne se continue pas, comme le croyait Humboldt, jusqu'en face de Formose; il se termine au contraire assez rapidement, on ne sait pas au juste en quel point; la contrée qu'il limitait vers le sud se trouve donc bientôt débarrassée de toute entrave, et peut, pour ainsi dire, s'étaler librement vers le sud-est. Entre le 80° et le 90° degré, l'aspect du pays change notablement : au lieu de bassins desséchés et de steppes monotones, ce sont des montagnes abruptes qui montrent leurs flancs déchirés et des gorges profondes où les torrents roulent avec fracas. Ces ruisseaux se jettent dans les affluents de quelques grands fleuves, tels que le Hwang-ho ou fleuve Jaune, le Yang-tsze-kiang, le Mekong, le Salwen, le Bramaputra, ou de fleuves secondaires, tels que le Si-kiang ou fleuve de Canton, le Songka ou fleuve du Tongking, le Menam ou fleuve de Siam, et l'Irawaddy ou fleuve de la Birmanie. Les plus importants de ces cours d'eau ont cela de commun que leur partie supérieure est comprise dans la région montagneuse et encaissée dans des gorges étroites; que leur partie moyenne se trouve encore dans un pays fortement accidenté, mais où déjà les vallées sont plus larges, les pentes plus adoucies ; et qu'enfin leur partie inférieure s'étend dans des plaines fertiles qui depuis longtemps sont le siége d'une civilisation florissante. Les fleuves du second ordre, qui s'intercalent entre les premiers, ne prennent pas comme ceux-ci leur source dans le voisinage des neiges éternelles, et n'offrent pas, en conséquence, un aspect aussi sauvage dans la première partie de leur cours; mais ensuite, et surtout vers leur embouchure, ils ressemblent complétement aux fleuves dont nous parlions en premier lieu.

De tous ces cours d'eau, le seul qui nous intéresse pour le moment, c'est le Yang-tsze-kiang, dont la partie moyenne est tout entière dans les limites du Sz'tshwan. C'est même à la présence de ce grand fleuve et de trois affluents navigables que la province doit son nom, qui signifie *pays des quatre rivières*. Le Sz'tshwan, qui fait l'objet de la communication de M. de Richthofen, est une contrée entourée de hautes montagnes et très-montagneuse elle-même, dont la constitution physique et les relations politiques ne peuvent être bien comprises que si l'on jette auparavant un regard sur les pays environnants. A l'ouest, s'étend la région montagneuse que le voyageur allemand a décrite en commençant, et qui est traversée par le cours supérieur des grands fleuves de l'Asie sud-orientale. Ici la nature du sol exclut la vie nomade, sans être pour cela favorable au développement de la civilisation : les habitants, qui appartiennent à la race tibétaine de Sifan, vivent en tribus éparses, ayant chacune son chef particulier, dans les vallées profondes de ce pays sauvage; ils s'occupent fort peu d'agriculture, et passent la plus grande partie de leur temps à chasser et à récolter des herbes médicinales; par suite de l'extrême difficulté des communications, ils n'entretiennent point avec leurs voisins de relations commerciales. Il est évident que de ce côté le Sz'tshwan n'a pu recevoir aucun élément de civilisation. Plus loin se trouve le Tibet proprement dit, avec des steppes dans sa partie septentrionale et la fertile vallée de Yarudzang au midi; mais cette contrée encore est séparée du Sz'tshwan par une barrière montagneuse presque infranchissable. Au sud, les communications

sont un peu plus faciles vers la région accidentée qui comprend le cours moyen du Mekong, et dans laquelle des fleuves du second ordre prennent leur source. Sur les limites de ce pays, nous voyons installés les peuples déjà fort civilisés du haut Hindoustan et de la Birmanie, et, comme il est facile de le prévoir, de ce côté se sont effectués à diverses époques de grands mouvements de populations : les tribus des montagnes voisines sont venues fréquemment attaquer les tribus habitant les collines et se sont emparées de leur territoire. Le courant a donc été, sur la frontière méridionale, le contraire de ce qu'il aurait dû être pour apporter au Sz'tshwan les idées du dehors. Au nord, la province que nous considérons s'appuie en grande partie contre le massif du Kwen-lun; cette chaîne forme un rempart si puissant, que pendant des milliers d'années les peuples presque contigus ont vécu sans se connaître. Les Chinois parvinrent cependant à franchir, dans la vallée du fleuve Han, cette barrière naturelle, et fondèrent des établissements sur le fleuve Wei. A l'est, enfin, se déroule, sur une étendue de 8000 milles carrés, en avant du Sz'tshwan, la grande plaine de la Chine, qui nourrit 140 millions d'habitants, et qui est certainement la plus fertile et la plus peuplée de toutes les plaines de la zone tempérée. Mais entre ces contrées riantes et le Sz'tshwan, il y a encore une haute chaîne de montagnes que le Yang-tsze franchit dans des défilés redoutables : aussi les échanges avaient-ils une tendance à se faire plutôt dans le sens du cours du fleuve, du Sz'tshwan vers la plaine qu'en sens inverse. En considérant ces conditions d'isolement de la province de Sz'tshwan, on a quelque peine à comprendre comment la civilisation et la domination chinoises ont pu s'y établir. Pour s'éclairer à cet égard, il est nécessaire de consulter l'histoire de l'empire du Milieu. Les Chinois, à une époque qui se perd dans la nuit des temps, se sont établis dans les vallées fertiles du Shensi et s'y sont adonnés aux travaux de l'agriculture; c'est ce qui nous est indiqué non-seulement par les traditions orales, mais encore par des coutumes qui, dans cette province, se sont perpétuées jusqu'à nos jours. En 2356 avant J.-C., à l'époque où commence leur histoire écrite, les Chinois s'étaient répandus sur toutes les plaines baignées par le fleuve Jaune et par le cours inférieur du Yang-tsze-kiang; ils étaient alors déjà fort experts dans tout ce qui est relatif à l'agriculture. Mais le haut pays n'était qu'en partie dans leur dépendance, et était encore habité par les restes d'une population primitive. La description géographique de l'empire, faite à cette époque reculée, montre que les Chinois connaissaient le pays qu'on appelle aujourd'hui Sz'tshwan : il est probable même qu'ils entretenaient avec les habitants de cette contrée des relations commerciales; mais il s'écoula deux siècles encore avant qu'ils tentassent de s'emparer d'une région que des remparts naturels protégeaient contre les invasions. La conquête n'eut lieu que sous le règne de Tsin-shihwang (255 à 210 avant J.-C.), l'un des personnages les plus remarquables de la longue série des souverains chinois. Ce terrible monarque, voulant extirper tout souvenir du passé et faire commencer l'histoire avec son règne, ordonna d'anéantir tous les livres de Confucius, et fit brûler cinq cents lettrés qui sans doute voulaient résister à ses ordres. Mais s'il commit ces actes de barbarie, il eut la gloire d'ériger la grande muraille de la Chine, l'une des œuvres les plus colossales qui aient été faites par la main des hommes; il anéantit la puissance des seigneurs féodaux, et il jeta les fondements de ce pouvoir central, si fortement organisé, dont la dynastie des Han, qui lui succéda (202 avant J.-C. à 220 après J.-C.), devait se servir avec tant d'habileté; enfin il étendit la domination chinoise sur la province du Sz'tshwan, qui était alors habitée par le peuple des Man-tse. Une légende, qui subsiste encore, parle de la ruse dont il se servit pour faire construire par le roi des Man-tse lui-même un pont et une belle route allant de la capitale du Sz'tshwan aux frontières, près des sources du fleuve

Han. Lorsque la route fut achevée, Tsin-shi-hwang s'empressa naturellement d'en profiter pour amener son armée dans le cœur du Sz'tshwan. La capitale fut prise, la plupart des habitants du pays furent exterminés, et des colons chinois établis à leur place ; mais le roi fut épargné, et aujourd'hui encore on peut voir un de ses descendants qui a le rang de mandarin chinois et qui est retiré à Ta-tsien-lu, au milieu de débris du peuple Man-tse. Sur différents points de la province du Sz'tshwan, il existe des vestiges laissés par la population primitive : ce sont des habitations creusées dans les roches de grès qui bordent le fleuve, à une certaine hauteur au-dessus du niveau de l'eau.

Pendant un demi-siècle après la conquête, la province du Sz'tshwan eut des destinées diverses. A plusieurs reprises les habitants profitèrent de la situation particulière de leur pays pour s'affranchir du joug de l'empire ; mais peu à peu l'élément chinois devint prépondérant et envahit au sud les provinces actuelles de Kwei-tshou et de Yun-nan. Cependant peu de temps avant l'étonnant voyage de Marco Polo, un grand malheur vint fondre sur le Sz'tshwan : toute la contrée fut ravagée par Kublaï-khan, la capitale fut ruinée, et la population presque entièrement anéantie. Mais des immigrations en masse des provinces voisines, dans le Sz'tshwan ne tardèrent pas à repeupler le pays et à effacer les traces de ce grand désastre ; aussi, sous la brillante dynastie des Ming (1368-1644), la contrée était plus florissante que jamais. Une nouvelle catastrophe vint clore cette ère de prospérité. Tsan-hien-tshung, un .chef de rebelles dont le nom est écrit en lettres de sang dans les annales de la province, profitant des troubles qui accompagnèrent la chute de la dynastie des Ming et l'avénement de la dynastie mantchoue (actuellement régnante), jeta la terreur dans tout le Sz'tshwan, ruina les villes et fit périr la plus grande partie des habitants. C'est à peine si aujourd'hui il subsiste quelques débris de cette population décimée, et les Chinois qui occupent maintenant le pays sont les descendants des nombreux immigrants qui accoururent de tous les points de l'empire, attirés par les conditions exceptionnellement avantageuses que leur firent les premiers souverains mantchoux. Chaque province de la Chine fournit son contingent de colons, et sur le sol du Sz'tshwan ces éléments divers se fondirent et s'amalgamèrent si complétement, que, sous le rapport physique, la population de cette province peut être considérée comme offrant le type chinois moyen. Aujourd'hui encore, si l'on demande à un habitant du Sz'tshwan de quel pays il est, il vous dira de Honan, de Hûpé, etc. ; et si l'on veut savoir depuis combien de temps il est dans le pays, il répondra depuis dix ou douze générations. La paix n'a pas été troublée depuis deux siècles ; aussi la province, qui avait déjà en 1812, d'après le recensement officiel, 22 millions d'habitants, doit en renfermer aujourd'hui plus de 35 millions.

Après avoir jeté un coup d'œil d'ensemble sur les pays voisins du Sz'tshwan et avoir vu de quelle manière s'est opérée la réunion de cette province importante à l'empire chinois, nous devons, dit M. Richthofen, considérer la nature du sol qui a permis à l'agriculture de prendre dans cette contrée un très-grand développement et d'être une des principales sources de la richesse publique. Mais il est bien difficile, pour ne pas dire impossible, de faire comprendre la géographie physique d'une région du globe, sans parler de sa constitution géologique ; aussi M. de Richthofen commence-t-il par dire quelques mots du *sous-sol* de la province du Sz'tshwan. Il faut, dit-il, se représenter une région analogue à la Bohême, entourée comme elle de hautes chaînes de montagnes, mais encore beaucoup plus accidentée, les sommets s'élevant à une altitude trois ou quatre fois plus considérable, et surtout beaucoup plus étendue, la superficie du Sz'tshwan égalant la moitié de celle de l'Allemagne. Dans trois directions cette région se prolonge en d'autres régions encore plus

montagneuses ; mais du quatrième côté, elle se termine brusquement dans une plaine qui est située par rapport à elle comme l'Allemagne du nord par rapport à la Bohême. On peut dire que le Sz'tshwan est une sorte de bassin, de 5000 milles carrés, entouré par une ceinture de montagnes. Celles-ci sont formées de roches siluriennes et présiluriennes : c'est dire qu'elles étaient déjà soulevées à une époque où la vie était encore à un degré de développement très-inférieur à la surface du globe. Mais tandis que le bassin de la Bohême a été rempli en grande partie par les riches alluvions de l'Elbe, de la Moldau et de quelques autres fleuves, le bassin de Sz'tshwan a été comblé partiellement par des dépôts d'une tout autre nature. Il a formé pendant longtemps un golfe communiquant avec la mer, et dans lequel de grands fleuves venant de l'ouest versaient leurs sédiments ; aussi pendant toute la durée des périodes devonienne, carbonifère, permienne et triasique, le fond de ce grand estuaire s'est élevé peu à peu par le dépôt de couches tantôt argileuses, tantôt sableuses, tantôt formées d'éléments plus consistants, et dont la masse atteint une épaisseur de plusieurs milliers de pieds. Puis à un certain moment la mer se retira, ou plutôt le pays qui devait être le Sz'tshwan se souleva avec le reste de la Chine, et resta au-dessus des eaux pendant les périodes liasique, jurassique, crétacée, tertiaire et diluvienne. Le Sz'tshwan constitue donc un bassin argilo-sableux entouré de montagnes siluriennes, et communiquant avec des bassins semblables par des déchirures dans l'enceinte rocheuse. Sa surface intérieure présente une foule d'inégalités, qui se sont formées plus tard par un travail d'érosion, et qui atteignent à 5000 pieds, parfois plus encore ; elle est traversée de part en part par le Yang-tsze-kiang, qui paraît être un fleuve fort ancien et qui entre par l'ouest pour sortir à l'est. De ce côté il a coupé une barrière de vieux grès très-solides, et il tend à s'enfoncer de plus en plus dans les couches argileuses tendres du bassin. Divers affluents lui viennent du nord et du sud, et lui amènent les eaux de toute la région circonvoisine. Il s'est produit dans le cours des âges, à travers tout le Sz'tshwan, un système de canaux naturels, qui ont maintenant 1500 à 2500 pieds de profondeur, mais qui sont encore, comme on l'a reconnu par des sondages, à plusieurs milliers de pieds au-dessus du fond de la cuvette. Les canaux découpent le bassin en une foule de collines, dont on peut voir la structure schisteuse, et qui sont composées de roches analogues à celles des coteaux fertiles de la Bohême. M. de Richthofen désigne cet ensemble sous le nom de *bassin rouge* (*rothe Becken*), pour le distinguer de l'enceinte rocheuse qui le limite de toutes parts. Il y a du reste un contraste des plus marqués, sous le rapport de la fertilité, entre les montagnes du pourtour du bassin et les pays vallonés de l'intérieur. Celui-ci offre l'aspect le plus agréable et les sites les plus riants. A côté des grandes villes et des villages se pressent d'humbles hameaux, et sur les routes et les chemins soigneusement entretenus, qui forment un véritable labyrinthe, circulent une foule de gens, de chariots et de bêtes de somme. Les grands fleuves, qui ont creusé facilement leurs lits dans les roches tendres du bassin, sont presque partout navigables, et le mouvement dont ils sont le siége donne une idée de l'importance des transactions commerciales. Mais si l'on se rapproche de l'enceinte du bassin, on voit la nature changer brusquement d'aspect : le lit des cours d'eau se rétrécit et des cascades interrompent la navigation ; les pentes abruptes des montagnes se refusent à la culture, et les habitations deviennent beaucoup plus rares. Il y a bien encore çà et là dans les vallées quelques villes et quelques villages, mais la population n'y est guère que le dixième ou même le vingtième de ce qu'elle est dans le centre de la province.

Il n'y a, pour ainsi dire, dans le Sz'tshwan, qu'une seule grande plaine avec un grand nombre de dépendances. Celles-ci consistent en des lambeaux de terrains de sédiment adossés aux roches plus anciennes, ou bordant le lit des grands fleuves; mais quand on est placé sur une éminence, il est facile de voir que toutes ces hauteurs, arrivant au même niveau, ne sont que les restes d'un grand tout morcelé par l'action des eaux. Il n'y a nulle part de collines de formation indépendante. Les villes et les villages sont bâtis généralement, soit sur les flancs de ces collines, inclinés en pente douce, soit sur des terrasses formées sur les bords des grands fleuves par des couches plus dures qui ont résisté à l'action des eaux; et il suffit de suivre les routes qui conduisent à ces centres pour voir passer sous ses yeux les productions du pays, aussi nombreuses que variées.

Si l'on demande à un habitant de Sz'tshwan quels sont les meilleurs produits de la province, il répond invariablement que c'est la soie et le miel. En effet, le miel est partout extrêmement abondant. Quant à l'industrie séricicole, elle a pris plus d'extension dans le Sz'tshwan que dans aucune autre province de l'empire. On dit que la quantité de la soie dépend, comme celle du vin, de la nature du sol où croît le mûrier, de l'exposition, du climat, de l'humidité, etc.; or, ici toutes les conditions favorables se trouvent réunies pour faire prospérer le mûrier. Aussi dans toutes les maisons les habitants sont occupés à dévider les cocons, à filer et à tisser la soie, à la teindre en diverses couleurs. La soie est la matière généralement employée pour les vêtements; il s'en expédie de grandes quantités dans le Tibet, dans l'Asie centrale et à Pékin, et l'on commence même à en envoyer en Europe. Mais, lors même que la consommation de la soie augmenterait plus rapidement qu'elle ne l'a fait jusqu'ici, les ressources du Sz'tshwan sont si grandes, qu'il pourrait suffire à tous les besoins.

L'arbre à thé n'est pas moins répandu que le mûrier, et les habitants, après avoir gardé ce qui est nécessaire à leur consommation, peuvent approvisionner les provinces de l'ouest. Il est juste de dire cependant que l'arbre à thé parvient dans le Sz'tshwan à une hauteur plus grande que dans l'est et dans le midi de la Chine; ses feuilles sont de qualité inférieure et ne paraissent point sur les marchés d'Europe. L'opium devient un objet de commerce de plus en plus important : chaque année on en récolte 133 000 quintaux, qui représentent une valeur de près de 160 millions de francs. Et cependant, tandis que dans le nord on est obligé de consacrer les meilleurs champs à la culture du pavot, et de sacrifier ainsi la culture des plantes alimentaires, dans le Sz'tshwan on plante le pavot sur les pentes abruptes qui ne pourraient être utilisées pour d'autres usages. Comme le thé, l'opium du Sz'tshwan est de qualité fort inférieure, et, par rapport à celui de l'Inde, ne vaut guère mieux que le tabac d'Allemagne comparé au tabac de la Havane : mais il ne coûte pas cher, aussi en exporte-t-on des quantités assez considérables dans les provinces voisines.

Le tabac et le sucre sont récoltés en assez grande abondance pour suffire aux besoins de la population; pour le dernier de ces produits il y a même en général un excédant qui est écoulé dans le Tibet, le Turkestan ou l'Ili. Le tabac est de bonne qualité, et son arome rappelle, d'après M. de Richthofen, celui des tabacs de la Havane; il y aurait donc avantage à développer la culture de cette plante, d'autant plus que les indigènes savent déjà préparer les feuilles et fabriquer des cigares pour leur usage personnel. On recueille encore dans le Sz'tshwan de la cire blanche et de l'huile végétale, qui sont des articles précieux d'exportation. L'arbre à huile, espèce du genre *Elæococcus*, réussit sur toute l'étendue du pays, partout où on le plante, et prospère même au milieu des rochers. L'huile que l'on extrait en pressurant ses fruits sert à préserver le bois; on en enduit intérieurement et extérieurement la coque des bâtiments. Cette substance s'expédie par la voie du Yang-tsze, et rapporte chaque année au Sz'tshwan

plusieurs millions de francs. Les habitants sont à juste titre fiers de la cire qu'ils récoltent, car nulle part cette matière n'est aussi abondante et d'aussi belle qualité. C'est, comme on sait, à un insecte, à une sorte de puceron qu'il faut attribuer la production de cette cire; mais l'expérience a démontré que l'animal ne pouvait être utilisé dans le pays même où il avait été élevé. Aussi l'industrie s'exerce-t-elle à la fois dans deux endroits séparés par une haute montagne : dans la vallée chaude de Ning-yuen-fu (le Coindu de Marco Polo , véritable jardin entouré de montagnes à l'aspect sauvage, on élève les pucerons sur des arbres à larges feuilles, qui restent verts en toute saison, et qui ne sont jamais vendus avec le sol qui les porte, mais qui sont considérés comme une propriété particulière. A la fin d'avril, les habitants, portant chacun un paquet d'œufs de pucerons, se rendent en procession à Kiatingfu. Le voyage est extrêmement pénible et dure quatorze jours ou plutôt quatorze nuits, car la route doit se faire dans l'obscurité, la lumière du soleil étant fatale aux œufs. Dans l'oasis de Kiatingfu les œufs sont vendus et placés sur des arbres d'espèce toute différente. Bientôt les insectes éclosent et les rameaux se couvrent d'une substance floconneuse qui, jetée dans l'eau, donne des masses de cire blanche. Le prix de cette cire varie de 400 à 2000 francs le quintal.

Outre ces articles d'exportation, le Sz'tshwan produit encore du riz, du froment et des légumes, qui assurent largement la substance de ses nombreux habitants. Ses richesses minérales ne sont pas non plus à dédaigner. A la base des couches qui remplissent l'ancien bassin sont des lits de houille intercalés entre des grès, que l'on exploite sur plusieurs points, et qui permettent d'économiser le bois et de laisser subsister les forêts : il est probable qu'un jour ou l'autre cette houille sera largement utilisée pour les besoins de la navigation à vapeur, sur le Yang-tsze-kiang. On rencontre également à une profondeur qui varie de 200 à 2000 pieds, un gisement de sel fort précieux, et des puits creusés à 3000 pieds font jaillir un gaz d'éclairage qui, sur divers points, est employé pour la cuisson des aliments. Enfin dans la partie méridionale et orientale de la province se trouvent des mines importantes de cuivre et de zinc, dont les produits peuvent facilement être envoyés par eau dans les autres parties de la Chine.

Les habitants trouvent donc, dans les limites de leur pays, presque tout ce qui est nécessaire à leurs besoins. Malheureusement ils ne récoltent pas de coton; ils sont obligés de le tirer du dehors, et ils restituent ainsi au reste de l'empire une partie du nécessaire qu'ils avaient attiré dans leur province en exportant du miel, de la soie, de la cire et d'autres produits. Les transactions s'opèrent surtout par la voie du Yang-tsze-kiang, et les bords de ce fleuve sont garnis de villes populeuses, dont la plus importante est Tshung-king-fu, qui renferme 700 000 âmes, et qui est un des centres du commerce de la Chine.

Pour donner une idée de la population du Sz'tshwan, M. de Richthofen demande la permission de transporter ses auditeurs dans la ville de Tshing-tu-fu, capitale de la province. Cette cité, dont le nom est à peu près inconnu en Europe, compte pourtant 800 000 habitants et est une des plus belles villes de l'empire du Milieu. Derrière elle, à l'ouest, se dresse une muraille de rochers, surmontée de pics qui atteignent jusqu'à 15000 pieds d'élévation et qui se rattachent au versant oriental du Tibet. Au pied de ces montagnes s'étend une grande plaine, la plus vaste du Sz'tshwan, qui a 17 milles de long, 8 milles de large et 110 milles carrés de superficie, et qui est arrosée par une vingtaine de larges cours d'eau. La fertilité du sol est encore entretenue par un système de canaux admirablement disposés, et grâce au Yang-tsze-kiang et à son principal affluent, le Min, qui sont navigables, les produits de cet Eden peuvent arriver facilement jusqu'à la mer, qui est cependant distante de 1900 milles marins. De longs faubourgs, siège d'un commerce des plus actifs, conduisent le voyageur jusqu'aux portes de la ville. Après les avoir franchies, il trouve des rues bien alignées, soigneusement pavées de blocs de grès rouge et bordées de maisons d'un beau style. Les façades sont souvent ornées de sculptures en bois, et par leurs portes entr'ouvertes on aperçoit des cours bien aérées. Les chambres sont propres et offrent une sorte de confort qu'il est bien rare de rencontrer dans le reste de la Chine. Les habitants eux-mêmes ont un air de décence et de propreté et qui surprend agréablement l'Européen venant des provinces de l'est; ils se font remarquer aussi par leur discrétion, et M. Richthofen, qui avait conservé le costume européen, au lieu d'être en butte aux obsessions de la multitude, comme il l'avait été dans les autres villes de l'empire, a pu circuler librement au milieu de la foule, et a gardé le meilleur souvenir des relations qu'il a eues avec quelques-uns des habitants.

Tshing-tu-fu possède des artistes, qui ne se contentent pas de copier servilement les œuvres de leurs devanciers, mais qui font preuve de génie inventif; aussi toutes les devantures des boutiques, les murs des chambres et même les façades sont ornés de peintures exécutées avec goût; il n'est pas jusqu'aux lanternes de papier qui ne soient enjolivées d'oiseaux, d'insectes et de guirlandes de fleurs. Les temples, les ponts et les arcs de triomphe sont également décorés de sculptures d'un certain mérite.

En sortant de Tshing-tu, on voit la plaine se dérouler dans toute sa magnificence. Dix-huit grandes villes, dont la population varie de 50 000 à 250 000 âmes, offrent sur une plus faible échelle l'image de la capitale, et sont le siége d'un commerce des plus actifs; dans l'intervalle s'élèvent de nombreux villages : aussi peut-on, sans exagération, évaluer la population de la plaine à 3 600 000 âmes. Nulle part ailleurs on ne rencontre une pareille agglomération d'hommes à une aussi grande distance de la mer, dans l'intérieur d'un continent; et si jusqu'à présent cette province n'a pas attiré davantage l'attention de l'Europe, cela vient principalement de ce que les habitants, justement orgueilleux de leur pays, ne le quittent pas volontiers, et regardent avec mépris la civilisation étrangère.

Toutefois le Sz'tshwan ne présente pas dans toute son étendue cette civilisation et cette prospérité que l'on rencontre aux environs de la capitale; lorsqu'on s'avance vers les montagnes, dans les ditricts des salines, où grouille une population misérable, on trouve des mœurs beaucoup plus rudes et une nature tout à fait différente. En suivant la route qui conduit au Tibet, on escalade d'abord les rochers qui s'élèvent à l'ouest; puis, après avoir franchi un col situé à une hauteur de 9000 pieds, on descend dans un abîme pour monter de nouveau jusqu'à un défilé plus élevé que le premier. Le long de la route s'échelonnent quelques villes et quelques villages chinois, mais le reste du pays est tenu par des tribus qui sont, les unes indépendantes, les autres soumises à l'empire chinois. Des places fortes, dans lesquelles des troupes sont stationnées, maintiennent l'ordre et assurent la sécurité des chemins. A la grande route du Tibet s'embranche une autre voie de communication qui descend vers le Yun-nan et qui est celle même qu'a suivie le voyageur Marco Polo.

Sans compter les Chinois qui occupent les villes, les villages situés dans les vallées et les forteresses placées le long de la route, on trouve dans la partie montagneuse du Sz'tshwan trois races distinctes : la première est formée par les restes des *Man-tse*; la seconde est celle des *Lolo*, qui, d'après la tradition, étaient les maîtres du pays avant que les Man-tse s'en fussent emparés et les eussent repoussés à l'ouest du fleuve Min, où ils sont à présent cantonnés, mais d'où ils font de temps en temps des incursions dans le voisinage, malgré la présence des garnisons chinoises; enfin la troi-

sième race, la plus nombreuse, est celle des *Sifan*, alliés aux Tibétains, et pour la plupart tributaires du Céleste Empire. Si l'on en croit les Chinois, toute la région montagneuse qui sépare le Sz'tshwan du Tibet proprement dit est, à l'exception de l'oasis de Ning-yuen-fu, presque entièrement déserte, et ne produit guère que du musc et des herbes renommées pour leurs propriétés médicinales.

Après avoir ainsi décrit la province du Sz'tshwan, M. de Richthofen est conduit à rechercher comment un pays aussi riche, aussi peuplé, reste sous la dépendance de l'empire chinois, dont la capitale est extrêmement éloignée. Cette question, dit-il, se rattache à une autre beaucoup plus complexe, à savoir, comment il se fait qu'un empire aussi vaste que celui de la Chine, égalant en superficie toute l'Europe moins la Russie, et renfermant presque le double de population, conserve son unité, et comment, de Pékin, qui, comme l'on sait, occupe une position tout à fait excentrique, les ordres du pouvoir central peuvent arriver jusqu'aux extrémités de l'empire et y être fidèlement exécutés. Les causes de ce phénomène sont multiples : c'est, d'une part, l'extirpation impitoyable qui a été faite de certaines tribus telles que celles des Man-tse; c'est, d'autre part, la fusion complète qui s'est opérée entre des races grossières et les Chinois, fort avancés en civilisation, fusion qui a donné naissance, sur cette vaste étendue de pays, à une population homogène, parlant la même langue, ayant les mêmes mœurs, les mêmes traditions ; c'est enfin, et par-dessus tout, l'existence d'une civilisation propre chez les Chinois. En Europe, la civilisation a été le résultat des efforts d'un grand nombre de nations ; elle n'a été obtenue qu'au prix de luttes et de sacrifices de toutes sortes, un peuple transmettant à un autre les avantages qu'il avait péniblement acquis; en Chine, au contraire, la civilisation s'est développée régulièrement ; elle est l'œuvre du génie d'un seul et même peuple. Presque jamais les Chinois n'ont été en contact avec les peuples voisins, et ils n'ont emprunté aux Hindous que le bouddhisme, qui certes n'a pas été un avantage pour leur nation. Depuis 4000 ans, ils conservent fidèlement les principes religieux et politiques qui sont exposés dans les décrets de l'empereur Yan, et si, à diverses reprises, l'édifice qu'ils avaient élevé sur ces bases solides s'est écroulé après avoir dépassé de bien haut les civilisations européennes, constamment il a été reconstruit sur les mêmes fondements. Ces principes qui seuls maintiennent l'unité de ce vaste empire, subsistent encore aujourd'hui parfaitement intacts : aussi M. de Richthofen ne croit pas que les craintes et les espérances manifestées dans ces dernières années au sujet de la prétendue fragilité de l'empire chinois soient aucunement justifiées; il pense même que dans l'avenir la civilisation chinoise se développera puissamment, sans rien perdre du caractère qui lui est propre. Les règles qui ont présidé à son établissement, et qui président encore à son perfectionnement, sont en effet des plus naturelles ; elles ne sont autre chose que l'application à l'état social et politique des principes de l'autorité paternelle et de l'obéissance filiale. En Chine, l'autorité du père est sans contrôle, l'obéissance du fils absolue. L'empereur, considéré comme le père de ses sujets, et les mandarins, qui sont ses représentants, rencontrent dans les peuples une obéissance filiale, mais le souverain a en revanche le devoir de se conformer aux saintes maximes de Confucius. Des défaillances peuvent se manifester çà et là, des actes de rébellion peuvent être commis, des fonctionnaires peuvent céder à la corruption, comme cela a eu lieu dans ces dernières années ; mais tôt ou tard l'ordre sera rétabli, et les ordres du pouvoir central seront de nouveau respectés jusqu'aux frontières de l'empire.

En terminant sa communication, M. de Richthofen exprime le désir que de nouveaux efforts soient tentés pour l'exploration complète de l'Asie centrale. Il y a là, dit-il, de grands problèmes à résoudre, un vaste champ à explorer, non-seulement pour le géographe, mais pour le naturaliste, pour l'historien, pour l'archéologue et pour le linguiste. Que de choses restent à découvrir dans cette région montagneuse qui part du Sz'tshwan occidental, et qui s'étend à l'ouest vers le Tibet et les possessions anglaises, au nord vers le Khou-khou-noor, et au sud vers la Birmanie! Les admirables collections rapportées de Moupin par M. l'abbé A. David donnent une idée des richesses que le zoologiste et le Botaniste peuvent espérer trouver dans cette région inexplorée. Quant au géographe et au géologue, ils y rencontreront la solution de bien des problèmes, et en étudiant de près les énormes plissements de l'écorce terrestre, ils se rendront bien mieux compte de la structure du continent asiatique.

PHYSIOLOGIE PATHOLOGIQUE

M. VILLEMIN

L'inoculabilité de la tuberculose

A M. Alglave, directeur de la *Revue scientifique*.

Monsieur,

J'éprouve un vif regret de n'être pas allé au Congrès médical de Bruxelles, car j'ai perdu l'occasion de connaître les personnes des savants illustres, des praticiens renommés réunis un moment dans la capitale de la Belgique. D'un autre côté, je n'ai pas entendu la communication de M. Crocq sur l'inoculabilité du tubercule, qui m'aurait permis d'échanger avec lui quelques idées susceptibles d'éclaircir cette épineuse question et de la rapprocher, je crois, de la vérité que nous poursuivons tous deux avec un égal désintéressement. Mais puisque les circonstances en ont décidé ainsi, je viens vous prier de vouloir bien accueillir les réflexions que m'a suggérées le travail du professeur belge publié dans la *Revue*.

Pour moi, la tuberculose est une maladie spécifique qui a les analogies les plus grandes avec la syphilis, mais surtout avec la morve. Pour mon contradicteur, au contraire, elle n'est qu'une maladie inflammatoire pouvant naître sous l'influence des irritants les plus divers. Qui de nous deux est dans le vrai? C'est aux faits à répondre. Nous allons donc les interroger en passant en revue les différentes phases de l'histoire expérimentale de cette maladie.

Première phase. — Quand j'eus fait connaître en 1865 les résultats de mes premières expériences d'inoculation, le sentiment qui se manifesta tout d'abord fut celui de la surprise et du doute. C'était naturel et conforme à la nature de l'esprit humain. On se mit en devoir de répéter et de contrôler mes expériences, et la première objection qui apparut se traduisit par la négation des faits que j'avais énoncés. On m'opposa, d'une part, des expériences sans résultat, et de l'autre on invoqua la fréquence de la tuberculose chez les animaux dont je m'étais servi. Selon mes contradicteurs, j'étais la victime d'une erreur reposant sur de simples coïncidences.

Il ne fut pas possible de persister longtemps dans cette voie. De toutes parts l'inoculabilité de la tuberculose s'affirmait entre les mains des savants les plus autorisés. Aussi un fait reste aujourd'hui irrévocablement acquis, c'est celui que M. Crocq énonce dans sa deuxième conclusion : la tuberculose est transmissible par l'inoculation de ses produits. Nous sommes donc entièrement d'accord sur ce point, et nous avons avec nous à peu près tout le monde.

Deuxième phase. — Les personnes disposées à combattre la spécificité de la tuberculose s'armèrent alors d'un argument plus sérieux que celui des premiers moments. C'est lui qui sert de fondement à l'opposition actuelle de mon adversaire et d'où il tire ses quatre autres conclusions dont la principale est que : des substances diverses dépourvues de toute activité spécifique, de simples traumatismes, des sétons, etc., peuvent aussi produire la tuberculisation.

En effet, plusieurs expérimentateurs injectèrent dans le tissu cellulaire des substances septiques, du pus putride, du pus de fièvre puerpérale ; ils insinuèrent dans des plaies des muscles putréfiés, divers tissus normaux ou pathologiques plus ou moins décomposés, et ils trouvèrent à la suite, dans les viscères, des lésions circonscrites ayant la plus grande ressemblance avec les altérations de la phthisie. Des tissus frais, introduits sous la peau en grande quantité, s'altérant rapidement, réalisaient les mêmes conditions.

Lorsqu'on eut annoncé ces résultats, je m'empressai de répéter les expériences qui les procuraient. Mais je ne parvins jamais à obtenir aucun des effets promis. Cela ne me donnait nullement le droit de nier ceux des autres. La seule conséquence qu'il m'était permis de tirer, c'est que je ne me mettais pas dans les conditions nécessaires à la réussite.

Quand on veut assurer le succès d'une inoculation, on recherche la matière virulente la plus fraîche possible, et l'on évite de détruire ou d'amoindrir ses effets par la complication d'un traumatisme, d'un traumatisme septique surtout. C'est pourquoi, avec un instrument très-propre, on ne lèse les tissus que dans la mesure strictement nécessaire. Voyez ce qui se passe dans l'inoculation vaccinale. La réussite n'est assurée qu'avec du virus récent; elle est même compromise avec lui, si un instrument malpropre occasionne une inflammation un peu intense de la plaie d'insertion.

Dès le début de mes expériences sur la tuberculose, j'avais remarqué et annoncé que l'inoculation réussissait d'autant mieux que la substance inoculée était plus fraîche ; j'avais surtout été frappé des résultats remarquables et rapides que j'obtenais en employant le tubercule d'un animal récemment sacrifié et encore palpitant. Aussi, en répétant les expériences qu'on présentait comme des inoculations, je m'efforçais de me maintenir dans les conditions reconnues les plus favorables au succès de ce genre d'opération. Comme pour le tubercule, je choisissais toujours une matière fraîche; je n'en employais qu'une mince parcelle triturée pour en favoriser l'absorption rapide; j'intéressais très-faiblement les tissus. S'agissait-il de pus, j'en évitais la putridité en le prenant sans odeur et de bonne nature. En un mot, je pratiquais une véritable inoculation, et telle n'était pas la manière de procéder des opérateurs dont j'essayais de répéter les expériences.

Je fus donc amené à conclure, et vous conclurez certainement comme moi aussi, que la matière tuberculeuse et les autres substances organiques réputées pouvoir engendrer le tubercule par inoculation agissent dans des conditions toutes différentes. La première exige les précautions réclamées par les matières virulentes, les secondes veulent les conditions de la septicémie, de l'infection purulente.

Notez en passant que le tubercule en s'altérant peut perdre ses effets virulents spécifiques pour revêtir ceux des matières organiques putrides.

Ce qui aurait dû faire la lumière sur la véritable nature des lésions produites par les opérations dont je viens de parler, c'est que l'on ne tarda pas à annoncer qu'il n'était nullement nécessaire d'introduire dans les plaies des substances animales pour faire naître la tuberculose. Certains expérimentateurs se contentèrent de pratiquer des traumatismes, d'introduire dans des plaies de la charpie, du coton, du caoutchouc, de l'éponge, du papier, etc., les maintenant ainsi dans un état de suppuration continue: les résultats furent les mêmes.

Quiconque considère froidement ces faits découvre aisément que les inoculations tuberculeuses telles que je les ai pratiquées, les insertions sous-cutanées de produits pathologiques ou de tissus normaux, les traumatismes maintenus en suppuration par des corps étrangers, etc., offrent des conditions morbigènes tout à fait différentes. Y a-t-il trop de témérité à supposer que les résultats, quoique grossièrement ressemblants, ne sont pas non plus de même nature.

On raconte que Dupuytren, dans son service d'hôpital, avait l'heureuse chance de ne presque jamais perdre d'opérés d'infection purulente. Quand l'état général de ses malades s'aggravait, il les évacuait dans un service de médecine, et, quelques jours après, il annonçait à ses élèves qu'un tel, qui avait été si heureusement opéré, venait de succomber au développement brusque d'une phthisie galopante. Les poumons, le foie, la rate, etc., étalés sur la table de l'amphithéâtre, confirmaient l'assertion du maître en montrant de nombreux noyaux grisâtres, gris rougeâtres ou jaunâtres disséminés dans leur parenchyme. Au temps de Dupuytren les lésions multiples, nodulaires trouvées dans les organes splanchniques, à la suite de l'infection septico-purulente, étaient donc encore souvent confondues avec celles de la tuberculose. Et cependant l'observation portait sur les organes humains fouillés et étudiés depuis bien longtemps par d'innombrables observateurs. Le siége néfaste de Paris m'a permis bien des fois d'observer ces altérations pyohémiques sous des aspects variés, et il m'est plusieurs fois arrivé de n'être pas trop étonné de l'erreur de Dupuytren.

Sommes-nous plus avancés aujourd'hui en ce qui concerne les lapins et les cochons d'Inde, dont nous avons si peu étudié encore l'anatomie normale et pathologique? Les lésions organiques de même nature n'ont pas toujours un aspect parfaitement identique chez tous les animaux. Le tubercule de la vache, par exemple, possède certains caractères qu'il n'a pas chez l'homme ou qui sont tout au moins fort atténués, au point qu'on a voulu en faire une espèce différente de celle de l'homme. Le pus de l'oiseau, celui du bœuf et celui de l'homme ne sont pas d'aspect entièrement pareil.

Si les altérations anatomo-pathologiques de l'infection septico-purulente ont pu être confondues avec celles de la tuberculose sur l'espèce humaine, ne pensez-vous pas plus facile encore une telle confusion sur les lapins et les cobayes? La différence des procédés employés à la provocation de l'une et de l'autre ne suffit-elle pas à elle seule pour faire soupçonner quelque méprise? Que doit-on attendre, je vous le demande, d'un pus septique, d'un morceau de muscle putréfié introduits sous la peau? d'un fragment de tumeur cancéreuse se décomposant dans un godet du tissu sous-cutané? d'une boulette de papier ou d'une éponge entretenant une plaie fistuleuse en suppuration? Un esprit non prévenu répondra : de la septicémie, de l'infection purulente avec tout leur cortège symptomatique et anatomo-pathologique. Et ce résultat sera d'autant plus fréquent et plus accentué que les sujets seront plus aptes à la production de ces accidents, et par leur nature et par leur état général de santé. Le lapin et le cobaye possèdent précisément cette aptitude que l'on renforce encore très-facilement en les plaçant dans de mauvaises conditions hygiéniques. S'il ne s'était point agi de combattre la virulence de la tuberculose, personne n'aurait songé à interpréter ces faits autrement qu'ils ne doivent l'être. Car, en vérité, monsieur, comment donc faire maintenant pour provoquer l'infection purulente? M. Crocq ne la supprime-t-il pas entièrement au profit de la phthisie? à moins qu'il identifie complétement ces deux maladies.

Veuillez, en outre, bien faire attention à la marche différente des processus locaux. Quand on inocule le tubercule, comme j'ai recommandé de faire, l'absorption de la matière a lieu très-rapidement; si elle est absolument fraîche, il n'y a aucune réaction inflammatoire; la plaie d'insertion se cicatrise immédiatement; le lendemain de l'opération, vous ne voyez rien de plus que dans une inoculation vaccinale. Puis, au bout d'un certain temps, il se développe un petit nodule sous-cutané qui grossit progressivement et qui s'ulcère plus tard en mettant à découvert une matière caséeuse sèche.

Quand, au contraire, on met sous la peau un morceau de tissu altéré ou un fragment volumineux frais, qui ne tarde pas à se putréfier à son tour en séjournant dans ce lieu humide et chaud, on voit une inflammation souvent violente se manifester au bout de peu de temps, les tissus se tuméfient avec un œdème qui s'étend parfois fort loin; vous croiriez avoir affaire à une affection charbonneuse. Plusieurs animaux succombent en deux ou trois jours. Ceux qui résistent présentent un abcès plus ou moins volumineux, et comme la peau des animaux est très-résistante, qu'elle s'ulcère difficilement, il y a réclusion du pus, étranglement et résorption. Si l'on insinue sous la peau une matière imputrescible (éponge, caoutchouc, etc.), on fabrique aussi un abcès dans des conditions un peu différentes, parce que la septicité n'y est pas introduite directement, mais l'altération du pus sécrété par la plaie peut l'amener dans un temps variable.

Je n'ai pas besoin de m'arrêter sur les injections de mercure dans les bronches et dans les vaisseaux signalés aussi comme tuberculogènes par mon contradicteur ; elles constituent encore un mode pathogénique différent.

Si l'on étudie attentivement les lésions morbides survenues à la suite de ces différentes opérations expérimentales, on ne les trouve pas aussi ressemblantes que le déclare un examen superficiel. Elles ont bien de commun la forme circonscrite, c'est vrai ; à leur période initiale, elles offrent de plus une structure histologique à peu près pareille. Mais si vous poursuivez leur évolution et observez le terme final auquel elles aboutissent, vous reconnaîtrez sans peine que la cause créatrice a imprimé à chacune d'elles des caractères spéciaux.

Toutes les fois qu'une irritation de nature quelconque survient dans certains tissus, elle commence par déterminer parmi les éléments anatomiques une activité pathologique qui les ramène à l'état embryonnaire, c'est-à-dire à la formation d'un tissu de petites cellules analogues aux globules lymphatiques. Quand vous projetez dans le poumon, par exemple, des gouttelettes de mercure ou des poussières ténues, ces corps étrangers s'entourent d'une petite coque transparente de ce tissu en question. Des corps plus volumineux (balles, grains de plomb, etc.) produisent le même phénomène avec des dimensions plus grandes. Si des globules purulents, des petites masses emboliques ou des liquides septiques sont déposés par résorption dans les poumons ou ailleurs, un effet analogue se produit fréquemment. Le tubercule et certains cancers naissants se présentent aussi sous cette apparence de tissu embryonnaire. Il n'y a donc rien d'étonnant à ce que l'on confonde ces divers processus de forme si analogue à la première période de leur développement. Mais une fois cette période initiale dépassée, des caractères différentiels se dessinent.

Lorsque l'irritation a été de cause bénigne, comme dans les injections mercurielles, le petit nodule se transforme en tissu fibreux, il s'amincit, se rétracte et constitue une membrane enkystante. Il n'y a pas plus de raisons pour considérer comme tuberculeuse la petite granulation transparente au centre de laquelle on constate une molécule mercurielle, que la zone plus étendue qui enveloppe une chevrotine.

Si l'irritant est moins inoffensif, comme le pus, le pus altéré surtout, comme des particules putrides solides ou liquides, la granulation initiale se fond tout entière et se résout en un liquide laiteux ou jaunâtre dans lequel s'observent des leucocytes et des corpuscules granuleux abondants. Une membrane, parfois, très-vascularisée, circonscrit la collection. Avec le temps les parties liquides sont résorbées, et, comme chez les herbivores le pus est riche en sels calcaires, cette lésion prend assez rapidement la consistance caséeuse, ce qui tend encore à augmenter la confusion. Habituellement les nodules de l'infection purulente sont isolés et non conglomérés comme ceux de la tuberculose. M. Brown-Séquard, qui a tant expérimenté sur les cobayes, ne s'est pas trompé sur la nature des lésions observées à la suite des traumatismes suppurés. Dans les séances du 1er et du 15 mai 1869 de la Société de biologie, il a fait voir qu'il s'agissait d'abcès métastatiques et non de tubercules.

La granulation tuberculeuse marche autrement. De bonne heure la circulation s'interrompt dans son épaisseur et même dans son voisinage ; elle se sèche d'emblée, les petits éléments dont elle se compose s'arrêtent dans leur évolution. Comme les granulations ne naissent pas toutes simultanément, on en rencontre à des âges différents ; elles forment des conglomérats plus ou moins volumineux dont le ramollissement se fait partiellement sans membrane limitante.

L'inoculation du tubercule diffère donc radicalement des opérations diverses auxquelles on veut attribuer la production de la phthisie et qui ne produisent que l'infection pyohémique, facile à confondre chez les petits animaux. Elle en diffère par le mode opératoire, par la lésion locale et par les altérations anatomo-pathologiques des viscères.

Toutes ces raisons suffiront-elles pour convaincre mon contradicteur que le tubercule inoculé agit à la façon des substances virulentes et que la tuberculose est une maladie spécifique soumise aux mêmes lois que ses congénères ? Je n'oserais l'espérer si des expériences d'un autre ordre, dues à la sagacité d'un habile physiologiste français et répétées par des savants de mérite, ne venaient trancher le différend en enlevant à ses objections toute leur portée. Je suis étonné qu'il les ait passées sous silence ainsi que les noms connus qui les couvrent.

Troisième phase. — En 1868, pendant que l'Académie de médecine me faisait l'honneur de discuter mes idées sur la maladie qui nous occupe, M. Chauveau se livrait à des expériences sur l'absorption des virus par les voies digestives. Fort désintéressé dans la question qui s'agitait, il songea qu'il avait entre les mains un moyen fort simple de vider un débat qui durait depuis près d'une année sans résultat bien définitif. Si la tuberculose est virulente, se dit-il, l'ingestion de ses produits pathologiques devra reproduire la maladie et ses lésions, dès lors toutes les questions en litige devront se résoudre dans le sens de la spécificité et de la virulence. Vous connaissez les résultats qu'il obtint. A la suite de l'ingestion de quelques parcelles de matière tuberculeuse il vit se développer sous ses yeux des phthisies remarquables.

Partout l'inoculabilité par le tube digestif se confirma. En France, MM. Saint-Cyr, Parrot, Viseur et d'autres encore, parmi lesquels vous me permettrez de me citer, attestèrent l'exactitude des faits annoncés par M. Chauveau. A l'étranger, Klebs, Gerlach, Semmer, Gunther et Harms, Zürn, Biffi et Verga, Bollinger, firent de même, et plusieurs d'entre eux ont laissé entrevoir des conséquences de la plus haute importance en montrant la possibilité de communiquer la maladie par le lait des animaux qui en sont atteints.

Ces expériences d'une valeur incontestable ne jettent-elles par un jour suffisant sur ce qui restait encore d'obscur et de douteux dans la question ? Que deviennent maintenant les hypothèses de l'embolie, des irritations mécaniques ? Comment expliquer le transport en nature et par résorption de la matière tuberculeuse agissant ensuite à la façon d'un simple corps étranger tel qu'un grain de poussière ?

Faites ingérer du pus, du cancer, des muscles putrifiés, du mercure, de l'éponge, du caoutchouc, etc., et voyez si vous produirez la tuberculose. Il est déjà bien difficile d'admettre à *priori* que des plaies fistuleuses maintenues en suppuration, que des substances putrides inoculées, pro-

duisent autre chose que la pyohémie, et l'on a droit de s'étonner que les résultats ainsi obtenus aient été accueillis avec tant d'empressement comme des manifestations de la tuberculose. Mais quand on voit le principe morbide de la phthisie résister à l'action des forces digestives comme les substances virulentes les mieux caractérisées, il faut bien regarder ce principe comme un virus et la tuberculose comme une maladie spécifique et virulente.

Je crois donc que l'on peut sans témérité et sans paraître trop absolu énoncer les propositions suivantes :

1° La tuberculose est inoculable par le tissu cellulaire au moyen de la matière tuberculeuse et des produits de certaines sécrétions émanant de sujets tuberculeux.

2° Elle est inoculable par le tube digestif au moyen des mêmes substances.

3° Les lésions viscérales que l'on provoque par l'insertion sous la peau de produits pathologiques divers ou de tissus normaux altérés, ainsi que celles qui succèdent à des plaies suppurantes, appartiennent à l'infection purulente souvent confondue autrefois chez l'homme avec la tuberculose et mal différenciés encore aujourd'hui chez les rongeurs qui ont servi aux expériences.

Avant de terminer, permettez-moi d'ajouter encore quelques mots. « La forme absolue de mes convictions est un motif suffisant, selon M. Crocq, pour douter de leur valeur. » Cet aphorisme pourra sembler un peu paradoxal, car une conviction ne serait plus une conviction si elle prenait la forme du doute ou les allures de l'indécision. Quoi qu'il en soit, les faits que je viens d'exposer me permettent, je crois, de maintenir jusqu'à preuve de leur fausseté, les propositions par lesquelles mon contradicteur résume quelques-unes de mes opinions. Je n'ai à relever qu'un seul point, c'est celui qui concerne l'hérédité. M. Crocq prétend que je nie son influence, c'est une erreur qu'il reconnaîtra en me lisant plus attentivement. Au chapitre que j'ai consacré à ce sujet dans mes *Études sur la tuberculose,* j'ai fait voir que la statistique ne prouve pas cette influence, mais je la reconnais néanmoins puisque j'ajoute : « Si donc les chiffres de la statistique ne prouvent rien ou témoignent dans un sens opposé à celui de l'aptitude héréditaire, nous n'en penchons pas moins à croire que l'impressionnabilité à la cause tuberculeuse peut être, dans certains cas, un legs de famille, et nous nous trouvons porté à cette présomption par les exemples de phthisie se répétant sur plusieurs enfants d'un même lit, ou se retrouvant chez ces derniers après s'être montrés chez les parents. »(Page 286).

Vous voyez par là que je ne fais pas « table rase de l'observation pour mettre à sa place des théories et des idées préconçues », comme mon adversaire me le reproche. Cependant je n'éprouve aucun embarras à avouer que depuis que j'ai écrit ces lignes j'ai un peu modifié mes idées sur ce point. Des faits que je suis en train de recueillir me démontrent que l'hérédité n'est pas celle d'une simple prédisposition, mais une transmission effective de la maladie, absolument comme dans la syphilis. Beaucoup d'enfants naissent réellement tuberculeux comme d'autres naissent syphilitiques et présentent des explosions plus ou moins tardives ou précoces. Certains naissent en possession de lésions apparentes ou cachées, soit dans le système lymphatique ganglionnaire, soit dans les poumons ou autres organes. C'est ainsi qu'il se fait que dans des autopsies, même d'enfants assez jeunes, on trouve parfois des altérations tuberculeuses anciennes, caséeuses, sur lesquelles Bühl a attiré l'attention et dont quelques-unes remontent certainement à la vie fœtale ou suivent au moins de très-près la naissance. De même nous assistons à plusieurs éruptions tuberculeuses sur la même personne, éruptions séparées, dans certains cas, par un long espace de temps durant lequel la santé et ses apparences sont assez satisfaisantes pour ne pas laisser soupçonner cette redoutable maladie. Mais ce n'est pas ici le lieu de m'étendre sur ce sujet.

Il faut convenir que bien des questions attendent encore une solution; bien des faits de détail se rectifieront et se compléteront avec le temps. Chacun a eu sa part dans le travail accompli; chacun aura la sienne dans celui qui reste à faire. Quel que modeste que soit la mienne, vous me rendrez cette justice que je n'ai jamais tenté d'en grossir l'importance ni d'amoindrir celle des autres. J'ai laissé se produire les objections, je les ai étudiées sans parti pris et je n'y aurais peut-être jamais répondu, si elles n'avaient été portées devant un tribunal aussi important que le congrès de Bruxelles. Je n'ai qu'un désir, celui de parvenir à la vérité. Pour y tendre, vous penserez sans doute comme moi qu'il faut mettre en regard les uns des autres les faits et les opinions contradictoires. Aussi je suis convaincu que vous voudrez bien accueillir dans la *Revue* ces quelques idées en opposition avec celles de M. Crocq. De cette manière, si je n'ai pu aller défendre mes opinions devant le congrès, elles devront à votre bienveillance une compensation à laquelle j'attache le plus grand prix.

Recevez, monsieur, l'assurance de mes meilleurs sentiments.

VILLEMIN.

ASSOCIATION FRANÇAISE

POUR L'AVANCEMENT DES SCIENCES

CONGRÈS DE NANTES

SÉANCES DES SECTIONS

SECTION DE CHIMIE (1)

Séance du 23 août 1875. — Présidence de M. Wurtz.

M. Pasteur : Nouvelle théorie de la fermentation du sucre. — M. Lamy : Sur la solubilité de la chaux. — M. P. Schutzenberger : Constitution des matières albuminoïdes. — M. le professeur Andrews (de Belfast) : Faits sur l'ozone et sur le chlore électrisé. — M. Georges Salet : Les spectres multiples. — M. Ch. Brame (de Tours) : Corrélation des forces physiques. — Docteur Arm. Gautier : Séparation complète de l'arsenic des matières animales. — MM. Ed. Willm et Ch. Girard : Recherches sur la production et la constitution du bleu de la diphénylamine.

M. **L. Pasteur**, dans une lettre adressée à M. Dumas, communique à la section une nouvelle théorie de la fermentation du sucre. On sait qu'en démontrant, dès 1859, que la fermentation du sucre est accompagnée du développement de cellules de levûre, M. Pasteur renversait la théorie de Liebig, qui voyait dans la fermentation le résultat d'un mouvement que les ferments, matières organisées ou non organisées, communiquaient aux matières fermentescibles.

Les expériences de M. Pasteur, publiées en 1859, tout en montrant la corrélation qui existe entre la vie des cellules de levûre et le dédoublement qui constitue la fermentation du sucre, n'expliquaient pas la cause de ce phénomène.

En effet, tandis que le développement des cellules de levûre, en présence du sucre, est accompagné de la transformation de ce principe immédiat suivant les lois de la fermentation, si l'on vient à remplacer la levûre par les spores

---

(1) Suite et fin. — Voyez ci-dessus, p. 353, numéro du 9 octobre.

d'une moisissure du *Penicillum glaucum*, par exemple, on observe exactement les mêmes phénomènes de nutrition, sans toutefois que la fermentation se manifeste. Ainsi, dans un cas la vie d'une des plantes est associée à la fermentation, dans l'autre elle ne l'est pas. Dès lors la fermentation n'est pas une conséquence de la vie d'un être qui se nourrit aux dépens de la matière fermentescible, comme on pourrait le croire. M. Pasteur l'envisage aujourd'hui comme la conséquence de la *vie sans air*. « Le caractère ferment, dit l'éminent savant, n'est plus pour moi une propriété inhérente à certains organismes, mais l'effet d'un mode de vie et de nutrition auquel ils se trouvent par hasard exposés; et tout être, toute cellule, qui, à un moment donné de leur développement, peuvent vivre sans air, doivent devenir ferment pour celui de leurs aliments capable de leur fournir les matériaux oxygénés dont l'être et la cellule ont besoin, ainsi que la chaleur utile au travail chimique qu'ils élaborent. » « Si certains organismes ont mérité d'être distingués (sous le nom de ferments) d'autres organismes extrêmement voisins, c'est uniquement parce que la vie des premiers peut se prolonger dans les conditions de la vie sans air, et qu'il en est résulté des effets considérables, tant par leur grandeur que par leur utilité, effets, tout spontanés d'ailleurs, qui ont appelé l'attention sur les agents qui les produisaient. »

Parmi les preuves invoquées à l'appui de cette nouvelle théorie, une des plus convaincantes est la suivante : Plus on offre d'oxygène libre à la levûre pendant qu'elle agit sur le sucre, moins elle en décompose. Le maximum de son effet correspond à son état de vie sans l'intervention de l'oxygène libre ou dissous; le minimum, à la plus grande action possible de ce gaz.

Énumérant d'autres faits importants, M. Pasteur démontre que, d'une manière générale, les ferments sont des organismes ordinaires, doués seulement de la propriété de s'accommoder à des conditions de nutrition autres que celles qui sont propres aux plantes ordinaires.

« En terminant, ajoute M. Pasteur, j'oserai dire que la fermentation n'est plus un mystère, ou du moins que son mystère est remplacé par le mystère de la vie sans air. »

— M. *Lamy*, à l'occasion des recherches sur cette question importante de la solubilité de la chaux dans les jus sucrés, a étudié la solubilité de la chaux dans l'eau pure.

On sait, depuis Dalton, que la chaux, qui est peu soluble, se dissout plus dans l'eau froide que dans l'eau chaude. Les difficultés rencontrées dans le courant de son travail ont conduit M. Lamy à prendre des précautions dont Dalton ne paraît pas s'être préoccupé. Il a reconnu, en effet, que la solubilité à une température déterminée varie avec plusieurs circonstances, telles que le degré de cuisson de la chaux, l'état de sursaturation de ses dissolutions, les lavages plus ou moins nombreux qu'on lui fait subir, le chauffement préalable auquel on soumet le lait de chaux, et surtout la filtration de ce lait pour obtenir des solutions limpides. La fibre végétale du filtre absorbe la chaux d'une dissolution à la manière dont elle agit sur certaines substances colorantes, et ce n'est que lorsque le filtre est saturé de chaux qu'il n'altère plus la teneur des solutions calcaires.

En opérant sur divers échantillons de chaux pure, M. Lamy a trouvé des coefficients de solubilité un peu différents, dont l'écart maximum, d'ailleurs, n'a pas dépassé 0,0005. Mais un fait curieux, anormal, qui ressort de toutes les déterminations que l'auteur a faites, c'est que les nombres d'une même série, en se rapportant à un même échantillon, suivant une même loi, offrent une irrégularité caractéristique entre 15 et 30 degrés. En effet, la courbe figurative qui lie entre eux ces nombres d'une même série n'est pas une branche parabolique, plus ou moins voisine d'une ligne droite, tournant toujours sa concavité vers l'un des axes des coordonnées, mais elle présente un changement de courbure entre 15 et 30 degrés.

Cette anomalie bien constatée, M. Lamy en a cherché l'explication. Il s'est demandé si, à l'exemple du sulfate de soude, la chaux ne produirait pas deux hydrates différents, l'un se formant au-dessous, l'autre au-dessus de 20 degrés. Il a cependant reconnu que l'hydrate de chaux, qui cristallise au-dessus de 30 degrés, a exactement la même composition que l'hydrate obtenu par Gay-Lussac à la température ordinaire.

— M. *P. Schutzenberger* rend compte des résultats de recherches poursuivies depuis plus d'un an sur l'albumine et ses congénères, en vue d'établir la constitution de ces corps.

Ayant observé que l'albumine et les corps analogues, chauffés vers 150 degrés avec de l'hydrate de baryte, se dédoublent entièrement en principes cristallisables, et que la détermination complète de ces principes pourrait résoudre la question encore obscure de la constitution des matières albuminoïdes, M. Schutzenberger a soumis les produits de cette réaction à des analyses qualitatives et quantitatives aussi approchées que possible.

Les principaux résultats auxquels il est arrivé sont les suivants :

1° Les diverses matières albuminoïdes chauffées à 150 degrés, avec de l'eau et de l'hydrate de baryte, dégagent une partie de leur azote, sous forme d'ammoniaque. La quantité d'azote ainsi mise en liberté varie entre 3,5 et 4 pour 100 de la matière, suivant la nature du corps mis à l'expérience. Il se sépare en même temps un mélange, en proportions variables, suivant l'espèce de la matière albuminoïde, de carbonate et d'oxalate de baryum.

La quantité d'ammoniaque dégagée, comparée au poids de carbonate et d'oxalate de baryum, conduit à ce résultat que cette ammoniaque, ainsi que l'acide carbonique et l'acide oxalique, dérive de la décomposition des groupements de l'urée et de l'oxamide.

2° Toutes les matières albuminoïdes fournissent, dans des conditions identiques, de l'acide acétique dont la quantité est à peu près la même pour toutes et s'élève à une molécule pour 1612 de substance albuminoïde (une molécule).

3° Le produit de la réaction contient une certaine quantité de sel barytique soluble, non précipitable par l'acide carbonique : la baryte, non précipitable par le gaz carbonique, qui reste en solution, correspond à un atome de baryum pour chaque molécule de substance albuminoïde (1612).

Les acides qui retiennent la baryte sous forme de sels non précipitables par l'anhydride carbonique, appartiennent au groupe des acides amidés de la formule générale $C^nH^{2n-1}AzO^4$ (acides glutamique, aspartique, etc.).

4° L'analyse immédiate a démontré, dans le produit de la réaction des matières albuminoïdes avec la baryte, la présence des acides amidés de la série $C^nH^{2n+1}AzO^2$ (*n* étant respectivement égal à 7, 6, 5, 4, 3) et notamment de la leucine, de la butalanine, de l'acide amido-butyrique.

A côté de ces termes, on trouve d'autres produits appartenant à une série parallèle non saturée de la formule générale $C^nH^{2n-1}AzO^2$ (*n* égal respectivement à 6, 5, 4).

D'après l'analyse élémentaire du mélange amidé résultant de l'action de la baryte sur l'albumine, après séparation de l'ammoniaque, du carbonate et de l'oxalate de baryte, ainsi que de l'excès de baryte restée en solution, la réaction peut être représentée, très-probablement, par l'équation suivante :

$$C^{72}H^{112}Az^{18}O^{22}S + 15H^2O$$
$$= CH^4Az^2O + C^2H^4Az^2O^2 + C^2H^4O^2 + S + C^{67}H^{130}Az^{14}O^{32}$$

Urée.   Oxamide.   Ac. acétique.   Mélange amidé.

En retranchant de la formule approximative du mélange amidé deux molécules d'acide glutamique correspondant

à la baryte non éliminable par le gaz carbonique, il reste $C^{57}H^{112}Az^{12}O^{24}$, qui répond assez exactement à la formule générale $C^nH^{2n}AzO^2$, pour $n = 57$.

On voit que cette formule est une moyenne entre la formule $C^nH^{2n+1}AzO^2$, à laquelle répondent la leucine et ses homologues trouvés dans le mélange, et celle $C^nH^{2n-1}AzO^2$, à laquelle répondent les corps non saturés également isolés. On peut donc admettre que les corps des deux séries se trouvent en proportions moléculairement équivalentes dans le mélange amidé.

Comme, de plus, toutes les matières albuminoïdes ont donné, dans les mêmes circonstances, des mélanges amidés offrant à peu de chose près la même composition qualitative et quantitative, on est conduit à admettre que les substances protéiques ont toutes un noyau commun, lequel, dans tous ces corps, possède une constitution identique. Cette manière de voir les choses fait revivre l'ancienne théorie de Mulder, mais sous une forme plus précise, puisqu'elle permet de se rendre compte de la constitution de ce noyau ou radical commun (protéine). Les différences observées dans les matières albuminoïdes dépendraient de la nature et des quantités des principes étrangers secondaires qui viennent se grouper autour de ce noyau commun : urée, oxamide, acides glutamique, aspartique, etc. (1).

— M. le professeur *Andrews*, de Belfast, décrit devant la section un appareil très-simple, à l'aide duquel on peut faire voir la production de l'ozone dans un cours. C'est un tube en *u* dont une des branches est beaucoup plus large que l'autre ; la branche étroite se prolonge en un tube recourbé qui vient plonger dans une éprouvette pleine d'acide sulfurique. On a engagé dans la branche large un tube en verre mince, fermé par le bas, et l'on a soudé ce tube à la partie supérieure du tube large, de façon à former une espèce de moufle à l'intérieur de la grande branche du tube en U, laquelle est close. Cette moufle est remplie d'eau, et l'on plonge dans celle-ci un des rhéophores d'une bobine de Ruhmkorff ; le tube en U lui-même est plongé dans un vase plein d'eau, où vient aboutir le second rhéophore.

On a préalablement rempli l'appareil d'oxygène sec, à l'aide d'une tubulure latérale que l'on a fermée à la lampe ultérieurement. Aussitôt que l'électricité circule, l'ozone se forme dans l'appareil, et l'on voit l'acide sulfurique s'élever dans le tube plongeur. La contraction peut atteindre un dixième du volume de l'oxygène.

M. Andrews ajoute quelques mots sur des expériences relatives à l'ozone et au chlore électrisé.

I. 1° Mélangé à l'oxygène et conservé dans un tube fermé, l'ozone s'y conserve quelques semaines, mais l'intensité de ses réactions caractéristiques va en diminuant.

---

(1) A l'occasion de l'importante communication de M. Schutzenberger, M. Béchamp rappelle une expérience faite par lui, il y a environ vingt ans, à la Faculté de Strasbourg, expérience qui consiste à oxyder l'albumine à l'aide du permanganate de potassium. Le résultat de cette oxydation a été la production d'une très-petite quantité d'urée.

Par cette remarque, M. Béchamp semblait revendiquer la priorité pour quelques-uns des résultats obtenus par M. Schutzenberger. M. Wurtz fait observer que l'expérience de M. Béchamp était un fait isolé, dont on ne tira aucune conclusion relativement à la constitution de l'albumine et de ses congénères ; que l'idée d'étudier les dédoublements de l'albumine sous l'influence des bases, de manière à faire servir cette étude analytique à la détermination de la constitution de l'albumine, appartient à M. Schutzenberger. En effet, ce chimiste a employé le premier la balance pour la détermination de tous les principes immédiats qui dérivent de l'albumine sous l'influence de certains réactifs. L'observation isolée de M. Béchamp n'a qu'un rapport très-éloigné avec les recherches si variées et si achevées de M. Schutzenberger.

2° Mélangé avec de l'oxygène dans un tube contenant des *fragments* de verre, l'ozone disparaît quand on agite le tube. Ce fait est-il dû à l'action mécanique, ou bien est-il dû à la soude que renferme le verre ?

3° Si l'on fait passer une petite quantité d'ozone sur des feuilles d'argent, il y a une faible oxydation : le poids des feuilles d'argent ne change presque pas ; mais si l'on vient à faire passer sur les mêmes feuilles d'argent une grande quantité d'ozone, celui-ci se détruit complétement.

II. L'appareil décrit plus haut peut servir à électriser le chlore. Sous l'influence du courant électrique, le gaz ne change pas de volume quand la température a été maintenue constante. Les affinités du chlore ne sont pas changées si le gaz est sec ; mais s'il est humide, il attaque alors le platine, sur lequel il n'a aucune action quand il n'a pas été électrisé. On s'est demandé si, dans ces conditions, il ne se produirait pas un composé oxygéné du chlore.

— M. *Georges Salet* s'attache à préciser les conséquences théoriques de l'existence des spectres multiples, existence que les expériences lui semblent mettre hors de doute. Pour lui, les spectres primaires sont dus aux molécules, telles que les chimistes modernes les définissent ; les spectres secondaires, aux atomes eux-mêmes. Il n'est pas plus difficile d'imaginer un gaz simple présentant un spectre primaire que de se le figurer comme constitué par des molécules contenant chacune plusieurs atomes.

A un degré de chaleur très-élevé, toutes les molécules sont détruites et les atomes deviennent libres. C'est donc, pour un certain nombre d'éléments, ce que M. Salet, dans son important travail, appelle *l'allotropie des hautes températures*.

— M. *Ch. Brame*, de Tours, lit un mémoire *sur la corrélation des forces physiques*.

Le travail de M. Brame étant basé sur des principes théoriques qui lui sont propres, son analyse exigerait un développement que nous ne pouvons pas donner dans cette *Revue*. Aussi renverrons-nous le lecteur aux publications antérieures de l'auteur.

— M. *Wurtz* fait connaître, au nom de M. le docteur *Armand Gautier*, professeur agrégé et directeur du laboratoire de chimie biologique à la Faculté de médecine, une nouvelle méthode pour séparer l'arsenic des matières animales et pour le doser.

Tout le monde connaît l'importance de ces sortes de recherches dans les questions de médecine légale ; et le nombre considérable de méthodes que l'on a proposées pour isoler l'arsenic justifie la difficulté du sujet, qui, d'ailleurs, a été l'objet de nombreux travaux. Par une heureuse combinaison des méthodes par l'*acide sulfurique* et par l'*acide nitrique*, M. Gautier est arrivé à des résultats presque surprenants au double point de vue de la rapidité de l'opération et de l'exactitude dans les dosages.

Dans la méthode de M. Gautier, la matière suspecte est traitée d'abord par de l'acide nitrique, puis par de l'acide sulfuriques, et, en dernier lieu encore, par de l'acide nitrique.

Dans la première phase, on désagrége les matières organiques ; dans la deuxième, quand intervient l'acide sulfurique, on les détruit très-rapidement, et, enfin, dans la troisième, par l'addition d'une nouvelle quantité d'acide nitrique, on élimine les dernières traces de matière organique, en même temps que l'on empêche la formation de sulfure d'arsenic.

Dans un nombre considérable d'essais quantitatifs, M. Gautier n'a jamais constaté des différences s'élevant à beaucoup plus de un dixième de milligramme, entre les quantités d'arsenic trouvé et les quantités introduites.

En présence de ces résultats, on peut dire que la méthode de M. Gautier permet la séparation *complète* de l'arsenic d'avec les matières animales (1).

— M. *Ed. Willm* communique, en son nom et au nom de M. *Ch. Girard*, les résultats de recherches encore incomplètes sur la production et la constitution du bleu de diphénylamine, obtenu par l'action de l'acide oxalique sur cette base, ainsi que sur les produits qui l'accompagnent lors de sa formation. Parmi ces produits, le plus important, et le seul qui soit bien défini jusqu'à présent c'est la formo-

$$\text{diphénylamine } Az \diagup \begin{matrix} C^6H^5 \\ C^6H^5 \\ COH \end{matrix}$$

diphénylamine Az $<$ $\begin{smallmatrix} C^6H^5 \\ -C^6H^5 \\ COH \end{smallmatrix}$. Cette amine mixte s'obtient facilement par l'action directe de l'acide formique sur la diphénylamine. Elle cristallise facilement d'une solution alcoolique en prismes orthorombiques, volumineux, fusibles à 73 degrés ; elle distille, sans altération, entre 210-220 degrés, sous la pression de 2 centimètres de mercure.

Les réactions sont celles des formamides en général ; les agents réducteurs et oxydants ne portent leur action que sur le groupe formyle. La formodiphénylamine ne manifeste pas les réactions colorées de la diphénylamine elle-même, tant que son dédoublement n'a pas eu lieu.

Dans la préparation du bleu par l'action de l'acide oxalique sur la diphénylamine, le produit formé disparaît avec une grande facilité lorsque l'on n'a pas soin de maintenir la température à laquelle on opère dans de certaines limites, — 130 degrés environ. Une fois l'opération achevée, le produit renferme principalement de la diphénylamine, de la formodiphénylamine et une matière d'un brun-acajou qui n'a pas encore pu être purifiée.

Lorsque, dans la diphénylamine, le troisième atome de H, du type ammoniaque est substitué par un radical alcoolique aromatique ou par un radical d'acide, la température que l'on peut atteindre sans danger est beaucoup plus élevée. C'est ainsi qu'avec l'acétodiphénylamine on peut élever la température jusqu'à 180 degrés, sans que le bleu formé soit sensiblement altéré.

Pour obtenir ce bleu, il n'est pas nécessaire de partir de l'acétodiphénylamine toute formée : il suffit de se mettre dans les conditions nécessaires pour lui donner naissance en présence de l'acide oxalique.

L'acétodiphénylamine peut être obtenue, soit par l'action de l'anhydride acétique ou du chlorure d'acétyle sur la diphénylamine, soit par l'action de l'acide acétique cristallisable, en présence d'un corps déshydratant.

L'acétodiphénylamine cristallise en prismes volumineux qui semblent isomorphes avec les cristaux de la formodiphénylamine. Elle fond à 104 degrés.

Les auteurs font aussi connaître la benzyle-diphénylamine cristallisable en aiguilles déliées, fusibles à 94-96 degrés et distillant à 240 degrés dans le vide. Ils décrivent ensuite la marche qu'ils ont suivie pour purifier le bleu commercial soluble. L'analyse de ce bleu montra qu'il constitue un sel soluble d'un acide sulfoconjugué ; le bleu lui-même, avant d'avoir été rendu soluble, est le chlorhydrate d'une amine complexe, résultant de la condensation de plusieurs résidus de diphénylamine soudés par un atome de carbone ou par un des groupes (C H)''' ou (C H²)''.

Parmi les réactions caractéristiques de ce bleu, il faut mentionner celle de l'acide chlorhydrique sec, qui donne un dégagement de chlorure de méthyle, et celle de l'acide azo-

---

(1) A propos de la communication de M. Gautier, M. Brame, de Tours, mentionna une méthode imaginée par lui et décrite en 1868 par M. Malard, dans une thèse soutenue à l'École de pharmacie de Tours. La méthode en question n'est, au fond, que celle de Flandin et Danger : elle diffère complétement de la méthode de M. Gautier.

teux, qui fournit de l'acide cyanhydrique : dans les deux cas, la diphénylamine est régénérée.

Les auteurs se réservent l'étude ultérieure de ces réactions, qui établiront si le bleu obtenu par l'acétodiphénylamine, ou les amines analogues, est identique ou non avec celui que fournit la diphénylamine elle-même.

Les auteurs mettent sous les yeux des membres de la section un grand nombre d'échantillons de produits qu'ils ont obtenus dans ces recherches.

Séance du 25 août. — Présidence de M. Balard.

M. Pesier : Sur l'industrie des potasses de betteraves et sur le dosage de la soude. — M. Lorin : Action réciproque de l'acide oxalique et des alcools polyatomiques. — M. Tanret : Sur la digitaline. — M. Flourens : Sur les sucres candis. — M. Renouard fils : Désagrégation des lins par voie chimique. — M. Béchamp : Sur les dixtrines, sur les fécules et sur deux principes nouveaux contenus dans les vins. — M. V. Desheyes : Emploi du spectre dans le procédé Bessemer. — M. Camille Bourdou : Gravures par l'emploi du mercure. — M. Balard : Essais des soudes et des potasses. — M. V. Boulay : Fabrication du cadmium à l'usine de la Nouvelle-Montagne. — M. le docteur Garrigon : Résultats d'analyses d'eau minérale faites sur un mètre cube de liquide.

M. *Pesier*, professeur de chimie à Valenciennes, entretient la section de procédés qui permettent de retirer des salins de betteraves des potasses ne renfermant que de très-faibles quantités de soude, quantités qui peuvent être réduites à 2,5 pour 100. Ces procédés, déjà publiés par l'auteur, exigent particulièrement que la *fonte* soit pratiquée sans *ébullition* et que les degrés de concentration des lessives, aux diverses phases du travail, soient rigoureusement observés.

M. Pesier rappelle encore les méthodes de dosage de la soude dans les potasses, et recommande que la quantité de base (soude) soit déterminée directement et non pas par différence, comme cela se fait d'ordinaire. La soude peut être séparée à l'aide de l'acide perchlorique, comme le fait M. Schlœsing et comme l'auteur lui-même le pratique depuis 1840.

M. Pesier fait remarquer, en terminant, que le *natromètre* fournit des indications assez exactes sur la teneur en soude des potasses, à la condition toutefois d'employer le sulfate de potasse pur, en poudre fine, pour faire les solutions saturées.

— M. *Friedel* communique, au nom de M. *Lorin*, préparateur des cours de chimie industrielle et de physique générale à l'École centrale, un mémoire dans lequel M. Lorin expose les résultats de ses longues et laborieuses recherches sur l'action réciproque de l'acide oxalique et des alcools polyatomiques proprements dits, et sur la préparation industrielle de l'acide formique.

On sait qu'à la suite de sa belle synthèse de l'acide formique, en partant de l'oxyde de carbone, M. Berthelot fit une étude approfondie de la décomposition de l'acide oxalique à 100 degrés, dans des conditions très-différentes, et constata, entre autres faits intéressants, que sous l'influence de la glycérine, l'acide oxalique se dédouble en acide carbonique et acide formique. Appliquant cette réaction à la production de l'acide formique, l'éminent chimiste donna une méthode de préparation de cet acide à l'aide de la glycérine et de l'acide oxalique, procédé devenu classique dans les laboratoires, et qui remplaça très-avantageusement la méthode d'oxydation du sucre et autres substances organiques par un mélange d'acide sulfurique et de bioxyde de manganèse. Le procédé de M. Berthelot avait seulement l'inconvénient de fournir l'acide formique en solutions trop diluées et d'exiger, par suite, sa transformation en sels de plomb, que l'on décomposait par l'hydrogène sulfuré.

Dès 1665 M. Lorin modifia le procédé de M. Berthelot en faisant agir l'acide oxalique cristallisé sur la glycérine un peu concentrée, non pas à 100 degrés, mais vers 140 degrés. Cette modification permit d'avoir des solutions titrant jusqu'à 56 pour 100 d'acide monohydraté, et en distillant ces solu-

tions sur l'acide oxalique deshydraté, M. Lorin arrivait même à une teneur de 77 pour 100 d'acide normal. Tels sont les résultats des premières expériences de M. Lorin. Plus tard, ce chimiste songea à généraliser la réaction du dédoublement de l'acide oxalique sous l'influence de la glycérine : il constata, successivement, qu'elle se produit avec l'éthylglycol de M. Wurtz, l'octylglycol de M. de Clermont, puis avec l'erythrite, la mannite et son isomère la dulcite. Elle devint donc générale pour les alcools polyatomiques.

Les dernières recherches de M. Lorin portent sur l'obtention industrielle de l'acide formique le plus concentré possible, sans passer par les formiates. Avec la glycérine concentrée, la mannite et l'acide oxalique deshydraté, M. Lorin arrive à obtenir, *du premier jet*, des solutions renfermant 90, 92 et même 98 pour 100 d'acide monohydraté.

Tels sont, très en résumé, les résultats importants des recherches de M. Lorin communiqués à la section de chimie (1).

— M. *Ch. Tanret* pharmacien à Troyes, fait connaître un nouveau procédé d'extraction de la digitaline. Au lieu d'épuiser la plante par l'eau, comme cela se pratiquait en suivant la méthode de Homolle et Quevenne, M. Tanret traite la poudre de digitale par l'alcool, qui dissout la digitaline et ajoute du chloroforme à la solution alcoolique pour enlever la digitaline. Cette solution de chloroforme étant agitée avec du tannin, il se produit alors du tannate de digitaline, que l'on sépare et que l'on dissout dans de l'alcool à 95 degrés centésimaux. En ajoutant soit de l'oxyde de zinc, soit de l'oxyde jaune de mercure à la solution alcoolique, on met la digitaline en liberté, laquelle reste dissoute dans l'alcool. De cette solution, on peut précipiter la digitaline en grains cristallins ou en aiguilles déliées, suivant que l'on accélère ou que l'on ralentit l'évaporation de l'alcool.

Cette méthode d'extraction de la digitaline a conduit M. Tanret à supposer, tout naturellement, que ce produit immédiat ne se trouve pas dans la plante à l'état de tannate, comme on le croyait, mais très-probablement en combinaison avec un autre acide.

Quant à la fonction chimique de la digitaline, M. Tanret touche à peine la question, laquelle, pense l'auteur, peut être de nouveau étudiée dans des conditions plus favorables, grâce à la facilité avec laquelle on pourra se procurer maintenant des quantités relativement grandes de digitaline.

— M. *Flourens* présente une table de solubilité du sucre à différentes températures, et une autre de l'ébullition des sirops de sucre pur à différents degrés de concentration. Il constate que la solubilité du sucre croît très-lentement avec la température entre zéro et 30 degrés, et plus rapidement, mais régulièrement, de 30 à 100 degrés. De ces observations, M. Flourens conclut que dans les fabriques de sucre candi on n'a aucun intérêt à baisser au-dessous de 25 degrés la température des étuves, attendu que les sirops restent toujours légèrement sursaturés.

D'après M. Flourens, les tables de Putroni, publiées encore dans les derniers ouvrages sur la fabrication du sucre, sont inexactes. La masse cuite ordinaire, pour le candi blanc, bout à 109 ou 110 degrés, et correspond à un sirop saturé à 87 degrés. On constate, dans la pratique, que la cristallisation ne commence qu'à 70 ou 80 degrés.

----

(1) Après la communication faite par M. Friedel, au nom de M. Lorin, M. Béchamp dit que son fils, M. Joseph Béchamp, préparateur de chimie à la Faculté de médecine de Montpellier, a étudié les produits de décomposition de l'acide oxalique chauffé avec l'acide lactique. M. J. Béchamp a constaté que vers 140 degrés un mélange de 100 parties d'acide lactique et 50 parties d'acide oxalique fournit une grande quantité d'oxyde de carbone, d'acide carbonique et de l'acide formique représentant environ 18 pour 100 du poids de l'acide oxalique employé.

Terminant sa communication, M. Flourens fait observer qu'il se produit d'autant plus de sucre incristallisable, pendant la cristallisation, que la masse cuite en contient déjà une plus grande proportion.

— M. *Alfred Renouard fils*, ingénieur à Lille, expose devant la section une méthode chimique de désagrégation des lins, par l'emploi successif du carbonate de soude et de l'acide sulfurique.

Pour bien comprendre la méthode de désagrégation des lins, mise en pratique par M. Renouard, il serait indispensable d'entrer dans des détails nombreux, que le lecteur trouvera dans le mémoire qui sera publié dans les comptes rendus de l'Association.

— M. *Béchamp* fait devant la section les communications suivantes :

1° *Sur les états allotropiques de la fécule.* — Se reportant aux connaissances que l'on possède sur le sujet de sa communication, M. Béchamp fait observer que l'histoire chimique de la fécule a été obscurcie dans ces derniers temps. Ainsi M. Naezoli a été jusqu'à émettre l'opinion que la fécule est formée de cellulose et d'une matière qu'il nomme *granulose*, et qui seule serait colorable en bleu par l'iode. Dans des ouvrages récents, on trouve encore reproduite une vieille erreur de Schleider, à savoir : la conversion de la cellulose en amidon sous l'influence de l'acide sulfurique. M. Béchamp rappelle qu'il y a longtemps il a démontré que la cellulose et sa modification soluble sont également inactives, tandis que la fécule et ses modifications sont dextrogyres, avec un pouvoir rotatoire très-grand.

Quant aux granules de fécule et d'amidon, le travail de M. Béchamp démontre qu'indépendamment d'une petite quantité de matière azotée, ils ne sont formés que d'une seule substance, la *matière amylacée*, dont le pouvoir rotatoire, à droite, est de 211 à 212 degrés. Pour ce qui concerne des particularités signalées par certains expérimentateurs, elles tiennent à ce que la fécule peut se présenter à nous sous divers états allotropiques, dans lesquels les propriétés ordinaires sont voilées. M. Béchamp a fait connaître cinq de ces états qu'il désigne par les lettres grecques α, β, γ, δ, ε. La *fécule* α est l'état sous lequel la matière amylacée existe en majeure partie dans les granules de fécule de pomme de terre. La *fécule* γ est l'état de la fécule inattaquable par la diastase et non directement colorable en bleu par l'iode : c'est cet état que l'on a pris pour de la cellulose. La *fécule* ε est l'état sous lequel la fécule est devenue définitivement soluble dans l'eau froide et que l'auteur avait depuis longtemps fait connaître sous le nom de *fécule soluble*.

Tous ces produits ont le même pouvoir rotatoire, et M. Béchamp fait connaître le moyen indirect qui lui a permis de déterminer ce pouvoir pour les états allotropiques insolubles de la fécule.

2° *Sur les dextrines.* — Depuis les recherches de Biot, Payen et Persoz, les auteurs n'admettent l'existence que d'une seule dextrine.

Ils ont confondu sous ce nom plusieurs substances différentes, même la fécule soluble. M. Béchamp fait voir qu'après la fécule soluble, d'autres modifications de la matière amylacée peuvent être produites sous l'influence des mêmes agents transformateurs, acides ou diastase, et dont le pouvoir rotatoire, inférieur à celui de la fécule, est compris entre 202 et 120 degrés à droite. Il n'a pu isoler, à l'état de pureté, que les deux termes extrêmes.

Les dextrines sont toujours solubles ; elles diffèrent de la fécule soluble par leur pouvoir rotatoire, et en ce qu'elles ne sont pas précipitées par l'eau de baryte. Elles réduisent le réactif cupropotassique, mais à une température plus élevée que la glycose, caractère qui les distingue encore de la fécule soluble ; enfin, elles ne sont pas fermentescibles par la levûre

de bière. Comme la fécule, mais plus difficilement, elles sont saccharifiables par la diastase.

M. Musculus avait cru démontrer que la fécule se dédoublait en deux équivalents de dextrine et un équivalent de glycose, sous l'influence de la diastase, mais que cette zymase est incapable de saccharifier la dextrine. L'ensemble du travail de M. Béchamp montre quelle est la cause de l'erreur de M. Musculus.

3° *Sur deux principes nouveaux des vins.* — M. Béchamp fait connaître que les vins rouges, ainsi que les vins blancs, contiennent deux substances nouvelles, l'une et l'autre dextrogyres. L'une, qu'il nomme *matière dextrogyre A*, et qu'il a découverte en 1862, est d'apparence gommeuse. Elle réduit, sous l'influence de certains agents, la liqueur cupro-potassique. L'autre, *matière dextrogyre B*, est un acide. Elle réduit le réactif cupro-potassique dans les mêmes conditions que le sucre de raisin. Il résulte de ces observations que l'on ne peut doser la glycose dans le vin, soit par le saccharimètre, soit par la méthode de la liqueur cuivrique. De même, le dosage du sucre dans le vin est rendu impossible, parce que l'on ne connait pas encore les circonstances dans lesquelles la matière dextrogyre A devient capable de réduire le réactif cupro-potassique. Dans l'état actuel, seule la fermentation peut permettre de doser le sucre contenu dans le vin (1).

M. Friedel communique à la section un mémoire de M. V. Deshayes, ingénieur civil des mines, chimiste aux fonderies et aciéries de Terre-Noire, sur l'emploi du spectroscope dans le procédé Bessemer.

On se rappelle que parmi les communications faites devant la section, dans une des dernières séances, figure celle d'un travail important de M. G. Salet, sur les spectres multiples. Nous avons vu les conclusions que ce savant tire de ses belles expériences, au double point de vue de la théorie des spectres et de celles de la chimie moderne. Dans le travail de M. Deshayes, que nous allons brièvement exposer, on poursuit un but essentiellement pratique. De l'étude attentive du spectre que l'on observe dans les différentes phases du travail de la fonte, du fer, de l'acier, on peut arriver à des résultats permettant de mieux interpréter les réactions, de mieux les régulariser, et même d'assigner d'avance, par la nature des spectres, l'égalité probable des produits, les autres circonstances restant constantes.

Le mémoire de M. Deshayes est divisé en cinq parties.

La première et la deuxième sont consacrées à la partie historique du sujet et au choix à faire d'un spectroscope, suivant qu'il est destiné à être employé à l'atelier, pour l'arrêt des opérations, ou qu'il doit servir aux recherches sur la nature du spectre.

Dans cette partie de son mémoire, l'auteur conclut que le petit spectroscope à vision directe de M. Dubosq convient très-bien pour les observations à l'atelier, et le spectroscope à vision directe et à micromètre, du même constructeur, pour les recherches sur la nature du spectre.

La troisième partie comprend une étude détaillée de la marche des opérations de la méthode Bessemer, suivant la nature des fontes à traiter.

Dans la quatrième partie, M. Deshayes donne une description assez complète du spectre de Bessemer dans les usines françaises. Cette quatrième partie est elle-même divisée en

---

(1) Sur une remarque de M. Petit, à la suite de cette communication, M. Béchamp dit qu'il a obtenu une fois, par l'action de la diastase sur la fécule, une glycose particulière, dont le pouvoir rotatoire de 125°,⁄, au moment de la dissolution, s'est élevé peu à peu jusqu'à 141°,⁄, ce qui est le contraire de ce qui arrive à la glycose cristallisée ordinaire, dont le pouvoir rotatoire diminue après la solution.

paragraphes, donnant en divisions du micromètre et en longueur d'onde (avec observation sur la nature et l'intensité des raies) les raies du spectre fourni par la flamme du Bessemer et la comparaison de ce spectre avec différents spectres obtenus au laboratoire ou dans l'usine. L'auteur mentionne, dans cette partie de son travail, un certain nombre de spectres qui ont été l'objet d'une étude toute particulière. Pour ces détails, d'ailleurs fort intéressants, nous sommes forcés de renvoyer le lecteur aux comptes rendus de l'Association.

Dans la cinquième partie du mémoire se trouvent les conclusions suivantes : Le spectre de la flamme du Bessemer est formé par la superposition des spectres de corps suivants : sodium, lithium, potassium, calcium, manganèse, fer et oxyde de carbone.

— M. *Grimaux* présente, au nom de M. Camille Gourdon, professeur à la Martinière (Lyon), une note sur l'influence du dépôt de mercure sur le zinc et sur un nouveau procédé de gravure en relief par l'emploi du mercure.

Ayant observé que l'acide chlorhydrique, d'une certaine concentration, agissant sur une lame de zinc, dont un point est amalgamé, attaque les parties non amalgamées, en même temps que la tache de mercure s'élargit, M. Gourdon a tiré parti de ce fait en imaginant un nouveau procédé de gravure en relief. Pour les détails de la pratique, il faut lire la note de l'auteur.

— M. *Balard*, à l'occasion de la communication de M. Pesier, décrit une méthode d'analyse qui permet d'essayer rapidement les soudes et les potasses avec une approximation suffisante :

Que l'on s'imagine un mélange complexe, tel que celui des sels des eaux mères des salines, mélange contenant :

Sulfates et chlorures de potassium, de sodium, de magnésium ; M. Balard traite un pareil mélange de la mamière suivante :

1° *Par du chlorure de baryum.* — Un excès de chlorure de baryum ajouté au mélange, et convenablement chauffé, produit la décomposition de tous les sulfates, dont l'acide est éliminé à l'état de sulfate de baryum insoluble et dont les bases, converties en chlorures, restent dans la solution. Par filtration, on sépare le sulfate de baryum et l'on obtient une solution renfermant :

Chlorures : de potassium, de sodium, de magnésium ; plus : chlorure de baryum, employé en excès. Ce mélange est traité :

2° *Par de l'eau de baryte* : un excès d'eau de baryte dans ce mélange produit la décomposition du chlorure de magnésium, avec précipitation de magnésie et production de chlorure de baryum soluble. On filtre, et le liquide filtré renfermera alors :

Chlorures : de potassium, de sodium, de baryum : plus : eau de baryte que l'on a dû employer en excès.

Cette nouvelle solution est traitée :

3° *Par du carbonate neutre d'ammoniaque* : un excès de carbonate d'ammoniaque précipite, à l'état de carbonate, le barium du chlorure et de l'hydrate, en même temps qu'il se forme du chlorhydrate d'ammoniaque, et qu'il se dégage de l'ammoniaque :

$$Ba''Cl^2 + Ba'' <^{OH}_{OH} + 2\left[CO <^{OAzH^4}_{O.AzH^4} \right]$$
$$= 2(Ba''CO^3) + 2(AzH^3HCl) + 2AzH^3 + H^2O.$$

On filtre. La solution filtrée renferme maintenant :

Chlorures : de potassium, de sodium, d'ammonium ; plus : un peu de carbonate d'ammoniaque.

Arrivé à cette phase de l'analyse, on évapore à sec et l'on fond pour chasser les sels ammoniacaux. Le résidu est constitué par un mélange de :

Chlorures : de potassium et de sodium :

Soit *p*, son poids, V étant le volume d'eaux mères employées.

Il s'agit maintenant de déterminer les quantités respectives des deux chlorures.

Dosage du chlore : le mélange de chlorures étant dissous, on y ajoute quelques gouttes de chromate de potassium et l'on précipite tout le chlore par du nitrate d'argent. La quantité de Cl étant connue, on en déduit celle du chlorure de sodium et l'on aura la valeur du rapport entre les quantités de NaCl et KCl.

Dosage de l'acide sulfurique : On prendra un égal vol. V de la solution et l'on y précipitera tout l'acide sulfurique au moyen d'une solution titrée d'hydrate de baryte.

M. Balard mentionne une autre méthode de dosage de cet acide, que l'on peut précipiter par du nitrate de plomb. Pour employer cette méthode il faut que la solution renferme peu de chlore. On opère alors en ajoutant préalablement à la solution quelques gouttes d'iodure de potassium, qui, ici, joue le même rôle que le chromate de potassium dans le procédé de dosage volumétrique du chlore par le nitrate d'argent. Il se produit des traces de précipité jaune de PbI² après que tout l'acide sulfurique a été précipité à l'état de sulfate de plomb. La même solution peut, d'ailleurs, servir pour le dosage du chlore et celui de l'acide sulfurique ; mais il faut d'abord éliminer le chlore en le dosant le premier.

Dosage de la magnésie. On prend un volume U de la solution qui renferme la magnésie et l'on divise ce volume en deux parties égales. La moitié de ce volume de solution magnésienne est traitée par un égal volume d'une solution diluée, mais titrée, de potasse ou de soude. Le mélange qui en résulte est neutre ou alcalin. Il est bon de le rendre d'abord alcalin et de le neutraliser ensuite avec de la solution magnésienne. Il y aura une quantité de magnésie équivalente à la potasse ou à la soude ajoutée.

Dosage de la potasse. On dose la potasse soit par le sulfate d'alumine, soit par le chlorure de platine.

— M. *Victor Bouhy* envoie à la section une note sur l'extraction du cadmium à l'usine de la Société de la Nouvelle-Montagne à Engis (Belgique).

On sait que les minerais de zinc, blende et calamine, renferment toujours un peu de cadmium ; ce qui fait que dans presque toutes les usines l'extraction du zinc est suivie de celle du cadmium. Dans l'usine de la Nouvelle-Montagne, où l'on exploite des minerais de zinc du gîte dit des *Pagnes*, très-pauvre en cadmium, l'extraction de ce métal présente un certain intérêt.

Le travail d'extraction exige d'abord : la production des *matières* ou *poussières cadmifères*, lesquelles sont formées par le mélange de la *poussière des allonges* et de la *poussière des tubes.*

Lorsque l'on a réuni de 20 à 25 000 kilogrammes de matière cadmifère, qui renferme environ 1,8 pour 100 de cadmium et 40 pour 100 de zinc, on la mélange avec 8 pour 100 de *terre-houille* et on la soumet à une première distillation dans des appareils placés en des fours plus petits que les fours à zinc (système Liégeois). Cette distillation a pour but d'enrichir les poussières : on en obtient renfermant environ 6 pour 100 de cadmium et 45 à 50 pour 100 de zinc.

Les poussières cadmifères enrichies sont ensuite soumises à une nouvelle distillation et réduites. Alors on obtient du cadmium que l'on coule en bâtons de 0ᵐ,16 de longueur et de 0ᵐ,008 de diamètre. La Société de la Nouvelle-Montagne produit trois qualités de cadmium :

1° Le cadmium de première qualité, pur et facile à plier ;

2° le cadmium de deuxième qualité, renfermant 75 pour 100 de cadmium et 25 pour 100 de zinc, difficile à plier, mais qui ne casse pas ; 3° le cadmium de troisième qualité, cassant, qui contient du fer et qui ne renferme que 40 pour 100 de cadmium.

L'emploi de la distillation, pour convertir les cadmiums de deuxième et troisième qualités en cadmium de première qualité, n'ayant pas fourni de résultats satisfaisants, on s'est arrêté à une méthode par voie humide. Cette méthode repose sur ce fait bien connu que le zinc métallique précipite le cadmium de ses solutions salines : on dissout le cadmium zincifère dans de l'acide chlorhydrique, et l'on ajoute à cette solution une certaine quantité du même alliage, dont le zinc produit la précipitation du cadmium à l'état métallique.

—M. le docteur *P. Garrigou* envoie également un mémoire contenant les résultats d'analyses d'eaux minérales faites sur 1 mètre cube de liquide.

Les analyses ordinaires des eaux minérales étaient faites avec quelques litres de liquide; il est à peine nécessaire de remarquer combien les résultats de ces analyses doivent différer de ceux consignés dans le mémoire dont il est question.

Après un aperçu historique de la question, l'auteur considère les différentes parties de l'analyse faites à la source et au laboratoire, ainsi que le mode d'évaporation adopté quand il s'agit de masses aussi considérables de liquide. L'évaporation se fait soit dans des capsules de platine, soit dans des capsules de porcelaine chauffées au gaz, mises en communication avec des réservoirs et des flacons de Mariotte, de façon que l'opération marche jour et nuit.

L'analyse qualitative, contrôlée d'ailleurs par différentes méthodes, est faite sur les résidus provenant de 200 litres d'eau. L'analyse quantitative, c'est-à-dire la séparation et le dosage des métaux, métalloïdes et acides, se fait sur des résidus obtenus en évaporant 1 mètre cube d'eau. L'auteur a pu employer le dialyseur, séparer les matières cristalloïdes d'avec les colloïdes, et les analyser successivement.

On comprend que, par la méthode des grandes masses de liquides, il est facile de chercher tous les éléments successivement et de rendre les erreurs relatives presque aussi petites que l'on veut. C'est ce qui a été fait par M. P. Garrigou : aussi la lecture de son travail intéressera particulièrement tous ceux qui s'occupent de l'analyse minérale.

SECTION D'AGRONOMIE.

Le vendredi 20 août la section d'agronomie s'est réunie dans la salle de l'École des sciences qui lui était destinée, et a procédé immédiatement à l'installation de son bureau. M. P.-P. Dehérain, professeur à l'École de Grignon, avait été nommé président à la session de Lille ; il n'y avait donc plus à procéder qu'à l'installation du vice-président : les voix se portèrent naturellement sur M. Ad. Bobierre, directeur de l'École des sciences. MM. Roussille, professeur à l'École de Grand-Jouan, et de la Blanchère, furent nommés secrétaires. La section commença immédiatement ses travaux. Nous résumerons ici les principaux d'entre eux, sans nous astreindre à les décrire dans l'ordre où ils ont été présentés à la section.

— M. *Ad. Bobierre* entretient l'Association des travaux accomplis pendant la dernière année au laboratoire d'analyse de la Loire-Inférieure qu'il dirige depuis sa fondation (1850). Le nombre des échantillons analysés va toujours en croissant : il était, en 1873, de 383; en 1874, il est monté à 430 et il a atteint 554 en 1875. Sur ce dernier chiffre, 131 se rapportent à des analyses exécutées gratuitement au profit des cultivateurs; les matières qui ont été analysées en plus grand nombre sont le noir animal (177 échantillons); les phosphates fossiles (145); les guanos du Pérou (68). L'auteur appuie sur la difficulté qu'il éprouve à faire pénétrer, dans la pratique, un mode d'analyse rigoureux des phosphates fos-

siles : les marchés sont faits habituellement en prenant pour base l'essai dit commercial, qui consiste tout simplement à attaquer la poudre des nodules par l'acide chlorhydrique, et à précipiter la liqueur filtrée par l'ammoniaque; on considère comme phosphate de chaux le précipité obtenu, bien qu'il renferme en outre une quantité notable d'oxyde de fer et d'alumine; tandis qu'en moyenne les phosphates analysés renfermaient 39 pour 100 de phosphate de chaux réel; l'essai dit commercial accusait 49,3 de phosphate, il y avait donc plus du quart de la matière précipitée qui était étrangère au phosphate de chaux.

Les superphosphates azotés obtenus en attaquant par l'acide sulfurique du noir animal, des os dégélatinés ou des phosphates minéraux, et en y incorporant ensuite du sulfate d'ammoniaque ou de la corne pulvérisée, n'ont été analysés qu'en proportions relativement minimes : ces produits n'entrent qu'en faibles quantités dans la consommation de la Bretagne, dont le sol paraît dissoudre facilement les phosphates naturels sans attaque préalable par l'acide sulfurique.

— M. *Barral* expose de nouveau la méthode intéressante qu'il a fait connaître l'an dernier à Lille et qui lui permet de calculer, avec une certaine approximation, la récolte en blé de la France au moment où arrivent les renseignements des divers départements sur l'abondance de leur récolte. M. Barral cote de zéro à 20 la récolte, suivant qu'elle est excellente ou qu'elle est nulle, puis il multiplie la surface totale des départements ayant une récolte de même valeur par des coefficients intermédiaires entre ces extrêmes. Ainsi, si la surface des départements dont la récolte est bonne est S, nous disons que leur production est représentée par S × 18; si S' est la surface dont la récolte est assez bonne, nous aurons, pour représenter leur production, S' × 16 et ainsi de suite; la formule, cette année, est la suivante :

$$\frac{S \times 18 + S' \times 16 + S'' \times 14 + S''' \times 12 + S'''' \times 8}{S + S' + S'' + S''' + S''''} = 12,5.$$

Ainsi, notre récolte de cette année mérite le chiffre 12,5. On sait que celle de l'an dernier a été d'une abondance extraordinaire : elle était environ de 130 millions d'hectolitres; on peut donc lui assigner le coefficient exceptionnel 20, et écrire $\frac{20}{130} = \frac{12,5}{x}$ $x = 81,25$, c'est-à-dire que notre récolte serait seulement de 81 millions d'hectolitres. Or, notre consommation en exige 72 à 74 millions, les semailles 14 environ : nous avons donc besoin de 86 à 88 millions d'hectolitres, et notre production n'étant que de 81, nous aurions un déficit de 5 à 7 millions d'hectolitres qui seront comblés par le stock qui reste de la récolte exceptionnelle de l'an passé.

M. Barral passe ensuite en revue la production à l'étranger d'après les renseignements qu'il a reçus : l'Angleterre n'a qu'une récolte médiocre, elle sera obligée de s'approvisionner à l'extérieur; l'Allemagne aura suffisamment pour sa consommation; l'Autriche et l'Italie ont eu de bonnes récoltes; elle a été mauvaise, au contraire, en Hongrie, en Russie, aux États-Unis, c'est-à-dire dans les pays qui se livrent habituellement à l'exportation, et l'on peut prédire à coup sûr la hausse des blés en France pendant la campagne prochaine 1875-1876 (1).

---

(1) Il est entendu que les prévisions de M. Barral, établies sur des renseignements qui ne pouvaient être complets le 20 ou le 21 août, ne sont qu'approximatives; il semble, d'après des renseignements plus nombreux, obtenus depuis cette époque, que la récolte doive surpasser de beaucoup le chiffre calculé par le savant directeur du *Journal de l'agriculture*, et quelques auteurs n'hésitent pas à la porter à plus de 90 millions d'hectolitres.

— M. *P.-P. Dehérain* communique en son nom et en celui de M. *Fremy*, son collaborateur, les recherches qu'ils ont instituées pendant la saison dernière sur les betteraves à sucre.

Les auteurs ont d'abord cherché quelles sont les conditions d'existence des betteraves en les faisant végéter dans des sols absolument stériles, auxquels ils ajoutaient successivement les matières qu'ils jugeaient nécessaires au développement de la plante. Ils ont reconnu que les betteraves restent rudimentaires quand elles reçoivent dans ces sols stériles uniquement de l'eau distillée; leur poids augmente légèrement quand l'eau ordinaire se substitue à l'eau distillée; elles arrivent à un développement un plus grand quand l'eau d'arrosage renferme des phosphates solubles ou bien des sels de potasse; mais les racines, dans ces conditions, n'atteignent pas encore le poids de 100 grammes. Quand à ces substances minérales on substitue des sels ammoniacaux ou des nitrates, on obtient une récolte de beaucoup supérieure aux précédentes; toutefois, on n'arrive à obtenir des betteraves normales qu'en ajoutant à ces engrais azotés des phosphates et des sels de potasse. Il est remarquable que lorsque la betterave rencontre, dans le sol où elle a été semée, les quatre éléments : azote, phosphore, potasse et chaux, elle se développe aussi bien que dans une terre dépourvue d'humus. MM. Fremy et Dehérain avaient, en effet, installé des cultures dans de bonnes terres qu'ils ont comparées à celles qui étaient disposées dans des sols stériles, et ils ont obtenu souvent des racines plus lourdes dans ces derniers que dans les précédents.

En examinant des betteraves développées dans un des carrés du jardin d'expériences du Muséum, les auteurs ont trouvé qu'elles renfermaient de très-faibles quantités de sucre; ces sols étaient cependant d'une grande richesse qui excluait toute idée que cette minime proportion de sucre fût due à un épuisement de la terre arable. En recherchant à quelle cause il fallait attribuer cette pauvreté des betteraves qui provenaient de graines d'excellente qualité, les auteurs ont eu l'idée de rechercher la quantité d'azote qu'elles renfermaient. La proportion qu'ils en trouvèrent était considérable; il semblait donc qu'un sol riche en matières azotées fût défavorable à la production du sucre dans les betteraves. Cette conclusion fut appuyée par de nombreuses analyses des betteraves récoltées au Muséum, à l'École de Grignon, dans les départements de l'Aisne, du Nord et de l'Eure. L'ensemble des résultats vint confirmer complétement les premiers faits observés au Muséum, et les auteurs arrivèrent à conclure que si les betteraves sont moins riches aujourd'hui dans les départements qui les cultivent depuis de nombreuses années qu'elles ne l'étaient autrefois, ce n'est pas, comme on l'avait cru, parce que ces sols sont épuisés d'un ou de plusieurs des éléments nécessaires au développement de la betterave, c'est, au contraire, parce que le sol s'est enrichi en matières azotées sous l'influence des abondantes fumures que réclame cette culture.

A la suite de cette communication, plusieurs membres prennent la parole pour appuyer les faits constatés par MM. Dehérain et Fremy; MM. Wartelle et Ladureau insistent sur les difficultés que rencontrent aujourd'hui les fabricants de sucre du département du Nord, en raison de l'extrême pauvreté en sucre des betteraves qui est universellement attribuée dans le département à l'emploi exagéré du nitrate de soude, c'est-à-dire d'un engrais très-azoté (1). M. Dehérain appelle à ce point de vue l'attention de la section sur un travail publié tout récemment dans les *Annales agronomiques* par M. Du-

---

(1) Voyez à ce propos le mémoire de M. Corenwinder, inséré au numéro 1 des *Annales agronomiques*.

rin, qui, reprenant une idée déjà émise autrefois par M. Péligot, propose de baser l'achat des betteraves sur leur richesse saccharine, estimée d'après la densité du jus, qui donne une indication très-suffisante pour apprécier leur teneur en sucre : les prix de celles-ci varieraient dans des limites très-étendues : M. Durin proposait de ne payer que 9 francs les betteraves qui ne renferment que 7,7 pour 100 de sucre, mais attribuant au contraire un prix de 32 francs par 1000 kilogrammes aux betteraves renfermant 14 pour 100 de sucre; les betteraves présentant des richesses intermédiaires entre ces deux extrêmes seraient cotées à des prix régulièrement croissant depuis la limite inférieure, 9 francs les 1000 kilogrammes jusqu'à 32 francs.

— M. *Bobierre* a recherché si le guano péruvien, dont Nantes est le grand marché, était susceptible de perdre, quand il est placé dans le sol, une partie de l'ammoniaque qu'il renferme par volatilisation, et par suite s'il était utile de le traiter par l'acide sulfurique, ainsi qu'on le fait souvent en Angleterre, pour diminuer ces pertes.

M. Bobierre a d'abord voulu constater la perte que subit le guano normal simplement exposé à l'action de l'air; pour y réussir, il a disposé dans un tube un certain poids de guano sur lequel il a dirigé un courant d'air pur qui abandonnait à une dissolution acide préalablement titrée l'ammoniaque entraînée; il a reconnu que cette perte était variable, mais souvent très-sensible, pouvant s'élever jusqu'à 4 pour 100 de l'azote contenu dans le guano, mais qu'elle devenait presque nulle quand le guano était mélangé à du noir animal ou à la terre arable, de telle sorte qu'il ne conseille pas de traiter le guano par l'acide sulfurique.

—M. *Dehérain* fait remarquer qu'en Angleterre ce n'est pas tant pour fixer l'ammoniaque du guano qu'on le traite par l'acide sulfurique que pour avoir une matière facile à pulvériser, qu'on peut dès lors rendre homogène et dont il est possible de fixer la composition avec certitude, ce qui n'arrive pas pour le guano normal, qui présente actuellement de grandes différences de composition.

— M. *H. de la Blanchère* expose les essais qui ont été tentés en Amérique pour le repeuplement des cours d'eau; il pense que la Loire se prêterait parfaitement à de semblables expériences, dont les profits, en cas de réussite, seraient considérables. On sait notamment que le saumon, le mulet, l'alose, se plaisent dans la Loire, que le saumon remonte jusque dans le département de la Haute-Loire; l'auteur pense que les premiers essais devraient être tentés sur l'alose.

— M. *Renouard fils* entretient la section des efforts faits en Belgique et en France pour faire revenir plus souvent sur le même sol une culture des plus intéressantes, celle du lin: habituellement en France, cette culture est espacée de trois à cinq ans; en Belgique, elle l'est encore davantage, la rotation varie suivant les provinces de cinq à dix, à quinze et même à vingt ans, et la Belgique a la réputation de produire des lins d'excellente qualité; en 1869, la *Société agronomique de la Flandre orientale à Gand* a fait ensemencer en lin deux parcelles de 74 centiares; l'une avait reçu un mélange de fumier de ferme à la dose de 20 000 kilogrammes à l'hectare et 500 kilogrammes de tourteau de colza, l'autre un mélange de 400 kilogrammes de superphosphate de chaux, 200 kilogrammes de nitrate de potasse et 400 kilogrammes de sulfate de chaux; ces proportions avaient été indiquées par M. G. Ville; les expériences ont été continuées pendant quatre ans sur le même sol; les produits récoltés sous l'influence des engrais chimiques ont toujours été supérieurs comme qualité et comme quantité, et le sol n'a pas paru être fatigué de cette culture continue, car après cinq ans on a encore obtenu des résultats meilleurs de la parcelle amendée avec des engrais chimiques que d'une parcelle qui n'avait pas encore porté de lin et qui avait reçu une bonne fumure au fumier de ferme additionné de tourteau de colza. Les résultats obtenus en

Belgique ont donc été très-favorables à la culture continue du lin à l'aide des produits chimiques; malheureusement ces mêmes expériences, tentées en France en 1873 et en 1874, n'ont pas donné des résultats aussi avantageux; la récolte de 1873 a été bonne, mais celle de 1874 a manqué, de telle sorte qu'on ne peut pas encore affirmer qu'on réussira à cultiver le lin plusieurs années de suite sur le même sol amendé avec des produits chimiques.

— M. *P.-P. Dehérain* expose ses nouvelles recherches sur la germination; dans un mémoire publié l'an dernier avec la collaboration de M. Landrin, M. Dehérain était arrivé à se convaincre que des graines, placées dans un espace limité, condensent une partie du gaz avec lequel elles se trouvent en contact; cette occlusion porte toujours sur l'oxygène, souvent aussi sur l'azote, cependant il arrive parfois qu'au lieu de diminuer, le volume de l'azote augmente légèrement, ce qui est dû, pour les auteurs, au dégagement d'une certaine quantité d'azote libre contenu dans les graines. Ces résultats ayant été contestés, M. Dehérain a refait de nouvelles expériences qui sont venues confirmer les précédentes; il a même obtenu des résultats analogues à ceux qu'il avait indiqués l'an dernier, en employant une méthode de recherche complétement différente; au lieu de chercher à constater la diminution de volume d'une certaine quantité de gaz maintenu pendant quelques jours au contact des graines, il a fait germer des graines à l'air libre, puis il en a extrait les gaz condensés à l'aide de la machine d'Alvergniat, et il a pu reconnaître ainsi : 1° que les graines renferment normalement des gaz ; 2° que le volume de ces gaz augmente à mesure que la germination est plus avancée ; or comme ces gaz sont condensés dans l'intérieur des tissus, cette condensation ne peut avoir lieu sans un certain dégagement de chaleur qui pour lui est la cause déterminante de l'oxydation des principes immédiats, qui accompagne le réveil de la vie dans la graine et peut-être la détermine.

La section a encore entendu plusieurs communications importantes; M. Lemoine, ancien élève de l'école polytechnique, a notamment présenté, au nom de MM. Champion et Pellet, plusieurs mémoires intéressants. Dans l'un d'eux, les auteurs sont arrivés à des conclusions qui paraissent au premier abord diamétralement opposées à celles que MM. Fremy et Dehérain, Corenwinder et Pagnoul ont tiré de leurs essais; MM. Champion et Pellet tirent, en effet, de leurs analyses cette conclusion que la richesse saccharine des betteraves est d'autant plus grande que celles-ci sont plus riches en matières azotées; il n'y a peut-être dans cet antagonisme qu'une différence dans les méthodes de détermination; MM. Champion et Pellet ont rapporté la quantité de matières azotées à la betterave normale, les autres auteurs à l'azote contenu dans la matière sèche; or, comme les betteraves les plus riches en azote sont aussi les plus aqueuses, il est possible qu'en calculant de la même façon les auteurs arrivent à trouver, avec presque tous les autres observateurs, que l'excès d'engrais azoté est nuisible à la teneur saccharine des betteraves. M. de la Rochemacé a donné lecture des statuts d'une assurance mutuelle contre l'incendie qu'il a installée dans la commune dont il est maire. M. le président a également donné lecture d'un projet de conservation de céréales proposé par M. Leveillé de Baulac; mais ces travaux, malgré l'intérêt qui s'y attache, nous auraient entraînés à donner à ce compte rendu, brièvement rédigé, un développement exagéré, et nous consacrerons le reste de cet article à l'excursion de la section d'agronomie à l'école de Grand-Jouan.

Excursion de la section d'agronomie à l'école de Grand-Jouan et au domaine de la Foie-des-Bois, le samedi 21 août.

M. Roussille, professeur de chimie à l'école de Grand-Jouan et membre de l'association, s'était chargé de conduire la section d'agronomie à l'école où les appelait une gracieuse invitation du directeur, le vénérable M. Rieffel.

A cinq heures du matin, la section était réunie sur le quai de l'Erdre et s'embarquait pour Nort. Bien que le soleil fût brillant et éclairât de ses rayons obliques l'admirable paysage qui se déroulait sous les yeux des excursionnistes, la température était basse, et plusieurs d'entre eux eussent été tentés d'aller reprendre sur les banquettes de la cabine un sommeil trop tôt interrompu, si l'attrait du voyage ne les eût retenus sur le pont. Les bords de l'Erdre sont trop peu connus des touristes, et ceux qui se rendent à Nantes auraient tort de négliger une excursion sur cette rivière capricieuse qui, enfermée à Nantes entre des quais étroits, s'étale bientôt en une nappe d'eau de plusieurs centaines de mètres pour se resserrer quelque temps après en un mince canal dont il semble qu'on pourrait toucher les deux bords à la fois. Les roseaux s'inclinent sur le passage du bateau, les nénuphars replient pudiquement leurs feuilles et s'enfoncent comme pour se dérober aux regards profanes, les canards, les sarcelles, les plongeons, fuient dans les roseaux. A chaque instant nous côtoyons de belles habitations dont les vertes pelouses sont toutes brillantes de fleurs. Les unes se mirent dans l'eau, les autres, remontant à mi-côte, jouissent plus complétement de l'admirable point de vue qu'offrent à chaque instant les méandres de la rivière.

A Nort, nous trouvons des voitures préparées par les soins de M. Roussille, qui nous conduisent à Nosay, où un premier lunch national nous attendait; Mme Roussille nous en fit les honneurs avec une grâce parfaite, mais nous ne pouvons faire chez l'organisateur de notre excursion qu'une courte station, tant la journée est chargée et les distances longues à parcourir. Aussi notre amphitryon nous presse et bientôt nous arrivons à l'école de Grand-Jouan.

On sait qu'il existe en France trois écoles d'agriculture : celle de Grignon, située aux environs de Versailles, celle de Montpellier, de création récente, enfin celle de Grand-Jouan. M. Rieffel, qui dirige cette dernière depuis de nombreuses années, est venu s'établir en pleine lande et s'est donné la dure mission de convaincre d'erreur le vieux proverbe breton : *Lande tu as été, lande tu es, lande tu seras*, mettant la main à l'œuvre, encourageant les imitateurs nombreux qui bientôt suivirent ses préceptes, il a défriché, labouré ou planté toutes les régions voisines, et aujourd'hui ce n'est plus que de place en place qu'on voit la lande dans sa nudité primitive : elle est tantôt remplacée par de belles prairies, tantôt par des champs de froment, d'avoine ou encore de sarrasin dont la culture tend cependant à se restreindre, enfin souvent par des bois qui sont aussi d'un excellent rapport.

L'école de Grand-Jouan comporte un personnel assez nombreux : outre le directeur, le sous-directeur et l'agent comptable, elle a six professeurs enseignant les sciences physiques, le génie rural, l'économie rurale, l'agriculture, la zootechnie, la botanique et la sylviculture; pendant le semestre d'hiver, où elle renferme trois promotions, elle instruit environ soixante-dix élèves, fils de propriétaires, fils de fermiers, qui viennent y apprendre à conduire un grand domaine.

L'administration actuelle de l'agriculture qui avait fait généreusement une partie des fonds nécessaires à cette excursion (la section d'agronomie avait le bateau de l'Erdre complétement à sa disposition) a beaucoup dépensé depuis deux ans pour assurer le succès des Écoles d'agriculture ; les collections se sont singulièrement enrichies, les laboratoires agrandis, les budgets des cours ont été mieux dotés, les positions des membres du corps enseignant ont été enfin améliorées, et tout présage que ces établissements vont prendre rang parmi les premières écoles de l'État ; les visites que le maréchal de Mac-Mahon a fait déjà à l'École de Grignon contribuent à accroître leur renommée ; elles montrent combien est grand l'intérêt qu'attache à leur développement le premier magistrat de la République.

La culture est difficile dans les sols siliceux qui forment le domaine de l'École, et cependant nous y avons vue du maïs, fourrage admirablement développé, des chaumes de blé annonçant que la récolte était belle, une houblonnière bien fournie qui rappelle à M. Rieffel, né en Alsace, les aspects de la mère patrie ; mais c'est surtout la culture du sarrasin qui a été l'objet des expériences que M. Roussille avaient disposées pour faire voir au congrès l'influence des divers agents de production sur les sols siliceux de cette partie de la Loire-Inférieure.

Une parcelle du champ d'expérience était restée sans engrais, elle ne produisait que quelques pieds chétifs de sarrasin ; une autre parcelle n'avait reçu qu'un engrais azoté, du sulfate d'ammoniaque, et chose bien remarquable elle était certainement inférieure encore à celle qui n'avait reçu aucun engrais ; une troisième parcelle, amendée avec du phosphate de chaux, présentait une récolte meilleure que les deux précédentes, moins bonne toutefois que celle d'une quatrième parcelle qui avait reçu à la fois du sulfate d'ammoniaque et du phosphate de chaux.

Le sol de Grand-Jouan, provenant de la désagrégation de roches primitives dans lesquelles le phosphore fait défaut, ne peut être cultivé que lorsqu'il reçoit cet élément nécessaire au développement de la plante, ceci est un fait acquis ; le phosphate de chaux n'est cependant qu'un engrais incomplet, mais le sol renferme toujours une certaine quantité d'azote combiné, quantité très-variable assurément et qui paraît être très-faible dans le sol de Grand-Jouan ; si faible qu'elle soit, elle suffit cependant quand elle s'associe aux phosphates pour produire une récolte : mais ce qui est fort curieux, c'est que l'engrais azoté ajouté seul diminue la récolte au lieu de l'augmenter ; il y a là un fait de physiologie végétale des plus intéressants que les expériences de M. Roussille mettent parfaitement en relief ; il semble que dans un sol absolument dépourvu de phosphates les engrais azotés, loin d'agir heureusement, se conduisent comme de véritables poisons, comme si les matières albuminoïdes dont ils sont un des éléments ne pouvaient se constituer sans phosphore.

La culture de ces terres légères sablonneuses ne peut pas être conduite comme celles des terres argileuses : l'air atmosphérique pénètre aisément dans ces sols légers, les matières carbonées y sont rapidement brûlées, elles deviennent aisément assimilables et en quelques années les détritus accumulés dans la lande pendant des siècles disparaissent quand le sol entr'ouvert par le soc de la charrue est pénétré par l'air atmosphérique. Pendant deux ou trois ans une addition de phosphates suffit pour que le sol donne de bonnes récoltes, mais après quelques récoltes ces résidus azotés carbonés sont brûlés et il faut fumer ; il n'est même pas possible de conduire la culture comme celle d'un sol argileux et de donner l'engrais au commencement de la rotation : à Grand-Jouan il faut fumer tous les ans ; si l'on donne une grande quantité d'engrais et qu'on ait la prétention de tirer de cette fumure plusieurs récoltes, on échoue toujours ; la première année on a une bonne récolte, la seconde une médiocre, mais la troisième le sol reste nu.

M. Rieffel, qui nous donnait ces intéressants renseignements, fruits de sa longue expérience, nous faisait parcourir ses jardins ; la partie réservée aux arbres d'agrément est riche en conifères ; le *Sequoïa gigantea* y apparaît dans toute sa beauté, un sujet de dix ans a déjà 7 à 8 mètres de haut ; les cèdres, les pins, sont représentés par des individus de belle venue ; le jardin fruitier, conduit d'après les indications de M. Dubreuil, maître de conférences d'arboriculture dans les écoles, donne de magnifiques produits l'année dernière on y a récolté plus de quinze mille poires.

Un déjeuner très-soigné attendait la section d'agronomie dans la salle à manger de l'École. Quand les appétits mis en éveil par l'air piquant de l'Erdre furent assoupis, M. Rieffel souhaita la bienvenue à l'Association française ; son discours simple, droit, honnête comme celui qui le prononçait, montrait combien ce vétéran des luttes agricoles était heureux de voir l'œuvre dont il poursuit l'accomplissement depuis tant d'années appréciée par des hommes compétents. M. Dehérain, président de la section d'agronomie, lui répondit en célébrant les progrès accomplis par l'agriculture bretonne, marchant dans la voie ouverte par M. Rieffel, et profitant largement des enseignements de l'école qu'il dirige.

Bientôt les touristes, accompagnés de quelques-uns des membres du corps enseignant de Grand-Jouan, se dirigeaient vers le domaine de la Foie-des-Bois qu'une gracieuse invitation les engageait à visiter.

Le propriétaire, M. de la Haye Jousselin, ancien élève de l'École des eaux et forêts de Nancy, appartient à cette trop faible fraction de la noblesse française qui croit de son devoir de servir le pays par son activité ; M. de la Haye Jousselin est conseiller général de la Loire-Inférieure, et il dirige une grande exploitation, puisque le domaine de la Foie-des-Bois ne comprend pas moins de 1500 hectares, dont une partie importante est boisée ; le reste est loué à moitié fruit à des métayers. M. de la Haye Jousselin père a commencé la transformation du domaine, son fils a continué, et aujourd'hui la lande a presque entièrement disparu, elle a été métamorphosée en prairie, en bois, en terres arables.

Quand on veut faire une prairie, on procède au défrichement ; puis, après les labours, on donne du noir animal ou des phosphates et l'on prend une ou deux avoines ; on fume ensuite pour une culture de chou cavalier, qui est une des ressources alimentaires les plus précieuses du bétail de l'ouest ; dans ces climats doux, où la gelée est rare pendant l'hiver, le chou continue de végéter jusqu'au printemps ; on arrache les feuilles, qu'on donne aux bêtes à cornes ; c'est un fourrage vert pendant la mauvaise saison, ce qui est toujours précieux ; cette culture de choux est suivie d'une orge fumée dans laquelle on sème les graminées de la prairie ; quand l'orge est coupée la prairie est constituée, on la fume tous les trois ou quatre ans ; celles de M. de la Haye Jousselin peuvent être irriguées au printemps à l'aide des eaux d'un étang supérieur ; un autre étang situé dans la partie la plus basse du domaine reçoit les eaux surabondantes. L'essence dominante des bois est le châtaignier, exploité à sept ans pour fabriquer les cercles des tonneaux.

Quand on veut avoir une châtaigneraie, on défriche la lande et l'on y prend plusieurs récoltes de suite avec addition de noir seulement ; quand la terre a été nettoyée et appauvrie par plusieurs cultures successives, on repique de jeunes châtaigners élevés en pépinières et âgés de deux à trois ans ; ils sont placés à un mètre en tous sens ; après deux ou trois ans on les recèpe complètement, puis on abandonne la végétation à elle-même ; quand la châtaigneraie est en plein rapport, elle donne un rendement net de 100 à 150 francs par hectare.

M. de la Haye Jousselin s'occupe particulièrement de l'élevage des animaux de l'espèce bovine et ses étables renferment quelques animaux de la race bretonne ; nous avons admiré particulièrement de jolies vaches à l'œil bordé de noir, aux cornes noires également, tranchant sur une robe claire, mais l'élevage principal porte sur des durhams. M. de la Haye Jousselin possède trois taureaux purs qui font la monte dans toutes les étables du domaine, un d'entre eux était remarquable; enfin l'élevage des chevaux accompagne celui des animaux à cornes, et nous avons pu apprécier toutes les qualités d'une jument qui a déjà donné par son union avec les étalons anglais les plus brillants des produits d'une rare finesse. Enfin M. de la Haye Jousselin est non-seulement cultivateur et éleveur, c'est aussi un chasseur intrépide; son chenil est admirablement garni, très-bien tenu, et quand nous avons vu tous ces beaux bâtards anglais, nous nous les sommes figurés aisément, allongés sur la piste du sanglier, donnant de la voix, tandis que la bête détale au plus vite; l'antichambre du château est garnie des trophées conquis par ces braves coureurs; solitaires aux défenses formidables y tiennent compagnie à un grand loup et aux têtes de nombreux dix-cors.

Réception brillante et cordiale de Mme de la Haye Jousselin, troisième champagne de la journée, puis vite en voiture pour retourner dîner à Nosay. La section avait invité M. Rieffel et le corps enseignant de l'École, et si robustes que soient les estomacs ruraux, le dîner préparé les soumit à un dernier travail qu'ils accomplirent avec quelque peine; le quatrième champagne de la journée consommé, les cordiales poignées de main échangées, il fallut se remettre en route et atteindre le bateau qui nous attendait tranquillement à Nort.

Le retour fut charmant, le ciel était en fête, une lune brillante se mirait dans l'eau, tandis que les sombres silhouettes des arbres se détachaient sur le ciel tout constellé d'étoiles. Des groupes s'étaient formés sur le pont, les cigares piquaient de points rouges l'obscurité de la nuit, on causait de tout ce qu'on avait vu dans la journée, des efforts accomplis par l'agriculture de ce département, qu'on croit pauvre, tandis qu'il produit en froment plus que la moyenne de la France, et que des landes transformées en prairies se couvrent peu à peu d'un bétail de choix; on ne pouvait s'empêcher de songer combien est rapide aujourd'hui la marche en avant, puisqu'une contrée, naguère stérile et déshéritée, mérite aujourd'hui de prendre place au premier rang dans ce pays si laborieux et si admirablement fertile que les étrangers appellent souvent la belle France.

CHRONIQUE SCIENTIFIQUE

M. Wallon a fait offrir à la ville de Lille de lui donner une Faculté de médecine moyennant certains sacrifices pécuniaires sur lesquels le conseil municipal de Lille a dû délibérer hier. — On sait que précédemment le conseil municipal avait dû repousser les prétentions de l'Etat pour l'établissement d'une école de plein exercice.

D'après les renseignements qui nous parviennent de Lille, les cléricaux rencontrent des difficultés sérieuses pour l'organisation de leur *Institut* qui doit ouvrir le 1er décembre.

— M. Wurtz, doyen de la Faculté de médecine de Paris, a donné sa démission depuis longtemps déjà. Mais il paraît que jusqu'ici M. Vulpian et M. Gosselin refusent toujours d'accepter le décanat.

— Sir Charles Wheatstone, le grand électricien anglais, vient de mourir presque subitement à Paris d'une congestion pulmonaire. L'Académie des sciences, dont il était membre associé étranger, a demandé à la famille de retarder le retour du corps en Angleterre, afin de lui faire en France les funérailles qu'il méritait. Ces funérailles ont eu lieu jeudi. — Sans insister aujourd'hui sur les travaux scientifiques de M. Ch. Wheatstone, bornons-nous à rappeler qu'il a joué un rôle prépondérant dans le développement de la télégraphie électrique et notamment dans l'établissement du télégraphe transatlantique.

— On ouvrira à Paris, le 14 novembre, un concours pour l'agrégation des facultés de médecine. Parmi les places à donner, il y en a quatre pour Paris, une de pharmacologie, une d'histoire naturelle, une de physique et une d'anatomie et physiologie.

Les juges du concours sont : MM. Wurtz, de l'Institut, doyen de la Faculté de médecine de Paris; Cl. Bernard, de l'Institut et de l'Académie de médecine; Sappey, Robin et Baillon, professeur d'anatomie, d'histologie et d'histoire naturelle à la Faculté de médecine de Paris; Moitessier, professeur de physique médicale à la Faculté de Montpellier; Morel, professeur d'anatomie à la Faculté de Nancy; de Seyne, agrégé à la Faculté de médecine de Paris.

Les jurés supplémentaires sont : MM. Bouchardat et Béclard, professeur à la Faculté de médecine de Paris; Grimaux et Périer, agrégés de chimie et d'anatomie à la même Faculté.

On remarquera qu'il n'y a aucun pharmacien parmi les juges titulaires, quoiqu'il y ait à nommer un agrégé de pharmacie.

Les candidats inscrits pour Paris sont :

Anatomie et physiologie : Farabœuf, Coyn, Nepveu, Cadiat, Henneguy.

Physique, chimie et pharmacologie : Garan de Balzan, Riban, Lesueur, Byasson, Bourgoin, Hardy, Magnier de la Source, Prunier, Lenoir.

Histoire naturelle : Lanessan, Chatin, Guillard.

— Le Conseil municipal de Paris vient d'être saisi de l'amendement suivant au projet de budget de la ville de Paris pour 1876 :

Les soussignés ont l'honneur de proposer au Conseil l'inscription, au budget des dépenses ordinaires de la ville de Paris, d'un crédit de 200 000 francs, à titre de subvention, aux principaux établissements d'instruction supérieure de Paris dépendant de l'université de France, savoir : la Faculté de droit, la Faculté de médecine, l'Ecole de pharmacie.

Peu de mots justifieront cette proposition.

La récente loi sur l'instruction supérieure a créé pour l'enseignement scientifique proprement dit une situation périlleuse. Sans méconnaître le principe de la liberté, on peut croire que, grâce à la protection séculaire accordée par l'Etat à l'Eglise, grâce à la compression qu'il a exercée, de tout temps aussi, sur l'initiative individuelle et sur les entreprises laïques, certaines associations religieuses seront à peu près seules, d'ici à plusieurs années, en mesure d'ouvrir des écoles supérieures en regard et en concurrence de celles de l'Etat. Ces écoles, qui distribueront à huis clos un enseignement suffisamment caractérisé par la qualification de catholique, seront, on n'en peut douter, largement dotées au point de vue matériel. Au contraire, la parcimonie du législateur français en matière d'enseignement supérieur a placé nos établissements universitaires dans une situation déplorable à ce point de vue. Le mérite éminent du personnel enseignant parvient à leur conserver un rang élevé. Mais ne convient-il pas de venir en aide aux glorieux efforts des maîtres et de remédier à l'insuffisance des instruments d'enseignement dont ils disposent.

Les représentants de la ville de Paris ne peuvent hésiter à le penser. Paris est le centre et le foyer principal de notre enseignement supérieur. A l'intérêt national, à la nécessité de sauvegarder les principes de la société civile, se joint ici un intérêt municipal de premier ordre : il s'agit de maintenir et d'élever la renommée scientifique de notre cité.

Pour bien faire, ce ne sont pas des centaines de mille francs, ce sont des millions qu'il faudrait allouer à nos grands établissements d'instruction supérieure. Mais la situation financière de la ville de Paris, quoique en voie d'amélioration notable, nous condamne à mesurer nos dons. Au surplus, le Conseil général pourra et devra être saisi d'une proposition analogue à celle qui est faite au Conseil municipal, et le département sera ainsi appelé à compléter dans une certaine étendue ce que la ville seule n'aura pu faire.

La proposition actuelle limite à trois le nombre des établissements à subventionner : les Facultés de droit et de médecine, l'Ecole de pharmacie. Indiquons sommairement les besoins urgents de ces établissements. Hâtons-nous de dire que l'énumération sera loin d'être complète; mais ajoutons que les conseils administratifs des écoles elles-mêmes, composés des professeurs, seuls compétents pour cet objet, devraient, selon nous, si la proposition est acceptée, être appelés à déterminer les applications de détail et le mode d'emploi des subventions votées.

A la Faculté de droit, il n'existe pas, à vrai dire, de bibliothèque; un amphithéâtre nouveau, des salles de conférence ou d'étude, sont nécessaires. Certaines lacunes de l'enseignement peuvent être signalées. Pour n'en indiquer qu'une seule, les soussignés croiraient utile la création d'une chaire consacrée à l'enseignement spécial du droit municipal moderne. La ville de Paris tirerait de cette création un double profit : celui d'abord qui résulte toujours de l'extension des matières enseignées, et de plus celui que procurerait à tant d'intéressés, administrateurs et administrés, la connaissance de cette partie si négligée de notre droit public.

La Faculté de médecine réclame également de nombreuses améliorations au point de vue du matériel et au point de vue du personnel. Il n'y a pas lieu d'aborder ici la question de l'Ecole pratique, qui doit faire l'objet de délibérations particulières ; mais, en dehors de cette question, reste la nécessité de créer de nouveaux locaux d'études, amphithéâtres et laboratoires, munis des accessoires indispensables. Quant au personnel, il y a lieu d'instituer et de doter convenablement des cours complémentaire, portant sur certaines parties spéciales de la science médicale et aussi d'agrandir la situation des chefs de travaux pratiques de toutes sortes.

L'Ecole de pharmacie est l'établissement qui, si la ville prétendait accomplir l'œuvre de l'Etat, aurait peut-être droit aux secours les plus considérables; ses bâtiments tombent en ruine. Mais Paris ne peut ni ne doit exonérer l'Etat de l'obligation rigoureuse que cette situation lui impose : la reconstruction de l'Ecole reste entièrement à sa charge. La subvention de la ville s'appliquera donc à d'autres besoins : d'abord au matériel spécial des laboratoires, ensuite à l'accroissement du personnel et à certaines augmentations de traitements. Depuis un quart de siècle, le nombre des élèves a triplé, tandis que celui des professeurs est resté le même. Les agrégés et les préparateurs ne reçoivent que des indemnités dérisoires, qui ne leur permettent de consacrer qu'un laps de temps limité à des travaux qui exigeraient une plus longue assiduité.

En résumé, le dénûment de nos écoles supérieures est un fait incontestable. N'est-ce pas là presque une honte ? Nous n'hésitons pas à prononcer ce mot.

Tels sont les motifs qui viennent à l'appui de l'amendement.

Le crédit de 200 000 francs formerait un article placé en tête du chapitre 10 ; il pourrrait être réparti comme il suit : à la Faculté de droit, 50 000 francs ; à la Faculté de médecine, 100 000 francs ; à l'Ecole de pharmacie, 50 000 francs.

Signé : F. HÉROLD, A. MÉTIVIER, GERMER BAILLIÈRE, CASTAGNARY, CH. MURAT, BRALERET, LOUIS COMBES, CH. LOISEAU, H. LENEVEUX, CH. LAUTH.

— L'*Univers* annonce que par bref de Sa Sainteté, Msr Perraud, évêque d'Autun, vient d'être autorisé à conférer les grades de baccalauréat et de licence en théologie aux ecclésiastiques de son diocèse qui subiront les examens spéciaux pour l'obtention de ces grades canoniques.

— Le professeur Luigi Porta est mort vendredi 10 septembre, à à Pavie, sa ville natale.

Le célèbre chirurgien a légué toute sa fortune à l'Université de Pavie, à laquelle il avait déjà donné son cabinet d'anatomie après 1848. Luigi Porta avait refusé de signer l'adresse de soumission à l'empereur d'Autriche.

— On vient d'inaugurer la nouvelle école des Jésuites, rue de Madrid. Cinq cents personnes environ, des parents d'élèves pour la plupart, y assistaient.

— On travaille activement, à l'école des Carmes, à l'aménagement des locaux destinés à l'université cléricale de Paris. L'architecte, M. Ruprich Robert, s'est engagé à terminer pour le 8 novembre. C'est dans la partie des bâtiments qui regarde la rue de Vaugirard que seront installées, provisoirement du moins, les trois facultés de droit, des lettres et des sciences. On a pu disposer dans ces bâtiments sept grandes salles pour les cours et les conférences, deux pour les collections d'histoire naturelle, une vaste bibliothèque, qui pourra être divisée en trois sections, correspondant aux trois facultés, des laboratoires de chimie, un cabinet de physique, des chambres contiguës aux salles de cours où les professeurs puissent se retirer avant et après leurs leçons, un appartement pour le recteur.

Le *Français* nous apprend que ces aménagements, conçus sans aucun luxe, répondront néanmoins aux exigences pratiques du haut enseignement. L'entrée de l'université sera rue de Vaugirard, au coin de la rue d'Assas. Le secrétariat se trouvera tout près de la grande porte. Une cour intérieure assez vaste distribuera les entrées des trois facultés.

Le personnel enseignant est presque entièrement arrêté. Les inscriptions seront ouvertes le 15 novembre. Les cours commenceront du 1er au 10 décembre. L'administration de l'université regrette sans doute un retard d'ailleurs inévitable ; mais il sera facile de regagner quelques semaines de travail, tant en abrégeant les petites vacances du milieu de l'année qu'en prolongeant les cours à la fin de l'année scolaire.

— L'*Union de Vaucluse* assure qu'il est fortement question, en ce moment, de la création d'une université catholique dans le sud-est de la France. On n'est pas encore bien fixé, paraît-il, sur le choix de la ville où elle serait établie. De hautes influences plaideraient en faveur de la ville d'Aix ; mais l'*Union de Vaucluse* ne croit pas qu'elles réussissent, le cas échéant : la ville d'Aix est trop peu considérable pour pouvoir réunir sans danger dans ses murs les étudiants de deux universités rivales.

— M. de Cherville, qui décrit si agréablement dans le *Temps* la vie à la campagne, a fait une bien jolie découverte : celle d'une lettre adressée par le ministère de l'agriculture à M. Ravinel, député des Vosges, dans laquelle, après lui avoir rappelé qu'un concours de houblon aurait lieu à l'exposition agricole de 1876, il lui écrit ceci : « Je vous prierai de vouloir bien faire adresser à mon ministère (direction de l'agriculture) quelques beaux pieds de houblon, avec leurs feuilles et leurs cônes. Ces plantes serviront à simuler une houblonnière au palais de l'Industrie. » Il n'y a qu'un petit malheur à cela, fait observer M. de Cherville, c'est que l'exposition doit avoir lieu au mois de février et que le houblon est un arbuste à feuillage caduc dont on ne saurait avoir en hiver des échantillons pourvus de leurs feuilles.

M. de Ravinel a répondu poliment au ministre que la cueillette des houblons était faite et que la pluie avait fait périr les tiges non récoltées.

— On sait que les vingt-quatre archevêques et évêques qui ont adressé à leurs fidèles une lettre pour solliciter leur charité en faveur de la future université catholique de Paris ont prescrit à leurs curés et vicaires de donner lecture de cette lettre dimanche au prône. — Plusieurs journaux rappellent à cette occasion que cette lecture est formellement interdite par l'article 53 du concordat du 26 messidor an IX qui est ainsi conçu :

« Les ecclésiastiques ne feront au prône aucune publication étran- » gère à l'exercice du culte, si ce n'est celles qui seront ordonnées » par le gouvernement. »

Il ne s'agit pas là de l'exercice du culte, et le gouvernement que nous sachions n'a point prescrit une semblable publication. Il y a donc ici une violation formelle de la loi.

— Dans la séance du 10 octobre de la Société géographique de Berlin, le président, baron de Richthofen, a exprimé en termes très-flatteurs sa reconnaissance pour la réception amicale et hospitalière dont les délégués allemands ont été l'objet au congrès géographique de Paris.

— On n'a pas oublié les craintes exprimées par une partie de la presse belge à l'occasion des regrettables articles de M. de Girardin demandant l'annexion de la Belgique à la France.

Le *Courrier de Bruxelles* montre les doctrines annexionistes à l'égard de la Belgique et d'autres pays enseignées en Allemagne dans les écoles primaires elles-mêmes. Il cite un passage curieux du petit traité de géographie de MM. H.-A. Daniel Weill et A. Kirchoff.

Il est dit, à la page 173 *de la 74e édition*, après avoir parlé de tous les pays composant l'Allemagne actuelle, § 103 (édition de 1872, *Hall. Verlag* der buchhaulaung des Waisenhauses) :

« Paragraphe 103. Pays ALLEMANDS hors frontière (Suisse, Liech- » tenstein, BELGIQUE, PAYS-BAS, Luxembourg, Danemark). Les six » pays dénommés ci-dessus sont considérés comme faisant partie » (annexes *Anhang*) de l'Allemagne, *parce qu'ils sont, en majeure* » *partie, situé dans l'intérieur des frontières naturelles de l'Alle-* » *magne*, parce que, à peu d'exceptions près, ces pays ont appartenu » à l'ancien empire allemand, et en partie aussi, ont appartenu jus- » qu'en 1866 à la Confédération germanique. »

Ce livre est un ouvrage *officiel*, publié par un *docent* ou professeur de géographie générale à l'Académie militaire de Berlin et fait par un inspecteur de la Pédagogie royale de Halle. Ces auteurs sont au service du gouvernement d'Allemagne, leur ouvrage est classique de par ordre du gouvernement dans toutes les écoles *publiques* — et l'on sait qu'il n'y en a plus d'autres actuellement en Prusse, — enfin la théorie géographique et annexioniste des professeur et docteurs Weill et Kirchoff est arrivée, grâce à l'appui du gouvernement sans doute, à sa *soixante-quatorzième édition*.

Le propriétaire-gérant : GERMER BAILLIÈRE.

PARIS. — IMPRIMERIE DE E. MARTINET, RUE MIGNON, 2

LA

REVUE SCIENTIFIQUE

DE LA FRANCE ET DE L'ÉTRANGER

REVUE DES COURS SCIENTIFIQUES (2ᴇ SÉRIE)

DIRECTION : MM. EUG. YUNG ET ÉM. ALGLAVE

2ᵉ SÉRIE — 5ᵉ ANNÉE   NUMÉRO 18   30 OCTOBRE 1875

Nous signalons à nos lecteurs l'article placé en tête de la *Revue politique et littéraire* d'aujourd'hui, sur la nécessité d'ouvrir une enquête où tous les membres de l'Université viendraient exposer leurs vues sur les perfectionnements à y introduire.

Grâce aux démarches persévérantes du docteur Testelin, député du Nord, le ministre de l'instruction publique vient d'accorder en principe à la ville de Lille la création d'une Faculté de médecine. C'est également M. Testelin qui avait emporté l'année dernière, à l'Assemblée, un vote établissant cette Faculté, vote sur lequel on revint malheureusement le lendemain. Le conseil municipal de Lille a pris toutes les dépenses à sa charge. Il ne reste plus qu'à obtenir l'avis du Conseil supérieur et le vote de l'Assemblée nationale.

MORT DU PROFESSEUR P. LORAIN

La brutalité du coup qui a frappé le professeur Paul Lorain a profondémet atteint tous ceux qui le connaissaient et l'aimaient. Sa mort a été un deuil public, ceux qui lui ont rendu hier les derniers honneurs savent que cette expression n'a rien d'exagéré. Lorsqu'un homme comme Lorain, jeune encore, dans la pleine possession de ses forces et de son talent, entouré de l'amitié de ses collègues, de la vénération de ses élèves, vient à disparaître subitement, il semble qu'il s'est fait soudain un immense vide. La place inoccupée vous fait mieux apprécier le rang que tenait dans la science et dans votre amitié celui que l'on vient de perdre.

Nous voudrions, malgré une douleur que l'on pardonnera au plus ancien des élèves de Lorain, essayer d'esquisser dès aujourd'hui les principaux traits du caractère de celui qui pour nous fut un maître et qui pour tous était, il y a quelques jours encore, l'espoir et l'honneur du corps médical.

Paul Lorain appartenait à l'Université de France par sa naissance, par les alliances de sa famille, par ses amitiés. Son père, proviseur du lycée Saint-Louis, recteur de l'Académie de Lyon, avait pris une large part à la préparation de la loi de M. Guizot sur l'enseignement primaire (1833). Ses beaux-frères étaient M. Camille Rousset, de l'Académie française, M. Wilhem Rinn, professeur au collége Rollin; ses amis, ceux qui en petit nombre étaient reçus dans son intimité, étaient presque tous des universitaires. Ce commerce journalier, qu'il a entretenu depuis sa naissance jusqu'au terme de sa carrière avec les membres du corps enseignant, avait donné à son esprit des habitudes de rectitude et d'honnêteté qui furent les traits dominants de son caractère. Il y puisa ce double amour du bien et de la science qui se partagèrent sa vie.

Mais si le milieu dans lequel il était né avait développé certaines de ses qualités, Lorain a toujours eu une personnalité si nette, si accentuée, que dès le collége elle avait été remarquée. Ses camarades tenaient à son amitié et redoutaient d'exciter sa verve railleuse. Nous en avons connu plusieurs, tous avaient conservé des jeunes années de leur condisciple le même souvenir : profonde amitié mêlée d'un peu de crainte. Cet ascendant qu'il prenait sur ses émules naissait de ses facultés supérieures, et c'est sans envie, sans fatigue qu'on le subissait.

Sorti du collége, étudiant, docteur, concurrent pour les hôpitaux ou pour l'agrégation, nous le trouvons entouré des mêmes sympathies. Ses succès n'étonnèrent personne, on s'étonnait plutôt qu'ils n'eussent pas été plus rapides et plus saillants.

Pendant toute cette période de luttes, de concours, Lorain sut triompher sans se faire d'ennemis, et lorsqu'il prit sa place au milieu de ses collègues, il y acquit, naturellement, sans effort, l'autorité qui s'impose par le talent et la modestie.

L'œuvre scientifique de Lorain est l'homme lui-même; elle est inspirée par son amour du bien et de la science. Interne à la Maternité il est indigné de l'immense mortalité qui frappe l'accouchée, et le nouveau-né. Il en fait le sujet de sa thèse inaugurale (1855), il démontre que ce ne sont pas les mères qui seules vont prendre dans les salles d'accouchement le germe de la mort, mais que les enfants eux aussi sont atteints par l'infection. Doué d'une imagination vive, il résume son sujet dans une formule énergique, et il intitule son mémoire : *La fièvre puerpérale chez la femme, le fœtus et le nouveau-né.*

Cette thèse est une œuvre de puissante synthèse, et cette manière d'envisager l'état puerpéral, d'en étendre les limites, et d'unir la mère et l'enfant jusque dans leurs activités morbides est digne d'un disciple d'Hippocrate et restera une des idées modernes de pathologie générale les plus fécondes. Malgré le talent avec lequel elle est exposée, cette doctrine suscita de nombreuses contradictions ; toutes les objections ne sont pas encore résolues, mais si l'interprétation reste douteuse, le fait de la mortalité n'a pu malheureusement être contesté et Lorain a le mérite d'avoir de nouveau appelé l'attention des médecins sur une des plaies les plus cruelles de l'histoire hospitalière. Il n'abandonna jamais ce sujet d'études, et il y a deux ans encore, dans le sein de la société des hôpitaux, il appuya de l'autorité de sa parole ceux de ses collègues qui poursuivaient la destruction des grandes maternités.

Attaché comme médecin légiste aux tribunaux de Paris, il exerça ces fonctions de 1856 à 1866 avec un talent et une loyauté que n'ont oubliés, ni les membres des tribunaux, ni les avocats, qui furent les juges et les témoins de l'expert. Il avait recueilli dans ce contact avec les criminels une foule de matériaux et de documents qui resteront fatalement inédits, car il manque maintenant celui qui seul eût pu les coordonner et les vivifier. Les élèves en ont eu quelques aperçus : Lorain se plaisait à leur montrer comment tous ces criminels appartiennent, malgré leur variété apparente, à certains types bien définis, comment chez quelques-uns les actes sont régis par des lois qui sont du domaine de la pathologie.

Un exemple fera mieux saisir la philosophie de ces remarques. Lorain avait désigné sous le nom de féminisme ou infantilisme un arrêt de développement propre aux enfants des grandes villes. Vers douze ou quinze ans, leur évolution s'arrête, les organes génitaux sont atrophiés, le corps reste grêle, féminisé, leur intelligence si précoce, celle qui caractérise le gamin de Paris, ne donne plus aucun éclat, et ils restent incapables de pensées et d'actes virils. Leurs idées s'approprient pour une part à leurs aptitudes naturelles et, incapables d'être hommes, ils forment un noyau où se recrute une classe spéciale de criminels. Ce sujet a été exposé en partie, dans sa thèse inaugurale, par un de ses élèves, le docteur Faneau, mort victime de nos discordes civiles.

En 1866, maître de diriger ses travaux dans le sens de ses aptitudes, Lorain renonça à la médecine légale et se consacra exclusivement à la clinique. Nous avons souvent entendu reprocher à notre maître d'être sceptique en thérapeutique. Il nous sera facile, en montrant à quel courant obéissait son esprit, de répondre à ce reproche que lui ont adressé ceux qui l'ont jugé sur les apparences. Sans doute, en présence de ces travaux qui semblaient souvent détruire plus qu'ils n'édifiaient, quelques esprits inquiets pouvaient redouter qu'il ne restât plus bientôt de l'art médical qu'un squelette. Lorain s'efforçait de faire sortir la médecine de l'empirisme, il n'acceptait pas volontiers les assertions traditionnelles ou modernes, il était difficile en fait de preuves, il les voulait palpables, évidentes. Cette défiance n'était pas chez lui l'effet

de l'éducation ou des déceptions, elle était innée ; il avait le culte de la vérité, et savait mettre en lumière la différence de l'à peu près et du vrai. Aussi, à sa sortie de l'internat, poussé par l'esprit de recherche, il va étudier partout où il espère acquérir quelque notion nouvelle. Il s'inscrit parmi les élèves du laboratoire de M. Cl. Bernard et publie ses leçons dans le *Moniteur des hôpitaux* (1855-56). Il apprend à se servir d'un microscope, sous la direction de M. Robin (1857). En un mot, il s'adresse à tous ceux qui interrogent la nature par des procédés nouveaux et qui tâchent ainsi de reculer les bornes de l'inconnu. On peut dire qu'avant d'être maître, avant d'avoir à diriger un service hospitalier et à faire l'éducation médicale des élèves, Lorain avait tenu à être muni lui-même d'une éducation aussi complète que le comportait l'état de la science à cette époque.

Une fois en possession de tous ces moyens d'investigation, armé pour la lutte, Lorain donne à ses travaux la direction véritablement scientifique qu'il voulait leur imprimer. Il formule ses opinions dans une brochure sur la réforme des études médicales par les laboratoires (1868) et dans un article sur l'état de la médecine en Angleterre (1868), dont les lecteurs de la *Revue scientifique* n'ont sans doute pas perdu le souvenir. Dans ces deux publications, il montre combien la France s'est isolée dans ses études, et sans témoigner pour les résultats obtenus en Allemagne un enthousiasme exagéré, il constate que par les recherches de laboratoire, par son outillage scientifique, « l'Allemagne a pris le pas sur la France ; c'est là, dit-il, une vérité incontestable. Les Allemands ne laissent point à d'autres le soin de le proclamer et en cela ils n'imitent pas notre exemple, en ce sens que nous sommes portés à admirer les autres et à nous dénigrer nous-mêmes..... Pour moi, plus j'admire l'Allemagne, plus je désire que la France se pique d'honneur et regagne le terrain qu'elle semble avoir perdu depuis quelques années (1868). »

Lorain n'a pas voulu laisser à d'autres le soin d'entrer dans cette voie. Il donne l'exemple, et la même année il publie ses *Études de médecine clinique et de physiologie pathologique sur le choléra.* Toutes les recherches ont été faites à l'aide des méthodes et des procédés d'exactitude dont la science s'est enrichie : le thermomètre, le sphygmographe, la balance, le microscope, les analyses chimiques. Toujours la préoccupation de Lorain est de ne laisser rien à l'interprétation de l'auteur, de transformer les sensations en tracés qui, obtenus à l'aide d'instruments exacts, font à l'erreur une part aussi restreinte que possible. Nul plus que lui n'a réussi à faire prendre à la méthode graphique la place qu'elle mérite d'occuper dans les études médicales. Ces procédés, lents, minutieux, qui nécessitent des épreuves multiples, pénibles pour l'observateur, lui ont fourni des résultats dont nous devons rappeler les principaux. Le poids du cholérique ne diminue pas sensiblement pendant la période algide : malgré les vomissements et les déjections alvines si répétées, l'amaigrissement du malade n'est qu'une apparence. Le poids décroît au contraire pendant la période de réparation, alors que les évacuations ont cessé, mais à ce moment le malade urine abondamment et l'urée est excrétée en grande quantité.

— Les cholériques, au début, ne sécrètent pas d'urine, ils sont anuriques, puis polyuriques et quelquefois diabétiques.

— La température des cholériques s'abaisse à la périphérie du corps, et non dans les parties profondes. Sur ce point

Lorain propose une théorie nouvelle sur la répartition et la compensation de la chaleur animale. — La circulation est étudiée à l'aide du sphygmographe de Marey, de nombreuses planches marquent ses variations, et l'explication rationnelle de ses diverses formes s'en déduit naturellement. — Enfin Lorain propose quelques moyens thérapeutiques fondés sur l'expérience physiologique et rapporte un cas de guérison obtenu par l'injection d'eau dans les veines d'un cholérique, pour qui tout espoir était perdu.

Ces conclusions ne sont pas toutes absolument neuves, quelques-unes avaient déjà été entrevues ou indiquées par MM. Charcot, Gubler, Marey. Mais ce qui constitue l'œuvre de Lorain, c'est qu'il a soumis les points dont il a abordé l'étude à une analyse si minutieuse, si rigoureuse, qu'ils sont aujourd'hui à l'abri de toute critique.

Deux ans après, Lorain donnait ses *Études cliniques faites avec l'aide de la méthode graphique et des appareils enregistreurs* (*Le pouls*, Paris, 1870). Le rhythme, la forme du pouls, y sont représentés et analysés avec non moins de rigueur dans les maladies du cœur, dans les fièvres graves, les inflammations. Le dernier chapitre est consacré à la thérapeutique, principalement à l'étude de l'action de la digitale, et nous ne possédons sur l'emploi de ce médicament rien de plus précis au point de vue de l'action thérapeutique et de la médecine légale.

Faire que la médecine ne soit plus un art conjectural, tel est le but que Lorain a assigné à ses efforts, et il a réussi à donner à certains chapitres de médecine une précision scientifique. Il a développé cette idée dans une leçon insérée dans la *Revue* en 1870, et nul doute que nous ne devions le suivre dans cette voie si nous voulons enfin avoir une science positive. Il y a loin, on le voit, de ce doute philosophique au scepticisme reproché à notre maître.

Nous passons sur un grand nombre d'articles insérés dans les revues, les journaux, les dictionnaires, sur les communications faites aux sociétés anatomique, de biologie, médicale des hôpitaux, etc. Ce que nous voulions montrer, c'est que la caractéristique des œuvres de Lorain est la recherche de la précision, c'est qu'il ne tenait pour acquis que ce qui était devenu évident, incontestable. Ajoutons que la partie de ces recherches actuellement publiée représente une faible portion de l'immense travail dont il avait accumulé les matériaux. Désigné par l'auteur pour coordonner ceux qui n'ont pas encore vu le jour, nous acceptons cette mission et nous nous efforcerons d'arracher à l'oubli les travaux de notre maître vénéré.

Ceux qui ont connu Lorain, qui suivaient ses visites à l'hôpital, qui allaient l'écouter et l'applaudir à l'amphithéâtre de l'École, ont tous été frappés d'un contraste étonnant entre ses écrits et sa parole. Dans les premiers rien n'est laissé à l'imprévu, tout est rigoureux, scientifique, et l'ouvrage doit à ses qualités mêmes un caractère un peu sévère. Lorsqu'il parlait au contraire, son imagination semblait se donner pleine carrière, son langage s'animait, se revêtait des plus vives couleurs. Doué d'une facilité d'élocution, d'une élégance de diction extrêmes, Lorain savait souligner par les expressions les plus heureuses les idées qu'il voulait faire pénétrer dans l'esprit de ses élèves. D'une haute stature, l'œil vif, pénétrant, la bouche fine et spirituelle, il dominait ses auditeurs et ne permettait pas à leur attention de se perdre, il les enchaînait par sa parole. A l'hôpital il semait à pleines

mains les aperçus les plus divers, il pensait tout haut, et trouvait dans ses travaux antérieurs, dans son érudition, les éléments de la plus attrayante conversation. Toujours varié, séduisant, il revêtait chaque remarque de son originalité personnelle, il ne ressemblait à aucun de ses maîtres, il était lui-même, et ses observations portaient sa marque propre.

Appelé à quarante-cinq ans, en 1872, il y a trois ans seulement, à succéder à Daremberg dans la chaire d'histoire de la médecine, il avait su grouper autour de lui un auditoire charmé par cette parole à la fois familière et élevée. Daremberg, savant éminent, avait cherché à reconstituer dans son cours la tradition médicale, en s'appuyant sur une interprétation rigoureuse des textes, et cette méthode, parfois un peu aride, avait procuré plus de succès à l'helléniste qu'au professeur. Lorain suivit une autre voie, il fit revivre les médecins dont il rapportait les opinions dans le milieu où ils avaient vécu : c'étaient eux et leur temps avec les qualités et les défauts qu'ils devaient à leur époque et à eux-mêmes. Il entrait sans difficulté dans leur existence, dans leur pensée ; familier avec l'histoire des sociétés qui les avaient vus naître, il en reconstituait le tableau avec une vérité et une facilité de peinture qui étaient réellement saisissantes. C'était là qu'on sentait la supériorité de cette intelligence qui se déployait sans effort et qui faisait aimer à la jeunesse cette histoire de notre art si pénible à posséder quand elle se présente avec la pesanteur et la solennité qui l'entourent d'ordinaire.

Après avoir conté, comme en causant, les travaux et les luttes de ses devanciers, Lorain passait sans transition à l'époque actuelle, montrait dans une esquisse rapide les progrès accomplis, et laissait entrevoir l'avenir.

Il procédait par tableaux et par anecdotes, et dégageait en quelques mots l'enseignement que comportait la vie qu'il venait d'étudier. Il insistait sur le côté moral de ces aperçus biographiques, et s'il aimait à s'étendre sur les côtés brillants de l'histoire de la médecine, s'il aimait à évoquer le souvenir des hommes qui avaient honoré notre profession, il frappait aussi et sans pitié les faux savants qui ont toujours encombré les voies de la science.

L'ambition de Lorain avait toujours été d'atteindre au professorat ; le succès de ce si court enseignement montre combien cette ambition était légitime. Candidat ou professeur à la Faculté de médecine, il ne s'aveuglait pas sur les lacunes de l'enseignement officiel ; nous avons déjà rappelé ses publications sur la médecine en Allemagne et en Angleterre ; il ne redoutait pas pour la Faculté la concurrence, il l'appelait au contraire et pensait qu'elle se retremperait dans la lutte, et qu'elle marcherait d'un pas plus vif dans la voie du progrès. Il prit une part importante aux discussions qui, dès la fin de l'empire, ont précédé la loi sur la liberté de l'enseignement supérieur. Il a publié, dans la *Revue*, plusieurs articles sur cette question, et il demandait surtout qu'on donnât aux villes le droit de fonder des universités. C'était là, selon lui, qu'était le véritable avenir de l'enseignement supérieur. Mais son désir de réforme ne l'égarait pas ; il aimait trop cette Université qu'il avait appris à vénérer dans sa famille pour ne pas espérer que ce serait elle qui serait à la tête du mouvement ; son patriotisme ardent lui faisait croire que ce serait elle aussi qui nous permettrait de lutter avec succès contre la concurrence des pays étrangers et contre celle qui se dresse à l'intérieur.

En médecine et dans les contacts de la vie journalière,

Lorain était d'une extrême sensibilité. Tout ce qui était incorrect le blessait vivement. Doué d'une na'ure d'artiste, il avait les aspirations les plus nobles vers le beau et ne parvonnait ni aux hommes, ni aux partis les écarts inséparables de la lutte. D'un caractère gai et ouvert, il se repliait soudain sur lui-même dès qu'il découvrait une action basse ou une intention coupable ; l'impression n'était pas passagère, elle durait et le plongeait parfois pendant longtemps dans de profonds découragements. Nul en revanche n'avait de plus vifs, de plus brillants enthousiasmes ; dès qu'il voyait un effort généreux, il n'épargnait à son auteur ni les encouragements, ni l'appui de son influence. Il aimait le progrès et s'attachait à ceux qui le cherchaient avec lui. Aussi les jeunes savants sentent la grande perte qu'ils ont faite : Lorain était pour eux un guide, un soutien; son esprit de justice l'emportait même sur ses affections les plus chères ; il était un de ceux dont on peut conquérir par le travail la bienveillance et la protection.

Les élèves à qui il prodiguait à l'hôpital les marques de sa bienveillance ne s'y sont pas trompés, et l'hommage qu'ils ont rendu à sa mémoire ne s'adressait pas seulement au professeur éloquent et savant, mais à l'homme dont ils avaient pu connaître l'inépuisable bonté.

Toute sa vie, Lorain a poursuivi le même but : apprendre et enseigner; nous venons de rappeler avec quel succès il l'avait atteint. Il nous reste à dire quel homme il était auprès des malades de la ville.

La profession médicale ne fut pas pour lui lucrative. Il n'aimait pas l'argent et il n'a jamais cherché à recueillir que celui qui lui était indispensable pour vivre et suffire aux soins de ses travaux. Il dérobait à la clientèle le plus de temps qu'il pouvait pour le consacrer à ses études, et dès que l'existence était assurée il limitait ses devoirs professionnels, et priait les malades de s'adresser à de plus jeunes confrères. Il n'y a qu'une classe de clients qu'il n'a jamais rebutée, c'est celle qu'il traitait gratuitement : ceux-là ont toujours trouvé son cabinet ouvert et son dévouement à leur service. Sa mort en est un éclatant témoignage. Il était au milieu de ses livres, dimanche dernier, et avait recommandé qu'on ne le dérangeât pas. On vient le chercher pour l'enfant d'un pauvre ménage qui demeure aux environs de la Bastille, il craint qu'en son absence et à cause même de son défaut de fortune le malade ne reçoive pas les soins nécessaires. Il n'hésite pas à se rendre à cet appel. Frappé d'éblouissements en arrivant au cinquième étage, il demande à se coucher, prie qu'on envoie chercher madame Lorain, s'étend sur un pauvre lit, perd connaissance et succombe en une demi-heure, au mal qui l'étreint. Si une si triste mort avait besoin d'être entourée d'un nouvel éclat pour servir d'exemple à la jeunesse médicale, où trouverait-elle un plus beau modèle?

Dans cette foule énorme qui s'était empressée hier aux obsèques de Lorain, on voyait mêlés des savants, des artistes, des pauvres et presque tous les habitants du quartier de l'Odéon ; chacun racontait quelque trait de cette vie si bien remplie; cette cérémonie montre quel était l'homme qui venait de disparaître, et cette union des savants et des pauvres symbolise à merveille toute cette existence.

Lorain portait dans ses amitiés et dans sa vie journalière le même dévouement et le même désintéressement. L'un de ses plus chers amis, M. Sainte-Claire Deville, tient à ce que l'un de ces actes ne soit pas oublié. Pendant la Commune, Lorain avait eu à sa petite campagne d'Azay-le-Rideau des accidents d'étranglement intestinal. Rentré à Paris trop prématurément, une péritonite partielle était survenue ; Lorain ne sortait pas et n'avait pas encore osé s'exposer aux secousses d'une voiture. M. Sainte-Claire Deville reçoit une dépêche annonçant que son fils est à Nantes gravement malade ; il n'a que le temps de courir au chemin de fer et prie un de ses amis de communiquer la dépêche à Lorain et de lui demander son avis. Le lendemain matin, oublieux de ses souffrances et du danger auquel il s'exposait, Lorain était à Nantes, auprès du lit du fils de son ami, et il était assez heureux pour que son conseil fût réellement le salut du malade.

En 1868, Lorain, qui était connu de M. Duruy, apprend que le ministre l'a inscrit sur la liste des savants qui doivent recevoir la croix de la Légion d'honneur. Sur-le-champ il va trouver M. Sainte-Claire Deville et le force à employer son autorité pour que le nom d'un de ses collègues plus ancien que lui de nomination soit substitué au sien. Il l'obtient et ne reçoit lui-même cette croix, objet de tant de convoitises' qu'il y a trois mois, en août 1875.

Ceux d'entre nous qui furent admis à ces réunions de huit ou dix amis, qui le mardi soir se groupaient autour de Lorain, savent quelle fut sa vie de famille, et quelle était l'union que sa mort a rompue. Lorsqu'elle fut en présence de son mari expirant, Mme Lorain l'a retracée dans une seule exclamation : « Huit ans de bonheur ! »

Notre maître laisse deux fils; ses élèves n'oublieront pas ce qu'ils doivent à celui qui a gravé dans leur esprit l'amour du devoir et du travail; ils se souviendront que quelques jours avant sa mort Lorain résumait ainsi à un de ses amis ce qui est en réalité la philosophie de sa vie : « Ne cherchons pas à être des habiles, contentons-nous d'être honnêtes, et tâchons de ne pas disparaître sans avoir fait quelque bien. »

P. BROUARDEL,
Agrégé à la Faculté de médecine de Paris.

27 octobre 1875.

Les funérailles de M. P. Lorain ont eu lieu mardi à midi et un quart, à Saint-Sulpice, au milieu d'une affluence tout à fait extraordinaire. Il y avait certainement plus de trois mille personnes.

Voici le discours prononcé au cimetière Montparnasse par M. Vulpian :

« Messieurs,

» Nous voici réunis pour rendre les derniers devoirs à l'un des plus jeunes parmi nos collègues, à notre ami le professeur Lorain, qu'une mort inopinée vient de foudroyer à l'âge de quarante-huit ans.

» Quel terrible événement ! Quelle affreuse douleur pour les siens, pour ses amis ! Quelle perte cruelle pour les hôpitaux et pour la Faculté de médecine !

» Sous le coup d'une violente émotion, je ne me sens pas la force de retracer la vie de travail, de luttes, de succès de notre cher collègue. Et cependant je ne puis me dispenser d'en dire quelques mots, afin de montrer de quelle profondeur est le vide que la mort vient de creuser au milieu de nous.

» Né en 1827 à Paris, Paul-Joseph Lorain fit ses premières études médicales à Lyon en 1846. Bientôt après, en 1848, de retour à Paris, il aborde les concours de l'administration des hôpitaux. Nommé d'abord externe cette année-là, puis interne en 1850, il devient médecin des hôpitaux en 1861. L'année précédente (1860), il avait été nommé agrégé de la Faculté à la suite d'un brillant concours. Et enfin, sur la présentation de la Faculté, il est nommé professeur d'histoire de la médecine en 1872.

» Daremberg, cet homme savant qui avait occupé le premier la chaire de l'histoire de la médecine, n'avait pas eu le temps de fonder l'enseignement qu'il inaugurait à la Faculté. Ce que la maladie n'avait pas permis à Daremberg, notre collègue Lorain réussit à le faire, au delà même de nos espérances, grâce à ses remarquables qualités professorales.

» L'étendue et la solidité de ses connaissances scientifiques, la facilité et la distinction de son langage, la finesse de ses aperçus et les vives saillies de son esprit lui attiraient un grand nombre d'auditeurs. Mais son succès avait d'autres éléments. Clinicien consommé, rompu à toutes les méthodes actuelles d'examen des malades, il pouvait mieux que personne établir une comparaison instructive entre la médecine moderne et celle des temps passés. En outre, sachant les principales langues étrangères, il pouvait faire assister ses auditeurs au mouvement scientifique si considérable qui se produit dans toutes les régions du monde savant. Il pouvait donc montrer le point précis où s'étaient arrêtées, sur telle ou telle question, les recherches les plus récentes, soit en France, soit à l'étranger; il pouvait indiquer les voies à suivre et les moyens à mettre en usage pour tenter d'aller plus loin. Il inspirait ainsi le goût et le désir du travail, et c'était là un des attraits principaux de son enseignement.

» Esprit actif, chercheur et original, doué d'une brillante imgination qu'il semblait s'appliquer sans cesse à dompter, il s'était pris d'une véritable passion pour les applications des sciences physiques, chimiques et physiologiques à la pathologie. Il prônait constamment, soit dans ses propres écrits, soit dans ceux dont il donnait si libéralement l'idée à ses élèves, l'importance de toutes ces applications, et il est un des médecins qui ont le plus contribué à introduire dans les recherches cliniques l'emploi de la balance, de l'analyse chimique, de la thermométrie, de la sphygmographie et de la cardiographie. Ses ouvrages sur le *choléra* (1868) et sur le *pouls et ses variations dans les maladies* (1870), resteront comme des modèles parmi les travaux qu'a fait naître l'introduction des sciences exactes dans le domaine de la médecine pratique. De même ses recherches sur *la fièvre puerpérale chez la femme, le fœtus et le nouveau-né*, sur *le rhumatisme génital*, sur *le féminilisme dans les maladies de poitrine*, etc., transmettront à la postérité une haute idée de son sens clinique. De même encore les éditions qu'il a publiées du *Guide du médecin praticien*, de Valleix, donneront la mesure de sa vaste érudition.

» La préparation et la publication de ses travaux ne l'ont pas empêché d'accepter et de remplir pendant dix ans les délicates fonctions de médecin-légiste. Il a brillé là, comme partout ailleurs, par le charme de sa parole et la sûreté de son jugement.

» La Faculté perd en lui un des hommes qui l'aimaient le plus sincèrement. Il désirait ardemment voir se réaliser les perfectionnements de tout genre qu'elle réclame depuis si longtemps. Plusieurs des publications de notre collègue, et ce ne sont pas celles qui lui ont demandé le moins de travail, ont été consacrées à mettre en lumière les efforts faits par les gouvernements, à l'étranger, pour élever aussi haut que possible le niveau des études médicales. Il adjurait ceux qui ont en mains les destinées de notre pays de réformer sur divers points l'enseignement de la médecine, pour que nous ne fussions pas condamnés à rester définitivement en arrière des autres nations. Son patriotisme ardent voulait que nous fissions tous les préparatifs nécessaires pour pouvoir entrer, avec des chances de succès, en lutte scientifique contre nos laborieux voisins. Et, récemment, lorsque la liberté de l'enseignement supérieur a été décrétée, M. Lorain était au nombre de ceux qui s'affligeaient le plus de voir se prolonger le *statu quo* dans la Faculté de médecine : il craignait encore que, même ici, la concurrence contre l'enseignement libre nous trouvât désarmés.

» Il était profondément universitaire. Et comment ne l'eût-il pas été? Fils d'un père qui a laissé les plus honorables souvenirs dans l'Université, et qui, après avoir été professeur de rhétorique à Paris, avait été proviseur du lycée Saint-Louis, puis recteur de l'Académie de lyon; beau-frère d'un professeur du collége Rollin; beau-frère aussi d'un historien et littérateur éminent qui fut longtemps professeur au lycée Bonaparte, et qui est maintenant membre de l'Académie française, il avait appris dans sa famille à révérer cette noble Université de France, et il espérait la voir sortir de toutes les luttes, triomphante et plus forte que jamais.

» Hélas! Il n'assistera pas à ce triomphe, sur lequel nous comptons aussi. Il ne verra pas se réaliser à la Faculté de médecine toutes les améliorations dont il avait tant de fois prouvé l'urgente nécessité.

« Ce n'est pas seulement le judicieux savant, le médecin habile, le professeur éloquent que nous avons à regretter : la mort nous sépare de l'un des hommes les meilleurs qui aient jamais existé. Affectueux, dévoué, sûr, esclave du devoir, modeste, ayant en horreur tous les charlatanismes, médicaux et autres, on peut dire que tous ceux qui sont entrés en relation avec notre collègue ont éprouvé pour lui des sentiments d'amitié. Il aimait sincèrement les élèves et ils ont pu apprécier son inépuisable bienveillance, soit à l'hôpital, soit à la Faculté : il était toujours prêt à aller prodiguer ses soins à ceux d'entre eux que la maladie retenait dans leur chambre. Aussi ces jeunes gens avaient-ils pour lui la plus vive affection. Partout on le retrouvait le même : sensible et bon. Les malades de son service, à l'hôpital de la Pitié, le chérissaient.

» Que dire de plus? M. Lorain était le désintéressement même, et son temps, hors de l'hôpital, appartenait encore largement à la médecine gratuite. Il venait donner des soins à l'enfant d'une famille peu aisée, dans un quartier lointain, lorsque la mort l'a frappé dans la chambre même où était couché le petit malade. Un peu souffrant au moment où l'on était venu le trouver, il sentait qu'il n'était pas prudent de sortir ; mais l'idée qu'il y avait là de pauvres gens dont l'enfant était peut-être gravement atteint, et qui avaient compté sur lui, l'emporte sur toutes les considérations personnelles. Il se rendit donc à l'appel des parents, et son dévouement lui coûta la vie. Il est impossible de ne pas rappeler que son oncle, le docteur Gillette, il y a plusieurs années, fut atteint d'angine diphthéritique en ramenant à Paris, dans une voiture fermée, un enfant affecté du croup, et qu'il fut emporté par cette maladie. Lorain suivait donc encore ici, pour ainsi dire, une tradition de famille, et, comme son oncle, il est mort victime de son généreux dévouement.

« Adieu, cher collègue et ami! Homme savant! Homme de bien! Votre nom ne périra pas. »

LES MINES D'ANZIN (1)

II

La compagnie — Les travaux

Premières recherches dans le nord de la France. — Découverte de la houille à Fresnes. — Découverte de la houille à Anzin. — Droit seigneurial. Traités avec les seigneurs. — Refus de deux d'entre eux. — Transaction. — Formation de la Compagnie d'Anzin. — Régie des mines d'Anzin. — Hommes remarquables qui en ont fait partie. — Régisseurs actuels. — Concessions mises en commun. — Prolongation des concessions. — Loi de 1791. — Acquisition de la concession de Saint-Saulve. — Loi de 1810. — Concession de Denain. — Concession d'Odomez. — Concession d'Hasnon. — Étendue des concessions. — Houilles; qualités. — Nombre de puits. — Force des machines. — Production du charbon. — Puits d'épuisement. — Puits d'air. — Fours à coke. — Agglomérés. — Brai. — Ateliers de construction et de réparation. — Première machine d'épuisement. — Première machine d'extraction — Premier chemin de fer du fond. Rails en fer laminé. — Port de Denain. — Chemin de fer d'Anzin à Somain. — Grues. — Chemin de fer d'Anzin à Péruwelz. — Dépenses de construction des chemins de fer. — Résultats de l'exploitation du chemin de fer. — Importation du guidage et des berlines. — Chevaux au fond. — Parachute Fontaine. — Tunnel. — Transformation des berlines et des rails du fond. Perforation mécanique. — Traînage mécanique à Thiers. — Traînage mécanique à la Réussite. — Personnel : employés et ouvriers.

I

L'HISTOIRE

Jacques, vicomte Désandrouin, bailli de Charleroi, seigneur de Lodelinsart, etc. ; Pierre Taffin, conseiller du roi au parlement de Flandre, seigneur de Vieux-Condé, etc., associés à d'autres personnes de la localité, commencèrent les premiers travaux de recherche dans le nord, à Fresnes, le 1er juillet 1716 (2).

La découverte du charbon eut lieu le 3 février 1720 (3); mais ce charbon n'étant propre qu'à la cuisson de la chaux et des briques, des recherches furent dirigées sur d'autres points pour trouver du charbon dit de maréchal.

Après des travaux très-difficiles et très-dispendieux à cause des eaux, exécutés infructueusement dans les territoires d'Aubry, Étreux, Bruai, Quarouble et Valenciennes, on fit la découverte de cette espèce de charbon, à Anzin, le 24 juin 1734 (4). La Société avait triomphé de toutes les difficultés ; elle était en voie de prospérité quand survint un nouvel adversaire. C'était le droit réservé aux seigneurs hauts justiciers, par la législation féodale, de disposer de l'*avoir en terre non octroyée*, c'est-à-dire de la richesse minérale qui pouvait exister dans leurs terres.

La Compagnie Désandrouin parvint à traiter avec la plupart des seigneurs, et obtint la permission d'exploiter à condition de payer un *droit d'entrecens;* mais deux d'entre eux, le prince de Croy et le marquis de Cernay, refusèrent et résolurent de faire par eux-mêmes l'exploitation du charbon dans leurs terres ; ils obtinrent des concessions royales ; des procès s'ensuivirent, puis intervint une transaction qui fut complétée elle-même par la fusion des intérêts rivaux.

Enfin, le 19 novembre 1757, MM. Désandrouin et Taffin, le prince de Croy et le marquis de Cernay signèrent un acte de société qui constitua la Compagnie d'Anzin.

La régie de la Compagnie fut confiée à six associés avec les pouvoirs les plus étendus. Quand un régisseur vient à manquer, les cinq autres choisissent celui des associés le plus capable de le remplacer.

Depuis cent dix-huit ans que cet acte de société existe, l'accord le plus parfait n'a pas cessé de régner entre les associés. Des hommes remarquables à plus d'un titre ont fait partie de la régie. Outre le prince, depuis duc de Croy, maréchal de France, et l'ingénieur Pierre-Joseph Laurent, auteur du canal de Saint-Quentin (1), qui faisaient partie des premiers régisseurs, il convient de citer plus particulièrement les hommes dont les noms suivent :

1º Pierre-Louis-Georges, comte Dubuat (2), ingénieur hydraulicien, dont les ouvrages sont encore consultés de nos jours ; il est l'inventeur de la turbine et de l'application de l'air comprimé comme transmission de force motrice ;

2º Casimir Périer, ministre sous Louis-Philippe ;

3º Joseph Périer, frère du précédent, régent de la Banque de France ;

4º Edmond Lambrecht, ministre sous M. Thiers.

La régie est actuellement composée de :

1º M. Thiers, président du conseil de régie, et dont les titres sont trop nombreux et trop connus pour qu'on les énumère ici ;

2º M. Casimir Périer, fils du ministre de 1832, ministre lui-même sous M. Thiers, membre de l'Assemblée nationale, l'un des chefs du centre gauche, dont on connaît le rôle important ;

3º M. le général baron de Chabaud-Latour, membre de l'Assemblée nationale, et récemment ministre dans le cabinet de Cissey, sous le maréchal de Mac-Mahon ;

4º M. le baron Alexis de la Grange, membre de l'Assemblée nationale, le seul des régisseurs actuels descendant de l'un des fondateurs (Taffin) ;

5º M. le marquis de Talhouët-Roy, ministre sous l'empire libéral en 1869, membre de l'Assemblée nationale ;

6º M. le duc d'Audiffret-Pasquier, président actuel de l'Assemblée nationale.

Enfin comme régisseur adjoint, M. Cornélis de Witt, gendre de M. Guizot, et tout récemment sous-secrétaire d'État du ministère de l'intérieur, sous les ministères de MM. de Broglie et de Chabaud-Latour.

Le prince de Croy, outre son droit seigneurial, avait apporté dans la Société, en 1757, les concessions de Vieux-Condé et d'Hergnie, obtenues le 14 octobre 1749 et le 20 avril 1751, et la concession de Fresnes le 16 mars 1756; il avait fait la découverte du charbon le 23 janvier 1751 (3).

Le marquis de Cernay avait donné également à la Société, outre son droit seigneurial, la concession de Raismes, obtenue le 3 décembre 1754. Il y avait peut-être découvert le charbon le 1er septembre 1756 (4).

---

(1) Voyez ci-dessus, page 184, numéro du 21 août 1875.

(2) Jacques Matthieu, directeur (né à Lodelinsart le 26 septembre 1684, mort en 1747).

(3) Pierre Matthieu, fils de Jacques (né à Lodelinsart le 27 novembre 1704, mort à Anzin en 1778), directeur des mines ; il inventa le cuvelage et le picotage pour contenir les eaux.

4) Pierre Matthieu, directeur des mines.

---

(1) Les travaux en furent interrompus avant sa mort, les fonds étant absorbés par la guerre d'Amérique.

(2) Né à Tortizambert (Calvados), le 23 avril 1734, décédé à Vieux-Condé le 17 octobre 1809.

(3) Castiau (Paul-Joseph) étant directeur à Vieux-Condé ; né à Lodelinsart le 21 mars 1707, il mourut à Vieux-Condé le 11 septembre 1770.

(4) Renaud, directeur de la Compagnie de Cernay, petit-fils de l'inventeur de la machine de Marly.

Enfin, MM. Désandrouin et Taffin apportaient leur concession d'Anzin, obtenue le 29 juin 1735, qui était de beaucoup la plus importante, la seule même qui fût réellement en exploitation commerciale et qui donna son nom à la Compagnie nouvelle.

Toutes ces diverses concessions expirant en 1760 (1), la Compagnie d'Anzin demanda et obtint, le 1er mai 1759, une prorogation de privilége de quarante années au delà de 1760, c'est-à-dire jusqu'en 1800.

Le 9 juillet 1782, la Compagnie obtient une nouvelle prolongation de trente années, laquelle devait la conduire jusqu'en 1830.

C'est dans cette situation que la loi du 28 juillet 1791 trouva la Compagnie d'Anzin. Cette loi, qui restreignait l'étendue des concessions à six lieues carrées, en prolongeant la durée de cinquante années, reportait à 1841 le terme des concessions non perpétuelles. La Compagnie d'Anzin perdit alors une partie de son territoire, l'invasion autrichienne détruisit une grande partie de ses machines et des installations des fosses. Quand le pays fut délivré de l'ennemi, elle eut à lutter contre une foule de prétentions de tout genre qui mettaient tous ses droits en conteste, et fut longtemps à se réorganiser.

A ces concessions, qui constituaient les apports des signataires de l'acte du 19 novembre 1757, la Compagnie ajouta la concession de Saint-Saulve par l'acquisition qu'elle en fit le 31 octobre 1807.

En 1810 survint la loi sur les mines qui, en accordant la perpétuité à toutes les concessions existantes, a constitué les concessions de la Compagnie d'Anzin en propriétés définitives.

Depuis lors la Compagnie, ayant découvert le charbon à Denain le 30 mars 1828 (2), obtint la concession de ce nom le 5 juin 1831.

La concession d'Odomez fut obtenue par elle le 6 octobre 1832, après la découverte du charbon qui avait eu lieu dans cette concession en 1831.

Et enfin la Compagnie fit l'acquisition de la concession d'Hasnon le 19 mai 1843.

Les concessions de la Compagnie sont maintenant au nombre de huit, savoir :

1° La concession d'Anzin contenant 118^{kilom},518 ;

2° La concession de Raismes contenant 48^{kilom},197 ;

3° La concession de Vieux-Condé contenant 39^{kilom},620 ;

4° La concession de Fresnes contenant 20^{kilom},730 ;

5° La concession de Saint-Saulve contenant 22 kilomètres ;

6° La concession de Denain contenant 13^{kilom},437 ;

7° La concession d'Odomez contenant 3^{kilom},160 ;

8° La concession d'Hasnon contenant 14^{kilom},883. Soit au total : 280^{kilom},545.

Ces concessions sont contiguës et présentent une surface de 280 kilomètres carrés ou 28 000 hectares.

II

LA PRODUCTION

Les exploitations de la Compagnie d'Anzin produisent les principales et les meilleures espèces de charbon :

1° Houille grasse, dite maréchale.

2° Houille grasse, à coke.

3° Houille grasse, à gaz.

4° Houille demi-grasse, à longue flamme.

5° Houille dure.

6° Houille maigre, anthraciteuse.

Le nombre de puits pour l'extraction du charbon était autrefois de 40 à 50. Ce nombre a pu être diminué progressivement par suite de l'augmentation de la force des machines et des perfectionnements apportés dans les appareils d'extraction, ce qui a permis de faire de plus fortes extractions par puits. Le guidage des puits et l'emploi des berlines, qui ont commencé en 1843 et se sont généralisés vers 1860 seulement, ont aidé puissamment à la concentration de l'extraction et à la diminution du nombre de puits.

En 1866 il y avait encore 30 puits en activité ; aujourd'hui il n'en reste que 19. Ils sont desservis par 19 machines à vapeur établies au jour et 2 au fond. Ces 21 machines représentent une force de plus de 1500 chevaux.

Lors de la formation de la Société, en 1757, l'extraction de charbon s'élevait, en hectolitres, environ à...... 1 165 000

En 1774, cent ans en arrière de l'époque actuelle, elle était de............................ 2 200 000

Avant la révolution de 1789 son maximum était de... 3 000 000

Les troubles de la révolution l'anéantirent presque complétement.

En 1824, l'extraction s'était relevée à......... 3 850 000

En 1849, il y a vingt-cinq ans, elle était de.... 7 500 000

Enfin il y a dix ans, en 1864, elle avait atteint... 12 000 000

Lorsque M. de Marsilly prit, en 1866, la direction générale des mines d'Anzin, on tirait, en hectolitres.. 15 000 000

Une impulsion nouvelle fut alors donnée aux travaux ; le nouveau directeur ne négligea rien pour introduire les perfectionnements propres à augmenter la production, qui a subi depuis une augmentation régulière, par année, d'environ... 1 000 000

Malgré la perturbation commerciale causée par la guerre de 1870, elle a été, en 1874, de....... 22 000 000

Ce qui fait une moyenne, par puits (1), de.... 1 100 000

L'extraction de 1873 était encore plus considérable et dépassait de plus d'un dixième celle de 1874.

Cette extraction représente les deux tiers de l'extraction du département du Nord, plus du tiers de la production du Nord et du Pas-de-Calais réunis, et enfin le neuvième de la production de la France entière (2).

III

LES FOURS A COKE ET LES AGGLOMÉRÉS

La Compagnie d'Anzin ne se borne pas à vendre ses produits bruts, tels qu'ils sortent des fosses, c'est-à-dire du charbon *tout venant*, comprenant des morceaux de houille et des poussières, ou bien des morceaux de diverses grosseurs

---

(1) Elles étaient perpétuelles quant aux droits des seigneurs, mais temporaires comme privilége royal.

(2) Félix Boisseau, directeur à Vieux-Condé, né en 1792, mort le 12 novembre 1868.

(1) Legrand (Pierre), directeur en chef des travaux du fond.

(2) La production de la France en 1874 n'étant pas encore officiellement publiée, nous avons établi cette comparaison sur la production de 1873, qui est de 17 485 000 tonnes.

sous le nom de gaillettes et de gailletteries. Elle fait subir elle-même au charbon plusieurs préparations qui le rendent propre à de nouveaux usages industriels. Nous parlerons surtout de la fabrication du coke (houille calcinée en vases ou fours clos), qui a pour but de fournir à la métallurgie du fer en particulier un charbon plus pur, et de la fabrication des agglomérés qui utilise les poussières de houille, auparavant d'un emploi incommode, en leur donnant une forme plus maniable, qui en fait en même temps un excellent combustible. On utilise ainsi très-avantageusement des matières autrefois difficiles à placer.

Fours à coke. — La Compagnie a fabriqué, en 1874, environ 250 000 tonnes de coke dans ses cinq établissements.

Voici le nombre et la production journalière des fours dans chacun d'eux :

ÉTABLISSEMENTS	NOMBRE DE FOURS fours	PRODUCTION JOURNALIÈRE tonnes
Saint-Vaast	235	235
Turenne (Denain)	150	150
Enclos (Denain)	260	260
Rœulx	100	130
Haveluy	100	160
Total	845	935

5 lavoirs sont installés dans ces établissements, savoir : 2 à Saint-Vaast, 1 à Turenne, 1 à Rœulx, 1 à Haveluy.

L'établissement de Saint-Vaast a pris naissance en 1860 : 60 fours ont été construits à cette époque ; un peu plus tard, ce nombre a été porté à 100, puis à 120, etc., jusqu'à 235.

En 1864, on a fondé l'établissement de Turenne, puis celui de l'Enclos. Rœulx a été créé en 1869. Haveluy en 1870.

Le nombre total d'ouvriers est de 540 ; leur salaire varie de 3 à 4 francs pour une tâche dont la durée est d'environ huit heures et suivant l'importance du travail.

Le rendement pratique de la houille en coke est de 72 à 75 pour 100, suivant la qualité et la nature des houilles employées.

Agglomérés. — On sait qu'on appelle de ce nom des sortes de briques de dimensions plus ou moins grandes, formées de poussières de charbon ou de très-petits morceaux, le tout agglutiné ou aggloméré à l'aide de goudron ou de brai et mis en formes sous des presses énergiques.

En 1860, ont été installées les quatre presses Révollier donnant chacune 125 tonnes par vingt-quatre heures, soit 500 tonnes par jour.

Ces appareils sont mis en mouvement par deux machines motrices faisant un travail de 75 chevaux chacune.

Une machine de 40 chevaux fait mouvoir les deux broyeurs.

Tous les charbons agglomérés sont lavés ; l'usine est desservie par deux lavoirs qui fonctionnent jour et nuit pour alimenter la fabrication.

Les agglomérés sont faits avec du charbon demi-gras mélangé de 9 pour 100 de brai.

Le brai est produit par la Compagnie elle-même, dans un atelier spécial où sont établis huit appareils pour distiller le goudron provenant des usines à gaz. On a obtenu ainsi, en 1874, 3250 tonnes de brai. Mais cette quantité, malgré son importance, n'a pas suffi aux besoins des ateliers d'agglomération.

Les agglomérés fabriqués en 1874 ont dépassé 140 000 tonnes.

IV

LES MOYENS DE TRANSPORT

La Compagnie a fait établir à Denain, en 1828, pour faciliter l'embarquement de ses charbons, un bassin communiquant directement avec l'Escaut canalisé et pouvant contenir 400 bateaux (1).

Elle a fait construire (2), en 1835, un chemin de fer de 19 kilomètres de longueur, pour relier à Anzin ses établissements de Saint-Vaast, Hérin, Denain, Abscon et Somain. C'est à Somain que ce chemin de fer s'embranche avec la ligne du Nord. Ce chemin de fer est le second établi en France, il est le premier à large voie et ayant marché avec des locomotives.

Les locomotives qui ont été les premières construites sur le continent ont été faites dans ses ateliers (3).

C'est à la même époque qu'ont été construites ces grues gigantesques (4), imitées ailleurs depuis lors, qui, d'abord mues à bras d'hommes, sont aujourd'hui actionnées par la vapeur.

Le chemin de fer venant de Somain s'arrêtait à Anzin. Les exploitations importantes de Fresnes, Vieux-Condé et Thiers, n'ayant que les voies navigables pour l'expédition de leurs produits, étaient parfois en souffrance, surtout en hiver, pendant la gelée.

M. de Marsilly, directeur général, décida la Compagnie à combler cette lacune. La concession ayant été obtenue en 1868, le prolongement du chemin de fer, depuis Anzin jusqu'à Péruwelz (Belgique), commencé après la guerre de 1870, fut terminé et mis en exploitation en 1874 (5).

La ligne ainsi complétée a une longueur totale de 40 kilomètres, depuis Somain, où elle se relie au chemin de fer du Nord, jusqu'à Péruwelz, où elle se raccorde au chemin de fer de Hainaut et Flandres.

Elle se relie en outre : 1° au chemin de fer du Nord par deux embranchements, l'un de Bruai à Valenciennes et l'autre d'Escaudain à Lourches ; 2° au chemin de fer de Saint-Amand à Blanc-Misseron, à la station de Fresnes ; 3° au chemin de fer de Valenciennes à Lille, par un embranchement de Bruai à Beuvrages. De plus tous les établissements et tous les puits de la Compagnie sont raccordés entre eux par des embranchements qui se soudent à la ligne principale.

Le chemin de fer de la Compagnie est desservi par trente-six locomotives.

La dépense faite pour la partie de Somain à Anzin était de 5 507 268 fr. 48 c. Le prolongement de la ligne jusqu'à Pérulwez a coûté, matériel roulant compris, la somme de 8 842 627 fr. 10 c. La ligne complète a par conséquent coûté 14 349 895 fr. 58 c.

---

(1) Paul Castiau, ingénieur, directeur des travaux du jour de 1823 à 1845.

(2) Paul Castiau, ingénieur, directeur des travaux du jour de 1823 à 1845. (Né à Vieux-Condé le 4 septembre 1782, décédé à Anzin le 1er juillet 1853.)

(3) Paul Castiau.

(4) Paul Castiau.

(5) Désiré Parent, directeur en chef des travaux du jour

Le nombre de voyageurs transportés en 1874 a été de 651 540.

Les marchandises transportées ont été de 1 959 663 tonnes, et le tonnage à un kilomètre ressort à 16 716 279 tonnes kilométriques.

Il a donné une recette par kilomètre de 79 105 francs. Si l'on en excepte le chemin de fer de ceinture, dont la recette de 214 968 francs est exceptionnelle, le chemin de fer de la Compagnie n'est surpassé que par le réseau du Nord, qui a donné 90 108 francs par kilomètre. Résultat d'autant plus remarquable que, jusqu'à présent, le chemin de fer de la Compagnie n'a qu'une voie. La recette de tous les autres chemins de fer est inférieure à celle du chemin de fer d'Anzin.

V

L'OUTILLAGE DES FOSSES

L'épuisement des eaux souterraines se fait par six puits au moyen de puissantes machines, d'une force totale de 520 chevaux.

Dix-sept puits sont affectés à l'aérage ; ils sont munis de ventilateurs mécaniques ou de foyers énergiques pouvant extraire chacun de 20 à 60 mètres cubes d'air par minute (1).

La Compagnie a en activité 800 fours à coke. Ils ont produit 250 000 tonnes de coke en 1874.

Elle a une usine d'agglomération des menus de houille, établie à Saint-Vaast, et qui a produit, en 1874, la quantité de 140 000 tonnes de briquettes. Le brai nécessaire à l'agglomération est produit dans un atelier spécial où sont établis huit appareils à distiller le goudron provenant des usines à gaz.

3250 tonnes de brai ont été ainsi obtenues en 1874.

Un immense atelier de construction et de réparation de machines et de matériel des mines existe à Anzin. De plus, chaque fosse est munie d'un atelier spécial pour les petites réparations urgentes et l'entretien du matériel.

Elle a en outre, à Saint-Vaast, un atelier spécial pour la réparation des locomotives et du matériel roulant du chemin de fer.

La première machine d'épuisement à vapeur montée sur le continent a été construite dans ses ateliers et établie sur l'une de ses fosses à Fresnes, en 1732 (2).

Il en est de même de la première machine d'extraction ; elle a été établie à Fresnes en 1802 (3) à la fosse du Vivier. Avant l'emploi de ces machines à vapeur, l'extraction du charbon et des eaux avait lieu au moyen d'un manége mu par des chevaux.

L'introduction en France des petits chemins de fer à ornières en fonte pour les travaux du fond a eu lieu à Anzin en 1822 (1). C'est également de cette époque que date l'adoption des bacs à roues substitués aux traîneaux employés jusque-là pour les transports au fond.

En 1826, une amélioration nouvelle a été introduite pour les transports du fond ; le rail en fer laminé (2) a été substitué au rail à ornière en fonte des petits chemins de fer du fond : c'est la première application qui en ait été faite dans les mines ; jusque-là la fonte était exclusivement employée, non-seulement en France mais encore en Belgique et en Angleterre.

En 1843 (le 15 octobre), la Compagnie a introduit dans ses travaux le guidage des puits et les berlines (3), qui sont chargées aux tailles d'abatage et déchargées au dépôt du jour ou dans les chariots ; ce mode d'extraction, non encore usité alors en France, ni dans les exploitations du Borinage, a été un auxiliaire puissant pour l'augmentation de l'extraction. Il supprime les chargements et les déchargements de l'ancien mode d'extraction, qui est plus coûteux et préjudiciable à la qualité du charbon. C'est vers 1860 que cette transformation a été complète et que l'emploi du tonneau a disparu.

C'est en 1847 que la Compagnie a introduit dans ses travaux à l'intérieur l'emploi des chevaux, ce qui lui a permis d'employer à l'abatage du charbon une partie des ouvriers occupés à ce transport.

En 1853, Fontaine (4), chef d'atelier au chantier d'Anzin, a inventé le parachute qui porte son nom. Appliqué et combiné avec le guidage des puits, cet appareil a permis de généraliser la descente et la remonte des ouvriers par la machine, sans danger pour eux. Quand la corde vient à se rompre, ils sont préservés de la mort par le fonctionnement du parachute. Depuis son emploi, les échelles, si fatigantes pour les ouvriers, ne sont conservées que pour des cas exceptionnels.

Vers la même époque, la Compagnie fit percer, sous les habitations d'Anzin, un tunnel avec voie ferrée de 3000 mètres de longueur (5) ; ce tunnel mit en communication quatre fosses avec les rivages de l'Escaut et le chemin de fer pour l'expédition des produits.

On voit que la Compagnie d'Anzin a toujours tenu la tête du progrès industriel, et que jamais elle n'a hésité à faire les dépenses nécessaires pour l'application dans ses travaux des procédés nouveaux reconnus utiles à ses intérêts ou avantageux à ses ouvriers et à leur bien-être.

Il en est encore de même aujourd'hui ; la régie, parfaitement secondée par son directeur général, ne cesse d'appliquer à ses exploitations les perfectionnements et les procédés qui lui sont signalés comme pouvant être utiles à la rapidité du travail et à l'accroissement de la production.

En 1868, elle dut opérer la transformation et le remplacement de son matériel de berlines et de petits chemins de fer du fond. Les berlines, les premières faites en France, n'étaient

---

(1) M. Jules Chavatte, directeur à Saint-Vaast, a apporté en 1861, dans la construction des foyers d'air, des améliorations qui donnent une ventilation égale à celle des ventilateurs mécaniques. C'est là un progrès d'une véritable importance. Les foyers étant plus économiques que les ventilateurs mus par des machines.

(2) Pierre Matthieu, directeur. Il alla en Angleterre, où, avec beaucoup de peine et de risques, il obtint la permission de voir la pompe à feu que les Anglais y avaient exécutée ; il en saisit si bien l'ensemble et les détails qu'il en fit établir une semblable à Fresnes. (Ordonnance du roi, mars 1789).

(3) M. Renard, agent général des mines, de 1794 à 1824, la fit venir d'Angleterre.

(1) M. J.-J. Quinet, depuis directeur à Anzin, de 1829 à 1850, les vit à Liége, en 1822. On les adopta alors à Anzin.

(2) Paul Castiau, ingénieur, directeur des travaux du jour de 1823 à 1845. (Élève de Dubuat.)

(3) Alphée Castiau, directeur à Anzin de 1838 à 1851, fut chargé de ce travail à Anzin, à la suite d'une visite qu'il avait faite avec ses collègues Léon Dumont et Adolphe Boisseau, à Liége, où ce procédé était employé.

(4) Fontaine a été décoré de la Légion d'honneur pour cette invention.

(5) Pantignies, directeur à Anzin, de 1852 jusqu'à sa mort, en 1861.

plus en rapport avec les perfectionnements récents; les rails des chemins de fer, conservés sur le modèle de 1826, quoique renforcés, étaient trop faibles.

Ce matériel a été remplacé par des berlines à essieux fixés aux roues et par le rail Vignole. Cette transformation, qui est terminée aujourd'hui, a coûté à la Compagnie la somme de 1 082 506 fr. 75 c.

Afin de donner plus de rapidité à ses travaux préparatoires, elle a fait établir, il y a trois ans, à la fosse d'Haveluy des machines perforatrices marchant à l'air comprimé. Ce procédé donne de bons résultats; l'avancement journalier des galeries dans le rocher, comparé au travail à la main, est triplé dans les grès, qui sont les terrains les plus durs. La différence est moins grande dans les terrains tendres. En moyenne, on obtient un avancement double de celui qu'on obtient par les moyens ordinaires.

Cette première installation a coûté 124 109 fr. 24 c.

Le même procédé a été appliqué depuis lors au percement des galeries à la fosse Enclos, à Denain et à Thiers. On a l'intention de l'introduire sur d'autres points.

La Compagnie a fait établir à la fosse Thiers un système de traînage mécanique souterrain pour augmenter la rapidité du transport des charbons des chantiers d'abatage au puits, et, en même temps, pour supprimer les frais de ce transport, qui se fait ordinairement par chevaux.

Ce procédé, appliqué sur une distance de 1620 mètres, marche parfaitement depuis dix-huit mois; la rapidité du transport est telle que la machine d'extraction ne pouvant parvenir à extraire assez promptement tous les produits qui arrivent au fond à l'accrochage, on est obligé, pour la seconder, d'établir une machine d'extraction dans le puits voisin qui servait à l'épuisement des eaux.

Un procédé à peu près analogue de traînage mécanique est en exécution à la fosse de la Réussite. Il a pour but d'exploiter les couches peu inclinées qui, descendant vers l'ouest, ne pourraient être exploitées par galeries que dans quelques années.

VI

Voici, pour terminer, le relevé du personnel de la Compagnie au 31 décembre 1874 :

1° Ouvriers et employés occupés à la mine......	12 177
2° Ouvriers et employés aux chantiers et ateliers.	636
3° Ouvriers et employés aux fours à coke et agglomérés............................	718
4° Ouvriers et employés au chemin de fer......	860
5° Ouvriers et employés aux rivages...........	300
6° Ouvriers et employés aux magasins et approvisionnements,...................,.....	244
7° Ouvriers et employés à l'administration......	225
Ensemble.............	15 160
8° Pensionnaires........................	1 575
9° Enfants admis aux écoles.................	4 414
10° Enfants admis aux salles d'asile...........	2 242
Total du personnel salarié ou subventionné par la Compagnie..................	23 391

Le capital de la Compagnie d'Anzin a été représenté à l'origine par 24 parts, nommées *sols*, suivant les usages de l'époque, et subdivisées chacune en 12 deniers, ce qui faisait en tout 288 deniers. Il est donc bien entendu qu'il n'y a plus aujourd'hui de sols entiers, quoique certains actionnaires possèdent plus de 12 deniers.

La valeur sans cesse croissante du denier a obligé, depuis assez longtemps déjà, la Compagnie à reconnaître officiellement le fractionnement du denier et même à l'admettre en proportions quelconques. Il en résulte que si la plus grande partie du capital est concentrée entre les mains d'un très-petit nombre de personnes, le reste est divisé entre un nombre d'actionnaires relativement considérable.

En 1870, la valeur du denier était d'environ 250 000 francs, ce qui faisait 72 millions pour le capital de la Compagnie. Aujourd'hui le denier vaut près d'un million, ce qui porte le capital de la Compagnie au voisinage de 300 millions. L'année dernière, chaque denier a produit un revenu net de 40 000 francs. En outre on a distribué, comme produit extraordinaire, un certain nombre d'actions du charbonnage de Vicoigne-Nœux dont la principale concession est située dans le Pas-de-Calais. Chaque denier a reçu trois actions qui valent aujourd'hui environ 28 000 francs chacune, mais qui, lors de la répartition, étaient à peine cotées les deux tiers de cette somme.

Ces actions provenaient des réserves considérables que la Compagnie d'Anzin fait sur ses bénéfices dans les bonnes années, au lieu de les distribuer intégralement. Ces réserves sont placées en valeurs de tout genre et représentent des sommes très-considérables, à tel point que, certaines années, les revenus de ces valeurs mises en réserve équivalaient aux bénéfices produits par le travail de l'année.

VII

LA VISITE DE L'ASSOCIATION FRANÇAISE

L'*Association française pour l'avancement des sciences* a fait, pendant le Congrès de Lille, une visite malheureusement trop courte aux mines d'Anzin. Un train spécial de la Compagnie du chemin de fer de Lille à Valenciennes conduisit les membres du Congrès jusqu'à la gare de Bruai, sur la ligne spéciale des mines d'Anzin, qui devait ensuite nous faire voir elle-même son admirable domaine.

De Bruai, le train partit pour Saint-Vaast, où l'on visita la fabrication des agglomérés et les fosses à coke, où l'on assista au spectacle toujours intéressant du défournement mécanique et de l'extinction du coke. Le train nous conduisit par un embranchement spécial à la fosse d'Haveluy, près Denain, choisie pour type à cause de sa jeunesse, qui lui avait permis de profiter des plus récentes améliorations. Nous allons donc donner sur elle tous les détails nécessaires pour la faire bien connaître.

Après la visite de la fosse d'Haveluy, on revint à Denain, où la Compagnie avait fait préparer un déjeuner pour les trois cents excursionnistes dans une immense salle ornée de drapeaux, de faisceaux de verdure et de trophées formés par des blocs de houille et des outils de mineurs.

Au dessert, M. de Marsilly, directeur général de la Compagnie, prononça le toast suivant :

Messieurs,

Au nom de la régie de la Compagnie des mines d'Anzin et de son illustre président (*triple salve d'applaudissements*), j'ai l'honneur de porter un toast à messieurs les membres de l'Association française pour l'avancement des sciences qui ont bien voulu venir visiter aujourd'hui nos établissements; je suis heureux de leur souhaiter une cordiale bienvenue.

S'il est vrai, messieurs, de dire d'une manière générale que la science est le flambeau qui éclaire les pas de l'industrie et la guide dans la voie du progrès, au milieu des obstacles sans nombre qu'elle doit surmonter, nulle part cette vérité ne se fait mieux sentir que dans l'art si difficile et si dangereux de l'exploitation des mines ; il suffit de jeter un coup d'œil rapide en arrière sur l'histoire de notre compagnie d'Anzin pour s'en convaincre et pour apprécier les immenses services qu'a rendus la science à notre industrie.

C'est en 1716 que Jacques Désandrouin, notre énergique fondateur, propriétaire des mines de Lodelinsart, près Charleroi, résolut d'entreprendre des recherches dans le Hainaut français ; Jacques Désandrouin n'était point ingénieur, mais, dit la chronique, il avait le rare talent de se faire aider par les ingénieurs les plus habiles de son temps ; au nombre de ces derniers se signalait Jacques Matthieu qui le seconda puissamment dans tous ses travaux. Les recherches, commencées en 1716, aboutirent en 1720, au bout de quatre années, à la découverte de la houille maigre à Fresnes, à l'enclos Colard, fosse Jeanne Colard.

De nouveaux puits furent entrepris, mais l'eau était un grave obstacle, on n'avait pour la vaincre que des pompes à bras et des manéges mus par les chevaux ; c'est alors que Pierre Matthieu, fils de Jacques Matthieu, élevé à l'école de son père et ingénieur non moins distingué que lui, inventa le cuvelage carré avec picotage pour rendre les puits étanches ; il introduisit aussi en France la première machine à vapeur qui y ait été montée ; l'installation de celle-ci, commencée en 1731, fut achevée en 1732, et coûta 75 000 livres ; voilà le premier emprunt que l'art des mines fit à la science ; il lui demanda la force dont il avait besoin ; la machine à vapeur la donna, et de jour en jour cette force s'accrut ; les mines réclamèrent, à mesure qu'elles se développèrent, des moyens plus puissants, tant pour l'extraction du charbon que pour dompter les eaux ; la puissance des machines d'extraction, qui était de 40 à 50 chevaux il y a trente ans, dépasse 300 chevaux aujourd'hui ; la machine à vapeur est employée pour traîner le charbon au fond de la mine, et l'air comprimé, à l'aide de machines à vapeur puissantes, sert à mettre en mouvement les fleurets qui percent les trous de mines et préparent le creusement des galeries. A l'origine l'homme seul traînait péniblement au fond le charbon jusqu'au puits ; depuis, les chevaux lui sont venus en aide, et, en dernier lieu, la traction mécanique a réalisé un nouveau progrès.

Il en est un autre que nous attendons et qui ne peut tarder à être réalisé : c'est la substitution de machines à abattre et couper le charbon au pic et au marteau maniés par les bras de l'homme ; la science de la mécanique doit résoudre ce difficile et important problème.

Mais, dans certaines mines, il est un danger redoutable que rencontre le mineur, et contre lequel il eût été impuissant à lutter si la science ne fût venue à son secours ; c'est le grisou. La houille renferme dans ses pores, enfermé depuis l'origine des temps, du gaz hydrogène carboné qui se dégage quand on découvre le gisement, et qui, s'enflammant au contact de la flamme de la lampe, donne lieu, en se combinant avec l'oxygène de l'air, à des explosions terribles ; l'invention de la lampe Davy permit de résister au fléau. Néanmoins le remède est incomplet ; il est nécessaire que l'aérage soit puissant ; les grands ventilateurs perfectionnés par un savant professeur, M. Guibal, représentent aujourd'hui le dernier progrès dans cette voie.

Ce n'est point seulement à la mécanique que l'art des mines a fait appel ; la géologie fait connaître et apprécier au mineur les diverses natures de terrain qu'il doit traverser et prévoir les accidents et les obstacles qu'il doit vaincre ; à chaque instant le mineur a recours à ses lumières.

Enfin les hommes éminents qui ont la haute direction des établissements considérables dont l'exploitation des mines amène la création, empruntent aux sciences économiques la connaissance des lois qui président aux mesures que les compagnies prennent vis-à-vis de leurs nombreux ouvriers ; dans aucune industrie on ne trouve autant de sollicitude paternelle pour l'ouvrier ; la Compagnie le prend à sa naissance et le suit jusqu'à son dernier jour ; aidant sa famille à l'élever si celle-ci est dans le besoin ; bâtissant des écoles et des églises, elle lui donne gratuitement l'instruction primaire si nécessaire à l'homme, en même temps que l'éducation morale ; de plus elle veille à ce qu'il soit instruit dans son métier ; elle le loge quand il vient à se marier, et plus tard, quand l'âge a glacé son sang dans ses veines, elle assure son existence dans ses vieux jours ; aussi existe-t-il entre la Compagnie et ses ouvriers un lien d'affection semblable à celui qui existe entre une bonne mère et ses enfants. Ce sont de vieilles et bonnes traditions, messieurs, dont notre vieille Compagnie, qui compte déjà 117 ans d'existence, s'honore non moins que du soin qu'elle apporte à se tenir, en tant qu'il dépend d'elle, à la hauteur des progrès que la science lui révèle.

Nous sommes heureux de recevoir ici ses représentants les plus illustres et les plus vénérés, et nous remercions tout particulièrement le savant président du Comité local de Lille, M. Kuhlmann, d'avoir bien voulu désigner nos établissements à leur attention.

Au nom de la Compagnie d'Anzin, messieurs, au nom de la régie de la Compagnie des Mines d'Anzin et de son illustre président, je porte un toast à messieurs les membres de l'Association française pour l'avancement des sciences qui ont bien voulu nous honorer de leur visite.

M. Wurtz, président de l'Association, y répondit en ces termes :

Monsieur le directeur,

Je vous remercie des paroles de bienvenue que vous venez de prononcer et des détails pleins d'intérêt que vous venez de nous donner sur l'histoire de l'exploitation minière d'Anzin et sur le rôle de la science dans ces grands travaux. Messieurs, c'est une des plus puissantes compagnies du monde qui nous reçoit aujourd'hui. Vous avez pu constater ce qu'une telle Compagnie peut faire au point de vue de la création des richesses et ce qu'elle doit faire au point de vue des intérêts divers qui lui sont confiés, intérêts économiques et intérêts sociaux. Je vous rends grâce, monsieur le directeur, de nous avoir montré tout cela et de nous avoir préparé une réception si cordiale. Je sais bien que l'hospitalité splendide qui nous est offerte n'est qu'un détail pour la grande Compagnie d'Anzin, mais ce détail a son importance pour nous et il nous montre comment la régie fait les choses et quel noble usage elle sait faire de ses *deniers*.

Messieurs, il me paraîtrait superflu de boire à la prospérité de la Compagnie d'Anzin, mais je suis convaincu d'être l'interprète d'un sentiment général en vous proposant de porter un toast à messieurs les régisseurs d'Anzin et à leur illustre président. (*Applaudissements répétés.*)

VIII

LA FOSSE D'HAVELUY

Cette mine se compose de deux puits : l'un destiné à l'extraction, l'autre à l'aérage. Son ouverture est assez récente ; elle date du 7 juin 1866. Elle a donc l'avantage de présenter des installations toutes modernes et de permettre ainsi d'apprécier l'exploitation des mines avec tous les moyens perfectionnés que l'art des ingénieurs met aujourd'hui à sa disposition.

Donnons d'abord, en chiffres précis, les indications générales qui permettent de se rendre compte de la construction des puits et de la situation générale de la mine.

Côté de la margelle du puits par rapport au niveau de la mer au Havre, $+ 27^m,68$.

Profondeur des eaux.

Faux niveau $\begin{cases} \text{Tête à } 0^m,50 \text{ du sol} \\ \text{Base à } 9^m,07 \end{cases}$

Niveau . . . . $\begin{cases} \text{Tête } 10^m,70 \\ \text{Base } 41^m,77 \end{cases}$

Maçonnerie.

Diamètre intérieur 4 mètres.
Epaisseur $0^m,50$ jusqu'au terrain houiller, c'est-à-dire à $77^m,93$ de profondeur, ensuite $0^m,35$ jusqu'au fond.

Hauteur de la maçonnerie au-dessus du cuvelage. . . . . $0^m,76$
Hauteur de la maçonnerie dans les dièves (argile plastique). . $27^m,21$

Cuvelage. . . . $\begin{cases} \text{Nombre de côtés. . . . .} & 16 \\ \text{Diamètre dans les angles. . . .} & 4 \text{ mètres} \\ \text{Diamètre inscrit. . . . .} & 3^m,940 \\ \text{Epaisseur } \begin{cases} \text{maxima . . . .} & 0^m,220 \\ \text{minima . . . .} & 0^m,150 \end{cases} \end{cases}$

Guidage du puits

On appelle *guides* quelque chose d'analogue à de longues colonnes parcourant le puits du haut en bas. Il y en a plusieurs, disposées parallèlement, qui emprisonnent entre elles le plateau ou cage portant les berlines chargées de charbon, de matériaux ou d'ouvriers. Quand cette cage monte ou descend, elle est donc forcé de glisser le long de ces guides, qui dirigent ainsi son mouvement et l'empêchent d'osciller latéralement dans aucun sens. Le puits d'air est libre, c'est-à-dire n'a pas de guides, que sa destination spéciale rend inutiles. Quant au puits d'extraction, il est divisé, suivant sa longueur, en deux parties qui forment comme deux puits contigus séparés par une cloison continue en planches. La plus petite de ces deux parties s'appelle le *goyot*, et sert pour la descente aux échelles. C'est l'autre partie, la plus grande, qui constitue le puits d'extraction proprement dit et qui possède un système de guidage. Les guides sont en chêne, ils ont uniformément $0^m,13$ de largeur et $0^m,20$ d'épaisseur. Leur longueur varie ; elle est tantôt de 3 mètres, tantôt de $4^m,50$ et parfois même de 6 mètres.

Les bois transversaux qui soutiennent les guides, et qu'on appelle *bois de guides*, ont généralement $0^m,\dfrac{15}{15}$. Toutefois, ceux qui sont placés du côté du goyot, contre la cloison de planches, ont toujours $0^m,\dfrac{20}{20}$ d'équarrissage. L'écartement des bois de guide est de $1^m,50$. Les bois de guide pénètrent de 30 millimètres dans les guides. Les guides s'assemblent à trait de Jupiter au droit d'un bois de guide, un boulon à tête fraisée traversant le tout. L'écrou du boulon est toujours du côté du muraillement. Les boulons de guide ont un diamètre constant de 20 millimètres. Leur longueur varie : elle est tantôt de $0^m,33$, tantôt de $0^m,37$ et tantôt enfin de $0^m,41$.

Exploitation du fonds

Les niveaux en exploitation sont au nombre de trois.

1° L'étage de 140 mètres ; 2° celui de 220, et 3° celui de 304 mètres qui est le niveau inférieur du puits.

Les veines recoupées sont au nombre de six dont nous donnons ci-contre une coupe verticale, plus instructive que ne pourrait l'être une description quelconque. On y verra l'épaisseur de chaque veine et la constitution des couches placées au-dessus et au-dessous, celles du dessus s'appelant *toit*, celles de dessous portant le nom de *mur* :

L'inclinaison des veines d'Haveluy est comprise généralement entre 40 et 45 degrés ; elle va du nord au sud. Les légendes placées sous chacun de ces croquis indiquent le poids et la nature du charbon extrait des différentes veines.

Le rendement moyen des veines est de 8 quintaux par mètre carré de surface de houille. La production journalière de la fosse est de 3000 quintaux.

Le nombre d'ouvriers occupés est de 500 pour les travaux du fond proprement dits : 260 sont employés pour l'abatage du charbon et le creusement des voies de roulage ; 104 aux travaux préparatoires ; 136 aux remblais et déblais ; 68 dans le carreau de la fosse, tels que machineurs, chauffeurs, moulineurs, ajusteurs, forgerons, charpentiers, manœuvres, charretiers, etc.

La faible production momentanée de la fosse d'Haveluy, lors de la visite de l'Association française, est due en grande partie au personnel nombreux occupé aux travaux préparatoires. Les plus importants de ces travaux sont :

1° Un approfondissement du puits d'air, partant du niveau de 220 mètres, arrivé maintenant à l'étage de 304 mètres et qui doit être continué encore 30 mètres plus bas.

2° Une bowette au nord (galerie de recoupement) au niveau de 220 mètres.

3° Une bowette au nord (galerie de recoupement) au niveau de 304 mètres.

C'est à ces deux galeries que sont installés les perforateurs mécaniques, qu'on avait remontés de la fosse et installé au jour pour les faire fonctionner sous nos yeux.

Chaque affût — et il y en a un à chaque bowette — porte quatre perforatrices indépendantes les unes des autres et pouvant fonctionner simultanément. L'air comprimé, qui est la force motrice, est envoyé du jour à quatre atmosphères de pression.

Les fronts d'attaque des bowettes sont éloignés du puits, à l'étage de 220 mètres, de 570 mètres, et à l'étage de 304 mètres, de 532 mètres.

L'avancement au perforateur mécanique peut être considéré comme le triple de l'avancement obtenu à bras d'homme.

Machine d'extraction

C'est une machine verticale, à deux cylindres et sans balanciers, d'une force nominale de 150 chevaux, et dont voici les éléments caractéristiques :

Nombre des pistons, 2; diamètre, 0ᵐ,697; course, 2 mètres.
Longueur des bielles, 5ᵐ,720, des manivelles, 1 mètre.

Distance des cylindres, d'axe en axe, 4ᵐ,558.

Poids de la jante du volant-frein, 4600 kilogrammes; nombre de rayons de ce volant 6; diamètre total, 4 mètres.

Frein à vapeur : diamètre du piston, 0ᵐ,420.

Pression absolue dans les chaudières : 4 atmosphères et demie.

Hauteur de l'axe des mollettes au-dessous du clichage inférieur, 18ᵐ,10.

L'axe des cylindres de la machine se trouve à 10 mètres de l'axe du puits. Le chevalet supportant les molettes est en tôle.

Pour le puits d'aérage il y a une machine verticale à balancier de la force nominale de trente chevaux.

L'alimentation des chaudières d'Haveluy peut se faire par retour d'eau ou avec une machine alimentaire *ad hoc*.

Les câbles employés pour l'extraction sont en fils de fer. Ils sont formés de six gros torons composés eux-mêmes de chacun quatre petits torons de huit fils, plus le fil de chanvre.

La longueur respective des câbles est de 400 mètres; leur largeur de 11 centimètres et demie; leur épaisseur de 2 centimètres et demi; leur poids de 3152 kilogrammes chacun, et leur prix de 3971 fr. 52.

Le câble en fils de fer ne s'attelle pas directement à la

Veines du puits d'Haveluy

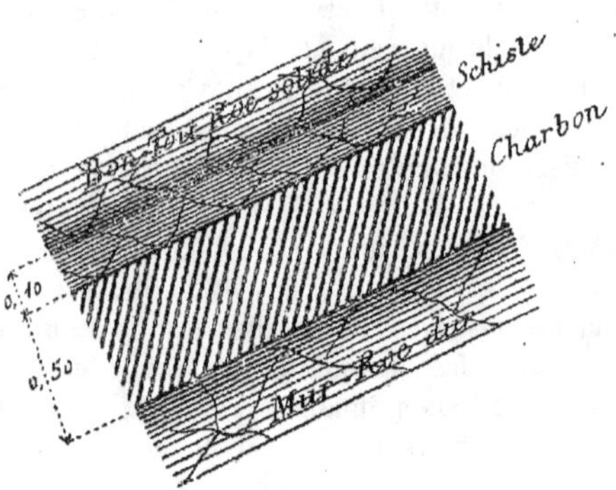

Fig. 10. — Veine Charlotte. — Poids de l'hectolitre de charbon : 92 kilogrammes. — Rendement en coke : 78 pour 100. — Rendement en cendres : 4 pour 100.

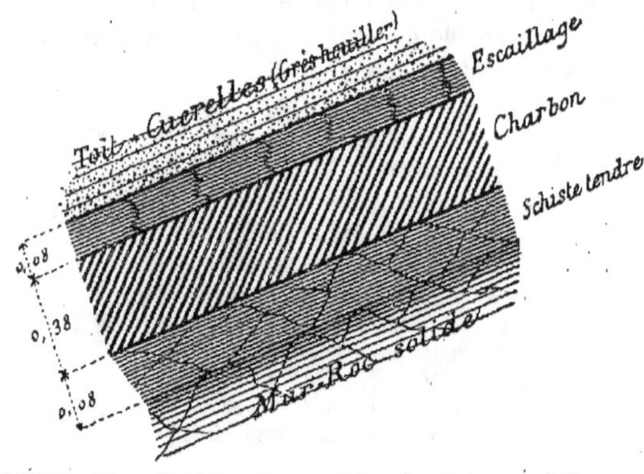

Fig. 13. — Troisième veine. — Cette veine n'est pas exploitée.

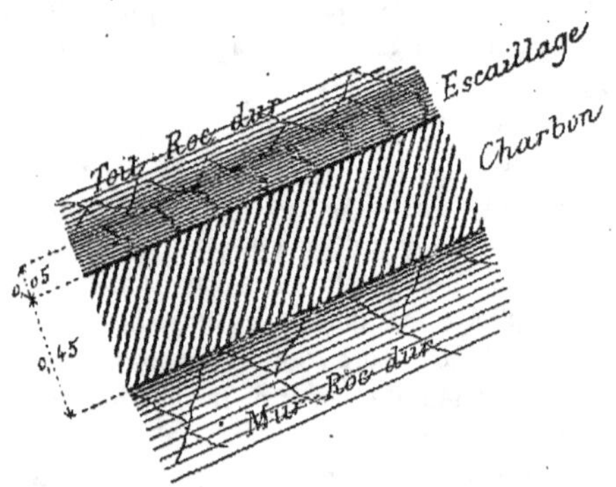

Fig. 11. — Première veine. — Poids de l'hectolitre de charbon tout venant : 93 kil. 500. — Rendement en coke : 80,48 pour 100. — Rendement en cendres : 2 pour 100.

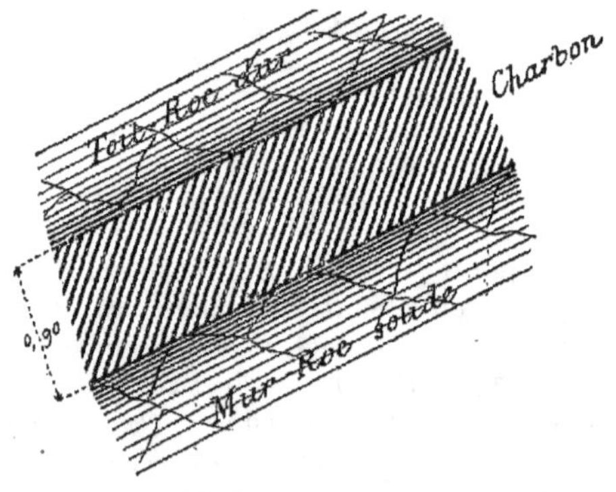

Fig. 14. — Veine Adolphine. — Poids de l'hectolitre de charbon tout venant : 90 kilogrammes. — Rendement en coke : 82 pour 100. — Rendement en cendres : 1 pour 100.

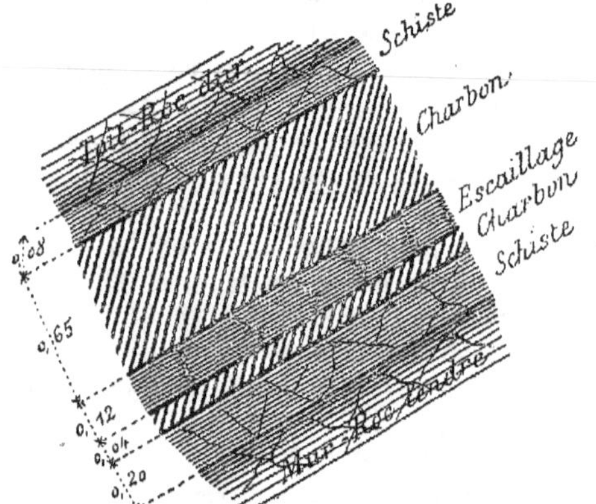

Fig. 12. — Deuxième veine. — Poids de l'hectolitre de charbon : 93 kil. 500. — Rendement en coke : 80 pour 100. — Rendement en cendres : 2,60 pour 100.

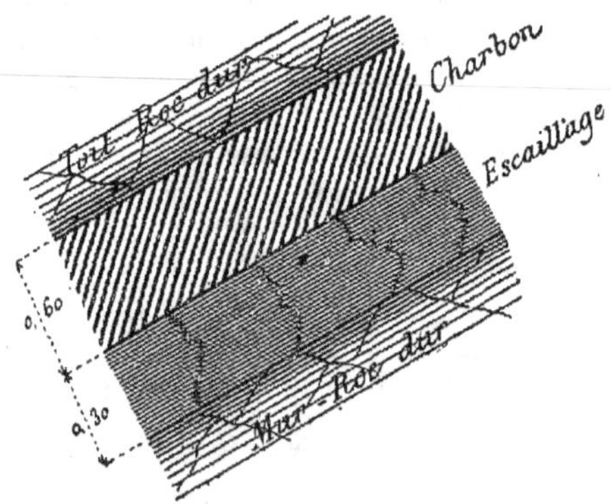

Fig. 15. — Veine Lumbrecht. — Poids de l'hectolitre de charbon tout venant : 90 kilogrammes. — Rendement en coke : 82,60 pour 100. — Rendement en cendres : 1,60 pour 100.

cage, on emploie des bouts en chanvre ou en aloès destinés à relier le câble en fer à la cage et pouvant aisément se prêter à la flexion lorsque la cage arrive sur les mouvement de réception du fond.

Les câbles en fils de fer sont entretenus légèrement gras ; on emploie pour les graisser de l'huile brute à 90 francs les 100 kilogrammes. — La consommation mensuelle moyenne est de 25 kilogrammes par câble, soit une dépense de 22 fr. 50.

L'invasion journalière des eaux à la fosse d'Haveluy est d'environ 3000 hectolitres. On se sert, pour les extraire, de grandes caisses contenant chacune 15 hectolitres, caisses qui peuvent aisément s'emboîter dans la cage en fer servant à l'extraction du charbon. Arrivées au jour, ces caisses se vident à l'aide d'un dégorgeoir à cliquet qu'elles portent à leur partie inférieure, dégorgeoir qui vient déverser dans un acqueduc communiquant aux marais du village.

Les cages employées pour l'extraction du charbon sont à deux étages logeant chacun deux berlines, il y a donc quatre berlines à chaque voyage. Ces berlines sont en fer et munies du parachute Fontaine, à griffes simples, ou du parachute Taza, à griffes isolées—modification heureuse du précédent— dues à un mécanicien d'Anzin, qui dirige aujourd'hui un atelier important. Leur poids est de 2000 kilogrammes, 2300 avec le parachute. Les berlines employées sont en tôle, elles contiennent chacune 5 hectolitres et pèsent 210 kilogrammes à vide, soit de 660 à 680 en charge. La cage avec ses quatre berlines chargées pèse donc environ 5000 kilogrammes. C'est la traction que doivent supporter les câbles.

La fosse d'Haveluy ne renferme pas ou peu de grisou ; néanmoins la présence du gaz hydrogène-protocarboné ayant été quelquefois signalée, on a rigoureusement interdit l'éclairage à feu libre et fait strictement employer la lampe de sûreté, dite de Davy, à tissu métallique emprisonnant la flamme et la refroidissant.

L'appareil de ventilation est un grand foyer anglais de 4 mètres de surface de grille, consommant 40 hectolitres de charbon par journée de 24 heures. Ce foyer fait appel à un volume d'air de 27 mètres cubes par seconde avec une dépression de 22 millimètres d'eau. Le puits de retour d'air a également 4 mètres de diamètre.

IX

LES HAUTS FOURNEAUX ET FORGES DE DENAIN ET D'ANZIN

A côté des établissements de la Compagnie d'Anzin à Denain, qui ont fait du petit village de Villars une grande ville de 15 000 âmes que l'illustre maréchal ne reconnaîtrait plus, il y a une grande usine métallurgique qui est au premier rang de son industrie par l'importance de sa production. Il était impossible d'aller à Denain sans la visiter, d'autant plus que l'industrie de la houille et celle du fer sont intimement unies l'une à l'autre et ne peuvent se comprendre économiquement que l'une par l'autre.

La Société connue sous le nom de Société anonyme des hauts fourneaux et forges de Denain et d'Anzin, et dont le centre principal se trouve à Denain, fut fondée en 1834, par MM. Serret et Dumont, et s'associa quelques années après MM. Serret, Lelièvre et Cie. — C'est sous cette désignation qu'elle fut connue jusqu'en 1849, époque à laquelle elle fut transformée en société anonyme.

L'établissement de Denain ne se composait en 1834 que d'un seul haut fourneau et d'une forge dont la production totale ne dépassait pas 2000 tonnes par an.

La forge de Denain s'agrandit successivement par l'addition de deux nouveaux hauts fourneaux, et l'extension des fours et laminoirs, lorsqu'elle commença à travailler pour les chemins de fer vers 1841 et 1842.

Plus tard, en 1847, la Société fit l'acquisition des forges d'Anzin, qu'elle développa considérablement, ce qui lui permit de porter à près de 20 000 tonnes par an la production des deux établissements réunis.

La crise de 1848, qui fut si fatale à toute l'industrie, arrêta son essor, et c'est seulement vers 1852 qu'elle put continuer son développement et atteindre par degrés successifs une production annuelle de 40 000 tonnes.

Comme tous les grands établissements métallurgiques français, la Société des forges de Denain n'aborda que successivement la fabrication de tous les échantillons de commerce, et c'est ainsi qu'elle fabriqua les fers marchands, les rails, les fers de construction et spiraux, les tôles, etc.

Placée au centre de grands ateliers de construction, dans la région qui consomme la plus grande quantité de fers, la Société de Denain s'est surtout attachée à donner à ses produits la diversité et la qualité en rapport avec les besoins qui en assuraient l'écoulement. Pouvant par sa situation se procurer facilement les minerais spéciaux qui assurent la qualité aux produits fabriqués, elle sut bientôt conquérir sa place et sa marque parmi les consommateurs.

Entraînée irrésistiblement par les résultats obtenus, et les conséquences de sa situation et de ses relations commerciales, la Société de Denain vient de créer à Denain même un vaste établissement de production d'acier Bessemer, capable de produire au moins 20 000 tonnes par an.

Cet établissement, composé en ce moment de deux grands hauts fournaux, d'appareils gigantesques de fabrication de l'acier, et d'un laminoir à rails en acier Bessemer, avec tous les ateliers accessoires, assure à la région du Nord, qui n'en possédait pas jusqu'à ce jour, une fabrication devenue aujourd'hui le complément indispensable de l'établissement des chemins de fer.

On sait que toutes les industries s'attirent l'une l'autre sur les lieux où elles peuvent se procurer aisément les matières premières. Le voisinage de la houille, le réseau des voies de communications, tant par fer que par eau, assurent d'abord à la Société de Denain des conditions avantageuses pour ses transports de combustibles, qui dépassent 200 000 tonnes, et ceux de minerais qui atteignent presque 200 000 tonnes par an, mais ils favorisent en même temps autour d'elle la création de beaucoup d'industriels consommateurs de produits métallurgiques, tels que les ateliers de construction, de transformation et tous leurs dérivés, et ceux-ci, à leur tour, lui garantissent un débouché certain de tous ses produits.

Sa population ouvrière comporte un personnel d'environ 2500 ouvriers, et représente au moins 6 à 7000 personnes. Elle lui crée souvent certaines difficultés par la rareté des bras et le manque de logements.

Pour améliorer cette situation et procurer à ses ouvriers de meilleures conditions d'existence, la Société de Denain a décidé la construction d'un nombre assez considérable d'habitations autour de ses établissements. Depuis longtemps déjà, elle avait organisé des écoles, des asiles, des ouvroirs, des magasins d'objets de consommation; elle vient de compléter ces créations par une installation en rapport avec le personnel de ces œuvres accessoires; ses établissements possèdent vingt-six religieuses de Saint-Vincent de Paul, et une population de 1200 enfants.

Pour faire face à la fabrication de 60 000 tonnes de produits finis, la Société de Denain possède dans ses établissements :

    69 fours à puddler.

    39 fours à réchauffer.

    13 trains de laminoirs.

    107 machines diverses.

Tous les appareils nécessaires à la production de la vapeur par l'emploi des flammes perdues.

C'est au moyen de sept grands hauts fourneaux dont la production peut atteindre 80 000 tonnes par an, qu'elle est en mesure d'alimenter tous ses instruments de travail, et de fournir au commerce toutes les variétés de qualités que comporte l'emploi du fer.

Bien des transformations sont encore réservées à l'avenir de la métallurgie, et toutes celles qu'a déjà traversées la Société de Denain ne sont probablement que le prélude de celles qu'elle est exposée à subir encore.

INSTITUT DE FRANCE

SÉANCE PUBLIQUE DES CINQ ACADÉMIES

M. MOUCHEZ

de l'Académie des sciences.

L'île Saint-Paul et le passage de Vénus.

Messieurs,

Avant de vous donner un rapide récit du voyage de la mission de l'île Saint-Paul, qui avait pour objet l'observation du retour séculaire du passage de Vénus sur le soleil, permettez-moi de réclamer toute votre indulgence; car ce n'est pas sans émotion que je me suis vu appelé par l'Académie des sciences, trop bienveillante pour moi, au périlleux honneur de prendre la parole devant vous.

Le banc de quart de l'officier de marine n'est sans doute pas la meilleure école de l'art de bien dire, et ne prépare guère à se faire entendre dans cette enceinte remplie du souvenir des orateurs les plus illustres; veuillez donc oublier combien ils vous ont charmés du haut de cette tribune, et souvenez-vous que c'est un simple marin qui l'occupe en ce moment pour vous communiquer quelques-unes de ses impressions de voyage.

L'Académie des sciences, vivement préoccupée, comme toutes les sociétés savantes de l'Europe, du grand événement astronomique qui devait signaler l'année 1874, nomma en janvier 1870 une commission chargée d'étudier la part que la France devait prendre dans ce concours scientifique de toutes les nations.

De cruels événements politiques, puis la mort si prématurée de MM. Delaunay et Laugier, astronomes éminents qui avaient pris successivement la direction des travaux de la commission, d'autres difficultés encore suscitèrent de telles entraves, qu'on put craindre un moment que la France ne

fût pas prête à occuper la place que lui assignaient sa grande position scientifique en Europe, et le souvenir de sa prépondérance dans les observations du passage de Vénus au dernier siècle.

Mais la commission sentait trop bien tout ce qui était dû à la dignité du pays et à l'honneur de l'Académie pour ne pas agir avec la plus grande vigueur, afin de réparer le temps perdu. Au commencement de 1873, elle nomma pour son président M. Dumas, secrétaire perpétuel, dont la haute position et l'énergique volonté contribuèrent puissamment à écarter tous les obstacles; les travaux préparatoires marchèrent dès lors rapidement, les méthodes d'observation furent étudiées et arrêtées, et les instruments commandés à des artistes français purent être livrés en temps utile pour permettre aux observateurs d'en étudier le maniement.

A côté des études directes effectuées à la lunette par les astronomes, venait se placer un nouveau procédé d'observation : la photographie, appelée à jouer un rôle si nouveau et si important, donnait, en effet, le moyen de recueillir instantanément et de conserver l'image exacte de chacune des phases du phénomène; l'application en fut confiée à M. Fizeau, le savant physicien qui a tant contribué aux progrès de l'immortelle découverte de Daguerre. A la suite d'études délicates et approfondies, il fixa les moindres détails des opérations auxquelles s'exercèrent sous sa direction immédiate les observateurs appelés à Paris.

Enfin d'actives démarches furent faites auprès du ministre de la marine pour régler avec lui tous les détails du précieux concours qu'il accordait à l'Académie, à laquelle il fournissait une grande partie du personnel et du matériel, ainsi que les moyens de transport pour les localités placées hors de la route des paquebots.

Pour rester dans les limites étroites imposées par de douloureuses circonstances à son budget, la commission dut se borner à envoyer quatre missions, deux dans l'hémisphère nord, Pékin et Yokohama, deux dans l'hémisphère sud, Campbell et Saint-Paul; mais elle compensa cette infériorité numérique en dotant ces quatre missions de puissants instruments et en constituant deux missions auxiliaires, l'une à Nouméa et l'autre en Cochinchine.

Les grandes difficultés nautiques et d'installation matérielle qu'on prévoyait pour les deux missions des îlots des mers australes engagèrent la commission à les confier à des marins, bien qu'ils n'y eussent pas été préparés par une longue pratique des grands instruments astronomiques.

C'est ainsi que M. Bouquet de la Grye fut désigné pour la mission de Campbell; la station de Yokohama fut confiée à M. Janssen, membre de l'Institut, et celle de Pékin à M. le lieutenant de vaisseau Fleuriais. Enfin j'eus l'honneur d'être choisi pour la mission de Saint-Paul.

Ce petit îlot, perdu au milieu du vaste bassin des mers australes, est le cratère d'un volcan à peine éteint, émergeant du fond de la mer à 280 mètres au-dessus du niveau de l'eau. C'est un rocher absolument stérile, inhabitable, sans eau potable, sans végétation, et fréquenté seulement par des bandes de phoques, d'oiseaux de mer et de pingouins. Chaque année, pendant les trois mois d'été de décembre à avril, quelques marins malgaches de la Réunion viennent s'y établir pour saler et sécher cinquante à soixante tonneaux de morues qu'ils pêchent autour de l'île; le temps est quelquefois alors assez calme, mais extrêmement brumeux; pendant le reste de l'année l'île n'est pas abordable.

Les coups de vent y sont fréquents en toute saison, ils y sont continuels aux équinoxes et acquièrent alors la force d'une véritable tempête; c'était précisément à cette époque que nous allions y arriver.

La mer, entièrement dégagée de toute terre entre l'Afrique et l'Australie sur un espace de deux mille lieues, s'y soulève et se propage en toute liberté; aussi les vagues y acquièrent-elles des dimensions inconnues dans les autres parages, et elles déferlent avec violence tout autour de ce rocher, trop petit pour former un mouillage suffisamment abrité. Dans ces régions le ciel est généralement couvert ou très-nuageux pendant la saison des coups de vent d'avril à novembre; tandis que d'épais brouillards envahissent tout l'horizon pendant les trois mois d'été, quand les vents tièdes de l'équateur remplacent les vents polaires.

Tous les renseignements que j'avais recueillis, soit auprès de M. R. Scott, le savant chef du service météorologique de Londres, soit auprès des marins de la Réunion, étaient unanimes pour établir qu'à Saint-Paul les chances d'un ciel pur pour le 9 décembre étaient extrêmement minimes, 8 à 10 pour 100 au plus. Elles étaient en réalité moindres encore d'après l'expérience que nous allions en faire. Ces déplorables conditions de climat, les difficultés du débarquement et les chances d'avaries me laissaient donc, au moment du départ de France, bien peu d'espoir de réussir.

Mais la position si isolée de Saint-Paul au milieu des mers australes donnait une telle valeur aux observations qu'on pourrait y faire, qu'il était absolument indispensable qu'une mission tentât l'entreprise, quelque minimes que fussent les chances de succès.

A la fin de juillet, je quitte donc Paris accompagné de mes collaborateurs, MM. Turquet, Cazin, Vélain, de l'Isle et le docteur Rochefort, médecin de la marine, et le 2 août nous embarquons avec nos instruments sur le paquebot *l'Amazone* qui fait route le même jour pour Suez et la Chine.

Le 9, nous traversons le canal de Suez, et, après huit jours de la navigation la plus douce, nous nous trouvons déjà au fond de ce golfe de la mer Rouge, naguère encore si peu connu, si désert, et où je me rappelais n'être parvenu dans une de mes premières campagnes qu'après huit mois de la navigation la plus pénible et la plus dangereuse; aussi les anciens marins ne franchissent-ils jamais ce canal sans éprouver un même sentiment d'étonnement et d'admiration à la vue de ce mince filet d'eau de si modeste apparence, mais si grand par les résultats obtenus et les conséquences bien plus grandes encore qu'il aura dans l'avenir. Diminuant de moitié la distance qui séparait de l'Europe les 800 millions d'Asiatiques de l'Inde, de la Chine et de la Malaisie, il déplace l'axe du commerce du monde. Par les nombreuses difficultés vaincues et le désintéressement si absolu qui a présidé à son exécution, cette œuvre rend immortel le nom de son auteur et restera dans les siècles à venir une des plus pures gloires de la France.

Mais cette extrême rapidité des voyages modernes obtenue par des paquebots à grande vitesse et par des isthmes coupés, n'est pas sans inconvénients pour le voyageur imprévoyant dont le tempérament n'est pas doué d'une suffisante élasticité; pendant le peu de jours nécessaires pour passer des climats froids de l'Europe aux chaleurs torrides de la mer Rouge, l'équilibre rompu des fonctions vitales n'a pas le temps de se rétablir, et il en résulte souvent des morts subites dues à des maladies inflammatoires et à des congestions cérébrales. Un des jeunes passagers que transportait notre bateau, subitement asphyxié par une chaleur constante de 36 à 38 degrés, n'est rappelé à la vie qu'après vingt-quatre heures d'application de glace sur la tête.

Le 14, nous arrivons à Aden, le Gibraltar de la mer Rouge, où font aujourd'hui escale les nombreux paquebots de l'Inde et de l'Asie; nous nous transbordons avec nos colis sur le *Dupleix* qui part trois jours après pour la Réunion, et nous arrivons le 30 à Saint-Denis.

Je trouve sur rade le transport mixte de l'État, *la Dives*, mis sous mes ordres par le ministre de la marine pour toute la durée de la mission. Ce navire, qui a déjà reçu de France notre matériel et nos marins, est prêt à partir pour Saint-Paul; mais la nécessité de régler nos chronomètres m'oblige à faire un court séjour à la Réunion, et je fixe le départ au 8 septembre. Les marins pêcheurs qui fréquentent annuellement Saint-Paul, ainsi que le capitaine de la *Dives*, s'accordent cependant pour me conseiller de retarder d'un mois le départ de l'expédition; ils m'affirment qu'il me sera impossible, en cette saison, d'accoster ce rocher et d'y débarquer mon volumineux matériel sans m'exposer à de graves avaries; la mer y est beaucoup trop grosse et le vent trop violent; mais un tel retard compromettrait trop les préparatifs de notre observation; plein de confiance dans un heureux hasard, et surtout dans ma ferme volonté de tout faire pour réussir, je pars au jour fixé.

Nous nous arrêtons quarante-huit heures à Maurice pour prendre à bord du *Dupleix* nos caisses d'instruments, qu'il eût été trop dangereux de transborder sur la mauvaise rade de Saint-Denis, et je profite de cette courte relâche pour aller visiter l'observatoire de la mission anglaise; j'y rencontre le docteur Gill, astronome attaché à lord Lindsay, prochainement attendu lui-même d'Angleterre avec le plus grand nombre de ses instruments. Cette expédition, qui a coûté plusieurs centaines de mille francs, a été entièrement faite aux frais de lord Lindsay; noble usage d'une grande fortune, fréquent en Angleterre, mais mal récompensé cette fois, car le soleil est resté couvert à l'île Maurice pendant une partie du passage de Vénus.

L'observatoire était établi sur la grande propriété d'un riche planteur d'origine française, qui, nous recevant au milieu de sa nombreuse famille, selon toutes les règles de la proverbiale hospitalité créole, paraissait heureux de revoir des compatriotes et de leur manifester la vivacité de ses sentiments français. C'est un vénérable et excellent vieillard, familièrement appelé à Maurice *le patriarche*, parce que, fervent adepte de la doctrine de Sweedenborg, à défaut de prêtre de sa foi dans ce pays, il s'est déclaré pontife de la religion, prêchant, convertissant à sa doctrine sa nombreuse progéniture et lui administrant tous les sacrements, y compris celui du mariage. Pendant la visite qu'il me fait faire de ses vastes propriétés, je n'échappe pas à l'ardeur de son prosélytisme, et le lendemain, au moment où je sortais de la rade de Maurice, un exprès abordait la *Dives* et me remettait encore de sa part la volumineuse collection des œuvres de Sweedenborg et de longues lettres mystiques pour continuer l'œuvre de ma conversion jugée sans doute encore incomplète.

Pendant cette même excursion, je visite l'observatoire météorologique situé dans cette vallée des Pamplemousses, où l'on chercherait vainement aujourd'hui les gracieux paysages décrits par Bernardin de Saint-Pierre; et le directeur de cet établissement scientifique, M. Meldrum, veut bien me communiquer les nombreux documents sur lesquels il vient de fonder sa nouvelle et très-intéressante théorie des cyclones, ces dangereux ouragans qui dévastent périodiquement nos colonies tropicales.

Le 9 au soir, nous partons enfin de Maurice pour Saint-Paul; cette traversée de quinze jours se fait lentement, mais avec beau temps jusqu'aux approches de l'île; nous n'étions plus qu'à une vingtaine de lieues, et je me berçais déjà de l'espoir d'atterrir par une des rares embellies de la saison, lorsque l'influence perturbatrice que les îlots isolés au milieu de l'océan exercent toujours sur l'atmosphère environnante se fit sentir, et un fort coup de vent se déclara le 22 au matin; les grains de grêle et la pluie sont continuels, la brume couvre tout l'horizon, la mer grossit, nous sommes obligés de mettre à la cape avec la crainte d'être emportés sous le vent de l'île sans la voir; aussi, vers midi, une courte embellie s'étant manifestée et m'ayant permis d'apercevoir Saint-Paul dans la brume, je fis faire route pour le mouillage vers lequel nous poussèrent rapidement le vent et une mer déjà fort grosse; au coucher du soleil nous contournions la pointe nord de l'île, et quelques minutes après nous laissions tomber l'ancre à 400 mètres de l'éboulement de la falaise par laquelle la mer a fait irruption dans le cratère.

Rien ne saurait donner l'idée du sombre et sauvage aspect des lieux qui venaient de s'offrir subitement à nos regards, et qui allaient devenir notre séjour ; il faisait presque nuit, nous étions dominés, à très-petite distance, par des falaises noires et à pic de 200 à 300 mètres de hauteur, dont les crêtes aiguës déchiraient les nuages courant avec une extrême rapidité au-dessus de nos têtes. Le vent, accompagné de grêle et de neige, tombait en violentes rafales dans le bassin du cratère et y soulevait de nombreuses colonnes d'eau tourbillonnant en forme de cyclone jusqu'à 15 ou 20 mètres de hauteur ; au premier abord nous crûmes être témoins d'une éruption d'eau et de vapeur sortant du fond du volcan. La *Dives* inclinait sous ces cascades de vent, tombant tantôt d'un côté, tantôt de l'autre, et fatiguait sur son ancre, bien que la proximité de la terre rendît la mer assez plate ; mais on voyait d'énormes vagues bondir et écumer à quelques encablures du navire et dessiner une énorme houle sur l'horizon, tant était restreint l'étroit espace où nous avions trouvé ce précaire abri. Quelques rares oiseaux de mer, bien surpris de notre présence, vinrent, en poussant leurs cris aigus, planer à quelques mètres autour de nous ; c'étaient les seuls êtres vivants qui animaient cette solitude.

On distinguait vaguement, sur les revers intérieurs du cratère, des ruines de cabanes sans toiture et de nombreux débris de naufrage d'un sinistre augure. Au milieu de l'étroit canal conduisant dans ce bassin, l'énorme carcasse de la frégate anglaise *Mégéra*, presque entièrement à sec, éventrée par le vent et la mer, se montrait entourée de ses nombreux débris sur lesquels la mer déferlait comme sur un amas de rochers. Elle avait résisté depuis trois ou quatre ans à toutes les tempêtes, elle devait disparaître quelques jours après dans celle qui allait nous assaillir et rendre notre position si critique. Les plus fantastiques compositions de nos artistes modernes donneraient à peine une idée du tableau de désolation que nous avions sous les yeux.

Après une nuit pleine d'anxiété, pendant laquelle je puis me rendre compte du danger et des difficultés de notre position, je descends à terre aussitôt que le jour paraît, et, franchissant la barre entre deux lames, je débarque au pied de la falaise nord, près des ruines de cabanes. L'aspect imposant de ce bassin nous frappe d'étonnement et d'admiration ; nous nous trouvons au fond d'un gouffre circulaire de 1000 mètres de diamètre et à parois verticales de 300 mètres de hauteur, dont l'escalade semble absolument impossible sans échelle de corde ; les bords sont littéralement couverts de débris de naufrages.

La seule partie plane où l'installation de l'observatoire soit possible est la chaussée de galets, vestige de l'éboulement par lequel la mer a pénétré dans le cratère, si toutefois les vagues ne la couvrent pas dans les tempêtes.

Je visite les principales huttes pour choisir celles que nous pourrons le plus facilement reconstruire ; en approchant de l'une d'elles, j'y entends avec surprise un bruit étrange et confus, et je me vois subitement assailli près de la porte par un troupeau de cabris et de chats sauvages, de rats et de souris qui s'en échappent dans toutes les directions ; j'en conclus, sans chercher davantage, que c'est la cabane la mieux conservée, et je la fais immédiatement déblayer de toutes les immondices qui la remplissent pour en faire le jour même notre principal logement.

Les huit cents naufragés de la *Mégéra* ont construit ces huttes dans toutes les anfractuosités de rochers, et au moment de leur départ, très-précipité sans doute, ils ont dû abandonner un matériel considérable, qui gît, épars dans toutes les directions ; le terrain est couvert de barils, de caisses encore pleines d'objets divers : de mâts, de cordes,

de poulies, d'ustensiles de ménage, de meubles de toute espèce, d'embarcations, etc. La vue de ces objets, irrécusables témoins d'un grand désastre, nous remplit de pitié ; mais, quelque avariés qu'ils soient après trois ans de séjour en plein air, nous n'en ressentons pas moins une certaine satisfaction par la perspective du confortable fort inattendu qu'ils nous promettent ; je trouve même dans ces caisses, au fond d'une de ces cabanes, plusieurs centaines de volumes composés des principaux philosophes anglais, français, allemands du xviiie siècle, d'ouvrages de théologie, d'énormes in-folio sur le droit canon et sur le *Parfait notaire* ; les rats semblent depuis bien des années avoir visité seuls cette bibliothèque si étrangement composée pour des pêcheurs de morue ou pour les marins qui ont naufragé sur ce rocher.

Nous rencontrons sur le pourtour du cratère les nombreuses sources d'eaux thermales citées dans les précédentes relations et où l'on peut faire cuire en quelques minutes les homards que l'on pêche en extrême abondance sur tous les rochers environnants ; autour de nos cabanes le sol est brûlant en bien des endroits à quelques centimètres de profondeur ; nos naturalistes ont constaté jusqu'à 200 degrés de chaleur en creusant à 1 mètre et demi ou 2 mètres. Nous aurions donc un facile moyen de nous chauffer et de faire cuire nos aliments, si le combustible venait à nous manquer. Nulle part d'ailleurs on n'apercevait d'autre trace de végétation, qu'une herbe coriace ressemblant à l'alpha de l'Algérie et à peine suffisante pour donner quelque abri aux nombreux pingouins établis sur le versant des falaises, à 200 mètres au-dessus du niveau de la mer.

Ces curieux animaux, qui vont devenir nos amis et l'objet de notre plus grande distraction, sont tellement familiers que, pour traverser leurs groupes compacts, il faut les repousser du pied et de la main afin de ne pas les écraser ; encore ne cèdent-ils pas la place sans protester. Quand nous nous asseyons au milieu d'eux, nous pouvons les prendre, les caresser ; ils reprennent bientôt après leurs occupations les plus intimes avec la même insouciance que s'il n'y avait rien de changé, sinon l'arrivée de quelques pingouins de plus ; extrêmement lents et lourds dans leur démarche sautillante à terre, c'est sans doute le sentiment de leur impuissance absolue à fuir le danger qui les rend si indifférents à notre visite ; car à la mer où ils sont, au contraire, d'une extrême agilité, ils ne se laissent guère approcher à plus d'une centaine de mètres. A cette époque, ils étaient occupés à couver. Mais par quel inexplicable motif, malgré la grande difficulté qu'ils éprouvent à marcher, vont-ils établir leur couvée au sommet des falaises qu'ils doivent escalader chaque jour avec une peine inouïe en revenant de la pêche, et où leur progéniture se trouve précisément beaucoup plus exposée aux attaques de nombreux oiseaux de proie établis sur les crêtes voisines? Nous ne saurions le dire, n'ayant jamais pu trouver de raison plausible d'un fait aussi singulier.

Après une rapide inspection des lieux, je fais commencer les travaux d'installation et le débarquement du matériel ; mais le vent souffle et tourbillonne avec une telle violence au fond de ce vaste entonnoir, que nous avons peine à nous tenir debout, et nous ne pouvons presque rien faire pendant cette première journée ; nous rentrons à bord au coucher du soleil.

Même temps le lendemain, fort vent de S.-O., grains continuels de grêle et de neige fondue ; la mer est assez grosse, les embarcations ne franchissent pas la barre sans danger ; vers dix heures du matin, je vois tout à coup la *Dives* tomber en travers au vent et dériver, elle a cassé son ancre sous une forte rafale, mais elle en mouille immédiatement une seconde avant d'avoir perdu l'abri de l'île, et elle résiste au vent. Nous rentrons encore le soir à bord, n'ayant pu que déblayer un peu le terrain et préparer quelques cabanes ; au moment du départ, un de nos compagnons, qu'incommode vivement le mal de mer, et qui, le matin, en embarquant dans le canot, a été plongé dans l'eau par un fort coup de roulis de la *Dives*, me demande à coucher à terre ; comme la mer est encore plus mauvaise et qu'il restera en compagnie de six pêcheurs malgaches que nous avons amenés de la Réunion, je lui accorde cette autorisation, bien que je ne sois pas sans une vive inquiétude sur l'apparence du temps.

Le lendemain, en effet, commence une forte tempête ; toute communication avec la terre devient impossible, le ciel est très-sombre, les rafales sont tellement violentes que la voix expire sur les lèvres, les grains sont continuels, la mer est blanche d'écume mais assez plate encore, le navire fatigue beaucoup sur son ancre ; longue journée d'inquiétude et d'inactivité forcée ; le soir, je fais, pour plus de sûreté, mouiller une seconde ancre avec 120 mètres de chaîne, car l'appareil moteur ne peut être d'aucune utilité pour résister à ces rafales tourbillonnantes.

Je croyais avoir atteint le maximum de la tempête, mais il n'en était rien ; après une nuit passée dans une vive anxiété, une très-forte secousse, ressentie à six heures du matin, nous annonce la rupture d'une chaîne ; un quart d'heure après une nouvelle secousse nous annonce la rupture de la troisième ancre. La *Dives*, emportée par l'ouragan, perd en quelques minutes l'abri de l'île, et est obligée de mettre à la cape avec une mer énorme et deux longues chaînes pendues à l'avant ; il fallut six heures d'un pénible travail avec des appareils triplant la force du cabestan pour les rentrer à bord du navire.

Pendant trois jours nous reçûmes une des plus fortes tempêtes que j'aie jamais éprouvées ; aucune lutte n'était possible, tous nos efforts devaient se borner à éviter les coups de mer et les accidents.

J'étais désespéré de la tournure que prenait notre tentative de débarquement à Saint-Paul ; nous avions perdu trois ancres sur quatre pour débarquer une vingtaine de colis, comment pouvions-nous espérer en débarquer deux cents autres, avec la seule ancre qui nous restait ? Nous serait-il d'ailleurs possible de regagner Saint-Paul, si nous étions jetés à 50 ou 60 lieues sous le vent ? La *Dives* était incapable de remonter contre un vent et une mer contraires, même de force modérée, et tous les pêcheurs m'avaient affirmé que les coups de vent d'ouest se succédaient avec une telle rapidité dans cette saison que je trouverais rarement plus de vingt-quatre heures consécutives d'accalmie, soit pour opérer le débarquement, soit pour regagner le chemin perdu.

Si je ne pouvais raisonnablement tenter la chance du débarquement avec une seule ancre après avoir perdu huit ou dix jours pour revenir au mouillage, j'étais réduit à la grave alternative de retourner chercher des ancres à la Réunion en perdant six semaines ou deux mois, ce qui ne me permettrait de revenir à Saint-Paul que deux semaines avant le passage de Vénus, ou de laisser porter vent arrière et d'aller m'établir mille lieues plus loin, sur la pointe S.-O. de l'Australie, pays désert, peu connu et d'un bien difficile accès ; mais c'était une grave détermination à prendre que d'abandonner ainsi le poste que nous avait confié l'Académie pour aller en occuper un autre certainement plus désavantageux sous tous les rapports.

Aussi, avant d'en être réduit à une telle extrémité, j'étais décidé à tout tenter pour aborder Saint-Paul et à ne courir les chances bien hasardeuses de l'Australie, que si une avarie de machine nous enlevait tout espoir de regagner le chemin perdu ; ces quelques jours d'une lutte opiniâtre d'où allait dépendre le succès de notre mission sont peut-être les plus critiques de ma longue carrière de marin.

Mais, le 28, le temps s'améliora un peu ; je fis aussitôt allumer les feux et commencer un louvoyage très-serré à la vapeur aidé par les voiles-goëlettes. Veillant nuit et jour sur

le temps et sur la machine, profitant des moindres variations de brise, je faisais donner au navire toute la vitesse qu'il pouvait supporter sans trop de danger pour l'appareil moteur. Le capitaine Duperré n'était pas sans manifester son inquiétude sur la fatigue qu'éprouvaient le bâtiment et la machine ; mais, pour conserver quelques chances de réussir dans des conditions si difficiles, il fallait à tout prix user de toutes nos ressources jusqu'à la dernière limite ; car la plus petite négligence, une heure perdue, pouvaient nous faire manquer la seule occasion favorable d'effectuer notre débarquement. Le 30 au soir un fort coup de mer nous casse notre drosse en acier de gouvernail ; on la remplace par la barre franche et l'on continue la route ; enfin, le 1er octobre à neuf heures du matin, après trois jours d'un louvoyage bien laborieux, nous avons l'extrême bonheur de revoir notre île et de laisser tomber notre dernière ancre au même endroit d'où nous avions été chassés huit jours auparavant ; à peine sommes-nous au mouillage que notre compagnon laissé dans l'île arrive à bord vivement ému et heureux de nous revoir, car il nous avait crus perdus.

Par le plus heureux et le plus inespéré des hasards, après un si mauvais temps, la barre ne déferle presque pas, elle est praticable et dégagée de la carcasse de la frégate anglaise qui a été détruite et engloutie dans le cratère ; aussi, quelques minutes après notre arrivée, toutes les embarcations étaient mises à la mer, chargées de colis et expédiées à terre dans l'ordre préparé d'avance ; pendant toute la journée on travailla avec la plus fiévreuse activité, nous connaissions maintenant le prix des minutes ; tout le monde sans exception met la main à l'œuvre ; les voyages se succèdent si rapidement qu'au coucher du soleil presque tous nos colis et nos lourdes caisses d'instruments sont débarqués et empilés pêle-mêle sur les rochers avoisinant le débarcadère. Nous couchons pour la première fois dans des huttes improvisées, à peine couvertes, mais avec la bien vive satisfaction d'avoir accompli pendant cette journée la partie la plus difficile et la plus dangereuse de la mission, si compromise encore la veille, et dont le succès ne dépendait plus maintenant que de l'état du ciel au 9 décembre.

Le lendemain matin, un nouveau coup de vent interrompait les travaux et obligeait la *Dives* à s'éloigner de l'île ; son absence fut de courte durée cette fois ; deux jours après, le 4, elle revenait à son mouillage et débarquait le reste de nos caisses ; le temps conservait toujours fort mauvaise apparence.

Le ministre de la marine m'avait donné, par bienveillance pour la mission, l'ordre de garder ce navire à Saint-Paul, où sa présence m'aurait été, en effet, d'un grand secours ; mais il était trop gravement compromis par la persistance de ces affreux temps, et il n'avait plus d'ancre à perdre ; je me décidai donc, à mon très-grand regret, à le renvoyer à la Réunion avec l'ordre de venir nous chercher en décembre.

A trois heures du soir, la *Dives* levait son ancre unique et disparaissait derrière la pointe de l'île, nous laissant livrés à nos propres ressources ; elle partait avec le commencement d'une tempête qui eut à peu près la même violence et la même durée que celle qui nous avait assaillis à notre arrivée et rendit fort difficile nos premiers travaux d'installation, entièrement consacrés à satisfaire aux besoins les plus urgents de la vie matérielle, à construire les cabanes d'habitation, la cuisine, le four et la machine distillatoire pour faire de l'eau douce.

Les subites rafales tourbillonnantes qui tombaient du haut des falaises sur nos cabanes en construction, comme des coups de massue, défonçaient les toitures, en dispersaient les débris et nous obligeaient à chaque instant à recommencer le travail ; la grêle et la pluie étaient continuelles ; mais, au milieu de ces misères et de ces difficultés de toute nature, mes dignes et excellents collaborateurs ne cessèrent de montrer la plus grande énergie, l'abnégation la plus complète, et nos braves marins travaillaient toujours avec l'ardeur, l'intelligence et le dévouement inhérents à leur nature ; la plus parfaite entente régnait entre tous. L'expérience de ces nouvelles occupations leur vint d'ailleurs bien vite, et nous pûmes terminer en quelques jours un établissement assez confortable et assez solide qui n'était guère perméable désormais qu'aux grandes pluies, accompagnées de vent ; mais il devint bientôt aussi le refuge de tous les rats, souris et chats sauvages de l'île ; car ces animaux, au lieu de se faire la guerre, vivaient malheureusement pour nous dans la meilleure intelligence, ne se nourrissant tous que d'œufs et d'oiseaux de mer, parcourant familièrement nos chambres et ne négligeant d'ailleurs aucune occasion d'attaquer nos provisions et nos effets.

Les naturalistes se construisirent eux-mêmes un logement et un laboratoire très-complet avec les armoires, les caisses et les meubles nécessaires rencontrés parmi les débris du naufrage ; ils purent dès le 15 octobre commencer leurs études et leurs collections.

La construction de l'observatoire sur le milieu de la chaussée de galets qui s'étendait au pied de notre campement exigea près d'un mois de travail ; vers le 1er novembre nos cinq principaux instruments étaient montés dans cinq cabanes différentes ; les observations, l'étude des instruments et les expériences préparatoires commencèrent aussitôt.

Pendant le mois de novembre, les coups de vent furent moins fréquents, l'approche de la belle saison se faisait sentir ; mais, au point de vue des observations astronomiques, il n'y avait nulle amélioration : les vents tièdes de l'équateur, qui remplaçaient les vents polaires, produisaient des brouillards intenses et persistants, bien plus dangereux encore pour les observations que le ciel si variable des tempêtes, pendant lesquelles survenaient souvent des éclaircies de plusieurs heures.

En temps ordinaire, du fond de notre cratère, nous apercevons bien rarement un ciel bleu ; comme toutes les îles élevées et isolées en pleine mer, les sommets de Saint-Paul arrêtent les nuages au passage et facilitent leur formation ; mais cette île présente en outre une particularité bien plus déplorable encore pour des astronomes. Les nombreuses sources d'eau chaude situées autour du bassin entretiennent une évaporation constante, les vapeurs s'élèvent le long des parois comme du fond d'une chaudière et vont se condenser en brouillard, au contact des vents froids de l'extérieur ; en octobre les tempêtes les dissipaient fréquemment, tandis qu'avec les calmes de l'été ils forment comme un couvercle qui ferme le cratère d'une manière permanente et cache le zénith, même par les plus beaux temps, quand le soleil brille à quelques centaines de mètres tout autour de l'île.

Ces conditions étaient désastreuses pour notre observation du 9 décembre. Un seul espoir nous soutenait, c'était la ferme croyance de nos pêcheurs malgaches dans l'heureuse influence de la lune ; ils prétendaient qu'il y avait toujours une courte embellie le jour de la nouvelle lune et j'avais constaté ce fait singulier avec une grande satisfaction aux deux lunaisons précédentes, car le 9 décembre était précisément un jour de nouvelle lune.

Le mois de novembre fut encore signalé par un événement heureux ; le 17, la goëlette de pêche *le Fernand* arrivait de la Réunion nous apportant les premières nouvelles reçues de France depuis notre départ. Ces lettres étaient attendues avec une bien vive impatience par tout le personnel de la mission, qui put dès lors, sans préoccupation étrangère, se livrer aux travaux préparatoires de la grande observation du 9 décembre.

Malheureusement, à mesure qu'approche le moment critique, le temps semble empirer ; dès le 6, il prend mauvaise apparence ; le baromètre, qui était à 770, commence à des-

cendre, le ciel est sombre dans toute l'étendue de l'horizon.

Le 7, fort vent, pluie et brouillard.

Le 8, la veille du passage, la baisse du baromètre continue toujours (à 751) ; la pluie est torrentielle et incessante, la mer fort grosse ; une deuxième goëlette de pêche, arrivée la veille sur rade, casse ses ancres et disparaît emportée par le mauvais temps ; une brume épaisse enveloppe toute l'île, nous cachant les parois opposées du cratère. Je ne puis trouver un seul moment favorable pendant cette triste journée, pour faire, conformément à l'ordre du jour distribué d'avance, la dernière répétition générale de l'observation avec tout le personnel à son poste ; la pluie est trop forte et trop continuelle. Cependant, bien que tout me paraisse absolument et irrévocablement perdu, nous n'en continuons pas moins nos dispositions, et nous terminons à minuit la préparation de nos deux cent cinquante plaques daguerriennes, que nous ne pouvions polir et sensibiliser qu'au dernier moment.

Quand nous nous couchons à minuit, la pluie est toujours aussi forte, le ciel est aussi sombre, et nos cabanes résistent avec peine à la violence de la tempête ; baromètre, 749. Nous ne conservons plus la moindre lueur d'espérance.

La règle météorologique des Malgaches me paraissait cette fois bien malheureusement compromise, lorsque, vers trois heures du matin, le vent sauta subitement du nord-est au nord-ouest, produisant une grande amélioration de temps ; la pluie cesse, le voile sombre qui couvrait le ciel se déchire, de grosses masses de brume et de nuages très-bas, chassés par une forte brise, passent continuellement sur notre zénith, laissant fréquemment voir le ciel. Le baromètre remonte un peu à 751 ; au lever du soleil, nous courons aux instruments, les derniers préparatifs sont bien vivement terminés, et, à six heures trente minutes, une demi-heure avant le premier contact, chacun est à son poste, entièrement prêt à remplir sa tâche, bien définie et étudiée d'avance.

J'étais à l'équatorial de huit pouces, M. Turquet était à l'équatorial de six pouces ; j'avais confié à M. Vélain, très-exercé au maniement des instruments d'optique, une petite lunette astronomique de trois pouces avec laquelle il était allé s'établir sur le sommet de l'île ; MM. Cazin, Rochefort et leurs aides étaient à la photographie.

Le premier contact, le moins important des quatre, fut à peu près complétement manqué, quand, dans une courte éclaircie, entre deux nuages, j'aperçus une première très-petite échancrure sur le point du disque solaire indiqué par le fil du micromètre, elle était déjà un peu trop grande pour me permettre d'estimer avec assez d'exactitude l'heure du contact.

Mais, à mesure que Vénus entrait sur le soleil, les nuages devenaient de plus en plus rares, le ciel plus transparent, les images d'une très-grande netteté. Un quart d'heure environ après le premier contact, quand la moitié de la planète était encore hors du soleil, j'aperçus subitement tout le disque entier de Vénus, dessiné par une pâle auréole, plus brillante dans le voisinage du soleil qu'au sommet de la planète.

Cette apparition, aussi remarquable qu'inattendue, peut sans doute être attribuée en partie à l'atmosphère solaire rendue visible par contraste, en partie aussi à l'atmosphère de Vénus. Le ciel était devenu si pur à la suite de la tempête et l'auréole était si brillante, qu'on peut voir sur nos photographies des traces de ce curieux phénomène.

Le deuxième contact fut observé dans de bonnes conditions vers sept heures et demie ; mais, au lieu de voir l'apparence de la goutte noire, qui a pour effet de tenir les deux cornes encore séparées après le contact, j'ai vu le phénomène tout contraire : l'arc lumineux de l'auréole réunissait ces deux cornes avant le contact ; nous nous trouvions évidemment dans des conditions exceptionnellement favorables sous le rapport de la pureté de l'atmosphère et de l'excellence de notre lunette.

Depuis sept heures et demie jusqu'à onze heures, nous suivons la marche de Vénus sur le soleil très-rarement obscurci par des nuages.

La photographie fonctionne régulièrement et d'une manière continue ; nous recueillons plus de cinq cents bonnes épreuves pendant les quatre heures ; mais, à l'approche du troisième contact, les nuages commencèrent à revenir, courant avec une extrême rapidité à la hauteur des sommets de l'île.

J'étais tellement surpris de la durée tout à fait inusitée de cet état d'un ciel sans nuages, que je m'attendais à chaque instant à voir recommencer la pluie et la brume ; j'aurais voulu hâter la marche de la planète qui me semblait bien lente, et j'attendais avec une vive impatience ce troisième contact qui allait décider du sort de notre observation. A onze heures un quart nous avons la bonne fortune de l'observer dans des conditions aussi favorables que la deuxième ; le succès de notre mission est maintenant assuré, mais il était temps de finir, car les nuages deviennent dès lors de plus en plus épais et serrés, et le quatrième contact, moins utile que les deux précédents, n'est obtenu qu'avec beaucoup de difficultés à travers la brume. A midi, je puis encore prendre le passage du soleil au méridien pour fixer l'heure de nos observations ; mais il est à peine visible, et quelques minutes après, une pluie torrentielle, accompagnée de brouillard, recommençait comme la nuit précédente, le baromètre restant toujours très-bas et le ciel très-sombre ; la tempête n'était pas terminée, mais seulement suspendue pendant les cinq heures de la durée du passage ; elle se prolongea encore pendant trente-six heures. Ce ne fut que le 11 que, le baromètre étant remonté à 765, le temps s'embellit définitivement et nous permit de faire quelques observations méridiennes pour régler nos pendules et nos chronomètres.

Nos pêcheurs malgaches s'étaient montrés bons météorologistes en nous soutenant par l'espoir d'une embellie le jour de la nouvelle lune ; mais nous avions eu un bonheur bien extraordinaire : pendant les cinq heures de la durée du passage de Vénus, notre île s'était trouvée au centre même de la tempête, et nous avions profité de ces quelques heures d'embellie qu'on rencontre toujours au milieu d'un cyclone au moment où le baromètre atteint son niveau le plus bas.

La *Dives*, revenue la veille de l'île de la Réunion, était mouillée à 400 mètres de notre observatoire ; le capitaine Duperré, son état-major et son équipage, seuls témoins de nos péripéties, avaient suivi avec anxiété les diverses phases de notre observation, et, dès qu'elle fut terminée, la *Dives* hissait en tête de ses mâts le pavillon national et saluait de cinq coups de canon le succès inespéré de la mission française de l'île de Saint-Paul.

J'aurais vivement désiré dès lors effectuer notre retour en France, où je savais que le résultat de notre expédition était attendu avec anxiété ; mais, l'observation ayant réussi, une détermination exacte de la longitude était nécessaire, et nous n'avions pas encore obtenu de résultats satisfaisants à ce sujet. Bien que la saison des brumes épaisses eût commencé, je me décidai à rester un mois de plus, dans l'espoir de recueillir encore quelques observations de la lune ; malheureusement, je ne pus en faire que deux assez incomplètes, jusqu'à la fin de décembre. Le mois de janvier n'en promettant pas davantage, je songeai au départ.

Pendant le mois de décembre j'avais envoyé nos naturalistes explorer l'île d'Amsterdam, où des brumes épaisses les tinrent enfermés plusieurs jours de suite dans la grotte qu'ils avaient choisie pour domicile. Le résultat de leur excursion et les documents qu'ils en rapportent présentent néanmoins un très-haut intérêt, l'intérieur de cette île, d'un si difficile accès, n'ayant encore été visité par aucune mission scientifique ; c'est donc un véritable voyage de découverte qu'ils ont accompli.

Un dernier fait intéressant signale le mois de décembre ; à la suite d'un fort ras de marée, nous trouvons, échoué sur nos rochers, un calmar géant dont le corps avait 1^m,60 et les bras 6 mètres de longueur ; un énorme bec de perroquet, de gros yeux ronds très-saillants et de nombreux bras couverts de ventouses donnaient, à cet animal si formidablement armé, un aspect étrange et hideux, bien fait pour justifier les fables dont il est l'objet. Nous aurions voulu le rapporter en France, mais il aurait fallu une barrique entière d'eau-de-vie pour le conserver. L'état de notre approvisionnement ne nous permettant pas une semblable prodigalité, nous dûmes nous borner à en faire une photographie et à en disséquer les parties les plus intéressantes.

Le 4 janvier nous embarquons sur la *Dives* et nous quittons définitivement Saint-Paul, après avoir construit une belle pyramide commémorative en blocs de rochers, de 24 mètres de tour sur 9 mètres de hauteur, portant une pierre gravée qui rappellera le souvenir de l'observation de la mission française.

Chose étrange ! au moment de quitter cette île déserte pour rentrer dans le courant de la civilisation, de nous séparer de cette nature âpre et sauvage, d'échapper aux brumes et aux tempêtes pour nous rapprocher des contrées plus favorisées et des climats plus doux, aucun de nous ne pouvait s'empêcher de jeter un regard mélancolique sur ces sévères rochers ; nous éprouvions, tous, ces sentiments de tristesse et de regret qu'on ressent lorsqu'on serre pour la dernière fois la main d'un ami qu'on ne reverra plus. Les émotions si vives et si opposées qui nous avaient agités sur ce volcan à peine éteint, et la parfaite harmonie qui avait toujours régné au milieu de nous, nous rattachaient à lui ; cette existence de Robinson, qui ramène l'homme vers la vie de la nature, n'est-elle pas d'ailleurs pleine d'un mystérieux attrait?

Mais ces impressions s'évanouirent vite en même temps que la silhouette de l'île, qui disparut bientôt dans son éternelle enveloppe de brouillards et de tempêtes ; nos regards, devançant la marche du navire, trop lente à notre gré, voyaient déjà poindre au loin l'image lumineuse de la patrie ; la traversée de retour fut rapide ; au commencement de mars l'expédition rentrait en France, heureuse d'avoir pu remplir, à la satisfaction de l'Académie, une mission acceptée avec le profond sentiment du devoir, mais entreprise avec si peu d'espoir de succès qu'au moment où le phénomène achevait de s'accomplir nous nous demandions si nous n'avions pas été dupes d'un rêve trompeur, au lieu d'être les favoris d'une merveilleuse réalité.

MOUCHEZ.

CORRESPONDANCE GÉOLOGIQUE

Poitiers, le 18 octobre 1875.

A M. ALGLAVE, DIRECTEUR DE LA *Revue scientifique*.

Monsieur,

J'ai l'honneur de vous adresser, avec prière de l'insérer dans le prochain numéro de la *Revue*, ma réponse à la lettre de M. Ch. Sainte-Claire Deville, qui a paru dans la livraison du 16. Il m'est aussi impossible de laisser passer, sans les réfuter, les imputations de mon contradicteur, que d'accepter la leçon que veut bien me donner le savant membre de l'Institut. Je n'abuserai d'ailleurs ni de vos colonnes ni de la patience du lecteur, qu'un débat entre personnes doit médiocrement intéresser.

M. Ch. Deville m'accuse d'être irrespectueux envers *les opinions* de M. Élie de Beaumont :

« Si je n'ai pas nommé M. Contejean, dit-il, c'est pour » deux motifs... Le second, que j'aurais préféré ne pas être » obligé de lui dire, c'est que, dans l'appréciation qu'il fait » du *réseau pentagonal*, je n'ai pas trouvé le respect que l'on » doit aux opinions d'un homme qui, comme Élie de Beau- » mont, a illustré son pays, même quand on ne partage pas, » même quand on critique ses opinions. »

En réponse à cette assertion, je me bornerai à reproduire les lignes suivantes, que j'adressais, le 6 octobre, à M. Ch. Deville :

« Personne ne respecte plus que moi les maîtres qui ont contribué à nous faire le peu que nous sommes. A cet égard, je crois m'être expliqué de la manière la plus formelle, quand je dis dans ma préface : « Le respect, la vénération que » nous inspirent les maîtres illustres qui nous ont ouvert la » voie, l'estime et la sympathie que nous éprouvons pour nos » collègues et nos amis géologues, ne doivent pas nous » gêner dans l'appréciation de leurs doctrines : c'est ce que je » tiens à déclarer une fois pour toutes. »

« Tout le monde a compris que cette phrase avait été écrite en vue de M. Elie de Beaumont et de ses principaux disciples ; et ce que j'ai écrit, je le pense sincèrement. Dans ma discussion du réseau pentagonal, je ne crois pas m'être écarté un seul instant de la modération et de l'impartialité qui conviennent à toute polémique scientifique. J'attaque vigoureusement les opinions, mais je n'y mets aucune passion et je ne m'occupe des personnes d'aucune manière. Si nous devions manquer au respect de nos maîtres et de nos adversaires en combattant celles de leurs idées que nous ne pouvons partager, toute discussion serait impossible. Permettez-moi, monsieur, de vous exprimer ma surprise que vous ne l'ayez pas compris. »

Je n'ajouterai pas un mot de plus, et j'en réfère aux lecteurs de mes *Éléments de géologie*.

Veuillez agréer, monsieur, l'assurance de mes sentiments de parfaite considération.

Ch. Contejean.

Réponse de M. Ch. Sainte-Claire Deville

Paris, le 21 octobre 1875.

Monsieur le directeur de la *Revue scientifique*,

Je viens de lire la lettre que vous adressez M. Contejean, et que vous avez bien voulu me communiquer.

La première lettre que ce savant m'a fait l'honneur de m'écrire contenait, comme celle-ci, des appréciations personnelles, dont je n'avais pas cru devoir entretenir vos lecteurs. J'en ferai de même cette fois.

J'ajouterai seulement cette simple remarque :

Tout le monde comprendra ce que j'entends par le *respect des opinions*, même quand on les critique. Il est bien évident, en effet, que, si ces opinions sont telles que les auteurs qui se piquent de *modération* et d'*impartialité* se croient obligés de les présenter comme dénuées de tout fondement sérieux, comme de pures illusions, qui ne reposent sur rien, le lecteur sera bien forcé, de son côté, d'attribuer peu de portée à l'esprit qui les a conçues, et qui en a fait l'objet de ses méditations durant la plus grande partie de sa vie.

Les nombreuses citations que je pourrais faire à l'appui de mon dire allongeraient, d'ailleurs, inutilement une discussion qui ne peut plus intéresser personne, et que je suis, en ce qui me concerne, résolu à arrêter là.

Veuillez agréer, etc.

Ch. Sainte-Claire Deville.

BULLETIN DES SOCIÉTÉS SAVANTES

Académie des sciences de Paris. — 11 octobre 1875.

Le P. A. Secchi : Observations des protubérances et des taches solaires. — M. G. Planté : La formation de la grêle. — M. Audoynaud : L'ammoniaque des eaux marines. — M. Durin : Influence des sels et de la glycose sur la cristallisation du sucre. — M. H. Dufet : La conductibilité électrique de la pyrite. — M. Domeyko : Minéraux tellurés récemment découverts au Chili. — M. Stan. Meunier : Perforation d'un grès quartzeux par des racines d'arbres.

Le *P. A. Secchi* envoie une note contenant les résultats des observations des protubérances et des taches solaires, du 23 avril au 28 juin 1875 (55 rotations). Une première note de l'auteur contenait quatre tableaux dans lesquels étaient enregistrés les résultats de chaque rotation en particulier, tant pour les protubérances que pour les taches ; le nombre des protubérances distribuées par latitudes héliographiques ; la hauteur moyenne des protubérances ; enfin la largeur moyenne de ces dernières. La nouvelle note contient deux tableaux dans lesquels se trouvent la superficie moyenne des protubérances et les facules. Les conclusions résultant des observations ci-dessus sont, d'après l'auteur, les suivantes : 1° Le nombre journalier des protubérances est allé successivement en diminuant, du commencement à la fin de cette série (23 avril au 28 juin) ; 2° la superficie des taches, relevée pendant la même période, est aussi allée continuellement en diminuant ; 3° les grandes éruptions métalliques se sont tout à fait terminées au moment où les grandes taches ont disparu ; 4° dans le nombre des protubérances, on trouve, au commencement de la série, deux maxima bien tranchés, dans chaque hémisphère, séparés par un minimum équatorial, et deux autres minima à 50 et 60 degrés de latitude. Peu à peu les maxima près des pôles ont disparu, et il n'est resté que les minima des zones équatoriales. Cependant la chromosphère est toujours restée un peu plus élevée aux pôles qu'aux latitudes moyennes ; 5° la hauteur moyenne des protubérances n'a pas considérablement changé, quoi qu'il y ait une diminution évidente ; 6° il en est de même quant à la largeur et à l'aire des protubérances : 7° la distribution des facules s'est beaucoup modifiée ; elles n'existent plus dans la région des pôles et sont maintenant confinées aux zones des taches et des protubérances. D'après les observations qui précèdent, le minimum serait près d'être atteint et une augmentation ne tarderait pas à se produire ; c'est pourquoi le P. A. Secchi, croit devoir engager les observateurs à surveiller l'astre et à étudier ses phases d'accroissement, comme il vient d'être fait pour ses phases de décroissement.

— M. *G. Planté* expose une nouvelle théorie relativement à la formation de la grêle. L'auteur a récemment signalé l'analogie qui existe entre les phénomènes, produits par des courants électriques de haute tension, et les phénomènes des trombes et des aurores polaires. L'étude de ces mêmes phénomènes lui a permis d'expliquer d'une façon toute nouvelle le mode de formation de la grêle. Après avoir rappelé les principaux faits qu'il a observés dans ses expériences précédentes, et qu'il a déjà signalés à l'Académie, l'auteur croit pouvoir en tirer cette conclusion : que la formation de la grêle est due à la vaporisation brusque de l'eau des nuages, par l'effet calorifique des éclairs multipliés qui la traversent, et à la congélation rapide de cette vapeur, lorsqu'elle se produit au sein des régions froides de l'atmosphère, ou lorsque, dans la rencontre de deux masses nuageuses, l'une d'elles se trouve à une très-basse température. La chute de la grêle en bandes étroites serait dès lors expliquée par la vaporisation et la congélation de l'eau suivant les sillons tracés par les éclairs, toujours plus développés en longueur qu'en largeur. Les bandes de pluie comprises entre deux bandes de grêle résulteraient de ce que la masse interne du nuage froid, réchauffée par les éclairs et la vapeur produite, n'en pourrait plus opérer que la condensation. Le bruissement qui précède ou accompagne la chute de la grêle serait dû à la pénétration du feu électrique dans le nuage, et à l'émission rapide de la vapeur, etc. Quant à l'accroissement du volume des grêlons, il résulte du mouvement gyratoire qui les entraîne et retarde ainsi leur chute. Mais la cause de ce mouvement gyratoire, l'auteur, en se référant aux phénomènes qu'il a observés dans ses expériences, l'attribue à l'électricité elle-même, jointe à l'action magnétique du globe. La gyration observée est due à la rotation même des courants électriques de l'atmosphère auxquels les nuages servent de conducteurs mobiles, et dont le mouvement se communique aux masses d'air qui les entourent. Cependant M. Planté ne conteste pas les opinions déjà émises à ce sujet; il ne cherche pas à nier la valeur des théories antérieures à la sienne et il reconnaît que le phénomène de la formation de la grêle est un phénomène très-complexe qui peut être attribué à plusieurs causes ; mais il croit néanmoins que l'électricité y joue le rôle principal.

— M. *Audoynaud* fait connaître à l'Académie le résultat de ses recherches sur l'ammoniaque contenue dans les eaux marines et dans celles des marais salants du voisinage de Montpellier. En cherchant la quantité d'ammoniaque qui existe dans l'eau de la mer, l'auteur a été amené à constater certaines variations dans les proportions des sels ammoniacaux, suivant les époques des prises d'eau de mer faites à Palavas (près Montpellier), suivant les circonstances météorologiques dans lesquelles l'échantillon a été recueilli, suivant enfin le temps écoulé entre la prise d'eau et l'analyse. L'auteur a ensuite recherché si l'ammoniaque contenue dans l'eau de mer y existe à l'état volatil ou si elle y est engagée dans des combinaisons fixes. Il a reconnu que l'eau de mer, prise limpide, dans son état normal, ne contient pas d'ammoniaque volatile ; il ne s'en révèle une certaine quantité que par un séjour plus ou moins long dans les flacons qui la contiennent. La même chose a lieu pour les eaux des étangs salés. Si ces dernières sont prises dans des parages peu profonds, riches en végétaux, l'ammoniaque apparaît; mais dans les bas-fonds privés de végétation on n'en découvre pas de traces. En résumé, l'eau de la mer ne renferme pas d'ammoniaque volatile et n'en exhale pas, excepté cependant sur certains parages infiniment restreints. Les sels ammoniacaux apportés par les fleuves et ceux qui se forment par la réduction des nitrates sont assimilés par les êtres organisés infiniment petits qui vivent au sein des mers.

— M. *Durin* présente une note sur l'analyse commerciale des sucres, au point de vue de l'influence des sels et de la glycose sur la cristallisation du sucre. On a admis jusqu'ici que les sels empêchent la cristallisation du sucre dans la proportion de quatre ou cinq fois leur poids, et on leur a par conséquent attribué un coefficient de 5. On a admis aussi que le glucose empêche la cristallisation, et on lui a attribué un coefficient de 2 lorsque sa proportion dépasse 1 pour 100. Les expériences de M. Durin lui ont permis de reconnaître que, contrairement à l'opinion admise, les sels cristallisables cristallisent simultanément avec le sucre et ne suspendent pas la cristallisation de ce dernier. Ce sont les matières organiques et les sels déliquescents qui se trouvent dans les sirops de betteraves et de cannes, et dont on n'a pas tenu compte, qui sont la véritable cause de la formation des mélasses. Mais comme ces produits existent en quantités assez proportionnelles aux sels, et qu'ils sont difficilement dosables, on peut doser les sels et leur accorder une valeur à titre de témoins proportionnels seulement. Quant à la glycose, non-seulement il n'empêche pas la cristallisation, mais il se substitue souvent en partie au sucre cristallisable dans la solution. Cependant, à cause de sa grande solubilité, la glycose peut exercer une influence nuisible sur la cristallisation quand il entre dans la solution sucrée pour une forte propor-

tion. Cette influence, qui peut être, dans ce cas, représentée par un coefficient de 0,70, devient négligeable lorsque la proportion de la glycose est faible.

— M. *H. Dufet* envoie une note sur la conductibilité électrique de la pyrite. L'auteur a déjà fait connaître verbalement les résultats de son travail sur ce sujet, à l'une des séances de l'Association française, au Congrès de Nantes. Il décrit aujourd'hui les appareils dont il s'est servi pour obtenir les résultats en question. Ces descriptions, que leur longueur nous empêche de rapporter ici, prouvent que M. Dufet n'a rien négligé dans ces recherches délicates pour arriver à connaître la vérité. Il croit, en définitive, avoir démontré que la conductibilité de la pyrite est une véritable conductibilité métallique, très-variable avec la structure physique de l'échantillon, mais qui, dans un cristal donné, ne dépend ni du sens, ni de l'intensité, ni de la durée du courant.

— M. *Domeyko* fait une communication sur les minéraux tellurés récemment découverts au Chili. Ces minéraux, qui consistent en *argent telluré* et en *tellurate de plomb*, n'ont été jusqu'ici trouvés que dans une seule localité, dans la mine de Condoriaco (province de Coquimbo), abandonnée depuis longtemps, et située à environ 15 kilomètres de distance à l'est des mines d'Arqueros. Après avoir rappelé les principaux caractères de ces minéraux, M. Domeyko annonce que l'analyse du tellurate de plomb lui a fourni 15 milligrammes de tellure pour 33 milligrammes d'oxyde de plomb. L'auteur décrit ensuite la nature des terrains au milieu desquels les minéraux tellurés se rencontrent. Il ajoute enfin que les caractères extérieurs de ces minéraux ont pu les faire confondre avec certains autres, tels que le sulfure d'argent. Il ne serait peut-être pas inutile, selon lui, de rechercher le tellure dans des mines comme celle de Lomas-Bayas, d'où l'on extrait des minerais très-riches en argent chloruré, argent sulfuré, plomb carbonaté ; ces minerais, en même temps aurifères, ressemblent beaucoup aux minerais de la Condoriaco.

— M. *Stan. Meunier* signale la perforation d'un grès quartzeux par des racines d'arbres. Ce grès, provenant d'Orsay (Seine-et-Oise) et dépendant de l'étage dit *de Fontainebleau*, est à ciment calcaire ; c'est sur ce ciment que l'acide carbonique exhalé pendant l'acte de la respiration a exercé son action. L'auteur fait remarquer, à cette occasion, qu'il ne suffit pas qu'une empreinte végétale soit enfermée dans une couche donnée pour qu'on ait le droit de lui attribuer l'âge même de cette couche.

Académie des sciences de Paris. — 18 OCTOBRE 1875.

M. l'amiral Pàris : La *Connaissance des temps* pour 1877. — M. Mouchez : Observations à propos du nouveau volume de la *Connaissance des temps*. — M. Th. du Moncel : Conductibilité électrique des corps médiocrement conducteurs. — M. Gosselin : Trépanation et évidement des os longs. — M. Daubrée : Chute d'une météorite en Russie, le 12 mai 1874. — MM. Mignon et Rouart : Refroidissement artificiel de masses considérables d'air. — M. Marié-Davy : Carte magnétique de la France pour 1875. — M. Pingaud : Un cas de trépanation sur le frontal. — M. Al. Perrey : Fréquence des tremblements de terre relativement à l'âge de la lune. — M. Rivet : Phénomènes électriques précédant les tremblements de terre.

M. l'amiral *Pàris* présente à l'Académie le volume de la *Connaissance des temps* pour l'année 1877. M. Pàris fait remarquer que cette 199e partie des éphémérides astronomiques, commencées par Picard en 1679, a reçu de nombreuses améliorations, surtout pour les années 1876 et 1877. Ce volume présente maintenant un nombre de pages double de celui qu'il contenait il y a une vingtaine d'années. Aussi, après avoir été dépassé par le *Nautical Almanac*, publié en Angleterre, il est devenu son égal.

— M. *Mouchez*, à propos du volume de la *Connaissance des temps*, déclare que dans les Tables qui y sont dressées pour les calculs de l'astronomie nautique, les navigateurs signaleraient difficilement aujourd'hui quelques améliorations notables à introduire. Il affirme, qu'au moins au point de vue des navigateurs, la *Connaissance des temps*, à la suite des améliorations qu'on y a apportées depuis trois ou quatre ans, a repris son ancienne supériorité sur les éphémérides étrangères.

— M. *Th. du Moncel* présente une note sur la conductibilité électrique des corps médiocrement conducteurs. Avant de discuter ses recherches sur la conductibilité de ces corps appartenant à la catégorie des corps humides et des corps réduits à un grand état de division, l'auteur a cru devoir revenir sur les expériences qu'il a exposées dans une note précédente. Il résulte de ses nouvelles expériences que l'inversion du courant de polarisation, qui se produit quand on électrise rapidement un diélectrique ayant subi préalablement une électrisation inverse, se reproduit non-seulement dans les silex et quelques minerais métalliques, mais encore dans tous les corps humides, vivants ou inanimés, et même dans la plupart des liquides. L'auteur donne de longs détails sur les phénomènes qu'il a observés pendant ses expériences.

— M. *Gosselin* communique le résultat de ses observations sur la trépanation et l'évidement des os longs, dans les cas d'ostéite à forme névralgique. Après quelques mots sur l'origine de l'opération du trépan, qui, d'abord appliquée aux os du crâne, l'a été ensuite aux os longs, l'auteur rappelle l'opération de l'*évidement*, opération dans laquelle M. Sédillot, remplaçant par la gouge et le maillet la simple perforation que faisait la scie circulaire ou la pyramide, creusait des cavités longues et profondes dans l'épaisseur des os longs. Cette opération était faite dans les cas de séquestres invaginés et de caries étendues.

M. Gosselin a eu occasion de constater une nouvelle forme d'ostéite qui est caractérisée par deux symptômes principaux : un gonflement progressif et une douleur violente, rebelle, continue, cause d'insomnie, d'épuisement nerveux, etc. Il a donné à cette forme d'ostéite le nom d'ostéite à forme névralgique. Les divers traitements auxquels il a soumis les sujets atteints de cette maladie ont eu des résultats qui ont amené l'auteur à cette conclusion, que la trépanation et l'évidement des os longs atteints d'ostéo-névralgie avec douleurs violentes et rebelles, sans réussir constamment, peuvent réussir dans certains cas. Conséquemment cette opération doit être conseillée, lorsqu'on a employé sans résultat tous les moyens locaux et généraux habituellement dirigés contre la souffrance. Après avoir décrit la manière d'opérer, M. Gosselin arrive au pansement. Celui-ci doit être de préférence le pansement ouaté, qu'on ne doit pas renouveler pendant une vingtaine de jours. En résumé, dit l'auteur : « 1° il est indiqué d'ouvrir largement les os longs dans les cas d'ostéite condensante à forme névralgique ; 2° une opération complexe de trépanation et d'évidement est celle qui convient le mieux en pareil cas. »

— M. *Daubrée* fait une communication relative à la chute d'une météorite survenue le 12 mai (30 avril, vieux style) 1874, à Sevrukow, district de Belgorod, gouvernement de Koursk. Comme l'analyse complète de cette météorite n'a pas encore été faite, M. Daubrée se borne à donner un premier aperçu de ses caractères. Cette météorite appartient à la division des sporadosidères et à la section des oligosidères. Elle présente une cassure d'un noir mat, ressemblant à celle de certains basaltes et mieux à celle d'une scorie d'affinage. Sur cette cassure, on remarque des grains métalliques de fer nickelé et des grains de troïlite, etc., etc. La météorite de Sevrukow présente une grande analogie avec la partie noire de celle de Chantonnay (Vendée). Elle ressemble encore mieux à la météorite tombée le 9 juin 1867, en Algérie, à Tadjéra, près Sétif.

— MM. *Mignon* et *Rouart* font connaître un procédé pour obtenir le refroidissement artificiel de masses d'air considérables, par le contact avec un liquide refroidi. Voici la description de l'appareil employé, telle qu'elle est donnée par les auteurs : Cet appareil se compose d'un flacon à trois tubulures, au fond duquel se trouve une couche de 5 centimètres d'épaisseur d'une solution concentrée de chlorure de calcium dans l'eau. Ce mélange peut plonger dans un mélange réfrigérant. La première tubulure sert à l'entrée de l'air, la troisième à sa sortie; celle du milieu porte un thermomètre donnant la température du chlorure de calcium. A droite et à gauche de ce centre d'expériences sont placés des flacons contenant un desséchant, de manière à se rendre compte de l'effet produit sur l'hydratation de l'air par son passage à travers le liquide refroidi, et également des thermomètres destinés à noter la température d'entrée et de sortie de l'air; enfin un aspirateur, produisant le mouvement. Les résultats obtenus ont été très-satisfaisants, car à l'aide d'un appareil, reposant sur les mêmes principes que celui qui vient d'être décrit, mais présentant cependant quelques modifications, les auteurs ont pu maintenir à une température de 12 à 13 degrés centigrades au-dessus de zéro, pendant la première quinzaine de septembre, qui a été fort chaude, un bâtiment industriel appartenant à la manufacture royale de bougies de Hollande, à Amsterdam. Ce bâtiment a de 50^m,20 de long, 14^m,54 de large et 4^m,18 de haut, soit un volume de 3051 mètres cubes. Dans ce bâtiment, on introduit journellement 15000 kilogrammes d'huile chaude à 60 degrés, et il s'y produit des cristallisations d'acide stéarique.

— M. *Marié-Davy* présente à l'Académie la carte magnétique de la France pour 1875. Elle a été construite sur la demande du Bureau des longitudes et à l'aide de ses instruments. La dernière carte des lignes isogoniques, due à Lamont, remontait à 1854. Depuis vingt et un ans, les lignes d'égale déclinaison ont subi un déplacement notable vers l'ouest. En même temps, les nouvelles lignes font, avec les méridiens terrestres, un angle moins ouvert vers le nord-est que les anciennes. Si l'on trace sur une carte de France les courbes d'égale variation de déclinaison, durant les vingt et une dernières années, on trouve, dit M. Marié-Davy, un maximum de variation vers la mer du Nord et un minimum vers le golfe de Gênes. De l'une à l'autre de ces régions, les courbes sont resserrées, tandis qu'elles s'étalent en éventail sur la Manche, l'Océan, les Pyrénées et le golfe du Lion. Afin de rendre plus facile l'emploi des nouvelles données, l'auteur a dressé deux tables. L'une est relative à la déclinaison de l'aiguille aimantée dans les chefs-lieux de départements français et dans quelques villes de l'étranger, le 15 juin 1875. L'autre carte est relative à la même déclinaison dans les ports de France et dans quelques ports voisins.

— M. *Pingaud* envoie une note sur un cas de trépanation faite avec succès pour une ostéite à forme névralgique d'un os plat, le frontal. L'observation, dont l'auteur donne le résumé, paraît démontrer que l'ostéite condensante, à forme névralgique, peut se rencontrer sur les os plats aussi bien que sur les os longs, et être guérie par trépanation.

— M. *Al. Perrey* envoie une note sur la fréquence des tremblements de terre relativement à l'âge de la lune. Après avoir fait connaître la façon dont il a compté les faits et les groupes artificiels qu'il est parvenu à établir pour rapporter les tremblements de terre à l'âge de la lune, l'auteur présente des tableaux montrant parfaitement que la fréquence des tremblements de terre offre deux maxima aux syzygies et deux minima aux quadratures. Quant à la fréquence du phénomène au périgée et à l'apogée, l'auteur a pu constater que le nombre qui correspond au périgée est le plus grand.

— M. *R. Rivet* envoie à l'Académie des détails sur les secousses de tremblements de terre qui se sont fait sentir à la Martinique, et sur les phénomènes électriques qui ont précédé chacune d'elles dans les fils télégraphiques. Ces phénomènes électriques ont été observés par M. Destieux, chef du bureau télégraphique de Fort-de-France. Il paraît que chaque secousse a été précédée de mouvements désordonnés de l'aiguille aimantée du galvanomètre, lequel communique avec la terre au moyen d'un bloc de fer enfoncé dans le sol. M. Rivet pense, d'après les observations de M. Destieux, qu'on pourrait prévoir les tremblements de terre quelque temps avant leur production.

CHRONIQUE SCIENTIFIQUE

La Faculté de médecine de Paris s'est réunie hier jeudi pour s'occuper de la question du décanat dont elle avait été saisie par M. Wallon. Le ministre lui demandait de désigner trois professeurs dont l'un deviendrait doyen et les deux autres assesseurs, mais non plus comme aujourd'hui pour suppléer seulement le doyen, mais pour le remplacer d'une manière permanente dans une partie de ses attributions. Le nombre croissant des élèves (4800) exigeait cette réforme demandée par M. Wurtz, doyen actuel. Une commission, composée de MM. Béclard, Lasègue, Gosselin et Broca, est chargée d'étudier la répartition des attributions entre le doyen et les assesseurs.

Une autre commission, formée de MM. Broca, Charcot, Dolbeau, Gavarret, Sappey, Chauffard, est instituée pour les cours libres dont l'autorisation émanera dorénavant de la Faculté et non plus du ministre.

Enfin le préfet de la Seine a écrit à la Faculté une lettre relative à la clinique des maladies mentales de l'asile Sainte-Anne qui avait été supprimée d'une manière si singulière. Faisant droit aux réclamations que cette mesure avait soulevées, il demande à la Faculté de lui dresser une liste de vingt élèves, entre lesquels il en choisirait cinq qui seraient autorisés à suivre les visites des malades. Une commission, composée de MM. Lasègue, Hardy et Le Fort, est chargée de préparer une réponse à cette lettre que le préfet de la Seine sera probablement seul à trouver satisfaisante.

— Le second navire cuirassé circulaire que possède la marine russe vient d'être lancé à Saint-Pétersbourg, en présence du grand-duc Constantin. La marine française possède plusieurs navires de ce modèle, entre autres le *Boule-Dogue*, sorti, croyons-nous, des chan-de Lorient. Le navire russe a une cuirasse en métal de dix-huit pouces et porte deux canons de quarante tonneaux.

— Le développement de l'enseignement supérieur est à l'ordre du jour dans tous les pays. Mais on ne s'y prend point partout de la même manière et on n'a pas partout le même but. Au moment où le clergé de France s'agite pour la création des universités catholiques, il n'est pas sans intérêt de raconter ce qui se fait pour organiser à Baltimore l'université Hopkins. Cet établissement, qui sera ouvert en 1876, se compose de trois parties : l'université proprement dite, l'école de médecine et un hôpital, qui, quoique distincts, ne formeront cependant qu'un seul tout.

Le créateur, M. Jones Hopkins est mort l'an dernier, laissant pour ce but une somme évaluée à plus de 15 millions de francs. Il a nommé, par l'instrument de ses dernières volontés, trois corps de neuf exécuteurs testamentaires ; le premier chargé de l'université, le second de l'école de médecine et le troisième de l'hôpital. Ces exécuteurs testamentaires ont la plus grande liberté d'action ; cependant, il leur est formellement enjoint de prendre des mesures pour que la politique et surtout la religion soient sévèrement exclues de toutes les parties de l'enseignement.

Les exécuteurs testamentaires se sont entendus il y a quelques mois pour nommer président de l'université M. Henry Gillman, alors président de l'université de San-Francisco.

M. Henry Gillman ayant accepté cette belle mission, s'est rendu immédiatement en Europe pour s'informer de l'état des universités d'Angleterre, de France, d'Allemagne, etc., etc.

Dès son retour en Amérique, les cours de science et de droit seront ouverts dans un local provisoire. En effet, l'université définitive ne sera construite que lorsque tous les cours seront organisés; seulement alors l'on pourra se faire une idée tout à fait exacte tant des besoins réels de ch que enseignement que de la manière de les concilier.

Le journal anglais *The Nature* nous apprend, dans son dernier numéro, que M. Henry Gillman se trouve actuellement à Londres, après avoir parcouru une première fois les principales villes scientifiques du continent. Il n'a encore engagé qu'un seul professeur, M. H.-A. Rouland, jeune physicien anglais qui s'est fait déjà con-

naître par des travaux sur le magnétisme et qui sera chargé du cours de physique mathématique.

Le recrutement du corps enseignant ne sera point sans offrir quelques difficultés, car M. Henry Gillman ne cherche pas seulement le talent d'exposition qui, quoique nécessaire, est cependant secondaire à ses yeux. Les instructions lui enjoignent de prendre des hommes qui dans leur carrière scientifique ont montré un esprit véritable d'initiative. En effet, ne s'étant pas borné à apprendre et à digérer les leçons qu'ils ont reçues, ils pourront inculquer à leurs élèves un véritable amour des recherches scientifiques.

Le but de l'université de Baltimore est, en effet, de servir au progrès des sciences et non de dresser de brillants perroquets capables de passer avec une boule blanche chacun de leurs examens.

Ce n'est point une fabrique de bacheliers, de licenciés, ou même de docteurs dont M. Jones Hopkins a voulu doter sa patrie, mais d'une institution digne d'un peuple libre, en un mot un véritable sanctuaire de la libre pensée qu'il a eu l'intention d'ériger.

— *Traction mécanique dans l'intérieur des houillères.* — La question si importante de l'introduction de moyens mécaniques dans l'intérieur des houillères commence à recevoir quelques applications : le traînage mécanique au fond est principalement l'objet des préoccupations de nos mines. Un des emplois les plus intéressants de ce dernier mode vient d'avoir lieu aux mines d'Aniche ; il a, à tous les points de vue, procuré les résultats les plus satisfaisants.

Cette installation, qui est la conséquence d'une étude faite en Angleterre par M. Vuillemin fils, ingénieur des mines d'Aniche, se résume comme suit : Une machine à vapeur munie de deux tambours indépendants est placée au jour ; ceux-ci enroulent et déroulent alternativement deux câbles, lesquels descendent le long des parois du puits vont dans l'intérieur des galeries s'attacher, l'un à la tête d'un train de wagon, l'autre à l'extrémité opposée, ce dernier suivant le mouvement imprimé par le premier et réciproquement. D'après les expériences faites, le prix de revient du roulage qui coûtait par l'emploi des chevaux 0,40 centimes par tonne, n'est déjà plus que de 0,35 et descendra à environ moitié moins quand le nombre des trains aura été prochainement doublé. Encore le prix de revient baissera-t-il encore quand la longueur de la galerie, qui est d'environ 600 mètres, aura été portée successivement à 1000 mètres et au delà, le personnel restant le même pour un faible comme pour un long parcours et pour un plus grand nombre de trains. En outre d'une économie importante qui amortira rapidement la dépense d'installation et la possibilité d'accroître la production, on pourra desservir économiquement de plus grandes étendues. Les avantages sont donc multiples.

La Compagnie de Carvin installe en ce moment un système analogue à sa fosse n° 3. On peut apprécier qu'une révolution importante est en voie de s'opérer dans les conditions de travail de notre industrie charbonnière, et que l'introduction de certains moyens mécaniques dans l'intérieur des houillères ne tardera plus à se généraliser. En ce moment la Compagnie de Fives-Lille construit plusieurs machines destinées à faire emploi de l'air comprimé comme force motrice au fond des mines ; la maison Le Gavrian et fils a récemment acquis le privilége de trois nouveaux brevets anglais dont l'application a procuré les résultats les plus satisfaisants, l'un concernant la compression de l'air, le second l'emploi de machines à abattre la houille et le troisième la perforation mécanique des puits et des galeries. L'usage d'appareils mécaniques dans les mines est donc en bonne voie de réalisation et les avantages qu'on en retirera, comme on peut en juger par l'exemple que nous citons plus haut, seront, à tous les points de vue, importants et nombreux.

— Une dépêche de Melbourne du 5 octobre, publiée dans les journaux anglais, porte que l'épidémie de rougeole qui a fait tant de ravage dans les îles de cet archipel tend à disparaître et que les populations se relèvent de la rude épreuve qu'elles ont eu à traverser. Les avis reçus à Melbourne constatent une grande amélioration dans l'état sanitaire des îles.

— Il paraît que le préfet de la Seine a signalé à l'administration de l'Assistance publique l'utilité qu'il y aurait à établir dans les divers arrondissements de Paris des bureaux d'admission pour les malades, reliés télégraphiquement avec l'administration centrale. On éviterait ainsi le déplacement pénible nécessité par la concentration du service d'admission au Parvis Notre-Dame.

Le propriétaire-gérant : GERMER BAILLIÈRE.

PARIS. — IMPRIMERIE DE E. MARTINET, RUE MIGNON, 2

LA
REVUE SCIENTIFIQUE

DE LA FRANCE ET DE L'ÉTRANGER

REVUE DES COURS SCIENTIFIQUES (2ᵉ SÉRIE)

DIRECTION : MM. EUG. YUNG ET ÉM. ALGLAVE

2ᵉ SÉRIE — 5ᵉ ANNÉE . NUMÉRO 19 6 NOVEMBRE 1875

LE MATÉRIALISME ET SES ADVERSAIRES

En Angleterre

Les *Fragments of Science*, dont je prépare en ce moment une nouvelle édition, ont été l'objet des attaques les plus vives. Une simple comparaison me permettra de faire comprendre comment je considère la position prise par les plus bruyants et les moins raisonnables de mes assaillants; cette comparaison ne s'applique évidemment pas, dans ma pensée, aux adversaires éminents qui m'ont honoré de leur attention dans la presse et dans la chaire. Le mot de *squatter*, nous dit Webster dans son Dictionnaire, signifie un homme qui s'établit sur un terrain auquel il n'a aucun droit. Ce nom exprime parfaitement, selon moi, la position prise par les anciens théologiens sur le terrain de l'anthropologie et de la cosmogonie; et ce que leurs successeurs appellent, de nos jours, une incursion sur le domaine de la théologie n'est, à mon avis, qu'une tentative tout à fait légale et juste pour les chasser d'un terrain qu'ils n'ont aucun droit d'occuper.

S'ils ont un titre de propriété, qu'ils le montrent. Le public a moins encore besoin de voir le texte de la Genèse revisé par des savants éminents que d'apprendre dans quelle mesure ce texte, revu ou non, a droit à la croyance des hommes intelligents. Il est, je le crains, de plus en plus reconnu que nos ecclésiastiques, pour n'être pas inquiétés, parlent souvent contre leurs propres convictions lorsqu'il s'agit de la cosmogonie de l'Ancien Testament. Je l'entends dire autour de moi, et je trouve même cette opinion dans certaines publications. J'ai, par exemple, devant moi une petite brochure dans laquelle un laïque adresse à l'un de ses amis, membre du clergé, une série de questions sur la création — les six jours que Dieu y a consacrés, la destruction du monde par un déluge, la construction d'une arche, l'entrée dans cette arche de couples d'animaux d'où sont descendus tous les êtres qui vivent actuellement sur la terre, hommes et femmes, oiseaux et

quadrupèdes. « Croyez-vous, sans aucune restriction, à toutes ces choses? dit-il à son ami. Si vous y croyez, alors il est évident que toutes les connaissances accumulées et acceptées par le genre humain, c'est-à-dire l'astronomie, la géologie, la philologie et l'histoire tout entières, sont pour vous nulles et non avenues. Mais si vous ne croyez pas que les choses se soient passées ainsi, ou si vous ne le croyez qu'avec certaines réserves, qui détruisent tout le sens de ce récit, pourquoi ne le dites-vous pas du haut de la chaire? »

L'ami ainsi interrogé se contente d'éluder la question. D'après M. Martineau, le clergé tient un langage bien différent du haut de la chaire. Après avoir montré combien le tableau que Moïse fait de l'ordre de la création a été nonseulement modifié, mais même renversé, il ajoute : « Malgré l'état déplorable dans lequel ce tableau a été mis, on le montre chaque semaine à des milliers d'hommes auxquels on enseigne à le considérer comme divin. » Et l'on ne dira pas qu'ici l'erreur ne fait aucun mal dans la pratique, ou qu'elle ne nuit pas aux honnêtes gens. C'est pour avoir exprimé ouvertement des doutes, que d'autres partagent plus discrètement, que l'évêque de Natal a été persécuté; c'est pour avoir été [publiquement fidèle à la vérité scientifique dans la mesure de ses lumières, qu'il a été flétri, lors de son dernier voyage en Angleterre, du nom « d'hérétique excommunié ». Le courage du doyen Stanley et du maître de Balliol sur cette question a désarmé l'indignation, et a fait supporter au public une injustice qu'il aurait sans cela jugée intolérable.

La partie libérale et intelligente de la chrétienté doit, je le pense, se séparer de plus en plus, par ses paroles et ses actes, de la partie fanatique, inintelligente et plus exclusivement sacerdotale. Les catholiques éclairés sont plus spécialement tenus d'agir à ce sujet; car, dans leur communion, le travestissement du ciel et de la terre est plus grossier, il est soutenu avec plus de force que partout ailleurs. Ils s'aperçoivent bien de cet état de choses, et ils réclament l'instruction avec un courage et une indépendance chaque jour plus grands, comme on peut le voir en lisant la « Justification du discours de Belfast » (1). Ce mémoire n'est qu'une protestation énergique d'avocats, de médecins, de chirurgiens, d'avoués et de savants, dont un grand nombre sont catholiques. Qu'ils ne se découragent pas, qu'ils ne renoncent pas à leurs demandes. Car leurs guides spirituels vivent si exclusivement dans le passé préscientifique, que même les intelligences vraiment fortes parmi eux sont atrophiées pour ce qui concerne la vérité scientifique. Ils ont des yeux et ne voient point; ils ont des oreilles et n'entendent point; car leurs yeux et leurs oreilles sont tout occupés des objets et des bruits d'une autre époque. Pour la science, un cerveau ultramontain, faute d'exercice, est virtuellement aussi peu développé qu'un cerveau d'enfant. Et ainsi ces enfants au point de vue scientifique, disposant d'une immense puissance spirituelle sur les ignorants, approuvent et maintiennent des pratiques qui font rougir de honte les plus intelligents d'entre eux.

Telle est la force de l'éducation première, lorsqu'elle est soutenue et perpétuée par les habitudes de l'homme fait; tel est le danger que l'on court en laissant tomber entre des mains ultramontaines les écoles d'une nation. Qu'un étudiant catholique intelligent, instruit, et qui n'a pas encore subi l'influence du cléricalisme, considère à un point de vue réellement scientifique la grandeur et l'organisation de l'univers. Qu'au milieu de l'immensité des cieux il contemple le cours des astres, qu'il sonde les nébuleuses, et qu'il cherche à se rendre compte de la nature et de la signification de tout cela. Qu'il compare les pensées et les conclusions auxquelles il arrive par cette étude avec les idées de la Genèse et les règles mises en avant dans les écrits des princes de son Église, et il reconnaîtra à quel point des hommes d'ailleurs intelligents peuvent s'écarter du bon sens à force de s'occuper exclusivement de chimères théologiques.

Mais laissons là la théologie. Déjà je vois ou je crois voir sortir des dernières discussions cette plasticité merveilleuse de l'idée divine, qui lui permet, au milieu de bien des changements, de conserver son empire sur les esprits supérieurs, et qui, si elle doit durer, lui permettra de se mettre d'accord avec la science. J'en trouve la preuve dans le sermon philosophique du docteur Quarry, et d'une manière plus marquée encore dans celui du docteur Ryder. « Il y a partout, dit le recteur de Donnybrook, dans ces atomes et dans cet univers sans bornes, dans ce chœur du ciel et dans cette terre composés de ces atomes, une certaine force, familièrement appelée la vie, *qui peut être regardée comme l'essence ultime de la matière.* » Plus loin, le même écrivain ajoute, en parlant des difficultés que présente à l'intelligence la recherche du Créateur infini : « Nous ne connaissons par les sens que des êtres finis. Or, nous ne pouvons *logiquement* conclure l'existence d'un Dieu infini de celle d'un nombre d'êtres finis, quelque grand qu'il soit d'ailleurs. Évidemment la conclusion contiendrait toujours beaucoup plus que les prémisses. » Un pareil langage est nouveau pour la chaire, mais il deviendra de moins en moins rare. Parmi nos théologiens, ce ne sont pas les poëtes et les philosophes — et de nos jours le philosophe qui dépasse les limites rigoureuses de la science disparaît

plus ou moins sous le poëte — ce ne sont pas ceux-là qui sentent la vie de la religion, ce sont les ouvriers qui s'attachent aux échafaudages de l'édifice, qui voudraient lier le monde aux conceptions insoutenables d'un passé plein d'ignorance.

J'ai devant moi un autre sermon imprimé, bien différent de ceux dont je viens de parler. Il a pour titre : « Les limites nécessaires des preuves chrétiennes. » L'auteur de ce sermon, le docteur Reichel, a souvent été cité comme autorité dans le cours de discussions récentes, particulièrement à propos de sujets personnels. Ce sermon fut d'abord prononcé à Belfast, et plus tard, avec des additions et des corrections, au palais de l'exposition de Dublin. Je me permettrai, en passant, de faire une seule remarque sur l'exorde de ce discours, parce qu'il contient au sujet du Christ un argument que j'ai souvent entendu invoquer en substance par des hommes estimables, quoique je ne l'eusse jamais entendu présenter sous une forme aussi déplaisante. « La résurrection du Sauveur, dit le docteur Reichel, est le fait le plus important du christianisme. Sans sa résurrection, sa naissance et sa mort auraient été également inutiles; bien plus, s'il n'était pas ressuscité, sa naissance serait celle d'un bâtard, et sa mort celle d'un imposteur. » C'est peut-être là de l'orthodoxie; mais avec les idées que j'ai du Christ et de sa vie incomparable sur la terre, si mes frères chrétiens me permettaient de me servir une fois du mot de blasphème, je serais disposé à l'employer ici.

Mieux instruit à Dublin qu'à Belfast, l'orateur insiste sur un argument personnel dont j'ai déjà eu occasion de parler. En cela il a été imité par l'évêque de Meath et d'autres hommes estimables. C'est un fait regrettable; car lorsque l'esprit s'occupe de sujets si élevés, il devrait être rempli de dignité, de courtoisie même, bien loin de s'abaisser jusqu'à des petitesses. « Je me propose, dit le prédicateur, de faire quelques remarques sur les doctrines qui ont été soutenues à Belfast. Et d'abord, pour empêcher que quelques-uns d'entre vous ne se laissent influencer par l'autorité de celui qui les a émises, aussi bien que par la facilité élégante avec laquelle il les expose, je dois vous dire que ses conclusions, quoique formulées dans une occasion qui semblait indiquer qu'elles avaient l'approbation générale du monde scientifique, n'ont pas réellement reçu cette approbation. L'esprit qui y est arrivé, et qui les a étalées avec tant de complaisance, est un esprit élevé à l'école de l'expérience seule; ce n'est pas un homme de cabinet, c'est un homme de laboratoire. Aussi les esprits mathématiques les plus élevés de l'Association repoussent-ils les théories de son président. Dans les lois mathématiques, auxquelles on ramène d'une manière chaque année plus évidente tous les phénomènes et toutes les modifications de la matière, ils voient une autre face de la nature qui a échappé au simple faiseur d'expériences. »

Voilà certes une vertu nouvelle attribuée aux mathématiciens, et que l'on serait assez embarrassé de retrouver chez Dalembert et Laplace; nous avons également quelques doutes sur l'orthodoxie particulière des Helmholtz, des Clifford et autres. Quant à la manière dont je me suis instruit, puisque mes censeurs ne croient pas qu'il soit au-dessus d'eux de s'occuper d'un fait si minime, je puis dire qu'ils sont dans l'erreur. En outre, la distinction qu'ils voudraient établir entre le cabinet et le laboratoire n'est pas admissible, parce que le laboratoire est un cabinet dans lequel les syn-

---

(1) Il s'agit du discours prononcé par M. Tyndall, comme président de l'*Association britannique pour l'avancement des sciences* au congrès de Belfast en 1874 (Voyez la *Revue scientifique* du 19 septembre 1874, tome VII, 2e série, page 265).

boles cèdent la place aux faits réels. On dit que le mot de Mésopotamie est plein d'une onction sacrée pour certains esprits; peut-être le titre de la thèse soutenue par moi à Marbourg produira-t-il un effet du même genre sur mes très-révérends critiques de la nouvelle école mathématique. Voici ce titre : *Die Schraubenfläche mit geneigter Erzeugungslinie, und die Bedingungen des Gleichgewichts auf solchen Schrauben* : (Des hélices à direction oblique, et des conditions de leur équilibre). — On sera peut-être moins dur envers moi, après cette preuve que j'ai débuté dans ma modeste vie scientifique plutôt comme mathématicien que comme expérimentateur.

Si, comme on l'a affirmé, les intelligences mathématiques, les plus élevées de l'Association repoussent les théories de son président, ce serait leur devoir de ne pas se contenter de cette affirmation indirecte. Ils devraient répandre directement sur nous la lumière, au lieu de la faire passer à travers le polémoscope (1) grossier du docteur Reichel. Mais ce qu'il importe de démontrer à lui et à ceux qui seraient tentés de le suivre dans ses théories aventureuses, c'est que les mathématiques n'offrent aucune chance de salut à la théologie.

Ces réflexions m'amènent à un mémoire que plusieurs hommes estimables et éminents m'ont signalé comme méritant une attention sérieuse. Je suis heureux de reconnaître l'accord qui existe entre le rév. James Martineau et moi sur certains points de cosmogonie biblique. « Si l'Église, dit M. Martineau, soutient encore une certaine doctrine sur l'origine du monde et de l'homme, cette doctrine peut cependant être réfutée scientifiquement. » Et plus loin : « Ainsi, pour le soleil, la lune et les étoiles, dans l'intérieur de la terre et à sa surface, avant et après l'apparition de l'homme, les choses se sont passées bien autrement que ne le dit la cosmogonie sacrée. » Plus loin encore : « Il faut que la religion abandonne à la science toute l'histoire de l'origine des choses. » Enfin, avec plus de force encore : « Dans la recherche de l'ordre dans lequel les choses ont pris naissance, la théologie n'est pas à sa place et doit se retirer. » Voilà, d'une manière plus frappante, les idées que je me suis permis d'exprimer à Belfast. « Nous pouvons, ai-je dit, exprimer en quelques mots, la position inattaquable de la science. Nous réclamons et nous voulons arracher à la théologie tout le domaine des théories cosmologiques. » Ainsi la théologie, représenté par M. Martineau, et la science, comme je la comprends, sont ici tout à fait d'accord.

Mais M. Martineau serait en droit de se plaindre de moi si, par des citations partielles, je laissais croire à mes lecteurs que l'accord entre nous est complet. A l'ouverture de la quatre-vingt-neuvième session du nouveau collège de Manchester, à Londres, le 6 octobre 1874, il a prononcé, en qualité de principal du collège, le discours dont j'ai cité plusieurs passages. Ce discours a pour titre : « La religion en présence du matérialisme moderne», et le ton général de ce discours ainsi que les citations qu'il contient, montrent évidemment que son auteur était profondément mécontent de ce que j'avais dit à Belfast. Il m'est assez difficile de saisir au juste les motifs de ce mécontentement. En réalité, au point de vue de la logique, l'impression que m'a laissée ce morceau, d'un très-grand mérite esthétique, semé de passages pleins de beauté et de pensées qu'un cœur pur peut seul exprimer comme elles y sont exprimées, cette impression, dis-je, est vague et peu satisfaisante. L'auteur semble tantôt brave et libéral, tantôt timide et vétilleux, tantôt même peu au courant des opinions qu'il veut combattre.

M. Martineau commence par indiquer d'une manière assez nette « les sources de sa foi religieuse ». Il y en a deux : « l'étude de la nature et l'interprétation des Livres saints ». Il eût été digne d'un esprit tel que le sien de tirer de ces deux sources la religion telle qu'il la conçoit. Mais il ne dit plus un mot des Livres saints. Après avoir dédaigneusement écarté plusieurs livres avec le balai de la science, il ne définit pas les autres qui sont saints; il nous dit moins encore pour quelles raisons il les considère comme tels. D'un autre côté, s'il parle de la nature, c'est pour faire contre elle de magnifiques tirades, destinées apparemment à montrer le caractère tout à fait abominable des antécédents de l'homme, si la théorie de l'évolution est vraie. Ici encore il n'est pas toujours d'accord avec lui-même. Après avoir accepté avec joie « l'espace plus étendu, la longue suite de siècles qui se révèle, les merveilles découvertes dans la structure physiologique des êtres, et la rapidité avec laquelle nous retrouvons les anneaux qui manquaient à la chaîne de la vie organique », il se répand plus loin en lamentations et en gémissements sur cette théorie même qui fait de la vie organique une chaîne. Il présente sa secte comme tout à fait libérale et pleine de dédain pour les dangers que peuvent lui faire courir les découvertes de l'avenir; mais tout de suite après il compromet cette profession de foi, et nous ôte toute confiance dans ce qu'il vient de proclamer. Il est, dit-il, plein de sympathie pour la science moderne; et presque au même instant il traite, ou du moins semble traiter la théorie atomique et le principe de la conservation de la force comme autant de tours de passe-passe scientifiques.

De plus, son ardeur l'entraîne dans des inexactitudes : il voit du désaccord entre les hommes de science, lorsque au contraire ils sont en parfaite harmonie. Dans son célèbre discours prononcé à Leipzig il y a trois ans, devant le *Congrès des naturalistes allemands*, du Bois-Reymond s'exprime ainsi : «Quel rapport puis-je concevoir, d'une part entre les mouvements définis d'atomes définis dans mon cerveau, et de l'autre entre des faits primordiaux, indéfinissables et incontestables, tels que la douleur ou le plaisir que je ressens, une saveur agréable, le parfum d'une rose, le son d'un orgue ou la couleur rouge que je perçois?... Il est absolument inconcevable que des atomes de carbone, d'hydrogène, d'azote et d'oxygène ne soient pas indifférents à leurs positions et à leurs mouvements passés, présents ou à venir. Il est tout à fait inconcevable que la conscience résulte de leur action simultanée » (1).

Ces paroles, prononcées en 1872, M. Martineau en fait la traduction *libre*, et les cite contre moi. Or, il n'y a là qu'un malentendu de sa part. Je puis prouver que j'ai tenu le même langage il y a vingt ans; pour s'en convaincre, il suffit de lire la *Saturday Review* de 1860. Mais sans aller si loin, la preuve de l'accord qui existe entre mon ami du Bois-Reymond

<hr>

(1) Le polémoscope est une lunette oblique qui permet de voir les objets sur lesquels la vue ne tombe pas directement.

(1) Voyez ce discours dans la *Revue scientifique* du 10 octobre 1874, tome VII, 2e série, page 336.

et moi se trouve dans le discours sur le *Matérialisme scientifique* que j'ai prononcé en 1868, et dont je prépare en ce moment la réimpression. Un peu d'attention aurait suffi à M. Martineau pour voir que dans le discours même dont il fait la critique, je soutiens précisément la même thèse. « Vous ne pouvez, ai-je dit dans ce discours, établir à la satisfaction de l'esprit humain une continuité logique entre les actions moléculaires et les phénomènes de conscience. C'est là un écueil sur lequel le matérialisme viendra inévitablement échouer toutes les fois qu'il prétendra être une philosophie complète de l'esprit humain. »

« L'abondance des comparaisons, dit dans la *New-York Tribune* un écrivain distingué et évidemment favorable à M. Martineau, dont cet auteur aime à faire usage, nuit souvent à la netteté de ses preuves en faisant oublier au lecteur les points essentiels de sa discussion, pour porter son attention sur la beauté de ses images, ce qui a pour résultat de diminuer l'effet de ses arguments. » Je suis le premier à reconnaître les beautés dont il s'agit ici ; mais j'ajouterai que cette surabondance ne nuit pas seulement au lecteur. Ses effets remontent jusqu'à l'esprit qui en est la source, et là, elle mêle des idées qui devraient rester séparées ; elle met je ne sais quoi de vague où la précision serait indispensable, la ferveur poétique où le calme de la raison devrait seul régner, et aboutit dans la pratique à un manque de justice qui est, j'en suis sûr, bien loin des intentions de son auteur.

Dans un des passages les plus élevés de son discours, M. Martineau nous dit comment les élèves de son collège ont été dirigés jusqu'ici : « On leur a enseigné : 1° que l'univers qui nous contient et nous entoure est la demeure d'un esprit éternel ; 2° que le monde que nous habitons est le théâtre d'un gouvernement moral, commencé mais incomplet ; et 3° que les régions supérieures des sentiments humains, au-dessus des nuages que répandent l'égoïsme et la passion, nous élèvent jusqu'à la sphère d'une communion divine. C'est dans ces régions supérieures que la pensée élevée et l'enthousiasme se sont élancés pour y trouver leur éclat et leur chaleur. »

Les sommets des Alpes doivent briller au-dessus du montagnard qui lit ces expressions chaleureuses ; j'en vois toute la beauté, et j'en sens toute la réalité. Moi aussi, avec moins d'élévation sans doute, j'ai affirmé la communion que M. Martineau appelle divine. « Deux choses, dit Kant, me remplissent d'une crainte respectueuse, le ciel étoilé, et le sentiment de la responsabilité morale de l'homme. Et, dans ses moments de santé et de force d'esprit et de corps, quand l'ardeur de l'action a cessé et que le calme de la réflexion est venu, l'homme de science ressent l'influence de la même crainte respectueuse. Cette émotion qui lui fait oublier les choses mesquines d'ici-bas, l'associe à une puissance qui donne à sa vie la plénitude et l'énergie, mais qu'il ne peut ni analyser ni comprendre (1). »

Quoique, dans ce passage, j'avoue ne pas savoir, mes sentiments sont, je le crois, assez semblables à ceux de M. Mar-

tineau. Cependant, malgré cette preuve que je donne de l'indépendance mutuelle du sentiment religieux et de la connaissance objective, M. Martineau me blâme — me dénonce presque — comme ayant rattaché la religion à la sphère de l'émotion. Assurément il y a là de l'inconséquence. Les mots cités plus haut se rapportent à une disposition ou à une température intérieure plutôt qu'à un objet extérieur de la pensée. Lorsque j'essaye de donner à la puissance que je vois manifestée dans l'univers une forme objective, personnelle ou autre, elle m'échappe et se refuse à toute manipulation intellectuelle. Ce n'est que dans un sens poétique que j'ose représenter cette puissance par le pronon *il ;* je n'ose l'appeler une intelligence ; je refuse même de l'appeler une cause. Son mystère me couvre de son ombre, mais reste toujours un mystère, tandis que les formes objectives que mes voisins essayent de lui donner ne font que la déformer et l'abaisser.

Il n'en est pas ainsi de M. Martineau ; de là son mécontentement. Il prétend *savoir*, lorsque je dis que je ne puis que *sentir*. Il prouverait ce qu'il affirme si, comme vérification, il transformait les trois principes ci-dessus en connaissance objective. Mais il ne tente même pas de le faire. Ces principes restent donc à l'état d'affirmations sans preuves depuis le commencement de son discours jusqu'à la fin. Et cependant, lorsqu'il veut combattre une théorie, il se contente souvent de déclarer qu'elle est dénuée de preuves. L'étude de la nature est une des sources de la foi religieuse ; quelle base logique cette étude fournit-elle à l'un des trois principes que nous avons cités. Selon lui, la nature est cruelle et méprisable ; que pouvons-nous en conclure au sujet de l'auteur de la nature ? Si la nature a des dents et des griffes souillées de sang, qui en est responsable ? M. Martineau n'a pas assez d'invectives pour en accabler la nature inintelligente ; mais l'hypothèse d'un esprit éternel — même d'un esprit éternel et bienfaisant — pourrait-elle rendre le monde objectivement moins méprisable et moins laid qu'il ne l'est ? Non certes. C'est sur les sentiments de l'homme, et non sur les phénomènes extérieurs, que cette hypothèse peut avoir quelque influence.

Elle n'ajoute pas un rayon de lumière ou un accord harmonieux à la source objective des choses. Elle n'atteint pas les phénomènes de la nature physique — tempête, inondation ou incendie ; — elle n'enlève pas une souffrance aux combats sanglants que se livrent les êtres animés. Mais elle remplit d'une émotion religieuse l'âme humaine, telle que M. Martineau la représente. Je le défie d'aller au delà, et cependant il va témérairement — on pourrait dire étourdiment — rejeter loin de lui la seule base philosophique qu'il lui soit possible de donner à sa religion.

M. Martineau raille agréablement le sens donné par la science moderne au mot nature, parce que ce sens n'a rien de bien séduisant. « Que l'avenir nouveau, s'écrie-t-il, prêche son Évangile, et trouve, s'il le peut, le moyen d'en faire une *bonne nouvelle.* » C'est là un argument assez ordinaire : « Si vous saviez combien il est doux de croire ! » A cela je répon-

---

(1) Dans ma première préface à mon discours de Belfast, j'ai parlé de moments d'intelligence et de vigueur, comme quatre ans auparavant j'avais parlé de moments de santé, de force d'esprit et de corps, et je me suis par là attiré une foule de railleries. Je ne saurais dire pourquoi. « Assurément ce n'est pas lorsque nous sommes à moitié engourdis à la suite d'un repas trop copieux, ou que nous souffrons de la dyspepsie, ou même lorsque nous sommes absorbés par un problème de mathématique qui exige toute notre attention, ce n'est pas alors que nous nous inquiétons beaucoup du ciel étoilé ou du sentiment de la responsabilité humaine. »

drai que je préfère le sentiment plus noble avec lequel Emerson s'écriait, après bien des désillusions : « Je désire la vérité ! » Les joies de l'héroïsme véritable sont réservées à celui qui peut réellement parler ainsi. D'ailleurs la joie est une émotion, et M. Martineau dédaigne en théorie tout ce qui tient à l'émotion. Et cependant je ne connais pas d'écrivain qui puise plus abondamment à cette source, tout en croyant s'appuyer sur ce qui est purement objectif. « Pour arriver à la cause première, dit-il, il n'est pas nécessaire de remonter jusque dans le passé, comme si celui que nous ne pouvons trouver ici était plus facile à retrouver là-bas. Mais quand une fois nous avons saisi cette cause par les organes destinés à la compréhension de ce qui est divin, alors nous reconnaissons que son action s'exerce sur la vie entière de l'humanité. » Que M. Martineau ait vécu si longtemps, et tant réfléchi sans reconnaître le caractère entièrement subjectif de cette croyance, c'est là un fait des plus instructifs. Ses « organes destinés à la compréhension de ce qui est divin » — organes qui ont été refusés, je puis le dire, à quelques-unes des plus grandes intelligences et à quelques-uns des plus nobles cœurs de ce siècle et des siècles passés — se trouvent au fond même de ses émotions.

En effet, c'est quand M. Martineau obéit le plus à ses émotions qu'il les dédaigne ; et c'est lorsqu'il est le plus purement subjectif qu'il rejette la subjectivité. Il rend un hommage mérité au caractère de Stuart Mill. Mais à la lumière de la philosophie de Mill, la bienveillance, l'honneur, la pureté, « réduites à n'être plus que des susceptibilités subjectives, ont perdu tout soutien de l'approbation omnisciente, et tout accord présumable avec la réalité des choses. » Si M. Martineau avait enseigné à ses élèves par quel procédé il rend objectives les susceptibilités subjectives, ou comment il arrive à un fondement objectif d'approbation omnisciente, il aurait mérité leur reconnaissance. Mais au lieu de cela, il les laisse perdus au milieu de ces phrases obscures, après avoir excité des désirs qu'il ne saurait satisfaire.

« Nous avons l'habitude, dit-il autre part, de donner à nos représentations des objets invisibles certaines formes définies, puis nous les mettons en avant, comme si c'étaient des équivalents photographiques de notre croyance réelle. Nous sommes tous sujets à cette illusion. Mais de façon ou d'autre, l'essence de notre religion n'entre jamais dans ces cadres théoriques : à mesure que nous les construisons, elle s'échappe ; si nous essayons de la poursuivre, elle se retire encore plus loin. Elle est toujours prête à soutenir la volonté, à dénouer et à adoucir les affections, à entourer la vie de respect, mais elle refuse de se laisser voir, ou de quitter sa couleur divine pour revêtir une forme de pensée humaine. » Ces paroles sont très-belles, surtout parce que l'homme qui les prononce les tire évidemment du trésor de son cœur. Mais la couleur et la forme dont il parle si bien ne sont ni plus ni moins que l'émotion, d'une part, et cette connaissance objective, de l'autre, qui ont engagé M. Martineau à tirer en quelque sorte sur lui-même.

J'arrive maintenant à l'une des parties les plus sérieuses du discours de M. Martineau. — Je l'appelle sérieuse bien moins à cause de ses erreurs personnelles qu'à cause de sa gravité intrinsèque, quoique l'auteur ait jugé à propos de prendre un ton plaisant et sarcastique. Il analyse et critique la doctrine matérialiste qui, de nos jours, est proclamée avec tant d'emphase et combattue avec tant de passion. « Je n'ai

besoin que de matière, dit le matérialiste ; donnez-moi des atomes, et j'expliquerai l'univers. » Les amis intimes de M. Martineau eux-mêmes pensent que c'est à moi que sa brochure répond. Je demanderai donc au lecteur de comparer la phrase qui précède avec ce que dis je réellement des atomes :

— « Je ne crois pas que le matérialiste soit en droit de dire que ses groupes et ses mouvements de molécules *expliquent* tout. Au fond, ils n'expliquent rien. Tout ce qu'il peut affirmer, c'est l'association de deux classes de phénomènes dont il ignore absolument le lien (1). » De là à dire : « Donnez-moi seulement des atomes, et j'expliquerai l'univers », il y a fort loin. M. Martineau continue son dialogue avec le matérialiste :

— « Fort bien, dit-il ; prenez autant d'atomes qu'il vous plaira. Voyez, ils ont tout ce qu'il faut à un corps (un corps métaphysique), puisque ce sont des substances homogènes et étendues. — Ce n'est pas assez, répond le matérialiste ; cela suffirait à Démocrite et aux mathématiciens, mais il me faut quelque chose de plus. Les atomes doivent être, non-seulement en mouvement et de différentes formes, mais encore d'autant d'espèces qu'il y a d'éléments chimiques ; car comment pourrais-je obtenir de l'eau si je n'avais que de l'hydrogène ? — Soit, répond M. Martineau ; seulement, vous étendez beaucoup la condition spécifiée (où et par qui a-t-elle été spécifiée ?) ; en réalité, vous la transformez en plusieurs conditions. Cependant, même en sacrifiant son unité (imaginée par M. Martineau), votre plan ne semble guère devoir aboutir à un résultat ; car par quelle manipulation de vos éléments pourrez-vous, par exemple, produire la conscience ? »

Cela a l'air d'une plaisanterie, mais c'est tout à fait sérieux. Depuis sept ans, la question posée par M. Martineau et ma réponse sont sous les yeux de tous. Voici en deux mots la question : — « Un homme peut dire je sens, je pense, j'aime ; mais comment la conscience s'introduit-elle dans le problème ? » — Et voici ma réponse : « Le passage de l'action physique du cerveau aux faits de conscience correspondants est inexplicable. Nous reconnaissons qu'une pensée définie et une action moléculaire définie du cerveau se produisent simultanément ; nous ne possédons pas l'organe intellectuel, ni même apparemment un rudiment de l'organe qu'il nous faudrait pour passer de la première à la seconde par le raisonnement. Ces phénomènes se manifestent ensemble, mais nous ne savons pas pourquoi. Quand même notre esprit et nos sens acquerraient assez de développement, de lumières et de force pour nous permettre de voir et de sentir les molécules mêmes du cerveau ; quand même nous serions capables d'en suivre tous les mouvements, les combinaisons, les décharges électriques, s'il y en a ; quand même nous aurions la connaissance intime des états correspondants de la pensée et du sentiment, nous serions aussi loin que jamais de la solution de ce problème. Comment les actions physiques sont-elles liées aux faits de conscience ? L'abîme qui sépare ces deux classes de phénomènes serait toujours infranchissable pour l'intelligence. »

Comparez cela avec la réponse que M. Martineau met dans la bouche de *son* matérialiste, réponse que la plupart de ses

---

(1) Discours sur *les forces physiques et la pensée*, prononcé au Congrès de l'*Association britannique* à Norwich, en 1868. Voyez ce discours dans la *Revue des cours scientifiques* du 5 décembre 1868, p. 11. (Première série, tome VI.) La citation est à la page 15.

lecteurs m'attribuent à moi-même : — « Le problème de la conscience ne m'effraye nullement. Vous comprenez naturellement que mes atomes ont toujours été soumis à la gravitation et à la polarité ; il ne me reste plus maintenant qu'à insister, avec Fechner, sur une différence entre les molécules : il y a les molécules *inorganiques*, qui ne peuvent changer que leur *place*, comme cela a lieu dans une ondulation, et il y a les molécules *organiques*, qui peuvent changer leur *ordre*, comme lorsqu'un globule se retourne à la façon d'un gant. Avec un nombre suffisant de ces molécules, il est possible de trouver la solution du problème. — C'est assez probable, dirons-nous (tout à fait improbable selon moi), avec le soin que vous prenez pour parer à tout, et, s'il y a quelque difficulté lorsqu'il s'agira de passer de la simple sensation à la pensée et à la volonté, vous pourrez encore revenir à vos atomes et lancer au milieu d'eux une poignée des monades de Leibniz pour servir d'âme en petit, et tenir prête à l'état latent cette *Vorstellungs-fähigkeit* — cette faculté de représentation — que possèdent tous nos pittoresques interprètes de la nature. »

« Mais sûrement, continue M. Martineau, vous devez remarquer que votre matière change de costume selon le service auquel elle est appelée ; elle débute en vraie mendiante, avec à peine quelques haillons pour se couvrir, et se trouve vêtue comme une princesse dès qu'il s'agit de quelque entreprise considérable. « Il vous faut changer radicalement vos » idées sur la matière », dit le professeur Tyndall ; et puis il s'imagine que cela suffit à tout et que cette formule contient la promesse et la puissance de toute vie terrestre. » Si la mesure dans laquelle nous devons changer nos idées avait été spécifiée, cette proposition aurait eu un sens, elle aurait pu être mise à l'épreuve. Avec une telle hypothèse, il est facile de marcher : vous déposez à la Banque une somme ronde avant de partir ; puis, tirant sur votre banquier à chaque arrêt, vous achevez votre grand voyage sans faire de dettes. »

Ce dernier paragraphe ne manque ni de force ni d'habileté, et je suis prêt à le discuter avec M. Martineau. Je puis dire ici, en passant, que je partage son dédain pour l'interprétation pittoresque de la nature dès qu'elle nuit à l'exactitude de la vue. Mais le mot de *Vorstellungs-fähigkeit* a été employé par moi dans le sens de faculté de représentation intellectuelle définie, faculté de rattacher aux mots les objets de la pensée qui leur correspondent, et de voir ceux-ci dans leurs rapports véritables, sans cette brume intérieure et ces contours adoucis par la pénombre qu'affectionnent les théologiens. C'est à cette manière d'interpréter la nature que je veux m'efforcer d'être fidèle.

Nous ne pouvons, je crois, ni l'un ni l'autre avoir honte de prendre la question à son point de départ. Nous devons d'abord nous efforcer de nous comprendre mutuellement, et le seul moyen d'y arriver est de commencer assez bas. Cependant, au point de vue physique, il n'est pas nécessaire de descendre au-dessous du niveau de la mer. Partons donc ensemble pour la mer des Antilles, et arrêtons-nous sur ses eaux que le soleil réchauffe de ses rayons. Qu'est-ce que cette mer, et qu'est-ce que le soleil qui la réchauffe ? Je répondrai, pour moi, que tous deux sont de la *matière*. Je remplis un verre d'eau de mer, et je le pose sur le pont de mon navire : au bout de quelque temps, le liquide a complètement disparu, en laissant dans le verre un résidu solide composé

de plusieurs sels. Nous avons là la mobilité, l'invisibilité, l'anéantissement apparent. Grâce à l'action du soleil, l'eau s'est envolée sous forme de vapeur. De toute la surface de la mer des Antilles s'élève une vapeur semblable ; et maintenant nous allons la suivre — non sur nos jambes cependant, ni sur un navire, ni même en ballon, mais avec les yeux de l'esprit ; — en d'autres mots, par cette faculté de *Vorstellung* que M. Martineau connaît si bien, et pour laquelle il a un si juste mépris lorsqu'elle se permet quelques écarts.

Composant donc le mouvement de la vapeur vers le nord avec la rotation de la terre sur son axe, nous suivons la fugitive à travers les régions élevées de l'atmosphère ; nous traversons obliquement l'Atlantique et l'Europe occidentale, et nous arrivons aux Alpes. Ici s'opère une autre métamorphose merveilleuse. Flottant lentement dans l'air froid et en présence du firmament également froid, la vapeur se condense, non-seulement en parcelles d'eau, mais même en parcelles d'eau cristallisée. Ces parcelles réunies forment des étoiles de neige, lesquelles tombent sur les montagnes avec des formes si délicates, que, lorsqu'on les voit pour la première fois, elles excitent toujours le ravissement. Leur beauté, en effet, dépasse celle des pierres les plus précieuses, et la perfection de leurs formes réalise les abstractions de la géométrie. Ces cristaux sont-ils de la matière ? Je crois pouvoir répondre affirmativement en mon nom.

Cependant une puissance formatrice est entrée ici en jeu, puissance qui ne s'était manifestée ni dans le liquide, ni dans la vapeur. Nous pouvons nous demander si cette puissance n'existait pas virtuellement dans ces deux substances, attendant que des conditions de température convenable la fissent entrer en jeu. Je réponds encore affirmativement pour moi-même. Néanmoins je suis tout disposé à discuter avec M. Martineau l'autre hypothèse possible, celle d'une âme formative impondérable, s'unissant avec la substance lorsque celle-ci a quitté l'état liquide. S'il adopte cette hypothèse, alors je lui demanderai d'exercer immédiatement cette *Vorstellungs-fähigkeit* dont je ne puis jamais me passer lorsque je m'efforce de penser clairement. Je lui demanderai à quel moment cette âme est entrée. Est-elle entrée d'un seul coup ou par degrés ; parfaite dès le début, ou croissant et se perfectionnant en même temps que son œuvre ? Je lui demanderai aussi si cette âme est localisée ou diffuse ? Se meut-elle d'un point à un autre comme un ouvrier isolé, mettant en place les morceaux d'eau solidifiée dès que ceux-ci ont pris une température convenable, ou bien est-elle répandue dans toute la masse du cristal ? Dans cette dernière supposition, l'âme a la forme du cristal ; dans la première, alors je demanderai quelle est sa forme. A-t-elle des bras ou des jambes ? Si elle n'en a point, je prierai que l'on m'explique comment un être dépourvu de ces organes peut jouer avec tant de perfection son rôle de constructeur. (J'insiste sur une définition, et je pose des questions peu ordinaires, tout exprès pour exclure les expressions dénuées de sens.)

Quels étaient l'état et le séjour de cette âme avant de se joindre au cristal ? Que devient-elle lorsque celui-ci se dissout ? Pourquoi faut-il une température particulière pour qu'elle puisse venir exercer ses fonctions ? Enfin le problème se trouve-t-il simplifié en aucune façon par l'hypothèse de l'existence de cette âme ? Je crois qu'il est probable qu'après avoir complètement discuté la question, M. Martineau attribuera avec moi la puissance constructive qui se manifeste dans le cristal aux parcelles d'eau elles-mêmes. En tout cas, je compte assez sur sa sympathie pour croire qu'il considérerait comme impoli celui qui me dénoncerait parce que je rejette cette idée d'une âme séparée, et que je ne vois que de la matière dans le cristal de neige.

Mais quelle addition étonnante est faite aux puissances de la matière! Qui se serait imaginé, s'il ne l'avait vue à l'œuvre, que cette puissance fût enfermée dans une goutte d'eau? Tout ce qu'il nous fallait pour rendre intelligible l'action du *liquide*, c'était l'hypothèse des « atomes solides, homogènes et étendus » de M. Martineau, glissant facilement l'un sur l'autre. Mais si nous avions supposé que l'eau n'était rien de plus, nous l'aurions à notre insu privée d'une puissance constructive intrinsèque, que l'art humain, avec tous ses raffinements, est impuissant à imiter. J'invite M. Martineau à considérer ici combien sa comparaison d'une somme déposée à une banque devient inexacte dans cette circonstance. Le compte courant de la matière ne reçoit rien de mes mains que je puisse honnêtement ne pas y inscrire. Si donc « Démocrite et les mathématiciens » ont défini la matière en omettant les puissances que nous venons de prouver qu'elle possède, il est clair qu'ils ont eu tort, et M. Martineau, au lieu de me railler pour n'être séparé d'eux, devrait plutôt me louer de les corriger.

Ceux qui ont lu ce que j'ai écrit sur les rapports de la science et de la théologie, ont pu remarquer combien souvent je cite M. Emerson. Je le fais surtout parce que je trouve en lui un poëte et un homme profondément religieux, que n'effrayent point les découvertes passées, présentes ou à venir de la science. Chez lui, la poésie, aussi joyeuse qu'une bacchante, tend la main à sa sœur plus grave, la science, et l'égaye par son rire immortel. Emerson revêt les idées scientifiques des formes plus belles et des teintes plus chaudes du monde idéal. Il a dit en parlant du sujet qui nous occupe :

« Les atomes voyageurs, entiers primordiaux, tirent et poussent avec force par leurs pôles animés (1). »

Au point de vue de l'exactitude et de la pénétration, ces deux vers l'emportent de beaucoup, selon moi, sur toute la science régulière dépensée par M. Martineau dans ces dissertations sur la force, dans lesquelles il traite le matérialiste comme un faiseur de tours, et parle avec tant d'esprit de la polarité des atomes. En réalité, sans cette idée de polarité, cette attraction et cette répulsion, nous restons aussi sottement muets en présence des phénomènes de cristallisation que Bushman en présence des phénomènes du système solaire. Quant à la naissance et au développement de cette idée, je me suis efforcé de les exposer clairement dans une troisième conférence sur la lumière, et dans l'article que j'ai publié sur les cristaux et la force moléculaire.

Il y a quelques jours, je me trouvais sous un chêne planté par sir John Moore, le héros de la Corogne. Au pied de cet arbre trois petits chênes luttaient avec succès pour la vie, contre la végétation qui les entourait. Trois glands étaient tombés dans un terrain favorable, et ces petits arbres étaient le résultat de leur action mutuelle. Qu'est-ce que le gland? Qu'est-ce que la terre? Qu'est-ce que le soleil,

sans la chaleur et la lumière duquel la plante ne pourrait devenir arbre, quelque riche que fût le terrain et quelque bonne que fût la semence? Je réponds pour moi-même, comme auparavant, tout cela est de la matière. Et il est admis que la chaleur et la lumière, qui jouent ici un rôle si important, sont des mouvements de la matière. En prenant une plante bien moins élevée que le chêne dans le règne végétal, nous pourrions nous rapprocher beaucoup plus encore du cas de cristallisation que nous venons de discuter; mais ce n'est pas nécessaire en ce moment.

Si au lieu de m'accorder que la matière se suffit ici à elle-même, M. Martineau a recours à l'hypothèse d'une âme végétative, toutes les questions que j'ai faites à propos du cristal de neige peuvent être répétées. Je l'invite à les reprendre une à une, et à réfléchir aux réponses qu'il peut y faire. Il me demandera peut-être à son tour qui a donné à l'arbre le principe de vie. Je lui réponds que ce n'est pas là la question; nous ne cherchons pas en ce moment qui a fait l'arbre, mais bien ce qu'il est. Y a-t-il dans l'arbre autre chose que de la matière? Si oui, quelle est cette chose, et où est-elle? M. Martineau s'aperçoit peut-être maintenant que ce qu'il faut à ma *Vorstellungs-fähigkeit*, ce n'est pas du pittoresque, mais bien une froide précision. Comment cette âme végétative doit-elle être présentée à l'esprit; où était-elle avant que l'arbre eût poussé, et que deviendra-t-elle lorsque l'arbre sera scié et débité en planches ou jeté au feu?

Peut-être M. Martineau considérera-t-il comme moi l'hypothèse de cette âme comme également insoutenable et inutile. Mais alors, si la puissance de former un arbre est accordée à la simple matière, quelle surprenante extension de nos idées sur la puissance de la matière cette concession va entraîner! Pensez au chêne, à la terre, à la lumière et à la chaleur du soleil. A-t-on jamais imaginé un prodige semblable à la production de ce tronc massif, de ces branches, de ces feuilles, par l'action mutuelle de ces trois facteurs? De plus, c'est dans cette action mutuelle que consiste ce que nous nommons la vie. On voit que je sens parfaitement tout ce qu'un arbre a de merveilleux; je ne serais même pas surpris si, en présence de cette merveille, je me trouvais plus embarrassé et plus accablé que M. Martineau lui-même.

Considérons-la pendant un instant. On connaît l'expérience due à Wheatstone, dans laquelle la musique d'un piano transmise de sa table d'harmonie par une mince tige de bois à travers une suite de chambres où l'on n'entend aucun son, éclate enfin très-loin de l'instrument. Les cordes du piano ne vibrent pas une à une, mais bien dix à la fois. Chaque corde se subdivise de manière à donner, non une note, mais une douzaine de notes. Toutes ces vibrations et ces sous-vibrations s'entassent dans une baguette de bois blanc qui n'a guère plus d'un centimètre de diamètre; et cependant pas une note ne se perd. Chaque vibration subsiste, et toutes sont à la fin communiquées à l'air par une seconde table d'harmonie contre laquelle l'extrémité de la tige vient s'appuyer. Notre esprit reste stupéfait lorsqu'il cherche à se représenter les mouvements de cette tige pendant que les sons la parcourent. Je reviens maintenant à mon arbre, et je considère ses racines, son tronc, ses branches et ses feuilles. De même que la tige de tout à l'heure transmettait la musique et la livrait enfin à l'air, bien loin de son point de départ, de même le tronc transmet la matière et le mouvement, les chocs, les pulsations et les autres actions vitales,

---

(1)   The journeying atoms, primordial wholes,
Firmly draw, firmly drive by their animate poles.

qui se manifestent enfin par le feuillage de l'arbre. Je parcourais, il y a quelque temps, la serre d'un de mes amis. Il y avait là des fougères de Ceylan, dont les branches sont quelquefois aussi minces qu'une épingle ordinaire — dures, lisses et cylindriques — souvent dépourvues de feuilles sur une longueur de plus de 30 centimètres. Mais à son extrémité chacune de ces tiges déployait la beauté exubérante qu'elle tenait cachée, et s'épanouissait en une véritable brassée de feuillage. Nous sommes ici à un étage plus élevé du merveilleux : nous sentons qu'une musique plus subtile que celle du piano passe sans être entendue à travers ces tiges si grêles, et éclate enfin en ce que M. Martineau appellerait la magnificence du feuillage. Mon étonnement sera-t-il diminué si je sais que chaque bouquet et chaque feuille, avec leur forme et leur tissu, se trouvent, comme la musique dans la baguette, dans la structure moléculaire de ces tiges en apparence insignifiantes? Non, vraiment. M. Martineau s'afflige de ce que la beauté de la fleur est réduite à n'être qu'une loi nécessaire. Peu m'importe qu'elle me vienne par la liberté ou la nécessité; elle me cause le même plaisir. Je vois ce qu'il voit lui-même, avec le merveilleux de plus. Pour moi comme pour lui, plus encore que pour lui, Salomon lui-même dans toute sa gloire n'était pas vêtu comme une de ces fleurs.

J'ai admis tout à l'heure que l'hypothèse de l'âme épargnerait à M. Martineau l'inconséquence d'attribuer à la matière pure la merveilleuse faculté de construction qui se manifeste dans les cristaux et les plantes. Mais cela ne résulte pas nécessairement de cette hypothèse, car il resterait à prouver que cette âme n'est pas elle-même matérielle. Lorsque j'étais enfant, j'ai appris avec le docteur Watts que les âmes des animaux conscients ne sont que de la matière. Et celui qui voudrait rattacher à la matière l'âme humaine elle-même se trouverait en compagnie fort orthodoxe. « Tout ce qui est créé, dit Fauste, célèbre évêque français du xv siècle, est matière. L'âme occupe un lieu; elle est enfermée dans un corps; elle quitte le corps à la mort, et y revient à la résurrection, comme dans le cas de Lazare. La distinction entre l'enfer et le ciel, entre les peines et les plaisirs éternels, prouve que, même après la mort, les âmes occupent un lieu et sont matérielles. Dieu seul est immatériel. » Tertullien aussi était tout à fait matérialiste dans ses idées sur l'âme. « La matérialité de l'âme, dit-il, est prouvée par les Évangiles. Une âme humaine y est expressément représentée comme souffrant dans l'enfer ; elle est au milieu des flammes, sa langue éprouve de cruelles tortures, et elle implore une goutte d'eau des mains d'une âme plus heureuse. Si elle était *immatérielle*, ajoute Tertullien, *tout cela n'aurait aucun sens.* » Que serait-il arrivé à cet éminent Père de l'Église au milieu des lions rugissants de Belfast? La presse aurait-elle pu le défendre contre la colère de la chaire comme elle m'a protégé moi-même (1) ?

J'ai parlé de la nature inorganique — de la mer, du soleil, de la vapeur et du flocon de neige, et de la nature organique représentée par la fougère et le chêne. Le même soleil qui échauffe l'eau et qui met la vapeur en liberté, exerce une influence plus subtile sur la nourriture de l'arbre. Il s'empare de la matière impropre à la nutrition, sépare les parties nutritives de celles qui ne le sont pas, donne les premières au végétal et emporte les autres. Planté dans la terre, baigné dans l'air, réchauffé par le soleil, l'arbre est parcouru par la sève ; les cellules se forment, la fibre ligneuse s'allonge, et tout l'ensemble forme un tissu qui paraît merveilleux même à l'œil nu, mais qui l'est mille fois plus encore au microscope. La conscience intervient-elle en aucune façon dans toutes ces actions? Nous n'en savons rien. Notre seule raison de croire que non, est l'absence des manifestations extérieures qui marquent ordinairement pour nous l'existence de la sensation consciente. Mais ces manifestations elles-mêmes ne manquent pas d'une façon absolue. Dans les serres de Kew nous pouvons voir une feuille, sous l'influence d'un stimulant convenable, se fermer aussi rapidement que le font les doigts de l'homme; nous pouvons entendre le docteur Hooker parler de la dionée, cette plante étrange, qui attrape des mouches pour les dévorer (1). Il est impossible d'affirmer que les sensations de l'animal ne sont pas représentées dans le monde végétal par une sorte de conscience moins distincte. En tout cas, la ligne de démarcation entre le conscient et l'inconscient n'a jamais encore été tracée, car on passe du végétal à l'animal par des degrés si imperceptibles, qu'il est impossible de dire où l'un finit et où l'autre commence.

Toutes ces recherches ont nécessairement pour limites les bornes de nos propres facultés : nous observons ce que nos sens, armés des secours que nous fournit la science, nous permettent de voir, et rien de plus. Ainsi les preuves de l'existence de la conscience dans le monde végétal peuvent dépendre entièrement de notre capacité de reconnaître et d'apprécier ces preuves. Changez la capacité, et la preuve changera aussi. Ce qui est pour nous une absence totale des manifestations de la conscience, le serait-il aussi pour un être jouissant de nos facultés à un degré infiniment supérieur? Pour un être ainsi doué, il m'est permis de supposer que non-seulement le monde végétal, mais encore le monde minéral répondrait à des stimulants convenables, et que ces réponses différeraient en intensité seulement des manifestations exagérées qui par leur grossièreté frappent nos facultés imparfaites.

Mais nous devons fonder nos conclusions sur les facultés que nous possédons, et non sur celles que nous pouvons imaginer. Que nous révèlent ces facultés? De même que la terre et l'atmosphère servent d'aliments au monde végétal, de même celui-ci, qui ne contient aucun élément qui ne soit dans le monde inorganique, sert à nourrir le monde animal. Uni à certaines substances inorganiques, comme par exemple l'eau, le végétal est, en résumé, le seul aliment de l'animal. Les animaux peuvent se diviser en deux classes : la première comprend ceux qui peuvent utiliser immédiatement le monde végétal, parce qu'ils disposent de forces chimiques assez énergiques pour triompher de ses parties les plus réfractaires;

---

(1) Ces extraits, que M. Alglave a dernièrement opposés à l'évêque d'Orléans, sont empruntés à la sixième leçon du Cours d'histoire moderne de M. Guizot, l'homme d'État si éminemment orthodoxe. « Je pourrais, ajoute M. Guizot, multiplier à l'infini ces citations, qui prouvent qu'aux premiers siècles de notre ère la matérialité de l'âme était une opinion non-seulement permise, mais dominante. » Le docteur Moriarty, et le synode devant lequel il parlait dernièrement, oublient évidemment leurs propres antécédents. Leur descendance tant vantée de l'Église primitive les fait provenir directement d'un « matérialisme » plus « brutal » que celui que j'aie jamais exprimé.

(1) Voyez la conférence de M. Hooker sur les *Plantes carnivores* au Congrès de l'*Association britannique* à Belfast. (*Revue scientifique* du 21 novembre 1874, tome VII, 2ᵉ série, page 481.)

la seconde se compose de ceux qui utilisent le monde végétal d'une manière médiate, c'est-à-dire après que ses parties les plus délicates ont été extraites et emmagasinées par les animaux de la première classe. Mais ni l'une ni l'autre de ces deux classes ne nous présentent un seul atome de création nouvelle. Le règne animal est pour ainsi dire une distillation de la nature inorganique par l'intermédiaire du règne végétal.

Envisagés ainsi, les trois règnes constituent une unité dans laquelle je me représente la vie comme répandue partout. Et je ne tiens pas à exclure l'idée que la vie dont je parle ici peut n'être qu'une part et une fonction inférieures d'une vie plus élevée, de même que le sang vivant et doué de mouvement est subordonné à l'homme vivant. Je ne repousse point une pareille idée tant qu'on ne veut pas me l'imposer dogmatiquement. Laissée à la libre action de l'esprit humain, cette idée ne manque pas de vitalité; présentée avec la roideur d'un dogme, elle perd sa force intérieure, qui est remplacée par la tyrannie d'une hiérarchie usurpatrice.

Quoi qu'il en soit, le problème peut être énoncé d'une manière définitive. Nous avons des raisons très-fortes de croire que la terre a été autrefois une masse en fusion. Nous la trouvons maintenant non-seulement enveloppée d'une atmosphère et en partie recouverte d'eau, mais encore remplie d'êtres vivants. Comment y sont-ils venus? Telle est la question. Il se peut que la certitude sur ce point soit aussi impossible à atteindre que l'évêque Butler la croyait impossible en matière de religion; mais même lorsqu'il s'agit de probabilités, un esprit réfléchi se sent forcé de prendre un parti. La conclusion de la science, qui reconnaît un lien non interrompu entre le passé et le présent, serait assurément que la terre en fusion contenait en elle-même des éléments de vie qui se sont groupés sous leurs formes actuelles à mesure que le globe s'est refroidi. La répugnance avec laquelle cette conclusion est accueillie provient seulement de ce que la théorie théologique avait auparavant pris possession de l'esprit humain. Si cette dernière théorie ne s'appuyait que sur le raisonnement, elle ne résisterait pas même une heure à sa rivale. Mais elle tient sa vie et sa force de nos émotions, des espérances et des craintes qui s'y rattachent, et non-seulement de ces motifs plus ou moins méprisables, mais aussi de cette hauteur de pensée et de sentiment qui élève celui qui en est animé au-dessus des considérations égoïstes, et que la théorie religieuse, sous sa forme la plus digne, a produite pendant des siècles dans les esprits supérieurs.

S'il ne s'agissait pas de l'origine de l'homme, nous admettrions sans hésiter que la vie animale et la vie végétale proviennent de ce que nous appelons la nature inorganique. L'intelligence pure n'indique pas d'autre solution. Mais cette pureté est troublée par nos intérêts dans cette vie, et par nos craintes et nos espérances pour la vie future. La raison est combattue par les émotions, et dans les têtes faibles la colère va jusqu'à suggérer comme un acte agréable à Dieu et utile à l'homme l'exécution sommaire de tous ceux qui osent examiner la question par eux-mêmes. Mais cet aveuglement est plus que neutralisé par la sympathie des gens sages; et, en Angleterre du moins, tant que l'on observera la courtoisie qui convient à des adversaires sérieux, un honnête homme est toujours sûr de rencontrer cette sympathie. Personne ici ne doit craindre de dire tout ce qu'il a le droit de dire. Cependant nous devons nous rappeler que nous n'avons pas

seulement à combattre des jésuites cherchant à asservir les intelligences par l'éducation. Nos ennemis sont, jusqu'à un certain point, les membres de nos propres familles, parmi lesquels se trouvent non-seulement des ignorants et des gens passionnés, mais aussi une minorité d'esprits élevés et cultivés, amis de la liberté, et qui trouvent encore que leur religion n'a rien perdu de sa vitalité, malgré tous les coups que lui a portés la logique. Mais, quoique ces considérations doivent exercer une certaine influence sur la *forme* de notre argumentation, et l'empêcher de quitter le ton de la courtoisie pour prendre celui du mépris ou de l'insulte, le *fond* doit, je crois, être conservé et présenté avec toute sa force.

En 1855, la chaire de philosophie à l'université de Munich se trouvait remplie par un prêtre catholique réunissant à un haut degré la science, le courage et le sens critique, qui soutint l'effort du combat longtemps avant Döllinger. Ses collègues les jésuites, il le savait, enseignaient que chaque âme humaine est envoyée par Dieu dans le monde par un acte créateur distinct et surnaturel. Dans un ouvrage intitulé : *l'Origine de l'âme humaine*, le professeur Frohschammer, dont nous venons de parler, fut assez hardi pour combattre cette doctrine, et pour affirmer que l'homme, corps et âme, procède de ses parents, et que par conséquent l'acte créateur est seulement médiat et secondaire. Les jésuites ont l'œil ouvert sur les audaces de ce genre, et leur organe, la *Civilta cattolica*, assaillit immédiatement Frohschammer. Son livre fut marqué comme dangereux, mis à l'index et condamné par l'Église (1).

On verra, dans la justification du discours de Belfast, avec quelle simplicité et quel charme le grand jésuite Perrone fait jouer le Tout-Puissant avec le soleil et les planètes, commandant à l'un de s'arrêter et à l'autre de marcher, selon qu'il lui plaît. Pour la *Vorstellung* de Perrone, Dieu est évidemment un être gigantesque qui tient les cordons de l'univers et en dirige la marche. Et cette manière de présenter la divinité n'a certes rien de vague et d'indéfini. D'après cette théorie, la puissance que Gœthe n'ose nommer, et que Gassendi et Clerk Maxwell nous présentent comme un fabricant d'atomes, produit chaque année, pour l'Angleterre et la principauté de Galles seules, un quart de million d'âmes nouvelles. Si l'on rapproche ce fait du mot de M. Carlyle, qui prétend que cette augmentation annuelle de notre population se compose surtout de sots, il semble que cette manière d'envisager les œuvres divines ne paraît devoir être que médiocrement avantageuse au cœur humain.

Mais si nous rejetons la théorie des jésuites, que devons-nous accepter? Les physiologistes disent que tout être humain provient d'un œuf qui n'a pas plus d'un cinquième de millimètre de diamètre. Cet œuf est-il matériel? Je crois qu'il l'est tout autant que la semence d'une fougère ou d'un chêne. Neuf mois suffisent pour transformer cet œuf en homme. Les additions qu'il reçoit pendant cette période de

---

(1) Le roi Maximilien II a attiré Liebig à Munich, a aidé Helmholtz dans ses recherches, et a aimé à encourager la science. Mais en laissant par libéralisme les jésuites dominer dans les écoles, il a fait bien plus de tort à la liberté intellectuelle de son pays que le superstitieux Louis Ier n'en avait fait avant lui. Louis, qui se piquait d'être un prince allemand, ne voulut jamais permettre au parti romain de se mêler des affaires politiques de la Bavière.

gestation sont-elles matérielles ? Je le crois fermement. S'il y a dans cet œuf, ou dans l'enfant qui dort dans le sein maternel, autre chose que de la matière, qu'est-ce que cette chose ? Nous pouvons répéter ici les questions que nous avons posées à propos de la neige. M. Martineau se plaindra que je dépoétise l'enfant ; mais a-t-il vraiment raison ? Je le représente croissant dans le sein de sa mère, tenu par quelque chose qui n'est pas lui, et apparaissant lorsque le moment est venu, prodige vivant, avec tous ses organes si compliqués. Considérez le travail qui s'est accompli pendant ces neuf mois pour former seulement l'œil, avec son cristallin, ses humeurs, et la merveilleuse rétine qui en tapisse le fond. Considérez l'oreille avec son tympan, son limaçon et son orgue de Corti — instrument à trois mille cordes, contigu au cerveau, et servant à tamiser, à séparer et à interpréter, avant toute conscience, les vibrations sonores du monde extérieur. Tout ceci a été fait, non-seulement sans le secours de l'homme, mais à son insu ; car le secret de son organisation lui était resté caché depuis sa première apparition, il y a des milliers d'années, jusqu'à nos jours. C'est la matière qui fait tout cela. Comment a-t-elle cette puissance ? C'est là une question sur laquelle je n'ai jamais exprimé d'opinion. Si donc la matière débute comme « une mendiante », c'est, selon moi, parce que les Jacobs de la théologie lui ont pris son droit d'aînesse. M. Martineau n'a pas à craindre de désenchantement. Les théories d'évolution sont loin de donner la clef de ce mystère ; mais, d'un autre côté, l'idée d'un fabricant d'atomes et d'un faiseur d'âmes nous donne lieu de douter que ceux qui l'ont émise aient jamais bien compris la grandeur du problème dont ils proposent une pareille solution.

Il est des hommes, et parmi eux il faut compter quelques-uns des meilleurs dont s'honore l'humanité, dont l'esprit envisage ce mystère sans ressentir la moindre émotion. La lumière intellectuelle leur suffit, et leur vie se passe sans qu'ils éprouvent le désir de donner au mystère une forme ou une expression. D'un autre côté, il est d'autres hommes dont l'esprit s'échauffe en présence de ce problème, et qui, ainsi stimulés, s'élèvent à des hauteurs morales qui n'ont jamais été dépassées. Il faut à ces deux classes d'hommes des climats intellectuels différents ; le mieux est de les leur accorder. Cependant l'histoire de l'humanité prouve que l'expérience de la seconde de ces deux classes représente le besoin le plus général. Le monde veut une religion, quand même il lui faudrait pour cela aller jusqu'à l'asservissement intellectuel du spiritualisme. Ce qu'il faut réellement dans la vie de l'homme, c'est un élément idéal qui l'élève au-dessus de lui-même. Mais cette puissance ne peut s'exercer librement que s'il est débarrassé des entraves du passé et du matérialisme pratique du présent. En ce moment, il risque d'être étranglé par les unes ou engourdi par l'autre. Mais le temps viendra, je l'espère, où la force, la pénétration et l'élévation, que nous ne faisons qu'entrevoir pendant de rares intervalles de lumière et de force, seront données d'une manière permanente et durable à des esprits plus purs et plus puissants que les nôtres — plus purs et plus puissants, en partie à cause de leur connaissance plus profonde de la matière et de l'observation plus fidèle de ses lois.

John Tyndall,
Professeur à l'institution royale de Londres.

(*Fortnightly Review.*)

LA THÉORIE ATOMIQUE (1)

Gerhardt a tenté de réunir, sous une expression commune, la théorie des radicaux symboliques, celle des substitutions et celle des homologues. Il a réduit tous les composés organiques à quatre types fondamentaux : l'hydrogène, l'eau, l'acide chlorhydrique et l'ammoniaque : sortes de moules généraux dans lesquels il s'efforce de faire rentrer toutes les substances et tous les phénomènes chimiques.

Depuis on a remplacé ces types par quatre autres plus rationnels, car ils représentent les rapports les plus généraux de la combinaison chimique. Ce sont l'hydrogène, monoatomique, c'est-à-dire apte à se combiner avec un seul atome des autres éléments ; l'oxygène, diatomique ; l'azote, triatomique ; le carbone, tétratomique. Ces types, envisagés comme exprimant les modules les plus répandus de la combinaison chimique, peuvent offrir quelques commodités de langage. Mais ils ont été présentés à un point de vue plus élevé, et comme l'expression d'une révolution dans la chimie, comparable à celle que Lavoisier a opérée il y a un siècle, et désignée sous le nom ambitieux de *chimie moderne*, fondée sur la théorie atomique. Nous allons exposer ce système dans toute sa rigueur logique, d'après les ouvrages de ses adeptes : Gerhardt, MM. Cannizzaro, Williamson, Wurtz, Kékulé, Hofmann et Franckland, qui comptent parmi les noms les plus illustres de la science contemporaine.

I

1. Que tous les corps soient formés de particules très-petites, indivisibles par les moyens physiques ou chimiques dont nous disposons, et qui constituent autant d'espèces de matières distinctes que nous reconnaissons de corps simples, tous les chimistes sont d'accord sur ce point. La conception de ces particules indivisibles ou atomes paraît être la conséquence nécessaire des lois fondamentales qui président à la combinaison chimique, je veux dire : les lois des proportions définies, des proportions multiples et des équivalents. Mais ce n'est pas cette conception qui caractérise le système ingénieux et contesté, que l'on désigne aujourd'hui sous le nom équivoque de *théorie atomique*. Celle-ci repose tout entière sur une certaine manière d'envisager la constitution des gaz et la formation des corps composés. Nous allons essayer d'en présenter un résumé.

Exposons d'abord la constitution des gaz, telle qu'elle est donnée par l'expérience.

2. On sait que les gaz se combinent dans des rapports simples de volumes et que le volume du produit est dans un rapport simple avec celui des composants : telle est la première loi de Gay-Lussac. Elle conduit à cette conséquence que les poids de tous les gaz, pris sous le même volume, sont proportionnels à leurs équivalents, ou dans un rapport simple avec ceux-ci.

---

(1) Cet article est extrait d'un volume de la *Bibliothèque scientifique internationale*, qui va paraître la semaine prochaine sous ce titre : *La synthèse chimique.*

Mais, s'il en est ainsi, les rapports de volumes suivant lesquels les gaz se combinent doivent demeurer les mêmes, à toute température et à toute pression suffisamment distantes du point de liquéfaction; c'est-à-dire que tous les gaz doivent se dilater ou se contracter d'une même quantité, pour une même variation de température ou de pression. Cette conséquence est confirmée par la loi de Mariotte et par la deuxième loi de Gay-Lussac, établies par les expériences des physiciens.

3. Jusqu'ici nous sommes restés dans le domaine de l'expérience et de ses conséquences les plus immédiates. La théorie atomique moderne prétend aller au delà. Elle suppose avec Avogrado (1) et Ampère (2) que des volumes égaux de tous les gaz, pris dans les mêmes conditions physiques, renferment exactement le même nombre de molécules; attendu que le poids de chacune des molécules doit être proportionnel au poids de l'atome lui-même pour les corps simples; ou à la somme des poids des atomes, pour les corps composés. Cette hypothèse est conforme aux lois de Mariotte et de Gay-Lussac; mais, je le répète, elle n'en est point la conséquence nécessaire.

4. Rien de bien nouveau n'apparaît encore dans ces conceptions, qui transportent à la molécule intégrante les propriétés connues des gaz pris en masse. L'originalité des déductions commence quand il s'agit d'expliquer l'acte de la combinaison chimique.

Unissons deux gaz, et, pour prendre le cas le plus simple, unissons deux gaz qui se combinent à volumes égaux et sans condensation, tels que le chlore et l'hydrogène dans la formation du gaz chlorhydrique. Le chlore et l'hydrogène renfermaient, disons-nous, chacun le même nombre de molécules; le gaz chlorhydrique en renferme aussi un nombre égal à la somme de ses deux composants, puisqu'il en occupe les volumes réunis; c'est-à-dire qu'il renferme le double du nombre des molécules du chlore, pris isolément. Mais chacune des molécules du gaz chlorhydrique est formée de chlore et d'hydrogène. D'où il suit que *chaque molécule de chlore s'est partagée en deux*, dans l'acte de la combinaison; de même pour l'hydrogène. Chacun de ces éléments, dans l'état libre, est donc formé de deux atomes, comme le montre la formule suivante :

$$\overbrace{H\ H} + \overbrace{Cl\ Cl} = \overbrace{H\ Cl} + \overbrace{H\ Cl}$$

La combinaison devient ainsi une simple substitution, la constitution moléculaire du gaz chlorhydrique étant exactement la même que celle du chlore ou de l'hydrogène libres. Le chlore libre, comme le disait Gerhardt, est du chlorure de chlore; l'hydrogène libre est de l'hydrure d'hydrogène. Il en est de même de l'oxygène et de l'azote, comme le prouve la formation du bioxyde d'azote, et il en est de même plus généralement de tous les corps simples gazeux.

Ce n'est pas là une conception isolée. Elle s'applique également aux combinaisons effectuées avec condensation. Soit, par exemple, la formation de l'eau. L'eau résulte de l'union de 2 volumes d'hydrogène avec un volume d'oxygène, pour former 2 volumes de vapeur d'eau. — Chaque volume de gaz aqueux renferme son volume d'hydrogène; par conséquent chaque molécule d'eau renferme une demi-molécule d'oxygène, unie avec une molécule (deux atomes) d'hydrogène; c'est-à-dire que la molécule d'oxygène s'est partagée en deux : il y a eu substitution de deux atomes d'hydrogène vis-à-vis de chacune des demi-molécules ou atomes d'oxygène (1).

$$\overbrace{O\ O} + 2\,\overbrace{H\ H} = \overbrace{(H^2)\ O} + \overbrace{(H^2)\ O}$$

De même, dans la formation de l'ammoniaque, trois atomes ou demi-molécules d'hydrogène se substituent à une demi-molécule, c'est-à-dire à un atome d'azote :

$$\overbrace{Az\ Az} + 3\,\overbrace{H\ H} = \overbrace{(H^3)\ Az} + \overbrace{(H^3)\ Az}$$

Enfin les analogies montrent que dans la formation du gaz des marais, quatre atomes d'hydrogène se substituent à un atome ou demi-molécule de carbone (supposé gazeux) :

$$\overbrace{C\ C} + 4\,\overbrace{H\ H} = + \overbrace{(H^4)\ C} + \overbrace{(H^4)\ C}$$

5. Tel est le système atomique dans toute sa pureté : il repose sur cette hypothèse, que des volumes égaux de tous les gaz simples ou composés contiennent le même nombre de molécules, dont le poids est proportionnel à celui des atomes. Il envisage tous les gaz comme construits de la même manière, au point de vue chimique; car il remplace la notion ancienne de la combinaison par celle de la substitution.

6. Développons davantage cette dernière notion, conformément à l'évolution historique de la science, et nous parviendrons aux quatre types fondamentaux des atomistes modernes. En effet, dans les formules précédentes, nous avons vu un atome d'hydrogène saturer d'abord un atome de chlore, dans l'acide chlorhydrique; puis deux atomes d'hydrogène saturer un seul atome d'oxygène, dans le gaz aqueux; puis trois atomes d'hydrogène saturer un seul atome d'azote, dans le gaz ammoniac; enfin quatre atomes d'hydrogène saturer un seul atome de carbone, dans le gaz des marais. Transposons ces rapports de combinaison, c'est-à-dire supposons que ces rapports préexistent dans les corps simples libres, au lieu de se produire au moment où l'on oppose les éléments pour former les composés. D'après cette nouvelle hypothèse, le corps simple serait construit à l'avance suivant le type du composé qu'il doit engendrer : le chlore devient dès lors un élément monoatomique; l'oxygène, un élément diatomique; l'azote, un élément triatomique; le carbone, un élément tétratomique; ce que nous représentons par les formules suivantes :

$$Cl'; \quad O''; \quad Az'''; \quad C''''.$$

Nous exprimerons ainsi les rapports généraux des combinaisons que chacun de ces éléments peut former avec un autre élément monoatomique; chacun d'eux offrant un certain nombre de points d'attache, de liaisons, de branches,

---

(1) *Journal de Physique*, t. LXXIII, p. 58; 1811.
(2) *Annales de chimie*, t. XC, p. 43; 1814.

(1) Nous employons ici $O = 16$; $C = 12$, conformément aux notations de la théorie atomique.

qui expriment le degré de son atomicité, conformément aux figures suivantes :

$$\mathrm{Cl-} \qquad -\Theta- \qquad {}^{\backslash}\!\mathrm{Az}^{\diagup} \qquad -\overset{|}{\underset{|}{\mathrm{C}}}-$$

7. Si dans les combinaisons dérivées d'un élément polyatomique, un autre élément de même caractère vient à intervenir, il donnera naissance à un système plus compliqué ; chacun des deux éléments polyatomiques pouvant s'associer d'autres atomes, jusqu'à sa limite propre de saturation : l'un d'eux constitue ce que l'on appelle une chaîne latérale par rapport à l'autre. Des édifices moléculaires d'une complication indéfinie peuvent ainsi prendre naissance.

Dans ces édifices on peut séparer par la pensée non-seulement les éléments simples, mais tout groupement partiel d'éléments, assemblé autour d'un corps polyatomique : si ce dernier n'est pas saturé dans le groupement partiel, celui-ci constitue un système incomplet, c'est-à-dire un radical composé.

8. Signalons encore la conséquence suivante, très-importante et conforme à une remarque déjà ancienne de Laurent sur le nombre pair d'équivalents de l'hydrogène et des corps analogues en chimie organique : la somme des atomicités dans tout corps isolé, simple ou composé, est nécessairement *paire*, d'après l'hypothèse fondamentale du système atomique sur la combinaison chimique. C'est ce que l'on peut vérifier sur les quatre formules typiques, qui ont été présentées plus haut pour exprimer la formation de l'acide chlorhydrique (2 atomicités), de l'eau (4 atomicités), de l'ammoniaque (6 atomicités), et du gaz des marais (8 atomicités).

9. Nous avons exposé jusqu'ici le système atomique et la série des déductions qui découlent de son principe fondamental, dans toute leur rigueur abstraite et avec la netteté des formules logiques. Il reste à chercher jusqu'à quel point ces formules sont conformes aux faits et aux lois essentielles de la chimie : c'est ici que la discordance entre le système et l'expérience a fait naître plusieurs écoles d'interprétation distinctes.

En effet tout le système que nous venons de présenter repose sur la notion de la saturation, c'est-à-dire qu'il n'admet en principe que des combinaisons dans lesquelles toutes les atomicités sont satisfaites. Or la loi des proportions multiples est contraire à cette opinion absolue. L'existence des cinq oxydes de l'azote, des deux chlorures de phosphore, des quatre hydrures de carbone (1), des deux chlorures d'étain tend à établir que le type moléculaire représenté par un même élément n'est pas invariable. Diverses explications, fondées sur des hypothèses nouvelles, ont été proposées pour faire disparaître la difficulté. Elles se rattachent à trois ordres d'interprétations : l'une maintient la notion de l'atomicité absolue ; l'autre invoque les saturations successives d'un même élément, dont l'atomicité est assujettie seulement à demeurer paire ou impaire ; la dernière

---

(1) C'est-à-dire :

L'acétylène	$\mathrm{C\!\!\!/H}$	
L'éthylène	$\mathrm{C\!\!\!/H^2}$	} 2 volumes
Le méthyle	$\mathrm{C\!\!\!/H^3}$	
Le formène	$\mathrm{C\!\!\!/H^4}$	4 volumes.

reconnaît franchement le caractère relatif de l'atomicité des éléments, c'est-à-dire qu'elle abandonne au fond la base théorique du système pour se réduire à une notation conventionnelle.

II

ATOMICITÉ ABSOLUE DES ÉLÉMENTS

Cette notion, développée à l'origine par M. Kékulé et que certains de ses élèves semblent conserver encore aujourd'hui, exclut la loi des proportions multiples, prise dans la forme simple sous laquelle elle a été enseignée jusqu'ici. Les faits qui ont conduit à admettre cette loi peuvent être interprétés autrement, à l'aide des hypothèses suivantes :

1° Les combinaisons qui semblent en proportions multiples ne répondent pas en réalité au même poids moléculaire : celles qui ne sont pas saturées doivent être *doublées* dans leur expression. Par suite la combinaison renfermera deux atomes de l'élément polyatomique, dont les atomicités libres, en nombre nécessairement pair, compléteront réciproquement leur saturation. Cette interprétation est conforme aux densités gazeuses des trois hydrures inférieurs du carbone et à la plupart des faits connus en chimie organique ; mais elle ne s'applique ni aux chlorures du phosphore, ni aux oxydes de l'azote.

2° Entre les deux chlorures de phosphore, un seul est vraiment saturé, c'est le protochlorure ; le perchlorure n'est pas une vraie combinaison atomique, mais un *composé* spécial, dit *moléculaire*, et formé par l'addition du chlore avec le vrai composé atomique. La même interprétation s'applique aux hydrates cristallisés que forment les acides, les bases et les sels, au delà des limites théoriques de la saturation. Elle s'applique même au chlorhydrate d'ammoniaque, AzH^3HCl, et aux autres sels ammoniacaux, dont la formule surpasse la saturation de l'azote triatomique. Entre les composés atomiques et les composés moléculaires, la distinction est clairement indiquée par la théorie : les premiers seuls peuvent être changés en gaz, les autres ne pouvant exister sous cette forme.

Telle est l'hypothèse : mais nous devons dire qu'elle n'est pas conforme à l'expérience, le perchlorure de phosphore, aussi bien que les hydrates acides et les sels ammoniacaux, pouvant exister à l'état de vapeur, d'après les travaux les plus récents. Seulement ces composés complexes, de même que beaucoup de composés réputés atomiques, éprouvent dans l'état gazeux une dissociation partielle et ne subsistent qu'en présence des produits de leur dédoublement.

3° Le doublement des formules et les combinaisons moléculaires ne suffisent pas encore pour tout expliquer : le bioxyde d'azote par exemple et l'acide hypoazotique, le premier surtout, demeurent en dehors, parce que leur densité gazeuse est seulement la moitié de la densité prévue par la théorie de l'azote triatomique. De là cette nouvelle supposition : qu'un corps gazeux peut se *détendre*, c'est-à-dire occuper un volume double de celui qui répondrait à sa vraie constitution atomique. C'est là évidemment la substitution d'un vague énoncé verbal, à la place d'un fait incompatible avec la théorie, c'est-à-dire du mysticisme scientifique :

III

SATURATION SUCCESSIVE DES ÉLÉMENTS; ATOMICITÉS PAIRES ET
IMPAIRES

En présence de ces difficultés que rencontre la théorie de l'atomicité absolue, M. Frankland a fait intervenir une conception plus élastique, celle des saturations successives, assujettie seulement à satisfaire à l'hypothèse fondamentale de tous les systèmes atomiques modernes, c'est-à-dire à l'égalité du nombre des molécules dans tous les corps simples ou composés, pris sous le même volume.

La nouvelle conception consiste à admettre que dans tout élément polyatomique deux des atomicités disponibles peuvent *se saturer l'une l'autre* (1) : elles deviennent ainsi *latentes*.

Par suite un élément triatomique peut aussi jouer le rôle monoatomique; un élément tétratomique peut jouer le rôle diatomique, etc.; les atomicités latentes étant nécessairement en nombre pair, l'atomicité active d'un élément donné sera toujours paire ou toujours impaire pour le même élément. Les symboles suivants traduisent ces énoncés :

Azote ⟩Az⟨   –Az–   –Az⟩

Pentatomique.   Triatomique.   Monoatomique.

Cette saturation intérieure des affinités d'un atome n'a-t-elle pas quelque chose d'étrange, surtout si l'on substitue une telle conception à celle de la loi des proportions multiples ?

Cependant, d'après cette hypothèse, la loi des proportions multiples conserve dans la plupart des cas sa signification : mais en même temps la théorie atomique perd une partie de son originalité; car elle cesse d'assigner la limite et le nombre des combinaisons possibles. Elle ne se distingue plus en réalité de la théorie ancienne des équivalents que sur un seul point : le caractère pair ou impair de l'atomicité d'un même élément. Ce caractère, pour n'être pas purement verbal, implique que la somme des atomicités soit paire dans tous les corps gazeux, réduits à la même unité de volume moléculaire. — Or c'est ce qui n'est point vérifié par l'étude du bioxyde d'azote, dont la formule moléculaire, AzO, est triatomique. Le mercure et le cadmium gazeux, qui renfermeraient un seul atome, et surtout l'ozone, qui renferme trois atomes d'oxygène, sous l'unité des volumes moléculaires, sont également incompatibles avec la théorie; à moins de recourir à l'hypothèse contradictoire des gaz *détendus*.

IV

ATOMICITÉS RELATIVES

M. Wurtz a cherché à écarter toutes les difficultés, en admettant que chaque élément ne possède pas d'atomicités ab-

(1) Frankland, *Lectures Notes*, p. 21; 1866.

solues, mais seulement une atomicité relative et qui dépend de l'autre élément auquel il est associé dans la combinaison.

L'azote, par exemple, dans cette manière de voir, devrait jouer tour à tour le rôle monoatomique (protoxyde), triatomique (acide azoteux) et pentatomique (acide azotique anhydre); mais aussi le rôle diatomique (bioxyde d'azote) et tétratomique (gaz hypoazotique) : multiplicité de relation qui tend à rendre illusoire toute la théorie atomique, en la réduisant aux phénomènes des proportions définies. En effet, si un même élément peut avoir des atomicités latentes, qui se satisfont successivement; si ces atomicités peuvent être tour à tour paires et impaires, en prenant toutes les valeurs possibles; enfin si un même corps simple ou composé peut se *détendre* sous la forme gazeuse, de façon à ce que ses molécules demeurent formées tantôt d'un atome (mercure, cadmium); tantôt de deux atomes; tantôt de trois atomes (ozone, bioxyde d'azote); tantôt de quatre atomes (phosphore, arsenic); tantôt de cinq atomes (gaz hypoazotique au dessus de 100 degrés); il ne semble plus permis de conserver l'hypothèse fondamentale d'Avogrado et d'Ampère, c'est-à-dire la conception nouvelle de la combinaison chimique.

V

Nous avons exposé dans toute leur rigueur logique les principes sur lesquels repose le système atomique; nous n'avons pas à rappeler ici comment, à défaut des densités gazeuses des métaux, et parfois en contradiction avec elles, on a employé les chaleurs spécifiques sous la forme solide pour déterminer les poids atomiques absolus; détermination dont le principe même est contestable (1). En effet, c'est seulement sous la forme gazeuse que la thermodynamique moderne attribue aux chaleurs spécifiques un rôle capital, en tant qu'expression des forces vives des molécules; mais dans l'état solide, les relations du poids atomique avec la chaleur spécifique n'ont rien de nécessaire, et elles conduisent en fait à des poids atomiques contradictoires avec ceux qui résultent de la densité gazeuse, pour le mercure et le cadmium, par exemple.

On voit par ces développements que la théorie atomique nouvelle n'est pas en conformité rigoureuse avec les poids des gaz simples ou composés pris sous le même volume, tels qu'ils résultent de l'expérience. Or le système est fondé tout entier sur ces trois hypothèses : identité du nombre de molécules des gaz dans un même volume; constitution biatomique de chacune des molécules des gaz simples; enfin formation de toutes les combinaisons chimiques par substitution d'élément dans les molécules biatomiques. Si elles ne sont pas vérifiées (et les faits exposés semblent les contredire), il ne reste plus qu'un roman ingénieux et subtil, et de nouvelles conventions de langage.

(1) Voyez *Annales de chimie et de physique*, 5ᵉ série, t. IV, p. 19.

VI

Arrêtons-nous à ce dernier point de vue, qui n'est pas sans importance, bien qu'il ne justifie pas les prétentions affichées par les atomistes modernes. Il ne s'agit plus d'une théorie destinée à changer le fond des idées en chimie, ni des radicaux composés, ni des éléments envisagés comme doués d'une atomicité propre et antérieure à toute combinaison ; mais il convient de débattre les avantages pratiques entre la notation des équivalents, fondée principalement sur les relations de poids entre les corps qui se déplacent réciproquement, et la notation des poids atomiques, fondée principalement sur l'identité des volumes gazeux des corps qui jouent le même rôle en chimie.

A mon avis, ces deux notations offrent l'une et l'autre leurs avantages et leurs inconvénients. Disons d'abord qu'en chimie organique, pour exprimer les transformations, il est utile de rapporter en général les formules des corps à des poids qui occupent le même volume gazeux : tous les chimistes sont d'accord sur ce point. L'équivalent du carbone, 6, peut aussi être doublé et identifié avec son poids atomique, 12 ; ce qui simplifie toutes les formules. Pour l'oxygène et le soufre, il y a certainement quelque avantage en chimie organique à en doubler aussi l'équivalent. Mais ces avantages semblent compensés en chimie minérale, parce que la notation nouvelle détruit le parallélisme des réactions entre les chlorures, les sulfures et les oxydes, et complique dès lors l'exposé de la science.

Quant aux métaux, l'adoption des nouveaux poids atomiques, outre qu'elle est contraire à l'étude des densités gazeuses, a pour effet de compliquer extrêmement l'étude des sels et l'exposé général de leurs actions. Pour les cas les plus simples, tels que la réaction d'un azotate sur un chlorure, la notation atomique est forcée d'employer quatre formules distinctes, là où la notation équivalente n'en emploie qu'une seule (1).

La notation équivalente emploie encore une formule unique et pareille à la précédente, pour exprimer la réaction d'un sulfure sur un azotate ; tandis que la notation atomique est forcée de recourir à quatre formules, distinctes entre elles et distinctes des précédentes (2).

---

(1) C'est ce que montre le tableau suivant :

ÉQUIVALENTS :

$$AzO^6M + NaCl = AzO^6M' + MCl.$$

POIDS ATOMIQUES :

$$\begin{cases} AzO^3Ag + NaCl = AzO^3Na + AgCl \\ 2AzO^3Ag + BaCl^2 = Az^2O^6Ba + 2AgCl \\ Az^2O^6Pb + 2NaCl = 2AzO^3Na + PbCl^2 \\ Az^2O^6Pb + BaCl^2 = Az^2O^6Ba + BbCl^2 \end{cases}$$

(2) En voici le tableau :

ÉQUIVALENTS :

$$AzO^6M + M'S = AzO^6M' + MS.$$

POIDS ATOMIQUES :

$$\begin{cases} 2AzO^3Ag + Na^2S = 2AzO^3Na + Ag^2S \\ Az^2O^6Pb + Na^2S = 2AzO^3Na + PbS \\ 2AzO^3Ag + BaS = Az^2O^6Ba + Ag^2S \\ Az^2O^6Pb + BaS = Az^2O^6Ba + PbS \end{cases}$$

La notation atomique emploie donc huit types de formules, là où la notation équivalente n'en emploie qu'un seul.

En résumé ces deux notations, je le répète, offrent toutes deux des avantages et des inconvénients ; mais gardons-nous de cette illusion que les progrès de la science soient dus à l'emploi exclusif de l'une d'elles. Trop souvent les chimistes, même les plus habiles, sont portés à attribuer à la vertu du langage qu'ils emploient des découvertes dues en réalité à la force de leurs propres conceptions. C'est ce qu'il est facile d'établir en rappelant les travaux modernes sur l'isomérie, dont les résultats sont exactement les mêmes et les déductions subordonnées aux mêmes hypothèses, dans la notation atomique ou dans la notation équivalente. L'étude des combinaisons polyatomique a été l'une des principales causes des grands développements de la chimie contemporaine. Or les faits et les lois de cette théorie ont été découverts indépendamment du système atomique, qui en a tiré au contraire et après coup ses principales déductions. Pour faire concevoir qu'il en est ainsi, il suffit de rappeler que l'étude des types polyatomiques, envisagés dans les composés, peut être développée par des algorithmes rigoureux (1), sans faire aucune hypothèse sur la structure moléculaire des corps simples eux-mêmes. Ces types se constituent en réalité dans l'acte de la combinaison ; car il n'y a point d'attraction chimique, c'est-à-dire d'affinité, si l'on n'oppose deux molécules de nature différente. Une fois constitués, on modifie les types par la substitution équivalente de corps réellement existants, sans qu'il soit jamais nécessaire de recourir à des radicaux fictifs, ou d'attribuer une constitution spéciale et absolue à chaque élément isolé.

En effet, le principal reproche que l'on puisse adresser à la théorie atomique, comme à toutes les conceptions analogues, c'est qu'elles conduisent à opérer sur les rapports numériques des éléments (2) et non sur les corps eux-mêmes, en rapportant toutes les réactions à une unité-type, nécessairement imaginaire. Bref, elles enlèvent aux phénomènes tout caractère réel, et substituent à leur exposition véritable une suite de considérations symboliques, auxquelles l'esprit se complaît, parce qu'il s'y exerce avec plus de facilité que sur les réalités proprement dites. Les prétentions et les effets de semblables théories ne sont point sans analogie avec ces machines syllogistiques, inventées au moyen âge, dans le but de ramener toutes les questions et tous les problèmes à un certain nombre de catégories logiques, déterminées d'avance : d'où résultait d'une manière nécessaire leur solution rationnelle.

Les symboles de la chimie présentent à cet égard d'étranges séductions, par la facilité algébrique de leurs combinaisons et par les tendances de l'esprit humain, naturellement porté à substituer à la conception directe des choses, toujours en partie indéterminée, la vue plus simple et plus complète en apparence, de leurs signes représentatifs. Ce serait méconnaître étrangement la philosophie des sciences naturelles et expérimentales que d'attribuer à de semblables mécanismes une portée fondamentale. En effet, dans l'étude des sciences, tout réside dans la découverte des faits généraux et dans celle des lois qui les rattachent les uns aux autres. Peu im-

---

(1) Voyez la *Synthèse chimique*, pp. 187 et 188.
(2) Gerhardt, *Traité de chimie organique*, t. IV, p. 586 ; 1856.

porte le langage par lequel on les exprime et qui fait si souvent illusion, même aux auteurs des découvertes. Le langage est une affaire d'exposition, plutôt que d'invention véritable : les signes n'ont de valeur que par les faits dont ils sont l'image. Or les conséquences logiques d'une idée ne changent point, quelle que soit la langue dans laquelle on la traduit. Aussi est-il plus facile qu'on ne le croit communément de construire après coup et à l'aide de procédés de ce genre une théorie prétendue rationnelle, propre à grouper sous des signes nouveaux tout un ensemble de faits, dont le lien général avait été déjà reconnu et précisé par des expériences antérieures. Mais cette construction ne constitue par elle-même aucune découverte, pas plus que la traduction d'un chef-d'œuvre littéraire n'équivaut à son invention. Quoi que l'on en ait dit, les discussions que l'on pourrait établir à cet égard ne touchent point aux doctrines fondamentales de la science. On a trop souvent désigné dans notre science sous le nom de systèmes nouveaux, de théories nouvelles, des variations individuelles et parfois peu importantes dans les symboles atomiques ou équivalents, que l'on destinait à représenter les mêmes faits, les mêmes analogies, les mêmes généralisations exprimées jusque-là sous des formes de langage à peine différentes et acceptées de tout le monde. Or, il faut bien le dire, ces variations continuelles dans les signes sont plus nuisibles qu'utiles aux véritables progrès de la chimie organique. Elles dénaturent les liens qui rattachent ses conceptions aux lois plus générales de la chimie minérale ; elles obscurcissent continuellement la filiation régulière des idées et l'enchaînement progressif des découvertes ; enfin elles tendent à enlever à la chimie son véritable caractère.

M. Berthelot,
de l'Institut,
professeur au Collège de France.

FACULTÉ DES SCIENCES DE PARIS

DOCTORAT

M. H. GEORGE

Les damans

MONOGRAPHIE ANATOMIQUE ET ZOOLOGIQUE DES MAMMIFÈRES
DU GENRE DAMAN

« Sur les côtes de l'Afrique et dans la partie contiguë de l'Asie, en Syrie et dans la presqu'île Arabique, au mont Liban, au Sinaï, dans les montagnes rocailleuses, arides et nues, on voit, à certains endroits, se chauffer au soleil, sur un bloc de rocher, des mammifères de la taille du lapin... Ces animaux à poil mou et fin, parsemé de soies plus longues, à pattes courtes, dépourvus de queue (car la queue est réduite à un moignon caché sous les poils), ce sont les damans. »

Malgré l'étude qu'ont faite de ces animaux plusieurs naturalistes, et quelques-uns des plus illustres, l'anatomie, les mœurs, le rang dans la classification des damans, laissaient encore assez à connaître pour que M. George ait pu en tirer les matériaux d'une thèse qu'il a soutenue le 28 mai 1875 devant la Faculté des sciences de Paris.

Le daman, cité au xviii° siècle par Kolbe, par Alpin, Schaw et Bruce, fut étudié pour la première fois par Pallas et décrit sous le nom de *Cavia capensis*. Le nom de daman lui fut donné par Buffon ; Hermann, professeur de zoologie à Strasbourg, lui donna en 1783 le nom latin d'*Hyrax* et le laissa parmi les rongeurs. Cuvier, d'après l'étude du squelette, classa cet animal parmi les pachydermes ; de Blainville achéva l'étude ostéologique, enfin, en 1869 le docteur Brandt, de Saint-Pétersbourg, publia une monographie complète du genre *Hyrax*. Malgré ces travaux, dont nous n'avons cité que les principaux, il y avait encore désaccord sur la place zoologique de ces animaux. Le travail de M. George se divise en trois parties : 1° révision des études anatomiques déjà faites et recherches originales sur quelques points laissés de côté par ses devanciers ; 2° partie zoologique (mœurs, chasse, utilité, etc.); 3° affinités du genre *Hyrax* et discussion des genres et des espèces admis dans la famille des Hyzaciens.

Dans la partie anatomique, le point principal du travail est la description du système nerveux central que personne n'avait étudié jusqu'à présent. Parmi les caractères les plus importants, sont le grand développement du lobe moyen du cervelet et le petit développement des lobes latéraux, la dimension des *testes* supérieure à celles des *nates*, la division en cinq lobes de la face inférieure de la glande pinéale, la forme triangulaire du *tuber cinereum* enclavé dans l'éminence mamillaire. Quant aux circonvolutions cérébrales, elles sont beaucoup plus compliquées que celles des rongeurs, dont le daman se sépare absolument ; elles le sont moins que celles des pachydermes et ont une direction différente ; à ce point de vue, c'est des carnassiers, et spécialement du renard que se rapproche le daman, bien qu'il s'en éloigne beaucoup par ses autres caractères.

La disposition des extrémités est curieuse : il y a quatre doigts devant et trois derrière. Les doigts de devant sont réunis par la peau jusqu'aux ongles, qui sont noirs, aplatis, usés carrément, débordés un peu par l'extrémité du doigt et rappellent par leur forme l'ongle de l'homme. Il y a un rudiment de pouce qui n'existe plus au pied de derrière ; à ce pied, ce sont les trois doigts du milieu qui persistent. Les deux doigts externes ressemblent à ceux de devant, tandis que le doigt interne, tout à fait détaché, pouvant se mouvoir d'une façon indépendante, est armé d'un ongle oblique et crochu, muni d'un double tranchant ; la phalange qui porte cet ongle est bifurquée et ses deux pointes sont au-dessus l'une de l'autre. La face inférieure des pieds de devant et de derrière ne porte pas de poils ; d'après M. Schweinfürth, les coussinets de la paume des mains et de la plante des pieds peuvent faire le vide en s'écartant, et cette disposition amènerait chez le daman cette aptitude singulière qu'on remarque en lui de grimper sur les rochers les plus abrupts et le long de parois lisses et verticales.

Les damans sont des animaux doux et sociables, vivant en troupes de dix à quinze individus ; ils s'apprivoisent aisément et deviennent alors omnivores. En liberté, ils mangent des herbes, de jeunes pousses, des plantes aromatiques et paissent à la façon des ruminants, ce que permet la disposition du condyle de la mâchoire inférieure ; leur gloutonnerie est très-grande ; ils ne boivent pas. Ces caractères sont surtout ceux des espèces qui habitent les rochers (*Hyrax capensis*, *syriacus*, *habessinicus*); d'autres espèces (*Hyrax sylvestris*, *arboreus*, *dorsalis*) vivent dans les arbres, ne sont que peu ou point sociables et ne sortent guère que la nuit. Un certain nombre d'observations sur les mœurs de cet animal en captivité ont été publiées ; les plus importantes sont celles du comte Mellin (1782). Les usages du daman sont très-restreints ; en Arabie et au mont Liban, on le mange, mais en Abyssinie, des préjugés religieux font que les habitants s'abstiennent de sa chair. Le daman du Cap est la source d'un produit que l'on a employé pendant quelque temps en pharmacie, comme succédané du castoréum ; cette substance, nommée hyracéum, n'est pas, comme on l'avait cru, le produit de glandes particulières, mais tout simplement un mélange d'urines et d'excréments desséchés.

La troisième partie du travail de M. George a trait à la place zoologique du daman. Cet animal, placé d'abord parmi les rongeurs par Pallas, Linné, Buffon, etc., fut mis par Cuvier parmi les pachydermes, entre l'hippopotame et le rhinocéros; la dentition du daman ressemble en effet extrêmement à celle de ce dernier animal. La place réelle du daman doit surtout se déterminer par les caractères embryologiques, d'après lesquels M. Milne Edwards a pu revoir la classification des vertébrés, et entre autres résultats importants séparer les batraciens des reptiles.

Dans les mammifères monodelphes, c'est l'allantoïde qui entre en jeu pour déterminer les connexions de l'embryon et de l'utérus au moyen du placenta ; les bimanes, les quadrumanes, les cheiroptères, les insectivores et les rongeurs ont un placenta *discoïde*; les carnivores et les amphibies ont un placenta *zonaire ;* les pachydermes et les ruminants, un placenta *diffus ;* enfin les lémuriens ont, d'après les recherches de M. Alphonse Edwards un placenta *en cloche ;* les deux premiers groupes et le quatrième ont une membrane caduque; elle manque dans les pachydernes et les ruminants. C'est ce qui arrive aussi dans le daman, mais le placenta n'est pas un placenta diffus ; il est zonaire comme chez les carnassiers.

On est donc conduit ainsi à faire des hyraciens un groupe à part; c'est l'opinion de M. Milne Edwards, qu'ont adoptée de Blainville, Huxley, Carus. M. Brandt cependant fait du daman un pachyderme à forme de rongeur.

Les hyraciens ont, en effet, des affinités avec les rongeurs et les pachydermes, mais en même temps s'éloignent de ces deux groupes par d'autres caractères : le daman se rapproche des rongeurs par l'aspect général, la fourrure, un commencement de division de la lèvre supérieure, la disposition bilobée de l'estomac et d'autres caractères internes; il s'en éloigne pour se rapprocher des pachydermes quand on considère la dentition, la forme du condyle, le nombre des vertèbres caudales, etc. En même temps, la forme du cerveau et celle du placenta le rapprochent des carnassiers; l'existence d'un double cæcum et la phalange bifide de l'orteil interne le rapprochent des édentés.

Le travail de M. George se termine par la discussion des genres et des espèces établies parmi les hyraciens; la classification la plus complète est celle du docteur Gray (1868), qui admet trois genres : hyrax, avec six espèces, euhyrax (une espèce) et dendrohyrax (trois espèces); depuis, d'autres espèces ont été décrites; quelques-unes au contraire sembleraient n'être fondées que sur des caractères transitoires de pelage.

La thèse que nous venons d'analyser rapidement contient, comme on le voit, un assez grand nombre de faits nouveaux ; de plus il présente la description complète d'un groupe d'animaux très-intéressant par ses caractères spéciaux, et, sans avoir de prétentions à une haute originalité, c'est là un document qui pourra toujours être consulté avec fruit.

REVUE AGRICOLE

Le Phylloxera vastatrix et les moyens de le combattre

Il y a bientôt huit ans que les premiers ravages causés par le *Phylloxera vastatrix* dans les vignobles du midi de la France ont appelé l'attention de tous ceux qui s'intéressent à la production agricole. Depuis 1868, chaque année a signalé les nouvelles étapes du fléau, et nulle puissance n'est encore parvenue à l'arrêter. On a beaucoup discuté, beaucoup écrit,

et le phylloxera, se riant de toutes les discussions, a poursuivi sa marche envahissante; il a surmonté des obstacles qu'on avait prédits infranchissables, et si les nouveaux efforts tentés chaque jour ne sont pas plus heureux que les premiers, on peut presque prévoir la date à peu près certaine à laquelle il aura pris possession de tous les vignobles, pour faire disparaître en peu d'années l'une des plus importantes branches de la production nationale.

Dirigées d'abord un peu au hasard, les études sur le phylloxera ont été depuis quelques années centralisées entre les mains d'une commission spéciale instituée près le ministère de l'agriculture et du commerce et présidée par M. Dumas. L'Académie des sciences a délégué plusieurs savants chargés d'étudier les mœurs de l'insecte dévastateur et la marche de la maladie. La *Revue scientifique* a déjà analysé (n° du 9 mai 1874) les premiers rapports de deux des délégués de l'Académie, M. Duclaux et M. Max. Cornu, ainsi que les remarquables études de M. Balbiani sur le phylloxera du chêne (n° du 6 juin 1874). Il n'y a donc pas à y revenir ici; notre but doit être d'étudier les travaux entrepris dans le courant de l'année 1874, et depuis le commencement de 1875.

Pour bien montrer l'importance de la question, il importe de déterminer d'abord l'étendue du mal. Au début de la maladie, deux départements seuls, ceux de Vaucluse et des Bouches-du-Rhône, étaient atteints par le phylloxera : aujourd'hui dix-huit départements sont plus ou moins profondément attaqués. Ils se partagent en deux régions : celle du sud-est et celle de la Gironde et des Charentes.

Dans le sud-est, les départements des Bouches-du-Rhône, de Vaucluse, de l'Ardèche et du Gard sont atteints dans toute leur étendue. A l'est de la région, le département du Var est atteint également, à l'exception d'une partie de l'arrondissement de Draguignan, et les Basses-Alpes ont plusieurs points d'attaque dans l'arrondissement de Forcalquier, ainsi qu'à Noyers et à Peyruis ; le département des Alpes-Maritimes est attaqué à Cagnes. A l'ouest de la région, le département de l'Hérault est attaqué dans les arrondissements de Montpellier et de Lodève, et le fléau paraît gagner Béziers; mais depuis les Bouches-du-Rhône jusqu'à Montpellier, une partie de la zone maritime est exempte. En remontant vers le nord, une partie du département de la Drôme est attaquée jusqu'au delà de Valence; dans l'Isère, il y a également de nombreux points d'attaque, notamment à Saint-Marcelin, Beauvoir et Saint-Jean-de-Bournay. En 1874, le point le plus septentrional où le phylloxera avait été constaté était le département du Rhône, où les communes de Soucieux, Brignais-l'Arbresle, Chiroubles, Villié-Morgon et Vauxrenard étaient atteintes, et le département de la Loire où le phylloxera était constaté à Sucy-le-Comtal. Au printemps de 1875, on trouvait des points d'attaque dans le Puy-de-Dôme, à Mézel, et dans le département de Saône-et-Loire, à Mancey, canton de Sennecey, à 7 kilomètres de Tournus, et à 50 kilomètres au nord de ses avant-postes antérieurement connus de Vauxrenard et Villié-Morgon.

Dans la Gironde, le phylloxera, après s'être montré d'abord aux environs de Bordeaux, a rapidement atteint l'arrondissement de Libourne et dévasté la plus grande partie des vignobles de l'Entre-deux-Mers : depuis le printemps de 1875, sa présence a été constatée sur plusieurs points du Médoc. Dans les Charentes, le mal a fait de rapides progrès. Les arrondissements de Jonzac et de Saintes, dans la Charente-Inférieure, ceux de Cognac, de Barbezieux et d'Angoulême, dans la Charente, sont plus ou moins infestés. C'est ainsi que l'arrondissement de Cognac est atteint partout, sauf dans le canton de Châteauneuf, que celui de Jonzac est plus partiellement attaqué et que les points phylloxérés sont moins nombreux encore dans celui de Barbezieux; mais, pendant toute cette année, de nouvelles taches ont été presque chaque jour constatées, et le nombre des communes envahies est devenu beaucoup plus considérable qu'on ne s'y attendait. Enfin, un département qui jusqu'ici était resté indemne, paraît à son tour attaqué ; c'est celui de la Dordogne, où des vignes ont été atteintes à la fois aux environs de Périgueux, dans les cantons de Mareuil et de Vergt et dans une partie du Sarladais.

La France n'est pas, en Europe, le seul pays où les vignes soient atteintes par le phylloxera. La présence du terrible insecte, constatée dès 1863 dans les *vineries* d'Angleterre, a été tour à tour signalée depuis deux ans en Portugal, en Autriche, en Sicile, en Suisse et même en Allemagne, dans les vignobles des bords du Rhin. L'île de Corse, que sa position au milieu de la Méditerranée paraissait devoir préserver, a été atteinte par l'importation de vignes phylloxérées apportées du département du Gard.

Il n'est donc pas étonnant qu'en présence d'une situation aussi grave, l'Assemblée nationale ait, dans sa séance du 22 juillet 1874, portée de 20 000 à 300 000 francs la valeur du prix proposé en faveur de l'inventeur « d'un moyen efficace et économiquement praticable, dans la généralité des terrains, pour détruire le phylloxera ou en arrêter les ravages ». Le Conseil général de l'Hérault, la Société d'agriculture de ce département, et plusieurs autres associations agricoles ont également promis des sommes importantes pour le même objet.

Les études sur le phylloxera peuvent être divisées en deux classes : les recherches scientifiques sur la genèse et les mœurs de l'insecte, et les recherches que nous appellerons pratiques, qui ont pour objet de découvrir soit des moyens de destruction radicale, soit une méthode pour faire vivre la vigne avec et malgré le phylloxera.

Les recherches scientifiques sur le phylloxera ont été particulièrement poursuivies avec succès par M. Max. Cornu et par M. Balbiani. En 1874, ce dernier savant s'est principalement occupé d'approfondir la question de la reproduction du phylloxera. On sait que cet insecte passe l'hiver, engourdi sur les racines des vignes, qu'au printemps il se réveille, et qu'à partir de ce moment jusqu'à la fin de l'été les pontes et les éclosions d'œufs se poursuivent sans interruption. — Le phylloxera, comme l'ont montré les deux observateurs nommés plus haut, est, d'après les expressions de M. Balbiani, un exemple frappant de reproduction par parthénogénèse ou sans le concours du mâle ; non-seulement toute la population est femelle, mais chaque individu, chaque œuf même, dès l'instant qu'il est évacué, est fatalement fécond. Il n'est pas rare d'observer chez les femelles vivant sur les nodosités des radicelles des pontes de dix à treize œufs en un seul jour. L'éclosion des œufs demande sept à huit jours, elle peut même se faire en quatre ou cinq jours, lorsque la température s'élève à 25 ou 30 degrés. Les jeunes phylloxeras atteignent sur les renflements des radicelles, en moins d'une semaine, la grosseur qui indique leur aptitude à la reproduction.

Les dernières observations de M. Balbiani ont porté sur la formation et la migration des phylloxeras ailés ; voici les résultats qu'il a constatés. Vers le mois de juillet, sous la latitude de Montpellier, un certain nombre de jeunes individus, d'abord tout semblables aux autres, prennent, en grossissant, une forme plus allongée ; en même temps qu'ils s'atténuent à leur partie postérieure, par l'élongation des derniers articles de l'abdomen, des rudiments de fourreaux d'ailes apparaissent sur les parties latérales du corps. Le phylloxera a passé à l'état de nymphe. Au bout d'un temps variable et à la suite d'une dernière mue, la nymphe se transforme elle-même en insecte ailé et parfait. Le phylloxera ailé paraît à la surface du sol, et une nouvelle existence commence pour lui. L'étude du phylloxera ailé n'est pas facile, et aucun observateur n'a encore pu déterminer, d'une manière précise, le lieu de la ponte ni les phénomènes consécutifs à cette ponte. C'est que la migration, à laquelle

l'insecte est poussé par son instinct, est un obstacle insurmontable pour ces observations ; pour éclairer ces points, il faudra qu'un jour le hasard permette à un observateur d'assister à l'arrivée d'un essaim de phylloxeras ailés sur une vigne non encore atteinte.

Quoi qu'il en soit, il est parfaitement démontré aujourd'hui que, en dehors de la propagation par approche, c'est sous la forme de nymphe et non sous celle d'insecte aptère ou ailé que le phylloxera abandonne les racines pour sortir du sol et se métamorphoser à sa surface. Personne n'a encore vu l'insecte ailé sur des racines venant d'être enlevées aux vignobles, ou dans de la terre ne conservant pas de racines. Dans les vases de verre où il conservait des racines phylloxérées sous une couche de terre, M. Balbiani a vu les nymphes venir à la surface, ou remonter même plus ou moins haut sur la paroi du verre pour s'y transformer. La nymphe est d'ailleurs suffisamment organisée pour se guider dans l'intérieur du sol et venir à la lumière.

Que devient le phylloxera ailé ? A cette question il est encore impossible de répondre d'une manière directe ; mais ce que l'expérience a démontré, aux dépens des vignobles, c'est qu'il va au loin fonder de nouvelles colonies. Au mois d'août 1874, la question parut pendant quelques jours résolue. M. Lichtenstein, un des entomologistes qui ont étudié le phylloxera avec le plus de succès dès les premiers temps de son apparition, constata tout d'un coup que les chênes kermès (*Quercus coccifera*) qui abondent aux environs de Montpellier, étaient couverts de phylloxeras ailés pondant des œufs d'où sortaient des insectes sexués donnant naissance à de nouvelles générations de phylloxeras aptères. Mais M. Balbiani constata que ce phylloxera n'était pas le phylloxera de la vigne, mais une nouvelle espèce du même genre, à laquelle il donna le nom de *Phylloxera Lichtensteinii*. Cette découverte n'en était pas moins féconde par les déductions qu'elle permit de tirer relativement au phylloxera ailé de la vigne ; il est probable, en effet, que sa manière d'être est tout à fait analogue à celle d'une espèce aussi voisine. Il paraissait donc probable que le phylloxera ailé de la vigne dépose ses œufs sur les sarments et les feuilles de la vigne, comme le phylloxera du chêne kermès les dépose sur les branches de cet arbuste. Cette présomption fut d'ailleurs confirmée par les observations directes de M. Balbiani. Ayant mis des phylloxeras ailés par centaines dans des tubes de verre en leur donnant pour nourriture quelques jeunes feuilles de vigne, il en obtint des œufs, et seulement dans ce cas spécial. La plupart enfouissaient ces œufs dans l'épais duvet qui recouvre la surface de feuilles ; d'autres s'introduisaient, pour pondre, dans la cavité des petites feuilles encore repliées sur elles-mêmes. M. Balbiani ne les a vus pondre que très-exceptionnellement sur le verre du tube, et jamais sur les fragments de tiges ou de racines, ni sur les corps étrangers, introduits dans les tubes.

La question vient d'être définitivement résolue au mois de septembre 1875 par M. Boiteau, de Villebourge (Gironde). Il ressort, en effet, d'une communication faite le 4 octobre par M. Balbiani à l'Académie des sciences, que M. Boiteau a vu, le premier, le phylloxera ailé pondant à la face inférieure des feuilles de la vigne, et particulièrement dans l'angle des nervures, ainsi que sous les couches corticales des branches et du pied du cep. Ces observations ont été confirmées par MM. Max. Cornu et Balbiani, qui ont constaté *de visu* l'analogie absolue du phylloxera de la vigne et de celui du chêne dans les phases de leur existence. Les œufs produits par le phylloxera ailé donnent naissance à des insectes sexués qui se livrent immédiatement à la reproduction. La femelle fécondée descend, pour pondre, vers la partie inférieure du cep, et dépose toujours son œuf unique sur le bois. C'est l'œuf d'hiver, destiné à produire des colonies nouvelles de phylloxeras aptères des racines. Telle est, du moins, la supposition de M. Balbiani, supposition d'autant plus fondée que les faits se passent ainsi pour le phylloxera du chêne. Dans ce cas, les viticulteurs pourraient, pendant l'hiver, par un décorticage aussi complet que possible des souches, suivi d'un badigeonnage avec un insecticide d'une action éprouvée, détruire la plus grande partie de ces œufs.

Jusqu'où peut s'étendre la migration d'un essaim de phylloxeras ailés. C'est une question qui n'est pas encore résolue. Jusqu'ici on avait admis que le mal ne progressait pas au delà de 30 kilomètres annuellement; mais en 1875, on a tout d'un coup trouvé des phylloxeras à 50 kilomètres du point d'attaque le plus rapproché; c'est ce qui s'est passé, comme on l'a vu plus haut, pour le département de Saône-et-Loire. Le vent joue ici un rôle prépondérant; la théorie l'indique et l'expérience le confirme; dans le département du Var, par exemple, on a constaté que la progression du mal était beaucoup plus rapide dans la direction des vents dominants que dans les autres directions.

De l'analyse succincte qui vient d'être faite sur les travaux relatifs au phylloxera, on peut dire que la vie entière de l'insecte nous est aujourd'hui connue. On a suivi le *Phylloxera vastatrix* dans toutes ses transformations, et si la viticulture ne parvient pas à s'en débarrasser, ce ne sera pas la faute de la science entomologique. Il est toutefois un point qui n'est pas encore éclairé, mais il est de moindre importance : c'est de savoir dans quelles proportions le phylloxera peut s'établir à demeure sur les feuilles des vignes françaises et y faire de nombreuses générations, comme sur les feuilles des vignes américaines. MM. Max. Cornu et Laliman ont fait, à ce sujet, des recherches intéressantes. M. Max. Cornu a constaté, au printemps dernier, des galles phylloxériques sur les feuilles de plusieurs vignes européennes, sur le territoire de Cognac; mais ces galles étaient intérieurement noires et dépourvues d'œufs.

L'étude des perturbations apportées dans la constitution de la vigne par le phylloxera a été poursuivie par M. Boutin. Les recherches chimiques qu'il a faites sur les changements produits dans la proportion des principes immédiats qui servent de nourriture à la plante l'ont amené aux résultats suivants :

1° Les racines saines de la vigne contiennent du sucre de canne sans glucose, tandis que les vignes phylloxérées contiennent du glucose sans sucre de canne. Il y a là un indice certain d'une altération profonde dans la nature des sucs nourriciers de la plante ;

2° Les racines saines contiennent trois fois plus d'albumine que les racines phylloxérées, ce qui indique aussi une altération profonde des liquides fournis au cep ;

3° La diminution de l'acide oxalique et de l'acide pectique réduits au quart dans les racines phylloxérées, et celle de l'amidon réduit à moitié, complètent la démonstration.

Les modifications intimes que l'action du phylloxera fait éprouver à la vigne ne tardent pas à se manifester au dehors. Les caractères extérieurs d'une vigne phylloxérée sont aujourd'hui faciles à constater.

La première année de l'invasion on ne peut que difficilement s'en apercevoir, même au moment des vendanges; toutefois les souches atteintes jaunissent et perdent leurs pampres avant les autres. Mais dès la seconde année, dans les meilleurs sols, les vignes attaquées poussent des sarments plus courts, le bourgeon terminal paraît flétri, les symptômes s'aggravent quand on avance dans la saison, et le raisin n'arrive pas toujours à maturité. A la troisième année, beaucoup de souches ont péri et celles qui résistent encore présentent le plus triste aspect.

Quant au système radiculaire, « si l'on arrache dès l'apparition des premiers symptômes un cep avec toutes ses racines, en déterrant celles-ci avec soin jusqu'à 1ᵐ,50 de profondeur, on trouve sur les radicelles du chevelu des renflements ou nodosités caractéristiques qui ne permettent pas de confondre la maladie nouvelle avec la pourriture ou autres lésions qui se rencontrent dans les vignobles. Ces renflements, de forme ovoïde, très-ténus, puisqu'ils se rencontrent sur les plus minces radicelles, sont de consistance assez ferme, de couleur verdâtre, jaunâtre ou plus foncée. Le phylloxera est souvent visible à l'état aptère sur leur surface. Il ne s'y trouve plus dès qu'à la suite du progrès du mal les nodosités entrent en décomposition, pourrissent en devenant noires et finissent par se rider et se dessécher. Dans ce cas, il faut chercher le phylloxera dans les paquets de radicelles qui se développent au sein des mottes de fumier, enterrées auprès des souches ; où en verra dans les crevasses des grosses racines, à leurs points de bifurcation, en ayant la précaution d'enlever les rebords de l'écorce sous lesquels a pu vivre l'insecte (1) ».

Le premier rapport de M. Duclaux (2) a parfaitement décrit la manière dont le phylloxera se comporte dans les diverses natures de sol; il a montré quelles sont les terres qui lui sont contraires. Aucune nouvelle étude n'étant venue, à notre connaissance, en infirmer les conclusions, nous n'avons pas à y revenir ici. Nous aborderons donc immédiatement la seconde série des travaux dont le phylloxera est l'objet : les recherches pratiques sur les moyens de destruction. Le nombre presque infini (la Commission supérieure du phylloxera en accusait plus de six cents au mois de décembre 1874) des méthodes proposées pour défendre les vignes contre le phylloxera, peut être divisé en cinq catégories :

1° L'arrachage des vignes dans les points récemment attaqués ;

2° La submersion des vignes atteintes

3° L'emploi des insecticides ;

4° L'adoption dans les vignobles de cépages américains ;

5° L'emploi de méthodes spéciales de culture.

Nous allons successivement passer en revue chacune de ces catégories.

L'idée d'arracher les vignes dans les points récemment attaqués est née d'une assimilation entre la maladie contagieuse connue sous le nom de *peste bovine* et le phylloxera. Elle séduisit d'abord la Commission du phylloxera nommée par l'Académie des sciences, et au mois de juin 1874 cette Commission faisait voter par l'Académie les conclusions d'un rapport demandant l'établissement d'une loi qui ordonnerait : l'obligation pour les propriétaires de faire la déclaration de l'apparition du phylloxera dans leurs vignes ; la nomination d'experts pour constater l'existence du mal et apprécier les ravages qu'il aurait pu causer ; la destruction des vignes infectées, lorsque cette destruction serait jugée nécessaire pour empêcher la propagation du mal, et dans ce cas l'estimation par les experts du revenu des vignes et l'allocation au propriétaire, à titre d'indemnité, de la somme à laquelle ce revenu aurait été estimé pour l'année courante ; l'application de la mesure de la destruction des vignes aux localités isolées, dans lesquelles la présence du phylloxera aurait été constatée, et sur les départements actuellement envahis en grande surface, sur les avancées dénonçant la progression du phylloxera en dehors des régions qu'il occupe actuellement; la désinfection du sol, sur sa circonférence et dans toute son étendue, par des *procédés chimiques appropriés*, et la destruction par le feu des bois, sarments, racines, feuilles des vignes arrachées, au centre même de la place où l'arrachage aurait eu lieu ; enfin l'interdiction, de la manière la plus absolue, de l'exportation hors des territoires infectés, de tout ce qui pourrait servir de véhicule à l'agent de la contagion.

---

(1) Instructions du ministre de l'agriculture en date du 5 juillet 1874.

(2) Voyez la *Revue scientifique* du 9 mai 1874.

Les objections ne manquèrent pas et s'élevèrent de toute part contre ce projet. Aussi un arrêté pris par un préfet dans cet ordre d'idées resta-t-il lettre morte. Le système proposé fut néanmoins mis en pratique en Suisse, à Prégny, dans le canton de Genève. Quatre points d'attaque y furent constatés à l'automne de 1874, trois dans des vignes en plein champ et un dans les serres de M. de Rothschild. Le conseil d'État du canton ordonna l'arrachage des vignes et la désinfection. Les opérations furent faites en hiver, c'est-à-dire au moment le plus favorable. Les trois vignes, ayant ensemble une surface de quarante ares furent arrachées et le sol fut désinfecté à l'aide de la chaux d'épuration du gaz à très-fortes doses et aussi fraîche que possible. Les treilles de l'une des serres furent arrachées ; les autres furent traitées par l'inondation, le sulfocarbonate de potassium et l'ensablement. Malgré le soin avec lequel ces opérations ont été conduites, on doit à la vérité de dire qu'elles ont échoué ou au moins qu'elles ont été inutiles. Au printemps, trois hectares de vignes étaient atteints par le phylloxera à Prégny, et le conseil d'État de Genève votait une somme de 40 000 francs pour les frais d'arrachage et les indemnités à distribuer.

Le procédé de la submersion des vignes a été plus heureux. Mis en pratique par M. Faucon sur son vignoble du Mas de Fabre, près Tarascon (Bouches-du-Rhône), il l'a complétement sauvé du désastre certain qui a détruit tous les vignobles voisins. Les chiffres publiés par M. Faucon suffisent pour le prouver. La commune de Graveson, dans laquelle se trouve sa vigne, fut atteinte en 1868. La récolte du Mas de Fabre qui avait été de 925 hectolitres en 1867, descendit à 40 hectolitres en 1868 et à 35 en 1869. Mais à partir de 1870, première année de la submersion hivernale, la vendange alla en augmentant ; elle était de 120 hectolitres en 1870, et en 1871 de 450 hectolitres. Enfin, en 1872, lorsque M. Faucon combina la submersion avec l'emploi d'engrais, il récolta 849 hectolitres, et en 1873, 736, et il estimait que les gelées printanières lui ont enlevé, cette année-là, au moins 300 hectolitres. En 1874, la récolte a été de 1175 hectolitres, et enfin en 1875, d'après une note qu'il vient de communiquer au *Journal de l'Agriculture*, elle atteint 2340 hectolitres. Ces chiffres pourraient se passer de commentaires ; nous ajouterons toutefois que M. Faucon a trouvé des imitateurs et que la plupart de ceux qui ont suivi son exemple ont réussi ; sur douze propriétaires qui ont submergé ainsi leurs vignes, on ne cite guère que deux insuccès. Malheureusement la plupart des vignobles ne sont pas submersibles. Toutefois la confiance est tellement acquise à la valeur du procédé, que beaucoup de propriétaires, d'après les observations de M. Barral, n'hésitent pas aujourd'hui à planter des vignes sur les terrains submersibles, en plein centre d'invasion phylloxérique.

Le procédé de la submersion consiste à inonder les vignes de suite après les vendanges et avant tout commencement de taille, assez complétement pour que la terre soit couverte partout. Une couche d'eau de quelques centimètres d'épaisseur serait suffisante, d'après M. Faucon, si l'on avait à opérer sur un terrain parfaitement nivelé, et il faut éviter autant que possible qu'elle dépasse la couronne des souches. Cette submersion doit être complète, non interrompue, et durer pendant une période de trente jours en automne, et de quarante-cinq jours si l'on ne peut la pratiquer qu'en hiver. La quantité d'eau nécessaire varie nécessairement suivant la pente, la nature du sol et celle du sous-sol. La submersion pratiquée une seule fois suffirait pour détruire les phylloxeras existants dans la vigne et leurs œufs ; mais comme il y a chaque année à craindre de nouvelles invasions venues des vignobles voisins, il est important de répéter l'opération.

Les travaux qui permettront de rendre submersibles une quantité considérable de vignobles, doivent donc être encouragés. En première ligne, il faut placer le canal d'irrigation du Rhône, de Condrieu à Béziers, proposé par M. Aristide Dumont, ingénieur en chef des ponts et chaussées, et qui permettrait d'arroser 40 000 hectares pouvant être plantés en vigne. Ce projet, soumis à l'Assemblée nationale, paraît devoir être accueilli favorablement, ainsi qu'une autre proposition de loi tendant à l'extension des irrigations, principalement dans les départements atteints par le phylloxera.

Un autre procédé qui se rapproche beaucoup de la submersion, par les effets qu'il produit sur le puceron de la vigne, est celui de l'ensablement, combiné avec l'emploi des engrais. M. Espitalier, viticulteur en Camargue, a réussi à faire vivre ainsi depuis 1868 un vignoble de 82 hectares attaqués, dès cette époque, par le phylloxera. Mais il en est de l'ensablement comme de la submersion : son emploi est forcément restreint à un petit nombre de vignobles.

Les insecticides proposés pour détruire le phylloxera, sont à peu près innombrables : il serait oiseux d'en faire l'énumération complète. Tout ce que l'on peut dire, c'est qu'aucun n'a encore prouvé son action pratique ; ce n'est pas à dire qu'on n'ait pas trouvé de substances capables de tuer l'insecte sans nuire à la vigne, mais on ne connaît pas encore de procédé économique et pratiquement applicable dans la généralité des circonstances pour employer l'insecticide d'une manière efficace. Le champ d'expériences de la Commission expérimentale de l'Hérault, où tous les procédés proposés ont été essayés, en est aujourd'hui la triste preuve. L'aspect des carrés d'expérience y est moins bonne en 1875 qu'en 1874.

Néanmoins quelques substances ont produit de meilleurs effets que les autres. Ce sont, d'après le rapport de la Commission, par ordre : 1° mélange de fumier de ferme, de cendre, de chlorhydrate d'ammoniaque et d'eau ; 2° mélange de fumier de ferme, de cendres de bois et de chaux grasse ; 3° mélange d'urine de vache et d'huile de cade ; 4° urine de vache seule ; 5° tourteaux de ricin ; 6° mélange de sulfure de potassium et d'urine humaine ; 7° mélange d'urine de vache, et de goudron de gaz ; 8° la suie ; 9° mélange de sel de Berre sulfatisé, de tourteaux de colza et sulfate de fer. A côté de ces substances, il faut citer le coaltar ou goudron de houille, qui a été essayé dans plusieurs localités, et dont l'efficacité a été constatée de la manière la plus complète par M. Balbiani.

Il est un dernier agent préconisé par M. Dumas, et qui a vivement appelé l'attention publique durant ces derniers mois. M. Dumas a été amené, dans ses études sur le phylloxera, à construire un petit appareil très-simple qui permet de reconnaître quelles substances volatiles agissent sur le phylloxera et à quelles doses il est nécessaire et suffisant d'en faire emploi ; il peut également donner le moyen d'étudier sur les plantes l'action de ces mêmes substances. A l'aide de cet appareil, M. Dumas reconnut que les sulfo-carbonates alcalins dissous dans l'eau, à la dose de 1/10, de 1/100, de 1/500 et même de 1/1000 peuvent être mis à profit pour détruire tous les insectes nuisibles. Des expériences faites à Cognac, en 1874, permirent de contrôler l'efficacité de l'action du sulfocarbonate de potassium contre le phylloxera, et démontrèrent même que c'était l'agent le plus énergique proposé jusqu'ici. La solution scientifique était donc dès lors réellement trouvée. En est-il de même de la solution pratique ? Les essais ont continué cette année sur une vaste échelle dans la Gironde et les Charentes, dans l'Hérault, et enfin dans les départements de Saône-et-Loire et du Rhône. Les résultats constatés jusqu'ici paraissent assez contradictoires ; ici on affirme le succès complet, là on accuse quelques déceptions. Il serait donc prématuré de se prononcer d'une manière définitive. Il est cependant un point sur lequel la lumière paraît faite ; c'est que l'emploi du sulfocarbonate exige aujourd'hui une main d'œuvre telle qu'il est inabordable dans la plupart des circonstances. D'après le rapport adressé à la dernière session du Conseil général de

Saône-et-Loire, les frais d'application du sulfocarbonate au point d'attaque de M. Mancey, sous la direction de M. Rommie, délégué de l'Académie des sciences, ont été de 3500 à 4000 francs par hectare. On comprend qu'il est peu de vignobles qui puissent supporter une dépense semblable.

La plupart des procédés proposés consistent à distribuer l'insecticide aux ceps dans une solution versée soit à la surface du sol, soit dans une cuvette creusée autour des souches. M. Rohart a imaginé un appareil à l'aide duquel il insuffle dans le sol les substances délétères à l'état de gaz lourds. Les résultats de cette opération ont donné lieu à de vives discussions; mais il est juste d'ajouter que le propriétaire des vignes traitées affirme de la manière la plus positive son entière satisfaction. — Les sulfures alcalins ont été préconisés avec ardeur, notamment par M. Duponchel et par M. François Coignet, et ce dernier, à cette occasion, a développé des idées nouvelles sur le rôle du soufre dans la vie végétale, qui méritent l'attention.

Il est aujourd'hui généralement admis que le phylloxera a été importé d'Amérique en Europe. Aussi a-t-on conçu, depuis plusieurs années l'espoir de trouver dans les vignes américaines le remède à côté du mal. M. Planchon, correspondant de l'Institut, professeur à la Faculté des sciences de Montpellier, a été chargé, à ce sujet, d'une mission spéciale, aux États-Unis. Les résultats de ses observations peuvent se résumer ainsi : 1° le phylloxera, répandu en Amérique depuis le Canada jusqu'à la Floride en latitude, et depuis l'Atlantique jusqu'aux montagnes Rocheuses, de l'est à l'ouest, n'y prend pas d'habitude le même développement numérique qu'en Europe; 2° les cépages américains résistant au phylloxera sont : les dérivés du type *OEstivalis* (*Herbemont, Cunningham, Jacquez, Norton's Virginia*, etc.); quelques dérivés du type *Cordifolia* (*Clinton*); quelques dérivés du type *Labrusca* (*Concord, Ives seedling*, etc.); 3° la greffe des cépages d'Europe est facile sur les cépages américains autres que ceux du groupe *Rotundifolia*; d'ailleurs les expériences faites en Europe renseigneront mieux à cet égard que les essais tentés en Amérique.

L'expérience a confirmé les appréciations de M. Planchon. Des vignes américaines, des variétés ci-dessus dénommées, importées vers 1862, à Roquemaure (Bouches-du-Rhône) et qui même y importèrent probablement le phylloxera, sont encore aujourd'hui pleines de vigueur dans une commune où toutes les vignes françaises ont été détruites. A Restinclières (Hérault), et à l'École d'agriculture de Montpellier, le résultat est le même. Sur une plus grande échelle encore, MM. Fabre et Bouschet ont planté des vignes américaines dans le département de l'Hérault, le premier à Saint-Clément, et le second à Clermont-l'Hérault ; l'un et l'autre sont aujourd'hui les plus ardents promoteurs de l'emploi des cépages américains. Comme les vins fabriqués avec la plupart des cépages américains laissent beaucoup à désirer au point de vue de la qualité, on conseille d'employer ces cépages comme porte-greffes. Il y a deux méthodes pour obtenir un produit rapide : l'une de se servir de la greffe-provin, comme le fait M. Fabre ; l'autre de greffer un cépage français sur la bouture américaine, ces deux méthodes pouvant encore se subdiviser. L'une et l'autre assurent la conservation des qualités de nos cépages, en les rendant indemnes contre le phylloxera. La question paraîtrait, au premier abord, complétement résolue; mais malheureusement l'expérience n'est pas encore complète, car les premiers essais ne datent que de 1873. Or, comme le disait excellemment M. Gaston Bazille, président de la Société d'agriculture de l'Hérault, il vaudrait mieux voir cinq cents souches américaines, plantées en grande culture, il y a six ou sept ans et restées vigoureuses au milieu d'un foyer phylloxérique bien caractérisé, que 100 000 ceps américains en bon état, après un ou deux ans de plantation. Il faut donc attendre du temps la consécration de la valeur des cépages américains ; mais la question vaut la peine d'être suivie avec le plus grand soin.

Il ne nous reste plus qu'à signaler plusieurs procédés de culture conseillés, après des essais plus ou moins prolongés, pour arrêter les ravages du phylloxera. C'est ainsi que quelques viticulteurs conseillent de laisser sans culture les vignes phylloxérées; que dans le département du Rhône on a obtenu, à Vaux-Renard, de bons résultats avec le déchaussement pendant l'hiver, combiné avec l'emploi d'engrais énergiques; c'est ainsi enfin que M. Bouchardat conseille le provignage pour donner aux vignes la force de résister au phylloxera, particulièrement en Bourgogne et en Champagne.

Telle est la situation. On voit qu'elle est sombre; mais il ne faut pas désespérer. La pyrale et l'oïdium ont fait craindre pendant quelques années l'anéantissement des vignes françaises; aujourd'hui c'est le phylloxera. Espérons qu'il finira par être aussi heureusement vaincu que ces deux autres fléaux.

BULLETIN DES SOCIÉTÉS SAVANTES

Académie des sciences de Paris. — 26 octobre 1875

M. Cl. Bernard : Remarques sur l'emploi des moyennes en physiologie expérimentale. — M. A. Trécul : La théorie carpellaire, d'après des iridées. — M. A. Cazin : Observations magnétiques faites à l'île Saint-Paul. — M. Em. Bescherelle : Les mousses des îles Saint-Paul et d'Amsterdam. — M. Nylander : Lichens des îles Saint-Paul et d'Amsterdam. — MM. B. Delachanal et A. Mermet : Nouveau tube spectro-électrique. — M. V. L'Olivier : Industrie du nitrate de soude dans l'Amérique du Sud. — M. E. Magitot : La nécrose phosphorée. — M. A. Reynoso : Procédés pour la conservation des viandes alimentaires. — M. Perrotin : Découverte de la planète 149. — M. Watson : Découverte de la planète 150.

M. *Cl. Bernard*, à propos du récent travail de M. Viollette, relatif à l'influence de l'effeuillage des betteraves sur la production de la matière sucrée, fait remarquer que ce travail, contrairement aux conclusions de son auteur, ne prouve pas que le sucre soit produit dans les feuilles. M. Viollette a analysé des betteraves effeuillées et des betteraves non effeuillées, et il s'est trouvé que la moyenne des résultats obtenus, quant à la richesse en sucre, a été, chez les betteraves effeuillées, au-dessous de la moyenne fournie par les betteraves non effeuillées. M. Cl. Bernard trouve que la méthode statistique suivie par M. Viollette peut présenter des avantages au point de vue industriel; mais, au point de vue physiologique, cet emploi des moyennes est loin de conduire à des conclusions satisfaisantes. Le résultat obtenu par M. Viollette, c'est-à-dire la diminution de la matière sucrée dans les betteraves effeuillées, en est une preuve. Car si ce résultat est exact pour une certaine quantité de betteraves analysées en bloc, il n'est pas exact pour chaque betterave en particulier : M. Viollette a trouvé, en effet, que parmi les betteraves qui avaient subi l'effeuillage, quelques-unes possédaient une quantité pour cent de sucre supérieure à celle de certaines betteraves non effeuillées. Ce fait ne se présenterait évidemment pas si le sucre se produisait d'abord dans la feuille pour passer ensuite dans la racine. M. Cl. Bernard ajoute : « L'effeuillage introduit dans la plante une condition nouvelle, qui certainement trouble ou modifie la végétation, mais d'une manière si complexe et encore si obscure qu'on ne saurait en déduire aucun argument direct en faveur de la localisation de la formation sucrée dans la feuille. »

— M. *A. Trécul* présente la conclusion de son mémoire sur la théorie carpellaire d'après des iridées. L'auteur a trouvé dans l'organisation de ces plantes une nouvelle preuve en faveur de la doctrine qu'il soutient. Après avoir montré toutes les difficultés soulevées par l'opinion de ses adversaires, toutes les hypothèses plus ou moins fondées auxquelles elle donne lieu, M. Trécul dit : « Tout devient simple, au contraire, si l'on reconnaît que l'ovaire est un organe particulier, ou, si l'on veut, un mérithalle d'une organisation spéciale, ayant sa destination propre. Ce mérithalle produit à sa partie supérieure les autres organes sexuels et leurs organes protecteurs (sépales et pétales), que l'on appellera feuilles, si l'on y tient, mais que j'aimerais mieux regarder comme des formes de la ramification destinées à protéger les organes plus internes. » Pour l'auteur, ce n'est pas la feuille qui se transforme, mais c'est la ramification qui change d'aspect et de structure, suivant les besoins de la plante. Sous la terre, dit-il en terminant, le végétal a ses racines et leurs divisions; dans l'air, la tige engendre des rameaux de divers ordres : les uns continuent cette tige en la multipliant; les autres s'aplatissent pour devenir organes protecteurs ou pour accomplir la respiration; d'autres enfin constituent les organes de la fructification.

— M. *A. Cazin* communique le résultat des observations magnétiques faites à l'île Saint-Paul en novembre et décembre 1874. D'après l'auteur, les roches qui composent le massif volcanique de Saint-Paul sont ferrugineuses. Quelques-unes contiennent 6 pour 100 de fer, d'autres en contiennent jusqu'à 14 pour 100. Ces dernières présentent deux pôles et constituent de véritables aimants. La déclinaison et l'inclinaison, pour la mesure desquelles plusieurs observations ont été faites, sont : la première, d'environ 19 degrés; la seconde, d'environ 68 degrés. L'expérience a démontré l'existence d'un pôle *sud* (*boréal*) dont l'action locale se fait sentir au centre du cratère. M. Cazin fait remarquer que l'existence de ce pôle exclut l'idée d'un aimant vertical dû à l'action de la terre sur les masses ferrugineuses de l'île. « Il faut, dit-il, imaginer une couche magnétique s'étendant, à partir de Saint-Paul, dans la direction du nord avec une faible inclinaison; et comme l'île d'Amsterdam est dans cette direction et a une constitution géologique analogue à celle de Saint-Paul, il est possible que l'on trouve les effets d'un pôle nord local. » L'observation des variations diurnes de la déclinaison a fourni un résultat qui confirme les faits déjà connus, c'est-à-dire l'existence de deux périodes semi-diurnes d'amplitudes inégales, celle du jour étant la plus grande, et l'inversion du sens des variations aux mêmes heures dans les deux hémisphères. Pour les variations diurnes de l'inclinaison, la moyenne du matin s'est montrée supérieure de 4 minutes à celle du soir. Quant à l'*intensité absolue*, elle a été déterminée par la méthode de Gauss. La moyenne de deux observations concordantes a été 5,96 avec les unités de Gauss. Ce nombre, dit M. Cazin, est un peu trop fort à cause des actions magnétiques locales.

— M. *Em. Bescherelle* envoie une note sur les mousses des îles Saint-Paul et d'Amsterdam. Trente espèces ont été rapportées de ces deux îles. Sur ces trente espèces, vingt-deux ne paraissent pas habiter d'autres régions et forment le fond de la végétation muscinale de ces deux massifs volcaniques. Elles offrent cependant une certaine analogie avec celles de l'océan Pacifique. On voit, dit l'auteur, qu'il est assez difficile d'assigner à la flore de Saint-Paul un caractère indépendant, et l'on ne pourra formuler un jugement définitif sur cette végétation que lorsque des investigateurs plus autorisés en fait de bryologie auront pu explorer attentivement ces régions encore peu connues. M. Bescherelle termine en donnant la liste complète des mousses récoltées par M. Georges de l'Isle et par les botanistes qui l'ont précédé, ainsi que la description des espèces qui lui ont paru nouvelles.

— M. *Nylander* envoie une note contenant la liste des lichens recueillis par M. G. de l'Isle aux îles Saint-Paul et d'Amsterdam, et la description des espèces nouvelles. Ces espèces sont au nombre de 15, dont 13 provenant de Saint-Paul.

— MM. *B. Delachanal* et *A. Mermet* présentent à l'Académie un nouveau tube spectro-électrique (fulgurator-modifié). Ce tube, éminemment pratique, réalise, d'après les auteurs, les avantages suivants : 1° Fixité de l'étincelle permettant l'observation prolongée des spectres; 2° Suppression du ménisque et conséquemment des absorptions qu'il produit en cachant en partie l'étincelle; 3° Électrodes enfermées dans un tube spécial, qui préserve l'instrument des projections corrosives; 4° Possibilité de recueillir intégralement la substance examinée; 5° Possibilité de constituer un ensemble de tubes spectroscopiques, renfermant, chacun à demeure, les solutions des divers corps et permettant les démonstrations rapides et les comparaisons. L'énumération de ces avantages est suivie de la description de l'appareil et de la manière de le faire fonctionner.

— M. *V. L'Olivier* fait une communication relative à l'industrie du nitrate de soude, ou *salitre*, dans l'Amérique du Sud. Le commencement de l'exploitation de ce sel date à peu près de 1830. Pendant longtemps, on n'a connu que les gisements de la province de Tarapaca (Pérou); mais, dans ces dernières années, on a découvert en Bolivie, au sud, ceux d'Antofagasta, et, au nord, ceux du bassin du Loa. M. L'Olivier ne peut assigner l'époque à laquelle se sont produits ces immenses dépôts de nitrate; mais il n'hésite pas à en attribuer la formation à l'évaporation de lacs salés. On emploie aujourd'hui, pour l'exploitation, des appareils pouvant produire jusqu'à 100 tonnes de salitre par vingt-quatre heures. Les eaux mères provenant des dernières opérations contiennent une certaine quantité d'iode à l'état d'iodate. Ces eaux mères sont traitées pour en extraire l'iode, et la seule usine de Tarapaca en produit annuellement 1 000 quintaux. Le prix de revient du salitre varie de 90 à 130 francs la tonne et celui de l'iode de 3 fr. 25 à 4 fr. 50 le kilogramme. On comptait, dit l'auteur, l'année dernière, au Pérou, 131 établissements qui, en complète activité, auraient pu produire 780 000 tonnes de salitre par an, mais la production n'a jamais été supérieure à 300 000 tonnes. Sur cette quantité, la France en importait, en 1874, 47 873 tonnes; dans les huit premiers mois de 1875, l'importation a déjà atteint le chiffre de 44 840 tonnes. Afin d'éviter que le salitre ne fasse concurrence au guano, le gouvernement péruvien a établi des droits sur l'exportation de ce sel. Il en résulte une crise que l'industrie du nitrate de soude du Pérou surmontera difficilement.

— M. *E. Magitot* envoie une note sur la pathogénie et la prophylaxie de la nécrose phosphorée. Il résulte des observations de l'auteur que la nécrose des maxillaires, d'origine phosphorée, reconnaît pour cause unique, pour porte d'entrée invariable et exclusive, une certaine variété de carie dentaire, la carie pénétrante.

— M. *A. Reynoso* fait connaître quelques procédés pour la conservation des viandes alimentaires. Ces procédés ont pour principe l'emploi des gaz comprimés (air atmosphérique, oxygène, azote, hydrogène, etc.). L'auteur est parvenu à conserver pendant trois mois et demi de gros morceaux de viande qui, à la fin de l'expérience, étaient frais et pouvaient se prêter à tous les usages culinaires.

— M. *Perrotin* communique le résultat des observations de la planète **149** qu'il a découverte à Toulouse le 21 septembre. Cette planète est de 13° grandeur.

— M. *Watson* a découvert à Ann-Arbor, le 19 octobre, la planète **150**. Cette planète a été observée à Marseille par M. Borrelly; à Düsseldorf, par M. Luther, et à Paris, par MM. Henry.

BIBLIOGRAPHIE SCIENTIFIQUE

Premier mémoire sur la pulvérisation des engrais et sur les meilleurs moyens d'accroître la fertilité des terres, par M. Ménier (Paris, E. Plon et Cie; G. Masson).

Ce mémoire, dont nous allons donner une courte analyse, forme un volume grand in-8° de 204 pages. Il est divisé en huit chapitres et comprend deux parties parfaitement distinctes. La première est relative aux expériences personnelles de l'auteur sur les substances employées comme amendements ou comme engrais. Elle contient en outre une foule de détails servant à établir la valeur du système proposé. Pour être juste, il faut avouer qu'il n'y a dans cette première partie rien d'absolument original. Le véritable but de M. Ménier a été de rappeler une fois de plus aux agriculteurs l'influence que peut avoir sur la fertilité des terres, sur leur rendement plus prompt et plus considérable, la pulvérisation préalable des engrais employés. Il est parti de ce vieux principe bien connu, qu'un corps placé dans un liquide capable de le dissoudre s'y dissout d'autant plus rapidement que ce corps est réduit en fragments plus petits, ou, en d'autres termes, qu'il offre une plus grande surface au contact du dissolvant. Ce principe qui, on le sait, trouve tous les jours son application dans l'industrie, a amené parfois la découverte de faits aussi remarquables qu'inattendus, tels que, par exemple, la solubilité dans l'eau de certaines substances réputées jusque-là insolubles. Ainsi, dès la fin du dernier siècle, en 1775, un physicien, Changeux, dont M. Chevreul rappelait dernièrement les travaux à l'Académie des sciences, annonçait que le verre, insoluble dans l'eau quand il est en masse, y devient « presque aussi soluble que le sel » quand il est réduit en poussière impalpable. Les expériences exécutées par M. Ménier sont venues confirmer, en les augmentant, les connaissances déjà acquises sur ce sujet. Ces expériences ont porté sur des calcaires, des phosphates de chaux, des marnes, des feldspaths et même sur des engrais organiques tels que guanos, tourteaux, etc. L'auteur a pu se convaincre de la solubilité relativement grande dans l'eau de ces substances pulvérisées. L'eau qui a servi à l'expérimentation était légèrement acidulée, soit par l'acide carbonique, soit par un autre acide.

Après avoir donné tous les détails relatifs à ces expériences et avoir fait ressortir au fur et à mesure les avantages qu'elles ont mis en évidence, M. Ménier examine les moyens propres à obtenir une bonne pulvérisation, sans trop de frais. Il propose à cet effet l'emploi de ce qu'il appelle les forces perdues de la nature, l'eau et le vent, dont on est loin de tirer tout le parti possible. Il propose également l'emploi des animaux domestiques lorsqu'ils ne sont pas nécessaires aux travaux des champs. Enfin il arrive à sa conclusion, facile d'ailleurs à tirer de tout ce qui précède. Étant donnée, en effet, cette augmentation de solubilité par la pulvérisation, il devient évident que des engrais répandus en poussière impalpable sur les sols auxquels ils sont nécessaires, se dissoudront très-vite et produiront non moins rapidement sur les récoltes les effets attendus. Si l'on ajoute à cela cet autre fait très-important, constaté aussi par M. Ménier, qu'on peut, après pulvérisation, réduire à la moitié, parfois au quart, les doses des matières fertilisantes, sans diminuer en rien les effets produits, on comprendra avec quelle facilité sera atteint ce but de l'auteur : obtenir dans un minimum de temps, avec un minimum d'efforts et de dépenses, un maximum d'effet utile.

La seconde partie de ce mémoire, qui n'est pas la moins importante, qui peut même rendre, selon nous, de réels services, contient les détails d'un dépouillement que M. Ménier

a été obligé de faire pour les besoins de son travail. Après avoir établi le fait que nous venons de citer, c'est-à-dire que la pulvérisation permet de réduire considérablement les doses des engrais sans rien changer aux effets produits, il a voulu montrer l'importance agricole d'un pareil résultat, et pour cela il a cherché à se rendre compte des dépenses que fait l'agriculture pour se procurer des engrais. Il a donc procédé au dépouillement complet : 1° de l'enquête agricole de 1864-1865 sur le commerce des engrais ; 2° de la grande enquête agricole de 1866-1867 ; 3° de toutes les statistiques publiées en France et à l'étranger. M. Ménier a été ainsi amené à classer les départements français d'après la quantité qu'ils emploient, par hectare cultivé, d'engrais commerciaux, de chaux, de marne et de plâtre. Ce premier résultat est rendu très-frappant par une carte coloriée, sur laquelle on peut voir les parties de la France dont l'agriculture est, sous ce rapport, la plus avancée. Un tableau spécial indique aussi, sous le même rapport, l'ordre dans lequel les diverses nations de l'Europe doivent être placées.

M. Ménier a ensuite consacré un chapitre à l'étude des surfaces qui ont besoin d'engrais. Afin de rendre plus évidents les résultats qu'il a obtenus, il a construit pour les départements français et pour les nations européennes des cartes, sur lesquelles il est facile de lire la richesse agricole de chaque pays. Il a appliqué à ces cartes un système dont les Russes notamment ont l'habitude de faire usage dans divers genres d'études, telles que, par exemple, l'étude de la mortalité dans les diverses contrées de l'Europe, l'étude des religions, etc. Il a représenté les départements de la France par des cercles, dont les rayons sont proportionnels aux racines carrées de leurs surfaces respectives. Il a partagé ensuite chaque cercle en secteurs proportionnels aux surfaces des terres labourables, des vignes et cultures arbustives, des prairies naturelles, des pâtures et friches, des bois et enfin des terres improductives. Ce qu'il a fait pour nos départements, M. Ménier l'a fait aussi pour les nations de l'Europe, de sorte que, grâce à ces cartes nouvelles, on peut être immédiatement fixé sur les rapports de la fortune agricole des différents peuples. Comme nous le disions plus haut, nous croyons que cette méthode présente de grands avantages et qu'elle peut être employée avec utilité dans l'enseignement.

Bulletin des publications nouvelles

La biologie, par le docteur Ch. Létourneau. 1 vol. in-12 de 560 pages, faisant partie de la *Bibliothèque des sciences contemporaines* (Paris, Reinwaldt). Cartonné à l'anglaise.

Travaux du laboratoire de M. Marey. Physiologie expérimentale, année 1875. 1 vol. in-8° cavalier de 400 pages extrait de la *Bibliothèque des hautes études*, avec 160 figures dans le texte (Paris, Georges Masson). Br. : 15 fr.

CHRONIQUE SCIENTIFIQUE

Faculté de médecine de Paris. — La commission chargée de préparer un règlement sur la question de l'assessorat propose à la Faculté de demander que le doyen soit nommé par le ministre sur une liste de deux candidats, dressée par l'assemblée des professeurs qui désignerait ensuite les deux assesseurs. — La commission des cours libres a autorisé sans aucune exception tous les cours libres que des docteurs ont demandé à faire à l'École pratique. Il y en aura vingt et un. Ces cours seront dorénavant réunis sur une affiche blanche spéciale et les affiches particulières seront interdites, afin d'éviter toute occasion de réclame.

Faculté des sciences de Paris. — *Licence* (session du mois de novembre). — Les examens pour les trois licences s'ouvriront le vendredi 12 novembre à sept heures et demie.

Les inscriptions seront reçues du 3 au 8 novembre, au secrétariat de la Faculté des sciences, de dix heures à midi.

Les candidats doivent produire en s'inscrivant : 1° un acte de naissance ; 2° le diplôme de bachelier ès sciences ; 3° les récépissés de quatre inscriptions prises devant une faculté des sciences.

Ils sont tenus en outre de verser en même temps le montant des droits d'examens (102 fr. 25).

— Nous avions annoncé l'établissement à Nantes d'une école libre de droit : depuis, nous avons appris avec plaisir que cette école n'est point, comme nous l'avions cru d'abord, une création du parti catholique militant. Il paraît au contraire qu'elle aurait, sinon pour objet immédiat, au moins pour résultat nécessaire, de faire avorter les tentatives du parti clérical sur l'enseignement supérieur à Nantes. Déjà un conciliabule dévot, présidé par l'évêque de Nantes, a dû prendre son parti de son impuissance et constater douloureusement « qu'il n'y a rien à faire à Nantes ».

Cette école de droit, qui est d'ailleurs subventionnée par la ville, n'a, disons-nous, aucune tendance hostile à l'Université : elle ne cherche pas à lui faire concurrence : son but est, en premier lieu, de préparer aux examens les jeunes gens qui obtiennent l'autorisation de ne pas résider au siège de la Faculté, et, en second lieu, d'enseigner le droit commercial à ceux qui se destinent au commerce. Elle retiendra ainsi à Nantes bon nombre de jeunes gens qui, sans elle, seraient peut-être allés suivre les cours de la Faculté cléricale d'Angers.

Cette école devait se fonder en 1870 à la rentrée : les événements de la guerre mirent obstacle à sa création. Parmi les professeurs d'aujourd'hui se retrouvent plusieurs avocats qui devaient être les fondateurs et qui appartiennent à des opinions politiques très-différentes. Deux jeunes docteurs en droit qui devaient, à ce qu'on dit, figurer parmi les professeurs, se seraient retirés, dociles aux remontrances du parti que l'on sait, lequel ne saurait voir d'un bon œil une création qui ne relève pas de lui.

Du moment où l'école de droit de Nantes n'est point l'œuvre exclusive d'un parti politique, une machine de guerre des cléricaux, nous n'avons plus qu'à applaudir à sa fondation et à faire des vœux pour son succès.

— Nous lisons dans un supplément à la *Semaine religieuse* du diocèse de Cambrai le règlement de la Faculté libre de droit pour l'année scolaire 1875-1876 :

A partir du jeudi 18 novembre, les cours et les conférences de la Faculté auront lieu aux jours et heures ci-après :

1re *année.* — Cours de droit romain : M. Ory (mardi, jeudi, samedi, à dix heures et demie). — Cours de code civil : M. de Vareilles-Sommières, pro-doyen (lundi, mercredi, vendredi, à dix heures et demie).

2e *année.* — Cours de droit romain : M. Arthaud (mardi, jeudi, samedi, à neuf heures). — Cours de code civil : M. Rothe (lundi, mercredi, vendredi, à neuf heures). — Cours de procédure civile : M. Vaulaer, professeur suppléant (mardi, jeudi, samedi, à dix heures et demie). — Cours de droit criminel : M. Selosse (lundi, mercredi, vendredi, à dix heures et demie).

3e *année.* — Cours de code civil : M. Delachenal (mardi, jeudi, samedi, à neuf heures). — Cours de droit commercial : M. Trolley (lundi, mercredi, vendredi, à dix heures et demie. — Cours de droit administratif : M. Groussau (mardi, jeudi, samedi, à dix heures et demie).

Doctorat. — Cours de pandectes : MM. Arthaud et Ory. — Cours de droit des gens : M. Selosse. — Cours de droit civil approfondi : M. de Vareilles-Sommières.

Conférences sur le droit financier, industriel et maritime : MM. Trolley et Groussau.

Il sera fait en première année un cours de droit naturel et en troisième un cours de droit canon.

Le même journal publie également le programme des conférences obligatoires pour la préparation aux examens.

Ce document est signé du *recteur de l'Institut catholique*, E. Hautcœur ; du *pro-doyen de la Faculté*, de Vareilles-Sommières, et du *secrétaire*, De Boninge.

M. de Vareilles-Sommières était, il y a deux ans, agrégé à la Faculté de droit de Douai, d'où il était passé à celle de Poitiers. On avait aussi annoncé l'entrée à l'institut catholique de Lille d'un autre membre catholique de la Faculté de droit de Douai, M. B. Terrat. Son nom ne figure pas sur l'affiche, mais il n'en quitte pas moins la Faculté de droit de Douai pour entrer à la Faculté cléricale de Paris.

Outre ces divers fonctionnaires, l'*Institut catholique* possède un *chancelier*. La *Semaine religieuse* du diocèse de Cambrai a, en effet, annoncé que « Mgr l'évêque de Lydda, auxiliaire du diocèse de Cam- » brai, a bien voulu accepter les importantes fonctions de chancelier, *représentant du souverain pontife, chargé tout spécialement de maintenir l'orthodoxie* ».

— Voici le règlement de la Faculté de droit cléricale de Lille :

I. — Tout étudiant qui se présentera pour prendre une première inscription sera tenu de déposer entre les mains du secrétaire :

1° Son acte de naissance, constatant qu'il est âgé de seize ans accomplis ;

2° S'il est mineur, le consentement de son père ou de son tuteur ;

3° Son diplôme de bachelier ès lettres ou un certificat d'admission à ce grade.

Ceux qui n'aspirent qu'à obtenir un certificat de capacité ne sont pas tenus de produire le diplôme de bachelier ès lettres.

Les étudiants ne peuvent obtenir de nouvelle inscription qu'après avoir justifié de leur assiduité aux cours pendant le trimestre écoulé. Ceux qui viennent des Facultés de l'Etat doivent prendre un certificat constatant les inscriptions déjà prises.

Le prix des inscriptions sera le même que dans les Facultés de l'Etat.

II. — Les cours de la Faculté, obligatoires pour les étudiants, sauf dispense accordée par M. le recteur, pourront aussi être suivis par des auditeurs non inscrits, avec l'agrément du professeur.

III. — Des concours et des examens seront établis pour les élèves de chaque année et donneront lieu à des récompenses, médailles et diplômes d'honneur.

IV. — L'organisation des autres Facultés qui doivent compléter la future université de Lille permettra aux étudiants de jouir dans un avenir prochain du bénéfice du jury mixte. Dès maintenant, les instructions sont valables au même titre que celles qui sont prises dans les Facultés de l'Etat.

Le registre des inscriptions sera ouvert rue Royale, 70, le matin, de neuf heures à midi ; le soir, de deux à six heures, du 2 au 15 novembre, sauf prorogation pour les étudiants reçus bacheliers ès lettres dans la session de novembre.

Pour les autres trimestres, le registre sera ouvert du 2 au 15 janvier, du 1er au 14 avril et du 1er au 15 juillet.

Ce règlement est signé du recteur de l'Institut catholique, E. Hautcœur, du pro-doyen de la Faculté, de Vareilles-Sommières, et du secrétaire agent comptable, de Boninge.

— La Faculté de droit cléricale de Paris possédera au moins deux membres de l'Université, d'abord M. Terrat, de la Faculté de Douai, et ensuite M. Chobert, qui vient de la Faculté de Nancy. Il paraît que le traitement de ces professeurs a été fixé à 12 000 francs. C'est plus du double de ce qu'ils avaient au service de l'Etat.

— Le *Journal officiel* publie le décret et l'arrêté qui suivent :

Le président de la République française,

Sur le rapport du ministre de l'instruction publique, des cultes et des beaux-arts,

Vu les ordonnances du 24 et du 25 mars 1840 ;

Vu le décret du 22 août 1854 ;

Le conseil supérieur de l'instruction publique entendu, décrète,

Art. 1er. — Il est institué 36 places d'agrégés près les Facultés des sciences et 36 près les Facultés des lettres.

Art. 2. — Les places d'agrégés continuent à être données au concours.

Art. 3. — Les concours ont lieu tous les trois ans pour le tiers au plus des places créées par l'article 1er.

Tous les docteurs âgés de vingt-cinq ans sont admis, selon l'ordre de Faculté auquel ils appartiennent, à s'inscrire comme candidats.

Un arrêté ministériel, délibéré en conseil supérieur, déterminera le mode et le nombre des épreuves.

Art. 4. — Les agrégés restent en exercice durant neuf ans.

Ils sont à la disposition du ministre, qui les délègue, suivant les besoins du service, près les différentes facultés des sciences et des lettres.

Ils reçoivent, à raison de cette délégation, un traitement de 2000 francs.

Art. 5. — § 1er. Les agrégés sont membres de la Faculté à laquelle ils sont attachés. Ils prennent rang après les professeurs.

§ 2. En cas d'absence d'un professeur ou de vacance d'une chaire, ils peuvent être chargés du cours.

§ 3. Ils participent aux examens lorsque leur concours est jugé nécessaire.

§ 4. Ils dirigent, sous l'autorité du doyen, les conférences instituées par l'article 5 du décret du 22 août 1854.

§ 5. Ils peuvent être chargés par le ministre de cours annexes, ou autorisés à ouvrir en leur nom, dans le local de la Faculté, des cours spéciaux. Un registre particulier est ouvert pour recevoir les inscriptions à ces cours. Les rétributions auxquelles ils peuvent donner lieu sont encaissées par le secrétaire de la Faculté, lequel en tient compte à l'agrégé qui fait le cours.

§ 6. Les cours spéciaux et les cours annexes sont annoncés à la suite des cours ordinaires de la Faculté.

Art. 6. — Dans les cas prévus par les paragraphes 2, 3 et 5 de l'article précédent, et notamment en ce qui concerne les rétributions à percevoir pour les cours particuliers, la Faculté est nécessairement consultée, et son avis est visé par la décision du ministre.

Art. 7. — Au bout de neuf ans, les agrégés cessent d'être en exercice. Ils deviennent agrégés libres sans traitement.

Art. 8. — Les agrégés libres peuvent, après l'avis de la Faculté, être appelés, par décision ministérielle, à jouir des avantages accordés par les paragraphes 2, 3, 4, 5 et 6 de l'article 5. Sur la demande spéciale et motivée de la Faculté, le traitement de 2000 francs peut leur être conservé.

Art. 9. — Après avis de la Faculté, les docteurs peuvent également être chargés de cours, participer aux examens, diriger les conférences, être chargés de cours annexes ou autorisés à ouvrir, en leur nom, des cours spéciaux dans les locaux de la Faculté, avec mention de ces enseignements à la suite des cours ordinaires, conformément aux paragraphes 2, 3, 4 et 5 de l'article 5.

Art. 10. — Le ministre de l'instruction publique, des cultes et des beaux-arts est chargé de l'exécution du présent décret.

Fait à Paris, le 2 novembre 1875.

Maréchal DE MAC-MAHON, duc de Magenta.

Par le président de la République :

Le ministre de l'instruction publique, des cultes
et des beaux-arts,

H. WALLON.

Le ministre de l'instruction publique, des cultes et des beaux arts,
Vu le décret en date du 2 novembre 1875,
Le conseil supérieur de l'instruction publique entendu, arrête :

Art. 1er. — Dans chaque concours pour l'agrégation près les facultés des sciences et des lettres, le nombre des juges est de cinq; la décision du jury ne peut être valablement rendue par moins de quatre juges. En cas de partage, la voix du président est prépondérante.

Art. 2 — Dans ses premières séances, le jury examine les travaux scientifiques ou littéraires des candidats. A la suite de cet examen, il dresse la liste définitive des candidats admis à subir les épreuves du concours; cette liste est rendue publique.

Art. 3. — Dans les séances suivantes, les candidats sont appelés : 1° à argumenter sur une ou plusieurs questions tirées au sort parmi celles qui auront été indiquées par le ministre au moins six mois avant l'ouverture du cours; 2° à faire deux leçons : la première sur un sujet tiré au sort parmi ceux que le jury aura proposés; la seconde, sur un sujet choisi par le jury entre trois sujets désignés par le candidat.

Chaque argumentation et chaque leçon ont lieu après vingt-quatre heures de préparation. Elles durent au moins une heure et au plus une heure et demie.

Art. 4. — Les sujets d'argumentation et de leçons sont empruntés, selon l'ordre des études des candidats :

Dans la section des sciences mathématiques, à l'analyse, à la mécanique ou à l'astronomie.

Dans la section des sciences physiques, à la physique ou à la chimie.

Dans la section des sciences naturelles, à la zoologie, à la botanique ou à la géologie.

Dans la section de littérature ancienne et moderne, à la littérature grecque, latine ou française, et, de plus, aux littératures étrangères, lorsque les candidats se destinent à ce genre d'enseignement.

Dans la section de philosophie, à la philosophie ou à l'histoire de la philosophie.

Dans la section d'histoire et de géographie, à l'histoire de l'antiquité, du moyen âge et des temps modernes, ou la géographie comparée.

Art. 5. — Sont maintenues les dispositions du statut du 19 août 1857, qui ne sont pas contraires au présent arrêté.

Fait à Paris, le 2 novembre 1875.

H. WALLON.

Des arrêtés postérieurs feront connaître les programmes et l'époque de ces concours.

— Le conseil général d'Alger a voté 10 000 francs pour l'exposition agricole algérienne de 1876.

— Le 22 octobre a commencé l'exposition des fruits, au palais de l'Industrie, à Paris; cette magnifique collection de fruits d'automne et d'hiver sera placée sur des tables étroites tout autour de la nef, sur une longueur de sept à huit cents mètres. — Cette exhibition intéressante sera close le 30 octobre. — En même temps a lieu une exposition très-curieuse de chauffage au moyen d'appareils de choix.

— M. Harant, dans son rapport au Conseil municipal de Paris sur l'instruction publique, a donné d'intéressants détails sur les dépenses de la ville de Paris pour l'instruction aux degrés primaire et secondaire, le degré supérieur lui étant interdit par la loi.

Le budget du collège Rollin est de 489 887 francs. Celui du collège Chaptal est de 924 295 francs. Le budget de l'enseignement primaire proprement dit est de 7 789 956 francs. L'enseignement se donne dans 240 écoles laïques et 142 écoles congréganistes; en tout 382 écoles, recevant 90 665 enfants.

En 1873, les frais du personnel enseignant s'élevaient à 1 974 760 francs; en 1876, ils atteindront le chiffre de 2 805 590 francs.

Le budget de l'enseignement primaire supérieur s'élève, savoir : pour l'école Turgot, à 172 757 francs; pour l'école Colbert, à 108 391 francs; pour l'école Lavoisier, à 110 779 francs; pour l'école d'Auteuil, à 125 550 francs.

En outre, une somme de 705 967 francs est inscrite au budget pour subvention à divers établissements d'enseignement.

En résumé, le budget de l'instruction publique de la ville de Paris s'élèvera en 1876 à 9 667 778 francs.

Il était en 1869 de 6 241 651 francs.

M. Harant fait observer que l'administration ne doit pas se considérer comme arrivée au but de ses efforts, car, si la dotation du service de l'enseignement est de 10 millions en chiffres ronds pour Paris qui a une population de 2 millions d'habitants, la ville de New-York qui n'a qu'une population de 1 million d'habitants alloue aux services de l'enseignement une somme de 20 millions.

Au point de vue du travail qui est attribué aux maîtres, nous trouvons quelques inégalités qui sont à signaler, celles-ci notamment, que pour les écoles de garçons, par exemple, il y a pour 82 écoles 392 instituteurs laïques, ce qui fait 4,8 instituteurs par école. Chez les frères, pour 54 écoles il y a 354 instituteurs, ce qui fait 6,2 instituteurs par école, d'où il résulte que le travail attribué aux laïques et celui qui est attribué aux frères est comme 3 est à 2.

— A l'université de Prague (Bohême) vient d'être établie une école normale (*Seminar*) pour l'étude de la langue et de la littérature françaises, ainsi que de la langue et de la littérature anglaises. On y a créé une chaire pour l'étude historique du français et des langues qui s'y rattachent, une autre pour l'étude pratique de cette même langue. L'enseignement de l'anglais est divisé de même en deux parties.

— Par arrêté du ministre de l'instruction publique, en date du 2 novembre 1875, sont nommés élèves à l'Ecole normale supérieure, section des sciences :

MM. Parmentier, Chauveau, Wallon, Martinet, Lefrançois, Filaire, Kintzmann, Rebuffel, Barbarin, Defait.

Le propriétaire-gérant : GERMER BAILLIÈRE.

PARIS. — IMPRIMERIE DE E. MARTINET, RUE MIGNON, 2

LA
REVUE SCIENTIFIQUE

DE LA FRANCE ET DE L'ÉTRANGER

REVUE DES COURS SCIENTIFIQUES (2ᴱ SÉRIE)

DIRECTION : MM. EUG. YUNG ET ÉM. ALGLAVE

| 2ᵉ SÉRIE — 5ᵉ ANNÉE | NUMÉRO 20 | 13 NOVEMBRE 1875 |

LES MALADIES DES MYSTIQUES

D'après M. Charbonnier

L'Académie de médecine de Belgique a voté à l'unanimité la publication, dans ses *Mémoires*, d'un livre intitulé : *Maladies et facultés diverses des mystiques*, par M. Charbonnier (de Bruxelles) (1). Cet ouvrage a une portée sociale autant que scientifique; sa lecture convient aux gens du monde comme aux médecins.

Le livre du docteur Charbonnier est remarquable par la multiplicité des citations, les recherches variées dans le domaine de l'histoire et dans celui de la sicence, et aussi par la nouveauté et la hardiesse de ses idées et de ses théories.

Tous les anciens écrivains catholiques, tels que saint Jean Climaque, saint Bonaventure, sainte Thérèse, Görres, Brentano, qui nous ont retracé la vie des mystiques, n'ont oublié aucun détail concernant leur régime débilitant et leurs maladies : l'ignorance de la physiologie et de la pathologie a fait croire à ces écrivains que ce régime sévère, les macérations, les maladies, étaient tout autant de phénomènes surnaturels.

« Il est vrai, dit Görres (2), que les saints ont tous été malades; mais outre que ces maladies ont été acceptées librement, elles présentent des caractères qui les éloignent de toutes celles connues pour en faire quelque chose de surnaturel.

Et ailleurs : « L'homme ne peut arriver à l'état de sainteté sans payer toujours par la maladie, souvent par la mort, la faveur que Dieu lui accorde. » Enfin, cette phrase est stéréotypée dans la vie de tous les mystiques : « Dieu les visite par des maladies. »

Ces écrivains étaient aussi ignorants que sincères; car le même Görres et beaucoup d'autres nous disent bien naïvement,

sans s'apercevoir de la contradiction, que les mystiques ont eu une *vie bien réglée* et qu'ils ont subi une longue *préparation morbide au physique et au moral*. Mais aujourd'hui les médecins catholiques, tels que M. Imbert-Gourbeyre, de Clermont-Ferrand, et M. Lefèvre, professeur à l'Université catholique de Louvain, ont bien soin, pour ne pas tomber dans la même erreur, de faire une théorie du surnaturel basée sur la santé, en *supprimant toutes les maladies*. Ils ne craignent pas de prétendre que les phénomènes surnaturels apparaissent : 1° sans préparation ni éloignée, ni immédiate; 2° dans un organisme sain. Pour eux, c'est une chose peu importante que de supprimer la vie tout entière des mystiques.

Sans doute, l'explication des phénomènes mystiques serait bien difficile à trouver s'ils se montraient *d'emblée* chez une personne *dans l'état de santé parfaite*. Mais comme les catholiques eux-mêmes nous ont raconté la vie des mystiques, nous la prenons telle que nous la trouvons chez eux pour réfuter, par des faits *authentiquement prouvés* (surtout pour nos *adversaires*), la théorie de MM. Lefèvre et Imbert-Gourbeyre.

Deux exemples entre mille pour démontrer comment ces deux médecins lisent l'histoire écrite par leurs coreligionnaires. M. Lefèvre admet que les stigmates ne peuvent recevoir d'interprétation physiologique parce que les stigmatisés n'ont jamais *perdu de sang par ailleurs que par les endroits stigmatisés*. Or, tous les stigmatisés ont vomi ou craché du sang, et M. Lefèvre le sait mieux que personne.

M. Imbert-Gourbeyre (1) admet des abstinences prolongées de plusieurs années aussi bien chez des malades ordinaires que chez les mystiques, « mais avec cette différence entre » ces deux catégories d'abstinents, que chez *les premiers* on » les explique par leurs maladies, tandis que chez les seconds » *l'abstinence absolue coexiste avec la santé complète*, par » exemple Lidwine de Schiedam. » Et cette pauvre femme,

---

(1) 1 vol. in-8 (Bruxelles, H. Manceaux, Paris, Germer Baillière).
(2) Görres, *La mystique naturelle, divine et diabolique*.

(1) Lettre publiée dans le journal *l'Univers* et adressée à M. Warlomont, qui avait nié toutes les abstinences (avril 1875).

pendant *trente-trois ans*, a été alitée, souffrant de carie, d'abcès multiples, d'hémorrhagies et de paralysie. Si donc l'instantanéité et la santé sont les deux conditions nécessaires pour établir qu'un phénomène est surnaturel, elles ont fait (de l'aveu des catholiques) complétement défaut chez les mystiques, et nos adversaires reconnaissent ainsi des causes naturelles à tout ce qui s'est passé chez eux.

Telle est la partie que nous pourrions appeler historique dans le livre du docteur Charbonnier. Il a cité à dessein un grand nombre de faits, afin de prouver qu'il n'est pas un seul mystique qui n'ait présenté tous les symptômes physiques et intellectuels attribués au régime débilitant. Le docteur Charbonnier n'a pas oublié qu'il parlait devant une académie de médecine, et il n'a pas rappelé des faits historiques pour la mince satisfaction de prendre des adversaires en défaut d'ignorance ou d'erreurs volontaires ; il a voulu édifier toute une théorie nouvelle sur ce fait accepté par tous comme vrai : *que les mystiques ont vécu dans l'abstinence.*

« L'abstinence, dit-il, est la clef de voûte de tout l'édifice
» mystique. Bien pénétré que toute la question était là, j'étu-
» diai avec le plus grand soin tout ce qui s'y rapportait de
» près ou de loin, sous quel climat et sous quelle latitude
» avaient vécu les mystiques, le régime qui avait précédé
» l'abstinence, la manière dont elle s'était établie, avec quel
» genre de vie elle pourrait être plus ou moins compatible,
» et les maladies qu'elle entraîne nécessairement à sa suite.

» Et après avoir bien vu dans la physiologie les lois et les
» circonstances qui permettent de diminuer les dépenses et
» par conséquent les recettes, d'un autre côté les désordres
» et les modifications organiques que produit l'abstinence,
» j'appliquai ces données à la vie des mystiques comme un
» code où elle devait entrer pour revêtir un semblant de vé-
» rité. »

Ainsi pour le docteur Charbonnier, l'abstinence ne peut être en contradiction formelle avec aucune loi, ni physiologique ni pathologique, et c'est, dit-il, aux adversaires à la dégager de toutes ces conditions pour la rendre inexplicable, c'est-à-dire à démontrer qu'elle est apparue *une seule fois, d'emblée, dans un organisme sain et sous un climat rigoureux.* Voilà les trois conditions qui rendent l'abstinence anti-physiologique. Le docteur Charbonnier démontre la corrélation qui existe entre les phénomènes prétendus extraordinaires et l'abstinence, il démontre que les mystiques ont pratiqué celle-ci vingt ou trente ans avant d'opérer ceux-là ; il établit ensuite la corrélation entre l'abstinence et le climat, en constatant qu'au delà d'une ligne qu'il appelle *isothermo-mystique*, il n'y a plus ni abstinence ni mystique.

Le genre de vie rigoureux à l'excès que prescrivait François d'Assise n'était supportable que dans les pays où la température extérieure est assez élevée pour permettre une légère dépense de carbone, et ralentir les fonctions de nutrition.

Aussi la France, l'Italie, l'Espagne surtout, et toutes les contrées que baigne la Méditerranée, virent s'élever, comme par enchantement, les couvents de François, tandis qu'ils furent toujours inconnus au Nord, où l'abstinence est impossible et où, par contre, florissaient les Ordres militaires.

C'est donc le climat, et non pas Dieu, qui fait les abstinents et les mystiques.

L'auteur du livre a étudié le *fait* de l'abstinence aussi bien chez les Indous que chez les moines orientaux, et il nous

initie parfaitement au *procédé* qui a servi à l'établir. Ce procédé n'est rien autre chose que la marche graduelle et insensible dont il a fait une loi à laquelle tous les phénomènes naturels sont soumis ; et, reportant à l'histoire naturelle tout entière ses observations, il constate que ce qui détermine un changement dans les organismes, c'est la nécessité de se procurer la nourriture par d'autres moyens que ceux auxquels on était accoutumé, et que la modification des organes est toujours précédée de leur *substitution.*

M. Charbonnier passe en revue une multitude de faits physiologiques pour prouver que toutes les causes varient leurs effets, selon le procédé ou le mode d'application employé, tel que l'acclimatement dans les pays chauds, ou à de grandes altitudes, etc.

Si l'abstinence appliquée tout à coup, dans toute sa rigueur, chez des individus dont les organes digestifs ont largement fonctionné, tue infailliblement, au bout de quelques jours, peut-on, en saine logique, lui supposer la même action, quand elle se fera avec une sage lenteur, dès la plus tendre enfance, avant que les organes digestifs n'aient fonctionné d'une manière complète, sous des climats où l'activité nutritive est si faible, et surtout lorsqu'elle est appliquée par le sujet lui-même et sous les auspices de son instinct de conservation ?

Toutes ces circonstances, dit avec raison le docteur Charbonnier, ne permettent pas d'assimiler les abstinences des mystiques à celles de Chossat, qui se faisaient dans des conditions toutes différentes.

M. Charbonnier a recours à ce qu'il appelle la substitution organique, dont il a fait une loi. Il montre, par une foule d'expériences extraites des traités de physiologie, et surtout de celui de l'illustre savant Longet, que la peau et les *poumons se substituent aux organes digestifs, quand ceux-ci font défaut* ; que l'état du sang règle les fonctions d'absorption de ces *membranes endosmotiques.*

M. Charbonnier est naturellement conduit à cette conclusion par les belles expériences de Regnault et de Reiset sur la respiration pulmonaire, et par la théorie de l'absorption.

Ici nous entrons dans le vif du sujet. Le sang est le pourvoyeur des tissus : semblable à une mer intérieure, le grand fleuve circulatoire apporte aux tissus ce dont ils ont besoin et reprend en échange les matériaux fabriqués devant encore servir à un usage, ou devant être éliminés : il est donc à la fois l'*agent constitutif* et le *représentant exact de l'état des tissus.*

Quand donc nous disons que le sang est appauvri ou *modifié* par une alimentation insuffisante, ou spéciale, comme le régime exclusivement végétal par exemple, nous devons admettre que les tissus ont subi exactement les mêmes modifications.

M. Charbonnier a analysé avec le plus grand soin toutes les modifications histologiques qui doivent avoir lieu, et il en a signalé une des plus intéressantes à l'attention des savants : c'est celle qu'il appelle l'*azotation*. L'organisme d'un mystique serait plus ou moins *azoté* et *décarburé*, et les phénomènes nerveux : extase, hallucination, illusion, seraient plus ou moins intenses, selon le degré d'azotation.

Il n'est personne qui n'admette que le régime débilitant, longtemps observé, amène les prétendus phénomènes extraordinaires ; mais la première influence, ou plutôt l'*influence directe de ce régime se manifeste sur les tissus, qui deviennent un nouveau milieu.* Dumas est le premier qui ait parlé de la substitution des éléments constitutifs de ces tissus. Ce phénomène est surtout évident dans l'alcoolisme, où l'azote des *tissus*, sous l'influence du régime, est chassé pour être remplacé par le carbone et l'hydrogène. Les tissus nerveux, osseux, musculaire, les tissus spéciaux, comme ceux du foie, de la rate, se chargent de carbone aux dépens de l'azote, et au bout d'un certain temps, des symptômes nerveux et autres apparaissent comme la conséquence *normale* de ce nouvel état.

Sous l'influence de la diète absolue, il survient :

1° L'inhalation de l'azote atmosphérique ;

2° L'exhalation d'acide carbonique aux dépens du carbone déposé dans les tissus.

Le docteur Charbonnier tire un grand parti de ces deux faits si bien établis, le premier par Regnault et Reiset, le second par tous les physiologistes, mais spécialement par Chossat. Dans ces conditions, l'azote se trouve dans les artères comme aliment, et peut et doit se combiner avec les tissus que quitte le carbone. Supposons cette introduction répétée pendant vingt ou trente ans, d'une manière progressive, cette absorption se faisant d'une manière insensible, ne pouvons-nous pas arriver à un nouvel état *azoté, tout aussi complet* chez les mystiques que l'état de carburation chez certains buveurs? Et les symptômes que nous regardons comme si anormaux à première vue, ne deviennent-ils pas des conséquences *normales du nouvel état?*

La carburation de l'alcoolisme, pour se faire avec une certaine intensité, demande un temps très-long et une marche progressive : bien des buveurs, qui n'ont pas rigoureusement observé cette règle, sont emportés par les excès de leur nouveau régime, ou par des maladies intercurrentes ; ceci se voit également chez les mystiques, dont tant de milliers qui ont pratiqué dans les couvents un régime sévère, ont succombé prématurément dans le marasme ou ont été emportés par des maladies intercurrentes avant d'avoir été le théâtre de phénomènes *surnaturels.*

Le carbone contenu dans le corps du malade s'en va suivant le même procédé que chez les animaux hibernants, où la diète absolue n'amène jamais les inflammations et les désordres qu'on remarque chez les animaux inaniés de Chossat. Ces mêmes animaux hibernants, mis aux mains de Chossat, en dehors du temps de leur hibernation, pour subir la diète absolue, auraient présenté les mêmes symptômes que les premiers ; le *procédé* employé par l'instinct de conservation change donc d'une façon radicale la nature des symptômes. En effet, que font-ils? Ils *ralentissent* la respiration et la circulation comme les mystiques, chez qui le pouls est insensible ; — ils se cachent et s'enferment sous terre au midi, comme les mystiques dans une grotte ou une cellule ; — ils suppriment les selles, les urines, la transpiration et toutes les sécrétions, comme les mystiques et les aliénés (1); — ils s'engourdissent pour se condamner au repos, c'est-à-dire qu'ils suspendent toutes les fonctions de la vie de relation et de végétation, comme les mystiques fuient la société et suppriment tous les devoirs de la vie pratique ; — ils maigrissent comme les mystiques ; — ils éliminent toujours

de moins en moins d'acide carbonique, jusqu'à ne plus respirer d'une manière sensible, comme les mystiques dans leurs nombreuses extases, où le pouls est insensible et la respiration presque nulle.

Telle est donc la préparation histologique nécessaire pour produire l'extase. Cet accès, bien loin d'être un changement d'état, n'est que l'exagération d'un état chronique habituel où les fonctions de nutrition et de relation sont tellement ralenties qu'il ne faut plus franchir qu'un faible degré pour arriver à la *suspension;* de même que le *delirium tremens* n'est autre chose que l'exagération d'un état habituel.

M. Charbonnier fait voir la *similitude* entre ce qu'on appelle les *accès extatiques* et l'*intervalle des accès* que les auteurs catholiques ne craignent pas d'appeler la *santé.* Il ne regarde pas comme sérieux ces médecins qui admettent les extases et rejettent l'abstinence. Si l'extase est caractérisée — c'est l'opinion des plus grands médecins — par la suspension des fonctions de nutrition, si elle se renouvelle au point d'occuper la plus grande partie du temps de la vie chez certains extatiques, que feraient ceux-ci d'une nourriture qui ne pourrait trouver d'emploi?

Il n'est pas un seul physiologiste, pas un seul médecin qui n'admette le ralentissement et la suspension des fonctions *végétatives;* M. Charbonnier a appelé cette suspension là *momification vivante.* Esquirol en a retracé les principaux linéaments quand il nous dit : Les spasmes épigastriques, chez l'homme qui se livre à la contemplation, sont bientôt suivis de l'inertie du système nutritif, les digestions se dérangent, les sécrétions se font mal, la transpiration se supprime, etc. Fournier, dans le *Dictionnaire des sciences médicales* en 60 vol. (art. Cas rares), en parlant de plusieurs malades qui ont supporté des abstinences prolongées, nous dit que *les sécrétions étaient supprimées, et que si le mouvement nutritif a été arrêté, celui de décomposition a été également suspendu.* Serres et Doyère prétendent que le tourbillonnement, le renouvellement constant de la matière dans les tissus, n'est pas absolument indispensable à l'âge adulte pour les phénomènes vitaux.

Ainsi le mouvement d'assimilation et de désassimilation peut être ralenti au point que les pertes minimes des tissus chez les mystiques peuvent être réparées par l'inhalation de l'azote atmosphérique.

Cette momification des tissus vivants sert à M. Charbonnier à expliquer comment les cadavres des mystiques sont incorruptibles : ils étaient, dit-il, avant la mort de l'individu, entrés déjà dans ce qu'il appelle la *période d'état,* dont l'idée lui a été suggérée sans nul doute par M. P. Bert.

Quant à la calorification, il la fait dépendre du carbone déposé dans les tissus, et qui serait éliminé d'une manière insensible sous forme d'acide carbonique ; mais là n'est point le phénomène principal.

Il rappelle avec beaucoup d'à propos : 1° les expériences de Cl. Bernard sur le grand sympathique ; la section du grand sympathique donne lieu à un *dégagement* de chaleur, donc une des fonctions du grand sympathique est de retenir par le moyen des *nerfs vaso-constricteurs* le calorique dans les tissus ;

2° Celles de Gavarret, où il démontre que la jeune fille, dès qu'elle est menstruée, c'est-à-dire dès qu'elle ressent l'influence prépondérante du grand sympathique, dépense moins

---

(1) Voy. Esquirol, *Traité des maladies mentales.* Paris, 1838. 2 vol.

de carbone, et, malgré cela, montre une plus grande résistance au froid que l'homme lui-même ;

3° Les observations si vraies de Longet, par lesquelles il démontre que l'*homme du Midi*, qui ressemble tant à la femme, résiste mieux au froid que l'homme du Nord, quoique mangeant moins de carbone ;

4° Il rappelle enfin que l'azote est un corps endothermique, c'est-à-dire qu'au lieu de *dégager* par ses combinaisons du calorique, il le rend *latent*, et l'emmagasine dans les tissus.

Grâce à ces influences *physiologiques*, les pertes de calorique sont donc minimes, et le carbone des tissus peut suffire à celui qui est dégagé.

Cette application des faits physiologiques permet à M. Charbonnier d'expliquer deux phénomènes différents, contraires plutôt : la combustion du buveur et l'incombustibilité des mystiques.

Que la combustion *spontanée* soit prouvée ou non, il n'en est pas moins vrai que la combustion *totale* du corps du buveur peut avoir lieu sans qu'il soit besoin d'ajouter du combustible étranger, tandis que pour consumer les tissus d'un corps humain qui a vécu du régime normal, il faut plusieurs mètres cubes de bois. Le corps du buveur s'est donc carbonisé pour ainsi dire entièrement.

Chez le mystique, le carbone chassé est remplacé par un élément, l'azote, qui n'est apte qu'à former du calorique latent : si l'azotation s'est faite d'une manière plus ou moins complète, le phénomène contraire à ce qui se passe chez le buveur doit avoir lieu, et alors une incombustibilité relative peut s'établir. Ainsi s'expliqueraient les faits nombreux cités par certains auteurs catholiques racontant que des saints ont pu impunément traverser les flammes.

Louise Lateau rentre-t-elle dans le cadre tracé par le docteur Charbonnier, c'est-à-dire, *longtemps avant l'apparition des stigmates et des extases* a-t-elle passé par des abstinences prolongées, des maladies caractéristiques capables d'amener l'appauvrissement du sang, les névralgies, les hallucinations, les illusions ; en un mot, tous les désordres qui en sont les suites naturelles ?

M. Charbonnier ne s'est pas permis de citer un seul fait qui ne soit relaté dans la vie de L. Lateau par les historiographes catholiques, Lefèvre et Rohling.

« Le régime de L. Lateau, dès sa plus tendre enfance, a » toujours été plus que frugal. Un peu de café ou du lait, » quelques cuillerées de mauvaise soupe, une tranche de » pain, un fruit, un légume, telle était sa nourriture de » chaque jour. Tel fut son régime jusqu'à l'apparition des » stigmates. »

Ainsi jamais de viande, ni de bière, ni de vin.

Quant à ses maladies, on peut dire qu'elle a passé bien peu de jours en état de santé. Elle est atteinte de variole à deux mois et demi ; sevrée dès sa naissance ; toute sa famille vit d'aumônes pendant trois ans ; à huit ans, Louise Lateau passe la moitié de ses nuits au lit d'une pauvre vieille femme ; à onze ans, elle reçoit dans les côtes un coup de corne qui met ses jours en danger ; à seize ans, elle perd l'appétit ; angine laryngienne très-grave ; appauvrissement du sang plus considérable ; névralgies intenses qui résistent à tous les traitements ; eczéma chronique avec complication d'un abcès sous l'aisselle ; perte complète d'appétit ; se met au lit le 15 mars 1868 ; hémorrhagies *par la bouche* le 29, qui persistent jusqu'au 15 avril ; névralgies intenses ; refus absolu de nourri-

ture et de boisson jusqu'au 21 avril ; *apparition des stigmates le 24 avril* 1868.

La vie de Louise Lateau n'est donc qu'une longue suite de privations, de douleurs et de maladies des plus graves.

Peut-on soutenir, comme l'a fait M. Lefèvre, professeur de l'Université catholique de Louvain, que Louise Lateau jouissait d'une santé parfaite à l'apparition des stigmates, et surtout peut-il le faire après avoir lui-même raconté ce qu'on vient de lire plus haut ?

La démonstration de M. Charbonnier, qui établit que pour amener les extases et les stigmates, une longue préparation basée sur le régime débilitant est nécessaire, s'est vérifiée dans le cas de Louise Lateau.

M. Charbonnier a le mérite de rechercher le pourquoi de nos symptômes dans l'état de nos tissus, matérialisant nos recherches, dit-il, afin que le résultat en soit bien évident pour tous. Il ne veut pas plus du terme *névroses*, qui n'est qu'un autre mot ténébreux dans lequel se réfugie notre ignorance, que du terme *sciences occultes*, horrible accouplement de deux mots évidemment contraires. Il repousse l'immixtion de la philosophie et de la métaphysique dans la recherche du contre ou dans l'observation des phénomènes.

Ce qu'on appelle l'insondable, l'incompréhensible, est justement le produit des cerveaux malades qui ne redoutent ni les contradictions, ni les erreurs volontaires pour embrasser une opinion par esprit de parti, et faire jouer à des *malades* ce rôle d'étançon pour soutenir un édifice religieux qui menace ruine de toutes parts. Pour M. Charbonnier, la science ne tardera pas à établir, sur des données certaines, que l'organisation s'est modifiée chez les extatiques et que leurs accès ne doivent pas plus nous surprendre que les accès de *delirium tremens*. Il veut que le mystérieux soit enlevé des préoccupations des médecins et qu'il ne s'en trouve plus un seul pour délivrer au nom de son ignorance un certificat de surnaturel.

Telle est la substance de ce livre.

Il était difficile, dans un sujet aussi épineux, qui de tous les côtés touche aux croyances religieuses, d'éviter les mille petits côtés qui peuvent froisser certaines consciences ou certains préjugés. On sent dès la première page que l'auteur est sincère et qu'il a mis de côté toute préoccupation de caste, de personne, de métaphysique et de religion. On doit lui savoir gré d'avoir porté le débat devant une académie et de l'avoir si bien circonscrit à la question strictement médicale : peut-être le cadre nosologique va-t-il s'enrichir d'une nouvelle maladie dont tous les symptômes ont été décrits avec la plus grande lucidité, et qui prendra rang à côté de l'alcoolisme sous le nom d'*azotation*.

Le livre de M. Charbonnier est empreint de la passion de la vérité, il est aussi intéressant par le sujet qu'il traite que piquant par les révélations qu'il puise dans les œuvres médicales de ses adversaires.

FACULTÉ DES SCIENCES DE DIJON

BOTANIQUE

COURS DE M. ÉMERY

Mœurs et physionomies végétales. — La plante bulbeuse.

Une tige conique, cylindro-conique ou ovoïde, courte et tubéreuse nommée plateau, dont la base porte une couronne de racines adventives; une ramification nulle ou composée d'un très-petit nombre d'axes charnus, épais et courts, formant de simples nodosités sur la tige; deux formes de feuilles : les unes souterraines, homomorphes et plus ou moins épaisses, sortes d'écailles qui manquent souvent, les autres existant toujours, dimorphes, vertes, assez épaisses, mais encore membraneuses dans leur région aérienne, blanches, très-charnues et plus ou moins engaînantes dans leur partie souterraine, toutes écailleuses ou non, formant par leur réunion autour de la tige un renflement ovoïde, le bulbe ou l'oignon; des fleurs généralement grandes, souvent odorantes, dont le périanthe simple, pétaloïde, est teinté des couleurs les plus riches et les plus variées ; enfin des habitudes singulières en rapport avec l'étrangeté de cette organisation ; tels sont les traits essentiels de la plante bulbeuse, un des types les plus curieux du règne végétal.

Je me propose ici de rechercher la signification et la valeur morphologique de cette conformation particulière, d'indiquer la raison de ces mœurs exceptionnelles et de déterminer le degré de puissance qu'elles donnent à la plante au double point de vue de la nutrition et de la propagation.

I. — Caractères des organes de nutrition.

Le trait fondamental de cette organisation insolite, celui qui explique et appelle tous les autres, est l'extrême brièveté de la tige. Pour indiquer ce caractère dominateur, on dit la plante acaule, expression vicieuse, consacrée néanmoins par l'usage. En doit-on conclure que tout végétal acaule est nécessairement bulbeux? Assurément non ; preuve entre mille autres que, dans les problèmes de l'organisation et de la vie, une même question peut recevoir ordinairement plusieurs solutions, le plus souvent d'inégale valeur.

Pour comprendre l'influence exercée par l'atrophie de la tige sur l'organisation de la plante, il faut connaître les fonctions de cet axe. Or sa principale mission est de porter les organes de plus grande puissance fonctionnelle, les feuilles et les fleurs, dans la couche d'air la plus favorable à l'exercice de leur activité; par conséquent l'état toujours rudimentaire de la tige est pour la plante bulbeuse un défaut irrémédiable, une cause permanente d'infériorité. Prouvons donc, par quelques exemples choisis parmi les plus simples, que tel est bien, en effet, le rôle essentiel de la tige, sa véritable raison d'être. En un point quelconque du globe, les conditions physiologiques des diverses zones atmosphériques changent avec l'altitude ; et sous des climats distincts ces conditions diffèrent à la même altitude. La vie des fleurs, ces appareils complexes auxquels est particulièrement confié le soin capital de la conservation des espèces et, pour ce motif, si délicats, si impressionnables et si exigeants, est très-propre à justifier cette double pro-

position. La preuve peut en être faite par l'observation ou par l'expérience.

Les preuves fournies par l'observation abondent; réunissons ici les principales. Tous les individus de même espèce, habitant une même localité, ont une taille uniforme, fleurissent pour la première fois au même âge, variable avec l'espèce, enfin la proportion de leurs graines embryonnées croît d'abord avec le temps, atteint un maximum, puis décroît dans la vieillesse ; donc la zone atmosphérique propre à la vie végétale est d'épaisseur limitée. Cette zone est en outre de situation variable avec le climat, puisque la taille change selon les conditions météorologiques chez les individus d'une même espèce. Se dirige-t-on de l'équateur vers les pôles, ou gravit-on de la base au sommet le flanc d'une haute montagne ? en d'autres termes, s'élève-t-on en latitude ou en altitude? la taille diminue, en sorte que, chez les espèces dont l'aire d'habitation est très-étendue, les individus sont des arbres sous les tropiques, des arbrisseaux dans nos climats et des herbes sur les terres boréales ou alpines. La réciproque est fausse, et une espèce herbacée dans la zone équatoriale disparaît en dehors d'elle mais ne devient jamais un arbrisseau dans nos pays, et un arbre aux limites extrêmes de la végétation. Donc la zone atmosphérique propre à la vie végétale acquiert son épaisseur maximum à l'équateur et de là décroît jusqu'à zéro qu'elle atteint aux confins de la végétation polaire ou alpine. Cette loi explique une foule de particularités locales dans l'organisation et la vie des fleurs qui ont de tous temps frappé l'attention des voyageurs. Pourquoi, par exemple, nos arbres forestiers n'ont-ils que des fleurs petites, aux enveloppes souvent rigides et scarieuses, aux coloris ternes et insignifiants, tandis que chez les fleurs intertropicales l'ampleur et la richesse des formes le disputent si souvent à la variété et à l'éclat des coloris? Sans doute quelques-unes de nos fleurs peuvent rivaliser avec elles, mais celles-là vivent exclusivement sur le sol ou très-près de lui, surtout au milieu des herbes de la prairie alpine, dans cette très-mince couche d'air vif et léger que les rayons du soleil peuvent traverser sans trop grandes pertes. Mais dès qu'on s'éloigne du sol, le climat change ; l'organisation florale doit donc se modifier pour se mettre en harmonie avec des conditions biologiques nouvelles. Voilà pourquoi les fleurs de nos arbres forestiers, qui s'épanouissent à 15, 30, 35 et 40 mètres d'altitude, selon qu'elles appartiennent au bouleau, au châtaignier, au chêne ou à l'orme, par exemple, ont cette conformation spéciale, si différente à tant d'égards de la conformation ordinaire. Enfin ces mêmes arbres montrent leur première floraison seulement dans un âge avancé, lorsque leur feuillage atteint la zone atmosphérique pour laquelle leurs fleurs sont spécialement organisées, hauteur variable du reste, non-seulement avec la structure générale de l'individu et particulièrement de la fleur, mais encore avec son genre de vie. Ainsi le hêtre, dont la taille acquiert 40 mètres de hauteur, fructifie pour la première fois à l'âge de quarante à cinquante ans, s'il vit isolé, et seulement à soixante ou quatre-vingts ans, lorsqu'il se trouve au milieu d'un massif. La raison de ces différences est facile à saisir. Il en est tout autrement dans les régions intertropicales. La zone atmosphérique propre à la floraison y est très-profonde et présente par suite une grande diversité de climats; aussi les types floraux les plus dissemblables y vivent-ils côte à côte, mais à des hauteurs différentes comme leur organisation. La vie florale pouvant utiliser tout à la fois les couches basses, moyennes et supérieures de l'atmosphère, il s'est formé dans ces contrées trois groupes de végétaux correspondant à chacun de ces trois climats principaux. Le dernier est plus particulièrement spécial à ces régions, aussi renferme-t-il les trois types les plus caractérisés de la flore tropicale : l'épidendre et la liane dans la forêt, le palmier arborescent dans les terres découvertes et abondamment arrosées. L'épidendre, qui végète suspendue aux rameaux des plus grands arbres de la futaie, et la liane, dont les sarments vigoureux s'élancent pour ainsi dire, tant ils croissent avec rapidité, et dépassent bientôt les géants de la forêt, sont des formes nées de cette exigence imposée à la fleur d'atteindre rapidement la plus grande hauteur possible, pour y trouver le climat nécessaire à son tempérament. Quant au palmier, il vit, selon l'aphorisme arabe appliqué au dattier, le pied dans l'eau et la tête dans le feu. Véritable colonne vivante, il s'établit lentement mais solidement sur sa base, afin de pouvoir porter sûrement sa cime dans la région favorable à la fructification.

Des faits bien connus des praticiens corroborent et complètent notre démonstration. Je rappellerai d'abord la difficulté qu'éprouve certains types exotiques à vivre parmi nous. Cette difficulté provient d'un défaut d'adaptation de l'espèce à notre climat et se traduit diversement selon le nombre et l'étendue des divergences. Si le défaut d'harmonie est faible, le végétal témoigne de ses souffrances par la rareté et les irrégularités de sa fructification ; s'accuse-t-il davantage ? l'aggravation se décèle par l'absence complète de toute floraison, la plante étrangère vit, mais végète sans se reproduire. Ainsi l'*Arundo donax* fleurit dans nos départements méridionaux, mais jamais à Paris, bien qu'il en supporte facilement le climat. Comme nous le disions plus haut, et comme le prouve l'exemple précédent pris au hasard entre mille, la fleur, en raison de son exquise irritabilité, ressent plus vivement que tous les autres appareils organiques ce défaut d'adaptation. En veut-on encore des exemples tirés de l'observation courante ? Abandonné à lui-même, c'est-à-dire vivant en plante grimpante, notre lierre fleurit régulièrement, mais reste stérile au contraire lorsque, cultivé en bordure, on l'oblige à ramper sur le sol. La flore des serres (t. XVIII, p. 143), raconte un fait du même ordre. Il s'agit d'un très-fort pied de *Clematis patens*, en partie palissée contre le mur et en partie couchée sur le sol d'une serre. Eh bien, ces deux régions d'une même plante présentaient des fleurs forts différentes : celles des rameaux couchés étaient plus abondantes, plus grandes et d'un coloris plus brillant. Toutes les clématites, du reste, et bien d'autres espèces encore, sont dans ce cas. Ainsi le *Lysimachia nummularia* graine très-difficilement à l'état spontané, quand il vit en plante rampante ; un jour, au Muséum, on eut l'idée de le conduire en plante grimpante et l'on obtint des graines.

Concluons donc que la plante acaule, étant dans l'impossibilité de choisir la région atmosphérique nécessaire à sa nature, se voit obligée de restreindre le nombre de ses stations et l'étendue de chacune d'elles.

La brièveté de la tige ne nuit pas seulement à l'expansion de la plante bulbeuse à la surface du globe, elle introduit encore dans son organisation des dispositions spéciales qu'il nous faut maintenant examiner. Dans le végétal acaule en général les feuilles sont fort rapprochées les unes des autres

et forment une rosette étalée à la surface du sol, elles sont radicales, selon une expression impropre consacrée par le temps. Toutefois, chez la plante bulbeuse il y a une dérogation de plus au type phanérogame ordinaire, car l'axe primaire est tout à la fois rudimentaire et simple, son bourgeonnement axillaire étant nul ou rare et irrégulier. Et encore, dans ce dernier cas, les bourgeons produits ont une évolution spéciale fort différente, par exemple, de celle de nos arbres et arbrisseaux. Pour nous le caractère fondamental de la plante bulbeuse, la raison déterminante de sa conformation propre, réside donc dans sa tige rudimentaire, simple ou peu et irrégulièrement ramifiée. Cette conformation est une cause d'infériorité, car elle oppose une sérieuse entrave au développement des fleurs et des feuilles. L'accroissement continu de la ramification permet en effet à la plante phanérogame ordinaire d'augmenter d'année en année le nombre de ses fleurs et l'étendue de son appareil foliaire. Rien ne peut suppléer le système axile dans cette fonction. La ramification est encore un appareil de nutrition, mais un appareil d'une bien faible activité ; au fond il doit à peine compter au nombre des agents producteurs et son rôle est plutôt d'emmagasiner les produits élaborés par d'autres. Ainsi la ramification fournit un moyen simple et efficace d'augmenter à volonté l'étendue et partant la puissance du feuillage. Toutefois on peut à la rigueur se passer d'un système axile et obtenir le même résultat par une seule mais grande feuille. C'est le cas d'une aroïdée tuberculeuse de Cochinchine, l'*Amorphophallus Rivieri*, que sa rusticité relative et l'étrangeté de son port ont promptement mise à la mode parmi nous. Dans cette espèce la floraison et la foliation sont deux actes successifs, et réduits pour ainsi dire à leur plus simple expression. Du tubercule adulte s'élève d'abord une *hampe* simple et nue, couronnée par un énorme spadice. Après sa mort surgit à ses côtés un autre axe qui se dresse à son tour, simple et nu également, jusqu'à 1 mètre de hauteur environ dans nos cultures. Cet axe est un robuste pétiole qui déploie à son sommet un large limbe gracieusement et profondément découpé. Dans son ensemble, par le port et par l'aspect, cette feuille unique imite assez bien un petit palmier. Elle vit pendant plusieurs mois et périt à son tour ; alors sonne pour le tubercule l'heure du repos qui se prolongera jusqu'à l'année suivante, pendant laquelle la même évolution s'accomplira. Dans sa jeunesse, l'*Amorphophallus* ne fleurit pas et son activité se borne, pendant la belle saison, à produire sa feuille et à grossir son bulbe. Dans les deux cas, on le voit, le travail physiologique est aussi simplifié que possible et se rapporte toujours à une seule fonction : la floraison ou l'élaboration foliaire. Des mœurs analogues s'observent dans d'autres espèces. Toutefois ce moyen d'obtenir, par une seule feuille, la surface foliaire nécessaire à la plante, est vicieuse en pratique, car si un accident tue l'organe unique, la végétation ultérieure est toujours retardée et la santé du sujet plus ou moins compromise. Aussi la répartition du travail foliaire entre plusieurs organes similaires est-elle une solution plus avantageuse du même problème. Mais on peut réaliser cette idée de deux manières différentes : à l'aide d'un petit nombre de grandes feuilles ou d'un grand nombre de petites ; et ces deux dispositions sont loin d'avoir dans l'application la même valeur et de convenir aux mêmes cas. Sous le rapport physiologique, une grande feuille étant plus impressionnable qu'une petite est par cela même plus exigeante sur le climat. Au point de vue de l'organisation, ces deux sortes de feuilles répondent également à des types différents. Des feuilles petites et nombreuses impliquent en effet une tige très-ramifiée, dont les axes sont toujours beaucoup plus longs que gros, afin d'espacer largement ces organes pour laisser l'air et la lumière circuler librement entre eux. D'ailleurs chacun d'eux, ne portant que de petites feuilles, peut sans inconvénient rester très-grêle dans sa première année d'existence, et ne grossir que plus tard, alors qu'il lui faut supporter le poids toujours croissant de la ramification, entée sur lui et sans cesse grandissante. Cette gracilité de formes lui donne en outre la facilité de s'allonger rapidement et par conséquent de se couvrir, sans gêne pour elles, d'un grand nombre de feuilles; disposition très-heureuse qui rend possible un renouvellement prompt et fréquent du feuillage, en sorte que la feuille est remplacée dès que son activité tend à se ralentir par l'effet de l'âge. Cette organisation permet donc d'abréger beaucoup la vie des feuilles, de la réduire par exemple à moins d'une année, comme dans nos arbres à feuilles caduques. La fonction reste ainsi toujours confiée à des organes jeunes, doués de toute leur activité, et le feuillage gagne en puissance, s'il perd en longévité. Un petit nombre de grandes feuilles réclament d'autres dispositions. D'abord un système axile semblable au précédent ne saurait convenir ici, attendu le peu de feuilles qu'il s'agit de porter. D'ailleurs le poids considérable de chacune d'elles romprait très-certainement les pousses si grêles de la forme ramifiée ordinaire. Il faudra donc, dans le cas présent, un axe très-robuste, peu ou point ramifié, et présentant dès sa naissance une grande épaisseur, afin d'offrir aux feuilles une large surface d'insertion. Cette dernière condition est capitale, elle seule permet ce mode de foliation, mais alors l'allongement de la tige devient très-lent et par suite les feuilles naissent à de très-longs intervalles, plus ou moins longs suivant leur degré d'espacement. Un tel état de choses a une autre conséquence : il exige de la feuille une longévité assez grande pour que la plante ait toujours le nombre de ces organes indispensable à l'accomplissement du travail physiologique pendant toute la période de végétation aérienne. Ces conditions étant données, il n'existe plus qu'une seule manière d'activer le renouvellement du feuillage et partant de diminuer la longévité des feuilles au profit de leur activité, c'est de les rapprocher au contact. Aussi forment-elles dans les régions terminales des axes des touffes épaisses dont chacun des éléments ne disparaît pas sans avoir été remplacé par une feuille nouvelle.

L'axe étant rudimentaire, simple ou très-peu ramifié dans la plante bulbeuse, son feuillage appartient nécessairement au second type, mais avec des modifications secondaires amenées, dans chaque cas particulier, par la forme et les dimensions du plateau. Il nous reste donc, pour achever cette discussion, à voir ce que doit être, dans une telle plante, la forme des feuilles. Ces organes sont insérés sur une hélice dont le pas est tellement petit qu'il est négligeable ici; nous pouvons donc les supposer placés sur une suite de circonférences ou verticilles contigus. Ceci admis, il suffit de déterminer la forme et le nombre des feuilles à répartir sur la circonférence d'un cercle, dont le centre est sur l'axe géométrique de la tige, pour que la surface active membraneuse ait la plus grande étendue possible. La question ramenée à ces termes, la solution n'est pas douteuse, et il faut composer chaque verticille d'une seule feuille réduite à un limbe circulaire horizontal uni à la tige sur toute l'étendue de la circonférence de contact. S'il n'en est pas ainsi en réalité, cela tient à ce que la suite d'écrans fort rapprochés les uns des autres formés par ces feuilles s'opposerait à la libre circulation de l'air et de la lumière dans le feuillage. Il n'est même point permis de verticiller les feuilles de façon que dans chaque groupe la surface totale des limbes soit égale à celle du cercle; sinon l'accès des agents physiques serait encore beaucoup trop entravé par l'obligation de circuler d'un plan à l'autre à travers de simple fissures. Il faut donc sacrifier une partie de l'étendue des secteurs foliacés et les découper sur leurs bords de manière à produire des vides entre eux. Un choix convenable du mode d'arrangement des feuilles le long de l'axe générateur favorisera cette précaution, et contribuera puissamment à l'aération du feuillage, tout en lui laissant une grande ampleur. Des trois dispositions principales de ces organes : la verticillation, l'opposition et l'alternance, la dernière est de toutes la plus fréquente, non-seulement dans les feuillages condensés en rosettes, mais encore dans les feuillages ordinaires; c'est également de toutes la plus avantageuse. Seule, en effet, elle permet d'obtenir sur la tige l'espace suffisant pour l'insertion d'un large secteur foliacé plus ou moins tronqué à sa base ou région d'attache, selon le poids du limbe. En résumé les dispositions les plus convenables pour un feuillage en rosette sont donc : des feuilles alternes, conformées en secteurs circulaires tronqués à leur base et découpés plus ou moins, selon leur ampleur, sur les bords. Mais cette solution générale comporte bien des cas particuliers dont nous examinerons ici les deux extrêmes. Cette forme de secteur tronqué, que nous prenons comme type moyen de la feuille, est susceptible d'éprouver deux séries de modifications. Dans l'une, la largeur de la région terminale se réduit jusqu'à faire parfois de l'ensemble une simple lanière. Dans l'autre la même région s'élargit au contraire pendant que se rétrécit simultanément la région basilaire. Par cette double modification la membrane-foliacée se modèle en un limbe longuement pétiolé dont la grandeur n'a d'autre limite que la force même du pétiole. De ces deux conformations opposées la seconde est évidemment la plus avantageuse et cela pour deux motifs. Dans une feuille en lanière la région basilaire est sans utilité physiologique puisqu'elle est masquée, de plus sa consistance membraneuse en fait un support de bien faible résistance. Pour ces deux raisons il y a tout avantage à sacrifier chez elle la première fonction à la seconde en la transformant en un pétiole, ou support, en la roulant en quelque sorte sur elle-même de manière à former un cylindre plus ou moins long et épais selon la quantité de matière disponible. Enfin, défectuosité non moins grave, pour peu que ces lanières soient longues, leurs régions terminales, par suite de leur disposition rayonnante, s'espacent très-largement, trop largement même pour ce qu'exige la circulation des agents atmosphériques. Beaucoup de place est ainsi perdue. Il y a donc tout bénéfice à transformer la lanière, cette première et grossière ébauche de feuille, en une membrane large et longuement pétiolée, organe perfectionné car il utilise mieux que ne le fait la lanière l'espace qui lui est réservé, organe perfectionné enfin parce qu'un long pétiole, en permettant à la feuille des mouvements à la fois plus faciles, plus nombreux et plus étendus, accroît beaucoup la puissance physiologique du limbe. Toutes les plantes bulbeuses devraient donc avoir des feuilles longuement pétiolées et à grand limbe. Il n'en est rien pourtant et cette forme est au contraire exceptionnelle chez elle. C'est qu'un tel feuillage réclame impérieusement, outre un axe large et résistant, un puissant appareil radical.

Dans la même plante, en effet, les appareils caulinaire et radical varient toujours dans le même sens; ce qui s'explique par la solidarité de leur fonction : l'un attaché à l'alimentation aérienne et l'autre à l'alimentation souterraine. Or les racines de la plante bulbeuse, parquées sur la base très-circonscrite du plateau, ne prennent qu'un développement fort restreint, et il en est de même dès lors du feuillage. Toutefois des dispositions spéciales accroissent notablement la puissance de cette racine, de si faible volume. D'abord elle est annuelle comme les feuilles. Un appareil radical adventif se constitue, dans un grand nombre d'espèces, à chacune des reprises de la végétation et meurt avec elle; particularité physiologique favorable à l'activité de l'absorption. Puis au lieu d'être composée d'un pivot central et prédominant muni de ramifications secondaires d'autant plus rares qu'il est lui-même plus volumineux eu égard aux proportions de l'ensemble, la racine est fasciculée, c'est-à-dire subdivisée en nombreux filaments grêles, de même longueur et finement ramifiés, disposition utile à l'augmentation, sous le même volume, de la surface totale absorbante, et par suite à l'épuisement méthodique du sol. Du reste, dans son développement, cette racine fasciculée obéit à la loi générale que nous venons d'énoncer, et le nombre et la grosseur de ses filaments sont, dans chaque cas particulier, en raison directe de la puissance du feuillage. Ainsi dans le *Scilla maritima*, dont le bulbe volumineux pèse plusieurs kilogrammes grâce à des écailles nombreuses, fortes et charnues, les racines secondaires ont au moins la grosseur d'une plume d'oie, tandis qu'elles se réduisent presqu'à celle d'un fil dans la tulipe, dont le bulbe a le volume d'une châtaigne. Non-seulement la brièveté de la tige, en réduisant la racine à de faibles proportions, nuit indirectement au développement du feuillage, mais encore elle exclut les feuilles pétiolées qui ne sauraient trouver place sur cet axe exigu ; et si l'on rencontre accidentellement cette dernière forme, c'est seulement sur des hampes. Dans l'organisation de la plante bulbeuse les dispositions sont prises avec un art merveilleux pour atténuer les fâcheux effets de ces conditions désavantageuses. Le plateau ne pouvant porter de feuilles pétiolées, il restait à tirer le meilleur parti possible du feuillage en lanières. Telle est la raison d'être de deux dispositions dont la fréquence chez ces végétaux indique assez la haute valeur. L'une, en creusant en gouttière la face supérieure des lanières, comme dans les jacinthes, accroît dans une notable mesure la superficie des parties vertes des feuilles. L'autre crée pour les portions basilaires de ces organes une fonction nouvelle et les transforme en réservoirs alimentaires où se déposent les produits élaborés par les parties actives ou terminales des feuilles. L'extrême rapprochement et la situation en partie souterraine de ces régions basilaires, double effet de la brièveté des axes, leur interdit toute action physiologique directe sur l'atmosphère : il y a donc avantage, puisqu'elles ne peuvent fonctionner comme feuilles, à étendre le cercle de leur rôle passif et à ne point les réduire au seul office de support. Dans ce but elles s'élargissent et deviennent plus ou moins engaî-

nantes, elles se masquent donc mutuellement, mais sans inconvénient, puisqu'elles ne sont pas des organes d'alimentation aérienne. Chacune d'elles devient une tunique épaisse, charnue, qui s'insère presque toujours, comme dans les *Allium*, *Amaryllis*, *Leucoïum*, narcisses, tulipes, etc., sur toute l'étendue d'une même circonférence du plateau, formant une sorte de coiffe sans solution de continuité, excepté au sommet, pour livrer passage aux hampes et aux limbes des feuilles sous-jacentes. Ainsi se trouve pallié, par une disposition aussi simple qu'élégante, un vice grave : l'absence ou l'imperfection de la ramification, entrepôt naturel, dans les phanérogames en général, des réserves alimentaires.

Le système axile, en effet, n'a pas uniquement pour mission d'élever dans la couche la plus favorable à son existence les parties essentiellement actives de l'organisme aérien, feuilles et fleurs ; il est encore pour la plante une sorte de grenier d'abondance dans lequel sont emmagasinées les réserves alimentaires. La brièveté de la tige et l'imperfection de la ramification expliquent cette grande propension à la tubérisation que montrent tous les organes de la plante bulbeuse, mais à des degrés divers selon les types. Parfois le plateau seul se tubérise et la plante se classe dans la catégorie des bulbes solides. Le plus souvent l'hypertrophie s'étend, comme nous venons de le remarquer, aux parties inférieures des feuilles, il en résulte deux formes peu différentes : le bulbe écailleux et le bulbe tuniqué. Bien rarement enfin la racine participe à cette modification, comme dans les *Agraphis campanulata* et *nutans*. Dans tous les cas, on le voit, le plateau est tubéreux, c'est là le caractère constant qui donne à toutes ces plantes leur conformation particulière, car il est l'origine du renflement tuberculeux basilaire, du bulbe ou de l'oignon en un mot. C'est lui enfin qui différencie ces végétaux des autres plantes acaules chez lesquelles au contraire la tubérisation se localise de préférence : soit dans les feuilles, soit dans la racine, à l'exclusion de la tige.

Jusqu'ici nous n'avons trouvé que des inconvénients à ces formes courtes, ramassées, trapues, animales pour ainsi dire, du système axile; elles ont pourtant sur la ramification ordinaire un genre de supériorité qui atténue, dans une certaine mesure, cette faiblesse des fonctions nutritives, conséquence irrémédiable de la pauvreté du feuillage : elles maintiennent le plateau dans le sol. Or ce milieu est le plus favorable des trois à la tubérisation ; il possède en outre une plus grande constance de caractères qu'aucun des deux autres, circonstance avantageuse à la longévité des organes enterrés et à la dispersion de la plante, une tige souterraine résistant mieux qu'une tige aérienne aux excès du chaud ou du froid. Aussi le bulbe est-il la seule partie persistante et par conséquent principale ; quant à l'appareil aérien, il semble une simple annexe du précédent. La plante à oignon est donc encore caractérisée par la prééminence du système souterrain sur le système aérien. Pour qu'une telle inégalité se manifeste et persiste, il faut évidemment que le végétal habite une région où le sol ait une puissance végétative supérieure à celle de l'atmosphère. Or cette condition est remplie dans deux cas : sous un climat froid sans être glacial, ou sous un climat torride n'ayant que deux saisons : l'une pluvieuse, qui est la période de végétation, et l'autre sèche pendant laquelle les organismes souterrains dorment, tout ce qui est herbacé disparaissant alors de la surface du sol brûlé par le soleil. Et c'est en effet dans

ces deux milieux qu'abondent les plantes bulbeuses, cantonnées dans nos contrées ou dans les plaines arides de la zone
intertropicale, particulièrement dans les sables brûlants de
l'Afrique australe. Ces régions, où pendant une notable partie
de l'année toute végétation aérienne devient impossible
par les rigueurs du froid ou les excès de la sécheresse, conviennent admirablement au tempérament de ces plantes dont
l'appareil aérien, si chétif, doit faire chaque année un vigoureux effort pour remplir sa mission. Ce travail forcé n'est
possible qu'après un repos absolu et prolongé, et par un
appareil annuellement renouvelé. Telle est là raison de ces
habitudes singulières, qui nous étonneraient beaucoup sans
doute si nous n'étions familiarisés, dès notre enfance, avec
cette manière d'être insolite et contraire à l'idée que l'on se
fait vulgairement de la plante. Ces bulbes, en effet, ne donnent signe de vie que pendant la belle saison ; alors ils produisent des racines, des feuilles, des fleurs, vivent, en d'autres termes, comme les autres végétaux. A un moment donné,
après la fructification dans nombre de cas, sans que les conditions extérieures aient provoqué ce changement, les feuilles,
arrivées au terme naturel de leur existence, jaunissent et se
flétrissent, les racines se dessèchent pour la même cause, et
bientôt la plante, réduite à son bulbe, tombe dans une lé-
thargie profonde. Alors vous pouvez, vous devez même sortir
de terre ce bulbe, inerte en apparence, et le traiter comme
une graine, c'est-à-dire le mettre à l'abri de l'humidité et du
froid. Voici donc une plante qui peut rester, sans souffrir,
plusieurs mois hors du sol ; voyons comment elle se comporte dans une situation si contraire en général à la nature
végétale. Le bulbe a été mis à l'abri du froid et de l'humidité, dans un tiroir par exemple, peu importe du reste l'endroit, car il ne redoute plus maintenant que la pourriture et
la gelée. Il dort, et son profond sommeil se prolonge sans interruption pendant des mois. Un jour il se réveille spontanément, les premières feuilles vertes pointent au-dessus des
écailles et quelques mamelons radicaux apparaissent sur la
couronne du plateau. Les conditions extérieures ont-elles
changé ? Nullement, l'oignon est toujours dans son tiroir. Mais
alors pourquoi ce retour à l'activité ? Parce que l'heure du réveil a sonné. Cette heure, vous pouvez l'avancer ou la retarder,
mais vous ne sauriez la supprimer sans tuer la plante. Laissez,
oubliez l'oignon dans son tiroir, et pendant plusieurs années
vous le verrez tous les ans, à la même époque, se réveiller,
essayer de végéter, languir par l'effet des mauvaises conditions dans lesquelles il se trouve, puis se rendormir. Il per-
sévérera dans ces efforts périodiques pendant plusieurs années, s'affaiblissant de plus en plus, vivant de sa propre
substance, comme l'animal en hibernation. Il ne mourra pas,
mais un jour il s'éteindra, comme la lampe, faute d'huile.
Au contraire, voulez-vous le tenir constamment en éveil ?
vous le pouvez encore, mais ce sera aux dépens de son existence, dont vous abrégerez considérablement le cours.

Ce qui précède montre combien sont rigoureuses les conditions imposées à la végétation aérienne des plantes bulbeuses ; et pourtant la dureté de ces conditions est parfois aggravée, dans certaines espèces déshéritées, par une
singularité d'organisation ou une particularité de climat.
Aussi la manière dont s'accomplissent les deux actes de la
vie aérienne, la foliation et la fructification, est-elle très-
sujette à varier dans ce groupe. Dans les phanérogames en
général la foliation peut précéder, accompagner ou suivre la
floraison. Cependant, puisqu'il est admis dans la science que
la fleur est une sorte de parasite vivant du travail de la feuille
et de la racine, ne faudrait-il point en conclure que les
feuilles, organes producteurs, doivent toujours précéder les
fleurs, organes consommateurs ? C'est là en effet une impérieuse obligation pour les espèces annuelles, dont toutes les
phases de la vie se condensent dans une seule période d'activité précédée du sommeil embryonnaire et terminée par la
mort. Mais c'est une simple convenance pour les espèces
dont l'organisation comporte un réservoir alimentaire toujours abondamment approvisionné par les végétations antérieures. Dans ce dernier cas l'ordre peut être interverti et se
régler ainsi : floraison au réveil de la végétation, à l'aide des
réserves alimentaires, puis, ce travail terminé ou pendant
qu'il s'achève, création et intervention d'un nouveau feuillage appelé à refaire l'approvisionnement alimentaire. Au
début d'une végétation les ressources alimentaires sont-elles
insuffisantes ? la floraison avorte cette année-là et se reporte
à la végétation suivante et plus généralement à l'époque où
la plante, épuisée par la maladie ou par des fructifications
trop abondantes ou trop répétées, s'est entièrement reconstituée. Ce mode d'évolution est même susceptible d'un perfectionnement très-simple, qu'adoptent beaucoup d'espèces
bulbeuses parmi les plus mal partagées sous le rapport de la
puissance nutritive. Il consiste non-seulement à diviser le
travail, comme c'est de règle dans les phanérogames, mais
encore à le répartir entre deux saisons différentes : la plante
se feuille au printemps, fleurit en automne et se repose deux
fois, en hiver et en été. Et, qu'on le remarque bien, ce
second sommeil, ce sommeil supplémentaire, ne lui est pas
moins nécessaire que le premier. Pour s'en convaincre, il
suffit de suivre pendant quelques années la végétation de
l'une de ces plantes, de l'*Amaryllis belladona* par exemple. La
foliation a-t-elle été contrariée par les intempéries du printemps, ou bien s'est-elle prolongée, sous l'influence d'un été
exceptionnellement pluvieux, au delà du terme ordinaire,
c'est-à-dire jusqu'à l'automne ? la floraison avorte, par insuffisance d'aliments dans le premier cas, par privation du sommeil estival dans le second. Le printemps, au contraire,
s'est-il montré clément, le feuillage s'est-il vigoureusement
développé pour être brûlé, à quelques mois de là par un été
sec et chaud qui a forcé la plante au repos complet ? alors,
aux premières pluies de l'automne, les hampes s'élancent,
fortes et plantureuses, toutes chargées de leurs fleurs les
plus grandes et les plus brillantes. Le colchique d'automne,
une de nos plantes indigènes, est le type populaire de ce
mode d'existence.

Au mois de septembre nos prairies s'émaillent de grandes
fleurs d'un rose lilas, dont les périanthes s'élèvent à peine
au-dessus de terre. Sans feuilles pour les entourer, elles ressemblent à des fleurs coupées que l'on aurait piquées dans
l'herbe. En réalité le tube du périgone se prolonge dans le
sol et se ferme au-dessous d'un pistil placé à près d'un déci-
mètre de la surface. La floraison terminée, la plante disparaît
pour reparaître au printemps suivant. Des feuilles sortent
alors de terre ; elles enveloppent, protègent et nourrissent les
fruits issus des fleurs épanouies l'automne précédent. Les
capsules mûrissent et les graines se disséminent pendant les
mois de mai et de juin ; les feuilles, à leur tour, se fanent,
meurent, disparaissent et la plante devient de nouveau invisible jusqu'à l'automne, où de nouvelles fleurs se montrent.

Telle est, en apparence, la vie du colchique ; il semble ne présenter point d'autres particularités que celle de se feuiller et de fleurir à des époques différentes : au printemps et à l'automne. Mais vus de plus près les faits se compliquent et l'on reconnaît que les foliations et les floraisons successives appartiennent à des individus différents, procédant les uns des autres par voie de bourgeonnement. Pour comprendre cette évolution, non plus d'un seul être, mais d'une suite d'êtres en filiation gemmipare, prenons le cycle des phénomènes en un point quelconque, par exemple aux premiers jours du printemps, à la fin du mois de mars ou au commencement du mois d'avril, au moment où les premières feuilles pointent hors de terre. En déterrant la plante on constate que les feuilles vertes naissantes sortent d'une espèce de gaîne scarieuse, noirâtre et ridée, formée de plusieurs membranes superposées. Cet étui renferme la plante en végétation et un bulbe nourricier. La plante en activité comprend alors : un bulbe solide muni de racines à sa base et portant à son sommet des feuilles naissantes et des fruits provenant de la floraison de l'automne précédent. La région inférieure est encastrée dans une gouttière verticale creusée le long d'une des faces d'un second bulbe, également solide, offrant tous les signes de la décrépitude : ridé, racorni, privé de racines et montrant à sa partie supérieure les derniers vestiges, noirs et parcheminés, de ce qui fut une hampe l'année précédente. Cet organisme en voie de dépérissement est le bulbe nourricier, il adhère et communique à la région latérale inférieure du bulbe en activité et n'est plus aujourd'hui qu'un simple réservoir de substances alimentaires. Durant la belle saison, complétement épuisé, il se détachera enfin de la plante qu'il a engendrée et nourrie dans son enfance. Du reste l'existence active de cette dernière touche à son terme. Elle consacre le printemps à mûrir ses graines, à émettre, de la base de son bulbe grossi, et à nourrir un bourgeon de remplacement, un seul ordinairement. Puis les portions vertes de ses feuilles se dessèchent et tombent, mais leur région inférieure persiste pour constituer l'étui protecteur contre les rigueurs du prochain hiver. Enfin, privée également de ses racines, la plante cesse de végéter ; elle n'aura plus jusqu'à sa mort ni feuilles, ni fleurs, ni racines. Ainsi réduite à son bulbe, son rôle se bornera désormais à celui d'entrepôt alimentaire, et elle achèvera de s'épuiser aux profits de la nouvelle plante en voie de formation. Pendant l'automne celle-ci émet de son sommet une hampe exclusivement florifère ; elle se comporte alors comme un rameau fleuri, mais aphylle, ou mieux à feuilles rudimentaires d'un végétal ordinaire quelconque. Puis elle passe l'hiver fixée au bulbe nourricier à l'abri de l'étui scarieux préparé par ce dernier. Quand le printemps renaît, cette vie de parasite cesse, le jeune bulbe s'enracine par le pied et produit des feuilles qui le nourrissent à leur tour et lui permettent de mener à bien sa fructification. Pendant ce temps il achève d'épuiser le bulbe dont il est issu, donne naissance à son bourgeon de remplacement, et son existence s'achève comme s'est achevée celle de la plante mère.

II. — LES MODES DE PROPAGATION.

Toutes les forces vives de la plante sont appliquées à la propagation dont elles modifient la puissance en diversifiant ses moyens, selon le nombre et la nature des dangers qui menacent la vie de l'individu. Des deux modes adoptés dans l'organisation végétale, la reproduction par graines, ou reproduction proprement dite, est supérieure à celle par bourgeons libres ou multiplication, parce que les individus nés de graines apportent en naissant une plus grande aptitude à la variation que ceux issus d'une simple division de la plante mère. Les premiers peuvent dès lors s'accommoder plus aisément que les autres aux conditions extérieures, ce qui leur facilite la prise de possession du sol. Aussi, dans les types phanérogames, voit-on le premier mode dominer ordinairement le second et le réduire, à part quelques cas exceptionnels faciles à interpréter, à l'état d'auxiliaire. Voyons s'il peut en être ainsi dans la plante bulbeuse.

La floraison offre dans les phanérogames deux types différents et d'inégale valeur : un grand nombre de petites fleurs ou, réciproquement, un petit nombre de grandes fleurs. Dans l'un et l'autre cas sans doute on peut obtenir le même nombre total de graines embryonnées, mais elles sont inégalement réparties entre les fleurs, selon le mode de floraison : peu nombreuses dans les premières, très-abondantes, au contraire, dans les secondes. Ainsi l'importance des fleurs croît en raison inverse de leur nombre. Le premier dispositif est donc supérieur au second ; car, en diminuant la valeur individuelle de la fleur, il rend plus aisément réparable la perte accidentelle de quelques-unes d'entre elles. Malheureusement, l'état rudimentaire de son système axile astreint la plante bulbeuse à se contenter du second mode de floraison, d'où il résulte une infériorité manifeste pour elle et l'obligation de favoriser, par d'habiles mesures, l'évolution du petit nombre de fleurs qu'elle peut porter. Ainsi, pour atténuer les funestes conséquences de l'atrophie congénitale de l'axe primaire, chacune des fleurs devrait posséder le maximum de fécondité. Or, il est loin d'en être ainsi, comme nous allons essayer de le montrer, d'où l'obligation pour la plante de chercher dans la gemmiparité une compensation indispensable.

La fécondité florale, comme tout acte physiologique du reste, tient à deux ordres de conditions : à la nature des circonstances extérieures et à la conformation de l'appareil luimême. Les circonstances extérieures ne sont pas favorables à la floraison de la plante bulbeuse. Toute fleur, en effet, est essentiellement organisée pour la vie aérienne ; il lui faut largement l'air et la lumière. Pour atteindre ce but, les fleurs naissent isolément à l'extrémité d'axes simples ou diversement ramifiés, parfois aphylles, au moins sur une partie de leur étendue, plus souvent munis de feuilles réduites ou bractées, d'autant plus rabougries qu'elles sont plus haut situées par rapport à l'axe primaire. Ce feuillage floral, rare et grêle, dégage les fleurs et leur permet de recevoir sans obstacle les influences extérieures. La nomenclature des divers membres de ce système axile, qui réuni aux fleurs reçoit le nom d'inflorescence, est très-arbitraire. Souvent on donne indistinctement à tous les axes la même dénomination de pédoncules ; toutefois, pour indiquer leurs différents âges, on dit : pédoncule primaire, pédoncules secondaires, pédoncules tertiaires, etc. Parfois on appelle rachis l'axe primaire, pédicelles les dernières ramifications, et pédoncules les ramifications intermédiaires, sans attacher de sens bien précis à ces termes. Le système axile floral est temporaire dans toutes les espèces ; il meurt sa fonction terminée, c'est-à-dire la fructification accomplie. Ce n'est point d'ailleurs une création spéciale, mais une simple adaptation d'organes préexistants, comme le prouve la transformation très-ordinaire de la portion terminale d'un axe feuillé, tige ou rameau, en une inflorescence que l'on appelle alors terminale. Souvent aussi tout le rameau se convertit en une inflorescence que l'on nomme dans ce cas axile, toujours par raison de position. Les caractères de l'inflorescence et sa situation sont du reste réglés, dans chaque cas particulier, par la nature du feuillage de façon à permettre le facile accès des agents physiques, sans que leur intervention puisse jamais devenir trop vive, et, partant, nuisible. Les traits ordinaires à l'inflorescence sont profondément altérés dans la plante bulbeuse par suite de la condensation du feuillage en une rosette radicale. Les modifications ont pour but de combattre les effets fâcheux, pour la floraison, de cet état de choses et portent spécialement sur deux points ; 1° l'accroissement en diamètre du pédoncule primaire pour lui donner la force de supporter le poids de la floraison, concentrée en une ou un très-petit nombre d'inflorescences ; 2° l'allongement du même axe, afin de dégager les fleurs du feuillage, les sortir de la couche d'air inférieure peu favorable à la végétation et leur faciliter l'accès de l'air et de la lumière. Ces modifications changent beaucoup la physionomie habituelle au pédoncule primaire, et lui font donner le nom particulier de hampe. La présence de hampes fortes, dressées et allongées est donc un des traits essentiels de la plante bulbeuse ; il dérive fatalement de son caractère fondamental, la brièveté de la tige ; il est enfin, pour ceux d'entre elles qui le possèdent, un signe de supériorité.

Abordons maintenant la seconde question, et voyons si la structure de la fleur réunit, chez ces mêmes végétaux, les conditions d'une puissante fécondité. Rappelons d'abord une disposition à leur avantage. On ne rencontre que tout à fait exceptionnellement chez elles des cas de diœcie et même de monœcie. Or, les obstacles sont évidemment plus grands et surtout plus nombreux dans la fécondation entre fleurs unisexuées que dans celle, même croisée ou indirecte, entre fleurs hermaphrodites. Mais cet avantage est en partie compensé par des dispositions défavorables, comme nous allons le reconnaître en étudiant la conformation de leurs organes floraux. Le but à atteindre pour une plante quelconque est, répétons-le, d'obtenir un grand nombre de graines. Un des moyens faciles d'y parvenir serait évidemment de leur donner un volume minimum en réduisant le contenu, c'est-à-dire l'embryon et la masse alimentaire indispensable à la création, par l'acte de germination, des premiers organes de nutrition. La réduction de l'embryon s'obtient au détriment de son organisation, qui se simplifie de plus en plus et tend vers l'homogénéité par l'effet d'un arrêt de développement plus ou moins prématuré, qui a l'inconvénient d'accroître toujours la durée de la germination ; la plantule dégradée achevant en dehors de la graine l'évolution qu'elle aurait dû terminer sous les téguments séminaux. Ce défaut, du reste, disparaît par le parasitisme qui donne une nourrice à l'être trop rudimentaire, menacé dans son existence par son imperfection même. Aussi les plantes à embryons plus ou moins homogènes ou indivis sont-elles parasites, comme les balanophorées, cuscutées, cytinées, monotropées, orobanchées, rafflésiacées, etc. Quant à la masse alimentaire, qu'elle forme sous le nom d'albumen un corps distinct de l'embryon, ou

bien qu'elle soit localisée dans le corps cotylédonaire du jeune organisme, elle ne saurait non plus être réduite au-dessous d'une certaine limite sans rendre l'évolution germinative impossible. Et encore dans le voisinage de cette limite la rareté des ressources alimentaires, comme plus haut la grande imperfection de l'embryon, condamne la plante au parasitisme : qu'elle ait un albumen proprement dit, ou albumen externe, comme dans les balanophorées, cuscutées, orobanchées, rafflésiacées, etc., ou un albumen diffusé dans l'organisme, comme chez les cytinées, les monotropées, etc. Or, aucune plante bulbeuse n'est parasite, aucune n'a cet albumen rudimentaire et cet embryon informe des types précédents, donc leurs graines ne seront point très-menues et leur nombre ne résultera jamais de leur exiguïté, mais d'autres causes et surtout de la forme et des dimensions du fruit. Sous ce rapport, il y a lieu de distinguer deux cas : ou la fleur contient un petit nombre d'ovaires multi-ovulés ou, réciproquement, un grand nombre d'ovaires pauci-ovulés. La première disposition, moins avantageuse que l'autre pour le motif invoqué plus haut, est néanmoins celle adoptée par la plante bulbeuse qui présente, à cet égard, une remarquable uniformité de structure. Dans toutes les espèces, il existe trois pistils soudés formant un ovaire à trois loges. Le fruit pourrait, il est vrai, si l'organisation de la plante s'y prêtait, devenir très-volumineux comme celui de la plupart des cucurbitacées : potirons, courges, melons, etc., et contenir, par conséquent, un grand nombre de graines ; mais il n'en est jamais ainsi ; la faiblesse de l'appareil foliacé s'y oppose et le fruit, généralement capsulaire, parfois bacciforme, reste toujours de petit volume. Mais au moins toutes les précautions sont-elles prises pour féconder le nombre très-restreint d'ovules que peut renfermer ce triple ovaire ? Examinons ce point.

On admet généralement qu'un tube pollinique est nécessaire et suffisant pour féconder un ovule, et comme d'autre part chaque grain de pollen émet au moins un tube pollinique, il en résulte qu'à la rigueur il suffit d'autant de grains de pollen que d'ovules à féconder. Mais un grand nombre de ces corpuscules n'arrivent pas à destination, et, parmi ces derniers, il en est beaucoup dont l'évolution avorte pour une cause accidentelle. Donc les chances de fécondation seront en raison directe de l'abondance du pollen, du degré de facilité de son transport, et resteront subordonnées enfin, comme tout acte organique du reste, aux conditions climatériques. Dans les plantes bulbeuses, leurs trois ou plus ordinairement six étamines, à longues et grosses anthères biloculaires, fournissent du pollen en abondance. Les rapports directs des anthères et des stigmates de la même fleur sont généralement faciles, grâce à la conformation de ces organes et aux attitudes favorables prises par les fleurs au moment de l'anthèse. A cet égard, ces végétaux sont donc bien partagés. Mais il est reconnu aujourd'hui que, même dans les fleurs hermaphrodites, les fécondations indirectes entre fleurs distinctes donnent de meilleurs résultats que les fécondations directes entre étamines et pistils d'une même fleur. La plante bulbeuse possède-t-elle ce genre de supériorité ? Des fécondations croisées ont été reconnues avec certitude dans plusieurs de leurs espèces, dans les crocus entre autres. Le fait, bien connu des horticulteurs, que les amaryllis de serre-chaude restent stériles dans nos contrées, si on ne les féconde artificiellement, ou si l'on n'a pas la précaution de laisser les insectes pénétrer jusqu'à elles, est une forte présomption en faveur de l'existence d'une fécondation croisée chez ces magnifiques végétaux. Voyons donc si l'organisation générale des espèces bulbeuses, et leur genre de vie qui en est la conséquence nécessaire, sont favorables ou non aux relations entre pollens et ovaires de fleurs différentes.

Le pollen est transporté de deux façons : par un moteur inconscient, le vent, ou par un moteur animé, l'insecte. Ces deux moyens ne font pas double emploi; chacun d'eux répond à des conditions distinctes et ne saurait suppléer l'autre. Ils ont d'ailleurs des degrés d'efficacité inégaux, le premier étant manifestement inférieur au second. Le vent intervient surtout en l'absence des insectes, aux derniers jours de l'hiver, lors des premières floraisons de l'année nouvelle, quand les rigueurs de la saison et le manque de nourriture rendent la vie impossible à ces derniers. Pour que la force motrice du vent puisse utilement s'exercer, le pollen doit être abondant ; car beaucoup de grains sont perdus dans cette dissémination aveugle; il faut, en outre, qu'il soit très-finement granulé et que l'anthère donne prise au vent. Pour satisfaire à ces deux dernières conditions, les enveloppes florales seront nulles ou rudimentaires et la floraison précédera la foliation, ou tout au moins l'étamine fera saillie hors du feuillage. Mais si l'étamine, organe très-temporaire, qui n'a que quelques jours, que quelques heures même à se montrer hors de ses enveloppes protectrices et nourricières, le périanthe et les bractées, peut s'accommoder d'une pareille situation, il n'en saurait être de même de l'ovaire, organe permanent appelé à devenir le fruit et à parcourir, sous cette forme, une évolution au moins de plusieurs mois pendant lesquels il lui faut des abris convenables et appropriés à la nature des intempéries de la saison ou des saisons qu'il traverse. Dans le cas de transport du pollen par le vent, les étamines et les pistils ont donc des intérêts antagonistes, d'où la tendance à la séparation des sexes ou à l'unisexualité de la fleur chez ces espèces : amentacées, conifères, etc. Les plantes bulbeuses ne remplissent aucune de ces conditions : végétaux herbacés, leurs fleurs, fréquemment masquées par les herbes qui les entourent, ne sont jamais unisexuées, à de très-rares exceptions près, et possèdent un double périanthe, le plus ordinairement très-largement développé. Néanmoins, beaucoup de leurs espèces fleurissent au printemps, alors que de rares insectes commencent seulement à se montrer, plusieurs même épanouissent leurs fleurs pendant les mois de février et de mars, comme le perce-neige et les *Leucoium*. Aussi ces deux derniers fructifient-ils rarement. Toutefois, on doit attribuer l'avortement de leurs graines aux intempéries, et non point au manque de pollen sur les stigmates, car il suffit de rentrer les plantes au moment de la floraison pour assurer leur fructification.

Les fleurs des plantes bulbeuses sont-elles au moins plus favorablement organisées pour le colportage du pollen par les insectes? Oui sans doute, bien que la floraison hâtive de beaucoup d'entre elles soit une entrave et parfois même une impossibilité absolue. Pour être transportable par les insectes, le pollen doit être glutineux et non point pulvérulent, sinon l'animal, en visitant la fleur, se chargera bien de la poussière pollinique, mais s'en débarrassera inévitablement pendant les mouvements du vol. Il faut, en outre, que la fleur attire l'insecte par les séductions du nectar qu'elle sécrète et même, ajoutent quelques physiologistes, par les attractions des couleurs voyantes dont elle se pare et des odeurs pénétrantes qu'elle exhale. Elle doit enfin l'obliger, par des dispositions spéciales, à frôler les anthères. Ces conditions sont satisfaites, il est vrai, dans la plante bulbeuse, mais point toutes avec la même supériorité que dans tel ou tel autre groupe phanérogame. Ainsi la réunion en une seule masse, ou pollinie, de tous les grains de pollen nés dans une même loge est, dans ce sens, très-avantageuse, mais cette disposition est spéciale aux asclépiadées et aux orchidées qui ne renferment point d'espèces bulbeuses. Sans doute, par leurs puissants appareils nectarifères, par la richesse et l'éclat des coloris de leur périanthe, les fleurs des plantes bulbeuses attirent les insectes en grand nombre. Mais ce périanthe est trop largement ouvert, en général, pour obliger l'animal, à moins qu'il ne soit relativement de forte taille, à prendre directement le pollen sur l'anthère. Très-souvent il le recueille sur la paroi interne du périanthe, quand il la parcourt pour atteindre les nectaires placés au fond de la fleur. Il est alors mêlé à cette poussière mixte déposée et accumulée là par le vent ou le passage d'autres insectes. C'est une circonstance favorable aux croisements.

Le plus caractérisé des organes floraux de la plante bulbeuse est certainement le périanthe. A considérer son ampleur, la diversité et la richesse de ses coloris, sa configuration assez uniforme, on ne saurait douter de l'importance de sa mission. Ne voir en lui, comme on l'admet généralement pour toutes les phanérogames, qu'un simple appareil protecteur est, selon nous, méconnaître la partie principale de ses attributions. Le fait que, dans toutes les fleurs où l'enveloppe pétaloïde existe, elle a la même durée que l'androcée, révèle déjà entre ces deux groupes d'organes une étroite parenté et donne à penser que, outre son rôle protecteur, la foliole pétaloïde est pour son étamine un organe nourricier. Dans notre opinion, l'étamine procède du pétale et son développement est subordonné à la nature et au degré d'activité de ce dernier. Voilà pourquoi un puissant androcée se rencontre toujours dans une ample corolle, comme on l'observe dans les *Magnolia*, *Nymphœa*, pavots, pivoines, etc. Dans es plantes bulbeuses, le périanthe est constitué par six folioles réparties en deux verticilles de trois pièces chacun, disposition qui permet à l'appareil de prendre sans difficulté un développement notable, car la réduction à trois pièces par verticille laisse à chaque foliole une large surface d'insertion et une grande liberté d'expansion, surtout lorsque ces organes restent indépendants les uns des autres. Les deux verticilles étant toujours fort rapprochés l'un de l'autre s'unissent fréquemment entre eux, en sorte que le périanthe est dialyphylle ou gamophylle. Les configurations variées dues à l'assemblage des six folioles oscillent autour d'un type moyen dont elles s'écartent plus ou moins dans un sens ou dans un autre, donnant lieu ainsi à des dégradations ou à des perfectionnements qu'il nous faut comprendre et apprécier. Pour y parvenir, prenons le cas le plus complexe, celui de l'enveloppe gamophylle ; quelques mots suffiront ensuite pour étendre les résultats obtenus à l'enveloppe dialyphylle. Un périanthe gamophylle comporte naturellement deux parties : l'une inférieure, le tube, qui s'étend de la base au point de disjonction des folioles; l'autre supérieure, le limbe, comprenant le reste de l'appareil. La ligne idéale qui sépare ces deux organes marque la position de ce que l'on nomme la gorge. Chacune des deux régions, tube et limbe, est susceptible d'un développement variable, et un périanthe peut être réduit à son tube ou, réciproquement, ne comprendre qu'un limbe et devenir, par conséquent, dialyphylle. Du reste, les changements de formes et de proportions du tube et du limbe sont de même nature; il suffit donc de les étudier dans l'un d'entre eux, dans le tube, par exemple. Or, deux formes dominent : le cylindre et le tronc de cône. La première a deux graves défauts : 1° pour une même largeur du réceptacle, l'étendue totale de la surface dépend de la hauteur du cylindre, hauteur qui ne saurait être grande sans entraîner des complications faciles à prévoir dans la structure des organes reproducteurs; 2° cette forme exige un large réceptacle, sinon elle laisse trop peu de place aux ovaires et restreint beaucoup le nombre des ovules. Ainsi la corolle du lilas a un tube très-étroit, non pas précisément cylindrique, mais très-légèrement conique; aussi le fruit à deux loges ne contient-il que quatre graines. Ce dernier inconvénient n'existe pas, il est vrai, pour les ovaires infères; alors le tube corollin peut être très-étroit sans porter préjudice aux graines. Il ne faut donc pas s'étonner si, dans beaucoup de plantes bulbeuses, des ovaires infères sont surmontés de tubes très-rétrécis à leur base. Une première tentative de conciliation entre ces exigences antagonistes se montre dans la forme dite tubuleuse. Chez elle, le tube est composé de deux cylindres superposés, de diamètres inégaux : le plus large est terminal et se raccorde à l'inférieur par une bandelette tronc-conique. Quoi qu'il en soit, le cylindre est une forme dégradée, et une amélioration manifeste se produit quand le tube devient tronc-conique. Pour le même diamètre du réceptacle et la même longueur du tube, la surface du tronc de cône est supérieure, en effet, à celle du cylindre; elle grandit, en outre, quand l'angle d'ouverture augmente, et atteindrait son maximum facile à calculer dans le cas idéal où le tube deviendrait un plan perpendiculaire au pédoncule; alors l'angle d'ouverture serait de 180 degrés. La forme tronc-conique a de plus l'avantage, sur la forme cylindrique, de présenter une profondeur ou hauteur variable depuis zéro, quand le tube est plan, jusqu'à la longueur même du tube, quand l'angle d'ouverture est nul. Une particularité lui est propre et sera utile ou nuisible à la fleur selon le climat, c'est d'avoir une gorge très-largement ouverte pour peu que le tube soit long. Mais elle a un défaut qu'elle partage, du reste, avec la configuration précédente, c'est de gêner le développement de l'ovaire, à moins que le réceptacle ne soit de grand diamètre. Pour améliorer cette forme, le tube s'évase dès la base, laissant ainsi aux ovaires toute liberté de développement; et la gorge reste ouverte ou se ferme plus ou moins, selon les conditions extérieures, lors de la floraison : très-large si la fleur s'épanouit à l'abri du grand soleil ou d'un air très-vif, et très-resserrée dans le cas contraire. Le périanthe est dit en cloche ou campanulé dans la première circonstance, en grelot ou urcéolé dans la seconde. Dans l'une et l'autre conformation, l'hypertrophie du tube s'accompagne d'une atrophie équivalente du limbe, dont l'extrême petitesse est l'un des traits caractéristiques des types campanulé et urcéolé. Mais qu'on le remarque bien, si ces deux dispositions favorisent également l'agrandissement du périanthe et la multiplication des graines, elles répondent cependant à des conditions biologiques très-distinctes, comme le prouve l'exemple des campanules et des bruyères. Dans l'un et l'autre genre, la fleur produit ordinairement un grand nombre de graines; mais appartient-elle aux campanules? Sa

corolle, généralement ample et toujours largement ouverte, lui donne une irritabilité qui l'oblige à rechercher les localités humides et ombragées. Toutefois ses attitudes diverses (dressées, horizontales ou pendantes), la grandeur variable de sa corolle, la manière dont elle se groupe avec les fleurs voisines et bien d'autres particularités lui permettent, comme à toutes fleurs en général, d'élargir son aire d'habitat au point que, si certaines espèces, le *Campanula trachelium*, par exemple, habitent exclusivement nos bois, d'autres, le *C. persicifolia* et le *C. glomerata* entre autres, recherchent, au contraire, nos prairies montagneuses, découvertes, plus ou moins sèches et rocailleuses. Mais aussi les fleurs sont dressées dans la première espèce, nutantes dans la seconde, et serrées les unes contre les autres en courts capitules dans la troisième pour se mieux protéger du soleil d'été. La fleur des bruyères est tout autrement conformée. Quelques-unes de leurs nombreuses espèces habitent nos coteaux incultes et dénudés; les autres se plaisent dans les terrains arides et sablonneux du cap de Bonne-Espérance, leur patrie de prédilection. Obligée de se protéger elle-même contre les ardeurs du soleil (car un grand feuillage ne saurait subsister sur un sol desséché, fréquemment exposé à la soif), la fleur des bruyères, avec sa corolle petite, parcheminée, urcéolée et nutante, est parfaitement appropriée, par sa conformation et son attitude, à ce climat sec et chaud. En outre, chacune des deux formes campanulée et urcéolée comporte un type dégradé que l'on peut définir : une cloche ou un grelot porté sur un pied conique. Une seule de ces conformations secondaires, celle qui dérive du tube campanulé, a reçu un nom : on la dit infundibuliforme ou en entonnoir.

Signalons, enfin, une seconde et dernière série de modifications du tube conique. La série précédente se caractérise par un développement très-faible du limbe, en sorte que le perfectionnement du périanthe résulte surtout de l'agrandissement du tube. Dans celle-ci, les phénomènes sont inverses : le tube reste toujours de faibles proportions; d'organe principal, il devient partie accessoire et n'est plus que le support du limbe. Pour accroître la puissance du périanthe, ce dernier seul grandit; mais ici les changements de formes sont plus faciles à réaliser en raison de l'indépendance des folioles, et il leur suffit de s'écarter pour gagner en largeur. Au degré inférieur, nous trouvons ce que l'on nomme la forme tubuleuse dans laquelle le limbe est un cylindre, ou plus exactement un corps cylindro-conique enté par son bord le moins large sur le sommet du tube. Puis les portions libres, s'écartant de plus en plus et se creusant diversement pour accroître leur superficie, arrivent enfin à se placer dans un plan perpendiculaire au tube. D'après la longueur de ce dernier et la conformation des folioles, on distingue ici trois types principaux. Si le tube n'est point rudimentaire et que les folioles soient creuses, le périanthe est hypocratérimorphe ou en patère; il est étoilé si les segments libres sont placés dans un même plan. Ces deux formes se fondent en une seule et deviennent la forme rotacée, ou en roue, lorsque le tube est rudimentaire. De ces trois conformations : tubuleuse, hypocratérimorphe et étoilée, la première en masquant plus ou moins, selon les dimensions du limbe, les organes reproducteurs, et les deux autres en les démasquant, au contraire, répondent à des conditions physiques différentes. Ajoutons que les pièces du limbe dépassent souvent la position horizontale, s'inclinent plus ou moins vers le sol, deviennent récurvées ou réfléchies, modifiant ainsi à leur gré les impressions exercées sur elles par les agents atmosphériques.

Les périanthes dialyphylles réalisent des formes semblables par les mêmes moyens. Quant aux conformations irrégulières, gamophylles et dialyphylles, elles sont rares et peu accusées en général. Une des moins rares est la forme bilabiée, que l'on rencontre dans deux types à ovaire infère : une amaryllidée, le *Griffinia*, et une iridée, le *glaïeul*. Mais que le périanthe soit gamophylle ou dialyphylle, il peut revêtir toutes les formes régulières définies plus haut, tout en affectionnant la forme campanulée. On exprime parfois ce fait en appelant ces plantes « liliiflores », pour rappeler la ressemblance de leurs fleurs avec celles du lis. Ces nombreuses variations de formes, comprises entre d'aussi larges limites, adaptent la fleur à des climats très-différents, permettent une grande diversité dans les époques de floraison, et facilitent ainsi la dispersion d'espèces que leur mode spécial de végétation cantonnait, au contraire, sur des espaces très-restreints. Ainsi dans les *Galanthus* et les *Leucoium*, plantes à floraison très-hâtive et à ovaire infère, les sommets des segments se rapprochent et le périanthe prend une forme intermédiaire entre la cloche et le grelot. Au contraire le lis, qui fleurit en juin, a un périanthe campanulé largement ouvert. Enfin, chez les plantes bulbeuses, la forme en grelot est tout à fait exceptionnelle. Or, le périanthe des muscari ressemble à la corolle d'une bruyère; mais les muscari fleurissent au printemps, quelques-uns même de fort bonne heure, sur nos prés, nos champs et nos vignes, au grand air, par conséquent; aussi leurs fleurs naissent-elles en grappes denses pour se protéger mutuellement, et leur périanthe, d'ailleurs fort petit, est-il fermé à la gorge. Parfois il se forme sur la face interne du périgone, à la hauteur de cette dernière, des appendices pétaloïdes de caractère variable, dont l'ensemble constitue la coronule. C'est un organe protecteur de l'étamine et du stigmate, comme le prouvent certains faits, entre autres le suivant. Dans les hautes prairies d'Auvergne abondent deux narcisses : le narcisse faux-narcisse et le narcisse des poëtes. Mais le premier fleurit au mois de mars et le second seulement à la fin du mois d'avril ou au commencement du mois de mai. Pourquoi donc cette différence de plus d'un mois entre les floraisons de deux plantes d'une organisation semblable en apparence et vivant sur le même sol? C'est que le périanthe des narcisses est infundibuliforme et possède une coronule de dimensions très-inégales dans les deux espèces précitées. De même longueur que les segments du périgone dans la première espèce, elle se réduit, dans la seconde, à une simple cupule. Les organes reproducteurs du narcisse faux-narcisse sont donc mieux abrités contre les intempéries que ceux du narcisse des poëtes; aussi la première espèce fleurit-elle sans danger à une époque qui serait funeste à la fructification de la seconde. Cette différence d'organisation se traduit encore par la différence des attitudes. La fleur du faux-narcisse tient horizontalement son axe longitudinal, en sorte que la coronule abrite les organes reproducteurs du rayonnement nocturne. Lors de la floraison du narcisse des poëtes cette cause de refroidissement a disparu, au moins en grande partie, aussi la fleur se dresse-elle, et sa coronule très-brève permet aux organes reproducteurs de recevoir sans obstacle les rayons plus vivifiants du soleil de mai. Dans toutes les pha-

nérogames du reste, la possibilité de varier ses attitudes est pour la fleur le moyen le plus simple, mais non le seul, de s'accommoder aux conditions climatériques. J'en citerai encore quelques exemples empruntés naturellement aux espèces bulbeuses.

Les premières floraisons, dans ce groupe, appartiennent, nous l'avons dit, aux *Galanthus nivalis* et aux *Leucoium vernum*. S'élevant peu au-dessus du sol, leurs fleurs nutantes se réchauffent à son contact et recueillent aisément, grâce à leur attitude, la faible chaleur rayonnée par la terre sous le pâle soleil de février; leur petit périanthe les rend en outre peu sensibles aux influences atmosphériques. Plus tard, en mars, quelques fleurs dressées s'épanouissent, mais elles prennent des précautions particulières et variables pour se garantir des rigueurs de la saison. Ainsi l'ovaire du safran printanier reste enterré pendant la durée de l'épanouissement du périanthe, d'ailleurs plus ou moins velu à la gorge. Plus tard encore le climat s'adoucissant, les fleurs dressées peuvent s'élever et s'ouvrir davantage, c'est l'époque de la floraison des tulipes dites *Duc de Tholl*. Cependant il est de bien bonne heure pour une telle conformation, et les fleurs sont souvent compromises par cette grande hâtivité. Aussi forment-elles une sorte d'exception, et celles qui les suivent pendant les mois de mars et d'avril ont une attitude et une conformation autres. Ce sont les jacinthes dont les fleurs, moyennement basses comme les précédentes, ont sur elles l'avantage d'une organisation mieux appropriée à la saison, car leur périanthe gamophylle, plus petit, à tube incliné vers la terre, leur donne une force de résistance supérieure à celle que trouve la tulipe Duc de Tholl dans son périanthe dressé, ample, en forme de cloche largement ouverte. C'est également l'époque de la floraison des fritillaires, dont les hampes fortes et hautes portent leurs fleurs dans un climat plus froid, aussi sont-elles franchement nutantes. Les tulipes dites des fleuristes commencent alors à se montrer et terminent leur floraison avec le mois de mai. Dans toutes ces espèces, tulipes, jacinthes, fritillaires, les folioles du périgone épaisses, fermes, presque charnues, sont admirablement organisées pour leur double rôle d'organe nourricier et protecteur. Quand arrivent les fortes chaleurs des mois de juin et de juillet, les fleurs campanulées dont la gorge n'est pas suffisamment fermée ou protégée, s'inclinent de nouveau vers la terre durant leur épanouissement, comme chez le lis. Enfin l'automne ramène, avec l'adoucissement de la température, les fleurs dressées et librement ouvertes des colchiques entre autres.

Cette longue discussion, dont nous pourrions aisément multiplier les arguments, prouve que la plante bulbeuse n'est point favorisée sous le rapport de la reproduction, et probablement ses types ne se seraient jamais implantés à la surface de la terre, s'ils ne trouvaient dans la gemmiparité une compensation suffisante aux imperfections et aux défaillances de leur propagation sexuelle. Tout le monde est frappé de la facilité et des singularités apparentes du bourgeonnement de ces plantes, fait d'autant plus remarquable qu'elles appartiennent à un embranchement, celui des monocotylédones, où ces productions sont très-rares. On a même parfois exagéré l'importance du phénomène et méconnu sa signification en multipliant à tort pour ces bourgeons les dénominations spéciales : appelant les uns caïeux et les autres bulbilles, selon qu'ils naissent sur le bulbe ou sur la hampe, dans le sol ou dans l'air. En réalité ils ont la même constitution, à quelques différences près amenées par la diversité d'habitat. Parfois on s'est efforcé d'établir entre eux et l'embryon ordinaire une assimilation complète; en agissant ainsi on a forcé les analogies et méconnu les dissemblances. Si l'on compare une graine à un caïeu, oui l'analogie est complète, car il y a dans ces deux corps organisés un embryon et des réserves alimentaires. Mais la ressemblance s'arrête là, et l'on tombe dans l'erreur si l'on veut assimiler, comme on le fait quelquefois, le caïeu à l'embryon de la graine. Comme à tous les bourgeons, en effet, il manque à celui-ci, pour ressembler à un embryon, un rudiment de racine, une radicule; aussi l'appareil radical du sujet issu de caïeu est-il toujours adventif, d'où une infériorité de cette plante sur celle provenant de graine. Mais entre ces corps il est d'autres différences. Dans l'embryon proprement dit les réserves alimentaires, ou résident à l'extérieur dans l'albumen, ou se déposent dans la trame des tissus du corps cotylédonaire, mais jamais dans les feuilles rudimentaires de la gemmule. Plus tard, quand les cotylédons épuisés disparaissent, ces matériaux changent d'organe d'élection et s'accumulent dans les axes. Leur abondance est alors subordonnée aux proportions du système axile, et la jeune plante vit au jour le jour tant que ce dernier n'a point atteint un développement suffisant. La plante acaule fait exception à cette règle; réduite à une tige rudimentaire, elle imite l'embryon et loge ses réserves alimentaires, non plus, il est vrai, dans une ou deux feuilles choisies, mais dans toutes celles que porte son axe atrophié. Si donc un bourgeon, dans la généralité des cas, ne peut vivre d'une existence propre, c'est-à-dire indépendante de celle de la plante mère, cela tient à son habitude de mettre en réserve dans son axe ses ressources alimentaires. Comme cet axe est rudimentaire, il en résulte qu'ordinairement l'approvisionnement est insuffisant. Voilà pourquoi on éprouve toujours plus de difficulté à bouturer un bourgeon ordinaire que le rameau qui en provient. Or, ce qui caractérise les caïeux et les bulbilles, et les distingue des bourgeons ordinaires, c'est leur propension naturelle et constante à confier aux feuilles leurs réserves alimentaires, d'où leur vient leur aspect particulier et leur nom spécial de bourgeons charnus. Il faut toutefois se garder d'exagérer cette différence, car nous savons que dans le bulbe tous les organes foliacés ne sont point et ne sauraient être tous entièrement charnus; certains d'entre eux restent membraneux et verts, au moins partiellement, afin de remplir le rôle spécial dévolu au feuillage dans l'ensemble des phénomènes de nutrition. On conçoit maintenant pourquoi ces bourgeons charnus peuvent, sans périr, se séparer accidentellement ou naturellement de la plante mère, s'enraciner et végéter à leur tour; on aperçoit enfin l'origine de cette indépendance plus grande qui leur donne une certaine ressemblance avec l'embryon. On s'est étonné souvent de cette conformation des caïeux et des bulbilles, on a vu là une singularité, presque une exception aux lois ordinaires de l'organisation et de la vie, tandis qu'elle en est au contraire la confirmation. Car l'existence de bourgeons charnus, dans la plante bulbeuse, est un effet d'hérédité, une conséquence nécessaire de cette règle générale, mais non absolue, qui oblige l'être organisé à ressembler de très-près à ses ascendants. Une espèce bulbeuse, qui ne produirait que des bourgeons ordinaires, serait au contraire un exemple et une exception de génération alternante. Telles sont les analogies qui rapprochent sans les confondre ces trois ordres de créations :

l'embryon, le bourgeon charnu (caïeu ou bulbille) et le bourgeon ordinaire ou bourgeon fixe. Il nous reste, pour terminer, à montrer sommairement le rôle de la gemmiparité dans la propagation des végétaux bulbeux.

La végétation des phanérogames s'effectue selon trois modes différents, et leurs espèces sont : annuelles, monocarpiennes ou polycarpiennes. Le premier type, celui de la plante annuelle, parcourant toutes les phases de son évolution pendant la durée d'une seule période d'activité, et ne laissant de vivant après elle que des graines, paraît manquer chez les végétaux bulbeux. Le mode monocarpien, ou du végétal mourant tout entier après une première et unique fructification, se présente rarement chez eux avec ce degré de simplicité. Ordinairement l'individu se survit dans un certain nombre de bourgeons qui s'enracinent spontanément. Cette faculté tient à ce que la monocarpie se rencontre uniquement parmi des espèces acaules dont les bourgeons axillaires restent par conséquent dans le voisinage du sol, ce qui leur donne toute facilité pour s'enraciner. Sous ce rapport la plante bulbeuse est particulièrement favorisée, grâce à ses bourgeons charnus qui naissent avec plus ou moins de facilité et d'abondance selon les types. Ordinairement localisés sur la partie souterraine, ils se montrent parfois sur la hampe, comme dans l'exemple classique du lis bulbifère, et plus rarement se mêlent aux fleurs comme dans les *Allium nutans*, *proliferum*, etc. L'*Allium porrum* peut être pris comme type du mode de végétation le plus simple de la plante bulbeuse. Un bourgeon principal passe la première partie de son existence à organiser un certain nombre de feuilles portant à leur aisselle un ou quelques caïeux. Ces feuilles sont construites sur le modèle préféré par ce groupe. La base de chacune d'elles, nommée tunique, est une membrane épaisse, fixée au plateau sur toute l'étendue d'une circonférence et formant un sac ovoïde, entièrement fermé dans sa région inférieure, s'entr'ouvrant seulement à une certaine hauteur pour laisser passer la hampe et les limbes des feuilles sous-jacentes. Plus tard ce bourgeon devient une hampe qui périt, ainsi que le plateau, après la fructification. Mais durant ce temps les caïeux ont peu à peu grossi, se sont tubérisés et enracinés, en sorte qu'ils sont en mesure d'user de l'indépendance que leur laisse, par sa mort, le bulbe primitif. Voilà la plante bulbeuse monocarpienne dans son plus grand état de simplicité.

La tulipe est un exemple d'une organisation plus élevée. Dans l'*Allium porrum* tous les caïeux ont la même valeur, car rien ne les distingue les uns des autres. Un commencement de spécialisation se montre au contraire dans les bourgeons de la tulipe; l'un d'eux se différencie de ses congénères par sa présence constante, sa situation invariable et son rôle bien déterminé qui le particularise au point de lui mériter un nom spécial, celui de bourgeon de remplacement. Toutefois l'expression est ici un peu forcée et n'est complétement justifiée que dans d'autres cas, dans celui de la jacinthe par exemple. Quand on ouvre un oignon de tulipe dans le courant du mois de juillet, on trouve, sous quelques tuniques brunies, minces, partiellement déchirées et altérées, les derniers vestiges desséchés de la hampe qui portait la fleur épanouie au dernier printemps. Ce fragment de hampe termine un plateau racorni, ridé, mort ainsi que les racines qui formaient couronne sur sa face inférieure. La hampe a tracé un sillon longitudinal sur un gros caïeu, encore dépourvu de racines propres, à la base duquel elle adhère et qui, en grossissant, l'a peu à peu repoussée sur le côté, en sorte que la plante primitive ne semble plus être qu'une annexe de son caïeu. Nous sommes donc en présence de deux individualités procédant l'une de l'autre : l'individualité primaire est morte aujourd'hui après avoir fleuri, laissant après elle l'individualité secondaire, le caïeu. Détachons ce dernier et analysons-le. Nous trouvons à l'extérieur une membrane mince et brune qui enveloppe le nouveau bulbe de toutes parts. Au-dessous est une masse ovoïde, blanche et charnue, formée en grande partie par cinq tuniques épaisses. Chacune d'elles, insérée sur toute une circonférence du plateau, limite une cavité complètement close, sauf à son sommet où une solution de continuité laisse percer les sommités des feuilles sous-jacentes. Sous ses tuniques, au centre du caïeu et par conséquent au sommet du plateau est la fleur, dont les organes sont déjà très-distincts à cette époque. Sur la face externe et dans la région basilaire de la première tunique on voit poindre, comme sortant d'une petite boutonnière, ordinairement un, parfois plusieurs caïeux. Les autres tuniques sont stériles. Enfin, comme l'a fort bien observé A. de Saint-Hilaire (*Morphologie végétale*, p. 116), la base de la hampe rudimentaire porte un bourgeon naissant, premier rudiment du bourgeon de remplacement qui deviendra caïeu l'année prochaine, et bulbe florifère dans deux ans, c'est-à-dire pendant la troisième année de son existence.

Avec la jacinthe nous nous élevons encore d'un degré en organisation et nous nous rapprochons davantage de la polycarpie réelle. A. de Jussieu (*Botanique*, p. 131, 1865) a dit que le bulbe de la jacinthe « se continue par un bourgeon terminal », phrase obscure dans sa trop grande concision, interprétée d'une façon erronée par M. Duchartre (*Éléments de botanique*, p. 417, 1866). Ce botaniste prétend en effet que le bourgeon terminal de la jacinthe, « ne donnant que des feuilles et jamais de fleurs, persiste et peut même durer un nombre indéterminé d'années, les bulbes fleurissent par le développement de bourgeons latéraux, c'est-à-dire nés à l'aisselle d'une tunique, au-dessous du sommet de l'axe. Or, comme, chaque année, le bourgeon terminal toujours vivant peut produire de nouvelles feuilles et continuer l'axe, que, d'un autre côté, de nouveaux bourgeons latéraux se produisent et donnent de nouvelles branches florifères, il s'ensuit que le même bulbe fleurit plusieurs années de suite ». En lisant cette description si minutieuse ne croirait-on pas qu'elle s'adresse à ces espèces nombreuses, au *Chamœrops humilis* par exemple, dont le bourgeon terminal s'allonge sans cesse, émettant périodiquement, le moment de la floraison venu, une ou plusieurs hampes axillaires. Or c'est une erreur manifeste et l'axe de la jacinthe, unique et simple en apparence, est en réalité de nature sympodique, étant constitué par une suite d'axes, de générations différentes et successives, respectivement arrêtés, dans leur élongation, par la floraison et non, comme dans d'autres sympodes, par l'avortement du bourgeon terminal. La preuve est facile à donner. Pour abréger, passons sous silence la conformation du feuillage ; signalons cependant les divergences d'opinion des auteurs au sujet de l'un de ses caractères pourtant les plus apparents. Payer, dans son organographie (p. 19), dit que les feuilles de la jacinthe « s'enveloppent les unes les autres complètement, comme dans le poireau ». A. Richard (*Botanique*, édition Ch. Martins, p. 105, 1864)

partage cette manière de voir, ainsi que A. de Jussieu (ouvrage cité p. 129). Pour A. de Saint-Hilaire (*Morphologie végétale*, p. 119) « les tuniques de l'oignon de la jacinthe naissent de cercles concentriques, embrassant toute la périphérie du plateau, ou au moins une grande partie de cette périphérie, et s'enveloppent les unes les autres ». M. E. Germain de Saint-Pierre (*Dictionnaire de botanique*, article BULBE, p. 162, 1870) adopte la même opinion. Pour moi, je n'ai jamais rencontré dans les bulbes de la jacinthe que des écailles se recouvrant incomplètement, semblables sous ce rapport à celles du lis ordinaire, mais beaucoup plus grandes. Des divergences si profondes à propos d'un fait si facile à vérifier prouve que l'histoire des plantes bulbeuses est encore à écrire. Quoi qu'il en soit, que dans le courant du mois de juillet on détache avec précaution les tuniques d'un bulbe de jacinthe n'ayant fleuri qu'une fois : on trouvera, chemin faisant, quelques caïeux axillaires et l'on atteindra la hampe, en partie desséchée, qui a porté fleurs au printemps de l'année. La hampe paraît axillaire et se trouve immédiatement en contact d'une masse ovoïde, blanche et charnue, qui semble terminale. Cette masse, en apparence centrale, est constituée par un nombre variable, de trois à six, d'écailles blanches, charnues, entières et imbriquées, entourant un bourgeon déjà gros. Celui-ci porte des feuilles rudimentaires, généralement au nombre de six, minces, d'un blanc jaunâtre, de plus en plus petites en allant de la périphérie au centre, et réduites pour le moment à la portion terminale de leur limbe. Tout à fait au centre est l'inflorescence dont les fleurs sont déjà très-visibles. Enfin à la base de la hampe est un bourgeon naissant, c'est le bourgeon de remplacement. Nous sommes donc ici en présence de trois générations différentes et successives. D'abord l'axe primaire, resté vivant dans sa région inférieure, mort et desséché dans sa région supérieure ou hampe, et portant des caïeux axillaires. Puis l'axe secondaire, issu du bourgeon de remplacement né à la base de la hampe précédente. Court, épais et feuillé, il a, par son grossissement, rejeté de côté la portion terminale mortifiée de l'axe primaire dont il usurpe la place en prolongeant la partie basilaire demeurée vivante de l'axe primaire. Il se termine par une hampe qui fleurira l'année prochaine. Enfin l'axe tertiaire se montre à la base de la hampe de seconde génération sous la forme d'un bourgeon naissant qui, l'année prochaine, se feuillera et organisera à son sommet les premiers rudiments d'une hampe destinée à fleurir l'année suivante, et ainsi de suite. J'ai trouvé en effet, sur des oignons plus âgés, deux hampes desséchées, au lieu d'une, et par conséquent les représentants de quatre générations. Cette végétation sympodique peut-elle durer longtemps ? Je l'ignore, mais cela est peu probable, du moins dans nos cultures où le oignons de jacinthe se perdent ou fondent, comme disent les jardiniers, après quatre à cinq floraisons. On voit maintenant en quoi la jacinthe diffère de la tulipe et quelle est la nature de la supériorité de la première sur la seconde. Dans toutes les deux il y a formation, contre la hampe, d'un bourgeon de remplacement. Mais dans la tulipe tout meurt après floraison, sauf ce bourgeon et les quelques caïeux externes. Dans la jacinthe, à ces corps restés vivants il faut ajouter encore la portion de l'axe générateur qui survit à la hampe et les relie entre eux. Toutes ces portions d'axes de générations différentes, en se soudant les unes à la suite des autres, forment le sympode que M. Duchartre a pris pour un plateau simple, terminé par un bourgeon à végétation indéfinie.

Le type jacinthe nous conduit à la vraie plante bulbeuse polycarpienne représentée par les amaryllis, narcisses, scilles, etc. Dans toutes les espèces que j'ai pu étudier jusqu'à ce jour, le bourgeon primaire m'a paru persister d'une année à l'autre, émettant des feuilles qui produisent à leurs aisselles : tantôt des caïeux et tantôt des hampes. Cette végétation est probablement toutefois de durée limitée et doit se terminer un jour, comme nous le voyons dans un grand nombre d'espèces ligneuses : soit par l'extinction du bourgeon, soit par sa mort après floraison. Un bulbe de *Narcissus tazzetta*, que j'ai examiné à la fin du mois de juillet dernier, avait déjà fleuri trois fois et portait à son centre une fleur rudimentaire, mais dont on distinguait déjà très-nettement les organes. Le bourgeon terminal de ce bulbe était donc condamné à périr l'année prochaine, puisqu'il devait fleurir.

Henri Emery.

LES FERMENTATIONS

D'après M. Schützenberger (1).

Les fermentations, par leur caractère spécial, ont depuis longtemps attiré l'attention des chimistes et des physiologistes, mais les observations se sont multipliées dans ces derniers temps, grâce aux beaux travaux de M. Pasteur. Bien que les problèmes soulevés par ces difficiles recherches n'aient pas encore tous reçu de solution satisfaisante, néanmoins de nombreux faits ont été rigoureusement observés, et les obscurités premières ont été dissipées.

Il y a donc lieu, aujourd'hui, de présenter au public savant l'état de la question. C'est que qu'a fait M. Schützenberger dans le livre dont nous venons, un peu tardivement, rendre compte aux lecteurs de la *Revue scientifique*.

Si tout le monde en comprend la valeur, bien difficile cependant est-il de définir les fermentations en une courte phrase embrassant les phénomènes divers désignés sous ce nom.

« Les fermentations, dit M. Schützenberger dans son introduction, ne sont que des cas particuliers choisis dans l'ensemble des phénomènes chimiques dont les organismes vivants sont le siége ; elles se présentent à nous, ainsi que toutes les réactions biologiques, comme des manifestations de la force spéciale qui réside dans ces organismes, ou plutôt dans leurs éléments cellulaires. »

En caractérisant ainsi les fermentations, l'auteur montre bien ce qui les distingue des autres réactions chimiques, le fait d'être provoquées par des organismes vivants, que la cellule vivante agisse directement, *fermentation directe*, ou qu'elle agisse en sécrétant un produit soluble actif, *fermentation indirecte*. Ce n'est pas là une définition complète et nous préférons celle que M. Schützenberger lui-même donnait dans l'excellent article FERMENTATION, du *Dictionaire de chimie*, en disant :

« Une fermentation est une réaction chimique dans laquelle un composé organique (la matière fermentescible) se modifie dans un sens déterminé sous l'influence d'un autre composé organique (le ferment), qui ne fournit rien de sa propre substance aux produits de la réaction, ceux-ci étant formés uniquement aux dépens de la matière fermentescible. »

L'ouvrage de M. Schützenberger est divisé en deux livres, le premier traitant des fermentations directes, le second des fermentations indirectes où fonctionnent les ferments solubles.

Dans un rapide historique de la question, l'auteur rappelle les opinions des anciens sur cet ordre de phénomènes, et montre combien nos connaissances étaient peu avancées avant les travaux de Lavoisier ; on avait su distinguer la matière fermentescible du ferment regardé comme une sorte de pâte possédant une force occulte et spéciale, et l'on avait rapproché la putréfaction des fermentations proprement dites.

Lavoisier, en abordant le problème de la fermentation spiritueuse, détermina les rapports de pondérance existant entre le sucre d'une part, et de l'autre le sucre et l'alcool produits. Le premier, étudiant le phénomène la balance en main, il put donner une équation approchée indiquant le sens du phénomène. Gay-Lussac, après avoir analysé le sucre de canne, posa l'équation de son dédoublement qui, modifiée pas MM. Dumas et Boullay, était (en équivalents) :

$$C^{12}H^{11}O^{11} + HO = 2C^4H^6O^2 + 4CO^2.$$

M. Dubrunfaut fit voir, en 1856, que la quantité d'alcool et d'acide carbonique produite ne correspond pas à la totalité du sucre mis en réaction ; et c'est M. Pasteur qui, dans la série de ses belles recherches sur la fermentation, montra jusqu'à quel point l'interprétation de Lavoisier était exacte. Sur 100 parties de sucre, 95 parties seulement se convertissent en acide carbonique et en alcool. Des 5 autres parties, 4 fournissent de l'acide succinique, de la glycérine, de l'acide carbonique, tandis que la 5ᵉ partie s'ajoute à la levûre de nouvelle fermentation.

Ainsi se trouvent établis les rapports qui existent entre le principe fermentescible et les produits de dédoublement formés sous l'influence du ferment. Mais quelle est la nature de ce ferment ? quelle composition chimique présente-t-il ? quel est son rôle dans l'acte qu'il détermine ? Tels sont les sujets dont s'occupe M. Schützenberger dans les chapitres suivants.

L'un d'eux comprend la description des diverses levûres alcooliques. Avant de les faire connaître, l'auteur rappelle les diverses théories qui refusaient tout rôle à la levûre. Cagniard de Latour, reprenant des observations anciennes de Leeuwenhœk, reconnut la nature de la levûre, amas de cellules organisées, pouvant se reproduire, appartenant au règne végétal et qu'il rapprocha des champignons. Toute fermentation franche est accompagnée de production de levûre. Cette conclusion des recherches de Cagniard de Latour, confirmées par les travaux de Schwann, de Turpin, etc., fut cependant repoussée par Berzelius, qui voyait dans le fait de la fermentation un phénomène catalytique ; par Liebig, qui y voyait la suite d'un mouvement interne, moléculaire, provoqué par des corps en décomposition. De telles théories devaient être renversées par les travaux de M. Pasteur.

La composition chimique de la levûre confirma les vues de Cagniard de Latour sur la nature végétale de cette production. La levûre renferme des matières albuminoïdes, de la cellulose, des phosphates ; elle présente, en un mot, la composition des matières végétales vivantes.

Le chapitre intitulé : *Fonctions de la levûre*, est un des plus importants et des plus originaux du livre de M. Schützenberger.

Les fonctions de la levûre ont été étudiées par un grand nombre de savants. M. Pasteur a déterminé les conditions les plus favorables à son développement ; il a montré que la

<hr>

(1) Un volume in-8° de la *Bibliothèque scientifique internationale*, avec figures (cartonné à l'anglaise, 6 fr.).

levûre, au contact d'une matière albuminoïde dont elle tire sa nourriture, se développe et se multiplie, pourvu qu'elle ait le contact de l'air. Mais, en présence du sucre, l'air ne lui est pas indispensable, l'oxygène étant fourni par le sucre lui-même.

La levûre est donc un organisme vivant qui consomme de l'oxygène, et cette respiration est tellement active qu'il suffit de délayer 1 ou 2 grammes de levûre fraîche en pâte dans un litre d'eau à 25 ou 30 degrés, pour qu'au bout d'une heure ou deux l'eau soit complétement désoxygénée. Néanmoins, il importait de mesurer plus directement cette puissance respiratoire de la levûre. C'est ce qu'a fait avec précision M. Schützenberger, au moyen de son procédé oxymétrique, à l'hydrosulfite de soude. A 18 degrés, la respiration de la levûre commence; elle atteint son maximum à 35 degrés, puis se maintient sensiblement constante jusqu'à 50 degrés. Ensuite, elle décroît et devient nulle à 60 degrés; mais cette activité respiratoire, quoique suivant toujours les mêmes variations avec la température, n'est pas absolue : elle varie avec les échantillons de levûre; c'est ainsi qu'une levûre très-active a absorbé, par gramme et par heure, 10$^{\text{cent. cub.}}$,7 d'oxygène à 36 degrés; tandis qu'une autre, à 33 degrés, en a absorbé seulement 2$^{\text{cent. cub.}}$,1.

La levûre possède une activité respiratoire tellement grande, qu'elle peut s'emparer de l'oxygène combiné avec l'hémoglobine. M. Schützenberger, en délayant de la levûre fraîche dans du sang artériel, a vu celui-ci passer rapidement du rouge au bleu foncé et au noir. Comme on pourrait objecter que l'hémoglobine est altérée par les matériaux solubles de la levûre, l'auteur a modifié les conditions de l'expérience et lui a donné une forme saisissante.

« L'expérience doit réussir, dit-il, en séparant le sang de » la levûre délayée dans de l'eau ou du sérum par une mem- » brane perméable aux gaz et aux liquides, mais susceptible » d'empêcher tout contact direct entre les cellules de levûre » et les globules rouges..... J'ai pu, en disposant un appareil » convenable, simuler artificiellement ce qui se produit dans » les organes et les tissus des animaux lorsque le sang arté- » riel, rouge et oxygéné, traverse le réseau capillaire et en » sort pour arriver dans les veines sous forme de sang noir » et désoxygéné en partie.

» A cet effet, il suffit de faire circuler lentement du sang » rouge à travers un système assez long de tubes creux, » dont les parois sont formées de baudruche mince, et qui » est immergé dans une bouillie de levûre délayée dans du » sérum frais, sans globules, maintenue à 35 degrés.

» On voit le sang rouge sortir noir ou veineux à l'autre » extrémité. Une contre-épreuve faite dans le même temps » avec un système de tubes en tout semblable, mais immergé » dans du sérum sans levûre, prouve que la levûre est in- » dispensable pour amener ainsi rapidement la désoxydation » du sang. »

D'après ces remarquables expériences, il est évident que cette puissance respiratoire de la levûre méritait d'être mise en lumière, et qu'elle doit jouer un rôle important dans la fonction de cet organisme.

De toutes ces recherches, de celles de MM. Pasteur, Duclaux Raulin, il y a donc à conclure : 1° que la levûre respire et a besoin d'oxygène pour vivre; 2° qu'en présence du sucre, elle peut se passer de l'oxygène de l'air parce qu'elle décompose le sucre en mettant en liberté de l'oxygène qui sert à sa respiration.

Il y a donc corrélation évidente entre la fermentation d'une part, et, de l'autre, le développement et la nutrition de la levûre.

Mais quand elle est abandonnée à elle-même, privée de sucre ou n'en n'ayant qu'une faible quantité, que devient la levûre? Elle dégage alors, comme l'a démontré M. Pasteur, une quantité d'alcool et d'acide carbonique supérieure à celle qui provient de la destruction du sucre et fournie par ses propres éléments.

Cette production d'alcool et de sucre a même été observée par M. Béchamp sur de la levûre complétement à jeun; en même temps, celle-ci perd de son poids et fournit des principes solubles, leucine, tyrosine, etc. M. Schützenberger a étudié avec grand soin la transformation de la levûre à jeun, maintenue à une température de 20 à 25 degrés. Tandis que 100 grammes de levûre fraîche lavés à l'eau bouillante laissent un résidu sec de 23 grammes, après une digestion de quinze heures, la même quantité ne laisse en lavage qu'un résidu sec de 14 grammes.

Le reste a été transformé en produits solubles, excrémentitiels, parmi lesquels on trouve, outre la tyrosine et la leucine, de la butalanine, de la sarcine, de la guanine et une matière gommeuse. Ces produits sont les mêmes que fournissent les matières albuminoïdes décomposées par la baryte; leur origine n'est pas douteuse, elle est due au dédoublement des substances protéiques de la levûre.

Par ces sommaires indications, on voit combien est complexe l'étude des fonctions de la levûre. Aussi ce chapitre du livre de M. Schützenberger est-il des plus attachants. Il est à regretter cependant que l'auteur ne l'ait pas subdivisé de manière à rendre la lecture plus facile, car ce chapitre à lui seul renferme quatre-vingts pages, bourrées de faits et de discussions du plus haut intérêt.

Étant établies ainsi les fonctions de la levûre, l'auteur consacre un court chapitre à l'action des divers agents physiques et chimiques sur la fermentation, puis il aborde cette grave question : La levûre alcoolique est-elle seule capable de provoquer la fermentation alcoolique?

Si longtemps on a cru que la levûre possédait seule cette propriété, des expériences décisives ont montré que cette fonction appartient également à toute cellule vivante.

Dans les fruits qui n'ont pas eu le contact de l'air, comme l'ont établi MM. Lechartier et Bellamy, dans les grains d'orge abandonnés au sein de l'eau (Fremy), il s'établit une fermentation incontestable. C'est donc à la cellule vivante, à son activité spéciale, qu'est due la transformation du sucre en alcool et acide carbonique, et cette activité serait plus développée dans les cellules de la levûre.

Ces faits étant acquis, M. Pasteur a voulu en trouver l'explication, en admettant que la cellule vivante possède le caractère particulier d'agir comme ferment, quand elle se nourrit en dehors du contact de l'air :

« Les ferments, dit M. Pasteur, seraient des êtres vivants, » mais d'une nature à part, en ce sens qu'ils jouiraient de la » propriété d'accomplir tous les actes de leur vie, y compris » celui de leur multiplication, sans mettre en œuvre d'une » manière nécessaire l'oxygène de l'air atmosphérique. Par » des expériences précises, faites avec de la levûre de bière, » j'ai montré que si la vie de ce ferment avait lieu particelle- » ment par l'influence du gaz oxygène libre, cette petite plante » cellulaire perdait, en proportion de l'intensité de cette in- » fluence une partie de son caractère ferment, c'est-à-dire » que le poids de levûre qui prend naissance dans ces condi- » tions pendant la décomposition du sucre s'élève progres- » sivement et se rapproche du poids du sucre décomposé au » fur et à mesure que la vie se manifeste en présence de » quantités croissantes de gaz oxygène libre.

» Guidé par tous ces faits, j'ai été conduit peu à peu à en- » visager la fermentation comme une conséquence obligée de » la manifestation de la vie, quand la vie s'accomplit en dehors » des combustions directes dues au gaz oxygène. »

Cette théorie est vivement combattue par M. Schützenberger, qui détermine d'abord avec soin ce qu'on doit entendre par énergie du ferment.

Comme il le fait remarquer, M. Pasteur mesure l'énergie du ferment en faisant absolument corrélatifs le développement de la levûre et la quantité de sucre transformé. Il est vrai qu'en présence de l'air, pour une même quantité de sucre décomposé, il se forme une plus grande quantité de levûre, donc, dit M. Pasteur, la levûre se développant en plus grande quantité est moins active, puisque la proportion de sucre détruit n'est pas en rapport avec la levûre formée.

Mais ce n'est là qu'une hypothèse. Pour mesurer l'énergie de la levûre, il faut déterminer la quantité de sucre décomposée par l'unité de poids de la levûre, et cela dans l'unité de temps. Or, dans des expériences comparatives, durant le même temps, avec des mêmes poids initiaux de sucre et de levûre, M. Schützenberger a montré qu'en présence de l'air la fermentation avait fourni une quantité d'alcool supérieure à celle que donne la fermentation opérée en dehors du contact de l'oxygène.

Que la levûre soit plus développée dans la première expérience, cela importe peu ; ce fait de la production d'alcool montre que le phénomène a été plus énergique dans ces conditions.

La conclusion de toutes ces recherches, c'est que la levûre est l'agent le plus actif de la fermentation, que celle-ci peut s'opérer en dehors de l'air, mais que la levûre n'est pas seule à provoquer ce phénomène, qui peut être produit par l'activité chimique des cellules vivantes.

Nous avons dit précédemment que la levûre, hors du contact de l'air, emprunte au sucre l'oxygène nécessaire à la respiration. Cette opinion émise par M. Pasteur a été contredite par M. Traube qui admet que l'oxygène est fourni par les matières albuminoïdes de la levûre elle-même.

La fermentation spiritueuse sur laquelle nous nous sommes le plus longuement étendu a été en effet l'objet principal des recherches scientifiques, et son étude occupe la moitié du livre de M. Schützenberger.

L'auteur étudie ensuite les différentes fermentations à ferments vivants, visqueuse, lactique, ammoniacale, butyrique, acétique, etc.

Le livre II comprend d'abord les ferments solubles ou indirects, moins étudiés que les ferments directs, et qui, malgré le côté obscur de la question, n'ont pas été l'objet de discussions si passionnées.

Le mode d'action des ferments solubles est toujours du même ordre : sous leur influence, des principes complexes s'assimilent les éléments de l'eau et se dédoublent en espèces chimiques plus simples. Aussi le sucre de canne n'est pas immédiatement converti en alcool et en acide carbonique par la levûre de bière, mais celle-ci sécrète un ferment soluble, découvert par M. Berthelot, *ferment inversif*, qui dédouble le sucre de canne en deux glycoses aptes à subir la fermentation alcoolique. Les diastases hydratent et dédoublent la fécule ; de même la synaptase agit sur les glycosides et la myrosine sur l'acide myronique.

Mais ces ferments solubles n'agissent pas seulement dans des réactions de laboratoire, ils jouent un rôle important dans les phénomènes chimiques dont les êtres vivants sont le siége.

La glande salivaire fournit une diastase qui saccharifie les fécules et les transforme en glycoses. Le suc pancréatique agit de même et plus rapidement sur l'amidon, mais en outre il dédouble les graisses et amène leur assimilation. Partout où il entre une matière amylacée dans l'organisme apparaît un ferment qui la dédouble.

Il en est de même chez les végétaux : l'amidon des graines n'est utilisé pour la nutrition qu'à la faveur d'un ferment inversif, la diastase, qui se développe pendant la germination.

Aussi peut-on rapprocher, comme l'a fait M. Cl. Bernard, les phénomènes de nutrition chez les animaux et chez les végétaux. L'absorption du sucre de canne chez les uns et les autres suit la même marche. Le sucre de canne, la saccha-

rose, n'est pas directement absorbable. Il doit être dédoublé en glycoses isomères pour être assimilé. Ce rôle, dans l'organisme animal, appartient à un ferment inversif, découvert par M. Cl. Bernard dans le suc intestinal. Ce même ferment, que sécrète la levûre de bière, pour convertir ensuite le sucre en alcool et acide carbonique, ce même ferment apparaît pendant la fructification chez la canne à sucre et la betterave, où il a été trouvé par notre illustre physiologiste.

Quand ces végétaux ont produit de la saccharose, ils l'utilisent pour leur développement ultérieur, en la transformant en glycose. C'est exactement ce que fait l'animal auquel on fournit du sucre de canne dans ses aliments.

Aussi, comme le fait remarquer M. Cl. Bernard, les phénomènes produits par les ferments solubles, loin d'être des réactions chimiques isolées, président à des transformations capitales, nécessaires à la nutrition de tous les êtres vivants.

Après le chapitre des ferments indirects, l'auteur aborde la question plus grave : *Quelle est l'origine des ferments ?* M. Schützenberger se rallie entièrement à l'opinion de M. Pasteur : « Il n'y a pas de générations spontanées, les germes des ferments existent dans l'air. »

Il rappelle les belles et concluantes expériences du savant professeur de l'École normale. Mais n'aurait-il pas dû rappeler que, de ces expériences inattaquables en elles-mêmes, M. Pasteur avait tiré des conclusions trop absolues, en admettant que les fermentations étaient dues exclusivement à des germes spéciaux, se développant dans des milieux appropriés. Depuis l'époque de ces conclusions rigoureuses, M. Pasteur a lui-même modifié sa manière de voir, en reconnaissant aux cellules vivantes, après les recherches de M. Fremy, de MM. Lechartier et Bellamy, la propriété de transformer le sucre en alcool.

Quant à savoir si les ferments peuvent se transformer les uns dans les autres, acquérir des propriétés nouvelles, si les conditions de leur développement se modifient, M. Schützenberger se contente de poser le problème, les faits acquis étant en trop petit nombre pour qu'il soit permis d'essayer d'en tirer une conclusion.

Tel est le livre de M. Schützenberger fait avec soin et conscience, d'une lecture attachante et qui résume les faits les mieux démontrés aujourd'hui. L'auteur a voulu limiter son sujet ; nous aurions cependant désiré y trouver un exposé succinct des discussions qui ont agité l'Académie des sciences, des contradictions qu'ont soulevées les opinions de M. Pasteur. M. Schützenberger, si bien au courant de la question, eût pu nous résumer brièvement les arguments apportés de part et d'autre, et qui ont rempli les colonnes des *Comptes rendus*.

Quoi qu'il en soit de ce desideratum, le succès du livre de M. Schützenberger n'est plus à faire ; il a été favorablement accueilli du public, puisque, paru depuis quelques mois seulement, il a vu épuiser sa première édition.

C'est qu'en effet l'éminent chimiste a marqué dans son œuvre le côté philosophique du sujet, et c'est en citant quelques phrases de son introduction que nous donnerons toute sa pensée sur le phénomène complexe des fermentations :

« La transformation du sucre en alcool et en acide carbo» nique, sa conversion du même corps en acide lactique
» sont, encore à l'heure qu'il est, des phénomènes chimiques
» que nous ne pouvons reproduire par l'intervention seule
» du calorique, ni par le concours de la lumière ou de l'élec» tricité. La force capable d'entamer ainsi, dans une direction
» déterminée, l'édifice complexe que nous appelons *sucre*,
» édifice formé d'atomes de carbone, d'hydrogène, d'oxygène,
» groupés suivant une loi déterminée, cette force qui ne se
» manifeste que dans la cellule vivante est une force maté» rielle comme toutes celles que nous sommes habitués à
» utiliser. Sa principale particularité est de ne se trouver que
» dans les êtres vivants qu'elle caractérise.

» ..... De ce qu'un phénomène chimique n'a pu encore être

» provoqué que sous l'influence de la vie, il ne s'ensuit pas
» qu'il ne pourra pas l'être autrement.

» Personne ne peut admettre aujourd'hui que la force vitale
» a puissance sur la matière pour changer, contre-balancer,
» annuler le jeu naturel des affinités chimiques. Ce que l'on
» est convenu d'appeler affinité chimique n'est pas une force
» absolue; cette affinité se modifie d'une foule de manières
» dès que les circonstances qui enveloppent les corps varient.
» Aussi les différences apparentes entre les créations du labo-
» ratoire et celles de l'organisme doivent-elles être cherchées
» surtout dans les *conditions spéciales* que ce dernier a pu seul
» réunir jusqu'à présent.

» En d'autres termes, il n'y a pas réellement de force vitale
» chimique. Si les cellules vivantes provoquent des réactions
» qui semblent spécifiques pour elles, c'est parce qu'elles
» réalisent des conditions de mécanique moléculaire que
» nous n'avons pu encore saisir, mais que l'avenir nous ré-
» serve, *sans aucun doute*, de trouver. La science ne peut rien
» gagner à être limitée dans la possibilité des buts qu'elle se
» propose et de la fin qu'elle poursuit. »

VARIÉTÉS

La cherté de la vie en Angleterre

Depuis quelques années on entend de tous côtés des
plaintes sur l'augmentation du prix de la vie. Les lamentations sont si universelles, qu'on admet le fait sans le discuter, et qu'on cherche à en assigner les causes sans songer à
en constater la réalité. Une revue anglaise vient cependant
de soulever la question. S'il faut en croire un article anonyme
du *Cornhill Magazine* (1), il serait bon d'imiter ici la prudence
de ce savant qui, avant de se mettre en devoir d'expliquer un
événement miraculeux, commençait toujours par vérifier si
l'événement avait eu lieu (ce qui lui épargnait beaucoup de
travail inutile.) L'auteur, en effet, prétend démontrer, pièces
en main, que non-seulement la cherté de la vie n'a pas
augmenté, mais qu'elle a diminué, en ce sens qu'avec le
même revenu on peut mener aujourd'hui une existence
plus large et plus confortable qu'il y a un demi-siècle. Il ne
se dissimule pas que cette assertion sera considérée comme
la fantaisie d'un esprit paradoxal et ne rencontrera qu'incrédulité auprès de la masse du public. Rarement on a vu
un préjugé — si préjugé il y a — s'appuyer sur des témoignages aussi unanimes et en apparence aussi indiscutables.
Il n'est pas une maîtresse de maison qui n'ait la confirmation journalière de l'enchérissement de toutes les denrées, pas un chef de famille qui ne le constate à la fin de
l'année en alignant ses comptes, pas un statisticien qui ne
soit arrivé à la même conclusion. Devons-nous croire qu'ils
se trompent tous, et que le phénomène économique dont se
plaignent tant de familles n'existe que dans leur imagination ? L'auteur pense pouvoir le prouver, à condition toutefois qu'on étudie le problème dans les termes où il le pose,
et que l'on commence par admettre les définitions et les restrictions par lesquelles il précise et limite la question.

Il faut tout d'abord écarter absolument du débat un ordre
de considérations — les considérations d'ordre moral — qu'on
est généralement porté à introduire dans les discussions de
ce genre et qui n'ont rien à y faire. Les plaisirs coûteux d'aujourd'hui nous donnent-ils une somme de jouissance supé-

rieure à celle que donnaient les plaisirs plus simples d'autrefois ? Le confortable ajoute-t-il à notre bonheur ? C'est affaire
au moraliste de répondre. Aux yeux de l'économiste, le problème se pose en des termes tout différents.

Puis-je, oui ou non, me procurer une part plus considérable
du nécessaire et du superflu que ne le pouvait, il y a quarante ans, un homme dans ma position de fortune ? Toute la
question est là, et nous devons nous y renfermer strictement
sous peine de tomber dans les confusions et les malentendus.
On a essayé de la résoudre au moyen du système des moyennes,
mais ce procédé, qui donne d'assez bons résultats quand on
l'applique aux classes populaires, où les goûts et les besoins
sont simples et ne varient guère, perd beaucoup de sa valeur
dès qu'il s'agit des classes moyennes et supérieures, où les
goûts et les besoins sont au contraire très-divers et très-
mobiles. Nous emploierons de préférence la méthode inverse,
c'est-à-dire que nous partirons d'un exemple concret pour
en tirer des conclusions générales.

Voici deux hommes, le père et le fils, ayant vécu dans la
même ville de province et y ayant mené, à quarante années
de distance, le même genre d'existence. Ils ont chacun
25 000 francs de rente. Les goûts du père se sont transmis
au fils ; l'un et l'autre sont amateurs de livres et de voyages
et pratiquent largement l'hospitalité tout en fuyant le bruit
et l'éclat. Nous allons ouvrir leurs livres de comptes et reconstituer leurs budgets respectifs.

Avant d'entrer dans le détail des chiffres, faisons remarquer qu'en pareille matière il est impossible d'arriver à
autre chose qu'une approximation assez grossière. Les progrès constants de la science et de l'industrie s'opposent à
toute comparaison exacte entre le présent et le passé, en
jetant incessamment sur le marché une foule de produits
nouveaux, qui constituent un bénéfice incontestable, mais impossible à évaluer en argent. Comment estimer, par exemple,
le bénéfice fourni par la photographie, ou même l'économie
de temps résultant des chemins de fer ?

La différence de qualité des produits est une autre source
de difficultés. Contrairement à l'opinion accréditée, l'auteur
de l'article pense que les objets manufacturés sont meilleurs,
à prix égal, qu'ils ne l'étaient il y a quarante ans, et que
l'erreur du public vient de l'habitude de comparer la pace-
tille moderne aux premières qualités d'autrefois. Parmi les
produits du passé, ceux qui étaient d'une solidité exceptionnelle sont seuls parvenus jusqu'à nous, et il en sera de
même pour les produits actuels. La plupart seront brisés ou
usés, et il n'en survivra que quelques exemplaires qui serviront probablement à nos descendants à établir des comparaisons tout à notre avantage. Pour ne citer qu'un exemple
de la supériorité de l'industrie moderne, la plus modeste
famille bourgeoise possède aujourd'hui, grâce à la lampe
modérateur et au gaz, une qualité de lumière qu'un grand
seigneur du commencement de ce siècle aurait eu peine à se
procurer.

Une dernière difficulté, et non la moins grande, résulte
d'un mode de raisonner qui, pour bizarre qu'il soit, n'en est
pas moins très-habituel. « Le bœuf et le mouton ont augmenté,
c'est une perte pour les familles. Les voyages sont moins
chers, il est vrai, mais comme on voyage davantage il n'y a
pas compensation. » Les exigences d'une société se mesurent
à ses ressources ; ce ne sont pas des droits existant par eux-
mêmes et grandissant indépendamment de l'état de la société.
Lors donc que la demande de celle-ci augmente pour certains
objets de luxe, on peut être assuré que cette augmentation
correspond, soit à un enrichissement graduel de la nation,
soit à une baisse de prix sur d'autres produits. En tous cas,
il y a compensation. Passons maintenant aux chiffres.

Pour plus de clarté, nous grouperons les dépenses selon
leur nature. En première ligne vient le « ménage », c'est-à-
dire la nourriture, le chauffage, etc. Ici la comparaison est

(1) *Cornhill Magazine,* avril 1875.

aisée : à peu près tout a augmenté dans des proportions considérables. La viande de boucherie a presque doublé de prix, et l'on peut en dire autant de la volaille et du gibier ; le beurre a beaucoup plus que doublé ; les œufs et le lait ont aussi monté. Le pain n'a guère varié. En revanche, le sucre et le café ont baissé et le thé a diminué de moitié ou des deux tiers. En ce qui concerne l'épicerie proprement dite, certains produits ont monté et d'autres ont baissé ; la différence sur l'ensemble est insignifiante. Les vins communs sont devenus bon marché (n'oublions pas que nous sommes en Angleterre), tandis que les vins fins restaient stationnaires ou enchérissaient. Le charbon de terre est encore moins cher aujourd'hui, malgré la grande hausse d'il y a trois ans, qu'il ne l'était il y a quarante ans, du moins dans les localités éloignées des lieux de production. En faisant la balance de toutes ces variations de prix, nous trouvons que le fils est actuellement obligé de consacrer un quart de son revenu, soit 6250 francs, aux dépenses de « ménage », tandis que le père, dont la table n'était pas moins bien garnie, dépensait de ce chef 1000 francs de moins. Dans le budget du fils, la viande n'entre pas pour moins de 1900 francs.

Passons aux dépenses qu'on pourrait appeler *d'éducation*, et dans lesquelles nous faisons rentrer, non pas seulement les frais d'école ou de collège, mais tout ce qui a trait aux jouissances intellectuelles : les livres, les journaux, les plumes et l'encre, etc. C'est ici que le public est le plus disposé à ne considérer que le prix, sans tenir compte de la qualité de la marchandise qu'on lui fournit en échange de son argent. L'éducation coûte plus cher, mais il n'y a pas à comparer l'instruction que reçoivent aujourd'hui nos enfants, dans un collège de province, à celle qu'on était censé leur donner il y a quarante ans dans un établissement du même ordre. Au reste, le père de famille qui voudra économiser sur l'éducation trouvera encore de mauvaises écoles où il pourra faire élever ses enfants à bon compte ; mais il en aura pour son argent. Les mêmes réflexions s'appliquent à l'instruction supérieure, bien qu'ici l'élévation des dépenses n'ait pas été aussi sensible. Les Universités ne se sont pas moins améliorées que les établissements d'instruction secondaire, et elles n'ont augmenté leurs tarifs que dans une très-faible proportion. Du côté des instruments de nos jouissances intellectuelles, l'avantage est tout entier pour l'époque actuelle. Les livres classiques coûtent cinquante ou soixante fois moins qu'autrefois et sont mieux imprimés. Le *Times* a baissé ses prix de moitié et doublé ou triplé son format. Nous ne parlerons pas des innombrables journaux illustrés, revues, etc., qui se trouvent actuellement sur toutes les tables, par la raison que les points de comparaison nous manquent. Il en est de même pour les photographies, chromolithographies, etc. En résumé, les économies réalisées sur les dépenses d'éducation sont prodigieuses. Les personnes pour lesquelles les choses de l'intelligence sont comparables à du bœuf et du mouton, peuvent calculer que le bénéfice réalisé sur ce chapitre du budget compense largement le déficit laissé par le boucher.

Les voyages sont devenus un produit nouveau pour la majorité de la classe moyenne. La facilité et la rapidité des moyens de communication actuels n'étant contestées par personne, il est inutile de nous arrêter sur ce sujet. Faisons seulement remarquer qu'en ce qui touche la question des frais, si les voyages sont plus chers, c'est surtout parce que nous sommes devenus plus difficiles. Il y a encore certaines parties du Tyrol et des Alpes où les auberges sont restées ce qu'elles étaient dans l'Oberland au commencement du siècle. Les prix n'y ont guère changé non plus, et si les partisans du passé veulent se contenter des lits dans lesquels couchaient leurs pères, ils pourront vivre là sans plus de frais. Le seul moyen de transport qui ait augmenté est le cheval. Ici, les prix ont subi une hausse considérable qu'il est assez difficile de s'expliquer. Le père avait un excellent cheval pour 7 ou

800 francs, un passable pour 5 ou 600. Le fils est obligé de payer 1000 ou 1500 francs pour être convenablement monté. Mais pour tout le reste il y a diminution évidente. En Angleterre, le prix d'une place de première classe, pour une distance donnée, équivaut à peu près à ce que coûtait autrefois une place d'impériale sur une diligence. Un voyage en voiture de poste revenait naturellement beaucoup plus cher qu'un voyage en chemin de fer, et le prix d'une voiture de louage pour une simple excursion est resté à peu près le même.

Les loyers ont considérablement monté. La maison du fils coûte, par an, 3 ou 400 francs de plus que celle du père ; à la vérité, elle est plus grande et plus commode. Les impôts aussi ont augmenté ; en revanche les rues sont assainies et éclairées, la police bien faite.

Il y a encore perte, et perte importante, sur les gages des domestiques. Le jardinier est resté au même taux, 25 francs par semaine, mais le père payait sa servante et sa cuisinière 250 et 300 francs par an, et le fils est obligé de donner aux siennes 375 et 450 francs. L'ensemble des gages des gens de sa maison monte à 3750 francs, tandis qu'autrefois il n'atteignait pas 3000 francs.

La toilette des hommes n'a pas subi de variations appréciables. Les gants sont plus chers, les chapeaux le sont moins. Ceux qui aujourd'hui ne payeraient pas sans remords un chapeau de soie plus de 18 francs, n'auraient pas trouvé à acheter un « castor » pour moins de 32 ou 33 francs, et à en juger par les livres de comptes du père, l'un ne jouissait pas d'une dose de vitalité plus grande que l'autre, car l'article coiffure y revient constamment. Pour ce qui est de la toilette des femmes, l'auteur (évidemment un vieux garçon) se déclare absolument incompétent et incapable d'avoir une opinion quelconque. Il se contente de faire remarquer que les matériaux qui entrent dans la confection d'un costume féminin étant infiniment moins dispendieux qu'autrefois, il semblerait logique, à première vue, que les femmes s'habillassent à meilleur marché.

Nous avons passé en revue toutes les dépenses susceptibles d'être classées, mais il reste le chapitre de l'imprévu, dont l'importance croît avec le degré d'aisance des familles. Une année on fait repeindre la maison et réparer les parquets ; à la saison suivante on achète une voiture ou bien l'on agrandit le jardin. Puis viennent les visites de médecin, les cadeaux, l'argent de poche, enfin la marotte particulière de chaque individu : tableaux, fleurs, faïences, chevaux, etc. Dans certaines maisons les dépenses de ce genre absorbent une portion notable des revenus, mais on conçoit que les évaluations deviennent ici impossibles. Contentons-nous de noter que la main-d'œuvre a énormément augmenté, tandis que les articles dont la fabrication admet l'emploi des machines ont une tendance décidée à baisser de prix. Ainsi presque tous les objets dont se compose le mobilier d'une maison s'achètent à meilleur compte aujourd'hui qu'il y a quarante ans, ce qui constitue à la fin de l'année un bénéfice important. La baisse s'est surtout fait sentir sur le fer et le verre. La glace de salon que le père payait 750 francs en coûtera tout au plus 250 au fils. Les garnitures de foyer et autres articles de métal ont diminué de près de moitié. Les tapis ont aussi baissé. Nous avons pour 5 fr. 50 un bon tapis de Bruxelles que nos parents auraient payé au moins 6 fr. 50 ou 7 francs.

Ces quelques chiffres posés, nous sommes obligé de laisser le chapitre de l'imprévu à l'appréciation personnelle de chaque lecteur, en l'avertissant que rarement, en dressant son budget, on laisse une marge suffisante pour les *divers*.

En résumé, presque toutes les dépenses nécessaires, celles qui ne dépendent pas du caprice individuel et dont personne ne peut se dispenser, se sont accrues dans une proportion considérable. Même en supposant que le crédit alloué à l'article toilette soit resté le même depuis deux générations, ce qui n'est pas le cas pour toute maison où il y a une femme, le fils subit sur les dépenses générale du ménage, telles que nourriture, loyer, gages de domestiques, une augmentation de 2000 à 2500 francs ; ce qui est énorme si l'on considère que le père consacrait déjà à ces mêmes dépenses les deux tiers de ses revenus. D'autre part il y a bénéfice sur presque toutes les dépenses de luxe : voyages, livres, etc., et aussi sur presque toutes celles qui rentrent dans la catégorie des *divers*. L'un compense-t-il l'autre? Il est évident que la réponse dépend de la position personnelle de chaque individu. Celui qui a un revenu modeste et une famille nombreuse verra ses ressources absorbées par les dépenses obligatoires et souffrira de l'élévation de prix des nécessités de la vie. Un revenu égal ne lui procure plus autant ni d'aussi bonnes choses qu'il en procurait à son père. L'homme opulent, au contraire, devra reconnaître qu'il regagne du côté des jouissances intellectuelles bien plus qu'il n'a perdu du côté des besoins matériels. A tout prendre, l'impression laissée par l'étude sur *La cherté de la vie* n'est pas très-rassurante pour les petites bourses, et tous les lecteurs ne partageront peut-être pas la satisfaction évidente avec laquelle l'auteur arrive à la conclusion originale que voici : « Le mieux partagé de » tous est l'homme de lettres célibataire. Ses pertes se » réduisent à très-peu de chose ; ce que le boucher lui ôte, » les marchands de thé et de tabac le lui rendent, et sur les » neuf dixièmes des articles dont il a besoin pour son métier, » il réalise une économie, quelquefois minime, souvent » considérable, et dans certains cas énorme. »

Il est probable que l'auteur appartient lui-même à la catégorie des hommes de lettres célibataires, et comme on est en général fort enclin à juger des autres par soi-même, il a des motifs personnels pour trouver que tout est le moins cher possible dans le meilleur des mondes possible.

BULLETIN DES SOCIÉTÉS SAVANTES

Académie des sciences de Paris. — 2 NOVEMBRE 1875.

M. Tresca : La voiture à vapeur de M. Bollée, du Mans. — M. Daubrée : Expédition scientifique à la Nouvelle-Zemble. — M. A. Chauveau : De l'excitation électrique unipolaire des nerfs. — M. Aubergier : Le sulfocarbonate de potassium et le phylloxera. — M. Dumas : Observations relatives à la note de M. Aubergier. — M. Ch. Sainte-Claire Deville : Lecture d'une lettre écrite de Santorin, par M. Fouqué.

M. *Tresca* fait connaître à l'Académie les renseignements qu'il a pu recueillir sur la voiture à vapeur de M. Bollée, du Mans. Cette voiture qui peut circuler sans danger sur la voie publique et, cela, au milieu des autres voitures, emporte avec elle ses provisions d'eau et de charbon. Elle pèse 4 000 kilogrammes, vide, et 4 800 kilogrammes avec ses douze voyageurs. Elle parcourt facilement 20 kilomètres par heure en plaine, 12 à 15 kilomètres sur les voies fréquentées ; elle maintient une vitesse de 9 kilomètres sur des rampes de 5 centimètres par mètre et elle peut y remorquer une voiture du même poids que le sien. Elle évolue plus facilement qu'un de nos omnibus ; elle s'arrête, repart, se range, évite avec une précision remarquable. Ce résultat est dû à la disposition toute nouvelle de la commande de deux roues indépendantes qui remplacent l'avant-train ordinaire. Voici, telle que la donne M. Tresca, la description de ce mécanisme d'avant-train : « L'arbre vertical qui porte le volant du gouvernail est muni, à la partie inférieure, de deux cames elliptiques, dont les grands axes sont dans le prolongement l'un de l'autre et dans la direction commune des deux petits essieux d'avant-train, lorsque le cheminement doit avoir

lieu en ligne droite. Une chaîne fixée aux deux ellipses embrasse un pignon denté du même diamètre que le petit diamètre des ellipses, qui tourne avec la cheville ouvrière de la roue de droite, par exemple. En faisant agir le volant, cette roue tourne autour de la verticale de son point de contact avec le sol, en raison de la longueur de l'arc d'ellipse développé, c'est-à-dire d'un plus grand angle si l'on tourne à droite, d'un angle plus petit si l'on manœuvre à gauche. La disposition qui vient d'être décrite étant double et s'appliquant de même à la roue de gauche, on voit facilement comment, en pivotant seulement sur elles-mêmes et sans glisser, les roues directrices viennent nécessairement se placer sous l'inclinaison convenable pour rester toutes deux tangentes aux deux circonférences qu'elles doivent décrire autour du centre de rotation. »

— M. *Daubrée* fait une communication relative à l'expédition scientifique à la Nouvelle-Zemble, commandée par M. le professeur Nordenskiöld, à bord du *Proefven*, de juin à août 1875. Partie de Tromsoë le 8 juin 1875, l'expédition abordait à la Nouvelle-Zemble, un peu au nord du cap Sévero Gussinoir Mys. L'expédition longea ensuite la côte occidentale de cette terre et débarqua sur différents points. Un des membres de l'expédition, M. Lundstrom, fit l'ascension d'une montagne d'environ 1 000 mètres d'altitude, et l'on recueillit une riche collection de fossiles appartenant au terrain jurassique.

L'abondance des glaces détermina M. Nordenskiöld à revenir vers le sud. Il pénétra dans la mer de Kara, par le détroit de Jugor, le 25 juillet. Les fossiles que l'on recueillit en abondance, sur un point où une violente tempête le força à s'abriter, appartiennent au terrain silurien et ont beaucoup d'analogie avec ceux de l'île de Gothland.

L'expédition se dirigea ensuite vers le nord, jusqu'à environ 75° 30′ de latitude, où les glaces l'arrêtèrent. Elle marcha vers l'est et, le 15 août, elle atteignait le côté septentrional de l'embouchure du Ienisei. Il est presque inutile de dire que pendant ce voyage, toutes les fois que le temps le permettait, on exécutait des sondages, des draguages et des mesures de la température à diverses profondeurs. Les résultats scientifiques obtenus sont aussi satisfaisants que possible.

— M. *A. Chauveau* fait connaître le résultat de ses études sur l'excitation électrique unipolaire des nerfs, et sur la comparaison de l'activité des deux pôles pendant le passage des courants de piles. « J'appelle *excitation unipolaire*, dit l'auteur, l'action locale exercée par les courants électriques sur les nerfs, au point d'application d'une électrode, quand cette électrode est seule en contact, immédiat ou médiat, avec le nerf conservé en place dans ses rapports normaux, et ne peut guère agir efficacement qu'au point de contact lui-même, à cause de la grande diffusion qui, au delà, disperse immédiatement le courant dans toutes les directions. » D'après M. Chauveau, ce mode d'excitation diffère absolument du mode usuel et produit des effets tout autres. Il présente aussi de grands avantages, car l'excitation unipolaire peut s'exécuter dans des conditions rigoureusement physiologiques, irréalisables avec tout autre procédé. Si l'on expérimente sur des nerfs superficiels, ils n'ont pas même besoin d'être découverts. L'étude de M. Chauveau a porté particulièrement sur l'excitation des faisceaux nerveux moteurs, excitation dont les résultats ont été appréciés par les tracés de la contraction musculaire. L'auteur a obtenu aussi d'importants résultats en examinant l'influence que ce mode d'excitation exerce sur les nerfs sensitifs.

— M. *Aubergier*, dans une lettre adressée à M. Dumas, fait connaître les résultats obtenus au moyen du sulfocarbonate de potassium sur les vignes phylloxérées de Mézel. Ces résultats sont très-satisfaisants ; la destruction du phylloxéra est à peu près complète dans les. environs de Clermont-Ferrand. Après avoir décrit la façon dont les expériences ont été conduites, M. Aubergier fait connaître le chiffre de la dépense occasionnée par le traitement des vignes de Mézel. La dépense a été de 992 francs par hectare.

— M. *Dumas*, après avoir donné lecture de la lettre de M. Aubergier, rappelle à l'Académie que les opérations effectuées dans toutes les localités qui ne sont pas encore entièrement envahies par le phylloxéra ont donné des résultats identiques avec ceux que M. Aubergier a signalés. L'emploi des sulfocarbonates produit donc des effets énergiques que M. Dumas résume en ces termes : 1° partout où pénètre la dissolution de ces sels ou les vapeurs qui s'en échappent, le phylloxéra est détruit ; 2° la vigne n'en éprouve aucun mauvais effet ; au contraire, l'aspect vert des feuilles et l'abondance du chevelu régénéré témoignent d'une reprise énergique de la végétation ; 3° si l'on rencontre parfois quelques rares phylloxéras sur les points traités, ce sont de jeunes larves trèsagiles, pouvant provenir des vignes d'alentour non traitées, ou de quelques œufs cachés dans les fissures du cep ou du terrain où ils se seraient trouvés à l'abri de l'action du toxique ; 4° la vigne est débarrassée du phylloxéra, ou du moins ramenée au point où elle était, quand l'insecte s'y est établi pour la première fois, ce qui lui permet de mûrir ses fruits et laisse au vigneron le temps de renouveler le traitement.

— M. *Ch. Sainte-Claire Deville* donne lecture à l'Académie d'un passage d'une lettre que lui a écrite M. Fouqué. M. Fouqué est en ce moment à Santorin ; c'est là troisième fois qu'il visite cette île. Il est accompagné de M. de Cessac, l'explorateur des îles du cap Vert. Les deux voyageurs font de fréquentes visites au volcan de Santorin. M. Fouqué s'occupe de recueillir les gaz qui s'échappent des fumerolles. Il a essayé de condenser les vapeurs qui s'en dégagent également ; mais il n'a rien obtenu, pas la moindre trace d'eau. Ce sont bien des fumerolles sèches, telles que M. Deville les a décrites.

BIBLIOGRAPHIE SCIENTIFIQUE

Bulletin des publications nouvelles

Éléments de géométrie projective, par L. CREMONA, directeur de l'École d'application des ingénieurs à Rome, traduits avec la collaboration de l'auteur, par Ed. Dewulf. Première partie. 1 vol. in-8° de 300 pages avec 220 figures dans le texte (Paris, Gauthier-Villars). Br.

Commentaire de la loi des 12-27 juillet 1875 *relative à la liberté de l'enseignement supérieur*, par A. BARD, docteur en droit, avocat à la cour d'appel de Paris. 1 vol. in-12 de 120 pages (Paris, A. Marescq aîné). Br. : 2 francs.

Ce livre est essentiellement d'actualité au moment où s'ouvrent les universités cléricales, et où quelques autres font des efforts pour s'ouvrir aussi. Il éclaire toutes les dispositions de la loi. Nous y reviendrons du reste.

La première année de lecture courante (morale, connaissances usuelles, devoirs envers la patrie), ouvrage contenant 103 figures instructives, des devoirs oraux, un lexique, par M. GUYAU. 1 vol. in-12 cartonné (Paris, Armand Colin et Cie, rue de Condé, 16).

L'abbé Conil, du diocèse d'Aix, vient d'être nommé par Mgr Guibert recteur de l'Université cléricale de Paris.

— Le maire et les adjoints de Grenoble ayant protesté au nom des intérêts de cette ville contre la création d'une Faculté de droit à Lyon, le conseil municipal de Grenoble, en présence des agissements cléricaux, n'a pas confirmé la protestation de la municipalité : « attendu qu'une ville comme un particulier doit à l'occasion savoir subordonner son intérêt privé à l'intérêt supérieur de la nation. »

— La proposition suivante, qui complète une proposition antérieurement faite au conseil municipal de Paris, a été déposée sur le bureau du conseil général de la Seine :

« Messieurs,

» Une proposition a été faite au conseil municipal de Paris, sous forme d'amendement au projet de budget de 1876, à l'effet d'inscrire à ce budget une allocation de 200 000 francs, destinée à subvenir aux besoins urgents de certains établissements universitaires situés à Paris.

» Les auteurs de la proposition ont pensé qu'au moment où la lutte va s'engager sur le terrain de l'enseignement supérieur entre les universités catholiques et l'Université de France, il convenait d'atténuer, ne fût-ce que dans une faible mesure, les effets désastreux de la parcimonie de l'État envers nos grandes écoles. C'est ainsi qu'aux crédits portés au budget de l'État, ceux portés au budget de la ville de Paris venant s'ajouter, certaines améliorations indispensables pourraient se réaliser dans ces écoles.

» Nous venons vous demander aujourd'hui d'associer le département à une œuvre aussi nécessaire. Le conseil général de la Seine et le conseil municipal de Paris ont donné, depuis quatre ans, assez de preuves de sagesse financière pour ne pouvoir être taxés de prodigalité. Quand il s'agit de subvenir aux besoins urgents d'établissements qui font l'honneur du pays, du département et de la cité parisienne, quelques centaines de mille francs sont un léger sacrifice. L'intérêt, d'ailleurs, est immense ; la liberté scientifique et les principes de la société civile sont en jeu.

» La situation relativement prospère du département nous autorise à porter la proposition de crédit à la somme de 300 000 francs, somme dont il sera facile, au surplus, de réaliser l'économie sur d'autres services largement dotés, si le conseil ne veut rien ajouter aux charges du département.

» Sur la somme de 300 000 francs, 200 000 pourraient être distribués entre la Faculté de droit, la Faculté de médecine et l'École de pharmacie dans les mêmes proportions que la pareille somme portée au budget de la ville de Paris, c'est-à-dire 50 000 à la Faculté de droit, 100 000 à la Faculté de médecine, 50 000 à l'École de pharmacie. Les 100 000 restant seront attribués à la Faculté des sciences de Paris.

» Quant à l'application pratique de ces diverses sommes, nous nous en référons à l'indication, nécessairement incomplète, mais suffisante pour justifier le principe, qui a été donnée dans la proposition faite au conseil municipal, nous bornant à signaler, en outre, l'utilité de la création d'un certain nombre de bourses au profit d'étudiants, et notamment de bourses de voyage, destinées à mettre un plus grand nombre d'élèves au courant de la science européenne. Ces bourses devraient être décernées au concours. Ajoutons que le détail des applications ne saurait être utilement réglé que par les conseils des professeurs.

» Le conseil général de la Seine, en accueillant la proposition, n'aura sans doute qu'un regret, c'est de ne faire que si peu pour l'enseignement supérieur et national. »

(Suivent les signatures.)

La liberté de l'enseignement supérieur à Louvain — Voici, d'après le récit de l'*Indépendance belge*, quel a été le rôle de l'Université cléricale de Louvain dans les élections municipales de cette ville :

La presse de l'université cléricale a tant et si bien répété que la lutte devait être cette fois une lutte de principes, que les plus endormis ont fini par se réveiller ; le corps électoral a émis son vote de principe. L'attitude même de nos adversaires *avant* le dénoûment rend toute équivoque impossible après.

Les libéraux ont voulu sauver les écoles menacées, ils ont voulu ratifier la conduite libérale de l'administration en matière d'inhumation ; ils ont voulu surtout protester contre les prétentions, contre la morgue de l'Université. La lutte mettait surtout en présence l'édilité, c'est-à-dire le pouvoir civil appuyé sur la bourgeoisie, et l'*Alma Mater*, forte de ses professeurs, de ses mille étudiants, de ses confréries de xavériens et des vingt-trois couvents qui pullulent dans nos murs.

Dès le matin, tout la gent universitaire était sur pied. Dans les bureaux, les professeurs étaient à la barre pour contrôler les bulletins libéraux et contrôler les opérations ; on en comptait en moyenne trois ou quatre par bureau.

S'ils ont montré une vive ardeur pendant les opérations, les professeurs de l'Université n'avaient rien négligé avant. Ils ont personnellement visité tous les électeurs, et on les a vu allant de porte en porte distribuer des promesses ou des menaces ; tous ceux qui louaient un quartier d'étudiant ont dû formellement promettre d'appuyer la liste cléricale. Tous ont promis : l'Université peut juger aujourd'hui si tous ont tenu parole.

Ces obsessions, ces menaces, ont fini par révolter même les plus indifférents ; tous les petits bourgeois, les petits boutiquiers, se sont entendus, et c'est leur coalition qui a écrasé le cléricalisme et rendu au parti libéral sa majorité compacte des anciens jours.

La colère des cléricaux ne connut pas de bornes à l'apparition du chiffre formidable de la majorité. L'honorable échevin, président le deuxième bureau, fut irrévérencieusement hué par les étudiants d'une des pédagogies, et M. Vanderauwera, le candidat libéral du second scrutin, fut insulté à son tour en se rendant à son bureau.

C'est ainsi qu'on préludait aux violences de la soirée. Celle-ci était à peine commencée, qu'une bande de près de six cents étudiants, tous armés d'énormes cannes et munis de sifflets, parcourut les rues de la ville en huant et en proférant des injures à l'adresse des bourgeois. Cette bande a été dirigée un moment par un prêtre ; en passant sous les fenêtres du Cercle libéral, elle poussa des huées, des coups de sifflets stridents furent lancés et des cris de : A bas les gueux ! à bas les libéraux ! furent proférés.

Plusieurs centaines de membres du Cercle libéral, qui se trouvaient sur le balcon, lequel était brillamment illuminé, répondirent à ces provocations par des cris répétés de « Vivent les gueux ! »

La bande continua son chemin et ses vociférations, pendant que deux sociétés d'harmonie donnaient des sérénades aux élus. Tout dans l'attitude hostile, agressive des étudiants dénotait la ferme intention d'en venir aux mains avec les bourgeois, de les pousser à bout.

La sérénade donnée à M. Nanderveken, l'un des conseillers dont la demeure se trouve en face du cercle catholique, fut l'occasion de la rencontre. Les étudiants, tous armés de gourdins, se jettent sur les musiciens et brisent leurs instruments ; ceux-ci se défendent ; d'autres étudiants arrivent à la rescousse, des bourgeois s'élancent pour les repousser ; bref, pendant quelques minutes, il y eut là une bagarre générale. L'intervention efficace de M. le bourgmestre put arrêter le combat ; ce ne fut pas sans peine qu'il put empêcher la foule de prendre d'assaut le Cercle catholique où, après leur agression, les étudiants s'étaient réfugiés.

En somme, lorsque la gendarmerie est arrivée, tout était fini, et bien qu'on parle de contusions et même d'un coup de poignard reçu par un bourgeois, il paraît qu'il n'y a pas eu de blessures graves. La police a arraché aux étudiants des gourdins et des poignards. La seule présence de ces armes prouve les intentions hostiles de ceux qui en étaient porteurs. On dit aussi que dans le sein même du Cercle catholique un orateur candidat, dont on cite le nom, a tenu aux étudiants les discours les plus imprudents et les plus dangereux. L'instruction qui est commencée éclaircira tout cela.

Pour atténuer l'effet de ces violences coupables, le Cercle catholique exhibe depuis deux jours ses croisées dépourvues de glaces, mais cette destruction de commande ne trompera personne ; tout le monde a pu constater que dès six heures du soir, mardi, les volets du Cercle étaient fermés ; d'où la conséquence que les vitres n'ont pu être brisées que par les occupants de l'intérieur.

Il est hautement regrettable que l'Université n'ait pas fait, le soir de l'élection, ce qu'elle a fait le lendemain ; elle sait à l'occasion donner des ordres et les faire respecter ; elle a un règlement qui l'arme de toutes les rigueurs. Pourquoi ne pas l'avoir appliqué pour prévenir des désordres qu'elle devait croire possibles tout au moins ?

Le lendemain, mercredi, second jour des sérénades, tout s'est passé avec la plus parfaite tranquillité, les étudiants des pédagogies avaient été consignés. Pourquoi ne pas les avoir consignés la veille ?

— La Faculté de médecine vient d'autoriser la permutation de M. Hardy pour la chaire de clinique médicale laissée vacante par la démission de M. Bouillaud.

— M. Lauth a présenté au Conseil général de la Seine un projet de vœu tendant à l'inscription au budget du département d'une subvention de 24 000 francs à l'Ecole pratique des hautes études pour la création de *bourses d'étude* et de *bourses de voyage* au profit des élèves de cette Ecole.

— L'Ecole libre d'architecture vient de commencer sa dixième année par une séance solennelle présidée par M. Bardoux, sous-secrétaire d'Etat démissionnaire du ministère de la justice qui est président du conseil de direction. Il a prononcé un discours fort applaudi. Un second discours a été prononcé par M. Emile Trélat, directeur de l'Ecole.

Le soir, un banquet de cent cinquante couverts réunissait à l'hôtel du Louvre les membres du conseil de direction, les professeurs de l'Ecole et les principaux amis de l'œuvre, parmi lesquels on remarquait M. Viollet-le-Duc, M. Cherbuliez, M. Cabet, le sculpteur de la statue de Dijon si victorieusement abattue par le général Ducrot. Des toast ont été portés par MM. Emile Trélat, Bardoux, Janssen, etc.

FACULTÉ DES SCIENCES DE PARIS. — *Doctorat ès sciences physiques.* — Le samedi 13 novembre, à trois heures, dans la salle des examens (escalier 2 au 2°), M. Engel soutiendra, pour obtenir le grade de docteur ès sciences physiques, deux thèses ayant pour sujet :

La première : Contribution à l'étude des glycocolles et de leurs dérivés ; — La seconde : Propositions données par la Faculté.

FACULTÉ DES SCIENCES DE PARIS

Les cours de la Faculté (premier semestre) s'ouvriront le lundi 15 novembre 1875, à la Sorbonne.

GÉOMÉTRIE SUPÉRIEURE (les mercredis et vendredis, à midi et demi). — M. Ossian Bonnet ouvrira ce cours le mercredi 17 novembre. Il traitera des applications de la méthode infinitésimale à la théorie des lignes et des surfaces courbes.

CALCUL DIFFÉRENTIEL ET INTÉGRAL (les lundis et jeudis, à huit heures et demie). — M. Bouquet ouvrira ce cours le jeudi 18 novembre. Il traitera du calcul différentiel et intégral.

MÉCANIQUE RATIONNELLE (les mercredis et vendredis, à huit heures et demie). — M. Darboux ouvrira ce cours le mercredi 17 novembre. Il traitera de la composition des forces et des lois générales de l'équilibre et du mouvement.

ASTRONOMIE MATHÉMATIQUE ET MÉCANIQUE CÉLESTE (les mardis et samedis, à dix heures et demie). — M. Puiseux ouvrira ce cours le mardi 16 novembre. Il exposera les méthodes de calcul applicables aux principales inégalités des mouvements des planètes et de la lune.

CALCUL DES PROBABILITÉS ET PHYSIQUE MATHÉMATIQUE (les lundis et jeudis, à dix heures et demie). — M. Briot ouvrira ce cours le jeudi 18 novembre. Il traitera de la théorie des fonctions elliptiques et de leur application à des questions de physique mathématique.

MÉCANIQUE PHYSIQUE ET EXPÉRIMENTALE (les mardis et samedis, à huit heures et demie). — M. Tannery ouvrira ce cours le mardi 16 novembre. Il traitera de la cinématique, dont il fera ensuite des applications à la théorie des machines.

PHYSIQUE (les mardis et les samedis, à une heure et demie). — M. P. Desains ouvrira ce cours le mardi 16 novembre. Il traitera de la chaleur, du magnétisme, de l'électricité, de l'électro-magnétisme et de leurs principales applications.

CHIMIE (les lundis et jeudis, à une heure). — M. H. Sainte-Claire Deville ouvrira ce cours le jeudi 18 novembre. Il exposera les lois générale de la chimie ; il fera l'histoire des métalloïdes.

ZOOLOGIE, ANATOMIE, PHYSIOLOGIE COMPARÉE (les mardis et samedis, à trois heures et demie). — M. Milne Edwards ouvrira ce cours le mardi 16 novembre. Il traitera des fonctions de reproduction ; du développement et de l'organisation des principaux appareils de l'économie animale.

ZOOLOGIE, ANATOMIE, PHYSIOLOGIE COMPARÉE (les mercredis et vendredis, à trois heures et demie). — M. Henri de Lacaze-Duthiers ouvrira ce cours le mercredi 17 novembre. Il étudiera les principaux groupes des vertébrés.

MINÉRALOGIE (les mercredis et vendredis, a une heure et demie). — M. des Cloizeaux ouvrira ce cours le mercredi 17 novembre. Après avoir exposé les propriétés générales des minéraux, il fera l'histoire des principales espèces, et plus particulièrement de celles de la classe des pierres.

Le propriétaire-gérant : GERMER BAILLIÈRE.

PARIS. — IMPRIMERIE DE E. MARTINET, RUE MIGNON, 2

LA

REVUE SCIENTIFIQUE

DE LA FRANCE ET DE L'ÉTRANGER

REVUE DES COURS SCIENTIFIQUES (2ᴱ SÉRIE)

DIRECTION : MM. EUG. YUNG ET ÉM. ALGLAVE

2ᵉ SÉRIE. — 5ᵉ ANNÉE   NUMÉRO 21   20 NOVEMBRE 1875

L'ÈRE NOUVELLE AU JAPON

I

De tous les pays de l'extrême Orient, il n'en est pas un qui attire plus aujourd'hui l'attention de l'Europe que le Japon. Voir un peuple changer en quelques années des habitudes de vingt siècles et faire table rase de toutes ses institutions pour y substituer, du jour au lendemain, celles des nations d'une autre race, était un spectacle si nouveau qu'il devint le point de mire de toutes les curiosités. Jamais l'histoire n'avait eu à enregistrer changement aussi radical et aussi prompt dans l'évolution d'un peuple, et si elle ne peut être appelée de longtemps encore à constater si des modifications aussi brusques seront durables, il est intéressant au moins de les suivre pas à pas comme un phénomène nouveau dont on note les phases pour s'éclairer sur ses causes et arriver à en prévoir l'issue.

C'est à ce titre qu'une histoire moderne du Japon est un livre particulièrement intéressant, et que M. Samuel Mossman, déjà connu par des ouvrages sur la Chine et l'Australie, a fait œuvre utile en publiant son dernier livre (1), dont plusieurs chapitres avaient déjà paru dans diverses revues anglaises. C'est une histoire chronologique des événements qui se sont déroulés au Japon depuis 1853, et qui ont amené le régime actuel; l'auteur s'y attache avec soin à l'ordre des faits, qu'il enregistre progressivement, et se bornant à une exposition nette, presque complètement dépourvue d'appréciations. Il apporte dans son œuvre un sentiment national profond, mais peut-être un peu exclusif, qui l'entraîne, en dépit de lui-même, à sacrifier au rôle que l'Angleterre a joué au Japon celui des autres nations européennes. Autant il serait inexact de méconnaître la part prépondérante de la

politique anglaise dans les événements de l'extrême Orient, autant il est convenable de faire à tous la part équitable. C'est, du reste, un bien faible reproche que l'on peut faire là à l'auteur, toujours très-sobre de commentaires, et qui constate plutôt qu'il ne juge. Pour toutes les personnes qui s'intéressent au Japon, le livre de M. Mossman est un ouvrage précieux, un utile complément aux articles si intéressants que nous envoie du Japon même un de nos compatriotes, qui y a accepté la tâche pénible de législateur, M. Georges Bousquet. C'est aussi en nous appuyant principalement sur l'ouvrage de M. Mossman que nous allons essayer de résumer l'histoire de la révolution qui a fait faire en quelques années à la civilisation japonaise le chemin qui avait coûté sept siècles à l'Europe.

L'histoire ancienne du Japon commence à être assez bien connue dans ses traits principaux, mais le sera probablement mieux encore sous peu, grâce aux efforts d'un de nos compatriotes, M. Duchesne de Bellecourt, consul général de France à Batavia, et autrefois notre ministre au Japon. Je me souviens qu'il y a un an, passant par Batavia, et reçu par lui avec cette affabilité qu'il est si doux de retrouver à l'étranger, la conversation vint à tomber sur le Japon. Il nous montra le résumé de toutes ses recherches, un grand tableau chronologique où l'œil suivait sans peine et dans tous ses détails l'histoire du Japon, au milieu des complications et des luttes qui la rendent si semblable à celle de notre pays sous la dynastie mérovingienne. Jusqu'à la publication de ce travail, on ne connaîtra guère que les traits principaux de cette période, dont la fin ne remonte qu'à sept ans, et qu'il est indispensable d'esquisser à grands traits pour l'intelligence des événements contemporains.

Après l'invasion du Japon par des hordes venues de Chine ou de Malaisie, les conquérants s'organisèrent en clans, véritables baronnies féodales où le seigneur, le *daïmio*, avait ses armoiries et ses soldats (*samouraï*), et possédait de fait, sinon de droit, tout le territoire de son fief. L'empereur, le *mikado*, était à l'origine le chef militaire des envahisseurs; après la conquête, il conserva la propriété nominale de tout le pays, tandis qu'en réalité son domaine propre, limité par celui des

---

(1) *New Japan*, by Samuel Mossman: John Murray, London.

daïmios, ne comprenait que les cinq provinces environnant Kioto. Pour accroître son influence, il essaya plus tard d'accaparer la puissance spirituelle en se proclamant le descendant des dieux et le chef suprême du clergé; mais ce fut toujours un pouvoir faible qui ne se soutenait qu'en fomentant habilement la discorde entre les clans les plus puissants. Renfermé dans son palais, suivant l'étiquette orientale, et invisible même aux daïmios, le mikado fut de bonne heure obligé de déléguer l'autorité militaire à un généralissime, le *siogoun* (1), qui en abusa pour accroître peu à peu son pouvoir. A la fin du xvie siècle et à la suite d'empiétements successifs, le coup fatal fut porté par le siogoun Taïko-Sama et son successeur Yéyas; vainqueurs des daïmios les plus puissants, ils s'emparèrent du pouvoir civil et militaire et du droit de disposer des revenus de l'empire. Mais, dans un pays attaché aux traditions comme était le Japon, ils eurent la bonne inspiration de ne pas déposer complétement le mikado, et de profiter de l'influence morale qu'il pouvait avoir sur les masses. L'ancien souverain conserva le pouvoir religieux et la supériorité nominale; mais relégué à Kioto, et n'ayant pour vivre que les revenus que lui faisait le siogoun, il devait lui donner solennellement l'investiture, et consacrer ainsi aux yeux de la nation l'usurpation dont il était victime.

Telle était l'organisation politique du Japon jusqu'à la grande révolution de 1868, où la présence des Européens joua un rôle important quoique indirect. Au point de vue de ses relations avec l'Europe, le Japon ne nous fut connu qu'au xiiie siècle, par les récits de Rubruquis et de Marco Polo; vers le xvie siècle, les premiers marchands portugais y arrivèrent, puis les Hollandais, et furent d'abord bien accueillis et assez libres de commercer dans le pays. Mais bientôt la question religieuse vint compliquer la situation : les jésuites portugais indisposèrent les autorités par leur propagande; la persécution commença à l'intérieur contre les Japonais convertis, tandis que tout le pays fut fermé aux étrangers, sauf deux ports, Nagasaki pour les Portugais et Hirado pour les Hollandais. Enfin, comme la propagande religieuse continuait toujours et finissait par causer au gouvernement des craintes d'immixtion politique, les Portugais furent définitivement expulsés en 1637, et les Hollandais transférés de Hirado à Nagasaki, qui resta le seul port ouvert au commerce européen. Encore la factorerie hollandaise était-elle établie sur un petit îlot artificiel long de 200 mètres et large de 80 mètres, et réuni à la terre ferme par un seul pont de pierre fermé par un mur que les Européens ne pouvaient franchir. Cet état de choses ne prit fin qu'il y a vingt ans, et c'est à peine si, dans tout ce long intervalle, quelques voyageurs, Kœmpfer, Thunberg, Siebold, purent pénétrer dans le pays défendu et soulever un coin du voile qui nous le cachait.

Vers 1850, l'attention des gouvernements européens se tourna naturellement du côté du Japon. La France et l'Angleterre, engagées en Chine dans les complications qui amenèrent la guerre de 1856, ne pouvaient manquer de penser aux moyens d'ouvrir le Japon à leur commerce et à leur influence. La Russie, plus hardie, s'emparait sans hésitation d'une partie des petites îles japonaises, devenues limitrophes de ses nouvelles acquisitions sur les bords de l'Amour. Mais

les premiers pas réellement sérieux furent faits par les États Unis d'Amérique : songeant à l'importance qu'aurait le Japon pour le commerce de leur province alors naissante de Californie, ils se résolurent à une action immédiate, et, le 8 juillet 1853, le commodore M. C. Perry, à la tête de quatre vaisseaux de guerre, venait mouiller devant le port d'Uraga, à l'entrée du golfe d'Yédo. Son attitude fut pacifique, mais digne et très-résolue; refusant obstinément d'entrer en relations avec des officiers inférieurs, il finit par obtenir ce qu'il demandait : un daïmio de première classe lui fut envoyé, et au milieu d'une pompeuse cérémonie militaire faite pour imposer le respect, il lui remit une lettre du Président des États-Unis demandant à l'empereur du Japon un traité d'amitié et de commerce. Au printemps suivant, il revint, à la tête d'une escadre de neuf vaisseaux, bien décidé à obtenir à tout prix le traité. Les négociations recommencèrent, et, après avoir vaincu toutes les résistances, le commodore Perry avait l'honneur de signer à Kanagawa, le 31 mars 1854, le premier traité avec le Japon. Les clauses principales portaient l'ouverture immédiate aux Américains du port de Simoda; celle des ports de Hakodadi et de Napha, ce dernier dans l'île de Loo Choo, devait suivre dans le délai d'un an. Le traité, approuvé par le Congrès américain, fut ratifié au Japon en février 1855.

Un succès si éclatant devait amener des imitateurs. Les Russes avaient proposé un instant d'unir leurs efforts à ceux des Américains, mais avaient été poliment éconduits par eux; ils recommencèrent bientôt la tentative pour eux seuls. L'amiral Poutiatine, avec une seule frégate, arriva devant le port de Simoda, et, malgré la faiblesse de ses moyens d'action, malgré un tremblement de terre épouvantable suivi d'un ras de marée, qui brisa son navire et le força de demander refuge aux Américains, il parvint à obtenir un traité semblable au premier : les mêmes ports étaient ouverts aux Russes, à l'exception de Napha, remplacé par Nagasaki. Les Anglais signèrent également une première convention, mais en termes vagues et où rien n'était décidé sur les règlements du commerce international.

Malgré l'importance de ces premiers traités, il ne faudrait pas trop s'en exagérer la valeur. Quand on voulut passer à l'application, les autorités japonaises, profitant habilement de l'ambiguïté de certaines phrases du traité, cherchèrent à empêcher les négociants américains de s'installer d'une façon permanente à Simoda. Ils ne les autorisèrent qu'à rester pendant un temps limité, dont la durée devait être fixée au moment même de l'arrivée. Aussi des conventions plus explicites devinrent-elles bientôt nécessaires. La France, occupée à la conquête de la Cochinchine, dût, pour le moment, se résigner à attendre et céder le pas à l'Angleterre.

Aussitôt la guerre de Chine terminée en apparence par le traité de Tien-Tsin (26 juin 1858), le plénipotentiaire anglais, lord Elgin, accompagné de la flotte, se rendit au Japon pour obtenir de nouvelles concessions, et vint stationner devant Yeddo. Là, malgré toutes les protestations des Japonais, il exigea que le traité serait signé dans la ville même, et le premier de tous les représentants étrangers, il fit une entrée solennelle dans la capitale du siogoun; le 26 août 1858, il y signait le traité mémorable qui inaugurait réellement l'ère nouvelle au Japon. Par ce traité, les agents diplomatiques de l'Angleterre devaient résider dans Yeddo même et avoir le droit de voyager librement dans tout le royaume. Les ports

---

(1) C'est ce nom qui avait été, à l'origine de nos relations avec le Japon, transformé en celui de taïcoun, terme inconnu dans le pays.

de Hakodadi, Kanagawa et Nagasaki seraient ouverts le 1er juillet 1859; celui de Nee-e-Gata, en 1860; Hiogo et Osaka, en 1863; dans ces ports seraient établis des agents consulaires, à la juridiction desquels seuls seraient soumis les sujets britanniques, libres cette fois de s'installer et de résider dans les ports, et d'y commercer en toute liberté, à charge de payer des droits fixés par des clauses additionnelles au traité.

De ce jour, le Japon était réellement ouvert à l'influence européenne, et si dans l'application on devait rencontrer encore quelques difficultés, les étrangers se sentaient au moins en possession de droits sérieux qu'ils auraient la force de faire prévaloir. Le consul américain obtint aussitôt pour ses nationaux un traité identique, et notre plénipotentiaire à Tien-Tsin, le baron Gros, arriva à son tour réclamer pour les Français. Reçu également à Yeddo avec tous les honneurs, il y signa la convention qui assurait à la France le traitement de la nation la plus favorisée.

Tout semblait aller pour le mieux : les légations d'Angleterre, de France et des États-Unis s'étaient installées sans peine dans la capitale; quelques difficultés soulevées par les Japonais pour substituer le port de Yokohama à celui de Kanagawa étaient apaisées; les commerçants européens, surtout anglais, commençaient à arriver, lorsqu'une série d'événements terribles vint montrer que tout n'était pas dit, et qu'après avoir traité avec le siogoun, on allait avoir à compter avec la féodalité puissante des daïmios, mécontents de la venue des étrangers.

Trois Russes, qui étaient descendus à Kanagawa pour acheter des provisions, y furent tout d'un coup massacrés par une bande de samouraïs, les hommes à deux sabres, vassaux et soldats des daïmios. Quelques jours plus tard, c'était l'interprète de la légation britannique, assassiné aux portes mêmes de la légation; puis deux capitaines de vaisseaux marchands hollandais; les coupables étaient toujours des samouraïs que l'autorité japonaise se refusait à rechercher et à punir. Déjà les ministres étrangers se réunissaient pour exiger une réparation, lorsqu'un crime plus affreux encore vint préciser la signification de ces attentats. Le pouvoir, pendant la minorité du siogoun, était tenu par un régent; le 24 mai 1860, la chaise à porteurs où il se trouvait fut assaillie en plein jour, à quelques pas du palais, par une bande de samouraïs; quand on arriva au secours, il était trop tard, le régent était mort et les assassins s'étaient enfuis avec sa tête. On raconte que cette tête fut portée au vieux daïmio Mito, qui cracha dessus en l'insultant, puis qu'elle fut exposée deux heures à Kioto même, la capitale du mikado, à l'endroit où l'on mettait d'ordinaire les têtes des princes condamnés à être décapités; en dessous était cette inscription : « Ceci est la tête d'un traître qui a violé les lois les plus sacrées du Japon, celles qui défendent l'admission des étrangers dans le pays. » Bien que cette histoire n'ait jamais pu être prouvée, elle était tellement vraisemblable qu'elle fut acceptée de tous. Le fait est que la tête du régent disparut quelque temps, puis fut retrouvée dans son palais même, où on l'avait jetée la nuit par-dessus le mur.

Le succès de cet attentat encouragea les assassins, et les crimes continuèrent, augmentés peut-être par l'attitude du nouveau siogoun, qui commit la faute, énorme aux yeux des Japonais, de recevoir lui-même les envoyés anglais et français. Un domestique italien, au service du ministre de France, fut blessé à la porte de la légation, et, bientôt après, c'était une personne officielle, le secrétaire de la légation américaine, qui tombait assassinée (15 janvier 1861). Cette fois, le crime était trop grand : les ministres d'Angleterre, de France, de Hollande et de Prusse se retirèrent à Yokohama, attendant la vengeance; seul, le ministre américain, quoique la victime directe de l'offense, sépara sa cause de celle de ses collègues, et resta sans protester à Yeddo. Bien que les motifs de cette inaction restent encore inexpliqués, peut-être les trouvera-t-on simplement dans la guerre de sécession qui sévissait alors aux États-Unis et rendait impossible aux Américains toute répression immédiate. Le siogoun céda devant les menaces des représentants anglais et français, leur promit réparation et les pria de revenir à Yeddo, garantissant leur sécurité. Se fiant à sa parole, ils y retournèrent tous deux; mais les daïmios ne manquèrent pas l'occasion de prouver encore une fois qu'ils séparaient leur cause de celle du siogoun; quatorze émissaires du clan de Tsu-Sima, suivis d'une bande de gens sans aveu, envahirent, le 4 juillet, la légation anglaise. Surpris au milieu de la nuit, les cinq Européens qui s'y trouvaient résistèrent de leur mieux avec leurs revolvers, et, malgré quelques blessures, tinrent tête aux envahisseurs, qui se retirèrent laissant trois morts derrière eux. Immédiatement, vingt-cinq marins anglais furent débarqués; de son côté, le ministre de France, M. de Bellecourt, alors à bord de la *Dordogne*, descendit avec quinze soldats français et rejoignit son collègue, décidé à partager le danger. Le siogoun, impuissant comme toujours, leur envoya de son côté une garde de cinq cents hommes choisis, et l'on resta sur le qui-vive, sans pourtant pouvoir empêcher encore l'assassinat d'une sentinelle anglaise.

Cependant, de grands événements se préparaient dans la politique intérieure du Japon : les daïmios, mécontents du rôle du siogoun vis-à-vis des étrangers, se groupaient de nouveau autour du mikado, qu'ils avaient autrefois renversé, et essayaient de restaurer son pouvoir, espérant s'en servir comme d'un instrument docile. Sur leurs instances, il fut décidé qu'une grande réunion de daïmios serait tenue à Yeddo, sous la présidence d'un envoyé du mikado, et qu'on y discuterait toutes les questions pendantes. Pendant ce temps, les ministres anglais et français furent invités à se retirer, et, pour ne pas créer de nouvelles difficultés, ils se décidèrent à suivre cet avis prudent.

Les délibérations des daïmios restèrent secrètes, mais leur esprit se révéla bientôt par de nouveaux crimes. Un officier anglais, M. Richardson, fut assassiné sur le Tokaïdo, la grande route du Japon, sous les yeux et par l'ordre du père du daïmio de Satsouma, le plus puissant des seigneurs japonais. Quelque temps après, des mains inconnues faisaient sauter par la poudre le bâtiment que l'on était en train de construire à Yeddo, pour la nouvelle légation anglaise; et, malgré le rôle pacifique joué par les Américains, leur légation était à son tour incendiée. En même temps, on apprenait que les daïmios faisaient élever des batteries tout le long de la côte et les armaient activement. C'est que, en effet, de graves décisions avaient été prises dans la réunion des daïmios. Autrefois, ils étaient forcés de venir chaque année passer six mois à la cour du Siogoun et de laisser toujours en otages, à Yeddo, des membres de leur famille. Cette coutume fut abolie; de plus, tous les daïmios favorables aux étrangers étaient proscrits; cent dix d'entre eux furent dégradés et privés de la moitié de leurs biens; enfin, le mikado avait enjoint par décret au siogoun, en sa qualité de généralissime, d'expulser les étrangers du Japon.

Devant ces actes, les ministres de France et d'Angleterre posèrent leur ultimatum, et appelèrent les amiraux Jaurès et Kuper pour les soutenir par la force. Le siogoun céda, fit toutes les excuses demandées, et paya immédiatement une indemnité de plus de 2 millions et demi de francs, comme réparation des insultes commises envers les légations étrangères; mais, en même temps, il se déclarait impuissant à venger les assassinats ordonnés par les daïmios. C'était donc contre ceux-ci qu'il fallait agir directement, et une nouvelle aggression de leur part décida de la guerre.

Chosiou, le daïmio de Nagato, fit attaquer par deux de ses navires de guerre un bâtiment de commerce américain qui passait par le détroit de Simanosaki; quelques jours après, les batteries qu'il avait fait élever tout le long du détroit tiraient, sans provocation, sur le paquebot français le *Kienchang*. La lutte commença aussitôt : une corvette hollandaise, attaquée par les mêmes batteries, engagea le feu, mais fut obligée de se retirer; la corvette américaine *Wyoming*, venue pour venger l'insulte faite à son pavillon, put désemparer les deux vaisseaux de guerre japonais, mais fut également forcée de reculer devant le feu bien dirigé des batteries de la côte. Les Français furent plus heureux : la *Sémiramis* et le *Tancrède*, sous les ordres de l'amiral Jaurès, éteignirent le feu des batteries japonaises, et un corps de débarquement, après un court engagement, encloua les canons et fit sauter un temple qui servait aux Japonais de dépôt de munitions (20 juillet 1863).

Les Anglais allèrent de leur côté venger sur le clan de Satsouma l'assassinat de Richardson. Arrivés devant la capitale, Kagosima, et ne recevant que des réponses évasives, ils saisissent, comme garantie, trois navires de commerce, appartenant au daïmio; aussitôt, les Japonais ouvrent le feu, la flotte anglaise leur répond, et le bombardement de Kagosima commence. La résistance des Japonais fut énergique, et ils infligèrent aux Anglais des pertes sérieuses; mais bientôt ils durent céder. En une nuit, ils avaient perdu trois vaisseaux à vapeur et cinq jonques; leur arsenal, leur fabrique de canons et le palais du daïmio étaient détruits, et la ville de Kagosima devenait la proie des flammes. Cette répression énergique porta ses fruits : le daïmio de Satsouma demanda à traiter, paya une indemnité et promit de rechercher les coupables.

A quelque temps de là, un officier français ayant encore été assassiné aux environs de Yokohama, l'amiral Jaurès fit immédiatement débarquer trois cents hommes, prit possession d'une colline dominant le pays, et, déployant le drapeau tricolore, la garnison s'y installa avec des canons et des provisions. Quelques mois plus tard, les Anglais débarquaient également huit cents hommes. Cette occupation, tout en rassurant les résidents européens, amena d'excellents résultats. Aussitôt les attentats devinrent plus rares; on n'eut plus à en constater que deux : l'un sur deux officiers français, l'autre sur onze matelots français, en reconnaissance hydrographique; mais, dans l'un et l'autre cas, les criminels n'étaient que des malfaiteurs ordinaires et furent punis par les autorités japonaises.

Malgré tout, le mikado se montrait toujours hostile aux étrangers, et nos ministres, qui, dans l'ignorance de l'état politique du Japon, n'avaient traité qu'avec le siogoun, voyaient les difficultés leur venir d'un côté qu'ils n'avaient pu prévoir. Le siogoun avait envoyé une ambassade en Europe pour négocier un délai pour l'ouverture des ports; le mikado la rappela subitement et l'on pouvait craindre quelque nouvelle complication, lorsqu'un coup d'éclat vint prouver aux Japonais que toute résistance de leur part était désormais inutile. Le daïmio de Nagato, Chosiou, ne se sentait pas encore assez puni par l'expédition de l'amiral Jaurès, et, reprenant ses préparatifs de guerre, interdisait de nouveau aux Européens le passage du détroit de Simanosaki. Une expédition combinée des Anglais, Français', Hollandais et Américains, se présenta devant les forts. Après un court bombardement les troupes débarquèrent, mirent les Japonais en déroute, détruisirent les fortifications et se retirèrent en emportant les canons comme trophées (6 août 1864). Chosiou, abattu, accepta toutes les conditions et débanda son armée, qui, dans sa fureur, alla jusqu'à attaquer le palais du mikado à Kioto. Cela lui valut une nouvelle punition : ses forts furent bombardés, cette fois, par la flotte du mikado, et il dut se soumettre et se retirer momentanément de la scène politique.

Mais la victoire brillante des alliés avait porté ses fruits : le daïmio Etzizen osa soumettre au mikado un mémoire favorable aux étrangers; bientôt tous les édits portés contre eux furent retirés et le mikado lui-même signa le 24 novembre 1865, les traités que le siogoun avait conclus sans son assentiment avec les Européens. La lutte était terminée entre les Japonais et l'étranger, mais la guerre civile allait commencer et amener la révolution.

Avec l'accroissement du commerce dans les ports ouverts et l'arrivée des produits manufacturés de l'Europe, les avantages des relations avec l'étranger devenaient tellement évidents que tous les daïmios voulurent bientôt en profiter. Mais les lois voulaient que tout passât par l'intermédiaire du siogoun, aussi les chefs de clan, ligués d'abord contre nous, se tournèrent-ils exclusivement contre leur souverain temporel.

Chosiou, le vieux daïmio de Nagato, fut encore le premier à donner le signal. Soutenu sous main par le prince de Satsouma, et réconcilié avec les Européens, il débuta par une expédition brillante contre le clan de Bouzen, un allié du siogoun, dont il conquit le territoire ; ses troupes, armées et disciplinées à l'européenne, eurent facilement raison des armées de l'empire, et leur triomphe rehaussa encore l'opinion nouvelle que l'on se formait des étrangers. Sur ces entrefaites, le siogoun vint à mourir. Le mikado intervint pour faire signer un armistice, et donna lui-même l'investiture à Yoshi-Hisà, du clan de Mito, qui devait être le dernier des siogouns (10 janvier 1867). Quelques temps après le mikado lui-même mourait et était remplacé par son fils Moutsh'to, encore mineur. Le dernier n'était qu'un enfant de douze à quatorze ans, destiné à servir de prête-nom à des mécontents; l'autre, homme instruit, désireux du progrès et partisan convaincu des idées nouvelles, était plein d'intelligence et d'énergie, mais ses qualités mêmes devaient amener sa ruine. Tremblant de le voir triompher de leurs résistances, tous les grands daïmios du sud du Japon se liguèrent contre lui, dirigés par ceux de Satsouma, de Nagato, d'Etzizen. Le siogoun avait promis d'ouvrir au 1er janvier 1868 les ports de Yeddo, Hiogo, Osaka, et un dernier sur la côte occidentale ;

les daïmios résolurent de s'y opposer à moins qu'il ne leur permit d'ouvrir leurs propres ports aux étrangers. Il leur fallait au moins un chef nominal, ils le trouvèrent dans le jeune mikado, et allèrent même jusqu'à empêcher à main armée le siogoun de venir lui faire visite à Kioto.

Yoshi-Hisà, se sentant pour le moment incapable de résister, offrit sa démission au mikado qui l'accepta, tout en lui laissant provisoirement le pouvoir. Les confédérés, de plus en plus audacieux, s'emparèrent alors de la personne même du mikado, sous prétexte de le défendre, en réalité pour s'en servir comme d'un drapeau et profiter du prestige du pouvoir incontesté qu'il exerçait. Devant ce dernier acte, Yoshi-Hisà n'hésita plus; il appela à lui tous les daïmios du Nord et marcha sur Kioto. Victorieux d'abord, il fut vaincu à Foushimi (29 janvier 1868) par la trahison d'un allié, et dut se sauver à Yeddo. Proscrit par le mikado qui agissait toujours sous l'inspiration des confédérés et perdant tout espoir, il fit enfin sa soumission, déposa tous ses pouvoirs et rentra à Mito dans la vie privée, sans même songer au *harakiri*, à s'ouvrir le ventre, comme l'aurait fait quelques années avant tout bon Japonais vierge de l'influence des idées étrangères.

Telle fut la fin du siogounat, qui avait été pendant plus de trois siècles le gouvernement réel du Japon, et à qui revient l'honneur d'avoir été le premier à comprendre le bien que pouvait faire au pays la venue des étrangers. Les daïmios du Nord essayèrent encore de résister, mais ils durent s'incliner sous la force supérieure des clans puissants du Sud. Nous n'essayerons pas d'ajouter à ce récit déjà trop long l'histoire de ces résistances dernières; elles ont été exposées déjà dans cette *Revue* (1).

On sait les événements qui suivirent : les grands daïmios du Sud qui s'étaient servis du mikado comme de prête-nom pour écraser leurs petits rivaux furent victimes les premiers de leurs triomphes. Dans une intention qui n'est pas encore bien expliquée ils allèrent jusqu'à abandonner volontairement tous leurs priviléges, et même leurs fiefs, espérant probablement que tout leur serait conservé pour n'être enlevé qu'aux faibles. Mais il en fut tout autrement : sous le remarquable ministère de Sanjo et d'Iwakoura, le mikado accepta toutes leurs concessions et détruisit tout autre pouvoir que le sien : les priviléges de la classe guerrière des samouraïs furent abolis, ce qui priva les daïmios de leurs armées ; en même temps tous les fiefs furent supprimés, et le territoire entier du Japon rentra dans le domaine immédiat du mikado. Pour ne pas mécontenter les daïmios les plus puissants, on leur conserva momentanément leurs priviléges en les instituant, au nom du souverain, gouverneurs de leurs anciens domaines ; mais cette dernière satisfaction leur fut même bientôt enlevée. Voyant les choses aller plus loin qu'ils n'avaient pu le prévoir, quelques grands daïmios, et à leur tête ceux de Satsouma, de Nagato et de Toza, essayèrent de résister au pouvoir qu'ils avaient créé et qui finissait par les écraser eux-mêmes. Vaincus par les armes, en 1874, ils se soumirent en apparence, mais la lutte existe encore à l'état d'hostilité sourde, et, bien qu'on ne puisse encore en prévoir l'issue, le Japon pour le moment est tranquille, sous l'autorité incon-

testée du mikado, et marche avec l'ardeur que l'on sait dans la voie de l'européanisation.

De leur côté, les étrangers, cause involontaire de la révolution, ne restent pas inactifs. Si, pour ne pas embrouiller l'histoire intérieure du Japon, nous avons laissé de côté tout ce qui avait rapport au développement du commerce européen, il est temps maintenant d'y revenir et de montrer comment, au milieu de toutes les difficultés, on a essayé de tirer parti des concessions arrachées par les ministres d'Amérique, de France et d'Angleterre.

II

Nous avons vu quel était en 1853 l'état misérable des étrangers au Japon, et comment les Hollandais, tolérés à peine et à l'exclusion de toute autre nation, restaient emprisonnés, en face de Nagasaki, sur le rocher artificiel de De-Sima. Le premier traité de Kanagawa, qui ouvrit aux Américains les ports de Simoda et de Hakodadi, marqua le commencement de l'ère nouvelle, et dès le 15 mars 1855, une goëlette, partie de San Francisco, venait débarquer à Simoda des provisions de toutes sortes, espérant faire de ce port, à l'instar de Honolulu, un centre de ravitaillement pour les baleiniers américains du Nord du Pacifique. Malgré les incertitudes de l'avenir, les commerçants américains n'avaient pas hésité à amener leurs femmes avec eux; mais dès qu'ils eurent manifesté l'intention de s'établir d'une manière permanente, les autorités japonaises prirent l'alarme, et jouant habilement sur les termes du traité, prétendirent que les étrangers pouvaient venir commercer, mais sans avoir le droit de se fixer dans le pays; ils devaient même, en arrivant, indiquer eux-mêmes la date irrémissible de leur départ. Le commandant de la flotte américaine n'osa pas prendre sur lui de faire prévaloir une autre interprétation, et il fallut se résigner pour le moment. Heureusement pour les hardis piònniers du commerce nouveau, l'amiral russe venait de perdre sa frégate dans le ras de marée de Simoda, et pour se rapatrier au Kamschatka, il dut louer la goëlette américaine et acheter toutes les provisions. Sans cette circonstance fortuite, le premier essai d'établissement des étrangers au Japon n'aurait été, ce qu'il ne fut que trop souvent par la suite, qu'un insuccès et une ruine.

Les choses restèrent à peu près dans le même état jusqu'en 1859, après les traités signés à Yeddo par la France et l'Angleterre, puis étendus à toutes les autres nations. Les ports de Hakodadi, Kanagawa et Nagasaki devaient être ouverts à partir du 1er juillet 1859, et cette fois les consuls et les marchands étrangers y avaient le droit de résidence illimitée ; à l'époque fixée, des commerçants anglais et américains arrivèrent en foule des ports de Chine et, malgré quelques difficultés, s'établirent à Yokohama que les Japonais, espérant en faire un nouveau De-Sima, avaient substitué sans prévenir au port de Kanagawa, marqué par le traité. Yokohama n'était alors, en effet, qu'un pauvre port de pêcheurs, perdu au milieu de marais, éloigné de toute communication et, pour le réunir à la terre ferme, le gouvernement japonais avait construit une longue jetée en pierre de plus de 3 kilomètres. L'intention était claire : on voulait encore une fois y emprisonner les étrangers et gêner autant que possible les relations avec le peuple. Les consuls protes-

---

(1) Voyez l'article de M. Cronier de Varigny; *le Japon*, p. 1125, 1874.

tèrent, mais eurent la main forcée par leurs nationaux eux-mêmes qui, pressés de commencer leurs affaires, descendirent malgré tout à Yokohama et s'y installèrent. L'événement prouva du reste qu'ils avaient raison : l'isolement même du port le garantit contre un coup de main et contre les attaques des rôdeurs armés, samouraïs et ronins, que les daïmios excitaient contre les étrangers.

Dès les premiers jours, le développement du comptoir naissant fut entravé par la question monétaire : il avait été stipulé que toutes les affaires se traiteraient en monnaie du pays, qu'il fallait acheter aux agents du gouvernement à des tarifs fixés d'avance. La monnaie était alors de trois sortes : la pièce ordinaire, celle qui servait officiellement dans les transactions, était l'itzibou, disque ovale d'argent dont la valeur intrinsèque était d'environ 1 fr. 75, de sorte que trois itzibous valaient, à très-peu près, une piastre mexicaine (1) ou dollar, la monnaie courante de tout l'extrême Orient. Or, tandis que les représentants des puissances étrangères achetaient l'itzibou au taux avantageux de 311 itzibous pour 100 piastres, les commerçants ne pouvaient, pour la même somme, en obtenir que 240 du gouvernement japonais, ce qui leur constituait une perte de 30 pour 100. La monnaie d'or, au contraire, était le *cobang*, de la valeur intrinsèque d'environ 22 fr. 50 pour les Européens, mais dont la valeur fictive au Japon n'était à l'origine que de 4 itzibous ; de sorte que les Européens pouvaient, pour 10 fr. 20 d'argent, acheter une monnaie d'or qui valait réellement 22 fr. 50, ou plus du double. La monnaie de cuivre était également bon marché. Aussi le seul genre d'affaires fructueux au Japon fut-il d'abord la spéculation sur l'achat de l'or et du cuivre, et des caisses entières de ces monnaies furent expédiées en Chine, en Amérique et en Europe. Mais le gouvernement japonais s'aperçut vite de la disparition de ses monnaies d'or et de cuivre ; supprimant ce dernier, il le remplaça par une pièce de fer sans valeur, en même temps qu'il ramenait l'or au taux du change européen et maintenait pour les commerçants étrangers le cours désastreux de 240 itzibous pour 100 piastres. Les représentants des puissances étrangères et les capitaines des navires de guerre continuaient à recevoir 311 itzibous pour la même somme, et gagnaient ainsi sur le change qui paralysait les affaires de leurs nationaux. Cet état de choses bizarre dura jusqu'en 1866, au plus grand détriment du commerce.

Ce n'était pas là, du reste, le seul obstacle : les étrangers ne pouvaient entrer en relations qu'avec des Japonais autorisés spécialement par les officiers du siogoun, et qui avaient encore besoin d'une nouvelle permission pour chaque article qu'ils désiraient apporter sur le marché. Bien plus, ils étaient obligés de rendre compte aux autorités de leurs affaires, achats ou ventes, du prix qu'ils avaient reçu, et même de la monnaie avec laquelle ils avaient été payés. Si par hasard et malgré la défense formelle ils acceptaient de l'argent étranger, ils devaient le porter aux officiers du siogoun pour le changer contre la monnaie du pays, la seule dont la circulation était permise à l'intérieur. Ces conditions onéreuses éloignaient tous les marchands japonais sérieux et laissaient le commerce aux mains de gens, fort adroits sans doute, mais d'une

probité douteuse, et contre lesquels les étrangers n'avaient aucun recours en cas de manquement. Il fallait encore louer le terrain à Yokohama aux agents du gouvernement et à prix énormes ; enfin les marchandises étaient frappées à l'entrée de droits exorbitants qui, dans l'absence de tout entrepôt, restaient acquis même en cas de sortie des mêmes produits. Tous ces faits, joints aux incertitudes de la politique, aux luttes incessantes des daïmios entre eux, contre le siogoun et contre les étrangers, et enfin à deux incendies qui détruisirent successivement la plus grande partie de Yokohama, n'étaient pas de nature à favoriser le développement des affaires. Aussi, depuis les premiers traités de 1853 jusqu'en 1866, la situation ne fut-elle rien moins qu'encourageante.

Il est difficile de la préciser par des chiffres, car, dans un même recueil, on trouve pour les mêmes articles les nombres les plus différents, mais on peut cependant s'en rendre compte approximativement. En 1864, année qui clôt la période dont nous nous occupons, on avait constaté un grand progrès sur les années précédentes ; mais, malgré tout, le commerce total du port de Yokohama ne s'était élevé qu'à environ 77 millions de francs, dont 48 millions pour les exportations et 29 pour les importations. A Hakodadi, le commerce total pour la même année ne s'élevait qu'à 3 ou 4 millions. Nagasaki, trop voisin du théâtre des hostilités dans le détroit de Simanosaki, avait vu ses affaires tomber presque complétement. Enfin on avait été forcé d'abandonner définitivement le port de Simoda, trop éloigné des centres commerciaux du Japon et dont la rade ne présentait pas un mouillage assez sûr. Les articles d'importation étaient quelques objets manufacturés d'Europe, des cotonnades, mais surtout de l'étain et du plomb pour fabriquer des munitions, et enfin des navires à vapeur, vendus soit au siogoun, soit aux grands daïmios, et transformés par les Japonais en navires de guerre. L'exportation, de beaucoup supérieure, consistait principalement en soie brute, thé et coton. Grâce à la guerre de sécession des États-Unis, le commerce de ce dernier produit prenait une telle extension que pour 4600 balles exportées en 1863, il en sortit l'année suivante plus de 47 000 du seul port de Yokohama.

L'année 1865 s'ouvrit sous des auspices plus favorables. Frappé de la facilité avec laquelle l'escadre alliée avait triomphé du daïmio de Nagato et persuadé enfin de la supériorité matérielle des Européens, le mikado venait de ratifier à son tour les traités consentis autrefois par le siogoun, modifiait les édits portés contre les étrangers et promettait un traité de commerce. Sous l'influence de ce revirement d'idées et des facilités plus grandes qui leur furent tout d'un coup données, les négociants européens essayèrent d'étendre leurs affaires, et l'année 1865 marqua un réel progrès.

Le trafic de Yokohama doubla en un an et dépassa 175 millions, dont 99 pour l'exportation seulement ; encore, la fin de la guerre d'Amérique venait-elle d'arrêter du coup au Japon le commerce du coton que nous y avions vu si florissant l'année précédente. En revanche, une calamité qui venait de frapper l'Europe ouvrit une nouvelle source d'exportation : sous l'influence de la maladie des vers à soie, les graineurs de France et d'Italie se voyaient obligés de venir chercher au Japon des œufs plus sains et plus robustes ; dans la seule année 1865 on vit ainsi partir plus d'un million et demi de cartes de graines. En même temps que l'exportation, le chiffre des importations avait augmenté, mais la suite prouva que ce der-

---

(1) La valeur intrinsèque de la piastre mexicaine ou dollar est de 5 fr. 35.

nier accroissement n'était pas justifié et que le pays n'était décidément pas convenable pour l'écoulement des produits européens. Avec une grande intelligence, les Japonais montaient des usines et parvenaient par exemple à fabriquer eux-mêmes des cotonnades, sinon aussi belles que celles de Manchester, au moins suffisantes pour les besoins du pays, et luttant avantageusement avec elles comme bon marché. Aussi le marché de Yokohama resta chargé de plus de marchandises européennes qu'il ne pouvait en absorber.

D'autre part, le commerce était presque mort à Nagasaki, où il ne consistait plus qu'en vente d'armes de guerre et de navires à vapeur; quant à Hakodadi, il y avait plutôt progrès, mais tellement lent que le chiffre total des affaires y atteignit à peine 3 millions.

Depuis ce temps, le commerce alla en progressant, mais beaucoup moins vite qu'on avait pu l'espérer tout d'abord. En 1866, le traité de commerce fut signé, mais sans amener un grand développement; les clauses en étaient cependant bien favorables : les droits de douane étaient réduits, des entrepôts créés, le change entre les monnaies indigènes et étrangères ramené à un taux avantageux, enfin les Japonais devenaient libres de commercer directement et à leur guise avec les comptoirs européens. Malgré tout, il semblait qu'un sort fût jeté sur le pays, et les mesures les plus désirées étaient justement celles qui devaient amener le plus de mal. C'est ainsi, par exemple, que la réduction du taux du change amena un effet opposé à celui que l'on espérait. Le gouvernement, passant d'une extrémité à l'autre, venait de ramener le change à 311 itzibous pour 100 dollars. A ce prix, il devenait désavantageux pour les commerçants japonais, qui refusèrent immédiatement de vendre leurs produits ; le commerce d'exportation, le plus important jusque-là, se trouva ainsi ralenti, et le contre-coup se fit ressentir dans l'importation. A cela vint encore s'ajouter bientôt la lutte entre le siogoun et le mikado, ou plutôt les daïmios du Sud, qui le poussaient en avant dans l'intérêt de leur propre cause.

Le 1er juillet 1868, cependant, tout semblait devoir mieux aller : le mikado était désormais maître unique et incontesté du Japon, et la tranquillité renaissait; d'autre part, l'ouverture des ports d'Osaka et de Hiogo-Kobé, puis celle de Ni-i-gata, offrait de nouveaux débouchés aux étrangers. Mais les embarras recommencèrent avec la question financière. Les armements et la guerre à peine terminée avaient épuisé le trésor du mikado, et les espèces devenaient rares. Recommençant les expériences faites autrefois en Europe, on crut y remédier en altérant les monnaies et en émettant des *kinsats*, sorte de billet de banque non échangeable contre de l'argent, et qui tomba immédiatement bien au-dessous de sa valeur nominale. Le résultat de cette double mesure fut de réduire les affaires au minimum possible ; on ne traitait plus qu'au fur et à mesure des besoins. Puis les douloureux événements de 1870 eurent leur contre-coup au Japon, sur le commerce français et allemand. Enfin une mauvaise récolte vint doubler les importations, qui s'élevèrent en 1870 à plus de 150 millions, dont près de 90 millions pour des denrées alimentaires, riz, sucre, huile, venues de Chine, tandis que les événements d'Europe maintenaient le total des exportations au-dessous de 75 millions, ne couvrant ainsi que la moitié de la valeur des importations.

Malgré ces conditions désastreuses, la confiance sembla renaître à la fin de 1871, grâce à la politique intelligente des deux ministres Sanja et Iwakoura. Sous leur direction, la réforme politique du Japon fut bientôt en bonne voie, et d'importantes modifications économiques vinrent améliorer l'état du commerce. La première fut le changement définitif des monnaies. On adopta comme type le *yen*, pièce d'argent pesant 26gr,956, à 9/10e de fin, identique au dollar américain, valant comme lui 5 fr. 39 c. et divisée en cent *sen*, correspondant au *cent* des États-Unis. Les monnaies divisionnaires, suivant le système métrique, et leurs multiples en or furent frappés avec une grande activité à l'hôtel des monnaies d'Osaka.

Cette première réforme, accompagnée de toutes les autres dans l'ordre politique, rendit courage, et dès la fin de 1872, on revoyait enfin le commerce du Japon en progrès réel. A Yokohama, le chiffre du trafic dépassait 170 millions, dans lesquels les exportations comptaient pour plus de 70 millions ; à Nagasaki, on atteignait 25 millions, avec une augmentation notable pour les exportations. Enfin à Hiogo-Kobé, les entrées se chiffraient par 21 millions, et les sorties par plus de 28 millions, faisant un total de près de 50 millions, double de celui de l'année précédente. Le mouvement ne put que s'accentuer l'année suivante avec les réformes qui se succédaient, souvent précipitées, mais toujours salutaires. Au premier rang, il faut citer celle des billets de banque. Les daïmios avaient depuis longtemps le droit d'émettre du papier-monnaie presque sans restriction, et il en fut bientôt de même pour une foule de banques qui offraient plus ou moins de garanties. Craignant de nuire à son propre papier, le gouvernement n'avait pas encore osé modifier cet état de choses, lorsque la faillite de deux banques de Nagasaki, entraînant la ruine de beaucoup de petits commerçants japonais, vint appeler la répression. Immédiatement, l'émission de nouveaux billets fut provisoirement interdite, et l'ordre lancé de retirer tous les anciens de la circulation. Pour sanctionner cette disposition, une loi fut rendue qui spécifiait qu'en cas de faillite d'une banque, les détenteurs de ses anciens billets ne passeraient qu'après tous les autres créanciers, et ne pourraient exiger le remboursement que lorsque tous les autres engagements auraient été intégralement satisfaits. Pour assurer l'avenir, une société de treize grands banquiers fut constituée à Nagasaki sous la surveillance de l'État, et fut chargée de surveiller l'émission des nouveaux billets dont elle prenait la responsabilité.

Malheureusement, l'état des finances ne permit pas de diminuer la circulation du papier-monnaie émis par le gouvernement, et elle reste encore une grande gêne pour les affaires. La révolte de 1874, suscitée par les grands daïmios mécontents, qui voulaient ramener l'ancien état de choses, nécessita de nouvelles dépenses, et, bien que le budget de 1873 ait présenté un excédant de recettes, bien que l'économie soit partout à l'ordre du jour, les finances de l'État sont lourdement chargées. Qu'une mauvaise récolte vienne encore à faire sortir du numéraire, et nul ne peut prévoir la crise qui sévirait sur le commerce. Quant au pays lui-même, il présente de grandes ressources comme production, de sorte qu'avec un gouvernement prudent, son avenir matériel semble assuré, mais il est loin d'en être de même du commerce avec l'étranger.

Le Japon, en dépit de toutes les espérances, n'a jamais été et ne sera probablement jamais un débouché convenable pour nos produits d'Europe. La population, très-simple de goûts, n'a encore besoin d'aucun de nos objets de luxe et sait depuis longtemps fabriquer ceux qui lui sont nécessaires. Seuls les riches daïmios s'empressent d'adopter nos mœurs et nos costumes, mais leur nombre est insuffisant pour alimenter le commerce, qui n'a pas au Japon, comme en Chine, la ressource de l'opium. Pour ne pas arrêter subitement leurs affaires, les grandes maisons anglaises se sont vues forcées de continuer leurs importations, alors que le placement en était douteux ; de là l'encombrement du marché, puis la stagnation des affaires et enfin quelques grandes faillites, sans que l'avenir puisse faire espérer des jours plus heureux.

Si, en effet, le Japon triomphe un jour des difficultés du moment et se constitue en nation sur le patron de nos sociétés européennes, il n'est rien moins que probable qu'il ait jamais grand besoin de nous. Le pays possède à la fois les richesses agricoles et minérales, et la population, intelligente, active et industrieuse, saura manufacturer elle-même les matières premières que le sol lui prodigue. Ce sont justement ces dernières tendances que nous allons essayer de rechercher en étudiant, après l'histoire politique et commerciale, celle de l'établissement de nos idées et de nos coutumes, et leur influence sur le caractère de la nation.

III

Jusqu'à ces dernières années, la nation japonaise se composait de deux grandes classes, la noblesse et le peuple. La première, formée des daïmios et de leurs vassaux, les samouraïs, possédait tous les priviléges et tous les droits ; quant à la seconde, elle n'avait que des devoirs.

Les daïmios, avec leurs châteaux, leur cour, leurs soldats et même leurs armoiries, offraient l'analogie la plus frappante avec nos nobles seigneurs du moyen âge. Tous étaient tenus de venir chaque année à Yeddo rendre hommage au souverain, mais, chez eux, ils avaient les droits les plus variés. Ceux des premières classes, avec le titre de no-kami, et dont les seigneurs de Satsouma et de Nagato nous donnent l'exemple, étaient de véritables petits souverains, souvent plus puissants que le siogoun lui-même. Ils possédaient leur armée indépendante, levaient à leur guise les impôts dans leur domaine, et y possédaient droit de haute et basse justice, tandis que les daïmios des dernières classes n'étaient quelquefois que les satellites des premiers et ne pouvaient, par exemple, infliger la peine capitale sans l'autorisation du souverain.

Les samouraïs vivaient à la solde des seigneurs et avaient aussi leurs priviléges, comme de porter deux sabres et d'entretenir une seconde femme, à côté de l'épouse légitime, faculté rigoureusement interdite au peuple. Ils pouvaient encore, en voyage, ne payer aux hôteliers « que ce qu'ils voulaient », et n'agissaient à peu près qu'à leur guise envers les manants. En effet, d'après la loi même : « Les agriculteurs, » artisans et marchands ne doivent pas se conduire envers » les samouraïs d'une façon grossière. Par cette expression, » il faut entendre une façon autre que celle à laquelle on » s'attend de la part de quelqu'un ; un samouraï ne doit pas » hésiter à trancher la tête à un manant qui s'est conduit » envers lui d'une façon autre que celle qu'il attendait. » (Article 45.)

Cet article suffit à montrer quels pouvaient être leurs droits sur le peuple. Un autre de leurs priviléges, qu'il ne faut pas oublier, était de pouvoir se rendre justice à eux-mêmes par le « harakiri » ; quand ils devenaient passibles d'un châtiment déshonorant, ils avaient le droit de s'ouvrir le ventre, ce dont ils ne manquaient jamais de profiter. Tous ces priviléges réunis avaient développé dans la classe noble un certain point d'honneur d'où les sentiments chevaleresques n'étaient pas exclus ; tout noble insulté par un de ses rivaux, même par un grand daïmio, avait le droit de tuer l'insulteur, mais à la condition de s'ouvrir lui-même le ventre immédiatement. C'est ainsi qu'en avaient agi les samouraïs qui, en 1860, avaient assassiné le régent, coupable de favoriser les étrangers et aussi les quarante-sept ronins dont M. de Hübner nous a conservé l'histoire si caractéristique. Les nobles étaient élevés ainsi dès l'enfance dans le sentiment outré de leur dignité, et le harakiri, toujours fatal aux deux adversaires, était le duel aussi pratiqué chez eux, il y a dix ans encore, et pour des motifs aussi futiles qu'il ne le fût jamais du temps des derniers Valois.

Quant au peuple, composé des agriculteurs, des artisans et des marchands on n'exigeait de lui que l'obéissance. Bien que la loi même le proclame hautement la « base de l'empire », tout ce qu'elle fait pour lui est de conseiller aux nobles, sans les y contraindre en rien, de le pourvoir à bon marché des aliments indispensables, et de le *regarder avec des yeux de mère*. La torture et les supplices étaient, au reste, d'excellents moyens de prévenir le mécontentement.

Cependant, malgré cette puissance exorbitante de la noblesse, il faut convenir que l'existence du peuple était en général assez douce. Le paysan, simple fermier du sol qui restait la propriété du daïmio, avait à payer de lourdes redevances en nature ; mais, grâce surtout à la difficulté des communications, il fallait que presque tout ce que produisait la terre fût consommé sur place. La vie matérielle était donc encore assez facile aux classes inférieures, à la condition, toutefois, de se plier aux milliers d'ordonnances qui réglementaient les moindres actions. Inscrit dès sa naissance sur une sorte de registre d'état civil, l'homme du peuple devait compte aux officiers du souverain de toutes les particularités de son existence. Tout était inscrit, naissance, mariage, condamnations judiciaires, même jusqu'aux absences et aux voyages, et, à la mort, le dossier était clos par le certificat de sépulture. En remplissant exactement le programme qui lui était tracé, l'artisan arrivait à vivre à peu près tranquille, à la façon de ces rouages de machine que l'on a intérêt à ne pas trop surmener pour en tirer tout le travail utile sans l'épuiser. Dans cette société si bien réglée, malheur à celui qui manquait à ses devoirs et, rompant sa chaîne, s'enfuyait du pays où il devait rester attaché. Il devenait alors le « ronine », sorte d'outlaw, de déclassé, sans famille, sans amis, sans maison, l'objet de la crainte et de l'exécration de tous.

Quant aux mœurs des Japonais, la frugalité et la simplicité étaient de règle à tous les degrés de l'échelle sociale. La fortune des grands daïmios était énorme ; c'est ainsi que les revenus du seigneur de Mayedda étaient estimés à environ 20 millions par an ; ceux de Satsouma en dépassaient 14, et, malgré tout, leur existence était presque aussi simple que celle des plus humbles artisans. Dans leurs demeures massives, sans aucune recherche d'architecture, il n'aurait pas fallu chercher un seul meuble usuel. Le plancher des chambres était garni de nattes ; mais, des chaises, des tables, point ; la natte tenait lieu de tout. On prenait les repas accroupis sur le sol, n'ayant pour poser les mets qu'un petit plateau de laque à pieds très-bas. Les lits mêmes étaient inconnus : on dormait sur l'éternelle natte, et, comme oreiller, un morceau de bambou ou un petit traversin de laque, toutes choses fort peu douces, et qui n'avaient que juste les dimensions de la tête. Pour le vêtement, sauf les grandes circonstances, il était de soie pour les riches, de coton pour les pauvres, mais toujours très-simple, tellement même que, sans blesser en rien la morale, les artisans pouvaient, en été, le réduire en tout au grand chapeau de laque qui les protégeait du soleil. On conçoit qu'avec de telles habitudes, les Japonais ne sentent pas beaucoup le besoin de nos produits d'Europe. De là, les déceptions de tous les commerçants qui, ignorant l'état réel du pays, pouvaient espérer trouver dans ce peuple de près de 40 millions d'habitants un peu plus de désirs à satisfaire.

Malgré cette simplicité plus que spartiate, l'art s'était développé d'une manière remarquable : dans ces palais vides de meubles, on voyait partout ces magnifiques porcelaines, ces beaux ouvrages d'ivoire sculpté, tous ces objets de laque pour lesquels le Japon est encore resté sans égal. Chaque daïmio avait ses artistes qu'il protégeait et entretenait. La peinture, la poésie, étaient cultivées, même par les plus grands seigneurs ; mais l'art était toujours resté un domaine à part, dont était bannie toute idée d'application aux besoins journaliers de la vie.

Tel était, en résumé, l'état intérieur du Japon, lors de la conclusion des premiers traités. Dès le commencement, les dispositions des habitants furent ce que leur condition semblait devoir produire : crainte, envie, haine, de la part des privilégiés ; curiosité et souvent même accueil bienveillant de la part des classes inférieures, qui ne pouvaient que gagner au nouvel état de choses. Tous les attentats contre les étrangers furent commis par des samouraïs, et le plus souvent à l'instigation des daïmios, leurs chefs, tandis que le peuple montrait les dispositions les plus opposées, autant, du moins, qu'il le pouvait avec les lois qui interdisaient toute communication avec les nouveaux venus. C'est ainsi que, plusieurs fois, les équipages de vaisseaux naufragés sur la côte n'eurent qu'à se louer de la conduite des paysans qui firent ce qu'ils purent pour les assister.

Mais le sentiment qui devait promptement prendre le pas sur tous les autres et mettre même un terme au mauvais vouloir des grands, fut la curiosité, et un désir immodéré d'imiter les inventions des étrangers.

Au second voyage du commodore Perry (1854), lors de la conclusion du traité, les Américains apportèrent des présents de toute sorte pour tous les fonctionnaires, depuis le siogoun jusqu'au dernier des négociateurs ; c'étaient des armes, des paniers de champagne, de liqueurs, des livres, des instruments d'agriculture. Mais ce qui fit l'impression la plus vive sur l'esprit des Japonais fut de petits modèles de télégraphe et de chemin de fer. Ce dernier se composait d'une locomotive, d'un tender et d'un wagon, roulant sur un rail circulaire, et assez petit pour qu'un enfant de six ans pût à peine y entrer. Les Japonais suivirent avec étonnement l'opération du montage, puis quand on leur eut expliqué l'usage de ces objets bizarres, ils ne purent résister au désir d'essayer la machine. Comme ils ne pouvaient entrer dans le wagon, ils s'assirent résolûment sur le toit, et ce fut un spectacle réellement curieux que de voir successivement tous les graves fonctionnaires aux robes de soie flottantes, le sourire sur les lèvres, s'accrocher désespérément au toit de la petite voiture et circuler tout autour de la chambre avec une vitesse de 30 kilomètres à l'heure. Le télégraphe leur sembla encore plus extraordinaire. On l'avait établi entre deux maisons distantes d'environ 2 kilomètres, et les Japonais ne pouvaient concevoir comment leur pensée pouvait être si vite transmise et la réponse leur arriver immédiatement, aussi bien en japonais qu'en anglais ou en hollandais ; aussi, fallut-il leur faire marcher l'appareil des journées entières. Enfin pendant tout le temps des négociations, on ne voyait que fonctionnaires japonais rôdant sur les navires américains, examinant tout et prenant sans cesse des notes et des croquis.

Le même sentiment se répandit au même degré jusque dans le peuple. Un jour des officiers américains se promenant à terre, se virent suivis par deux hommes à deux sabres ; ils croyaient d'abord avoir affaire à des espions, mais frappés de leur insistance, ils s'arrêtèrent un instant ; l'un des Japonais passa alors rapidement à côté d'eux en leur lançant comme à la dérobée un rouleau de papier. C'était une lettre dans laquelle ils exposaient qu'ils étaient deux étudiants, et que, frappés des choses nouvelles qu'ils avaient vues, ils suppliaient les officiers étrangers de les emmener dans leur pays. Effectivement, la nuit suivante ils vinrent se présenter au vaisseau amiral, violant ainsi les lois les plus formelles de leur pays. Craignant de compromettre le succès des négociations, le commodore Perry dut les renvoyer à terre où ils furent immédiatement saisis et emprisonnés. Ce ne fut que sur les instances répétées des Américains qu'un châtiment plus terrible leur fut épargné.

Cette curiosité qui éclatait alors tout d'un coup ne resta pas à l'état de vain sentiment. Les Japonais se procurèrent au plus vite des dessins et des plans, et dès 1857, ils ouvrirent chez eux une école de dessinateurs et d'ingénieurs. Leurs ouvriers les plus habiles furent mis à imiter nos armes et nos machines ; bientôt ils purent non-seulement manœuvrer eux-mêmes la petite locomotive qu'on leur avait donnée, mais construire d'après leurs propres croquis un modèle de machine à vapeur de navire, avant qu'ils ne nous en eussent acheté. Le télégraphe les embarrassa plus d'abord, mais ils parvinrent à en saisir le principe, et arrivèrent même à poser quelques petites lignes.

Avec le développement du commerce dans les ports ouverts, le progrès des idées nouvelles marcha plus vite encore qu'on n'aurait pu l'espérer. Malgré les lois qui défendaient de sortir du Japon, Chossiou, le daïmio de Nagato, venait d'envoyer en Europe cinq jeunes gens pour y étudier les arts mécaniques ; et ce furent justement ces mêmes jeunes gens qui, à leur retour, servirent d'intermédiaires entre la flotte alliée et Chossiou, devenu momentanément notre ennemi (1864). La même année, le siogoun, qui tenait à honneur d'être le premier dans la voie des réformes, réorganisait l'armée sur le principe des nôtres. Les victoires brillantes des étrangers sur les clans de Nagato et de Satsouma avancèrent plus la cause du progrès que ne l'auraient fait dix années de paix. En 1866, les décrets qui prohibaient, sous peine de mort, les voyages à l'étranger furent révoqués, et ce fut une véritable invasion pacifique de l'Europe et des États-Unis par les fils des riches daïmios désireux de s'instruire. Tandis que le gouvernement fondait à Yokohama et Nagasaki des écoles japonaises dirigées par des étrangers, et appelait des officiers français pour organiser l'arsenal de l'armée, il expédiait partout des ambassadeurs et des missions. Non contents de participer largement à notre exposition universelle de 1867 en y envoyant leurs produits les plus précieux, les Japonais y vinrent en grand nombre, et parmi les visiteurs on pouvait compter le frère du siogoun et ceux du daïmio de Satsouma. Des élèves étaient envoyés partout, aux États-Unis, en France, en Angleterre. Dans ce dernier pays, dix-neuf jeunes gens arrivèrent d'un coup sous la conduite d'un officier de haut rang. Les uns entrèrent à Woolwich et y devinrent des artilleurs distingués; d'autres, se destinant à la marine, purent sortir des écoles avec toute la somme de connaissances exigées en Angleterre pour un lieutenant de vaisseau.

Jusque-là le mouvement ne s'était produit que dans la classe élevée, chez les nobles; la révolution de 1868 et les événements qui la suivirent vinrent communiquer l'impulsion au peuple et l'élever au détriment des daïmios. On se souvient comment ceux-ci, après avoir poussé le mikado pour triompher de leur ennemi le siogoun, furent abandonnés par leur chef dès la chute de son rival. Craignant de voir ses anciens alliés se tourner un jour contre lui, le mikado leur enleva bientôt tous leurs priviléges, en essayant de former au Japon une classe moyenne composée des commerçants et des industriels.

Ces réformes furent dues surtout à deux grands ministres dont le nom mérite de rester célèbre en Europe aussi bien qu'au Japon, Sanjo, chargé plus spécialement de l'intérieur, et Iwakoura, ministre des affaires étrangères. C'est ce dernier surtout en qui s'est personnifiée la cause du progrès. Il appartenait à la noblesse des *Kugés*, la plus haute aristocratie du Japon. C'étaient quelques familles de Kioto, qui, dans la hiérarchie de l'empire, venaient immédiatement après le mikado, bien au-dessus des siogoun et des daïmios; seuls les kugés avaient le droit d'approcher du souverain; mais, sans fiefs et sans pouvoir, ils n'avaient eu jusque-là aucune influence politique. Aucun lien de naissance ne rattachait donc Iwakoura au parti des daïmios; bien au contraire, dévoué par tradition au mikado, il se déclara pour lui dès l'origine, et résolut, une fois son triomphe sur le siogoun, de lui constituer un pouvoir fort en nivelant impitoyablement toutes les classes.

Bientôt les événements que nous avons esquissés plus haut se succédèrent. On abolit les fiefs des daïmios, puis même leur titre, qui, remplacé par celui de *chihangi*, ne faisait plus d'eux que de simples gouverneurs de province ou préfets nommés par le gouvernement; ce changement de titre seul, dans un pays formaliste comme le Japon, devait détruire rapidement toute leur influence sur les masses. La dernière classe privilégiée, celle des samouraïs, disparut à son tour : le droit de porter deux sabres leur fut retiré; désormais ils durent, comme tous les Japonais, payer aux hôteliers leurs dépenses de voyage et acquitter les droits de péage sur les routes. Enfin les pensions héréditaires qu'ils recevaient des daïmios furent également supprimées; l'État en prit une petite partie à sa charge; mais, manquant dès lors de moyens suffisants d'existence, ils furent obligés en grand nombre de travailler de leurs mains et de descendre ainsi eux-mêmes au niveau du commun.

En même temps que les nobles étaient abaissés, on essayait d'élever le peuple : le mariage devenait libre entre toutes les classes de la société; chacun recevait le droit de porter des manteaux et des pantalons, et de monter à cheval, priviléges réservés autrefois aux samouraïs. Les dernières distinctions étaient abolies par des édits somptuaires, qui peuvent prêter à rire en Europe, mais qui n'en ont pas moins eu une importance énorme au Japon : le 27 septembre 1871, un décret enjoignait aux fonctionnaires de ne plus paraître devant le mikado qu'en costume européen; enfin le costume national lui-même était aboli en février 1872 et remplacé par celui des étrangers. Il est permis de trouver ces réformes un peu autoritaires et surtout beaucoup trop brusques; mais on ne peut méconnaître que si l'on voulait anéantir les distinctions entre les classes, et ramener tous les Japonais au même niveau, le moyen employé était le plus rapide et le plus sûr.

En même temps que les réformes politiques et sociales se précipitaient, les ministres essayaient de les consolider en profitant des inventions de l'Europe pour modifier toutes les habitudes du pays. Un service postal était organisé le long des côtes et dans l'intérieur, et afin de stimuler l'industrie nationale on ouvrit à Kioto, le 17 avril 1872, une exposition des produits manufacturés du pays et de l'étranger. Pour la circonstance, les Européens furent autorisés à entrer dans l'ancienne capitale des mikados, jusqu'alors soigneusement fermée, et grâce aux précautions prises par le gouvernement, et surtout au changement profond qui s'était accompli dans les idées, on n'eut à déplorer aucune agression contre les étrangers.

Le 12 juin de la même année vit un événement plus important encore : l'inauguration solennelle du chemin de fer de Yeddo à Yokohama, première ligne, commencement d'un réseau complet qui sera exécuté à mesure que les finances le permettront. Déjà toutes les grandes villes sont reliées par le télégraphe; quand le tour du chemin de fer sera venu, c'en sera fini de l'isolement dans lequel a si longtemps vécu le Japon. Aujourd'hui encore le pays est officiellement fermé aux étrangers, sauf les ports de commerce des traités; cependant il devient de plus en plus facile d'obtenir l'autorisation de voyager à l'intérieur, et tout sera fini le jour où un chemin de fer traversera l'île.

Une autre réforme qui ne manque pas d'importance est celle du calendrier : les Japonais comptaient autrefois par mois lunaires, et, pour en faire des années solaires, étaient forcés de temps en temps d'ajouter un mois supplémentaire. A cette complication venait encore s'en ajouter une autre, résultant de ce que les années étaient groupées en cycles irréguliers. A partir du 1er janvier 1873, notre calendrier fut adopté, avec cette seule différence que leur ère remonte à l'avénement présumé du premier des mikados, 460 ans avant la nôtre, de sorte que le 1er janvier 1873 devint au Japon le 1er janvier 2333.

Enfin à tout cela vient s'ajouter, plus importante peut-être que tout le reste, la réforme judiciaire, œuvre de temps et de patience, mais à laquelle travaillent en ce moment deux de nos compatriotes, MM. G. Bousquet et Boissonnade.

Quant à savoir si de tels changements seront durables, c'est ce qu'il est encore bien difficile de préjuger. Actuellement les Japonais nous offrent ce spectacle curieux d'un peuple qui n'a plus rien, ni coutumes, ni lois, ni religion, et dans lequel on essaye d'implanter brusquement une civilisation étrangère faite pour un autre pays et une autre race.

Dans la voie qu'ils suivent, impossible de s'arrêter, et nul ne saurait se figurer ce qui arriverait si seulement un cataclysme financier, rendu possible, venait priver les hardis réformateurs de l'argent, auxiliaire indispensable de leurs travaux. Les hommes qui dirigent le Japon semblent avoir pour eux la bonne volonté, l'intelligence et l'énergie, mais ils auront probablement encore bien des difficultés à vaincre.

Il est à penser cependant que si le mouvement actuel peut continuer encore dix ou quinze ans, les progrès seront définitifs et la situation du pays assurée. A voir l'ardeur avec laquelle on s'occupe partout au Japon des questions d'éducation, nul doute que la génération prochaine ne soit apte à appliquer nos idées, et qu'on n'y trouve tous les éléments d'une société nouvelle. Il n'y a presque plus maintenant de village sans écoles, et les derniers recensements donnaient, pour une population totale un peu inférieure à celle de la France, un total de 3 600 000 écoliers. La classe moyenne des marchands et des industriels s'établit peu à peu ; devant tout au mouvement actuel, elle est plus que toute autre intéressée à le continuer, surtout maintenant qu'elle voit s'ouvrir pour elle toutes les espérances, depuis que deux des ministres sont sortis de ses rangs. Aussi est-il permis d'espérer que les changements n'auront pas été trop brusques et ne seront pas suivis d'un revirement. Bien que, comme nous l'avons vu, on ne doive pas s'illusionner sur les avantages matériels que l'Europe retirera de cette transformation, il ne faut pas moins s'en féliciter comme de la victoire la plus brillante qu'il ait été donné à notre civilisation de remporter dans le monde.

ALFRED ANGOT.

LES SENS

D'après M. J. Bernstein (1)

C'est évidemment une très-heureuse idée que celle de réunir en un volume tout ce que nous savons d'important sur la structure et les fonctions de nos organes des sens.

Rien ne saurait être plus intéressant pour nous. Comment l'œil, l'oreille, sont-ils aptes à recueillir, sur le monde extérieur, les renseignements si variés qui arrivent à notre cerveau ? Pourquoi telle partie de notre corps est-elle sensible à la lumière, telle autre au son, telle autre encore aux odeurs ou aux saveurs ? Pourquoi sommes-nous affectés d'une manière spéciale par la forme, la température, la pesanteur des corps ?

Il y a un siècle personne n'eût été capable de répondre d'une manière précise à ces questions. On savait bien que les organes des sens étaient tous en rapport avec des nerfs importants, naissant, en général, directement du cerveau ; on savait bien aussi que la peau, organe principal du toucher, était très-riche en nerfs ; mais on manquait de tout renseignement sur les causes qui pouvaient transformer des nerfs identiques, en apparence, au point de vue anatomique,

en organes propres à percevoir certaines catégories de sensations à l'exclusion des autres. C'est seulement depuis que les recherches micrographiques ont montré comment les nerfs se terminaient dans les diverses parties du corps, comment leurs terminaisons se compliquaient dans les organes destinés à recueillir des sensations spéciales, que l'on est arrivé à concevoir, sans l'expliquer cependant dans sa nature intime, le rapport qui existe entre la sensation à recueillir et l'appareil terminal du nerf qui la transmet au cerveau.

C'est donc dans ce dernier demi-siècle seulement que la physiologie des organes des sens, s'appuyant sur les bases précises qui lui fournissaient l'histologie d'une part, l'expérimentation scientifique de l'autre, est entrée dans la phase des explications précises et rigoureuses. Il a fallu pour cela des recherches pénibles qui sont encore bien loin de leur terme : souvent des contradictions se sont produites et les résultats acquis sont souvent encore à peine sortis de l'enceinte des laboratoires ou des universités. C'est pourquoi le livre sur *Les sens*, que M. J. Bernstein offre aujourd'hui aux gens du monde, sera pour beaucoup d'entre eux une véritable révélation.

La division de l'ouvrage est toute naturelle : nous avons cinq sens ; après une courte introduction consacrée à des considérations générales sur la perception, l'auteur entre immédiatement dans son sujet et traite séparément des cinq ordres de sensations, des cinq sens.

La part qui est faite à chacun de ces derniers est et devait être différente. Le mécanisme à l'aide duquel nous percevons les impressions tactiles, les saveurs et les odeurs, est infiniment plus simple que celui grâce auquel nous apprécions l'existence et les modifications diverses du son et de la lumière. Si le toucher joue un grand rôle dans la formation de nos idées et doit être considéré comme l'une des bases les plus solides de nos connaissances, les notions que le goût et l'odorat nous fournissent sur le monde extérieur se réduisent en somme à bien peu de choses, si bien que l'on a pu dire que ces deux sens n'étaient pas susceptibles de produire dans le cerveau ces impressions durables qui constituent la mémoire. Nous reconnaissons sans doute les saveurs et les odeurs que nous avons déjà perçues, mais nous serions incapables d'en évoquer le souvenir : nous pouvons reconstituer dans notre esprit tous les détails d'un paysage, le revoir en quelque sorte dans nos rêveries ; nous pouvons nous laisser bercer rétrospectivement par le souvenir d'une mélodie et nous en percevons distinctement les accords longtemps après les avoir entendus. Dans les deux cas, les émotions que produit le souvenir pourront égaler, surpasser quelquefois les émotions primitives. Rien de semblable pour les saveurs et les odeurs : un souvenir agréable ou pénible, la possibilité de les reconnaître à l'occasion. — C'est là tout ce qui nous en reste : même dans le rêve, les aliments sont insipides et les fleurs sans aucun parfum.

Ce n'est donc pas sans raison qu'on a considéré le toucher, le goût et l'odorat comme des sens grossiers, des sens inférieurs relativement à la vue et à l'ouïe.

Les appareils sensitifs au moyen desquels s'exercent le goût et l'odorat sont du reste extrêmement simples : il n'y a que fort peu de chose à en dire — les notions vraiment scientifiques que l'on possède à leur égard sont du reste fort restreintes. Aussi M. Bernstein a-t-il pu les résumer en quelques pages.

Il ne pouvait en être de même du sens du toucher. Les sensations tactiles sont les premières qui éveillent chez nous l'idée d'*extériorité*. C'est par elles que se fait l'éducation des autres sens ; c'est par elles que se redressent toutes les erreurs de jugement auxquelles la vue et l'ouïe peuvent si facilement donner naissance, erreurs auxquelles une longue expérience ne nous permet pas toujours de nous soustraire facilement. Si l'on ne peut pas dire d'une manière absolue

---

(1) *Bibliothèque scientifique internationale.* 1 vol. in-8° avec nombreuses figures dans le texte. — Librairie Germer Baillière.

que le toucher soit la base de notre connaissance du monde extérieur, tout au moins est-ce de son exercice que dépend en quelque sorte la confiance que nous pouvons accorder aux notions que nous fournissent les sens supérieurs. Une étude détaillée du toucher est donc éminemment intéressante : elle doit nécessairement précéder l'étude de tous les autres genres de sensibilité.

Tout d'abord une question se pose. Puisqu'il est certain que les nerfs sont les organes de transmission des impressions, il y a lieu de rechercher comment ils se terminent dans la peau, de rechercher s'il n'existe pas dans cet organe des parties spécialement chargées de recueillir les impressions tactiles, comme il en existe ailleurs qui sont chargées de recueillir les impressions lumineuses ou sonores. L'histologie a donné à cet égard de très-intéressants résultats. Elle a montré qu'un très-grand nombre de fibres nerveuses cutanées aboutissent à des corpuscules de dimensions variables qu'on appelle corpuscules de Krause, corpuscules de Pacini, corpuscules de Vater (fig. 16), etc., du nom des anatomistes

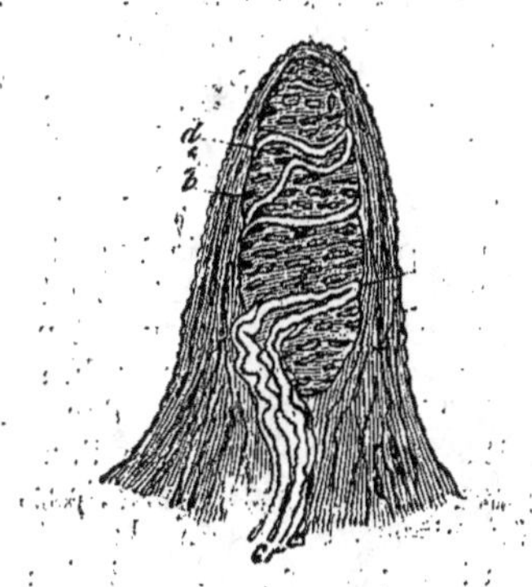

Fig. 16. — b. Corpuscule tactile. — d. Tours de spire de la fibrille nerveuse entourant le corpuscule. — G. Fibrille nerveuse.

qui les ont découverts. La distribution toute spéciale de ces corpuscules ne laisse aucun doute sur la nature de leurs fonctions.

Bien qu'ils changent de forme d'un animal à l'autre, on les retrouve chez tous les vertébrés et ils sont toujours le plus nombreux dans les parties du corps dont l'animal se sert le plus particulièrement pour palper, parties qui sont aussi le plus sensibles aux impressions tactiles. Il est à remarquer en effet — et c'est là un fait peu connu — que malgré leur aptitude commune à discerner la présence d'un corps étranger, toutes les parties de la peau ne sont pas également sensibles. Cela est facile à démontrer de la façon suivante : on prend un compas dont on écarte modérément les branches, on en applique les pointes sur diverses parties du corps et chaque fois on rapproche graduellement les branches. Tout d'abord, on perçoit nettement le contact des deux pointes : mais il arrive toujours un moment où, bien avant que les deux pointes soient en contact l'une avec l'autre, cette double sensation fait place à une sensation unique. Il semble que le compas n'ait plus qu'une pointe. Or l'écartement des branches qui correspond à ce moment est très-variable suivant la partie du corps sur laquelle on a opéré : il est faible au bout des doigts, autour des lèvres, sur le front ; mais sur le dos il devient considérable et l'on peut mesurer en quelque sorte la sensibilité des diverses régions du corps par l'inverse de cet écartement. Cette expérience intéressante est due à E. H. Weber : son explication n'a pas été sans embarrasser beaucoup les physiologistes, et nous avouons bien franchement qu'aucune de celles que résume M. J. Bernstein

ne nous satisfait entièrement : mais le fait reste et il se complique même de circonstances très-intéressantes.

On voit en effet la sensibilité varier non-seulement avec les parties du corps que l'on étudie, mais aussi, pour une même partie, avec les individus et chez le même individu dans diverses conditions et notamment avec l'exercice, qui l'accroît considérablement. De ce dernier point découle une conséquence nécessaire : si nous parvenons par l'exercice à distinguer deux sensations qui primitivement se confondaient en une seule, cela ne peut tenir qu'à une sorte d'éducation de notre faculté perceptrice. L'exercice ne modifie en rien la distribution des terminaisons nerveuses à la périphérie ; les impressions transmises au cerveau sont exactement les mêmes après la centième expérience qu'après la première : mais elles sont perçues autrement. Une attention soutenue a permis au cerveau de distinguer des phénomènes qu'il confondait tout à l'heure. Le cerveau nous apparaît donc comme un organe éminemment perfectible par l'éducation, sans qu'il nous soit possible de dire à quelle modification de structure correspond ce perfectionnement.

Cette conclusion si nette en ce qui concerne le sens du toucher est en général méconnue lorsqu'il s'agit des sens supérieurs. On attribue plus volontiers à un perfectionnement de l'œil ou de l'oreille la plus grande sensibilité que donne l'éducation : cela n'est vrai que dans une certaine mesure. L'œil, l'oreille, organes complexes, peuvent acquérir des qualités spéciales d'adaptation, de même que par l'exercice, la main du pianiste devient plus agile ; mais la part du cerveau dans le progrès de notre sensibilité est prédominante. L'expérience de E. H. Weber nous permet donc de bien comprendre ce qu'il faut entendre par cette expression courante : l'éducation des sens. Mais permet-elle de prouver, comme le voudrait M. J. Bernstein, que la perception se produit dans le cerveau ? Nous ne le pensons pas : il est d'ailleurs inutile pour démontrer cette proposition d'avoir recours à ces moyens détournés ; une simple vivisection en dit plus à cet égard que tous les raisonnements.

Le sens du toucher présente relativement aux autres sens ce caractère distinctif qu'il est en quelque sorte multiple. Il nous renseigne non-seulement sur la forme des corps, mais encore sur leur poids et sur leur température. A côté du *sens tactile* proprement dit, on peut donc distinguer un *sens de la pression* et un *sens de la température*. On en a même distingué plusieurs autres et l'on pourrait ajouter que ce que l'on nomme la douleur naît en général de l'exagération, soit de la sensibilité tactile, soit des excitations qui mettent en jeu cette sensibilité en un point quelconque du corps.

On s'est demandé si à chaque genre de sensibilité tactile correspondaient des formes spéciales des terminaisons nerveuses ; mais on n'a à cet égard aucune indication positive et l'on doit se borner à enregistrer les particularités révélées sur ce point par l'histologie, sans qu'il soit possible d'y attacher un sens physiologique quelconque.

Nous avons déjà fait ressortir les affinités qui relient les sens du goût et de l'odorat à celui du toucher ; M. Bernstein en rejette l'étude à la fin de son livre et il n'a, nous l'avons vu, que fort peu de chose à en dire. Le mécanisme de la perception des odeurs et des saveurs est fort peu connu. Les fibres nerveuses sensitives, chargées de transmettre au cerveau les impressions qui les produisent paraissent se terminer dans des cellules spéciales, disséminées parmi les cellules épithéliales ordinaires (fig. 17). Mais quel est le nerf qui fournit les fibres ? Pour le sens de l'odorat point de doute. Les nerfs olfactifs constituent la première paire de nerfs cérébraux et présentent un remarquable développement chez la plupart des vertébrés. On est infiniment moins bien renseigné sur les nerfs du goût : la section du nerf *glosso-*

pharyngien paraît cependant diminuer considérablement ou même abolir la sensibilité gustative.

On a remarqué que les substances dont l'odeur nous impressionnait désagréablement étaient en général nuisibles à notre économie. Peut-on en dire autant de celles dont la saveur nous déplaît et même, en ce qui concerne l'odorat,

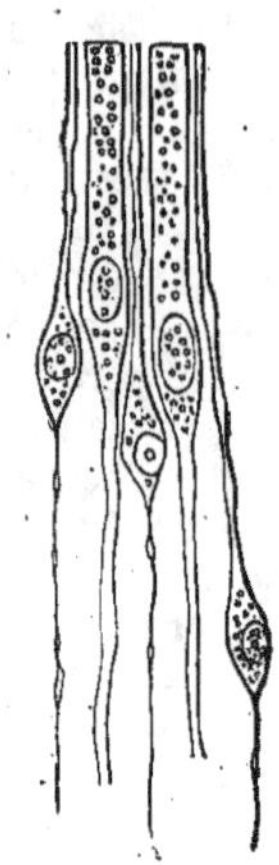

Fig. 17.

peut-on considérer cette remarque comme ayant une généralité absolue? L'adage bien connu : *de gustibus non est disputandum*, semble indiquer que nous devons répondre négativement.

L'étude des sens de la vue et de l'ouïe prête à de bien autres développements que celle des trois autres sens, et M. Bernstein a résumé avec bonheur dans son livre les résultats des recherches récentes, et notamment ce qu'il y a de plus important dans les deux grands ouvrages d'Helmholtz : l'*Optique physiologique* et la *Théorie physiologique de la musique*.

Nos yeux jouissent de nombreuses propriétés qui paraissent toutes simples, au premier abord, mais qui n'en sont pas moins étonnantes. Comment l'œil peut-il produire la vision nette des objets situés aux distances les plus différentes? Comment ayant deux yeux, sur chacun desquels se peint une image nette des objets, ne voyons-nous pas ces derniers en double? Pourquoi, les images sur la rétine étant renversées, voyons-nous les diverses parties du monde extérieur dans leur position naturelle? En quoi consistent la sensation du relief, celle du brillant?

M. J. Bernstein donne de tous ces faits les explications les plus claires, et il les appuie sur des séries d'expériences qui les rendent absolument saisissantes. Il est conduit de la sorte à parler de divers instruments d'optique, la chambre noire, les lunettes, le stéréoscope, etc., de même que l'étude de la structure de l'œil le conduit à nous parler de l'ophthalmoscope, cet ingénieux appareil grâce auquel l'étude des maladies de l'œil a fait de si rapides progrès.

Un chapitre particulièrement intéressant est celui qui traite des illusions d'optique, des jugements erronés auxquels les images qui se forment dans nos yeux peuvent donner naissance.

Une première source d'illusion réside dans les images qui se peignent sur notre rétine d'objets contenus dans l'œil luimême, images qui nous semblent être celles d'objets flottant dans notre champ visuel. On désigne d'ordinaire la plupart de ces images sous le nom de *mouches volantes*. Il en est une qui est constante ; que tout le monde peut apercevoir en se plaçant vis-à-vis d'une surface sombre et en éclairant

l'œil par le côté avec une lampe ou une bougie. On voit alors apparaître de capricieuses arborisations qui ne sont pas autre chose que les images des vaisseaux même de la rétine ; ces vaisseaux interceptent la lumière sur leur trajet et projettent en conséquence une ombre sur la partie sensible de la rétine. Cette ombre se déplace avec la source

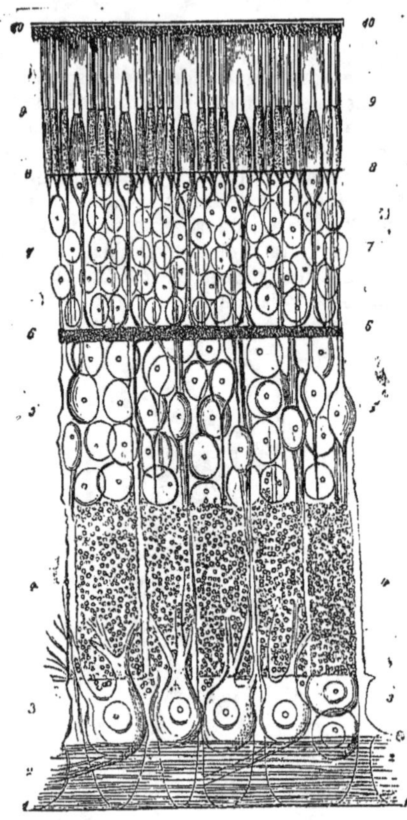

Fig. 18. — Structure de la rétine.

1. Membrane-limite. — 2. Couche des fibres nerveuses. — 3. Couche de cellules ganglionnaires. — 4. Couche à granulations fines. — 5. Couche granulée interne. — 6. Couche granulée intermédiaire. — 7. Couche granulée externe. — 8. Membrane limitante. — 9. Couche des bâtonnets et des cônes. — 10. Pigment de la choroïde.

lumineuse : on peut comparer ces déplacements et, connaissant la position de l'objet qui produit l'ombre, déterminer le point précis de la rétine où cette ombre est perçue. C'est ainsi que H. Muller est parvenu à démontrer mathématiquement que la couche dite des bâtonnets était la couche de la rétine où se produisait l'impression lumineuse. Les autres couches servant à élaborer ou à conduire cette impression reçue par les cônes et les bâtonnets (fig. 18).

On trouvera dans l'ouvrage de M. Bernstein de nombreux exemples tendant à montrer combien il faut se défier des renseignements fournis par notre œil, lorsque nous n'avons aucun moyen de contrôle. Il suffit, par exemple, que deux lignes parallèles, soient coupées par une double série de petites lignes convergentes, comme dans la figure 19, pour que les deux lignes parallèles nous paraissent converger en sens inverse des petites lignes obliques. D'autre part, placez un objet quelconque dans une position autre que celle où il est vu habituellement, les personnes les plus expérimentées commettront sur l'évaluation de ses dimensions des erreurs considérables. J'ai vu faire souvent la petite plaisanterie que voici, à laquelle tout le monde se laisse prendre : on montre à une personne un chapeau à haute forme, tel que les hommes en portent habituellement, et l'on prie cette personne d'indiquer sur le mur, par un trait horizontal, la hauteur qu'elle attribue au chapeau à partir du plancher. Cela fait, on pose le chapeau sur le plancher, au-dessous du trait : la hauteur indiquée est généralement presque double de la hauteur réelle du chapeau.

Toutes ces erreurs de notre œil relatives à la dimension et à la forme des objets sont très-habilement exposées et expliquées par M. Bernstein. Mais nous regrettons de ne pouvoir lui adresser les mêmes compliments en ce qui concerne quelques faits relatifs à notre manière d'apprécier les couleurs.

Notre illustre chimiste, M. Chevreul, a publié en 1839 un ouvrage, qu'on peut qualifier à juste titre de célèbre, sur les modifications que subit la manière dont nous voyons les couleurs, lorsque notre œil en voit plusieurs ensemble ou successivement. Il a réuni ces modifications sous le nom de *contraste* et il a distingué, pour la première fois, trois sortes

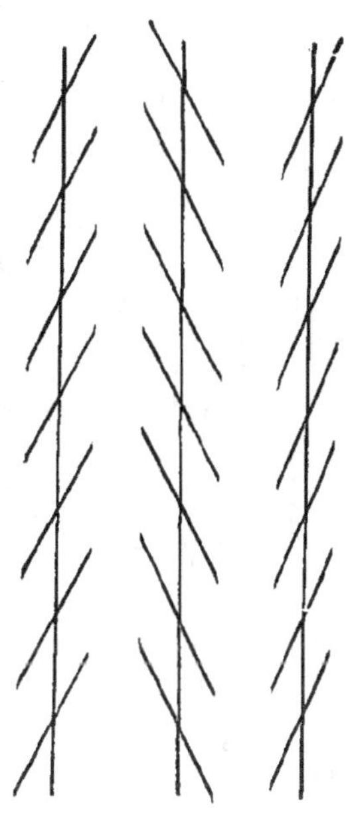

Fig. 19.

de contraste : le *contraste simple*, le *contraste mixte* et le *contraste simultané*. Le *contraste simple* se produit lorsque, ayant regardé pendant un certain temps un objet coloré, on jette les yeux sur une surface blanche ou légèrement teintée de gris neutre. On aperçoit alors une image de l'objet présentant des couleurs qui sont les complémentaires des couleurs réelles.

Si la surface que l'on regarde en second lieu est colorée au lieu d'être grise ou blanche, l'image complémentaire se trouve modifiée, non-seulement par la superposition de la couleur complémentaire de l'objet et de celle du fond, mais encore par l'addition à ces deux couleurs de la teinte complémentaire du fond ; cela résulte nécessairement de la loi du *contraste simultané* qui est la suivante.

Lorsque deux couleurs quelconques sont juxtaposées de manière que l'œil les voie simultanément, ces deux couleurs se trouvent modifiées de manière que la complémentaire de chacune d'elles semble s'ajouter à l'autre. Il en résulte que ce qu'il y a de commun dans les deux couleurs disparaît et qu'elles sont vues, en conséquence, le plus différentes possible. Lorsque l'une des couleurs juxtaposées est le blanc ou le gris, la complémentaire de l'autre couleur

vient laver la teinte blanche ou grise ; lorsque les deux couleurs voisines sont près d'être complémentaires, leur leur teinte s'épure et s'anime d'une façon remarquable : les deux couleurs nous paraissent infiniment plus belles. On constate au contraire, et c'est là un fait intéressant de contraste mixte, que, lorsqu'on montre successivement à une même personne plusieurs pièces d'étoffes exactement de la même nuance, elle trouve la teinte des dernières pièces bien moins belle que celles des premières. Si les pièces sont rouges, par exemple, les dernières paraîtront d'un rouge jaunâtre, l'œil les couvrant en quelque sorte d'une teinte verte qui tend à affaiblir le rouge. Il faudra, si l'on veut conserver à l'observateur toute l'intégrité de sa faculté d'apprécier le rouge, lui montrer, après quelques pièces d'étoffe de cette couleur, d'autres pièces de couleur verte qui ramèneront son œil à l'état normal.

Nous nous bornons à citer ces faits qui montrent bien toute l'importance qui s'attache aux phénomènes de contraste. Ces phénomènes étant d'ailleurs d'une généralité absolue, il serait facile d'en donner un nombre pour ainsi dire infini d'exemples intéressants, et de montrer combien il est indispensable que les personnes destinées à manier les couleurs soient familiarisées avec eux. C'est là une lacune du livre de M. Bernstein, et malheureusement cette lacune est doublée d'une erreur. Il ne cite qu'un seul phénomène de contraste simultané, et il en parle de telle façon qu'il est bien difficile, en se bornant à ce qu'il en dit, de ne pas garder une idée fausse des circonstances du phénomène. Au reste, voici ses propres paroles :

« Prenez, dit-il, un papier vert et collez-y un petit carré de papier blanc ; recouvrez le tout d'une feuille de papier de soie mince, blanc et assez transparent pour que la feuille inférieure paraisse au travers. Le petit carré paraîtra alors manifestement coloré en rouge..... Lorsqu'on enlève le papier recouvrant, nous reconnaissons manifestement que le carré est blanc. »

Ainsi, pour M. Bernstein, le phénomène n'est sensible que lorsque l'ensemble de la feuille verte et son carré blanc est recouvert de la feuille blanche de papier de soie ; il disparaît dès que cette dernière est enlevée, et l'auteur ne laisse même pas soupçonner que, dans ce dernier cas, la teinte rose du blanc est encore sensible pour un œil exercé ; encore bien moins laisse-t-il apercevoir ce fait, le fait primordial mis en lumière par M. Chevreul, qu'un carré de papier de toute autre couleur que le blanc aurait subi, dans les mêmes circonstances, une modification de teinte le ramenant vers le rouge, et que d'ailleurs cette modification est indépendante des dimensions relatives de la feuille verte qui sert de fond et du carré qu'on lui superpose. La modification de teinte se produit tout aussi bien pour deux feuilles colorées de même grandeur juxtaposées ou même quelque peu éloignées. La seule condition est que notre œil les aperçoive en même temps, et que la vivacité des deux teintes ne soit pas trop différente.

L'explication que M. Bernstein donne du phénomène ne peut qu'augmenter l'erreur : « Les phénomènes de cette nature ont été nommés par M. Helmholtz *contrastes simultanés*. Ils s'expliquent, dit-il (1), par l'erreur commise par notre jugement sur ce que nous appelons blanc. » Il semble donc bien que l'intervention de la feuille semi-transparente de papier blanc soit nécessaire pour que le phénomène de contraste simultané se produise, et l'explication donnée confirme le lecteur dans cette idée fausse que ces phénomènes ne peuvent se produire que lorsqu'une des couleurs juxtaposées est le blanc.

____

(1) Page 139.

La phrase que nous venons de citer renferme du reste une erreur matérielle qu'il n'est pas sans importance de relever, à cause même du caractère international de la collection dont fait partie l'excellent ouvrage de M. Bernstein. Le professeur de l'université de Halle attribue à M. Helmholtz la définition du contraste simultané des couleurs. Ce ne peut être là qu'une faute typographique. Nous ne pouvons supposer qu'un professeur de physiologie d'une université de la savante Allemagne ignore l'existence de l'ouvrage sur la *Loi du contraste simultané des couleurs*, publié par M. Chevreul en 1839, alors que M. Helmholtz était sans doute encore étudiant. Le Traité de M. Chevreul a épuisé la matière, mais c'est aussi un Français, Buffon, qui le premier appela l'attention sur les *couleurs accidentelles*, qui ne sont elles-mêmes que des phénomènes de contraste. Nous reprenons, en conséquence, notre bien. L'Allemagne en général, et M. Helmholtz en particulier, sont assez riches pour que nous n'ayons pas à leur prêter.

C'est à M. Helmholtz, en effet, pour ne parler que de notre sujet, que l'on doit les progrès les plus considérables qu'ait fait l'acoustique dans ces derniers temps.

Notre oreille est capable de distinguer dans un son trois qualités : la *hauteur*, le *timbre* et l'*intensité*.

Le son étant le résultat d'un mouvement vibratoire des corps sonores, on sait depuis longtemps que la hauteur du son dépend du nombre des vibrations que le corps sonore exécute dans une seconde, et son intensité de l'amplitude de ces vibrations. Quant au timbre, chaque physicien l'expliquait à sa manière, c'est-à-dire qu'on n'en avait aucune explication plausible.

Grâce à l'emploi de petits appareils qu'il a nommés *résonnateurs*, M. Helmholtz est parvenu à analyser les sons, tout comme on peut analyser un rayon de lumière à l'aide d'un prisme de cristal, et il pu démontrer qu'un son n'était jamais simple, qu'il résultait toujours de la superposition d'un certain nombre d'autres sons qu'on appelle les *harmoniques* du son principal. Le nombre de vibrations auquel correspondent les harmoniques est dans un rapport assez simple avec le nombre des vibrations du son principal. Ces harmoniques varient beaucoup, soit en hauteur, soit en intensité, quand un même son principal est produit avec des instruments différents, et ce sont précisément ces différences qui sont accusées par le timbre.

Si l'on fixe une barbe de plume a un corps sonore et qu'on fasse passer devant cette barbe, pendant que le corps résonne, une plaque enduite de noir de fumée se mouvant d'un mouvement uniforme, la barbe de plume enlève le noir de fumée partout où elle passe, et, comme elle vibre avec le corps, elle trace sur la plaque de verre une ligne sinueuse. Si le mouvement de la plaque a duré une seconde, le nombre des festons de la ligne tracée représente la hauteur du son; l'écart des sommets de deux festons consécutifs correspond à l'intensité du son. Quant à la forme du feston, on reconnaît sans peine qu'elle varie beaucoup lorsque la même note est produite par des instruments différents : cette forme est liée elle-même à la nature des harmoniques qui se superposent pour produire un son déterminé, de sorte qu'on peut dire que la forme des festons représente le timbre de son. Nous avons donc là un moyen d'enregistrer, avec une certitude absolue, toutes les particularités d'un son : les illusions de l'oreille sont absolument écartées. On comprend quelle précision, quelle sûreté cette méthode d'observation a portées dans les recherches d'acoustiques.

Avec juste raison, M. Bernstein a donné dans son ouvrage beaucoup de développements à l'exposé de cette théorie du timbre. Il a aussi traité d'une manière remarquable tout ce qui concerne la description anatomique et la physiologie des différentes parties de l'appareil de l'audition.

L'organe si important décrit par le marquis de Corti est étudié avec le plus grand soin. L'auteur le considère comme constitué essentiellement de fibres accordées chacune sur un ton différent, et vibrant seulement pour un ton d'une hauteur déterminée. Le son, les bruits complexes, sont immédiatement analysés par cet appareil; les différents sons élémentaires qui les composent font entrer en vibration les fibres correspondantes, et l'on conçoit ainsi facilement la faculté que possède l'oreille de distinguer les uns des autres des sons de même hauteur et de même intensité dont les timbres sont différents. Ces sons, composés d'harmoniques différents, ne mettent en vibration qu'un certain nombre de fibres identiques; les autres sont différentes et accusent les différences des harmoniques du son principal, sans que nous en ayons conscience autrement que par la différence des timbres.

Le nombre des fibres vibrantes qui constituent l'organe de Corti n'est pas illimité; on conçoit sans peine l'existence de sons plus graves ou plus aigus que ceux pour lesquels sont accordées la plus longue ou la plus courte de ces fibres. Ces sons, notre oreille ne doit pas les percevoir, puisque aucun des organes vibrants qu'elle contient ne leur correspond. Il est facile de s'assurer que cette conclusion est exacte. En effet, les limites supérieures et inférieures des sons perceptibles ne sont pas les mêmes pour tout le monde : il y a des sons très-aigus que certaines personnes ne peuvent entendre, le cri de la chauve-souris, par exemple. En général, lorsque le nombre des vibrations s'élève au-dessus de 38 000 ou tombe au-dessous de 30, les sons ne sons ne sont plus perçus ou cessent d'avoir tout caractère musical. Cet intervalle correspond à sept octaves environ, et il est intéressant de remarquer que l'organe de Corti paraît accordé pour ce même intervalle : c'est là une importante confirmation du rôle physiologique qui lui a été attribué.

Tels sont, en substance, les faits contenus dans l'ouvrage de M. J. Bernstein. Tout en conservant à son livre le caractère élémentaire qui le rend non-seulement abordable, mais intéressant pour tout le monde, le physiologiste de Halle a su y faire entrer tout ce que la science actuelle a conquis d'important. Sans rien faire perdre de leur rigueur aux théories les plus élevées, il a su les exposer de manière à les rendre attrayantes pour tout le monde. Quatre-vingt-onze belles figures contribuent encore à la clarté du texte.

Nous donnerons une bonne idée de la nouvelle publication de la *Bibilothèque scientifique internationale*, en disant qu'elle est de nature à intéresser à la fois les gens du monde et les savants. C'est aussi le meilleur éloge que nous puissions en faire.

CORRESPONDANCE

A MONSIEUR LE DIRECTEUR DE LA REVUE SCIENTIFIQUE

Paris, le 17 novembre 1875.

Mon cher monsieur,

La *Revue* a publié dans son dernier numéro un compte rendu de l'ouvrage de M. Schützemberger sur la fermentation où je trouve certaines critiques de mes opinions que je vous demande la permission de réfuter.

L'auteur de l'article reproduit les objections que M. Schutzemberger a fait valoir contre l'explication que j'ai donnée des phénomènes de fermentation. Puisque l'occasion m'en est offerte, je vais montrer en quelques lignes le point faible du raisonnement de M. Schutzemberger et combien sa manière de voir est inadmissible.

Je définis le pouvoir du ferment par le rapport du poids du

sucre décomposé au poids du ferment produit. M. Schutzemberger prétend, au contraire, qu'il faut évaluer ce pouvoir par la quantité de sucre décomposé par l'unité de poids de la levûre *dans l'unité de temps;* et comme il résulte de mes expériences que la levûre a une très-grande activité quand elle trouve de l'oxygène à sa disposition, qu'elle peut décomposer dans ce cas beaucoup de sucre en peu de temps, M. Schutzemberger conclut qu'elle a un grand pouvoir comme ferment, bien plus grand que quand elle agit à l'abri de l'air, circonstance dans laquelle elle décompose le sucre très-lentement. Bref. la conséquence qu'il tire de mes observations est inverse de celle que j'en déduis moi-même.

M. Schutzemberger n'a pas remarqué que sa définition du pouvoir d'un ferment, bonne peut-être pour l'industrie, n'a rien de scientifique. Le pouvoir d'un ferment est, en effet, complétement indépendant du temps pendant lequel il s'exerce. Dans un litre de moût sucré je dépose une trace de levûre; celle-ci se multiplie, tout le sucre se décompose. Que ce travail chimique de décomposition du sucre s'accomplisse en un jour, en un mois ou une année, cela ne change rien à sa valeur, pas plus que le travail mécanique qui consisterait à élever une tonne de matériaux depuis le sol jusqu'au sommet d'une maison ne serait changé par le fait qu'on l'aurait effectué en douze heures au lieu d'une heure. La notion de temps n'entre pas dans la définition du travail. M. Schutzemberger ne s'est pas aperçu qu'en introduisant la considération du temps dans la définition du pouvoir d'un ferment, il y introduisait par là même celle de l'activité vitale des cellules, qui est tout à fait indépendante du caractère ferment. En dehors de la considération du rapport qui existe entre le poids de la substance fermentescible décomposée et le poids du ferment produit, il n'y a pas lieu de parler de fermentation ni de ferment. C'est parce que, dans certaines actions chimiques, ce rapport s'est trouvé exagéré qu'on a distingué des phénomènes de fermentation et des ferments. Mais le temps pendant lequel ces phénomènes s'accomplissent n'a rien à faire, soit avec leur existence propre, soit avec leur puissance. Les cellules d'une levûre peuvent mettre huit jours à se rajeunir et à se multiplier, comme elles peuvent mettre quelques heures seulement. Si l'on introduit la notion de temps pour caractériser leur pouvoir de décomposition, on pourra être conduit à dire que, dans le premier cas, ce pouvoir est nul, et considérable dans le second. Pourtant c'est du même être, du même ferment qu'il s'agit.

M. Schutzemberger s'étonne que la fermentation puisse avoir lieu en présence de l'oxygène, si, comme je le pense, la décomposition du sucre est la conséquence de la nutrition de la levûre aux dépens d'une combinaison oxygénée suppléant l'oxygène libre. Tout au moins, dit-il, en présence de l'oxygène, la fermentation devrait être « ralentie ». Pourquoi donc serait-elle ralentie, puisque j'ai prouvé qu'en présence de l'oxygène l'activité vitale des cellules est accrue? Elle ne doit pas être *ralentie* comme rapidité d'action. Elle doit être *affaiblie, diminuée* comme puissance, et c'est précisément ce qui arrive. L'oxygène libre donne à la levûre une grande activité vitale; mais à ce moment même son pouvoir tend vers zéro, parce qu'elle approche de l'état où elle pourra vivre comme une moisissure, c'est-à-dire de cet état où le rapport du poids du sucre décomposé au poids de l'organisme produit sera du même ordre que chez les êtres qui ne sont pas ferments.

La réfutation suivante s'adresse peut-être plus à l'auteur de l'article de la *Revue* qu'à M. Schutzemberger.

On paraît croire que la théorie que j'ai donnée des phénomènes de fermentation est postérieure aux faits observés par MM. Lechartier et Bellamy; car voici deux alinéas de l'article de la *Revue*.

« Dans les fruits qui n'ont pas eu le contact de l'air, comme » l'ont établi MM. Lechartier et Bellamy, dans les grains » d'orge abandonnés au sein de l'eau (Frémy) il s'établit une » fermentation incontestable. C'est donc à la cellule vivante, « à son activité spéciale, qu'est due la transformation du « sucre en alcool et acide carbonique, et cette activité serait » plus développée dans les cellules de la levûre.

» Ces faits étant acquis, M. Pasteur a voulu en trouver » l'explication, en admettant que la cellule vivante possède le » caractère particulier d'agir comme ferment, quand elle se » nourrit en dehors du contact de l'air. »

L'auteur de l'article ignore donc que, dès 1861, j'ai écrit ce qui suit dans le bulletin de la Société chimique :

..... « En résumé, la levûre de bière se comporte absolu» ment comme une plante ordinaire et l'analogie serait com» plète si les plantes ordinaires avaient pour l'oxygène une » affinité qui leur permît de respirer à l'aide de cet élément » enlevé à des composés peu stables, auquel cas on les verrait » être ferments pour ces matières. »

Ces lignes ne renferment-elles pas la prévision très-nettement formulée des faits de l'ordre de ceux auxquels ont donné lieu les fruits plongés dans le gaz acide carbonique?

J'ajoute que dans cette même note de 1861, j'annonce que j'espère réaliser la prévision de la citation précédente à l'aide des moisissures, et c'est ce que j'ai fait depuis.

Ceci n'ôte rien à la nouveauté et à l'utilité des faits observés par MM. Lechartier et Bellamy, et par moi-même, sur les fruits plongés dans le gaz acide carbonique, mais la citation que je viens de faire démontre clairement que ces faits, loin de pouvoir être considérés comme le point de départ de mes opinions, sont plutôt une confirmation de celles-ci, qui les ont pressentis.

Un mot encore et j'ai fini.

Contrairement à ce que dit l'auteur de l'article, M. Frémy n'a jamais prouvé que dans les grains d'orge abandonnés au sein de l'eau sucrée, il s'établit une fermentation incontestable par suite d'une activité propre dans la cellule vivante. Il est bien vrai que M. Frémy a appliqué sa théorie de l'hémiorganisme à la fermentation de l'eau sucrée par des grains d'orge ; il est bien vrai qu'il a affirmé à ce propos que les levûres alcoolique, lactique, butyrique, sortent des grains d'orge par transformation de leurs cellules ou de leurs matières albuminoïdes, mais il l'a fait à titre d'hypothèse gratuite et sans paraître même se douter qu'il se plaçait en contradiction avec les faits les mieux établis. Je n'insiste pas, ceux qui connaissent le sujet et n'ont pas de parti pris savent à quoi s'en tenir.

Agréez, etc.,

PASTEUR.

QUESTIONS UNIVERSITAIRES

La Faculté de médecine de Paris

Le professeur Hardy vient de publier une brochure qui a trait aux modifications à apporter à l'enseignement de la médecine officielle et particulièrement à l'enseignement de la Faculté de médecine de Paris.

Trois questions des plus importantes sont traitées dans cette brochure de 16 pages, on pourrait donc affirmer *à priori* que les idées de M. le professeur Hardy sont très-nettes et très-condensées.

Il s'agit tout d'abord des études préparatoires : l'auteur demande une préparation plus complète aux études scientifiques, et étant donné le baccalauréat ès lettres indispensable, dit-il, pour faire un bon médecin, il pense à juste titre que le baccalauréat ès sciences doit comprendre des études scientifiques plus élevées que celles que les élèves possèdent actuellement. Pour cela, M. le professeur Hardy croit qu'il suffit d'une année de travail, c'est là très-certainement un minimum; et passer en revue en un an la physique, la chimie (surtout la chimie organique) et l'histoire naturelle, nous paraît un *tour de force*.

Grâce à cette préparation, les élèves arrivant à la Faculté pourront suivre tout de suite les cours de physique, de chimie, j'allais dire d'histoire naturelle *biologique*. Mais ici, nous craignons bien que M. le professeur Hardy ne se soit pas rendu un compte bien exact des connaissances physico-chimiques qui sont nécessaires pour comprendre un véritable cours de physique ou de chimie biologique. A cet égard il n'a qu'à jeter un coup d'œil sur les recherches de M. Schutzenberger (1) sur la constitution chimique de l'albumine, ou mieux encore à parcourir les travaux de physique biologique d'Helmholtz sur la vision et sur l'audition.

Quoi qu'il en soit, avec ces deux diplômes il faut faire un médecin en quatre années, *second tour de force*, suivant nous.

Une deuxième question a trait aux études anatomiques : M. le professeur Hardy affirme avec raison que ces études sont insuffisantes, et que cela tient à la pénurie des sujets et au mode d'enseignement.

Il faut donc se procurer des sujets, dit l'auteur : c'est là une question bien connue des aides et des prosecteurs qui tous l'ont discutée, étudiée avec M. le chef des travaux et M. le doyen de la Faculté. Mais quels moyens utiliser à cet égard? Le professeur Hardy ne l'indique pas et se borne à demander des mesures administratives.

Le mode d'enseignement attire ensuite l'attention de l'auteur : celui-ci propose quelques modifications dans le personnel de l'école pratique qu'il trouve insuffisant. Est-ce à dire que M. le professeur Hardy soit bien au courant de ce qui se passe aux amphithéâtres de dissection? Nous ne le croyons pas et nous avons bien des raisons pour affirmer qu'on ne l'y rencontre pas souvent.

Nous apprendrons donc à M. le professeur Hardy que, depuis longtemps déjà, on a demandé au Doyen d'installer dans les pavillons des aides et des prosecteurs, tous les instruments nécessaires aux injections et aux préparations anatomiques, au même titre qu'un chef de laboratoire de chimie dispose des instruments nécessaires aux manipulations chimiques. Grâce à cette simple modification, qui paraîtra des plus logiques, MM. les aides et les prosecteurs pourront suffire à l'enseignement pratique des élèves. Il faut y ajouter une autre condition : c'est qu'en supprimant aux chefs de pavillon la faculté de prendre des élèves particuliers, il faut les rémunérer convenablement et non *ridiculement*.

Ces modifications demandées depuis *longtemps* seront bien suffisantes et MM. les *chefs de dissection* imaginés par M. le professeur Hardy seront parfaitement inutiles.

La troisième question abordée par l'auteur est certes la plus importante : il est absolument nécessaire de multiplier, de spécialiser les chaires de la Faculté; ici, M. le professeur Hardy qui donne son consentement à cette modification,

---

(1) *Revue scientifique* (Compte rendu du Congrès de l'Association française pour l'avancement des sciences tenu à Nantes), n° 17, p. 398. 1875.

et d'ailleurs ne pourrait-il donner l'exemple en professant les maladies cutanées?

En parlant d'utiliser MM. les agrégés de l'École, l'auteur aurait pu, selon nous, rappeler les propositions faites depuis *plusieurs années* à cet égard, à savoir que la Faculté doit avoir deux enseignements, l'un réellement supérieur fait par les professeurs, l'autre essentiellement pratique et professé par les agrégés.

Toute la brochure du professeur Hardy peut donc se résumer en trois propositions :

1° Exiger des élèves un baccalauréat ès sciences complet;

2° Faire des chefs de dissection, trouver des sujets;

3° Ouvrir de nouveaux cours, peut-être utiliser les agrégés.

On voit que ces questions datent de longtemps déjà.

F. T.

ACADÉMIE DES SCIENCES DE VIENNE

M. G. TSCHERMACK

La formation des météorites et le vulcanisme

Lorsque Howard, Klaproth, Vauquelin, Berzelius, eurent fait connaître la composition chimique élémentaire d'un grand nombre de météorites, on s'aperçut que les éléments simples entrant dans la composition de ces corps étaient identiques à ceux qui abondent dans l'écorce terrestre. Déjà, antérieurement, Chladni avait reconnu la nature planétaire de ces merveilleux produits.

La liaison des météorites et des planètes fit présumer que les autres corps célestes étaient également constitués par les éléments de notre terre. Les recherches d'analyse spectrale, inaugurées par Bunsen et Kirchhoff, ont mis le fait en évidence pour ce qui regarde le soleil; et les observations de Secchi, d'Huggins et de Miller sur les spectres des étoiles fixes ont rendu probable l'opinion que tout l'univers est composé des mêmes éléments.

De même que l'analyse des météorites a servi de base à la connaissance de la composition matérielle des corps célestes, de même la considération de la forme des météorites semble devoir éclairer, pour nous, le passé des astres et jeter la lumière sur les changements auxquels ils sont soumis.

Les formes des météorites sont extraordinaires. Jusqu'à présent on y a fait peu attention; cependant le fait que les météorites se montrent toujours avec l'apparence fragmentaire est des plus singuliers.

Celui qui n'a fait qu'entendre parler de la nature planétaire des météorites, et qui, pour la première fois, observe une collection de ces corps, est tout étonné de voir qu'ils ne sont pas ronds, comme les planètes, mais qu'ils sont anguleux, souvent munis d'arêtes tranchantes, et dépourvus en même temps de toute structure zonaire concentrique dans leur intérieur.

Haidinger, après avoir étudié avec grand soin la surface des météorites, est arrivé à cette conviction que l'écorce foncée et les arêtes arrondies n'étaient pas de formation primitive. Il a pensé que les météorites se brisaient d'abord dans l'air, puis qu'elles se revêtaient ensuite d'une mince écorce, et alors perdaient leurs arêtes tranchantes.

Avant d'entrer dans l'atmosphère terrestre, chaque météorite a possédé une forme anguleuse, et la plupart de ces corps avaient des arêtes vives. Mais les faces de ces morceaux anguleux étaient des faces de cassures; chaque météorite est un fragment. C'est par la rupture, par la cassure en éclats d'une masse plus grande, que chaque météorite a pris l'aspect sous lequel elle se montre.

Toutes les collections qui possèdent des météorites complètes présentent des exemples qui prouvent ce fait d'une façon irréfutable. Les échantillons les plus remarquables, à ce point de vue, parmi ceux qui se trouvent dans la collection de Vienne, sont les fers météoriques d'Agram et d'Ilimaë, les pierres de Knyahinya, Seres, Lancé, Chantonay, Orvinio, Tabor, Pultusk, Stannera, etc. Il n'existe aucune dépendance entre la forme des météorites et leur structure intérieure.

On pourrait croire que la fragmentation s'est opérée dans l'air; et, effectivement, on observe certains cas rares dans lesquels l'aspect de l'écorce d'une météorite montre que celle-ci a éclaté, pendant le trajet, au travers de l'atmosphère. Mais ces faits exceptionnels ne changent rien à la règle générale de la fragmentation des météorites, avant leur entrée dans l'atmosphère terrestre. Après la chute de météorites qui eut lieu le 12 mai 1861, non loin de Butsura, dans les Indes orientales, on trouva cinq fragments, à des distances les uns des autres s'élevant jusqu'à 6 milles. Maskelyne, ayant reçu ces fragments à Londres, les rapprocha et put établir la forme primitive de la météorite avant son explosion dans l'atmosphère. On reconnut alors que la météorite entière offrait l'aspect d'une scorie, peu épaisse, à surfaces courbes. L'inégalité de l'échauffement dans l'air avait dû amener la rupture d'un tel corps. Cet exemple nous dispense de citer tous les faits qui prouvent que les météorites ne pénètrent pas dans l'atmosphère sous forme de corps arrondis semblables aux planètes.

Ainsi les météorites se présentent toujours à nous comme étant des fragments, des scories, des particules provenant d'une ou de plusieurs masses planétaires plus volumineuses. Ces débris peuvent provenir d'une ou de plusieurs masses; mais, quoi qu'il en soit, le corps dont ils tirent leur origine doit avoir eu une étendue assez considérable.

Dans la plupart des fers météoriques on observe une structure qui montre que chaque spécimen est une portion d'un individu cristallin volumineux. La formation de ces individualités cristallines, de grandes dimensions, exige, suivant la remarque d'Haidinger, un long intervalle de temps, pendant lequel la cristallisation s'est tranquillement opérée à une température fixe. Or, ceci ne peut avoir eu lieu qu'au sein d'un corps céleste plus considérable. Sur beaucoup de fers météoriques (par exemple, Château-Renard, Pultusk, Alessandria) on remarque des surfaces striées, qui ressemblent parfaitement aux surfaces striées des rochers de nos massifs montagneux. Ces stries prouvent la division de corps plus volumineux et le frottement des fragments les uns contre les autres. Beaucoup de météorites se présentent comme des agglomérats de fragments anguleux. Ainsi le fer météorique de Copiapo, celui de Tula, les pierres de Chantonay, d'Orvinio, de Weston, sont des espèces de brèches correspondant aux roches conglomérées terrestres.

Beaucoup de pierres météoriques sont composées de très-petits fragments, de minces éclats, et ressemblent aux tufs volcaniques. Ces productions sont une nouvelle preuve de la formation des météorites aux dépens de corps célestes plus volumineux, sur lesquels ont eu lieu des changements mécaniques.

Nous arrivons ainsi à l'idée qu'une ou plusieurs masses considérables, ayant déjà subi des modifications pendant de longues périodes de temps, ont fourni la matière qui constitue les météorites.

Un grand nombre des observateurs qui s'occupent de l'étude des météorites sont déjà arrivés à cette conclusion. Reste maintenant la question consécutive des conditions qui ont présidé à la division en fragments. Daubrée a essayé de résoudre le problème, mais il est resté incertain entre deux solutions, ne pouvant décider si la rupture était la conséquence d'un choc ou d'une explosion (1).

La pensée que de petites planètes pouvaient se former par la rencontre et le choc de corps célestes plus volumineux a déjà été exprimée par Olbers, en ce qui regarde les astéroïdes (2). Plus tard d'Arrest et C. V. Littrow ont soumis à des calculs précis la possibilité d'une rencontre des astéroïdes.

Si deux corps célestes solides se mouvant en sens inverse, avec la vitesse des planètes, venaient à s'entre-choquer, il en résulterait une fusion ou même une volatilisation au point de contact. Les corps choqués seraient réduits en éclats, les débris largement dispersés et lancés dans différentes directions (3). Ainsi on expliquerait assez bien la formation des météorites; mais il faut songer que dans une telle réduction en éclats, il se produirait non-seulement de minces débris, mais encore des fragments volumineux. Or, toutes les météorites sont petites. Les plus pesantes, parmi celles que l'on connaît, sont celles de Knyahinya et de Cranbourne. Or, la première, qui se trouve dans le Mineralien Cabinet de Vienne, pèse 294 kilos; la seconde, que possède le British Museum, pèse 3700 kilos. La plupart des météorites demeurent beaucoup au dessous de ces poids, si bien qu'une pierre météorique de 5 kilos est déjà considérée comme volumineuse.

Tous ces morceaux, même les plus gros, ne sont que de minimes éclats, qu'une fine poussière, si on les compare à une planète, même très-petite. Considérons, par exemple, une planète ayant seulement un mille de diamètre, et supposons-la divisée en un million de parties égales, chaque partie serait encore 250 000 fois plus grosse que la grosse pierre de Knyahinya, et 10 000 fois plus grosse que le fer météorique de Cranbourne.

Par conséquent, il est peu vraisemblable que les pierres météoriques doivent leur apparence fragmentaire à la rupture d'une planète par l'effet d'un choc. Ce résultat est dû bien plutôt à une action qui se sera exercée de dedans en dehors. Une explosion aura été la cause de cette rupture en minces débris, qui peut être appelée une pulvérisation.

Une explosion est un phénomène violent qui semble en contradiction avec le développement cosmique continu et graduel, et cependant il n'est pas plus intense que les mouvements observés ou calculés qui se passent à la surface du soleil et des comètes. Les soulèvements, comparables à des explosions, qui ont été observés à la surface du soleil par Zöllner, Young, Respighi, les tourbillons calculés par Lockyer, se manifestent avec des vitesses qui dépassent tout ce que l'on constate dans les explosions terrestres.

L'illumination subite de quelques étoiles est la marque d'une action non moins violente que J.-R. Mayer a cru pou-

---

(1) Daubrée, dans le *Journal des savants*, 1870, dans la conclusion de la notice. Meunier a cru échapper au dilemme (*Géologie comparée*, p. 296) en admettant la fragmentation spontanée d'une planète, fragmentation semblable à la division d'une plaque d'argile qui se dessèche. Quand même on concéderait la possibilité d'une telle opération, il faudrait ensuite admettre comme conséquence que tous les débris produits se meuvent dans la même orbite; or, on sait que tel n'est pas le cas pour les météorites.

(2) *Zacks. Monatl. Correspondenz*, tome VI, page 88.

(3) Une masse se mouvant avec une vitesse de 3 milles géographiques, si elle rencontrait un autre corps, et si elle perdait tout mouvement, développerait 59 630 unités de chaleur pour chacune de ses unités de poids, en supposant toutefois que toute la force vive est transformée en chaleur et qu'il ne se manifeste extérieurement aucune déperdition de la chaleur produite. Supposons la moitié de cette chaleur perdue par rayonnement et par conductibilité, quintuplons la chaleur spécifique de la matière météorique, supposons-la égale à 1, afin de tenir compte de l'accroissement de chaleur spécifique avec la température et de la chaleur de fusion, nous trouvons qu'il y aurait encore production d'une température de 29 800 degrés centigrades.

voir expliquer par un choc d'étoiles fixes et par la fusion de ces astres, par suite de leur rencontre et de leur réunion. Les expansions des comètes ont lieu, d'après J. Schmidt, avec une vitesse qui indique des mouvements intenses.

En face de toutes ces manifestations, l'idée d'une explosion, d'une réduction d'un corps céleste en poussière, n'a rien que de très-naturel.

Mais si nous voulons, parmi les étoiles fixes, les planètes ou les comètes, ranger le corps céleste unique ou les corps célestes multiples qui ont donné naissance aux météorites, nous trouvons que l'hypothèse d'une explosion devient invraisemblable.

On rencontre les mêmes objections qui font abandonner l'hypothèse d'une rupture par l'effet d'un choc. Qu'un corps céleste soit entièrement solide ou qu'il soit en partie fluide, il présente un diamètre considérable; il se brise en fragments inégaux, quand il est rompu par une explosion. A côté de petits débris innombrables, il fournit aussi de gros fragments qui devraient poursuivre leur marche comme météorites. Mais on ne doit pas perdre de vue que toutes les météorites sont relativement très-petites. Par conséquent il faut rejeter l'hypothèse d'une destruction totale par suite d'une explosion unique.

Mais la réduction d'un corps céleste en minces fragments peut aussi se produire graduellement. Au lieu d'une seule explosion, on peut en imaginer plusieurs qui lancent dans l'espace les débris de la surface d'un tel corps.

Ce mode d'action pourrait avoir lieu sur chaque corps céleste où il y aurait des explosions volcaniques, si la masse du corps était assez petite pour que sa force attractive fût insuffisante pour ramener à la surface de l'astre les fragments projetés.

C'est une considération de ce genre qui a été exprimée jadis par Olbers, Arago, Laplace et Berzelius, et reprise récemment par L. Smith.

D'après ces savants, la lune, dont la force attractive est six fois moindre que celle de la terre, pourrait lancer des fragments assez loin pour qu'ils ne retombassent jamais à sa surface. Il est impossible de nier la possibilité d'un tel phénomène pour la lune. Les nombreux cirques cratériformes distribués à la surface lunaire montrent cependant que la majeure partie des matières pierreuses lancées sont retombées sur place autour des orifices de projection, et, par cela même, on doit supposer que dans un cas favorable peu de fragments sont allés se perdre dans l'espace.

Cette source de météorites (explosions lunaires) est insignifiante, quand on compare la quantité de météorites qu'elle a pu produire avec le nombre de ces corps qui, chaque année, viennent rencontrer la terre. Les météorites arrivent dans des directions si différentes, par rapport à la terre, et sont si fréquentes, qu'on doit leur attribuer une cause générale. Cette cause ne doit être rapportée exclusivement ni à la lune, ni à aucun autre corps céleste en particulier.

On doit donc chercher le point de départ des météorites dans des corps célestes nombreux qui avaient certainement un diamètre considérable, et qui cependant étaient assez petits pour que les débris projetés par les explosions ne pussent y revenir. On peut admettre que de petits astres de cette espèce ont développé, à certaines époques, une force explosive intense. L'exemple de la lune, qui a parcouru une période de développement volcanique beaucoup plus violent que la terre, rend une telle hypothèse très-vraisemblable. Mais, par la projection incessante de leurs débris, ces petits astres ont perdu de plus en plus de leur masse, jusqu'à ce qu'enfin ils aient été réduits en petites parties qui parcourent maintenant l'espace dans les directions les plus diverses.

On pourrait être tenté de voir dans les comètes les restes de ces petits astres. Les expansions des comètes seraient la dernière phase de l'activité ci-dessus décrite. Cependant il

ne m'appartient pas d'aller plus loin dans cette voie; elle doit être laissée aux savants qui se sont occupés spécialement de l'étude des comètes : eux seuls peuvent décider si les observations faites jusqu'à présent sont suffisantes pour établir une telle relation (1).

Il me suffit d'avoir montré que la forme des météorites nous force à admettre qu'elles sont dues à des mouvements violents, dirigés de l'intérieur d'un astre vers sa surface. Ces mouvements peuvent être comparés à ceux qui ont lieu actuellement de la même façon à la surface de la terre et du soleil, et à ceux qui autrefois ont produit des cratères à la surface de la lune. Ils peuvent avoir des causes diverses pour les différents astres; cependant, tant que leur cause reste inconnue, on peut, dans un cas comme dans l'autre, donner à tous ces mouvements l'épithète de volcaniques.

Sont-ce de simples explosions qui ont eu pour résultat de projeter une roche déjà solide appartenant à la surface d'un astre? Y a-t-il eu en même temps des actions éruptives amenant des matières de l'intérieur de la planète, comme on l'observe sur la terre? Quelle que soit l'hypothèse que l'on adopte, on doit admettre une différence entre l'écorce et le noyau de la roche. Maintenant, comme les météorites nous arrivent sous forme de débris, il s'ensuit que les astres dont elles proviennent possédaient une écorce solide, et nous sommes, par suite, amenés à conclure, ou que leur intérieur n'était pas solide, ou qu'il a été composé tout autrement que cette écorce.

La forme des météorites nous fait rapporter leur origine à de petits astres semblables à notre terre, lesquels ont été peu à peu pulvérisés par l'effet d'actions volcaniques. La structure des météorites, leur forme extérieure, nous permettent de faire un pas de plus en avant, et de jeter un coup d'œil sur l'histoire de ces astres avant leur fragmentation.

Beaucoup de météorites offrent, ainsi que nous l'avons déjà dit, une constitution telle, qu'elles doivent avoir été formées dans des conditions favorables à une cristallisation graduelle et tranquille. D'autres, au contraire, sont composées de fragments, et, par conséquent, témoignent d'actions violentes capables d'amener une rupture. La plupart sont formées de minces fragments pierreux et de granules arrondis.

Haidinger est le premier qui ait eu le courage de comparer les météorites composées de matières agglomérées et faiblement unies, avec les produits de trituration et de pulvérisation des volcans terrestres, et de les désigner sous le nom de tufs météoritiques. Ce genre de météorites est celui qu'on observe le plus souvent. Cette fréquence montre que sur les astres d'où proviennent les météorites, le repos a été beaucoup plus rare que le mouvement volcanique.

Mais les météorites tufacées présentent une particularité de constitution dont l'explication offrait une grande difficulté. Cette particularité, qui ne se montre pas à cette échelle dans les tufs de nos volcans, consiste dans la présence de petites boules et de globules qui surprennent immédiatement ceux qui les observent. Ces globules caractérisent toutes les roches météoriques tufacées, qui sont, comme nous l'avons dit, les plus abondantes parmi les diverses variétés de météorites, et qui, à cause de cela, ont été désignées par G. Rose sous la dénomination de *chondrites* (*chondras*, globule, petit amas).

Le mode de production de ces globules est rendu manifeste par les propriétés suivantes :

---

(1) Beaucoup d'hommes de science veulent aujourd'hui reconnaître une liaison entre les météorites et les étoiles filantes, vu que l'apparence du phénomène dans l'atmosphère est la même dans les deux cas. Et comme Schiaparelli a trouvé et expliqué le lien qui unit les comètes et les étoiles filantes, il y aurait ainsi liaison entre les météorites et les comètes. Toutefois une difficulté subsiste encore : le maximum de fréquence des étoiles filantes n'est pas accompagné de nombreuses chutes de météorites.

1° Ils sont distribués dans une pâte composée d'éclats fins ou grossiers.

2° Ils sont toujours plus volumineux que ces éclats.

3° Ils se montrent toujours isolément. Jamais plusieurs d'entre eux ne sont groupés ensemble.

4° Ils sont tout à fait sphériques quand ils sont formés par un minéral doué d'une ténacité notable; autrement, ils sont simplement arrondis.

5° Ils sont composés tantôt d'un seul minéral, tantôt de plusieurs, mais toujours des mêmes minéraux que la pâte.

6° Il n'existe aucune relation entre leur structure intime et leur configuration globulaire. Tantôt ils sont fibreux, mais les fibres ne sont pas dirigées vers la surface; tantôt ils sont composés de fines baguettes entrelacées; tantôt enfin ils sont grenus.

Ils ne se montrent pas sous l'aspect qu'ils auraient s'ils devaient leur forme arrondie à une cristallisation. Ils ne sont pas constitués comme les sphérolithes dans les obsidiennes et les perlites; ni comme les globules dans la diorite orbiculaire; ni comme les concrétions arrondies de calcite, d'aragonite, de markasite, etc. Ils ressemblent plutôt aux globules que l'on voit souvent dans les tufs de nos formations volcaniques. On peut les comparer, par exemple, aux boules trachytiques du tuf trachytique du Gleichenberg, aux globules du tuf basaltique du Venusberg, près de Freudenthal, et surtout aux nodules d'olivine du tuf basaltique de Kapfenstein et de Feldbach, en Styrie

Il est certain que ces derniers globules (1) sont le résultat d'une trituration volcanique. Ils doivent leur forme à la continuité d'une action volcanique qui a réduit des roches relativement anciennes en minces éclats, et qui a arrondi les parties les plus tenaces de ces fragments en les faisant se rencontrer, s'entre-choquer incessamment.

Les propriétés des globules des météorites témoignent du même mode de formation. Toutefois on peut se représenter les masses pierreuses qui étaient exposées à la trituration comme ayant été douées d'un certain degré de mollesse, et, par conséquent, on peut se rapprocher du point de vue de Daubrée, qui considère les globules comme produits par la solidification d'une roche entraînée dans le mouvement tourbillonnaire d'un gaz.

Les globules sont parfois microscopiques (2). Ordinairement ils possèdent la grosseur d'un grain de millet. Ceux qui atteignent les dimensions d'une cerise ou d'une petite noisette sont très-rares. Les globules de tuf de nos dépôts volcaniques ont des dimensions qui varient de celle d'une noisette à la grosseur de la tête. Si de la différence de ces dimensions des globules on concluait à une différence proportionnelle entre les foyers qui leur ont servi de point d'origine, il faudrait considérer les tufs météoritiques comme sortis de fentes volcaniques innombrables, mais très-petites.

Les tufs météoritiques sont particulièrement caractérisés par ce fait qu'ils ne renferment aucune trace de matière scoriacée ou vitreuse; ils ne contiennent pas de cristaux complets au sein d'une pâte; en un mot, ils ne présentent aucun caractère permettant de les regarder comme issus probablement d'une lave. On ne voit en eux que des produits de trituration d'une roche cristalline.

Parmi les météorites tufacées, quelques-unes portent la marque d'un changement subi postérieurement sous l'influence de la chaleur. Telles sont, par exemple, les météo-

rites de Tadjera et de Belgorod (1). D'autres présentent des modifications qui ne peuvent s'expliquer que par un changement chimique subi après leur dépôt. Ainsi, par exemple, on voit souvent, dans les roches de Mezö-Madaras et de Knyahinya, des accumulations concentriques de fer réduit disposées autour des globules. Ces accumulations se présentent sur une face de section, comme les protubérances autour du disque lunaire; souvent aussi on aperçoit des protubérances de ce genre dans l'intérieur des globules. Les météorites tufacées sont parsemées d'un grand nombre de fines paillettes de fer. Toutes ces manifestations semblent être le produit de l'action d'un gaz réducteur, et même Daubrée a supposé que ces modifications étaient dues à de l'hydrogène. Cette opinion est appuyée par la découverte faite par Graham de l'hydrogène dans les fers météoriques de Lenarto, et par la présence de l'hydrogène à la surface du soleil, ainsi que Kirchhoff l'a reconnu. On doit naturellement supposer que, dans ce cas, il y a eu échauffement.

Du reste, on remarque des signes évidents d'échauffement dans les météorites qui sont composées de fragments réunis par une matière noire de même composition, comme cela s'observe, par exemple, pour les roches d'Orvinio et de Chantonnay (2).

Mais, malgré ces exemples d'actions calorifiques, on ne connaît aucune météorite présentant quelque ressemblance avec une scorie volcanique ou avec une lave. Bien que nous ayons comparé les météorites avec les tufs et les brèches volcaniques, nous devons donc interrompre cette comparaison au niveau d'une limite déterminée.

L'activité volcanique dont les météorites portent témoignage a consisté dans la division d'une roche solide en minces éclats, dans l'échauffement et la modification de matières également solides. Il n'y a eu ni épanchement de laves, ni projection de verre lavique et de cristaux, comme ceux qui d'après Zirkel, constituent la cendre volcanique.

Ainsi, c'est par une simple action explosive que se sont produits les tufs et les brèches que nous voyons dans les météorites. Tout cela rappelle vivement les phénomènes terrestres bien connus auxquels on doit attribuer la formation des *Maars* de l'Eifel, justement désignées sous le titre de cratères d'explosion. La production des cratères de ce genre montre qu'à la surface de notre globe il peut y avoir aussi des explosions volcaniques sans épanchement de laves.

Il reste maintenant à décider quelle est la cause des actions explosives qui ont brisé et trituré les roches superficielles de certains astres, et qui en ont graduellement réduit d'autres en fine poussière.

La question ne vise pas seulement le point qui nous occupe ici, elle touche le problème entier du vulcanisme cosmique Les gaz et les vapeurs sont les agents du mouvement volcanique à la surface du soleil et de la terre. La lune n'a pas d'atmosphère, et cependant elle en posséderait probablement une si les cratères lunaires avaient été formés par une explosion de gaz. Dans un ouvrage récemment publié, on a émis l'idée que l'activité volcanique de la lune était uniquement due à l'accroissement de volume produit au moment de la solidification. Si cette idée était juste, on devrait au moins quelquefois observer des manifestations éruptives et des formations de cratères à la surface de la glace; car l'eau, en se congelant, subit aussi un accroissement de volume. Or, on n'a jamais rien observé de pareil. Mais la difficulté que soulève l'hypothèse d'une explosion causée par des gaz me paraît susceptible d'être levée. Les manifestations volcaniques

---

(1) Ils ne peuvent être confondus avec des bombes volcaniques, lesquelles sont composées de lave.

(2) Reichenbach a considéré les globules comme de petites météorites. Mais cette idée n'est qu'un reflet de l'opinion qui fait des météorites une formation planétaire.

(1) Voyez *Sitzber der Wien. Akad.*, tome LXX, 1re partie, 9e livraison (Orvinio), et Meunier, *Comptes rendus*, tome LXXII, p. 339.

(2) *Sitzber. der Wien. Akad.*, tome LXX, 1re partie, 9e livraison.

dont la lune a été le théâtre ne doivent pas être attribuées à des gaz permanents ; et, si elles ont été causées par des vapeurs, celles-ci peuvent avoir été absorbées par les roches de la surface lunaire. Mais il n'est pas nécessaire d'avoir recours à l'hypothèse de Sœmann, qui considère la lune comme ayant été autrefois couverte d'eau, et qui suppose que cette eau a été ensuite absorbée. Je reviendrai sur ce sujet dans un mémoire qui sera publié ultérieurement.

D'après toutes nos observations et nos expériences, une action volcanique qui a eu pour effet de briser et de projeter une roche ne peut être comprise sans l'intervention de gaz ou de vapeurs, ou de ces deux agents réunis. Par suite, l'action explosive manifestée par les météorites peut aussi, à juste titre, être attribuée à l'expansion subite de gaz et de vapeurs, parmi lesquels l'hydrogène paraît avoir joué un rôle important.

Les conclusions auxquelles conduit l'observation attentive et la comparaison des météorites sont d'accord avec les données dont la géologie et l'astronomie se sont enrichies dans ces dernières années. L'activité volcanique dont ces matières pierreuses et ferrugineuses ont été les mystérieux témoins peut être comparée aux mouvements violents qui se passent dans les couches extérieures du soleil, aux faibles agitations volcaniques dont la terre est le siège, aux manifestations éruptives grandioses dont les cratères de la lune nous tracent le récit.

En songeant à cet ensemble de phénomènes, quiconque a dans l'esprit la théorie de Kant sur la similitude de développement des astres, sera amené à penser que les corps célestes proprement dits ne sont pas les seuls exposés à de tels changements. Il admettra volontiers que le vulcanisme est une manifestation cosmique, dans ce sens que tous les astres traversent une phase volcanique dans leur développement. Durant cette période, un grand nombre des astres de très petites dimensions auront été totalement ou partiellement pulvérisés et dispersés en petits débris.

BULLETIN DES SOCIÉTÉS SAVANTES

Académie des sciences de Paris. — 8 NOVEMBRE 1875.

M. Le Verrier : Découverte de quatre nouvelles petites planètes. — M. Is. Pierre : Alcools qui accompagnent l'alcool vinique. — M. Is. Pierre : Épuisement du sol par les pommiers. — M. P. Thenard : Observations relatives à la communication précédente. — M. E. Duclaux : Note sur la séparation des liquides mélangés et sur de nouveaux thermomètres à maxima et à minima. — M. Commaille : Procédé pour séparer la cholestérine des matières grasses. — M. Michel Lévy : Structures des roches éruptives, étudiées au microscope. — M. Chauveau : Excitations unipolaires. — M. Oré : Influence des acides sur la coagulation du sang.

M. *Le Verrier* annonce à l'Académie la découverte de deux nouvelles petites planètes faite à l'observatoire de Paris par MM. Paul et Prosper Henry. La planète **151** a été découverte le 2 novembre dernier à onze heures, par M. Paul Henry ; elle est de douzième grandeur. La planète **152**, également de douzième grandeur, a été découverte par M. Prosper Henry le 6 novembre à huit heures du soir. Pendant que ces découvertes étaient faites à l'observatoire de Paris, deux autres petites planètes étaient découvertes à l'observatoire de Pola. Le nombre des petites planètes est donc aujourd'hui de 154.

— M. *Is. Pierre* envoie une note sur les alcools qui accompagnent l'alcool vinique. L'auteur a constaté que les alcools propylique, butylique et amylique se trouvent tous en proportions notables dans les trois-six du commerce, et surtout dans les produits de la fermentation des grains et des betteraves. Le goût désagréable communiqué à l'alcool vinique par la présence des alcools butylique et amylique suffit pour faire immédiatement reconnaître le mélange. Il n'en est pas de même pour l'alcool propylique dont la présence est plus difficile à constater. Convaincu que tous ces alcools ont des propriétés délétères, M. Is. Pierre a fait avec M. Puchot des recherches dans le but de débarrasser de ces alcools les trois-six du commerce, ou plutôt de concentrer ces produits de mauvais goût sous un plus petit volume, en en séparant la majeure partie d'alcool bon goût qui s'y trouve. Des essais faits sur une très-grande échelle lui permettent de penser que cette partie de la question est résolue. Quant aux proportions pour lesquelles ces alcools entrent dans la composition des trois-six, elles sont encore à trouver.

— M. *Is. Pierre* fait ensuite une communication relative à l'épuisement du sol par les pommiers. Le raisonnement auquel se livre l'auteur est basé sur des chiffres choisis arbitrairement, mais se rapprochant le plus possible de la réalité. M. Pierre examine la quantité d'éléments constitutifs du sol empruntée à ce dernier par un pommier durant une période de cinquante ans. Il examine ensuite de quelle façon les éléments empruntés au sol lui sont restitués. La discussion à laquelle il se livre l'amène à conclure qu'un arbre fruitier ne peut prospérer qu'à la condition de recevoir, pendant la durée de son existence et sous la forme la mieux appropriée à ses besoins, une quantité assez considérable d'engrais, beaucoup plus considérable qu'on ne le croit généralement ; autrement il devra dépérir progressivement et hâtivement, et laisser une place épuisée à laquelle on ne pourra restituer sa valeur productive initiale qu'au prix de sacrifices considérables.

— M. *P. Thenard*, à propos de la communication précédente, trouve bien exclusives les conclusions de M. Is. Pierre. Il se demande en outre si c'est bien au défaut d'azote importé dans le sol (ce qu'admet M. Pierre) qu'il faut attribuer le peu de longévité des pommiers. Depuis les travaux récents qui ont été faits à différents points de vue sur les rapports de l'azote et du sol, l'azote combiné (en opposition avec l'azote libre) a théoriquement beaucoup perdu de son importance agronomique. L'auteur se livre ensuite à des calculs qui font ressortir la valeur de son opinion. Il rappelle l'histoire du fameux clos Vougeot, dont la plantation en vigne date de l'an 904. Ces vignes n'ont jamais été arrachées depuis et elles n'y sont renouvelées que par voie de provignage. La quantité d'azote que contient naturellement le sol du clos Vougeot est immense, surtout dans les couches superficielles jusqu'à une profondeur de 30 centimètres. Plus bas, le sol, vierge de toute culture, est moins riche, mais il devient immédiatement très-productif. Pour M. Thenard, ce n'est donc pas la quantité d'azote condensé par une plante qui donne la mesure de la diminution de fécondité d'un sol ; bien plus, le moment n'est peut-être pas bien éloigné où il sera démontré que la surabondance de l'azote, par rapport aux autres éléments utiles, peut devenir une cause très-sérieuse d'infertilité.

— M. *E. Duclaux* présente un mémoire dans lequel il étudie les conditions qui président à la séparation d'un mélange homogène de deux liquides en deux couches, lorsqu'une circonstance extérieure quelconque, par exemple un abaissement de température, intervient pour troubler la dissolution et la transformer en un double mélange. L'auteur fait voir que, dans ces conditions, la composition des deux couches qui se forment reste constante, quelle que soit la composition initiale du mélange, et que leur volume relatif varie seul. C'est ainsi, par exemple, qu'un mélange de 15 centimètres cubes d'alcool amylique, 20 centimètres cubes d'alcool ordinaire et $32^{cc},9$ d'eau, donne, à 20 degrés, un groupement moléculaire très-instable, que le moindre abaissement de température divise en deux couches presque égales.

L'étude de ce curieux phénomène a amené l'auteur à construire un thermomètre à minima très-simple dont le présent mémoire contient la description. On peut aussi avoir des thermomètres à maxima avec des mélanges de dix parties environ d'éther, de six parties d'alcool méthylique du commerce et d'eau en proportions variables suivant la températurure. Ce liquide, limpide à froid, se trouble, à l'inverse du précédent, quand on le chauffe, mais en obéissant aux mêmes lois.

· — M. *A. Commaille* fait connaître un procédé pour séparer la cholestérine des matières grasses. Ce procédé est fondé sur la propriété que possède la chlolestérine de résister à l'action des alcalis, même concentrés et bouillants. L'auteur avait à rechercher si la matière huileuse, extraite d'un foie malade, ne contenait pas de cholestérine ; cette matière avait été enlevée à l'aide de l'éther ordinaire, et se dissolvait dans l'alcool à 85 degrés. Pour séparer la cholestérine, il a saponifié la matière grasse par la soude caustique, et, après refroidissement et dissolution de la masse savonneuse dans l'eau, il a agité avec de l'éther. Celui-ci, séparé et évaporé, a donné de nombreuses lames de cholestérine.

— M. *Michel Lévy* présente un mémoire sur les divers modes de structure des roches éruptives, étudiées au microscope. L'auteur a passé en revue les roches éruptives de tous les âges, depuis le granite jusqu'aux laves actuelles. Ces roches, d'après lui, se composent toutes de cristaux brisés, usés et corrodés, dont la consolidation, relativement ancienne, paraît antérieure à l'épanchement de la roche, et d'une pâte ou d'un magma cristallisé qui englobe les cristaux ci-dessus. M. Michel Lévy range parmi les roches éruptives acides celles dont la pâte a une teneur en silice supérieure à la teneur des feldspaths acides, albite ou orthose. La conclusion du mémoire est que la texture intime de ces roches est une conséquence immédiate de l'état plus ou moins individualisé de la silice en excès que renferme leur pâte. Les relations qui existent entre les structures diverses des roches éruptives acides et l'âge géologique de ces roches ont conduit à une conclusion qu'Élie de Beaumont avait déjà formulée à propos des émanations volcaniques et métallifères : l'activité chimique du globe a été en diminuant durant les temps géologiques. Les roches ont apporté avec elles des dissolvants de moins en moins énergiques dont l'effet a été d'individualiser de moins en moins la silice en excès de leur pâte.

— M. *Chauveau* présente une nouvelle note contenant les résultats de ses études sur la comparaison des excitations unipolaires de même signe, positif ou négatif, et sur l'influence de l'accroissement du courant de la pile sur la valeur de ces excitations. Ces résultats sont les suivants : 1º Dans le cas d'excitations unipolaires régulièrement croissantes, l'action du pôle positif, mesurée par la grandeur et la durée des contractions, croît d'une manière constante avec l'intensité du courant, tant que le muscle n'a pas atteint le maximum d'effet qu'il peut produire ; 2º l'action du pôle négatif croît d'abord avec le courant, et atteint ainsi plus ou moins rapidement, quelquefois d'emblée, une valeur au delà de laquelle l'accroissement devient extrêmement lent, ou même s'arrête tout à fait, ou même se change en un affaiblissement qui, dans certaines conditions, non tout à fait physiologiques, il est vrai, arrive jusqu'à une neutralisation presque complète de l'activité du courant. Chez l'homme et les mammifères, l'étude de l'influence exercée sur la sensibilité par les excitations unipolaires donne des résultats absolument inverses des précédents.

— M. *Oré* a étudié l'influence des acides sur la coagulation du sang. Ses expériences ont été faites sur des chiens. Il a injecté à ces animaux différentes doses d'acides minéraux des plus énergiques, tels que les acides sulfurique, nitrique, chlorhydrique et phosphorique. Il a injecté également du vinaigre et de l'alcool. Le résultat de ces expériences a été le même pour toutes et il a amené l'auteur à conclure que si les acides, mis en contact avec le sang dans un vase ouvert, à l'air libre, coagulent l'albumine, il n'en est plus de même quand on les injecte directement dans le torrent circulatoire ; il en est de même de l'alcool. En outre, la plupart des substances insolubles dans l'eau, cessant de l'être en présence des acides et de l'alcool, pourront être injectées, sans déterminer aucun accident de coagulation, après avoir subi l'action de ces derniers.

Société d'anthropologie de Paris. — Avril a juillet 1875.

Le canon humain. — Le cimetière de Caranda. — Crâne de microcéphale. — Anthropologie de l'île de Timor. — Les métis australiens. — Les systèmes de parenté. — Classification des bruits articulés. — Instructions craniométriques. — Institut anthropologique.

M. Rochet, qui en sa qualité d'artiste-statuaire s'est longtemps préoccupé des proportions du corps humain, lit un mémoire sur les lois géométriques de la forme extérieure du corps. Le canon qu'il reconnaît comme le plus parfait de tous, est le canon des Grecs, celui des huit têtes ; et selon lui, tout homme qui n'est pas ainsi constitué, c'est-à-dire ne peut offrir cette division par huit, est ou mal conformé, ou pèche par défaut de taille. M. Rochet me paraît aller plus loin encore, puisqu'il adopte un prototype humain, dont la hauteur serait de $1^m,74$ pour les hommes, et de $1^m,65$ pour les femmes. Mais s'il est de toute évidence que la moyenne de la taille n'est pas la même chez toutes les races, même chez celles qui sont plus petites, la plupart sont dans ce cas, la division par huit peut être conservée et par conséquent la proportion harmonique aussi parfaite que dans les races de taille élevée. Cependant il ne faut pas oublier que chaque artiste, ou plutôt que chaque école a cru devoir se servir d'un canon spécial, et qu'il est fort difficile aujourd'hui d'établir quel est le meilleur.

M. Mierzejewski a eu l'occasion d'étudier un microcéphale dont il donne les particularités anatomiques, celles du cerveau surtout qui ne pesait que 369 grammes. C'est assurément l'un des plus petits que l'on connaisse. Le sujet, âgé de cinquante ans, mesurait $1^m,54$, et son intelligence ainsi que son langage ne dépassèrent jamais les facultés d'un enfant d'un an et demi. Les organes des sens ne présentaient aucune anomalie, à l'exception du goût et de l'odorat qui étaient émoussés. Il y avait un arrêt de développement, comme on peut le présumer, dans la plupart des parties du cerveau.

M. G. Millescamps a répondu aux observations de M. de Mortillet sur les silex du cimetière de Caranda, dont notre dernier compte rendu fait mention. Ces deux archéologues sont d'accord sur un seul point, à savoir : que les silex taillés des sépultures de Caranda sont en grande partie des amulettes ou des objets placés à ce titre dans les tombes, mais ils diffèrent sur les autres détails. D'après M. Millescamps, il faudrait reconnaître : 1º que les instruments de pierre trouvés à Caranda ont été travaillés par ceux qui les ont déposés dans les sépultures ; 2º que ce n'est pas exceptionnellement, mais fréquemment au contraire que des silex ont été trouvés en abondance dans les tombes mérovingiennes ; 3º que l'usage des armes de pierre a continué assez longtemps encore après la découverte des métaux. Il est bien certain que cette croyance de M. Millescamps n'a rien qui choque la vraisemblance. Nous avons vu des diligences longtemps après l'usage des chemins de fer ; l'usage de travailler le métal n'a pas fait tomber tout d'un coup, partout et à la même heure, l'usage de tailler la pierre, mais M. de Mortellet n'est pas aisé à convaincre, et il demande que son contradicteur lui fournisse la preuve que les silex de Caranda ont bien été taillés à l'époque mérovingienne.

M. Broca a fait à la Société deux communications bien intéressantes : l'une sur un ancien crâne canarien présentant une double perforation congénitale et symétrique, chacune d'elles se trouvant sur les deux pariétaux ; l'autre, sur les accidents produits par la pratique des déformations artificielles du crâne.

M. Ed. Dupouy, qui a voyagé en Océanie, apporte à la Société une nouvelle consolante. Pendant que toutes les peuplades océaniennes vont diminuant chaque jour, de manière à faire croire à leur extinction prochaine, la population des îles Wallis augmente depuis 1857, d'après des relevés exacts dus au père Padel. M. Dupouy donne d'intéressants détails sur cette population, et il serait utile qu'il les complétât.

M. Hamy a étudié avec beaucoup de soins les races noires de l'île de Timor. Il résultait bien des descriptions des voyageurs que l'on pouvait constater la présence dans cette île de deux races différentes. L'une occupant le centre et la partie portugaise de Timor, très-voisine des Aëtas, fait partie du grand groupe négrito. L'autre, que l'on peut trouver dans la région occidentale, serait apparentée aux nègres papouas. M. Hamy avait confirmé cette donnée par l'examen de deux crânes du Muséum, provenant de l'intérieur de l'île. D'un examen approfondi, il résulte que l'un de ces crânes tient par ses caractères tout à la fois du Papoua et du Malais, et que l'autre est un véritable crâne négrito. Il y a donc une parfaite concordance entre les conclusions de l'ethnologie et de la crâniologie. D'autre part, l'étude de la race négrito offre un grand attrait, puisqu'il s'agirait de reconstituer le peuple primitif de l'Asie, dont les débris sont aujourd'hui dispersés de l'Himalaya aux Mariannes et du Japon à Timor.

M. Topinard revient sur une de ses études favorites, celle des métis australiens. Jusqu'alors il faut bien le dire, l'on ne croyait plus à ces métis d'Européens et d'Australiens, la chose était jugée, il y avait *incompatibilité d'humeur !* Mais il résulte de renseignements plus précis, de communications plus directes, émanant du consul de France, que ces métis sont visibles partout, dans les villes comme dans les campagnes, et qu'il y en a beaucoup. Dans quelles limites seront-ils féconds ? l'avenir nous l'apprendra. Les conclusions si affirmatives de notre collègue devaient soulever une tempête. MM. Dally et Sanson demeurent d'une opinion contraire à la sienne et demandent des preuves, sinon vivantes, du moins représentées à l'aide de dessins ou de pièces anatomiques. M. de Quatrefages, sans partager complétement la conviction de M. Topnard, lui apporte l'exemple de certaines races animales, et celui-ci répondant à tous, affirme qu'une race intermédiaire peut toujours, le temps et les circonstances aidant, se produire entre deux races aussi éloignées que toutes celles que nous connaissons aujourd'hui.

L'ouvrage peu connu de M. Morgan sur la consanguinité et l'affinité de la famille humaine a donné lieu à un intéressant rapport de M Ploix, que nous croyons utile de résumer. M. Morgan a cru pouvoir rattacher les différents systèmes de parenté des sociétés humaines à deux types bien distincts. L'un qui est le nôtre, porte dans son livre le nom de système descriptif ; on le retrouve dans toutes les races qui parlent une langue aryenne et sémitique, et aussi chez les Finnois, les Magyars, les Turcs. Le second, qu'il nomme classificateur, se retrouverait chez tous les autres peuples. Dans celui-ci, les noms donnés aux parents ne correspondent plus aux degrés de parenté, tels que nous sommes habitués à les concevoir ; on appelle du même nom le père et les frères du frère, la mère et les sœurs de la mère ; le plus souvent au contraire, on désigne par des noms particuliers les sœurs du père et les frères de la mère, que nous pouvons alors considérer comme des oncles et des tantes. Suivant que la personne qui parle est du sexe masculin ou du féminin, elle est diversement parente des personnes également distantes dans l'arbre généalogique. Ainsi pour un homme, les enfants de ses frères sont ses enfants, les enfants de ses sœurs sont ses neveux. C'est l'inverse pour la femme, et M. Morgan s'efforce de rapprocher les peuples qui ont les systèmes de parenté identique, et prétend en conclure leur commune origine, par exemple, des peuplades de l'Amérique du Nord et de l'Inde. Mais tout en reconnaissant la valeur des matériaux réunis par M. Morgan

sur la question, M. Ploix ne peut en admettre la conclusion. L'état du système de parenté dans une nation dépend de son état de civilisation. L'organisation de la famille est sujette comme tous les autres phénomènes sociaux à un développement régulier. Les peuples moins civilisés ont encore le système classificateur, tandis que les races plus avancées ne reconnaissent que le système descriptif, mais il n'y a aucune impossibilité à admettre que l'on a passé insensiblement d'un système à l'autre. Il faut supposer qu'à l'origine les termes de parenté que nous employons n'avaient pas le sens que nous leur attribuons aujourd'hui, que si l'on désignait du même nom le père et les frères de son père, c'est que le mot qui était employé n'avait pas le sens de *genitor*. C'est là un fait facile à vérifier si l'on veut seulement considérer les nombreux et différents emplois du mot *pater* dans la langue latine. On peut retrouver aussi chez les Romains, qui cependant avaient le système descriptif, des traces d'un ancien système classificateur. Ainsi les oncles et tantes portaient des noms distincts suivant qu'ils étaient parents du père et de la mère. Les noms de l'oncle paternel et de la tante maternelle, *patruus matertera*, assez semblables à *pater* et *mater*, feront rappeler l'époque où on devait les appeler du même nom que le père et la mère. Au contraire, l'oncle maternel et la tante paternelle ont des noms provenant de races différentes.

La grotte de Gourdan, bien connue des archéologues, grâce aux recherches patientes et fructueuses de son habile explorateur, M. Piette, continue de fournir les spécimens les plus curieux de l'art et de l'industrie des populations préhistoriques de la France. L'auteur se propose de publier plus tard un travail d'ensemble sur ces fouilles si intéressantes, qui ont fait l'admiration du public de nos dernières expositions.

M. Coudereau ébauche devant la Société un essai de classification des bruits articulés, essai basé, bien entendu, sur l'anatomie. De là vers un alphabet universel, il n'y a pas loin, en tant que l'on veuille se borner à rendre faciles aux voyageurs les meilleurs moyens d'étudier la prononciation et par suite la langue des indigènes qu'ils visitent. La Société, qui compte dans son sein des linguistes distingués, a nommé une commission pour étudier cette question controversée d'un alphabet physiologique.

M. Broca a lu un travail fort important pour la Société, puisqu'il s'agit des instructions crâniométriques destinées à compléter celles déjà publiées par la Société. L'on sait que les traités d'anatomie n'ont pas dû être rédigés jusqu'à ce jour pour des anthropologistes, d'où l'absence de certains renseignements indispensables, en même temps qu'une surabondance de détails dont les personnes étrangères à la médecine seraient embarrassées. Les instructions doivent remédier à ce double inconvénient. La commission nommée à cet effet propose à cette occasion l'emploi de noms nouveaux, qu'il a fallu créer pour désigner des parties qui n'en avaient pas encore, ou pour modifier d'autres désignations trop ambiguës. Ces instructions seront publiées dans les mémoires de la Société.

CHRONIQUE SCIENTIFIQUE

On lit dans le *Journal officiel* du 30 octobre 1875 :
A la suite des faits qui s'étaient passés à l'Ecole normale primaire d'Auteuil, M. le ministre de l'instruction publique a institué une commission chargée de procéder à une enquête administrative sur la situation de ladite Ecole. Cette commission était composée ainsi qu'il suit : M. Jourdain, secrétaire général du ministère ; M. Mourier, vice-recteur de l'Académie de Paris ; M. Berthelin, conseiller à la cour de cassation, président de la commission de surveillance de l'Ecole normale d'Auteuil ; M. Boutan, inspecteur général de l'in-

struction publique, directeur de l'enseignement primaire; M. Gréard, inspecteur général de l'instruction publique, directeur de l'enseignement primaire de la ville de Paris et du département de la Seine ; M. Quet, M. Glachant, M. Chassang et M. Rollier, inspecteurs généraux de l'instruction publique ; M. Beuvain d'Altenheym et M. Lescœur, inspecteurs généraux de l'enseignement primaire. M. Berthelin, M. Quet, M. Chassang et M. Rollier, absents de Paris, n'ont pu prendre part aux travaux de la commission. La commission a remis à M. le ministre les procès-verbaux de ses séances et son rapport. Conformément à ses conclusions, adoptées à l'unanimité des membres présents, M. le ministre a pris, à la date du 28 de ce mois, un arrêté par lequel M. Menu de Saint-Mesmin , directeur de l'École normale d'Auteuil, mis en inactivité par décision du 30 septembre, est définitivement révoqué de ses fonctions. M. Miquel, économe de la même Ecole, est remplacé par M. Jouvion, économe du lycée de Vendôme.

— Nous recevons la lettre suivante :

Paris, le 5 novembre 1875.

Cher monsieur,

Je lis dans le numéro du 2 octobre de la *Revue scientifique*, que mon ancien collègue, M. de Broca, directeur de port à Nantes, a présenté, le 20 août de cette année, à l'Association française, un organe de pointage qu'il appelle *double guidon* et qui serait, dès à présent, adopté par l'artillerie.

M. de Broca *a trouvé de son coté*, je n'en doute pas, une disposition identique, si je ne me trompe, à celle que j'a' proposée moi-même, avec dessin à l'appui, dans la *Revue maritime et coloniale*, livraison du mois d'août 1872.

La disposition en question s'y trouve décrite à la fin de l'article : *Appareil de pointage pour les grandes portées.*

Veuillez agréer, etc.   SALICIS.

— Il vient de se produire dans la capitale du Canada, à Montréal, des troubles graves provoqués par des menées cléricales à l'occasion d'une institution scientifique de cette ville. Voici de curieux détails sur cette affaire, empruntés aux correspondances d'Amérique.

En 1844, un certain nombre d'habitants de Montréal s'associèrent pour fonder, sous le nom de « Institut canadien », une société scientifique et littéraire dont l'objet, dit le préambule de l'acte de société, sera « d'établir une bibliothèque, d'avoir des salons de lecture et d'organiser, au moyen de cours libres, un système de mutuelle et publique instruction.

Cette société comptait dès son début 500 membres et possédait déjà une bibliothèque de 2000 volumes. Sa position fut régularisée la même année par un acte d'incorporation qui lui assurait ainsi un caractère légal.

Le succès fut complet. L'institut remplissait une lacune depuis longtemps reconnue. Il facilitait la poursuite d'études et l'acquisition de connaissances fermées jusqu'alors au public. La faveur de l'opinion l'encourageait dans la voie qu'il s'était tracée, et il s'y maintenait, lorsqu'en 1858 quelques membres de l'institut déposèrent une proposition par laquelle ils demandaient qu'il fût nommé une commission pour procéder à la révision des livres de la bibliothèque et en rejeter tous ceux dont la lecture semblerait pernicieuse. Les ouvrages dangereux signalés à la vigilance de la société comprenaient naturellement ceux de Voltaire et de tous les libres penseurs ; mais, ce qui dépasse l'imagination, c'est que nos classiques les moins discutés, notre Molière par exemple, étaient mis à l'index.

· Sur cette demande, l'institut tint une assemblée générale qui rejeta la proposition à une immense majorité.

Peu de jours après le rejet, le 13 avril 1858, parut une lettre pastoral de l'évêque de Montréal. Lecture en fut donnée dans toutes les églises. L'évêque y entretenait les fidèles de ce qui s'était passé à l'institut. Louant la conduite de ceux qui avaient voulu purifier la bibliothèque des mauvais livres qu'elle recélait et blâmant sévèrement la conduite de ceux qui s'étaient opposés à cette mesure, il citait au long les décrets du concile de Trente contre ceux qui lisent ou détiennent des livres défendus par l'Eglise et menaçant des foudres ecclésiastiques les membres catholiques de l'institut canadien qui ne tiendraient pas compte de ces défenses, il ajoutait sous forme de regret en terminant : « *Il est bien à remarquer que ce n'est pas nous qui prononçons cette terrible excommunication dont il est question, mais l'Eglise, dont nous ne faisons que publier les salutaires décrets.* »

L'institut canadien ne s'alarma pas de la menace.

Sur ces entrefaites, toutefois, une circonstance particulière détermina plusieurs des membres catholiques de l'institut à en appeler à Rome des décisions de l'évêque. L'un d'eux, un des fondateurs de l'institut, un M. Guibord, se trouvant gravement malade, avait fait

venir un prêtre qui avait bien consenti à lui administrer l'onction, mais s'était refusé à l'admettre à la communion, tant qu'il n'aurait pas fait acte d'obéissance aux ordres de l'évêque en se retirant de l'institut.

M. Guibord n'avait pas voulu y consentir, mais, revenu à la santé, il s'était adressé, de concert avec plusieurs de ses collègues catholiques, à la cour de Rome.

Leur requête, envoyée en 1862, resta sans réponse jusqu'en 1869. A cette époque seulement, une lettre-circulaire de l'évêque de Montréal, datée de Rome du 16 juillet, fit connaître la décision du saint-office. Elle enjoignit aux catholiques de l'institut de s'en retirer, *tant qu'il y serait enseigné des doctrines pernicieuses*, et elle défendait de publier, de conserver ou de lire l'annuaire de 1868 publié par l'institut canadien.

En recevant cette lettre-circulaire, l'institut tint une assemblée générale, et les résolutions suivantes y furent adoptées :

« 1° L'institut canadien, fondé dans un but purement scientifique et littéraire, n'a aucune espèce d'enseignement doctrinaire, et exclut avec soin tout enseignement de doctrines pernicieuses dans son sein ;

» 2° Les membres catholiques de l'institut canadien ayant appris la condamnation de l'annuaire de 1868 de l'institut canadien par décret de l'autorité romaine, déclarent se soumettre purement et simplement à ce décret. »

Ces témoignages de déférence ne désarmèrent pas l'évêque. Il les repoussa, terminant sa réponse datée de Rome, le 30 octobre 1869, par cette remarque :

« Tous comprendront qu'en matière si grave *il n'y a pas d'absolution à donner, pas même à l'article de la mort, à ceux qui ne voudraient pas renoncer à l'institut, qui n'a fait qu'un acte d'hypocrisie en feignant de se soumettre au saint-siége.* »

C'est dans ces circonstances que survint, le 18 novembre suivant, la mort de M. Guibord.

Sa veuve s'adressa immédiatement au curé et aux marguilliers de la paroisse pour que son mari fût inhumé dans le cimetière catholique. Ils refusèrent de le permettre, déclarant que, d'après les ordres de l'évêché, le corps de M. Guibord ne serait enterré que dans un terrain contigu au cimetière et réservé *aux suppliciés.*

Mme Guibord repoussa avec indignation l'insulte faite à la mémoire de son mari. Elle s'adressa aux tribunaux pour triompher des résistances qu'elle rencontrait et le corps du défunt fut provisoirement déposé dans le cimetière protestant. Ce procès, commencé en novembre 1869, fut terminé seulement en novembre 1874. Il a parcouru quatre degrés de juridiction. En lisant les décisions qui se sont succédées, on se trouve transporté dans un monde d'idées tellement étrangères à notre siècle, qu'il semble qu'on évoque à plaisir des choses d'un autre âge.

Il n'y a que l'Angleterre où toutes les vieilles traditions sont précieusement conservées, qui puisse ainsi rechercher dans le passé le principe de ses décisions judiciaires. Toujours est-il que les lords du conseil privé de la reine, c'est-à-dire la plus haute juridiction du royaume, ont prononcé contre le curé et les marguilliers, défendeurs à la demande, s'appuyant sur ce qu'il n'y avait pas eu d'excommunication directe et nominale et que le vieux droit ne connaissait pas ce que le clergé canadien appelle dans son jargon français « un pécheur public », ils ont déclaré que la sépulture ne pouvait être refusée, parce qu'autrement ce serait donner aux évêques le droit absolu de décider, selon leur bon plaisir, si un catholique sera ou non enterré dans le cimetière de ses coreligionnaires. Pouvoir excessif, ajoute l'arrêt, que les catholiques du Canada ne paraissent pas avoir concédé à leurs évêques.

En exécution de cette sentence, le transfert des cendres de Guibord dans le cimetière catholique a été préparé. Mais le jour des funérailles, une troupe de 500 Canadiens Français environ s'est placée à la porte du cimetière et en a fermé l'entrée. L'impunité la rendant plus audacieuse, elle a insulté, puis assailli à coups de pierres les personnes qui accompagnaient le cercueil. Après les avoir contraintes à s'éloigner, elle s'est précipitée sur le cercueil pour profaner les dépouilles mortelles qu'il renfermait. Ces violences ont été difficilement apaisées, et il est probable qu'elles se renouvelleront, les évêques de Montréal et de Toronto ayant jeté dans la population superstitieuse et ignorante de nouveaux ferments de colère. Leurs mandements affectent de vouloir apaiser les passions, mais ils les attisent en faisant de nouveaux appels à l'intolérance et aux préjugés religieux.

Le propriétaire-gérant : GERMER BAILLIÈRE.

PARIS. — IMPRIMERIE DE E. MARTINET, RUE MIGNON, 2

LA
REVUE SCIENTIFIQUE

DE LA FRANCE ET DE L'ÉTRANGER

REVUE DES COURS SCIENTIFIQUES (2ᴱ SÉRIE)

DIRECTION : MM. EUG. YUNG ET ÉM. ALGLAVE

2ᵉ SÉRIE — 5ᵉ ANNÉE   NUMÉRO 22   27 NOVEMBRE 1875

LA PSYCHOLOGIE PHYSIOLOGIQUE EN ALLEMAGNE

M. W. Wundt.

I

Nous avons essayé d'exposer ici même les travaux de M. Wundt sur la psychologie expérimentale (1); il nous reste, pour compléter cette étude, à examiner quelques questions d'une nature plus spéciale, qui font le sujet des *Esquisses de psychologie physiologique* (2), important ouvrage que l'auteur a récemment publié.

Ce titre à lui seul, dit M. Wundt, nous montre qu'on a cherché à combiner deux sciences qui, quoiqu'elles aient pour but un seul et même objet, la vie chez l'homme, ont cependant suivi pendant longtemps des routes différentes. La physiologie explique les phénomènes biologiques qui sont perçus par les sens externes. La psychologie examine l'homme *du dedans* et cherche à expliquer les rapports de ces phénomènes que donne l'observation intérieure. Mais si différentes que puissent paraître, au fond, notre vie interne et notre vie externe, il y a entre elles de nombreux points de contact; car l'expérience interne est à chaque instant influencée par les agents extérieurs, et d'un autre côté nos états internes réagissent sur le cours de l'expérience interne. Il y a ainsi un ensemble de faits vitaux, accessibles à la fois à l'expérience du dedans et à celle du dehors. Entre le domaine de la physiologie et celui de la psychologie, ils constituent un domaine intermédiaire qui peut être l'objet d'une science spéciale.

Que se propose au juste cette science? 1° Elle étudie, par le moyen d'une double méthode d'observation, ces phéno-

---

mènes biologiques de nature mixte dont nous venons de parler; 2° appuyée sur les résultats de ces recherches, elle essaie d'éclairer par eux tout le domaine des faits vitaux et d'arriver ainsi à une vue d'ensemble de l'être humain.

Mais il importe de bien remarquer, avant tout, que la psychologie physiologique suit la route qui conduit du dehors au dedans. En d'autres termes, elle commence par l'étude des phénomènes physiologiques et montre quelle influence ils ont sur notre vie interne; et quant à la réaction de l'intérieur sur l'extérieur, elle ne vient qu'au second rang. «C'est, au reste, ce qu'exprime ce titre de psychologie physiologique: il montre que l'objet propre de notre science, c'est la psychologie; mais il détermine en même temps notre point de vue qui est physiologique.» L'observation intérieure doit, d'ailleurs, accompagner pas à pas les méthodes de la physiologie expérimentale, et c'est de l'application de ces méthodes à des faits qui semblaient complétement s'y soustraire que sont nées, dans ces derniers temps, les études psycho-physiques qui forment comme une branche propre des recherches expérimentales. En sorte que si c'est à la méthode qu'on attache le plus d'importance, notre science pourra être distinguée, à titre de psychologie *expérimentale*, de la psychologie ordinaire fondée seulement sur l'observation de soi-même.

On pourra déterminer d'une façon encore plus précise la nature de cette science intermédiaire, en faisant remarquer que les faits biologiques, accessibles à la fois à l'observation interne et à l'observation externe, se réduisent à deux principaux, la *sensation*, fait physiologique qui est sous la dépendance immédiate de certaines conditions extérieures; le *mouvement* d'impulsion interne, fait physiologique, dont les causes en général ne peuvent être données que par le sens intime. «On peut dire que nous voyons la séparation des deux domaines, dans la sensation, du dedans, du côté psychologique; dans le mouvement, du dehors, du côté physiologique.»

La psychologie proprement dite, se place entre les sciences naturelles et les sciences morales. Elle est analogue aux premières, les faits externes et internes étant étroitement liés, soumis aux mêmes méthodes de recherche et d'explication.

---

(1) Voy. la *Revue scientifique* des 30 janvier et 6 février 1875.
(2) *Grundzüge der physiologischen Psychologie.* Leipzig, 1874, gr. in-8° de 900 pages avec 155 figures.

D'un autre côté, elle est la base des sciences morales, puisque toutes les manifestations de l'esprit humain ont pour cause dernière des faits d'expérience interne; puisque l'histoire, la science du droit et de la politique, la philosophie de la religion et de l'art, doivent se ramener à des explications psychologiques. — Mais la psychologie physiologique, par son objet même, se place évidemment dans le groupe des sciences naturelles et doit servir d'intermédiaire entre elles et les sciences morales.

On distingue communément les sciences naturelles en *descriptives* (histoire de la nature) et en *explicatives* (science de la nature). Ces deux branches sont dans un rapport de dépendance réciproque; mais il faut remarquer que moins une science est avancée, plus chez elle la description et l'explication se mêlent. C'est ainsi que la plupart des travaux de psychologie empirique appartiennent à l'histoire naturelle de l'âme. Les travaux approfondis, faits dans ces derniers temps, pour l'interprétation psychologique de l'histoire et de l'ethnographie, appartiennent au même domaine, quoique dans un sens plus large. Car la psychologie des peuples s'occupe de phénomènes si complexes, qu'ils ne peuvent être éclaircis que par les faits et les lois de la conscience individuelle : or, c'est là, avant tout, un travail de classification appartenant au genre descriptif. — Tout au contraire, les recherches de la psychologie physiologique appartiennent à la science naturelle de l'âme. Tout leur effet tend à trouver les faits psychiques élémentaires, en partant des faits physiologiques avec lesquels ils sont en connexion. Le point de vue de notre science n'est pas celui de l'expérience interne; elle part au contraire du dehors pour chercher à pénétrer au dedans, et pour cela elle emploie les moyens propres à la science naturelle : *la méthode expérimentale*. A la vérité, l'emploi de cette méthode n'est possible que dans le domaine psycho-physique, et l'on peut dire pour parler exactement, qu'il y a des expériences psychophysiques, mais pas d'expériences purement psychologiques. Cependant, comme cette méthode consiste à faire varier les conditions extérieures qui sont liées à la production des phénomènes internes, il s'ensuit que par elle nous avons quelque ouverture sur ces phénomènes internes; qu'en ce sens toute expérience psychophysique est en même temps une expérience psychologique; bref que, dans ces limites une psychologie expérimentale est possible.

M. Wundt s'est attaché à montrer comment la psychologie ordinaire brouille ces deux méthodes — descriptive et explicative, — en s'adonnant toutefois presque exclusivement à la première, et en s'appuyant sur des préconceptions du sens commun, antérieures à toute science. L'esprit humain, dit-il, ne peut grouper ses expériences sans y mêler des spéculations. Les premiers résultats de cette réflexion naturelle s'expriment dans le langage. Dans tout le champ de l'expérience humaine, il y a donc, avant que la science en prenne possession, certaines idées, fruit de la réflexion primitive. C'est ainsi que dans le domaine de l'expérience externe, nous trouvons les idées de chaleur et de lumière, nées des données de nos sens. La physique actuelle ramène ces deux idées à celle du mouvement. Mais elle n'aurait pu atteindre son but, si préalablement elle n'avait trouvé ces concepts tout formés par le sens commun, lui permettant de commencer sa tâche. Il en est de même pour ces idées d'âme, esprit, raison, entendement, etc., qui existaient avant toute psychologie scientifique. Elles sont aussi le résultat de la réflexion spontanée s'appliquant aux faits d'expérience interne. Elles rendent possible la recherche scientifique; mais leur valeur réelle est loin d'être fixée.

Nous ne pouvons suivre M. Wundt dans l'étude détaillée et instructive qu'il fait de ces diverses idées (p. 9-20) de leur origine et de leurs variations. Ce qu'il dit des « facultés de l'âme » suffit à montrer que la méthode de la psychologie ordinaire consiste en une classification (supposant une description préalable) qui n'est guère fondée que sur les données du sens commun, à laquelle on ajoute quelques essais non justifiés d'explication. Si nous prenons les idées de sensibilité, raison, entendement, etc., nous trouvons que le langage nous fournit une classification des faits internes, qu', dans certaines limites, serait difficilement attaquée. « Mais la définition précise de ces idées et leur arrangement systématique est complétement œuvre de science. Vraisemblablement, à l'origine, les facultés de l'âme ont désigné non-seulement des portions différentes de l'expérience interne, mais des êtres réellement différents, dont le rapport avec cet être général qu'on appelait âme ou esprit n'offrait aucune idée nette ». Sans remonter si loin, il est certain que cette conception mythologique se retrouve dans la science récente. Elle consiste dans cette idée de force qu'on a introduite à propos des facultés de l'âme. Dès lors, ces trois termes sont considérés non plus seulement comme des manières de classer certains phénomènes, ce qu'ils sont en effet; mais comme des forces qui produisent les phénomènes particuliers. L'entendement est la force par laquelle nous apercevons la vérité; la mémoire est la force qui conserve les idées pour l'avenir. etc., etc. Ainsi, dès le début, dès le premier travail qui forme ces idées psychologiques, se rencontre ce mélange de classification et d'explication qui est le défaut habituel de la psychologie empirique. Cette remarque générale que les « facultés de l'âme » sont des idées de classe qui appartiennent à la psychologie descriptive nous débarrasse de la nécessité d'en rechercher ici la valeur. En fait, on conçoit une science naturelle des faits internes qui ne parlerait aucunement de sensibilité, de raison, de mémoire, etc. Car, immédiatement, dans notre sens intime, nous ne trouvons que des idées, des sentiments, des désirs particuliers. Et ce n'est qu'après une analyse de ces phénomènes élémentaires, qu'on peut connaître la signification réelle de ces termes qui désignent des classes.

II

Après cette introduction, nous entrons dans une étude détaillée du système nerveux qui tient environ un tiers de l'ouvrage.

L'importance de ce système apparaît dès la période embryonnaire. Après que les premiers phénomènes du développement de l'œuf fécondé ont eu lieu (disparition de la vésicule germinative, segmentation du vitellus, formation du blastoderme), l'aire germinative se divise en deux et bientôt trois couches, dont l'une, le feuillet externe, donnera naissance au système nerveux central, aux organes des sens et à l'épiderme. Puis se dessine la ligne primitive avec ses renflements latéraux, qui sont des épaississements du feuillet externe et du feuillet moyen. Ces renflements, en se soulevant, forment d'abord une gouttière autour de la ligne primitive ; les bords internes de cette gouttière se rapprochent et donnent naissance au canal médullaire, au-dessous duquel se forme la *corde dorsale*. Celle-ci sert de centre de formation aux corps vertébraux, aux lames dorsales, bref au développement ultérieur de l'embryon.

A la vérité, remarque M. Wundt, le système vasculaire et le système conjonctif forment aussi, chacun pour sa part, un tout qui correspond à la forme du corps de l'animal. « Mais, tandis que le système nerveux donne un *type* du corps, les deux autres systèmes n'en donnent qu'une *copie*; puisque les vaisseaux et la substance conjonctive se développent dans ces formes que la partie animale du germe a produite (1). » Ces deux systèmes sont sous l'influence des organes de la vie animale. Partout où les cellules nerveuses sont en grande masse, le développement des vaisseaux sanguins et du tissu conjonctif qui les entoure est plus prompt. Le cerveau, la moelle épinière, l'œil, l'oreille, déterminent par leur propre accroissement la forme de la boîte osseuse qui les contient. Les muscles produisent la forme des articulations et du squelette, avec ses tendons et ses ligaments. « Ainsi, du système nerveux central, sortent en partie immédiatement, en partie médiatement, toute la série des phénomènes de développement et de conformation. Il est le *primum movens* de tous les faits vitaux. »

Étudié dans ses éléments constitutifs, il se réduit à trois choses : les cellules, les nerfs et la névroglie qui leur sert de support, et que l'on considère en général comme un tissu conjonctif. M. Wundt résume d'après Kölliker, Max Schultze, Deiters, etc., ce que l'on sait de l'histologie et de l'histochimie du système nerveux. Puis il passe de l'étude élémentaire à la morphologie et à l'anatomie descriptive de l'axe cérébrospinal. Cette partie, quoique faite spécialement au point de vue de l'homme, est constamment éclairée par l'anatomie comparée des autres vertébrés. Elle se termine par des recherches intéressantes sur les causes probables qui déterminent le dessin des circonvolutions cérébrales et sur la loi qui préside à leur production.

Sans insister sur ce point, nous nous arrêterons plus longtemps avec l'auteur sur une autre question anatomique, importante pour notre sujet : le trajet probable des nerfs moteurs et sensitifs dans l'encéphale.

La seule considération des éléments du système nerveux donne à soupçonner que l'encéphale forme un système de filets conducteurs : et c'est ce que l'examen anatomique confirme. Il nous apprend que les nerfs venant des organes extérieurs, et reliés entre eux par des masses de substance grise, suivent une direction ascendante à travers les cordons de la moelle, les pédoncules, la couronne de Reil (*Stabkranz*), pour venir aboutir à la couche corticale du cerveau ; la connexion des deux hémisphères étant d'ailleurs indiquée par les commissures.

Lorsqu'il se produit une excitation, elle se transmet par les nerfs. Cette transmission a lieu, comme on le sait, soit de la périphérie au centre, soit des organes centraux aux

parties périphériques. L'effet physiologique de l'excitation centripète, lorsqu'elle parvient à la conscience, c'est la sensation : aussi les nerfs centripètes sont-ils appelés *sensoriels*. L'excitation centrifuge a des effets physiologiques divers : mouvement des muscles striés, des muscles lisses, sécrétions glandulaires ou parenchymateuses, action trophiques, etc. Mais on ne s'occupera, dans ce qui va suivre, que des nerfs *moteurs* : ce groupe étant de beaucoup le plus important, et en tout cas le seul qui offre un intérêt psychologique.

La transmission d'une excitation peut avoir lieu de plusieurs manières : 1° La plus simple est celle qui suit une série ininterrompue de filets nerveux ; 2° quand la série des filets nerveux est interrompue par la substance grise, la transmission est plus compliquée. En effet, il peut y avoir non-seulement des ramifications et des changements de direction ; mais même, l'expérience nous l'apprend, le résultat final de l'excitation peut être complétement changé par suite de l'action des cellules nerveuses, action qui vient soit de la nature même de la cellule, soit de ce qu'elle met en communication des filets nerveux différents ; 3° enfin, quand par suite de l'intercalation de la substance grise il se produit un embranchement, une question se pose : quelle est la voie de transmission ordinaire (l'excitation étant modérée); quelles sont les voies fréquentes, suivies peut-être quand l'excitation est intense ou extraordinaire ?

En un mot, il y a lieu de distinguer une route principale, des routes secondaires et des embranchements.

Les recherches suivantes s'appuient sur un principe qui, seul, les rend possibles. Le voici : toute excitation transmise suit *isolément* sa route, sans dévier par des routes voisines. Ce principe, qu'on appelle la *loi de la transmission isolée*, repose sur ce fait que l'excitation, dans les cas d'excitabilité normale, reste, en général, localisée d'une manière précise sur un point de la périphérie, produit une sensation nettement délimitée ; l'impulsion volontaire ayant pour but un mouvement déterminé produit une contraction musculaire circonscrite.

Dans cette étude, l'anatomie et la physiologie doivent nous servir à la fois de guide. Cependant, comme la transmission nerveuse est un fait physiologique, c'est la physiologie qui doit donner les raisons décisives. En s'appuyant sur ces deux sciences, M. Wundt propose divers résultats dont voici le résumé (1) :

Moelle épinière. — Les racines sensitives et motrices entrent dans la substance grise, chacune par une route distincte, et là elles se divisent en plusieurs routes : La route principale, pour la direction motrice comme pour la direction sensitive, revient immédiatement de la substance grise aux cordons blancs de la moelle : de là, les filets nerveux se dirigent vers en haut, une partie sans se croiser, une partie en se croisant ; le premier cas étant principalement celui de la direction motrice et le second celui de la direction sensitive. — Outre cette route principale, il y en a deux secondaires : 1° celle qui unit les filets sensitifs aux filets moteurs ; elle sert aux réflexes ; 2° une autre qui pénètre plus avant dans la substance grise et qui produit régulièrement les actions sympa-

---

(1) Nous avons vu que le feuillet externe ou *animal* donne naissance au système nerveux : c'est du feuillet moyen que sortent le système vasculaire et le système conjonctif. Pour cette partie, Wundt s'est appuyé sur les travaux de His : *Unters. über die erste Anlage des Wirbelthierleibes.*

(1) Chapitre IV, en particulier, p. 164-168

thiques, quand l'excitation est intense : en outre, quand la route principale de transmission est supprimée, elle la supplée. — Il y a de plus des ramifications qui unissent la grande route motrice à la grande route sensorielle. — Toutes ces routes se dirigent vers le cerveau : la route principale directement, les routes secondaires après beaucoup de détours dans la substance grise. Il est très-vraisemblable que ces routes, principale et secondaires, s'anastomosent dans le bulbe, de façon à se réduire à deux routes principales, l'une sensitive, l'autre motrice.

Bulbe et encéphale. — Les directions nerveuses ramenées ainsi à deux routes principales, lors de leur entrée dans le cerveau, se subdivisent de nouveau en divers embranchements. L'organe où cette subdivision a principalement lieu est la moelle allongée.

La direction motrice principale se divise en deux :

1° La direction *purement motrice du pied du pédoncule* qui n'entre nulle part en communication avec les nerfs sensoriels et qui subit elle-même deux subdivisions : (*a*) l'une qui se rend directement à la couche corticale des hémisphères cérébraux ; (*b*) l'autre qui se rend tout d'abord au corps strié et au noyau lenticulaire (1), où vraisemblablement a lieu la réunion des diverses directions motrices ; ensuite à la couche corticale. En somme, la route motrice principale vient finir principalement dans la région *antérieure* du cerveau.

2° La seconde direction motrice consiste en trois embranchements : (*a*) le premier forme le ruban de Reil (*Schleife*) et passe dans les tubercules quadrijumeaux. (*b*) Le second entre dans la calotte du pédoncule et se rend à la couche optique. Ces deux embranchements entrent en rapport avec des nerfs sensitifs. (*c*) Le troisième commence dans la couche corticale du cervelet, dans les cellules duquel il s'unit à des filets sensitifs ; il s'attache au pied du pédoncule, pour finir avec 'épanouissement de celui-ci dans la province purement motrice de l'écorce cérébrale.

Passons maintenant à la direction des nerfs *sensitifs*.

La marche de ceux-ci se distingue essentiellement de celle des nerfs moteurs en ce qu'il n'y en a qu'une petite partie qui aille directement aux couches corticales. La plus grande partie se fractionne en ramifications qui s'unissent, dans diverses parties du cerveau, aux ramifications motrices.

La route sensorielle allant directement à la couche corticale, en tant qu'elle est un prolongement des filets de la moelle épinière, forme vraisemblablement la partie supérieure de l'entrecroisement des pyramides, se dirige par le pied du pédoncule vers en haut, et va finalement s'épanouir dans le lobe occipital.

Il y a encore deux nerfs qui se rendent directement à la couche corticale : le nerf optique, en partie aux lobes occipitaux, en partie aux lobes temporaux ; et le nerf olfactif à la corne d'Ammon, à l'ergot de Morand et en outre probablement au cerveau occipital. La terminaison centrale du nerf acoustique est encore inconnue.

Quant à ces embranchements de la route sensitive qui tout d'abord se mettent dans les organes centraux en rapport avec les éléments moteurs, voici ce qu'on en peut dire : 1° Le premier se détourne vers le cervelet et, comme nous l'avons dit plus haut, s'unit à une branche motrice (II, *c*) ;

2° le deuxième va dans les tubercules quadrijumeaux ; ce sont les filets centraux du nerf optique qui, dans ces ganglions, entrent en rapport avec les filets centraux des muscles de l'œil, ainsi qu'avec les éléments moteurs du ruban de Reil ; 3° le troisième forme une partie de la calotte du pédoncule, entre dans les couches optiques où il se met de même en rapport avec les routes motrices passant par la calotte (II, *b*) ; 4° le quatrième enfin, celui du nerf olfactif, s'unit dans la masse ganglionnaire de la tête des corps striés avec une branche motrice qui, probablement, passe de même par la calotte.

En résumé, trois subdivisions principales dans la route sensitive considérée quant à ses points de terminaison : la première va directement à la couche corticale du cerveau ; la seconde à la couche corticale du cervelet et entre en rapport avec des nerfs moteurs ; la troisième va aux ganglions cérébraux (tubercules quadrijumeaux, couche optique, tête du corps strié) et s'unit également à des ramifications motrices. « Dans l'écorce du cervelet, toute la surface sensible du corps, d'une part, et tout le domaine de l'innervation motrice centrale, d'autre part, paraissent être représentés ; il y a en outre des connexions avec la couche optique et les tubercules quadrijumeaux. Il n'en est pas de même pour les autres ganglions cérébraux, semi-sensoriels, semi-moteurs. Chacun d'eux est adjoint à une partie de la surface sensible, en sorte que pris tous ensemble, ils en représentent la totalité. C'est ainsi que les tubercules paraissent répondre à la vision, la tête du corps strié à l'olfaction, la couche optique à la superficie sensible de la peau. »

- Si l'on veut aussi distinguer pour les nerfs sensitifs une route principale et des embranchements, on appellera route principale celle qui va directement à l'écorce cérébrale, et l'on distinguera deux embranchements. Le premier allant aux divers ganglions cérébraux et de là à la couche corticale. Le second allant au cervelet, qui paraît servir d'intermédiaire entre chaque région sensitive et les centres d'innervation motrice de l'écorce cérébrale.

Ce résultat anatomique, *que les voies motrices se terminent principalement dans les parties antérieures des couches corticales et les voies sensitives dans les parties postérieures*, est corroboré par des observations remarquables. M. Wundt cite à ce sujet les expérience de Fritsch et Hitzig sur les localisations cérébrales (1).

III

Ceci nous conduit à la physiologie. Il ne suffit pas, en effet, d'étudier la question des nerfs moteurs et sensitifs et leurs connexions, il faut encore connaître l'influence exercée par la substance des ganglions centraux sur les filets nerveux

---

(1) Noyau extra-ventriculaire des anatomistes français.

(1) Depuis la publication de l'ouvrage de Wundt, cette question a été fort étudiée, en Angleterre, par Ferrier ; en France, par MM. Carville et Duret (*Archives de physiologie*, 1875), et par le docteur R. Lépine dans sa thèse d'agrégation *Sur les localisations cérébrales*. Nous ne saurions trop appeler l'attention sur la conclusion auxquelles semblent conduire ces recherches : localisation du centre moteur dans les régions antérieures du cerveau ; localisation des centres sensitifs dans les régions postérieures.

qui y aboutissent. L'étude de cette fonction des parties centrales s'appuie sur l'observation et l'expérience.

Cette fonction, sous sa forme la plus simple, constitue l'*action réflexe* qui présente, dans la moelle épinière, un caractère remarquable d'uniformité. C'est que la moelle, dans toute sa longeur, présente aussi un caractère uniforme en ce qui concerne l'origine de ses nerfs. Au contraire, les réflexes du bulbe sont plus compliqués. M. Wundt les passe en revue, ainsi que les excitations automatiques des parties antérieures du cerveau. Nous ne nous y arrêterons pas pour réserver plus de place à la physiologie du cerveau.

Les tubercules quadrijumeaux (bijumeaux des vertébrés inférieurs), comme nous l'a déjà montré l'étude anatomique, sont, avec les corps genouillés, l'organe central de la vision ; la paire antérieure étant spécialement consacrée aux fonctions sensorielles, les deux paires paraissant se partager les fonctions motrices. Chez les animaux auxquels on a enlevé toutes les parties du cerveau situées en avant des tubercules, il arrive que non-seulement les excitations lumineuses amènent des réflexes de la pupille et des muscles de l'œil, mais leur façon d'agir montre que ces animaux sont déterminés dans leurs mouvements par les excitations lumineuses. Ainsi les oiseaux et mammifères ainsi opérés suivent avec la tête les mouvements d'une bougie allumée. On en conclut que le centre visuel des tubercules détermine, dans l'exercice de leurs fonctions, non-seulement les muscles de l'œil, mais aussi les muscles de la locomotion. Cela s'accorde avec ce fait que, par le ruban de Reil, une portion des cordons antérieurs de la moelle épinière se termine dans la masse grise de cette partie centrale. Par suite, nous ne pouvons guère douter que le mécanisme qui fait que notre organe visuel met notre appareil musculaire en mouvement a son siége dans les tubercules quadrijumeaux.

Bien moins déterminés sont les phénomènes consécutifs aux lésions de la couche optique. M. Wundt expose les diverses opinions émises sur ce sujet, en particulier celles de Luys qui la considère comme un *sensorium commune* (1). Si on lèse les régions superficielles de la couche optique, en respectant les parties du pédoncule situées au-dessous, il n'y a ni signes de douleur ni contraction musculaire. On n'en peut pas conclure, cependant, que les routes sensorielles et motrices n'aboutissent pas à la couche optique ; car dès que la lésion, pénétrant plus avant, va jusqu'aux pédoncules, il y a douleurs et contractions. « Il en faut conclure que les faisceaux sensoriels et moteurs aboutissant à la couche optique changent leur excitabilité. En fait, les phénomènes consécutifs à la lésion nous montrent qu'il doit y avoir au moins, dans cet organe, des points terminaux des routes motrices. A la suite d'une pareille lésion, les mouvements de locomotion sont troublés et l'animal, en voulant aller devant lui, décrit un mouvement de manége. Si la lésion porte sur le tiers postérieur d'une des couches optiques, l'animal tourne du côté de l'hémisphère intact ; si la lésion est faite plus en avant, il tourne du côté lésé. Les expériences de Schiff sur ce point ont montré que les troubles de la locomotion dérivent d'un changement dans l'état de tension des muscles. Sur la cause de ce changement, les observateurs sont parta-

gés. Les uns l'attribuent à la durée des excitations (Schiff) ; d'autres à une paralysie de l'influx volontaire (Brown-Séquard), opinion qui paraît beaucoup plus plausible à M. Wundt. Mais si ces faits peuvent, d'une manière générale, être rapportés à une paralysie, il ne s'ensuit pas que ce soit une paralysie de l'influx volontaire. Car, en dépit des lésions du mouvement, la volonté continue d'influer sur les muscles, tant que les parties du cerveau, en avant des couches optiques, ne sont pas enlevées. Au contraire, beaucoup d'animaux, par exemple les lapins, privés des lobes cérébraux et des corps striés, produisent des mouvements de fuite coordonnés si l'on excite leur peau ; sans cette excitation, d'ailleurs, ils restent immobiles. Ces faits et d'autres analogues montrent « que les couches optiques ne sont pas le centre collecteur des impulsions volontaires pour les muscles, mais qu'ils sont le centre de ces mouvements de locomotion qui peuvent fonctionner indépendamment de la volonté, quoique celle-ci les emploie aussi à son usage. Il y a tout d'abord les impressions tactiles qui agissent sur les excitations motrices partant de la couche optique. Dans cet organe a donc lieu une transformation des excitations sensorielles en mouvements musculaires combinés ; bref, une sorte de réfléxe coordonné. Il existe le même rapport entre les couches optiques et la surface sentante de la peau, qu'entre les tubercules quadrijumeaux et l'organe visuel. *La couche optique est le centre qui produit la liaison fonctionnelle des mouvements de locomotion avec les sensations tactiles.* Ce résultat physiologique s'accorde très-bien avec les données anatomiques, puisque dans la couche optique aboutissent des ramifications motrices et sensorielles : la calotte des pédoncules étant une prolongation des cordons de la moelle, ces ramifications répondent à l'enveloppe totale du corps et aux muscles de la locomotion. Cette analogie de la couche optique avec les tubercules quadrijumeaux ne paraît incomplète que sous un seul rapport. Les animaux privés de tubercules sont complétement aveugles ; les animaux dont les couches optiques sont lésées ne perdent pas la sensibilité épidermique. Cela tient probablement à la marche différente des filets sensitifs allant aux couches corticales. La partie centrale des filets optiques, qui va des noyaux des corps genouillés à l'écorce cérébrale, est si rapprochée du couple antérieur des tubercules, qu'ils peuvent toujours être séparés simultanément. Au contraire, la route directe ascendante des cordons postérieurs est complétement distincte de cette partie qui va dans la couche optique, puisque la dernière contribue à former la calotte, tandis que la première s'attache au pied du pédoncule dont elle constitue probablement le faisceau le plus extérieur. » (P. 198-199.)

On peut présumer que la partie basilaire de la tête des *corps striés* étant le lieu où aboutissent, d'une part, le faisceau olfactif central, d'autre part, les faisceaux moteurs qui traversent les pédoncules, doit avoir, pour l'organe de l'odorat, la même importance que les tubercules pour la vision, et les couches optiques pour l'organe du tact, c'est-à-dire qu'elle détermine ces mouvements du corps qui dépendent des impressions olfactives. Les filets nerveux qui relient les corps striés à la couche optique concourent peut-être au mécanisme des mouvements qui ont leur centre dans cette dernière. Mais ce ganglion olfactif, par suite de sa connexion intime avec les autres ganglions du pied des pédoncules, n'a pas encore pu être étudié isolément.

La masse principale des corps striés, avec le *noyau lenticu-*

---

(1) Voyez ses *Recherches sur le système nerveux*, p. 342 et la *Revue scientifique* du 27 février 1875.

laire, constitue, comme l'expérience physiologique nous l'apprend, le point nodal essentiel de ces directions motrices qui transmettent l'impulsion volontaire des hémisphères cérébraux aux muscles. Les résultats de l'anatomie pathologique et des vivisections s'accordent sur ce point. Chez l'homme, la destruction des corps striés par hémorrhagie, tumeurs, etc., est la cause la plus ordinaire des hémiplégies croisées.

Les *pédoncules* constituent la route qui va aux ganglions cérébraux. Les coupe-t-on, il se produit le même effet que lorsque l'on détruit les ganglions eux-mêmes. Si nombreuses que soient les observations physiologiques recueillies sur ce point, leurs données sont comparativement maigres quand on veut déterminer la partie des pédoncules qui est atteinte. Si l'on sépare le pied du pédoncule, les symptômes sont tout différents de ceux qui suivent les lésions de la calotte ou du ruban de Reil. Dans le premier cas, il y a paralysie de l'influx volontaire sur les muscles; mais les mouvements réglés immédiatement par les impressions sensorielles persistent. Dans les deux cas, la paralysie est donc incomplète. Celle de la première espèce peut s'appeler *parésie;* celle de la seconde *ataxie.* Dans la parésie qui suit les lésions du pied du pédoncule, la coordination involontaire des mouvements a encore lieu; mais l'influx volontaire étant plus ou moins empêché, les mouvements qui en dépendent ne sont pas exécutés ou le sont difficilement. Dans l'ataxie qui suit les lésions de la calotte, du ruban et de leurs ganglions, l'influence de la volonté sur les muscles persiste, mais la coordination des mouvements, qui d'ordinaire se fait involontairement à la suite des impressions sensorielles, est lésée : les mouvements sont mal assurés, vacillants à cause des efforts continuellement faits pour trouver l'équilibre. Aussi la démarche du parétique est traînante et celle de l'ataxique chancelante.

Les désordres moteurs qui suivent l'ablation du *cervelet* se rapprochent, en général, des symptômes de l'ataxie. Tous les mouvements deviennent chancelants et mal assurés. La volonté continue d'agir sur chaque muscle en particulier, mais la faculté de coordonner les mouvements semble perdue. — Si on lèse ou si l'on coupe une partie déterminée du cervelet, les phénomènes diffèrent suivant qu'on a agi sur l'éminence vermiculaire (1) ou sur les parties latérales. Si la coupe se fait dans la partie antérieure du *vermis*, les animaux tombent en avant et les mouvements spontanés de leur corps tendent dans le même sens; si l'on coupe la partie postérieure du *vermis*, le corps est infléchi en arrière et il y a tendance aux mouvements rétrogrades. On a même remarqué chez l'homme (Ladame, *Hirngeschwülste*), dans quelques cas assez rares, des dégénérescences du cervelet accompagnées de cette tendance à jeter la tête en arrière. — Si la lésion ou l'ablation concerne une partie latérale, l'animal tombe du côté opposé à la lésion, puis se produisent des mouvements violents de rotation, le plus souvent dans le sens du côté lésé, quelquefois pourtant vers le côté sain. En outre on remarque, au moment de la lésion, des mouvements convulsifs des yeux qui sont tournés le plus souvent dans le sens du mouvement de rotation.

Chez l'homme, il y a une ressemblance frappante entre les symptômes des lésions cérébelleuses et toutes les causes qui produisent le vertige. La rotation rapide sur les talons, le jeu d'escarpolette, l'intoxication alcoolique, l'action d'un fort courant constant sur le derrière de la tête, etc., tous ces états amènent des désordres de la motilité qui ressemblent complétement à ceux qui nous occupent. Nous avons donc ici l'avantage de pouvoir joindre à l'expérimentation sur les animaux l'observation d'un état *subjectif.* Il est extrêmement vraisemblable que le vertige, dans les cas dont nous venons de parler, vient du cervelet. Ce qui tend le mieux à le prouver, c'est que cet état anormal ne se produit que quand un courant constant traverse le derrière de la tête. Ce sont, au reste, les états de vertige produits par l'électricité qui se laissent le mieux étudier. Dès que le circuit est fermé, le corps chancelle du côté de l'anode; les yeux se tournent d'abord du côté opposé, puis, lentement, reviennent du côté de l'anode. Que ressent-on *subjectivement?* Au moment de la fermeture du courant, il semble que le corps perd son appui du côté du cathode. Quant aux objets visibles, ils tournent dans un sens opposé, vers l'anode. Ordinairement, ce mouvement horizontal apparent est combiné avec un mouvement vertical, les objets paraissant se mouvoir vers en haut à l'anode, vers en bas au cathode. Il arrive quelquefois qu'au lieu du mouvement apparent des objets, on croit sentir un mouvement de son propre corps dans un sens opposé, vers le cathode. On éprouve presque toujours ce sentiment quand on ferme les yeux pendant l'expérience. — Objectivement, on constate tous les symptômes des mouvements compensateurs. Si l'on croit que le corps tourne vers le cathode, on tourne involontairement vers l'anode et l'on cherche à s'y maintenir. Réprime-t-on ces mouvements compensateurs, le sentiment interne peut amener une chute réelle, tout comme si le corps manquait d'appui. — Ce sont les mêmes phénomènes, subjectifs et objectifs, qui se produisent si l'on tourne longtemps et vite sur les talons. Le vertige produit par un mouvement de manége et le vertige produit par l'électricité sont donc des faits d'espèce analogue; et tous deux s'accordent complétement par leurs symptômes objectifs avec les phénomènes consécutifs à une lésion des hémisphères cérébelleux. Dans tous les cas le corps tourne, sauf au premier moment, du côté où la fonction est suspendue.

M. Wundt rejette, après examen (1), l'opinion de Flourens qui fait du cervelet un coordinateur général des mouvements du corps, de Luys qui le considère comme la source de toute innervation motrice, de Lussana qui y place le siége des sensations musculaires. Nous ne pouvons malheureusement que résumer sa longue et intéressante étude : « Quand la fonction du cervelet est empêchée, dit-il, il s'ensuit un trouble dans la perception des impressions sensibles qui nous font sentir la position qu'occupent nos membres, l'état de solidité de notre corps, et qui ont par suite une influence sur l'innervation motrice. » Ce fait s'éclaire par d'autres qui, causant des désordres de la motilité semblables à ceux qui suivent les lésions du cervelet, sont accessibles à l'observation subjective. Il se produit des vertiges quand, par des causes périphériques, les impressions sensorielles qui nous donnent une notion d'espace sont lésées. Ainsi l'anesthésie cutanée, la cécité produite par un bandeau sur les yeux, peu-

---

(1) On donne le nom d'éminence vermiculaire, ou *vermis* supérieur et inférieur, à la partie médiane du cervelet.

(1) Pages 214, 215, texte et notes.

vent amener de l'ataxie ou un état analogue au vertige. Si l'on aveugle un animal ou si on lui couvre un œil, ses mouvements de locomotion sont incertains. C'est peut-être à cette catégorie des troubles périphériques qu'appartiennent les remarquables phénomènes, consécutifs à la lésion des canaux semi-circulaires (1), qui consistent en une démarche chancelante. « Il faut d'ailleurs remarquer que, dans les troubles fonctionnels du cervelet, il ne s'agit jamais d'une abolition réelle des sensations. Les seules impressions sensorielles supprimées sont celles qui agissent directement pour régulariser les mouvements. Il n'y a suppression ni des mouvements coordonnés de la couche optique et des tubercules qui sont sous l'action immédiate des impressions sensorielles ; ni de ces sensations conscientes qui ne se changent pas immédiatement en mouvement. Les mouvements volontaires ne sont pas supprimés. Les désordres qui suivent les lésions du cervelet peuvent même peu à peu diminuer, parce que peu à peu les sensations persistantes régularisent de nouveau les mouvements volontaires. Mais on voit qu'ils ne peuvent être produits qu'avec réflexion, que cette certitude immédiate qui existait, avant la lésion, est perdue. Ici donc s'applique le principe de la *représentation multiple* des parties du corps dans le cerveau. *Le cervelet est destiné à régulariser immédiatement les mouvements volontaires par le moyen des impressions sensorielles. C'est l'organe central qui met en harmonie les mouvements venant de la couche corticale du cerveau, avec la position que le corps de l'animal occupe dans l'espace. C'est donc l'un des organes les plus importants pour mettre en rapport avec le monde extérieur.* »

Nous arrivons enfin aux *hémisphères cérébraux*. Depuis longtemps les recherches physiologiques et les observations pathologiques ont montré que des lésions délimitées des lobes cérébraux n'amènent aucun trouble fonctionnel appréciable. On peut enlever les lobes cérébraux, couche par couche, à un animal, sans qu'il y ait douleur ni troubles de mouvements. Tout au plus, si l'on pénètre jusqu'à une certaine profondeur, y a-t-il une stupeur, un engourdissement passager. Un pigeon, privé d'un lobe cérébral tout entier, ne présentait, au bout de quelques jours, aucune différence avec un animal sain. Cependant, plus le cerveau est développé, et moins ce qui précède est vrai. Chez le lapin et encore plus chez le chien, la stupeur et la paresse au mouvement sont bien plus visibles que chez les oiseaux. Chez l'homme, quoiqu'il puisse se produire, sans aucun symptôme, des changements histologiques localisés (s'ils se font lentement), toute lésion étendue trouble le plus souvent les mouvements volontaires, moins souvent les fonctions psychiques et sensorielles. Un lobe cérébral tout entier a pu être détruit chez l'homme, sans trouble démontrable de l'intelligence. Tous ces faits ne peuvent s'expliquer qu'en admettant que les diverses parties de l'écorce cérébrale peuvent, en une certaine mesure, fonctionner l'une pour l'autre.

Les désordres sont plus grands si l'on enlève de la boîte crânienne les deux hémisphères. Les expériences de Flou-

rens l'ont montré. C'est qu'en ce cas, il n'y a pas de suppléance possible pour les fonctions. On a conclu de ce qui se passe dans ce cas, que l'*intelligence* et la *volonté* sont perdues. M. Wundt fait remarquer que rien n'autorise à prendre cette conclusion au sens strict.

Les vivisections et l'observation pathologique ne donnant ainsi que des résultats généraux, il reste encore deux sources d'information : l'anatomie comparée et la comparaison des différences individuelles entre les cerveaux humains.

Les résultats de la première sont de la même nature que ceux de la vivisection. On peut bien apprécier, en gros, la supériorité intellectuelle d'une espèce sur une autre ; mais il y a loin de là à une détermination précise. L'anatomie comparée conduit à cette conclusion vague que la masse des hémisphères et le nombre de leurs circonvolutions croissent avec l'intelligence. Mais ce principe lui-même doit être restreint ; car la masse et les plis de la superficie dépendent de la taille de l'animal. Son organisation a, en outre, une grande influence. Parmi les mammifères, les insectivores sont les moins riches, les herbivores les plus riches en circonvolutions ; les carnivores tiennent le milieu ; mais les cétacés, quoiqu'ils se nourrissent de chair, dépassent les herbivores. De plus, la masse cérébrale correspond non-seulement à l'intelligence, mais à des fonctions purement physiologiques : locomotion, activité sensorielle. Comment faire la part de ce qui revient à chacun. Le résultat de l'anatomie comparée n'en reste pas moins vrai en général : pour s'en convaincre, on peut comparer le cerveau chez les diverses espèces de chiens, ou chez l'homme et les singes anthropoïdes.

Quant à la comparaison des différences *individuelles* chez les divers hommes, on n'en peut pas attendre de renseignements bien exacts si, comme on vient de le voir, la masse du cerveau et le nombre des circonvolutions ne sont pas une mesure certaine de l'intelligence. Il est positif que les hommes remarquablement doués ont un cerveau volumineux et riche en circonvolutions ; mais cette donnée physiologique ne nous mène pas bien loin.

Après avoir ainsi constaté combien nos connaissances sont rares, peu précises et difficiles à acquérir sur ce point, M. Wundt insiste sur une fausse conception qui a longtemps régné en physiologie et qui n'est pas complétement déracinée : c'est l'hypothèse *de la fonction spécifique des éléments nerveux.* L'ancienne physiologie entendait cette doctrine dans un sens plus restreint : elle ne parlait que de l'énergie spécifique des *nerfs;* c'est-à-dire que tout nerf moteur et tout nerf sensitif (appartenant à l'un des cinq sens) était supposé réagir d'une façon, à lui propre. Mais, dans quelle confusion n'est-on pas tombé dès qu'on a voulu rattacher à des éléments déterminés l'entendement, la mémoire, l'imagination, etc. On peut bien se figurer qu'un certain nerf ou un certain ganglion ne fonctionne que sous la forme d'une sensation lumineuse, d'une impulsion motrice ; mais on ne comprend pas un élément central de l'imagination ou de la mémoire. Évidemment, ici, la contradiction consiste à rattacher *des fonctions complexes à une partie simple.* Nous sommes forcés d'admettre, au contraire, que *les parties élémentaires ne sont propres qu'à des fonctions élémentaires,* par exemple à des sensations, à des impulsions motrices ; non à des fonctions complexes, comme l'imagination, la mémoire, etc. Quand il fut établi que les nerfs ont la même composition chimique, qu'ils peuvent

---

(1) Flourens, le premier, remarqua que si l'on coupe les canaux semi-circulaires de l'oreille, les animaux opérés ne peuvent plus se tenir en équilibre, qu'ils ont perdu le sens du centre de gravité. Ces expériences furent reprises par Brown-Séquard, Vulpian, Cyon. Mais tout récemment, M. Böttcher vient de soutenir que ce fait est dû à une communication de la lésion des canaux au cervelet.

même, dans certains cas, être indifféremment moteurs ou sensitifs, les différences spécifiques ne pouvaient plus être attribuées qu'aux cellules. Mais, ici, encore une difficulté : sauf leur grandeur, leur forme, et peut-être leur mode de ramification, les cellules ne présentent aucune différence. Il est au moins douteux que leur fonction spécifique dépende de leur structure interne et non de leurs connexions externes. En somme, on ne peut admettre que deux expèces de cellules : — sensitives, motrices, — entre elles des connexions, puisque, en général, les mouvements sont consécutifs à des sensations; et il doit y avoir dans la couche corticale des régions motrices et sensitives distinctes. Cette couche recevant tous les faisceaux nerveux qui vont de la périphérie du corps aux organes centraux, doit être, en un sens, l'image, le miroir de cette périphérie. Mais il n'est pas nécessaire que l'image corresponde complétement à la copie. Elle peut être à la fois plus simple et plus compliquée : c'est ce qui arrive. Elle est plus simple en ce sens qu'un point de la couche corticale peut régir une région (périphérique) motrice ou sensitive, d'une certaine étendue. Elle est plus compliquée, en ce sens que cette région périphériqne est représentée dans l'écorce cérébrale, non une fois mais plusieurs fois. Il existe ainsi une image multipliée, dont chaque partie a sa valeur propre.

La physiologie expérimentale et la pathologie ne peuvent fournir encore que peu de preuves en faveur de cette conception nouvelle des fonctions du cerveau; mais ce peu est frappant. Les travaux sur le centre moteur du langage (aphasie), sur les points psycho-moteurs dont nous avons parlé plus haut, montrent, ces derniers en particulier, qu'il y a des parties de l'écorce cérébrale qui sont exclusivement motrices. « Ce point de vue permet de mieux comprendre les différences dans le cerveau, que présente le règne animal. Puisque les parties antérieures de la couche corticale contiennent ces éléments d'où sort l'innervation motrice directe, avec d'autres éléments qui relient les premiers au cervelet, aux ganglions cérébraux, et probablement aux éléments sensoriels qui occupent surtout les lobes occipitaux, il est évident que dans les lobes frontaux se concentre la fonction la plus importante, celle qui transforme les impressions sensorielles (après qu'elles sont restées latentes plus ou moins longtemps) en mouvements extrèmement variés. Tout ce que nous nommons intelligence et volonté se réduisant à ces transformations dès qu'on les ramène à leurs phénomènes physiologiques élémentaires, nous devons attendre un rapport entre le développement antérieur du cerveau et le développement des fonctions de l'esprit. » Les faits physiologiques et pathologiques vérifient cette induction. Partout où l'analyse peut pénétrer, elle trouve au fond de tout des fonctions physiologiques élémentaires. Si compliqués que soient les mouvements du langage, ils se composent de faits simples d'innervation motrice. Il ne faut donc plus parler d'énergie spécifique de certains centres, pas plus que d'une action indivisible des hémisphères pour toutes leurs fonctions. De même que l'intelligence et la volonté ne sont pas des forces simples, les lobes cérébraux ne sont pas un organe simple. Partant les fonctions complexes résultent du consensus de plusieurs éléments dont chacun n'est propre qu'à une fonction simple.

En résumé, nous pouvons avec M. Wundt ramener cette étude physiologique aux quatre principes suivants :

1° Le principe de la connexion des parties élémentaires. Chaque élément nerveux est lié à d'autres de la même espèce et n'est propre à ses fonctions que par cette connexion ;

2° Le principe de l'indifférence de la fonction. Aucun élément n'a des fonctions spécifiques ; la forme de ses fonctions dépend de ses rapports et connexions ;

3° Le principe du remplacement fonctionnel. Si la fonction de certains éléments est empêchée ou détruite, d'autres peuvent les remplacer, s'ils présentent les connexions appropriées ;

4° Le principe de la fonction localisée. Toute fonction déterminée occupe une place déterminée, dans un organe central dont les éléments présentent les connexions appropriées à l'accomplissement de la fonction.

Le troisième principe dépend immédiatement du secours puisque le remplacement n'est possible que par l'indifférence de la fonction. Le quatrième est limité en une certaine mesure par le troisième; puisque, dès qu'un remplacement a lieu, une fonction n'est plus attachée exactement à la même place.

IV

L'étude du système nerveux nous a conduits à admettre que toutes ses fonctions, depuis les plus complexes jusqu'à la sensation et à la contraction musculaire, se ramènent à des faits simples qui, par suite des connexions multiples des parties élémentaires, produisent les effets physiologiques les plus divers. Quelle est donc la nature de ces fonctions élémentaires d'où sort tout le reste? Telle est la question qui maintenant se pose à nous.

Les phénomènes qui se passent dans les nerfs et les cellules nerveuses ont été étudiés de deux manières, dont l'une peut être appelée la mécanique moléculaire interne, l'autre la mécanique moléculaire externe du système nerveux.

La première étudie les propriétés physiques et chimiques des éléments nerveux : elle recherche les changements que ces propriétés peuvent subir par suite de leurs fonctions physiologiques, pour suivre à la trace ces forces internes qui agissent dans les nerfs et les centres nerveux. Si séduisante que paraisse cette méthode, qui nous donnerait immédiatement le mot de l'énigme, on ne peut s'y fier; car l'étude des parties centrales est encore hors de notre portée, et quant aux nerfs, tout ce que nous savons de leur mécanique moléculaire interne, c'est que leur fonctionnement est accompagné de changements électriques et chimiques, dont la signification est encore obscure.

La seconde voie est donc la seule à suivre. Ici, on laisse de côté toute question sur la nature spéciale des forces nerveuses. On part de ce principe que ce qui se passe dans les éléments du système nerveux consiste en mouvements d'une espèce quelconque, et que ces mouvements, dans leurs rapports entre eux et avec les forces du monde extérieur, sont soumis aux principes généraux de la mécanique. Ce que nous appelons excitation est un phénomène inconnu de mouvement qui se produit dans les éléments nerveux. Le but d'une mécanique physiologique de la substance nerveuse, c'est de ramener aux lois universelles de la mécanique les lois de l'excitation, telles qu'elles sont données par l'expérience.

L'auteur a résumé en un chapitre les résultats de ses recherches sur ce sujet (1). Nous ne pouvons que les indiquer brièvement.

Le principe qui les domine toutes est celui qui sert de base à la mécanique : le principe de la *conservation du travail*. Exprimé sous une autre forme, il peut se formuler ainsi : la somme du travail actuel et du travail disponible reste constante. M. Wundt s'est attaché à montrer, en étudiant les faits de l'excitation dans les nerfs et dans les cellules, comment ce principe explique la physiologie mécanique des nerfs.

Le phénomène le plus simple, le plus facile à étudier, est celui de la contraction musculaire qui suit l'excitation d'un nerf moteur. Or, l'état moléculaire d'un nerf peut être considéré comme produisant continuellement un travail moléculaire positif et un travail moléculaire négatif. Le premier se manifeste, par exemple, par un dégagement de chaleur ou par une contraction musculaire. Le second par des effets contraires : emmagasinement de chaleur, arrêt d'une contraction. L'équilibre entre le travail négatif et le travail positif amène dans le nerf un état stationnaire ; il ne se produit ni changement de température, ni travail extérieur. Lorsqu'un nerf est excité, il en résulte dans ce nerf deux effets contraires : un effet d'*excitation*, qui produit un travail extérieur (contraction, sécrétion, excitation des cellules nerveuses) ; un effet d'*arrêt*, qui s'oppose au précédent et qui tend à retenir toutes les forces que le premier tend à mettre en liberté. A tous les moments de sa durée, l'excitation dépend de ces deux états antagonistes. De plus, dans le cas de contraction musculaire, etc., le travail moléculaire positif augmente. Dans le cas d'arrêt de la contraction musculaire, etc., le travail moléculaire négatif augmente aussi. D'où ce principe général : par le choc de l'excitation, le travail moléculaire, positif et négatif, est augmenté dans le nerf.

Comment se peut-il donc que l'excitant produise un travail extérieur, une contraction, une excitation des cellules ? C'est parce qu'il accélère toujours le travail moléculaire positif beaucoup plus que le travail moléculaire négatif. Dès que l'excitation a lieu, les deux effets contraires se produisent simultanément dans le nerf. Tout d'abord l'effet d'arrêt l'emporte sensiblement, mais dans la suite il croît de moins en moins vite, tandis que l'effet d'excitation augmente plus rapidement, et ce dernier conserve ordinairement cette prépondérance jusqu'à la fin.

En ce qui concerne les cellules nerveuses, quand elles reçoivent une excitation (faits d'innervation centrale), M. Wundt admet qu'il se passe en elles un phénomène analogue à celui qui se produit dans un nerf, à l'anode, par suite de la fermeture d'un courant constant. Que se passe-t-il à l'anode dans ce cas ? une augmentation considérable des forces d'arrêt, — si considérable que quand le courant est un peu intense et que l'anode est contre un muscle, la contraction est empêchée.

« La façon dont les cellules réagissent contre l'excitation nous conduisent à admettre qu'il y a en chacune d'elles deux régions, dont l'une, par son mode de réaction, est analogue à la substance nerveuse périphérique, tandis que l'autre s'en éloigne beaucoup. On peut appeler celle-là région *périphérique*, celle-ci région *centrale* de la cellule, sans que ces dénominations d'ailleurs prétendent déterminer une position réelle. Nous admettons que la région centrale est principalement le laboratoire des combinaisons complexes de la substance nerveuse, le lieu d'emmagasinement du travail disponible. » Les excitations qui atteignent la région centrale d'une cellule nerveuse transmettent le phénomène moléculaire qui s'y produit à la région périphérique ; et de même les excitations qui concernent la région périphérique propagent jusqu'à la région centrale le mouvement moléculaire dégagé.

L'ensemble de ce travail sur la mécanique nerveuse conduit l'auteur à conclure, que les cellules nous apparaissent comme le lieu dans lequel l'animal emmagasine le travail disponible pour ses besoins futurs. La richesse et la forme de cet emmagasinement sont déterminées en partie par la constitution du système nerveux et l'hérédité, en partie par l'action des excitations sensorielles. Celles-ci peuvent soit rester à l'état latent dans les parties centrales, soit se changer immédiatement en travail extérieur. C'est donc dans ces centres que s'exécutent les deux fonctions fondamentales du système nerveux : recevoir les impressions, produire des mouvements spontanés. Il nous reste à étudier ces deux fonctions.

V

Quand on cherche à commencer par les plus simples l'étude des phénomènes psychologiques, on est forcé d'avouer que ces éléments simples se dérobent toujours à notre observation, ou ne se présentent qu'intimement liés à d'autres phénomènes. Cependant, ceux qui offrent le caractère de plus grande simplicité sont sans contredit les *pures sensations*. Nous entendons par là ces états primitifs que l'homme trouve en lui-même, isolés de tous les rapports et connexions que la conscience adulte y ajoute. Prise à ce degré d'abstraction, la sensation ne présente que deux déterminations immédiates : l'*intensité*, la *qualité*. La pure sensation, ainsi définie, n'est rien de plus qu'un état interne variable quant à la force et à la qualité. Mais, en réalité, elle présente un troisième caractère.

La réflexion seule nous apprend si nos sensations sont dues à des excitations externes ou à des excitations internes venant de nos organes. Et même il est certain que c'est sur une base physiologique que repose notre distinction entre les excitations de la périphérie et celles du centre ; car la conscience naturelle localise toujours à la périphérie les sensations dont les causes sont internes. Il y a donc, dans la sensation réelle, quelque chose qui tient au sujet sentant : état secondaire qui accompagne la sensation primitive et qu'on peut appeler un *sentiment*. C'est surtout dans la vue et l'ouïe que ces sentiments concomitants nous frappent : ils sont même les facteurs élémentaires de l'effet esthétique. Ils existent également pour le toucher, le goût et l'odorat. Toute sensation produit donc, dans le sujet, un sentiment d'un certain *ton*. Et, par suite, il y a lieu de distinguer dans la sensation l'intensité, la qualité, le ton du sentiment concomitant. Les deux premiers caractères seuls sont les éléments primitifs. Si on les supprime, le troisième disparaît.

Nous avons donc à étudier ces trois caractères successivement.

Intensité. Nous ne reviendrons pas sur cette question, qui a été longuement exposée et discutée ici même (1) sous le nom de loi psycho-physique.

Qualité. Nous entendons par qualité de la sensation cet élément qui reste, si nous supposons l'intensité supprimée. Sous le rapport de la qualité, les sensations peuvent être divisées en deux grandes classes :

1º Les sensations qualitativement uniformes, qui ne présentent qu'*une* qualité déterminée, mais avec tous les degrés possibles d'intensité. Telles sont les sensations organiques, les sensations cutanées (pression, chaud et froid) et les sensations musculaires, qui se divisent elles-mêmes en deux classes : sensations d'innervation, c'est-à-dire de la force musculaire employée au mouvement; sensations musculaires au sens étroit, causées par l'état de nutrition, de fatigue ou de lésion des muscles.

2º Les sensations qualitativement variées sont les quatre sens spéciaux : ouïe, vue, goût, odorat. Chaque espèce consiste en une combinaison de qualités diverses, dont chacune peut parcourir divers degrés d'intensité.

On peut bien supposer que les différences qualitatives dépendent immédiatement des différences de structure. M. Wundt entre, à ce sujet, dans l'étude histologique des organes sensoriels terminaux : pour l'odorat, les cellules olfactives placées entre les cellules épithéliales qui tapissent la muqueuse du nez; pour le goût, les cellules caliciformes, fungiformes et filiformes; pour la vue, les diverses couches de la rétine; pour l'ouïe, les fibres de Corti ; pour le toucher, les corpuscules de Pacini, de Meissner et de Krause.

L'excitation, en agissant sur ces organes terminaux, détermine un mouvement qui se transmet jusqu'aux parties centrales. Mais le fait peut se passer de deux manières dictinctes. Dans les sens *mécaniques* (toucher et ouïe), l'excitation extérieure se transmet très-probablement, sous la forme qui lui est propre, dans la substance nerveuse, et là elle détermine un processus qui correspond en général au processus du mouvement excitant. Dans les sens *chimiques* (vue, goût, odorat), l'excitation extérieure détermine un phénomène nerveux différent d'elle, quant à sa forme et à son processus; quoique dans certaines limites, il change suivant les variations de l'excitant. Dans les premiers, il y a transmission directe du mouvement externe. Dans les seconds, l'excitation produit un fait d'une autre nature, probablement un mouvement chimique moléculaire. Aussi peut-on dire que l'excitation est sentie *plus immédiatement* dans les premiers que dans les seconds : chez ceux-ci la forme de l'excitation dépendant au plus haut point de la constitution moléculaire des nerfs, qui est inconnue. Les sens mécaniques sont évidemment les plus simples ; et le plus général de tous, le toucher, a servi vraisemblablement de base au développement des quatre sens spéciaux.

On n'aura sans doute pas remarqué sans surprise que

M. Wundt place la vue dans le groupe des sens chimiques. Tout en reconnaissant les difficultés que cette classification soulève, il expose en détail les raisons qui le font rapprocher ce sens du goût et de l'odorat. D'abord, dans la rétine, l'excitation se change en une autre forme de mouvement. « On ne peut pour le moment préciser de quelle espèce de transformation il s'agit ici, mais il semble qu'on est en droit de la qualifier d'*action chimique*. A cet égard, on peut faire valoir la facile décomposition chimique de la substance nerveuse et l'action chimique de la lumière en général. Dans les formes inférieures de l'organe visuel, l'action photochimique paraît suivie d'une absorption des rayons lumineux les plus réfrangibles. Ces formes inférieures consistent en filets nerveux unis à des cellules épithéliales contenant du pigment rouge. Un pareil fait d'absorption paraît se passer dans la rétine des oiseaux, puisqu'on trouve, dans l'article interne des cônes, des gouttes de pigment rouge et jaune. — Remarquons aussi qu'en admettant de simples différences de degrés dans l'action des divers rayons lumineux sur la rétine, on n'explique pas la diversité des sensations lumineuses : au lieu de couleurs diverses, nous devrions simplement sentir de la lumière à divers degrés d'intensité. Il faut donc qu'il y ait d'autres différences dans les effets chimiques qui suivent les excitations lumineuses ; différences dont nous ne pouvons déterminer la nature. — De plus, la vue présente cette propriété remarquable que toute différence entre la forme des excitations disparaît dès qu'elles sont très-fortes ou très-faibles ; les excitations lumineuses de toute espèce sont senties, comme noires, si elles sont très-faibles ; comme blanches, si elles sont très-fortes. Les intensités moyennes produiraient seules des actions photochimiques nettes. Aux différences de sensation répondront des différences d'action photochimiques, dues à ce que chaque espèce de rayon agit d'une manière différente sur les combinaisons chimiques existant dans la substance nerveuse.

La dernière question générale qui se pose au sujet des causes ou conditions de la sensation est celle de l'*énergie spécifique des nerfs sensoriels*. Ce point déjà discuté précédemment se présente ici sous une forme plus spéciale. D'après la doctrine qui admet une énergie spécifique des nerfs, la qualité de la sensation serait une fonction propre de la substance de chaque nerf sensoriel. Quand nous sentons la lumière, le son, la chaleur, etc., ce qui vient à la conscience, ce n'est pas l'impression extérieure, mais la réaction de notre nerf sensoriel sur cette impression. Cette doctrine s'appuie sur ce que chaque nerf n'est approprié qu'à des excitations déterminées (le nerf optique à la lumière, le nerf acoustique au son, etc.) ; de plus, que si l'on emploie un excitant d'un caractère général (l'électricité, etc.), chaque nerf réagit sous sa forme spécifique.

Cette solution avait contre elle plusieurs difficultés, dont l'une capitale : celle qui résulte de l'indifférence fonctionnelle des nerfs. Pour l'améliorer, on attribua l'énergie spécifique aux organes terminaux et au cerveau exclusivement. Les filets nerveux, d'après la comparaison usitée, étaient des fils télégraphiques qui, suivant le point avec lequel ils communiquent, peuvent produire des effets très-divers (sonner une cloche, mouvoir un aimant, etc.). Cependant, puisqu'on n'attribuait aux organes terminaux qu'un simple pouvoir de transmission dans les nerfs, puisque ce n'est pas en eux qu'on faisait naître la sensation, c'est au cerveau, en définitive, qu'on attribuait

---

(1) Voyez la *Revue scientifique* du 12 décembre 1874.

toutes les énergies spécifiques. D'ailleurs, quand bien même on laisserait aux organes terminaux une part dans le phénomène, comme les sensations spécifiques ont lieu même après l'ablation des organes sensoriels, il faut bien admettre que c'est dans les parties centrales que se trouvent ces différences qui sont comme des signes répondant aux différences périphériques. Nous avons vu précédemment les raisons qu'on a d'étendre aux terminaisons centrales des nerfs le principe de l'indifférence fonctionnelle. Les différences qu'elles présentent ne sont certainement pas aussi grandes que celles des diverses espèces de nerfs qui cependant, l'expérience le prouve, peuvent être indifféremment motrices ou sensitives. Ce n'est donc que par un tour d'adresse qu'on a placé dans les parties centrales le siége des fonctions spécifiques, parce que n'étant pas encore suffisamment connues, on en peut dire ce qui plaît.

Les difficultés que soulève cette doctrine sont encore plus grandes dès qu'on veut expliquer par elle les différences qualitatives de la sensation, dans un seul et même sens. Prenons la vue. D'après une hypothèse de Young, adoptée et modifiée par Helmholtz, il existerait trois espèces de nerfs, sentant le rouge, le vert et le violet. Mais puisque une impression lumineuse, limitée sur un point extrêmement petit, n'est jamais perçue comme ayant une couleur déterminée, il faudrait admettre que sur les plus petites surfaces de la rétine, il y a un mélange de ces trois espèces de nerfs : hypothèse qu'il est difficile de concilier avec le diamètre des bâtonnets, dont chacun ne paraît recevoir qu'*une* fibrille primitive. — Dans l'ordre des sensations acoustiques, il y a des difficultés encore plus grandes.

On peut en somme se représenter de deux manières le changement que l'excitation subit dans les nerfs. Ou bien les phénomènes moléculaires ne changent pas, quant à leur nature, pendant que les vibrations périodiques croissent et décroissent en amplitude (son). Ou bien il y a des changements dans la nature des phénomènes moléculaires, suivant l'espèce de l'excitation (sens chimiques). Rien n'empêche d'admettre que, dans les deux cas, le phénomène moléculaire se transmet tel qu'il est au début, par le nerf entier, jusqu'au cerveau ; que les processus qui se produisent dans les cellules centrales diffèrent par là même et arrivent à la conscience sous la forme de sensations différentes. Tel est le seul moyen d'accorder les faits de différence fonctionnelle des organes avec le principe d'indifférence fonctionnelle des éléments. Dans cette hypothèse, il n'y a plus de fonction spécifique des éléments nerveux, car tout changement dans la nature du phénomène moléculaire est causé par la manière dont les éléments sont mis en contact entre eux et, dans les organes des sens, avec les excitations extérieures.

« Ce qui distingue essentiellement l'hypothèse de l'énergie spécifique de celle-ci, c'est que la première suppose que la sensation est déterminée exclusivement par les *parties* que parcourt l'excitation, tandis que pour nous c'est la *forme* de ce phénomène qui est le fondement immédiat de la forme de la sensation. Il est à peine besoin de montrer que cette opinion, même au point de vue psychologique, est plus compréhensible. Nous pouvons très-bien admettre que notre conscience est déterminée qualitativement par la nature des processus qui parcourent nos organes ; mais il est très-difficile de concevoir comment ces différences qualitatives seraient liées seulement à des différences locales du processus. »

La théorie des énergies spécifiques, comme le remarque M. Wundt, est un écho physiologique de la philosophie de Kant, de sa tentative pour déterminer les conditions subjectives de la connaissance : ce que montre d'ailleurs très-bien l'un des principaux représentants de cette théorie, J. Müller, dans son *Manuel de physiologie*. Mais il n'y a aucun lien de nécessité logique entre les deux doctrines ; et la thèse de la nature purement subjective de la sensation laisse le champ libre à toutes les opinions sur son fondement physiologique. Il va de soi, d'ailleurs, que la discussion de ce point purement théorique ne touche en rien au fait bien constaté du rapport des sensations avec les excitations extérieures (1).

Sentiment qui accompagne la sensation. — Nous passons à l'étude du troisième élément de la sensation, celui qui suppose les deux autres et qui consiste dans le rapport de la sensation au sujet sentant. Comme nous l'avons vu, ce n'est que par abstraction qu'on peut imaginer une sensation ayant pour seuls caractères l'intensité et la qualité : en fait, elle se produit dans la conscience de l'animal et, par suite, elle y a son retentissement.

Ce sentiment ou ton de la sensation est agréable ou désagréable, est un plaisir ou une douleur. Le plaisir et la douleur sont des états contraires dont l'un peut se transformer dans l'autre, en traversant un point d'indifférence : ce qui équivaut à dire qu'il y a des sensations qui n'ont pas de *ton*, qui ne sont accompagnées d'aucun sentiment. Le rapport des sensations à la conscience étant soumis à des oscillations continuelles, ce point d'indifférence doit répondre en général à un état passager qui se transforme facilement en plaisir ou en douleur. Il y a cependant beaucoup de sensations dont le sentiment concomitant est si faible, qu'elles se meuvent toujours autour de leur point d'indifférence. Chez d'autres, le sentiment est si fort qu'il recouvre la sensation. Les premières sont les sensations proprement dites.

Le sentiment consistant en un rapport à la conscience, c'est-à-dire en un changement d'état continuel, permet, beaucoup moins que les deux autres éléments de la sensation, une analyse exacte. Dans un bon exposé historique des hypothèses faites sur la nature du sentiment, M. Wundt les réduit à trois :

La première qui, d'Aristote à Kant, compte les observateurs les plus remarquables, considère le sentiment comme une affection immédiate de « l'âme » causée par la sensation. Toutes les opinions de ce groupe voient plus ou moins dans le sentiment un fait de connaissance. — Mais notre expérience ne nous dit rien du plaisir et de la douleur de « l'âme » ; elle ne nous fait connaître que des états de notre conscience : c'est comme une affection immédiate de notre conscience que nous percevons nos sentiments, et il n'y a aucune raison de substituer le concept métaphysique d'âme au concept empirique de conscience.

La seconde, qui est représentée par Herbart et son école,

---

(1) M. Wundt expose longuement les faits et problèmes physiologiques qui se rapportent à l'ouïe considérée comme type des sens mécaniques, et à la vue comme type des sens chimiques. On trouvera notamment une critique intéressante de l'hypothèse de Young sur les trois couleurs primitives, pages 403-406.

considère les sentiments comme résultant *d'un rapport réciproque* entre les sensations ou les idées : ce ne sont donc pas des états élémentaires. L'antagonisme réciproque des idées est la base du sentiment de douleur ; leur union réciproque la base du sentiment de plaisir. — Cette théorie rencontre une grosse difficulté, c'est qu'elle n'explique pas la forme la plus simple du sentiment, celle qui accompagne la sensation ; car dans ce cas, il ne peut être question de rapport réciproque d'idées. Elle n'est applicable qu'aux formes les plus complexes du sentiment, en particulier dans l'ordre esthétique.

La troisième, qui est soutenue par l'auteur, considère le sentiment comme le complément subjectif des sensations et idées objectives. C'est un changement d'état causé dans le sujet sentant par les sensations et les idées. Cette hypothèse se rapproche de la première, puisqu'elle suppose un acte de connaissance obscure par lequel le sujet n'éprouve pas seulement ce changement d'état, mais le sent. On pourrait donc définir le sentiment « cet aspect de la pensée (*Vorstellung*) que la conscience rapporte à l'état propre du sujet pensant ».

La conscience, dont les sentiments dépendent, comme nous venons de le voir, est, malgré son changement perpétuel d'états, soumise à deux lois fondamentales : *la loi des rapports* et *la loi d'association.*

D'après la loi des rapports, chaque sensation est classée d'après son intensité et sa qualité avec d'autres sensations de même espèce. Par elle, nous assignons à chaque sensation simple sa place dans le système des sensations de même nature (à la couleur sa place parmi les sensations lumineuses, etc.).

D'après la loi d'association, les idées se lient suivant certaines règles qui peuvent être déterminées, de sorte que lorsqu'une idée est dans la conscience, elle tend à en attirer d'autres. Cette loi se rapporte plutôt aux idées qu'aux sensations, cependant il y a des sensations qui sont liées intimement à des idées (la simple sensation du vert peut éveiller l'idée d'une prairie verdoyante).

Le rapport d'une sensation à la conscience est complétement déterminé par ces deux lois. En vertu de la première, la conscience saisit le rapport de la sensation avec d'autres sensations disponibles. En vertu de la seconde, la conscience rattache la sensation présente avec d'autres qui lui sont liées par association.

La *durée* a une influence sur le ton de la sensation. L'excitation est-elle forte? son effet s'affaiblit si elle dure. Est-elle faible? ses effets s'additionnent si elle dure. Le sentiment est ainsi dans un état d'oscillation perpétuelle. De plus il ne vit que par opposition avec un sentiment contraire, et il tend vers son point d'indifférence, si celui-ci disparaît. Cette opposition explique le vif plaisir que causent toutes les formes du jeu, depuis le simple jeu de dé jusqu'aux formes les plus élevées de l'art dramatique.

L'auteur, par des détails précis sur les sensations acoustiques et visuelles, montre le rôle que jouent les deux lois ci-dessus définies, dans la formation des sentiments, et il conclut en ces termes : « Pour bien comprendre la nature du sentiment, il est important de remarquer qu'il se meut entre deux *contraires*. Pour la plupart des sentiments, ceux que nous appelons principalement subjectifs, ces contraires sont le plaisir et la douleur. Pour ces sentiments plus objectifs, qui sont les éléments simples de l'effet esthétique, les con-

traires sont d'une nature plus complexe qu'on ne peut rapporter que par une analogie éloignée au plaisir et à la douleur. Le plaisir n'existe lui-même que par opposition à la douleur, la douleur que par opposition au plaisir. Aussi c'est de la durée des sensations que dépendent les sentiments concomitants. Plus les sentiments changent vite et plus leur contraste s'accuse ; un sentiment invariable cesserait d'être un sentiment. Il en résulte que c'est une propriété primitive de la conscience d'éprouver, à la suite de ses sensations et de ses états internes en général, un mode de détermination qui se meut entre des contraires... Notre conscience est un changement continuel. Les idées qui la constituent vont et viennent. Ce mouvement repose sur des causes, telles que les sensations et idées qui, à chaque instant, sont amenées par les excitations extérieures ou par la reproduction (mémoire). Par elles, les sensations et idées présentes dans la conscience sont ou bien *chassées* ou bien *renforcées*. Le rapport d'une sensation à la conscience ne peut consister que dans l'action exercée par cette sensation sur le fait fondamental de l'exclusion ou du renforcement des sensations et idées. Mais l'exclusion et l'augmentation sont des états antagonistes. Le sentiment concomitant d'une sensation doit donc aussi nécessairement se mouvoir entre des contraires. L'action d'exclure est la base de la douleur et des sentiments objectifs analogues (humeur grave, etc.) ; l'action de relever est la base du plaisir et des sentiments objectifs analogues (gaieté, raillerie). A l'équilibre entre les deux contraires correspond le point d'indifférence (indolence, apathie). »

La théorie du sentiment est, comme le dit bien M. Wundt, restée jusqu'ici un des chapitres les plus obscurs de la psychologie. L'étude qui précède, quoiqu'elle n'ait en vue qu'un seul groupe, s'applique pourtant, à beaucoup d'égards, à l'ensemble des sentiments.

Th. Ribot.

— La fin très-prochainement. —

INSTITUTION ROYALE DE LA GRANDE-BRETAGNE

LECTURES DU VENDREDI SOIR

M. JAMES DEWAR

de la Société royale d'Edimbourg

L'action physiologique de la lumière

Dans son mémoire *Sur les progrès et l'esprit des sciences physiques*, publié en 1858, sir Henry Holland, président de l'Institution royale, s'exprime ainsi : « Les expériences de d'Arcy prouvent que l'impression de la lumière sur la rétine persiste souvent pendant deux minutes et demie, c'est-à-dire pendant le temps qui suffit à une onde lumineuse pour parcourir près de dix millions de lieues ! Dans quelle condition se trouve la lumière — considérée comme une substance matérielle, un mouvement, même une force — tandis qu'elle est ainsi arrêtée et retenue dans un organisme vivant ? »

C'est ce problème difficile de l'effet spécifique produit sur la rétine et le nerf optique par l'action de la lumière, que j'ai étudié d'une manière toute spéciale avec le docteur Mac Kendrick. Bien des physiciens et des physiologistes ont fait des hypothèses ingénieuses sur ce sujet; mais aucun n'en avait jusqu'ici fait l'objet d'expériences précises. Newton, par exemple, Melleric et Seebeck ont dit que l'action de la lumière sur la rétine n'est qu'une transmission de vibrations; Young a supposé que c'est un très-petit mouvement intermittent d'une partie du nerf optique; du Bois-Reymond l'a attribué à une action électrique; Drapier y a vu une production de chaleur dans la choroïde; Mosier, enfin, l'a comparé à l'action de la lumière sur une plaque photographique sensibilisée.

Évidemment, d'après le principe de la transmission de la force qui est universellement reconnu de nos jours, l'action de la lumière sur la rétine doit produire un résultat équivalent, lequel pourra se manifester, par exemple, sous la forme de chaleur, d'action chimique ou de puissance électro-motrice. On sait que la force électro-motrice d'un muscle diminue lorsqu'il se contracte sous l'influence de son stimulant normal, la force nerveuse transmise par le nerf qui lui correspond; de même, lorsqu'un nerf agit, sa force électro-motrice normale subit une diminution. De la même manière, l'intensité et les variations de la force électro-motrice du nerf optique soumis à l'influence secondaire de la lumière sur la rétine sont l'expression physique de certains changements produits sur celle-ci; en d'autre termes, ce sont des fonctions de la force excitatrice externe, laquelle, dans ce cas, est la lumière. Toutes ces considérations nous ont amenés à penser que le problème de l'effet que l'action de la lumière peut produire sur la force électro-motrice de la rétine et du nerf optique ne peut être résolu que par les recherches les plus attentives et les plus minutieuses.

La question se divise en deux parties : il faut d'abord déterminer la force électro-motrice de la rétine et du nerf optique; puis, en second lieu, il faut examiner si l'intensité de cette force a été altérée par l'action de la lumière. La force électro-motrice d'un tissu vivant quelconque se détermine aisément par la méthode de du Bois-Reymond. Ce physiologiste a reconnu que tous les points de la surface externe de l'œil d'une tanche de grandes dimensions sont positifs pour la section transverse artificielle du nerf optique, et négatifs pour la section longitudinale. Il est arrivé à ce résultat en employant ses électrodes non polarisables bien connus, formés de cuvettes de zinc soigneusement amalgamé, remplies d'une dissolution de sulfate neutre de zinc, avec des coussins de papier à filtre de Suède pour y poser la préparation. Afin de garantir celle-ci de l'action irritante du sulfate de zinc, une couche mince d'argile plastique, convenablement humectée d'une dissolution de sel ordinaire, à 75 p. 100, était tendue sur chaque coussin. Ces électrodes étaient mis en communication avec un galvanomètre, et la préparation était disposée de telle sorte que l'œil, soigneusement dégagé de tout muscle, reposât sur une des couches d'argile, tandis que la section transverse du nerf optique était en contact avec l'autre. En suivant la méthode de du Bois-Reymond, nous avons obtenu sans peine une très-forte déviation avec des yeux de lapin, de chat, de chien, de pigeon, de tortue, de grenouille et de poisson rouge. Dans plusieurs cas, la déviation était assez forte pour faire dépasser au point lumineux les limites de l'échelle du galvanomètre.

Pour la question de savoir si la force électro-motrice est influencée par la lumière, et quelles sont les limites de cette influence, l'expérience a présenté plus de difficultés. La méthode suivie a été de mettre l'œil sur les coussins, comme nous l'avons dit plus haut, de noter la déviation de l'aiguille du galvanomètre, puis alors d'examiner si quelque effet était produit sur le mouvement d'un rayon de lumière tant qu'elle était maintenue et lorsqu'elle cessait. Dans quelques-unes des premières expériences, nous nous sommes servis du galvanomètre multiplicateur de du Bois-Reymond; mais, comme la déviation obtenue était si faible que l'effet de la lumière était difficile à observer, on a eu recours pour la suite des expériences au galvanomètre réflecteur de sir William Thomson, prêté par le professeur Tait. On sait que cet instrument est d'une sensibilité excessive. Il y a eu aussi des difficultés secondaires : la mort du nerf, l'impossibilité de maintenir absolument constants le zéro et la polarité de l'appareil, les effets de la chaleur, etc. Nous avons vaincu ces difficultés, autant que possible, par les méthodes les meilleures. Les changements de polarité de l'appareil étaient lents; ils ne pouvaient être confondus avec les changements produits par l'action de la lumière, car ces derniers étaient brusques et d'une durée assez courte. Ajoutons que les déviations observées ne sont pas données ici comme des chiffres absolus, mais seulement comme des valeurs relatives. Cinq cents observations environ ont été faites avant le mois d'avril 1873, et toutes les précautions ont été prises pour assurer l'exactitude des résultats. Nous nous sommes mis à l'abri des causes d'erreur dues à la chaleur, en couvrant les vases qui contenaient l'œil étudié d'une double enveloppe de verre entre les parois de laquelle se trouvait une épaisseur d'au moins 25 millimètres d'eau.

Voici les résultats auxquels nous sommes arrivés :

1° L'action de la lumière sur la rétine a pour effet de faire varier l'intensité de la force électro-motrice de 3 à 7 p. 100 de la force totale du courant naturel.

2° Un éclair qui ne dure qu'une fraction de seconde produit un effet appréciable.

3° Une allumette enflammée, à une distance de 1 mètre à 1 mètre et demi, suffit pour produire un certain effet.

4° La lumière d'une flamme de gaz de faibles dimensions enfermée dans une lanterne et transmise à travers un ballon de verre de 30 centimètres de diamètre, rempli d'une dissolution de sulfate ammoniacal de cuivre, ou de bichromate de potasse, change aussi l'intensité de la force électro-motrice.

5° Voici les résultats que donne l'action de la lumière sur un œil de grenouille : lorsque l'on fait tomber la lumière diffuse sur un œil de grenouille, après qu'il est arrivé à un état assez stable, le pouvoir électro-moteur naturel augmente d'abord, pour diminuer ensuite; tant que la lumière continue à agir, ce pouvoir diminue lentement, jusqu'à ce qu'il atteigne un point auquel il reste stationnaire; si l'on supprime la lumière, le pouvoir électro-moteur croît brusquement et reprend presque son intensité première. Les changements que nous venons d'indiquer sont des variables qui dépendent de la qualité et de l'intensité de la lumière employée, de la position de l'œil sur les coussins et des modifications de la vitalité des tissus.

6° Des expériences analogues faites avec l'œil d'animaux à sang chaud, placé sur les coussins aussi peu de temps que possible après la mort de l'animal, et dans les mêmes conditions, n'ont jamais donné de variation initiale positive, comme celle que nous avons indiquée pour la grenouille, mais toujours une variation négative. L'effet inductif subséquent, lors de la disparition de la lumière, a lieu de la même façon.

7° Un grand nombre d'expériences ont été faites sur l'effet produit par la lumière de différentes parties du spectre. On s'est servi pour cela du spectre que donne un jet enflammé de gaz oxyhydrique tombant sur un morceau de chaux, et l'on a dirigé sur l'œil soumis à l'expérience la lumière de différentes parties de ce spectre. Toutes les observations tendent à prouver que le maximum d'effet est produit par les parties du spectre qui nous paraissent les plus lumineuses, c'est-à-dire par le jaune et le vert.

8° De même, des expériences faites avec une lumière d'intensité variable montrent que les effets physiques constatés se rapprochent beaucoup des valeurs qu'ils auraient si la loi de Fechner était approximativement vraie.

9° La méthode suivie dans ces recherches est nouvelle en physiologie, et, par des procédés convenables, elle est susceptible d'une grande extension, non-seulement pour la vision, mais aussi pour les autres sens.

A partir du 21 avril 1873, en travaillant toujours de concert avec M. le docteur Mac Kendrick, je me suis efforcé d'obtenir des résultats quantitatifs, en prenant le temps pour élément variable dans l'étude de l'action de la lumière sur la rétine et le nerf optique. Pour cela, il a fallu construire une représentation graphique exacte des variations de la force électro-motrice occasionnées par le choc et la suppression de la lumière. Il est clair que pour enregistrer de très-petits changements galvanométriques, la seule méthode à laquelle on puisse avoir recours est la méthode photographique. Dans cette méthode, une surface sensibilisée, enroulée sur un cylindre horizontal tournant rapidement sur son axe, reçoit les impressions successives produites par le déplacement du point lumineux que réfléchit le miroir, comme lorsqu'il s'agit d'enregistrer des observations magnétiques continues. Comme l'appareil nécessaire pour ces observations est très-compliqué, et qu'il faut être bien exercé pour s'en servir, nous avons d'abord eu recours à une méthode plus simple : nous avons noté la position du galvanomètre à des intervalles de temps égaux avant, pendant et après l'impression produite par la lumière sur l'œil. Pour faire ces observations, nous nous sommes servis d'un pendule à secondes assez bruyant. Un observateur lisait les indications du galvanomètre ; l'autre notait chaque intervalle de deux secondes et demie, enregistrait les nombres obtenus et réglait la lumière. Un peu de pratique leur a permis d'obtenir des résultats très-satisfaisants, qui s'accordaient bien dans différentes observations, et qui mettaient en relief les points saillants de la courbe des variations.

Les courbes de variations montrent qu'au moment de l'arrivée de la lumière, la force électro-motrice s'accroît brusquement ; pendant que cette lumière persiste, la force décroît et prend une valeur minimum ; enfin, lorsque la lumière est supprimée, il se produit un effet que l'on peut appeler *inductif*, c'est-à-dire un accroissement brusque de la force électro-motrice qui rend au nerf son énergie normale. La diminution de la force électro-motrice, lorsque l'action de la lumière persiste, représente au point de vue physique que l'on appelle fatigue en physiologie ; l'effet inductif est le retour de l'organe à son état normal. Quelquefois le

choc de la lumière n'est pas suivi d'un accroissement, mais bien d'une diminution de la force électro-motrice. Ceci s'explique probablement par ce fait, que la mort de la rétine et du nerf est indiquée par une diminution graduelle de la force électro-motrice, et que ce changement s'opère souvent avec tant de rapidité que le choc de la lumière ne peut pas produire d'accroissement de la force. Dans ce cas, le point lumineux, qui descendait lentement avant l'arrivée de la lumière, s'arrête un instant lorsque le choc se produit, puis reprend sa course descendante avec plus de vitesse qu'auparavant.

Voici les résultats fournis par plusieurs séries d'observations distinctes :

1° Quoiqu'il ne soit pas difficile d'obtenir un courant assez fort avec la peau de la grenouille, ce courant n'est pas affecté par la lumière. Cette observation prouve que les cellules pigmentaires de la peau, dans le voisinage de la cornée, n'ont aucune influence sur les résultats obtenus.

2° Le courant que donnent les cellules pigmentaires de la choroïde n'est nullement influencé par la lumière.

3° En injectant sous la peau d'une grenouille du woorara, de la santonine, de la belladone et de la fève de Calabar, on ne détruit pas l'impressionnabilité de la rétine par la lumière.

4° Nous avons également étudié l'action de la partie antérieure de l'œil. Après avoir soigneusement coupé en deux un œil de grenouille, de manière à enlever complétement la partie antérieure, c'est-à-dire la cornée, l'humeur aqueuse, l'iris, le muscle ciliaire et le cristallin, et avoir mis la rétine en contact avec une des couches d'argile, nous avons facilement obtenu une déviation considérable, aussi sensible à l'action de la lumière que lorsque nous opérions avec l'œil tout entier, ce qui prouve que la contraction de l'iris, sous l'action de la lumière, est complétement étrangère aux résultats précédemment obtenus.

5° En opérant avec la partie antérieure de l'œil, et en prenant pour pôles la cornée et la surface postérieure du cristallin, nous avons obtenu une déviation considérable, mais cependant insensible à l'action de la lumière.

6° La sclérotique et le nerf, sans la rétine, disposés de la même façon, ont donné une force électro-motrice naturelle considérable ; mais insensible aussi.

7° Voici comment la force électro-motrice se répartit entre les différentes parties de l'œil et une section transversale du nerf : le tissu le plus positif est la cornée ; ensuite vient la sclérotique, et enfin la surface longitudinale du nerf ; la cornée aussi est positive par rapport à la surface postérieure du cristallin, et la rétine elle-même semble être positive par rapport à la section transversale du nerf.

8° Nous passons maintenant aux effets produits par des lumières d'intensités différentes. Si l'on place une bougie à un mètre de l'œil, puis ensuite à dix mètres, la quantité de lumière reçue par l'œil dans le second cas est juste le centième de ce qu'elle était dans le premier ; or, dans le second cas, la force électro-motrice n'est réduite qu'au tiers au lieu du centième. Des expériences multipliées, faites en mettant l'œil dans des positions différentes, ont montré qu'une quantité de lumière cent fois plus grande qu'une autre ne fait tout au plus que tripler la force électro-motrice.

9° Il existe évidemment un rapport entre ces expériences et la théorie de la perception par les sens pour ce qui concerne la vision. Il est maintenant généralement admis que le sensorium ne reçoit pas l'image d'un objet extérieur, mais qu'en réalité le cerveau reçoit certaines impressions d'altération qui se sont opérées dans l'organe récepteur. Nous pouvons donc nous poser ici cette question : les effets physiques que nous venons de décrire et de mesurer sont-ils réellement comparables aux différences de perceptions lumineuses que nous donnent nos sens, en éliminant toutes les associations d'idées qui s'y rattachent, pour ne nous attacher qu'à la différence d'intensité ? En d'autres termes, ces changements représentent-ils bien ce qui est transmis au sensorium ? A première vue il peut sembler que ce problème échappe complétement aux recherches expérimentales. Cependant il existe un moyen d'arriver à une mesure très-exacte des variations des différences de sensation produites par la lumière, et ce moyen a été très-bien développé au double point de vue de la théorie et de l'expérience par l'éminent physiologiste Fechner. La loi de Fechner (1) peut s'exprimer ainsi d'une manière générale : la différence entre nos sensations est proportionnelle au logarithme du quotient des différentes intensités lumineuses. Une série d'expériences faites récemment par Dalbœuf (2) confirme complétement l'exactitude de cette loi. Si donc les différences de puissance électro-motrice qui ont été enregistrées lorsque l'on faisait varier l'intensité de la lumière, sont d'accord avec cette loi de Fechner sur les impressions de nos sens, il est fort probable qu'alors ces variations déterminent les différences que nous percevons par les sens, et peuvent s'y comparer. Or, nous avons dit plus haut qu'une quantité de lumière cent fois plus grande ne donne qu'une force électro-motrice triple. D'après la loi de Fechner, nous pouvons dire que la différence des sensations qui correspondent à cette variation d'intensité lumineuse serait représentée par 2, qui est le logarithme de 100. Les résultats fournis par l'expérience étant entre eux dans le rapport de 3 à 1, leur différence est aussi 2, de sorte que les deux résultats sont d'accord. N'oublions pas cependant que c'est sur un œil de grenouille que nous avons fait l'expérience ; mais des changements analogues ont été constatés avec des yeux de mammifères. Ces derniers, toutefois, donnent des changements moins prononcés, sans doute à cause de la mort rapide des tissus.

10° Lorsqu'on met un point de l'argile en contact avec la cornée ou le nerf, et l'autre avec la section du lobe optique, on obtient immédiatement un courant sensible à l'action de la lumière. Dans cette expérience on laisse l'œil dans son orbite, et l'on n'attaque pas le nerf. Ainsi on a pu suivre dans le cerveau l'action de la lumière sur la rétine.

La suite de ces recherches a donné les résultats suivants :

1° La lumière d'un rayon lunaire non condensé, quoique de faible intensité, et presque entièrement dépourvu de rayons calorifiques, suffit encore pour modifier la puissance électro-motrice du nerf et de la rétine.

2° Le phénomène a été étudié sur les yeux des animaux suivants : 1° le *Triton aquaticus* ; 2° le *Cyprinus auratus* ; 3ᵉ le *Motella vulgaris* ; 4° le *Gasterosteus trachurus* ; 5° le *Cancer*

pagurus ; 6° le *Portunus puber* ; 7° l'*Hyas coarctatus* ; 8° le *Pagurus Bernhardus*, et enfin 9° le *Homarus vulgaris*.

Les résultats généraux obtenus avec les yeux de ces différents animaux ont été semblables à ceux que nous avons cités plus haut. L'œil du cyprin doré et celui de la motelle, deux poissons assez lents, ont entre eux une certaine analogie sous le rapport de la lenteur des variations de la force électro-motrice, et contrastent d'une manière bien marquée avec l'épinoche ou *Gasterosteus trachurus* si vif et si alerte, dont l'œil est très-sensible à la lumière.

Les expériences faites sur les yeux des crustacés ont une certaine importance, parce qu'elles montrent que l'action de la lumière sur un œil composé est la même que sur un œil simple, et qu'elle modifie l'intensité de la force électro-motrice de la surface sensible. L'œil du homard donne une déviation d'environ 600 degrés du galvanomètre, l'échelle étant à une distance d'environ 65 centimètres. La lumière a fait varier cette déviation d'environ 60 degrés, c'est-à-dire d'à peu près 10 pour 100, ce qui est la variation la plus considérable qui ait été constatée dans toutes ces expériences. Il a également été démontré que la diminution d'intensité de l'effet produit par la lumière, lorsqu'on augmente la distance, est exactement la même que pour l'œil simple. Par exemple, à la distance de 30 centimètres environ, on a constaté une variation de 100 degrés ; à la distance de 3 mètres, la quantité de lumière étant cent fois moindre, l'effet n'était pas réduit à 1 degré, mais seulement à 20, c'est-à-dire à un cinquième de l'effet total à 30 centimètres de distance.

3° Nous avons étudié l'action de la lumière sur la force électro-motrice de l'œil vivant chez des chats et des oiseaux (le pigeon et le hibou). Dans nos premières expériences, nous avons trouvé fort difficile d'observer la sensibilité à l'action de la lumière dans les yeux de mammifères et d'oiseaux, même en mettant la rapidité la plus grande à enlever l'organe de son orbite immédiatement après la mort de l'animal. Cette difficulté était évidemment due à ce que, chez ces animaux, la sensibilité du système nerveux disparaît très-promptement lorsque l'afflux du sang s'est arrêté. Il a donc fallu faire l'expérience sur l'animal vivant. Pour cela, nous avons d'abord chloroformisé le chat ou l'oiseau, puis nous l'avons placé dans un appareil qui rendait la tête absolument immobile, et enfin nous avons enlevé la paroi extérieure de l'orbite en endommageant le moins possible les vaisseaux ciliaires. Alors nous avons coupé le nerf optique, nous en avons relevé la section transversale, et nous avons mis les pointes d'argile des électrodes en communication l'une avec la section transversale du nerf, et l'autre avec la cornée. Ces dispositions nous ont donné immédiatement un courant énergique extrêmement sensible à l'action de la lumière.

4° Voici les résultats obtenus par les expériences faites sur les lobes optiques d'un pigeon vivant, soumis à l'action du chloroforme : *a*, lorsqu'un des pôles était appliqué au lobe optique gauche, et l'autre à la cornée de l'œil droit, nous avons obtenu une déviation sensible à l'action de la lumière ; *b*, lorsque le pôle, au lieu d'être mis en communication avec l'œil droit, était appliqué sur la cornée de l'œil gauche, la déviation était moindre, mais toujours sensible à l'action de la lumière ; *c*, lorsqu'on faisait tomber la lumière sur les deux yeux à la fois, tandis qu'un des pôles était en contact avec l'un des yeux seulement, et l'autre pôle avec le lobe optique gauche, le résultat était presque double de celui que

---

(1) Fechner, *Elemente des Psychophysik*. Helmholtz, *Optique physiologique*.

(2) Mémoire présenté à l'Académie belge.

produisait le choc de la lumière sur l'œil droit ou l'œil gauche seulement. Ces effets peuvent s'expliquer par le croisement des nerfs optiques dans la commissure optique.

5° L'examen d'un œil de serpent nous a donné des résultats semblables à ceux qu'avait fournis l'œil de la grenouille.

6° La loi de variation de la force électro-motrice de la rétine et du nerf optique est donc vraie pour les mammifères, les oiseaux, les reptiles, les amphibies, les poissons et les crustacés.

7° Un grand nombre d'expériences ont prouvé que la loi psycho-physique de Fechner, que nous avons citée plus haut, ne dépend pas seulement de la perception par le cerveau, mais aussi en partie de la structure de l'œil lui-même. Les effets qui se produisent pendant et après l'action de la lumière sur la rétine, se produisent aussi après que la communication entre l'œil et le cerveau a cessé. Ainsi la loi de Fechner n'est pas, comme on l'avait supposé jusqu'ici, une fonction du cerveau seul, mais elle est réellement fonction de l'organe terminal, c'est-à-dire de la rétine.

8° Nous avons employé pour enregistrer les variations galvanométriques une méthode nouvelle, qui peut être utile dans bien des recherches physiques et physiologiques. Voici en quoi consiste cette méthode. Nous avons mis à une distance convenable du galvanomètre, au lieu de l'échelle graduée ordinaire, la surface d'un cylindre recouvert de papier et tournant sur un axe horizontal à l'aide d'un mouvement d'horlogerie. Le point lumineux que réfléchit le miroir du galvanomètre est rendu plus net si l'on noircit toute la surface de l'écran de la lampe galvanométrique, à l'exception d'un point d'environ 3 millimètres de large, au centre duquel on trace avec du noir de fumée une ligne ou une croix. L'image de cette ligne ou de cette croix est nécessairement réfléchie par le miroir sur le cylindre. Lorsque le cylindre est mis en mouvement, le point lumineux peut être suivi d'une manière exacte par un observateur dont la main est armée d'un pinceau fin préalablement trempé dans l'encre. Le cylindre dont nous nous sommes servis, faisait un tour en quatre-vingts secondes. Ce temps était divisé en quatre parts égales par quatre lignes transversales équidistantes tracées sur le cylindre. Le premier espace, entre la première et la seconde ligne, représentait vingt secondes pendant lesquelles l'œil était dans l'obscurité, et la force électro-motrice était représentée par une ligne droite ; le second espace, entre la seconde et la troisième ligne, représentait vingt secondes pendant lesquelles la lumière agissait, et pour lesquelles la variation de la force électro-motrice est indiquée par une courbe tournée soit à droite, soit à gauche ; le troisième espace, entre la troisième et la quatrième ligne, représentait vingt secondes pendant lesquelles l'action de la lumière continuait et la force électro-motrice croissait graduellement ; et enfin, le quatrième espace, entre la quatrième ligne et la première représentait vingt secondes pendant lesquelles la force électro-motrice croissait d'abord, lors de la disparition de la lumière, pour décroître ensuite rapidement.

Nous avons donc prouvé par expérience : 1° que le choc de la lumière sur les yeux de mammifères, d'oiseaux, de reptiles, d'amphibies, de poissons et de crustacés, produit une variation de 3 à 10 pour 100 de la force électro-motrice normale qui existe entre la cornée et la section transversale du nerf ; 2° que cette altération électrique peut être suivie jusque dans le cerveau ; 3° que les rayons que nous regardons comme les plus lumineux produisent les variations les plus considérables ; 4° que l'altération de l'effet électrique, lorsqu'on fait varier l'intensité de la lumière, semble suivre de très-près les rapports fournis par la loi psycho-physique de Fechner ; 5° que l'altération électrique est due à l'action de la lumière sur le tissu même de la rétine, puisqu'elle est indépendante de la portion antérieure de l'œil, ce qui détruit par conséquent la supposition que la contraction de l'iris pourrait produire un résultat semblable ; 6° qu'il est possible d'arriver par des expériences à l'expression physique de ce qu'on appelle ordinairement fatigue en physiologie ; 7° enfin, que la méthode qui a été employée dans ces recherches pourrait s'appliquer à l'étude des organes spéciaux des autres sens.

JAMES DEWAR.

FACULTÉ DES SCIENCES DE PARIS

DOCTORAT

M. P. BROCCHI

Les organes génitaux mâles des crustacés décapodes

Les crustacés sont, pour la plupart, des animaux marins qui doivent être étudiés non loin du milieu qui les a vus naître ; en effet, si l'on peut, à la rigueur, déterminer les espèces et reconnaître leurs affinités naturelles d'après les individus desséchés conservés dans nos collections, on ne saurait d'après de semblables spécimens soupçonner la structure intime de ces êtres, ni, à plus forte raison se faire une idée de leur genre de vie. Il n'est donc pas étonnant que les crustacés, sous beaucoup de rapports, soient moins bien connus que les articulés terrestres, et que certaines particularités de leurs mœurs, certains détails de leur organisation restent encore à découvrir. En effet les naturalistes, et ils étaient peu nombreux, qui par leur position, étaient à même de visiter les côtes de l'Océan et de la Méditerranée ou même encore d'y faire un séjour de quelque durée, ne trouvaient pas jusqu'à ces derniers temps, sur le bord de la mer, l'installation nécessaire à leurs observations. La création récente d'un certain nombre de laboratoires maritimes, munis de bateaux et d'engins pour la pêche, d'aquariums destinés à conserver des animaux vivants pour les besoins de l'étude, est venue remédier à cet état de choses, et l'an dernier M. le docteur Brocchi a pu faire, à Marseille, dans le laboratoire des hautes études dirigé par M. Marion, des recherches approfondies sur les organes génitaux des crustacés décapodes. Les travaux considérables de MM. Audouin et Milne Edwards avaient déjà fait connaître les principaux traits de l'organisation de ces animaux, mais, en profitant des moyens d'observation et des instrumnnts plus perfectionnés dont la science dispose, M. Brocchi a pu glaner encore dans le champ parcouru par ces deux savants, et recueillir un certain nombre de faits intéressants qu'il a réunis dans une thèse inaugurale présentée, au mois de juillet, à la Faculté des sciences de Paris.

Les crustacés décapodes, c'est-à-dire les crustacés pourvus de cinq paires de pattes plus ou moins propres à la locomotion, se partagent, d'après M. Alphonse Milne Edwards, en deux grandes sections, les *macroures*, dont le pénultième anneau de l'abdomen porte, soit des nageoires, soit des appendices analogues, bien que modifiés pour remplir d'autres fonctions, et les *brachyures*, dont l'avant-dernier anneau est dépourvu d'appendices mobiles, au moins dans l'animal arrivé à son état complet de développement. Les crustacés décapodes macroures comprennent quatre groupes principaux : les macroures cuirassés, les macroures fouisseurs ou thlassiniens, les astaciens et les salicoques. Dans le premier groupe, M. Brocchi décrit d'abord les organes génitaux mâles de la langouste, du scyllare ours, du thène oriental, de l'ibacus antarctique, de la galatée striée et de la grimothée sociale. Les testicules de la langouste sont placés symétriquement de chaque côté de la région thoracique et reliés l'un à l'autre par une commissure transversale, ils se divisent en deux lobes et sont constitués par un tube très-mince enroulé un grand nombre de fois sur lui-même. Ce tube testiculaire se continue directement avec les canaux déférents, qui, en s'élargissant graduellement, forment deux verges dirigées obliquement et rattachées à deux tubercules coniques vers l'article basilaire de la cinquième paire de pattes. Par des coupes successives, M. Brocchi a reconnu que ces verges se composent d'une enveloppe avec des fibres lamineuses à la partie supérieure et des fibres musculaires assez nombreuses à la partie inférieure, et d'un manchon intérieur avec des fibres musculaires entrecroisées et disposées longitudinalement; parfois même il a trouvé, dans ces verges singulières, un tube blanchâtre enroulé sur lui-même, et renfermant, sous une enveloppe amorphe, des vésicules dont quelques-unes sont munies de prolongements en forme de cils. M. Brocchi n'hésite pas à considérer cet organe, sur lequel M. H. Milne Edwards avait déjà appelé l'attention, comme un *spermatophore*, c'est-à-dire comme une sorte d'étui destiné à protéger la semence lorsqu'elle est émise au dehors, et les vésicules qu'elle renferme comme de véritables corpuscules spermatiques. Les organes génitaux externes de la langouste ne sont représentés que par les deux tubercules coniques auxquels il a été fait allusion tout à l'heure, et dont l'extrémité, coupée en biseau, se ferme par une sorte de soupape. Dans tous les scyllacides, il ne paraît pas y avoir de fausses pattes modifiées pouvant intervenir dans l'acte de la génération, et l'appareil mâle renferme dans toute son étendue de grosses vésicules, contenant de petits corpuscules spermatiques, et fixées sur les parois par des pédoncules extrêmement courts. Chez les galatées, les testicules sont beaucoup moins développés que chez les autres macroures cuirassés, mais ils présentent également, dans leurs tubes enroulés, des vésicules spermatiques; enfin deux paires de fausses pattes se modifient en des appendices externes composés chacun d'une pièce recourbée et d'une sorte de cuiller, garnie de poils sur ses bords. Des transformations analogues des organes locomoteurs se remarquent chez les thalassiniens, et entre autres chez les callianasses, mais ici les appendices affectent des formes différentes, sans jouer pour cela un rôle beaucoup plus important dans la génération.

La famille des astaciens a été divisée par M. Milne Edwards en trois genres : le genre écrevisse, le genre homard et le genre nephrops. Les organes génitaux mâles de l'écrevisse d'eau douce ont été étudiés, dès l'année 1672, par Willis, et M. H. Milne Edwards en a donné d'excellentes figures dans son *Histoire des crustacés* et dans la grande édition du *Règne animal* de Cuvier. Plus récemment, M. Lemoine les a décrits avec beaucoup de détail, et, en 1872, M. Chantran a signalé la présence à certaines époques, dans la partie inférieure du canal déférent, de petits corps vermiculés d'un blanc de lait, qui sont de véritables spermatophores. De la masse testiculaire, consistant en des tubes enroulés, part un canal excréteur qui se contourne sur lui-même et vient se terminer dans la dernière patte; quant aux organes externes, ils sont constitués aux dépens de deux paires de fausses pattes abdominales, dont la première offre deux pièces susceptibles de se rapprocher en formant une sorte de canal, et dont la seconde est composée de trois pièces articulées les unes sur les autres. La forme particulière de ces appendices, chez certaines écrevisses de l'Amérique du Nord appartenant au genre *Cambarus*, a poussé M. Hagen a créer pour celles-ci un grand nombre d'espèces; mais M. Brocchi, tout en reconnaissant les modifications que présentent ces organes externes des astaciens, fait remarquer avec raison qu'en admettant la manière de voir de M. Hagen, on serait conduit à établir aussi plusieurs espèces pour nos écrevisses de rivière qui varient sensiblement sous ce rapport, suivant les localités.

Les homards se séparent des écrevisses par leur rostre grêle et armé de chaque côté de trois ou quatre épines, par la petitesse de l'appendice lamelleux des antennes externes, et par la soudure intime du dernier anneau du thorax avec les précédents; mais ils se distinguent encore, comme l'a reconnu M. Brocchi, par la disposition de leurs appendices mâles qui sont constitués par deux articles, l'un basilaire et prismatique, l'autre en forme de sabre et mobile sur le précédent. Les testicules ressemblent à ceux de la langouste et la verge renferme souvent un petit tube blanc et mou, facilement isolable, qui contient des corpuscules ciliés très-nombreux; ce tube doit encore être considéré comme un spermatophore.

A la suite des macroures proprement dits se placent les macroures anormaux, c'est-à-dire les paguriens, les hippiens et les porcellaniens. Dans tous ces animaux, et entre autres le pagure strié qui habite, comme chacun sait, les coquilles des *Murex* et des tritons, l'appareil reproducteur n'occupe pas la même région du corps que chez les macroures normaux; il est placé dans la portion abdominale, mais les canaux déférents viennent encore déboucher à la base des pattes de la cinquième paire; toutefois, les appendices externes pouvant servir à la copulation font entièrement défaut. La masse testiculaire ne renferme dans son extrémité postérieure que des corpuscules libres; mais un peu plus bas se montrent de grosses vésicules à double contour portées sur de courts pédoncules; enfin plus bas encore, le long des canaux déférents, apparaissent d'autres vésicules moins volumineuses et munies, au contraire, de pédoncules très-allongés. Comme les premières, ces vésicules du deuxième degré renferment des corpuscules spermatiques parfaitement distincts; mais, par cela même qu'elles adhèrent aux parois du tube testiculaire et des canaux déférents, elles ne peuvent être nommées *spermatophores*.

Des observations qui précèdent, il résulte que, chez les décapodes macroures, les testicules sont pairs et reliés souvent par une commissure en arrière de l'estomac; que chacun d'eux se compose de deux ou plusieurs lobes et est constitué, en dernière analyse, par un tube pelotonné sur lui-même; que ce tube, formé presque uniquement par du tissu conjonctif, est tapissé intérieurement par une couche spermatogène produisant des vésicules séminales; qu'il se continue directement par les canaux déférents, donnant parfois aussi naissance à des vésicules séminales, mais renfermant, de plus que le tube testiculaire, de nombreuses fibres musculaires et que les verges ne sont autre chose que l'extrémité inférieure des canaux déférents, attachée au pourtour de l'orifice génital, orifice qui est muni généralement dans l'article basilaire des pattes de la cinquième paire; les deux premières paires de pattes se modifient plus ou moins pour intervenir dans l'acte de la fécondation; mais il paraît bien prouvé qu'il n'y a jamais chez les macroures de véritable copulation, quoiqu'on ne sache pas encore comment l'élément fécondant est mis en contact avec les œufs.

Les crustacés décapodes brachyures peuvent être divisés en deux grandes sections, les microcéphalés, qui ne renerment qu'une seule famille, celle des leucosiens, et les macrocéphalés, comprenant les portuniens, les cancériens, les ocypodiens, les grapsoïdiens, les inachoïdiens et les parthénopiens. C'est dans la famille des portuniens que se rangent les *Neptunus* dont une espèce, le *Neptunus diacanthus* ou *crabe de l'Océan* de de Gur, a été prise par M. Stimpson comme type d'un nouveau genre, le genre *Callinectes*. Un autre carcinologiste, M. A. Ordway, a même cru reconnaître dans ce genre nouveau neuf espèces différant l'une de l'autre par la forme des appendices génitaux; mais M. Brocchi, qui a eu entre les mains un grand nombre de spécimens de *Neptunus diacanthus*, n'a reconnu que deux types distincts, caractérisés l'un par des verges extrêmement courtes, l'autre par des appendices très-allongés, ressemblant à ceux du *Neptunus pelagicus*. Dans les carciniens, et entre autre chez le *Portunus corrugatus*, qui est fort commun sur les côtes de la Provence, les canaux déférents sont très-longs et garnis de fibres musculaires dans toute leur étendue, et les verges sont invaginées, l'extrémité inférieure étant rentrée dans le canal dont ces organes sont creusés. Une disposition analogue se rencontre chez le *Carcinus mœnas* ou crabe enragé, qui est beaucoup plus répandu sur les côtes de l'Océan que sur le littoral méditerranéen. M. Hallez, qui a fait une étude du développement des spermatozoïdes sur les décapodes macroures, et qui n'admet pas chez ces animaux l'existence de spermatophores, a vu chez le crabe enragé les cellules spermatiques, pourvues à l'origine de canaux déférents, se revêtir d'une couche albumineuse, d'une sorte de kyste, et être portées, dans cet état, jusque dans les organes génitaux de la femelle; ces kystes, pour M. Brocchi, doivent prendre le nom de spermatophores, puisqu'ils servent au transport des spermatozoïdes, et que ceux-ci, une fois mis en liberté, s'allongent, perdent leur noyau et deviennent fusiformes. M. H. Milne Edwards a donné dans le *Règne animal* une belle figure des organes internes du *crabe tourteau (Cancer pagurus)*, et M. Duvernoy a décrit et figuré les appendices mâles de ce crustacé, dont la première paire est forte et composée d'une lame testacée épaisse, enroulée sur elle-même et formant un canal complet dans la plus grande partie de leur longueur, tandis que la deuxième paire est formée par deux organes allongés et biarticulés. Les ériphies, les pilumnes, les lophactéos, les gélasimes, les ocypodes, les grapses, les sésames, les cardisomes, les telphuses, etc., présentent des dispositions intéressantes sur lesquelles nous ne pouvons insister ici, et le *Maia squinado*, que M. Brocchi a eu maintes fois l'occasion d'observer sur les côtes de Bretagne, a offert encore à ce naturaliste des amas de corpuscules spermatiques renfermés dans une enveloppe amorphe représentant un spermatophore. En résumé, chez les décapodes brachyures, les organes génitaux mâles sont disposés symétriquement comme chez les macroures; ils se composent essentiellement d'une paire de testicules, de canaux déférents et d'une paire de verges membraneuses qui font constamment saillie au dehors; de plus, il y a toujours des organes externes formés aux dépens d'une paire de fausses pattes modifiées. Seulement, chez les brachyures, les testicules sont complétement indépendants l'un de l'autre, les canaux déférents, pas plus que les tubes testiculaires ne renferment ces vésicules singulières qui existent chez les décapodes macroures, et les verges, dont l'extrémité est ordinairement invaginée, sont souvent hérissées de poils et encroûtées de substance calcaire. Sauf chez les lithodes, les appendices externes sont bien visibles et ceux de la première paire sont toujours canaliculés. Cette complication de l'appareil générateur correspond à un perfectionnement dans la manière dont s'opère la fécondation; chez les brachyures, en effet, il y a une véritable copulation.

De l'ensemble de ses recherches, M. Brocchi conclut que ni la position, ni la forme des orifices génitaux ne peuvent fournir de caractères de classification chez les macroures, et que les modifications subies par l'appendice basilaire de la cinquième paire de pattes ne sont pas assez sensibles, sauf chef les macroures anormaux, pour pouvoir être utilisées par les zoologistes; en revanche, la présence ou l'absence des appendices mâles vient souvent à l'appui de certaines coupes génériques. Chez les décapodes brachyures, il ne faut pas attacher beaucoup plus d'importance à la position de l'orifice mâle, qui est situé d'ordinaire à la base des pattes de la cinquième paire, mais qui se trouve, chez les catométopes, sur le plastron sternal; quant aux appendices mâles, ils offrent, dans les brachyures, de bons caractères pour reconnaître les familles, et peuvent même, dans certains cas, servir à établir des distinctions spécifiques.

Comme on le voit par cette analyse rapide, la thèse de M. le docteur Brocchi, accompagnée de près de deux cents figures gravées avec soin, met en lumière un grand nombre de particularités anatomiques qui non-seulement pourront être employées avec succès par les carcinologistes pour le rangement méthodique des espèces, mais qui aideront les physiologistes à découvrir la manière dont s'opère la fécondation chez les crustacés, en général, et, en particulier, chez les crustacés décapodes, les plus élevés de tous en organisation.

VARIÉTÉS

L'expédition anglaise au pôle Nord.

Le 5 juin dernier était un jour de fête publique à Porstmouth. Tous les bâtiments de guerre et de commerce étaient pavoisés, une foule immense couvrait les quais et une étonnante animation se remarquait dans toutes les parties de la cité. Lors de la marée du matin, on vit sortir du port doux vapeurs d'un aspect martial et sévère accompagnés de yachts, de barques, de canots, de steamers venus de Londres et chargés d'excursionnistes. Ces deux vapeurs n'étaient autres que l'*Alert* et la *Discovery*, qui commençaient leur grande expédition au pôle Nord.

Après plus de trente années de repos (car les expéditions envoyées à la recherche du capitaine Franklin ne sont point, à proprement parler, des voyages de découvertes) l'Angleterre se décidait enfin à continuer l'œuvre des Ross et des Parry. La première nation maritime du monde comprenait qu'elle ne pouvait laisser à l'Amérique ou à l'Autriche le soin de couronner l'édifice dû à l'expédition du *Polaris*. Ce résultat est dû en partie à M. Disraëli qui s'est empressé, dès son installation au pouvoir, d'accepter avec quelque enthousiasme de poëte et de romancier les propositions que M. Gladstone avait prudemment refusées. Le chef du parti libéral d'Angleterre se rappelant en 1873 que les diverses expéditions frétées pour retrouver les traces du capitaine Franklin ont coûté à l'Échiquier de la présente Majesté plus d'un million de livres sterlings, avait refusé obstinément en 1874 de se rendre aux vœux unanimes de la Société royale de Londres. Le ministre patriote de la jeune Angleterre ne vit, en 1875, que la nécessité de lutter contre le mercantilisme aveugle qui a affaibli le caractère national. Il eut l'intelligence de le faire en intéressant le peuple britannique à une entreprise digne de jeter de l'éclat sur le nom anglais. Nous aurons à apprécier d'autres résultats de cette politique nouvelle lors de la prochaine session du Parlement britannique; car on peut dire que l'envoi de l'expédition anglaise au pôle Nord n'est que l'inauguration d'un nouveau système qui conduira peut-être à la création d'un ministère des sciences et d'un conseil d'État scientifique.

Loin de craindre que la nouvelle expédition polaire n'entraîne l'État dans de nouveaux sacrifices dont il est encore impossible de deviner l'importance, M. Disraëli a bravement prévu des désastres que l'on a tout fait pour prévenir. Il a fait inscrire d'avance au budget de 1876 la somme nécessaire pour fréter un navire de secours dans le cas où, dès la fin de 1876, les explorateurs de 1875 n'auraient point donné signe de vie. Il a cherché patriotiquement à associer la royauté britannique à ces efforts. Le prince de Galles a passé en revue les équipages et inspecté les navires avec un soin minutieux et une bienveillance que les princes anglais mettent rarement dans leurs rapports avec de futurs sujets. Excité par cet exemple, qui est décisif de l'autre côté du détroit, l'opinion s'est émue, le maire de Portsmouth a donné un grand banquet en l'honneur des officiers et un bal aux matelots. On a fait à ces braves gens, qui allaient s'exposer pour la science à la plus cruelle des morts, les mêmes honneurs que s'ils revenaient triomphants de quelque expédition nouvelle, dans laquelle ils auraient cueilli sur une terre arrosée de sang humain quelques nouveaux lauriers.

L'amirauté anglaise a eu l'orgueil de dire *Britannia fara da se*. Elle n'a pas craint de paraître ingrate et de repousser le frère du lieutenant Bellot, qui lui-même, lieutenant dans notre marine nationale, venait réclamer le droit de partager les dangers du capitaine Narès, commandant de l'expédition, du capitaine Markham de l'*Alert* et du capitaine Henry Stephenson de la *Discovery*. L'amirauté a plus sagement refusé les offres de coopération qui lui étaient adressées par le gouvernement allemand. Elle s'est montrée si jalouse de son *monopole*, qu'elle n'a pas voulu admettre le propre neveu du capitaine Franklin. Lady Franklin, pour donner à ce jeune homme les moyens de s'illustrer, a été obligée de fréter, avec l'aide généreuse de M. Bennett, l'expédition polaire de la *Pandora*. C'est le dernier sacrifice que cette noble dame, qui vient d'expirer il y a quelques jours après une longue maladie, a pu faire pour la cause des explorations polaires !

Les savants eux-mêmes n'ont point échappé à ce farouche ostracisme. L'amirauté n'a voulu cette fois admettre à bord de ses navires ni astronomes, ni géologues, ni météorologistes, ni naturalistes. Elle a décidé que tous les spécialistes devaient être pris sans exception parmi des hommes déjà engagés au service de la marine nationale. Elle a choisi de jeunes officiers dont l'éducation spéciale a été complétée pendant les préparatifs de l'expédition, mais qui avant d'être savants sont marins, c'est-à-dire qui ont avant tout l'esprit de discipline et l'amour du pavillon.

La rigueur avec laquelle ces principes ont été suivis est véritablement toute spartiate. Le comité de l'expédition polaire s'est décidé à publier un volume d'instructions ou plutôt une véritable encyclopédie des explorations polaires. Rédigé par des vétérans des mers arctiques, ce précieux volume, bien différent des manuels ordinaires, restera comme un monument de la science physique et nautique à l'époque actuelle. L'expédition échouerait (ce qu'à Dieu ne plaise et ce qui est peu à craindre) qu'il laisserait dans l'histoire des progrès de l'esprit humain une trace indélébile. Ce volume si précieux formait à lui seul un des plus beaux ornements de la section anglaise à l'exposition de géographie; on peut le considérer comme une encyclopédie complète de toutes les connaissances utiles aux explorateurs des régions polaires. On y trouve jusqu'à un lexique et une excellente grammaire groënlandaise. L'amirauté ayant eu l'heureuse idée de former à bord des navires expéditionnaires une bibliothèque renfermant la majeure partie des ouvrages publiés sur les explo-

rations polaires, l'intéressant récit du lieutenant Tyson sera lu par les deux équipages. Les tristes suites de l'insubordination et de l'égoïsme qu'il raconte avec l'accent de la vérité agira puissamment sur le moral des braves matelots anglais, et les confirmera dans leur amour du devoir.

Les mêmes principes inflexibles ont présidé au choix des équipages. On a pris des hommes d'élite pour la vigueur corporelle, la santé, le bon esprit, l'habileté nautique. On peut dire, à l'honneur des marins britanniques, que les deux navires qui partent pour cette expédition si pénible sont montés par la fleur des matelots anglais. Le capitaine Narès n'oublia aucun menu détail; il poussa la sollicitude jusqu'à faire visiter par des chirurgiens les mâchoires des hommes qui s'offraient comme volontaires, afin de s'assurer qu'ils pourraient facilement se nourrir des viandes les plus dures et les plus coriaces, et qu'ils seraient peu exposés au scorbut pendant les longues nuits de l'hivernage. L'amirauté ne négligea rien, comme on le voit, pour empêcher la maladie de décimer les rangs des équipages et l'esprit d'indiscipline de paralyser l'action des états-majors. L'exemple de l'expédition du *Polaris*, qui échoua principalement à cause du mauvais recrutement des officiers et des matelots, imposait sous ce point de vue à l'amirauté britannique les plus sérieuses obligations, il faut bien le reconnaître, car le brave capitaine Hall avait péché par un autre excès en admettant sous son pavillon un ramassis de mercenaires qui n'avaient d'américain que le nom.

Mais si les Anglais ont voulu que l'expédition restât strictement britannique, ils ont mis à profit, sans distinction de provenance, tous les résultats que l'expérience des autres nations avait acquis dans ces dernières années.

La route à suivre a été longuement et sérieusement étudiée par la Société royale de Londres, qui a profité des sages avis du professeur Nordenskiöld et des résultats de l'expédition du *Tegethoff*. Les Autrichiens et les Suédois ont enseigné aux lords-commissaires ce qu'il *fallait ne pas faire* si l'on voulait arriver au pôle Nord. Ainsi malgré les protestations d'un géographe célèbre, M. Peterman, qui persiste à préconiser la route du Spitzberg, il a été décidé unanimement qu'on suivrait la voie ouverte par les Américains. Les deux navires se rendront de conserve dans le fond du détroit de Smith, où débouche le détroit de Robeson, seule issue connue pour aller par voie de mer à la conquête du pôle. On a pu voir dans la salle de la Société de géographie consacrée à l'Angleterre une magnifique carte qui résume admirablement l'état des dernières découvertes polaires, et qui sollicite à un haut degré l'attention publique, car la route glorieusement tracée par le capitaine Hall, ce pionnier si malheureux, mais si méritant, doit servir à ses successeurs. Ils suivront, pour ainsi dire, pas à pas le sillon que le *Polaris* a laissé dans les régions polaires. Leurs découvertes ne commenceront qu'à partir du lieu où le capitaine Hall, à bout de forces, épuisé par la maladie et l'indiscipline, a été obligé de s'arrêter. La première station d'hivernage à laquelle ils doivent être maintenant parvenus, à moins que les chaleurs exceptionnelles qui se sont prolongées jusqu'au commencement de septembre ne les ait décidés à pousser plus loin, sera la tombe de ce grand explorateur.

L'expérience si chèrement acquise par les Américains, lors de leur belle et funeste expédition du *Polaris*, a été utilisée pour le choix de la baie d'hivernage. On a tenu compte de la masse de glaces qui encombrent le détroit de Robeson pendant les mois les plus chauds de l'année et de la rapidité des courants qui y ont été observés. Les instructions emportées par le capitaine Narès ne lui enjoignent de ne chercher à forcer ce passage si redoutable que s'il trouve des chances sérieusement favorables. Le succès de l'expédition, et c'est là son caractère principal, n'est point entièrement subordonné à l'issue des opérations maritimes.

Les deux navires emportent avec eux des traîneaux d'une

forme perfectionnée, qui permettront sans doute à de hardis explorateurs de s'avancer jusqu'à la côte septentrionale du continent, tandis que leurs navires hiverneront en sûreté sur la rive méridionale.

C'est seulement au printemps prochain, à moins de circonstances exceptionnellement favorables, que l'expédition s'engagera dans le détroit de Robeson. Même alors, un seul des deux navires s'y aventurera. L'autre restera au point d'hivernage, afin de servir de réserve et de dépôt ainsi que de lieu de refuge. En cas d'accident, il restera toujours disponible pour ramener en Angleterre le personnel de l'expédition.

La prudence la plus sévère a été imposée aux officiers qui commandent les mouvements de l'*Alert* et de la *Discovery*. On fait le blocus systématique du pôle Nord, mais on ne se propose pas en quelque sorte d'y entrer par surprise, comme s'il s'agissait de forcer les portes ou de faire brèche dans les murailles d'une place assiégée.

Les enseignements du siége de Paris n'ont point été perdus non plus pour l'amirauté britannique, qui a décidé que des pigeons voyageurs seraient emportés par les deux bâtiments, qui pourront ainsi rester constamment en communication l'un avec l'autre. Les traîneaux en expédition pourront également utiliser l'aile de ces intelligents oiseaux pour donner quotidiennement de leurs nouvelles aux navires retenus à leur hivernage. Les observations, faites de conserve avec une entente parfaite, pourront acquérir de la sorte un degré d'efficacité inconnu jusqu'à ce jour, nous pouvons même dire inespéré.

L'*Alert* et la *Discovery* ont été accompagnés jusqu'à l'île de Disco, vers le 70ᵉ degré de latitude boréale, par le steamer de guerre le *Valeureux*, chargé de provisions et de charbon pour remplir les vides créés par la traversée, et pour établir dans cette *ultima Thule* de la civilisation danoise un dépôt de vivres, de combustibles et d'effets de campement.

Le *Valeureux* est revenu à Portsmouth, après s'être acquitté de la façon la plus brillante de sa difficile et importante mission. Les premiers rapports du capitaine Narès rapportés en temps utile ont pu être lus et commentés devant l'Association britannique dans sa session de Bristol. Un savant distingué, qui avait fait partie de l'expédition du *Valeureux*, a même pu donner de vive voix toutes les explications nécessaires. C'est donc seulement à partir du 17 août, lorsque le *Valeureux* a vu les deux navires disparaître dans les brouillards, que commence la partie mystérieuse de cette grande épopée maritime.

La traversée de Portsmouth à Disco a été d'une longueur peu ordinaire, à cause de la violence des vents du Nord. Les navires, qui n'avaient pas tardé à se perdre de vue, ont essuyé de violentes tempêtes dans lesquelles ils ont éprouvé des avaries graves. L'*Alert* et la *Discovery*, peu taillés pour une marche rapide, ont plus souffert que le *Valeureux*, qui est arrivé trois jours avant à Disco. Les deux navires avaient perdu des embarcations qui ont pu être remplacées grâce à l'armement du *Valeureux*, dont les cales ont été mises à contribution. En quittant Disco, ce qui est sans exemple jusqu'à ce jour, les deux navires avaient autant de vivres et de charbon qu'à leur port d'armement.

De plus, le gouvernement britannique avait fait demander par son ambassadeur auprès de la cour de Copenhague les autorisations nécessaires pour engager des guides esquimaux et pour acheter des équipages de chiens. Aucun obstacle administratif du genre de ceux contre lesquels beaucoup de voyageurs ont eu à lutter n'a paralysé les mouvements de l'expédition nouvelle. M. Smith, l'inspecteur du Groenland septentrional, a mis le capitaine Narès à même de se procurer un équipage de soixante chiens, magnifiques animaux, la plupart en pleine croissance. La quantité de charbon qui était sur le pont des navires a été suffisante pour qu'ils aient

pu atteindre le bord des glaces de la baie de Melville sans toucher à leur provision réglementaire.

Le séjour dans la petite bourgade de Disco a été une série de fêtes. Les navires ont fraternisé avec les indigènes. Malgré leur froideur, peut-être exagérée, les journaux illustrés d'Angleterre étalent des dessins faits d'après des photographies montrant que les indigènes ont reçu les marins britanniques avec une cordialité peut-être excessive.

Le capitaine Narès est parvenu à s'assurer le concours du célèbre Esquimau Hans, qui avait fait partie de l'expédition du docteur Kane, des expéditions du capitaine Hall, et qui était revenu des régions polaires avec le lieutenant Tyson sur le glaçon du *Polaris*.

Après avoir quitté Disco, les deux bâtiments se sont dirigés vers Uperniavik et de là vers l'entrée du détroit de Smith en négligeant les précautions ordinaires.

Jusqu'à ce jour les explorateurs qui se sont hasardés dans ces mers redoutables ont perdu plusieurs semaines à suivre les détours de la baie de Melville, afin de rester près du rivage, où la glace commence à fondre avant que la haute mer soit dépassée. Le capitaine Narès a tracé hardiment un sillon à travers la masse de glace que les marins nomment le *Paquet*, parce qu'elle est formée des débris accumulés de la Banquise.

Grâce à sa manœuvre hardie, le capitaine Narès n'a mis que dix jours à passer du 70ᵉ parallèle au 77ᵉ; il ne lui manque plus que 7 degrés pour parvenir aux extrêmes limites entrevues par le capitaine Hall. Il a donc fait en dix jours, puisqu'il est parvenu le 27 juillet au 77ᵉ parallèle, plus des deux tiers de la distance qui sépare Disco du pôle. La mer était belle et sans glaces quand le vaillant officier a déposé sous le cairn des îles Carey les dépêches que le capitaine de la *Pandore* devait y découvrir.

On s'attendait à rester sans nouvelles jusqu'à l'ouverture des glaces, au printemps de 1876; mais un événement imprévu a donné une satisfaction inattendue à l'opinion publique. La *Pandore*, qui avait quitté Portsmouth le 23 juin 1875, y revenait inopinément le 18 octobre après une longue campagne de cent quatorze jours, n'ayant pu franchir le détroit de Peel et se rendre à la terre du Roi-Guillaume pour réaliser réellement le passage du nord-ouest, et rechercher les dernières reliques abandonnées par l'*Érèbe* et la *Terreur*, le capitaine Young n'avait pas voulu retourner en Angleterre sans rapporter des nouvelles de l'expédition du capitaine Narès.

Avant de mettre le cap vers le sud, il avait fouillé l'archipel des îles Carey, situé à l'embouchure du détroit de Smith, par 77 degrés de latitude boréale, et découvert sous un cairn des dépêches du commandant de l'*Alert* et de la *Discovery*, de sorte que l'on connaît l'histoire de l'expédition jusqu'à la date du 27 juillet.

Une seconde lettre, mais n'allant qu'à la date du 22 juillet, a donné quelques détails nouveaux confirmant les excellentes nouvelles que la *Pandore* a apportées. Plusieurs journaux, en les reproduisant, ont cru qu'il s'agissait de faits plus récents que ceux déjà connus.

Dans un de ses derniers numéros, le *New-York Herald* rapporte que le baleinier à vapeur *Onward* est arrivé à San-Francisco, de retour de la mer de Behring, qu'il a traversée libre de glaces jusqu'à une latitude inusitée. Il a pu s'approcher de l'embouchure presque toujours inaccessible du Mackenzie.

Tous les renseignements concourent donc à nous faire croire que l'expédition anglaise a trouvé une saison exceptionnellement favorable, et qu'elle est parvenue aux latitudes atteintes par le *Polaris* environ un mois plus tôt.

Voyons quelles ressources sont à sa disposition pour lutter contre les obstacles qu'elle a pu rencontrer, et dont rien ne peut nous faire deviner ni la nature ni la gravité.

Nous ne dirons rien des particularités offertes par les vêtements, les effets de campement et les divers outils à l'usage des vaillants explorateurs, car la description serait trop longue à suivre sans figure. Nous nous bornerons à ajouter que rien de ce qui était possible n'a été négligé. Mais il nous est impossible de ne point faire remarquer qu'un grand nombre de ces perfectionnements ont été suggérés par notre ami Gustave Lambert dans les innombrables conférences faites pour arriver à l'équipement de son *Boréal*.

Les deux navires ont été consolidés par des membrures en chêne, de manière à pouvoir résister à la terrible pression des glaces. Ils ont été pourvus de puissantes machines et d'un éperon en fer, afin qu'ils puissent tailler eux-mêmes leur sillon dans la glace, et obliger la banquise à leur livrer passage. Nous venons de voir que cette faculté précieuse a été utilisée de la façon la plus brillante pour arriver à l'embouchure du détroit de Smith sans coup férir. Les machines ont été disposées de manière qu'il soit possible de les chauffer aussi bien à l'huile qu'au charbon. La chasse à la baleine et au phoque doit servir à augmenter l'actif en combustible et en vivres des marins anglais.

D'après une lettre que publient les *Débats*, les équipages avaient ramassé plusieurs *tonnes* d'œufs d'eider et d'oiseaux analogues avant de quitter Uperniavick. Cette partie essentielle des plans de Gustave Lambert sera scrupuleusement pratiquée. L'expérience des naufragés du *Polaris* qui, sans autre ressource, sont parvenus à subsister sur une glace flottante pendant des mois entiers, créait à l'amirauté britannique un devoir impérieux de suivre ces intelligentes suggestions; mais elle l'a fait de manière à faire honneur à son esprit d'invention. On peut dire que rien de ce qui est possible pour assurer le succès d'une expédition entourée nécessairement de tant de hasards n'a été omis. On a même engagé les officiers commandants à modérer leur ambition. Le but n'est pas tant d'aller planter le yacht britannique au pôle que de revenir après avoir fait un nouveau pas. Attendons donc sans impatience ni inquiétude que l'avenir nous apprenne le sort d'une si magnifique tentative, exécutée sous des auspices aussi heureux.

On nous permettra d'ajouter un détail curieux : Le jour même où arrivaient à Londres les glorieuses nouvelles apportées par la *Pandore*, une commission prussienne instituée par M. le prince de Bismarck se prononçait contre l'opportunité de ce nouveau voyage au pôle nord.

W. DE FONVIELLE.

BIBLIOGRAPHIE SCIENTIFIQUE

Leçons sur la chaleur animale, sur les effets de la chaleur et sur la fièvre, par M. CL. BERNARD

Le fond même de ce volume est constitué par une série de leçons publiées dans la *Revue* en 1871-72, auxquelles l'éminent professeur du Collège de France a ajouté les nombreux résultats de ses expériences nouvelles et qu'il a fait suivre d'une étude de physiologie pathologique sur la fièvre, considérée au point de vue thermique. Ce sont ces points nouveaux qui nous arrêteront plus particulièrement au milieu du cadre général de l'ouvrage.

La chaleur est l'un des éléments physiques essentiels du milieu intérieur : ce milieu produit lui-même la chaleur qui lui est nécessaire. Quel est le lieu de cette production? Ici se placent les belles recherches par lesquelles M. Cl. Bernard a déterminé, par des mensurations thermo-électriques, la to-

pographie calorifique des arbres artériel et veineux; le sang des artères est, d'une manière générale, moins chaud que celui des veines; mais les conditions particulières de refroidissement que réalisent quelques-uns de ces derniers vaisseaux, par suite de leur position superficielle, peuvent en certains points donner des résultats en apparence contraires au fait général que nous venons d'énoncer. De là les conclusions contradictoires des premiers observateurs, conclusions qu'une rigoureuse critique expérimentale ramène à une plus juste interprétation. Ainsi la veine cave inférieure apporte au cœur droit du sang plus chaud que le sang artériel; mais cette proposition ne saurait s'appliquer à la veine cave supérieure; celle-ci, restant étrangère à la cavité abdominale, se comporte comme les veines périphériques et, quand elle s'abouche dans le cœur, elle est plus froide que l'artère correspondante. L'oreillette reçoit donc du sang plus froid provenant de la partie supérieure et du sang plus chaud provenant de la partie inférieure du tronc. Les deux courants mêlent dans ce point leurs ondes et confondent leur température; dans le ventricule droit, après un mélange bien complet des deux sangs veineux, la température est plus élevée que dans le ventricule gauche.

Quant à la source de cette chaleur du sang veineux en général, tandis que les premiers physiologistes cherchaient un foyer unique, un organe central, un véritable calorifère animal, M. Cl. Bernard montre tout ce que cette recherche a d'illusoire : il n'y a pas d'organe spécial pour la fonction calorifique, pas plus qu'il n'existe d'organe spécial pour la fonction de nutrition. Tous les organes, tous les tissus, tous les éléments, se nourrissent, tous produisent de la chaleur. Ces phénomènes sont liés à leur existence. La production de chaleur n'est pas une fonction spéciale, localisée, c'est une propriété générale, universelle. C'est dans la profondeur de tous les organes, au contact de tous les éléments histologiques, que la chaleur s'engendre par les réactions chimiques dont s'accompagnent leur nutrition et leur fonctionnement.

Ces réactions sont infiniment complexes, elles peuvent être des dédoublements, des fermentations, etc., et elles varient d'un point à un autre de l'organisme, suivant une multitude de conditions. Il n'y a pas là une réaction si simple qui consisterait à brûler du carbone ou de l'hydrogène, par de l'oxygène introduit comme cela se passe dans un foyer ou dans un fourneau. Il ne se produit pas toujours ce qu'on appelle une combustion directe, ou bien il faut modifier le sens dans lequel les premiers chimistes avaient entendu le mot combustion et en élargir la signification avec les chimistes modernes. La combustion est, dans ce sens, toute réaction chimique capable d'engendrer de la chaleur, et il y a en effet bien d'autres phénomènes que l'oxydation pour engendrer de la chaleur.

Passant alors à l'étude de l'influence que le système nerveux exerce sur la calorification, M. Cl. Bernard expose toute la série des expériences, anciennes et nouvelles, qui l'ont amené à admettre, à côté des nerfs *vaso-constricteurs*, tout un système général de nerfs *vaso-dilatateurs*. Renonçant jusqu'à un certain point à donner pour le moment une explication absolue du mécanisme de la dilatation vasculaire, il établit l'existence de nerfs qui y président, et cette étude l'amène à exposer les résultats de nouvelles expériences sur la section du trijumeau. En répétant l'expérience de Magendie sur ce nerf, il a cherché s'il existait un rapport étroit entre l'altération des fibres nerveuses consécutive à la section et les troubles trophiques qu'on observe du côté de l'œil. La section de la cinquième paire à son origine, avant le ganglion de Gasser, a amené l'opacité de la cornée, l'inflammation de la conjonctive, sans que la partie périphérique de la cinquième paire, dont le ganglion de Gasser est le centre trophique, ait éprouvé la moindre altération. On en peut conclure que la section de la cinquième paire amène des lésions de nutrition, [parce que le trijumeau renferme les nerfs dilatateurs qui, à l'état normal, contre-balancent l'action des nerfs constricteurs. Les *troubles trophiques* se produisent par suite de la prépondérance d'action de ces nerfs constricteurs, et en effet il est facile de constater dans cette expérience que les vaisseaux de ce côté de la face sont rétrécis. Ce seraient donc les nerfs dilatateurs qui mériteraient plus spécialement le nom de nerfs trophiques.

. Or, comme l'expérience montre qu'il y a deux ordres de *phénomènes de température* en rapport avec les deux actions vaso-motrices, c'est-à-dire que les nerfs dilatateurs sont en même temps *calorifiques*, tandis que les constricteurs sont *frigorifiques*, le système nerveux semble n'atteindre la calorification, comme la nutrition, que par l'intermédiaire de la circulation. Cependant M. Cl. Bernard ne peut se refuser à admettre une action du grand sympathique différente de l'action vaso-motrice et qui aurait pour conséquence une suractivité sur place dans les échanges chimiques avec production directe de calorique. Inversement, ce n'est pas seulement parce qu'il rétrécit les vaisseaux que le grand sympathique galvanisé produit du froid, c'est parce qu'il refrène et ralentit en même temps le mouvement chimique de nutrition. Il faudrait donc dire désormais qu'indépendamment de l'action vaso-motrice, le grand sympathique exerce une action thermique; qu'il est, en un mot, un nerf *frigorifique;* mais il ne faudrait pas, de cette expression, tirer cette idée qu'il se produit dans le corps vivant du froid ou du chaud par l'action nerveuse elle-même, action mystérieuse et vitale, comme le pensaient autrefois Brodie et Chossat. Le système nerveux ne peut manifester du froid et du chaud que par son action sur les phénomènes *chimiques* qui accompagnent la nutrition des tissus. Or l'influence du grand sympathique est une influence modératrice des phénomènes de nutrition : en agissant sur les petits vaisseaux, il agit en même temps sur les tissus pour en refréner ou en exciter l'activité fonctionnelle.

Mais si la chaleur est un agent indispensable à l'activité de la vie, si l'organisme a la faculté de donner naissance à cette chaleur, et d'en régler, selon ses besoins, la production et la distribution, il est des degrés où l'excès de chaleur agit sur l'organisme comme un agent toxique. Comme tous les agents toxiques, la chaleur attaque un seul des éléments essentiels de l'organisme, et produit la mort générale par la mort partielle et locale de cet élément. Ici c'est le muscle qui est frappé, et c'est la perte des propriétés de cet élément qui, en produisant la rigidité, l'arrêt de la circulation et de la respiration, amène fatalement la mort.

Aussi, de tous les éléments qui constituent le syndrome fièvre, la chaleur est-elle le symptôme le plus important; c'est d'après l'élévation de la calorification que le médecin fixe ses idées relativement à la gravité de certaines fièvres : de même que dans les expériences de laboratoire on voit que la chaleur, portée à un certain degré, peut amener la mort de l'animal, de même l'observation clinique nous apprend que dans les maladies aiguës la progression continue de la température indique une issue fatale. De l'aveu de tous les médecins, on a vu rarement la température dépasser 41°,9, pendant plusieurs jours, sans qu'une terminaison fatale soit venue montrer l'extrême gravité de cet excès de chaleur. Cette production de chaleur, dans le cas de lésion locale, n'est pas limitée à la partie lésée; elle est générale et la fièvre apparaît à l'analyse physiologique comme constituée essentiellement par une exagération de l'activité des nerfs médullaires vaso-dilatateurs ou calorifiques; il y a alors *dénutrition continue.* Cette expression exige quelques explications empruntées aux dernières leçons de notre illustre maître, et qui montreront bien comment on doit concevoir aujourd'hui les liens étroits qui unissent les divers éléments de toute question de physiologie pathologique.

En cherchant les rapports qui rattachent les phénomènes de nutrition aux fonctions du système nerveux, M. Cl. Bernard arrive à la conception générale de deux espèces de nerfs vaso-moteurs dont il a découvert et étudié l'action depuis de longues années : les uns, nerfs médullaires vaso-dilatateurs ou calorifiques, produisent, par leur entrée en activité, la *dénutrition*, c'est-à-dire les oxydations des principes constituants des tissus; d'une manière générale, ils activent les métamorphoses par lesquelles les éléments anatomiques transforment les matériaux que la nutrition a accumulés en eux et donnent naissance ici à de la force mécanique, ici à de l'électricité, ailleurs à des produits de sécrétions, toutes transformations qui se réduisent en dernière analyse à une production de chaleur, ou qui s'accompagnent toujours d'un dégagement de chaleur.

Les autres, nerfs vaso-constricteurs, ou vaso-moteurs proprement dits, car ce sont les plus anciennement connus sous ce nom, président à la nutrition, à l'organisation. Ce sont en effet des nerfs frigorifiques, sous l'influence desquels la température s'abaisse, en même temps que les phénomènes de sécrétion, et en général d'oxydation, se trouvent arrêtés ou ralentis.

Les exemples abondent pour faire comprendre ce rôle alternatif des deux ordres de nerfs et l'influence particulière des vaso-moteurs. Ainsi une glande, un muscle, et tous les tissus de l'organisme en général, présentent des périodes successives d'états que, d'après les manifestations extérieures, nous appelons périodes de repos et d'activité. Dans la première, la cellule de la glande ou la fibre musculaire s'assimile les matériaux qu'elle dépensera plus tard : elle se nourrit: elle organise, souvent par des phénomènes de réduction, ce qu'elle transformera en un autre moment par des phénomènes d'oxydation. Dans cette première période, tout, dans la circulation et dans la calorification de ces parenchymes, nous montre que ce moment est celui où l'influence des vaso-constricteurs ou frigorifiques se montre avec le plus d'évidence. — Dans une seconde période, les éléments cellulaires de la glande tombent en déliquium; la dénutrition succède à la nutrition; le muscle brûle ses matériaux pour produire de la chaleur, c'est-à-dire de la force; les oxydations, ou les processus qui s'y rattachent d'une manière directe, forment alors la base du mouvement moléculaire qui s'accomplit. Or en ce moment les phénomènes vasculaires et calorifiques qu'on peut observer dans les tissus nous montrent que les nerfs vaso-dilatateurs ou calorifiques sont en pleine action, et le rapport, qui existe entre leur activité et la dénutrition des tissus, est si évident que l'on peut provoquer cette dernière en excitant les nerfs vaso-dilatateurs, faire sécréter la glande salivaire en agissant sur la corde du tympan, etc.

Aussi toutes les fois que l'on assiste à des phénomènes d'organisation, se trouve-t-on en présence de conditions identiques à celles que produit l'entrée en action des nerfs frigorifiques. Il suffit de rappeler les conditions particulièrement favorables que la réfrigération apporte à la cicatrisation des plaies, conditions que les chirurgiens ont cherché à réaliser par l'irrigation à l'eau froide ou par les applications de glace. C'est là une loi générale que nous pouvons vérifier chez les animaux hibernants; chez une marmotte en hibernation, la cicatrisation d'une blessure se produit beaucoup plus vite que chez le même animal à l'état de réveil, c'est-à-dire avec un milieu intérieur d'une température plus élevée. Si les phénomènes de cicatrisation et de reproduction d'une partie enlevée sont si faciles chez les animaux à sang froid, il n'en faut pas chercher d'autre cause que ce fait, que ce sont des animaux à sang froid. Et en effet, nous observons le même phénomène chez un mammifère lorsqu'il réalise les conditions d'un animal à sang froid. Chez le loir, dans la période active ou de réveil, on n'a jamais observé la reproduction de la queue amputée, mais chez le même animal, pendant le refroidissement et l'engourdissement hibernal, on a pu obtenir une régénération analogue à celle qu'offre cet organe chez le lézard ou la salamandre.

Il est facile de comprendre maintenant l'expression de *processus de dénutrition continue* appliquée à la *fièvre*. Il n'y a plus alors, pour les tissus en général, de périodes successives de nutrition et de dénutrition. Celle-ci règne seule, de sorte que la production de chaleur est continue.

« Pour nous résumer, dit en terminant M. Cl. Bernard,
» relativement à cette étude de la chaleur, de la fièvre, des
» nerfs vaso-dilatateurs, et pour indiquer exactement les rap-
» ports qui lient étroitement ces questions de physiologie et
» de pathologie, nous dirons en les examinant aux trois
» points de vue que je considère comme termes obligés de
» toute analyse médicale vraiment scientifique, nous dirons
» que :
» 1° La physiologie nous montre dans la fièvre des trou-
» bles de nutrition caractérisés par une dénutrition constante,
» sous l'influence d'une activité constante des nerfs vaso-
» dilatateurs ou calorifiques.
» 2° La pathologie nous montre, dans cet excès même de
» chaleur produite, une source de danger, dont la mort peut
» être le résultat plus ou moins rapide.
» 3° C'est contre cette persistance de l'état de dénutrition,
» ou de calorification, en un mot d'activité des vaso-dilatateurs,
» que la thérapeutique doit chercher à réagir, soit en trouvant
» un moyen de mettre en jeu le système nerveux de manière
» à ramener le froid dans le milieu intérieur, soit en substi-
» tuant à l'action nerveuse physiologique des équivalents
» physiques tels que la réfrigération extérieure artificielle
» (bains froids, etc.). »

Bulletin des publications nouvelles

Les flammes chantantes ; *théorie des vibrations et considérations sur l'électricité*, par Frédéric Kastner. 3ᵉ édition. 1 vol. in-12 (Paris, E. Dentu ; Eug. Lacroix).

Le phylloxera, histoire de la nouvelle maladie de la vigne et des moyens employés pour la guérir : études pratiques à l'usage des vignobles menacés, par M. C. Ladrey. 1 vol. in-18 (Paris, F. Savy). Prix : 4 francs.

La botanique dans l'œuvre de François Bacon, par M. D. Clos ; *Des éléments morphologiques de la feuille chez les monocotylés*, par le même (Toulouse, imprimerie Douladoure).

CORRESPONDANCE

MON CHER MONSIEUR ALGLAVE

Permettez-moi de répondre brièvement à la lettre de M. Pasteur, insérée dans le dernier numéro de la *Revue scientifique*.

Sans reproduire les arguments sur lesquels j'ai appuyé ma manière de voir touchant les fermentations, arguments développés dans mon livre (1), je me contenterai d'écarter le reproche grave, venant d'un maître tel que M. Pasteur, d'avoir marché à l'encontre des principes les plus essentiels de la science, en introduisant l'élément temps dans l'évaluation d'un travail chimique.

Lorsque le sucre se partage en alcool et acide carbonique sous l'influence de la levûre, il y a dégagement de calorique ; le sucre se comporte donc comme les corps explosifs, et la

(1) Pages 112, 113, 148 à 156.

levûre, pour le décomposer, n'a à effectuer aucun travail chimique proprement dit ou positif, comparable au travail chimique d'une pile dont le courant passe à travers un voltamètre. La décomposition du sucre, qui a pénétré par endosmose dans une cellule de levûre, peut se comparer grossièrement à celle de l'iodure d'azote dont le plus léger frottement détermine la destruction.

Dans ma pensée, la levûre possède comme propriété spéciale la faculté de communiquer au sucre l'ébranlement spécial nécessaire à son dédoublement. L'expérience prouve qu'elle agit d'autant plus énergiquement dans ce sens : c'est-à-dire que sous l'unité de poids elle décompose d'autant plus de sucre dans l'unité de temps, que son activité vitale manifestée par son activité respiratoire et la rapidité de sa reproduction est plus grande. C'est pour cette raison que j'ai attaché une certaine importance à la mesure, dans des conditions diverses, de ce que j'ai appelé *énergie, activité* de la levûre comme ferment et non *pouvoir ou caractère* ferment.

Le lecteur qui voudra bien se reporter aux passages cités et les parcourir attentivement pourra se convaincre que je n'ai nullement confondu ce que M. Pasteur nomme *pouvoir comme ferment, caractère ferment*, avec l'énergie, l'activité du ferment.

Loin de méconnaître qu'en introduisant la considération de temps dans la définition de l'énergie de la levûre, j'y introduisais, par là même, celle de l'activité vitale des cellules indépendante du caractère ferment, j'ai consacré plusieurs pages de mon livre à établir que je ne séparais nullement ces deux activités, qu'elles marchent parallèlement, augmentant ou diminuant ensemble.

En évaluant l'énergie d'un ferment par la quantité de corps décomposés par l'unité de poids de levûre, dans l'unité de temps, je mesure non un travail chimique effectué, mais un état particulier de la levûre variable avec les conditions de milieu ; de même qu'avec le voltamètre on mesure l'intensité d'un courant dans des conditions déterminées.

Votre bien dévoué,

—Schutzenberger.

CHRONIQUE SCIENTIFIQUE

M. Connelly, conseiller à la cour de cassation, a cru pouvoir accepter les fonctions — apparemment rémunérées — de doyen de la Faculté de droit catholique de Paris : l'autorité supérieure se serait émue, paraît-il, de cette situation équivoque, et M. le procureur général Renouard aurait rappelé à M. Connelly que la loi interdit aux conseillers de la cour de cassation toute fonction salariée. En conséquence, M. Connelly s'est abstenu — pour cause de santé — d'assister à la séance d'inauguration de l'université catholique. Quelques heures après — sa santé sans doute s'étant améliorée — il siégeait en personne à la cour de cassation.

Il est probable que M. Connelly restera doyen, mais doyen honoraire de ladite Faculté, doyen sans traitement, hélas ! Toutefois on s'arrangera bien de manière à lui donner une ample compensation sous forme d'indemnité : avec la loi, comme avec le ciel, il est plus que jamais des accommodements.

— M. Wallon, ministre de l'instruction publique, vient de signer un décret par lequel il réorganise l'école française à Rome.

Cette école, qui n'était qu'une simple dépendance de l'école d'Athènes, aura désormais une vie propre.

— L'*Univers* publie un bref du pape relatif à l'université catholique de Lille ; Pie IX y déplore que tant d'esprit soit gâté par « les captieuses dispositions des lois ».

— La semaine dernière a eu lieu à Lyon, au grand amphithéâtre de l'école de droit catholique, la séance d'inauguration dont le *Courrier de Lyon* nous apporte le compte rendu :

« M. Pagnon, vicaire général, présidait, et a fait lire par M. Gouthe-

Soulard le procès-verbal de la réunion des évêques, où avait été définitivement organisée la Faculté par l'élection de son doyen.

» M. Brac de la Perrière, avocat, doyen élu, a pris ensuite la parole et, dans une remarquable allocution, a nettement défini le rôle que s'attribuait à Lyon la Faculté catholique. Il n'a pas craint de remercier M. Wallon, qu'il a appelé le second fondateur de la liberté de l'enseignement. Il a manifesté l'espoir d'une heureuse entente existant toujours entre les deux Facultés et a déclaré que le programme catholique devait être aussi classique dans ses leçons que pouvait l'être le programme universitaire dans les siennes.

» Un grand nombre de notabilités lyonnaises assistaient à la séance ; on y remarquait surtout des magistrats de la cour et du tribunal, entre autres M. le président Rieussec, M. le procureur général Robinet de Cléry, M. le président Brun de Villeret, M. le procureur de la république Brigueil. »

— On lit dans la *Semaine catholique du Midi* :

« Une réunion de MM. les curés de Toulouse et de MM. les archiprêtres de Villefranche, de Muret et de Saint-Gaudens a été tenue à l'archevêché, à l'effet de s'occuper du projet de fondation de l'université catholique de Toulouse. En l'absence de l'archevêque, M. l'abbé Roger, vicaire général, présidait. Le R. P. Caussette était présent.

» Il a été porté à la connaissance de l'assemblée, entre autres renseignements, que l'œuvre peut désormais compter sur le concours actif de douze archevêques ou évêques de la région.

» Après un premier échange de vues qui a duré une heure et demie et qui sera l'objet d'un rapport, la réunion s'est ajournée à mardi prochain. »

— Le conseil municipal de Montpellier a voté, dans sa séance d'hier, la création d'une Faculté de droit.

Deux de ses membres sont désignés pour aller à Paris faire part au gouvernement du vote du conseil. Ils sont également chargés de donner au ministre l'assurance que Montpellier ne reculera devant aucun des sacrifices nécessaires à l'installation de la Faculté de droit.

— Cette semaine a eu lieu au cimetière Montparnasse l'inauguration du monument élevé à la mémoire d'Ortolan.

Autour du tombeau étaient rangés le fils d'Ortolan, son neveu et M. le professeur Bonnier, son gendre, ainsi que tous les professeurs de l'École de Droit, parmi lesquels M. Desjardins, sous-secrétaire d'État au ministère de l'intérieur ; un grand nombre de magistrats et d'avocats du barreau de Paris.

Deux anciens élèves d'Ortolan, MM. Chachian et Xavier Whilhems, ont pris successivement la parole. Puis M. Valette, professeur de Code civil à l'École de Droit, a prononcé un discours dans lequel il a rendu hommage au talent et aux œuvres de l'éminent professeur.

Après M. Valette, M. Senard, ancien bâtonnier de l'ordre des avocats, a pris la parole au nom du barreau de Paris.

Le tombeau est placé presque au centre du cimetière. Le buste d'Ortolan, modelé par M. Schœneverk, surmonte une pyramide sur laquelle on lit l'inscription suivante :

A

LA MÉMOIRE

DE

J.-L.-E. ORTOLAN

JURISCONSULTE FRANÇAIS

PROFESSEUR A LA FACULTÉ

DE DROIT DE PARIS

SES ÉLÈVES, SES DISCIPLES

SES AMIS

—

VERITAS DE TERRA ORTA EST

ET JUSTITIA

DE COELO PROSPEXIT (PS. LXXXIV, 12).

— Une dépêche de Biskra, adressée par M. Largeau à la Société de géographie, annonce la mort d'un chef arabe, Sidi-Mohammed, bien connu des voyageurs français pour la protection qu'il leur accordait dans le Sahara central.

— On nous affirme que la fièvre aphtheuse, vulgairement appelée *cocotte*, sévit en ce moment dans un grand nombre de communes du département de la Meuse, et notamment dans les cantons d'Étain, de Verdun, de Charny, de Souilly, de Montfaucon, de Varennes et de Clermont.   (*Indépendance de l'Est.*)

— Le 15 novembre dernier, on a célébré à Angers, dans l'église de Saint-Maurice, la messe du Saint-Esprit pour l'ouverture de l'université catholique. Parmi les assistants, on remarquait le premier président, le procureur général, les avocats généraux, le général Charreyron, les colonels des deux régiments de la garnison, le maire d'Anger, ainsi que le cardinal archevêque de Rennes, les évêques de Laval et du Mans, et l'abbé de Bellefontaine. Le sermon d'ouverture a été prononcé par Mgr Freppel, évêque d'Angers.

— Voici le sommaire du numéro de novembre 1875 du *Journal des Economistes*, revue mensuelle de la science économique et de la statistique, dirigé par M. Joseph Garnier, membre de l'Institut : La crise financière de 1814 et de 1815, par M. du Puynode. — Les charges de la guerre et les progrès de la situation financière en Europe, par M. Ernest Hendié. — Les nouveaux économistes : I. Lettre de M. de Laveleye. II. Observations de M. H. Baudrillart. III. Observations de M. Joseph Garnier. — Le Japon, sa transformation sociale, ses ressources et sa situation économique, par M. Ad. Frout de Fontpertuis. — La nation dans l'humanité et dans la série organique, par Mme Clémence Royer. — Les banques populaires en Belgique, par M. Charles-M. Limousin. — Léon Faucher, sa vie, ses œuvres, sa correspondance, par M. E. Levasseur (de l'Institut). — Une boucherie coopérative à Orléans. — La question monétaire en Allemagne ; L'embarras des pièces d'argent, par M. Henri Cernuschi. — Discussion à la Société d'économie politique : *Réunion du 5 novembre 1875*. — A quelles conditions les travaux publics sont-ils rémunérateurs ? — Bibliographie. — Chronique économique.

Le *Journal des Economistes* paraît le 15 de chaque mois, à la librairie Guillaumin ; 14, rue Richelieu (36 fr. par an pour toute la France).

— Nous avons sous les yeux une publication importante, le *Tableau du commerce extérieur de la France pendant l'année 1874*, publié par l'administration des douanes.

Les résultats généraux ayant déjà été publiés dans le temps, il serait superflu d'y revenir. Bornons-nous à rappeler que la valeur des marchandises de tout genre importées est portée à 4 milliards 402 millions, et celle de la sortie à 4 milliards 702 millions.

Le tableau qui vient de paraître fait connaître pour la première fois le mouvement des échanges en 1874 avec les divers pays du globe.

L'Angleterre vient en première ligne, dépassant grandement toutes les autres contrées : 721 millions à l'importation ; 1 milliard 232 millions à l'exportation.

Les pays avec lesquelles nos relations offrent ensuite le plus d'activité sont les suivantes :

	Importé.	Exporté.
Belgique . . . . millions.	477	409
Allemagne	428	315
Suisse	355	288
Italie	358	241
Etats-Unis	249	183
Russie	216	170

En ce qui concerne spécialement le port de Bordeaux, nous trouvons que les entrées en entrepôt représentent 172 millions 1/2 de kilogrammes d'une valeur de 56 millions 306 000 francs. Il est sorti 169 millions de kilogrammes, soit 30 millions 266 000 francs, et le stock au 1er janvier 1875, 25 millions 835 000 kilogrammes, représentant 19 millions 787 000 francs.

A la même époque, le port de Bordeaux possédait 354 navires représentant 121 500 tonneaux. Il avait été construit dans l'année 4173 tonneaux ; les extinctions de tout genre, 24 navires, étaient un peu au-dessus des additions, 22 navires, et, en fin de compte, une réduction, fort légère il est vrai, 420 tonneaux, se montrait sur l'effectif à un an de distance. Mais, ce qu'il y a de fâcheux, c'est que le total des constructions nouvelles, en 1874, dans tous les ports français, ne dépassait pas 862 navires, 26 662 tonneaux, chiffre inférieur à celui des pertes causées par les naufrages, 32 894 tonneaux. On voit aussi à quel point les constructions des grands navires sont rares, puisque la moyenne du tonnage des navires construits ne dépasse pas 30 tonneaux 1/2.

Ces chiffres donnent une triste idée de la situation de notre marine marchande.

— L'Ecole des sciences politiques rouvre pour la quatrième fois ses cours le lundi 29 novembre, 16, rue Taranne.

Le propriétaire-gérant : GERMER BAILLIÈRE.

PARIS. — IMPRIMERIE DE E. MARTINET, RUE MIGNON, 2

LA

REVUE SCIENTIFIQUE

DE LA FRANCE ET DE L'ÉTRANGER

REVUE DES COURS SCIENTIFIQUES (2ᴱ SÉRIE)

DIRECTION : MM. EUG. YUNG ET ÉM. ALGLAVE

2ᵉ SÉRIE — 5ᵉ ANNÉE — NUMÉRO 23 — 4 DÉCEMBRE 1875

LA SCIENCE ET LE CLERGÉ

En Angleterre (1)

On a souvent répété, depuis quelque temps, que j'ai soulevé contre moi une légion d'ennemis; et si je considère le langage tenu, à bien peu d'exceptions près, par les organes de la presse, et surtout par ceux de la presse religieuse, je suis forcé de reconnaître que le fait n'est que trop certain. Cependant, je me console en lisant dans Plutarque cette réflexion de Diogène : « Pour être sauvé, il faut avoir de bons amis ou de violents ennemis; les plus heureux sont ceux qui ont les deux à la fois. » Je me trouve, je crois, parmi ces plus heureux.

En réfléchissant à ce que j'ai lu dernièrement de remontrances, d'appels, de menaces et de jugements — et pour cette vie et pour la vie à venir — j'ai remarqué avec une certaine tristesse que les hommes semblent bien peu influencés par ce qu'ils appellent leur religion, tandis qu'ils obéissent surtout à cette *nature* que la religion doit, nous dit-on, déraciner ou dompter. De raisonnements loyaux et sincères, de la sympathie la plus tendre et la plus sainte de la part de ceux qui désirent mon bonheur éternel, j'arrive, en passant par bien des gradations, à une mauvaise foi calculée et à un esprit d'amertume qui désire mon malheur éternel avec une ferveur que je ne saurais exprimer. Or, si la religion dominait, nous pourrions attendre de ceux qui professent la même croyance une certaine homogénéité d'expressions, tandis que, si c'est réellement la nature humaine qui domine, nous pouvons nous attendre à des expressions aussi diverses que le sont les caractères des hommes. En fait, c'est le dernier cas qui se présente ; de sorte qu'il me semble que la religion commune, professée et défendue par ces diffé-

rentes personnes, n'est que le conduit accidentel par lequel elles déversent leurs sentiments, élevés ou bas, courtois ou grossiers, doux ou féroces, selon les circonstances. Quant aux injures pures et simples, comme elles ne servent à rien, j'ai, autant que possible, évité de les lire, parce que je voudrais éloigner de moi non-seulement la haine, la malveillance, l'aigreur, mais même toute trace d'irritation dans une discussion qui exige, non-seulement de la bienveillance, mais encore de la largeur et de la lucidité d'esprit, pour nous faire arriver même à des solutions provisoires.

Au début de cette controverse, un professeur distingué de l'Université de Cambridge a émis l'avis — avis saisi aussitôt avec un empressement comique par une partie de la presse religieuse — que mon ignorance des mathématiques m'interdit toute conjecture sur l'origine de la vie. Si j'avais trouvé que son argument eût quelque valeur, ma réponse eût été bien simple : j'ai devant moi un document imprimé, signé, il y a plus de vingt-deux ans, par ce savant professeur, et dans lequel il a eu la bonté d'attester que je suis « très-versé dans les mathématiques pures ».

On a dit, avec force variations de ton et de commentaires, que dans mon discours, tel que l'a publié l'éditeur Longman, j'ai rétracté plusieurs des opinions exprimées par moi à Belfast. Un écrivain catholique insiste tout particulièrement sur ce point. Effrayé de la désapprobation unanime soulevée par mes erreurs brillantes, je cherche maintenant à battre en retraite. Mais mon adversaire ne veut point le permettre. « Il est maintenant trop tard pour chercher à dérober aux yeux des hommes une seule tache, une seule difformité hideuse. M. le professeur Tyndall nous a dit lui-même où et comment il a composé son discours. Il l'a écrit au milieu des glaciers et des solitudes des montagnes de la Suisse. Ce n'est point une production hâtive et irréfléchie; chacune des phrases qui y sont contenues porte l'empreinte du soin et de la réflexion. »

Mon adversaire cherche à être sévère; il n'est que juste. Dans les solitudes dont il parle, j'ai travaillé avec réflexion; je me suis même efforcé de purifier mon intelligence par des austérités semblables à celles que son Église recom-

_____

(1) Cet article est la réponse aux critiques soulevées par le discours de M. J. Tyndall au Congrès de l'Association britannique à Belfast, et publié dans notre numéro du 19 novembre 1874 (t. VII, 2ᵉ sér., 265).

mande pour la sanctification de l'âme. J'ai tâché, en outre, dans mes méditations, d'arriver non-seulement à ce qui est permis, mais encore à ce qui est à propos; j'ai cherché à mettre mon âme au-dessus de toutes les craintes, sauf celle de prononcer un seul mot que je ne fusse prêt à soutenir, et dans ce monde et dans l'autre.

Néanmoins, le temps dont j'ai pu disposer était si court, ma pensée et mon travail ont marché si lentement, qu'au point de vue littéraire je suis resté non-seulement en deçà de l'idéal, mais encore en deçà du possible. Aussi, après avoir prononcé mon discours, l'ai-je revu avec le désir, non d'en changer les principes, mais d'en corriger les termes, et surtout de faire disparaître toute expression qui aurait pu porter les traces d'une trop grande hâte. En signalant aux écrivains de notre temps les erreurs et les folies des critiques du temps passé, j'avais cru pouvoir comparer la propagation intellectuelle de ces critiques à celle des chardons; l'expression a paru blessante, et je l'ai retirée. Elle ne figure plus dans le discours. Il y avait un autre passage ainsi conçu : « Il serait inutile de combattre cette force (la religion) dans le but de l'extirper. Ce que nous devons combattre, jusqu'à la mort s'il le faut, c'est toute tentative de fonder sur ce penchant constitutif de la nature humaine un système qui exerce sur son intelligence un empire despotique. Je ne crains pas que cela se fasse. Le levain de la science a déjà pénétré le monde jusqu'à un certain point, et le pénétrera de plus en plus. Je considérerais la douce lumière de la science apparaissant aux esprits de la jeunesse d'Irlande, et prenant peu à peu plus de force, jusqu'à produire un jour parfait, comme une barrière plus sûre contre une tyrannie intellectuelle ou spirituelle dont cette île serait menacée, que ne pourraient l'être les lois des princes ou les épées des empereurs. Qu'avons-nous à craindre? Nous avons combattu et triomphé même au moyen âge; pourquoi douter maintenant de l'issue de la lutte? »

Ce passage encore a paru trop vif, et je l'avais supprimé. Je crains d'avoir commis là un acte de faiblesse. Car, si l'on considère les intentions et les actes de la fameuse organisation qui domine actuellement en souveraine dans l'Église de mon adversaire, non-seulement la résistance à ses progrès ultérieurs, mais sans l'intelligence des catholiques laïques, la diminution positive du pouvoir qu'elle a actuellement pour le mal, pourraient devenir l'attitude nécessaire de la société vis-à-vis de cette organisation. Aussi ai-je rétabli ce passage, en y changeant quelques mots, sans cependant en diminuer la force.

Mon adversaire est très-dur pour l'aveu que contient ma préface, au sujet de l'athéisme. Mais j'avoue franchement que sa dureté et son hostilité loyales me semblent préférables à la manière plus douce, mais moins loyale, dont ce passage a été accueilli par les membres d'autres Églises. Mon contradicteur cite le paragraphe de mon discours, et ajoute : « Nous répétons ce passage parce qu'il est fort remarquable. Quelque répugnance que nous ayons à nous servir d'expressions très-fortes dans la polémique, nous affirmons que cette justification ne peut qu'attacher avec des liens d'acier au nom de M. Tyndall la terrible qualification contre laquelle il se défend. »

Voilà un bon échantillon d'énergie religieuse subjective. Mais ce que je reproche à ces démonstrations, c'est de ne pas toujours représenter des faits objectifs. Aucun raisonne-

ment athée ne peut, je le crois, bannir la religion du cœur de l'homme. La logique ne saurait nous priver de la vie, et la religion est la vie pour l'homme religieux. Comme expérience de conscience, la religion est tout à fait à l'abri des attaques de la logique. Mais la vie religieuse se manifeste souvent par des formes extérieures — je prends ce terme dans son sens le plus large — et cette manifestation du sentiment religieux aura de plus en plus, à mesure que le monde deviendra plus éclairé, à soutenir l'effort des preuves scientifiques. Nous devons craindre de mettre dans la nature extérieure ce qui nous appartient à nous-mêmes. Mon contradicteur commet cette faute : il sent, et cela avec plaisir, que je lutte, et il éprouve évidemment la jouissance la plus exquise du sens musculaire à me tenir renversé. Ses sensations sont aussi réelles que si ce qu'il imagine des miennes était réel aussi. Mais cette lutte qu'il s'imagine trouver en moi est une pure illusion : je ne lutte pas. Je ne crains pas l'accusation d'athéisme; je ne désavouerais pas cette imputation en présence de telle définition de l'être suprême que lui ou son Ordre pourrait présenter. Ses « liens », son « acier » et ses « terribles accusations » sont donc moins réels que mes « vapeurs du matin », et nous pouvons les laisser disparaître.

Peu de temps après la session de Belfast, le savant et vénéré évêque de Manchester m'a fait l'honneur de parler de mon discours; et déjà dans ma préface j'ai dit quelques mots, qui n'ont rien de blessant, je le crois, au sujet de ses remarques. Depuis ce temps, le savant évêque a très-souvent parlé de moi. Assurément c'est là pour moi un honneur tout à fait inattendu. Cependant on peut se demander si tous ces discours prononcés en public sur un sujet si émouvant ne tendent pas à troubler ce calme de l'esprit et du cœur qu'il est toujours si désirable de conserver, si la prédominance que l'on laisse aux sentiments n'est pas dangereuse et ne tend pas à envelopper l'intelligence d'un brouillard qui nuit à la perception des faits, et les fait présenter d'une manière vague et peut-être même inexacte. C'est au vénérable évêque que je songeais lorsque, dans un de mes derniers discours, j'ai parlé « d'un homme plein de talent et de courage, courant de tous côtés sur la terre, et se tordant les mains à la pensée de se voir enlever ses illusions ». C'est sans doute à ce chagrin — à ce bouleversement partiel et momentané, je l'espère, du jugement par les émotions — que je dois attribuer une erreur probablement involontaire, mais grave néanmoins, commise par lui à mon sujet. S'il faut en croire le *Times* du 9 novembre, il a prononcé ces paroles : « Dans sa conférence de Manchester, le professeur Tyndall a presque dit qu'à Belfast il n'était pas bien disposé, et que son découragement se dissipait dans de meilleurs moments. » Or, comme le *Manchester Examiner* avait reproduit ma conférence, comme j'en avais moi-même publié une édition corrigée qui se vendait deux sous, je pense que l'évêque aurait pu se procurer mes expressions exactes au lieu de répéter ce que j'avais *presque* dit. Je regrette d'ajouter que ce qu'il m'a fait dire n'a jamais existé que dans son imagination. Ma conférence de Manchester ne fait pas la moindre allusion à la disposition dans laquelle je me trouvais à Belfast.

A tous les esprits sérieux et honnêtes qui ont lu le paragraphe auquel s'applique la remarque de M. Fraser que je viens de citer, ainsi que d'autres remarques semblables de ses révérends collègues, sans parler de bien d'autres encore, je laisse à décider s'ils ont ou non dénaturé ce paragraphe en l'interprétant comme ils l'ont fait.

Mais laissons là ces petites questions personnelles, et venons-en à l'accusation plus sérieuse d'avoir abusé de ma position en quittant le domaine de la science, pour faire sans aucun droit une incursion sur celui de la théologie. Je ne vois vraiment pas en quoi je me suis rendu coupable. J'espère que mes accusateurs, renonçant aux injures, voudront bien discuter avec moi. Un homme de science n'a-t-il pas le droit de faire des conjectures sur le passé du système solaire? Est-ce que Kant, Laplace et W. Herschel ont dépassé les limites de leur domaine en portant leurs regards au delà des bornes de l'expérience, et en mettant en avant la théorie nébulaire? Si un homme de science admet cette théorie comme probable, ne lui est-il pas permis de remonter en esprit à travers la série des changements qui se rattachent à la condensation des nébuleuses, de se représenter la séparation des planètes et des lunes les unes après les autres, et le rapport qui existe entre tous ces corps et le soleil? Si je considère notre terre avec ses deux mouvements, l'un autour du soleil et l'autre sur son axe, comme un des produits de l'action qui a constitué le système solaire tel qu'il est, un théologien peut-il me refuser le droit de concevoir et d'exprimer cette théorie? Il fut un temps où les théologiens n'auraient pas manqué pour le faire — un temps où l'ennemi de la science qui se vante maintenant de sa tolérance, aurait promptement imposé silence à un homme assez hardi pour publier une opinion de ce genre. Mais ce temps est passé pour ne plus revenir, à moins que le monde ne retombe dans une étrange torpeur.

Pour la nature inorganique, nous pouvons donc maintenant parcourir sans nul obstacle toute la distance qui sépare les nébuleuses des mondes actuels. Cependant il n'y a pas bien longtemps encore que ce terrain qu'on accorde maintenant à la science appartenait à la théologie. Or, cette concession de la théologie ne me paraît pas suffisante; et, à Belfast, j'ai cru avoir non-seulement le droit, mais encore le devoir de déclarer que, pour le monde organique aussi, nous réclamons la liberté que nous avons déjà obtenue pour le monde inorganique. Il m'est impossible de découvrir le moindre titre légitime autorisant un homme ou une classe d'hommes, quels qu'ils soient, à ouvrir aux recherches scientifiques la porte d'un de ces mondes et à leur fermer celle du monde voisin. J'ai donc jugé plus loyal, plus sage et plus favorable, en définitive, au maintien d'une paix durable, de définir sans équivoque et sans réserve le terrain qui appartient à la science, et sur lequel elle ne peut manquer d'établir ses droits.

Si l'on considère la liberté dont jouissent toutes les opinions en Angleterre, on ne trouvera sûrement pas mes prétentions exagérées. On m'a rappelé qu'un des hommes éminents qui ont occupé avant moi le fauteuil présidentiel a exprimé sur la cause qui a produit le monde une opinion complètement différente de la mienne. En le faisant il a dépassé les bornes de la science au moins autant que moi; mais personne ne s'est élevé contre lui pour cela. Je ne réclame d'autre liberté que celle dont il a lui-même usé. Et, en présence de ce que je ne puis m'empêcher de regarder comme les extravagances du monde religieux; des idées inexactes et déraisonnables sur cet univers, qui sont professées par la majorité des hommes autorisés à nous enseigner la religion; de l'énergie mal placée que dépensent des hommes estimables pour des questions que je serais tenté d'appeler indignes de l'attention

de païens éclairés; des luttes engagées à propos de vieilleries du ritualisme, et des disputes de mots auxquelles a donné lieu la doctrine athanasienne; des efforts faits pour attirer l'attention sur les pèlerinages de Pontigny; de l'affectation de ceux qui voudraient voir une ère nouvelle dans la définition de l'immaculée conception; de la proclamation des gloires divines du sacré-cœur — au milieu, dis-je, de toutes ces chimères qui frappent d'étonnement tous les penseurs véritables, je n'ai pas cru qu'il fût extravagant de réclamer la tolérance publique pendant une heure et demie pour exposer des idées plus raisonnables, des idées mieux d'accord avec les vérités que la science a mises en lumière, et qui devaient être accueillies avec joie par bien des âmes fatiguées.

Mais il est bon de préciser les faits. Voici la phrase qui a soulevé l'opposition la plus violente : « Pour parler sans déguisement, je dois avouer que je reporte mes regards en arrière au delà des faits établis par l'expérience, et que je découvre en promesse et en puissance toutes les formes et toutes les qualités de la vie, dans cette matière que, par ignorance, et malgré notre respect pour le Créateur, nous avons jusqu'ici accablée d'opprobre ». Parler de protestation générale comme le fait le contradicteur catholique, ce n'est que représenter bien faiblement l'orage qui a accueilli ma déclaration. Mais maintenant que le premier mouvement de passion est passé, je puis, je l'espère, demander à mes adversaires de vouloir bien discuter. La première chose que l'on me reproche est d'avoir été au delà des faits prouvés par l'expérience. A cela je réponds que c'est ainsi que procède ordinairement l'esprit scientifique — du moins cette partie qui s'applique aux recherches physiques. Nos théories de la lumière, de la chaleur, du magnétisme et de l'électricité n'existent que parce que nous avons franchi les limites expérimentales. Mon mémoire sur *Le rôle de l'imagination dans les sciences* et mes *Conférences sur la lumière* le prouvent complètement; et, dans le morceau qui suit ce discours, j'ai cherché incidemment à faire voir qu'en physique l'expérience amène toujours à ce qui est au delà du domaine expérimental; qu'elle produit toujours quelque chose de supérieur à elle-même, et que la différence entre le savant éminent et le savant médiocre consiste surtout dans l'inégalité de leurs facultés d'extension idéale. Le domaine scientifique ne s'accroît pas par l'observation et l'expérience seules; il ne se complète que si l'on plante les racines de l'observation et de l'expérience dans une région inaccessible à toutes deux, et que nous ne pouvons aborder que par la puissance de l'imagination.

Ainsi, l'action de franchir les limites de l'expérience n'est pas en soi un motif suffisant de blâme. Il faut que dans ma manière particulière de les franchir il y ait eu quelque chose qui ait provoqué ce terrible chœur de désapprobation.

Discutons avec calme. Je soutiens la théorie nébulaire, comme l'ont fait Kant, Laplace et W. Herschel, et comme le font encore de nos jours les savants les plus éminents. D'après cette théorie, notre soleil et ses planètes étaient autrefois répandus dans l'espace sous la forme d'une vapeur impalpable, dont la condensation a produit le système solaire. Qu'est-ce qui a déterminé cette condensation? La perte de chaleur. Qu'est-ce qui a arrondi le soleil et les planètes? Ce qui arrondit une larme — la force moléculaire. Pendant une suite de siècles dont l'immensité accable l'esprit de l'homme, la terre a été impropre à entretenir ce que nous appelons la vie. Elle est maintenant couverte d'êtres vivants visibles. Ces êtres ne sont pas formés d'une matière différente de celle de la terre qui les environne. Au contraire, leur substance et celle de la terre sont identiques. Comment ont-ils été introduits sur ce globe? La vie était-elle contenue dans les nébuleuses comme appartenant, peut-être, à une vie plus vaste et inexplicable, ou bien est-elle l'œuvre d'un être en dehors des nébuleuses, qui les a façonnées et leur a donné la vie, mais dont l'origine et les voies sont également inscrutables? Dans tout ce que la science a pu jusqu'ici voir dans la nature, jamais elle n'a vu se manifester dans aucune série de phénomènes l'intervention d'une puissance purement créatrice. L'hypothèse d'une telle puissance pour expliquer des phénomènes spéciaux a souvent été faite, mais a toujours été trouvée inexacte. Elle est contraire à l'esprit même de la science, et c'est pour cela que j'ai pris sur moi d'opposer à cette hypothèse cette méthode de la nature, que c'est la gloire de la science d'avoir découverte, et dont l'application peut seule nous faire espérer de nouvelles lumières. Étant donc convaincu que les nébuleuses et le système solaire, y compris la vie, sont entre eux dans le même rapport que le germe et l'organisme parfaits, je répète ici, sans arrogance et sans défi, mais de la manière la plus positive, ce que j'ai déjà affirmé à Belfast.

Ce n'est pas avec le vague qui caractérise les émotions, mais bien avec la précision qui appartient à l'intelligence que l'homme de science doit se poser ces questions sur l'introduction de la vie sur la terre. Il ne songe point à dogmatiser, car il sait mieux que personne que dans les conditions actuelles, la certitude est impossible à atteindre ici. S'il refuse d'admettre l'hypothèse de la création, ce n'est pas pour affirmer, mais bien pour nier une connaissance qui nous sera longtemps, et peut-être toujours refusée, et dont l'affirmation est une source perpétuelle de confusion sur la terre. Tout disposé à se rendre à des preuves convaincantes, il demande à ses adversaires sur quoi ils fondent leur croyance qu'ils soutiennent avec tant de force et d'acharnement. Ils ne peuvent que lui indiquer la Genèse ou quelque autre partie de la Bible. Sans doute ces premières tentatives de l'esprit humain pour satisfaire sa soif de vérité sont profondément intéressantes et pathétiques. Mais le livre de la Genèse n'a pas d'autorité scientifique. Après avoir résisté pendant quelque temps aux attaques de la géologie, il a dû succomber et perdre toute autorité cosmogonique. Ce livre est un poëme et non un traité scientifique. Au point de vue poétique il sera toujours beau; à celui de la science il a été et restera purement nuisible. Pour la connaissance, il a eu une valeur négative; dans des temps plus rudes que le nôtre, il a produit la violence physique, et dans notre siècle de liberté la violence morale.

Dans tout ce qui s'est passé à Belfast, il n'y a rien de plus instructif que l'attitude prise par le clergé catholique de l'Irlande, corps généralement trop sage pour attirer l'attention sur un adversaire par des dénonciations imprudentes. Le *Times*, qui n'a montré pour moi aucune sympathie, mais qui m'a traité avec la plus grande loyauté, tandis que j'en trouvais si peu d'un autre côté, pense que le cardinal, les archevêques et les évêques irlandais se sont servis adroitement, dans leur manifeste, d'une arme que je leur ai imprudemment fournie. Pour moi, les faits qui ont précédé leur attaque me font envisager la question d'une autre manière; et je veux rappeler ces faits en quelques mots, pour faire voir dans son vrai jour non-seulement l'affaire de Bel-

fast, mais encore d'autres actes qui ont été depuis peu portés à ma connaissance.

J'ai sous les yeux un document daté du mois de novembre 1873, mais qui, après une courte apparition, a brusquement disparu aux yeux du public. C'est un mémoire adressé par soixante-dix étudiants et anciens étudiants de l'université catholique d'Irlande, au conseil épiscopal de l'Université; il constitue la remontrance la plus franche et la plus hardie qui ait jamais été adressée par des laïques irlandais à leurs pasteurs et à leurs maîtres spirituels. Le mémoire exprime le mécontentement le plus profond du plan d'études imposé aux élèves de l'Université, et insiste sur ce fait assez extraordinaire, que la liste des cours de la Faculté des sciences, publiée un mois auparavant, ne contient pas le nom d'un seul professeur de sciences physiques ou naturelles.

Les auteurs du mémoire réclament contre cette omission, et insistent sur la nécessité de l'instruction scientifique. « Le caractère distinctif de ce siècle est son ardeur pour la science. Depuis cinquante ans les sciences naturelles sont devenues la première de toutes les études; elles sont cultivées de nos jours avec une activité sans égale dans l'histoire du passé. Presque chaque année nous apporte quelque découverte scientifique nouvelle, qui renverse des théories considérées jusqu'alors comme inattaquables. Ce sont les sciences physiques et naturelles qui produisent contre notre religion les attaques les plus redoutables. Les armes les plus terribles employées contre la foi sont les faits démontrés d'une manière incontestable par les recherches scientifiques modernes. »

De telles déclarations ne sauraient plaire à des hommes élevés dans la philosophie de saint Thomas-d'Aquin, et qui ont été accoutumés à ne voir dans toutes les autres sciences que d'humbles servantes de la théologie. Mais ce n'est pas tout : « Il semble certain, disent les auteurs du mémoire, que si des chaires de sciences physiques et naturelles ne sont pas fondées à l'université catholique, la foi d'un grand nombre de jeunes gens sera exposée à des dangers que la création des cours de sciences à l'Université pourrait détourner. En effet, les jeunes catholiques irlandais souffrent du sentiment de leur infériorité dans les sciences et sont résolus à la faire cesser ; si donc leur Université leur refuse les leçons qu'ils demandent, ils iront les demander au collége de la Trinité ou à un des colléges de la Reine, dont aucun n'a de professeur de science qui soit catholique. »

Ceux qui s'imaginaient que la création de l'Université catholique de Kensington était due à la reconnaissance spontanée par le clergé catholique des besoins intellectuels de notre époque, seront éclairés par ce qui précède, et plus encore par ce qui va suivre; car nous n'avons pas encore reproduit la menace la plus terrible du mémoire. En effet, les étudiants ajoutent « que dans la solitude de leurs demeures, et sans le secours d'un guide, ils dévorent les ouvrages de Hæckel, de Darwin, de Huxley, de Tyndall et de Lyell; ouvrages sans danger lorsqu'ils sont étudiés sous un professeur qui montre la différence entre les faits établis et les conclusions erronées qu'on prétend en tirer, mais propres à saper la foi d'esprits abandonnés à eux-mêmes, sans un guide éclairé à qui ils puissent demander la solution des difficultés qui pourront se présenter. »

En présence de ce mémoire et d'autres faits également instructifs, le manifeste catholique ne m'a pas semblé être inspiré par la joie que cause la méprise d'un adversaire maladroit, mais bien pour la profonde inquiétude du cardinal, des archevêques et des évêques qui l'ont signé. Néanmoins, ils ont agi dans ce cas avec leur sagesse pratique habituelle. La première concession faite à l'esprit du siècle a été la création de l'Université catholique dė Kensington, création présentée comme l'effet d'une force intérieure spontanée, et non de la pression du dehors, qui devenait rapidement trop formidable pour être combattue avec succès.

Les auteurs du mémoire insistent amèrement sur çe fait, « qu'aucun Irlandais catholique ne s'est fait un nom dans les sciences physiques et naturelles ». Mais ils devraient savoir que ce fait a été constaté partout où le clergé domine. La même plainte exactement a été faite au sujet des catholiques allemands. La grande littérature nationale et les progrès scientifiques de ce pays, dans les temps modernes sont presque entièrement l'œuvre des protestants. Une fraction infiniment petite de ces progrès appartient à des membres de l'Église catholique, quoiqu'en Allemagne ces derniers soient au moins aussi nombreux que les protestants. « On se demande, dit un des écrivains d'une revue allemande bien connue, quelle est la cause d'un phénomène si humiliant pour les catholiques. On ne saurait l'attribuer à l'influence du climat, puisque les protestants de l'Allemagne du Sud ont puissamment contribué aux œuvres intellectuelles allemandes ; il faut donc l'attribuer à des circonstances extérieures. Or, il est facile de les reconnaître dans la compression exercée pendant des siècles par le système des jésuites, qui a étouffé chez les catholiques toute liberté de production intellectuelle. » C'est en effet dans les pays catholiques que s'est fait le plus durement sentir le poids de l'ultramontanisme. C'est dans ces pays que les esprits les plus distingués, qui ont osé, sans renoncer à leur foi, plaider la cause de la liberté ou de la réforme, ont été réduits au silence. Cependant ce silence même a été plus apparent que réel, et Hermès, Hirscher et Günther, quoique brisés et soumis individuellement, ont préparé la voie, en Bavière, à Frohschammer, toujours intrépide malgré la persécution, à Döllinger, et au mouvement libéral si remarquable dont il est le chef.

Quoique assujettie depuis des siècles à une obéissance dont aucun autre pays, sauf l'Espagne, n'offre d'exemple, l'intelligence en Irlande commence à donner des signes d'indépendance, et à demander un régime plus satisfaisant que la pâture du moyen âge. Quant au manifeste dans lequel le pape, les cardinaux, les archevêques et les évêques se sont unis pour prononcer un anathème solennel, son caractère et son sort sont indiqués par la vision de Nabuchodonosor que rapporte le livre de Daniel. Il ressemble à la statue en apparence si terrible, dans laquelle l'or, l'argent, l'airain et le fer reposaient sur des pieds d'argile. Et une pierre vint frapper ces pieds d'argile, et le fer, et l'airain, et l'argent, et l'or, furent mis en pièces, et devinrent comme la poussière de l'aire à battre le blé, et le vent les emporta.

Mᵍʳ Capel a daigné récemment proclamer à la fois l'amour de son Église pour la science véritable, et son droit de déterminer ce qu'est la science véritable. Examinons un instant les preuves de sa compétence scientifique. Lorsque la comète de Halley fit son apparition en 1456, elle fut regardée comme annonçant la vengeance de Dieu, comme apportant la guerre, la peste et la famine, et, par l'ordre du pape, on sonna les cloches dans toutes les églises de l'Europe pour épouvanter

le monstre. Une prière nouvelle fut ajoutée aux supplications des fidèles. La comète disparut au bout d'un certain temps, et les fidèles furent consolés par l'assurance que, de même que déjà en présence d'éclipses, de disettes et de pluies, ici encore, en présence de cette comète désastreuse, la victoire avait été accordée à l'Église.

Pythagore et Copernic avaient enseigné la doctrine héliocentrique, — ils avaient dit que la terre tourne autour du soleil. Sous le pontificat de Paul V, l'Église intervint pour exercer son droit de déterminer ce qu'est la science véritable, et, le 5 mars 1616, rendit le décret suivant par l'organe de la sainte Congrégation de l'index :

« Et attendu qu'il est aussi venu à la connaissance de ladite sainte Congrégation que la doctrine pythagoricienne erronée du mouvement de la terre et de l'immobilité du soleil, entièrement contraire à l'Écriture sainte, doctrine enseignée par Nicolas Copernic, est maintenant publiée et admise par un grand nombre de personnes ; afin que cette opinion ne s'étende pas, au dommage de l'Église catholique, il est ordonné que ce livre, ainsi que tous autres relatifs à cette doctrine, soit arrêté ; et par ce décret ils sont tous arrêtés, interdits et condamnés. »

Mais pourquoi remonter jusqu'en 1456 et en 1616 ? Je ne songerais pas un instant à charger Mᵍʳ Capel des fautes du passé, sans les pratiques qu'il soutient aujourd'hui. Le dogmatiste et le champion des jésuites le plus applaudi est, me dit-on, Perrone. Trente éditions d'un de ses ouvrages ont été publiées pour diriger les nations. Ses idées sur l'astronomie physique sont virtuellement celles de 1456. Il enseigne hardiment que « Dieu ne gouverne pas par des lois universelles... que quand Dieu ordonne à une certaine planète de s'arrêter, il ne change pas une loi établie par lui-même, mais qu'il ordonne à cette planète de tourner autour du soleil pendant un certain temps, puis de s'arrêter, puis de se remettre en mouvement, selon son bon plaisir. » Les jésuites ont proscrit Frohschammer pour avoir mis en doute leur dogme favori, d'après lequel chaque âme humaine est créée par un acte surnaturel et direct de Dieu, et pour avoir dit que l'homme, corps et âme, procède de ses parents. Tel est le système qui lutte maintenant pour dominer partout ; c'est de ce système, comme veut bien nous le dire Mᵍʳ Capel, que nous devons apprendre ce qui est permis à la science et ce qui ne l'est pas !

En présence de tels faits, qu'il serait facile de multiplier, il faut un courage bien extraordinaire, ou une confiance non moins extraordinaire dans l'ignorance publique, pour émettre des prétentions telles que celles émises par Mᵍʳ Capel en faveur de son Église.

Un auteur allemand, parlant d'un homme durement éprouvé à cet égard, présente les écrivains catholiques qui refusent de se soumettre à la Congrégation de l'index, comme mis hors la loi — condamnés à être assassinés moralement (1). C'est là une affirmation bien forte ; et cependant, si j'en juge

---

(1) Voyez le cas de Frohschammer, présenté par un de ses amis dans la préface de *Christenthum und die moderne Wissenschaft*. Ses ennemis ont réussi à le priver presque des moyens de vivre, mais ils n'ont pas réussi à le dompter, et même le nonce du pape n'a pu empêcher cinq cents étudiants de l'Université de Munich de signer une adresse à leur professeur.

par ma propre expérience, elle n'est pas trop forte. A ce sujet, je demanderai, pour des raisons spéciales, la permission de dire quelques mots de moi-même. De ces raisons, l'une paraîtra sur-le-champ, l'autre sera exposée plus tard. Né dans un milieu auquel la Bible était particulièrement chère, c'est par elle que j'ai reçu presque exclusivement ma première éducation. Enfant de l'Irlande, j'ai appris, comme l'avaient fait plusieurs générations de mes ancêtres, à résister à l'Église romaine. J'ai eu un père dont la mémoire doit être pour moi un appui et un exemple de rectitude et de pureté inflexibles. Le petit troupeau auquel il appartenait était dispersé avec des fortunes diverses le long du bord oriental du Leinster, à partir de Wexford, où il était venu en traversant le canal de Bristol. Mon père était le plus pauvre de tous. Dans une position sociale inférieure, mais d'un esprit et d'un caractère élevés et indépendants, par des efforts persévérants et des dispositions particulières il arriva à une connaissance de l'histoire bien supérieure à celle que je possède moi-même, et en même temps apprit de la manière la plus exacte tous les détails de la lutte entre le protestantisme et le catholicisme. J'ai conservé comme de lointains souvenirs les noms des ouvrages et des hommes marquants dont il s'occupait : Claude et Bossuet, Chillingworth et Nott, Tillotson, Jérémy Taylor, Challoner et Milner, Pope et Mac Guire, et bien d'autres encore, qu'il serait inutile de nommer. Et malgré tout, cet homme, si bien muni pour la controverse, était tellement respecté de ses concitoyens catholiques, que tous fermèrent leurs boutiques le jour de sa mort.

Avec un tel maître, et prenant un intérêt pour ainsi dire héréditaire à la querelle religieuse, j'y entrai naturellement avec ardeur. Je ne me contentai pas d'examiner la question au point de vue protestant; je me mis aussi au courant des arguments de l'Église romaine. Je me rappelle encore l'intérêt et la surprise avec lesquels je lus l'*Instruction catholique* de Chalonner; et, à peine sorti de l'adolescence, je prenais déjà part aux discussions entre les Églises rivales. Je soutenais quelquefois le côté catholique, et j'embarrassais fort mon adversaire protestant. Les idées des catholiques irlandais m'étaient ainsi devenues très-familières : il n'y avait pas de principe protestant qu'ils rejetassent avec plus de force, et qu'ils se trouvassent plus offensés de se voir attribuer, que le principe de l'infaillibilité personnelle du pape. Et, malgré cela, j'ai entendu un prêtre catholique affirmer à plusieurs reprises, il y a quelque temps, que le principe de l'infaillibilité du pape a toujours été soutenu en Irlande (1).

Mais ce n'est là qu'une digression dont le but est de désabuser les personnes qui, en Angleterre ou aux États-Unis, auraient été trompées par les affirmations de gens peu scrupuleux. Je reviens maintenant à mon sujet véritable. Autant que la science a pu le constater, la vie sur cette terre a toujours suivi une marche ascendante, elle a toujours été en se perfectionnant. La tendance constante de la nature animée

est de se perfectionner et de s'élever à un niveau plus haut. Chez l'homme, le progrès et l'amélioration dépendent surtout de l'accroissement des connaissances qui rejettent sans cesse les erreurs venues de l'ignorance, et organisent la vérité. C'est assurément le progrès des connaissances qui a donné une teinte matérialiste à la philosophie de cette époque. Le matérialisme n'est donc pas une chose qu'il faille déplorer ici; il faut plutôt l'examiner loyalement : l'accepter s'il est entièrement vrai, le rejeter s'il est absolument faux, le passer au crible s'il contient un mélange de vérité et d'erreur, pour profiter de ce qu'il peut avoir de bon. Depuis quelques années, l'étude du système nerveux et de ses rapports avec la pensée et le sentiment occupe beaucoup d'esprits. C'est notre devoir de ne pas éluder — ou plutôt c'est notre privilége d'accepter — les résultats établis par ces recherches; car ici, assurément, notre bien dépend de notre fidélité à la vérité. En reconnaissant l'influence que le système nerveux exerce sur l'esprit et le cœur de l'homme, nous serons plus en état, non-seulement d'en corriger les nombreux défauts, mais encore de les fortifier et de les purifier l'un et l'autre. L'esprit est-il abaissé par cet aveu de sa dépendance? assurément non. Mais la matière est élevée au niveau qu'elle doit occuper, et d'où une ignorance craintive voudrait l'exclure.

Cependant la lumière commence à poindre; elle deviendra plus forte avec le temps. Le congrès de Brighton lui-même en fournit la preuve. Du milieu des opinions confuses présentées dans cette assemblée, ma mémoire dégage deux souvenirs qui l'ont frappée : ces souvenirs sont la reconnaissance d'un rapport entre la santé et la religion, et le discours du révérend Harry Jones. Dans le choc de tant de vaines paroles, les siennes ressortent saines et fortes, parce qu'elles sont libres du joug de tout dogme, qu'elles viennent directement du cerveau d'un homme qui sait ce que veut dire la vérité pratique, et qui croit à sa vitalité et à sa puissance de propagation. Je me demande si M. Jones rend moins de services dans son ministère sacré que ses collègues plus élevés en dignité. Assurément il est du devoir de nos maîtres d'en venir à une conclusion définie sur la question de la santé; de voir que, si elle est négligée, nous sommes lésés d'une manière négative aussi bien que d'une manière positive : négativement, parce que nous sommes privés de cette douceur et de cette lumière, compagnes naturelles de la santé; positivement, par l'introduction dans notre vie du cynisme, de la mauvaise humeur et de mille inquiétudes que la santé dissiperait. Nous craignons et nous méprisons le matérialisme. Mais celui qui le connaîtrait à fond, et qui pourrait profiter de cette connaissance, pourrait devenir l'apôtre d'un Évangile nouveau. Seulement, ce n'est pas par l'extase que nous pourrons acquérir cette connaissance, mais bien par les révélations de la science combinées avec l'histoire du genre humain.

Pourquoi l'Église catholique appelle-t-elle la gourmandise un péché mortel? Pourquoi le jeûne fait-il partie des pratiques religieuses? Que signifie le conseil donné par Luther au jeune ecclésiastique qui vint le consulter sur les difficultés de la question des prédestinées et des élus, sinon que, par son action sur le cerveau, lorsqu'on en fait un usage convenable, même un carbure d'hydrogène peut avoir une vertu morale et religieuse? Pour nous servir des termes ordinaires, les aliments ont été créés par Dieu, et ont, par conséquent, une valeur spirituelle. La puissance purifiante de l'air des Alpes deviendrait dix fois plus grande si cette vérité était

(1) C'est sur des souvenirs qui remontent à ma quinzième année, époque à laquelle je lus pour la première fois la discussion entre M. Pope et le P. Mac Guire, que je m'appuie pour dire que, dans cette discussion, le prêtre catholique repoussa au nom de son Église la doctrine de l'infaillibilité personnelle.

reconnue. Parce que nous négligeons les enseignements d'un matérialisme raisonnable, nous péchons et nous souffrons tous les jours. Je pourrais énumérer ici une longue liste de maladies mortelles, sur lesquelles la science a fourni à la société moderne un pouvoir de ce genre, — en montrant le refuge où se cache l'ennemi matériel, en assurant sa destruction, et en empêchant ainsi l'impureté et la désorganisation morale qui, chez les pauvres, viennent ordinairement à la suite des épidémies.

Si nous passons à une sphère plus élevée, les visions de Swedenborg et l'extase de Plotin et de Porphyre sont des phases de cet état de l'âme qui se rattache évidemment au système nerveux et à la santé, sur lesquelles est basée la doctrine védique de l'absorption de l'individu dans l'âme universelle. Plotin enseignait aux dévots à entrer en extase. Porphyre se plaint de n'avoir été uni à Dieu qu'une fois en quatre-vingt-six ans, tandis que Plotin, son maître, l'avait été six fois en soixante ans. Un de mes amis, qui a connu le poète Wordsworth, m'a raconté que ce dernier, dans ses moments d'extase, saisissait quelque objet près de lui pour être bien sûr de l'existence de son corps. Il n'est personne, je le crois, qui ait acquis plus d'expérience sur ce sujet qu'Émerson. Comme états de conscience, ces phénomènes ont une réalité incontestable et une identité substantielle ; mais ils se rattachent aux conceptions subjectives les plus hétérogènes. Les expériences subjectives sont semblables, à cause de la ressemblance des organisations nerveuses qui président à ces phénomènes.

Mais, pour ceux qui désirent pénétrer au delà des faits matériels, il y aura toujours un vaste champ de conjectures. Prenons l'argument du disciple de Lucrèce présenté dans le discours de Belfast. Je ne crois pas qu'un seul de mes adversaires ait essayé d'y répondre. Quelques-uns, il est vrai, se réjouissent de l'habileté dont M. Butler a fait preuve en renvoyant la difficulté à son adversaire, et ils s'imaginent même que l'argument invoqué est celui de cet évêque. Ils ont peine à m'attribuer l'intention de faire connaître les deux faces de la question, et de montrer, par un raisonnement plus fort qu'aucun de ceux de M. Butler, l'échec qui est réservé à toute doctrine matérialiste qui s'appuie sur les définitions de la matière généralement admises. Mais, pour avoir soulevé une nouvelle difficulté, on n'a ni aboli ni même diminué la difficulté primitive, et l'argument du disciple de Lucrèce n'est atteint par aucun de ceux de M. Butler.

Et ici je demande la permission d'ajouter un mot à une discussion importante qui n'est pas encore terminée. Dans un article sur *la Physique et la métaphysique*, qui a paru en 1860 dans le *Saturday Review*, j'ai posé ainsi le problème si ancien des rapports de la matière avec la conscience : « La philosophie de l'avenir tiendra sans doute plus de compte que celle du passé des rapports que les actions matérielles ont avec la pensée et le sentiment, et peut-être en viendra-t-on à étudier par l'organisme les qualités de l'esprit, de même que nous étudions le caractère de la force par les modifications de la matière ordinaire. Nous croyons que chaque pensée et chaque sentiment a dans le système nerveux un corrélatif mécanique défini, et qu'ils sont accompagnés d'une séparation et d'une reconstitution des atomes du cerveau.

Cette dernière action est purement matérielle ; et, si les facultés que nous possédons maintenant étaient suffisamment développées, sans la création d'une faculté nouvelle, il nous serait sans doute possible de conclure de l'état moléculaire du cerveau le caractère de la force qui agit sur le cerveau, et, réciproquement, de conclure de la pensée l'état moléculaire correspondant du cerveau. Nous ne disons pas — ce qui est très-important, comme on le verra — que l'on arriverait *a priori* à cette conclusion. Nous disons que, par l'observation et avec les facultés supérieures dont nous supposons l'existence, il serait possible de dresser un tableau synoptique des différents états du cerveau et des états de l'esprit qui accompagnent ceux-ci, de sorte que, l'un des deux termes étant donné, un simple coup d'œil jeté sur le tableau ferait connaître l'autre.

Si l'on donne les masses des planètes et leurs distances, nous pouvons en conclure les perturbations produites par leur attraction mutuelle. Connaissant la nature d'une perturbation produite dans l'eau, l'air ou l'éther, nous pouvons des propriétés physiques du milieu dont il s'agit conclure la manière dont ces molécules seront affectées. L'esprit suit le lien qui unit les phénomènes, et, d'un bout à l'autre, ne trouve aucune solution de continuité. Mais lorsque nous voulons passer, en suivant une marche semblable, de la physique du cerveau aux phénomènes de conscience, nous nous trouvons en présence d'un problème qui est au-dessus de nos facultés actuelles, quelque étendues que nous les supposions. En vain nous méditons ce sujet, il échappe aux efforts de notre intelligence ; — nous sommes en face de l'incompréhensible. »

La discussion dont il s'agit porte sur cette question : les états de conscience sont-ils parmi les anneaux de la chaîne d'antécédents et de conséquents qui produit les actions corporelles et d'autres états de conscience, ou sont-ils seulement des effets accessoires, qui ne sont pas essentiels aux actions physiques s'opérant dans le cerveau ? Quant à moi, il est certain qu'il m'est impossible de me représenter des états de conscience interposés entre les molécules du cerveau, et exerçant une influence sur la transmission du mouvement entre ces molécules. La pensée « échappe à toute représentation de l'esprit » ; c'est pourquoi il semble absolument logique d'attribuer au cerveau une action automatique indépendante des états de conscience. Mais il est admis, je crois, par les partisans de la théorie automatique, que des états de conscience sont *produits* par l'arrangement des molécules du cerveau ; et cette production de la conscience par un mouvement moléculaire est pour moi tout aussi inconcevable que la production du mouvement moléculaire par la conscience. Si donc l'impossibilité de concevoir un fait est une épreuve décisive, je dois rejeter également les deux classes de phénomènes. Cependant, je ne rejette ni l'une ni l'autre, et ainsi je me trouve en présence de deux incompréhensibles au lieu d'un. Tout en acceptant sans crainte les faits du matérialisme dont je viens de parler, je m'incline devant ce mystère de l'esprit qui a jusqu'ici échappé à sa propre pénétration. Peut-être un jour arrivera-t-on à démontrer qu'il est en effet impossible à l'esprit de se pénétrer lui-même.

Mais le fait n'en existe pas moins : à chaque instant la pratique nous démontre que de nos rapports avec la matière dépend notre bien ou notre mal, physique et moral. L'état de l'esprit qui se révolte contre la reconnaissance des droits du matérialisme ne m'est pas inconnu. Je me rappelle un temps où je regardais mon corps comme un brin d'herbe sans valeur, et où je n'avais d'estime que pour la force et le plaisir que me donnait le sentiment moral et religieux, — sentiment auquel j'étais arrivé sans l'intervention du dogme. Mon erreur n'avait rien de bas, mais c'était néanmoins une erreur. Une instruction plus saine me fit reconnaître que le corps n'est pas une herbe, et que, si nous le traitons comme tel, il se venge infailliblement. Suis-je abaissé par ce changement d'opinion? Nullement. Si la santé de ma jeunesse m'était rendue, il n'est pas d'acte intellectuel du passé, pas de résolution inspirée par le devoir, pas d'œuvre de miséricorde, pas d'acte d'abnégation, pas de pensée grave, pas de sentiment de la vie et de la nature dont je ne fusse encore capable, — et cela, sans être influencé par la perspective d'une récompense ou d'une punition dans l'avenir.

Au moment où je termine, je reçois les dernières paroles de M. l'évêque de Peterborough. Je vois avec peine que, malgré toute leur largeur d'esprit, lui et son très-révérend collègue de Manchester, semblent aussi peu tolérants que le ritualiste exagéré qui qualifiait l'autre jour M. l'évêque de Natal d'hérétique excommunié. Heureusement, nous avons parmi nous nos Jewett et nos Stanley, sans parler d'autres hommes de cœur qui voient plus clairement le caractère et la portée de la lutte qui se prépare, et qui croient fermement que les vérités de la science en sortiront victorieuses.

Et, maintenant, il ne me reste plus qu'à dire adieu sans amertume à tous mes lecteurs; je remercie mes amis de leur sympathie, plus ferme, je l'espère, que l'antipathie de mes ennemis, et je me permets de rappeler à ces derniers un passage de M. Butler qu'ils ont oublié ou négligé : « Il semble, dit l'évêque, que les hommes soient étrangement opiniâtres, et disposés à agir avec une impétuosité qui rendrait la société insupportable et impossible, s'ils ne finissaient par acquérir une certaine faculté de se modérer et de dissimuler leurs impressions. » Par la modération de son langage du moins, Sa Grandeur l'archevêque de Canterbury a donné un bon exemple.

JOHN TYNDALL.

LA KABYLIE

D'après MM. Hanoteau et Letourneux (1)

III

LES RACES ET LA LANGUE

Races. — Comme tous les peuples qui vivent au nord de l'Afrique, depuis l'Égypte jusqu'à l'Atlantique, les Kabyles sont pour la plupart de race berbère. Ce n'est pas qu'il n'y ait eu quelques mélanges, mais l'absence de documents historiques ne permet guère d'en fixer exactement l'importance. L'établissement dans l'ancienne Numidie des colonies grecques et romaines, les persécutions religieuses dirigées plus tard contre les Ariens et les Donatistes ont certainement contribué à l'importation de l'élément latin en Afrique; mais

dans quelle proportion? C'est ce que l'on ne saurait dire exactement. Toutefois les indigènes ne se convertirent pas à la religion des nouveaux venus, puisque dès le XIIIe siècle on ne voit plus de chrétiens en Afrique. Il est possible qu'un certain nombre de familles kabyles aient eu des ancêtres de race européenne, entre autres les anciens habitants des villes Rusazour, Iomnium, Rusucurru, Bida Municipium, etc.

L'élément arabe s'est introduit plus tard, à la suite des invasions, au moment de la conversion du pays à l'islamisme. Notons aussi l'adjonction du sang noir, dû en partie à la pratique de l'esclavage, en partie aussi au voisinage des colonies nègres jadis installées à Chemlal et à Bour'ni pour la protection des forts de Tizi Ouzzou et de Bour'ni. Enfin, la Kabylie ayant conservé son indépendance pendant des siècles a pu exercer de tout temps le droit d'asile vis-à-vis des malfaiteurs, des proscrits, des mécontents de tous les pays, voire même vis-à-vis des déserteurs français. C'est à ces colons improvisés qu'il faut sans doute faire remonter l'origine de ces types de races blonde et rousse, disséminés dans toutes les tribus, types altérés il est vrai, mais toujours reconnaissables.

Somme toute, on le voit, malgré la prédominance du caractère principal, les croisements ont été nombreux et variés. Si c'est là, comme on l'a dit, ce qui favorise l'introduction de la civilisation dans un pays, cette population est mieux préparée que toute autre à lui donner accès chez elle.

Langage. — Le langage parlé en Kabylie est un dialecte de la langue *berbère* (1), avec un grand nombre de mots arabes et une certaine quantité de mots français. On lui donne le nom de *thak' ebaïlith* (kabyle).

Il est en usage non-seulement dans la Kabylie du Jurjura, mais encore dans l'Oued Sahel et dans tous les massifs montagneux compris entre Bougie et Sétif. Toute la littérature consiste dans les cantiques religieux, les chansons, les poésies diverses, qui se transmettent oralement. Les Kabyles ne se servent point de l'écriture : ils n'ont point de caractères propres. Les seuls lettrés du pays, qui sont des marabouts, ont recours, pour écrire leurs lettres ou leurs actes, aux caractères arabes, et le plus souvent à la langue arabe elle-même.

A côté du langage ordinaire, il faut signaler un langage de convention, un véritable *argot*, ou plutôt une collection d'argots inventés par les Kabyles dans un but d'utilité pratique. Forcés fréquemment, dans leurs voyages, de se communiquer entre eux leurs pensées, d'opérer des transactions commerciales en présence d'étrangers dont ils ne veulent pas être compris, ils ont été amenés, par ces motifs très-respectables, à user des mêmes précautions que les confréries de malfaiteurs dans les pays civilisés. Chez eux, chaque profession a son argot, argot pittoresque, composé tantôt de rapprochements ingénieux et d'expressions métaphoriques, tantôt de noms propres d'hommes, de villages ou de tribus, adaptés à des objets d'un usage fréquent.

Ainsi, suivant la région ou le métier, on remplacera le mot *homme* par le terme kabyle qui signifie « une poignée d'alfa », ou « un léopard ». La *femme* s'appellera « petit poil follet, petite main, gazelle ». Un « homme au cœur dur »

---

(1) La langue *berbère* paraît se rattacher aux langues sémitiques; elle a subi en tout cas une influence sémitique considérable.

veut dire un *chrétien* ; un « esprit borné » désigne un *Arabe ;* « toujours esclaves », ce sont les *Juifs ;* l'*argent*, c'est le « baume du cœur », etc.

Les étudiants quêteurs, en leur qualité de lettrés ou soi-disant tels, ont cru se devoir à eux-mêmes d'inventer pour leur usage une méthode de langage cryptogrammique fort compliquée. Ils ont donné des noms de convention à chaque lettre de l'alphabet arabe, et au lieu de prononcer les mots, ils les épèlent, ce qui est très-long, très-puéril, et fatigue inutilement l'attention. Le seul nom de Mohammed, énoncé d'après leur système, n'exige guère moins d'une vingtaine de syllabes. Qu'on juge par là de la commodité du procédé.

II

LA RELIGION

Tous les Kabyles, sans exception, professent la religion musulmane orthodoxe : ils appartiennent au rite maleki, c'est-à-dire qu'ils ont adopté les doctrines de l'iman Malek pour l'interprétation de la loi religieuse et des parties de la loi civile qu'ils acceptent.

On a répété souvent, comme une banalité courante, que les Kabyles n'ont pas grand souci de leur religion, qu'ils s'en détacheraient sans grand'peine pour venir au-devant de notre domination ; les imaginations ont battu la campagne, les rêves ont eu beau jeu : si les Kabyles sont mauvais musulmans, pourquoi ne seraient-ils pas bons chrétiens ?

Pourquoi ? Les auteurs du livre nous le disent en termes fort précis.

« Quant à la conversion prochaine des Kabyles au catholicisme, c'est une pure chimère dont ne peuvent se bercer que les personnes qui voient toute chose à travers le prisme de leur imagination. Nous ne savons pas, et personne ne peut savoir si les Kabyles se convertiront un jour à notre religion ; peut-être arriveront-ils plutôt à l'indifférence religieuse ; mais ce qu'on peut affirmer, sans viser au rôle de prophète, c'est que ce jour est fort éloigné, et bien certainement notre génération ne le verra pas.

» La propagande chrétienne en Kabylie trouvera toujours devant elle, nous le croyons, un obstacle insurmontable dans l'étroite solidarité qui lie l'individu à la famille, la famille à la kharouba (1), la kharouba au village, et le village à la tribu. A moins d'une conversion en masse du pays, chose fort improbable, l'individu, la famille même qui voudrait abjurer l'islamisme, devrait, de gré ou de force, quitter le pays. »

Il est vrai pourtant qu'aux yeux d'un vrai croyant, les Kabyles ne sont pas des musulmans irréprochables, mais leur tiédeur religieuse tient à d'autres causes. Les prescriptions du Koran peuvent être subies ou acceptées par eux, elles n'ont pas été faites pour eux : ils le sentent comme par instinct. La loi civile musulmane s'est alliée tant bien que mal avec leurs anciennes coutumes, mais il ne faut pas

qu'elle froisse trop ouvertement leurs habitudes d'égalité, car ils secoueraient bien vite un pareil joug.

Les institutions françaises sont-elles donc mieux accommodées à leurs mœurs pour qu'ils désirent les adopter en échange des leurs ? Au contraire : notre domination n'est pas seulement en désaccord avec leurs préjugés religieux, elle violente les sentiments d'indépendance si profondément enracinés chez eux.

Heureusement pour nous, ils sont accessibles sur d'autres points. Ils ont besoin du commerce et de l'industrie pour subsister, et nous pouvons mieux que tout autre peuple leur servir de maîtres sous ce rapport. Nous seuls pouvons leur frayer des routes, les initier à nos procédés industriels, leur enseigner nos arts mécaniques. Ils ne viendront à nous qu'autant que nous leur serons utiles, et le rapprochement se fera de lui-même, en raison de la communauté des intérêts.

Renonçons donc à nous ingérer dans leurs affaires par l'intermédiaire de la religion : nous ferions fausse route. Il y a de beaux jours d'ailleurs que l'on sait à quoi s'en tenir sur la colonisation par les missionnaires.

Que de prétextes futiles n'a-t-on pas invoqués pour essayer de catéchiser la Kabylie. On a parlé de tatouages en forme de croix observés chez quelques femmes. Plus de doute ! Le christianisme a été la religion de leurs ancêtres, et ces populations en ont conservé le souvenir ! Sont-ce là des arguments sérieux ? Avant de prendre ces tatouages pour des tatouages ordinaires, avant de prendre les croix en question pour autre chose que des dessins gracieux et des accessoires de fantaisie, il serait bon d'établir que les Kabyles furent jadis chrétiens ; et rien n'est plus incertain.

Toutes ces illusions peuvent être reléguées au même rang que les fables racontées sur le prétendu fatalisme musulman. Que n'a-t-on pas dit sur les musulmans ? Que n'a-t-on pas dit sur leur fatalisme ? Eh bien, tout cela portait à faux, paraît-il, et voici comment MM. Hanoteau et Letourneux font justice en passant de cette erreur si générale :

« Ce qu'on a pris pour du fatalisme, disent-ils, n'est en réalité qu'une résignation beaucoup plus complète que la nôtre à la volonté de Dieu.

» Nous nous attendons à voir une foule de personnes se récrier contre cette nouvelle manière d'envisager la question. Il est si pénible de renoncer à une théorie commode qui dispense de tout examen ! Mais nous prions ces personnes de vouloir bien, avant de se prononcer, faire comme nous et étudier les hommes dans la pratique de la vie. Elles verront que, lorsqu'un Kabyle redoute un malheur, il ne néglige aucun des moyens en son pouvoir pour le conjurer ; il développe même, dans ces circonstances, une force de volonté et une ténacité qui sont la négation la plus complète du fatalisme. Si, malgré ses efforts, le malheur se réalise, il déploie la même activité pour en atténuer les conséquences. Enfin, il ne se résigne qu'après avoir bien constaté que tous les moyens humains sont impuissants à le préserver. Mais alors sa résignation est sincère et complète, et se traduit par le fameux *mektoub rebbi*, qu'on a traduit à tort par *c'était écrit dans le livre du destin*, et qui n'a d'autre sens que *Dieu l'a écrit*, c'est-à-dire *l'a voulu, que sa volonté soit faite*. »

---

(1) *Kharouba*, mot arabe, désigne une fraction du village ; tantôt comprenant un certain nombre de familles de même origine, tantôt formée exclusivement des membres d'une seule famille.

V

Topographie médicale. — C'est un fait indiscutable que les conditions climatériques et météorologiques d'une région varient en raison de son altitude. Dès lors, si l'on s'est bien rendu compte de l'état orographique de la Kabylie du Jurjura, on comprendra sans peine qu'elle doit posséder tous les climats, ou peu s'en faut, en vertu de son sol tourmenté, montueux et inégal.

On peut, dès à présent, si l'on s'en tient aux observations déjà faites, diviser la Kabylie en trois zones d'altitude différentes. Dellys constituera la zone maritime ; Fort-Napoléon nous donnera la moyenne des conditions météorologiques observées dans les hauts contre-forts ; enfin Tizi Ouzzou correspondra à une zone intermédiaire tracée dans le massif du Jurjura par la vallée profonde du Sebaou.

1° La ville de Dellys est construite sur le cap Bengut : le quartier militaire qui comprend les casernes et l'hôpital, et qui a servi de centre aux observations météorologiques, se trouve élevé de 48 mètres au-dessus du niveau de la mer. La ville coloniale est à ses pieds. Dellys reçoit ses eaux potables de trois points principaux : du mamelon de El-Açouaf, dont l'eau est bonne quoique fortement minéralisée ; d'Aïn-bou-Abbada, dont l'eau, bien que limpide, est impropre aux usages domestiques en raison surtout de son action laxative ; enfin d'une source dite Aïn-Khandok', récemment amenée dans la ville. Un puits situé dans la ville basse ne fournit qu'une eau saumâtre et impotable.

L'orientation générale est à l'est, comme celle de presque tous les ports de la côte algérienne, comme Alger, Bougie, Gigelli, Stora. Mais le quartier élevé sur le cap Bengut se trouve exposé au nord et à l'ouest.

Dellys, au premier abord, semble incomplétement abrité contre les vents du sud et surtout contre ceux du sud-ouest, qui pourraient y apporter les effluves marécageux des embouchures fluviales ; mais cette ville doit à sa position littorale, à la prédominance des vents du large et à l'heureuse action de la brise marine d'échapper à l'influence de l'endémie algérienne. Les prédominances morbides y sont rares, les fièvres intermittentes n'y apparaissent que pendant quelques jours, au printemps et à l'automne ; elles sont en général sans gravité et de courte durée ; les maladies de poitrine y sont presque nulles. Il ne s'ensuit pas que le climat de Dellys favorise autant qu'on l'a bien voulu dire la guérison des poitrinaires : ce climat serait bon pour combattre les prédispositions, mais son influence, au dire des auteurs, deviendrait fatale une fois l'évolution tuberculeuse commencée. En effet, l'uniformité de température est une condition essentielle à rechercher dans la constitution météorologique des localités où doivent vivre les phthisiques. Or, il est peu de pays où la température change aussi rapidement qu'à Dellys et parcoure, par sauts brusques, l'échelle thermométrique sur une aussi grande étendue. Le climat est identique avec celui d'Alger, sauf de légères différences ; et l'humidité atmosphérique s'y tient dans des limites moyennes.

2° Fort-Napoléon est situé à peu près exactement au centre de la Kabylie. Son altitude est de 961 mètres au point culminant, de 901 au point le plus déclive : s'il satisfait comme position stratégique les tacticiens et les ingénieurs militaires, il plaît aux touristes par ses sites pittoresques, par ses horizons larges et accidentés : pour n'en donner qu'un aperçu, contentons-nous d'emprunter au livre un simple détail : « Il serait difficile de donner une idée des bizarres effets de lumière qui se produisent sur ces montagnes, lorsque l'hiver elles sont couvertes de neige. A chaque instant, selon l'obliquité des rayons solaires, on y découvre de nouveaux détails avec les formes les plus inattendues, les colorations les plus variées et les plus riches. »

Dans la haute Kabylie, toutes les eaux, à peu d'exceptions près, sont courantes : cela s'explique par la déclivité du sol et sa constitution rocheuse qui le rend imperméable. A Fort-Napoléon deux fontaines suffisaient avant la conquête aux besoins de la petite communauté kabyle : depuis que la ville s'est trouvée accrue de plus d'un millier d'hommes, soldats et colons, des sources abondantes ont été captées sur la montagne d'Aboudid, située à un kilomètre du fort. Toutes les eaux sont essentiellement potables : elles servent également pour la boisson et pour les usages domestiques.

Fort-Napoléon se trouve dans des conditions topographiques identiques avec celles de la plupart des villages des hautes régions de la Kabylie : il en est de même de ses conditions climatériques : l'atmosphère y est pure, mais les vicissitudes pénibles de la température impressionnent d'une manière fâcheuse les organismes fatigués ou les constitutions faibles. Quant au montagnard kabyle, qui est né dans cette atmosphère raréfiée du Jurjura, il a « la poitrine large et développée, le teint coloré, les masses musculaires saillantes, les insertions tendineuses sèches, l'esprit vif et les passions mobiles ». L'appétit est énergique, la digestion facile, la nutrition parfaite : il vit, lui, il vit à l'aise, à ces hauteurs extrêmes où l'homme de la plaine ne manquerait pas de dépérir et ne tarderait pas à être emporté par cette maladie singulière appelée le *mal des montagnes.*

3° Tizi Ouzzi, dont le nom peut se traduire en français par *col des genêts épineux,* peut-être considéré comme faisant partie de la vallée du Sébaou, bien que le fleuve ne coule qu'à une distance d'environ 100 mètres. Le Sébaou forme à peu près le fer à cheval autour de Tizi Ouzzou, si bien que le col des genêts est le passage nécessaire des effluves marécageux qui sont entraînés du haut Sébaou par les vents du sud-est, et réciproquement, des émanations du bas Sébaou, refoulées en sens inverse par les vents du nord-ouest.

Deux cours d'eau voisins de Tizi Ouzzou, l'Asif Ibahalal et la rivière des Aït Aissi débordent tous les ans dans la plaine d'Isikhen Oumeddour et, en se joignant au Sébaou, transforment ses bords, pendant la saison des pluies, en de vastes marais qui ne sont à sec que pendant l'été et durant une partie de l'automne. Aussi l'atmosphère de Tizi Ouzzou est-elle particulièrement insalubre. A vrai dire, toute la région des plaines et des grandes vallées présente à des degrés différents les mêmes caractères. Sur le cours de l'Oued Aïssi, de l'Oued Bougdoura, du haut Sébaou, etc., se retrouvent les fièvres paludéennes qui revêtent la forme pernicieuse à l'époque où le dessèchement du sol se produit par l'effet des grandes chaleurs.

« Le Kabyle de la plaine ou des vallées est pâle, bouffi ; son système musculaire est grêle, ses articulations sont plus ou moins engorgées; son allanguissement physique se traduit au moral par la paresse intellectuelle et l'insouciance. »

Hygiène et médecine. — D'après tout ce qui précède on voit que l'état climatologique de la Kabylie laisse peu à désirer. La ville de Dellys et toute la région maritime sont réellement privilégiées au point de vue du climat. Fort-Napoléon et les contre-forts, malgré les changements brusques de la température, la violence des vents et la raréfaction de l'air, jouissent encore d'une constitution médicale avantageuse. Il n'y a guère que les populations de Tizi Ouzzou et du pays de plaine qui soient comme fatalement vouées aux fièvres d'accès, aux cachexies paludéennes et aux affections viscérales qui les accompagnent.

On croirait donc que l'état sanitaire de ce beau pays ne peut être en général que satisfaisant. Il n'en est rien. Les Kabyles semblent avoir pris à tâche de rendre inutile ce que la nature a fait pour eux : on est effrayé en lisant les détails médicaux fournis aux auteurs de ce livre par M. le docteur Hattute. En effet, outre les cas nombreux d'intoxication paludéenne — qui s'expliquent par des émanations marécageuses inévitables — que de maladies cruelles, chroniques, épidémiques, contagieuses, héréditaires, se sont acclimatées en Kabylie sans que l'on puisse en faire remonter les causes à l'influence du sol ou à la malignité du climat!

Telles sont : la variole, dont les effets se font sentir épidémiquement presque chaque année ; l'ophthalmie catarrhale, purulente et granuleuse, qui sévit sur les trois quarts de la population, tant pauvre que riche ; les maladies cutanées simples et parasitaires ; la scrofule, le goitre, la lèpre ; la syphilis (1), que les Kabyles appellent la « grande maladie » et dont les accidents successifs se développent chez les indigènes avec une vigueur et une énergie surprenantes ; les épidémies du typhus, dues à la misère des populations ; les grangrènes spontanées, etc.

Quelles sont donc les sources de ces maladies, s'il ne faut point en rendre responsables le sol et le climat ? Ces maladies peuvent être attribuées à deux causes : l'absence de toute hygiène et l'insuffisance des moyens médicaux employés pour en arrêter le développement.

L'hygiène est nulle, disons-nous ; en effet, les précautions les plus élémentaires ont été et sont constamment négligées par les Kabyles dans la distribution de leurs habitations, dans le choix de leurs vêtements, dans l'usage de leurs aliments et jusque dans l'emploi des cosmétiques auxquels ils ont si fréquemment recours.

Qu'ils soient riches ou pauvres, qu'ils habitent des maisons en pierre ou de pauvres huttes faites de mortier et de boue, ils ont tous des habitudes d'insouciance et de malpropreté qui les rendent accessibles à tous les fléaux contagieux. On le comprendra sans peine quand on saura que, dans toutes les maisons, un seul et même corps de logis est habité nonseulement par tous les membres d'une famille humaine, composée en moyenne de trois ou quatre individus, mais encore par toute la domesticité animale : l'âne ou le mulet,

la vache, la chèvre ou le bouc, sans compter la vermine. Tout ce monde, disent les auteurs, vit et respire, au moins pendant la nuit, dans un espace que l'on peut à peine évaluer à 60 mètres cubes, et dans lequel le renouvellement de l'atmosphère semble comme à plaisir rendu impossible. Les écuries sont mal tenues, elles ont des litières mal soignées où séjournent les déjections animales. Que l'on joigne à cela l'absence de la lumière, l'humidité et l'encombrement de leur intérieur; l'influence topique des gaz ammoniacaux engendrés par le fumier des étables et les dépôts d'immondices qui encombrent les rues ; l'insuffisance et la saleté des vêtements; la mauvaise fabrication du pain généralement mal levé, imparfaitement cuit, et par suite d'une digestion difficile ; la déplorable avarice qui pousse la plupart des habitants des hautes régions à se nourrir uniquement de farine de glands, aliment repoussant et peu nutritif; que l'on embrasse d'un coup d'œil toutes ces causes de faiblesse, que l'on songe à tous ces foyers de maladie, et l'on ne pourra plus s'étonner de la fréquence de certaines affections générales, telles que l'anémie, la scrofule; d'accidents locaux comme les ophthalmies; des maladies infectieuses, telles que le typhus et la fièvre typhoïde ; enfin de ces maladies cutanées si tenaces, produites par la malpropreté d'abord et aussi par l'irritation mécanique de la peau, conséquence inévitable du tatouage, des onguents, des cosmétiques et des enduits impurs qui s'y incrustent.

Quant à la science médicale elle n'est guère plus avancée en Kabylie que la connaissance de l'hygiène. Tout mal qui ne se traduit pas au dehors par un désordre physique bien visible est considéré comme avant-coureur de l'action du démon ou des esprits. Certaines névroses, telles que l'épilepsie, l'hystérie, la chorée, la démence, sont ainsi attribuées à des causes occultes ou fantastiques et, par suite, conjurées au moyen de pratiques dévotieuses et cabalistiques en même temps, telles que fumigations d'encens, prières selon la formule, sachets de cuir ou de métal contenant des reliques ou des versets du Koran, etc. On voit que ce n'est pas seulement dans nos pays civilisés que l'on a la prétention de résoudre par l'absurde certains problèmes pathologiques.

Si ces procédés extra-médicaux ne sont point usités d'une manière absolue pour la guérison de tous les cas de maladie en général, les malades ne s'en trouvent guère mieux, et leurs médecins feraient aisément concurrence aux médecins de Molière; les efforts de nos médecins français résidant en Kabylie ne sont pas toujours suffisants pour atténuer les effets désastreux de leur médication brutale et aveugle.

D'ailleurs le traitement employé dans les hôpitaux de la colonie est presque toujours incompatible avec les habitudes des Kabyles : ils ne sont pas accoutumés au bien-être relatif qu'ils y trouvent : ils y sont trop bien couchés, trop bien vêtus, trop bien chauffés, trop bien traités; ils ne comprennent pas le langage des infirmiers qui les soignent, ils n'en sont pas compris; en un mot ils ne sont pas chez eux, ils sont tout dépaysés, si bien que, « sur dix indigènes entrants, huit demandent leur *exeat* après quelques jours, quelquefois même avant le commencement de leur traitement ».

Ce qu'il faudrait faire pour habituer les Kabyles ou en général les musulmans à recourir aux médecins français serait de créer pour eux des hôpitaux spéciaux, d'instruire et de former pour leur usage des médecins indigènes, de respecter, en les assistant, leurs traditions, leurs préjugés même, jus-

____

(1) La transmission de la syphilis a fréquemment lieu chez les Kabyles indépendamment de tout rapport sexuel ; elle se manifeste la plupart du temps dans des localités peuplées d'habitants plus misérables que débauchés : c'est ce qui l'a fait appeler par quelques auteurs la « syphilis *insontium* ».

qu'au jour encore éloigné où la colonisation aurait produit tous ses effets et les aurait plutôt familiarisés avec nos coutumes que pliés aux exigences de notre domination.

VI

L'AGRICULTURE, L'INDUSTRIE ET LE COMMERCE.

Agriculture. — Les Kabyles semblent naturellement voués aux travaux agricoles. Ceux d'entre eux qui se livrent au commerce le font par nécessité, pour compenser l'insuffisance de leur sol au point de vue de la production. Chez eux la charrue est un objet sacré; ceux qui fabriquent les instruments aratoires sont entourés de l'estime et de la considération de leurs concitoyens. D'ailleurs la fabrication en est généralement gratuite, sauf chez quelques tribus qui en font un commerce spécial pour utiliser les bois qu'elles ont à leur disposition.

Le jour où commencent les labours est un jour de fête publique : c'est une véritable solennité agricole marquée par des cérémonies religieuses, des pratiques dévotes et des distributions aux ouvriers, aux laboureurs, et en général à tous les pauvres du village.

Les labours se font presque toujours avec des bœufs, rarement avec des chevaux. La charrue, fort simple dans sa forme, se compose de deux pièces de bois assemblées : le *corps* et la *flèche*. Fort commode pour les terrains en pente rapide, à cause de la longueur de son joug, leur charrue a l'inconvénient, dans les plaines aux terrains argileux, de décomposer la force de traction. Son prix, avec tous les accessoires, soc, joug, chevilles, courroies, varie sur les marchés de 18 à 24 francs.

Les procédés de culture diffèrent quelque peu dans les régions élevées et dans les parties basses.

Dans les montagnes, où le sol arable est léger et de peu d'épaisseur, les labours commencent de bonne heure, généralement après les premières pluies; souvent même ils sont achevés avant que les gens des plaines n'aient commencé leurs travaux.

En se hâtant, les habitants des contre-forts boisés ont l'avantage de pouvoir encore nourrir leurs bœufs avec les feuilles des arbres avant l'arrivée de l'automne, et de les vendre ensuite sur les marchés, évitant ainsi des frais de nourriture pendant l'hiver et réalisant même des bénéfices si la vente a lieu en temps opportun. Telle paire de bœufs se vend jusqu'à 400 et même 500 francs dans le Hamza, l'Isser, le Hodna, et jusque dans la province de l'ouest.

Cette habitude de n'acheter de bœufs que pour le temps des labours est d'ailleurs fort répandue dans un pays où l'élevage du bétail constitue une industrie nécessairement fort limitée. Quelques agriculteurs seulement, qui ont des réserves de fourrages pour l'hiver, achètent de jeunes bœufs avec une partie du prix de ceux qu'ils ont vendus, et les dressent au labourage pendant la saison suivante.

Il y a trois époques du labour : 1° l'automne; 2° les mois de décembre et de janvier; 3° le printemps.

La première, qu'ils appellent « le sillon d'automne » est l'époque on se font les labours les plus nombreux. On ne donne guère qu'une façon à la terre, et l'on sème en même temps qu'on laboure : on se hâte de terminer le travail, afin de vendre les bœufs.

La saison d'hiver, qu'ils appellent « le sillon du milieu », est moins propice, à cause des neiges et des grandes pluies qui interrompent souvent les travaux. On donne alors à la terre, quand le temps le permet, deux façons : une pour rompre le sol, et la seconde quinze jours après pour semer.

Au printemps vient le « dernier sillon », pendant lequel on travaille aux terrains qui n'ont pu être ensemencés pendant les deux dernières saisons. Parfois il est possible de ne cesser les semailles que quarante jours avant l'époque de la moisson.

La charrue est promenée partout où elle peut se mouvoir. Partout ailleurs, dans les broussailles, sur les rochers, sur les pentes trop roides, le travail se fait à la pioche : « Il n'est pas rare, disent les auteurs, de voir des gens se suspendre par la ceinture à des cordes, pour cultiver ainsi des terrains d'un accès difficile ou dangereux. » Les Kabyles connaissent l'usage des rigoles : dans les terrains en pentes rapides, on creuse des fossés à la partie supérieure afin d'empêcher les eaux de raviner et d'emporter l'humus. Quant à la direction à donner à ces eaux, elle est réglementée par des dispositions spéciales et surveillée par l'autorité indigène. Ces précautions ont leur raison d'être; elles servent à prévenir l'enlèvement des terres par les eaux pluviales, ce qui mettrait à chaque instant le rocher à nu.

L'importance des cultures ne s'évalue point par la surface du terrain ensemencé ou par la quantité des grains mis en terre, mais bien par le temps employé, soit quinze, soit vingt jours de labour : la moyenne varie de vingt à vingt-cinq jours de travail pour chaque cultivateur.

Malgré le manque de paille et le petit nombre de leurs animaux domestiques, les Kabyles s'appliquent à recueillir le plus d'engrais qu'ils peuvent : ils en ont à peine, malgré cela, pour leurs potagers et les petits champs appelés *thimizar* qui entourent leurs maisons. Le guano de poule et de pigeon, ainsi que le fumier de l'hiver, sont réservés pour la vigne et les arbres fruitiers. Chez les montagnards, ce sont les femmes qui transportent les engrais sur leur dos, dans des hottes, se moquant des plaisanteries des habitants des plaines. Les Kabyles brûlaient autrefois leurs fumiers; mais ils en ont bien compris aujourd'hui l'utilité.

Dans la montagne on ne sème guère que de l'orge, des haricots, un peu de fèves et de pois chiches, une sorte de vesce, des petits pois et des navets. Dans quelques *thimizar*, le froment alterne avec l'orge.

Malgré la précaution qu'ils ont d'alterner les cultures, et de laisser même reposer les terres, le rendement est très-faible; quelquefois ils ne récoltent que de la paille.

Dans les plaines et les *tizi*, on ne travaille qu'à la charrue, non à la pioche. Il n'y a que deux saisons de labour : la première commence à l'automne, avec les pluies; la seconde à la fin de janvier : on regarde comme accessoires les labours du printemps.

A moins que les pluies n'aient pas suffisamment détrempé le sol, et qu'on ne soit forcé de le briser en lui donnant une première façon, on ne laboure qu'une fois, du moins dans la première saison, et l'on sème en même temps blé, orge, fèves, etc. C'est l'époque la plus favorable. Dans la seconde saison on donne deux façons à la terre, mais les cultures réussissent moins.

Le Kabyle avec sa récolte ne cherche guère qu'à nourrir sa famille : il ne vend pas ses produits. Le blé donne, dans les bonnes années, cinq pour un ; l'orge de huit à dix ; les autres céréales ont un rendement très-incertain et très-inégal.

Les Kabyles ont soin, dans la montagne comme dans la plaine, de sarcler leurs champs et d'en arracher les herbes, soit avec une petite pioche à manche court, soit à la main quand le blé est trop fort.

Ils n'attendent pas que les blés soient très-mûrs pour moissonner, de peur de perdre le grain qui se répandrait sur le sol s'il était trop sec. Pour ne rien perdre de la paille, les gens de la montagne arrachent le blé et l'orge à la main ; dans la plaine on se sert de la faucille, qui n'enlève que l'épi ; la paille reste sur pied pour servir d'engrais.

L'aire est en plein champ ; c'est un terrain pioché et humecté, où les femmes répandent un mélange de terre à poterie et de fumier et qui, lorsqu'il est bien tassé, forme une croûte épaisse et dure. On fait le dépiquage en faisant trotter sur les épis des bœufs ou des mulets ; on vanne au moyen de planches ; quand le dépiquage est achevé, on procède au partage entre les divers associés ou encore entre le propriétaire et ses *khammès* (nom donné à des ouvriers spécialement employés pour les travaux des champs et payés sur la récolte).

Les Kabyles ne font pas usage des silos. Ils emmagasinent leurs grains, soit dans des *koufis*, grandes jarres en terre non cuite ; soit dans des sacs en *alfa* ; soit dans de petites chambres en bois, ou enfin dans des bâtiments de pierre, comme ceux que l'on rencontre dans les villages riches. On conserve la paille dans des huttes, ou bien on la met en meules.

Le tabac et le lin sont très-peu cultivés dans la Kabylie et n'y font pas l'objet d'un commerce.

Le Kabyle soigne particulièrement son potager : il y cultive l'artichaut, l'oignon, le maïs, le haricot, la coriandre, le fenouil, la citrouille, le melon, la pastèque ; souvent aussi le basilic, les tomates et quelques choux.

La Kabylie, comme le reste de l'Algérie, est sujette à des influences climatériques qui compromettent souvent les récoltes ; sans compter les maladies communes à presque tous les pays, nous pouvons citer comme particulièrement fréquentes celles qui atteignent le froment, le plus exposé de tous, l'orge, les fèves et la vigne, les petits pois et surtout la vesce. C'est en vain que les indigènes cherchent à prévenir ces maladies, soit en changeant fréquemment les semences, soit au moyen de pratiques superstitieuses ; ils obtiennent difficilement des années abondantes.

D'ailleurs la rareté du fourrage ajoute encore aux conditions défavorables de l'agriculture. Les prairies naturelles sont rares et de peu d'étendue. On est forcé d'y suppléer en laissant en jachère pendant un an ou deux les parties des terres labourables qui produisent l'herbe la meilleure. « Lorsqu'un propriétaire veut réserver un terrain pour y faire du foin, il n'a besoin que d'y planter, soit des roseaux, soit des branches de laurier-rose, ou d'y disposer en tas les pierres qui couvrent le sol. Ces simples indications suffisent pour préserver l'herbe de tout dommage. Les prairies sont très-respectées, et les kanouns punissent d'une peine égale la dévastation d'une prairie et les dégâts commis dans un champ de blé. »

La rareté du fourrage rend fort difficile l'élevage du bétail.

Les montagnards ne possèdent guère que quelques vaches laitières et les bœufs de labour nécessaires à leur exploitation et le plus souvent achetés à l'extérieur. Les moutons sont rares et proviennent des marchés du sud. La chèvre est le seul animal que l'on puisse nourrir à peu de frais avec les plantes qui croissent dans les rochers et les lieux escarpés ; mais la race est petite et donne peu de lait.

Les chevaux ne sont guère nombreux : on n'en comptait en 1867 que mille trois cent soixante-douze. La véritable monture du pays est le mulet. On ne voit de chameaux que dans la tribu arabe des Isser. Dans la montagne, tous ces animaux sont nourris, au printemps, avec les plantes provenant du désherbage des blés ; en été et en automne, avec les feuilles des arbres, micocoulier, orme, cerisier, figuier, frêne, etc., toujours mélangées d'un peu de foin et de paille. Le reste du foin et de la paille leur est donné pendant l'hiver. Dans les parties basses, on leur donne, à défaut de feuilles d'arbres, des feuilles de maïs, de millet, des racines et des tiges de chiendent ; mais les vaches laitières sont toujours nourries autant que possible avec des herbes fraîches.

Comme les paysans français, les Kabyles attribuent à certaines femmes une puissance surnaturelle qui leur permettrait de jeter des sorts sur les étables ; les autorités des villages infligent souvent des amendes à ces prétendues sorcières. Toutefois, il paraît que les Kabyles n'ont jamais songé à les brûler.

Comme chez nous aussi, les cultivateurs croient à l'influence de certaines pratiques superstitieuses et se répètent certains dictons qui font presque loi chez eux. Ainsi la naissance des bestiaux est toujours l'occasion de certaines cérémonies ayant pour objet de préserver de tout malheur le nouveau-né et ses maîtres ; la maison où est né un veau doit, pendant sept jours, refuser du feu aux voisins, sinon l'animal prendrait l'habitude de manger les vêtements et deviendrait dangereux pour les hommes ; on attribue au lait de la vache des propriétés mystérieuses ; on met à l'amende le bouvier convaincu d'avoir vendu son bâton ou de l'avoir laissé prendre pendant la sieste, sous prétexte que l'acheteur ou l'auteur du larcin peut faire passer tout le lait du troupeau dans les mamelles de sa vache ; si un chevreau naît dans les champs, le berger doit le prendre par l'oreille et lui adresser très-sérieusement la petite allocution suivante : « Méfie-toi toujours, et souviens-toi toujours que le berger est ton ami et le chacal ton ennemi. »

On nous permettra de citer un trait de mœurs agricoles raconté par les auteurs. Le dernier jour du mois de janvier, avant le lever du soleil, tout propriétaire de bœufs va dans son étable et crie trois fois dans l'oreille de chaque animal : « Bonne nouvelle, janvier est fini. » Pour expliquer cette coutume bizarre, les Kabyles racontent ceci : « Les bœufs sont sujets à toutes sortes de maladies pendant le mois de janvier. Au temps où ils parlaient, ils ont promis que celui qui leur apporterait la bonne nouvelle que janvier est fini apprendrait d'eux, en retour, qu'il irait en paradis. »

Arboriculture. — Les arbres fruitiers sont pour le pays kabyle une véritable source de richesse. Sur les pentes rapides des montagnes, ils arrêtent par leurs puissantes racines l'humus productif, qui sans eux serait emporté par les pluies automnales. Les récoltes qu'ils donnent sont, à culture égale, d'une valeur supérieure à celle des céréales. Nous avons eu déjà occasion de citer, en nous occupant de la flore, les noms des principaux arbres; nous nous contenterons, sans revenir sur cette énumération, d'indiquer en quelques mots les différents procédés usités en Kabylie pour en développer la croissance et en faciliter la culture.

L'olivier, le figuier, le chêne à glands doux et la vigne doivent surtout appeler notre attention. L'olivier atteint dans cette région les proportions d'un arbre de haute futaie. Bien qu'il soit le plus précieux de leurs arbres, il n'est pas l'objet de soins bien assidus : un labour donné vers la fin de mars et un grossier émondage fait avec une hachette au moment de la cueillette sont les seuls travaux qui soient jugés nécessaires.

Quelques cultivateurs font des semis d'olivier, mais le plus souvent on se contente de greffer sur place et de transplanter ensuite, s'il y a lieu, les sauvageons qui poussent spontanément en quantité plus que suffisante; la greffe en usage est la greffe dite en couronne. Ceux qui possèdent des arbres fruitiers savent presque toujours greffer et acquièrent parfois une remarquable habileté; ils se mettent volontiers à la disposition de leurs concitoyens, et, de même que les fabricants de charrues, les greffeurs ne se font payer ni leur temps ni leurs peines.

Les olives de Kabylie sont petites, mais donnent des huiles comestibles de très-bonne qualité. La production moyenne par pied d'olivier peut être évaluée à 8 ou 10 doubles décalitres dans les bonnes années.

Les plantations de figuiers sont faites avec beaucoup plus de soin : aussi donnent-elles des résultats meilleurs. Le figuier se reproduit avec une très-grande facilité, soit que l'on emploie des boutures immédiates, soit que l'on établisse les boutures en pépinières dans des terrains irrigables, soit que l'on prenne les rejetons sur les racines, soit que l'on fasse usage des marcottes. On donne au figuier quatre labours séparés par un mois d'intervalle, le premier ayant lieu vers le milieu de janvier. Les propriétaires qui n'ont pas de bœufs de labour et sont trop pauvres pour en louer se contentent de piocher deux ou trois fois le terrain autour des arbres. L'émondage a lieu aux mêmes époques que les labours, particulièrement à la fin de février.

Aussitôt que les premières figues commencent à prendre du développement, c'est-à-dire dans les premiers jours de juin, on procède à la caprification. Cette opération consiste à suspendre aux branches des figuiers des chapelets de fruits du caprifiguier : des insectes hyménoptères (*Cynips*) sortent de ces fruits, se répandent sur les figues et s'y introduisent; ce qui aurait pour résultat, à ce qu'on prétend, de hâter la maturation de la figue, et de l'empêcher de tomber de l'arbre trop tôt. L'utilité de la caprification est très-contestée en Europe, mais pour les Kabyles le doute n'existe pas; ils ne craignent pas de s'imposer des frais supplémentaires pour satisfaire à cette coutume.

La dessiccation des figues se fait sur des claies en roseaux ou en diss qu'on expose au soleil, que l'on réunit ensuite en tas, et que l'on superpose les unes sur les autres, en les recouvrant de paillassons ou d'écorces de liéges.

Les figues tiennent une grande place dans l'alimentation kabyle. En général, deux repas sur quatre sont composés uniquement de figues sèches; et dans la saison, les indigènes en consomment à l'état frais une quantité si considérable qu'ils contractent une sorte d'ivresse qui les rend querelleurs et produit fréquemment des rixes violentes.

Les figuiers sont exposés à une maladie appelée la *thaïlalt*, que l'on prétend conjurer, dans le pays, par une pratique assez bizarre : on enterre vivante, dans le verger attaqué, la première portée d'une chienne, et l'on prononce, pendant le sacrifice, la formule sacramentelle suivante : « O *thaïlalt*, ne reviens plus tuer nos figuiers et je n'enterrerai plus de chiens. »

Le chêne à glands doux est un bel arbre qui vient spontanément dans les plus mauvais terrains, à toutes les altitudes, et donne chaque année d'abondantes récoltes sans exiger ni travail, ni dépense. Un grand nombre de tribus se nourrissent particulièrement de glands doux. Ces glands, une fois séchés, sont réduits en farine, puis mélangés avec de l'orge, et l'on en fait un mauvais *couscous*, à grains noirs et durs, qui est peu nourrissant et d'une digestion difficile; les Kabyles savent à quoi s'en tenir, mais ils se contentent de cette nourriture, malgré tout, par raison d'économie.

La vigne a été de tout temps cultivée en Kabylie, soit en treilles, soit en vignes rampantes ; depuis notre arrivée dans le pays, cette culture n'a fait que se développer, parce que les colons français achètent le raisin pour en faire du vin. Le raisin est généralement excellent, mais ce vin kabyle est mauvais, étant obtenu par des procédés défectueux ; peut-être pourrait-on le faire beaucoup meilleur, en modifiant les conditions de fabrication.

On conserve des raisins frais pendant une partie de l'hiver en les suspendant dans les maisons, et l'on obtient des raisins secs en les faisant sécher sur des claies exposées au soleil. Enfin, on fait un grand usage du vinaigre, soit comme assaisonnement, soit comme remède.

Les autres arbres fruitiers sont fort délaissés : une fois greffés, ils sont abandonnés à eux-mêmes; à vrai dire, les espèces sont généralement médiocres, mais cela tient moins au climat qu'au défaut de culture; les pommes, les prunes, les grenades, les coings, les noix, les amandes, les abricots, les pêches, les cerises, pourraient devenir une source de richesses pour le pays s'ils étaient soigneusement greffés ; déjà la culture des orangers et des citronniers a pris, depuis la cessation de la guerre, un plus grand développement; avec de la patience on finirait par améliorer à leur tour les autres arbres fruitiers.

Apiculture. — En 1866 on comptait en Kabylie 8480 ruches d'abeilles réparties entre 1219 propriétaires. Il est tel éleveur qui en possède jusqu'à 500. C'est dire que ce genre d'exploitation, après avoir été longtemps entravé par les guerres intestines, est devenu très-prospère et pourra le devenir plus encore.

On distingue deux espèces d'abeilles domestiques : les abeilles de race pure et les abeilles guêpes, qui produisent les unes et les autres du miel de bonne qualité; et ce miel a toujours un débouché assuré dans le commerce, car l'usage du sucre n'est guère répandu dans le pays. Les ruches sont des cylindres de 1^m,50 environ de longueur et de 0^m,25 à 0^m,40 de diamètre. Elles sont le plus ordinairement en écorce de liége; on en fait aussi cependant en bois et en poterie. Elles sont généralement placées dans un endroit exposé au soleil et bien nettoyé, quelquefois aussi dans l'intérieur des maisons avec une issue qui donne sur l'extérieur du bâtiment; mais ces dernières réussissent moins bien que les autres.

L'ennemi le plus acharné des abeilles est un charmant

oiseau nommé le guêpier, qui en détruit des quantités considérables.

Les Kabyles prétendent qu'on trouve dans une ruche des prédictions pour tous les événements remarquables de l'année : grêle, sauterelles, abondance, disette, etc. Quand ils veulent arrêter un essaim, ils se contentent de siffler et de jeter de la poussière en criant : « Pose-toi, roi; les autres se poseront! »

Une ruche donne en moyenne de 7 à 8 litres de miel, qui se vend de 2 fr. 50 à 3 francs le litre.

Industrie. — Les Kabyles savent fort bien se façonner les objets de première nécessité, les instruments, les ustensiles qui leur sont indispensables dans la vie ordinaire, pour leurs ménages, pour leurs métiers, pour leurs travaux en général : mais ils ne savent rien au delà. Ils peuvent fabriquer l'huile, le savon, le cuir, la poudre, les tissus, parfois même la fausse monnaie, et non sans quelque habileté; ils savent travailler la laine, la poterie, le fer et le bois; mais l'industrie proprement dite leur est inconnue. On peut trouver de l'intérêt à connaître leurs matériaux et les procédés de fabrication, pour mieux s'initier aux habitudes journalières qui se trahissent par ces détails et pour apprécier exactement le degré de civilisation qu'ils ont atteint; mais on doit s'attendre à ne rencontrer chez eux rien de ce qui constitue la grande industrie avec ses forces motrices puissantes et ses machines perfectionnées, avec la division du travail et l'association des capitaux sur une grande échelle.

Pour la fabrication de l'huile, une des industries les plus importantes du pays, ils se servent, la plupart du temps, de procédés tout à fait primitifs. Tantôt ils laissent les olives sécher sur l'arbre et les triturent entre deux pierres, pour en former une pâte qui doit être filtrée ensuite; tantôt ils les cueillent encore vertes, les font sécher, les pressent dans des sacs et enfin les font à plusieurs reprises piétiner par les femmes, pour exprimer l'huile plus facilement. Disons cependant que les tribus riches en oliviers possèdent le plus souvent des moulins à huile, analogues à ceux qui sont en usage dans le midi de la France, mais beaucoup moins perfectionnés, comme on le pense bien.

Ils fabriquent le savon en mélangeant par parties égales des cendres de bois et de la chaux : on fait bouillir, on lessive et l'on verse de l'huile chauffée à part, jusqu'à saponification complète. Le savon se vend sur tous les marchés, mais le plus souvent c'est un objet d'échange.

Les opérations du tannage des peaux de bœuf, de vache, de chèvre, de mouton, destinées à la préparation des cuirs, sont à peu près les mêmes chez les Kabyles que chez nous, mais toujours beaucoup plus imparfaites.

Les Kabyles teignent en noir les cuirs de chèvre employés pour empeignes de soulier, et en jaune les peaux de mouton qui servent à doubler les souliers : les moyens sont très-simples. Quant à la teinture des cuirs en rouge, elle leur est inconnue.

Lorsqu'ils veulent teindre la laine, ils emploient : pour la teinture en bleu, l'indigo; pour la teinture en rouge, la garance et la gomme laque brute; pour la teinture en jaune, le *Ridolfia segetum*; enfin le cytise pour la teinture noire.

Depuis 1857, c'est-à-dire depuis la conquête, ils ne fabriquent plus la poudre qu'en secret. Les matières premières, au lieu d'être, comme chez nous, pulvérisées séparément, sont triturées ensemble, et le travail se fait à la main. Autrefois, le dosage des matières était en général dans les proportions suivantes : cinq septièmes de salpêtre, un septième de charbon et un septième de soufre.

Ceux qui fabriquent la cire, et qui sont d'ailleurs en petit nombre, achètent aux propriétaires d'abeilles les gâteaux de cire dont le miel a été exprimé. Tout le travail consiste à séparer la cire des corps étrangers que renferment les gâteaux et à la couler en pains. Ils se servent de pressoirs analogues à ceux qui sont employés pour la fabrication de l'huile.

Toutes les poteries sont faites dans le pays, et toujours par des femmes, avec une argile commune très-abondante partout. L'usage du tour à poterie étant inconnu, les pièces sont montées à la main. Les principaux ustensiles de ménage ainsi fabriqués sont : des cruches à eau, dont quelques-unes rappellent par leur forme les amphores romaines; des petits vases pour le lait, l'huile, etc.; des casseroles pour cuire les galettes; des marmites dont le fond est percé de trous, soit pour faire cuire le couscous, soit pour la fabrication de l'huile; des plats à pied ou sans support pour servir les mets ou les fruits; des lampes, etc. : les femmes font souvent preuve d'un véritable goût dans le choix des formes données à leurs poteries. Citons encore la fabrication des tuiles, dans les contrées où ce mode de toiture est en usage.

Les Kabyles ne connaissent que trois espèces de tissus : des étoffes de laine pour vêtements d'hommes et de femmes; des tissus laine et soie pour haïks; enfin des toiles de lin. Tous ces tissus sont simples. Le lavage, le peignage, le cardage, le tissage, se font par des procédés aussi élémentaires que possible. Le métier à tisser le lin est tout à fait semblable aux métiers ordinaires des tisserands de France, mais ses pièces sont exécutées d'une manière plus grossière. Les cardes pour la laine sont comme les nôtres des espèces de brosses garnies de dents de fil de fer.

Les hommes du village de Taourirt Mek'k'eren, chez les Aït Iraten, ont la spécialité d'une espèce de broderie grossière en fil de lin pour les coiffures de femmes appelées *ichouaoun*. Ils tracent à la main et à l'aiguille des dessins en relief sur une toile de lin servant de canevas, et découpent ensuite des jours dans la toile avec les ciseaux.

L'art de fabriquer les bijoux paraît être fort ancien chez les Kabyles : toutefois ils n'ont jamais travaillé l'or; l'argent est le seul métal précieux qu'ils emploient; ils ont deux catégories de bijoux : ceux qui sont émaillés et ceux qui n'ont pour ornements que du corail et des dessins faits au maloir. On fabrique ainsi : des espèces de broches pour les vêtements des femmes, des diadèmes, des bijoux ronds ornés de pendants et de petites boules que les femmes portent sur le front pour indiquer qu'elles ont un fils; des colliers, des bracelets, des anneaux de jambes, enfin des fourreaux de yatagans, des pommeaux et des capucines de pistolets, des tuyaux de pipes, etc.

Les ouvriers kabyles pratiquent la gravure sur acier au moyen du bichlorure de mercure, et aussi la gravure au burin; comme nos graveurs, ils opèrent directement, soit à la pointe sèche, soit au burin et au marteau sur le métal nu, argent, cuivre ou fer; ils s'en servent pour cachets, incrustations, inscriptions sur les armes, etc.

On trouve en Kabylie deux espèces de moulins : le moulin à bras portatif et le moulin à eau, tous deux fort primitifs et d'un mécanisme tout à fait simple. Rien que dans le cercle de Fort-Napoléon, on compte 314 moulins à eau. Ils sont généralement placés dans les ravins et au bord des rivières offrant des chutes naturelles de 10 à 12 mètres de hauteur. Les moulins ne servent pas seulement pour les céréales proprement dites ; on y moud aussi le sorgho, le maïs, la gesse, les fèves, les glands. Tous ces moulins donnent la farine brute ; le travail de blutage se fait à la maison, à l'aide de tamis plus ou moins fins qui sont fabriqués dans beaucoup de villages, notamment chez les Aït Iraten.

Les ouvriers en fer sont assez communs : les uns sont des maréchaux ferrants, les autres de simples forgerons fabriquant et réparant les instruments d'agriculture, socs de charrue, haches à deux tranchants, faucilles, etc.; ou bien des armes, fusils, pistolets, sabres, poignards et un peu de coutellerie.

L'art de travailler le bois est encore dans l'enfance : les ouvriers, bien qu'assez habiles, manquent d'outillage et ignorent les procédés les plus élémentaires de leur profession. Le seul outil dont ils se servent pour façonner le bois est un instrument en fer rond, dont la dimension varie, mais dont la forme est toujours la même. Les objets qu'ils fabriquent sont des pressoirs à huile, des bahuts en forme de coffres, des montants de porte, des charrues, des cuillers à pot et de petites cuillers pour manger le couscous ; citons aussi de grands plats de bois faits au tour.

Commerce. — De tout temps les Kabyles se sont livrés au commerce : la population des montagnes est trop nombreuse pour que le sol qu'elle habite puisse la nourrir. Aussi les habitants n'hésitent pas à s'expatrier en masse pour aller trafiquer dans les contrées éloignées. Avant la pacification générale de l'Algérie, au temps où les guerres intestines rendaient le parcours des routes si dangereux, les excursions des caravanes marchandes devenaient de véritables expéditions militaires : le commerce se faisait à main armée, ce qui prouve jusqu'où va la passion du Kabyle pour le trafic et ce qui explique en même temps la considération dont la profession de marchand est entourée chez un peuple aussi belliqueux. C'est surtout sur la rive gauche du Sébaou que l'esprit mercantile s'est le plus développé : les gens de la rive droite se contentent en général de louer leurs bras.

Les Kabyles importent dans leur pays du blé, de l'orge, des bœufs, des vaches laitières, des moutons, des mulets, de la laine, des cotonnades, des soieries, du fer, du cuivre, de l'étain, du plomb. Ils exportent de l'huile, des figues, des vêtements confectionnés, des cuirs, des ustensiles de ménage en bois, plats, cuillers, des poteries, du poivre rouge, de la bijouterie, des armes, de la toile de lin, des fruits, raisins, glands, caroubes, de la cire.

Les registres étant chose inconnue à des gens qui ne savent pas lire, les prix d'achat sont indiqués de diverses manières : pour les vêtements, par exemple, on marque les prix au moyen de nœuds faits aux franges de l'étoffe. Un nœud représente un réal, et pour chaque huitième de réal on noue un fil. D'ailleurs, presque tous les Kabyles préfèrent à tout autre le commerce par échange, qui leur permet de multiplier les bénéfices. Toutes les marchandises leur sont bonnes ; pour payer les objets de leur chargement, offrez leur ce que vous voudrez ; ils acceptent tout : des bœufs, de la laine, des cuirs, des dattes et jusqu'à des olives, dont ils font de l'huile sur place.

A côté de ceux qui font le commerce en grand, se placent les colporteurs qui forment deux catégories : les colporteurs avec tente, qui transportent leur pacotille à dos de mulet, et les colporteurs *au sac*, dont le métier est des plus rudes, mais qui sont de beaucoup les plus nombreux parce que la première mise de fonds est moins considérable ; ceux-ci voyagent toujours à pied, portant des fardeaux qui pèsent parfois jusqu'à 60 kilogrammes. Ils vont de porte en porte et de tente en tente, marchant toujours à l'aventure et couchant où la nuit les surprend. Initiés dès l'enfance aux secrets de la profession, ils savent en peu de temps réaliser des bénéfices assez honnêtes, bien mérités d'ailleurs si l'on tient compte des fatigues sans nombre qu'ils ont à supporter.

Outre les colporteurs et autres commerçants, une foule de Kabyles voyagent pour exercer leur industrie. Les uns cultivent la terre et font la moisson ; les autres sont des ouvriers en fer et en bois ; des médecins, des vétérinaires ; des *tolbas*, qui se livrent à l'enseignement ou vendent des talismans, des maléfices, etc.; des derviches, qui exploitent la crédulité publique, et enfin des musiciens et des danseurs.

LA PSYCHOLOGIE PHYSIOLOGIQUE EN ALLEMAGNE

M. W. Wundt (1)

VI

On entend par *représentation* l'image d'un objet, produite dans la conscience. L'objet peut être réel ou n'exister que dans la pensée. La représentation qui se rapporte à un objet réel s'appelle une *perception*. Celle qui se rapporte à un objet simplement pensé est une *conception imaginaire*.

Comparée à la sensation, la représentation est un fait complexe : elle se compose de sensations, qui sont ses éléments constitutifs, et elle résulte de leur combinaison. Cette fusion des sensations en un tout peut avoir lieu de deux manières : 1° sous la forme d'une succession dans le temps ; 2° sous la forme d'une coordination dans l'espace. Ces deux formes reposent sur la loi générale de rapport.

Toutes nos représentations occupent une place dans le temps ; mais pour une classe — celle des représentations auditives — la forme du temps a une importance capitale. Nous coordonnons aussi, à un certain degré, toutes nos représentations dans l'espace ; mais celles de la vue l'emportent à cet égard de beaucoup sur les autres (ouïe, goût, odorat, sens organique), tandis que l'œil et l'oreille s'opposent ainsi l'un à l'autre, les représentations du tact et du mouvement réunissent complètement les deux formes. D'abord ces deux ordres de perceptions ne sont pas séparables. La motilité rend les parties tactiles propres à saisir les impressions, et de la sensibilité cutanée nous aide à percevoir le mouvement de nos membres. Les formes du temps et de l'espace sont liées aux représentations tactiles et motrices. Tout mouvement est saisi comme une succession dans le temps et est

------

(1) Voyez ci-dessus, p. 566, numéro du 27 novembre.

en même temps accompagné de l'image de l'espace parcouru. C'est ainsi que les représentations tactiles et motrices sont la base de toutes les autres. Par elles, le temps et l'espace sont donnés sous une forme inséparable. Mais ce qui chez elles n'est pas encore séparé, se sépare dans les deux sens supérieurs (ouïe et vue). La sensation de mouvement étant d'origine centrale, puisqu'elle accompagne immédiatement l'innervation motrice, il s'ensuit que la première base des intuitions de temps et d'espace nous est donnée par l'action immédiate de la volonté sur les organes du mouvement.

Examinons en détail ces représentations importantes. La question la plus intéressante qu'elles soulèvent est celle de la *localisation*. Les sensations de toucher, de pression et même de température sont rapportées par nous à un point de notre peau. Mais cette localisation est loin de se faire toujours avec le même degré de précision. Weber est le premier qui ait institué à cet égard des recherches exactes et minutieuses et elles ont été continuées après lui. En employant les deux méthodes, des plus petites différences perceptibles et des cas vrais ou faux, on a pu déterminer la finesse relative du *sens du lieu* dans les différentes parties du corps. Weber a donné le nom de « cercle de la sensation » à une région de la peau, telle que deux impressions tactiles se confondent. Ces cercles varient extraordinairement depuis le bout de la langue où ils ont 1 millimètre de diamètre, jusqu'au milieu du dos où ils atteignent 68 millimètres. Pour que deux sensations tactiles, par exemple les deux pointes d'un compas, soient senties comme distinctes, il faut donc que chaque pointe agisse sur un cercle de sensation différent, et il est clair que la finesse du tact est d'autant plus grande que ces cercles sont plus petits.

. Pour l'exactitude de la localisation, il faut tenir grand compte de l'influence des *mouvements*. Plus le mouvement d'une partie du corps est facile dans tous les sens, plus la localisation est précise. D'après les recherches de Kottenkamp et Ullrich, le sens du lieu va toujours décroissant en finesse du bout des doigts, à la main, à l'avant-bras, au bras, à l'épaule. Pour la jambe, on rencontre une décroissance analogue. C'est ce qui a amené Vierordt à formuler le principe suivant, auquel il donne le nom de *loi* : Pour toute région du corps se mouvant en totalité, la finesse du sens du lieu est toujours proportionnelle à la distance entre une région de la peau et l'axe du mouvement (1).

Enfin, l'habitude a encore une influence sur l'exactitude des localisations, comme cela se voit chez les aveugles-nés. La fatigue, les abaissements de température diminuent sa finesse (Goltz). Les maladies du cerveau et de la moelle la modifient ou l'abolissent. Un malade souffrant d'une anesthésie des extrémités inférieures transportait à la partie supérieure de la cuisse des impressions faites à la partie inférieure ou au pied.

Tels sont les faits de localisation. Il y a pour les expliquer deux théories contraires. On peut, ou bien s'appuyer principalement sur la structure et la disposition du système nerveux, ou bien faire la part la plus large aux mouvements des membres, à l'habitude, à la diminution de la sensibilité,

fonctions qui dépendent plus ou moins de motifs psychologiques.

La première théorie, dite de l'*innéité*, conduit à admettre que l'ordre des sensations tactiles a sa base dans la constitution de l'organisme, qu'il est donné à l'origine avec cet organisme, par conséquent inné. C'est ainsi que Weber pensait que pour chaque cercle de sensation, il y a une fibre primitive, et que par suite toutes les sensations se fondent en une seule, quand elles sont sous la dépendance d'une seule fibre. Chaque fibre représente dans le sensorium un élément d'espace unique et les cercles de sensation sont appuyés d'une manière invariable sur des dispositions anatomiques.

La seconde théorie ou *empirique* (M. Wundt préférerait le nom de génétique) conduit à admettre une évolution psychologique. S'appuyant particulièrement sur l'influence de l'habitude, elle incline à faire des perceptions tactiles un produit de l'expérience. Pour elle, les cercles de sensation expriment simplement la finesse, acquise par l'expérience, à distinguer les diverses positions locales. Le diamètre des cercles doit donc varier d'après l'exercice et l'habitude.

Aucune de ces deux opinions, dit M. Wundt, n'est suffisante. La théorie de l'innéité a raison de soutenir que les dispositions anatomiques ont une importance capitale, que l'expérience n'influe que dans des limites très-restreintes, que la variabilité elle-même a pour cause l'organisation physique. Mais elle se hâte trop de tirer cette conclusion, que puisque ces conditions sont innées, la perception du lieu doit être aussi primordiale. On ne peut refuser à l'empirisme d'accorder une part très-large à l'expérience, mais rien ne prouve que la perception du lieu sorte d'elle seule. — Essaye-t-on, par une sorte d'éclectisme, de réunir les deux théories, on commet au moins une nouvelle erreur, puisqu'en soutenant que la perception d'espace est donnée à l'état fixe, on soutient cependant que l'expérience peut la déterminer. Si l'on se retranche dans l'hypothèse d'une localisation complétement indéterminée, qui ne serait en rapport réel avec l'espace que par l'expérience, on se met en contradiction avec l'idée même de localisation qui implique rapport avec un point déterminé dans l'espace.

La théorie des perceptions tactiles doit expliquer comment étant donnée une certaine organisation, il se produit, d'après des lois pschologiques, un ordre des sensations tactiles dans l'espace. Toutes les observations nous montrent que, pour cet ordre de perceptions, le *mouvement* est un facteur de la plus haute importance. Le langage lui-même comprend, par l'expression de « toucher », le mouvement des parties sentantes. Cette influence des mouvements sur les perceptions tactiles n'a lieu que par le moyen des sensations liées à l'innervation motrice. Or, le sentiment d'innervation peut se combiner avec les sensations tactiles de trois manières :

1° Quand nous touchons des objets, notre organe tactile, en se mouvant, entre successivement en contact avec plusieurs points éloignés les uns des autres; des sentiments d'innervation de différents degrés se combinent avec une seule et même sensation tactile;

2° Nous pouvons toucher notre propre organe tactile : dans ce cas, les sensations de toucher et de mouvement affectent en général des parties différentes;

3° Les deux espèces de sensations s'unissent, quand nous mouvons simplement nos membres, par suite d'une pression qu'ils exercent les uns sur les autres.

---

(1) Pour plus de détails, voy. Vierordt : *die Abhängigkeit der Ausbildung des Raumsinnes der Haut von der Beweglichkeit der Körpertheile*, dans le *Zeitschr. für Biologie*, tome VI, p. 53.

On peut soupçonner que le troisième cas sert à développer tout d'abord les perceptions, le premier cas à les compléter et à les perfectionner. Le second cas est moins important, puisque, par le contact réciproque des membres, la connexion constante des deux espèces de sensations a l'occasion de se former. Au mouvement d'une partie quelconque du corps sont invariablement liées les sensations tactiles venant de la pression des tissus de cette partie, et il y a un rapport constant entre le degré d'intensité des sensations motrices et des sensations tactiles. C'est probablement de cette combinaison que sort notre première notion du lieu : elle consiste à saisir *la différence des parties de notre corps par rapport à leur situation dans l'espace*. Mieux ces parties, peuvent se mouvoir l'une contre l'autre, plus nettement elles peuvent être distinguées les unes des autres.

Il est clair que quand nous distinguons le mouvement de notre bras de celui de notre tête, c'est grâce à une différence *qualitative* des sensations concomitantes. De plus, l'expérience nous apprend que si la sensibilité de la peau est abolie, la notion de la position de nos membres dans l'espace est singulièrement altérée. Ces faits qui s'expliquent par la liaison intime des sensations tactiles avec le sentiment d'innervation nous conduisent à supposer une certaine *nuance locale* des sensations tactiles, qui varie d'une manière continue sur toute l'étendue de l'épiderme. Cette nuance locale appartenant à chaque partie de la peau, nous l'appellerons, dit M. Wundt, sa *caractéristique locale* : expression empruntée à Lotze qui l'a employée dans un sens plus général. « Nous admettons donc que chaque partie de la peau possède une caractéristique locale déterminée, qui consiste en une qualité de la sensation dépendant de l'endroit où l'impression s'est produite. La qualité de la caractéristique locale varie d'un point de l'épiderme à un autre, d'une manière continue, de telle façon cependant que nous ne saisissons de différence que si les distances sont suffisamment grandes. Si l'impression extérieure est intense (sans toutefois dépasser certaines limites et devenir douloureuse) la caractéristique locale est très-nette. » Nous admettrons aussi que les parties symétriques des deux moitiés du corps ont des caractéristiques locales très-analogues, quoique non identiques. Cette hypothèse s'appuie sur l'analogie de structure anatomique et sur divers faits physiologiques (1).

D'après une loi psychologique bien connue, des sensations diverses, liées entre elles habituellement, se fondent en un tout, si bien qu'une partie du tout, si elle est évoquée, suscite le reste. Cette loi s'applique au cas qui nous occupe. Ici, en effet, les sensations tactiles et les sentiments d'innervation se fondent en un tout inséparable. On peut même dire que nous ne connaissons ni les sensations tactiles toutes seules, ni les sentiments d'innervation tout seuls : il nous est impossible de les isoler complètement.

Ce qui se passe dans ce cas, c'est donc une *synthèse psychique*. « On peut désigner par ce nom la combinaison particulière des sensations périphériques avec les sentiments d'innervation centrale, d'où résulte un certain ordre des premières dans l'espace. L'idée ordinaire d'une synthèse, en effet, implique un produit nouveau qui n'existait pas encore dans les éléments constitutifs. De même que dans le jugement synthétique, un nouveau prédicat est attribué au sujet; de même que dans la synthèse chimique, il se produit une combinaison avec des propriétés nouvelles, de même la synthèse psychique nous donne comme nouveau produit, *un ordre des sensations dans l'espace.* » Mais l'analyse psychologique ne peut nous faire connaître que les éléments de cette combinaison : l'ordre dans l'espace étant, une synthèse ne peut être donnée par l'analyse; pas plus que les propriétés de l'eau ne peuvent être données par l'analyse de l'oxygène et de l'hydrogène.

« Les caractéristiques locales du tact forment un continu à deux dimensions d'où peut naître la notion d'un *plan*. Mais ce continu en lui-même ne contient pas la notion d'espace. Nous admettons que celle-ci ne se produit que par un rapport rétrospectif au continu simple que forment les sentiments d'innervation. Ceux-ci, grâce à leurs variations purement intensives, constituent une mesure uniforme pour les deux dimensions des caractéristiques locales. La forme du plan dans lequel ces caractéristiques sont rangées est d'abord complétement indéterminée : elle varie avec la forme des superficies touchées. Mais les lois du mouvement des membres sont telles que, dans la plupart des changements de position, l'organe tactile se meut *en ligne droite* vers les objets (ou s'en éloigne). La ligne droite devenant ainsi un élément déterminant de l'espace tactile, celui-ci reçoit la forme d'un espace *plan*, dans lequel les surfaces par nous perçues et qui changent, quant à leur courbure, doivent être rapportées à *trois* dimensions (1). »

Nous ne pouvons suivre M. Wundt dans son étude complète sur les perceptions tactiles, auditives et visuelles, quoiqu'elle contienne, surtout dans cette dernière partie, un grand nombre de questions intéressantes (vision directe et indirecte, vision monoculaire et binoculaire, etc., etc.). Nous n'insisterons que sur un seul point : le problème de la localisation et de la genèse de l'espace visuel. C'est le débat précédent qui va continuer sous une autre forme. En effet, ici encore les deux théories contraires de l'expérience et de l'innéité se trouvent en présence et la solution adoptée par notre auteur diffère de l'une et de l'autre.

D'abord peut-on admettre que la sensation lumineuse possède par elle-même la forme de l'espace? Nullement. En effet, quoique les éléments sensitifs de notre rétine constituent une mosaïque, et quoique une partie de cet organe, celle qu'on nomme la *tache aveugle*, soit complétement insensible aux excitations, notre champ visuel nous apparaît comme un tout continu. Or, si la perception de l'espace était immédiate, la partie inexcitable de la rétine devrait être perçue comme une lacune, une brèche, dans le champ visuel. L'expérience, au contraire, nous montre qu'il n'en est rien.

La perception de l'espace visuel s'explique, pour M. Wundt, par les deux éléments dont il a été question plus haut : 1° la caractéristique locale; 2° le sentiment d'innervation (2). « Au fond, le processus est ici le même que celui qui produit l'ordre dans l'espace des sensations tactiles. Les caractéristi-

----

(1) *Grundzüge*, ch. XII, p. 483.

(1) Pages 484-485. Pour plus de détails sur ce point, voy. Wundt, *Physiologie humaine*, trad. franc., page 518.

(2) L'existence des différences locales pour l'œil s'établit par une expérience très-simple dont il a été question ici même. Voy. la *Revue scientifique* du 30 janvier 1875, page 730.

ques locales des sensations tactiles ou rétiniennes forment une combinaison inséparable avec les sentiments d'innervation, dont l'intensité a des degrés variables. Ce qui distingue les perceptions visuelles, c'est que cette combinaison se rapporte à un point unique, le centre de la rétine (la tache jaune). Ce rapport qui facilite la mesure exacte du champ visuel et rend possible l'union fonctionnelle des deux yeux, pour la vision binoculaire, a sa racine dans les lois du mouvement. En tant que ceux-ci ont pour base un mécanisme central inné, on peut dire que l'individu naît avec une disposition complétement développée à donner immédiatement à ses sensations visuelles un ordre dans l'espace. Quelque petit que soit le temps écoulé entre la première action des impressions rétiniennes et la perception, il faut pourtant admettre un fait *psychologique* déterminé, qui seul réalise la perception.

Ce fait, comme pour les perceptions tactiles, peut être considéré comme une *synthèse*, puisque le produit qui en résulte présente des propriétés nouvelles, autres que celles des matériaux sensibles qui l'ont formé. Cette synthèse consiste à mesurer les variations quantitatives des sensations périphériques par les variations d'intensité des sentiments d'innervation. Chaque œil pouvant être mû dans deux directions principales (en haut et en bas, en dehors et en dedans) entre lesquelles se trouvent toutes les directions possibles, chaque position correspond à une combinaison déterminée des éléments sensitifs.» Quand l'œil se meut, l'image de chaque chaque point perçu se meut aussi sur la rétine ; les caractéristiques locales se modifient dans un sens déterminé et ainsi se forme la notion d'un continu à *deux* dimensions. « Mais ces dimensions ne sont pas homogènes, puisqu'à chaque changement de direction les caractéristiques locales changent d'une manière particulière. Les sentiments d'innervation qui forment un continu à *une* dimension servent à mesurer, dans toutes les directions possibles, le continu à deux dimensions hétérogènes et à le ramener à un continu homogène à deux dimensions, c'est-à-dire une *surface*. Ainsi se forme le champ visuel monoculaire (1). »

Dans le cas de la vision binoculaire, la combinaison des caractéristiques locales avec les sentiments d'innervation est variable. Soit une caractéristique a de l'œil droit qui se combine avec une caractéristique a' de l'œil gauche, toutes deux répondant à un point situé à 10° à gauche du point visuel. A

cette combinaison aa' répondra un sentiment d'innervation de 10°. Maintenant si a se combine avec une autre caractéristique a' qui n'est située qu'à 5° à gauche, la combinaison $a a'$ répondra à un autre sentiment d'innervation composé de convergence et conversion à gauche. Il se passe ici une synthèse plus compliquée et le fait de la perception peut se décomposer en deux actes : le premier par lequel, grâce aux caractéristiques locales et aux sentiments d'innervation du premier œil, la position d'un point donné a est fixée par rapport au point visuel ; le second par lequel, grâce à l'addition du second œil, la position du point visuel et du point a est fixée par rapport au sujet voyant. Si nous considérons le champ visuel monoculaire comme un plan, par suite de l'addition du second œil, certaines parties du champ visuel peuvent sortir du plan. Ce plan se change en une surface d'une autre forme, variant suivant les conditions spéciales de la vision. — Pour éclaircir par une comparaison, supposons (c'est le cas de la vision monoculaire) un point fixe et une ligne droite qui en part et qu'on peut faire mouvoir dans toutes les directions ; à l'aide de ces deux éléments on ne peut construire qu'une simple surface, par exemple un plan, si la droite est infinie. Supposons maintenant (c'est le cas de la vision binoculaire) deux points fixes et deux droites à direction constamment variable dont les points d'intersection peuvent déterminer une surface ; à l'aide de ces quatre éléments, on peut obtenir une surface d'une forme quelconque.

Nous aurons occasion de revenir plus loin sur l'idée d'espace et son origine, question intimement liée à celle des perceptions tactiles et visuelles. Remarquons seulement que la position prise au début par M. Wundt, entre l'innéité et l'empirisme, s'explique par ce qui précède. Sa théorie, qu'il appelle *psychologique*, rapporte la transformation des sensations en perception à un fait psychique. Cette théorie s'accorde par quelques détails avec l'empirisme, puisque celui-ci explique la localisation par un jugement fondé sur des expériences antérieures, c'est-à-dire par un acte psychique. L'empirisme n'est même, à vrai dire, qu'un cas particulier de la théorie psychologique. Toutefois il y a entre eux cette différence, que la théorie psychologique n'accorde à ce jugement fondé sur l'expérience qu'une valeur secondaire et que l'acte essentiel pour elle est cette synthèse psychique dont nous avons parlé.

<hr>

(1) M. Wundt le premier a cherché à expliquer la formation du champ optique en se fondant sur les deux éléments dont il a été si souvent question. Voici les preuves qu'il a données à ce sujet : 1° Les distances verticales nous paraissent plus grandes que les mêmes distances horizontales ; leur rapport est d'environ 4,8 à 4. Ces chiffres correspondent au rapport entre les forces qui meuvent l'œil horizontalement et verticalement : rapport déterminé par la disposition des muscles. 2° Nous pouvons encore différencier à l'œil les longueurs des deux lignes horizontales, quand elles varient entre elles de 1/50. La différence entre les quantités de mouvement que l'œil doit exécuter en ce cas est aussi 1/50 du mouvement total. La loi psychophysique s'applique donc tout aussi bien à l'appréciation des différences de mouvement qu'à celle des différences de distance et le même chiffre les exprime toutes les deux. 3° La plus petite distance absolue et le plus faible mouvement de l'œil, pour nous appréciables, concordent entièrement : ils répondent à un angle d'une minute. 4° Dans la paralysie du muscle abducteur de la pupille, les objets semblent situés plus en dehors. Le chemin parcouru paraît alors plus long, puisque la contraction musculaire doit être plus forte pour exécuter le même mouvement. Voy. sa *Physiologie humaine*, p. 517.

VII

Des perceptions simples naissent les formes psychiques composées. Elles se ramènent à trois classes : les notions complexes ; les notions générales ; les formes de l'intuition, c'est-à-dire le temps et l'espace.

Les notions ou perceptions complexes sont formées par la réunion des perceptions simples, appartenant à des espèces diverses. En réalité, la plus grande partie de nos représentations et de nos états de conscience appartiennent à cette classe, puisqu'elles répondent à des objets réels, concrets, complexes.

Les notions générales sont formées d'un certain nombre de perceptions simples, mais qui ont entre elles une grande analogie et qui concordent quant à la plus grande partie de leurs éléments. (Exemple : homme, arbre.) Tout état psychique étant d'autant plus facile à reproduire qu'il a été déjà plus souvent dans la conscience, il en résulte que ces éléments analogues doivent posséder une plus grande force de repro-duction. Une impression sensorielle suscitera ces éléments déjà souvent reproduits. « Les lois de la reproduction suffisent ainsi à expliquer la genèse des notions générales, et il n'y a aucune raison de l'attribuer avec l'ancienne psychologie à une faculté particulière d'abstraction. »

L'auteur distingue la notion générale, du *concept* (*Begriff*) (1). Le concept n'existe pas comme la sensation ou la perception à titre de forme psychologique déterminée. Il n'a dans notre conscience qu'un seul substitut : le mot, parlé ou écrit. C'est ce qui explique pourquoi le concept abstrait ne peut exister chez l'animal ni chez l'homme pendant la première enfance, tandis que l'existence des notions générales est possible. La notion générale n'est, à proprement parler, qu'un schéma des notions particulières qu'elle résume. Le concept est quelque chose de plus : il constitue une connaissance scientifique, il nous donne la loi des phénomènes. Il est, dit M. Wundt, un *postulat*. « Lorsqu'on résout complétement une notion gé-nérale en ses éléments particuliers, on voit que plus cette notion est étendue et plus sa compréhension de tous les ob-jects rentrant dans le schéma, est insuffisante. On re-marque en même temps que, si indéterminée que soit, dans ses contours, la notion générale avant qu'on la résolve en faits particuliers, cependant chacun des éléments qu'elle contient peut changer, sans que la notion générale cesse d'exister. Ainsi se produit le postulat d'une notion générale qui : 1° ne contienne schématiquement que les éléments communs à toutes les perceptions particulières subordonnées ; 2° qui puisse, si on la résout complétement par l'analyse, s'étendre à toutes ces perceptions particulières. Un postulat de cette sorte est ce que nous nommons un concept. »

M. Wundt distingue les concepts en empiriques et abstraits. Les premiers résument une somme de notions générales, tout comme chaque notion générale résume une somme de notions particulières. L'expérience vulgaire toute seule suffit à les former (par exemple l'idée d'homme), mais ils sont obscurs, sans précision, sans rigueur scientifique. Un travail ultérieur de l'esprit forme les concepts abstraits (cause et effet, moyen et fin, quantité, nombre, nécessité, etc.) ainsi nommés parce qu'ils dépassent l'expérience et parce qu'ils ne sont applicables immédiatement à aucun objet d'observa-tion, interne ou externe. La différence entre ces deux ordres de concepts n'est d'ailleurs qu'une question de degré. « On nomme empirique un concept qui s'étend à un groupe limité de phénomènes, abstrait un concept qui s'étend à plusieurs groupes. »

Les formes de l'intuition (temps et espace) ont des rapports avec les notions générales aussi bien qu'avec les concepts. D'une part, elles sortent des perceptions particulières, puis-qu'elles correspondent à l'impression totale de l'ordre interne (temps), ou de l'ordre externe (espace) des représentations. D'autre part cet ordre en lui-même échappe à la représenta-tion : le temps et l'espace sont donc des postulats comme les concepts. Ils en diffèrent cependant en ceci, qu'un simple signe ne suffit pas à les représenter ; mais que, dans notre con-science, ils se transforment toujours en un laps de temps

particulier, en un espace particulier qui deviennent pour nous les substituts sensibles du temps en général et de l'es-pace en général, et c'est parce qu'ils sont toujours liés à des représentations particulières que le sens commun et l'an-cienne philosophie, d'accord avec lui, les considéraient comme des existences indépendantes , embrassant toute chose.

Temps. — L'intuition du temps naît d'une succession de diverses représentations, dont chacune reste disponible pour la conscience, quand une nouvelle y fait son entrée. Elle consiste moins dans la reproduction réelle des représenta-tions que dans la représentation de leur reproduction pos-sible. Psychologiquement ceci ne peut avoir lieu que si cha-que représentation, en disparaissant de la conscience, laisse une trace, un certain effet qui dure, à côté des représenta-tions nouvelles qui s'y produisent.

Prenons le cas le plus simple. A l'origine, l'idée de temps trouve une condition extérieure indispensable de sa genèse dans la succession des impressions sensorielles. Sup-posons donc une conscience libre de toute autre représenta-tion : elle ne reçoit que des impressions acoustiques régu-lières ; par exemple les battements d'un pendule qui se succèdent après des pauses uniformes. Le premier battement a eu lieu, il en reste une image qui persiste jusqu'à ce que le second suive. Celui-ci reproduit immédiatement le pre-mier : en vertu d'une loi générale d'association, les états de consciences identiques ou analogues se suscitent. Mais en même temps, il rencontre l'image qui a persisté pendant la pause, l'intervalle entre les deux battements. Le nouveau battement et l'image sont rapportés à la perception passée. L'impression répétée rend à celle-ci son intensité primitive, tandis que l'image reste à l'état de réminiscence. Par suite, la perception actuelle doit se distinguer immédiatement de son image. Nous avons dans ce fait si simple tous les élé-ments de l'idée du temps : le premier son est le commence-ment de temps, le second son la fin du temps, l'image est l'intervalle de temps. Au moment de la troisième impres-sion, la notion de temps existe tout entière d'un seul coup, puisqu'en ce moment les trois éléments sont donnés simul-tanément : la seconde impression et l'image immédiatement, la première impression par reproduction. Mais nous avons en même temps conscience d'un état dans lequel la première impression seule existait et d'un autre dans lequel l'image seule existait. Cet état de conscience constitue la notion du temps.

La question a été prise sous sa plus grande simplicité. Mais les cas plus compliqués supposent, quant au fond, le même processus psychologique. Ainsi le point final peut être diffé-rent du point initial ; il se peut qu'entre les deux points il y ait, non une pause, mais une série d'autres impressions, etc. Dans ces cas, au moment où l'impression finale a lieu, de deux choses l'une : ou bien elle est analogue à l'impression initiale, tout se passe comme ci-dessus et nous avons l'idée d'un laps de temps déterminé ; ou bien rien ne donne lieu à une reproduction et alors se produit l'idée d'un laps de temps *indéterminé.*

M. Wundt fait remarquer le rôle considérable que joue le rhythme dans la formation de l'idée de temps. Chaque me-sure (au sens musical) forme un intervalle de temps simple, qui, combiné à d'autres, constitue une longue série. Mais cette forme rhythmique permet de mesurer le temps, et elle est

---

(1) *Grundzüge*, chap. XVI, et *Menschen und Thierseele*, 25-26° leçons.

aussi la condition de la genèse de deux idées importantes : celle de *nombre* et celle de *grandeur*.

Espace. — Nous avons déjà parlé de la genèse du concept d'espace. Nous avons vu qu'il est caractérisé par la *pluralité*, la *continuité* et l'*homogénéité* de ses dimensions ; que l'idée d'espace naît d'une synthèse par laquelle le continu, à deux dimensions, hétérogène, que forment les caractéristiques locales, est ramené à un continu homogène par le moyen des sensations d'innervation qui sont continues, mais qui ne possèdent qu'*une* dimension intensive. Nous avons vu aussi comment, en vertu des lois du mouvement, la ligne droite est l'élément qui nous sert à mesurer l'espace et comment de ces diverses conditions naît le concept d'un espace plan, à trois dimensions.

L'intuition pure de l'espace est un concept qui est toujours traduit par nous en une représentation *particulière*, c'est-à-dire en un objet dans l'espace, et comme le fait d'être dans l'espace suppose pour un objet d'autres objets étendus hors de lui, il en résulte que l'espace, comme le temps, à titre de concept, est illimité.

Les considérations de M. Wundt sur le concept d'espace, d'après les hypothèses de la géométrie imaginaire, l'amènent à donner à cette question une forme peu usitée jusqu'à ce jour dans les études philosophiques. On sait que tandis que la géométrie ordinaire considère l'espace comme un continu à trois dimensions, la géométrie non-euclidienne, au contraire, raisonne sur un espace à 4, à 5, à n dimensions, et que par suite notre géométrie devient un cas particulier d'une géométrie beaucoup plus générale. « Les recherches de la géométrie imaginaire, dit M. Wundt, nous conduisent du côté mathématique à des résultats analogues à ceux que l'analyse physiologique nous a fournis. Ces recherches montrent que l'espace, considéré comme une diversité continue de dimensions homogènes, est un concept général qui contient notre intuition de l'espace à titre de forme particulière. D'un autre côté, l'analyse physiologique nous a montré que la forme particulière d'espace plan à trois dimensions, a son fondement dans les conditions déterminées de notre organisation. Mais les considérations mathématiques ne peuvent pas nous mener plus loin. Il n'est pas admissible de conjecturer, comme l'a fait Zœllner, dans son livre *Sur la nature des comètes*, que le monde réel appartient peut-être à un espace de courbure non constante. Car, quelque opinion que l'on professe sur le rapport de nos représentations au monde réel, on ne pourra jamais justifier cette assertion que les choses réelles devraient être représentées sous une forme autre, que nous ne *pouvons* nous les représenter d'une manière générale. Les théories sur la nature de la matière auxquelles la science est conduite peuvent être très-éloignées des apparences que nous donnent nos perceptions immédiates ; mais elles ne peuvent jamais conduire à des hypothèses non conformes à notre intuition générale du temps et de l'espace. Le représentable ne pourra jamais sortir de l'irreprésentable. Les formes imaginaires de l'espace ont une valeur réelle en un certain sens : en tant que l'espace est la forme dans laquelle nous nous représentons des diversités continues ; mais il y a des continus, nous l'avons vu (par exemple les couleurs), qui ne peuvent être construits dans notre espace ordinaire. »

Quant à la question de savoir si l'espace n'est qu'une forme subjective de notre pensée ou s'il y a en même temps un fondement objectif, cette question n'appartient pas au domaine de la psychologie. Comme science empirique, elle doit rechercher comment nous pouvons percevoir les choses sous cette forme ; mais rien de plus.

Pour achever l'exposé des *Esquisses de psychologie physiologique* il nous resterait encore plusieurs questions à examiner. L'auteur a consacré un important chapitre aux recherches « sur la vitesse et l'association des états de conscience » ; mais qui mérite d'être étudié à part. Quant à ce qui concerne la seconde fonction du système nerveux — production de mouvement — son étude ne forme guère qu'un vingtième de l'ouvrage. D'ailleurs, dans un précédent article, nous avons parlé des mouvements réflexes et volontaires. Dans le dernier chapitre, consacré aux mouvements d'expression, l'auteur combat Darwin sur plus d'un point ; « mais, dit-il, je ne saurais proclamer trop haut combien le présent ouvrage est pénétré des vues générales qui, grâce à Darwin, sont acquises pour toujours aux sciences naturelles. »

TH. RIBOT.

BULLETIN DES SOCIÉTÉS SAVANTES

Académie des sciences de Paris. — 15 NOVEMBRE 1875.

M. Becquerel : Mesure des affinités entre les liquides des corps organisés. — M. Daubrée : Formation contemporaine de la pyrite de fer. — M. Trécul : La théorie carpellaire d'après des amaryllidées. — M. Dumas : Rapport sur les mémoires présentés à l'Académie par ses délégués à la commission du phylloxera. — M. Van Tieghem : Développement du fruit des coprins. — M. E. Duchemin : Préservation des aimants contre l'oxydation par l'emploi du nickel. — M. le ministre de l'instruction publique : Communication d'une lettre de l'ambassadeur d'Angleterre. — MM. Friedel et Guérin : Sur quelques combinaisons du titane. — M. A. Scheurer-kestner : Dissolution du platine dans l'acide sulfurique. — M. Ch. Touret : L'ergotinine, nouvel alcaloïde découvert dans le seigle ergoté. — M. J. Barrois : Les formes larvaires des bryozoaires.

— M. *Becquerel* présente un mémoire sur la mesure des affinités entre les liquides des corps organisés au moyen des forces électro-motrices. L'auteur se pose ces deux questions : 1° dans la réaction des liquides les uns sur les autres, se forme-t-il de simples combinaisons ou des doubles décompositions, ou bien des unes et des autres ? 2° les tissus qui séparent deux liquides différents sont-ils agencés de manière à former des piles composées de deux ou plusieurs couples ? M. Becquerel a étudié ces deux questions séparément, mais il ne donne dans le présent mémoire que les résultats qu'il a obtenus en s'occupant de la première. Il a fait un assez grand nombre d'expériences, parmi lesquelles nous signalerons particulièrement la suivante. Les liquides employés ont été le blanc et le jaune d'œuf. L'opération a été faite à la température zéro, puis à celle de 30 degrés, enfin à la température ordinaire. On s'est servi d'électrodes de platine et d'électrodes à eau. Les résultats obtenus ont permis de tirer les conclusions suivantes : Dans la réaction du blanc d'œuf sur le jaune, la surface de contact du blanc et du jaune, du côté du jaune, est l'électrode négative, l'autre l'électrode positive. Sur la première il se produit des réductions, sur la seconde des oxydations. D'un autre côté, s'il n'y a pas d'action électrocapillaire, il s'opère un transport d'éléments de l'électrode positive à l'électrode négative, et il peut même se produire le double effet. En opérant avec les électrodes à eau, la force électromotrice obtenue est nulle. Cela indique

que dans la réaction des deux substances, il se produit simplement des doubles décompositions : ce sont là de nouveaux effets à considérer dans la réaction des liquides de l'organisme.

— M. *Daubrée* cite de nouveaux exemples de formation contemporaine de la pyrite de fer dans les sources thermales et dans l'eau de mer. Bien que la pyrite de fer soit très-répandue dans l'écorce terrestre, on arrive rarement aujourd'hui à surprendre ce minéral en voie de formation. On l'a cependant observé dans plusieurs localités, telles que Bourbon-Lancy, Bourbon-l'Archambault, Saint-Nectaire, Aix-la-Chapelle, etc., où il forme des enduits minces sur des fragments de roches. A ces exemples de formation contemporaine de la pyrite de fer, M. Daubrée en ajoute trois autres : 1º dans la source thermale de Bourbonne-les-Bains, en pratiquant un sondage, on a ramené de petits galets et des grains de quartz enveloppés de pyrite ; on a trouvé également la pyrite incrustant des silex taillés de main d'homme ; 2º dans les sources thermales de Hamman-Meskoutine, près de Constantine, on a trouvé des pisolithes enveloppés de pyrite. Ce dépôt pyriteux n'est pas seulement superficiel, car si l'on casse quelques-uns des pisolithes, on trouve dans leur intérieur des filets jaunes qui ne sont autre chose que de la pyrite de fer ; 3º le dernier exemple signalé par M. Daubrée ne correspond plus à l'action des sources thermales, mais bien à l'action de l'eau de mer mélangée d'eau douce. Cette pyrite a été rencontrée récemment en Angleterre, dans l'intérieur d'une pièce de bois du yacht royal *Osborne*. Elle forme, dans une fissure de ce bois, un enduit mince, doué d'une belle couleur jaune et d'un vif éclat métallique. Avant d'être employé, le bois avait séjourné dans une fosse contenant de l'eau de mer et de l'eau douce.

— M. *A. Trécul* fait connaître le résultat de ses nouvelles observations relatives à la théorie carpellaire. Les études de M. Trécul ont porté cette fois sur la structure de la fleur et du fruit des amaryllidées. Les faits observés viennent encore confirmer la valeur de l'opinion soutenue par l'auteur. Le présent mémoire ne contient que la première partie de cette nouvelle série d'observations.

— M. *Dumas* lit un rapport sur les mémoires présentés par les délégués de l'Académie à la commission du phylloxéra. Après avoir rappelé la façon dont les insecticides proposés ont été expérimentés au point de vue de leur action sur l'insecte et sur la vigne, M. Dumas déclare que peu de ces substances méritent d'arrêter l'attention des vignerons. M. Dumas passe ensuite en revue les différents mémoires qui ont été écrits sur ce sujet, et il termine son rapport en proposant à l'Académie d'ordonner l'impression dans le *Recueil des savants étrangers* : 1º des cartes de M. Duclaux pour 1873 et 1874 ; 2º du mémoire de M. Maurice Girard sur l'invasion des Charentes ; 3º de la note et de la carte de M. Azam sur l'invasion de la Gironde ; 4º du mémoire de MM. Cornu et Mouillefert sur les expériences effectuées à la station viticole de Cognac ; 5º de la note de M. Boutin sur la composition chimique des racines et des divers organes de la vigne ; 6º enfin des mémoires de M. Millardet sur les vignes américaines.

— M. *Ph. Van Tieghem* présente une note sur le développement du fruit des coprins et la prétendue sexualité des basidiomycètes. Nous avons déjà rendu compte d'une communication de l'auteur sur le même sujet. On se rappelle que M. Van Tieghem avait affirmé la sexualité des basidiomycètes en se fondant sur la copulation apparente des bâtonnets avec les ampoules et sur l'impossibilité d'obtenir la germination des bâtonnets. Depuis cette communication, l'auteur a fait de nouvelles expériences, et les résultats qu'il a obtenus sont loin de concorder avec les premiers. Il a obtenu la germination des bâtonnets ; ceux-ci n'ont pas d'organes mâles fé-

condant les ampoules, et la sexualité d'abord constatée n'existe plus. D'ailleurs M. Van Tieghem a vu le fruit des coprins naître, se développer et mûrir sur un mycelium où il ne s'était produit aucun bâtonnet, et dans des conditions où aucun bâtonnet n'avait été amené, ni n'avait pu s'introduire du dehors. L'auteur déclare en conséquence qu'il est de son devoir de faire disparaître le plus tôt possible l'erreur contenue dans son précédent travail.

— M. *E. Duchemin* adresse une note sur l'emploi du nickel, déposé par voie électrique, pour protéger contre l'oxydation les aimants servant à la construction des boussoles. Les expériences exécutées en vue de cette conservation des aimants ont entièrement réussi. Les procédés employés pour produire le dépôt de nickel sont exactement ceux qui ont été indiqués par MM. Becquerel et Ed. Becquerel, dès 1862, et qui sont appliqués industriellement par MM. Folie et Mallié ; c'est le sulfate double de nickel et d'ammoniaque, bien purifié, qui paraît donner les meilleurs résultats ; l'anode de nickel est obtenue en fondant le nickel dans un creuset de charbon de cornue.

— M. *le ministre de l'instruction publique* transmet à l'Académie une lettre adressée par lord *Lyons*, au ministre des affaires étrangères, pour lui annoncer l'organisation à Londres d'une exposition spéciale d'appareils scientifiques, qui doit avoir lieu au mois d'avril prochain. L'ambassadeur d'Angleterre exprime, au nom de son gouvernement, le désir que le gouvernement français veuille bien prêter son concours à cette exposition, par la formation d'un comité français, choisi parmi les membres de l'Académie des sciences.

— MM. *C. Friedel* et *J. Guérin* envoient une note sur quelques combinaisons du titane. Les auteurs ont obtenu l'hexachlorure de dititanique par une réaction analogue à celle qui a servi à l'un d'eux pour obtenir l'hexaiodure disilicique, c'est-à-dire en chauffant le tétrachlorure de titane, à 180 ou 200 degrés, dans des tubes scellés, avec de l'argent réduit. Ils ont obtenu également une assez grande quantité de dichlorure de titane à l'état de pureté, en préparant de l'hexachlorure de titane, déplaçant l'hydrogène à l'aide de l'acide carbonique, transvasant rapidement le produit dans un matras d'essayeur rempli à l'avance d'acide carbonique et chassant à son tour l'acide carbonique par l'hydrogène.

— M. *A. Scheurer-Kestner* a fait des observations sur la dissolution du platine des alambics qui servent à la concentration de l'acide sulfurique. De ses expériences, l'auteur tire les conclusions suivantes : 1º La perte de poids des vases distillatoires en platine n'est pas due à une simple action mécanique de l'acide en ébullition. 2º Lorsque l'acide employé est exempt de composés nitreux, il dissout environ 1 gramme de platine par 1000 kilogrammes d'acide sulfurique concentré à 94/100. Il en dissout 6 à 7 grammes lorsque la concentration a été amenée jusqu'à 98/100, et 9 grammes lorsqu'on prépare de l'acide à 99 1/2 pour 100. 3º Lorsque l'acide introduit dans l'appareil renferme des composés nitreux, le métal se dissout en quantités bien plus considérables.

— M. *Ch. Tanret*, pharmacien à Troyes, a découvert dans le seigle ergoté un nouvel alcaloïde, qu'il propose d'appeler *ergotinine*. Ce nouveau corps, qui n'existe qu'en très-petite quantité dans le seigle ergoté, a une réaction fortement alcaline et peut saturer les acides. L'alcool, le chloroforme et l'éther le dissolvent. Mais un de ses principaux caractères est la facilité avec laquelle il s'altère au contact de l'air.

— M. *J. Barrois* envoie une note sur les formes larvaires des bryozoaires. Dans cette note, l'auteur donne la description des embryons des entoproctes, auxquels il croit devoir rapporter la forme des embryons des lophopodes.

CHRONIQUE SCIENTIFIQUE

Nous avons reçu de M. Pasteur la lettre suivante au sujet de la lettre de M. Schutzenberger insérée dans notre dernier numéro :

Mon cher monsieur,

Je serai très-bref dans ma nouvelle réponse à M. Schutzenberger. Contrairement à ce que paraît croire mon savant contradicteur, il n'y a aucune équivoque entre nous. Notre désaccord est complet et absolu. Voici le point vif et unique du débat : M. Schutzenberger prétend que plus la levûre a d'oxygène libre à sa disposition, plus est grande son activité comme ferment. C'est l'interprétation qu'il donne à maintes reprises de mes expériences, mais je répète de nouveau que c'est l'inverse qui est la vérité et que la levûre cesse d'être ferment quand elle respire l'oxygène le plus possible. Que M. Schutzenberger veuille bien relire avec une scrupuleuse attention, par exemple ma note du *Bulletin de la Société chimique* de 1861, page 79, et il se convaincra facilement de sa méprise qui, suivant moi, ne comporte aucune réserve.

Veuillez agréer, etc.   L. PASTEUR.

LA SCIENCE AU CONSEIL GÉNÉRAL DE LA SEINE

Voici le compte rendu des séances du Conseil général concernant la question des cliniques d'aliénation mentale et des subventions proposées pour l'enseignement supérieur parisien et diverses autres questions scientifiques.

Le Conseil, sur le rapport de M. Thulié, examine les dépenses d'entretien des aliénés.

Le crédit de 1876 présente sur le chiffre admis au budget de 1875 une augmentation de 100 000 francs.

M. Talandier exprime le désir qu'on ne transporte pas les malades aliénés dans les asiles de province, lorsqu'ils ont une famille à Paris qui peut les visiter.

M. B. Raspail se fait l'interprète des plaintes qui lui sont parvenues sur la mauvaise nourriture de l'hospice de Bicêtre et l'insuffisance de la quantité de vin accordée aux pensionnaires. Il voudrait que le service des aliénés imitât le régime intérieur de la maison de santé de Clermont (Oise), surtout au point de vue du travail des aliénés. En outre, M. B. Raspail signale quelques abus qui auraient eu lieu à Bicêtre au profit du personnel logé. Il demande des réformes, dans le plus bref délai, au régime des hôpitaux.

M. Martin signale les inconvénients qui résultent pour la ville de Paris du trop court délai exigé par la loi de vendémiaire an II pour avoir droit aux secours de la commune. Il demande que l'on porte à cinq ans le délai nécessaire pour acquérir le domicile de secours, et propose au conseil d'émettre un vœu en ce sens.

M. Ch. Loiseau proteste contre les accusations dirigées par M. B. Raspail sur la nourriture donnée aux malades dans les hôpitaux de la Seine. D'une manière générale, le régime est salubre et suffisant. L'honorable conseiller reconnaît l'excellence du système suivi à la maison de Clermont ; mais les aliénés de la Seine ne sont généralement pas rompus aux travaux des champs, et il paraît difficile de les y plier.

M. Clémenceau ne partage pas complètement l'optimisme actuel de M. Ch. Loiseau. Il demande qu'il soit fait une enquête sur les faits signalés par M. B. Raspail.

M. le préfet observe que les critiques s'adressent à l'administration générale de l'Assistance publique. Il attendra, pour y répondre, qu'elles soient portées devant le Conseil municipal.

En ce qui concerne les aliénés, le département de la Seine a, à lui seul, 7179 aliénés. Les asiles qu'il a fait construire n'en peuvent contenir que 1800 environ : c'est à peine si 1500 autres pourront trouver place dans les établissements hospitaliers dépendant de l'Assistance. Plus de la moitié du nombre total d'aliénés, soit 3975 malades, doivent donc forcément être placés dans les asiles des départements.

L'administration, afin de remédier à cette situation, a pris des mesures pour que les asiles de Vaucluse et de Ville-Evrard, où les aliénés peuvent se livrer aux travaux agricoles, soient agrandis. Les malades y sont dans des conditions de bien-être plus favorables à leur rétablissement que celles que présentent les asiles de Bicêtre et de la Salpêtrière, où l'installation laisse en effet beaucoup à désirer aujourd'hui.

M. le préfet déclare qu'il n'accepte pas le vœu émis pour le réta-

blissement des cliniques d'aliénation mentale. Il n'admet l'enseignement par la leçon qu'à une condition essentielle : c'est que le malade consente à être l'objet de cette leçon.

Or un aliéné n'est pas en état de donner un consentement valable. Si, au reste, ces cliniques n'ont aucun inconvénient, pourquoi ne les fait-on pas à la maison de Charenton, qui appartient à l'Etat ?

M. le préfet n'entend pas enlever aux médecins la possibilité de faire leurs études ; il a autorisé chaque médecin des asiles d'aliénés à se faire accompagner dans ses visites quotidiennes par cinq personnes, médecins ou étudiants en médecine. Il ne peut aller au delà sans abandonner le droit de protection qu'il est tenu d'exercer à l'égard des aliénés.

M. le rapporteur estime que jamais un cours ne remplacera une clinique. Pour un malade aliéné qui n'a plus conscience des choses extérieures, l'examen clinique fait en public n'offre aucun des inconvénients que M. le préfet redoute pour les malades extérieurs.

M. Ch. Loiseau s'étonne qu'il ait fallu attendre jusqu'à aujourd'hui pour supprimer les cliniques autorisées par MM. de Rambuteau, Berger, Haussmann, enfin par tous les prédécesseurs du préfet de la Seine depuis soixante ans.

M. le préfet de la Seine signale que chaque année, par décision de M. le préfet de police, 3000 aliénés sont séquestrés et enlevés à leur famille. La question se pose ainsi : Est-il possible d'imposer au malade entrant dans un hôpital l'obligation de se soumettre à une opération publique ?

M. Clémenceau fait observer qu'on violente bien les malades en les obligeant d'aller à la messe et qu'à leur dernière heure on leur impose bien l'assistance d'un aumônier.

M. Béclard dit que l'intérêt de la science, c'est-à-dire l'intérêt de l'humanité, domine toute la question des cliniques. Si l'enseignement clinique est nécessaire pour la médecine générale, il est indispensable pour les maladies mentales.

En effet, le certificat du premier médecin venu suffit, aux termes de la loi de 1838, pour faire enfermer un citoyen. Or il n'existe pas, à la Faculté de Paris, de chaire d'aliénation mentale.

Où veut-on donc, si l'on ferme les cliniques, que le médecin, investi par la loi d'un pouvoir absolu, aille chercher l'enseignement dont il a besoin pour être bon juge en pareille matière ?

. . . .

Le Conseil approuve un projet de vœu de M. Raspail, tendant à fixer à deux ans la durée de domicile exigée pour avoir droit à l'assistance publique.

Un projet de vœu exprimé par la commission pour que des réparations soient faites à Bicêtre et à la Salpêtrière, en vue de recevoir un plus grand nombre de malades, est adopté par le Conseil.

. . . .

M. le président. L'ordre du jour appelle la discussion de la proposition tendant à voter une subvention de 250 000 francs en faveur des établissements d'enseignement supérieur appartenant à l'Etat. (M. Hérold, rapporteur.)

M. le préfet. Cette proposition tend à bouleverser le budget du département. Vous imputez la dépense sur le produit des centimes affectés à l'instruction primaire. Il faut pour cela que le service de l'instruction soit assuré.

Or, beaucoup de dépenses s'imposent à nous pour améliorer ce service. Ne faisons-nous pas déjà de très grands efforts pour l'enseignement supérieur ? La ville va dépenser 4 millions pour l'agrandissement de la Faculté de médecine ; le Conseil municipal vient de voter 80 000 francs pour une bibliothèque à l'Ecole de droit. On vous propose d'ajourner le remboursement d'une prime de 200 000 francs, due au Crédit foncier par le département, pour disposer de cette somme en faveur des Facultés de l'Etat.

Je ne crois pas qu'il soit de bonne administration, de la part du département, de s'endetter pour subventionner plus riche que lui. La création de chaires nouvelles que vous proposez n'est pas d'ailleurs dans vos attributions. L'intérêt que ces chaires offrent pour le département est nul. Pourquoi donc faut-il lui imposer immédiatement une dépense annuelle de 200 000 francs ?

M. Béclard. J'appuie la proposition de M. Hérold, au point de vue surtout de l'Ecole de médecine ; cette Ecole est dans un état d'infériorité regrettable vis-à-vis des établissements similaires d'Allemagne. La Faculté de médecine de Paris, avec 4200 élèves, a produit à l'Etat 400 000 francs ; la Faculté de Strasbourg, qui n'a que 800 élèves, a disposé l'année dernière de 1 400 000 francs. A la Faculté de Paris, il y a 27 chaires ; à Vienne, il y en a 102. Les besoins de la Faculté de médecine sont immenses. En lui consacrant une certaine somme, le Conseil général ne compromettrait pas assurément les intérêts de l'instruction primaire.

M. Talandier. Je ne me soucie nullement d'encourager l'enseignement officiel auquel j'adresserais autant de reproches qu'à l'enseignement clérical. Puisque M. Béclard nous dit que la Faculté de médecine produit des bénéfices à l'Etat, que l'Etat emploie ces bénéfices à l'amélioration de l'enseignement médical à Paris. Lorsque, faute de moyens matériels, nous devons conserver à Paris les écoles primaires congréganistes plutôt que de laisser nos enfants courir les rues, il est inadmissible qu'on vienne nous proposer de détourner de sa destination la plus minime part du budget de notre instruction primaire. Je repousse la subvention.

M. Hérold. J'aurais proposé, d'ailleurs, une subvention à l'enseignement laïque si un tel enseignement existait à Paris ; mais comme il n'existe pas, j'ai pensé qu'il fallait atténuer, ne fût-ce que dans une faible mesure, les effets de la parcimonie de l'Etat envers ses Facultés. Les universités catholiques vont leur faire une concurrence redoutable. Il faut donc les soutenir.

M. le rapporteur énumère ensuite les fondations qu'il propose d'établir avec la subvention projetée : bourses de voyage, création de chaires pour l'enseignement de la législation commerciale, du droit municipal moderne. Il conclut en insistant sur ce point que les ressources du département facilitent l'allocation dont il s'agit.

M. Lauth signale l'intérêt que présente l'Ecole des hautes études et expose l'état fâcheux des laboratoires de la Sorbonne.

Voici le texte du projet déposé concernant l'Ecole des hautes études :

Les soussignés,

Considérant que l'Ecole pratique des hautes études est une fondation des plus utiles, comme le prouvent le succès de ses cours et de ses conférences auxquels assistent, à côté des étudiants français, beaucoup de savants étrangers désireux d'écouter les hommes éminents qui y professent, ainsi que le nombre de professeurs distingués qui en sortent annuellement et que l'étranger cherche à attirer par l'offre de brillantes fonctions ;

Considérant qu'il est indispensable pour la science française, dans sa lutte avec les nations voisines, de se tenir au courant des progrès accomplis au delà de ses frontières et que la lecture des livres et des bulletins scientifiques est insuffisante pour atteindre ce résultat ;

Considérant que l'envoi dans les départements et à l'étranger de missions et d'explorations scientifiques destinées à visiter les laboratoires, les musées, à étudier les inscriptions, les manuscrits des bibliothèques et à suivre les cours des plus éminents professeurs, dans l'ordre d'études auxquelles l'élève s'est consacré, est un des buts pour lesquels l'Ecole a été créée et qu'il n'a pu être atteint faute de ressources suffisantes ;

Considérant enfin qu'il importe de faciliter les hautes études scientifiques pour les jeunes gens sans fortune et dont les aptitudes et le zèle auront été reconnus ;

Proposent au Conseil général l'inscription au budget spécial de l'instruction publique du département de la Seine d'un crédit de 26 000 francs à titre de subvention pour les élèves de l'Ecole pratique des hautes études. Cette somme serait consacrée à la fondation de bourses d'études et de bourses de voyage, à répartir entre les quatre sections de l'Ecole dans la proportion suivante :

Sciences physico-chimiques............ ⎫	
Sciences naturelles.................. ⎬ 12 000 fr.	
Sciences mathématiques............. ⎭	
Sciences historiques et philosophiques..	12 000 fr.

Ces bourses seraient accordées sur la proposition de l'Ecole des hautes études, réunie en conseil.

Ont signé :

MM. Ch. Lauth, Béclard, Germer Baillière, Loiseau-Pinson, Jacques, François Combes, Ferré, Cantagrel, Lafont, Frébault, Bixio, Clémenceau, Chevalier, Engelhard, Harant, Asseline, Dubois, Murat, Viollet-le-Duc, Hérold, Castagnary, de Heredia, Lesage, Marmottan, Ch. Loiseau, Léveillé, Deberle, Thorel, Clavel, Moreau, Jobbé-Duval, Outin, Floquet, Forest, Braleret, Cadet, Lamouroux, Desouches aîné, Métivier, Martin.

M. Clémenceau demande le renvoi à la commission pour trouver des ressources qui n'atteignent pas le budget de l'instruction primaire.

M. Hérold. La commission accepte le renvoi.

Le renvoi est mis aux voix et il n'est pas prononcé.

A la suite d'observations diverses, M. *le président* met aux voix le principe de subvention, sans stipuler le chiffre.

Ce principe est adopté.

La subvention proposée pour la Faculté de droit est repoussée.

Celle de la Faculté de médecine est également repoussée.

M. le rapporteur, à la suite de ces votes, déclare retirer sa proposition.

— La formule du serment imposé aux professeurs des Facultés catholiques a été publiée par l'*Union de l'Ouest*. En voici les principaux passages :

« J'admets la sainte Ecriture, avec le sens que tient et a tenu la sainte Eglise, à qui appartient de juger du véritable sens et de la véritable interprétation des saintes Ecritures, et je ne l'entendrai, ni ne l'interpréterai jamais autrement que suivant le sentiment unanime des Pères.

» Je reconnais l'Eglise romaine, catholique et apostolique, pour la mère et la maîtresse de toutes les Eglises. Je jure et promets une véritable obéissance au Pontife romain, vicaire de Jésus-Christ, successeur de saint Pierre, prince des apôtres. Je confesse et reçois aussi, avec certitude, toutes les autres doctrines laissées par tradition, définies et déclarées par les Saint-Canons et par les conciles œcuméniques et particulièrement par le saint et sacré concile de Trente ; pareillement aussi, je condamne, je rejette et anathématise toutes les doctrines contraires, et toutes les hérésies, quelles qu'elles soient, qui ont été condamnées, rejetées et anathématisées par l'Eglise.

» Moi donc, NN....., je jure, promets et m'engage à observer et confesser, constamment et jusqu'à mon dernier soupir, avec le secours de Dieu, l'intégrité de cette foi véritable, de la foi catholique hors laquelle personne ne peut être sauvé, que je professe présentement de mon plein gré et que je possède en toute vérité ; *je jure et promets de m'appliquer, autant qu'il en sera en moi, pour qu'elle soit prêchée, enseignée et gardée par ceux qui dépendront de moi, ou dont le soin sera commis à ma charge.*

» Ainsi Dieu me soit en aide et les saints Evangiles de Dieu, que je touche de ma main ! »

— Nous avons déjà parlé (*Revue scientifique* du 20 novembre 1875, page 504) du scandale causé à Montréal par le refus de l'évêque de cette ville de laisser enterrer dans le cimetière catholique le corps d'un homme d'une honorabilité reconnue, nommé Guibord, et cela parce que le défunt avait appartenu à une Société scientifique (l'Institut canadien) soupçonnée d'être hostile à la religion romaine. Malgré ses protestations les plus solennelles, mais qui avait refusé d'expulser de sa bibliothèque les livres d'auteurs classiques français, comme Molière. Des désordres très-graves avaient eu lieu au cimetière, et la garde civique avait dû intervenir. Les réclamations des parents et des amis de Guibord n'ont pas été inutiles.

La justice leur a donné gain de cause en ordonnant de nouveau le transport au cimetière catholique du corps provisoirement déposé au cimetière protestant. Cette opération a eu lieu à Montréal le 16 novembre. La force militaire et la police étaient sur pied jusqu'au dernier homme, prêtes à toute extrémité ; heureusement, tout s'est passé paisiblement, et le corps, auquel la troupe faisait cortège, a pu être déposé sans nouveau scandale au champ du repos. Il attendait depuis le mois de novembre 1869, ce qui fait juste *six ans*.

— M. Philippe de Broca, capitaine de port à Nantes, nous prie d'annoncer que c'est en 1870 qu'il a fait la découverte de l'organe de pointage des canons, qu'il soumettait dernièrement au congrès scientifique de Nantes.

M. Salicis est l'inventeur d'un appareil analogue, au sujet duquel il nous a écrit une lettre insérée dans notre avant-dernier numéro. M. de Broca nous écrit que les travaux de M. Salicis ne datent que de 1872. La priorité reste donc à M. Philippe de Broca.

Muséum d'histoire naturelle. — M. Emile Blanchard commencera son cours de zoologie (animaux articulés) le mercredi 8 décembre 1875, à une heure, dans la galerie de zoologie, et le continuera les lundis, mercredis et vendredis, à la même heure.

Le professeur traitera de la classification, de l'organisation, des métamorphoses et des mœurs, ainsi que des phénomènes du développement des insectes, des crustacés et des arachnides. Il s'occupera particulièrement des types de la classe des insectes les plus remarquables par les habitudes et par l'industrie.

Le propriétaire-gérant : GERMER BAILLIÈRE.

PARIS. — IMPRIMERIE DE E. MARTINET, RUE MIGNON, 2

ns

LA
REVUE SCIENTIFIQUE

DE LA FRANCE ET DE L'ÉTRANGER

REVUE DES COURS SCIENTIFIQUES (2ᴱ SÉRIE)

DIRECTION : MM. EUG. YUNG ET ÉM. ALGLAVE

2ᵉ SÉRIE — 5ᵉ ANNÉE   NUMÉRO 24   11 DÉCEMBRE 1875

LA PRESSION DE L'AIR ET LA VIE DE L'HOMME

I

L'ouvrage que M. le docteur Jourdanet a récemment publié sous ce titre constitue une de ces œuvres capitales dont le nombre est malheureusement trop restreint. Lorsqu'un homme a le courage, de nos jours surtout, de consacrer son temps et son talent à une grande question, en un mot de se vouer tout entier à une spécialité, il est rare que ses efforts ne soient pas couronnés de succès et qu'il ne dote pas la science de quelque découverte importante. Le docteur Jourdanet a compris cette vérité et il l'a mise à profit. Il y a bien longtemps qu'on parle, en physiologie, de l'influence des milieux et qu'on a compris la nécessité d'en tenir compte; mais on a eu le tort de s'arrêter là, de ne relever, à cet égard, que les faits les plus généraux, les plus saillants, et de négliger les questions de détails, si importantes cependant dans la plupart des cas. On n'a pas cherché à réunir les matériaux nécessaires, un nombre suffisant de faits pour établir nettement et définitivement dans quelles limites s'exerce cette influence dont nous venons de parler. L'importante question de la pression atmosphérique s'offrait d'elle-même aux investigations des physiologistes. M. Jourdanet résolut de lui consacrer sa vie. Disons tout de suite qu'il n'a rien épargné pour mener à bien son entreprise, et que l'activité qu'il a déployée à cet effet est digne des plus grands éloges. Le nombre immense des faits qu'il a recueillis pendant ses longs voyages, les observations pleines d'intérêt qu'il a pu faire touchant les peuples au milieu desquels il a vécu, lui ont permis, sinon de juger, à tous les points de vue, de l'influence de la pression de l'air sur la vie, du moins de jeter une vive lumière sur ce sujet jusque-là si obscur. L'auteur a déjà formulé ses opinions, relativement à la pression atmosphérique, dans plusieurs ouvrages; mais le dernier, celui dont nous allons nous occuper, peut passer à juste titre pour le couronnement de

l'œuvre. C'est un vaste recueil où se succèdent les observations physiologiques, les descriptions souvent élégantes des contrées étudiées, et les documents statistiques auxquels l'auteur a demandé la preuve de ce qu'il croit être la vérité. L'importance de ce travail devient encore plus manifeste si l'on remarque qu'il établit la concordance des résultats de l'observation avec ceux de l'expérience; et par ces mots, *résultats de l'expérience*, nous faisons allusion aux travaux bien connus de M. le professeur P. Bert, auxquels d'ailleurs nous reviendrons dans la suite de cette étude. Disons enfin que l'ouvrage de M. Jourdanet forme deux beaux volumes in-8°, enrichis de gravures et de cartes qui ajoutent encore à la clarté du texte (1).

Ce n'est point toutefois que ce livre ne contienne absolument que des choses nouvelles ou originales. L'auteur, au contraire, lorsque le besoin s'en est fait sentir, s'est empressé de faire appel au témoignage des savants, ses prédécesseurs ou ses contemporains; il a cité avec soin leurs observations personnelles, et il s'est souvent servi de leurs opinions pour étayer certaines interprétations de faits qui sont ainsi devenues plus scientifiques.

Avant de pénétrer dans le cœur même de la question, il nous est nécessaire d'exposer, aussi rapidement que possible, les principes sur lesquels le docteur Jourdanet a fondé ses observations. Tout le monde sait actuellement que l'air est un corps pesant, et que, vu son volume immense, il exerce sur le globe une pression considérable. L'existence de ce fait, que personne aujourd'hui ne songerait à mettre en doute, est cependant restée pendant de longs siècles à l'état problématique, et l'on s'étonne que la démonstration d'une vérité maintenant si évidente ait nécessité l'intervention du génie. Il en est cependant ainsi, et la solution du problème a même résisté aux efforts des plus grands hommes de l'antiquité; Aristote, Épicure, Archimède, sont restés impuissants devant

---

(1) 2 vol. in-8°, avec nombreuses figures dans le texte et planches tirées à part (Paris, Georges Masson).

elle. Il n'était donné qu'au xviiᵉ siècle de lever les doutes qui jusqu'alors avaient existé. Enfin l'heure était venue. Galilée, dont le puissant génie avait déjà reconnu et dénoncé plus d'une erreur, Galilée eut l'honneur de trouver la preuve du poids de l'atmosphère. Cette preuve, cependant, il ne fit que l'indiquer : la mort le surprit avant qu'il eût donné du fait une démonstration complète. Mais il laissait après lui son illustre disciple, Torricelli, qui, s'inspirant des idées de son maître, résolut définitivement la question. Galilée avait constaté dans le phénomène de l'ascension de l'eau dans les pompes que l'horreur de la nature pour le vide était limitée. L'eau, en effet, s'élançant dans le vide, ne dépassait jamais la hauteur de trente-deux pieds. La cause de cette ascension mystérieuse, Galilée l'avait vue dans la pression atmosphérique. Torricelli vérifia le fait au moyen du mercure, et il se trouva que ce liquide, quatorze fois plus pesant que l'eau, atteignit dans le vide une hauteur quatorze fois moindre. De cette expérience mémorable sortirent simultanément l'invention du baromètre (1643), la démonstration du poids de l'air et la détermination exacte de ce poids : la colonne d'eau ou de mercure soulevée faisant équilibre à une colonne d'air ayant même base qu'elle. Quatre ans après, Pascal confirmait ces résultats en appliquant le baromètre à la mesure des hauteurs. Enfin, en 1650, Otto de Guéricke, en inventant la machine pneumatique et en pesant l'air directement, donnait le coup de grâce à la vieille erreur qui avait si longtemps entravé les progrès de la science.

Un grand pas était fait : l'air était reconnu corps pesant. Un siècle plus tard, les secrets de sa composition étaient dévoilés par cette série d'hommes illustres qui ont jeté les fondements de la science actuelle. Priestley découvrait l'oxygène; Lavoisier reconnaissait ses propriétés, mesurait la proportion pour laquelle ce gaz entre dans la composition de l'air; enfin de Humboldt, Gay-Lussac, Dumas, Regnault, etc., portaient au niveau où elles sont aujourd'hui nos connaissances relatives aux propriétés physiques et chimiques des éléments de l'atmosphère. En résumé, il est aujourd'hui démontré : que la pression atmosphérique s'exerce sur le globe à raison de 10 330 kilogrammes par mètre carré de surface; que l'air est un mélange de 1 partie d'oxygène et de 4 parties d'azote; qu'à ce mélange s'ajoutent en proportions variables, dont nous parlerons bientôt, de l'acide carbonique et de la vapeur d'eau, et beaucoup d'autres gaz et vapeurs dont nous ne ferons que signaler l'existence, leur étude n'ayant pas de rapport avec le sujet qui nous occupe. Cela posé, voyons rapidement l'importance du rôle joué par chacun des corps gazeux précités, et la part d'influence qu'ils exercent sur la vie.

Nous dirons d'abord, et d'une manière générale, que dans la composition de ces corps il entre, mélangés ou combinés entre eux, quatre éléments, tous indispensables à la vie : ce sont l'oxygène, l'azote, l'hydrogène et le carbone. A eux seuls, ces éléments constituent la presque totalité des tissus des êtres vivants, et la suppression de l'un d'entre eux amènerait dans l'économie de ces êtres des troubles dont la conséquence serait certainement la mort. Cependant les plantes et les animaux n'empruntent point directement à l'atmosphère tout l'oxygène, tout l'hydrogène, etc., dont ils sont composés. L'atmosphère exerce sur eux des influences d'un tout autre ordre, et avant d'examiner ces influences il nous paraît nécessaire d'appeler l'attention sur un point très-important :

nous voulons parler de la différence qui existe relativement aux gaz en général et partant aux gaz atmosphériques, entre le poids et la pression. Le poids des gaz est, comme pour les solides, le produit du volume par la densité; il est toujours la conséquence de l'attraction vers le centre de la terre. La pression, au contraire, est non-seulement le résultat du poids, mais aussi le résultat de l'effort que font les gaz pour se répandre dans toutes les directions, pour acquérir un volume plus grand que celui qu'ils occupent. Elle s'exerce, par conséquent, dans tous les sens. Étant donné un tube cylindrique rempli d'air, si l'on vient, au moyen d'un piston, à comprimer cet air de manière à ne lui plus faire occuper que la moitié du tube, son poids reste le même, mais sa pression devient double de ce qu'elle était tout d'abord. En un mot, comme l'a établi le physicien français Mariotte, la pression d'un gaz est en raison inverse de son volume. Nous n'avons pas à rechercher ici si cette loi de Mariotte est vraie pour toutes les pressions; nous nous bornerons simplement à constater qu'elle est exacte pour celles qu'exercent le plus ordinairement les gaz qui nous entourent. D'autre part, un mélange de gaz étant donné, ce qui est ici le cas de l'atmosphère, la pression exercée par chacun d'eux est en rapport avec la densité qu'il présente dans le mélange. Exemple : si l'on comprime de l'air de manière à lui faire occuper un espace cinq fois plus petit que celui qu'il occupe naturellement au niveau de la mer, l'oxygène, qui ne figure que pour un cinquième dans le mélange, aura acquis précisément la même densité, c'est-à-dire la même tension qu'il aurait s'il se trouvait isolé, à la pression normale. Enfin nous rappellerons une autre propriété remarquable des gaz, c'est celle de se dissoudre dans les liquides avec lesquels ils se trouvent en contact. Le phénomène varie, il est vrai, en intensité avec la nature des substances, mais il est toujours régi par ce principe général : que la quantité absolue de gaz qui se dissout dans un liquide est en rapport avec la pression que ce gaz exerce à la surface du dissolvant. On a déjà entrevu les conclusions importantes que l'on peut tirer de ce qui précède; et ce serait ici le cas d'examiner ce qui se passe dans le grand acte de la respiration, d'examiner la nature des gaz qui nous pénètrent et la façon dont ils se comportent vis-à-vis des tissus et des liquides dont notre organisme est composé. Le gaz vital, l'oxygène, nous apparaîtrait alors dans le rôle admirable que la nature lui a confié. Nous verrions comment son action, trop vive et dangereuse lorsqu'il est isolé, est tempérée par la diminution de densité et de pression qu'il subit par suite de son mélange avec l'azote. Nous verrions également pourquoi ce dernier gaz a été choisi entre tous pour remplir les fonctions multiples dont nous parlerons bientôt. Mais nous reviendrons sur la plupart de ces détails quand nous analyserons les observations personnelles de M. Jourdanet.

II

Établissons maintenant les principaux rapports de la météorologie avec la pression de l'air. Depuis l'invention des aérostats par les frères Montgolfier, les savants des différents pays ont entrepris de nombreuses ascensions dans le but d'étudier l'air au point de vue des variations de sa température, de son état électrique, de son état hygrométrique, etc. Parmi les plus célèbres de ces ascensions, nous mentionnerons celle exécutée par Gay-Lussac en 1804, et dans laquelle ce célèbre physicien atteignit la hauteur de 7016 mètres. Plus tard, en 1850, cette hauteur fut dépassée par MM. Barral et Bixio. Enfin, en 1862, M. Glaisher, de l'observatoire de Greenwich, et depuis lui, MM. Flammarion, G. Tissandier, etc., ont atteint, dans leurs nombreuses ascensions, des altitudes qui ont dépassé quelquefois 8000 mètres. Ces courageux aéronautes sont parvenus à constater qu'à mesure qu'on s'élève dans l'air, la température subit un décroissement continu et constant, mais irrégulier. Avant M. Glaisher, on croyait généralement que la température perdait 1 degré par 94 mètres. Depuis, on s'est assuré que cette régularité idéale n'existe pas. Il suffit quelquefois de s'élever de 30 mètres, dans le voisinage de la terre, pour obtenir un abaissement de 1 degré Fahrenheit, tandis qu'à des hauteurs de 5000 à 6000 mètres il faut un déplacement de 300 mètres pour obtenir le même résultat. M. Flammarion, se fondant sur des observations exécutées jusqu'à 3000 mètres, pense que la moyenne du décroissement peut être regardée comme étant de 1 degré par 189 mètres. Nous laisserons cependant de côté cette irrégularité, relativement peu importante, pour ne voir que le décroissement continu. Il reste donc bien établi, et nous insistons sur ce fait, que la température de l'air diminue avec sa densité ; que les variations de l'une sont en rapport avec les variations de l'autre, et il reste en même temps prouvé que le poids total de l'atmosphère est nécessaire au développement et à la conservation de la vie sur la terre. Car comment comprendre que la vie pût se perpétuer ici-bas avec son *facies* actuel, si la chaleur, élément principal de ses manifestations, venait à subir des modifications sérieuses.

Tous les résultats thermométriques dont nous venons de parler sont confirmés par les observations des personnes qui ont fait l'ascension des hautes montagnes. Ces personnes ont pu constater que les localités échelonnées sur les pentes des grandes chaînes se trouvent dans des conditions très-variées de température ; et il est un point où la quantité de chaleur est tellement affaiblie, qu'elle s'oppose absolument au développement des êtres organisés. Mais l'irrégularité que les aéronautes ont remarquée dans le décroissement de la température de l'air se trouve beaucoup plus accentuée dans le voisinage de la terre. Telle localité, par exemple, à laquelle son altitude et sa latitude assignent telle condition thermométrique, échappe à cette condition et se présente ou plus froide ou plus chaude. Cela tient évidemment à des causes dont la principale est, comme nous allons le démontrer, la disposition topographique. Nous en avons la preuve dans les neiges perpétuelles qui couronnent le sommet des plus hautes montagnes. Le niveau au-dessus duquel ces neiges ne fondent jamais est loin d'être le même pour des latitudes et des altitudes identiques. C'est qu'alors, en effet, les conditions topographiques sont différentes. Pour n'en citer qu'un exemple, entre cent autres, nous prendrons la grande chaîne de l'Himalaya. Sur cette chaîne, comme chacun le sait, la ligne des neiges est à une hauteur très-différente, selon que l'on considère le versant septentrional ou le versant méridional. Du côté du nord, on la trouve à 5067 mètres, tandis qu'au sud elle descend jusqu'à 3956 mètres. On se rendra vite compte de cette grande différence (1111 mètres) si l'on considère que le versant septentrional reçoit les effets de l'énorme quantité de chaleur qui se concentre sur le plateau central de l'Asie,

tandis que le versant méridional, privé de cette chaleur, reçoit directement les vents froids de la mer.

Pour fixer l'attention du lecteur, nous avons choisi l'exemple le plus frappant de l'irrégularité que présente le décroissement de la température de l'air, sous l'influence des conditions topographiques ; nous devons dire maintenant qu'à ce point de vue les monts Himalaya constituent une véritable exception. La hauteur extraordinaire de 5067 mètres, où nous avons vu commencer les neiges, ne se rencontre nulle part ailleurs ; mais les autres exemples que nous aurions pu citer nous auraient tous également fourni la preuve de ce que nous venons d'exposer.

Puisque nous avons été amenés à parler des neiges perpétuelles, nous profiterons de l'occasion pour dire un mot de leur influence sur l'état hygrométrique de l'air qui les entoure. M. Jourdanet voit dans ces neiges la cause principale de cette siccité qui caractérise l'atmosphère des lieux élevés. « L'atmosphère, dit-il, se refroidit à leur contact et devient, par cela même, moins apte à contenir de l'eau à l'état de vapeur. Celle-ci se condense et devient l'origine des nuages qui couvrent fréquemment les sommets neigeux..... L'air desséché et refroidi par cette action continue attire naturellement un air plus chaud et plus humide, et c'est ainsi que les hauts sommets couverts de neige deviennent l'occasion d'un courant atmosphérique et d'un afflux constant de vapeurs. » Mais cette condensation de vapeurs aqueuses, qui donne lieu au-dessus d'elle à une sécheresse extrême, peut donner lieu, au-dessous, au phénomène contraire, c'est-à-dire à une humidité excessive et à des pluies continuelles. C'est, en effet, ce que l'on observe dans la cordillère des Andes et à des niveaux très-différents. Ainsi au Mexique les villes de Jalapa et Orizaba, situées entre 900 et 1400 mètres d'altitude, sont presque toujours inondées. Au-dessus d'elles, vers 1500 mètres, la sécheresse commence, pour devenir très-grande à 2000 mètres. Ailleurs, à Santa Fé de Bogota, par exemple, des pluies incessantes se manifestent à 2660 mètres d'altitude. Là encore, ces phénomènes de pluies se trouvent être la conséquence exceptionnelle de conditions topographiques particulières, et ils n'empêchent point que l'air des grandes altitudes ne soit ordinairement très-sec.

Cependant, cet air ainsi desséché acquiert une grande transparence, et, à cet état, il est nuisible à ceux qui le respirent ; mais il constitue, en outre, de graves dangers pour les pays que leurs conditions climatériques rendent si séduisants, si dignes d'envie. Il donne à ces pays un aspect désolé, ce qui arrive particulièrement pour plusieurs localités du plateau central du Mexique, le plateau de l'Anahuac, où l'œil ne rencontre qu'un sol aride parsemé de loin en loin de quelques végétaux rabougris. Il est vrai que si un cours d'eau régulier ou quelques pluies bienfaisantes viennent abreuver ces champs désolés, tout s'anime aussitôt ; à cet aspect de mort succède un aspect riant dû au développement presque instantané d'une végétation luxuriante ; l'espoir revient avec la vie. Mais cet espoir n'est pas toujours fondé ; s'il y a de beaux jours, il y a de trop belles nuits et c'est là qu'est le danger. Ces nuits claires, sans nuages, favorisent malheureusement le rayonnement de la chaleur du sol et le refroidissement subit qui en résulte détruit d'un seul coup toutes les récoltes.

Mais puisque ce rayonnement de chaleur est la conséquence de la pureté de l'air, il semble naturel d'en conclure que la vapeur d'eau est l'agent atmosphérique chargé de retenir les émanations du soleil. C'est, en effet, ce qui a été constaté ; mais pour que cette action protectrice atteigne son maximum d'efficacité, il faut que l'air ne soit que modérément saturé de vapeurs. Il ne faut ni saturation complète, ni trop grande condensation ; car alors la vapeur d'eau s'opposerait aussi bien à l'arrivée qu'au départ de la chaleur solaire. Cependant il n'y a point que cette vapeur qui nous protége contre le refroidissement. Il est un autre élément atmosphérique qui, par sa masse énorme, sa transparence et son innocuité sur la vie, jointes à ses affinités modérées, nous est d'un secours inappréciable : cet élément, c'est l'azote. En effet, grâce à ses propriétés, ce gaz est, plus que tout autre, apte à nos comprimer sur le globe dans la juste mesure de nos besoins ; c'est encore lui certainement qui est le plus spécialement chargé d'emmagasiner autour de nous et de conserver la chaleur qui nous est nécessaire ; et nous trouvons la preuve de ce rôle capital dans la grande prodigalité avec laquelle la nature a répandu l'azote autour de nous. Il est évident, en effet, que les combinaisons diverses dans lesquelles il entre comme élément essentiel ne sauraient nullement expliquer la nécessité d'une si grande quantité de ce gaz.

Nous ferons remarquer maintenant que si la pureté de l'air est une cause fréquente de refroidissement, sa grande légèreté peut aussi avoir les mêmes conséquences. Les habitants des lieux élevés, comme l'Anahuac par exemple, se méfient avec raison des premiers instants qui accompagnent le lever du soleil. On sait, en physique, que les gaz emploient d'autant plus de chaleur pour s'élever de 1 degré, qu'ils se trouvent eux-mêmes avoir une densité plus faible. Les premiers rayons du soleil levant produisent subitement, dans une atmosphère légère, une dilatation considérable. Il en résulte que la chaleur latente de ce changement de volume dépasse de beaucoup le pouvoir échauffant des rayons qui l'ont provoqué. C'est alors que l'air emprunte leur chaleur aux êtres vivants et que ceux-ci éprouvent un refroidissement dont les effets sont justement redoutés. D'autre part, l'atmosphère sèche, claire et raréfiée des grandes altitudes, ne cède pas à l'influence des rayons solaires qui la traversent. Les corps solides sont directement et extrêmement échauffés, tandis que l'air ambiant reste toujours à une température inférieure. Ce phénomène remarquable a lieu également dans les hautes régions de l'air et loin de la terre. M. Flammarion a pu le constater pendant ses voyages aérostatiques. Comme on le voit, le sol des montagnes élevées s'échauffe plus que l'air, tandis que le contraire a lieu dans la plaine. La conclusion à tirer de tout ceci, c'est que l'habitant des altitudes peut, en se plaçant au soleil ou à l'ombre, faire varier considérablement, et à volonté, les conditions de température au milieu desquelles il vit. Mais ce changement de température, qu'il subit bien plus souvent qu'il ne le recherche, l'expose à un refroidissement qui, selon M. Jourdanet, n'est pas sans danger et « qui figure d'une manière essentielle dans l'étiologie à tant d'égards originale des lieux élevés ». Ici se terminera notre examen des principaux rapports de la météorologie avec la pression de l'atmosphère. Il nous reste maintenant, avant de parler de la physiologie des altitudes, à aborder une question très-importante sur laquelle nous appelons toute l'attention du lecteur.

III

Puisqu'il est reconnu que l'atmosphère, telle qu'elle est constituée, est nécessaire au développement et à l'entretien de la vie, suivant l'ordre actuellement existant, il est légitime de se demander si l'avenir ne réserve pas à cette atmosphère des transformations dont les êtres vivants seraient les premières victimes.

Pour résoudre cette question, il est nécessaire d'interroger le passé. La géologie a démontré que le globe sur lequel nous vivons a subi, à différentes époques, des modifications profondes ; elle a démontré également que l'atmosphère l'a suivi dans ses révolutions et qu'elle a été modifiée non moins profondément. Ces transformations successives ont porté évidemment sur son poids, sa composition, sa transparence, etc. Chargée, d'abord, d'un nombre considérable de vapeurs de toute sorte, chargée d'un grand excès de vapeur d'eau et d'acide carbonique, elle s'est peu à peu débarrassée de tous ces éléments hétérogènes pour arriver à l'état où nous la voyons aujourd'hui. Depuis l'apparition de la vie sur la terre, les végétaux et les animaux qui se sont succédé ont donc eu à subir l'influence de pressions et de températures très-diverses. Autrefois, comme de nos jours, l'altitude, la latitude, les conditions topographiques, ont joué le rôle que nous leur connaissons.

Mais il est une source de chaleur dont les effets, nuls aujourd'hui, ont puissamment contribué, dans les temps anciens, au développement des êtres ; c'est le feu central. L'influence de ce feu central, d'abord très-vive, a été peu à peu s'affaiblissant, et un temps est venu où elle a définitivement cédé la place à la chaleur du soleil qui a eu seule à pourvoir aux besoins de la vie. Quant à fixer précisément l'époque à laquelle s'est produit ce dernier phénomène, où l'action du feu central a cessé de se faire sentir à la surface de la terre, cela est évidemment impossible. M. Jourdanet croit, cependant, pouvoir rapporter le fait à l'époque tertiaire et affirmer que cette action était déjà depuis longtemps abolie, quand survint la période géologique glaciaire.

D'autre part, les recherches paléontologiques ont mis à découvert de nombreux restes fossiles, ayant appartenu aux règnes végétal et animal. L'étude de ces fossiles a permis de constater que des climats tropicaux ont régné là où, de nos jours, règnent des climats tempérés, et cela à des époques où la chaleur centrale n'exerçait plus qu'une influence presque nulle. M. Jourdanet trouve l'explication de ce curieux phénomène dans une pression atmosphérique plus considérable que celle d'aujourd'hui. Le soleil pouvait bien d'ailleurs ne pas fournir plus de chaleur, mais l'atmosphère, plus lourde, était, par cela même, plus apte à en retenir une plus grande quantité. Il est de fait que de toutes les hypothèses émises jusqu'ici pour expliquer le climat tropical de l'Europe centrale, pendant l'époque tertiaire, aucune n'a trouvé grâce devant les objections sérieuses qu'on lui a opposées. Or, en faisant intervenir la pression atmosphérique, et en tenant compte des conditions d'altitude et de latitude, ainsi que des conditions topographiques, le problème apparaît plus simple et semble à peu près résolu. Il n'y a d'ailleurs pas de raisons pour ne pas admettre que la pression de l'air ait contribué à la production du phénomène, et, en admettant son intervention, on ne suppose rien que de très-possible et de très-naturel.

Les phénomènes glaciaires eux-mêmes, si on les fait rentrer dans le système de la pression atmosphérique, deviennent beaucoup plus compréhensibles, et l'explication qu'en donne le docteur Jourdanet mérite d'être rapportée. « Quelles que soient, dit-il, les opinions qu'on se forme sur les temps diluviens, une chose est bien certaine, c'est que de grands bouleversements, d'immenses catastrophes, eurent lieu, à la surface de la terre, vers des époques qui paraissent coïncider avec la formation des glaciers. L'ensemble des phénomènes fut d'ailleurs assez subit pour que des cadavres innombrables de grands mammifères aient été compris dans la congélation générale de latitudes trop voisines des régions polaires. Les proportions inusitées de ces effroyables convulsions ne doivent nullement nous empêcher de croire qu'elles prirent leur source aux causes les plus naturelles. Il est bien évident, par exemple, que les soulèvements énormes qui affectèrent alors la croûte terrestre ne purent avoir lieu sans que de prodigieuses quantités de gaz et de vapeurs se fissent jour à travers d'immenses fissures et se répandissent dans l'air, destinés à s'y transformer bientôt dans des combinaisons variées. Mais, tout d'abord, n'obéissant qu'à leur extrême tension et à leur incalculable température, ils produisirent des courants ascendants d'une exceptionnelle puissance, qui les poussèrent irrésistiblement jusqu'à des hauteurs qu'un froid intense n'abandonne jamais. De là, refroidissement subit et condensation rapide de ces gaz dépaysés, et retour à des régions plus basses où ils apportèrent le trouble et des condensations nouvelles. Les vapeurs atmosphériques, liquéfiées par les courants de descente, se prirent à tomber en pluies torrentielles, etc..... » Puis, « par la perte de ses vapeurs, l'air acquit une transparence extrême..... De là un rayonnement intense de calorique, que la diminution de pression avait déjà préparé..... Le refroidissement devint donc un désastre général, surtout pour les localités que leur niveau élevé ou leur latitude exposait davantage au danger. » Ce ne sont là, évidemment, que des hypothèses, mais elles en valent, certes, bien d'autres.

Abordant la question relative à l'apparition de l'homme sur la terre, M. Jourdanet admet, avec M. l'abbé Bourgeois, que cette apparition a eu lieu à l'époque miocène. On sait que M. Bourgeois a fondé ses opinions, à cet égard, sur la présence de silex taillés, dans un gisement miocène du plateau de Pontlevoy. Or ces silex, premières traces de l'homme en Europe, sont contemporains d'une faune et d'une flore accusant des conditions climatériques beaucoup plus chaudes qu'aujourd'hui. Mais ces conditions climatériques ont dû nécessiter une pression barométrique correspondante. L'homme a donc vécu sous une pression relativement forte, qui, d'après certains calculs, pouvait s'élever en Europe jusqu'à 84 centimètres de mercure. Depuis lors, cette pression a diminué lentement. Mais si l'on considère que, eu égard aux conditions d'altitude, l'obstacle constitué par une forte pression n'existait pas sur les lieux élevés, on comprendra que la vie de l'homme a été possible sur les hauts plateaux, longtemps avant de l'être aux niveaux les plus inférieurs. M. Jourdanet est convaincu, en effet, que les premiers hommes ont vécu exclusivement sur les hauteurs et qu'ils n'ont commencé à se répandre dans les bas-fonds que lorsque

la pression atmosphérique leur a été plus favorable. Quoi qu'il en soit, il ne paraît pas douteux que l'homme ait vécu dans une atmosphère plus lourde que l'atmosphère actuelle. Mais, comme la pression barométrique a graduellement diminué depuis l'époque de son apparition, il reste à savoir s'il a encore à craindre des conditions plus prononcées de raréfaction.

M. Jourdanet s'est efforcé de répondre à cette question. Et d'abord, à ceux qui croient encore à l'influence marquée de la chaleur centrale sur la surface du globe, qui croient en même temps à l'affaiblissement continu de cette chaleur, et, par conséquent, au refroidissement continu de la terre, il oppose le raisonnement suivant d'Arago : D'après les lois de la physique, le sphéroïde terrestre ne saurait s'échauffer ou se refroidir sans se dilater ou se contracter sensiblement. De plus, une dilatation ou une contraction de sa masse ne pourrait s'effectuer sans qu'un ralentissement ou une accélération en fût la conséquence nécessaire dans son mouvement de rotation. Or, on a constaté l'identité de ses révolutions diurnes depuis 2000 ans; donc, depuis 2000 ans, au moins, sa température n'a pas varié; elle est restée constante.

M. Jourdanet ajoute que, en effet, « les calculs sur le *jour sidéral* ont été suivis avec assez de précision, depuis Hipparque jusqu'à nos jours, pour permettre d'affirmer que la durée de la révolution diurne de la terre n'a pas varié d'*un centième de seconde* pendant 2000 ans, et que, par conséquent, sa température n'a pas changé d'un dixième de degré centigrade ». D'après ce raisonnement, la terre ne perd plus de son calorique propre, et la chaleur qu'elle rayonne vers les espaces planétaires est celle qu'elle reçoit elle-même du soleil.

D'autre part, s'il est vrai que la pression et la température de l'air ont diminué graduellement jusqu'à l'époque glaciaire, il n'est pas moins certain qu'elles ont augmenté après cette époque : le fait même de la disparition des glaces en est la preuve évidente. M. Jourdanet va même jusqu'à penser que cette augmentation lente a lieu encore de nos jours; et il fonde son opinion sur quelques récits bibliques et autres, où il est question de la température de certains pays. Ceux-ci se trouvaient alors dans des conditions thermométriques bien inférieures à celles qu'on y remarque aujourd'hui. « On croirait aussi, ajoute M. Jourdanet, que notre atmosphère, par un mouvement graduel, aurait une tendance à accroître ses proportions et à se surcharger d'une somme de vapeur lentement croissante. L'augmentation de chaleur, constatée à la surface de la terre, n'aurait même pas d'autre cause et, bien loin de nous croire réchauffés par une température souterraine, nous serions plus raisonnables en adoptant la croyance que le globe lui-même reçoit actuellement, du soleil, un surcroît graduel de chaleur, que l'atmosphère, en s'alourdissant, tend de plus en plus à retenir et à concentrer sous nos pieds. On pourrait dire, en outre, que cette accumulation de ressources calorifiques serait, pour la terre, un acheminement à des catastrophes subites, analogues à celles qui ont déjà signalé les temps diluviens, pour retourner ensuite aux conditions que nous traversons actuellement. Ce serait là comme une respiration prodigieusement colossale, au moyen de laquelle notre globe inspirerait lentement du calorique et le rendrait aux espaces solaires, par des mouvements dont les périodes embrasseraient plusieurs milliers d'années. »

Comme on le voit, la théorie ne manque pas de hardiesse;

mais malheureusement nous craignons que ce ne soit là son seul mérite. Et d'abord, nous nous permettrons de faire remarquer à M. Jourdanet qu'il a un peu trop vite oublié le fameux raisonnement d'Arago, qu'il rapportait triomphalement tout à l'heure. Le globe ne s'est pas dilaté, donc il ne s'est pas échauffé. Si vous constatez maintenant une augmentation de température sans dilatation, que deviennent les lois de la physique? Quant à cette « respiration colossale » qui consisterait en une alternance de périodes d'inspiration, comme celle que nous traversons, et de périodes d'expiration, comparables aux catastrophes diluviennes, cela nous semble un peu inventé à plaisir. Admettre une semblable hypothèse, c'est admettre en effet une sorte de mouvement perpétuel; en un mot, c'est croire à l'éternité des manifestations de la vie sur la terre, ce qui est en désaccord absolu avec ce que la science actuelle nous permet de concevoir comme devant être la destinée des astres. La terre ne fait pas exception à la règle; elle marche fatalement à la solidification complète, et par conséquent elle se refroidit. Ce refroidissement peut être d'une lenteur extrême, mais il n'en a pas moins lieu, et le jour où il s'opposera au développement de la vie, celle-ci disparaîtra, et il n'y aura là rien que de très-naturel. L'hypothèse de la respiration colossale pourrait peut-être même acquérir un certain degré de vraisemblance, si elle admettait qu'à chaque expiration le globe perdrait non-seulement le calorique qu'il aurait reçu du soleil, mais aussi une certaine quantité de sa propre chaleur.

IV

L'exposé que nous avons fait des principaux phénomènes météorologiques qui se rattachent à la pression de l'air va nous permettre maintenant d'aborder la question relative à la physiologie des diverses altitudes. Cet exposé a pu sembler un peu long, mais il a mis en lumière des principes que leur importance, au point de vue qui nous occupe, ne nous a pas permis de négliger. Nous devions insister fortement sur la diminution de densité de l'air à mesure qu'on s'élève dans ses régions supérieures; nous devions insister également sur l'abaissement de sa température, résultat nécessaire de la diminution de sa densité; enfin, nous devions, avant de mesurer leur influence, signaler les conditions particulières qui sont ainsi faites aux habitants des hauts niveaux. Nous avons parlé du rôle important de la latitude et des situations topographiques, et nous avons laissé entrevoir l'heureuse modification qu'elles peuvent apporter dans les conditions thermométriques imposées par les grandes hauteurs. Nous n'avons, il est vrai, cité à cet égard qu'un seul exemple, celui de la différence de niveau de la ligne des neiges sur les deux versants de l'Himalaya; mais M. Jourdanet en a cité bien d'autres. Nous regrettons de ne pouvoir le suivre dans les intéressantes descriptions qu'il a données des lieux sur lesquels ont porté ses observations. Tout le haut plateau de l'Asie centrale et toute la cordillère des Andes méridionales nous fourniraient par centaines les preuves dont nous aurions besoin. Nous verrions, par exemple, comment sur le Thibet la situation topographique a rendu possible la vie de l'homme jusqu'à des hauteurs de 4000 et 5000 mètres, au milieu d'une atmosphère dont la densité n'est plus que la moitié de la densité normale. Dans les Andes méridionales, nous verrions

comment jusqu'à de grandes hauteurs sur le versant de la Cordillère, la côte occidentale du Pérou goûte les douceurs d'un printemps éternel, tandis que de l'autre côté de la grande chaîne, le sol subit les plus puissants effets des ardeurs du soleil. Au Mexique enfin, et mieux que partout ailleurs, nous trouverions réunies et nous pourrions apprécier successivement, depuis la mer jusqu'au sommet de l'Anahuac, toutes les influences dont nous nous sommes jusqu'ici entretenus. Mais au milieu de toutes ces observations, un fait nous apparaîtrait aussi extraordinaire qu'inattendu et s'imposerait à nos méditations. On a sans doute supposé déjà qu'au milieu de ces espaces immenses, où la nature prend soin d'entretenir les climats les plus doux et les plus séduisants, une population innombrable s'est développée et s'y multiplie encore de nos jours. Il n'en est rien. A peine cinq millions d'habitants se partagent le vaste plateau central de l'Asie, dont la surface comprend à peu près 1 820 000 kilomètres carrés; mais l'étonnement n'est pas moindre si l'on considère que toute l'Amérique espagnole, le grand ensemble constitué par le Mexique, l'Amérique centrale, la Nouvelle-Grenade, le Venezuela, l'Équateur, le Pérou, la Bolivie, le Chili et la partie montueuse des provinces Argentines, ne compte environ que vingt-quatre millions d'habitants. Et l'on ne peut pas invoquer, comme obstacle au développement, l'ardeur tropicale du climat, puisque les deux tiers des individus y sont soustraits par une altitude convenable. Mais nous en trouverons la cause ailleurs. Laissons donc là ces considérations et arrivons à la physiologie.

Après six années d'observations, passées au milieu des habitants des bords du golfe du Mexique, le docteur Jourdanet se décida à franchir la Cordillère pour aller s'établir sur l'Anahuac. Il partit bien convaincu que l'altitude à laquelle il s'élevait allait le mettre en rapport avec des hommes d'un aspect et d'une constitution analogues à celles que l'on observe chez les habitants des latitudes dont la température est la même que celle du haut plateau mexicain. Sa conviction fut cependant vite ébranlée. Lorsqu'il se trouva sur l'Anahuac, un monde tout nouveau s'offrit à ses regards; mais il ne trouva point chez ses nouveaux hôtes ce qu'il s'attendait d'y trouver. Ce calme habituel qui les caractérise, cet air reposé et méditatif qu'on leur connaît, leur teint pâle, leurs muscles faiblement accusés, rien n'indiquait qu'ils fussent soumis à l'action fortifiante des climats que la latitude a rendus froids ou tempérés. Au contraire, tout semblait annoncer qu'un affaiblissement marqué était pour ces hommes le résultat des influences météorologiques de la contrée. Une observation plus attentive montra par la suite qu'il en est ainsi. Il fut démontré qu'un état anémique général domine, sur ces hauteurs, la santé et les maladies des habitants. Mais lorsque le docteur Jourdanet se mit à chercher la preuve de cette vérité, ses premiers essais restèrent sans résultat. Du sang, provenant d'individus très-sensiblement anémiés, fournit à l'analyse les proportions normales de globules. L'hypoglobulie soupçonnée n'existait pas. Mais d'où venait donc alors cette pâleur générale, dont l'existence était encore plus surprenante chez les jeunes enfants? Où était la cause de la mortalité effrayante qui sévissait sur le bas âge, jusqu'au point de faire disparaître environ 30 pour 100 des nouveau-nés? Une opération, à laquelle prit part M. Jourdanet, lui fit découvrir la cause cherchée. Dans cette opération, il remarqua la couleur peu rutilante du sang qui s'échappait d'une artère, et l'idée lui vint d'une désoxygénation de ce liquide. « A partir de ce moment, dit-il, je vis une cause rationnelle expliquant tous les phénomènes dont l'originalité avait frappé mon esprit. Ce n'était pas une aglobulie qu'il fallait chercher dans mes anémiques, ce n'était pas une diminution de l'oxygène du sang par suite de l'abaissement des globules chargés de l'y retenir, mais bien une absence plus directe de ce gaz, faute d'une pression suffisante qui pût assurer sa condensation. » M. Jourdanet avait mis le doigt sur la vérité. C'est ainsi, en effet, que les choses se passent; nous verrons bientôt qu'on en a obtenu la preuve expérimentalement. Les habitants des grandes hauteurs sont anémiques, et l'habitation prolongée de ces hauteurs, l'habitude, en un mot, contrairement à l'opinion jusqu'alors généralement admise, ne saurait les soustraire à cet état pathologique. De plus, l'anémie constatée provient d'une désoxygénation du sang, due à un affaiblissement de la pression atmosphérique. La constatation de ce fait acquiert une importance très-grande, si l'on considère qu'on avait jusque-là cru et enseigné que, sous l'influence de la vie, les globules sanguins, échappant aux lois de la physique, et sans tenir compte des conditions de pression, avaient la propriété de retenir l'oxygène en vertu d'une sorte d'affinité chimique.

Il ne faudrait point cependant voir dans cette influence fâcheuse du climat des altitudes sur la vie, la négation de ce qu'on a l'habitude d'appeler l'air vivifiant des montagnes. L'anémie, dont il vient d'être question, ne constitue réellement un danger qu'à de certaines hauteurs, et M. Jourdanet pense qu'il n'y a pas lieu d'en tenir compte pour des niveaux inférieurs à 2000 mètres. On voit par là que les altitudes, généralement habitées en Europe, échappent à peu près complétement à son action. Mais, en dehors de l'Europe, des millions d'hommes vivent au delà de 2000 mètres ; c'est pour eux que le danger a été signalé.

En 1863, M. Jourdanet faisait connaître à l'Académie de médecine les faits dont nous venons de parler. Il annonçait en même temps que ses observations avaient également porté sur l'acide carbonique contenu dans le sang; il avait des preuves établissant que la dépression de l'air influe pour faciliter la sortie de ce gaz plus promptement que pour faciliter celle de l'oxygène, ce qui voulait dire qu'une altitude modérée modifie au profit de l'oxygène le rapport normal entre les deux gaz dans le sang; dans ce cas, l'hématose est, comme on le voit, favorisée. La croyance à l'air vivifiant de nos petites montagnes est donc fondée. En résumé, M. Jourdanet reconnaissait : « 1° Que le climat des montagnes peu élevées est corroborant, parce que la densité moyenne de l'acide carbonique de la circulation s'y trouve diminuée; 2° que les grandes altitudes vers 2000 mètres produisent un effet contraire, parce que la dépression de l'air y porte atteinte à la densité de l'oxygène, en altérant la force qui unissait ce gaz aux globules. » Il est inutile d'ajouter que l'auteur faisait la part des tempéraments, des climats et des effets du temps et de l'habitude.

Ces conclusions remarquables ne trouvèrent point de partisans parmi les physiologistes d'alors. Mais elles n'en étaient pas moins l'expression de la vérité, car, depuis 1868, les importants travaux de M. le professeur P. Bert sont venus les confirmer entièrement. Il nous est impossible de décrire ici, ute d'espace, les expériences de M. Bert; nous nous contenterons donc d'en rappeler seulement les principaux résultats.

Ayant d'abord soumis des animaux à l'air confiné, sous divers degrés de dépression, M. Bert constata que la résistance de ces animaux variait avec la densité atmosphérique ambiante; il constata aussi que les animaux mouraient lorsque l'oxygène était réduit à 4 centièmes sous la pression 76. Un peu plus tard, des expériences plusieurs fois répétées lui démontrèrent que la faculté des animaux pour s'approprier l'oxygène diminue avec la pression extérieure. Voulant ensuite confirmer ces premiers résultats par des expériences d'un autre ordre, M. Bert analysa le sang dans le but d'apprécier la variabilité de son oxygénation, lorsqu'on le soumet à des pressions diverses. Pour éviter des erreurs, dont il est facile de se rendre compte, l'habile professeur s'arrangea de façon à opérer sur le même animal. Il le soumit successivement à des pressions variées, lui retira du sang pendant chaque pression et en fit l'analyse. Il put ainsi se convaincre que l'oxygénation du sang est en rapport avec la pression ambiante. Ce dernier résultat est cependant en désaccord avec celui obtenu par Magnus, qui a prouvé que l'oxygène n'abandonne le sang qu'à la suite d'efforts pneumatiques très-voisins du vide absolu. M. Bert a vérifié l'expérience de Magnus, et il a trouvé, en effet, que le sang, dans le vide presque absolu, peut dissoudre une quantité d'oxygène non-seulement égale, mais même supérieure à la quantité qui existe normalement dans ce liquide. Seulement, dans ce cas, il est nécessaire que le sang soit soumis à une agitation telle que la force d'un homme ne suffit pas à la produire et qu'on est obligé d'employer pour cela des appareils spéciaux. M. Bert a donc pu en conclure que si le cœur et le poumon pouvaient se livrer à une pareille gymnastique, il n'est pas douteux que l'homme n'eût chance de vivre à toutes les hauteurs. Il est bien évident que le sang des animaux ne se trouve jamais placé dans de semblables conditions. Les expériences de Magnus ne sauraient donc infirmer le résultat des expériences faites sur les animaux vivants, et il reste bien démontré que l'oxygénation du sang est en rapport avec la pression barométrique.

Nous avons dit que sous la pression 76, les animaux soumis à l'air confiné mouraient lorsque l'oxygène était réduit à 4 centièmes. Il y avait lieu dès lors à s'assurer du rôle que pouvait jouer l'acide carbonique en pareille circonstance. M. Claude Bernard avait déjà démontré que des animaux confinés dans un air suroxygéné y périssaient victimes de l'acide carbonique produit par le seul fait de leur respiration. M. Bert a voulu savoir la force de tension extérieure de ce gaz sous laquelle la mort était certaine. Il a trouvé que la mort avait lieu lorsque l'acide carbonique possédait dans le récipient les 26 ou 28 centièmes de sa densité normale sous la pression barométrique de 76 centimètres.

M. Bert est allé plus loin. Il a cherché à déterminer les effets de l'air comprimé sur les animaux, au point de vue du dosage des gaz du sang artériel. Les résultats de ces expériences sont aussi curieux, qu'ils étaient inattendus. Il a été prouvé, en effet, que s'il est facile, par dépression, d'agir sur la combinaison gazeuse de l'hémoglobine, c'est-à-dire d'extraire du sang les gaz qu'il contient en dissolution, il est très-difficile d'y concentrer, par compression, une quantité de ces gaz plus grande que la quantité normale. La nature s'oppose même presque absolument à cette concentration. Il est très-heureux qu'il en soit ainsi, car, dans cette même série d'expériences dont nous parlons, il a été constaté que l'oxygène pur, comprimé et respiré par les animaux à quatre atmosphères, ne tarde pas à entraîner des accidents, tout à fait comparables à ceux qui résultent des empoisonnements par les poisons violents. Il n'est même pas besoin que l'oxygène soit pur. L'air atmosphérique lui-même comprimé à vingt atmosphères produit les mêmes effets, car son oxygène, ainsi que nous l'avons fait remarquer précédemment, a acquis la même densité qu'il aurait, s'il était seul, à une pression cinq fois moins forte, c'est-à-dire à quatre atmosphères. Mais ce n'est pas tout. Contrairement à ce que l'on était pour ainsi dire en droit d'attendre, l'oxygène, l'élément comburant, comprimé à quatre atmosphères, produit un abaissement remarquable de la température intérieure des animaux qui le respirent. Enfin, M. Bert ayant soumis des animaux à une pression de huit atmosphères, a remarqué qu'ils peuvent tomber complétement paraplégiques et même mourir lorsqu'ils sont ramenés subitement à la pression normale. Le sang de ces animaux, recueilli immédiatement après la mort, a donné à l'analyse une grande quantité d'azote libre et une petite quantité d'acide carbonique. C'est cet azote qui, d'abord dissous dans le sang par l'effet de la pression exagérée, et redevenu libre ensuite par une dépression subite, c'est cet azote qui cause la mort, en obstruant les petits vaisseaux artériels dans lesquels le sang ne peut plus circuler. Ces faits sont d'une importance capitale et l'on n'en saurait trop tenir compte, de nos jours surtout où les besoins de l'industrie forcent de nombreux ouvriers à vivre au milieu d'atmosphères plus ou moins comprimées.

Tels sont les principaux résultats obtenus par M. P. Bert et dans lesquels M. Jourdanet voit la confirmation de ceux auxquels ses observations l'ont conduit. Comme notre but, en écrivant ces lignes, a été simplement d'exposer les lois générales suivant lesquelles la pression atmosphérique exerce son influence sur la vie, nous n'entreprendrons pas d'analyser en détail les nombreux chapitres que M. Jourdanet a consacrés à l'étude de cette influence au point de vue de la variété presque infinie de ses manifestations. Nous dirons seulement qu'il a trouvé en elle l'explication des phénomènes particuliers aux altitudes et relatifs à la santé comme aux maladies de leurs habitants. C'est ainsi que se basant sur les observations des voyageurs célèbres qui ont fait l'ascension des grandes hauteurs de l'ancien et du nouveau monde, il est parvenu à définir et à expliquer ce que l'on connaît sous le nom de mal de montagne. Ce mal, qui est la somme des accidents produits dans l'organisme par la raréfaction de l'air, est la conséquence d'une désoxygénation du sang, d'une accélération de la circulation et d'un abaissement de la température intérieure de celui qui l'éprouve. Ces symptômes du mal de montagne ne disparaissent pas complétement par l'acclimatation, car nous les retrouvons nettement marqués chez l'habitant des hauteurs. Chez lui, en effet, la raréfaction de l'air n'est jamais compensée par le nombre d'inspirations que sa respiration comporte. Cela a été démontré en particulier pour Mexico. M. Lehmann et le docteur Cointet ont fait des expériences sur la quantité d'acide carbonique exhalé par les habitants des différents niveaux et ces expériences ont prouvé que sur les altitudes la respiration est diminuée.

La statistique a permis également d'apprécier l'influence des lieux élevés. Au Mexique, par exemple, il est prouvé que la progression des hommes a été moins considérable sur le haut plateau qu'aux niveaux inférieurs. La statistique montre aussi très-nettement la lenteur avec laquelle progressent les populations de l'Amérique méridionale. Et encore cette progression n'appartient-elle qu'à certaines races privilégiées. Tandis que toutes les races pures, la blanche, l'indienne, la nègre, sont dans une décadence bien prononcée, les races métisses résistent et s'accroissent dans une proportion d'environ 10 pour 1000 par année. Les voyageurs qui ont visité le Thibet en ont aussi rapporté la preuve de la décadence des peuples qui l'habitent. Cependant, cette influence de l'altitude ne s'exerce pas seulement sur le corps, elle s'exerce aussi sur l'intelligence : celle-ci, qui dans ce cas, peut être vive, prompte, quand elle s'applique à des choses superficielles, est moins apte à s'appliquer à des études attentives et prolongées.

M. Jourdanet a fait aussi l'étude des différentes formes sous lesquelles se présente l'anémie barométrique ou *anoxyhémie* dont il a été question plus haut. Ces formes sont au nombre de quatre : l'anoxyhémie anémique, par diminution de la masse sanguine ; l'anoxyhémie vertigineuse, par l'action plus manifeste sur les centres nerveux ; l'anoxyhémie hypocondriaque ; enfin l'anoxyhémie dyspeptique, par l'action plus directe sur les fonctions du système digestif. L'auteur appelle anoxyhémie anémique l'état d'un sujet qui, sous l'influence d'une oxygénation languissante, d'une évaporation excessive par sécheresse et légèreté de l'air, arrive à ne plus avoir dans l'ensemble de ses vaisseaux la quantité totale de liquide qui en constitue la masse normale. M. Jourdanet a pu se convaincre que cette manière d'être est fort commune dans les localités qui, au Mexique, dépassent l'altitude de 2000 mètres. Bien qu'il ne soit pas facile d'en donner beaucoup de preuves directes, la vérité paraît cependant se dégager nettement d'un ensemble de considérations qui semblent la proclamer de la manière la plus convaincante. Ainsi la pauvreté du système circulatoire périphérique est une chose qui frappe le regard d'une façon très-sensible. La peau sèche et pâle se soulève rarement, sillonnée par les veines sous-cutanées. Chez les vieillards même, tandis que sur les niveaux inférieurs les trajets veineux se dessinent démesurément, surtout à la peau des mains, les altitudes éteignent ces engorgements que l'on n'y voit plus qu'avec une extrême rareté. La radiale présente presque toujours un pouls petit et dépressible ; les conduits circulatoires ont très-souvent une tendance exagérée à diminuer leur calibre, surtout vers la région des pieds ; d'où l'on arrive quelquefois à la conséquence déplorable d'un refroidissement douloureux avec menace de gangrène par asphyxie locale. M. Jourdanet en a eu souvent la preuve chez des sujets auxquels il était obligé de conseiller de descendre aux terres chaudes des niveaux inférieurs. Là, l'action complexe de la chaleur, de l'humidité et d'une oxygénation meilleure opérait assez promptement leur rétablissement. Ils revenaient guéris, et très-souvent sans accidents ultérieurs.

La forme vertigineuse de l'anoxyhémie affecte des signes plus vulgairement saisissables et aussi plus connus que ceux dont nous venons de parler. Le vertige est d'ailleurs très-fréquent sur l'Anahuac, comme phénomène isolé et fugace, et, d'après M. Jourdanet, il n'est même pas bien rare avec une marche morbide régulière à type chronique. Les exemples d'une marche aiguë ne sont pas communs ; mais M. Jourdanet en cite un qui montre que si ces exemples ne sont pas communs, ils sont en revanche très-frappants par l'aspect de gravité que parfois ils affectent. Le vertige aigu est tout à fait comparable aux accidents des voyages de montagnes et surtout au mal de mer. L'exemple cité montre qu'il y a absence de stimulation sur le cerveau. La cause prédisposante apparaît dans l'aération incomplète du sang du malade, et la cause déterminante dans un état congestif passager du système de la circulation portale. Quant à la forme hypocondriaque de l'anoxyhémie, elle ne présente dans sa marche aucune originalité qui puisse la faire distinguer des hypocondries des autres pays.

A propos de la forme dyspeptique, M. Jourdanet constate que les affections gastro-intestinales sont fort communes au Mexique. Vers les niveaux tout à fait inférieurs, elles présentent des caractères inflammatoires bien marqués. Vers les niveaux moins bas, mais encore très-chauds, entre 600 et 1200 mètres, elles affectent le plus souvent le type dysentérique. Sur les plateaux, leur marche est hésitante, dissimulée; leurs caractères ne s'y accusent pas avec franchise; leur début est fréquemment insidieux et leurs réactions sont tellement faibles qu'elles comptent pour absentes dans les considérations pratiques. Au-dessous de 1200 mètres d'altitude, tous les tempéraments en peuvent être atteints, sans doute; mais on peut assurer que les sujets forts et robustes en présentent les cas les plus dangereux. Vers 2000 mètres, au contraire, les dérangements légers des voies digestives sont très-communs parmi les individus ordinairement faibles, et c'est parmi eux que l'on voit des accidents plus sérieux avec une grande fréquence.

Certains auteurs ont prétendu expliquer cette forme de l'anoxyhémie par les vices cachés, l'ivrognerie et l'alimentation insuffisante des Mexicains. M. Jourdanet n'a pas de peine à prouver qu'il n'en est rien et qu'une pareille opinion est absolument inacceptable. Pour lui, la dyspepsie n'est qu'un des signes de cette anémie générale que nous avons déjà constatée chez les habitants des altitudes; mais elle lui imprime une physionomie spéciale et une marche des plus déplorables. Il est évident, en effet, que les sucs digestifs, appauvris par le fait même de l'anémie, élaborent mal les substances alimentaires et ne les préparent que très-imparfaitement à l'assimilation. Celles-ci deviennent donc, d'une part, impuissantes à réparer les forces et, d'autre part, passant dans l'intestin dans un état incomplet de chymification, elles y deviennent une cause d'irritation, de troubles fonctionnels et de diarrhée.

Abordant ensuite la question de l'immunité des altitudes pour la phthisie pulmonaire, le docteur Jourdanet rappelle qu'autrefois il fit tous ses efforts pour démontrer, non-seulement que la phthisie est rare sur le plateau de l'Anahuac, mais encore que son absence y est parfaitement en rapport avec les conditions physiologiques dont la diminution du poids de l'air est l'occasion naturelle. Dès 1861, il concluait que, sans nul doute, il devait en être de même dans tous les pays placés à plus de 2000 mètres d'altitude. Les observations qu'il a faite au Mexique lui ont permis de constater les quatre vérités suivantes : 1° d'une manière générale, la phthisie est une maladie rare à Mexico; 2° cette maladie est presque nulle dans la classe aisée de la population; 3° l'affection acquise dans des lieux moins favorisés prend sur les altitudes du Mexique une marche plus lente, et quelquefois elle guérit; 4° les prédispositions à cette maladie provenant de localités plus basses et de conditions individuelles di-

verses, s'éteignent généralement sur le haut Anahuac. M. Jourdanet ajoute que la pratique finit par rendre ces vérités évidentes. A ceux maintenant qui s'étonneraient, qu'à propos de la constitution pathologique des hautes stations, on fasse figurer la phthisie à côté de l'anoxyhémie, l'auteur répond que la phthisie est l'opposé de la chlorose, et que, loin de considérer les deux maladies comme se donnant un mutuel appui, on doit les signaler dans une même étude comme pouvant se guérir l'une par l'autre. Si, en effet, on examine attentivement les phénomènes respiratoires que présentent les anémiques et les tuberculeux, on s'aperçoit que dans l'anémie, les combustions organiques azotées sont diminuées d'une façon très-sensible, tandis qu'elles sont toujours augmentées chez les phthisiques. M. Jourdanet fait observer en effet, que, chez les anémiques, l'analyse de l'air expiré signale une égalité presque complète entre l'acide carbonique produit et l'oxygène disparu. Dans ce cas, la combustion vitale n'a donc guère d'autre aliment que le carbone. Au contraire chez les phthisiques, l'analyse de l'air expiré montre que les combustions respiratoires portent surabondamment sur les éléments azotés de l'organisme, car l'écart est souvent fort considérable entre l'acide carbonique produit et l'oxygène disparu.

En présence de ces faits, on ne peut s'empêcher d'admettre qu'il est dans la nature des phthisiques d'employer l'oxygène qu'ils respirent à se consumer outre mesure, tandis que les anémiques des hauteurs ne se brûlent eux-mêmes que dans des proportions sous-physiologiques. Il est donc très-naturel de croire que les atmosphères raréfiées conviennent aux tuberculeux, par ce seul fait que leur action sous-respiratoire ne peut que ramener à un juste équilibre l'excès d'oxygène consommé par ces malades. « Le jour, dit M. Jourdanet, où vous aurez pu parvenir à assurer, dans une vaste pièce, un courant d'air y maintenant sans cesse une atmosphère appauvrie du tiers de son oxygène, vous aurez guéri le quart de vos poitrinaires. »

Quant à la fièvre jaune qui exerce tant de ravages dans les pays bas et humides, son germe ne monte pas sur les hauteurs. Mais M. Jourdanet constate qu'au Mexique les malades déjà atteints à la côte et dont la maladie se développe sur le haut plateau en sont presque toujours victimes. Il en donne la preuve en racontant l'histoire de la maladie de plusieurs personnes auxquelles il a donné des soins, mais qu'il n'a pas pu arracher à la mort. Cependant, si la fièvre jaune épargne les altitudes, il n'en est pas de même de cette autre maladie, le typhus, qui s'attaque aussi bien aux étrangers qu'aux natifs de l'Anahuac. Là, encore, la faute en est aux conditions barométriques qui sont faites aux altitudes de 2000 mètres. M. Jourdanet le prouve en comparant le typhus de l'Anahuac avec nos typhus d'Europe, en observant que le typhus du plateau ne sévit pas à la côte et qu'il règne aussi bien là où les agglomérations d'individus, la malpropreté, la mauvaise nourriture, assurent sa marche que là où des milieux contraires devraient le tenir éloigné.

A côté du typhus on rencontre malheureusement d'autres fléaux qui viennent fatalement grossir le nombre des victimes. Les maladies inflammatoires à type aigu sont assez fréquentes sur l'Anahuac. Les pneumonies y sont graves ainsi que les maladies de l'enfance.

A propos des congestions que le foie est susceptible de présenter sur les hauts niveaux, par suite de la faiblesse de la pression atmosphérique, M. Jourdanet n'a trouvé rien de mieux, pour en montrer les graves conséquences, que de raconter l'histoire de la maladie et de la mort de Victor Jacquemont. Il a profité de l'occasion pour rendre hommage à la mémoire de ce jeune et intéressant martyr de la science. Jacquemont avait déjà beaucoup voyagé, il avait déjà franchi bien des chaînes de montagnes, sans que sa santé en eût réellement souffert. Mais un jour, en traversant les forêts désertes de Kedar-Kanta, il fut pris d'assez violentes douleurs d'entrailles. M. Jourdanet attribue ces douleurs au commencement d'une congestion hépatique occasionnée par l'altitude, et dont Jacquemont ne se rétablit jamais. Il serait difficile de trouver à cet accident une autre cause vraiment rationnelle. M. Jourdanet en a eu d'ailleurs de nombreux exemples. « C'est bien, dit-il, avec cette violence que j'ai souvent vu sévir les douleurs qui accompagnent une première congestion du foie. Elles n'avaient pas toujours leur siége à l'hypocondre. Elles prenaient plus volontiers tout l'abdomen, quelquefois la poitrine, et souvent la région dorsale, sans que le foie accusât une souffrance bien marquée à la pression de la main. Et remarquez bien que, pendant mes cinq années de pratique à la côte du golfe du Mexique, je n'eus jamais l'occasion d'observer ces sortes d'accidents ; c'est à Mexico, c'est à une altitude dépassant 2000 mètres que mes souvenirs les rapportent tous sans exception. » Les écrits que V. Jacquemont a laissés et dans lesquels il a consigné la marche de la maladie qui l'a conduit à la tombe, ont fourni à M. Jourdanet la preuve de ce qu'il avance. Les premières douleurs de Jacquemont ne furent pas de longue durée, mais le mal conserva sourdement sa nature congestive, sans complication toutefois, pour longtemps, d'aucun autre désordre. Cependant des atteintes subinflammatoires en devinrent insensiblement la suite obligée et, la dysenterie aidant, un travail morbide plus franc fit naître l'occasion d'un abcès qui amena promptement la mort.

M. Jourdanet arrive ensuite à la partie de son travail qu'il a consacrée à l'étude des climats de montagnes, c'est-à-dire à l'étude des conditions qui se rattachent à des hauteurs modérées, inférieures par conséquent à celles dont il a été question jusqu'ici. Il fait voir, à propos de ces faibles altitudes, que l'altération climatérique de la respiration avec les conséquences qu'elle entraîne n'occupe plus la place dominante. Il fait ressortir, au contraire, que les hauteurs modérées peuvent exercer parfois une influence favorable sur la santé des habitants. Nous avons déjà fait connaître le principal motif en vertu duquel la croyance à l'air vivifiant des montagnes est fondée. Il ne faut cependant pas ajouter à cet *air vivifiant* une confiance illimitée. Il faut tenir compte d'une foule de conditions qu'apportent avec elles la latitude, l'exposition de la montagne, l'aération, etc. Ce qui est vrai chez nous, c'est-à-dire l'influence favorable qu'exercent nos petites montagnes sur la santé de leurs habitants, n'existe pas partout, comme par exemple sur les niveaux peu élevés des montagnes du Mexique. Dans ces contrées, au-dessous de 900 mètres, lorsque, par leur rapprochement excessif, d'énormes masses resserrent et ombragent démesurément des vallées profondes, l'absence prolongée de soleil, ainsi que la grande humidité, y éternisent les conditions d'hygiène les plus déplorables, dont l'aspect des habitants, du reste, dénonce tristement les effets.

Dans nos contrées européennes, cette hauteur de 900 mètres n'est nullement nécessaire ; elle serait même excessive. Mais à des niveaux modérés observe-t-on bien ce qu'un *air réellement vivifiant* nous donnerait le droit d'attendre de la santé de nos montagnards ? Un examen attentif permet à M. Jourdanet d'établir qu'en général on ne rencontre rien qui puisse justifier la croyance à cet air vivifiant. L'influence de la montagne se fait surtout sentir sur les étrangers, les nouveaux venus, et elle est loin de s'exercer pareillement sur les natifs. Cette influence présente de nombreuses variétés, et M. Jourdanet nous les montre en rapport avec les niveaux. De l'étude qu'il a faite sur la marche des maladies à ces différents niveaux, il résulte que l'action de la montagne est très-irrégulière. Les lieux les plus pittoresques, où la montagne se présente avec ses formes les plus séduisantes, sont précisément ceux qui exercent sur l'homme l'action la moins favorable.

Enfin, dans la dernière partie de son ouvrage, le docteur Jourdanet traite des transitions barométriques. Il y passe en revue, entre autres choses, l'action des mouvements barométriques de l'atmosphère sur la santé, l'influence des transitions barométriques par la descente de la montagne vers la plaine, etc. L'ouvrage se termine par un appendice, contenant un résumé des principaux effets physiologiques dus aux variations dans la pression de l'air, et par une série de notes que l'auteur a ajoutées comme documents supplémentaires.

SOCIÉTÉ FRANÇAISE DE PHOTOGRAPHIE

A PARIS

M. ANGOT

L'expédition du passage de Vénus à Nouméa

Une parole plus autorisée que la mienne vous a exposé, il y a quelques mois, comment on se proposait d'appliquer la photographie à l'observation du passage de Vénus. Vous avez désiré apprendre aujourd'hui, de la bouche même d'un des voyageurs, les résultats des missions françaises ; ce sera mon excuse pour revenir encore une fois sur un sujet déjà si lointain, quoiqu'il doive rester longtemps d'actualité, puisque nous commençons à peine maintenant à utiliser les nombreux matériaux que nous avons pu rapporter.

Comme vous le savez, la commission, formée au sein de l'Académie des sciences, sous la présidence de M. Dumas, pour étudier et régler tout ce qui se rapportait aux préparatifs de l'expédition, avait, à l'origine, décidé l'envoi de quatre missions : deux au Nord, à Pékin et au Japon, et deux dans les mers du Sud, aux îles Saint-Paul et Campbell, cette dernière située bien au-dessous de la Nouvelle-Zélande. C'étaient là les points les plus convenables que le calcul indiquait à l'avance pour l'observation du grand phénomène ; mais une condition qui ne pouvait entrer dans les équations des astronomes et dont l'importance n'était malheureusement que trop redoutée, c'était le temps : la pluie, ou seulement un ciel couvert pendant quelques heures, suffisait pour rendre inutile un long voyage de dix mois. Pour les stations du Nord, on avait grand espoir : l'observation se faisait en plein hiver ; le froid était à craindre, mais devait amener avec lui le beau temps. Dans les mers du Sud, au contraire, où les vents soufflent en tempête pendant six mois de l'année, le soleil ne se montre que par exception : en hiver, d'avril à novembre, ce sont des nuages presque continuels ; en été, c'est à-dire précisément pendant la saison qui nous intéressait, l'air, échauffé par les vents qui descendent des régions tropicales, est sans cesse obscurci par des brumes plus persistantes encore que les nuages d'hiver. Un navire de l'État, envoyé en reconnaissance à l'île Campbell, n'en rapporta que les renseignements les plus décourageants ; on se décida donc au dernier moment, deux mois à peine avant l'époque fixée pour le départ, à envoyer une cinquième expédition qui, bien que dans des contrées moins convenables pour l'observation, pourrait espérer un temps plus favorable et permettrait ainsi d'éviter un insuccès absolu dans le Sud. Telle fut l'origine de la mission de Nouméa. L'organisation en fut confiée à M. C. André, astronome-adjoint de l'Observatoire de Paris ; prenant pour lui l'observation directe, il me proposa de me charger de l'observation photographique, et nous dûmes employer le peu de jours qui nous restaient à chercher des instruments ; le temps et, faut-il le dire, l'argent, même, manquaient pour nous donner les mêmes moyens d'observation qu'aux quatre grandes stations. Nous pûmes trouver cependant une lunette de six pouces qui rendait nos observations comparables à celles des autres expéditions françaises, et trois lunettes de quatre pouces seulement, pour nous relier aux nombreuses missions que les Russes installaient tout le long des frontières méridionales de la Sibérie, et qui devaient être munies d'instruments semblables. Grâce à la générosité de M. d'Abbadie, membre de l'Institut, qui en fit lui-même les frais, la commission put nous donner une lunette photographique identique avec celle des autres stations ; l'École normale supérieure nous prêta une pendule astronomique, le dépôt de la marine et M. Gondolo, des chronomètres ; et nous pûmes partir tous deux, de Marseille, le 19 juillet de l'année dernière, sur le paquebot des Messageries maritimes *le Tigre*, emportant avec nous un matériel au moins suffisant pour remplir la tâche qui nous était confiée.

Vous me permettrez de ne pas vous décrire notre voyage : le canal de Suez, Aden, l'île de Ceylan, Singapore, Batavia, Sydney sont des pays assez connus aujourd'hui pour que je ne me hasarde pas à vous en donner une description que vous pourriez trouver, dans d'autres récits, plus colorée et plus attrayante. Après deux mois et demi de route et quatre changements successifs de navire, dont les qualités diminuaient à mesure que nous nous éloignions, nous arrivions enfin, le vendredi 2 octobre, à trois heures du soir, en vue de la Nouvelle-Calédonie. Tout d'abord, je dois le dire, l'impression ne fut pas favorable ; le navire qui nous portait était petit et incommode, et, pendant les sept jours que dura la dernière traversée, de Sydney à Nouméa, nous avions été accompagnés fidèlement par le mauvais temps. Nous arrivions donc mal disposés ; de plus, au moment où, dans la brume, nous cherchions la passe au milieu de la dangereuse barrière de récifs qui entourent la Nouvelle-Calédonie, notre navire avait un peu talonné sur un rocher et faisait eau, non pas assez pour nous mettre en danger si près de terre, mais beaucoup trop pour nos malheureux instruments ; la cale se remplissait peu à peu, et, quand nous pûmes aborder, à huit heures du soir, il n'était que temps, l'eau arrivait au faux-pont, où se trouvaient nos caisses, aussi haut que possible. Une heure de plus, instruments et produits chimiques auraient été singulièrement compromis.

Cependant, dès le soir même, nous recevions quelques bonnes nouvelles : le Conseil colonial, sur la proposition de M. Gaultier de la Richerie, alors gouverneur de la Nouvelle-Calédonie, nous avait voté par avance un crédit extraordinaire pour nous aider dans la construction de l'observatoire, et M. Derbès, capitaine du génie, ami de l'un de nous, nous apportait de précieux renseignements sur les conditions climatologiques des différentes régions de l'île où nous pouvions nous établir. Le lendemain nous commencions nos recherches préliminaires sur le choix de la station, et deux jours après notre débarquement nous pouvions désigner au nouveau gouverneur, M. le colonel Alleyron, l'emplacement que nous jugions le plus convenable pour l'observation. C'était un petit plateau situé au sud de Nouméa, à un peu plus de 2ᵏ,5 du sémaphore, et dont l'horizon était bien dégagé au sud et à l'ouest, régions du ciel plus importantes pour l'observation du passage. Dès lors commencèrent les difficultés de l'installation, qui furent pour nous d'une tout autre nature que pour nos collègues.

Là, il leur fallait lutter contre les éléments, et triompher des tempêtes qui s'opposaient au débarquement et un instant même emportait au loin leur navire ; mais, une fois à terre, ils avaient avec eux un matériel soigné et complet, et jusqu'aux maisons et cabanes d'observations qu'ils apportaient démontées ; ils se sentaient enfin assistés par une troupe choisie de ces marins dont le dévouement et l'habileté sont si connus. Chez nous, au contraire, la peine ne commença qu'une fois à terre ; il nous fallut successivement, tâche nouvelle pour deux jeunes gens peu habitués aux voyages, faire les plans de nos maisons et en surveiller l'exécution dans les moindres détails : nos ouvriers n'étaient rien autres, en effet, que des transportés, des forçats, gens qui quelquefois ne travaillent pas mal, mais dont l'intelligence et surtout la bonne volonté laissent, vous le pensez bien, souvent beaucoup à désirer. Nos travaux, du reste, étaient singulièrement contrariés par le temps, et nous fûmes plus de quinze jours avant de commencer le plus important de nos bâtiments, faute de n'avoir pu observer une seule fois le soleil ou les étoiles pour nous donner la direction du méridien. En même temps que ces travaux de construction, nous étions forcés de faire faire des montures pour nos lunettes, autre besogne toute nouvelle pour le pays où nous nous trouvions ; il nous fallait encore être sans cesse sur le qui-vive, pour ne pas manquer une des rares occasions que nous offrait le ciel de déterminer exactement l'heure, l'élément principal pour l'observation du passage de Vénus.

Enfin peu à peu tout se fit, et, dans les premiers jours de novembre, l'observatoire se trouvait installé. Comme nous ne pouvions trouver parmi nos condamnés qu'un très-petit nombre d'ouvriers dans chaque corps de métier, nous avions été forcés d'adopter pour nos constructions les matériaux les plus divers : maçons, charpentiers, voiliers, travaillaient chacun de leur côté à une cabane différente, de sorte que tout s'éleva à la fois d'une façon qui surprit un peu dans notre colonie, où la main-d'œuvre pénitentiaire n'est pas habituée à une grande rapidité. L'observatoire présentait alors un aspect assez pittoresque, dont vous pourrez juger par les photographies que j'ai l'honneur de mettre sous vos yeux. Il ne comprenait pas moins de huit bâtiments ; au centre, une grande construction en pierre formée de deux parties : une chambre orientée du nord au sud et fendue de part en part, muraille et toit, dans cette direction, pour permettre à la lunette méridienne d'observer les astres à toutes les hauteurs ; à côté, une grande coupole ronde, surmontée d'un dôme rotatif en fer, recouvert de toile à voile, abritant l'équatorial de six pouces. Tout près de là, la grande cabane en bois pour la lunette photographique. Ici, la tente qui nous servait de logement pendant les nuits d'observations ; plus loin, une autre tente pour les soldats de garde, précaution qui n'était pas de trop quand on pense qu'à 300 mètres de nous était un camp de plus de cinq cents forçats. Là, une guérite roulante qui recouvrait un petit équatorial ; sur la hauteur, trois cabanes moitié bois, moitié toile, pour abriter les instruments magnétiques et l'appareil d'induction qui reproduisait automatiquement les différentes phase du passage de Vénus. Plus bas, enfin, et à moitié enterrée, la maison qui nous servait de bureau et où se trouvaient les chronomètres, qu'il était si important de protéger contre les brusques changements de température.

A peine les travaux de construction terminés, il fallut se mettre à instruire les officiers qui voulaient bien nous prêter leur concours et à former les aides qui m'étaient nécessaires pour la photographie. Le personnel de la station se trouvait alors composé de la manière suivante : M. André, chef de la mission, se réservait l'observation directe à l'équatorial de six pouces ; moi-même j'avais en charge la photographie ; aux équatoriaux de quatre pouces étaient MM. Derbès, Robaut et Berlin, capitaines du génie et d'artillerie de marine ; enfin, le petit équatorial de trois pouces était confié à un Anglais, le Rév. R. Abbay, F. R. A. S., qui avait déjà observé dans l'Inde l'éclipse de soleil de 1870 et qui, nous rencontrant en route, avait exprès entrepris le voyage de la Nouvelle-Calédonie pour cette nouvelle observation.

L'instruction astronomique de nos nouveaux collaborateurs fut activement poussée par M. André, qui y apporta tout le poids de son expérience : il ne faut pas oublier, en effet, que c'est aux travaux de M. Wolf et de M. André que sont dues les premières études sur les phénomènes accidentels qui, au siècle dernier, avaient fait avorter l'observation du passage de Vénus. C'est de leurs recherches qu'est sorti un appareil ingénieux, bientôt adopté par toutes les nations, qui reproduit à volonté toutes les phases du phénomène et permet, pour ainsi dire, de faire des répétitions et de s'exercer longtemps d'avance à une observation qui, une fois manquée, ne pourrait être recommencée qu'une seconde fois dans notre siècle.

Pour m'assister à la photographie, j'avais eu recours aux seules personnes dont nous puissions disposer, aux forçats. Vous connaissez depuis longtemps déjà les dispositions de l'appareil adopté par la commission : une lunette de près de 4 mètres de long est fixée horizontalement sur des piliers solides, et au foyer de l'objectif on dispose une plaque d'argent iodé sur laquelle tombe directement et sans aucun agrandissement l'image réelle du soleil, renvoyée dans la lunette par un miroir plan de verre argenté, qui est en dehors de la cabane. Deux longues manettes, arrivant à portée de ma main, me permettaient de faire tourner horizontalement ou verticalement le miroir, de façon que l'image du soleil se formât toujours au même point. Pour régler la du-

rée de pose, on avait disposé, un peu en avant du châssis porte-plaques, une coulisse dans laquelle pouvait glisser rapidement une feuille d'acier tirée par des poids, et percée d'une fente à bords rectilignes. En général, cette lame métallique intercepte l'image, excepté pendant le temps très-court que la fente met à passer devant la plaque sensible, lorsqu'on laisse tomber l'écran. On peut ainsi très-facilement limiter le temps de pose à $\frac{1}{77}$ ou $\frac{1}{700}$ de seconde, durée bien suffisante, dans les conditions où nous opérions, pour obtenir, par un ciel pur, une bonne image du soleil, même sur plaque daguerrienne simplement iodée.

Pendant tout le mois de novembre, nos travaux, quoique souvent contrariés par le mauvais temps, s'étaient accomplis sans incidents, et, au 1er décembre, tout était prêt. C'est alors que le temps commença à se gâter complètement. Le vent qui d'ordinaire soufflait assez fort sur notre plateau, dégagé du côté de la mer, était complètement tombé, et la pluie lui succédait ; plus nous approchions du grand jour, plus le temps empirait, et, pendant les cinq nuits qui précédèrent le 9 décembre, tout ce que l'on put faire, pour vérifier l'état de nos chronomètres, fut d'observer deux fois seulement une seule étoile dans toute une nuit. Le baromètre, signe défavorable, se maintenait toujours très-haut, et nous perdions tout espoir sur l'issue de notre expédition. Cependant il fallait se tenir prêt à tout, aussi, les 7 et 8 décembre, je me mis à préparer un nombre de plaques daguerriennes devant suffire même en cas de beau temps ; c'était là une tâche un peu longue, mais qu'il me fallait faire moi-même, vu la nature des aides dont je disposais : le 8 décembre au soir, deux cents plaques étaient nettoyées et cent déjà iodées ; le lendemain matin, jour du passage, je me mis à ioder les cent dernières, bien que l'état du temps ne pût me faire espérer de les utiliser jamais. Il avait plu un peu, en effet, pendant la nuit, et le jour du passage commençait par un ciel couvert, un temps lourd et un calme plat. Nous désespérions tout à fait lorsque, vers dix heures, deux nuages s'écartèrent assez pour laisser passer un rayon de soleil. Dès lors, le temps s'améliora peu à peu, et, au commencement du passage, les astronomes purent apercevoir le soleil à travers une couche de nuages assez peu épaisse pour permettre les observations. Au moment du second contact, l'un des deux plus intéressants, les nuages étaient encore plus faibles, et l'observation réussit d'une façon complète. Aux trois lunettes de quatre pouces, nos collaborateurs s'accordèrent d'une façon inespérée : la différence de leurs observations atteignit à peine quatre secondes. Au contraire, la lunette de six pouces, à laquelle observait M. André, donna, comme on pouvait s'y attendre, un nombre un peu différent et dans le sens prévu, prouvant ainsi, une fois de plus, qu'on ne pouvait comparer entre elles que des observations faites avec des instruments identiques.

La première partie de notre tâche était heureusement accomplie ; encore une éclaircie semblable, et la mission de Nouméa pouvait prendre rang parmi les plus favorisées : cette satisfaction nous fut refusée ; au moment du troisième contact, qui, avec le second, complétait l'observation, des nuées épaisses couvraient le soleil, et, pendant trois quarts d'heure, il nous fut impossible de rien voir. Au dernier contact seulement, le soleil reparut un instant derrière des nuages plus transparents, mais l'observation ne put se faire que dans les conditions les plus défavorables. En résumé, au point de vue de l'observation directe, des deux contacts internes, qui étaient seuls utiles, un seul put être observé ; nous n'avions donc qu'un demi-succès, mais, sur le moment, nous en fûmes aussi heureux que d'une victoire complète, tant nous avions été près d'être allés inutilement à l'autre bout de la terre.

Du côté de la photographie, le résultat fut un peu plus complet : là, en effet, l'instant des contacts n'était pas le plus intéressant ; il fallait prendre des épreuves pendant toute la durée du passage et surtout vers son milieu ; il me fut donc possible de profiter de toutes les éclaircies. Tant que les nuages n'étaient pas assez épais pour empêcher le soleil de donner des ombres, on faisait des photographies, de sorte qu'à la fin du passage nous pûmes compter deux cent quarante épreuves. Bien entendu, dans ce nombre, la plus grande partie n'était pas utilisable : le défaut de lumière et la trop grande épaisseur des nuages enlevaient toute netteté aux images ; cependant nous avions de cinquante à soixante bonnes épreuves, bien réparties dans toute la durée du passage, de sorte que, de ce côté, nous possédions tous les éléments nécessaires pour le calcul.

Telle est l'histoire de notre mission ; vous savez déjà que, bien heureusement pour le succès de nos expéditions françaises, d'autres furent plus favorisées : vous avez tous lu comment, à l'île Saint-Paul, au milieu de tempêtes épouvantables, les observateurs se trouvèrent, le jour du passage, placés au centre de l'ouragan, et durent à cette circonstance juste les cinq heures de beau temps nécessaires à l'observation. Là, le succès fut absolu : les quatre contacts observés, de nombreuses mesures micrométriques prises par les astronomes, et plus de six cents photographies, dont les trois quarts sont d'une netteté irréprochable, voilà ce que rapporta l'une des expéditions dont on désespérait le plus, et qui se trouva peut-être ainsi la plus féconde du monde entier. A Pékin, les quatre contacts purent être observés ; mais le temps, couvert au milieu du passage, empêcha d'obtenir des épreuves photographiques pendant plus d'une heure et demie. Au Japon, on sut profiter également des éclaircies et rapporter tous les éléments d'une détermination complète. Pourquoi faut-il que je sois forcé de terminer cette nomenclature par la mention d'un insuccès ? A l'île Campbell, la station dont on désespérait le plus, et que nous avions pour mission de chercher à suppléer, les observateurs, après avoir lutté pendant trois mois contre un climat atroce et des difficultés sans nombre, n'eurent même pas la consolation d'un triomphe au dernier jour. Ils s'en vengèrent au moins en rapportant les documents les plus intéressants sur le climat et l'histoire naturelle du pays inconnu où leur dévouement n'avait pas hésité à accepter une mission presque condamnée d'avance.

Quant aux résultats définitifs, vous connaissez déjà ceux des observations directes : vous savez comment le calcul, préparé, pendant notre absence, par les soins de M. Puiseux, est venu, quelques jours à peine après notre retour, prouver, entre nos quatre missions, un accord remarquable, et comment, grâce à ce concours empressé du mathématicien et des observateurs, la France est encore aujourd'hui la seule nation qui ait publié les résultats de ses expéditions.

Pour les photographies, la tâche est commencée, mais c'est ici qu'il faut s'armer de patience. Ce n'est pas, en effet, peu de chose que de mesurer des centaines d'épreuves avec la précision à laquelle il est nécessaire d'atteindre ; on vous a exposé ici comment il fallait, pour que les résultats fussent réellement intéressants, qu'on pût apprécier, sur nos plaques, jusqu'au millième de millimètre. Ce n'était même pas là, à notre départ, un de nos moindres sujets d'inquiétude ; aujourd'hui l'expérience est faite, et elle a été décisive : grâce aux ingénieuses dispositions des appareils que la Commission nous avait confiés, grâce surtout à la dimension relativement petite de nos images du Soleil, nos épreuves ont toute la netteté désirable, de sorte que, de ce côté-là encore, le succès est certain ; il ne nous faut plus que du temps pour poursuivre nos mesures, qui commencent à peine. Nous avons entrepris un voyage de dix mois pour observer un phénomène qui devait durer cinq heures ; ce n'est donc pas trop de vous demander, à vous, une ou deux années de patience pour attendre le dernier mot qui sera, n'en doutez pas, dit par la photographie.

A. ANGOT.

TRAVAUX SCIENTIFIQUES

M. O. SILVESTRI

La dissociation chimique et les phénomènes volcaniques

SYNTHÈSE ET ANALYSE D'UN NOUVEAU MINÉRAL DE L'ETNA
COMMUN DANS LES VOLCANS

I

Depuis que la connaissance des phénomènes de dissociation a été introduite dans la science par le professeur H. Sainte-Claire Deville, on sait que l'affinité réciproque des corps est détruite par une température plus ou moins élevée, et l'on peut admettre qu'il existe pour chaque composé une température de dissociation analogue aux températures de fusion et d'ébullition.

Les expériences de H. Deville et Troost ont établi les conditions générales du phénomène et les modifications qu'il subit dans chaque cas particulier sous l'influence de certaines particularités, telles que l'état physique et les aptitudes chimiques des substances en contact avec les corps qui se dissocient. Les expériences de Cannizaro, Knapp, Pebel, Robinson, Wanklyn, etc., ont montré les caractères anormaux de quelques corps produits sous l'influence d'une température très-élevée.

Voici maintenant les expériences que j'ai faites moi-même dans cet ordre d'études :

1° J'ai fait passer du gaz ammoniac parfaitement sec dans un tube de platine chauffé au rouge. J'ai recueilli à l'extrémité de ce tube un gaz très-peu soluble dans l'eau, non comburant et non combustible, dépourvu de réaction alcaline. Les caractères de ce gaz établissent que c'est de l'azote mélangé d'une petite quantité d'hydrogène. Le gaz ammoniac s'est donc décomposé en ses éléments. Ceux-ci par suite de leur différence de densité et des propriétés physiques du platine incandescent se sont maintenus séparés. L'hydrogène a filtré en grande partie à travers le tube et a passé à l'extérieur.

2° J'ai répété la même expérience après avoir rempli le tube de fragments grossiers de lave récente de l'Etna. J'ai recueilli à l'extrémité libre une petite quantité de gaz combustible possédant les caractères de l'hydrogène. L'azote s'est fixé sur la lave et la plus grande partie de l'hydrogène a passé à l'extérieur à travers les pores du tube métallique. Ce fait est nouveau pour les laves. Il est analogue à celui que l'on observe quand on fait passer du gaz ammoniac sec sur du fer chauffé au rouge. On sait, en effet, que dans ces conditions le poids du fer augmente de 6 pour 100.

3° J'ai répété l'expérience (2) en employant un tube de verre vert difficilement fusible à la place du tube de platine. Je me suis également servi d'un tube de porcelaine pour la même expérience. Dans ces conditions, j'ai obtenu un abondant dégagement d'un gaz combustible ayant une légère odeur. Ce gaz soumis à l'analyse eudiométrique était composé de :

Hydrogène......................	90
Azote..........................	10
	100

On déduit de ce résultat que, par suite du défaut de perméabilité du tube de verre, l'hydrogène a été presque entièrement recueilli, tandis que la majeure partie de l'azote s'est fixée sur la lave (1).

Les expériences 1, 2 et 3 concordent pour démontrer que lorsque l'ammoniaque vient à se décomposer en hydrogène et en azote sous l'influence d'une température élevée, l'azote peut en grande partie se fixer sur la lave, tandis que l'hydrogène reste à l'état de liberté.

4° Si l'on fait passer un courant d'acide chlorhydrique gazeux dans un tube de verre vert rempli de fragments de lave de l'Etna et chauffé, on trouve après l'opération que la lave a été profondément attaquée. Il s'est produit de l'eau et la lave a pris l'apparence d'une matière jaune composée de divers chlorures métalliques, parmi lesquels le plus abondamment formé est le chlorure ferroso-ferrique. Cette masse jaune se dissout dans l'eau et laisse un résidu pulvérulent insoluble, constitué par la silice résultant de la décomposition des silicates de la lave. C'est à cette réaction que l'on doit l'origine de l'immense quantité de chlorure de fer qui se trouve répandu sur les laves des éruptions récentes dans les fentes et les bouches des fumerolles, ainsi que dans l'intérieur des cratères. On doit aussi lui attribuer la production de la silice qui blanchit la surface des laves toutes les fois que l'eau a lavé leur surface et laissé à nu la silice insoluble en enlevant les chlorures solubles.

5° La lave attaquée par l'acide chlorhydrique a été graduellement desséchée de manière à ne pas décomposer le chlorure de fer, puis on l'a introduite dans un tube de porcelaine ou de verre vert. Dans ce tube fortement chauffé, on fait passer un courant de gaz ammoniac sec. Il se produit une réaction complexe. A l'extrémité du tube, on recueille du gaz acide chlorhydrique, de l'hydrogène et des vapeurs de chlorhydrate d'ammoniaque. Le chlorure de fer a été décomposé. Le fer reste partiellement combiné avec l'azote et il se produit une substance d'aspect métallique.

6° Enfin, j'ai réuni les deux expériences 4 et 5, en faisant intervenir simultanément l'acide chlorhydrique et l'ammoniaque sous forme de sel ammoniac et les faisant réagir ainsi sur la lave chauffée au rouge dans un tube de verre vert.

Alors, les deux gaz manifestent isolément leur action sur la composition de la lave. L'acide chlorhydrique attaque le fer et produit du chlorure ferroso-ferrique; puis le chlorure formé est décomposé par le gaz ammoniac. Le fer provenant de cette décomposition se combine en partie avec l'azote et en même temps, il se dégage une notable quantité d'hydrogène libre. Par suite de cette combinaison de l'azote et du fer, la lave se revêt d'une couche grise douée d'un éclat métallique.

Je dois avertir qu'un tel résultat s'obtient plus difficilement en opérant comme dans l'expérience 6 qu'en exécutant successivement les deux expériences 4 et 5; ce qui tient à ce que, dans le premier cas, il est plus difficile de régler la température nécessaire à la réussite de l'opération. Il est difficile, en effet, d'obtenir la température convenable pour la dissociation du chlorhydrate d'ammoniaque et pour les réactions successives qui suivent, sans atteindre le degré de chaleur capable d'empêcher la production de l'azoture de fer. Ce corps ne se forme pas si la température est trop élevée, et même s'il est formé, il se décompose dans ces conditions en perdant son azote.

II

Les expériences dont le détail est indiqué ci-après ont été commencées en 1870. Les principaux résultats en ont été communiqués à l'Académie gisenienne des sciences de Catane dans le courant de la même année. Je les ai également exposés en 1872 au congrès des naturalistes italiens qui s'est tenu à Pise (1).

Le professeur Tschermak, de Vienne, qui a visité mon laboratoire, en 1870, ayant eu alors occasion de voir ces expériences, en consigna aussi les résultats dans le journal de minéralogie qu'il dirige (2).

Le but que je me proposais en les exécutant était de chercher le moyen d'interpréter l'origine d'un enduit superficiel d'apparence métallique, d'une espèce de vernis argentin que l'on observe souvent sur les laves fraîches. Cet enduit est tellement adhérent à la roche que l'on ne peut en détacher une quantité suffisante pour faire l'analyse. Par suite, il me restait quelques doutes sur la composition de cette substance, bien qu'elle fût identique d'apparence avec celle que j'avais produite artificiellement et que je fusse tenté de la considérer comme résultant aussi de la combinaison de l'azote et du fer. Sur la lave de la courte éruption de 1869, le professeur Sartorius von Waltershausen avait eu la chance de rencontrer quelques fragments encore chauds et fumants, qui l'avaient étonné à cause de points doués d'un éclat argentin distribués à leur surface. Ces points se montraient au milieu d'un revêtement de silice blanche devenue libre par suite d'une altération rapide de la lave. Le professeur s'empressa de transporter les échantillons à Catane dans le laboratoire de l'université, afin que nous pussions les examiner ensemble et déterminer la nature de la matière qui présentait cette belle apparence. Mais lorsqu'il me montra ces échantillons, la substance d'apparence métallique avait presque entièrement disparu par suite de la profonde altération que la lave avait subie sous l'influence des vapeurs acides. Toute recherche était devenue impossible. Un seul échantillon présentait encore distinctement un spécimen de substance d'apparence métallique. Le professeur Sartorius l'enferma dans un tube rempli d'hydrogène, afin de pouvoir la conserver. Malgré

---

(1) On sait que l'on décompose le gaz ammoniac en ses éléments, lorsqu'on le fait passer dans un tube de verre vert ou de porcelaine chauffé au rouge. Dans ces conditions, le gaz expérimenté acquiert un volume double et fournit un mélange de :

Hydrogène.....................	75
Azote.........................	25
	100

C'est un moyen employé pour déterminer la composition du gaz ammoniac.

(1) *Atti del VI congresso della Soc. ital. di scientiæ nat.* Milano, 1872.

(2) *Mineralogische Mittheilungen.* Wien, 1872, I, p. 54.

cela, à son retour à Gœttingue, il me 'fit savoir qu'elle était si profondément altérée que l'étude ne pouvait en être faite fructueusement (1).

En août 1874, l'Etna a été le siége d'une éruption très-importante, qui, sous beaucoup de rapports, a présenté un intérêt tout spécial (2). Après un début des plus imposants, l'éruption s'est arrêtée subitement. Deux jours après leur formation, j'ai pu visiter les centres éruptifs d'où était sortie la lave. Les nouvelles bouches, au nombre de trente-cinq, étaient distribuées sur une longue fissure du sol. J'eus alors la bonne fortune de pouvoir observer, au milieu des laves plus ou moins scoriacées, certains blocs recouverts d'un enduit brillant et métallique qui les faisait ressembler à de la fonte. Je recueillis des fragments assez volumineux pour me permettre de rechercher la nature chimique de la matière ci-dessus mentionnée. Je détachai des écailles argentées que je pus analyser, et je reconnus ainsi qu'elles ressemblaient, non-seulement pas leurs caractères extérieurs, mais encore par leur composition, à l'azoture de fer artificiellement préparé en faisant agir le gaz ammoniac sec sur le protochlorure de fer sec chauffé au rouge sombre. Ces écailles étaient constituées par une matière grise, demi-fondue, d'éclat métallique, magnétique, douée d'un poids spécifique égal à 3,147. Cette matière, fortement calcinée, se décompose en perdant de l'azote. La vapeur d'eau la transforme en oxyde de fer magnétique et en ammoniaque. Les acides l'attaquent lentement. Avec l'acide nitrique il se forme un sel ferrique et un sel ammoniacal (1). Au contact du soufre en fusion, il se forme du protosulfure de fer et il s'opère un dégagement d'azote.

Il est à noter que la composition de l'azoture de fer n'a pas été établie jusqu'à présent avec certitude. Fremy lui assigne la formule Fe^5Az^2 (*Comptes rendus*, t. LII, p. 321), Stahlschmid la représente par Fe^6Az^2 (*Journ. für prak.* Chemie, t. LXXXVI). L'azoture artificiel a été en général analysé en le décomposant par la chaleur dans un courant de gaz hydrogène et en le transformant ainsi en fer métallique et en ammoniaque. Lorsque j'ai appliqué cette méthode à l'azoture naturel, que j'avais pu avec grande difficulté séparer de la lave en quantité suffisante pour en faire l'analyse, j'ai obtenu les résultats suivants :

Fer......................	90,859
Ammoniaque................	9,141
	100,000

Le rapport que l'on déduit de là entre le fer et l'azote est celui de 5 à 2. Par conséquent la formule Fe^5Az^2 proposée par Fremy est celle qui représente cet azoture.

---

(1) Je dois immédiatement signaler ce fait que l'azoture de fer se maintient à l'air libre sans altération, lorsqu'il est préparé de la façon que j'ai indiquée précédemment, à la condition toutefois que la lave n'ait pas subi une décomposition trop profonde par l'action de l'acide chlorhydrique. Dans le cas contraire il disparaît bientôt par l'action des chlorures acides que renferme la roche.

(2) O. Silvestri, *Notizie sulla eruzione dell'Etna del 29 agosto 1874.* — Catania, 1874.

(1) J'ai observé que le produit artificiel était quelquefois difficilement attaquable par les acides et même par l'eau régale, ce qui tient sans doute à certaines conditions de température particulières réalisées durant l'expérience.

III

Il me semble, d'après cela, que l'on peut admettre l'existence d'une nouvelle espèce minérale d'origine volcanique, espèce dont la composition est celle d'un azoture de fer. Cet azoture, connu comme produit artificiel des laboratoires, ne s'était pas encore, à ma connaissance, rencontré dans la nature. Cette substance, d'un bel aspect métallique argenté, offre toujours les caractères d'une matière à demi fondue, jamais ceux d'un corps cristallisé.

Ce fait explique le désaccord des chimistes qui ont voulu établir la formule de sa composition. Il semble, en effet, que les rapports de l'azote et du fer puissent varier sous des influences spéciales s'exerçant au moment de la formation du composé. La connaissance de ce corps nouvellement déterminé comme produit naturel est surtout importante si, dans son mode d'origine et dans les conditions particulières qui en permettent la formation, il reflète un état de choses commun dans les volcans actifs. Or, en réfléchissant à la relation qui existe entre les résultats des expériences de laboratoire précitées et les phénomènes d'importance plus générale qui se produisent dans les volcans, on trouve dans cet ordre de phénomènes divers faits naturels dont l'interprétation devient facile.

Ainsi l'on peut admettre que l'azoture de fer en question, généralement difficile à reconnaître à cause de son adhésion à la matière lavique, est beaucoup plus fréquent qu'on ne l'aurait cru, dans les laves du Vésuve et de l'Etna. Il y est surtout commun dans les variétés de laves à surface hérissée et anguleuse, qui se voient près des centres éruptifs et au milieu des coulées, dans les points où l'on observe si souvent des recrudescences de température et où la roche reprend une certaine fluidité pâteuse après un premier refroidissement. Ces coulées, bien qu'ayant perdu tout mouvement, acquièrent de nouveau une certaine viscosité ; elles offrent des formes anguleuses, se montrent hérissées de saillies tellement aiguës et délicates et affectent de telles conditions d'équilibre que leur état de repos absolu doit être considéré comme antérieur à leur solidification. Les laves des autres coulées, qui ont continué à cheminer après consolidation, sont formées de blocs irréguliers, roulés, dont la surface est à peine rugueuse et dont l'aspect est purement lithoïde (1).

En second lieu, si l'on admet que la lave a la propriété d'absorber et de retenir l'azote avec lequel elle se trouve en contact dans certaines conditions de température, on peut trouver dans ce fait une solution nouvelle du problème de la production des sels ammoniacaux dans les volcans. En effet, l'azote absorbé par la lave incandescente se trouve au sein de la roche en présence d'émanations gazeuses hydrogénées qui ne font jamais défaut dans les éruptions, et l'azote en réagissant sur ces matières peut donner dans ces conditions naissance à des sels ammoniacaux. Notons ici que la formation du chlorhydrate d'ammoniaque, si commun dans les volcans, ne peut-être attribuée exclusivement à l'action de l'acide chlorhydrique des émanations sur l'ammoniaque provenant d'une décomposition de substances végétales, car on le rencontre non-seulement dans les points où la lave a recouvert le

---

(1) J'ai déjà noté cette distinction à propos des laves de l'éruption de 1865 à l'Etna (O. Silvestri, *Fenomeni vulcanici dell'Etna,* — Catania, 1867, p. 119). Elle paraît correspondre à celle qui a été faite sur la lave du Vésuve de 1872, par le professeur Albert Hein, de Zurich. (*Die Schöllenlava und Fladenlava*), Hein. — *Der Vesuv im Avril* 1872. (*Zeitschrift d. geol. Gesell.*, XXVI.)

sol cultivable, mais encore en des lieux éloignés de toute végétation.

Je l'ai vu, par exemple, se former en grande quantité dans le cratère central de l'Etna, où l'on ne trouve certainement aucune matière organique (1).

Enfin, s'il est établi que l'azoture de fer peut se produire communément au contact des laves incandescentes par les réactions qui se manifestent entre le fer faisant partie intégrante de la roche et les deux éléments du chlorhydrate d'ammoniaque des laves, on doit en conclure qu'une telle réaction donne nécessairement naissance à un dégagement de gaz hydrogène. Trois volumes de ce gaz seront mis en liberté chaque fois qu'un volume d'azote entrera en combinaison avec le fer.

En continuant les recherches de ce genre, on peut espérer découvrir des faits importants pour la solution des problèmes relatifs aux phénomènes volcaniques, phénomènes sur lesquels il règne maintenant encore une grande obscurité.

BULLETIN DES SOCIÉTÉS SAVANTES

M. *P. Duchartre* présente quelques remarques sur l'interprétation de deux tableaux d'analyses chimiques. Ces deux tableaux ne sont autres que ceux dans lesquels M. Viollette a résumé les résultats de ses expériences relatives à l'influence de l'effeuillaison sur la production du sucre dans les betteraves et sur le développement des racines elles-mêmes. On se rappelle que les conclusions de M. Viollette étaient que l'effeuillaison exerce une influence défavorable et sur le développement des betteraves et sur la proportion du sucre qu'elles renferment. On se rappelle aussi que M. Cl. Bernard a cru devoir contester la légitimité des conclusions de M. Viollette, en s'appuyant sur ce fait, que la méthode suivie par le savant chimiste de Lille, c'est-à-dire l'emploi des moyennes, ne saurait véritablement conduire à des résultats scientifiques. M. Duchartre a examiné soigneusement les tableaux présentés par M. Viollette et il n'hésite pas à se ranger à l'opinion de leur auteur. Des calculs auxquels il s'est livré, il résulte bien que, dans des conditions rigoureusement

---

(1) Il est vrai que l'azote ne se combine pas directement avec l'hydrogène, mais il peut s'y unir lentement au contact prolongé de la vapeur d'eau et former de l'azotite d'ammoniaque, suivant la formule :

$$Az^2 + 2H^2O = Az^2H^4O^2.$$

Ou peut encore rappeler la possibilité de la combinaison directe de l'oxyde nitrique avec l'hydrogène naissant :

$$AzO + H^3 = AzH^3O.$$

Le composé AzH^3O est de l'hydrossilamine représentée par la formule typique $Az \begin{cases} OH \\ H \\ H \end{cases}$, dans laquelle un atome d'hydrogène est remplacé par un atome de OH. Ce composé est l'intermédiaire conduisant à la formation de l'ammoniaque.

comparatives, l'effeuillaison a réduit la production absolue des betteraves, par hectare, de 44 950 à 23 425 kilogrammes, c'est-à-dire d'environ moitié, et celle du sucre de 3428 à 2222 kilogrammes, c'est-à-dire de plus du tiers. « Il me semble difficile, ajoute M. Duchartre, de ne pas voir dans la comparaison de ces nombres la preuve de l'influence nuisible que cette opération a exercée à la fois sur le développement de la substance végétale et sur la formation de la matière saccharine. »

— M. *Ch. Sainte-Claire Deville* fait une nouvelle communication relative à la périodicité des grands mouvements de l'atmosphère. La marche que l'auteur a adoptée dans ses recherches sur ce sujet est la suivante : Considérant que les variations de la température constituent le fait météorique capital et, en quelque sorte, initial, déterminant les autres mouvements observés dans l'atmosphère, il étudie ces variations dans tous leurs détails, et il cherche à dégager les lois qui président à leur retour périodique, soit dans l'année, soit dans un cycle d'années. D'un autre côté, il définit les rapports qui lient les variations de la température à celles des autres éléments atmosphériques. Dans la présente note, M. Deville se livre à des calculs ayant pour but d'établir la périodicité des grands mouvements dans la pression barométrique, et la coordination des faits sur lesquels il s'appuie l'autorise à admettre que les écarts extrêmes de la pression barométrique, en Europe, liés aux grands déplacements de l'air, présentent, comme tous les autres phénomènes météorologiques, une tendance marquée à se reproduire périodiquement dans l'année.

— M. *P. Gervais* présente une note sur les balénides des mers du Japon, à propos du crâne d'un cétacé de ce groupe, envoyé au Muséum par le gouvernement japonais, sur la demande de M. Janssen. Dans cette note l'auteur passe en revue les différents groupes de cétacés auxquels appartiennent les espèces décrites par les auteurs, et habitant les côtes du Japon ou les mers avoisinantes. Il donne d'importants détails de synonymie, grâce auxquels des espèces jusqu'alors confondues ou considérées comme différentes trouvent la véritable place qu'elles doivent occuper dans la classification des cétacés. M. Gervais insiste beaucoup sur la pauvreté de nos collections anatomiques en squelettes de balénides, et sur l'intérêt qu'il y aurait à s'en procurer.

Quant au crâne envoyé du Japon au Muséum, il rappelle notablement, par l'ensemble de ses dispositions caractéristiques, celui d'un sujet provenant de Java, que possède le Musée de Leyde. Ces deux pièces appartiennent à une seule et même espèce ; elles présentent trop peu de différence pour qu'on les sépare dans la classification. Les deux crânes sont remarquables par l'allongement de leur partie faciale, ce qui leur donne une grande ressemblance avec le grand cétacé fossile qu'on trouve en Crimée, et qui est décrit sous le nom de *Cetotherium ratkei*. Cette ressemblance, dit M. Gervais, mérite d'autant plus d'être signalée que les dépôts faluniens de la Crimée ont été considérés comme laissés par un bras de mer qui aurait autrefois communiqué avec l'Océan indien.

— M. *P. Bert* lit un Mémoire sur le mécanisme et les causes des changements de couleur chez le caméléon. Ce Mémoire, que l'espace dont nous disposons ne nous permet pas de résumer d'une manière complète, présente un grand intérêt. Après avoir parlé des corpuscules contractiles de différentes couleurs qui existent dans la peau du caméléon, avec le pigment superficiel et la couche cœrulescente ; après avoir montré l'influence qu'exercent respectivement sur la couleur de l'animal les sections de nerfs mixtes, les sections et hémisections de la moelle épinière, l'ablation de l'un ou des deux hémisphères cérébraux, l'ablation des yeux ; après avoir parlé de l'effet produit sur les nerfs colorateurs par certains poisons, comme par exemple le curare qui reste inactif, et l'ésérine qui se comporte d'une façon contraire, l'auteur arrive à ses conclusions dont nous citerons les suivantes :

1° Les couleurs et les tons divers que prennent les caméléons sont dus au changement de lieu des corpuscules colorés qui, suivant qu'ils s'enfoncent sous le derme, qu'ils forment un fond opaque sous la couche cœrulescente, ou qu'ils s'étalent en ramifications superficielles, laissent à la peau sa couleur jaune, ou lui donnent les couleurs verte et noire.

2° Les mouvements de ces corpuscules sont commandés par deux ordres de nerfs; les uns les font cheminer de la profondeur à la surface, les autres produisent l'effet inverse. Dans l'état d'excitation maximum, ces corpuscules se cachent sous le derme; il en est de même dans l'état de repos complet (sommeil, anesthésie, mort).

3° Les nerfs qui font refluer les corpuscules sous le derme ont les plus grandes analogies avec les nerfs vaso-constricteurs.

4° Les nerfs qui amènent les corpuscules à la surface sont comparables aux nerfs vaso-dilatateurs. Si l'on est forcé d'admettre l'existence de ces nerfs, on ne peut presque rien dire de leur distribution anatomique et de leurs rapports avec les centres nerveux.

5° Les rayons lumineux appartenant à la région bleu-violet du spectre solaire agissent directement sur la matière contractile des corpuscules, pour les faire se mouvoir et s'approcher de la surface de la peau.

6° Chaque hémisphère cérébral commande, par l'intermédiaire des centres réflexes, aux nerfs colorateurs des deux côtés du corps; mais il agit surtout sur les vaso-constricteurs de son côté et les vaso-dilatateurs du côté opposé.

— M. *Salvetat* envoie une note sur la lithologie des sables de Beynes et de Saint-Cloud. L'auteur a soumis à l'analyse plusieurs échantillons de matières prises dans les carrières des environs de Beynes, et le sable rouge granitique qu'on a trouvé dans le parc de Saint-Cloud. Les résultats obtenus montrent que ces diverses matières se rapprochent, par leur composition lithologique, des sables attribués au diluvium des plateaux; mais, dit M. Salvetat, leur position géologique pourra seule permettre d'établir s'ils appartiennent à la faille de Mantes ou de Vernon, et s'ils sont le résultat d'alluvions verticales ou s'ils doivent être attribués à des dépôts réellement diluviens.

— M. *P. Truchot* présente le résultat de ses observations sur la fixation de l'azote atmosphérique dans les sols. A propos d'une série d'expériences dont les résultats ont conduit M. Dehérain à penser que l'azote se fixe dans la terre arable à la faveur des matières ulmiques carbonées, qui sont le siége d'une combustion particulière avec dégagement d'acide carbonique, à ce propos, M. Truchot a cherché à constater si, dans la terre, la quantité d'azote organique est en rapport avec le carbone des composés ulmiques. Il a dosé successivement l'azote par la chaux sodée, le carbone par le bichromate de potasse et l'acide sulfurique, après disparition de l'acide carbonique des carbonates. L'azote ammoniacal, déterminé à part, a été retranché de l'azote trouvé. Des résultats obtenus, l'auteur croit pouvoir conclure que la proportion d'azote contenue dans les sols est en rapport direct avec la quantité de carbone des composés ulmiques de ces même sols, et qu'il y a lieu de penser, avec M. Dehérain, que l'azote atmosphérique se fixe sur ces composés carbonés avant de concourir à la nutrition des plantes.

— M. *Flammarion* fait connaître le résultat de ses observations de la planète Jupiter. Ces observations, faites en 1874, fixent les principaux aspects de la planète en cette période d'opposition; elles montrent que la surface visible de ce globe est très-variable, mais que pourtant des taches persistent pendant des semaines entières, que ces taches portent ombre et que cette ombre est diffuse; que l'ombre des satellites est tantôt noire et tantôt grise, enfin que la coloration des diverses zones varie non-seulement d'intensité, mais encore en elle-même.

— M. *Ch. Viollette*, à propos de sa note sur l'effeuillaison des betteraves, vient répondre à M. Cl. Bernard qui a cru devoir contester la légitimité de ses conclusions. M. Viollette fait d'abord remarquer que l'espace dont il disposait dans les *Comptes rendus* ne lui a pas permis de développer toutes les raisons sur lesquelles il fondait les conclusions de sa note du 4 octobre dernier. C'est ce développement trop restreint qui a certainement amené cette divergence d'opinions entre M. Cl. Bernard et lui. M. Cl. Bernard, comparant d'une certaine façon les faits présentés par M. Viollette, a fait observer que parmi ces faits quelques-uns étaient contradictoires, c'est-à-dire que certaines betteraves effeuillées contenaient une quantité pour 100 de sucre plus grande que certaines autres betteraves non effeuillées. M. Viollette fait remarquer, à son tour, que la conclusion déduite par M. Cl. Bernard ne lui paraît pas acceptable, « puisque, comme le démontrent les résultats contenus dans le tableau des betteraves non effeuillées, les 40 betteraves provenant de la graine d'une seule betterave mère ne sont pas toutes identiques, et que, en général, les plus grosses sont les moins riches, sans qu'il y ait toutefois proportionnalité inverse entre le poids et la richesse ». Il paraît plus logique à M. Viollette de comparer à poids égal les betteraves effeuillées et les betteraves non effeuillées. En agissant ainsi, on voit que toutes les betteraves effeuillées, sans exception, sont moins riches que les betteraves non effeuillées. Quant aux différences relatives à la quantité de sucre, M. Viollette montre qu'elles sont loin d'être minimes, comme le veut M. Cl. Bernard. Enfin, il est un fait, parfaitement établi par l'expérience, qui consiste en ce que plus la betterave possède un collet large, plus ce collet est garni de feuilles, plus la betterave est riche, *et vice versa;* tout cela, à poids égal, bien entendu. M. Viollette se déclare donc fondé à maintenir les conclusions de sa note du 4 octobre.

SÉANCE DU 29 NOVEMBRE 1875.

M. Cl. Bernard : Réponse aux notes de M. Duchartre et de M. Viollette. — M. Becquerel : Les éléments organiques considérés comme des électromoteurs. — M. Chevreul : Examen d'un bois pétrifié provenant de Bourbonne-les-Bains. — M. Daubrée : Minéralisation de débris organiques dans l'eau thermale de Bourbonne-les-Bains.— MM. Berthelot et Longuinine : Recherches thermiques sur l'acide phosphorique. — M. Milne Edwards : Le retour à Paris de M. Filhol. — M. P. Truchot : La composition des terres arables de l'Auvergne. — M. le général Ch. de Nansouty : L'observatoire du Pic du Midi de Bigorre. — M. A. Gaudry : Existence des édentés au commencement de l'époque miocène. — M. L. Lombroso : Principe vénéneux du maïs avarié.

M. *Cl. Bernard* présente une note en réponse à celles de M. Duchartre et de M. Viollette. Cette note se résume ainsi : MM. Duchartre et Viollette n'ont traité qu'une question d'agronomie et non la question physiologique qui consiste à savoir si la saccharose se produit dans la feuille ou dans la racine. Si, des expériences de M. Viollette, ils croient pouvoir conclure que l'effeuillage diminue la grosseur et le rendement en sucre des betteraves, cela ne prouve rien, sinon simplement que l'effeuillage fait souffrir la plante, et que cette souffrance peut se traduire par un moindre volume de la betterave et par une diminution de son contenu en sucre; mais cela ne démontre pas qu'en faisant souffrir la betterave d'une toute autre façon, par la soustraction d'un certain nombre de ses radicelles par exemple, on n'arriverait pas exactement au même résultat. La méthode des moyennes, appliquée à l'effeuillement des betteraves, peut montrer empiriquement l'influence de cette pratique sur la production du sucre; mais elle ne saurait préciser ni le mécanisme, ni la nature de cette influence, parce que le phénomène est encore trop complexe. MM. Duchartre et Viollette n'ont pas résolu, et ne pouvaient résoudre, par cette méthode, le problème physiologique du rôle fonctionnel de la feuille ou de la racine dans la formation de la saccharose de la bette-rave.

— M. *Becquerel* présente un Mémoire sur les éléments organiques considérés comme des électromoteurs. L'auteur commence par rapporter les résultats des expériences qu'il a entreprises en vue de déterminer la résultante de plusieurs couples électrocapillaires placés à côté les uns des autres et dont les courants sont dirigés dans des sens différents. Si l'on cherche la force électromotrice de ces couples et que l'on retranche la somme des courants dirigés dans un sens de celle des courants de sens contraire, la différence est égale à l'intensité de la force électromotrice obtenue en plaçant les deux électrodes aux extrémités de la pile électrocapillaire; cette force n'est donc autre que la résultante des forces électromotrices fournies par les couples placés parallèlement à la suite les uns des autres.

Les piles dont il vient d'être question existent dans tous les corps organisés et servent même de base à leur constitution. L'auteur prend pour exemple les tubercules, les troncs et les branches d'arbres, les tiges des plantes herbacées, enfin les muscles. Considérons les branches d'arbres et les tiges des plantes herbacées. Si l'on introduit, dit l'auteur, les extrémités des deux aiguilles de platine, l'une dans la moelle, l'autre dans l'une des couches du ligneux, on trouve par le sens de la déviation de l'aiguille aimantée que la moelle est positive et le ligneux négatif, quelle que soit la distance où la seconde aiguille ait été placée de la première; il en est encore de même en passant d'une couche à celle qui vient après jusqu'au cambium; mais du cambium au parenchyme, le courant change de direction en même temps qu'il acquiert plus d'intensité jusqu'à l'épiderme. Cette intensité est telle que, dans l'écorce d'une branche d'un jeune aune, l'aiguille est venue frapper l'arrêt : on voit par là que le ligneux avec la moelle, d'une part, le parenchyme avec l'épiderme, de l'autre, sont de véritables électromoteurs dont les états électriques sont dirigés en sens inverse. Le courant obtenu en plaçant une des aiguilles dans la moelle et l'autre dans le cambium est la résultante de tous les couples partiels comme dans la pile dont les deux pôles sont mis en communication métallique. Cette communication dans les arbres et dans les végétaux est établie avec la terre au moyen des racines. Si, dans la coupe longitudinale pratiquée sur un jeune arbre en sève, on introduit en deux points de cette coupe, deux aiguilles de platine dépolarisées, en rapport avec un galvanomètre, on trouve que l'aiguille supérieure est positive par rapport à l'autre. Cela provient de ce que la partie supérieure de la sève est plus oxygénée que l'autre.

Cherchant ensuite quels sont les états électriques des végétaux dans leurs rapports avec le sol, l'auteur a observé que la terre fournit l'électricité positive et le parenchyme l'électricité négative. Enfin, dans ses expériences sur les muscles, M. Becquerel a constaté que l'intérieur d'un muscle est négatif, ce qui indique qu'il y a oxydation à l'intérieur et réduction à l'extérieur. Comme conclusion générale des résultats ci-dessus, l'auteur ajoute que tous les corps organisés paraissent formés d'un nombre pour ainsi infini d'électromoteurs qui interviennent probablement dans la production des phénomènes de nutrition.

— M. *Chevreul* communique le résultat de ses observations relatives à un bois dit *pétrifié* par du sous-carbonate de chaux, et trouvé à Bourbonne-les-Bains dans un puisard romain. L'examen attentif de l'échantillon que lui a remis M. Daubrée a conduit M. Chevreul à la conclusion suivante : ce qu'on appelle pétrification d'un solide d'origine organique comprend deux époques distinctes quand elle est complète, c'est-à-dire quand il ne reste plus rien d'organique dans le solide pétrifié. La première époque complète comprend l'occupation totale de tous les interstices, de tous les pores du solide par la matière dissoute dans un liquide pour la fixer

chimiquement, par affinité, sur le solide. La pétrification de cette première époque ne représente pas la forme du solide, mais la figure des interstices et des pores de ce solide. La seconde époque complète comprend la durée de la disparition totale de la matière organique elle-même et son remplacement par une matière inorganique qui y pénètre à l'état liquide : c'est cette dernière matière qui représente la forme de la matière organique.

— M. *Daubrée* fait une communication sur la minéralisation subie par des débris organiques, végétaux et animaux, dans l'eau thermale de Bourbonne-les-Bains. Les débris végétaux trouvés sont des pilotis qui servaient de fondation à un petit canal. Les restes organiques provenant d'animaux sont des cornes de bœufs. Ces divers débris ont été minéralisés, c'est-à-dire qu'ils ont été imprégnés d'un sel minéral, qui se trouve être du carbonate de chaux. Cette minéralisation ne présente aucune uniformité, c'est-à-dire que l'imprégnation calcaire s'est faite très-irrégulièrement. Dans certaines parties le calcaire abonde, tandis que dans d'autres il fait totalement défaut. De plus, aucune incrustation calcaire n'a été signalée à proximité des bois calcarifiés. C'est donc, d'après M. Daubrée, la matière ligneuse qui, par une sorte de sélection, a attiré et concentré dans ses cellules le carbonate de chaux. Ce rôle de l'affinité capillaire ressort aussi très-clairement du mode de minéralisation des débris organiques, dans les couches de tous les âges, par exemple en ce qui concerne les bois silicifiés qui, très-fréquemment, ne sont avoisinés par aucun dépôt siliceux.

— MM. *Berthelot* et *Longuinine* font connaître le résultat de leurs recherches thermiques sur l'acide phosphorique. Graham est le premier qui a mesuré la chaleur dégagée dans la réaction de l'acide phosphorique sur les bases alcalines. Les résultats qu'il a obtenus ont été reproduits par M. Thomsen, en 1869. M. Thomsen a conclu que l'acide phosphorique n'était pas un véritable acide tribasique, mais plutôt un acide bibasique et triatomique. Les auteurs de la présente note ont cru devoir soumettre la question à un examen plus approfondi, en y joignant l'étude de l'union entre l'acide phosphorique et deux autres bases d'un caractère différent : l'ammoniaque, base volatile, plus faible que les bases fixes, et la baryte qui forme des sels insolubles. Ils ont joint aux épreuves thermiques les épreuves alcalimétriques ordinaires; enfin ils ont examiné la réaction de l'eau et de divers acides de force différente sur les phosphates mono- bi- et tribasiques.

Ils sont arrivés à cette conclusion, que les trois équivalents de base, successivement unis avec l'acide phosphorique, le tout à des titres différents : le premier étant comparable à la base des azotates ou des chlorures alcalins, le deuxième à celle des carbonates et des borates; le troisième enfin à la base des alcoolates alcalins. Suivent les détails des expériences.

— M. *Milne Edwards* annonce à l'Académie le retour à Paris de M. Filhol, naturaliste, attaché à la mission scientifique envoyée à l'île Campbell, pour observer le passage de Vénus. Après avoir accompli sa mission dans cette île, où il a fait d'importantes collections qu'il a adressées au Muséum, M. Filhol a visité la Nouvelle-Zélande et a exploré particulièrement l'île Stewart. De là, il s'est rendu aux îles Fidji, où il a aussi récolté de nombreux objets d'histoire naturelle.

— M. *P. Truchot* présente une note contenant ses observations sur la composition des terres arables de l'Auvergne et sur l'importance de l'acide phosphorique au point de vue de leur fertilité. En analysant les principales de ces terres et en comparant les résultats obtenus, l'auteur est arrivé à conclure que l'acide phosphorique est l'élément principal de la fertilité des terres d'Auvergne, et que les sols volcaniques doivent en grande partie leur supériorité à une proportion notable de cet acide, rendu d'ailleurs plus facilement soluble et assimilable par la présence de la chaux.

— M. le général *Ch. de Nansouty* expose à l'Académie l'état des travaux et les observations effectuées à l'observatoire météorologique du Pic du Midi de Bigorre (Hautes-Pyrénées). La note contient les observations faites pendant les années 1873, 1874 et 1875. L'auteur donne des détails sur l'installation de l'observatoire et, en terminant, il sollicite de l'Académie l'appui nécessaire pour obtenir de l'État que l'établissement du Pic du Midi soit reconnu d'utilité publique.

— M. *A. Gaudry* envoie une note sur quelques indices de l'existence d'édentés au commencement de l'époque miocène. Les restes fossiles que l'auteur a examinés viennent des phosphorites des environs de Caylus ; ils consistent seulement en deux pièces : une premières phalange et une phalange onguéale qui semblent provenir du même doigt. M. Gaudry place ce nouvel animal dans le genre *Ancylotherium*, et lui donne pour nom spécifique le nom de *Priscum*. Les fossiles qui ont été trouvés dans le même gisement permettent de penser que l'édenté en question a vécu, soit à l'époque du miocène inférieur (horizon des sables de Fontainebleau), soit dans la dernière phase de l'époque éocène (horizon du calcaire de Brie).

— M. *C. Lombroso* fait une communication sur le principe vénéneux que renferme le maïs avarié. L'auteur fait connaître les détails relatifs aux expériences qu'il a entreprises pour extraire le poison et pour juger de ses effets sur les animaux. Parmi les résultats obtenus, nous signalerons la présence, dans le maïs avarié, d'un principe analogue à celui de la strychnine, qui a fourni les mêmes réactions que ce corps. On pourrait donc trouver de la strychnine dans les instestins des individus ayant mangé du maïs avarié et on ne serait pas, pour cela, en droit de conclure qu'ils ont été empoisonnés directement par cet alcaloïde.

BIBLIOGRAPHIE SCIENTIFIQUE

De la glycosurie ou diabète sucré. *Son traitement hygiénique, avec notes et documents sur la nature et le traitement de la goutte, la gravelle urique ; sur l'oligurie, le diabète insipide avec excès d'urée, l'hippurie, la pimelorrhée, etc.*, par A. BOUCHARDAT, professeur d'hygiène à la Faculté de médecine (1).

M. le professeur Bouchardat a eu l'heureuse pensée de réunir dans un seul volume le résultat de ses recherches sur le diabète sucré. Il nous est donc facile aujourd'hui de concevoir dans son ensemble une œuvre dont les parties se trouvaient disséminées dans divers mémoires publiés de 1838 à 1869. Ce livre résume, on le voit, le labeur de près de quarante ans. Nous voulons essayer d'en donner au lecteur une idée sommaire.

Si l'importance d'un travail médical doit se juger par le succès thérapeutique obtenu, M. Bouchardat n'a pas le droit de regretter ses efforts. Lorsque parut le premier mémoire en 1838, le diabète était considéré par tous les auteurs français et anglais, par Prout en particulier comme une maladie incurable. Rollo, Nicolas et Guedeville, Dupuytren, avaient, il est vrai, publié des observations de guérison, mais elles étaient incomplètes de tous points ; les malades n'avaient pas été suivis assez longtemps pour que l'on pût assurer que le béné-

fice avait été définitif ; le malade de Dupuytren, par exemple, n'avait pas tardé à succomber, il en était de même de quelques autres.

Aujourd'hui, grâce au traitement de Bouchardat un certain nombre de diabétiques guérissent définitivement, l'immense majorité obtient une amélioration telle, qu'elle équivaut presque à une guérison. Quelques-uns seulement restent incurables ; parmi eux on est frappé de voir qu'il faut ranger les enfants. Bien que ces derniers cas soient rares, ils sont réels, ils serviront certainement de point de départ à de nouvelles recherches.

Le succès est donc remarquable. Voyons comment il s'explique, et pour cela cherchons quelles sont les idées théoriques qui ont guidé l'auteur, et les préceptes d'hygiène et de thérapeutique qui en furent la conséquence.

Le fait qui domine la pathogénie du diabète pour Bouchardat est celui-ci : toutes les fois qu'il existe dans le sang un excès de glycose, ce principe immédiat apparaît dans les urines (1838). Il ne suffit pas que dans le sang il y ait du sucre, il faut qu'il y soit en excès. Les expériences de Bouchardat et Sandras (1846), celles de Cl. Bernard (*Revue des cours scientifiques*, 1873), montrent que lorsque 1000 grammes de sang d'un chien contiennent $2^{gr},24$ de glycose, celui-ci n'est pas éliminé par les reins, mais que lorsque cette quantité s'élève à $2^{gr},60$ la glycosurie apparaît. La tolérance se trouve donc comprise entre ces deux chiffres.

L'augmentation dans la proportion du sucre contenue dans le sang peut être transitoire et le malade n'a qu'une glycosurie passagère ; elle peut être permanente, la continuité du phénomène produit le diabète.

Cet excès peut dépendre d'une production trop abondante de sucre en un temps donné, ou d'une insuffisance dans la destruction. Dans le véritable diabète sucré Bouchardat admet que ces deux ordres de causes sont habituellement réunis.

La glycose introduite normalement dans le sang est insuffisamment détruite, lorsque les actes respiratoires sont troublés, que l'air n'arrive plus au contact des globules sanguins, ou bien lorsque ceux-ci altérés par une intoxication, oxyde de carbone, strychnine, etc., ne sont plus aptes à se charger d'oxygène. Enfin si l'on admet avec Mialhe que le défaut d'alcalinité du sang peut déterminer la glycosurie, c'est probablement parce que cette acidité relative s'oppose aux oxydations. Ce sont là pour Bouchardat des causes transitoires, elles ne donnent qu'une glycosurie passagère.

La véritable glycosurie, le diabète, est caractérisé par la continuité dans l'excès de la production de la glycose, il est souvent accompagné d'une insuffisance dans la dépense.

L'excès de la production de la glycose est sous la dépendance de l'alimentation. Bouchardat a déterminé cette proposition scientifiquement, la balance à la main. Pour lui le sucre des urines des diabétiques est produit dans l'estomac par la transformation de la fécule en sucre de fécule, à l'aide d'un procédé semblable à celui qu'on emploierait dans un laboratoire. Les malades ont un goût très-prononcé pour le sucre, le pain, et pour les autres aliments féculents, ils en ingèrent une grande quantité. Or des expériences multiples ont démontré à Bouchardat que le ferment glycosique, le gluten, l'albumine, la fibrine, dans certaines conditions d'altération, peuvent exercer sur l'amidon une action tout à fait comparable à celle de la diastase ; ces principes modifiés se trouvent dans l'estomac des diabétiques. L'examen des matières après un vomissement provoqué suffit pour mettre le fait en évidence. L'observation prouve que la quantité de sucre, contenue dans les urines, est en rapport direct avec la quantité d'aliments féculents ou sucrés pris dans les vingt-quatre heures.

De plus pour que cette transformation de l'amidon en dextrine et en glycose soit complète, il faut dans les labora-

---

(1) Paris, Germer Baillière, 1875, in-8°.

toires que la fécule soit dissoute dans sept fois son poids d'eau, et Bouchardat a constaté que pour une quantité d'aliments réprésentant 1 kilogramme de fécule, le diabétique boit environ 7 kilogrammes d'eau et rend 8 kilogrammes d'urine. Que l'on supprime les aliments féculents et la soif diminue ou cesse.

On ne saurait cependant admettre que les diabétiques ne peuvent faire du glycose qu'avec les matières féculentes; quelques-uns d'entre eux, soumis à l'alimentation exclusivement animale, éliminent encore une grande quantité de sucre. Ces faits exceptionnels ont trouvé leur explication depuis que Scherer a démontré que la chair musculaire renferme une substance ayant la plus grande analogie avec les sucres, l'*inosite*, et que Claude Bernard a découvert la fonction glycogénique du foie des animaux carnivores.

Pourquoi une même quantité de féculents absorbés par un individu sain et par un diabétique, ne donne-t-elle de la glycosurie qu'à un seul des deux? C'est, suivant Bouchardat, parce que dans les conditions de santé, les féculents ne sont transformés et absorbés que dans l'intestin, tandis que chez le diabétique ils se transforment dans l'estomac et très-rapidement sous l'influence du ferment que nous avons signalé plus haut. Il en résulte une absorption en bloc des produits de la digestion des féculents et par suite un excès de sucre dans le sang.

En même temps que la production est exagérée il y a le plus souvent *insuffisance de la dépense de la glycose*. Cette insuffisance se révèle par un certain nombre de caractères. La température du corps est abaissée (36 degrés au lieu de 37 degrés dans l'aisselle), les extrémités ont une grande tendance au refroidissement, l'air expiré contient moins d'acide carbonique (homme sain, acide carbonique exhalé 911,5, diabétique 659,3).

Aussi Bouchardat peut-il résumer par cette phrase les principales conditions de la genèse du diabète sucré : alimentation glycogénique trop abondante, production d'un ferment diastasique trop énergique, dépense insuffisante, d'où excès de glycose dans le sang.

Tel est le squelette de la théorie de M. Bouchardat, nous l'avons présentée en la dépouillant de tous ses accessoires. Le lecteur sera, nous l'espérons, curieux d'en étudier les détails dans l'original lui-même. Il trouvera, appuyées par des exemples, étudiées dans l'hygiène du diabétique, les diverses causes que nous avons signalées.

L'alimentation, le mode et la rapidité de la mastication, le défaut d'exercice, les passions, les chagrins profonds, certaines maladies, l'hérédité, le sexe, l'âge, fournissent à l'auteur des exemples dont il sait tirer bon parti pour frapper la mémoire. Nous ne lui en emprunterons qu'un seul, il donnera une idée trop incomplète des divers épisodes que M. Bouchardat rapporte à l'appui de sa thèse.

« Parmi les professions urbaines, celle que je trouve en première ligne dans le bilan de la glycosurie, ce sont les notaires. Combien de fois m'est-il arrivé, en voyant entrer dans mon cabinet un homme de cinquante ans, à figure grave, à mise soignée, avec cravate blanche, arrivant des départements pour me consulter, de lui dire tout d'abord : monsieur, vous êtes notaire, et de recevoir l'aveu de l'exactitude de mon diagnostic professionnel.

» Les notaires sont glycosuriques, parce qu'ils sont assidus à leur étude; retenus par de nombreux clients, ils n'ont souvent le temps que de faire un seul repas trop copieux, ou quand ils en font deux, ils avalent les morceaux sans les mâcher, puis ils sont généralemement riches, et ils ne dédaignent pas une table bien servie.

» Toutes les positions sociales dans lesquelles l'homme trouvera une grande aisance unie aux préoccupations d'affaires et au repos du corps, fourniront un large contingent à la glycosurie.

» Je ne crois pas me tromper beaucoup en disant : sur vingt hommes de quarante à soixante ans, appartenant aux assemblées législatives, aux grandes sociétés savantes, aux positions élevées du commerce ou de la finance, ou même de l'armée, on est sûr de trouver un glycosurique. »

Les préceptes d'hygiène et de thérapeutique découlent naturellement de cette théorie.

Comme première règle de l'alimentation d'un diabétique, il faut supprimer ou au moins diminuer considérablement la quantité d'aliments féculents et sucrés, tant qu'ils ne sont pas utilisés. C'est par l'analyse journalière ou au moins fréquente des urines que l'on doit apprécier cette non-utilisation. Mais ce serait une erreur que de supprimer les aliments féculents sans les remplacer par leurs équivalents. Pour fournir au diabétique une alimentation complète, il faut substituer aux féculents des corps gras l'alcool et des aliments herbacés; il faut en outre tenir compte de la quantité des matériaux inorganiques, du chlorure de sodium en particulier, éliminé chaque jour pas l'exagération de la sécrétion urinaire.

En même temps qu'on limitera la quantité des corps glycogéniques introduits dans l'économie, on devra utiliser le sucre produit, et pour cela M. Bouchardat met en première ligne la nécessité des exercices musculaires, la gymnastique. Il consacre à ces différents moyens des pages qu'on lira avec fruit. Nous ne pouvons ici reproduire dans ses diverses parties une médication qui ne vaut que par ses détails. Nous ne voulons pas risquer d'en donner une analyse incomplète. M. Bouchardat dit avec raison : « Je supplie les médecins qui adopteront le traitement de la glycosurie que j'ai institué, de lire avec la plus grande attention tout ce qui dans ce volume s'y rapporte ; de ne pas adopter certaines parties en laissant les autres de côté. C'est par l'ensemble qu'on réussit : rien n'est plus funeste à la vérité que ces demi-approbations, rien n'est plus défavorable pour une méthode nouvelle que ces essais incomplets et mal suivis. »

Nous passerons sur la longue liste des moyens adjuvants ou thérapeutiques, qui trouvent dans des conditions déterminées leur indication précise. Seuls ils sont impuissants le plus souvent, et sans eux d'ordinaire et uniquement par le traitement hygiénique qui a été formulé et qui porte à juste titre le nom de Bouchardat les malades guérissent, mais à une condition, c'est de ne se croire jamais guéris, de faire journellement l'épreuve de leurs urines, et de suivre les indications qu'elles fournissent.

Telle est l'œuvre de M. Bouchardat, longuement élaborée, basée sur ses observations et ses expériences personnelles, sur celles de ses confrères; elle est acceptée aujourd'hui par tous les médecins dans sa partie thérapeutique, sinon dans sa partie théorique. Son auteur, ainsi que l'école à laquelle il appartient, peuvent être fiers du résultat obtenu. Il est rare de trouver en pathologie une maladie qui, réputée incurable il y a quarante ans, soit devenue plutôt une infirmité qu'une maladie avec laquelle le plus souvent on vit de longues années et dont même parfois on peut complétement guérir.

Nous avons cru devoir exposer la théorie de M. Bouchardat sans présenter de réserves sur les différents points qui la constituent, mais nous ne sommes pas plus absolu que l'auteur lui-même. Après avoir passé en revue les principales opinions émises sur la glycogénie, et en particulier après avoir étudié l'influence du système nerveux sur la glycosurie, M. Bouchardat dit (note xxii, p. 123) : « Il ressort de cette discussion que des causes multiples peuvent faire apparaître de la glycose dans l'urine, et que toute théorie qui s'appuiera sur *une cause exclusive* pourra donner une idée fausse ou insuffisante de ce qui se passe habituellement chez l'homme. Quand j'ai dit que les féculents étaient autrement digérés chez l'homme en santé que chez les glycosuriques, que la quantité de glycose contenue dans les urines était proportionnelle chez les glycosuriques *fortement atteints*, à la quantité d'aliments féculents ou sucrés ingérés, je n'ai pas établi une théorie, je n'ai exprimé que des faits d'observation dont chacun peut très-aisément vérifier l'exactitude. »

C'est qu'en effet tout est encore loin d'être clair dans la théorie du diabète. M. Bouchardat a pris le sucre à son entrée dans le tube digestif, et à la sortie de l'économie par les urines. La thérapeutique a justifié les conclusions qu'il a tirées de cette étude comparative. Mais combien il reste d'inconnues? Rien n'est difficile à analyser comme la chimie vivante. Une fois qu'il a pénétré dans le sang, un corps n'y existe que pour se transformer, et cette transformation elle-même à peine née subit de nouvelles métamorphoses. Nous ne pouvons suspendre les actes nutritifs et parmi les corps que nous rencontrons nous ne savons discerner à quel moment ils se sont formés et à quelles modifications ultérieures ils concourront.

Si l'on veut se rendre compte de la difficulté du problème à résoudre, que l'on se pose seulement cette question : Le sang du diabétique contient une plus grande quantité de sucre qu'à l'état normal, le sucre est un aliment essentiellement respiratoire, logiquement nous devons croire que les actes d'oxydation vont augmenter, que la chaleur produite sera plus considérable. C'est le contraire qui survient. Le thermomètre accuse un abaissement de la température du corps, l'analyse des gaz inspirés et expirés montre que les combustions intimes ont diminué.

En même temps la quantité d'urée éliminée dans les vingt-quatre heures augmente, elle atteint parfois des proportions inusitées, 90, 100 grammes. Si l'on acceptait la doctrine actuellement professée par les pyrétologistes cette exagération dans la formation de l'urée devrait correspondre à une exagération dans les phénomènes de calorification. L'examen des faits montre que cette conclusion est erronée et nous croyons, avec Prévost et Dumas, Rose, Bouchardat, que c'est dans le foie que se forme la plus grande proportion d'urée, qu'elle varie avec les lésions de cet organe. Nous espérons prouver prochainement que l'urée n'est pas un produit d'oxydation, mais qu'elle résulte du dédoublement des principes immédiats azotés.

Nos connaissances sur ces différents points sont encore si insuffisantes que la belle découverte de Claude Bernard, la glycogénie hépatique, est intervenue dans l'histoire du diabète sans que nous ayons pu en déduire une indication thérapeutique.

Nul plus que nous ne rend justice aux progrès accomplis, mais nous croyons légitime de dire que si nous tenons une part de la vérité nous ne la tenons pas tout entière. Les travaux antérieurs nous permettent certainement de pénétrer plus avant les phénomènes intimes de la nutrition ; mais, et c'est là un avantage non moins précieux, ils nous mettent en présence de lacunes qu'il faudra combler un jour.

M. Bouchardat donne dans la première partie de son livre la description des symptômes et des accidents du diabète. Cette partie est le résumé complet de ses travaux et de ceux de ses contemporains. Les complications pulmonaires, la phthisie, la bronchite, la pneumonie à marche foudroyante, les accidents gangréneux, furoncles, anthrax, etc., sont étudiés avec soin.

L'auteur a également rappelé les rapports du diabète avec les lésions cérébro-spinales, la goutte, etc. Nous n'avons rien à ajouter aux préceptes formulés dans ces diverses pages. Qu'il nous soit pourtant permis d'exprimer un regret. Nous avions espéré que M. Bouchardat pourrait trouver dans sa vaste expérience les matériaux nécessaires pour distinguer diverses formes dans le diabète sucré. Il est certain que chaque diabétique a sa manière particulière de subir sa maladie. M. Bouchardat le rappelle en disant que chacun a son équivalent personnel; il revient souvent sur les différences qui séparent le diabétique de l'hôpital de celui qui, riche, se

nourrissant bien, fait face longtemps aux déperditions exagérées auxquelles il est soumis. Mais cette dernière catégorie elle-même n'est pas identique dans ses éléments, elle comprend divers types cliniques. Chacun de nous a vu des malades qui supportent avec une aisance parfaite leur diabète, *hoc morbi nomen*, pourrait-on dire de leur maladie. D'autres, au contraire, sont atteints dès le début de troubles nerveux, ils supportent mal et la maladie et le traitement. Quelques-uns, gros mangeurs, sont tourmentés constamment par des furoncles, des anthrax, des accidents gangréneux. Chez ces derniers la gangrène n'est pas l'expression de l'appauvrissement des actes vitaux, ces malades ne se cachexisent pas vite. Sont-ils toujours uratiques, comme M. Bouchardat le dit à l'occasion de ces accidents? Nous ne savons.

Nous avouons facilement qu'il y a une certaine mauvaise grâce à reprocher à un auteur une lacune que l'on est personnellement incapable de combler. Mais parmi tant de malades qu'il a vus, soulagés ou guéris, nous pensions que M. Bouchardat aurait réussi à former des groupes. Chaque malade n'est pas justiciable du même pronostic, il a son diabète à lui, et certains préceptes thérapeutiques lui sont spécialement applicables. Cette critique s'appuie du reste sur cette recommandation que fait plusieurs fois M. Bouchardat de surveiller, la balance à la main, la façon dont chaque malade absorbe, digère et s'approprie les divers aliments.

Le traité du diabète est suivi d'un appendice dans lequel sont résumées les recherches de l'auteur sur l'urée, l'acide urique, la goutte, l'azoturie, la pimelorrhée, etc. Ce sont autant de chapitres dont l'ouvrage principal est soulagé, et c'est une bonne méthode que de reléguer dans une partie spéciale du volume ce que nous pourrions appeler les pièces justificatives.

Ajoutons que médecins et malades trouveront dans une carte détaillée l'énumération des mets permis, et de ceux qui sont défendus : ce ne sera pas la partie la moins souvent consultée, et elle consolera par sa richesse et sa variété bien des diabétiques qui sont d'abord frappés dans la prescription du médecin, de la sévérité du régime qui leur est imposé.

Dans la préface de son livre, M. Bouchardat exprime la crainte de s'être fait par rapport aux autres auteurs qui ont écrit sur le diabète, « la place de beaucoup la plus large. C'est un écueil, ajoute-t-il, qu'on peut difficilement éviter, quand depuis près de quarante ans on s'est occupé sans relâche d'un même sujet et qu'on croit avoir suivi une voie utile. » Nous sommes loin de nous ranger sur ce point à l'avis de M. Bouchardat. Quand un homme a consacré la plus grande partie de sa vie à l'étude d'une question, et qu'après de longues années il établit le bilan de ses travaux, ce que l'on cherche dans son livre c'est son œuvre personnelle ; dans l'ouvrage que nous analysons tout est précisément frappé d'une marque propre à l'auteur. Ajoutons que d'ailleurs M. Bouchardat a rendu bonne justice aux travaux de ses devanciers et de ses contemporains. Nul doute pour nous que ce livre ne reste, marquant une des étapes les plus importantes de l'histoire du diabète.

P. BROUARDEL,
Professeur agrégé à la Faculté de médecine de Paris.

Bulletin des publications nouvelles

La vérité sur les enfants trouvés, par M. le docteur BROCHARD. 1 vol. in-18 (Plon et Cᵉ).

La synthèse chimique, par M. BERTHELOT. 1 vol. in-8° faisant partie de la *Bibliothèque scientifique internationale* (Paris, Germer Baillière). Cartonné à l'anglaise : 6 francs.

Histoire de l'habitation humaine, par VIOLLET-LE-DUC. 1 vol. gr. in-8° avec très-nombreuses figures (Paris, Hetzel). Broché : 9 francs ; cartonné : 12 francs.

Géologie de la France, par AMÉDÉE BURAT, professeur d'exploitation des mines à l'Ecole centrale de Paris. 1 fort vol. in-8° avec un grand nombre de figures (Paris, J. Baudry). Br.

Le monde et ses usages, par Mme DE WADDEVILLE. 1 vol. in-12 (Paris, librairie du *Magasin des demoiselles*). Br.

Contez-nous cela, par PAUL CELIÈRES. 1 vol. in-12 (librairie du *Magasin des demoiselles*). Br.

Les serviteurs de l'estomac, par JEAN MACÉ. 1 vol. in-8° avec nombreuses figures (Paris, Hetzel). Broché : 7 francs ; cartonné : 10 francs.

Mon jardin (géologie, botanique, histoire naturelle, culture), par ALFRED SMEE, membre de la Société royale de Londres et de la Société d'horticulture. Un magnifique volume grand in-8°, avec 1300 figures, 33 vignettes et 25 planches hors texte, traduit de la seconde édition anglaise par ED. BARBIER (Paris, Germer Baillière). Broché : 15 francs ; cartonnage riche, doré sur tranches : 20 francs.

L'homme préhistorique, étudié d'après les monuments et les costumes retrouvés dans les différents pays de l'Europe, par sir JOHN LUBBOCK, membre de la Chambre des communes d'Angleterre et de la Société royale de Londres. Avec 256 figures intercalées dans le texte. Deuxième édition, considérablement augmentée, suivie d'une conférence sur les Troglodytes de la Vezère, par M. P. BROCA (Paris, Germer Baillière). Un magnifique volume grand in-8°. Prix : broché, 15 francs ; relié, demi-maroquin, 18 francs.

Nouveaux éléments de physiologie humaine, comprenant les principes de la physiologie comparée et de la physiologie générale, par H. BEAUNIS, professeur de physiologie à la Faculté de médecine de Nancy (Paris, J.-B. Baillière). 1 gros vol. in-8° de 1140 pages, illustré de 282 figures. Cartonné : 14 francs.

CHRONIQUE SCIENTIFIQUE

Mercredi, une ascension aérostatique de la commission du ministère de la guerre, chargée d'étudier la question de l'aérostation militaire, s'est terminée d'une manière funeste. Le ballon, détérioré par les gelées de ces derniers jours, s'est crevé près de la soupape, et il en est résulté une chute très-rapide de la nacelle. Le président de la commission, M. le colonel Laussedat, a eu la jambe cassée ; M. Godard, l'aéronaute, a le genou luxé, et plusieurs officiers ont été blessés.

— La Faculté de médecine de Paris a fait ses présentations conformément au système modifié qu'elle avait proposé au ministre, c'est-à-dire sous forme d'une liste de deux candidats, entre lesquels le ministre choisirait le doyen, la Faculté devant nommer ensuite elle-même les deux assesseurs.

On sait que MM. Vulpian et Gavarret se trouvaient en compétition pour le poste de doyen avec des chances qui se balançaient à peu près. M. Gavarret s'est retiré afin d'éviter que le candidat présenté le fût après une lutte aboutissant à une simple majorité, ce qui aurait diminué son prestige vis-à-vis de la Faculté et du ministre. M. Vulpian a été alors présenté en première ligne à la presque unanimité, et M. Bouchardat en seconde ligne.

— Le conseil municipal de Montpellier a émis le vœu qu'il soit établi une Faculté de droit dans cette ville qui possède déjà trois Facultés : lettres, sciences et médecine. Il offre de prendre à sa charge l'excédant des dépenses sur les recettes, s'il y a lieu, comme cela se fait déjà à Douai, Nancy et Lyon.

On dit le ministre de l'instruction publique disposé à accepter ces offres et à créer une Faculté de droit de plus.

MUSÉUM D'HISTOIRE NATURELLE DE PARIS. — M. Léon Vaillant a ouvert son cours de zoologie (reptiles, batraciens et poissons) le jeudi 9 décembre 1875, à une heure, dans les galeries de zoologie du Muséum, et le continuera à la même heure les samedis, mardis et jeudis suivants.

Le professeur s'occupe de l'organisation, de la physiologie et de la classification des poissons actuels et fossiles, en ayant surtout égard aux espèces utiles dans l'économie domestique, l'industrie, etc.

La leçon du jeudi sera remplacée, à partir du mois de janvier, par une conférence pratique sur les objets du cours.

SOCIÉTÉ FRANÇAISE DE PHYSIQUE. — *Séance du 19 novembre.* — M. *Cazin* communique à la Société le résumé de ses observations magnétiques à l'île Saint-Paul. Ayant reconnu que les éléments du magnétisme (inclinaison, déclinaison et intensité) éprouvent des variations considérables quand on les détermine en différents points situés autour du cratère de l'île et à des altitudes inégales, M. Cazin a essayé de rendre compte de l'ensemble des phénomènes par l'action perturbatrice d'un centre magnétique, et il a pu assimiler l'action de l'île entière à celle d'un pôle sud situé dans l'axe du cratère. La nature ferrugineuse des roches explique d'ailleurs l'influence causée par l'îlot lui-même sur l'aiguille aimantée, et il y a lieu de se préoccuper de cette cause d'erreur dans les déterminations du magnétisme terrestre sur des îles isolées.

MM. *de Lachanal* et *Mermet* présentent une disposition expérimentale qu'ils ont imaginée pour rendre plus rapides et plus commodes les recherches d'analyse spectrale appliquée aux corps en dissolution dans les liquides. C'est comme un tube à analyse dont le fond est traversé par un fil de platine coiffé d'un petit tube de verre capillaire. Une goutte de liquide placée dans cet appareil s'élève par capillarité jusqu'à l'extrémité du platine, et il suffit d'y provoquer une étincelle à l'aide d'une autre électrode en platine pour obtenir une lumière parfaitement fixe et constante, facile à observer au spectroscope. — On peut ainsi opérer sur des quantités de matière extrêmement faibles et construire aisément une gamme de tubes renfermant des substances connues pour les expériences de comparaison.

M. *Angot* décrit plusieurs appareils météorologiques à inscription continue qu'il a vus en fonction aux Etats-Unis, soit à l'observatoire météorologique établi par M. Draper au Central Park de New-York, soit dans les stations du Signal Service (service général des observations météorologiques aux Etats-Unis).

M. *Niaudet* présente à la Société un volume de brevets publié par le ministre du commerce et donne à ce sujet quelques explications sur une transformation de la machine gramme qu'il a imaginée.

— Dans un mandement à l'occasion de la fondation de l'université cléricale de Paris, l'évêque de Versailles définit ainsi son rôle :

« Selon nous, les *universités catholiques, sentinelles* vigilantes et » *avancées*, seront à toutes les issues par où l'ennemi pourrait péné- » trer dans la place. En s'opposant à toutes les idées fausses qui ont » envahi le monde et qui circulent de toutes parts pour devenir en- » suite des faits déplorables, *elles auront* à signaler, *à dénoncer les* » *erreurs*, ou mieux ce déluge d'erreurs qu'on essaye de propager » et qu'on ne propage que trop, *par la presse qui est la pire de nos* » *plaies*, et par des enseignements qui ne respectent ni la religion, » ni les principes, ni rien de ce qu'il y a de plus sacré, de plus vé- » nérable dans nos croyances et dans nos mœurs. »

Plus loin l'évêque de Versailles, défendant le *Syllabus*, insiste sur « *l'erreur de ceux qui nourrissent l'espoir de l'interpréter dans* » *un sens favorable aux libertés nouvelles* ».

Voilà une déclaration officielle qui empêchera peut-être *le Monde* de continuer ses articles sur le *Syllabus*, qu'il prétend accorder avec le Code civil. Ce n'est pas un journal aussi religieux qui voudrait montrer l'exemple de l'indiscipline. Le langage de l'évêque de Versailles doit lui prouver que les déguisements ne sont plus nécessaires. L'ultramontanisme est ou du moins se croit assez le maître pour arborer franchement son drapeau.

Du reste, la pétition du comité clérical de Lille commence dès maintenant dans la pratique la campagne contre le Code civil.

— *La « réforme du mariage ».* — L'*Univers* publie le texte de la pétition que les comités catholiques réunis à Lille ont adressée à l'Assemblée nationale, pour réclamer ce qu'ils appellent « une réforme chrétienne de la loi sur le mariage ». Voici le texte de ce document, qui est dû à la plume de M. Théry, avocat, fils du député du Nord :

» Les soussignés ont l'honneur d'appeler votre attention sur le conflit que la législation française crée depuis bientôt un siècle entre la loi de l'Eglise et la loi de l'Etat au sujet du mariage.

» L'Eglise, *en vertu de son autorité infaillible*, nous enseigne que le sacrement du mariage et le contrat sont inséparables ; tellement qu'on ne peut concevoir le sacrement sans qu'il y ait contrat ou que des chrétiens contractent validement le contrat sans qu'ils reçoivent à l'instant et par le fait même le sacrement.

» Elle nous enseigne également que la forme prescrite par le concile de Trente oblige, sous peine de nullité, *quand bien même la loi civile édicterait une autre forme* en la proclamant comme valide.

» Elle nous enseigne enfin que, par la vertu du contrat purement civil, un vrai mariage *ne peut exister entre chrétiens*.

» Telle est *la seule et véritable* constitution du mariage entre chrétiens, *hors de laquelle il n'est au pouvoir de personne de créer entre chrétiens un mariage légitime*.

» La légitimité, en effet, est la conformité à la loi.

» Tous ceux qui ont reçu le baptême portent, *qu'ils le veuillent ou non*, le caractère indélébile d'enfants de l'Eglise et sont soumis à sa loi.

» D'autre part, le contrat de mariage entre chrétiens relève directement de l'Eglise : comment donc pourrait-il y avoir pour eux un mariage légitime qui ne fût pas conforme à la loi de l'Eglise ?

» Le Code civil *a tenté* cependant de réaliser *cette impossibilité* et, confondant les effets civils du mariage avec le mariage lui-même, il a créé le mariage civil.

» Mais la conscience publique *ne s'y est pas trompée*, et l'usage, cet arbitre souverain de la langue, a immédiatement appliqué le mot « mariage civil » à la *contrefaçon*, pour la distinguer du mariage véritable, le seul auquel ce même usage attribue purement, simplement et sans épithète, le nom de mariage.

» Cependant, l'établissement du mariage civil *cause un mal considérable*. Que de gens insouciants, peu instruits des lois de l'Eglise, trompés d'ailleurs par le cérémonial du Code, que de gens, auxquels répugnerait le brutal état de *concubinage*, se contentent du mariage civil à cause de son *semblant de légitimité!*

» Combien de ceux-là, cependant, recevraient le sacrement s'il engendrait les effets civils, tandis que, par suite de notre législation, ils vivent dans une *union illicite et réprouvable*, au grand *détriment de leurs âmes* et au *préjudice des bonnes mœurs!*

» D'autre part, la loi pénale (art. 199, C. pénal) crée pour le clergé français une situation qui, jamais, ne devrait se rencontrer chez une nation chrétienne.

» Ce n'est point à sa fantaisie que le prêtre dispose des sacrements : l'Eglise, dans sa souveraine puissance, a tracé les règles de leur administration ; tout chrétien, en se conformant à ces règles, a droit aux sacrements ; le prêtre ne peut, en conscience, les lui refuser.

» Or, la loi civile, s'immisçant *sans droit aucun* dans l'administration des sacrements, défend au prêtre ce que l'Eglise lui ordonne.

» Entre ces deux lois contradictoires, l'hésitation n'est pas possible : « *Obedire oportet Deo magis quam hominibus.* »

» Mais n'est-il pas intolérable de rencontrer dans un pays essentiellement catholique semblable situation, et de savoir qu'en France on est passible de la police correctionnelle pour avoir accompli un devoir de conscience ?

» Enfin, messieurs, est-il besoin de vous rappeler cette terrible situation, nullement théorique, de la femme honnête et chrétienne légalement liée à l'homme qui, refusant de la conduire à l'autel, veut en faire sa *concubine légale?*

» Malgré les incomplets palliatifs que leur conscience indignée a toujours dictés aux magistrats, il faut le reconnaître, l'homme a la loi pour lui.

» Ces situations, direz-vous, messieurs, ne sont pas nouvelles ; c'est vrai ; mais, le 3 octobre dernier, l'illustre et vénéré Pie IX rappelait aux enfants de l'Eglise leurs devoirs en cette matière.

« Je vous engage avec tous les bons catholiques, disait-il à ses visi-
» teurs, à être fermes, constants et unanimes à revendiquer toujours
» des gouvernements la liberté de l'Eglise!

» Parlez! Et entre les nombreuses choses qu'il faut réclamer des
» gouvernements, demandez que le sacrement de mariage précède le
» contrat civil. »

» Le devoir était tracé, messieurs : nous parlons, nous revendiquons *la liberté de l'Eglise*, et, suivant la parole du souverain pontife, usant du droit de pétition qui appartient à tout citoyen français, nous vous demandons que *dans notre législation* le sacrement de mariage *précède* le contrat civil.

» A vous, messieurs, de doter le pays de cette *réforme* qui sera pour votre législature un *honneur*, pour vos consciences un *devoir* accompli, et pour la société française un *bienfait immense*, en ce que, reconnaissant les *droits* de l'Eglise, vous rendrez légalement à la famille la base sans laquelle elle ne saurait exister. »

Le texte de cette pétition se passe de commentaire. Tous ceux qui ont été baptisés sont, *même malgré eux*, enfants de l'Eglise, *soumis à la loi*, et il *n'est au pouvoir de personne, pas même du législateur, de créer pour eux un mariage légitime en dehors de la bénédiction nuptiale donnée par le prêtre.* »

Voilà qui est clair, et *le Monde* lui-même aurait quelque embarras à nous montrer comment cette doctrine du *Syllabus* laisse subsister la liberté de conscience des catholiques malgré eux.

— *E. Kopp.* — On annonce la mort d'un chimiste éminent, l'un des créateurs de la théorie atomique, M. Emile Kopp, ancien député du Bas-Rhin à l'Assemblée législative de 1849. Né le 3 mars 1817 à Wasselonne, M. Emile Kopp avait été reçu docteur ès sciences et nommé professeur de toxicologie à l'Ecole supérieure de pharmacie de Strasbourg. Il fut élu représentant du peuple pour le département du Bas-Rhin à l'Assemblée législative en 1849. Impliqué dans l'affaire des Arts-et-Métiers en juin 1849, il passa en Suisse et fut reçu à l'Académie de Lausanne. Au coup d'Etat, il gagna l'Angle-

terre. Rentré en France, il prit à Paris la direction du laboratoire de Gerhardt, lorsque celui-ci fut appelé à Strasbourg. Kopp revint bientôt aux environs de cette ville, mais le gouvernement italien l'appela à Turin pour fonder une chaire de chimie au muséum de Turin. Depuis 1871, il avait succédé à son beau-père, M. Bolley, à la chaire de chimie du Polytechnicum de Zurich, et c'est dans cette ville qu'il est mort.

— En vertu d'un décret du 20 novembre, la durée du temps d'étude est la même dans les Ecoles de médecine et de pharmacie de plein exercice que dans les Facultés de médecine et les Ecoles supérieures de pharmacie.

Les élèves des Ecoles de plein exercice pourront faire valoir les inscriptions prises dans ces établissements près les Facultés ou les Ecoles supérieures sans avoir à subir les réductions prévues par le décret du 22 août 1854.

Les droits d'inscription, de travaux pratiques, d'examen, de certificat d'aptitude, de diplôme et autres seront perçus, dans les Ecoles de médecine et de pharmacie de plein exercice, conformément aux dispositions des règlements relatifs au régime financier des établissements publics d'enseignement supérieur.

— M. Wallon vient d'adresser aux recteurs une circulaire pour les informer que l'art. 6 du décret du 14 juillet 1875 ayant imposé aux élèves en pharmacie l'obligation de régulariser leur stage en produisant, avant le 1er janvier 1876, le certificat de grammaire, M. le ministre a décidé qu'une session extraordinaire serait ouverte, à cet effet, le 15 décembre prochain.

Le défaut de justification du certificat de grammaire dans le délai prescrit par l'article 6 n'a pas pour effet d'invalider le stage antérieurement accompli, mais seulement de le suspendre jusqu'à production du certificat dont il s'agit.

— M. le ministre de l'instruction publique vient de signaler aux préfets, dans une récente circulaire, « la nécessité d'assurer aux Facultés des sciences et des lettres le personnel d'élèves réguliers qui leur a manqué jusqu'à ce jour ».

Le meilleur moyen d'atteindre ce résultat consisterait, selon lui, à créer un certain nombre de bourses données par voie de concours à des candidats à la licence. « Une pareille institution, dit le ministre, aurait le double avantage de développer l'action scientifique de nos Facultés et de rendre plus facile le recrutement des professeurs de l'enseignement secondaire. »

— On vient de faire à Paris des expériences de traction par la vapeur en présence du ministre des travaux publics, sur la ligne des tramways (réseau du Sud) de la place Saint-Germain-des-Prés à la porte de Châtillon.

La machine à vapeur, de la force de quatre chevaux, est enfermée dans une petite voiture couverte et percée de nombreuses ouvertures vitrées qui permettent aux mécaniciens et aux chauffeurs de voir sur la route et se trouvent à l'abri du mauvais temps.

Le trajet s'est fait en 20 minutes à l'aller et en 16 minutes au retour, c'est-à-dire avec une vitesse de plus de 12 kilomètres à l'heure, le parcours effectué *dans l'intérieur de Paris* étant de 4 kilomètres 200 mètres, dans chaque sens.

La vitesse de la machine se modérait à volonté : elle s'arrête pour ainsi dire instantanément et beaucoup plus facilement qu'un attelage.

— Quand l'administration fait le recensement de la population française, elle relève aussi le nombre des animaux domestiques, depuis les chevaux, bœufs et vaches, jusqu'aux poulets et canards, en passant naturellement par les moutons auxquels leur taille assigne un rang intermédiaire. Mais, pour un motif que tout le monde comprendra, elle néglige de recenser les loups qui vivent en mangeant ces moutons.

Le *Journal de l'agriculture* croit cependant pouvoir en faire la statistique, et voici les résultats auxquels il arrive. Il y aurait en France 1000 loups reproducteurs correspondant à un nombre de femelles fécondes qu'on ne peut pas en déduire, la monogamie n'étant pas une habitude constante de ces messieurs.

Quoi qu'il en soit, le *Journal de l'agriculture* évalue à 2500 le nombre des louveteaux qui naissent chaque année en avril ou mai, et à 1800 le nombre des animaux tués, tant jeunes que vieux. Le rapprochement de ces deux chiffres pourrait conduire à croire que la population des loups français s'accroît beaucoup plus vite que la population humaine. Mais, aux loups tués, il faut ajouter ceux qui meurent de maladies naturelles, et il paraît qu'au printemps de chaque année nous avons affaire à une population à peu près constante de 2000 citoyens actifs, c'est-à-dire chassant tant pour eux que pour leur progéniture, ce qui inspire au *Journal de l'agriculture* les réflexions suivante :

« Ces 2000 loups détruisent certainement pour plus de 1000 francs chacun d'animaux domestiques par an. Cela représente un total de 2 millions de francs. Mais ce préjudice direct n'est rien en comparaison du préjudice indirect qu'il cause. Ces 2000 loups qui ne mangent pas par an, beaucoup plus de 30 000 moutons, obligent les cultivateurs à créer des bergeries pour plus de 20 millions de moutons. Ils rendent impossible la vie du mouton à l'air libre comme en Angleterre. Calculez ce que coûte le logement de 30 millions de moutons, qui pourrait être en partie supprimé. Ce n'est pas par millions qu'il faut calculer, mais par centaine de millions. »

Voici, d'après ce journal, les moyens qu'on pourrait employer pour détruire cette terrible engeance :

« Si l'on pouvait, au mois d'avril, avant l'apparition des louveteaux, étouffer subitement ces 2000 loups dont 500 femelles pleines, il en coûterait 85 000 fr., c'est-à-dire à peu près la vingt-cinquième partie du préjudice direct d'une année, préjudice qui n'est, nous l'avons dit, qu'une portion infime du préjudice total annuel ; mais ce serait par trop beau, il ne faut pas compter là-dessus.

» Même avec les primes assez médiocres de 40 et 20 fr., primes sans proportion avec l'énormité du résultat, on arrivera à voir le bout des loups en France ; mais on y mettra quelques années.

» Si l'affaire est bien conduite et les mesures accessoires bien prises, ce sera l'affaire de quatre ou cinq ans au plus. »

— Nous trouvons dans la *Semaine* de Saint-Pétersbourg les renseignements que voici sur les cours de médecine et de chirurgie pour femmes.

« Le nombre des élèves des deux premiers cours a été pendant l'année scolaire 1874-75, de 171, dont 102 nobles, 17 filles de marchands, 14 bourgeoises, 12 filles de membres du clergé. Les 24 élèves restantes appartiennent à diverses autres catégories sociales. Il y a dans le nombre 131 orthodoxes, 23 israélites, 12 catholiques-romaines, 3 luthériennes et une Arménienne. Le nombre des femmes mariées est de 23. Enfin, 53 élèves sont munies de diplômes d'institutrices privées.

» Les professeurs de l'Académie de médecine et de chirurgie continuent à se montrer hautement satisfaits de l'application de leur auditoire féminin. Beaucoup d'élèves restent très-avant dans la soirée au laboratoire de chimie et à l'amphithéâtre d'anatomie. Pendant les occupations cliniques, les élèves montrent une telle connaissance de la marche des maladies des patients qu'elles étonnent parfois les professeurs. Il arrive très-souvent qu'elles passent la nuit auprès des malades sérieux, ce que les étudiants ne font presque jamais. »

— M. Dor, professeur du collége universitaire de Berne, a constaté, dans une enquête, qu'au gymnase littéraire le nombre des élèves à vue basse est, dans la dernière (VIII⁰) classe, de 14 p. 100, et à la première de 53 p. 100. Au gymnase industriel, la proportion est la suivante : 10 p. 100 à la dernière, et 60 p. 100 à la première classe. Le même fait se retrouve dans l'école industrielle de la ville, où, à la dernière (VII⁰) classe, les vues basses dépassent le 15 p. 100, et à la première le 66 p. 100. Ainsi, sur le nombre total de tous les élèves, le 29 p. 100 a la vue basse : c'est plus d'un sur quatre. C'est là, certes, une proportion de la nature la plus inquiétante.

— On lit dans le *Reichsanzeiger*, organe officiel du gouvernement de l'empire allemand, en date du 19 novembre :

» Dans les établissements monétaires allemands, ont été frappées jusqu'au 30 octobre 1875 :

» Monnaies d'or : 936 905 240 marcs, en doubles couronnes ; 274 241 710 marcs, en couronnes ; plus, pour le compte de particuliers, 45 480 800 marcs.

» Monnaies d'argent : 23 143 270 marcs en pièces de 5 marcs ; 96 728 209 marcs en pièces de 1 marc ; 3 338 977 marcs 50 pfennigs en pièces de 20 pfennigs ; 12 053 149 marcs 50 pfennigs en pièces de 20 pfennigs.

Monnaies de nickel : 10 496 071 marcs 50 pfennigs en pièces de 10 pfennigs ; 5 552 159 marcs en pièces de 5 pfennigs.

Monnaies de cuivre : 4 328 815 marcs 42 pfennigs ; 2 245 387 marcs 98 pfennigs en pièces de 1 pfennig.

Total : monnaie d'or, 1 211 147 950 marcs ; monnaie d'argent, 142 263 605 marcs 70 pfennigs ; monnaie de nickel, 16 048 230 marcs 50 pennigs ; monnaie de cuivre, 6 574 302 marcs 40 pfennigs.

— Une feuille cléricale, dans un long éloge des cloches, conseille d'employer leurs sonneries, de préférence au paratonnerre, pour écarter l'orage :

« La cloche est, dit-elle, pour le peuple chrétien une protectrice. Qu'on lise les belles prières récitées sur elle au jour de sa bénédiction, *on verra qu'elle a mission de conjurer la foudre et l'esprit des tempêtes*. Et il ne s'agit pas ici seulement des tempêtes de l'âme et des orages du cœur.

» Quoi ! dira *quelque normalien plus partisan du paratonnerre que des cloches*, parce qu'une cloche est bénite, elle exerce des effets surnaturels supérieurs aux lois de l'acoustique et de l'électricité ? Qu'est-ce qu'une bénédiction ? Une parole, une goutte d'huile ou d'eau.....

» Ce serait sans doute une erreur de croire qu'elle a sur les orages un pouvoir infaillible, et que seule, elle suffit pour assurer un pays contre la grêle et l'orage. Mais, dit fort bien Mᵍʳ Giraud, il est permis, *il est raisonnable de croire que le son de la cloche, accompagné des mouvements pieux d'un cœur fidèle, possède habituellement et* en priorité de puissance, au moins *la vertu de purifier, de rasséréner l'air, d'empêcher les orages de se former en maintenant l'équilibre des éléments dont se composent la foudre et la grêle*.

» Toujours ? Non. Dieu peut faire exception aux règles et aux lois établies par lui-même.

» *La physique du baccalauréat n'en parle pas ?* C'est possible. Mais Jésus-Christ et l'Esprit-Saint savent mieux la physique que nos savants modernes. »

'— Le docteur Richardson, dans une lecture faite à la Société des arts de Londres au commencement de cette année, a attiré l'attention de ses auditeurs sur une liste intéressante, due au chimiste Neumann, des vins en usage pendant le dernier siècle et de leur force. D'après cette liste, il paraît que les vins bus à cette époque étaient d'une force alcoolique bien moindre que celle des vins qu'on boit aujourd'hui.

Le vin de Bourgogne de ce temps-là ne semble avoir contenu que deux onces d'esprit rectifié dans deux pintes (chopines) de vin, c'est-à-dire 5 pour 100 d'alcool ; il était donc moins fort que les bières fortes d'à présent. Le sherry ou sack ne contenait pas plus de trois onces d'alcool dans deux chopines de vin, ce qui fait 7 1/2 pour 100 d'alcool. Trois vins seulement étaient d'une plus grande force : le vin de palme, l'alicante et le malvoisie. Le plus fort des trois contenait un quart de plus d'alcool que le sherry. Cela semble démontrer qu'il y a un remarquable accroissement dans la force des vins depuis l'emploi de l'alambic pour la distillation.

Les chimistes arabes ont les premiers obtenu l'alcool par la distillation du vin, et cela au xiᵉ siècle. Mais les produits qu'ils obtenaient étaient exclusivement employés à des opérations d'alchimie. L'esprit n'a été employé comme boisson que quelques années plus tard. Le mot *gin* n'est connu que depuis deux siècles. Le *wisky* (ce remplaçant de l'ancien *usquebaugh*) n'est mentionné dans les livres que depuis un siècle et demi, et le *brandy*, ou *brantwein*, est un mot qui date de la même époque. Les vieux alchimistes regardaient l'alcool comme une composition d'eau et de feu, parce que dans quelques-unes de leurs expériences ils avaient observé que l'esprit-de-vin pouvait prendre feu et que la vapeur d'eau pouvait être recueillie dans une coupe tenue sur la flamme.

AVIS

Les abonnés dont l'époque de renouvellement échoit à la fin de décembre et qui désirent à cette occasion changer les conditions de leur souscription et profiter des avantages que leur présente, soit l'abonnement d'un an, s'ils ne sont abonnés qu'au semestre, soit la souscription aux deux Revues *Scientifique* et *Politique*, sont priés d'avertir immédiatement M. Germer Baillière, en lui envoyant un mandat sur la poste ou des timbres-poste.

Les abonnés qui, d'ici au 10 janvier, n'auront fait parvenir aucun avis au bureau de la *Revue* seront considérés comme désirant continuer leur abonnement dans les mêmes conditions. En conséquence, ils recevront par l'entremise des porteurs, soit à Paris, soit dans les départements, une quittance analogue à celle qui leur a été déjà remise lors de leur première souscription.

Le propriétaire-gérant : GERMER BAILLIÈRE.

PARIS. — IMPRIMERIE DE E. MARTINET, RUE MIGNON, 2

LA
REVUE SCIENTIFIQUE

DE LA FRANCE ET DE L'ÉTRANGER

REVUE DES COURS SCIENTIFIQUES (2ᴱ SÉRIE)

DIRECTION : MM. EUG. YUNG ET ÉM. ALGLAVE

2ᵉ SÉRIE — 5ᵉ ANNÉE   NUMÉRO 25   18 DÉCEMBRE 1875

LES JARDINS

D'après M. Smee (1)

Imaginez un homme de science que le hasard a fait millionnaire et placez ce savant millionnaire en Angleterre, le seul pays où la chose ne manque pas absolument de vraisemblance. Vous aurez M. Smee et vous comprendrez son livre intitulé *Mon jardin*. Ne fallait-il pas, en effet, cet ensemble de circonstances peu communes pour expliquer une pareille dépense de temps et d'argent.

Sans doute le jardin de M. Smee n'est pas ordinaire ; il est même tellement riche en merveilles qu'on voudrait bien y faire visite pour voir s'il n'a pas réuni en un seul endroit, par un jeu d'imagination, les plus belles parties de tous les jardins de sa province. Mais M. Smee ne se borne pas aux grandes choses que peuvent seuls posséder les parcs aristocratiques. S'il nous conduit par des allées de poiriers qui font penser à l'Eden, à des paysages qui semblent coupés au milieu des lacis d'une forêt vierge où le pont rustique révèle seul la main civilisatrice du jardinier (fig. 20), il sait descendre aux détails les plus minimes et même les plus vulgaires. Vous ne sortirez pas de son jardin sans savoir par le menu où vous risquez de mettre le pied sur un crapaud, la tête dans une toile d'araignée, et la main sur une chenille : et bien vite une figure vous montrera la chenille, l'araignée et le crapaud. A plus forte raison nous donne-t-il la géologie et l'histoire de son jardin ; il nous pré-

---

(1) *Mon jardin* (géologie, botanique, histoire naturelle, culture), par Alfred Smee, membre de la Société royale de Londres et de la Société d'horticulture. Un magnifique volume grand in-8°, avec 1300 figures, 33 vignettes et 25 planches hors texte, traduit de la seconde édition anglaise par Ed. Barbier (Paris, Germer Baillière). Broché : 15 francs ; cartonnage riche, doré sur tranches : 20 francs.

sente les animaux qui l'habitaient à tous les âges géologiques, les hommes qui ont passé par là dès avant l'histoire, les haches des adversaires du mammouth, les ruines romaines, les monnaies de toute origine et les arbres contemporains de la reine Élisabeth (fig. 21), la petite rivière locale qu'il décrit avec l'admiration d'un Spartiate pour l'Eurotas (fig. 23), le lac voisin avec ses barques, ses grands arbres qui se mirent dans ses eaux et ses bords couverts de neige (fig. 22), le château, l'église (fig. 24) et la fabrique (fig. 25) qu'on rencontre sur la route, et même (honni soit qui mal y pense) les terrains irrigués par les eaux vannes de Croydon, lesquels, paraît-il, sentent bien plus mauvais encore que ceux de Gennevilliers.

Où vous conduirai-je dans ce petit paradis que M. Smee a su faire si prodigieusement varié ? Le plus somptueux de tous les districts est assurément le vallon des Fougères, où serpentent plusieurs ruisseaux (fig. 26) le long desquels la jeune fille qui butine en ce moment des fleurs rencontrerait bien des merveilles si nous n'étions pas en décembre. Le jardin de M. Smee est d'ailleurs richement avoisiné. Le parc de Beddington lui ouvre ses riches perspectives (fig. 27), qui semblent plus belles encore sous le manteau de froidure que leur a jeté l'hiver, et les vaches qui le parcourent semblent par leurs belles et fières apparences participer à la richesse de leur propriétaire,

A cette époque de l'année il vaut mieux nous réfugier dans les serres. Nous y arrivons naturellement par la serre à fougères où l'on trouve un de ces paysages intérieurs si artistement fabriqués qui font oublier aux Anglais les tristes brouillards de leur climat.

M. Smee va nous y développer les savants principes qui permettent de triompher ainsi des résistances en apparence les plus invincibles de la nature, et les jardiniers les plus émérites auront assurément quelque chose à y apprendre.

La quantité de végétation que l'on peut obtenir dans une serre est strictement proportionnelle à l'étendue de la surface de verre exposée à la lumière. Aussi, quand on veut cultiver des plantes originaires de pays plus chauds, ou faire arriver

Fig. 20. — Pont pittoresque au milieu d'un bois d'arbustes divers.

Fig. 22. — Le lac vu en hiver avec ses bords couverts de neige.

Fig. 21. — Allée bordée d'arbres séculaires, vue en hiver.

Fig. 23. — Vue sur la Wandle, en hiver.

Fig. 24. — Vue de l'église de Beddington.

Fig. 25. — La fabrique de papiers sur le bord du lac.

les plantes indigènes à une maturité précoce, il faut établir des serres considérables.

On peut obtenir d'excellents résultats avec des châssis ayant huit pieds sur quatre, que l'on peut grouper, pour plus de commodité, par deux, par trois et même par quatre (fig. 28). La construction de ces châssis est très-simple; on

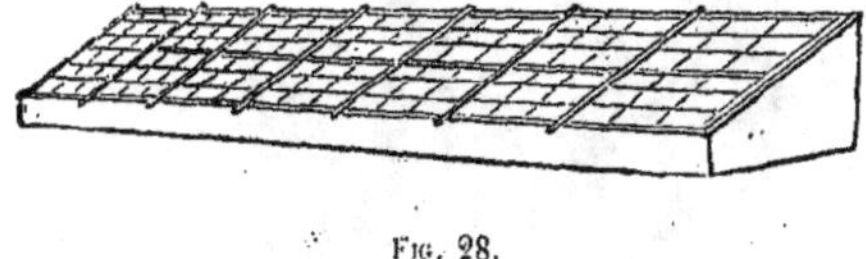

Fig. 28.

enfonce dans le sol à chaque coin un pieu très-fort, et sur ces pieux on cloue des planches destinées à former les parois ; on recouvre le tout d'un cadre de bois supportant les vitres.

Avant de faire le châssis, il faut calculer le niveau des eaux pour ne pas creuser au-dessous de ce niveau. On creuse alors et l'on rejette les terres sur les côtés du châssis, de façon qu'ils se trouvent enterrés pour ainsi dire, ce qui est le meilleur moyen de conserver à l'intérieur une température uniforme. Il suffit d'un paillasson placé sur le châssis pour préserver de la gelée, pendant les hivers les plus froids, un grand nombre de plantes, les azalées par exemple.

On conserve dans ces châssis, pendant l'hiver, les choux-fleurs et les laitues que l'on repique au commencement du printemps. Au printemps, on y place des fraisiers qui donnent une récolte abondante au mois de mai. On remplace alors les fraisiers par des tomates. On y cultive aussi des melons et des concombres. En hiver, on y conserve les plantes délicates telles que les géraniums et les fuchsias.

M. Smee a dans son jardin mille six cents pieds superficiels de châssis ; il a, en outre, trois ou quatre châssis (fig 29) ayant huit pieds sur six, fort utiles pour protéger

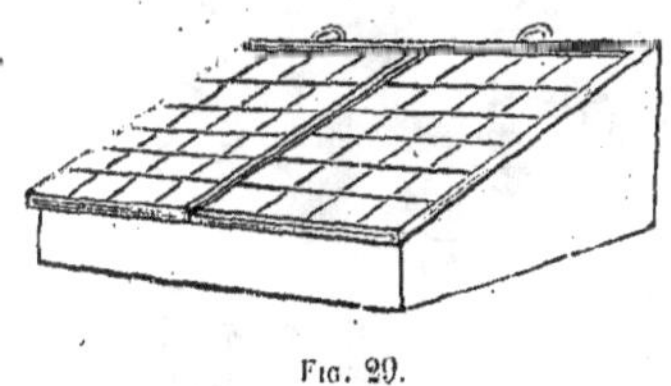

Fig. 29.

les jeunes fougères qui craignent autant les rayons directs du soleil que les vents glacés ; on les expose directement au nord ou à l'est.

Pendant la dernière saison, il a expérimenté un nouveau châssis contenant un réservoir d'eau chaude ; il en a essayé un autre chauffé par un seul tuyau, mais le chauffage de ce dernier mérite une description toute particulière.

M. Smee possède dans son jardin une autre construction en verre qui n'est, en réalité, qu'un grand châssis, mais construit de façon que le jardinier puisse y entrer. Il lui a donné le nom de la *maison du pauvre homme* (fig. 30), parce qu'elle coûte fort bon marché et qu'elle rend d'immenses services. Pour construire une maison du pauvre homme, on creuse dans le sol un trou ayant deux pieds et demi de largeur sur deux pieds et demi de profondeur. Si le niveau des eaux le permet, on peut abaisser l'intérieur de deux pieds de plus ; la maison se trouve alors presque à fleur

de terre. On établit une toiture de verre sur ce trou et l'on assure la ventilation en ayant soin de monter une des planches de l'arrière sur des gonds.

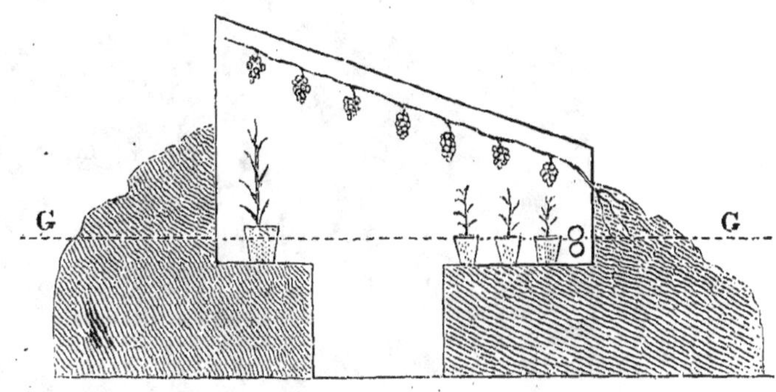

Fig. 30. — Maison du pauvre homme.

La maison du pauvre homme a quarante-huit pieds de long, le toit de verre a dix pieds de large ; la porte se trouve à l'une des extrémités (fig. 31). Quand M. Smee fera con-

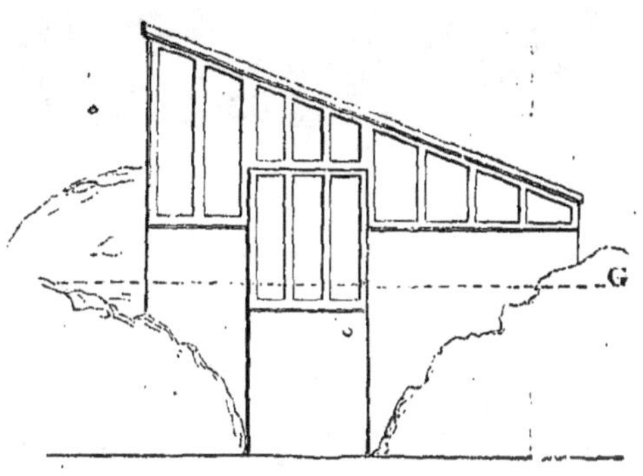

Fig. 31. — Entrée de la maison du pauvre homme.

struire une autre maison semblable et qu'il aura à sa disposition des terres en quantité suffisante pour adosser le derrière, il portera la largeur à douze pieds. Les vignes plantées dans cette espèce de serre donnent en grande abondance des raisins excellents, depuis juillet jusqu'en novembre. En hiver, on remplit la maison de géraniums, d'azalées et de camélias dont les fleurs délicieuses durent jusqu'à ce que le retour du printemps amène les fleurs en plein air.

La maison est éclairée exclusivement par le toit; on obtient ainsi un maximum de lumière avec un minimum de surface refroidissante. Les murs étant en terre, l'air se conserve toujours dans de bonnes conditions hygrométriques ; aussi obtient-on une magnifique végétation avec la plus petite quantité possible de chaleur artificielle ; la maison n'a que deux conduits d'eau chaude, et l'on peut même y faire pousser beaucoup de plantes sans aucune chaleur. Quiconque aime les plantes, quiconque surtout aime à les voir pousser, devrait se procurer une maison du pauvre homme, car il n'y a aucune méthode qui puisse donner plus de plaisir à si peu de frais.

Si la maison du pauvre homme est une nécessité, la serre à arbres fruitiers est un luxe. La serre à arbres fruitiers de

Fig. 26. — Le vallon des fougères.

Fig. 27. — Le parc de Beddington vu du jardin de M. Smee.

M. Smee (fig. 32) est littéralement un abri de verre sous lequel on conserve les arbres fruitiers depuis mars jusqu'en novembre. Cette serre a environ quatre-vingts pieds de long sur quinze de large; elle s'étend du nord au sud, de sorte

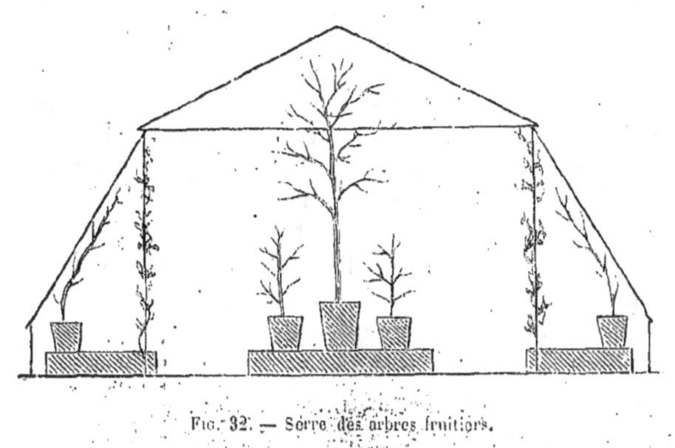

Fig. 32. — Serre des arbres fruitiers.

que les rayons du soleil y pénètrent le matin du côté oriental et dans l'après-midi du côté occidental. Cette serre n'est pas placée dans un lieu suffisamment découvert; il y a, en effet, à environ cent cinquante pieds, des arbres qui interceptent, le matin, les rayons du soleil. Or, il est très-important que les premiers et les derniers rayons du soleil tombent sur la serre, si l'on veut des fruits parfumés.

L'aération de cette serre est assurée au moyen de ventilateurs placés au sommet. S'il l'avait construite sans s'occuper de la dépense, il l'aurait disposée de manière qu'on pût la découvrir complétement en été et ne la fermer que pendant les nuits froides et les temps orageux.

Cette serre ne protège en rien les plantes contre les froids de l'hiver; il gèle, en effet, aussi fort à l'intérieur qu'en plein air. Il y a même un fait assez curieux à observer : les racines des arbres, n'étant pas recouvertes par la neige, gèlent beaucoup plus facilement qu'au dehors.

Rivers est l'inventeur de la serre à arbres fruitiers; il emploie une toiture de verre supportée par deux cloisons en bois; sans contredit, ce modèle est très-utile pour celui qui cultive beaucoup d'arbres pour les vendre. M. Smee préfère copier tout simplement un hangar surmonté d'un toit de verre, car c'est beaucoup plus solide. Sa serre consiste en un toit de verre incliné, supporté par des colonnes; les côtés inclinés sur les colonnes sont aussi en verre.

La partie inclinée de la toiture a sept pieds de long; les côtés ont aussi chacun sept pieds, ce qui fait vingt-huit pieds de verre d'un côté à l'autre; la porte a six pieds six pouces de hauteur. Peut-être eût-il mieux valu que le verre eût trente-deux pieds de longueur. A l'extrémité de la serre à arbres fruitiers, se trouve un autre petit abri de verre dont on se sert depuis le printemps jusqu'à l'automne pour y placer les plantes à fleurs et les fougères; cette petite serre offre en été un coup d'œil délicieux. Là fleurissent les lis, les fuchsias, les géraniums, les azalées et autres fleurs analogues. Il n'y a pas d'appareil de chauffage pour la serre aux fruits, car il serait beaucoup trop dispendieux de chauffer ces véritables bâtiments de verre. M. Smee est arrivé cependant à préserver de la gelée le petit abri qui se trouve à l'extrémité de la serre, en plaçant des lampes sous un réservoir rempli d'eau. Ce système réussit à une seule condition,

c'est qu'on recouvre en même temps la serre de paillassons.

La serre à fruits est fort utile partout où il n'y a pas d'espaliers. Mais elle a un inconvénient, elle exige beaucoup de travail pour l'arrosage des arbres et la ventilation; la quantité d'eau à donner à chaque arbre pour obtenir des fruits savoureux est un sujet de préoccupation constante. Partout où il y a des espaliers, on peut se procurer une plus grande quantité de fruits en donnant aux arbres des soins aussi sérieux; ces fruits, mûris en plein air, ont, sans contredit, plus de saveur et se conservent mieux que ceux qui mûrissent dans les serres.

On trouve une serre semblable dans le jardin de la Société d'horticulture. Mais là on a établi des rails qui conduisent de la serre à l'extérieur; les côtés de la serre sont disposés de façon à s'ouvrir; chaque arbre est porté sur un chariot, de sorte qu'on peut en un instant transporter tous les arbres au dehors et profiter du moindre rayon de soleil.

Quittons les châssis et les abris de verre et passons à la serre à fougères (fig. 33) qui a environ quatre-vingts pieds de

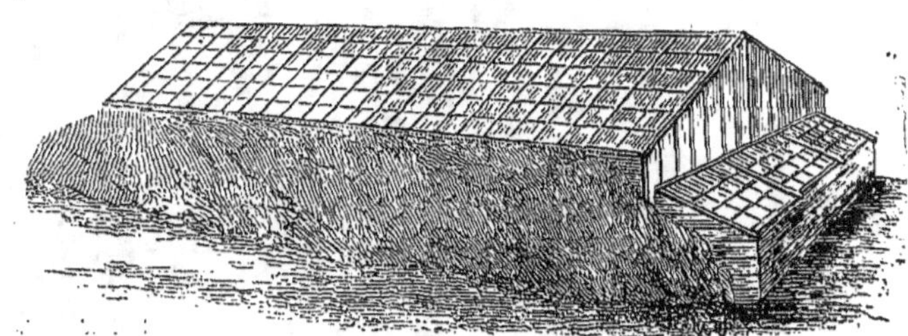

Fig. 33. — Serre à fougères.

longueur. La surface, revêtue de terre, est exposée au nord, et toute la serre étant assez profondément enterrée, on dirait un long châssis. La porte (fig. 34) est située du côté sud, de

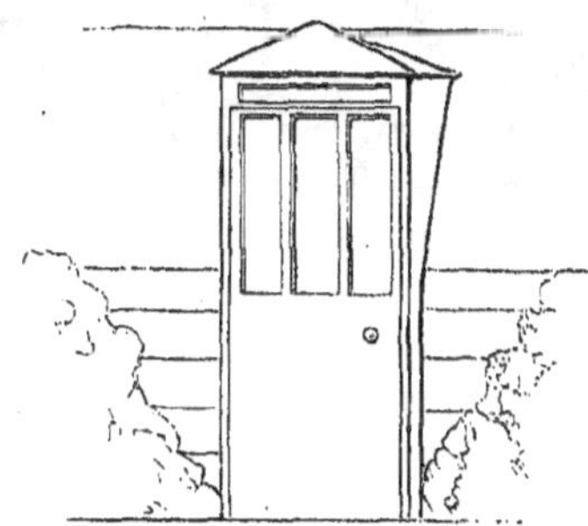

Fig. 34. — Porte de la serre à fougères.

telle sorte que tout le côté septentrional présente une surface de terre continue. La clôture méridionale se compose de planches recouvertes de feutre bitumé, mauvais conducteur de la chaleur, et qui constitue, par conséquent, une grande protection contre le froid. Quand M. Smee eut mieux compris la valeur de la lumière dans la culture des fougères, il fit percer quelques ouvertures du côté sud; mais en même temps il a fait planter des arbres devant ces ouvertures, de manière qu'en été leurs feuilles interceptent les rayons trop brûlants du soleil. En hiver, au contraire, des torrents de lumière pénètrent dans la serre.

Un ruisseau circule dans cette serre; au milieu, il forme un petit étang. Or, bien que cette serre ne soit, en somme, qu'une simple toiture de verre supportée par des piliers, c'est un lieu enchanteur. La figure 35 en représente une vue faite par M. Robertson. Cette vue est prise de la porte; le petit oiseau qu'on voit au premier plan est l'un de ces pauvres oiseaux gelés pris pendant les grands froids de l'hiver ; il est venu embellir la serre de sa présence et l'a débarrassée de tous les insectes. Mais, dès que le temps est devenu plus beau, l'ingrat a profité de la première ouverture pour se sauver.

M. Smee avait l'intention de cultiver, dans cette serre, des fougères de toutes les parties du monde, pour qu'on pût les embrasser toutes d'un seul coup d'œil. Il lui fallait donc une

de planches de sapin, sciées en trois dans le sens de la longueur. Chacune de ces parties a constitué une poutrelle évidée sur le côté pour recevoir le verre. M. Smee n'a même pas fait raboter ces poutrelles, mais, avant de placer les vitres, on a eu soin de leur donner trois couches de peinture. C'est là un point essentiel, car le mastic adhère beaucoup mieux. Avant de se servir de la serre, M. Smee a fait donner deux nouvelles couches de peinture; il faut, en effet, éviter autant que possible de repeindre une serre pleine de plantes.

La serre des fougères et la maison du pauvre homme, placées l'une auprès de l'autre, sont chauffées par la même chaudière, ainsi qu'une autre serre fort petite où l'on élève des boutures. Cette dernière contient un large réservoir mis en communication directe avec la chaudière. M. Smee a donc

Fig. 35. — Une perspective dans la serre des fougères.

serre dont la température variât depuis celle des régions tropicales jusqu'à celle des climats tempérés. Il est fort difficile de réaliser un projet semblable, quand, surtout, il faut se garer des courants d'air. Il a obtenu ce résultat en surélevant le sol, et en plaçant quelques tuyaux d'eau chaude de plus à l'endroit qu'il désirait surchauffer; mais il fallait aussi empêcher la chaleur de se répandre dans toute la serre; il y a réussi en interposant de distance en distance de véritables cloisons de plantes grimpantes. En hiver, la transition entre ce palais enchanté, plein de fleurs et de fougère, et la neige et le givre qui couvrent la campagne, produit un contraste admirable. La figure 35 donne une faible idée de la beauté de l'intérieur de la serre et du spectacle qui vous saisit dès que vous avez passé le seuil. Il va sans dire que ces effets sont étudiés; mais quelle est la sensation la plus délicieuse : Imaginer et réaliser le tableau ou le contempler plus tard ? Qui pourrait le dire?

Pour construire le toit de cette serre, M. Smee s'est servi

à sa disposition une quantité considérable d'eau chaude; le jardinier peut ainsi arroser ses plantes sans se servir d'eau froide, ce qui pourrait les faire souffrir.

M. Smee possède, dans une autre partie du jardin, un second groupe de serres. Là se trouve une serre pour les vignes, divisée en deux parties. Dans l'une de ces parties, la toiture est disposée en deux portées; cette serre ressemble, en somme, à une moitié de la serre à arbres fruitiers appuyée contre un mur (fig. 36). La seconde partie de cette serre n'a qu'une simple toiture de verre, comme celle des fougères, mais elle est exposée au sud-ouest au lieu de l'être au nord-ouest. La ventilation s'obtient par des ouvertures ménagées auprès de la toiture. M. Smee parvient à y conserver du raisin jusqu'au mois de février. Un peu plus loin se trouve une serre pour la culture des concombres; elle est exposée au sud, de façon à recevoir tous les rayons du soleil; M. Smee y cultive aussi quelques ananas.

Toutes ces serres sont aussi simples que possible, et, dans

la pratique, on ne saurait trop recommander cette simplicité. Pour le même prix, en effet, on peut les faire beaucoup plus grandes; M. Smee recommande aussi de les enfoncer autant que possible dans le sol, car on évite ainsi bien des dépenses de combustible.

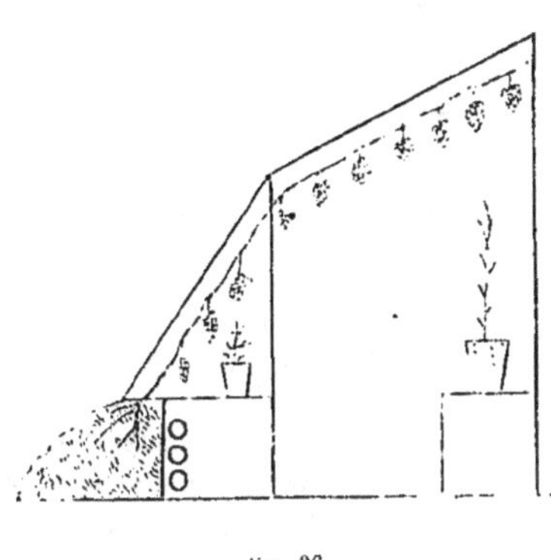

Fig. 36.

Quand les serres font partie d'un maison d'habitation, qu'elles continuent un salon par exemple, il va sans dire qu'elles rentrent dans le domaine de l'architecte. Mais il est certain que, dans ce cas, la culture des plantes devient une considération toute secondaire; M. Smee croit même pouvoir aller jusqu'à dire que ne l'on doit guère plus y placer que des plantes pouvant être cultivées en plein air.

Ward nous a appris à construire des serres fort petites pour y placer des plantes délicates et pour transporter quelques plantes à de grandes distances. Une serre de Ward n'est, après tout, qu'un couvercle de verre placé sur un vase contenant un terrain approprié à la plante.

Pour cultiver des plantes avec succès dans une serre de Ward, il faut apporter la plus grande attention à la qualité du sol, à la chaleur, à la lumière et au degré d'humidité de l'air. Il faut en ouvrir la porte de temps en temps pour renouveler l'air, arroser avec précaution et ne jamais exposer la serre aux rayons du soleil. Quiconque, d'ailleurs, se pénètre de la philosophie de l'horticulture, réussit à élever dans la serre de Ward les plantes qui aiment une atmosphère humide.

On a construit dernièrement des vases carrés en faïence (fig. 37), fort utiles quand on les enterre complètement, car la chaleur de la terre protége les plantes délicates. Pour protéger les plantes, au commencement du printemps, les Français se servent de simples cloches en verre (fig. 38). En

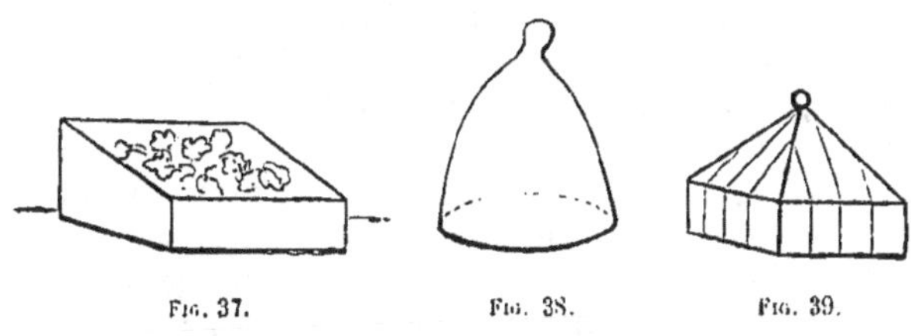

Fig. 37.   Fig. 38.   Fig. 39.

Angleterre, on préfère un appareil carré, revêtu de carreaux (fig. 39); dans l'ouest de l'Angleterre, les maraîchers emploient exclusivement une sorte de cloche octogonale. M. Smee a essayé ce dernier modèle dans son jardin et en est très-satisfait.

Un jardinier, à la disposition duquel on met les châssis et les serres dont il fait usage dans son jardin, doit, s'il a quelque talent, obtenir de magnifiques résultats.

La ventilation des serres. — M. Smee a longuement étudié les principes de la ventilation ou du changement d'air dans les serres de son jardin, car la santé des plantes dépend en grande partie des soins que l'on y apporte. Il s'appuie d'abord sur les propriétés de la diffusion, en vertu de laquelle un gaz, en contact avec un second gaz, se répand rapidement à travers ce dernier. Une bouteille remplie d'acide carbonique et fermée par une baudruche nous offre un excellent exemple de ce fait; bien que ce gaz soit beaucoup plus lourd que l'air, il se répand en quelques heures, contrairement à toutes les lois de la gravitation. Les intervalles qui séparent les vitres, les petits trous qui se trouvent dans le bois, jouent dans les serres un rôle important, en ce que l'air vicié s'échappe à travers.

Outre la diffusion, il faut se préoccuper de la différence de densité qui existe entre l'air chaud et l'air froid. L'air chaud est léger, l'air froid est lourd : si l'on introduit de l'air froid au niveau du plancher de la serre, il s'échauffe, devient léger, monte au plafond et s'échappe par toutes les ouvertures qu'il trouve sur son chemin. Au point de vue théorique, cela est parfait, mais l'application devient fort difficile dans la pratique, car les plantes, comme tous les êtres organisés d'ailleurs, supportent difficilement l'air en mouvement quand ils sont en repos.

Dès que l'air qui se trouve dans une serre est refroidi en partie, il s'alourdit et retombe; quand on le chauffe, il devient léger et monte. Pendant une froide nuit d'hiver, les tuyaux sont portés à 37°,7 centigrades, la surface extérieure du verre indique, au contraire, quelques degrés seulement au-dessous de zéro. En conséquence, l'air qui touche les tuyaux se dilate et monte rapidement; l'air qui touche les vitres se refroidit, devient plus dense et retombe sur le plancher de la serre. Ce courant descendant d'air froid est parfaitement appréciable pendant un nuit de gelée.

Ce poids considérable de l'air froid implique qu'en règle générale on doit appliquer une grande partie de la chaleur dans un endroit aussi bas que possible. Dans une serre assez longue où l'on peut produire un excès de chaleur à une extrémité, l'air chaud s'élève, circule le long de la toiture, retombe et vient retrouver la source de chaleur qui le dilate à nouveau.

Aussi, en prenant ses dispositions pour le chauffage d'une serre, l'ingénieur doit étudier avec soin toutes les surfaces refroidissantes, car il peut être sûr que l'air froid retombera sur le sol, aussi certainement que le ferait un boulet placé dans la même situation.

Dans la serre où M. Smee cultive les concombres et les melons (fig. 41), il dispose les choses de façon que l'air, à son entrée, se trouve immédiatement en contact avec les tuyaux d'eau chaude. Cet arrangement lui permet d'exercer, pour ainsi dire, une pression sur l'air qui remplit la serre, et d'expulser l'air vicié qui s'échappe par toutes les crevasses; c'est en outre un plan excellent par les grands froids.

Il est essentiel, chaque fois qu'on s'occupe de ventilation et de chauffage, de s'arranger pour conserver à l'air une certaine humidité; les évaporateurs sont fort utiles en ce qu'ils déterminent ce degré hygrométrique. Quand on chauffe l'air, on le sèche en même temps, il est donc indispensable d'ajouter de la vapeur d'eau; on obtient ce résultat en disposant de place en place des réservoirs d'eau ouverts à l'air libre.

Par une nuit froide, l'air surchauffé par les tuyaux s'élève jusqu'à la toiture. Il dépose ses vapeurs aqueuses sur le verre

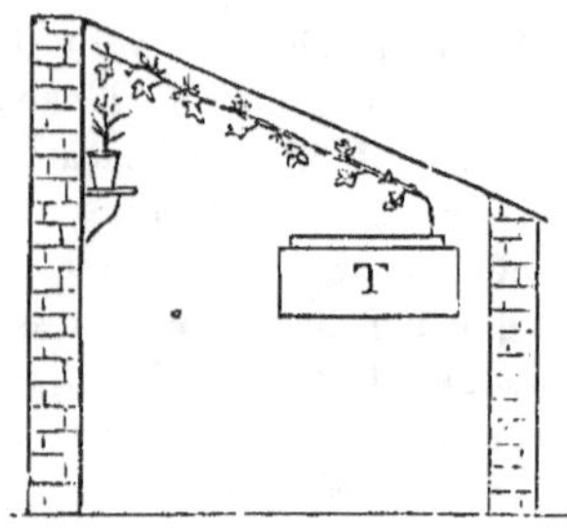

Fig. 40. — Serre pour la culture des concombres.

et par conséquent se dessèche. Cet air retombe, se surchauffe à nouveau et devient assez sec pour détruire des milliers de plantes. On évite cet inconvénient en chargeant l'air d'une certaine quantité d'humidité calculée avec soin sur les besoins de chaque plante.

Le chauffage des serres. — Le moyen le plus simple pour obtenir la chaleur artificielle est d'employer du fumier. Le fumier sortant de nos étables est arrosé d'eau et retourné plusieurs fois pour permettre au soufre et aux autres produits grossiers de s'évaporer. Si l'on peut se procurer des feuilles mortes, il faut les mélanger au fumier, parce qu'elles modèrent la chaleur et la font durer plus longtemps; aussi employons-nous ce mélange pour nos pommes de terre hâtives. Quand on prépare un châssis, on laisse passer les premiers effets de cette grande chaleur du fumier avant d'y rien planter. Quelquefois aussi on emploie des matières en fermentation pour forcer les vignes au commencement du printemps.

On se sert aussi de vieux tan pour faire pousser les ananas. Cette substance développe beaucoup trop facilement la croissance du champignon du tan, aussi ne doit-on l'employer que dans les cas indispensables.

Les Romains connaissaient déjà le système du chauffage des chambres avec des bouches de chaleur; à quelques centaines de mètres du jardin de M. Smee, ce système était appliqué il y a près de deux mille ans. On transportait alors la chaleur fournie par un poêle au moyen de conduits en briques. La science moderne nous a enseigné qu'il vaut mieux construire un fourneau destiné à engendrer de la chaleur, puis transmettre cette chaleur à de l'eau que nous pouvons faire circuler où nous voulons. Dans tous les systèmes basés sur la circulation de l'eau chaude, la chaudière est le point essentiel. Le principe qui doit présider à la construction de cette chaudière est qu'il faut présenter au feu une surface de métal assez considérable pour que toute la chaleur soit transmise à l'eau. Il faut aussi que le fourneau soit assez grand pour contenir une charge de combustible suffisante au moins pour douze heures. Toutes les chaudières destinées à l'horticulture doivent être très-simples. Quand on veut avoir un chauffage modéré, une simple chaudière circulaire remplit le but. Si le chauffage doit être plus considé-

rable, la chaudière en forme de selle à cheval (fig. 42) est excellente. Il existe, d'ailleurs, d'innombrables modèles de

Fig. 41.

chaudières tubulaires; mais presque toutes sont fort compliquées, et comme telles repoussées par la plupart des horticulteurs.

Dans tous les cas, quelle que soit la chaudière employée, un tuyau amène l'eau froide à la base de la chaudière. L'eau s'échauffe, se dilate, monte au sommet et s'échappe par un second tuyau (fig. 43). Chez M. Smee on emploie l'eau chaude

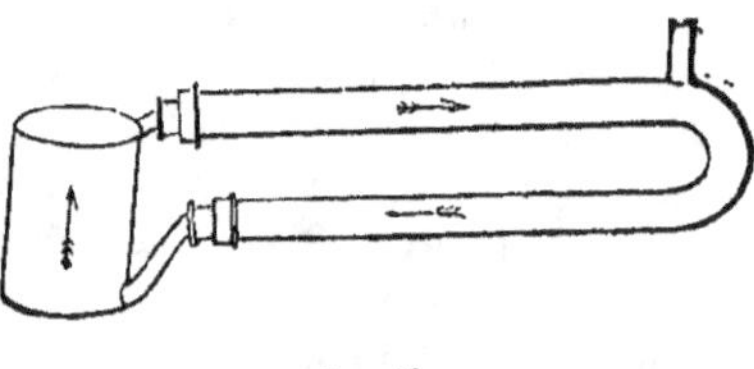

Fig. 42.

de deux façons : au milieu, soit en la faisant circuler dans les tuyaux selon la méthode ordinaire, soit (fig. 44) en con-

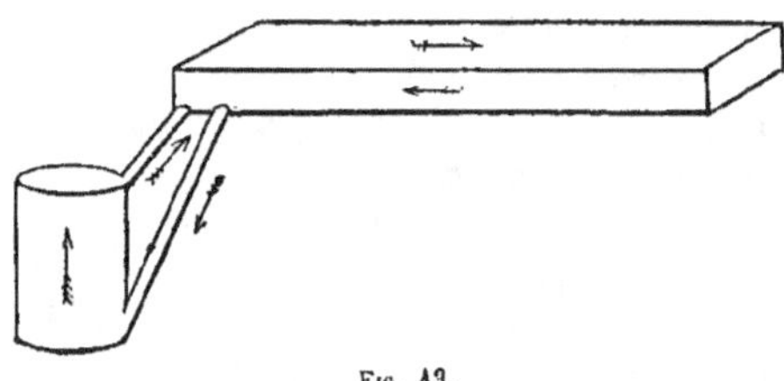

Fig. 43.

duisant les tuyaux dans une citerne pleine d'eau. L'eau chaude s'élève immédiatement à la surface de la citerne et l'eau froide retourne à la chaudière. Ce dernier système est, sans contredit, le meilleur pour la culture des orchidées et des ananas. Il emploie deux chaudières : l'une en forme de fer à cheval, qui chauffe la serre à fougères contenant trois cents pieds de tuyaux de quatre pouces de diamètre (10 centimètres), la serre à boutures ayant un réservoir d'environ deux cents gallons d'eau (900 litres), et la maison du pauvre homme avec trois cents pieds de tuyaux de trois pouces de diamètre (7°,05). La seconde chaudière chauffe la serre aux concombres ayant un réservoir contenant environ deux cents gallons, la serre aux vignes contenant six cents pieds de tuyaux de quatre pouces de diamètre et une petite serre à ananas ayant environ quarante pieds de tuyaux de quatre pouces.

Dans le courant de l'été dernier, M. Smee a employé une chaudière portative pour chauffer une fosse à melons (fig. 45); le terreau M est placé sur des planches B surmontant un réservoir T; le courant d'air arrive à la surface de l'eau dans une chambre d'où il s'élève pour chauffer la partie supérieure de la fosse recouverte par le vitrage L.

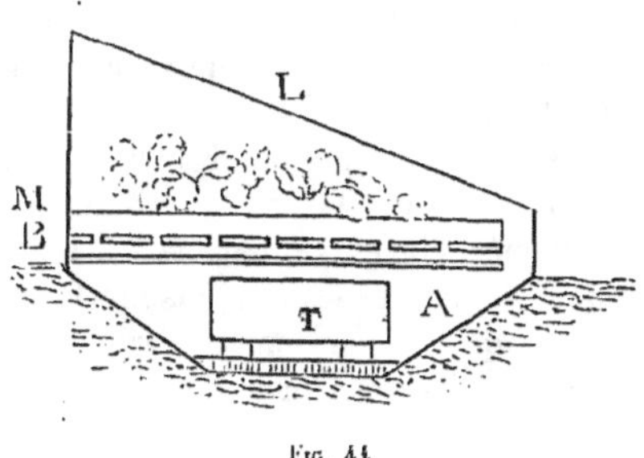

Fig. 44.

Dans les appareils ordinaires, on fait passer l'eau par le tuyau supérieur et elle revient à la chaudière par un tuyau inférieur, comme on le voit, figure 42. On a proposé de faire passer l'eau sortant de la chaudière d'abord par le tuyau inférieur, puis par le tuyau supérieur, car elle redescend rapidement au fond de la chaudière (fig. 46). Ce système a été

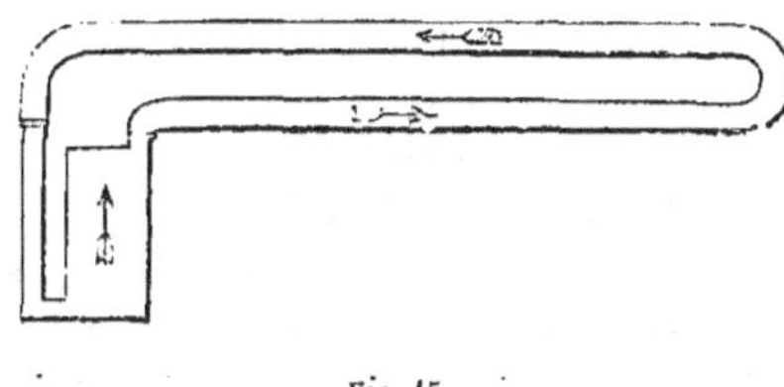

Fig. 45.

expérimenté à Deptford, et il l'emploierait très certainement s'il n'était pas si difficile, dans son jardin, de placer les fourneaux à un niveau suffisamment bas.

Dans la serre à ananas, M. Smee est obligé de faire circuler l'eau au-dessous du niveau de la chaudière; il y arrive en faisant passer l'eau dans un tuyau ouvert, puis il la ramène au niveau voulu (fig. 47). Mais c'est là un système qu'il

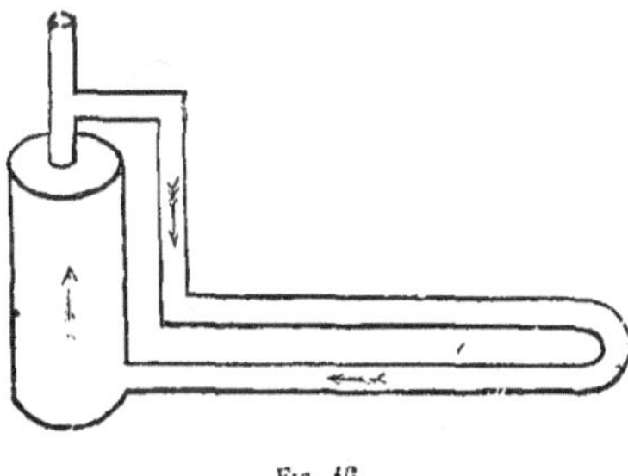

Fig. 46.

ne faut employer que dans un cas d'absolue nécessité; en effet, le principe du chauffage par l'eau chaude est de faire monter continuellement l'eau tant qu'elle garde une chaleur suffisante, puis d'établir une pente pour qu'elle revienne promptement à la chaudière.

Jusqu'à présent, tous les systèmes de chauffage à l'eau comprenaient deux tuyaux, l'un pour emporter l'eau de la chaudière, l'autre pour la ramener refroidie. Il a eu l'idée d'employer un seul tuyau ayant une certaine inclinaison. L'eau partant de la chaudière circule le long de la partie su-

périeure du tuyau et revient par la partie inférieure; il a donc deux courants traversant en même temps le même tuyau dans deux directions opposées (fig. 48). La circulation

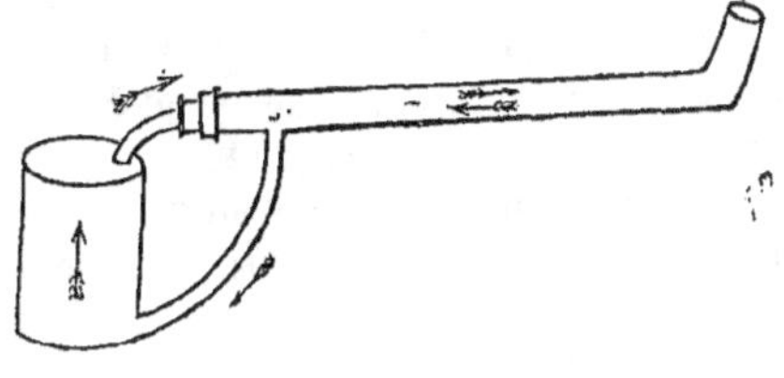

Fig. 47.

est rapide et M. Smee peut vraiment recommander ce système partout où un seul tuyau suffit pour le chauffage des serres.

Quand il s'agit de chauffer une serre, il faut toujours s'arranger de façon à avoir un excès de surface de chauffe, et placer les tuyaux dans une position telle que l'air froid se trouve immédiatement en contact avec eux. Toutefois, en règle générale, quand il s'agit de grandes serres, il faut donner aux tuyaux une disposition qui permette d'obtenir partout de la chaleur.

Les appareils de chauffage sont aujourd'hui beaucoup plus complets qu'à l'époque d'Evelyn qui écrivait : « Si la saison est très-froide, ce que vous pouvez reconnaître quand un linge mouillé gèle dans votre serre, il faut y allumer du charbon. »

M. Smee fait des expériences avec des lampes à pétrole pour empêcher ses serres de geler. Ce système peut réussir; mais, quand on l'adopte, on doit placer ces lampes sous un réservoir plein d'eau, de façon à rendre l'air humide.

M. Smee, craignant toujours un accident pendant les nuits très-froides, fait fabriquer de grosses chandelles à deux mèches (fig. 49) pour s'en servir en cas d'accident. Il peut se

Fig. 48.

faire qu'on n'ait pas l'occasion de les employer pendant des années; néanmoins, il faut toujours avoir quelque moyen de combattre le froid en cas d'accident aux appareils de chauffage.

Le *Spectator* fait observer quelque part qu'un jardin potager offre un plus beau spectacle que la plus belle orangerie ou que la serre la plus charmante; mais il ne partage pas l'avis du poète qui s'écrie :

« Quiconque aime un jardin aime aussi une serre. Là,

sans se préoccuper d'un climat moins propice, alors que l'aquilon mugit de toutes parts, que la neige tombe à gros flocons, on respire les parfums de toutes les fleurs des pays chauds. »

Une des parties les plus curieuses du livre de M. Smee, c'est l'histoire des jardins chez tous les peuples, non pas seulement depuis Sémiramis, mais même au delà. C'est une des faces de l'histoire des peuples qui n'est pas la moins instructive pour ceux qui veulent connaître leurs mœurs et leur esprit. Mais l'espace dont nous disposons ne nous permet pas d'analyser un ouvrage aussi étendu, et nous avons cru mieux faire en insistant sur une des questions les plus scientifiques du sujet pour montrer que le livre de M. Smee est encore plus utile qu'agréable.

SOCIÉTÉ DE NAVIGATION AÉRIENNE DE PARIS

SÉANCE PUBLIQUE ANNUELLE

M. PAUL BERT

Crocé-Spinelli et Sivel. — La conquête de l'air

L'année dernière, en inaugurant vos séances publiques annuelles, le savant éminent auquel j'ai l'honneur de succéder retraçait devant vous, avec autorité, le programme si vaste et si intéressant des recherches auxquelles s'est consacrée la Société de navigation aérienne. Météorologiste, il montrait l'aéronaute, dans son laboratoire flottant que la pesanteur éloigne de la terre, s'en allant interroger les couches superposées de notre atmosphère, et s'efforçant de contraindre le plus capricieux et le plus mobile des éléments à lui révéler les lois immuables qui commandent à ses mouvements. Mécanicien, il résumait les conditions difficiles, mais non impossibles à réaliser, dont la science a montré la nécessité pour la solution du problème de la navigation aérienne, et il attribuait équitablement leur part d'avenir, aux ballons d'un côté, et de l'autre à ces appareils « plus lourds que l'air », dont un de nos collègues faisait fonctionner devant vous, comme il va le faire encore aujourd'hui, des spécimens ingénieux. Enfin, patriote dévoué, il rappelait avec émotion que la conquête de l'air appartient à la France ; il citait, à côté des noms illustres de Charles et des Montgolfier, ceux de ces premiers aérostiers militaires dont les ballons aidèrent nos armées républicaines à défendre avec la liberté le sol de la patrie ; il trouvait des accents éloquents pour faire revivre devant vous des événements douloureux, mais non moins glorieux, — car il est des jours où l'histoire prend le parti de Caton contre les dieux — pour évoquer ce siége héroïque où les ballons formaient le seul trait d'union entre Paris investi et la France envahie, et nous apportaient en province à la fois les souvenirs qui faisaient battre les cœurs, et les espérances qui faisaient relever les fronts.

Puis, examinant notre Société elle-même, il résumait son histoire si récente et si féconde cependant ; il vantait la sagesse de vos statuts qui vous protégent contre des envahissements compromettants ; il montrait avec orgueil des savants d'une haute valeur devenus vos collaborateurs, l'attention

publique fixée sur vous, l'Institut s'intéressant à vos travaux et couronnant quelques-uns d'entre vous ; il se réjouissait de vos progrès, de votre prospérité, de vos découvertes récentes... Et alors, ayant ainsi dignement et éloquemment accompli son devoir présidentiel, M. Hervé Mangon donnait la parole à Crocé-Spinelli.

Messieurs, vous ne vous y êtes pas trompés, j'en suis sûr. Notre séance publique annuelle est pour nous un jour de fête ; mais, cette année, elle est comme ces fêtes que les anciens consacraient à glorifier les citoyens morts pour la patrie. Nous, nous devons penser tout d'abord et rendre un solennel hommage à nos compagnons morts pour la science, pour notre science, dans la lutte à laquelle nous les avions conviés. Vous ne me pardonneriez pas, et vous auriez raison, si, dès le début de cette séance, leurs noms n'étaient pas prononcés, leur mémoire évoquée ; si je ne retraçais l'histoire, bien courte hélas ! de leur vie utilement remplie ; si, tout en renouvelant vos douleurs, je n'apprenais à ceux qui sont venus à nous aujourd'hui l'étendue de la perte que nous avons faite ; si je ne montrais enfin combien était méritée la sympathie active dont la France entière a honoré la mémoire de nos deux amis.

Crocé-Spinelli naquit à Montbazillac (Dordogne), le 10 juillet 1844 ; il entra dans un lycée de Paris, grâce à l'appui généreux de M. le pasteur Athanase Coquerel, dont l'affectueux dévouement ne lui fit défaut dans aucune des circonstances de sa vie. Et personne d'entre vous n'a oublié, messieurs, comment, après la mort de son jeune ami, cet homme éloquent, cet homme de bien, atteint déjà et cruellement d'une impitoyable maladie, se fit porter dans la grande réunion publique organisée par vos soins, pour y rendre témoignage de la vie de son élève, pour y célébrer sa fin glorieuse, pour appeler la sympathie publique sur ceux qu'il nous laissait en héritage. Peu de mois après, la mort l'enlevait à son tour, et c'est un surcroît de deuil pour nous de ne pouvoir le remercier ici.

Au sortir du lycée, Crocé-Spinelli entra à l'École centrale où il prit le diplôme d'ingénieur civil ; puis il s'occupa de diverses études mécaniques, et dirigea pendant plusieurs années une grande exploitation agricole.

Déjà son esprit ingénieux s'était fait remarquer par l'invention d'un vélocipède nautique, idée récemment reprise et non sans succès. Mais c'est en 1869 seulement qu'il commença à s'occuper des questions qui font l'objet de vos études spéciales. Il vint à cette époque apporter à votre infatigable secrétaire général, M. Hureau de Villeneuve, un projet d'appareil d'aviation consistant en un système d'hélices ascendantes et d'hélices propulsives. Cette rencontre fut l'origine d'une amitié que ne troubla aucun nuage.

A partir de ce jour, Crocé-Spinelli devint le collaborateur assidu du journal l'*Aéronaute* ; il contribua activement à la fondation de notre Société, et la présida pendant la difficile période de ses premières années. Il prenait à vos discussions la part la plus active, y apportant la compétence d'un esprit nourri de fortes études mathématiques, et auquel les nécessités industrielles avaient à la fois donné le sentiment des difficultés pratiques et les moyens de les résoudre. Ses travaux originaux se placent au premier rang de ceux qui sont l'honneur de vos Bulletins ; permettez-moi de rappeler parmi eux : en 1869, son *Mémoire sur la stabilité des appareils destinés à se mouvoir dans l'air* ; en 1870, son *Étude sur les meilleurs propulseurs applicables à la navigation aérienne*, étude dans laquelle, après avoir comparé les principaux propulseurs et surtout l'aile et l'hélice, il donnait la préférence à cette dernière parce qu'il la trouvait d'une adaptation plus facile aux moteurs à vapeur ; en 1871, l'exposé de son *système d'hélices à pas variable en marche*, grâce auquel l'appareil d'aviation pourrait, avant de quitter la terre, emmagasiner une certaine quantité de force vive, d'où une notable économie sur la puissance du moteur ; en 1872, son important travail sur *la condensation de la vapeur d'eau dans les appareils de locomotion aérienne*, où se trouve résolue une des plus grandes difficultés que rencontre ce problème, celle du renouvellement de l'eau nécessaire au fonctionnement du moteur aérien ; en 1873, ses *considérations générales, théoriques et pratiques sur les moteurs légers applicables à la navigation aérienne*, mémoire où il déploya toutes les qualités de son esprit, et que devront consulter dorénavant tous ceux qui s'occupent de cette difficile question ; en 1874, son travail sur *les appareils destinés à mesurer la résistance de l'air*. Enfin, le 21 juin 1875, un mémoire sur *la théorie mathématique du vol des oiseaux*, que Crocé-Spinelli avait, en collaboration avec M. Hureau de Villeneuve, envoyé au concours du grand prix des sciences mathématiques, reçut de l'Académie des sciences une récompense qui eût rendu notre ami bien heureux, et dont, dans une cérémonie touchante, vous avez voulu porter sur sa tombe le symbole matériel.

C'est aux séances de notre Société que Crocé-Spinelli avait rencontré Sivel, plus âgé que lui de quelques années, pour qui il s'éprit d'une vive affection. Sivel, né à Pignel (Gard) en 1835, avait eu une vie pleine d'aventures et d'agitation. A quatorze ans, il s'embarque pour courir les mers lointaines, il visite les deux Amériques, nos colonies africaines, pendant quinze années déploie dans la mer des Indes, en disputant son navire aux fureur des cyclones et des raz-de-marée, cette clairvoyance, cette hardiesse, cette promptitude de décision que nous admirions tous, et que seule l'asphyxie put mettre en défaut. Capitaine au long cours, il fit partie de la députation française qui assista au couronnement du roi de Madagascar, Radama ; mais il dut reprendre la mer après l'assassinat du roi et la ruine de la prépondérance française.

En 1868, il rentra en France, mais il ne put s'enchaîner à la terre ; aux vagues de l'Océan succédèrent pour lui les courants de l'atmosphère ; après avoir tant lutté contre les vents ennemis, il éprouvait un mâle plaisir à se faire emporter par eux, à se jouer de leurs courants superposés. En quittant son banc de quart pour la nacelle d'un ballon, il conservait, avec l'assurance que donne l'habitude du commandement, avec l'imperturbable sang-froid dans le péril, la connaissance des présages du temps, l'esprit d'observation météorologique, la ponctualité, la sûreté de coup d'œil qui caractérisent l'officier de marine instruit et expérimenté. Aussi, chacune de ses ascensions, et il en fit plus de deux cents, fut l'occasion de remarques intéressantes, soit au point de vue de la science pure, soit au point de vue de la technique aérostatique.

Sous ce dernier rapport, il apporta à la construction des ballons et surtout de ces accessoires au fonctionnement desquels est souvent attachée la vie de l'aéronaute, d'importants perfectionnements. Grâce à son *guide-rope à frotteurs*, les dangers du traînage pourront être désormais évités, et les aéro-

nautes pourront accomplir leur descente par un vent violent, en pleine sécurité. Son *ancre-cône* est plus remarquable encore ; si la tempête jette le ballon sur la mer, la vie des passagers ne dépend plus, comme autrefois, de la présence d'un navire sauveteur : ils descendront l'*ancre-cône* et pourront rester ainsi pendant un long temps suspendus à quelques mètres au-dessus des ondes redoutables, puis, la tourmente passée ils pourront retirer l'*ancre-cône* et reprendre leur liberté. A plusieurs reprises et par un gros temps, Sivel est ainsi volontairement descendu en pleine mer. Nous pourrions citer encore quelques appareils comme son *ancre-à-ballon* pour l'établissement des va-et-vient, où le marin perce sous l'aéronaute.

Lors des funestes événements de 1870, Sivel, qui se trouvait en Italie, accourut ; les membres de la commission aéronautique, instituée à Tours par décret du gouvernement de la Défense nationale, se rappellent de son arrivée parmi eux : son matériel, son temps, son travail et sa vie, il mit tout au service de la France, avec cette ardeur généreuse qui était le trait distinctif de son caractère, et qu'il allait bientôt consacrer tout entière à la science.

C'est en 1872 qu'il entra dans notre Société. Il s'y fit remarquer tout d'abord par un projet extrêmement curieux et très-sérieusement étudié, d'*exploration du pôle nord en aérostat*. Crocé-Spinelli fut chargé de faire un rapport sur cette conception originale et audacieuse. Ainsi s'établirent des relations qui devaient amener entre ces deux hommes d'élite la plus étroite intimité. L'imagination vive et poétique de Crocé s'enflammait aux récits pittoresques et chaleureux des ascensions de Sivel ; sa nature, où dominait la douceur, avec une grâce féminine et charmante, trouvait un appui et comme un complément nécessaire dans ce caractère hardi, décidé, d'une trempe vive et forte. Aussi, à partir de ce moment, il faut les réunir dans une histoire commune qui durera jusqu'à la mort.

Crocé-Spinelli et Sivel firent leur première ascension scientifique le 26 avril 1872, en compagnie de nos collègues MM. Jobert, Penaud et Pétard ; d'intéressantes observations météorologiques et physiologiques furent le fruit de ce voyage aérien.

Le 22 mars 1872, ils partirent seuls et atteignirent la hauteur de 7300 mètres à laquelle n'était parvenu aucun aéronaute français, et qu'avait seul dépassée le célèbre Glaisher. C'est de cette ascension que l'année dernière, à cette même place, Crocé-Spinelli vous faisait le récit vivant et imagé ; il vous donnait les détails des constatations scientifiques qu'il eut le bonheur de faire dans ces régions glacées, et dont la plus importante est la vérification des idées de notre éminent collègue, M. Janssen, sur l'absence de vapeur d'eau dans la constitution chimique du soleil. L'heureux emploi de l'oxygène pour combattre les accidents dus au séjour dans un air dont la pression n'était plus que de 30 centimètres de mercure au lieu de 76, leur donnait sur l'avenir des ascensions en hauteur des espérances qui sont légitimes, bien qu'elles aient paru plus tard si cruellement démenties.

Le 23 mars 1875, nouvelle ascension scientifique, celle-ci à médiocre hauteur, mais d'une durée qu'aucune autre n'avait atteinte jusque-là. Partis de Paris à six heures vingt minutes du soir, les deux aéronautes, auxquels s'étaient joints nos collègues, MM. Jobert, Albert Tissandier et Gaston Tissandier, atterrissaient, le lendemain, à cinq heures du soir, au milieu des landes voisines d'Arcachon ; ils avaient fait, pendant ces vingt-trois heures de navigation aérienne, une ample moisson d'observations météorologiques du plus grand intérêt, et dont M. Gaston Tissandier lui-même vous rendra compte dans un moment.

Enfin le jeudi 15 avril 1875, « à onze heures trente-cinq » minutes du matin, l'aérostat *le Zénith* s'élevait de terre à » l'usine à gaz de la Villette. Crocé-Spinelli, Sivel et moi » nous avions pris place dans la nacelle. » Ainsi parle M. Gaston Tissandier, notre savant et intrépide collègue ; puis il ajoute :

« On part, on s'élève au milieu d'un flot de lumière, em- » blème de la joie, de l'espérance !.....

« Trois heures après le départ, Sivel et Crocé-Spinelli » allaient être trouvés inanimés dans la nacelle ! Au delà de » 8000 mètres d'altitude, l'asphyxie a frappé de mort ces dis- » ciples de la science et de la vérité. »

Vous avez tous présents à l'esprit, messieurs, les détails navrants de cette douloureuse catastrophe ; les récits de notre collègue Tissandier nous les ont conservés. Et lorsqu'en les lisant on peut, suivant sa forte expression, « chasser les tristes » souvenirs et les sombres visions », on ne sait lequel il faut le plus admirer, ou la sérénité vraiment sublime de ces trois savants suspendus au-dessus des nuages, montant, montant toujours, vers la mort, dont ils connaissent la menace, mais qu'ils croient pouvoir impunément défier ; ou de l'intrépidité à la fois calme et fébrile de celui d'entre eux qui, se réveillant après un long et redoutable sommeil, voyant à ses pieds ses amis expirés, s'efforce, à peine échappé des bras de la mort, de protéger leurs corps contre les chocs qui menacent de les briser, et de sauver ces papiers, ces instruments qui, si tous doivent périr, du moins parleront pour eux et témoigneront qu'ils sont morts pour la science, c'est-à-dire pour le devoir.

A ces hommes naguère inconnus, Paris, la ville au grand cœur, fit de splendides funérailles. L'émotion fut universelle : « C'est avec une profonde tristesse, mais aussi avec un sen- » timent d'orgueil national, dit éloquemment le président de » l'Académie des sciences, M. Fremy, que nous inscrivons » les noms de Crocé-Spinelli et de Sivel sur la liste glorieuse » des martyrs de la science. » La France a su reconnaître dignement un si noble dévouement. Elle a, pour ainsi dire, adopté les familles des deux savants morts au champ d'honneur ; une souscription, dont le produit s'élève aujour-d'hui à 90 000 francs, nous permettra d'adoucir les consé-quences matérielles de leur perte.

Certes, messieurs, ce sont là de précieux honneurs, dignes d'un grand peuple et dignes de la science ; mais l'hommage le plus élevé que nous puissions rendre à la mémoire de nos amis, celui qu'ils estimeraient au-dessus de tous les autres, c'est de reprendre, de continuer, de féconder leur œuvre.

L'utilité des ascensions à grande hauteur, ce n'est pas de-vant vous qu'on pourrait la contester. Vous le savez trop bien ; notre atmosphère, dont la hauteur se mesure par centaines de kilomètres, présente au voisinage de la terre une couche peu épaisse, où la densité de l'air permet à la vapeur d'eau de s'élever pour s'y liquéfier ou s'y solidifier bientôt. C'est la région des nuages, où se dégagent et s'absorbent d'incom-mensurables quantités de chaleur et d'électricité ; là s'en-gendrent les orages, les cyclones, les trombes ; là se forment la pluie, la neige, la grêle, tous ces amas d'eau condensée

qui, entraînés par les courants, vont modifier l'état climaté-rique des contrées sur lesquelles ils passent. Or, cette région, tout fait penser qu'elle pourra être entièrement traversée par les ballons et que la force ascensionnelle de l'hydrogène pourra emporter des observateurs aux limites extrêmes de ces nuages d'aiguilles glacées qu'ont rencontrés Sivel et Crocé-Spinelli. Qui pourrait nier, sachant ces choses, l'impor-tance capitale des explorations dans les régions élevées ? Mais qui, aujourd'hui surtout, pourrait en méconnaître les dangers ?

Il faut donc préparer, par une étude préalable approfondie, les conditions d'exécution de ces voyages périlleux. Il faut, avant tout, imaginer un appareil qui rende à partir d'une certaine hauteur, absolument indépendante de la volonté, la respiration d'un air de plus en plus riche en oxygène ; il faut ensuite discuter les dimensions qu'il convient de donner au ballon, la nature du gaz qui doit le gonfler, la disposition des appareils, la quantité de lest qu'il emportera, les en-gins protecteurs qui devront garantir les aéronautes contre une descente d'autant plus rapide qu'ils se seront élevés plus haut ; il faut enfin réfléchir longuement aux problèmes de physiologie, de chimie, de météorologie, de physique du globe qui se poseront là-haut devant l'observateur, et aux instruments qui lui seront nécessaires pour les résoudre.

Ce sont là des questions avant la solution au moins appro-chée desquelles il serait imprudent et inutile de partir de nouveau. J'espère que leur importance fixera l'attention de tous ceux qui se consacrent à cet ordre d'études ; je demande à la Société de me permettre de les y encourager, en mettant à sa disposition et pour être décernée par elle une médaille de 500 francs destinée à récompenser l'auteur du meilleur mémoire présenté sur ce sujet.

Je ne fais, en agissant ainsi, que suivre des exemples qui, je l'espère, seront suivis par d'autres. Déjà notre savant collègue, M. Janssen, a consacré aux travaux de météorologie une mé-daille semblable, que je vais avoir l'honneur de décerner tout à l'heure. Un autre de nos collègues, M. Poignant, a fondé un prix égal pour la solution de problèmes mécaniques fort importants dans l'étude de l'aviation ; il ne sera décerné que l'année prochaine.

Mais, messieurs, nous ne donnons pas seulement des prix, nous en recevons, et de telle nature et dans de telles condi-tions, qu'il faut bien que nous nous en réjouissions ici ; non-seulement, en effet, ils honorent ceux de nos collègues aux-quels ils ont été décernés, mais encore ils honorent directe-ment notre Société, puisqu'ils consacrent avec une autorité à nulle autre seconde, l'importance même des études aux-quelles nous nous livrons.

Je vous le rappelais tout à l'heure, l'Académie des sciences avait proposé pour le grand prix des sciences mathématiques un de vos sujets favoris de recherches, la théorie mathéma-tique du vol des oiseaux. Et je vous disais avec orgueil qu'un mémoire présenté par Crocé-Spinelli et M. Hureau de Ville-neuve avait obtenu à ce propos une récompense dont nous avons droit d'être fiers. Un autre mémoire a fixé l'attention de l'Académie, qui l'a même jugé digne d'une récompense plus élevée encore. « L'auteur, » dit le rapport, « a traité avec » une grande précision les questions les plus importantes.... ; » l'Académie peut fonder sur lui de grandes espérances au » point de vue de la solution définitive. »

Or, cet auteur, c'est notre savant archiviste, M. Penaud,

qui allie, comme vous allez en avoir la preuve, à des connaissances mathématiques profondes l'habileté de construction la plus délicate et la plus ingénieuse.

Je tiens à noter, messieurs, que dans le concours dont je viens de parler, et pour lequel six mémoires avaient été présentés, dont cinq, dit le rapport, « attestent une science étendue et de persévérants efforts », ceux de nos collègues ont seuls été couronnés.

L'autre séance solennelle que l'Académie des sciences a tenue cette année a vu également récompenser trois de nos collègues, pour des travaux dont quelques-uns rentrent complétement dans le cercle de nos études : M. Pettigrew a obtenu le prix Godard, M. Harting un des prix de médecine, et notre vice-président, M. Marey, professeur au Collége de France, le prix de physiologie fondé par M. Lacaze.

Enfin, messieurs, notre Société a eu l'honneur de voir le premier de ses présidents, M. Janssen, envoyé par l'Académie des sciences pour observer aux confins de l'extrême Orient, au Japon, le passage de la planète Vénus devant le disque solaire. Il ne m'appartient pas de vous parler des résultats de cette importante mission ; ils sont ce qu'on devait attendre du savant auquel l'astronomie physique doit une des plus belles découvertes de notre siècle. Il semble que la nature tropicale elle-même ait eu conscience de la valeur de l'observateur qui lui était envoyé ; du moins s'est-elle mise en frais pour le recevoir : cyclones, typhons, raz-de-marée, elle lui a fourni une exhibition complète de ses plus splendides horreurs, et cette redoutable galanterie n'a certes pas été perdue pour la science. Sur le pont de son navire, et parmi des milliers de naufrages, notre illustre et intrépide collègue a déployé ce même sang-froid avec lequel il partait, pendant le siége, pour aller observer en Afrique l'éclipse totale du soleil, et bravait du haut de son ballon les balles ennemies. Dans les airs comme sur les ondes, il a dignement et fièrement représenté à la fois la science et la patrie ; c'est pour nous un grand bonheur et une grande joie que de le voir aujourd'hui sain et sauf dans cette enceinte.

J'ai terminé, messieurs, ma tâche présidentielle, qu'un glorieux et douloureux souvenir a rendue pénible et bien longue. Plus douce sera celle de mes successeurs. Mais aucun d'eux ne vous souhaitera avec une sincérité plus affectueuse une longue vie scientifique et de nouveaux succès si légitimement acquis. Nul non plus, pardonnez-moi cette prétention, n'envisagera avec plus d'enthousiasme l'objet principal de vos études. Cet objet principal, c'est la conquête de l'air : le problème est posé scientifiquement aujourd'hui ; vous le résoudrez demain.

La science est mère de l'audace : qu'eût pensé de vous le poëte latin, de la cuirasse de chêne et du triple airain qui doivent entourer la poitrine de ces navigateurs aériens « bravant dans leur nacelle fragile les luttes du vent d'Afrique et de l'Aquilon ? » Nous nous raillons de ses plaintes et de ses anathèmes. Oui, les fils téméraires de Japhet, suivant ses paroles, ont dit : « La terre est à nous, » et ils en prennent possession. Il n'est guère d'espace aujourd'hui sur le globe que n'ait foulé un pied européen ; nos navires sillonnent toutes les mers, celles même que défendent des glaces presque éternelles ; à des profondeurs de plus de 5000 mètres, les sondes du *Challenger* saisissent et ramènent à la surface des animaux que le soleil n'a jamais éclairés. En vain « la pru-

dence des dieux avait séparé les terres par l'inviolable Océan » ; nos vaisseaux impies passent dessus, et nos tunnels dessous, si bien que demain nous irons à pied sec jusque dans l'île anglaise ; l'infranchissable barrière des Alpes est percée à jour ; les neiges fondues aux revers du mont Blanc, de l'Himalaya, du Kilimandjàro, se rencontrent dans le canal de Suez ; bientôt l'Atlantique et le Pacifique se rejoindront à travers l'un des isthmes de l'Amérique centrale ; et voici en projet un chemin de fer qui, prenant les îles Aléoutiennes pour autant de piles d'un pont gigantesque, unira le Kamschatka à l'Amérique du Nord.

Mais, entre tous ces sacriléges, le vôtre indignerait surtout le vieil Horace. Dédale, dirait-il, s'élance dans le vide de l'air sur des ailes refusées à l'homme :

> Expertus vacuum Dædalus aera
> Pennis non homini datis.

Quoi ! l'air lui-même ! Quoi ! les nuages et la foudre ne savent plus défendre le séjour du maître des dieux ! Les vents ne peuvent que vous emporter mollement, et bientôt vous vous rirez d'eux. Oui, il l'avait deviné : rien n'est impossible aux mortels ; notre démence vise au ciel lui-même. La race humaine se rue sur le fruit défendu :

> Nil mortalibus arduum est ;
> Cœlum ipsum petimus stultitia.
> Gens humana ruit per vetitum nefas.

Et que dirait-il s'il savait vers quel but tendent tous ces efforts ? Est-ce pour voir, pour savoir seulement que fermente la science ? Non, c'est pour prévoir ; bien plus, c'est pour pouvoir ! La science est conquérante ; elle ne veut pas seulement connaître la nature, elle veut la dominer, la contraindre à lui obéir. La chimie crée des corps nouveaux ; la physiologie modifie les phénomènes de la vie. Plus près de vos études, la main d'un physicien, arrachant la foudre aux nuages, la force à courir docilement le long de nos fils télégraphiques. Un jour viendra, n'en doutez pas, où l'homme sera maître d'autres météores, attirera ou dissipera les nuages, retrouvera peut-être l'antique outre d'Éole. Cette puissance nouvelle, encore si loin de nous, c'est à vos études qu'il l'aura due ; ce sont les ballons qui l'auront renseigné sur l'inconnu, sur les forces et les positions de l'ennemi. C'est en parcourant l'air que nous connaîtrons l'air, que nous maîtriserons l'air... Et voilà pourquoi j'applaudis avec ardeur et je demande à tout le monde d'applaudir avec moi aux efforts de la Société de navigation aérienne.

P. BERT,
professeur à la Faculté des sciences de Paris,
membre de l'Assemblée nationale.

SOCIÉTÉ ROYALE
DE LA NOUVELLE-GALLES DU SUD

M. W.-B. CLARKE

Les mines métalliques de la Nouvelle-Calédonie

Une controverse soutenue et assez vive s'étant élevée, en Austra-ie, au sujet de la priorité de découverte des minerais de chrome et de nickel actuellement très-exploités dans notre colonie de la Nouvelle-Calédonie, le révérend W.-B. Clarke, géologue du gouvernement de la Nouvelle-Galles du Sud depuis de longues années, qui s'est toujours tenu au courant des travaux géologiques effectués par les Français à la Nouvelle-Calédonie, a pris pour texte de son discours d'ouverture de la « Société royale » l'historique des études géologiques de la Nouvelle-Calédonie. Nous regrettons de ne pouvoir donner qu'un extrait de ce remarquable discours, qui est un véritable abrégé de la géologie de notre intéressante colonie.

Parmi les faits naturels intéressant notre partie du monde, je dois mentionner que sept secousses de tremblements de terre, accompagnées d'une « lame destructive » (lame de fond), se sont, paraît-il, fait sentir à *Lifou*, l'une des îles Loyalty, au mois de mars dernier. En est-il résulté pour cette île un changement de niveau? Nous l'ignorons encore, bien qu'il n'y ait aucun doute que *Lifou* ait été plusieurs fois soumise à des dénivellations, ainsi que j'ai essayé de le démontrer dans les *Proceedings* de la Société géologique de Londres en 1846. Dans la note en question, j'avançais qu'il y avait eu plusieurs dénivellations sans qu'il existât une force volca-nique visible, et que ces mouvements dépendaient sans doute de ceux que ressentait au même instant la Nouvelle-Calé-donie.

Puisque nous sommes amenés à parler de la Nouvelle-Calédonie, dont *Lifou* est une dépendance naturelle, j'abor-derai un sujet où je suis engagé depuis plusieurs mois et que j'ai négligé par suite du mauvais état de ma santé. On se rappellera qu'un échange public de lettres a eu lieu au sujet de la priorité de découverte d'un minerai de nickel et du fer chromé à la Nouvelle-Calédonie. Sans avoir l'intention de porter aucune atteinte à la délicatesse des « gentlemen » qui pensaient alors avoir fait ces découvertes, je crois avoir établi en temps voulu que, si les faits eussent été mieux con-nus, ces messieurs n'eussent pas réclamé la priorité de dé-couverte; car le découvreur réel, je le répète ici, est M. Jules Garnier. Pour que je puisse le démontrer, il faut que je vous donne un résumé rapide de la géologie de la Nouvelle-Calédo-nie, ce que je ne ferai d'ailleurs qu'en extrayant la plupart de mes dires des écrits de mon ami, que le ministre de la marine fran-çaise avait envoyé en 1863 comme ingénieur chef du service des mines à la Nouvelle-Calédonie. A cette époque, on pen-sait déjà que l'île était riche en minerais de diverses espèces, bien qu'on n'eût que des notices sur la contrée (1).

De retour en France, M. Jules Garnier put exposer ses collections à l'Exposition universelle de 1867. MM. Brongniart, vicomte d'Archiac, Fischer, Munier-Chalmas, Jannettaz, mi-

néralogiste du Muséum, lui prêtèrent leur concours, et je nomme tous ces savants pour montrer quels aides habiles servirent M. Jules Garnier, de sorte qu'il est fort peu vrai-semblable que des erreurs de quelque importance aient pu se glisser dans ses écrits, surtout en ce qui concerne des matières telles que le fer chromé, l'hématite ou le nickel. On verra tout de suite que les prétentions à la découverte de ces substances à la Nouvelle-Calédonie, dès l'année 1874 seulement, ne peuvent être invoquées que par des personnes fort peu au courant des questions. Pour le démontrer, d'ailleurs, nous avons encore les mémoires de M. Jules Garnier des 15 sep-tembre 1864, 5 février et 3 mai 1865, publiés dans la colonie, et enfin ceux publiés en France dans le *Bulletin de la Société géologique* et dans les *Annales des mines*. Dès le mois de mars 1863, je recevais déjà de M. Jules Garnier une collec-tion de la Nouvelle-Calédonie qui renfermait entre autres du fer chromé, du minerai de nickel et de la houille du mont d'Or.

Depuis cette date, la question du minerai de nickel devint d'une telle importance, que j'en expédiai des spécimens en Angleterre et en Amérique et mon ami, le professeur Dana, accepta bientôt le nom de « *garniérite* » que j'avais donné à ce minerai, car cette désignation nous paraissait juste et bien appropriée, et c'est sous ce nom que ce minéral va être dé-crit dans le prochain appendice de minéralogie du professeur Dana. Notre collègue, le professeur Liversidge de l'université de Sydney, a bien voulu encore s'accorder avec nous dans la désignation de ce minerai, par laquelle nous rendons ainsi justice à un homme digne de notre reconnaissance par suite de ses travaux à la Nouvelle-Calédonie.

Les formations reconnues à la Nouvelle-Calédonie par leurs fossiles, sont :

Le QUATERNAIRE, caractérisé par des espèces encore vivantes sur les côtes ;

Le NÉOCOMIEN INFÉRIEUR, caractérisé par une *Pinna;*

Le LIAS SUPÉRIEUR, caractérisé par la *Nucula Hammeri;*

Le LIAS INFÉRIEUR, caractérisé par l'*Ostrea sublamellosa*, la *Pellatia Garnieri;*

Le TRIAS supérieur, caractérisé par l'*Halobia Lomelli;* l'infé-rieur, caractérisé par l'*Avicula Richmondiana;*

Le DEVONIEN SUPÉRIEUR et le SILURIEN SUPÉRIEUR, caracté-risés par des *Orthis;*

Les terrains AZOÏQUES, caractérisés par des *micaschistes.*

Le granit est très-rare.

Les schistes cristallisés, le plus souvent à l'état de mica-schistes, forment, sur la côte nord-est de l'île, une chaîne montagneuse de 100 kilomètres environ de longueur; c'est là que sont des hauteurs qui atteignent 1700 mètres. Ces schistes sont recoupés par des veines d'*euphotides*, des filons de quartz avec pyrites, épidote, tourmaline, rutile. Ils sont encore associés à des stéaschistes, des schistes argileux et serpentineux, et, enfin, à des calcaires très-siliceux qui, sous l'influence de la dénudation, se dressent çà et là aujourd'hui, en masses isolées, élevées, caverneuses, fantastiques et par-fois d'un caractère grandiose : telles sont les *Tours* de Hien-guène.

Le calcaire ancien se rencontre aussi en bancs intercalés dans des schistes fusibles, le long de la rivière de Ti-Houaka, derrière Houagape. A cause de l'absence de fossiles dans les terrains dont nous venons de parler, M. Jules Garnier les considère comme siluriens et même cambriens. C'est dans les alluvions qui recouvrent ces micaschistes anciens que l'or s'est rencontré à Poebo; mais il semble que, dans ce point, le peu d'or que l'on a rencontré dans les alluvions soit le résultat de la destruction, par les agents naturels, d'une immense quantité de la roche en place, qui serait ici la ma-trice du métal.

Une formation qui se montre aux environs de Nouméa semble être devonienne. Elle est en association avec une

---

(1) *Revue de géologie* de Delesse et Laugel (III, p. 369-701). — *Revue algérienne et coloniale*, avril 1860, P. Montrouzier. — *Bulletin* de la Société linnéenne de Normandie, 1864, t. VIII, p. 332-378.

grauwacke que nous retrouvons à la Nouvelle-Galles du Sud, qui tient en abondance des *Brachiopodes* roulés, des *Spirifer*, *Leptæna*, *Megantheris*, *Orthis*, lesquels, d'après M. Fischer, caractériseraient le devonien ; tandis que M. Munier considère ces fossiles comme semblables à l'*Orthisina anomala* du silurien moyen ou supérieur de Russie. M. Jules Garnier décrit cette formation et ses bancs qui sont extrêmement dénudés et rongés parfois profondément par le passage des eaux.

Le trias apparaît au-dessus de cette formation ; les roches qui le composent ont été déplacées, élevées, métamorphosées par les porphyres qui ont aussi influencé les formations plus anciennes dont nous venons de parler. Ce porphyre se montre sur une distance considérable (depuis le mont d'Or jusqu'au nord de l'île) ; il est compacte, d'une couleur blanc sale, bleuissant à l'air ; les schistes qu'il traverse sont souvent pyriteux ; ils affectent aussi une forme globulaire avec noyau identique au porphyre lui-même ; parfois encore la présence de fragments angulaires fait passer la roche à une brèche à grains fins. — Ces circonstances particulières se rencontrent précisément à la Nouvelle-Galles du Sud, sur les bords de la rivière Peel et dans d'autres points où les roches ignées ont affecté les fossiles coquilliers, ainsi que les calcaires de la formation carbonifère inférieure. — Les bancs triasiques sont caractérisés par le *Monotis Richmondiana*, le *Turbo Joani*, *Spirigira Caledonica*, *Spirifer sp.*, *Astarte sp.*, *Halobia Lomelli* et une *Myoconcha* analogue au *Mytilus problematicus* de la Nouvelle-Zélande. — Ces bancs apparaissent, aux îles Hugon et Ducos, élevés par les porphyres qui sont ici acccompagnés de cuivre natif et de fer oxydé rouge. M. Jules Garnier désigne quelques-uns de ces porphyres sous le nom de *Mélaphyre bréchoïde*, ce qui, d'après Von Cotta, serait un titre douteux et seulement justifié peut-être par l'absence du quartz. C'est dans ce «mélaphyre», ainsi que dans des wackes qui en résultent, que se rencontre le cuivre, et M. Rivot qui examina ces roches y reconnut une grande analogie avec les roches cuprifères du Lac supérieur dont il avait visité les mines célèbres.

La formation houillère du mont d'Or, de Nouméa, de Saint-Vincent, etc., vient ensuite, s'étendant en largeur depuis le rivage jusqu'aux chaînes centrales que forment les roches éruptives magnésiennes. — Les grès, conglomérats et porphyres de cette formation ont une analogie telle avec les roches *carbonifères* de l'Europe, que M. Jannettaz les aurait crues contemporaines. Mais les fossiles ne justifient point cette pensée.

M. Fischer a reconnu, dans les schistes noirs de Koé, des moules de *Littorina* du groupe *Capitaneus* (Munster), des empreintes de *Cardium* et d'une petite bivalve rappelant l'*Astarte Voltzii* de Goldfuss. — L'absence de céphalopodes et de brachiopodes, et la présence desdits fossiles classeraient ces bancs dans le jurassique inférieur, quoique, d'après M. Jules Garnier, le trias de l'île Hugon présente aussi des *Astarte* et *Turbo* voisins des précédents et déterminés par M. Deslongchamps.

M. Munier-Chalmas reconnut quatre fossiles du lias inférieur : une *Ostrea*, probablement la *sublamellosa* de Duncker ; une *Pellatia* d'un genre commun en Bourgogne, qu'il nomma *Garnieri* ; un *Cardium caledonicum* et un *Turbo*.

La *houille* qui surmonte ces bancs renferme deux espèces de *Nucula* dont l'une (*Nucula Hammeri* de France) appartient au lias supérieur. M. Jules Garnier ajoute que le professeur M'Coy a déterminé, dans la Nouvelle-Galles du Sud, des bancs de houille triasiques et jurassiques avec *Belemnites giganteus*. Mais c'est là une erreur ; ce fossile ou ses congénères appartiennent seulement à Queensland.

A Koé la houille est anthraciteuse et parfois graphitique, par suite de la présence d'un filon de porphyre euritique qui a métamorphosé le combustible.

Au nord-ouest du mont d'Or le charbon est bitumineux ;

mais il est en nids plutôt qu'en couches dans un grès si facile à décomposer, qu'il ne subsiste qu'au contact des roches éruptives qui l'ont durci. — A Koé, M. Jules Garnier observa la sorte de cristaux imparfaits de quartz qui étincellent au soleil après la pluie, que j'ai moi-même notés dans nos grès du « great Hawkesbury ».

De Koé à Païta on trouve les porphyres euritiques colorés par une matière verte qui n'était pas encore déterminée, mais qui paraissait être du nickel (Jules Garnier, *Ann. des mines*, tome XII, p. 55).

Auprès de Nouméa (au bois Leclerc), dans un grès calcaire, on trouve une *Pinna* que M. Munier considère comme identique à une nouvelle espèce de *Pinna*, non encore décrite, du néocomien supérieur de France.

Au-dessus de cet horizon se rencontrent des formations plus récentes encore, où l'on voit des restes de coquillages marins d'espèces encore vivantes. — L'une des plus remarquables de ces formations est celle qui compose les îles Loyalty, que l'on rencontre à l'île des Pins et dans d'autres points de la grande terre : il s'agit d'un calcaire qui renferme des moules fort bien conservées de *Terebra*, *Turbo*, *Trochus*, *Psammobia*, *Cypricardia*, *Nautilus*, etc. Ces fossiles ont été déterminés par M. Fischer.

Si nous passons aux roches magnésiennes éruptives, nous verrons que leur importance est telle ici que l'on pourrait penser que l'île entière n'est autre chose qu'un soulèvement de roches magnésiennes, au milieu desquelles est resté çà et là un petit îlot de roches sédimentaires, dernier vestige des anciennes formations. Ces roches magnésiennes sont principalement des serpentines avec ou sans diallage, des euphotides, des amphibolites et diorites.

Ces roches, qui se transforment facilement en argiles, ont permis une action considérable aux agents de la dénudation, et cela d'une façon souvent capricieuse : c'est ainsi que l'ablation des argiles en question a donné lieu à ces baies profondes, dentelées, tortueuses, qui échancrent toutes les côtes où dominent les roches magnésiennes ; parfois des terres ont été séparées de l'île principale ; elles forment aujourd'hui des îlots dont les principaux, au sud, sont l'île *Ouen* et l'île des *Pins*.

L'étude attentive de ces roches magnésiennes montre de fort intéressants exemples de passages insensibles d'une variété à une autre, parfois très-différente d'aspect. C'est au sein de ces matériaux que nous trouvons un hydro-silicate de magnésie très-pur, analogue à la *gymnite* du Massachusetts ; une espèce de jade (à l'île Ouen), et enfin, parmi les minéraux utiles, le fer, le chrome, le nickel.

Le révérend docteur W.-B. Clarke cite alors, d'après M. Jules Garnier, les points si nombreux de l'île où ce géologue a signalé les deux métaux : le nickel et le chrome, dont la priorité de découverte lui était contestée ces derniers temps, et il termine la partie de son discours qui intéresse notre colonie en faisant remarquer que, s'il est ainsi venu élucider devant la « Société royale » cette question de priorité de découverte, il remplit simplement un devoir vis-à-vis d'un collègue de la Société géologique de France, qui, depuis des années déjà, avait bien voulu lui faire part de ses découvertes à la Nouvelle-Calédonie ; de plus, il offre en même temps à ses concitoyens les résultats de recherches jusqu'ici cachés pour eux dans une langue étrangère. — La controverse qui s'est élevée a d'ailleurs eu l'avantage de provoquer de la part de M. le professeur Liversidge, la remarquable note qu'il a lue l'année dernière devant la Société royale.

En terminant son discours, M. le docteur Clarke fait part de l'étendue considérable du terrain devonien dans la Nouvelle-Galles du Sud ; on lui a déterminé en Europe 84 espèces devoniennes, outre un grand nombre de fossiles du silurien supérieur, et ce n'est là qu'une partie de la collection de mille individus qu'il a envoyée en Angleterre vers 1873.

VARIÉTÉS

La catastrophe de l' « Univers »

L'*Univers*, aérostat de 3000 mètres cubes, s'est enlevé le 8 décembre 1875, à onze heures du matin, de l'usine à gaz de la Villette où il était en partance depuis plus de huit jours dans la cour des gazomètres. Comme le soleil reste, à cette époque de l'année, peu de temps au-dessus de l'horizon, M. Eugène Godard, qui dirigeait l'opération, avait cherché à diminuer le nombre des manœuvres à effectuer lors du gonflement. Cet habile aéronaute avait même disposé à l'avance, sur la soupape, les deux larges courroies de caoutchouc qui lui servent de ressort, sans cependant dresser le chevalet qui les met en tension.

Ayant soigneusement recouvert d'une bâche le ballon ainsi que la soupape, M. Eugène Godard était sans inquiétude, mais le froid avait été si intense, si pénétrant, que ces caoutchoucs auraient été désorganisés sans qu'il fût possible de s'en apercevoir.

C'est cette circonstance qui m'a conduit, ainsi que M. Eugène Godard lui-même, à supposer dans les premiers moments que la catastrophe qui a eu lieu sans cause apparente, trente-cinq minutes après le départ, était produite par l'ouverture spontanée d'un des clapets de la soupape.

C'est ainsi que nous avons expliqué, dans une lettre insérée au *Times* de samedi dernier, le sinistre aérien qui a amené la blessure de M. Eugène Godard, du brave colonel Laussedat et de plusieurs de ses hardis compagnons aériens.

Mais MM. le colonel Laussedat et Eugène Godard ont eu l'heureuse inspiration de confier l'enquête sur l'accident imprévu dont ils sont tous deux victimes à M. Henry Giffard, l'inventeur des grands ballons captifs et des ballons dirigeables à vapeur. Cet habile ingénieur est déjà parvenu à constater que la chute foudroyante du 8 décembre a été produite par quelque dérangement produit dans le jeu du filet par l'état de la température extérieure, par les basses températures auxquelles les agrès étaient restés longtemps exposés, et par le givre qui était tombé avant le départ. Nous ne pouvons en dire davantage sans devancer les conclusions du savant commissaire, qui n'a point encore terminé son travail.

Nous nous ferons un devoir de les faire connaître sans retard, car nous sommes déjà à même d'affirmer qu'elles posséderont une influence décisive sur les progrès de l'art aéronautique. Nous pouvons même ajouter qu'elles sont de nature à mettre en lumière le talent de notre célèbre aéronaute.

La chute eût été plus terrible encore si les aérostats de M. Godard n'étaient environnés, à l'équateur, d'une couronne de deux mètres haubanée par des cordelettes s'attachant aux cordages qui joignent la nacelle au cercle.

Cet organe, qui a sensiblement diminué la résistance sur l'air, dans une chute de 3 à 400 mètres, n'est pas d'un usage assez universel.

Le *Zénith* en était dépourvu. Malheureusement une énorme déchirure, produite par la résistance de l'air, s'est manifestée pendant la chute et l'a notablement accélérée.

Désireux de ne pas perdre un instant les officiers qui occupaient la nacelle se mirent en observation dès que le ballon fut en l'air sans laisser à l'aéronaute le temps de larguer son guide-rope et de disposer son ancre pour la descente.

Ce zèle priva M. Eugène Godard de ressources qui eussent été précieuses lors de l'atterrissage inopiné.

Le lest se trouvait dans la nacelle en grande partie sous les pieds des passagers, de sorte que malgré sa présence d'esprit M. Eugène Godard n'a pu en jeter qu'une quantité insignifiante.

400 kilogrammes de sable se trouvaient encore à bord quand l'aérostat est tombé sur un terrain vague de la rue de Lagny, à Montreuil.

Il en eût été autrement si les sacs de lest eussent été arrimés en dehors de la nacelle comme je l'ai indiqué dans mon *tableau pratique de la navigation aérienne* et comme je l'ai pratiqué notamment dans mon ascension du siège. Cette pratique, qui permet de se débarrasser instantanément de toute la quantité disponible, m'a sauvé la vie dans une descente précipitée faite à Maisons-Alfort, il y a dix-huit mois, à la suite d'un accident de soupape.

Bien entendu, il ne faut y avoir recours qu'à la dernière extrémité, car il ne faut pas oublier que leur projection peut amener un accident à terre, et que pour se sauver d'un danger de mort on s'expose à tuer quelqu'un.

Voici en tout cas ce qui m'était arrivé.

La corde de soupape avait été amarrée avec un palan au fond de la nacelle afin de pouvoir la tenir ouverte plus facilement lors de l'atterrissage. Mais ayant été obligé de jouer de la soupape à 3000 mètres pour ne point dépasser une couche de cumulus, nous n'avions pas pris garde que le ballon s'était allongé et que la corde, devenue trop courte, s'était roidie. Cette erreur, ayant été réparée, n'eut d'autre résultat que d'interrompre l'ascension, grâce au jet de quatre sacs que je pus décrocher en un tour de main.

Le caoutchouc est une substance sur laquelle il est bien difficile de compter et l'on pourrait citer bon nombre d'aéronautes qui ont péri à la suite de la rupture de leur caoutchouc. Je me bornerai à rappeler la mort de Louis Deschamp qui a péri de la sorte, près de Nimes, ainsi que celle de l'aéronaute anglais, Harriss.

M. Henry Coxwell et les praticiens anglais ont l'habitude de remplacer le caoutchouc par des ressorts en cuivre rouge qui remplissent le même usage et qui sont moins sujets à se fausser. Ces ressorts ont été, pour la première fois, employés par l'aéronaute anglais, Green, qui a introduit tant d'améliorations dans la construction des ballons.

Les aéronautes français ne devraient-ils point s'inspirer de l'exemple de leurs confrères d'outre-Manche, qui, habitant un pays où le caoutchouc a tant d'usages, ne l'emploient jamais comme ressorts de leurs soupapes de ballons?

M. Henry Giffard a également employé des ressorts métalliques à boudin dans la construction des magnifiques soupapes de ses aérostats à vapeur. Quoique ces soupapes soient un peu plus lourdes et un peu plus chères que les soupapes anglaises, elles sont d'une construction bien plus parfaite encore.

Le plateau est terminé par un couteau circulaire qui repose sur une gorge de caoutchouc, et les ressorts à boudin la soutenant par dehors sont attachés à une couronne de bois ou de métal autour de laquelle vient s'attacher la partie supérieure du filet et sous laquelle est pincée l'étoffe du ballon.

Cet habile ingénieur a apporté, comme on le voit, à cette partie vitale de l'aérostat, la perfection qu'il a mise dans tous les organes qu'il a créés.

Si les ballons sont encore imparfaits, c'est qu'on les destine trop rarement à des usages scientifiques, et qu'on ne tire point parti, pour leur construction, de tous les progrès que l'art de l'aéronaute a depuis longtemps réalisés.

Ajoutons que les personnes qui se sont tirées sans une égratignure de la catastrophe de l'*Univers* sont celles qui ont eu la présence d'esprit de s'accrocher aux cordages au moment où la nacelle a touché le sol; c'est la manœuvre universellement recommandée lors des atterrissages. Si M. Godard ne l'a pas pratiquée c'est que, cherchant jusqu'au dernier moment à jeter du lest, il n'a pu songer à sa sécurité personnelle. Ce dévouement à ses devoirs professionnels doit être signalé, et nous devons espérer que le gouvernement de la République ne tardera point à le récompenser de sa conduite dans cette triste circonstance.

W. DE FONVIELLE.

BULLETIN DES SOCIÉTÉS SAVANTES

Académie des sciences de Paris. — 6 DÉCEMBRE 1875.

M. Duchartre : La formation du sucre dans la betterave. — M. Boussingault : Observations relatives à l'*Agava americana*. — M. Pasteur : Observations sur le saccharose. — M. Berthelot : Observations sur la formation du saccharose dans les végétaux. — M. Daubrée : Notes sur un voyage au nord de la Sibérie. — M. Is. Pierre : Les fruits de *Mahonia*. — M. Aimé Girard : L'hydrocellulose. — M. Ph. Van Tieghem : La prétendue sexualité des ascomycètes. — M. Gaudry : Les fossiles des phosphorites du Quercy. — M. le préfet de la Seine : Communication relative aux paratonnerres. — M. Stéphan : La planète 157. — MM. Lechartier et Bellamy : La fermentation des fruits. — M. Corenwinder : L'influence de l'effeuillage des betteraves sur le rendement et sur la production du sucre.

M. *P. Duchartre* présente quelques observations à propos de la formation du sucre dans la betterave. Ces observations font suite à la précédente note de l'auteur relative à la communication de M. Viollette sur l'influence de l'effeuillaison sur la betterave. M. Duchartre soutient que le sucre est produit dans la feuille, qu'il est élaboré par elle sinon toujours directement, du moins les substances qui par leur transformation lui donneront naissance, comme l'amidon par exemple. Il cite à cet égard les opinions de plusieurs botanistes, qui concordent avec la sienne. Que les matières saccharoïdes, dit-il, et parmi elles l'amidon plus que toutes, aient la feuille ou plus généralement les organes verts pour lieu essentiel de production, c'est non pas seulement une hypothèse rationnelle, mais l'une des vérités le plus solidement établies aujourd'hui en physiologie végétale. Pour l'auteur, dans le cas spécial de la betterave, c'est à l'état d'amidon que se produit, dans les feuilles, l'hydrate de carbone qui, déjà dans le pétiole, se montre en grande quantité à l'état de glycose, et que l'action spéciale des cellules de la racine n'aura qu'à faire passer à l'état de sucre de canne ou saccharose. En effet, certaines analyses de feuilles de cette plante montrent que le sucre n'existe pas encore dans cet organe. Il est donc naturel que le sucre, ayant sa source dans l'amidon des feuilles, ait sa proportion réduite dans les plantes que des effeuillages successifs mettent dans l'impossibilité de produire la quantité normale d'amidon.

— M. *Boussingault*, après avoir entendu la communication qui précède, présente quelques observations relatives à l'*Agava americana* que M. Duchartre a cité parmi les végétaux saccharifères. M. Boussingault, qui a fait de cette plante une étude particulière dans les régions équatoriales, fait connaître certains détails qui complètent ce qu'en a dit M. Duchartre, et font ressortir l'importance de ce végétal, comme producteur de matières sucrées élaborées par les feuilles. L'agave possède des feuilles roides, charnues, lancéolées, creusées en gouttières, atteignant quelquefois 2 mètres de longueur, 15 à 20 centimètres de largeur et 5 à 10 centimètres d'épaisseur au point d'attache. Ces feuilles partent toutes du collet d'une racine très-peu développée. Après être restées, pendant des années, penchées vers la terre, elles se redressent en se rapprochant d'un bourgeon conique, comme pour le couvrir, le protéger. Le bourgeon s'allonge alors avec une étonnante rapidité ; bientôt il forme une hampe ligneuse, revêtue d'écailles imbriquées que termine une grappe florale. En moins de deux mois, la hampe atteint une hauteur de 5 à 6 mètres. L'agave, pour accomplir cette évolution, a dépensé ce que son organisme feuillu avait élaboré de sucre pendant des années ; il est épuisé et il meurt ; seuls les drageons qui

garnissent sa racine survivent pour la reproduction. Dans les plantations, on s'oppose à la floraison, afin d'employer les matériaux sucrés des feuilles ou à la fabrication de sucre cristallisé ou à la préparation du *pulque,* boisson favorite des Mexicains.

— M. *Pasteur* prend ensuite la parole et déclare que la connaissance de l'origine du sucre dans les plantes, et en particulier dans la betterave, lui paraît beaucoup moins certaine que ne le pense M. Duchartre. Il ne peut croire à la production du sucre dans la betterave par la simple transformation de l'amidon. L'amidon a une étroite parenté avec la glycose, mais sa nature chimique est probablement très-éloignée de celle du sucre proprement dit. M. Pasteur est très-disposé à croire que si l'on trouvait un jour un amidon pouvant se transformer en saccharose, cet amidon ne serait pas du tout l'amidon que nous connaissons.

— M. *Berthelot* rappelle, à ce sujet, ses recherches sur la famille des saccharoses, sucres analogues au sucre de canne et résolubles comme lui en deux sucres distincts, par hydratation, la glycose et la lévulose. Si donc, dit M. Berthelot, on suppose (ce qui n'est pas démontré d'ailleurs) que le saccharose ne se forme pas de prime-saut dans les végétaux, il semble nécessaire d'admettre la présence simultanée de la glycose et de la lévulose, et non de la glycose seule, pour expliquer la formation du saccharose ordinaire. On constate, en effet, la coexistence de ces deux sucres dans les feuilles de divers végétaux, aussi bien que dans les fruits en maturation.

— M. *Daubrée* présente deux notes, l'une relative à la première partie du voyage de M. Nordenskiöld sur l'Iéniséi, l'autre au retour de M. Kjellman du Iéniséi en Norvége, à bord du *Præfven.* Dans chacune de ces deux notes se trouve un extrait des lettres des voyageurs. Ces lettres sont très-intéressantes, mais comme toute leur valeur dépend des détails qu'elles contiennent, nous ne pouvons entreprendre de les résumer.

— M. *Is. Pierre* fait une communication sur la matière colorante des fruits du *Mahonia* et sur les caractères du vin que peuvent donner ces fruits par fermentation. L'auteur a recueilli une certaine quantité de fruits de mahonia. Il a soumis ces fruits à l'action d'une presse, pour en extraire le jus qu'il a ensuite laissé fermenter. L'espèce de vin ainsi obtenu est très-âpre au goût ; il possède une saveur spéciale, provenant de l'action de la râfle et des appendices floraux qui y sont restés adhérents. Ce vin, très-foncé en couleur, contient un peu plus de 6,25 pour 100 d'alcool absolu. Soumis à la distillation, il a donné une eau-de-vie qui, amenée directement ou par coupage à 49 degrés centigrades, est de qualité passable. Dans les usages habituels du commerce des vins communs du nord de la Loire, on rehausse souvent la couleur de ces vins, surtout dans les années médiocres, par le vin dit *teinturier* que l'on récolte en assez grande abondance dans le département du Cher. M. Is. Pierre ne voit pas d'impossibilité à ce que le vin de mahonia puisse entrer en concurrence sérieuse avec le vin *teinturier* pour colorer les vins.

— M. *Aimé Girard* envoie une note sur un dérivé par hydratation de la cellulose. Entre la cellulose normale et les celluloses modifiées, de forme gélatineuse, on observe un état particulier de la matière, état mal défini, et dont les opérations industrielles offrent plusieurs exemples. La cellulose perd, dans ce cas, toute sa solidité et devient friable. L'auteur a reconnu que la modification première de la cellulose, lorsqu'elle est exposée à l'action des acides, résulte de la production d'une matière nouvelle, privée d'organisation et caractérisée par une grande friabilité. On peut obtenir cette matière en immergeant à froid la matière cellulosique, préalablement purifiée, dans l'acide sulfurique à 45 degrés B. Soumise à l'analyse, la matière obtenue offre une composition remarquable ; cette composition, en effet, est celle de la cellulose sur laquelle se serait fixé un équivalent d'eau; elle répond, par conséquent, à la formule $C^{12}H^{11}O^{11}$. L'équivalent d'eau ainsi fixé résiste à la dessiccation, et c'est pour ce motif que M. Girard propose de désigner la matière en question sous le nom d'*hydrocellulose*.

— M. *Ph. Van Tieghem* fait connaître le résultat de ses études sur le développement du fruit des *Chætomium*. Après avoir donné les principaux détails relatifs à ses expériences, l'auteur discute la valeur de ses observations personnelles et de celles des autres botanistes qui se sont occupés de la question. Pour M. Van Tieghem, la prétendue sexualité des ascomycètes n'existe pas.

— M. *A. Gaudry* fait une communication sur de nouvelles pièces fossiles découvertes dans les phosphorites du Quercy. Il résulte des études de M. Gaudry que ces phosphorites renferment des animaux appartenant à l'éocène moyen, l'éocène supérieur et le miocène inférieur. Ce qui est très-remarquable, c'est la variabilité excessive des caractères chez des animaux qui ont les apparences de la plus étroite parenté. Les espèces des couches bien délimitées, comme celles du calcaire grossier, du gypse de Montmartre, du lignite de la Débruge, qui représentent un laps de temps relativement peu considérable, n'ont pas une pareille motilité. Cette différence est inexplicable, si l'on n'admet pas que les formations des phosphorites ont eu une très-longue durée.

— M. *le Préfet de la Seine* adresse à l'Académie l'instruction adoptée par la commission qui a été chargée d'étudier la meilleure disposition à donner aux paratonnerres surmontant les édifices municipaux et départementaux. Il l'informe, en outre, qu'un service spécial a été créé, avec mission de vérifier, au moins une fois l'an, et à l'aide des procédés les plus parfaits, l'état des paratonnerres de ces édifices. Il a été décidé qu'on installerait, sur divers points de la ville, un certain nombre d'appareils spéciaux, pour étudier à la fois l'efficacité des modèles proposés par la commission et la marche des orages au-dessus de Paris.

— M. *Stéphan*, dans une lettre à M. Le Verrier, annonce la découverte de la **152**° petite planète, faite à Marseille, par M. Borelly, le 1er décembre. La planète est de 12e-13e grandeur. Elle a été découverte à dix heures trente minutes de temps moyen.

— MM. *G. Lechartier* et *F. Bellamy* adressent une note sur la fermentation des fruits. Les fruits, les feuilles et les graines, maintenus à l'abri de l'oxygène, produisent de l'alcool et de l'acide carbonique pendant un temps plus ou moins long, après lequel ils deviennent complètement inertes. Cette production est due, selon les auteurs, à l'activité des cellules qui continuent à vivre malgré la privation d'oxygène. M. Pasteur a défini le pouvoir du ferment alcoolique par le rapport du poids du sucre décomposé au poids du ferment produit. Les auteurs de la présente note ont considéré dans chaque expérience le rapport du volume d'acide carbonique recueilli au poids du fruit, ce nombre pouvant donner une mesure de la puissance de décomposition que possèdent les cellules du fruit au moment où on le prive d'oxygène. Le volume de gaz produit par un fruit diminue à mesure qu'il vieillit. Le fruit cueilli prématurément avant qu'il ait atteint la grosseur normale possède une puissance de décomposition plus forte que celle du fruit mûr.

— M. *B. Corenwinder* communique le résultat de ses expériences relatives à l'influence de l'effeuillage des betteraves sur le rendement et la production du sucre. Le ces expériences, il résulte que l'effeuillage diminue le rendement. Discutant ensuite les déductions physiologiques qui résultent des analyses et des modifications extérieures que les betteraves effeuillées ont éprouvées, l'auteur arrive à démontrer que, selon toute probabilité, ces plantes acquièrent, par l'intermédiaire de leurs feuilles, le carbone nécessaire à la synthèse du sucre, qui se localise dans les racines.

BIBLIOGRAPHIE SCIENTIFIQUE

Les étrennes

I

HISTOIRE DE L'HABITATION HUMAINE, par M. VIOLLET-LE-DUC (1)

M. Viollet-le-Duc poursuit, au profit de la *Bibliothèque d'éducation et de récréation*, créée par M. Hetzel, la série de ses traités d'architecture élémentaire et pittoresque. Il y a deux ans, c'était l'*Histoire d'une maison*, où il expliquait et discutait les procédés de construction en usage aujourd'hui pour les habitations privées; l'an dernier, c'était l'*Histoire d'une forteresse*, démontrant, dans une suite d'épisodes d'un vif intérêt, les transformations qu'a subies l'art de la fortification depuis les temps les plus reculés jusqu'à nos jours. La France et un seul site lui avaient suffi pour encadrer les divers récits qui composent cette dernière œuvre. Dans l'ouvrage qu'il publie cette année le cadre s'est agrandi au point d'embrasser non-seulement toutes les époques, mais encore toutes les régions où l'homme a fait œuvre d'architecte. Partant de l'hypothèse d'un être humain primitif voisin de la brute, il conduit le lecteur de la misérable hutte de branchages et de boue où s'abrite ce personnage jusqu'à l'un de ces magnifiques hôtels de la Renaissance édifiés par Philibert de Lorme pour les grands seigneurs de cette époque brillante et tourmentée. Avant d'atteindre à cette dernière étape, on a visité successivement la cabane de l'Arya (ainsi qu'il est de mode aujourd'hui de désigner le représentant primitif de la race japhétique), la maison de bambous du Chinois, la tente du Tartare, le palais géométrique d'un monarque égyptien, et les diverses habitations des premiers Mèdes et des représentants nomades et sédentaires de la race sémitique (Arabes et Hébreux); puis, de la demeure grandiose d'un roi assyrien, on a passé au blockhaus circulaire du Pélasge, de là à une élégante maison de l'antique Ionie et à l'habitation encore perfectionnée d'un citoyen d'Athènes; ce sont ensuite la villa romaine, la maison de passage du commerçant syriaque, le palais hindou, le pavillon du Thibétain, le rude logis du Nahua et du Toltèque, le chalet du Scandinave, l'habitation à la fois grossière et luxueuse d'un roi franc et celle d'un seigneur sarrazin, et enfin le château féodal dont il a été donné déjà une ample description dans l'*Histoire d'une forteresse*.

Pour relier entre eux les vingt-sept épisodes par lesquels il nous fait connaître tous ces édifices si variés d'aspect et de forme, ainsi que les procédés mis en œuvre pour leur construction, M. Viollet-le-Duc a introduit deux personnages emblématiques, Doxi et Epergos, qui jouent dans son livre le rôle de *ciceroni* perpétuels. Ainsi que son nom l'indique, le premier représente l'esprit de routine à outrance, partisan aveugle et absolu du *statu quo*, qui ne dit pas seulement que le mieux est l'ennemi du bien, mais qui tient que tout changement est funeste et doit être réprouvé, quitte à l'accepter comme excellent lorsqu'il se sera produit sans son aveu.

---

(1) 1 vol. gr. in-8°, avec nombreuses figures (Paris, Hetzel): br., 9 fr.; cart., 12 fr.

Epergos, au contraire, c'est l'esprit de progrès et de perfectionnement, laborieux et chercheur, qui n'admet pas que parce qu'une chose existe, elle doive pour cela être maintenue, en dépit de ses inconvénients, mais qui veut aussi que les changements qu'on y apporte soient de réelles améliorations.

Doxi et Epergos, bien qu'ils ne soient et ne puissent jamais être d'accord, accomplissent ensemble, et sans jamais se quitter, leurs pérégrinations à travers les âges et les différents peuples. Il n'y a pas là de quoi nous étonner; nous sommes nous-mêmes tous les jours témoins de leurs luttes. Heureux si, comme dans le livre de M. Viollet-le-Duc, ils se bornaient toujours à des discussions doctrinales et scientifiques.

On le voit d'après cela, l'écrivain, dans cette *Histoire de l'habitation humaine, depuis les temps préhistoriques jusqu'à nos jours*, ne s'est pas proposé seulement de donner des descriptions techniques. Ces descriptions ne sont qu'une des parties du livre : elles ont leur intérêt sans doute, mais qui n'irait qu'aux gens du métier, si le livre ne contenait rien de plus. Par tout ce qu'il y a ajouté, M. Viollet-le-Duc a généralisé cet intérêt et l'a rendu également vif pour tous les lecteurs. Qu'on y réfléchisse, en effet, l'histoire de l'habitation humaine, c'est l'histoire de l'humanité même ; le logement de l'homme a été, est et sera toujours l'expression fidèle de ses conditions d'existence, de ses mœurs et du degré de civilisation auquel il est parvenu.

C'est là ce que M. Viollet-le-Duc fait pour ainsi dire toucher au doigt dans chacune des scènes qui animent les visites d'Epergos et de Doxi aux différentes demeures que nous avons énumérées. L'Arya, intrépide et compréhensif, voit sans se désespérer sa cabane primitive détruite de fond en comble par l'ouragan. Il se met à l'œuvre immédiatement pour la relever, et docile aux conseils d'Epergos, c'est-à-dire de l'expérience et de la raison, il la construit dans des conditions plus sûres, plus commodes et plus salubres. Doxi, ou la routine, aura beau emprunter la voix de sa femme pour empêcher toute innovation, il ne s'y arrêtera pas. Sa nouvelle demeure n'est pas encore un palais, tant s'en faut, mais c'est beaucoup qu'elle soit préférable à l'ancienne, préférable déjà elle-même à celle qu'avait son père. Ses fils feront mieux encore, et leurs descendants, en suivant le même exemple, arriveront de perfectionnements en perfectionnements à édifier les splendides et gigantesques palais hindous et assyriens, ou les gracieuses maisons athéniennes et romaines, ou ces châteaux et ces hôtels dont nos villes et nos campagnes nous offrent encore de si remarquables spécimens.

Il n'en sera pas ainsi des descendants du gros Fau, le marchand chinois valétudinaire et impotent. Certes, on ne pouvait trouver rien de mieux entendu que sa maison, et qui fût mieux appropriée au climat ainsi qu'aux besoins de son propriétaire : « Toute la construction était faite de bambous. Des treillis de joncs artistement assemblés fermaient toutes les baies et laissaient circuler l'air en tamisant la lumière du jour..... De grands toits faits de gros bambous recourbés et couverts de joncs très-habilement disposés abritaient les intérieurs contre la pluie et le chaud, car ces couvertures étaient épaisses. Des nattes serrées, façonnées de même avec des joncs, permettaient de fermer hermétiquement les baies pendant la nuit et couvraient le sol. La bâtisse reposait sur un socle composé de grosses pierres parfaitement assemblées, quoique irrégulières. Le tout était peint extérieure-

ment et intérieurement de couleurs vives, parmi lesquelles dominaient le jaune et le vert. »

On le voit, l'agrément et le confortable étaient réunis dans cette jolie et intelligente habitation. Rien n'y manquait, si ce n'est la solidité. Une tempête devait la balayer comme un amas de feuilles sèches; l'incendie n'en aurait fait qu'une bouchée. Aussi la demeure du gros Fau, si rebelle aux prescriptions hygiéniques d'Epergos, a-t-elle depuis longtemps disparu; mais n'importe, le modèle en a subsisté. Après cent générations, le Chinois habite encore une maison de joncs et de bambous qu'il rebâtira perpétuellement sans rien changer à l'aspect et à la distribution. Doxi n'eut jamais d'adepte plus convaincu.

Mieux encore cependant que cette constance dans la fragilité, les puissantes constructions de l'Égypte devaient obtenir l'approbation du partisan de l'immobilité. Elles ont duré, il est vrai, et une partie semble même devoir durer éternellement, mais à l'état d'œuvres mortes, objets de curiosité et d'étonnement. « Quelque effort que fassent les hommes, a dit Bossuet, leur néant paraît partout. » Ce sont eux qui un jour ont manqué à ces monuments indestructibles, et le désert a hérité des palais des nomarques aussi bien que de leurs tombeaux.

Le chapitre où sont décrits les monuments égyptiens et où l'auteur nous initie aux idées religieuses et aux principes géométriques, d'après lesquels ils furent édifiés, est un des plus intéressants du livre. Cela ne pouvait manquer. Outre qu'il y a là ample matière à réflexion, ces formidables travaux sont bien faits pour inspirer à l'homme quelque fierté.

Parmi les traits de mœurs qui forment comme un vivant commentaire de la partie scientifique du livre, il faut lire particulièrement l'épisode qui se rapporte à la maison ionienne et celui qui se déroule autour du château féodal.

Un autre épisode d'une couleur charmante, c'est le repas dans le triclinion de la maison athénienne. A part les mets et les vins que l'on déguste, tout s'y passe en conversation; mais comme cette conversation, tour à tour sérieuse et frivole ou railleuse et sophistique, mais toujours polie, exprime bien la civilisation équilibrée et les mœurs raffinées de cette race qui, par plus d'un point, ressemble à la nôtre.

L'influence des origines persiste cependant au milieu de celle des mœurs. Comme le démontre le savant écrivain, on retrouve toujours dans les constructions dues aux peuples les plus civilisés le souvenir des constructions primitives des races dont ils émanent. Ainsi, pour ne citer qu'un exemple, « le vrai cottage de l'Anglais est encore la maison de charpente de l'Arya, et même, s'il le bâtit en pierre, les formes rappellent la structure du bois ».

Cette question des origines, dont on ne saurait contester l'importance, est ingénieusement étudiée dans tout le courant du livre, et c'est elle qui fournit à l'auteur sa conclusion, mise naturellement dans la bouche d'Epergos :

« Le philosophe a dit à l'homme : « Connais-toi toi-même, » et c'est, en effet, le commencement de toute sagesse (après la crainte de Dieu toutefois). Il est temps de dire à l'humanité : « Recherche tes origines, tu connaîtras tes aptitudes et tu pourras marcher dans la véritable voie de tes destinées. »

A quoi nous ne pouvons que répondre : Ainsi soit-il!

II

LES ÉVENTAILS (1)

Le premier éventail fut vraisemblablement contemporain de la première femme et du premier coup de soleil. Il y a lieu de croire que le couple bienheureux de qui nous descendons n'en ignorait pas l'usage, et la feuille de figuier biblique, vêtement un peu court, même sous le beau ciel de l'Eden, devait être au contraire dans les mains de notre commune aïeule un éventail aussi élégant que confortable. M. Blondel, l'auteur de la savante *Histoire des éventails* que j'ai sous les yeux, ne remonte pas tout à fait jusqu'à ce premier âge de l'humanité et de la coquetterie féminine; mais il s'en faut de bien peu. Son érudition s'est arrêtée nécessairement là où manquaient les documents écrits ou figurés, mais elle ne s'est arrêtée qu'à cette limite infranchissable. Si elle n'a point fouillé, et pour cause, les archives des société antédiluviennes, au moins a-t-elle recueilli soigneusement, sur tous les points du globe qu'éclaire et chauffe le soleil, chez tous les peuples qui ont conservé quelque souvenir du passé, tous les témoignages propres à établir la haute antiquité de l'éventail et à faire connaître les formes diverses qu'a successivement prises ce hochet universel à l'usage des grands enfants de l'un et de l'autre sexe.

J'ai dit universel, et je n'ai pas trop dit. M. Blondel a rencontré l'éventail dans toutes les parties de la terre habitée et à toutes les époques de la chronologie la plus lointaine. Il est partout, dans le temps et dans l'espace. Sans parler de la Chine, où il était connu douze siècles avant notre ère, où il est dans toutes les mains et sert à tous les usages, où les soldats et les ouvriers le tiennent et l'agitent, même au travail, même au feu, de la Chine qui a mérité d'être considérée comme sa vraie patrie, moins pour l'avoir inventé (d'autres contrées pourraient lui contester cette gloire) que pour en avoir depuis trois mille ans usé et abusé plus qu'aucune autre nation du monde, — il a de tout temps été en honneur chez les Orientaux, depuis les Indous du *Mahâbhârata* et du *Ramayâna*, depuis les Assyriens de Nimroud et d'Assurbanipal, jusqu'aux Mèdes et aux Perses de Cyrus et de Darius et jusqu'aux nababs contemporains qui ne sortent jamais sans être accompagnés d'un *saïs* armé du chasse-mouches. Les peuples anciens se le transmirent de proche en proche et de main en main, comme un emblème de civilisation. La Grèce le reçut des Phéniciens, avec l'écriture, et le passa à l'Italie, qui se chargea de le porter, avec ses lois et ses Dieux, jusqu'aux extrémités de l'Europe occidentale et jusqu'aux rivages de l'Océan.

M. Blondel le suit jusque-là, et plus loin encore. Ne croyez pas, en effet, que l'éventail se soit contenté longtemps de rafraîchir l'ancien monde, et qu'il ait attendu les caravelles de Colomb pour passer l'Atlantique. Il était en usage au Mexique bien des siècles avant la conquête. Au nombre des présents offerts à Cortez par Moctheuzoma II figuraient deux éventails de plumes, ornés d'une lune et d'un soleil d'or. Sur ce point au moins, la jeune Amérique n'avait rien à apprendre du vieux continent et la civilisation aztèque se trouvait d'abord à la hauteur de la civilisation européenne. Tant il est vrai que le génie humain est un, sous tous les méridiens, et que l'homme, quelle que soit la couleur de son épiderme, éprouve naturellement le besoin de s'éventer par les temps chauds.

Chose plus curieuse, sur l'une et l'autre rive de l'Océan, les hommes, obéissant sans doute encore en cela à un instinct de leur nature, se sont accordés à donner à l'éventail une valeur symbolique, et à en faire un emblème en même temps qu'un instrument de bien-être.

Dans l'Inde antique, il était, avec le parasol et le chasse-mouches, un des attributs de la royauté. Sur les bords du Nil il figurait le bonheur et le repos céleste ; aussi est-il, dans les monuments égyptiens, l'insigne distinctif des princes. Les Aztèques, comme les Orientaux, le considéraient comme un symbole d'autorité. En Chine, où l'éventail sert d'album, un éventail de papier blanc, orné du sceau d'un grand personnage, d'un dessin, d'une sentence, parfois d'une pièce de poésie inédite et autographe, devient un souvenir et un gage d'amitié. Au Japon, un éventail, placé sur un plateau de forme particulière, annonce au criminel de famille noble l'arrêt qui le condamne. Les Grecs et les Romains se servaient de l'éventail pour activer le feu dans les sacrifices. Les chrétiens, à leur exemple, l'introduisirent dans la liturgie sacrée. Aux premiers temps de l'Eglise, deux diacres, placés aux deux extrémités de l'autel, agitaient incessamment des éventails depuis l'oblation jusqu'à la communion. Si les Latins ont abandonné cet usage, dès le xive siècle, les Grecs et les Arméniens l'ont conservé, et dans l'Eglise romaine elle-même on n'en a pas tout à fait perdu le souvenir, puisqu'on porte devant le souverain pontife, dans les solennités, deux grands éventails en plumes de paon.

Du Mexique au Japon et de Paris aux Pyramides, du règne de l'empereur Wou-Wang, fondateur de la dynastie du Tchéou (1134 ans av. J.-C.), jusqu'à l'an V de la troisième république française, les matériaux les plus divers ont été tour à tour employés à la fabrication des éventails. Ici, l'on s'est éventé d'une plume d'oiseau, là, de quelques brins d'écaille ou d'ivoire, ici, d'une peau parfumée, là, d'une feuille d'or battu ou d'une simple feuille de papier. Je ne veux pas poursuivre cette énumération qui pourrait être longue, aussi longue au moins que celle des subtiles inventions du jeune Gargantua. Il n'est pas de substance précieuse ou vulgaire qui n'ait été et ne soit encore utilisée de façon ou d'autre par les éventaillistes, soit pour former le corps, la carcasse (si j'ose dire) de l'éventail, soit pour le décorer. Bois, métaux, tissus, laques, vernis, couleurs, toutes les productions de la nature et de l'industrie humaine sont mises tous les jours à contribution. C'est surtout dans la décoration de ces bijoux légers que la fantaisie des artistes se donne carrière. Ils les cisèlent, les découpent, les émaillent, les peignent, les vernissent, les ornent de dentelles et de paillettes. Dans cette industrie de luxe, qui est dans certains pays une industrie de première nécessité, nous n'avons de rivaux que les Indiens, les Chinois et les Japonais. Nous vendons au monde entier des éventails communs à 3 centimes la pièce. Nous fournissons aussi aux reines et aux

---

(1) *Histoire des éventails, chez tous les peuples et à toutes les époques*, par M. Blondel, ouvrage illustré de 50 gravures. Paris, 1875, librairie Renouard, Loones successeur.

princesses des feuilles signées Vernet, Ingres ou Gavarni, et montées par Froment-Meurice.

En résumé, l'éventail qui tient une place si considérable dans l'histoire des sociétés antiques et modernes ; l'éventail qui se prête à tant d'usages, qui est aux mains d'une Espagnole ou d'une Française un si discret et si gracieux instrument de correspondance télégraphique, et qui là-bas, de l'autre côté de la grande muraille, soulage et console le soldat chinois pendant les longues marches ; l'éventail qui fait vivre en Chine et chez nous d'innombrables tribus d'artisans et qui a inspiré la verve des plus grands artistes, méritait bien d'avoir son historien spécial. Il l'a trouvé, très-compétent et très-convaincu, dans M. Blondel. Si j'osais me permettre une critique, je ne voudrais reprocher à l'auteur de la savante monographie, publiée avec tant de soin par la librairie Renouard, que l'excès même de sa science et de sa conviction. Défaut rare et honorable après tout, et sur lequel je n'ai garde d'insister.

La partie la plus intéressante du livre de M. Blondel est celle dont je n'ai justement encore rien dit, celle qui traite de l'éventail moderne, européen et surtout français. Depuis l'*esmouchoir* de drap d'or du XIVe siècle, et l'*esventoir* de plumes, de canepin ou de taffetas, du XVIe siècle, jusqu'aux éventails de la reine Victoria et de la comtesse de Paris, la liste est longue des joyaux cités et décrits par M. Blondel.

Je ne puis que renvoyer le lecteur à ces descriptions, qu'accompagnent et complètent d'élégantes vignettes. Il y apprendra le plus agréablement du monde à connaître les époques et les styles, et sera surpris de voir ce qui s'est dépensé de talent et de goût, depuis des siècles, dans la fabrication de ces mignons chefs-d'œuvre. Il y verra, chemin faisant, de quelle singulière façon l'ancienne monarchie avait réglementé cette industrie aussi bien que les autres, et comment la révocation de l'édit de Nantes faillit lui porter un coup mortel. Il y fera connaissance avec les éventails satiriques, comiques, politiques et révolutionnaires, avec les éventails *à la Nation* et les éventails *à la Marat*. Il y trouvera enfin de nombreuses et piquantes citations, de vers et de prose, en l'honneur de l'éventail. On devine aisément ce que ce « sceptre de la coquetterie » a pu inspirer de fadeurs aux poëtes de l'*Almanach des muses*. M. Blondel a puisé dans ce recueil des galanteries ambrées et musquées avec une discrétion dont il faut lui savoir gré ; un grain de poudre à la maréchale ne déplaît pas, après tout ; l'important est qu'il n'y en ait pas assez pour que l'on coure risque de gagner la migraine.

Si j'ajoute que M. Blondel a placé à la fin du volume des notices complémentaires sur l'ivoire, la nacre et l'écaille, le lecteur sera convaincu, comme moi, qu'il a épuisé sa matière et que l'histoire des éventails est désormais faite et parfaite.

III

HISTOIRE DE L'ORIGINE DES INVENTIONS, DES DÉCOUVERTES ET DES INSTITUTIONS HUMAINES (1).

En présence du nombre immense des découvertes, des inventions et des institutions de toute sorte qui ont marqué les progrès de l'humanité, il devient évident que l'intelligence la mieux douée ne saurait embrasser le vaste ensemble qu'on désigne habituellement sous le nom de connaissances humaines. Le travailleur, homme de science, homme de lettres ou autre, se voit à chaque instant obligé de faire une foule de recherches pour se procurer les matériaux qui devront lui servir à établir l'histoire de la science, de l'art ou de l'industrie, en un mot, de la spécialité à laquelle il s'est voué. Il est souvent obligé de remonter jusqu'à l'origine des choses qui l'occupent. Mais la plupart de ces recherches nécessitent un travail pénible et un temps souvent très-long qui sont ainsi dépensés au préjudice des recherches originales destinées à grandir le cercle des connaissances déjà acquises. L'auteur de l'ouvrage dont on vient de lire le titre a cherché à remédier à cette perte de temps ; il a voulu que, nonseulement les savants mais aussi les personnes du monde pussent trouver facilement, à l'occasion, cette histoire de l'origine des grandes découvertes et des grandes institutions qui se présentent journellement à nous. Il a consulté pour cela les ouvrages de l'antiquité, les monuments historiques et, à leur défaut, la tradition, en ayant soin d'écarter les faits qui lui ont semblé inexacts, invraisemblables, pour ne garder que ce qu'il a cru être la vérité. Le résultat obtenu n'est, on doit le comprendre, que le fruit d'un long et pénible travail.

Quand nous disons que M. Ramée a retracé l'histoire de l'origine des grandes découvertes, nous ne voulons pas dire évidemment qu'il a passé en revue, même succinctement, toutes les branches de la science humaine. L'auteur se défend lui-même de cette prétention ; la vie d'un homme serait, en effet, loin de suffire à un pareil travail. M. Ramée s'est contenté de choisir parmi les principales de ces découvertes, de ces inventions, celles dont l'origine mérite le plus d'être connue. Il les a prises parmi toutes les sciences, aussi bien parmi les sciences naturelles que parmi les sciences philosophiques, physiques, mathématiques et politiques. Il est ainsi parvenu à composer un groupe de cinq cent soixante-deux sujets qu'il a traités successivement et qu'il présente dans son ouvrage, par ordre alphabétique. Le livre de M. Ramée n'est donc autre chose qu'un véritable dictionnaire dans lequel se trouvent cinq cent soixante-deux mots se rapportant chacun, soit à une découverte, soit à une invention, soit à une institution humaine.

L'auteur a cherché en outre à combler les lacunes regrettables qui ont été trop souvent laissées dans les histoires universelles et spéciales des peuples. Ces lacunes sont constituées par le manque de détails sur l'état intellectuel de ces peuples, sur leur esprit de recherche, sur leur degré de civi-

---

(1) *Histoire de l'origine des inventions, des découvertes et des institutions humaines*, par D. Ramée. 1 vol. in-8° de 540 pages. Paris, E. Plon et Cie.

lisation, sur le contingent de science et de littérature qu'ils ont apporté à la masse déjà existante du savoir humain. C'est ainsi que M. Ramée n'a rien négligé, quand il s'est agi de rapporter à chacun selon son mérite. Il parle des principaux savants de toutes les époques et de tous les pays ; il s'attache particulièrement aux Égyptiens, aux Grecs, aux Italiens, aux hommes du moyen âge et aux génies qui, dans ces derniers siècles, ont jeté les plus solides fondements de la science actuelle.

Nous devons faire remarquer cependant que l'ouvrage dont nous parlons ne vise que les travaux d'origine ancienne ou relativement ancienne. Les découvertes, inventions et institutions modernes ont été négligées par l'auteur, sans doute parce que l'établissement de leur histoire ne nécessite pas un travail bien pénible, ni des difficultés sérieuses.

Si l'on veut bien remarquer qu'avec ses cinq cent soixante-deux sujets l'ouvrage ne contient que 540 pages, on verra que l'auteur est encore parvenu à surmonter une autre grande difficulté, celle qui consistait à être laconique, en même temps que clair et précis.

La lecture de l'ouvrage de M. Ramée est attrayante ; nous croyons inutile d'insister sur son utilité.

Bulletin des publications nouvelles

Les coléoptères (organisation, mœurs, chasse, collections, classification). Iconographie et histoire naturelle des coléoptères d'Europe. 1 fort vol. gr. in-8°, avec 335 figures dans le texte et 48 planches en couleur (Paris, J. Rothschild). Avec titres et couvertures en couleur.

La vie hors de chez soi (comédie de notre temps) : l'hiver, le printemps, l'été, l'automne, études au crayon et à la plume par BERTAL. 1 vol. gr. in-8° avec nombreuses figures (Paris, Plon).

Les ravageurs des forêts et des arbres d'alignement, par H. DE LA BLANCHÈRE. 5e édition. 1 vol. in-16 (Paris, J. Rothschild). Cartonné, avec 162 gravures : 3 fr. 50.

Les ravageurs des vergers et des vignes, avec une étude sur le phylloxera, par H. DE LA BLANCHÈRE (Paris, J. Rothschild). 1 vol. in-16 cartonné, avec 160 figures. Cartonné : 3 fr. 50.

Le chalet des sapins, par PROSPER CHAZEL. 1 vol. in-8° avec figures (Paris, Hetzel). Broché : 7 fr. ; cartonné richement à l'anglaise : 10 fr.

Les deux filles du squatter (aventures de terre et de mer), par MAYNE REID. 1 vol. gr. in-8° avec nombreuses figures (Paris, Hetzel). Br. : 7 fr.; richement cartonné à l'anglaise : 10 fr.

L'île mystérieuse, par JULES VERNES. 1 vol. gr. in-8° avec nombreuses figures (Paris, Hetzel). Broché : 9 fr. ; cartonné richement avec fers spéciaux : 12 fr.

Le Chancellor, par JULES VERNES. In-8° avec figures (Paris, Hetzel). Broché : 4 fr. ; cartonné : 7 fr.

Les patins d'argent, par P.-J. STAHL. 1 vol. in-8° avec figures (Paris, Hetzel). Broché : 7 fr. ; cartonné à l'anglaise : 10 fr.

CHRONIQUE SCIENTIFIQUE

Les professeurs de la Faculté de médecine de Paris se sont réunis jeudi.

Au début de la séance, M. Mourier, vice-président de l'Académie de Paris, qui assistait à la séance, a donné lecture d'une décision du ministre de l'instruction publique, nommant M. Vulpian doyen de la Faculté, et a prononcé un court discours d'installation dans lequel il a félicité l'assemblée des professeurs du choix qu'elle a fait.

M. Vulpian a aussitôt pris place au fauteuil, et c'est sous sa présidence qu'a eu lieu le reste de la séance.

FACULTÉ DE MÉDECINE DE PARIS (École pratique). — Voici le compte rendu de la discussion très-courte, à l'Assemblée nationale, du projet de loi relatif à la reconstruction de l'École pratique et des cliniques d'accouchement de la Faculté de médecine de Paris.

L'Assemblée, consultée, décide tout de suite qu'elle passe à la discussion des articles.

« Art 1er. — Il sera procédé à la reconstruction de l'École pratique et des cliniques de la Faculté de médecine de Paris, à frais communs par l'État et la ville de Paris, conformément à la convention passée entre le ministre de l'instruction publique et le préfet, annexée à la présente loi. » (Adopté.)

« Art. 2. — Il est affecté aux dépenses à la charge de l'État autorisées par la présente loi, un crédit de 2 370 000 francs réparti en trois annuités ainsi qu'il suit :

» 790 000 francs en 1877 ;
» 790 000 francs en 1878 ;
» 790 000 francs en 1879.

» La ville sera reconnue propriétaire de la totalité des terrains et des constructions de l'École pratique, l'État faisant abandon, à titre gratuit, des droits qu'il pourrait faire valoir sur le bâtiment du musée Dupuytren et ses dépendances.

» Cette concession est faite à la condition que la ville s'engage, d'autre part, à conserver à perpétuité dans lesdits terrains et constructions, les services de la Faculté, à approprier les bâtiments à l'usage desdits services et à pourvoir à leur entretien. » — (Adopté.)

« Art. 3. — L'État cède à la ville de Paris, pour y transporter immédiatement les cliniques de la Faculté, moyennant une somme de 489 820 francs, un terrain d'une contenance de 3000 mètres déterminé par le plan ci-joint.

» Les constructions à édifier sur ledit îlot seront également reconnues propriété de la ville, aux conditions énoncées à l'article 3. »

M. *Lepère*, rapporteur. La commission, d'accord avec le gouvernement, a modifié la rédaction de l'article 3, dans le but de préciser bien exactement l'emplacement qui est cédé par l'État à la ville de Paris pour la construction des cliniques, afin qu'il n'y ait aucune difficulté d'interprétation possible.

Voici le texte de cette nouvelle rédaction :

« Art. 3. — L'État cède à la ville de Paris, à prendre sur les îlots nos 7 et 9 des terrains retranchés du Luxembourg, pour y transporter immédiatement les cliniques de la Faculté, moyennant une somme de 489 820 francs, un emplacement d'une contenance de 3000 mètres, et, en outre, la quantité de terrain nécessaire pour parfaire, avec la surface de la rue F à supprimer, la contenance qu'occupera la nouvelle rue que la ville doit ouvrir à ses frais le long de la façade nord de l'établissement projeté.

» Les constructions à édifier sur lesdits îlots seront également reconnues propriétés de la ville aux conditions énoncées à l'article 3. »

L'article 3, — nouvelle rédaction, — est mis aux voix et adopté.

L'ensemble du projet de loi est ensuite mis aux voix et adopté.

CONSEIL MUNICIPAL DE PARIS. — M. Hérold et plusieurs de ses collègues ont présenté au Conseil municipal une demande de subvention pour les établissements d'enseignement supérieur de l'État à Paris. Sur un rapport fait par M. Germer Baillière, cette subvention a été votée après une longue discussion. Voici le texte de la délibération adoptée le 10 décembre 1875 :

Art. 1er. — Il sera inscrit au budget ordinaire des dépenses de la ville de Paris, chapitre XIX, sous la rubrique : *Subventions à des établissements d'instruction supérieure*, une somme de 300 000 francs, répartie comme il suit :

A la Faculté de médecine	100 000 francs.
A la Faculté des sciences	75 000 —
A l'École supérieure de pharmacie	75 000 —
A l'École pratique des hautes études	50 000 —
Total égal	300 000 francs.

Art. 2. — La somme de 100 000 francs, attribuée à la Faculté de médecine, sera employée jusqu'à concurrence de 20 000 francs en bourses de voyages, au nombre de cinq.

Le surplus sera appliqué aux dépenses de matériel et de personnel nécessitées par l'extension de l'enseignement pratique et les travaux de laboratoire.

L'extension de l'enseignement comprendra, notamment, l'adjonction du corps des agrégés à titre de professeurs auxiliaires, et l'institution de moniteurs chargés de guider les commençants dans leurs premières études pratiques.

Art. 3. — La somme de 75 000 francs, attribuée à la Faculté de» sciences, sera employée, jusqu'à concurrence de 16 000 francs, en bourses de voyages, au nombre de quatre.

Le surplus sera appliqué aux dépenses de matériel et de personnel nécessitées par l'extension de l'enseignement pratique et les travaux de laboratoire.

Art. 4. — La somme de 70 000 francs, attribuée à l'Ecole de pharmacie, sera employée jusqu'à concurrence de 16 000 francs, en bourses de voyages, au nombre de quatre.

Le surplus sera appliqué aux dépenses de matériel et de personnel nécessitées par l'extension de l'enseignement pratique et les travaux de laboratoire.

Art. 5. — La somme de 50 000 francs, attribuée à l'étude des hautes études, sera employée, jusqu'à concurrence de 25 000 francs, en bourses de voyages ou bourses d'études à Paris, accordées pour moitié à des élèves des trois sections scientifiques, et pour l'autre moitié à des élèves de la section des sciences philologiques et historiques.

Le surplus sera appliqué à des dépenses de laboratoire.

Art. 6. — Les bourses créées par les articles ci-dessus seront décernées chaque année par le Conseil municipal à des jeunes gens dont il reconnaîtra l'insuffisance de fortune, sur la transmission à lui faite d'une liste de candidats dressée par les conseils de professeurs des Facultés ou Ecoles auxquelles les bourses sont attribuées.

Ces mêmes conseils de professeurs détermineront, sauf les approbations nécessaires aux termes des lois en vigueur, les conditions de mérite et de travail à exiger des candidats, pour l'obtention des bourses, et des boursiers, pour le maintien de leurs bourses.

Les bourses de voyages accordées aux Facultés de médecine et des sciences et à l'Ecole de pharmacie seront de 4000 francs. Le taux des bourses de voyages et des bourses d'études à Paris accordées à l'Ecole des hautes études sera fixé chaque année, dans la limite du crédit en faveur de cette Ecole, par les professeurs de l'Ecole réunis en conseil.

Les bourses de voyages ne pourront être accordées que pour une année.

Les bourses d'études à Paris accordées à l'Ecole des hautes études pourront être continuées au même titulaire, mais pendant trois années au plus. Elles pourront être fractionnées, jusqu'à concurrence seulement de la moitié de leur nombre total, et en demi-bourses seulement.

Art. 7. — L'application des sommes consacrées aux dépenses de matériel et de personnel prévues aux articles ci-dessus, sera réglée par les conseils de professeurs des Facultés et Ecoles, sauf les approbations nécessaires aux termes des lois en vigueur.

Art. 8. — Les sommes allouées par les articles ci-dessus pour les emplois y déterminés, ne pourront être appliquées à d'autres emplois, et celles qui n'auraient pas reçu leur destination susindiquée donneront lieu à des annulations partielles et proportionnelles du crédit inscrit.

— *Société des ingénieurs civils.* — Dans la séance du 3 septembre dernier, il a été donné lecture d'une lettre de M. Jules Fleury, dans laquelle l'auteur fait part à la Société d'un travail qu'il a publié récemment sur un projet de jonction de l'île d'Oléron au continent par un tunnel sous-marin de 2200 mètres. Ce projet est complété par celui de l'établissement d'un tramway à vapeur, traversant l'île d'Oléron d'une extrémité à l'autre.

Quoique le premier projet, dit M. Fleury, soit déjà vieux de vingt ans, il est devenu tout d'actualité, grâce aux études de son grand frère, le tunnel sous la Manche, et, si j'arrive à exécuter mon projet promptement, j'aurai cette bonne fortune que les études que je ferai sur les terrains crétacés traversés serviront probablement au grand tunnel, puisque je compte trouver, entre 15 et 30 mètres de profondeur, les mêmes couches qui existent sous la Manche, seulement au-dessous de 150 mètres de profondeur du niveau moyen de la mer.

Dans la même séance, M. Gillot donne communication du résumé de son mémoire sur la théorie de la chaleur.

Le but de ce mémoire est la détermination du principe de la chaleur, c'est-à-dire de sa nature, de sa cause et des lois auxquelles il est soumis. Il a été énoncé que l'étude et la solution de cette question avaient conduit : 1° à la conclusion que toutes les forces qui sollicitent la matière pondérable dans l'univers sont dues à une cause unique ; 2° à la connaissance des rapports qui lient la chaleur à cette cause ; 3° enfin à celle de cette cause elle-même.

Il a de plus été énoncé que cette première et principale solution fournissait l'explication d'un très-grand nombre de faits qui s'y rattachent et qui, jusqu'à présent, étaient restés à l'état de problèmes.

Le postulatum sur lequel est fondée l'argumentation qui a servi à faire ces preuves diverses se compose des trois propositions suivantes, qui peuvent elles-mêmes être prouvées, savoir :

1° La matière est impénétrable et inerte ;

2° La matière soumise à l'action de la pesanteur est composée d'atomes indivisibles, invariables dans leurs formes et dans leurs volumes ;

3° Il n'y a pas d'effets par influence, en d'autres termes, il n'y a pas de transmission de mouvement sans un agent matériel de cette transmission.

L'ordre de la discussion a été réglé par l'établissement des cinq cas généraux suivants de production de chaleur, comprenant toutes les manifestations possibles de chaleur, savoir ;

1° Par l'effet d'un mouvement quelconque, ou de l'application mécanique d'une force ;

2° Par le phénomène auquel on donne spécialement le nom de combustion ;

3° Par les combinaisons chimiques ;

4° Par la radiation solaire, stellaire et celle des autres corps, c'est-à-dire par le rayonnement ;

5° Enfin par les phénomènes électriques.

Il a été proposé plusieurs exemples pour chacun de ces cas généraux. Nous nous contenterons d'en citer un se rapportant au premier de ces cas.

A l'occasion de cet exemple, qui est relatif au *briquet à air*, il a été fourni la preuve théorique de l'erreur de la loi de Mariotte, preuve déjà faite expérimentalement par M. Regnault. Non-seulement cette loi n'est vraie pour aucun gaz, mais encore l'écart entre le rapport indiqué par cette loi varie pour le même gaz avec la pression.

Dans la même discussion du briquet à air, il a été démontré l'erreur des trois propositions composant la loi de M. Hirn, savoir :

1° La transformation de la chaleur en mouvement ;

2° Réciproquement la transformation du mouvement en chaleur ;

3° La constance du rapport entre les quantités de chaleur disparues et les quantités de mouvement produites. Mais il a été fait réserve d'indiquer la rectification à faire à cette loi pour la rendre vraie.

L'examen des circonstances de l'expérience du briquet à air a conduit aux conclusions suivantes :

1° Les variations de volumes des gaz n'affectent pas la matière pondérable de ces gaz, mais seulement le fluide impondérable associé à leurs molécules, qui leur sert d'atmosphère et les relie entre elles ;

2° La loi de Mariotte ne se vérifie avec aucun gaz ;

3° Pour le même gaz, le rapport des pressions aux volumes n'est pas constant et varie avec les pressions ;

4° Le rapport des pressions aux volumes est différent pour chaque gaz aux mêmes pressions, et dépend des proportions de la matière pondérable et du fluide impondérable associés dans ce gaz ;

5° Aucune des trois propositions constituant la loi de M. Hirn, sur la transformation de la chaleur en mouvement et réciproquement, ne se vérifie ;

6° Chaque gaz a sa loi particulière d'évolution de chaleur, se rapportant inversement à la loi de variation de volume de son fluide ;

7° La chaleur, la lumière et l'élasticité ne sont pas des propriétés de la matière pondérable, mais du fluide impondérable associé à ses molécules, qui leur sert d'atmosphère et les relie entre elles ;

8° Ce fluide n'est autre que le fluide électrique.

AVIS

Les abonnés dont l'époque de renouvellement échoit à la fin de décembre et qui désirent à cette occasion changer les conditions de leur souscription et profiter des avantages que leur présente, soit l'abonnement d'un an, s'ils ne sont abonnés qu'au semestre, soit la souscription aux deux Revues *Scientifique* et *Politique*, sont priés d'avertir immédiatement M. Germer Baillière, en lui envoyant un mandat sur la poste ou des timbres-poste.

Les abonnés qui, d'ici au 10 janvier, n'auront fait parvenir aucun avis au bureau de la *Revue* seront considérés comme désirant continuer leur abonnement dans les mêmes conditions. En conséquence, ils recevront par l'entremise des porteurs, soit à Paris, soit dans les départements, une quittance analogue à celle qui leur a été déjà remise lors de leur première souscription.

Le propriétaire-gérant : GERMER BAILLIÈRE.

PARIS. — IMPRIMERIE DE E. MARTINET, RUE MIGNON, 2

LA

REVUE SCIENTIFIQUE

DE LA FRANCE ET DE L'ÉTRANGER

REVUE DES COURS SCIENTIFIQUES (2ᴱ SÉRIE)

DIRECTION : MM. EUG. YUNG ET ÉM. ALGLAVE

2ᵉ SÉRIE — 5ᵉ ANNÉE   NUMÉRO 26   25 DÉCEMBRE 1875

LA PHOTOGRAPHIE (1)

I

LA DAGUERRÉOTYPIE

En présence des merveilleux résultats de la photographie sur papier, les portraits de grandeur naturelle par exemple, on serait aujourd'hui tenté de considérer comme peu dignes d'intérêt ces petits portraits miroitants et fatigants à regarder qui étaient obtenus par la daguerréotypie; c'est ainsi qu'on appelait ce procédé, du nom de son inventeur. Il en fut autrement lorsqu'on apprit la nouvelle de cette découverte. Des portraits obtenus sans peintre, par le seul effet des rayons solaires, cela seul était déjà merveilleux ; mais, ce qui était plus étonnant encore, tous les corps arrivaient d'eux-mêmes sur la plaque et y laissaient leur image. Quelles espérances, quelles craintes ne devait pas provoquer cette mystérieuse invention. On prédisait la fin de la peinture et tout le monde prétendait pouvoir sans peine représenter tels objets que l'on voudrait. Un ami vous quitte, en un instant vous fixez son image au moment des adieux ; une joyeuse société se trouve rassemblée, on gardera le souvenir de cette réunion. Les soleils couchants, la campagne diversement éclairée, la tonnelle du jardin, le spectacle animé des rues, hommes et animaux, bref, on espérait tout reproduire par l'action chimique du rayon solaire.

Puis vint le scepticisme après l'excès de confiance. Rien de tout cela n'était possible. Les incrédules furent réduits au silence par le témoignage de Humboldt, Biot et Arago, ces trois célèbres physiciens que Daguerre mit au courant de sa découverte en 1838. La curiosité publique en fut augmentée. Arago proposa alors à la Chambre des députés d'accorder à Daguerre une pension de 6000 francs, en échange de la publication de sa découverte. La pension fut accordée et la longue attente de ceux qui voulaient connaître le secret fut enfin satisfaite.

Ce fut une séance mémorable de l'Académie des sciences de Paris que celle du 19 août 1839, où Daguerre, en présence de toutes les illustrations de l'art, de la science et de la diplomatie qui se trouvaient alors à Paris, exposa son procédé et en fit l'expérience. « La France, dit Arago, a adopté cette invention; elle est fière d'en faire présent au monde. » L'invention de Daguerre, sans restriction de secrets opératoires ni de brevets (1), fit alors le tour du monde civilisé.

Daguerre rassembla bientôt autour de lui un certain nombre d'élèves venus de tous les points du globe. Ceux-ci rapportèrent le secret dans leurs pays et l'y répandirent à leur tour. Le marchand d'objets d'art, Sachse, de Berlin, était initié dès le 22 avril 1839 à l'invention de Daguerre et chargé de le représenter en Allemagne. Le 22 septembre (quatre semaines par conséquent après la publication de la découverte), Sachse fit à Berlin la première reproduction daguerréotypique. Ces images furent regardées comme des merveilles et achetées chacune au prix de 1 et 2 frédérics d'or; on paya jusqu'à 120 francs celles qui avaient été faites par Daguerre. Le 30 septembre, Sachse expérimenta au parc de Charlottenburg en présence du roi Frédéric-Guillaume IV; les premiers appareils furent livrés au commerce au mois d'octobre. Ce fut Bauth qui en acquit le premier pour l'Académie industrielle de Berlin. Il s'y trouve encore aujourd'hui. Avec les appareils chacun pouvait daguerréotyper, et il surgit bientôt une grande quantité d'opérateurs. Les hommes de science eux-mêmes cultivèrent plus qu'aujourd'hui ce nouvel art; je citerai entre autres les

---

(1) Cet article est extrait d'un ouvrage de M. Vogel sur *la Photographie et la chimie de la lumière* qui paraît aujourd'hui dans la *Bibliothèque scientifique internationale* (1 vol. in-8° avec 95 figures dans le texte et une gravure en photographie. Cart. à l'angl. : 6 fr.).

---

(1) L'invention ne fut brevetée qu'en Angleterre le 25 juin 1839, avant sa publication.

physiciens Karsten, Moser, Nörrenberg, von Ettinghausen, et même des dames, par exemple Mme Mitscherlich, femme du professeur. Les premiers objets photographiés par Sachse étaient du domaine de l'architecture, de la statuaire ou de la peinture. Ils excitèrent pendant deux ans un vif intérêt de curiosité. En 1840, il commença à reproduire des groupes de personnes vivantes et la photographie, appliquée dès lors aux portraits, y trouva son principal aliment. Il y eut bientôt des « daguerréotypistes » dans toutes les capitales européennes. En Amérique c'est un peintre, le professeur Morse, le célèbre inventeur du télégraphe, qui cultiva le premier cet art; le professeur Draper s'y adonna également.

Examinons maintenant le procédé suivi pour la préparation des plaques daguerréotypiques. La surface destinée à recevoir les images est, comme nous l'avons dit, une plaque d'argent ou une lame de cuivre plaquée d'argent. On la frotte avec du tripoli et de l'huile d'olive, puis on la polit avec du rouge anglais, de l'eau et de la ouate. Sans ces précautions, elle ne pourrait pas servir. La plaque ainsi préparée est placée sur une boîte carrée ouverte, au fond de laquelle se trouve de l'iode finement divisé. La face polie est tournée de ce côté, les vapeurs arrivent au contact de l'argent et se combinent immédiatement avec ce métal, la plaque se colore en jaune paille, en rouge, en violet, puis en bleu. Elle est conservée à l'abri de la lumière, puis placée dans la chambre noire à la place où l'image se forme sur la plaque dépolie. Elle y reste exposée quelque temps, puis, elle est reportée à l'obscurité sur une seconde caisse au fond de laquelle se trouve du mercure que l'on chauffe faiblement avec une lampe à alcool. Il n'y a pas d'abord trace d'image sur la plaque; l'image ne se développe que par l'effet des vapeurs mercurielles qui se condensent aux endroits touchés par la lumière, et d'autant plus que l'action a été plus rapide. Le mercure s'y dépose en gouttelettes reconnaissables au microscope.

Après cette opération il faut, pour fixer l'image, enlever l'iodure d'argent sensible à la lumière. On se sert pour cela d'une dissolution d'hyposulfite de soude. Il n'y a plus qu'à laver à l'eau et sécher; le daguerréotype est fini. Souvent aussi on dorait l'image pour la rendre plus stable. On l'arrosait avec une dissolution de chlorure d'or et l'on chauffait : il se déposait une légère couche d'or qui contribuait efficacement à cet effet. Cependant ces images se détruisent facilement; elles ont besoin d'être protégées par un verre.

Les premières épreuves de Daguerre exigeaient encore un temps de pose de vingt minutes, trop long pour les portraits. Bientôt on trouva que le brome, corps assez rare, analogue à l'iode sous beaucoup de rapports, employé en même temps que l'iode, jouissait de la propriété de donner des plaques beaucoup plus sensibles; la durée de l'exposition à la lumière était réduite à une ou deux minutes.

Beaucoup de personnes se souviennent encore des premiers temps de la photographie. Il fallait se mettre en plein soleil, de sorte que l'on était aveuglé par ses rayons. Cette torture se traduisait par des ombres brutales et par la contraction du visage et des yeux. Les portraits ainsi obtenus en conservaient le témoignage. Ils ne pouvaient rivaliser avec le dessin, et la photographie n'eût jamais réussi le portrait, si l'on n'était pas parvenu à opérer sous l'influence d'une lumière plus douce aux yeux. Ce but fut atteint par la découverte d'une nouvelle lentille, l'objectif double à portraits du pro-

fesseur Petzval, de Vienne. Cette lentille donnait une image beaucoup plus claire et permettait ainsi de reproduire des objets beaucoup moins éclairés. Petzval l'inventa en 1841. Voigtlander la prépara d'après ses indications, et bientôt elle devint indispensable à tous ceux qui pratiquaient la daguerréotypie. Grâce à elle et au bromure d'iode, le temps de pose se trouva réduit à quelques secondes. L'art de Daguerre atteignit alors son apogée. Lorsque l'engouement se fut un peu apaisé et que la critique reprit ses droits, on trouva que ces images laissaient à désirer. Le miroitement fatiguait la vue; ce qui était plus grave encore, la nature n'était pas fidèlement reproduite. Les objets jaunes n'agissaient que peu ou point et semblaient noirs; souvent aux bleus correspondaient des blancs, bien que le bleu affecte l'œil comme une couleur sombre. La photographie présente encore aujourd'hui ce défaut, mais on y remédie par la retouche du négatif.

La daguerréotypie fut aussi attaquée par des considérations esthétiques qui ne manquaient pas de justesse. Il est incontestable qu'elle surpassait de beaucoup la peinture par la précision des détails et la fidélité avec laquelle elle reproduit les contours; mais si la plaque daguerrienne donne plus que la peinture, par cela même elle donne trop. Elle reproduit l'accessoire avec autant de fidélité que le principal. Prenons, pour exemple, un portrait. Un peintre n'admet pas dans son œuvre tout ce qu'il voit dans la nature. L'original peut porter un habit usé présentant des taches, des faux-plis, des reprises; le peintre néglige ces détails. Le modèle posé-t-il devant un mur, l'artiste omettra, s'il lui plaît, les lézardes et les taches. Il est libre d'ajouter ou de retrancher à sa guise. La photographie ne possède pas cette faculté. Tous les détails qui choquent dans le modèle sont reproduits avec autant d'exactitude que les traits caractéristiques.

Autre observation. Toutes les parties d'un tableau ne ressortent pas avec la même vigueur. Dans tout portrait la tête est la partie la plus importante; c'est elle que le peintre exécute avec le plus de soin. Tout au moins la met-il en pleine lumière et laisse-t-il les autres parties dans le demi-jour. Dans la photographie, ce n'est pas toujours la tête qui est le plus éclairée; c'est quelque chaise, quelque détail du dernier plan et cela suffit à gâter l'effet général. Enfin, la physionomie varie avec les émotions et l'image photographique traduit naturellement l'impression du moment, impression fugitive, variable avec les circonstances les plus insignifiantes. Une légère contrariété, une contrainte quelconque peut donner au visage une expression insolite.

Il en est tout autrement de la peinture. Le peintre converse plus longtemps que le photographe avec son modèle. Il ne tarde pas à distinguer les nuances accidentelles de la physionomie et son expression accoutumée; il est ainsi à même de tracer un portrait plus ressemblant que celui du photographe.

Ces observations ne s'appliquent naturellement qu'aux œuvres des peintres de premier ordre. Le portrait exécuté par le badigeonneur ne présente rien de ces avantages, et, du reste, ces innombrables rapins disparurent comme les chauvesouris devant la lumière à l'aurore de l'art nouveau qui se réclamait du soleil. Beaucoup d'entre eux passèrent à l'ennemi et cette nouvelle carrière leur valut plus de succès que ne l'eût jamais fait la première.

L'artiste habile n'a pas cependant à redouter la photographie. Elle tourne, au contraire, à son avantage, grâce à l'exactitude fabuleuse des dessins qu'elle exécute; il apprend à reproduire fidèlement les contours des corps et il est incontestable que, depuis l'invention de la photographie, on peut découvrir dans les œuvres de nos grands maîtres plus de naturel et plus de vérité. Nous verrons plus tard comment les photographes se sont approprié les règles esthétiques que les peintres observent lorsqu'ils tracent leurs portraits, et comment les premiers ont ainsi donné à leurs œuvres un cachet artistique qui les élève bien au-dessus des produits de la première époque; mais ce progrès ne fut possible que lorsque la photographie se fut perfectionnée elle-même qu'elle eut remplacé les plaques d'argent, d'un maniement si difficile, par des produits plus convenables, plus appropriés aux travaux artistiques.

II.

L'année où Daguerre publia son procédé pour la production d'images sur *plaque d'argent*, un Anglais, Fox Talbot, riche particulier qui, comme beaucoup de ses compatriotes aisés, s'occupait de recherches scientifiques, fit connaître un procédé pour reproduire des dessins sur papier, à l'aide de la lumière. Il trempait le papier dans une solution de chlorure de sodium, le desséchait et le plaçait ensuite dans une solution d'argent. De cette manière il obtenait un papier beaucoup plus sensible à la lumière que celui de Wedgewood. Il s'en servit pour copier des feuilles végétales. Talbot dit lui-même : « Rien ne donne de plus belles copies de feuilles, de fleurs, etc., que ce papier, surtout au soleil d'été; la lumière agit à travers les feuilles et copie elle-même les nervures les plus délicates.

Talbot n'exagère pas. L'auteur de ce livre possède des empreintes de cette espèce, dues à Talbot lui-même. Elles permettent encore aujourd'hui de reconnaître parfaitement les nervures les feuilles. Il est vrai que les dessins ainsi obtenus au soleil ne sont pas susceptibles de se conserver, car le papier, contenant encore des sels d'argent, reste sensible à la lumière; mais Talbot remédia à ce défaut et indiqua un moyen de fixer les images. Il les plongeait dans une solution chaude de chlorure de sodium. La plus grande partie des sels d'argent se trouvait ainsi éliminée et les dessins ne noircissaient presque plus à la lumière.

Le célèbre sir John Herschel réussit mieux encore à les fixer, en les plongeant dans une solution d'hyposulfite de soude. Cet hyposulfite, qui dissout tous les sels d'argent, coûtait alors très-cher. On le vendait à peu près 15 francs le kilogramme. Avec le développement de la photographie, la production de ce sel augmenta. On le prépare maintenant par milliers de quintaux et on ne le vend pas plus de 1 fr. 50 le kilogramme.

Grâce à cette découverte, il fut possible de fixer sur le *papier* les images produites par la lumière solaire, ce que Wedgewood avait en vain tenté. On n'obtenait ainsi, il est vrai, que des productions d'objet à surface plane, facile à presser contre le papier, tel que feuilles végétales, dessins d'étoffes, etc. Ce procédé, qui était presque tombé dans l'oubli, a été remis en honneur tout récemment. On a préparé,

par cette méthode, des ornements très-gracieux, au moyen de feuilles et de fleurs de diverses plantes; les copies obtenues à l'aide de cette méthode sont d'autant plus belles que nous disposons actuellement de papiers beaucoup plus beaux que ceux avec lesquels M. Talbot opérait; on a même mis en vente, il y a très-peu de temps, un papier sensible, tout préparé pour ce nouveau genre de calques (1). Ces copies de

Fig. 49. — Empreinte de feuilles de fougère sur papier sensible.

feuilles (*leaf prints*) sont très-appréciées en Amérique. Notre figure 5 en reproduit une.

La facilité avec laquelle on se procure dans le commerce le papier sensible à la lumière permettra à nos belles lectrices, comme à leurs sœurs américaines, de décorer elles-mêmes les abat-jours, le papier à lettre, etc. Les feuilles (feuilles de fougères et autres) sont choisies avec soin, pressées dans du papier buvard et desséchées, puis gommées d'un côté, et collées sur un verre reposant dans un petit châssis-presse en bois (fig. 6) : dès que les feuilles et le verre sont

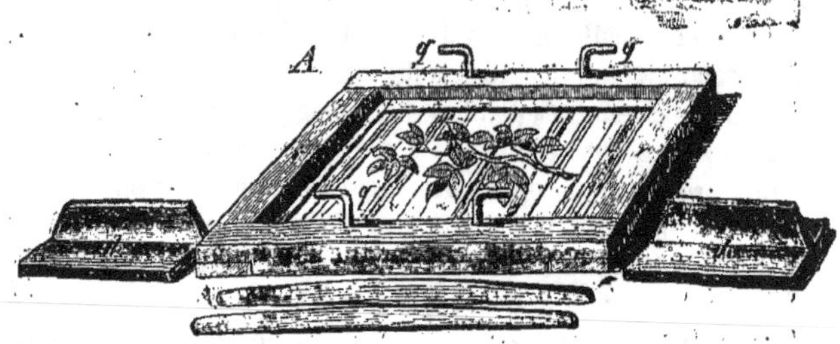

Fig. 50. — Châssis-presse à copier ouvert.

secs, on peut commencer l'opération. On place sur les feuilles végétales un morceau de papier sensible, on met en place les deux couvercles de bois *hh* et on les maintient au moyen des petits barreaux de bois *xx*; on expose ensuite le tout à la lumière, le verre tourné vers le haut. Le papier brunit rapidement dans les endroits où il n'est pas recouvert par les

---

(1) Préparé par M. Romain Talbot, Karlstrasse, 44, Berlin.

e uilles et il finit par prendre une teinte bronzée. La lumière pénètre aussi partiellement à travers les feuilles et donne au papier une coloration brunâtre, aux places correspondantes. Il est facile d'observer le progrès de la coloration. Il suffit pour cela d'enlever un des barreaux x et le demi-couvercle h et de soulever le papier.

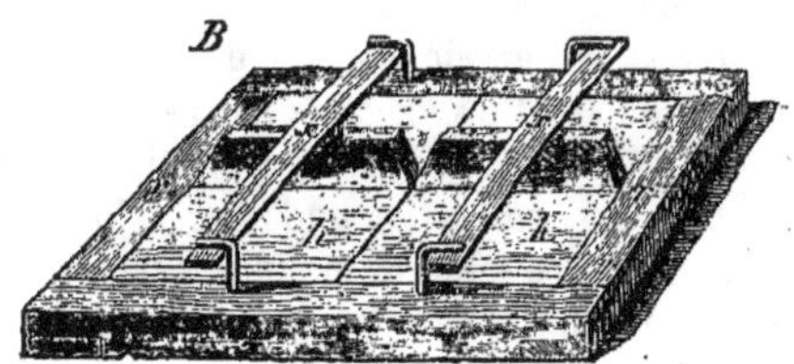

Fig. 51. — Châssis-presse à copier fermé.

Dès que le dessin paraît suffisamment foncé (c'est le goût particulier de l'opérateur qui décide ce point), on enlève ce papier et on le place provisoirement à l'abri de la lumière. On peut aussi faire plusieurs images l'une après l'autre et les *fixer* ensuite simultanément, c'est-à-dire les rendre inaltérables à la lumière. A cet effet on place l'image dans une cuvette plate (fig. 8) avec de l'eau; on l'y laisse pendant en-

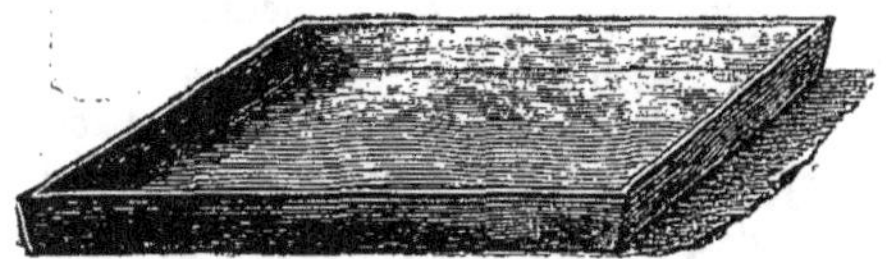

Fig. 52. — Cuvette à hyposulfite de soude.

viron cinq minutes, puis on la transporte dans une seconde cuvette où l'on a versé une solution d'hyposulfite de soude à 20 pour 100. Au moment de l'immersion, la copie devient brun-jaune. La copie est laissée dix minutes dans la solution d'hyposulfite de soude (on peut plonger plusieurs feuilles l'une après l'autre), elle est ensuite enlevée et placée dans de l'eau froide. Une cuvette rectangulaire est ce qu'il y a de plus commode pour cet usage. On renouvelle de quatre à six fois l'immersion dans l'eau fraîche, la durée de chaque immersion est de trois minutes. On place ensuite les épreuves ainsi obtenues sur du papier buvard et on les laisse sécher. On peut alors les coller sur du carton ou du papier épais, sur de la toile ou du bois.

Beaucoup de personnes ne regarderont ce procédé que comme un jeu agréable, cependant son importance va grandissant de jour en jour, *car il sert a copier des dessins, des cartes, des plans, des gravures sur cuivre*, etc. Ce travail qui coûtait autrefois beaucoup de temps à l'industriel et à l'artiste, et qui malgré tous les efforts ne permettait pas d'atteindre l'exactitude absolue, est maintenant facile à exécuter à l'aide du procédé décrit. Que l'on imagine une feuille de papier sensible sur laquelle est appliqué un dessin; une plaque de verre le recouvre, fortement pressée contre lui et exposée à la lumière; celle-ci traversant les parties blanches colore les parties correspondantes du papier sensible, qui reste blanc sous les traits noirs. Si donc on fait agir la lumière pendant un temps suffisant, on obtiendra de cette manière une copie blanche sur fond brun-sombre; on la fixe et on la lave comme les empreintes de feuilles dont il a été

question plus haut. Cette copie est renversée à l'instar de l'image spéculaire. Du reste, elle est exacte trait pour trait. Elle est petite, il est vrai, mais il est aussi facile de reproduire les plus grands dessins que les plus petits, c'est ce que l'on fait dans les bureaux des industriels, des architectes et des fabricants de machines où l'on exécute ainsi des dessins qui atteignent jusqu'à $1^m,25$ de dimension.

On se sert, à cet effet, de grands *châssis-presse à copier*; ils sont construits comme les petits châssis-presse dont nous avons déjà parlé; pour fixer et pour laver on se sert de grandes cuvettes enduites de gomme-laque. L'épreuve noire ainsi obtenue constitue le *négatif*, qui placé à son tour sur du papier sensible sert à obtenir le *positif*, copie véritable du dessin. On fixe et on lave le positif comme on avait fait pour le négatif. La figure 9 représente le positif obtenu à l'aide du

Fig. 53.   Dessin positif obtenu à l'aide du négatif de la figure 49.

négatif de la figure 5. Le géographe, l'ingénieur, l'étudiant, auront ainsi en peu de temps la copie fidèle des cartes, imprimés, plans, projets, épures, qui servent à leurs travaux. Pour exécuter cette opération, il faut que le papier sensible contracte une adhérence intime avec le dessin. Ce papier est donc appliqué sur l'*endroit* et non sur l'*envers* de l'original.

Ce procédé a déjà rendu de grands services au point de vue des opérations militaires, lorsqu'il s'agissait d'obtenir rapidement la reproduction d'un exemplaire unique. A opérer par la méthode ordinaire, il eût fallu plusieurs jours, sans cependant atteindre la même exactitude. Il est singulier que l'importance de ce procédé si utile pour l'industrie n'ait été apprécié que depuis peu de temps, bien que les premiers essais de Talbot remontent à trente-trois ans. C'est qu'autrefois le papier spécial n'était pas l'objet des mêmes soins qu'aujourd'hui. Aussi les épreuves déparées par des taches étaient-elles souvent hors d'usage. De plus les manipulations spéciales exigent des précautions particulières dont les photographes avaient presque seuls l'habitude. Enfin, préparés d'après l'ancienne méthode, les papiers ne tardaient pas à se détériorer, et leur emploi immédiat était d'une nécessité absolue. La découverte de Romain Talbot a permis d'éviter ces inconvénients : le papier sensible qu'il prépare tel qu'on le trouve dans le commerce est prêt à servir, il se conserve pendant des mois entiers. Le procédé est donc ainsi mis à la portée des industriels et des amateurs.

III

HISTOIRE DES PROGRÈS DE LA PHOTOGRAPHIE

Le lecteur a déjà vu au chapitre précédent ce que l'on entend par *négatif*. Il sait comment on copie à la lumière des objets à surface *plane*. Talbot, l'inventeur de ce procédé, tenta également de reproduire *sur papier sensible* à l'aide d'une chambre obscure, l'image des corps solides tels qu'un monument, des arbres, etc., incapables par conséquent de contracter adhérence avec lui. Il y parvint deux années après la découverte de Daguerre, en faisant usage de papier préparé à l'iodure d'argent. Il trempait d'abord le papier dans une solution de nitrate d'argent, puis dans une autre d'iodure de potassium. Le papier ainsi préparé n'était guère sensible, mais on pouvait lui communiquer instantanément cette propriété par l'immersion dans une solution d'acide gallique. Exposé dans la chambre obscure, le papier ne donnait pas immédiatement d'image. Ce n'était qu'après une exposition prolongée dans l'obscurité, ou par le traitement répété au gallate d'argent, que la netteté de l'image s'accusait, mais elle était négative. Dans un portrait, par exemple, la chemise était noire. Il en était de même du visage; le vêtement noir, au contraire, paraissait blanc. On fixait l'épreuve en la plongeant dans une dissolution d'hyposulfite de soude, il y avait là un résultat nouveau. Ce négatif était l'image plane d'un solide. Talbot se servait de ce négatif pour obtenir des positifs. Il le plaçait sur une feuille de papier sensibilisée au chlorure d'argent, comme on l'a décrit au chapitre précédent, et laissait agir la lumière. Traversant les parties claires du négatif, elle donnait une coloration sombre aux places correspondantes du papier sensible, tandis que les parties sombres du négatif protégeaient le papier sous-jacent; Talbot obtenait ainsi l'image positive du négatif; en répétant cette opération, il faisait servir le négatif unique à la production de nombreuses épreuves positives. *C'est ainsi que la photographie prit place parmi les arts reproducteurs,* et cette circonstance exerça une influence profonde sur son développement ultérieur.

Le procédé de Daguerre ne donnait qu'un positif par séance; pour en avoir un plus grand nombre, il fallait faire poser le modèle à plusieurs reprises. Dans le procédé de Talbot, au contraire, une seule séance suffisait pour la création de milliers d'images. Toutefois il est vrai que les premières épreuves de Talbot étaient loin encore d'être parfaites. Toutes les inégalités du papier, les plus petites taches même, se reproduisaient dans le positif, qui demeurait ainsi bien au-dessous du daguerréotype aux tons si harmonieusement fondus. Mais bientôt le procédé fut perfectionné. Niepce de Saint-Victor, neveu de Nicéphore Niepce, l'ami de Daguerre, eut l'heureuse idée de substituer le verre au papier pour le négatif. Il recouvrait la glace d'une solution d'albumine contenant de l'iodure de potassium. Cette solution d'albumine est facile à préparer. On la bat en neige et on la laisse déposer. Le verre enduit de

cette couche et desséché est plongé dans une solution d'argent, il se forme de l'iodure d'argent. La couche d'albumine tout entière prend une coloration jaune et devient très-sensible à la lumière. Niepce mit ce verre à la place de l'image et laissa la lumière agir. L'empreinte, d'abord invisible, apparut nettement lorsqu'on plongea l'épreuve dans une solution d'acide gallique. C'est ainsi que Niepce obtint un négatif sur verre exempt des veines, des taches, des nuages et des filaments que présentaient les négatifs sur papier. Pour reproduire à plusieurs exemplaires l'image positive de ce négatif, Niepce procéda exactement comme Fox Talbot; mais ses résultats furent loin d'atteindre ceux de Daguerre.

Niepce découvrit son procédé en 1847. Cette méthode attira vivement l'attention, mais elle avait ses mauvais côtés. La préparation de la solution d'albumine, la manipulation des sels d'argent et de l'acide gallique étaient désagréables. Les personnes habituées à la pratique du daguerréotype reculèrent devant ses inconvénients. Cependant l'avantage principal du nouveau procédé, c'est-à-dire la facilité de reproduire l'image à des milliers d'exemplaires, était trop évident pour rester inaperçu, et ceux qui ne craignaient point de se noircir les doigts s'y adonnèrent activement.

Un défaut essentiel c'était la facilité avec laquelle la solution d'albumine se décompose. On chercha donc un autre corps plus stable. On le trouva bientôt, grâce à la découverte du coton-poudre, qui eut lieu en 1847 et qui fut faite par Schönbein et Böttcher. Schönbein observa que le coton ordinaire plongé dans un mélange d'acide nitrique et d'acide sulfurique acquiert des propriétés explosibles semblables à celle de la poudre à canon. On s'imaginait déjà que la poudre allait être détrônée et remplacée par le fulmicoton, mais on trouva bientôt que les qualités explosibles de ce dernier corps étaient très-inégales, tantôt trop fortes, tantôt trop faibles.

Par contre, on remarqua bientôt une propriété très-utile du fulmi-coton, sa solubilité dans le mélange d'alcool et d'éther. Cette solution donne par l'évaporation une pellicule transparente que l'on applique avec succès sur les blessures pour les soustraire au contact de l'air. Le pyroxile destiné à servir comme *agent de destruction* à produire des blessures fournit aussi le *moyen de les guérir.* Cette dissolution de coton-poudre reçut le nom de *collodion.*

Divers expérimentateurs eurent la pensée d'employer ce corps à la place de l'albumine pour en recouvrir les plaques de verre; mais les résultats des premiers essais ne furent pas satisfaisants. Enfin Archer publia en Angleterre la description complète d'un procédé négatif au collodion supérieur par la simplicité et la sécurité qu'il offrait au procédé à l'albumine de Niepce. Archer recouvrait des verres plans avec du collodion tenant des iodures en dissolution, il plongeait ensuite ces verres collodionnés dans une solution d'argent; la pellicule s'imprégnait ainsi d'iodure d'argent sensible à la lumière, que l'on exposait dans la chambre obscure. L'empreinte lumineuse invisible qui prenait alors naissance devenait visible en versant sur la plaque de l'acide gallique ou de l'acide pyrogallique, dont l'action chimique est plus active, ou encore une solution de sulfate de protoxyde de fer. Le négatif obtenu par ce procédé donnait des copies sur papier beaucoup plus belles que le papier négatif de Talbot. Niepce de Saint-Victor perfectionna bientôt le papier destiné aux épreuves positives en le recouvrant d'une couche d'albumine. Sur la surface brillante de ce papier l'image prenait à .la lumière des tons plus accentués que sur le papier mat ordinaire.

Par ces perfectionnements successifs, le procédé de Talbot, qui à ses débuts paraissait à peine digne d'attention, finit par remplacer complétement celui de Daguerre. A partir de 1853 les images sur papier obtenues à l'aide de négatifs sur collodion se répandirent de plus en plus dans le public; on cessa de demander les daguerréotypes et bientôt ils disparurent complétement. On n'en fait plus maintenant que çà et là en Amérique. Le procédé au collodion est celui qui règne aujourd'hui. Les portraits dits cartes de visite n'ont pas médiocrement contribué à son succès. Ces portraits petit format, tirés à plusieurs exemplaires pour être distribués, furent inventés en 1858 par Disdéri, de Paris, photographe de la cour de l'empereur Napoléon, et furent accueillis avec empressement par toutes les classes de la société. Ils devinrent bientôt un accompagnement obligé de la civilisation. Le prix modique auquel on les livrait en permettait l'acquisition à tout le monde, et le public ne tarda pas à se ruer dans les ateliers des photographes, dont le nombre augmentait tous les jours.

La carte de visite photographique fit disparaître l'album, l'image écrite par la lumière, l'autographe de l'ami ou de l'amie. Il n'existe pas de village où l'on ne trouve un album photographique; à Berlin seulement il y a plus de dix fabriques d'albums en activité.

IV

LE PROCÉDÉ NÉGATIF

Dans les chapitres précédents nous avons décrit avec détail le développement de la photographie, nous sommes maintenant en état de nous reconnaître au milieu de l'atelier d'un photographe. L'action chimique de la lumière est la condition indispensable de son art, et cependant ce n'est pas dans l'atelier lumineux qu'il passe la plus grande partie de son temps, c'est dans un réduit sombre, c'est dans le *cabinet noir*. Il y prépare la plaque sensible destinée à recevoir les empreintes les plus délicates de la lumière. Ce cabinet « entouré de flacons et de boîtes, tout bourré d'instruments » est le monde étroit du photographe. L'opérateur n'apparaît que quelques minutes à la lumière et rentre immédiatement avec la plaque impressionnée pour la soumettre à de nombreuses opérations chimiques.

Beaucoup de personnes s'imaginent que la principale fonction du photographe consiste à découvrir ou recouvrir la lentille de l'appareil. Il y a même, dit-on, une reine qui s'imagine photographier en laissant à d'autres le soin de tous les préparatifs et en se bornant à soulever le couvercle de l'objectif et à le remettre en place : opération que pourrait tout aussi bien accomplir un enfant de cinq ans. Ce n'est là qu'un anneau de la chaîne des vingt-huit opérations, je dis *vingt-huit opérations*, par lesquelles doit passer chaque plaque avant de fournir une image négative, et il faut au moins huit opérations pour copier une image positive à l'aide de ce négatif.

Examinons d'un peu plus près ces opérations. L'aspect d'un cabinet obscur n'est rien moins qu'attrayant; lors même qu'on y observe le plus grand ordre, il jaillit çà et là des gouttes de dissolution d'argent qui produisent des taches noires sur les mains. Il y règne constamment une odeur d'éther due à l'évaporation du collodion et une humidité inévitable par suite du lavage des plaques. On ne distingue les objets qu'à la pâle lumière traversant une vitre jaune, ou à l'aide d'une lampe à pétrole ou à gaz recouverte d'un globe également jaune.

Il faut tout d'abord faire observer que le cabinet des manipulations photographiques n'est pas *complétement sombre*, il n'y a que la *lumière du jour* qui doive être exclue de certaines opérations. La lumière jaune n'est pas nuisible. Cette remarque nous fournira l'occasion de signaler la différence entre la lumière chimiquement *active* et la lumière chimiquement *inactive*. La lumière du soleil, celle du ciel bleu, la lumière du magnésium, possèdent des propriétés chimiques très-énergiques; la lumière du gaz, celle du pétrole ne possèdent que des propriétés très-faibles; la lumière jaune d'une lampe à alcool dont la mèche est imprégnée de chlorure de sodium est complétement inactive. On peut rendre inactive la lumière du jour en lui faisant traverser une plaque de verre jaune ou jaune rosé. La lumière qui a traversé la vitre jaune de la chambre obscure est donc complétement inactive, ou tout au moins son énergie est si faible qu'elle n'exerce plus d'action perturbatrice. Il est singulier que la lumière jaune si active sur nos yeux n'exerce pas d'influence sur la plaque photographique. Ce fait n'a pas été suffisamment expliqué jusqu'à ce jour. Il présente des inconvénients dans la pratique de la photographie. Un habit jaune, un visage jaune, des taches jaunes, etc., paraîtraient noires dans l'image photographique; les bourgeons des arbres paraissent presque noirs; cependant on peut corriger ces défauts par la retouche du négatif, dont nous parlerons plus tard. D'autre part l'inactivité de la lumière jaune n'est pas non plus sans avantage pour le photographe; elle lui permet de préparer ses plaques sensibles sans craindre de les voir endommagées, et elle lui laisse la facilité de contrôler son travail. Si les plaques étaient sensibles pour n'importe quelle lumière, il faudrait qu'elles fussent préparées dans l'obscurité absolue, ce qui offrirait de grands inconvénients.

La première opération à exécuter lorsqu'il s'agit de préparer une plaque sensible à la lumière, opération qui exige beaucoup de soin, c'est le nettoyage du verre. Les plaques, coupées au diamant, sont abandonnées pendant quelques heures dans un liquide mordant tel que l'acide nitrique qui détruit toutes les impuretés adhérentes à la surface. On lave avec de l'eau pour enlever l'acide nitrique et l'on essuie la plaque avec un linge propre. Le profane s'imaginerait que tout est fini. Le photographe soumet encore la plaque à un polissage qu'il opère à l'aide de quelques gouttes d'alcool ou plutôt d'ammoniaque. Il ne faut pas toucher avec les doigts ni avec la manche de l'habit la surface polie. Une gouttelette même de salive en altérerait la pureté ; abandonnée pendant vingt-quatre heures à découvert, la plaque polie se recouvre peu à peu de vapeurs et il faut recommencer l'opération. C'est maintenant qu'on étend le collodion sur la plaque ; le collodion lui-même, nous le savons, est une dissolution de coton-poudre dans un mélange d'alcool et d'éther additionné d'iodure et de bromure métallique, d'iodure de potassium et de bromure de cadmium. Cette dissolution, elle aussi, doit être préparée avec la plus grande précaution. Il faut surtout avoir soin que les matériaux employés soit propres, que le mélange repose pendant longtemps. On décante ensuite. L'opération qui consiste à répandre le collodion sur la plaque exige un *tour de main* particulier. On ne la réussit qu'après l'avoir vu faire et même après s'être exercé quelque temps.

Voici comment on s'y prend : on saisit la plaque par un coin et on la maintient horizontale ; on verse en son milieu le liquide, puis, inclinant légèrement la plaque, on le répand sur toute la surface et l'on termine en faisant égoutter par un coin. Une bonne partie, à peu près la moitié du liquide, reste sur la plaque. Il se forme ordinairement des stries pendant l'écoulement du collodion. Ces stries détérioreraient l'image, aussi faut-il incliner la plaque en divers sens jusqu'à ce que la dernière goutte ait fini de s'écouler. Le liquide se prend alors en une pellicule ténue, humide et spongieuse. Dès que cette transformation est opérée, il faut plonger la plaque dans la solution d'argent (bain d'argent).

Il se produit dans les liquides un phénomène singulier : la couche éthérée du collodion repousse d'abord comme ferait de la graisse la solution aqueuse d'argent et il est nécessaire d'agiter la plaque dans le bain métallique pour faire adhérer intimement la solution à la plaque. Cette action mécanique est accompagnée d'une modification chimique. Les iodures et les bromures de la couche de collodion se décomposent avec le nitrate d'argent : il se forme de l'iodure et du bromure d'argent et des nitrates. Cet iodo-bromure d'argent colore la couche de collodion en jaune. La plaque est maintenant prête à recevoir l'empreinte de la lumière. Toutes ces opérations doivent précéder la pose du modèle. On les commence au moment où le public entre dans l'atelier, et lorsque les opérations sont bien conduites la plaque est déjà prête avant le modèle.

Trouver une pose naturelle et gracieuse, et mettre en évidence les côtés les plus avantageux, disposer les vêtements et les meubles d'une manière pittoresque, écarter les accessoires inutiles, enfin diriger convenablement la lumière : c'est là un travail à part et de nature purement artistique ; il faut qu'il soit accompli en quelques minutes, car le public n'est pas patient, et la plaque elle-même doit être employée sans plus tarder, car elle est humide de nitrate d'argent. Cette solution se dessèche bientôt et la plaque ne peut plus servir.

Lorsque l'empreinte est prise, on reporte la plaque sensible dans le cabinet noir. Ce transport de la plaque doit s'effectuer à l'abri de la lumière du jour. Le photographe se sert à cet effet d'une petite boîte plate (fig. 54) dont le fond H et le couvercle D sont mobiles dans des rainures ou tournent sur charnières. Il y a dans les coins de petites tringles d'argent D D sur lesquelles repose la plaque ; un ressort *f* placé sur le couvercle supérieur maintient ces tringles dans leur position. On peut ainsi transporter la plaque dans le châssis clos ; on la place ensuite à l'extrémité de l'appareil après avoir avancé et reculé la plaque de verre dépoli jusqu'à ce que l'image apparaisse nettement. Lorsque l'exposition à la lumière a eu lieu, on reporte dans le cabinet obscur la plaque protégée par le châssis.

On passe maintenant à l'une des opérations les plus importantes : c'est le *développement* de l'image. On n'en aperçoit jusqu'à présent aucune trace sur la plaque. L'action de la lumière consiste, en effet, dans une modification particulière de l'iodure d'argent qui forme le principal élément de la préparation superficielle. Cet iodure acquiert à la lumière l

propriété d'attirer l'argent pulvérulent qui sera précipité sur la plaque dans les opérations suivantes. Lorsqu'on mélange une dissolution d'argent avec une dissolution de sulfate de protoxyde de fer très-étendue, il se produit lentement un précipité d'argent, mais ce métal ne se dépose pas sous forme de masse blanche brillante ; il présente au contraire l'aspect d'une poudre grise. Or la plaque sensible retient une partie du nitrate d'argent et l'on voit tout à coup apparaître l'image quand la poudre métallique adhère aux parties qui ont reçu l'empreinte lumineuse.

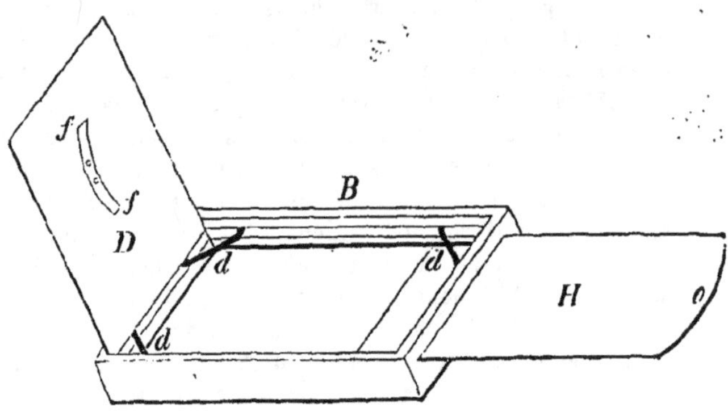

Fig. 54. — Châssis à négatif ou à chambre noire.

Ce sont d'abord les parties les plus claires du portrait, la chemise, puis le visage, enfin le vêtement noir qui apparaissent. Toutefois le négatif ainsi obtenu est loin d'être terminé. Ordinairement l'image est trop transparente, trop mince pour pouvoir servir à la préparation du positif sur papier. Car, on le sait, cette opération est l'effet de la lumière qui traverse les parties transparentes du négatif et qui colore en noir le papier sous-jacent, tandis qu'elle est arrêtée par les parties qui doivent rester blanches. Mais pour ce résultat, il faut que les parties correspondantes du négatif soient suffisamment opaques.

Il est donc nécessaire de *renforcer* l'image ; c'est ce que l'on fait en répétant en quelque sorte l'opération par laquelle on l'a développée. On verse sur elle un mélange de sulfate de protoxyde de fer et de nitrate d'argent, il se forme un nouveau précipité métallique. Ce précipité n'adhère qu'à l'image et lui donne par suite une teinte plus intense. Lorsque la plaque n'est pas complétement propre, l'argent se dépose sur les parties impures pendant le développement et le renforcement produit des taches. Lorsque le renforcement est terminé, il n'y a plus qu'à éliminer l'iodure d'argent qui s'oppose à la transparence des parties claires de la plaque. A cet effet on verse sur celle-ci une dissolution d'hyposulfite de soude. Ce sel a la propriété de dissoudre les sels d'argent insolubles dans les autres réactifs. Il dissout même l'iodure d'argent qui disparaît sous l'influence de la dissolution saline. *C'est en cela que consiste le fixage.* Enfin on lave la plaque et on la fait sécher. Si l'on considère que ces transformations si diverses s'accomplissent toutes sur une pellicule que peut érailler le plus léger contact, on ne s'étonnera pas que le commençant, inexpert à manipuler des objets si délicats, déchire si souvent la couche de collodion avant que l'œuvre ne soit accompli.

Cette couche de collodion, même sèche, est très-fragile ;

aussi les photographes, pour la protéger, la recouvrent-ils d'un vernis, c'est-à-dire une dissolution de résine, telle que la cire ou la sandaraque, dans l'alcool. Le fragile négatif sur verre est alors terminé.

Cette revue des opérations indispensables pour produire une image négative prouvera suffisamment que la photographie n'est pas si facile qu'on se l'imagine ordinairement, et qu'elle exige tout au moins un effort intellectuel supérieur au *travail tout royal* de l'ouverture et la fermeture du couvercle de l'objectif. Cependant, pour réussir toutes ces opérations, il faut surtout de l'habitude et la pratique répétée des mêmes travaux. Les fautes qui peuvent avoir été commises dans l'une quelconque de ces opérations sont généralement irréparables. Aussi est-il absolument nécessaire de les éviter ; c'est ce à quoi l'on arrive par l'habitude.

V

ÉPREUVES POSITIVES

Dans le chapitre précédent, nous avons appris comment on prépare une image négative d'après nature. Quelque intéressant que soit ce négatif, il ne suffirait pas à celui qui commande un portrait, car l'image est renversée : le visage blanc est noir, l'habit noir est clair. Jamais vous n'accrocheriez à la muraille un portrait qui vous transformerait en Maure. Il s'agit donc de produire un positif à l'aide de ce négatif. Nous avons déjà dit comment on s'y prend dans le chapitre où il a été question des copies obtenues par la lumière à l'aide du nitrate d'argent. On a appliqué le vieux procédé de Talbot. Cependant il est nécessaire d'insister sur quelques intermédiaires qui ont acquis une grande importance dans la photographie actuelle.

A l'aide de la chambre noire, le photographe habile parvient, après avoir exécuté toutes les opérations précédentes, à créer un négatif qui, placé sur du papier sensible et exposé à la lumière, fournit un positif ; mais ce positif, malgré la fidélité du dessin des figures, c'est-à-dire des contours, s'écarte sensiblement de la nature. Il est évident que la lumière et les ombres ne sont pas exactement distribuées, les parties claires paraissent trop claires, les parties sombres trop sombres : tels sont les plis des vêtements, de la peau, l'ombre sous les yeux, le menton. On jurait par la photographie, *parce que la nature à l'aide de la photographie se dessine elle-même.* On oubliait la coopération du photographe. Il est vrai que la nature, c'est-à-dire l'objet à reproduire, émet de la lumière qui produit une empreinte sur la plaque sensible ; mais une empreinte n'est pas encore une image, elle est même invisible par elle-même ; bien plus, la force de l'impression lumineuse est tout entière à la disposition du photographe ; selon qu'il expose plus ou moins longtemps la plaque à la lumière, il peut rendre cette impression plus intense ou plus faible. Il n'y a pas de règle qui prédise la durée de cette exposition. La nature ne détermine donc, à proprement parler, que les contours de l'image ; quant aux rapports entre l'ombre et la lumière, ils dépendent de l'objet lui-même et du bon plaisir du photographe.

L'impression lumineuse est *développée*, elle devient ainsi visible ; enfin, l'image développée est *renforcée*. Le photographe peut alors augmenter arbitrairement et même exagérer les contrastes entre l'ombre et la lumière. Que l'on compare attentivement le négatif avec l'objet, on trouvera que certaines parties sombres ne sont pas rendues parce que la durée de l'exposition a été trop courte pour faire impression sur la plaque. D'autres parties ont été rendues, mais elles ne sont pas assez foncées. Par contre, certaines parties très-claires, la collerette de la chemise, par exemple, sont d'un blanc exagéré, et même les broderies ne sont pas visibles parce que la durée de l'exposition a été trop longue. Souvent, en effet, on observe que les parties claires dont la couleur diffère peu se fondent complétement ensemble, c'est-à-dire qu'elles forment une unique tache blanche.

Il y a plus, les imperfections que le peintre aurait certainement omises telles que les verrues, les taches, etc., se reproduisent avec la même exactitude que les traits essentiels. Le négatif ne reproduit donc pas la réalité d'une manière correcte ni agréable ; mais il présente une image qui s'écarte sensiblement de la nature et qui même devient infidèle par la trop grande vigueur avec laquelle ressortent les accessoires. Dans les premiers temps de la photographie, on faisait bon marché de ces défauts. On était content de posséder un portrait qui reproduisait exactement au moins les contours, et l'on réparait les erreurs du négatif en retouchant le positif. Mais cette retouche élevait le prix des portraits, et lorsque le public commença à les commander par douzaines, on chercha à abréger ce travail qu'il fallait exécuter sur chaque exemplaire en opérant sur le négatif. Un seul négatif retouché donnait naturellement des centaines d'empreintes irréprochables, la retouche du négatif était donc le premier travail et le plus important à exécuter pour obtenir une image fidèle et agréable. Cette retouche du négatif consiste à recouvrir totalement certaines parties. Les taches de rousseur et les verrues par exemple (claires dans le négatif) disparaîtront dans le positif si l'on ombre le négatif au crayon ou à l'encre de Chine. Les cheveux ne paraissent-ils pas assez, on les renforcera par des hachures. On adoucira les ombres telles que les plis du visage en passant une teinte légère d'encre de Chine. Il ne faut naturellement pas oublier que tous les traits noirs de la retouche paraissent clairs dans le négatif.

Pour retoucher le négatif, il faut donc connaître parfaitement l'effet du crayon et des teintes de diverses nuances sur le positif. Il ne suffit donc pas d'être bon dessinateur pour retoucher un négatif. Il faut remarquer que le retoucheur du négatif peut parfois dépasser la mesure. Il peut, en recouvrant tous les plis, rajeunir un visage en supprimant les difformités, embellir l'original, et la vanité de certaines personnes paye souvent assez cher ces habiletés de la main.

Souvent la retouche du négatif ne profite qu'à la vanité humaine, mais il n'en est pas toujours ainsi. La photographie, on l'a déjà dit, ne reproduit pas toujours les nuances correspondantes aux diverses couleurs. Le jaune devient souvent noir, le bleu, blanc. Dans ce cas, la retouche du négatif permet de corriger ces défauts. C'est grâce à elle seule que la reproduction photographique des peintures à l'huile a atteint le degré de perfection où elle est parvenue aujourd'hui. Nous traiterons ce sujet plus loin avec plus de détail. Étudions maintenant les opérations qui servent à produire le positif.

La première d'entre elles est la préparation du papier sensible. Une feuille de papier recouverte d'albumine est imbibéc de chlorure de sodium et placée à la surface d'un bain d'argent. Le papier nage sur la solution, il l'absorbe, et il se forme du chlorure d'argent par la double décomposition avec le chlorure de sodium.

Le papier humide est peu sensible à la lumière, il n'acquiert de sensibilité qu'après la dessiccation. Le papier sec imbibé de chlorure et de nitrate d'argent est alors placé dans un châssis-presse (fig. 55) semblable à celui qui a déjà été

FIG. 55. — Châssis-presse ou à reproduction, ou à positif.

décrit plus haut. On le fait adhérer au négatif et on l'expose à la lumière. Les phénomènes dont nous avons déjà parlé dans le chapitre où nous avons décrit les moyens d'obtenir ces copies à l'aide de la lumière se produisent. Alors, la lumière traverse les parties claires du négatif et détermine une coloration sombre du papier sous-jacent. Le papier reste blanc sous les parties sombres du négatif et se colore un peu sous les demi-tons. Nous avons vu, en décrivant le procédé à l'aide duquel on obtient des reproductions sur le papier imprégné de nitrate d'argent, que cette copie ne résisterait pas à l'action de la lumière. Il faut, pour la fixer, éliminer les sels d'argent qu'elle contient. On emploie encore à cet effet une dissolution d'hyposulfite de soude. Lorsqu'on y plonge les copies, elles deviennent insensibles à la lumière, mais elles subissent malheureusement, un changement de couleur particulier; elles deviennent affreusement brunes. Cette couleur n'offre pas d'inconvénients pour les reproductions techniques et scientifiques, mais elle dénature les portraits et les paysages, et pour leur donner une coloration plus agréable, on les plonge dans une dissolution étendue de chlorure d'or; c'est ce que l'on appelle le *virage*.

Une partie de l'or se dépose sur l'image, lui donnant une coloration plus bleuâtre. Dès lors le ton de l'image n'est plus essentiellement modifié par immersion dans une dissolution d'hyposulfite de soude. L'épreuve ainsi obtenue se compose en partie d'or, en partie d'argent finement divisés. Il suffit de la laver complètement pour être assuré qu'elle se conservera. Sinon il reste de petites quantités d'hyposulfite de soude qui se décompose en jaunissant l'épreuve. C'est pour ce motif que les photographies d'autrefois s'altèrent et prennent si souvent des teintes fauves. On négligeait de laver complètement, parce qu'on ignorait les conséquences de cet oubli.

Les quantités d'argent et d'or qui suffisent à donner à une épreuve des colorations intenses sont extraordinairement petites. Il n'y en a que 15 centigrammes dans une feuille de 44 centimètres sur 47, complétement noircie à la lumière; une épreuve de même grandeur n'en contient que $0^{gr},075$, c'est-à-dire à peu près ' de gramme; une carte de

visite photographique n'en renferme que 1/500 de gramme.

Il faut faire observer ici que les positifs récemment préparés pâlissent un peu pendant le fixage; aussi le photogrape a-t-il soin de leur laisser des teintes définitives. C'est à cause de ces précautions nécessaires que la préparation des positifs, quelque simple qu'elle paraisse, exige un coup d'œil exercé.

On emploie parfois, dans la reproduction, certains artifices pour obtenir des effets agréables. Je veux parler des photographies à teintes *dégradées*. Tous mes lecteurs connaissent certainement ces portraits dont les contours se confondent insensiblement avec le fond qui est blanc. Il est très-facile

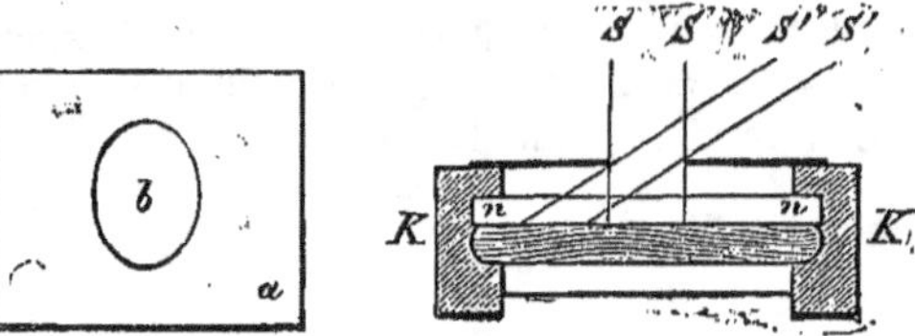

FIG. 56. — Dégradateur.

d'obtenir cet effet, en plaçant sur le châssis à positif un morceau de tôle ou de carton a (fig. 56), dans lequel est pratiqué un trou ovale b. Ce *masque* est placé sur le cadre KK, de telle sorte que la partie du négatif à reproduire se trouve immédiatement au-dessous de l'ouverture. Cette partie est frappée verticalement par les larges faisceaux de rayons SS et prend une coloration intense. Les parties latérales, situées sous le masque, ne sont touchées que par l'étroit faisceau lumineux S'S'; la reproduction en est donc pâle et d'autant plus qu'elles sont plus éloignées des bords du masque; c'est ainsi que l'on obtient ces teintes d'encadrement harmonieusement fondues, d'un aspect si artistique. Ce n'est que l'effet d'un artifice très-simple.

Le positif que le photographe a préparé de la manière qui vient d'être décrite n'a plus besoin que de quelques apprêts pour être présenté en public et faire bonne figure dans un salon. On le découpe en lui donnant une forme régulière (rectangulaire ou ovale), on le colle très-proprement sur d'élégant carton blanc; enfin on le fait sécher et après avoir corrigé les petits défauts par une légère retouche au pinceau, on le fait passer entre deux rouleaux d'acier poli pour le *satiner*.

L'usage a accoutumé le public à certains formats particuliers. De ce nombre sont le format dit de carte de visite et le format dit de carte album. Le premier présente les dimensions d'une carte de visite assez grande; la surface du second est deux fois et demie aussi considérable.

La carte de visite fut lancée dans la circulation en 1858 par Disdéri, de Paris; elle se vulgarisa rapidement, et aujourd'hui elle s'est répandue sur toute la surface du globe. Les photographes chinois eux-mêmes donnent à leurs œuvres le format de la carte de visite. Ce dernier format et le format album, introduits d'abord en Angleterre et appréciés aujourd'hui en Amérique, ne servent pas seulement aux portraits; ils sont encore usités dans les paysages et la reproduction des peintures à l'huile. On vend ces photographies par millions chaque année, et l'on trouve dans toutes les familles un album spécial pour les recevoir.

H. VOGEL.

TRAVAUX SCIENTIFIQUES

Revue astronomique

I. — Système stellaire multiple de l'étoile ζ de l'Écrevisse (1)

Ce système stellaire est formé par trois belles étoiles de 5 à 6ᵐᵉ grandeur, de couleur jaune et d'éclat un peu variable. Avec une bonne jumelle de spectacle on aperçoit très-aisément deux des étoiles de ce groupe, ou plutôt on sépare l'une d'elles de l'ensemble très-lumineux que forment les deux autres : avec cette jumelle, on aperçoit, à 5″ environ de distance, une étoile de 5ᵐᵉ,5 grandeur et une autre plus brillante et moins nette de 5ᵐᵉ grandeur. La première que nous désignerons par C est simple, mais l'autre est en réalité double, ainsi que sir William Herschel l'a reconnu le premier en 1781, et l'image obtenue tout à l'heure résultait de la superposition des images de deux étoiles, l'une A de 5ᵐᵉ et l'autre B de 6ᵐᵉ grandeur, dont la distance est en moyenne d'environ 0″,8 et qu'un objectif de six pouces (0ᵐ,16) sépare aisément dans la plupart des cas.

Tel est le système stellaire, qu'après W. Herschel, ont étudié successivement sir James South, à Passy, près de Paris, en 1825, William Struve, à Dorpat, de 1826 à 1836, et son fils M. Otto de Struve, à Pulkowa, de 1840 à 1874. De toutes leurs observations, il résulte que l'on se trouve bien en présence d'un groupe physique, d'un monde particulier; car les trois étoiles dont nous parlons sont entraînées d'un mouvement d'ensemble avec une vitesse commune d'environ 0″,15 par an (2).

Tel était l'État de nos connaissances au sujet de ce groupe stellaire, lorsque M. O. de Struve en a repris l'étude. Ses belles observations y ont beaucoup ajouté.

Considérons d'abord la partie principale du groupe, les astres dominants A et B; la seconde de ces étoiles décrit autour de la première une orbite dont les éléments calculés, d'après les observations de M. O. de Struve, sont les suivants :

Angle de position du périastre	199°,0
Angle de position du nœud ascendant	109°,0
Inclinaison	20°,7
Excentricité	0,353
Demi-grand axe	0″,908
Durée de la révolution en années	62,4
Epoque la plus récente du passage au périastre	1869,3

Or, la combinaison des mesures faites par W. Herschel en 1781, avec celles de M. O. de Struve conduit au contraire à cette conclusion que les deux astres ont effectué une révolution complète au bout de 59,4 années. Cette différence de deux années ne peut être entièrement attribuée aux erreurs d'observation; car la variation annuelle de l'angle de position de B étant d'environ 6°, il faudrait admettre une erreur de 10° à 12° dans l'angle de position donné par W. Herschel, ce qui n'est guère probable. N'y aurait-il pas plutôt là une raison de croire, ou tout au moins de supposer une action perturbatrice due à la troisième étoile ? Cette conclusion, quelque difficile à admettre qu'elle paraisse au premier abord, en raison de l'énorme distance du groupe (A, B) à l'étoile C (avec le parallaxe 0″,006, calculée comme nous l'avons dit plus haut, elle est d'environ 600 fois la distance de la terre au soleil), se trouve cependant confirmée, par les observations de M. O. de Struve, qui croit avoir reconnu des traces de cette attraction dans ses mesures de distances entre les deux étoiles A et B, et peut-être aussi par l'étude de la troisième étoile C de ce groupe. M. Struve rapporte les positions successives de l'étoile C au centre optique O des étoiles A et B qu'il suppose intimement liées entre elles. Il reconnaît ainsi que l'angle de position de C, qui a changé de 23° environ depuis 1826, ne varie pas uniformément. Ce mouvement du rayon vecteur change au contraire par périodes alternatives d'environ six ans, pendant lesquelles il est tantôt plus rapide, parfois nul et parfois même rétrograde. En outre, les accroissements rapides du mouvement angulaire sont toujours accompagnés d'un accroissement très-net de la distance ; et, les variations en sens inverse, d'une diminution bien accusée. Ces irrégularités sont d'ailleurs trop considérables pour pouvoir être attribuées à des erreurs d'observation, et leur périodicité montre bien qu'elles résultent d'un phénomène physique déterminé, que M. Struve pense être dû, au moins en partie, aux variations des attractions exercées sur C par les étoiles A et B dont les positions relatives changent très-rapidement par suite de leur faible distance.

Serrons d'ailleurs le problème de plus près. Toutes les positions observées de l'étoile C sont suffisamment bien représentées par les deux formules suivantes, où P est l'angle de position par rapport au centre O et d sa distance à ce centre et T l'époque de l'observation.

$$P = 155° - 0°,50\,(T - 1831,3) - 3°\,\mathrm{Sin}\,18°\,(T - 1831,3)$$
$$d = 5″,5 + 0″,20\,\mathrm{Cos}\,18°\,(T - 1831,3)$$

Si l'on remarque que, à la distance de 5″,5, 3 degrés correspondent à un arc de longueur égale à 0″,29, on conclura, de l'examen des derniers termes des deux formules précédentes, que les irrégularités présentées par l'orbite de l'étoile C s'expliquent assez bien, en supposant que, tout en se mouvant autour du centre O sur une orbite régulière, cette étoile décrit en outre, dans une période d'environ vingt ans, une orbite secondaire approximativement circulaire et de 0″,2 à 0″,3 de rayon. Les attractions qu'exercent les étoiles A et B sur la troisième composante C du système stellaire peuvent-elles rendre compte complétement de ces variations ? ou bien, et cela paraît plus probable, ces attractions, si elles existent, ne seraient-elles point concomitantes avec l'action d'un corps perturbateur encore inconnu, éteint ou incandescent, satellite ou nouveau soleil de ce monde éloigné ? Telle est l'opinion du savant directeur de l'observatoire de Pulkowa. S'il en est ainsi, quelle doit être la masse de cet astre perturbateur ? Car, à la distance où ces étoiles se trouvent des précédentes, la valeur angulaire que nous venons de donner pour le rayon de cette orbite secondaire, équivaut environ à trois cent vingt fois la distance de la terre au soleil, dix fois environ la distance au soleil de Neptune, celle des planètes de notre système qui s'éloigne le plus de l'astre central.

II. — Scintillation des étoiles (1)

Tout le monde connaît les belles expériences d'Arago, Goujon et Mathieu sur la scintillation des étoiles, et les vues

---

(1) *Monthly notices of the Royal astronomical Society*, vol. XXXV, p. 225 et suiv.

(2) Si, prenant arbitrairement la masse de l'étoile A égale à dix fois celle du soleil (la masse de Sirius est égale à quatorze), on calcule la parallaxe de ζ de l'Ecrevisse à l'aide des formules données par Savary dans la *Connaissance des temps* pour 1830, on voit que ce déplacement angulaire correspond à une vitesse de 31 lieues par seconde et double de la vitesse linéaire de la 61ᵐᵉ du Cygne.

(1) *Académie des sciences de Belgique*, vol. XXXVII, n° 8.

théoriques à l'aide desquelles le premier de ces savants a rattaché ces changements d'éclat à si courte période, accompagnés souvent de variations de couleurs et d'altérations dans le diamètre apparent des astres, aux phénomènes d'interférence que Fresnel venait d'expliquer si nettement et si magistralement (1). Depuis, la théorie d'Arago a été souvent mise en doute : aujourd'hui encore elle n'est point universellement adoptée. Parmi les savants que cette question préoccupe, il faut citer, presqu au premier rang, un astronome belge, M. Montigny. Laissant de côté jusqu'ici toute vue théorique sur la scintillation, il cherche à comparer ce phénomène à ceux que nous a fait connaître l'application récente du spectroscope à l'étude du ciel, et à relier numériquement la fréquence de la scintillation avec les spectres caractéristiques de certaines classes ou certains groupes d'étoiles.

Il a étudié dans ce but quarante et une étoiles, dont seize font partie du premier type spectroscopique du savant directeur de l'Observatoire romain, le Rév. P. Secchi ; quatorze appartiennent au second type, et onze sont classées dans le troisième des types de cet astronome (2). Il est arrivé à cette conclusion, que « les étoiles dont les spectres contiennent de nombreuses lignes et zones ou bandes obscures, scintillent moins que celles dont le spectre montre, comme celui du soleil, un grand nombre de lignes noires très-fines et très-serrées, et considérablement moins que les étoiles dont les spectres se caractérisent seulement par un petit nombre de raies noires principales. »

Ainsi, les nombres de variations d'éclat observés pendant une seconde, à une hauteur de 30 degrés au-dessus de l'horizon, sont respectivement pour chaque type :

> Premier type. — (Etoiles blanches, ex. : Véga) 86,
> Deuxième type. — (Etoiles jaunes, ex. : Pollux) 69.
> Troisième type. — (Ex. : α Hercule) 56.

Ces nombres ne sont d'ailleurs qu'une moyenne ; et, pour donner une idée nette du bien fondé des conclusions de M. Montigny, il convient de citer quelques cas particuliers.

L'étoile ε de la Grande-Ourse tient la tête dans le *premier type* de l'astronome italien : le nombre de scintillations par seconde est pour elle de 111 ; pour les étoiles β de la Grande-Ourse, Procyon et Véga, qui lui succèdent sur la liste du P. Secchi, ces nombres sont respectivement 104, 103 et 98 ; enfin, pour Castor, α de la Couronne et η de la Grande-Ourse, qui tiennent la queue de la liste, ils sont 62, 61 et 61, ne dépassant presque pas la moitié de celui qui correspond à ε de la Grande-Ourse. Mais il faut remarquer que déjà ces trois étoiles se détachent pour ainsi dire du premier type, en ce que leurs spectres offrent un nombre beaucoup plus grand de lignes.

α d'Hercule, qui tient la tête de la liste du *troisième type*, est celle de toutes les étoiles observées qui scintille le moins : 32 scintillations par seconde.

Autre exemple, donné par les trois étoiles principales α, β et γ de la constellation d'Andromède.

Le spectre de α d'Andromède (1er type du P. Secchi) est caractérisé par un petit nombre de raies noires bien nettes et bien marquées, quelques lignes fines et peu de rouge ; celui de l'étoile γ (2e type du P. Secchi) n'en diffère pas sensiblement ; il offre une raie noire assez bien limitée, quelques lignes fines et des traces de zones obscures dans la partie la plus réfrangible ; aussi le nombre des scintillations est-il exactement le même : 93 pour chacun de ces astres. Au contraire, la troisième étoile β a un spectre composé de

lignes fines très-nombreuses, disposées par zones parfaitement distinctes et formant accidentellement des régions obscures ; or, elle scintille beaucoup moins que les deux autres, et le nombre de ses changements d'éclat ne s'élève pas à plus de 57 par seconde.

La même étude, faite sur les étoiles observées par MM. Huggins et Miller, conduit d'ailleurs à des conclusions identiques : de sorte que, sans admettre entièrement les règles de M. Montigny dans un sens tout à fait rigoureux, on est forcé de reconnaître qu'il y a des analogies numériques remarquables entre deux ordres de phénomènes au premier abord si différents, analogies qu'il ne serait peut-être pas prudent de négliger complètement.

III. — LES SATELLITES D'URANUS (1)

Après de nombreuses années d'observations sir William Herschel a admis que la planète qu'il avait découverte était accompagnée de *six* satellites, dont voici, d'après cet illustre astronome, les durées de révolution dans l'ordre des distances à la planète :

I	5 jours	21 heures
II	8	18
III	10	23
IV	13	11
V	33	01
VI	107	16

Mais, des mémoires même d'Herschel, il résulte que l'existence de chacun de ces différents satellites est loin d'avoir la même certitude.

Les satellites II et IV, que William Herschel a découverts les premiers le 11 janvier 1787 et qu'il appelle constamment le *premier* et le *second*, existent bien certainement ; l'astronome de Slough les a observés constamment du 11 janvier 1787 au 25 mai 1810 ; son fils les a suivis de 1828 à 1832 ; depuis, Lamont, O. Struve, Lassell (cet astronome les appelle *Titania* et *Oberon*), Holden et Newcomb, lord Rosce et Ralph Copeland les ont fréquemment étudiés.

On n'en saurait dire autant des quatre autres, dont Herschel annonça l'existence à la Société royale le 14 décembre 1797. La lecture des mémoires d'Herschel insérés dans les *Philosophical Transactions* pour 1798 et 1815 prouve que :

1° Le satellite I a été observé par lui, les 18 janvier 1790, 27 mars 1794, 15 février 1798 et 17 avril 1801.

2° Le satellite III a été vu deux fois seulement, les 26 et 27 mars 1794.

3° Quant aux satellites V et VI, Herschel n'en a annoncé l'existence qu'en se fiant, comme il le dit lui-même, à son extrême habileté pour voir les astres faibles, l'existence de ces satellites pouvant exciter quelques doutes dans l'esprit des personnes très-scrupuleuses (2).

Il a cru les voir, et en a soupçonné l'existence un certain nombre de fois ; entre autres, et la première fois, le 9 février 1790, pour le satellite V, et le 28 février 1794 pour le satellite VI.

Quant à sir John Herschel, dans la discussion qu'il a pu-

---

(1) *Annuaire du Bureau des longitudes*, pour 1852.
(2) *Le Soleil*, par le P. Secchi. 1re édition, p. 392 et suivantes.

(1) Voy. *Monthly notices of the Royal astronomical Society*, vol. 35, p. 16 et 300.
(2) In such delicate observations, as these of the additional satellites, there may possibly arise some doubts with those who are very scrupulous; but as I have been much in the habit of seeing very small and dim objects, I have not been detained from publishing these observations sooner, on account of the least uncertainty about the existence of these satellites (*Philosophical Transactions for* 1798, p. 66).

bliée en 1834 des observations de son père et des siennes, il arrive à cette conclusion « que l'existence d'autres satellites que les deux premiers n'a pour lui aucune espèce de certitude ».

En 1838, Lamont crut, une seule fois, voir un autre satellite que les deux premiers d'Herschel. Dix ans plus tard, MM. Otto Struve et W. Lassell étudièrent le système d'Uranus. Ils observèrent tous deux un troisième satellite moins brillant que les deux premiers; mais, tandis que M. Struve lui donnait une révolution d'à peu près quatre jours, M. Lassell n'attribuait à sa période qu'une durée d'environ deux jours. La question ne fut éclaircie qu'en 1851.

Après avoir consacré tous ses soins à la construction d'un grand télescope de deux pieds (0m,67) d'ouverture et vingt pieds (6m,71) de foyer, Lassell observa à Liverpool d'abord et à Malte ensuite le monde d'Uranus. Il revit assez aisément les deux satellites II et IV (*premier* et *second*, d'Herschel), qu'il appela *Titania* et *Oberon;* mais au lieu des quatre autres, qu'il ne put jamais apercevoir, il en découvrit deux nouveaux plus rapprochés de la planète, qu'il appela *Ariel* et *Umbriel.* De sorte que si l'on ne disposait que des observations de M. Lassell le système d'Uranus serait composé comme il suit :

	Jours	Heures	Minutes	Secondes
Ariel, avec une révolution de	2	12	29	20,7
Umbriel, —	4	3	28	7,5
Titania, —	8	16	56	25,6
Oberon, —	13	11	6	55,4

Oberon et Titania étant les plus brillants et ayant à peu près un éclat égal, Ariel étant moitié moins brillant que les premiers et Umbriel étant le plus faible.

En 1863, cet illustre astronome recommença ses observations à Malte avec son télescope de quatre pieds; et, dit-il, en terminant le récit : « Je suis entièrement persuadé que » s'il y a d'autres satellites que les quatre dont je viens de » citer les noms, ces satellites sont encore à découvrir. »

Tout récemment enfin MM. Newcomb et Holden [1] ont repris l'étude de cette question, avec le grand équatorial d'Alvan Clark (26 pouces = 0m,66 d'ouverture) à l'observatoire naval de Washington. Pendant la longue série de leurs cinq mois d'observations, ils n'ont pu, eux aussi, apercevoir que les quatre satellites signalés par M. Lassell; observant, soit avec un télescope de deux pieds, soit avec son télescope de quatre pieds (1m,34) d'ouverture. De là, à la conclusion que ces quatres satellites étaient les seuls du monde d'Uranus, il n'y avait qu'un pas; MM. Newcomb et Holden le franchirent.

Mais, M. Holden voulut interpréter les anciennes observations de sir William Herschel sur les quatre satellites additionnels. Pour cela, il se servit des tables calculées par M. Newcomb à l'aide des observations de M. Lassell, à Malte, en 1851, 1852 et 1853. Il crut arriver ainsi à prouver, tout au moins d'une façon spécieuse, que le satellite aperçu par Herschel, les 18 et 20 janvier 1790 et le 17 avril 1801, n'était autre que celui que M. Lassell appela plus tard Umbriel; et que le satellite vu par l'astronome de Slough le 27 février 1794 était l'Ariel de M. Lassell; tandis que, au contraire, toutes les autres observations indiquées dans le mémoire d'Herschel se rapportaient à des étoiles fixes.

De même, d'après lui, M. O. Struve aurait vu Umbriel en une ou deux occasions (1er novembre et 1er décembre 1847).

Se basant sur ces déductions, M. Holden arrive à cette conclusion « qu'en fait sir William Herschel est réellement

» l'*inventeur* des satellites Ariel et Umbriel, tout aussi bien » que de Titania et d'Oberon. »

C'est contre cette conclusion que réclame M. Lassell; et sa revendication ne nous paraît point douteuse.

En effet dans le dernier mémoire qu'il ait publié sur ce sujet [1], l'illustre astronome de Slough discute et commente son premier travail de 1798 et y décrit longuement ce qu'il appelle sa *méthode d'identification* des satellites; puis, après un grand nombre de remarques sur ses anciennes observations, auxquelles il n'en ajoute pas une seule nouvelle, il conclut, sans élever à ce sujet le moindre doute, à la *réalité* de sa découverte des quatre satellites additionnels. Est-il alors admissible, d'attribuer à Herschel la découverte de deux autres satellites situés tous deux plus près de la planète que le plus voisin des quatre satellites additionnels d'Herschel; surtout si l'on pense qu'après un intervalle de plus de soixante ans écoulé depuis l'annonce de la découverte d'Herschel, et en se servant des meilleures lunettes qui aient été faites, jamais un astronome n'a pu retrouver ni l'un ni l'autre de ces satellites? Nous partageons à cet égard complétement l'opinion de M. Lassell, et nous pensons qu'à lui seul revient l'honneur de la découverte d'Ariel et d'Umbriel; de même qu'à MM. Holden et Newcomb appartient le mérite d'avoir les premiers donné une théorie complète du système formé par la planète d'Herschel.

Nous ajouterons que MM. le comte de Rosee et R. Copeland, qui, en 1873 et 1874, firent à Birr-Castle avec le *Léviathan* une belle série d'observations du système uranien, ne purent apercevoir non plus d'autres satellites que ceux indiqués par M. Lassell.

BULLETIN DES SOCIÉTÉS SAVANTES

Académie des sciences de Paris. — 13 DÉCEMBRE 1875.

M. Jamin : Les lois de l'influence magnétique. — M. E. Fremy : La théorie de l'affinage du verre. — M. A. Cahours : Recherches sur les sulfines. — M. Belgrand : Note sur les perturbations atmosphériques de la saison chaude lo l'année 1875. — M. Janssen : Plaques micrométriques destinées aux mesures d'images solaires. — M. Bouley : Rapport relatif au décret interdisant l'importation en Algérie des arbres fruitiers et forestiers venant de France. — MM. Barral et Salvetat : Note sur la destruction de la matière végétale mélangée à la laine. — MM. Schutzenberger et Bourgeois : Recherches sur la constitution de la fibroïne et de la soie. — M. Lortet : Note sur un poisson du lac de Tibériade. — M. Jobert : La respiration de certains crustacés brachyures. — MM. P. Champion et H. Pellet : Influence de l'effouillage sur le poids et la richesse saccharine des betteraves. — M. A. Giard : Note sur les tuniciers du groupe des *Luciæ*.

M. *J. Jamin* présente une note sur les lois de l'influence magnétique. Dans cette note se trouve la solution du problème suivant : Quand on applique à l'un des pôles A d'un aimant un cylindre de fer de longueur et de section données, on voit le magnétisme diminuer sur l'aimant pour se transporter sur l'armature, et une attraction s'exercer entre cette armature et cet aimant. M. Jamin a déterminé les lois de la distribution du magnétisme qui apparaît sur l'armature, de la diminution des tensions sur l'aimant et de l'intensité de la force portante.

— M. *E. Fremy* fait une communication sur la théorie de l'affinage du verre. On sait que l'affinage est l'opération qui a pour but de rendre le verre homogène et d'en expulser les bulles de gaz qui se produisent en abondance au moment de sa formation. Jusqu'ici, on n'a pas pu déterminer avec exactitude la nature de ces gaz auxquels est dû le défaut connu sous le nom de *point;* on ignore même quelles sont les actions

----

(1) MM. Newcomb et Holden observent assidument les satellites de Saturne, Neptune et Uranus.

(1) *On the Georgian planet (Philosophical Transactions of the Royal Society for 1815).* — Ce mémoire a été lu le 8 juin 1815.

mutuelles qui produisent, à la fin de l'opération, ces dégagements gazeux qui altèrent la qualité du verre. Des observations que M. Fremy poursuit depuis longtemps sur ce sujet, il résulte que le *point* est dû à l'action des corps réducteurs sur le sulfate de soude qui se trouve en excès dans le verre. Pour arriver à un affinage satisfaisant, il faut donc, quand la vitrification est opérée, éviter, autant que possible, l'action des réducteurs sur le sulfate de soude que retient le verre, ou mieux encore détruire cet excès de sulfate sans engendrer de nouveaux gaz dans la matière vitreuse. L'excès de sulfate de soude est utile au verre pendant *sa fonte*, car il n'est blanc et fusible qu'à cette condition; mais ce sel doit disparaître à la fin de l'opération.

— M. *A. Cahours* fait connaître le résultat de ses recherches sur les sulfines. L'auteur, en étudiant l'action réciproque du sulfure de méthyle et des bromures ou iodures de radicaux autres que des radicaux hydrocarbonés, a vu se produire constamment le bromure et l'iodure de la sulfine méthylique qui prend évidemment naissance en vertu de sa stabilité relativement considérable dans les conditions de l'expérience, en même temps que, par un phénomène de double décomposition, il se forme des produits complémentaires. La nature de ces derniers produits peut même être facilement prévue.

— M. *Belgrand* communique l'ensemble des observations qui ont été faites relativement aux perturbations atmosphériques de la saison chaude de l'année 1875, et aux inondations du midi de la France. L'auteur discute la valeur des données de ces observations et cherche à déterminer l'influence des pluies sur les crues des cours d'eau et par conséquent sur les inondations.

— M. *J. Janssen* soumet à l'Académie des plaques micrométriques destinées aux mesures d'images solaires. La première de ces plaques est en laiton et a 24 centimètres de côté. Elle porte d'abord deux échelles millimétriques à angle droit, d'un bord à l'autre. Chaque cadran est divisé en quatre parties par des échelles disposées en rayons; ces échelles sont gravées dans la plaque et portent une chiffraison dont l'origine est au centre. Cette plaque est destinée à mesurer les images transparentes, les épreuves sur verre. La seconde plaque est en verre et porte gravées des échelles semblables. Elle sert à mesurer les épreuves non transparentes, comme, par exemple, les épreuves sur plaqué d'argent.

— M. *Bouley* lit un rapport sur les réclamations dont a été l'objet le décret relatif à l'importation en Algérie de plants d'arbres fruitiers ou forestiers venant de France. Ce décret a été rendu sur la demande de M. le gouverneur de l'Algérie. Le but du gouverneur a été de préserver les vignobles de notre colonie des ravages du phylloxera. Le décret interdisant l'importation des arbres fruitiers et forestiers est une mesure de prudence qui a été inspirée par la crainte que ces arbres, arrachés en France dans des provinces infestées, n'emportent avec eux des œufs de phylloxera et ne deviennent ainsi la cause indirecte de nouveaux malheurs. Cependant le décret n'a pas contenté tout le monde. Des plaintes se sont élevées contre une mesure qui porte une grande atteinte au commerce des plants d'arbres, et qui, selon quelques personnes, est complètement inutile, attendu qu'aucun végétal autre que la vigne ne peut servir de véhicule au phylloxera. Le ministre de l'agriculture, en présence de ces réclamations, a demandé l'avis de l'Académie.

La question a été soumise à la commission du phylloxera, composée de MM. Dumas, Blanchard, Duchartre, Milne Edwards, Pasteur, Thénard et Bouley. Tous les membres de la commission, sauf M. Blanchard, ont été d'accord sur ce point, qu'il n'est pas impossible que le phylloxera ailé dépose ses œufs sur des arbres vivant au milieu ou dans le voisinage des vignes infestées. Pourquoi d'ailleurs cela ne serait-il pas, puisque M. Balbiani a constaté la présence des œufs d'hiver

dans les fissures des échalas ? « En conséquence, dit le rapporteur, supposons la France divisée par une ligne passant par les points les plus avancés vers le nord que le phylloxera ait atteints; il paraîtrait suffisant d'exiger que tous les plants dont l'exportation serait autorisée fussent munis d'un certificat d'origine authentique, constatant qu'ils proviennent de points du territoire situés à 40 ou 50 kilomètres au moins au nord de cette ligne ». Telles sont les conclusions du rapport. Après quelques observations présentées par MM. Blanchard, Dumas, Brongniart, Milne Edwards, ces conclusions, mises aux voix, sont adoptées.

— MM. *J.-A. Barral* et *Salvetat* présentent une note sur la destruction de la matière végétale mélangée à la laine. On sait qu'il existe une opération ayant pour but de détruire les matières végétales adhérentes à la laine, même dans les draps et autres tissus tout formés; cette opération est connue sous le nom d'*épaillage chimique*. Les auteurs de la présente note, après avoir rappelé les principaux procédés employés jusqu'ici et notamment les procédés de M. Frézon et de M. Joly, font connaître les résultats des nombreuses expériences qu'ils ont faites pour déterminer comment se comportent la cellulose et le ligneux, ainsi que la laine, en présence d'un très-grand nombre de réactifs. Parmi les résultats obtenus, nous signalerons les suivants : 1° La cellulose et le ligneux se laissent désorganiser sous l'action des agents chimiques suivants, pourvu que le tissu, essoré après imbibition, soit ensuite porté, dans une étuve, à une température d'environ 140 degrés : Acide sulfurique, chlorhydrate d'alumine, acide chlorhydrique, acide nitrique; chlorures de zinc, de fer, d'étain, de cuivre; nitrates de cuivre, de magnésie, de fer; sulfates d'étain, d'alumine; bisulfate de potasse, alun de chrome, acide borique, phosphate acide de chaux, acide oxalique. 2° La laine, au contraire, n'est pas attaquée dans les conditions précédentes.

— MM. *P. Schützenberger* et *A. Bourgeois* communiquent le résultat de leurs recherches sur la constitution de la soie et de la fibroïne. Il résulte de leurs expériences que la fibroïne se distingue de l'albumine : 1° par l'absence à peu près complète, parmi les produits de son hydratation, d'acides de la série $C^nH^{2n-1}AzO^4$; 2° par une proportion beaucoup moindre d'acides amidés de la série acrylique $C^nH^{2n-1}AzO^2$; 3° par ce fait que les acides amidés de la série $C^nH^{2n-1}AzO^2$, qui en forment la masse principale, sont des homologues inférieurs ($n = 2, 3, 4$) de ceux qui dominent dans les albuminoïdes ($n = 6, 5, 4$). La soie grège a fourni plus d'ammoniaque, d'acides oxalique et carbonique et d'acide acétique que la fibroïne.

— M. *Lortet* envoie une note sur un poisson du lac de Tibériade, qui incube ses œufs dans la cavité buccale. Ce poisson est le *Chromis paterfamilias*. Jusqu'ici on ne connaît qu'un très-petit nombre d'espèces de poissons présentant cette étrange particularité d'incuber leurs œufs dans la cavité buccale ou au milieu des branchies. Les espèces connues appartiennent au groupe des labyrinthobranches, et Agassiz prétendait que seuls, les poissons de ce groupe, grâce à la disposition de leurs branchies, pouvaient incuber leurs œufs de cette façon. Agassiz avait tort d'être aussi exclusif, car le *Chromis paterfamilias* a les branchies disposées en simples lamelles; il n'est pourvu d'aucun appareil spécial pour retenir en place les œufs ou les petits, et cependant il protége et nourrit jusqu'à deux cents jeunes dans la gueule et la cavité branchiale. C'est toujours le mâle qui se livre à ces fonctions d'incubation.

— M. *Jobert* a fait des recherches sur l'appareil respiratoire et le mode de respiration de certains crustacés brachyures (crabes terrestres). L'auteur a étudié à ce point de vue plusieurs espèces et notamment l'*Uca una*. Les observations qu'il a pu faire relativement à l'appareil branchial et à la circulation du sang chez ces animaux l'ont amené à conclure que chez les crustacés ordinaires, l'appareil branchial peut jouer le rôle d'un véritable poumon, et que le sang, parti du cœur, y peut retourner sans passer par les branchies. M. Jobert propose de donner aux crustacés qui présentent cette disposition le nom de *branchio-pulmonés*.

— MM. *P. Champion* et *H. Pellet* font une communication relative à l'influence de l'effeuillage sur le poids et la richesse saccharine des betteraves. Sans admettre la théorie de M. Ch. Viollette sur la formation du sucre dans les feuilles des betteraves, les auteurs déclarent que, d'une manière générale, il résulte de leurs recherches pendant la campagne de 1874-1875, que le poids et le nombre des feuilles augmentent avec la richesse des betteraves.

— M. *A. Giard* envoie une note sur l'embryogénie des tuniciers du groupe des *Luciæ*. L'auteur rappelle la nécessité qu'il y a de séparer nettement les ascidies composées du groupe des Didemniens, d'avec d'autres formes très-différentes dont il a fait la famille des *Diplosomidæ*. Parmi les nombreux caractères d'ordre anatomique et d'ordre embryogénique qui servent à différencier ces deux groupes d'animaux, la présence de nombreux spicules calcaires dans la tunique des *Didemnidæ* permet de distinguer facilement ces derniers des *Diplosomidæ*, chez lesquels les spicules sont remplacés par des granules pigmentaires. La famille nouvelle des *Diplosomidæ* comprend trois genres, savoir : *Diplosoma*, *Pseudodidemnum* et *Astellium*. Les observations que M. Giard a pu faire touchant ces animaux l'ont conduit à penser qu'on peut considérer les *Diplosomidæ* comme représentant l'état fixe d'un type dont les Pyrosomes sont la forme nageante ou pélagique. Par suite, le groupe des *Luciæ* de *Savigny* pourra se diviser en deux familles, *Pyrosomidæ* et *Diplosomidæ*, offrant entre elles les mêmes rapports que les siphonophores et les Hydriformes parmi les Cœlentères acalèphes.

BIBLIOGRAPHIE SCIENTIFIQUE

Les étrennes

IV

LES SERVITEURS DE L'ESTOMAC, par M. JEAN MACÉ (1).

Le nom de M. Jean Macé évoque invinciblement le souvevir de l'*Histoire d'une bouchée de pain*. Ce premier traité de physiologie élémentaire a eu, dès son apparition, une vogue prodigieuse : quarante éditions n'en ont pas épuisé le succès. A cette époque, les livres de *vulgarisation* étaient encore peu nombreux : on ne semblait pas se douter que les enfants ou les gens du monde fussent capables de prêter une attention sérieuse aux choses sérieuses. Le succès, ou pour mieux dire, le triomphe de l'*Histoire d'une bouchée de pain* a été comme une révélation. Un flot d'imitateurs s'est précipité sur les pas de M. Jean Macé. Ne nous en plaignons pas : la *vulgarisation* est à la science proprement dite ce que la conférence est à l'enseignement officiel, c'est-à-dire, un moyen aimable et suffisamment sûr d'activer la circulation des idées.

Il faut cependant en convenir : ces imitations n'ont pas

toutes été heureuses. Plus d'une de ces œuvres, soi-disant populaires, est aussi maussade qu'un traité abstrait et n'offre aucune sécurité scientifique; beaucoup d'entre elles n'ont que le caractère peu recommandable d'une sorte d'exploitation du bon vouloir public. Professer la science d'une façon aimable, c'est chose aussi malaisée que d'écrire au point de vue de la jeunesse des contes ou des romans d'une moralité irréprochable et d'un intérêt vivant. Le grand, l'incomparable mérite de M. Jean Macé, c'est d'être un écrivain d'une perfection absolue. Avant de se mettre à la science, il avait écrit des *Contes* qui resteront, dans la littérature contemporaine, comme autant de petits chefs-d'œuvre d'esprit et de goût. Son imagination avait donné toutes sortes de témoignages de fécondité. Et ce sont ces ressources naturelles qu'il a appliquées à la démonstration scientifique. Les comparaisons, et même les allégories, qui facilitent l'intelligence des problèmes de l'*Histoire d'une bouchée de pain* et des *Serviteur de l'estomac*, constituent un fonds d'invention littéraire tout à fait curieux, en même temps que la vérité scientifique est toujours respectée. Le savant le plus attentif ne relèvera pas dans ces deux charmants ouvrages la plus petite erreur de chiffre ou de fait et le critique littéraire sera ravi de la forme exquise qui embellit les démonstrations en apparence les plus abstraites.

Sous leur titre humoristique, les *Serviteurs de l'estomac* ne sont autre chose qu'un traité élémentaire d'anatomie descriptive ; on se souvient que l'*Histoire d'une bouchée de pain* avait pour but l'enseignement de la physiologie. Mais les deux sciences ne vont guère l'une sans l'autre : il est certains chapitres des *Serviteurs de l'estomac* qui rentrent directemen dans le domaine physiologique ; tel le curieux récit des fonctions cérébrales.

L'auteur débute, comme de raison, par la description de la charpente humaine. N'était-ce pas se proposer un tour de force étonnant que de chercher à intéresser et même à amuser le grand public en lui racontant l'histoire des muscles et des os? Ce tour de force, M. Jean Macé l'a accompli, et je suis même d'avis que l'effort qu'il a dû déployer pour atteindre le but est encore plus méritoire que celui que lui a coûté l'*Histoire d'une bouchée de pain*. Mais laissons-le lui-même exposer son programme :

« Je vous ai déjà raconté, ma chère enfant, dit-il, dans l'*Histoire d'une bouchée de pain*, une partie de votre histoire, celle qui se passe au dedans de vous, dans le silence et l'obscurité, sans que vous à ayez vous en occuper, sans même que vous en soyez prévenue, et vous avez été obligée de me croire sur parole la plupart du temps.

» Ce qui me reste à vous raconter est moins mystérieux. Ce sont vos bras, vos jambes, votre petit nez, vos grands yeux qui me regardent, vos oreilles qui m'écoutent, toutes choses qui sont pour vous des camarades de chaque instant, et dont l'histoire doit, il me semble, vous intéresser encore davantage. Tout cela fait partie de la machine à marcher qui fait la paire avec notre machine à manger. »

Et là-dessus l'auteur entreprend bravement l'histoire de la machine à marcher. Après les os, les articulations, puis les muscles, puis l'étude des attitudes et des mouvements. Un chapitre spécial sur l'électricité conduit à l'examen du système nerveux.

C'est là, à coup sûr, la partie la plus curieuse du livre. Le sujet y prêtait, mais M. Jean Macé s'est bien gardé d'en abu-

____

(1) Hetzel, éditeur, 18 rue Jacob, Paris. Broché 7 fr., cartonné 10 fr., relié 11 fr.

ser. Il lui était facile de se lancer dans des hypothèses téméraires là où presque tout est hypothèse. Il s'en est bien gardé; il n'a admis que les vérités démontrées ou celles qui sont sur le point de l'être; il a tenu les autres en légitime défiance, et quand il lui a fallu de plusieurs explications choisir la plus plausible, il n'en a pas moins formulé les réserves nécessaires.

On devine d'ailleurs combien en un tel sujet son style inventif s'est trouvé à l'aise. Ici encore je le laisserai parler :

« Je me rappelle, dit-il, en ce moment un certain hôtel des bords du Rhin, monté sur un grand pied, où l'on fit un jour une petite grimace en me voyant arriver le sac au dos, le bâton de voyageur à la main. Dans le cabinet du directeur de l'établissement se trouvait un large cadre, garni à l'intérieur d'une quantité de petites plaques qui se redressaient par instants avec un bruit sec, tantôt l'une et tantôt l'autre, soulevées par un fil caché et laissaient voir un numéro, le numéro d'une chambre, comme vous pouvez le penser. Le directeur avançait alors la main vers une rangée de boutons numérotés qui s'alignaient au mur devant lui. Il en tirait un et le garçon de la chambre courait à son service, quel que fût le point de la maison où l'on avait besoin de lui.

» Il y avait là une représentation, bien grossière il est vrai, de ce qui se passe dans notre cerveau. De tous les points du corps partent des fils mystérieux qui viennent apporter là toutes les réclamations. Le directeur tire un bouton et les garçons de service se mettent en mouvement.

» N'allez pas prendre au moins la comparaison trop au sérieux. Ces fils d'avertissement, on voit bien d'où ils partent; mais personne n'a pu encore découvrir l'endroit précis où ils arrivent. Ces boutons qui transmettent les ordres, on ne sait pas non plus au juste l'endroit où ils se trouvent. Ce directeur enfin, nul ne l'a vu. Il existe assurément, puisqu'il y a une direction; mais ce qu'il est, et de quelle façon il travaille dans son cabinet, c'est un problème encore à résoudre. — Le cabinet de la direction et son double jeu de fils, c'est là, ma chère enfant, ce qui s'appelle *notre système nerveux*. »

Rien de plus ingénieux que ce système de démonstrations familières. Il y a plus d'une autre page qu'il faudrait citer; mais j'en ai assez dit pour faire apprécier le genre et l'écrivain.

Un dernier mot : on a vu que M. Jean Macé adresse la parole à une petite fille, à une de ces petites filles, éveillées et intelligentes qu'il élève dans son pensionnat du Petit-Château de Monthiers (Aisne). Mais c'est là un artifice de convention. En réalité les *Serviteurs des l'estomac*, comme l'*Histoire d'une bouchée de pain*, s'adressent à ce grand public qui s'appelle tout le monde, et qui souvent n'est pas plus instruit que les petites filles de M. Jean Macé. Mais il n'aimerait peut-être pas qu'on le lui dise tout crûment; le père peut ainsi, sans froisser les susceptibilités de son orgueilleuse ignorance, introduire chez lui sous le nom de sa fille le volume qu'il se propose de lire lui-même avec profit.

V

LES INSTITUTIONS, LES USAGES ET LES COSTUMES DU XVIIIe SIÈCLE, par PAUL LACROIX (1).

Après avoir restitué le moyen âge, pour les gens du monde, en trois volumes qui nous décrivent la vie militaire et civile, laïque et religieuse de cette longue époque, en couvrant ses misères par le luxe des gravures et l'abondance des détails poétiques ou curieux, M. P. Lacroix fait aujourd'hui le même travail sur une époque qui nous intéresse davantage encore parce qu'elle est plus près de nous, que ses passions fermentent encore dans nos cœurs et qu'elle passe pour avoir réalisé les formes les plus raffinées de l'élégance : nous avons nommé le xviiie siècle.

M. P. Lacroix fait passer sous nos yeux le roi avec sa cour, la noblesse avec ses généalogistes si nécessaires pour rajuster les lambeaux des parchemins douteux, la bourgeoisie avec ses bonnes petites mœurs encore honnêtes à côté de la corruption aristocratique, l'armée et la marine qui racolent si indignement leurs mercenaires, et se font battre avec tant de gaieté sans jamais laisser douter pourtant du courage de la nation, le peuple enfin, cette collection de misérables de toute espèce qui ne sont rien encore, si ce n'est peut-être un prétexte à gouvernement, et qui bientôt vont être tout.

Au-dessus, on nous montre le clergé repoussant presque en même temps les jansénistes qui sont trop honnêtes et les jésuites qui ne le sont pas assez, discutant sans fin sur la bulle *Unigenitus* sans oublier de percevoir ses dîmes, les évêques et les abbés imitant les hardiesses du siècle dans le domaine de la foi et aussi dans celui des mœurs, les parlements résistant à l'autorité royale sans qu'on puisse dire en vertu de quels titres, mais conservant un grand prestige par la gravité relative de leur vie; enfin, les financiers qui sont de plus en plus les maîtres dans ce siècle de banqueroutes publiques et privées, celui de tous où l'on avait le moins d'argent et celui où l'on voulait en dépenser le plus.

Voilà les acteurs qui s'agitent au milieu de cette arlequinade de misères et de luxe, de vices aimables et de crimes poétiques, où tout est mis en doute, hormis le scepticisme, où l'on ne croit même plus à la vieille patrie des rois, discréditée par la platitude de leurs vices, sans avoir encore une idée bien nette de la véritable patrie, celle de la nation qui va se révéler dans toute sa grandeur à la fin du siècle. C'est alors que les théâtres prennent une importance décisive dans la vie mondaine, et les gravures de M. Lacroix vous montreront comment les exécutions les plus atroces, la roue et l'écartèlement, étaient eux-mêmes des spectacles fréquentés par le meilleur monde, qui courait s'y reposer des bergeries de Trianon.

Théâtres, salons, bals et fêtes publiques, luttes du guet

XVIIIe *siècle, institutions, usages et costumes* par P. LACROIX (Bibliophile Jacob). France, 1700 à 1789. Ouvrage illustré de 24 chromolithographies et de 350 gravures sur bois d'après Watteau, Vanloo, Rigaud, Boucher, Lancret, J. Vernet, Chardin, Jaurat, Bouchardon, Saint-Aubin, Eisen, Gravelot, Moreau, Cochin, Wille, Debricourt, etc., 2e édition. — Paris, Firmin Didot. Broché, avec couvertures en couleurs, 25 francs; relié, avec fers spéciaux, 32 francs.

avec les filous, institution d'une police sérieuse qui apprend enfin à découvrir les voleurs, carrosses et costumes, sans en excepter les falbalas et les modes anglaises, déjà en vogue, vous trouverez tout cela dans le livre de M. Lacroix, et, s'il vous reste un instant, il vaut mieux descendre à la cuisine, qui est un sujet essentiellement scientifique. On connaît l'axiome : Dis-moi ce que tu manges, je te dirai qui tu es. Si cela est vrai quelque part, ce doit être assurément dans notre pays qui a toujours été au premier rang depuis le code culinaire de Taillevent, maître queue de Charles VII, et surtout le règne de Louis XIV, qui domina l'Europe bien moins encore par les armes de ses généraux que par le prestige des cuisiniers français envahissant déjà toute l'Europe.

La grandeur de Louis XIV, comme mangeur, est moins contestée que sa grandeur comme roi, et il est certain que le *très-petit couvert* lui-même, celui des jours d'indisposition, contient une série de plats bien faite pour effrayer les plus robustes estomacs plébéiens. Louis XIV les absorbait cependant à grandes bouchées, avec la dignité royale qu'il savait mettre en toutes choses, au milieu d'un cercle de grands seigneurs, debout et silencieux. Bien plus, il les digérait sans les inconvénients que le moindre Purgon eût prophétisé à coup sûr aux estomacs de simples mortels. N'est-ce point là une preuve des grâces d'État réservées par Dieu à ses élus? Et comment douter, après cela, de la réalité du droit divin?

Il faut croire que la prédestination divine s'était affaiblie en Louis XV, car il mangeait beaucoup moins et ne coûtait par jour, à la France, que 399 livres, 18 sols, 11 deniers pour trois repas dont vous pourrez lire le menu. Quel bonheur s'il eût été aussi réservé sur d'autres articles ! Cette sobriété relative était d'ailleurs d'autant plus méritoire que le luxe de la table avait pris un immense développement au xviii° siècle, le grand siècle de la cuisine française. Non-seulement les surtouts, la vaisselle, les ornements d'argent et de cristal se multipliaient et s'enrichissaient avec les progrès et la diffusion des arts ; mais les mets eux-mêmes se transformaient; il acquéraient une légèreté, une finesse et un baume particuliers. Le *Tableau de Paris*, écrit quelques années avant la Révolution, nous apprend qu'on a trouvé le secret de manger plus, de manger mieux et de digérer plus rapidement; il en résultait, dit-il, de grands avantages pour la santé, la durée de la vie, l'égalité d'humeur et de tempérament. On devine bien d'ailleurs que le *Tableau de Paris* ne parle pas de l'ensemble de la nation, car la plupart des Français n'avaient pas tant de motifs d'activer leur digestion et s'occupaient moins d'augmenter leur appétit que de chercher à le satisfaire, dans les limites malheureusement déjà trop larges que la nature lui avait assignées.

<h2 style="text-align:center">VI</h2>

LES COLÉOPTÈRES

Ce titre est celui du tome Ier d'un grand ouvrage, l'*Histoire naturelle iconographique des insectes*, publiée par une réunion d'entomologistes français et étrangers, sous la direction de M. J. Rothschild. Ce tome premier est consacré tout entier aux coléoptères. Il forme un beau volume grand in-8° de 384 pages, orné de 335 vignettes et de 47 planches coloriées. La perfection de ces dernières, sur lesquelles sont représen-

tés les différents types spécifiques des insectes en question, est déjà une grande recommandation de l'ouvrage auprès de tous les entomologistes amateurs et collectionneurs de coléoptères.

L'ouvrage est divisé en deux parties. Dans la première se trouve d'abord l'organisation générale des insectes de toutes les familles, c'est-à-dire la description des parties qui, chez ces animaux, concourent à la formation de la tête, du thorax, de l'abdomen, etc., ainsi que l'anatomie des organes internes, système nerveux, tube digestif, organes des sens, appareil reproducteur, œufs, etc; enfin, l'étude des métamorphoses qui caractérisent les principaux groupes. Puis vient l'histoire naturelle spéciale des scarabées. Ce chapitre contient des détails intéressants, bien qu'ils soient présentés sous une forme sommaire et générale. Il est suivi d'une partie fort importante, surtout pour les personnes qui ne se sont pas encore suffisamment familiarisées avec l'entomologie pour comprendre le sens des différents termes habituellement employés dans cette science. Cette partie porte le nom de *Glossaire entomologique*. Il faut savoir gré aux auteurs du présent ouvrage d'avoir songé à y introduire l'explication abrégée des mots techniques, des expressions consacrées par l'usage et d'avoir ainsi comblé une lacune qui existe dans la plupart des ouvrages scientifiques analogues. Le glossaire entomologique est suivi de l'anatomie détaillée du lucane cerf-volant (*Lucanus cervus*) pris comme type des scarabées.

Les auteurs ont ensuite abordé la question relative aux mœurs et aux instincts des coléoptères. Nous croyons inutile d'insister sur l'intérêt que présente cette question. Tous ceux qui s'occupent de l'étude des insectes savent de quoi sont capables ces animaux. Malgré leur petite taille, ils n'en sont pas moins des ouvriers infatigables, et deviennent parfois les auteurs de travaux dont la beauté égale au moins ce que l'homme lui-même a su créer de plus merveilleux. On sait que le nombre supplée à la valeur individuelle et que l'union fait la force. C'est en effet par leur nombre et par leur union que les insectes sont tantôt des êtres utiles et tantôt de véritables fléaux. Répandus par myriades sur le globe, les insectes y remplissent des fonctions très-importantes. Chacun d'eux a son rôle tout tracé, et tel qui nous paraît inutile ou même nuisible n'en est pas moins un des chaînons du grand tout, un des mille moyens employés par la nature pour maintenir l'ordre et l'harmonie ici-bas. Ceux-ci sont destinés à protéger et à aider la multiplication de certains végétaux en contribuant, aussi bien et même plus que l'air, à transporter la poussière fécondante d'une fleur dans une autre; ceux-là empêchent, au contraire, la trop grande multiplication de tel ou tel végétal et sa prédominance sur les autres. Les uns attaquent les végétaux malades pour en hâter la décomposition; les autres voués aux plus rudes et aux plus dégoûtants travaux, s'attaquent aux excréments, aux immondices, aux cadavres qui infectent l'air et les font disparaître en les transformant en un terreau fécond; enfin, ils servent de pâture à une foule d'oiseaux et d'autres animaux qui, sans eux, seraient forcés de se nourrir d'autres matières dont la perte nous serait beaucoup plus sensible.

Dans l'ouvrage dont nous parlons, les coléoptères ont été groupés et étudiés par familles. Les auteurs ont passé successivement en revue les carabiques, les hydrocanthares, les palpicornes, les clavicornes, les brachélytres, les malacodermes, les xylophages, les rhyncgophores, etc., etc. Les types principaux de chaque famille, de même que les insectes les plus utiles à connaître soit au point de vue de leur utilité, soit au point de vue des dangers qu'ils nous font courir, ont été décrits en détail. Leurs mœurs, leurs habitudes, l'époque de leurs pontes, de leurs métamorphoses, etc., rien n'a été oublié.

Un chapitre a été ensuite consacré à la description des engins dont on se sert pour faire la chasse aux coléoptères, à la description des meilleurs procédés de conservation de ces animaux pour les collections, à leur préparation, etc. Vient ensuite le chapitre consacré à la bibliographie, dans lequel ont été soigneusement consignés les ouvrages d'entomologie indispensables à celui qui s'occupe sérieusement de cette partie des sciences naturelles.

La seconde partie de l'ouvrage comprend la classification et l'iconographie des coléoptères d'Europe. La classification comprend les familles divisées en tribus, en genres et en espèces. Les auteurs se sont efforcés de réunir, dans le plus petit espace possible, tout ce qui est relatif aux descriptions, à la synonymie, à l'habitat, etc., des insectes dont ils traitent. Le nom scientifique de chaque espèce a été placé en regard du nom vulgaire, ou plutôt du nom scientifique traduit en français. Enfin, rien n'a été épargné afin que le lecteur s'intéresse au sujet et qu'il trouve exposés d'une façon claire et précise les faits que comporte l'étude des scarabées.

VII

LES CHAMPIGNONS (1).

L'ouvrage que M. Cordier a publié sous ce titre, chez l'éditeur J. Rotschild, vient s'ajouter à la liste déjà longue des moyens de vulgarisation scientifique auxquels l'instruction populaire et partant la civilisation, doivent leurs plus rapides progrès. Cet ouvrage en est à la quatrième édition et son succès est loin d'être épuisé. Il forme un magnifique volume grand in-8°, de 440 pages, orné de vignettes et de 60 chromolithographies représentant les champignons les plus utiles à connaître. Il est à peine nécessaire d'insister sur l'utilité de l'œuvre de M. Cordier. Elle contribuera certainement, et pour une très-large part, à développer chez les personnes du monde le goût de la mycologie. Cette science si utile, et dont on pourrait tirer tant et de si beaux avantages, ne compte encore qu'un très-petit nombre de partisans. Il n'est pas jusqu'aux botanistes eux-mêmes qui généralement ne la négligent pour se consacrer entièrement à l'étude des plantes phanérogames. Sans vouloir discuter ici les attraits que présentent respectivement ces deux branches de la botanique, nous dirons que l'étude des champignons est par trop négligée et qu'elle est vraiment digne d'un meilleur sort. Pourquoi ne pas plus s'intéresser à des végétaux qui nous rendent déjà de grands services et qui ne demandent pas mieux que de nous en rendre davantage. Il faut se rappeler que les champignons nous offrent en même temps, comme le dit M. Cordier, et des substances utiles aux arts, et des médica-

(1) *Les Champignons*, par M. Cordier. 1 vol. gr. in-8. Br., 30 fr.; relié, 35 fr.

ments énergiques, et des poisons violents, et un aliment des plus agréables et des plus sains. En ne considérant même les champignons qu'au point de vue alimentaire, on devrait s'attacher à les connaître, à agrandir le nombre des espèces comestibles déjà connues. Nous ne savons jamais ce que la journée du lendemain nous réserve. Ne peut-il pas arriver que les champignons nous soient d'un secours inappréciable dans un moment de disette.

Ce sont ces champignons qui ont déterminé M. Cordier à propager en France le goût des études mycologiques. Mais pour atteindre son but, il lui a fallu faire beaucoup d'efforts, choisir avec le plus grand soin les faits les plus intéressants et les plus capables d'arrêter l'attention de cet enfant gâté, si léger, si étourdi, qu'on appelle le public. Il a divisé son livre en deux parties distinctes. Dans la première il a exposé les faits généraux relatifs à l'organisation des champignons, à ce que l'on sait de leur physiologie, de leur curieux mode de reproduction, de leur répartition géographique, de la façon dont ils se laissent influencer par le sol, l'habitat, la saison, le climat. L'auteur a ensuite fait connaître les moyens qui permettent de distinguer les espèces comestibles d'avec les espèces dangereuses ; il a dit aussi par quels procédés on enlève à ces dernières leur principe vénéneux. Il a parlé ensuite des dommages causés par quelques champignons ; il a donné des détails fort intéressants sur la culture, la récolte, la conservation des espèces utiles, leur préparation culinaire, leurs rôles respectifs dans les arts, l'industrie, l'économie domestique. Il a exposé la façon dont agissent sur l'économie animale les espèces dangereuses, sans oublier le traitement nécessité par les accidents qu'elles déterminent. Enfin il a terminé cette première partie par des considérations sur l'usage des champignons en médecine.

Dans la seconde partie, l'auteur s'est attaché à décrire, on peut dire minutieusement, les champignons comestibles, vénéneux ou employés dans les arts, en un mot toutes les espèces qui offrent de l'intérêt. Les champignons décrits appartiennent tous à des espèces françaises. Les descriptions sont précédées de tableaux synoptiques où sont exposés les caractères de la famille et du genre.

A la suite des descriptions, l'auteur a donné l'énumération de toutes les espèces qui rentrent dans les genres dont il est question dans son livre.

Ce simple exposé des matières contenues dans l'ouvrage de M. Cordier en montre assez l'importance pour que nous croyions devoir nous dispenser d'entrer dans de plus longs détails à son sujet.

Une université italienne au XVIᵉ siècle

A PROPOS DE LA LIBERTÉ DE L'ENSEIGNEMENT SUPÉRIEUR

C'est par l'éducation qu'un peuple frappé par les revers se relève. Qui ne sait tout le profit qu'a tiré la Prusse, si durement éprouvée à Iéna, de l'admirable rénovation de ses écoles et de ses universités? Sans doute elle trouva dans les Stein et les Scharnhorst de puissants organisateurs et elle se donna, avec le service obligatoire, un instrument redoutable de puissance militaire ; mais qui peuplait ses régiments d'hommes instruits, pénétrés de l'idée de la patrie allemande, si ce n'est les écoles de Leipsig, de Halle, de Berlin? La grandeur militaire de l'Allemagne a précisément coïncidé avec le relèvement de ses universités.

Ce fait est trop connu pour qu'il soit nécessaire d'insister. Nous trouvons dans l'histoire d'Italie du xvie siècle un exemple moins célèbre, mais tout aussi probant, du secours que peut trouver dans son enseignement public un peuple qui veut refaire sa prospérité ébranlée par la fortune des armes. Il s'agit de la République vénitienne et de son université si remarquable de Padoue. Nous allons résumer son histoire; mais ceux de nos lecteurs qui voudraient la connaître plus à fond consulteront avec profit l'ouvrage de Colle (*Storia scientifica, letteraria dello studio di Padova*; Padoue, 1825) et celui de Bettinelli (*Del Risorgimento d'Italia negli studi*). Ils liront aussi avec plaisir le chapitre que M. Charles Yriarte consacre à l'université de Padoue dans son livre si curieux, si approfondi, sur *la Vie d'un patricien de Venise au xvie siècle* (Plon, éditeur, 1874). Cette lecture aura en outre l'avantage de les initier à la connaissance du gouvernement si compliqué et si savant de cette République aristocratique.

C'était au lendemain d'Aguadel; Venise, vaincue par la coalition du pape Jules II, du roi de France et de l'empereur Maximilien, avait perdu quelques-unes de ses provinces italiennes et elle était menacée dans la suprématie qu'elle avait exercée sur la Péninsule. Un ennemi plus redoutable encore, les Turcs, attaquait ses riches colonies du Levant et ruinait son commerce. C'est à cette heure critique que la République réorganise son enseignement et institue les « réformateurs de l'université de Padoue », vrais grands-maîtres de l'Université qui auront la direction des lettres, des sciences et des arts dans tout le territoire vénitien.

Ces hommes d'État qui disaient : « Nous sommes d'abord Vénitiens, puis chrétiens. *Siamo Veneziani, poi christiani* », veulent avant tout un enseignement vénitien. Il faut que professeurs et élèves soient uniquement préoccupés de l'idée de la patrie, des devoirs qu'elle impose, de sa grandeur compromise. Jusqu'à ce jour les évêques de Padoue avaient été de droit les recteurs de l'Université; désormais la direction sera enlevée aux mains ecclésiastiques et confiée à des patriciens. Pour honorer cette fonction de réformateurs, on choisira les premiers de la République après le doge. L'État, maître de l'enseignement, réserve à son université la collation des grades. Il surveille les collèges où l'instruction n'est pas donnée par ses professeurs et, au besoin, les supprime. C'est ainsi qu'elle en use avec le collège des Jésuites de Padoue.

« Les pères jésuites — dit Cesare Cremonico dans son discours à la Seigneurie — ont, contrairement aux lois, et secrètement, élevé une institution qui n'est pas rivale de la nôtre, mais contraire à la nôtre; elle mérite le nom d'Anti-université (*anti-studio*). Cela va faire parmi les écoliers deux sectes, les Guelfes et les Gibelins. »

Ce discours n'est pas d'aujourd'hui, il est du xvie siècle.

Est-ce à dire que la République, justement jalouse de maintenir l'unité dans son enseignement, en bannissait toute liberté et réservait à ses professeurs seuls le droit d'enseigner? Nullement. Les chaires de l'Université étaient ouvertes aux étrangers et chacune eut même deux titulaires. C'est ainsi qu'en face de la chaire du Vénitien Fallopio put s'élever celle du Flamand André Vésale (1514-1564), ce créateur de l'anatomie moderne; c'est ainsi encore que le Pisan Galilée (1566-1642) fut, pendant vingt années, titulaire de la chaire d'astronomie. C'est même là que le célèbre astronome, transformant en observatoire la tour légendaire d'Ezzelin le féroce, fit ses plus remarquables découvertes. Les professeurs, libres dans leurs recherches, se livraient à des débats et à des controverses dont profitait la science et que la Ré-

publique ne réglementait jamais. L'enseignement de la philosophie, par exemple, fut l'objet de vives discussions entre les partisans d'Aristote et ceux de Platon. Venise n'établissait donc pas la liberté *de* l'enseignement supérieur, mais, ce qui vaut infiniment mieux, la liberté *dans* l'enseignement.

La République avait été ruinée par la guerre; la levée d'une armée, composée presque entièrement de condottieri, et les armements considérables de son arsenal avaient épuisé ses finances. Et cependant elle ne refuse rien à son enseignement; elle multiplie les chaires, elle dote ses professeurs de traitements considérables. La théologie, à elle seule, occupait sept chaires; l'étude du droit fut poussée à un tel point que Padoue fournit des magistrats à toute l'Italie. Padoue compta dix-huit mille étudiants, cent professeurs dans son université, autant pour les autres collèges, et quels professeurs! Alde Manuce (1477-1516), le cardinal Aléandro (1480-1542), le précoce auteur du *Lexicon græco-latinum*, Paolo Sarpi, qui, avant Harvey, indique le phénomène de la circulation du sang.

Nous avons sous les yeux la liste des professeurs et le chiffre de leurs appointements. Ces émoluments dépassent de beaucoup ceux que touchent aujourd'hui les plus célèbres professeurs de la Sorbonne et du Collège de France. Le Sénat de la République se fait un honneur de décerner au professeur illustre des récompenses nationales. Voici un décret voté à l'unanimité par les sénateurs, au profit de Galilée. On verra comment un État laïque et l'Église reconnaissaient d'une manière différente les mérites d'un savant.

« Maître Galileo Galilée professe depuis dix-sept ans déjà les mathématiques à la satisfaction universelle et pour le plus grand avantage de notre école de Padoue, ce que chacun sait, car pendant son enseignement il a donné au monde plusieurs inventions qui sont à sa grande gloire et au plus grand intérêt de tous. Mais dernièrement il a inventé un instrument, tiré des secrets de la perspective, au moyen duquel les objets qui ne sont visibles que de loin paraissent rapprochés, ce qui peut servir en mainte occasion et ce que nous avons suffisamment compris par la note qu'il a présentée à notre Seigneurie. Comme il convient à la reconnaissance et à la munificence de ce conseil de reconnaître les labeurs de ceux qui se dévouent à l'intérêt public, — maintenant surtout que pour lui le terme de son cours est proche,

» On propose :

» Que ledit maître Galileo Galilée soit invité pour le reste de ses jours à enseigner les mathématiques en notre école publique de Padoue, avec la paye annuelle de mille florins. L'exécution de cet arrêté prendra date à la fin de l'année des exercices. »

Un pays se relève en consacrant ainsi ses faveurs à la science. Venise, vaincue au commencement du siècle, était victorieuse à Lépante et elle fut longtemps encore la *dominante* Venise.

Nous voudrions espérer que la liberté de l'enseignement, votée par l'Assemblée, produira d'aussi heureux résultats; et nous faisons aussi des vœux pour que la France ne voie pas dans ses écoles ce que Venise dut interdire dans les siennes : la formation d'un parti guelfe et d'un parti gibelin.

Le propriétaire-gérant : Germer Baillière.

PARIS. — IMPRIMERIE DE F. MARTINET, RUE MIGNON, 2.

TABLE DES MATIÈRES

CONTENUES DANS LE TOME IX DE LA DEUXIÈME SÉRIE

(JUILLET A DÉCEMBRE 1875)

TABLE ALPHABÉTIQUE DES AUTEURS

N. B. — La table analytique des matières paraîtra à la fin du second volume de la 5e année et comprendra les matières des deux volumes IX et X.